Gesamtverzeichnis des deutschsprachigen Schrifttums (GV) 1700 – 1910

Bearbeitet unter der Leitung von
Hilmar Schmuck und Willi Gorzny
Bibliographische und redaktionelle Beratung:
Hans Popst und Rainer Schöller

11

Bei - Bem

K · G · Saur München · New York · London · Paris 1980

Redaktion:

Monika Eichler, Ursula Geier, Robert Mittelstaedt, Sabine Nebinger,
Hildegard Roßberg, Hermann Schrott, Brigitte Semmler,
Eva von Troschke, Helga Werner, Gabriele Winter

CIP-Kurztitelaufnahme der Deutschen Bibliothek

Gesamtverzeichnis des deutschsprachigen Schrifttums :
(GV). – München, New York, London, Paris : Saur.
Bd. 1 – 6 bearb. unter d. Leitung von Peter Geils
u. Willi Gorzny.
ISBN 3-598-30000-X

1700 – 1910 / bearb. unter d. Leitung von Hilmar
Schmuck u. Willi Gorzny. Bibliograph. u. red.
Beratung: Hans Popst u. Rainer Schöller

NE: Schmuck, Hilmar [Bearb.]

11. Bei - Bem. - 1980.

Techn. Realisierung und Druck: Norbert Gärtner, Mainz-Kastel
Binden: Karl Schaumann, Darmstadt
Printed in the Federal Republic of Germany
ISBN 3-598-30000-X (Gesamtwerk)

Bei . . . , s.a. Bey . . .

Bei den Albanesen, s.a. Albanesen.

Bei den Albanesen. Vortrag. gr. 16. (72 S.) Würzb. 892, Woerl. *

Bei der . . . Ankunfft in Breßlau . . . Des . . . Herrn Francisci III Hertzogs von Lothringen . . . Bresl. 1732. V: *Fuchs, Frdr. Wenzel.* (Kat. d. Druckschr. üb. Bresl. Breslau 1903. S. 12.)

Bei der Ankunft Seiner Majestät des Königs Leopold II. Von K. v. G. Wien 1790. V: *Greiner, Caroline von vereh. Pichler.* (BiblPort)

Bei Allerhöchster Anwesenheit Ihro der... Kaiserin Aller Reussen Majestät. Maskenzug im December. Vorläufige Anzeige. Weimar 1818. V: *Goethe, Johann Wolfgang von.* (BrMm) (Hirzel)

Bei Allerhöchster Anwesenheit Ihro Majestät . . . Maria Feodorowna in Weimar. Als Festspiel Gemälde-Darstellung in zwei Abtheilungen. [Weimar] 1818. V: *Goethe, Johann Wolfgang von, und andere.* (BrMm)

Bei dem . . . Aufsetzen des großen Knopfes am Thurm . . . zu St. Elisabet. O. O. [1823]. V: *Neumann, Gottlob.* (Kat. d. Druckschr. üb. Breslau. Breslau 1903. S. 252.)

Bei der Beerdigung des Consistorialraths Cornelius, nebst einem Vorberichte. Riga 1820. H: *Sonntag, Carl Gottlob.* (R-N)

Bei der Beerdigung der Frau S. C. D. den 20. April 1812. [Riga 1818.] V: *Hörschelmann, Ferdinand Ludwig.* (R-N)

Bei der Beerdigung einer 82jährigen Frau von Stande. [Riga 1817.] H: *Hörschelmann, Ferdinand Ludwig.* (R-N)

Bei der Beerdigung unsers unvergesslichen Lehrers Johann Hermann. Leutschau 1807. V: *Osterlamm, Carl.* (GGr VII/106, Nr. 211/2) (Neue Annalen der Litt. Wien 1808. Intell.-Bltt., Sp. 188; 1809, I, S. 129, 131) (BiblPort)

Bei dem Begräbniß Hrn. Joh. Georg Palm. Hamburg 1743. V: *Giseke, Nic. Dietr.* (Cat. d. Stadtbibl. Zürich. Zürich 1864—97.)

Bei einer russischen Begräbnissfeier, bey der Ceremonie des Sargküssens gesprochen . . . [Riga 1817.] V: *Müthel, Christian Wilhelm.* (R-N)

Bei bevorstehender Wahl ein Mainzer Bürger an seine Mitbürger. — Mainz 1792. 30 S. 8° 6.
15.

Bei Christo, welches das Beste ist. Aus dem Engl. übers. 16. (22 S.) Barmen 888. Wiemann. n. — 10

Bei dem Anfange des neuen Jahrhunderts gesungen. — o. O. 1801: (J. Ch. Meyer). 2 Bl. 8° 18.
15.

Bei dem feierlichen Einzuge des . . . Erbprinzen Ludewigs, von Hessen-Darmstadt, und Höchstdessen . . . Frau Gemahlin, Wilhelmine, Churprinzessin von Baden, von einer Gesellschaft junger Israelitinen überreicht. — Darmstadt 1804: Will. 2 Bl. 4° 17.
15.

Bei dem höchst-glücklichen Hervorgange aus dem kayserl. königlichen Wochen-Bette der Allerdurchlauchtigsten . . . Frauen Maria Theresia, vermählte Röm. Kayserin, Königin zu Germanien, Hungarn, Böheim . . . &c. &c. wurde folgendes Gedicht . . . überreichet. Wienn, 1750. d. 13. Mertz. — Wienn [1750]: Trattner. 11 S. 4° 302.
15.

Bei den Lasten, die Gott uns auflegt, hilft er uns täglich auf dem Wege seiner Gebote, nach denen wir unsern Sinn und Wandel einrichten sollen. Predigt über Psalm 68, v. 20. Der Gemeinde d. Burgkirche . . . übergeben. — Königsberg 1838: Degen. 16 S. 8° 1:23 in E 235.
15.

Bei der am 21sten Monats July 1776. höchst erfreulichen Ankunft Seiner Kayserlichen Hoheit Paul Petrowitz des Groß-Fürsten aller Reußen in hiesiger Königl. Residentz entwirft ein treuer Patriote, der seine Schwäche nicht verkennt, der Sache angemeßene Note, so einst die Nachwelt noch ein seltnes Beyspiel nennt. — Berlin [1776]. 2 Bl. 8° 1:17 in Yf 6757.
15.

Bei der Durchreise Ihro Majestät . . . Karolina Mathildis Königinn zu Dänemark, Norwegen u. s. w. wollten ihre ehrfurchts-volle Freude . . . hiemit bezeugen die sämmtliche Eingesessene der Amtsvogtey Stuhr, in der Grafschafft Delmenhorst. — Bremen 1766: Janus [usw.] 1 Bl. 2° 28.
15.

Bei der erwünschten Ankunft des . . . Herrn Friedrich August Herzogs zu Braunschweig-Lüneburg . . . suchten ihre aufrichtigste Freude und Ehrfurcht hierdurch zu bezeigen die Kinder des Herzoglichen Oberamtmanns zu Medzibohr. D. 11. Aug. 1793. — Oels [1793]: Ludwig. 2 Bl. 8° 14.
15.

Bei der Feier der hoechst erfreulichen Anwesenheit Ihrer Majestaeten unsers Allerdurchlauchtigsten Landesvaters Anton Koenigs von Sachsen und unserer allverehrten Landesmutter Maria Theresia in Annaberg huldigen in tiefster Ehrfurcht der Rath und die Buergerschaft daselbst d. 16. Oct. 1827. — Annaberg [1827]: Hasper. 2 Bl. 4° 3. 14.
15.

Bei der hundertjährigen Jubelfeier der Johannis-Grabe-Gesellschaft am 29. Juni 1817 gesungen. — Dresden [1817]: Gärtner. 2 Bl. 8° 14.
15.

Bei des besten Landesfürsten Ludewig des Zehenten beglükkender Zurükkunft aus Sachsen, weihet . . . nachstehendes Gedicht . . . Darmstadts gesammte Bürgerschaft. — Darmstadt 1796: Fürstl. Hof- u. Kanzleibuchdr. 2 Bl. 4° 17.
15.

Bei der beglückten Eheverbindung des Herrn Herler mit Mad. Klewefahl geb. Lembken den 11. April. 1771. O. O. V: *Röding, Joh. Hnr.* (Schr)

Bei der Noodt- und Kirchhoffischen Ehe-Verbindung . . . 1742. Glückst. V: *Schramm, Joh. Hnr.* (Bruun, Bibl. Danica. III, 1328.)

Bei der am 15. Aug. 1747 vollzogenen Nicolaischen . . . Ehe-Verbindung in Wilster. Glückst. V: *Scheel, Mich.* (Bruun, Bibl. Danica. III, 1322.)

Bei dem Einzuge Sr. fürstlichen Gnaden des Hochw. Herrn Fürst-Bischofes Bernard zu Brixen. [Brixen 1829.] V: *Stapf, Joseph Ambros.* (margr)

Bei Eröffnung des Büchersaales an der hohen Schule zu Grätz. Graz 1781. V: *Werneking, Joseph.* (Erman & Horn, Bibliogr. d. dtsch. Universitäten. 2. Leipzig und Berlin 1904.)

Bei der ersten feyerlichen Eröffnung der sehr ehrw. Loge zur neugekrönten Hoffnung, den 14. des J. M. 5785 ... Wien 1785. V (Text): *Schittlersberg, Augustin Veit Edler von.* V (Musik): *Mozart, Wolfgang Amadeus.* (kl 1758) (rt 2422) (wolfstieg I, 677)

Bei der Feier des fünfundzwanzigsten Jahrestages der Vermählung Ihrer Excellenzen des Herrn Joseph von Nostitz und Rieneck, ... und der Frau Reichsgräfin Johanna von Nostitz und Rieneck ... 1812. Prag. V: *Mücke, Johann.* (ggr)

Bei der Feyerlichkeit der Legung des Grundsteins des Hauptgebäudes der Kais. Universität zu Dorpat den 15ten Sept. 1805. [Dorpat.] V: *Gaspari, Adam Christian.* (Erman & Horn, Bibliogr. d. dtsch. Universitäten. 2. Leipz. u. Berl. 1904.)

Bei zwei Feldgottesdiensten auf dem Truppenübungsplatz zu Altengrabow im Sommer 1900. Magdeburg 1900. V: *Hermens, Oscar.* (Berl)

Bei den doppelten Freudens-Bezeigungen ... O. O. 1716. V: *Stephani, Johann Gabriel.* (Kat. d. Druckschr. üb. Breslau. Breslau 1903. S. 12.)

Bei der ... Geburt Des ... Ertzhertzogs Leopoldi ... Neisse 1716. V: *Stöckel, Gottfried.* (Kat. d. Druckschr. üb. Breslau. Breslau 1903. S. 12.)

Bei der Geburtsfeier der Loge Jonathan [in Braunschweig] sprach der Br. Redner [auf Herzog Karl I. von Braunschweig]. [Braunschweig 1769.] V: *Täntzel, J. Fr.* (wolfstieg I, 834)

Bei Schillers Gedächtniss Feyer am 9ten May 1831 auf Schillershöhe ohnweit Rudolstadt. Rudolstadt [1831]. V: *Werlich, August Karl Friedrich.* (bresl 31, S. 146)

Bei Spiegels 14ter Gedächtnissfeyer am 22. Mai 1799 ... [Halberstadt 1800.] V: *Eichholz, Friedrich Wilh.* (ml)

Bei der hohen Gegenwart des Hoch- u. Durchlauchtigsten Herrn General Post-Gross-Meisters Herrn Herzogs Ferdinand nebst des Herrn Herzogs Friedrichs Hochfürstl. Durchlaucht in der Loge zur gekrönten Säule zu Braunschweig.am 17ten Oct. 1786. »Wie, wenn nach langem Winter, im Osten nun ...« Braunschweig 1786. V: *Bischoff, Johann Nikolaus.* (kl 17606) (wolfstieg I, 759)

Bei Gelegenheit des Patents vom 9. Mai d. J. betreffend Holstein und Eutin. [Schleswig 1825.] V: *Hegewisch, Frdr. Hermann.* (ls)

Bei Gelegenheit eines historischen Schauspiels. [Berlin 1795.] V: *Meyer, Friedrich Ludwig Wilhelm.* (mgt)

Bei der Genesung ... des Herzogs Carl von Kurland. Dresden [1788]. V: *Lobeck.* (Bem I, 1, S. 411)

Bei Gott ist meine Hülfe, (Psalm 61, V. 8.) das ist: Morgen-, Abend-, Meß-, Beicht-, Communion- u. a. Gebete z. Verherrlich. Gottes u. zur Erlang. d. Liebe Gottes, nebst einigen Reimgebetlein u. 100 Grundwahrheiten a. d. Schriften gottsel. Männer zur Erheb. d. Gemüthes zu Gott. Von S. W. 8. (5½ B. u. Ttlkpfr.) Straubing 842, Schorner.

Bei Bernstorffs Grabe. 1772. V: *Bachoff von Echt, Ludw. Heinrich Freih. von.* (ml)

Bei Gellerts Grabe den 23. Dec. 1769. Schleswig. V: *Abrahamson, Werner Hans Friedrich.* (mgt)

Bei dem Grabe weyland Ihro kk. Majestät Maria Theresiens. Von J. B. V. F. V: *Francken, J. Baron von.* (Gilhofer 102/1304; 70/1314) (Rezensionen von J. S. u. M. A. Nr. 18, S. 10) (Biblport)

Bei dem Grabe des seel. Hrn. E. Winkler, ... Göttingen 1793. V: *Crome, Ludwig Gottlieb.* (ml)

Bei den Großeltern. Eine Erzählg. aus der Kinderzeit für die Kinderwelt v der Verf. v. „Mathildens Genesg." Mit 1 (lith.) Titelbild. gr. 16. (55 S.) Basel 872. Spittler. n. — 50

Bei den Großeltern. Eine Erzählung aus der Kinderzeit für die Kinderwelt von dem Verf. von „Mathildens Genesung". 2. Aufl. 16. (48 S.) Basel 877, Spittler. cart. *

Bei d. Grosseltern. Eine Erzählg a. d. Kinderzeit f. d. Kinderwelt v. d. Verf. v. „Mathildens Genesg." 3. Afl. 16. (48) Bas. 80, Spittler. n. — 30

Bei den Grossältern. Eine Erzählung. 16. Basel, Spittler. 1901?

Bei dem seel. Hintritt von J. H. Luis ... Hamburg 17??. V: *Ebert, Joh. Arnold.* (Cat. d. Stadtbibl. Zürich. Zürich 1864—97.)

Bei der Hochzeit des Hrn. Christfr. Wächtlers mit Frau Johanna Barbara verwittw. Steinmannin. Glückst. 1719. V: *Lehmann*, *Gottl.* (Bruun, Bibl. Danica. III, 1582.)

Bei der Hammerich- und Holsten Hochzeit Feyer ... 1752. Flensb. V: *Lindemann Hnr.* (Bruun, Bibl. Danica. III, 1145.)

Bei der Richter und Gudischen Hochzeitfeier welche 1754 den 4. December in Hamburg vergnügt vollzogen worden ... V: *Schetelig*, *A. S.* (Centr. IX, 163)

Bei dem Hochzeit-Feste Joh. Dithmars . . . Glückstadt 1721. V: *Klug*, *Frdr.* (Bruun, Bibl. Danica. III, 1073.)

Bei dem Schuster-Händelischen wohl angeseh'nen Hochzeit-Fest ... ein Räzel der geliebten Schaar ... zu dechiffriren auf gegeben. 1732. V: *Riederer*, *Joh. Fr.* (BGE)

Bei dem Hochzeit-Feste des Christfr. Wächtler, Med. Doct. in Itzehoe, mit Johanna Barbara geb. Steinmannin 1719. Wittenb. V: *Bagger*, *Chn.* (Bruun, Bibl. Danica. III, 1583.)

Bei d. Indianern. Erzählgn. f. d. reif. Jugend. M. (farb.) Titelbild v. Fel. Schmidt. 8. (70 S.) Düsseldorf 896. A. Bagel. Kart. — 60

Bei d. Indianern. Erzählgn f. d. reif. Jugend. 8° (70 m. 1 Farbdr.) Düsseldf 96. Neuweissensee, E Bartels. Kart. — 60

Bei der zweyten Jubelfeyer der im Jahr Christi 1544 gestifteten hohen Schule zu Königsberg übergiebet allen theuren Vätern und Lehrern derselben diese Zuschrift tiefergebenst . . . ein allhier aus Zittau Studirender. Königsberg 1744. V: *Belger*, *Philipp.* (Erman & Horn, Bibliogr. d. dtsch. Universitäten. 2. Leipzig und Berlin. 1904.)

Bei Goethes maurerischem Jubelfeste. Gesprochen in der Johannisloge zu Weimar. 1830. V: *Müller*, *Fr. v.* (GGr)

Bei Kaisers. Aus dem Familienleben des Kaiserhauses. Nach Aufzeichngn. e. alten Hofmannes. 1.—4. Aufl. (à 160 S. m. 11 Taf.) 8. Berlin (908). Hesperus Verlag. 2.—; geb. 3. —

— brennender Kerze. Eine brem. Skizze. Mit (chromolith.) Titelbild: Ein Rathsdiener in Amtstracht. 8. (20 S.) Bremen 877. Sauernheim in Comm. n. 1. —

—— dem himmlischen Kind. Ein bibl. Bilderbuch. 4. (19 S. m. 8 farb. Illustr.) Lahr 889, Kaufmann. cart. * 1 20
Bildet den I. Tl. von „Bilderbuch, ein biblisches" (s. d.).

Bei der Confirmation seines Sohnes Heinrich des Zwey und Vierzigsten, etwas Seelenspeise zur Nahrung des Glaubens christlicher Communicanten . . . Schleitz 1767. V: *Heinrich XII.*, *Graf von Reuss.* (Adel)

— guter Laune. I. Tl. Eine Sammlung v. kom. Vorträgen, Duetts, Couplets, Liedern u. Deklamationen der neuesten Zeit m. Angabe der Verfasser u. Komponisten. 12., vollst. umgearb. Aufl. 8. (VIII, 152 S.) Halberstadt 894. Ernst. n. 1. —
Bis zur 11. Aufl. u. d. T.: Lamprecht, Fritz, bei guter Laune.

— guter Laune. I. Tl. E. Sammlg. v. kom. Vorträgen, Duetts, Couplets, Liedern u. Deklamationen d. neuesten Zeit m. Angabe d. Verfasser u. Komponisten. 13., verb. Aufl. 8. (VIII, 152 S.) Halberstadt 896. Leipzig, Ernst. n. 1. —

— dasselbe. II. Tl. 3., verb. Aufl. 8. (VII, 144 S.) Ebd. 898. n. 1. —

— dasselbe. III. Tl. 8. (VII, 152 S.) Ebd. 898. n. 1. —

Bei guter Laune. I. u. III. Tl. 8. Leipzig, Ernst. à 1.—
I. Eine Sammlg. v. kom. Vorträgen, Soloscenen, Couplets u. Duetts der neuesten Zeit m. Angabe der Verfasser u. Komponisten. 15. verb. Aufl. (VII, 142 S.) (902.)
14. Aufl. (VII, 152 S.) Ebd. 898. n. 1. —.
III. Eine Sammlg. v. kom. Vorträgen, Soloscenen, Couplets, Duetten u. Terzetten der neuesten Zeit m. Angabe der Verfasser u. Komponisten. Das beste f. Dilettanten u. heitere Kreise. 2. verb. Aufl. (VII, 152 S.) 901.

Bei guter Laune. II. Tl. Eine Sammlg. von kom. Vorträgen, Soloscenen, Couplets u. Duetts der neuesten Zeit m. Angabe der Verfasser u. Komponisten. Das beste f. Dilettanten u. heitere Kreise. 4. verb. Aufl. (IV, 156 S.) 8. Leipzig (904). Ernst. 1. —

— guter Laune. I. u. III. Tl. Eine Sammlg. wirklich brauchbarer Vortragsstücke, Soloscenen, Couplets, Duette u. Terzette der neuesten Zeit v. pack. Komik u. zünd. Witz m. unausbleibl. Lacherfolg. 8. Leipzig, Ernst. à 1. —
I. 16. verb. Aufl. (VII, 142 S.) 909.
III. 3. verb. Aufl. (VI, 185 S.) 908.

Bei guter Laune. II. Tl. Sammlg v. kom. Vorträgen, Soloszenen, Couplets u. Duetten d. neuesten Zeit m. Angabe d. Verfasser u. Komponisten. 5. Afl. (4, 139) 8° Lpzg, Ernst ('12). 1 — d

Bei dem Leichengepränge Leopold II. (Gedicht.) Von C. v. G. Wien 1792. V: *Greiner*, *Caroline von vereh. Pichler.* (Caroline Pichler, Denkwürdigkeiten. München 1914. I/661—663.) (Auct. Auer 1754) (BiblPort) (DARP)

— klarer Luft u. Sonnenschein. Landschaftliche Stimmungsbilder aus dem Riesengebirge. Nach photograph. Kunstaufnahmen v. J. Ostermaier. Dichtungen v. Osw. Baer. 2 Sammlgn. (Je 4 farb. Taf. m. je 1 Bl. Text.) 38,5×27 cm. Warmbrunn (910). M. Leipelt.
In Mappe à 4.—; in 1 Mappe 7.50; einzelne Taf. 1.50

Bei Allerhöchster Anwesenheit Ihro Majestät der Kaiserin Mutter Maria Feodorowna in Weimar Maskenzug. Stuttgard 1819. V: *Goethe*, *Johann Wolfgang von.* (BrMm)

— Onkel auf dem Lande. Tierbilderbuch. 4. (6 farb. Taf. m. 6 S. Text.) Fürth 894. (Leipzig, W. Opetz.) — 50

Bei der Pflegung in Warmbrunn wurde durch einen Antrag . . . das Hermsdorfer Bier lobenswürdig zu erheben verleitet ein Fremder . . . Hirschberg 1740. V: *Henning*, *Joh. Chn.* (Nent)

Bei Sang und Klang! Eine Sammlung der neuesten und beliebtesten Volks-, Gesellschafts-, Vaterlands-Lieder u. s. w. Neue Ster.-Ausg. 16. (96 S.) Reutlingen 888, Enßlin und Laiblin.

— Sang u. Klang. Neueste Lieder f. gesell. Kreise. Ster.-Ausg. 16. (96 S.) Reutlingen 897. R. Bardtenschlager. — 50

— Sang u. Klang. Neueste Lieder f. gesell. Kreise. Ster.-Ausg. (96) 16° Reutl., R Bardtenschlager ('11). — 25 d

Bei dem Sarge der Hochedeln Frauen Dorothea Collins ... Riga 1780. V: *Bärnhoff, Anton.* (R-N)

Bei dem Sarge eines brüderlichen Freundes Ludw. Simpson von sämmtlichen Mitgliedern der Freimaurer-Loge Memphis in Memel am 24sten Juli 1808 ... O. O. [1808]. V: *Nikolowsky.* (KL 1431) (WOLFSTIEG I, 934)

Bei dem Sarge der beßten Mutter und Großmutter Frau Anna Schinz geb. Hirzel. O. O. 1789. V: *Lavater Joh. Casp.* (Cat. d. Stadtbibl. Zürich. Zürich 1864—97.)

Bei Tegernsee ... Bozen o. J. V: *Zingerle, Ignaz Vinzenz.* (MARGR)

Bei Bernstorffs Tode an seinen Vater. Lübeck 1772. V: *Cramer, Carl Friedrich.* (GGR)

Bei Laudons Tode. Wien 1790. V: *Alxinger, Joh. Bapt. von.* (KY 1/50) (GGR IV²/206, Nr. 41/3) (GGR IV/232, Nr. 4/6) (BIBLPORT)

Bei der Todtenfeyer Ferdinands des Menschenfreundes, Herzogs von Braunschweig, ... in der Loge Ferdinand zum Felsen zu Hamburg den 5. Sept. 1792 von Br. J. L. E. V: *Evers, Joachim Lorenz.* (GGR)

Bei der Froriepschen und Beckerschen Verbindung. Lübeck 1771. V: *Cramer, Carl Friedrich.* (GGR)

Bei der Vermählung des Hn. Detl. v. Alefeld, Amtmanns zu Tundern ... 1700. O. O. V: *Otto, Joh. Gfr.* (Bruun, Bibl. Danica. III, 954.)

Bei der Vermählung des Wohledelgebornen Herrn Johann Thomas Edlen von Trattnern mit dem Wohlgebornen Fräulein Regina Kleebinder. Wien, am 24. November 1806. V: *Passy, Anton.* (GGR VI/584, Nr. 109/3) (WBL XXI, 329) (BIBLPORT)

Bei der Vermählungsfeyer des Hochgebornen Herrn Reichsgrafen Johann von Nostitz und Rieneck, ... den 28. Januar 1818. Prag. V: *Mücke, Johann.* (GGR)

Bei der Vermählungsfeyer des Herrn Carl Johann Wenig mit Marianna Hraschansky, am VI. Februar im Jahre 1803. ... Wien. V: *Leon, Gottlieb* [?]. (GGR)

Bei der am 21. Jun. 1726 geschehenen Vollziehung des Gudisch-Ehrenkronischen Hochzeit-Festes. O. O. V: *Kelz, S. F.* Bruun, Bibl. Danica. III. 1080.)

Bei welcher Gutsgröße beginnt in Mitteldeutschland das unmittelbare Interesse an der Höhe der Getreidepreise? — Berlin 1896. 8 S. 8° (Schutzverband gegen agrarische Uebergriffe. Flugblatt. 10.) 3. 15.

Bei wem's dem Kinde gefällt. Unzerreißbares Leinwand-Bilderbuch. Nürnberg (864.) Geißler. 4. (16 color. Lithogr. m. Text.) 18¾ ngr.

Bei wems dem Kinde gefällt! Unzerreißbares Leinwand-Bilderbuch. 2. Aufl. Nürnberg 867. P. C. Geißler. 4. (16 lith. u. color. Bll.) 20 ngr.

Bei Wiedereröffnung der Loge Friedrich zur Beständigkeit. Im Or. zu Zerbst den 24sten Mai 1814. »Freut Euch Ihr Brüder ...« [Zerbst 1814.] V: *Henning, Johann Georg Friedrich* (?). (WOLFSTIEG I, 654)

Bei der längstgewünschten Wiederkehr unsres ... Landesherrn. Braunschweig 1813. V: *Heusinger, Conrad.* (Mitth. Dr. H. Bäsecke.)

Bei der höchst-gesegneten Wiege Des ... Ertz-Herzogs ... Leopoldi ... Neisse 1716. V: *Sämler, Sigismund.* (Kat. d. Druckschr. üb. Breslau. Breslau 1903. S. 12.)

Bejach (Red.), s. Rundschau, Medizinische.

Bei-..., s.a. Bey-...

Beibaende. —

Beibände zu einem bestimmten Werk s. auch unter dem Titel dieses Werkes.

Beiblatt. —

Beiblatt zu einem bestimmten Werk s. auch unter dem Titel dieses Werkes.

Beiblatt der fliegenden Blätter aus dem Rauhen Hause, s.a. Blätter, fliegende, aus dem Rauhen Hause.

Beiblatt, das, der fliegenden Blätter aus dem Rauhen Hause zu Horn bei Hamburg, hrsg. v. Wichern. 1. Jahrg. 1850, neu aufgelegt u. m. vielen Bildern (in eingedr. Holzschn.) v. Otto Speckter u. A. gezieret. A. u. d. T.: Geschichten u. Bilder aus der inneren Mission. gr. 8. (VIII u. 184 S.) Hamburg 852, Agentur d. Rauhen Hauses. n. 12 ngr (— 2. u. 3. Jahrg.

Beiblatt, das, der Fliegenden Blätter aus dem Rauhen Hause zu Horn bei Hamburg, herausg. von Wichern. 2. Jahrg. 1851. Neu aufgelegt und mit vielen Bildern (Holzschn. im Text) von Otto Speckter u. A. gezieret. A. u. d. T.: Geschichten und Bilder aus der innern Mission. 2. Folge. Hamburg 853. Agentur des Rauhen Hauses. gr. 8. (VIII, 192 S.) n. 12 ngr

Beiblatt, das, der fliegenden Blätter aus dem Rauhen Hause zu Horn bei Hamburg hrsg. von Wichern und F. Oldenberg. 3. und 4. Jahrg. 1852 und 1853. A. u. d. T.: Geschichten und Bilder aus der inneren Mission. 3. und 4. Folge. gr. 8. (VIII und 376 S.) Hamburg 856(57,) Agentur des Rauhen Hauses. à Jahrg. *

Vgl.: Blätter, fliegende, aus dem Rauhen Hause.

Beiblatt, das, der fliegenden Blätter aus dem Rauhen Hause zu Horn bei Hamburg hrsg. von Wichern. 5—11. Jahrg. 1854—1860. A. u. d. T.: Geschichten und Bilder aus der inneren Mission. 5—11. Folge. (Mit eingedr. Holzschn.) gr. 8. Hamburg, Agentur des Rauhen Hauses. [5. und 6. Jahrg. (XII und 376 S.) 857., 7. und 8. Jahrg. (XII und 376 S.) 858., 9. Jahrg. (V und 196 S.) 859., 10. Jahrg. (VI und 188 S.) 860., 11. Jahrg. (IV und 190 S.) 861. à Jahrg. * 7⅓ Ngr.] *

Der 9. Jahrg. ist von Wichern und F. Oldenberg herausgegeben.

Vgl.: Blätter, fliegende, aus dem Rauhen Hause.

Beiblatt, das, der fliegenden Blätter aus dem Rauhen Hause zu Horn bei Hamburg, hrsg. von Wichern. 12.—17. Jahrg. 1861—66. A. u. d. T.: Geschichten und Bilder aus der inneren Mission. 12.—17. Folge. gr. 8. Mit eingedr. Holzschn. Hamburg, Agentur des Rauhen Hauses. [12. Jahrg. (IV und 188 S.) 13. Jahrg. (IV und 208 S.) 14. Jahrg. (IV und 196 S.) 15. Jahrg. (IV und 195 S.) 16. Jahrg. (IV und 196 S.) 17. Jahrg. (IV und 196 S.)]

12. und 13. Jahrg. à * 7⅓ Ngr., 14.—17. Jahrg. à *

— — 1. Jahrg. 1850. 3. Aufl. A. u. d. T.: Geschichten und Bilder aus der inneren Mission. I. Ebend. (862.) gr. 8. (188 S. m. Holzschn.) n. 12 ngr.

Beiblatt, hippologisches, s. Blätter.

Beiblatt: Religionskundliches Beiblatt
v. Magazin für die neueste Geschichte der protestantischen Missions- und Bibelgesellschaften.

Beiblatt zum Schweizerischen Republikaner
v. Schweizerischer Republikaner.

Beiblatt zum Sonntagsboten f. Sachsen. Monatsbeilage z. Nachbar. Leiter: Siebenhaar. 1.—5. Jahrg. 1890—1894. à 12 Nrn. (à ca. 1 Bog.) gr. 4. Hamburg, H. O. Persiehl. à Jahrg. n. 1.—

Beiblatt z. Sonntagsboten f. Sachsen. Monatsbeilage z. Nachbar. Leiter: Siebenhaar. 6.—9. Jahrg. 1895—1898. à 12 Nrn. (Bog.) gr. 4. Hamburg, H. O. Persiehl. à Jahrg. n. 1.—; einz. Nrn. —10

Beiblatt zum Sonntagsboten f. Sachsen. Monatsbeilage zum Nachbar. Leiter: A. Siebenhaar. 10.—13. Jahrg. 1899—1902. à 12 Nrn. (à 8 S. m. Abb.) gr. 4. Hamburg, H. O. Persiehl. à Jahrg. n.n. 1.—; einz. Nrn. —10

Beiblatt zum Sonntagsboten f. Sachsen. Monatsbeilage zum Nachbar. Leiter: A. Siebenhaar. 14.—17. Jahrg. 1903—1906. à 12 Nrn. (à 8 S. m. Abbildgn.) Lex.-8. Hamburg, H. O. Persiehl. à Jhrg. n.n. 1.—

Beiblatt zum Sonntagsboten f. Sachsen. Monatsbeilage zum Nachbar. Leiter: A. Siebenhaar. 18. Jahrg. 1907. 12 Nrn. (à ca. 8 S. m. Abbildgn.) Lex. 8. Hamburg, H. O. Persiehl. nn 1.—

Fortsetzg., s.: Nachbar, der, sächsisches Beiblatt.

Beiblatt zu dem Verordnungsblatte des k. k. Ministeriums des Innern. Jahrg. 1903. Lex.-8°. Nr. 1 K —30

Beiblatt der Hurterischen Schaffhauser Zeitung
v. Merkwürdigkeiten der neuesten Welt-Geschichten.

Beiblaetter. —

Beiblätter zu einem bestimmten Werk s. auch unter dem Titel diese Werkes.

Beiblätter, s.a. Beyblätter

Beiblätter zu den Annalen der Physik und Chemie, s.a. Annalen der Physik und Chemie.

Beiblätter zu den Annalen d. Physik u. Chemie. Hrsg. unter Mitwirkung befreundeter Physiker v. J. C. Poggendorff. 1. u. 2. Bd. Jahrg. 1877 u. 1878. à 12 Hfte. gr. 8. (à Hft. 64 S.) Leipzig 877.78. Barth. à Bd. n. 12.—

— dasselbe. Hrsg. v. G. u. E. Wiedemann. 3. Bd. Jahrg. 1879. 12 Hfte. gr. 8. (1. Hft. 56 S.) Ebend. n. 12.—

— dasselbe. 4—6. Bd. Jahrg. 1880—1882. à 12 Hfte. gr. 8. (à Hft. ca. 80 S.) Ebend. à Jahrg. n. 16.—

Beiblätter zu den Annalen der Physik und Chemie, herausgegeben von G. und E. Wiedemann. Namen-Register zu Band I–XV (1877–91) zusammengestellt von F. Strobel. 8vo. Leipzig, 1893.

Beiblätter: Kritische Beiblätter zu den Miscellen für die neueste Weltkunde
v. Miscellen für die neueste Weltkunde.

Beibuecher. —

Beibücher zu einem bestimmten Werk s. unter dem Titel dieses Werkes.

Beiche, Eduard s. *Beiche*, Wilhelm Eduard.

Beiche, Georg (Stassfurt), Diss. de magis ex oriente stella duce Bethlehemum profectis. Präs. Christ. Cellarius. Halle (Chn. Henckel) 30. I. 1704. 24 Seiten. (4.80) 1862

— — De poetis scholae publicae utilioribus. Diss. philol. Präs. Christoph Cellarius. Halle (Chr. Henckel) 29. III. 1706. 24 S. (4.80) 1863

Beiche, Johann Siegmund: Als auf allergnädigsten Befehl und an allerhöchster Statt des Allerdurchlauchtigsten ... Herrn Friedrich Augusts, Königs in Pohlen, ... Hr. Otto Wilhelm von Bodenhausen auf Brandis, Ihro Königl. Maj. ... Hochbestallter Hof-Justitien- und Appellation-Rath ... am 19. Jan. 1734. ... von denen Königl. und Churfl. Sächsischen Aemtern und Städten Pegau und Borna die allerunterthänigste Huldigung einnahmen, wolte seine allerunterthänigste Pflicht erweisen Johann Siegmund Beiche. — Leipzig [1734]: Langenheim. 2 Bl. 2° 14.
15.

Beiche, Wilhelm Eduard: Beschreibung der bekanntesten für die Landwirthschaft schädlichen Insekten, Würmer u.s.w., nebst Angabe der Vertilgungsmittel. — Leipzig: Wilfferodt 1869. VIII, 91 S. 8° 14. 30.
15.

Beiche, W. Ed., vollständiger Blüthenkalender der deutschen Phanerogamen-Flora. Unter Zugrundelegung von Dr. Kittel's Taschenbuch der Flora Deutschlands, nebst Angabe der Klassen und Ordnungen nach Linné, der Jussieu'schen Pflanzenfamilien, der richt. Aussprache und der wichtigsten Synonymen und Trivialnamen. 2 Bde. gr. 16. Hannover, Hahn'sche Hofbuchh. [1. Bd.: Januar bis Juni. (VIII, 656 S.) 872. * ℳ 5.; 2. Bd.: Juli bis Dezember. (VIII, 580 S.) 873. * ℳ 4.] *

Beiche, W. Ed., der kleine Botaniker. Ein Hülfsbüchlein beim Aufsuchen und Bestimmen der wichtigsten, in Deutschland wildwachsenden und cultivirten Pflanzen. Phanerogamen. Nach dem Linné'schen Sexual-System bearb. gr. 8. (VII und 267 S.) Langensalza 867, Verlags-Comptoir.

— Der kleine Botaniker. Ein Hilfsbüchlein beim Aufsuchen u. Bestimmen der wichtigsten, in Deutschland wildwachsenden u. kultivirten Pflanzen. Phanerogamen. 2. Aufl. — Langensalza: Beyer 1875. 423 S. 8°
1: Lx 5289². 3[∞ Titelbl.]
15.

Beiche, W. Ed., der kleine Botaniker. Ein Hilfsbüchlein beim Aufsuchen und Bestimmen der wichtigsten, in Deutschland wildwachs. und kultivirten Pflanzen. Phanerogamen. Nach dem Linné'schen Sexual-System. 2. Aufl. 8. (VIII, 423 S.) Langensalza 876, Beyer und Söhne. *

Beiche, Ed., Erklärung geographischer Namen unter besond. Berücksicht. des preussischen Staates u. der deutschen Kolonieen. Ein Nachschlagebuch f. Lehrer u. Lernende. gr. 8. (III, 168 S.) Glogau (899). C. Flemming. n. 2.40

Beiche, Ed., die Geographie in den niederen deutschen Schulen. Mit besond. Berücksicht. des preuß. Staates, sowie des neuen deutschen Reiches. Ein Handbuch für Lehrer an Volks- und an Bürgerschulen. Unter Berücksicht. der neuesten Bestimmungen bearb. und hrsg. gr. 8. (358 S. mit vielen in den Text gedr. Holzschn.) Leipzig 876, Peter's Verlag.

—— **Heimathskunde der Provinz Sachsen für Lehrer und Lernende.** 8. (60 S.) Wittenberg 869, Herrosé. *

—— der deutsche Krieg im J. 1866. Nach den geschichtl. Quellen zusammengestellt. Ein Gedenkblatt für das deutsche Volk. gr. 8. (124 S.) Wittenberg 866, Herrosé.

— Der deutsch-französische Krieg von 1870 und 1871. Eine ... Schilderung des Riesenkampfes der Deutschen gegen Frankreich. Bd 1. — Berlin: Kroschel 1872. VIII,949 S. 8° 1: Kr. Samml. A 146. 15.

— Die im Saalkreise und in den angrenzenden Landesteilen wildwachsenden und cultivierten Pflanzen ⟨Phanerogamen⟩. Nebst e. Anh.: Die wichtigsten Schachtelhalme, Farne, Pilze u. Schwämme d. Gebiets. — Halle: Starke 1899. VII,271 S. 8° 1: Lx 11774. 3. 15.

—— die Provinz Sachsen und ihr Boden in Hinsicht auf den jetzigen Zustand und die Entwickelung der landwirthschaftl. Verhältnisse, nebst einer weiteren Behandlung der landwirthschaftl. Produkte aus dem Pflanzenreiche. Nach amtl. und Privatquellen. gr. 8. (IV, 858 S.) Delitzsch 874, Pabst. *

—— geogr. Skizzen a. Europa. 8. (274) Langens. 68, Gressler. — 24

— Taschenbuch der Pflanzenkunde für Land- und Forstwirthe oder Beschreibung aller wichtigen Cultur-, Futter- und Unkrautpflanzen Deutschlands. — Berlin: Wiegandt & Hempel 1869. IV,200 S. 8° 3. 5. 0. 20. 15.

— — (2. Ausg.) Ebd. 1869 (1872). IV,200 S. 8° 15. 20. 15.

—— Taschenbuch der Pflanzenkunde für Land- und Forstwirthe oder Beschreibung aller wichtigen Cultur-, Futter- und Unkrautpflanzen Deutschlands nebst Angabe ihres Nutzens und Schadens. Zum Gebrauche in land- und forstwirthschaftl. Lehranstalten und beim Selbstunterricht sowie als Anleitung zur Bestimmung der Pflanzen. gr. 16. (IV, 200 S.) Berlin 869, Wiegandt, Hempel und Parey. cart. (* ℳ 2.) *

Beiche WE. die schädlichen und nützlichen Tiere Deutschlands. Berlin 1868

—— die schädlichen und nützlichen Vögel Deutschlands. Ein Mahnruf an Jedermann, besonders aber an Land- und Forstwirthe, sowie an Lehrer an landwirthschaftl. und Forst-Instituten und an Volksschulen. gr. 8. (VIII, 52 S.) Berlin 868, Nicolai'sche Verlagsb. *

Beichel, Friedrich, Hochbauinsp.: Beschreibung des neuen Schulgebäudes der Goetheschule Karlsruhe m. Lageplan, 5 Grundrissen u. 1 Schaubild. Karlsruhe 1909: Malsch & Vogel. 15 S. 4°
Karlsruhe, Goethe-S, RG m. G-Abt. P 1909 (840) [S 09. 17

Beichel, Josef B.

— Anleit. z. Kopfrechnen. 8. Wien 80.. 2e A. 804. 6e A. 822. Al. Doll. 12 Gr.

Beichel, J. B., Anleit. z. Kopfrechnen. 8. Wien, (Doll, A.) (Liebeskind in Leipz.) 809.

— Anleitung z. Kopfrechnen, z. Gebrauche d. Landschullehr. 4te verm. Aufl. 8. Ebend. 814.

— Anleit. zum Kopfrechnen. 6te A. 8. Ebend. 818.

Beichel, J. B., Anleitung zum Kopfrechnen, nebst e. großen Vorrathe von Beispielen. Zum Gebrauche der Lehrer u. Lehrlinge, auch der Handels- u. Wirthschaftsleute. 9e verm. u. nach stufenweisen Grundsätzen ganz neu umgearb. Aufl. 8. Wien 834. Karl Doll. (Leipzig, Liebeskind.) 1/2 Thlr.

— prakt. Anleit. z. Rechnenkunst. Mit Beispielen. 8. Wien 823. Grund. (Fr. Fleischer in Leipz.) 1 Thlr. 2 Gr.

— — 2., verb. Aufl. Ebd. 1833. IV,298 S. 8° 302. 15.

Beichel, J. B., Anweis. zum Briefschreiben u. and. im gemeinen Leben vorkomm. schriftl. Aufsätzen. 8. Wien 808. 4e A. 819. Al. Doll. 12 Gr.

— Anweisung zum Briefschreiben und anderen im gemeinen Leben vorkommenden schriftlichen Aufsätzen. 3., verm. u. verb. Aufl. — Wien: Doll 1813. VIII,212 S. 8° 302. 15.

Beichel's J. B., Anweis. z. Briefschreiben u. andern schriftl. Aufsätzen, f. Schulen u. Privatlehrer, wie auch Handwerks- und Bauersleute eingerichtet. 4te Aufl. 8. Wien, Doll. (Leipzig, Liebeskind in Comm.) 820.

— Sätze zum Dictando-Schreiben aus der Naturlehre und Naturgeschichte, aus der Erd- und Himmelskunde, nebst einigen Gelegenheitsübungen vom Aberglauben. Zum Gebrauche d. Schul- u. Privatlehrer. H. 1.2. — Wien: Doll 1811. 8°
2. Sätze zum Dictando-Schreiben, als ein zur Wiederholung bestimmter kurzer Ueberblick d. biblischen Geschichten. Gesammelt u. hrsg. von F.R.O.
302. 15.

— — Sätze z. Diktando-Schreiben a. d. Naturlehre rc. N. Aufl. Ebendas. 821.

Beichel, (J. B.,) Sätze zum Dictando-Schreiben. 2 Hefte. 2e Aufl. 8. Wien 822, Al. Doll.

— George Treumuth, ein Volksbuch z. nützl. Unterhalt. gr. 8. Wien 815. 2e A... Al. Doll. 1 Thlr.

Beicher, F., Unsere Arbeiter der Neuzeit. Skizzen aus der Welt der Arbeit. 2. Aufl. 8°. Gotha, Perthes, 1892.

Beichert's illustrirter Familienschatz. Band 42. Inh.: M. Behne, Die Rache des Todten. Mit 3 Vollbildern. 8. (96 S.) —.15
— — Band 43. Inh.: F. von Brun-Barnow, Malwe, Roman. 8. (95 S.) —.15
Wien: Derflinger & Fischer 1898.

Beichhold, Gottfried Salomon: Predigt bei dem Jubiläum des Herrn Carl Benedikt Haas, wohlverdienten Schullehrers zu Uttenreuth ... nebst der von ... Kirchenrath u. Dekan Vogel gehaltenen Rede. — Erlangen: Junge [1814]. 32 S. 8° 20. 15.

Beichhold, Gottfr. Sal., Predigten über die Sonn- u. Festtags-Evangelien des ganzen Jahres, zur häusl. Erbauung. Nach dessen Tode herausg. v. seinen nächsten Anverwandten. 2 Bde. 8. Dinkelsbühl 837. Walthr'sche Buchh. 2 Thlr.

Beichius, Christian Gottlieb (Dama Sax.), De praecognitis jurisprudentiae justitia et jure. Disp. jur. Präs. Gottfr. Reinh. Koeselisius. Lpz. (Gg. Saalbach) 24. III. 1733. 36 S. (4.80) 1864
Gew.: Joh. Sigism. Beichius.

Beichl Josef: Die Mundart von Loosdorf in Nieder-Oesterreich.
H. 1907 PN 2385 Diss. Wien, Univ. 238

Beichling, C., s. Beichling, Carl Heinrich

Beichling, Carl Heinrich:

Beichling, C., Erinnerungsblätter an das Elbthal u. die Sächs. Schweiz, nach d. Natur gezeichnet u. gestochen. Mit topograph. Erläuterungen von J. Ekkenstein. Mit 8 ill. Ansichten. 16. Dresd. 831. Friese. 8 Gr. In Etuis 12 Gr. Dass. französ.: feuilles de resouvenir à la vallée d'Elbe etc. 8 Gr. u. 12 Gr.

Beichling, C., Erinnerungsblätter an das Elbthal und die sächs. Schweiz, nach d. Natur gezeichnet u. gestochen. Mit topograph. Erläuterungen von J. Ekkenstein. (8 Ansichten u. 8 Bl. Text.) 16. Leipzig 833. Friese. 1/3 Thlr. ill. 1/2 Thlr.

—— Feuilles de resouvenir à la vallée de l'Elbe et à la suisse saxonne. Avec des remarques topograph. par J. Ekkenstein. 1. édit. 831., 2. éd. 833. 16. (à 12 Ansicht. u. 8 Bl. Text.) Leipzig, Friese. à Aufl. schw. 8 Gr., ill.

—— Panorame de l'Elbe et des alentours circonvoisins depuis Aussig jusqu'à Misnie, dessiné d'après nature. Longueur 53 Pouces, largeur 9½—11½ Pouces. Suivi d'un Manuel pour les voyageurs dans la vallée de l'Elbe et dans la Suisse Saxonne etc. par J. Ekkenstein. gr. in-8. (5 B.) le même 831.

—— Panorama d. Elbe u. ihrer nächsten Umgebn. v. Meissen bis Aussig Elbaufwärts. Nach d. Natur aufgenommen u. gest. 2. Orig.-Ausg. 2 Ellen 4 Zoll lang u. 9 Zoll breit. — Mit J. G. Wiemann's Führer auf d. Reise im Elbthale. gr. 8. (4 B.) Dresde 831. [Leipzig,] Friese.

—— dass. auf Leinwand. Ebds. 831. schw. 2 Thlr. 8 Gr., ill. Prachtausg.

—— dass. v. Aussig bis Meissen Elbabwärts. 2 Ellen 6 Zoll lang u. 9½—11½ Zoll breit. — Mit J. G. Wiemann's Wegweiser im Elbthale, Stromaufwärts v. d. preuß.-sächs. Gränze unterhalb Strehla bis nach Außig in Böhmen, mit besond. Berücksicht. d. sächs. Schweiz, Dresden ꝛc. gr. 8. (5 B.) Ebds. 831.
Supplement hierzu (Meissen bis Strehla) 19 Zoll lang u. 9½ Zoll breit. 8 Gr.

—— dass. v. Strehla bis Aussig, als Charte d. Flusses durch d. ganze Königr. Sachsen, mit Markirung d. preuss. u. österr. Grenzen. 3 Ellen lang u. 9½—11½ Zoll breit. — Mit Wiemann's Wegw. (wie vorstehend.) Ebds. 831.

—— dass. auf Leinwand. Ebds. 831. schw. 2 Thlr. 16 Gr., ill. Prachtausg

—) Panorama der Elbe von Aussig bis Meissen. [Nebst] Anh. — Dresden: Friese [1829]. 8°
Anh. Wiemann, Johann Gottlieb: Der Führer auf d. Reise im Elbthale von Aussig durch d. sächsische Schweitz u. die Gegend von Dresden bis nach Meissen. Pirna: Friese [1829].
1:Sr 10730. 15.
10.

— Panorama der Elbe von Aussig bis Meissen und Strehla, nach d. Natur gez. u. gest. [Nebst] Comm. — Dresden: Friese [1831]. 8°
Comm. Wiemann, Johann Gottlieb: Wegweiser im Elbthale, stromaufwärts, von der preußisch-sächsischen Gränze unterhalb Strehla bis nach Aussig in Böhmen, mit bes. Berücks. der sächsischen Schweitz, Dresdens &c. Pirna: Friese 1831.
10. CO0:28.732.

— Panorama der Elbe von Außig bis Meißen u. Strehla, nach d. Natur gezeichnet u. gestochen. N. Ausg. mit Bezeichnung der Eisenbahn u. 12 Ansichten. Mit dem nöthigen Commentar: Wegweiser im Elbthale, Stromaufwärts von der preuß.-sächs. Gränze unterhalb Strehla bis nach Aussig in Böhmen v. J. G. Wiemann. 3e Aufl. gr. 8. Leipzig 840. Friese. n. 1⅓ ₰

Beichlingen, Graf v., Großkanzler d. Kurfürsten Friedrich August v. Sachsen, 1665-1725. 1704 s. *Beichlingen*, Wolf Dietrich v.

Beichlingen, s. Bertha.

Beichlingen, Friedrich Wilhelm v. (Thür.), De filia nobili renunciante. Disp. jur. Präs. Samuel Stryk. Frankft./O., 20. IV. 1686. Wittenberg (J. W. Bossoegel). 35 S. (4.80) 1867
—— Dasselbe. Halle (Orphanotroph) 1704. Vol. VI, disp. VII. 22 S. (4.60) 1868

Beichlingen, Wolf Dietrich Graf v.:

Curieuse Reflexiones über verschiedene aus politischen Welthändeln, der Historie, Natur-Wissenschafft, Kriegs- und Commercien-Wesen, Oeconomie, Morale &c. genommene Materien, nebst Entdeckung unterschiedlicher im menschlichen Leben sich ereigender defauts. — o. O.: Autor 1705. 63 S. 8° 3. 21.
15.

— **Wolfgang Dietrich von,** Collationem juris Saxonici novissimi & Romani. Disp. jur. Präs. Sam. Stryk. Frankft./O. (Chph. Zeitler) April 1689. 70 S. (5.—) 1869
Gew.: Friedr. Adolf v. Haugwitz (Lichtenau).
—— Dasselbe. Halle (Orphanotroph) 1704. Vol. VI, disp. VI. 40 S., ohne Widm. (4.80) 1870

Beichov, Carl Christoph (Tangermünde), De immunitate a praestatione evictionis. Diss. jur. Präs. Samuel Stryk. Halle (Joh. Jac. Krebs) Sept. 1708. 56 S. (1.—) 1871

Beicht, s.a. Beichte

Beicht und Bekehrung eines Erzlavaterianers zur Lichtfreund- und Wahrmundschaft zu gemeiner Warnung und Erbauung von ihm selbst herausgegeben. 1787. V: *Pfenniger, Joh. Conrad.* (GGr IV, 3. Aufl.)

Eine demütige Beicht und christliches Gebet, welches in den evangelischen und lutherischen Kirchen des Hertzogthumbs Preussen ... anzustellen verordnet ist. Beydes zur abwendung der bevorstehenden und gefehrlichen verenderung, so dem Vaterlandt durch den plötzlichen Todt des ... Fürsten und Herren, Herrn Johan Sigißmundt ... Marggraffen und Churfürsten zu Brandenburgk ... angedeutet wird. Dan auch zu beförderung glücklicher Succession des ... Fürsten und Herrn Herrn Georg Wilhelm ... Marggraffen und Churfürsten zu Brandenburg. — Königsberg 1620. 8 Bl. 8° 1:Sz 2210. 10.

Die Beichte einer Frau. — Berlin: Elsner 1877. 23 S. 8°
Aus: Deutsche Versicherungszeitung. 18. 1877. 18.
15.

Beicht Kaiser Napoleons. — o. O. [um 1815]. 2 Bl. 8 10. 15
15.

Beicht, die österliche. 8. Münch. 781. J. Lindauer. 2 ₰

Die sakramentalische Beicht nach Schrift und Tradizion dargestellt in einem Gespräche. Von e. Landpfarrer. Wien: PP. Mechitaristen 1826. 100 S. 8° 102.
15.

— Neue Aufl. Trier: Troschel 1830. 62 S. 8°
1:Ds 18724.
15.

— Neue Aufl. Ebd. 1830. 69 S. 8° 5.
15.

Die sakramentalische Beicht nach den heiligen Schriften und der Erblehre. Gespräche zwischen e. Landpfarrer u. seinem Nachbarn. — München: Kathol. Bücher-Verein 1841. VI,96 S. 8° 12:Dogm. 71.
15.

—— 2. Aufl. Ebd. 1843. VI,96 S. 8° 12:Past. 25k.
15.

—— 3. Aufl. Ebd. 1844. VIII,97 S. 8° 12:Past. 25kd. 25.
15.

Von der Beicht. — [Hamburg 1717.] 16 S. 8° 18.
15.

Beicht, D. C. W., s.a. Menschen, aus d. Papieren des braunen Soubise.

Beicht, D. Ch. W.:

Menschen. Aus d. Papieren d. braunen Soubise. — Leipzig: Gräff 1802. VIII,312 S. 8° 1:Yw 5455/12.
15.

Beicht, D. Chr. W., († d. 8. Nov. 1811.) s. 1) Galliani, Gespräch.

Beicht, Kaete:

Belehrt und bekehrt. Weihnachtsspiel für Kinder. Paderborn: Schöningh [1907]. 19 S. 8° (Theater für d. weibliche Jugend. 32.) 1:Ng 24930-32. 6.
15.

Beicht, Käthe: Eine Himmelsreise, s: Theater f. d. weibl. Jugend.

Ungehorsams Strafe. Märchenspiel in 5 Akten von Käthe **Beicht**. Paderborn: F. Schöningh [1907]. (30 S.) 8° [F.]
— **Theater** f. d. weibliche Jugend. 33. [07. 14138

Beichtandacht m. Beichtspiegel f. die Jugend. 25. Aufl. (24 S.) 16. Donauwörth (905). L. Auer. --03

Beichtandacht m. Beichtspiegel f. die Jugend. 27. Aufl. (24 S.) 10,2×7,1 cm. Donauwörth (908). L. Auer. p — 03

Beicht-Andacht für Kinder. 2. Aufl. Salzburg 1881. 5. Aufl. [1887]. 6. Aufl. [1889]. V: *Steindlberger, Ulrich.* (HR)

(F) Beicht-Andacht für Kinder. Mit Bewilligung des hochw. bischöflichen Ordinariates in Linz (20. Juli 1899), Z. 1280. Herausgegeben von Cajetan Schachinger. Linz—Urfahr. [1899.] Kath. Pressverein. 16°. 15 S. fl. —.03

— f. Kinder. Von e. Priester der Diöcese Augsburg. (14 S.) 16. Nördlingen (904). Th. Reischle. — 10

Beicht-Andacht für Kinder, besonders für Erstbeichtende von U. St. 2. Aufl. 24. (82 S.) Salzburg 881, Mittermüller. * 1. Aufl. erschien im Selbstverlag.

Beichtandacht, kurze, mit Beichtspiegel für die Jugend. 1.—12. Aufl. Bearb. von einem Kreise von Katecheten. 32. (16 S.) Donauwörth 874—79, Buchh. des katholischen Erziehungs-Vereine. Preis für 100 Exempl. *

Beicht-Andacht f. die Schul-Jugend. Neue verb. Aufl. 24. (14 S.) Freising 892. Dr. F. P. Datterer. — 5; 100 Stück n. 4.50

Beichtandachten. — Auserlesene Beicht- und Kommunionandachten. — Memmingen [um 1820]. 32 S. 8°
12: Bavar. 994 kbb/1 [2 Ex.]
15.

— Auserlesene Beicht- und Kommunionandachten, und Konfirmations-Gebete. — Ulm: Wagner 1831. 36 S. 8°
12: Liturg. 1426o/1. 24.
15.

Beicht- u. Communion-Andachten, auserlesene, u. Confirmationsgebete. gr. 8. Ulm 840, Wagner'sche Brlsbuchh.

Beicht- u. Communion-Andachten, auserlesene, und Confirmations-Gebete. (Taschen-Ausg.) 16. (2 B.) Ulm 843, Wagner'sche Brlsbuchh.

—— Neue Original-Ausg. Ebd. 1883. 24 S. 8° 24.
15.

Beicht- u. Communion-Andachten, u. Confirmations-Gebete, auserlesene. gr. 8. (2 B.) Ulm 842. [Stettin'sche Sort.-Buchh.]

Beichtanstalt, die, der katholischen Kirche, f. Broschüren-Cyclus für das kathol. Deutschland.

Die Beichtanstalt der kath. Kirche ist der bündigste Beweis der wunderbaren Barmherzigkeit Gottes gegen das Menschengeschlecht. Soest, Nasse, 1869, 12°, 23 S., 20 Pf. (Brosch.-Cyclus f. d. kath. Deutschl. Jahrg. 4, Nr. 9.)

Beichtbekantnuß. — Offentliche bayerische Beicht-Bekantnuß vor den Füssen der käyserlichen Soldateska. — o. O. 1705. 4 Bl. 8° 12: 4° Bavar. 2120 II, 13.
15.

Beichtbuch, s.a. Bihtebuoch

Beicht- u. Abendmahls-Buch. (Von W Ziethe.) 8. (172) Berl. 59. (Beck.) geb. — 10

Beicht- und Abendmahls-Buch. (Von W. Ziethe.) Hrsg. und verlegt vom Haupt-Verein für christl. Erbauungsschriften in den preuß. Staaten. 8. (VIII und 172 S.) Berlin 859, (Evangelische Buchh.) geb.

Beicht- und Abendmahl-Buch. (Von W. Ziethe.) 3. Aufl. gr. 16. (VIII und 192 S.) Berlin 860, (Beck.) cart. *

Beicht- und Abendmahls-Buch. (Von W. Ziethe.) 4. Aufl. 16. (VIII, 192 S.) Berlin 869, (Beck.) geb. *

— auserles., gläub. Christen, mit e. Vorrede u. Unterr. v. rechten Gebrauch des heil. Abendmahls, v. J. G. Rosenmüller. 9e Aufl. verb. v. G. C. F. Seidel. 8. Nürnb. 819. Bieling. Druckp. 8 gr. Schrbp. 10 gr. Velinp. 14 gr.

Beicht- und Communion-buch, Auserlesenes, für gläubige Christen, ... Nürnberg 1781. V: *Ries, Heinrich August Andreas.* (WINER)

Beicht- u. Communionbuch, auserlesenes, f. gläubige Christen, mit ein. Vorrede v. Rosenmüller. 7te Aufl. 8. Nürnb. Bieling. 816.

— u. Communionbuch, auserl. u. vollst. rc., m. Rosenmüllers Vorrede. 8. Nürnberg, Bieling. (W. Fleischer in L.) 809.

Beicht- und Communion-buch, Christkatholisches, mit einem Anhang von Liedern zur Beichte und Abendmahlsfeyer. Stuttg. 1810. V: *Dann, Christian Adam.* (KY) (MGT)

— Dass. mit e. Anhange von Liedern z. Beichte u. Abendmahlsfeier, (v. C. A. Dann). Mit 1 Kpf. 8. Stuttg. 810. 2e A. 810. 3e A. 824. Steinkopf. 16 gr.

Beicht- u. Communion-Buch, christ-katholisches, in Gebeten u. Betrachtn. f. Gott ergebene Seelen. gr. 12. (13½ B.) Coblenz 829, Hölscher. 10 Gr., Velnp. mit Titkpfr.

Beichtbuch, kathol., od. vollständ. Unterricht von dem Gebrauche des Bußsakraments rc. (v. Ulr. Reiß). 8. Augsb. 794. Lotter. 12 gr.

Beicht- und Kommunion-Buch. — Breslau: E. G. Meyer 1803. 110 S. 8° 2.
15.

Beicht u. Communionbuch, mit einem Anhange von Liedern z. Beichte u. Abendmahlsfeier. (von C. A. Dann) 2te verb. u. verm. Aufl. Mit 1 Tit. Kpfr. 8. Stuttgart, Steinkopf. 816.

Beicht- und Communion-Buch [Kommunionbuch] für alte und junge Christen, besonders für Confirmanden. — Strasburg: Pfähler [usw.] 1802. VIII, 248 S. 8°
1: Ds 10020.
15.

— u. Communion-Buch f. gebildete Christen, ist Betracht. z. Feier des Abendmahls.

— u. Kommunionbuch in Gebeten aus Seiler's Schriften. Mit 1 Kpf. 8. Nürnb. 790. N. A. 800. Raw. 6 gr.

— u. Communion-Buch z. Gebr. b. d. neu. u. verbess. Ordn. in d. Nürnberg. Kirchen. 8. Ebend. 790.

— u. Communion-, Gesang- u. Gebet-Buch d. Neuer. 3 Thle. 8. Eisenb. Hilscher. 771.

Beicht- u. Communion-Buch, vollständ. 8. Nürnberg, Monath. 780.

Beicht- u. Communion-Buch, vollständiges, für evangel. Christen. Eine Sammlung auserlef. Kerngebete der älteren Zeit. 8. Stuttgart 842, Metzler'sche Buchh. ⅓ ₰

Beichtbuecher. — Die Bamberger Beichtbuecher aus der ersten Hälfte des XV. Jahrhunderts, mit e. Anh. über d. Bamberger Pönitentialbücher von Heinrich Weber. — Kempten: Kösel 1884. 100 S. 8°
1: Ds 16915. 12: Asc. 403 m.
15.

Beichtbüchlein

Beicht- und Abendmahlsbüchlein. Aus den „Buß- und Communion-Andachten“ der sel. Frau Gräfin Emilie Juliane Schwarzburg-Rudolstadt zusammengestellt u. neu herausg. von Knak. Berlin 850. W. Schultze. 8. (IV, 76 S.) n. 10 ngr

Beicht- und Abendmahlsbüchlein. 3. Aufl. 16. (40 S.) Heidelberg 888, Winter's Universitäts-Buchh. *
geb. mit Goldschn. *

Beicht- u. Abendmahlsbüchlein. 5. Aufl. M. e. Titelbild v. Ludw. Richter. 12. (40 S.) Heidelberg 896. C. Winter. n. — 40; geb. in Leinw. m. Goldschn. n. 1. —

Beicht- u. Abendmahlsbüchlein. (Von Frz. Härter.) 6. Aufl. Mit e. Titelbild v. Ludw. Richter. (88 S.) kl. 8. Heidelberg (905). C. Winter, Verl. n. — 40

Beicht- und Abendmahls-Büchlein ausgezogen aus den Schriften von Dr. Martin Luther. 16. (220 S.) Reutlingen 861, Rupp und Baur. *

Drei Beichtbüchlein nach den zehn Geboten aus der Frühzeit der Buchdruckerkunst. Hrsg. von Franz Falk. — Münster: Aschendorff 1907. IV,95 S. 8° (Reformationsgeschichtliche Studien u. Texte. 2.)
1:Cm 710-2. 2. 3. 5→9. 11. 12:H.ref. 365el-2. 14. 16. 17. 18. 21. 24→27. 29. 38. 300:448.491-B.Per. 2. 302.
15.

Beichtbüchlein in Sachen der gemischten Ehen, oder Anweis. für d. Beichtkinder, wie sie ihren Priestern antworten sollen, wenn diese ihnen wegen d. evang. Erziehung ihrer Kinder d. Absolution verweigern. 12. (1½ B.) Duisburg 845, Schmachtenberg.

Erbauliches Beicht- und Communion-Büchlein, das ist: 1. Gründlicher Unterricht vor diejenige, so zum heiligen Abendmahl gehen wollen. 2. Genaue Prüfung nach d. Gesetz u. Evangelio. 3. Gebete, wenn man zur Beicht gehet. 4. Gebete, vor-, bey- u. nach d. Gebrauch d. heiligen Abendmahls. — Schw. Hall: Messerer [um 1760]. 128 S. 8° 18. 30.
15.

Evangelisches Beicht- und Communion-Büchlein. 2., verm. Ausg. — München: Daisenberger 1837. VII, 116 S. 8° 12:Asc. 5463v.
15.

Beicht- u. Communion-Büchlein, evangelisches, mit einer Zugabe für Confirmanden. 3. unveränd. Ausg. 8. Nürnberg 843, Raw. 1/4 ℛ

Beicht- und Communionbüchlein, evangelisches, mit einer Zugabe für Confirmanden. 4., unveränd. Ausg. 8. (XIV und 130 S.) Nürnberg 850, Raw'sche Buchh.

Beicht- und Communionbüchlein, evangelisches, mit einer Zugabe für Confirmanden. 5. Aufl. Nürnberg 860. Raw. gr. 8. (XII, 124 S.) n. 8 ngr

Beicht- und Communionbüchlein, evangelisches, mit einer Zugabe für Confirmanden. (Hrsg. von Boeckh.) 6. Aufl. gr. 16. (XII, 132 S.) Gütersloh 878, Bertelsmann. geb.

[3.] Beichtbüchlein für Kinder. Hrsg. v. Anton Stolzmann, Religionsl. 3. Aufl. . . . Dülmen i. W.: A. Laumann 1895. (10 S.) 1 Bd 8.

—— und Communion-Büchlein, s.a. Prüfungstafel.

— und Communion-Büchlein. 2e verm. Ausg. gr. 8. München 837. Daisenbergersche Buchh. n. 1/4 ℛ Postp. n. 7 gr

Beicht- und Communion-Büchlein [Kommunionbüchlein]. Enthaltend Gebete für die Beichte und das Abendmahl, nebst einer Anweisung zu einem rechten Gebrauche beider, wie auch einer Zugabe. — Halle: Waisenhaus 1843. 106 S. 8° 8.
15.

Beicht- und Communion-Büchlein. Nebst e. Zugabe. Hrsg. von d. christlichen Vereine im nördlichen Deutschland. — Ebd. 1846. 106 S. 8° 1:Ds 10560. 15.
15.

— — Ebd. 1849. 106 S. 8° 3. 6.
15.

— — 8. Aufl. o.O.: Christlicher Verein [usw.] 1850. 106 S. 8° 14.

— — 9. Aufl. Ebd. 1854. 106 S. 8° 18.
15.

— — 13. Aufl. Ebd. 1858. 106 S. 8° 26.
15.

— — 16. Aufl. Ebd. 1867. 106 S. 8° 17.
15.

— — 17. Aufl. Ebd. 1870. 106 S. 8° 17. 18.

— — 18. Aufl. Ebd. 1872. 106 S. 8° 12:Mor. 1210b.
15.

— — 20. Aufl. Ebd. 1878. 106 S. 8° 26.
15.

— — 23. Aufl. Ebd. 1887. 103 S. 8° 12:Asc. 5427x.
15.

Beicht- u. Communion-Büchlein. Nebst e. Zugabe. 24. Aufl. 8. (103 S.) Eisleben 889, Christl. Verein i. nördl. Dtschld. geb. — 38

— — 25. Aufl. Ebd. 1894. 103 S. 8° 12:Asc. 5465x.
15.

— — 26. Aufl. Ebd. 1899. 103 S. 8° 12:Mar. 1228u.
15.

Beicht- und Communion-Büchlein [Kommunionbüchlein], darinn klärlich und einfältig angezeigt wird, was die h. Beicht und Communion seye . . . Sambt e. kleinen Beicht-Spiegel. — München 1736: Riedl. 102 S. 8°
12:Asc. 408.
15.

Beicht- und Communion-büchlein, für junge Leute, . . . Leipzig 1784. V: *Brause, Johann Carl Friedrich von.* (MI.) V: *Braun, Heinrich.* (Ky)

Beicht- u. Kommunionbüchlein f. junge Leute, besond. b. ersten Genuß d. h. Abendmahls, (v. Hnr. Braun). 8. Leipz. 784.

Kurzgefaßtes Beicht- und Communion-Büchlein. Nebst e. Anweisung zum würdigen Gebrauch d. heiligen Abendmahls aus d. Jahre 1691, die auch als Beichtformular dienen kann. (Hrsg.: G. Baist.) — Darmstadt: Evang. Bücherdepot 1863. 24 S. 8° 17. 26.
15.

Beicht-Büchlein für Schulkinder. Von einem Priester der Diöcese Mainz. 1. und 2. (verb.) Aufl. 16. (16 S.) Mainz 884,86, Frey.

—— dass. Von e. Priester d. Diöcese Mainz. 16. (16) Mainz 85, Frey. n. — 10

Beicht-Büchlein f. Schulkinder. Von e. Priester der Diöcese Mainz. 4. verb. Aufl. 16. (16 S.) Paderborn 891, F. Schöningh. * — 10

Beicht-Büchlein f. Schulkinder. Von e. Priester der Diöcese Mainz. 5., verb. Aufl. 16. (16 S.) Paderborn 894. F. Schöningh. n. — 10

Beicht-Büchlein f. Schulkinder. Von e. Priester der Diöcese Mainz. 7.—9. Aufl. gr. 16. (16 S.) Paderborn (902). F. Schöningh. n. — 10

— f. Schulkinder. Von e. Priester der Diözese Mainz. 10. u. 11. Aufl. (16 S.) 16. Paderborn (908). F. Schöningh. p — 10

Beicht-Büchlein f. Schulkinder. Von e. Priester d. Diöz. Mainz. 12. u. 13. Afl. (16) 16° Padorb., F Schöningh ('12). — 10 (Pp.) d

Beichtbüchlein für Schulkinder von einem geistlichen Kinderfreunde. 32. (32 S.) Paderborn 874, Junfermann'sche Buchh.

Beichtbüchlein für Schulkinder von einem geistl. Kinderfreunde. 2. Aufl. 16. (16 S.) Paderborn 875, Junfermann'sche Buchh.

Beichtbüchlein für Schulkinder von einem geistl. Kinderfreund. 3.—7. Aufl. 32. (16 S.) Paderborn 876—84, Junfermann'sche Buchh.

Beichtbüchlein für Schulkinder. Von e. geistlichen Kinderfreunde. 8. Aufl. — Paderborn: Junfermann 1886. 16 S. 8° 6.
15.

— 9. Aufl. Ebd. 1888. 16 S. 8° 1:Ds 19242a.
15.

—— dass. — Von einem geistl. Kinderfreunde. 10. Aufl. 16. (16 S.) Paderborn 891, Junfermann. * — 10

Beichte, s.a. Beicht.

Beichte, die, s.a. Volksbibliothek, apologetische. Nr. 10.

BEICHTE, Die. O. O. u. J. (um 1885). 8°.
Verb. d. Ldg. Chemnitz A II. 145/86.

Beichte, Die gegeneinander abgelegte, oder ein zwischen Ludwig XIV. und dessen Beichtvater P. de la Chaize gehaltenes Gespräch. Aus d. Französ. 1694. V: *Le Noble, Eustache.* (BGE)

Beichte, die, e. weißen Afrikanerin. Ein Beitrag zur Herrenmoral. Von M. v. G. 5.—7. Aufl. (à 181 S.) 8. Berlin (906). H. Steinitz. n. 3. —

Ueber allgemeine und besondere Beichte. Ein Sendschreiben an Herrn D. Merkel, Superintendenten in Chemnitz von e. alten Landpfarr. — Freiberg: Craz 1800. 36 S. 8° 12:Polem. 3023–18.
15.

Beichte, üb. allgem. u. besond.; Sendschreiben an D. Merkel v. e. alt. Landpfar. 8. Freyberg, Craz u. Gerlach. 801.

Beichte u. Bekehr. eines Erzlavaterianers ꝛc. 8. Breslau, Korn d. ält. 787.

Beichte u. Belehrung e. Erz-Lavaterianers ꝛc. 8. Bresl. 787. J. F. Korn. 6 Kr

BEICHTE, Die, Die Flucht, Alveradens Eselin, der Priester und der Wolf, der Fuchs und der Hahn, metrisch aus dem Lat. übers. von G. A. Weiske. Halle 1858. 4°. (Progr.) Mittelalterliche Dichtungen. (1 Mk. Leo Liepmannssohn. Berlin, 1906.)

Beichte gut! Beichtbüchlein für Schulkinder. *Hamm i. W.: Breer & Thiemann [1898].* (16 S.) 8° [5.] [illegible] 0

Die heilige Beichte und Kommunion. Für Ordensleute u. alle, welche häufig kommunizieren. Frei nach d. Engl. bearb. von e. Ordensmitgliede. — Regensburg: Habbel [1908]. 175 S. 8° (Aszetische Handbibliothek. 3.)
12:Asc. 2300h-3.
15.

Beichte. Die B' eines Husaren-Obersten. Erzählung geschrieben von Einer Aristokratin. 64 S. 8. Zürich, Caesar Schmidt, 1905. [fr. 1.25]

— u. Kommunion, d. hl., s.: Handbibliothek, aszet.

Beichte, Eines Christlichen Comödianten, an Gott bey Versagung der öffentlichen Communion. Frankfurt 1751. V: *Uhlich, Adam Gottfried.* (GGr)

BEICHTE, Die, einer Mutter. (= Neue Bibliothek Bd. 11 u. 12.) (Um 1910.) 8°.
Verb. d. Ldg. I Berlin 38 J. 36/12.

Die nächtliche Beichte und der Priester-Eid, oder die Entdeckung eines Mordes. Eine wahre Geschichte eines Offiziers, welcher unschuldig hingerichtet wurde, von seinem Bruder, einem katholischen Geistlichen, selbst erzählt. — Schweidnitz: Stuckart [um 1795]. 20 S. 8° 2.
15.

Napoleons Beichte. Von e. ausgewanderten Hamburger. o.O. 1814. 2 Bl. 8° 10.
15.

Beichte Napoleons in Paris, wie er vor dem heiligen Vater erscheint, nebst einem dazu passenden Liede. — o.O. 1814. 2 Bl. 8°
Forts. s. *Absolution*, Die, Napoleons. 1814 [u.] *Begnadigung*, Die, Napoleons. 1814.
1:5 in Yn 860. 10.
15.

Nützliche und lustige, doch wahrhafftige und gründliche Beichte, von einem Bauren, wie er solche in seiner Kranckheit vor seinem Pfarrern abgeleget; durch Frage u. Antwort vorgestellet, u. itzo vom neuen zum Druck befördert. o.O [um 1750]. 16 S. 8° 16.
15.

Oeffentliche Beichte und Absolution. — o.O. [1821]. 23 S. 8° 1:2 in 4° Dr 12146/15.
15.

Die oesterliche Beichte. — [München] 1781. 22 S. 8°
1:12 in Dp 2. 12: Var. 551/4.
15.

— d. sakramental., nach Schrift u. Tradizion dargestellt in e. Gespräche. gr. 12. Wien 826. (Wimmer). 5 Kr Dass. Neue Aufl. 8. Trier 830. Troschel. 6 Kr

BEICHTE, Die, eines Sünders. Memoiren eines Erotomanen. (Hrsg. von Dr. med. [!] *F. S.*, pr. Arzt.) Privatdruck, nur in 400 in der Maschine numer. Expll. hergestellt. (Berlin 1908.) 8°. (Br. Mk. 15.—; eleg. gebd. 18.—.)
151 Seiten. Ordinäres Sotadicum.

Beichte, Die, als ein wesentlicher Theil des Bußsakraments gründlich bewiesen. Rottweil 1821. V: *Schönstein, Joh. Bapt.* (schmal)

Beichte, die, e. Thoren. Bekenntnisse e. zum Börsenspiel Verführten aus der neuesten Zeit. gr. 8. (25 S.) Hagen 894. H. Risel & Co. n. — 40

Beichten, wie sie gebeichtet worden und vielleicht noch gebeichtet werden ... Rom [Lübeck] 1788—1790. 1791. V: *Vulpius, Christian August.* (BGE) (BrMm)

Beichten, wie sie gebeichtet worden u. noch oft gebeichtet werden, (v. Chr. A. Vulpius). 2 Thle. 8. Rom 789, 91. (Grau in Hof). 1 ₰

Beichten, wie s. gebeichtet worden, u. noch oft gebeichtet werden. 2 Thle. 8. Rom. (Lübeck in Bayreuth.) 789—91.

Beichtform. — Kurtze und nutzliche Beicht-Form, in welcher nit allein die maisten Sunden, welche man begehen kan, ordentlich erzehlt, sonder auch, wie sie zuverstehen, und zubeichten seynd, kürtzlich erklärt werden. — München 1719: Riedl. 46 S. 8° 12:Asc. 4517/3.
15.

Kurtze undnützliche Beicht-Form, in welcher nicht allein die meisten Sünden, welche man begehen kan, ordentlich erzehlt, sondern auch wie sie zu verstehen, und zu beichten seynd, kürtzlich erklärt werden. — Heydelberg 1720: Fr. Müller. 47 S. 8° 6.
15.

Beicht-Gebete für Kinder im Anschlusse an die „Anfangsgründe der katholischen Religion". [Kleiner Katechismus der Diözese Augsburg.] 1. und 2. Aufl. 12. (8 S.) Augsburg 885, Schmid's Verlag. **

Beicht-Gebete f. Kinder im Anschlusse an die „Anfangsgründe der katholischen Religion". (Kleiner Katechismus der Diözöse Augsburg.) 2. Aufl. 12. (8 S.) Augsburg 901. B. Schmid's Verl. n.n. — 05

Beicht- u. Communion-Gebeter ꝛc. 12. Augsburg, Wolf.

Beicht- u. Kommunionsgebete f. Jungfrauen. Den Mitgliedern der Jungfrauen-Vereine gewidmet. 3. Aufl. (36 S. m. Titelbild.) 16. München 906. J. Pfeiffer. — 10

Beichtgeheimnis, Das, vor Gericht. Von einem Juristen. Mainz 1896. V: *Bockenheimer, Carl Georg.* (Centralbl. f. Bibliothekswesen XIX, 336.)

Beichtgeheimniß, das, vor Gericht. V. e. Juristen. [Aus: „D. Katholik".] gr. 8. (36 S.) Mainz 896. F. Kirchheim. n. — 40

Beichtgeld. Ueber die Abschaffung d. Beichtgeldes. Ein Gespräch zwischen drei Geistlichen auf dem Lande. Zu freundl. Erwägg. für die Abstimmg. bei den Diöcesan-Synoden v. e. bayer. Geistlichen. gr. 8. (15 S.) Nürnberg 892. J. Ph. Raw. n. — 25

Beichtgespräche, das ist Dialogen zwischen einem Beichtvater und seinen Busskindern, nebst angehängtem Vaterunser der Büssenden. München 1816. V: *Poiger, Johann Baptist.* (Ky)

Beichtgespräche, d. i. Dialogen zwischen einem Beichtvater u. seinen Bußkindern, nebst angehängtem Vaterunser d. Büßenden. gr. 8. Münch. 816. Lentner. 8 gr

Beichtgespräche, d. i. Dialogen zwischen einem Beichtvater u. seinen Bußkindern, nebst angehängtem Vaterunser der Büßenden. gr. 8. München, Lentner. 817.

Beichtinstitut, das, in der katholischen Kirche. 8. (24 S.) Paderborn 870, Junfermann'sche Buchh.

Beicht-Katechismus, evangelischer, nach Anweisung der heil. Schrift aus den Zeugnissen der Bekenntnißschriften und Dr. Mart. Luthers in Frage und Antwort zusammengestellt. 16. (27 S.) Lübbecke 862. (Minden, Volkening.) *

Beichtkind, d. andächtige. 8. Delitzsch, Vogelgesang. 749.

Beichtkind u. Beichtvater, od. Kapuziner u. Dorfpfarrer. (v. J. Spindelhauer). 8. Rom 786. (Stettin in Ulm). 3 gr

Das bußfertige Beicht-Kind, das ist: Zwey Gespräche zwischen einem Prediger und Beicht-Kind. — Halle: Hendel 1720. 68 S. 8° 3. 15.

Eines geistreichen Theologi bußfertiges Beichtkind, das ist: Zwey Gespräche zwischen einem Prediger und Beichtkinde. — Magdeburg: Vetter 1737. 72 S. 8° 10. 15.

Beichtpraxis. — Zur Beichtpraxis in Mecklenburg. Von e. alten Lutheraner. — Neubrandenburg: Brünslow 1888. 63 S. 8° 28. 15.

Beichtpsalmen. — Sieben andächtige Beicht-Psalm, in welchen der Sünder seine Schuld aufrichtig bekennet, seine Sünden bitterlich beweinet, und die Barmhertzigkeit Gottes mit vesten Vertrauen umb Verzeyhung bittet. — Wienn: Heyinger 1721. 104 S. 8° 2. 15.

Beichtrede an einen Ordinandum. [1807.] V: *Seltenreich, Carl Christian.* (MGT)

Beichtreden an Gebildete a. allen Ständen, geh. u. d. Drucke überg. v. (C. F. Oeder). 2 Bde. 8. Neust. 822. Wagner. 1 ß

Beichtreden an Gebildete aus allen Ständen, gehalten u dem Drucke überg. v. (C. F. Oeder.) 2 Bde. 8. Neustadt 823, Wagner.

Beicht-, Abendmahls- u. Gesangbuchs-Spektakel. 8. Leipz. 802. Graffé. 8 gr

Beichtspiegel. — Der altsächsische Beichtspiegel zur Zeit des h. Liudgerus und seiner nächsten Nachfolger mit Übersetzung u. Wörterbuch. Festgabe von I. R. Köne. — Münster: Regensberg 1860. XXI,168 S. 8°
1: Yd 1161. 3→7. 9. 11. 12: 4° A. germ. 4g. 14. 28. 29. 300: 65.096-C. 302.

Beichtspiegel oder Anleitung zur Gewissenserforschung für Ordensleute zugleich Unterweisung in den Ordensverpflichtungen. — München: Pfeiffer 1917. 32 S. 8° 101. 15.

Beichtspiegel od. Anleitung zur Gewissenserforschung f. Schulkinder. 16. (11 S.) Böhm.-Leipa 883. Künstner. n. — 4

— für Kinder. 24. (8 S.) Dülmen 884, Laumann'sche Verlagsh. Preis für 100 Exempl. *

Beichtspiegel für Kinder, den wohl auch Erwachsene brauchen können. Von einem Benedictiner des Stifts Kremsmünster. 10. Aufl. 16. (16 S.) Linz 887, Ebenhöch'sche Buchh.

Beichtspiegel für Confirmanden und Confirmirte. Eine Anleitung zur Selbstprüfung nach den heil. zehn Geboten (von F. W. Weber). 1.—8. Aufl. 16. (63 S.) Rothenburg. (Nürnberg 869—74, Löhe.) *

Kurzzusammengefaßter Beichtspiegel für Priester aus dem nach J. Deharbe deutsch bearbeiteten Büchlein: 'Anleitung zur Gewissensforschung' von e. Priester d. Bisthums Passau. — Passau: Elsäßer & Waldbauer 1853. 32 S. 8°
12: Mor. 1191-30. 15.

Profaner Beichtspiegel für mein Geschlecht im Umgange mit beyden. — Wien: Linhart [um 1800]. 32 S. 8°
300: 13.661. 15.

Beichtspiegel für Schulkinder. Von mehreren Katecheten. 24. (15 S.) Donauwörth 879, Buchh. des katholischen Erziehungs-Vereins. Preis für 20 Exempl. *

Beichtspiegel/für/ Schulkinder./ Von mehreren Katecheten./ Mit oberhirtlicher Genehmigung./ Donauwörth: Auer 1880. 15 S.

Beichtspiegel f. Schulkinder. 10. Aufl. 32. (15 S.) Donauwörth 897. L. Auer. — 03

Beichtspiegel f. Schulkinder. Von mehreren Katecheten. 37. Aufl. (15 S.) 16. Donauwörth (906). L. Auer. — 03

Beichtspiegel f. Schulkinder. Von mehreren Katecheten. 41. Aufl. (15 S.) 11,8×7,9 cm. Donauwörth (909). L. Auer. — 03

Beichtstuhl, Der, eine wahre schaudervolle Begebenheit des 18ten Jahrh. Pegau und Leipzig 1802. V: *Bornschein, Johann Ernst Dan.* (GGr) (NN)

Beichtstuhl, d., eine wahre schaudervolle Begeb. des 18ten Jahrh. v. Bornschein. 12 Lpz. J. 4. H. Richter. 802.

Beichtstuhl, der, eine wahre schaudervolle Begebenheit. N. A. 8. Leipzig, Joachim. 816.

Der römische Beichtstuhl gerühmt in Luthers Schul. Digna, ac eximia est confessio ab ore Lutheri. Das ist: Ein günstig- und gnädiges Ohr findet die Ohrenbeicht bey Doctor Martin Luther. Hrsg. von e. Petriner d. Freysingischen Bißthums. — München 1770: Thuille. 43 S. 8°
12: 4° Polem. 3361-23. 16. 15.

Beichtunterricht. — Beicht-Unterricht. Eine Anleitung für jung und alt zum würdigen Empfang des heil. Buss-Sakraments nebst Beichtspiegel und Beichtgebete. Anhang zu den 'Häuslichen Lesungen'. — Breslau: Schles. Volksztg. 1876. 16 S. 8° 2. 15.

Beichtunterricht, Einfältiger, für Christen evangelisch-lutherischen Bekenntnisses. Nürnberg 1836. V: *Löhe, Wilhelm.* (Russell VIII, 1289)

Beichtunterricht, einfältiger, f. Christen evangel.-luther. Bekenntnisses. 8. (6 B.) Nürnberg 836, Raw'sche Buchh.

Beichtunterricht, der erste, im Anschluß an den Katechismus für das Bist. Rottenburg nach den „vollständigen Katechesen v. G. Mey". gr. 8. (68 S.) Freiburg i/B. 898. Herder. n. — 50; kart. n.n. — 60

Beichtunterricht, erster. Vom Verf.: „Unser heil. Vater Pius IX." 8. (119 S.) Paderborn 879, Junfermann'sche Buchh. *

Beichtunterricht, erster. Vom Verf. der Schrift: „Unser heil. Vater Pius IX." 2. Aufl. 8. (147 S.) Paderborn 881, Junfermann'sche Buchh. *

Beicht-Unterricht/ in/ leichten Fragen und Antworten/ von/ W.W./ Mit einer/ Beichtandacht für Kinder./ Mit Genehmigung des Erzbischöfl. Kapitelsvicariats./ Radolfzell:/ Moriell.
1873. 31 S.

Katholischer Beicht- u. Communionunterricht nach Langs Erklärungen für Werktagsschüler auf dem Lande. 3. Aufl. — Kempten: Kösel 1849. 12 S. 8°
12: Catech. 701-18.
15.

Beicht- und Kommunion-Unterricht in leichten Fragen und Antworten für Schulkinder. Von einem Weltpriester der Diözese Brixen. gr. 16. (44 S.) Lienz 878, Schuster. *

Beicht- und Kommunion-Unterricht in leichten Fragen und Antworten für Schulkinder. Von einem Weltpriester der Diözese Brixen. 2. Aufl. 12. (44 S.) Lienz 882, Schuster. *

Beicht- und Communion-Unterricht in leichten Fragen und Antworten f. Schulkinder. 8. 2. Aufl. (44 S.) geh. 10 kr.
Lienz: Waldheim 1882?

Beicht- u. Kommunion-Unterricht in leichten Fragen u. Antworten f. Schulkinder. Von e. Weltpriester der Diözese Brixen. 3. Aufl. 12. (41 S.) Lienz 889, Schuster. * — 20

Beicht- und Communion-Unterricht für die katholische Jugend. 3. Aufl. Solothurn 1882. V: *Walther*, *Arnold.* (Bibliogr. d. Schweiz. Landeskunde. Bern 1892 ff. V, 10 e.)

Beicht- u. Kommunion-Unterricht f. kathol. Landschulen, 12. Münch. 4e Aufl. 817. Giel. 1 ℛ

Kurzer und leichtfaßlicher Beichtunterricht. — Freiburg: Lippe & Wirth [um 1850]. 18 S. 8° 25.
15.

Kurzer und leichtfaßlicher Beicht-Unterricht für Kinder. 2. Aufl. — Kempten: Kösel 1885. 15 S. 8°
Erschien zuerst in: Katechetische Blätter 1881.
12: Asc. 5002 m/2.
15.

— 3. Aufl. Ebd. 1898. 15 S. 8° (Katechetische Handbibliothek. 25.) 12: Catech. 336 nk-25.
15.

Beicht-Unterricht, Leicht fasslicher, zunächst für Kinder unter der Stufe des vierten Schuljahres. Freiburg i. Br. 188? V: *Schweitzer*, *Ferdinand.* (Kat. Herder 1801—95.)

Beicht-Unterricht, leicht faßlicher, zunächst f. Kinder unter der Stufe d. 4. Schuljahres. 2. Aufl. 12. (8 S.) Freiburg i/Br. 889. Herder. n.n. — 5

Beichtvater, d., von Verf. des Weibes wie es ist. (Gustav Schilling) 2 Thle. 8. Dresden, Arnold, 808.

Beichtvater, Der. Vom Verfasser des Weibes wie es ist. Pirna 1808. V: *Schilling*, *Friedr. Gust.* (GGr) (MGT) (NN)

Beichtvater, der, von Gustav Schilling. 8. Dresden, Arnold, 813.

Beichtvater, der. Roman von dem Abbé ***. Deutsch von A. Diezmann. 2 Bde. Autoris. Ausg. 8. (XII und 412 S.) Leipzig 866. (Brüssel, Lacroix, Verboeckhoven und Comp.)

Beichtvater, der. Rom. v. d. Abbé * * *. Deutsch v. A Diezmann. 2 Bde. 8. (412) Lpzg 66. Steinacker. 1. 15

Beichtvater, Der, und der junge Geistliche als Beichtkind. Wien 1785. V: *Retzer*, *Joseph Fch. Edler von.* (GGr VI/531, Nr. 3/2) (WBL 25/344) (KY 4/493) (BiblPort)

Der strenge Beichtvater statistisch betrachtet. 2 Gespräche. Stükk 1. — o.O. 1782. 80 S. 8°
300: 44 Y 114.

Beiderlinden, M., Hotel, Rüdesheim: Rüdesheim und Umgebung. — (Rüdesheim): Verf. [um 1910]. 30 S. 8° 14.
15.

Beidhawii Commentarius in Coranum ex codd. Paris., Dresdens. et Lipsiens. edidit, indicibusque instruxit H. O. Fleischer, Fasc. I—IV. 4maj. Lipsiae 844, 45, 46. Vogel. à n. $2^2/_3$ ℛ

Beidhawii commentarius in Coranum ex codd. Paris., Dresd. Lipsiens. ed. indicibusque instruxit H. O. Fleischer. Fasc. V — VII. 4maj. (432 S.) Lipsiae 847—48, Vogel. *
Fasc. I—IV. ibid. * 10 Thlr. 20 Ngr.

Beidhawii commentarius in Coranum, indices dazu, s.: Foll, W.

Beidl, Emil Julius: Der Freimaurerbund. Offenes Schreiben an vorurtheilsfreie Männer über d. Wesen, d. Einrichtung u. d. Entstehung d. Freimaurerbundes. — Wien: Verf. 1874. 39 S. 8° 14. 15. 30. 300: 62.216-B. 202.
15.

Beidl, Emil Jul., der Freimaurerbund. Offenes Schreiben an vorurtheilsfreie Männer über das Wesen, die Einrichtung und die Entstehung des Freimaurerbundes. gr. 8. (39 S.) Wien 874, (Brüder Winter.) *

Beidl, Emil Jul., der Freimaurerbund. Offenes Schreiben an vorurtheilsfreie Männer über das Wesen, die Einrichtung und die Entstehung des Freimaurerbundes. 2. umgearb. Aufl. gr. 8. (42 S.) Leipzig 876, Zechel.

Beidtel, Carl, s. Beidtel, Karl

Beidtel, J.: Grundabgaben und ihre Regulierung, s. Beidtel, Ignaz

Beidtel, J.D.: Grundabgaben und ihre Regulierung, s. Beidtel, Ignaz

Beidtel, Ignaz: Betrachtungen über einige durch die Zeitumstände besonders wichtig gewordenene Gegenstände der Civilgesetzgebung und Staatswirthschaft. Th. [1.] 2. Leipzig: Barth 1840-43. 8° 7[∞2]. 12[∞2]: Pol. g. 50m. 14. 15. 18[∞2]. 29[∞2]. 302[∞2].
15.

— Zur Geschichte der Feudalverfassung in den deutschen Provinzen der österreichischen Monarchie unter der Regierung Kaiser Josefs II. S. 9. 925 . . . . vgr.
Separatabdruck

— Zur Geschichte der Feudal-Verfassung in den deutschen Provinzen der österreichischen Monarchie unter der Regierung Kaiser Josephs II. — o.O. [1852]. 16 S. 8°
Aus: Sitzungsberichte d. Kaiserlichen Akademie d. Wissenschaften. Phil.-hist. Cl. 9. 1853.
12: Feud. 142-9. 302.
15.

Beidtel, Ign., zur Geschichte der Feudal-Verfassung in den deutschen Provinzen der Oesterreich. Monarchie unter der Regierung Kaiser Josephs II. (Aus d. Sitzungsberichten d. k. Akad. d. W.) (Wien 853. Gerold.) gr. 8. (16 S.) n. 4 ℛ

— Zur Geschichte der Feudalverfassung in den deutschen Provinzen der österreichischen Monarchie unter der Regierung der Kaiserin Maria Theresia. S. 9. 474 . . vgr.
Separatabdruck

— Zur Geschichte der Feudalverfassung in den deutschen Staaten der österreichischen Monarchie unter der Regierung der Kaiserin Maria Theresia. — o.O. [1852]. 13 S. 8°
Aus: Sitzungsberichte d. Kaiserlichen Akademie d. Wissenschaften. Phil.-hist. Cl. 9. 1853.
12: Feud. 142-8. 302.
15.

— zur Geschichte der Feudalverfassung in den deutschen Staaten der österreich. Monarchie unter der Regierung der Kaiserin Maria Theresia. (Aus d. Sitzungsberichten d. k. Akad. d. W.) Ebend. 853. gr. 8. (13 S.) n. 4 ngr

— „ — Geschichte des österreich. Kirchenrechts, mit Andeutung über mögliche Reformen. gr. 8. Wien 1840. Gbd. 2 Thlr. — 3 fl. 36 kr.

— Geschichte der österreichischen Staatsverwaltung 1740–1848. (2: Mit e. Anh.: Übersicht d. österreichischen Kirchengeschichte von 1848–1861.) Hrsg. von Alfons Huber. Bd 1.2. — Innsbruck: Wagner 1896–98. 8°
1. (1740-1792.) 1896. 2. (1792-1848.) 1898.
1: Sb 7548. 3. 5→9. 12: Austr. 405. 14. 15. 16. 21. 24→27. 30. 300: 84.399–B. 302. 15.

Beidtel, J. D., über Grundabgaben u. ihre Regulirung. 8. Wien 817. Geistinger. (Gerold). 10 K Hbd. Pr. 6 K

Beidtel, J., über Grundabgaben und ihre Regulirung. 8. Wien. (Leipzig, F. C. W. Vogel in Comm.) 818.

— Über das Industriesystem. S. 11. 672 . . . . vgr.
Separatabdruck

— Über die Justizreformen unter Kaiser Leopold II. und ihren Einfluß auf den gesellschaftlichen Zustand. S. 9. 23 . . . . —.84
Separatabdruck

— Über die Justizreformen unter K. Leopold II. und ihren Einfluss auf den gesellschaftlichen Zustand. — o. O. [1852]. 13 S. 8°
Aus: Sitzungsberichte d. Kaiserlichen Akademie d. Wissenschaften. Phil.-hist. Cl. 9. 1853.
12: Austr. 400. 302. 15.

Beidtel, Ign., über die Justizreformen unter K. Leopold II. u. ihren Einfluss auf d. gesellschaftl. Zustand. [Aus d. Sitzungsber. 1852 der K. Akademie v. Wiss. abgedr.] Lex. 8. (13 S.) Wien 852, Braumüller.) n. 4 ngr

—— über die Justizreformen unter Kaiser Leopold II. und ihren Einfluss auf den gesellschaftl. Zustand. Lex.-8. (13 S.) Wien 853. (Gerold's Sohn.) *

— Das canonische Recht betrachtet aus dem Standpunkte des Staatsrechts, der Politik, des allgemeinen Gesellschaftsrechts und der seit dem Jahre 1848 entstandenen Staatsverhältnisse. — Regensburg: Manz 1849. XX,676 S. 8°
1: Fq 116. 2. 5. 6. 7. 10. 12: J. can. U. 250e. 15. 16. 17. 21. 24. 25. 29. 102. 300: 15.219–B. 302. 15.

—— Uebersicht d. Geschichte des österreich. Kaiserthums, von d. ältesten bis auf d. neuesten Zeiten. gr. 8. (26½ B.) Brünn 842. (Wien, Beck'sche Univers.-Buchh.; Leipzig, Fr. Fleischer.) *

— Uebersicht der Geschichte des österreichsichen Kaiserthums, von den ältesten bis auf die neuesten Zeiten. — Brünn 1842: Rohrer. 405 S. 8°
10. 12: Austr. 402. 15. 25. 300: • 35 T 62. 302. 15.

— Uebersicht der Geschichte des österreichischen Kaiserthums. — Leipzig: Fleischer 1844. 405 S. 8°
21. 25. 26. 15.

— Untersuchungen über einige Grundlagen der Strafgesetzgebung mit Rücksicht auf die neueren Entwürfe zu Strafgesetzbüchern und einige neue Strafgesetze. — Leipzig: Barth 1840. XVI,302 S. 8°
1: Fu 6391. 7. 12: Crim. 13m. 14. 15. 16. 23. 24. 302. 15.

— Untersuchungen über die kirchlichen Zustände in den kaiserlich österreichischen Staaten. — Wien: Gerold 1849. XVI,328 S. 8° 1: Sb 9870. 7. 10. 11. 12: J. can. U. 61. 16. 17. 18. 21. 24. 25. 30. 300: 16.489–B. 302. 15.

Beidtel Ignaz. Über die Veränderungen in den Feudalverhältnissen in den österreichischen Staaten unter der Regierung Leopolds II. (20. Februar 1790 bis 1. März 1792). S. 11. 486 . . . . K —.30
Separatabdruck

— Über die Veränderungen in den Feudal-Verhältnissen in den österreichischen Staaten unter der Regierung Leopold's II. (20. Februar 1790–1. März 1792.) — (Wien 1853.) 16 S. 8°.
Aus: Sitzungsberichte d. Kaiserlichen Akademie d. Wissenschaften. Phil.-hist. Cl. 11. 1854.
12: Feud. 142–10. 302.

Beidtel Ignaz: Über österreichische Zustände in den Jahren 1740—1792. 1. Über die Wichtigkeit dieser Periode der österreichischen Geschichte, ihre bisherige Behandlung und Wünsche für ihre künftige Bearbeitung. 2. Über das Unterrichtswesen in den österreichischen Staaten während der Periode von 1740—1792. A. Von 1740—1780. B. Von 1780—1792. 3. Über die Entstehung der neueren österreichischen Justizgesetzgebung. 4. Über den Charakter der Kommunalverfassungen in den österreichischen Staaten (1740—1780). 5. Über die Entwicklung der Justizgesetzgebung unter Kaiser Josef II. in Hinsicht auf die Hypothekargesetze. 6. Über die Entwicklung der Justizgesetzgebung unter Kaiser Josef II. in Hinsicht auf die dadurch in den Gemeindeverfassungen hervorgebrachten Veränderungen. S. 7. 707, 763, 885. S. 8. 25, 151, 181 . . . . 1.32
Separatabdruck

— Über österreichische Zustände in den Jahren 1740–1792 o. O. [1852]. 84 S. 8°
Aus: Sitzungsberichte d. Kaiserlichen Akademie d. Wissenschaften. Phil.-hist. Cl. 7. 8. 1851-52.
12: Austr. 403. 300: 403.350–B. 302. 15.

— über österreichische Zustände in den J. 1740—1792. [Aus d. Sitzungsberichten 1852 d. k. Akad. d. Wiss. abgedr.] Lex. 8. (84 S.) Wien 852. (Braumüller.) n. ⅓ ₰

—— über österreichische Zustände in den J. 1740—1792. Lex.-8. (84 S.) Wien 852, (Gerold's Sohn.) *
Vorstehende 3 Schriften des Verf. wurden aus: Sitzungsberichte J. 1852 der k. Akademie der Wissenschaften, besonders abgedruckt.

— Die politischen Zustände der österreichischen Staaten, nach dem Zustande vom 16. April 1848. — Wien: Tendler 1848. VI,42 S. 8° 12: Austr. 404. 300: 484.920–B. 302.

Beidtel, Karl:
Pseudonym: Albrecht Tebeldi
Die Auflösung der staatlichen Einheit der Oestreichischen Monarchie durch die National-Versammlung zu Frankfurt a. M. Von Albrecht Tebeldi. — Leipzig: Leiner 1848. 48 S. 8°
12: J. publ. G. 915–18. 14. 29. 300: 7546–B. 302. 15.

Beidtel, Karl, Balladen. gr. 8. Leipzig 845, Brockhaus. n. 1 ₰

— Das Eigenthum. Von Albrecht Tebeldi. — Stuttgart: Hallberger 1848. 148 S. 8°
2. 4. 8. 12: Pol. g. 921. 24. 300: 48.515–B. 302. 15.

— Die Geldangelegenheiten Oestreichs. Von Albrecht Tebeldi. — Leipzig: Barth 1847. XIV,393 S. 8°
1: Sb 8276. 9. 10. 12: Austr. 4736. 14. 24. 300: 43.415–B. 302. 15.

— Handbuch des österreichischen Gerichtsverfahrens. Bd 1. — Wien: Braumüller 1853. 620 S. 8°
1. Beidtel: Das ordentliche Verfahren in Streitsachen.
1: Go 1635. 300: 11.810–B [u. ö.] 302. 15.

Beidtel, Dr. Carl. Handbuch des gerichtlichen Verfahrens. I. Band. Einleitung in das gerichtliche Verfahren und den Civilprozeß. 2. und 3. Lieferung. (S. 193—620, Schluß des I. Bandes.) (Auch unter dem Titel: das ordentliche Verfahren in Streitsachen.) 8. Wien 1853. W. Braumüller. Gedruckt bei Carl Ueberreuter. (1895.)

— Der Kauf der Ehre. Dramatisches Gedicht. — Leipzig: Brockhaus 1845. 85 S. 8° 7. 14. 17. 302.

— Die Slawen im Kaiserthume Oestreich. — Wien: Tendler 1848. 84 S. 8°
1: Sb 6702. 12: Austr. 4737. 27. 300: 7549–B. 302. 15.

— Das ordentliche Verfahren in Streitsachen. — Wien: Braumüller 1853. 620 S. 8° (Beidtel: Handbuch d. österreichischen Gerichtsverfahrens. 1.)
1: Go 1635–1. 300: 11.810–B [u. ö.] 302. 15.

Beieid, s. Bey-Eid.

Beiel, J. J., Beitrag zur Verbesserung der christlichen Religionslehre nach Schrift u. Vernunft. gr. 8. (106 S.) Zürich 852, Höhr in Comm. n. 16 ngr

Beiel, Jakob: Der unheilige Bund. Ein geographisch-statistisch-historisches Gemälde d. afrikanischen Seeräuber-Staaten Algier, Tunis u. Tripoli ... Nach Mungo Park ... u.a. [Verf.: Jakob Beiel.] — Nürnberg: Riegel & Wießner 1816. 208 S. 8° 12:H. Afr. 1955.
15.

[—] Denkmäler der Liebe und Ergebenheit von treuen Bürgern. Geweiht Ihren Königlichen Hoheiten von Baiern, Ludwig und Therese. 2., verm. Original-Ausg. [Nebst] Anh. — München 1810. 8°
Anh.: Der schöne Bund. Oder Gemälde d. festlichen Einzugs Ihrer Königlichen Hoheiten d. Kronprinzen u. d. Kronprinzessin von von Baiern in Tirol u. Innsbruck. München [usw.] 1810.
12: Bavar. 629.

[—] Die Jubeltage des Vaterlandes bei der glorreichen Vermählungs-Feier Sr. k. k. Majestät Franz I. Kaiser von Oesterreich mit Ihrer k. Hoh. der Prinzessin Caroline Auguste von Baiern. Vollständige Beschreibung aller Feierlichkeiten u. Volksfeste, die in d. königlichen Residenzstadt vom 27. Okt. bis zum 5. Nov. statt gefunden haben ... Beil.: D. Festlichkeiten in Alt-Oetting, Simbach u. Braunau. — München 1816. 83 S. 8° 12: Bavar. 1383.
15.

Beielstein, Justus. Lehrer, Eickel bei Bochum. 1844: Ein Wort für Alle, Lehrer und Aeltern, welche an der Sache zwischen Dr. A. Diesterweg und L. Emmerich Theil nehmen. Barmen: Falkenberg 1844. 51 S. 8° 5.
15.

Beielstein, Justus, Lehrer, Duisburg. 1870. Deutsch-französisches Wörterbuch für Feld-Diakonen oder freiwillige Krankenpfleger. — Duisburg: Ewich in Comm. 1870. 49 S. 8° 12: Eur. 694d-1192.

Beielstein, Wilhelm: Die Installation der Warmwasseranlagen. Theoretisch-praktische Darstellung aller Systeme zur Erzeugung von Warmwasser für Leitungszwecke in Wohnhäusern, Hotels, Anstalten, Kasernen u.s.w. — Weimar: Voigt 1889. VIII, 97 S. 8° (Neuer Schauplatz d. Künste u. Handwerke. 210.) 82. 90. 91.

—— 2., verb. u. verm. Aufl. Ebd. 1901. VI, 102 S. 8° 89. 91.
15.

Beielstein, Wilh.: Die Installation d. Warmwasseranlagen. 3. Afl. (8, 143 m. Abb.) Lex8° Lpzg, BF Voigt '12. 5 —; geb. 6 —

Beielstein, Wilh., Selbstkosten der Bauklempnerei- u. Installationsarbeiten. (82 S.) 8. Leipzig 907. F. Stoll jr. 1. —
Sonderabdruck aus „Illustr. Ztg. f. Blechindustrie".

— Die Standesehre des Handwerkers. Ein Mahnwort an d. deutschen Handwerkerstand. — Bochum: Stumpf 1900. 67 S. 8° 1: Ff 5214. 6. 17. 38. 91.
15.

— Die Wasserleitung im Wohngebäude. Eine Beschreibung sämtlicher Installations-Arbeiten, Einrichtungen, Apparate, Hähne etc. [Nebst] Atlas. — Weimar: Voigt 1885. 8° [u.] 4° (Neuer Schauplatz d. Künste u. Handwerke. 124.) 17. 82.
15.

—— 2., verm. u. umgearb. Aufl. [Nebst] Atlas. Ebd. 1894. 8° [u.] 4° (Neuer Schauplatz d. Künste u. Handwerke. 124.) 30. 91.
15.

Beier s. auch *Baier*, *Bayer* u. *Beyer*.

Beier, Dr. phil. 1868 [Angebl. Verf.] Anti-Spinoza. 1868 s. *Arthur* Redivivus.

Beier, Anweis. z. Singekunst. 8. Dresd.

Beier, Discours üb. Struvii ius feudale. 4. Frankf.

Beier der Jüngere (Hilsenberg), Erfurt u. die Eisenbahnen, s. Erfurt.

Beier. 1818: Der lustige Erzähler, oder Charaktergemälde und Karrikaturzeichnungen aus der Mappe eines frohsinnigen Malers. Hrsg. von B-r [d.i. Beier]. Bdch. 1. 2. — Erfurt: Keyser 1818–19. 8° 1: Yw 8513.

Beier, Geschichte d. Hällisch. Gelehrt. 4 St. 4. Halle.

Beier, die hauptsächlichsten ansteckenden Krankheiten d. Geflügels. 1. Typhoid. 2. Tuberkulose od. Knötchenschwindsucht. 3. Diphtheritis. 12. (8 S.) Leipzig 894. Exped. d. „Geflügel-Börse". n. — 20

Beier, Amtstierarzt, Leipzig. 1895: Die hauptsächlichsten ansteckenden Krankheiten des Geflügels. — Leipzig: Geflügel-Börse [1895]. 8 S. 8° 101.
15.

Beier, Quellen des Indifferentismi. 8. Leipzig.

[*Beier*,]: *Die Reise nach Erfurt zum grossen Frohnleichnamsfeste. — Wien* 1817. [*Holzmann-Bohatta* VII, 362, 2.]

Beier, tabellar. Uebers. d. Hölzer. gr. Fol. Regensburg, Montag. 801.

Beier, A.: De Beguinabus, s. Beier, Adrian

Beier, A.: Die Berufsausbildung nach den Berechtigungen der höheren Lehranstalten in Preussen, s. Beier, Adolf

Beier, A.: De feriatione et profanatione sabbati, s. Beier, Adrian.

Beier, A. G., de contagiis. 4. Götting. Brose. 805.

Beier, Ad.
— Berg-Staats-Rechts-Lehre rc. m. Zus. v. Cancrin. 8. Halle, Gebauer. 790.

Beier, Ad., gründl. Unterricht v. Bergbau, nach Anleit. d. Markscheidekunst durchgäng. verbess. vermehrt. u. umgearbeit. v. J. F. Lempe. m. K. gr. 4. Altenb. (Academ. Buchhandl. in Jena.) 785.

Beier, Adolf
Die Berufsausbildung nach den Berechtigungen der höheren Lehranstalten in Preussen. Zusammenstellung der hierauf bezügl. Gesetze, Bekanntmachungen ... in der v. 1. Apr. 1903 ab gült. Fassung nach amtlichen Quellen hrsg. von Adolf Beier, Kanzleirat im Min. d. geistl. Angeleg. *Halle a. S.: Waisenhaus 1903.* (IV, 54 S.) 8° [F.] [illegible] 3

— Die Berufsausbildung nach den Berechtigungen der höheren Lehranstalten in Preußen. Zusammenstellung der hierauf bezüglichen Gesetze, Bekanntmachungen ... in der vom 1. März 1907 ab gültigen Fassung. 2. Aufl. — Halle: Waisenhaus 1907. IV, 172 S. 8° 1: Ay 6617/25². 3. 6. 7. 12: H. lit. P. 35sd. 14. 26. 29. 30. 204. 302.
15.

— Die höheren Schulen in Preußen und ihre Lehrer. Sammlung d. wichtigsten, hierauf bezüglichen Gesetze, Verordnungen u. Verfügungen. — Halle: Waisenhaus 1899. X, 284 S. 8° 1: Ay 6584. 2. 3. 4. 10. 11. 12: H. lit. P. 35s. 14. 15. 17. 26. 38. 302.

—— 2., verm. Aufl. [Nebst] Erg. H. 1. 2. Ebd. 1902–6. 8° 1: Ay 6584². 2→6. 9. 10. 11. 12: H. lit. 35sc [auch Hauptw. - Paed. Th. 6722b]. 14. 18. 24. 38. 300: 585.854-B.
15.

—— Die höheren Schulen in Preußen (für die männliche Jugend) und ihre Lehrer. Sammlung d. hierauf bezüglichen Gesetze, Verordnungen, Verfügungen u. Erlasse. 3., durchgearb. u. verm. Aufl. — Ebd. 1909. XXIV, 1218 S. 8° 1: Ay 6584³. 2. 3. 5. 7. 8. 11. 12: H. lit. P. 35scb. 17. 25. 26. 30. 38. 85. 204. 302.

Beier, Adrian

— Advocatus rerum opificialium peritus, sive processus mechanicarum causarum forensis absolutus, per universa sua capita. — Francofurti [usw.]:Stößel 1705. 421 S. 8°
1:Gm 4428. 2. 4. 7. 8. 9. 12:4°J. pract. 14 [2 Ex.] 18. 24. 26. 27. 300:35 K 7. 302.
15

— — Ed. 2. em. & corr. Ebd. 1707. 460 S. 8°
2. 5. 7. 12:4°J. pract. 15 [2 Ex.] 14. 15. 21. 23. 26. 28. 30.
15.

— — De ambiguo. Jena (Werther) 22. I. 1708. 12 S. mit Biogr. v. Christian Ehrenreich Hempel (Altenburg. M.: A. J. Fischer). (2.50) 1899

Beieri, Adr., diss. de amuletis, eorum usu licito aut salutari. Jen. 701. 4.

— — An & quatenus transitus pro exercitu per territorium alterius postulari & denegati possit. Von angemasten und verweigerten Durchzügen; pro illustr. Grotii loco II. 2. 13. Jena (Chph. En. Buchta) 1675. 20 Bl. (4.60) 1876
Gew.: Joh. Strauch, Joh. Schilter.

— — Dasselbe. Jena (Pet. Chph. Ehrt) 1705. 20 Bl. m. d. Widm. (4.50) 1877

— — De Beguinabus. Jena (Werther) 19. V. 1710. 12 S. mit Biogr. v. Joh. Wilh. Sander (Arnstadt. M.: A. C. Haumann). (2.50) 1900

Beier, A., de Beguinabus. Jen. 1710. 4.

— Boethus. Opusculorum iuridico-fabricensium periculum novum. Der Handwercks-Gesell: Denuo prodiit cum augmento emissus. — Ienae:Pohl 1717. 248 S. 8°
1:1 an Gm 4400. 2. 4. 5. 7. 8. 11. 12:4° Diss. 1614-2 [u. ö.] 15. 16. 17. 21. 23. 25. 28. 30. 300:51.625-B. 302.

— Beyer, Adrian: Disputatio iuridica, de Cadaveribus punitorum, Germanice: Von bestraften Delinquenten, ad tit. XXIV. lib. III. Pandect. [Resp.:] Joh. Ernestus Landsberg. Recusa. — Ienae [usw.] 1720:Hendel. 31 S. 8°
9. 12:4° Diss. 2267-4. 14. 17. 23. 26. 302.
15.

— — De casibus. Jena (Werther) 27. VII. 1710. 14 S. mit Biogr. v. Christian Wilhelm Cotta (Merseburg. M.: R. Leikam-Stellmacher). (2.50) 1902

— Disputatio inauguralis de Censibus promobilibus, von Rutscher-Zinnßen. [Resp.:] Andreas Fridericus Mylius. Recus. — Ienae 1715:Werther. 36 S. 8°
Erschien zuerst als Diss. Jena 1706.
9. 11. 12:4° Diss. 84-14. 14. 17. 23. 26. 27. 28. 300:150.673-B.
15.

— — De clientela debitorum. Jena (Müller) 19. XI. 1702. 5 Bl. mit Biogr. v. Heinr. Kreyenberg (Langensalza. M.: J. C. Falckner). (2.50) 1893

— De collegiis opificum: vom Handwerks-Zünffte-Wesen. 4°. Jen., Ehrt., 1688. — a. J. B. Struvio auct. 4°. Jen., Lohmann, 1727. — Idem liber. 4°. Jen., Cuno, 1736.

— — De comprehensione partis. Jena (Werther) 6. X. 1700. 4 Bl. mit Biogr. v. Christian v. Aussem (M.: S. E. Giesbach). (2.50) 1887

— — De comprehensione totius. Jena (Werther) 17. X. 1700. 4 Bl. mit Biogr. v. Joh. Phil. Treiber (Arnstadt. M.: S. Zeisold). (2.50) 1889

— — De dominio thesauri. Jena (Müller) 15. X. 1702. 5 Bl. mit Biogr. v. Hieron. Gehrmann (Güstrow. M.: H. E. Dohnstein). (2.50) 1891

— De Eo, quod circa carnifices et excoriatores iustum est. Von Scharfrichtern und Schindern. — Ienae:Oehrling 1702. 144 S. 8°
1:Fy 7586. 3. 4. 7. 8. 9. 11. 12:4° Diss. 765-10. 14. 16. 17. 18. 21. 23. 28. 38. 302.
15.

— Dissertatio iuridica de Expensis executionum criminalium, vulgo von Häncker-Gelde. Recus. — [Jena] 1715: Werther. 20 Bl. 8°
4. 7. 9. 12:4° Diss. 3029-32. 14. 23. 24. 25. 27.

— Dissertatio iuridica de Expensis executionum criminalium, vulgo von Hencker-Gelde. — Vitembergae 1748: Off. Hakiana. 40 S. 8°
1:16 in Fi 2745. 12:4° Diss. 1087-8. 26.
15.

Beier, A., de feriatione et profanatione sabbati. Jen. 1663; rec. 1665. 4. deutsch Jen. 1719. 8.

— — De gradibus. Jena (Werther) 13. VII. 1710. 8 S. mit Biogr. v. Georg Melchior Ludolph (Erfurt. M.: M. B. Schmid-Sachs). (2.50) 1901

Beier, Adr., Handlungs = Kunst = Berg = u. Handw. = Lexicon. 4. Jena. 721. Rthlr.

— Allgemeines Handlungs-, Kunst-, Berg- und Handwercks-Lexicon oder vollständige Beschreibung derer bey denen Handlungen, Buchhalten, Wechsel-Sachen, Schiffarthen, Bau-Kunst, Jagden, Bergwercken, Künsten und Handwercks-Innungen, gebräuchlichen terminorum, Formulen und anderer darinnen vorkommenden Redens-Arthen ... Zum Druck befördert durch Friederich Gottlieb Struven. — Jena:Tröbert 1722. 502 S. 8°
2. 4. 5. 10. 12:4° Var. 100. 14. 15. 16. 21. 23→30.
15.

— — Querfurth [usw.]:Teutscher 1722. 502 S. 8° ● 23.
15.

— Handwerks=Geselle. 4. Ebend. 717.

— — De incogitatis. Jena (Werther) 6. XI. 1707. 12 S. mit Biogr. v. Esaias Pfannstiel (Schmalkalden. M.: A. C. Fink). (2.50) 1898

— — De indiciis. Jena (Werther) 26. IV. 1705. 4 Bl. mit Biogr. v. Joh. Jacob Arnold (Osterfeld. M.: A. C. Müller). (2.50) 1895

— De Instrumentis opificum. Ed. nova, pluribus accessionibus aucta à Friderico Gottliebio Struvio. Vom Handwerks-Zeuge. — Ienae:Troebert 1722. 222 [vielm. 266] S. 8°
1:Gi 23987. 2. 7→10. 12:4° J. germ. 21/2. 15. 17. 21. 23→28. 30. 300:51.623-B. 302.
15.

— Tractatio iuridica de Iure dormientium. Vom Recht der Schlaffenden. — Halae Magd.:Hendel 1726. 28 S. 8°
Erschien zuerst als Diss. u. d. T.: Beier: Quod circa dormientes iustum est. Jena 1672.
1:11 in Fi 1142. 4. 5. 8. 9. 10. 12:4° Diss. 84-15. 14. 16. 24. 28. 300:152.726-B. 302.
15.

– De iure prohibendi, s. Beier: Tractatus de iure prohibendi. . . .

— Iustitia retribuens, hoc est: Tractatio iuridica, de reciproco legali, nostris: Von der Wedde, oder dem Wiedervergeltungs-Rechte in benachbarten Gerichten, Landen und Gräntzen begangenen Pfändungs- &c. auch Frevel-Fällen, und von der Verbrecher Bestraffung. Ob argumenti raritatem et praestantiam rec. — Ienae 1757: Heller. 56 S. 8° Erschien zuerst als Diss. Jena 1693.
4. 5. 16. 17. 24. 28. 29.
15.

— Magister. Prudentiae iuris opificiarii praecursor primarius. Der Meister bey den Handwercken. Denuo prodiit. — Ienae:Pohl 1719. 368 S. 8°
1:Gm 4406. 2. 4. 5. 7. 8. 9. 12:4°J.germ.21/1[2Ex.] 14. 15. 16. 21. 23→26. 28. 30. 300:51.626–B. 302.
15.

— Dissertatio inauguralis iuridica de coniuncta Manu, Germanis: Von dem Gemein- und Sammt-Lehen. [Resp.:] Johannes Philippus Doebnerus. Rec. — Jenae 1749:Heller. 60 S. 8° Erschien zuerst als Diss. Jena 1697.
1:Ha 2930. 4. 8. 12:4°Diss.3030–3. 14. 16. 24. 25. 28. 302.

— Tractatus iuridicus de Manufacturis. Acc. Delineatio iuris universi, tum civilis, privati ac publici, statutarii et consuetudinarii, communis ac feudalis, tum canonici. — Rudolphopoli: Gollner 1706. 98 S.,60 Bl. 8°
Erschien zuerst als Diss. Jena 1704.
7. 8. 9. 12:4°Diss.3030–4
15.

— — Itemque de nonnullorum festorum Origine commentatio. — Ebd. 1706. 98 S.,60 Bl.,354 S. 8° 23.
15.

— — Dasselbe. Von denen Waaren, welche mit der Hand gemacht werden, in wie ferne solche diesem oder jenem Handwercker zu kommen. Jena (Schill) 1745. 74 S., tlws. dtsch. (6.—) 1897

– Der Meister bei den Handwercken, s. Beier: Magister.

— — De metaphora. Jena (Werther) 13. X. 1700. 4 Bl. mit Biogr. v. Joh. Carl Lochner (Fürth). (2.50) 1888

— Otium sabbathicum, sive de feriatione et profanatione sabbathi, vom Heiligung und Entheiligung des Sabbaths. Ienae [usw.]: Reinhold [um 1700]. 72 S. 8°
1:Ds 3115 [u.] 23 in Fi 130. 3. 4. 5. 8→11. 12:4°Diss.3030–8. 14. 17. 18. 26. 28. 300:150.302–B. 302.
15.

— Nunc recusa. Ienae 1719. 72 S. 8°
1:8 in Bd. 8603–208. 3. 10. 12:4°Diss. 3030–9. 14. 16. 17. 24. 25. 27. 30. 302.
15.

— Recusa. Vitembergae 1756: Off. Hakiana. 72 S. 8°
3. 4. 12:4°Diss.2396–6. 10. 30.
15.

— Paradoxon iuridicum de Statu & iuribus peculiaribus neminis. 1712
s. *Beier:* De Statu & iuribus peculiaribus neminis.

— — De parte una. Jena (Werther) 12. XI. 1702. 12 S. mit Biogr. v. Gisbert Nagel (M.: A. R. Beuerlin). (2.50) 1892

— Commentatio iuridica, de Parte una, Germanis: Von Monopolien und Sachen, so einseitig geschehen ... Rec. — Ienae 1759: Heller. 16 S. 8°
Erschien zuerst als Diss. Jena 1702. 4. 10. 16. 24. 25. 30.
15.

— Repetita Praelectio dissertationis de expensis exsecutionum criminalium, Hencker-Gelde. Nunc collecta focaria, Herde-Gelde: Cum superpondio de virgindemia, Stock-Schilling. — Ienae: Oehrling [um 1710]. 315 S. 8°
Die Schrift ist e. erweiterte Bearbeitung von Beier: Dissertatio iuridica de Expensis executionum criminalium, vulgò vom Hencker-Gelde. 1677 u.ö..
7. 8. 9. 12:4°Crim. 10[u.ö.] 14. 15. 18. 23. 20→30.
15.

— — Ebd. [um 1750]. 315 S. 8° 1:Fy 286.
15.

— Iuris militaris Prudentia, in formam artis redacta: ubi non habitudo modo iuris particularis ad commune appenditur; verum etiam ius ex facto, per varias eius circumstantias inveniendi, via ostenditur, tradita decisionibus confirmantur. — Ienae: Bielck 1712. 688 S. 8°
1:Fm 9361. 2. 10. 15. 16. 18. 20. 30. 300:36 K 28.
15.

— Tractatus de Receptu tam personarum, quam rerum, von der Retirade und eingeflüchteten Gütern. — Francofurti [usw.]: Coll. Paulinum 1710. 118 S. 8°
3. 4. 8. 9. 10. 12:4° Diss. 192–18a. 14→17. 23. 24. 27. 28. 300:124.792–B. 3. 2.
15.

— Repetitio tit. Cod. Just. Nulli licere in frenis ex [equestribus sellis & in baltheis margaritas & smaragdos & hyacinthos aptare, & De artificibus palatinis. ·XI. II. & affinium. Commentatio analytica et synthetica: scholastica & forensis. Von Hofe-Handwerkern. — August[ae] Vind.: Geiger 1710. 232,433 [vielm.232,333] S. 8°
1:1 an Gi 23987. 24. 26. 300:37 T 15.
15.

— Disputatio iuridica de Restauratione domus ruinosae communis. Von baufälligen Häusern, ob und was gestalt jemand zu Reparirung seines wandelbahren Wohn-Hauses möge angehalten werden. — Ienae 1715: Ehrich. 20 Bl. 8°
2. 3. 4. 8→11. 16. 17. 24. 25. 27. 302.
15.

— Disquisitio de Restauratione domus ruinosae communis. Von baufälligen Häusern; ob und was gestalt jemand zu Reparirung seines wandelbahren Wohn-Hauses möge angehalten werden. — Ienae: Croeker 1747. 64 S. 8°
4. 5. 12:4° Diss. 1559–7. 16. 17. 26. 28. 30. 302.
15.

— — Rosa inter Spinas. Jena (Werther) 8. III. 1705. 4 Bl. mit Biogr. v. Joh. Stephan Schwartz (Geislingen. M.: M. Fink). (2.50) 1894

Beier, Adr.: De sigillo confessionis, von Geheimhaltung der Ohren-Beichte. *Jen.* 675. *Lips.* 700. 4.

– De Sigillo confessionis, von Geheimhaltung der Ohren-Beicht, sive ob, und wie weit aus der Beicht zu schwatzen. Tractatus iuridicus & moralis. – Lipsiae: Scipio 1707. 123. 8°

– – Lipsiae (usw.) 1724. 108 S. 8°

— Specimen hermeneuticum. o.J. s. *Beier:* De Prudentia.

— specimen juris German. 4. Halae, Kümmel. 718.

— Paradoxon iuridicum de Statu & iuribus peculiaribus neminis, vom Niemande. [Resp.:] Sigismundus Günther. — Ienae 1712: Ehrich. 36 S. 8°
Erschien zuerst als Diss. Jena 1695.
6. 8. 9. 12:4°Diss.2172–11. 14. 16. 26.
15.

— — Recusa. o.O. 1729. 32 S. 8°
9. 10. 12:4°Diss.3030–12. 14. 16. 23. 302.
15.

– Tractatus de iure prohibendi quod competit opificibus et in opifices, von der Zünffte Zwang. Ed. nova, pluribus accessionibus aucta. A Friderico Gottliebio Struvio. – Ienae: Troebert 1721. 422 [vielm. 458] S. 8°

— Tractatus de receptu tam personarum, quam rerum, von der Retirade und eingeflüchteten Gütern. 1710
s. *Beier:* De Receptu tam personarum quam rerum.

— — De transnominatione causae. Jena (Werther) 3. X. 1700. 4 Bl. mit Biogr. v. Otto Friedrich Lange (Merseburg. M.: M. Heubler). (2.50) 1886

— — De transnominatione signi. Jena, 26. IX. 1700. 4 Bl. mit Biogr. v. Christian Friedr. Gellert (Zeitz. M.: A. C. Zeidler). (2.50) 1885

[—] Successionis legitimae civilis et feudalis Typi praecipuorum casuum in utroque Syntagmate et Iurisprudentia Struviana obviorum menti pronius imprimendorum repraesentati ab A.B.D. et P.P. — Ienae: Junghans [um 1700]. 17 Bl. 8° 9.
15.

— — Ebd. [um 1700]. 18 Bl. 8° 300:133.143-B.
15.

[—] — Ebd. [um 1700]. 20 Bl. 8° 10. 28.
15.

— Tyro. Prudentiae iuris opificiariae praecursorum emissarius. Der Lehr-Jung. Cum augmento denuo prodiens. Ienae: Pohl 1717. 195 S. 8°
1:2 an Gm 4406. 2. 4. 5. 8. 11. 12:4° J. germ. 21/4
[2 Ex.] 15. 16. 18. 21. 23→26. 28. 30.
300:51.624-B. 302.
15.

— Dissertatio iuridica de Umbra. Vom Schatten-Recht. [Resp.:] Henricus Güntherus Bötticher. — Halae Magd.: Hendel 1739. 40 S. 8° Erschien zuerst als Diss. Jena 1681.
5. 9. 10. 11. 12:4° Diss. 3030-15. 16. 17. 23. 24.
26→29. 300:150.164-B. 302.
15.

— — De vestitu pactorum. Jena (Werther) 17. IX. 1702. 11 S. mit Biogr. v. Alex. Hieron. Clasen (Lübeck. M.: M. J. Sonnemann). (2.50) 1890

— Dissertatio inauguralis iuridica, de probantis Voluntate tacita et dubia, Germanis: Von denen rechtlichen Fällen, in welchen ein Beweißführer durch Stillschweigen oder zweiffelhafften Vortrag seinen Beweiß und Recht verlieret. [Resp.:] Joh. Fridericus Gottschald. Rec. — Ienae 1749: Heller. 56 S. 8° Erschien zuerst als Diss. Jena 1698.
4. 9. 11. 12:4° Diss. 1619-4. 16. 17. 24. 28.

Beier, And., addit. ad Carpzov. consistorial. fol. Dresd. Gerlach. 719.

Beier, Aug.
— arcana Biblioth. Dresd. 3 Part. 8. ibid. 738.

Beier, Aug., Bergbaukunde s. Beyträge.

Beier, Aug., Epistola de Bibliothecis Dresdens. praecip. 4. Dresd. Walther 731.

— historia vitae, fator. etc. Georg. Gentii. 8. ibid. 733

— memoriae hist. criticae libror. rarior. 8. ibid. 734.

Beier, C., Dr. med. Bauske, Kurland, s. Beier, Carl

Beier, C., Philologe, Professor, Leipzig, 1790-1828. 1815, s. Beier, Karl Friedrich Adam

Beier, C., de magno veteris ecclesiae circa poenitentes rigore. 4. Leipz. F. C. W. Vogel. 759.

Beier, C., supplementa ad S. E. L. Mülleri Promtuar. juris nov. IV Vol. 8. maj. Hildb. Hanisch. 800—4. (I.—III. à 2 Thlr. 12 gr., IV. 2 Thlr.)

Beier, C.F.A., s. Beier, Karl Friedrich Adam

Beier, C.W.: Historie der Augsburgischen Confession, s. Beier, Christoph Wilhelm

Beier, Carl, Philologe, Professor, Leipzig, 1790-1828. 1815, s. Beier, Karl Friedrich Adam

Beier, Carl, Dr. med., Bauske, Kurland, 1898: Die Untersuchung des Harns und sein Verhalten bei Krankheiten. Leipzig: Naumann [1900]. VII,249 S. 8° (Medizinische Bibliothek für praktische Ärzte, 153/156.) 30. 38M
15.

— Die Untersuchung unserer wichtigsten Nahrungs- und Genussmittel. — Leipzig: Naumann [1898]. VIII,147 S. 8° (Medizinische Bibliothek für praktische Ärzte. 116/118.)
30.
15.

Beier, Carl, Untersuchungen üb. das Vorkommen v. Gallensäuren u. Hippursäure in d. Nebennieren. Diss. gr. 8. (37 S.) Jurjew (Dorpat) 891. (E. J. Karow.) n. 1.—

Beier, Carl Friedrich Adam, s. Beier, Karl Friedrich Adam

Beier, Chr. Ph. Fr., geographische Belehrungen im poetischen Gewande rc. 8. Bresl. Holäufer. 814.

— kleine Tugendlehren, od. Abschilderung d. Tugenden u. Laster, in welche d. Mensch gerathen kann. Nebst den Mitteln sich erstere eigen zu machen, letztere aber ernstl. fliehen zu lernen, mit belehr. Regeln. 8. Nürnberg, Endters.

Beier, Christoph Wilhelm: Christoph Wilhelm Beiers Antwort, auf die von Hn. C. Netzdörffer ... wider dessen Diatriben historicam de Chrysostomis veteris Germaniae, gemachten Einwürfe. Saltzwedel, den 27. Jul. 1738. — Berlin [1738]: Michaelis. 8 Bl. 8°
7. 8. 12:4° Diss. 3755-14. 14. 27.
15.

— Diatribe historica, de Chrysostomis veteris Germaniae. Von berühmten alten Predigern in Teutschland. Quam ... Michaeli Roloffio ... Joanni Gustavo Reinbeckio ... supremos in theologia honores capessentibus dicat ... Christ. Guilielmus Beierus. — Soltquellae: Heller 1738. 31 S. 8°
4. 7. 8. 12:4° Diss. 3755-13. 14. 15. 21. 27.

— Historie der Augspurgischen Confession, und des A. 1730. den 25. Jun. in der Alten Mark Brandenburg gefeyerten Jubel-Festes derselben, auff Begehren ausgefertiget, von Christoph Wilhelm Beyern. — Saltzwedel: Heller 1732. 422,72 S. 8° 1:Df 3907. 2. 7. 17.
15.

— Mantissa ad historiam Scholae Catharinaeae Soltquellensis, atque de archidiaconis et diaconis ecclesiae eiusdem hypomnema Christ. Guilielmi Beieri. — Soltquellae [1730]: Schuster. 8 Bl. 8°
Zugleich Progr. Salzwedel 1730. 1:Az 12610. 14.
15.

— Das am Johannis-Tag durch seinen Wächter von Gottes wegen gewarnete Saltzwedel. Oder ... Predigt. — Helmstädt: Süstermann 1700. 155 S. 8° 18.
15.

Beier, Conr. (geb. Domanze bei Schweidnitz 5. 8. 1840): De haemophilia. Berolini (1864). (31 S.) 8°
Berlin, Med. Diss. v. 15. Apr. 1864

Beier, Dominikus
Fest-Schrift zur Feier des 50jährigen Bestehens des I. Oberschlesischen Turngaues. Im Auftr. d. Gauturnrats verf. u. hrsg. von Gauturnwart D(ominikus) Beier, Ratibor. 1862–1912. [Ratibor 1912.] 194 S. 8° A 12.6392

Beier, Dominikus:
Die turnerischen Gang- und Schrittarten, Tanzschritte und Tänze. — Crefeld: Hohns 1910. 180 S. 8°
1:N 10.4084. 5.
15.

Beier, D., Schwingseilübungen für das Vereins- und Schulturnen in 4 Schwierigkeitsstufen nach W. Jenny: Schwungseilübungen, Krefeld 1909, 53 S., 8°.

— Uebungen auf den Schwebestangen und dem Schwebebaum für das Schul- und Vereinsturnen. — Crefeld: Hohns 1909. 52 S. 8° 1:N 10.629. 5. 15.

Beier, F., Pastor, Pankow, s. Beier, Ferdinand

Beier, F., Kapellmeister, Kassel, 1857-1914, s. Beier, Franz

Beier, F., Rektor, Janer, + 1814, s. Beier, Franz

Beier, F., theoret. praktische Baukenntn. m. K. 8. Marburg, Krieger. 801.

Beier, Ferdinand

Beier, Ferd., aus vergilbten Blättern. Geschichte v. Pankow. (160 S. m. Abbildgn., 1 Taf. u. 1 Plan.) 8. Berlin (909). F. Zillessen. Geb. in Leinw. 2.—

Beier, Ferdinand, Pastor, Pankow. 1910: Aus vergilbten Blättern. Geschichte von Pankow. — Berlin: Zillessen [1910]. 160 S. 8° 1:Td 7078. 15.

Beier, Ferd.: Buchhaltg, Statistik u. Kalkulation. — Kontrollfähigkeit d. Einzelbuchgn u. d. monatl. u. jährl. Abschluss-Ziffern, s: Geschäftsorganisation.

Beier, Fr.: De amuletis..., s.a. Beier, Adrian

Beier, Fr., De amuletis, eorum usu licito aut salutari. Jen. 4°. 1701

Beier, Franz, Kapellmeister, Kassel, 1857-1914. 1884: Die Abonnements-Concerte des königlichen Theater-Orchesters zu Cassel. Ein geschichtlicher Rückblick. — Cassel [usw.]: Voigt (1886). 26 S. 8° 101. 15.

– s.a. Anweisung zum Rechnen.

— gründliche Anweis. z. Rechnen, z. Gebr. f. Stadt- und Landschul. 8. Bresl. Korn d. ält. 806.

– s. Belehrungen, Geographische

— Hector Berlioz und seine 'Verdammung Faust's'. Vortrag. — Cassel: Gotthelft 1894. 51 S. 8° 1:Mus. Db 1261. 4. 24. 15.

— Geographische Beschreibung des Herzogthums Schlesien und der Grafschaft Glatz für Kinder und Kinderfreunde. 5., verm. u. verb. Aufl. — Breslau: Holäufer 1816. 68 S. 8° 2. 15.

Beier, F., († d. 11. Decbr. 1814.) kurze Beschreib. u. Erklärung d. Kalenders, nebst e. immerwähr. Kalender. 8. Bresl. 806. J. F. Korn. 6 gr.

Beier, Franz, Rektor, Jauer, † 1814. 1802: Kurze Beschreibung und Erklärung des Kalenders nebst einem immerwährenden Kalender zur Belehrung für die Jugend. — Jauer; Breslau: Korn [usw.] [1807]. 88 S. 8° 1:Oz 1378. 15.

— kurze Beschreib. u. Erklär. d. Kalenders rc. 8. Jauer, (Breslau, Barth.) 810.

— Geographie oder Erdbeschreib. v. Herzogth. Schlesien u. d. Grafsch. Glatz, f. Kinder u. Kinderfreunde. 8. Bresl. 80.. 4e A. 813. Graß, Barth u. C. 5 gr.

[—] Geographie oder Erdbeschreibung vom Herzogthum Schlesien und von der Grafschaft Glatz für Kinder und Kinderfreunde nebst e. erklärenden Wörterverzeichnisse. 2. Aufl. — Jauer [1802]: Schlögel. 92 S. 8° 2. 15.

—— 4., verb. u. verm. Aufl. Breslau: Barth [usw.] [1812]. 80 S. 8° 2. 15.

— Geographie v. Herzogth. Schlesien und d. Grafsch. Glatz. 8. Bresl. Barth. 810.

— Über Johann Jacob Froberger's Leben und Bedeutung für die Geschichte der Klaviersuite. — Leipzig: Breitkopf & Härtel 1884. 30,12 S. 8° (Sammlung musikalischer Vorträge. 59.60.)
Erschien zuerst als Diss. Rostock 1883.
Im Exemplar von 5 fehlen d. Titel d. Sammlung.
1:Mus. Df 272. 2. 5. 12: Mus. Th. 2886-59. 60. 14. 15. 24. 30. 38. 300: 395.791-B. MS. 15.

Beier, Fr. (Hrsg.), s.a. Monatsschrift, Neue, zur gesellschaftlichen und angenehmen Unterhaltung.

[*Beier, Franz*] [*Hrsg.*] *Neue Monatsschrift zur gesellschaftlichen und angenehmen Unterhaltung. Jauer* 1800-7. [*Holzmann-Bohatta* III.157,2.]

— Opfer d. Liebe u. Dankbarkeit, in e. Samml. Neujahrs-, Geburts- u. Namenstagswünschen. 8. Bresl. 810. Graß, Barth u. C. 7 gr.

Beier, Friedrich Carl, Cogitata quaedam pathologica et therapeutica. Diss. Dorpat. 16°. 18 pp. 1812.

Beier, G.

— delin. histor. juris roman. 8. Leipzig, Comt. für Litter. 739.

— delineatio juris civilis etc. 4. Leipzig, Comptoir für Litt. 738.

— delin. juris criminal. 4. ibid. 737.

— delin. juris div. natural. 4.

— delin. juris German. etc. auct. a Hofmann. 4. Leipz. (Fromm. in Jena.)

— dissertationes et opuscula. 4. ibid.

Beier, G., notitiae autorum juridicor. c. Ienisch, et al. Continuat. 8. Leipz. (Frommann in Jena.) 726—58.

— Ordnung des peinlichen Gerichts. 8. Leipzig, Comtoir für Litt.

Beier, G. G., Unterricht in d. Orthographie f. Frauenzimmer rc. 8. Leipzig, F. C. W. Vogel.

Beier (H.), Geologische Übersichtskarte von Sachsen und Nordböhmen. Nach d. Veröffentl. d. Kgl. Sächs. Geol. Landesanst., sowie nach geol. Karten von Gäbert [u. a.] 1:200 000. Dresden o. J. Kol. 1 Bl.
(Geographisch-statistische Karten vom Königreich Sachsen. Hrsg. von A. Frenzel. 1.)

Beier, H. V., de primorum Christianorum more edendi agnum paschalem. Lips. 1776. 4.

Beier, J., Paedagogus lat. Germ. jur. d. i. deutsch. lat. u. latein. deutsch. Wörterb. umgearb. verm. u. verbessert. von Mayer. gr. 8. Würzb. Stahel. 805.

Beier, J.: Ueber die Wirkungen der Röntgen- (u. Radium-) Strahlen..., s. Beier, Johannes

Beier, J. F., s. R. Barter, Sterbegedanken.

Beier, J. F., tabellar. Uebersicht d. zu wilden Baumgesträuch- u. Staudenkultur, so wie überhaupt zum Forstwesen nöth. Kenntn. Fol. Regensburg, (Heigl, in Straubing.) 805.

Beier, I. Franz., üb. Epictet u. s. Handb. 8. Marburg, Krieger. 794.

— Samml. v. Liedern d. Liebe im Geschm. Salomo's. 8. Ebend. 792.

— Sinngedichte. 8. Ebend. 809.

Beier, J. Gf., Beweis v. d. Wahrh. d. evangel. Relig. rc. 8. Dresd. Walther. 730.

Beier, J.M., s. Beier, J. Marc

Beier, J. Marc
— Abhandl. üb. d. Zergliederung. der Schönheit. u. Mängel d. Pferde. 8. Meißen, Gödsche. 794.

Beier, J. M., prakt. Anleitung alle Arten v. Hunde zu dressiren. 8. Leipz. Sommer. 816.

— Anweis. zur Verfert. d. Beyersch. Höhenmessers. 795.

— Bemerk. üb. d. sächs. Forstwissensch. rc. 8. Ebendas. 797.

Beier J. Marc., Forst- und Jagdwörterbuch. gr. 8. Leipzig, Müller. 801. Rthlr.

— Gedank. üb. Uebergabe u. Uebernahme d. Rittergüther. 8. Meißen, Gödsche. 794.

— prakt. Handbuch u. Anweis. alle Art. Hunde zu dressir. 8. Leipz. Müller (auch Sommer.) 806.

— dasselbe. 8. Augsb. Daisenberger.

— leichte Kunst, d. Scheffelzal jed. Getraideart geschwind z. finden. m. K. gr. 8. Dresd. Walther. 794.

— Lehrb. d. pract. Feldmeßkunst. m. K. 8. Halle, Hendel. 797.

— Rathgeber f. alle Stände im Handel u. Wandel. 2 Th. 8. Gotha, Ettinger. 796.

– Reitkunst zum Selbstunterricht..., s.a. Beier, L.

[Beier J. M.]: Reitkunst z. Selbstunterricht nebst einer Abhandlung v. den Krankheiten d. Pferde u. ihren Kuren. 2. verb. Aufl. Leipz. 1797. 224 S.

— tabell. Uebersicht d. Küchengarten-Gewächse. 4. Halle, Hendel. 815.

Beier, J. Marc., Unterr. f. Guthsbesitzer über Ausmessung. 8. Leipz. Mittler. 796.

Beier, J. Matth., Schaupl. d. Mühlenbauk. u. Kern des Mühlen-Rechts fortges. v. Weinhold. 3 Bde. m. K. Fol. Dresden, Walther. 788. 803. (à 3 Rthlr.) u. 3 Anh. von Mühlenordn. (1r 8 gr., 2r u. 3r à 3 gr.)

Beier, J. R., die Geschichte d. Israeliten, eine Fortsetz. von d. Geschichte d. Urwelt, in Predigten. 2 Bde. gr. 8. Erfurt, Gebhardt. (Leipz. Bruder.) 811.

Beier, J. R. G., Anleit. z. Gebrauch d. Abendmahls. 8. Leipz. F. C. W. Vogel. 785.

— z. Aufklär. d. Volksreligion, e. Beitr. in Predigten. 3 Theile. gr. 8. Ebend. 788—95. (1r u. 2r à 1 Rthlr., 3r 1 Rthlr. 12 gr.)

— üb. d. Bücherlesen. 4. Erf. Keyser. 795.

— Gesch. d. Urwelt in Predigten. 2 Bde. gr. 8. Ebend. 795—800. (I. 1s u. 2s à 10 gr., 3s u. 4s à 12 gr., II. 1s u. 2s 1 Rthlr., 3s 14 gr., 4s 16 gr.)

— Handbuch f. Kind. und Kinderlehr. üb. d. Katechismus Lutheri. 7 Bdch. 8. Leipzig, F. C. W. Vogel. 784—87.

— dass. klein. Ausg. 2 Bde. m. Anh. 8. Ebend. 787.

— — Ausz. a. dems. 8. Ebend. 788.

— — Register zu beiden Auflagen. v. Kämpfe. 8. Ebend. 795.

— Magazin f. Prediger. 12 Bde. à Bd. 6 Stck. 8. Ebend. 789—96. (à Stck. 6 gr.)

— — Anhang z. 1n—4n Bde. gr. 8. Ebend. 790.

— Museum f. Prediger. 4 Bde. zu 2 Stck. gr. 8. Ebend. 798—801. (à Stck. 18 gr.)

— einige Predigt. v. d. Zeitumstände veranl. gr. 8. Leipzig, F. C. W. Vogel. 794.

— Predigten üb. Gegenst. a. d. Nat. rc. gr. 8. Ebend. 805.

— Predigten über Sprüchwört. 2 Bde. gr. 8. Erfurt, Beyer. 800.

— üb. d. Strafen d. Verdammt. u. der Dauer. u. Forts. 5 Stck. 8. Ebend. 782—84.

Beier, Johannes. Über die Wirkungen der Röntgen- (und Radium-) Strahlen auf das Zentralnervensystem, insbesondere das Gehirn. Aus dem pathologischen Institut des städtischen Krankenhauses in Wiesbaden.... Diss. Vet.-Med. Univ. Zürich. 72 S. 8. Wiesbaden, Rud. Bechtold & Comp., (1910).

Beier, K, u. A Dobritzsch: 1000 Jahre deut. Vergangenh. in Quellen heimatl. Gesch. insbes. Leipzigs u. d. Leipz. Kreises. 2 Bde. (20, 515 u. 8, 546 m. 4 Ktnskizzen u. 2 Pl.) gr8° Lpzg, E Wiegandt '11. L 15 —; früher Subskr. nn 11.75 d

Beier, K.A.
— Apologie d. heil. Schrift, od. Untersuch. d. Lehre von göttl. Strafen. 8. Ebend. 779.

Beier, K. A., ganze Pflicht des Communicant. 8. Halle, Waisenh. 771.

Beier, Karl, Philologe, Professor, Leipzig, 1790-1828. 1815
s. *Beier*, Karl Friedrich Adam.

Beier, Karl Friedrich Adam: Animadversiones quaedam in primae Persii satirae initium. — Zwiccaviae [1809]: Hoefer. 15 S. 8°
Glückwunschschrift zum Geburtstag für Tobias Hempel.
15.
15.

– s. Cicero, Marcus Tullius: Laelius...

– s. Cicero, Marcus Tullius: De Officiis.

– s. Cicero, Marcus Tullius: Orationum pro Tullio.

— De Formis cogitandi disiunctivis quaestio, inspersis animadversionibus philologicis et criticis. — Lipsiae: Steinacker [1815]. 50 S. 8°
Zugleich Diss. Leipzig 1815. 4. 7. 10. 15. 27.
15.

— **Carl Friedr. Adam** (Zerbst) u. **Gottlob Wilhelm Mueller** (Memleben/Thür.), De formis cogitandi disjunctivis quaestio concertatoria, .. Lpz. (B. G. Teubner) 25. I. 1815. 50 S., teilw. deutsch. (5.—) 1906

— **Carl,** M. Tulli Ciceronis in P. Clodium et Curionem orationis fragmenta. Lpz. (B. G. Teubner) 1825. 48 S. (4.50) 1905

– s. Hermann, Gf.: Jubelgedicht.

— Caroli Beieri Indices ad Ciceronis De officiis libros eiusdemque Orationum fragmenta. Digessit et ed. Godofredus Hertel. — Lipsiae: Nauck 1831. 97 S. 8°
2. 4. 5. 7. 10. 12: A. lat. b. 528g-3. 14. 21. 24. 25. 27.
15.

— Verzeichniß der hinterlassenen Bücher-Sammlung des von K. F. A. Beier. [Auktionskat.] — Leipzig (1829). 440 S. 8°
1: Ap 1171. 14 [unvollst.] 15.
15.

Beier, L.: Reitkunst zum Selbstunterricht, s.a. Beier, J. Marc

Beier, L., Reitkunst zum Selbstunterricht rc. 8. Leipzig, Voß. 797.

Beier, Ludwig, appr. Arzt: Aus d. Ohrenklinik des Oberschles. Knappschafts-Vereins. Leiter: Dr. Ehrenfried. Ein Fall von Nasenrachenfibrom, geheilt durch die temporäre Resektion der Gaumenplatte nach Partsch. Leipzig 1905: B. Georgi. (24 S.) 8°

Leipzig, Med. Fak., Ref. Trendelenburg, Diss. v. 7. Apr. 1905

[Geb. 13. Febr. 76 Rawitsch; Wohnort: Breslau; Staatsangeh.: Preußen; Vorbildung: Realgymn. Rawitsch Reife O. 94, Ergänzungspr. Friedrichsgymn. Breslau O. 95; Studium: Breslau 11, Berlin 2 S.; Coll. 13. Apr. 05; Approb. 19. Apr. 02.]

Beier, Martin: Allgegenwart unsers allsehenden Gottes, nach Anleitung etlicher biblischen Sprüche, in dessen Furcht, zu sein- und seines Nähesten Erbauung, betrachtet. — Dreßden [usw.]: Hübner [usw.] 1702. 804 S. 8°
30.
15.

Beier, Oswald Die Mathematik im Unterrichte der höheren Schulen von der Reformation bis zur Mitte des 18. Jahrhunderts. 38 S. Progr. *Crimmitschau* 1879.

Beier, Richard

Beier, Rich. Der Granit, seine Bestandtheile, Gewinnung u. Bearbeitung. Für Architekten, Baugewerks- u. Steinsetzmeister u. s. w. 8. (VIII, 71 S. m. 81 Fig.) Berl. 891, Polytechn. Buchh. cart. * 2 40

Beier, S.: Herzens-Klänge, s. Beier, Sophie

Beier, S. C. L. v., Betracht. üb. Gegenst. d. Relig. und Moral. 8. Berl. Nicolai. 791.

Beier, Sophie, Herzens-Klänge. E. Sammlg. n. Gedichte. 12. (64 S.) Hamburg 896. G. Fritzsche.
Geb. in Leinw. m. Goldschn. 1. 50

Beier, Theodor:

Marine-Allerlei. Marine-Humoresken von Theodor Beier (John Wilmers). — Berlin: Boll & Pickardt 1904. 156 S. 8° 1: Yy 12098.
15.

— Vor dem Mast. Kleinigkeiten aus d. grossen Wasser geschöpft. Von John Wilmers [d.i. Theodor Beier]. Illustr. von Willy Stöwer. — Leipzig: Müller-Mann [1899]. 125 S. 8° [(Eckſteins Miniaturbibliothek. 37.)] 1: Hu 15070.

Beier, W.: Uebungen auf d. Schwebstangen u.d. Schwebebaum f.d. Schul- u. Vereinsturnen (52 S. m. Fig.) Krefeld 1909.

Beierbachs, Samml. all. Verordn. d. Reichsst. Frankf. 10 Thle. gr. 8. Frankf. Hermann.

Beieri, Adrian, s. Beier, Adrian

Beieri, C.F.A., s. Beier, Karl Friedrich Adam

Beieri, Carl, s. Beier, Karl Friedrich Adam

Beierlein, A.: Das neue badische Verdingungswesen. Die Vergebung von Hoch- u. Tiefbauarbeiten in allen Zweigen d. Staats- u. Staatsanstaltenverwaltung. 1. Aufl. — Emmendingen: Dölter 1907. 66 S. 8° 16.

Beierlein, Johann Peter: Die Bilder- und Wappen-Sammlung des historischen Vereins von Oberbayern. (Verf.: Johann Peter Beierlein u. Eugen Gilg.) H. 1. — München 1880: C. Wolf. 124 S. 8° (Die Sammlungen d. historischen Vereins von Oberbayern. 2,2.)
1: Sf 4096–2,2. 2. 3. 5. 12: Bavar. 2324m–2,2. 14. 21. 23. 24. 25. 27. 38.
15.

— Erinnerung an Carl August Ritter von Schultheß-Rechberg, Oberst-Lieutenant a. D. — München 1868. 5 S. 4°
Aus: Jahresbericht d. historischen Vereins von u. für Oberbayern. 29. 1867.
12: Biogr. 1286–23.

— Medaillen auf ausgezeichnete und berühmte Bayern, in Abbildungen und mit biographisch-historischen Notizen. Lfg 1–5. — München 1848–66. 8°
Aus: Oberbayerisches Archiv für vaterländische Geschichte. 10. 12.13.15.20. 1848. 66.
12: Bavar. 221 km. 15 [**5]. 29 [**5].
15.

Beierlein, J. P., s.a. Medaillen u. Münzen, die, des Gesammthauses Wittelsbach.

— Die Medaillen und Münzen des Gesammthauses Wittelsbach. Auf Grund e. Ms. von J.P. Beierlein bearb. u. hrsg. vom K. Conservatorium d. Münzkabinets. Bd 1. — München: K. B. Akad. d. Wissenschaften; Franz in Comm. (1897–)1901. XXXVIII, 540 S. 4°
1. Bayerische Linien.
1: 4° Pl 9490. 5. 7. 12: 4° Bavar. 1275k [2 Ex.] 16. 24. 29. 300: 412.487–C. 302.
15.

Die Medaillen und Münzen des Gesammthauses Wittelsbach. Auf Gr. e. Ms. v. J. P. **Beierlein** bearb. u. hrsg. v. K. Conservat. d. Münzkabinets. Bd 1. *München: Dr. v. F. Straub 1897.* 4. [97. 1179

— Die bayerischen Münzen des Hauses Wittelsbach, von dem Ende des 12. bis zur Mitte des 16. Jh. ⟨1180–1550⟩. — München: Franz in Comm. 1868. 66 S. 8°
1: Pl 9472. 5. 7. 12: Bavar. 221 kom. 29.
15.

— Münzen bayerischer Klöster, Wallfahrtsorte und anderer geistlicher Institute (2.3: Münzen bayerischer Klöster, Kirchen, Wallfahrtsorte und anderer geistlicher Institute). Lfg [1]–3. — München 1857–79. 4°
Aus: Oberbayerisches Archiv für vaterländische Geschichte. 17. 27.38. 1857–79.
12: Bavar. 221 kno.
15.

— Nachrichten über Franz Andreas Schega, churbayer. Hofmedailleur in München, und Beschreibung der von ihm verfertigten Medaillen. — München 1847. 40 S. 8°
Aus: Oberbayerisches Archiv für vaterländische Geschichte. 9. 1848.
1: Nt 7974. 12: Bavar. 4078–20. 1[illegible]. [illegible]
15.

— Regesten ungedruckter Urkunden, Stadt und Bürger von München betreffend. — München 1850. 32 S. 8°
Aus: Oberbayerisches Archiv für vaterländische Geschichte. 11. 1850–51.
12: Bavar. 221 kn.
15.

— Nekrolog. Christoph Sedlmaier, kgl. b. quiesc. Regierungs-Registrator. — München 1859. 8 S. 8°
Aus: Jahresbericht d. historischen Vereines von u. für Oberbayern. 21. 1859.
12: Bavar. 221 ko.
15.

Beieros, Menandros Eirenaios Merops s. *Beier*, Karl Friedrich Adam.

Beiersbronn [Schlagwort]

Beiersbronn, s.: Geologische Karten. Spezialkarte (Württ.)

Béjeuhr, Paul: Luftschrauben, s.a. Luftfahrzeugbau u. -Führung.

Béjeuhr, P.: Luftschrauben. Leitfaden für Bau und Behandlung von Propellern. (Luftfahrtzeugbau u. Führung no. 6).

Beifall und Empfindungen über das von einem Officiere aus *** verfasste Werkchen, unter dem Titel: Gedanken über den Zweikampf, entworfen auch von einem Officiere aus ***.
8. Frankfurt und Leipzig 1787.

Beifreude, Innigliche, und devoteste Glückwünsche, im Namen sämtlicher Mitglieder des deutschen Pegnesischen Blumen-Ordens, den 11. April 1787. V: *Zahn, Benedict Wilhelm.* (will)

Beifus, Joh.: Die bunte Garbe. Deut. Volkslieder d. Gegenwart. Mit Bildern v. Ludw. Richter. (402) kl8° Münch., M Mörike '12. Pappbd 3.60; Ldr 6 — d

Beifus, Joseph: Hans Sachs und die Reformation. T. 1. Nürnberg 1910: Bieling-Dietz. 34 S. 8° ¶ (Ersch. vollst. in: Mitteilungen d. Vereins f. Geschichte d. Stadt Nürnberg.) München, Phil. Diss. v. 26. Juli 1906, Ref. Muncker

[Geb. 22. Nov. 77 Laasphe; Wohnort: Chicago; Staatsangeh.: Vereinigte Staaten; Vorbildung: Coll. of Arts d. Univ. Chicago B. A. Juni 02; Studium: Chicago 6, Berlin 1, München 3 S.; Rig. 26. Juli 06.] [U 10. 3618

Beigabe. —

Beigabe zu einem bestimmten Werk s. auch unter dem Titel dieses Werkes.

Beigabe zu der den 4. Februar 1846 in Ratibor stattfindenden 50. Damen- und 200. Herren-Liedertafel. — Ratibor 1846: Bögner. 15 S. 8° 2.
15.

Beigang, J. G., Buchhandlung. Leipzig: Catalogue des livres françois, anglois et italiens. Du cabinet de lecture, chez J. G. Beigang. — Leipsic 1796. VI,175 S. 8° 21°
15.

Beigel: Braucht der Jurist Buchführungs-Kenntnisse?, s. Beigel, Rudolf

Beigel, G. W., chemische Untersuchung des Salzwassers von Heilbrunn bei Benedictbauern. gr. 4. Münch. 806. (G. Franz). 4 gGr.

Beigel, Georg Wilhelm Sigismund: Näherungs-Angaben zur Bestimmung der geographischen Länge und Breite von München, in Verbindung mit den bekannten geographischen Arbeiten des Herrn Cassini de Thury über einen Theil des südlichen Deutschlands. — München: Strobel 1800. 4 Bl. 8° 14.
15.

— Über die trigonometrische Vermessung in Bayern. Von G. W. S. Beigel. Hrsg. u. mit Anm. begleitet vom Frhrn v. Zach. — o. O. [1803]. 58 S. 8°
Aus: Monatliche Correspondenz zur Beförderung der Erd- u. Himmelskunde. 1803. 14.
15.

— Versuch über eine bis jetzt noch nicht erklärte Stelle in Abulfeda's Beschreibung von Aegypten, unter dem Artikel Fostat; nebst Bemerkungen über die Gnomik der Araber. [Wien 1809.] 19 S. 4°
Aus: Fundgruben d. Orients. 1. 1809. 14. 27.
15.

Beigel, Hermann: Pathologische Anatomie der weiblichen Unfruchtbarkeit (Sterilität), deren Mechanik und Behandlung. — Braunschweig: Vieweg 1878. XII,419 S. 8°
1: Kd 480. 3. 6. 8. 9. 11. 12: Path. 106od. 17. 21. 24. 27. 29. 30. 38M. 302.
15.

— — 2. Ausg. Ebd. 1889. XII,419 S. 8° 7. 23.
15.

— Atlas der Frauen-Krankheiten. — Stuttgart: Enke 1876. 312 S. 8°
1: Ke 900. 9. 12: Path. 106ob. 16. 18. 21. 24. 302.
15.

Beigel, Herm., über Auftreibung und Bersten der Haare, eine eigenthümliche Erkrankung des Haarschaftes. Lex.-8. (8 S. mit 1 Stnt. in qu. 4.) Wien 856, (Gerold's Sohn.) *

— Beitrag zur Geschichte und Pathologie des Albinismus partialis und der Vitiligo, und über Nigrismus. — Dresden 1864: Blochmann. 30 S. 4° (Nova Acta Academiae Caesareae Leopoldino-Carolinae Germanicae naturae curiosorum. 31,4.)
1: 4° Lc 6491-31,4. 2→6. 9. 11. 12: 4° Acad. 5-31,4 [2 Ex.] 14→17. 21. 24→27. 30. 38M. 300: 393.144-C. Per. 31. 302.
15.

Beigel, Herm., Beitrag zur Geschichte und Pathologie des Albinismus partialis und der Vitiligo, und über Nigrismus. gr. 4. (30 S. mit 1 lithogr. und ill. Taf.) Dresden 864. (Jena, Fr. Frommann.) *
Aus: Verhandlungen der k. Leop.-Carol. d. Akademie, besonders abgedruckt.

Beigel, H.: Zur Geschichte u. Pathologie des Albinismus partialis u. der Vitiligo, u. über Nigrismus. Dresden 1864. 4°. 30 S. u. 1 col. Tafel.
Schul-/Univ.-Schrift.

—— die Krankheiten des weiblichen Geschlechtes vom klinischen, pathologischen und therapeutischen Standpunkte aus dargestellt. (2 Bde.) 1. Bd. und 2. Bd. 1. Hälfte. gr. 8. Erlangen [Stuttgart] 874, Enke. *
Inhalt:
Bd. 1. Allgemeiner Theil, Physiologie, Pathologie und Therapie der Menstruation, Krankheiten der Eierstöcke. (XVI, 603 S. mit 1 lithogr., 4 color. Stat. und 236 eingedr. Holzschn.) * ℳ 16.
» 2. 1. Hälfte. Krankheiten der Eileiter und der breiten Mutterbänder; Anomalien der Entwicklung der Form und Lage und der Structur der Gebärmutter. (S. 1—352 mit 125 eingedr. Holzschn.) * ℳ 10.

Beigel, Herm., die Krankheiten des weiblichen Geschlechts vom klinischen, pathologischen und therapeut. Standpunkte aus dargestellt. 2. Bd. 2. Hälfte: Krankheiten der Gebärmutter, der Vagina, der äusseren Geschlechtstheile und der Brustdrüsen; Vaginismus und Sterilität. gr. 8. (XIV, S. 353—882 mit 2 lithogr. Taf. und 159 eingedr. Holzschn.) Stuttgart 875, Enke. *
1. Bd. und 2. Bd. 1. Hälfte. Ebendas. 1873. * ℳ 26.

— Zur Lehre vom Milzbrand beim Menschen. — Berlin 1862. 13 S. 8° Aus: Preussische Medicinal-Zeitung. N.F. 5. 1862.
1: Ks 9891,
15.

Beigel, Herm. (geb. Janotschin 7. 4. 1829): De morbo Brightii et eclampsia puerperali. Berolini (1856). (30 S.) 8°
Berlin, Med. Diss. v. 9. Mai 1856

— Balneologische Notizen über die Kurmittel des Bades Reinerz in Schlesien, mit bes. Berücks. der ... Moorbäder. — Erlangen: Enke 1863. 196 S. 8°
1: Is 9609. 4. 12: M. med. 92p. 15. 29.
15.

— Zur Physiologie der deutschen Sprach-Elemente. Vortrag. — Erlangen: Enke 1867. VIII,52 S. 8°
1: Kw 3730. 6. 7. 11. 12: L. germ. 20pm. 15. 16. 21. 25. 27. 29. 30.
15.

— Rede bei der feierlichen Eröffnung des Maria-Theresia-Frauen-Hospitales in Wien, am 15. Dec. 1872 gehalten. — Wien: Czermak 1873. 16 S. 8° 300: 64.090-B. 302.
15.

— Das System der Loge 'Bon Pasteur'. — Wien: Winter 1876. 38 S. 4° 1: 4° Nb 4908/50. 300: 68.028-C. 302.
15.

— Untersuchungen über die Harn- und Harnstoffmengen, welche von Gesunden ausgeschieden werden bei gewöhnlicher, knapper und reicher Diät und beim Gebrauche einiger antiphlogistischer Arzneimittel. — Breslau [usw.] 1855. S. 480-528. 4°
Aus: Nova Acta Academiae Caesareae Leopoldino-Carolinae naturae curiosorum. 25,1. 1855. 5. 11.
15.

— Untersuchungen über die Harn- und Harnstoffmengen, welche von Gesunden ausgeschieden werden bei gewöhnlicher, knapper und reicher Diät und beim Gebrauche einiger antiphlogist. Arzneimittel. Eine gekrönte Preisschrift. Breslau u. Bonn 855. Weber. gr. 4. (1 Bl., 53 S.) n. 28 ngr
Aus „Nova Acta Acad. Caes. Leopold.-Carol. Vol. XXV."

—— Unters. üb. d. Harn- u. Harnstoffmengen, welche v. Gesunden ausgesch. werden bei gewöhnl., knapper u. reicher Diät u. b. Gebr. einiger antiphlogist. Arzneimittel. 4. (52) Bresl. 55. (Wien, Gerold's S.) n. — 20

Beigel, Johann August: Predigten. — Ravensburg: K. Maier 1858. 458 S. 8° 24.

Beigel, Johann Georg, s. B e r g i e r s Abhandlungen.

Beigel, Johann Georg, s.a. B e t r a c h t u n g e n , Moralische, über den Werth des Lebens.

Beigel, Johann Georg [Übers.] Moralische Betrachtungen über den Werth des Lebens. Frankf. u. Lpz. 1787. *[Holzmann-Bohatta* I. 221,1.]

Beigel, Johann Georg, s. B r i e f w e c h s e l der H e l v i e r .

— Das Rondo. Lustspiel für Kinder. — Leipzig: Crusius 1781. 48 S. 8° 7. 300: 6 ie 392.620-A. 216.
15.

– das R o n d o ; ein Lstspl. für Kinder in 1 Aufz. 8°. Leipzig, 1781. (W. Vogel).

Beigel, Rudolf:
Betrachtungen über die Jahres-Abschlüsse der Aktiengesellschaften. — Strassburg i. E.: Heinrich 1905. 48 S. 8° 16. 21.
15.

Beigel, R., gerichtliche Betreibung v. Geldforderungen nach den darüber bestehenden gesetzlichen Bestimmungen. Praktische Wegeleitgn. f. Kaufleute, Banken u. Gewerbetreibende. Imp.-Fol. (1 Bl.) Straßburg (901). Straßburger Druckerei u. Verlagsanstalt. Z. Aufhängen n. 1. —

— Braucht d. Jurist Buchführungs-Kenntnisse? gr. 8. (53 S.) Straßburg 897. F. Bull. n. 1. —

— Die Buchführung nach den gesetzlichen Bestimmungen des deutschen Reiches und des Auslandes. — Leipzig 1891. XIV,272 S. 8° (v. Biedermann's Sammlung praktischer Handbücher. 4.) 6. 11.
15.

— Buchführung und Gewerbesteuer, eine Anleitung zur Ermittelung des steuerpflichtigen Erträgnisses durch die Buchführung nebst e. Anh.: Offizieller Text d. Ausführungsbestimmungen d. Ministeriums für Elsaß-Lothringen vom 24. Juni 1897 zum Gewerbesteuer-Gesetz vom 8. Juni 1896. — Straßburg: Straßburger Dr. u. Verl. Anst. 1897. III,92 S. 8° 38.
15.

Beigel, R., die kaufmännische Buchführung und die Beweiskraft der Handelsbücher nach den Anforderungen des Allgemeinen deutschen Handelsgesetzbuches. 12. (VIII, 74 S.) Lahr 880, Schauenburg. 75 Pf.; geb.

— Die kaufmännische Buchführung und das Elsaß-lothringische Gewerbesteuer-Gesetz. Eine Anleitung zur Ermittelung d. steuerpflichtigen Jahres-Erträgnisses durch d. Buchhaltung. — Strassburg i. E. 1896: Du Mont-Schauberg. 23 S. 8° 38.
15.

Beigel, R., D. kaufmänn. Buchführung u. d. elsass-lothring. Gewerbesteuer-Gesetz. E. Anleitg. z. Ermittelg. d. steuerpflicht. Jahres-Erträgnisses durch d. Buchhaltg. 8. (23 S.) Strassburg 896. (W. Heinrich.) n.n. — 50

— Das Buchführungsrecht der Aktiengesellschaften, im bes. die Bilanz der Aktiengesellschaften. — Leipzig [1900]. VIII,125 S. 8° (Ludwig Huberti's moderne kaufmännische Bibliothek.) 5. 16. 20. 20. 20.
15.

Beigel, R., Das Buchführungsrecht der Aktiengesellschaften, im besonderen die Bilanz der Aktiengesellschaften, nach dem neuen Handelsgesetzbuch u. der sonst. neuen kaufmänn. Gesetzgebg. Mit prakt. Beispielen, Tabellen u. Formularien f. den Handgebrauch bearb. (Dr. Ludw. Huberti's moderne kaufmänn. Bibliothek.) (2. Tl.) gr. 8. (VIII, 126 S.) Leipzig, Verlag der Handels-Akademie Leipzig. 1900 Geb. in Leinw. 2. 75.

Beigel, R., Das Buchführungsrecht der Aktiengesellschaften im bes. d. Bilanz d. A. G. nach d. neuen HGB. u. d. sonstigen neuen kaufmänn. Gesetzgeb. M. prakt. Beispielen, Tab. u. Formular. f. d. Handgebr. bearb. Leipzig [1906]. 8°.
(Ludw. Huberti's Moderne kaufmänn. Bibliothek.)

— Das allgemeine deutsche Buchführungsrecht. Die kaufmännische Buchführung nach d. neuen Handelsgesetzbuch. — Leipzig: Handels-Akad. [1900]. VIII,106 S. 8° (Sammlung kaufmännischer Rechtsbücher.) 7. 17. 29. 30. 38. 205.
15.

— das allgemeine deutsche Buchführungsrecht. Die kaufmänn. Buchführg. nach dem neuen Handelsgesetzbuch u. der sonst. neuen kaufmänn. Gesetzgebg. Mit prakt. Beispielen, Tabellen u. Formularien f. den Handgebrauch bearb. (1. Tl.) (Sammlung kaufmänn. Rechtsbücher.) gr. 8. (VIII, 106 S.) Leipzig (1900). Dr. L. Huberti. Geb. in Leinw. n. 2. 75

— das allgemeine deutsche Buchführungsrecht. Die kaufmänn. Buchführg. nach dem neuen Handelsgesetzbuch u. der sonst. neuen kaufmänn. Gesetzgebg. Mit prakt. Beispielen, Tabellen u. Formularien f. den Handgebrauch bearb. (Sammlg. kaufm. Rechtshandbücher. Hrsg. v. Ludw. Huberti.) (VIII, 106 S.) gr. 8. Leipzig (905). Verlag der modernen kaufmänn. Bibliothek. Geb. in Leinw. n. 2. 75

— practische Einführung in die kaufmännische Buchhaltung. Ein theoretisch-pract. Leitfaden zur schnellen u. leichten Erlerng. der einfachen u. doppelten Buchführg. für Schulen u. zum Selbstunterricht. gr. 8. (VIII, 175 S.) Stuttgart 878. Karlsruhe, Reiff. 2. 40

— Practische Einführung in die kaufmännische Buchhaltung. Ein theoretisch-practischer Leitfaden zur schnellen u. leichten Erlernung d. einfachen u. doppelten Buchführung für Schulen u. zum Selbstunterricht. — Stuttgart: Rieger 1878. VIII,175 S. 8° 24.
15.

— Entwickelungsgeschichte der öffentlichen Beleuchtung Strassburgs, aktenmässig dargestellt. Lex.-8. (V, 85 S. m. 1 lith. Taf.) Strassburg i/E. 891. J. H. Ed. Heitz. n. 3. —

Beigel, R.: Die Geld- und Creditwirthschaft und die sozialen Zustände. Ein Beitrag zur Lösung der sog. socialen Frage mit besonderer Rücksicht auf deutsche Verhältnisse. 8°. Mainz und Strassburg, 1878.

— Die Geld- und Creditwirthschaft und die socialen Zustände. Beitrag zur Lösung d. sogenannten socialen Frage mit bes. Rücks. auf deutsche Verhältnisse. — Mannheim [usw.]: Bensheimer 1878. 52 S. 8° 1:1 in 4° F 1021. 27. 30.
15.

— Handbuch des Bank- u. Börsenwesens. Ein Nachschlagebuch f. prakt. Kaufleute, Juristen u. Handelsschulen. 2., vollständig umgearb. u. wesentlich verm. Aufl. (VIII, 415 S.) gr. 8. Leipzig 903. B. F. Voigt. n. 6. —; geb. n. 7. 50

— Der Kampf um die Handelshochschule. — Leipzig: Handels-Akad. [1898]. 49 S. 8° (Randglossen zur modernen kaufmännischen Bildung.) 2. 12: Merc. 22 di. 14. 16. 30. 38. 80. 01. 202.
15.

!Beigel, R.: Der K a m p f um d. Handelshochschule. Jetzt: Dr. L. Huberti.

Beigel, R. Katechismus des Bank- und Börsenwesens zum Gebrauche an Handelsschulen, zum Selbstunterricht und als Nachschlagebuch für praktische Kaufleute. Weimar 1886. — 2. Auflage. (Handbuch des Bank- und Börsenwesens.) Leipzig 1903.

Beigel, R., Katechismus des Bank- und Börsenwesens zum Gebrauche an Handelsschulen, zum Selbstunterricht und als Nachschlagebuch für prakt. Kaufleute. gr. 8. (VIII, 207 S.) Weimar 886, B. F. Voigt.

—— Katechismus der einfachen und doppelten Buchführung und der Lehre von den Konto-Korrenten für kaufmännische Bildungsanstalten und zum Selbst-Unterricht. gr. 8. (VIII, 264 S.) Karlsruhe 881, Reiff. *

— Katechismus der Wechsellehre und des Wechselrechts zum Gebrauche an Handelsschulen, zum Selbstunterricht und als Nachschlagebuch für praktische Kaufleute. — Karlsruhe: Reiff 1883. VII,262 S. 8° 27. 30. 90. 15.

Beigel, R: Kaufmänn. Kenntn. f. d. modernen Juristen u. höh. Verwaltgsbeamten! (67) gr8° Lpzg, Verl. d. modernen kaufmänn. Bibliothek '12. 2.40

— Freie Konkurrenz oder Staatsüberwachung? Vortrag. — Karlsruhe: Reiff 1881. 48 S. 8° 1: Stala 881. 15. 26. 27. 30. 33. 15.

— Lehrbuch der Buchführungs- und Bilanz-Revision. 1914 u.ö. s. *Beigel:* Theorie und Praxis der Buchführungs- und Bilanz-Revision.

— Leitfaden der einfachen und doppelten Buchführung für kaufmännische Fachschulen und zum Selbstunterricht. — Strassburg: Bull 1897. 78 S. 8° 30. 15.

— Das Leuchtgas und seine Bedeutung als Wärmequelle für den Haushalt. 1. Aufl. — Cannstatt: Henking 1898. IV,72 S. 8° 26. 15.

- d. Mängel uns. gegenwärt. kaufmänn. Bildungswesens. 8° (87) Berl. 93, R Wilhelmi. (Lpzg, EF Steinacker.) 1.50

— D. Mängel uns. gegenwärt. kaufmänn. Bildungswesens. 2. [Titel-]Aufl. gr. 8. (87 S.) Leipzig (893) 897, A. Strauch). n. 1. 50

— Die Notwendigkeit einer öffentlichen Handelsschule in Straßburg. — Straßburg: Heinrich in Comm. 1883. 93 S. 8° 1: Az 29526. 12. 15.

— die Nothwendigkeit e. Lehrstuhls f. Handelswissenschaften an d. Universitäten. [Aus: „Berliner Finanz- u. Handelsblatt".] 8. (33 S.) Strassburg 893. (W. Heinrich.) n. —40

— Rechnungswesen und Buchführung der Römer. — Karlsruhe: Braun 1904. VII,266 S. 8° 1: Rn 6543. 2. 3. 5. 6. 8. 10. 12: Ant. 45t. 14. 15. 16. 18. 21. 24. 25. 26. 29. 30. 38. 82. 300: 435.687-B. 302. 15.

— Theorie und Praxis der Buchführungs- und Bilanz-Revision. — Dresden: Kühtmann 1908. VIII,211 S. 8° 12: Merc. 22dk. 16. 38. 106. 205. 208. 302. 15.

— Vorschlag zur Erweiterung der technischen Hochschule zu Karlsruhe durch eine Abteilung für Handelswissenschaften. — Straßburg: Bull 1895. 21 S. 8° 12: Techn. 17 i. 14. 16. 25. 30. 15.

— Vorteile einer Bankverbindung für den Privat- und kleinen Geschäftsmann. 1.-5. Taus. — Stuttgart: Ulshöfer 1910. 158 S. 8° 24. 26. 29. 38. 15.

— Vorteile e. Bankverbindg f. d. Privat- u. kleinen Geschäftsmann. 1—5. Taus. (158) 8° Stuttg., JEG Wegner '10. 1.60; geb. 2.25

— Wie liest man e. Reichsbank-Ausweis? [Aus: „Ztschr. f. Handelswiss. u. Handelspraxis".] (32) kl8° Lpzg, CE Poeschel '12. —40

Beiheft. —

Beiheft zu einem bestimmten Werk s. auch unter dem Titel dieses Werkes.

Beiheft zu den Bestimmungen zur Ausführung der neuen Militärstrafgerichtsordnung, enthaltend Entwürfe von Prozeßformularen für die Militärstrafgerichtsordnung vom 1. Dezember 1898. Berl. 1899.

Beiheft zum Militärwochenblatt, s.a. Beihefte zum Militärwochenblatt.

Beiheft zum Militair-Wochenblatt für April und Mai 1848. Berlin. 4° k. (1. fehlt.)
2. Bericht eines Augenzeugen über die Kriegsereignisse in Schleswig. (Mit 1 Plan der Umgegend von Schleswig.)
—— für Juni 1848.
1. Die Festung Friedericia am kleinen Belt. ⟨Mit 2 Plänen.⟩
2. Namentliche Verlustliste der Königl. Preussischen Division in Schleswig-Holstein.
—— für Juli und August 1848.
1. Berichtigungen einiger Punkte in dem „Bericht eines Augenzeugen über die Kriegsereignisse in Schleswig".
2. Disposition und Bericht des General der Kavallerie v. Wrangel zu dem Gefecht bei Nübel und Satrup am 5. Juni 1848. ⟨Nebst 1 Plan.⟩
3. Mittheilungen aus dem Nachlass des Feldmarschall v. d. Knesebeck über den russischen Operations-Plan von 1812.
—— für November 1848.
3. Berichte und Armee-Befehle aus dem Feldzuge in Schleswig.
—— für Oktober und November 1864:
1. Bericht des Leib-Grenadier-Regiments über seine Theilnahme an der Erstürmung der Düppeler Schanzen am 18. April 1864. Mit Plan.
2. Die Gefechte bei Sönder-Tranders und Lundby am 3. Juli 1864. Mit Plan.
—— für Januar 1865: Beleuchtung der Vorwürfe, welche von der Untersuchungs-Kommission des Folkethings gegen die dänische Armee und die Kriegführung im Jahre 1864 erhoben sind. ebd. 1865. 8°.

Beiheft zum Militär-Wochenblatt für Mai, Juni und Juli 1849. Berlin (1849). S. 61—125. 4. (Inhalt: 1. Thätigkeit der 4. Division im Regierungs-Bezirk Bromberg, vom 20. März bis zum 1. Mai. 2. Darstellung der kriegerischen Begebenheiten im Großherzogthum Posen auf dem linken Ufer der oberen Warthe während der Monate April und Mai 1849. 3. Nachtrag zu der im Beiheft pro Dezember gegebenen Darstellung des Gefechts bei Xions und der unmittelbar darauf folgenden Begebenheiten. 4. v. Lilienthal I, einige Bemerkungen zur Darstellung des Gefechts bei Slolowo im Beiheft zum Militär-Wochenblatt für Dezember 1848. 5. v. Lilienthal I, einige Berichtigungen zum Beiheft pro Dezember 1848.)

– Beilagen zum **Beiheft** des Militär-Wochenblattes 1854-1855, s. Beilagen.

Beiheft zum Militärwochenblatt 1851-1878, s. Beihefte...

Beiheft zum Militär-Wochenblatt. Hrsg. von v. Witzleben u. v. Dewitz. 1880. 2—8. Hft. gr. 8. Berlin 880.81. Mittler & Sohn. n. 7. —
2. Die österreichisch-ungarischen Wehrgesetze. Abgangsliste der Offiziere des Regiments Kunheim Nr. 1 von 1718 bis 1806. Zur Charakteristik Preußens 1740 bis 1750. Gelesen in der Berliner Akademie der Wissenschaften am 19. März 1880 v. Joh. Gust. Droysen. (S. 31—102.) n. 1. 20
3. Die Militär-Reitschulen in Preußen, Oesterreich u. Frankreich in Bezug auf ihre histor. Entwicklg., Organisation, ihren Lehrplan u. den Reitdienst, zusammengestellt von v. Longchamps-Berier. (S. 103—174.) n. 1. 20
4. Die frommen Landsknechte von Frh. v. Ardenne. — Das Infanteriefeuer im Gefecht. Eine takt. Studie v. F. Bolkersen u. John Leerbach. (S. 175—243.) n. 1. 20
5. 6. Die militärische Laufbahn 1788—1815 des Gen.-Lieut. Ludw. Boedicker, zuletzt Stadtkommandant v. Kassel. Eine Selbstbiographie. (S. 243—330.) n. 1. 60
7. Zur Taktik der Infanterie v. 1880. Von v. Kessel. (S. 331—398.) n. 1. 20
8. Ursprung u. erste Gestalt d. preußischen Feldpredigeramtes. Von Erich Schild. (S. 399—430.) n. — 60

— dasselbe. 1881. 12 Hfte. gr. 8. Ebend. 881. 82. n. 11. 90
1. Des Fürsten Leopold I. v. Anhalt-Dessau Jugend- u. Lehrjahre. Aus dem Nachlasse des A. v. Witzleben. (70 S.) n. 1. 60
2. Die Uebungen der kombinirten bayerischen Kavalleriedivision bei Schrobenhausen im Aug. u. Septbr. 1880. [Mit 3 Kartenbeilagen u. 1 Druckbeilage.] — Das neue Infanterie-Exerzirreglement in Oesterreich-Ungarn. (S. 71—136 u. Beilage 4 S.) n. 2. —
3. Die griechische Armee während der Mobilisirung 1880/81. (S. 137—166.) n. — 60.
4. 5. August v. Goeben, königl. preußischer General der Infanterie u. kommandirender General d. VIII. Armeekorps. Eine Lebensskizze von v. Hänisch. [Mit dem (Lichtdr.-) Bildniß d. Generals v. Goeben.] (S. 167—254.) n. 1. 80
6. 7. Das Vordringen der Russen in Turkmenien. Von Krahmer. [Mit einer (lith.) Karte v. Achal-teke u. Merw u. 2 (lith.) Skizzen zum Angriff auf Geok-tepe.] (S. 255—338.) n. 2. —
8. Zwei Vorträge üb. Kavallerie. Von Frhr. v. Sazenhofen. (S. 339—378.) n. — 60.
9. Die Lehren der Kriegsgeschichte für die Kriegführung. (S. 379—408.) n. — 60
10. Der Entwurf einer Instruktion für die Gefechtsthätigkeit der russischen Feldartillerie in Verbindg. m. den übrigen Waffengattungen. Bearb. v. Krahmer. — Ueber den wahrscheinlichen Verbrauch an Kleingewehrmunition im Festungskriege der Zukunft. (S. 409—466.) n. 1. 20
11. 12. Anti N. B. Untersuchungen üb. den Werth der Kavallerie in den Kriegen der Neuzeit. Von Köhler. (S. 467—536.) n. 1. 50

Beiheft zum Militär-Wochenblatt. Hrsg. von v. Witzleben u. v. Dewitz. 1882. 1. u. 4—9. Heft gr. 8. Berlin 882. Mittler & Sohn. n. 6. 85
1. Aus dem militärischen Briefwechsel Friedrichs d. Großen. Die Entstehg. d. preuß. Planes für den Feldzug v. 1757 u. seine Ausführg. bis zur Vereinigg. d. preuß. Heeres vor Prag. Eine archival. Forschg. v. Adf. Zimmermann. (70 S.) n. 1. 50
4. Das russische Infanterie-Reglement vom J. 1881. Von Liebert. (S. 175—200.) — Die russische Instruktion üb. das Selbsteingraben der Infanterie mit dem kleinen Spaten. Von v. Schlereth. (S. 200—214 m. 6 eingedr. Holzschn.) n. — 75.
5. Ein Ritt v. Straßburg nach Granada. Von Roeder. (S. 215—240.) n. — 50.
6. Gottlieb Wilh. v. Platen, königl. preuß. Generalmajor a. D. Ein Lebensbild aus den Freiheitskriegen. Zusammengestellt von Hub. v. Platen. (S. 241—270.) n. — 60.
7—9. Ludwig Freiherr v. d. Tann-Rathsamhausen, königl. bayer. General der Infanterie u. kommandir. General d. königl. bayer. 1. Armeekorps. Eine Lebensskizze von Hugo v. Helvig. (S. 271—482.) Zur Richtigstellung einiger Angaben in dem Lebensbilde d. Gen.-Maj. Gottlieb Wilh. v. Platen im 6. Beiheft zum Militär-Wochenblatt für 1882. (S. 483—487.) n. 3. 50

Beiheft zum Militär-Wochenblatt. Hrsg. von v. Löbell. 1883. 8 Hefte. gr. 8. Berlin, Mittler & Sohn. n. 7. 35
1. Das russische Kavallerie-Exerzierreglement. Im Auszuge bearb. v. K. (38 S.) n. — 75
2. 3. Roßbach u. Jena. Eine kriegsgeschichtl. Studie von Colmar Frhr. v. der Goltz. 2. Abschn. (S. 39—166.) n. 2. 40
4. 5. Dasselbe. 3. Abschn. (S. 167—309.) n. 2. 20
6. Die Freikorps Friedrich d. Großen. Ein Beitrag zur preuß. Heeresgeschichte v. Schnackenburg. (S. 311—341.) n. — 60
7. Cäsars Kommentarien u. ihre literarische u. kriegswissenschaftliche Folgewirkung. Von Max Jähns. (S. 343—386.) n. — 80
8. Ueber Verfolgung. Ein Vortrag, geh. in der Militär-Gesellschaft zu Berlin am 9. März 1882 v. Liebert. (S. 387—417.) n. — 60

— dasselbe. 1884. 8 Hfte. gr. 8. Ebend. n. 7. 80
1. 2. Aus dem militärischen Briefwechsel Friedrichs d. Großen. Die Entstehung d. preuß. Planes f. den Feldzug v. 1757 u. seine Ausführg. bis zur Vereinigg. d. preuß. Heeres vor Prag. Eine archival. Forschg. v. Adf. Zimmermann. (90 S.) n. 1. 75
3. Das Mittelmeer vom militärischen Gesichtspunkt, insbesondere die Stellung der Engländer in demselben. Vortrag v. Wachs. (S. 91—136.) n. — 90
4. 5. Rimpler. Berichtigung e. Berühmtheit. Eine historisch-krit. Studie. Von G. Schröder. (S. 137—228.) n. 1. 75
6. Die Heranbildung v. Unterführern auf dem Exercierplatz. [Mit 4 (lith.) Taf. Zeichngn.] (S. 229—274.) n. 1. —
7. Die 5. Infanterie-Division im Feldzuge v. 1866. Von Frhr. v. Lützow. (S. 275—330.) n. 1. —
8. Ueber Soldtruppen. Vortrag, dem Offiziercorps geh. den 18. März 1881. Von J. N. (S. 331—352.) Zieten bei Kolin. Ein Beitrag zur Beurtheilg. der Schlacht. Von Geo Winter. (S. 353—375.) n. — 90

— dasselbe. 1885. 10 Hfte. gr. 8. Ebend. n. 8. 20
1. Der erste Sieg u. der letzte der Fridericianischen Cavallerie. (38 S.) n. — 75
2. Beiträge zu e. Verzeichniß der v. Friedrich dem Großen ernannten Ritter d. Ordens pour le mérite. — Die Conservirung d. Pferdematerials durch mechanische Vorbereitung der Remonten auf dem Zirkel. Von G. Graf zu Münster. (S. 39—70.) n. — 60
3. Das neue Reglement vom 29. Juli 1884 üb. das Exerciren u. die Manöver der französischen Infanterie. Unter Beifügg. der wichtigsten Angaben aus der officiellen Publication „Quelques indications pour le combat", bearb. v. Exner. (S. 71—108.) Meine Theilnahme am Sudanfeldzuge 1883. Von Frhr. v. Korff. (S. 109—124.) n. 1. —
4. Der russische Kriegsschauplatz in seinem Einflusse auf die dort operirenden Armeen im Feldzuge 1812 u. dem polnischen Insurrectionskriege 1830/31. Eine Studie v. Krahmer. (S. 125—155.) n. — 60
5. 6. Das Regiment zu Fuß Alt-Württemberg im kaiserl. Dienst auf Sicilien in den Jahren 1719—1720 v. Pfister. (S. 157—268.) n. 2. —
7. Beitrag zur Geschichte unserer Heeresverfassung. Von v. Goßler. (S. 269—296.) Soldatenhandel u. Subsidienverträge. Von A. v. Boguslawski. (S. 297—304.) n. — 75
8—10. Geschichte d. Berliner Invalidenhauses von 1748 bis 1884. Von v. Ollech. Mit 2 Plänen auf e. Blatte. (S. 307—435.) n. 2. 50

Beiheft zum Militär-Wochenblatt. Hrsg. von v. Löbell. 1886. 1—7. Hft. gr. 8. Berlin, Mittler & Sohn. n. 5. 90

1. 2. Frankreichs Armee in Bezug auf taktische Gliederung u. taktische Formen. Vergleichende takt. Studie v. Max Halder. (34 S.) Erinnerungen e. preußischen Soldaten aus der Zeit von 1800—1809 einschließlich der Vertheidigung v. Graudenz 1806—1807. Aus hinterlassenen Papieren d. kurfürstl. hess. Kriegers F. W. Schulz. Hrsg. v. Schulz. (S. 35—82.) 1. 50

3. 4. Organisation, Ergänzung, Verwendung u. Ausbildung d. niederen Sanitätspersonals der Landarmee in Deutschland, Rußland, Oesterreich-Ungarn, England, Frankreich, Italien u. der Schweiz, nach den in den einzelnen Armeen besteh. Bestimmgn., verschiedenen Berichten u. Mittheilgn. unter Anschluß einzelner kurzer, krit. Bemerkgn. zusammengestellt v. Grimm. (S. 83—193.) n. 2.—

5. 6. Die Cernirungen v. Metz, Paris u. Plewna. Eine kriegsgeschichtl. Parallele von v. Stuckrad. Betrachtungen üb. Gurko's Balkan-Uebergang im Sommer 1877. Vortrag, geh. in der Versammlg. der Militär-Gesellschaft zu Berlin am 18. Novbr. 1885 von v. Kehler. [Mit 1 Karte.] (S. 195—256.) n. 1. 40

7. Die Verwendbarkeit d. Luftballons in der Kriegführung. Vortrag, geh. im März 1885 von v. Lavergne-Peguilhen. — Das Heerwesen Chinas. (S. 257—307.) n. 1. —

Beiheft zum Militär-Wochenblatt. Hrsg. von v. Löbell 1886. 8. u. 9. (Schluß-) Hft. gr. 8. Berlin, Mittler & Sohn. n. 1. 40 (1886 cplt.: n. 7. 30)

Eine Etappenerinnerung aus dem deutsch-französischen Kriege von 1870—71. Von v. der Goltz. [Mit Kartenskizze.] (S. 309 bis 377.)

— dasselbe. 1887. 12 Hfte. gr. 8. Ebd. n. 6. 85

1. Beitrag zur Geschichte des Ordens pour le mérite. Von Schnackenburg. (33 S.) n. — 60
2. Der Mehrlader in seinem Einfluß auf den Kampf und die Ausbildung der Infanterie. [Aus e. Vortrage.] (S. 35—54.) Die Militär-Bildungsanstalten der Türkei u. ihre jüngsten Reformen [durch Frhrn. v. der Goltz]. Von v. Felgenhauer. I. (S. 55—70.) n. — 60
3. 4. Friedrich d. Großen Operationsplan f. den Feldzug von 1759. Vortrag, gehalten in der Versammlung der Militär. Gesellschaft zu Berlin am 24. Jan. 1887 v. Betzel. Aus dem Leben des kurhessischen Generallieutenants Bauer. (S. 71—137 m. 2 Karten.) n. 1. 40
5. Der Hitzschlag auf Märschen, seine Ursachen u. seine Verhütung. Vortrag, geh. vor dem Offizierkorps d. 2. Schles. Grenadier-Regiments Nr. 11. Hierzu e. Anh.: Ueber Erkennung u. Behandlg. d. Hitzschlages. Von Arnold Hiller. (S. 139—160.) n. — 50
6. Die Armee d. Königr. Westfalen in den Jahren 1808—1813. Vortrag, geh. in Cassel 1886. (S. 161—200.) n. — 75
7. 8. In Erfurt im J. 1803 errichtet, bei Auerstedt im J. 1806 vernichtet — e. Regiments-Geschichte. Von Frhr. v. Lützow. (S. 201—253.) n. 1. —
9. Die Hessen vor Belgrad u. auf Sicilien 1717—1721. Aus dem Nachlaß e. kurhess. Offiziers. (S. 255—280.) n. — 50
10—12. Ueber den Feldzugsplan Friedrich's d. Großen im Jahre 1757. Von H. Delbrück. Geist u. Form im Infanteriegefecht. Das Heer d. römischen Kaiserreichs. Ein Vortrag. (III u. S. 281—364.) n. 1. 50

— dasselbe. 1888. 9 Hfte. gr. 8. Ebd. n. 6. 35

1. Vergleich d. Feldzuges 1809 am Tajo m. den Kämpfen 1870/71 an der Loire. Vortrag, geh. am 12. Jan. 1887 in der Militär. Gesellschaft zu Berlin von v. Roeßler. Torres Vedras u. Cekmedze. Ein kriegsgeschichtl. Vergleich. Vortrag, geh. am 2. Nov. 1887 in der Militär. Gesellschaft zu Berlin von v. Roeßler. (50 S. m. 5 Kartenskizzen auf 2 Taf.) n. 1. —
2. Das Völkerrecht im Kriege. Vortrag, geh. am 25. Nov. 1887 vor dem Offizierkorps der 1. combinirten Infanteriebrigade durch Linde. Der Offizier als Erzieher d. Volkes. (S. 51 bis 92.) n. — 75
3. Kaiser Wilhelm. Ein Umriß seines militär. Lebens v. M. J. (S. 93—144.) n. — 50
4. 5. Zur Pferde-Heilkunde. Ueber Kolik. Von Bartke (S. 145—171.) Ueber Lahmheiten der Gelenke u. Sehnen Von Hell. [Mit 1 Taf. Abbildgn.] (S. 173—236.) n. 1. 50
6—8. Generaladjutant Graf Totleben. Sein Leben, seine Thätigkeit als Ingenieur u. Truppenführer. Bearb. v. Krahmer. (S. 238—354.) n. 2. —
9. Die Rüstungen Napoleons f. den Feldzug 1812. Von Liebert (S. 355—392.) n. — 60

— dasselbe. 1889. 11 Hfte. gr. 8. Ebd. n. 8. 90

1. Kriegslehre u. Kriegführung. Vortrag, geh. in der Militär. Gesellschaft zu Berlin am 12. Dezbr. 1888 von Keim. — 1815. 1796. Eine kriegsgeschichtl. Studie. Mit 2 Kartenskizzen. (52 S.) n. 1. —
2. Wilhelm v. Plönnies, großherzogl. hess. Major a. D., geb. 7. Sept. 1828, gest. 21. Aug. 1871. (S. 53—100.) n. — 80
3. Von Dresden nach Nollendorf. Aug. 1813. Vortrag, geh. in der Militär. Gesellschaft am 6. Febr. 1889 von Geo. v. Kleist. Mit 1 Kartenskizze. — Napoleons Feldzug 1796. Ein Beitrag zu der Frage, inwieweit das Feldherrngenie der Ausbildung bedarf. (S. 101—148.) n. 1. —
4. Des Fürsten Leopold I. v. Anhalt-Dessau Jugend- u. Lehrjahre. Aus dem Nachlasse d. Gen.-Lieut. z. D. A. v. Witzleben. [1. Folge.] In hoc signo vinces. (S. 149—216.) n. 1. 20
5. 6. — dasselbe. [2. Folge.] — Zur Geschichte d. militärischen Lebens in den Armeen Napoleons I. (S. 217—294.) n. 1. 40
7. Die freiwillige Krankenpflege im Kriege, besonders in Bezug auf die freiwilligen Sanitätskolonnen. — 500 Jahre der russischen Artillerie. — Wodurch können wir unser Pferdematerial vor den Druckschäden d. Bocksattels schützen u. wodurch sind dieselben zu beseitigen? (S. 295—342.) n. — 90
8. Das französische Wehrgesetz vom 15. Juli 1889. (S. 343—360.)
9. Die entscheidenden Tage vor Leipzig: 4. bis 14. Oktbr. 1813. Vortrag, geh. in der Militär. Gesellschaft zu Berlin am 30. Oktbr. 1889 von Walter v. Bremen. (S. 361—388 mit 4 Skizzen.) n. — 60
10. 11. Die britischen Flotten-Manöver vom Jahre 1889. Von Stenzel. (S. 389—408 mit 2 Skizzen.) n. 1. 60

Beiheft zum Militär-Wochenblatt. Hrsg. von v. Löbell. 1890. 1.—10. Hft. gr. 8. Berlin, Mittler & Sohn. n. 8. 15

1. Der gegenwärtige Stand der Gefechtslehre u. die Ausbildung zum Gefecht. Vortrag, geh. in der Militär. Gesellschaft zu Berlin am 11. Dezbr. 1889 von Keim. (22 S.) n. — 75
2. 3. Die Refraktärregimenter unter Napoleon I. u. die aus ihnen hervorgegangene Division Durutte. Von Geo. Schmeißer. (S. 23—125.) n. 1. 80
4. Praktische Fingerzeige f. die Anlage kleinerer Manöver. — La cavalerie dans la guerre moderne. (S. 127—166.) n. — 75
5. Gefechtslehre u. Wurffeuer. Ein Wintervortrag an die Offiziere der Festung Ingolstadt, geh. am 24. März 1890 von v. Sauer. (S. 167—186.) n. — 40
6. Ueber Umfassung. Vortrag von Kallee. — Karl's XII. russischer Feldzugsplan 1707—1709. Betrachtet im Lichte neuerer Forschungen. Von E. Carlson. Autoris. Uebersetzung aus dem Schwed. v. F. Mewius. (S. 187—238 mit 1 Karte.) n. 1. 20
7. Erinnerungen e. preußischen Artillerieoffiziers aus den J. 1798—1815. Von E. v. Reuter. (S. 239—282.) n. — 75
8. Unser Moltke. Dem deutschen Heere u. dem deutschen Volke gewidmet von einem seiner dankbaren Schüler. (67 S. mit 2 Bildnissen in Holzschn.) n. 1.
9. Entwickelung d. preuß. Kriegsartikel. (S. 351—394.) n. — 75
10. Die Operationen an der Weichsel im Novbr. u. Dezbr. des J. 1806. Vortrag v. Grauert. (S. 395—417 mit 1 Tab. u. 1 Karte.) n. — 75

Beiheft zum Militär-Wochenblatt. Hrsg. von v. Estorff. 1891. 10 Hfte. gr. 8. Berlin, Mittler & Sohn. n. 7. 60

1. 2. Die Schlacht vor dem Mont Valérien am 19. Jan. 1871. Von Kunz. — Strategische Streiflichter auf die Festungsfragen. Von Scheibert. (66 S.) n. 1. 20
3. Die Angriffspläne Friedrichs d. Großen in den beiden ersten schlesischen Kriegen. Vortrag, geh. in d. militär. Gesellschaft zu Berlin am 24. Jan. 1890, von A. v. Roeßler. [Mit 1 Karte.] Die Vertheidigungspläne Friedrichs d. Großen in den beiden ersten schlesischen Kriegen. Vortrag, geh. in der militär. Gesellschaft zu Berlin am 24. Jan. 1891 von A. v. Roeßler. (S. 67—98.) n. — 75
4. 5. Die Thätigkeit der Truppen während der Berliner Märztage d. J. 1848. Von v. Meyerinck. (S. 99—168 m. 1 Karte u. 2 Skizzen.) n. 1. 60
6. Die Gefechtsausbildung d. Infanterie auf Grundlage unserer Vorschriften. (S. 169—196.) n. — 50
7. Lebensabriß d. Generalmajors Carl Andreas v. Boguslawski 1758—1817. Von v. Boguslawski. (S. 197—256 m. 2 Skizzen.) n. — 80
8. 9. Zwei Rang-Listen d. preußischen Heeres 1713 u. 1740. Mittheilungen aus dem Archive des königl. Kriegsministeriums. 1. Hft. (163 S.) n. 2. —
10. Die Tage v. Regensburg, 10. bis 23. Apr. 1809. Vortrag, geh. in d. militär. Gesellschaft zu Berlin am 4. Novbr. 1891 von Walt. v. Bremen. (III u. S. 257—292 m. 6 Skizzen.) n. — 75

— dasselbe. 1892. 9 Hfte. gr. 8. Ebd. n. 8.55

1. Erinnerungen aus dem Leben des Generals der Infanterie Hermann v. Holleben. (62 S.) n. 1.20
2. Der Winterfeldzug 1807 in Preußen. Vortrag, geh. in der militär. Gesellschaft zu Berlin am 6. Jan. 1892 v. Grauert. Blüchers Zug nach Lübeck 1806. Vortrag, geh. in der militär. Gesellschaft zu Berlin am 10. Febr. 1892 von H. Beseler. (S. 63—112 m. 6 Skizzen.) n. 1.20
3. Die britischen Flotten-Manöver im J. 1891. Von Stenzel. Mit 1 Skizze. — Die französische Konskription unter Napoleon I. V. Obl. v. Lettow-Vorbeck. (S. 113—163.) n. 1.
4. Das Studium d. Friderician. Kriege in seiner Bedeutg. f. die moderne Kriegskunst. Niedergeschrieben auf Grund e. Vortrages v. Frdr. v. Bernhardi. (S. 165—190.) n. —60
5. Die militärischen Ereignisse während des chilenischen Bürgerkrieges im J. 1891. Von Schaumann. — Ausbildung d. Kavallerie im Aufklärungsdienst. (S. 191—232 m. 1 Karte.) n. —80
6. 7. Die Thätigkeit der 5. Kavallerie-Division in den Tagen vom 10.—16. Aug. 1870. (S. 233—329 m. 4 Skizzen.) n. 1.75
8. 9. Bemerkungen über den russisch-türkischen Krieg 1877/78 u. Beitrag zur Geschichte desselben. Aus dem Nachlasse des Strecker-Pascha. (III u. S. 331—438 m. 1 Karte.) n. 2.—

— dasselbe. 1893. 11 Hfte. gr. 8. Ebd. n. 7.95

1. Mein Distanzritt Berlin-Wien. Vortrag, geh. v. Frhr. v. Reitzenstein. Die Verfolgung von Jena bis Prenzlau. Vortrag, geh. v. Obe. v. Lettow-Vorbeck. (41 S. m. 1 Taf. u. 1 Karte.) n. 1.—
2. Abriß d. Geschichte d. königl. preußischen Ingenieur-Komitees während der ersten 25 Jahre seines Bestehens. Auf dienstl. Veranlassg. bearb. v. Geißler. (S. 43—71.) n. —75
3. 4. Militärtouristische Eindrücke aus dem Kaukasus u. Südrußland. Von v. Drygalski. (S. 73—156.) n. 1.50
5. 6. Militärische Aufzeichnungen während e. Aufenthaltes im Kaukasus u. in Persien. Von Wilh. v. Grolman. Hrsg. v. Krahmer. (S. 157—235.) n. 1.50
7. 8. Marschanordnungen u. Marschleistungen unter Napoleon. Vortrag, geh. in der militär. Gesellschaft zu Berlin am 15. März 1893 von Frhrn. v. Freytag-Loringhoven. Das russische Kriegswesen, wie es ist u. wie es sein sollte. (S. 237—304 m. 1 Kartenskizze.) n. 1.20
9. Lebensbeschreibung des Generals d. Artillerie Rud. v. Roerdansz, geb. am 20. Jan. 1828, gest. am 19. Aug. 1892, auf Anregg. der königl. Generalinspektion der Fußartillerie verf. v. Eck. (S. 305—320.) n. —30
10. Einiges aus der Geschichte der Kur-Hannoverschen leichten Truppen während des 7jähr. Krieges v. Frhr. v. Bothmer. (S. 321—365.) n. —80
11. Charleston 1860—1865. (III u. S. 367—404 m. 2 Bl. Zeichnungen.) n. —90

— dasselbe. 1894. 11 Hfte. gr. 8. Ebd. n. 8.85

1. 2. Beiträge zur Beurtheilung Napoleons I. Von Obl. v. Lettow-Vorbeck. — Ueber Selbstthätigkeit d. Unterführer im Kriege. Von Bigge. (56 S. m. 5 Skizzen.) n. 1.—
3. Das europäische System Napoleons I. (Von v. Goßler.) Die Selbstmorde in der preußischen Armee. (S. 57—81 m. 1 Karte.) n. —50
4. Die Flotte der Nordstaaten im Secessionskriege. Vortrag, geh. in der militär. Gesellschaft zu Berlin am 10. Jan. 1894 v. Stenzel. (S. 83—122 m. 3 Skizzen.) n. 1.—
5. Das Gefecht v. Etoges am 14. Febr. 1814. Zur 80jähr. Erinnerg. an den Tag v. Etoges. Vortrag, geh. in d. militär. Gesellschaft zu Berlin am 14. Febr. 1894 von v. Sothen. (S. 123—148 m. 1 Tab. u. 2 Kartenskizzen.) n. —75
6. Kriegführung in Ostafrika. Vortrag, geh. in der militär. Gesellschaft zu Berlin am 15. Novbr. 1893 v. Maercker. Bonaparte u. Maillebois. Auf Grund e. in der Centralstelle des königl. bayer. Generalstabes geh. Vortrages niedergeschrieben v. Max Graf v. Montgelas. (S. 149—193.) n. —80
7. 8. Ueber das jetzige russische Kriegstheater u. den russischen Krieg 1812. I. Das nordwestliche russische Kriegstheater. II. Die Operationen der russischen u. französischen Armee im Kriege 1812 von der Schlacht bei Krasnoi bis zur Beresina. Von Krahmer. III. Der Uebergang über die Beresina. Nach den Berichten des französ. Obersten Chapelle. Autoris. Uebersetzg. v. Hartmann. IV. Auszug aus dem Tagebuch d. Hauptm. v. Linsingen während d. Feldzuges in Rußland im J. 1812. (S. 195—297 m. 1 Uebersichtskarte u. 1 Kartenskizze.) n. 1.80
9. 10. Des Herzogs Friedrich Wilhelm v. Braunschweig Zug durch Norddeutschland im J. 1809. Von v. Kortzfleisch. Mit 1 Uebersichtskarte, 2 Gefechtsplänen u. 2 Textskizzen. Zum Gedächtniß d. Majors v. Roeßler. Mit 1 Bl. Skizzen. (S. 299—396.) n. 2.
11. Georg Derfflinger. Bruchstück seines Lebensbildes. Aus dem Nachlaß von Ernst Fischer. (III u. S. 397—451.) n. 1.—

Beiheft z. Militär-Wochenblatt. Hrsg. von v. Estorff. 1895. 8 Hfte. gr. 8. Berlin. E. S. Mittler & Sohn. n. 7.30

1. Feldmarschall Graf Moltkes Ansichten üb. Flankenstellgn. N. e. Vortrage, geh. i. d. Militär. Gesellschaft z. Berlin a. 7. Novbr. 1894 v. Bigge. — D. Verwendg. d. Reserven i. d. Schlacht. N. e. Vortrage, geh. i. d. Militär. Gesellschaft z. Berlin a. 28. Novbr. 1894 v. Liebert. (47 S. m. 1 Steindr.-Taf. u. 1 Planskizze.) n. —90
2. Ausbildg., Führg. u. Verwendg. d. Reiterei. Vortrag, geh. i. d. Militär. Gesellschaft z. Berlin a. 12. Febr. 1895 von Frhr. v. Bissing. M. 1 Skizze i. Text. — Johann Jakob Wunsch. Von Alb. Pfister. M. 1 Bildniß i. Text. (A.: „Württemberg. Neujahrsbl.") (S. 49—104.) n. 1.—
3. D. Entwickelg. uns. Infanterie-Taktik seit uns. letzten Kriegen. N. e. Vortrage, geh. i. Karlsruhe am 1. Febr. 1895 von v. Janson. — Ueb. d. Beurtheilung d. Wirkung u. üb. Stellg. v. Aufgaben d. gefechtsmäß. Schießen d. Infanterie u. Feldartillerie von H. Rohne. (S. 105—160.) n. —90
4. Beiträge z. d. Verwendg. d. Reserven i. d. Schlacht v. Vionville — Mars la Tour m. bes. Berücksicht. d. 6. Infanterie-Division. Von v. Wodtke. — M. Erlebnisse i. d. Schlacht b. Vionville — Mars la Tour a. 16. Aug. 1870 u. d. Darstellg. d. Kampfes b. Mars la Tour n. d. „Kriegslehren in kriegsgeschichtl. Beispielen d. Neuzeit v. W. v. Scherff. 2. Hft., Berlin 1894." Von L. Schaumann. (S. 161—216 m. 2 Skizzen im Text.) n. 1.—
5. D. Einrichtg. d. Verpflegung d. russ. Armee a. d. Donau-Kriegsschauplatze i. d. Feldzuge 1877/78. Von Krahmer. (S. 217—267.) n. 1.—
6. D. Kampf i. einheitl. Verbande u. d. Benutzg. d. Geländes i. Angriffsverfahren. E. Entgegng. von v. Scherff. (S. 269—316.) n. —90
7. D. Italiener i. Afrika. Von Bruchhausen. (S. 317—376 m. 1 Karte.) n. 1.—
8. D. Schlacht b. Prag. Vortrag, geh. i. d. Militär. Gesellschaft z. Berlin a. 24. Jan. 1895 von v. Bernhardi. M. 1 Skizze. (III u. S. 377—408.) n. —60

Beiheft z. Militär-Wochenblatt. Hrsg. von v. Estorff. 1896. 10 Hfte. gr. 8. Berlin. E. S. Mittler & Sohn. n. 9.40

1. D. Kaiserproklamation i. Versailles a. 18. Jan. 1871. Von Th. Toeche-Mittler. M. e. Verzeichniß d. Festtheilnehmer u. e. Grundriß d. Festräume. (101 S.) n. 2.—
2. D. Friede zu Tilsit. Vortrag, geh. i. d. Militär. Gesellschaft z. Berlin a. 23. Oktbr. 1895 von v. Lettow-Vorbeck. M. 1 Uebersichtskarte. — Moderne Festungen u. ihre Vertheidigg. Vortrag, geh. i. d. Militär. Gesellschaft z. Berlin a. 6. Novbr. 1895 von Schroeter. M. 11 Skizzen i. Steindr. (S. 103—144.) n. —90
3. D. Haupt-Kartenwerke d. kgl. preuß. Landesaufnahme. Von v. Zglinicki. (S. 145—191 m. 37 Fig.) n. —90
4. Takt. u. strateg. Grundsätze d. Gegenwart. E. Betrachtg., angel. durch d. Schrift: Kriegführung. Kurze Lehre ihrer wichtigsten Grundsätze u. Formen von Colmar Frhrn. v. der Goltz. (S. 193—229.) n. —60
5. D. Schlacht vor Le Mans a. 10., 11. u. 12. Jan. 1871. Vortrag, geh. i. d. Militär. Gesellschaft z. Berlin a. 8. Jan. 1896 von v. Sothen. M. 3 Skizzen i. Steindr. (S. 231—263 m. 2 Beilagen.) n. —75
6. Bedarf uns. Marine e. militär. Hochschule? Von Stenzel. (S. 265—294.) n. n. —60
7. 8. Feldmarschall Derfflinger. D. Dragoner-Regt. Freiherr v. Derfflinger gewidm. von W. v. Unger. (S. 295—439 m. 17 Skizzen.) n. 2.—
9. Ueb. d. Organisation d. kaiserl. Schutztruppe in Deutsch-Ostafrika u. d. krieger. Operationen daselbst während d. J. 1893/94. Vortrag, geh. von Frhrn. v. Schele. (S. 441—478 m. 3 Skizzen-Taf.) n. —75
10. Selbstthätigkeit d. Führer i. Kriege. Von v. Blume. (III u. S. 479—534.) n. 1.—

— dasselbe. 1897. 8 Hfte. gr. 8. Ebd. n. 5. 85
1. D. erythräisch-abessin. Krieg 1895/96. Von v. Bruchhausen. M. 1 Uebersichtskarte i. Text u. 2 Kartenbeilagen. — Z. Jahrestage d. Kaiserproklamation. Nachträge z. 1. Beiheft 1896: „D. Kaiserproklamation i. Versailles am 18. Jan. 1871". (V. Th. Toeche-Mittler.) (71 S.) n. 1. —
2. D. Bedeutg. d. rückwärt. Verbindungen e. Heeres in e. künft. Kriege, ihre Einrichtg. u. Sicherg. Vortrag, geh. i. d. Militär. Gesellschaft z. Berlin a. 28. Oktbr. 1896. Von Frhrn. v. Steinaecker. — D. kartograph. Standpunkt b. Beginn d. 7jähr. Krieges 1756 i. d. betheiligten Ländern. Von H. Burchardi. M. 1 Karte. (S. 73—119.) n. — 90
3. D. Treffen b. Bar sur Aube. E. Erinnerungsblatt a. d. Leben d. Kaisers Wilhelm I., unt. Zugrundelegg. f. Aufzeichngn. dargest. Von Dechend. (S. 121—162 m. 1 Bildn. u. 1 Karte.) n. — 80
4. D. Schlacht b. Torgau a. 3. Nov. 1760. Vortrag, geh. i. d. Militär. Gesellschaft z. Berlin z. Gedenkfeier Friedrichs d. Großen a. 23. Jan. 1897 von Frhrn. v. Freytag-Loringhoven. — Z. Beurtheilg. kriegsgeschichtl. Darstellg. Vortrag, geh. i. d. Militär. Gesellschaft zu Berlin a. 23. Febr. 1897 von v. Quistrop. — D. Operationen, welche d. Schlacht v. Liegnitz a. 15. Aug. 1759 vorausgingen, u. deren Folgen. Vortrag, geh. i. d. Militär. Gesellschaft z. Berlin a. 11. Nov. 1896 von Webern. (S. 163—220 m. 1 Karte.) n. 1. —
5. 6. D. Rückzug d. Armee Mac Mahons u. d. Schlacht v. Wörth. Von Schulz. — D. Treffen a. d. Göhrde a. 16. Nov. 1813. E. Beitrag z. Geschichte d. J. 1813 u. z. Stammgeschichte d. Infanterie-Regimenter 25, 27, 30 u. 31, d. Jäger-Bataillone 3 u. 4, d. Ulanen-Regimenter 6 u. 8, d. Husaren-Regts. 9, d. Feldartillerie-Regter. 3 u. 8. Von Schwertfeger. M. 1 Skizze u. 1 Kartenbeilage. (S. 221—310.) n. 1. 40
7. Z. Militärstrafgerichtsordng. E. Mahnwort i. letzter Stunde. (S. 311—323.) — 25
8. Z. Reform d. Militärstrafverfahrens. (S. 325—356.) n. — 50

— dasselbe. 1898. 10 Hfte. gr. 8. Ebd. n. 11. 05
1. 2. Georg Freiherr v. Baring, Kgl. Hannoverscher Generallieutenant. 1773—1848. E. Lebensbild, auf Grund v. Aufzeichngn. d. Verstorbenen u. v. Mittheilgn. d. Familie entworfen. Von B. Poten. — Reiseerinnergn. v. d. russ. Transkaspi-Bahn. Vortrag, geh. v. d. Offizieren d. Garnison Trier von Krafft. M. 1 Skizze i. Text. (104 S.) n. 1. 50
3. D. Aussichten d. Kavallerie i. Kampfe gegen d. Infanterie u. d. Artillerie. Vortrag, geh. i. d. Militär. Gesellschaft z. Berlin am 3. Nov. 1897 von G. v. Pelet-Narbonne. (S. 105—128.) n. — 60
4. General v. Moltkes Einwirkg. a. d. strateg. Gang d. Krieges gegen Dänemark 1864. Vortrag, geh. i. d. Militär. Gesellschaft z. Berlin a. 1. Dezbr. 1897 von Max v. Holzing. — Z. Schlacht b. Ligny. Vortrag, geh. i. d. Militär. Gesellschaft z. Berlin a. 12. Jan. 1898 von v. Gothen. M. 2 Skizzen in Steindr. (S. 129—165 m. 2 Tab.) n. 1. —
5. Uebungen, die, u. d. Thätigkeit d. Kavallerie-Division B i. Herbst 1897. Mit 30 Skizzen i. Steindr. (S. 167—240.) n. 2. —
6. Zwei Denkschriften üb. Befestigungen, Kriegshäfen u. Eisenbahnen f. China. Von Rhold. Wagner. M. 2 graph. Beilagen. (S. 241—278.) n. 1. 20
7. Manöver, die, i. Septbr. 1897 b. Homburg v. d. Höhe. M. 10 Anlgn. (S. 279—321.) n. 1. 50
8. Handschriften d. Süßenbachischen, z. Geschichte d. 7jähr. Krieges i. d. großherzogl. hess. Hofbibliothek z. Darmstadt. Feldzug 1756 u. Feldzug 1757. Bearb. i. d. kriegsgeschichtl. Abtheilg. II d. Gr. Generalstabes. (S. 323—393.) n. 1. 25
9. Ueb. d. weit. Entwickelg. d. Kriegsgeschichte. Vortrag, geh. i. d. Militär. Gesellschaft z. Berlin a. 15. Dezbr. 1897 von v. Reichenau. — D. Elemente d. mod. Krieges. Vortrag, geh. i. d. Militär. Gesellschaft z. Berlin a. 9. Febr. 1898 von v. Bernhardi. (S. 395—453.) n. 1. —
10. Betrachtgn. üb. d. kleinen Krieg 1870/71. Vortrag, geh. i. d. Militär. Gesellschaft zu Berlin a. 23. März 1898 von v. Ditfurth. — Röm. Militärkolonisation. Ein. Nachrichten üb. dieselbe. Von H. Helmes. (S. 455—512.) n. 1. —

Beiheft zum Militär-Wochenblatt. Hrsg. von v. Estorff. 1898. 11. Hft. gr. 8. Berlin, E. S. Mittler & Sohn.
Messungen der verwundbaren Trefffläche des Schützen mittels Photographie. (S. 513—519 m. 3 Fig. u. 4 Taf.)
Hft. 1—10. Ebd. 898. n. 11. 05.

Beiheft zum Militär-Wochenblatt. Hrsg. von v. Estorff. 1899. 9 Hfte. gr. 8. Berlin, E. S. Mittler & Sohn. n. 7. 45
1. Die Kämpfe der kaiserl. Schutztruppe in Deutsch-Südwestafrika in den J. 1894—1896, sowie die sich hieraus f. uns ergeb. Lehren. Vortrag, geh. in der militär. Gesellschaft zu Berlin am 19. II. 1898. Von Leutwein. Mit e. Skizze. (30 S.) n. — 60
2. Reisestudien üb. den Eisenbahn-Aufmarsch des türkischen Heeres im Frühj. 1897. Vortrag, geh. in der militär. Gesellschaft zu Berlin am 9. XI. 1898. Von Engels. Mit e. Skizze. — Die Entwickelung der gegenwärtigen Verhältnisse im Sudan. Vortrag, geh. in der militär. Gesellschaft zu Berlin am 23. XI. 1898. Von Dickhuth. Mit 2 Skizzen. (S. 31—76.) n. — 90
3. Kaisermanöver, das, bei Minden im Septbr. 1898. Mit e. Uebersichtskarte, Plänen u. Anlagen. (S. 77—138.) n. 1. 40
4. Die Schlacht v. Soor am 30. IX. 1745. Vortrag, geh. in der militär. Gesellschaft zu Berlin zur Gedenkfeier Friedrichs des Großen am 23. I. 1899. Von Balck. — Der Seekrieg zwischen Spanien u. den Vereinigten Staaten v. Nordamerika. 1898. Vortrag, geh. in der militär. Gesellschaft zu Berlin am 31. I. 1899. Von Bendemann. Mit 1 Kartenbeilage. (S. 139—171.) n. — 75
5. Betrachtungen, applikatorische, üb. das Exerzierreglement der Infanterie. — Ueber moderne Schlachtfeldbefestigung. Vortrag, geh. in der militär. Gesellschaft zu Berlin am 8. III. 1899. Von Weiß. (S. 173—226 m. Fig.) n. 1. —
6. Zur Schlacht v. Vionville. Eine Studie (nach Aufzeichngn. des Gen.-Leutn. v. Geißler). (S. 227—256.) n. — 60
7. Die psychologischen Elemente bei Angriff u. Vertheidigung. Vortrag, geh. in der „Psycholog. Gesellschaft in München". Von Reisner Frhr. v. Lichtenstern. — Zusammenfassende Betrachtung der Schlachten gegen die französische Republik im Kriege 1870/71. Vortrag, geh. vor den Offizieren der Garnison Nürnberg. Von Möhl. (S. 257—291.) n. — 70
8. Der Offizier als Organ des Militärstrafverfahrens. Von Ph. Otto Mayer. (S. 293—326.) n. — 40
9. Friedensarbeit u. Kriegslehren. Vortrag, geh. in der militär. Gesellschaft zu Berlin am 25. X. 1899. Von Frhr. v. Freytag-Loringhoven. — Die Donau in ihrem unteren Lauf. Eine militär-geograph. Skizze. Von W. Stavenhagen. (IV u. S. 327—365.) n. — 90

dasselbe. Hrsg. von v. Frobel. 1900. 8 Hfte. gr. 8. Ebd. n. 8. 05
1. Das preußische Heer vor 100 Jahren. Auf Grund der zeit. Vorschriften u. zeitgenöss. Quellen dargestellt. Von B. v. Poten. (62 S.) n. 1. —
2. Die Operationen der verstärkten 3. badischen Brigade zwischen Dijon u. Autun vom 29. XI. bis 3. XII. 1870. Vortrag, geh. in der militär. Gesellschaft zu Berlin am 15. XI. 1899. Von v. Gothen. Mit e. Anlage u. 2 Gefechtskizzen. — Studien üb den Feldzug des Großen Kurfürsten gegen Frankreich im Elsaß 1674 bis 1675. Auf Grund v. archival. Dokumenten. Von Heinr. Rocholl. — Friedrich der Große u. der Ursprung des 7jährigen Krieges. Eine krit. Studie. Von v. Bremen. (S. 63—118.) n. 1. 20
3. Die Schlacht v. Roßbach. Vortrag, geh. in der militär. Gesellschaft zu Berlin am Friedrichstage, den 24. I. 1900. Von Dickhuth. Mit e. Plan in Steindr. — Führerausbildung. Von Janthier. (S. 119—180.) n. 1. 25
4. Kaisermanöver, das, 1899. Mit Uebersichtskarte, Plänen u. Anlagen. (S. 181—223.) n. 1. 20
5. Beispiele strategischer Kavallerieverwendung unter Napoleon. Von Frhr. v. Freytag-Loringhoven. (Mit 2 Skizzen im Text u. 6 Skizzen in Steindr.) (S. 225—258.) n. — 75
6. Die Operationen Napoleons von La Rothière bis Bar sur Aube vom 1. bis 25. II. 1814. Vortrag, geh. in der militär. Gesellschaft zu Berlin am 14. II. 1900. Von Pezel. Mit e. Kartenskizze. — Die Anwendung der Wahrscheinlichkeitslehre auf das Präzisionsschießen der Infanterie. Von H. Rohne. (S. 259—290.) n. — 75
7. Breslau u. Leuthen. Vortrag, geh. in der militär. Gesellschaft zu Berlin am Friedrichstage, dem 24. I. 1898. Von v. Leszczynski. (Mit 1 Plane in Steindr.) — Die Eingeborenen-Armee Indiens. Von v. Stumm. (S. 291—335.) n. 1. —
8. Russische Urtheile üb. die deutsche Armee. Von A. v. Drygalski. — Der Angriff der deutschen, französischen, russischen Infanterie. Vortrag. Von Möhl. (IV u. S. 337—386.) n. — 90

— dasselbe. 1901. 12 Hfte. gr. 8. Ebd. n. 11.45

1. Die strategische Lage Napoleons am Schlusse des Waffenstillstandes v. Poischwitz. Vortrag, geh. in der militär. Gesellschaft zu Berlin am 14. XI. 1900. Von Friederich. Mit 1 Karte. — Wo standen Caesars Rhein-Brücken? Von Wolf. (54 S.) n. 1.—
2. Zum Friedrichstage. Die Anschaugn. Friedrichs des Großen vom Festungskriege vor Ausbruch des 7jähr. Krieges. Nach Vorarbeiten der kriegsgeschichtl. Abtheilg. II u. Akten des Kriegsarchivs bearb. Von Duvernoy. Mit 1 Karte in Steindr. — Napoleonische Schlachtenanlage u. Schlachtenleitung. Vortrag, geh. in der militär. Gesellschaft am 12. XII. 1900. Von Balck. Mit 1 Karte in Steindr. u. 1 Skizze im Text. (S. 55—120.) n. 1.25
3. Das militärische Ausbildungsjahr der Infanterie. Von v. Janson. — Unsere Infanterie. Von v. Zanthier. (S. 121—187.) n. 1.20
4. Der Freiheitskampf Nordamerikas u. der Burenkrieg. Vortrag, geh. in der militär. Gesellschaft zu Berlin am 20. III. 1901. Von H. Beseler. (Mit 2 Skizzen in Steindr.) — Die Schlacht v. Zorndorf am 25. VIII. 1758. Vortrag, geh. in der militär. Gesellschaft zu Berlin am Friedrichstage 1901. Von (Kurt) v. Unger. (Mit 4 Skizzen.) (S. 189—258.) n. 1.40
5. Beispiele f. Operationen auf der inneren Linie. I. Die Ereignisse vor der Schlacht bei Custozza 1866. Vortrag, geh. in der militär. Gesellschaft zu Berlin am 28. XI. 1900. Von Malchow. (Mit 4 Skizzen in Steindr.) — II. Die Operationen der Konföderirten um Richmond im Mai u. Juni 1862. Vortrag, geh. am 24. III. 1900. Von Funke. (Mit 3 Skizzen in Steindr.) (S. 259—294.) n. —80
6.7. Zur Schlacht v. Gravelotte — St. Privat. (Mit 1 Uebersichtskarte.) I. Der Angriff der Garde auf St. Privat. Vortrag. Von v. Schack. II. Die vorgeschobenen Positirungen der Franzosen in der Schlacht v. Gravelotte — St. Privat. Von Kopp. III. Die Mitwirkung der Artillerie beim Angriff e. befestigten Feldstellung. Von H. Rohne. (Mit 1 Karte in Steindr. u. 6 Profilskizzen.) (S. 295—366.) n. 1.60
8. Betrachtungen, militärische, üb. den Krieg in Südafrika. (S. 367—398.) n. —60
9. Vier Vorträge aus dem Gebiete des Militärsanitätswesens f. Offiziere. Von Otto Neumann. (S. 399—429.) n. —50
10. Statistische Nachrichten üb. das preußische Offizierkorps v. 1806 u. seine Opfer f. die Befreiung Deutschlands. Von Kunhardt v. Schmidt. (S. 431—482.) n. —90
11. Rückblicke a. d. Verpflegungsverhältnisse im Kriege 1870/71. Von Wilh. Engelhard. Aus dem Nachlasse. (S. 483—552.) n. 1.20
12. Bilden wir unsere Infanterie aus zur Schlachteninfanterie? Von Gev. Frhr. v. der Goltz. — Die Schlacht bei Domokos am 17. V. 1897, besonders das Verhalten der Avantgardenbrigade, nach meinen eigenen Erlebnissen. Von Mehmed Ferid Bey. (Mit e. Kartenskizze.) (IV u. S. 553—608. n. 1.—

Beiheft zum Militär-Wochenblatt. Hrsg. von v. Frobel. 1902. 12 Hfte. gr. 8. Berlin, E. S. Mittler & Sohn. n. 10.90

1. Die Auffassung der strategischen Lage seitens der Verbündeten am Schlusse des Waffenstillstandes v. Poischwitz 1813. Vortrag, geh. in der militär. Gesellschaft zu Berlin am 27. XI. 1901. Von Friederich. Mit e. Karte in Steindr. — Die China-Expedition 1900—1901. Unter besond. Berücksicht. der Thätigkeit des Armee-Oberkommandos u. des deutschen Expeditionskorps. Vortrag, geh. in der militär. Gesellschaft zu Berlin am 11. XII. 1901. Von Otto Löffler. Mit e. Karte in Steindr. (74 S.) n. 1.50
2. Die Kosaken u. die russische Kavallerie. Vortrag, geh. in der militär. Gesellschaft zu Berlin am 13. XI. 1901. Von v. Hippel. Mit 1 Skizze in Steindr. — Briefe e. preuß. Offiziers aus dem Kaukasus. (S. 75—132.) n. 1.—
3. Was lehrt uns der Burenkrieg f. unseren Infanterieangriff? Vortrag, geh. in der militär. Gesellschaft zu Berlin am 5. III. 1902. Von v. Lindenau. Mit 2 Bl. Kartenskizzen. — Das Gefecht am Tschang tschönn-Paß am 8. III. 1901. Vortrag, geh. in der militär. Gesellschaft zu München am 15. XI. 1901. Von Thdr. Kübel. Mit 1 Textskizze u. 1 Skizze in Steindr. (S. 133—192.) n. 1.25
4. Die Bedeutung des kriegsgeschichtlichen Studiums der napoleonischen Epoche. Von Konst. Hierl. — Allerlei Gedanken u. Bedenken üb. den Festungsbau u. Festungskrieg. Von J. Scheibert. (S. 193—236.) n. —75
5. Die Entwickelung des Militäreisenbahnwesens vor Moltke. — Herzog Eugen v. Württemberg u. der Feldzug 1813. Von Graf Kielmansegg. (Mit 1 Textskizze.) — Die Schlacht im Teutoburger Walde. Von Wolf. (Mit 1 Karte in Steindr.) (S. 237—284.) n. —80
6. Geschichte des Feldsanitätswesens in Umrissen unter besond. Berücksicht. Preußens. Von Niebergall. Ein Rück- u. Ausblick. (S. 285—344.) n. 1.—
7. 8. Deutsche Regimenter in schwedischen Diensten. Ein Zeitbild aus dem militär. Leben in der 2. Hälfte des 18. u. im Anfang des 19. Jahrh. Von Wagner. — Das Gefecht bei Montebello am 20. V. 1859. Von Rücker. (Mit Skizzen im Text.) (S. 345—424.) n. 1.50
9. Ein Stellungskampf im Divisionsmanöver. Von v. Caemmerer. (Mit 3 Textskizzen u. 1 Karte in Steindr.) (S. 425—465.) n. —60
10. Ueber die volkswirthschaftliche Bedeutung der allgem. Wehrpflicht. Von Düms. — Mitwirkung der Fußartillerie beim Angriff e. befestigten Feldstellung. Von Bleyhoeffer. (Mit 2 Skizzen.) (S. 467—507.) n. —75
11. 12. General Carl v. Schmidt. Eine Skizze seines Lebens u. Wirkens. Unter Benutzg. von nachgelassenen handschriftlichen Aufzeichngn. des Generals, v. Briefen, Akten des geheimen Kriegsarchivs, des königl. Kriegsministeriums, anderen amtl. Dokumenten u. sonst. Quellen entworfen. Von G. v. Pelet-Narbonne. (Mit dem Reiterbild des Generals, dem Denkmal- u. Grabbild sowie e. Karte. (IV u. S. 509—612.) n. 1.75

Beiheft zum Militär-Wochenblatt. Hrsg. von v. Frobel. 1903. 12 Hfte. gr. 8. Berlin, E. S. Mittler & Sohn. n. 9.20

1. Die Unternehmungen des Yorckschen Korps gegen die nordfranzösischen Festungen 1814. Ein Beitrag zur Frage des Wertes der Festgn. einst u. jetzt. Von v. Janson. Mit 2 Übersichtsskizzen im Text. (65 S.) n. 1.—
2. Die Kriegsvorbereitungen Rußlands u. seine Heeresbewegungen im J. 1877 bis zur ersten Schlacht bei Plewna. Vortrag, geh. in der militär. Gesellschaft zu Berlin am 29. X. 1902. Von Klotz. — Die süddeutschen Heeresbewegungen im Main-Feldzuge v. 1866. Vortrag, geh. in der militär. Gesellschaft zu Berlin am 12. XI. 1902. Von v. Caemmerer. Mit 6 Skizzen im Text. (S. 67—131.) n. 1.20
3. Über den Gefechtswert v. Truppen auf dem Rückzuge. Mit 5 Skizzen. (S. 133—162.) n. —50
4. Graf Albrecht v. Roon, königl. preußischer General-Feldmarschall. Von v. Goßler. Mit dem Bildnis des General-Feldmarschalls. (Unveränd. Neuabdr. des 8. Beiheftes zum Militär-Wochenblatt 1879.) (S. 163—200.) n. —60
5. Die sibirische Eisenbahn u. das russische Arbeitsfeld in Ostasien. Vortrag, geh. in der militär. Gesellschaft zu Berlin am 26. XI. 1902. Von Taubert. Mit e. Blatt Skizzen in Steindr. — Zeitgemäße Feldgeschütze. Vortrag, geh. in der militär. Gesellschaft zu Berlin am 10. II. 1903. Von Scherbening. (S. 201—241.) n. —75
6. 7. Die Generale der königl. hannoverschen Armee u. ihrer Stammtruppen. Von B. v. Poten. (S. 243—334.) n. 1.50
8. Die italienischen Alpini. Von G. v. Graevenitz. — Betrachtungen, taktische, üb. den Angriff auf befestigte Feldstellungen. (S. 335—388.) n. —75
9. Die Schlacht v. Kunersdorf am 12. VIII. 1759. Vortrag, geh. in der militär. Gesellschaft zu Berlin am 24. I. 1903. Von v. Eberhardt. Mit e. Schlachtplan u. 2 Übersichtsskizzen. (S. 389—420.) n. —60
10. Das Gefecht in u. bei Lüneburg am 2. IV. 1813. Ein Beitrag zur Erhebg. Hannovers im J. 1813 u. zur Geschichte des hannoverschen Kronprinz-Dragonerregiments. Von P. v. Troschke. Mit 3 Skizzen in Steindr. — Rekrutenwerbungen in reichsritterschaftlichem Gebiet im 18. Jahrh. Von Frhr. v. Stetten-Buchenbach. (S. 421—466.) n. —80
11. Blüchers Eintritt in den preußischen Dienst. Auf Veranlassg. der kriegsgeschichtl. Abteilg. II des großen Generalstabes bearb. Von Frhr. Binder v. Krieglstein. Mit 1 Skizze im Text. — Eine militärische Studienfahrt nach Oberitalien. Von W. v. Unger. (S. 467—528.) n. 1.—
12. Über die Sachverständigentätigkeit der Sanitätsoffiziere zum § 81 des Reichsstrafgesetzbuchs. Garnisonvortrag, geh. zu Königsberg i. Pr. am 9. II. 1903. Von Rothamel. (IV u. S. 529—560.) n. —50

Beiheft zum Militär-Wochenblatt. Hrsg. von v. Frobel. 1904. 12 Hfte. gr. 8. Berlin, E. S. Mittler & Sohn. n. 9.15

1. 2. Meine Erlebnisse im Hauptquartier Lord Kitcheners u. die Schlacht bei Omdermán. Vortrag, geh. in der militär. Gesellschaft zu Berlin am 28. X. 1903. Von v. Tiedemann. Mit 1 Karte u. 1 Skizze im Text. — Zwei Monate Gast im russischen Heere (Juli—Septbr. 1903). Vortrag, geh. in der militär. Gesellschaft zu Berlin am 11. XI. 1903. Von Frh. v. Tettau. Mit 1 Kartenskizze im Text. (79 S.) n. 1.25
3. Friedrich des Großen Feldherrntum von Mollwitz bis Leuthen. Von M. Hellmann. (S. 81—123.) n. —60
4. 5. Kriegsgeschichtliche angewandte Übungen. Die Operationen an der Iser im Juni 1866. Von L. Hauschild. Mit e. Karte in Steindr. (S. 125—202.) n. 1.50
6. Die modernen technischen Mittel des militärischen Nachrichtenwesens insbesondere f. die Befehlsübermittelung. Vortrag, geh. in der militär. Gesellschaft zu Berlin am 17. II. 1904. Von Groß. — Oltenizza. Ein Blatt aus der Psychologie des Krieges. Von Thilo v. Trotha. (Mit 1 Skizze im Text.) (S. 203—251.) 904. n. —80
7. Die Lehren des Burenkrieges f. die Gefechtstätigkeit der drei Waffen. Vortrag, geh. in der militär. Gesellschaft zu Berlin am 30. III. 1904. Von Balck. (S. 253—304 m. Fig.) n. —80
8. Die Kämpfe am Holawalde in der Schlacht bei Königgrätz. Von Hans Fabricius. Mit e. Situationsskizze. (S. 305—367.) n. 1.20
9. Vom althannoverschen Heere. Drei Generationen. 1722 bis 1866 (1903). I. Von Eggert v. Estorff. — Das Mißlingen des Zuges der hannoverschen Armee nach dem Süden im Juni 1866. Von B. v. Poten. (S. 369—424 m. eingedr. Skizzen.) n. —80
10. Der Nutzen v. Armee u. Flotte f. die deutsche Volkswirtschaft. Von v. Baerensprung. — Paniken. Ein Beitrag zur Psychologie des Krieges. Von Fr. Starck. (S. 425—463.) n. —60
11. Die Schlacht bei Kesselsdorf. Vortrag, geh. in der militär. Gesellschaft zu Berlin zur Feier des Friedrichstages 1904. Von v. Lindenau. Mit 2 Plänen in Steindr. (S. 465—503.) n. 1.—
12. Die Vorbedingungen des Erfolges f. die Reiterei im nächsten europäischen Kriege. Vortrag, geh. in der militär. Gesellschaft zu Berlin am 26. X. 1904. Von v. Pelet-Narbonne. — Wert u. Bedeutung des Drills f. die Ausbildung unserer Infanterie einst u. jetzt. Vortrag, geh. in der militär. Gesellschaft zu Berlin am 9. XI. 1904. Von Frhr. v. Freytag-Loringhoven. (IV u. S. 505—543.) n. —60

— dasselbe. 1905. 12 Hfte. gr. 8. Ebd. n. 10. 50

1. Friedrichs des Großen Feldherrntum von Leuthen bis zum Ende des siebenjährigen Krieges. Von M. Hellmann. (S. 1—44.) n. — 75
2. Plewna, Schipka, Sebastopol. Eine Studienreise. Vortrag, geh. in der militär. Gesellschaft zu Berlin am 23. XI. 1904. Von Schwarte. Mit 5 Skizzen im Text. — Militärische Reiseeindrücke aus Schweden. Von Gust. Graf Wrangel. (S. 45—98.) n. — 90
3. Hochkirch. Vortrag, geh. in der militär. Gesellschaft zu Berlin zur Feier des Friedrichstages am 23. I. 1905. Von Jany. (Mit e. Karte in Steindr.) — Die Gaudi-Handschriften f. d. J. 1758, im Auftrage der kriegsgeschichtl. Abteilg. II des großen Generalstabes bearb. Von Bethcke. (S. 109—123.)
4. Über angriffsweise Kriegführung. Vortrag, geh. am 23. I. 1905. Von v. Bernhardi. — Die Operationen vor u. nach der Schlacht b. Ostrolenka 1831. Vortrag, geh. in der militär Gesellschaft zu Berlin am 15. II. 1905. Von Krafft. Mit 2 Skizzen im Text. (S. 125—172.) n. — 60
5. Geschichte des Berliner Invalidenhauses. Von Lorenzen. II. Tl.: 1884 bis 1904. (S. 173—212.) — 60
   (I. u. II.: 3. 10). [Der I. Tl. ist bearb. von v. Olleck (1885).]
6. Deutsch-Südwestafrika. Historisch-geograph., militär. u. wirtschaftl. Studien. Vortrag, geh. in der militär. Gesellschaft zu Berlin am 15. III. 1905. Von Schwabe. — Über die Führung v. Kolonialkriegen. Vortrag, geh. in der Versammlg. der Mitarbeiter des Militär-Wochenblattes am 8. V. 1905. Von H. Rohne. (S. 213—256.) n. — 75
7. Vom althannoverschen Heere. Drei Generationen. 1722 bis 1866 (1903). Von Eggert v. Estorff. II. (S 257—303.) n. — 75 (I u. II.: 1. 55)
8. 9. Napoleon bei Bautzen. Napoleonische Strategie in den Tagen vor Bautzen u. napoleon. Schlachtenleitg. bei Bautzen. Eine Studie. Von O. Frhr. v. der Osten-Sacken-Rhein. Mit 2 Übersichts-Skizzen u. 1 Skizze des Schlachtfeldes in besonderer Anlage. (S. 305—372.) n. — 90
10. Schlacht, die, bei Mukden. Mit 8 Kartenbeilagen in Steindr. u. 2 Kriegsgliedergn. (S. 373—396.) n. 3. —
11. Des Königs deutsche Legion 1803—1816. Darstellung ihrer inneren Verhältnisse. Von B. v. Poten. (S. 397—459.) n. 1. —
12. Beiträge zur Geschichte d. Schlacht b. Beaume de la Rolande am 28. XI. 1870. Von v. Lessing. Mit 1 Skizze. (S. 461 bis 498 u. IV S.) n. — 75

Fortsetzung, s. Militär-Wochenblatt.

Beiheft z. Militär-Wochenbl., Fortsetzg. s.: Militär-Wochenblatt.

Beiheft zur (deutschen) Wehrordnung (v. 28. XI. 1881, bezw. zu deren Neuabdr. unter Berücksicht. der bis IV. 1904 eingetret. Änderungen). Berlin 1904. 15 S.

Beihefte. —
Beihefte zu einem bestimmten Werk s. auch unter dem Titel dieses Werkes.

Beihefte zum Archiv für Schiffs- und Tropenhygiene (bis 1907 angebunden). Jahrg. 1908 bis 1910. 3 Bde.

Beihefte, s.: Contralblatt f. Bibliothekswesen.

Kolloidchemische **Beihefte**. ⟨Ergänzungshefte z. Kolloid-Zeitschrift.⟩ Monographien z. reinen u. angewandten Kolloidchemie hrsg. von Dr. Wo[lfgang] Ostwald, Privatd., Leipzig. Bd. 1. Dresden: Steinkopff 1909–10. 8° [10. 17963

Beihefte, Kolloidchem. (Ergänzgshefte z. Kolloid-Zeitschr.) Monographien z. reinen u. angewandten Kolloidchemie, hrsg. v. Wo. Ostwald. 2—4. Bd je 12 Hefte. (2. u. 3. Bd: 4, 492; 4, 460 m. Abb. u. 2 bezw. 3 Taf.) gr8° Dresd., Th. Steinkopff '10—12. je 12 —; einz. Hefte 1.20

Beihefte z. Marineverordngsbl. No. 39, 41, 51, 56, 60, 63, 64. 67, 68. Berl. 1882/88.
1) **Boehr.** Üb. Schiffsluft, ihre Verunreinigg u. d. Mittel, sie z. verbessern. — 2) **Braune.** D. Aufgaben d. Sanitätsdienstes b. krieger. Expeditionen i. tropischen u. subtrop. Gegenden. — 3) **Wendt.** Welche Unfälle, Krankhn u. Krankheitsdispositionen kommen bei Menschen vor, die dauernd b. Taucherarbtn beschäftigt werden? — 4) **Bugge.** Üb. Hospitalschiffe. — 5) **Thoerner.** Welche Häfen d. West- u. Ostküste Amerikas sind z. bestimmt. Jahreszeiten als gesundheitsgefährl. z. meiden? — 6) **Braune.** Instrukt. d. Med.-Abt. d. engl. Kr.-Min. an die d. Expeditionskorps v. Suakin 1885 begleitenden Ärzte. — 7) **Prins.** D. Farbenblindht u. ihre Beziehgn z. Dienst i. d. Marine. — 8) **Extraits** du rapport d'ensemble sur le service médical de l'escadre d'évolutions du 1. août 1883 au 1. août 1884. Bespr. v. O.-St.-A. **Bäuerlein.** — 9) **Brunhoff.** D. Malariaprophylaxe i. Fiebergegenden. — 10) **Kocht.** Wie sind a. Bord v. Schiffen d. Aborte, d. Bade- u. Waschanstalten zweckm. einzurichten?

Medizin. **Beihefte** z. Marine-Sammler. Monatsschr. Hrsg. v. Haupt-Mediz.-Inspektion d. Flotte. Jahrg. 1900. St. Petersburg 1900. (Russ.)

Beihefte zum Militärwochenblatt, s.a. Beiheft zum Militärwochenblatt.

Beihefte zum Militair-Wochenblatt. (Red. von der historischen Abtheilung des Generalstabes.)

1851, für Juli, August und September: Die Schlacht bei Idstedt am 24. und 25. Juli 1850 und die vorangegangenen Operationen vom Einrücken der beiderseitigen Armeen ins Schleswigsche bis zur Schlacht. Mit einem Anhang: „Ueber einige Verhältnisse der Schleswig-Holsteinischen Armee vom Jahr 1850", der Formations- etc. Uebersichten der beiden Armeen, einer Operationskarte und einem Plan. Berlin. (1851.) 8°.

1852, für April, Mai und Juni: Aufsätze vermischten Inhalts: 1. Kriegsgeschichtliche Aufklärungen. 2. Mittheilungen über einzelne Einrichtungen in der Französischen Armee. 3. Beleuchtung der in der Revista militar, Juniheft 1850, unter dem Titel: „Reforma sobre la tactica de Infanteria" enthaltenen Bemerkungen und Vorschläge des General-Kapitain Don Manuel de la Concha, vom Preussischen Standpunkt aus. 4. Literatur. Berlin. (1852.) 8°.

1852, für Juli, August und September und für Oktober, November und Dezember: Darstellung der Begebenheiten des Deutsch-Dänischen Krieges von 1848, unter besonderer Berücksichtigung des Antheils Preussischer Truppen. Mit Karten und Plänen. 1. Abtheilung. Von den anfänglichen Verhältnissen bis zum Treffen bei Bau. Mit einer Uebersichtskarte und einem Plan der Umgegend von Flensburg und Bau. ebd. (dass. J.); 2. Abtheilung. Die Vorgänge in der Zeit nach dem Treffen bei Bau bis zur Schlacht bei Schleswig. Mit einem biographischen Anhange und 2 Uebersichtskarten. ebd. (dass. J.). 8°.

1853, für Januar bis incl. Juni: Die Ereignisse vor Fredericia vom 7. Mai bis zum 6. Juli 1849. Mit einem Plan der Schlacht bei Fredericia. Berlin. (1853.) 8°.

1854, für Februar bis einschliesslich September: Darstellung der Begebenheiten des Deutsch-Dänischen Krieges von 1848, unter besonderer Berücksichtigung des Antheils Preussischer Truppen. Mit Karten und Plänen. 3. Abtheilung. Die Begebenheiten des 23. April. Mit 3 Plänen. Berlin. (1854.) 8°.

1854, für Oktober bis einschliesslich Dezember und 1855, für Januar bis einschliesslich Juni: Die Reorganisation der Preussischen Armee nach dem Tilsiter Frieden. Mit Beilagen. 1. und 2. Abschnitt, bis zum Schluss des Jahres 1807. (Dazu ein Heft mit 4 Beilagen.) ebd. (dass. J.). 8°.

1855, für Juli: Aufsätze vermischten Inhalts: I. Tagebuch des Prinzen Eugen von Württemberg, vom 1. Mai bis zum 4. Juni 1813. II. Auszug aus den hinterlassenen Papieren des General-Feldmarschalls Freiherrn von Müffling gen. Weiss. ebd. (1855.) 8°.

1855, für August: Aufsätze vermischten Inhalts: I. Zur Belagerung von Longwy, im Jahre 1815. (Mit einem Plan.) II. Die 2. Kompagnie der 5. Jäger-Abtheilung bei den kriegerischen Ereignissen im Grossherzogthum Posen, im Frühjahr 1848. (Mit einem Plan.) III. Ergänzungen zu dem Tagebuche des Rittmeisters von Colomb, die Streifzüge von 1813 und 1814 betreffend. ebd. (dass. J.). 8°.

1864, für Januar bis ult. September 1864: Uebersicht der wichtigsten Karten Europa's. Mit besonderer Rücksicht auf das Militairgeographische Bedürfniss zusammengestellt v. E. von Sydow. Th. 1. Mit 9 Beilagen. Berlin. 1864. Beilagen. (Tafeln.) ebd. dass. J.

1878. 3. und 4. Heft — 5. und 6. Heft: Schleswig 1848. Aus den hinterlassenen Papieren des General-Feldmarschalls von Steinmetz. Hrgg. und mit einer Lebensskizze versehen v. von Conrady. Berlin. 1878. 8°.

Beihefte z. Milit.-Wochenbl. F. d. J. 1852—1904. Berlin. 54 Bde.

Beihefte zum Militär-Wochenblatt. Berlin 1905 bis 1910. Jährlich 1 Bd. 6 Bde.

— zu den Veröffentlichungen des kaiserl. Gesundheitsamtes, s.: Arbeiten aus dem kaiserl. Gesundheitsamte.

Beihefte zum Centralblatt für Bibliothekswesen. Herausgegeben von Dr. O. Hartwig, Oberbibliothekar in Halle. 1. Bd. 1. Beiheft. Personalverzeichniss der Pariser Universität von 1464 und die darin aufgeführten Handschriften und Pergamenthändler von Dr. Max Spirgatis. Mit 1 Facsimiletafel. 2. Beiheft. Die Reichenauer Sängerschule. Beiträge zur Geschichte der Gelehrsamkeit und zur Kenntniss mittelalterlicher Musikhandschriften von Wilhelm Brambach. Zur Bibliographie des Henricus Hembuche de Hassia dictus de Langenstein von F. W. E. Roth. 3. Beiheft. Schema des Realkatalogs der königlichen Universitätsbibliothek zu Halle a. S. 4. Beiheft.

Die Buchdruckerei des Jakob Köbel, Stadtschreibers zu Oppenheim und ihre Erzeugnisse (1503–1572). Ein Beitrag zur Bibliographie des XVI. Jahrhunderts von F. W. E. Roth. Zwei Bücherverzeichnisse des XIV. Jahrhunderts der Admonter Stiftsbibliothek von P. J. Wichner. — II. Bd. 5. Beihft. Dritte Nachlese zu Weller's deutschen Zeitungen. Mit Anhang: Deutsche Zeitungen des XVII. Jahrhunderts aus der königl. und Universitäts-Bibliothek und der Stadtbibliothek zu Breslau von A. Heyer. Die arabischen Uebersetzungen aus dem Griechischen von M. Steinschneider. 6. Beihft. Beiträge zur Geschichte der Universitätsbibliothek Giessen. Von Emil Heuser. 7. Beihft. Ueber die Entstehung und Bedeutung der Blockbücher. Mit besonderer Rücksicht auf den Liber Regum seu Historia Davidis. Eine bibliographisch-kunstgeschichtliche Studie, zugleich ein Beitrag zur Geschichte des Unterrichtswesens. Von Privatdocent Dr. Rudolf Hochegger, Amanuensis der k. k. Universitäts-Bibliothek zu Innsbruck. Mit einer Facsimiletaf. 8. Beiheft. Ludwig Hain's Repertorium Bibliographicum. Register. Die Drucker des XV. Jahrhunderts mit chronologischer Aufführung ihrer Werke zusammengestellt von K. Burger, Custos des Buchgewerbe-Museums zu Leipzig. — III. Bd. 9. Hft. Die Mainzer Buchdruckerfamilie Schöffer während des XVI. Jahrhunderts und deren Erzeugnisse zu Mainz, Worms, Strassburg und Venedig enthaltend die Drucke des Johann Schöffer 1503–1531, des Peter Schöffer des Jüngeren 1508–1542 und des Ivo Schöffer 1531–1555, zusammengestellt von F.W.E. Roth. 10. Hft. Adressbuch der deutschen Bibliotheken bearbeitet von Dr. Paul Schwenke, Bibliothekar an der königl. Universitäts-Bibliothek Göttingen. — IV. Bd. 11. Hft. Die Disputationen und Promotionen an den deutschen Universitäten, vornehmlich seit dem XVI. Jahrhundert. Mit einem Anhang, enthaltend ein Verzeichnis aller ehemaligen und gegenwärtigen deutschen Universitäten von Dr. Ewald Horn. 12. Hft. Die arabischen Uebersetzungen aus dem Griechischen von M. Steinschneider. 13. Hft. Die Incunabeln der königlichen Universitätsbibliothek zu Bonn. Ein Beitrag zur Bücherkunde des XV. Jahrhunderts von Dr. Ernst Voulliéme. Mit einem Vorworte des Bibliothek-Directors C. Schaarschmidt. — V. Bd. 14. Hft. Beiträge zur Incunabelnkunde von P. Gottfried Reichhardt. O. S. B. Eingeleitet von O. Hartwig. I. Alphabetisch geordnetes Verzeichniss der Correctoren der Buchdruckereien des XV. Jahrhunderts. II. Topographisch-chronologisch geordnetes Verzeichniss der Druckorte des XV. Jahrhunderts, mit Angabe der in den einzelnen Jahren vorkommenden Buchdrucker, Buchhändler und Kostenträger der Incunabeln. (In Fortsetzung.) (5 Bde.) 8. Leipzig 1888–1895.

Beiheft(e) zum Zentralblatt für Bibliothekswesen. Beiheft 27 u. 29–31. 8. Leipzig, Otto Harrassowitz. Bibl.

Beiheft 27. 1904. [M. 17.–] s. Briefe an Desiderius Erasmus... — Beiheft 29 u. 31. 1905 u. 1906. (M. 5.–) u. [M. 7.–] s. Hortzschansky, Adalbert — Beiheft 30. 1906. [M. 16.–] s. Voulliéme, Ernst.

Beiheft(e) zum Zentralblatt für Bibliothekswesen 28 s. Hantzsch, Victor.

Beiheft(e) zum Zentralblatt für Bibliothekswesen. Beiheft 32 u. 34 u. 36. 8. Leipzig, Otto Harrassowitz, 1907 u. 1908 u. 1909. (M. 8. – u. M. 8. –) u. [M. 7. –]
s. Hortzschansky, Adalbert.

Beiheft(e) zum Zentralblatt für Bibliothekswesen. Beiheft 37 u. 39. 8. Leipzig, Otto Harrassowitz, 1910 u. 1911.
s. Hortzschansky, Adalbert.

Beihelsteyn s. *Beilstein.*

Beihilfe, s. Bey-Hülffe

Beihl, Paul (geb. Greifenberg in Pomm. 18. 4. 1850): Ueber neuere Behandlungsweise der Carcinome auf nicht blutigem Wege. Berlin (1875). (32 S.) 8°
Berlin, Med. Diss. v. 19. Apr. 1875

Beijernick, s.a. Beyernick

Beijerinck M. W. u. Delden A. van: Ueber die Assimilation d. freien Stickstoffs durch Bakterien. 1902. [Rostr. Saml.].

Beijerinck, M. W., Beobachtungen u. Betrachtungen üb. Wurzelknospen u. Nebenwurzeln. Veröffentlicht durch die königl. Akademie der Wissenschaften zu Amsterdam. Mit 6 Taf. [Aus „Verhand. kon. Akad. Afd. Naturk."] gr. 4. (IV, 150 S.) Amsterdam 886. J. Müller. n.n. 4. 40

Beijerinck, M. W., üb. die Butylalkoholgährung u. das Butylferment. [Aus: „Verhandelingen d. k. Akademie van Wetenschappen te Amsterdam".] Lex.-8. (51 S. m. Fig.) Amsterdam 893. J. Müller. n. 1. 10

Beijerinck, M. W., über e. Contagium vivum fluidum als Ursache der Fleckenkrankheit der Tabaksblätter. Lex.-8. (22 S. m. 2 farb. Taf.) Amsterdam 898. J. Müller. n. – 80
Sonderabdruck aus: „Verhandlungen der koninkl. Akad. van Wetenschappen te Amsterdam".

Beijerinck, M. W., üb. Gallbildung u. Generationswechsel bei Cynips calicis u. üb. die Circulansgallo. [Aus: Verhandelingen d. kgl. Akad. van Wetensch. te Amsterd."] Lex.-8. (43 S. m. 3 Taf.) Amsterdam 896. J. Müller. n. 1. 20

Beil: Die Anwendung electromagnetischer Telegraphen für den Dienst der Eisenbahnen, s. Beil, Johann Adam.

Beil: Einiges aus den Elementen der Phoronomie. 12 S. u. Tab. Progr. Linz OR 1861.

Beil: Technologisches Wörterbuch, s. Beil, Johann Adam

Beil, *Gustav* Albert [aus Gröbers]: Über die synthetische Darstellung der β-Methyladipinsäure und des β-Methylketopentens ... Leipzig-R., Druck v. O. Schmidt, 1894; 39 S. 8.
Leipzig, Phil. Fak., Inaug.-Diss. v. [14. Aug.] 1894

Beil, Anton: Aphorismen über die Verbindung des Feldbaues mit dem Waldbaue bei dem Hochwaldbetrieb. — Frankfurt a. M. 1839: Andreä. IV,89 S. 8°
1:Oy 3744. **26. 30.**
15.

— Die Feldholzzucht in Belgien, England und dem nördlichen Frankreich. Nach eigner Anschauung beschrieben. Frankfurt a. M.: Boselli 1842. VI,61 S. 8°
15. 17. 21. 24. 26. 28.
15.

— Forstwirthschaftliche Kulturwerkzeuge und Geräthe in Abbildungen und Beschreibungen. — Frankfurt a. M.: Sauerländer 1840. XII,193 S. 8°
12: Oecon. 218 ix. **15. 17. 21. 24. 302.**
15.

Beil, Anton, forstwirthschaftliche Kulturwerkzeuge und Geräthe in Abbildungen und Beschreibungen. Mit 227 Abbild. gr. 8. (XII und 193 S. mit 9 Stnt. in gr. 4.) Frankfurt a. M. 847, Sauerländer's Verlag. *

— Frankfurt's Stadtwaldung. Eine forststatistische Skizze. Frankfurt a. M. 1840: Krebs. VI S.,S. 4-89. 8°
15. 17. 21. 24. 30.
15.

Beil, Artur:
1867-1907. Fünfzig Jahre im Dienste der Kameradschaft. Festschrift zur Feier des fünfzigjährigen Bestehens des Königl. Sächs. Militärvereins zu Taura am 29. 30. Juni und 1. Juli 1907. Nach vorhandenen Unterlagen im Auftrage d. Vereins zsgest. — Taura [1907]: Delling. 23 S. 8°
14.
15.

— Aus vergangenen Tagen. Ein Beitrag zur Wirtschaftsgeschichte d. Herrschaft Penig in d. Zeit von 1400–1800. — [Taura]: Gemeindeverwaltung (1908). 34 S. 8° **14.**
15.

Beil, Auguste: Die Roseninsel im Starnberger See. Historische Skizze. [Verf.: Auguste Beil.] — Starnberg: Geiger [1904]. 15 S. 8° **12:**Bavar. 221 kr [u.ö.[

Beil, David
— Armuth und Hoffarth. Original-Lustspiel. — Berlin: Rottmann 1789. 140 S. 8°
1:Yr 9726. **17. 18. 30. 300:**3637-A.
15.

— — o.O. [um 1790]. 170 S. 8° **300:**624.958-A. Th.
15.

— Bettelstolz. Original-Lustspiel. Zürich [usw.]: Ziegler 1797. 182 S. 8° **1:**2 in Yp 5052 [u.] 4 in Yr 9730.
7. 8. 14. 15. 17. 18. 300:an 3963-A. 2 [u.ö.]
15.

— — Grätz 1798. 136 S. 8° **300:**2332-A [u.ö.]

— Die Einöde. Schauspiel. — Mannheim: Schwan & Götz 1791. 91 S. 8° 1:Yr 9727/6. 17. 18.
15.

— Die Einöde. Schauspiel. Mannheim: Loeffler 1809. 91 S. 8°
1:Yr 9727/30. 12:P. o. germ. 89bc. 300:624.961-B.Th.
15.

— Die Freystatt müder Pilger. Schauspiel. Zürich [usw.]: Ziegler 1794. 128 S. 8° 1:Yr 9729 [u.] 2 in Yr 9730. 18.
15.

— Die Gauner. Schauspiel. Zürich [usw.]: Ziegler 1794. 190 S. 8° 1:3 in Yr 9728. 7. 15.
15.

— Liebe um Laune. Original-Lustspiel. Zürich [usw.]: Ziegler 1794. 159 S. 8° 1:3 in Yr 9730. 15. 18.
15.

— Dieterich von Ruben. Lustspiel. — Mannheim: Neue Hof- u. Akad. Buchh. 1786. 43 S. 8°
1:Yr 9730/4 [u.] 5 in Yp 5318-1. 12:P. o. germ. 89/1. 14. 17. 18. 300: an 2715-B [u. ö.]
15.

— — Zürich [usw.]: Ziegler 1794. 48 S. 8°
1:1 in Yr 9730. 15.

— — Mannheim: Loeffler 1809. 43 S. 8°
300:624.963-B.Th.
15.

(—) Am Sarge Friedrichs im Namen eines alten Kriegers. — o. O. [1786]. 2 Bl. 8° 30.
15.

Beil, David: [Werke] Sämmtliche Schauspiele. Bd 1.2. — Zürich [usw.]: Ziegler 1794. 8°
1. Die Familie Spaden. Die Gauner. Dietrich von Ruben.
2. Liebe um Laune. Curt von Spartau. Die Freystatt müder Pilger.
5. 11. 12:P. o. germ. 89b. 17. 300:3963-A.
15.

— Die Schauspielerschule. Original-Lustspiel. — Mannheim: Neue Hof- u. Akad. Buchh. 1780. 127 S. 8°
12:P. o. germ. 89. 14→17. 19. 180. 300:2715-B [u. ö.]
15.

— Die Familie Spaden. Schauspiel. — Zürich [usw.]: Ziegler 1794. 160 S. 8°
1:Yr 9731 [u.] 2 in Yr 9728. 7. 14. 300:624.965-A.Th.
15.

— Curd von Spartau. Schauspiel. — Mannheim: Neue Hof- u. Akad. Buchh. 1790. 103 S. 8°
1:Yr 9727. 5. 7. 10. 12:P. o. germ. 67m/1. 14. 18.
15.

— — Zürich [usw.]: Ziegler 1794. 128 S. 8°
1:1 in Yr 9728. 7. 15. 18. 300:624.966-A.Th.
15.

— Die Spieler. Original-Schauspiel. — Mannheim: Schwan 1785. 145 S. 8° 5. 8. 11. 14. 16. 17. 300:624.967-B.Th.
15.

— — Stuttgart 1785: Buchdr. d. Herzogl. Hohen Carlsschule. 128 S. 8° 7.

— Die Spieler. Original-Schauspiel. Grätz 1797. S. 12-144. 8° 300:3122-A [u. ö.]
15.

Beil, Emil: Königl. Fachschule für die Kleineisen- und Stahlwaren-Industrie zu Schmalkalden. Leitfaden und Übungsheft für Kalkulationen. — Schmalkalden: Wilisch [1904]. 21 Bl. 4°
15.

Beil, G: Welche Erfahrungen sind bisher mit dem Kalksandstein gemacht worden? Berlin 1901

Beil, Gottlieb, De inductione judicis ad confitendum inculpatum delictum. Diss. jur. Präs. Conr. Wilh. Strecker. Erfurt (Hering) 4. XI. 1733. 20 S. (4.—) 1907

Beil, Gustav Albert, s. Beil, Albert

Beil, Hellmuth: Variationen des Kontaktpotentiales. Leipzig: J. A. Barth 1910. S. 849—889. 8° ¶(Aus: Annalen d. Physik. F. 4, Bd 31.)
Rostock, Phil. Diss. v. 10. Dez. 1909, Ref. Heydweiller
[Geb. 5. Aug. 83 Dresden; Wohnort: Rostock; Staatsangeh.: Sachsen; Vorbildung: Dreikönigssch. Dresden Reife O. 04; Studium: Dresden Techn. Hochsch. 8, Göttingen 1, Rostock 2 S.; Rig. 6. Dez. 09.] [U 10. 3938

Beil, J., nach welchen Grundsätzen u. Rücksichten sollen Schüler in d. Elementarschul. überhaupt, u. insbesond. a) wenn Ein — b) wenn mehr. Lehrer an ein. Orte angestellt sind — in Klassen eingetheilt werden? Eine gekrönte Preisschr. 8. (8 B.) Tübingen 828. (Kempten, Kösel.)

Beil, J.A., s. Beil, Johann Adam

Beil, J.A.: Forstwirtschaftliche Kulturwerkzeuge, s. Beil, Anton

Beil, Johann Adam: Die Anwendung electro-magnetischer Telegraphen für den Dienst der Eisenbahnen. — Dat. Frankfurt a. M. Juni 1845. 24 S. 8° 1:Os 2778. 17. 93.
15.

— Amerikanische Dampf-Maschine zum Ausgraben und Wegräumen von Erdmassen. The American steam excavating machine. Nach d. neuesten Mittheilungen bearb. Mit e. genauen Zeichn. d. Maschine. — Frankfurt a. M.: Wilmans 1843. 13 S. 8° 30.
15.

Beil, J. A., s. a. Friedhof, d. neue.

(Beil, J. A.,) der neue Friedhof v. Frankfurt a. M., nebst allen darauf Bezug habenden amtl. Verordn. u. Zeichnungen. qu. gr. Fol. (8 B. u. 7 Stnt.) Frankfurt a. M. 829, (Jäger.) Thlr.

(—) Der neue Friedhof von Frankfurt am Main nebst allen darauf Bezug habenden amtlichen Verordnungen und Zeichnungen. — Frankfurt a. M.: Naumann in Comm. 1829. 28 S. quer-4°
1:2° Si 6900. 10. 17. 18. 25. 30. 38. 83. 90. 90.
15.

Beil, J. A., Stand u. Ergebnisse der Deutschen, Amerikan., Engl., Französ., Belg., Holländ., Italien. u. Russ. Eisenbahnen am Schlusse d. J. 1843. Mit einem Anhang, enth.: Beschreibung u. detaillirte Uebersichten aller ausgeführten u. im Bau begriffenen Engl. u. Amerikan. Eisenbahnen. gr. 8. Frankfurt a/M. 844, (Hermann'sche Buchh.) baar 1 1/6 ℔

Beil, J. A. Stand und Ergebnisse der europäischen Eisenbahnen. Wien 1846. 4.

Beil, J. A., Stand und Ergebnisse der europäischen und amerikanischen Eisenbahnen bis zu dem J. 1847. Imp.-4. (200 S. und 15 Bog. Tab.) Wien 847. (Wiesbaden, Kreidel.) *

Beil, J. A., technologisches Wörterbuch, s. a. **Wörterbuch.**

Beil J A, technolog. Wörterbuch. Deutsch-französisch-englischer Teil. Wiesbaden 1853

Beil, J.G.: De Caussis risus Paschalis. . . , s. Beil, Johann Gabriel

Beil, J. G., Belehrungen üb. d. Gottesdienst. 8. Glogau, Neue Güntherische Buchh. 798.

— Entwurf eines Unterrichts in d. Lehre Jesu. gr. 8. Ebend. 813.

— Samml. christl. Gebete in den wichtigst. Angelegenheiten des Lebens. gr. 8. Glogau, Günther. 811.

Beil, Johann David: Armuth und Hoffart. 8°. — Berlin: Rottmann 1789.

— Bettelstolz. Schspl. 8°. Zürich 1797. Ziegler u. S.

– († d. 15. Aug. 1794.) sämmtl. S c h a u s p i e l e . 2 Bde. 8°. Zür. 1794. Ziegler. (Enth.: 1) Kurt v. Spartau. Schspl. 8°. (Manh. u. Leipz. 1790.) 2e A. Zür. 1794. Ziegler. Dietrich v. Ruben. Lstspl. gr. 8°. Mannh. 1786. Löffler. R.A. Zür. 1794. Ziegler. 3) die Familie Spaden. Schspl. 8°. Ebd.1794. 4) Freistatt müder Pilger. Schspl. 8°. Ebd. 1794. 5) die Gauner. Schspl. 8°. Ebd. 1794. 6) Liebe u. Laune. Schspl. Ebd. 1794.)

– die S c h a u s p i e l e r s c h u l e . Lstspl. gr. 8°. Manh. 1785. Löffler.

– die S p i e l e r . Schspl. gr. 8°. Manh. 1785. Schwann u. G.

Beil, Johann Gabriel: De Caussis risus Paschalis quaedam praemittit et viros dignitate munerum conspicuos, inspectores nempe gravissimos ut et fautores scholae honoratissimos, ad audiendas aliquas crastina luce post horam IX. In auditorio secundo orationes, ea, qua decet, submissione vocat atque invitat M. Ioannes Gabriel Beilius. — Chemnitii 1746. 4 Bl. 8° **300:33.244-B.**
15.

— De doctis Chemnicensibus, opificum filiis, disserit, et simul . . . Joanni Georgio Wagnero . . . gratulabatur Joannes Gabriel Beilius. — [Chemnitz 1738]: Stoessel. 96 S. 8° **1:22 in 4° Bibl. Diez 2417. 3. 14. 15.**
15.

Beil
— **Johann Gabriel,** Indiculum privatae quorundam discipulorum diligentiae dominis inspectoribus scholae gravissimis . . quaedam de superbiae damno praem. Chemnitz (Stoessel) 1740. Folio. 4 Bl. mit Namen. (2.80) 1908

— De doctis ephororum Chemnitiensium Filiis agit et . . . Christiano Sigismundo Greenio . . . gratulatur Joannes Gabriel Beilius. — Chemnitii [1744]: Stoessel. 12 Bl. 8° **3. 12: 4° Diss. 703-42. 14. 15. 18.**

— Memoriam Scholae Chemnicensis ante hos centum annos . . . instauratae . . . pia mente recolit Joannes Gabriel Beilius. — Chemnicii 1741: Stoessel. 6 Bl. 8° **1:3 in 4° Ay 5001. 3. 14.**
15.

Beil, Karl Theodor: Alexander von Macedonien. Schauspiel. — Mannheim: Schwan & Götz 1821. 157 S. 8° **7. 16. 17. 25. 300:624.969-B.Th.**
15.

—— 2. Ausg. Ebd. 1826. 157 S. 8° **17.**
15.

— Raphael von Aquillas, oder Tugend gegen Verhängniß. Tragödie. — Mannheim: Schwan & Götz 1819. 127 S. 8° **7. 16. 17. 25. 300:2.824-A.**

– die E i n ö d e . Schspl. in 4 A. gr. 8°. Mannh. 1791. N.A. 1809, Löffler.

Beil, Karl Thdr., Gedichte. 8. Manh. 810. 2e A. 815. Schwan u. G. 12 gr.

— Gedichte. — Mannheim: Schwan & Götz 1810. 110 S. 8° **1:Yn 136. 16. 25.**
15.

—— 2. Ausg. Ebd. 1816. 110 S. 8° **25.**
15.

— Vergeltung. Drama. — Mannheim: Schwan & Götz 1820. 136 S. 8° **16. 17. 25. 300:3.908-B.**
15.

Beilage. —
Beilage zu einem bestimmten Werk s. auch unter dem Titel dieses Werkes.

Beilage, s.a. B e i l a g e n .

Beilage, s.a. B e y l a g e .

Beilage, s.a. B e y l a g e n .

Beilage, Abaelardi Virbii, zum zehnten Theile der Briefe die neueste Litteratur betreffend. Gedruckt am 24sten des Herbstmonats 1761. V: *Hamann, Johann Georg.* (GGr) (ML) (R-N)

Beilage zur Abhandlung über anmassliche Bestreitung und Beschränkung der Reichsvikariatsrechte. München 1790. V: *Tröltsch, Johann Friedr. Reichsfreiherr von.* (BB) (ML)

Beilage zum A l l m a n n , s. Der A l l m a n n .

Beilage zum Almanach der Belletristen. O. O. 1782. V: *Schulz, Joachim Cph. Friedrich.* (MGT)

Beilage zum Amtsblatt für den Kanton Schaffhausen
v. Amtsblatt für den Kanton Schaffhausen.

Beilage zu Dangeuil's Anmerkungen über die Vortheile und Nachtheile von Frankreich und Großbritannien . . . O. O. 1756. V: *Hamann, Johann Georg.* (Hamann's Schriften.. Hg. Roth. I.)

Beilage von Anmerkungen über das Schreiben des H. Bischofs von **** an den Herrn Bischof zu U*** über das Duldungssystem. [Augsburg 1786.] V: *Zallinger zum Thurn, Jacob Ant.* (Jes)

Beilage zur Anweisung wie man im Notfall Kinder ohne Brust gross machen kann. 1781. V: *Schmettow, Woldemar Friedrich Graf von.* (Brunn Suppl. 162)

Beilage zu Hebichs Aufopferung von Isaak. Waiblingen 1895. V: *Vloten, A. O. von.* (zuwzür 1910)

Beilage z. Ausschreibung ü. d. Gesetz: Einquartierungs- u. Vorspannslasten in Friedenszeiten betr. München 1850.

Ausserordentliche Beilage zu Nr. 13 des Altonaer Mercurs. (Altona.) Freitag, den 15. Jan. 1841.

Beilage zu dem Kratterischen Autodafé. Wien 178? V: *Schulz, Joachim Christoph Friedrich.* (ML)

Beilage zu den Bemerkungen zum Entwurfe des Strafgesetzes über Verbrechen und Uebertretungen und des dazu gehörigen Einführungsgesetzes. 4. (46 S.) Wien: Hof- und Staatsdruckerei, 1889 ? —.12

Besondere Beilage zur Wiener-Zeitung Nro. 42. Wien d. 29ten Mai 1809. Mit unpartheyischen Bemerkungen. — o.O. [1809]. 7 S. 8° **300:464.711-B.**
15.

Beilage zu der neu aufgelegten und vermehrten Bockiade die weiblichen Angelegenheiten betreffend. Berlin 1781. V: *Crans, August Friedrich.* (BrMm)

— zu den Briefen aus Berlin, über verschied. Paradora dieses Zeitalters, in 9 Briefen an den Verf. derselben, (v. J. Rautenstrauch). 8. Wien 784. (Mayr in Salzb.) 5 gr

Beilage zu Herr Heynatzens Briefen die deutsche Sprache betreffend. Liegnitz 1775—76. V: *Deust, Joh. Caspar* (?). (Rüdiger, Neuester Zuwachs. Liegnitz 1782—93. IV, 176.) (ML) (Abhandl. z. germ. Phil. Festgabe f. R. Heinzel. Halle a. S. 1898. S. 108.)

— z. Heynatz Briefen, d. deutsche Spr. betr. 3 Thle. 8. Liegn. 775, 76. Siegert. 14 gr

Beilage CO-OP, s. Coopération, La.

Beilage CO-OP, s. Cooperazione, La.

Beilage CO-OP — La Coopération — La Cooperazione v. Genossenschaftliches Volksblatt.

Beilage zun Denkwürdigkeiten des seligen Sokrates. Von einem Geistlichen in Schwaben. 2. Aufl. Halle 1773. V: *Hamann, Johann Georg.* (schstr S. 11)

— zu den Denkwürdigkeiten d. sel. Sokrates, von e. Geistl. in Schwaben (J. G. Hamann). 8. Hall in Schw. 773. (Leipz., W. Nauck). 2 gr

Beilage zur Eingabe der unterzeichneten Frauenvereine [*d. i.* des Bernischen Vereins zur Hebung der Sittlichkeit und des B' V' der Freundinnen junger Mädchen, vom April 1904 an die Bundesversammlung] betreffend das Alter der Ehefähigkeit [im Entwurf zu einem schweizerischen Civilgesetz]. 8 S. 8. ([Basel,] Basler Druck- und Verlags-Anstalt, [1904].)

Beilage, Erste, zu der Behandlung Oderennsischer Unterthanen, die auch Beherzigung verdient. 1784. V: *Cremeri, Bened. Dom. Ant.* (?) (Allg. Deutsche Bibliothek 57/607). (BiblPort)

Beilage für die Frauen v. Briger Anzeiger.

Beilage zum Georgia Familien-Journal: 1882—? Savannah, GA

Beilage zu Krampens Geschichte d. Aërostatik. 8. Gotha 785. Ettinger. 3 gr

Beilage zu den akademischen Gesetzen, | die Anmeldung zu den Vorlesungen und die darüber aus- | zustellenden Zeugnisse betreffend. | [Breslau 1824.] (2 Bl.) 4° [Kopft., F.] *(Seite 1 schließt: „wird zwar vom Quästor".)* *[Vgl. Nr 10.]*

Beilage | zu den akademischen Gesetzen, die Anmeldung zu den Vorlesungen und die darüber auszustellen- | den Zeugnisse betreffend. [Breslau April 1831.] (2 Bl.) 4° [Kopft., F.] *(Seite 1 schließt: „in den Abgangszeugnissen vermerkt".)* *[Abgedr. bei Joh. Frdr. Wilh. Koch: Die preußischen Universitäten. Bd 2, Abth. 1. 1840. S. 284–287.]*

Beilage: Hauswirtschaftliche Beilage zum Genossenschafter v. Der Genossenschafter.

Beilage zu dem Jahre 2240. Kokos 2240 [Breslau 1781.] V: *Dyrhn, E. von.* (Wr)

— z. Jahr 1740. 8. Kokos. (Bresl.) 781. (Gosohorsky). 9 gr

BEILAGE ZU JAHRESHEFTE DES VEREINS FÜR VATERLÄNDISCHE NATURKUNDE IN WÜRTTEMBERG . . . UND MITTEILUNGEN DES BADISCHEN BOTANISCHEN VEREINS (später: DES BADISCHEN LANDESVEREINS FÜR NATURKUNDE IN FREIBURG i. Br.). Ergebnisse der pflanzengeographischen Durchforschung von Württemberg, Baden und Hohenzollern.

Bearbeitet von J. EICHLER, R. GRADMANN und W. MEIGEN.

I. . . . Jahrg. 61. 1905. Mit 2 Karten. Stuttgart. 1905. (Druck von Carl Grüninger.) 8°.

II. . . . Jahrg. 62. 1906. Mit 3 Karten. ib. 1906. (—)

III. . . . Jahrg. 63. 1907. Mit 2 Karten. ib. 1907. (K. Hofbuchdruckerei Zu Gutenberg, Carl Grüninger (Klett & Hartmann).)

IV. . . . Jahrg. 65. 1909. Mit 4 Karten. ib. 1909. (—)

BEILAGE ZU DEN JAHRESHEFTEN DES VEREINS FÜR VATERLÄNDISCHE NATURKUNDE IN WÜRTTEMBERG . . . Verzeichnis der Mineralogischen Geologischen, Urgeschichtlichen und Hydrologischen Lit(t)eratur von Württemberg, Hohenzollern und den angrenzenden Gebieten.

Jahrg. 58. 1902 . . . I. Die Litteratur von 1901 nebst Nachträgen und Zusätzen zu Eck's Litteraturverzeichnis, zusammengestellt von E. SCHÜTZE. Stuttgart 1902. (Druck von Carl Grüninger, K. Hofbuchdruckerei Zu Gutenberg (Klett & Hartmann).) 8°.

Jahrg. 59. 1903. . . . II. Nachträge zur Litteratur von 1901 und die Litteratur von 1902, zusammengestellt von E. SCHÜTZE. ib. 1903. (—)

Jahrg. 60. 1904. . . . III. Nachträge zur Literatur von 1902 und die Literatur von 1903, zusammengestellt von E. SCHÜTZE. ib. 1904. (—)

Jahrg. 62. 1906 . . . IV. Nachträge zur Literatur von 1903 und die Literatur 1904 und 1905. Zusammengestellt von E. SCHÜTZE. ib. 1906. (—)

Jahrg. 64. 1908. . . . V. Nachträge und Zusätze zur Literatur von 1901 bis 1905, sowie Register und Titel zu dem Verzeichnis der Literatur von 1901 bis 1905 zusammengestellt von E. SCHÜTZE. ib. 1908. —

Beilage, Illustrierte, s. Rheinbote und Appenzeller Grenzpost.

Beilage, Illustrierte, s. Tagblatt, Bündner.

Beilage, illustrirte, zu allen Zeitungen. Red.: Adf. Henze. (1.) Jahrg. 1858. 52 Nrn. (à ½ Bgn. m. Holzschn. im Text.) Neu-Schönfeld, Henze. gr. 4. 1 ℔

Beilage zum Katechismus oder Kirchengeschichte, Kirchenjahr, Messopfer, Messianische Weissagungen, Vorbilder und Hauptgebete. Freiburg i. Br. 1879. V: *Herbold, Eduard.* (Kat. Herder, Freiburg 1801—95.)

— zum Katechismus, od. Kirchengeschichte, Kirchenjahr, messian. Weissaggn., Vorbilder u. nothwendigste Gebete, praktisch zusammengestellt v. e. Geistlichen der Erzdiöcese. 2. Aufl. 8. (60 S.) Freiburg i/Br. 879. Herder. n. — 30

Beilage zu der Karte zur Uebersicht der Gebirgssysteme und Fluss-Gebiete in Europa. (Aus des Freiherrn C. A. v. Malchus „Militär-Geographie, oder Erd- und Staatenkunde von Europa" besonders abgedruckt.) (Mit 1 Karte.) kl. 8. (Heidelberg 1833.)

Beilage zu Consistorialregistraturen; unter der Rubrik: Kirchenvisitationen; . . . In Teutschland [Giessen] 1771. V: *Lang, Georg Heinrich.* (BB) (MGT) (Wr)

— zur Französ. Constitution; Vorschr. d. Nation an ihre Stellvertreter im J. 1789, (v. J. G. Dyck). 8. Leipz. 792. Dyck. 12 gr

Beilage zum Correspondenzblatt vom October 1875. Ein historischer Spaziergang von Tropaea Drusi über den Externstein nach dem Campus Idistavisus (von G. Aug. B. Schierenberg). Zur Generalversammlung der deutschen Geschichts- und Alterthumsvereine in Detmold vom 4. bis 8. October 1875. Detmold, 1875. Gedruckt in F. Böger's Buchdruckerei. 8°

— kritische, z. d. dritten Theile v. Silberschlags-Geogenie. gr. 8. Götting. u. L. 784. (Löwe in Bresl.) 20 gr

Beilage, Landwirtschaftliche, s. Landbote, Der (Zh).

Beilage, Landwirtschaftliche, s. Zeitung, Klettgauer.

Beilage, Literarische, s. Intelligenzblatt, Allgemeines, der Stadt Basel.

Beilage, Literarische, s. Landbote, Der (Zh).

Beilage, Literarische, s. Landes-Zeitung, Berner

Beilage, Literarische, s. Tagblatt, St. Galler.

Beilage, Literarische, s. Zeitung, Neue Schweizer.

Beilage, Literarische, s. Zeitung, Neue Zürcher.

—— literarische, zur Allgemeinen evangelisch-luther. Kirchenzeitung. Redact.: C. E. Luthardt. (1.) Jahrg. 1879. 52 Nrn. (à 1/2 Bog.) gr. 4. Leipzig, Dörffling und Franke.
Erscheint von 1880 ab u. d. T.: „Literaturblatt, theologisches".

— u. Nachträge zu Dallas Schr.: Ueber d. Orden d. Jesuiten. gr. 8. Münch. 821. Lentner. 9 gr

— neue, z. 4n Thle d. Lavater'schen Aussicht in d. Ewigkeit. 8. Leipz.... Barth. 2 gr

Beilage des Nord Iowa Herold: 1902?–1903? Elkader, IA
Sunday supplement to DER NORD IOWA HEROLD. Circulation: 1902, 1035;

Beilage, Nöthige, zu den zufälligen Gedanken, worinnen der sogenannten Abfertigung eines Anonymi gebührend begegnet wird. Frankfurt u. Leipzig 1738. V: *Marperger, Bernhard Walter.* (Schr) (will)

Beilage, Nöthige, zu Wahrmund Unterredungen wider das neue Pharisäerthum des Herrn Torricela ... O. O. 1783. V: *Hofstätter, Felix.* (Jes)

Beilage, orthographische, zu C. A. J. Hoffmann's neuhochdeutscher Elementargrammatik. gr. 8. (12 S.) Hannover 854, Rümpler. Thlr.

Beilage, Eine, zum Pasquill von dem Verläumdeten ... Wien 1786. V: *Wucherer, G. Ph.* (Cb) (Pk) (Feil)

Beilage: Politische Beilage zum Amtsblatt
v. Amtsblatt der Republik Bern.

Beilage zu dem im 15ten Stück der Gesetz-Sammlung für die Königlichen Preußischen Staaten Jahrgangs 1815 unter Nro 308 abgedruckten Publikations-Patent vom 23ten August desselben Jahres betreffend die Einführung allgemeiner Gebühren-Taxen für Ober- und Unter-Gerichte und für die Justiz-Kommissarien und Notarien. — Berlin 1816. 104 S. 8° 17.
16.

— z. d. neuesten Religionsstreitigkeiten. 8. Hamb. 774. Buchenröder. 1 gr

Beilage (zu einem Rundschreiben), worin von einer hier in Leipzig unlängst errichteten unächten Loge warnende Nachricht gegeben wird. (Leipzig 1806.) 4. 2 Bl.

Fehlt bei Kloss. — Nach dieser von der Loge Apollo in Leipzig ausgegangenen officiellen Darstellung stiftete der Oberhofgerichtsadvocat Chr. G. Kretschmann am 8. August 1790 in Leipzig eine Frmrloge unter dem Namen zur grünenden Eiche welche unterm 18. October 1790 von der Loge Karl z. d. 3 Schlüsseln in Regensburg eine Interims-Constitution erhielt. Nachdem Kretschmann schon am 10. Octob. 1800 von der Loge ausgewiesen worden war, wurde um sein Andenken zu vertilgen, die Loge zur grünenden Eiche am 22. Juni 1801 von den Mitgliedern freiwillig geschlossen, dagegen aber am 24. Juni eine neue Loge unter dem Namen Apollo z. d. 3 Akazien errichtet, wozu die Constitution von Regensburg am 8. August 1801 eintraf. Diese Loge arbeitete dann unter Leitung der Regensburger Loge bis sie sich am 13. April 1805 der Grossloge von Hamburg unter dem Namen Apollo anschloss. Kretschmann, der die erwähnte Interims-Urkunde vom 18. October 1790 behalten hatte, stiftete auf Grund derselben im Jahre 1806 wieder eine neue Loge unter dem alten Namen zur grünenden Eiche, mit dem Vorgeben, dieselbe sei eine Fortsetzung der 1790 errichteten Loge. — Hiernach sind die Angaben im Handb. d. Frmrei II. S. 188 und Polick. Verzeichniss der Logen, S. 15, zu berichtigen.

Beilage zum zweyten Stück der Bockiade die weiblichen Angelegenheiten betreffend. Ein Neujahrsgeschenk für das schöne Geschlecht. Berlin 1782. V: *Cranz, August Friedrich.* (BrMm)

Beilage zu dem Wiener Taschenbuche für 1805, das Schloss auf dem Leopoldsberge ... betreffend ... Wien [1805]. V: *Groppenberger Edler von Bergenstamm, Alois.* (Feil)

Beilage zur Trauerrede in obitum Mariae Theresiae Rom. Imperat.... Freyburg 1781. V: *Bob, Franz Joseph.* (MGT)

Beilage zu dem Werke: Der Thurmuhrenbau auf sein. jetzigen Stufe d. Vollkommenheit. Hrsg. v. C. W. Rösling unter Beziehung des B. Stoß. Zur Widerleg. u. Berichtigung einiger in dies. Werke enthaltener, die Mannhardt'schen u. Stoß'schen Uhren betreff. unrichtiger u. böswilliger Behauptungen. (Von J. Mannhardt) gr. 8. (1 B. u. 1 Stnt.) München 844, Franz.

Beilage zur Warnerschen Übersetzung von der Gicht aus der Königsbergschen gelehrten Zeitung Nr. 64. [Königsberg] 1770. V: *Hamann, Johann Georg.* (Schstr S. 10)

Beilage eines Unbefangenen für Hrn. von Brentano gegen das Sendschreiben eines katholischen Pfarrers. Stift-Kempten 1791. V: *Neumayr, Carl Wilhelm.* (MGT)

Beilage zum grauen Ungeheuer von Wekherlin. Geschichte und Apologie des Freiherrn von Meggenhoffer, ein Beitrag zur Illuminaten-Geschichte. O. O. [Nürnberg] 1786. V: ***Meggenhofer, Freiherr von.*** H: ***Wekhrlin, Wilh. Ludwig.*** (GGr IV³/845, Nr. 11/14) (Ky 6/169) (BiblPort)

Beilage zur Unterhaltung und Belehrung bzw. zur Belehrung und Unterhaltung
v. Jura-Post.

— — s. Tagblatt, Solothurner, für Stadt und Land.

Beilage zum Vereinsblatt der Pfälzischen Ärzte, s. Verhandlungen des Vereins Pfälzischer Ärzte.

Beilage zu der auf Grund des VI. G.-A. vom Jahre 1876 bezüglich der Activirung der Verwaltungs-Ausschüsse erlassenen Verordnung. gr. 8. (88 S.) Hermannstadt 878. (Michaelis.) n. 1. 40

(F) Beilage zu dem Verordnungsblatte des k. k. österr. Finanzministeriums. Lex.-8°. Nr. 1. Wien: Fromme 1903! K —.20

Beilage zum Versuch über den Kinder-Unterricht. Göttingen u. Gotha 1771. H: *Schlözer, August Ludwig von.* (EB)

Beilage zur Vorlage betreffend Ergänzung des Bundesstrafrechtes durch Vorschriften betreffend die Bestrafung der Verherrlichung von Verbrechen. ⟨Botschaft vom 15. Dezember 1902.⟩ 19 S. 8. [Bern. Stämpfli & Cie.,] 1905.

[Auszüge aus anarchistischen Druckschriften, zusammengestellt von Fritz Hodler, Sekretär der Bundesanwaltschaft.]

Beilage, wissenschaftliche, zum 17. Jahresbericht (1904) der philosophischen Gesellschaft an der Universität zu Wien. gr. 8. Leipzig (J. A. Barth). n. 2.—
Vorträge: Über mehrdimensionale Räume. Von E. Müller. — Über den zentralen Sehakt. Von S. Exner. — Über die Notwendigkeit willenstheoretischer Betrachtungsweise neben der erkenntnistheoretischen. Von R. Goldscheid. — Der Wille zum Schmerz. Ein psycholog. Paradoxon. Von R. Eisler. (III, 79 S.) 904.

— dasselbe, zum 18. Jahresbericht (1905) der philosophischen Gesellschaft an der Universität zu Wien. gr. 8. Ebd. n. 2. 40
Vorträge: Die stoische Lehre v. Fatum u. Willensfreiheit. Von H. v. Arnim. — Energetische Theorie des Glücks. Von W. Ostwald. — Über e. These Schopenhauers. Von L. Boltzmann. — Menschen- u. Tiergehirn. Von M. Benedikt. — Über Raumvorstellung u. Raumbegriff. Von K. Siegel. (III, 87 S.) 905.

Beilage, wiss., z. 19—21. Jahresbericht ('06—8) d. philosoph. Gesellsch. an d. Univ. zu Wien. gr8° Lpzg, JA Barth. 5.40
19. Vorträge: Klein, F, u. A Höfler: Grenzfragen d. Mathematik u. Philosophie. — Sterneck, R v.: Versuch e. Theorie d. scheinbaren Entferngn. — Ofner, J: Schiller als Vorgänger d. wiss. Sozialismus. — Ewald, O Philosoph. Grundlegg d. modernen Psychol. (89) '06. 2.40
20. Vorträge: Urbantschitsch, V: Üb. opt. anschaul. Gedächtnisbilder. — Siegel, R: Die Kategorientafel in Herders Metakritik. — Lucka, E: Gedächtnis u. Phantasie. (42) '07. 1.50
21. Vorträge: Hamburger, F: Arteigenh., Assimilation u. Vererbg. — Adler, A: Die Theorie d. Organminderwertigk. u. ihre Bedeutg f. Philosophie u. Psychol. — Roretz, K v.: Roberto Ardigò u. s. Beziehgn z. neueren Philosophie. (30) '08. 1.50

Beilage, Wissenschaftliche, z. 22—24. ('09—11) Jahresbericht d. philosoph. Gesellsch. an d. Univ. zu Wien. gr8° Lpzg, JA Barth.
22 ('09). Vorträge: Siegel, K: Naturgesetzlichk. u. Vitalismus. — Ewald, O: Erkenntniskritik u. Erkenntnistheorie. — Stöhr, A: Das Zeitproblem. — Przibram, H: Lebenskraft od. Lebensstoffe? — Hatschek, B: Darwins 100. Geburtstag. — Roretz, K v.: Der Zweckbegriff im psycholog. u. erkenntnistheoret. Denken. (98) '10. 3—
23 ('10). Vorträge: Frank, Ph.: Gibt es e. absolute Beweg? — Stöhr, A: Monokulare Plastik. — Schmied-Kowarzik, W: Intuition. — Stern, V: Die Philosophie meines Vaters. (97) '11. 3—
24 ('11). Vorträge: Reininger, R: Kants krit. Idealismus in seiner erkenntnistheoret. Bedeutg. — Kreibig, JK: Zur Lehre v. d. Wahrnehmg. — Schrötter, K: Zur Psychol. u. Logik d. Lüge. — Stöhr, A: Gehirn u. Vorstellgsreiz. — Ewald, O: Zur Analyse d. Unsterblichkeitsproblems. (111) '12. 4—
Fortsetzg s: Jahrbuch d. philosoph. Gesellsch. an d. Universität zu Wien.

Beilage zum Wochenblatt
v. Hoch-Oberkeitlich begünstigtes Kundschaffts-Blättlein.

Beilage zum Itzehoer Wochenblatt landwirthschaftlichen und gemeinnützigen Inhalts. Jg. 1844—48. Itzehoe 1844—48. 4°.

Beilage, worin von einer hier in Leipzig unlängst errichteten unächten Loge warnende Nachricht gegeben wird. [Leipzig 1806.] 2 Bl. 4° [Kopftit.]
Abgedr. in: Neues frmrisches Taschenbuch. 6 u. 7 (1806—1807) S. 203—222.
Tt. 460. Hrsg. von der Loge Apollo. Betr. die 1799 von Chr. G. Kretschmann gestiftete Loge „Zur Grünenden Eiche".

Beilage zur Zeitschrift des deutschen u. österreichischen Alpenvereins. 1878.

Beilage zur Aarauer Zeitung v. Aarauer Zeitung.

Beilage zur Mitauischen Zeitung. ... Leipzig 1789. V: *Sacken, Carl Christoph von.* (MGT) (R-N)

Beilage zur Nürnb. gel. Zeitung ... die Römisch-Katholische Messe betreffend. Nürnberg 1786. V: *Seidel, Johann Christian Heinrich.* (will)

— zwei u. vierzigste, z. d. zwei Bden d. Reisebeschreibb. d. Fr. Nicolai ꝛc. gr. 8. Wien 784. (Heubner). 6 ℳ

Beilagen. —
Beilagen zu einem bestimmten Werk s. auch unter dem Titel dieses Werkes.

Beilagen, s.a. Beylagen.

Abgeänderte Beilagen zu 3. 4. 5. und 6. des §. 7 der Instruction zur Verpflegungsliquidation. München 1876. 8.

Beilagen, abgeänderte, zur Instruktion, betr. das Etappen- u. Eisenbahn-Wesen ꝛc., vom 20. Juli 1872. gr. 8. (VII, 119 S.) Berlin 876. v. Decker. n. 2. —

ausserordentl. Beilagen zur österr.-kaiserl. privil. Wiener Zeitung v. J. 1821. [Feldzug gegen Neapel.] fol. Wien.

Beilagen zu dem von der ... Comite erstatteten Bedenken, insoweit dasselbe das Herzogthum Holstein betrifft. 1857 s. *Bedenken* erstattet von der zufolge allerhöchster Resolution vom 17ten März 1856 zur Vorbereitung einer Untersuchung der Postirungen in den älteren Budgets und dem vorläufigen Normalreglement niedergesetzten Comite. Beil.

Beilagen zum Beiheft des Militär-Wochenblattes für Okt. bis einschl. Dez. 1854, u. für Jan. bis einschl. Juni 1855. Bezügl. der Reorganisation der preußischen Armee nach dem Tilsiter Frieden. Berlin 1854. 1855. 7 Tab.

besondere Beilagen zur Wiener Zeitung von 1788, 1789 u. 1790. 2 Bd. 4. Wien.

besondere Beilagen zur Wiener Zeitung 1792—1797. 6 Bde. 4. Wien.

Beilagen, Besondere, zu der Wiener-Zeitung der Jahre 1793—1797. (Nebst geschriebenem Register zu jedem Jahrgang.) (5 Bde.) 4.

Beilagen, Besondere, zur Wiener-Zeitung aus den Jahren 1797, 1799, 1800 und 1801. (Mit geschriebenem Register.) (2 Bde.) Fol. Wien 1797—1801.

Beilagen zu der Darstellung der jüngsten Begebenheiten im Kanton Basel. Basel 1831 s. [Burckhardt, Johann Rudolf]. Darstellung der jüngsten B. Basel 1831.

Beilagen zu den Durchführungs-Bestimmungen zum Gesetze vom 25. October 1896, Reichsgesetzblatt für die im Reichsrathe vertretenen Königreiche und Länder, Nr. 220, betreffend die directen Personal-Steuern, nebst einem Anhange, enthaltend einen auszugsweisen Inhalt der wesentlichsten gesetzlichen Bestimmungen. 4. (192 S.) Wien: Hof- u. Staatsdruckerei, 1898? —.60

Schweizerische Nordostbahngesellschaft. Beilagen zum Geschäftsbericht der Direktion umfassend das Jahr 1900. II + 33 + 33 + 12 S. 4. Zürich, Art. Institut Orell Füssli, 1901.
Inhalt: 31. Geschäftsbericht und Rechnung ... der Bötzbergbahn ... 1900; 29. Jahresbericht und Rechnung ... der Aargauischen Südbahn ... 1900. Basel, Kreis, 1901; 26. Jahresbericht und Rechnung ... über die Bahnunternehmung Wohlen-Bremgarten ... 1900. Basel, Kreis, 1901.

Schweizerische Nordostbahn. Beilagen zum Geschäftsbericht der Kreisdirektion III der Schweizerischen Bundesbahnen umfassend das Jahr 1901. II + 33 + 31 + 12 S. 4. Zürich, Art. Institut Orell Füssli, 1902.
Inhalt: Geschäftsbericht und Rechnung ... über die Unternehmung der Bötzbergbahn ... 1901; 30. Jahresbericht und Rechnung über das Unternehmen der Aargauischen Südbahn ... 1901...; 27. Jahresbericht und Rechnung über die Eisenbahnunternehmung Wohlen-Bremgarten ... 1901.... Basel, Kreis, 1902.

Beilagen zu dem Gesetzes-Entwurf über die Aufbringung der Mittel zur Deckung des Gemeinde-Aufwandes. o. O. [1880]. 40 S. 4° 24.
15.

Beilagen zur Kriegsformation der 3. Division des 8. deutschen Armeecorps. — o. O. 1859. 5 Bl. 8° 17. 26.
15.

Landwirthschaftliche Beilagen zum Itzehoer Wochenblatt. 1—3. Jahrg. Itzehoe. 1838—40. 4. (Fortsættes). (Titelbl. mangler i 1. og 3. Jahrg. i K. B.).

Beilagen zu den Möglichkeiten und Unmöglichkeiten in Österreich. Leipz. 1786. V: *Rautenstrauch, Joh.* (?) (WBL)

Beilagen, Neue, zu Wahrmunds Unterredungen wider das Neue Pharisaerthums des Torricella. Wien 1783. V: *Hofstätter, Felix Frz.* (WBL IX/182) (BiblPort)

Beilagen zu den Reichs-Justizgesetzen. Bayerische Ausführungsgesetze zu den Reichs-Justizgesetzen. — Subhastations-Ordnung vom 23. Februar 1879. — Gerichtskostengesetz u. Gebühren-Ordnung f. Gerichtsvollzieher, Zeugen u. Sachverständige. Gesetz vom 18. Juni 1878. — Das Gebührenwesen. Gesetz vom 18. Aug. 1879. — Die Erbschaftssteuer. Gesetz vom 18. Aug. 1879. — Gebührenordnung f. Rechtsanwälte. Gesetz vom 7. Juli 1879. — Reisekosten u. deren Vergütung f. Geschworene, Schöffen u. Vertrauensmänner. Verordnung vom 29. u. Bekanntmachg. vom 31. Juli 1879. gr.16. (360 S.) Würzburg 879. Stahel. geb. n. 5. —

Beilagen zu den Reichs-Justizgesetzen. Württembergische Ausführungsgesetze zu den Reichs-Justizgesetzen, nebst den einschläg. Gesetzen, Verordnungen 2c. 1. Bd. 8. (VI, 164 und Anhang 67 S.) Würzburg 880, Stahel'sche Buchh. geb.

Beilagen zur Theologie des A. T. enthaltend die Begriffe von Gott und Vorsehung. Leipzig 1801. V: *Bauer, Georg Lorenz.* (will)

(Burgergemeinde Bern.) Beilagen zum Verwaltungsbericht des Burgerrates der Stadt Bern über die Jahre 1897 bis und mit 1899 enthaltend die in diesen Jahren gedruckten Vorlagen und erlassenen Reglemente, Vorschriften und Instruktionen. IV (+ sus. 144) S. 8. ([Bern, K. J. Wyss, 1901 u.] 1897—1899.)

Beilagen zum Voranschlage über die gemeinsamen Ausgaben und Einnahmen der österr.-ungar. Monarchie für das Jahr 1869—1895. 2. Hft. Kriegs-Ministerium. (Sammt Delegations-Beschlüssen.) Inhalts-Verzeichnis für die Beilagen vom Jahre 1869 bis 1892 in einem Bde. (Manuscript.) (27 Bde.) 4. Wien 1869—1895.

Beilagen zum Voranschlage über die gemeinsamen Ausgaben und Einnahmen der österr.-ungar. Monarchie (Fortsetzung) für das Jahr 1896—1904. 2. Hft. Kriegs-Ministerium. (Sammt Delegationsbeschlüssen.) (9 Bde.) 4. Wien 1896—1904.

Beilager, Das von Gott gesegnete, des ... Erzherzogs von Österreich Petri Leopoldi Josephi ... mit der ... Spanischen Infantinn Maria Louise ... ein Schäferspiel... [Innsbruck 1765.] V: *Reisner, Ferdinand.* (Margr)

Das höchstbeglückte Beilager des Durchleuchtigsten Fürsten und Herrn Herrn Friederich Augusts des heiligen Römischen Reichs Erz-Marschallen und Kurfürsten, Herzogen zu Sachsen &c. &c. &c., mit der Durchleuchtigsten Fürstin und Frauen Frauen Amalia Augusta Pfalz-Gräfin bei Rhein, ... in einem kurzen Gedichte besungen von einem aus dem Collegio der Gesellschaft Jesu zu Heidelberg. — Heidelberg 1769: Häner. 12 S. 4°
12: 2° Bavar. 745/6. 14. 17.
15.

Beileid, s. Beyleid.

Beiler, J.P.: Kurze Anleitung zur sachgemäßen Anlage und Pflege der Dauerweiden. — Neudamm: Neumann 1907. 27 S. 8° 1: Ow 20012/80. 12: Occon. 2045p. 38.
15.

— Anleitung zur rationellen Pflege des hochstämmigen Obstbaumes. Leitfaden f. den prakt. Unterricht an landwirtschaftl. Lehranstalten, Gartenbauschulen u. Volksschulen, sowie zum Selbstunterricht. (VI, 120 S. m. Abbildgn.) 8. Leipzig 907. Landwirtschaftl. Schulbuchh. Geb. in Leinw. 1. 80

Beiler, J.P.: Zur Frage der Rebendüngung an unserer Mosel. Luxemburg 1907: St.-Paulus-Ges. 8 S.

Beilfuss, Calpurnius: Blicke auf Mecklenburg von e. Einwohner dieses Landes. — o.O. 1809. 64 S. 8°
1: Sn 7330. 28. 33.
15.

Beilfuss

— **Samuel** (Belgard), De donationibus simplicibus inter conjuges validis. Dissert. jur. Prüs. Joh. Bernh. Friesen. Jena (Werther) März 1702. 48 S. (5.—) 1910
Widm. v.: Imman. u. Carl Christoff Willich (Stettin. dtsch.), Sam. Dan. Hograev (Uckermünde/Pomm. dtsch.), Joh. Just. Wiesenhauern, Theod. Meyer (Belgard), Joh. Raddatz (Belgard), Joh. Dan. Klug (Stettin. dtsch.).

Beilhack, Johann Georg: Deutsche Grammatik zum Gebrauche in lateinischen Schulen und Unterrichtsanstalten für classische Bildung eingerichtet. — München: Lindauer 1832. VI,220 S. 8° 12: L.germ. 20q.
15.

—— 2., verb. Aufl. Ebd. 1832. 236 S. 8°
12: L.germ. 20r.
15.

—— 3., verb. Aufl. Ebd. 1834. 236 S. 8°
12: L.germ. 20s.
15.

—— 4., umgearb. Aufl. Ebd. 1838. VIII,283 S. 8°
12: L.germ. 20t.
15.

—— 5., unveränd. Aufl. Ebd. 1840. VIII,279 S. 8°
12: L.germ. 20u.
15.

— Lehrbuch der deutschen Sprache zum Gebrauche in Landwirthschafts- und Gewerbsschulen eingerichtet. — München: Lindauer 1838. VIII,259 S. 8°
12: L.germ. 20xi. 20.
15.

— Lehrbuch der deutschen Stylistik für Studienschulen und Gymnasien. — München: Lindauer 1833. 210 S. 8°
12: L.germ. 20w.
15.

—— 2., umgearb. Aufl. Ebd. 1835. XI,296 S. 8°
12: L.germ. 20x. 14. 23.
15.

— Nekrolog des chirurgischen Instrumentenfabrikanten Joh. Casp. Schnetter in München. — München 1800. 24 S. 8°
Aus: Kunst- und Gewerbeblatt für d. Königreich Bayern. 46. 1800.
01.
15.

Beilhack, Johann Georg: Biographische Skizze über Johann Baptist Fischer, Rektor der Lateinschule zu München, Gymnasial-Professor, Inhaber des goldenen Civilverdienst-Ehrenzeichens der bayerischen Krone, S. III - XII.
Progr. München 1846.

Beilhack, Johann Georg: Ueber das Studium des Altdeutschen. S. 3 - 12.
Progr. Landshut 1836.

— Kurze Übersicht der sprachlichen und literarischen Denkmäler des deutschen Volkes ... mit Sprachproben.— München: Lindauer 1837. VIII,233 S. 8°
1:Yc 8111. 9. 12:L. germ. 20xe. 17. 302.
15.

Beilhack, Joh. Geo., kurze Uebersicht d. sprachl. u. literar. Denkmäler d. deutschen Volkes nach ihrer geschichtl. Entwickelungsfolge mit Sprachproben v. Wulfila bis Gottsched sammt Erklär. derselben, für Gymnasien u. höh. Lehranst. 2., verm. u. verb. Aufl. v. Al. J. Vollmer. gr. 8. (20½ B.) München 842, Lindauer'sche Buchh.

—— 2., verm. u. verb. Aufl. besorgt durch Al. J. Vollmer. Ebd. 1843. X,313 S. 8°
1:Yc 8112. 2. 6. 9. 12:L. germ. 20xf. 15. 23. 25. 20. 302.
15.

Beilhack, Max, s. Beilhack, Maximilian

Beilhack, Maximilian: Durch und um Aschaffenburg. Führer zu d. Sehenswürdigkeiten d. Stadt u. Umgebung, in d. Mainthal, in d. Odenwald u. Spessart. (Von Max Beilhack.) T.1.2. — Aschaffenburg: Wailandt in Comm. 1878. 8°
12: Bavar. 221 lh. 20.
15.

— Das Donaugebiet, für mittlere Klassen von Realschulen und verwandten Anstalten methodisch dargestellt. — Miltenberg: Halbig 1879. IV,89 S. 8°
300: 568.112-B.
15.

— Constantin Dragoses. Trauerspiel. — München 1856: Giesser. 77 S. 8°
300: 624.970-B.Th.
15.

—— Cannstatt: Bosheuyer 1857. 77 S. 8°
1:Ys 9963. 12: P.o.germ. 89fb. 24.
15.

— Gedichte. — Cannstatt: Bosheuyer 1857. VI,115 S. 8°
1:Yo 7972/8. 12: P.o.germ. 89f. 25.
15.

Beilhack, Maxim., Gedichte. Mit e. Vorwort v. Alb. Träger. 16. (VII, 239 S.) Würzburg 874. Staudinger. n. 3.—

—— Würzburg: Staudinger 1875. VII,239 S. 8°
12: P.o.germ. 89fa.
15.

—— deutsche Geschichte in Verbindung mit den Hauptmomenten der bayerischen Geschichte sammt einem kurzen Ueberblick über die alte Geschichte in Fragen und Antworten für Mittelschulen. 8. (IV, 180 S.) Würzburg 871, Staudinger. *

— Handbuch der Geschichte mit Berücksichtigung der Geographie für Mittelschulen und zum Selbst-Unterricht. Würzburg: Staudinger 1876. XIV,547 S. 8°
12: H. Un. 24g.
15.

Beilhack, Maximilian: Martin Opitz. Eine literarhistorische Studie. pg. 3-23. 4°. A. Wailandt'sche Dr.
Progr. Aschaffenburg 1863/64.

Beilhack, Max, für den Spessart, s. Müller, Wilh.

Beilharz, Friedrich: Lebenslauf des Dorf-Schultheißen Friedrich Beilharz von Wittendorf Oberamts Freudenstadt. — Freudenstadt 1903: Graf. 36 S. 8°
24.
15.

Beiling, Carl, s. Beiling, Karl

Beiling, Charles, vocabulaire des mots contenues dans le manuel de littérature française par Gischig. — Verzeichniß der in Gischig's Handbuch der franz. Literatur enthaltenen Wörter. 8. (62 S.) Wien 873. Gerold's Sohn. n. 1. 20

Beiling, Karl, appr. Tierarzt a. Karlsruhe: Aus d. Physiol. Institut d. Kgl. Tierärztl. Hochschule Dresden. Prof. Dr. Ellenberger. Beiträge zur makroskopischen und mikroskopischen Anatomie der Vagina und des Uterus der Säugetiere. Hierzu 1 Taf. Bonn: Fr. Cohen 1906. (65 S.) 8° (Aus: Archiv für mikroskopische Anatomie u. Entwicklungsgesch. Bd 67.)
Gießen, Med. Fak., Ref. Martin, Diss. v. 3. Mai 1906
[Geb. 6. April 77 Karlsruhe i. B.; Wohnort: Mainz; Staatsangeh.: Hessen Vorbildung: Realgymn. Mainz Reife O. 95; Studium: Gießen u. Dresden Tierärztl. Hochsch. zus. 8 S.; Rig. 5. Juli 04.]

Beiling, Karl: Theoretisch-praktisch-kritisch-kürzestgefasste Darstellung des Olivier-Beiling'schen Systems der Ortho-epo-graphie. — München: Verf. 1828. 47 S. 8°
12: Don. Lud. 663. 29.
15.

— Der christliche Führer in das heilige Land, oder historisch geographische Beschreibung von Palästina. Als erklärender Text zu seiner Karte von Palästina hrsg. — München: Selbstverl. 1843. 94 S. 8°
302.
15.

Beiling, Carl, der christliche Führer in das heilige Land, oder historisch-geograph. Beschreibung von Palästina. Zugleich auch erklärender Text zu seiner Karte von Palästina. Mit einem Anhang der häusl., religiösen und polit. Alterthümer der Hebräer verm. von Ant. Schmitter. gr. 8. (346 S. mit 17 lithogr. Ansichten.) Landshut 854, Krüll'sche Universitäts-Buchh.

— Der christliche Führer in das heilige Land, oder historisch geographische Beschreibung von Palästina ... Mit e. Anh. d. häuslichen, religiösen u. politischen Alterthümer d. Hebräer verm. von Ant. Schmitter. — Landshut: Wölfle 1854. VI,346 S. 8°
1:Ul 7879. 7. 12: Exeg. 91t.
15.

Beiling, Karl, Karte von Palästina oder dem heil. Lande nach ältern u. den neuesten besten Quellen entworfen, zum Studium der heil. Schrift u. zum Gebrauche für Schulen. In Stein gravirt durch Ferd. v. Harscher. 2 Blatt. Imp.-Fol. (Mit bibl. Bildern u. Plan von Jerusalem.) München 843, Literar. artist. Anstalt. n. 2⅙ ♂

— dies. (Mit dem Plane von Jerusalem.) Imp.-Fol. 2 lith. Bl. (Wien 845, Paterno's Wwe.) n. 1⅓ ♂

Beilkack, Ant., s: Führer durch Traunstein.

Beill, Alfred: Über den Einfluss der Temperatur auf die Ozonbildung. Aus d. chemischen Laboratorium d. Prof. Ad. Lieben an d. k.k. Universität in Wien. — Wien: Tempsky in Comm. 1893. 10 S. 8°
Aus: Sitzungsberichte d. Kaiserl. Akad. d. Wiss. Math.-nat. Cl. 102,2b. 1893.
302.
15.

— Pflanzengeographie, nach Alexander von Humboldt's Werke Ueber die geographische Vertheilung der Gewächse. — Breslau: Korn 1831. XIII,201 S. 8°
1:Lx 256. 2. 5. 7. 8. 9. 12: Phyt. 32k. 21. 25. 28.
300: 28.627. 302.
15.

[—] Ueber einige bei pflanzengeographischen Vergleichungen zu berücksichtigende Punkte, in Anwendung auf die Flora Schlesiens. — Breslau 1829. 39 S. 8°
Aus: Schlesische Provinzialblätter. Literar. Beil. 1829.
2. 4. 7. 8. 9. 15. 25.
15.

Beilngries, s.: Triller v. Beilngries.

Beilngries im Jahre 1825 v. K. Steuer-Kataster. 1:2500.
1 Bl.

Beil's technologisches Wörterbuch, s. Beil, Johann Adam.

Bell's technolog. Wörterbuch, s. Wörterbuch, technologisches.

Einige Worte aus Dankbarkeit geweihet seinen verehrungswürdigen Brüdern der Loge zur Wahrheit und Freundschaft zu Fürth, am Tage seiner Aufnahme den 1ten Mai 1819. Von Xaver Bells. Fürth 1819. 2 Bl. 8° [Umschlagtit.]
Gedicht: „Ihr nahmt mich auf, so höret das Versprechen, . . .“

Beilschmidt, Friedr. August (Potsdam), De scarlatinae origine et propagatione. Diss. med. Bln. (Nietack) 6. I. 1834. 32 S. mit Biogr. (M.: Ch. Marved.) (4.80) 1911
Oppon.: E. Pommer, H. Duhm, L. Gerhardy. — Gew.: Jos. Buettner.

Beilschmidt, Friedrich Ludwig August, s. Beilschmidt, Friedrich August

Beilschmied, C.T., s. Beilschmied, Karl Traugott

Beilschmied, Karl Traugott
— s. R. Brown, mikroskop. Beobacht.

Beilschmied, Karl Traugott:
Grundzüge der Statuten zur Constituirung des mit allerhöchster Genehmigung ins Leben tretenden Erziehungs-Vereins für männliche und weibliche Waisen der Staats-Diener, Offiziere, Bürger und Oekonomen im Königreiche Bayern. — München 1837. 16 S. 8°
12:Bavar.4062-6.
15.

Beilschmied, K. T., s. Jahresbericht d. Schwed. Academie d. W.

Beilschmied, C. T., Pflanzengeographie, nach Alex. v. Humboldt's Werke üb. d. geograph. Vertheilung d. Gewächse, mit Anmerkn., grösseren Beiln. aus and. pflanzengeograph. Schriften u. ein. Excurse üb. d. bei pflanzengeograph. Floren-Vergleichungen nöth. Rücksichten. M. 1 Chärtchen. gr. 8. (14 B. u. 1 Tab. in gr. Fol.) Breslau 831, W. G. Korn.

(—) Plan zu der Errichtung einer bayerischen Central-Waisen-Anstalt für die hinterbliebenen Söhne der Offiziere und der Staatsdiener jeden Ranges. — München 1831. 8 S. 8°
12:39/3368.
15.

– Über einige bei pflanzengeographischen Vergleichungen zu berücksichtigende Punkte, in Anwendung auf die Flora Schlesiens. Breslau, Korn 1829. 8°. 39 S.

Beilschmied, C. T., s.
H. C. Watson, Bemerkungen über die geograph. Vertheilung d. Gewächse Großbritanniens.

Beilschmied, K.T., s. Jh. Em. Wikström, Jahres-Bericht d.k. Schwed. Akademie d.W. 1838.

Beilschütz, Frz., gründl. Anleitung Männer-Kleider vollkommen richtig zuzuschneiden. In 20 großen, mit Erklärr. versch. lithogr. Musterblättern. gr. Fol. Wien 833. (Volke.) 2 ℳ

(—) Anleit. z. Maßnehmen. Lithogr. 1/2 gr. Fol. (Ebd.) 833. 5 gr

(——) Anleitung zum Massnehmen. Lithogr. ½ gr. Fol. Wien 834, (Volke.)

(—) gründlicher Unterricht im Zuschneiden der Männerkleider u. Uniform, wodurch Jedermann ohne Beihülfe der sogenannten Zuschneide-Patronen aus freier Hand zeichnen u. zuschneiden kann. 1 lithogr. Bog. mit Abbild. gr. Fol. Ebd. 833. 1/4 ℳ

(——) gründl. Unterr. im Zuschneiden d. Männerkleider u. Uniform, wodurch Jedermann ohne Beyhülfe d. sogen. Zuschneide-Patronen a. freyer Hand Zeichn. u. Zuschn. kann. 1 lith. Bog. mit Abbild. gr. Fol. Wien 834, (Volke.)

Beilstein (Hrsg.), s. Schulzeitung, Rheinische.

Beilstein, A.: Handbuch der organischen Chemie, s. Beilstein, Friedrich

Beilstein, Apollonius v. [Pseud.]
s.a. *Becker*, Johann Nikolaus.

Beilstein, Apollonius v.: Zur kritischen Geschichte des Rastadter Friedens, von e. unpartheiischen Beobachter. Braunshorn 1798.

Beilstein, F.: Anleitung zur qualitativen chemischen Analyse, s. Beilstein, Friedrich

Beilstein, Fr. Carl, über das Murexid. Inaug.-Dissert. Göttingen 858. (Vandenhoeck u. Ruprecht.) 8. (50 S.) n. 12 ngr

Beilstein, Friedrich

Beilstein, F., Anleitung zur qualitativen chemischen Analyse. 867. (53 S.) — 2. umgearb. Aufl. Leipzig 870. Quandt & Händel. 8. (67 S.) n. 10 ngr

Beilstein, F., Anleitung zur qualitativen chemischen Analyse. 3. verb. Aufl. 8. (68 S.) Leipzig 873. Quandt & Händel. n. 1. 20

Beilstein, F., Anleitung zur qualitativen chemischen Analyse. 4. verb. Aufl. 8. (70 S.) Leipzig 877. Quandt & Händel. n. 1. 20

Beilstein, F., Anleitung zur qualitativen chemischen Analyse. 5. verb. Aufl. 8. (II, 70 S.) Leipzig 882, Quandt und Händel.

Beilstein, F., Anleitung zur qualitativen chemischen Analyse. 6., umgearb. Aufl. 8. (78 S.) Leipzig 887. Quandt & Händel. n. 1. 50

Beilstein, F., Anleitung zur qualitativen chemischen Analyse. 7., umgearb. Aufl. 8. (II, 80 S.) Leipzig 892. Quandt & Händel. n. 1. 50; geb. n. 2. —

Beilstein, F., Anleitung z. qualitativen chem. Analyse. 8., verb. Aufl., bearb. v. E. Schulze u. E. Winterstein. 8. (II, 79 S.) Leipzig 898. Quandt & Händel. n. 1. 50

—— Neu bearb. von E. Winterstein u. G. Trier. 9. Aufl. Leipzig: Barth 1909. VI,80 S. 8° 38.
15.

— Die chemische Grossindustrie auf der Weltausstellung zu Wien im Jahre 1873. — Leipzig: Quandt & Händel 1873. IV,63 S. 8°
1:Oo 3652. 12:Techn. 1364. 17. 82. 83. 89. 91.
15.

Beilstein, F., Handbuch der organischen Chemie. 1--13. Lfg. gr. 8. (S. 1—2064 m. eingedr. Holzschn.) Hamburg 880—82. Voss. à n. 3. —

— Handbuch der organischen Chemie. Abth. 1.2. — Hamburg [usw.]: Voss 1881–83. 8°
1. Einleitung. Specieller Th.: Fettreihe. 1881.
2. Specieller Th.: Aromatische Reihe. 1883.
1: Ms 8271. 5→10. 12: Chem. 25 g. 15. 16. 21. 24. 25. 29. 30. 82. 83. 90. 91. 302.
15.

— dasselbe. 2., gänzlich umgearb. Aufl. (In 3 Bdn.) 1—18. Lfg. gr. 8. (1. Bd. XVIII, 1289 S. u. 2. Bd. S. 1—160.) Ebend. 885. à n. 1.80 (1. Bd. cplt.: n. 28.80; geb. n. 32.—)

— — 2., umgearb. Aufl. Bd 1-3. Ebd. 1886-90. 8°
1. Einleitung. Specieller Th.: Fettreihe. 1886.
2. Specieller Th.: Aromatische Reihe ⟨Kohlenwasserstoffe, Phenole, Alkohole, Säuren⟩. 1888.
3. Specieller Th.: Aromatische Reihe: Aldehyde ... Silicium- u. metallorganische Verbindungen. 1890.
1:Ms 8271². 2→5. 7. 8. 9. 16. 18. 21. 24. 26. 28. 29. 82. 83. 89. 90. 91. 302. 15.

Handbuch der organischen Chemie von Dr. F[riedrich] **Beilstein**, Prof. zu St. Petersburg. 3. umgearb. Aufl. Bd 1–4. (In 105 Lfgen.) [Nebst] Erg.Bd 1–5. (Erg.Bd 1–5: Red. von Paul Jacobson.) Hamburg & Leipzig: L. Voß (1892–)1906. 9 Bde 4°(8°)
1. Einleitung. Specieller Th.: Fettreihe. 18(92–)93.
2. Spec. Th.: Aromat. Reihe ⟨Kohlenwasserstoffe ... Säuren⟩. 18(93–)96.
3. Aromat. Reihe ⟨Aldehyde, Ketone ... Alkaloide⟩. 18(96–)97.
4. Aromat. Reihe ⟨Basen ... metallorgan. Verbindungen⟩. 18(97–)99.
Erg.Bd 1. 19(00–)01. 2. 1903. 3. 19(03–)04. 4. 1906. 5. 1906. [illegible]

Beilstein, Friedrich Konrad: H a n d b u c h der organischen Chemie, s. B e i l s t e i n, Friedrich

Beilstein, G., s. B e i l s t e i n, Friedrich

Beilwitz
s. a. **Beulwitz.**

Beilwitz, Georg Ulrich v. (Thür.), Diss. de subtili disputandi ratione in causa publicae utilitatis rejicienda. Präs. Pet. Müller. Jena (Gollner) April 1681. 32 Bl. (5.50) 1912
Widm. v.: Wolfg. Dietr. v. Werthern, Georg v. Werthern, Gg. Heinr. v. Brandenstein.

— — Dasselbe. German.: Dass man in Sachen / so das gemeine Wohl befördern / auch jezuweilen d. Gesetze überschreiten dürffe. Jena (J. B. Heller) 1743. 80 S., o. Widm. (5.—) 1913

Beim [Sachliches OW]

Beim..., s.a. B e y m ...

Beim Herrn Amtsvorsteher. Eine Aufführg. f. Jünglingsvereine von F. v. M. 8. (16 S.) Berlin (902). Buchh. des ostdeutschen Jünglingsbundes. n. —60

Beim Gastmahl des himmlischen Königs. Kommuniongebete v. e. Mitgliede e. klösterl. Genossenschaft. (81 S. m. Titelbild.) 16. Frankfurt a/M. (904). P. Kreuer. n. —20

Beim Großmütterlein. Allerlei hübsche Erzählgn. u. Märchen für kleine Knaben u. Mädchen, erzählt vom Großmütterlein. 8. (128 S. m. 4 Buntbildern.) Berlin 891. H. Liebau. Kart. n. 1.50

— dasselbe. Großmütterchens schönste Geschichten u. Märchen, ihren kleinen Enkeln erzählt. 12. (64 S. m. 3 Buntbildern.) Ebd. 891. Kart. n. —60

Beim Grossmütterlein. Allerlei hübsche Erzählgn u. Märchen f. kl. Knaben u. Mädchen, erzählt v. Grossmütterlein. 8° (128 m. 4 Buntbildern.) Berl. 91, A Weichert. Kart. 1.50

— Hochzeitsmahle. Ulkiger Toast auf das Brautpaar, m. allerlei weisen Lehren f. den Ehestand verknüpft v. e. Übermenschen. gr. 8. (4 S.) Leipzig (899). A. F. Schlössel. —25

Beim Kibitzen. Lustige skatolog. Betrachtgn. 8. (III, 63 S.) Dresden 888 Bertling. n. 1.—

Beim Lampenschimmer. Illustr. Unterhaltgsbl. (Wochenschr.) f. d. deut. Familie. Hrsg.: A Mohr. 1. J. '10. 52 Nrn. (832) 31,5×22,5 cm. Berl., Verlagshs f. Volkslit. u. Kunst. viertelj. 1.25; einz. Nrn — 10; 2. u. 3. J. '11/'12 je 80 Nrn. (Nr 1: 16) viertelj. 2 —; einz. Nrn — 10

Beim Regierungsantritt des Durchlauchtigsten Herrn Herzogs Bernhard des Zweiten zu Sachsen-Meiningen . . . 1821 Gotha. V: *Welcker, Philipp Heinr.* (ABJP)

Beim Schützenfest. Humoreske v. K. W. H. P. 12. (78 S.) Schweidnitz 897. L. Heege. n. —50

Beim Tode unserer Großmutter Eva Maria, verw. Schwartz, geb. Berens . . . 1791. [Riga.] V: *Sonntag, Carl Glob.* (R-N)

Beim Uebergange der Bekämpfung des Aufstandes. Kopenhagen 1850. V: *Lütken, Johs Christian.* (Collin, Anonymer. Kiobenh. 1869.)

Beim Uebergange von Bekämpfung d. Aufstandes zur Ordnung u. Einigkeit im dänischen Reiche. [Aus d. Dän. des X. A.] gr. 8. (39 S.) Kopenhagen 850, Reitzel. n. 1/6 ₰

Beim [Verfasser]

Beim, compend. Staatsbeschr. des Durchl. Weltkreis. m. K. 3 Thle. 8. Lemgo. 719.

— — dasselbe, erstes Supplem. 8. 725.

Beim: T a b u l a e chronologicae, s. B e i m s, J. E.

Beima, Elto Martini, de annulo Saturni. Cum 4 tab. lap. incisis. 4maj. Lugduni Batav. 842, S. et J. Luchtmans. (Leipz. T. O Weigel.) baar 3 ₰

Beima, Otto Mart., de annulo Saturni. 4maj. (32 B.) Lugduni Batav. 842, S. et J. Luchtmans. Thlr. **

Beims, H.: Wie wird die Staatsangehörigkeit erworben? Führer durch d. Recht d. Staats- u. Reichsangehörigkeit. Berlin: Vorwärts 1908. 44 S. 8° 1:Gw 16534. 30.

Beims, J. E.: Tabulae chronologicae, oder teutsche chronologische Tabellen, von Anfang der Welt, bis auf das jetzt-lauffende Jahr. (Verf.: J. E. Beims.) — Braunschweig: F. W. Meyer 1725. 194 S. 4°
4. 7. 12:2° Chrlg. 8. 18. 23. 28. 15.

(—) — Vermehrt bis 1731. Ebd. 1731. 194 S. 4° C14. 23. 15.

Bein, d. kurze, eine Erz. bl. v. Fr. Laun. (F. A. Schulz.) 8. Ebend. 796

— — dasselbe, s. d. Mann mit d. rother Mütze.

Bein. — Das kurze Bein. Erzählung. — Schneeberg: Arnold 1797. 144 S. 8° 23. 15.

— — Ebd. 1817. 144 S. 8° 7. 15.

Bein, üb. d. Bedeutung, Erzeugung, Untersuchung u. Begutachtung d. Ungarweine. Vortrag, geh. a. d. 68. Naturforscher-Versamml. z. Frankfurt a/M. a. 25. Septbr. 1896. [Aus: „Centralbl. f. Nahrungs- u. Genussmittelchemie etc.“] 4. (12 S.) Weimar 896. C. Steinert. n. 1.—

Bein, B e n e t z u n g s r ü c k s t ä n d e ..., s. B e i n, Willy.

Bein, zur Gebührenfrage. [Aus: „Ztschr. für angew. Chemie“.] gr. 4. (16 S.) Berlin 893, J. Springer. n. 1.—

Bein, Erwin, die Zwangsvollstreckung in fremde Sachen. Die Stellg. des Pfändungspfandgläubigers. (72 S.) gr. 8. Berlin 908. E. Ebering. 2.—

Bein, Georg

Bein, G., 52 Fälle von Hasenscharten. Ein Beitrag zur operativen Behandlg. derselben. 8. (57 S. m. Illustr. u. 1 Taf.) Bern 890. (Nydegger & Baumgart.) n. 1.80

Bein, Geo., 52 Fälle v. Hasenscharten. Ein Beitrag z. operativen Behandlg. derselben. gr. 8. (III, 57 S. m. Abbildgn. u. 1 Taf.) Bern 891. (Nydegger & Baumgart.) n. 1.80

Bein, Georg [pr. Arzt aus Berlin]: Bakteriologische Untersuchungen über Influenza. . . . Berlin, Buchdr. v. Gustav Schade (Otto Francke) (1890); 50 S. + 1 Bl. 8°
Berlin, Med. Fak., Inaug.-Diss. v. 20. Mai 1890

Bein, J., (Hrsg.), s. Gesundheit. 1875.

Bein, Johann, 1. Pfarrer zu St. Aurelien, Straßburg. 1819: Neue Bemerkungen über die Einleitung zu der hiesigen neuen Bibel-Ausgabe. — Straßburg: Schuler 1819. 24 S. 8° 15.
15.

Bein, Jh., Winke zum Verständniß des apokalyptischen Thieres mit 7 Häuptern u. 10 Hörnern ꝛc. Ein exeget. Versuch in d. prophet. Theologie. 8. Straßb. 821. Silbermann.

— Winke zum Verständniß des apokalyptischen Thieres mit sieben Häuptern und zehen Hörnern, nach Offenb. Cap. 13. u. 17. — Straßburg: Verf. 1821. 47 S. 8° 17.
15.

Bein, Johann Armin

Bein, Joan. Armin. (geb. Wilbich bei Heiligenstadt 24. 7. 1815): De dysenteria. Berolini (1845). (31 S.) 8°
Berlin, Med. Diss. v. 22. Febr. 1845

Bein, Karl, Naturlehre f. Volks- u. Wiederholungsschulen m. bes. Berücksicht. d. minister. Lehrplanes u. d. Bedürfnisse d. prakt. Lebens. (A. d. Ung.) 8. (88 S. m. 58 Abb.) Budapest 890. (Franklin-Verein). Kart. n. — 65

Bein, Karl Friedr. Wilh. (Idstein) (Chirurgus primarius legionis arausionensis secundae in exercitu Belgii foederati)
Dissertatio inauguralis medica de dysenteria.
Glssae [4. Juli] 1786: Braun. 28 S. 4°
pro gradu doctoris in medicina et chirurgia rite obtinendo.

Bein, Louis: Ueber die Anwendung einiger nationalöconomischer Grundbegriffe in den hauptsächlichsten landwirthschaftlichen Lehrbüchern Deutschlands. — Berlin 1880: Loewenthal. 76 S. 8° 27.

Bein, Louis, üb. die Anwendung einiger nationalöconomischer Grundbegriffe in den hauptsächlichsten landwirthschaftlichen Lehrbüchern Deutschlands. 8. (76 S.) Berlin 880. (Dresden, v. Zahn's Verl.) n. 1.60

Bein L.: Ueber die Anwendung einiger nationalöconomischer Grundbegriffe in den hauptsächlichsten landwirtschaftlichen Lehrbüchern Deutschlands. Diss. (Leipzig). Berl. 1880. 76 S.

Bein, Louis, die Industrie d. sächsischen Voigtlandes. Wirthschaftsgeschichtliche Studie. 1. u. 2. Thl. gr. 8. Leipzig, Duncker & Humblot. n. 14. —
1. Die Musikinstrumenten-Branche. (VII, 80 S. m. 11 Tab.) 883. n. 3. —
2. Die Textil-Industrie. (XII, 556 S. m. 23 Tab.) 884. n. 11. —

Bein, Willy: Zur Ausdehnung des Äthyläthers und einiger Mischungen des Äthers mit Äthylalkohol. Von W. Bein. Bestimmung der Oberflächenspannung und anderer physikalischer Konstanten von Essigsäure-Wassermischungen. Von Leo Grunmach. Über ungleicharmige Wagen, im besonderen über die Abhängigkeit des Hebelverhältnisses von der Durchbiegung der Hebel sowie über die Untersuchung grosser Wagen. Von Julius Zingler. — Berlin: Springer 1908. 171 S. 4° (Wissenschaftliche Abhandlungen d. Kaiserlichen Normal-Eichungs-Kommission. 7.)
1:4° Fh 1643-7. 25. 26. 90.
15.

Bein, W: Die Begleiterscheinungen der Elektrolyse und ihre Bedeutung für die Technik. Berlin (1896?)

Bein, Willy *Arnold* [aus Berlin]: Beiträge zur experimentellen Bestimmung der Überführungszahlen in Salzlösungen ... Leipzig, J. A. Barth, 1892; 44 S., 1 Bl. 8.
Berlin, Phil. Fak., Inaug.-Diss. v. 30. Apr. 1892

Bein, Benetzungsrückstände bei Inhaltsermittelung v. Massen, s.: Abhandlungen, wissenschaftliche, der kaiserl. Normal-Aichungs-Kommission. 3. Hft.

— Elemente und Akkumulatoren, ihre Theorie und Technik. — Leipzig: Barth 1908. VII, 241 S. 8° (Wissen u. Können. 6.) 1:Lf 23561-6.
12:Var. 390ed-6. 15. 17. 26. 38. 83. 91. 102.
15.

Die Grundlagen und Resultate der Beobachtungen über die Dichte von Schwefelsäure-Wasser-Mischungen von Dr. W[illy] Bein. *(Berlin: J. Springer 1904.)* (S. 153-239.) 4°
— Abhandlungen, Wissenschaftl., d. kais. Normal-Aichungs-Kommission. H. 5. (o.) (o4. 30)

Bein, Willy, u. Paul Schönherr, einige Versuche zur Bestimmung der Geläufigkeit v. Zeichen. Eine Studie üb. die Bedinggn., unter denen auf handschriftl. Wege konstante Geläufigkeitsworte erhalten werden können. gr. 8. (III, 36 S.) Berlin (901). Thormann & Goetsch. n. — 50
Sonderabdruck aus: Archiv f. Stenogr."

Bein, Willy Arnold, s. Bein, Willy

Beinagel, Jos. Andreas (Rheinld.), Commentatio de differentiis juris Romani et Germanici in doctrina de tutela et cura. Halle (J. Ch. Hendel) 1804. 64 S. (5.—) 1916
Gew.: Gerh. Arn. Friedr. Gabr. marquis du Chasteler.

Beinah. — 'Beinah.' Von M. v. O. — Hamburg [um 1880]. 8 S. 8° ([Traktate d. Niedersächsischen Gesellschaft zur Verbreitung christlicher Erbauungsschriften. N.S.] 499.) 18.
15.

Beinahe daheim! — Hamburg 1872. 8 S. 8° ([Traktate d. Niedersächsischen Gesellschaft zur Verbreitung christlicher Erbauungsschriften.] A 14.) 18.
15.

Beinahe ein Christ — aber doch keiner. — Hamburg 1886. 8 S. 8° ([Traktate d. Niedersächsischen Gesellschaft zur Verbreitung christlicher Erbauungsschriften. N.S.] 404.) 18.

Beinaschewitsch, Fanny. Über die Erhöhung der Wirkung narkotischer Medikamente durch Verteilung der Gesamtdosis. Aus dem medizinisch-chemischen und pharmakologischen Institute der Universität Bern .... Diss. Med. Bern. II + 8 S. 4. Berlin, Julius Springer, 1910.

Beinbrecht, Paul, die kaufmännische Buchführung, nur zum Selbstunterricht in 10 Briefen nach einer überraschend prakt. u. leichtfaßl. Methode zum Gebrauch f. Jedermann populär bearb. gr. 8. (246 S.) Magdeburg 881. Beinbrecht. In Halbleinw.-Decke u. Futteral. n. 5. 50

Beindl, Carl, aus München: Untersuchungen über hochmolekulare Amidosäuren. $C_n H_{2n} (NH_2) . CO_2H$ u. $C_n H_{2n-2} (NH_2) . CO_2H$. *München 1901: Kastner & Lossen.* (40 S.) 8°
Heidelberg, Naturw.-math. Diss. v. 1901

Beine, Wilh., Waldaus Wandlungen. (464 S.) 8. Welda 904. (Thomas.) n. 4. —; geb. n. 5. —

Beincke, Chrysostomus, thuet dieses zu meinem Andenken! od. erbaul. Erklärg. der Zeremonien der hl. Messe u. der gewöhnlichsten anderen Zeremonien der kathol. Kirche. Zugleich e. vollständ. Gebetbuch. Bearb. f. den Unterricht der Erstkommunikanten u. das kathol. Volk. 16. (XXII, 583 S. m. 1 Stahlst. u. chromolith. Titel.) Freiburg i/Br 875. Herder. 1. 80

Beinert, A.

Beinert: Disputatio de locis quibusdam ex Pausaniae Eliacis prioribus. 21 S.
Progr. Breslau M.M. 1853.

Beinert, Albertus *(geb. Oels 16.9.1818)*: Symbolae quaedam ad genuinum Laconicorum Pausaniae contextum restituendum. Olsnae (1842). (55 S.) 8°
Breslau, Phil. Diss. v. 21. [vielmehr 26.] Febr. 1842

Beinert, C. C. s. *Beinert,* Carl Christian.

Beinert, Carl [app. Arzt aus Eisleben]: Ueber die während eines Lustrums in der königl. Universitäts-Ohrenklinik zu Halle beobachteten Fälle von traumatischen Rupturen des Trommelfelles. . . . Halle a. S., Hofbuchdr. v. C. A. Kaemmerer & Co., 1889; 48 S. + 2 Bl. 8°
Halle, Med. Fak., Inaug.-Diss. v. 28. Jan. 1889

Beinert, Carl Christian: Abhandlung über die Beschaffenheit und Verhältnisse der fossilen Flora in den verschied. Steinkohlen-Ablagerungen eines und desselben Reviers. Eine gekrönte Preisschrift. gr. 4. (VII und 72 S. mit 5 zum Theil ill. Stat. in gr. 4. und qu. gr. Fol.)
Von C. C. Beinert u. H. R. Goeppert. Leiden: Arnz 1849 (1850). 72 S. 4°
Aus: Natuurkundige Verhandelingen van de Hollandsche Maatschappij der Wetenschappen te Haarlem. 2,5. 1849.
2. 4. 9. 11. 12:4° Lith. 9t. 17. 18. 21. 26. 82.
15.

Beinert, C. C., Charlottenbrunn als Trink- und Badekur-Anstalt nebst Beschreibung der nächsten Parkanlagen. Nebst 1 (lith.) Plane (in Fol.) u. 8 lith. Ansichten. Als Anhang: Notizen über die Molken-, Brunnen- u. Bade-Anstalten Charlottenbrunn von Neisser. Charlottenbrunn 859. (Waldenburg, Meltzer.) gr. 8. (VIII, 151 S.) u. 1 ₰

— Charlottenbrunn als Trink- und Badekur-Anstalt nebst Beschreibung der nächsten Parkanlagen. Als Anh.: Notizen über die Molken-, Brunnen- u. Bade-Anstalt Charlottenbrunn von Dr. Neisser. — Charlottenbrunn: Verf. [1859]. VII,151 S. 8° 1:Is 3698. 2. 15.

— Geschichte der evang. Kirche zu Charlottenbrunn. — Waldenburg 1861: Schlögel. 26 S. 8° 2.
15.

Beinert, K. Ch., die Lebensfrage der Apotheker. Gegenrede, Fragen u. Vorschlag. Lex.-8. Breslau 844, Hirt. 1/4 ₰

Beinert, Carl Ch., der Meteorit von Braunau am 14. Juli 1847. Actenmässige Darstellg., Beschreibg. u. Analyse, nebst Ansichten üb. die Natur der Meteoriten. Hierbei 1 (lith.) Situationsplan (in qu. gr. Fol.) u. 3 (lith.) Taf. (in 8. u. qu. 4.) gr. 4. (VIII u. 52 S.) Breslau 848. Trewendt (& Granier) in Co. 3/4 ₰

Beinert, Johann: Geschichte des badischen Hanauerlandes unter Berücksichtigung Kehls. — Kehl a. Rh. 1909: Morstadt. VIII,388 S. 8°
2. 5. 12: Germ. sp. 609t. 16. 17. 24. 25. 26. 302.

Beinert, Johannes, a. Eckartsweier: Deutsche Quellen und Vorbilder zu H. M. Moscheroschs Gesichten Philanders von Sittewald. Freiburg i. Br. 1904: C. A. Wagner. (64 S.) 8°
¶[Aus: Alemannia N.F. Bd 5.]
Freiburg i. B., Phil. Fak., Ref. Kluge, Diss. v. 18. Okt. 1904
[Geb. 7. Okt. 77 Eckartsweier b. Kehl; Wohnort: Eckartsweier; Staatsangeh.: Baden: Vorbildung: Oberrealschule Karlsruhe, Erg.-Prüfung Realgymn. Mannheim Juli 02; Studium: Freiburg 2, Leipzig 3, Freiburg 1 S.; Rig. 28. Okt. 03.]

Beinert, K.C.: F l o r a der verschied. Steinkohlen. Ablagerungen. . ., s. B e i n e r t , Carl Christian: A b h a n d l u n g . . .

Beinert, Karl Christian, s. B e i n e r t , Carl Christian

Beinert, Rudolf, Gerichtsassessor: Die Ausdehnung der Privatklage. Halle a. S. 1906: Waisenhaus. (61 S.) 8° [J.]
Heidelberg, Jur. Fak., Ref. v. Lilienthal, Diss. v. 7. Nov. 1906
[Geb. 4. Nov. 73 Eisleben; Wohnort: Eisleben; Staatsangeh.: Preußen; Vorbildung: Klosterschule Roßleben Reife O. 93; Studium: Lausanne 1, Freiburg i. B. 3, Göttingen 2 S.: Rig. 31. Juli 06.]

Beines, Alfred

Et hät noch immer got gegange! 'Der Kölsche ess e löstig Blot.' Büttenmarsch d. Grossen Carnevals-Gesellschaft zu Köln. Für Klav. zu 2 Händen von Alfred Beines. Text von Gerhard Schnorrenberg. *Köln: P. J. Tonger [1899].* (3 S.) 4° [ca. 1944 ß

Jo, dat loss'n ich mer gefalle! Offizieller Büttenmarsch d. Grossen Carnevals-Gesellschaft 1901. Text von Gerhard Schnorrenberg, Musik von Alfred Beines. *Köln: F. Werth [1900].* (3 S.) 4° [ca. 1947 ß

Beines, Carl: Die Gemsjagd. 'Kraxl-Schwank' von E.Tschirch u. C.Weisenberg. Musik von Carl Beines. Op. 90. Text d. Gesänge. — Berlin: Bote & Bock [1909]. 43 S. 8° 1:Mus.Tb 440.
15.

Beinhard, Jakob s. *Beinhart.*

Beinhardus, Jacobus s. *Beinhart,* Jakob.

Beinhart, Jakob

— Zwölff hochwichtige Ursachen, warum Christus die fünff Wunden an seinem verklärten Leibe offen behalten habe von Jacobo Beinhardo ... von neuen in die reine deutsche Sprache übers., und ... zum neuen Abdruck befördert (von Heinrich Caspar Hildebrand); Mit e. Vorrede Jo. Christophori Meureri. — Saltzwedel: Schuster 1724. 460 S. 8° 18.
15.

Beinhauer, k. k. Kreiskommissär. 1843 s. *Beinhauer,* Wilhelm.

Beinhauer, Julius, Referendar in Koblenz: Die Kriegsgefangenschaft nach den Bestimmungen der Haager Friedenskonferenzen von 1899 und 1907. Koblenz 1908: H. L. Scheid. (130 S.) 8°
Marburg, Jur. Fak., Ref. Schücking, Diss. v. 27. Juli 1908
[Geb. 22. Nov. 82 Meisenheim; Wohnort: Koblenz; Staatsangeh.: Preußen; Vorbildung: Realgymn. Koblenz Reife O. 02: Studium: Bonn 2, München 1, Marburg 3 S.; Rig. 29. Mai 08.]

Beinhauer, Wilhelm: Die Grundbuchs-Verwaltung. Ein Hülfsbuch für d. mit d. Besorgung d. Grundbuchs-Geschäfte beauftragten Beamten, u. ein Leitfaden für diejenigen, welche sich d. in d. Provinz Nieder-Oesterreich eingeführten Prüfung für d. Grundbuchs-Verwaltung u. Führung unterziehen wollen. — Wien 1846: Ullrich. 266, LXIII S. 8° 300:17.594-B. 302.
15.

— Sammlung der bis zum Jahre 1800 erschienenen Patente und Verordnungen der Hofstellen, der k.k.n.ö. Regierung und des k.k.n.ö. Appellationsgerichtes. Bd 1-3. — Wien 1843: Ullrich. 8° 300:BE 1 J 44. 302.
15.

Beinhoefer, C.A., s. B e i n h o e f e r , Karl Adolf

Beinhoefer, Karl Adolf: Almuth und Engelmann von Hoersell. Historisches Trauerspiel aus d. Geschichte Ostfrieslands. — Emden 1836: Woortman. X,266 S. 8°
1:Ys 6734. 7. 9. 15.
15.

Beinhöfer, C. A., s. Demeter, Sommer-Taschenbuch.

— Edzard der Große. Historisches Schauspiel aus d. Geschichte Ostfrieslands. — Emden: Rakebrand 1840. IV, 304 S. 8° 1:Ys 7297. 7.
15.

— Die quade Foelke. Historisches Trauerspiel aus d. Geschichte Ostfrieslands. — Leer: Prätorius & Seyde 1842. 224 S. 8° 1:Ys 7607. 7. 9.
15.

— Maria, Erbfräulein von Jever, und Enno II., Graf von Ostfriesland. Vaterländisches Schauspiel. — Bremen: Kayser in Comm. 1833. XV,235 S. 8° 1:Ys 6218. 27.
14.

Beinhorn, Johannes, aus Braunschweig: Zur Theorie der quadratischen Formen. *Marburg 1900: (A. W. Zickfeldt, Osterwieck/Harz).* (42 S.) 8°
Marburg, Phil. Diss. v. [18. Apr.] 1900

Beining, Theodor: Andachtsbüchlein zur Verehrung der heiligen Ida, Patronin der Gemeinde Herzfeld, nebst e. Rosenkranzbruderschafts-Andacht als Anh. — Soest 1869: Nasse. 123 S. 8° 1:Dw 12200. 6.
15.

— Anleitung und Beichtspiegel zur Generalbeicht für Erstcommunicanten. — Ebd. [1884]. 15 S. 8°
1:Ds 10845.
15.

Beining, Thdr., Besuchungen d. allerhl. Altarssakramentes f. Kommunionkinder. [Aus: „D. gute Kommunionkind".] gr 16. (55 S.) Dülmen 897. A. Laumann. n. — 10

Beining, Thdr., Besuchungen des allerhl. Altarssakramentes f. Kommunionkinder. 16. (55 S.) Dülmen 902. A. Laumann. n. — 10
Sonderabdruck aus: „Das gute Kommunionkind".

Besuchungen des allerhl. Altarssakramentes für Kommunionkinder von Th[eodor] **Beining**. 46.–50. Taus. Dülmen: A. Laumann 1904. (54 S.) 8° [F.]
Aus des Verf.: Das gute Kommunionkind. 105. 13749 6

Besuchungen des allerhl. Altarssakramentes für Kommunionkinder von Th[eodor] **Beining**. 51.–55. Taus. Dülmen: A. Laumann 1904. (54 S.) 8° [F.]
Aus des Verf.: Das gute Kommunionkind 105. 13750 6

Beining, Thdr: Besuchgn d. allerhlst. Altarssakramentes f. Kommunionkinder. (Aus: „Das gute Kommunionkind".) (83—94. Taus.) (67) 16° Dülmen, A Laumann ('12). — 10 d

— Gebet- u. Erbaugsb. f. d. heranwachs. Jugend, s: Kamp, JH van d.

— der liebe Gott in Seinem zweifellosen Dasein, Seinem unendlichen Wesen u. Seinen liebenswürdigen Eigenschaften, dem christl. Volke zur Bewunderg., Liebe u. Nachahmg. dargestellt. 16. (591 S. m. Titelbild.) Steyl 902. Missionsdruckerei. Geb. in Leinw. n. 1. 40

— Das Haus der Ewigkeit, oder erbauliche Betrachtungen über die letzten Dinge. — Münster: Alphonsus-Buchh. 1902. XVI,422 S. 8° 6.
15.

— — 2. Aufl. Ebd. 1904. XVI,422 S. 8° 1:Cz 5184^{2}.
15.

— das katholische Kirchenjahr, erklärt f. Schule u. Haus. 12. (80 S.) Dülmen 900. A. Laumann. n. — 30

— Das gute Kommunionkind in der Vorbereitung auf, und in der Danksagung für die erste heilige Kommunion. Vollständiges Gebet- u. Betrachtungsbuch für d. Jugend. 2., verm. Aufl. — Dülmen: Laumann [1876]. III,203,334 S. 8° Beigedr.: Das gute Kommunionkind im Gebete. o. J.
6.
15.

— — Neueste Aufl. Ebd. [1879]. 540 S. 8° 6.
15.

— — 3. Aufl. Ebd. 1888. 512 S. 8° 1:Ds 10842^{3}. 6.
15.

Beining, Thdr. Das gute Kommunionkind in der Vorbereitung auf und in der Danksagung f. die erste heilige Kommunion. 5.—7. Aufl. 16. (512 S. m. Titelb.) Dülmen 890,91. Laumann. * 1 —; geb. * 1 50

—— dass. Auszug. 8. Afl. 16. (192) Ebd. 90. n. — 50; geb. n.

Beining, Thdr., das gute Kommunionkind in der Vorbereitung auf u. in der Danksagung für die erste hl. Kommunion. Ein vollständ. Gebet- u. Betrachtungsbuch f. die Jugend. 10. Aufl. 16. (504 S. m. 1 Bild.) Dülmen 894. A. Laumann. n. 1. —; geb. n. 1. 50

Beining, T, d. gute Kommunionkind in d. Vorbereitg auf u. in d. Danksagg f. d. 1. hl. Kommunion. 11. Afl. 16° (504 m. 1 Bild.) Dülm. 95, A Laumann. 1 —; geb. in Lnw. 1.50

— D. gute Kommunionkind i. d. Vorbereitg u. i. d. Danksagg. f. d. erste hl. Kommunion. E. vollständ. Gebet- u. Betrachtungsbuch f. d. Jugend. 15. u. 16. Aufl. 16. (III, 480 S. m. Titelb.) Ebd. 897. Geb. n. 1. 50

— dasselbe. Auszug a. d. größ. Buche. 19.—21. Aufl. gr. 16. (à 232 S. m. Titelb.) Ebd. 897.
Geb. in Leinw. n. — 75

— — 17. Aufl. Ebd. 1900. 480 S. 8°
Weitere Auflagen sind in d. Bibliotheken 1, 6 u. 211 vorhanden.
1:Ds 10842^{17}. 6.

— Das gute Kommunionkind in d. Vorbereitg auf u. in d. Danksagg f. d. 1. hl. Kommunion. Gebet- u. Betrachtgsb. f. d. Jugend. 23. Afl. (480 m. 1 Farbdr.) 16° Dülmen, A Laumann ('12). L 1.50 d

Beining, Thdr., das gute Kommunionskind in der entferntern u. nähern Vorbereitg. auf den großen Tag der ersten heil. Kommunion. 8. (248 S.) Dülmen 872. Laumann. — 75

— [Ausz.] Das gute Communionkind in der entferntern und nähern Vorbereitung auf den großen Tag der ersten heiligen Communion. 2. Aufl. — Ebd. [um 1875]. 220 S. 8° 6.
15.

— — 3. Aufl. Ebd. [1880]. 220 S. 8° 6.
15.

Beining, Thdr., das gute Communionkind in der entferntern u. nähern Vorbereitung auf den großen Tag der 1. heil. Communion. Auszug aus dem größeren Buche. Neueste Aufl., verm. durch Meßandacht zu Ehren d. allerheiligsten Altarssacramentes um Erlangg. e. würd. Communion. 16. (220 S.) Dülmen 883. Laumann. n. — 50; geb. n. — 75

— das gute Kommunionkind in der entfernteren u. näheren Vorbereitung auf den großen Tag der ersten hl. Kommunion. Auszug aus dem größeren Buche. 11. Aufl. 16. (200 S. m. 1 Bild.) Ebd. 894. n. — 50; geb. n. — 75

— Das gute Communionkind in der entferntern und nähern Vorbereitung auf den großen Tag der ersten heiligen Communion. 5. Aufl. — Ebd. [um 1885]. 220 S. 8° 6.
15.

— — 6. Aufl. Ebd. 1887. 192 S. 8° 1:Ds 10843^{0}.
15.

— — 7. Aufl. Ebd. 1888. 192 S. 8° 1:Ds 10843^{7}. 6.
15.

— — 8. Aufl. Ebd. 1888. 192 S. 8° 1:Ds 10843^{8}. 6.

— — 8. Aufl. Ebd. 1890. 192 S. 8° 1:Ds 10843^{8a}. 6.
15.

— — 9. Aufl. Ebd. 1892. 192 S. 8° 211.
15.

— — 13. Aufl. Ebd. [um 1895]. 200 S. 8° 6.
15.

— — 14. Aufl. Ebd. [um 1895]. 200 S. 8° 6.
15.

— — 18. Aufl. Ebd. 1897. 232 S. 8°
Weitere Auflagen sind in d. Bibliotheken 1, 6 u. 101 vorhanden.
1: Ds 10843[18]. 6.
15.

— Das gute Kommunionkind in d. entfernteren u. nähern Vorbereitg auf d. gr. Tag d. 1. hl. Kommunion. 21. Afl. 16° (232 m. Titelbild.) Ebd. 97. — 50: geb. in L. — 75

Das gute Kommunionkind in der Vorbereitung auf den großen Tag der ersten h. Kommunion. Auszug aus d. größeren Buche von Theodor Beining. 32. Aufl. *Dülmen: A. Laumann 1902.* (232 S.) 8° [F.] [03-7408 6

Das gute Kommunionkind in der Vorbereitung auf den großen Tag der ersten h. Kommunion. Auszug aus d. größeren Buche von Theodor Beining. 33. Aufl. *Dülmen: A. Laumann 1902.* (232 S.) 8° [F.] [03-7409 6

Das gute Kommunionkind in der entfernteren und näheren Vorbereitung auf den großen Tag der ersten heiligen Kommunion. Auszug aus d. größeren Buche von Theodor Beining, Pfarrer. 36. Aufl. *Dülmen: A. Laumann (1903).* (240 S.) 8° [F.] [04-5036 6

Das gute Kommunionkind in der entfernteren und näheren Vorbereitung auf den großen Tag der ersten heiligen Kommunion. Auszug aus d. größeren Buche von Theodor Beining, Pfarrer. 37. Aufl. *Dülmen: A. Laumann (1903).* (240 S.) 8° [F.] [04-5037 6

Das gute Kommunionkind in der entfernteren und näheren Vorbereitung auf den großen Tag der ersten heiligen Kommunion. Auszug aus d. größeren Buche von Theodor Beining, Pfarrer. 38. Aufl. *Dülmen: A. Laumann (1903).* (240 S.) 8° [F.] [04-5038 6

Das gute Kommunionkind in der entfernteren und näheren Vorbereitung auf den großen Tag der ersten heiligen Kommunion. Auszug aus d. größeren Buche von Theodor Beining, Pfarrer. 39. Aufl. *Dülmen: A. Laumann (1903).* (240 S.) 8° [F.] [04-5039 6

Das gute Kommunionkind in der entfernteren und näheren Vorbereitung auf den großen Tag der ersten heiligen Kommunion. Auszug aus d. größeren Buche von Theodor Beining, Pfarrer. 40. Aufl. *Dülmen: A. Laumann (1903).* (240 S.) 8° [F.] [04-5040 6

Das gute Kommunionkind in der entfernteren und näheren Vorbereitung auf den großen Tag der ersten heiligen Kommunion. Auszug aus d. größeren Buche von Theodor Beining, Pfarrer. 41. Aufl. Dülmen: A. Laumann [1905]. (240 S.) 8° [F.] [06-13073 6

Das gute Kommunionkind in der entfernteren und näheren Vorbereitung auf den großen Tag der ersten heiligen Kommunion. Auszug aus d. größeren Buche von Theodor Beining, Pfarrer. 42. Aufl. Dülmen: A. Laumann [1906]. (240 S.) 8° [F.] [06-13074 6

Das gute Kommunionkind in der entfernteren und näheren Vorbereitung auf den grossen Tag der ersten heiligen Kommunion. Ausz. aus d. grösseren Buche von Theodor Beining, Pfarrer. 43. Aufl. Dülmen: A. Laumann [1900]. (240 S.) 8° [F.] [08-1067 6

Das gute Kommunionkind in der entfernteren und näheren Vorbereitung auf den grossen Tag der ersten heiligen Kommunion. Ausz. aus d. grösseren Buche von Theodor Beining, Pfarrer. 44. Aufl. Dülmen: A. Laumann [1906]. (240 S.) 8° [F.] [08-1989 6

Das gute Kommunionkind in der entfernteren und näheren Vorbereitung auf den grossen Tag der ersten heiligen Kommunion. Ausz. aus d. grösseren Buche von Theodor Beining, Pfarrer. 45. Aufl. Dülmen: A. Laumann [1906]. (240 S.) 8° [F.] [08-3793 6

Das gute Kommunionkind in der entfernteren und näheren Vorbereitung auf den großen Tag der ersten heiligen Kommunion. Ausz. aus d. größeren Buche von Theodor Beining, Pfarrer. 51. Aufl. Dülmen: A. Laumann 1907. (295 S.) 8° [F.] [08-9095

Beining, Thdr., das gute Kommunionkind in der entfernteren u. näheren Vorbereitung auf den großen Tag der ersten hl. Kommunion. Auszug aus dem größeren Buche. 62. Aufl. (304 S. m. farb. Titel u. 1 Farbdr.) 16. Dülmen (910). A. Laumann. Geb. in Leinw. —75.

— Das guto Kommunionkind in d. entfernteren u. näheren Vorbereitg auf d. grossen Tag d. 1. hl. Kommunion. Auszug a. d. grösseren Buche. 72. Afl. (304 m. farb. Titel u. 1 Farbdr.) 16° Ebd. ('12). L — 75 d

— dass. 74. Afl. Auszug f. d. jüngeren Kinder v. HJ Kamp. (320 m. Titelbild.) 16° Ebd. ('12). L — 75 d

– Kommunionkind, Das gute, in der Vorbereitung auf den großen Tag . . . , s. Beining: Kommunionkind, Das gute, in der entfernteren und näheren Vorbereitung auf den großen Tag . . .

— s.: Liliengarten, himmlischer.

— Der biblische Rosenkranz oder Anleitung, die Geheimnisse desselben zu betrachten. — Dülmen: Laumann 1902. 56 S. 8° 1: Ch 10934. 6.
15.

— Tugendschule oder Anleitung zu einem frommen Leben für die heranwachsende Jugend. — Münster: Alphonsus-Buchh. [1893]. VIII,310 S. 8°
Weitere Auflagen sind in d. Bibliotheken 1, 6, 101 u. 211 vorhanden.
1: Da 13394. 6.
15.

— Tugendschule od. Anleitg. zu e. frommen Leben f. d. heranwachs. Jugend. 3. Aufl. 12.–16. Taus. 16. (VIII, 256 S.) Münster 896. Alphonsus-Buchh.
Geb. in Leinw. — 75

— Tugendschule od. Anleitung zu e. frommen Leben f. die heranwachs. Jugend. 5. Aufl. 23.—32. Taus. 16. (VIII, 240 S.) Münster 899. Alphonsus-Buchh.
Geb. in Leinw. n. — 60

Tugendschule oder Anleitung zu einem frommen Leben für die heranwachsende Jugend. Von Th[eodor] Beining. 6., verb. Aufl. Münster i. W.: Alphonsus-Buchh. (1903). (240 S.) 8° [F.] [03-11744 6

Beining, Th., Tugendschule od. Anleitung zu e. frommen Leben f. die heranwachsende Jugend. 7. Aufl. 46.—55. Taus. (VIII, 259 S.) 16. Münster 909. Alphonsus-Buchh. Geb. in Leinw. — 60

Beinitz, Friedrich Wilhelm August: Das Gedächtniß des Gerechten bleibt im Segen. Predigt. — Jena 1846: Schreiber. 15 S. 8° 27.
15.

— Rede, beim Kriegerfeste zu Beilstedt am 8. October 1871 gehalten. — (Weimar) [1871]: (Hof-Buchdr.). 4 Bl. 8°
27.
15.

Beinl, A., s. Beinl, Edler v. Bienenburg, Anton

Beinl Edler v. Bienenburg, Anton: Von einer eigenen Art Lymphgeschwulst, und der zweckmässigsten Methode, dieselbe zu heilen. — Wien: Camesina 1801. 38 S. 4°
16. 23. 27. 29.
15.

Beinl v. Bienenburg, Ant., († d. 12. Juli 1820.) von e. eignen Art Lymphgeschwulst. gr. 4. Wien 801. (Heubner). 8 gr.

— Trauerrede zum Andenken des k. k. Rathes und Professors Dr. Wilhelm Böcking. Geh. im Hörsale d. k. auch k. k. medicinisch-chirurgischen Josephs-Akademie. — Wien 1805: Bauer. 26 S. 8° 12: 4° Or. fun. 251–33.
15.

— Versuch e. militär. Staatsarzneikunde in Rücks. auf d. Oesterreich. k. k. Armee. gr. 8. Wien 804. Rehm. (Fr. Fleischer in Leipz.) 2 rthl 12 gr.

Beinlich, Joannes (Franciscus) *(geb. Rathen bei Glatz 24. 6. 1837)*: De carcinomate mammae adjectis morbi historiis. Vratislaviae (1862). (30 S.) 8°
Breslau, Med. Diss. v. 2. Sept. 1862

Beinlich, Paul. Adolf. Georg. (geb. Arys in Ostpr. 14. 10. 1842): Nonnulla de morborum cordis diagnosi. Berolini (1865). (32 S.) 8°
Berlin. Med. Diss. v. 9. Aug. 1865

Beinling, Theodorus Rudolphus (Bertholdus) *(geb. Breslau 2. 9. 1825)*: De Smilacearum structura. Vratislaviae (1850). (27 S.) 8° *[Diplom fälschlich v. 6. Jan. — Verf. erlebte die Diplomerneuerung 1900 als Gymn.-Prof. in Breslau.]*
Breslau, Phil. Diss. v. 6. Febr. 1850

– Ueber die geographische Verbreitung der Coniferen. Gymnasialprogramm. Breslau, typ. Grass, Barth & Co., 1854, 4°. 54 S.

Beinling: Über die geographische V e r b r e i t u n g der Coniferen. – Berlin 1858. 54 S.

Beinling: Ueber die geographische Verbreitung der Coniferen. 54 S.
Progr. Breslau M.M. 1858.

Beinom, Samuel Johann Albert v.: Der Erlöser in der Schöpfung gepriesen, ein Lobgesang, nach der prosaischen Anleitung des Herrn Hervey, in gebundener Rede entworfen, von Sam.Joh.Alb.v.Beinom. — Cleve: Sitzmann [um 1770]. 74 S. 8° 18. 19.

Beinroht, Heinrich: Gottselige Einleitung zur gott-geheiligten Bet-kunst, zu Ermunterung eines lebendigen Glaubens und gott-gefälligen Wandels, samt beygefügter Gedenck-Ordnung christlich, recht und wol zu leben. — Zelle: Hoffmann 1705. 222,176 S. 8°
Sondert.: (Beinroth): Güldene Gedenck-Ordnung und Ubung, christlich, recht und wol zu leben. Von H.B. 1703.
17.
15.

Beinroth, J. L., Die biblische Lehre von der Vergeltung. Boppard, 1871, Progymnas.-Progr., 13 S.

Beintema, J.W., s. B e i n t e m a , Johann Ignaz Worb

Beintema, Johann Ignas Worb

s.a. **Worb de Peima, Jan Ignatius**

Beinteme, Tabakrauchen v. Frauenzimmer. 8. Frankf. 743. Rth.r.

Beintema, J. W., Vernünft. Untersuch., ob dem Frauenzimmer nicht ebensowohl als den Mannspersonen Tabak zu rauchen erlaubt. Wittenb. 8°. 1753 .

Beintema, J. W., V. d. Vortrefflichkeit des Thees u. Koffees. Lpz. 8°. 1743.

Beintker, E. Über die Handschriften und den Verfasser der Geschichten und Thaten Wilwolts von Schaumburg. I. Teil. 24 S. Progr. *Anclam* 1883.

Beintker, E.: V e r s u c h einer Erklärung von Thukydides III, s. B e i n t k e r , Eduard

Beintker, Ed[uard], Prof.: Die Grundlagen des protestantischen Kirchen- und Schulwesens in Anklam 1535—1562. *Anklam 1901: Kleese.* (61 S.) 8° [F.]
Anklam, G, OP 1901 (142)

Beintker, Eduard: Vor hundert Jahren. 1. Die Bedeutung d. Städteordnung v. 19. Nov. 1808 u. ihre Einführung in d. Stadt Anklam. Gedenkrede. 2. Der Anklamer Stadtkommandant v. Zepelin 1809. — Anklam: Poettcke 1908. 23 S. 8° 1:Gt 10810. 9.
15.

— Aus Anklams vergangenen Tagen. Beilage zur Anklamer Zeitung. — Anklam [1906]: Poettcke. 207,IV S. 8° 1:T 4193. 9.
15.

Beintker, Eduard, Prof.: Versuch einer neuen Erklärung von Thukydides III. 84 und 67 sowie einzelner Stellen aus Buch II. und III. (III. 59, 2; 45,6; 64, 4; II. 41, 3; 38, 1; 11, 7). *Anklam 1900: G. Kleese.* (20 S.) 4°
Anklam, G, OP 1900 (140)

Beintker, Erich, Medizinalprakt. a. Anklam in Pommern: Zur Casuistik der Poliomyelitis anterior acuta. Bericht über die vom 1. November 1898 bis zum 31. Juli 1905 in der Medizinischen Poliklinik zu Leipzig behandelten Fälle. Leipzig-Reudnitz 1905: A. Hoffmann. (100 S.) 8°
Leipzig, Med. Fak., Ref. Hoffmann, Diss. v. 1. Dez. 1905
[Geb. 6. Aug. 82 Anklam; Wohnort: Anklam; Staatsangeh.: Preußen; Vorbildung: Gymn. Anklam Reife O. 00; Studium: Greifswald 2, Freiburg i. B. 2, Greifswald 2, Leipzig 5 S.; Coll. 1. Dez. 05.; Approb. Sommer 05.]

Beintker, Friedrich Heinrich Eduard: Versuch einer neuen Erklärung von Thukydides III, s. B e i n t k e r , Eduard

Beireis, Gottfried Christoph:

– De C a u s s i s cur feminae in Germania partibus laboriosis prae aliis gentibus magis sint obnoxiae. [Resp.:] Ioannes Georgius Iulius Müller. Helmstadii (1769:) Schnorr. XXX S. 8°.
Helmstedt, Med. Diss. v. 29. Dez. 1769.

– De C a u s s i s. cur in primis plebs scabie laboret, et nova ei medendi ratione. [Resp.:] Vincentius Stammen. Helmstadii (1792:) Kühnlinus. XXXIIII S. 8°.
Helmstedt, Med. Diss. v. 20. Apr. 1792.

– De C a u s s i s cur somnus protractus in primis hypochondriacis noceat. [Resp.:] Ioannes Iulius Guilielmus Dedekind. Helmstadii (1767:) Schnorr. LII S. 8°.
Helmstedt, Med. Diss. v. 17. Juli 1767.

– De C h o l c l i t h i s ex ulcere abdominis elapsis. [Resp.:] Rudolphus Henricus Fridericus Sandorfius. Helmstadii (1801:) Fleckeisen. XXIII S. 8°.
Helmstedt, Med. Diss. v. 27 . Jan. 1801.

– De D e b i l i t a t e corporis humani. [Resp.:] Carolus Augustus Guilielmus Hellwig. Helmstadii (1780:) Schnorr. XLIV S. 8°.
Helmstedt, Med. Diss. v. 23. Aug. 1780.

– De F e b r i b u s biliosis tertianis continuis. [Resp.:] Adolphus Godofredus Reinhardt. Helmstadii (1780:) Schnorr. XXIV S. 8°.
Helmstedt, Med. Diss. v. 14. Aug. 1780.

– De F e b r i b u s et variolis verminosis. [Resp.:] Philippus Ernestus Hinze. Helmstadii (1780:) Schnorr. 53 S. 8°.
Helmstedt, Med. Diss. v. 2. März 1780.

– De G l o s s i t i d e . [Resp.:] Ioannes Bode. Helmstadii (1791:) Schnorr. 22 S. 8°.
Helmstedt, Med. Diss. v. 19. Apr. 1791.

– De H y d r o p e . [Resp.:] Henricus Iulius Guilielmus Pabst. Helmstadii (1798:) Fleckeisen. XXXV S. 8°.
Helmstedt, Med. Diss. v. 9. Juni 1798.

– De I c t e r o . [Resp.:] Carolus Fridericus Neumannus. Helmstadii (1798:) Fleckeisen. XXXII S. 8°.
Helmstedt, Med. Diss. v. 30. Apr. 1798.

— De **Intestinis se intus suscipientibus et rarissima huius morbi congeniti observatione. Recusa. — Helmstadii 1776: Schnorr.** 28 S. 8°
Erschien auch als Diss. Helmstedt. 1760.
15.
15.

– De I r r i t a b i l i t a t e . [Resp.:] Andreas Wittneben. Helmstadii (1791:) Schnorr. 24 S. 8°.
Helmstedt, Med. Diss. v. 5. Apr. 1791.

– De M a c u l i s ante oculos volitantibus. [Resp.:] Ioannes Henricus Christophorus Vogler. Helmstadii (1795:) Fleckeisen. XXXIII S. 8°.
Helmstedt, Med. Diss. v. 22. Mai 1795.

– De M a r a s m o senili. [Resp.:] Ioannes Henricus Godofredus Ottmer. Helmstadii (1792:) Kühnlinus. XXVI S. 8°.
Helmstedt, Med. Diss. v. 4. Okt. 1792.

– M e d i c a m e n t a inania in medicinam perversis opinionibus recepta. [Resp.:] Ioannes Augustus Fridericus Pape. Helmstadii (1767:) Schnorr. CII S. 8°.
Helmstedt, Med. Diss. v. 31. Dez. 1767.

— Ein Morgengesicht, oder eine Erscheinung des Hofraths und Professors Beireis, nachdem er das unvergleichliche, gestikte Gemählde, welches den Aeskulap vorstellet, als ein unschätzbares Geschenk von der Frau Hofräthin und Professorin Schlözerin erhalten hatte. — Helmstedt 1801: Fleckeisen. 7 Bl. 8° 1:Ym 8318/45. 7. 23.
15.

– De intestinis se intus suscipientibus et rarissima huius morbi congeniti Observatione. [Resp.:] Erdmann Gottwerth Neumeister. Helmstadii (1769:) Schnorr. XXXXIV S.
Helmstedt, Med. Diss. v. 30. Dez. 1769.

– De Paralysi gravissima femorum crurumque sanata. [Resp.:] Ioannes Philippus Du Roi. Helmstadii (1762:) Drimborn. XXVII S. 8°.
Helmstedt, Med. Diss. v. 6. Dez. 1762.

– De Peripneumonia. [Resp.]: Ernestus Gottlob Lange. Helmstadii (1802:) Fleckeisen. XXVII S. 8°.
Helmstedt, Med. Diss. v. 28. Mai 1802.

– De medicorum observata diiudicandi Ratione. [Resp.:] Carolus Christophorus Georgius Schmoen. Helmstadii (1783:) Schnorr. XXX S. 8°.
Helmstedt, Med. Diss. v. 29. Dez. 1783.

– De Scrofulis. [Resp.:] Iacobus Henricus Hermannus Fischer. Helmstadii (1795:) Fleckeisen. XXXVIIII S. 8°
Helmstedt, Med. Diss. v. 26. Nov. 1795.

– De Tussi convellente epidemica et contagiosa. [Resp.:] Carolus Augustus Ludovicus Hoffmannus. Helmstadii (1801:) Fleckeisen. XXV S. 8°.
Helmstedt, Med. Diss. v. 28. Jan. 1801.

— De Utilitate et necessitate historiae naturalis. — Helmstadii [1759]: Schnorr. 22 S. 8°
Zugleich Univ.-Schrift. Helmstedt 1759.
1:Lf 182. 4. 12:4° Diss. 3040-7. 15. 17. 23.
15.

— Commentatio de utilitate et necessitate historiae naturalis. Ed. novissima. — Helmstadii 1776: Schnorr. 24 S. 8° 14. 17. 23.
15.

— Verzeichniß einer ansehnlichen Sammlung von grossentheils auserlesenen Original-Gemälden aller Schulen nebst einer Collection geschnittener Steine gesammelt von Gottfried Christoph Beireis. — Heiligenstadt [um 1810]: Dölle. XIV,64 S. 8° 23.
15.

Beirer, Pacificus: Andachtsübungen zum heiligen Peregrin aus dem Orden der Diener Mariä ... Nebst e. kurzen Lebensbeschreibung. [Verf.: Pacificus Beirer.] — Innsbruck: Kinderfreund-Anst. [1901]. 56 S. 8° 304.
15.

[—] — 2. Aufl. Ebd. [1906]. 56 S. 8° 304.
15.

Beirer Rudolf: Katalog der Schülerbibliothek. 16. Waidhofen a/Th. 02. Progr.

Beirer, Rudolf: Die allgemeine Lage Tirols beim Schmalkaldner Einfall im Jahre 1546. Ein kleiner Beitrag zur Geschichte Tirols. T. 1. — Waidhofen a. d. Thaya 1903: Ruth. 33 S. 8°
Aus: Jahres-Bericht d. R.-Ö. Landes-Realgymnasiums zu Waidhofen a. d. Thaya. 34. 1903.
302.

Beirhammer, s. Beyrhammer.

Beis, N., s: Texte u. Untersuchungen z. Gesch. d. altchristl. Lit., Hippolyt.

Beisasseneid, s. Beysassen-Eid.

Beisassenordnung, s. Beysassen-Ordnung.

Beisbarth, Carl

Beisbarth, C., Esslingen, s.a. Baudenkmale, mittelalterliche, aus Schwaben.

Beisbarth, Carl: Eßlingen. — Stuttgart: Ebner & Seubert 1856. VI Taf. gr. 2° (Mittelalterliche Baudenkmale aus Schwaben. [1.]) (Die Kunst d. Mittelalters in Schwaben. Suppl. [1.]) 1:gr. 2° Nr 7987. 3. 4. 7. 8. 12:2° A. civ. 84 ne-Suppl. 1. 14. 16. 17. 21. 24. 25. 27. 29. 30. 38. 82. 83. 89. 90. 300:121.960-E. Suppl. 1. 302.
15.

Beisbarth, C. (Mitarb.), s. Heideloff, C.: Die Kunst des Mittelalters in Schwaben.

Beisbarth, C., Villa d. Hrn. Arthur Bohnenberger, s.: Bauwerke, neue, in Stuttgart u. Umgebung.

— Moderne Wohn- und Zinshäuser. Vorlagen ausgeführter mustergültiger Bauten. Hrsg. von Beisbarth u. Früh. Lfg 1-12. — (Ravensburg: O. Maier [1898-1900].) 4°
24. 91.
15.

Beischer, [Gustav]: Beispiele zur Differential- und Integral-Rechnung aus dem Gebiete der Physik. Ravensburg (1909): Zittrell. 44 S. 8°
Ravensburg, k. OR P 1909 (813) [S 09. 18

Beischlaf, s.a. Beyschlaf.

— über den, e. Predigt, (v. J. G. M. F. A. Czarnewski). Aus d. Span. 8. Königsb. 793. Nicolovius. 4 ℊℊ

Beischlaf, Der. Eine physiologische, historische und philosophische Darstellung. Berlin 1794—1799. V: *Flittner, Christian Gottfried.* (BGG)

— über den, aus d. Latein. 8. Leipz. 799. Göthe. 4 ℊℊ

Beischlaf, der, e. physiolog.-histor. u. philos. Darstellung. 4 Bde. M. ill. Kpf. 8. Berl. 805. Oehmigke d. J. 6 ℛ 16 ℊℊ 3e v. C. G. F. v. Düben (C. G. Flittner) umgearb. Aufl. 3 Thle. M. Kpf. 8. Ebd. 819. (Sander). 3 ℛ 4 ℊℊ

Beischlaf, Der, nebst einer Anweisung wie man sich vor, bey und nach diesem zu verhalten habe, ... Hamburg und Altona [1810]. V: *Albrecht, Johann Friedrich Ernst.* (BrMm)

Beischlaf. —
Der Beischlaf nebst einer vernünftigen Anweisung, wie man sich vor, bei und nach diesem zu verhalten habe. 1814 s. *Albrecht*, Johann Friedrich Ernst.

— Ueber den Beischlaf und die verschiedenen Arten auf welche derselbe ausgeübt werden kann. Eine Schrift für Ärzte. — Leipzig: Göthe 1796. 45 S. 8° 17. 30.
15.

— über den, als Beförderung der Gesundheit und als Mittel, ein langes, frohes Leben zu genießen; aber auch als Zerstörer der Lebenskräfte rc. Von C. W. B. 8. Leipz. 817. (W. Rauck). 1 ℛ 8 ℊℊ

Beischlag, Joh. Fried.: Dissertatio inauguralis physico-medica de Ebore fossili seuvico-halensi. Halle, 1734. 4°

Beischlag, W., und Th. v. d. Goltz: Die sociale Frage im Lichte des evangelischen Christenthums. Referat und Correferat auf der Generalversammlung der evangelischen Vereine Magdeburg 8 Oct. 1878. (Abdr. aus d. „Deutsch-evangel. Blättern",) Zeitz 1878.

Beischlaeger, Othmar: Die Bahnlinie Tannwald-Grünthal. Vortrag. — Wien: Club österreichischer Eisenbahn-Beamten 1904. 32 S. 8°
Aus: Österreichische Eisenbahn Zeitung. 27. 1904.
302.
15.

Beise: Abhandlung über Öfen zum Erheizen den Flüssigkeiten, zur Dampferzeugung und zum Eindampfen, s. Beise, A. W.

Beise, Frühlingsklänge, s.a. Frühlingsklänge.

[*Beise, geb. Mazewski*]: *Frühlingsklänge. Mitau* 1859. [*Holzmann-Bohatta* V. 116,1.]

Beise, A. W., s.a. Beyse, A. W.

Beise, A. W.: Abhandlung über Öfen zum Erhitzen der Flüssigkeiten, zur Dampferzeugung und zum Eindampfen. Hadamar 1827. Gelehrten-Buchhandlung.

Beise, A. W., Abhandl. über Oefen z. Erheitzen d. Flüssigkeiten, z. Dampf-Erzeugung u. z. Eindampfen. M. 5 Steint. gr. 8. Kobl 827. Hergt. 2 ₰

Beise, A. W., neue Methode, die Backöfen, sowohl z. Ausbacken gesund. Brodtes, als Brennstoff ersparend, anzulegen, mit besond. Rücksicht auf d. Gebr. f. Bäcker-Meister u. Maurer-Meister bearb. gr. 4. (7 B. u. 8 Stnt. in gr. Fol.) Coblenz 832, Hergt.

Beise, Friedrich: Standrede, am Sarge des weiland Professors der Geschichte ... Carl Wilhelm Cruse, geh. am 29. März 1834. — Mitau: Reyher 1834. 14 S. 8° 7.
15.

Beise, Heinrich Anton: Teutsches Corpus iuris, oder Verfassung derer des Heil. Röm. Reichs Teutscher Nation Kayserl. Bürgerl. peinlichen, Lehn-, geistlichen, See-, Land- und Kriegs-Rechten; mit einer deutlichen Anweisung, wie in denen Gerichten ... zu procediren ... Von Heinrich Anthon Beisen. — Hannover: Förster 1703. 757, 119 S. 8° 2.
15.

Beise, J.: Verzeichnis der vom Kirchenrate der St. Petri-Kirche auf den Friedhöfen Wolkowo und Smolensk zur Instandhaltung übernommenen Familienplätze. Hrsg. vom Friedhofs-Komitee. (Verf.: J. Beise.) — St. Petersburg 1906: (Zoberbier). 112 S. 8° 101.
15.

Beise, L., internationaler Gratulant, s.: Mayer, S.

Beise, Th. (Hrsg.), s. Inland, Das.

Beise, Theodor: Album Dorpato-Livonorum. (Verf.: Theodor Beise.) — (Dorpat [1875]: Laakmann.) XIX, 192 S. 8°
1: Az 42803 [u.] 42803a. 4.
15.

[—] Die Kaiserliche Universität Dorpat während der ersten funfzig Jahre ihres Bestehens und Wirkens. Denkschrift. Dorpat [1852]: Schünmann & Mattiesen. 168 S. 4°
1: 1 in 4° Az 42782. 4. 5. 7→10. 12: 4° H. lit. P. 240fd.
16. 17. 18. 21. 25. 27.-28.
15.

— Das Ereigniß in Dorpat am 8. Januar 1472 und die Gründung des Klosters Petschur an der livländischen Grenze als Folge desselben. Vortrag. — Dorpat 1876: Mattiesen. 12 S. 8°
14. 26.
15.

— Die Romanow-Gallerie in der Kaiserlichen Eremitage. Vortrag. — Dorpat 1876: Mattiesen. 15 S. 8°
Aus: „Neue Dörptsche Zeitung." 1876.
14.
15.

Beisel, Georg Daniel: Unterricht in der christlichen Lehre nach biblischen Sprüchen. Cursus 1.2. — Leutkirch: Holstein 1833. 8° 24.
15.

Beisele: Magdeburger Brockensilhouetten, s. Eisele

BEISELE, Johann (Börleschwang): Ein Fall von primären leucotischem Sarcom des corpus ciliare.- München: Wolf 1884. 18 S.
28.10.1884 - Urk (Titel: De sarcomate leucotico primario corporis ciliaris.); Chr 1884/85,20
Diss. Ingolst.-Landsh.-Mchn.

Beiselen, Daniel: Kurze Anweisung zur zweckmäßigen Anlage und Behandlung der Spargelländer. — Ulm: Wohler 1847. 7 S. 8° 24.
15.

Beisen, Heinrich s. *Beisen*, Josef Heinrich.

Beisen, Heinrich Anton s. *Beise*.

Beisen, Josef Heinrich

Beisen, Jos. Heinr., das Ganze der Milchwirthschaft in allen ihren Theilen. 8. (80 S.) Quedlinburg 850, Basse. 1/3 ₰

—— Handbuch der gesammten Landwirthschaft. Oder praktischer Unterricht im Feldbau, Gartenbau, Wiesenbau, Obstbau, Forstbau und der Viehzucht, mit Angabe der Krankheiten der Gewächse und Thiere, deren mögliche Heilung oder Verhütung. 8. (X und 228 S.) Quedlinburg 850, Basse.

— Vollständiges und praktisches Handbuch der Mästung der landwirthschaftlichen Haussäugethiere. — Quedlinburg [usw.]: Basse 1850. 66 S. 8°
1: 2 in 4° Ov 16950. 91.
15.

— Die Cultur [Kultur] der Zucker-Runkelrüben. — Quedlinburg [usw.]: Basse 1850. 24 S. 8°
1: 3 in 4° Ow 15640. 91.
15.

— Die Zucht, Pflege und Wartung der Schweine, ihre Krankheiten und deren homöopathische Heilung. — Quedlinburg [usw.]: Basse 1851. 71 S. 8° 1: Ov 28360.
15.

Beisenherz, Heinrich,

Beisenherz, H., E. grünes Oelbäumchen i. Garten Gottes, s.a. Palmzweige a. d. ostind. Missionsfelde.

— Ein grünes Oelbäumchen im Garten Gottes. Lebensbeschreibung eines früh vollendeten Tamulenknaben verf. von seiner Mutter. Uebers. u. bevorwortet von H. Beisenherz. — Leipzig: Evang.-luth. Mission; Naumann in Komm. 1891. 17 S. 8° (Palmzweige von d. ostindischen Missionsfelde. [Kl. Ser.] 9.) 14.
15.

— — 2. Abdr. Ebd. 1894. 17 S. 8° (Palmzweige vom ostind. Missionsfelde. Kl. Ser. Nr. 9.)
12: H. ref. 624 p-1, 9. 26.
15.

— — 3. Aufl. Leipzig: Evang.-luth. Mission 1898. 17 S. 8° (Palmzweige v. ostind. Missionsfelde. Kl. Ser. 9.)
12: H. ref. 636 r-9.

Beisenherz, Heinrich, a. Courl i. W.: Vokalismus der Mundart des nordöstlichen Landkreises Dortmund. Borna-Leipzig 1907: R. Noske. (93 S.) 8°
Münster, Phil. Fak., Ref. Jostes, Diss. v. 22. Juli 1907
[Geb. 22. Febr. 81 Courl, Landkr. Dortmund; Wohnort: Münster i. W.; Staatsangeh.: Preußen; Vorbildung: Gymn. Paderborn Reife O. 03; Studium: Münster 1, Bonn 2, Berlin 1, Münster 4 S.; Rig. 29. Apr. 07.]

Beisenherz, Ludw., Adelgundes denkwürdigste Nacht u. andere Novellen. (V, 63 S.) 8. Dresden (907). E. Pierson.
1.—; geb. n 2.—

Beisenhirz, J. A., Gedanken üb. d. Beredsamkeit. 8. Lingen 791. Jülicher. 4 gGr.

Beisenhirz, J. A., Frage: Ist es in unserer Zeit nothwendig, Prediger-Wittwen-Kassen zu errichten? 8°. Hannover, Helwing, 1802.

Beisenkötter, Bernhard, Referendar: Der Verstoss gegen die guten Sitten nach § 826 des Bürgerlichen Gesetzbuches in der praktischen Anwendung und Auslegung. Münster i. W. 1909: Westfäl. Vereinsdr. 57 S. 8°
Leipzig, Jur. Diss. v. 3. März 1910
[Geb. 11. März 83 Münster i. W.; Wohnort: Münster: Staatsangeh.: Preußen; Vorbildung: Gymn. Paulinum Münster Reife O. 03; Studium: Freiburg i. B. 1, München 2, Münster 3 S.; Rig. 23. Okt. 06.] [U 10. 2057

Beiser, Johann: Die Bahn des Rechtes. Eine populäre leichtfaßliche Darstellung d. österreichischen Strafgesetzes über Verbrechen. — Wien: Gerold 1875. VI,320 S. 8° **300:61.074-B. 302.**
15.

— Unser Gebeth. Zur Feier d. Geburt Sr. kaiserlichen Hoheit d. Kronprinzen von Oesterreich. — Lemberg 1858: Winiarz. 5 Bl. 8° **300:467.076-B.**
15.

Beiser, Dr. Johann —. Oesterreichs Hochgesang! Aus Veranlassung der Allerhöchsten Vermählung Sr. k. k. Apostolischen Majestät unsers allergnädigsten Kaisers Franz Joseph I. mit Ihrer königl. Hoheit der durchlauchtigsten Prinzessin Elisabeth, Herzogin in Baiern. Von — — gedichtet. Als Prolog bei der Festvorstellung im gräflich Skarbek'schen Theater gesprochen von Rudolph Fallenbach. 8. (6 Blätter.) Lemberg. Druck von PM. F. Poremba. 1854.

— Oestreichs Hochgesang! Aus Veranlassung d. allerhöchsten Vermählung Sr. kais. königl. apostolischen Majestät unsers allergnädigsten Kaisers Franz Josef I. mit Ihrer königlichen Hoheit d. durchlauchtigsten Prinzessin Elisabeth, Herzogin in Baiern. — Lemberg 1854: Schnayder. 6 Bl. 8° **300:467.682-B.**
15.

Beiser, Joh. Dr. jur., Das Leben und Wirken des med. Dr. Moses Beiser, dargestellt von seinem Bruder. 8. (38 S.) geh. in Comm. 50 kr. Lemberg: Seyfarth & Czajkowski 1881.

— Das Leben und das Wirken des med. Dr. Moses Beiser, Ehrenbürger und Gemeinderath der Stadt Lemberg etc. — Lemberg: Verf. 1881. 38 S. 8° **300:26.936-B.**

Beisert: Die lateinische Grammatik und die Gymnasien. 18 S. Progr. Lauban 1854.

Beisert: Der Unterricht in der lateinischen Sprache. Progr. Bunzlau 1860.

Beisert, F. Guil., s. Beisert, Friedrich Wilhelm

Beisert, F. W.: Lehrbuch ..., s. Beisert, Friedrich Wilhelm

Beisert, Friedrich s.a. *Beisert*, Friedrich Wilhelm.

Beisert, Friedr., Ad. Bruck u. Rud. Richter, Gedichte. 8. (7⅛ B.) Oppeln 837, (Graß, Barth u. Comp.) •

Beisert, Friedrich Wilhelm

Beisert, F. W.: Ein Beitrag zur Geschichte des Gymnasiums. Bunzlau. 4° 14 S. – Schul-/Univ.-Schrift 1865.

Beisert, [Friedrich Wilhelm]: Zwei Beiträge zur Geschichte des Gymnasiums [zu Bunzlau]. (1. Schulordnung. 2. Grundsteinlegung.) Bunzlau 1862. 8° (4°)
Bunzlau, Gymnas., P. v. 1862.

Beisert, Friedrich Wilhelm: Festrede zur nationalen Feier des 17ten März 1863. — Strasburg [1863]: Köhler. 10 S. 4° **2.**
15.

— Gedichte von Friedrich Beisert, Adolph Bruck u. Rudolph Lichter. — Oppeln: Baron in Comm. 1837. 112 S. 8° **1:Yn 9571. 2.**
15.

Beisert, F. Guill.: De Herodoto deorum cultore. 16 S. Progr. Lauban 1846.

Beisert, F. W., Lehrbuch der lateinischen Sprache enth. die syntakt. Regeln, Memorirsätze und latein. und deutschen durchweg aus Cicero entlehnten Uebersetzungsstoff. 1. und 2. Thl. gr. 8. Breslau, [Trewendt und Granier.]
Thl. 1. Für die unteren und mittleren Gymnasialklassen. (XVII und 130 S.) 848. 12 Ngr.
" 2. Gebrauch der Tempora, Modi und Conjunktionen. (XIX und 152 S.) 849. 15 Ngr.

Beisert, Frider. Guil. *(geb. Oppeln 15.1.1816)*: De adverbiis Latinorum pronominalibus specimen. Vratislaviae (1840). (54 S.) 8° *[Verf. erlebte die Diplomerneuerung 1890 als Gymn.-Dir. in Bunzlau.]*
Breslau, Phil. Diss. v. 21. Aug. 1840

Beisert, R. (Red.), s. Correspondenz der Aeltesten der Kaufmannschaft von Berlin.

Beisert, R.: Materialien zur Frage der international übereinstimmenden Gesetzgebung über Inhaberpapiere. — Berlin: Hrsg. 1879. 40 S. 8° **11.**
15.

Beisert, S.: Die Entwicklung des deutschen Braunkohlenbergbaus in den letzten 25 Jahren. Vortrag, gehalten aus Anlaß des 25 jährigen Bestehens des Deutschen Braunkohlenindustrie-Vereins. Halle-Saale, 1910. 10 S.

Beisert, S., Die wirtschaftliche Entwickelung des deutschen Braunkohlenbergbaues. Halle a. S., 1907. 55 S. mit 2 Abb.

Beisert, S., Die rechtlichen Verhältnisse im deutschen Braunkohlenbergbau. Halle a. S., 1907. 22 S.

Beisetzung

Des Herzogs Christian August zu Schleswig-Holstein, Sonderburg-Augustenburg feierliche **Beisetzung** auf Primkenau am 18. März 1869. Nebst einer Skizze seiner letzten 15 Lebensjahre. Glogau. 1869. 4°, in Fol. gebunden.

Beisetzung Ihrer Hoheit der Frau Herzogin Adelheid zu Schleswig-Holstein-Sonderburg-Glücksburg, Prinzessin zu Schaumburg-Lippe am ... 5. Aug. 1899. — Schleswig [1899]: Schleswiger Nachrichten. 18 S. 8° **1:So 4186/502. 8.**

Beisetzung, Der ... Rentemeister G. Kriebel ... Hambg. 1701. V: ***Reimarus*, *Sam.*** **(Collin, Anonymer. Kiobenh. 1869.)**

eisheim, August: Die Gicht und ihre Behandlung in Beziehung zu der Zuckerkrankheit, Fettsucht und der Steinbildung im Lichte moderner Forschung. — Frankfurt a. M. 1906: Baumbach. 50,XI S. 8° **4. 17.**
15.

Beisheim, August [aus Schlüchtern]: Reines Spindelzellensarkom des Uterus mit Uebergreifen auf Portio und Scheide nebst Histiogenese. . . . Würzburg, A. Boegler'sche Buchdr., 1890; 26 S. 8°
Würzburg, Med. Fak., Inaug.-Diss. v. 1890

Beising, Heinrich Petrus (Elberfeld)
Die Bildung des Menschen ist allenthalben durch Raum- und Zeit-Verhältnisse bedingt.
MS. 32 Bl. 8°
Diss. phil. Giessen 17.3.1829. vorh. Univ.-Archiv.

Beisker, Friedrich

Beisker, F, liturg. Andacht f. Schulen z. Feier d. 300jähr. Todestages Melanchthon's. 8. (23) Sondersh. 60. (Lüb., Bolhoevener u. S.) — 3

Beisker, Friedrich: Liturgische Andacht für Schulen zur Feier des 300jährigen Todestages Philipp Melanchthon's den 19. April 1860. — Sondershausen: Eupel 1860. 23 S. 8° 27.
15.

Beisker, Friedr., Liturgische Andachten zu den Hauptfesten des Kirchenjahres und zum Geburtsfeste des Landesfürsten für Volksschulen. Sondershausen 855. Eupel. 8. (24 S.) 2 ngr

—— liturg. Andachten zu d. Hauptfesten d. Kirchenjahres. 8. (24) Sondershausen: 1855. (Lübeck: Bolhoevener u. S.) — 2

Beisler: Bericht über das Donaumoos im kgl. Bezirksamte Neuburg a. D. Augsburg 1872.
Bericht über den Ständigen Ausschuß des Landrates von Schwaben und Neuburg. Verf. Bezirksamtmann in Neuburg.

Beisler, Carl Rudolf: Erna. Lyrisch-episches Gedicht. — Essen [usw.]: Silbermann [1884]. 67 S. 8°
1:Yo 19686. 5. 17.
15.

Beisler, Carl Rud., eine Rheinfahrt. Ueber Mainz nach Düsseldorf. 8. Wiesbaden 881. Stuttgart, Greiner und Pfeiffer. *

— Eine Rheinfahrt. Ueber Mainz nach Düsseldorf. — Wiesbaden: Niedner 1881. VIII,184 S. 8°
1:S 14895. 5. 17. 30. 38.
15.

—— 2. Ausg. Bonn: Strauß 1892. VIII,184 S. 8° 17.
15.

Beisler, Hermann, Regierungsrat. 1831: Betrachtungen über Gemeinde-Verfassung und Gewerbwesen mit besonderer Bezugnahme auf Bayern. — Augsburg: Kolmann & Himmer 1831. XX,266 S. 8° 1:Sf 3064. 2. 7. 8. 12: Bavar. 221 m [2 Ex.] 14. 15. 21. 23. 24. 25. 27→30. 91. 302.

Beisler, Herrm., Betrachtungen über Gemeindeverfassung und Gewerbewesen, mit besonderer Bezugnahme auf Baiern. gr. 8°. Augsburg, Wolff'sche B., 1831.

— Betrachtungen über Staatsverfassung und Kriegswesen, insbesondere über die Stellung des Wehrstandes zum Staat veranlaßt durch die ... Motion: auch von dem Militair ... die Verfassungsurkunde beschwören zu lassen. — Frankfurt a. M.: Jäger 1822. VIII,232 S. 8°
12:Pol. g. 55 u [2 Ex.] 30. 35. 302.
15.

— Erklärung über einige durch meine Schrift: 'Über Gemeindeverfassung und Gewerbwesen' veranlaßte Aeußerungen. — Augsburg: Kollmann 1831. 14 S. 8°
12: Bavar. 221 m/1.
15.

Beisler, Hermann v. 1842: Rede zur Grundsteinlegung der Befreiungshalle bei Kehlheim [1842.] — o.O. [1842]. 1 Bl.
Titel fingiert. 12: 2° Bavar. 1401–17.
15.

Beisler, Philipp Josef: Instruktion für die Gr. Bürgermeister und Polizeikommissaire des Gr. hess. Landgerichtsbezirks Büdingen. Betreffend: die Officialthätigkeit derselben bei Todesfällen in Bezug auf erbschaftliche Verhältnisse u. anzuordnende Vormundschaften. — Büdingen 1838: Heller. 24 S. 8° 26.
15.

Beismann, Hermann, De acclamandi novis regibus ac principibus ritu, imprimisque illa post Trajanum formula Felicior Augusto, Melior Trajano. Exercit. programm. Frkft./Od. (S. G. Alex) 19. IX. 1740. 4 Bl. mit Namen. (2.50) 1921

Beisner, Adolf Christian
Der Name d. Verfassers erscheint meist in d. Form Adolphus Christianus Beisnerus.
— Commentatio historico-critica de varia vocis antiquarii fortuna. — [Lübeck 1726]: Green. 22 S. 8°
2. 7. 9. 10. 14. 17. 22.
15.

Beisner, Adolf Christian, Specimen philologico-litterarium, splendidum polyhistoris nomen . . simulque polyhistores antiquioris . . quod . . domino Joanni Henrico a Seelen, gymnas. Lubecensis rectori merit . . in licent. theolog. . . promot. Lübeck (Koop) 1725. 44 S. (5.—) 1922

Beisner, F.: Grundriß der Klosterruine zu Walkenried nebst e. zumeist d. Baugeschichte betreffenden Übersicht. o.O. [um 1870]. 8 S. 8° 80.
15.

Beisner, Georg, Referendar: Die durch Kaliverträge begründeten Rechtsverhältnisse an den Kali- und Steinsalzen in der Provinz Hannover. Hannover 1909: Schlüter. 76 S. 8°
Leipzig, Jur. Diss. v. 21. Mai 1909
[Geb. 15. Aug. 84 Hannover; Wohnort: Lüneburg; Staatsangeh.: Preußen; Vorbildung: Lyz. II Hannover Reife O. 03; Stadium: Lausanne 1, München 3, Göttingen 2 S.; Rig. 29. Sept. 08.] [U 09. 2446

Beispiel, s.a. Beispiele.

Beispiel, s.a. Beyspiel.

Beispiel, Das. Monatsschr. f. d. moderne Reklame d. Schuhwarenhandlgn. Geschäftsleitg. Organisation. Hrsg.: Mart. Salomon. (4.) u. 5. J. '11 u. '12 je 12 Hefte. ('12, 1. Heft: 31 m. Abb.) Lex8° Berl., Das Beispiel. je 30 —

Beispiel einer gründlichen Bekehrung, und eine Belehrung über das Wachsthum des Christen. — Barmen 1829: Schober. S. 368–388. 8° ([Schriften der] Tractat-Gesellschaft im Wupperthale. 143.) 1: Cv 52040–143.
15.

Beispiel e. gewaltsamen Flussüberganges. Für Truppen- u. Generalstabs-Offiziere v. Kr. Mit 4 Beilagen. gr. 8. (38 S.) Wien 902. L. W. Seidel & Sohn. n. 1. 60

Ein Beispiel außerordentlicher Geduld. Erzählung. Zum Besten d. Rettungshauses zu Schreiberhau. — Schreiberhau [um 1850]. 82 S. 8° 2.
15.

Beispiel, das, od. Geschichte d. Lucie Cleveland, vom e. jungen Frauenzimmer beschrieben; aus dem Engl. 8. Leipz. 782. Schwickert. 16 gr

– das große; ein Schspl. in 3 Aufz. 8°. Augsb. 1778. v. Jenisch u. St.

Beispiel, das große, oder welch ein Mensch! (v. F.J. Fischer). Schspl. 8°. Prag 1778. Gerle.

– das gute. Operette. 8°. Magdeb. 1800. v. Schütz.

Beispiel, ein merkwürdiges, von Volksverführung. 3. Nürnb. 838. Raw. 1 gr

Beispiel strenger Polizey zu Nürnberg in ältern Zeiten. [Nürnberg 1786.] V: *Welser von und zu Neuhof, Hans Carl.* (MI.)

Beispiel, prakt., d. Landgüter-Einrichtg nach d. Separation od. thatsächl. Wirthschaftsref. 8. (49) Lpzg 51, Krüger. — 7½

Praktisches Beispiel der Landgüter-Einrichtung nach der Separation oder thatsächliche Wirthschaftsreform u. specielle praktische Bemerkungen zu steigendem Ertrag ... Mit e. Vorw. hrsg. von Moritz Beyer. — Leipzig: Thenau 1851. 49 S. 8° 7. 12:Oecon. 265 dfh.
15.

— ein, f. alle Staaten, gezogen aus d. Fall d. Holländ. Fabriken rc. Aus d. Holländ. v. Th. Hupler. gr. 8. Wien 784. Trattner. 5 ℳ

Beispiel, Ein, der Sterblichkeit zu Prag. Leipzig und Prag [1788.] V: *John, Johann Dionys.* (MGT)

Beispiel, Ein, von Verdrehung der Namen Teutscher Gelehrten in Frankreich. [Leipzig 1800.] V: *Wolffram von Wolfframitz, J. G. Freiherr von.* (MGT)

Beispiel für den Verkehr zwischen optischen Signalstationen und die hiebei vorgeschriebenen Abkürzungen. Zsgest. nach Dienstbuch E-31. — Tulln 1910: Jasper in Wien. 16 S. 8° 300:473.997-A. 302.
15.

Beispiel, Das, der Vorfahren, als eine Reitzung zur Tugend und Gelehrsamkeit; ... [Lauban u. Leipz. 1748.] V: *Meisner, Christian Gottfried.* (ML) (OL)

Warnendes Beispiel eines Jähzornigen, des jungen Bauerburschen M** aus dem Dorfe Kretsch im Taborer Kreise in Böhmen, der wegen verschmähter Liebe an seiner Geliebten, der Katharina B**, zum Mörder werden wollte. Frankfurt a. O. [usw.]: Trowitzsch [um 1840]. 1 Bl. 4°
1:61 in 2° Fy 7013.
15.

— welches d. Fürst Karl Egon, Fürst v. Fürstenberg, bei Errichtung e. Normalschule anf seinen Gütern in Böhmen gegeben. gr. 8. Frankf. 776. (Dresd., Walther). 2 ℳ

Beispiel-Düngungen der deutschen Landwirtschafts-Gesellschaft, Hefte 3 - 14, s. Beispiels-Düngungs-Versuche...

BEISPIEL-DÜNGUNGEN DER DEUTSCHEN LANDWIRTSCHAFTS-GESELLSCHAFT.
Heft 15. Bericht über die im Frühjahr 1910 und Frühjahr 1911 in Ostfriesland durchgeführten Beispiel-Düngungen. Bearbeitet von Winterschuldirektor ZEER in Weener. Leer (Ostfrld.) Druck von M. Noemann.
Heft 16. Düngungsversuche zu Winterroggen im Frankenwalde (K. B. Bezirksämter Stadtsteinach und Teuschnitz) eingeleitet im Herbste 1910. Durchgeführt und zusammengestellt von Dr. RAUM in Marktredwitz. Als Manuskript gedruckt im Januar 1912. (Mit 1 Tafel.) Stadtamhof. Druck von J. & K. Mayr.

Beispiele, s.a. Beispiel.

Beispiele, s.a. Beyspiele.

Beispiele. — Beispiele bürcherlicher Anmerkungen auf Grund der Exekutions-Ordnung. — Wien: K. k. Hof- u. Staatsdr. 1898. 11 S. 8° (Verordnungsblatt d. k. k. Justizministeriums. 14,18, Beil.) 302.
15.

— v. allen Arten d. deutschen prosaisch. Styls. 8. Leipz. 799. Schwickert. 1 ℔ 8 ℳ

Beispiele und Aufgaben zur Algebra. Für Gymnasien, Realschulen und zum Selbstunterricht. — Nürnberg: Riegel & Wießner 1837. 53 S. 8° 12:Math.P.27t.
15.

Beispiele und Aufgaben zu den Hauptregeln der Interpunktion. [Im Anschluß an die Schrift „Regeln und Wörterverzeichnis für die deutsche Orthographie", hrsg. von dem Verein der Berliner Gymnasial- und Realschullehrer.] 8. (16 S.) Berlin 872, Ebeling und Plahn. [Leipzig, Teubner.] (* 10 Pf.)

Beispiele und Aufgaben zum kaufmännischen Rechnen für norddeutsche Schulen. gr. 8. (VIII und 294 S.) Bremen 865, Geisler's Verlag. *

—— u. Aufgaben z. kaufm. Rechnen f. norddeut. Schulen. 8. (294) Brem. 65. (Halle, Gesenius.) n. 1. 10

—— des Guten, auserlesene, s. Reban.
Vgl. Beyspiele.

Beispiele für Befehlserteilung. ⟨Zum Teil nach dem «Handbuch für Truppenführer» von [F] Immanuel und «Taktische Unterrichtsbriefe» von Griepenkerl.⟩ Schemata für Rekognoszierungen. 18 S. 8. [Bern,] O[tt] & B[olliger], VIII. 1905.
Ausg. A: [Hrg. für:] Taktisch-klinischer Kurs vom 3. bis 24. September 1905 in Genf.
Ausg. B: sep.

Beispiele zur Belebung der Andacht zum hl. Joseph. (84 S.) 16. Bühl (904). Druckerei Unitas. — 10

— zur Belehrung u. Erbauung der christl. Jugend, besonders auf d. Lande. 8. Fulda 812. (Münch., Giel). 6 ℳ Fulda 819. (Roos). 12 ℳ

Beispiele von Bescheiden, Eintragungen und Bestätigungen von Eintragungen in Grundbuchsangelegenheiten. — Wien: K. k. Hof- u. Staatsdr. 1872. V,46 S. 8° (Handausgabe d. österreichischen Gesetze u. Verordnungen. 15.)
Im Exemplar von 300 fehlt d. Titel d. Sammlung.
300:391.095-A. 15. 302.

— Ebd. 1875. V,46 S. 8° [(Handausgabe ... 15.)]
300:391.095-A. 15,2. Aufl.
15.

— 3. Aufl. Ebd. 1880. 52 S. 8° (Officielle Handausgabe d. österreichischen Gesetze u. Verordnungen. 15.)
1:Go 1190-15. 25.
15.

— 4. unveränd. Aufl. Ebd. 1887. 52 S. 8° (Handausgabe d. österreichischen Gesetze u. Verordnungen. 15.)
300:391.095-A. 15. 4. Aufl.
15.

— Beispiele von Beschlüssen, Eintragungen und Bestätigungen von Eintragungen in Grundbuchsangelegenheiten. Prag: Pešek 1905. 40 S. 8° 300:439.433-B.
15.

Beispiele von Beschlüssen und Eintragungen zum tirolischen Grundbuch. Innsbruck 1899. V: *Neuhold, Eduard.* (margr)

Beispiele v. Beschlüssen u. Eintragungen zum tirolischen Grundbuch. gr. 8. (VIII, 109 S.) Innsbruck 899. Wagner. n. 2. 40

Beispiele, bibl., in Bibelworten z. würt. ev. Confirmandenbüchl. 8. (112) Bas. 57, Riehm. n. — 12

Biblische Beispiele in Bibelworten zum würt. evangel. Confirmandenbüchlein ... Hrsg. von e. evang. Geistlichen. — Ludwigsburg: Riehm 1857. IV,111 S. 8°
21. 24.
15.

Beispiele, biblische, zum 1. Hauptstück v. M. Luther's kleinem Katechismus. (Nach Buchrucker's bibl. Geschichte.) Für Konfirmanden. 12. (12 S.) Nürnberg 894. G. Löhe. n.n. — 5

Biblische Beispiele zum ersten Hauptstück von Dr. M. Luther's kleinem Katechismus. Nach Dr. Buchrucker's Biblischer Geschichte.) Für Konfirmanden. — Nürnberg: Löhe [um 1895]. 12 S. 8°
12: Hom. 850 f/4.
15.

—— bibl. u. kirchengesch., v. Tugenden u. Lastern f. Katecheten u. Prediger. 8. (330) Münch. 52. (Augsb., Pilon u. Co.) (?) n. — 24

Beispiele, biblische u. kirchengeschichtliche, von Tugenden u. Lastern f. Katecheten u. Prediger gesammelt u. sachweise geordnet v. einem emer. Priester aus der Diöcese München-Freising. gr. 8. (VIII u. 330 S.) München 852. (Leipzig, Thomas.) n. 24 ngr

Beispiele zur Bildung eines Soldaten. Hamburg 1764. V: *Camerer, Johann Friedrich.* (BB) (Ky) (ML) (Pr) V: *Schmettow, Woldemar Herm. Graf.* (ML)

— zur Bildung e. Soldaten, (v. J. F. Camerer). 18 Stck. 8. Hamb. 764. (Proft in Kopenh.) 6 gr

— daß Tugend u. Rechtschaffenheit das sichere Mittel z. Glückseligkeit sei. 8. Frankf. u. Leipz. 772. Hauffe. 12 gr

Beispiele, Denkwürdige, aus der Kirchengeschichte. Hamburg 1835. V: *Nathan, E. S.* (CBH)

— denkwürdige, aus d. Kirchengeschichte für herrschende u. beherrschte Gemeinschaften. Wörtlich ausgezogen bei Gelegenheit d. jüngsten Ereignisse. gr. 8. Hamb. 835. Nestler u. Melle. $^1/_6$ rf (jetzt Prinz in Wesel.) $^1/_8$ rf

Beispiele, deutsche, z. Einübung d. syntaktischen Regeln in Orell's kleiner franz. Sprachlehre. gr. 8. Leipzig 840. (Kummer.) $^1/_{12}$ rf

— Deutsche, zur Einübung der syntakt. Regeln in Orelli's kleiner französ. Sprachlehre. gr. 8. (20 S.) Leipzig 851, Kummer in Comm. n. 4 ngr

—— zu Dispositionen für kleinere felddienstliche Uebungen. gr. 8. (24 S. nebst 8 lithogr. Plänen in hoch 4.) Cassel und Leipzig 878, Luckhardt'sche Verlagsh. *

Beispiele zu Dispositionen für kleinere felddienstliche Uebungen. 2. Aufl. gr. 8. (36 S. mit 8 lithogr. Plänen.) Berlin 884, F. Luckhardt. *

Beispiele zur Einführung in die Untersuchung von Nahrungs- und Genussmitteln. Zsgest. von H. Fresenius [u.a.] (Wiesbaden [1886]: Schellenberg.) 30 S. 8°
30.
15.

Beispiele menschlichen Elends und göttlicher Gnade. 2. Aufl. — Barmen 1850: Steinhaus. 24 S. 8° ([Schriften der] Wupperthaler Traktatgesellschaft. 317.)
1: Cv 52040-317.
15.

—— erbauliche und abschreckende, aus den Legenden der Heiligen für Katecheten und Prediger gesammelt und sachweise geordnet von einem emer. Priester aus der Erzdiöcese München-Freysing. 2. Bd. (Schluß.) gr. 8. (S. 397—722.) Landshut 857, Thomann'sche Buchh.
1. Bd. Ebendas. 1856. $22^1/_2$ Ngr.

—— erläuternde, zur Unterrichtsmethode des Gen.-Lieuten. Grafen Waldersee in der kriegsmässigen Ausbildung der Infanterie für das zerstreute Gefecht, mit besond. Bezugnahme auf die Vorschriften des Exercir-Reglements für die k. k. östreich. Linien- und Gränz-Infanterie von M. v. D. 8. (XIV und 132 S. mit 5 lithogr. Plänen in gr. 8. und 4.) Braunschweig 855, Vieweg und Sohn. *

Beispiele und Erläuterungen zum Pflichttheilsrecht. — Berlin 1898: Paul. 29 S. 8° 1: Gn 9530. 6.

Beispiele und Erläuterungen zum Recht der Ausgleichung nach dem B. G. B. — Berlin 1898: Paul. 11 S. 8°
6.
15.

— mit Erläuterungen zu den Verhaltungen der im Armee-Verbande stehenden Truppen-Divisionen u. ihrer Unterabtheilungen während des Marsches, in Ruhestellungen u. im Gefechte. [Aus: „Organ d. militärwissensch. Vereine".] gr. 8. (188 S. m. 2 lith. Karten.) Wien 881. (Seidel & Sohn.) n. 3. —

— mit Erläuterungen zu den Verhaltungen der im Armee-Verbande stehenden Truppen-Divisionen u. ihrer Unterabtheilungen während d. Marsches, in Ruhestellungen u. im Gefechte. II. gr. 8. (IV u. S. 189—424 m. 8 Tab.) Wien 882. (Seidel & Sohn.) n. 3. — (I. u. II.: n. 6. —)

— u. Erzählungen zum Katechismus der katholischen Religion f. die Volksschulen, s.: Handbibliothek, katechetische. 41. Bdch.

Beispiele, einige, von wunderbaren Gebetserhörungen, welche durch das Vertrauen zur schmerzhaften Mutter Gottes in Steinbach u. deren Fürbitte bewirkt worden sind. 16. (20 S.) Leutkirch 882. Roth. n. — 10

Beispiele von Gerichtsverhandlungen vor Standgerichten und Kriegsgerichten. Aufgestellt im General-Auditoriat. Berl. 1900.

— des lebendigen Glaubens an Jesus Christus. 2 Hefte. 8. Münch. 815. Giel. 6 gr

— vom Glückswechsel. (Von G. Fr. Pöschmann.) 1r Thl. 8. Riga 795. Meinshausen. 1 rf 8 gr Schrbp. 1 rf 12 gr

— der Gottseligkeit u eines frommen Wandels, dargestellt in ausgewählten kurzen Lebensgeschichten d. Heiligen Gottes. 8. Salzb. 819. Mayr. 8 gr Engl P. 12 gr

— des Guten, mit einigen Anmerkk. herausg. v. J. L. Blessig. 8. Straßb. 786.

Beispiele des Guten; eine Sammlung edler und schöner Handlungen ... Stuttgart 1807—1808. V: *Lotter, Christoph Joseph.* (ErGr) (MGT) »Stuttgart 1809.« V: *Steudel, Joh. Chrn. P.* (Ky)

— des Guten. Eine Samml. edler u. schöner Handlungen u. Charakterzüge aus der Welt- u. Menschen-Geschichte aller Zeiten u. Völker, (v. J. C. P. Steudel). Mit e. Vorrede v. J. L. Ewald. Mit 1 Titelk. 3 Thle. 8. Stuttg. 809. 5e verb. Aufl. 821. Steinkopf. 1 rf 8 gr 4r, 5r Thl. A. u. d. T.: Edelsinn u. Tugend. Poetische Darstell. aus d. Alt. u. N. Welt- u. Menschengeschichte. 2 Thle. 8. Ebd. 819. 2e A. 824—30 1 rf 8 gr

—— des Guten. Eine Samml. edler u. schöner Handln. u. Charakterzüge a. d. Gesch. aller Zeiten u. Völker. Der Jugend u. ihren Freunden gewid. Mit ein. Vorw. v. J. L. Ewald. 3 Thle. M. 1 Titelbld. 6., neu verb. u. verm. Aufl. 8. ($60^1/_2$ B.) Stuttgart 840, J. F. Steinkopf. * Thlr.

— des Guten. Eine Sammlung von Erzählungen edler Handlungen u. Charakterzüge aus der Geschichte aller Zeiten u. Völker. Eingeführt von J. L. Ewald. 1.—3. Thl. (Prosaische Abtheil. des ganzen Werkes) mit 10 Bildern. 7. neu verb. u. verm. Aufl., besorgt von J. C. F. Burk. In 10 Heften. 8. Stuttgart 844, 45, J. F. Steinkopf. (à n. $^1/_6$ rf) n. $1^2/_3$ rf fein Papier (à $^1/_4$ rf) n. $2^1/_2$ rf

Beispiele des Guten in Erzählungen und Lebensbildern. 1.2. — Stuttgart: Steinkopf 1878-80. 8° 21[∞2]. 24. 15.

— 1,6. Ebd. [um 1880]. 8° ●101.

— des Guten in Erzählungen u. Lebensbildern. 1. u. 2. Bd. à 10 Hfte. gr. 16. (à 32 S.) Stuttgart 879.80. J. F. Steinkopf. à Hft. — 20; à Bd. cplt. geb. n. 2. —
I. 1. Rettungen. Erzählungen v. C. G. Barth.
2. Mancherlei. Erzählungen v. C. G. Barth.
3. Erzählungen v. Kranken u. v. Krankheiten v. C. G. Barth.
4. Erzählungen aus der Thierwelt v. C. G. Barth.
5. Lebensbilder. Die Auswanderer. Conrad Wiederhold. Lavater's Kindheit. Heldenmuth.
6. Parabeln u. Erzählungen v. F. A. Krummacher u. A.
7. Bibel-Erzählungen v. Alb. Ostertag.
8. Der Krüppel v. Rottenstein. Erzählung von G. H. v. Schubert.
9. Die letzten Worte der Mutter. Von El. Sewell.
10. Gutweil. Eine Communistengeschichte v. K. Stöber.
II. 1. Für Jung u. Alt. Erzählungen v. C. G. Barth.
2. Erzählungen aus dem Morgenland. Von G. H. v. Schubert.
3. Kurze Erzählungen von C. G. Barth.
4. Saat u. Ernte. 2 Erzählgn. v. Alb. Ostertag.
5. Seebilder. Nach engl. Quellen erzählt v. C. G. Barth.
6. Immergrün. Von Benno.
7. Zwei edle Frauen. Von Heinr. Merz.
8. Der Meeresstrom. Eine Erzählg. von G. H. v. Schubert.
9. Am Feierabend. Erzählungen von K. Stöber.
10. Das Kreuz d. Michael Lorio. Nach dem Engl. v. Hesba Stretton.

— des Guten aus d. weiblichen Wirkungskreise. Geschichtliche Darstellungen edler Gesinnungen u. Handlungen z. Förderung christl. Tugend und Glückseligkeit, von dem Herausgeber der „Beispiele des Guten 2c. (J. C. P. Steudel oder Sph. L. Lotter) mit Vorrede v. J. L. Ewald." 8. Stuttgart 834. Steinkopf. 3/4 ₰ — 6e neu verb. u. verm. Aufl. 3 Thle. 8 Ebd. 840. 1 ₰

Beispiele, Einige, schätzbarer Heilwirkungen des Kreosots ... Halle 1833. V: *Schweigger-Seidel.* (EngM)

— für Kinder, aus d. Leben heil. Kinder. 12. Münch. 819. Giel. 4 gr

— kriegerische, v. Muth, List 2c., s. Kriegslisten u. Anekdoten.

— kriegsgeschichtliche, f. d. Feldkunde. Auf Veranlassg. d. Direction d. kgl. Kriegsschule z. Kassel z. Unterr. f. d. Kriegsschüler zusammengest. gr. 8. (XII, 143 S. m. 14 Skizzen in Mappe.) Kassel 897. G. E. Vollmann. Kart. n. 4. 50

— lehrreiche, der Tugenden guter Kinder in moralischen Erzählungen nach dem Alphabet ihrer Taufnamen geordnet. Mit 25 ill. Abbildb. 8. Nürnb. ... Renner u. Comp. 2/3 ₰

— seltner Menschen- u. Geistermährchen z. Abwechslung. 2 Thle. 8. Hof 779. Grau. 1 ₰

Beispiele u. Erzähln., merkwürd., aus d. Gebiete d. Naturgeschichte. Ein unterhalt. u. lehrr. Buch f. d. Jugend. M. 8 ill. Kpfr. 8. (3½ B.) Frankfurt a. d. O. (830), Trowitzsch u. Sohn.

— merkwürdige, der göttl. Vorsehung. Eine Auswahl glaubwürdiger Erzählungen für den Gebrauch in Schulen u. Familien. Der Jugend u. ihren Freunden gewidmet von d. Herausgeb. d. Werks: „Vorsehung u. Menschenschicksale 2c." 8. Stuttgart 833. Steinkopf. 3/4 ₰

Beispiele, Die moralischen, des Alten Testaments, exegetisch, psychologisch und praktisch bearbeitet; ... Leipzig 1799—1800. V: *Rose, Dietrich Anton Carl.* (Ky) (MGT)

— d. moralischen, d. Schr. d. A. Testam. 2 Thle. gr. 8. Leipz. 799, 800. Beer. 4 ₰ 15 gr

— Muster u. Beilagen zu Eschstruthe musikal. Biblioth. 4. Marb., Krieger. 6 gr

Beispiele zum Nachzeichnen u. Illuminiren. 1s Heft. 4. Magdeb., Creus. 8 gr

— zum Nachzeichnen u. Illuminiren. 2 Hfte. 4. Neuhaldensleben 833. Eyraud. 1/4 ₰

Beispiele für Operationen auf der inneren Linie. 1. Die Ereignisse vor der Schlacht bei Custozza 1866. Vortrag ... von Malchow. 2. Die Operationen der Konföderirten um Richmond im Mai und Juni 1862. Vortrag ... von Georg Funke. — Berlin: Mittler [1901]. S. 260-294. 8° (Militär-Wochenblatt. Beih. 1901,5.) 1:Hu 2318-1901,5. 2→7. 9. 10. 11. 12:4° Mil. g. 110ob-Beih. 1901,5. 14. 16. 21. 24. 25. 27. 29. 209. 15.

Beispiele, praktische, f. das Schiessen m. der 8 cm Feldkanone M. 5. (Von Alfr. Gröschl.) Aufl. vom J. 1908. (197 S.) 8. Wien (908). (L. W. Seidel & Sohn). 6. —

Beispiele für Protokolle über Vertheilungstagsatzungen und für Vertheilungsbeschlüsse. — Wien: K. k. Hof- u. Staatsdr. 1900. 42 S. 4° (Verordnungsblatt d. k. k. Justizministeriums. 16.4, Beil.) 302.

Beispiele und Regeln zur Rhetorik für Gymnasialschüler. 1887 s. *Autenrieth,* Georg.

Beispiele für Schätzungsprotokolle nach den Vorschriften der Executionsordnung und der Realschätzungsordnung. — Wien: K. k. Hof- u. Staatsdr. 1898. 42 S. 4° (Verordnungsblatt d. k. k. Justizministeriums. 14,18, Beil.) 302. 15.

Beispiele künstlerischer Schrift (3.4: aus vergangenen Jahrhunderten). Hrsg. von Rudolf Larisch. Mit Originalbeiträgen von Rudolf Bernt [u.a.] Ser. [1]-5. — Wien: Schroll (5: Oesterreichische Staatsdr.) 1900-26. quer-8° 1[∞1.4]: 8° [u.] 4° Os 670/12. 7[∞2/5]. 12:4° Graph. 39m. 30. 101[∞1-4]. 300:409.915-B. Ks. 302. 15.

Beispiele von Schriftsätzen im Civilprocess- und Executions-Verfahren. Hilfsbuch für Advocaten. Th. 1.2. — Wien: Manz 1900. 8°
1. Neumann-Ettenreich, Robert Ritter v.: Schriftsätze im Civilprocesse. Von Robert R. v. Neumann-Ettenreich u. Alfred Bloch.
2. Vittorelli, Paul v.: Schriftsätze im Executions- u. Sicherungs-Verfahren. Von Paul v. Vittorelli, Alfred Bloch u. Hanns Fischböck.
300:405.748-B. 302.

Beispiele zur lateinischen Syntax [im Anschluss an die Paragraphen der lateinischen Schulgrammatik v. Frei]. gr. 8. (12 S.) Altona 891. Harder's Vorl. n. — 25

Beispiele der Tugend und des Lasters aus der Geschichte der Menschheit. Altenburg 1778. V: *Poppe, Johann Friedrich.* (Ky) (MGT)

— der Tugend u. des Lasters, aus d. Gesch. d. Menschheit, (v. J. F. Poppe). 2 Thle. 8. Altenb. 779. (Hennings in Neisse). 19 gr

— der Tugend, in Lebensbeschreibb. guter u. edler Menschen ält. u. neuerer Zeit. 2 Bde. 8. Leipz. 819 u. 20. (W. Nauck). 2 ℛ

Beispiele zur Übung in der analytischen Chemie. — (Göttingen) 1849: (Dieterich). 144 S. 8°
90.
15.

Beispiele von freigewählten Übungsgruppen für das Sektionswetturnen, hrsg. durch d. Techn. Aussch. d. Eidgen. T. V., Zürich 1893, 5 S., 8°.

— v. allerlei Unglücksfällen z. Belehr. u. Warnung f. d. Jugend. M. 8 ill. Kpf. 8. Götting. 798. Dieterich. 18 gr

— unterhal. u. belehrende, zum Kopfrechnen. 8. Gotha 810. Steudel. 12 gr

Beispiele für Verhandlungsprotokolle, Urtheils- und Beschlussausfertigungen. — Wien: K. k. Hof- u. Staatsdr. 1898. III, 118 S. 4° (Verordnungsblatt d. k. k. Justizministeriums. 14, 18, Beil.)
302.
15.

— Ebd. 1898. III, 118 S. 4°
Aus: Verordnungsblatt d. k. k. Justizministeriums. 14. 1898.
302.
15.

Beispiele von Volkstugenden, auf alle Tage des Jahres ... Aus dem Französischen. Bamberg 1809. V: *Berenger*. (Ky)

— v. Volkstugenden, a. alle Tage d. Jahres ꝛc. Aus d. Französ. (des Berenger). 2 Thle. 8. Bamb. 809. (Wesché in Frankf.) 20 gr

Beispiele für den Vorgang bei parzellenweiser Versteigerung von Liegenschaften. ⟨Justizministerialerlaß vom 1. März 1910, Z. 32.963/9.⟩ — Wien: K. k. Hof- u. Staatsdr. 1910. 16 S. 4° (Verordnungsblatt d. k. k. Justizministeriums. 26, 5, Beil.)
302.
15.

Beispiele, warnende, für alle, die den Schnaps lieb haben. Bern 1886. 24 S. 12°.

Beispiele zum neuen Zwangsversteigerungs- und Zwangsverwaltungsverfahren. — Stuttgart: Metzler 1899. 61 S. 8°
Aus: Zeitschrift für d. freiwillige Gerichtsbarkeit u. d. Gemeindeverwaltung. 1899.
S. 24.

Beispiele, Zwei merkwürdige, vom Geschäftsgange im ehemahligen königl. Westphäl. Ministerio des Innern ... [Quedlinburg 1813.] V: *Nagel, Joh. Friedr. Gottlieb*. (MGT)

Beispielsammlung zu Buttmann's u. Rost's griech. Grammatiken, s. a. Rost, V. C. F.

Beispielsammlung zu Buttmanns u. Rosts Griechischen Grammatiken. Gött. 1840. V: *Berger, Friedrich*. (ABJP) V: *Rost, Val. Chn. Fr.* (Ky)

Beispielsammlung zu Buttmann's u. Rost's griech. Grammatiken. I. Etymologischer Theil, ein Uebungsbuch für die untern Gymnasialklassen (v. V. C. F. Rost). gr. 8. Göttingen 840. Vandenhöck u. Ruprecht. $^{5}/_{6}$ ℛ — II. Syntaktischer Theil, ein Uebungsbuch für die mittleren Gymnasialklassen (v. V. C. F. Rost). gr. 8. Ebd. 840. $1^{1}/_{6}$ ℛ

Beispielsammlung zu d. griech. Grammatiken v. Buttmann u. Rost (hrsg. v. VCF Rost). 1. Thl. 8. (316) Gött. 56, Vandenhoeck u. R. — $22^{1}/_{2}$ || 2. Thl. (438) 56.
1. —

Beispielsammlung von edlen Thaten u. Niederträchtigkeiten aus d. Leben guter u. böser Menschen neuerer Zeit. 2 Bde. 8. Quedlinb. 811. Basse. 1 ℛ 18 gr

Beispiel-Sammlung z. Uebers. a. d. Deutschen in d. Latein. Quinta. 8. (20) Meining. 67, Brückner & R. — $2^{1}/_{2}$ || Quarta. (47) 68. n. — 4 || Tertia. (72) 69.
n. — 5

Beispiel-Sammlung z. Uebersetzen a. d. Deutschen in d. Lat. Quinta. 2. Afl. 8. (25) Mein. 75, Brückner u. R. — 30 || Quarta. 2. Afl. (50) — 50 || Tertia. 2. Afl. (72)
— 55

Beispielsammlung f. den Unterricht in der griechischen Syntax. Mit Angabe der entsprech. Paragraphen in der Schulgrammatik v. Curtius-Hartel-Meister. 2. vorb. Aufl. (16 S.) 8. Worms 908. P. Reiss Nachf. n — 30

BEISPIELS-DÜNGUNGS-VERSUCHE DER DEUTSCHEN LANDWIRTSCHAFTS-GESELLSCHAFT.

(Heft 3.) Bericht über die im Herbst 1906 und Frühjahr 1907 vom landwirtschaftlichen Zentralverein in Insterburg auf Veranlassung der Deutschen Landwirtschafts-Gesellschaft angestellten Beispielsdüngungsversuche. Im Auftrage des Zentralvereins bearbeitet von Landwirtschaftslehrer TOMZIG-Insterburg. Insterburg 1908. Buchdruckerei Dr. Albert Bittner. 8°.

(Heft 4.) Düngungsversuche im Fichtelgebirge und Frankenwald mit einem Anhang über den Fichtelgebirgshafer. Zusammengestellt von Dr. RAUM in Wunsiedel. Als Manuskript gedruckt. Im Frühjahr 1909. Stadtamhof. Druck von J. & K. Mayr.

(Heft 5.) Bericht über die im Herbst 1907 und Frühjahr 1908 vom landwirtschaftlichen Zentral-Verein in Insterburg auf Veranlassung der Deutschen Landwirtschafts-Gesellschaft angestellten Beispielsdüngungsversuche. Im Auftrage des Zentralvereins bearbeitet von Landwirtschaftslehrer TOMZIG-Insterburg. Insterburg 1909. Dr. Albert Bittners Buchdruckerei.

(Heft 6.) Düngungsversuche im Frankenwald mit einem Anhang. Über die Landw. Verhältnisse im K. B. Bezirksamte Teuschnitz. Zusammengestellt von Dr. RAUM in Wunsiedel. Als Manuskript gedruckt. Im Februar 1910. (Mit Tafeln.) Stadtamhof. Druck von J. & K. Mayr.

(Heft 7.) Bericht über die in den Erntejahren 1908 und 1909 vom landwirtschaftlichen Zentralverein Allenstein auf Veranlassung der Deutschen Landwirtschafts-Gesellschaft angestellten Beispielsdüngungsversuche. Im Auftrage des landwirtschaftlichen Zentralvereins bearbeitet von Generalsekretär Dr. TRUNZ-Allenstein. Allenstein 1910. Druck von W. E. Harich.

Heft 8. Bericht über die im Frühjahr 1908 und Frühjahr 1909 in Ostfriesland angestellten Beispielsdüngungsversuche. Zusammengestellt von Winterschuldirektor ZEEB in Weener. Leer (Ostfrld.) Druck von M. Neemann.

(Heft 9.) Bericht über die in den Erntejahren 1906, 1907 und 1908 in der Oberpfalz auf Veranlassung der Deutschen Landwirtschafts-Gesellschaft angestellten Beispielsdüngungsversuche. Bearbeitet von FRIEDRICH LANG. München, 1910. Pössenbacher'sche Buchdruckerei (Klöck & Giehrl).

Heft 10. Düngungsversuche im östlichen Oberfranken mit besonderer Berücksichtigung des oberfränkischen Jura. Zusammengestellt von Dr. RAUM in Wunsiedel. Als Manuskript gedruckt. Im Sommer 1910. (Mit 2 Tafeln.) Stadtamhof. Druck von J. & K. Mayr.

Heft 11.[1]) Düngungsversuche im Frankenwalde (K. B. Bezirksämter Teuschnitz und Stadtsteinach). Zusammengestellt von Dr. RAUM in Marktredwitz. Als Manuskript gedruckt. Im Frühjahr 1911. ib. —.

(Heft 13.) Bericht über die in den Erntejahren 1906, 1907, 1908, 1909 und 1910 im westlichen Oberfranken angestellten Beispieldüngungsversuche. Zusammengestellt im Jahre 1911 von Oekonomierat BERGMANN. Bamberg 1911. Gedruckt in der Handels-Druckerei.

Heft 14. Bericht über die in den Erntejahren 1909 und 1910 in Mittelfranken auf Veranlassung der Deutschen Landwirtschafts-Gesellschaft angestellten Beispiel-Düngungsversuche. Bearbeitet von Landwirtschaftslehrer GEORG PABST, Ansbach. Ansbach 1911. Druck von C. Brügel & Sohn.

— Hefte 15 und 16, s. Beispiel-Düngungen ...

Beissel, Geheimer Sanitätsrat, Aachen, 1840—1916. 1880 s. *Beissel*, Ignaz.

Beißel, Ch., u. A. P. Lorenzen, Lehrbuch der dänischen Sprache. gr. 8. (IV, 176 S.) Kiel 891. Lipsius & Tischer. geb.
n. 2. —

Beissel, Conrad. Urstaendliche und Erfahrungsvolle Hohe Zeugnisse wie man zum Geistlichen Leben und dessen Vollkommenheit gelangen moege. Ephrata: Brüderschaft, 1745. AAS

Beissel, Hilmar Heinrich

Beissel, Hilmar Hnr., s. Jauffret, P., Methode, welche jeden Ackerbauer die ökonom. Verfertigung der Dünger ꝛc. in 12 Tagen lehrt.

— Mathilde. Drama nach Eugen Sue's Memoiren einer jungen Frau. — Aachen: Kaatzer [um 1845]. 148 S. 8°
38.
15.

Beissel, Ignaz, Geheimer Sanitätsrat, Aachen. Sohn des vorigen. 1849-1916. 1880 [Bearb.] s. *Aachen* als Kurort. 1889.

Beissel, I, s.a. Aix-la-Chapelle.

— Aix-la-Chapelle. Les eaux thermales. Leur mode d'emploi et leur action physiologique. [Aus: „Aix-la-Chapelle".] gr. 8. (24 S.) Aachen 891. R. Barth. n. — 80

— dasselbe. Situation géographique et topographique. La ville et ses environs, conditions climatériques et hygiéniques. [Aus: „Aix-la-Chapelle".] gr. 8. Aachen 891. R. Barth. n. — 80

Beissel, Ign., s.: Aix-la-Chapelle as a health resort.

Beissel, Ign., Bericht über die Arbeiten der Wasser-Versorgungs-Commission der Städte Aachen u. Burtscheid, im Auftrage der Commission angefertigt. Aachen 866. (Hensen. — Mayer.) 4. (VIII, 85 S.) n. 10 ngr

Beissel, I, Ber. üb. d. Arbeiten d. Wasser-Versorggs-Commiss. d. Städte Aachen u. Burtscheid. 4. (85) Aachen 66, (Jacobi u. Co. — Mayer.) n. — 10

Beissel, Ignaz, Auskultator, Aachen, 1820-1887. 1865: Bericht über die Arbeiten der Wasser-Versorgungs-Commission der Städte Aachen und Burtscheid. — Aachen: Stadtverwaltung 1866. VII, 85 S. 8° 1: Fb 5581. 82. 90.
15.

— Bericht über die in der Umgebung Aachen's gefundenen Ueberreste der jüngern Steinzeit. Auszug aus d. Verhandlungen d. naturwissenschaftlichen Gesellschaft zu Aachen. 1874-75. — Aachen: Jacobi 1877. 18 S. 4°
1: 2 in 4° Pz 1a. 5. 15.
15.

— Allgemeine Brunnendiätetik. Anleitung zum Gebrauche von Trink- u. Badekuren. — Berlin: Hirschwald 1897. VI, 165 S. 8°
1: Ir 4250. 11. 12: M. med. 92 q. 15. 21. 30. 38M.
15.

— die Foraminiferen der Aachener Kreide, s.a. Abhandlungen der königl. preussischen geologischen Landesanstalt.

— Die Foraminiferen der Aachener Kreide. Nach d. Tode d. Verf. hrsg., u. mit e. Einl. vers. von E. Holzapfel. [Nebst] Atlas. — Berlin: Schropp in Comm. 1891. 8° [u.] 4° (Abhandlungen d. Königlich Preussischen geologischen Landesanstalt. N. F. 3.) 1: 8° [u.] 2° Mn 833-3. 4→11. 12: 4° Lith. Oq-3. 15. 16. 17. 21. 24. 28. 30. 38. 82. 90.
15.

— Der Inhalationsraum und die Inhalationsbehandlung an den aachener Schwefelthermen. — Aachen: C. Mayer 1896. 16 S. 8° 1: Is 2451. 5. 24.
15.

— Die Krankheiten der Haut und ihre Behandlung an den Aachener Thermen. — Aachen: C. Mayer 1889. 15 S. 8°
Aus: Aachen als Kurort. 1889.
5. 52.
15.

— les maladies cutanées. [Aus: „Aix-la-Chapelle".] gr. 8. (19 S.) Aachen 891. R. Barth. n. 1. —

Beissel, Ignaz August (geb. am 14 Aug. 1849 in Burtscheid bei Aachen): Ueber das Sarkom der Aderhaut ... Bonn, Druck d. Carthaus'schen Buchdr. (1874). 30 S., 1 Bl. 8.
Bonn, Med. Fak., Diss. v. 7 März 1874

— Der Aachener Sattel und die aus demselben vorbrechenden Thermalquellen. — Aachen: J. A. Mayer 1886. XV, 338 S. 4° 1: Mn 1098. 2. 3. 5. 7.
12: 4° M. med. 25 f. 24. 27. 38. 38M. 82. 83. 302.
15.

—— Situation géographique et topographique. La ville et ses environs, conditions climatériques et hygiéniques. gr. 8. (14 S.) Ebd. 891. * — 80
Vorstehende drei Schriften sind aus: Aachen als Kurort, und aus Aix la Chapelle, besonders abgedruckt.

— The thermal Springs of Aix-la-Chapelle and Borcette. A guide to the use of the hot sulphurous waters in various forms of diseases. — Aix-la-Chapelle: J. A. Mayer 1883. VI, 144 S. 8° 1: Is 2428.
15.

—— Ebd. 1887. VI, 145 S. 8° 5.

Balneologische Studien mit Bezug auf die Aachener und Burtscheider Thermalquellen. — Aachen: Benrath & Vogelgesang 1882. IV, 113 S. 8° 1: Is 2426. 5. 16. 38.
15.

— balneologische Studien m. Bezug auf die Aachener u. Burtscheider Thermalquellen. 2. (Titel-)Aufl. gr. 8. (IV, 113 S.) Aachen 887. O. Müller. n. 1. 40

Die Aachener Thermal-Dampfbäder in ihrer physiologischen und therapeutischen Bedeutung. — Aachen: C. Mayer 1893. 16 S. 8° 1: Is 2450. 5. 38.
15.

Die Aachener Thermen und ihre Anwendung bei Syphilis. (Wien): Verf. [um 1880]. 60 S. 8°
Aus: Der Cursalon. 1881. 15.

Die Thermen von Aachen und Aachen-Burtscheid in ihrer geschichtlichen und balneologischen Bedeutung und in ihrer medizinischen Anwendung und Wirkung. — Berlin: Hirschwald 1904. VIII, 224 S. 8° 1: Is 2467. 5. 11.
38.
15.

Beissel, Ignaz August, s. Beissel, Ignaz

Beissel, Johann Conrad. Göttliche Liebes und Lobesgethöne. 3v. Phila, 1730-36.

Beissel, Johann Peter Josef: Katholisches Gebet- und Gesangbuch für die Verehrer des heiligsten Herzens Jesu. Mit Morgen-, Abend-, Meß-, Beicht-, Kommunion-, Ablaß- u. mehrern andern Gebeten u. Litaneien. — Aachen: Herz-Jesu-Bruderschaft z. h. Stephan 1855. 273 S. 8°
38.
15.

— Die Aachener Heiligthumsfahrt. Gedanken über Reliquien-Verehrung überhaupt; Herkommen u. Echtheit d. Reliquien d. hiesigen Münsterkirche. — Aachen 1860: Stercken. 98 S. 8° 1: Dv 16340. 5. 12: H. eccl. 104q
15.

— [Ausz.] Die Aachener Heiligthumsfahrt, oder Beschreibung der s. g. großen h. Reliquien, nebst d. bei d. öffentlichen Vorzeigung derselben üblichen Gebeten ... eingeleitet durch einige Gedanken über Reliquien-Verehrung im allgemeinen, Herkommen u. Echtheit d. hiesigen insbesondere. Zum Schlusse: Angabe d. s. g. kleineren Reliquien. — Aachen 1860: Stercken. 44 S. 8° 38.

— Der Reliquien-Schatz in der Domkirche zu Aachen. Gedanken über Reliquien-Verehrung überhaupt; Herkommen u. Echtheit d. Reliquien d. hiesigen Münsterkirche nebst ausführlicher Beschreibung. — Aachen 1867: Stercken. 66 S. 8° 38.
15.

Der Kreis Bergheim, s. Verwaltung u. s. wirtschaftl. Entwickelung, unter besond. Berücks. d. Zeitraumes v. Jahre 1887/88 bis 1897/98. Dargest. von d. Vorsitzenden d. Kreis-Ausschusses O[tto] Graf **Beissel**, Landrath. Bergheim (1898): J. Heinrichs. (303 S.) 8° [J.] (08. 8,11

Beissel, Otto

Beissel, Otto Graf: Der Kreis Bergheim, seine Verwaltung und seine wirthschaftliche Entwickelung, unter bes. Berücks. d. Zeitraumes vom Jahre 1887/88 bis 1897/98. — Bergheim [1899]: Heinrichs. 303 S. 8°
1:Th 2727-1887/98. **5. 38.**
15.

— Der Kreis Bergheim, seine Verwaltung und seine wirtschaftliche Entwickelung während des Zeitraumes vom Jahre 1898/99 bis 1909. — [Brauweiler] 1909: Rhein.Prov.-Arbeits-Anst. 316 S. 8° **1**:Th 2727-1899/1909. **5. 38.**

(—) Denkschrift bei Gelegenheit der Betriebseröffnung des Kreiswasserwerkes Bergheim. — Düsseldorf [1905]: Bagel. 15 S.,8 Taf. 4° **1**:4° Nz 8821/5 [u.] 8821/5*. **38.**
15.

Beissel, Stephan

Beissel, Steph. S. J., die Aachenfahrt, s.a. Stimmen aus Maria-Laach. Nr. 82.

Beissel, Stephan: Die Aachenfahrt. Verehrung d. Aachener Heiligtümer seit d. Tagen Karls d. Großen bis in unsere Zeit. — Freiburg i. Br. [usw.]: Herder 1902. XVII, 160 S. 8° (Stimmen aus Maria-Laach. Erg.Bd 21. Erg. H. 82.) **1**:in Bd 3371-21. **2→8. 11. 12**:Per. 186px-Erg.Bd 21. **14. 15. 17. 21. 24. 25. 26. 28. 29. 30. 38. 211. 300**:303.119-B. Ser. Erg. H. 82. **302.**

— — Ebd. 1902. XVII,160 S. 8°
Aus: Stimmen aus Maria Laack. Erg. Bd. 21. 1903.
6. 16. 18. 300:419.229-B. **302.**
15.

Beissel, Steph. S. J., s.: Aus der Sammlung Boisserée.

— Die Bauführung des Mittelalters. Studie über d. Kirche d. hl. Victor zu Xanten. Bau-Geldwerth u. Arbeitslohn, Ausstattung. 2., verm. u. verb. Ausg. — Freiburg i. Br. [usw.]: Herder 1889. Getr. Pag. 8°
Erschien zuerst in: Stimmen aus Maria-Laach. Erg.H. 23.24.27. 37. 1883-87.
1:Ny 7128². **2→5. 7. 9. 10. 12**:A.civ. 206z. **14. 16. 17. 21. 24. 25. 29. 30. 38. 82. 83. 89. 300**:186.323-B. **302.**

— Die Baugeschichte der Kirche des heiligen Victor zu Xanten. Nach d. Originalrechnungen u. anderen hs. Quellen. — Freiburg i. Br. [usw.]: Herder 1883. XII,232 S. 8° (Stimmen aus Maria-Laach. Erg.Bd 6. Erg.H. 23.24.)
1:in Bd 3371-6. **2→7. 10. 11. 12**:Per. 186px-Erg.Bd 6. **15. 16. 17. 21. 25. 28. 29. 38. 211. 300**:393.11-B.Per. Erg. H. 23.24. **302.**
15.

— — Ebd. 1883. XII,232 S. 8°
Aus: Stimmen aus Maria-Laack. Erg. Bd. 6. 1883.
10. 17. 300:184.721 B.
15.

— Der heilige Bernward von Hildesheim als Künstler und Förderer der deutschen Kunst. — Hildesheim: Lax 1895. VIII,74 S.,11 Taf. 4°
1:4° Dw 3620. **3. 5. 6. 7. 10. 12**:4° Art. 8fc. **14. 15. 16. 23. 25. 27. 30. 38. 89. 102. 300**:95.246 C.
15.

— Betrachtungspunkte für alle Tage des Kirchenjahres. 2. Aufl. Bdch. 1-10. — Freiburg i. Br. [usw.]: Herder 1904-05. 8°
1. Das Gebet d. Herrn u. d. Englische Gruß. 1904.
2.3. Der Weihnachtsfestkreis. T. 1.2. 1904-05.
4. Die heilige Fastenzeit. 1905.
5. Die Leiden unseres Herrn. 1904.
6. Die Verherrlichung Unseres Herrn Jesu Christi. 1904.
7.8. Der Pfingstfestkreis. T. 1.2. 1904.
9. Die Verehrung Unserer Lieben Frau. 1904.
10. Die Verehrung d. Heiligen. 1905.
Die 1. Auflage erschien in Form selbständiger Hefte.
211. 300 [∞3]:429.588-B. **302.**

— — 3. Aufl. (1-4. 6.8: Hrsg. von Joseph Braun.) Bdch. 1-10. Ebd. 1907-25. 8°
Inhalt wie in d. 2. Auflage.
1:Er 18625³. **101. 300** [∞3.10]:459.688-B. **302** [3.10].
15.

— Bilder aus der Geschichte der altchristlichen Kunst und Liturgie in Italien. — Freiburg i. Br. [usw.]: Herder 1899. XI,334 S. 8°
1:Cc 16318. **2→11. 12**:H. eccl. 104gc. **14→18. 21. 24. 25. 30. 48. 102. 300**:400.114-B.H. **302.**
15.

— Bilder aus der Geschichte der altchristlichen Kunst u. Liturgie in Italien. gr. 8. (XI, 334 S. m. 200 Abbildgn.) Freiburg i/B. (900). Herder. n. 7.—; geb. in Leinw. n. 9.—

— die Bilder der Handschrift d. Kaisers Otto im Münster zu Aachen in 33 unveränderl. Lichtdr.-Taf, hrsg. u. m. den Bildern der Evangelienbücher v. Trier, Gotha, Bremen u. Hildesheim verglichen v. St. B. gr. 4. (VI, 100 S.) Aachen 886. Barth. geb. Subscr.-Pr. n. 20.—; Ladenpr. n. 25.—

— Aus der Sammlung Boisserée. 40 Lichtdrucke zum Leben Jesu u. Mariae nach Lithographien von Strixner. — M.Gladbach: Kühlen 1901. 12 S.,40 Taf. 4°
1:4° Ns 9221. **5. 12**:4° Art. 91qm. **16.**
15.

— [Die Kirche des hl. Matthias vor den Mauern der alten Stadt Trier, franz.] L'église de St. Mathias hors des murs de Trèves. — Einsiedeln, Suisse 1891: Benziger. 16 S. 8°
38.
15.

Entstehung der Perikopen des römischen Meßbuches, s.a Stimmen aus Maria-Laach. 96. Erg.-Hft.

— Entstehung der Perikopen des Römischen Meßbuches. Zur Geschichte d. Evangelienbücher in d. ersten Hälfte d. Mittelalters. — Freiburg i. Br. [usw.]: Herder 1907. VI, 220 S. 8° (Stimmen aus Maria-Laach. Erg.Bd 24. Erg.H. 96.) **2→6. 9. 10. 11. 12**:Per. 186px-Erg.Bd 24. [8 Ex.] **14. 15. 17. 21. 24. 25. 26. 28. 29. 30. 38. 211. 302.**
15.

— — Ebd. 1907. VI,220 S. 8°
Aus: Stimmen aus Maria-Laach. Erg.Bd 24. 1908.
1:Dy 9010[u.] in Bd 3371-24. **18. 27. 192. 300**:455.716-B.H. **302.**

— Der Entwurf von Prof. Ludwig Seitz zu der von den deutsch. Katholiken gestifteten Ausmalung der päpstl. Kapelle in Loreto. — Düsseldorf: Schwann 1892. 24 Sp. 4°
Aus: Zeitschrift für christliche Kunst. 5. 1892.
5.
15.

— Des hl. Bernward Evangelienbuch im Dome zu Hildesheim. Mit Hs. d. 10. u. 11. Jh. in kunsthistorischer u. liturgischer Hinsicht verglichen ... Hrsg. von G. Schrader u. F. Koch. — Hildesheim: Lax 1891. VI,71 S.,26 Taf. 4°
1:4° Nv 6299. **5. 6. 7. 10. 12**:4° Art. 8fb. **15. 16. 17. 27. 29. 300**:99.183-C.H. [illegible]
15.

— — 2. Ausg. Ebd. 1891. VI,71 S. 4° **11.** [illegible]
15.

— — 3. Ausg. Ebd. 1894. IV,71 S.,26 Taf. 4°
3. 15. 23. [illegible]

— Das Evangelienbuch Heinrichs III. aus dem Dome zu Goslar in der Bibliothek zu Upsala in seiner Bedeutung für Kunst und Liturgie. Mit e. Einl. von Alexander Schnütgen. Düsseldorf: Schwann [1900]. 46 Sp. 4°
Erweitert aus: Zeitschrift für christliche Kunst. 13. 1901.
1: 4° Nv 6334. 2. 3. 5. 7. 12: N. libr. 2f. 14. 15. 16. 18. 23. 24. 29. 300: 562.784-C. H. 302.
15.

— Die heilige Fastenzeit. Betrachtungspunkte über Evangelien von Septuagesima bis Palmsonntag. — Freiburg i. Br. [usw.]: Herder 1902. VIII,160 S. 8°
102. 300: 418.070-B. 302.
15.

— Das Gebet des Herrn und der Englische Gruß. Betrachtungspunkte. — Freiburg i. Br. [usw.]: Herder 1900. VIII, 119 S. 8° 102. 211. 300: 409.896-B. 302.

— Geldwerth und Arbeitslohn im Mittelalter. Culturgeschichtliche Studie im Anschluß an d. Baurechnungen d. Kirche d. hl. Victor zu Xanten. — Freiburg i. Br. [usw.]: Herder 1884. VIII,190 S. 8° (Stimmen aus Maria-Laach. Erg. Bd 7. Erg. H. 27.) 1: in Bd 3371-7. 2. 3. 4. 6. 7. 10. 11. 12: Per. 186px-Erg. Bd 7. 15. 16. 17. 21. 25. 28. 29. 30. 31. 211. 300: 393.119-B. Per. Erg. H. 27. 302.
15.

— — Ebd. 1885. VIII,190 S. 8°
Aus: Stimmen aus Maria-Laach. Erg. Bd 7. 1884.
1: Ti 6426. 2. 5. 7. 9. 17. 23. 26. 27. 29. 30.
15.

— Geschichte der Ausstattung der Kirche des heiligen Victor zu Xanten. — Freiburg i. Br. [usw.]: Herder 1887. IV,148 S. 8° (Stimmen aus Maria-Laach. Erg. Bd 10. Erg. H. 37.) 1: in Bd 3371-10. 2. 3. 4. 6. 7. 10. 11. 12: Per. 186px-Erg. Bd 10. 16. 17. 21. 25. 28. 29. 30. 38. 300: 393.119-B. Per. Erg. H. 37. 302.
15.

— — Ebd. 1887. IV,148 S. 8°
Aus: Stimmen aus Maria-Laach. Erg. Bd 10. 1887.
1: Ti 6428. 5.

— Geschichte der Evangelienbücher in der ersten Hälfte des Mittelalters, s.a. Stimmen aus Maria-Laach. Erg.-Hfte. 92. 93

— Geschichte der Evangelienbücher in der ersten Hälfte des Mittelalters. — Freiburg i. Br. [usw.]: Herder 1906. VI,365 S. 8° (Stimmen aus Maria-Laach. Erg. Bd 23. Erg. H. 92. 93.) 1: Dy 9008 [u.] in Bd 3371-23. 2→11. 12: Per. 186px-Erg. Bd 23 [2 Ex.] 14→17. 21. 24→30. 38. 102. 211. 300: 393.119-B. Per. Erg. H. 92. 93 [u. 5.] 302.
15.

— — Ebd. 1906. VI,365 S. 8°
Aus: Stimmen aus Maria-Laack. Erg. Bd. 23. 1906.
● 18. 25. 30. 302.
15.

— Geschichte der Trierer Kirchen, ihrer Reliquien und Kunstschätze. Th. 1.2 [nebst] Nachtr. [1.] 2. — Trier: Paulinus-Dr. 1887-91. 8°
1. Gründungsgeschichte. 1887.
2. Zur Geschichte d. hl. Rockes. 1889.
Selbständige gekürzte Ausg. von Th. 2 s. *Beissel:* Geschichte d. Heiligen Rockes. 1891.
1: [∞ 2. Nachtr.] Ti 5691-1. 2 [∞ Nachtr.] 5 [∞ 2 Nachtr.] 6 [∞ Nachtr.] 7 [∞ 2. Nacht.] 10 [∞ Nachtr.] 12 [∞ Nachtr.]: Hauptw. = H. eccl. 104 gb-1.2; Nachtr. 1 = H. eccl. 3046k. 14. 16 [∞ Nachtr.] 17 [∞ 2. Nachtr.] 23 [∞ 2. Nachtr.] 30 [∞ 2. Nachtr.] 38 [∞ Nachtr.] 91 [∞ Nachtr.] 102 [Nachtr.] 121. 300 [∞ 2. Nachtr.]: 187.858-B. Bd 1.

— — 2., verm. u. verb. Aufl. Th. 2. Ebd. 1889. 398 S. 8°
2. Geschichte d. hl. Rockes.
1: Ti 5691-2. 5. 7. 12: H. eccl. 3046k. 17. 21. 23. 30. 38. 300: 187. 848-B. Bd 2.
15.

— Geschichte des Heiligen Rockes. Verkürzte Ausg. — Trier: Paulinus-Dr. 1891. 129 S. 8°
Die Schrift ist e. selbständige gekürzte Ausg. von: Beissel: Geschichte d. Trierer Kirchen. 2. 1889.
1: Dv 17642. 5. 16. 21. 25. 30.
15.

— Geschichte der Verehrung Marias in Deutschland während des Mittelalters. Beitrag zur Religionswissenschaft u. Kunstgeschichte. — Freiburg i. Br. [usw.]: Herder 1909. XI,677 S. 8°
1: Dv 2983. 2. 3. 5→11. 12: V. SS. 523e. 14→18. 24→27. 29. 30. 38. 89. 91. 102. 300: 462.774-B. 302.
15.

— Geschichte der Verehrung Marias im 16. und 17. Jahrhundert. Beitrag zur Religionswissenschaft u. Kunstgeschichte. — Freiburg i. Br. [usw.]: Herder 1910. VIII, 516 S. 8°
1: Dv 3148. 2→11. 12: V. SS. 523f. 14. 16. 17. 18. 21. 25. 26. 29. 30. 38. 89. 300: 476.190-B. 302.
15.

— Fra Giovanni Angelico da Fiesole. Sein Leben u. seine Werke. — Freiburg i. Br. [usw.]: Herder 1895. X,96 S. 4°
1: 4° Nt 2189. 5. 7. 9. 12: 4° Art. 8fd. 14. 15. 16. 18. 21. 24. 25. 102. 302.
15.

— — 2., verm. u. umgearb. Aufl. Ebd. 1905. XII,128 S. 4°
2. 3. 5. 6. 10. 11. 12: 4° Art. 8fdb. 14. 16. 17. 21. 24. 25. 26. 83. 300: 435.688-C. Ks. 302.
15.

— Das heilige Haus zu Loreto. 2. Aufl. — Freiburg i. Br. [usw.]: Herder 1891. 36 S. 8°
Aus: Stimmen aus Maria-Laack. 40. 1891.
21.
15.

— — 3. Aufl. Ebd. 1892. 36 S. 8° ● 102. 302.
15.

— — 4. Aufl. Ebd. 1892. 36 S. 8° ● 302.
15.

— — Ebd. 1901. 36 S. 8° ● 302.
15.

— Kleines Heiligthums-Büchlein. Anleitung zu e. frommen Feier d. Heiligthumsfahrt zu Aachen, Cornelimünster und Burtscheid. — Aachen: Barth 1881. 29 S. 8°
1: an Dv 16377. 5.
15.

— Neues Heiligthums-Büchlein. Anleitung zu e. verständigen und frommen Feier d. Heiligthumsfahrt zu Aachen, Cornelimünster und Burtscheid. — Aachen: Barth 1881. 94 S. 8° 1: Dv 16377. 5.
15.

— s.: Joost, Jan, das Leben Jesu Christi.

— Z. Kenntniß u. Würdigung d. mittelalterl. Altäre Deutschlands, s.: Münzenberger, E. F. A.

— Kunstschätze des Aachener Kaiserdomes. Werke d. Goldschmiedekunst, Elfenbeinschnitzerei u. Textilkunst. M. Gladbach: Kühlen 1904. 10 S., 35 Taf. 2°
1: 2° Th 2293. 2. 5. 6. 8. 12: 2° Art. 7ub. 17. 24. 30.
15.

— — 2. Aufl. Ebd. [1904]. 10 S., 35 Taf. 2° 38.
15.

— Gefälschte Kunstwerke. — Freiburg i. Br. [usw.]: Herder 1909. VI,175 S. 8°
1: Nr 3449/130. 2. 6. 11. 12: Art. 22dhb. 14. 17. 18. 21. 24. 25. 30. 38. 82. 91. 102. 300: 469.453-B. Ks. 302.

— Das Leiden unseres Herrn. Betrachtungspunkte für d. heilige Fastenzeit. — Freiburg i. Br. [usw.]: Herder 1901. VIII,166 S. 8° 102. 300: 411.058-B. 302.
15.

— [franz.] Le petit livre des grandes reliques ou manière de faire … le pélerinage de l'ostension solennelle des insignes reliques d'Aix-la Chapelle, Cornélimunster et Borcette. — Aix-la-Chapelle: Barth 1881. 32 S. 8°
1:17 in 4° Du 25.
15.

— Vaticanische Miniaturen. Quellen zur Geschichte d. Miniaturmalerei. Miniatures choisies de la Bibliothèque du Vatican. — Freiburg i. Br. [usw.]: Herder 1893. VIII,59 S., 30 Taf. 4° 1:4° Nv 6305. 2. 4→8. 12:2° Art. 7 u. 14→18. 21. 24. 25. 27. 29. 89. 102. 300:161.024-D.H. 302.
15.

— der Pfingstfestkreis. 1. u. 2. Tl. gr. 8. Ebd. n. 3.50; geb. in Leinw. n. 5.—
1. Betrachtungspunkte f. die Feste des Hl. Geistes, der heiligsten Dreifaltigkeit, des heiligsten Sakramentes u. d. Herzens Jesu. (VIII, 112 S.) 901. n. 1.30; geb. n. 2.—
2. Betrachtungspunkte üb. die Evangelien des 3. bis 24. Sonntags nach Pfingsten. (VII, 211 S.) 901. n. 2.20; geb. n. 3.—

— der Reliquienschrein des hl. Quirinus zu Neuss, hergestellt in den Werkstätten v. August Witte, Goldschmied des hl. Stuhles u. der apostol. Paläste zu Aachen u. im Haag. (12 S. m. 30 Abb. auf 13 Taf.) gr. 4. Aachen (903). (Cremer.) n. 3.—

— Der Reliquienschrein des heil. Quirinus zu Neuss hergestellt in den Werkstätten von August Witte, Goldschmied … zu Aachen. — Aachen [1903]: La Ruelle. 12 S., 12 Taf. 4° 1:4° Cc 16372. 5. 12:4° Art. 8 fe. 38. 91. 300:426.324-C.
15.

— Seelengärtlein. Katholisches Gebetbuch. — Freiburg i. Br.: Herder [1910]. VII,211 S. 8° 302.
15.

— Die Verehrung Unserer Lieben Frau. Betrachtungspunkte für d. Feste d. Gottesmutter sowie für Mai u. Oktober. — Freiburg i. Br. [usw.]: Herder 1902. VII,202 S. 8° 102. 300:419.228-B. 302.
15.

— d. Verehrung U. L. Frau i. Deutschland während d. Mittelalters, s. a. Stimmen aus Maria-Laach.

— Die Verehrung U. L. Frau in Deutschland während des Mittelalters. — Freiburg i. Br. [usw.]: Herder 1896. VI, 154 S. 8° (Stimmen aus Maria-Laach. Erg. Bd 17. Erg. H. 66.) 1:in Bd 3371-17. 2→8. 10. 11. 12:Per. 186 px-Erg. Bd 17. 14. 15. 17. 21. 25. 27→30. 211. 38. 300:393.119-B. Per. Erg. H. 66. 302.
15.

— — Ebd. 1896. VI,154 S. 8°
Aus: Stimmen aus Maria Laach. Erg. Bd. 17. 1896.
302.
15.

— Die Verehrung der Heiligen. Betrachtungspunkte für Feste d. Heiligen. — Freiburg i. Br. [usw.]: Herder 1903. VIII,156 S. 8° 102. 211. 300:426.323-B. 302.
15.

— Die Verehrung der Heiligen und ihrer Reliquien in Deutschland bis zum Beginne des 13. Jahrhunderts. — Freiburg i. Br. [usw.]: Herder 1890. VIII,148 S. 8° (Stimmen aus Maria-Laach. Erg. Bd 12. Erg. H. 47.) 1:in Bd 3371-12. 2→7. 10. 11. 12:Per. 186 px-Erg. Bd 12. 14. 15. 17. 21. 25. 27→30. 38. 102. 211. 300:393.119-B. Per. Erg. H. 47. 302.
15.

— — Ebd. 1890. VIII,148 S. 8°
Aus: Stimmen aus Maria-Laach. Erg. Bd. 12. 1890.
18. 300:85.383-B. 302.
15.

— die Verehrung der Heiligen u. ihrer Reliquien in Deutschland während der 2. Hälfte d. Mittelalters, s. a Stimmen aus Maria-Laach, Ergänzungshefte.

— Die Verehrung der Heiligen und ihrer Reliquien in Deutschland während der zweiten Hälfte des Mittelalters. Freiburg i. Br. [usw.]: Herder 1892. VIII,143 S. 8° (Stimmen aus Maria-Laach. Erg. Bd 14. Erg. H. 54.) 1:in Bd 3371-14. 2→7. 10. 11. 12:Per. 186 px-Erg. Bd 14. 14. 15. 17. 21. 25→30. 38. 102. 211. 300:393.119-B. Per. Erg. H. 54. 302.
15.

— — Ebd. 1892. VIII,143 S. 8°
Aus: Stimmen aus Maria Laach. Erg. Bd. 14. 1892.
18. 300:88.637-B. 302.
15.

— Die Verherrlichung Unseres Herrn Jesu Christi. Betrachtungspunkte für d. Osterzeit. — Freiburg i. Br. [usw.]: Herder 1901. IV,140 S. 8°
102. 211. 300:411.727-B. 302.

— Wallfahrten zu Unserer Lieben Frau in Legende und Geschichte. — Freiburg i. Br. [usw.]: Herder 1913. XI, 513 S. 8° 1:Dv 3194. 2→10. 12:V. SS. 523 g. 14. 21. 25. 26. 27. 30. 38. 300:498.202-B. 302.
15.

— Der Weihnachtsfestkreis. T. 1. 2. — Freiburg i. Br. [usw.]: Herder 1901-02. 8°
1. Betrachtungspunkte für d. Advent u. d. Feste d. Weihnachtszeit. 1901.
2. Betrachtungspunkte für d. Zeit vom Feste d. Erscheinung bis Septuagesima. 1902.
102[∞2]. 300:416.033-B. 302.
15.

Beißenherz, Rohnert, Matschoß, der kleine Katechismus Martin Luthers. Zum Gebrauch in Haus, Kirche u. Schule f. die evangelisch-luther. Kirche in Preußen erklärt. gr. 8. (VII, 255 S.) Cottbus 895. (Gotthold-Expedition.) —85; geb. 1.—

Beissenherz, W. (Red.), s. Haus- und Grundbesitz, Der.

Beissenherz, Wilhelm: Hilfsbuch für den Religions-Unterricht in evang.-luth. Gemeinden. (Verf.: W. Beißenherz.) — Breslau: Dülfer in Komm. 1882. VIII,203 S. 8°
2.

— [Ausz.] Kirchenlieder und geistliche Volkslieder für den Religionsunterricht und besondere festliche Gelegenheiten. — Ebd. 1882. 126 S. 8° 2.
15.

— Die Kredit-Genossenschaften im Bunde der schlesischen Haus- und Grundbesitzer-Vereine nebst … e. Vorbemerkung vom Verbandsdirektor Hartwig. — Berlin 1901: Deutscher Verl. S. 331-356. 8° (Schriften d. Centralverbandes d. städtischen Haus- u. Grundbesitzer-Vereine Deutschlands. N.F. 6,4.) 1:Fd 3480-6,4. 12:Cam. 9mi.
15.

Beissenhirtz, Friedrich August

Beissenhirtz, Frid. August. (geb. Blomberg 6. 5. 1800): De arsenici efficacia periculis illustrata. (Berolini 1832.) (32 S.) 8°
Berlin, Med. Diss. v. 22. Jan. 1823

Beissenhirtz, Johann August: Unsere Sinnesart und unser Benehmen gegen den Nächsten, hat einst Vergeltung zu erwarten. Predigt. — o.O. 1799. 24 S. 8° 23.
15.

Beissenhirtz, Joan. Augustus Ferd. (geb. Lage in Lippe-Detmold 24. 12. 1836): De stricturis oesophagi. Berolini (1860). (32 S.) 8°
Berlin, Med. Diss. v. 30. Juli 1860

Beisser, Dr. Landesgerichtsrat, Wien. 1899 s. *Beisser*, Moritz.

Beisser: Rath, Guter, für Nervenleidende, s. Beisser, André

Beisser, Adolf: 100 Kriegsrätsel. 2. Aufl. — [Stuttgart]: Württ. Landesverein vom Roten Kreuz 1916. 48 S. 8°
1: Krieg 1914–13469². 12: H. Un. App. 587g. 18. 27.
15.

Beisser, André: [Maladies nerveuses, deutsch] Guther Rath für Nervenleidende, oder die Anwendung des Manipulirens. — Quedlinburg [usw.]: Basse 1838. 18 S. 8°
3.

Beisser, Moritz: Die Nova im Berufungsverfahren der Civilproceßordnung. Nebst e. Anh.: Beispiele von Berufungsschriftsätzen mit Anmerkungen. — Wien: Manz 1899. 58 S. 8°
Aus: Allgemeine österreichiche Gerichts-Zeitung. 49. 1898.
300: 406.990-B. 302.
15.

Beisser, W.: Die restaurirte reformirte Kathedral-Kirche zu St. Jacob in Cöthen. — Cöthen: O. Schulze 1876. 119 S. 8°
1: Ss 9574. 3. 14.
15.

— Scheck und Wechsel. Anh.: Text des Scheckgesetzes vom 3. April 1906, RGBl. Nr. 84. — Wien: Manz 1906. 35 S. 8°
Aus: Allgemeine österreichischen Gerichts-Zeitung. 57. 1906.
300: 448.098-B. 302.
15.

Beissert: Observationes de vi et usu praepositionis 𝔷: infinitivis praefixae. 23 S.
Progr. Gr. Glogau ev. 1866.

Beißert, Otto: Ketten und Schwingen. Gedichte aus Krieg u. Gefangenschaft. — Leipzig: Beißert (1920). 51 S. 8°
12: H. Un. App. 1063o. 101.
15.

Beissglas, Adolf: Ein konstitutioneller Klubb. — Berlin: v. Schröter 1848. 8 S. 8°
Beissglas ist vielleicht Pseudonym für Adolf Glassbrenner.
1: Deutsche Flugschr. 1848–10.
15.

Beißinger, Hugo, Medizinalpraktikant a. Bruchsal (Baden): Merkfähigkeits-Prüfungen bei organischen Gehirnerkrankungen. Straßburg i. E. 1907: C. Müh & Cie. (65 S.) 8°
Straßburg, Med. Fak., Ref. Wollenberg, Diss. v. 28. Juni 1907
[Geb. 23. Juli 82 Bruchsal (Baden); Wohnort: Bruchsal; Staatsangeh.: Baden; Vorbildung: Gymn. Bruchsal Reife Juli 01; Studium: Heidelberg 3, München 2, Freiburg i. B. 1, Straßburg 4 S.; Coll. 7. März 07; Approb. 16. Dez. 06.]

Beissinger, Josef: Sammlungen zur Geschichte der Expositur u. der Hofmark Ottenhofen. — Schwaben [1910]: Obb. Volksbote. 95 S., 7 Taf. 8°
12: Bavar. 221nb.
15.

Beissmann, H., ad Luc. 2, 52. Fcft. ad M. 1739. 4.

Beissmann, Paul: Entlarvt. Charakterbild. 2. Aufl. — Recklinghausen [usw.]: Vollmer [1913]. 15 S. 8°
1: N 14.2221. 6.
15.

—— 3. Aufl. Ebd. [1913]. 15 S. 8°
101.
15.

Beissnaachel, Konrad: 'M Stammdischle vunn Hallbrunn seî Raas uff Stuoggert nuff odder lustiche Schwoba-g'schichtla. — Heilbronn: Salzer 1906. 80 S. 8°
1: Yb 9275/650. 8. 24.
15.

Beissner, Hans: Aus dem anatomischen Institut zu Bonn. Die Zwischensubstanz des Hodens und ihre Bedeutung. *Bonn: F. Cohen 1898.* (29 S.) 8° (Aus: Archiv für mikroskopische Anatomie und Entwicklungsgeschichte, Bd 51.)
Bonn, Med. Diss. v. [9. März] 1898

Beissner, Konrad Heinrich: Verzeichniß der Gewaechse, welche im Grossherzoglichen Prinzengarten zu Ludwigslust cultivirt werden. — (Ludwigslust) 1855: (Hinstorff). 66 S. 8°
28.
15.

Beissner, Ludwig: Handbuch der Coniferen-Benennung. Systematische Einteilung d. Coniferen u. Aufzählung aller in Deutschland ... ausdauernden Coniferen-Arten u. Formen mit allen Synonymen, angenommen als Grundlage für d. einheitliche Benennung d. Nadelhölzer in Deutschland. [Nebst] Nachtr. u. Berichtigungen. Folge [1.]2. — Erfurt: L. Möller 1887–92. 8°
Nachtr. 1.2. Beissner: Einheitliche Coniferen-Benennung. 1891–92.
1: Md 10196. 21 [ᵒ Nachtr.] 30 [ᵒ Nachtr.] 102 [ᵒ Nachtr.]
302 [ᵒ Nachtr.] 305 [ᵒ Nachtr.]
15.

Beissner, L., Handbuch der Coniferen-Benennung. Systematische Einteilg. d. Coniferen u. Aufzählg. aller in Deutschland ohne od. unter leichtem Schutz im freien Lande ausdauernden Coniferen-Arten u. Formen m. allen Synonymen, angenommen als Grundlage f. die einheitl. Benenng. der Nadelhölzer in Deutschland vom Kongress v. Coniferen-Kennern u. -Züchtern in Dresden am 12. Mai 1887. gr. 8. (VII, 90 S.) Erfurt 888. Leipzig, H. Voigt. geb. n. 2.—

— Handbuch der Laubholz-Benennung. Systematische u. alphabetische Liste aller in Deutschland ... ausdauernden Laubholzarten u. Formen mit ihren Synonymen ... Bearb. von L. Beißner, E. Schelle, H. Zabel. — Berlin: Parey 1903. VI, 625 S. 8°
1: Md 2661. 11. 12: Phyt. 32us. 24. 23. 30.
15.

— Handbuch der Nadelholzkunde. Systematik, Beschreibung, Verwendung u. Kultur d. Freiland-Coniferen. — Berlin: Parey 1891. XX, 576 S. 8° 1: Oy 12609. 5. 11.
12: Oecon. 218 l. 17. 21. 25. 26. 30. 82. 89. 100. 302.
15.

—— 2., umgearb., verm. u. verb. Aufl. Ebd. 1909. XVI, 742 S. 8° 1: Oy 12609². 2. 5. 11. 15. 26. 30. 302.

Beissner L.: Einheitliche Coniferen-Benennung. Nachträge u. Berichtigungen zu dem Handbuch d. Coniferen-Benennung nebst amtlichem Bericht üb. die Versammlung v. Coniferen-Kennern u. -Züchtern ... Folge (1)–2. Erfurt 1891–92. 32, 33 S. P.

Beissner, L., einheitl. Coniferen-Benennung. 2. Folge d. Nachträge u. Berichtiggn. z. d. Handb. d. Coniferen-Benenng., nebst amtl. Bericht üb. d. Versammlg. v. Coniferen-Kennern u. Züchtern u. üb. d. Versammlg. z. Begründg. e. „Deutschen dendrolog. Gesellschaft" i. Karlsruhe a. 24. Apr. 1892. Lex.-8. (34 S.) Erfurt 892. L. Möller. n. 1.—

— der Straßen-Gärtner. Gründl. Unterweisung zu erfolgreicher Auswahl, Zucht, Pflanzung u. Unterhaltung der für die öffentlichen Straßen u. Schmuckplätze in Deutschland geeigneten Nutz- und Zierbäume. Nach J. Manot bearb. gr. 8. (VI, 164 S. mit 82 Textabbild.) Berlin 887. Paren. n. 3.—

Beissner, L., die Ziergehölze der Gärten und Parkanlagen, s. a. Jäger, H.

BEISSNER, Ludwig: Die Ziergehölze der Gärten und Parkanlagen alphabetisch geordnet. - o. O. 1884

Beisswanger, Programmschau 1870—1882. gr. 8. (25 S.) Tübingen 887, Fues's Verlag. *
Aus: Mathematisch-naturwissenschaftliche Mittheilungen, besonders abgedruckt.

Beisswanger, Konrad

Beißwanger, Konr. (Hrsg.), s. Antichrist, der. Freidenkerkalender f. d. J. 1908.

— Beobachtungen und Erlebnisse aus Deutschland, Oesterreich und Italien. Schilderungen aus meinem Nomadenleben. — Nürnberg: Verf. 1904. 32 S. 8° 29.
15.

—— Ebd. [1905]. 32 S. 8° 12: Biogr. 81 r.
15.

— Freidenker-Biographien. Kurze Lebensumrisse zeitgenössischer Vertreter d. freien Gedankens. — Nürnberg: K. Beißwanger [um 1910]. 24 S. 8°
12: Biogr. C. 29 io. 29.
15.

— Kampflieder a. d. Anfängen d. freirelig. Bewegg, s.a. Freidenker-Bibliothek.

— Kampflieder aus den Anfängen der freireligiösen Bewegung. — Nürnberg: K. Beißwanger [1906]. 16 S. 8° (Freidenker-Bibliothek. 1.) 29.
15.

— Freie Klänge. Taschenliederbuch für d. arbeitende Volk. Nürnberg: Litterar. Bureau [1900]. 63 S. 8°
12: P. o. germ. 89 i. 29.
15.

— Im Lande d. hl. Seen. Reisebilder a. d. Heimat d. Chibcha-Indianer (Kolumbien). (7, 288 m. Abb. u. 7 [1farb.] Taf.) gr8° Ebd. ('11). 6 —; geb. n 7 —; auch in 12 Lfgn zu je — 50 d

— Der Mensch im Mutterleibe und die Stammesgeschichte des Menschen. Nebst e. Anh.: Anthropologische Studien. (3. Aufl.) — Nürnberg: Beißwanger [1902]. 34 S. 8° 24.
15.

[—] Der kleine Pfaffenspiegel. 1. — Nürnberg: K. Beißwanger [1909]. 48 S. 8°
1. Heiligengeschichten, Reliquienüberfluß u. Kirchennot.
29.
15.

— Stimmen der Freiheit. Blüthenlese der hervorragendsten Schöpfungen unserer Arbeiter- u. Volksdichter. — Nürnberg: Litterar. Bureau 1900. VIII, 792 S. 8°
12: P. o. germ. 1420 od. 29. 30.
15.

Beißwanger, Konr., Stimmen der Freiheit. Blüthenlese der hervorragendsten Schöpfgn. uns. Arbeiter- u. Volksdichter. Mit 38 Portr. 2. Aufl. gr. 8. (VIII, 790 S.) Nürnberg 901. Wien, Wiener Volksbuchh. Geb. in Leinw. n. 3. — 1. Aufl. s.a. Stimmen d. Freiheit.

— Von der Amöbe zum Menschen. Eine Wanderung durch Jahrmillionen. — Nürnberg: K. Beißwanger [1907]. 32 S. 8° 12: H. nat. 24 k. 29.
15.

—— (2. Aufl.) Ebd. [1913]. 32 S. 8° 101.
15.

—— 6. Aufl. Ebd. 1921. 24 S. 8° (Licht-Bücher.)
14. 101.
15.

Beisswanger, Konr.: Von d. Amöbe z. Menschen. Eine Wanderg durch Jahrmillionen. (32 m. Abb.) 8° Nürnbg (07). (Lpzg, Leipz. Buchdr.) — 20 d

Beißwanger, Konr., von der Amöbe zum Menschen. Eine Wanderg. durch Jahrmillionen. 4. Aufl. (11.—15. Tausd.) (32 S. m. 14 Abbildgn.) 8. Nürnberg (910). K. Beißwanger. — 20

Beisswanger, Konr.: Von d. Amöbe z. Menschen. Wanderg durch Jahrmillionen. 5. Afl. (32 m. Abb.) 8° Nürnbg, K Beisswanger ('12). — 20 d

— Populär-wissenschaftliche Vorträge. 1. Griechenland, die Heimat klassischer Kunst. 2. Das römische Weltreich. — Nürnberg: Verf. [1904]. 30 S. 8°
12: H. misc. 25 ar [2 Ex.] 29.
15.

Beisswanger, Richard: Physikalisches Experimentierbuch für Knaben. — Stuttgart [usw.]: Union [1910]. VIII, 290 S. 8°
Spätere Auflagen sind in d. Bibliotheken 1, 24, u. 101 vorhanden.
1: N 11. 1713. 24.
15.

Beisswanger, Wilhelm Analytische Behandlung einiger Kurven höherer Ordnung. 4 (42 S., 5 Taf.).
Progr. Realanstalt *Reutlingen* 1887

Beisswänger, Denkschrift üb. die Maul- u. Klauenseuche u. ihre Bekämpfung, s.: Lydtin.

Beisswaenger, Gustav

Beisswänger, Gust.: Wir Christen v. heute. (6, 229) 8° Stuttg., J Engelhorn's Nf. '11. L 3.50 d

Beisswaenger, Gustav:
Amos Comenius. Zu seinem Todestag (18. November). Stuttgart 1906. 8 S. 8°
Aus: Neues Tagblatt. 63. 1906.
24.
15.

— Amos Comenius als Pansoph. Historisch-philosophische Untersuchung. — Stuttgart: Kohlhammer 1904. 101 S. 8°
Erschien auch als Diss. u. d. T.: Beisswaenger: Die Pansophie d. Comenius. Strassburg 1904.
1: Ne 5486/500. 14. 21. 24. 30. 300: 432.595-B. 302.
15.

Beißwänger, Gustav, aus Aalen: Die Pansophie des Comenius. *Stuttgart 1904: W. Kohlhammer.* (101 S.) 8° [F.]
Straßburg, Phil. Diss. v. 1903

— Der Streit d. Gegenwart um d. relig. Unterr. (4, 209) 8° Stuttg., W Kohlhammer '11. 3 — d

Beisswaenger, Hugo

Beisswänger, H: Die Viehseuchenges. etc., s.: Hofmann, F.

Beisswenger, Alfred. Über die Reduktion einiger Anhydride der Bernsteinsäure- und Glutarsäuregruppe zu Lactonen. Diss. Phil. Basel. 54 S. 8. Tübingen, Franz Pietzcker, 1902. [M. 1. —]

Beisswenger, Oscar [Zahnarzt aus Heilbronn]: Zur Histogenese der Cysten in Lymphdrüsen. Zürich 1898. 26 S. 8°.
Zürich. Med. Diss. 1897/98.

Beistand..., s. Beystand.

Über den Beistand bei Einziehung von Abgaben und Vollstreckung von Vermögensstrafen. Vom 9. Juni 1895. (Gareis, Reichsgesetze 195) Giessen 1895

Beistand, Der geistliche, bei Kranken- und Sterbenden ... Linz [1877]. V: *Scheyring*, *Sebastian*. (Guppenberger, Bibliographie des Clerus der Diöcese Linz. Linz 1893. S. 188.)

Beisteiner, Rud.: Prakt. Düngerlehre. (49) 8° Wien, W Frick '11. — 80 d

Beistel, Kolumban: Schola disciplinae religiosa. Id est asceseologia dominicalibus Evangeliis per annum quodammodò accommodata. — Campidonae [usw.]: Stadler & Bartl 1757. 884 S. 8° 2. 5. 21. 25.
15.

— Schola disciplinae religiosa. Id est asceseologia festis sanctorum Evangeliis per annum quodammodò accommodata. — Augustae Vindel. [usw.]: Bartl & Stadler 1759. 576 S. 8° 21.
15.

Beistel, P. F., Columban, schola disciplinae religiosa. 8. Kempten. Kösel. 757.

Beisteuer, s.a. Beysteuer.

Beisteuer, Die freiwillige. Ein Vorspiel. Lemberg 1793. V: *Bretschneider, Heinr. Gottfried.* (KY) (MGT) (WBL)

Beisteuer zur Poesie, Moral und Litteratur. Budissin 1775. V: *Föhrl, Christian Gottlob.* (MGT)

Beiswanger, H. (Red.), s. Leder-Arbeiter-Zeitung.

Beiswenger, Immanuel: Ein Beitrag zur Geschichte der Geburtshilfe. Justine Siegemundin u. ihre Leistungen. — München 1899: Schreiber. 30 S. 8°
München, Med. Diss. v. 1899.

Beit: Über deutsche Auswanderungen u. Ansiedlungen der Compagnie auf Neu-Seeland. s. Beit, John Nicholas.

Beit, Ferdinand: Ueber die Preis-Differenz des in der Hamburger Bank ein- und ausgehenden Silbers. — Hamburg: Perthes-Besser & Mauke 1845. 28 S. 8° 7.
15.

BEIT, Ferdinand (Hamburg): Quanti momenti sit chemia in medicinam. (Titel nach der Urkunde)
17.5.1838 – Urk; F 64
Diss.Ingolst.-Landsh.-Mchn.

Beit, John Nicholas: Ueber Deutsche Auswanderungen und Ansiedlungen der Compagnie auf Neu-Seeland. — Hamburg: [übergekl.:] Nestler & Melle in Komm. 1842. 24 S. 8° 21.
15.

— Auswanderungen und Colonisation. Mit besonderem Hinblick auf die von der Deutschen Colonisations-Gesellschaft beabsichtigte Begründung ihrer ersten Colonie auf den Chatham-Inseln. — Hamburg: Perthes-Besser & Mauke 1842. VI,63 S. 8° 2. 8. 12:H. As. 196. 14. 302 [unvollst.]
15.

Beit, W.: Lieder-Reigen. Schul-Liederbuch für jüdische Schulen. Mit e. Vorw. von Katzenstein. 2. Aufl. — Altona: Verlags-Bureau 1873. VIII,112 S. 8° 1:Ez 16142[2].
15.

BEITEL, JOHANN JOSEPH, Pfarrer zu Kremnitz: Der unermüdet Arbeitsame mit reichester Außbeüth bauende Bergmann, heiliger Franciscus Xaverius in der Berg-Stadt Schembnitz den 3. Dec. 1723 feyerlichst begangen. In kurzer Lobrede. Gedruckt zu Preßburg bey Joh. Paul Royer. 1723. 14 S. - 4°

BEITEL, JOCHAN JOSEPH: Die erstummete Wohlredenheit, oder unversehrt-unauflössliche Verschwigenheit eines heiligen Blut-Zeugens Joannis Nepomuceni. Einer Hochadelich- und zahlreichesten Zuhörer-Versammlung in kurtzer Lob-Red vorgestellet in der königl.-freyen Haubt-Berg-Stadt Crembnitz, den 17. Maij Monaths 1722. Gedruckt zu Preßburg bey Joan. Paul Royer. 1722. 9 f. - 4°

Beitelrock: Geschichte des Herzogthums Neuburg oder der jungen Pfalz. Zs. 178 S.
Progr. Aschaffenb. 1863,1865, 1867.

Beitelrock, Johann Michael: Des Sophokles Antigone im Versmaaße der Urschrift übersetzt. – Titelblatt u. Vorrede ½B. dann S. 1-47.
Progr. Dillingen 1836.

Beitelrock, Johann Michael: Moralisch religiöse Bildung die Grundbildung aller übrigen. S. 2 - 7.
Progr. Neuburg a.d.D. 1827.

Beitelrock, JM, kurzer Entw. e. Theorie d. Beredsamkeit. 8. (332) Dilling. 52, Blättermann. 1. —

Beitelrock, Johann Michael: Kurzer Entwurf einer Theorie der Beredsamkeit nebst einer Mustersammlung derselben. — Dilingen: J. Friedrich 1852. VIII,332 S. 8° 12:L.eleg.g.39m.
15.

Beitelrock, Johann Michael: Geschichte des Herzogthums Neuburg oder der jungen Pfalz. I. Abtheilung. S. III - IV u. 1 - 30.
Progr. Aschaffenburg 1859.

Beitelrock, Joh. Mich., Grundriß der allgem. Geschichte für gelehrte Schulen. Ein frei bearb. Auszug aus des Verf. größerm Werke. gr. 8. (XII und 488 S.) Dillingen 848, Friedrich.

Beitelrock, J. M., Grundriß der allgemeinen Geschichte fur gelehrte Schulen. Ein frei bearb. Auszug aus d. Verf. größerm Werke. 2. Aufl. Dillingen 853. Friedrich. (Blättermann.) gr. 8. (XI, 448 S.) 1 ℳ

— Lehrbuch der allgemeinen Geschichte für Gymnasien und höhere Lehr-Institute. Th.1-3. — Neuburg a.d.D. (3: Augsburg): Prechter (3: Kollmann) 1832-36. 8°
1. 1832. 2. 1833. 3. 1836.
12:H. Un. 24m [2. Ex.]
15.

— — 2., verm. u. verb. Aufl. Th.1-3. Augsburg: Kollmann 1835-49. 8°
1. 1835. 2. 1838. 3. 1849.
12:H. Un. 24o u. 8.
15.

— — 2. Aufl. Th.1.2. Ebd. 1842-49. 8° O
1. 1842. 2. 1849. 12:H. Un. 24oa-1.2.
15.

Beitelrock, Jh. Mch., Lehrbuch der allgemeinen Geschichte für Gymnasien u. höhere Lehr-Institute. 1r Thl. gr. 8. Neuburg a. d. D. 832. (Regensb., Pustet). 18 gℊ

(—) Biblisches Wörterbuch, zugleich Register über die sämmtlichen Ausgaben der heiligen Schriften des alten und neuen Testamentes von Joseph Franz von Allioli. — München: Vogel 1856. VI,345 S. 8°
12:B. g. Cath. 145h-4.
15.

(—) — Ebd. 1858. IV,345,VI S. 8° 102.
15.

Beith, Eduard, Referendar in Hamburg: Die Redhibition des gemeinen Rechts und die Wandelung des Bürgerlichen Gesetzbuchs in ihrer rechtlichen Gestaltung, soweit es sich um die Form ihrer Geltendmachung (Vollziehung) handelt. *Erlangen 1903: Junge & Sohn.* (VII, 66 S.) 8°
Erlangen, Jur. Diss. v. 21. Nov. 1903

Beitl, Beda Josef: Predigt am Patronats-Feste des Privat-Kranken- und Pensions-Institutes für Handlungs-Commis in Wien (Confraternität) gehalten ... 1894. — Wien: Privat-Kranken-Inst. für Handlungs-Commis 1894. 19 S. 8° 302.

Beitler, Wilhelm Gottlieb Friedrich
s. *Andenken*, Zu Beitler's. 1811.

v. Beitler, Wlh. Gtl. Fr., († d. 24. Sept. 1811.) von den Planeten unsers Sonnensystems. Ein handschriftl. Nachlaß. 8. Mitau 811.

Beitlhauser, Theodor

Beitlhauser, Thdr., Beigabe f. das Wichtigste aus der Geschichte, Geographie u. Naturkunde v. Beitlhauser u. Müller. Zusammengestellt f. die Hand des Lehrers. 8. (20 S.) Landshut 892. F. P. Attenkofer. n. — 20

— — neues Heiligthums-Büchlein. Anleitung zu einer verständigen und frommen Feier der Heiligthumsfahrt zu Aachen, Cornelimünster und Burtscheid. Mit Abbild. der vier großen Heiligthümer und der vorzüglichsten Reliquiengefäße. 12. (95 S.) Ebendas. 881.

—— le petit livre des grandes reliques ou manière de faire avec piété le pélerinage de l'ostension solennelle des insignes reliques d'Aix-la-Chapelle, Cornélimunster et Borcette. 12. (32 S. mit 1 eingedr. Holzschn.) Ebendas. 881. *

Veitlhauser, Thdr., u. Karl Müller, das Wichtigste aus der Geschichte, Geographie u. Naturkunde für die Oberklasse einer ungeteilten Volksschule. 8. (66 S.) Landshut 882. Attenkofer. cart. n. — 80

—— u. Karl Müller. Das Wichtigste aus der Geschichte, Geographie u. Naturkunde für die Oberklasse einer ungeteilten Volksschule. 4. u. 5. Aufl. 8. (64 S.) Ebd. 890,92. * — 30

Veitlhauser, Thdr., u. Karl Müller, das Wichtigste aus der Geschichte, Geographie u. Naturkunde f. die Oberklasse e. ungeteilten Volksschule. 7. Aufl. 8. (60 S.) Landshut 900. F. P. Attenkofer. n. — 30

Veitlhauser, Thdr., u. Karl Müller, das Wichtigste aus der Geschichte, Geographie u. Naturkunde f. die Oberklasse der ungeteilten Volksschule. 8. Aufl. (60 S.) 8. Landshut 903. F. P. Attenkofer. n. — 80

Beitrag, s.a. Beiträge

– s.a. Beytrag

Beitrag der eidgenössischen Alkoholverwaltung zum Berichte des eidgenössischen Finanzdepartements über die Anti-Absinthinitiative. (Unterzeichn.: E.W. Milliet.) — Bern 1907. 8 S. 4° (Beilage zu Delegationsbericht 44.) 29.
15.

Beitrag zur Alters- und Invaliditäts-Versicherung der Arbeiter von dem Verein zur Wahrung der wirtschaftlichen Interessen von Handel und Gewerbe. 8°. Berlin, Puttkammer u. Mühlbrecht, 1887.

— angebotener, zu Klopstocks Gesangb. 8. Mietau. 770. Hinz. 3 gr

Ein Beitrag zu dem Kapitel: 'Anliegerbeiträge der Kreuzschanze.' — o.O. [1901]. 16 S. 8° 6.
15.

Ein Beitrag zu dem Kapitel 'Anliegerbeiträge der Kreuzschanze.' (Münster i. W. 1901: Westfale.) (16 S.) 8° [8.] 6

—— zu Coburgs Annalen, a. d. J. 1832. — A. u. d. T.: Oder: Kurze Beschreib. d. Feierlichkn. b. d. hoh. Vermähl. Sr. Durchl. d. regier. Hrn. Herzogs Ernst v. Sachsen-Coburg-Gotha mit Ihro Kgl. Hoh. Marie, geb. Herzogin v. Würtemberg. 8. (8¾ B.) Coburg 833, (Riemann.)

— zu d. Annalen d. Ritterorden. 3 Abthll. M. 1 Kpf. gr. 8. Wien 811. Gräffer. (Leipz., Gräff.) 4 ß 18 gr

Beitrag zu den Annalen der österreichischen Ritter-Orden. Wien 1796—1802. V: *Gräffer, August.* (WBL) »1809« (EB)

Beitrag zur Apologie der Bayerischen Demokraten. 180?. V: *Pelkhoven, Johann Nepomuk Freih. v.* (Kn) (MGT)

— zu e. Apologie d. Mönchsstandes, a. statist. u. religiös. Gründen; aus d. Französ. (v. F. R. Salzmann). 8. Straßb. 783. (Mayrsche B. in Salzb.) 4 gr

Beitrag zur Arbeiter-Wohnungsfrage. M.-Gladbach 1861. V: *Schubarth.* (Ky) (Stam)

Beitrag zur Arbeiter-Wohnungsfrage. (Von Schubarth.) 8°. M.-Gladbach (Hoster) 1861.

—— zur Arbeiter-Wohnungsfrage (von Schubarth). 8. (15 S. mit 1 Tab. in hoch 4.) M.-Gladbach 868, Hoster.

— auch ein, zur Beförder. reiner Sittlichkeit in Predigten rc. 8. Salzb. 801. Mayr. 10 gr

— auch ein, z. Beurtheilung der gegen d. Hrn. v. Brabeck angezettelten Verfolgung rc. gr. 8. Leipz. 799. (Wienbrack). 4 gr

— auch e., zur Verbreitung d. Reichs Gottes auf Erden. In gemeinschaftl. Gelegenh.-Predigten. 8. Bamb. 803. (Wesche in Frankf.) 9 gr

— auch ein, zur Vertheidigung d. heil. kathol. Kirche. Veranlaßt durch die Schimpfpredigt d. Pastors Schmalz zu Neustadt Dresden. gr. 12. Landsh. 829. Thomann. 20 gr

Beitrag zur Aufklärung über den alten und neuen Kalender. 1785.

— zur fortschreit. Ausbildung d. deutschen Sprache; herausg. v. J. H. Campe. 9 Stcke. gr. 8. Braunschw. 795—98. Schulbuchh. 4 ß 12 gr

Beitrag zur Ausbildung einer Infanterie-Compagnie. Von e. älteren Infanterie-Offizier. — Brünn: Selbstverl. 1883. 75 S. 8° 300:61.637-B.
15.

—— zur weiteren Ausbildung der Armenpflege im Königreich Sachsen von einem königl. Friedensrichter. Nebst Anh.: die landwirthschaftl. Armenschulen in der Schweiz von Hartstein. gr. 8. (III, 59 S.) Leipzig 868, (Hinrichs' Sortiment.) *

— z. Ausbreit. d. wahr. Lichts d. Bibel, (v. M. H. Taute, Stark u. Timmel). 4 Quart. 8. Aurich 793. (Vandenhöck u. R. in Götting.) 1 ß 1 gr

Beitrag zur wahren Ausbreit. des Lichts etc., lies: Stracke, statt Stark.

— z. Bau d. Kettenbrücken, welche in d. Mitte mit e. beweglichen Brückentheile z. e. Durchfahrt eingerichtet sind. Mit 2 Steintaf. gr. 4. Erfurt 826. (Leipz. Ind.-Compt.)

Beitrag zum Bau der Kettenbrücken, welche in der Mitte mit einem beweglichen Brückentheile zu einer Durchfahrt eingerichtet sind. — Erfurt 1826: Ritschl v. Hartenbach. 8 S. 4° 91. 300:•69 O 323.

Ein Beitrag zur Beantwortung der Frage: 'den Bau einer Eisenbahn von Zittau nach Reichenberg und den Ankauf der Zittau-Löbauer Bahn Seiten des Staats betreffend'. — Dresden [1852]: Meinhold. 15 S. 8° 14.
15.

Beitrag, ein, zur Beantwort. d. Frage: Lag es nicht in d. Tendenz d. vertrieb. züricher. Erziehungsrathes, die sittl.-religiöse Wirksamkeit d. Volksschule zu untergraben? Den christl. Seelsorgern in d. Schweiz u. vorzugsw. im Kanton Zürich zur Betrachtnahme vorgelegt v. ein. Laien. gr. 8. (1¼ B.) Zürich 840, Orell, Füßli u. Comp.

— zur Beantw. d. Fr.: Ob d. Glaube an Christum, als d. höchsten Geist u. Gott, schriftmäßig sei? (v. J. G. L. Roth.) 8. o. O. (Ansp.) 793. Gassert. 12 gr

Beitrag zur Beantwortung der Frage: Sind wir noch Christen? . . . Cassel 1885. V: *Pestalozzi, Hans.* (Zuwachsverz. d. Bibliotheken in Zürich 1898 ff.)

Beitrag zur Beantwortung der Frage: Sind wir noch Christen? Aus den Lebenserfahrungen und dem Bekenntniß eines Laien. gr. 8. (17 S.) Kassel 885, Kleimenhagen. *

Beitrag zur Beantwortung der Frage: Soll die Eisenbahnstrecke Thörishaus-Peterlingen über Freiburg oder Murten gebaut werden? 1855.

Beitrag zu der Beantwortung der Frage über die Verlegung des Ober-Appellations-Gerichts von Parchim nach Rostock. — Schwerin [1839]: Hofbuchdr. 7 S. 4°
Als Verfasser wird Friedrich Ackermann genannt.
28.
15.

Beitrag zur Beantwortung der Frage: Welches sind die Ursachen der plötzlichen Auflösung aller Disciplin in dem badischen Armee-Corps? (Von Hoffmann.) gr. 8. (16 S.) Karlsruhe 849, Bielefeld. *

Beitrag, Ein, zur Beantwortung der Prägravationsfrage zwischen Dänemark und Holstein. Kiel 1857. V: *Schulze, Theodor.* (A)

Beitrag, ein, zur Beantwortung der Prägravationsfrage zwischen dem Königr. Dänemark und dem Herzogth. Holstein. gr. 4. (32 S.) Kiel 857, [Homann.] *

Beitrag, ein, zur Beantwortung der Prägravationsfrage zwischen dem Königreich Dänemark u. dem Herzogthum Holstein. Kiel 857. Schwers. gr. 4. (32 S.) n. 12 ngr.

— zum Pütterischen rechtl. Bedenken üb. e. merkwürd. Vormundschaftsgesch., (v. J. J. Prehn). Fol. Schwerin 793. Bärensprung. (Wienbrack in Leipz.) 6 gr.

—— zur Belehrung meiner Mitbürger u. Landesleute üb. d. hannov. Verfassungsangelegenheit. Von ****. gr. 8. (2½ B.) Leipzig 839, Otto Wigand.

Beitrag z. Beleuchtung d. Angelegenheiten Basels aus amtl. Quellen. Enth. d. Kommissionsberichte an die Tagsatzung v. Aug. 1832 u. ihre nachher. entscheid. Schlußnahmen. gr. 8. ... St. Gallen, Huber u. Comp.

Ein Beitrag zur Beleuchtung der Flottenfrage (2ff.: Beiträge ... Sonderabdruck von Veröffentlichungen d. Allgemeinen Zeitung). Folge [1]-6. — München 1899-1900. 8° 1: Hz 24769. 3[∞1.3]. 8[∞1.3.4]. 10. 11. 12: 1 = A. hydr. 1510h; 2 = A. hydr. 150 91. 13[∞1]. 21[∞1/3]. 23. 90[∞1.2.4/6].
15.

Beitrag zur Beleuchtung mehrerer gegen die Würt. Stände erschienener Flugschriften und Zeitungsartikel mit besonderer Hinsicht auf die ständische Kasse. Tübingen 1817. V: *Lang, Frdr. Ludwig.* (Kat. der ständ. Bibl. Stuttgart 1907. S. 260.)

Beitrag zur Beleuchtung der Frage über die Befestigung von Wien. Auch von e. Fachmanne. — Wien: Dittmarsch 1867. 45 S. 8° 300: 110.624-B. 302.
15.

Ein Beitrag zur Beleuchtung der Frage über die Führung der Eisenbahn von Wien über Stockerau-Budweis-Pilsen-Karlsbad nach Schwarzenberg-Leipzig. — Prag 1862: Haase. 16 S. 8° 300: 167.881—B.
15.

Beitrag zur Beleuchtung der Frage: ob die in dem Votum des Königl. Preussischen Herrn Commisärs vom 27. Februar dieses Jahrs gemachten Foderungen an die Niederlande in der Wiener Rheinschifffahrts-Convention vom 24. März 1815 begründet sind oder nicht? — o. O. 1818. 48 S. 8° 1: Sa 6515. 12: J. publ. G.925-8.
15

Beitrag zur Beleuchtung der Schulreorganisations-Frage zu Offenbach a. M. Hrsg. von d. Schulcommission d. Gemeinderaths. Abgefaßt ... von e. Fachmann. — Offenbach a. M. 1872: Forger. 20 S. 8° 17.
15.

Beitrag zur Beratschlagung über die Handlungsgrundsätze zur wahren Aufnahme der Länder. Kosmopolis [Rostock] 1771. V: *Faul, August Heinrich.* (Ky) (ML) »2. Ausg. 1775.« V: *Gersdorf, K. A. von.* (Wr)

Beitrag zur Berichtigung der Urtheile des Publikums über die französische Revolution. 1. Theil, ... [Berlin] 1793. V: *Fichte, Johann Gottlieb.* (MGT) (OL) (Schles)

Beitrag zur Berichtigung der Urtheile über das Brownische System, von einem praktischen Arzte. Jena 1797. V: *Jahn, Friedr.* (MGT) V: *Batsch, Aug. Joh. Gg Carl.* (Ky)

Beitrag zur Besprechung über das Wohl der ärmern Volksklassen. 2. Die jetzige Bewegung gegenüber dem historischen Recht. Aachen 1848. V: *Schöller, R.* (CBH)

Beitrag zu den öffentlichen Besprechungen, die Freimaurergesellschaft betreffend. [Unterz.:] M. B. [Dresden 1852: Blochmann.] 4 S. 4° [Kopftit.]
Aufklärungsartikel; verlangt Reform der Frmrei u. empfiehlt zur Aufklärung üb. das Wesen der Frmrei nicht Eintritt in die Logen, sondern Lektüre frmrischer Schriften.

Beitrag z. Bestimm. d. weibl. Erbfolgeordn. in d. Osnabrück. Lehngütern. *Hannover*, Hahn. 808. 8. (4 Gr.)

Beitrag zur genauern Bestimmung der Lehre von dem Gebrauche der Zeiten, besonders in der Lateinischen Sprache. Ratzeburg 1807. V: *Dietz, Johann Christian Friedrich.* (Ky) (MGT)

Beitrag zu den Betrachtungen über Constanz in der Thierzucht. Mit e. Vorw. u. mit Anm. über Innzucht von A. v. Weckherlin. — Stuttgart: Cotta 1860. 34 S. 8°
Erschien zuerst in: Zeitschrift für deutsche Landwirthe. N. F. 10. 1859.
9. 12: Oec. 1854 oc. 24. 30.
15.

Ein Beitrag zur Beurteilung der seit 7 Monaten gegen die Grosse Loge von Hamburg geschleuderten Angriffe. [Unterz.:] [Karl] Wiebe. Harden. 2 Bl. 4°. [Kopftit.]
aus: HL. Mai 1901.
Betr. den Streit mit den 3 altpreuss. Grosslogen wegen der Settegast-Affäre.

Beitrag, Ein, zur Beurtheilung des Domanialstreits. Lemgo 1873. V: *Overbeck, K. E.* (Landesbibl. Detmold. Kat. d. Zugänge 1869—95. Detm. 1896.)

— e., z. Beurteilg d. Kampfes um Port Arthur, s.a Mitteilungen d. Ingenieur-Komitees.

Ein Beitrag zur Beurteilung des Kampfes um Port Arthur. Freie deutsche Bearb. d. Aufsatzes: 'Einiges über Port Arthur u. über d. Organisation e. Festungsverteidigung im allgemeinen', von Timtschenko-Ruban im Wojenny Sbornik, H. No. 3-6, 1905. — Berlin: Bath 1905. 50 S. 8° (Mitteilungen d. Ingenieur-Komitees. 40.)
1: Hu 2880-40.
15.

Kaiserliches Gesundheitsamt. Ein Beitrag zur Beurtheilung [Beurteilung] des Nutzens von Heilstätten für Lungenkranke. Bearb. im Kaiserl. Gesundheitsamte. — (Berlin [1895]: Paul.) 5 S. 4°
2→5. 7→11. 25→28. 50.
15.

Beitrag zur Beurtheilung des Projectes der Winkelried-Commission betreffend Gründung einer Union Winkelried. Basel 1868. V: *Gerkrath.* (Cat. d. Stadtbibl. Zürich. Zürich 1864—97.)

Ein Beitrag zur Beurteilung sozialer Reform-Bestrebungen. Von e. Ravensberger. 〈Vortrag.〉 — Bielefeld: von der Mühlen in Komm. [1909]. 13 S. 8°
1: Fc 5954/18. 15.
15.

Beitrag zur richtigen Beurtheilung des rechtlichen Verhältnisses zwischen dem Miethsmann und dem Hauseigenthümer in Ansehung der Einquartierungslast. Hannover 1808. V: *Müller, Gotthelf Friedrich.* (KGBerlin I, 388)

Beitrag zur richtigen Beurtheilung [Beurteilung] der Streitschrift 'Ein Wort der Abwehr und Rechtfertigung gegen die ... Angriffe auf Bibel u. Christenthum'. — Bremen: Heyse 1844. 16 S. 8°
5.
15.

Beitrag, Ein, zur Beurtheilung der Schrift des Herrn Hofrath Häberlin über die Dienstentlassung des Chur-Hannöverschen Herrn Hofrichters und Landraths von Berlepsch. Hannover 1797. V: *Pape, G. A. W. von.* (PROVBHann 401)

Beitrag zur Beurteilung der Dr. Hasse'schen Schrift: Der neueste Stand der Leipziger Kanalfrage. Hrsg. vom Elster-Saale-Kanalverein zu Leipzig. — Leipzig [1892]: Stephan. 24 S. 8°
14.
15.

Ein Beitrag zur Beurteilung der staatsrechtlichen Stellung des Grossfürstentums Finnland. Die wichtigsten Ergebnisse d. Schrift von Prof. Dr. R. Hermanson: 'Finlands statsrättsliga ställning'. — Leipzig: Duncker & Humblot 1900. VIII, 76 S. 8°
1: Uf 6446. 2. 4. 5. 7. 8. 9. 11. 15. 21. 24→27. 29. 302.
15.

Beitrag zur Beurtheilung d. preuß. Strafgesetzentwurfs in seinem allgem. u. polit. Theile. 12. (4 B.) Jena 843, Hochhausen.

Beitrag, Ein, zur Bitte: Helft doch den Heimathlosen. Aarau 1828. V: *Propst, Jos.* (AARK) (Zuwachsverz. d. Bibl. Zürich 1898 ff.)

Beitrag, e., zur Blindenstatistik. Aus der Tübinger Universitäts-Augenklinik. gr. 8. (23, 26 u. 22 S.) Tübingen 901. F. Pietzcker. n. 2.40

—(brittischer) zum Bau d. Christenthums, aus d. zu London gedruckten Exemplare, (v. Frz. Edw. Chr. v. Aberkas). 8. Halle 765. Waisenhaus-B. 2 ℋ

Beitrag zu Bruchstücken für Josephs II. Lebensgeschichte. Mainz 1790. H: *Faber, Joh. Hch.* (BIBLPORT)

—zu d. Bruchstücken f. Joseph II. Lebensgeschichte. 6 Hefte. 8. Quedlinb. 790. Ernst. 1 ℋ

Beitrag zu den Buchhändler-Maximen. [Leipzig 1799.] V: *Fikenscher, Georg Wolfgang Augustin.* (MGT)

Beitrag z. deutschen Bühne, (v. W. H. Brömel). (Enth.: 1) die buchstäbl. Auslegung; ein Lstspl. in 1 Akt. 3 ℋ 2) Gideon von Tromberg; eine Posse in 3 Akt. 6 ℋ 3) Gerechtigkeit u. Rache; e. Schspl. in 4 Akt. 6 ℋ 4) Stolz u. Verzweiflung; e. Schspl. in 3 Akt. nach Lillo. 4 ℋ) 8. Dessau u. Lpz. 785. a. 791. (Wienbrack). 18 ℋ

Beitrag zu einem zu gründenden Bürger- oder Familienbuch von Basel. Familie de Bary. October 1872. V: *Bary, Fritz de.* (ADB 4, 791)

Beitrag zur Stammtafel von Callenberg auf 'Haus' Callenberg 〈Ober-Kastrop, Bezirk Dortmund〉. — o. O. [um 1900]. 1 Taf. 2°
101.
15.

Ein Beitrag zur Charakterisierung des Protestantismus. Paderborn, Bonif.-Druckerei, 1882, kl. 8°, 10 Bl. (Bonif.-Brosch. Jahrg. 13 Nr. 3.)

— ein, zur Charakteristik d. Deutschthümlerei in Böhmen. 8. (3 B.) Leipzig 846, Kell u. Comp.

Ein Beitrag zur Charackteristik der Lyrik Geibels von C. S. — Nürnberg 1860: Bieling. 23 S. 8°
18.
15.

Beitrag zur Charakteristik und Regierungsgeschichte der Kaiser Josephs II., Leopolds II. und Franz II. Zur Prüfung für die Zeitgenossen und zum Behufe für künftige Historie und Biographen dieser Monarchie. Paris im 8ten Jahre der französischen Republik. V: *Huber, Frz. Xaver.* (Hdschr. Mitth. von Gustav Gugitz, Wien.) V: *Horix Aug. Hermann* (?). (Germ) (Grillp.-Jahrb. 17, 90.) (Zeitschr. f. Büch. 1923, S. 79.) (BIBLPORT)

—— zur Charakteristik bündnerischer Staatsmänner, s. Zur Geschichte der Republik Graubünden.

Beitrag zur Charakteristik bündnerischer Staatsmänner des 16. Jahrhunderts. Sechs Briefe des Ritters Florian Sprecher v[on] Bernegg zu Davos .... — (Lienhard Glarners, Burgers zu Chur,... Erzählung von der Zerstörung des Klosters St. Nicolai in der Stadt Chur Anno 1653 .... — Mémoire sur les Grisons. [Verfasst von] Ulysses *II.* v[on] Sali-Marschlins.) 8. (Chur) *o. J.* [1848/1849].
(Archiv für die Geschichte der Republik Graubünden. Band 1. [Heft] 2.)

Beitrag zur Charakteristik der Hamburger Turnerschaft am Neujahrsmorgen 1862 von einem deutschen Turner in Hamburg. 15 S., 8°.

Beitrag, Ein, zur Charakteristik der Weiber. Frankfurt u. Leipzig 1799. V: *Weyss, Johann Caspar.* (Ky) (MGT)

Beitrag zur Chronik des Affenlandes. V: *Rebsamen.* (Polizei-Archiv des Minist. des Inneren Edl. v. Pergen) (Biblport)

Beitrag zur Chronik des Ortes Hernals. [Wien 1876.] V: *Walchshofer, Franz.* (EB)

— ein, zur Chronik des Marktes Luttenberg als Grenzort der südöstlichen Steiermark. 12. (147 S.) Marburg a/D. 899. (C. Scheidbach.) 2. —

Beitrag zur Chronika von Berlin ... 1781. V: *Cranz, Aug. Friedr.* (Schr) (Ky)

Beitrag zur Dämonologie, oder Widerlegung der exegetischen Aufsätze des Prof. Grimm, von einem Geistlichen. Frankfurt a. M. 1793. V: *Menken, Gfr.* (Roterm)

— zur Dämonologie, od. Widerlegung Grimms exegetischer Aufsätze, (v. .. Menke). 8. Frankf. u. Leipz. 793. 1 ℛ 8 𝒢

Beitrag, Ein, zur Darstellung der Schlacht von Solferino am 24. Juni 1859. Wien 1861. V: *Ramming von Riedkirchen, Wilhelm Freiherr von.* (Pr) (KA) (Kat. d. Bibl. d. k. Preuss. gr. Generalstabes. Berlin 1878.)

Beitrag, Ein, zu Meusels gelehrten Deutschland, s. Beitrag ... Teutschland.

—— zur Domainen-Frage. gr. 8. (16 S.) Oldenburg 849, Schulze'sche Buchh.

— z. Ehrenrettung einer verunglimpften christl. Glaubens- u. Predigtweise. Eine offene Erklärung, veranlaßt durch einen Artikel in der (Rheinwald'schen) Berliner allgem. Kirchenzeitung über ein Hohes Rescript des Herzogl. Consistorium zu Altenburg betreffend die kirchlichen Zustände des Herzogthums, v. e. Prediger Altenburgs, im Auftrage Mehrerer u. im Sinne Vieler seiner Amtsbrüder (von Christ. Wilh. Klötzner). gr. 8. Leipzig 839. Weinedel. n. 1/3 ℛ

—— zur Eisenbahn-Tarif-Reform in Oesterreich von V. K. gr. 8. (55 S.) Wien 874, [Weiske und Comp.] Becker. *

Beitrag zur Entstehungsgeschichte d. neuen Statuts für das Gremium der Wiener Kaufmannschaft. Reflexionen u. Mahnworte mehrerer Wiener Kaufleute an ihre Standesgenossen. gr. 8. (32 S.) Wien 887. Bretzner & Co. n. — 80

Ein Beitrag zur Entwickelungsgeschichte der Leipziger Logen. II. Chorlied zum Club der vier Leipziger Logen am 7. Dezember 1898 im Logenhause Elsterstr. 2 (Leipzig 1898.) 4 Bl. 8°. „Älter als man wohl meinet" ...

Beitrag zu den Erfahrungen über die physische Erziehung der Mädchen von e. Erzieherin. — Danzig: Verf.; Gerhard in Comm. 1836. 40 S. 8° 10.

Beitrag zur Erhöhung des wahren Menschenwerthes als Andeutungen zu dem zu erwartenden Unterrichtsgesetze. Bonn 1869: Carthaus. 8 S. 8° 88, 15.

Beitrag zu den Erinnerungen 1870/71. Prinz Friedrich Heinrich Albrecht von Preußen. Zweite, durch ein Lebensbild des Prinzen ergänzte Aufl.– Berlin 1900. 55 S.

Beitrag zur richtigen Erklärung des Kryptopelagianismus, wie auch der jetzt so gewöhnlichen Worte Toleranz, Menschenliebe, Menschenfreundschaft ... Dessau und Leipzig 1783. V: *Hempel, Christian Gottlob.* (GGr) (Ky) (MGT)

— z. richtigen Erklärung d. Kryptopelagianismus rc. (v. Chr. Glo. Hempel). 8. Dessau 783. Gel.-Buchh. 6 𝒢

Beitrag zur Erläuterung einiger mathematischer, ontologischer und philosophischer Wahrheiten. Amsterdam [Berlin] 1790. V: *Knoblauch, K. von.* (Wr)

—— zur zweckmäßigsten Ernährung des Rindviehes. Bearb. von einer vom Casino für Adelbye, Flensburg und Umgegend eingesetzten Commission. gr. 8. (52 S.) Flensburg 874, (Exped. der Flensburger Norddeutschen Zeitung.) *

—— zur zweckmäßigsten Ernährung des Rindviehes. Bearb. von einer vom Casino für Adelbye, Flensburg und Umgegend eingesetzten Commission. gr. 8. (52 S.) Flensburg 875, (Expedition der Flensburger Norddeutschen Zeitung.) *

Beitrag zur Erörterung der Fragen über das Zoll- und Mauthwesen in den deutschen Bundesstaaten überhaupt, und insbesondere über die Vortheile und Nachtheile, welche aus der Handelsverbindung zwischen dem Königreiche Preußen einer Seits und den Königreichen Baiern und Würtemberg andrer Seits, entstanden sind. — o.O. 1831. 31 S. 8° 12: Bavar. 374m. 15.

Beitrag zur Erörterung der Lehre von der Erbfolge der weiblichen Nachkommenschaft in subsidiarischen Weiberlehen. 1802-03 s. *Baz,* Christian Friedrich.

Beitrag, Erster, zur Geschichte der Kirche und des Hospitals zu St. Jacobi in Görlitz. [Görlitz 1802.] V: *Janke, Johann Christian.* (OL)

Erster und zweiter Beitrag zu der Hensteder Diffamations-Historie. U. St. o. A. 4. P.

— zur Erweiterung d. Gebrauchs der Milch als Volksnahrungsmittel. Hrsg. v. dem Landeskulturrath f. das Königr. Sachsen. gr. 8. (47 S.) Dresden 888. G. Schönfeld's Verl. n. — 50

Ⓑ Beitrag zur Erweiterung d. Gebrauchs d. Milch. 888. (BBL 25.) Jetzt: Dresden, J. Päßler.

Beitrag zu zweyen vom Kand. Snering herausgegebnen komischen Erzählungen. Hamburg 1785. V: *Cranz, August Friedrich.* (MGT) (Schr)

Abhandlung über Colchicin-Houdé. Beitrag zur Experimental-Therapie und vergleichenden Pharmakologie. Vorbeugung und Heilung der Gicht und der Arthritis. — o.O. [um 1900]. 24 S. 8° 17.
15.

Beitrag zur Feier des fünfundzwanzigjährigen Amtsjubiläums des Herrn W. Emmanuel von Ketteler, Bischofs von Mainz, am 25. Juli 1875. — Wiesbaden: Limbarth 1875. 54 S. 8° 26.
15.

Beitrag, ein, zum Feldgeschütz der Zukunft. [Aus: „Archiv f. Artill.- u. Ingenieuroffiziere".] gr. 8. (48 S.) Berlin 894. E. S. Mittler & Sohn. n. — 75

Hamburger Freihafen-Lagerhaus-Gesellschaft. Beitrag zur Festschrift der Wander-Versammlung Deutscher Architecten- und Ingenieur-Vereine in Hamburg 1890. — Hamburg [1890]: Rademacher. 34 Bl. 4° 82.
15.

Beitrag zur russischen Finanzlage. Eine Stimme aus Rußland im Jahre 1859. 1. u. 2. Aufl. Berlin 860. Behr. gr. 8. (63 S.) n. 12 ngr.

Beitrag zur Frage der Düngung mit Knochenmehl. — Wien: K.k. privilegirte Österreichische Länderbank 1900. 8 S. 8°

Beitrag, ein, zur Frage der Einführung des Patentschutzes in der Schweiz, den h. Bundesbehörden gewidmet von einer Anzahl schweizerischer Industrieller. In-8°, 77 S. (ohne Druckort). 1884

Beitrag, ein, zur Frage über die Erweiterung von Mainz. Mit Beziehung auf die Broschüre „Mainz, das Bollwerk Deutschlands und die französische Invasion." Mainz 860. Le Roux in Comm. gr. 8. (22 S.) n. 4 ngr.

— zur Frage der Gehaltserhöhung an den Leipziger Gymnasien. Leipzig 870. Lißner in Comm. 8. (17 S.) n. 5 ngr.

Beitrag, ein, zur Frage der Goldwährung im deutschen Reiche u. zur Demonetisirung d. Silbers. gr. 8. (67 S.) Berlin 880. Puttkammer & Mühlbrecht. n. 1. —

Beitrag, e., zu der Frage: Ist die deutsche Landwirtschaft imstande, bei sich steigernder Bevölkerung Deutschlands Brotgetreide- u. Fleischbedarf zu decken? Kulturgeschichtliche Studie aus dem Gebiete des landwirtschaftl. Vereins Weferlingen. (Von W. Gütte.) (111 S.) gr. 8. Weferlingen 904. Berlin, E. Ebering. n. 1. —

—— ein, zur orientalischen Frage. Der Preßprozeß gegen das „Siebenbürgisch-deutsche Tageblatt" in Hermannstadt. 3. verm. Aufl. gr. 8. (VIII, 68 S.) München 878, Th. Ackermann. * 1. und 2. Aufl. erschienen im Selbstverlag.

Beitrag zur Frage d. Pensionsversicherung d. Privatbeamten. Bearb. v. der Aachener Kommission f. Pensionsversicherg. der Privatbeamten auf staatl. Grundlage. (44 S.) 8. Aachen. (903). (Cremer.) n. — 30

Beitrag zur Frage der Pensionsversicherung der Privatbeamten. Bearb. von d. Aachener Kommission für Pensionsversicherung d. Privatbeamten auf staatlicher Grundlage. — Aachen: La Ruelle [1903]. 44 S. 8°
1: Fe 11194/70. 38.
15.

— Ebd. [1903]. 56 S. 8° 3.

—— ein, zur Frage der Reform des juristischen Bildungswesens in Österreich von einem Praktiker. gr. 8. (16 S.) Wien 886, Manz'sche Hof-Verlags- und Universitäts-Buchh. *

—— e., z. Frage üb. d. Reorganisat. d. Gewerbsch. in Bayern. 8. (23) Münch. 61, (Beck.) *n.* — 4

— ein, zur Frage über die Reorganisation der Gewerbschulen im Königreich Bayern. Von einem Schulmann. München 861. Giel. gr. 8. (23 S.) n. 4 ngr.

Ein Beitrag zur Frage der Vernichtung der Phylloxera. 1898 s. *Bandel*, Alexander.

Ein Beitrag zu den finanziellen Fragen der Gegenwart von L. J. L. — Liegnitz: (Verf.) 1847: Pfingsten. 24 S. 8°
109.
15.

Beitrag, Freimüthiger, zur Geschichte des Österreichischen Militärdienstes, ... Frankfurt und Leipzig 1779. V: *Kuniaczo, von.* (Ky) (MGT)

Beitrag zum deutschen Gesandtschafts-Rechte in freundschaftlichen Briefen. O. O. 1774. V: *Schülin, Joh. Phil.* (Holz)

Beitrag zur neuesten Gesangbuchs-Geschichte, mit e. Vorr. hrsg. von e. Prediger, welcher nicht zum bergisch-lutherischen Klerus gehört. — Duisburg [usw.]: Bädeker 1807. XII, 144, XVI S. 8° 1: El 2110. 9 [unvollst.] 38. 61.

Beitrag zur Geschichte des deutschen Adels. Mit Kpfr. u. Stammbaum. Rottweil 1840. 8.

Beitrag, Ein, zur Geschichte der socialistischen Arbeiterpartei. Zwei Reichstagsreden. 8°. Berlin, Oberhofbuchdruckerei (fingirt). 1882.

Ein Beitrag zu der Geschichte Augsburgs. ⟨Den Neubau e. Theaters betr.⟩ — Augsburg 1873: Reichel. 112 S. 8° 1: Sf 8266.
15.

Zum 20. Dezember 1888. Ein Beitrag zur Geschichte der Leipziger Bank. Leipzig 1888: Giesecke & Devrient. 37 S. 8° [Umschlagt.]

Beitrag zur Geschichte der kriegerischen Begebenheiten im Grossherzogthum Posen im April und Mai 1848. — Berlin: Mittler (1848). S. 167–195. 8° (Militair-Wochenblatt.) 1848, Dec., Beih.
1: in 4° Hu 2305–1848 [u.] in 4° Hu 2305a–1848.
2→9. 11. 14. 17. 18. 21. 209.
15.

Beitrag zur Geschichte des Schlesischen Bergbaues in den letzten 100 Jahren. Festschrift zur Feier des 100jähr. Bestehens des Kgl. Oberbergamtes zu Breslau am 5. Juni 1869. Im Auftr. . . . bearb. von Albert Serlo. — Breslau & Berlin: Ernst & Korn 1869. 155 S. 4° 1.

—— zu ein. Geschichte u. Beschreib. d. luther. Pfarrkirche in Marburg. Nebst e. Anh. d. Universitätsjubiläum betreff. 1. Hft. 8. (5 B.) Cassel 827, (Krieger.)

Beitrag zu einer Geschichte und Beschreibung der lutherischen Pfarrkirche in Marburg ... Marburg 1827. V: *Creuzer, Friedrich.* (Erman & Horn, Bibliogr. der dtsch. Universitäten. 2. Leipz. u. Berl. 1904.)

Beitrag zur Geschichte der Betrügerinn, welche sich für Anna von Cleve, gewesene Gemahlin König Heinrichs VIII. von England ausgab. [Altdorf 1777.] V: *Jäger, Wolfgang.* (will) »1768« (BB)

Beitrag zur Geschichte Lorenzens von Bibra, Fürstbischofs zu Würzburg. [Nürnb. 1791.] V: *Walch, Bernhard Georg.* (MGT)

Beitrag zur Geschichte des Salzburger Buchdruckes und Zeitungswesen. Salzburg 1909. V: *Dumler, Josef.* (Mitt. d. Ges. f. Salzb. Landeskunde LVII, 1917, S. 218.)

Beitrag, Ein, zur Geschichte der Buchdruckerkunst und des Buchhandels ... [Strassburg 1880.] V: *Barack, O.* (cb)

Beitrag zur Geschichte der Bürgermusse in Arensburg. Arensburg 1903: Arensb. Wochenbl. 92 S. 8° 13.
15.

Beitrag zur Geschichte der vormaligen Burggrafen zu Meissen ... Schleiz 1771. V: *Heinrich XXVI Graf Reuss zu Ebersdorf.* (Holz)

Beitrag zur Geschichte der höhern Chemie oder Goldmacherkunde in ihrem ganzen Umfange. Ein Lesebuch für Alchymisten, Theosophen und Weisensteins-Forscher, auch für alle, die, wie sie, die Wahrheit suchen und lieben. Leipzig: [Hilscher] 1785. 8°
Kl. 2666.

Ein Beitrag zur Geschichte hessischer Deputirten-Wahlen. — Mannheim 1847. 8 S. 8°
Aus: Deutsche Zuschauer. 1847.
26.
15.

Beitrag zur Geschichte des ehemaligen Bisthums Dorpat ... Riga 1846. H: *Napiersky, Carl Eduard v.* (R-N)

Beitrag zur Geschichte des Feldzugs von 1806. [München 1862.] V: *Lehmann, Max Ludw. Eduard.* (DD)

Beitrag zu der Geschichte des Feldzuges in Frankreich u. am Rhein 1792 u. 1793. Aus d. militär. Nachlass Friedrich Wilhelms III. 8. Berlin 1846.

Beitrag zur Geschichte des Feldzugs vom J. 1796 in besonderer Rücksicht auf das Schwäbische Corps. Altona 1797. V: *Varnbüler, Ferd. Freih. von.* (Heyd)
248 S.

— zur Geschichte des Feldzugs von 1757. Mitgetheilt durch J. Heilmann. Berlin 854. Mittler u. Sohn. 8. (2 Bl., 63 S.) 12 ngr
Verfaßt von dem 1758 verstorbenen Prinzen von Preußen und dem 4. Bde. der Aretin'schen Beiträge z. Geschichte u. Literatur entnommen.

Beitrag z. d. Geschichte der Feldzüge in Frankreich i. d. J. 1814 u. 1815 in besond. Beziehung auf das Kommando des Kronprinzen von Württemberg.
Stuttgart 1816. Getr. Pag. 2°
Neue Ausgabe s.: Das Kommando des Kronprinzen von Württemberg in den Feldzügen 1814 u. 1815. (3.) Aufl. Mit Atl. Stuttgart 1841.

— zu d. Gesch. d. Feldzüge 1814 u. 15. in Frankreich, in besond. Beziehung auf d. Kommando d. Kronprinzen v. Würtemberg, herausg. v. d. Offizieren d. Würtemb. General-Quartierm.-Staabs. 3 Hefte mit 12 Plan. qu. Roy.-Fol. Stuttg. 818. Metzler. 9 fl

Beitrag zu der Geschichte der Feldzüge in Frankreich in den Jahren 1814 und 1815 in besonderer Beziehung auf d. Commando d. Kronprinzen von Würtemberg, hrsg. von d. Officieren d. Königl. Würtembergischen General-Quartiermeisterstaabs. Mit Kupfern. H. 1–3. — Stuttgart: Metzler [um 1820]. quer-2°
Im Exemplar von 209 sind d. Tafeln gesondert gebunden.
1: Kart. V 32900. 7. 8. 10. 12: 2° 37/5. 14. 15. 24. 209. 300: 180.195 F.
15.

— Beitrag zu der Geschichte der Feldzüge in Frankreich in den Jahren 1814 und 1815 in besonderer Beziehung auf d. Commando d. Kronprinzen von Würtemberg. Mit 12 Kupfern. — Stuttgard [um 1820]: Wallter. 15,26,26 S. quer-2°
Die Tafeln sind gesondert gebunden.
Verschiedene Drucke.
1: 2° Qo 12. 2. 17. 21. 109.

Beitrag zur Geschichte der Frone oder Scharwerk in Baiern. Frankf. a. M. 1798—1800. V: *Rottmanner, S.* (Ky) (MGT) (Schz)

Beitrag zur Geschichte des Infanterie-Regiments Galgótzy Nr. 71. Als Manuscript gedruckt. (Mit 10 Karten.) 8. Wien 1898.

Beitrag zu einer Geschichte der Stadt und des Klosters Geringswalde; ... Leipzig 1777. V: *Bernhardi, Gottfried August.* (MGT)

— zu e. Gesch. d. Stadt u. d. Klosters Geringswalde, (v. Gf. Aug. Bernhardi). (Als 2s Heft d. Nachrr. d. Amts Rochlitz.) 4. Lpz. 784. Müller. 10 gr

— z. Gesch. d. Glaubensreglements, (v. Cph. Fr. Cotta). 8. (Heilbr.) 780. Claß. 4 gr

Beitrag zur Geschichte des menschlichen Herzens ohne Vorrede und Dedication. — [Stuttgart: Metzler] 1780. 236 S. 8°
302.
15.

Ein Beitrag zur Geschichte des 7. Westphälischen Infanterie-Regiments Nr. 56 für das Jahr 1866. Die Verhältnisse beim Detachement des General-Majors Grafen v. Stolberg bis zum Gefecht von Oswiecim (27. Juni 1866). Die Erdrotation als Schießfehlerquelle (Verf.: Darapsky). Des Zündnadelgewehrs Geschichte und Konkurrenten. Die Literatur des Krieges von 1866. — Berlin: Mittler 1867. S. 49-112. 8° (Militair-Wochenblatt. Beih. 1867,3.)
1: Hu 2318-1867,3. 2→11. 16. 17. 18. 24. 29. 209.
15.

Beitrag zur Geschichte der Krappischen Capelle. Breslau 1806. V: *Paritius, Christian Friedrich.* (Kat. d. Druckschr. üb. Breslau. Breslau 1903. S. 251.) (Nent)

Beitrag zur Geschichte des Kelchs in Böhmen. Prag 1817. V: *Dobrowski, Joseph.* (Th)

Beitrag zur Geschichte der katholischen Kirche in Würtemberg seit dem Anfang dieses Jahrhunderts. — Augsburg: Kollmann in Comm. 1842. 36 S. 8°
12: H. eccl. 104h. 21. 24.
15.

Beitrag zur Geschichte der Kirche Petershagens aus dem Jahre 1847. — Minden: Eßmann 1847. 14 S. 8° 6.
15.

— zur Geschichte der Kirche Petershagens a. d. J. 1847. 2. Aufl. 8. (14 S.) Minden 847, Eßmann. 1½ sgr.

Beitrag zur Geschichte der Leipziger Kramer-Innung 1292—1887. Leipzig 1888. V: *Spiegelthal, C. A.* (Kat. d. stat. Bureaus. Dresden 1890.)

— zur Geschichte der Leipziger Kramer-Innung 1292 bis 1887. Enthüllungen zur Beleuchtg. der Ursachen ihrer Auflösg. Ein urkundl. Bericht der klagführ. Gruppe der Genossenschaft. gr. 8. (III, 49 S.) Leipzig 888. (Roßberg.) n. 1.—

Beitrag zu der Geschichte des landschaftlichen Credit-Systems. Ein Auszug aus d. Schlesischen Provinzialblättern. — o. O. 1803. 16 S. 8° 1: Stala 889.
15.

Beitrag zu der Geschichte des landwirthschaftlichen Creditsystems. Ein Auszug aus den schlesischen Provinzialblättern. 8°. s. l. 1803.

Beitrag zur Geschichte des Krieges ... Amsterdam und Cöln [Leipzig] 1807 —1809. V: *Cölln, Georg Friedrich Wilibald von.* (Ky) (Wr)

Beitrag zur Geschichte des gegenw. Krieges zw. d. russ. u. türck. Reiche, Nachrichten von der Schlacht bey Choczim 1769 u. bey Kahul 1770. (208.) 8. M. 3 Pl. Breslau 1771. 1,00.

Beitrag zur Geschichte des Krieges in Preußen, Schlesien und Polen i. d. J. 1806 u. 1807. (Von F. v. Cölln.) Bd 1—4. Mit Krt. Amsterdam 1807. 1808.

Beitrag zur Geschichte des zweiten Schlesischen Krieges. Aus den eigenen Papieren Sr. Excellenz des General-Lieutenants von Nassau. Frankfurt und Leipzig 1780. 8.

Beitrag zur Geschichte der Kriegsbegebenheiten in Kurland im Jahre 1625. [Riga 1804] V: *Recke, Joh. Friedr. von.* (R-N)

Beitrag zur Geschichte der Kunst, oder Verzeichniss der Bildnisse der Nürnbergischen Künstler. Nürnberg 1784. V: *Panzer, Gg Wolfg. Franz.* (BB) (Ky) (MGT) (Will)

— ein, zur Geschichte der evangel. Landeskirche in Preußen während der J. 1890/93, s.: Zeitstimmen, protestantische.

Beitrag zur Geschichte der Liebe. 1778
s. *Abel*, Jakob Friedrich.

Beitrag zur Geschichte der Familie von Mallinckrodt. — Bonn: Georgi 1907. 119 S. 8° 1: S 7161/4.
15.

— ein, zur Geschichte des preuß. Militair-Systems der Gegenwart. (Von Herrm. Drges.) 4. (12 S.) Freiberg 848, Reimmannsche Buchh.

— zur Geschichte Mülhausens i. Els. u. der Entwickelung seiner Industrie. Von *.* Ein Vortrag. Mit e. Situationsplan der Stadt u. ihrer Verkehrsmittel. gr. 8. (20 S.) Mülhausen i/Els. 886. Bufleb's Sort. n. —50

Beitrag zur Geschichte Mülhausens i. Els. und die Entwicklung seiner Industrie. Von *.*. Vortrag. — Mülhausen i. E.: Schick 1886. 29 S. 8° 3. 14. 25.

Beitrag zu einer Geschichte des französischen Nationalcharakters. [Tübingen 1795.] V: *Woltmann, Carl Ludwig.* (MGT)

Beitrag zur neuern Geschichte der Schreib- u. Druckfreyheit. [Leipz. 1783.] V: *Canzler, Johann Georg.* (MGT)

Beitrag zur neuesten Geschichte des F. M. O. in neun Gesprächen mit Erlaubnis meiner Obern herausgegeben. Berlin 1786. H: *Knigge, Adolph Franz Friedrich Ludwig von.* (Kl) (SJL) »Frankfurt a. M. 1786« (Ky)

Beitrag zur Geschichte der Polizeygesetze. [Nürnberg 1798.] V: *Siebenkees, Johann Christian.* (Will)

— zur Geschichte d. Reformation, d. 30jähr. Krieges, d. westphäl. Friedens u. d. Jesuiten. Vom Jahr 1524 b. zu Ende d. J. 1699. A. d. ungedr. Annalen ein. vormal. Reichsstadt in Schwaben bearb. u. bei Gelegenheit d. 3. Secularfestes wegen Uebergabe d. augsburg. Confession hrsg. v. C. J. Wagenseil. 8. (10½ B.) Leipzig 830, (Kayser.)

Ein Beitrag zur Geschichte der Regredient-Erbrechts-Prozesse und zu der Lehre von Nullitäts-Klagen in höhern Instanzen. Zur Prüfung vorgelegt von d. Vertheidiger e. gerechten Sache. — Stuttgart 1819. 47 [vielmehr 53] S. 4°
21.
15.

Beitrag zur Geschichte der Polnischen Revolution und des Dombrowskyschen Feldzuges. 8. s. l. 1796.

Beitrag zur Geschichte der Rindviehseuche im Hannöverschen. Altenburg 776.

— z. Gesch. d. Rindviehseuche im Hannöverschen, nebst zwei Briefen über d. Lentinschen Pulver. 8. Jena 776. (Hennings in Neisse). 4 K

Beitrag zur Geschichte Russlands vom Jahre 1727—1744. Hamburg u. Bremen 1771. V: *Mannstein, Chn Herm.* (EB)

Beitrag zur Geschichte der Dortmunder Schützenfeste. Zur 50jährigen Jubelfeier. — Dortmund: Krüger 1874. 28 S. 8° 38.
15.

— zur Geschichte d. Schwemmsystems. E. Warng. f. alle Stadtverwaltgn. Hrsg. v. Ph. Mittermair, L. v. Bernuth, u. and. Mitgliedern d. internat. Vereines gegen Verunreinigg. d. Flüsse, d. Bodens u. d. Luft. gr 8. (393 S.) Graz 895. H. Wagner. n. 5. —

Beitrag zur Geschichte jüdischer Tartuffe. Eingaben an das ehemalige k. k. Cultusministerium in Wien über die religiösen Zustände der Juden in Oesterreich. Hrsg. von Israel Levi Kohn. gr. 8. (47 S.) (Leipzig 864.) Wien, Herzfeld und Bauer.

Beitrag, Ein, zur Geschichte des Theaters in Bamberg von F. Bamberg 1862. V: *Leist, Friedrich.* (BMarsch 1154)

— ein, zur Geschichte des Theaters in Bamberg von F. (Als Mscr. gedr.) (Verm. und verb. Abdr. aus der Bamberger Zeitung.) gr. 8. (23 S.) Bamberg 862, (Buchner'sche Buchh.) *

Beitrag zur Geschichte des teutschen Theaters. Stück 1—3. Berlin und Leipzig 1776. V: *Bertram, Christian August.* (Ky) (MGT) (GGr)

Ein Beitrag zur Geschichte der preußischen Verfassung. 1867 s. *Bach*, Theodor. 1859.

Beitrag zur Geschichte der allgemeinen Viehseuche in der Mark Brandenburg. (VIII.) Leipzig 767. Hahn. M. 0.40

— z. Geschichte d. Viehseuche in d. Mark Brandenb. 8. Leipz. 767. (Hahn). 3 K

— zur Geschichte der Stadt Villingen mit besonderer Beziehung auf die Wasserbelagerung im Jahr 1634 und die Drangsale, welche die badischen Amtsbezirke Villingen, Donaueschingen, Neustadt, Triberg, Hornberg, Haslach und die württembergischen Oberämter Rottweil, Oberndorf, Tuttlingen, Spaichingen, Sulz u. Freudenstadt um diese Zeit zu erdulden hatten. Aus Archiven und andern Quellen zusammengestellt. (Von N. Schleicher.) Donaueschingen 854. Schmidt in Comm. 8. (XV, 96 S.) 14 ngr

—— z. Gesch. d. Stadt Villingen m. bes. Bez. auf d. Wasserbelagerg im J. 1634. Aus Arch. u. and. Quellen zusammengest. (v. N Schleicher). 8. (96) Freib. 54, Schmidt. n. — 14

Beitrag zur Geschichte der Virilstimmen im Reichsfürstenrathe. Deutschland 1804. V: *Kaufmann.* (Wr)

Beitrag zur Geschichte der Johannis-Loge Wilhelm zur nordischen Treue in Flensburg. Zum 25jährigen Stiftungsfeste, am 10. Mai 1893, den Brüdern gewidmet. — Flensburg 1893: J. B. Meyer. 8 S. 8° 12: H. g. hum. 411 p.
15.

Beitrag zur Geschichte des Königlich Bayerischen 14ten Infanterie-Regiments Zandt aus der Zeit der Unruhen in der Pfalz im Jahre 1849. — Germersheim 1849: Hügenell. 19 S. 8° 12: Bavar. 4080-40. 22. 209.
15.

Beitrag zur Geschichte der Zärtlichkeit. Leipzig 1776. V: *Miller, Johann Martin.* (MGT) (Ky)

Beitrag zu einer deutschen Gewerbe-Ordnung. 8°. Augsburg 1840.

Beitrag für die deutsche Gewerkschaftsbewegung. 2. Aufl. — Hamburg: Jensen 1890. 57 S. 8° 15.
15.

Beitrag zur richtigen und fruchtbaren Gotteserkenntniß nebst Angabe d. Bibelstellen, aus welchen derselbe geschöpft wurde. — Oels [um 1850]: Ludwig. 32 S. 8° 2.
15.

Beitrag zur Rotwellischen Grammatik, oder: Wörterbuch, von der Zigeunersprache, nebst einem Schreiben eines Zigeuners an seine Frau. Frankfurt a. M. 1755. 8. (D.)

Beitrag zur Zumptschen Grammatik, od. Versregeln z. dritten Declinat. u. z. Syntax. Von ein. Gymnasial-Lehrer. gr. 8. (2¼ B.) Königsberg 829, Unzer. Thlr.
Vgl. Beytrag.

Beitrag zu den allgemeinen Grundsätzen der Forstökonomie. Zwickau 1798. V: *Brandenstein, F. W. F. von.* (MGT) »1797« (Ky)

Ein Beitrag zur Herstellung der Valuta in Oesterreich. — Wien: Gerold 1861. 15 S. 8°
1: 4 in 4° Sb 1. 360: 169. 017-B [2 Ex.]
15.

Beitrag zur arzneylichen Hülfe auf dem Lande. Quedlinb. 178?. V: *Krebs, Friedrich Christian Carl.* (ML)

— e., zur Ingenieurtitel-Frage. Bericht üb. die Manifestations-Versammlg. der Wiener Techniker am 22. VI. 1902. gr. 8. (16 S.) Wien 902. (C. Konegen.) n. —30

Beitrag zu Instructionen für die wissenschaftliche Abtheilung der Weltumseglungs-Expedition der k.k. Fregatte 'Novara'. — Wien [1857]: Auer. 46 S. 8°
Aus: Mittheilungen der Kaiserlich-Königlichen Geographischen Gesellschaft. 1. 1857.
302.
15.

Kaufmännischer Beitrag zur Lösung der Schienenstossfrage. 1903 s. *Barschall*, Max.

Beitrag zur Kenntniß [Kenntnis] und Heilung der Colik oder Darmgicht der Pferde. Von e. praktischen Thierarzt. Halle: Waisenhaus 1804. IV, 124 S. 8°
1: Ks 11704. 2. 10. 25.
15.

Beitrag zur Kenntnis der Justizverfassung des Herzogthums Lauenburg. [Lauenburg 1832.] V: *Seestern-Pauly, Friedrich.* (A)

Beitrag, Ein, zur Kenntniss des Kalenders. Zerbst 1793. V: *Stenzel, Balthasar.* (MGT)

Beitrag zur Kenntniss der teutschen Rechtspflege in peinlichen Sachen in dem Churfürstenthum Trier. Wetzlar 1790. V: *Hofmann, Friedrich Wilhelm von.* (Ky) (MGT)

Beitrag zur Kenntniß [Kenntnis] der gegenseitigen Verhältnisse der Gewerbe und des Handels in Würtemberg und Preußen. Einer hohen Ständeversammlung gewidmet. Stuttgart 1833: Wachendorf. 22 S. 8° 21. 24. 15.

Ein Beitrag zur Kenntniß [Kenntnis] bündnerischer Zustände, mit besonderer Rücksicht auf Auswanderung. — Chur: Wassali 1849. 94 S. 8° 1:Rv 4700. 15.

Beitrag zu veränderten Kirchengesängen. Königsb. 1780. V: *Lau, Wilh.* (ML) (Ky)

Beitrag zur Kirchen- und Predigergeschichte der Sechsstadt Görlitz ... 13.—15. Beytr. Görlitz 1798—1806. V: *Hortzschansky, Johann.* (MGT) (OL)

— Nach noch e Klahner zu אישראלס פּיזרקיזהר אוכר גייסם ouder Israels Verkeihr u. Geist. Auch u. d. T.: Parodie, Gedichtches u. prousaische Uffsätz. Vun kahn Jüd' — vun e Gojem. gr. 8. Speyer 832. (Stahel in Würzb.) 16 gr.

— kleiner, zur Berichtigung ein. großen Mißverständnisses. Offene Antwort an die Hrrn. Verfasser d. histor.-polit. Blätter f. d. kathol. Deutschland, v. Verf. d. Schrift üb. d. Allokution Sr. Heiligkeit d. Papstes Gregor XVI. v. 10. Dec. 1837. gr. 8. (5 B.) Hannover 839, Hahn'sche Hofbuchh.

Kleiner Beitrag zur deutschen Bühne von der neuern französischen entlehnt. — Hamburg: Nestler 1802. VI, 204 S. 8°

Darin:

1. Duval, Alexandre: Der Leutnant u. sein Rittmeister [Les Projets de mariage ou les deux militaires, deutsch].
2. Pigault-Lebrun, Charles Antoine Guillaume: Die vergoltene List [Les Rivaux d'eux-mêmes, deutsch].
3. Roger, Jean François: Das Originalgemählde [Caroline ou le tableau, deutsch].

1:Xv 2161/100. 18. 30. 15.

Beitrag, Ein kleiner, zu Fürstenbergs Charakteristik. [Halberstadt 1800.] V: *Fischer, Gottlob Nathanael.* (ML)

Beitrag, Kleiner, zur Geschichte der Physiognomik. O. O. 1779. V: *Schütz, Friedr. Wilhelm von.* (Ky) (MGT)

Beitrag, Kleiner, zur nähern Kenntniss des dermahligen Zustandes der Brittischen Angelegenheiten in dem Indostanischen. Danzig 1779. Ü: *Turner, Sam. Wilhelm.* (Ky) (MGT)

Kleiner Beitrag, ein, zur Kenntnisz des französischen Staats, s. a. Schmettow, Wold. Friedr. 1784.

Beitrag, Ein kleiner, zur Kenntniss des Französischen Staats ... 1784. V: *Schmettow, Woldemar Friedr. Graf von.* (ML)

Beitrag, Kleiner, zu einer Naturgeschichte für Schulen, welcher die Berichtigung mancher Fabeln, Vorurtheile und Aberglauben enthält. Altdorf 1795. V: *Siebenkees, Johann Christian.* (will)

Beitrag, Ein kleiner, zur Untersuchung der Frage: Ob und wie weit es einem weisen Manne ... erlaubt sey, sich zu den Neigungen und Irrthümern herabzulassen? ... Breslau 1791. V: *Hauff, Carl Victor.* (MGT)

— ein kleiner, zur Verwaltungsreform in Oesterreich. Leipzig 864. Friese. 8. (31 S.) 7½ ngr.

Beitrag, Ein, zu den Konsistorial-Begebenheiten im Herzogthum Braunschweig-Wolfenbüttel. [Leipzig 1798.] V: *Wolffram und Wolfframitz, K. J. G. Freih. von.* (MGT)

Beitrag, Ein, zur Kriegsgeschichte des verstorbenen Grafen Wilhelm von Schaumburg-Lippe. Bückeburg [Leipz. 1802]. V: *Schleicher, Franz Carl.* (stri)

Beitrag zur Lüttichischen Criminal-Justitz. 1788. V: *Hofmann, K. F.* (MGT)

Beitrag zur Kritik des revidirten Entwurfes eines Patent-Gesetzes des Deutschen Patentschutz-Vereins. Von e. Industriellen. — (Chemnitz [um 1875]: Pickenhahn.) 10 S. 8° 38. 82. 90. 15.

Beitrag zur Kritik und Ergänzung der Grimm'schen Weisthümer, nebst Öffnung des Zwinghofes Winkel. [Bern] 1890. V: *Schweizer, Paul.* (Cat. d. Stadtbibl. Zürich. Zürich 1864—97.)

Beitrag zur Kritik des Lloyd-Vertrages. — Wien: Stockinger & Morsack 1878. 27,17 S. 8° 300:171.327-B. 302. 15.

— zur Kritik des sog. Nahrungsmittelgesetzes in seiner Anwendung auf den Weinhandel und die Weinproduktion. Mainz: Diemer 1882. 36 S.

Beitrag zur neuesten Teutschen Kritik. Jena 1767. V: *Ludewig, Christoph Friedrich.* (Ky) (ML)

Ein Beitrag zur Kritik des heutigen Reichswahlgesetzes von △. — o.O. [um 1890]. 14 S. 8° 18. 15.

Beitrag zur Kritik der Religionsphilosophie und Exegese unseres Zeitalters. Leipzig 1795. V: *Pölitz, Carl Heinrich Ludwig.* (NN)

Beitrag zur Kritik, der dem Euripides zugeschriebenen Tragödie Rhesos. Heidelberg 1827. V: *Morstadt, Rob. Adolph.* (Hoff) S. a. I, 4594.

—— zur Kritik, d. dem Euripides zugeschrieb. Tragödie Rhesos (Von R. Morstadt.) gr. 8. (5½ B.) Heidelberg 827, Oßwald. [Vereins-Verlag.]

Beitrag zur Kritik der Zollvereins-Gesetzgebung von e. practischen Zollbeamten. — Grimma: Verlags-Comptoir 1845. X,86 S. 8° 14. 18. 28. 15.

Beitrag zur neuesten Kulturbeförderung in Baiern. o.O. 1803.

Beitrag zur Kulturgeschichte d. Ungarn unter den Arpaden. Progr. Oedenburg kth. 1855.

Beitrag zur Kunstgeschichte. [Innsbruck 1825.] S. A. V: *Zoller, Franz Carl.* (Margr) (BiblPort)

Beitrag zur Kurpfuscherei-Statistik. — München 1910: Steinebach. 36 S. 8° 30. 15.

Kurzer Beitrag zur Geschichte der k.k. patriotisch ökonomischen Gesellschaft im Königreiche Böhmen mit Rückblick auf die Thätigkeit und den geistigen Fortschritt derselben während des letzten Decenniums. (Unterzeichn.: Albert Graf Nostitz. Franz Xaver Assenbaum.) — (Prag: Haase 1862.) 34 S. 8° 300: 107.866-B. 302. 15.

Kurzer Beitrag zur Würdigung der Gesellschaft Jesu. (Eine Zusammenstellung von Aktenstücken.) — Luzern: Räber 1844. IV,58 S. 8° 1: Ci 14592. 12: Jes. 1062-7. 15.

Beitrag, Ein, zur Lage und den Organisationsbestrebungen der Hilfsarbeiter im Handelsgewerbe. (Haus-und Geschäftsdiener, Geschäfts-und Rollkutscher, Markthelfer, Packer etc.) Hrsg. vom Vorstand des Verbandes der Geschäftsdiener, Packer u. Berufsgenossen. 8°.
Berlin, Oswald Grauer, 1894.

Beitrag zur Landeskunde Bayerns. Gewidmet d. Besuchern d. IV. Deutschen Geographentages in München 1884 von d. Geographischen Gesellschaft zu München. — [München 1884.] XVII,107 S. 8°
Aus: Jahresbericht d. Geographischen Gesellschaft in München. 8. 1884.
1: Kart. 8° Z 18838. 11. 12: Bavar. 374s. [2 Ex.]. 91. 209. 15.

Beitrag zur deutschen Landstaatsrechtslehre ... Carlsruhe 1786. V: *Brauer, Joh. Nic. Friedr.* (Babb)

Beitrag zur Lebensgeschichte Friedrichs des Großen, welcher e. merkwürdigen Briefwechsel über d. ehemaligen Aufenthalt d. gedachten Königs zu Küstrin enthält. — Berlin: Buchh. d. Königl. Realschule 1788. 40 S. 8°
1: Sv 3500 [u.] 3500a. 2. 3. 14. 18. 28. 15.

Beitrag zum teutschen Lehenrecht, ... Nürnberg 1788. V: *Müller, Christian Gottlieb.* (will) V: *Waldau, Georg Ernst* [?]. (Ky) (MGT)

Beitrag zur Lehre von den Gespenstern und Erscheinungen der Geister, ... [Braunschw. 1752.] V: *Reichard, El. Casp.* (ML)

Beitrag zu der heilsamen Lehre von der allgemeinen Gnade Gottes. Jena 1734. V: *Baier, Johann David.* H: *Schroen.* (Myl)

—— zur Lehre v. d. Injurien u. d. Preßfreiheit, s. Welcker, C. T.

Beitrag zur Lehre vom Magengeschwür. 1852
s. *Baernhoff*, A.

— ein, zu d. Lehre von d. Parochiallasten ꝛc., s.a. Zeitung, juristische, Ergänzungsheft. Nr. 19.

Ein Beitrag zu der Lehre von den Parochiallasten, insbesondere im Fürstenthume Osnabrück. — Lüneburg: Herold & Wahlstab 1834. 34 S. 8° (Juristische Zeitung für d. Königreich Hannover. Erg. H. 19.)
Im Exemplar von 7 fehlt d. Titel d. Sammlung.
7. 11. 17. 23.302. 15.

Beitrag zu den Leichengedichten auf den Tod Marien Theresiens. Wien 1780. V: *Blumauer, Joh. Alois.* (Hdschr. Mitth. von Gustav Gugitz-Wien.) (wallishausser I/47) (BiblPort)

Beitrag zu den Leichengedichten auf den Tod Marien Theresiens. Wien 1781. V: *Blumauer, Joh. Alois.* (Paul Hofmann-Wellenhof: Alois Blumauer, S. 76) (Der österreichische Parnass verspottet in Wort und Bild. Mit einer Einleitung von Richard Maria Werner, Wiener Bibliophilen-Gesellschaft 1912, S. 1)

Beitrag für die Lektüre und das Theater. Riga 1793—95. V: *Schulze, Heinrich.* (R-N) »1794« (Ky)

Beitrag zur gemeinnützigen Lesung der heiligen Schrift. Leipzig 1784—1786. V: *Seyfert, Johann Christian.* (Ky) (MGT)

BEITRAG zu erotischen Liedern, nach bekannten Melodien in geschlossenen Zirkeln zu singen. O. O. 1816. 8°. Höchst selten!

Beitrag zur Liederhistorie, betreffend die Evangelischen Gesangbücher, welche bey Lebzeiten Lutheri zum Druck befördert worden. ... Leipzig 1759. V: *Schöber, David Gottfried.* (Ky) (ML) »1759—1760« (BrMm)

Beitrag, Litterarischer, zu dem historischen Journal für 1775. Göttingen 1776. V: *Eyring, Jerem. Nic.* (Hauptkat. d. Univ.-Bibl. Tübingen. K. S. 45.)

Beitrag zur Litteratur der Schriften, die vom Aberglauben handeln. [Leipzig 1797.] V: *Siebenkees, Joh. Chn.* (MGT)

Beitrag zur Litteratur und zum Vergnügen. Halle 1766. V: *Schirach, Gottlob Benedict von.* (KY) (MGT) (OL)

Beitrag zur berlinischen Litteratur-Geschichte ... Berlin 1781. V: *Cranz, August Friedrich.* (schr)

Ein Beitrag zur Lösung der Dresdner Bahnhofsfrage. Gewidmet vom Bezirksverein rechts der Elbe. Dezember 1889. (Vorr.: Ottomar Lehmann.) — Dresden [1889]: Lehmann. 12 S. 8° 14.
15.

Beitrag, ein, zur Lösung der Bankfrage von A. v. M. gr. 8. (19 S.) Wien 876, Rosner. *

— ein, zur Lösung der Chausseebaufrage f. Ost- u. Westpreußen. gr. 8. (31 S.) Berlin 876. Puttkammer & Mühlbrecht. n — 60

— zur Lösung der Chausseefrage für Ost- und Westpreußen. gr. 8. (31 S.) Berlin 876, Puttkammer und Mühlbrecht. *

Ein Beitrag zur Lösung der Cimabue Frage. 1907
s. *Aubert*, Andreas: Die malerische Dekoration der San Francesco Kirche in Assisi.

Beitrag (Ein) zur Lösung der Dienstbotenfrage. 6. Publication des Allg. österr. Frauenvereins. hoch 4°. Wien, E. Konegen in Komm., 1895.

Ein Beitrag zur Lösung der Triester Eisenbahnfrage. 1896
s. *Bergmann*, H.

Beitrag, Ein, zur Lösung der socialen Frage von einem deutschen Fabrikanten Böhmens. 2. Aufl. 8°.– Warnsdorf 1899.

Ein Beitrag zur Lösung der sozialen Frage. Ein ernstes Mahnwort an die sozialdemokratische Partei. — Nürnberg: Huth [um 1900]. 18 S. 8° 29.
15.

— ein, zur Lösung der Frage über die katholische Tagespresse, s. Tagesfragen, praktische.

Beitrag, Ein, zur Lösung der materiellen Fragen in der Schweiz. Bern 1849. V: *Planta, Andreas von.* (Cat. der Stadtbibl. Zürich. Zürich 1864—97.)

— ein, zur Lösung der materiellen Fragen in der Schweiz. Von einem Mitgliede d. Nationalrathes. gr. 8. (52 S.) Bern 849. Zürich, Schultheß. 1/6 ₰

— zur Lösung der sozialen Fragen. Predigt v. C. B. 8. (16 S.) Stuttgart 882. Buchh. der Evangel. Gesellschaft in Comm. n. — 4

Beitrag zur Lösung der Grund- und Einkommensteuer-Frage in Preußen, von einem Grundbesitzer in der Provinz Sachsen. — Leipzig: Brauns 1849. 15 S. 8° 14.
15.

— ein, zur Lösung der Jagdentschädigungsfrage. gr. 8. (14 S.) Dresden 852, Meinhold & Söhne. n. 2 ngr

Beitrag zur Lösung der Preisfrage: Der Kredit im Handel. 8°. Schaffhausen 1867.

Zur Beherzigung der bayer. Staats-Regierung. Ein Beitrag zur Lösung der von Seiner Majestät König Maximilian II. gegebenen Preisfrage durch Erzielung besserer und wohlfeilerer Biere in Bayern und speziell in München. — München 1849: Franz. 28 S. 8°
12: Bavar. 4080–55.
15.

— ein, zur Lösung der Schulfrage in Hamburg. Hamburg 860. Nolte & Köhler. gr. 8. (16 S.) n. 3 ngr.

— ein, zur Lösung des Welträtsels od. die Hypothese eines Nichtgelehrten. gr. 8. (VIII, 296 S.) Leipzig 893. (Greßner & Schramm.) n. 2. —

Beitrag, Ein medicinischer, zu Nr. 1 im 1sten Stück des Braunschweigischen Journals von 1789. Stendal 1789. V: *Bücking, Johann Jacob Heinrich.* (MGT)

Beitrag, Mein, zur Erörterung der Frage: Wie ist dem durch die Französische Kriegskontribution ausgesogenen Wirtemberg wieder aufzuhelfen. Stuttgart 1796. V: *Kohler, Friedrich Wilhelm.* (MGT)

Beitrag zur Mineralgeschichte von Siebenbürgen ... Nürnberg 1780. V: *Fichtel, Johann Ehrenreich von.* (Trausch)

Beitrag, Ein, z. akadem. Missionsbewegg. Gründg u. Eröffng d. akadem. Missionsvereins zu Tübingen. Hrsg. v. Vorstand. (31) gr8° Rottenburg, W Bader '12. — 35 d

Beitrag zum Nachdenken der Bürgerschaft zu Kiel über die Benutzung ihrer gemeinen Stadt-Ländereien. [Kiel 1796]. V: *Schrader, Ludwig Albrecht Gottfried.* (schles)

Beitrag zu der Nachricht von der Weidenwolle. [Hann. 1768.] V: *Beckmann, Johann.* (MGT)

Beitrag zu den neuesten Nachrichten von dem Bernstein an der Schleswig-Holsteinischen Westküste; ... [Schleswig und Leipzig 1790.] V: *Camerer, Johann Friedrich.* (ML)

Beitrag zum Nachtische für muntere und ernsthafte Gesellschaften. Eine Wochenschrift. Hamb. 1766—1768. H: *Paulli, Wilhelm Adolph,* später *Dreyer, Joh. Matth.* (Jacoby, Die ersten moralischen Wochenschriften Hamburgs, 1888, S. 47.) (schr) (GGr)

Beitrag zur Naturgeschichte des sogenannten Fieks in Fischen. [Hannover 1768]. V: *Beckmann, Johann.* (MGT)

BEITRAG zur Naturgeschichte des Rehwildes, Flugblatt. Druck und Verlag v. Raimann & Godina, Wien. Verboten v. L.-G. Wien, 8. Jänner 1895. § 516. — Auf Hahnreischaft bezüglich?

Beitrag zur Naturhistorie des Chamäleons nach Tesdorpfs davon gegebenen Nachrichten. [Hannover 1767.] V: *Beckmann, Johann.* (MGT)

Beitrag zur Nebeneinanderstellung jugendlicher Charaktere. [Berlin 1783.] V: *Müller, E.* (MGT)

Beitrag, Neuer, zur Geschichte der Zärtlichkeit; eine wörtlich wahre Geschichte. Leipzig 1788. V: *Dillenius, Friedrich Wilhelm Jonathan.* (KY) (MGT)

Beitrag, Neuer, zur Lehrschwesternfrage; Gesuch um Interpretation des Artikels 27 der Bundesverfassung. Eingabe. Luzern 1881. V: *Weibel, Joseph Leonz* & *Alfred Wyss.* (Cat. d. Stadtbibl. Zürich. Zürich 1864—97.)

Beitrag, Neuer, zur natürlichen Magie. Berlin [Nürnberg] 1788. V: *Decremps, Henri.* (WR) V: *Sharp, Jer.* (MP)

— neuer, z. natürl. Magie, ein Leseb. m. Kpf. gr. 8. Berl. 791. (Schneider u. W. in Nürnb.) 14 ℛ

Beitrag, Neuer, zum Nachtische für muntere und ernsthafte Gesellschaften. Hamburg 1766—68. H: *Dreyer, Joh. Matth.* (Jacoby, Die ersten moral. Wochenschriften Hamburgs 1888, S. 47.)

Beitrag, Neuer, zum regelmässigen Theater der Deutschen. Vom Verf. des Postzugs. Wien 1796. V: *Ayrenhoff, Herm. Cornel. von.* (W. Montag, Kornelius von Ayrenhoff, S. 136.) (KY 1/7) (BiblPort)

Beitrag, Neuer, zur Weisheit und Menschenkenntnis. Dessau 1783. V: *Wagenseil, Chn Jac.* (Verlagskat. von J. A. Barth. Leipzig 1880. S. 21.)

— neuer, zur Weisheit u. Menschenkenntniß. 2 Bdchn. 8. Leipz. 783. Barth. 12 ℛ

Oldenburgischer Beitrag zu den Vorarbeiten für die Anlegung eines Kriegshafens an der deutschen Nordseeküste. — Oldenburg 1848: Schulze. 15 S. 8°
6. 7. 30. 45. 302.
15.

Ein Beitrag zur wirtschaftlichen Organisation des österreichischen Proletariats. Aus e. Vortrag, gehalten am 4. Febr. 1896. 2. verm. Aufl. — Wien: Verl. d. Diskussionsklub d. Bucharbeiter in Wien 1896. 14 S. 8°
300: 78.452-B. 302.
15.

Beitrag, Patriotischer, zur Methyologie der Deutschen ... [Göttingen] 1773. V: *Lichtenberg, Georg Christoph.* (GGr) (KY) (Anzeiger f. deutsches Altertum 23, 360.)

— ein positiver, zur Lösung der deutschen Frage. gr. 8. (59 S.) Düsseldorf 862, (Schaub'sche Buchh.)

Beitrag, Practischer, zu der Lehre von der Austragung der L. Reichsstädte. Frankf. u. Leipz. 1775. V: *Rücker, Gg Frdr.* (HOLZ) (Pütter, Litt. des Teutsch. Staatsr. Göttingen 1773—91. IV, 363.)

Beitrag, Praktischer, zu topographischen Vermessungen. Mit Bemerkungen über die Methoden und Formeln des Herrn Delambre und anderer französischer Geometer. Nürnberg 1810. V: *Spaun, Franz von* (Die Bücherstube, V. Jg., S. 232.)

Beitrag zur Oberlausitzischen Presbyterologie. Görlitz 1798. V: *Seifert, Gottlob.* (KY) (OL) (MGT)

— zu einem liberalen Programm für die bevorstehenden Wahlen zum norddeutschen Parlamente. Von einem alten sächs. Liberalen und ehemal. Minister. gr. 8. (16 S.) Dresden 866, Heinrich.

Beitrag zu Oberst Felbers Prozess ... Aarau 1825. V: *Stauffer.* (Cat. der Stadtbibl. Zürich. Zürich 1864—97.) (Doubletten-Anzeiger. 1903. Nr. 7.)

Beitrag zur deutschen Rechtschreibung für Anfänger; oder faßlicher Unterricht, jedes deutsche Wort recht zu schreiben; nebst e. doppelten Regel für d. richtigen Gebrauch d. Dativs u. Accusativs. 2., verm. Aufl. — Helmstädt: Fleckeisen 1793. 32 S. 8°
14.
15.

— 3., verm. Aufl. Ebd. 1796. 32 S. 8°
23.
15.

Beitrag z. Reform d. jurist. Bildungswesens in Oesterreich. Wien 886.

Beitrag zur Churer Reformationsgeschichte. [Bern 1895.] V: *Jecklin, Frdr.* (Cat. d. Stadtbibl. Zürich. Zürich 1864—97.)

Beitrag zur neusten Regierungsgeschichte des Großherzogthums Frankfurt. — Wiesbaden: Schellenberg 1814. 17 S. 8°
16. 21. 24. 30.
15.

Beitrag zum Reichs Post-Reuter. (Altona.) 1759. 4° k. St. 1—101. Es fehlen: St. 32, 47, 48, 60, 61, 63 u. 65.

Beitrag zur Revolutionsgeschichte von Worms von den Jahren 1792—93. Offenbach 1793. V: *Reith, Bernhard von.* (KY) (MGT) (R-N)

—— zur geistl. Rüstung geg. d. Cholera. — Eine Antwort D. M. Luthers auf d. Frage: Ob man vor dem Sterben fliehen möge? An den würd. Hrn. D. Heß, Pfarrhrn. zu Breslau u. an dess. Mitdiener im Evang. Christl. Neu hrsg. v. J. W. Rautenberg. 8. (2 B.) Hamburg 831, (Herold.)

Beitrag zur pfälzischen Schaubühne. — Mannheim: Schwan 1780. 32,20,14 S. 8°
Sondertitel:
1. [Dalberg, Wolfgang Heribert v.]: Cora, ein musikalisch Drama.
2. Danzi, Franz: Cleopatra, ein Duodrama. [Textdichter: Johann Leopold Neumann.]
3. Cannabich, Christian: Elektra, eine musikalische Declamation. [Textdichter: Wolfgang Heribert v. Dalberg.]
1:Yr 7510. 180. 300:624.974-B.Th. 302.
15.

Beitrag zu einer erschienenen Schrift über Staatsverwaltung, ... [Landshut] 1817 [1816]. V: *Porcia, Nicola Graf von.* (MGT)

Beitrag, Schriftmässiger, zu Herrn D. Kleinfelds Entdeckung. 1726. V: *Neumeister, Erdmann.* (Myl)

— e., zur Schulfrage. Beleuchtung der kathol. Rhein.-Westfäl. Schulzeitung, Lehrern u. Geistlichen gewidmet v. J. van L. 8. (114 S.) Crefeld 889. Klein. n. 1.40

Beitrag zu Schulhandlungen. Königsb. 1762. V: *Lindner, Joh. Gotthelf.* (GGr)

Ein Beitrag zur Schulreform-Frage. — (Mainz [1863]: Seifert.) 19 S. 8° 17.
15.

Beitrag zur Sprachkunde. [Nürnb. 797.] V: *Siebenkees, Johann Christian.* (MGT) (Will)

Beitrag zur Statistik der Aktiengesellschaften. Vom eidgenössischen statistischen Bureau = Notice statistique sur les sociétés anonymes.... Separatabdruck aus der «Zeitschrift für schweizerische Statistik», Jahrg. 40, 1904. 18 S. 4. [Bern, Stämpfli & Cie., 1903.]

Beitrag zur Statistik der Klöster des Kantons Freiburg. Sursee 1835. V: *Küenlin, Franz.* (BSchwLk V, 3)

Beitrag zur Statistik der protestantischen Landschulen in Livland aus den Jahren 1851—1862. O. O. 1866. V: *Jung-Stilling, Frdr. v.* (Kat. d. stat. Bureaus. Dresden 1890.)

Ein Beitrag zur Statistik der Lehrerinnenseminare in Deutschland. Materialien zur Beurteilung d. Reorganisationsfrage d. Lehrerinnenbildungswesens in Elberfeld. Ges. u. hrsg. vom Statistischen Amte d. Stadt Elberfeld. (Unterzeichn.: R. Kuczynski.) — Elberfeld: Baedeker 1904. 19 S. 4° 38.
15.

—— zur Statistik d. Preßjustiz u. d. Konfliktwesens im Kanton Zürich. Lex.-8. (4¾ B.) Zürich 830, Orell, Füßli u. Co.

Beitrag zur Statistik der Sparkassen in der Provinz Hessen-Nassau, im Großherzogtum Hessen und im Fürstentum Waldeck. Denkschrift ... gewidmet vom Städtischen Sparkassen-Amt Frankfurt a. M. — Frankfurt a. M. 1906: Voigt & Gleiber. 32 S., 17 Bl. 4°
1:4° Fd 3970/27. 17. 21. 30.
15.

Beitrag zur Statistik der Strafrechtspflege des Kantons Aargau, aus den Jahren 1807 bis 1856. Bearb. von d. Justizdirektion d. Kantons Aargau. — Aarau 1859: Albrecht. 25 S. 4° 16.
15.

Beitrag, Ein, zur Statistik des mittlern Zeitalters, aus der Geschichte der beyden Brüder Ludwig und Heinrich, Landgrafen zu Hessen. [Marburg 1805?] V: *Kopp, U. F.* (BrMm)

'Industrieller Club'. Statistischer Beitrag zu den handels- und zollpolitischen Verhältnissen Oesterreich-Ungarns und des Deutschen Reiches. — Wien: Keiss 1890. 18 S. 4° 27.
15.

—— zu den Streitfragen üb. d. jetz. Gymnasialbildung, neu angeregt v. Lorinser in d. Schrift: Ueber d. Schutz d. Gesundheit auf Gymnasien. gr. 8. (1½ B.) Leipzig 836, Nauck.

Beitrag zum Studium der Frage einen wirklich dauerhaften Frieden herzustellen. Septbr. 1870. (Karte.) Fol. Hamburg 870, Hoffmann und Campe's Verlag.

Beitrag zu den Letztern Tagen der jüngern Dem. M. M. Ch. A***. Hamburg 1775. V: *Rathlef, Ernst Lor. Mich.* (GGr). (Arch. f. Litt. 8, 209.)

Beitrag, Technologischer, zur Kenntniß des Salpeterfrasses an dem Gemäuer und laufenden Schwammes an dem Holzwerke der Gebäude. Tübingen 1788. V: *König, Frdr. Wilh.* (Gatterer, Repert. d. mineral. Litt. Giessen 1798—99. II, 127.)

Beitrag, Ein, zu Meusels gelehrten Teutschland. O.O. 1791. V: *Schröckh, Samuel Jacob.* (MGT)

Beitrag zum deutschen Theater. Leipzig 1759—1768. V: *Weisse, Christian Felix.* (BrMm) (EE) (Ky)

— zum Mannheimer Theater. gr. 8. Manh.... Schwan u. G. 6 ggl

Beitrag zum spanischen Theater. Hamburg u. Riga 1771. V: *Solis, Antonio de, und andere.* H: *Linguet, Sim. Nic. Henri.* Ü: *nicht Gärtner & Zachariä.* (Schüddekopf)

— (Linguets) zum spanischen Theater. Aus d. Französ. (v. K. Chr. Gärtner). 8. Riga 771. Hartknoch in Leipz. 6 ggl

Beitrag zu einem Theaterhandbuch für das Jahr 1799. Berlin [1799]: Unger. 38 S. 8°
1: Yp 3691. 18. 300:623. 423-B. Jh.
15.

Beitrag z. elementaren Theorie der Beugung des Lichtes. 8 S. 8°. Progr. Wien OR. L. 1862.

Beitrag, ein, zur Theorie und Praxis des Anschauungs-Unterrichts. Von einem Elementarlehrer. gr. 8. (46 S.) Leobschütz 874, Rölle.

Beitrag, ein, zur Theorie u. Praxis d. Anschauungs-Unterrichts. Von e. Elementarlehrer. gr. 8. (46 S.) Leobschütz 875. Rölle. — 75

Beitrag zur Toiletten-Lektüre für Töchter edler Herkunft, denen ihre Gesundheit u. Schönheit lieb und werth ist. Rostock 1801. V: *Nolde, Adolph Friedrich.* (BGG)

Beitrag zu einer statistischen Topographie des Teutschmeisterthums. [Nürnb. 1793.] V: *Breitenbach, Paul Anton.* (MGT)

Beitrag zur Uebersicht des Handels und der Handlung, ... [Dresden 1806]. V: *Herklotz, Johann Gottlob.* (MGT)

Beitrag, Ein, zur Salzburger Universitätsfrage ... Salzburg 1885. V: *Helm, Georg.* (Erman & Horn, Bibliogr. d. dtsch. Universitäten. 2. Leipz. u. Berl. 1904.)

—— ein, zur Salzburger Universitätsfrage. Von G. H. gr. 8. (48 S.) Salzburg 885, Oberer's Wwe.
Aus: Salzburger Kirchenblatt, besonders abgedruckt.

Beitrag zu den merkwürdigen Unrechtssprüchen deutscher Juristenfacultäten. — o. O. 1808. 64 S. 8°
1: Ha 12790. 2. 7. 27.
15.

Beitrag zur Untersuchung des Einflusses von Lebensstellung und Beruf auf die Mortalitätsverhältnisse, auf Grund d. statistischen Materials zu Halle a. S. von 1855–74. (Hrsg.: J. Conrad.) — Jena: Dufft 1877. IV, 156 S. 8° (Sammlung nationalökonomischer u. statistischer Abhandlungen d. Staatswissenschaftlichen Seminars zu Halle a. d. S. 1, 2.)
1: Fe 1075-1,2. 2→7. 10. 11. 12: Cam. 122x-1,2. 14→17. 21. 24. 25. 26. 28. 30. 38. 90. 300: 418.290-B. Per. 1,2. 302.

Beitrag zur Untersuchung der Frage über die Hebung deutscher Ostseeküste. Schwerin 1869. V: *Paschen, Frdr.* (Bachmann, Mecklenburg. Güstrow 1889.)

Beitrag zur Untersuchung der Frage über die Hebung der deutschen Ostseeküste. (Aus dem 1. Hefte des 6. Bandes der „Beiträge zur Statistik Mecklenburgs" besonders abgedruckt.) Schwerin 1869.

Beitrag, den Gesang in den Schulen u. Kirchen auf eine leichte u. zweckmäßige Art zu verbessern. Herausg. v. Philaletes. 8. (Zeis, Webel.)

Ein Beitrag zur Verbreitung der stolzeschen Stenographie auf den deutschen Schulen. Hrsg. vom 'Ausschuss für d. Verbreitung d. stolzeschen Stenographie in Schülerkreisen'. — Berlin: A. Richter 1891. 16 S. 8°
1: V 20742.
15.

— ein, z. würdigen Verehrung d. heil. Jungfrau u. Gottes-Mutter Maria, in einer Erklärung d. Lauretan. Litaney. 12. Regensb. 835. (Landsh., Manz.) 1 gr

—— zu dem schleswig-holsteinischen Verein f. bedrängte evang. Gemeinen von ein. Dissentirenden, der aber in d. großen Hauptsache von ganzer Seele consentirt, wie auch darin, daß d. nothleidenden Glaubensgenossen geholfen werden muß (v. L. J. van Rhyn). gr. 8. (4¾ B.) Schleswig 842. (Bruhn.) *-

Beitrag zur neuen Verfassung Deutschlands. Von einem Manne aus dem Volke. Darmstadt (Küchler) 1848. II, 14 S. 8°.

Beitrag zur Verfolgung einzelner Fragen unseres Dörptschen Burschenstaats. Dorpat 1882. V: *Kiparsky, Woldemar Victor.* (Erman & Horn, Bibliogr. d. dtsch. Universitäten. 2. Leipz. u. Berl. 1904.)

Ein Beitrag zur Vermittelung der politischen Gegensätze in Preußen. — Naumburg a. S.: Domrich in Komm. 1862. 34 S. 8° 38.
15.

—— ein, zum Verständniß der römischen Stein-Inschriften. (Von Wiesenfeld.) gr. 8. (3⅛ B.) Prag 844. (Grätz, Dirnböck.)*

Beitrag zum Verzeichniss der jetztlebenden Teutschen Schriftstellerinnen. [Fulda 1789—1792.] V: *Schmid, Christian Heinrich.* (ML)

Beitrag zur Volksbibliothek. Kempten 1806. V: *Wagenseil, Christian Jacob.* (MGT) (Ky)

Beitrag zu den Vorstadt-Anlagen aus America. [Riga 1821.] V: *Bulmerincq, Johann Valentin von.* (R-N)

Weiterer Beitrag zur Frage Raddampfer oder Kettenschifffahrt. — (Frankfurt a. M. [1880]: Körber.) 10 S. 8°
30. 38.
15.

Beitrag, Ein weiterer, zu den Studien über Sanitäts-Züge. Wien 1890. V: *Mundy, Jaromir Freih. v.* (Verz. d. Büchersamml. d. Friedr.-Wilh.-Inst. Berl. 1890.)

Ein Beitrag zur Wettbureaufrage. — (Berlin [um 1905]: Grunert.) 27 S. 8° 1: Stala 890.

Beitrag, Wichtiger, zur Geschichte des zweyten und folgenden Septembers und der neuesten französischen Revolution, ... Frankfurt und Leipzig 1793. Ü: *Jourgniac Saint Méard, François de.* (BrMm)

Beitrag, wichtiger, zur Geschichte unserer Zeit. Aus einem Schreiben des Frhrn. v. Liechtenstern an e. deutschen Staatsmann über einen dem Kaiser Napoleon 1812 vorgel. merkwürd. Plan zum Feldzuge gegen Rußland. Leipzig ... (Melzer.) ⅛ gr

— wichtiger, zur Gesch. unserer Zeit. Aus e. Schreiben des Frhrn. v. Liechtenstern über e. d. K. Napoleon 1812 vorgelegten Plan z. Feldzug gegen Rußland. 8. Berlin 825, Bureau für Lit. u. Kunst.

— wichtiger, zur Gesch. unserer Zeit. Aus e. Schreiben d. Frhrn. v. Liechtenstern über e. d. K. Napoleon 1812 vorgelegten Plan z. Feldz. gegen Rußland. 8. Berl. 825. 6 gr (Leipz., Wolbrecht). Hbg. Pr. 3 gr

Beitrag, Ein, zur Widerlegung der Schimäre von den materiellen Ideen. Bützow 1776. V: *Reinhard, Adolph Friedr. von.* (Ky) (ML)

Beitrag zu der Wissenschaft über Aus- und Einfuhr der Waaren, Materialien und Produkte. [Dresden 1806.] V: *Herklotz, Johann Gottlob.* (MGT)

Beitrag zur Wissenschaft das Leben zu geniessen. Kreuznach [1797]. V: *Breitenstein, J. G.* (EB)

Ein Beitrag zur Wohnungsfrage. — Paderborn [usw.]: Schöningh 1898. S. 98–112. 8° (Broschüren-Cyclus für d. katholische Deutschland. 33,7.) 1:Di 6101–33,7. 0.
15.

Beitrag zum ehstnischen Wörterbuch. [Pernau 1814.] V: *Masing, Otto Wilhelm.* (R-N)

Beitrag zur Würdigung des Anspruchs der Krone Sachsen an das Fürstliche und Gräfliche Gesammthaus Schönburg wegen einer besonderen Leistung zur Unterhaltung des Königlich Sächsischen Bundescontingents. — o.O. [um 1825]. 19 S. 8° 1:3 in Sr 10618. 15.
15.

—— zur Würdigung des Entwurfs ein. Verordnung üb. Ehescheidung, vorgelegt von d. Ministerium f. Revision der Gesetze, im Juli 1842. 8. (2 B.) Breslau, Gosohorky's Buchh.

Beitrag zur richtigen Würdigung des Standpunktes der luth. Zionsgemeinde in Hamburg. — Hamburg: Oncken in Comm. 1867. 19 S. 8° 18.
15.

— zur unpartheiischen Würdigung des evangelischen Bischofs Dräseke. Ein Sendschreiben an den Herrn G. v. C. von einem sächs. Geistlichen. 8. Sangerhausen 841, Rohland. Halle, Coldig'sche B. 1/4 ℳ

Beitrag zur Würdigung der Wirren im Judenthume. Leipzig 1845. V: *Mieses, Fabian.* (FB)

—— zur Würdigung d. Wirren im Judenthume v. J. M....s. gr. 8. (5 B.) Leipzig 845. (C. L. Fritzsche.)

Beitrag zu den Zeichen des Croups ... Moskau 1818. V: *Sutamilli.* (EngM)

Beitrag zur Civil-Baukunst. Frankfurt a.M., 1796.

—— zur Civillisten-Frage. gr. 8. (10 S.) Oldenburg 840, Schulze'sche Buchh.

Beiträge, s.a. Beitrag

Beiträge, s.a. Beyträge.

— 8, zur Geschichte d. preußischen Heeres, s.: Mittheilungen aus d. Archiv d. königl. Kriegsministeriums.

— noch acht, zur Gesch. Aug. v. Kotzebue's u. K. L. Sand's. gr. 8. Leipz. 821. Brockhaus. 16 𝔤𝔤

Noch acht Beiträge zur Geschichte August v. Kotzebues und C. L. Sands, Aus öffentl. Nachr. zsgest., Mühlhausen 1821, 95 S., 8°.

Aktenmäßige Beiträge zur unpartheiischen Würdigung der neuesten Vorgänge und Zustände in Stuttgart und Ludwigsburg. Mit einem Vorworte. Frankfurt 1849. XXV 16 S. 8.

Beiträge und Aktenstücke zur Reformationsgeschichte von Kronstadt. Kronstadt 1865. V: *Trausch, Jos.* (Trausch IV, 216)

Beiträge zur Akustik und Musikwissenschaft hrsg. von Dr. Carl Stumpf, Prof. zu Berlin. H. 1. *Leipzig: J. A. Barth 1898.* 8° [94. 1030]

C[arl] Stumpf: Konsonanz und Dissonanz. *Leipzig: J. A. Barth 1898.* (VI, 108 S.) 8°
— Beiträge z. Akustik u. Musikwissenschaft. H. 1. [94. 1030]

Beiträge zur Akustik u. Musikwissenschaft, hrsg. v. Carl Stumpf. 1. u. 2. Hft. gr. 8. Leipzig 898. J. A. Barth. n. 8. 60
1. (V, 108 S.) n. 3. 60. — 2. (III, 170 S.) n. 5. —.

Beiträge zur Akustik u. Musikwissenschaft, hrsg. v. Carl Stumpf. 3. Hft. gr. 8. (IV, 147 u. 11 S. m. 9 Taf.) Leipzig 901. J. A. Barth. n. 6. 50
Hft. 1 u. 2 Ebd. 893. n. 8. 60.

— z. Akustik u. Musikwissensch., hrsg. v. Carl Stumpf. 4—6. Heft. gr8° Lpzg, JA Barth. (1—6: 31.60)
4. (4, 182 m. 3 Taf.) '09. 6.50 | 5. (6, 167) '10. 5 — | 6. (165) '11. 5 —

— allerneueste, zur vollständigsten Jesuitengeschichte. Aus Urkunden. 8. Augsb. 816. Wolff. 5 𝔤𝔤

Beiträge, Ältere und neuere wöchentliche, zur Geschichte der Gebräuche und Sitten, der Kunst und Natur. Zürich 1784—1785. H: *Meister, Leonhard.* (MGT) (Adel)

— ältere, zur Physiologie der Sinnesorgane, in Neudrucken u. Übersetzgn. hrsg. v. Arth. König. I. 8. Hamburg 892. L. Voss. Geb. n. 2. 50
Das Augenleuchten u. die Erfindung des Augenspiegels, dargestellt in Abhandlgn. von E. v. Brücke, W. Cumming, H. v. Helmholtz u. C. G. Theod. Ruete. (X, 154 S. m. 12 Abbildgn.)

Ältere Beiträge zur Physiologie der Sinnesorgane in Neudrucken und Übersetzungen hrsg. von Arthur König, Prof., Berlin. 1. Hamburg & Leipzig: L. Voss 1893. 8° [93. 38 10

Beiträge zur Altertumskunde, mit besonderer Rücksicht auf das Morgenland.
H.1.–
Berlin 1819 – . 8°

Beiträge zur nordischen Alterthumskunde. Hrsg. von d. Vereine f. lübeckische Geschichte. 1. Hft. A. u. d. T.: Opfer u. Grabalterthümer zu Waldhausen. Hrsg. von K. Klug, nach Zeichn. v. J. A. Spetzler. gr. 4. (2 1/2 B. u. 7 Stnt.) Lübeck 844. (v. Rohden'sche Buchh.) *

Beiträge zur schlesischen Alterthumskunde. Dem Vicepräses des Vereins für das Museum schlesischer Alterthümer, Herrn Geh. Medicinalrath Professor Dr. Goeppert, gewidmet zu seinem 50jährigen Doctorjubiläum am 11. Jan. 1875. — Breslau 1875 S. 224–246. 4°
Aus: Schlesiens Vorzeit in Bild u. Schrift. 2. 1875.
2. 14.
15.

— Breslau 1875: Nischkowsky. 24 S. 4°
12:4° Zool. 78r/1.
15.

— z. vaterländischen Alterthumskunde. Herausg. v. d. Sächs. Vereine z. Erforschung vaterländ. Alterth. z. Leipzig. 1r Bd. M. 7 Steint. gr. 8. Leipz. 826. W. Vogel. 21 𝔤𝔤

Beiträge zur vaterländischen Alterthumskunde, herausg. vom Verein zur Erforschung vaterländischer Alterthümer zu Leipzig. Bd. 1. Mit Tafeln. Leipzig 1827. 8.

Amtliche Beiträge zur Statistik der Staatsfinanzen des Großherzogthums Baden. — Karlsruhe: C. F. Müller 1851. XI, 392 S. 4° 1:4° Si 1678.
12:4° Germ. sp. 34t. 14. 16. 17. 21. 24. 25. 30. 302.
15.

Beiträge zur Analyse der Gesichtswahrnehmungen, hrsg. v. F. Schumann, s.a. Studien, psychologische.

Beiträge zur Analyse der Gesichtswahrnehmungen, hrsg. von Prof. Dr. F[riedrich] Schumann. H. 1. *Leipzig: J. A. Barth 1904.* 8°
— **Studien**, Psychologische. Abt. 1, H. 1. [04. 1900]

— zur Anatomie u. Embryologie, als Festgabe Jacob Henle zum 4. April 1882 dargebracht v. seinen Schülern. Imp.-4. (V, 222 S. m. eingedr. Holzschn. u. 24 Steintaf.) Bonn 882. Cohen & Sohn. n. 40. —

Beiträge zur Anatomie und Histologie. 1. Hft. St. Petersburg: Röttger 1878. 8°

— zur Anatomie u. Histologie. Hrsg. v. Th. Landzert. 2. Hft. gr. 8. (VII, 122 S. m. 1 Holzschn.- u. 2 Steintaf.) St. Petersburg 878. (Röttger.) n. 4. —; (1. u. 2.: n. 9. —)

Beiträge zur pathologischen Anatomie. Mittheilungen aus dem k. k. pathologisch-anatom. Institut der Universität Prag, hrsg. v. E. Klebs. 1. u. 2. Hft. gr. 8. (V, 66 u. 184 S.) Prag 878. 80. Dominicus. n. 5. 20

Beiträge zur pathologischen Anatomie. Herrn Obermedizinalrat Professor Dr. Otto Bollinger zur Feier seines 60. Geburtstages gewidmet von E. Albrecht [u. a.] — Wiesbaden: Bergmann 1903. 157 S. 4°
1:4° Ic 2629/46. 3. 5. 7. 12:4° Path. 33n. 15. 16. 27. 302. 15.

—— zur pathologischen Anatomie und klinischen Medicin. Ernst Leberecht Wagner zum 20. December 1887, dem 25jähr. Gedenktage seiner Ernennung zum ordentl. Professor gewidmet von seinen Schülern. gr. 8. (IV, 320 S. mit 7 Abbild. im Text und 7 Taf.) Leipzig 887, F. C. W. Vogel. *

Inhalt:
Birch-Hirschfeld, T. V., über das Verhalten der Leberzellen in der Amyloidleber. (Mit 1 Taf.) — Heubner, O., ein paradoxer Fall von infantiler progressiver Muskelatrophie. — Vierordt, Osw., über Combination von Struma und Laryngitis hypoglottica. — Volkmann, Rud., Beitrag zur Lehre vom Gliom und der secundären Degeneration des Rückenmarks. (Mit 2 Taf.) — Braun, Heinr., über einen eigenthümlichen Fall von combinirter systematischer Erkrankung des Rückenmarks und der peripheren Nerven. (Mit 2 Taf.) — Neelsen, F., über spontane Ruptur des Herzens durch Verschluss der Coronararterie und hämorrhagischen Infarct des Herzmuskels etc. — Sänger, M., die Rückbildung der Muscularis des puerperalen Uterus. (Mit 2 Taf.) — Lenhartz, H., experimentelle Beiträge zur Kenntniss der Vergiftung durch chlorsaure Salze. — Landmann, A., zur Aetiologie des Diabetes mellitus. — Riemer, B., Diphtherieerfahrungen. — Strümpell, Adf., zur Aetiologie der spinalen Kinderlähmung (Poliomyelitis acuta). — Schulz, Rich., klinische Irrungen. Ein Beitrag zur Geschwulstlehre. — Barth, Otto, multiple Abdominalsarkome bei einem 3½jähr. Mädchen. — Scheube, B., über parasitäre Hämato-Chylurie. — Schotten, Ernst, über die Behandlung des eklamptischen Anfalls durch Carotidencompression. — Lüttich, B., über Scharlachangina. — Beneke, Rud., ein Fall von unsymmetrischer Diastematomyelitis mit Spina bifida. (Mit 6 Zinkogr.) — Schmidt, Heinr., über das Verhalten des Herzens bei Aneurysmen der Aorta. — Baelz, E., zur Lehre von der Ueberanstrengung des Herzens.

Beiträge zur pathologischen Anatomie und zur allgemeinen Pathologie, s. Beiträge zur pathologischen Anatomie und Physiologie. Bd. 3 ff. 1888 ff.

— zur pathologischen Anatomie u. Physiologie. Hrsg. v. Ernst Ziegler in Verbindg. m. C. Nauwerck. 1. Bd. gr. 8. (III, 418 S. m. 15 Steintaf.) Jena 884. 86. Fischer. n. 17. —

— zur pathologischen Anatomie u. Physiologie. Hrsg. v. Ernst Ziegler u. C. Nauwerck. 2. Bd. 3 Hfte. gr. 8. (IV, 524 S. m. 8 eingedr. Abbildgn. u. 16 Taf.) Jena 887. 888. Fischer. n. 18. 40
1. (S. 1—171 m. 11 Taf.) n. 9. —
2. (S. 173—289.) n. 2. 40
3. (IV u. S. 291—524 m. 8 eingedr. Abbildgn. u. 5 Taf.) n. 7. —

Fortsetzung davon:
Beiträge z. pathologischen Anatomie u. z. allgemeinen Pathologie. Hrsg. v. Baumgarten, Bendz, Birch-Hirschfeld etc., red. v. E. Ziegler u. C. Nauwerck. Verantwortl. Hrsg.: Ernst Ziegler. 3. Bd. 5 Hfte. gr. 8. Jena 888. Fischer. n. 21. 50
1. Mit 11 lith. Taf. u. 5 Abbildgn. im Text. (188 S.) n. 8. —
2. Arbeiten aus dem pathologischen Institute zu Bologna Hrsg. v. G. Tizzoni. Mit 4 lith. Taf. (S. 189—276.) n. 4. —
3. Arbeiten aus dem Stadtkrankenhause zu Dresden. Hrsg. v. Neelsen. Mit 7 lith. Taf. u. 1 Abbildg. im Text. (S. 277—342.) n. 4. —
4. Arbeiten aus dem pathologischen Institute zu Königsberg i. Pr. Ausgeführt unter Leitg. v. P. Baumgarten. (S. 343—421.) n. 2. 50
5. (IV u. S. 423—484 m. 3 Taf.) n. 3. —

— dasselbe. 4. Bd. 5 Hfte. gr. 8. Ebd. 889. n. 28. —
1. Arbeiten aus dem pathologischen Institute zu Marburg Hrsg. v. Marchand. 1. Hft. (66 S. m. 4 Taf.) n. 4. —
2. (S. 67—124 m. 3 Taf.) n. 3. —
3. Beiträge zur Aetiologie u. pathologischen Anatomie der Endocarditis. Von A. Weichselbaum. (S. 125—222 m. 1 Taf.) n. 3. —
4. (S. 223—481 m. 9 Holzschn. u. 8 Taf.) n. 10. —
5. (IV u. S. 485—592 m. 9 Taf.) n. 8. —

— dasselbe. 5. Bd. 3 Hfte. gr. 8. Ebd. 889. n. 23. —
1. (S. 1—216 m. 16 eingedr. Abbildgn. u. 5 Taf.) n. 9. —
2. 3. (IV u. S. 217—524 m. 2 Abbildgn. u. 13 Taf.) n. 14. —

— dasselbe. 6. Bd. 5 Hfte. gr. 8. (462 S. m. 4 Abbildgn. u. 13 Taf.) Ebd. 889. n. 23. 60

— dasselbe. 7. Bd. 4 Hfte. gr. 8. (IV, 667 S. m. 29 lith. Taf. u. 16 Textabbildgn.) Ebd. 890. n. 30. 40

— dasselbe. 8. Bd. gr. 8. (1. Hft. 244 S. m. 1 Textabbildg. u. 10 Taf.) Ebd. 890. n. 25. —

— dasselbe. 9. Bd. gr. 8. (1. Hft. 240 S. m. 3 Textabbildgn. u. 10 Taf.) Ebd. 890. n. 25. —

Beiträge zur pathologischen Anatomie u. zur allgemeinen Pathologie. Hrsg. v. Baumgarten, Bendz, Birch-Hirschfeld etc., red. v. E. Ziegler. 10.—16. Bd. gr. 8. Jena 891—894. G. Fischer. à Bd. n. 25. —
10. Bd. 5 Hfte. (558 S. m. 19 lith. Taf.) — 11. Bd. 3 Hfte. (406 S. m. 15 lith. Taf.) — 12. Bd. 4 Hfte. (594 S. m. 16 lith. Taf.) — 13. Bd. 4 Hfte. (642 S. m. 16 lith. Taf.) — 14. Bd. 3 Hfte. (480 S. m. 9 Taf.) — 15. Bd. 3 Hfte. (632 S. m. 13 lith. Taf.) — 16. Bd. (1. u. 2. Hft. S. 1—330 m. 6 lith. Taf.)

— z. patholog. Anatomie u. z. allgem. Pathologie. Hrsg. v. Baumgarten, Bendz, Birch-Hirschfeld etc., red. v. E. Ziegler. 17.—24. Bd. gr. 8. Jena, G. Fischer. à n 25. —
17. (IV, 654 S. m. 15 Taf. u. 25 Textabb.) 895.
18. (IV, 655 S. m. 14 Taf. u. 12 Textabb.) 895.
19. (IV, 687 S. m. 12 Taf. u. 17 Textabb.) 896.
20. (IV, 560 S. m. 21 Taf., 1 Textfig. u. Autoren- u. Sachreg. zu Bd. 11—20.) 896.
21. (IV, 508 S. m. 22 Taf. u. 5 Textfig.) 897.
22. (IV, 614 S. m. 8 Taf. u. 11 Textfig.) 897.
23. (IV, 614 S. m. 23 Taf. u. 20 Textfig.) 898.
24. (IV, 604 S. m. 15 Taf. u. 31 Textfig.) 898.

– zur pathologischen Anatomie u. zur allgemeinen Pathologie. Hrsg. von v. Baumgarten, Bendz, Bollinger etc. Red. v. E. Ziegler. 25.—32. Bd. gr. 8. Jena, G. Fischer. à Bd. n. 25. —
25. (IV, 598 S. m. 17 Textfig. u. 15 Taf.) 899. — 26. (IV, 590 S. m. 2 Textfig. u. 20 Taf.) 899. — 27. (IV, XIII, 596 S. m. 51 Textfig. u. 17 Taf.) 900. — 28. (IV, 628 S. m. 32 Textfig. u. 17 Taf.) 900. — 29. (IV, 573 S. m. 19 Textfig., 8 Curven u. 20 Taf.) 901. — 30. (IV, 669 S. m. 18 Textfig. u. 13 Taf.) 901. — 31. (IV, 570 S. m. 30 Fig., 4 Schemata u. 18 Taf.) 902. — 32. (IV, 572 S. m. 28 Fig. u. 19 Taf.) 902.

– dasselbe, u. zur allgemeinen Pathologie. Hrsg. von v. Baumgarten, Bendz, Bollinger u. a. Red. v. E. Ziegler. 33. Bd. (IV, 620 S. m. 41 Fig. u. 16 Taf.) gr. 8. Jena 903. G. Fischer. n. 25. —

— dasselbe. Hrsg. v. Aschoff, v. Baumgarten, Bendz u. a. Red. v. E. Ziegler. 34.—38. Bd. gr. 8. Ebd. à Bd. n. 25. —
34. (IV, 548 S. m. 14 Fig. u. 20 Taf.) 903.
35. (IV, 632 S. m. 32 Fig. u. 16 Taf.) 904.
36. (IV, 605 S. m. 20 Fig. u. 19 Taf.) 904.
37. (IV, 614 S. m. 25 Fig. u. 18 Taf.) 905.
38. (XXX, 630 S. m. 17 Abb., 20 Taf. u. 1 Bildnis.) 905.

— dasselbe. Begründet v. E. Ziegler. Unter Mitwirkg. von v. Baumgarten, Bendz, Beneke u. a. hrsg. v. L. Aschoff u. F. Marchand. 39. u. 40. Bd. Lex.-8. Ebd. à Bd. n. 25. —
39. (IV, 584 S. m. 16 Abb. u. 22 Taf.) 906.
40. (IV, 666 S. m. 53 Abb. u. 22 Taf.) 906. 907.

— zur pathologischen Anatomie u. zur allgemeinen Pathologie. Begründet v. E. Ziegler. Unter Mitwirkg. von v. Baumgarten, Bendz, Beneke u. a. hrsg. v. L. Aschoff u. F. Marchand. 41.—49. Bd. à 3 Hefte. Lex. 8. Jena, G. Fischer. à 25. —
41. (IV, 616 S. m. 45 Abb. u. 18 Taf.) 907. — 42. (IV, 615 S. m. 19 Abbildgn. u. 20 Taf.) 907. — 43. (IV, 551 S. m. 38 Abbildgn. u. 29 Taf.) 908. — 44. (IV, 580 S. m. 86 Abb. u. 8 Taf.) 908. — 45. (IV, 500 S. m. 19 Abb. u. 20 Taf.) 909. — 46. (1. Heft. 240 S. m. 24 Abb. u. 5 Taf.) 47. (IV, 574 S. m. 64 Abb. u. 24 Taf.) 909. 910. — 48. (IV, 634 S. m. 39 Abb. u. 21 Taf.) 910. — 49. (1 Heft 212 S. m. 13 Fig., 6 farb. (2 Doppel-) Taf. u. 1 Kurve.)

— z. patholog. Anatomie u. z. allg. Pathol., begründet v. E Ziegler. Hrsg. v. L Aschoff u. F Marchand. 48—54. Bd je 3 Hefte. (4, 643; 4, 670; 4, 739; 4, 654; 4, 611; 4, 550 u. 4, 625 m. Abb. u. 11, 16, 20, 25, 18, 24 u. 11 z. Tl farb. Taf.) Lex8° Jena, G Fischer '10—12. je 25 —

— dasselbe. 1. u. 2. Suppl.-Hft. gr. 8. Ebd n. 32. —
1. Beitr. z. Histologie u. Aetiologie des Carcinoms. Histolog. u. experiment. Untersuchgn. Von Giuseppe Pianese. A. d. Ital. übers. v. R. Teuscher. I.|II. Histolog. Untersuchgn. (193 S. m. 8 lith. Taf.) 896. n. 24. —
2. D. Vaccinekörperchen. N. Untersuchgn. a. d. geimpften Hornhaut d. Kaninchens. E. experiment. u. krit. Beitr. z. Frage nach d. Contagium d. Vaccine. Von Armand Hückel. (VIII, 148 S. m. 4 lith. Taf.) 898. n. 8. —

— dasselbe. 3.—5. Suppl.-Hft. gr. 8. Ebd. n. 30. —
3. Ueber die Bedeutung der Mischinfection bei der Lungenschwindsucht. Pathologisch-anatom., bakteriolog. u. experimentelle Untersuchgn. Von A. Sata. Mit 14 Fig. im Text u. 2 Taf. (V, 179 S.) 899. n. 8. —
4. Studien üb. den Echinococcus alveolaris sive multilocularis. Histologische Untersuchgn. Von N. Melnikow-Raswedenkow. (VII, 295 S. m. 94 Abbildgn. u. 6 Taf.) 901. n. 16. —
5. Experimentelle Untersuchungen üb. die entzündliche Neubildung v. Bindegewebe. Von Alex. Maximow. Mit 13 (5 farb.) Taf. u. 1 Fig. im Text. (VII, 262 S.) 902. n. 15. —
Hft. 1 u. 2. Ed. 896. 898. n. 32. —.

— dasselbe. 6. u. 7. Suppl. Lex.-8. Ebd. Subskr.-Pr. n. 56. —; Einzelpr. n. 70. —
6. Beiträge zur pathologischen Anatomie der Pest. Von Herm. Dürck. Mit 15 Taf., 2 Kurven u. 1 Abbildg. im Text. (85 S.) 904. Subskr.-Pr. n. 16. —; Einzelpr. n. 20. —
7. Festschrift f. Professor Julius Arnold. Unter Mitwirkg. zahlreicher Arnold'scher Schüler hrsg. v. Ernst Schwalbe. Mit 30 Taf. u. 72 Abbildgn. im Text. (XI, 796 S.) 905. Subskr.-Pr. n. 40. — Einzelpr. n. 50. —
1.–5. Suppl. Ebd. 896—902. n. 71. —

— dasselbe. 8. Suppl. Lex. 8. Ebd. Subskr.-Pr. 20.—; Einzelpr. 25. —
Untersuchungen üb. die pathologische Anatomie d. Beri-Beri. Ein Beitrag zur normalen u. patholog. Anatomie des peripher. Nervensystems. Von Herm. Dürck. Mit 58 chromolith., 20 Lichtdr.- u. 4 Abb. in Photolith. auf 41 Taf. nach Originalen v. Karl Dirr u. 1 Textfig. (XIII, 178 S.) 908.
1.—7. Suppl. Ebd. 896—905. 127. —

— dass. Generalreg. zu Bd 1—50 u. Suppl. 1—8, 1886—1911, zusammengest. v. Grete Erggelet. (152) Lex8° Ebd. '12. 8 —

Beiträge zur pathologischen Anatomie, experimentellen Pathologie und praktischen Medicin. Herrn Dr. F.A. von Zenker ... gewidmet von seinen Freunden u. Schülern. Leipzig: Vogel 1887 (1888). IV,261 S. 8°
Aus: Deutsches Archiv für klinische Medicin. 42. 1887.
6. 8. 15. 21.
15.

Beiträge zur Anatomie u. Physiologie. Hrsg. v. M. I. Weber. 1. Bd. 1. Nr. M. 2 lith. Taf. gr. 4. (6 B.) Bonn 832, Henry u. Cohen.

— zur Anatomie u. Physiologie v. C. Eckhard. 6. Bd. 2. u. 3. Hft. u. 7. Bd. 3 Hfte. gr. 4. Giessen, Roth. n. 19. — (I—VII.: n. 76. 50)
VI. Bd. 2. u. 3. Hft. Mit 3 lith. Taf. (S. 51—193.) 872. 73. à n. 4. —
VII. Bd. 1. Hft. (60 S.) 872. n. 4. — 2. Hft. (S. 63–142.) 874. n. 3. — 3. Hft. (S. 193–204.) 876. n. 4. —

—— zur Anatomie und Physiologie von C. Eckhard. VII. Bd. 3. Heft und 8. Bd. 3 Hefte. gr. 4. (S. 143—204; 204 S.) Giessen 876—79, Roth. à Heft * ℳ 4. *
1. Bd. Giessen 1858, Ricker. * ℳ 12.
2.—7. Bd. 1. und 2. Heft. Giessen 1859—74, Roth. * ℳ 60,50.

— zur Anatomie u. Physiologie v. C. Eckhard. 8. u. 9. Bd. gr. 4. (204 u. III, 211 S.) Giessen 877—81. Roth. à Bd. n. 12. —

—— zur Anatomie und Physiologie von C. Eckhard. 9. und 10. Bd. gr. 4. (III, 211; III, 207 S. mit 1 Chromolithogr.) Giessen 881,83, Roth. à Bd. * 12 —

— zur Anatomie u. Physiologie v. C. Eckhard. 10. u. 11. Bd. gr. 4. (III, 207 u. III, 222 S. m. 1 Chromolith.) Frankfurt a/M. 883. 85. Roth. à Bd. n. 12. —

—— zur Anatomie und Physiologie von C. Eckhard. 11. und 12. Bd. gr. 4. (IV, 222; III, 228 S.) Giessen 885,88, Roth. à Bd. *

Beitraege zur Anatomie und Physiologie. Als Festgabe Carl Ludwig zum 15. Oct. 1874 gewidmet von seinen Schuelern. (H.[1.]2.) — Leipzig: Vogel 1874 (1875). 4°
2. Mueller, Wilhelm: Ueber d. Stammesentwicklung d. Sehorgans d. Wirbelthiere.
1:4° Kt 3180. 2. 4 6.→11. 12:4° Anat. 15m. 15. 16. 17. 21. 25. 26. 28. 29. 302.
15.

Beiträge zur Anatomie, Physiologie, Pathologie u. Therapie des Ohres, der Nase u. des Halses. Hrsg. v. A. Passow u. K. L. Schaefer. 1.—4. Bd. (1.—3. Bd.: IV, 478; IV, 476 u. IV, 492 S. m. Abb. u. 21, 18 u. 7 Taf.) Lex. 8. Berlin 908—10. S. Karger. à Bd. 20. —

— z. Anatomie, Physiol., Pathol. u. Therapie d. Ohres, d. Nase u. d. Halses. Hrsg. v. A Passow u. KL Schaefer. 4—6. Bd. (4. Bd: 4, 456 m. Abb. u. 10 Taf.; 5. Bd: 4, 468 m. 20 Tab.) Lex8° Berl., S Karger '10—12. je 20 —

— anatomische, experimentelle u. klinische, zur Pathologie d. Kreislaufs v. H. Curschmann, W. His jun., K. Kelle, R. Kockel, L. Krehl, H. Krumbholz, E. Romberg, W. Streng, s.a. Arbeiten aus der medicinischen Klinik zu Leipzig.

Anatomische, experimentelle und klinische Beiträge zur Pathologie des Kreislaufs v. H[einrich] Curschmann, W(ilh.) His jun., K. Kelle, R[ich.] Kockel, L(udolf) Krehl, H[ugo] Krumbholz, E(rnst) Romberg, W. Streng. M. 13 Abb. im Text. *Leipzig: F. C. W. Vogel 1893.* (XX, 331 S.) 1 Bd 8.
— Arbeiten aus d. medicin. Klinik zu Leipzig. 1893. [94. 118]

— z. christlichen Andachts-Feier. 8. Bresl. 810. Barth. (Holäufer). 1 ℔

— zu d. Anekdoten u. Charakterzügen König Friedrich II. 4 Stcke. 8. Frankf. a. d. O. 788. (Sander in Berl.) 1 ℔

Beiträge zu Coburgs Annalen auf das Jahr 1832. 1833
s.a. *Amthor*, Georg Michael.

— zu Coburgs Annalen, auf d. Jahr 1832. A. u. d. T.: Oder: Kurze Beschreibung der Feierlichkeiten bei der hohen Vermählung Sr. Durchl. des regier. Herrn Herzogs Ernst von Sachsen Coburg-Gotha mit Ihro Königl. Hoheit Marie, geb. Herzogin v. Würtemberg. 8. Coburg 833. (Riemann.) 1/2 ℔

Beiträge zu Coburgs Annalen auf die Jahre 1820 und 1827. Nach 1827 s. *Amthor*, Georg Michael.

Beiträge zu den chemischen Annalen von L. Crell. Bd. 1—5. Leipzig 1785—91.

Beiträge zu den chemischen Annalen, herausgegeben von Crell. Bd. I—IV und Bd. VI (unvollständig). Helmstedt 1786—1795.

— zu den Annalen d. Tonkunst in Dresden. gr. 8. Dresd. 800. Arnold. 4 gl.

Beiträge zu den Ansichten und Erörterungen der Fragen: 'ob Gewerbe aller Art jedem Staatsbürger ganz freizugeben und die Handwerkszünfte ganz aufzuheben seien?' Entnommen aus e. Manuscripte vom Jahre 1812. — Salzburg 1850: Duyle. IV,41 S. 8° 800:44.335-B.
15.

Beiträge zur Anstands- und Sittenlehre ... Bamberg u. Würzburg 1805. V: *Schatt, Ildephons.* (ErGr) (ErschDL) (MGT)

Beiträge zur Anthropologie Braunschweigs. Festschr. z. 29. Versammlg d. deutschen anthropol. Gesellsch. zu Braunschweig im August 1898. M. Unterst. d. hzgl. Staats-Minist. M. 1 farb. Titelb., 10 Taf. u. Abb. im Text. (Hrsg.: Richard Andree.) *Braunschweig: F. Vieweg & Sohn 1898.* (4 Bl., 163 S., 10 Taf.) 1 Bd 8.
Blasius, Wilhelm: Spuren paläolith. Menschen in d. Diluvial-Ablagergn - d. Rübeländer Höhlen ... *Braunschweig 1898.*
in: Beiträge z. Anthropologie Braunschweigs.
Grabowsky, Fritz: Die Lübbensteine b. Helmstedt. *Braunschweig 1898.*
in: Beiträge z. Anthropologie Braunschweigs.
Kloos, J[oh.] H.: Die braunschweig. Jadeitbeile. *Braunschweig 1898.*
in: Beiträge z. Anthropologie Braunschweigs.
Voges, Th.: Bronzen aus d. nördl. Teile d. Landes Braunschweig. *Braunschweig 1898.*
in: Beiträge z. Anthropologie Braunschweigs.
Hänselmann, Ludwig: Die eingemauerten mittelalterl. Thongeschirre Braunschweigs. *Braunschweig 1898.*
in: Beiträge z. Anthropologie Braunschweigs.
Berkhan, Oswald: Alte Braunschweig. Schädel. *Braunschweig 1898.*
in: Beiträge z. Anthropologie Braunschweigs.
Andree, Richard: Braunschweigische Bauerntrachtbilder. *Braunschweig 1898.*
in: Beiträge z. Anthropologie Braunschweigs.
Vasel, A.: Volkstüml. Schnitzereien an Gerätschaften im Lande Braunschweig. *Braunschweig 1898.*
in: Beiträge z. Anthropologie Braunschweigs.
Schattenberg, H.: Der Schimmelreiter im Braunschweigischen. *Braunschweig 1898.*
in: Beiträge z. Anthropologie Braunschweigs.

Beiträge z Anthropologie Elsass-Lothringens Hrsg. v. G. Schwalbe 1 u. 2. Hft 4. Strassburg 898. K. J. Trübner. n. 23. —
1. D. Schädelformen d. elsäss. Bevölkerung i. alter u. neuer Zeit. E. anthropolog.-hist. Studie üb. 700 Schädel a. d. elsäss. Ossuarien. Von Edm. Blind. M. e. Vorwort v. G. Schwalbe. Hierzu 10 Taf. u. 1 Karte. (VIII, 107 S. m. 2 Bl. Erklärgn.) n. 15.—
2. D. Körpergrösse d. Wehrpflichtigen d. Reichslandes Elsass-Lothringen. N. amtl. Quellen bearb. von O. Brandt. M. 3 kolor. Karten. (VII, 82 S.) n. 8.—

— zur Anthropologie Elsass-Lothringens. Hrsg. v. G. Schwalbe. 3. Hft. hoch 4. Strassburg, K. J. Trübner. n. 12. —
1. Der Schädel von Egisheim. Von G. Schwalbe. Mit 16 Abbildgn. im Text u. 1 Lichtdr.-Taf. — II. Die Schädelformen im Schorbacher Beinhause. Von E. Blind. Mit 1 Abbildg. im Text, 7 lith. Taf. u. 1 Karte. (66 S.) 902. Hft. 1 u. 2. Ebd. 898. n. 23.—.

Beiträge zur Anthropologie, Ethnographie und Archaeologie Niederl. Westindiens. 1. J. D. E. Schmeltz: Über Sammlungen aus Niederl. Westindien und Surinam. 2. C. Leemans: Altertümer von Curaçao, Bonaire und Aruba. 3. G. A. Kocze: Schädel von Curaçao und Aruba. — Haarlem: Kleinmann 1904. 22 S. 4°
Nebent.: Bijdragen tot de anthropologie, ethnographie en archaeologie van Nederl. Westindie.
(Mittheilungen aus d. Niederl. Reichsmuseum für Völkerkunde. 2,9.) 1:4° Ux 7901. 12:4° Anthr. 63 v. 15. 21. 24.
15.

Beiträge zur Anthropologie, Ethnologie und Urgeschichte von Tirol. Festschrift zur Feier des 25jährigen Jubiläums d. Deutschen Anthropologischen Gesellschaft 24.-28. Aug. 1894. — Innsbruck: Wagner 1894. 277 S. 8°
1: Sc 9105/143. 2. 3. 5→11. 12:4° Anthr. Gy-25,2. 14. 16. 17. 21. 25. 27. 28. 300:100.044-B. 362.
15.

— zur Anthropologie u. Urgeschichte Bayerns. Organ der Münchener Gesellschaft f. Anthropologie, Ethnologie u. Urgeschichte. Hrsg. v. J. Kollmann, F. Ohlenschlager, J. Ranke, N. Rüdinger, J. Würdinger, C. Zittel. Red.: Johs. Ranke u. Nic. Rüdinger. 1—5. Bd. à 4 Hfte. hoch 4. (à Hft. ca. 60 S. m. in den Text eingedr. Holzschn. u. lith. Taf. in hoch 4. u. gr. Fol.) München 877—82. Literar.-artist. Anstalt. à Bd. n. 24. —

— zur Anthropologie u. Urgeschichte Bayerns. Organ der Münchener Gesellschaft f. Anthropologie, Ethnologie u. Urgeschichte. Hrsg. v. W. Gümbel, J. Kollmann, F. Ohlenschlager etc. Red.: Johs. Ranke u. Nic. Rüdinger. 6. u. 7. Bd. à 4 Hfte. Lex.-8. (à Hft. ca. 59 S. m. Taf.) München 884. 86. Literar.-artist. Anstalt. à Bd. n. 24. —

— zur Anthropologie u. Urgeschichte Bayerns. Organ d. Münchener Gesellschaft f. Anthropologie, Ethnologie u. Urgeschichte. Hrsg. v. W. Gümbel, J. Kollmann, F. Ohlenschlager etc. Red.: Johs. Ranke u. Nic. Rüdinger. 8. Bd. 4 Hfte. Lex.-8. (1. Hft. 106 S. m. 4 Taf. u. 1 eingedr. Kärtchen.) München 888. Literar.-artist. Anstalt. n. 24. —

— dasselbe. 9. Bd. 4 Hfte. Lex.-8. (1. u. 2. Hft. 121 S. m. 10 Taf.) München 890. Bassermann. n. 24. —

Beiträge zur Anthropologie u. Urgeschichte Bayerns. Organ der Münchener Gesellschaft f. Anthropologie, Ethnologie u. Urgeschichte. Hrsg. von W. v. Gümbel, J. Kollmann, F. Ohlenschlager etc. Red.: Johs. Ranke u. Nic. Rüdinger. 10. u. 11. Bd. à 4 Hfte. Lex.-8. (à Hft. ca. 80 S. m. Taf.) München 892—894. Fr. Bassermann. à Bd. n. 24. —

— z. Anthropologie u. Urgeschichte Bayerns. Org. d. Münchener Gesellschaft f. Anthropologie, Ethnologie, u. Urgeschichte. Hrsg. v. W. v. Gümbel, J. Kollmann, F. Ohlenschlager etc. Red. v. Johs. Ranke. 12. Bd. 4 Hfte. Lex.-8. (180 S. m. 7 Taf., 1 Doppeltaf. u. 11 Textabb.) München 897. F. Bassermann. n. 24. —

— zur Anthropologie u. Urgeschichte Bayerns. Organ der Münchener Gesellschaft f. Anthropologie, Ethnologie u. Urgeschichte. Begründet u. hrsg. v. W. v. Gümbel, N. Rüdinger, J. Kollmann etc. Red. v. Johs. Ranke. 13. u. 14. Bd. à 4 Hfte. Lex.-8. (III, 216 S. m. Abb. u. 21 Taf. u. 204 S. m. 6 Taf.) München 899—902. F. Bassermann. à Bd. n. 24. —

Beiträge zur Anthropologie u. Urgeschichte Bayerns. Organ der Münchener Gesellschaft f. Anthropologie, Ethnologie u. Urgeschichte. Begründet u. hrsg. von W. v. Gümbel, N. Rüdinger, J. Kollmann u. a. Red. v. Johs. Ranke. 15. u. 16. Bd. à 4 Hefte. (15. Bd. III, IV, 190 S m. Fig. u. 8 Taf. u. 16. Bd. 1. u. 2. Hft. 62 S. m. Abbildgn. u. 14 Taf.) Lex.-8. München 903—905. F. Bassermann. à Bd. n. 24. —

— zur Anthropologie u. Urgeschichte Bayerns. Organ der Münchener Gesellschaft f. Anthropologie, Ethnologie u. Urgeschichte. Begründet u. hrsg. von W. v. Gümbel, N. Rüdinger, J. Kollmann u. a., red. v. Joh. Ranke. 16. u. 17. Bd. à 4 Hefte. (16. Bd. III, 140 S. m. 21 Abb., 36 Taf. u. 2 Doppeltaf.) Lex. 8. München 905—08. F. Bassermann. à Bd. 24.—

— zur prakt. Anwendung d. thier. Magnetismus, nebst Anh. 8. Straßb. 786. (Leipz., Hinrichs). 8 gr

Beiträge, Aphoristische, zum Kampfe der Lebensanschauung. Wien 1880. V: *Laban, Ferdinand.* (Kürschner, Litt.-Kal. XII.)

— aphoristische, zum Kampfe der Lebensanschauungen. 12. (99 S.) Wien 880. Rosner. n. 2. —

Beiträge, Apologetische, zur Vertheidigung der göttlichen Offenbarung des Christentums und der katholischen Kirche. Brixen 1853. V: *Pinder, V. J.* (Mitth. Grolig)

Apologetische Beiträge zur Verteidigung der göttlichen Offenbarung, des Christentums u. der kathol. Kirche, mit steter Rücksicht auf den Standpunkt der Philosophie und der Naturwissenschaften. Zunächst für jeden Gebildeten. Von einem Priester der Diöcese Brixen. Innsbruck, Rauch, 1853, gr. 8°, X, 472 S., herabges. Preis 2,40 Mk.

— zur Arbeiterstatistik. Nr. 1—5. Lex.-8. Berlin, C. Heymann. n. 12. —
1. Fortschritte, die, der amtlichen Arbeitsstatistik in den wichtigsten Staaten. 1. Tl. Vereinigte Staaten v. Amerika, Großbritannien u. Irland, Frankreich, Belgien, Österreich, Deutsches Reich. Bearb. im kaiserl. statist. Amt, Abteilg. f. Arbeiterstatistik. (VIII, 213 S.) 904. n. 2.—
2. Regelung, die, der Notstandsarbeiten in deutschen Städten. Bearb. im kaiserl. statist. Amt, Abteilg. f. Arbeiterstatistik. (VIII, 181 S.) 905. n. 3.—
3. Tarifvertrag, der, im Deutschen Reich. Bearb. im kaiserl. statist. Amt, Abteilg. f. Arbeiterstatistik. I. (VIII, 180 S.) 906. n. 3.—
4. Dasselbe. II. (IV, 407 S.) 906. n 4.—
5. Dasselbe. III. (VII, 424 S.) 906. n. 4 —;
I—III zusammen bezogen n. 8. —

Beiträge zur Arbeiterstatistik. Nr. 6—11. gr. 8. Berlin, C. Heymann. 22. 10
Fortschritte, die, der amtlichen Arbeitsstatistik in den wichtigsten Staaten. 2. Tl. Italien, Spanien, Niederlande, Schweden, Norwegen, Dänemark, Schweiz, Ungarn, Rußland m. Finnland, Kanada, Neu-Seeland, australischer Staatenbund (Neu-Süd-Wales, Viktoria, Queensland, West-Australien, Süd-Australien, Tasmanien) u. Nachtrag zum 1. Tl. Bearb. im kaiserl. statist. Amt, Abteilg. f. Arbeiterstatistik. (VIII, 270 S.) 908. (Nr. 7.) 3. (1 u. 2; 5.—)
Regelung, die, des Arbeitsverhältnisses der Gemeindearbeiter in deutschen Städten. 1. Erhebungen üb. Arbeitslohn u. Arbeitszeit 1902 u. 1907. Bearb. im kaiserl. statist. Amte, Abteilg. f. Arbeiterstatistik. (IV, 36 u. 144 S.) 908. (Nr. 9) 2.—
— dasselbe. II. Die Arbeitsordngn. u. sonst. Bestimmgn. z. Regelg. des Arbeitsverhältnisses. Bearb. im kaiserl. statist. Amte, Abteilg. f. Arbeiterstatistik. (IV, 240 S.) 909. (Nr. 10) 2.50
Regelung, die, des Arbeitsverhältnisses bei Vergebung öffentlicher Arbeiten insbesondere in deutschen Städten. Bearb. im kaiserl. statist. Amt, Abteilg. f. Arbeiterstatistik. (VIII, 400 S.) 907. (Nr. 6.) 4. —
Weiterbildung, die, des Tarifvertrags im Deutschen Reich. Bearb. im kaiserl. statist. Amt, Abteilg. f. Arbeiterstatistik. (XII, 411 S.) 908. (Nr. 8.) 4. —
Wohnungsfürsorge in deutschen Städten. Bearb. im kaiserl. statist. Amte, Abteilg. f. Arbeiterstatistik. (VIII, 635 S.) 910. (Nr. 11.) 6. 60

— zum Archiv d. Lieblingslektüre, (v. Fr. W. v. Schütz). 18 Stck. 8. Dessau 781. Gel.-Buchh. 8 gr

Beiträge zum Archiv der Lieblingslektüre. Dessau u. Leipz. 1782. V: *Schütz, Friedrich Wilhelm von.* (KY) (MGT)

— zu d. Archiv d. deutsch. Parnasses. 3 Stcke. 8. Bern 776, 77. Typograph. Gesellsch. 1 rthl 12 gr

Archivalische Beiträge zur Geschichte Frankreichs unter Carl IX. ... Hrsg. von Friedrich W. Ebeling. — Leipzig: Wöller 1872. X,259 S. 8°
1: Qw 7460. 2→5. 7. 9. 10. 12: Gall. g. 250-ad. 14. 16. 17. 21. 24. 26. 27. 29. 300: 146.291-B. 302. 15.

— zur Armenstatistik. 1. gr. 8. Jena, G. Fischer. n. 8. —
Armenstatistik einiger deutscher Städte f. d. J. 1894/97. Hrsg. nach e. Erhebg. der Konferenz deutscher Städtestatistiker im Auftrage des Instituts f. Gemeinwohl in Frankfurt a. M. Von Chr. J. Klumker. (L, 260 u. 41 S.) 902.

Beiträge zur öffentlichen und gerichtlichen Arzneikunde. Hrsg. v. Theodor Georg August Roose. St. 1. Braunschweig: Verl. d. Schulbuchh. 1798. 8°

Beiträge zur reinen Arzneimittellehre. Gesammelt u. hrsg. v. Ernst Stapf. 1. Bd. gr. 8. (24 B.) Leipzig 830, C. H. Reclam.

—— mecklenburgischer Aerzte zur Lehre von der Echinococcen-Krankheit. Im Auftrage des allgemeinen mecklenburg. Aerztevereins hrsg. von Otto W. Madelung. gr. 8. (VII, 219 S. mit 8 Holzschn., 1 lithogr. Taf. und 1 chromolithogr. Landkarte.) Stuttgart 885, Enke.

—— Mecklenburgischer Aerzte z. Medicin u. Chirurgie, hrsg. v. W. Hennemann. 1. Bd. 2 Hfte. u. 2. Bd. 1. Hft., jedes m. 1 Stndrt. gr. 8. (12, 11¼ u. 12 B.) Rostock 830, 31, Stiller. à Hft.

—— dass. — Anhang, s. Mittheilungen, wöchentl.

— zur Assyriologie u. vergleichenden Sprachwissenschaft, hrsg. v. Frdr. Delitzsch u. Paul Haupt. Mit Unterstützg. der Johns Hopkins-Universität zu Baltimore. 1. Bd. 2 Hfte. Lex.-8. Leipzig, Hinrichs' Verl. n. 40. —
1. (S. 1—368 m. 1 Portr.) 889. n. 23. —
2. (III u. S. 369—636 m. 1 Portr.) 890. n. 17. —

— zur Assyriologie u. vergleichenden semitischen Sprachwissenschaft, hrsg. v. Frdr. Delitzsch u. Paul Haupt. Mit Unterstützg der Johns Hopkins Universität zu Baltimore. 2. Bd. 3 Hfte. Lex.-8. Leipzig, J. C. Hinrichs' Verl. n. 42. —
1. (272 S. m. 2 Taf. u. 1 Bildnis.) 891. n. 17. —
2. (S. 273—556, wovon 32 Bl. in Autogr. u. 10 in Lichtdr. u. 1 Bildnis.) 892. n. 20. —
3. (III u. S. 557—645, wovon 14 Bl. in Autogr.) 894. n. 6. —

— dasselbe. 3. Bd. 1. Hft. gr. 8. (188 S. m. 30 Abbildgn. u. 3 Karten.) Ebd. 895. n. 18. 50

— z. Assyriologie u. semit. Sprachwissenschaft, hrsg. v. Frdr. Delitzsch u. Paul Haupt m. Unterstützg. d. Johns-Hopkins-Universität zu Baltimore. 3. Bd. 2.—4. Hft. gr. 8. (III u. S. 189—589.) Leipzig 897/98. J. C. Hinrichs' Verl. n. 26. 50; (3. Bd. kplt.: n. 40; 1.—3. Bd. 122. —)

— zur Assyriologie u. semitischen Sprachwissenschaft. Hrsg. v. Frdr. Delitzsch u. Paul Haupt m. Unterstützg. der Johns-Hopkins-Universität zu Baltimore. 4. Bd. 4 Hfte. gr. 8. (III, 587 S. m. Abb. u. 1 Taf.) Leipzig 899—902. J. C. Hinrichs' Verl. n. 38.—

— zur **Assyriologie** u. semitischen Sprachwissenschaft, hrsg. v. Frdr. Delitzsch u. Paul Haupt. Mit Unterstützg. der Johns-Hopkins-Universität zu Baltimore. V. Bd. 5 Hefte. gr. 8. Leipzig, J. C. Hinrichs' Verl. n. 45. —; geb. n n. 50. —
1. Neuarabische Geschichten aus dem Iraq. Gesammelt, übers., hrsg. u. m. e erweiterten Glossar versehen. Von Bruno Meissner. (II, LVIII, 148 S.) 903. n. 10. —
2. Mutalammis, des, Gedichte. Arabisch u. deutsch bearb. v. K. Vollers. (II u. S. 149—231) 903. n. 5. 60
3. (S. 233—412.) 905. n. 11. —
4. Altbabylonische Urkunden aus Sippara Texte m. Umschrift, Übersetzg. u. Kommentar. Von Thom. Friedrich. Mit 21 Abbildgn. im Text u. 16 weiteren auf 2 Taf. (II u. S. 413—516.) 906. n. 7. 10
5. Some Cuneiform tablets bearing on the religion of Babylonia and Assyria. By Kerr Duncan Macmillan. Nebst e. Abhandlg. üb. die Partikel -ma im Babylonisch-Assyrischen v. A. Ungnad. (II u. S. 531—716.) 906. n. 11. —

— dasselbe. VI. Bd. 2. Hft. Lex.-8. Ebd. Kart. n. 4. —
Purim. Adress delivered at the annual meeting of the Society of biblical literature and Exegesis, New York, december 27, 1905. By Paul Haupt. (53 S.) 906.
Das 1. Heft ist noch nicht erschienen.

— zur **Assyriologie** u. semitischen Sprachwissenschaft, hrsg. v. Frdr. Delitzsch u. Paul Haupt. Mit Unterstützg. der Johns Hopkins-Universität. VI. Bd. 1. u. 3.—5. Heft. Lex. 8. Leipzig, J. C. Hinrichs' Verl. 50. 50; kart. 54. 20. (VI. Bd. kplt. 54. —; kart. 58. 20; in 1 Halbfrzbd. n 59. —)
1. Die Palasttore Salmanassers II. v. Balawat. Erklärung ihrer Bilder u. Inschriften. Von Adf. Billerbeck u. Fr. Delitzsch. Nebst Salmanassers Stierkoloss- u. Throninschrift v. Frdr. Delitzsch. Mit 4 Lichtdr.-Taf. (III, 155 S.) 908. 15. —; kart. 16. 20
3. Die Chronologie der Regierung Ammiditana's u. Ammiṣaduga's. Von A. Ungnad. Mit 11 S. autogr. Texte. — Zum hebräischen Verbalsystem. Von A. Ungnad. — Les noms propres babyloniens à l'époque de Sargon l'ancien et de Naram-Sin. Par P. Dhorme. (88 S.) 907. 5. 50; kart. 6. —
4. Konsonantische Dissimilation in den semitischen Sprachen. Von Rud. Růžička. (IV, 288 S.) 909. 20. —; kart. 21. 20
5. Untersuchungen zu den im VII. Hefte der vorderasiatischen Schriftdenkmäler veröffentlichten Urkunden aus Dilbat. nebst e. Anh.: Die Lücke in der Gesetzesstelle Hammurapis. Von Arth. Ungnad. (IV, VI, 149 S.) 909. 10. —; kart. 10. 80

— dasselbe. VII. Bd. 1. Heft. gr. 8. Ebd. 909. 11. 50
Inschriften aus Syrien, Mesopotamien u. Kleinasien. Gesammelt im J. 1899 von Max Frhrn. v. Oppenheim. Mit Beiträgen v. Max van Berchem, Jul. Euting, Nicol. Finck u. a. I. Arabische Inschriften. Bearb. v. Max van Berchem. Mit 28 Abbildgn. u. 7. Lichtdr.-Taf. (156 S.)

— z. **Assyriologie** u. semit. Sprachwissensch. Hrsg. v. Frdr. Delitzsch u. Paul Haupt. VIII. Bd, 5 Hefte; IX. Bd, 1. Hälfte u. X. Bd, 1. Heft. Lex8° Lpzg, JC Hinrichs. (I—VI, VII, 1, VIII, IX, 1 u. X, 1: 333.50; HF d. Bd je nn 5 — mehr.)
Heft 2 u. ff. d. VII. Bds sind noch nicht erschienen.
VIII,1. Bauer, Hans: Die Tempora im Semitischen, ihre Entstehg u. ihre Ausgestaltg in d. Einzelsprachen. (53) '10. 3.50; kart. n 4.25 ‖ 2. Steinmetzer, F: Eine Schenkgsurkde d. Königs Meli-ichu. — Ebeling, E: Das Verbum d. El-Amarna-Briefe. (79) '10. 5 —; geb. 5.75 ‖ 3. Umajja ibn Abi ṣ ṣalt. Die unter seinem Namen überlief. Gedichtfragmente, gesammelt u. übers. v. Frdr. Schulthess. (136) '11. 10 —; kart. n 10.75 ‖ 4. Weidner, Ernst: Beiträge z. babylon. Astronomie. (100 m. Abb. u. 1 Sternkte.) '11. 6.50; kart. 7.25 ‖ 5. Witzel, Maurus: Untersuchgn üb. d. Verbal-Präformative im Sumerischen nebst zahlr. Hinweisen auf d. Verbalaffixe. Mit e. ausführl. Verz. d. Verbalpräformative in Umschrift u. Übersetzg. (8, 140 u. 3) '12. 9 —; kart. 10 —
IX,1. Barton, Geo. A: The origin and development of Babylonian writing. Part. 1. A genealogical table of Babylonian and Assyrian signs with indices. (24, u. 296 autogr. S.) '13. 20 —; L kart. 21.60
X,1. Meek, Th. J: Cuneiform bilingual hymns, prayers and penitential psalms. Autographed, transliterated and translated with notes from the original tablets in the Brit. museum. — Delitzsch, Fr.: Bemerkgn zu Meek's zweisprach. Fragmenten. (4, 140) '13. 9 —; HL kart. 10 —

— zur **Ästhetik**. Hrsg. v. Thdr. Lipps u. Rich. Maria Werner. 1. Bd. gr. 8. Hamburg 890. Voss. n. 12. —
Lyrik u. Lyriker. Eine Untersuchg. v. Rich. Maria Werner (XVI, 636 S.)

— zur **Ästhetik**. Hrsg. v. Thdr. Lipps u. Rich. Maria Werner. 2. Bd. gr. 8. Hamburg 891. L. Voss. n. 1. 50 (1. u. 2.: n. 13. 50)
Der Streit üb. die Tragoedie v. Thdr. Lipps. (V, 79 S.)

— z. **Ästhetik**. Hrsg. v. Thdr. Lipps u. Rich. Maria Werner. III—VI. gr. 8. Hamburg, L. Voss. n. 20. —; (I—VI n. 33. 50)
III. Karl Bötticher's Tektonik d. Hellenen als ästhet. u. kunstgeschichtl. Theorie. E. Kritik von Rich. Streiter. (VII, 135 S.) 896. n. 3. —
IV. Beschreibg. d. geistl. Schauspiels i. deutschen Mittelalter. Von Rich. Heinzel. (VIII, 351 S.) 898. n. 9. —
V. Einfühlg. u. Association i. d. neueren Ästhetik. E. Beitrag z. psycholog. Analyse d. ästhet. Anschauung. Von Paul Stern. (VIII, 82 S.) 898. n. 2. —
VI. Komik u. Humor. E. psycholog.-ästhet. Untersuchg. Von Th. Lipps. (VIII, 264 S.) 898. n. 6. —

Beiträge zur **Ästhetik**. Hrsg. v. Thdr. Lipps u. Rich. Maria Werner. VII. gr. 8. Hamburg, L. Voss. n. 7. —
Grazie u. Grazien in der deutschen Litteratur des 18. Jahrh. Von Frz. Pomezny. Hrsg. v. Bernh. Seuffert. (VII, 247 S.) 900.
I.—VI. Bd. Ebd. 890—898. n. 33. 50.

— zur **Ästhetik**. Hrsg. v. Thdr. Lipps u Rich. Maria Werner. VIII u. IX. gr. 8. Hamburg, L. Voss. n. 15. —
VIII. Der Pantragismus als System der Weltanschauung u. Ästhetik Friedrich Hebbels. Von Arno Scheunert. (XVI, 330 S) 903. n. 11 —
IX. Zacharias Werners Weihe der Kraft. Eine Studie zur Technik des Dramas. Von Jonas Fränkel. (X, 141 S.) 904. n. 4 —
I.—VII. Bd. Ebd. 890—900. n. 40. 50.

— zur **Ästhetik**. Hrsg. v. Thdr. Lipps u. Rich. Maria Werner. X—XII. gr. 8. Hamburg, L. Voss. 23. 20
Bytkowski, Sigm., Gerhart Hauptmanns Naturalismus u. das Drama. (VII, 208 S.) 908. (XI.) 5. 20
Dohrn, Wolf, die künstlerische Darstellung als Problem der Ästhetik. Untersuchungen zur Methode u. Begriffsbildung der Ästhetik m. e. Anwendg. auf Goethes Werther. (XII, 232 S.) 907. (X.) 6. —
Scheunert, Arno, der junge Hebbel. Weltanschauung u. frühesteJugendwerke unterBerücksicht. des späteren Systems u. der durchgeh. Ansichten. (XVI, 314 S.) 908. (XII.) 12. —
I—IX. Bd. Ebd. 890—908. 55. 50

— z. **Ästhetik**. Hrsg. v. Thdr Lipps u. Rich. Maria Werner. 13 u. 14. gr8° Lpzg, L Voss. (1—14: 101.70)
Sickel, Paul: Friedrich Hebbels Welt- u. Lebensanschaug. Nach d. Tagebb., Briefen u. Werken d. Dichters dargestellt. (8, 234) '12 [14] 6 —
Wagner, Alb. Malte: Das Drama Friedrich Hebbels. Eine Stilbetrachtg z. Kenntn. d. Dichters u. sr Kunst. (12, 522) Hambg '11 [13] 17 —

Beiträge zu Gassners Aufenthalt und Wesen in Sulzbach. Sulzbach 1776. Augsburg 1788. V: *Schleiss von Loewenfeld, Bernhard Joseph.* (Kl)

Beiträge zur Aufhebung der Gemeinheit und Verbesserung der Landwirthschaft. 4 Sammlg. 4⁰. Brandenburg, Halle, 1774—80.

— zur Aufklärung u. Belehrung. I—III. (41, 45 u. 80 S.) 8. Dresden (910). R. Linde. à Heft — 40

Beiträge zur Aufklärung des Bürgers. 2 Stücke. Wien. V: *Hirschfeld* (?), *Julius.* (Geissau, Verzeichn. S. 15) (wrztg 1782, Beilage bei Nr. 17)

—— zur Aufklärung über die Gemeinschädlichkeit des Jesuitenordens. gr. 8. (IV, 45 S.) Leipzig 872, Hartknoch. *

— z. Aufklär. d. Jugend in d. Naturgesch. 8. Nürnb. 798. Stein. 4 ℛ

— z. Aufklärung, in religiöser u. polit. Hinsicht. 8. Nürnb. 798. Raw. 4 ℛ

Beiträge zur Aufklärung d. Jülich- u. Bergischen Landesrechte in einer systemat. Abhandl. üb. die Gemeinschaft d. Güter unter den Jülich- u. Bergischen Eheleuten. *Düsseldorf*, Dänzer. (Barth in *Leipzig*.) 789. gr. 8. (18 Gr.)

— zur Aufklärung d. Landleute, (v. S. G. Unger). 2 Stcke. 8. Lpz. 785, 86. (W. Vogel). 8 ℛ

Beiträge zur Aufklärung des menschlichen Verstandes in Predigten. Leipzig 1779. V: *Salzmann*, *Christian Gotthilf*. (MGT) »1780« (Ky)

— zur Aufklär. d. menschl. Verstandes, in Predigten, (v. Chr. G. Salzmann). 8. Leipz. 780. (W. Vogel). 8 ℛ

Beiträge zur Aufklärung unserer Zeiten, bei dermaligen Reformationsanstalten. — Frankfurt a. M.: Gebhard 1787. XVI,151 S. 8° 27.
15.

— zur Augenheilkunde. In Gemeinschaft mit E. Fuchs, O. Haab, A. Vossius hrsg. v. R. Deutschmann. 1.—16. Hft. gr. 8. Hamburg, L. Voss. n. 46. —
1. (VII, 80 S. m. 10 Abbildgn. im Text.) 890. n. 2. —. — 2. (VII, 120 S.) 891. n. 3. —. — 3. (III, 80 S.) 891. n. 2. —. — 4. (III, 77 S. m. 2 Taf.) 892. n. 3. —. — 5. (III, 67 S. m. 3 Taf.) 892. n. 4. 50. — 6. (III, 53 S.) 892. n. 1. 50. — 7. (III, 100 S. m. 3 Abbildgn. u. 1 Taf.) 892. n. 3. —. — 8. (III, 128 S. m. 3 Taf.) 893. n. 5. —. — 9. (III, 68 S. m. 6 Taf.) 893. n. 1. 80. — 10. (III, 96 S. m. 8 Fig. u. 4 Taf.) 893. n. 4. 50. — 11. (104 S. m. 1 farb. Taf.) 893. n. 3. —. — 12. (115 S.) 893. n. 3. 50. — 13. (101 S.) 894. n. 3. —. — 14. (63 S.) 894. n. 1. 80. — 15. (83 S. m. 2 Fig.) 894. n. 2. 40. — 16. (60 S. m. 6 Fig. u. 1 Taf.) 894. n. 2. —.

— z. Augenheilkunde, i. Gemeinschaft m. E. Fuchs, O. Haab, A. Vossius hrsg v. R. Deutschmann. 17.–36. Hft. gr. 8. Hamburg, L. Voss n. 60. 80; (1.—36. n. 106. 30)
17. Ueb. d. diagnost. Bedeutg. d. Augenfunktionsprüfgn. Von Wolffberg. (85 S.) 895. n. 2. 50
18. (92 S. m. 1 Abb. u. 6 Taf.) 895. n. 4. 40
19. D. angebor. Beweglichkeitsdefekte d. Augen. Von Carl Kunn. (137 S.) 895. n. 4. —
20. Ueb. e. neues Heilverfahren b. Netzhautablösg. Von R. Deutschmann. (VII, 80 S.) 895. n. 2. 40
21. (44 S. m. 2 Taf.) 895. n. 2. —
22. (124 S. m. 1 Taf.) 896. n. 4. —
23. (123 S. m. Abb.) 896. n. 3. 50
24. (105 S. m. Abb., 1 Tab. u. 1 farb. Taf.) 896. n. 4. —
25. Notizen z. Anatomie u. Physiologie der Orbita. Von L. Königstein. (50 S.) 896. n. 1. 50
26. (74 S.) 897. n. 2. —
27. (69 S. m. 2 Taf.) 897. n. 2. 50
28. D. operat. Behandl. d. myopischen Schwachsichtigkeit. Klin. Erfahrgn. u. theoret. Betrachtgn. von Th. Gelpke u. W. Bihler. (172 S. m. 44 Fig.) 897. n. 5. —
29. (109 S. m. 11 Abb.) 897. n. 3. —
30. (VII, 101 S.) 898. n. 3. —
31. (112 S. m. 1 Taf.) 898. n. 4. —
32. D. Späterfolge d. Glaukombehandlg. b. 70 Privatpatienten v. Haab, Zürich. Von Sidler-Huguenin. (97 S.) 898. n. 3. 50
33. (92 S.) 898. n. 3. —
34. (52 S. m. 1 Taf.) 898. n. 2. —
35. Beiträge z. norm. u. patholog. Histologie d. Thränenschlauches von K. Joerss. (44 S. m. 1 Lichtdr.-Doppeltaf.) 898. n. 2. —
36. Beiträge z. Behandlg. trachomatöser Hornhauterkrankgn., insbes. d. Geschwüre. E. klin.-theoret. Studie von L. Blumenthal. (67 S.) 898. n. 2. —

— dasselbe, in Gemeinschaft m. E. Fuchs, O. Haab, A. Vossius hrsg. v. R. Deutschmann. 37.—54. Hft. gr. 8. Hamburg, L. Voss. n. 79. 50
37. (54 S. m. 2 Abbildgn. u. 1 Taf.) 899. n. 2. 25
38. (68 S. m. 1 Taf.) 899. n. 2. 75
39. (70 S. m. 22 Abbildgn.) 899. n. 2. 25
40. Weitere Mittheilungen üb. mein Heilverfahren bei Netzhautablösung, gleichzeitig e. Bericht üb. 101 nach dieser Methode v. mir operierte, an Netzhautablösung erkrankte Augen. Von R. Deutschmann. (220 S.) 899. n. 7. —
41. (62 S. m Abbildgn.) 899. n. 3. —
42. Beiträge zur Lehre v. hereditären Sehnervenleiden. Von Phpp. Hormuth. (165 S.) 900. n. 5. 25
43. Über die regressiven Ernährungsstörungen im Auge bei bandförmiger Hornhauttrübung. Von Best. (Habilitationsschrift.) (59 S. m. 1 Doppeltaf.) 900. n. 3. —
44. (122 S. m. 13 Abbildgn.) 900. n. 4. 50
45. (164 S. m. Abbildgn.) 900. n. 5. —
46. (103 S.) 900. n. 5. —
47. (124 S. m. 2 Abbildgn. u. 1 farb. Taf.) 901. n. 5. —
48. (103 S. m. Abbildgn.) 901. n. 4. —
49. (76 S m. 3 Taf.) 902. n. 7. —
50. (89 S. m. 16 Abbildgn.) 902. n. 3. 50
51. Über hereditär-syphilitische Augenhintergrundsveränderungen. Von Sidler-Huguenin. (256 S. m. 2 farb. Taf. u. 2 Bl. Erklärgn.) 902. n. 10. —
52. Aus meiner 15jährigen augenärztlichen Thätigkeit. 3 Abhandlgn. Von Th. Gelpke. (161 S. m. 7 Tab.) 902. n. 5. —
53. Über Sehstörungen nach Blutverlust. Von Kurt Singer. (103 S.) 902. n. 4. —
54. Über Bindegewebsbildung auf der Sehnervenpapille. Bindegewebsmeniskus (Kuhnt). Von Uzuhiko Mayeda. — Zur Kasuistik der okularen Tumoren. Von Gust. Ahlström. (42 S. m. 17 Fig.) 902. n. 2. —
Hft. 1—36. Ebd. 890—898. n. 106. 30.

— zur Augenheilkunde, in Gemeinschaft m. E. Fuchs, O. Haab, A. Vossius hrsg. v. R. Deutschmann. 55.—66. Hft. gr. 8. Hamburg, L. Voss. n. 44. —
55. Bemerkungen zur Verätzung der Augen. Von Eman. Schwarz. — Die Cysten der Conjunctiva. Von G. Cirincione. Mit 5 Fig. im Text u. 13 Taf. m. 46 Fig. (105 S.) 903. n. 7. —
56. (168 S. m. 3 Abbildgn. u. 2 Taf.) 903. n. 7. 50
57. (40 S. m. 2 Abbildgn.) 903. n. 1. 80
58. (116 S.) 903. n. 4. —
59. Weitere Mitteilungen üb. mein Heilverfahren bei Netzhautablösung. Von R. Deutschmann. 2. Fortsetzg. (56 S.) 904. n. 2. —
60. (63 S. m. 3 Abbildgn. u. 1 Taf.) 904. n. 3. —
61. (32 S.) 904. n. 1. 20
62. Über Trachom. Histologische, ultramikroskop. u. physiologisch-chem. Beiträge zur Entzündungslehre. Von E. Raehlmann. (84 S. m. 3 Fig. u. 4 Taf.) 905. n. 5. 50
63. (53 S. m. 8 Fig.) 905. n. 2. —
64. (100 S. m. 3 Taf.) 905. n. 5. —
65. (32 S. m. 1 Abb.) 905. n. 1. 20. — 66. (68 S.) 906. n. 2. 80
Hft. 1—54. Ebd. 890—902. n. 185. 80.

— zur Augenheilkunde, in Gemeinschaft m. E. Fuchs, O. Haab, A. Vossius hrsg. v. R. Deutschmann. 67—75. Heft. gr. 8. Hamburg, L. Voss. 80. 20
67. (38 S.) 907. 2. —
68. (75 S. m. 1 Abbildg. u. 31 Taf.) 907. 10. —
69. Mein Heilserum. Experimentelle u. klin. fremde u. eigene Erfahrgn. Von R. Deutschmann. (54 S.) 907. 2. —
70. (IV, 64 S.) 908. 2. 50. — 71. (28 S.) 909. 1. —.
72. Das Schicksal der Myopieoperierten. Von Shintaro Imai. (102 S.) 909. 4. —
73. (50 S.) 909. 2. —. — 74. (65 S. m. 17 Fig.) 909. 2. 50
75. (92 S. m. 2 Taf.) 910. 4. 20

— z. Augenheilkunde. Mit E Fuchs, O Haab, A Vossius hrsg. v. R Deutschmann. 74—81. Heft. gr8° Lpzg, L Voss. (1—81: 273.70)
74. (65 m. Fig.) Hambg '09. 2.50 ‖ 75. (92 m. 2 Taf.) Hambg '10. 4.20 ‖ 76. Kunn, Carl: Der Beweggsmechanismus d. Augen, erläutert an d. Augenmuskellähmg ohne sog. Sekundärkontraktur u. an d. Lähmg d. Seitenwender bei erhaltener Konvergenz. (80) Hamgb '10. 3 — ‖ 77. Kontorowitsch, Ida: Darf bei beginn. od. vorgeschrittener Panophthalmie d. Enukleation gemacht werden? (43) Hambg '11. 1.50 ‖ 78. Cohen, Curt, u. Fr. Reinking: Beiträge z. Klinik d. orbitalen Komplikationen bei Erkrankgn d. Nebenhöhlen d. Nase. (76 m. Abb.) Hambg '11. 3 — ‖ 79. (39) Hambg '11. 1.50 ‖ 80. Thierfelder, A: Die Netzhautvorgänge. Grundlinien e. Beitrags z. Theorie d. Sehens. — Eine Regel z. Bestimmg d. Grösse d. perspektiv. Scheindrehg. — Gedanken üb. d. Mechanismus d. Gesichtsvorstellgn (99 m. Abb.) '12. 4 — ‖ 81. (32) '12. 1.20

Beiträge zur Augenheilkunde. Bei Anlass des 25jährigen Professoren-Jubiläums von Herrn Professor Schiess-Gemuseus hrsg. von Karl Mellinger. — Basel: Schwabe 1893. 64 S. 4° 1:4° Km 529. 7. 12:4° Chir 51. 202.
15.

Beiträge z. Augenheilkunde, Festschrift f. Prof. Dr. Förster, s.a. **Archiv f. Augenheilkunde.**

Beiträge zur Augenheilkunde. Festschrift zur Feier des 70. Geburtstags Herrn Geh. Med.-Rath Prof. Dr. R. Förster in Breslau gewidmet von Eduard Asmus [u.a.] — Wiesbaden: Bergmann 1895. VI,209 S. 8° (Archiv für Augenheilkunde. 31, Erg.-H.) 1:Km 30–31, Erg.H. 2. 4. 7. 11. 12:Chir. 5 su 31, Erg.H. 15. 16. 17. 25. 27. 29. 30. 80. 802. 15.

— zur Augenheilkunde. Als Festgabe ihrem hochverehrten Lehrer, dem Geheimen Medicinalrath Hrn. Professor Dr. A. v. Hippel in Halle a. d. Saale zur Feier seines 25jähr. Professorenjubiläums gewidmet von W. Hübner, P. Römer, G. Brandenburg, E. v. Hippel, W. Schlodtmann, Fr. Schieck, O. Schirmer, A. Vossius. gr. 8 (III, 232 S. m. Abbildgn. u. 3 [1 farb.] Taf.) Halle 898. C. Marhold. n. 7. —

Beiträge zur Augenheilkunde. Als Festgabe ihrem hochverehrten Lehrer, dem Geheimen Medicinalrath Herrn Professor Dr. A. v. Hippel ... gewidmet von W. Hübner [u.a.] — Halle: Marhold 1899. 232 S. 8° 1:Km 538. 3. 15.

Beiträge zur Augenheilkunde. Festschrift Julius Hirschberg von Schülern u. Freunden ... überreicht. — Leipzig: Veit 1905. 352 S. 8° 1:Km 1888. 3. 5. 6. 10. 12:Chir. 17 gu. 15. 16. 21. 27. 802. 15.

Beiträge zur weiteren Ausbildung der deutschen Sprache, von einer Gesellschaft von Sprachfreunden. Bd. 1—3. und St. 9. (oder St. 1—9.) [Herausg. von Joh. Hnr. Campe.] Braunschweig 1795—98. 8. . . . . (D.)

Beiträge zur Ausbreitung des wahren Lichts der Bibel ... Aurich 1793. H: *Stracke, Gg Sigm.* (nicht *Starck*) & *Rudolph Heinrich Taute.* (MGT X, 717)

Beiträge, Auserlesene, zur Thierarzneikunst. Leipzig 1786—1788. V: *Ludwig, Christian Friedrich.* (Ky)

— auserlef., zur Thierarzneikunst. 4 Stcke. 8. Leipz. 786—88. Weidmann. 2 ℛ 14 gℊ

— ausgesuchte, für d. Entbindungskunst. 2 Stcke. 8. Leipz. 788, 89. Weygand. 2 ℛ

Beiträge zur Auslegung des Bürgerlichen Gesetzbuches. Hrsg. von Franz Bernhöft u. Julius Binder. H. 1–6. — Leipzig: Deichert 1902–05. 470 S. 8° 1:Gl 22578/20. 2. 4→7. 9. 10. 11. 12:J germ. 1146 xd. 15. 16. 17. 21. 24→30. 38. 802. 15.

— außerordentliche, zur österreichischen Erziehungs- u. Schulgeschichte. Hrsg. v. der österreich. Gruppe der Gesellschaft f. deutsche Erziehungs- u. Schulgeschichte. 1. u. 2. Bd. gr. 8. Graz, Styria. n. 22. 20

1. Geschichte der österreichischen Volksschule 1792—1848. 1. Bd. Die Entstehungsgeschichte des Volksschul-Planes v. 1804. Nach Archivalien des k. u. k. Haus-, Hof- u. Staatsarchivs u. des Archivs des k. k. Ministeriums f. Cultus u. Unterricht in Wien. Von Ant. Weiß. (IX, 237 S.) 904. n. 4. 20

2. Dasselbe. 2. Bd. „Geschichte der österreichischen Volksschule unter Franz I. u. Ferdinand I. 1792—1848. Nach Archivalien des k. u. k. Haus-, Hof- u. Staatsarchivs, des Archivs des k. u. k. Ministeriums f. Kultus u. Unterricht in Wien u. anderer Archive. (XVIII, 1103 S.) 904. n. 18. —

Beiträge zur Ausstellung aus der im Reichs-Versicherungsamt bestehenden, zur Unterstützung der Berufsgenossenschaften begründeten Sammlung für Unfallverhütung. Spezial-Katalog. — Berlin: Sittenfeld 1889. 26 S. 8° 1:Fha 12. 15.

— auszugsweise, z. Familiengesch. d. Freiherren v. Hausen. (V. Clem. Frhr. v. Hausen.) gr. 8. (62 S. m. 2 Taf.) Dresden 895. W. Baensch. 1. 50

Authentische Beiträge zur Erläuterung der Prozeßordnung in bürgerlichen Rechtsstreitigkeiten. — Freiburg: Groos 1832. IV,204 S. 8° (Archiv für Rechtspflege u. Gesetzgebung im Großherzogthum Baden. Beil. H.1.) 1:an Gp 11150–2. 7. 16. 17. 23. 25. 27. 20. 30. 15.

Authentische Beiträge zur Geschichte des Lebens und der Regierung Franz des Ersten, Kaisers von Oesterreich. [Hrsg.: Anton Johann Gross-Hoffinger.] H.1. — Stuttgart: Brodhag 1837. VI,176 S. 8° 7. 10. 17. 300:43.581–B. 802. 15.

— authentische, zur Geschichte d. Lebens u. d. Regier. Franz d. Ersten, Kaisers v. Oesterreich. 1. Hft. Mit d. Bildn. Franz I. gr. 8. (11 ½ B.) Stuttg. 837, [Scheible, Rieger u. Sattler.]

Authentische Beiträge zur Geschichte des Lebens und der Regierung Franz II. (11½ B.) 8. Stuttgart 1837. 2,25.

Beiträge, Babylonische, zur polit. Confusion unserer Tage. Den ruhelosen Manen der dahingeschiedenen provisor. Ruinirungsregierung in volkssouveränitätlicher Unterthänigkeit gewidmet. (Gedichte.) gr. 8. (47 S.) Frankfurt a. M. 849, Brönner. 3 ngr

Beiträge zur Badechronik von Ischl ... Wien 1836. H: *Wirer, Franz de Paula.* (Call)

Beiträge zur Badechronik von Ischl. Als Fortsetzung des Werkes: Ischl u. seine Soolenbäder von 1826–34. 8. Wien 836. Heubner. ⅔ ℛ

— (Baierische), z. schön. u. nützl. Literatur, (v. L. Westenrieder). 3 Bde. gr. 8. Münch. 779—81. (Fleischmann). 9 ℛ

— zur Balneologie. Aus den Curorten Böhmens herausg. von mehreren Vertretern derselben unter der Redaction von Löschner. 1. Bd. Prag 863. Dominicus. Lex.-8. (X, 342 S.) n. 2 ℛ

Inhalt: Carlsbad, Marienbad, Franzensbad, u. ihre Umgebung vom naturhistorischen, medicinisch-geschichtlichen u. therapeutischen Standpunkte. Mit 1 (lith.) geognost. Karte (in Fol.)

Beiträge zur Balneologie. Aus den Curorten Böhmens herag. unter der Red. von Löschner. 2. Bd. Prag 867. Dominicus. Lex.-8. n. 2 ℛ 20 ngr

Inhalt: Teplitz u. die benachbarten Curorte vom naturhistor., medicinisch-geschichtlichen u. therapeut. Standpunkte. Mit 1 geognost. (lith.) Karte, 1 (lith.) Plan u. 1 (lith.) Portr. (in 8., 4. u. Fol.) (VI, 470 S.)

— zur Bauwissenschaft. Hrsg. v. Cornel. Gurlitt. 1.—8. Heft. Lex.-8. Berlin, E. Wasmuth. n. 45. —
Cube, G. v., die römische „Scenae Frons" in den pompejanischen Wandbildern 4. Stils. (43 S. m. Abbildgn. u. 2 Taf.) 906. (Hft. 6.) n. 4. —
Fiedler, Wilh., d. Fachwerkhaus in Deutschland, Frankreich u. England. Diss. (V, 99 S. m. Abbildgn.) 902. (Umschlag: 903.) (Hft. 1.) n. 5. —
Hammitzsch, Mart., der moderne Theaterbau. Der höf. Theaterbau, der Anfang der modernen Theaterbaukunst, ihre Entwicklg. u. Betätigung zur Zeit der Renaissance, des Barock u. des Rokoko. Mit 142 Illustr. u. 228 Anmerkgn. (VIII, 207 S.) 906. (Hft. 8.) n. 8. —
Klopfer, Paul, Christian Traugott Weinlig u. die Anfänge des Klassizismus in Sachsen. Diss. (82 S. m. Abbildgn.) 905. (Hft. 5.) n. 5. —
Mackowsky, Walt., Giovanni Maria Nosseni u. die Renaissance in Sachsen. Diss. (110 S. m. Abbildgn.) 905. (Hft. 4.) n. 4. —
Mäkelt, Arth., mittelalterliche Landkirchen aus dem Entstehungsgebiete der Gotik. Diss. (126 S. m. Abbildgn.) 906. (Hft. 7.) n. 5. —
Rahtgens, H., S. Donato zu Murano u. ähnliche venetianische Bauten. Diss. (III, 96 S. m. Abbildgn. u. 2 farb. Taf.) 903. (Hft. 3.) n. 8. —
Wesser, Rud., der Holzbau m. Ausnahme des Fachwerkes. Diss. (V, 74 S. m. Abbildgn.) 903. (Hft. 2.) n. 5. —

— zur Bauwissenschaft. Hrsg. v. Cornel. Gurlitt. 9.—18. Heft. Lex. 8. Berlin, E. Wasmuth. 52. —
Biebrach, Kurt, die holzgedeckten Franziskaner- u. Dominikaner-Kirchen in Umbrien u. Toskana. Diss. (VI, 71 S. m. Abbildgn.) 908. (Hft. 11.) 4. —
Goldhardt, Paul, die hl. Borgo Varallo, Orta u. Varese. Diss. (89 S. m. Abbildgn.) 908. (Hft. 9.) 5. —
Jordan, Jul., Konstruktions-Elemente assyrischer Monumentalbauten. Diss. (VI, 42 S. m. Abbildgn.) 910. (Hft. 18.) 3. —
Lewy, Max, Schloss Hartenfels bei Torgau. Diss. (111 S. m. Abbildgn.) 908. (Hft. 10.) 5. —
Meyer, Carl, die Augustiner-Kloster-Kirche zu Ravengiersburg. Diss. (III, 78 S. m. Abb.) 909. (Hft. 12.) 5. —
Moritz, Eduard, das antike Theater u. die modernen Reformbestrebungen im Theaterbau. Diss. (V, 115 S. m. Abbildgn.) 909. (Hft. 17.) 5. —
Nova, Max, die Stadttore der Mark Brandenburg im Mittelalter. Diss. (VI, 88 S. m. 95 Abbildgn.) 909. (Hft. 15.) 5. —
Reuther, Osc., das Wohnhaus in Bagdad u. anderen Städten des Irak. Diss. (XVI, 119 S. m. Abbildgn.) 910. (Hft. 16.) 6. —
Rüdiger, Alfr., die links der Elbe gelegenen Burgen im Königr. Sachsen. Diss. (VIII, 125 S. m. Abbildgn.) 909. (Hft. 14.) 5. —
Wilde, H., Brussa. Eine Entwickelungsstätt etürk. Architektur in Kleinasien unter den ersten Osmanen. Diss. (III, 136 S. m. Abb. u. 4 farb. Taf. 909. (Hft. 13.) 9. —
Bd. 1—8. Ebd. 903—08. 47. —; Bd. 8. erh. Pr. 10. —

Beiträge zur Beantwortung der Frage: Ist es recht und zweckmässig, dass eine St. Johannis Loge aus Brüdern, die zu ihrem Oriente gehören, eine andere St. Johannis Loge errichte? [Altenburg] 1806. V: *Mörlin, Friedrich August Christian.* (wolfstieg I, 514)

Beiträge zur Beantwortung der Frage nach der Nationalität des Nicolaus Copernicus von R***. Breslau 1872. V: *Römer, K. von.* (Russell III, 661)

Beiträge zur Beantwortung der Frage nach der Nationalität d. Nicolaus Copernicus v. R.*** gr. 8. (IV, 213 S.) Breslau 872. Priebatsch. n. 4. —

— zur Beantwortung d. Fr.: ob Aufklärung ɾc., s. H. L. Fischer, Buch v. Aberglauben.

— z. Beantwort. d. Fr.: Wie ist Wucher ohne Strafgesetze zu verbannen? 8. Dresd. 791. (Seeger in Leipz.) 6 gr

Beiträge zur Beantwortung der Frage: Wie kann dem allgemeinen Nothstande allein und am zweckmäßigsten abgeholfen werden? — Michelstadt 1852: Delp. 44 S. 8°
7. 12: Pol. civ. 171–45. 17. 21. 30. 38. 15.

Beiträge zur Beantwortung der Frage: Wie kann dem allgemeinen Nothstande allein und am zweckmäßigsten abgeholfen werden? gr. 8. (44 S.) Michelstadt 852. (Frankfurt a. M., Herrmann'sche Buchh.)

— z. Beantwort. d. Fr.: Worauf gründet sich d. Landschaft? (v. K. F. Dizinger). 8. Stuttg. 797. Erhard. 3 gr

Beiträge zur Beantwortung der Frage: Worauf gründet sich die Landstandschaft? ... Rostock [Stuttg.] 1799. V: *Dizinger, Carl Friedrich.* (Ky) (Wr) (MGT)

— zur Beantwort. d. Preisfr. d. Hamburg. Gesellschaft: Ueber d. Einfluß d. Handelsstädte auf benachb. Staaten. gr. 8. Hamb. 798. A. Campe. 6 gr

Beiträge zur Beförderung der Abstinenz unter besonderer Berücksichtigung des deutschen Guttemplerordens. Flensburg 1898. Mk. — .20.

Beiträge zur Beförderung des vernünftigen Denkens in der Religion. Leipz. und Frankf. 1780—1794. H: *Corrodi, Heinrich.* (winer)

— zur Beförderung d. vernünft. Denkens in d. Religion, herausg. (v. H. Corrodi). 1s—20s Heft. gr. 8. Winterth. 780—801. Steiner. (19s u. 20s Heft a. u. d. T.: neue Beiträge ɾc. 1s u. 2s Stück). 10 rß 7 gr

— zur Beförder. d. Erkenntniß u. Gottseligkeit nach d. Lichte d. Bibel. 1s—4s Quart. 8. Aurich 792. (Müller in Brem.) 12 gr

— zur Beförder. d. Erkenntniß d. Wahrheit zur Gottseligkeit aus d. Schriften d. Gottesgelehrten gesamm. (v. Fr. Eb. Rambach). 4 Thle. 8. Halle 754—59. Kümmel. 1 rß 22 gr

Beiträge zu Beförderung bürgerlicher und religiöser Glückseligkeit. 1790. V: *Picht, Johann Gottlieb.* (MGT)

— zur Beförder. richtiger Grundsätze d. Sittlichkeit. 8. Düsseld. 801. Dänzer. 16 gr

— zur Beförder. theolog. u. and. wichtigen Kenntnisse, von Kielischen u. auswärt. Gelehrten; herausg. v. J. A. Cramer II. 4 Thle. 8. Hamb. 777—83. Bohn. (Campe). 3 rß 8 gr

Beiträge zur Beförderung einer christlichen Kinderzucht in Erziehungs-Predigten; ausgezogen aus den Predigten berühmter Kanzelredner. Bdch. 1. — Sulzbach: v. Seidel 1827. VIII, 254 S. 8°
1. Reinhard, Franz Volkmar: Aus F. v. Reinhard's Predigten. 1827.
12: Hom. 144 m.
15.

— zur Beförder. e. nützl. Lektüre, (v. Chr. G. v. Lilienfeld). 2 Thle. 8. Leipz. 781, 82. Kummer. 1 rß 8 gr

Beiträge zur Beförderung geometrischer und geographischer Messungen. Frankf. 1804. V: *Tabor, C. W.* (AarK)

— zur Beförder. geometr. u. geograph. Messungen. Mit 2 Kpft. gr. 8. Frankf. a. M. 804. Andreä. 12 gr

— zur Beförder. d. Nachdenkens u. d. Freude, in Charaden. 8. Leipz. 798. P. F. Vogel. 10 gl.

— zur Beförder. d. Naturkunde, (v. F. W. v. Leysser). 1r Bd. gr. 8. Halle 774. (Hannov., Hahn). 18 gl.

Beiträge zur Beförderung der Ordinari-Visitation bei dem R. C. Gerichte, insbesondere was wegen der 12 alten Ausstandstermine im Reichstagsabschied von 1654 im Bericht des Reichs Cammergerichts vom 22. Juni 1725 ... vorgekommen. O. O. 1791. V: *Borie, Ägidius Val. Felix Freiherr von.* (Pütter, Litt. d. Teutsch. Staatsrechts. Göttingen 1773—91. IV, 358.)

— zur Beförder. d. popul. Philosophie ꝛc. 8. Halberst. 791. (W. Nauck in Leipz.) 16 gl.

— zur Beförder. e. vortheilhaften Predigermethode. 8. Neust. 783. Riedel. 6 gl.

— zur Beförder. d. reinen Religion u. Tugendlehre. 1s Heft. 8. Magdeb. 798. Creuz. 10 gl.

Beiträge zur Beförderung der nähern Vereinigung mit Gott, für gläubige Seelen ... Altona 1784. II: *Smissen, Jacob Gysbert von der.* (MGT)

— zur Beförder. d. deutschen Weinbaues. 1s Heft, mit 4 Kpf. gr. 8. Meißen 802. Goedsche. 12 gl.

Beiträge z. Beförder. d. deutschen Weinbaues, v. d. sächs. Weinbau-Gesellschaft. 1. Heft. Mit 4 Kpf. gr. 8. Meissen, 1802. (Leipzig, Jackowitz) (— 15) — 5

Beiträge zur Begründung des Einflusses der Wälder auf das Wohl der Bevölkerung. Zusammengestellt von Carl Henning. Gratulationsschrift dem Herrn Geh. M.-R. Prof. Dr. Radius an seinem fünfzigjährichen Doctorjubiläum am 2. April 1872 überreicht vom ärztlichen Kreisverein im Regierungs-Bezirk Leipzig. Leipzig 1872: Friedrich Gröber. 8°

Beiträge zur antiseptischen Behandlungsmethode der Magen-Darmerkrankungen des Säuglings. — (Hamburg 1887: F. J. Richter.) 31 S. 8° 1: Ii 7355. 17. 15.

— zur antiseptischen Behandlungsmethode d. Magen-Darmerkrankungen d. Säuglings. gr. 8. (31 S.) Hamburg 888. (Herold.) n. 1. —

— z. Behuf d. Gewissensfreiheit u. z. Geschichte d. Censur-Collegien. 8. Nürnb. 798. Pech. 12 gl.

Beiträge zur Belehrung und Erbauung von den Lehrern der Stadt Altenburg. Altenb. 1812. H: *Demme, Herm. Chph Gtfr.* (MGT) u. *F. A. C. Mörlin* u. A. (KY)

— zur Belehrung u. Erbauung, (v. H. C. G. Demme, F. A. C. Mörlin u. A.) gr. 8. Altenb. 823. (Liter.-Compt.) 4 gl.

— z. Belehrung u. Erholung. Hrsg. v. Meurer, Schade, Schmeißer u. Wilken. 1. u. 2. Jahrg. 1848 u. 1849. à 104 Nrn. gr. 8. (½ B.) Osnabrück, Fredewest. à n. 1¼ ß

Beiträge zur Belehrung über das Militär- und Reichsstrafgesetzbuch, unter Berücks. der beim Gericht der 22. Division gemachten Erfahrungen. — Cassel 1902: Hof- u. Waisenhausdr. 27 S. 8° 4. 15.

Beiträge zur Belehrung über das Militär- u. Reichs-Strafgesetzbuch. Zsgest. auf Befehl d. Generalleutnants v. Rabe. — Oldenburg: Stalling [1907]. 38 S. 8° 1: Gy 20405. 15.

— zur Belehrung meiner Mitbürger u. Landesleute über die Hannoversche Verfassungsangelegenheit. Von ****. gr. 8. Leipzig 839. Otto Wigand. ¼ ß

— zur Belehr. u. Unterhalt. 1r Bd. 1s u. 2s Stck. 8. Halle 797. 800. Schwetschke u. S. 12 gl.

— zur Belehr. u. Unterhalt. in vermischten Aufsätzen, von einigen Freunden d. Litt., u. herausg. v. Jh. Chr. G(ieseken). 3 Stcke. 8. Magdeb. u. Wittenb. 791, 92. Kühne. 1 ß 18 gl.

— zur Beleuchtung der Angelegenheiten der Rheinweser-Eisenbahn-Actien-Gesellschaft. Mit 1 Karte. Minden 839. Eßmann. ⅙ ß

— zur Beleuchtung der Angelegenheiten Basels aus amtl. Quellen. Enthält die Kommissionsberichte in die Tagsatzung vom August 1832 u. ihre nachherigen entscheidenden Schlußnahmen. 8. St. Gallen 832. Huber u. Comp. ⅛ ß

Beiträge zur Beleuchtung der Flottenfrage. 1900
s. *Beitrag,* Ein, zur Beleuchtung der Flottenfrage. 2-6.

— zur Beleuchtung d. Frage über den Anschluß Frankfurts an das Preuß. Mauth-System. Von e. prakt. Kaufmanne. gr. 8. Frankf. a. M. 834. Körner. ⅙ ß

— zur Beleuchtung der Frage über die Verlängerung der Eisenbahn von Teplitz in westlicher Richtung. I. Prag 860. Calve. gr. 8. (20 S.) n. 4 ngr.

— zur Beleuchtung schwebender Fragen üb. Geist u. Wort, Glauben u. Schrift, Religion u. Staat. 8. (12 B.) Erfurt 839, Hilsenberg. *

Beiträge zur Beleuchtung der Rechtmäßigkeit der am 17. Mai 1834 getroffenen Probstwahl in Solothurn. — Solothurn 1834: Vogelsang-Graff. 40 S. 8° 14. 15.

Beiträge zur Beleuchtung des Vereins Sōharē hat-tōb, hervorgerufen durch die Vorfälle in der Vereins-Synagoge am verflossenen Versöhnungstage. — [Berlin 1861.] 22 S. 8° [F. u. Hebr.] 1: Ez 25754. 15.

Beiträge zur Beleuchtung des jüngsthin im Druk erschienenen Verbal-Prozesses über die vom Kommissär der Republik Bürger Lakanal einer sich so nennenden Deputation der Gemeinde Koblenz ertheilte Audienz von den darin angegriffenen Mitgliedern der suspendirten Munizipal-Verwaltung. (Unterzeichn.: Seifert [u.a.].) — Dat. Koblenz d. 28. Brümär 8. J. [1800]. 23 S. 8° 17. 15.

— zur Beleuchtung der allgemeinen Verhältnisse der österreichischen Eisenbahnen, zusammengestellt im Auftrage d. k. k. Handelsministeriums auf Grund d. f. die Weltausstellg. 1878 in Paris angefertigten Elaborates v. der k. k. General-Inspection der österreich. Eisenbahnen [Abth. I] unter der Leitg. von Matthias Ritter v. Pischof. Fol. (46 S. m. 8 lith. u. autogr. Taf.) Wien 879. k. k. Hof- u. Staatsdruckerei in Comm. n. 4 —

Beiträge, Beleuchtungen und rechtliche Urkunden zu Trencks Lebensgeschichte Veritas Virtutis Vindex. Wahrheitsburg 1793. V: *Gabelhoffer, Jos. Jul.* (Oesterr. Merkur. Wien 1793. S. 256 ff.) (Gustav Gugitz u. Max v. Portheim: Friedrich Freih. v. d. Trenck. Wien 1912. Nr. 74)

Beiträge, Beleuchtungen und rechtliche Urkunden zu Trencks Lebensgeschichte (hrsg. von Friedr. Heinr. Bispink). Wahrheitsburg, Gebrüder Ehrlich und Redlich (Wien, Doll), 1793. 8°. 4 Bll. u. 396 S. (9 Mk. Max Harrwitz, Berlin, c. 1903.)

Seltene Satyre auf Trenck. Anon.-Lex. I. p. 154 (nach d. Anz. f. Bibl.-Wiss.).

Beiträge u. Bemerkungen zu einer Advokaten-Taxordnung. gr. 8. (2½ B.) München 840, Franz.

— zu d. Bemerkk. über Kleinschrods Entwurf d. peinl. Gesetzbuchs. 1s u. 2s Heft. gr. 8. Münch. 803. Lentner. 9 gr

Beiträge und Bemerkungen zu den gekrönten Preis-Schriften über Güter-Arrondirung von J. M. S. — München 1819: Hübschmann. 81 S. 8° 12: Cam. 10t [2 Ex.] 15.

— u. Bemerkk. zu den gekrönten Preisschriften über Güter-Arrondirung, von J. M. S. 8. Münch. 819. (Lindauer). 8 gr

Beiträge zu den Beobachtungen des P. J. Reichmayr über die Erschütterung der Berge in der Gegend von Schwabelweis. O. O. 1783. V: *Kransberger, Bonifaz.* (Lindner)

— zu d. Beobachtt. Reichmayr's über d. Erschütter. d. Berge in d. Gegend von Schwabelweis rc. gr. 8. Regensb. 783. Montag u. W. 4 gr

— zur Berathschlagung üb. d. Handlungsgrundsätze. gr. 8. Cosmopoli 771. (Rost., Stiller). 4 gr

Beiträge zu der landständischen Berathung des Entwurfes eines Strafgesetzbuches f. d. Kgr. Würtemberg. Stuttg. 1838. V: *Kapff, Sixt Eberhard.* (Kat. der ständ. Bibl. Stuttg. 1907. S. 184.)

Beiträge zur Beredsamkeit derer geistlichen Redner ... Ans Licht gestellet von Johann Matthias Cappelmann. Th. 1–4. — Lemgo 1741–47: J. H. Meier. 989 S. 8° 1: Dy 1820. 5. 9[°° 1.2.4]. 28[°° 4]. 15.

— zur Bergbaukunde, oder geognost. u. bergmänn. Bemerkk. auf e. Reise aus d. Sächs. Erzgebirge in d. Badenschen Lande rc. (v. A. Beyer). Mit 6 Kpf. 4. Dresd. 794. Walther. 2 Rthl 16 gr

Beiträge f. angehende Bergmänner rc. in Bezug auf Eisen. 8. Grätz 802. Tusch. 6 gr

Beiträge zur Berichtigung der Ansichten über Kirchenvorstände und deren Einführung in den evangelisch-lutherischen Kirchen, desgleichen über Kirchen-Repräsentation und Synoden, in specieller Beziehung auf das Königreich Baiern. Von C. J. M. S. — Nürnberg: Campe 1822. 40 S. 8° 12: Don. Lud. XXXIII, 4. 302. 15.

— zur Berichtigung d. Urtheile üb. d. Französ. Revolution, (v. J. G. Fichte). 2 Stücke. 8. o. O. (Danzig) 793. Troschel. (1s 14 gr 2s 15 gr) 1 Rthl 5 gr

— zur Berichtigung d. Urtheile über d. Brown'sche System von e. prakt. Arzte, (A. J. G. K. Batsch). gr. 8. Jena 797. Göpferdt (Schmid). 8 gr

Beiträge zur Berichtigung der Urtheile über die dermaligen politischen Verhältnisse in Dänemark. 1817. V: *Gosch, Johann Ludwig.* (A)

— zur Berichtigung herrschender Vorstellungsarten in d. Religion, oder neuer Religions-Unterricht f. Aufgeklärtere. 8. Leipz., Joachim. 4 gr

— z. Berichtigung d. Wahrheiten d. christl. Religion, (v. A. Riem). 8. Berl. 787. Vieweg in Braunschw. 8 gr

Beiträge u. Berichtigungen zu Bahrdts Leben, in Briefen e. Pfälzers (Fr. Chr. Laukhards). 8. (Halle) 791. Hendel. 16 gr

— Berliner juristische, zum Civilrecht, Handelsrecht, Strafrecht u. Strafprozeß u. zur vergleichenden Rechtswissenschaft, hrsg. v. J. Kohler. 1.—10. Heft. gr. 8. Berlin, R. v. Decker. n. 23. 55

Beckmann, die Straftat e. Deutschen im Konsulargerichtsbezirke u. den Schutzgebieten, insbesondere die Vielehe in der Türkei. (VIII, 49 S.) 905. (Hft. 7.) n. 3. —
Cohn, Emil, der Wucher (ribâ) in Qor'ân, Chadîth u. Fiqh. Ein Beitrag zur Entstehungsgeschichte des muhammedan. Rechtes. Mit e. Nachwort v. J. Kohler. (IV, 34 S.) 903. (Hft. 2.) n. 2. —
Heinemann, Frz., das Crimen Falsi in der altitalienischen Doktrin. (VI, 36 S.) 904. (Hft. 5.) n. 2. —
Hellwig, A., das Asylrecht der Naturvölker. M. e. Vorwort v. J. Kohler. (VIII, 122 S.) 903. (Hft. 1.) n. 1. —
Holz, Leonh., die Prämiengeschäfte. (VIII, 43 S.) 905. (Hft. 6.) n. 2. —
Klee, K., der dolus indirectus als Grundform der vorsätzlichen Schuld. (V, 51 S.) 906. (Hft. 10.) n. 2. —
Kohler, Jos., Handelsverträge zwischen Genua u. Narbonne im 12. u. 13. Jahrh. (III, 28 S.) 903. (Hft. 3.) n. 1. 60
Petimezas, Thras. G., der Zwangsvergleich unter besond. Berücksicht. d. griechischen Konkursrechtes. Vergleichende u. dogmat. Untersuchg. (VII, 54 S.) 906. (Hft. 9.) n. 1. 80
Rundstein, Simon, das Recht der Kartelle. (V, 118 S.) 904. (Hft. 4.) n. 3. —
Trumpler, die Geschichte der römischen Gesellschaftsformen. Untersuchungen üb. die Anfänge des modernen Gesellschafts- u. Korporationsrechts. Mit e. Geleitwort v. Jos. Kohler. (VII, 87 S.) 906. (Hft. 8.) n. 2. 25

Beiträge, Berliner juristische, zum Civilrecht, Handelsrecht u. Strafprozess u. zur vergleich. Rechtswissenschaft, hrsg. v. J. Kohler. 11. u. 12. Heft. gr. 8. Berlin, R. v. Decker. 5.40; geb. in Leinw. 6. 40
11. Zeichnung u. Übernahme v. Aktien. Von Thdr. Reis. Mit e. Einführg. v. Jos. Kohler. (III, 74 S.) 907. 1.80; geb. 2. 40
12. Das mittelalterl. Strafrecht Siziliens nach Friedrichs II. Constitutiones Regni Siciliae u. den sizilischen Stadtrechten, m. e. Excurse üb. Herkunft u. Wesen des sizil. Inquisitionsverfahrens. Von Fritz Zechbauer. Mit e. Geleitwort v. J. Kohler. (X, 250 S.) 908. 3.60; geb. 4. —
1.—10. Heft. Ebd. 903—06. 23.55

Beiträge, Berliner, zur Landwirtschaftswissenschaft. Berlin 1770—1790. H: *Benekendorf, Carl Friedr. von* (1—7). *Grassmann, Gottfried Ludolph* (8). (EngOec) (Ky) (MGT) (ML) (Wö)

— (Berliner), zur Landwirthschaftswissenschaft, (von Karl Fr. v. Benekendorf). 7 Bde. à 12 Stcke. gr. 8. Berl. 771—785. (8r Bd. v. G. L. Graßmann) u. Regist. gr. 8. Berl. 791. (Maurers Buchh.) 16 Rthl Repertor. u. Nachtr. dazu oder 9r Bd. gr. 8. Berl. 790. Schöne. 1 Rthl

Beiträge, B e r l i n e r , zur germanischen u. romanischen Philologie, veröffentlicht v. Emil Ebering. Germanische Abt. Nr. 1-5. Berlin: C. Vogt.

1. Geschichte des Knittelverses vom 17. Jahrh. bis zur Jugend Goethes. Von Otto Flohr. (III, 112 S.) 893. n. 2. 40
2. Zacharias Werner. Mystik u. Romantik in den „Söhnen des Thals". Von Fel. Poppenberg. (III, 80 S.) 893. n. 1. 80
3. Die älteste deutsche Übersetzung Molière'scher Lustspiele. Von Arth. Eloesser. (III, 78 S.) 893. n. 1. 80
4. Die Temporalconjunctionen der deutschen Sprache in der Uebergangszeit vom mhd zum nhd, besprochen im Anschluß an Peter Suchenwirt u. Hugo v. Montfort. Von Ewald Frey. (104 S.) 893. n. 2. —
5. Tannhäuser, Inhalt u. Form seiner Gedichte. Von Johs. Siebert. (III, 116 S.) 894. n. 2. 40

— Berliner, z. germanischen u. roman. Philologie. Veröffentl. v. Emil Ebering. German. Abteilg. Nr. 6—8. gr. 8. Berlin, E. Ebering. n. 8. 60 (1—8: n. 19 —)

6. Sprache u. Metrik d. mittelengl. stroph. Gedichtes „Le morte Arthur" u. s. Verhältnis zu „The lyfe of Ipomydon". Von Paul Seyferth. (79 S.) 895. n. 2. —
7. Gerstenberg's Ugolino, e. Vorläufer d. Geniedramas. M. e. Anh.: Gerstenberg's Fragment „D. Waldjüngling", a. d. Handschrift veröffentl. Von Montague Jacobs. (147 S.) 898. n. 3. 60
8. Gedicht, d. mittelengl., The boke of Cupide (The cuckow and the nyghtyngale), Clanvowe zugeschrieben. Krit. Ausg. v. Erich Vollmer. (119 S.) 898. n. 3. —

— Berliner, zur germanischen u. romanischen Philologie. Veröffentlicht von Emil Ebering. (XX. u. XXII.) Germanische Abtlg. Nr. 9 u. 10. gr. 8. Berlin, E. Ebering. n. 5. 20

9. Die religiöse Lyrik der Annette v. Droste-Hülshoff. Von Arth. Bankwitz. (VIII, 96 S.) 899. n. 2. 40
10. Goethes Achilleis, I. Von Alb. Fries. (VII, 61 u. XVIII S.) 901. n. 2. 80

Nr. 1—8 jetzt Ebd. 893—898. n. 10. —.

Beiträge, Berliner, zur germanischen u. romanischen Philologie, veröffentlicht v. Emil Ebering. XXIV—XXVIII u. XXX. Germanische Abtlg. Nr. 11—15 u. 17 gr. 8 Berlin, E. Ebering. n. 19 20

XXIV. Vergleichende Studien zu Hebbels Fragmenten nebst Miscellaneen zu seinen Werken u. Tagebüchern. Von Alb. Fries. (58 S.) 903. n. 2.40
XXV. Die ästhetischen Tendenzen Harsdoerffers. Von Alb. Krapp. (83 S.) 903. n. 2. 40
XXVI. Platen-Forschungen. Von Alb. Fries. I. Zu dem dramat. Nachlaß. II. Zu den Werken u. Tagebüchern. (126 S.) 903. n. 4. —
XXVII. Ueber einige Dramen Nathaniel Lee's, m. besond. Berücksicht. seiner Beziehung zum französischen heroisch-galanten Roman. Von Otto Auer. (103 S.) 904. n. 2. 80
XXVIII. Ueber die volkstümlichen Elemente in den Gedichten Heines Von Aug. Walth. Fischer. (151 S.) 905. n. 4. —
XXX. Stilistische u. vergleichende Forschungen zu Heinrich Kleist, m. Proben angewandter Aesthetik. Von Alb. Fries. (108 S.) 906. n. 3. 60

XXIX ist noch nicht erschienen.

Beiträge, Berliner, zur germanischen u. romanischen Philologie. Veröffentl. v. Emil Ebering. 29. u. 31.—42. Germanische Abteilg. Nr. 16. u. 18.—29. gr. 8. Berlin, E. Ebering. 61. 40

Alafberg, Fritz, Wolfgang Heribert v. Dalberg als Bühnenleiter u. als Dramatiker. (IV, 157 S.) 907. (Nr. 32) 4. 50
Flocck, Osw., die Kanzone in der deutschen Dichtung. (407 S.) 910. (Nr. 40) 10. —
Grantzow, Hans, Geschichte des Göttinger u. des Vossischen Musenalmanachs. (VII, 204 S.) 909. (Nr. 35) 5.
Hilsenbeck, Fritz, Aristophanes u. die deutsche Literatur des 18. Jahrh. (90 S.) 908. (Nr. 34) 2. 80
Kotsenberg, Walth., man, frouwe, juncfrouwe. Drei Kapitel aus der mittelhochdeutschen Wortgeschichte. (XII, 151 S.) 907. (Nr. 33) 4. 50
Lange, Geo., der Dichter Arndt. (163 S.) 910. (Nr. 37) 4. 20
Lochner, Johs., Thomas Prischuchs Gedichte auf das Konzil v. Konstanz. (167 S.) 908. (Nr. 29) 4. 50
Przygodda, Paul, Heinrich Laubes literarische Frühzeit. (179 S.) 910. (Nr. 42) 4. 80
Regen, Erich, die Dramen Karolinens v. Günderode. (131 S.) 910. (Nr. 39) 3. 50
Richert, Johs., Geschichte der Lyrik Justinus Kerners. (143 S.) 909. (Nr. 36.) 3. 60
Schuchardt, Rich., die Negation im Beowulf. (149 S.) 910. (Nr. 38) 4. —
Tumparoff, Nicola, Goethe u. die Legende. (215 S.) 910. (Nr. 41) 5. 50
Ziesemer, Walth., Nicolaus v. Jeroschin u. seine Quelle. (VIII, 158 S.) 907. (Nr. 31) 4. 50

Beiträge, Berliner, zur germanischen u. romanischen Philologie, veröffentlicht v. Emil Ebering. Romanische Abteilg. gr. 8. Berlin 894. C. Vogt. n. 3. 60

Guiraut v. Borneih, der Meister der Trobadors. 1. Die drei Tenzonen nach sämtl. Handschriften. 2. Drei bisher unbekannte, ihm zugeschriebene Gedichte, hrsg. v. Adf. Kolsen. (147 S.)

— dasselbe. Romanische Abteilg. Nr. 2—10. gr. 8. Ebd. n. 25. — (1—10: n. 28. 60)

2. D. altprovenzal. Klagelied m. Berücksicht. d. verw. Litteraturen. E. litterarhistor. Untersuchg. Nebst e. Beilage üb. d. Vizgrafen v. Marseille u. d. Haus Baux i. ihren Beziehgn. z. d. Trobadors, e. krit. Ausg. einiger Lieder u. 2 ungedr. altfranz. Klageliedern. Von Herm. Springer. (111 S.) 895. n. 2. 80
3. Jacques d'Amiens v. Phpp. Simon. (III, 72 S.) 895. n. 1. 80
4. Kl. Beiträge z. Würdigg. Alfred de Mussets (poésie nouvelles) v. Mor. Werner. (161 S. m. Abbildgn.) 896. n. 3. 60
5. Allerlei provenzal. Volksglaube n. F. Mistral's „Mirèio" zusammengest. v. Alb. Maass. (64 S.) 896. n. 1. 60
6. E. Kommentar z. Giacomo Leopardis „Pensieri" v. Ernst Siebert. (112 S.) 896. n. 2. 80
7. Z. Lehre v. Gebrauch d. unbestimmt. Artikels u. d. Teilungsartikels i. Altfranz. u. i. Neufranz. v. Siegb. Schayer. (VIII, 152 S.) 897. n. 4. —
8. D. Naturgefühl. i. d. Litteratur d. franz. Renaissance. Von Jul. Voigt. (III, 130 S.) 898. n. 3. 60
9. Dante i. Frankreich b. z. Ende d. XVIII. Jahrh. Von Herm. Oelsner. (VII, 106 S.) 898. n. 3. —
10. Blacatz, e. Dichter u. Dichterfreund d. Provence. Biograph. Studie v. Otto Soltau. (64 S.) 898. n. 1. 80

— dasselbe. (XIX, XXI u. XXIII.) Romanische Abtlg. Nr. 11—13. gr. 8. Ebd. n. 11. 40

11. Die Totenklage in den altfranzösischen Chansons de Geste. Von Otto Zimmermann. (III, 136 S.) 899. n. 3. 60
12. George Sand's Sprache in dem Romane Les maîtres sonneurs. Von Max Born. (99 S.) 901. n. 3. —
13. Die „Nuits" v. Alfred de Musset. Erläuterungen zu denselben. Von Ernst Foss. (IV, 175 S.) 902. n. 4. 80

Nr. 1—10 jetzt Ebd. 891—898. n. 28. 60.

— Berliner, z. klassischen Philologie. Veröffentl. v. Emil Ebering. I. u. II. gr. 8. Berlin 895. Ebering. n. 5. 20

I. De Anaximenis Lampsaceni vita et scriptis scripsit Gust. Reichmann. (91 S.) n. 2. 40
II. De Plutarchi declamationibus quae sunt „de Alexandri fortuna" scripsit Guil. Nachstädt. (123 S.) n. 2. 80

Berliner Beiträge zur klassischen Philologie. Veröffentl. von Dr. Emil Ebering. 1. 2. Berolini 1895: C. Vogt. 2 Bde 8°
1 = Reichmann, Gust.: De Anaximenis Lampsaceni vita et scriptis.
2 = Nachstädt, Julius: De Plutarchi declamationibus quae sunt 'De Alexandri Fortuna'. [97. 400]

— Berner, z. Geschichte d. Nationalökonomie. Nr. 1 u. 2. 8. Bern, Wyss. n. 2. 60

1. Der ältere Mirabeau u. d. Oekonom. Gesellsch. in Bern. Rektoratsrede v. A Oncken. (77) 86. n. 1. —
2. Die Maxime Laissez faire et laissez passer, ihr Ursprung, ihr Werden. Ein Beitr. z. Geschichte d. Freihandelslehre v. A Oncken. (132) 86. n. 1. 60

— Berner, z. Geschichte d. Nationalökonomie, hrsg. v. A Oncken. Nr. 4—7. 8° Bern, KJ Wyss. 7.40 (1—7.: 30 —)

4. Friedrich Albert Lange als Nationalökonom. Von N Reichesberg. (95) 92. 1.60
5. Joh. Ludw. Muret, e. schweiz. Nationalökonom u. Statistiker d. 18. Jahrh. Von A Lauterburg. (71) 93. 1.40
6. Galiani's Dialoge üb. d. Getreidehandel. (1770.) Mit e. Biographie Galiani's hrsg. v. F Blei. (247) 95. 3.40
7. JJ Rousseau u. Saint-Just. Ein Beitr. z. Entwicklungsgeschichte d. socialpolit. Ideen d. Montagnards. Von SB Kritschewsky. (63) 95. 1 —

Nr. 3 bildet: Quesnay, F. oeuvres économiques. (1888)

— Berner, z. Gesch. d. Nationalökonomie, hrsg. v. A Oncken. Nr. 8—12. 8° Bern, KJ Wyss. 9.80

Girard, E: Ketteler et la question ouvrière avec une introduction histor. sur le mouvement social cathol. (354) 96. [9.] 4 —
Grabski, S: Karl Marlo (Karl Geo. Winkelblech) als Socialtheoretiker. (116) 99. [12.] 1.60
Muuts, K: Zur Gesch. u. Theorie d. Banknote m. bes. Rücks. auf d. Lehren d. klass. National-Ökonomie. (68) 96. [8.] 1 —
Mutafoff, C: Zur Gesch. d. Rechts auf Arbeit m. bes. Rücks. auf Charles Fourier. (142) 98. [10.] 1.60
Stockhausen, Frhr V v.: Die Wertlehre Proudhons in neuer Darstellg. (126) 98. [11.] 1.60

— Berner, z. Gesch. d. Nationalökonomie, hrsg. v. A Oncken. Nr. 13. 8° Bern, KJ Wyss. 1 — d

Jöhr, A: Jean Herrenschwand. Ein schweiz. Nationalökonom d. 18. Jahrh. (7?) 01.) [13.] 1 —

— Berner, zur Geschichte der schweizerischen Reformationskirchen. Von M. Billeter, P. Flückiger, G. Hubler, H. Kasser, H. Marthaler, G. Straßer, im Kanton Bern. Mit weiteren Beiträgen verm. und hrsg. von Friedr. Nippold. gr. 8. (XII, 454 S.) Bern 884, Wyß. *

Beiträge zur Beschreibung von Schlesien. Brieg 1782—1794. V: *Zimmermann, Friedrich Albert.* (EngG) (Ky) (MGT) »1783—1798.« (Nent) (CBH)

— zur Beschreib. v. Schlesien, (v. Fr. A. Zimmermann). 13 Bde, zu 5 Stck., mit Kpf. 8. Bresl. 783—97. W. G. Korn. 13 ₰ 13 ℊℊ (11r Bd. A. u. d. T.: Beschreib. v. Breslau).

— zur Besprechung über das Wohl der ärmeren Volksklassen. Die jetzige Bewegung gegenüber dem histor. Recht. 2 Abhandlungen. (von Rud. Schöller.) 8. (40 S.) Aachen 848. [Düsseldorf.] (Schulz.)

— zur Bestimmung unzugängl. Distanzen u. Höhen durch Hülfe e. Winkelinstruments oder Mikrameterfernrohrs, vermittelst einfacher u. ohne Logarithmentafeln, (v. Ingenieur Strauß). 1s Heft. 8. Aarau 823. Sauerländer. 7 ℊℊ

— zur Bestimmung d. weibl. Erbfolgeordnung in d. Osnabr. Lehngütern. 8. Hannov. 808. Hahn. 4 ℊℊ

— zur genauern Bestimmung d. Lehre von dem Gebrauche d. Zeiten, besonders in d. Latein. Sprache, (v. J. C. F. Dietz). 8. Ratzeburg 807.

Beiträge zu den Bestrebungen für Einführung des Patentschutzes in der Schweiz. Den Theilnehmern am Patentkongresse in Zürich v. e. Anzahl schweizerischer Industrieller verschiedener Branchen gewidmet. In-8°, 32 S. O. O. u. J. (1884.)

Beiträge zu D. Erhard's Betrachtungen über Leopolds des Weisen Gesetzgebung in Toskana, aus dem Italienischen. Dresden 1791. Ü: *Steingrüber, Johann Christian August.* (MGT)

— Betrachtt. u. Urkunden zu Trenks Lebensgeschichte, (von F. H. Bispink). 8. (Wien) 793. Doll. 1 ₰

— beurkund., z. Gesch. u. Prüfung d. Erzbischöfe zu Salzburg, als Herzoge v. Baiern, (v. F. T. Kleinmayrn). 8. Salzb. 788. Duyle. 6 ℊℊ

Beiträge zur Beurtheilung des Entwurfes einer bürgerlichen Processordnung für das Königr. Sachsen. Von M. K. gr. 8. (25 S.) Chemnitz 865, Focke.
Aus: Deutsche Industrie-Zeitung, besonders abgedruckt.

Beiträge zur Beurtheilung [Beurteilung] der Frage der Differentialtarife für den Transport ausländischer Erzeugnisse auf den deutschen Eisenbahnen. Hrsg. von d. Verein d. Privat-Eisenbahnen im deutschen Reiche im Febr. 1879. Berlin 1879: Heinicke. 114 S. 4° 3. 4. 25. 38. 15.

— Berlin: Simion 1879. 114 S. 4° 1:5 in Nz 32900a. 8. 11. 14. 16. 27. 90.

Beiträge zur Beurtheilung der schleswig-holsteinischen Frage. Berlin 1849. V: *Forchhammer, Peter Wilhelm.* (Russell XVI, I, 2, 1850)

— zur Beurtheilung der schleswig-holsteinischen Frage. gr. 8. (40 S.) Berlin 849, Nicolaische Buchh.

Beiträge zur Beurtheilung des Gesetz-Entwurfes betreffend die Erhöhung der Börsensteuer. Nebst Petition der Handelskammer zu Frankfurt a. M. an den Reichstag um Ablehnung dieses Entwurfes. 4°. Frankfurt 1892.

— zu gründl. Beurtheilung d. besond. staatsrechtl. Verhältnisse d. königl. Sächs. Oberlausitz ꝛc. (v. G. F. Wiesand). 1r Thl. gr. 8. Kamenz 832. (Dresden, Walther). 2 ₰ 22 ℊℊ

Beiträge zur Beurtheilung des Deutsch-Dänischen Krieges ... Hamb. 1851. V: *Grunewald* [?] (Schles)

Beiträge zur Beurtheilung des deutsch-dänischen Krieges von einem Generalstabsofficiere a. D. gr. 8. (64 S.) Hamburg 851, Richter. Thlr.

— zur. littorar. Bourtoilg. d. Jugendschrift. Hrsg v. Hamburgor Prüfungsausschuss f. Jugendschriften. gr. 8. (101 S) Hamburg 896. (C. Boyson). n. — 60

Beiträgo zur Litterarischen Beurtheilung der Jugendschrift. Hrsg. v. Hamburger Prüfgsaussch. f. Jugendschriften. (Vorr.: Fr. v. Borstel.) *Hamburg: Selbstv.: (Dr. r. S. G. Carstens in Altona) 1896.* (101 S.) 1 Bd S. [illegible]

— zur Beurtheilung d. neuen franzöſ. Maaß- u. Gewichtssystems. gr. 8. Altenb., Schnuphase. 4 ℊℊ

— zur Beurtheilung des Nutzens der Schutzpockenimpfung, nebst Mittheilungen über Maßregeln zur Beschaffung untadeliger Thierlymphe. Bearb. im kaiserl. Gesundheitsamte. Lex.-8. (XV, 192 S. mit 6 Taf.) Berlin 888, Springer. *

Beiträge zur richtigen Beurtheilung [Beurteilung] der Kapitulation von Mannheim. — [Frankfurt a. M.: Varrentrapp] 1796. 56 S. 8°
2. 6. 7. 12: J. publ. G. 90m [u.ö.] 15. 16. 17. 23

— zur Beurtheilung d. Selbstmordes, in auffallenden Erzähll. seltener Selbstmörder. 8. Ronneb. 816. Hahn.

— zur Beurtheilung d. rechtl. Verhältnisses zwischen d. Miethsmann u. d. Hauseigenthümer in Ansehung d. Einquartierungslast. Ein bei d. Justizkanzlei in Hannover vorgekomm. merkw. Rechtsfall, mit beigefügten Urtheil u. Entscheidungsgründen, v. J. F. M. Müller. gr. 8. Hannov. 808. Helwing. 9 ℊℊ

— zur Beurtheilung des Widerstandes gegen die Projecte der Staatseisenbahn-Gesellschaft seitens der a. p. Kaiser Ferdinands-Nordbahn. gr. 4. (81 S. mit 3 lithogr. Karten in gr. 4. und qu. Fol.) Wien 861, (Manz und Comp.) *

— Zur Beurtheilung der Zollvereins-Frage. Eine Sammlung amtlicher Aktenstücke. gr. 8. (XXIV und 192 S.) Berlin 852, Deckersche geheime Ober-Hofbuchdr.

Beiträge zur Beurtheilung des inneren Zustandes der französischen und österreichischen Armee um das Jahr 1800. Beihft. z. „Milit.-Wochenblatt". — Berlin 1867.

Beiträge zur Bevölkerungsstatistik von Elsass-Lothringen. 1. Die Altersverhältnisse der Bevölkerung nach der Zählung am 1. December 1871. 2. Die Bewegung der Bevölkerung im Jahre 1872. — Strassburg: R. Schultz 1875. XIV, 134 S. 8° (Statistische Mittheilungen über Elsass-Lothringen. 4.) 1: Rh 5606-4. 7. 10. 12: Als. 114m-4. 14. 16. 21. 21. 24. 25. 27. 30. 15.

—— zur Bibelkunde No. 1. — A. u. d. T.: Luthers Schatzkästlein. Zum tägl. Gebr. f. d. Haus-Gottes-Dienst. (Von Joh. Heinr. Heß.) 8. (16 B.) Winterthur 833. (Leipzig, Rein.)

—— dies. No. 2. — A. u. d. T.: Der Tod d. ältesten Sohnes. A. d. Franz. übers. v. J. H. Heß. 8. (6¼ B.) Ebds. 833.

—— dies. No. 3. — A. u. d. T.: Schriftmäßiger Unterr. üb. d. Nachtmahl d. Herrn; für Neocommunicanten u. Communicn. (Von J. H. Heß.) 8. (4 B.) Ebds. 833.

—— dies. No. 4. — A. u. d. T.: Die Heils-Brunnen, od. bibl. Noth-, Trost- u. Hülfs-Büchlein. In alphabet. Ordn. v. J. H. Heß. 2. Aufl. 8. (7⅓ B.) Ebds. 833.

Beiträge zur Bibliopoïe ... Leipz. 1803. V: *Hübler, D. G. J.* (MGT)

Beiträge zu einer Bibliothek der Kirchen- und Konsistorialordnungen. [Leipzig 1797.] V: *Siebenkees, Johann Christian.* (MGT)

—zu Michaelis oriental.-exeget. Bibliothek. 8. Hamb. 787. Hoffmann. 3 gr

—bibl., zu der v. J. G. Münch beantw. Frage: werden wir uns wiedersehen nach d. Tode? (v. K. R. Gräfe). 8. Dresd. 801. Gerlach. 4 gr

Beiträge, Biblische, zu der von J. G. Münch in Briefen an Emma beantworteten Frage: Werden wir uns wiedersehen nach dem Tode? ... Friedrichsstadt und Dresden 1801. V: *Gräfe, Carl Rudolph* (Ky) (MGT)

Beiträge zu einer rationellen Bienenzucht. Apolda 1848. V: *Engelhardt, C. F. G.* (Ky)

Beiträge zu einer rationellen Bienenzucht. 8. (VII und 32 S. mit 1 Stnt.) Apolda 848, Teubner. Thlr.

—zur Bildung für Jünglinge. 2 Bde. gr. 8. Wien 817 u. 18. Härter. 1 ₰ 16 gr

Beiträge zur Biogeographie und Morphologie der Alpen. 1. Höhengrenzen der Vegetation in den Stubaier Alpen und in der Adamello-Gruppe. Von Hermann Reishauer. 2. Der Seenkessel der Soiern, ein Karwendelkar. Von Christian März. — Leipzig: Duncker & Humblot 1904. 316 S. 8° (Wissenschaftliche Veröffentlichungen d. Vereins für Erdkunde zu Leipzig. 6.)
1: Po 2420-6. 2. 3. 8. 10. 11. 12: Geo. U. 4478-6. 14. 15. 16. 21. 24→30. 300: 393.911-B. K 6.[illegible]

Beiträge zur Biographie ... der Alpen, s. Beiträge zur Biogeographie ...

Beiträge zur Biologie. Als Festgabe dem Anatomen und Physiologen Th. L. W. von Bischoff zum 50jährigen medicinischen Doktorjubiläum gewidmet von seinen Schülern. Stuttgart: Cotta 1882. VIII, 349 S. 4°
1: 4° Kt 3202. 3→7. 9. 10. 11. 12: 4° Anat. 15o. 15. 16. 17. 21. 24→36. 302. 15.

—— zur Biologie der Pflanzen. Hrsg. von Ferd. Cohn. 1. Bd. 3. Heft; 2. Bd. 3 Hefte und 3. Bd. 1. Heft. gr. 8. Breslau, Kern's Verlag. [1. Bd. 3. Heft. (224 S. mit 6 lithogr., zum Theil farb. Taf.) 876. * ℳ 11.; 2. Bd. 1. Heft. (S. 1—121 mit 6 lithogr., zum Theil farb. Taf.) 876. * ℳ 7.; 2. Heft. (S. 122—310 mit 5 lithogr., zum Theil farb. Taf.) 876. * ℳ 10.; 3. Heft. (S. 311—440 mit 5 lithogr. und 3 phototyp. Taf.) 877. * ℳ 12.; 3. Bd. 1. Heft. (S. 1—162 mit 8 lithogr., zum Theil farb. Taf.) 879. * ℳ 11.] *
1. Bd. 1. und 2. Heft (1870,72) vgl. Cohn, F., Beiträge zur Biologie der Pflanzen.

—— zur Biologie der Pflanzen. Hrsg. von Ferd. Cohn. 3. Bd. 2. und 3. (Schluss-)Heft. gr. 8. Breslau, Kern's Verlag. [2. Heft. (S. 163—305 mit 7 zum Theil farb. Stnt.) 880. * ℳ 9.; 3. Heft. (IV, S. 307—433 mit 8 Stnt.) 883. * ℳ 8.] *

Beiträge zur Biologie der Pflanzen. Hrsg. v. Ferd. Cohn. 2. Hft. Mit 3 z. Tl. farb. Taf. 2., unveränd. Abdr. gr. 8. (III, 224 S.) Breslau 881. Kern's Verl. n. 9.—

Beiträge zur Biologie der Pflanzen. Hrsg. v. Ferd. Cohn. 4. Bd. 1. u. 2. Hft. Mit 12 (lith.) Taf. gr. 8. (251 S.) Breslau 884. 86. Kern's Verl. n. 15.— (I—IV, 2.: n. 90.—)

— zur Biologie der Pflanzen. Hrsg. v. F. Cohn. 4. Bd. 3. Hft. Mit 5 Taf. gr. 8. (III u. S. 253—440.) Breslau 887. Kern's Verl. n. 8.—
(IV. Bd. cplt.: n. 23.—)

— dasselbe. 5. Bd. 1. u. 2. Hft. gr. 8. Ebd. n. 24.—
(I—V, 1. 2.: n. 131.—)
1. (VIII u. S. 1—244 m. 8 Taf.) 887. n. 16.—
2. (III u. S. 245—378 m. 4 Taf.) 890. n. 8.—

— zur Biologie der Pflanzen. Hrsg. v. Ferd. Cohn. 5. Bd. 3. (Schluss-)Hft. gr. 8. (IV, III u. S. 378—495 m. 6 z. Tl. farb. Taf.) Breslau 892. J. U. Kern's Verl. n. 9.— (I.—V. Bd.: n. 140.—)

— dasselbe. 6. Bd. 3 Hfte. gr. 8. Ebd. n. 24.—
1. (III, 211 S.) 892. n. 8.—
2. (III u. S. 213—304 m. 5 z. Tl. farb. Taf.) 892. n. 7.—
3. (III, IV u. S. 305—432 m. 10 Taf.) 893. n. 9.—

— dasselbe. 7. Bd. 1. Hft. gr. 8. (VIII, 212 S. m. 60 Abbildgn.) Ebd. 894. n. 9.—

— z. Biologie der Pflanzen. Hrsg. v. Ferd. Cohn. 7. Bd. 2.—3. (Schluss-)Hft. gr. 8. (III u. S. 213—542 m. 17 Taf.) Breslau 895—896. J. U. Kern's Verl. n. 19.— (I—VII, n. 186.—)

— zur Biologie der Pflanzen. Begründet v. Ferd. Cohn, hrsg. v. Osc. Brefeld. VIII. Bd. 3 Hfte. gr. 8. (III, III, IV u. 414 S. m. 1 Abbildg. u. 20 Taf.) Breslau 898—902. J. U. Kern. n. 26.—
Bd. 1—VII. Ebd. 881—896. n. 186.—.

— zur Biologie der Pflanzen. Begründet v. Ferd. Cohn, hrsg. v. Osc. Brefeld. IX. Bd. 1. Hft. (III, 82 S. m. 6 Taf.) Lex.-8. Breslau 904. J. U. Kern. n. 7.—
Bd. 1—VIII Ebd. 895—902. n. 212.—.

— zur Biologie der Pflanzen. Begründet v. Ferd. Cohn, hrsg. v. Fel. Rosen. IX. Bd. 2. u. 3. Heft. u. X. Bd. 1. Heft. Lex. 8. Breslau, J. U. Kern. 20.—
IX. 2. (V u. S. 83—306 m. Fig.). 907. 8.—
3. (IV, III u. S. 307—479 m. Fig. u. 1 Taf.) 909. 7.—
X. 1. (III, 132 S. m. Fig. u. 1 Taf.) 910. 5.—

— z. Biol. d. Pflanzen. Begründet v. Ferd. Cohn, hrsg. v. Fel. Rosen. X. Bd u. XI. Bd, 1. u. 2. Heft. Lex8° Bresl., J U Kern. (I, 1,2; II, 1 u. III—XI: 270 —)
I, 3 u. II, 2 u. 3 sind vergriffen.
X. (10, 420 m. Fig., 8 Taf. u. 1 Bl. Erklärgn.) '10 '11. 26 — ‖ XI. 1. u. 2. Heft (372 m. 10 Taf.) '12. 20 —

— Bonner, z. Anglistik. Hrsg. v. M. Trautmann. 1. Hft. gr. 8. Bonn 898. P. Hanstein. n. 3.60
Kynewulf, d. Bischof u. Dichter. Untersuchgn. üb. s. Werke u. s. Leben. Von Mor. Trautmann. (VIII, 123 S.)

— Bonner, zur Anglistik. Hrsg. v. M. Trautmann. 2.—6. u. 8.—12. Hft. gr. 8. Bonn, P. Hanstein. n. 49.80
2. Sammelheft. Colley Cibbers Bühnenbearbeitung v. Shakespeares Richard III. Von Rich. Dohse. — Untersuchungen üb. das altenglische Exoduslied. Von Gerh. Mürkens. — Zu Cynewulfs Runenstellen. Von M. Trautmann. — Berichtigungen, Vermutungen u. Erklärungen zum Beowulf. 1. Hälfte. Von M. Trautmann. (III, 192 S.) 899. n. 4.80
3. Cynewulfs Wortschatz od. vollständ. Wörterbuch zu den Schriften Cynewulfs. Von Rich. Simons. (IV, 163 S.) 899. n. 6.—
4. Old English musical terms. By Freder. Morgan. Padelford. (XII, 112 S.) 899. n. 3.20
5. Sammelheft. Untersuchungen zur altenglischen Genesisdichtung. Von Hans Jovy. — Versbau u. Sprache in Huchowns Morte Arthure. Von Frz. Mennicken. — The author of Ratis Raving. By John T. T. Brown. — Zur Berichtigung u. Erklärung der Waldhere-Bruchstücke. Von Mor. Trautmann. (III, 192 S.) 900. n. 4.80
6. The Wallace and the Bruce restudied. By J. T. T. Brown. (VIII, 174 S.) 900. n. 4.50
8. Die altenglischen Metra des Boetius. Hrsg. u. m. Einleitg. u. vollständ. Wörterbuch versehen. Von Ernst Krämer. (V, 149 S.) 902. n. 4.50
9. Versbau u. Sprache des mittelenglischen stabreimenden Gedichtes „The wars of Alexander". Von Heinr. Steffens. — Wörterbuch zur Interlinearglosse des Rituale Ecclesiae Dunelmensis. Von Uno Lindelöf. (220 S.) 901. n. 7.—
10. Die südnorthumbrische Mundart des 10. Jahrh. Die Sprache der sog. Glosse Rushworth². Von Uno Lindelöf. (VII, 152 S.) 901. n. 5.—
11. Sammelheft. Die stabende Langzeile in den Werken des Gawaindichters. Von Jos. Fischer. — Zur Quellen- u. Verfasserfrage v. Andreas, Crist u. Fata. Von Johs. Bourauel. — Zum zweiten Waldhere-Bruchstück. Von Mor. Trautmann. — Zur mittelenglischen Stabzeile. Von Jos. Fischer u. F. Mennicken. (154 S.) 901. n. 5.—
12. Sammelheft. Untersuchungen zur Guthlac-Legende. Von H. Forstmann. — Untersuchungen zu Ratis Raving u. dem Gedicht The thewis of gud women. Von Ludw. Ostermann. — Die mittelenglische Stabzeile im 15. u. 16. Jahrh. Von Adf. Schneider. — Festländische Einflüsse im Mittelenglischen. Von W. Heuser. (III, 182 S.) 902. n. 5.—
Hft. 1. Ed. 898. n. 3.60; Hft. 7 ist noch nicht erschienen.

— Bonner, zur Anglistik. Hrsg. v. M. Trautmann. 7, 13.—19. u. 21. Hft. gr. 8. Bonn, P. Hanstein. n. 49.10
7. Finn u. Hildebrand. Zwei Beiträge zur Kenntnis der altgerman. Heldendichtung. Von Mor. Trautmann. (VIII, 131 S.) 903. n. 4.50
13. Studien zu altenglischen Psalterglossen. Von Uno Lindelöf. (IV, 123 S.) 904. n. 4.—
14. Die Kildare-Gedichte. Die ältesten mittelengl. Denkmäler in anglo-irischer Überlieferg. Von W. Heuser. (VIII, 331 S.) 904. n. 7.—
15. Die Sprache der altenglischen Glossen im Ms. Harley 3376. Von Paul Boll. — Über Erhaltung des altenglischen kurzen u. langen ω-Lautes im Mittelenglischen, m. e. Untersuchg. üb. das aus dem altengl. eo, ēo entstandene kurze u. lange mittelengl. ω. Von Karl Daniel Bülbring. (VI, 140 S.) 904. n. 5.—
16. Das Beowulflied. Als Anh. das Finn-Bruchstück u. die Waldhere-Bruchstücke. Bearb. Text u. deutsche Übersetzung v. Mor. Trautmann. (XII, 188 S.) 904. n. 4.—
17. Über einige Beziehungen zwischen altsächsischer u. altenglischer Dichtung. Von Otto Grüters. — Die Schreibung des *eo* im Ormulum. Von Karl Daniel Bülbring. — Das frühmittelenglische Josephlied. Von Wilh Heuser. — Nachträgliches zu 'Finn u. Hildebrand'. Von Mor. Trautmann. — Der Heliand e. Übersetzung aus dem Altenglischen. Auch zum Beowulf, e. Gruss an Hrn. Eduard Sievers. Die Auflösung des 11ten (9ten) Rätsels. Die neuste Beowulfausgabe u. die altenglische Verslehre. (191 S.) 905. n. 6.—
18. A grammar of the dialect of West Somerset. Descriptive and historical. By E. Kruisinga, M. A. (VI. 182 S.) 905. n. 6.—
19. Lautlehre des germanischen Wortschatzes in der v. Morton hrsg. Handschrift der Ancren Riwle. Von Herm. Ostermann. — A grammatical investigation of the old Kentish glosses. By Irene Williams. — Alte u. neue Antworten auf altenglische Rätsel. Hasu. Von Mor. Trautmann. (III, 218 S.) 905. n. 7.—
21. Lautlehre zu Aelfrics Heptateuch u. Buch Hiob. Von J. Wilkes. (III, 176 S.) 905. n. 5.60
Hft. 1—6 u. 8—12. Ebd. 898—902 jetzt n. 51.80.
Der Preis des 4. Heftes ist auf Mk. 3.60 erhöht; Hft. 20 ist noch nicht erschienen.

— Bonner, zur Anglistik. Hrsg. v. M. Trautmann. 20. u. 22.—25. Heft. gr. 8. Bonn, P. Hanstein. 22.40
Dichtung, die altenglische, „Phoenix'. Hrsg. u. erläutert v. Otto Schlotterose. (143 S.) 908. (Hft. 25) 5.—
Dōmes, be, Daege. Hrsg. u. erläutert v. Hans Löhe. (108 S.) 907. (Hft. 22) 3.40
Jansen, Karl, die Cynewulf-Forschung von ihren Anfängen bis zur Gegenwart. (127 S.) 908. (Hft. 24.) 4.—
Sammelheft. Die altenglischen Dichtungen „Daniel" u. „Azarius". Von Wilh. Schmidt. — Berichtigungen, Erklärungen u. Vermutungen zu Cynewulfs Werken. Nachträge 1. zur Elene, 2. zum Andreas, 3. zu den Runenstellen. Zum Versbau d. Heliand. Werge (Wyrge) „verflucht". Von M. Trautmann. (III, 158 S.) (Hft. 23) 907. 5.—
Vershofen, Wilh., Charakterisierung durch Mithandelnde in Shakespeare's Dramen. (157 S.) 905. (Hft. 20) 5.—
Fortsetzg., s.: Studien, Bonner, zur engl. Philologie.

— z. wissenschaftl. Botanik. Hrsg. v. M. Fünfstück. 1. Bd. 3 Abtlgn. gr. 8. (III, 500 S. m. 48 Taf.) Stuttgart 895—897. E. Nägele. n. 81.—

— dasselbe. II. Bd. 2 Abtlgn. gr. 8. (III, 413 S. m. 5 Taf.) Stuttgart 897—898. A. Zimmer. n. 25.—

— dasselbe. III. Bd. 1. Abtlg. M. 29 lith. Taf. u. 13 Abb. i. Text. gr. 8. (204 S.) Ebd. 898. Subskr.-Pr. n. 25.—

— zur wissenschaftlichen Botanik. Hrsg. v. M. Fünfstück. III. Bd. 2. Abtlg. Mit 6 Taf. u. 10 Abbildgn. im Text. gr. 8. (III u. S. 205—296.) Stuttgart 899. A. Zimmer. Subskr.-Pr. n. 10.— (3. Bd. kplt.: n. 35.—)

— dasselbe. IV. Bd. 2 Abtlgn. gr. 8. (III, 304 S. m. 153 Abb. u. 8 Taf.) Ebd. 900. 901. n. 22.—
I. Bd. jetzt Ebd. 895—897. Erm. Pr. n. 46.—.

— zur wissenschaftlichen Botanik. Hrsg. v. M. Fünfstück V. Bd. 2 Abtlgn. (III, 451 S. m. Abbildgn. u. 1 Taf.) gr. 8. Stuttgart 903. 906. A Zimmer. n. 24.—

Beiträge, Bremer, s. Beyträge, Neue, zum Vergnügen des Verstandes und Witzes.

—— Bremer, s. National-Litteratur, deutsche.

— Bremer, zum Ausbau u. Umbau der Kirche. Hrsg.: Jul. Burggraf. 1. Jahrg. Oktbr. 1906—Septbr. 1907. 4 Hefte. (1. Heft. 86 S.) gr. 8. Gießen, A. Töpelmann. n. 4.50; einzelne Hefte n. 1.50

Beiträge, Bremer, z. Ausbau u. Umbau der Kirche. Hrsg.: Jul. Burggraf. 2. u. 3. Jahrg. Oktbr. 1907—Septbr. 1909. à 4 Hefte. (III, 284 u. III, 284 S.) gr. 8. Gießen, A. Töpelmann. à Jahrg. 4.50
Fortsetzg., s.: Christentum, deutsches.

Beiträge, Bremer und Ruegen'sche, ... Rostock und Wismar 1754—1755. H: *Koch, Ehrenreich Chph.* (Ml.) (Ky)

— Bremische, zur Unterhalt. 4 Quart. 8. Brem. 795. Müller. 2 ℔ 8 ℊ (Heyse). Hbg. Pr. 12 ℊ

— Breslauer, zur Literaturgeschichte. Hrsg. von Max Koch u. Greg. Sarrazin. I—VIII. gr. 8. Leipzig, M. Hesse. Subskr.-Pr. n. 25.95; Einzelpr. n. 30.50

I. Karl v. Holteis Romane. Ein Beitrag zur Geschichte der deutschen Unterhaltungsliteratur. Von Paul Landau. (IX, 168 S.) 904. Subskr.-Pr. n. 3.80; Einzelpr. n. 4.50

II. Andreas Gryphius u. seine Herodes-Epen. Ein Beitrag zur Charakteristik des Barockstils. Von Ernst Gnerich. (XVI, 229 S.) 906. Subskr.-Pr. n. 5.50; Einzelpr. n 6.50

III. Hugo v. Hofmannsthal. Eine literar. Studie. Von Emil Sulger-Gebing. (VII, 93 S.) 905. Subskr.-Pr. n. 2.15; Einzelpr. n. 2.50

IV. Katilina im Drama der Weltliteratur. Ein Beitrag zur vergleich. Stoffgeschichte des Römerdramas. Von Herm. B. G. Speck. (VII, 99 S.) 906. Subskr.-Pr. n. 2.15; Einzelpr. n. 2.50

V. Friedrich Hebbels u. Richard Wagners Nibelungen-Trilogien. Ein kritisch. Beitrag zur Geschichte der neueren Nibelungendichtung. Von Ernst Meinck. (84 S.) 905. Subskr.-Pr. n. 2.15; Einzelpr. n. 2.50

VI. Goethes ‚Werther' in der niederländischen Literatur. Ein Beitrag zur vergleich. Literaturgeschichte. Von Karl Menne. (94 S.) 905. Subskr.-Pr. n. 2.15; Einzelpr. n. 2.50

VII. Die Mundarten im hochdeutschen Drama bis gegen Ende des 18. Jahrh. Ein Beitrag zur Geschichte des deutschen Dramas u. der dtsch. Dialektdichtg. Von Alfr. Lowack. (VIII, 171 S.) 905. Subskr.-Pr. n. 3.80; Einzelpr. n. 4.50

VIII. Das Naturgefühl in Goethes Lyrik bis zur Ausgabe der Schriften 1789. Von Arth. Kutscher. (X, 178 S.) Subskr.-Pr. n. 4.25; Einzelpr. n. 5.—

Beiträge, Breslauer, zur Literaturgeschichte. Hrsg. v. Max Koch u. Greg. Sarrazin. IX u. X. gr. 8. Leipzig, M. Hesse. 13.45; Einzelpr. 15.80

IX. Maria Stuart im Drama der Weltliteratur vornehmlich des 17. u. 18. Jahrh. Ein Beitrag z. vergleich. Literaturgesch. Von Karl Kipka. (VIII, 423 S.) 907. Einzelpr. 10.80; Subskr.-Pr. 9.20

X. Adolf Friedrich Graf v. Schack als Übersetzer. Von Erich Walter. (180 S.) 907. Einzelpr. 5.—; Subskr.-Pr. 4.25

I.—VIII (1. Reihe.) Ebd. 904—06. 25.95, bzw. 30.50.

— dasselbe. Neue Folge 1—8, der ganzen Folge 1.—18. Heft. gr. 8. Leipz., Quelle & Meyer. Subskr.-Pr. 33.20; Einzelpr. 41.50

Badt, Bertha, Annette v. Droste-Hülshoff, ihre dichterische Entwicklung u. ihr Verhältnis zur englischen Literatur. (96 S.) 909. (N. F. 7.) Subskr.-Pr. 2.40; Einzelpr. 3.—

Hille, Curt, die deutsche Komödie unter der Einwirkng. des Aristophanes. Ein Beitrag zur vergleich. Literaturgeschichte. (VI, 180 S.) 907. (N. F. 42.) Subskr.-Pr. 4.60; Einzelpr. 5.75

Karsen, Fritz, Henrik Steffens Romane. Ein Beitrag z. Geschichte des histor. Romans. (171 S.) 908. (N. F. 6.) Subskr.-Pr. 4.60; Einzelpr. 5.75

Knippel, Rich., Schillers Verhältnis z. Idylle. (V, 86 S.) 909 (N. F. 8.) Subskr.-Pr. 2.40; Einzelpr. 3.—

König, Jos., Karl Spindler. Ein Beitrag zur Geschichte des histor. Romans u. der Unterhaltungslektüre in Deutschland, nebst e. Anzahl bish. ungedruckter Briefe Spindlers. (159 S.) 908. (N. F. 5.) Subskr.-Pr. 4.—; Einzelpr. 5.—

Lux, Konr., Johann Kaspar Friedrich Manso, der schlesische Schulmann, Dichter u. Historiker. (245 S.) 908. (N. F. 4.) Subskr.-Pr. 6.40; Einzelpr. 8.—

Marufke, Willy, der älteste englische Marienhymnus „On god Ureisun of ure Lefdi". (V, 76 S.) 907. (N. F. 3.) Subskr.-Pr. 2.40; Einzelpr. 3.—

Tschersig, Hub., das Gasel in d. deutschen Dichtung u. das Gasel bei Platen. (XII, 229 S.) 907. (N. F. 1.) Subskr.-Pr. 6.40; Einzelpr. 8.—

— Breslauer, z. Literaturgesch. Hrsg. v. Max Koch u. Greg. Sarrazin. N. F. 9—12. u. 14—20. der ganzen Folge 19—22. u. 24—30. Heft. gr8° Bresl., F Hirt. (1—12, 14—20: 61.60)

Heft 13 ist noch nicht erschienen.

Altaner, Bruno: Dietrich v. Bern in d. neueren Lit. (8, 114) '12 [20(30)] 3 —; Subskr. 2.40

Ehrenhaus, Mart.: Die Operndichtg d. deut. Romantik. (7, 96) '11 [19(29)] 2.50; bezw. 2 —

Hartmann, Max: Ludwig Achim v. Arnim als Dramatiker. (4, 132) '11 [14(24)] 3.40; bezw. 2.70

Jeuthe, Loth.: Friedrich de la Motte Fouqué als Erzähler. (165) '10 [11(21)] 4.40; bezw. 3.50

Meyer, Curt: Die Romane v. Friedrich v. Uechtritz. (4, 94) '11 [16(26)] 2.50; bezw. 2 —

Moschner, Alfr.: Holtei als Dramatiker. (8, 185) '11 [18(28)] 4.60; bezw. 3.65

Muskalla, Konst.: Die Romane v. Johann Timotheus Hermes. Beitrag z. Kultur- u. Lit.-Gesch. d. 18. Jahrh. (7, 87) '12 [15(25)] 2.40; bezw. 1.90

Renck, Heinr.: Platens polit. Denken u. Dichten. (5, 122) '10 [9(19)] 3.20; bezw. 2.50

Schubert, Ernst: Augustus Bohse gen. Talander. Beitrag z. Gesch. d. galanten Zeit in Deutschld. (111) '11 [17(27)] 3 —; bezw. 2.40

Schubert, Kurt: Clemens Brentanos weltl. Lyrik. (4, 81) '10 [10(20)] 2.25; bezw. 1.80

Stenger, Gerh.: Goethe u. Aug. v. Kotzebue. (8, 176) '10 [12(22)] 4.40; bezw. 3.50

— dass. Neuere Folge. 31. u. 32. Heft. gr8° Stuttg., JB Metzler. 16 —

Dohn, Walt.: Das Jahr 1848 im deut. Drama u. Epos. (7, 294) '12 [32] 7 —

Hirschstein, Hans: Die französ. Revolution im deut. Drama u. Epos nach 1815. (7, 384) '12 [31] 9 —

Beiträge zur Buchdrucker- und Literaturgeschichte St. Gallens ... St. Gallen 1835. V: *Wegelin.* (cb)

— zur Bücherkunde des XV. u. XVI. Jahrh. 1. Bd. 4. Strassburg, J. H. E. Heitz. n. 6. —

Die Zainer in Ulm. Ein Beitrag zur Geschichte des Buchdrucks im XV. Jahrh. Von Joh. Wegener. (VII, 70 S.) 904.

Beiträge zur Bücherkunde und Philologie. August Wilmanns zum 25. März 1903 gewidmet. — Leipzig: Harrassowitz 1903. VII,551 S. 8°

1: Ag 10020, 10020a [u.] 10020b. 2→11. 12: N. libr. 17q 14→18. 21. 23. 25. 27→30. 38. 300: 425.428–B. 302

Beiträge, der vaterländischen Bühne gewidmet. Berlin 1793. V: *Meyer, Friedrich Ludwig Wilhelm.* (KY) (MGT) (NN)

Beiträge, der vaterländ. Bühne gewidm., (v. Fr. L. W. Meyer). (Enth.: D. Schutzgeist. – Wie gewonnen. – Der Schriftsteller. – Die Prüfung.) 8°. – Berlin 1793. Unger.

— z. Carcinomforschung, s: Beiträge z. Karzinomforschung.

Beiträge, Carlsruher, s. Beiträge, Karlsruher

Beiträge zu einer Charakteristik der neuen deutschkatholischen Kirche in Abfertigung eines gewissen Literaten und Zeitungs-Correspondenten von e. Breslauer Bürger. Nebst e. kurzen Beleuchtung von Herrn Ronge's Flugschriftchen: Neue und doch alte Feinde. — Grünberg: Weiß 1846. 27 S. 8°

Als Verfasser wird D. Ernst genannt.

1: 18 in Cq 8057. 2. 38. 15.

Beiträge zu einer Charakteristik des Kriegsschauplatzes und der Kriegführung in Ober-Italien. Zürich 1850. V: *Gallina, Jos. Freih. v.* (KA) V: *Meyer, Wilh.* (ZUWZÜR)

— zu einer Charakteristik des Kriegsschauplatzes und der Kriegführung in Oberitalien. gr. 8. (IV und 152 S.) Zürich 850, Orell, Füßli und Comp. **

— zur Charakteristik des ersten verein. Landtages im preuß. Staate. gr. 8. (43 S. und 22 S. Tab. in gr. 4.) Leipzig 847, Teubner.

Beiträge zur Characteristik [Charakteristik] des Wiener Proletariates im Jahre 1848. — o.O. [1849]. 2 Bl. 8°

14. 15.

Beiträge zur Charakteristik und Regierungsgeschichte des Kaiser Joseph. Paris o. J. V: *Pipitz, Franz Ernst.* (Mittb. Dr. Ign. Schwarz Wien.)

Beiträge zur Characteristik [Charakteristik] des von Braunschweig entwichenen Geheimen-Rathes von Schmidt-Phiseldeck, in Fragen beantwortet durch Actenstücke. — Braunschweig 1827: Vieweg. 15 S. 4°

Als Verfasser wird Rudolf v. Bosse genannt.

1: 2° Sl 3660. 7. 12: 2° Biogr. 41m. 14. 17. 18. 23. 27. 15.

— zur Charakteristik d. Französ. Staatsverfassung. (Von G. Th. v. Faber.) gr. 8. Königsb. 815. Nicolovius. 2 ℳ 12 ℊ

Beiträge zur Charakteristik der französischen Staatsverfassung und Staatsverwaltung während der Epoche Bonapartes. Königsberg 1816. V: *Faber, Gotthilf Theodor von.* (KY) (MGT) (R-N)

Beiträge zur Charakteristik der französischen Truppen, . . . [Salzburg 1796.] V: *Baader, Clemens Alois.* (MGT)

Beiträge, Characteristische, zur Kenntnis der Hauptstadt und Grenzfestung Olmütz. Wien 1788. V: *Eckberger, Alexius von.* (Brünner Zeitung 1788, Beil. 30, S. 246) (Chr. d'Elvert, Gesch. d. Theaters, S. 142) (Chr. d'Elvert, Literaturgesch., S. 282) (BIBLPORT)

— zur Chemie u. Physik, s. Journal f. Chemie.

Beiträge zur physiolog. u. patholog. Chemie u. Mikroskopie in ihrer Anwend. auf d. prakt. Medizin unter Mitwirk. d. Mitglieder d. Vereins f. physiolog. u. patholog. Chemie u. a. Gelehrten hrsg. v. Franz Simon. I. Bd. I. Lfg. Bog. (1—9. u. 1 Stnt.) gr. 8. Berlin 843, Aug. Hirschwald. pro 40 Bog.*

BEITRÄGE ZUR CHEMIE in Uebersetzung oder vollständigen Auszügen neuer chemischer Abhandlungen, sammt einigen neuen Aufsätzen. Herausgegeben von F. A. X. von Wasserberg. 1 vol., 8vo. Wien, 1791.

— z. Chemotherapie d. Tuberkulose. Nach d. Vorträgen v. Gräfin v. Linden (Impftuberkulose), E Meissen (Lungentuberkulose), A Strauss (äussere Tuberkulose). [Aus: „Beiträge z. Klinik d. Tuberkulose".] (31 m. 3 Taf.) Lex8° Würzbg, C Kabitzsch '12. 1.50

— zur Chirurgie. Festschrift, gewidmet Theodor Billroth v. seinen dankbaren Schülern zur Feier d. vollendeten 50. Semesters seines akadem. Wirkens in Wien. gr. 8. (VIII, 675 S. m. 2 Portr., 9 lith. Taf. u. 51 Holzschn.) Stuttgart 892. F. Enke. n. 24. —

— z. klin. Chirurgie, s. a. Mittheilungen a. d. chirurg. Klinik zu Tübingen.

— zur klinischen Chirurgie. Mittheilungen aus der chirurg. Klinik zu Tübingen. Hrsg. v. Paul Bruns. 2. Bd. 1. Hft. gr. 8. (III, 219 S.) Tübingen 886. Laupp. n. 4. — (I. u. II., 1.: n. 16. —)

— zur klinischen Chirurgie. Mittheilungen aus den chirurg. Kliniken zu Tübingen, Heidelberg, Zürich, Basel. Hrsg. v. P. Bruns. 2. Bd. 2. u. 3. Hft. gr. 8. (IV u. S. 221—509 m. 2 Holzschn. u. 5 Taf.) Tübingen 886. Laupp. n. 8. — (2. Bd. cplt.: n. 12. —)

— dasselbe. 3. Bd. 3 Hfte. gr. 8. (IV, 506 S. m. 7 Taf.) Ebd. 887. 888. à Hft. n. 4. —

— dasselbe. 4. Bd. 3 Hfte. gr. 8. (X, 672 S. m. eingedr. Abbildgn. u. 12 Taf.) Ebd. 889. n. 16. —
1. 2. Hft. à n. 5. —. — 3. Hft. n. 6. —.

— dasselbe. 5. Bd. 3 Hfte. gr. 8. (V, 740 S. m. eingedr. Abbildgn., 24 Taf. u. 22 Bl. Erklärgn.) Ebd. 889. 890. n. 23. —
1. 2. Hft. à n. 9. —. — 3. Hft. n. 5. —.

— dasselbe. 6. Bd. 3 Hfte. gr. 8. (VIII, 690 S. m. Textabbildgn. u. 7 Taf.) Ebd. 890. n. 15. 50

— dasselbe. 7. Bd. 1. Hft. gr. 8. (VI, 237 S. m. Textfig. u. 5 Taf.) Ebd. 890. n. 7. —

— zur klinischen Chirurgie. Mitteilungen aus den Kliniken zu Tübingen, Heidelberg, Freiburg, Zürich, Basel, Bonn. Hrsg. v. P. Bruns, V. Czerny, P. Kraske, R. U. Kroenlein, A. Socin, F. Trendelenburg. Red. v. P. Bruns. 7. Bd. 2. u. 3. Hft. gr. 8. (III, IV u. S. 239—688 m. Textabbildgn. u. 9 Taf.) Tübingen 891. H. Laupp. n. 13. — (7. Bd. kplt.: n. 20. —)
2. Hft. n. 7. —. — 3. Hft. n. 6. —.

Beiträge zur klinischen Chirurgie. Mitteilungen aus den Kliniken zu Tübingen, Heidelberg, Freiburg, Zürich, Basel, Bonn. Hrsg. v. P. Bruns, V. Czerny, P. Kraske, R. U. Kroenlein, A. Socin, F. Trendelenburg. Red. v. P. Bruns. 8. Bd. 3 Hfte. gr. 8. (IV, III, VI, 653 S. m. Textabbildgn. u. 15 Taf.) Tübingen 891. 892. H. Laupp. à Hft. n. 6. —

— dasselbe. 9. Bd. 3 Hfte. gr. 8. (III, III, V, 810 S. m. Textabbildgn. u. 12 Taf.) Ebd. 892. n. 20. —
1. Hft. n. 7. —. — 2. Hft. n. 5. —. — 3. Hft. n. 8. —.

— dasselbe. 10. Bd. 3 Hfte. gr. 8. (IV, V, 893 S. m. 13 Taf.) Ebd. 892. 893. n. 22. —
1. u. 2. Hft. à n. 7. —. — 3. Hft. n. 8. —.

— dasselbe. 11. Bd. 3 Hfte. gr. 8. (IV, VI, 803 S. m. Textabbildgn. u. 12 Taf.) Ebd. 894. n. 22. —
1. Hft. n. 7. —. — 2. u. 3. Hft. n. 15.

— dasselbe. 12. Bd. 1.—3. Hft. gr. 8. (V, 853 S. m. Abbildgn. u. 13 Taf. in Stein- u. Lichtdr.) Ebd. 894. n. 23. —

— z. klin. Chirurgie. Mitteilgn. a. d. Kliniken zu Basel, Bonn, Freiburg, Graz, Heidelberg, Rostock, Strassburg, Tübingen, Zürich. Hrsg. v. P. Bruns, V. Czerny, C. Garrè, P. Kraske, R. U. Kroenlein, O. Madelung, A. Socin, F. Trendelenburg, A. Wölfler. Red. v. Dr. P. Bruns. 13. Bd. 3 Hfte gr. 8. (VI, 857 S. m. Abb. u. 14 z. Tl. farb. Taf.) Tübingen 895. H. Laupp. n. 24. —

— dasselbe m. Hinzutritt v. Würzburg u. weiter hrsg. v. C. Schönborn. 14. Bd. 3 Hfte. gr. 8. (VI, 849 S. m. Abb. u. 16 Taf) Ebd. 895. n. 30. —

— dasselbe. 15. Bd. 3 Hft. gr. 8. (VIII, 851 S. m. Abb. u. 17 Taf.) Ebd. 895—896. n. 25. —

— dasselbe. Mitteilungen ferner a. Breslau u. weiterer Hrsg. J. Mikulicz. 16. Bd. 3 Hfte. gr. 8. (V, 856 S. m. Abb. u. 11 Taf.) Ebd. 896. n. 21. —

— dasselbe, weiter mit hrsg. von V. v. Hacker (Innsbruck). 17. Bd. 3 Hfte. gr. 8. (X, 828 S. m. 17 Taf.) Ebd. 896. n. 24. —

— dasselbe. 18. Bd. 3 Hfte. gr. 8. (VI, 791 S. m. Abb. u. 11 Taf.) Ebd. 897. n. 28. —

— dasselbe u. Mitteilgn. a. d. chirurg. Abteilgn. d. städt. Krankenhauses a. Urban i. Berlin, städt. Krankenhauses in Frankfurt a/M., allgem. Krankenhauses i. Hamburg-Eppendorf, Kantonspitals i. Münsterlingen. Hrsg. v. C. Brunner, P. Bruns, V. Czerny u. a. Red. v. P. Bruns. 19. Bd. 3 Hfte. gr. 8. (V, 776 S. m. 37 Abb. u. 35 Taf.) Ebd. 897. n. 31. —

— dasselbe. 20. Bd. 3 Hfte. gr. 8. (VI, 825 u. Namen- u. Sachverz. z. Bd. 11—20 XVIII S. m. 67 Abb. u. 20 Taf.) Ebd. 898. Subskr.-Pr. n. 38. 80; Einzelpr. n. 49. 00

— dasselbe. Nebst Mitteilgn. a d. chirurg. Abteilg. d. Diakonissenhauses i. Stuttgart. 21. Bd. 3 Hfte. gr. 8. (V, 848 S. m. 61 Abb. u. 25 Taf.) Ebd. 898. Subskr.-Pr. n. 24. 80; Einzelpr. n. 31. 40

—. dasselbe. 22. Bd. 3 Hfte. gr. 8. (V, 818 S. m. 46 Abb. u. 9 Taf.) Ebd. 898. Subskr.-Pr. n. 34. 60; Einzelpr. n. 43. 60

— dasselbe. Suppl.-Hft. gr. 8. (122 S.) Ebd. 898. n. 4. —; f. Abonnenten kostenlos.

— zur klinischen Chirurgie. Mitteilungen aus den chirurg. Kliniken zu Basel, Bologna, Breslau, Budapest, Freiburg, Heidelberg, Innsbruck, Leipzig, Prag, Rostock, Strassburg, Tübingen, Würzburg, Zürich u. den chirurg. Abteilgn. des städt. Krankenhauses in Altona, Berlin (Urban), Frankfurt a/M., Karlsruhe, Augusta-Hospitals in Berlin, allgem. Krankenhauses in Hamburg, Diakonissenhauses in Stuttgart, Kantonspitals in Münsterlingen, hrsg. von B.v. Beck u.a. 23. - 28. Bd. à 3 Hfte. gr. 8
Tübingen, H. Laupp. 1899–1900.
Subskr.-Pr. n. 219. 60; Einzelpr. n. 279. 60

23. (VI, 836 S. m. 49 Abb. u. 11 Taf.) 899. Subskr.-Pr. n. 36. 60; Einzelpr. n. 46. 80
24. (VI, 826 S. m. 71 Abb. u. 15 Taf.) 899. Subskr.-Pr. n. 39. 60; Einzelpr. n. 50. 30
25. (V, 843 S. m. 31 Abb. u. 10 Taf.) 899. Subskr.-Pr. n. 38. 80; Einzelpr. n. 49. 90
26. (VI, 796 S. m. 14 Abb. u. 14 Taf.) 900. Subskr.-Pr. n. 35. 40; Einzelpr. n. 44. 40
27. (V, 828 S. m. 51 Abb. u. 18 Taf.) 900. Subskr.-Pr. n. 34. 20; Einzelpr. n. 43. 20
28. (V, 832 S. m. 56 Abb. u. 25 Taf.) 900. Subskr.-Pr. n. 35. —; Einzelpr. n. 45. —

Beiträge zur klinischen Chirurgie. Mitteilungen a. d. chirurg. Kliniken zu Basel etc. etc. Nebst weiteren Mitteilgn. aus den chirurg. Abteilgn. des städt. Krankenhauses Dresden-Friedrichstadt u. des Diakonissenhauses in Freiburg i./B. Hrsg. von B. v. Beck, C. Brunner, P. Bruns a. a., red. v. P. Bruns. 29. Bd. 3 Hfte. gr. 8. (VI, 730 S. m. 41 Abbildgn. u. 22 Taf.) Tübingen 900. H. Laupp. Subskr.-Pr. n. 37.—; Einzelpr. n. 47.—

— dasselbe. Nebst Mittheilungen aus der chirurg. Abteilg. des Lindenhofspitals in Bern. 30. Bd. 3 Hfte. m. Namen- u. Sachregister zu Bd. 21—30. gr. 8. (VI, 825 u. XX S. m. 40 Abb. u. 7 Taf.) Ebd. 901. Subskr.-Pr. n. 34.60; Einzelpr. n. 43.60

— dasselbe. 31. Bd. 3 Hfte. gr. 8. (VI, 787 S. m. 32 Abbildgn., 4 Kurven u. 22 Taf.) Ebd. 901. Subskr.-Pr. 42.—; Einzelpr. 52.60

— dasselbe. Nebst Mitteilgn. aus der chirurg. Klinik zu Königsberg. 32. Bd. 3 Hfte. gr. 8. (V, 792 S. m. 63 Abb. u. 38 Taf.) Ebd. 901. 902. Subskr.-Pr. n. 50. 50

— dasselbe. 33. Bd. 3 Hfte. gr. 8. (V, 834 S. m. 47 Abbildgn. u. 6 Taf.) Ebd. 902. Subskr.-Pr. n. 36. 40; Einzelpr. n. 45. 60

— dasselbe. Mitteilungen aus den chirurg. Kliniken zu Basel, Breslau, Budapest, Freiburg, Genua, Heidelberg, Innsbruck, Königsberg, Leipzig, München, Prag, Rostock, Strassburg, Tübingen, Würzburg, Zürich u. den chirurg. Abteilgn. des städt. Krankenhauses in Dresden, Frankfurt a/M., Karlsruhe, Nürnberg, Stettin, Augusta-Hospitals in Berlin, allgemeinen Krankenhauses in Hamburg, Diakonissenhauses in Freiburg i. B. u. Stuttgart, Kantonspitals in Münsterlingen, Lindenhofspitals in Bern, Landkrankenhauses in Hanau, Allerheiligen-Hospitals in Breslau. Hrsg. von O. v. Angerer, B. v. Beck, C. Brunner u. a. Red. von P. v. Bruns. 34. Bd. Mit 1 Portr., 27 Abbildgn. im Text u. 24 Taf. Jubiläumsbd. f. Vincenz Czerny. gr. 8. (VIII, 1023 S.) Ebd. 902. Subskr.-Pr. n. 45.—; Einzelpr. n. 55.—

— dasselbe. 35. Bd. 3 Hfte. gr. 8. (V, 836 S. m. 39 Abbildgn. u. 10 Taf.) Ebd. 902. Subskr.-Pr. n. 37. 80; Einzelpr. n. 47. 80

— dasselbe. 36. Bd. 1. u. 2. Hft. gr. 8. (546 S. m. 17 Abbildgn. u. 3 Taf.) Ebd. 902. Subskr.-Pr. n. 22. 60; Einzelpr. n. 29. —

— zur klinischen Chirurgie. Mitteilungen aus den chirurg. Kliniken zu Amsterdam, Basel, Breslau, Budapest, Freiburg, Genua, Heidelberg, Innsbruck, Königsberg, Leipzig, München, Prag, Rostock, Strassburg, Tübingen, Würzburg, Zürich u. den chirurg. Abteilgn. des städt. Krankenhauses in Dresden, Frankfurt a/M., Karlsruhe, Nürnberg, Stettin, Augusta-Hospitals in Berlin, allgemeinen Krankenhauses in Hamburg, Diakonissenhauses in Freiburg i. B. u. Stuttgart, Kantonsspitals in Münsterlingen, Landkrankenhauses in Hanau, Allerheiligen-Hospitals in Breslau. Hrsg. von O. v. Angerer, B. v. Beck, C. Brunner u. a. Red. von P. v. Bruns. 36. Bd. 3 Hft (V u. S. 547—816 m. 6 Abbildgn.) gr. 8. Tübingen 902. H. Laupp.
Subskr.-Pr. n. 10. 90; Einzelpr. n. 14. —
(36. Bd. kplt. n. 33. 40, bezw. n. 43. —)

— dasselbe 37. u. 38. Bd. à 3 Hfte. gr. 8. Ebd. Subskr.-Pr. n. 91. 40; Einzel-Pr. n. 118. —

37. Jubiläumsbd., Friedrich v. Esmarch gewidmet. (VII, 994 S. m. 53 Abbildgn, 1 Bildnis u. 37 Taf.) 903. Subskr.-Pr. n. 46. —; Einzelpr. n. 54. —
38. (V, 905 S. m. Abbildgn. u. 22 Taf.) 903. Subskr.-Pr. n. 45. 40; Einzelpr. n. 55. —

Beiträge zur klinischen Chirurgie. Mitteilungen aus den chirurg. Kliniken zu Amsterdam, Basel, Breslau, Budapest, Freiburg, Genua, Heidelberg, Königsberg, Leipzig, München, Prag, Rostock, Strassburg, Tübingen, Würzburg, Zürich u. d. chirurg. Abteilgn. des städt. Krankenhauses Dresden, Frankfurt a/M., Karlsruhe, Nürnberg, Stettin, Augusta-Hospitals in Berlin, allgemeinen Krankenhauses in Hamburg, Diakonissenhauses in Freiburg i. B. u. Stuttgart, Karl-Olga-Krankenhauses in Stuttgart, Kantonsspitals in Münsterlingen, Landkrankenhauses in Hanau, Allerheiligenhospitals in Breslau. Hrsg. von O. v. Angerer, B. v. Beck u.a. 39. Bd. 3 Hfte. gr. 8.
Tübingen 903. H. Laupp.

— dasselbe m. den Mitteilungen aus der chirurgischen Klinik zu Graz. 40.—49. Bd. à 3 Hfte. gr. 8. Ebd. Subskr.-Pr. n. 363. 20; Einzelpr. n. 452 20

40. Mit Namen- u. Sachverzeichnis zu Bd. 31—40. (V, 865 u. XXIV S. m. 7 Abbildgn. u. 14 Taf.) 903. Subskr.-Pr. n. 39. 60; Einzelpr. n. 49. 60
41. (VI, 824 S. m. 26 Abbildgn. u. 14 Taf.) 903. 904. Subskr.-Pr. n. 38. 60; Einzelpr. n. 48. 60
42. (V, 812 S. m. 84 Abbildgn. u. 22 Taf.) 904. Subskr.-Pr. n. 38. —; Einzelpr. n. 47. 60
43. (V, 795 S. m. 187 [meist zweifarb.] Abbildgn. u. 24 Taf.) 904. Subskr.-Pr. n. 37. 40; Einzelpr. n. 47. —
44. (V, 786 S. m. 30 Abbildgn. u. 16 Taf.) 904. Subskr.-Pr. n. 33. 80; Einzelpr. n. 44. —
45. (V, 751 S. m. 75 Abbildgn. u. 20 Taf.) 905. Subskr.-Pr. n. 40. 40; Einzelpr. n. 51. —
46. (V, 872 S. m. 60 z. Tl. farb. Abbildgn. u. 12 Taf.) 905. Subskr.-Pr. n. 34. 40; Einzelpr. n. 42. 60
47. (V, 860 S. m. 42 Abbildgn. u. 17 Taf.) 905. Subskr.-Pr. n. 37. —; Einzelpr. n. 44. 20
48. (VI, 850 S. m. 61 Abbildgn. u. 16 Taf.) 906. Subskr.-Pr. n. 36. —; Einzelpr. n. 45. 60
49. Mit 1 Portr., 15 (Umschlag 22) Abbildgn. im Text u. 11 Taf. Jubiläumsbd. f. R. U. Krönlein. (VI, 643 S.) 906. Subskr.-Pr. n. 28. —; Einzelpr. n. 32. —

— dasselbe. Mitteilungen aus den chirurg. Kliniken u. Polikliniken zu Amsterdam, Basel, Berlin, Breslau, Budapest, Freiburg, Genua, Graz, Heidelberg, Innsbruck, Leipzig, Marburg, München, Prag, Rostock, Strassburg, Tübingen, Upsala, Würzburg, Zürich u. d. chirurg. Abteilgn. des städt. Krankenhauses Dresden, Frankfurt a. M., Gmünd, Heilbronn, Karlsruhe, Nürnberg, Schöneberg, Augusta-Hospitals in Berlin, allgemeinen Krankenhauses in Hamburg, Diakonissenhauses in Freiburg i. B. u. Stuttgart, Karl-Olga-Krankenhauses in Stuttgart, Kantonsspitals in Münsterlingen, Landkrankenhauses in Gotha, Allerheiligen-Hospitals in Breslau. Hrsg. von O. v. Angerer, B. v. Beck, C. Brunner u. a. Red. von P. v. Bruns. 50. Bd. 3 Hfte. (VI, 819 S. u. Namen- u. Sachverzeichnis zu Bd. 1—50 LXXXVI S. m. 67 Abbildgn., 1 Bildnis, 22 Taf. u. 2 Kurven.) gr. 8. Ebd. 906.
Subskr.-Pr. n. 39. —; Einzelpr. n. 45. 80

— dasselbe. 51. Bd. 3 Hfte. (V, 782 S. m. 35 Abbildgn. u. 19 Taf.) gr. 8. Ebd. 906.
Subskr.-Pr. n. 36. 80; Einzelpr. n. 43. —

— dasselbe. 52. Bd. 1. u. 2. Hft. (S. 1—559 m. 44 Abbildgn. u. 30 Taf.) gr. 8. Ebd. 906.
Subskr.-Pr. n. 24. 60; Einzelpr. n. 29. —

— zur klinischen Chirurgie. Mitteilungen aus den chirurg. Kliniken u. Polikliniken zu Amsterdam, Basel, Berlin usw. Hrsg. v. J. Amberger, O. v. Angerer, W. Anschütz u. a. Unt. Mitwirkg. v. Garrè u. Küttner red. von v. Bruns. 52. Bd. 3. Hft; 53.—70. Bd. à 3 Hfte. u. 71. Bd. 1. u. 2. Hft. gr. 8. Tübingen, H. Laupp.
Subskr.-Pr. 725.55; Einzelpr. 866. 10.

52. III (VI u. S. 561—780 m. 12 Abb. u. 4 Taf.) 907. Subskr.-Pr. 10.—; Einzelpr. 12. —
53. (V, 808 S. m. 117 z. Tl. farb. Abbildgn., 35 Kurven u. 20 z. Tl. farb. Taf.) 907. Subskr.-Pr. 39.80; Einzelpr. 47. —
54. (V, 825 S. m. 29 Abbildgn., 10 Kurven u. 24 z. Tl. farb. Taf.) 907. Subskr.-Pr. 39.40; Einzelpr. 47. —
55. (V, 793 S. m. 51 Abb., 5 Kurven u. 17 zum Tl. farb. Taf.) 907. Subskr.-Pr. 38.60; Einzelpr. 44. 60
56. (V, 822 S. m. 14 Abb. u. 11 Taf.) 907. 08. Subskr.-Pr. 37. 60; Einzelpr. 44. —
57. (V, 781 S. m. 72 Abbildgn. u. 15 z. Tl. farb. Taf.) 908. Subskr.-Pr. 38.60; Einzelpr. 43. —
58. (V, 821 S. m. 62 Abbildgn. u. 30 z. Tl. farb. Taf.) 908. Subskr.-Pr. 37.35; Einzelpr. 44.50
59. (VI, 811 S. m. 51 Abbildgn. u. 14 z. Tl. farb. Taf.) 908. Subskr.-Pr. 35.20; Einzelpr. 43. —
60. (V, 825 u. XIX S. m. 56 Abbildgn. u. 23 z. Tl. farb. Taf.) 908. Subskr.-Pr. 42.40; Einzelpr. 48. —
61. (VI, 804 S. m. 49 Abb. u. 15 zum Tl. farb. Taf.) 908. 09. Subskr.-Pr. 38.60; Einzelpr. 48. —
62. (V, 820 S. m. 75 Abbildgn. u. 24 z. Tl. farb. Taf.) 909. Subskr.-Pr. 39.—; Einzelpr. 49. —
63. (V, 812 S. m. 82 Abbildgn. u. 32 z. Tl. farb. Taf.) 909. Subskr.-Pr. 41.—; Einzelpr. 50. —
64. (VI, 780 S. m. 50 Abbildgn. u. 33 z. Tl. farb. Taf.) 909. Subskr.-Pr. 40.20; Einzelpr. 40. —
65. (VI, 880 S. m. 75 Abb. u. 21 z. Tl. farb. Taf.) 909. Subskr.-Pr. 39.20; Einzelpr. 48. —
66. (VI, 801 S. m. 116 Abbildgn. u. 10 z. Tl. farb. Taf.) 910. Subskr.-Pr. 35. —; Einzelpr. 43. —
67. Festband f. A. Wölfler. (VII, 687 S. m. 1 Bildnis, 82 Abbildgn. u. 81 z. Tl. farb. Taf.) 910. Subskr.-Pr. 28. —; Einzelpr. 32. —
68. (VI, 827 S. m. 84 Abb., 1 Kurve u. 27 z. Tl. farb. Taf.) 910. Subskr.-Pr. 38.60; Einzelpr. 46. —
69. (V, 841 S. m. 38 Abb., 2 Kurven u. 31 z. Tl. farb. Taf.) 910. Subskr.-Pr. 39.—; Einzelpr. 45. —
70. (VI, 911 u. XXIII S. m. 152 Abb., 1 Bildnis u. 19 z. Tl. farb. Taf.) 910. Subskr.-Pr. 43.20; Einzelpr. 49. —
71. H. II. (IV, 878 S. m. 88 Abb. u. 11 z. Tl. farb. Taf.) 910. Subskr.-Pr. 28.80; Einzelpr. 34. —

— z. klin. Chirurgie. Unter Mitwirkg v. Garrè u. Küttner red. von v. Bruns. 65. u. 66. Bd, je 3 Hefte; 67. Bd; 68—73. Bd, je 3 Hefte; 74. Bd; 75—80. Bd, je 3 Hefte; 81. Bd u. 82. Bd, I. u. II. Heft. (Mit Abb.) gr8° Tüb., H Laupp. (1—82 II: 2919.65)
65. (830 m. 21 Taf.) '09. 48 —; Subskr. 39.20 ‖ 66. (6, 801 m. 10 z. Tl farb. Taf.) '10. 43 —; bezw. 35 — ‖ 67. Festbd f. A Wölfler. (7, 687 m. Bildn. u. 81 z. Tl farb. Taf.) '10. 32 —; bezw. 28 — ‖ 68. (6, 827 m. 1 Kurve u. 18 z. Tl farb. Taf.) '10. 46 —; bezw. 38.60 ‖ 69. (5, 841 m. 2 Kurven u. 31 z. Tl farb. Taf.) '10. 45 —; bezw. 39 — ‖ 70. (6, 911 m. Bildn. u. 19 z. Tl farb. Taf.) '10. 49 —; bezw. 43.20 ‖ 71. (6, 846 m. 3 z. Tl farb. Taf.) '11. 49 —; bezw. 41.60 ‖ 72. (5, 818 m. 2 Kurven u. 32 z. Tl farb. Taf.) '11. 46 —; bezw. 39 — ‖ 73. (6, 814 m. 1 Kurve u. 5 z. Tl farb. Taf.) '11. 50 —; bezw. 40 — ‖ 74. Festschrift f. L Rehn. (8, 754 m. 26 z. Tl farb. Kurven, 30 z. Tl farb. Taf. u. Bildn.) '11. 40 —; bezw. 34 — ‖ 75. (6, 811 m. 12 farb. Taf.) '11. 58 —; bezw. 52 — ‖ 76. (7, 891 m. 11 z. Tl farb. Taf.) '11. 60 —; bezw. 49 — ‖ 77. (8, 780 m. 38 Kurven u. 4 z. Tl farb. Taf.) '12. 47 —; bezw. 37.50 ‖ 78. (6, 704 m. 1 Taf. im Text u. 35 z. Tl farb. Taf.) '12. 52 —; bezw. 41.60 ‖ 79. (6, 720 m. 6 z. Tl farb. Taf.) '12. 48 —; bezw. 38. 20 ‖ 80. (6, 601 u. 20, 430 m. 8 z. Tl farb. Taf.) '12. 43 —; bezw. 35 — ‖ 81. Festschrift f. V v. Hacker. (8, 794 m. 1 Bildn., 3 farb. Taf. u. 2 Bl. Erklärgn.) '12. 40 —; bezw. 34 — ‖ 82. I, II. (1—473 m. 4 z. Tl farb. Taf.) '12. 32.60; bezw. 26 —

— dasselbe. Suppl.-Hefte z. Bd. 24, 26, 29 u. 31. gr. 8. Ebd. Subskr.-Pr. n. 33. —; Einzelpr. n. 45. 50
24. Jahresbericht der Heidelberger chirurg. Klinik f. d. J. 1897. Hrsg. v. G. Marwedel. Mit e. Vorwort v. V. Czerny. (IV, 245 S.) 899. Subskr.-Pr. n. 8. —; Einzelpr. n. 11. —
26. dasselbe f. d. J. 1898. (XIV, 239 S. m. 1 Abbildg. u. 3 Taf.) 900. Subskr.-Pr. n. 8. 40; Einzelpr. n. 11. 50
29. dasselbe f. d. J. 1899. Mit e. Vorwort hrsg. v. V. Czerny. Red. v. W. Petersen. (VIII, 252 S.) 900. Subskr.-Pr. n. 8. —; Einzelpr. n. 11. —
31. dasselbe f. d. J. 1900. (VII, 276 S. m. 1 Abbildg.) 901. Subskr.-Pr. n. 8. 60; Einzelpr. n. 12. —

— dasselbe. Supplem.-Hefte zu Bd. 36. 39, 43, 46 u. 52. gr. 8. Ebd. Subsk.-Pr. à n. 8. —; Einzelpr. à n. 11. —
36. Jahresbericht der Heidelberger chirurg. Klinik f. d. J. 1901. Mit e. Vorwort hrsg. v. V. Czerny. Red. v. Otto Simon. (VII, 248 S.) 903.
39. Dasselbe, f. d. J. 1902. Mit e. Vorwort hrsg. v. V. Czerny. Red. v. Otto Simon. (X, 248 S.) 903.
43. dasselbe, f. d. J. 1903. Mit e. Vorwort hrsg. v. V. Czerny. Red. v. A. Nehrkorn. (VIII, 257 S.) 904.
46. Dasselbe, f. d. J. 1904. Mit e. Vorwort hrsg. v. V. Czerny. Red. v. Völcker. (VII, 281 S. m. 2 Abbildgn.) 905.
52. Dasselbe, f. d. J. 1905. Mit e. Vorwort hrsg. v. V. Czerny. Red. v. Völcker. (IX, 211 S.) 906.

— dasselbe. Supplem.-Hefte zum 55., 59., 64. u. 70. Bd. gr. 8. Ebd. Subskr.-Pr. 33.60; Einzelpr. 44. —
55. Jahresbericht der Heidelberger chirurg. Klinik f. d. J. 1906. Mit e. Vorwort hrsg. v. Narath. Red. v. Voelcker. (VII, 199 S.) 907. Subskr.-Pr. 8.—; Einzelpr. 11. —
59. Jahresbericht der Heidelberger chirurg. Klinik f. d. J. 1907. Mit e. Vorw. hrsg. v. A. Narath. Red. v. Arnsperger. (VIII, 234 S.) 908. Subskr.-Pr. 8.60; Einzelpr. 11. —
64. Jahresbericht der Heidelberger chirurg. Klinik f. d. J. 1908. Mit e. Vorw. hrsg. v. A. Narath. Red. v. L. Arnsperger. (VIII, 262 S. m. 1 Abb.) 909. Subskr.-Pr. 9. —; Einzelpr. 12. —
70. Jahresbericht der Heidelberger chirurg. Klinik f. d. J. 1909. Mit e. Vorw. hrsg. v. A. Narath. Red. v. L. Arnsperger. (VII, 219 S.) 910. Subskr.-Pr. 8.—; Einzelpr. 10. —

— dass. 70., 75. u. 80. Bd. Suppl.-Heft. Jahresbericht d. Heidelb. chirurg. Klinik f. '09—10. Lex8° Ebd.
70. '09. Hrsg. v. A Narath. Red. v. L Arnsperger. (7, 219) '10. 10 —; Subskr. 8 — ‖ 75. '10. Hrsg. v. M Wilms. Red. v. L Arnsperger. (7, 125) '11. 5 —; bezw. 4 — ‖ 80. '11. Red. v. Geo. Hirschel. (8, 109) 4 —; bezw. 5 —

— zur Chirurgie u. Kriegschirurgie. Festschrift f. Ernst v. Bergmann, s. a. Veröffentlichungen aus dem Gebiete des Militär-Sanitätswesens.

Beiträge zur Chirurgie und Kriegschirurgie. Festschrift z. 70jähr. Geburtstage d. ... Wirkl. Geh. Rates, Prof. Dr. Ernst v. Bergmann. (Vorr.: [Otto] Schjerning.) Mit d. Portr. v. Bergmanns, 8 Taf. u. zahlr. Textfig. Berlin: A. Hirschwald 1906. (XII, 523 S.) 8°
— Veröffentlichungen aus d. Geb. d. Militär-Sanitätswesens. H. 35.

— chirurgische, s.: Festschrift, Benno Schmidt gewidm. u. hrsg. v. d. medicin. Gesellschaft z. Leipzig.

—— chirurgische, aus dem Erzherzogin Sophien-Spital in Wien. Hrsg. v. Ritter v. Hacker. gr. 8. (121 S.) Wien 892, Hölder. * 2 50

— zur Chronik v. Berlin in altdeutschen Romanzen, (von A. F. Franz). 3 Stcke, nebst Suppl. 8. Berl. 781. Hesse. 20 ℳ

Beiträge zur naturwissenschaftlichen Chronik des Grossherzogthums Baden für 1881 und 1882. — Karlsruhe: Braun 1883. 89 S. 8°
Aus: Verhandlungen d. Naturwissenschaftlichen Vereins in Karlsruhe. 9. 1883.
90.
15.

— zu Burckhardt's Cicerone. 3. Aufl. v. Otto Mündler, Wilh. Bode u. A. 8. (142 S.) Leipzig 874. Seemann. 3. —; geb. n. 3. 75

Beiträge zur Coleopteren-Fauna des äussersten Nordens von Sibirien. Von B[ertil] Poppius [u. a.]. Mit 1 Taf.. S.-Peterburg: (Akad.) 1910. 66 S. 4°
(Résultats scientifiques de l'expédition polaire russe en 1900–1903. Sect. E. Vol. 1, livr. 9.)
(Mémoires de l'Acad. Imp. d. sciences de St.-Pétersbourg. Sér. 8. Cl. phys.-math. Vol. 18, No 9.) (11. 7736 8

Beiträge zur richtigen Darstellung der Verhältnisse, welche bei den verschiedenen Projekten: Darmstadt, Frankfurt, Mainz und Wiesbaden durch Eisenbahnen zu verbinden, in Erwägung kommen. — Mainz 1837: (v. Zabern). 58 S. 8° 17. 30.
15.

Beiträge zu einer Darstellung der von Seiten der Direktion der Rheinischen Eisenbahn-Gesellschaft gepflogenen Verhandlungen über das steuerliche Verfahren auf der Eisenbahn nach seinem ganzen Umfange und nach Lage der Akten. Cöln 1844. V: *Simonis, J.* (stbKöln II, 268)

Beiträge zum vernünftigen Denken in der Religion. Winterthur 1780—1794. H: *Corrodi, Heinrich.* (ML) (Ky)

– zum vernünft. Denken u. Verfahren in Rechtsangelegenheiten. 3 Hefte. 8°. Eisenach 1795. (Bäreke). N.A. 2 Bde. 1798. (Leipz., Hinrichs).

– – H. 3. Hrsg. v. J. H. G. Hermann. Eisenach 1799.

Beiträge zu d. Denkwürdigkeiten Friedrichs v. Preussen. 2 Thle. 8. Frkf. a. M. 762. Hechtel. 12 g

Beiträge zu den Denkwürdigkeiten des seel. Sokrates von einem Geistlichen in Schwaben. Halle in Schwaben 1773. V: *Hamann, Johann Georg.* (ML)

— zur Dermatologie u. Syphilis. I—III. gr. 8. Wien, W. Braumüller. n. 21. —
I. Beiträge zur pathologischen Anatomie der Blennorhoe der männlichen Sexualorgane. Von Ernest Finger. 1. Die chronische Urethralblennorhoe. 2. Untersuchungen üb. Favus. I. Klinischer u. experimenteller Thl. Von F. J. Pick. — 3. — dasselbe. II. Mykologischer Thl. Von Frz. Král. (112 S. m. 5 Taf.) 891. n. 5.
II. Ueber Vulvovaginitis gonorrhoica bei kleinen Mädchen. Von A. Epstein. — Zur Anatomie u. Herkunft des Oberhaut- u. Haarpigmentes beim Menschen u. den Säugethieren. Von Jarisch. — Folliculitis exulcerans, [Eine bisher nicht beschriebene Hautaffection.] Von Wlad. Lukasiewicz. — Ueber Hautentfärbungen durch sekundär syphilitische Exantheme. Von Ehrmann. — Bemerkungen zu dem Aufsatz v. Proksch: die venerischen Krankheiten bei den alten Aegyptern. Von H. Joachim. (112 S. m. 5 Taf.) 891. n. 6.
III. (206 S. m. 6 Abbildgn. u. 6 Taf.) 892. n. 10. -

Beiträge zur Dermatologie und Syphilis. Festschrift gewidm. Georg Lewin z. Feier s. 50j. Doctorjubil. am 5. Nov. 1895. M. 4 Textabb. u. 9 Taf. *Berlin: S. Karger 1896.* (3 Bl., 188 S., 1 Portr., 9 Taf.) 1 Bd 8. [96. 386]

Beiträge zur Dermatologie und Syphilis. Festschrift, gewidmet Herrn Hofrath Dr. I. Neumann ... zu seinem 25jährigen Professoren-Jubiläum. Unter Mitw. von ... hrsg. von seinen Schülern Ehrmann, Finger [u. a.] — Leipzig [usw.]: Deuticke 1900. VIII, 1015 S. 8°
1: 4° Ic 2629/16. 3. 7. 11. 12: Path. 106 pdi. 15. 16. 21. 30. 300: 409.807-C. 302.
15.

Beiträge, deutschrechtliche. Forschungen u. Quellen zur Geschichte des deutschen Rechts. Hrsg. v. Konr. Beyerle. I. Bd. 1. u. 2. Heft. gr. 8. Heidelberg, C. Winter, Verl. n. 8. 80
1. Das eheliche Güterrecht v. Mülhausen i. Elsass am Ausgange des Mittelalters. Mit e. Urkundenanh. Von Herm. Arnold. (72 S.) 906. n. 1, 80
2. Die Übertragung liegenden Gutes in der mittelalterlichen u. neuzeitlichen Stadt Breslau. Mit e. Urkundenanh. Von Thdr. Goerlitz. (76 S.) 906. n. 2. —

— deutschrechtliche. Forschungen u. Quellen zur Geschichte des deutschen Rechts. Hrsg. v. Konr. Beyerle. I. Bd. 3.—5. Heft, II. Bd. 5 Hefte, III. u. IV. Bd. à 4 Hefte u. V. Bd. 2 Hefte. gr. 8. Heidelberg, C. Winter, Verl. 56. 80
Hartmann, Joh., das Gerichtsverfahren vor u. nach der Münsterischen Landgerichtsordnung v. 1571 u. die Aufnahme des römischen Rechts im Stifte Münster. (77 S.) 908. (II. Bd. 3. Hft.) 2. —
Beyerle, Frz., Untersuchungen zur Geschichte des ält. Stadtrechts v. Freiburg i. Br. u. Villingen a. Schw. (234 S.) 910. (V. Bd. 1. Hft.) 5. 80
Cornberg, Horst v., Beiträge vornehmlich zum Privatrecht der Stadt Göttingen am Ausgange des Mittelalt. (III, 80 S.) 909. 10. (IV. Bd. 4. Hft.) 2. 20
Dyckerhoff, Ernst S., die Entstehung des Grundeigentums u. die Entwicklung der gerichtlichen Eigentumsübertragung an Grundstücken in der Reichstadt Dortmund. (132 S.) 909. (III. Bd. 1. Hft.) 3. 80
Freisen, Jos., die katholischen Ritualbücher der nordischen Kirche u. ihre Bedeutung f. die germanische Rechtsgeschichte. (27 S.) 909. (III. Bd. 2. Hft.) — 80
Frey, Karl, Wollmatingen. Beiträge z. Rechts- u. Wirtschaftsgeschichte e. alamann. Dorfes. M. 3 Tab., 6 Urkundenbeilagen u. 1 Gemarkungsplan. (III, 132 S.) 910. (V. Bd. 2. Heft.) 6.
Hellmann, Frdr., zur Geschichte des Konkursrechts der Reichsstadt Ulm. Mit e. Anh. v. zum Tl. ungedr. Quellen. (46 S.) 909. (IV. Bd. 1. Hft.) 1. 20
Herold, Ferd., Gogerichte u. Freigerichte in Westfalen, besond. im Münsterl. (III, 77 S.) 909. (II. Bd. 5. Hft.) 2.
Keller, Siegm., Patriziat u. Geschlechterherrschaft in der Reichsstadt Lindau. (S. 361—478.) 907. (I. Bd. 5. Hft.) 3. 20
Klatt, Kurt, das Heergewäte. (106 S.) 908. (II. Bd. 2. Hft.) 2. 70
Kober, A., das Salmannenrecht u. die Juden. Mit urkundl. Beilagen. (32 S.) 907. (I. Bd. 3. Hft.) — 80
Müller, Eug. Frhr. v., der Deutschenspiegel in seinem sprachlich-stilistisch. Verhältnis zum Sachsenspiegel u. z. Schwabenspiegel. (180 S.) 908. (II. Bd. 1. Hft.) 4. 50
Scherer, Herm., die Klage gegen den toten Mann. Eine rechtsgeschichtl. Studie n. nord- u. südgerman. Rechten. (146 S. m. 2 Taf.) 909. (IV. Bd. 2. Hft.) 4. —
Schreiber, Otto, die Geschichte der Erbleihe in der Stadt Strassburg im Els. Mit e. Urkundenanh. (180 S.) 909. (III. Bd. 3. Hft.) 4. 50
Schulte, Eduard, das Gewerberecht der deutschen Weistümer. Ein Beitrag zur Geschichte d. deutschen Gewerberechts. (151 S.) 909. (III. Bd. 4. Hft.) 3. 80
Schulze, Rud., die Landstände der Grafsch. Mark bis zum J. 1510. Mit urkundl. Beilagen. (S. 179—359.) 907. (I. Bd. 4. Hft.) 4. 60
Stahm, Geo., das Strafrecht der Stadt Dortmund bis zur Mitte des XVI. Jahrh. (182 S.) 910. (IV. Bd. 3. Hft.) 4. 60
Wrochem, Albr. v., der Schultheiss in der Gerichtsverfassg. d. Sachsenspieg. (62 S.) 908. (II. Bd. 4. Hft.) 1. 60

— Deutschrechtliche. Forschgn u. Quellen z. Gesch. d. deut. Rechts. Hrsg. v. Konr. Beyerle. IV. Bd, 3. u. 4. Heft; V. Bd, 2 Hefte; VI. Bd, 4 Hefte; VII. Bd, 5 Hefte u. VIII. Bd, 1. Heft. gr8° Heidelbg, Carl Winter. (I—VIII, 1: 94.40)
Abt, Emil: Missheiraten in d. deut. Fürstenhäusern unter bes. Berücks. d. standesherrl. Familien. (135) '11 [VII,2] 3.40
Beukemann, Ulr.: Die Gesch. d. Hamburger Mäklerrechts. Mit e. Anh. v. z. Tl ungedruckten Mäklerordngn. (188) '12 [VII,5] 4.80
Beyerle, Frz: Untersuchgn z. Gesch. d. ält. Stadtrechts v. Freiburg i. Br. u. Villingen a. Schw. (234) '10 [V,1] 5.80
Bückling, Gerh.: Die Wechselwirkg gewerberechtl. u. fronungsrechtl. Elemente im Liegenschaftsrecht d. deut. MAlters. (119) '11 [VI,2] 3 —
Cornberg, Horst v.: Beiträge vornehml. z. Privatrecht d. Stadt Göttingen am Ausgange d. MAlters. (80) '09 '10 [IV,4] 2.20
Frey, Karl: Wollmatingen. Beiträge z. Rechts- u. Wirtschaftsgesch. e. alamann. Dorfes. (232 m. 3 Tab., 6 Beil. u. 1 Pl.) '10 [V,2] 6 —
Heuer, Pet.: Der Annahmeverzug im ältern deut. Privatrecht. (96) '11 [VI,1] 2.40
Lappe, Jos.: Die Bauernschaften u. Huden d. Stadt Salzkotten. (82) '12 [VII,4] 2 —
Minnigerode, Heinr. Frhr v.: Ebenburt u. Echtheit. Untersuchgn z. Lehre v. d. adel. Heiratsebenburt vor d. 13. Jahrh. (103) '12 [VIII,1] 2.60
Müller, Heinr. Otto: Das „kais. Landgericht d. ehemal. Grafsch. Hirschberg". Gesch., Verfassg u. Verfahren. Mit e. Anh. v. z. Tl ungedr. Gerichtsordngn u. Urkdn. (176) '11 [VII,3] 4.40
Peterka, Otto: Das offene z. Scheine Handeln im deut. Rechte d. MAlters. (52) '11 [VII,1] 1.40
Riedner, Otto: Die Rechtsbb. Ludwigs d. Bayern. Untersuchgn z. äusseren Gesch. d. bayer. Landesgesetzgebg. (140) '11 [VI,3] 3.50
Stahm, Geo.: Das Strafrecht d. Stadt Dortmund bis z. Mitte d. XVI. Jahrh. (182) '10 [IV,3] 4.60
Wilke, Carl: Das Friedegebot. Ein Beitrag z. Gesch. d. deut. Strafrechts. (214 m. 1 Tab. u. 1 Anh.) '11 [VI,4] 5.50

Beiträge zur Deutung antiker Namen. O. O. 1888. V: *Angermann, Constantin.* (Cat. d. Stadtbibl. Zürich. Zürich 1864 — 97)

Beiträge zur Deutung d Eugubinischen Tafeln. 2 Tle. S.-A. 1888. 84. (82, 26 S.

—zur körperl. u. Seelen-Diätetik f. Nervenschwache. gr. 8. Zürich 798. (Orell). 1 ₰ 4 ₰

Diplomatische Beiträge zur Geschichte der Mark Brandenburg und ihr angrenzender Länder von Adolph Friedrich Riedel. Th. 1. — Berlin: Dümmler 1833. XI,449 S. 8°
1:Tc 316. 2→11.

Diplomatische Beiträge zur Geschichte Pommerns aus der Zeit Bogislafs X. ... Hrsg. von R. Klempin. — Berlin: Bath in Comm. 1859. VIII,628 S. 8°
1:T 1048. 2→11. 12:Bor. 104c. 14. 15. 17. 24. 28. 15.

—— diplomatische, zur Geschichte Pommerns aus der Zeit Bogislafs X. Im Auftrage des Directoriums der Staats-Archive hrsg. von R. Klempin. gr. 8. (IX und 628 S. mit 1 lithogr. Facs. der Handschrift des Herzogs Bogislaf X.) Berlin 859, (Mittler's Sortiments-Buchh.) *

Diplomatische Beiträge zur russischen Geschichte aus dem Königlich Sächsischen Hauptstaatsarchiv zu Dresden. Mitgetheilt von Ernst Herrmann. R.1[-3]. — St.-Petersburg 1868-71: Kaiserl. Akad. d. Wiss. 8°
1. 1721-1731. [2.] 1728-1734 [vielm. 1731-1741]. [3.] 1742-1744.
1:Ue 3316. 4. 7[∞2.3]. 24.

Diplomatische Beiträge zu den Geschichten und zu den teutschen Rechten. (Hrsg.: [Karl Gottlob v.] A[nton].) — Leipzig: Böhme 1777. 246 S. 8°
1:P 0832. 2. 3. 4. 7. 8. 10. 11. 12:Germ. g. 43m. 14. 15. 17. 18. 21. 23. 24. 26. 30. 306:∘28 W 85. 302.

—diplomat., zu d. Geschichten u. deutschen Rechten, (v. K. Glo. Anton). gr. 8. Leipz. 777. (Gnobloch). 16 ₰

Beiträge, Diplomatische, zur weisen Gesetzgebung überhaupt, besonders in Rücksicht auf die Polizey. Coburg 1790—93. V: *Spiller v. Mitterberg, Christian Heinrich Ludwig Wilhelm.* (Ky) (MGT) (EngJ)

—diplomatische, z. weisen Gesetzgebung überhaupt u. in Rücksicht auf d. Polizei, (von Spiller v. Mitterberg). 3 Thle. 4. Kobl. 790 — 93. (Riemann). 1 ₰ 14 ₰

—diplomat., zur Untersuchung d. Schlesischen Rechte u. Gesetze, (von Jh. Ehrenfr. Böhme). 1r Bd. 4 Thle. u. 2r Bd. 1r u. 2r Thl., mit Kpf. gr. 4. Berl. 771 — 75. Haude u. Sp. 4 ₰ 16 ₰

Beiträge, Diplomatische, zur Untersuchung der schlesischen Rechte und Geschichte [Gesetze]. Berlin 1774. V: *Böhme, Joh. Ehrenfr.* (Co) (Ky) »1770—1775« (BrMm)

Beiträge, Diplomatisch-praktische, zu dem deutschen Lehnrecht und zu der Westfälischen Fehmgerichtsverfassung. Dortmund 1798. V: *Köster, Ludw. Alb. Wilh.* (Ky) »Leipzig 1797« (Co)

—diplomat.-prakt., z. d. deutsch. Lehnrecht u. zu d. Westphäl. Fehmgerichtsverfassung. Mit 1 Karte. 2 Thle. 4. Dortm. 798. (Wundermann in Hamm). 3 ₰ 20 ₰

Beiträge zur Diskussion über die Nationalratsproporz
⑤ 1. 10. 1910—15. 10. 1910 (4 Nrn.) ⑥ 4° ⑧ Bern ⑩ Schweiz. Freisinnig-demokratisches Presskomitee in Bern ⑫ freisinnig-demokratisch ⑭ Be: L.
Beiträge zur Diskussion über den Nationalratsproporz
Korrigieren im Titel: «den» statt «die».

Beiträge zur Diskussion über den neuen Zolltarif. Korrespondenzblatt, hrg. vom Schweizerischen Aktionskomitee zur Verteidigung des Zolltarifs. 6 Nrn. 1903 Februar 25 — März 10. (zus. 26 S.) 4. [Bern, Haller.]
Nr. 3: 6 S., *alle übrigen Nrn.* à 4 S.

Dramatische Beiträge zur Charakteristik der Zeit. — Berlin: Weiß 1808. 226 S. 8°
1:Ys 2596. 2. 11. 15.

Dramatische Beiträge für die deutschen Bühnen hrsg. von Schmieder. Bd 1.2. — (Hamburg [usw.]: Buchh. d. neuen Verlagsges. 1799-1800.) 125,173,141 S. 8°
1 mit Sondertitel:
1. Schmieder, Heinrich Gottlieb: Axur, König von Ormus, ein Singspiel. Nach d. Tarar d. Beaumarchais.
2. Schmieder: Die Rächer, ein Trauerspiel.
3. Buerger, Elise: Adelheit, Gräfin von Teck, Ritter-Schauspiel. Von Elise Bürger, geb. Hahn.
2 mit Sondertitel:
1. Burchardi, Christlieb Georg Heinrich: Frohe Laune. Schauspiel von Arresto [d. i. Christlieb Georg Heinrich Burchardi]. 1800.
2. Rüdiger, Karl August: Tillmer und seine Familie. 1800.
3. Schmieder: Das Familien-Abendessen, ein häusliches Sittengemälde. Fre nach d. Franz. 1800.
11[∞2] 18.

— drei, zum bürgerlichen Recht. Heinrich Degenkolb zum 50jährigen Doktorjubiläum im Auftrage der Leipziger Juristenfakultät dargebracht von Rud. Sohm, Eduard Hölder, Emil Strohal. (IX, 166 S.) gr. 8. Leipzig 905. Duncker & Humblot. n. 4. —
Hieraus einzeln:
Hölder, Eduard, zur Theorie d. Willenserklärung. (43 S.) 1. —
Sohm, Rud., der Gegenstand. Ein Grundbegriff des bürgerl. Gesetzbuches. (90 S.) 2. —
Strohal, Emil, Grenzen der Urteilskraft bei betagter u. bedingter Berechtigung. Ein Beitrag zur Lehre v. der Rechtsnachfolge. (32 S.) 1. —

Drei Beiträge zu den Vereinsblättern. 1. Sprißlers Trauerrede bei Robert Blums Todtenfeier zu Sulz am 27. November 1848. 2. Pfarrer Sprißler der Mann des Volks, suspendirt von seiner geistlichen Obrigkeit wegen der Rede auf Blum und wegen eines Antrags zu § 15. der Grundrechte. 3. Sprißlers Rede bei dem ihm, nach erfolgter Suspension, gebrachten Fackelzuge in Empfingen am 11. März 1849. — Hechingen: Egersdorff 1849. 24 S. 8° 12:Germ. g. 31h.

Aechte [Echte] und wahrhafte Beyträge zur Geschichte des österreichischen Militairdienstes. Veranlaßt durch d. zwey Schriften: Freymüthiger Beytrag zur Geschichte des österreichischen Militairdienstes; u.: Freymüthiger Kommentator über den Freymüthigen Beytrag. — Frankfurt [usw.]: Walliser & Korn 1781. XVI,362 S. 8°
Als Verfasser werden Jakob v. Cognazo, August Gräffer u. Ferdinand Wilhelm Frhr v. Wittenburg genannt. 7.

— Wien:Weingand 1781. XVI,362 S. 8°
24. 800:112.21 1-A.
15.

—Duisburg., gelehrte u. gemeinnützige, a. d. J. 1777 (v. Eph. G. L. Meister). 8. Quedlinb. 777. Ernst. 1 ₰

Beiträge, Ächte und wahrhafte, zur Geschichte des österreichischen Militairdienstes. Klagenfurt 1782. V: *Wittenburg, Ferdinand Wilhelm Freih. von.* (Ky) »Wien 1781.« V: *Kuniaczo.* (Karajan)

—ächte u. wahrh., z. Gesch. d. Oesterr. Militärdienstes. 8. Klagenf. 782. Walliser, (Kummer in Leipz.) 16 gr

—z. Ehre u. zu d. Ephemeriden d. Menschheit. 8. Frankf. a. M. 776. Gebhard u. K. 12 gr

—— z. Eisenbahn-Tarif-Reform in Oesterreich v. V K. 8. (55) Wien 74, Weiske u. Co. n. 2. —

— zur Entdeckungsgeschichte Afrikas. 1. u. 2. Hft. [Aus: „Zeitschrift f. Erdkunde."] gr. 8. Berlin 873. 74. D. Reimer. n. 3. 50
1. Hft. Erläuterungen zu 2 den Fortschritt der Afrikanischen Entdeckgn. seit dem Alterthume darstell. Karten v. Heinr. Kiepert. (16 S. u. 2 chromolith. Karten in Fol.) n. 1. 50
2. Hft. 1. Der Antheil der Deutschen an der Entdeckg. u. Erforschung Afrika's. Von W. Koner. 2. Erläuterungen zu den die Entdeckgn. d. 19. Jahrh. darstell. Karten v. Afrika. Von H. Kiepert. Mit e. (chromolith.) Karte (in Fol.) (59 S.) n. 2. —

— zur Entdeckungsgeschichte Afrika's. 3. u. 4. Hft. gr. 8. Berlin 880. 81. D. Reimer. à n. 6. — (1—4.: n. 15. 50)
3. Im Reiche der Muata Jamwo. Tagebuch meiner im Auftrage der Deutschen Gesellschaft zur Erforschung Aequatorial-Afrika's in die Lunda-Staaten unternommenen Reise. Von Paul Pogge. Mit 6 (eingedr.) Holzschn., 6 lith. Taf. u. (lith. u. color.) Karte. (VIII, 246 S.)
4. Reisen im südwestlichen Becken des Congo v. Otto H. Schütt. Nach den Tagebüchern u Aufzeichnungen des Reisenden bearb. u. hrsg. v. Paul Lindenberg. Mit 3 (chromolith.) Karten v. Rich. Kiepert. (X, 180 S.)

Beiträge zur Enthüllung des Papstthums und der jesuitisch-hierarchischen Umtriebe. Von mehreren Katholiken. 1. Zeitgeist. 2. Unfehlbarkeit des heiligen Vaters. 3. Schlußbemerkungen. — Darmstadt: Pabst 1845. 24 S. 8°
1:Ce 3528. 12:Polem. 212q. 17. 30.
15.

Beiträge zur Entomologie, besonders in Bezug auf die schlesische Fauna, verf. u. hrsg. von d. Mitgliedern d. Entomologischen Section d. Schlesischen Gesellschaft für Vaterländische Kultur. (Vorr.: Gravenhorst.) H. 1. — Breslau; Leipzig: Voss in Comm. 1829. VI,226 S. 8°
1:Lt 11925 [u.] 11925a. 2. 12:Zool. 311. 15. 28. 30.
15.

Beiträge zur Entomologie ...,
s.a. Versuch einer Beschreibung ...

Beitraege zur Entomologie besonders in Bezug auf Schlesien. Hrsg. von T. E. Schummel, u. Fr. Herrm. Stannius. 1-3. — Breslau: Pelz 1832-33. 8°
1. Schummel, Theodor Emil: Versuch e. genauen Beschreibung d. in Schlesien einheimischen Arten d. Gattung Raphidia. Linn. 1832.
2. Schummel: Versuch e. genauen Beschreibung d. in Schlesien einheimischen Arten der Familie der Ruderwanzen Ploteres. Latr. 1832.
3. Schummel: Versuch einer genauen Beschreibung d. in Schlesien einheimischen Arten d. Gattung Tipula. Meigen. Bachmüкke. 1833.
1:Lt 11929 [u.] [∞3] 1.2 in Ls 3802-7. 2. 3. 7. 8 [∞2.3]. 13. 28 [∞3]. 30.
15.

Beitrag zur Entstehungsgeschichte d. neuen Statuts f. das Gremium der Wiener Kaufmannschaft. Reflexionen u. Mahnworte mehrerer Wiener Kaufleute an ihre Standesgenossen. gr. 8°. (32 S.) Wien. Bretzner & Co. fl. —.40. 4887

—zu e. histor.-politisch- u. statistischen Entwickelung d. von Bonaparte während seiner Regierung befolgten Maßregeln. gr. 8. Hamb. 814. (A. Campe). 1 ₰ 12 gr

— zu e. ration. Entwickelung der Düngerlehre u. Bodenkunde, bes. d. Konservierung u. Wirkg. d. Stickstoffs i. Stalldünger, s.a. Jahrbuch d. agrikultur-chem. Versuchs-Station d. Landwirtschaftskammer f. d. Prov. Sachsen.

Beiträge zu einer rationellen Entwickelung [Entwicklung] der Düngerlehre und Bodenkunde, besonders der Konservierung und Wirkung des Stickstoffs im Stalldünger. (Hrsg.: Maercker.) — Berlin: Parey 1897. VIII, 205 S. 8° (Jahrbuch d. agrikultur-chemischen Versuchs-Station d. Landwirtschaftskammer für d. Provinz Sachsen zu Halle a. S. 2.) 1:Ou 22898-2. 11. 31.
15.

Beiträge zur Entwicklungs-Geschichte der kirchlichen Baukunst in Tirol. 1863-64 s.a. *Atz*, Karl.

— zur Entwicklungs-Geschichte der kirchlichen Baukunst in Tirol. 1. Liefg. Das Basiliken-Zeitalter u. die romanische Periode von K. A. Bozen 863. (Promperger.) gr. 8. (2 Bl., 48 S. u. 1 lith. Taf. in Fol.) n. 10 ngr.

Beiträge zur Entwicklungs-Geschichte der kirchlichen Baukunst in Tirol. 2. Liefg. Die gothische u. italien. oder Renaissance-Bauweise [-Styl] von K. A. Mit 60 Figg. auf 1 (lith.) Taf. (in Fol.) Brixen 864. Weger. gr. 8. (2 Bll. 76 S.) n. 12 ngr.

Beiträge zur Entwicklungsgeschichte der kirchlichen Baukunst in Tirol. Brixen 1863—65. V: *Atz, Carl.* (Mitth. d. Buchh. A. Weger in Brixen.)

Beiträge zur pathologischen Entwickelungsgeschichte [Entwicklungsgeschichte]. 1854-71
s.a. *Barkow*, Hans Karl Leopold.

—— zur pathologischen Entwickelungsgeschichte (von H. Barkow). Ein Glückwunsch dem Curator der königl. Universität Hrn. Geh. Ober-Reg.-R. Dr. Heinke etc. zum 31. Octbr. 1854 dem Tage seines 50jähr. Amtsjubiläums dargebracht von der medicin. Facultät der königl. Universität zu Breslau. Fol. (20 S. mit 1 Stnt.) Breslau 855, Hirt's Verlag. *

Beiträge zu einer psychologischen Entwickelungsgeschichte der österreichischen Armee, s.a. Bibliothek, militärische.

Beiträge zu einer psychologischen Entwickelungs-Geschichte der österreichischen Armee. Leipzig 1873. V: *Laaba, Menard.* (KA)

Beiträge zur Entwickelungsgeschichte [Entwicklungsgeschichte] der Stadt Würzburg. Inhalt. 1) Schäffler, Würzburgs Entwickelung bis in die Zeit des 30jährigen Krieges. 2) Zürn, Über Würzburgs Entwickelung in den letzten 30 Jahren. — Würzburg: Stuber 1893. 17,10 S. 8°
Erschien zuerst in: Alma Julia. Illustrirte Chronik ihrer dritten Säcularfeier. 1882.
1: Sg 8413. 12: Bavar. 221 nc. 15.
15.

— z. Encyklopädie f. alle Stände. 4 Thle, s. J. F. Keysers Handbibl.

— z. letzten philosophischen Epoche rc. 1r Thl., mit Kpf. gr. 8. Dessau 783. Gel.-Buchh. 1 Rthlr. 4 Gr.

— zur Erbauung d. Brüdergemeine. Jahrg. 1817 u. 1818. 8. (Leipz., Kummer). à Jahrg. v. 6 Heften 1 Rthlr. 2 Rthlr.

Beiträge zu einer christlichen vernünftigen Erbauung. Altenburg 1803. V: *Thienemann, Theodor Gotthold.* (KY)

— zu e. christl. vernünft. Erbauung. 8. Altenb. 803. (Schnuphase). 18 Gr.

— z. Erdkunde Deutschlands rc., mit Zeichnung. 1s Heft. 8. Lübeck 810. Niemann u. C. 7 Gr.

— zu den Erfahrungen über die physische Erziehung der Mädchen, von e. Erzieherinn. 8. Danzig 836. (Homannsche Buchh.) n. 1/6 Rthlr.

— z. neuen Erfahrungen d. Rechts- u. Gesetzkunde, oder Jahrg. d. Rechtspflege bei d. Holst. Obergericht., (v. C. A. F. v. Eggers). 1e — 3e Abthl. f. d. J. 1795. gr. 8. Alt., Hammerich. 2 Rthlr. 4 Gr.

Beiträge zur Erforschung der Atmosphäre mittels des Luftballons. Unter Mitw. von ... hrsg. von Richard Assmann. — Berlin: Mayer & Müller 1900. IV,161 S. 4°
1: 4° Mz 6100. 5. 7. 10. 11. 15. 18. 21. 30. 38. 89. 90.
300: 409.671–C. 302.
15.

— z. geolog. Erforschg d. deut. Schutzgebiete. 2. u. 3. Heft. Hrsg. v. d. kgl. preuss. geolog. Landesanst. zu Berlin. Lex8° Berl. (N. 4), Vertriebsstelle d. kgl. geolog. Landesanst. nn 17 —
Heft 1 ist noch nicht erschienen.
Cloos, Hans: Geol. d. Erongo im Hererolande. Geolog. Beobachtgn in Südafrika. (2. Tl) Vorläuf. Mitteilgn. (86 m. Abb., 1 Kte u. 1 Taf.) '11 [3] nn 4 —
Range, Paul: Geol. d. deut. Namalandes. (4, 104 m. 12 [1 farb.] Kte.) '12 [2] nn 13 —

— zur Erforschung steirischer Geschichte. In Verbindg. m. der histor. Landeskommission f. Steiermark hrsg. v. histor. Vereine f. Steiermark. 33. u. 34. Jahrg. (Neue Folge 1. u. 2. Jahrg.) (312 S. m. 8 Taf. u. VIII, 238 S.) gr. 8. Graz 903. 905. (Leuschner & Lubensky.) à n. 3. —

— zur Erforschung steirischer Geschichte. In Verbindg. m. d. histor. Landeskommission f. Steiermark hrsg. vom histor. Vereine f. Steiermark. 35. u. 36. Jahrg. (Neue Folge, 3. u. 4. Jahrg.) (VIII, 287 S. m. 1 Stammtaf. u. III, 332 S.) gr. 8. Graz 906. 08. (Leuschner & Lubensky.) à Jhrg. 3. —

— zur naturwissenschaftlichen Erforschung der Steiermark. Hrsg. vom naturwissenschaftl. Vereine v. Steiermark. [Aus: „Mittheilgn. d. Vereins".] gr. 8. (40 S.) Graz 889. Leuschner & Lubensky. n. 1. —

— dasselbe. Section f. Meteorologie. gr. 8. (71 S.) Ebd. 889. n. 1. 40

— dasselbe. Section f. Mineralogie, Geologie u. Palaeontologie. gr. 8. (61 S. m. 1 Tab.) Ebd. 889. n. 1. 40

— dasselbe. Section f. Zoologie. gr. 8. (80 S. m. 1 farb. Taf.) Ebd. 889. n. 1. 40

Beiträge zur christlichen Erkenntniss für die gebildete Gemeinde aus Aufzeichnungen und Briefen eines Freundes ... Oberhausen und Leipzig 1872. V: *Hülsmann, J.* (KLÜPFEL) (UBTÜB G, Nachtr. 13)

— z. Erkenntniß u. Heilung d. Krankheiten, s. D. G. Balk.

Beiträge zur deutlichen Erkenntniss und gründlichen Heilung einiger am häufigsten herrschenden langwierigen Krankheiten; ... Leipzig und Liebau 1795. V: *Balk, D. G.* (MGT)

— z. Erkenntniß u. Liebe Gottes. Zum Gebr. f. d. fleißige Jugend. 5 Stcke. gr. 8. Salzb. 807 u. 8. Mayr. 17 Gr.

— zur Erkenntniss des Uranismus. 1. Heft. Lex.-8. Amsterdam 906. Maas & van Suchtelen. n. 4. —
Die uranische Familie. Untersuchungen üb. die Ascendenz der Uranier. Von L. S. A. M. v. Römer. (VI, 107 S. m. 15 Taf. u. 3 Tab.)

— z. Erklärung u. Geschichte d. Werke Jeremias Gotthelfs. Ergänzungsband z. Volksausg. v. Jeremias Gotthelfs Werken i. Urtext. 1.—4. Lfg. 8. (S. 1—188.) Bern 898. Schmid & Francke. à n. — 80; feine Ausg. à n. 1. —

— zur Erklärung u. Geschichte der Werke Jeremias Gotthelfs. Ergänzungsband zur Volksausg. v. Jeremias Gotthelfs Werken im Urtext. (Von Ferd. Vetter.) 5.—15. Lfg. 8. (IV u. S. 189—736.) Bern 898—902. A. Francke. à n. — 65; feine Ausg. à n. — 80 (kplt. geb. in Leinw. n. 10. 35; bezw. n. 12. 80)
Lfg. 1—4. Ebd. 898. Erm. Pr. à n. — 65; bezw. n. — 80.

— Erlanger, zur englischen Philologie. Hrsg. v. Herm. Varnhagen. I.—VIII. Hft. gr. 8. Leipzig 889. 890. Deichert Nachf. n. 19. 20
1. Þe desputisoun bitwen þe bodi and þe soule. Hrsg. von Wilh. Linow. Nebst der ältesten altfranz. Bearbeitg. des Streites zwischen Leib u. Seele. Hrsg. v. H. Varnhagen. (VII, 209 S.) n. 3. 60
2. How the wyse man taught his sone. In 3 Texten hrsg. v. Rud. Fischer. (VII, 64 S.) n. 1. 20
3. Trentalle Sancti Gregorii. Eine mittel-engl. Legende. In 2 Texten hrsg. v. A. Kaufmann. (V, 57 S.) n. 1. 20
4. Ueber das Fehlen des Auftakts in Chaucer's heroischem Verse. Von M. Freudenberger. (VII, 91 S.) n. 1. 60
5. Die Historia septem sapientium nach der Innsbrucker Handschrift vom J. 1342. Nebst e. Untersuchg. über die Quelle der Seuin seages d. Johne Rolland von Dalkeith. Von G. Buchner. (117 S.) n. 2. —
6. Die Fragmente der Reden der Seele an den Leichnam in zwei Handschriften zu Worcester u. Oxford. Neu hrsg. nebst e. Untersuchg. über Sprache u. Metrik, sowie e. deutschen Übersetzg. v. Buchholz. (VII, LXXVI, 28 S.) n. 1. 80
7. Die Gesta Romanorum. Nach der Innsbrucker Handschrift vom J. 1342 u. 4 Münchener Handschriften hrsg. von W. Dick. (XXIV, 273 S.) n. 6. —
8. Das Sprichwort bei Chaucer. Zugleich e. Beitrag zur vergleich. Sprichwörterkunde. Von W. Haeckel. (XII, 77 S.) n. 1. 80

Beiträge, Erlanger, z. engl. Philologie, jetzt Erlang., Junge.

— Erlanger, zur englischen Philologie [vom XIII. Hft. ab mit dem weitern Zusatz: u. vergleichenden Litteraturgeschichte]. Hrsg. v. Herm. Varnhagon. IX.—XI., XIII.–XV. Hft. gr. 8. Erlangen, F. Junge. n. 12.10 (I–XI., XIII—XV.: n. 31.30)

IX. Die Quellen v. William Morris' Dichtung the earthly paradise. Von Jul. Riegel. (III, 75 S.) 891. n. 1.60
X. Peregrinaggio di tre Giovani, figliuoli del re di Serendippo. Per opra di M. Christoforo Armeno dalla persiana nell' italiana lingua trapportato. Nach dem ältesten Drucke v. J. 1557 hrsg. v. Heinr. Gassner. Mit e. antikrit. Vorworte v. Herm. Varnhagen. (XIX, 112 S.) 891. n. 2.50
XI. Lord Byron's Trauerspiel „Werner" u. seine Quelle. Eine Rettg. v. Karl Stöhsel. (VII, 86 S.) 891. n. 1.80
XII. Erschien noch nicht.
XIII. Boccaccios Novelle vom Falken u. ihre Verbreitung in der Litteratur. Nebst Lope de Vegas Komödie: El Halcon de Federico. Von Rud. Anschütz. (V, 100 S.) 892. n. 2.—
XIV. Tractatus de diversis historiis Romanorum et quibusdam aliis. Verfasst in Bologna i. J. 1326. Nach e. Handschrift in Wolfenbüttel hrsg. v. Salomon Herzstein. (XVI, 64 S.) 893. n. 1.60
XV. The pleasant comodie of patient Grissill. Von Henry Chettle, Thom. Dekker u. William Haughton. Nach dem Drucke v. 1603 hrsg. v. Glieb. Hübsch. (XXXIV, 106 S.) 893. n. 2.60

— Erlanger, z. englischen Philologie u. vergleich. Litteraturgeschichte. Hrsg. v. Herm. Varnhagen. XII. Hft. gr. 8. Erlangen 896. F. Junge. n. 1.20
Peri didaxeon, e. Sammlg. v. Rezepten i. engl. Sprache a. d. 11./12. Jahrh. N. e. Handschrift d. brit. Museums hrsg. von Max Löweneck. (III, VIII, 57 S.)

— Erlanger, zur englischen Philologie u. vergleichenden Litteraturgeschichte. Hrsg. v. Herm. Varnhagen. XVI. gr. 8. Erlangen, F. Junge. n. 2.60
Die litterarische Tätigkeit der Lady Craven, der letzten Markgräfin v. Ansbach-Bayreuth. Von Hans Ley. Mit e. Bildnisse der Lady, e. Musikstücke u. e. Fksm. e. Briefes. (VIII, 91 S.) 904.

Beiträge z. Erläut. d. Art. XII d. Pressburg. Friedensschlusses in so weit ders. d. deutschen Ritterorden betrifft. Mit Urkunden. *Deutschl.* 807. 8.

— zur Erläuterung u. Beurtheilung d. Entwurfes e. bürgerlichen Gesetzbuches f. das Deutsche Reich. Unter Mitwirkg. v. J. Fr. Behrend, F. Bernhöft, E. Eck etc. hrsg. v. E. J. Bekker u. O. Fischer. 1.—18. Hft. gr. 8. Berlin, Guttentag. n. 42.30

Inhaltsübersicht in alphabet. Ordnung:
Bekker, E. J., System u. Sprache d. Entwurfs e. bürgerlichen Gesetzbuches f. das Deutsche Reich. (V, 80 S.) (Hft. 2.) 888. n. 2.—
Bernhöft, F., Kauf, Miethe u. verwandte Verträge in dem Entwurfe e. bürgerlichen Gesetzbuches f. das Deutsche Reich. (V, 74 S.) (Hft. 12.) 889. n. 2.—
Cosack, K., das Sachenrecht m. Ausschluß d. besonderen Rechts der unbeweglichen Sachen im Entwurf e. bürgerlichen Gesetzbuches f. d. Deutsche Reich. (V, 84 S.) (Hft. 13.) 889. n. 2.40
Eck, E., die Stellung d. Erben, dessen Rechte u. Verpflichtgn. in dem Entwurfe e. bürgerlichen Gesetzbuches f. das Deutsche Reich. (V, 49 S.) (Hft. 17.) 890. n. 2.—
Fischer, O., Recht u. Rechtsschutz. Eine Erörterg. der Grenzgebiete zwischen Privatrecht u. Civilprozeß in Beziehg. auf den Entwurf e. bürgerl. Gesetzbuches f. das Deutsche Reich. (V, 148 S.) (Hft. 6.) 889. n. 3.—
Gierke, O., Personengemeinschaften u. Vermögensinbegriffe in dem Entwurfe e. bürgerl. Gesetzbuches f. das Deutsche Reich. (V, 122 S.) (Hft. 18.) 889. n. 3.—
Koch, R., Geld- u. Werthpapiere. Eine Besprechg. der f. den Bankverkehr erheblichen Bestimmungen d. Entwurfes e. bürgerlichen Gesetzbuches f. das Deutsche Reich. (V, 54 S.) (Hft. 4.) 839. n. 2.—
Krech, Joh., die Rechte an Grundstücken nach dem Entwurfe e. bürgerlichen Gesetzbuches f. das Deutsche Reich. (V, 142 S.) (Hft. 14.) 889. n. 3.—
Liszt, F. v., die Grenzgebiete zwischen Privatrecht u. Strafrecht. Kriminalistische Bedenken gegen den Entwurf e. bürgerlichen Gesetzbuches f. das Deutsche Reich. (V, 40 S.) (Hft. 5.) 889. n. 2.—
Meischeider, E., die alten Streitfragen gegenüber dem Entwurfe e. bürgerlichen Gesetzbuches f. das Deutsche Reich. (VIII, 100 S.) (Hft. 3.) 889. n. 2.40
Petersen, J., die Berufung zur Erbschaft u. die letztwilligen Verfügungen überhaupt nach dem Entwurfe e. bürgerlichen Gesetzbuches f. das Deutsche Reich. (107 S.) (Hft. 16.) 889. n. 2.50
Schröter, R., das Familiengüterrecht in dem Entwurfe e. bürgerlichen Gesetzbuches f. das Deutsche Reich. (67 S.) (Hft. 15.) 889. n. 2.—
Seuffert, L., die allgemeinen Grundsätze d. Obligationenrechts in dem Entwurfe e. bürgerlichen Gesetzbuches f. das Deutsche Reich. (V, 77 S.) (Hft. 11.) 889. n. 2.—
Vierhaus, die Entstehungsgeschichte d. Entwurfes e. bürgerlichen Gesetzbuches f. das Deutsche Reich. In Verbindg. m. einer Uebersicht der privatrechtl. Kodifikationsbestrebgn. in Deutschland dargestellt. (VI, 82 S.) (Hft. 1.) 888. n. 2.—
Zitelmann, E., die Rechtsgeschäfte im Entwurf e. bürgerlichen Gesetzbuches f. das Deutsche Reich. Studien, Kritiken u. Vorschläge. 1. Thl. (VIII, 183 S.) (Hft. 7. 8.) 889. n. 5.—
— dasselbe. 2. Thl. (X, 202 S.) (Hft. 9. 10.) 889. n. 5.—

— z. Erläuter. d. Gesch. d. Stadt Gotha, nebst dazu gehör. Urkunden. Mit e. vollständ. Register. 4. Gotha 767. (Dieterich in Götting.) 1 Thlr 8 gr

— — des Handels- u. Wechselrechts durch Theorie u. Praxis. Unter Mitwirkung etc. herSg. von J. A. Gruchot u. M. Hoffmann. 12. Jahrg. 1868. 6 Hefte (à 10 Bgn.). Ebend. gr. 8. n. 4 Thlr

— — herSg. von J. A. Gruchot. 13. Jahrg. 1869. 6 Hefte. (à 10 Bgn.). Ebend. gr. 8. n. 4 Thlr

— — 14. Jahrg. 1870. 6 Hefte (à 10 Bgn.). Berlin, Vahlen. gr. 8. n. 4 Thlr

—— Haupt-Register zu den Jahrgängen 1 bis 10. Ebend. 867. gr. 8. (138 S.) n. 16 ngr

Beiträge zur Erläuterung der Kirchen-Reformations-Geschichten des Schweitzerlandes. Zürich 1741—53. H: *Füssli, Joh. Conr.* (Cat. d. Stadtbibl. Zürich. Zürich 1864—97.)

— z. Erläuter. d. n. Französ. Maß- u. Gewichtssystems. gr. 8. Hamb. 798. Bohn. 4 gr

— z. Erläuter. d. bibl. Propheten u. z. Geschichte ihrer Auslegung, (v. K. F. Stäudlin). 1r Thl. gr. 8. Tübing. 786. Metzler in Stuttg. 20 gr

Beiträge zur Erläuterung und Prüfung des Kantischen Systems, in sechs Abhandlungen ... Gotha 1794. V: *Primavesi, Carl Ludwig.* (ML) V: *Gerstenberg. Hnr. Wilh. von.* (Ky) (BrMm) H: *Baur, F. N.* (BrMm) (ML)

— z. Erläuter. u. Prüfung d. Kantischen Systems d. Philosophie, (v. H. Wilh. v. Gerstenberg). 8. Gotha 794. Ettinger. 8 gr

— z. Erläuter. d. neuen Proceß-Ordnung f. d. Untergerichte d. Königr. Hannover, s. Zeitung, jurist. 1830.

Beiträge zur Erläuterung des deutschen Rechts,
s. Beiträge zur Erläuterung des preußischen Rechts . . ., Jg. 16 ff. 1872 ff.

Beiträge zur Erläuterung des Preußischen Rechts durch Theorie und Praxis. Unter Mitwirkung mehrerer prakt. Juristen herausg. von J. A. Gruchot. 1. u. 2. Jahrg. à 3 Hefte (à 10–12 Bgn.) Hamm 857, 58. Grote. gr. 8. Jedes Heft n. 20 ngr

— — 2. u. 3. Jahrg. 1858 u. 1859. 2. Abdr. Ebend. 861. gr. 8. (XVI, 506; XI, 528 S.) Jeder Jahrg. n. 2 Thlr

— zur Erläuterung des Preußischen Rechts durch Theorie und Praxis. Unter Mitwirkung mehrerer prakt. Juristen herausg. von J. A. Gruchot. 3—5. Jahrg. à 3 Hfte. (à 12 Bgn.) Hamm 859—61. Grote. gr. 8. Jeder Jahrg. n. 2 Thlr

— — 6—8. Jahrg. à 4 Hfte. (à 10 Bgn.) Ebend. 862—64. gr. 8. Jeder Jahrg. n. 2 ₰ 20 ngr.

— **zur Erläuterung des preußischen Rechts durch Theorie u. Praxis. Unter Mitwirkung mehrerer prakt. Juristen hersg. von J. A. Gruchot 9—11. Jahrg. 1865—1867. à 4 Hefte (à 9 Bgn.). Berlin, Grote. (Vahlen.) gr. 8. Jeder Jahrg.** n. 2 ₰ 20 ngr.

—— dass. — Haupt-Register zu den Jahrg. 1 bis 10. gr. 8. (138 S.) Ebendas. 867. *
Die früheren Bde. sind ebenfalls in obigen Verlag übergegangen, und sind Jahrg. 1—10 im Preise ermäßigt auf * ℳ 36.

—— zur Erläuterung des preußischen Rechts, des Handels- und Wechselrechts durch Theorie und Praxis. Unter Mitwirkung mehrerer prakt. Juristen hrsg. von J. A. Gruchot und M. Hoffmann. 12. Jahrg. 1868. 4 Hefte. gr. 8. (à Heft ca. 144 S.) Berlin, Grote'sche Verlagsh. [Vahlen.] *

—— dass. — Hrsg. von J. A. Gruchot. 13.—15. Jahrg. 1869—1871. à Jahrg. 6 Hefte. gr. 8. (à Heft ca. 144 S.) Berlin, Vahlen. à Jahrg. *
Fortsetzung davon:

— zur Erläuterung d. deutschen Rechts, in besond. Beziehg. auf das preuß. Recht m. Einschluß d. Handels- u. Wechselrechts. Hrsg. v. J. A. Gruchot. Neue Folge. 1. Jahrg. 6 Hfte. (Der ganzen Reihe der Beiträge. 16. Jahrg. gr. 8. (à Hft. 144 S.) Ebend. 872. n. 12. —

— dasselbe. Neue Folge. 2—4. Jahrg. à 6 Hfte. [Der ganzen Reihe der Beiträge 17—20. Jahrg.] gr. 8. (à Hft. 160 S.) Ebend. 873—76. à Jahrg. n. 14. —

— dasselbe. Haupt-Register zu den Jahrgängen XI—XX. Bearb. v. M. Friedländer. gr. 8. (228 S.) Ebend. 880. n. 4. —

— zur Erläuterung des deutschen Rechts, in besond. Beziehung auf das preuß. Recht m. Einschluß des Handels- u. Wechselrechts. Begründet v. J. A. Gruchot. Hrsg. v. Rassow u. Küntzel. 3. Folge. 1—6. Jahrg. [Der ganzen Reihe der Beiträge 21—26. Jahrg.] à 6 Hfte. gr. 8. (à Hft. ca. 147 S.) Berlin 877—82. Vahlen. à Jahrg. n. 14. —

— dasselbe. 3. Folge. 4. Jahrg. [Der ganzen Reihe der Beiträge 24. Jahrg.] 1880. Beilageheft. gr. 8. (X u. S. 945—1116.) Ebend. 880. n. 2. 50

— dasselbe. 3. Folge. 5. Jahrg. [Der ganzen Reihe der Beiträge 25. Jahrg.] 1881. Beilageheft. gr. 8. (VIII, u. S. 933—1122.) Ebend. 882. n. 2. 50

— zur Erläuterung d. deutschen Rechts, in besond. Beziehg. auf das preuß. Recht m. Einschluß d. Handels- u. Wechselrechts. Begründet v. J. A. Gruchot. Hrsg. v. Rassow u. Küntzel. 3. Folge. 6. Jahrg. [Der ganzen Reihe der Beiträge 26. Jahrg.] 1882. Beilageheft. gr. 8. (XI u. S. 889—1191.) Berlin 883. Vahlen. n. 4. —

— dasselbe. 3. Folge. 7. Jahrg. [Der ganzen Reihe der Beiträge 27. Jahrg.] 1883. 6 Hfte. u. Beilagenhft. gr. 8. (VIII, 1144 S.) Ebend. n. 17. 50

— dasselbe. 3. Folge. 8. Jahrg. [Der ganzen Reihe der Beiträge 28. Jahrg.] 1884. 6 Hfte. u. Beilagenhft. gr. 8. (VIII, 1184 S.) Ebend. n. 20. —

— dasselbe. 3. Folge. 9. Jahrg. [Der ganzen Reihe der Beiträge 29. Jahrg.] 1885. 6 Hfte. u. Beilagenhft. gr. 8. (X, 1146 S.) Ebend. n. 18. —

— dasselbe. 3. Folge. 10. Jahrg. [Der ganzen Reihe der Beiträge 30. Jahrg.] 1886. 6 Hfte. gr. 8. (1. Hft. 176 S.) Ebend n. 14. —

— dasselbe. 3. Folge. 10. Jahrg. [Der ganzen Reihe der Beiträge 30. Jahrg.] 1886. Beilageheft. gr. 8. (X u. S. 897—1191.) Ebd. n. 4. —

— zur Erläuterung d. deutschen Rechts, in besond. Beziehg. auf das preuß. Recht m. Einschluß d. Handels- u. Wechselrechts. Begründet v. J. A. Gruchot. Hrsg. v. Rassow u. Küntzel. 4. Folge. 1.—4. Jahrg. [Der ganzen Reihe der Beiträge 31.—34. Jahrg.] 1887—1890. à 6 Hfte. gr. 8. (à Hft. ca. 160 S.) Berlin, Vahlen. Subscr.-Pr. à Jahrg. n. 14. —; nach Erscheinen d. Jahrgangs n. 16. —

— dasselbe. 4. Folge. 1. Jahrg. [Der ganzen Reihe der Beiträge 31. Jahrg.] 1887. Beilageheft. gr. 8. (X u. S. 873—1168.) Ebd. n. 4. —

— dasselbe. 4. Folge. 2. Jahrg. [Der ganzen Reihe der Beiträge 32. Jahrg.] 1888. Beilageheft. gr. 8. (X u. S. 913—1200.) Ebd. n. 4. —

— dasselbe. 4. Folge. 3. Jahrg. [Der ganzen Reihe der Beiträge 33. Jahrg.] 1889. Beilageheft. gr. 8. (X u. S. 913—1213.) Ebd. n. 4. —

Beiträge zur Erläuterung des deutschen Rechts, in besond. Beziehung auf das preuß. Recht m. Einschluß d. Handels- u. Wechselrechts. Begründet v. J. A. Gruchot. Hrsg. v. Rassow u. Küntzel. 4. Folge. 4. Jahrg. [Der ganzen Reihe der Beiträge 34. Jahrg.] 1890. Beilageheft. gr. 8. (VIII u. S. 921—1224.) Berlin, Vahlen. n. 4. —

— zur Erläuterung d. deutschen Rechts, in besond. Beziehg. auf das preuß. Recht m. Einschluß d. Handels- u. d. Wechselrechts. Begründet von J. A. Gruchot. Hrsg. v. Rassow u. Küntzel. 4. Folge. 5. Jahrg. 1891. (Der ganzen Reihe der Beiträge 35. Jahrg.) 6 Hfte. gr. 8. (à Hft. ca. 160 S.) Berlin, F. Vahlen. Subskr.-Pr. n. 14. —; nach vollständ. Erscheinen n. 16. —

— dasselbe. 4. Folge. 5. Jahrg. 1891. (Der ganzen Reihe der Beiträge 35. Jahrg.) Beilageheft. gr. 8. (IX u. S. 889—1208.) Ebd. n. 4.

— dasselbe. Haupt-Register zu den Jahrgängen XXI—XXXV nebst 12 Beilageheften. Bearb. v. Max Friedländer. gr. 8. (III, 285 S.) Ebd. 892. n. 5. —

— dasselbe. Unter redaktioneller Mitwirkg. v. Eccius. 5. Folge. 1.—4. Jahrg. 1892—1895. (Der ganzen Reihe der Beiträge 36.—39. Jahrg.) à 6 Hfte. gr. 8. (à Hft. ca. 160 S.) Ebd. Subskr.-Pr. à Jahrg. n. 15. —; Ladenpr. nach Erscheinen n. 18. —

— dasselbe. 5. Folge. 1. Jahrg. 1892. (Der ganzen Reihe der Beiträge 36. Jahrg.) 1. Beilageheft. gr. 8. Ebd. Einzelpr. n. 1. 20; f. Abnehmer der Beiträge kostenlos.
Entwurf e. Bürgerlichen Gesetzbuches f. das Deutsche Reich. 2. Lesg. Nach den Beschlüssen der Redaktionskommission. 1. Buch. Allgemeiner Thl. (57 S.)

— dasselbe. 5. Folge. 1. Jahrg. 1892. (2.) Beilageheft. gr. 8. (IX u. S. 931—1232.) Ebd. n. 4. —

— dasselbe. 5. Folge. 2. Jahrg. 1893. (Der ganzen Reihe der Beiträge 37. Jahrg.) 1. u. 2. Beilageheft. Fortsetzg. d. Beilageheft's 1 vorigen Jahrg. Entwurf e. bürgerl. Gesetzbuchs f. das deutsche Reich. 2. Lesg. Nach den Beschlüssen der Red.-Kommission. II. Buch. Recht der Schuldverhältnisse. 1.—7. Abschn. gr. 8. (IV, IV u. S. 59—205.) Ebd. n. 3. —; f. die Abonnenten unentgeltlich.

— dasselbe. 5. Folge. 2. Jahrg. 1893. (3.) Beilageheft, enth.: Urtheile des Reichsgerichts. gr. 8. (IX u. S. 961—1264.) Ebd. n. 4. —

Beiträge zur Erläuterung d. deutschen Rechts, in besond. Beziehg. auf das preuß. Recht m. Einschluß d. Handels- u. d. Wechselrechts. Begründet v. J. A. Gruchot. Hrsg. v. Rassow u. Küntzel. 5. Folge. 3. Jahrg. 1894. (Der ganzen Reihe der Beiträge 38. Jahrg.) 1. Beilageheft. gr. 8. Berlin, F. Vahlen.
n. 1. 60; f. Abonnenten unentgeltlich.
Entwurf e. bürgerlichen Gesetzbuches f. das Deutsche Reich. 2. Lesg. Nach den Beschlüssen der Redaktionskommission. III. Buch. Sachenrecht. (IV u. S. 207—314.) n. 1. 60 (1—3.: n. 5. 80).

— dasselbe. 5. Folge. 3. Jahrg. 1894. 2. Beilageheft. gr. 8. Ebd. n. 1. 60; f. die Abonnenten unentgeltlich.
Entwurf e. bürgerlichen Gesetzbuches f. das Deutsche Reich. 2. Lesg. Nach den Beschlüssen der Redaktions-Kommission. IV. Buch. Familienrecht. (IV u. S. 315—458.)

— dasselbe. 5. Folge. 3. Jahrg. 1894. (3.) Beilageheft, enth.: Urtheile des Reichsgerichts. gr. 8. (XI u. S. 929—1232.) Ebd. n. 4. —

— dasselbe. 5. Folge. 4. Jahrg. 1895. (D. ganzen Reihe d. Beiträge 39. Jahrg.) 1. Beilageheft. gr. 8. Berlin, F. Vahlen. n. 1.20; f. die Abnehmer der Beiträge kostenlos.
Entwurf e. bürgerl. Gesetzbuchs f. d. Deutsche Reich. 2. Lesg. N. d. Beschlüssen d. Redaktions-Kommission. V. Buch. Erbrecht. VI. Buch. Anwendg. ausländ. Gesetze. (III u. S. 459—581.)

— dasselbe. 5. Folge. 4. Jahrg. 1895. (D. ganzen Reihe d. Beiträge 39. Jahrg.) (2.) Beilageheft, enth.: Urtheile des Reichsgerichts. gr. 8. (X u. S. 881—1184.) Ebd. n. 4. —

— z. Erläuterg. d. deutschen Rechts, in bes. Beziehg. auf d. preuß. Recht m. Einschluß d. Handels- u. Wechselrechts. Begründet v. J. A. Gruchot. Hrsg. v. Rassow u. Küntzel unt. red. Mitwirkg. v. Eccius. 5. Folge. 5. Jahrg. 1896. (D. ganzen Reihe d. Beiträge 40. Jahrg.) 6 Hfte. (à ca. 160 S.) gr. 8. Berlin, F. Vahlen.
Subskr.-Pr. n. 15. —; Ladenpr. nach vollst. Ersch. n. 18. —

— dasselbe. 5. Folge. 5. Jahrg. 1896. (D. ganzen Reihe d. Beiträge 40. Jahrg.) Beilageheft, enth.: Urtheile d. Reichsgerichts. gr. 8. (XXI u. S. 889—1192.) Ebd. n. 4. —

— 6. Folge. 1.—3. Jahrg. 1896—1899. (D. ganzen Reihe d. Beiträge 41. Jahrg.) à 6 Hfte. (à ca. 160 S.) gr. 8. Ebd. Subskr. Pr. à Jahrg. n. 15. —; nach vollst. Ersch. n. 18. —

— dasselbe. 6. Folge. 1. Jahrg. (D. ganzen Reihe d. Beiträge 41. Jahrg.) Beilageheft, enth.: Urtheile d. Reichsgerichts. gr. 8. (X u. S. 913—1203.) Ebd. n. 4. —

— dasselbe. 6. Folge. 2. Jahrg. (D. ganzen Reihe d. Beiträge 42. Jahrg.) Beilageheft, enth.: Urtheile d. Reichsgerichts. gr. 8. (X u. S. 913—1216.) Ebd. n. 4. —

Beiträge z. Erläuterg. d. deutschen Rechts, i. bes. Beziehg. auf d. preuß. Recht m. Einschluß d. Handels- u. Wechselrechts. Begründet v. J. A. Gruchot. Hrsg. v. Rassow u. Küntzel unt. red. Mitwirkg. v. Eccius. Besond. Beilage A, B u. C. gr. 8. Berlin 896. F. Vahlen.
n. 6. —; Einzelpr. n. 7. 40
A. Entwurf e. bürgerl. Gesetzbuchs. D. Reichstage vorgel. i. d. 4. Session d. 9. Legislaturperiode. (VII, 608 S.) n. 2. 50; Einzelpr. n. 3. 20
B. Denkschrift z. Entwurf e. bürgerl. Gesetzbuchs, nebst 3 Anlagen. D. Reichstage vorgel. i. d. 4. Session d. 9. Legislaturperiode. (XI, 603 S.) n. 2. 50; Einzelpr. n. 3. —
C. Entwurf e. Einführungsgesetzes z. bürgerl. Gesetzbuch. Nebst d. Materialien z. d. 3. Abschnitt d. Entwurfs. D. Reichstage vorgel. i. d. 4. Session d. 9. Legislaturperiode. (III, 200 S.) n. 1. —; Einzelpr. n. 1. 20

— zur Erläuterung des deutschen Rechts. Begründet v. J. A. Gruchot. Hrsg. v. Rassow, Küntzel u. Eccius. 6. Folge. 4. u. 5. Jahrg. (Der ganzen Reihe der Beiträge 44. u. 45. Jahrg.) à 6 Hfte. gr. 8. (XXXII, 928 u. XXX, 880 S.) Berlin 900. 901. F. Vahlen.
Subskr.-Pr. à Jahrg. n. 15. —; nach vollständ. Erscheinen à Jahrg. n. 18. —

— dasselbe. 6. Folge. 3.—5. Jahrg. (Der ganzen Reihe der Beiträge 43.—45. Jahrg.) Beilagehefte enth.: Urtheile des Reichsgerichts. gr. 8. Ebd. à n. 4. —
3. (XI u. S. 945—1248.) 899. — 4. (XII u. S. 929—1232.) 900. 5. (XII u. S. 881—1184.) 901.

— dasselbe. 46. u. 47. Jahrg. 1902 u. 1903. à 6 Hfte. gr. 8. (46. Jahrg. XXIV, 890 S. u. 47. Jahrg. 1. Hft. 208 S.) Ebd. Subskr.-Pr. à Jahrg. n. 15. —; nach vollständ. Erscheinen à Jahrg. n. 18. —

— dasselbe. 46. Jahrg. Beilageheft, enth.: Urtheile des Reichsgerichts. gr. 8. (IX u. S. 897—1200.) Ebd. 902. n. 4. —

— zur Erläuterung des deutschen Rechts. Begründet v. J. A. Gruchot. Hrsg. v. Küntzel, Eccius u. Jaeckel. 48.—50. Jahrg. 1904—1906. à 6 Hfte. (XXVI, 864; XXI, 880 u. XXXIV, 880 S.) gr. 8. Berlin 904—906. F. Vahlen. Subskr.-Pr. à Jhrg. n. 15. —; nach vollständ. Erscheinen n. 18. —

— dasselbe. 47.—50. Jahrg. Beilageheft, enth.: Urteile des Reichsgerichts. (VIII u. S. 897—1200; X u. S. 865—1168; X u. S. 881—1185 u. XI u. S. 881—1210.) gr. 8. Ebd. 903—906. à n. 4. —

Beiträge zur Erläuterung des deutschen Rechts. Haupt-Register zu den Jahrgängen 36—50 nebst 15 Beilageheften. Bearb. v. Fritz Krech. (III, 275 S.) gr. 8. Berlin 907. F. Vahlen. 5. 20

— zur Erläuterung des deutschen Rechts. Begründet v. J. A. Gruchot. Hrsg. v. Küntzel, Eccius u. Predari. 51.—54. Jahrg. à 6 Hefte u. 1 Beilageheft, enth. Urteile des Reichsgerichts. (XXIII, VIII, 1200; XXI, VIII, 1240; XXIV, VIII, 1192 u. XXVII, IX, 1200 S.) gr. 8. Berlin 907—10. F. Vahlen. Subskr.-Pr. à Jhrg. 20. —; nach vollständ. Erscheinen 22. —

— z. Erläuterg d. deut. Rechts. Begründet v. JA Gruchot. Hrsg. v. Küntzel, Eccius u. Predari. 54—56. J. je 6 Hefte. (27, 880; 24, 880; 26, 864) gr8° Berl., F Vahlen '10—12. d. J. 18 —; Subskr. 16 —

— dass. 54—56. J. Beilageheft, enth.: Urteile d. Reichsgerichts. (9, 881—1200; 8, 881—1190; 8, 865—1184) gr8° Ebd. '10—12. je 4 —

— z. Erläuter. einiger mathemat., ontol. u. philos. Wahrheiten. 8. Berl. 790. Unger. 5 K

Beiträge zur Erläuterung der Civil- Kirchen- und Gelehrten-Historie der Herzogthümer Schleswig und Holstein. Hamburg 1744—56. H: *Noodt, Joh. Friedr.* (schles) (BrMm)

— zur Erleichterung des Gelingens der prakt. Polizei, s. a. Merker.

— zur Erleichterung des Gelingens d. praktischen Polizei. Herausgeber und Redakteur: Polizeirath Merker in Berlin. 18. u. 19. Jahrg. 1841 u. 1842 à 52 Numm. (à 1—1½ B.) gr. 4. Berlin 842. (Gropius'sche Buchh.) à n. 4 ß

— dies. 20.—24. Jahrg. 1843—46. Redakt.: W. Stieber. à 52 Numm. gr. 4. Berlin, Simion. à n. 4 ß

Beiträge zu den Ermittelungen über die Angemessenheit des für Bremen und Hamburg festgestellten Zuschlags zum Aversum. [Nebst] Weitere Beiträge. — Dat. Hamburg 20. Aug. u. 27. Nov. 1878. 4°
1 [∞ Weitere Beiträge]: 4° Stala 876. 18. 15.

— — z. zweckmässigsten Ernährg d. Rindviehes. 8. (52) Flensb. 74, Exped. d. Flensb. Norddeut. Zeitg. n. — 75

Beiträge zur Erneuerung des Geistes und der Gelübde, genommen aus dem Beyspiele einiger heiligen Augustiner. Grätz [1771]. V: *Schier, Xystus.* (Schier, Reginae Hungariae Primae Stirpis. Viennae 1776. S. 13.)

—— zur Erörterung vaterländ. Angelegenheiten. Gesammelt u. hrsg. v. H. K. Hofmann. 1. Bd. 1—3. Lfg. v. S. 1 bis 340. 8. (Darmstadt 881, Leske.) à Lfg.

— z. Erörter. d. Fr.: In wie weit d. kaiserl. Gerichtsbarkeit über reichsständ. Unterthanen gegründet sei? 4. Regensb. 795. Montag u. W. 6 K

— zur Erörterung wichtiger Gegenstände aus d. Gebiete der Theologie u. Kirche. Ausgewählt u. besond. abgedr. aus den theolog. Annalen 1833. gr. 8. Bayreuth 834. Grau. 3/4 ß

Beiträge zur Erörterung der Lehre von der Erbfolge der weiblichen Nachkommen. Stuttgart 1800.

— z. Erörter. d. Lehre v. d. Erbfolge d. weibl. Nachkommenschaft in subsidiar. Weiberlehen. 8. Stuttg. 802. Metzler. 3 K

Beiträge zur Erörterung und Prüfung von Tages-Meinungen über Politik, Staatsrecht und Staatswirthschaft. Von verschiedenen Verfassern. Lfg. 1.2. — o.O. 1817. 366 S. 8° 12:Pol.g.84g. 15.

— z. Erörter. u. Prüfung v. Tages-Meinungen über Politik, Staatsrecht u. Staatswirthschaft. 1s u. 2s Heft. gr. 8. Augsb. 817 u. 18. Wolff. à 14 K 1 ß 4 K

Beiträge zur Erweckung und Belebung christlicher Andachtsfreunde und zur Bildung eines redlichen Herzens. Bremen 1804. V: *Aschen, Joh. Hnr. von.* (ROTERM)

Beiträge zur Erweiterung der Chemie. Herausgegeben von Crell. Bd. 1—3. Helmstädt und Leipzig 1786. 8.

— z. Erweiter. d. Länder- u. Völkerkunde. Herausg. von J. R. Forster u. M. Chr. Sprengel, mit 7 Kpf. u. 3 Karten. 14 Bde. 8. Leipz. 781—90. Weygand. 10 ß 19 K

— z. Erziehung, s. a. B. F. Kind, Erinnerungen.

Beiträge zur Erziehung, für Teutsche Schullehrer ... Stuttgart 1812. H: *Kind, B. Fr.* (MGT)

— z. österr. Erziehungs- u. Schulgeschichte. Hrsg. v. d. österr. Gruppe d Gesellschaft f. deutsche Erziehungs- u. Schulgeschichte. 1. Hft. gr. 8. Wien 897. W. Braumüller. n.n. 3.—
Geschichte d. Savoy'schen Ritter-Akademie i. Wien v. J. 1746—1778. Von Joh. Schwarz. (VIII, 179 S. m. 1 Bildn.)

— zur österreichischen Erziehungs- u. Schulgeschichte. Hrsg. v. der österr. Gruppe der Gesellschaft f. deutsche Erziehungs- u. Schulgeschichte. 2.—4. Hft. gr. 8. Wien, W. Braumüller. n.n. 15. 40
2. I. Geschichte des Gymnasiums der Piaristen zu Horn in Niederösterreich (1757—1872). Von Frdr. Endl, O. S. B. — II. Magister Georg Calaminus, ein Schulmann des 16. Jahrh. in Linz. Von Konr. Schiffmann. — III. Zwei österreichische Schulordnungen aus dem 17. Jahrh. Von Karl Schrauf. (VII, 134 u. XXIII S.) 899. n. 3.—
3. I. Geschichte der alten Stadtschule zu Horn in Niederösterreich. Von Friedr. Endl, O. S. B. — II. Geschichte der lateinischen Schulmeister zu Freistadt in Oberösterreich. Von Jos. Jäkel. — III. Schulordnung u. Institionen f. die evangelische Schule zu Linz a. d. Donau (1577—1579). Von Ferd. Khull. — IV. Ein philanthropischer Lehr- u. Lectionsplan a. d. J. 1782. Von Frz. Branky. (IV, 226 u. XXI S. m. 10 Tab.) 901. n n. 4.—
4. Vincenz Eduard Milde als Pädagoge u. sein Verhältnis zu den geistigen Strömungen seiner Zeit. Eine cultur- u. quellengeschichtl. Einleitung in seine „Erziehungskunde". Von Karl Wotke. (XII, 264 S. m. 1 Bildnis.) 902. n.n. 8. 40

— zur österreich. Erziehungs- u. Schulgeschichte. Hrsg. v. der österreich. Gruppe der Gesellschaft f. deutsche Erziehungs- u. Schulgeschichte. 5. u. 6. Heft. gr. 8. Wien, W. Braumüller. à n.n. 8. 40
5. I. Ein Triennium an der Salzburger Benediktiner-Universität (1658—1661). Von Laurenz Pröll. II. Ferdinand I. u. die Stipendiaten aus den Partikularschulen Oberösterreichs in den J. 1551—1554. Von Jos. Jäkel. III. Beiträge zur Geschichte des österreichischen Elementarunterrichtes. (Mit Neudrucken Felbigerscher Schriften.) Von Ant. Weiss. (III, 298 S. m. Abbildgn.) 904.
6. (III, 279 S. m. 1 Tab.) 905.

— dasselbe. 7. Heft. gr. 8. Wien, C. Fromme. n.n. 10.—
Geschichte der Theresianischen Schulreform in Böhmen. Zusammengestellt aus den halbjähr. Berichten der Schulen-Oberdirektion 17. IX. 1777—14. III. 1792. Von Ant. Weiss. I. Bd. (XIX, 528 S.) 906.

— zur österr. Erziehungs- u. Schulgeschichte. Hrsg. v. d. österr. Gruppe d. Gesellsch. f. deutsche Erziehgs.- u. Schulgeschichte. 8.—12. Heft. gr. 8. Wien, C. Fromme. nn 28. 60
8. (III, 185 S.) 906. nn 2. 50
9. Karl Heinrich Seibt. Der erste Universitätsprofessor der deutschen Sprache in Prag, e. Schüler Gellerts u. Gottscheds. Ein Beitrag z. Geschichte d. Deutschunterrichts in Österreich. Von Karl Wotke. — Ferdinand Kindermanns Versuch e. Verbindung v. Elementar- u. Industrieschule. Von Frdr. Wiechowski. (III, 205 S.) 907. nn 4. 50
10. Geschichte d. Theresianisch. Schulreform in Böhmen. Zusammengestellt a. d. halbjähr. Berichten d. Schulen-Oberdirektion 17. IX. 1777—14. III. 1792. Von Ant. Weiss. II. Bd. (VIII, 456 S.) 908. nn 10.60 (I u. II: nn 20.60).
11. Das Kollegium zum hl. Nikolaus an der Universität in Wien. Von Ferd. Maurer. — Ein Blick ins Brünner Gymnasialarchiv (1786—1821). Von Jak. Simon. — Das Grossche Projekt e. Mittelstandsschule u. dessen Behandlung in d. Steiermark. Von Jul. Wallner. — Katalog e. schulhistor. Sammlg. f. d. Erzherzogt. Österreich ob der Enns II. Von K. Schiffmann. — Erstes Eingreifen des Staates zur Hebung des nied. Schulwesens in Steiermark unter Maria Theresia. Von Joh. Schmut. (XI, 244 S.) 909. nn 6.—
12. Zur Geschichte der Theresianischen Schulreform in Böhmen. Von Ant. Weiss. — Über das Volksschulwesen um 1800. Von Joh. Schmut. — Zur Schulgeschichte aus dem steierischen Unterlande. Von A. Gubo. — Beiträge zur Gymnasiallehrerfrage in Österreich in d. J. 1796—1800 Von Karl Wotke. (III, 106 S.) 910. nn 3.—

— z. österreich. Erziehgs- u. Schulgesch. Hrsg. v. d. österr. Gruppe d. Gesellsch. f. deut. Erziehgs- u. Schulgesch. 11—13. Heft. gr8° Wien, C Fromme. (1—13: nn 80.80)
11. Maurer, Ferd.: Das Kollegium z. hl. Nikolaus an d. Univ. in Wien. — Simon, Jak.: Ein Blick ins Brünner Gymnasialarchiv (1786—1821). — Wallner, Jul.: Das Grossche Projekt e. Mittelstandsch. u. dessen Behandlg in d. Steiermark. — Schiffmann, K: Katalog e. schulhistor. Sammlg f. d. Erzherzogt. Österr. ob d. Enns II. — Schmut, Joh.: 1. Eingreifen d. Staates z. Hebg d. niederen Schulwes. in Steiermark unter Maria Theresia. (11, 244) '09. nn 6 —
12. Weiss, Ant.: Zur Geschichte d. Theresian. Schulreform in Böhmen. — Schmut, Joh.: Üb. d. Volksschulwes. um 1800. — Gubo, A: Zur Schulgeschichte a. d. steier. Unterlande. — Wotke, Karl: Beitrage z. Gymnasiallehrerfrage in Österr. 1796—1800. (106) '10. nn 3 —
13. Maiwald, V: Gesch. d. öffentl. Stiftsgymnasiums in Braunau. — Schmidtmayer, Rud.: Beiträge z. Gesch. d. Jesuitengymnasiums (Gymnasium Rosense) in Krummau. (334) '12 [13] nn 8 —

Beiträge zur Ethnographie von Amerika aus dem Internationalen Archiv für Ethnographie. Herausgegeben bei Gelegenheit des VII. Internationalen Amerikanisten-Congresses zu Berlin. Leiden 1883. 10 S., 1 Tf. 4°.

— ethnographische. Festgabe z. Feier d. 70. Geburtstages v. Prof. Ad. Bastian v. F. Boas, G. J. Dozy, E. H. Giglioli, E. T. Hamy, W. Hein, H. Kern, G. Schlegel, J. D. E. Schmeltz, E. B. Tylor, s.a. Archiv, internat., f. Ethnographie.

Ethnographische Beiträge. Von F. Boas [u.a.] — Leiden: Brill 1896. 85 S. 4°
Festgabe zur Feier des 70. Geburtstages von Prof. Ad. Bastian.
(Internationales Archiv für Ethnographie. 9. Suppl.)
1:in 4° Pn 128–9. 7. 8. 10. 11. 12:4° Anthr. 1b–9,Suppl. 14→17. 21. 24→27. 30. 300:400.652-C.Per. 9. 302.
15.

Beiträge, Etymologische, von J. F. A. [Salzburg 1831.] V: *Jirasek, F. A.* (Mz)

— zur alttestamentlichen Exegese. Nr. 1. 2. Halle 865, 67. (Culmbach, Blumröder.) gr. 8. (32 S.) Jede Nr. n. 6 ngr

—— z. alttest. Exegese. 8. (16) Halle 65. (Culmb., Wanderer.) — 6

—— z. alttestam. Exegese. Nr. 2. 8. (17—32) Halle 67. (Culmb., Wanderer.) (h) n. — 6

Beiträge, Exegetische, zu den Schriften des neuen Bundes; ... Frankfurt a. M. 1791—1795. V: *Schmidt, Carl Christian Ludwig.* (Ky) (MGT)

— exegetische, zu d. Schriften d. neuen Bundes, (v. K. Chr. Ldw. Schmidt). 1r Bd. 6 Stcke u. 2r Bd. 3 Stcke. 8. Frankf. a. M. 791—95. Gebhardt u. K. 2 ℛ 11 gl Ders. 3r Bd. 18 Stck. 8. Hadam. 796. Gel.-Buchh. 8 gl

Beiträge zu e. Exempelbuche; aus d. Dän. (v. Malling, übers. v. J. L. Blessig). 8. Straßb. 781. Ettinger in Gotha. 4 gl

— z. Exerciren d. Landwehr, als Anhang z. Unterr. z. Ausarbeit. d. neuen Mannes. 8. Leipz. 814. Rein. 3 gl

— Experimentelle u. krit., z. Neubearbeitg d. Vereinbargn z. einheitl. Untersuchg u. Beurteilg v. Nahrungs- u. Genussmitteln sowie Gebrauchsgegenständen f. d. Deut. Reich. 1. Bd. Hrsg. v. kais. Gesundheitsamte. [Aus: „Arbeiten a. d. kais. Gesundheitsamte".] (5, 266) Lex8° Berl., J Springer '11. 4 —

Beiträge, experimentelle, zur Morphologie. Hrsg. v. Herm. Braus. I. Bd. 2. Hft (S. 1—222 m. 24 Fig. u 7 Taf.) gr. 8. Leipzig 906. W. Engelmann. n. 7. —
Sonderabdruck aus: „Morpholog. Jahrb."

Beiträge, experimentelle, zur Morphologie. Hrsg. v. Herm. Braus. I. Bd. 3. Heft. (S. 223—480 m. 57 Fig. u. 6 Taf.) gr. 8. Leipzig 909. W. Engelmann. 6. —
Sonderabdruck aus: „Morpholog. Jahrb."

Beiträge zur Familien-Geschichte der Herren von Holleben. (Abtl. 3.) — Bayreuth 1874: Burger. 69 S., 29 gez. Bl. 4° Text autographiert. 1:4° S 5890/100.
15.

Beiträge zur Fauna der Bären-Insel. 1. *Stockholm 1900: P. A. Norstedt & söner.* 8°
— Handlingar, K. Svenska Vetenskaps-Akademiens. Bihang. Bd 26, Afd. 4, No 3. [illegible]

Beiträge zur Fauna und Flora von Aschaffenburg (2: zur Fauna von Aschaffenburg und Umgegend). (Bearb.: Döbner [u.a.]) [1.2.] — Aschaffenburg: Krebs in Comm. (2: Jena: G. Fischer) 1888–97. 8°
2. Die Käfer. Von C. Fröhlich.
(Mittheilung d. naturwissenschaftlichen Vereins zu Aschaffenburg. 2.3.) 1:Lc 7874-2.3. 101.

—— zur Fauna u. Flora v. Aschaffenburg. II. Mittheilg. d. naturwissenschaftl. Vereins daselbst, hrsg. zur Feier seines 10jähr. Bestehens. gr. 8. (III, 116 S.) Aschaffenburg 888, (Krebs). * 2 —
1. Mitthlg. s. u. d. T.: Fürst, Herm. Die Waldungen in d. Umgebung von Aschaffenburg. Ebd. 1884. * 1 20.

Beiträge zur Fauna der südöstlichen und östlichen Nordsee. Ergebnisse dreier wissenschaftl. Untersuchungsfahrten in den Jahren 1889 und 1890, im Auftrage der Sektion des deutschen Fischerei-Vereins ausgeführt v. Friedrich Heincke. Hrgg. v. d. Biologischen Anstalt auf Helgoland.

Tl. 1. (Kiel und Leipzig. 1894.) 4°g.
Einleitung. Von Friedrich Heincke. Mit 2 Fig. im Text.
1. Spongien. Von Wilhelm Weltner.
2. Echinodermen. Von M. Meissner und A. Collin. Mit 1 Fig. im Text.
3. Bryozoën. Von A. Erdmann.
4. Copepoden und Cladoceren. Von R. Timm. Hierzu Taf. 5 und 6.

Siehe in: Wissenschaftl. Meeresuntersuchungen, N. F., Bd. 1, Heft 1.

Aus d. Museum für Naturkunde zu Berlin. Beiträge zur Fauna des Togolandes. Nach d. Sammlungen d. Herren ... von R. Blanchard [u.a.] — Berlin 1893: (Mittler). 71 S. 8°
Aus: Mittheilungen von Forschungsreisenden u. Gelehrten aus d. deutschen Schutzgebieten. 6. 1893.
30.
15.

Beiträge zum Feldzuge der Kritik. Norddeutsche Blätter für 1844 und 1845. Mit Beiträgen von Bruno u. Edgar Bauer [u.a.] Bd 1.2. — Berlin: Rieß 1846. 8° 15. 109.
15.

— fernere, zur Beleuchtung d. Basler Friedensschlusses. 8. Erl. 795. Palm. 8 gl

Beiträge zur Finanzgelahrtheit ... Frankf. u. Leipz. 1785—87. H: *Richter, Johann Daniel.* (Ky) (ML) (MS)

— z. Finanzgelahrtheit, besond. in Preußen. 3 Stcke. gr. 8. Frkf. 785—88. Breitkopf u. H. 1 ℛ 15 gl

Beiträge zur Finanz-Litteratur in den Preussischen Staaten. Frankfurt und Leipzig 1779—1785. V: *Richter, Johann Daniel.* (Ky) (MS) (ML) (Wö) (CBH)

— z. Finanzliteratur in d. Preuß. Staaten. 2 Bde in 9 Stücken. gr. 8. Leipz. 779—85. Breitkopf u. H. 5 ℛ 2 gl

Beiträge zur Finanzstatistik der Stadt Berlin und der benachbarten Gemeinden. (Vorr.: E. Hirschberg.) — Berlin: Stankiewicz 1906. 89 S. 4° (Berliner Statistik hrsg. vom Statistischen Amt d. Stadt Berlin. 4.)
1:4° Td 785/2-4. 2→11. 15. 16. 18. 21. 26. 27. 29.
15.

Beiträge zur Flora der Bären-Insel. 1. *Stockholm 1900: P. A. Norstedt & söner.* 8°
— Handlingar, K. Svenska Vetenskaps-Akademiens. Bihang. Bd 26, Afd. 3, No 10. [illegible]

Beiträge zur miocenen Flora von Nord-Canada. Zürich 1880. V: *Heer, Oswald.* (EB)

— zur Flotten-Novelle 1900. Von Nauticus. gr. 8. (VIII, 252 S.) Berlin 900. E. S. Mittler & Sohn. n. 1. 20; kart. n. 1. 60

— zur Förderung der Bestrebungen d. deutschen Kolonialvereins. 4. u. 5. Hft. gr. 8. Berlin, Verlag d. deutschen Kolonialvereins. n. 1. 50

4. Deutsche Auswanderungsgesetzgebung. Uebersicht üb. die gegenwärtig im Reich u. in den Einzelstaaten besteh. auf das Auswanderungswesen bezügl. Gesetze u. Verordngn. Auf Veranlassg. d. Deutschen Kolonialvereins u. auf Grund d. seitens der Regiergn. der Bundesstaaten hierzu zur Verfügg. gestellten Materials bearb. v. A. Altenberg. [Aus: „Deutsche Kolonialzeitg."] (39 S.) 885. n. — 50

5. Die staats- u. völkerrechtliche Stellung der deutschen „Kolonien" u. ihre zukünftige Verfassung von Karl Frhr. v. Stengel. (60 S.) 885. n. 1. —

cf. Vorträge zur Förderung der Bestrebung d. Deutschen Kolonialvereins.

— zur Förderung d. Bestrebungen d. Deutschen Kolonialvereins. 6. u. 7. Hft. gr. 8. Berlin 887. (C. Heymann's Verlag.) à n. — 50

6. Berichte üb. meine Reise in Süd-Brasilien v. H. Soyaux. [Aus: „Deutsche Kolonialzeitg."] (46 S.)

7. Über Naturprodukte der westlichen Südsee, besonders der deutschen Schutzgebiete. Von O. Finsch-Bremen. [Aus: „Deutsche Kolonialzeitg."] (23 S.)

— zur Förderung der Kunst in den Gewerken. Herausg. von dem Architecten- u. Ingenieur-Verein für das Königr. Hannover. 1. Bd. 1. Heft. Hannover 858. Rümpler. gr. 4. (Sp. 1—16. u. 6 lith. Taf.) n. 1 ℛ

— zur Förderung der Kunst in den Gewerken. Herausg. von dem Architecten- u. Ingenieur-Verein für das Königreich Hannover. 1. Bd. 2—5. Hft. Hannover 861, 62. C. Rümpler. gr. 4. (Sp. 17—112.) Jedes Heft mit 5 lith. Taf. n. 1 ℛ

— — 1. Bd. 6. Hft. Hannover 863. Schmorl & v. Seefeld. gr. 4. (Sp. 113—136 u. 7 lith. Taf.) n. 1 ℛ

— zur Förderung der Kunst in den Gewerken. Hersg. von dem Architecten- u. Ingenieur-Verein zu Hannover. 1. Bd. 7—9. Heft (à 8 S. Text u. 7 lith. Taff. in 4. u. Fol.). Hannover 865—67. Schmorl & v. Seefeld. gr. 4. Jedes Heft n. 1 ℛ

— zur Förderung der Kunst in den Gewerken. Hrsg. v. dem Architekten- u. Ingenieur-Verein zu Hannover. 1. Bd. 10. Hft. gr. 4. (Sp. 201—216. m. 9 Steintaf., wovon 3 in Buntdr., in gr. 4., gr. u. Imp.-Fol.) Hannover 872. Schmorl & v. Seefeld. n. 3. —

Fortges. u. d. T.: Kunst im Gewerbe.

— zur Förderung christl. Theologie. Hrsg. v. A. Schlatter u. H. Cremer. 1. Jahrg. 1897. 6 Hfte. gr. 8. Gütersloh 897. C. Bertelsmann. n. 10. 80

1. Der Dienst d. Christen i. d. ält. Dogmatik. Von A. Schlatter. (IV, III, 81 S.) n. 1. 20
2. Die christl.-soc. Ideen d. Reformationszeit u. ihre Herkunft. Von Mart. Nathusius. (V, 167 S.) n. 2. 40
3. Die Tage Trajans u. Hadrians. Von A. Schlatter. — Leben u. Schriften Agobards, Erzbischofs v. Lyon. Von R. Foß. (V, 144 S.) n. 2. —
4. Die christl. Lehre v. d. Eigenschaften Gottes. Von H. Cremer. (111 S.) n. 1. 60
5. 6. Das neu gefundene hebräische Stück d. Sirach. Der Glossator d. griech. Sirach u. s. Stellg. i. d. Geschichte d. jüd. Theologie. Von A. Schlatter. (VII, 191 S.) n. 3. 60

— dasselbe. 2. Jahrg. 1898. 6 Hfte. gr. 8. Ebd. 898. n. 10. —

1. Der Begriff d. Charisma u. s. Bedeutg. f. d. prakt. Theologie. Von Mor. Lauterbach. (V, 141 S.) n. 2. 40
2. Die Lehre d. Apostels Paulus. Von Wilh. Schmidt. (125 S.) n. 2. —
3. Die Kirche Jerusalems v. J. 70—130. Von A. Schlatter. (90 S.) n. 1. 60
4. Die Entstehg. d. Markus-Evangeliums a. Gr. d. synopt. Vergleichg. aufs neue untersucht. Von W. Hadorn. (VI, 165 S.) n. 2. 80
5. Die Parallelen i. d. Worten Jesu b. Johannes u. Matthäus. Von A. Schlatter. (72 S.) n. 1. —
6. Die Grundgedanken d. Jakobusbriefes verglichen m. d. ersten Briefen d. Petrus u. Johannes. Von Ernst Wowinkel. — Zu 1. Petri 1, 18, 19. Von Johs. Dalmer. (VI, 87 S.) n. 1. 20

— zur Förderung christlicher Theologie. Hrsg. v. A. Schlatter u. H. Cremer. 3. Jahrg. 1899. 6 Hfte. gr. 8. Gütersloh, C. Bertelsmann. Subskr.-Pr. n. 10. —; Einzelpr. 11. 20

1. Die johanneische Christologie. Von W. Lütgert. (VIII, 139 S.) n. 2. —
2. Über die christliche Vollkommenheit. Von Ernst Cremer. — Das Recht d. Bekenntnisses z. Auferstehung d. Fleisches. Von Karl Bornhäuser. (107 S.) n. 1. 80
3. Religionsgeschichtliche Parallelen zum Alten Testament. Von Paul Wurm. — Textkritische Bemerkungen zu Markus. Von F. Blaß. (93 S.) n. 1. 60
4. Jochanan Ben Zakkai, der Zeitgenosse der Apostel. Von A. Schlatter. — Geschichtlicher Sinn u. Kirchlichkeit in ihrem Zusammenhang. Von W. Lütgert. (128 S.) 899. n. 2. —
5. Der Beweis f. die Wahrheit des Christentums. Ein Beitrag zur Apologetik. Von E. Gust. Steude. (VIII, 148 S.) 899. n. 2. 40
6. Kaiser Julians religiöse u. philosophische Überzeugung. Von Wilh. Vollert. (111 S.) 899. n. 1. 40

— dasselbe. 4. Jahrg. 1900. 6 Hfte. gr. 8. Ebd. Subskr.-Pr. n. 10. —; Einzelpr. n. 11. 20

1. Die Furcht vor d. Denken. Eine Zugabe zu Hiltys „Glück", III. Von A. Schlatter. — Occam u. Luther. Bemerkungen zur Geschichte des Autoritätsprinzips. Von Frdr. Kropatscheck. (74 S.) n. 1. —
2. Die Bußlehre Luthers u. ihre Darstellung in neuster Zeit. Von Alfr. Galley. (VIII, 152 S.) n. 2. 40
3. Weissagung u. Wunder im Zusammenhange d. Heilsgeschichte. Von Herm. Cremer. (84 S.) n. 1. 20
4. Textkritische Bemerkungen zu Matthäus. Von F. Blaß. — Verkanntes Griechisch. Von A. Schlatter. (84 S.) n. 1. 60
5. Der Subjektivismus in Franks „System der christlichen Gewißheit". Ein Beitrag zum Verständnis seiner Theologie. Von Geo Daxer. (137 S.) n. 2. 20
6. Der Glaube nach den Anschauungen des Alten Testamentes. Eine Untersuchg. über die Bedeutg. v. האמין im alttestamentl. Sprachgebrauch. Von Ludw. Bach. — Die Ehe, nach der Lehre des römischen Katechismus dargestellt u. beurteilt. Von Chrn. Sommer. (VI, 147 S.) n. 2. 80

Beiträge zur Förderung christlicher Theologie. Hrsg. v. A. Schlatter u. H. Cremer. 5. Jahrg. 1901. 6 Hfte. gr. 8. Gütersloh, C. Bertelsmann. Subskr.-Pr. n. 10. —; Einzelpr. n. 10. 20

1. 2. Die Weisheit der Brahmanen u. das Christentum. Darstellung u. Kritik der Vedânta-Philosophie. Von Johs. Kreyher. (VI, 180 S.) n. 3. —
3. Die Erschütterung des Optimismus durch das Erdbeben von Lissabon 1755. Ein Beitrag zur Kritik des Vorsehungsglaubens der Aufklärg. Von W. Lütgert. — Was ist heute die religiöse Aufgabe der Universitäten? Rede, am 27. I. 1901 vor der Universität Tübingen geh. Von A. Schlatter. (V, 79 S.) n. 1. 20
4. Amos u. Hosea. Zwei Zeugen gegen die Anwendg. d. Evolutionstheorie auf die Religion Israels. 3 theolog. Ferienkursvorträge m. e. textkrit. Anh. Von Sam. Oettli. — Versuch e. neuen Deutung des Namens Barkochba. Von Ed. Riggenbach. (III, 107 S.) n. 2. 80
5. Jesu Gottheit u. das Kreuz. Von A. Schlatter. (90 S.) n. 1. 20
6. Probleme des Matthäus-Evangeliums. 2 Ferienkursvorträge. Von Haußleiter. — Glaube u. Gehorsam. Von A. Schlatter. — Zwei wichtige Kapitel aus der biblischen Hermeneutik. Von Jul. Boehmer. (127 S.) n. 2. —

— dasselbe. 6. Jahrg. 1902. 1.—4. Hft. gr. 8. Ebd. Für den Jahrg. v. 6 Hftn. n. 10. —; Einzelpr. n. 7. 30

1. Das Gebet um tägliche Vergebung der Sünden in d. Heilsverkündigung Jesu u. in den Briefen des Apostels Paulus. Von Gerh. Bindemann. (105 S.) n. 1. 60
2. Der Begriff der christlichen Erfahrung hinsichtlich seiner Verwendbarkeit in d. Dogmatik untersucht. Von Heinr. Gogemeier. (80 S.) n. 1. 20
3. Gottesgedanken in Israels Königtum. Von Jul. Boehmer. — Mathurin Veyssière La Croze als Verfasser der ersten deutschen Missionsgeschichte. Von Frdr. Wiegand. (101 S.) n. 1. 60
4. Die Sprache u. Heimat des vierten Evangelisten. Von A. Schlatter. (180 S.) n. 3. —

— zur Förderung christlicher Theologie. Hrsg. v. A. Schlatter u. H. Cremer. VI. Jahrg. 1902. 5. u. 6. (Schluß-)Hft. gr. 8. Gütersloh, C. Bertelsmann. n. 3. —

5. 6. Die Gedankeneinheit des ersten Briefes Petri. Ein Beitrag zur neutestamentl. Theologie. Von Jul. Kögel. (199 S.) 902. n. 3. —

— dasselbe. VII. Jahrg. 1903. 6 Hfte. gr. 8. Ebd. Subskr.-Pr. n. 10. —; Einzelpr. n. 10. 60

1. Der trinitarische Taufbefehl Matth. 28, 19 nach seiner ursprünglichen Textgestalt u. seiner Authentie untersucht. Von Eduard Riggenbach. (103 S.) 903. n. 1. 80
2. Die Vergottungslehre des Athanasius u. Johannes Damascenus. Ein Beitrag zur Kritik v. A. Harnacks „Wesen des Christentums". Von K. Bornhäuser. — Die Grundwahrheiten der christlichen Religion nach R. Seeberg. Ein Bericht. Von H. Cremer. (118 S.) 903. n. 2. —
3. Die Entwicklung der alttestamentlichen Gottesidee in vorexilischer Zeit. Historisch-krit. Bedenken gegen moderne Auffassgn. Von Wilh. Möller. (183 S.) 903. n. 2. 80
4. Die Religion in den assyrisch-babylonischen Bußpsalmen. Von W. Caspari. (92 S.) 903. n. 1. 80
5. Der Begriff der Gnade im Neuen Testament. Eine biblisch-theolog. Untersuchg. Von R. Bömel. — Tertullians dogmatische u. ethische Grundanschauungen. Von Wilh. Bollert. (83 S.) 903. n. 1. 40
6. Zur systematischen Theologie Johannes Tobias Becks. Von A. Sturhahn. (60 S.) 903. n. — 80

— dasselbe. Hrsg. v. A. Schlatter u. W. Lütgert. VIII. Jahrg. 1904. 6 Hfte. gr. 8. Ebd. Subskr.-Pr. n. 10. —; Einzelpr. n. 10. 80

1. Wie Hermann Cremer wurde? Erinnerungen e. Genossen. Von M. Kähler. — Jesu Demut, ihre Mißdeutungen, ihr Grund. Von A. Schlatter. (98 S.) 904. n. 1. 20
2. 3. Die Bedeutung der Sprüche Jesu Ben Sira f. die Datierung des althebräischen Spruchbuches, untersucht. Von Joh. Konr. Gasser. (270 S.) 904. n. 4. 80
4. Christus u. Christentum. — J. T. Becks theologische Arbeit. 2 Reden. Von A. Schlatter. — Die Anbetung Jesu. Von W. Lütgert. — Die Gleichnisse Lukas 15 u. das Kreuz. Von E. Cremer. — Der trinitarische Taufbefehl Matth. 28, 19 bei Origenes. Von Ed. Riggenbach. (109 S.) 904. n. 1. 80
5. 6. Der Sohn u. die Söhne. Eine exeget. Studie zu Hebräer 2, 5—18. (Untersuchungen zum Hebräerbrief. Nr. 1.) Von Jul. Kögel. (V, 141 S.) 904. n. 3. —

— dasselbe. IX. Jahrg. 1905. 6 Hfte. gr. 8. Ebd. Subskr.-Pr. n. 10. —; Einzelpr. n. 11. —

1. Unbeachtet gebliebene Fragmente des Pelagius-Kommentars zu den Paulinischen Briefen. Von E. Riggenbach. — Die Prophetie in der Zeit vor Amos. Ein Versuch zur alttestamentl. Religionsgeschichte. Von Franckh. (86 S.) 905. n. 1. 50
2. 3. Die Heilsbedeutung Christi bei den apostolischen Vätern. Von Geo. Wustmann. (229 S.) 905. n. 4. —
4. Die Beziehungen v. Röm. 1—3 zur Missionspraxis des Paulus. Von Emil Weber. (152 S.) 905. n. 2. 40
5. Die Christologie der Bekenntnisse u. die moderne Theologie. 2 Vorträge. Von Erich Schaeder. — Atheistische Methoden in der Theologie. Von A. Schlatter. (VI u. S. 155—250.) 905. n. 1. 60
6. Die Bedeutung des Ästhetischen in der evangelischen Religion. Von G. Groß. — Noch e. Wort üb. den christlichen Dienst. Von A. Schlatter. (83 S.) 905. n. 1. 50

Beiträge zur Förderung christlicher Theologie. Hrsg. v. A. Schlatter u. W. Lütgert. X. Jahrg. 1906. 6 Hfte. gr. 8. Gütersloh, C. Bertelsmann. Subskr.-Pr. n. 10. —; Einzelpr. n. 11. 50

1. Das Geheimnis der Frömmigkeit u. die Gottmenschheit Christi. Ein Beitrag zur Deutg. des Schlusses v. 1. Tim. 3. Von Walth. Bleibtreu. — Textkritisches zu den Korintherbriefen. Von F. Blaß. — Reichgottesspuren in der Völkerwelt. Von Jul. Boehmer. (124 S.) 906. n. 2. 40
2. Glaube, Liebe u. gute Werke. Eine Untersuchg. der prinzipiellen Eigentümlichkeit der evangelisch-luther. Ethik. Von Osk. Bensow. — Das Problem der Willensfreiheit in der vorchristlichen Synagoge. Von W. Lütgert. (83 S.) 906. n. 1. 80
3. Die Komposition des äthiopischen Henochbuches. Von Heinr. Appel. (101 S.) 906. n. 1. 80
4. 5. Die philosophische Arbeit seit Cartesius nach ihrem ethischen u. religiösen Ertrag. Vorlesungen, an der Universität Tübingen geh. Von A. Schlatter. (255 S.) 906. n. 4. 50
6. Das Evangelium Jesu u. das Evangelium v. Jesus (nach den Synoptikern). Ein Beitrag zur Lösg. der Frage in 3 Vorlesgn. Von Erich Schaeder. (64 S.) 906. n. 1. —

— zur Förderung christlicher Theologie. Hrsg. v. A. Schlatter u. W. Lütgert. XI.—XIII. Jahrg. 1907—1909 à 6 Hefte u. XIV. Jahrg. 1910. 1.—4. Heft. gr. 8. Gütersloh, C. Bertelsmann. 40.80; f. den Jahrg. v. 6 Heften 10. —

Blaß, Professor Harnack u. die Schriften des Lukas. — Papias bei Eusebius. (55 S.) 907. (XI, 2.) 1. 20
Caspari, Wilh., Echtheit, Hauptbegriff u. Gedankengang der messianischen Weissagung Jes. 9, 1—6. — Boehmer, Jul., Gottes Angesicht. (90 S.) 908. (XII, 4.) 1. 20
— Vorstellung u. Wort „Friede" im Alten Testament. (168 S.) 910. (XIV, 4.) 3. —
Cremer, E., Rechtfertigung u. Wiedergeburt. (163 S.) 907. (XI, 5.) 2. 40
Cremer, Herm., über Arbeit u. Eigentum nach christlicher Anschauung, s.: Schlatter, A., über das Recht u. die Geltung des kirchlichen Glaubensbekenntnisses.
Dunkmann, das religiöse Apriori u. die Geschichte. Ein Beitrag zur Grundlegg. der Religionsphilosophie. (125 S.) 910. (XIV, 3.) 2. 40
Kögel, Jul., Christus d. Herr. Erläutergn. zu Philipper 2, 5—11. (76 S.) 908. (XII, 2.) 1. 50
Könnecke, C., Emendationen zu Stellen des Neuen Testaments. (45 S.) 908. (XII, 1.) 1. —
Kunze, Johs., die Rechtfertigungslehre in d. Apologie. (43 S.) 908. (XII, 5.) — 80
Lang, A., die Reformation u. das Naturrecht. (51 S.) 909. (XIII, 4.) — 90
Lütgert, W., Freiheitspredigt u. Schwarmgeister in Korinth. Ein Beitrag zur Charakteristik der Christuspartei. (157 S.) 908. (XII, 3.) 3. —
— Die Irrlehrer der Pastoralbriefe. (93 S.) 909. (XIII, 3.) 1. 80
— Die Vollkommenen im Philipperbrief u. die Enthusiasten in Thessalonich. (VIII, 102 S.) 909. (XIII, 6.) 1. 60
Müller, Glieb., Studien zum Text der Psalmen. (77 S.) 910. (XIV, 2.) 1. 80
Richter, G., kritisch-polemische Untersuchungen üb. d. Römerbrief. (207 S.) 908. (XII, 6.) 3. —
Schaeder, Erich, Kirche u. Gegenwart. Vorlesungen. (105 S.) 909. (XIII, 1.) 1. 50
— Der moderne Mensch u. die Kirche. Vorlesungen. (70 S.) 907. (XI, 6.) 1. 20
Schlatter, A., wie sprach Josephus v. Gott? (82 S.) 910. (XIV, 1.) 1. 80
— Die Theol. des Neuen Testaments u. die Dogmatik. (82 S.) 909. (XIII, 2.) 1. 40
— Über das Recht u. die Geltung des kirchl. Bekenntnisses. — Cremer, Herm., über Arbeit u. Eigentum nach christlicher Anschauung. Vorlesung. (58 S.) 907. (XI, 3.) 1. 20
— Der Zweifel an der Messianität Jesu. (75 S.) 907. (XI, 4.) 1. 50
Ströle, Albr., Thomas Carlyle's Anschauung vom Fortschritt in der Geschichte. (VII, 202 S.) 909. (XIII, 5.) 3. 60
Zänker, Otto, der Primat des Willens vor dem Intellekt bei Augustin. (150 S.) 907. (XI, 1.) 2. 80

— z. Förderg christl. Theologie. Hrsg. v. A Schlatter u. W Lütgert. XIII. J. '09, 5. u. 6. Heft; XIV. J. '10 u. XV. J. '11, je 6 Hefte; XVI. J. '12, 1—5. Heft. 8° Gütersl., C Bertelsmann. d. Jahrg. v. 6 Heften 10 — d

Bachmann, Ph.: J Chr. K v. Hofmanns Versöhngslehre u. d. üb. sie geführte Streit. Beitrag z. Gesch. d. neueren Theol. (73) '10 [XIV,6] 1.50
Büchsel, F: Der Begriff d. Wahrh. in d. Evangelium u. d. Briefen d. Johannes. (144) '11 [XV,3] 2.80
Caspari, Wilh.: Vorstellg u. Wort „Friede" im Alten Test. (168) '10 [XIV,4] 3 —
Dunkmann: Das relig. Apriori u. d. Gesch. Beitrag z. Grundlegg d. Relig.-Philos. (125) '10 [XIV,3] 2.40
— Das Sakramentsproblem in d. gegenwärt. Dogmatik. (156) '11 [XV,2] 2.80
Kähler, Mart.: Das Kreuz. Grund u. Mass f. d. Christol. Vorlesgn. (76) '11 [XV,1] 1.50
Lang A: 2 Calvin-Vorträge: Rechtfertigg u. Heiligg n. Calvin; Calvin u. d. moderne Gemeindegedanke. (64) '11 [XV,6] 1.20
Lütgert, Wilh.: Amt u. Geist im Kampf. Studien z. Gesch. d. Urchristentums. (16-) '11 [XV,4.5] 3 —
— Die Vollkommenen im Philipperbrief u. d. Enthusiasten in Thessalonich. (8, 102) '09 [XIII,6] 1.60
Müller, Glieb: Studien z. Text d. Psalmen. (77) '10 [XIV,2] 1.80
Richter, G: Der ezechielische Tempel. Exeget. Studie üb. Ezechiel 40 ff. (91 m. 1 Taf.) '12 [XVI,2] 1.80
Schlatter, A: Briefe üb. d. christl. Dogma. (85) '12 [XVI,3] 1.50
— Die Gemeinde in d. apostol. Zeit u. im Missionsgebiet. Das Wunder in d. Synagoge. (86) '12 [XVI,5] 1.50
— Wie sprach Josephus v. Gott? (82) '10 [XIV,1] 1.80
Steffen, Bernh.: Hofmanns u. Ritschls Lehren üb. d. Heilsbedeutg d. Todes Jesu. (155) '10 [XIV,5] 2.80
Strole, Albr. Thomas Carlyle's Anschaug v. Fortschritt in d. Gesch. (7, 202) '09 [XIII,5] 3.60
Tillich, Paul: Mystik u. Schuldbewusstsein in Schellings philosoph. Entwicklg. (135) '12 [XVI,1] 2.40
Ulrich, F: Die Vorherbestimmungslehre im Islam u. Christentum. Eine relig.-geschichtl. Parallele. (132) '12 [XVI,4] 3 —

—— zur Förderung des naturwissenschaftlichen und landwirthschaftlichen Unterrichts. I. Bericht über die Thätigkeit der permanenten Ausstellung landwirthschaftl. Lehrmittel zu Karlsruhe 1870—1871. Im Auftrag des Curatoriums verfasst von Curt Weigelt. gr. 8. (III, 194 S.) Karlsruhe 872. (Stuttgart, Ulmer.) *

— z. Förderung d. Volksschulwesens in Pommern, (v. Gr. Bernhardt). gr. 8. Berl. u. Stettin 829. Nicolai. 8 gl

— zur exacten Forschung auf dem Gebiete der Sanitäts-Polizei, herausg. von Louis Pappenheim. 1—3. Hft. (à 9 Bgn.) Berlin 861—62. J. Springer. gr. 8. Jedes Heft n. 20 ngr

— — 4. Hft. Ebend. 862. gr. 8. (160 S.) n. 1 ℛ

— zur Forst-Statistik v. Böhmen. Hrsg. vom Comité f. die land- u. forstwirtschaftl. Statistik d. Königr. Böhmen. Mit 6 Karten. Lex.-8. (CXXX, 75 S.) Prag 885. (Calve.) n. 7.—

— zur Forststatistik v. Elsass-Lothringen. 1. u. 3. Hft. gr. 8. (IV, 80; IV, 52 u. III, 48 S.) Strassburg 884. 86. 87. (Schultz & Co. Verl.) n. 7.—

—— zur Forststatistik von Elsaß-Lothringen. 2. Heft. gr. 8. (IV, 52 S.) Straßburg 885, (Straßburger Druckerei und Verlagsanstalt.) *

— — Erg.-H.: Die Forstrente in Elsaß-Lothringen für die Staatswaldungen. Rückgang und Mittel zur Hebung derselben. Straßburg 1886.

— zur Forststatistik v. Elsaß-Lothringen. Hrsg. vom Ministerium f. Elsaß-Lothringen, Abtheilg. f. Finanzen, Landwirthschaft u. Domänen. 4. 5. Hft. gr. 8. (III, 52, IV, 52 S. m. 1 Tab.) Straßburg 887. 888. Straßburger Druckerei u. Verlagsanstalt. à n. 2. — (1—5.: n. 11. —)

— zur Forststatistik v. Elsaß-Lothringen. Hrsg. vom Ministerium f. Elsaß-Lothringen, Abtheilg. f. Finanzen, Landwirthschaft u. Domänen. 6.—8. Hft. gr. 8. Straßburg i/E. 893. (Straßburger Druckerei u. Verlagsanstalt.) n. 7. — (1—8.: n. 18. —)
6. (IV, 52 S. m. 1 Tab.) 889. n. 2. —
7. (III, 65 S. m. 1 Tab.) 890. n. 2. 50
8. (97 S. m. 1 Taf.) 893. n. 2. 50

— z. Forststatistik v. Elsaß-Lothringen. Hrsg. v. Ministerium f. Elsaß-Lothringen, Abtheilg. f. Finanzen, Landwirthschaft u. Domänen. IX.—XV. Hft. gr. 8: Straßburg. (Straßburger Druckerei u. Verlagsanst.) n. 20. — (1—XV n. 38. —
IX. Wirtschaftsj. 1890 u. Rechnungsj. 1890/91. (III, 96 S. m. 1 Tab.) 894. n. 2. 50
X. Wirtschaftsj. 1891 u. Rechnungsj. 1891/92. (III, 100 S. m. 1 Tab.) 895. n. 2. 50
XI. Wirtschaftsj. 1892 u. Rechnungsj. 1892/93. (III, 102 S. m. 1 Tab.) 897. n. 2. 50
XII. Wirtschaftsj. 1893 u. Rechnungsj. 1893/94. (III, 104 S. m. 1 Tab.) 898. n. 3. —
XIII. Wirtschaftsj. 1894 u. Rechnungsj. 1894/95. (III, 104 S. m. 1 Tab.) 898. n. 3. —
XIV. Wirtschaftsj. 1895 u. Rechnungsj. 1895/96. (III, 104 S. m. 1 Tab.) 898. n. 3. —
XV. Wirtschaftsj. 1896 u. Rechnungsj. 1896/97. (III, 126 S. m. 1 Tab.) 898. n. 3. 50

— zur Forststatistik v. Elsaß-Lothringen. Hrsg. vom Ministerium f. Elsaß-Lothringen, Abtheilg. f. Finanzen, Gewerbe u. Domänen. XVI.—XIX. Hft. gr. 8. Straßburg (Straßburger Druckerei u. Verlagsanst.). à n. 3. 50
XVI. Wirthschaftsj. 1897 u. Rechnungsjahr 1897/98. (III, 120 S. m. 1 Tab.) 899.
XVII. Wirtschafts- u. Rechnungsj. 1898. (III, 128 S. m. 1 Tab.) 900.
XVIII. Wirtschafts- u. Rechnungsj. 1899. (III, 138 S. m. Tab.) 901.
XIX. Wirtschafts- u. Rechnungsj. 1900. (III, 128 S. m. Tab.) 902.

Beiträge zur Forststatistik v. Elsaß-Lothringen. Hrsg. vom Ministerium f. Elsaß-Lothringen, Abtheilg. f. Finanzen, Gewerbe u. Domänen. XX.—XXIII. Heft. gr. 8. Straßburg (Straßburger Druckerei u. Verlagsanstalt). à n. 3.50
20. Wirthschafts- u. Rechnungsj. 1901. (III, 126 S. m. Tab.) 902.
21. Wirtschafts- u. Rechnungsj. 1902. (III, 126 S. m Tab.) 904.
22. Wirtschafts- u. Rechnungsj. 1903 (III, 126 S. m. Tab.) 905.
23. Wirtschafts- u. Rechnungsj. 1904. (III, 127 S. m. Tab.) 906.

— zur Forststatistik v. Elsaß-Lothringen. Hrsg. vom Ministerium f. Elsaß-Lothringen, Abteilg. f. Finanzen, Handel u. Domänen. XXIV.—XXVII. Heft. Wirtschafts- u. Rechnungsj. 1905—1908. gr. 8. Straßburg (Straßburger Druckerei u. Verlagsanstalt.) à 3. 50
1905 (III, 126 S. m. Tab.) 907. — 1906 (III, 126 S. m. Tab.) 908. — 1907 (III, 125 S. m. Tab.) 909. — 1908 (III, 128 S. m. eingedr. Kurv.)

— z. Forststatistik v. Elsass-Lothringen. Hrsg. v. Ministerium f. Elsass-L., Abteilg f. Finanzen, Handel u. Domänen. 27. u. 28. Heft. Wirtschafts- u. Rechngsj. '08 u. '09. (Je 126 m. Kurven.) gr8° Strassbg, Strassb. Dr. u. Verl.-Anst. '10. je 3.50 (1—28: 83.50) d

Beiträge zur Forststatistik des Deutschen Reichs. Bearb. im Kaiserlichen Statistischen Amt. — Berlin: Puttkammer & Mühlbrecht 1884. 16 S. 4°
Aus: Monatshefte zur Statistik d. Deutschen Reichs. 1884.
17.
15.

Beiträge zur Forstterminologie von Baiern von F. A. J. [München 1814]. V: *Jirasek, F. A.* (Mz)

— zu dem Forstwesen. Nebst e. Anhange für prakt. Forstmänner. gr. 8. Leutschau 829. (Andrä). 6 gl

Beiträge zum Forstwesen, nebst einem Anhang für praktische Forstmänner. Leutschau 1829 (Leipzig, Andreä 1831).

— für Forst- u. Jagdwesen. 14 Heft. Mit Tabellen. (Aus André's ökonom. Neuigkeiten u. Verhandll. besond. abgedr.) 8. Prag 820. Calve.

— zur Forstwissenschaft. 8. Prag 792. Neureitter. (Hinrichs in Leipz.) 5 gl

Beiträge zur Forstwissenschaft. Hrsg. v. Friedrich Kasimir Medicus. Leipzig 1797 - 1801.
Mehr nicht erschienen.

— zur Forstwissenschaft. Herausgeg. von Carl Heyer. 1. Heft. gr. 8. Dillenburg 842, Pagenstecher. 1 ℛ

— dass. 2. Heft. gr. 8. Gießen 846, Ricker. 1⅙ ℛ

—— zur Forstwissenschaft. Hrsg. von Carl Heyer. 2. Heft. gr. 8. (208 S.) Gießen 847, Ricker. *
1. Heft. Dillenburg 1842, Pagenstecher. * 1 Thlr.

Beiträge z. Forstwissenschaft v. H. L. Smalian. H. 1-2 (1 Vol.). Stralsund 1842-45.

— z. Forstwissenschaft, aus d. prakt. Geometrie, (v. K. W. Hennert). Mit 11 Kpf. 8. Leipz. 783. (W. Vogel). 1 ℛ 8 gl

Beiträge z. gesammten Forstwissenschaft. Herausg. v. Bd. 1-3 H. 1 J. C. Hundeshagen, Bd. 3 H. 2 J. L. Klauprecht. Bd. 1-2 à 3 H., Bd. 3 H. 1-2 (3 Vol.). Tübing. Bd. 1-3 H. 1 1824-33, Bd. 3 H. 2 1845.

—— zur gesammten Forstwissenschaft. Hrsg. v. J. Ch. Hundeshagen. 2. Bd. 3. Hft. (11½ B.) 829., 3. Bd. 1. Hft. (14 B.) 833. gr. 8. Tübingen, Laupp. à Hft.
Dem 2. Bd. 3. Hft. ist beigefügt: Erwiederung auf einige Einwendungen geg. d. ration. Abschätzungsverfahren. (½ B.) gr. 4.
1. Bd. (3 Hfte.) u. 2. Bd. 1. u. 2. Hft. Ebendas. 1824—27. à Hft. 1 Thlr. 4 Gr.

— z. prakt. Forst- u. Flözhandelswissenschaft, (v. F. W. König). Mit Kpf. gr. 8. Ulm 790. Stettin. 10 gl

Beiträge zur praktischen Forst- u. Jagdwissenschaft. Eine Zeitschrift in zwanglosen Heften. Bd. 1. H. 1—3. von Aug. Brumhard. Frankfurt a. M. 1846—49. gr. 8.

— — H. 3. 1852.
Mehr nicht erschienen.

Beiträge zur Forst-Zoologie von Baiern. Von F. A. J. [München 1814.] V: *Jirasek, F. A.* (MZ)

— z. staats- u. rechtswissenschaftlichen Fortbildg. 1—7. Heft. gr8° Hann., Helwing. 11.80 d
Bernatzik, Edm.: Die Ausgestaltg d. Nationalgefühls im 19. Jahrh. Rechtsstaat u. Kulturstaat. 2 Vorträge. (94) '12 [6] 2 —
Dombois, A v.: Der Kursstand d. deut. Staatsanleihen m. e. Rückblick auf d. Entwickelg d. Schuldenwesens in Preussen u. im Reiche. Vorlesg. (84 u. Anlagen 6 Doppeltaf.) '11 [2] 2 —
Grunwald, Gust.: Einrichtg u. Betrieb e. grossen deut. Versichergsgesellsch. Vortr. (33) '12 [3] — 80
Hoetzsch, Otto: Friedrich d. Gr. u. Preussens innere Entwicklg. Vortr. (29) '12 [5] 1 —
Moldenhauer, P: Internat. Fortschritte d. Sozialversicherg. Vorträge (98) '12 [7] 2 —
Schacht, Hjalmar: Einrichtg, Betrieb u. volkswirtschaftl. Bedeutg d. Grossbanken. 2 Vortr. (68) '12 [4] 2 —
Vierhaus, F: Üb. d. Methode d. Rechtsprechg. Vorlesg. (84) '11 [1] 2 —

— zur Fortbildung des Verwaltungsbeamten, vornehmlich zur Vorbereitung auf die Expedienten-, Assistenten- u. Sekretärprüfg. Jahrg. 1909/1910. 6 Hfte. 1. u. 2. Hft. 8. Nossen, W. H. Möller. Einzelpr. — 90; Subskr.-Pr. f. 3 Hefte — 75; f. 6 Hefte 1. 25
1. Was der Verwaltungsbeamte v. den staatlichen Behörden der inneren Verwaltung im Königr. Sachsen wissen muss. Von W. Troitzsch. 2. Aufl. (24 S.) 909. Einzelpr. — 40
2. Was der Verwaltungsbeamte v. den sächs. Gemeinde-Ordnungen wissen muss. Von Osk. Steinbach. 2. Aufl. (24 S.) 909. Einzelpr. — 50

— z. Fortifikation. Mit 6 Steinabdr. gr. 4. St. Petersb. 826. Plüchart. (Leipz., Kummer). 3 ß

Aus d. Laboratorium d. k. k. Universitäts-Kinderklinik ⟨Vorstand: Hofrat Prof. Dr. Escherich⟩ u. d. Röntgenlaboratorium d. k. k. Allgemeinen Krankenhauses ⟨Vorstand: Priv.-Doz. Dr. Holzknecht⟩. Beiträge zur Frage der Einwirkung der Röntgenstrahlen auf das Blut. Von E. Benjamin [u. a.] — Wien [usw.]: Braumüller 1906. 20 S. 8°
Aus: Wiener klinische Wochenschrift. 19. 1906.
302.
15.

— zur Frage nach der Grenze zwischen Religion u. Wissenschaft. Bekenntnis e. Mediziners (Joh. Büsching). (117 S.) gr. 8. Leipzig (Wettinerstr. 29 I) 908. Selbstverlag. 3. —

Beiträge zur Frage, in wieweit aus der kurbrandenburgischen Visitationsordnung von 1573 eine Kirchenbaulast der politischen Gemeinde herzuleiten ist. [In 4 Heften.] (Als Ms. gedr.) (Berlin [um 1902]: Gebr. Grunert.) (590 S.) 4° [Kopft. F.] 1—5. 3933

Beiträge zur Frage, in wieweit aus der Kurbrandenburgischen Visitationsordnung von 1573 eine Kirchenbaulast der politischen Gemeinde herzuleiten ist. — (Berlin [1903]: Grunert.) 622 S. 4° 11 [unvollst.] 1: 1 in 4° Fs 8694.
15.

— zur Frage des Landes-Seminares in Anhalt. gr. 4. (8 S.) Leipzig 878. Junge. — 15

— zur Frage der Regulierung hydraulischer Motoren. Sammlung einschlägig. Aufsätze, hrsg. v. A. Budau. I. u. II. Hft. Lex.-8. Wien, C. Fromme. n. 7. —
I. Die Berechnung der hydraulischen Turbinen-Regulatoren. Von A. Budau. Mit 25 Abbildgn. im Texte. (VIII, 76 S.) 906. n. 3. —
II. Die Geschwindigkeitsregulierung der hydraulischen Motoren von ihren Anfängen bis in die achtziger Jahre des vorigen Jahrhunderts, f. Lehrer u. Studierende höherer u. mittlerer techn. Lehranstalten u. Ingenieure, historisch u. kritisch dargestellt. Von A. Budau. Mit 69 Abbildgn. im Texte u. 1 Taf. (VIII, 93 S.) 906. n. 4. —

— z. Frage d. Regulierg hydraul. Motoren. Hrsg. v. A Budau. 2. u. 3. Heft. Lex8° Wien, C Fromme. 14 — (1—3: 17 —)
Budau, A: Die Geschwindigk.-Regulierg d. hydraul. Motoren v. ihren Anfängen bis in d. achtziger Jahre d. vor. Jahrh. (93 m. Abb. u. 1 Taf.) '06. [2.] 4 — ‖ Dass. v. d. 80er Jahren d. vor. Jahrh. bis auf d. heut. Tag. (128 m. Abb. u. 5 Taf.) '09. [3.] 10 —

Beiträge zur schleswig-holsteinischen Frage in sieben Abhandlungen über die politischen, nationalen u. sprachlichen Verhältnisse der Herzogthümer Schleswig und Holstein v. A(ndreas) F(riedrich) Krieger, C[arl] F[erdinand] Allen [u. a.]. Leipzig. 1849. 8° Neue Titel-Ausgabe von: Skandinavisches Portfolio.
Enthält mit eigenen Titelblättern u. selbständigen Seitenzählungen:
1. Ein Beitrag zur schleswig-holsteinischen Frage v. Andreas Friedrich Krieger. Leipzig. 1848. 8°
2. Preußen und der Deutsche Bund gegen Dänemark. [Verf.: Thomas Overskou.] ebd. 1848. 8°
3. Die sprachlichen und staatlichen Verhältnisse des Herzogthums Schleswig in 4 Abhandlungen nach [Carl Ferdinand] Allen, [Christian] Paulsen, [Erich Christian] Werlauff u. [Christian Friedrich Adolf] Ostwald. ebd. 1849. 8°
4. Ueber die Verhältnisse der Herzogthümer Schleswig und Holstein zu Dänemark und zum Deutschen Bunde und über die darauf bezüglichen Garantieverpflichtungen der europäischen Mächte. Nach Travers Twiß. ebd. 1848. 8°

Beiträge zur schleswig-holsteinischen Frage in 7 Abhandlungen über die politischen, nationalen und sprachlichen Verhältnisse der Herzogthümer Schleswig und Holstein von A. F. Krieger [u. a.] — Leipzig: Lorck 1849. Getr. Pag. 8°
Sondertitel:
1. Krieger, Andreas Friedrich: Ein Beitrag zur schleswig-holsteinischen Frage. 1848.
2. [Overskou, Thomas:] Preußen u. d. Deutsche Bund gegen Dänemark [Preussens og det Tydske Forbunds Færd imod Danmark, deutsch]. 1848.
3. Die sprachlichen u. staatlichen Verhältnisse d. Herzogthums Schleswig in 4 Abhandlungen nach Allen [u. a.] 1849.
4. Twiss, Travers: Ueber d. Verhältnisse d. Herzogthümer Schleswig u. Holstein zu Dänemark u. zum deutschen Bunde u. über d. darauf bezüglichen Garantieverpflichtungen d. europäischen Mächte [On the Relations of the duchies of Schleswig and Holstein to the Crown of Denmark and the Germanic Confederation deutsch]. 1848.
1: So 3332. 9. 12: Hols. 35. 14. 15. 17. 24. 28. 300: 38.963—B.
15.

Beiträge zur Frage der Steuer- und Zoll-Reform. 8°. Rostock 1859.

Beiträge zur Frage des naturwissenschaftlichen Unterrichtes an den höheren Schulen von … Ges. u. hrsg. von Max Verworn. — Jena: G. Fischer 1904. IX, 89 S. 8°
1: Nf 4863. 5. 9. 11. 12: Paed. Th. 5955. 15. 18. 20. 27. 83. 91. 302.
15.

Beiträge zur Frage des Unterrichts in Physik und Astronomie an den höheren Schulen. Vorträge gehalten bei Gelegenheit d. Ferienkurses für Oberlehrer d. Mathematik u. Physik, Göttingen, Ostern 1904 von … Ges. u. hrsg. von E. Riecke. — Leipzig [usw.]: Teubner 1904. S. 83—190. 8°
Die Schrift ist e. selbständige Ausg. von: Neue Beiträge zur Frage d. mathematischen u. physikalischen Unterrichts an d. höheren Schulen. T. 1, H. 2. 1904.
1: Nf 4359. 5. 11. 12: Math. A. 127 on—1. 15. 89. 91. 302.
15.

— z. Frage d. Werkunterrichts, s: Ratgeber f. deut. Lehrer u. Erzieher.

Beiträge zu d. Frage: wie kann d. allg. Notstand abgeholfen werden? Michelstadt 1852

— zu d. Fragen d. künstler. Erziehg, zugl. Jahresbericht 1901 d. Zeichenlehrer-Ver. zu Dresden. (14) 4° Dresd., A Müller-Fröbelhaus '02. — 50

Beiträge, Frankfurter, zur Ausbreitung nützlicher Künste und Wissenschaften. Offenbach a. M. 1780—1781. II: *Seyfried, Heinr. Wilh.* & *Ruehl.* (Ky) (ML)

Frankfurter neuphilologische Beiträge. Festschrift d. Neuphilologischen Sektion d. Freien Deutschen Hochstifts zur Begrüssung d. zweiten allgemeinen deutschen Neuphilologolentages ... 1887. (Vorr.: Arthur Kortegarn.) Frankfurt a. M.: Mahlau & Waldschmidt 1887. XII, 136 S. 8°
1:V 669. 3. 4. 5. 9. 11. 12:H.lit.P.36nf. 14. 16. 17. 21. 25. 27. 29. 30. 38. 300:77.274-B. 302.
15.

— Freiburger, z. Beförderung d. ält. Christenthums, (herausg. v. Rep. Ruef). 24 Hefte. 8. Ulm 788—93. Wohler. 8 ₰
Ab Bd 3 u.d.T.: Beiträge zur Beförderung ...

Freymüth. Beiträge üb. d. Frieden zu Luneville z. Reichstagsberathschlag. üb. Entschäd. u. Säcularisation. 802. 8. (6 Gr.)

—freimüth., üb. d. Frieden v. Lüneville. 8. Ulm 802. Stettin. 6 gr

Beiträge, Freimüthige, zur Geschichte des österreichischen Militärdienstes. Breslau 1779. V: *Wittenburg, Ferdinand Wilhelm Freiherr von.* (GGr) (R-N) (Ky)

— freimüth., z. Gesch. d. Oesterr. Militärdienstes, (v...v. Kunjaczo). 4. Frankf. u. Leipz. (Bresl.) 779. Löwe. 16 gr

Freimüthige [Freimütige] Beiträge eines brittischen Officiers zur Geschichte des gegenwärtigen Krieges. Aus d. Engl. — Zürich: Geßner 1797. XVI, 344 S. 8°
1:Qm 5402. 6. 12:Eur.89r. 14. 17. 18. 28. 302.
15.

Freiwillige und unfreiwillige Beiträge zur Oberlehrerfrage von Gelehrten und Staatsmännern. Hrgg. v. Heinrich Schröder. 2. Aufl. Kiel u. Leipzig. 1900. 8°
—— 3. durchges. u. verm. Aufl. ebd. 1900. 8°

Beiträge zu häuslichen Freuden auf 1801. Braunschweig 1801. V: *Krako, Gottfried Samuel Christian.* (Ky)

—z. häusl. Freuden auf 1801. 8. Braunschw. 801. (Herold u. W. in Lüneb.) 18 gr

Beiträge für Freunde der Oekonomie ...
Leipzig: Compt. für Litt. 1790.

Fünfzig Beiträge aus dem Gebiete der gesammten Medicin. Festschrift zur Feier d. 50 jährigen Jubiläums d. Vereins d. Ärzte d. Regierungsbezirks Düsseldorf. (Hrsg.: Busch.) — Wiesbaden: Bergmann 1894. XVII, 580 S. 8°
1:Ic 2602. 2. 5. 7. 12:Med.g.35k. 15. 23. 38. 302.
15.

— zur Futtermittellehre u. Stoffwechselphysiologie der landwirtschaftlichen Nutztiere. Hrsg. v. Frz. Tangl. 1. u. 2. Hft. (92 u. III, 100 S.) Lex.-8. Berlin 905. 906. P. Parey. à n. 3.—
Sonderabdrucke aus: „Landw. Jahrb."

— zur Futtermittellehre u. Stoffwechselphysiologie der landwirtschaftl. Nutztiere. (Mitteilungen aus der königl. ungar. tierphysiolog. Versuchsstation in Budapest.) Hrsg. v. Frz. Tangl. 3. Heft. (III, 136 S.) Lex. 8. Berlin 908. P. Parey. 4.—
Sonderabdruck aus: „Landw. Jahrbb."

— z. Futtermittellehre u. Stoffwechselphysiol. d. landwirtschaftl. Nutztiere. Hrsg. v. Frz Tangl. 4. Heft. [Aus: „Landw. Versuchs-Stationen".] (183—312) gr8° Berl., P Parey '11. 4 — (1—4: 11 —)

— zur Geburtshülfe u. Gynäkologie. Hersg. von der Gesellschaft für Geburtshülfe in Berlin. 1. Bd. 1. Heft. Berlin 870. Hirschwald. gr. 8. (154 S. m. Holzschn. im Text.) n. 1 ₰ 10 ngr

— zur Geburtshülfe u. Gynäkologie Hrsg. v. der Gesellschaft f. Geburtshülfe in Berlin. 1. Bd. 2. u. 3. Hft. 2. u. 3. Bd. à 3 Hfte. u. 4. Bd. 1. Hft. gr. 8. Berlin 872—75. Hirschwald. n. 45.— (I—IV. 1: n. 49. —)
I. 2. Mit 5 (lith.) Taf. (in gr. 8. u. gr. 4.) (223 S.) n. 6. —
3. Mit 10 (lith.) Taf. (in gr. 8. u. qu. gr. 4.) (XXXVI, 197 S.) n. 6. —
II. Mit 5 (lith. u. chromolith.) Taf. (VIII, 314 S.) n. 14. —
III. Mit 18 (eingedr.) Holzschn. (XVI, 443 S.) n. 14. —
IV. 1. Mit 1 (lith.) Taf. (137 S.) n. 5. —

Beiträge zur Geburtshülfe und Gynäkologie. Herrn Alfred Hegar zum 25jährigen Gedenktage seiner Ernennung zum ordentlichen Professor gewidmet von seinen Schülern. (Hrsg.: R. Kaltenbach.) — Stuttgart: Enke 1889. 296 S. 8°
1:Ih 1726. 7. 8. 11. 12:4° A. obst. 1 pl. 15. 24. 302.
15.

— dasselbe, s.a. Monatsschrift f. Geburtshilfe u. Gynäkologie.

Beiträge zur Geburtshülfe und Gynaekologie. Festschrift gewidmet August Martin zur Feier seines 25jährigen Doctorjubiläum. — Berlin: Karger 1895. 218 S. 8° [(Monatsschrift für Geburtshülfe u. Gynaekologie. 1, Erg. H.)]
1:Ih 5822. 3. 7. 11. 12:A. obst. 33ux-2. 15. 16. 17. 25. 26. 30. 302.
15.

— z. Geburtshilfe u. Gynaekologie, hrsg. v. d. Vorständen d. Universitäts-Frauenkliniken z. Basel (Bumm), Bern (P. Müller), Erlangen (Frommel), Freiburg (Hegar), Giessen (Löhlein), Halle (Fehling), Heidelberg (Kehrer), München (v. Winckel), Prag (v. Rosthorn), Strassburg (Freund), Tübingen (Döderlein), Wien (Chrobak), Würzburg (Hofmeier), Zürich (Wyder) unt. Red. v. A. Hegar. 1. Bd. 3 Hfte. gr. 8 (IV, 530 S. m. 114 Abb. u. 16 Taf.) Leipzig 898. A. Georgi. Subskr.-Pr. n. 20.40; Einzelpr. 1. 3.: à n. 8.60; 2.: n. 10.40

— zur Geburtshilfe u. Gynaekologie, hrsg. v. den Vorständen der Universitäts-Frauenkliniken zu Basel (Bumm), Bern (P. Müller), Erlangen (Frommel), Freiburg (Hegar), Giessen (Löhlein), Graz (v. Rosthorn), Halle (Fehling), Heidelberg (Kehrer), München (v. Winckel), Strassburg (Freund), Tübingen (Döderlein), Wien (Chrobak), Würzburg (Hofmeier), Zürich (Wyder), unter Red. v. A. Hegar. 2. Bd. 3 Hfte. gr. 8. (490 S. m. 79 Abbildgn. u. 11 Taf.) Leipzig 899. [A. Georgi.] O. Thieme. Subskr.-Pr. n. 20.60; Einzelpr. n. 27.80

Beiträge zur Geburtshilfe u. Gynaekologie, hrsg. v. den Vorständen der Universitäts-Frauenkliniken zu Basel (Bumm), Bern (P. Müller), Erlangen (Frommel), Freiburg (Hegar), Giessen (Löhlein), Graz (v. Rosthorn), Halle (Fehling), Heidelberg (Kehrer), München (v. Winckel), Strassburg (Freund), Tübingen (Döderlein), Wien (Chrobak), Würzburg (Hofmeier), Zürich (Wyder), unter Red. v. A. Hegar. 3 Bd. 3 Hfte. gr. 8. (IV, 459 S. m. 28 [1 farb.] Textabbildgn. u. 14 [7 farb.] Taf.) Ebd. 900. Subskr.-Pr. n. 20.60; Einzelpr. n. 27.80

— dasselbe. 4 Bd. 3 Hfte. gr. 8. (IV, 497 S. m. 61 Textabbildgn. u. 12 Taf.) Ebd. 901. Subskr.-Pr. n. 20.60; Einzelpr. n. 28.—

— dasselbe 5. Bd. 3 Hfte. gr. 8. (IV, 485 S. m. 46 Textabbildgn. u. 9 Taf.) Berlin 901. Leipzig, G. Thieme. Subskr.-Pr. n. 20.80; Einzelpr. n. 28.80

— dasselbe, hrsg. v. den Vorständen der Universitäts-Frauenkliniken zu Basel (v. Herff), Bern (P. Müller), Bonn (Fritsch), Breslau (Küstner), Freiburg (Hegar), Graz (v. Rosthorn), Halle (Bumm), Heidelberg (Kehrer), Jena (Schultze), Kiel (Werth), Leiden (Veit), Leipzig (Zweifel), München (v. Winckel), Strassburg (Fehling), Tübingen (Döderlein), Wien (Chrobak), Würzburg (Hofmeier), Zürich Wyder), sowie W. A. Freund (früher Strassburg) u. Frommel (früher Erlangen) unter Red. v. A. Hegar 6. Bd. 1. u. 2. Hft. gr. 8. (S. 1—304 m. 82 Textabb. u. 6 Taf.) Leipzig, 902. G. Thieme. Subskr.-Pr. n. 14.—; Einzelpr. n. 19.20

Beiträge zur Geburtshilfe u. Gynaekologie. 6. Bd. 3. Heft. IV. u. S. 305 - 464 m. 13 Textabb. u. 5 Taf. Ebd. 1902.

— dasselbe, hrsg. v. den Vorständen der Universitäts-Frauenkliniken zu Basel (v. Herff), Berlin (Bumm), Bern (P. Müller), Bonn (Fritsch), Breslau (Küstner), Erlangen (Menge), Freiburg (Krönig), Giessen (Pfannenstiel), Göttingen (Runge), Halle (Veit), Heidelberg (v. Rosthorn), Jena (Franz), Kiel (Werth), Leipzig (Zweifel), München (v. Winckel), Prag (v. Franqué), Rostock (Sarwey), Strassburg (Fehling), Tübingen (Döderlein), Wien (Chrobak), Würzburg (Hofmeier), Zürich (Wyder), sowie W. A. Freund (früher Strassburg), Frommel (früher Erlangen), Hegar (früher Freiburg), Kehrer (früher Heidelberg) u. Schultze (früher Jena) unter Red. v. A. Hegar. 7.—10. Bd. à 3 Hfte. Lex.-8. Ebd. Subskr.-Pr. n. 92. 20; Einzelpr. n. 124. 60
7. (IV, 476 S. m. 15 Textabb., 1 Bildnis u. 11 Taf.) 903. Subskr.-Pr. n. 22.—; Einzelpr. n. 30. 20
8. (IV, 492 S. m. 60 Abb. u. 9 Taf.) 903. 904. Subskr.-Pr. n. 24.—; Einzelpr. n. 33.—
9. (IV, 514 S. m. 91 Abb., 6 graph. Darstellgn. u. 8 Taf.) 904. 905. Subskr.-Pr. n. 22. 80; Einzelpr. n. 30. 40
10. (IV, 546 S. m. 26 Kurven, 111 Abb. u. 10 Taf.) 905. 906. Subskr.-Pr. n. 23. 40; Einzelpr. n. 31.—

— zur Geburtshilfe u. Gynaekologie, hrsg. v. den Vorständen der Universitäts-Frauenkliniken zu Basel (v. Herff), Berlin (Bumm), Bern (P. Müller) usw., sowie Chrobak (früher Wien), W. A. Freund (früher Strassburg), Frommel (früher Erlangen) u. a. unter Red. v. A. Hegar. 11.—15. Bd. à 3 Hefte u. 16. Bd. 1. Heft. Lex. 8. Leipzig, G. Thieme. Subskr.-Pr. 99.80; Einzelpr. 131.—
11. (IV, 524 S. m. 55 Abb. u. 9 Taf.) 906. 07. Subskr.-Pr. 8.40; Einzelpr. 11.—
12. (IV, 506 S. m. 50 Abb., 32 Tab. u. 17 Taf.) 907. 08. Subskr.-Pr. 14.40; Einzelpr. 19.60
13. (IV, 405 S. m. 40 Abb., 3 Kurven u. 14 Taf.) 908. 09. Subskr.-Pr. 23.60; Einzelpr. 32.40
14. (IV, 516 S. m. 71 Abb. u. 2 Taf.) 909. Subskr.-Pr. 21.—; Einzelpr. 28.—
15. (IV, 476 S. m. 69 Abb. u. 5 Taf.) 909. 10. Subskr.-Pr. 21.80; Einzelpr. 28.—
16. I (198 S. m. 13 Abb., 7 Kurven u. 10 Taf.) Subskr.-Pr. 10.60; Einzelpr. 12.—.

— z. Geburtshilfe u. Gynaekol., hrsg. unter Red. v. A Hegar. 15—17. Bd, je 3 Hefte. Lex8° Lpzg, G Thieme. (1—15: jetzt nn 180 —; 16 u. 17: 45.70)
15. (476 m. 5 Taf.) '09'10. 28 —; Subskr. 21.80 ‖ 16. (4, 561 m. Abb., 21 Kurven u. 6 Taf.) '10'11. 34 —; bezw. 27.10 ‖ 17. (4, 398 m. Abb. u. 4 Taf.) '11'12. 25.80; bezw. 18.60

Beiträge zur Geburtshülfe und Gynäkologie. Festschrift gewidmet Heinrich Abegg zur Feier d. 50jährigen Doctorjubiläums am 2. Juni 1898 von seinen dankbaren Schülern. — Stuttgart 1898: Union. VI, 172 S. 8°
2. 11.

— zur Geburtshülfe u. Gynaekologie. Festschrift, Hrn. Professor Dr. Friedrich Schauta anlässlich seines 25jähr. Doktorjubiläums gewidmet v. seinen Schülern. Lex.-8. (IV, 452 S. m. 81 Abbildgn., 8 Taf. u. 1 Bildnis.) Berlin 900. S. Karger. n. 12.—
Sonderabdruck aus: „Monatsschrift f. Geburtshülfe u. Gynaekologie".

— zur Geburtshilfe u. Gynäkologie. Festschrift, dem Director der kgl. Universitäts-Frauenklinik zu Bonn, Hrn. Geheimen Medicinalrath Professor Dr. Heinrich Fritsch bei Gelegenheit des 25jähr. Bestehens des Centralblatts f. Gynäkologie in Dankbarkeit u. Verehrg. gewidmet v. seinen Schülern. gr. 8. (IV, 354 S. m. 39 Abbildgn. u. 1 Taf.) Leipzig 902. Breitkopf & Härtel. n. 6.—; geb. in Leinw. n. 7.—

Beiträge zur Geburtshilfe und Gynäkologie. Rudolf Chrobak aus Anlass seines 60. Geburtstages gewidmet von seinen Schülern u. Freunden. Bd 1.2. — Wien: Hölder 1903. 8° 1: Ih 5844. 2. 3. 5. 7→11. 16. 25. 26.
300: 426.916-B. 302.
15.

—— zur Geburtshülfe, Gynäkologie und Pädiatrik. (Festschrift für Hrn. Geh. Med.-R. Prof. Credé zum 25jähr. Jubiläum seines Directorates über die geburtshülfl. Klinik in Leipzig.) gr. 8. (VI, 216 S. mit 4 lithogr. Taf. und 13 eingedr. Holzschn.) Leipzig 881, Engelmann. 4

—— zur Geburtskunde und Gynaekologie, hrsg. von F. W. Scanzoni. 1. und 2. Bd. à Bd. mit 3 Stnt. in gr. 8. und qu. Fol. gr. 8. Würzburg, Stahel'sche Buchh. [1. (VI und 440 S.) 854. * 2 Thlr., 2. (III und 324 S.) 855. * 1 Thlr. 18 Ngr.] *

—— zur Geburtskunde und Gynaekologie, hrsg. von F. W. v. Scanzoni. 3. und 4. Bd. gr. 8. Würzburg, Stahel'sche Buchh. [3. Bd. (V und 276 S. mit 10 Stnt. in gr. 8., gr. 4., qu. gr. 4. und qu. Fol.) 858. * 2 Thlr., 4. (IV und 356 S. mit 2 Stnt. in qu. Fol. und 5 eingedr. Holzschn.) 860. * 1 Thlr. 24 Ngr.]
1. und 2. Bd. Ebendas. 1854,55. * 3 Thlr. 18 Ngr.

— zur Geburtskunde u. Gynaekologie, hersg. von F. W. v. Scanzoni. 5. Bd. (4 Bll., 422 S. u. 8 lith. Taff.) n. 3 ℛ 12 ngr — 6. Bd. Mit 8 lith. Taff. (236 S.) n. 2 ℛ 4 ngr Würzburg 868—70. Stahel. gr. 8. n. 5 ℛ 16 ngr

— zur Geburtskunde u. Gynaekologie. Hrsg. v. F. W. v. Scanzoni. 7. Bd. gr. 8. (372 S.) Würzburg 870—73. Stahel. n. 12. 40 (I—VII.: n. 51. 20)

— zu Baumelle Gedanken, s. Baumelle.

Beitraege zu den Gedanken derjenigen Frauenzimmer, welche sich verheurathen wollen, von D.W.W. — Leipzig: Barth 1793. 45 S. 8° 15.
15.

Beiträge zur Gedenkfeier für Dr. Robert Rößler. Veranstaltet vom Verein 'Breslauer Dichterschule' am 28. Mai 1883. — (Breslau [1883]: Lindner.) 14 S. 8°
1: Av 8801. 2.
15.

— geh., z. Lebensgesch. berücht. Favorit. u. Staatsmänner. Aus d. Französ. 8. Wien 788. Wucherer. 12 K

Beiträge Gehörheilkunde Sprachheilkunde

Beiträge zur Gehör- und Sprach-Heilkunde, hrsg. von Eduard Schmalz. Heft 1, 3. Leipzig: 1846 - 1848

s.: Sammlung auserlesener Abhandlungen und Beobachtungen aus dem Gebiete der Ohrenheilkunde, hrsg. von K(arl) G(ustav) Lincke. N.F., hrsg. von E. Schmalz. Heft 1, 3.

JB 4.329

— gelehrte, zu den Braunschweig. Anzeigen v. 1761—83. 4. Braunschw., Schulbuchh. (à J. 1 ℛ) 23 ℛ

Beiträge, Gelehrte und gemeinnützige, aus allen Teilen der Wissenschaften. Rostock 1840—41. Red: *Kämmerer, Ferdinand.* (Bachmann, Mecklenburg. Güstrow 1889.)

Beiträge, Gelehrte, zur Geschichte Wiens. Wien. 1890. V: *Wurm, Alois.* (EB)

Beiträge von jüdischen und christlichen Gelehrten zur Verbesserung der Bekenner des jüdischen Glaubens. Hrsg. von Heinrich Eberh. Gottlob Paulus. — Frankfurt a.M.: Hermann 1817. XXII,151 S. 8°
Sondert.: Bamberger, Josef: Ein Wort zu seiner Zeit. Oder: Betrachtungen bey Gelegenheit d. großen Sanhedrin in Paris. Zuerst gedruckt 1808. o.O. 1817.
1:Ez 850. 5. 7. 12:Jud. 43m. 17. 18. 24.
15.

— zur Gelehrtengeschichte Göttingens, s.: Festschrift zur Feier des 150jährigen Bestehens der königl. Gesellschaft der Wissenschaften zu Göttingen.

— von christl. u. jüdischen Gelehrten zur Verbesserung d. Bekenner d. jüdischen Glaubens. Herausg. v. H. E. G. Paulus. gr. 8. Kobl. 818. Hölscher. 18 K

Beiträge zur Gelehrtengeschichte des siebzehnten Jahrhunderts. Festschrift zur Begrüssung der 48. Versammlung Deutscher Philologen und Schulmänner zu Hamburg im Jahre 1905, dargebracht von Edmund Kelter, Erich Ziebarth, Carl Schultess [im Namen des] Wilhelm-Gymnasium zu Hamburg. [Mit 1 Kartenskizze.] VI + 206 S. gr.-8. Hamburg, Lütcke & Wulff, 1905.
S. 1—72: Der Briefwechsel zwischen Matthias Bernegger und Johann Freinsheim ‹1629. 1633—1636›, ... von Dr. Edmund Kelter; — *S. 73—101:* Heinrich Lindenbruch und Joseph Justus Scaliger, von Dr. Erich Ziebarth; — *S. 103—197:* Aus dem Briefwechsel des französischen Philologen und Diplomaten Jacques Bongars ‹1554—1612›, von Prof. Dr. Carl Schultess.

— gemeinnütz., zu d. Dresdner Anzeigen. Ein Handb. f. Historiker u. Pädagogen ꝛc. Eine Quartalschr. 4. Dresd. 803. Addreß-Compt. 2 ₰

— gemeinnütz., zu d. Dresdner Anzeigen, f. Vaterlandsfreunde ꝛc. auf 1805. Eine Quartalschr. 4. Dresd., Arnold. 2 ₰

— gemeinnütz., u. Miszellen f. Vaterlandsfreunde, Pädagogen ꝛc. 5 Jahrgg. 4. Dresd. 802—6. Arnold. (à 2 ₰) 10 ₰

— gemeinnütz., z. Unterricht u. Vergnügen, (v. Fr. G. Rambach). 8. Bresl. 773.

— z. feldmäss. Gemüsebau. Mit Beitr. v. Koch, Kunath u. Skalweit, s.a. Arbeiten d. deut. Landw.-Gesellsch.

Beiträge zum feldmäßigen Gemüsebau. Hrsg. von d. Ackerbau-Abt. d. Deutschen Landwirtsch.-Gesellsch. Mit Beiträgen von Amtsrat Koch-Poppenburg, Dir. Dr. Kunath-Pegau, Dr. (B[runo]) Skalweit-London. Berlin: Deutsche Landwirtsch.-Gesellsch. 1906. (51 S.) 8°
— Arbeiten d. Deutschen Landwirtschafts-Gesellschaft. H. 117. [07. 6]

Beiträge zur Genealogie der welfischen Fürsten vom Beginn der karolingischen bis zur salischen Zeit. Von A. Mn. — Leipzig 1901: Pries. VII,69 S. 4° 23.
15.

[—] Leipzig: Strauch 1901. VII,69 S. 8°
1:Pf 926 [u.] Sl 746. 7. 11. 12: Geneal. 13c. 14. 15. 300:448.699-C. 302.
15.

— z. Geneal. d. europ. Fürstenfamilie. I. 8° Wien, Halm & G.
Forst, Otto: Ahnenverlust u. nationale Gruppen auf d. Ahnentafel d. Erzherzogs Franz Ferdinand. Vortr. (32) '12 [I] 1 —

Beiträge zur Genealogie und Geschichte der Familien Andreae. 1902 s. *Andreae,* Wilhelm. 1902.

Beiträge zur Genealogie der Grafen von Abenberg und Burggrafen von Nürnberg des 11. und 12. Jahrhunderts . . . Augsburg 1881. V: *Seefried, Johann Nepomuk.* (BMarsch 1168)

Beiträge zur Genealogie des Fürstlichen Hauses Hohenlohe für den Zeitraum vom Jahr 1220 . . . bis zum Jahr 1490 . . . Öhringen 1843. V: *Hammer, W.* (BMarsch 538)

Beiträge zur Genealogie des fürstlichen Hauses Hohenzollern, . . . Öhringen 1843. V: *Hammer, W.* (Heyd)

Beiträge zur Geognosie, besonders zu derjenigen der Schweiz und ihrer Umgebungen. Herausgeg. von A. Rengger. 1 Stuttgart 1824.

Beiträge zur Geognosie Tirols. Mitgetheilt von Adolf Pichler. — Innsbruck 1859: Wagner. 232 S. 8° (Zeitschrift d. Ferdinandeums. F. 3,8.)
Forts. erschien ohne besonderes Titelblatt in: Zeitschrift d. Ferdinandeums. F. 3, 9ff. 1860ff.
1:Sc 7730-3,8. 7. 8. 10. 11. 12: Austr. 5250-III,8. 14→17. 21. 24. 26. 29. 300:393.505-B. Per. 3.8.
15.

— geognostisch-palaeontologische. Herag. unter Mitwirkung von U. Schloenbach u. W. Waagen von E. W. Benecke. München 866—69. Oldenbourg. Lex.-8.
1. Bd. 1. Heft: Ueber Trias u. Jura in den Südalpen von E. W. Benecke. (204 S. mit Holzschn. u. 11 lith. Taff. mit 11 Bll. Erklärungen.) n. 6 ₰ 6½ ngr
1. Bd. 2. Heft: Ueber die Zone des Ammonites transversarius von Alb. Oppel. Beendet u. herag. von W. Waagen. — Zur Fauna der Hallstädter Kalke. Nova aus der Sammlung des Herrn Hofr. Dr. v. Fischer von Alph. v. Dittmar. (193 S., 9 lith. Taff. mit 9 Bll. Erklärungen u. 1 Tab.) n. 6 ₰ 6½ ngr
1. Bd. 3. Heft: Ueber die Brachiopoden der norddeutschen Cenomanbildungen von Urb. Schloenbach. — Ueber die Zone des Ammonites Sowerbyi von W. Waagen. (311 S. u. 14 lith. Taff. mit 14 Bll. Erklärungen.) n. 5 ₰ 24 ngr
2. Bd. 1. Heft: Ueber einige Muschelkalk-Ablagerungen der Alpen von E. W. Benecke. — Die Pflanzenreste des Muschelkalkes von Recoaro, von Schenk. (87 S. u. 12 lith. Taff. mit 12 Bll. Erklärungen.) n. 3 ₰ 14 ngr
2. Bd. 2. Heft: Geologische Beobachtungen aus den Central-Apenninen von Karl Alfr. Zittel. — Die Formenreihe des Ammonites Subradiatus von W. Waagen. (S. 93—256 mit eingedr. Holzschn. u. 8 lith. Taff. mit 8 Bll. Erklärungen u. 1 Tab. in Fol.) n. 3 ₰ 24 ngr

— geognostisch-paläontologische. Hrsg. unter Mitwirkg. v. U. Schloenbach u. W. Waagen v. E. W. Benecke. 2. Bd. 3. Hft. [Schluss.] Lex.-8. München 876. Oldenbourg. Subscr.-Pr. n. 8. — (cplt.: n. 34. 50)
Ueber die Umgebungen v. Esino in der Lombardei v. E. W. Benecke. [Mit 1 (lith.) Karte u. 8 (lith.) Taf.] (S. 257—317.) — Die Ornatenthone v. Tschulkowo u. die Stellung d. russischen Jura v. M. Neumayr. [Mit 1 (lith.) Taf.] (S. 319—367 m. 4 S. Erklärungen.)

— zur Geographie des mittleren Deutschland, hrsg. v. Frdr. Ratzel, s.a. Veröffentlichungen, wissenschaftliche, des Vereins f. Erdkunde zu Leipzig.

Beiträge zur Geographie des mittleren Deutschland. Hrsg. ... von Friedrich Ratzel. — Leipzig: Duncker & Humblot 1899. VII,382 S. 8° (Wissenschaftliche Veröffentlichungen d. Vereins für Erdkunde zu Leipzig. 4.)
1:Po 2420-4. 2. 3. 7. 8. 10. 11. 12:Geo. U. 477x-4. 14. 15. 16. 21. 24→30. 91. 300:393.977-B.K.4. 302.

Beiträge zur physischen Geographie von Griechenland von J. F. Julius Schmidt. Athen 1861.

— zur Geographie d. festen Wassers, s.a. Veröffentlichungen, wissenschaftliche, d. Vereins f. Erdkunde zu Leipzig.

Beiträge zur Geographie des festen Wassers. (Hrsg.: Friedrich Ratzel.) — Leipzig: Duncker & Humblot 1891. VI,313 S. 8° (Wissenschaftliche Veröffentlichungen d. Vereins für Erdkunde zu Leipzig. 1.) 1:Po 2420-1.
2. 5. 8. 10. 11. 12:Geo. U. 477x-1. 14. 15. 16. 21. 24→30. 89. 91. 300:393.911-B. Kt. S. 1. 302.

— geograph.-statist., zur Kenntniß aller auswärtigen Besitzungen in Asien, Afrika u. Amerika. 8. Essen 790. Bädeker. 3 ℳ

Beiträge zur Geologie der präkambrischen Bildungen im Gouvernement Olonez. 2,3. — Helsingfors 1908: (Malmström). 94 S. 8°
2. Wahl, Walter: Die Gesteine d. Westküste d. Onega-Sees. 3. 1908.
1 erschien in Fennia 22. 1904-05.
(Fennia. 24,/.) 1:Uf 6228-24,3 4.
15.

— zur Geologie des Grossherzogthums Hessen, s.a. Notizblatt des Vereins für Erdkunde.

— zur Geologie des Grossherzogth. Hessen und der angrenzenden Gegenden. Ergänzungsblätter zum Notizblatt des Vereins für Erdkunde etc. u. des mittelrhein. geolog. Vereins. (Herausg. von L. Ewald.) 1. Heft. Darmstadt 858. Jonghaus. gr. 8. (1 Bl., S. 1—43.) n. 10 ngr.

Beiträge zur Geologie von Kamerun von Ernst Esch [u.a.] Hrsg. im Auftr. u. aus Mitteln d. Kolonialabteilung d. Auswärtigen Amtes in Berlin von Ernst Esch. — Stuttgart: Schweizerbart 1904. XIII,298 S. 8°
1:Mn 17940. 3. 4. 7. 10. 11. 12:Lith. 34sk. 14. 21. 15. 24. 26. 27. 28. 38.

Beitraege zur Geologie von Kamerun. Unter Beteilig. von ... bearb. C. *Guillemain*. Berlin 1909. 8°.
(Abhandlungen d. Kgl. Preuss. Geolog. Landesanstalt. N. F. 62.)

Beiträge zur Geologie von Niederländisch-Indien. Hrsg. von Georg Boehm. (3: Fortges. von J. Wanner.) Abt. 1-3. Stuttgart: Schweizerbart 19(04)-23. 4° (Palaeontographica. Beiträge zur Naturgeschichte d. Vorzeit. Suppl. 4,1/3.)
1:4° Mi 759/15-1/3. 5. 6. 8. 10. 21. 12:4° Lith. 48i-Suppl. IV. 18.
15.

— zur Geologie v. Niederländisch-West-Indien, s.: Sammlungen des geolog. Reichsmuseums in Leiden.

— zur Geologie Ost-Asiens u. Australiens, s.: Sammlungen des geologischen Reichs-Museums in Leiden.

Beiträge zur Geologie und Paläontologie. Herausgegeben von J. G. Bornemann. Heft 1. Ueber den Buntsandstein in Deutschland und seine Bedeutung für die Trias. Jena 1889. 4.

Beiträge zur Geologie und Paläontologie des Herzogthums Braunschweig und der angrenzenden Landestheile hrsg. im Auftr. d. Herzoglichen Staats-Ministeriums von Herzoglicher Cammer, Direction d. Bergwerke. H. 1. — Braunschweig: Vieweg 1894. VI,202 S. 8°
1:Mn 2064. 4. 7. 12:Lith. 34si. 16. 23.

Beiträge zur Geologie und Palaeontologie der Argentinischen Republik. Hrsg. von Alfred Stelzner. Th. 1. 2. — Cassel [usw.]: Th. Fischer 1876-85. 4°
1. Geologischer Theil. Stelzner, Alfred: Beiträge zur Geologie d. Argentinischen Republik. 1885.
2. Palaeontologischer Theil. Abth. 1-3. Cassel: Th. Fischer 18(76)-78.
1. Kayser, Emanuel: Ueber primordiale u. untersilurische Fossilien aus d. Argentinischen Republik. 1876.
2. Geinitz, Hans Bruno: Ueber rhaetische Pflanzen- u. Thierreste in d. argentinischen Provinzen La Rioja, San Juan u. Mendoza. 1876.
3. Gottsche, Karl Moritz: Ueber jurassische Versteinerungen aus d. Argentinischen Cordillere. 1878.
Th. 2 = (Palaeontographica. Beiträge zur Naturgeschichte d. Vorwelt. Suppl. 3,2.)
1[∞2]:4° Mn 19727. 2. 4. 6. 7. 8. 10. 12:Th. 1 4° Lith. 173f; 2 = 4° Lith. 48i-Suppl. III,1/3. 16. 18. 21. 24→28. 82. 90. 300[∞1]:394.037-C Per. Suppl. 3,2. 302.

Beitraege zur Geologie und Palaeontologie der Libyschen Wüste und der angrenzenden Gebiete von Aegypten ... Hrsg. von Karl A. Zittel. Th. 1-3. — Cassel: Th. Fischer (2.3: Stuttgart-Schweizerbart) 1883-1903. 4° (Palaeontographica. Beiträge zur Naturgeschichte d. Vorzeit. Bd 30,1/3. - F. 3,6.)
1:4° Mi 753-30,1. 2→10. 12:4° Lith. 48i-30. 15. 16. 18. 21. 24→29. 90. 300:394.037-C. Per. 30. 302.
15.

— Hrsg. von Karl A. Zittel. Ebd. 1883-1903. 4° (Expedition zur Erforschung der Libyschen Wüste. 3.) 3.
15.

Beiträge zur Geologie der Schweiz, s.a. Beiträge zur geologischen Karte der Schweiz.

— zur Geologie der Schweiz. Hrsg. v. der geolog. Kommission der schweiz. naturforsch. Gesellschaft auf Kosten der Eidgenossenschaft. Geotechnische Serie, 1. Lfg. gr. 4. Bern (A. Francke). n. 8. —
Die schweizerischen Molassekohlen östlich der Reuss. Mit 1 Tab., 2 Profiltaf. u. 5 Kartenskizzen in Farbendr., 5 Zinkogr. u. zahlreichen Tab. im Text. (Untersuchung ausgeführt, auf Kosten des hinterlassenen Fondes d. schweiz. Steinkohlenbohrgesellschaft aus hingegeben vom h. Regierungsrat Aargau.) Von Emil Letsch. (XVI, 253 S.) 899.

Beiträge zur Geologie der Schweiz. Hrg. von der geologischen Kommission der Schweiz. Naturforschenden Gesellschaft, auf Kosten der Eidgenossenschaft. Geotechnische Serie, Liefg. 2. VIII + 76 S. 4. Bern, Komm. A. Francke; Buchdr. Aschmann & Scheller, Zürich, 1903. (fr. 5.—)
s.a. Kissling, Ernst.
Mit Anhang: Publikationen der Schweizerischen geologischen Kommission.... [Verzeichnis] 1903. [Mit Karte.] S. IX—XV. 4.

Beiträge zur Geologie der Schweiz. Hrg. von der geologischen Kommission der Schweiz. Naturforschenden Gesellschaft. Geotechnische Serie, Liefg. 3: Die Moore der Schweiz.... Preisschrift der Stiftung Schnyder von Wartensee. 4. Bern, Komm. A. Francke, 1904. (fr. 40.—)
s.a. Früh, J[ohann Jacob], und Schröter, C[arl].
Mit Anhang: Publikationen der Schweizerischen geol' Komm'.... [Verzeichnis] 1903. [Mit Karte.] S. IX—XV. 4.

— zur Geologie der Schweiz. Hrsg. von der geolog. Kommission der schweiz. naturforsch. Gesellschaft auf Kosten der Eidgenossenschaft. Geotechnische Serie. 2. u. 3. Lfg. gr. 4. Bern (A. Francke). n. 36. —
2. Die schweizerischen Molassekohlen westlich der Reuss. Mit 3 (farb.) Taf. Untersuchung ausgeführt auf Kosten des hinterlassenen Fondes der schweizer. Steinkohlenbohrgesellschaft, aushingegeben vom hohen aargauischen Regierungsrat. Von Ernst Kissling. (VIII, 76 S. m. Fig.) 903. n. 4. —
3. Die Moore der Schweiz m. Berücksicht. der gesamten Moorfrage. Von J. Früh u. C. Schröter. Mit 1 Moorkarte der Schweiz in 1:500,000, 45 Textbildern, 4 Taf. u. vielen Tab. Hrsg. durch die Stiftg. Schnyder v. Wartensee. (XVIII, 750 S.) 904. n. 32. —

Beiträge zur Geologie der Schweiz. Hrg. von der geologischen Kommission der Schweiz. Naturforschenden Gesellschaft. Geotechnische Serie, Liefg. 4. 4. Bern, Komm. A. Francke; Buchdr. Aschmann & Scheller, Zürich, 1907. (fr. 40. —)
s.a. Tonlager. Die schweizerischen T"....

— zur Geologie der Schweiz. Hrsg. v. der geolog. Kommission der schweiz. naturforsch. Gesellschaft. Geotechnische Serie. 4. Lfg. 31,5×24 cm. Bern, (A. Francke). 32. —
4. Tonlager, die schweizerischen. Hrsg. v. der schweiz. geotechnischen Kommission. I. Geolog. Tl. Mit 1 Tonkarte u. 355 Karten u. Profilclichés im Text. Bearb. v. E. Letsch. II. Technolog. Tl. Mit 13 Fig. im Text, 23 Tab., 4 Taf. u. 2 Farbentaf. Bearb. v. B. Zschokke. Mit e. Beilage üb. die feuerfesten Tone u. die Industrie feuerfester Produkte der Schweiz. Mit 5 Fig. im Text. Von B. Zschokke u. L. Rollier. III. Volkswirtsch. Tl. Mit 10 Fig. im Text. Von R. Moser. (X, 433, 197 u. 50 S.) 907.

— z. Geol. d. Unterengadins, s: Beiträge z. geolog. Karte d. Schweiz.

—— z. Geophysik. Abhandlgn a. d. geograph. Seminar d. Univ. Strassburg. Hrsg. v. G Gerland. I. Bd. 8. (378 m. H. u. 7 Kart.) Stuttg. 87, Schweizerbart. n. 20. —

— zur Geophysik. Zeitschrift f. physikal. Erdkunde. Hrsg. v. Geo. Gerland. 2. Bd. (In 3 Hftn.) 1. Hft. gr. 8. (196 S. m. 13 Abbildgn.) Stuttgart 894. E. Schweizerbart. n. 4. —

— z. Geophysik. Zeitschr. f. physikal. Erdkunde. Hrsg. v. Geo. Gerland. 2. Bd. 2.—4. Hft. gr. 8. (IV u. S. 197—782 m. Fig. u. 5 Taf.) [Stuttgart 895. E. Schweizerbart.] Leipzig, W. Engelmann. n. 12 — (2. Bd. kplt.: n. 16. —; orm. Pr. n. 8. —)

— dasselbe. 3. Bd. 4 Hfte. gr. 8. (III, 608 S. m. 162 Fig., 1 Taf., 2 Tab. u. 1 farb. Karte.) Leipzig 896—898. W. Engelmann. à n. 4. —

Beiträge zur Geophysik. Zeitschrift f. physikal. Erdkunde. Hrsg. v. Geo. Gerland. 4. Bd. 4 Hfte. gr. 8. (III, 472 S. m. 20 Fig. u. 5 Taf.) Leipzig 899. 900. W. Engelmann. n. 17. —

— dasselbe. 5. Bd. 1.—3. Hft. gr. 8. (568 S. m. 39 Fig. u. 5 Taf.) Ebd. 901. Subskr.-Pr. n. 20. —

Beiträge zur Geophysik. Zeitschrift f. physikal. Erdkunde. Hrsg. v. Geo. Gerland. 5. Bd. 4. Hft. (III u. S. 569—702 m. 3 Fig. u. 4 Taf.) gr. 8. Leipzig 903. W. Engelmann. Subskr.-Pr. n. 4. —; Einzelpr. n. 5. — (5. Bd. vollständig: n. 24. —)

— dasselbe. 6. u. 7. Bd. à 4 Hfte. gr. 8. Ebd. 903. Subskr.-Pr. n. 8. —; Einzelpr. n. 10. —
6. (IV, 643 S. m. 36 Fig., 1 Bildnis u. 9 Taf.) 903. 904. Subskr.-Pr. n. 21. —; Einzelpr. n. 26. —
7. (III, 522 S. m. 17 Abb. u. 10 Taf.) 904. 905. Subskr.-Pr. n. 21. —; Einzelpr. n. 25. 75

— dasselbe. Zugleich Organ der kaiserl. Hauptstation f. Erdbebenforschg. zu Strassburg i. E. Hrsg. v. Geo. Gerland. 8. Bd. 1. Hft. (S. 1—218 m. 1 Abbildg. u. 1 Taf.) gr. 8. Ebd 906. Subskr.-Pr. n. 5. —; Einzelpr. n. 6. 25

Beiträge z. Geophysik. Zeitschr. f. physik. Erdkunde. Zugleich Organ der kaiserl. Hauptstation f. Erdbebenforschg. zu Strassburg i. E. Hrsg. v. Geo. Gerland u. Emil Rudolph. 8. Bd. 2.—4. Heft u. 9. u. 10. Bd. à 4 Hefte. gr. 8. Leipzig, W. Engelmann. Subskr.-Pr. 98. —; Einzelpr. 125. 75
8. II.—IV. (IV, 219—637 S. m. 87 Abb. u. 16 Taf.) 907. Subskr.-Pr. 24. —; Einzelpr. 32. —; (8. Bd. kplt. 29. —)
9. (III, 604 S. m. 57 Fig. u. 6 Taf.) 907. 08. Subskr.-Pr. 24. —; Einzelpr. 29. 75
10. (VI, 550 u. 313 S. m. 54 Fig. u. 42 Taf.) 909. 10. Subskr.-Pr. 50. —; Einzelpr. 64. —

— dasselbe. Ergänzungsbd. I. gr. 8. Ebd. 902. n. 14. —; Einzelpr. n. 16. —
Verhandlungen der vom 11. bis 13. IV. 1901 zu Strassburg abgeh. 1. internationalen seismologischen Konferenz. Red. v. E. Rudolph. — Comptes-rendus des séances de la première conférence sismologique internationale, réunie à Strassbourg du 11. au 13. IV. 1901. Mit 22 Taf. u. 17 Fig. im Text. (VIII, 439 S.)

— dasselbe. II. u. III Ergänzungsbd. gr. 8. Ebd. Subskr.-Pr. n. 18. —; Einzelpr. n. 24. —
II. Verhandlungen der vom 24.—28. VII. 1903 zu Strassburg abgeh. 2. internationalen seismologischen Konferenz. Red. v. E. Rudolph. — Comptes-rendus des séances de la deuxième conférence sismologique internationale, réunie à Strasbourg du 24. au 28. VII. 1903. Mit 1 Taf. (VII, 362 S.) 904. Subskr.-Pr. n. 6. —; Einzelpr. n. 8. —
III. Katalog der im J. 1903 bekannt gewordenen Erdbeben. Im Auftrage der kaiserl. Hauptstation f. Erdbebenforschg. zu Strassburg i. Els. zusammengestellt u. hrsg. von E. Rudolph. Mit 7 Karten. (XVII, 674 S.) 905. Subskr.-Pr. n. 12. —; Einzelpr. n. 16. —

Gesammelte Beiträge aus dem Gebiete der Chirurgie und Medizin des praktischen Lebens. Festschrift zur Feier d. 25jährigen Jubiläums d. Ärztlichen Vereines d. Regierungsbezirks Arnsberg ... Red. von C. Löbker u. A. Nieden. (Vorr.: Ad. Morsbach.) — Wiesbaden: Bergmann 1893. VIII,325 S. 8°
1: Ic 2594. 6. 12: Med. g. 35i. 15. 26. 28. 302. 15.

Gesammelte Beiträge aus dem Gebiete der Physiologie, Pathologie und Therapie der Verdauung. Von I. Boas u. seinen Schülern. Hrsg. von I. Boas. Bd 1.2. — Berlin: Karger 1906. 8° 1: Kw 8163. 11. 12: Anat. 84f. 25. 302. 15.

Beiträge zur Geschichte des menschlichen Aberglaubens als Paraphrase u. Kommentar zur Geschichte der Flagellanten des Abt Boileau ... Nach der 2ten Engl. Ausgabe übersetzt. Leipzig 1785. V: *Delolme, J. L.* (BGE I³, 281) (Hdschr. Mitth. von Friedrich Müller, München.)

Beiträge zur Geschichte der Aktienbrauerei zum Löwenbräu in München. — München [1897]: Franz. 19 S. 4°
21. 12: 4° Bavar. 235f. 14. 15.

Beiträge zur Geschichte Herzog Albrechts V. und des Landsberger Bundes 1556–1598 von Walter Goetz. — München: Rieger 1898. XI,946 S. 8° (Briefe u. Akten zur Geschichte d. sechzehnten Jahrhunderts mit besonderer Rücksicht auf Baierns Fürstenhaus. 5.)
1: Rw 11130-5. 2→11. 12: Germ. g. 54 1-5 [2 Ex.] 14. 15. 16. 18. 21. 25. 26. 27. 29. 300: 169.995-B. 5. 302. 15.

— zur alten Geschichte. In Verbindg. m. J. Beloch, G. Busolt, A. v. Domaszewski u. A. hrsg. v. C. F. Lehmann. 1. Bd. 3 Hfte. Lex.-8. (III, 508 S. m. 1 Karte u. 1 Taf.) Leipzig 901. 902. Dieterich. Einzelpr. n. 25. 20

— dasselbe. 2. Bd 3 Hfte. Lex.-8. (1. Hft. 166 S. m. Abbildgn. u. 1 Karte.) Ebd. 902. n. 20. —

— zur alten Geschichte. In Verbindg. m. J. Beloch, C. G. Brandis, G. Busolt u. A. hrsg. v. C. F. Lehmann u. E. Kornemann. 3.—5. Bd. à 3 Hfte. (IV, 558 S. m. 33 Abb.; IV, 408 S. m. 3 Abb. u. 5 Taf. u. IV, 424 S. m. 6 Abb. u. 1 Karte.) Lex.-8. Leipzig 903—905. Dieterich. à Bd. n. 20. —; geb. in Halbfrz. n. 23. —

— dasselbe. 1—5. Beiheft. Lex.-8. Ebd. n. 25. 80; f. Abnehmer d. Beiträge n. 21. —
1. Zur Geschichte der Gracchenzeit. Quellenkritische u. chronolog. Untersuchgn. Von Ernst Kornemann. (IV, 56 S.) 903. Einzelpr. n. 2.80; f. Abnehmer der Beiträge n. 2. —
2. Die neue Livius-Epitome aus Oxyrhynchus. Text u. Untersuchgn. Von Ernst Kornemann. Mit 1 Taf. (IX, 131 S.) 904. Einzelpr. n. 6 —; f. Abnehmer der Beiträge n. 5. —
3. Römische Bleitesserae. Ein Beitrag zur Sozial- u. Wirtschaftsgeschichte der röm. Kaiserzeit. Von M. Rostowzew. Mit 2 Taf. (XI, 131 S.) 905. Einzelpr. n. 7. —; f. Abnehmer der Beiträge n. 6. —
4. Epigraphische Beiträge zur sozial-politischen Geschichte Athens im Zeitalter des Demosthenes. Von Joh. Sundwall. (VII, 94 S.) 906. n. 5. —; f. Abnehmer der Beiträge n. 4 —
5. Der römische Gutsbetrieb als wirtschaftlicher Organismus nach den Werken des Cato, Varro u. Columella. Von Herm. Gummerus. (VIII, 100 S.) 906. n. 5. —; f. Abnehmer der Beiträge n. 4. —

Fortsetzg. s. u. d T.: Klio.

Beiträge zur alten Geschichte und griechisch-römischen Alterthumskunde. Festschrift zu Otto Hirschfelds 60. Geburtstage. — Berlin: Weidman 1903. X,513 S. 4°
1:4° Pz 755. 2→11. 12:4° H. ant. 9fp. 14–16. 21. 24→30. 38. 300:425.141–B. 202. 15.

Beiträge zur alten Geschichte und Geographie. Festschr. f. Heinrich Kiepert. *Berlin: D. Reimer 1898.* (XI S., 2 Bl., 355 S., 2 Taf., 2 Kt.) 1 Bd 4.(8.) [98. 8118

Benndorf, Otto: Topographische Urkunde aus Ephesos. *Berlin 1898.*
in: Beiträge z. alten Geschichte u. Geogr. Festschr. f. H. Kiepert. [98. 8118

Dessau, H[ermann]: Die Vorgänge bei d. Thronbesteigg Hadrian's. *Berlin 1898.*
in: Beiträge z. alten Geschichte u. Geogr. Festschr. f. H. Kiepert. [98. 8118

Domaszewski, A[lfred] v.: Die Namen röm. Kastelle am Limes Arabicus. *Berlin 1898.*
in: Beiträge z. alten Geschichte u. Geogr. Festschr. f. H. Kiepert. [98. 8118

Fabricius, Ernst: Z. Ortskunde v. Karien. *Berlin 1898.*
in: Beiträge z. alten Geschichte u. Geogr. Festschr. f. H. Kiepert. [98. 8118

Gelzer, H[einrich]: Geograph. Bemerkungen zu dem Verzeichn. d. Väter v. Nikaea. *Berlin 1898.*
in: Beiträge z. alten Geschichte u. Geogr. Festschr. f. H. Kiepert. [98. 8118

Heberdey, Rudolf: Nisa u. Komba, zwei Städte d. lykischen Milyas. *Berlin 1898.*
in: Beiträge z. alten Geschichte u. Geogr. Festschr. f. H. Kiepert. [98. 8118

Hirschfeld, O[tto]: Der Name Germani bei Tacitus u. sein Aufkommen bei d. Römern. *Berlin 1898.*
in: Beiträge z. alten Geschichte u. Geogr. Festschr. f. H. Kiepert. [98. 8118

Hirt, H[ermann]: Die sprachl. Stellung des Illyrischen. *Berlin 1898.*
in: Beiträge z. alten Geschichte u. Geogr. Festschr. f. H. Kiepert. [98. 8118

Hübner, E[mil]: Die Nordwest- u. d. Südwestspitze v. Hispanien. *Berlin 1898.*
in: Beiträge z. alten Geschichte u. Geogr. Festschr. f. H. Kiepert. [98. 8118

Hülsen, C[hristian]: Z. Topographie d. Capitols, m. 1 Kt. *Berlin 1898.*
in: Beiträge z. alten Geschichte u. Geogr. Festschr. f. H. Kiepert. [98. 8118

Judeich, Walther: Skepsis. *Berlin 1898.*
in: Beiträge z. alten Geschichte u. Geogr. Festschr. f. H. Kiepert. [98. 8118

Kalinka, Ernst: Z. histor. Topographie Lykiens. *Berlin 1898.*
in: Beiträge z. alten Geschichte u. Geogr. Festschr. f. H. Kiepert. [98. 8118

Koldewey, Robert: Der Tempel v. Segesta '(Heliograv.)'. *Berlin 1898.*
in: Beiträge z. alten Geschichte u. Geogr. Festschr. f. H. Kiepert. [98. 8118

Kretschmer, Konrad: Der Globus Johannes Schöner's v. J. 1520. *Berlin 1898.*
in: Beiträge z. alten Geschichte u. Geogr. Festschr. f. H. Kiepert. [98. 8118

Kubitschek, Wilh.: Skordapia in Phrygien. *Berlin 1898.*
in: Beiträge z. alten Geschichte u. Geogr. Festschr. f. H. Kiepert. [98. 8118

Kubitschek, Wilh.: Z. Psephisma d. Lykasurier f. Nikasippos. *Berlin 1898.*
in: Beiträge z. alten Geschichte u. Geogr. Festschr. f. H. Kiepert. [98. 8118

Lehmann, C[arl] F.: Zu Herodot u. Hecataeus. *Berlin 1898.*
in: Beiträge z. alten Geschichte u. Geogr. Festschr. f. H. Kiepert. [98. 8118

Mommsen, Theodor: Die italischen Regionen. *Berlin 1898.*
in: Beiträge z. alten Geschichte u. Geogr. Festschr. f. H. Kiepert. [98. 8118

Nöldeke, Th[eodor]: Kardû u. Kurden. *Berlin 1898.*
in: Beiträge z. alten Geschichte u. Geogr. Festschr. f. H. Kiepert. [98. 8118

Oberhummer, Eugen: Imbros. *Berlin 1898.*
in: Beiträge z. alten Geschichte u. Geogr. Festschr. f. H. Kiepert. [98. 8118

Partsch, Jos.: Der hundertste Meilenstein, m. 1 Kt. *Berlin 1898.*
in: Beiträge z. alten Geschichte u. Geogr. Festschr. f. H. Kiepert. [98. 8118

Puchstein, O[tto]: Die Tempel auf Ortygia. *Berlin 1898.*
in: Beiträge z. alten Geschichte u. Geogr. Festschr. f. H. Kiepert. [98. 8118

Schreiber, Theodor: Vorbemerkungen zu e. Typologie d. hellenist. Stadtgründgn. *Berlin 1898.*
in: Beiträge z. alten Geschichte u. Geogr. Festschr. f. H. Kiepert. [98. 8118

Sieglin, Wilhelm: Die Ausdehnung d. Hellespontes bei d. antiken Geographen. *Berlin 1898.*
in: Beiträge z. alten Geschichte u. Geogr. Festschr. f. H. Kiepert. [98. 8118

Tomaschek, Wilhelm: Historisch-Topographisches v. oberen Euphrat u. aus Ost-Kappadokien. *Berlin 1898.*
in: Beiträge z. alten Geschichte u. Geogr. Festschr. f. H. Kiepert. [98. 8118

Weber, A[lbrecht]: Aus alter Zeit. *Berlin 1898.*
in: Beiträge z. alten Geschichte u. Geogr. Festschr. f. H. Kiepert. [98. 8118

Zangemeister, Karl: Z. Geographie d. Rheinlande bei Ptolemaeus II 9 § 9. *Berlin 1898.*
in: Beiträge z. alten Geschichte u. Geogr. Festschr. f. H. Kiepert. [98. 8118

—— zur Geschichte deutsch. Alterthums, v. Kümpel, s. a. Archiv d. henneberg. alterthumsforsch. Vereins.

BEITRÄGE ZUR GESCHICHTE DEUTSCHEN ALTERTHUMS.
Herausgegeben von dem Hennebergischen Alterthumsforschenden Verein durch AUGUST GUTGESELL.:
Lief. 1., mit 3 Steindrucktafeln und 1 Holzschnitt. Meiningen 1834. Bei Fr. Keyssner.
Herausgegeben von dem Hennebergischen Alterthumsforschenden Verein durch FRIEDR. CHR. KÜMPEL.:
Lief. 2., mit 3 Steindrucktafeln. Hildburghausen 1837. Kesselring'sche Hof-Buchhandlung.
Lief. 3., mit 3 Steindrucktafeln. Meiningen und Hildburghausen. 1839. —
Lief. 4. Mit 3 Steindrucktafeln (und Stammtafeln). Meiningen. 1842.
Herausgegeben von dem Hennebergischen alterthumsforschenden Verein durch GEORG BRÜCKNER.:
Lief. 5. Mit 3 Steindrucktafeln. Ib. 1845.

—— zur Geschichte u. Alterthums-Kunde d. Nieder-Lausitz. Hrsg. v. C. G. G. Gallus u. J. W. Neumann. 1. u. 2. Lfg. gr. 8. Lübben, Gotsch. [1. (10¼ B.) 835. ¾ Thlr., 2. (14 B.) 838. 1 Thlr.]

Beiträge zur Geschichte und Alterthumskunde Pommerns. Festschrift zum 25jährigen Jubiläum des Herrn Gymnasialdirector Professor H. Lemcke ... Hrsg. von d. Gesellschaft für Pommersche Geschichte u. Alterthumskunde. — Stettin 1898: Herrcke & Lebeling. 275 S. 4°
1:4° T 196. 2. 3. 5. 9. 11. 14. 16. 17. 24. 26. 102. 15.

— zur ältesten Geschichte der evangel.-lutherischen Kirche u. deren Diener in den Herrschaften Reichenberg, Friedland, Grafenstein, Gabel u. zugehörigen Ortschaften der heutigen evangel.-luther. Gemeinde zu Reichenberg in Böhmen. Eine Festgabe zur Weihe der neuerbauten evang.-luth. Kirche in Reichenberg am 21. Octbr. 1868. Reichenberg 868. Verlag d. ev. Gemeinde. gr. 8. (36 S.) 6 ngr.

—— zur ältesten Geschichte der evangel.-lutherischen Kirche und deren Diener in den Herrschaften Reichenberg, Friedland, Grafenstein, Gabel und zugehörigen Ortschaften der heutigen evangelisch-lutherischen Gemeinde zu Reichenberg in Böhmen. Eine Festgabe zur Weihe der neuerbauten evangel.-luther. Kirche in Reichenberg am 21. Octbr. 1868. gr. 8. (36 S.) Reichenberg 869, Verlag der evangel. Gemeinde.

Beiträge zur Geschichte des Anabaptismus in Deutschland. Nürnb. 1773. V: *Will, Georg Andreas.* (winer)

— z. Geschichte d. Anabaptismus in Deutschland. 8. Nürnb. 773. Schmidmer. 12 K (vergl. unt. Beitrr. z. Fränk. Kirchenhistorie).

— zur anhaltischen Geschichte. 1.—5. Hftchn. gr. 8. Cöthen, P. Schettler's Erben. n. 5. —
1. Aus der Vergangenheit Osternienburgs. Von W. Hartung. (59 S.) 899. n. 1. —
2. Geschichte der Grafsch. Mühlingen. Von Frdr. Heine. (56 S. m. 1 Kartenskizze.) 900. n. 1. —
3. Die Art des deutschen Reformiertentums nach seiner Ausgestaltung in Anhalt. Von Heinr. Becker. (33 S.) 900. n. 1. —
4. Die Nienburger Hängebrücke u. ihr Einsturz am 6. XII. 1825. Von Herm. Siebert. (18 S.) 900. n. —50
5. Geschichte v. Wörbzig u. Frenz. Von Frdr. Heine. (184 S.) 902. n. 1. 50

— zur anhaltischen Geschichte. Hrsg. von Frdr. Paul Hoernig. 7. u. 8. Heftchen. gr. 8. Cöthen, P. Schettler's Erben. n. 2. —
7. Hoym. Eine geschichtl. Beschreibg. Von Adf. Ehlers. (IV, 47 S.) 903. n. 1. —
8. Geschichte des Heinrichshauses zu Großpaschleben von 1853 bis 1903. Hrsg. vom Vorstande des Heinrichshauses. (68 S. m. Abbildgn.) 903. n. 1. —
Das 6. Heftchen ist noch nicht erschienen.

— zur anhaltischen Geschichte. Hrsg. v. Frdr. Paul Hoernig. 6. u. 9.—14. Heftchen. 8. Cöthen, P. Schettler's Erben. 6.25
Bahn, Frdr., das herzogl. Salzbergwerk Leopoldshall. (27 S.) 907. (11. Hft.) — 75
Bahn, Rud., Gero's Gründung, die Reichsabtei Gernrode. Ein Beitrag zur Kulturgeschichte des Mittelalters u. der Reformationszeit. (63 S.) 908. (11. Hft.) 1. —
Dreßler, Max, der Kampf Anhalt-Cöthens gegen die preuß. Handelspolitik in den J. 1819—28. Ein Beitrag zur Vorgeschichte des Zollvereins. (74 S.) 908. (12. Hft.) 1.
Georges, Otto, Geschichte der Stadt Aken an d. Elbe. (67 S.) 908. (10. Hft.) 1. -
Grimmert, J., 60 Jahre aus d. Geschichte d. Dorfes Thießen (1503—1563). (28 S.) 909. (13. Hft.) — 75
Heine, Frdr., Fürstin Gisela Agnes. (84 S.) (14. Hft.) — 75
— Die ersten Kirchenvisitationen im Cöthener Lande während des Reformationszeitalters. (87 S.) 907. (9. Hft.) 1.

— z. anhaltischen Geschichte. Hrsg. v. Frdr. Paul Hoernig. 15—17. Heft. 8° Cöth., P Schettler's Erben. (1—17: 17.75) d
Eckstein, O: Gesch. d. Amtes Gröbzig u. sr Ortschaften als Beitrag z. Heimatkde. 2. Afl. (8, 54 m. Abb. u. 1 Stammtaf.) '11 [16] 1.50
Hartung, W: Zur Gesch. Grossweissands. (104) '12 [17] 1.50
Redens, Th.: Gesch. d. Parochie Hohnsdorf. (153) '11 [15] 1.50; geb. n 2.50

Beiträge zur Geschichte der westlichen Araber, herausgegeben von Marcus Joseph Müller. Heft I. II. München 1866. 1878.

Beiträge zur Geschichte des letzten poln. Aufstandes 1863. (Berlin 1879.) 8°. (Aus: Deutsche Rundschau.)

— zur Geschichte d. Aufstandes in Polen im J. 1794, welcher die gänzl. Theilung dieses Reiches zur Folge hatte, nebst dessen späterer Geschichte bis zum Wiener Congresse. Ein Nachtrag zu d. Denkwürdigkeiten über Polen, v. M. v. Oginsky. Mit Anmerkk. d. Herausgebers. gr. 8. Leipz. 831. Wolbrecht. 1 ₰ Hbg. Pr. 18 gr

— zur Geschichte des Bisthums Augsburg. Hrsg. v. Ant. Steichele. 1. Bd. 2 Hfte. gr. 8. (IV u. 384 S.) 2. Bd. 1 Hft. gr. 8. (S. 1—192 m. 1 lith. Taf. u. 1 Tab. in hoch 4.) [Aus dem „Archiv f. die Pastoral-Conferenzen im Bisthum Augsburg" abgedr.] Augsburg 849—51, Kollmann. (à 21 ngr) 2 ₰ 3 ngr

— zur Geschichte des Bisthums Augsburg. Herausg. von Ant. Steichele. 2. Bd. 2. Heft. (Aus dem „Archiv für Pastor.-Conferenzen im Bisth. Augsburg.") Augsburg 852. Kollmann. gr. 8. (2 Bl., S. 193—400.) 21 ngr

— zur Geschichte des Bisthums Augsburg. Hrsg. von Ant. Steichele. 2. Bd. 2. Heft. gr. 8. (III und S. 193—400.) Augsburg 853, Kollmann'sche Buchh.
Aus: Archiv für Pastoral-Conferenzen im Bisth. Augsburg ꝛc., besonders abgedruckt.
1. Bd. und 2. Bd. 1. Heft. Ebendas. 1849—51. 2 Thlr. 3 Ngr.

Beiträge zur Geschichte der Ausscheidung des Stadtgutes von Bern von dem Staatsgute in den Jahren 1798-1804. — Bern 1836: Rätzer. 87,52 S. 8°
1: Rv 1261. 12: Helv. 142. 15. 16. 300: 17.414-A.
15.

— z. bad. Geschichte u. Volkskunde. — Beiträge zur bad. Landeskunde, s. a. Festprogramm, Sr. kgl. Hoh. Grossherzog Friedrich etc. dargebracht.

Beiträge zur badischen Geschichte und Volkskunde. Aus dem Freiburger Universitäts-Festprogramm zum 70. Geburtstag Seiner Königlichen Hoheit des Grossherzogs Friedrich. — Freiburg i.B. [usw.]: Mohr 1896. 146 S. 4°
1: 4° Si 125/10. 2. 26.

— zur Geschichte Basels, hrsg. v. d. histor. Gesellschaft zu Basel. gr. 8. (14½ B.) Basel 839, (Neukirch.)

Beiträge zur Geschichte Basels, hrsg. von der historischen Gesellschaft zu Basel. — Basel: Seul & Mast 1839. XVI,307 S. 8° (Beiträge zur vaterländischen Geschichte hrsg. von d. historischen Gesellschaft zu Basel. 1.)
1: Ru 9118-1. 5. 7. 8. 10. 11. 12: Helv. 143-1. 15→18. 21. 24. 25. 29. 30. 300: 47 Li 43. 302.
15.

— z. Gesch. d. Bastille in Ausz. u. Abschriften. 3 Stcke. 8. Frkf. a. M. 789, 90. Varrentrapp. 1 ₰ 3 gr

— z. Gesch. d. westfäl. Bauernstandes. Hrsg. v. Engelb. Frhr. v. Kerckerinck zur Borg. (8, 802 m. Abb., 16 Bildn., 2 Taf. u. 5 Ktn.) Lex8° Berl., P Parey '12. L 15 — d

Beiträge zur Geschichte der Familie Bayer-Elberfeld. [Düsseldorf 1905.] V: *Berg, C. vom.* (StBKöln II, 5)

Beiträge zur Geschichte der Familie Becker. 1898 s. *Becker*, Eugen. 1898.

— zur Geschichte der Befreiungskriege. Hrsg. v. Rud. Friederich. 1. u. 2. Heft. gr. 8. Berlin, E. S. Mittler & Sohn. 7. 50
1. Die Hauptquartiere im Herbstfeldzuge 1813 auf dem deutschen Kriegsschauplatze. Von Karl Graf Vitzthum v. Eckstädt. (VIII, 101 S.) 910. 2. 50
2. Davout u. die Festung Hamburg-Harburg 1813—1814. Mit 3 Bildertaf. u. 1 Plan in Steindr. (XI, 181 S. m. eingedr. Kartenskizzen.) 911. 5. —

— z. Geschichte der Befreiungskriege. 2. Heft:
Davout u. die Festung Hamburg-Harburg 1813—1814,
einfügen: von Carl Henke.

— zur Geschichte Berlins, gesammelt u. herausg. von George Gropius. Nr. 1 u. 2. Mit 2 Steintaf. gr. 4. Berlin 840. Gropius. 1 ₰

— zur Geschichte Berlins, gesammelt und herausgeg. von George Gropius. No. 3. gr. 4. (Mit 1 Facsimile.) Berlin 840, Gropius. ½ ₰ (1—3: 1½ ₰)

Beiträge zur Geschichte Berlins während des 30jähr. Krieges. Berlin 1872. V: *Fidicin, Eduard.* (Kat. d. Bibl. d. dtsch. Reichstages. Berl. 1882.)

Beiträge zur Geschichte Berlins während des dreißigjährigen Krieges. (Hrsg.: Fidicin.) — Berlin: Kgl. Geh. Ober-Hofbuchdr. 1872. 168 S. 8° (Schriften d. Vereins für d. Geschichte d. Stadt Berlin. 6.)
1: Tc 6578-6. 2. 4→11. 12: Bor. 182n-1,6. 14→18. 24. 26. 27. 28. 30. 38. 300: 181.013-B. Per. 6.
15.

Beiträge zur Geschichte und Beschreibung von Hadersleben und Umgegend. Hrsg. v. Georg Friedrich Claussen. Hadersleben 1877.

— zu e. Gesch. u. Beschreib. d. luther. Pfarrkirche in Marburg. Nebst e. Anh. d. Universitätsjubiläum betreffend. 16 Heft. 8. Marb. 827. (Krieger). 7 gr

— z. Gesch. u. Beschreib. v. Süd- u. Neu-Ostpreußen. 16 u. 26 H. gr. 8. Berl. 802, 3. Maurer's B. (à 10 gr) 20 gr

Beiträge zur Geschichte der Besteuerung des Branntweins und der Entwickelung der Alkoholindustrie. — Leipzig: Klinkhardt 1865. 64 S. 8°
Aus: Zeitschrift d. Vereins Deutscher Spiritusfabrikanten. 7. 1865.
24.
15.

Beiträge zur Geschichte und Beurtheilung der bernischen Strafgesetzgebung seit fünfzig und einigen Jahren im allgemeinen, und des Entwurfs eines Strafgesetzbuches vom Jahr 1852 insbesondere. Von Dr. P. Beitrag 1. — Bern 1855: Haller. 18 S. 8° 5.
15.

— zur Geschichte der Bevölkerung in Deutschland seit dem Anfange dieses Jahrhunderts, hrsg. v. Fr. J. Neumann. 1. Bd. gr. 8. Tübingen 883. Laupp. n. 8. —
Zur Geschichte der Entwickelung deutscher, polnischer u. jüdischer Bevölkerung in der Prov. Posen seit 1824 von Eug. v. Bergmann. Mit 2 graph. Darstellgn. (VIII, 308 S.)

— zur Geschichte der Bevölkerung in Deutschland seit dem Anfange dieses Jahrhunderts. Hrsg. v. Fr. J. Neumann. 2. 3. Bd. gr. 8. Tübingen, Laupp. n. 14. 60 (1—3.: n. 22. 60)
2. Bevölkerung u. Hausindustrie im Kreise Schmalkalden seit Anfang dieses Jahrhunderts. Ein Beitrag zur Socialstatistik u. zur Wirthschaftsgeschichte Thüringens v. K. Frankenstein. Mit mehreren in den Text gedr. Abbildgn. (XI, 284 S.) 887. n. 6. 60
3. Das Wachsthum der Bevölkerung u. die Entwickelung d. Aus- u. Einwanderungen, Ab- u. Zuzüge in Preussen u. Preussens einzelnen Provinzen, Bezirken u. Kreisgruppen von 1824 bis 1885 von A. Markow. (XVI, 218 S.) 889. n. 8. —

— zur Geschichte der Bevölkerung in Deutschland seit dem Anfange dieses Jahrhunderts. Hrsg. v. Frdr. Jul. Neumann. 4. u. 5. Bd. gr. 8. Tübingen, H. Laupp. à n. 8. — (1—5.: n. 38. 60)
4. Westpreussen seit den ersten Jahrzehnten dieses Jahrhunderts. Ein Beitrag zur Geschichte der Entwickelg. d. allgemeinen Wohlstandes in dieser Provinz u. ihren einzelnen Teilen v. Vallentin. (XI, 225 S.) 893.
5. Kindersterblichkeit sozialer Bevölkerungsgruppen insbesondere im Preussischen Staate u. seinen Provinzen v. Karl Seutemann. (VI, 176 S. m. 14 Tab.) 894.

— zur Geschichte der Bevölkerung in Deutschland seit dem Anfange des XIX. Jahrh. Hrsg. v. Frdr. Jul. Neumann. VI. Bd. gr. 8. Tübingen, H. Laupp. n. 8. —
Beiträge zur Geschichte des Handwerks in Preussen, unter Mitwirkg. des Hrsg. bearb. Von Otto Thissen. (XX, 250 S.) 901.
Bd. I.—V. Ebd. 883—894. n. 38. 60.

— zur Geschichte der Bevölkerung in Deutschland seit dem Anfange des 19. Jahrh. Hrsg. v. Frdr. Jul. Neumann. 7 Bd. gr. 8. Tübingen, H. Laupp. n. 9. —
Die Entwickelg. d. Bevölkerung in Württemberg u. Württembergs Kreisen, Oberamtsbez. u. Städten im Laufe d. 19. Jahrh. Von Hans Lang. Mit Tab. u. 5 Karten. (XII, 247 S.) 903
Bd. 1—VI. Ebd. 883—901. n. 46. 60.

Beiträge zur Geschichte der antisemitischen Bewegung vom Jahre 1880–1885, bestehend in Reden, Broschüren, Gedichten. Hrsg. von Max Liebermann v. Sonnenberg. — Berlin: Selbstverl. 1885. IV,331 S. 8°
1: De 5485. 12: Jud. 121 h. 14. 15. 16. 18. 21.
15.

Beiträge zur Geschichte der husitischen Bewegung. Hrsg. von J. Loserth. 1–5. — Wien: Gerold (4.5: Tempsky) in Comm. 1877–95. 8°
1. Jenzenstein, Johann v.: Der Codex epistolaris d. Erzbischofs von Prag. 1877.
2. Loserth, Johann: Der Magister Adalbertus Ranconis de Ericinio. 1878.
3. Ludolf v. Sagan: Der Tractatus de longevor schismate. 1880.
4. Die Streitschriften u. Unionsverhandlungen zwischen d. Katholiken u. Husiten in d. Jahren 1412 u. 1413. Von J. Loserth. 1889.
5. Gleichzeitige Berichte u. Actenstücke zur Ausbreitung d. Wiclifismus in Böhmen u. Mähren von 1410 bis 1419. Hrsg. von Johann Loserth. 1895.
Aus: Archiv für österreichische Geschichte. 55.57.60.75.82. 1877-95.
1: Ck 11172. 12 [∞ 1/4]: H. eccl. 643 bgm. 18.
300: 500.071-B. 302.
15.

— z. Geschichte d. Bibel. 4 Stcke. 8. Bremen, Müller. 2 ℛ

— zur Geschichte Böhmens. Abth. I. Quellensammlung. 1. Bd. Das Homiliar des Bischofs von Prag. Saec. XII. Herausg. von Ferd. Hecht. Prag 863. Mercy in Comm. gr. 4. (XXXVIII, 91 S.) n. 1 ℛ 20 ngr

— dass. — 2. Abthl. 1. Bd. Nr. 1: Die Laute der Tepler Mundart. Von Joh. Nasal. 8. (16 S.) Ebendas. 863. *

Beiträge zur Geschichte Böhmens. Herausg. vom Vereine für Geschichte der Deutschen in Böhmen. 1. Abtheilung: Quellensammlung. Anhang zum 2 Bande. „Chronik des Heinrich Truchsess von Diessenhofen 1342—1362." gr. Imp. 4. (IV. u. 28 S.) Prag, Calve'sche U.-B. (Fr. Becke) in Comm. 1864 70 kr.

—— zur Geschichte Böhmens, 2. Bd., s. a. Städte- u. Urkundenbücher aus Böhmen.

— zur Geschichte Böhmens. 1. Abth. 2. Bd. u. Anhang; 2. Abth. 1. Bd. Nr. 2. — 2. Bd. — 3. Abth. 1. Bd. 2. Liefg. u. 2. Bd. Prag 864—66. (Leipzig, Brockhaus.) n. 6 ℛ 20½ ngr
1. Abthl. 2. Bd.: Die Krönung K. Karls IV. nach Johannes dictus Porta de Avonniaco. Herag. von K. A. C. Höfler. (IX, 64 S.) 4. n. 22½ ngr
Anhang: Chronik des Heinrich Truchsess v. Diessenhoven. 1342—1362. (28 S.) 4. n. 14 ngr
2. Abthl. 1. Bd. Nr. 2.: Andeutungen zur Stoffsammlung in den deutschen Mundarten Böhmens. Von Ign. Petters. (52 S.) gr. 8. n. 10 ngr
2. Abthl. 2. Bd.: Aberglauben u. Gebräuche aus Böhmen u. Mähren. Gesammelt u. hrsg. von Jos. Virgil Grohmann. 1. Bd. (X, 250 S.) gr. 8. n. 1 ℛ 10 ngr
3. Abthl. 1. Bd. 2. Liefg.: Geschichte der königl. Leibgedingstadt Trautenau. Von Jul. Lippert. 2. Liefg. gr. 8. (S. 77—148. Schluß.) n. 14 ngr
3. Abthl. 2. Bd.: Die Kaiserburg zu Eger u. die an dieses Bauwerk sich anschliessenden Denkmale. Aufgenommen u. beschrieben von Bernh. Grueber. Mit 19 lith. Abbildgn. (73 S. u. 1 Tab. in Fol.) gr. 4. n. 3 ℛ 10 ngr

Beiträge zur Geschichte Böhmens. Hrsg. von d. Vereine f. Geschichte d. Dtn in Böhmen. Abt. 3. Ortsgeschichten. Bd 1 u. 2. — Prag: Verl. d. Vereins f. Geschichte d. Dtn in Böhmen 1863 u. 1871. [Mehr nicht feststellbar.]

Beiträge zur Geschichte Böhmens. Hrsg. v. dem Vereine f. Geschichte der Deutschen in Böhmen. Abth. III. Orts-Geschichten. 2. Bd. Geschichte der Stadt Leitmeritz. Bearb. v. Jul. Lippert. gr. 8. (IX, 664 S. m. 2 Steintaf., wovon e. color. in qu. Fol.) Prag 871. (Leipzig, Brockhaus' Sort.) n. 7. —

—— zur Geschichte Böhmens. Hrsg. vom Vereine für Geschichte der Deutschen in Böhmen. 4. Abthl.: Städte-Bücher. 1. Bd.: Stadtbuch von Brüx bis zum J. 1526. Bearb. von Ludw. Schlesinger. Mit einer lithogr. Beilage. gr. 4. (VIII, 236 S.) Prag 875. (Leipzig, Brockhaus' Sortiment und Antiquarium.) *
1.—3. Abthl. (Ebendas.) 1863—75. *ℳ 33,40.

— dasselbe. 4. Abth. Städte-Bücher. 1. Bd. Stadtbuch v. Brüx bis zum J. 1526. Bearb. v. Ludw. Schlesinger. Mit e. lith. Beilage. gr. 4. (VIII, 236 S.) Ebend. 876. n. 9. —

Beiträge zur Brandenburgischen Geschichte. Berlin, Stettin u. Leipz. 1761. V: *Oelrichs, Johann Carl Conrad.* (ABJP)

— zur brandenburgischen u. preußischen Geschichte, s. a. Festschrift zu Gustav Schmollers 70. Geburtstag.

Festschrift zu Gustav Schmollers 70. Geburtstag. Beiträge zur brandenburgischen und preußischen Geschichte hrsg. vom Verein für Geschichte d. Mark Brandenburg. — Leipzig: Duncker & Humblot 1908. VIII,493 S. 8°
1: St 306 [u.] 306a. 2→11. 12: Bor. 61 gk. 14→18. 21. 23→27. 30. 38. 300: 461.612-B. 302.
15.

Beiträge zur bremischen Geschichte. Zum 25jährigen Jubiläum d. Hansischen Geschichtsvereins hrsg. von d. Historischen Gesellschaft d. Künstlervereins in Bremen. — Bremen: C.E. Müller 1896. 190 S. 8°
Erschien zuerst in: Bremisches Jahrbuch. 18. 1896.
10. 25.
15.

Beiträge zur Geschichte des Bisthums Breslau von 1500 bis 1655. (Hrsg.: A. Kastner.) — Neisse: Hrsg.; Graveur in Comm. 1858. VIII,304,X S. 8° (Archiv für d. Geschichte d. Bisthums Breslau. 1.) 21. 1: Tn 7022-1. 15.
15.

Beiträge zur Geschichte der Familien Breymann. — [Leipzig 1905.] 49 S. 4° (Mitteilungen d. Breymannschen Familienverbandes. 2. Anl.) 23. 101.
15.

Beiträge zur Geschichte der Buchdruckerei in Halberstadt. [Halberstadt 1891.] V: *Schmidt, Gust.* (Berl) *Fessel, Max.* (Börsenbl. f. d. d. Buchhandel 70. 1903 Nr. 228.)

— zur Geschichte des Buchhandels, der Buchdruckerkunst und der verwandten Künste und Gewerbe. I. Leipzig 884. Hermann. 4. (VII, 20 S. u. 1 Tab. in Fol.) n. 10 ngr.
Inhalt: Peter Schöffer von Gernsheim, der Buchdrucker und Buchhändler von Adph. Lange.

— z. Geschichte d. Stadt Buchholz. Hrsg. v. Buchholzer Geschichtsverein. 1.—3. Hft. 8. Buchholz, A. Haudreck. n.n. 2. 25
1. (52 S.) 895. n. —65. — 2. (64 S.) 896. n. —75. — 3. (72 S.) 897. n. — 85.

— zur Geschichte der Stadt Buchholz. Hrsg. vom Buchholzer Geschichtsverein. IV. Hft. gr. 8. (S. 73—216.) Buchholz 899. A. Haudreck. n. 1. 60

— dasselbe. V. Hft. Als Festschrift zum 400jähr. Jubiläum der Stadt hrsg. im Auftrage der städt. Kollegien u. des Buchholzer Geschichtsvereins v. L. Bartsch. gr. 8. (V, 150 u. XL S. m. 25 Lichtdr.-Taf.) Ebd. 901. Geb. n.n. 2. —
1.—3. Hft. Ebd. 895—897. n.n. 2. 25.

— zur Geschichte der Stadt Buchholz. Hrsg. vom Buchholzer Geschichtsverein. VI. Heft. (111 S.) 8. Buchholz 907. A. Haudreck. 1.50 (I—VI: nn 7.85)

— zur Geschichte des Buch- u. Zeitungswesens. Hrsg.: J. Frdr. Meißner. 2. Bd. gr. 8. Heidelberg 909. J. F. Meißner. 4. —
Autor u. Verleger. Kritische Essays u. Randglossen aus Schriftsteller- u. Verleger-Werkstätten. v. Adph. Kohut. (VII, 257 S.)
Bd. 1 s. u. d. T.: Studien üb. d. Zeitungswesen.

— z. Gesch. d. Buch- u. Zeitungswesens. Hrsg.: J Frdr. Meissner. 3. Bd. gr8° Heidelbg, Dr. JF Meissner. (1—3: 11.50)
Meissner, J Frdr.: Die volkswirtschaftl. Bedeutg d. Fachpresse. (86) '10 [3] 1.50

— z. bürgerl. Geschichte, z. Geschichte d. Kultur, z. Naturgeschichte, Naturlehre u. d. Feldbaue, aus d. Schr. d. Acad. zu Brüssel herausg. v. Jh. Chr. Adelung. gr. 8. Leipz. 783. (Andrä). 1 ₰

— z. Gesch. d. vormal. Burggrafen zu Meißen. gr. 8. Schleiz 771. Mauke. 3 gr.

— z. Gesch. u. Charakteristik d. Kaiserin Katharina II., in besond. Bezieh. auf d. Ritter v. Zimmermann u. Weickart. gr. 8. Bremen 808. Müller. 20 gr.

Beiträge aus der Geschichte der Chemie, dem Gedächtnis von Georg W. A. Kahlbaum ... gewidmet von ... Hrsg. von Paul Diergart. — Leipzig [usw.]: Deuticke 1909. XV,652 S. 8° 1: Mr 674. 5. 8. 10. 11. 12: Chem. 251. 14. 15. 16. 18. 24. 26. 27. 29. 89. 90. 300: 462.009-B. 302.
15.

— aus der Geschichte der Chemie. Dem Gedächtnis v. Georg W. A. Kahlbaum, weil. o. ö. Professor der physikal. Chemie an der Universität Basel, geb. 1853 in Berlin, gest. 1905 in Basel, gewidmet v. R. Abegg, W. J. Baragiola, A. Bauer u. a. Hrsg. v. Paul Diergart. Mit e. Portr. Georg W. A. Kahlbaums, zahlr. Abbild. u. e. farb. Doppeltaf. (XV, 652 S.) gr. 8. Wien 909. F. Deuticke. 24. —

— z. Gesch. d. höhern Chemie. 8. Leipz. 785. Compt. f. Liter. 1 ₰ 8 gr.

Beiträge zur Geschichte der Firma Carl Cnobloch in Leipzig 1810-1910. — Leipzig 1910: (Pierer in Altenburg). 64 S. 8° 14. 18. 101.
15.

Beiträge zur deutschen Geschichte in den Jahren 1814 u. 1815. Aus Correspondenzen u. Tagebüchern zusammengestellt. Frankfurt a. M. 861. Auffarth. gr. 8. (VII, 90 S.) n. 12 ngr.

Beiträge zu einer Geschichte der Deutschen im Mittelalter in Anekdoten und Charakterzügen. — Weißenfels [usw.]: Severin 1798. XII,226 S. 8° 5. 17. 21.

— z. Gesch. d. Deutschen im Mittelalter, in Anekdoten u. Charakterzügen. 8. Weißenf. 798. (Voigt in Jena). 12 gr.

— zu d. teutschen, besond. thüring. Gesch. d. Mittelalters. Hrsg. v. Ludw. Friedr. Hesse. 1. Bd. 1. Abtheil. — A. u. d. T.: Aug. v. Werfebe, üb. d. Vertheilung Thüringens zwischen d. alten Sachsen u. Franken. Zugleich eine Revision d. ältest. Gesch. u. Diöcesanverfassung v. Thüringen. 1. Hälfte. gr. 8. (12 B.) Hamburg 834, Fr. Perthes.

— zu der teutschen, besond. thüring. Geschichte d. Mittelalters. Hrsg. v. Ludw. Friedr. Hesse. 1. Bd. 2. Abthl. — A. u. d. T.: Aug. v. Werfebe üb. die Vertheilung Thüringens zwischen d. alten Sachsen u. Franken. Zugleich eine Revision d. ältesten Gesch. u. Diöcesanverfass. v. Thüringen. (Mit dem Anh.: Aehrenlese zu d. Geschichte teutscher Klöster u. Burgen, aus Zeitbüchern u. Urkunden d. Mittelalters.) 2. Hälfte. gr. 8. (9 B. u. Ktkpfr.) Hamburg 836, Fr. Perthes. •
1. Bd. 1. Abthl. Ebendas. 1834. • 20 Gr.

Beiträge zur Geschichte Teutschlands. 1. Stück. Dresden 1777. V: *Meissner, Aug. Glib.* (MGT) (JL)

Beiträge zur Geschichte Deutschlands in den Jahren 1805—1809 ... Schaffhausen 1843. V: *Maurer-Constant.* (BrMm)

— zur Geschichte Deutschlands in d. J. 1805—1809 aus briefl. Mittheilungen Friedr. Perthes', Joh. v. Müller's, General Frhrn. v. Armfelt's u. d. Grafen d'Antraigues'. Veröffentl. durch den Herausg. der „Briefe an Joh. v. Müller." 8. (12½ B.) Schaffhausen 843, Hurter'sche Buchh. •

Beiträge zur Geschichte der Teutschen dramatischen Dichtkunst. [München 1806.] V: *Docen, Bernh. Jos.* (MGT)

— z. Gesch. d. niederdeutschen Dichtg. Hrsg. v. Ernst Püschel. 1. u. 2. Bd. gr8° Rost., Kaufungen-Verl. 4.30 d
Decker, Otto: Helmuth Schröder. Leben u. Werke. (78 m. Bildn.) '11 [1] 1.80
Klenz, Heinr.: Felix Stillfried, e. niederdeut. Dichter. (98 m. Bildn.) '11 [2] 2.50

Beiträge zur Geschichte des Dominikaner- oder Prediger-Ordens in allen Ordens-Provinzen. Von P. J. L. 1. Heft. (80 S.) 8. Znaim Schnellpressendruck von Martin Hofmann. 1854.

Beiträge zur Geschichte des Dominikaner- oder Prediger-Ordens in allen Ordens-Provinzen. Von P. J. L. 2. Heft. (S. 81—192.) 8. Oedenburg. Druck von Adolph Reichard. In Kommission der A. Brandler'schen Buchhandlung. 1854.

— zur Geschichte des Dominikaner- oder Prediger-Ordens in allen Ordens-Provinzen. (Von Ign. Lamatsch.) 1. u. 2. Heft. Znaim 854. (Oedenburg, Seyring u. Hennicke.) gr. 8. (S. 1—192.) Jedes Heft n. 12 ngr

Beiträge zur Geschichte des Dominikaner- oder Prediger-Ordens in allen Ordens-Provinzen. Von J. P. L. Drittes Heft Oedenburg. 1854 Druck von Adolf Reichard. In Kommission der A. Brandler'schen Buchhandlung. (S. 193—304. 8) geh.

— zur Geschichte Dortmunds u. der Grafschaft Mark. Hrsg. v. dem histor. Vereine f. Dortmund u. die Grafschaft Mark. I. gr. 8. (IV, 186 S.) Dortmund 875. Köppen. n. 2. 50

— zur Geschichte Dortmunds u. der Grafschaft Mark. Hrsg. im Auftrage des histor. Vereins f. Dortmund u. die Grafschaft Mark v. Karl Rübel. II. u. III. gr. 8. (VIII, 316 S.) Dortmund 878. Köppen. n. 5. —; (I—III.: n. 7. 50)

— zur Geschichte Dortmunds u. der Grafschaft Mark. Hrsg. v. d. histor. Vereine f. Dortmund u. d. Grafsch. Mark. IV u. V. gr. 8. Dortmund 887. Köppen. n. 7. 50 (I—V.: n. 15. —)
IV. Die große Dortmunder Fehde v. 1388 u. 1389, nebst Urkundenbuch u. 1 Karte, v. A. Mette. (296 S.) n. 5. 50
V. (III, 105 S.) n. 2. —

— z. Geschichte Dortmunds u. d. Grafsch. Mark. Hrsg. v. d. histor. Vereine f. Dortmund u. d. Grafsch. Mark. VI.—VIII. gr. 8. Dortmund, Köppen. n. 5. 25 (I.—VIII. n.n. 20. 25)
VI. D. Dortmunder Rathslinie f. d. J. 1500. Von G. Mallinckrodt. (XXIV, 147 S.) 895. n. 2. —
VII. (V, 219 S.) 896. n. 2. 25
VIII. (III, 63 S.) 897. n. 1. —

— zur Geschichte Dortmunds u. der Grafsch. Mark. Hrsg. v. dem histor. Verein f. Dortmund u. d. Grafsch. Mark. IX.—XI. gr. 8. Dortmund, Köppen. n. 9. —
IX. (III, 186 S.) 900. n. 3. —
X. Reichshöfe im Lippe-, Ruhr- u. Diemel-Gebiete u. am Hellwege. Von Karl Rübel. Mit 2 Kartenskizzen. (XII, 143 S.) 901. n. 3. —
XI. (III, 258 S.) 902. n. 3. —
I.—VIII. Ebd. 875—897. n. 20. 25.

— zur Geschichte Dortmunds u. der Grafschaft Mark. Hrsg. v. dem histor. Vereine f. Dortmund u. die Grafsch. Mark. XII. (III, 268 S.) gr. 8. Dortmund 903. Köppen. n. 4. —

— dasselbe. XIII u. XIV. gr. 8. Ebd. n. 8. 50
XIII. (III, 430 S.) 905. n. 5. 50
XIV. (XI, 265 S. m. 2 Taf., 1 Stammtaf. u. 1 Karte.) 905. n. 3. —
I—XI. Ebd. 875—902. n. 29. 25.

— zur Geschichte Dortmunds u. der Grafsch. Mark. Hrsg. v. histor. Verein f. Dortmund u. die Grafsch. Mark. XV.—XIX. gr. 8. Dortmund, F. W. Ruhfus. 22. —
XV. Die Dortmunder Reichsleute. Von Karl Rübel. (XVI, 227 S. m. 1 Karte.) 907. 4. —
XVI. (VI, 208 S.) 908. 4. — XVII. (IV, 358 S.) 909. 6. —
XVIII. (IV, 316 S.) 910. 4. —
XIX. Die Dortmunder Freistühle u. ihre Freigrafen. Von Aug. Meininghaus. (XIV, 322 S. m. 2 Abbildgn. u. 1 Taf.) 910. 4.—; geb. 5. —

— z. Gesch. Dortmunds u. d. Grafsch. Mark. Hrsg. v. histor. Verein f. Dortm. u. d. Grafsch. Mark. 18—21. gr8° Dortm., FW Ruhfus. (1—21: nn 72.25)
18. (4, 316) '10. 4 — ‖ 19. Meininghaus, Aug.: Die Dortmunder Freistühle u. ihre Freigrafen. (14, 322 m. Abb. u. 1 Taf.) '10. 4 —; geb. 5 — ‖ 20. (320 m. 1 Stammtaf.) '11. 4 — ‖ 21. (4, 290) '12. 4 —

— zur Geschichte der Stadt Duisburg. Veröffentlicht durch die histor. Kommission der Stadt Duisburg. 1. Hft. gr. 8. Duisburg 881. (Ewich.) n. 2. —
Duisburger Altertümer. Ein Beitrag zur Geschichte der Stadt Duisburg u. zur praehistor. Karte Deutschlands. Von Herm. Genthe. (VI, 76 S. m. 3 Steintaf.) — Die Duisburger Münzen. Ein Beitrag zur Geschichte Duisburgs v. F. Baumbach. (23 S. m. 1 Steintaf.)

— z. Gesch. d. röm. Eingriffe in d. Freiheit d. deutschen Kirche, (v. F. Jos. J. v. Linden). 8. o. O. (Mainz) 791. Fischer (Wienbrack in Leipz.) 6 gr

— zur Geschichte der Stadt Duisburg. Veröffentlicht durch die histor. Kommission der Stadt. 2. Hft. gr. 8. Duisburg 883. (Ewich.) n. 2. 50
Die Duisburger Stadtrechnung v. 1417. Hrsg. u. bearb. v. Ludw. Stiefel. (VII, LXX, 95 S.)

Beiträge zur Geschichte des Eisens. 1905
s. *Beck*, Ludwig. 1879.

— z. Geschichte Eisenachs. I—IX. 8. Eisenach, H. Kahle. n.n. 5. 55
I. D. alte Stadtbefestigg. Von Hugo Peter. M. 1 Lageplan u. 2 Ansichten (auf 1 Tafel). (V, 34 S.) 895. n. — 60
II. Goethe's Beziehgn. z. Eisenach. Von W. Buchner. (14 S.) 895. n. — 40
III. Festungs-Schloß Wartburg v. Joh. Chrph. Kurz 1757. (Neuausg.) (13 S. m. Abb.) 895. — 45
IV. D. Karthäuserkloster i. Eisenach. Von G. Kühn. (23 S. m. 1 Lageplan.) 895. n.n. — 65
V. D. Pulver-Explosion z. Eisenach a. 1. Septbr. 1810. Von Wilh. Buchner. (26 S. m. 1 Grundr.) 896. n.n. — 75
VI. Hausmarken u. Steinmetzzeichen i. u. u. Eisenach; d. Eisenacher Stadtsiegel. Von Hugo Peter. M. 3 Taf. (42 S.) 897. n.n. — 85
VII. Dominikanerkloster u. latein. Schule z. Eisenach. Von G. Kühn. M. e. Grundr. d. Gebäude. (23 S.) 897. n.n. — 65
VIII. D. Roese'sche Hölzchen. Von A. Roese. (19 S.) 897. n.n. — 60
IX. A. Eisenachs guten u. bösen Tagen. Von Karl Kahle. 1. Heft. 1801—1810. (77 S.) 898. n. — 80

— zur Geschichte Eisenachs. IX. 2. Hft. 8. Eisenach H. Kahle. n.n. 1. —
Aus Eisenachs guten u. bösen Tagen. Von Karl Kahle. 2. Hft 1811—1820. (139 S.) 899. n.n. 1. — (1. u. 2.: n.n. 1. 80

— dasselbe. X. u. XI. 8. Ebd. n.n. 1. 75
X. Eisenachs Bewohner von 1630—1640. Ein Namensverzeichnis Von Hugo Peter. (120 S.) 901. n. 1. —
XI. Das ehrbare Töpferhandwerk zu Eisenach. Ein Beitrag zur Geschichte des Zunftwesens. Von Heinr. Habbicht. (VII 64 S.) 902. n.n. — 75
I.—IX. Ebd. 896—898. n. 5. 55.

— zur Geschichte Eisenachs. I. IX, 3. u. XII—XIV. 8. Eisenach, Hofbuchdr. Eisenach, H. Kahle. n.n. 4. 10
I. Die alte Stadtbefestigung. Von Hugo Peter. Mit 1 Lageplan u. 5 Ansichten des alten Eisenach. 2. verb. u. erweit. Aufl. (57 S.) 905. n. 1. —
IX. Aus Eisenachs guten u. bösen Tagen. Von Karl Kahle. 3. Heft. 1821—1830. (152 S.) 899. n.n. 1. 10 (1.—3.: n.n. 2. 90)
XII. Die kirchliche Versorgung der Stadt Eisenach im Zeitalter der Reformation. Ein Beitrag zur Reformationsgeschichte. Von Verbig. (28 S.) 905. n.n. — 60
XIII. Der Metilstein, ein Merkstein der Landgrafen-Geschichte Thüringens. Von Kuno Walther. Mit 3 Abbildgn. (20 S.) 905. n.n. — 75
XIV. 1. Der Moseberg, 2. Weinstraße u. Wiegardt, 3. der Pulverturm, 4. der Claus-Kley-Stein. Von Hugo Peter. Mit Grund- u. Aufriß d. Pulverturms. (IV, 35 S.) 906. n.n. — 65

— zur Geschichte Eisenachs. IX, 4. u. 5. Heft u. XV—XX. 8. Eisenach, Hofbuchdruckerei Eisenach, H. Kahle. nn 8.20

Helmbold, Herm., Straßennamen u. andere Ortsbezeichngn. Eisenachs. Mit 2 Stadtplän. (VIII, 88 S.) 909. (XIX.) 1.50
Kahle, Karl, aus Eisenachs guten u. bösen Tagen. 4. Heft: 1831—1840 (98 S.) 907. (IX, 4.) nn —90
— dasselbe. 5. Heft: 1841—1850. (178 S.) 908. (IX, 5) nn 1.30
Kühn, W., Elisabeth, die Heilige, Landgräfin v. Thüringen. Mit 1 Abbildg.: Ankunft der hl. Elisabeth a. d. Wartburg. (28 S.) 907. (XVI.) nn —50
Peter, Hugo, die Hospitäler St. Clemens, St. Spiritus, St. Anna u. St. Justus in Eisenach. Mit 7 Ansicht., e. Grundriß u. e. Lageplan. (76 S.) 907. (XVII.) 1.10
— Die herzogl. Residenz in Eisenach. (55 S. m. 10 [1 farb.] Taf.) 910. (XX.) 1.75
Quistorp, B. v., d. Überfall d. Leutnants Hellwig bei Eisenach, am 17. X. 1806. Mit 1 Plan. (14 S.) 908. (XV.) nn —50
Trapp, des Joh. Wilh., Chronik. Eisenach i. d. J. 1789—1806. 2. Aufl. (89 S.) 908. (XVIII.) nn —65

Beiträge zur Geschichte des 3. Garde-Grenadier-Regiments Königin Elisabeth. 1859—70 . . . Berlin 1870. V: *Hoiningen gen. Huene, Carl Freih. von.* (Hirsch) (Pr)

— z. Gesch. u. Empfehlung d. Kartoffelfrucht rc. 8. Rudolst. 810. Hofbuchh. 12 gr.

Weltausstellung, Wien, 1873. Additionelle Ausstellung Nro. 1 und 2. (Darstellung d. Geschichte d. Gewerbe u. Erfindungen). Beiträge zur Geschichte der Entwicklung der Baumwollindustrie in Vorarlberg. Hrsg. von d. Ausstellungskommission in Feldkirch. (Vorr.: Carl Ganahl.) — Feldkirch [1873]: Graff. IV, 28 S. 8° 89. 15.

Beiträge zu e. Geschichte der Ereignisse in Tyrol, 11. April 1809 bis 20. Febr. 1810. (210.) 8. Leipzig 1810. 4,00.

— zur Geschichte der Erziehung u. des Unterrichts in Bayern, s.a. Mitteilungen der Gesellschaft f. deutsche Erziehungs- u. Schulgeschichte.

— zur Geschichte der Erziehung u. des Unterrichts in Bayern, s.a. Texte u. Forschungen zur Geschichte der Erziehung u. des Unterrichts in den Ländern deutscher Zunge. IV.

Beiträge zur Geschichte der Erziehung und des Unterrichts in Bayern. Hrsg. von d. Gruppe Bayern d. Gesellsch. f. deutsche Erziehungs- u. Schulgesch. H. 1. *Berlin: J. Harrwitz Nachf. 1901.* 8°
— Texte u. Forschungen z. Geschichte d. Erziehung u. d. Unterr. in d. Ländern deutscher Zunge. 4. [01. 7540

Beitraege zur Geschichte der Erziehung und des Unterrichts in Bayern. Hrsg. von d. Gruppe Bayern d. Ges. f. deutsche Erziehungs- u. Schulgesch. H. 1 ff. Berlin 1901—1909. 8°. *[Mit Sondertit.]*
1, 1901. 3, 1903. 4, 1903. 5, 1904. 6, 1906. (7), 1908. (8), 1908. [9], 1908. (10), 1909.
(H. 1. 3. 4. Texte u. Forschungen z. Gesch. d. Erzieh. u. d. Unterrichts in d. Ländern deutscher Zunge. [H. 4. 6. 7.])

— dass. in Hessen-Nassau-Waldeck bezw. in Pommern, s.a. Mitteilungen d. Gesellsch. f. deut. Erziehgs- u. Schulgesch.

Beiträge zur Geschichte d. Erziehung und des Unterrichts in Hessen-Nassau-Waldeck. Hrsg. von d. Gruppe Hessen-Nassau-Waldeck d. Gesellsch. f. deutsche Erziehungs- u. Schulgesch. (Vorr.: Ober-Realschuldir. Dr. Karl Knabe.) [1.] *Berlin: A. Hofmann & Ko. 1904.* 8°
— Texte u. Forschungen z. Gesch. d. Erziehung u. d. Unterr. in d. Ländern deutscher Zunge. 9.
— Mitteilungen d. Gesellschaft f. deutsche Erziehungs- u. Schulgeschichte. Beihefte. 4. [04. 13910

— z. Gesch. d. Erziehg u. d. Unterr. in Mecklenburg, s.a. Mitteilungen d. Gesellsch. f. deut. Erziehgs- u. Schulgesch.

Beiträge zur Geschichte der Erziehung und des Unterrichts in Mecklenburg. Hrsg. von d. Gruppe Mecklenburg d. Gesellsch. f. deutsche Erziehungs- u. Schulgeschichte. [1.] Berlin: A. Hofmann & Ko. 1905. 8°
— Mitteilungen d. Gesellschaft f. deutsche Erziehungs- u. Schulgeschichte. Beihefte. 9. [05. 3605

— dasselbe in Pommern, s.a. Mitteilungen der Gesellschaft f. deutsche Erziehungs- u. Schulgeschichte.

Beiträge zur Geschichte der Erziehung und des Unterrichts in Pommern. Hrsg. von d. Gruppe Pommern d. Gesellsch. f. deutsche Erziehungs- u. Schulgesch. [1.] Berlin: A. Hofmann & Ko. 1905. 8°
— Mitteilungen d. Gesellschaft f. deutsche Erziehungs- u. Schulgeschichte. Beiheft 7. [05. 7013

— z. Gesch. d. Erziehg u. d. Unterr. in Preussen, s.a. Mitteilungen d. Gesellsch. f. deut. Erziehgs- u. Schulgesch.

Beiträge zur Geschichte der Erziehung und des Unterrichts in Preussen. [1.] Berlin: A. Hofmann & Ko. 1907. 8°
— Mitteilungen d. Gesellschaft f. deutsche Erziehungs- u. Schulgeschichte. Beihefte. 14. [07. 7126 S

— z. Gesch. d. Erziehg u. d. Unterr. in Sachsen, s.a. Mitteilungen d. Gesellsch. f. deut. Erziehgs- u. Schulgesch.

— z. Gesch. d. Erziehg u. d. Unterr. in Sachsen, s.a. Zeitschrift f. Gesch. d. Erziehg u. d. Unterr.

Beiträge zur Geschichte der Erziehung und des Unterrichts in Sachsen. Hrsg. von d. Gruppe Sachsen d. Gesellsch. f. deutsche Erziehungs- u. Schulgeschichte. [1.] Berlin: A. Hofmann & Ko. 1907. 8°
— Mitteilungen d. Gesellschaft f. deutsche Erziehungs- u. Schulgeschichte. Beih. 13. [07. 3063

— dasselbe in der Schweiz, s.a. Mitteilungen d. Gesellschaft f. deutsche Erziehungs- u. Schulgeschichte, Beihefte.

Beiträge zur Geschichte der Erziehung und des Unterrichts in der Schweiz. Hrg. von der Gruppe Schweiz der Gesellschaft für deutsche Erziehungs- und Schulgeschichte. (Heft 1.) IV + 71 S. 8. Berlin. A. Hofmann & Komp., 1906. (M. 1. 20)
Beihefte zu den Mitteilungen der Gesellschaft für deutsche Erziehungs- und Schulgeschichte. Hrg. von der G' für d' E'- und Sch'. (Beiheft) 12....
s. Fluri, Adolf.

Beiträge zur Geschichte der Erziehung und des Unterrichts in der Schweiz. [Heft 2.] II + 100 S. 8. Berlin, Weidmann, 1910.
Beihefte zu den Mitteilungen der Gesellschaft für deutsche Erziehungs- und Schulgeschichte. Hrg. von der G' für d' E'- und Sch'. (Beiheft) 20....
s. Haag, Fr[iedrich].

— z. Gesch. d. Erziehg u. d. Unterr. in Württemb., s.a. Mitteilungen d. Gesellsch. f. deut. Schulgesch.

Beiträge zur Geschichte der Erziehung und des Unterrichts in Württemberg. Hrsg. von d. Gruppe Württemberg d. Gesellsch. f. deutsche Erziehungs- u. Schulgeschichte. (H. 1.) ... Berlin: A. Hofmann & Co. 1906. 8°
— Mitteilungen d. Gesellschaft f. deutsche Erziehungs- u. Schulgeschichte. Beihefte. 11. [06. 10518

— zur Geschichte Eschweilers u. seines höheren Schulwesens. Festschrift zur Feier der Anerkennung des Gymnasiums Ostern 1905. Progr. (III, 120 S. m. 1 Karte.) gr. 8. Eschweiler 905. (Aachen, A. Creutzer) n. 1.20

Beiträge zur Geschichte Eschweilers und seines höheren Schulwesens. Festschrift zur Feier der Anerkennung des Gymnasiums Ostern 1905. Eschweiler 1905: Jos. Dostall. (120 S.) 8°
Eschweiler G u. RPG P 1905 (522)

Beiträge zur Geschichte von Stadt und Stift Essen. Hrsg. von dem histor. Verein für Stadt und Stift Essen. 1. Heft. 8. (45 S.) Essen 881. (Fredebeul und Koenen.) *

Inhalt:
Seemann, O., der Bauernsturm von 1662. — Müllers, die Marmorsäule in der Münsterkirche zu Essen. — Grevel, W., das Gerichtswesen im Stifte Kellinghausen von der ältesten Zeit bis zu dessen Auflösung.

— zur Geschichte v. Stadt u. Stift Essen. Hrsg. v. dem histor. Verein f. Stadt u. Stift Essen. 2—4. Hft. 8. Essen 881. 82. Bädeker in Comm. à n. — 50
2. Geschichte der Gründung u. ersten Entwickelung der Gutehoffnungshütte in Sterkrade. (18 S.) — Die Anfänge der Gußstahlfabrikation im Stift Essen. Von Wilh. Grevel. (13 S. m. 1 chromolith. Karte.)
3. Der Essendische Oberhof Ehrenzell [Philipsenburg]. Von Wilh. Grevel. (32 S. m. 1 lith. Plan.)
4. (55 S.)

— zur Geschichte v. Stadt u. Stift Essen. Hrsg. v. dem histor. Verein f. Stadt u. Stift Essen 5—9. Heft. 8. Essen, (Fredebeul & Koenen). n. 4. 95
5. Die Aebtissinnen v. Essen. Nach dem Brüsseler Katalog m. Varianten u. Anmerkgn. hrsg. v. Otto Seemann. (VIII, 44 S.) 883. n. 1. —
6. Uebersicht der Geschichte d. Landkreises Essen v. Wilh. Grevel. [Aus: „Statistik d. Landkreises Essen f. 1875—1880".] gr. 4. (92 S.) 883. n. 1. 20
7. Die Militärorganisation im Stift Essen. 2 Vorträge, geh. v. W. Grevel. 8. (50 S.) 884. n. — 50
8. Die Statuten der früheren Gilden, Ämter u. Zünfte binnen der Stadt Essen. Mitgeteilt v. Büscher. 8. (107 S.) 884. n. — 75
9. Die Beguinenconvente Essens. Nach den Urkunden bearb. von Jul. Heidemann. 8. (196 S.) 886. n. 1. 50

— zur Geschichte v. Stadt u. Stift Essen. Hrsg. v. d. histor. Vereine f. Stadt u. Stift Essen. 10.—13. Hft. gr. 8. Essen, (Bädeker). n. 5. 40
10. 1. Geschichte der evangelischen Gemeinde Rellinghausen v. J. Karsch. — 2. Über einige Hexenprozesse im Stift Essen v O. Seemann. (131 S.) 886. n. 1. 2[illegible]
11. 1. Der Reichstag zu Steele unter Kaiser Otto dem Großen im Mai 938. Vortrag v. W. Grevel. — 2. Die Anfänge der Stadt Steele. Vortrag v. W. Grevel. — 3. Die Essener Schützen der früheren Zeit u. der Schützenzug nach Welheim. Von M. Baumann. (124 S.) 887. n. 1. 2[illegible]
12. 1. Geschichte der spanischen Einfälle in Stadt u. Stift Essen am Ende d. 16. u. Anfange d. 17. Jahrh. u. ihr schließlicher Einfluß auf die Essener Gegenreformation. Vortrag v. H. Goossens. — 2. Der Anfang der Reformation in der Stadt Essen v. W. Grevel. (110 S.) 888. n. 1. 2[illegible]
13. 1. Elisabetha, geb. Gräfin v. Manderscheidt u. Blankenheim, Fürst-Aebtissin des Stifts Essen von 1575—1578, v. W. Grevel. — 2. Der Anfang der Reformation in der Stadt Essen, II., v. W. Grevel. — 3. Der Kampf um die essendische Vogtei, v. F. Geuer. (144 S. mit 1 Lichtdr.-Taf.) 889. n. 1. 80

Beiträge zur Geschichte v. Stadt u. Stift Essen. Hrsg. v. dem histor. Verein f. Stadt u. Stift Essen. 14.—22. Hft. gr. 8. Essen (Ruhr). Histor. Verein. (Nur direkt.) n. 19. 50
14. (104 S.) Leipzig 892. n. 2. —
15. (119 S. m. 1 farb. Taf.) 894. n. 2. —
16. Geschichte des Essener Gymnasiums. Von Konr. Ribbeck. I. Tl., bis 1564. (111 S.) 896. n. 2. —
17. (167 S. m. 1 Taf. u. 1 Plan.) 896. n. 2. —
18. (168 S. m. Abbildgn.) 898. n. 2. —
19. Geschichte des Essener Gymnasiums. II. Tl. Die luther. Stadtschule 1561—1611. Von Konr. Ribbeck. (73 S.) 898. n. 1. 50
20. (193 S. m. 1 Taf.) 900. n. 2. 50
21. Der Liber ordinarius der Essener Stiftskirche u. seine Bedeutung f. die Liturgie, Geschichte u. Topographie des ehemaligen Stiftes Essen. Von Frz. Arens. (IX, 156 S. m. 2 Taf.) 901. n. 2. 50
22. (201 S. m. 2 [1 farb.] Taf.) 902. n. 3. —

— zur Geschichte v. Stadt u. Stift Essen. Hrsg. v. dem histor. Verein für Stadt u. Stift Essen. 23.—27. Heft. gr. 8. Essen (Ruhr), Histor. Verein. (Nur direkt.) n. 10. 25
23. (169 S. m. 1 Faksm.) 903. n. 2. 50
24. Der Haushalt der Stadt Essen am Ende d. 16. u. Anfang d. 17. Jahrh. Von Paul Borchardt. (124 S.) 903. n. 1. 75
25. Geschichte des Klosters u. d. Schule der Congregatio B. M. V. in Essen. 1652—1902. Von Frz. Arens. Mit 6 Taf. (IV, 74 S.) 903. n. 1. 50
26. (208 S. m. 1 Taf.) 905. n. 3. —
27. Die Ortsnamen des Kreises Essen u. der angrenzenden Gebiete. Von Thdr. Imme. (72 S.) 905. n. 1. 50

Beiträge zur Geschichte v. Stadt u. Stift Essen. Hrsg. v. d. histor. Verein f. Stadt u. Stift Essen. 28.—32. Heft. 8. Essen (Ruhr), Histor. Verein. (Nur direkt.) 20. —
28. Urkunden u. Akten des Essener Münsterarchivs. Hrsg. v. K. Heinr. Schaefer u. Frz. Arens. (XI, 348 u. XXX S.) 906. 6. —
29. (148 S. m. 4 Taf.) 907. 2. 50
30. (X, 246 S. m. 2 Taf.) 909. 4. —
31. (314 S. m. 1 Tab.) 909. 4. 50
32. (VII, 212 S. m. 1 Taf. u. 1 Karte) 910. 3. —

— z. Gesch. v. Stadt u. Stift Essen. Hrsg. v. d. histor. Verein f. Stadt u. Stift Essen. 32—34. Heft. 8° Essen (R.), Histor. Ver. (Nur dir.) 11 — d
32 (212 m. 1 Taf. u. 1 Kte.) '10. 3 — ‖ 33. (204 m. 1 Fksm. u. 1 Kte.) '11. 3 — ‖ 34. (327) '12. 5 —

— dass. Reg. zu Heft 1—25. Bearb. v. Frz Gaschor. (6, 233) 8° Ebd. '12. 4 —

— z. Gesch. d. französ.-russ. Feldzugs im J. 1812. 16 Stück. 8. Bresl. 814. J. F. Korn. 6 gr.

Beiträge zur Geschichte des Feldzuges 1848 in Italien. Wien 1850. V: *Thurn-Valsassina, Georg Graf.* (MARGR)

— zur Geschichte d. Feldzuges im J. 1848 in Italien. I. Zug d. 3. Corps v. Visnadello, vor Treviso, nach Verona. II. Begebenheiten beim 3. Corps in Tirol u. Italien. Von einem höhern k. k. Offizier. gr. 8. (65 S.) Wien 850, Gerold. n. 8 ngr.

Beitraege zur Geschichte des russ.-franzoes. Feldzuges 1812. 8. Breslau 1814. 0,75.

Beiträge z. Gesch. d. Feldzugs v. 1796. 8. Altona 797. (Behrens in Frankf.) 16 gr.

— z. Gesch. d. Feldzüge v. 1813 u. 14. von e. Offizier d. alliirten Armee. gr. 8. Berl. 815. (Reimer). 1 rß 12 gr.

Beiträge zur Geschichte A. H. Franckes. 56 S. – Progr. Halle 1859.

Beiträge zur Geschichte August Hermann Francke's, enthaltend den Briefwechsel Francke's und Spener's, hrsg. von G. Kramer. — Halle: Waisenhaus 1861. XIV, 475 S. 8°
1: Au 4001. 2→11. 14. 15. 16. 18. 21. 24. 27. 29. 15.

Beiträge zur Frankfurter Geschichte. Den Theilnehmern an d. vom 11.-15. Sept. 1881 stattfindenden General-versammlung d. Gesammtvereins d. deutschen Geschichts- u. Alterthums-Vereine gewidmet vom Verein für Geschichte u. Alterthumskunde zu Frankfurt a. M. — Frankfurt a. M. 1881: Kumpf & Reis. 254 S. 8°
1: Si 5045. 5. 14. 17. 21. 26. 39. 15.

— zur Geschichte der sächsischen Franziskaner-Ordens-Provinz. Sep.-Ausg. des Jahrbuches 1907. Hrsg. vom Provinzialat zu Düsseldorf. (III, 150 S.) Lex. 8. Düsseldorf (908). (E. Bierbaum) 4. —

— z. Gesch. d. sächs. Franziskanerprovinz v. hl. Kreuze. Hrsg. v. Patricius Schlager. I—V. Bd, '08—12. Lex8° Düsseld., L Schwann. 21 —
I. '08. (134 m. 3 Taf.) 4 — ‖ II. '09. (192 m 3 Taf.) 6 — ‖ III. '10. (121 m. 1 Grundr. u. 2 Taf.) 4 — ‖ IV. u. V. '11 u. '12. (221) ('12) 7 —

— zu d. Gesch. d. Frauenzimmer d. 18. Jahrhund. 8. Leipz. 781. (Wienbrack). 12 gr.

Beiträge zur Geschichte der Stadt Freiburg und des Breisgaues. 1. Zur Geschichte der Wohlthätigkeitsanstalten Freiburgs (Verf.: J. C. Jäger). 2. Ueber die Einquartirungslast von 1813 und 1814 zu Freiburg und im Breisgau. — Freiburg i. Br.: Wangler 1849. 32 S. 8°
1: Si 2980. 300: 434.517-A.

Beiträge zu einer Geschichte der Freimaurerei in Österreich. Von W. B. Regensburg 1868. V: *Pfeilschifter, Johann Baptist von.* (RUSSELL IX, 336)

Beiträge zu einer Geschichte der Freimaurerei in Oesterreich. Von W. B. Regensburg 869. Coppenrath. 8. (128 S.) 7½ ngr.

— zur Gesch. d. Frohne od. Scharwerke in Baiern, (v. S. Rottmanner). 2 Bde. 8. Frankf. (Münch.) 798 u. 800. (Fleischmann). 1 rß 1 gr.

Beiträge zu einer Geschichte des Ostpreuß. Füsilier-Regiments Nr. 33. 1865 s.a. *Backe*, Wilhelm. 1865.

Beiträge zu einer Geschichte des Ostpreussischen Füsilier-Regiments Nr. 3. Köln 1865. V: *Backe*, *Wilh.* (Hirsch)

Beiträge zur Geschichte der Stadt Garz. — Schwedt: Jantzen 1826. XII,102 S. 8°
Verfasser nach handschriftlicher Katalognotiz von 1 Friedrich Paul v. Probst.
1:T 4854. 20.
15.

— zur Geschichte des Gastwesens. 1. Bd. 8. Plauen-Dresden, M. Hegenbarth. n. 1. —
Historische Hotels u. Gaststätten sowie hervorragende Persönlichkeiten im Wirte-Beruf. Von Hegenbarth-Florio. (61 S. m. Abbildgn.) (901.)

Beiträge zur Geschichte der Gebräuche und Sitten der Deutschen im 16. Jahrhundert. [Weimar 1808—1809.] V: *Semler*, *Christian August.* (NN)

Beiträge zur geheimen Geschichte des menschlichen Verstandes und Herzens ... Leipzig 1770. V: *Wieland*, *Christoph Martin.* (BrMm) (EE) (Ky)

— z. geheimen, d. menschl. Verstandes, (von Chr. M. Wieland). 2 Thle. 8. Leipz. 770. Weidmann. 12 ℛ. Holl. P. 20 ℛ

— zur Geschichte der k. u. k. Genie-Waffe. Nach den v. Heinr. Blasek hinterlassenen Manuscripten u. Vorarbeiten. Im Auftrage des k. u. k. Reichs-Kriegs-Ministeriums zusammengestellt u. bearb. durch Frz. Rieger. 1. Thl. 2 Abschnitte. gr. 8. (XIX, 522 u. XI, 798 S. m. 13 Plänen u. 2 Bildnissen.) Wien 898. (L. W. Seidel & Sohn). n. 17. —; geb. in Leinw. n. 24. —

Beiträge zur Geschichte und Geographie des Sudan. [Auszuge aus dem Tarih as Südân des Ahmed Bâbâ.] Eingesandt von Dr. Barth. Nach dem Arabischen bearbeitet von C. Ralfs. ([S.-A.] Zeitschrift der Deutschen Morgenländischen Gesellschaft. Bd. 9. 1855. S. 518-594.) Leipzig 1855. 77 S. 8°.

Beiträge zur Geschichte der Sängerschaft Germania (A.G.V. Berlin). Zur Feier ihres 40. Stiftungsfestes hrsg. vom Verband Alter Herren. (Vorr.: Wilhelm Ebel.) — (Berlin [1907]: Driesner.) 119 S. 8° 1:Mus. Cb 237.

Beiträge zur Geschichte des Welserischen Geschlechts. Nürnberg 1782. V: *Roth*, *Johann Ferdinand.* (MGT) 1780. V: 2. Abth. *Ledermüller*, *Heinr. Jacob.* (will)

Beiträge zur Geschichte des Geschützes, des Pulvers u. der Kugeln, mit besonderer Beziehung auf Schlesien u. Breslau. 8. Liegnitz 1811.

Beiträge zur Geschichte des Geschützwesens ... Mainz 1836. V: *Stein*, *Baron von.* (Pr) (Feil)

Beiträge zur Geschichte der berühmtesten Gesundbrunnen und Bäder in unserer Schweiz. Zürich 1787—88. V: *Murer*, *R.* (EngM) (Ky)

— z. Gesch. d. berühmten Gesundbrunnen d. Schweiz, (v. R. Murer). (A. u. d. T.: Beschreib. d. Habsburg. Bades. 1r Abschn. chorograph. Beschreib. 787. 7 ℛ 2r Abschn. physikal. Beschreib. 788. 6 ℛ) 8. Zürich, Ziegler u. Comp. 13 ℛ

Weltausstellung 1873 in Wien. Beiträge zur Geschichte der Gewerbe und Erfindungen Oesterreichs von der Mitte des XVIII. Jahrhunderts bis zur Gegenwart. Hrsg. von d. General-Direction. Red. von Wilhelm Franz Exner. Reihe 1.2. — Wien: Braumüller 1873. 8°
1. Rohproduction u. Industrie.
2. Ingenieur-Wesen, wissenschaftliche u. musikalische Instrumente, Unterricht.
1:Oo 3651. 12:Techn. 1373m. [u.] [∞ 2] 1373n. 14. 13 [∞ 1]. 17. 18. 21. 24. 26. 28. 38. 82. 85. 89. 90. 91.
300:65.894-B. 202.
15.

Beiträge zur Geschichte der steirischen Glasindustrie. O. O. [1894]. V: *Pogatschnigg*, *Valentin.* (EB)

— zur Gesch. Glogaus, gelief. v. d. Vereine f. dieselbe. 1. Hft. 8. ... Glogau 829, [Flemming.]

Beiträge zur Geschichte Glogau's, geliefert von dem Vereine für dieselbe. H. 1. — Glogau 1829: Günter. 97 S. 8°
1:Tb 3030. 2.
15.

— z. Gesch. d. k. k. Gränitzregimenter. gr. 8. Wien 788. Wucherer. 5 ℛ

— zur Geschichte der Stadt Greifswald, begonnen v. Carl Gesterding, fortgesetzt v. Thdr. Pyl. 3. u. 4. Fortsetzg. gr. 8. Greifswald, (J. Bindewald). à n. 1. 80
3. Die niederrheinische u. die westphälische Einwanderung in Mittelsch-Pommern, sowie die Anlage u. Benenng. der Stadt Greifswald u. seiner ältesten Straße, d. Rorcmundshagen [Schuhhagen], von dem niederrheln. Orte Gryphswald u. v. Einsiedlern aus Roermonde. (XII, 174 S.) 892.
4. Geschichte der Bukow'schen Stiftung, e. Beitrag zur Geschichte der kirchl. Reformation u. der durch letztere in Pommern hervorgerufenen Kriege, nebst e. Übersicht der auf die Stiftg. bezügl. Urkunden u. Acten, u. 51.—64. Jahresbericht (1888—1892). (VIII, 179 S.) 893.

Vorh. u. d. T.: Gesterding: Beitrag zur Geschichte der Stadt Greifswald nebst Forts. 1. 2. 1827 - 30.

Festgabe 1859 St. Joh. Loge Victor zum goldnen Hammer, Spandau 1909 26. September. Beiträge zur Geschichte der Gründung der Johannis-Loge Victor zum goldenen Hammer in Spandau und ihrer Übersiedelung in das eigene Heim Bahnhofsstraße 3 nebst e. Verzeichnis sämtlicher Mitglieder u. einer kurzen Darstellung d. Geschichte d. Johannis-Loge Victor zum goldenen Hammer in Delitzsch. (Nauen [1909]: Freyhoff.) 43 S. 8° 15.

Beiträge zur Geschichte des Guttemplerordens in Deutschland. Erlebnisse und Erinnerungen eines alten Ordensbruders. Gravenstein. 1895. 8°

Beiträge zur Geschichte des Gymnasiums zu St. Elisabet. Festschrift z. Feier d. Einweihung d. neuen Schulgebäudes. (Hrsg.: Dr. Johannes Paech, Dir.) Breslau 1903: Grass, Barth & Co. (219 S.) 4°(8°)

— zur Geschichte des Gymnasiums zu St. Elisabeth. Festschrift zur Feier der Einweihg. des neuen Schulgebäudes. Breslau 1903. (219 S. m. 1 Abbildg., 4 Taf. u. 8 Plänen.) gr. 8. Breslau 903. (F. Hirt.) n. 2. 60

Beiträge zur Geschichte der Grafen und Freyherren von Hammerstein ... Göttingen 1806. V: *Hammerstein*, *Hans Freih. v.* (Ky) (MGT)

— z. Gesch. d. Grafen u. Freiherrn v. Hammerstein, von d. frühesten Zeiten bis zur Mitte d. 15. Jahrh. Aus Urkunden u. gleichzeit. Geschichtschreibern. gr. 4. Götting. 806. Dieterich. 18 ℛ

Beiträge zur Geschichte des Berliner Handels und Gewerbfleisses aus der ältesten Zeit bis auf unsere Tage. Festschrift zur Feier d. 50jährigen Bestehens d. Korporation d. Berliner Kaufmannschaft am 2. März 1870. — Berlin [1870]: Unger. 116 S. 4°
1:4° Td 1350. 11. 21. 37. 83.
15.

Beiträge zur Geschichte der Handfeuerwaffen. Festschrift zum 80. Geburtstag von Moritz Thierbach. (Hrsg.: Karl Koetschau.) — Dresden: Baensch 1905. 247 S. 8°
1:4° Hu 40320. 4. 14. 15. 17. 30. 300:439.434-C.
15.

Beiträge zur Geschichte des Handwerks in Preussen unter Mitw. d. Hrsg. bearb. von Dr. Otto Thissen. *Tübingen: H. Laupp 1901.* (xx, 250 S.) 8°
— Beiträge z. Geschichte d. Bevölkerung in Deutschland. Bd 6.

— zur Geschichte d. preuß. Heeres, s. Mittheilungen aus d. Archiv d. königl. Kriegsministeriums.

— zur Geschichte des oesterreichischen Heerwesens. 1. u. 2. Hft. gr. 8. Wien 872. 73. Seidel & Sohn. n. 7. —
1. Hft.: Der Zeitraum von 1757—1814. Mit besond. Rücksichtnahme auf Organisation, Verpflegg. u. Taktik. Mit 3 (lith.) Plänen (in qu. Fol.) (VIII, 278 S.) n. 5. —
2. Hft.: Quellen der österreichischen Kriegs- u. Organisations-Geschichte nebst e. Anh. üb. die Aufgabe der militär. Geschichtsschreibg. u. ihre Methode v. Gust. Bancalari. (VII, 101 S.) n. 2. —

Beiträge zur Geschichte der Heidenbekehrung. Mitgetheilt von JOHAN HARTWIG BRAUER. 1—3. Beitrag. Altona. 1835—39. — 4. Beitrag. Hamburg. 1841. (Hvert Beitrag har tillige særskilt Titelbl.: med Brauer som Forf.: 1. Johann Eliot und die Familie Mayhew, die Apostel der Indianer. 1835; 2—4. Die Heidenboten Friedrichs IV. v. Dänemark. (2. Bartholomäus Ziegenbalg. 1837; 3. Thomas von Westen und Hans Egede. 1839; 4. Benjamin Schultze: 1841)).

Beiträge zur Geschichte der Familie Hennings (1500—1900). Hrsg. v. Johann Friedrich Bernhard Hennings und Paul Christian de Coninck Hennings. Lübeck. 1899. 8°.

Beiträge zur Geschichte der Familie Hennings ⟨1500—1905⟩ und der Familie Witt ⟨1650—1905⟩. Hrgg. v. Johann Friedrich Bernhard Hennings, Lehrer in Lübeck, und Paul Christian de Coninck Hennings, Obergerichtsanwalt in Kopenhagen. 2. Aufl. Lübeck. 1905. 8°.

— z. Gesch. d. menschl. Herzens ꝛc. 8. Stuttg. 780. Metzler. 10 gl

Beiträge zur Hildesheimischen Geschichte, ... Bd. I. II. Hildesheim 1829-36. V: *Gerstenberg, J. D.* (BrMm) (EngG) (Ky) (Pr)

Beiträge zur hildesheimischen Geschichte, enthaltend die darauf Bezug habenden Aufsätze der sämmtlichen hildesheimischen Wochen- und einiger kleinen Gelegenheitsschriften bis zum Jahre 1828. (Hrsg.: J. D. Gerstenberg.) Bd 1-3. — Hildesheim 1829-30: Gerstenberg. 8°
1: Sm 5060. 2. 3. 5. 6. 7. 11. 12: Germ. sp. 55h. 14. 28. 30.
15.

Beiträge zur Geschichte der Kirche und Pfarrgemeinde Hombrechtikon. Stäfa (Schuster, Carl Ludwig).

— z. Gesch. d. Hornviehseuche, (v. K. F. Uden). 1r Thl. gr. 8. Stendl. 777. Franzen u. Gr. 12 gl

Beiträge zur Geschichte des Jahres 1813. Von einem höhern Offizier der Preußischen Armee. Potsdam 1843. V: *Prittwitz, Carl Ludw. Wilhelm Ernst v.* (HHBD IX, 27)

— zur Geschichte des Jahres 1813. Von einem höhern Offizier der Preuß. Armee. In 2 Bdn. mit Beilagen. 1. Bds. 1. Hälfte. Lex. 8. Potsdam 843, Riegel. n. 1⅓ ₰ — dass. 1. Bd. 2. Hälfte. Lex. 8. Ebend. 843. 1⅓ ₰ — dass. 2. (letzter) Bd. Mit 7 Rapport. u. 4 lithogr. Plän. Lex. 8. Ebd. 843. n. 2⅔ ₰ — Beide Bde. n. 5⅓ ₰

Beiträge zur Geschichte der dt. Industrie in Böhmen. Hrsg. vom Verein für Geschichte der Dtn in Böhmen. H. 1—6. — Prag: Selbstverl. des Vereins; Prag: Dominicus u. Lpg: Brockhaus in Komm. 1893—1898.

— zur Geschichte der deutschen Industrie in Böhmen. Hrsg. vom Vereine f. Geschichte der Deutschen in Böhmen unter Leitg. v. Ottocar Weber. I—III. gr. 8. Prag, (H. Dominicus). n. 8. 40
I. Literatur zur Geschichte der Industrie in Böhmen bis zum J. 1850. Gesammelt v. W. Hieke. (XX, 133 S.) 893. n. 2. 40
II. Firma Franz Leitenberger 1793—1893. Eine Denkschrift v. Herm. Hallwich. (158 S. m. 2 Bildnissen.) 893. n. 3. 60
III. Die Entstehung der Porcellan- u. Steingutindustrie in Böhmen. Von Ottocar Weber. (VIII, 128 S.) 894. n. 2. 40

— z. Geschichte d. deutschen Industrie i. Böhmen. Hrsg. v. Vereine f. Geschichte d. Deutschen i. Böhmen. IV—VI. gr. 8. Prag (H. Dominicus). n. 11. — (I—VI: n. 19. 40)
IV. Firma Benedict Schroll's Sohn. Von Ed. Langer. (244 S. m. 8 Bildn.) 895. n. 6. —
V. D. Reichenberger Tuchindustrie i. ihrer Entwicklg. v. zünft. Handwerk z. mod. Großindustrie v. Jos. Grunzel. (186 S.) 898. n. 2. —
VI. D. böhm. Commerzcollegium u. f. Thätigkeit. E. Beitrag z. Geschichte d. böhm. Handels u. d. böhm. Industrie i. Jahrhunderte n. d. westfäl. Frieden v. A. F. Pribram. (278 S.) 898. n. 4. —

— z. Gesch. d. deut. Industrie in Böhmen. Hrsg. v. Ver. f. Gesch. d. Deutschen in Böhmen unter Leitg v. O Weber. V u. VI. 8° Prag, (JG Calve). 6 — (I—VI.: 19.40)
Grunzel, J: Die Reichenberger Tuchindustrie in ihrer Entwicklg v. zünft. Handwerk z. modernen Grossindustrie. (186) 98. [V.] 2 —
Pribram, AF: Das böhm. Commerzcollegium u. s. Thätigkeit. Beitrag z. Gesch. d. böhm. Handels u. d. böhm. Industrie im Jahrh. nach d. westfäl. Frieden. (278) 98. [VI.] 4 —

Beiträge zur Geschichte der Industrie Rigas. Hrsg. vom Techn. Verein zu Riga. H. 1. Riga 1910: Häcker. 4°(8°)

— zur Geschichte der Industrie Rigas. Hrsg. vom techn. Verein zu Riga. 1. Heft. Vorwort. — Einleitung. (53 S. m. Abbildgn., 4 [1 farb.] Taf. u. 1 farb. Plan.) Lex. 8. Riga 910. (N. Kymmel.) 1. 20

Beiträge zur Geschichte der mähr. Judenschaft. 1903 s. *Beitraege*, Urkundliche, zur Geschichte der mähr. Judenschaft.

Beiträge zur Geschichte des Herzogthums Jülich. Hrsg. v. Aegid. Müller. Bd. 1.2. Bochum.
1. Aschenbroich, J. F. M.: Geschichte der alten Jülich'schen Residenz Nideggen. 1867.
2. 1868.

Beiträge zur Geschichte der Teutschen Justitzpflege im achtzehnten Jahrhundert. No. 1—4. [Schwabach] 1786—1789. V: *Staudner, Johann Leonh.* (ML)

Beiträge zur Geschichte der deutsch. Justizpflege. 4 Stcke. 4. *Nürnberg*, 787—89. Grattenauer. (Palm in *Erlangen.*) 1 Thl. 16 Gr.

Beiträge zur Geschichte des letzten Kampfes der deutschen Erzbischöfe und Bischöfe gegen den falschen Primat des Apostels Petrus und die darauf gegründeten Uebergriffe der päbstlichen Kurie in das Recht der Staaten. — o. O [1839]. 92 S. 8° 1: an Gs 64.
15.

Beiträge zur Geschichte der Kapuziner in Österreich. Aus den neuesten Kirchengeschichten unsers Jahrhunderts. Kölln [Wien] 1783. V: *Rautenstrauch, Johann* (WBL 25/66) V: *Fessler, Ign. Aurel.* (PK 1/277) (Petzek S. 23) (Wr 121) (BiblPort)

— z. Gesch. d. Kapuziner in Oesterreich. 8. Köln 783. Hörling. 3 K

— zur Geschichte der österreichischen Kavallerie. Die österreichische Kavallerie in Feldzügen des XVIII. Jahrh. u. in jenen der neuesten Zeit [1859 u. 1866]. Im Auftrage u. unter Leitg. der Direktion d. k. k. Kriegs-Archivs verf. in der Abtheilg. für Kriegsgeschichte von Frdr. Frhr. v. Mühlworth-Gärtner. 8. (Schluss-)Lfg. [Mit 4 (lith.) Karten u. Plänen.] gr. 8. (VIII, 748 u. Anh. 71 S.) Wien 881. 82. Seidel & Sohn in Comm. n. 16. —

Beiträge zur Geschichte des Kelchs in Böhmen ... Prag 1817. V: *Dobrowsky, Joseph.* (BrMm)

Beiträge zur Geschichte und Kenntniss der rigischen Stadtbibliothek ... Riga 1792. V: *Sonntag, Carl Gottlob.* (R-N)

Beiträge zur Geschichte der Kieferraupe nach angestellten Bemerkungen erfahrner sächsischer Forstmänner. — Dresden: Gerlach in Komm. 1800. 44 S. 8°
1: Lt 7386. 12: Zool. 50. 18. 21. 24. 27. 30.
15.

— Beiträge zur Geschichte der Kieferraupe nach angestellten Bemerkungen erfahrener sächsischer Forstmänner. 2. Ausg. — Ronneburg: Schumann 1803. 44 S. 8° 30.
15.

Beiträge zur Geschichte der katholischen Kirche im neunzehnten Jahrhundert. O.O. 1818. V: *Paulus, Hnr. Eberh. Gottlob.* (EB)

— z. Gesch. d. kathol. Kirche im 19. Jahrh., in Bezieh. auf d. neuesten Verhältnisse ders. gegen d. röm. Kurie. gr. 8. Heidelb. 818. Oswald. 2e Aufl. mit Zusätzen v. H. E. G. Paulus. 8. Ebd. 823. 1 Rß

Beiträge zur Geschichte der Schweizerisch-reformirten Kirche: zunächst derjenigen des Kantons Bern. Im Auftrage des Bernischen Pastoral-Vereins hrg. von F[riedrich] Trechsel.... 4 Hefte. 8. Bern 1841–1842.

Beiträge zur Geschichte der Kirchen und Prediger in Livland. Riga 1843. H: *Napiersky, Carl Eduard.* (Zu)

— zur Geschichte d. Kirchen u. Prediger in Livland. 1. Hft. Livländische Kirchen- u. Prediger Matrikel 8. (7½ B.) Riga 843. (Deubner.)

Beiträge zur Geschichte der sämmtlichen früheren und jetzigen Kirchen und Klöster der Stadt Bonn und nächsten Umgebung. Gesammelt und herausgegeben von einem Bonner. Bonn 1861. V: *Felten* (?). (StBKöln I, 181)

Beiträge zur Geschichte des Kirchenrechts in den Deutschen Kolonisationslanden. 1. *Berlin: F. Vahlen 1902.* 8° [F.] [illegible]

— zur Geschichte der Kirchenspaltung d. 16. Jahrhunderts, s. Zeitung.

— zur Gesch. des Herzogt. Kleve, hrsg. v. Alfr. Herrmann, s. a. Veröffentlichungen des historischen Vereins f. d. Niederrhein. II.

Beiträge zur Geschichte des Herzogtums Kleve. Festschrift d. Historischen Vereins für d. Niederrhein zur Feier d. 300jährigen Zugehörigkeit Kleves zur Krone Preussen. Hrsg. von d. Vorstande d. Vereins. (Schriftleiter: Alfred Herrmann.) — Köln: Boisserée 1909. 447 S. 8° (Veröffentlichungen d. Historischen Vereins für d. Niederrhein. 2.) 1: Th 109-2. 2. 4. 5. 6. 9. 10. 11.
12: Bor. 195a-2. 14→18. 21. 24. 25. 26. 29. 30. 38.
102. 300: 446.098-B. Per. 2. 302.
15.

— zur Geschichte der Familien v. Klock genannt v. Offingen u. Risseck, Fallenstein v. Muehlen, genannt Fallenstein, Cordel, Manché u. Campbell of Redgate. I. Tl. Die v. Klock genannt Offingen u. Risseck. (Von Max Otto v. Klock.) (IV, 40 S.) 8. Boston, Mass. (148 Federal Street) U. S. A. 906. (L. Fallenstein & Co.) Geb. in Leinw. 2. —

Beiträge zur Geschichte vornehmlich Kölns und der Rheinlande. Zum 80. Geburtstag Gustav v. Mevissens dargebracht von d. Archiv d. Stadt Köln. (Vorr.: Joseph Hansen.) — Köln: Du Mont-Schauberg 1895. VI, 406 S. 8°
1: Th 7774. 2→7. 9. 10. 11. 12: Germ. sp. 30 cm.
14→17. 21. 25→30. 38. 300: 188.528-C.
15.

Beiträge zur Geschichte der Stadt Köln. Aus Handschriften u. Urkunden ges. von J. M. Heberle. Eine Neujahrsgabe für 1840. — Köln [1840]: Heberle. IV, 46 S. 8°
1: Th 7758. 2. 3. 5. 7. 14. 38. 300: 8915-A.
15.

— z. Gesch. d. Amerikan. Kriegs, s. a. Briefe u. Schr. berühmter Generale.

Beiträge zur Geschichte des Amerikanischen Krieges, ... Philadelphia u. Leipzig [Augsburg] 1788. V: *Zinner, Johann.* (MGT) (Wr)

Beiträge zur Geschichte des Krieges zwischen Brasilien und Buenos-Ayres in den Jahren 1825. 26. 27. 28. von e. Augenzeugen. — Berlin: G. Reimer 1834. 314 S. 8°
1: Uy 130. 7. 8. 10. 11. 12: Am. A. 285. 14. 17.
15.

Beiträge zur Geschichte des dreissigjährigen Krieges. Aus den nachgelassenen Schriften Anton Gindely's herausgegeben von J. Hirn. [Aus dem Archiv für österr. Geschichte (Bd. LXXXIX. 1. Hälfte, S. 1] separat abgedruckt.) Wien. 1900. In Comm. Gerold's Sohn. Gr.-8°. 241 S. K 5.20

— z. Gesch d. 30jähr. Kriegs, Pommern betreffend. 8. Greifsw. 772. Röse. (Gnobloch in Leipz.) 1 Rß 12 K

Beiträge zur Geschichte des 30jährigen Krieges, Pommern betreffend. 8. Stralsund 1772. 4,50.

Beiträge zur Geschichte des französischen Krieges. 8. Altona 1796.

Beitrag zur Geschichte des französ. Krieges. 8. Frankfurt 1796.

Beiträge zur Geschichte des gegenwärtigen Krieges. Zittau 1778. V: *Spieckermann, Adam Jacob.* (ML)

— z. Gesch. d. gegenwärt. Kriegs zwischen d. Russ. u. Türk. Reiche; auch als Nachrr. v. d. Schlacht bei Choczim 1769 u. d. bei Kahul 1770. Mit 3 Plän. 8. Bresl. 771. W. G. Korn. 8 K

Beiträge zur Geschichte des Krieges vom Jahre 1806 und 1807, oder: Bemerkungen, Berichtigungen und Zusätze zu dem 7. Theile d. Werkes: Geschichte d. Kriege in Europa seit d. Jahre 1792 als Folgen d. Staatsveränderung in Frankreich unter Ludwig XVI. Berlin 1834. — Breslau: Aderholz 1836. 61 S. 8°
Verfasser nach handschriftlicher Notiz im Exemplar von 9 Heinrich v. Wedell.
1:Qn 5192. 2. 5. 9. 12:Eur. 315-7. 17. 24. 300:71 Z 286.
15.

Beiträge zur Geschichte des inneren Krieges in der Schweiz im November 1847 ... Basel 1848. V: *Segesser, Phil. Ant. v.* (ADB) (Zuwachsverz. d. Bibliotheken in Zürich 1898 ff.)

— zur Geschichte des innern Krieges in d. Schweiz im Novbr. 1847, v. einem Luzernischen Miliz-Offizier. Mit 1 (lith.) Kärtchen (in 4.) gr. 8. (96 S.) Basel 848, Neukirch. n. 12 ngr

— z. Gesch. d. Kriegs in Preußen, s. Briefe üb. d. Verhältn. d. Preuß. H.

Beitrag zur Geschichte des 2. schlesischen Krieges. Aus den Papieren des Gen.-Lts. Grafen von Nassau. 8. Frankfurt 1780.

— z. Gesch. d. zweiten Schles. Kriegs, aus d. Pap d. Generallieut. v. Nassau. gr. 8. Frankf. 790. (Walther in Dresd.) 8 gr

Beiträge zur Geschichte des zweiten schles. Krieges. Berlin 1884. 8°.

[F.] ... Beiträge zur Geschichte des zweiten Schlesischen Krieges. M. e. Uebersichtskt. u. 2 Sk. ... 2. durchges. Aufl. *Berlin: E. S. Mittler & Sohn 1896.* (37—124 S., 1 Tab., 2 Kt.) 8.
— Einzelschriften, Kriegsgeschichtliche. H. 3, (1). [96. 6071

Beiträge zur Geschichte der Kultur der Wissenschaften, Künste und Gewerbe in Sachsen vom 6. bis zu Ende des 17. Jahrhunderts. Dresden 1823.

Beiträge zur Geschichte der Cultur der Wissenschaften, ... in Sachsen ... Dresden 1824. V: *Gebhard, K.* (Ky) (MGT)

Beiträge z. Gesch. d. Kultur d. Wissenschaften, Künste u. Gewerbe in Sachsen, v. 6ten bis zu Ende d. 17ten Jahrh. gr. 8. Dresd. 824. Walther. 20 gr

— z. Gesch. d. Kunst, oder Verzeichniß d. Bildnisse d. Nürnberg. Künstler, (v. G. W. Panzer). gr. 8. Nürnb. 784. Felßecker. 4 gr

Beiträge zur Geschichte der Kunst und des Kunsthandwerks in Bern im 15., 16. und 17. Jahrhundert. Hrsg. von d. Bernischen Künstlergesellschaft zur Eröffnung d. Kunstmuseums. — Bern: Dalp 1879. 110 S. 4°
Nebent.: Festschrift zur Eröffnung d. Kunstmuseums in Bern.
1:4° Nr 8715. 13. 24. 25. 38. 300:58.863-C.
15.

— z. Gesch. d. Künste u. Gewerbe, der Sitten u. Gebräuche, (v. L. Meister). 8. Zürich 774. (Orell). 16 gr

Beiträge zur Geschichte der Künstler. [Weimar 1795.] V: *Jagemann, Christian Joseph.* (MGT)

— z. Gesch. d. Künstler u. Gewerke rc. 8. Leipz. 776. Weber. 12 gr

Beiträge zur Geschichte des Landes unter der Ens. Wien 1815. V: *Fischer, Maximilian.* (EB)

[F.] Beiträge zur Geschichte des Nassauer Landes. [No] 1. *Wiesbaden: Lützenkirchen & Bröcking 1897.* 8. [97. 8485

— zur Geschichte der Landescultur d. Königr. Böhmen im Jahrh. 1791—1891. Festschrift, hrsg. vom landwirthschaftl. Central-Comité der allgemeinen Landesausstellung in Prag 1891. Mit 4 Portr., mehreren Abbildgn. u. 1 (farb.) Karte des Königr. Böhmen. Lex.-8. (VIII, 365 S.) Prag 891. (J. G. Calvo.) n. 5. —

Beiträge zur Geschichte der Landescultur des Königreiches Böhmen im Jahrhunderte 1791-1891. Festschrift hrsg. vom landwirthschaftlichen Central-Comité d. allgemeinen Landesausstellung in Prag 1891. — Prag: Landesculturrath für d. Königreich Böhmen 1891. 365 S. 4°
1:4° Ov 11678. 14. 300:91.600-C. 302.
15.

BEITRÄGE ZUR GESCHICHTE, LANDES- UND VOLKSKUNDE DER ALTMARK.
Herausgegeben im Auftrage des Altmärkischen Museums-Vereines zu Stendal von PAUL KUPKA.
Bd. I. Stendal 1903. Druck von Otto Fuhrmann [1]). 8°.
Bd. II. Mit 5 Tafeln und vielen Textfiguren. ib. 1905—1909. —
Herausgegeben im Auftrage des Altmärkischen Museum-Verein zu Stendal von PAUL S. KUPKA.
Bd. III. Mit 3 Tafeln und vielen Textfiguren. ib. 1910—1914. Altmärkische Druck- und Verlags-Anstalt G. m. b. H.

— z. Gesch., Landes- u. Volkskde d. Altmark. Hrsg. v. Paul Kupka. 2. Bd, 6 Hefte u. 3. Bd, 1—3. Heft. gr8° Stend., (R Vehse). d. Bd nn 4 —
Bd I ist vergriffen.
2. (7, 410 m. Fig. u. 5 Taf.) '05—09. ‖ 3. (1—3. Heft: 264 m. Fig. u. 1 Taf.) '10—12.

— zur Geschichte der Schleswig-Holsteinischen Landwirthschaft. Hrsg. u. m. Vorw. vers. von N. Falck. Mit 1 (lith.) Portr. gr. 8. (VI u. 136 S.) Kiel 847, Schröder & Co. n. 5/6 Rthlr

Beiträge zur Geschichte der Pfarre und des Marktes Langenlois. — St. Pölten: Bischöfl. Consistorium 1880. 121 S. 8°
Aus: Geschichtliche Beiträge zu d. Consistorial-Currenden d. Diöcese St. Pölten. 1880.
300:26.424-B.
15.

— zur Lauchheim-Kapfenburger Geschichte. (Lauchheimer Geschichts- u. Altertums-Verein.) Hrsg. v. Aug. Gerlach. Nr. 1—3. 8. Ellwangen 910. F. Bucher. à — 80
1. Mühlich, Magister Joh. Philipp, T. O. P., Stadtpfarrer zu Lauchheim 1649—70. (15 S.)
2. Aus 2 alten Lauchheimer Gemeinde-Ordnungen. (14 S.)
3. Aus dem Leben e. Dorfschullehrers im 18. Jahrh. (16 S.)

Beiträge zur Geschichte des constitutionellen Lebens in Deutschland, mit Bezug auf die preußische Verfassungsfrage. — o.O. [1846]. 77 S. 8° 1:Gw 17574.
15.

Beiträge zu einer Geschichte a) der Lehre von den Todesstrafen b) des Streites über das göttliche Recht der Obrigkeit c) der Lehre von der Oberaufsicht des Staats. [Leipzig 1797.] V: *Siebenkees, Johann Christian.* (MGT)

Beiträge zur Geschichte der Universität Leipzig. 1. W[ilhelm] Stieda, Die Universität Leipzig im Sommer-Semester 1904. 2. M[ax] Heinze, Das Kgl. Konvikt an d. Universität Leipzig. *Leipzig: Gesellsch.; K. W. Hiersemann [in Komm.] 1904.* (75 S.) 8° [F.]
— Mitteilungen d. Deutschen Gesellschaft z. Erforschung vaterländ. Sprache u. Altertümer in Leipzig. Bd 10, H. 1. [04. 1865

Beiträge zur Geschichte der Universität Leipzig im fünfzehnten Jahrhundert. Zur Feier d. 500jährigen Jubiläums ... gewidmet von d. Universitäts-Bibliothek. — Leipzig: Harrassowitz 1909. 63,93 S. 8°
1:Az 3086. 2→5. 7→11. 12:H. lit. P. 36 nc. 14→18. 21. 23. 25→30. 38. 90. 300:467.683-C. 302.
15.

Beiträge zur Geschichte der Liebe, aus einer Sammlung von Briefen. Leipzig 1778. V: *Abel, Jac. Fr. v.* (Heine, Roman in Deutschl. Halle 1892 S. 4.)

— z. Gesch. der Liebe, aus e. Samml. von Briefen. (Von Jak. Fr. Abel.) 2 Thle. 8. Leipz. 778. Weygand. 5 ℛ

Beiträge zur Geschichte der Familie von Linsingen und Mittheilungen fuer die Mitglieder des Geschlechts von Linsingen. Leiter: Herr Rittmeister a. D. George v. Linsingen. (II. 1.) *Waldhausen b. Hannover 1896.* quer-8° [Text autogr.] [os. 988,

— zur Geschichte und Literatur, vorzüglich aus den Archiven und Bibliotheken des Kantons Aargau. Herausgegeben von Hnr. Kurz u. Placid. Weissenbach. 1. Bd. (1. Heft.) gr. 8. Aarau 846, Sauerländer's Verlag. 24 ngℛ

— zur Geschichte u. Literatur, vorzüglich aus den Archiven, Bibliotheken des Kantons Aargau. Herausg. v. Heinr. Kurz u. Placid. Weissenbach. I. Bd. 2—4. Hft. gr. 8. (S. 137—599.) Aarau 847. 48, Sauerländer. à 27 ngℛ (I, 1—4.: 3 1/2 ℛβ)

— zur Geschichte der deutschen Literatur u. d. geistigen Lebens in Oesterreich. Hrsg. v. J. Minor, A. Sauer, R. M. Werner. 2—4. Hft. gr. 8. Wien, Konegen. n. 11. —
2. Wiener Freunde 1784—1808. Beiträge zur Jugendgeschichte der deutsch-österreich. Literatur. Von Rob. Keil. (VIII, 105 S.) 883. n. 3.—
3. Wolfgang Schmeltzl. Zur Geschichte der deutschen Literatur im XVI. Jahrh. Von Frz. Spengler. (IX, 97 S.) 883. n. 3. —
4. Die englischen Comödianten zur Zeit Shakespeares in Oesterreich. Von Johs. Meissner. (IX, 198 S.) 884. n. 5. —
Das 1. Hft. erscheint später.

Beiträge zur Geschichte und Litteratur, aus einigen Handschriften der Marggräflich-Baadischen Bibliothek. Frankfurt a. M. 1797. V: *Molter, Fr.* (MGT) »1798.« (Ky) (ErschDL)

— z. Gesch. u. Litt., aus Handschr. d. Bad. Bibliothek, (v. Fr. Molter.) gr. 8. Frkf. a. M. 798. (Gebhardt u. K.) 1 ℛβ 8 ℛ

Beiträge zur livländ. Geschichte aus einer neuerlichst aufgefundenen Handschrift. Riga 1791. V: *Fuchs, Melch.* H: *Friebe, Wilhelm Chn.* (Ky) (MGT) (R-N)

— z. Gesch. Ludwig XVI. 8. Leipz. 785. Beer. 8 ℛ

Beiträge zur Geschichte des ehemaligen Lyceums und Gymnasiums jetzt Großherzoglichen Gymnasiums in Konstanz. (Umschlagtitel: Jubilaeums-Schrift zur Feier des dreihundertjaehrigen Bestehens des Lyceums und Gymnasiums zu Konstanz.) 7 Bl., 93 S., 1 Bl., 55 S. 4. Großherz. Gymn. *Konstanz* 1904.

Kimmig, O[tto]: Carmen saeculare. — Beiträge zur Geschichte der Anstalt. I. Mathy, L[udwig]: Übersicht über die Geschichte der Anstalt von 1604 bis 1837 und Chronik von 1837 bis 1904. II. Kimmig, O[tto]: Ein Streifzug durch alte Konstanzer Notenlisten und Protokolle. III. Neuburger, F[idel]: Verzeichnis der Abiturienten und Lehrer der Anstalt nebst Übersicht über die Schülerzahl. Verzeichnis der Lehrer des Gymnasiums vom Jahre 1835—1904. Übersicht der Schülerzahl vom Jahre 1833—1904 nach dem Stand am Ende des Schuljahrs. IV. Mathy, L[udwig]: Verzeichnis der wissenschaftlichen Beilagen zu den Programmen und Jahresberichten 1800—1904. V. Liste der ehemaligen Schüler des hiesigen Gymnasiums welche den Krieg 1870/71 mitgemacht haben. Anlage. Stundenpläne.

Progr.

Beiträge zur Geschichte des ehemaligen Lyceums und Gymnasiums, jetzt Grossherzoglichen Gymnasiums in Konstanz. — Konstanz 1904: Stadler. 93,55 S. 4°
Jubilaeums-Schrift zur Feier d. dreihundertjaehrigen Bestehens d. Lyceums u. Gymnasiums zu Konstanz.
25. 90.
15.

Beitraege zur Geschichte des Erzstifts Mainz. Hrsg. von Ernst Zais. — Wiesbaden: Feller & Gecks 1880. V,42 S. 8°
1:Sk 7528. 2. 3. 4. 6. 8. 14. 16. 17. [illegible]. 30.

— zur Geschichte d. Stadt Mainz. Hrsg. m. Unterstützg. der Stadt Mainz. 1. Lex. 8. Mainz, L. Wilckens. 5. —
Das Mainzer Wohnhaus im 18. Jahrh. Von Hans Vogts. (IV, VI, 144 S. m. 50 Abbildgn. u. 5 Taf.) 910.

Beiträge zur Geschichte der Universitäten Mainz und Giessen. Hrsg. von Julius Reinhard Dieterich u. Karl Bader. — Darmstadt: Historischer Verein für d. Großherzogtum Hessen 1907. VIII,532 S. 8° (Archiv für hessische Geschichte u. Altertumskunde. N.F. 5.) 21.
1:Sk 1520-N.F.5. 2→11. 12:Germ. sp. 19 pb-5 [2 Ex.]
14→18. 23→27. 29. 30. 38. 300:395,493-B. N.F.5. 302.
15.

— Giessen: Roth in Komm. 1907. VIII,532 S. 8°
1:Az 4886. 6. 24. 26. 30. 300:454.108-B.
15

Beiträge zur Mainzer Geschichte der mittleren Zeiten. 1789-90 s. *Baer*, Hermann.

Beiträge zur Mainzerischen Geschichte mit Urkunden. Frankfurt a. M. 1788—91. V: *Schunk, Johann Peter.* (EngG)

Beiträge zur Geschichte der Familie Maness. Zürich s.a. [Wyss, Georg von].

Beiträge zur Geschichte der Familie Maness. Zürich [1849—50.] V: *Wyss, Georg v.* (Cat. d. Stadtbibl. Zürich. Zürich 1864—97.)

Beiträge zur Geschichte Mecklenburgs vornehmlich im dreizehnten (2: und vierzehnten) Jahrhundert. Hrsg. von Friedrich Schirrmacher. Bd [1.] 2. — Rostock: Kuhn (2: Werther) 1872-75. 8°
1 mit Sondertitel:
1. Grimm, Adolf: Die mecklenburgische Kirche unter Bischof Brunward ⟨1192-1238⟩. 1871.
2. Beckmann, Wilhelm: Die Gewerbe Mecklenburgs im 13. Jahrhundert. 1872.
In einigen Exemplaren fehlen die Sondertitelblätter.
1:Sn 3766. 3. 5. 7→11. 12:Germ. sp. 405 f. 14. 15.
16. 24. 28. 33. 300:154.469-B. 302.
15.

Beiträge Geschichte Medizin

Beiträge zur Geschichte der Medizin. Hrsg. von Kurt (Polykarp Joachim) Sprengel. Bd 1, St. 1 - 3, gbd.

Halle: Renger 1794 - 1796

JB 5.697

— z. Gesch. d. Medizin. Hrsg. v. Adf Kronfeld. I u. II. gr 8° Wien, M Perles. 3 —
I. 1. Zur Gesch. d. Syphilis. 2. Ein antikes Vorbild. 3. Eine Poliklinik a. d. 5. Jahrh. a. Chr. [Aus: „Wiener medizin. Wochenschr."] (34 m. Abb.) '11. 1 —
II. Kronfeld, Adf: Die Entwicklg d. Anatomiebildes seit 1632. — Steinhaus, Osk.: Dr. Pasqual Josef Ferro. [Aus: „Wiener med. Wochenschr."] (54 m. Abb.) '12. 2 —

— z. Gesch. d. Medicinalwesens in Kursachsen. 8. Leipz. 804. (Neust.. Wagner). 8 ℛ

Beiträge zur Geschichte des Medicinalwesens in Chursachsen. Neustadt an der Orla 1804. Ü: *Segnitz, Friedrich Ludwig.* (MGT)

— z. Gesch. d. Menschheit, in Erzähll. aus wichtigen Gerichtsacten. 1r Thl. u. 2n Thls 1r Abschn. 8. Jena 790—98. (Hennings in Neisse). 1 ₰ 12 ℊ (Des 2n Thls 1r Abschn. A. u. d. T.: drei neue Beiträge v. Fr. W. Freytag. 1r Bd.)

— z. Gesch. d. Menschheit u. Unmenschheit. 8. Leipz. 785. Weygand. 18 ℊ

1248–1903. Beiträge zur Geschichte der Metzgernzunft. Der Zunft gewidmet von ihren Vorgesezten.— Basel: Krüsi 1903. 49 S. 4° 21.
15.

— z. Gesch. d. alten Mönchtums u. d. Benediktinerordens. Hrsg. v. Ildefons Herwegen. 1—3. Heft. Lex8° Münst., Aschendorff. 14.50; geb. 18 —
Neuss, Wilh.: Das Buch Ezechiel in Theol. u. Kunst bis z. Ende d. 12. Jahrh., m. bes. Berücks. d. Gemälde in d. Kirche zu Schwarzrheindorf. Beitrag z. Entwicklgsgesch. d. Typol. d. christl. Kunst, vornehml. in d. Benediktinerklöstern. (16, 334 m. Abb. u. 23 Taf.) 12 [1.2] 10 —; geb. 12 —
Studien z. benediktin. Profess. 1. Rothenhäusler, Matthäus: Zur Aufnahmeordng d. regula s. Benedicti. — 2. Herwegen, Ildefons: Gesch. d. benediktin. Professformel. (8, 96 u. 72) '12 [3] 4.50; geb. 6 —

— z. Gesch. d. Mooskultur. 8. Münch. 798. Fleischmann. 4 ℊ

Beiträge zur Geschichte der Mooskulturen. München 1798. V: *Kling, Johann Peter von.* (Ky) S. a. »Beitrag.«

Beiträge zur Geschichte Mülhausens. — (Mülhausen [1782]: Rißler.) 20 S. 8° 1:Rh 7238.
15.

Beiträge zur Geschichte des Basler Münsters hrsg. vom Basler Münsterbauverein. 1. u. 2. Hft. gr. 8. Basel 881. 82. Schwabe. à n. — 80
1. Die Restauration v. 1597. Von Rud. Wackernagel. (39 S.)
2. Zur Baugeschichte der Façade. Von E. La Roche. (45 S. m. 5 Photolith.)

— zur Geschichte d. Basler Münsters, hrsg. vom Basler Münsterbauverein. III. gr. 8. Basel 885. Schwabe. n. 1. 20 (I—III.: n. 2. 80)
Das Münster vor u. nach dem Erdbeben. Von E. La Roche. Mit 10 (photolith.) Taf. Abbildgn. (56 S.)

Beiträge zur Geschichte der menschlichen Narrheit. Aus alten Papieren gesammelt. Wien 1778. V: *Rautenstrauch, Johann.* (Behrisch, Die Wiener Autoren. Wien 1787. S. 175.) (GGr IV, 111, Nr. 15/10 »Wien 1779«) (WrDiar 1778, Beil. Nr. 4) (BiblPort)

— z. naturhistor., ökonom. u. polit. Gesch. d. Ober- u. Niederlausitz, 14. C. A. Pescheck.

Beiträge zur natürlichen, ökonomischen und politischen Geschichte der Ober- und Niederlausitz ... 1790—1791. H: *Pescheck, Chn August.* (Ky)

Gesellschaft für Neuere Geschichte Österreichs. Beiträge zur neueren Geschichte Österreichs. September 1906. Festgabe, d. Teilnehmern an d. Hauptversammlung d. Gesamtvereins d. Deutschen Geschichts- u. Altertumsvereine gewidmet. — Wien: Holzhausen 1906. 136 S. 8°
Aus: Beiträge zur neueren Geschichte Österreichs. 1. 1906.
17.
15.

— zur neueren Geschichte Österreichs. Hrsg. v. der Gesellschaft f. neuere Geschichte Österreichs. (2.—4. Heft.) gr. 8. Wien, A. Holzhausen. 18. 80
2. Mai 1907. (III, 79 S.) 907. 2. 60
3. März 1908. (III, 85 S. m. Abbildgn. u. 2 Taf.) 907. 3. 20
4. Jan. 1909. (III, 295 S. m. 2 Taf.) 909. 8. —

— dasselbe. 5. Heft. gr. 8. Innsbruck 910. H. Schwick. 8. —
Aus Bozens Franzosenzeit. Von J. Hirn. (90 S.)

— zur neueren Geschichte Thüringens. 1. Bd. gr. 8. Jena, G. Fischer. n. 3. 60
Johann Friedrich der Grossmütige 1503—1554. 1. Tl. Johann Friedrich bis zu seinem Regierungsantritt 1503—1532. Festschrift z. 400jähr. Geburtstage d. Kurfürsten, namens des Vereins f. thüring. Geschichte u. Altertumskunde hrsg. von der thüring. histor. Kommission. Von Geo. Mentz. Mit dem Bildnis Johann Friedrichs als Bräutigam. (XII, 142 S.) 903.

Beiträge zur neueren Gesch. Thüringens. Namens d. Vereins f. thüring. Geschichte u. Altertumskunde hrsg. v. der thüring. histor. Kommission. I. Bd. 2. u. 3. Tl. gr. 8. Jena, G. Fischer. 30.— (I. Bd. kplt. 33. 60)
2. Johann Friedrich der Grossmütige 1503—1554. Von Geo. Mentz. 2. Tl. Vom Regierungsantritt bis zum Beginn des schmalkaldischen Krieges. (XXVI, 562 S.) 908. 15. —
3. Dasselbe. 3. Tl. Vom Beginn des schmalkaldischen Krieges bis zum Tode des Kurfürsten. Der Landesherr. Aktenstücke. (X, 602 S.) 908. 15. —

— neueste Gesch. d. Freimaurerordens, (v. A. v. Knigge). 8. Frkf. a. M. 786. Andreä. 10 ℊ

Beiträge z. neuesten Gesch. der deutsch-kathol. Kirchenverfass. in d. oberrhein. kathol. Kirchenprovinz d. vereinten Staaten Würtemberg, Baden, beider Hessen u. Nassau mit Frankfurt. Nebst e. Anh. enth. I. Die päpstl. Erections- u. Circumscriptions-Bulle v. 16. Aug. 1821. II. Die entworfene Kirchenpragmatik der oberrhein. Kirchenprovinz. III. Das Formular e. Fundations-Instruments. Von J. L. M. R.....s. *Strassburg.* 823. (Kirchheim, Schott u. Thielmann in *Mainz.*) gr. 8. (10 Gr.)

Beiträge zur neuesten Geschichte der deutsch-katholischen Kirchenverfassung in der oberrheinischen katholischen Kirchenprovinz der vereinten Staaten Würtemberg, Baden, beider Hessen, und Nassau mit Frankfurt ... Von I. M. L. R. ... s. — Straßburg 1823: Le Roux. 79 S. 8°
0. 33.
15.

— zur neuesten Geschichte d. deutsch-kathol. Kirchenverfass. in d. oberrhein. kathol. Kirchenprovinz d. vereinten Staaten Würtemberg, Baden, beider Hessen u. Nassau mit Frankfurt. Nebst e. Anhange. Von J. L. M. R......s. gr. 8. Straßb. 824. (Mainz, Müller. u. Leipz., Hinrichs.)

— z. neuesten Gesch. d. Literatur v. J. 1757, 58. 8. Altona, Iversen. 1 ₰ 8 ℊ

— z. neuest. Gesch. d. Protestantismus, s. Venturini.

Beiträge zur Geschichte Nidwaldens. Herausgeg. vom dasigen geschichtsforschenden Verein. In-8°, 118 S. Stans, von Matt. 1888 ?

Beiträge zur Geschichte Nidwaldens. Herausg. von dem Geschichtforschenden Verein Nidwaldens. 8. Heft. 1891. In-8°. 92 S. Stans, Paul von Matt. 1 50

Beiträge zur Geschichte Nidwaldens. Hrg. vom dasigen geschichtsforschenden Verein. Heft 9. 121 S. 8. Stans, Paul von Matt, 1901. [fr. 1. —]

Beiträge zur Geschichte Nidwaldens. Hrg. vom historischen Verein (von) Nidwalden. Heft 10. [Mit 1 Kartenskizze.] II + IV + 84 S. 8. Stans, Ad. & P. von Matt, 1908. [fr. 1. —]

— zur Geschichte d. Niederrheins. Jahrbuch d. Düsseldorfer Geschichtsvereins. I. Bd. gr. 8. (III, 203 S. m. 3 Lichtdr.-Taf.) Düsseldorf 886. Voß & Co. n. 4. —

— zur Geschichte des Niederrheins. Jahrbuch d. Düsseldorfer Geschichtsvereins. 2. Bd. gr. 8. (III, 139 S.) Düsseldorf 887. Voß & Co. n. 4. —

— dasselbe. 3. u. 4. Bd. gr. 8. Düsseldorf, C. Krauss. n. 11. — (1—4.: n. 19. —)
3. Geschichte der Stadt Düsseldorf in zwölf Abhandlungen. Festschrift zum 600jähr. Jubiläum. Hrsg. vom Düsseldorfer Geschichts-Verein. (VII, 499 S. mit eingedr. Illustr. u. 1 Plan.) 888. n. 8. —; geb. n. 11. —
4. (III, 259 S. m. 1 Portr., 1 Facs. u. 1 chromolith. Karte.) 889. n. 3. —

— zur Geschichte d. Niederrheins. Jahrbuch d. Düsseldorfer Geschichts-Vereins. 5.—8. Bd. gr. 8. Düsseldorf, E. Lintz. n. 15. —
5. (III, 169 S. m. 1 Taf. u. 1 chromolith. Karte.) 890. n. 2. —
6. (VI, 324 S. m. 1 Kunstbeilage.) 892. n. 3. —
7. (IV, 453 S. m. 1 farb. Karte.) 893. n. 6. —; geb. n. 8. —
8. (IV, 261 S. m. 3 Lichtdr.) 894. n. 4. —

— z. Geschichte d. Niederrheins. Jahrb. d. Düsseldorfer Geschichts-Vereins. 9.—12. Bd. gr. 8. Düsseldorf, E. Lintz. à Bd. n. 4. —
9. (IV, 275 S. m. 1 Lichtdr.) 895.
10. (IV, 260 S.) 895.
11. (IV, 219 S. m. 1 Lichtdr.) 897.
12. (IX, 293 S.) 897.

— zur Geschichte des Niederrheins. Jahrbuch des Düsseldorfer Geschichts-Vereins. 13.—17. Bd. gr. 8. Düsseldorf, E. Lintz. n. 23. —
13. (IV, 301 S. m. 2 Lichtdr.-Taf.) 898. n. 4. —
14. (III, 249 S. m. 1 Abbildg.) 900. n. 4. —
15. (III, 378 S. m. 6 Lichtdr.-Taf.) 900. n. 5. —
16. (III, 302 S. m. 1 Lichtdr.-Taf.) 902. n. 5. —
17. (III, 244 S. m. 2 Lichtdr.-Taf.) 902. n. 5. —

— zur Geschichte des Niederrheins. Jahrbuch des Düsseldorfer Geschichtsvereins. 18. u. 19. Bd. gr. 8. Düsseldorf, E. Lintz. n. 10. —
18. (III, 184 S.) 903. n. 4. —. — 19. (III, 278 S.) 905. n. 6. —

— zur Geschichte des Niederrheins. 20.—22. Bd. Jahrb. d. Düsseldorf. Geschichtsvereins 1905, 1906/07 u. 1908/09. Red.-Kommission: A. Bützler, C. Nörrenberg u. L. Wirtz. (III, 149; III, 348 u. IV, 286 S.) gr. 8. Düsseldorf 906—09. E. Lintz. à 5. —; geb. à n 7. —

— z. Gesch. d. Niederrheins. 23. u. 24. Bd. Jahrb. d. Düsseldorfer Geschichtsvereins. '10 u. '11. Red.-Kommission: A Bützler, C Nörrenberg u. L Wirtz. gr8° Düsseld., E Lintz. 23. ('10) (7, 382) '11. 6 —; geb. n 8 — ‖ 24. ('11) (4, 318) '12. 6 —; geb. n 7 —

— für die Geschichte Niedersachsens u. Westfalens. Hrsg. v. Geo. Erler. (I. Jahrg.) 1.—5. Heft. gr. 8. Hildesheim, A. Lax. n. 10. 40
1. Geschichte der Handwerkerverbände d. Stadt Hildesheim im Mittelalter. 1 Tl.: Die äußere Geschichte. 2. Tl.: Das innere Leben. Von Mor. Hartmann. (89 S.) 905. n. 1. 80
2. Die Verwaltung der Stadt Münster von den letzten Zeiten der fürstbischöflichen bis zum Ausgang d. französischen Herrschaft 1802—1813. Von Bruno Engler. (93 S.) 905. n. 2. —
3. Geschichte der Verfassung der Stadt Hildesheim von den letzten Zeiten der fürstbischöflichen bis zum Ende der preußischen Herrschaft 1802—1806. Von Karl Stuke. (95 S.) 906. n. 2. —
4. Die hanseatischen Konferenzen im Herbste 1806. Von Frdr. Hildebrand. (84 S.) 906. n. 2. —
5. Die Minden-Ravensbergische Eigentums-Ordnung v. 1741. Von Wilh. Upmeyer. (149 S.) 906. n. 2. 60

— für die Geschichte Niedersachsens u. Westfalens. Hrsg. v. Geo. Erler. 6.—24. Heft (I. Bd. 6. Heft u. II.—IV. Bd. à 6 Hefte.) gr. 8. Hildesheim, A. Lax. 45. 80
Biermanns, Paul, die Politik des Kurfürsten v. Köln Maximilian Franz gegenüber der französ. Revolution in den J. 1789—1792. (VIII, 66 S.) 910. (23. [IV. Bd. 5.] Heft.) 2. —
Böhmer, Jos., das geheime Ratskollegium, die oberste Landesbehörde des Hochstifts Paderborn 1723—1802. Ein Beitrag zur Verwaltungsgeschichte des Fürstbistums. (57 S.) 909. (Umschlag: 910.) (21. [IV. Bd. 3.] Heft.) 2. —
Brach, Karl Heinr., die Reform des Gerichtswesens im Erzbistum Köln unter Maximilian Franz. (IV, 88 S.) 910. (24. [IV. Bd. 6.] Heft.) 2. 40
Fischer, Frz., die Reformationsversuche des Bischofs Franz v. Waldeck im Fürstbist. Münster. (176 S.) 907. (6. [I. Bd. 6.] Heft.) 3. —
Grinten, L. van der, Beiträge zur Gewerbepolitik des letzten Kurfürsten v. Köln u. Fürstbischofs v. Münster Maximilian Franz 1784—1801. (VI, 68 S.) 908. (14. [III. Bd. 2.] Heft.) 2. —
Hammel, Engelb. v., Oldenburg vom Tilsiter Frieden bis zu seiner Einverleibung in das französ. Kaiserreich. (130 S.) 907. (7. [II. Bd. 1.) Heft.) 2. 60
Heers, Frz., die Wahl Christoph Bernhards v. Galen zum Fürstbischof v. Münster. (IV, 87 S.) 908. (15. [III. Bd. 3.] Hft.) 2. —
Kiessing, Clem., Beiträge zur Geschichte der Eigenbehörigkeit im Hochstifte Münster während des 18. Jahrh. (IV, 118 S.) 907. (8. [II. Bd. 2.] Heft.) 2. 60
Knüsermann, Heinr., Geschichte d. Max-Clemens-Kanals im Münsterland. (IV, 147 S. m. 2 eingedr. Karten.) 907. (10. [II. Bd. 4.] Heft.) 2. 80
Minn, Jos., die Lebensbeschreibgn. des Fürstbischofs Christoph Bernhard v. Galen im 17. Jahrh. Mit besond. Berücksichtg. der von Johannes v. Alpen verf. Biographie. (IV, 81 S.) 907. (9. [II. Bd. 3.] Heft.) 2. —
Nöthe, Heinr., die Drususfeste Aliso nach den röm. Quellen u. den Lokalforschungen. Mit 2 Karten. (30 S.) 907. (11. [II. Bd. 5.] Heft.) 1. 20
Regelmeier, Heinr., die politischen Beziehungen d. Fürsten Nordwestdeutschlands zu Frankreich u. den nordischen Seemächten in d. J. 1674—1678. (XI, 182 S.) 909. (17. [III. Bd. 5.] Heft.) 3. —
Rensing, Frz. Jos., Geschichte des Postwesens im Fürstbist. Münster. (VII, 88 S. m. 1 Karte.) 909. (20. [IV. Bd. 2.] Hft.) 2. 00
Sagel, Joh., Warburg im 30jähr. Kriege. (VII, 96 S.) 908. (18. [III. Bd. 1.] Heft.) 2. 00
Schulten, Aug., die Hodegerechtigkeit im Fürstbist. Osnabrück. (VI, 87 S.) 909. (19. [IV. Bd. 1.] Heft.) 2. 00
Sommer, Alex., der Versuch des Grafen Anton v. Oldenburg zur Reorganisation des Lehnswesens in seinen Landen 1565—1568. (VI, 115 S.) 909. (16. [III. Bd. 4.] Heft.) 2. 60
Stoecker, Wilh., die Wahl Maximilian Friedrichs v. Königsegg-Rottenfels z. Erzbischof v. Köln u. Bischof v. Münster 1761/62. (57 S.) 910. (22. [IV. Bd. 4.] Heft.) 2. —
Verspohl, Thdr., das Heerwesen des Münsterschen Fürstbischofs Christoph Bernhard v. Galen 1650—1678. (VII, 132 S.) 909. (18. [III. Bd. 6.] Hft.) 3. —
Völler, A. J., die innere Politik des Fürstbischofs v. Münster Friedrich Christian v. Plettenberg. (IV, 144 S.) 908. (12. [II. Bd. 6.] Hft.) 2. 80

— f. d. Gesch. Niedersachsens u. Westfalens. Hrsg. v. Geo. Erler. 21—36. Heft. gr8° Hildesh., A Lax.
(3. Bd = 13—18. Heft: 15 —; 4. Bd = 19—24. Heft: 13.60; 5. Bd = 25—30. Heft: 17.40; 6. Bd = 30—36. Heft: 16.60) (1—36: 80.60; d
Biermanns, Paul: Die Politik d. Kurfürsten v. Köln Maximilian Franz gegenüber d. französ. Revolution 1789—92. (8, 66) '10 [23] 2 —
Böhmer, Jos.: Das geheime Ratskollegium, d. oberste Landesbehörde d. Hochstifts Paderborn 1723—1802. (57) '09 (Umschl.: '10) [21] 2 —
Brach, Karl Heinr.: Die Reform d. Gerichtswesens im Erzbist. Köln unter Maximilian Franz. (4, 88) '10 [24] 2.40
Bückmann, Rud.: Das Domkapitel zu Verden im M.-A. (86) '12 [34] 2.40
Dahl, Wilh.: Die innere Politik Franz Arnolds v. Wolff-Metternich zur Gracht, Bischofs v. Münster u. Paderborn. (67) '11 [27] 2 —
Dicke, Heinr.: Die Gesetzgebg u. Verwaltg im Fürstent. Salm 1802—10. (166) '12 [33] 3.40
Hellermann, Jos.: Die Entwickelg d. Landeshoheit d. Grafen v. Hoya. (121) '12 [36] 2.80
Henkel, Karl: Die kirchl. Organisierg d. Pfarrklerus d. Diöz. Hildesheim in d. letzten 150 Jahren. (Pfarrzirkel- u. Dekanats-Ordng.) Beitrag z. geistl. Verfassgsgesch. d. Bist. Hildesheim. (8, 94 m. 2 Ktn.) '12 [35] 2.80
Holthaus, Karl: Die Georgskommende in Münster, e. Niederlassg d. deut. Ritterordens v. ihrer Gründg bis z. westfäl. Frieden. (102 m. 1 Taf.) '11 [30] 2.60
Maeder, Paul: Beiträge z. Gesch. d. soz. u. wirtschaftl. Lage u. Entwicklg d. ackerbautreib. Bevölkerg in d. Grafsch. Hoya u. Diepholz im M.-A. (77) '10 [26] 2.40
Meyer zu Stieghorst, Aug.: Die Verhandlgn d. Landstände d. Fürstbist. Münster z. Z. d. französ. Revolution 1789—1802. (103) '11 [31] 2.60
Mund, Ludw.: Die Siegerländer Landgemeinde u. ihre Bewohner bis z. Ende d. oran. Herrschaft 1806. (258) '11 [29] 5 —
Ohde, Heinr.: Verfassgs- u. Verwaltgsgesch. d. Unterbehörden d. Erbfürstent. Münster m. Ausschluss d. Stadt Münster v. d. letzten Zeiten d. fürstbischöfl. bis z. Ende d. französ. Herrsch. 1802—13. (108) '10 [25] 2.80
Ohlberger, Jos.: Gesch. d. Paderborner Domkapitels im M.-A. (106) '11 [28] 2.60
Siebers, Johs: Marsberg z. Zeit d. 30jähr. Krieges. (99) '11 [32] 2.60
Stoecker, Wilh.: Die Wahl Maximilian Friedrichs v. Königsegg-Rottenfels z. Erzbischof v. Köln u. Bischof v. Münster 1761/62. (57) '10 [22] 2 —

— zur Geschichte d. Geschlechtes v. Nostitz. Gesammelt u. hrsg. von G. A. v. N. u. J. 1. u. 2. Hft. gr. 8. (VIII, 266 S.) Leipzig 874. 75. (Bautzen, Weller.) à n. 4. —

—— zur Geschichte des Geschlechtes v. Nostiz. Gesammelt und hrsg. von G. A. v. N. und J. 1. und 2. Heft. gr. 8. (VIII, S. 1—266 mit 2 genealog. Tab. in qu. gr. Fol.) Leipzig 874,76. (Bautzen, Weller'sche Buchh.) à Heft * *M* 4. *

— zur Geschichte des bayerischen Oberlandes, s. a. Sepp.

—— z. Gesch. d. bayer. Oberlandes. Von (JN) Sepp. 1—4. Hft. 8. Augsb., Schmid's V. — 19
Die Wenden im Isarthal. (47) 53. — 4
Zur Naturgesch. d. Oberlandes. (112) 54. — 10
Ueber d. pelasg.-italiot. Urbevölk. d. Oberlandes. (56) 54. — 5

Beiträge zur Geschichte des Oderhandels. 59 S. 8°
Progr. Berlin Gw. 1852.

Beiträge zu einer Geschichte der Stadt Offenbach, s. Beiträge zu einer Geschichte der Stadt Offenburg.

Beiträge zu einer Geschichte der Stadt Offenburg. 1. Hft. Geschichtliche Einleitung „Ortenau u. Offenburg". Die Privilegien u. Rechte der Stadt Offenburg 1814—1790. Hrsg. v. K. Walter. gr. 8. (XLVI, 161 S.) Offenburg 880. Hambrecht. n. 3. —

Beiträge zur Geschichte des Geschlechts von Olvenstedt und des Geschlechts von Wodenswegen, (von G. A. v. Mülverstedt). Berlin 1863. 8. S.-A.

Beiträge zur Geschichte und Organisation der Bonner freien Studentenschaft. Hrsg. vom Präsidium d. Bonner Finkenschaft. — Bonn 1902: Georgi. 59 S. 8° 30.

Beiträge zur Oettingischen politischen, kirchlichen und gelehrten Geschichte ... Oettingen 1772—1779. H: *Michel, Georg Adam.* (ML)

Beiträge zur Geschichte Peters des Grossen. Riga 1774—84. Ü: *Bacmeister, Hartw. Ludw. Chn* u. *C. G. Arndt.* (BrMm)

— zur Geschichte der Philosophie d. Mittelalters. Texte u. Untersuchgn. Hrsg. v. Clem. Baeumker. 1. Bd. 1.—3. Hft. gr. 8. Münster i/W., Aschendorff. n. 9. 25
1. Die dem Boethius fälschlich zugeschriebene Abhandlung d. Dominicus Gundisalvi de unitate. Hrsg. u. philosophiegeschichtlich behandelt v. Paul Correns. (56 S.) 891. n. 2 —
2. Avencebrolis [Ibn Gebirol] fons vitae ex arabico in latinum translatus ab Iohanne Hispano et Dominico Gundissalino. Ex codicibus Parisinis, Amploniano, Columbino primum ed. Clem. Baeumker. Fasc. I. (VII, 71 S.) 892. n. 2. 75
3. — dasselbe. Fasc. II. (S. 72—209.) 893. n. 4. 50

— zur Geschichte d. Philosophie d. Mittelalters. Texte u. Untersuchgn. Hrsg. v. Clem. Baeumker. I. Bd. 4. Hft. gr. 8. Münster 895. Aschendorff. n. 10. 75 (1—4.: n. 20. —)
Avencebrolis (Ibn Gebirol) fons vitae ex arabico in latinum translatus ab Iohanne Hispano et Dominico Gundissalino. Ex codicibus Parisinis, Amploniano, Columbino primum ed. Clem. Baeumker. Fasc. III. (XIX u. S. 211—558.) n. 10. 75 (kplt.: n. 18. —)

— dasselbe. Hrsg. v. Clem. Baeumker u. Geo. Frhr. v. Hertling. II. Bd. 6 Hfte. gr. 8. Ebd. n. 26. 50
1. D. Erkenntnislehre d. Wilhelm v. Auvergne. Dargest. v. Matthias Baumgartner. (VIII, 102 S.) 893. n. 3. 50 (Als Nachtrag zu Bd. XXVII d. Bücher-Lexikons hier mitaufgenommen.)
2. Die Philosophie d. Josef (ibn) Zaddik, n. ihren Quellen, insbes. n. ihren Beziehgn. z. d. lauteren Brüdern u. zu Gabirol untersucht v. Max Doctor. (VII, 52 S.) 895. n. 2. —
3. Des Dominicus Gundissalinus Schrift v. d. Unsterblichkeit d. Seele. Hrsg. u. philosophiegeschichtl. untersucht. Nebst e. Anh., enth. d. Abhandlg. d. Wilhelm v. Paris (Auvergne) de immortalitate animae. Von Geo. Bülow. (VII, 145 S.) 897. n. 5. —
4. Die Philosophie d. Alanus de Insulis, i. Zusammenhange m. d. Anschaugn. d. 12. Jahrh. dargest. v. M. Baumgartner. (XII, 145 S.) 896. n. 5. —
5. Die philosoph. Abhandlgn. d. Ja'qûb ben Ishâq al-Kindî. Zum ersten Male hrsg. von Albino Nagy. (XXXIV, 84 S.) 897. n. 4. 50
6. Die Impossibilia d. Siger v. Brabant, e. philosoph. Streitschrift a. d. XIII. Jahrh. Zum ersten Male vollst. hrsg. u. besprochen von Clem. Baeumker. (III, VIII, 200 S.) 898. n. 6. 50

Beiträge zur Geschichte der Philosophie d. Mittelalters. Texte u. Untersuchgn. Hrsg. v. Clem. Baeumker u. Geo. Freih. v. Hertling. III. Bd. 1. u. 3.—6. Hft. gr. 8. Münster, Aschendorff. n. 20. —
1. Die Psychologie des Nemesius. Von B. Domański. (XX, 168 S.) 900. n. 6. —
3. Die Stellung des hl. Thomas v. Aquin zu Avencebrol (Ibn Gebirol) untersucht. Von Mich. Wittmann. (VII, 79 S.) 900. n. 2. 75
4. Die Lehre von der Anfangslosigkeit der Welt bei den mittelalterlichen arabischen Philosophen des Orients u. ihre Bekämpfung durch die arabischen Theologen (Mutakallimûn). Von M. Worms. (VIII, 70 S.) 900. n. 2. 50
5. Die Philosophie des Petrus Lombardus u. ihre Stellung im 12. Jahrh. Von Joh. Nep. Espenberger. (XI, 139 S.) 901. n. 4. 75
6. Des Chalcidius Kommentar zu Plato's Timaeus. Eine historisch-krit. Untersuchg. Von B. W. Switalski. (VI, 114 S.) 902. n. 4. —
Hft. 2 erscheint später.

— zur Geschichte der Philosophie des Mittelalters. Texte u Untersuchgn Hrsg. v. Clem. Baeumker u Geo. Freih. v. Hertling IV. Bd. 6 Hfte., V. Bd. 6 Hfte. u. VI. Bd. 1 Hft. gr. 8. Münster, Aschendorff. n. 82. 50
Adelard v. Bath, des, Traktat de eodem et diverso. Zum ersten Male hrsg. u. historisch-kritisch untersucht v. Hans Willner. (VIII, 112 S.) 903. (IV. Bd. 1. Hft.) n. 3. 75
Dominicus Gundissalinus, de divisione philosophiae. Hrsg. u. philosophiegeschichtlich untersucht, nebst e. Geschichte der philosoph. Einleitg. bis zum Ende der Scholastik v. Ludw. Baur. (XII, 408 S.) 903. (IV. Bd. 2. u. 3. Hft.) n. 13. —
Farabi (950†), das Buch der Ringsteine. Mit dem Kommentar des Emir Isma'îl el-Hoseinî el Farânî (um 1485) übers. u. erläutert v. M. Horten. Mit Beigabe e. Faksim. aus dem Autograph Isma'îls. (XXVIII, 510 S.) 906. (V. Bd. 3. Hft.) n. 17. —
Hahn, Seb., Thomas Bradwardinus u. seine Lehre v. der menschlichen Willensfreiheit. (56 S.) 905. (V. Bd. 2. Hft.) n.n. 1. 75
Krebs, Engelb., Meister Dietrich (Theodoricus Teutonicus de Vriberg). Sein Leben, seine Werke, seine Wissenschaft. (XII, 155 u. 230 S.) 906. (V. Bd. 5. u. 6. Hft.) n. 12. 50
Minges, Parthenius, O. fr. min., O. S F., ist Duns Scotus Indeterminist? (XI, 139 S.) 905. (V. Bd. 4. Hft.) n. 4. 75
Ostler, Heinr., die Psychologie des Hugo v. St. Viktor. Ein Beitrag zur Geschichte der Psychologie in der Frühscholastik. (VIII, 183 S.) 906. (VI. Bd. 1. Hft.) n. 6. —
Saadja Gaon's religionsphilosophische Lehre üb. die hl. Schrift. Aus dem Kitâb al Amânât wal I'tiqâdât übers. u. erklärt v. Wilh. Engelkemper. (VIII, 74 S.) 903. (IV. Bd. 4. Hft.) n. 2. 50
Schneider, Arth., die Psychologie Alberts des Grossen. Nach den Quellen dargestellt. 1. Tl. (XIV, 292 S.) 903. (IV. Bd. 5. Hft.) n. 9. 50
— dasselbe. II. Tl. (VI u. S. 293—559.) 906. (IV. Bd. 6. Hft.) n. 9. — (4. Bd. kplt. n. 18. 50)
Wittmann, Mich., zur Stellung Avencebrol's (Ibn Gebirol's) im Entwicklungsgang der arabischen Philosophie. Ein Beitrag zur Erforschg. seiner Quellen. (VIII, 77 S.) 905. (V. Bd. 1. Hft.) n. 2. 75

— zur Geschichte der Philosophie des Mittelalters. Texte u. Untersuchgn. In Verbindg. m. Geo. Freih. v. Hertling u. Matthias Baumgartner hrsg. v. Clem. Baeumker. III. Bd. 2. Heft; VI. Bd. 2.—6. Heft; VII. Bd. 6 Hefte; VIII. Bd. 1.—3. u. 5.—7. Heft. gr. 8. Münster, Aschendorff. 76. 75
Baeumker, Clem., Witelo, e. Philosoph u. Naturforscher des XIII. Jahrh. (XXII, 686 S.) 908. (III. Bd. 2. Hft.) 22.
Daniels, Augustin., O. S. B., Quellenbeiträge u. Untersuchungen zur Geschichte der Gottesbeweise im 13. Jahrh. m. besond. Berücksicht. des Arguments im Proslogion des hl. Anselm. (XII, 168 S. 909. (VIII. Bd. 1. u. 2. Hft.) 5. 50
Endres, Jos. Ant., Petrus Damiani u. die weltliche Wissenschaft. (38 S.) 910. (VIII. Bd. 3. Hft.) 1. —
Geyer, Bernh., die Sententiae Divinitatis, e. Sentenzenbuch der Gilbertschen Schule. Aus den Handschriften zum 1. Male hrsg. u. historisch untersucht. (VI, 62 u. 208 S.) 909. (VII. Bd. 2. u. 3. Hft.) 8. 75
Graf, Geo., die Philosophie u. Gotteslehre des Jahjâ Ibn 'Adî u. späterer Autoren. Skizzen nach meist ungedr. Quellen. (VIII, 80 S.) 910. (VIII. Bd. 7. Hft.) 2. 75

Grünfeld, Arnold, die Lehre vom göttlichen Willen bei den jüdischen Religionsphilosophen des Mittelalters von Saadja bis Maimûni. (VII, 80 S.) 909. (VII. Bd. 6. Hft.) 2. 75
Grunwald, Geo., Geschichte der Gottesbeweise im Mittelalter bis zum Ausgang der Hochscholastik. Nach den Quellen dargestellt. (X, 164 S.) 907. (VI. Bd. 3. Hft.) 5. 50
Keicher, Otto, O. F. M., Raymundus Lullus u. seine Stellung zur arabischen Philosophie. Mit e. Anh., enth. die zum ersten Male veröffentlichte „Declaratio Raymundi per modum dialogi edita". (V, 223 S.) 909. (VII. Bd. 4. u. 5. Hft.) 7. 25
Lappe, Jos., Nicolaus v. Autrecourt. Sein Leben, seine Philosophie, seine Schriften. (VIII, 31 u. 48 S.) 908. (VI. Bd. 2. Hft.) 2. 75
Lutz, Eduard, die Psychologie Bonaventuras. Nach den Quellen dargestellt. (III, VIII, 219 S.) (VI. Bd. 4. u. 5. Heft.) 7. —
Minges, Parthenius, O. Fr. Min., der angebliche exzessive Realismus des Duns Scotus. (IX, 108 S.) 908. (VII. Bd. 1. Hft.) 3. 75
Reiners, Jos., der Nominalismus in der Frühscholastik. Ein Beitrag zur Geschichte der Universalienfrage im Mittelalter. Nebst e. neuen Textausg. des Briefes Roscelins an Abälard. (VII, 80 S.) 910. (VIII. Bd. 5. Hft.) 2. 75
Rousselot, Pierre, pour l'histoire du problème de l'amour au moyen-âge. (VII, 104 S.) 908. (VI. Bd. 6. Hft.) 3. 50
Vansteenberghe, E., Le „De ignota litteratura" de Jean Wenck de Herrenberg contre Nicolas de Cuse. Texte inédit et étude. (43 S.) 910. (VIII. Bd. 6. Hft.) 1. 50
Heft 4 des VIII. Bandes ist noch nicht erschienen.

— z. Gesch. d. Philosophie d. MAlters. Texte u. Untersuchgn. Mit Geo. Freih. v. Hertling u. Matthias Baumgartner hrsg. v. Clem. Baeumker. VIII. Bd, 3—7. Heft; IX. Bd; X. Bd, 1—6. Heft u. XI. Bd, 1. u. 2. Heft. gr8° Münst., Aschendorff. (soweit erschienen: 290.50)
Bauer, Hans: Die Psychol. Alhazens. Auf Grund v. Alhazens Optik dargestellt. (8, 73) '11 [X,5] 2.75
Baeumker, Frz: Die Lehre Anselms v. Canterbury üb. d. Willen u. s. Wahlfreih. (8, 79) '12 [X,6] 2.75
Endres, Jos. Ant.: Petrus Damiani u. d. weltl. Wissensch. (36) '10 [VIII,3] 1 —
Fischer, Jos.: Die Erkenntnislehre Anselms v. Canterbury. (7, 80) '11 [X,3] 3 —
Graf, Geo.: Die Philos. u. Gotteslehre d. Jaḥjâ Ibn 'Adî u. späterer Autoren. (8, 80) '10 [VIII,7] 2.75
Grosseteste, Des Rob., Bischofs v. Lincoln, philosoph. Werke. In krit. Ausg. besorgt v. Ludw. Baur. (13, 181 u. 778 m. Fig.) '12 [IX] 30 —
Guttmann, Jac.: Die philosoph. Lehren d. Isaak ben Salomon Israeli. (6, 70) '11 [X,4] 2.50
Meier, Matthias: Die Lehre d. Thomas v. Aquino de passionibus animae in quellenanalyt. Darstellg. (15, 160) '12 [XI,2] 5.50
[Petrus Compostellanus.] Petri Compostellani de consolatione rationis libri II. E codice biblioth. reg. monast. escorialensis primum ed. prolegomenisque instruxit Petrus Blanco Soto. (151) '12 [VIII,4]
Reiners, Jos.: Der Nominalismus in d. Frühscholastik. Beitrag z. Geschichte d. Universalienfrage im M.-A. Nebst e. Textausg. d. Briefes Roscelins an Abälard. (7, 80) '10 [VIII,5] 2.75
Renz, Osk.: Die Synteresis n. d. hl. Thomas v. Aquin. (6, 240) '11 [X,1.2] 7.75
Steinbüchel, Thdr: Der Zweckgedanke in d. Philos. d. Thomas v. Aquino. (14, 155) '12 [XI,1] 5.50
Vansteenberghe, E: Le „De ignota litteratura" de Jean Wenck de Herrenberg contre Nicolas de Cuse. Texte inédit et étude. (43) '10 [VIII,6] 1.50

Beiträge zur philosophischen Geschichte der heutigen geh. Gesellschaften. Mit Vorrede und Anmerkungen. Wien 1786. V: *Bretschneider, Heinrich Gottfried v.* (Ky) (MGT) (WBL) »[Lemberg] 1786« V: *Kortum, Ernst Traugott von.* (Kl) V: *Kortum, Ernst von.* H: *Bretschneider.* (SJL)

— z. philosoph. Gesch. d. heut. geheim. Gesellschaften. Mit Vorr. u. Anmerkk. herausg. (v. H. G. v. Bretschneider). gr. 8. Wien 786. (Bresl., W. G. Korn). 1 ⅓ ℛ

Beiträge zur Geschichte der oberitalienischen Plastik. [Stuttgart 1880.] V: *Rahn, Johann Rudolph.* (Cat. d. Stadtbibl. Zürich. Zürich 1864—97.)

Beiträge zur politischen [Geschichte], kirchlichen und Cultur-Geschichte der sechs letzten Jahrhunderte. Hrsg. ... von Joh. Jos. Ign. v. Döllinger. Bd 1-3. -- Regensburg (3: Wien): Manz 1862-82. 8°
1. Dokumente zur Geschichte Karl's V., Philipp's II. u. ihrer Zeit. Aus spanischen Archiven. 1862.
2. Materialien zur Geschichte d. fünfzehnten u. sechszehnten Jahrhunderts. 1863.
1: Qd 972. 2→9. 11. 12: H. Un. 166 r. 14→17. 21. 24→27. 29. 30. 38. 300: 111.291-B. 302.

—— zur politischen, kirchlichen und Cultur-Geschichte der 6 letzten Jahrhunderte. Hrsg. unter der Leitung von Joh. Jos. Ign. v. Döllinger. 1. und 2. Bd. Lex.-8. Regensburg 862,63, Manz. à Bd. * 3 Thlr. 6 Ngr. *

Inhalt:
Bd. 1. Dokumente zur Geschichte Karl's V., Philipp's II. und ihrer Zeit. Aus span. Archiven. Hrsg. unter der Leitung von Joh. Jos. Ign. v. Döllinger. (XVI und 656 S.)
» 2. Materialien zur Geschichte des 15. und 16. Jahrh. Hrsg. unter der Leitung von Joh. Jos. Ign. v. Döllinger. (XV und 611 S.)

—— zur politischen, kirchlichen und Cultur-Geschichte der sechs letzten Jahrhunderte. Hrsg. unter der Leitung von Joh. Jos. Ign. v. Döllinger. 3. Bd. gr. 8. (XXVIII, 476 S.) Regensburg 882, (Manz.) *
1. und 2. Bd. Ebendas. 1862,63. *ℳ 19,20.

Beiträge zur Geschichte des Postwesens im ehemaligen Hochstifte Paderborn. Hsg. . . . v. Bernh. Stolte. Paderborn 1891. V (Vorrede): *Tybusch, Gust.* (Berl)

Beiträge zur Geschichte der Preise ungarischer Landesproducte im neunzehnten Jahrhundert nach d. Notirungen d. Pester Marktes hrsg. von d. Budapester Handels- u. Gewerbekammer. (Unterzeichn.: Nicolaus v. Szvetenay [u.a.]) Text [nebst] Taf. — Budapest: Budapester Handels- u. Gewerbekammer 1873. 2° [u.] gr. 2°
1: 2° [u.] gr. 2° Se 9242. 3[°°Taf.] 7. 12: 2° Merc. 1 l. 15. 21. 27. 30. 300: 61.125-E-D. 302.

— zur Geschichte der Preise ungarischer Landesprodukte im 19. Jahrh. nach den Notizen d. Pester Marktes hrsg. v. der Budapester Handels- u. Gewerbekammer. Mit 32 graph. (chromolith.) Darstellgn. (in Imp.-Fol.) Fol. (LXXXVI, 353 S.) Budapest 873. Grill. geb. n. 60. —

— zur Geschichte des Protestantismus in Ungarn. 1. u. 2. Hft. Leipzig 860. O. Wigand. 8. 19½ ngr.
1. Heft: Kurzer und wahrhaftiger Bericht von der letzten Verfolgung der evangelischen Prediger in Ungarn, worin vorgestellt wird ihre Unschuld und die schreckliche Bosheit der parteiischen Richter, aus Haß des Gottesdienstes an ihnen erwiesen. Aus dem Holländ. ins Deutsche übersetzt durch A. C. R. O. Gedruckt im J. 1678. (74 S.) 7½ ngr.
2. Heft: Nachrichten über den Zustand der Evangelischen in Ungarn von Gregor v. Berzeviczy. 2. Aufl. (138 S.) 12 ngr.

Beiträge zur Geschichte des Pulvers, des Geschützes und der Kugeln mit besonderm Bezug auf Schlesien und Breslau. Liegnitz 1811. V: *Abt, Ephraim Ludwig Gottfried.* (Kat. d. Druckschr. über Breslau. Breslau 1903. S. 115.)

— zur Geschichte d. römischen Rechts i. Deutschland. In Verbindg. m. and. Gelehrten bearb. v. J. Kohler. 1. u. 2. Hft. gr. 8. Stuttgart, F. Enke. à n. 6. —
1. Das römische Recht a. Niederrhein. Gutachten Kölner Rechtsgelehrter a. d. 14. u. 15. Jahrh. Zugl. e. Beitrag z. Geschichte d. Territorialstaatsrechts v. J. Kohler u. E. Liesegang. (VIII, 161 S.) 896.
2. Dasselbe. N. F. Gutachten Kölner Rechtsgelehrter a. d. 15. Jahrh. m. urkundl. Beilagen. (156 S.) 898.

Beiträge zur Geschichte der kirchlich-religiösen Reformation in Deutschland. — Leipzig: Kollmann 1851. 151 S. 8° 2. 12: H. ref. 28f. 15.
15.

— z. Gesch. d. Reformation, d. 30jähr. Krieges, d. westphäl. Friedens u. d. Jesuiten. Vom J. 1524 bis zu Ende d. J. 1699. Aus d. ungedruckten Annalen e. vormal. Reichsstadt in Schwaben bearb. u. bei Gelegenheit d. 3n Säcularfestes wegen Uebergabe d. Augsb. Confession, herausg. v. C. J. Wagenseil. 8. Leipz. 830. Abel. 18 Gr

— zu einer Geschichte der neuesten Reformen d. osmanischen Reiches, enthaltend den Hattischerif von Gulhane, den Ferman vom 21. Nov. 1839 und das neueste Strafgesetzbuch. Türkisch und deutsch, in Verbindung mit Ramis Efendi, Lieut. in Großherrlichen Diensten herausgeg. vom Prof. Dr. Petermann. gr. 8. Berlin 842, Lüderitz. 1 Thlr

Beiträge zur Geschichte des deutschen Reichs u. deutscher Sitten, e. Roman (von Chr. Fr. v. Blankenburg). 1r Thl. 8. Liegnitz 776. Siegert. 1 Thlr

— z. Gesch. d. christl. Religion. 8. Nürnb. 768. (Lauffer in Leipz.) 5 Gr

Beitraege zur Geschichte der Cistercienser-Stifte Reun in Steiermark, Heiligenkreuz-Neukloster, Zwettl, Lilienfeld in Nieder-, Wilhering und Schlierbach in Ober-Oesterreich, Ossegg und Hohenfurt in Boehmen, Mogila bei Krakau, Szczyrzic in Galizien, Stams in Tirol und der Cisterciensserinnen-Abteien Marienthal und Marienstern in der Koen. saechsischen Lausitz. — Wien: Hölder in Comm. 1891. VIII,428 S. 8° (Xenia Bernardina. 3.)
1: Dw 3466-3. 2→7. 9. 10. 14→18. 21. 25. 27. 29.
300: 105.691-B.H.3.

— z. Gesch. d. Französ. Revolution, (v. P. Usteri). 7 Bde in 21 Stücken, mit Kpf. 8. Leipz. 795. (Schmidt). 12 Thlr 6 Gr

Beiträge zur Geschichte der französischen Revolution. Leipzig 1795—96. H (nicht V): *Usteri, Paul.* (Hdschr. Mittheil. des Hrn. Oberregierungsrat Dr. Adam Stuttg.)

— zur Geschichte der französischen Revolution von 1789. (1—3. Abthl.) 8. Kassel 851(52,) Balde. *
Auch unter den Titeln:
Abthl. 1. Nachgelassene Schriften und Reden von St. Just. Mit einer Biographie. Nach der franz. Ausg. von Prévot. (228 S.) * 15 Ngr.
" 2. Nachgelassene Schriften und Reden von Max. Robespierre. Nach der franz. Ausg. von Laponneraye. 1. und 2. Bd. (617 S.) à Band * 20 Ngr.
" 3. Vergniaud, der Führer der Girondisten. Eine Schilderung seines öffentl. und Privat-Lebens. Von G. Touchard-Lafosse. (158 S.) * 15 Ngr.

Beiträge zur Geschichte der polnischen Revolution i. J. 1794. (132) 8. Frankfurt u. Leipzig 1796. 1,15.

Beiträge zur Geschichte der ungarischen Revolution vom Jahre 1848/9. Pressburg 1849. V: *Thewrewk, Josef.* (Pk)

Beiträge zur rheinhessischen Geschichte und Alterthumskunde. Der Generalversammlung d. Gesammtvereins d. deutschen Geschichts- u. Alterthumsvereine zu Worms gewidmet vom Verein zur Erforschung d. rheinischen Geschichte u. Alterthümer zu Mainz. — (Mainz: Zabern in Comm.) 1883. S.130-384. 8°
Aus: Zeitschrift d. Vereins zur Erforschung d. Rheinischen Geschichte u. Alterthümer in Mainz. 3. 1883.
14. 21. 23. 30.

— zur Geschichte der ehstländischen Ritter- u. Domschule. Reval 869. (Berlin, Ebeling & Plahn.) Lex.-8. (IV, 101 S.) n. 1 Thlr

Beiträge zur Geschichte der ehstländischen Ritter- und Domschule. Einladungsschrift zu d. 550jährigen Jubelfeier d. Domschule zu Reval am 19. u. 20. Juni 1869. (Hrsg.: F. Croessmann.) — Reval 1869: Lindfors. 101 S. 8°
1: Az 43724. 7. 14. 17. 18.
15.

Beiträge zur Geschichte des Geschlechts von Röder und von Harz. Nebst Urkunden u. Stammtafel. — Rothenburg 1865: Weißig. 86 S. 8° 1: S 8245. 2. 3. 9. 23 [unvollst.]
15.

— zur Geschichte d. Stadt Rostock. Hrsg. im Auftrage d. Vereins f. Rostocks Alterthümer v. Karl Koppmann. 1. u. 2. Heft. gr. 8. (IV, 106 S. m. Abbildgn.; IV, 110 S.) Rostock 889, 92, (Stiller). à Heft * 2 —; ¹ 4 —

— zur Geschichte der Stadt Rostock. Hrsg. im Auftrage d. Vereins f. Rostocks Alterthümer v. K. Koppmann. 1. Hft. gr. 8. (IV, 106 S. m. Abbildgn.) Rostock 890. (Stiller.) n. 2. —

— zur Geschichte der Stadt Rostock. Hrsg. im Auftrage d. Vereins f. Rostocks Alterthümer v. Karl Koppmann. 2. u. 3. Hft. gr. 8. Rostock, (Stiller). à n. 2. —
2. (IV, 110 S.) 892. — 3. (III, 112 S.) 893.

— z. Geschichte d. Stadt Rostock. Hrsg. i. Auftr. d. Vereins f. Rostocks Alterthümer v. Karl Koppmann. 4. Hft. gr. 8. ([1. Bd.] 127 S.) Rostock 895. (Stiller.) n. 2. —

— dasselbe. II. Bd. 1. Hft. gr. 8. (III, 112 S. m. 2 Taf.) Ebd. 896. n. 2. —

— zur Geschichte der Stadt Rostock. Hrsg. i. Auftr. d. Vereins f. Rostocks Alterthümer v. Karl Koppmann. II. Bd. 2. u. 3. Hft. gr. 8. (V, 114 S. m. 2 Lichtdr.-Taf.) Rostock. (Stiller.) à n. 2. —
2. (V, 114 S. m. 2 Lichtdr.-Taf.) 897.
3. (III, 112 S.) 898.

— zur Geschichte der Stadt Rostock. Hrsg. im Auftrage des Vereins f. Rostocks Alterthümer v. Karl Koppmann. 2. Bd. 4. Hft. gr. 8. (VI, 135 S. m. 1 Taf) Rostock 899. (Stiller.) n. 2. —

— dasselbe. 3. Bd. 1.—3. Hft. gr. 8. Ebd. à n. 2. —
1. (XLIV, 80 S.) 900. — 2. (III, 120 S.) 901. — 3. (III, 112 S.) 902.

— zur Geschichte der Stadt Rostock. Hrsg. im Auftrage des Vereins f. Rostocks Alterthümer v. Karl Koppmann. 3. Bd. 4. Heft (IV, III, 122 S.) gr. 8. Rostock 903. (Stiller.) n. 2. —

— dasselbe, hrsg. v. Ernst Dragendorff. 4. Bd. 1.—3. Heft. (III, 112; V, 112 u. V, 118 S. m. 2 Bildnissen.) gr. 8. Ebd. 904—906. à n. 2. —
Die Hefte 1 u. 2 sind noch v. K. Koppmann hrsg.

— zur Geschichte der Stadt Rostock. Hrsg. im Auftrage des Vereins f. Rostocks Alterthümer v. Ernst Dragendorff. 4. Bd. 4. Heft. (IV, III, 169 S.) gr. 8. Rostock 907. (Stiller.) 2. —

— dasselbe. Hrsg. vom Verein f. Rostocks Altertümer. 5. Bd. 1. u. 2. Heft. (III, 282 S.) gr. 8. Ebd. 909. 4. —

— z. Gesch. d. Stadt Rostock. Hrsg. v. Verein f. Rostocks Altertümer. 5. u. 6. Bd. gr8° Rost., Stiller.
5. 3 Hefte (3, 425) '09—11. 6 — ‖ 6. (J. '12.) (144) '12. 2 —

Beiträge zur Geschichte der Grossen Mutterloge Royale York z. Freundschaft im Or. von Berlin. Berlin, Druck v. Decker. 1798. 8. 111 S.
Kloss 2940. — Auch unter dem Titel: Anhang zu dem Jahrbuche der Grossloge Royal York z. Fr. Diese Beiträge geben besonders Nachricht von der Entstehung der Grossloge und von den Missdeutungen und Vorwürfen, denen dieselbe zu jener Zeit ausgesetzt war. Eine gegen die Anerkennung der Grossloge Royal York gerichtete lahme „Beurtheilung" von J. H. Detenhof folgte in Kloss 2941. — Köthener Taschenbuch 1801, S. 357. Handb. d. Frmrei III. S. 104.

Beiträge zur Geschichte des Rückzuges der Fransosen aus Moskau. 8. Berlin 1813.

— z. Gesch. d. Rückzugs d. Franzosen nach d. Schlacht bei Leipzig. 8. Leipz. 814. Joachim. 3 gr.

Beiträge zur Geschichte der Stadt Rufach. Ges. u. hrsg. von Theobald Walter. — Colmar 1900–13: Waldmeyer (2.3: Colmar: Strassburger Dr. & Verl. Anst. 1908–13).

1. Urkundenbuch d. Pfarrei Rufach nebst e. Anhange: Kurze Pfarrchronik von Westphalen. Rufach: Verf. 1900.
2. Urkunden u. Regesten d. Stadt Rufach. ⟨662-1350.⟩ Rufach: Verf. 1908.
3. Urkunden u. Regesten d. Stadt u. Vogtei Rufach. ⟨1350-1500.⟩ Rufach: Verf. 1913.

1: Rh 7249/640. 5. 12: Als. 168 o. 14. 15. 25. 15.

Beiträge zur russischen Geschichte. Theodor Schiemann zum 60. Geburtstage von Freunden u. Schülern dargebr. u. hrsg. von Otto Hötzsch. — Berlin: Duncker 1907. V,270 S. 8° 1: Ue 851. 3. 5. 6. 7. 10. 11. 12: Russ. 9 wf. 14. 15. 16. 18. 24. 27. 30. 38. 300: 454.107–D. 302. 15.

Beiträge zur Saarbrücker Geschichte, s.a. Mitteilungen des historischen Vereins f. die Saargegend. 6.

Beiträge zur Saarbrücker Geschichte (2.3: zur Geschichte der Saargegend. Zsgestellt von August Krohn). — Saarbrücken: Klingebeil & Pröller (2: Historischer Verein, 3: Schmidtke in Komm.) 1899–1901. 8° (Mittheilungen d. Historischen Vereins für d. Saargegend. 6/8.) 21. 1: Rx 699–6/8. 5. 30. 15.

Beiträge zur Geschichte der Saargegend. 1900–01 s.a. *Beitraege* zur Saarbrücker Geschichte. 2.3.

— z. Sächs. Gesch., besond. d. Sächs. Adels. 2 Stcke (v. Fr. Graf. v. Beust). gr. 8. Altenb. 793. (Hennings in Neisse). 16 gr.

— z. Geschichte d. Saldria in Brandenburg a. d. H. Festschrift. 8. (217 m. Abbildgn.) Brandenb. 89. (Haeckert) n 3 —

— zur Gosohiohte der Saldria in Brandenburg a. d. H. Fostsohrift, hrsg. zur Foior d. 300jähr. Bostohens der Saldornschon Sohule. Lex.-8. (III, 83 u. 134 S. mit Toxtbildorn und 1 Lichtdr.-Taf.) Brandenburg 889. (Wiosike.) cart. n. 3. —

Beiträge zur Geschichte der teutschen Sammtschulen seit dem Freiheitskriege 1813 . . . Teutschland 1818. V: *Follen, Carl.* (Erman & Horn, Bibliogr. d. dtsch. Universitäten. 2. Leipz. u. Berl. 1904.)

— zur St. Gallisohen Gosohiohte. Der allgemeinen gesohiohtsforsoh. Gesellsohaft der Sohweiz zu ihrer 59. Jahresversammlg. am 12 u. 13. IX. 1904 gewidm. vom histor. Verein d. Kantons St. Gallen. (III, 303 S. m. 2 Bildnissen u. 13 [2 farb.] Taf.) Lex.-8. St. Gallen 904. Fehr. n.n. 6. —

Beiträge zur Geschichte des St. Georgen-Hospitals zu Königsberg in Preußen. Aus zuverlässigen Quellen entnommen u. hrsg. auf Veranlassung der 500jährigen Jubelfeier, welche dieses Stift den 13. Sept. 1829 begeht. — Königsberg: Hartung [1829]. 8 S. 8° 10. 15.

— z. Gesch. d. Schatzgräberei u. and. damit verknüpften Vorurtheile, (v. J. W. Tolberg). 8. Leipz. 786. Weygand. 18 gr.

Beiträge zur Geschichte der Familie Schoeller. Urkunden u. Akten hrsg. von Hugo Schoeller. — Düren; (Bonn: Georgi) 1910. 340 S. 8°

Die Schrift ist als Nachtrag anzusehen zu: Schoeller, August Viktor: Geschichte d. Familie Schoeller. 1894.

1: S 8701. 5. 6. 38. 15.

— z. Geschichte d. sächsischen Schulwesens. Hrsg. v. W Pätzold. 1. u. 2. Heft. 8° Dresd., A Huhle. 1.80 d
1. (52) '10. — 80 ‖ 2. (64) '12. 1 —

— z. Gesch. Schwabens. 16 Stck. gr. 8. Nürnb. 797. (Raw). 12 gr.

— zur Geschichte des menschlichen Sexuallebens. Hrs. v. Willy Schindler. 1. u. 2. Bd. 8. Berlin, W. Schindler. à 2. —

Bayle, Pierre, Obszönitäten. Kritische Glossen. Bearb. u. zeitgemäss erweitert v. Alfr. Kind. 2. Aufl. (105 S.) 908. (Bd. 2)
Schindler, Willy, das erotische Element in Literatur u. Kunst. Ein Beitrag zur Erotologie. 1.–3. Aufl. (Je 132 S.) 907. (Bd. 1)

Beiträge zur Geschichte der Familie von Seydewitz 1299—1874. Mit 3 geneal. Tab. Görlitz o. J. 4.

Beiträge zur Geschichte der Familie Solling. Essen 1896. V: *Waldhausen, A. von.* (Löwe, Bibliogr. d. Hann. u. Braunschweig. Gesch. Hann. 1908. S. 422.)

Beiträge zur Geschichte des Hauses Sommerschenburg, . . . 1806. V: *Fraatz, Friedrich Wilhelm.* (Fr) (MGT)

— zur Geschichte der deutschen Sprache u. Literatur. Hrsg. v. Herm. Paul u. Wilh. Braune. 1. Bd. gr. 8. (539 S.) Halle 874. Lippert'sche Buchh. n. 12. —

—— dass. — 2. Bd. 1. und 2. Heft. gr. 8. (S. 1—344.) Ebendas. 875. à Heft * M 3,60. *

Beiträge zur Geschichte der deutschen Sprache u. Literatur, hrsg. v. Herm. Paul u. Wilh. Braune. 2. Bd. gr. 8. (592 S.) Halle 876. Lippert'sche Buchh. n. 13. —

— dasselbe. 3. Bd. 1. u. 2. Hft. gr. 8. (S. 1—372.) Ebend. 876. n. 9. 40

— zur Gosohiohte der deutsohen Sprache u. Literatur, hrsg. v. Herm. Paul u. Wilh. Braune. 3. Bd. 3. Hft. gr. 8. (S. 373—576.) Halle 876. Niemeyer. n. 4. 60. (3. Bd. cplt.: n. 14. —)

— dasselbe. 4—9. Bd. gr. 8. (à ca. VII, 566 S.) Ebend. 877—82. à Bd. n. 15.

— zur Gesohiohte der deutsohen Sprache u. Literatur, hrsg. v. Horm. Paul u. Wilh. Braune. 10—12. Bd. gr. 8. (à Hft. ca. 208 S.) Halle 884. 86. Niemeyer. à Bd. n. 15. —

— dasselbe. Register zu Bd. I—XII v. C. Dorfeld. gr. 8. (61 S.) Ebd. 888. n. 1. 60

— zur Gosohiohte d. deutsohen Sprache u. Literatur, hrsg. von H. Paul u. W. Brauno. 13.—15. Bd. à 3 Hfte. gr. 8. (à Hft. ca. 200 S.) Halle 887—889. Niemeyer. à Bd. n. 15. —

Beiträge zur Gesohiohte der deutsohen Sprache u. Literatur. Unter Mitwirkg. v. Herm. Paul u. Wilh. Braune hrsg. v. Ed. Sievers. 16.—19. Bd. à 3 Hfte. gr. 8. (508, 576, 584, 560 S.) Halle a/S. 891—894. M. Niemeyer. à Bd. n. 15. —

— zur Geschichte der deutschen Sprache u. Literatur. Unter Mitwirkg. v. Herm. Paul u. Wilh. Braune hrsg. v. Ed. Sievers. 20.—27. Bd. à 3 Hfte. gr. 8. (576; 576 S. m. 1 Taf.; 576; 576; IV, 552; IV, 592; IV, 576 u. IV, 572 S.) Halle 895—902. M. Niemeyer. à Bd. n. 15. —

— zur Geschichte der deutschen Sprache u. Literatur. Unter Mitwirkg. von Herm. Paul u. Eduard Sievers hrsg. v. Wilh. Braune. 28.—32. Bd. à 3 Hefte. (28.—31. Bd. IV, 572; IV, 576; IV, 572 u. IV, 602 S.) gr. 8. Halle 903—906. M. Niemeyer. à Bd. n. 15. —

Beiträge zur Gesch. der deutschen Sprache u. Literatur. Unter Mitwirkg. v. Herm. Paul u. Eduard Sievers hrsg. v. Wilh. Braune. 33.—35. Bd. à 3 Hefte. (IV, 572; IV, 584; IV, 578 S.) gr. 8. Halle (907—909). M. Niemeyer. à Bd. 15. —

— dasselbe. 36. Bd. 3 Hefte. (IV, 566 S.) gr. 8. Ebd. 910. 18. —

Beiträge zur Geschichte der teutschen Sprache und National-Literatur. London [Bern] 1777. N. A. Heidelb. 1780. V: *Meister, Leonhard.* (Ba) (BrMm) (Ky) (Wr)

— zur geschichte der mitteldeutschen sprache und literatur von Frz. Pfeiffer. A. u. d. T.: Die Deutschordenschronik des Nicolaus von Jeroschin. Ein beitrag zur geschichte der mitteldeutschen sprache und literatur. Stuttgart 854. F. Köhler. (Aus.) gr. 8. (LXXII, 316 S.) n. 3 ₰ 10 ₰

— z. Gesch. d. romanischen Sprachen u. Literaturen. Hrsg. v. Max Frdr. Mann. 1—6. gr8° Halle, M Niemeyer. 25 —
Fach, Thdr: Die Naturschilderg bei Charles Nodier. (8, 86) '12 [6] 3 —
Haas, J: H Balzac's Scènes de la vie privée v. 1830. (60) '12 [2] 1.80
Petry, Lor.: Paul Arène, e. Dichter d. Provence. (13, 183) '11 [1] 6 —
Sattler, Herm.: Honoré de Balzacs Roman La peau de chagrin. (160) '12 [5] 5 —
Schoch, Jos.: Perfectum historicum u. perfectum praesens im Französischen v. s. Anfängen bis 1700. (9, 92) '12 [4] 3.20
Sondheimer, Isaak: Die Herodes-Partien im latein. liturg. Drama u. in d. französ. Mysterien. (8, 170) '12 [3] 6 —

— z. Gesch. großer Staatsmänner od. Nachrr. v. Leben A. Carpzows. 8. Kobl. 796. (Riemann). 4 ℊ

— zur Geschichte d. böhmischen Staatsrechtes. gr. 8. (III, 73 S.) Wien 869. v. Waldheim. n. — 80

— zur Geschichte, Statistik, Naturkunde u. Kunst v. Tyrol u. Vorarlberg. Herausg. v. d. Mitgliedern des Ferdinandeums, von Mersi, v. Pfaundler, v. Röggel. 1r—8r Bd. A. m. d. Umschlagst.: Zeitschrift für Tyrol und Vorarlberg. 1r—8r Bd. Mit Steintaf. gr. 8. Innsbruck 825—34. Wagner. (à Bd. 1 1/3 ₰) 10 2/3 ₰
Fortges. u.d.T.: Neue Zeitschrift des Ferdinandeums. Innsbruck 1835 ff.

— z. Gesch. u. Statistik Sachsens 1794, s. Journnal f. Sachsen.

— z. Gesch. u. Statistik d. Stadt u. Herrschaft Schwedt. Mit 1 Kpf. 8. Berl. 824. (L. Oehmigke). 12 ℊ

Beiträge zur Geschichte u. Statistik d. Taubstummen-Bildungswesens in Preussen. (276 S.) Berlin 1884. Besser.

Beiträge zur Geschichte und Statistik des Taubstummen-Bildungswesens in Preußen. — Berlin: Hertz 1884. 276 S. 8°
Aus: Centralblatt für d. gesammte Unterrichts-Verwaltung in Preußen. 1884.
1: Nf 11318. 4. 6. 15. 16. 17. 25. 27. 38. 15.

Beiträge zur Geschichte der niederösterreichischen Statthalterei. Die Landeschefs und Räte dieser Behörde von 1501—1896. Wien 1896. V: *Starzer, Albert*, H: *Kielmansegg, Erich Graf.* (EB) (KÜ 24, 1380)

— zur Geschichte der letzten Staufer. Ungedruckte Briefe aus der Sammlung des Magisters Heinrich v. Isernia. Mit e. Einleitg. v. Karl Hampe. (VII, 151 S.) gr. 8. Leipzig 910. Quelle & Meyer. 4. 40

Beiträge zur Geschichte der Familie Stegemann. [1.2.] Melle i. H. 1900–14: Haag. 8°
[1.] Ges. von Victor Stegemann. [Nebst] Forts. 1900-02.
[2.] Zu d. Beiträgen d. Geschichte d. Familie Stegemann. Bericht vom Oktt. 1913 d. Major a. D. Adolf Stegemann. 1914.
1: S 9170/345. 8. 14. 101. 15.

— zur Steiner Geschichte. I. gr. 2. Frauenfeld (Huber & Co.). n. 1. 60
Geschicht-Büchlein der Stadt Stein. Von Isaak Vetter. Hrsg. v. Ferd. Vetter. 1. u. 2. Tl. (234 S.) 904.

Beiträge zur Geschichte der deutschen Studentenschaft Wiens. Wien [1893]. V: *Beurle, Carl.* (Erman & Horn, Bibliogr. d. dtsch. Universitäten. 2. Leipz. u. Berl. 1904.) (Berl)

— zur Geschichte der deutschen Studentenschaft Wiens. gr. 8. (111 S. m. 1 Flsm.) Wien 893. K. Lesk. n. 2. —

— zur Geschichte der Studien u. des wissenschaftl. Unterrichts in hiesiger Stadt (Konstanz). Fortgesetzt v. Jahr 1806—1837. gr. 8. Konstanz 837. Glukher. 5 ℊ

Beiträge zur Geschichte der Technik und Industrie. Im Auftrage d. Vereines deutscher Ingenieure hrsg. von Conrad Matschoß. — Berlin 1909: (Schade). 95 S. 4°
Vorabdr. d. Beiträge zur Geschichte d. Technik u. Industrie, Jahrbuch d. Vereines deutscher Ingenieure. 1. 1909.
90. 15.

— z. Gesch. d. Technik u. Industrie. Jahrb. d. Vereines deut. Ingenieure. Hrsg. v. Conr. Matschoss. 1—4. Bd. (Mit Fig. u. Bildnissen.) Lex8° Berl., J Springer '09—12. je 8 —; L je n 10 —
1. ('09) (280) ‖ 2. ('10) (320) ‖ 3. ('11) (347) ‖ 4. ('12) (357)

— z. Gesch. d. deutschen Theaters, (v. Chr. Aug. v. Bertram). 3 Stcke. 8. Berl. 776. Biernstiel. 20 ℊ

Beiträge zur Geschichte des polnischen Thronfolgekrieges. (Feldzug am Oberrhein 1734.) Berlin 1887. 8°.

Beiträge zur Geschichte der Tierheilkunde. Hrsg. von Friedrich Freytag. H. 1. Magdeburg: 'Erika' 1909. 8° 10. 1915

— zur Geschichte v. Tilsit. I. u. II. gr. 8. Tilsit, (W. Lohauß). à n. — 50
I. Quellen u. Bearbeitungen der Geschichte v. Tilsit. Vortrag, geh. in der litauisch-litterar. Gesellschaft am 17. Novbr. 1892 v. Rud. Thimm. (44 S.) 893.
II. Historisches Tagebuch der Stadt Tilse vom 17. Dezbr. 1812 bis zum 3. Aug. 1814, geführt v. Salchow. Zum Druck befördert v. Rud. Thimm. (45 S.) 893.

—— zur Geschichte Tirols, s.a. Zeitschrift des Ferdinandeums.

Beiträge zur Geschichte Tirols. (Mitarb.: Josef Durig [u.a.]) — Innsbruck 1860: Wagner. 144 S. 8° (Zeitschrift d. Ferdinandeums für Tirol u. Vorarlberg. 3,9.) 21.
1: Sc 7730-3,9. 101. 300: 393.505-B.Per. 3,9.
15.

— (Mitarb.: Josef Durig [u.a.]) Ebd. 1860. 144 S. 8°
Aus: Zeitschrift d. Ferdinandeums für Tirol u. Vorarlberg. 3. 1860.
1: Sc 8090. 5. 7. 10. 11.
15.

—— zur Geschichte Tirols in der Zeit Bischof Egnos von Brixen (1240—1250) und Trient (1250—1273). Von Jos. Durig. 8. (144 S.) Innsbruck 860, [Wagner'sche Universitäts-Buch.]

Beiträge zur Geschichte und Topographie Kleinasiens (Ephesos, Pergamon, Smyrna, Sardes) in Verb. mit ... hrsg. von Ernst Curtius. [Nebst] Nachtr. — Berlin: Dümmler in Comm. 1872-73. 4°
Nachtr. Curtius: Philadelpheia. 1873.
Aus: Philologische u. historische Abhandlungen d. Königlichen Akademie d. Wissenschaften zu Berlin. 1872-73.
1: Hauptwerk = 4° Uk 8250; Nachtr. = 4° Uk 8251.
11 [°° Nachtr.]
15.

—— z. Gesch., Topogr. u. Statistik d. Erzbisth. München u. Freysing, hrsg. v. M v. Deutinger. 3. Bd. 8. (568) Münch. 51, Lindauer. (à) n. 2. —

— z. Gesch., Topogr. u. Statistik d. Erzbisth. München u. Freysing. Hrsg. v. M v. Deutinger. 4—6. Bd je 3 Hefte. (591 m. 1 Taf.; 569 m. 1 Pl. u. 567) 8° Münch., J Lindauer 1852-54. Je 6 — d
Fortsetzg u. d. T.:

— z. Gesch., Topogr. u. Statistik d. Erzbist. München u. Freising v. M v. Deutinger. Fortgesetzt v. FA Specht. 7—9. Bd. Neue Folge. 1—3. Bd. 8° Ebd. Je 4 — d
7.8. (324 u. 448) '01/03. || 9. Hoffmann, R: Der Altarbau im Erzbist. München u. Freising in s. stilist. Entwicklg v. Ende d. 15. bis z. Anf. d. 19. Jahrh. (328 m. Taf.) '05. Geb. 5.75.

— zur Geschichte, Topographie u. Statistik des Erzbist. München u. Freising von Mart. v. Deutinger. Fortgesetzt v. Frz. Ant. Specht. 10. Bd. Neue Folge. 4. Bd. (III, 868 S. m. 84 Abb. u. 8 Kärtchen.) gr. 8. München 907. J. Lindauer. 4. —

Beiträge zur Geschichte der Landesuniversität Tübingen. [Stuttgart 1873.] V: *Gessler, Theod. von.* (Heyd)

Beiträge zur Geschichte der Universität Tübingen. Festgabe bei der 4. Säcularfeier ihrer Gründung im Jahre 1877. Tübingen 1877: Fues. Getr. Pag. 4°
Sondert. 1-4: Zur 4. Säcularfeier d. Universität Tübingen im Sommer 1877. Festprogramm d. evangelisch-theologischen (2: katholisch-theologischen; 3: juristischen; 4: philosophischen) Facultät.
In einzelnen Exemplaren fehlt d. Haupttitelblatt.
1: 4° Az 16309. 2→11. 22: 4° H. lit. P. 186 k. 14. 15. 18. 21. 24→27. 29. 30. 300: 183.771-C. 202.
15.

Beiträge zur Geschichte der Türkenkriege. o. O. 1789. 8°.

— z. Gesch. d. Türkenkriege. 8. Augsb. 789. (Lpz., Brockhaus.) 8 gr.

Beiträge zur Geschichte des Turn-Klubbs zu Hannover aus den Jahren 1858—1883. Hannover 1883, 48 S., 8°.

Beiträge zur Geschichte der Umgegend Karlsruhes. Karlsruhe 1880. V: *Trenkle, J. B.* (BaBb)

Beiträge zur Geschichte des Unterrichtswesens in Oesterreich. Wien 1861. V: *Hohenbüchel gen. Heufler zu Rasen, Ludw. Freih. v.* (EB)

Beiträge zur Geschichte des Unterrichtswesens in Oesterreich. 8. (24 S.) Wien 861, (Braumüller.) Thlr. *

— zur Geschichte d. Urverfassung Deutschlands. 8. Sulzb. 797. v. Seidel. 16 gr.

Beiträge zur vaterländischen Geschichte. Basel 1839—70. 9 Bde.

—— zur vaterländischen Geschichte. Hrsg. von d. histor Gesellschaft zu Basel. 2. Bd. gr. 8. (29⅛ B.) Basel 843. [Schweighauser'sche Buchh.] *

—— dies. 3. Bd. Hrsg. von ders. gr. 8. (25 B.) Ebds. 847. *
1. Bd. Ebendas. 1839. * 1 Thlr. 10 Ngr.

—— zur vaterländischen Geschichte. Hrsg. von der histor. Gesellschaft zu Basel. 4. Bd. gr. 8. (XI und 404 S.) Basel 850, Schweighauser'sche Buch. *
1—3. Bd. Ebendas. 1839—47. zusammengenommen kosten jetzt ** 3 Thlr.

—— zur vaterländischen Geschichte. Hrsg. von der histor. Gesellschaft zu Basel. (5. Bd. oder) Neue Folge. 1. Bd. 1. Heft. A. u. d. T.: Erzbischof Andreas von Krain und der letzte Concilsversuch in Basel. 1482—1484. Von Jac. Burckhardt. gr. 8. (100 S.) Basel 852, Schweighauser'sche Vrlgsh.

Beiträge zur vaterländischen Geschichte. 5. Bd. 2. Hft. VIII u. S. 107-318. Ebd. 1854.

— zur vaterländischen Geschichte. Herg. von der histor. Gesellschaft in Basel. 8. Bd. Basel 866. Georg. gr. 8. (XXIV, 372 S. u. 2 lith. Taff. in Fol.) n. 1 Thlr 24 ngr.

— zur vaterländischen Geschichte. Hrsg. v. der histor. Gesellschaft in Basel. 9. Bd. Mit 2 phot. Abbildgn. gr. 8. (XXVIII, 532 S.) Basel 870. Georg. n. 7. 20

—— zur vaterländischen Geschichte. Hrsg. von der histor. Gesellschaft in Basel. 10. Bd. gr. 8. (XIX, 387 S.) Basel 875, Georg. *

— zur vaterländischen Geschichte. Hrsg. v. der histor. u. antiquar. Gesellschaft in Basel. Neue Folge. 1. Bd. Der ganzen Reihe 11. Bd. gr. 8. (XI, 416 S.) Basel 882. Georg. n. 5. 20

—— zur vaterländischen Geschichte. Hrsg. von der histor. und antiquar. Gesellschaft in Basel. Neue Folge. 1. Bd. Der ganzen Reihe 11. Bd. gr. 8. (XI, 416 S.) Basel 883, Georg. *

—— zur vaterländischen Geschichte. Hrsg. von der histor. und antiquar. Gesellschaft zu Basel. Neue Folge. 2. Bd. 4 Hefte. Der ganzen Reihe 12. Bd. gr. 8. (XLIV, 530 S.) Basel 885—88, Georg Verlag. à Heft * M 2.—. *

—— zur vaterländischen Geschichte. Hrsg. v. d. histor. u. antiquar. Gesellschaft zu Basel. Neue Folge. 3. Bd. Der ganzen Reihe 13. Bd. 1.—3. Heft. gr. 8. (S. 1—139 m. 3 Tab.; S. 141—259; S. 263—380.) Basel 889,90, Georg u. Comp. à Heft ' 2 —; ' 6 —

— zur vaterländischen Geschichte. Hrsg. v. der histor. u. antiquar. Gesellschaft zu Basel. Neue Folge. III. Bd. (Der ganzen Reihe XIII. Bd.) 4. (Schluss-)Hft. gr. 8. (IV u. S. 381—455.) Basel 893. Georg & Co. n. 2. —

— dasselbe. IV. Bd. (Der ganzen Reihe XIV. Bd.) 1. u. 2. Hft. gr. 8. (804 S.) Ebd. 894. à Hft. n. 2. —

— z. vaterländ. Geschichte. Hrsg. v. d. histor. u. antiquar. Gesellschaft i. Basel. N. F. 4. Bd. (D. ganzen Reihe 14. Bd.) 3. u. 4. Hft. gr. 8. (IV u. S. 305—487.) Basel 896. Georg & Co. n. 4. — (4. Bd. kplt.: n. 8. —)

— dasselbe. N. F. 5. Bd. (D. ganzen Reihe 15. Bd.) 1. Hft. gr. 8. (I, 120 S.) Ebd. 897. n. 2. —

— zur vaterländischen Geschichte. Hrsg. v. der histor. u. antiquar. Gesellschaft in Basel. Neue Folge. 5. Bd. (Der ganzen Reihe 15. Bd.) 2.—4. (Schluss-)Hft. gr. 8. (III u. S. 121—534.) Basel 899—901. Georg & Co. à n. 2.—
Erscheint nicht weiter.

— zur vaterländischen Geschichte. Hrsg. vom historisch-antiquar. Verein des Kantons Schaffhausen. 1. und 2. Heft. gr. 8. Schaffhausen 863,66, Hurter'sche Buchh. [1. Heft (VI und 126 S.) 2. Heft (V und 129 S.) à Heft * 16 Ngr.] *

— zur vaterländischen Geschichte. Hrsg. vom historisch-antiquar. Verein d. Kanton Schaffhausen. 3. Hft. [Mit e. Photogr. aus dem Beck'schen Album: Das Sondersiechenhaus zu Schaffhausen u. der „Brätschelima".] gr. 8. (IV, 150 S.) Schaffhausen 874. Schoch. n. 2. —
(1—3.: n. 5. 20)

— zur vaterländischen Geschichte. Hrsg. vom historisch-antiquar. Verein d. Kantons Schaffhausen. 4. Hft. gr. 8. (VI, 180 S.) Schaffhausen 878. Schoch. n. 1. 80;
(1—4.: n. 7. —)

— zur vaterländischen Geschichte. Hrsg. vom historisch-antiquar. Verein d. Kantons Schaffhausen. 5. Hft. gr. 8. (VII, 218 S.) Schaffhausen 884. Schoch. n. 2. —
(1—5.: n. 9. —)

— dasselbe. Hrsg. vom historisch-antiquar. Verein des Kantons Schaffhausen. 6. Hft. gr. 8. (XII, 211 S. m. 2 Taf.) Schaffhausen 894. C. Schoch. n. 3. 80
(1—6.: n. 12. 80)

— zur vaterländischen Geschichte. Hrsg. vom historisch-antiquar. Verein des Kantons Schaffhausen. 7. Hft: Mit e. Portr. u. e. archäolog. Karte. gr. 8. (157 S.) Schaffhausen 900. Historisch-antiquar. Verein. 3. 60
Hft. 1—6 letzt. Ebd. 863—894. n. 12. 80.

— zur vaterländischen Geschichte. Hrsg. vom historisch-antiquar. Verein des Kantons Schaffhausen. 8. Heft. Festschrift zur Erinnerg. an das 50jähr. Jubiläum des historisch-antiquar. Vereins des Kantons Schaffhausen. (IV, III, 196 S. m. 13 Abbildgn. u. 2 Taf.) Lex.-8. Schaffhausen 906, Historisch-antiquar. Verein. n. 4. 80
Hft. 1—7. Ebd. 863—900. n. 16. 40.

Beiträge zur vaterländischen Geschichte des Kantons Thurgau. 8°.
Heft 2: Die Landgrafschaft Thurgau vor und bei ihrem Uebergange an die Eidgenossenschaft im Jahre 1460. Denkschrift zur Jubilarerinnerung. Hrgg. v. hist. Verein des Kantons Thurgau. Sammt 1 Karte der Landgrafschaft. Frauenfeld. 1861.

— zur Geschichte des Vereins gegen den Bettel in Riga. Zusammengestellt in Anlaß seines 25jähr. Bestehens. gr. 8. (III, 55 S.) Riga 894. (A. Stieda's Verl.) n. 1. —

Beiträge zur Geschichte des Vereins gegen den Bettel in Riga. Zusammengestellt in Anlass seines 25-jährigen Bestehens. gr. 8°. Riga, A. Stieda's Verl., 1895.

— z. Geschichte der Verirrungen d. menschl. Geistes u. d. Thorheiten gelehrter Männer. 8. Leipz. 806. (Schönian in Elberf.) 16gr.

— zur Geschichte der menschlichen Verirrungen. Begr. v. Hans Rau. III. Bd. gr. 8. Leipzig, Leipziger Verlag. 6. —
Die Askese u. ihre Verirrungen. Ein Wegweiser durch d. Labyrinth dogmat. Irrtümer. Von Carl W. Rudolfi. Mit Illustr. (4 Taf.) (XVI, 250 S.) (908.)
I u. II u. d. T.: Rau, H. Beiträge. Ebd. 905. 07. 15. —

— zur Gesch. d. griechisch. Volkes ält. u. neuerer Zeit. (Wohlf. Ausg. d. früher erschien. „Taschenb. d. Gesch. d. griech. Volkes".) 2 Bdchn. M. 10 Stndr., 1 Musikbeil. u. 2 Chart. 12. (27 B.) Heidelberg 828, Winter.

— zur Geschichte der Völker Mittelasiens. 1. Bd. Leipzig 867. Voss. gr. 8. (XVII, 265 S.) n. 2 Thlr 10 ngr.
Inhalt: Untersuchung über die Kasimofschen Zaren u. Zarewitsche von W. Weljaminof-Zernof. Aus dem Russ. übers. von Jul. Thdr. Zenker. 1. Thl. Mit 4 (lith.) Taff. (in 4.)

Beiträge zur Geschichte des Volksaufstandes in Niederbayern in den Jahren 1705 und 1706. — o. O. [um 1800]. 67 S. 8° 12: Bavar. 357 h.
15.

BEITRÄGE ZUR GESCHICHTE DER FÜRSTENTHÜMER WALDECK UND PYRMONT.
Im Namen des waldeckischen hist. Vereins herausgegeben von L. CURTZE.:
Bd. 1—2.*) (Mit Tafeln.) Arolsen 1866—1869. Comm. bei A. Speyer. 8°.
Im Namen des waldeckischen hist. Vereins herausgegeben von L. CURTZE. Nach dessen Tode von A. HAHN.:
Bd. 3. ib. 1872. —
Herausgegeben im Namen des waldeckischen historischen Vereins.:
Bd. 4. Heft 1. ib. 1874. — A. u. d. T.: Geschichte Waldecks bis zum Ende des 16. Jahrhunderts. Herausgegeben im Auftrage des waldeckischen historischen Vereins nach einem Manuscripte aus dem Nachlass des verstorbenen Consistorialraths und Hofpredigers zu Arolsen KARL STEINMETZ. Mengeringhausen 1874. Druck der Weigel'schen Hofbuchdruckerei.

— zur Geschichte der Fürstenthümer Waldeck und Pyrmont. Im Namen des Vereins herausg. von L. Curtze. 1. Bd. 1. Hft. Arolsen 864. Speyer in Comm. gr. 8. (VI, 226 S. u. 1 lith. Taf.) n. 1 Thlr

— zur Geschichte der Fürstenthümer Waldeck u. Pyrmont. Im Namen des waldeckischen histor. Vereins herSg. von L. Curtze. 1. Bd. 2. 3. Heft. — 2. Bd. 1. —3. Heft. — 3. Bd. 1. Heft. Arolsen 865—70. Speyer in Comm. gr. 8. (1. Bd.: S. 227—644 u. 2 Lithogr.; 2. Bd.: 596 S., 3 Lithogr. u. 93 S. Urkundenbeilagen; 3. Bd.: S. 1—198 u. 1 Kpfrtaf. in Fol.) Jedes Heft n. 1 Thlr

— zur Geschichte der Fürstenthümer Waldeck u. Pyrmont. Im Namen d. Vereins hrsg. v. A. Hahn. 3. Bd. 2. u. 3. Hft. gr. 8. (IV u. S. 199—349.) Arolsen 871. 72. Speyer in Comm. n. 3. 80

— dasselbe. 4. Bd. 1. Hft. gr. 8. Ebend. 874. n. 3. —
Geschichte Waldecks bis zum Ende d. 16. Jahrh. Hrsg. im Auftrage d. waldeck. histor. Vereins nach e. Mscr. aus dem Nachlaß d. verstorb. Consistor.-R. u. Hofpred. Karl Steinmetz. (V, 203 S.)

Beiträge zur Geschichte der Stadt Weilburg. Festschrift d. Stadt Weilburg zur Tausendjahrfeier gewidmet von d. Verein für Nassauische Altertumskunde u. Geschichtsforschung. — Wiesbaden 1906: Bechtold. IV, 94 S. 8°
Aus: Annalen d. Vereins für Nassauische Altertumskunde u. Geschichtsforschung. 36. 1906.
16.
15.

Beiträge zur Geschichte der neuesten Weltmemoiren. Pressburg 1780. V: *Behrisch, Heinrich Wolfgang.* (Behrisch. Wiener Autoren 1789.)

Beiträge zur Geschichte der Werbungen in Hamburg durch den Kais. Brasilischen Staatsrath Rego Barros während 1851. — Wandsbeck 1854: Voigt. 240 S. 8° (Zur Geschichte d. deutschen Söldlinge, Kolonisten u. deren Nachkommen in Brasilien. 2.) 12: Am. A. 936-2.
15.

BEITRÄGE ZUR GESCHICHTE DES STIFTES WERDEN.
Herausgegeben von dem Historischen Verein für das Gebiet des ehemaligen Stiftes Werden.

Heft 1.: Die Gilden und Aemter der Stadt Werden. Theil I. Von G. KRANZ. — Chronik des historischen Vereins pro 1890. (Mit 1 Tafel.) Werden 1891. W. Flügge. 8°.

Heft 2. u. 3. m. d. T.: Geschichte der Pfarreien im Gebiete des ehemaligen Stiftes Werden a. d. Ruhr. Von P. JACOBS. Theil 1. Düsseldorf 1893. L. Schwann. — Theil 2. ib. 1894. —

Heft 4.: Chronik des Vereins pro 1893/94. Die im 19. Jahrhundert zerstörten Baudenkmale Werdens. Von W. EFFMANN. — Zerstörung der Werdener Ruhrbrücke durch Hochfluth im Jahre 1533 und Errichtung einer neuen Bogenbrücke in den Jahren 1533 bis 38. Von P. JACOBS. — Die Werdener Nachbarschaften. Von G. KRANZ. — 1894. Altsächsische Kalender aus Werden und Hildesheim. Von JOSTES. Werden a. d. Ruhr. 1895. Druck von W. Flügge.

Heft 5. m. d. T.: Werdener Annalen. Von P. JACOBS. Düsseldorf 1896. L. Schwann.

Heft 6. Werden a. d. Ruhr. 1897. Druck von W. Flügge.

Heft 7. (Mit 8 Tafeln.) ib. 1898. —

Heft 8. (Mit 1 Illustration.) ib. 1901. — Beilage zum VIII. Heft der Beiträge. FESTGABE zur Feier der 1100jährigen Gründung Werdens und seiner 100jährigen Zugehörigkeit zu Preussen. Herausgegeben vom Historischen Verein für das Gebiet des ehemaligen Stiftes Werden. (Mit Tafeln. ib.) 1902. (—)

Heft 9. ib. 1903. Druck von F. Flothmann, Kettwig und Kupferdreh. —

Heft 10. (Mit 1 Karte.) ib. 1904. —

Heft 11. 1905. (Mit 1 Tafel.) ib. Druck von W. Flügge.

Heft 12. 1907. (Mit 1 Tafel.) ib. — Mit dem Umschlagtitel: Beiträge . . . . . Heft 12. 1907. (Inhalt:) Zur Rechtsgeschichte und Topographie des Werdener Münsters. Von Dr. HEINRICH SCHÄFER (Bonn). — Über die Schicksale des Müllerschen Werkes, behandelnd die Geschichte von Werden. Von Dr. FRANZ BENDEL. — Rechtsgeschichtliche Studien über die Eigentumsverhältnisse der katholischen Kirchengemeinde in Werden. Von Pfarrer PETER QUADFLIEG. — Die Krankenpflege in Werden und Kettwig in älterer und neuerer Zeit. Mit 1 Abbildung. Von Dr. P. JACOBS. — Rudolf Kötzschkes 1. Band der Werdener Urbare. Referat, erstattet von Prof. Dr. GOTTLOB. — Miscellen: 1) War Werden ein freiherrliches Kloster? Von Dr. A. SCHULTE. 2) Nachrichten über Werdener Handschriften und alte Drucke. Bemerkungen der Schriftleitung. — Chronik des Vereins pro 1905 und 1906. Bonn. Kommissions-Verlag von P. Hanstein.

Heft 13. 1909. Kettwig, Essen, Kupferdreh. 1909. Druck von F. Flothmann, G. m. b. H. — Mit dem Umschlagtitel: Beiträge ... Heft 13. 1909. (Inhalt:) Aus Kettwigs Vergangenheit. Von W. HARTMANN. Inthronisation des Abtes Johann V. am 24. April 1520. Von P. JACOBS. — Hecker, Lebensbild desselben. Von Gymnasialdirektor Dr. KOCH. — Bestand in Werden ein Kollegialkapitel? Von FRANZ JOSEF BENDEL. — Chronik des Vereins und Mitgliederverzeichnis. — Mitteilungen des Vereinsvorstandes. Zugabe: die älteren Urkunden der deutschen Herrscher für die ehemalige Benediktinerabtei Werden a. d. Ruhr, diplomatisch-historische Untersuchung von Dr. FRANZ JOSEF BENDEL. Bonn 1909. Kommissions-Verlag von P. Hanstein.

Heft 14. 1910. (Mit 13 Tafeln.) Werden a. d. Ruhr. Druck von W. Flügge. — Mit dem Umschlagtitel: Beiträge . . . Heft 14. 1910. (Inhalt:) Die Wiederherstellungsarbeiten an der ehemaligen Abteikirche in Werden. Mit 18 Abbildungen. Von Regierungsbaumeister P. JORDAN. — Urteile von Sachverständigen über die Renovierungsarbeiten an der Pfarrkirche. Mitgeteilt von Dr. P. JACOBS. — Feier des 1100jährigen Todestages des hl. Ludgerus zu Werden in der Zeit vom 7. bis 22. Mai 1910, mit einem Bericht über frühere Jubiläumsfeierlichkeiten. Mit 7 Abbildungen. Von Dr. J . . . . — Zu der Frage über den freiherrlichen Charakter von Werden und über das Bestehen eines Kollegialkapitels daselbst. Eine Replik von ALOYS SCHULTE. — Erwiderung. Von Dr. BENDEL. — Literatur. Von Gymnasialdirektor Dr. KOCH. Am Grabe des heiligen Ludgerus von P. FIDELIS BÖSER und Geschichte der evangelischen Gemeinde Kettwig von Pfarrer BRÜGGEMANN. — Miszellen: Wo sind die gedruckten Anlagen des Müllerschen Werkes, behandelnd die Geschichte von Werden, verblieben? Von FRIEDRICH CLASSEN. — Die ortsgeschichtliche Ausstellung in Kettwig. — Chronik des Vereins und Mitgliederverzeichnis.) Bonn 1910. Kommissionsverlag von P. Hanstein. Druck von W. Flügge in Werden a. d. Ruhr.

— zur Geschichte des Stiftes Werden. Hrsg. v. dem histor. Verein f. das Gebiet des ehemal. Stiftes Werden. 4. u. 6.—8. Hft. gr. 8. Werden a/d. Ruhr, W. Flügge. n. 13. —
4. (152 S.) 895. n. 4. —. 6. (187 S.) 897. n. 2. —. 7. (86 S. m. 8 Taf.) 898. n. 2. —. 8. (200 u. Beilage 40 S. m. Abbildgn.) 901. 902. n. 5. —
Die Hefte 1—3 u. 5 erschienen nicht unter diesem Sammeltitel.

Beiträge zur Geschichte des Stiftes Werden. Hrsg. von dem histor. Verein f. das Gebiet des ehemal. Stiftes Werden. 9.—11. Heft. gr. 8. Bonn (P. Hanstein). n. 7. —
9. (142 S.) 903. n. 2. —
10. Zur Verfassungsgeschichte v. Stadt u. Stift Werden. Von Rud. Kötzschke. (147 S. m. 1 Karte.) 904. n. 3. —
11. 1905. (151 S.) (906.) n. 2. —

— zur Geschichte des Stiftes Werden. Hrsg. v. d. histor. Verein f. d. Gebiet des ehemal. Stiftes Werden. 12. u. 13. Heft. gr. 8. Werden. Bonn, P. Hanstein. 4. —
12. (102 S.) 907. 3.—. — 13. (62 S.) 909. 1.—.

— z. Gesch. d. Stiftes Werden. Hrsg. v. d. histor. Verein f. d. Gebiet d. ehemal. Stiftes Werden. 14. u. 15. Heft. 8° Bonn, P Hanstein. je 3 —
14. (144 m. Abb. u. 13 [5 Doppel-] Taf.) Werden '10. ‖ 15. (187 m. Abb. u. 1 Bildn.) '11. d

Beiträge zur Geschichte Westfalens von J. S. Seibertz [u. a.] — Paderborn: Schöningh 1866. 54 S. 8°
1:Tg 188. 5. 6. 8. 11. 12:4° Bor. 4 u. 14. 17. 30. 38.
15.

Beitraege zur Geschichte der Stadt Worms ... hrsg. von Hans Soldan. — (Worms: Kranzbühler) 1896. 228 S. 8° [(Vereinsgabe d. Wormser Alterthumsvereins. 16.)]
1:Sk 9261 [u.] Sk 9180–16. 2. 3. 5. 7→11. 14→18. 23. 26. 27. 302.
15.

Beiträge zur Geschichte der Wurmtrockniss in der Harzgegend in den Jahren 1779 bis 1785. Frankfurt 1787. V: *Schuster, J. G. F.* (Braunschw. Bibliographie. Braunschweig 1897. S. 374.)

— z. Geschichte d. Wurmtrockniß in d. Harzgeg. von 1779 — 785. 8. Frankf. a. M. 787. Fleischer. 3 gr.

Beiträge zur Geschichte Württembergs. Eine Sammlung von bisher ungedruckten Quellen hrsg. von R. Mohl. Bd 1. — Tübingen: Osiander 1831. XII,332 S. 8°
1. Mohl, Robert v.: Theilnahme Friederich's d. Grossen an d. Streitigkeiten zwischen Herzog Karl von Württemberg u. den Ständen d. Landes.
1:Sh 228. 2. 4. 5. 7. 12: Germ. sp. 312 m. 14. 15. 17. 21. 23. 24. 26. 30. 300:36 Y 5.
15.

Beiträge zur Geschichte der Familie Zanders. Düsseldorf 1904. V: *Berg, C. vom.* (StBKöln II, 14)

— zur Gesch. d. Zärtlichkeit, (v. Gli. Müller). 8. Leipz. 776. 2r Th. 780. Weygand. 21 gr.

Beiträge zur Geschichte des zürcherischen Zeitungswesens. Vorw. von Oscar Wettstein. Aus der Geschichte des Vereins der Schweizerischen Presse von A. Hablützel. Die zürcherische Presse bis zur Helvetik von A. Jacob. Die zürcherische Presse in der Zeit der Helvetik von S. Markus. Die zürcherische Presse im Anfange d. 19. Jahrhunderts von M. Uebelhör. — Zürich: Raustein 1908. XXVII,239 S. 8° 1:Ae 1600. 12:Eph. pol. 3 im. 14. 21. 30. 38. 300:400.557-B. 302.
15.

Geschichtliche und statistische Beiträge zur Frage der Gleichstellung der Oberlehrer mit den Richtern unterster Instanz. Denkschrift d. Oldenburger Oberlehrer-Vereins. Ostern 1899. — Oldenburg: Littmann in Komm. 1899. 65 S. 8° 14. 21. 26.
15.

Beiträge zum 'Allgäuer Geschichtsfreund' hrsg. v. 'Allgäuer Altertumsverein'. [Jg. 1.] 1909. Nr 1. Kempten & München: Kösel in Komm. 1909. 8° (10. 309 7

— zur Geschichtsforschung. Hrsg. v. G. v. Below. I. gr. 8. Paderborn 898. F. Schöningh. n. 1.60
Zur älteren Geschichte Corveys u. Höxters. Von Mart. Meyer. (VI, 54 S.)

— zum Geschichtsunterricht. Hrsg. v. Aug. Falcke. 1.—3. Hft. gr. 8. Leipzig, Fr. Richter. n. 3. —
1. Bilder aus den Befreiungskriegen. In Präparationen nach den formalen Stufen entworfen v. F. Roßbach. (III, 60 S.) 892. n. 1. —
2. Die Wiederaufrichtung des deutschen Kaiserreichs. Von R. Freimund. (III, 59 S.) 894. n. — 80
3. Das Zeitalter der Entdeckungen u. Eroberungen. In Präparationen nach den Formalstufen bearb. v. F. Roßbach. (IV, 98 S.) 894. n. 1. 20

— z. Geschwulstlehre v. Krompecher, Busse, Strube, Stahr, Limacher, Borrmann, Winkler, Tauffer, s.a. Archiv f. patholog. Anatomie etc.

Beiträge zur Geschwulstlehre von Krompecher [u.a.] Berlin: G. Reimer 1898. 289 S. 8° (Archiv für pathologische Anatomie u. Physiologie. 151, Suppl. H.)
1: I 5219–151, Suppl. H. 2→11.
12: Path. 46h–151, Suppl. H. 15. 16. 21. 25→27. 29. 30. 38. 202.
15.

Beiträge der hamburgischen Gesellschaft zur Beförderung der Künste und nützlichen Gewerbe, zur Beurtheilung und Erläuterung des neuen französischen Maß- und Gewichts-Systems, nebst Reductions-Tabellen der französischen Maße und Gewichte zu den in Hamburg üblichen. [Mitarb.: Friedrich Johann Lorenz Meyer [u.a.]] — Hamburg: Bohn 1798. 48 S. 8°
Aus: Verhandlungen u. Schriften d. Gesellschaft zur Beförderung d. Künste u. nützlichen Gewerbe. 5. 1799.
18.
15.

BEITRÄGE DER WETTERAUISCHEN GESELLSCHAFT FÜR DIE GESAMMTE NATURKUNDE.
Zur Zoologie. Bd. I. Heft 1. (Mit Tafeln.) Hanau 1812. Im Verlage der Gesellschaft, in Komm. in der Hermannschen Buchhandlung. 4°.
Bd. I. Heft 2. (Mit Tafeln.) ib. 1814, bei Johann Gerhard Scharneck.
Zur Botanik. Bd. I. Heft 1. (Mit Tafeln.) ib. 1812. Im Verlage der Gesellschaft, in Komm. in der Hermannschen Buchhandlung.
Bd. I. Heft 2. ib. 1814 bei Johann Gerhard Scharneck.
Zur Mineralogie. Bd. I. Heft 1. (Mit 1 Tafel.) ib. 1812. Im Verlage der Gesellschaft, in Komm. in der Hermannschen Buchhandlung.

— d. Wetterauischen Gesellschaft f. d. gesammte Naturkunde zur Zoologie. 1r Bd. 1s u. 2s Hft. gr. 4. Leipz. 815. Joachim. 2 Thlr. Botanik. 1r Bd. 1s u. 2s Hft. gr. 4. Ebd. 814. 2 Thlr.

— zum republikan. Gesetzbuche, mit Anmerkk. z. allgem. Landrecht f. d. Preuß. Staaten. 8. Königsb. 800. (Leipz., B. Schumann). 10 Gr. Hbg. Pr. 8 Gr. (bei Michelsen das.) 10 Gr.

— zum republikanischen Gesetzbuche, enthalten in Anmerkungen zum allgemeinen Landrechte und zur allgemeinen Gerichtsordnung für die preuß. Staaten. 8. (Leipzig 800. W. A. Künzel.) 1/3 Thlr.

— z. Gesetzgebung u. prakt. Jurisprudenz, mit besond. Rücksicht auf Baiern. Eine Zeitschr. in zwanglosen Heften. Herausg. v. Fr. A. Frhr. v. u. Zu-Rhein. 1r Bd. 1s u. 2s Hft. gr. 8. Münch. 826 u. 27. Finsterlin. à 16 Gr. 1 Thlr. 8 Gr. 2r Bd. u. 3r Bd. 1s 2s Hft. gr. 8. Würzb. 828—31. Strecker. (2r Bd. 1 Thlr. 10 Gr. 3r Bd. 1 Thlr. 16 Gr.) 3 Thlr. 2 Gr.

— zur peinl. Gesetzgebung. 8. Frankf. u. Leipz. 785. (Berl., Nicolai). 8 Gr.

— zur Gesundheitslehre, s.a. Engelhorn's, J., illustrirte Volksbücher.

Beiträge zur Gesundheitslehre. — Stuttgart: Engelhorn [1866]. 96 S. 8° (J. Engelhorns illustrierte Volksbücher. 1,3.)
In d. Exemplaren von *46* u. *302* fehlt der Titel der Sammlung.
46. 302.
15.

—— z. Gesundheitslehre. Die verkappten u. verkannten, zugleich unsichtbarsten, geheimsten u. schlimmsten Feinde der menschl. Gesundheit. 12. (48) Ham. 79, (Fuendeling).
n. — 50

Beiträge zur Gesundheitslehre. Von e. Menschenfreunde. — Hameln: Kientzler 1879 (Umschlagt.: Hameln: Schmidt & Suckert 1881). 48 S. 8° 7.
15.

—— zur Gesundheitslehre. Die verkappten und verkannten, zugleich unsichtbarsten, geheimsten und schlimmsten Feinde der menschl. Gesundheit. Zur Beherzigung für Jedermann, hauptsächlich für die großen und kleinen Kinder, welche gar zu leicht die Beute ihrer Launen und Schwächen werden. Von einem Menschenfreunde. 12. (48 S.) Hameln 879, (Schmidt und Suckert.)

Beiträge zur Gewässerkunde der märkischen Wasserstrassen (Gebiet d. Havel u. Spree). Bearb. von d. Verwaltung d. Märkischen Wasserstrassen in Potsdam 1903. (Vorr.: Teubert, Scholz.) — Berlin: Ernst 1905. VI,162 S. 4°
1: 4° Tc 2827. 3. 11. 83. 91.
15.

Beiträge zur westphälischen Gewerbe-Geschichte. — o.O. [um 1850]. 8 S. 8° 1: 10 in 4° Ff 4051.
15.

— z. Gewinnung v. Stoffgedanken f. Predigt, Seelsorge u. Unterr., s.a. Handbibliothek, praktisch-theolog.

Beiträge zur Gewinnung von Stoffgedanken für Predigt, Seelsorge und Unterricht. Hrsg. von Friedrich Niebergall. T. 1–4. — Göttingen - Vandenhoeck & Ruprecht 1908–10. 8°
1. Herzog, Johann: Die Probleme d. inneren Lebens.
2. Baltzer, Otto: Praktische Eschatologie.
3. Heckenschmidt, Karl: Die Christus-Predigt für unsere Zeit.
4. Niebergall, Friedrich: Jesus im Unterricht.
(Praktisch-theologische Handbibliothek. 8/11.)
1: Dp 318–8/11. 3. 5. 7. 8. 11. 12: Liturg. 5631–8.9.10.11. 17. 26. 28. 29. 30. 35. 79.
15.

— 2. Aufl. T. 4. Ebd. 1913. 8°
4. Niebergall, Friedrich: Jesus im Unterricht. 2. Aufl. 1913.
(Praktisch-theologische Handbibliothek. 2. Aufl. 11.)
3.
15.

Johan Heinrich David Goebels Beiträge zur Staatsgeschichte von Europa unter Kaiser Karl dem Fünften aus theils gedruckten, theils ungedruckten Nachrichten mit e. Vorr. Christian Heinrichs Frhrn v. Senkenberg. — Lemgo: Meyer 1767. XXXII,400 S. 8°
1: Qg 568. 2. 3. 6. 7. 8. 12: 4° Eur. 127 m. 15. 18. 21. 24. 30. 300: •38 C 17.
15.

Beiträge zu der exegetischen Gottesgelahrtheit, . . . 1754—1757. H: *Besenbeck, Georg.* (ML)

Beiträge zur reinern Gottesverehrung. Riga 1792. V: *Demme, Hermann Christoph Gottfried.* (Ky) (MGT)

— z. reinen Gottesverehrung, (v. Herrm. Chr. Gottfr. Demme). 8. Riga 792. Hartknoch in Leipz. 14 Gr.

—— Göttinger, zur deutschen Philologie. Hrsg. von Mor. Heyne und Wilh. Müller. I—IV. gr. 8. Paderborn, F. Schöningh. *

Inhalt:
I. Meissner, R., Bertold Steinmar von Klingnau und seine Lieder. (104 S.) 886. *ℳ 1.60.
II. Hundert noch ungedruckte Priameln des 15. Jahrh., mit einer Einleitung hrsg. von Karl Euling. (100 S.) 887. *ℳ 1.60.
III. Nuedorf, Henry, über syntaktische Mittel des Ausdrucks im althochdeutschen Isidor und den verwandten Stücken. (88 S.) 888. *ℳ 1.40.
IV. Uhl, W., Unechtes bei Neifen. (222 S.) 888. *ℳ 3.—.

Beiträge zur englischen Grammatik nach den Grundsäzen der besten Sprachlerer zum Gebrauch beim Unterrichte. — Gießen: Krieger 1772. 24 S. 8° 4. 26.
15.

Beiträge zur Rothwälschen Grammatik, oder Wörterbuch von d. Zigeunersprache. 8. Dresd. 755. 3 Gr.

— zur schweizerdeutschen Grammatik. Im Auftrag des leit. Ausschusses f. d. schweizerdeutsche Idiotikon hrsg. v. Alb. Bachmann, I. u. II. gr. 8. Frauenfeld, Huber & Co. 4. —
Vetsch, Jak., die Laute der Appenzeller Mundarten. (VIII, 250 S. 1 Taf. u. 3 Karten.) 910. (I) 2. 40
Wipf, Elisa, die Mundart v. Visperterminen im Wallis. (IX, 199 S.) 910. (II) 1. 60

— z. Zumpt'schen Grammatik, oder Versregeln zur dritten Declination u. zur Syntax. Von einem Gymnasial-Lehrer. gr. 8. Königsb. 829. Unzer. 3 gr.

—— Greifswalder medicinische, unter Mitwirkung der medicin. Facultät zu Greifswald hrsg. von Hugo Ziemssen. 1. Bd. gr. 8. (XV und 422 S. mit 1 Stnt. und 49 in den Text gedr. Curven in Holzschn.) Danzig 863, Ziemssen. *

—— dass. — Hrsg. von Demselben 2. Bd. 2 Hefte. gr. 8. (1. Heft 212 S. mit 1 Stnt.) Ebendas. 868. *

—— dass. — Hrsg. von Rühle. 3. Bd. 2 Hefte. gr. 8. (III und 184 S. mit 10 Stnt.) Ebendas. 864,65. à Heft * 21 Ngr.

— z. Magdeburg. Greise. 2 Thle. 8. Frankf. u. Lpz. 770. Hechtel. 16 gr.

— zur Grenzwissenschaft. Ihrem Ehrenpräsidenten Dr. Carl Freiherr du Prel gewidmet v. der „Gesellschaft f. wissenschaftl. Psychologie" in München. Mit e. Bildnis Carl du Prels. gr. 8. (XI, 163 S.) Jena 899. Berlin, H. Costenoble. n. 5.—

— zu den allgem. Grundsätzen d. Forstökonomie, (von F. v. Branbenstein). 8. Zwickau. (Köhler in Leipz.) 3 gr.

Beiträge zur fünfhundertjährigen Gründungsfeier von Neustadt (Rudolfswerth) in Unterkrain. (Vorr.: A. Dimitz.) — Laibach: Histor. Verein für Krain 1865. 55 S. 8°
25. 300: 76.141-B.
15.

Beiträge zur Gynäkologie und Geburtshilfe. Festschrift Prof. Dr. Leopold Landau gelegentlich seines 25jährigen Docentenjubiläums gewidmet von ehemaligen u. jetzigen Assistenten u. Schülern. — Berlin: Hirschwald 1901. 706 S. 8°
Erschien auch in: Archiv für Gynaekologie. 64.65. 1901-02.
1: Ih 5835. 7. 11. 20.
15.

— Hallische, zur jurist. Gelehrtengesch. (v. . . Nettelbladt). 3 Bde od. 12 Stcke mit Register. 8. Halle 754—62, Renger. 2 Rthlr 12 gr.

— Hallische, zur Geschichtsforschung, hrsg. v. Thdr. Lindner. 1.—5. Hft. gr. 8. Halle a/S., C. A. Kaemmerer & Co. n. 8.—
1. Theodoricus Pauli, e. Geschichtsschreiber d. XV. Jahrh. u. sein Speculum historiale. Von Werner Focke. (122 S.) 892. n. 2.—
2. Die Wahl Urbans VI. 1378. Von Rich. Jahr. (91 S.) 892. n. 1.50
3. Eckard v. Ders, Bischof v. Worms, 1370—1405. Von Kurt Wiemann. (74 S.) 893. n. 1.50
4. Der Uebergang der Mark Brandenburg an das Haus Wittelsbach. Von Gust. Salchow. (85 S.) 893. n. 1.50
5. König Sigmunds Geleit f. Hus u. das Geleit im Mittelalter. Von Paul Uhlmann. (68 S.) 894. n. 1.50
Bilden die Fortsetzung der Münsterischen Beiträge zur Geschichtsforschung.

Beiträge, Hamburgische, zur Aufnahme der Gelehrten-Historie und der Wissenschaften. Erstes Jahr. Hamburg 1740. H: *Alardus, Mathias Andreas* & *Mathias Arnold Wodarch.* (ABJP) »1740—1743.« H: *Alardus, M. A.* (Waniek, Gottsched, Leipzig 1897, S. 489.)

— Hamburg., zu d. Werken des Witzes u. d. Sittenlehre. 2 Bde. od. 6 Thle. 8. Hamb. 753—55. Compt. f. Lit. in Lpz. 1 Rthlr 12 gr.

— zur neuesten Handelspolitik Deutschlands, s. a. Schriften des Vereins f. Socialpolitik.

Beiträge zur neuesten Handelspolitik Deutschlands. Hrsg. vom Verein für Socialpolitik. (Vorr.: Gustav Schmoller.) Bd 1-3. — Leipzig: Duncker & Humblot 1900-01. 8° (Schriften d. Vereins für Socialpolitik. 90/92.)
1: Fc 286-90/92. 2→11. 12: Pol. g. 869 d-90/92. 14→17. 21. 24→30. 38. 82. 83. 300: 393.122-B. Per. 90/92. 30.
15.

Beiträge zur neuesten Handelspolitik Österreichs. Hrsg. vom Verein für Socialpolitik. (Vorr.: Eugen v. Philippovich.) — Leipzig: Duncker & Humblot 1901. VIII, 314 S. 8° (Schriften d. Vereins für Socialpolitik. 93.)
1: Fc 286-93. 2→11. 12: Pol. g. 769 d-93. 14→18. 21. 24. 30. 38. 82. 83. 90. 300: 393.122-B. Per. 93. 30.
15.

— Hannov., z. Nutzen u. Vergnügen a. d. J. 1759—62. (Eine Forts. d. nützl. Samml.) 4. Hannov., Helwing. Jahrg. à 4 Rthlr 12 gr. Fortsetz., s. hannöv. Magazin.
Vorh. u. d. T.: Nützliche Sammlungen.

— zur Heilkunde hrsg. v. der Gesellschaft prakt. Aerzte zu Riga. 1. Bd. 3 Liefrgn. II. Bd. 1, u. 2. Liefrg. gr. 8. (I.: XVI u. 550 S. m. 2 lith. u. col. Taf., wovon 1 in Fol.; Vergleichende Uebersicht der Cholera in Riga in den Jahren 1831 u. 1848. II.: VIII u. 374 S.) Riga 849—52, Götschel. (I. 1.: 1 Rthlr 6 ngr 2.: 27 ngr 3.: 1 Rthlr 12 ngr II. 1.: 1 1/3 Rthlr 2.: 24 ngr 5 Rthlr 19 ngr

— zur Heilkunde. Herausg. von der Gesellschaft praktischer Aerzte in Riga. 2. Bd. 3. Liefg. 853. (4 Bl., S. 375—498.) 24 ngr. — 3. Bd. 1—3. Liefg. 855. (XVI, 363 S. u. 4 Tab. in 4.) n. 1 Rthlr 24 ngr. — 4. Bd. 1. Liefg. Riga 857. Götschel. gr. 8. (S. 1—162.) n. 1 Rthlr 6 ngr.

— zur Heilkunde. Herausg. von der Gesellschaft pract. Aerzte zu Riga. 4. Bd. 2. u. 3. Liefg. Riga 859, 60. Götschel. gr. 8. (IV, 372 S.) 2.: n. 1 Rthlr 6 ngr; 3.: n. 1 Rthlr 10 ngr

— zur prakt. Heilkunde, mit vorzügl. Berücksichtigung der medicin. Geographie, Topographie u. Epidemiologie. Herausg. von J. Chr. A. Clarus u. J. Radius. 1r Bd. 4 Hfte. gr. 8. Leipzig 834. Fr. Fleischer. n. 4 Rthlr — 2r Bd. 4 Hfte. gr. 8. Ebd. 835. n. 2 Rthlr — 3r u. 4r Bd. à 4 Hfte. gr. 8. Ebd. 836, 37. Kollmann. à 2 Rthlr

BEITRÄGE ZUR HEIMATKUNDE VON ARNSTADT UND UMGEGEND. Herausgegeben von der Museumsgesellschaft.
Heft 1. Arnstadt 1901: Fürstl. Hofbuchdr. v. E. Frotscher.
Heft 2. Ib. 1902.
Heft 3. Ib. 1906.

Beiträge zur Heimatkunde [Heimatskunde] der Gerichts-Bezirke B.-Aicha, Friedland, Gablonz a. N., Kratzau, Reichenberg, Rochlitz und Tannwald. — Friedland: Riemer 1904. 48 S. 8°
300: 500.027-C.
15.

— zur Heimathkunde des Kantons Bern. Siehe: *Mülinen, E.*

Beiträge zur Heimatkunde des Kreises Borken. Hrsg. v. Altertumsverein f. Ramsdorf u. Umgegend. Red. von Fr[anz] Nigge. Bd 1. Borken i. W.: Mergelsberg (1910). 4° [illegible]

Beiträge zur Heimatkunde des Kantons Luzern. Gemeinde Kriens. Luzern [1838]. V: *Schnyder, Melchior.* (Bibliogr. d. Schweiz. Landeskunde. Bern 1892 ff. III)

Beiträge zur Heimatkunde des Regierungsbezirks Osnabrück. H. 1. Lingen: R. van Acken 1905. 8° [F.] [05. 11143]

— zur Heimatkunde des Reg.-Bez. Osnabrück. Hrsg. vom Lehrerverein der Diözese Osnabrück. 2. Heft. gr. 8. Lingen, R. van Acken. 2.—; geb. n 2.50
Der Kreis Melle (Grönegau.) Von F. Schulhof. (164 S. m. Abbildgn.) 908.

— zur Heimatkunde der Pfalz. I. 8. Ludwigshafen (F. Baumgartner). 1.—; geb. n 1.50
Becker, Alb., Schiller u. die Pfalz. Mit 12 Abbildgn. (88 S.) 907.

— dasselbe. II. u. III. gr. 8. Kaiserslautern (H. Kayser). 1.80
Becker, Alb., Pfälzer Frühlingsfeiern. [Aus „Hess. Blätter f. Volkskde."] (49 S.) 908. (II) 1.—
— Karl Joseph Schuler, der Pfälzer Freund Karl Mayers u. Justinus Kerners. Mit ungedr. Briefen K. Mayers, Justinus Kerners, K. Geibs u. 9 Abbildgn. (31 S.) 909. (III) —80

— zur Heimatkunde des Amtes Seftigen. Hrsg. v. e. Kommission des Lehrervereins des Amtsbez. Seftigen u. Freunden heimatl. Geschichte. 4 Lfgn. (IV, 296 m. 52 Taf. u. 1 Karte.) 8. Bern 906.08. K. J. Wyß. 6. —

BEITRÄGE ZUR HEIMATKUNDE DES REGIERUNGSBEZIRKS STADE, herausgegeben von dem Heimatbund der Männer vom Morgenstern und dem Stader Verein für Geschichte und Altertümer der Herzogtümer Bremen und Verden und des Landes Hadeln.

Bd. I. Tl. I. Hannover 1909. Ernst Geibel. Verlagsbuchhandlung. — A. u. d. T.: Lautstand der Mundart von Horneburg (Hannover). Teil I: Vokalismus von H. ZAHRENHUSEN. ib. 1909. — 8°.

Bd. II. Halle a. S. 1911. Gebauer-Schwetschke Druckerei und Verlag m. b. H. — A. u. d. T.: Quellenbuch zur Geschichte des alten Erzstifts Bremen und Niedersachsens bis zum Ausgang des Mittelalters von Dr. HERMANN STRUNK. Mit vielen Abbildungen im Text und 3 Tafeln. ib. 1911. —

Bd. III. Hannover 1912. Ernst Geibel, Verlagsbuchhandlung. — A. u. d. T.: Das niedersächsische Bauernhaus in Deutschland und Holland, ein Beitrag zu seiner Erkundung von WERNER LINDNER. ib. 1912. — 4°.

Beiträge zur Heimatkunde des Regierungsbezirks Stade hrsg. von d. Heimatbund d. Männer v. Morgenstern u. dem Stader Verein f. Geschichte u. Altertümer d. Herzogt. Bremen u. Verden u. d. Landes Hadeln. Bd 1, T. 1. Hannover: Geibel 1910. 8° [10. 1438]

— zur Heimatskunde v. Znaim u. Umgebung. 1. u. 2. Hft. gr. 8. Znaim, Fournier & Haberler. n. 2.40

1. Der „Heidentempel" in Znaim, seine Geschichte u. kunsthistor. Bedeutg. (30 S. m. 15 Abbildgn.) 900. n. — 40
2. Bilder, Znaimer, aus Vergangenheit u. Gegenwart. Gesammelte Abhandlgn. zur Geschichte u. Ortskunde d. Thaja-Gebietes. 1. Bd. (VIII, 163 S. m. 1 Plan.) 901. n. 2. —

— zur Heimatskunde v. Znaim u. Umgebung. 3. u. 4. Heft. gr. 8. Znaim, Fournier & Haberler. n. 2.40

3. Bilder, Znaimer, aus Vergangenheit u. Gegenwart. Gesammelte Abhandlgn. zur Geschichte u. Ortskunde des Thaja-Gebietes. II. Bd. (VIII, 160 S.) 903. n. 2. —
4. Die Kriegsbegebenheiten des J. 1866 in Znaim u. Umgebung. Aus Anlaß der Enthüllg. des Kriegerdenkmales auf dem Gemeinde-Friedhofe zu Klosterbruck durch den Thajabodener Militär-Veteranen-Verein „Freiherr v. Cylumetzky" berichtet. Von Ant. Vrbka. Mit 1 Abbildg. (19 S.) 903. n. — 40

Beiträge, Hessische, zur Gelehrsamkeit und Kunst. Frankfurt a. M. 1784—1787. H: *Forster, G., Samuel Thomas Sömmering, Dietrich Tiedemann und andere.* (ErschDL)

— Hessische, z. Gelehrsamkeit u. Kunst. 2 Bde à 4 Stcke. gr. 8. Frankf. a. M. 784—87. Varrentrapp. 4 rß

— hessische, für Rechtskunde. Hrsg. v. Bopp in Darmstadt. 1. Thl. gr. 8. (8 B.) Darmstadt 812, Leske.

Beiträge zur Historie und Aufnahme des Theaters. Stuttg. 1750—1751. H: *Lessing, Gotth. Ephraim & Christlob Mylius.* (ML) (GGr)

Beiträge zur Historie der Gelahrtheit, worinnen die Geschichte der Gelehrten unserer Zeiten beschrieben werden. Hamb. 1748—1750. H: *Strodtmann, Johann Christoph.* (BrMm) (ML)

Beiträge zur critischen Historie der deutschen Sprache, Poesie und Beredsamkeit, hsg. von einigen Mitgliedern der deutschen Gesellschaft in Leipzig. Leipzig 1732—1744. H: *Lotter, Joh. Georg, Joh. Chph Gottsched & Bernh. Chph Breitkopf.* H (Bd. 3): *May, Joh. Friedr.* (Waniek, Gottsched, Leipzig 1897 S. 216, 235).

Historisch-diplomatische Beiträge zur Geschichte der Stadt Berlin. Hrsg. von E. Fidicin. — Berlin: Hayn (4.5: Duncker & Humblot) 1837-42. 8°

1. Berlinisches Stadtbuch.
2. Berlinische Urkunden von 1261 bis 1550.
3. Berlinische Regesten von 949 bis 1550.
4. Berlinische Urkunden von 1232 bis 1700.
5. Geschichte d. Stadt Berlin. Abth. 1. Darstellung der inneren Verhältnisse d. Stadt.

1: Tc 6570. 2. 3. 4[∞4.5.]. 5. 6[∞4.5]. 7. 8. 9. 10[∞4.5]
21. 11. 202.
15.

Beiträge, Historische, zum Hennebergischen Bergwerks- und Münzwesen. [Halle 1778.] V: *Fritz, Joh. Friedr.* (MGT) (ML)

— histor., zum Ehrengedächtnisse Melanchthons. gr. 8. Altenb. 760. (Hennings in Neisse). 3 gl

Historische Beiträge zur Geschichte des französischen Krieges. — Deutschland 1796. 56 S, 30 S. 8°

Beigedr.: Jammerreise nach Mainz im Augustmonat 1793. o. O. Zu finden in allen Buchhandlungen [1796].

12: Germ. sp. 234 u/1.

— histor., z. Gesch. d. Französ. Kriegs. 8. (Frankf.) 796. Behrens. 12 gl

Historische Beiträge zur Geschichte des Ortes und der Kirche Nassiedel. Als Festgabe zur Weihe d. neuen Kirche am 4. Okt. 1885 zsgest. — Leobschütz 1885: Witke. 7 S. 8°

1: Tb 6381.
15.

Beiträge, Historische und critische, zur Historie der Eidgenossen. ... Zürich 1739. H: *Bodmer, Joh. Jac. & Joh. Jac. Breitinger.* (GGr) (ML)

— histor., polit., geograph., statist., militär., d. Königl. Preuß. Staaten betr. (v. F. L. J. Fischbach). 3 Bde. 8. Berl. 781—85. Pauli. 6 rß 8 gl

Beiträge, Historische politisch-geographisch-statistisch und militärische, ... Dessau und Berlin 1781—1785. H: *Fischbach, F. L. Jos.* (Ky) (MGT) (MS) (Schz) (CBH)

— histor. u. statist., zur Staats- u. Kriegsgesch. in d. letzt. Lebensjahr. Friedrichs d. Großen. 8. Mecklenb. 793. (Schöne in Berl.) 1 rß 16 gl

— histor.-geogr.-statist., zur Kenntniß versch. Länder rc. 3 Bde. nebst Anh. 8. Quedlinb. 791—95. Ernst. 1 rß 18 gl

Beiträge, Historisch-geographisch-statistische, zur nähern Kenntniss Westphalens. Elberfeld 1806. V: *Weddigen, Peter Florenz.* (Ky) (MGT)

— histor.-geograph.-statist., zur nähern Kenntniß Westphalens. (Von P. F. Weddigen.) 2 Thle. Elberf. 806. (Schönian). 1 rß 16 gl

— histor.-polit., zur nähern Kenntniß unsrer Zeiten. (Von F. D. D. Ulrich.) 8. Hamb. 787. (Köhler in Leipz.) 8 gl

Historisch-politische Beiträge zur nähern Kenntniß unsrer Zeiten. [Hrsg.: Friedrich Detlev Daniel Ulrich.] — Hamburg [usw.]: Matthiesen 1787. 239 S. 8°

15. 16. 17. 27. 28.
15.

Beiträge, Höchstwichtige, zur Geschichte der neuesten Literatur in Deutschland, ... Abth. I—IV. St. Gallen 1813—14. N. A. 1817. V: *Weber, Georg Michael von.* (MGT)

— zum Hochverraths-Prozeß im J. 1864. Enth.: Auszüge aus den stenograph. Berichten der Plaidoyers über den allgemeinen Theil der Anklage. 8. (CIII und 811 S.) Berlin 864, Reichardt und Zander.

— Holländische, zu den anatomischen und physiologischen Wissenschaften herausgeg. von J. van Deen, F. C. Donders u. Jac. Moleschott. (1. Bd.) 1. Heft. gr. 8. (Mit 1 lith. Taf.) Utrecht 846, Bötticher'sche Buchh. (à) n. 1/2 ß

— holländische, zu den anatom. u. physiolgischen Wissenschaften hrsg. v. J. van Deen, F. C. Donders u. Jac. Moleschott. (1. B.) 1. Hft. gr. 8. (6½ B. u. 1 Stnt.) Utrecht 846. [Dannenfelser.] *

Beiträge, holländische, zu den anatomischen und physiologischen Wissenschaften, hrsg. von J. van Deen, F. C. Donders und Jac. Moleschott. 1. Bd. 2. und 3. Heft. gr. 8. (IV und S. 105—400 mit 1 Stnt. in Fol.) Düsseldorf 847—48, Bötticher'sche Buchh. à Heft * 15 Ngr. *
1. Heft. Ebendas. 1846. * 15 Ngr.

Beiträge holländische Wissenschaften
Holländische Beiträge zu den anatomischen und physiologischen Wissenschaften. Hrsg.v. J.van Deen, F(ranz) C(ornelius) Donders und J(akob) Moleschott. Bd 1, gbd., 400 S.,

Düsseldorf, Utrecht: Bötticher 1848

— (Holstein.), zur Literatur. 2 Stcke. 8. Lübeck 771. Donatius. 12 gr

— zur prakt. Homiletik f. Prediger. 2 Hefte. gr. 8. Marb. 796. Krieger. 10 gr

Beiträge zur Homiletik für Seelsorger, Prediger und Katecheten, ... Salzburg 1791. H: *Brunner, Phil. Jos.* (Ky) (MGT)

— zur Homiletik f. Seelsorger, Prediger u. Katecheten, (von Ph. J. Brunner). 3 Bdchn. 8. Salzb. 791—93. Duyle. 20 gr (vergl. Brunner).

Beiträge über Jos. Hörmann, Profess. in Dillingen. [Gotha 1793.] V: *Salat, Jacob.* (MGT)

— zur Humanitätslehre. 11 Logenreden. Mit e. Vorwort v. J. G. Findel. 8. (VIII, 190 S.) Leipzig 889, Findel. n. 3. —

Humoristische Beiträge zur Geschichte der Elbe mit besonderer Berücksichtigung des niedrigsten Wasserstandes 231 cm unter Null- August 1904. — Dresden: Heinrich [1904]. 20 S. 8° 14.
15.

— zur Hydrographie d. Grossherzogth. Baden. Hrsg. v. dem Centralbureau f. Meteorologie u. Hydrographie. 1—4. Hft. gr. 4. Karlsruhe, Braun. à n. 42. —
1. (III. 105 S. m. 19 Steintaf.) 884. n. 6. —
2. Die Niederschlagsverhältnisse d. Grossherzogth. Baden. (99 S. m. 18 Steintaf.) 885. n. 6. —
3. Die Korrektion d. Oberrheines von der Schweizer Grenze unterhalb Basel bis zur grossh. hessischen Grenze unterhalb Mannheim, insbesondere der badische Antheil an dem Unternehmen. (VII, 97 S. m. (cart.) Atlas v. 13 Taf. in Fol. u. gr. Fol.) 885. n. 20. —
4. Die Flächeninhalte der Flussgebiete d. Grossherzogth. Baden m. 1 (chromolith.) hydrograph. Uebersichtskarte. (Imp.-Fol. in Mappe). (VII, 121 S.) 886. n. 10. —

— zur Hydrographie d. Grossherzogth. Baden. Hrsg. v. dem Centralbureau f. Meteorologie u. Hydrographie 5. 6. Hft. gr. 4. Karlsruhe, (Braun). n. 45. —; (1—6.: n. 87. —)
5. Der Binnenflussbau im Grossherzogth. Baden. Bearb. v. der Oberdirektion d. Wasser- u. Strassenbaues. Mit e. Kartenheft, enth. 14 Flusskarten u. 4 Blatt Längenprofile. (VII, 131 S.) 887. n. 20. —
6. Das Flussgebiet der Hauensteiner Alp im südl. Schwarzwald. Auf Grund der in den Jahren 1884 u. 1885 vorgenommenen Untersuchgn. hydrographisch u. wasserwirthschaftlich beschrieben unter Mitwirkg. v. Krutina durch das Centralbureau f. Meteorologie u. Hydrographie. (X, 178 S. m. 3 graph. Beilagen.) 889. n. 25. —

— zur Hydrographie d. Grossherzogth. Baden. Hrsg. v. dem Centralbureau f. Meteorologie u. Hydrographie. 7. u. 8. Hft. gr. 4. Karlsruhe 892. G. Braun. n. 11. — (1—8.: n. 98. —)
7. Die Waldbedeckung d. Grossherzogth. Baden. Uebersichtskarte (in Kpfrst. u. Farbendr. 70×53 cm) m. erläut. Text. Bearb. v. Ch. Schultheiss. (12 S.) 892. n. 3. —
8. Die Wassermengen der fliessenden Gewässer im Grossherzogth. Baden. Auf Grund der durch die Grossh. Rheinbau-, Wasser- u. Strassenbau- u. Kultur-Inspektionen vorgenommenen Ermittlgn. bearb. v. O. Sayer. (IX, 100 S.) 893. n. 8. —

— z. Hydrographie d. Grossherzogth. Baden. Hrsg. v. d. Centralbureau f. Meteorologie u. Hydrographie. 9. Hft. Caroli, W., Entw. f. e. Bewässergs.- u. Gewerbekanal i. d. Rheinebene v. d. bad.-schweizer. Grenze b. z. Kaiserstuhl. gr. 4. (VII, 121 S. m. 4 Taf.) Karlsruhe 898. G. Braun'sche Hofbuchdr. u. Verl. Kart. n. 15. —; (1.—9.: n. 111. —)

— zur Hydrographie des Grossherzogth. Baden. Hrsg. v. dem Centralbureau f. Meteorologie u. Hydrographie. 10. Hft. gr. 4. Karlsruhe, G. Braun. n. 15. —
Die Niederschlagsverhältnisse des Grossherzogth. Baden. 2. Bearbeitg. auf Grund der Beobachtgn. der J. 1888—1897. Von Chr. Schultheiss. Mit 8 graph. Beilagen. (VII, 100 S. m. Fig.) 900.
1.—9. Hft. Ebd. 884—898. n. 111. —

— zur Hydrographie des Grossherzogt. Baden. Hrsg. v. dem Zentralbureau f. Meteorologie u. Hydrographie. 11. u. 12. Heft. Lex.-8. Karlsruhe (G. Braun'sche Hofbuchdr.). Kart. n. 20. —
11. Die Ergebnisse e. hydrographischen Untersuchung üb. die Anlage v. Stauweihern im Flussgebiet der Wiese. Von Frhr. v Babo. (VIII, 34 S. m. 9 Taf.) 905. Kart. n. 8. —
12. Wasserkräfte, die, des Oberrheines von Neuhausen bis Breisach u. ihre wirtschaftliche Ausnützung. Bearb. v. der grossh. bad. Oberdirektion des Wasser- u. Strassenbaues. (VIII, 70 u. 88 S m. 10 Taf) 906. Kart. n. 12. —
Hft. 1—X Ebd. 884—900. n. 120. —.

— z. Hydrogr. d. Grossh. Baden. Hrsg. v. d. Zentralbureau f. Meteorol. u. Hydrogr. 13. Heft. Text u. Tafeln. Lex8° Karlsr., (G Braun'sche Hofbdr.). (1—14: 200 —)
Kitiratschky, K: Die Hochwassermarken im Grossh. Baden. Auf Grund d. v. d. Zentralbureau f. Meteorol. u. Hydrogr. vorgenommenen Erhebgn u. örtl. Aufnahmen bearb. (8, 294) '11. in Pappbd 20 —; Tafelbd (338) '08. HL 25 —

— zur Hydrographie des Grossherzogt. Baden. Hrsg. v. dem Zentralbureau f. Meteorologie u. Hydrographie. 14. Heft. Lex. 8. Karlsruhe 908. (G. Braunsche Hofbuchdr.) Kart. 9. —
Die Grosswasserkräfte des Grossherzogt. Badens. Ergebnisse e. hydrograph. Untersuchg. üb. den Umfang u. die Verwertbarkeit der grossen, brachlieg. Wasserkräfte des Landes. Von Frhr. v. Babo. Mit 1 Textbeilage u. 11 Taf. (VIII, 55 u. 9 S.)
Heft 1—12. Ebd. 884—906. 146.—. Das 13. Heft ist noch nicht erschienen.

— zur Hydrographie Österreichs. Hrsg. v. k. k. hydrograph. Centralbureau. 1. u. 2. Hft. Fol. Wien (W. Braumüller). n.n. 32. —
1. Uebersichtskarte d. hydrograph. ergänzten österr. Flussgebiete. 1:750 000. 6 Bl. à 49×59,5 cm., 1 Bl. 55×30,5 cm. Farbendr. Nebst Flächenverz. Fol. (IX, 68 S.) 896. In Mappe n.n. 20. —
2. D. Hochwasserkatastrophe d. J. 1897 in Österreich. Fol. (170 S. m. 49 Fig. u. 15 Taf.) 898. n.n. 12. —

— zur Hydrographie Österreichs. Hrsg. vom k. k. hydrograph. Central-Bureau. 3. u. 4. Hft. Fol. Wien, W. Braumüller. n.n. 32. 60
3. Die hydrometr. Erhebgn. an der Donau nächst Wien im J. 1897. (103 S. m. Fig. u. 20 Taf. in Imp.-Fol.) 899. n.n. 20.—
4. Die Hochwasserkatastrophe des J. 1899 im österreich. Donaugebiete. (162 S. m. Abbildgn. u. 9 Taf.) 900. n.n. 12. 60
Hft. 1 u. 2. Ebd. 896—898. n.n. 32.—

— zur Hydrographie Österreichs. Hrsg. vom k. k. hydrograph. Zentral-Bureau. 5.—8. Heft. Fol. Wien (W. Braumüller). n. 41. —
5. Studie üb. den Einfluss e. eventuellen Eindämmung des Tullnerbeckens auf die Stromverhältnisse der Donau. (92 S. m. 20 Taf. u. 1 farb. Karte.) 903. n. 10 —
6. Studie üb. den Einfluss der Eindämmung des Marchfeldes auf die Stromverhältnisse der Donau. (49 S. m. 10 Taf. u. 1 farb. Karte.) 903. n. 7.—
7. Traungebiet, das, u. die Verwertung des Retentionsvermögens der Salzkammergut-Seen zur Milderung der Hochwassergefahren. (188 S. m. 7 Taf. u. 1 Karte.) 904. n.n. 20.—
8. Längenprofil, das, des österreichischen Donaustromes nach dem Stande v. J. 1904. (21 S. m. 1 Taf.) 904. n.n. 4.—
Hft. 1—4. Ebd. 898—900. n. 64. 60.

— zur Hydrographie Osterreichs. Hrsg. vom k. k. hydrograph. Zentralbureau. (Hydrographisch. Dienst in Österreich.) 9. Heft. 88,5×28,5 cm. Wien 908. W. Braumüller. nn 12. —
9. Schutz, der, der Reichshaupt- u. Residenzstadt Wien gegen die Hochfluten des Donaustromes. (V, 125 S. m. 15 Taf.)
Heft 1—8. Ebd. 898—904. 105.60.

— hymnologische. Quellen u. Forschgn. z. Geschichte d. latein. Hymnendichtg. Im Anschl a. ihre Analecta hymnica hrsg. v. Clem. Blume u. Guido M. Dreves. 1. Bd. gr. 8. Leipzig 897. O. R. Reisland. n. 7. —
Godescalcus Lintpurgensis. Gottschalk, Mönch v. Limburg a. d. Hardt u. Propst v. Aachen, e. Prosator d. XI. Jahrh. Fünf ungedruckte Opuscula, m. e. histor. Einleitg. u. e. Anh. v. Sequenzen hrsg. v. Guido Maria Dreves, S. J. (219 S.)

— hymnologische. Quellen u. Forschgn. zur Geschichte der latein. Hymnendichtg. Im Anschlusse an ihre Analecta hymnica hrsg. v. Clem. Blume u. Guido M. Dreves. 2. Bd. gr. 8. Leipzig, O. R. Reisland. n. 10. —
Repertorium repertorii. Kritischer Wegweiser durch U. Chevalier's Repertorium hymnologicum. Alphabetisches Register falscher, mangelhafter od. irreleit. Hymnenanfänge u. Nachweise, m. Erörterg. üb. Plan u. Methode des Repertoriums hrsg. Von Clem. Blume, S. J. (315 S.) 901.
Bd. 1. Ebd. 897. n. 7.—.

— hymnologische. Quellen u. Forschgn. zur Geschichte der latein. Hymnendichtg. Im Anschlusse an Analecta hymnica v. Clem. Blume u. Guido M. Dreves. 3. Bd. gr. 8. Leipzig 908. O. R. Reisland. 4. 40
Der Cursus s. Benedicti Nursini u. Die liturgischen Hymnen des 6—9. Jahrh. in ihrer Beziehung zu den Sonntags- u. Ferialhymnen unseres Breviers. Eine hymnolog.-liturg. Studie auf Grund handschriftlichen Quellenmaterials hrsg. Von Clem. Blume, S.J. (134 S.)
Bd. 1 u. 2. Ebd. 897—901. 17.—

Beiträge zum Jagdrecht in der Mark Brandenburg. — Berlin 1845: Starcke. 51 S. 8°
Erschien zuerst in: Jahrbücher für die preußische Gesetzgebung, Rechtswissenschaft u. Rechtsverwaltung. 65. 1845.
27.
15.

Beiträge zu dem Jagdtheilungs-Verfahren in Westfalen, besonders im Münsterlande. 2., verm. Aufl. 8. (68 S.) Münster 847, Wundermann'sche Buchh. Thlr.

Beiträge zu einem Salzburgischen Idiotikon. [Fulda u. Nürnb. 1814.] V: *Hübner, L.* [?] (Mz)

— Jenaer medizin.-histor., hrsg. v. Thdr Meyer-Steineg. 1. Heft. gr8° Jena, G Fischer.
Meyer-Steineg, Thdr: Chirurg. Instrumente d. Altertums. Beitrag z. antiken Akiurgie. (52 m. 8 Taf. u. 8 Bl. Erklärgn m. Fig.) '12 [1] 5 —

Beiträge zur pragmatischen Jesuitengeschichte . . . Augspurg 1783. V: *Jann, Franz Xaver.* (Jes)

— zur pragmat. Jesuiten-Geschichte, aus Urkunden, die älter sind als die Jesuiten, hervorgesucht von e. Liebhaber der Antiquitäten. Nebst e. Gutachten der französ. Bischöfe über die Gesellsch. Jesu in Frankreich, als Zugabe. N. Ausg. 8. Augsb. 833. (Kollmann.) n. 1/6 ₰

— zur christkatholischen Ikonologie oder Bilderlehre von A. F. Innsbruck 855. Wagner. 12. (X, 180 S.) 15 ngr

Beiträge zu Weller's Index Pseudonymorum. Dresden 1857. V: *Zuchold, Ernst Amandus.* (Petz)

Beiträge zu einer Individualstatistik der Sparer. Auf Grund d. Materiales d. Sparkassenamtes bearb. im Statistischen Amte d. Stadt Frankfurt a.M. [Nebst] Weitere Beiträge. — Frankfurt a.M. 1903-1906: Mahlau (Weitere Beitr.: Knauer). 4° 21. 25 [** Beiträge]. 26 [** Beiträge]. 30
15.

Beiträge der Industrie zu den Kosten der Handwerkerausbildung und Handwerkerwohlfahrtpflege. Denkschrift d. Handelskammern zu Arnsberg, Bielefeld, Bonn ... bearb. von d. Handelskammer zu Düsseldorf. — Düsseldorf: Bagel 1908. 174 S. 4° 6. 17. 27. 30. 38.
15.

Beiträge zur Industriestatistik des Kantons Solothurn. Ges. vom kantonalen Handels- u. Industriedepartement Bern 1900: Stämpfli. 56 S. 4°
Aus: Zeitschrift für schweizerische Statistik. 36. 1900.

BEITRÄGE ZUR INKUNABELKUNDE. Herausgegeben von der Gesellschaft für Typenkunde des XV. Jahrhunderts.
I. Eine Merseburger Buchdruckerei um das Jahr 1479. Von H. O. LANGE. (Hierzu Taf. 23 u. 24.) (o. O. o. V. Ohne bes. Titelblatt.) 4°.
II. Der Capotius-Drucker = Martin Landsberg. Von K. HAEBLER. (Hierzu Taf. 37 u. 38.)
III. Der Drucker Johann Limburg in Münster. Von H. O. LANGE. (Hierzu Taf. 73.)
IV. Johann Grüninger, der Drucker des Missale, mit dem Kanon Peter Schöffers. Von KONRAD HAEBLER. (Hierzu Tafel 270—273.) Uppsala 1911. Almqvist & Wiksells Buchdruckerei-A.-G.
V. Die Merseburger Druckerei von 1479 und ihre Meister. Von KONRAD HAEBLER. ib. 1912. —

Beiträge zur Baierischen Insektenfauna ... Augsb. 1817. V: *Beck, L. von.* (EBHN)

— zur Baierischen Insektenfauna, oder Beschreib. u. Abbild. neuentdeckter Käfer, mit angehängtem Namensverzeichn. d. Eleuteraten d. Landgerichtsbezirks Zusmeshausen. Mit 7 ill. Kpf gr. 8. Augsb. 817. Wolff. 1 ₰ 12 ℊ

Beiträge, Interessante, zu einer Geschichte der Ereignisse in Tirol. O. O. 1810. V nicht: *Hormayr zu Hortenburg, Joseph Freih. von.* (Mitth. Hofr. Dr. Jos. Hirn.)

Beiträge, interess., z. e. Gesch. d. Ereignisse in Tyrol von 1809 bis 810 rc. gr. 8. Leipz. 810. Rein. 1 ₰ 8 ℊ

Interessante Beiträge zur gegenwärtigen Tagesfrage: 'Die confessionelle Schule'. 1. Theil: Offene Fragen an Herrn Dr. E. Hannak. 2. Theil: Die Nothwendigkeit der confessionellen und nationalen Schule vom wissenschaftlich-pädagogischen Standpunkte aus dargestellt. — Würzburg [usw.]: Woerl 1888. 43 S. 8° 300:81.444-B. 302.
15.

Internationale Beiträge zur inneren Medicin. Ernst von Leyden zur Feier seines 70jährigen Geburtstages am 20. April 1902 gewidmet von seinen Freunden u. seinen Schülern. Bd 1.2. — Berlin: Hirschwald 1902. 4°
1:4° Ic 2629/35. **2. 3. 4. 7→11. 22:**Med. g. 29i. **15. 16. 21. 24→27. 29. 30. 300:**419.233-B. **302.**
15.

Internationale Beiträge zur wissenschaftlichen Medicin. Festschrift, Rudolf Virchow gewidmet zur Vollendung seines 70. Lebensjahres. (Hrsg.: O. Israel.) Bd 1-3. — Berlin: Hirschwald 1891. 4°
1. Anatomie, Physiologie u. Entwicklungsstörungen.
2. Pathologische Anatomie.
3. Pathologische Aetiologie u. klinische Medicin.
1:4° Ic 2574. **2. 3. 5. 6. 7. 9. 11. 12:**4° Med. g 35m. **15. 16. 21. 24. 25. 27. 28. 29. 302.**
15.

— Internationale, z. Pathol. u. Therapie d. Ernährungsstörungen, Stoffwechsel- u. Verdaugskrankh. Red.: A Bickel. I—III. Bd, je 4 Hefte u. IV. Bd, 1. u. 2. Heft. (Mit Fig.) gr8° Berl., A Hirschwald. d. Heft 3 —
I. (530) '09'10. ‖ II. (5, 533 m. 1 Taf.) '11. ‖ III. (5, 494 m. 1 Taf.) '11'12. ‖ IV, 1,2. (1—263) '12.

Italienische Beiträge zur Geschichte der Provinz Ostpreussen. Im Auftr. d. Provinzial-Ausschusses d. Provinz Ostpreussen in italienischen Handschriften-Sammlungen, vornehmlich d. Vatikanischen Archive ges. u. hrsg. von Hermann Ehrenberg. — Königsberg: Beyer 1895. XXXIX, 212 S. 8°
1:Sz 129. **3→7. 9. 10. 11. 14→18. 21. 26. 28. 38. 300:**98.042-B.
15.

Beiträge zur Jugendfürsorge hrsg. von d. Hauptstelle für Jugendfürsorge in Nürnberg. — Nürnberg [usw.]: Sebald [1910].) 154 S. 8°
1:Fd 10958/8. **12:**Pol. civ. 10 x f. **21. 29. 300:**476.191-B [2 Ex.] **302.**
15.

— z. modernen Jugendpflege. 1. Heft. 8° Witt., Westdeut. Lutherverl. — 15 d
Jaeger, M: Die Pflege d. männl. schulentlass. Jugend. Eine Aufg. d. inneren Mission. (20) ('11) [1] — 15

Beiträge zur Jugendschriften-Frage. Hrsg.: Lichtenberger. [Aus: „Zentralorgan f. Lehr- u. Lernmittel".] 1. Jahrg. April 1905—März 1906. 12 Nrn. (à ca. 4 S.) Lex.-8. Leipzig, K. G. Th. Scheffer. n. 1. 20
Fortsetzg., s.: Garten, d. heilige.

Beiträge z. Jünglingspädagogik u. Jugendpflege. 1., 2. u. 4. Heft. 8° Düsseld., (E Bierbaum). 1.10 d
Heft 3 ist noch nicht erschienen.
Bertram, Adf: Jugendpflege im Lichte d. kathol. Lebensauffassg. Ein Wort d. Liebe u. Sorge, d. Eltern u. Freunden d. Schulentlassenen gewidmet. 10. u. 11. Taus. (Umschl.: 3. Afl.) (42) ('12) [1] — 40
Könn, Jos.: Das Marienideal u. d. sittl. Bewahrg uns. Jugend. (28) ('12) [4] — 40
Lenhart, G: Der Jugendpräses. (30) ('12) [2] — 30

Beiträge, juristische, zum Kulturkampf aus den Rheinlanden. 1. Hft. gr. 8. (XVI, 243 S.) Elberfeld 880. Friderichs. n. 3. —

Beiträge zum Kammergerichtlichen Justizwesen. Regensb. 1787—1792. H: *Borie, Aegidius Valentin Felix Freiherr von.* (Ky) (Ml.)

— z. kammergerichtl. Justizwesen, (v A. V. F. Borie). 10 Stcke. 4. Regensb. 787 — 92.

Beiträge z. Kampf gegen d. Alkoholismus hrsg. v. **Pieper.** Heft 1—6. Bonn 885—87.
1. **Lammers,** Mässigkeitsgesetzgebg.
2. **Baer,** Verunreiniggn. d. Trinkbranntweins.
3. **Wieselgren,** schwed. Branntweingesetzgebg.
4. **Geffcken,** Branntweinsteuerfrage.
5. **Mann,** schweizer. Alkoholgesetzgebg.
6. **Brüning,** Branntweinsteuergesetzgebg.

— zum Kampf um die Weltanschauung. 1. Hft. gr. 8. Braunschweig 894. C. A. Schwetschke & Sohn. n. — 80
Ernst Häckels Monismus. Kritisch beleuchtet v. A. H. Braasch. (IV, 50 S.)

— zum Kampf um d. Weltanschauung. 2.—5. Hft. 8. Braunschweig, C. A. Schwetschke & Sohn. n. 6. — (1—5.: n. 6. 80)
2. 3. Martin Luthers Stellg. z. Sozialismus. Von Aug. Heinr. Braasch. (VII, 180 S.) 897. n. 3. —
4. 5. Erkennen u. Schauen Gottes. Beitrag z. e. neuen Erkenntnislehre f. Theologen u. Nichttheologen. Von L. Weis. (XV, 230 S.) 898. n. 3. —

— Karlsruher, zu d. schönen Wissenschaften, (von Fr. Molter). 3 Bde. od. 18 Stcke. gr. 8. Karlsr. 760—65. Macklot. 2 ℛ 8 9 𝒦

Beiträge zur geologischen Karte der Schweiz
s. *auch* **Matériaux** — **Mühlberg,** F[ritz] — **Rollier,** L[ouis].

— zur geologischen Karte der Schweiz. Hrsg. v. der geolog. Commission der schweizer. naturforsch. Gesellschaft. 1—9. 11. 12. u. 15. Lfg. gr. 4. Bern 863—72. Dalp in Comm. n. 285. 80
1. Geognostische Skizze d. Kantons Basel u. der angrenzenden Gebiete nebst geognost. Karte in Farbendruck (in Imp.-Fol.) v. **Alb. Müller.** (V, 71 S. m. 2 Steintaf. in qu. Fol.) n. 12. —
2. Geologische Beschreibung der in den Blaettern X u. XV d. eidg. Atlasses enthalt. Gebirge von Graubünden m. 2 color. Karten (in Imp.-Fol.) u. vielen Durchschnitten (auf 18 Steintaf., wovon 2 in Buntdr. in gr. 4. u. Fol.) v. **G. Theobald.** (VIII, 374 S.) n. 39. —
3. Geologische Beschreibung der in Blatt XX. d. eidg. Atlasses enthalt. Gebirge v. Graubünden m. 1 color. Karte (in Imp.-Fol.) u. vielen Durchschnitten (auf 8 lith. u. chromolith. Taf. in gr. 4. u. Fol.) v. **G. Theobald.** (XII, 359 S.) n. 20. —
4. Der Aargauer Jura u. die nördlichen Gebiete d. Kantons Zürich geologisch untersucht u. beschrieben v. **Casimir Moesch.** Mit in den Text eingedr. Localprofilen, 2 (chromolith.) Karten (in Imp.-Fol.) u. 13 (lith. u. chromolith.) Taf. (in gr. 4. u. Fol.) enth. geolog. Durchschnitte u. Petrefacten. (XIII, 321 S.) n. 30. 40
5. Der Pilatus, geologisch untersucht u. beschrieben v. **Frz. Jos. Kaufmann.** Mit e. (chromolith.) Karte (in Imp.-Fol.) u. 10 (lith. u. chromolith.) Taf. (in gr. 4.), enth. geolog. Durchschnitte, Gebirgsansichten u. Petrefacten. (XII, 169 S.) n. 17. 40
6. Description géologique du Jura Vaudois et Neuchatelois et de quelques districts adjacents du Jura français et de la plaine Suisse compris dans les feuilles VI, XI et XVI de l'atlas fédéral par **Aug. Jaccard.** Avec 2 cartes (chromolith in Imp.-Fol.) et 8 planches de profils géologique (lith. u. chromolith. in gr. 4. u. qu. Fol.) (VIII, 341 S.) n. 31. 80
7. Supplément à la description géologique du Jura Vaudois et Neuchatelois par **Aug. Jaccard.** Avec une carte (chromolith. in Imp.-Fol.) [Feuille VI de l'atlas fédéral] et 4 planches de profils géologiques (lith. in gr. 4.) (VII, 79 S.) n. 13. —
8. Description géologique du Jura Bernois et de quelques districts adjacents compris dans la feuille VII de l'atlas fédéral par **J. B. Greppin.** Avec une carte (chromolith. in Imp.-Fol.), une planche de profils géologiques et sept de fossiles (lith. u. chromolith. in gr. 4. u. qu. gr. Fol.) (XX, 358 S.) n. 26. —
9. Das südwestliche Wallis m. den angrenzenden Landestheilen v. Savoien u. Piemont. Hierzu Blatt XXII m. e. grossen Blatt color. u. 2 uncolor. Taf. v. **H. Gerlach.** (VII, 177 S.) n. 9. —; m. e. geolog. Karte u. e. Profiltaf. n. 22. —
11. Gebiete der Kantone Bern, Luzern, Schwyz u. Zug, enthalten auf Blatt VIII d. eidg. Atlas. — Rigi u. Molassegebiet der Mittelschweiz geologisch aufgenommen u. beschrieben v. **Frz. Jos. Kaufmann.** — Mit 6 (lith. u. chromolith.) Taf. (in gr. 4. u. qu. Fol.), enth. Ansichten, Profile, Spezialkarten u. Petrefakten, Beilage: Systematisches Verzeichniss der marinen Arten der

helvet. Stufe der Schweiz u. Schwabens v. Karl Mayer. (VIII, 534 S. m. e. chromolith. Karte in Imp.-Fol.) n. 34. 80

12. Aperçu géologique sur les alpes de Fribourg en général et description spéciale du Moussalvens par V. Gilliéron. Avec 10 (lith.) planches dont une (chromolith.) carte géologique. (VII, 273 S.) n. 17. 40

13. Das Gotthardgebiet von Karl v. Fritsch m. e. geolog. (chromolith.) Karte (in gr. Fol.) u. 4 (chromolith.) Taf. (in qu. gr. 4.) (161 S.) n. 26. —

— zur geologischen Karte der Schweiz. Hrsg. v. der geolog. Commission der schweizer. naturforsch. Gesellschaft. 10., 13—17., 19., 20., 23. u. 26. Lfg. gr. 4. Bern 877—80. Dalp in Comm. n. 185. 80.

10. Der südliche Aargauer-Jura u. seine Umgebungen, enthalten auf Blatt VIII d. eidgenöss. Atlas. Mit einem Anh. zur IV. Lfg. der Beiträge [Aargauer-Jura] v. Casimir Moesch. (XI, 129; IV, 53 u. XL S. m. 4 lith. u. chromolith. Profiltaf.) n. 8. —

13ª. Geologische Beschreibung der Sentis-Gruppe. Text zur Specialkarte des Sentis von Arnold Escher v. d. Linth. (XVIII, 262 S. u. 6 color. Steintaf.) Zur Palaeontologie des Sentisgebirges. Ueber einige neue u. weniger bekannte Petrefacten aus der Kreide des Sentisgebirges. Mit 3 (lith.) Taf. Von Casimir Moesch. (15 S.) n. 20. —

13ᵇ. (Chromolith.) Karte des Saentis u. 2 (chromolith.) Profiltaf. (in Imp.-Fol.). n. 17. 40

14. Geognostische Beschreibung des Kantons St. Gallen u. seiner Umgebungen, enthalten auf Blatt IX d. eidg. Atlas, m. Benutzg. d. Nachlasses von A. Escher v. d. Linth bearb. v. Gutzwiller, Kaufmann, Cas. Moesch. (149; X, 180 u. 100 S. m. 11 lith., zum Theil color. Taf.) n. 30. —

16. Carte géologique de la partie sud des Alpes Vaudoises et des portions limitrophes du Valais, comprenant les Massifs des Diablerets, Muveran, Dt. de Morcles etc. par E. Renevier. 1 : 50,000. Pl. I. Chromolith. n. 9. —

17. Il canton Ticino meridionale ed i paesi finitimi, Spiegazione del foglio XXIV. Duf. colorito geologicamente da Spreafico, Negri e Stoppani per Torquato Taramelli. (232 S. m. 1 Steintaf. u. 3 Chromolith.) n. 18. —

19. Geologische Karte der Schweiz. Blatt 4. Schaffhausen u. das Höhgau v. F. Schalch. Der grössere Theil der Karte v. A. Gutzwiller. Umgebung v. Ueberlingen nach der geolog. Karte v. J. Schill. 1 : 100,000. Chromolith. n. 13. —

20. Der mechanische Contact v. Gneiss u. Kalk im Berner-Oberland v. A. Baltzer. Mit einem (cart.) Atlas v. 13 (chromolith.) Taf. u. 1 (chromolith.) Karte (in qu. Fol. u. qu. gr. Fol.). n. 40. —

23. Das südwestliche Graubünden u. nordöstliche Tessin, enth. auf Bl. XIX des eidgen. Atlas, v. Frdr. Rolle. (V, 59 S. m. 9 z. Thl. farb. Steintaf. u. chromolithogr. Karte in Imp.-Fol.) n. 17. 40

26. Geologische Karte der Schweiz. Bl. 23. Geologische Aufnahmen v. H. Gerlach. n. 13. —
Der Text dazu erscheint später.

— zur geologischen Karte der Schweiz. Hrsg. v. der geolog. Commission der schweiz. naturforsch. Gesellschaft. 1. 18. 19. 24. 27. u. 28. Lfg. gr. 4. Bern, Schmid, Francke & Co. n. 116. 70

1. Geologische Skizze d. Kantons Basel u. der angrenzenden Gebiete, nebst 2 (chromolith.) Taf. Profile, v. Alb. Müller. 2., vom Verf. rev. Aufl. (99 S.) 884. n. 4. 50

18. Description géologique des territoires de Vaud, Fribourg et Berne compris dans la feuille XII entre le lac de Neuchâtel et la Crête du Niesen par V. Gilliéron. (VIII, 532 S. m. Atlas v. 13 Taf., 10 S. Text u. 1 Tab.) 885. n. 21. 80

19. Geologische Beschreibung der Kantone St. Gallen, Thurgau u. Schaffhausen, bearb. v. A. Gutzwiller u. Schalch. (VIII, 133 u. VIII, 143 S. m. 4 chromolith. Profiltaf.) 883. n. 22. —

24. Centralgebiet der Schweiz, enthalten auf Bl. XIII, bearb. v. A. Baltzer, F. J. Kaufmann u. C. Moesch, nebst e. paläontolog. Beilage v. K. Mayer-Eymar. (VIII, 608 S.) 886. n. 26. —. — Atlas. (30 Taf. m. 12 S. Text.) n. 9. —

27. Erläuterung zu den Arbeiten v. H. Gerlach in den Blättern XVII, XVIII, XXII, XXIII südlich v. der Rhone. 1. Heinrich Gerlach. Sein Leben u. Wirken. (13 S.) 2. Die Penninischen Alpen. Mit 1 (chromolith.) Profiltaf. Von H. Gerlach. (159 S.) 3. Die Bergwerke d. Kantons Wallis, nebst e. kurzen Beschreibg. seiner geolog. Verhältnisse in Rücksicht auf Erz- u. Kohlenlagerstätten. Von H. Gerlach. (79 S.) 883. n. 17. 40

28. Carte des anciens glaciers de la Suisse. 1 : 250,000. 4 feuilles. Lith. et color. 884. n. 16. —

Beiträge zur geologischen Karte der Schweiz. Hrsg. v. der geolog. Commission der schweiz. naturforsch. Gesellschaft. Blatt 14, zur Lfg. 25. Blatt 17, zur Lfg. 22 u. Blatt 18, zur Lfg. 21 gehörig. Chromolith. Imp.-Fol. Bern 883—85. Schmid, Francke & Co. à n. 13. —

— zur geologischen Karte der Schweiz, hrsg. v. der geolog. Commission der schweiz. naturforsch. Gesellschaft. Beilage zur 22. Lfg. I. Thl., 24. Lfg. II. Thl. u. 24. Lfg. IV. Thl. gr. 4. Bern. (Schmid, Francke & Co.) n. 60. 20

22. Lfg., I. Thl.: Territoires des cantons de Berne, Vaud, Fribourg, Valais et du Chablais, contenue dans la feuille XVII, par G. Ischer, E. Favre et H. Schardt. — I. partie: Favre, E., et H. Schardt, description géologique des Alpes du canton de Vaud et du Chablais jusqu'à la Dranse et de la Chaine des Dents du Midi formant la partie ouest de la feuille XVII, avec une carte géolog. et un atlas de 18 plchs. (XX, 636 S. m. Atlas v. 18 Taf. u. 15 S.) 887. n. 34. 80

24. Lfg., II. Thl. Systematisches Verzeichniss der Kreide- u. Tertiär-Versteinerungen der Umgegend von Thun, nebst Beschreibung der neuen Arten, v. K. Mayer-Eymar. (XXVIII, 128 S. m. 6 Steintaf.) 887. n. 8. —

24. Lfg., IV. Thl. Das Aarmassiv [mittlerer Theil], nebst e. Abschnitt d. Gotthardmassivs, enthalten auf Blatt XIII, v. A. Baltzer. Mit 9 lith. Taf., 2 in Lichtdr. u. 34 Zinkogr. im Text. (X, 184 S.) 888. n. 17. 40

— zur geologischen Karte der Schweiz, hrsg. v. der geologischen Commission der schweiz. naturforsch. Gesellschaft auf Kosten der Eidgenossenschaft. 7., 21., 25., 31. u. 32. Lfg. gr. 4. Bern. (Schmid, Francke & Co.) n. 71. —

7. Description géologique du Jura neuchâtelois, vaudois des districts adjacents du Jura français et de la plaine suisse. Par Auguste Jaccard. 2. suppl. Avec 1 carte, 2. édition de la feuille XI, 4 phototypies et 4 planches. (XIII, 313 S.) 893. n. 12. —; Karte allein n. 8. —
A. u. d. T.: Matériaux pour la carte géologique de la Suisse etc.

21. Geologische Beschreibung des westlichen Theils des Aarmassivs, enth. auf dem nördlich der Rhone gelegenen Theile des Blattes XVIII der Dufour-Karte, von Edm. v. Fellenberg u. Casimir Moesch. I. Beschreibung desjenigen Theiles v. Blatt XVIII, welcher zwischen dessen Nordrand, dem Südabsturz der Blümlisalpkette (von Gasteren bis ins Lauterbrunnenthal) u. der Rhone liegt. Mit 6 eingedr. Zinkogr. u. 2 lith. Taf. Von Edm. v. Fellenberg m. petrograph. Beiträgen v. Carl Schmidt. Dazu e. Atlas, enth. 4 Profil-, 5 Lichtdr.-Taf., 9 Taf. geolog. Landschaftsbilder u. Detailskizzen u. 1 Excursionskarte im Massstabe von 1 : 100,000 (qu. gr. Fol., in Mappe). (XXXII, 367 S.) — II. Beschreibung der Kalk- u. Schiefergebirge des nordwestlichen Kartengebietes v. Blatt XVIII, umfassend die Kienthaleralpen, die Schilthorn- u. Jungfraugruppe u. die Blümlisalpkette vom Lauterbrunnenthal bis zum Oeschinensee. Mit e. Doppeltaf. Profilen in Farbendr. u. 6 in den Text gedr. Holzschn. Von Casimir Moesch. (VII, 49 S.) 893. n. 20. —

25. Geologie der Hochalpen zwischen Reuss u. Rhein. Text zur geolog. Karte der Schweiz 1 : 100,000 Blatt XIV (erschienen 1885) v. Alb. Heim. Mit e. Anh.: Beiträge zur Kenntniss der im Gebiete v. Blatt XIV der geolog. Karte der Schweiz in 1 : 100,000 auftret. Gesteine. Von Carl Schmidt. (XX, 503 u. VI, 77 S. m. 8 z. Tl. farb. Taf.) 891. n. 22. —

31. Ueber die fluvioglacialen Ablagerungen der Nordschweiz (ausserhalb der inneren Moränenzone) v. Léon du Pasquier. (VIII, 140 S. m. 1 Karte u. 2 Profiltaf. in Farbendr.) 891. n. 7. —
32. Die Kontaktzone v. Kreide u. Tertiär am Nordrande der Schweizeralpen vom Bodensee bis zum Thunersee. Mit 9 Taf. (in Farbendr.). Von Carl Burckhardt. (VII, 135 S.) 893. n. 10. —

— z. geologischen Karte d. Schweiz, hrsg. v. d. geolog. Kommission d. schweiz. naturforsch. Gesellschaft a. Kosten d. Eidgenossenschaft. 8. Lfg. 1. Suppl., 24. Lfg., 3. Tl., 30., 33. u. 34. Lfg. gr. 4. Bern (Schmid & Francke). n. 68. —

8. 1. Suppl. (Joint à la 2. éd. de la feuille II.) Structure et histoire géologiques de la partie du Jura central comprise entre la Doubs (Chaux-de Fonds), le val de Delémont, le lac de Neuchâtel et le Weissenstein par Louis Rollier. Av. la carte géologique des environs de St.-Imier 1 : 25,000, 4 planches de profils coloriées 1 : 40,000, 1 de phototypies et 2 figures dans le texte. (XI, 286 S.) 893. n. 12. —
24. 3. Tl. Geolog. Beschreibg. d. Centralgebietes d. Schweiz, enth. a. Bl. XII d. Dufour-Karte. III. Abthlg. Geolog. Beschreibg. d. Kalk- u. Schiefergebirge zw. d. Reuss- u. Kienthal von Casimir Moesch. M. 1 Atlas v. 35 (farb.) Taf. u. 1 geolog. Kärtchen d. Umgebgn. v. Meiringen. (VII, 307 u. Atlas X S.) 894. n. 24. —
30. D. diluviale Aargletscher u. s. Ablagergn. i. d. Gegend v. Bern m. Berücksicht. d. Rhonegletschers. M. 17 Taf. in Lichtdr. u. Lith. u. 38 Fig. i. Text. Von A. Baltzer. Hierzu d. geolog. Exkursionskarte d. Umgebgn. v. Bern in 1 : 25,000 v. Fr. Jenny, A. Baltzer u. E. Kissling. (VII, 169 S.) 896. n. 16. —
33. D. Klippenregion v. Iberg (Sihlthal) von Edm. C. Quereau. (XII, 158 S. m. Fig. u. 5 Taf.) 893. n. 8. —
34. Erosionsterrassen u. Glazialschotter i. ihrer Beziehung z. Entstehg. d. Zürichsees. M. 1 Karte in 1 : 25,000 u. 2 Profiltaf. Von Aug. Aeppli. (V, 121 S.) 894. n. 8. —
D. Lfgn. m. franz. Text u. d. T.: Matériaux pour la carte géologique de la Suisse.

— dasselbe. N. F. 5.—7. Lfg., d. ganzen Werkes 35.—37. Lfg. gr. 4. Ebd. n. 28. 80

35. Monographie d. Kreideketten zw. Klönthal, Sihl u. Linth, m. e. geolog. Karte, 1 : 50,000, u. 6 Taf. Von Carl Burckhardt. (XII, 205 S.) 896. n. 14. 40
36. D. Dioritgebiet v. Schlans b. Disentis i. Bündner Oberland. Geolog.-petrograph. Studie m. e. geolog. Karte u. 6 Taf. v. Leo Wehrli. (VII, 67 S.) 896. n. 8. —
37. Geologie d. Calanda, m. 1 geolog. Karte in 1 : 50,000. Von Chr. Piperoff. (X, 66 S.) 897. n. 6. 40

— zur geologischen Karte der Schweiz, hrsg. v. d. geolog. Kommission der schweiz. naturforsch. Gesellschaft auf Kosten der Eidgenossenschaft. Neue Folge, 9.—11. Lfg. Des ganzen Werkes 39.—41. Lfg. gr. 4. Ebd. n. 28. —

9. Monographie einiger prähistorischer Bergstürze in den Glarneralpen. Von Jak. Oberholzer. Mit e. geolog. Karte im Massstab 1 : 20,000, 4 Taf. u. 19 Zinkogr. im Text. (IX, 209 S.) 900. n. 12. —
10. Monographie des Fläscherberges. Von Th. Lorenz. Mit 13 Zinkogr., 1 geolog. Karte in 1 : 25,000 u. 4 Taf. Profile, Ansichten u. Petrefakten. (IV, 63 S. m. 1 Bl. Erklärgn.) 900. n. 8. —
11. Geologie der Umgebung v. Gelterkinden im Basler Tafeljura. Von Aug. Buxtorf. Mit 2 Textfig., 1 geolog. Karte 1 : 25,000, 1 stratigraph. u. 1 tekton. Profiltaf. (IX, 106 S.) 901. n. 8. —
Vergl.: Matériaux pour la carte géologique de la Suisse.

— zur geologischen Karte der Schweiz, hrsg. von der geolog. Kommission der schweiz. naturforsch. Gesellschaft auf Kosten der Eidgenossenschaft. Neue Folge. 14. u. 16.—19. Lfg. Des ganzen Werkes 44. u. 46.—49. Lfg. 4. Ebd. n. 62. 40

14. Über den Kali-Syenit des Piz Giuf u. Umgebung (östliches Aarmassiv) u. seine Ganggefolgschaft. Von Frdr. Weber. Mit 5 Taf. u. 14 Zinkogr. (X, 181 S.) 904. n. 8. —
16. Das Säntisgebirge, untersucht u. dargestellt von Alb. Heim. Mitarbeiter: Marie Jerosch, Arnold Heim, Ernst Blumer. Mit Titelbild, 120 Textfig. u. e. Atlas v. 42 Taf., darunter 3 geolog. Karten in 1 : 25.000. (X, 654 S. u. 32 S. Erklärgn.) 905. Geb. u. kart. n. 40. —
17. Geologische Aufnahme der Umgebung v. Seelisberg am Vierwaldstättersee. Von J. J. Pannekoek. Mit (farb.) geolog. Karte in 1 : 25.000 u. 8 Zinkclichés im Text. (IV, 25 S.) 905. n. 4. —
18. Geologische Untersuchung des Frohnalpstockgebietes (Kanton Schwyz). Von Paul Arbenz. Mit 1 (farb.) Karte, 1 Taf. Ansichten u. Profile u. 28 Textfig. (IX, 82 S.) 905. n. 6. 40
19. Étude géologique de la chaine Tour Saillère-Pic de Tanneverge. Par Léon-W. Collet. Avec 1 (farb.) carte géologique au 1 : 50.000 et 3 [1 farb.] planches. (IV, 32 S.) 904. n. 4. —
Lfgn. 12 u. 15 sind noch nicht erschienen.

Beiträge zur Geologie (*№ 34: Geolog.) [*d. i.* geologischen Karte] der Schweiz, Neue Folge, Lfg. 15, Spezialkarte (* № 34: N' Serie Lifg. 15, Spec') №. 34—36. 3 Bl. fol. Winterthur, Topogr. Anstalt J. Schlumpf; [Bern, Komm. A. Francke, 1905]. [fr. 5. — *u.* 5. — *u.* 3. —]

s.a. Hug, J[acob]. [3 Geologische Karten.]

Die folgenden Spezialkarten: Spezialkarte № 37—39 [*sep.* fr. 3. — *u.* 8. — *u.* 3. —] *und* Sp' № 40 *u.* 41 [*sep.* fr. 4. — *u.* 2. —] *und* Carte spéciale, № 42 [nicht sep. käuflich] *s. in:* Beiträge zur geologischen Karte der Schweiz.... Neue Folge, Liefg. 16.... [Band] II. Atlas. 1905 *und* Liefg. 17.... 1905 *und* 19e Livr..... 1904.

— zur geologischen Karte der Schweiz, hrsg. v. der geolog. Kommission der schweiz. naturforsch. Gesellschaft auf Kosten der Eidgenossenschaft. 15. 21. u. 24. Lfg., 26. Lfg. I. Tl. u. 29. Lfg. I. u. II. Tl. 32×24 cm. Bern, (A. Francke). 48. 80

15 [45]. Geologie der nördlichen Teile des Kantons Zürich u. der angrenzenden Landschaften. Von J. Hug. Mit 1 Übersichtskarte in 1 : 250,000 u. 6 Zinkogr. Dazu die Spezialkarten in 1 : 25,000: Nr. 34 Andelfingen, Nr. 35 Rheinfall u. Nr. 36 Kaiserstuhl. (XII, 127 S.) 907. 4. 80
21 [51]. Beschreibung, geologische, des Weissensteintunnels u. seiner Umgebung. A. Stratigraphie u. Tektonik. Von Aug. Buxtorf. B. Temperaturen u. Wasserverhältnisse. Von E. Künzli. C. Geologische Karte u. Profile. Von L. Rollier. Mit 2 geolog. Spezialkarten, Nr. 46 u. 47, in 1 : 25,000, 6 Profiltaf. u. vielen Clichés im Text. (XII, 148 S.) 908. 8. —
24 [54]. I. Zur Kenntnis der Bohnerzformation in den Schweizeralpen. Von Paul Arbenz. II. Sur la racine de la nappe rhétique. Von Emile Argand. III. Über die Stratigraphie der autochthonen Kreide u. des Eocäns am Kistenpass. Von Arnold Heim. (45 S. m. Fig.) 910. 2. 40
26, I. Geologische Beschreibung der Lepontinischen Alpen. Von C. Schmidt u. H. Preiswerk. I. Tl.
Die Grünschiefer in Jura u. Trias des Simplongebietes v. H. Preiswerk. (XVII, 42 S. m. Abbildgn.) 907. 1. 60
29, I. Bibliographie géologique de la Suisse pour les années 1770 à 1900. Par Louis Rollier. I. partie: A (géologie générale et géognosie de la Suisse) jusqu'à K 11 (stratigraphie des terrains molassiques). [Auch m. deutschem Titel]. (XLVIII, 541 S.) 907. 16. —
II. Dasselbe. II. partie: L 1 (hydrodynamique et glacialisme) jusqu'à V (reliefs géologiques). (Auch m. deutschem Titel). (S. 541—1025.) 908. 16. —

— z. geolog. Karte d. Schweiz, hrsg. v. d. geolog. Kommission d. schweiz. naturforsch. Gesellsch. N. F. 20., 23—25., 29—33., 36., 37. u. 39. Lfg. Des ganzen Werkes 50., 53—55., 59—63., 66., 67. u. 69. Lfg. 32×23,5 cm. Bern, A Francke.

Lfg 34 u. 35 sind noch nicht erschienen. — Französ. Ausg. s. u. d. T.: Matériaux pour la carte géolog. de la Suisse.
20 (50). Heim, Arnold: Monogr. d. Churfirsten-Mattstock-Gruppe. 1. Tl. Einleitg u. Stratigr. v. Tertiär bis z. mittl. Kreide. Text u. Atlas. 2 Tle. (10, 272 m. Abb. u. 16 [6 farb.] Taf. m. 4 S. Text u. 15 Bl. Erklärgn.) '10. geh. u. HL 16 —
23 (53). Beiträge z. Geol. d. Unterengadins. I. Tl. Das Gebiet d. Sedimente. Von Chr. Tarnuzzer. II. Tl. Die kristallinen Gesteine. Von U Grubenmann. (12, 248 m. Abb., 1 farb. Kte u. 1 farb. Taf.) '09. 9 60
24 (54). I. Arbenz, Paul: Zur Kenntn. d. Bohnerzformation in d. Schweizeralpen. — II. Argand, Emile: Sur la racine de la nappe rhét. — III. Heim, Arnold: Üb. d. Stratigr. d. autochthonen Kreide u. d. Eocäns am Kistenpass. (45 m. Fig.) '10. 2.40
25 (55). Rollier, Louis: 3. suppl. de la description géolog. de la partie jurassienne de la feuille VII de la carte géolog. de la Suisse au 1: 100,000. (7, 230 m. Abb. u. 4 Ktn.) '10. 6.40
29 (59). Beck, Paul: Geol. d. Gebirge nördl. v. Interlaken. (9, 100 m. Abb. u. 8 [3 farb.] Taf.) '11. 9.60
30 (60). Lugeon, Maurice: Carte géolog. des Hautes-Alpes calcaires entre la Lizerne et la Kander. 1898—1909. 1: 50,000. 73,5×77,5 cm. ('11) 6.40
31 (61). I. Argand, Emile: Les nappes de recouvrement des Alpes Pennines et leurs prolongements structuraux. — II. Blösch, Ed.: Die grosse Eiszeit in d. Nordschweiz. — III. Heim, Arnold: Zur Tektonik d. Flysches in d. östl. Schweizeralpen. — IV. Heim, Alb.: Beobachtgn a. d. Wurzelregion d. Glarnerfalten (helvet. Decken). (56 m. Fig. u. 4 [1 farb.] Taf.) '11. 2.40
32 (62). Staub, Walth.: Geolog. Beschreibg d. Gebirge zwischen Schächental u. Maderanertal im Kanton Uri. (8, 84 m. Fig. u. 3 farb. Taf.) '11. 6.40
33 (63). Blumenthal, Mor.: Geol. d. Ringel-Segnesgruppe. (4, 71 m. Abb. u. 5 [3 farb.] Taf. u. Spezialkte 63.) '11. 6.40
36 (66). Niggli, Paul: Die Chloritoidschiefer u. d. sedimentäre Zone am Nordoststrande d. Gotthardmassives. (4, 94 m. Fig. u. 2 Taf.) '12. 4.80
37 (67). Frei, Roman: Monogr. d. schweiz. Deckenschotters. (8, 182 u. 12 m. Abb., 1 Tab., 2 farb. Taf. u. 4 farb. Ktn.) '12. 12 —
39 (69). Blumenthal, Mor.: Der Calanda. Zugl. Text zu e. Tl d. Spezialkte Nr 63. (4, 48 m. Abb. u. 2 farb. Taf.) '12. 2.40

— z. K (C)arzinomforschg. Aus d. med. Klinik (C v. Noorden) in Wien. Hrsg. v. H Salomon. 1. Heft. Lex 8° Wien, Urban & Schw. 2 —

Hess, Leo, u. Paul Saxl: Zur Kenntnis d. spezif. Eigenschaften d. Carcinomzelle. 1. Die proteolyt. Fermente. 2. Die experimentelle Verfettg d. Carcinom- u. d. Embryonalzelle. (28 m. Abb.) '09. [1.] 2 —

— z. Karzinomforschung (Carcinomforschg). Hrsg. v. H Salomon. 2. u. 3. Heft. Lex8° Wien, Urban & Schw. (1—3: 11 —)

2. Salomon, Hugo, u. Paul Saxl: Üb. e. Harnbefund bei Carcinomatösen. Zugl. e. Beitrag z. Kenntn. d. Oxyproteinsäureausscheidg b. Menschen. — Elias, Herb.: Die temperaturherabsetz. Wirkg v. Gewebspresssäften u. Lipoiden u. deren Bedeutg f. d. Pfeiffersche Reaktion. (29—87 m. 5 Taf.) '10. 4 — ‖ 3. (93—164) '11. 5 —

—— zur Kenntniss der russischen Armee. gr. 8. (VI, 162 S. mit 23 Zeichnungen.) Hannover 884, Helwing'sche Verlagsh. *

Beiträge zur Kenntnis und Aufnahme des Vaterlandes von der Bibliothekargesellschaft zu Chur in Graubünden
⑤ 1792 ⑥ 8° ⑧ Chur ⑩ Bibliothekargesellschaft Chur ⑪ Magister Thiele ⑫ Zeitschrift für Geschichte und Landeskunde. In Kommission bei Ratsherr Peter Walser in Chur ⑬ BGSZ: 1023 ⑭ Ch: K. ⑮ Von Lang (BGSZ: 99, p. 160) als Zeitschrift abgelehnt.

Beiträge zur Kenntniss des Fürstenthums Berchtesgaden. [Wien 1808.] V: *Vierthaler, Franz Michael.* (MGT)

— z. Kenntn. d. südamerikan. Dipterenfauna, auf Grund d. Sammelergebn. e. Reise in Chile, Peru u. Bolivia, ausgeführt v. W Schnuse, s. a. Acta, Nova, academiae etc. naturae curiosor.

Beiträge zur Kenntnis der südamerikanischen Dipterenfauna auf Grund der Sammelergebnisse einer Reise in Chile, Peru und Bolivia, ausgeführt in den Jahren 1902–1904 von W. Schnuse. — Halle: W. Engelmann in Leipzig in Komm. 1909. 114 S. 4° (Nova Acta. Abhandlungen d. Kaiserlichen Leopoldinisch-Carolinischen-Deutschen Akademie d. Naturforscher. 91,[3].)
21. 1:3 in 4° Lc 6491–91. 3. 4. 11.
15.

Beiträge zur Kenntnis der atmosphärischen Elektrizität.

Diese Beiträge erscheinen als Separatabdrücke aus den Sitzungsberichten der mathematisch-naturwissenschaftlichen Klasse.

Nr. 1. **Exner** Franz, Dr.: Messungen des Potentialgefälles in Oberägypten (mit 2 Textfiguren). S. 108. IIa. 371 . . . K 1.—
„ 2. **Benndorf** Hans, Dr.: Messungen des Potentialgefälles in Sibirien (mit 1 Tafel und 2 Textfiguren). S. 108. IIa. 341 . . . „ —.70
„ 3. **Tuma** Josef, Dr.: Luftelektrizitätsmessungen im Luftballon (mit 9 Textfiguren). S. 108. IIa. 227 . . . „ —.60
„ 4. **Ludwig** Rudolf, Dr.: Über eine während der totalen Sonnenfinsternis vom 22. Jänner 1898 ausgeführte Messung der atmosphärischen Elektrizität (mit 1 Tafel). S. 108. IIa. 436 . . . „ —.40
„ 5. **Mache** Heinrich, Dr.: Beobachtungen in Indien und Oberägypten (mit 1 Tafel und 2 Textfiguren). S. 109. IIa. 656 . . . „ —.90
„ 6. **Benndorf** Hans, Dr.: Über die Störungen des normalen atmosphärischen Potentialgefälles durch Bodenerhebungen (mit 1 Textfigur). S. 109. IIa. 923 . . . „ —.40
„ 7. **Exner** Franz, Dr.: Über die tägliche Periode der Luftelektrizität (mit 3 Textfiguren). S. 110. IIa. 371 . . . vgr.
„ 8. **Conrad** Viktor, Dr.: Über die entladende Wirkung verschiedener Elektroden (mit 3 Textfiguren). S. 111. IIa. 333 . . . „ —.30
„ 9. **Conrad** Viktor, Dr.: Einige Bemerkungen zur Wolkenelektrizität. S. 111. IIa. 341 „ —.10
„ 10. **Benndorf** Hans, Dr.: Über ein mechanisch registrierendes Elektrometer für luftelektrische Messungen (mit 8 Textfiguren). S. 111. IIa. 487 . . . „ —.70
„ 11. **Schweidler** Egon, Ritter von, Dr.: Luftelektrische Beobachtungen zu Mattsee im Sommer 1902 (mit 1 Tafel). S. 111. IIa. 1463 . . . „ —.70
„ 12. **Conrad** Viktor, Dr. und **Exner** Felix M., Dr.: Registrierungen des luftelektrischen Potentials auf dem Sonnblick (mit 6 Textfiguren). S. 112. IIa. 413 . . . „ —.30
„ 13. **Zoelß** Bonifaz, Pater: Messungen der Elektrizitätszerstreuung in Kremsmünster (mit 5 Textfiguren). S. 112. IIa. 1117 . . . „ 1.90
„ 14. **Zoelß** Bonifaz, Pater: Messungen des Potentialgefälles in Kremsmünster (mit 4 Textfiguren). S. 112. IIa. 1407 . . . „ 1.80
Nr. 15. **Schweidler** Egon, Ritter von, Dr.: Weitere luftelektrische Beobachtungen zu Mattsee im Jahre 1903 (mit 3 Tafeln). S. 112. IIa. 1501 . . . K —.90
„ 16. **Conrad** Viktor, Dr.: Über den täglichen Gang der elektrischen Zerstreuung auf dem Sonnblick (mit 4 Textfiguren). S. 113. IIa. 1143 . . . „ —.50
„ 17. **Schweidler** Egon, Ritter von, Dr.: Luftelektrische Messungen in Seewalchen im Sommer 1904 (mit 1 Textfigur). S. 113. IIa. 1433 . . . „ —.50
„ 18. **Zoelß** Bonifaz, Pater: Elektrizitätszerstreuung in Kremsmünster (1903 bis 1904) (mit 6 Tafeln). S. 114. IIa. 189 . . . „ 3.30
„ 19. **Conrad** Viktor, Dr.: Über den Zusammenhang der luftelektrischen Zerstreuung auf dem Sonnblick mit den meteorologischen Elementen auf dem Gipfel und im Tale (mit 6 Textfiguren). S. 114. IIa. 335 . . . „ —.60
„ 20. **Mazelle** Eduard: Die Zerstreuung der atmosphärischen Elektrizität in Triest und ihre Abhängigkeit von meteorologischen Elementen (mit 5 Textfiguren). S. 114. IIa. 399 . . . „ 1.90
„ 21. **Mache** Heinrich, Dr.: Über die Genesis der Ionen in der Atmosphäre (mit 1 Tafel und 1 Textfigur). S. 114. IIa. 1377 . . . „ —.40
„ 22. **Schweidler** Egon, Ritter von, Dr.: Luftelektrische Beobachtungen zu Mattsee im Sommer 1903 (mit 1 Tafel). S. 114. IIa. 1705 . . . „ —.90
„ 23. **Benndorf** Hans, Dr.: Über gewisse Störungen des Erdfeldes mit Rücksicht auf die Praxis luftelektrischer Messungen (mit 3 Textfiguren). S. 115. IIa. 425 . . . „ —.95
„ 24. **Conrad** Viktor, Dr.: Messungen des Ionengehaltes der Luft auf dem Säntis im Sommer 1905 (mit 1 Textfigur). S. 115. IIa. 1055 . . . „ —.80
„ 25. **Schweidler** Egon, Ritter von, Dr.: Luftelektrische Beobachtungen am Ossiachersee im Sommer 1906. S. 115. IIa. 1263 . . . „ —.70
„ 26. **Weiß** Edmund, Dr.: Beobachtungen über Niederschlagselektrizität (mit 3 Textfiguren). S. 115. IIa. 1285 . . . „ 1.35
„ 27. **Kohlrausch** Fritz K. W.: Über Radiuminduktion in der atmosphärischen Luft und eine Methode zur absoluten Messung derselben. S. 115. IIa. 1321 . . . „ —.30
„ 28. **Schweidler** Egon, Ritter von, Dr.: Über die Ionenverteilung in den untersten Schichten der Atmosphäre (mit 2 Tafeln). S. 117. IIa. 653 . . . „ —.60
„ 29. **Conrad** Viktor, Dr.: Untersuchung über die Existenz einer 26tägigen Periode der luftelektrischen Zerstreuung. S. 117. IIa. 1069 . . . „ —.55
„ 30. **Kohlrausch** Fritz K. W.: Luftelektrische Messungen auf hoher See und im subtropischen Klima (mit 5 Textfiguren). S. 118. IIa. 25 . . . „ 1.50
„ 31. **Schweidler** Egon, Ritter von, Dr.: Luftelektrische Messungen an Alpenseen in den Sommern 1907 und 1908. S. 118. IIa. 91 . . . „ —.30
„ 32. **Brommer** Alois, Dr.: Das atmosphärische Potentialgefälle in Triest nach den Beobachtungen von November 1902 bis März 1905 (mit 4 Textfiguren). S. 118. IIa. 629 . . . „ 2.15
„ 33. **Benndorf** Hans, Dr.: Zur Theorie luftelektrischer Registrierungen. I. S. 118. IIa. 1163 „ —.95
„ 34. **Salpeter** Jakob, Dr.: Über den Einfluß des Erdfeldes auf die Verteilung der Radiuminduktion in der Atmosphäre und auf der Erdoberfläche. 1. Mitteilung. S. 118. IIa. 1197 . . . „ —.35
„ 35. **Wagner** Alois: Luftelektrische Beobachtungen zu Kalocsa (mit 8 Textfiguren). S. 118. IIa. 1625 . . . „ 1.35
„ 36. **Mache** Heinrich, Dr.: Messungen über die in der Atmosphäre vorhandene radioaktive Strahlung von hohem Durchdringungsvermögen (mit 1 Textfigur). S. 119. IIa. 55 . . . „ 1.—
„ 37. **Benndorf** Hans, Dr.: Die Grazer luftelektrische Station (mit 2 Tafeln und 1 Textfigur). S. 119. IIa. 89 . . . „ —.80
„ 38. **Salpeter** Jakob, Dr.: Über den Einfluß des Erdfeldes auf die Verteilung der Radiuminduktion in der Atmosphäre und auf der Erdoberfläche. 2. Mitteilung. S. 119. IIa. 107 . . . „ —.40
„ 39. **Heß** Viktor F., Dr.: Absolutbestimmungen des Gehaltes der Atmosphäre an Radiuminduktion (mit 6 Textfiguren). S. 119. IIa. 145 . . . „ 1.60
„ 40. **Heß** Viktor F., Dr.: Über einige an den bisherigen Absolutbestimmungen des Gehaltes der Atmosphäre an Radiuminduktion anzubringende Korrekturen (mit 3 Textfiguren). S. 119. IIa. 507 . . . „ —.50
„ 41. **Behacker** Max: Zur Berechnung des Erdfeldes unter der Voraussetzung homogener Ionisierung der Atmosphäre. S. 119. IIa. 675 . . . „ —.35
Nr. 42. **Kleinhauser** Ernst A., Dr.: Luftelektrische Beobachtungen in Triest am 19. Mai 1910. S. 119. IIa. 1069 . . . K —.20
„ 43. **Kohlrausch** Fritz K. W.: Über Radiuminduktionen in der Atmosphäre (mit 4 Textfiguren). S. 119. IIa. 1577 . . . „ 1.—
„ 44. **Schweidler** Egon, Ritter von, Dr.: Beobachtungen an der luftelektrischen Station Seeham im Sommer 1910 (mit 4 Textfiguren). S. 119. IIa. 1839 . . . „ —.70
„ 45. **Heß** Viktor F., Dr., und **Sensel** G. von, Dr.: Messungen des Ionengehaltes der Atmosphäre in den Donauauen (mit 5 Textfiguren). S. 120. IIa. 137 . . . „ —.55
„ 46. **Blumenschein** Anselm, Pater: Bearbeitung der Potentialgefällregistrierungen in Kremsmünster in den Jahren 1902 bis 1911 (mit 5 Textfiguren). S. 121. IIa. 25 „ 1.50
„ 47. **Schweidler** Egon, Ritter von, Dr.: Beobachtungen an der luftelektrischen Station Seeham im Sommer 1911. S. 121. IIa. 1297 . . . „ —.30
„ 48. **Schroedinger** Erwin: Über die Höhenverteilung der durchdringenden atmosphärischen Strahlung (Theorie) (mit 3 Textfiguren). S. 121. IIa. 2391 . . . „ —.70
„ 49. **Schweidler** Egon, Ritter von, Dr.: Beobachtungen an der luftelektrischen Station Seeham im Sommer 1912. S. 122. IIa. 137 . . . „ —.60
„ 50. **Thaller** Rudolf: Luftelektrische Beobachtungen am Gmundenersee und in Grünau (Almtal, Oberösterreich) im Sommer 1912 (mit 2 Textfiguren). S. 122. IIa. 1817 „ —.50
„ 51. **Schroedinger** Erwin: Radium-A-Gehalt der Atmosphäre in Seeham 1913 (mit 5 Textfiguren). S. 122. IIa. 2023 . . . „ 1.80

— zur Kenntnis der afrikanischen Flora, hrsg. v. Hans Schinz, s. a. Mémoires de l'herbier Boissier. Nr. 10.

Beiträge zur Kenntnis der Afrikanischen Flora. ⟨Neue Folge.⟩ Hrg. von H(ans) Schinz, ⟨Zürich⟩. [No.] 13 u. 14 s. Mitteilungen aus dem Botanischen Museum der Universität Zürich. ...

⟨Neue Folge.⟩ [No.] 13. Hrg. von H. Sch' ⟨Z'⟩. Mit Beiträgen von J[ohn] G[ilbert] Baker ⟨Kew⟩, ... Prof. Dr Ed[uard] Fischer ⟨Bern⟩, ... Prof. Dr Hans Schinz ⟨Zürich⟩. — [Mitteilungen.... Heft 14.]
⟨Neue Folge.⟩ Hrg. von H. Sch' ⟨Z'⟩. [No.] 14. Mit Beiträgen von Prof. Dr Ed[uard] Hackel ⟨St. Polten⟩, Dr B[énédict] P[ierre] Georges Hochreutiner ⟨Genf⟩, ... Emil Schoch ⟨Zürich⟩, Prof. Dr Hans Schinz ⟨Zürich⟩. — Mitteilungen.... [Heft] 18, [1].

Beiträge zur Kenntnis der Afrikanischen Flora. ⟨Neue Folge.⟩ [No.] 15. Hrg. von Hans Schinz ⟨Zürich⟩. Mit Beiträgen von Edmund Baker ⟨London⟩, ... Dr J[ohn] Briquet ⟨Genf⟩, ... Dr B[énédict] P[ierre] Georges Hochreutiner ⟨Genf⟩, ... Prof. Dr Hans Schinz ⟨Zürich⟩, E[mil] Weber ⟨Zürich⟩. [Mit 3 Tafeln nebst Tafelerklärungen.] ⟨Extrait du Bulletin de l'Herbier Boissier, tome 3, IIme série, 1903 (No 8–12).⟩ 8.

Mitteilungen aus dem Botanischen Museum der Universität Zürich. [Heft] 20. [No] ... 2.... Genève, Impr. Romet, 1903. S. 663—668+812—836+894—906+975—1006+1069—1096.

Beiträge zur Kenntnis der afrikanischen (*16: Afr') Flora. ⟨Neue Folge.⟩ [No.] 16–18. Hrg. von Hans Schinz ⟨Zürich⟩ s. Mitteilungen aus dem Botanischen Museum der Universität Zürich.

⟨Neue Folge.⟩ [No.] 16. Hrg. von H' Sch' ⟨Z'⟩, mit Beiträgen von J[ohn] G[ilbert] Baker ⟨Kew⟩, ... R[obert] A[llen] Rolfe ⟨Kew⟩. — Mitteilungen.... [Heft] 21, 3.
⟨[No.] 17.⟩ ⟨Neue Folge.⟩ Hrg. von H' Sch' ⟨Z'⟩. Mit Beiträgen von Ed[mund] Baker ⟨London⟩, ... Hans Schinz ⟨Zürich⟩. — Mitteilungen.... ⟨[Heft] 22.⟩ 1.
⟨[No.] 18.⟩ ⟨Neue Folge.⟩ Hrg. von H' Sch' ⟨Z'⟩. Mit Beiträgen von Fritz Kränzlin ⟨Berlin⟩, Hans Schinz ⟨Zürich⟩, A[lbert] Thellung ⟨Zürich⟩, O[tto] Warburg ⟨Berlin⟩. — Mitteilungen.... ⟨[Heft] 26.⟩ 1.

Beiträge zur Kenntnis der Afrikanischen Flora. ⟨Neue Folge.⟩ [No.] 19. Hrg. von Hans Schinz ⟨Zürich⟩. Mit Beiträgen von Edm[und] Baker ⟨London⟩, John Briquet ⟨Genf⟩, ... Hans Schinz ⟨Zürich⟩. ⟨Extrait du Bulletin de l'Herbier Boissier, (Tome 6) 1906, nos 9, 10..., IIme série.⟩ 8.

Mitteilungen aus dem Botanischen Museum der Universität Zürich. [Heft] 32. [No] 1.... Genève, Impr. Romet, 1906. S. 701—746+801—830.

Beiträge zur Kenntnis der afrikanischen Flora. ⟨Neue Folge.⟩ ⟨[No.] 20.⟩ Hrg. von Hans Schinz ⟨Zürich⟩. Mit Beiträgen von E[duard] Hackel ⟨Attensee⟩, Alfred Cogniaux ⟨Nivelles⟩, Hans Schinz ⟨Zürich⟩. Separat-Abdruck aus der Vierteljahrsschrift der Naturf. Gesellschaft in Zürich. Jahrg. 52, Heft 3 u. 4. 8.

•Mitteilungen aus dem botanischen Museum der Universität Zürich. ⟨[Heft] 36.⟩ [No] 1.... Zürich, Zürcher & Furrer, 1907. S. 419 — 433.

Beiträge zur Kenntnis der afrikanischen Flora. ⟨[No.] 21—23.⟩ ⟨Neue Folge.⟩ 8. s. Mitteilungen aus dem botanischen Museum der Universität Zürich ... .

[No.] 21. Hrg. von Hans Schinz ⟨Zürich⟩. Mit Beiträgen von Fritz Kränzlin ⟨Berlin⟩, F[erdinand] Pax ⟨Breslau⟩, Hans Schinz ⟨Zürich⟩. Alb[ert] Thellung ⟨Z'⟩. (Extrait ... .) — Mitteilungen ... [Heft] 40. [Nº] 1 ... . Genève ... 1908. S. 625—640 + 669—703.

⟨[No.] 22.⟩ (Hrg. von H' Sch', Z'. Mit Beiträgen von A[lfred] Cogniaux, Genappe, A[lwin] Berger, La Mortola, H' Sch', Zürich.) Separat-Abdruck ... . — Mitteilungen ... . ⟨[Heft] 64 (d. i. 44).⟩ [Nº] 1 ... . Zürich ... 1909. S. 485—492.

⟨[No.] 23.⟩ (Hrg. von H' Sch', Z'. Mit Beiträgen von Prof. Dr. E[duard] Hackel, Attersee, Prof. Dr. A[lfred] Cogniaux, Nivelles, Dr. B[énédict] P[ierre] G[eorges] Hochreutiner, Genf, Prof. Dr. H' Sch', Z'.) Separat-Abdruck ... . — Mittoilungen ... . ⟨[Heft] 49.⟩ [Nº] 1 ... . Zürich ... 1910. S. 233—247.

Beiträge zur Kenntnis der Schweizer Flora, s. Beiträge zur Kenntnis der Schweizerflora.

— zur Kenntniß des Forstwesens in Deutschland, herausg. von C. P. Laurop u. G. W. v. Wedekind. 1s—4s Hft. gr. 8. Leipz. 818—20. Baumgärtner. 5 ₰

— z. Kenntniß d. Forstwesens in Deutschland. Herausg. v. C. P. Laurop u. G. W. v. Wedekind. 4s Heft. gr. 8. Leipz. 821, Baumgärtner. 1 Rthlr. 12 gr. Alle 4 Hefte

Beiträge zur Kenntniß [Kenntnis] der taufgesinnten Gemeinden oder der Mennoniten. 1829
s. *Beitraege* zur Kenntniß der Mennoniten-Gemeinden in Europa und America. 2.

Beiträge zur genauen Kenntniss der spanischen Besitzungen in Amerika. Aus dem Spanischen übers. ... von C. A. Fischer. Dresden 1802. V: *Estala, P.* (CBH)

Beiträge zur genauern Kenntniss der ehstnischen Sprache. Pernau 1813—1828. H: *Rosenplänter, Joh. Hch.* (BrMm) (Ky) (R-N) »1813—1832.« (Vater)

Beiträge zur genauern Kenntniss der alten Welt. Breslau 1806—1809. V: *Scheibel, Johann Gottfried.* (MGT)

— zur geognostischen Kenntniss des Erzgebirges. Auf Anordnung des königl. sächs. Oberbergamtes aus dem Ganguntersuchungsarchiv hrsg. durch die hierzu gestellte Commission. 1. und 2. Heft. gr. 8. Freiberg 865,67, (Craz und Gerlach.) à Heft * 20 Ngr. *

Inhalt:

Heft 1. Stelzner, Alfr. Wilh., die Granite von Geyer und Ehrenfriedersdorf sowie die Zinnerzlagerstätten von Geyer. (VIII und 58 S. mit 3 Steint., wovon 1 in Buntdr., in gr. 4. und gr. Fol. und 2 eingedr. Holzschn.)

» 2. Müller, Carl Herrm., geognostische Verhältnisse und Geschichte des Bergbaues der Gegend von Schmiedeberg, Niederpöbel, Naundorf und Sadisdorf in der Altenberger Bergamtsrevier. (VII und 72 S. mit 1 ill. und lithogr. Karte und 2 in den Text gedr. Holzschn.)

— zur geognostischen Kenntniss des Erzgebirges. Hrsg. aus dem Ganguntersuchungsarchiv zu Freiberg. 3. Heft: Gangstudien aus dem Freiberger Revier, von Herrm. Müller und Bernh. Rud. Förster. gr. 8. (IV, 60 S. mit 2 lithogr. Taf. in qu. Fol. und 8 eingedr. Holzschn.) Freiberg 869, (Craz und Gerlach.)

1. und 2. Heft. (Ebendas.) 1865,67. * ℳ 4.

Beiträge zur geologischen Kenntniss [Kenntnis] des östlichen Afrika von L. R. v. Höhnel [u. a.] — Wien: Tempsky in Comm. 1891. 140 S. 4°

Aus: Denkschriften d. Kaiserlichen Akademie d. Wissenschaften. Math.-Naturwiss. Kl. 58. 1891.

302.
15.

— zur geschmackvollen Kenntniß des menschl. Herzens. 8. Berl. u. Leipz. 804. (Ferstl in Grätz). 10 gr

Aus d. Pharmakologischen Institut d. Universität Jena. Beiträge zur Kenntniss [Kenntnis] der Gicht. 1. Zur Pathogenese der Gicht von H. Kionka. 2. Die gallentreibende Wirkung der Gichtmittel von H. Kionka. 3. Glykokoll und Harnstoff in ihren Beziehungen zur Gicht. Eine Theorie der Gicht von H. Kionka. — Berlin: Hirschwald 1905. 52 S. 8°

Aus: Zeitschrift für experimentelle Pathologie u. Therapie. 2. 1906.

27.
15.

Beiträge zur Kenntniss von Grossbritannien vom Jahre 1779 ... Hsg. v. G. Forster. Lemgo 1780. V: *Wendeborn, Gebh. Fr. Aug.* (EngG) (Ky) (MGT) (MS)

— zur Kenntniß v. Großbritannien (von G. F. A. Wendeborn). Herausg. von G. Forster. 8. Lemgo 780. Meyer. 12 gr

— zur Kenntniß u. Heilung d. Kolik oder Darmgicht d. Pferde. 8. Halle 804. Waisenh.-Buchh. 6 gr

Beiträge zur Kenntniß [Kenntnis] von Holstein. Hrsg. von C. U. D. v. Eggers. Samml. 1.2. — Kopenhagen: Arntzen & Hartier (2: Schleswig [usw.]: Röhß, Christiani & Korte) 1804–07. 8°

2. Beyträge zur Kenntniß d. Dänischen Monarchie. St. 1. 1807.

1: So 6898. 2[∞2]. 7. 8. 12: [∞2]: Hols. 105. 15 [∞2]. 18 [∞2]. 26 [∞2]. 35.
15.

Beiträge zur Kenntniß [Kenntnis] der französischen Infanterie auf Grund der reglementarischen Vorschriften. — Hannover: Helwing 1888. 121 S. 8°

2. 7. 10. 12: Mil. g. 344t. 15. 17. 24. 209.
15.

Beiträge zur Kenntniss vorzüglich des Innern von England und seiner Einwohner ... Leipz. 1791—1796. V: *Küttner, Carl Gottlob.* H: *Dyk, Joh. Gottfr.* (EngG) (Ky) (MS) (JI.) (AarF)

— z. Kenntniß vorzügl. d. Innern Englands u. dess. Bewohner, (v. K. G. Küttner, herausgeg. von J. G. Dyck). 16 Stcke. gr. 8. Leipz. 791—96. Dyck. 6 ₰ 9 gr Anh. unt. dem T.: über den ökonom. polit. Zustand Großbritanniens, (v. K. Glo. Küttner). 796. 12 gr

Beiträge zur Kenntniss der Insektenfauna von Kamerun. 1. *Stockholm: P. A. Norstedt & söner 1893.* 8°
— Handlingar, K. Svenska Vetenskaps-Akademiens. Bihang. Bd 19, Afd. 4, No 2.
[illegible]

— zur Kenntniß d. Justizverfass. u. jurist. Literat. in den Preuß. Staaten, v. Fr. Ph. Eisenberg u. Chr. L. Stengel. 1r—5r Bd. gr. 8. Berl. 796—98. Nauck. 7 ₰ 12 gr 6r Bd. gr. 8. Berl. 799. Voß. 1 ₰ 12 gr 7r bis 18r Bd. oder neue Beiträge 1r bis 12r Bd. von Stengel allein. gr. 8. Halle 799—804. Waisenh.-Buchh. (à 1 ₰ 12 gr) 18 ₰ Register z. 1n bis 6n Bde. gr. 8. Ebd. 799. 12 gr

Beiträge zur Kenntnis der Kalidüngung im forstlichen Betriebe. Gesammelt von d. Agrikultur-Abteilung d. Kalisyndikates zu Leopoldshall-Staßfurt. — Magdeburg 1905: Friese. 26 S. 8°
25.
15.

Otto Appel. Beiträge zur Kenntnis der Kartoffelpflanze und ihrer Krankheiten. 1–3. — Berlin: Parey [usw.] 1907–12. 4°

1 in: Arbeiten aus d. Kaiserlichen Biologischen Anstalt für Land- u. Forstwirtschaft. 5,7. 1907.
2 in: Arbeiten aus d. Kaiserlichen Biologischen Anstalt für Land- u. Forstwirtschaft. 6,1. 1908.
3 = (Arbeiten aus d. Kaiserlichen Biologischen Anstalt für Land- u. Forstwirtschaft. 8,4.)

1: 4° Ou 22617–5,7; 6,1; 8,4. 7. 8.
12: 4° Oecon. 12k–5,7; 6,1; 8,4. 21. 27. 30.
15.

— zur Kenntniß d. Kulturstandes d. Völker, ihres geist. u. sittl. Lebens. 1. Jahrg. 1852. 24 Hfte. (à 6 B.) gr. 8. Düsseldorf, Stahl.

Beiträge zur Kenntnis der Lage der Hüttenarbeiter Deutschlands. 1. „Oberschlesien" von Otto Hue, Separatabdruck aus d. Metallarbeiter-Zeitung. 2. „Aus dem Reiche des Hofpredigers a.D. Stöcker" von Otto Hue, Separatabdruck aus d. Metallarbeiter-Zeitung. 3. Statistisches zur Lage der Hüttenarbeiter Deutschlands, bearb. vom Vorstand d. Deutschen Metallarbeiter-Verbandes. Hrsg. vom Vorstand d. Deutschen Metallarbeiter-Verbandes. — Stuttgart 1907: Schlicke. 82 S. 4° 23.
15.

Beiträge zur Kenntnis der Land- u. Forstwirtschaft, 2. Aufl., s.: Landwirtschaft, badische.

Beiträge zur Kenntnis der badischen Land- und Forstwirtschaft. Festschrift anläßlich d. Landwirtschafts- u. Gartenbauausstellung im Sept. 1906 hrsg. vom Stadtrat Karlsruhe unter Mitw. d. Herren Arnsperger [u.a.] — Karlsruhe: Reiff 1906. 191 S. 8°
1: Ov 8316. 12: Oecon. 605cw. 17.
15.

— zur Kenntniß der Land- und Forstwirthschaft im Großherzogthum Baden. Festschrift für die Mitglieder der 21. Versammlung deutscher Land- u. Forstwirthe. Heidelberg 860. (C. Mohr.) Lex.-8. (VI, 594 S., 6 lith. Taf. in Farbendr. u. 1 lith. Karte in Fol.) n. 2 ₰

Deutscher Handels-Verein in Berlin. Beiträge zur Kenntnis der Levante. (Mai 1882.) Zsgest. von H. Loehnis. — Leipzig: Wigand 1882. 153 S. 8° 1: Ui 8230. 7. 38.
15.

— zur Kenntniß der poetischen und wissenschaftlichen Literatur Rußlands, von Adf. Minzloff. Berlin 854. Mittler u. Sohn. 8. (XII, 204 S.) 1 ₰

Aus der Heilanstalt Hohenhonnef. Beiträge zur Kenntniss [Kenntnis] der Lungentuberculose. Hrsg. von Ernst Meissen. — Wiesbaden: Bergmann 1901. VI,349 S. 8°
1: Iz 4990. 3. 4. 5. 12: Path. 833go. 15. 25. 30. 38.
15.

Beiträge zur Kenntniß der englischen Malzbereitung, Bierbrauerei und Branntweinbrennerei, enthaltend den Bericht einer von der englischen Regierung niedergesetzten Commission über: Malz, welches im Jahre 1806 aus gewöhnlicher und aus schottischer vielzeiliger Wintergerste gemacht worden. — Halle: Hemmerde & Schwetschke 1822. 110 S. 8° Aus: Der deutsche Gewerbsfreund. 4. 1822.
29.
15.

— z. Kenntniß d. engl. Malzbereitung, Bierbrauerei u. Branntweinbrenn., enth. d. Bericht e. v. d. engl. Regierung niederges. Commission üb. Malz, welches im J. 1806 aus gewohnl. u. aus schottisch. = vielzeiliger Wintergerste gemacht worden. 4. Halle 827. Schwetschke u. S. 18 ₰

— zur Kenntniß der Medizin im Norden, s. Schönberg, J. J. Albr. v.

Beiträge Kenntnis Medizin Norden

Beiträge zur Kenntniß der Medizin im Norden, in einer Auswahl der wichtigsten Abhandlungen nordischer Aerzte. Hrsg. von J(oergen) J(ohan) Albrecht von Schönberg.

Braunschweig: Vieweg 1829

Bd 1,1: Herholdt, Johan Daniel: Betrachtungen über die Einwirkung des Klima... (Betragtninger over Klimatets Virkning... Dt.) 1829

Bd 1,2: Skjelderup, M(ichael): Medizinisch-praktische Abhandlung über die reizende Kraft der Kälte... (Dissertatio medico-practica sistens vim frigoris incitantem. Dt.) 1829

Bd 1,3: Herholdt, J.D.: Betrachtungen über die Frage: ob der Mensch nur mit einem Auge auf einmahl...sehe? (Betragtninger over det Spörgsmaal om Mennesket seer kun met eet Öie ... Dt.) 1829

— zur Kenntnis des Meeres u. seiner Bewohner. 1. Bd Lex.-8. Jena, G. Fischer. n. 20.—
Pelagische Tiefseefischerei der „Maja" in der Umgebung v. Capri. Von Salvatore Lo Bianco. Mit e. Photograv., 41 Taf. in Farbendr. u. 1 Karte. (VII, 91 S.) 904.

— zur Kenntniß d. Menonitengemeinde, s.a. v. Reiswitz.

Beiträge zur Kenntniß [Kenntnis] der Mennoniten-Gemeinden in Europa und America, statistischen, historischen u. religiösen Inhalts. Hrsg. vom Frhrn v. Reiswitz u. vom Prof. Wadzeck. Th. [1.]2. — Berlin: Verl. d. Redaction (2. Breslau: Fritsch) 1821–29. 8°
2. Beiträge zur Kenntniß d. taufgesinnten Gemeinden oder d. Mennoniten ... Hrsg. von G. L. Baron v. Reißwitz. 1829.
1[∞2]: Co 4250. 2[∞2]. 4. 5. 6[∞2]. 7. 8[∞2]. 10[∞2]. 12 [∞1]: H. ref. 308 i. 17. 302.

— zur mineralogischen und geognostischen Kenntniss des Grossherzogth. Baden, hrsg. von G. Leonhard. (3 Hefte.) 8. (VIII und 309 S. mit 7 zum Theil ill. Stnt. in gr. 8., 4. und qu. Fol.) Stuttgart 853—54, Schweizerbart'sche Vrlgsh.

Beiträge zur Kenntniß [Kenntnis] des amerikanischen Mühlenwesens und der Mehlfabrikation. (Hrsg.: Beuth.) [Text.] [Taf.] — Berlin: Ministerium d. Innern für Handel, Gewerbe u. Bauwesen 1832. 4° [u.] quer-4°
1: Text = 4° Nz 9876 [u.] 9876a; Taf. = 2° Nz 9877 [u.] 9877a. 2. 5 [∞ Taf.] 9 [∞ Taf.) 10. 12]∞ Taf.]: 4° Techn. 9h. 17. 82. 83. 85. 89. 91.

— zur Kenntnis deutsch-böhmischer Mundarten Im Auftrage des Vereines f. Geschichte der Deutschen in Böhmen hrsg. v. Hans Lambel. I. Lex.-8. Prag (J. G. Calve). n. 6.—
Der Satzbau d. Egerländer Mundart. Von Jos. Schiepek. 1. Thl. (XXVI, 206 S.) 899.

— zur Kenntnis deutsch-böhmisch. Mundarten. Im Auftrage des Vereines f. Geschichte der Deutschen in Böhmen hrsg. v. Hans Lambel. I. 2. Tl. Lex. 8. Prag 908 (J. G. Calve). 10.—
Der Satzbau d. Egerländ. Mundart. Von Jos. Schiepek. 2. Tl. (S. 207–610.) 908. 10.— (kplt. 16.—).

— zur nähern Kenntniß e. Besitzungen d. Holländer in Ostindien. Nach Stavorinus aus d. Holländ. übers. gr. 8. Rostock 796. Stiller. 12 ₰

— zur nähern Kenntniß der Glaubenslehre der orthodox-katholischen Kirche, in Uebersetzungen und Auszügen vorzüglich aus russischen und slavischen Schriften. Nr. 1—8. 12. St. Petersburg 849—50. (Berlin, Behr's Buchh.) *
Nr. 1. Ueber den rechten Glauben. Ein Vortrag von Anatolius. (25 S.
" 2. Von der gegenseit. Gemeinschaft der Glaubensdiener und der Gläubigen. Antrittspredigt von Ignatius. (26 S.)
" 3. Von dem jungfräul. Stande. Predigt von Philaret. (17 S.)
" 4. Von der Auferstehung der Todten. Predigt von Ignatius. (42 S.)
" 5. Auf den Text: Da öffnete Er ihnen das Verständniß. (Luk. 24. 45.) Predigt von Philaret. (21 S.)
" 6. Von der Unerschütterlichkeit der Kirche Christi. Predigt von Philaret. (23 S.)
" 7. Von dem Andenken der Heiligen. 2 Predigten von Ignatius. (42 S.)
" 8. Von der Buße. Aus den Vorträgen von Amphiteatrow. (19 S.)

— zur nähern Kenntniß von Neapel in militär. Beziehung u. Geschichte d. Neapolitan. Kriege bis auf d. neueste Zeit, (von L. F. v. Ciriacy). 8. Berl. 821. Mittler. 1 ₰ 8 ₰

— zur nähern Kenntniß der Tartarey, s. Bibliothek d. Reisen. 14r Bd.

— zur näheren Kenntniss und Verbreitung der Algen. Hrsg. von L. Rabenhorst. 1. und 2. Heft. Imp.-4. Leipzig, Kummer. [1. Heft. (III und 30 S. mit 7 Stnt.) 863. * 1 Thlr. 10 Ngr., 2. Heft. (40 S. mit 5 Stnt., wovon 3 ill.) 865. * 1 Thlr. 20 Ngr.] *

BEITRÄGE ZUR KENNTNIS DER MITTELEUROPÄISCHEN NAJADEEN.
Als Beilage zum Nachrichts-Blatt der Deutschen Malacozoologischen Gesellschaft herausgegeben von W. KOBELT-Schwanheim (Main).
Nr. 1. September 1908. (Frankfurt a. M.: Moritz Diesterweg.) 8°.
Als Beilage zum Nachrichtsblatt der Deutschen Malacozoologischen Gesellschaft herausgegeben von Dr. W. KOBELT-Schwanheim (Main).
No. 2. Januar 1909. (o. O. o. Dr.)
3. Juli 1909. (o. O. o. Dr.)
4. Juli 1910. (o. O. o. Dr.)

Beiträge zur Kenntniß des Herzogth. Nassau. In zwangl. Heften herausg. von Fr. Tr. Friedemann. 1r Bd. 1s Hft. A. u. d. T.: Die Verfassung u. Verwaltung d. Herzogth. Nassau. Aus urkundl. Quellen zusammengestellt v. Friedemann. gr. 8. Weilburg 833. Lanz. 1 ₰ — 1r Bd. 2s Hft. A. u. d T.: Die Verhandlungen d. Landstände d. Herzogth. Nassau von d. J. 1831 u. 32, über die Herzogl. Domänen. Aus urkundl. Quellen zusammengestellt v. Friedemann. gr. 8. Ebd. 834. 1 1/3 ₰ — 2r Bd. 1s Hft. A. u. d. T.: Friedemann, Andenken an Dr. Chr. Wlh. Snell zu Weilburg, gefeiert daselbst d. 11. Aug 1834 u. mit e. Auswahl von Bruchstücken aus d. deutschen u. latein. Schulschriften des Verewigten herausg. Mit dessen Brustbilde. gr. 8. Ebd. 835. 5/8 ₰

BEITRÄGE ZUR KENNTNIS DES ORIENTS.
Jahrbuch der Münchner Orientalischen Gesellschaft.
Herausgegeben (vom derzeitigen) Generalsekretär HUGO GROTHE.
Bd. I. 1902/03 [1]). Berlin. Verlag von Hermann Paetel. 8°.
Herausgegeben von Dr. jur. et phil. HUGO GROTHE.
Bd. II. 1904/05. Halle a. S. 1905. Gebauer-Schwetschke Druckerei und Verlag m. b. H. — A. u. d. T.: II. Band der Beiträge zur Kenntnis des Orients.
Abt. 1. [1]) Inhalt: Dr. BRANDENBURGER, Russisch-Asiatische Verkehrsprobleme (mit Karte.)
Prof. Dr. CONRADY, Acht Monate in Peking.
Prof. Dr. JACOB, Die Wanderung des Spitz- und Hufeisenbogens.
Privatdozent Dr. WIRTH, Ostwestliche Urwanderungen.
Privatdozent Dr. HELL, Die inneren Feinde des jungen Islam.
Prof. Dr. HARTMANN, Das neue Arabien.
MENZEL, Mehmed Tevfiq. Ein Jahr in Konstantinopel. Kjathane. (Dritter Monat.)
Prof. Dr. GÜNTHER, Die geographische Erschliessung Japans.
Prof. v. BERLEPSCH-VALENDÀS, Das künstlerische Leben der Japaner.
Dr. GROTHE, Marokko im Lichte der jüngsten deutschen Forschung und Literatur. Literaturrundschau. ib. 1905. —
Bd. III. April bis Oktober. ib. 1906. — A. u. d. T.: III. Band der Beiträge zur Kenntnis des Orients.
Inhalt: Professor Dr. von BOCKELMANN: Wirtschaftsgeographie von Niederländisch-Ostindien.
Professor Dr. KELLER, Die politische und wirtschaftliche Entwickelung Abessiniens.
Professor Dr. PRUTZ, Die Beziehungen der Deutschen zum Morgenlande im Mittelalter.
Dr. ROTH, Kulturbilder aus Byzanz.
Dr. DIRR: Die kaukasische Sprachforschung, ihre Geschichte und nächsten Aufgaben.
Dr. PRÜFER: Das Schiffspiel, ein Schattenspiel aus Kairo.
Dr. FISCHER, Besprechung von Jorga, Geschichte des rumänischen Volkes.
Literaturbericht vom Herausgeber. ib. 1906. —
Bd. IV. April bis Oktober 1906. ib. 1906. — A. u. d. T.: IV. Band der Beiträge zur Kenntnis des Orients.
Inhalt: Dr. GROTHE, Zur Landeskunde von Rumänien. Kulturgeschichtliches und Wirtschaftliches. (Mit einer Karte.)
Professor Dr. von MAYR, Die Bevölkerung Britisch-Indiens nach dem Zensus von 1901. (Mit farbigen Diagrammen.) ib. 1906. —
Bd. V. ib. 1908. — A. u. d. T.: V. Band der Beiträge zur Kenntnis des Orients.
Inhalt: EDUARD MYGIND, Syrien und die Mekkapilgerbahn. (Mit einer Karte.)
EILHARD WIEDEMANN, Über das Goldmachen und die Verfälschung der Perlen nach al Gaubari.
Prof. von BERLEPSCH-VALENDÀS, Japanische Kunst.
Lic. CARL MUNZINGER, Zur Psychologie des modernen Japans.
Privatdozent Dr. JOSEPH HELL, Die Beduinen der Gegenwart im Lichte ihrer Lieder. —
Literaturschau vom Herausgeber. ib. 1908. —
Bd. VI. ib. 1908. — A. u. d. T.: VI. Band der Beiträge zur Kenntnis des Orients.
Inhalt: WILHELM LITTEN, Die neue persische Verfassung.
ENNO LITTMANN, Abessinische Parallelen zu einigen altarabischen Gebräuchen und Vorstellungen. Zum Gedächtnis von Eduard Glaser.
Dr. HUGO GROTHE, Meine Studienreise durch Vorderasien. (Vorläufiger Bericht.) Meteorologische Stationen in der asiatischen Türkei.
Dr. med. NAAB, Das Klima von Diarbekr am Tigris.
Dr. HUGO GROTHE, Bemerkungen zu den Denkmälern hettitischer Kunst in Kleinasien (Ivris). Mit 4 Abbildungen. ib. 1908. —
Bd. VII. ib. 1909. — A. u. d. T.: VII. Band der Beiträge zur Kenntnis des Orients.
Inhalt: Dr. K. ROTH-Kempten, Byzanz und seine Handelsverbindungen mit dem Okzident und Orient.
Prof. EILHARD WIEDEMANN-Erlangen, Naturschilderungen bei al Hamdâni.
Prof. Dr. GEORG JACOB-Erlangen, Ein neuer Text über die Jezidis (von Dr. Hugo Grothe von seiner letzten Vorderasienreise heimgebracht).
Dr. A. NÖLDEKE-Babylon, Erlebnisse eines türkischen Deserteurs.
Dr. E. GRAF von MÜLINEN-Damaskus, Jugendspiele der Karmelbevölkerung.
G. JACOB, Die Erwähnungen des Schattentheaters und der Zauberlaterne bis zum Ausgang des Mittelalters.
Dr. KARL SÜSSHEIM-London, Aus anatolischen Bibliotheken.
Privatdozent Dr. ALBRECHT WIRTH-München, Formosa.
Dr. HUGO GROTHE, Bemerkungen zu den Denkmälern hettitischer Kunst in Kleinasien. (Mit 6 Abbildungen.)
Literaturrundschau. Vom Herausgeber.
Vorträge und Veranstaltungen der Münchener Orientalischen Gesellschaft vom Herbst 1901 bis Frühjahr 1909. ib. 1909. —
Bd. VIII. ib. 1910. — A. u. d. T.: VIII. Band der Beiträge zur Kenntnis des Orients.
Inhalt: Rechtsanwalt HANS RUDELSBERGER-München, Die Äthiopische Bahn. Ein Beitrag zur Zeitgeschichte Abessiniens.
EWALD BANSE-Braunschweig, Kilikische Tage.
Dr. S. LICHTENSTÄDTER-München, Nationalität, Religion und Berufsgliederung im Orient.
Dr. iur. et phil. HUGO GROTHE, Zivilisatorische und humanitäre Arbeit der einzelnen Nationen in Vorderasien.
Dr. THEODOR MENZEL-Odessa, Ein Beitrag zur Kenntnis des Zecherwesens in Konstantinopel.
Prof. Dr. MARTIN HARTMANN-Berlin, Islam und Politik.
Dr. RICHARD HARTMANN-Leyden, Das Eindringen der Araber ins Ostjordanland.
Literaturrundschau. Vom Herausgeber ib. 1910. —
Jahrbuch der Münchner Orientalischen Gesellschaft und des Deutschen Vorderasienkomitées.
Herausgegeben von HUHO GROTHE.
Bd. IX. ib. 1911. — A. u. d. T.: IX. Band der Beiträge zur Kenntnis des Orients.
Inhalt: H. WINKLER-Breslau, Rasse, Herkunft und Geschichte der Magyaren, sowie deren Sprache.
ISRAEL FRIEDLAENDER-New York, Muhammedanische Geschichtskonstruktionen.
O. RESCHER, Konstantinopel, Psychologisches im arabischen Sprichwort.
BARON WOLDEMAR UXKULL-Reval, Das Lied von Jung-Amsor.
HUBERT JANSEN-Berlin-Wilmersdorf, Urdu-Dichtung, insbesondere Lyrik.
ERNST KLIPPEL, Griechentum in Ägypten.
THEODOR MENZEL-Odessa, Mehmed Tevfiqs Buadem-Schwänke.
Vorträge der Münchener Orientalischen Gesellschaft vom 20. November 1909 bis 9. Dezember 1911.
Jahrbuch des Deutschen Vorderasienkomitees.
Herausgeben von HUGO GROTHE.
Bd. X. ib. 1913. — A. u. d. T.: X. Band der Beiträge zur Kenntnis des Orients.
Inhalt: HEINRICH ZIMMERER-Regensburg, Moltke und der Orient.
S. FRIEDRICH KRAUSS, Vom Derwisch-Recken Gazi-Sâdi. Ein Guslarenlied bosnischer Moslimen.
HERMANN VAMBÉRY-Budapest, Das Erwachen der Mohammedaner in Asien.
CORNELIUS GURLITT, Die Sklaverei bei den Türken im 16. Jahrhundert. Nach europäischen Berichten.
HUGO GROTHE, Gedanken zur Errichtung einer deutschen Hochschule in der Türkei. (Eine Sammlung von Gutachten.)
Literaturrundschau.
Aufruf des Deutschen Vorderasien-Komitees. ib. 1913. —

— zur palaeontologischen Kentniss des böhmischen Mittelgebirges, s.a. Abhandlungen des deutschen naturwissensch.-medic. Vereines f. Böhmen „Lotos“, I. 3.

Beiträge zur palaeontologischen Kenntniss [Kenntnis] des böhmischen Mittelgebirges. Im Auftr. d. Gesellschaft zur Förderung deutscher Wissenschaft, Kunst u. Literatur in Böhmen hrsg. von d. hiezu bestellten Commission. 1.2. — Prag: Calve 1898. S. 57–123. 4°
1. Laube, Gustav Karl: Amphibienreste aus d. Diatomaceenschiefer von Sulloditz im böhm. Mittelgebirge.
2. Engelhardt, Hermann: Die Tertiaerflora von Berand im böhmischen Mittelgebirge.
(Abhandlungen d. deutschen naturwissenschaftlich-medicinischen Vereines für Böhmen, 'Lotos'. 1,3.)
1:4° Lc 7435–1,3. 2. 10. 12:4° Phys. g. 1 f–1,3. 14. 26. 30. 300:76. 593–C. 1, 3.

— 1.2. Ebd. 1898. 71 S. 4°
Inhalt wie in
Aus: Abhandlungen d. deutschen naturwissenschaftlich-medicinischen Vereines für Böhmen 'Lotos'. 1. 1898.
7. 15.
15.

— zur Kenntniß des deutschen Postwesens. Hrsg. v. G. F. Hüttner. 8 Hfte. Mai bis Decbr. 1847. gr. 8. (IV, 188. 190. 60. 72 S. 3—7.: à 60 S. u. 8.: 62 S.) Leipzig, Brauns. (1—2.. à n. $^{5}/_{6}$ ℛ — 2—8.: à n. 8 ngr) n. 3 ℛ 8 ngr — 2—3. Jahrg. 1848—1849. à 12 Hfte. gr. 8. 48.: VI u. 732 S. — 49.: VI u. 714 S.) — 50.: 4. Jahrg. 6 Hfte. (IV u. 356 S.) Ebd. à Hft. n. 8 ngr (n. 8 ℛ 18 ngr)

— zur Kenntniß d. Schles. Provinzial-Rechts f. Geschäftsmänner. 8. Bresl. 830. Leukart. 20 gr Weiß P. 1 ℛ 1e Fortsetzung v. Ob. L. Regier.-Rath Westarp. 8. Ebd. 830. 1 ℛ 12 gr Weiß Pap. 1 ℛ 18 gr

Beiträge zur Kenntniss der Provinzialverfassung und Verwaltung des Herzogthums Livland, ... Riga 1804. V: *Buddenbrock, Gust. Johann von.* »St. Petersburg« (R-N) (Ky)

— zur Kenntniß d. Provinzialverfassung u. Verwaltung d. Herzogth. Livland, ohne die Provinz Oesel. (Von G. J. Buddenbrock.) gr. 8. Riga 804. Hartmann. 8 gr

— zur Kenntniß des Rechts der freien Hansestadt Bremen. Herausg. von Dr. H. D. Watermeyer u. Dr. F. Th. Oelrichs. 1r Bd. gr. 8. Bremen 837. Geisler. n. $1^{1}/_{2}$ ℛ

— zur Kenntniß d. deutschen Rechtspflege in peinl. Sachen. in d. Churfürstenth. Trier, (von F. W. v. Hofmann). 8. Wetzl. 790. Winkler. (Fr. Fleischer in Leipz.) 6 gr

Beiträge zu der Kenntniss der deutschen Rechtspflege in peinlichen Sachen in dem Churfürstenthum Trier. Wetzlar 1794. V: *Hofmann, Friedrich Wilhelm von.* (EngJ)

— zur Kenntniß des Russischen Reichs und der angränzenden Länder Asiens. Auf Kosten der Kaiserl. Akademie der Wissenschaften herausg. von K. E. v. Baer u. Gr. v. Helmersen. 1s Bdchn. A. u. d. T.: Statistische u. ethnograph. Nachrichten üb. d. Russischen Besitzungen an der Nordwestküste v Amerika. Gesammelt von dem ehemal. Oberverwalter dieser Besitzungen, v. Wrangell. Mit den Berechnungen aus Wrangell's Witterungs-Beobachtungen u. a. Zusätzen verm. von v. Baer. Mit 1 Karte. gr. 8. St. Petersburg 839. (Leipzig, Voß.) n. $1^{7}/_{12}$ ℛ 2s Bdchn. A. u. d. T.: Nachrichten über Chiva, Buchara, Chokand u. den nordwestl. Theil des chinesischen Staates, gesammelt von Gens, bearbeit. u. mit Anmerkk. versehen von Gr. v. Helmersen. Mit 1 Karte. gr. 8. Ebd. 839. n. $1^{1}/_{6}$ — 3s Bdchn. A. u. d. T.: Essai sur les ressources territoriales et commerciales de l'Asie occidentale, le charactère des habitans, leur industrie et leur organisation municipale par Jules de Hagemeister. Mit 2 Tab. gr. 8. Ebd. 839. n. $1^{7}/_{12}$ ℛ

— zur Kenntniß des Russischen Reiches und der angränz. Länder Asiens. Auf Kosten der Kaiserl. Akademie der Wissenschaften herausg. v. K. E. v. Baer u. Gr. v. Helmersen. 4. Bdchen., gemischten Inhalts. Herausgeg. von v. Baer. Mit 1 Zeichnung (in qu. $^{1}/_{2}$ Imp.-Fol.) u. 2 (illum.) Kart. (wovon die 2. in Fol. gr. 8. St. Petersburg 841. (Leipzig, Voß.) baar $1^{1}/_{2}$ ℛ

— dies. 5. Bdchn. — A. u. d. T.: Reise nach dem Ural u. der Kirgisensteppe in d. J. 1833 u. 1835. Von Gr. v. Helmersen. 1. Abthl. Mit 3 Karten. gr. 8. Ebd. 841. baar $1^{1}/_{3}$ ℛ

— dies. 6. Bdchen. — A. u. d. T.: Reise nach dem Ural u. der Kirgisensteppe in d. J. 1833 u. 1835. Von Gr. v. Helmersen. 2. Abtheil. Mit 1 geognost. Karte (in gr. 4.) und Gebirgsprofilen (2 Tafeln). gr. 8. Ebd. 843. baar $1^{1}/_{2}$ ℛ

— dies. 7. Bdchen. Nachrichten aus Sibirien u. der Kirgisen-Steppe. Gesammelt und herausgeg. von K. E. v. Baer. gr. 8. (Mit 2 Tab.) Ebd. 845. baar 1 ℛ

— dies. 8. Bdchen., gemischten Inhalts. Herausgeg. von K. E. v. Baer. Mit 4 Taf. u. 1 Karte. gr. 8. (Mit 5 Tab.) Ebd. 843. baar 1 ℛ 26 ngr

— dies. 9. Bdchen. 1. Abthl. — A. u. d. T.: Kurzer Bericht über wissenschaftl. Arbeiten und Reisen, welche zur nähern Kenntniß des Russischen Reiches in Bezug auf seine Topographie, physische Beschaffenheit, seine Naturproducte, den Zustand seiner Bewohner rc. in der letzten Zeit ausgeführt, fortgesetzt od. eingeleitet sind. Herausg. von K. E. v. Baer. gr. 8. Ebd. 845. baar 1 ℛ

— dies. 10. Bdchen. — A. u. d. T.: Nestor, eine histor.-krit. Untersuchung über den Anfang der Russischen Chroniken, von M. Pogodin. Uebersetzt von F. Löwe. Angehängt ist: Danilowitsch, über die Litauischen Chroniken, übersetzt von F. Löwe. Lex.-8. Ebd. 844. baar 1 ℛ

— dass. 11. Bdchen. Gemischten Inhalts. gr. 8. Ebd. 845. baar 1 ℛ

Beiträge z. Kenntniss d. Russischen Reiches u. d. angränz. Länder Asiens. Hrsg. v. K. E. v. Baer u. Gr. v. Helmersen. 12. Bdchn. A. u. d. T.: Reise nach den Goldwäschen Ostsibiriens v. Ernst Hofmann. Mit (4) Karten (auf 1 Bl. in Fol.) u. 1 lith. Taf. gr. 8. (230 S.) St. Petersburg 847. (Leipzig, Voss.) baar $1^{1}/_{2}$ ℛ

— dies. 13. Bdchn. Gemischten Inhalts. gr. 8. (IV u. 236 S.) Ebd. 849. n. n. 2 ℛ

— dies. 14. Bdchn. A. u. d. T.: Reise nach dem Altai, im Jahre 1834 ausgeführt v. G. v. Helmersen. Mit Karten u. Gebirgsprofilen (auf 2 Kupfrtaf. in 4. u. Fol.) gr. 8. (VIII u. 286 S.) Ebd. 848. n. n. $1^{1}/_{3}$ ℛ

— dies. 15. Bdchn. A. u. d. T.: Naturwissenschaftliche Reise durch die Kirgisensteppe nach Chiwa. Von Thdr. Frdr. Jul. Basiner. Mit 1 (lith.) Karte (in qu. Fol.) u. 4 (lith.) Taf. (in 8. u. qu. 4.) gr. 8. (XVI u. 379 S.) Ebd. 848. n. n. $1^{2}/_{3}$ ℛ

— 17. Bdchn. A. u. d. T.: Alex. Lehmann's Reise nach Buchara u. Samarkand in den J. 1841 u. 1842. Nach den hinterlassenen Schriften desselben bearb. u. m. Anmerkungen versehen v. G. v. Helmersen. Nebst einem zoolog. Anhange v. J. F. Brandt. Mit 5 lith. Taf. u. 1 Karte (in qu. gr. 4.) gr. 8. (VI u. 342 S.) Ebd. 852. n. n. 2 ℛ 7 ngr

— zur Kenntniss des Russischen Reiches und der angränzenden Länder Asiens. Herausg. von K. E. v. Baer u. Gr. v. Helmersen. St. Petersburg. (Leipzig, Voss.) gr. 8.
9. Bdchn. 2. Abth.: Kurzer Bericht über wissenschaftliche Arbeiten u. Reisen, welche zur näheren Kenntniss des Russischen Reiches in Bezug auf seine Topographie, phys. Beschaffenheit, seine Naturproducte, den Zustand seiner Bewohner etc. in der letzten Zeit ausgeführt, fortgesetzt oder eingeleitet sind. Herausg. von K. E. v. Baer. 855. (V, S. 337—776.) nn. 1 ℛ 3 ngr
18. „ Gemischten Inhalts. (Mit 4 in Stahl gest. Karten (in Fol.) 856. (2 Bl., 277 S.) nn. 1 ℛ 3 ngr
19. „ Notizen, gesammelt auf einer Forstreise durch einen Theil des Europ. Russlands, von A. Bode. 854. (309 S. u. 8 lith. Taf.) nn. 2 ℛ 23 ngr
20. „ Wlangali's Reise nach der östlichen Kirgisen-Steppe. Mit 1 (lith.) Karte (in gr. Fol.) 856. (XII, 261 S.) nn. 1 ℛ 3 ngr

— zur Kenntniss des Russischen Reiches und der angränzenden Länder Asiens. Herausg. von K. E. v. Baer und Gr. v. Helmersen. St. Petersburg. (Leipzig, Voss.) gr. 8.
21. Bdchn.: Geognostische Untersuchungen im mittleren Russland von Gr. v. Helmersen u. R. Pacht. 858. (VII, 187 S. m. Holzschn. im Text u. 10 lith. Taf. in 4. u. Fol.) nn. 1 ₰ 10 ngr
22. Bdchn.: Charakter der Erzführung u. Zustand des Bergbaus im Ural von Antipow II. Aus dem Russ. übers. von F. Löwe. 861. (VII, 184 S. u. 1 lith. Taf. in Fol.) nn. 28 ngr
23. Bdchn.: Berichte über Reisen im Süden von Ost-Sibirien, ausgeführt in den Jahren 1855 — incl. 1859 von Gust. Radde. Hierzu 1 Atlas, bestehend aus 2 (lith.) Karten (in Fol.) u. 11 (lith.) Taf. verschiedener Ansichten u. Typen in Tondr. (in Fol.) 861. (XXIII, 720 S.) nn. 4 ₰ 13 ngr

— zur Kenntniss des Russischen Reiches u. der angrenzenden Länder Asiens. Herag. von K. E. v. Baer u. v. Helmersen. 24. 25. Bdchn. Petersburg 864. (Leipzig, Voss.) Lex.-8. n. 2 ₰ 26 ngr
24. Bdchn.: Der Peipus-See u. die obere Narova von v. Helmersen. — Die Geologie in Russland von v. Helmersen. — Der Verkehr Russlands mit Westasien von Gerstfeldt. Mit 1 (lith.) Karte (in Fol.). (265 S.) n. 1 ₰ 8 ngr
25. Bdchn.: Fr. Schmidt's, P. v. Glehn's u. A. D. Brylkin's Reisen im Gebiete des Amurstromes u. auf der Insel Sachalin. Mit 8 (lith.) Karten (in 4. u. Fol.). (304 S.) n. 1 ₰ 23 ngr

— zur Kenntniss d. russischen Reiches u. der angrenzenden Länder Asiens. Hrsg. von K. E. v. Baer u. Gr. v. Helmersen. 16. u. 26. Bdchn. Hrsg. von K. E. v. Baer. Lex.-8. St. Petersburg 872. Leipzig, Voss. n. 9. 20
16. Peter's d. Grossen Verdienste um die Erweiterung der geographischen Kenntnisse von K. E. v. Baer. Mit 2 (lith.) Karten (in gr. 4.) (XV, 290 S.) n. 5. 20
26. Nachrichten üb. das Wilui-Gebiet in Ostsibirien gesammelt u. zusammengestellt v. K. Meinshausen. Mit e. (lith.) Karte (in qu. gr. Fol.) (VII, 216 S.) n. 4. —

— zur Kenntniss des russischen Reiches u. der angrenzenden Länder Asiens. 2. Folge. Auf Kosten der kaiserl. Akademie der Wissenschaften hrsg. von G. v. Helmersen u. L. v. Schrenck. 1—5. Bd. Lex.-8. St. Petersburg 879—82. Leipzig, Voss' Sort. n. 27. 40
1. Bericht über die Fortschritte, welche die zoologischen Wissenschaften den v. der kaiserl. Akademie der Wissenschaften zu St. Petersburg von 1831 — 1879 herausgegebenen Schriften verdanken. Ein Beitrag zur neuern Geschichte der zoolog. Wissenschaften in Russland. Von Joh. Frdr. Brandt. (VIII, 218 S.) n. 3. —
2. Die Vögel des Kreises Uman, Gouvernement Kiew, m. besond. Rücksicht auf ihre Zugverhältnisse u. ihr Brutgeschäft. Von Herm. Goebel. (238 S. m. Tab.) n. 4. —
3. Die schädlichen Insekten Russlands. Von Frdr. Thdr. Köppen. (VI, 527 S. m. 1 col. Kupfertaf.) n. 7. 70
4. Gemischten Inhalts. (III, 227 S.) n. 8. —
5. Geologische und physico-geographische Beobachtungen im Olonezer Bergrevier. Von G. v. Helmersen. Mit 1 (lith. u. color.) Karte u. e. Atlas v. 6 (lith.) Taf. (in Imp.-4. m. 1 Bl. Text). (412 S.) n. 10. —

— zur Kenntniss d. russischen Reiches u. der angrenzenden Länder Asiens. 2. Folge. Auf Kosten der kaiserl. Akademie der Wissenschaften hrsg. von G. v. Helmersen u. L. v. Schrenck. 6—8. Bd. Lex.-8. St. Petersburg. Leipzig, Voss' Sort. n. 17. — (1—8.: n. 44. 40)
6. Gemischten Inhalts. (III, 367 S. m. 1 Karte.) 883. n. 5. —
7. Thdr. Pleske, Uebersicht der Säugethiere u. Vögel der Kola-Halbinsel. 1. Thl. Säugethiere. Mit 1 (chromolith.) Taf. (212 S.) 884. n. 4. 30
8. Gemischten Inhalts (III, 450 S. m. 15 Steintaf.) 885. n. 7. 70

Beiträge zur Kenntniss des russischen Reiches und der angrenzenden Länder Asiens. 2. Folge. Auf Kosten der kaiserl. Akademie der Wissenschaften hrsg. von G. v. Helmersen und L. v. Schrenck. 9. Bd.: Übersicht der Säugethiere und Vögel der Kola-Halbinsel von Thdr. Pleske. 2. Thl.: Vögel und Nachträge. Lex.-8. (VI, 515 S.) St. Petersburg 886. (Leipzig, Voss' Sortiment.) *
1. Serie. 26 Bde. (Ebendas.) 1839—71. *M 124.40.
2. Folge. 1.—7. Bd. (Ebendas.) 1879—84. *M 37.—.

— dasselbe. 3. Folge. Von L. v. Schrenck u. C. J. Maximowicz. 1. Bd. Lex.-8. Ebend. 886. n. 3. — Graf D. A. Tolstoi, das akademische Gymnasium u. die akademische Universität im XVIII. Jahrh. Aus dem Russ. von P. v. Kügelgen. (VIII, 224 S.)

— dasselbe. 3. Folge. Auf Kosten der kaiserl. Akademie der Wissenschaften hrsg. von L. v. Schrenck u. C. J. Maximowicz. 2.—7. Bd. Lex.-8. Ebd. n. 52. 70 (1—7.: n. 55. 70)
2. Gemischten Inhalts. (360 S.) 887. n. 4. 30
3. Die von der kaiserl. Akademie der Wissenschaften ausgerüstete Expedition nach den neusibirischen Inseln u. dem Jana-Lande. Zur Vorgeschichte der Expedition. Von L. v. Schrenck. Berichte der Reisenden A. Bunge u. Baron Ed. Toll. (VI, 412 S. m. 6 Karten.) 887. n. 7. —
4. Gemischten Inhalts. Mit 1 Karte. (276 S.) 888. n. 4. 60
5. Geographische Verbreitung der Holzgewächse d. europäischen Russlands u. d. Kaukasus. Von Fr. Th. Köppen. 1. Thl. (XXVI, 668 S.) 888. n. 8. 80
6. — dasselbe. 2. Thl. (IV, 592 S. m. 5 Karten.) 889. n. 9. —
7. Reisen u. Aufenthalt in Kamtschatka in den J. 1851—1855. Von K. v. Ditmar. 1. Thl. Historischer Bericht nach den Tagebüchern. (X, 867 S. m. 1 farb. Titelbild, 32 Holzschn. u. 2 Karten.) 890. n. 19. —

— zur Kenntniss des Russischen Reiches u. der angrenzenden Länder Asiens. 3. Folge. Auf Kosten der kaiserl. Akademie der Wissenschaften hrsg. von L. v. Schrenck u. C. J. Maximowicz, beendet v. F. Schmidt. 8. Bd. gr. 8. St. Petersburg. Leipzig, Voss' Sort. n. 6. —
Reisen und Aufenthalt in Kamtschatka in den J. 1851—1855. Von K. v. Ditmar. II. Thl., 1. Abth. (VIII, 275 S.) 900. n. 6. — (I. u. II, 1.: n. 25. —)
3. Folge. 1.—7. Bd. Ebd. 886—890. n. 55. 70.

Beiträge zur Kenntniss des Russischen Reiches u. der angrenzenden Länder Asiens. 4. Folge. Auf Kosten der kaiserl. Akademie der Wissenschaften hrsg. v. L. v. Schrenck u. Fr. Schmidt. 1. Bd. Lex.-8. St. Petersburg 893. (Leipzig, Voss' Sort.) n. 19. —
Reisen u. Forschungen im Jakutskischen Gebiet Ostsibiriens in den J. 1861—1871. Von Baron Gerh. Maydell. 1. Thl. (XX, 706 S.)

— zur Kenntniss d. Russischen Reiches u. d. angrenz. Länder Asiens. 4. Folge. Auf Kosten d. kaiserl. Akademie d. Wissensch. hrsg. v. L. v. Schrenck u. Fr. Schmidt. 2. Bd. gr. 8. St. Petersburg 896. (Leipzig, Voss' Sort.) n. 27. 50 (I. u. II.: n. 46. 50)
Baron Gerh. Maydell, Reisen u. Forschgn. im Jakutskischen Gebiet Ostsibiriens. 2. Thl. (XXV, 800 S.) M. e. Atlas (in Fol.), enth. 4 (3 farb.) Karten u. e. tabellar. Übers. d. Flüsse d. Jakutsker Gebiets. (41 S.)

Beiträge zur Kenntniss [Kenntnis] Sächsisch-Reens. Festgabe d. Mitgliedern d. Vereins für siebenbürgische Landeskunde, dargeboten von d. Stadt Sächsisch-Reen. — Hermannstadt [1870]: Steinhaussen. 288 S. 8°
2. 3. 5. 7. 8. 12: 4° Austr. 11 n. 25. 30. 300: 59.145-B. 302. 15.

Beiträge zur Kenntniss [Kenntnis] von Stadt und Land Salzburg. Ein Gedenkbuch an d. 54. Versammlung deutscher Naturforscher u. Aerzte. Veröffentlicht durch d. Geschäftsführer. (Hrsg.: Zillner.) — Salzburg 1881: (Pustet). VII, 320 S. 8°
1: Sc 2222/25. 2. 3. 8→11. 12: Austr. 418. 14. 17. 21. 24. 25. 27. 300: 94.937-A. 302. 15.

— zur Kenntnis des Schrift-, Buch- u. Bibliothekswesens, hrsg. v. Karl Dziatzko, s. a. Sammlung bibliothekswissensch. Arbeiten. 14. u. 15. Hft.

Beiträge zur Kenntnis des Schrift-, Buch- und Bibliothekswesens. Hrg. von Karl Dziatzko. (Heft) 6. Mit 2 Tafeln. VIII + 102 S. 8. Leipzig, M. Spirgatis, 1901. [M. 6.50]

Sammlung bibliothekswissenschaftlicher Arbeiten. Hrg. von Karl Dziatzko…. Heft 14….

Beiträge zur Kenntnis des Schrift-, Buch- und Bibliothekswesens. Hrg. von Karl Dziatzko. (Heft) 7. VI + 113 S. 8. Leipzig, M. Spirgatis, 1902. [M. 6. —]

Sammlung bibliothekswissenschaftlicher Arbeiten. Hrg. von Karl Dziatzko…. Heft 15….

— zur Kenntnis des Schrift-, Buch- u. Bibliothekswesens, hrsg. v. Konr. Haebler, s. a. Sammlung bibliothekswissenschaftlicher Arbeiten. 17. Hft.

Beiträge zur Kenntnis des Schrift-, Buch- und Bibliothekswesens. Hrg. von Konrad Haebler. (Heft) 8. [Mit 1 Porträt-Tafel.] VIII + 49 S. 8. Halle a. S., Rudolf Haupt, 1904. [M. 3.50]

Sammlung bibliothekswissenschaftlicher Arbeiten, … hrg. von Prof. Dr. Konrad Haebler…. Heft 17….

Beiträge zur Kenntnis der Schweizerflora. (*No. 3:* Hrg. von Hans Schinz, ⟨Zürich⟩.) s. Mitteilungen aus dem Botanischen Museum der Universität Zürich….

[No. 1:] Rhodoplax Schinzii Schmidle et Wellheim, ein neues Algengenus, von Wilhelm Schmidle ⟨Mannheim⟩. Mit einer Tafel. — Mitteilungen…. [Heft] 15.

[No. 2:] (1.) Die schweizerischen Vertreter der Gattung Alectorolophus … von Hans Schinz; (2. Floristische Beiträge zusammengestellt von Hans Schinz …; 3. Carex baldensis L. und Æthionema saxatile ⟨L.⟩ R. Br. im Kanton Graubünden von Stephan Brunies …). — Mitteilungen…. [Heft] 16.

[No.] 3: Hypericum Desetangsii Lamotte in der Schweiz. [Von] Hans Schinz ⟨Zürich⟩. — Mitteilungen…. [Heft] 18, [3].

⟨[No.] 4:⟩ 1. Floristische Beobachtungen im Val di Bosco. Von Joh[annes] Bär ⟨Zürich⟩; (2. Zur Flora des Curfirstengebietes. Von Hans Schinz ⟨Zürich⟩; 3. Hypericum dubium Leers. Von Hans Schinz ⟨Zürich⟩). — Mitteilungen…. ⟨[Heft] 22,⟩ 2.

⟨[No.] 5:⟩ 1. Die Koelerien der Schweiz und ihre Verbreitung…. (Von) Karl Domin ⟨Prag⟩; (2. Potentilla montenegrina Pantoc. in der Schweiz. [Von] Karl Domin ⟨Prag⟩; 3. Zweiter Beitrag zur Flora des Curfirstengebietes. [Von] Hans Schinz ⟨Zürich⟩; 4. Begründung der Namensänderungen in der zweiten Auflage der «Flora der Schweiz» von Hans Schinz und Rob[ert] Keller. Von Hans Schinz und A[lbert] Thellung ⟨Zürich⟩). — Mitteilungen…. ⟨[Heft] 26,⟩ 2.

Beiträge zur Kenntnis der Schweizerflora. ⟨[No.] 6:⟩ 1. Botanische Beobachtungen im Val Onsernone von Joh[annes] Bär ⟨Zürich⟩; — 2. Nachträge zur Flora der Schweiz: Neue Hieracienfunde von Aug[ust] Binz ⟨Basel⟩. ⟨Extrait du Bulletin de l'Herbier Boissier, (Tome 6) 1906, nos … 11, IIme série.⟩ 8.

Mitteilungen aus dem Botanischen Museum der Universität Zürich. [Heft] 32. [No] … 2…. Genève, Impr. Romet, 1906. p. 901—934.

Beiträge zur Kenntnis der Schweizerflora. ⟨[No.] 6:⟩ 3 … u. [No.] 7 . . u. ⟨[No.] 8⟩…. 8. s. Mitteilungen aus dem botanischen Museum der Universität Zürich….

⟨[No.] 6:⟩ 3. Begründung der Namensänderungen in der zweiten Auflage der «Flora der Schweiz» von [Hans] Schinz und [Robert] Keller. Von Hans Schinz und A[lbert] Thellung. (Fortsetzung.) Sonderabdruck…. II S. + S. 489—601. Zürich … [1907]. — Mitteilungen…. ⟨[Heft] 33.⟩

[No.] 7: 1. Begründung vorzunehmender Nam' in der zw' A' der «Flora der Schw'» von Sch' und K', von Hans Schinz und A[lbert] Thellung ⟨Zürich⟩; — 2. Zur Flora der Kantone St. Gallen und Glarus, von Hans Schinz ⟨Zürich⟩. ⟨Extrait …⟩. — Mitteilungen…. [Heft] 34. [No] 1…. Genève … 1907. (zus. 134 S.)

⟨[No.] 8:⟩ 1. Beiträge zur Adventivflora der Schweiz, von A[lbert] Thellung ⟨Zürich⟩; — 2. Trapa natans L. in der Schweiz und in Oberitalien, von Hans Schinz ⟨Zürich⟩. [Mit 1 Tafel.] Separat-Abdruck…. — Mitteilungen…. ⟨[Heft] 36.⟩ [No] … 2…. Zürich … 1907. S. 431—483.

Beiträge zur Kenntnis der Schweizerflora. ⟨[No.] 9—11.⟩ … 8. s. Mitteilungen aus dem botanischen Museum der Universität Zürich….

⟨[No.] 9:⟩ 1. Begründung vorzunehmender Namensänderungen an der 2. Aufl. der «Flora der Schweiz von [Hans] Schinz und [Robert] Keller», von Hans Schinz und A[lbert] Thellung ⟨Zürich⟩; 2. Die Carex divisa Hudson und C' distachya Desf. der Schweizer Autoren, von A[lbert] Volkart ⟨Zürich⟩; 3 Fumana ericoides ⟨Cavan.⟩ Pau in der Schweiz, von Hans Schinz ⟨Z'⟩. Separat-Abdruck…. — Mitteilungen…. ⟨[Heft] 64 (*d. i.* 44).⟩ [No] … 2…. Zürich … 1909. S. 493—604.

⟨[No.] 10.⟩ Hrg. von Hans Schinz ⟨Zürich⟩. Lilium bulbiferum L. und Lil' croceum Chaix, von K[arl] Sturm ⟨Zürich⟩. Separat-Abdruck…. II + 13 S. Zürich … 1910. — Mitteilungen…. ⟨[Heft] 17 *d. i.* 48⟩

⟨[No.] 11:⟩ 1. Vierter Beitrag zur Curfirstenflora, von Hans Schinz ⟨Zürich⟩; 2. Neue Beiträge zur Bündnerflora, von Josias Braun ⟨Chur⟩. unter Mitwirkung von A[lbert] Thellung ⟨Zürich⟩; 3. Die schweizerischen Arten und Formen der Gattung Melampyrum L., von Karl Ronniger ⟨Wien⟩. Separat-Abdruck…. — Mitteilungen…. ⟨[Heft] 49.⟩ [No] … 2…. Zürich … 1910. S. 248—330.

Beiträge zur Kenntniss der iranischen Sprachen. I. II. Theil. Masanderanische Sprache. Herausgegeben von B. Dorn und Mirsa Muhammed Schafy. III. Theil [: Gilanische Sprache. Herausgegeben von B. Dorn.] 4 voll. St. Petersburg 1860—1866.

Beiträge zur Kenntniß [Kenntnis] der Staatsverfassung und Verwaltung der K. Preußischen und K. Baierischen Staaten. Hrsg. von J. W. Schulz. H. 1. — Frankfurt [usw.] 1819. 158 S. 8° **21. 302.** 15.

— zur Kenntniss der Tuberkulose. Mittheilungen aus der Brehmer'schen Heilanstalt für Lungenkranke in Görbersdorf. Hrsg. v. Fel. Wolff. gr. 8. (V, 124 S.) Wiesbaden 891. J. F. Bergmann. n. 2.80

Beiträge zur Kenntniss des Baselschen Unterstützungswesens. 4°. Basel 1869.

— zur Kenntniss der Verbindungen durch Eisenbahnen in Russland im Allgemeinen u. besonders üb. d. projectirte Dünaburg-Rigaer Bahn. Vom Verf. d. Werkes üb. Russlands Wasserverbindungen. (Baron Otto v. Wittenheim.) [Ein Plan letzterer Bahn besonders.] gr. 8. (VI u. 66 S.) Leipzig 852, G. E. Schulze. n. 24 ngr

— zur Kenntniß d. Verfass., Gesetzgebung u. Verwalt. d. Königr. Hannover; herausg. von Wedemeyer, L. Ph. Hüpeden u. W. Ubbelohde. 1831. 1s — 3s Quart. Nr. 1—40. gr. 4. Hannov. Hahn. 1 ß

Beiträge zur Kenntnis der Verfassung der Königl. Residenzstadt Hannover. Hannover 1843. V: *Meissner.* (Loewe, Bibliogr. der Hann. u. Braunschw. Gesch. Hannover 1908. S. 289.)

Beiträge zur Kenntniss der natürlichen und politischen Verfassung des Oettingischen Vaterlandes. Oett. 1786. V: *Lang, Carl Heinrich Ritter von.* (Ky) (MGT) (NN)

Beiträge zur Kenntniss der Vergleichseinrichtung in Dänemark. Copenhagen 1804. V: *Rothe, Andr. Björn.* (EngJ)

Beiträge zur Kenntniß [Kenntnis] der forstwirthschaftlichen Verhältnisse der Provinz Hannover. Den Mitgliedern d. 10. Versammlung Deutscher Forstmänner zu Hannover im Jahre 1881 gewidmet von d. Königlichen Finanz-Direction, Abtheilung für Forsten. — Hannover: Klindworth [1881]. 148 S. 4° **1: 4° Oy 5880. 7. 15. 16. 21.** 15.

Beiträge zur Kenntnis der land-und forstwirthschaftlichen Verhältnisse im Königreich Hannover.
Hannover 1852.
233 S., 1 Kt.
Festgabe f. d. Mitglieder d. 15. Versamml. dt. Land-u. Forstwirthe.

Beiträge zur Kenntniß [Kenntnis] der landwirthschaftlichen Verhältnisse im Königreiche Hannover. Bd 1.2. — Hannover: Klindworth 1864–65. 8° (Festschrift zur Säcularfeier d. Königlichen Landwirthschafts-Gesellschaft zu Celle 2.) **7. 9. 11. 12: Oecon. 2012g–2. 15. 18. 30. 89.** 15.

— — zur Kenntnis des preussischen Veterinärwesens und der Viehseuchengesetzgebung. (Supplement der landw. Jahrbücher, V. Band.) (117 S.) Berlin 76. Parey. M. 2.50

Beiträge zur Kenntniß reiner Weinhefen. (Mittheilung aus d. chemischen Laboratorium von Oscar Bernheimer.) Wien: Selbstverl. 1895. 15 S. 8°
Aus: Allgemeine Wein-Zeitung. 1895.

302.
15.

— zur Kenntnis der Wirbelthierfauna der böhm. Braunkohlenformation, s.a. Abhandlungen des deutschen naturwiss.-medic. Vereines f. Böhmen „Lotos".

Beiträge zur Kenntnis der Wirbelthierfauna der böhm. Braunkohlenformation. Hrsg. von d. hiezu bestellten Commission. 1.2. — Prag: Calve 1901. 4°
1. Schlosser, Max: Zur Kenntnis d. Säugethierfauna d. böhm. Braunkohlenformation.
2. Laube, Gustav Karl: Synopsis d. Wirbelthierfauna d. böhm. Braunkohlenformation.
(Abhandlungen d. deutschen naturwissenschaftlich-medicinischen Vereines für Böhmen 'Lotos'. Bd 2,3.4.)
1:4° Lc 7435-2,3.4. 2. 7. 10. 12:4° Phys. g. 1f-II,3.4.
14. 15. 16. 18. 30. 300:76.593-C. 2,3.4.
15.

— Im Auftr. d. Gesellschaft zur Förderung deutscher Wissenschaft, Kunst u. Literatur in Böhmen hrsg. von d. hiezu bestellten Commission. 1.2. — Ebd. 1901. 4°
1. Schlosser, Max: Zur Kenntnis d. Säugethierfauna d. böhm. Braunkohlenformation.
2. Laube, Gustav Karl: Synopsis d. Wirbelthierfauna d. böhm. Braunkohlenformation.
12:4° Lith. 9vc.

Beiträge zur Kenntniss vorzüglich des gegenwärtigen Zustandes von Frankreich und Holland, ... Leipz. 1792. V: *Küttner, Carl Gottlob.* (EngG) (MGT) (MS) (JL) H: *Dyk, Johann Gottfried.* (BrMm) (Ky)

— zur Kenntniß d. gegenw. Zustandes von Frankreich u. Holland. (Von K. G. Küttner. Mit Anmerkk. herausg. v. J. G. Dyck.) gr. 8. Leipz. 792. Dyck. 1 ₰

— zur Kenntniß des gegenwärt. Zustandes u. der Leistungen des Polizeibauwesens der Stadt St. Gallen. Mit Vorschlägen, verschiedene Verbesserungen desselben u. die Reorganisation der Baubehörde betreffend; nebst einem Anh.: „Entwurf einer Lokalbauverordnung für die Stadt [politische Gemeinde] St. Gallen"; ausgearb. im J. 1844 v. dem St. Gallischen Ingenieur- u. Architekten-Verein auf Verlangen des Gemeinderathes. gr. 8. (62 S.) St. Gallen 849, Huber & Co. n. 1/3 ₰

Beiträge, Kieler. Schleswig 1820—21. H: *Falck, Nic. u. andere.* (Schles)

Beiträge, Kieler, (Forts. d. Kieler Blätter rc.) 2 Thle. gr. 8. Schlesw. 820, 21. Taubst.-Inst. 4 ₰ 8 gr

— z. Kinderforschung m. bes. Berücksicht. pädagog. Zwecke. Beihefte z. Zeitschrift „D. Kinderfehler". Hrsg. v. J. L. A. Koch, J. Trüper u. Chr. Ufer. 1. u. 3. Hft. gr. 8. Langensalza 898. H. Beyer & Söhne. n. 2. —
1. D. Sittlichkeit d. Kindes. Von A. Schinz. A. d. Revue philosophique (1898, Nr. III) übers. v. Chr. Ufer. (42 S.) n. — 75
3. D. Hilfsschulen Deutschlands u. d. deutschen Schweiz, nebst e. Anh. betr. d. Hilfsschule i. Rotterdam, Wien u. Christiania a. Anf. d. J. 1898. E. Beitrag z. Statistik d. Hilfsschulwesens von A. Wintermann. (V S., XV Tab. u. 3 S.) n. 1. 25
Das 2. Hft. ist noch nicht erschienen.

— zur Kinderforschung m. besonderer Berücksicht. pädagogischer Zwecke. Beihefte zur Zeitschrift „Die Kinderfehler". Hrsg. v. J. L. A. Koch, J. Trüper u. Chr. Ufer. 2. u. 5. Hft. gr. 8. Langensalza, H. Beyer & Söhne. n. 1. 10
2. Über J. J. Rousseaus Jugend. Von P. J. Möbius. (29 S.) 899. n. — 60
5. Zur Frage der Erziehung unserer sittlich gefährdeten Jugend. Bemerkungen zum Entwurf e. Gesetzes üb. die Zwangserziehg. Minderjähriger. Von J. Trüper. (VI, 31 S.) 900. n. — 50
Hft. 1 u. 3. Ebd. 898. n. 2. —; Hft. 4 ist noch nicht erschienen.

— z. Kinderforschg m. bes. Berücks. pädagog. Zwecke. Beihefte z. „Zeitschrift f. Kinderforschg". Hrsg. v. JLA Koch, J Trüper u. C Ufer. 6—8. Heft. 8° Langens., H Beyer & S. 2.65
Krukenberg, H: Üb. Anstaltsfürsorge f. Krüppel. (24 m. Abb.)'03. [6.] — 40
Piggott, HE: Die Grundz. d. sittl. Entwicklg u. Erziehg d. Kindes. (77) '03. [7.] 1.25
Trüper, J: Psychopath. Minderwertigk. als Ursache v. Gesetzesverletzgn Jugendlicher. (57)'04. [8.] 1 —
Fortsetzg u. d. T.:

— z. Kinderforschg u. Heilerziehg. Beihefte z. „Zeitschrift f. Kinderforschg". Hrsg. v. JLA Koch, J Trüper u. C Ufer. 9—14. Heft. 8° Ebd. 8.20 (1—3 u. 5—14.: 8.95)
Flügel, O: Üb. d. Verhältnis d. Gefühls z. Intellekt in d. Kindh. d. Individuums u. d. Völker. Vortr. (40)'05. [10.] — 75
Kielhorn, H: Der Konfirmandenunterr. in d. Hilfsch. (36)'05. [9.] — 50
Neter, E: Die Bedeutg d. chron. Stuhlverstopfg im Kindesalter. (27) 06. [14.] — 45
Polligkeit, W: Strafrechtsreform u. Jugendfürsorge. Referat. (25)'05. [12.] — 50
Schubert, C: Ein. Aufg. d. Kinderforschg auf d. Gebiete d. künstler. Erziehg. Vortr. (27)'05. [11.] — 50
Tögel, H: 16 Monate Kindersprache. (36)'05. [13.] — 50
Das 4. Heft ist noch nicht erschienen.

— z. Kinderforschg u. Heilerziehg. Beihefte z. „Zeitschrift f. Kinderforschg". Hrsg. v. JLA Koch, G Anton, E Martinak, J Trüper u. Chr. Ufer. 15—64 u. 67. Heft. gr8° Langens., H Beyer & S. 30 — (1—3, 5—64 u. 67: 38.95)
Agahd, Konr.: Kind u. Gesellschaft. 2 Vortr. (39)'08. [52.] — 60
Baginsky, Adf: Die Impressionabilität d. Kinder unter d. Einfl. d. Milieus. (Vortr.) (21)'07. [27.] — 40
Bernhard, L: Beitrag z. Kenntnis d. Schlafverhältn. Berliner Gemeindeschüler. Vortr. (13)'07. [39.] — 25
Boodstein, Otto: Frühreife Kinder. (43)'09. [61.] — 75
Buchner, Mart.: Die Entwicklg d. Gemütsbeweggn im 1. Lebensj. (19 m. 4 Taf.)'09. [60.] — 50
Damaschke, A: Wohngsnot u. Kinderelend. Vortr. (13)'07. [40.] — 30
Delitsch, J: Üb. individuelle Hemmgn d. Aufmerksamk. im Schulalter. Vortr. (21)'07. [37.] — 50
Denzer, Hans: Die Bedeutg d. Unterr. im Formen f. d. Bildg d. Anschaug. (25)'09. [56.] — 50
Dirks, Gust.: Der Tic im Kindesalter u. s. erziehl. Behandlg. (20)'08. [50.] — 60
Dix, Kurt Walth.: Üb. hyster. Epidemien an deut. Schulen (Meissener Zitterepidemie — Tremor hystericus). Vortr. (42)'07. [33.] — 75
Enderlin, Max: Das Spielzeug in sr Bedeutg f. d. Entwicklg d. Kindes. (40) ('07.) [24.] — 75
Fellsch: Die Fürsorge f. d. schulentlass. Jugend. Vortr. (17)'07. [30.] — 30
Feuchtwanger, A: Warum kommen viele Kinder in d. Schule nicht vorwärts? (20)'08. [54.] — 40
Fiebig, M: Rachitis als e. auf Alkoholisation u. Produktionserschöpfg beruh. Entwicklgsanomalie d. Bindesubstanzen dargest. (34)'07. [28.] — 75 ‖ Üb. Vorsorge u. Fürsorge f. d. intellektuell schwache u. sittlich gefährdete Jugend. (50)'06. [22.] — 75
Friedrich, Gllob.: Psycholog. Beobachtgn an 2 Knaben. (74)'06. [17.] 1.25
Heller, Thdr: Psychasthen. Kinder. Vortr. (14)'07. [29.] — 35
Hemprich, K: Zur Lit. üb. Jugendfürsorge u. Jugendrettg. (27)'08. [51.] — 50
Hermann: Zur Frage d. Bettnässens. (17)'06. [15.] — 30 ‖ Grundl. f. d. Verständnis krankhafter Seelenzustände (psychopath. Minderwertigk.) beim Kinde in 30 Vorlesgn. (12, 180 m. 5 Taf.) 10. [67.] 3 —
Kiefer, O: Die Prügelstrafe in d. Erziehg. (42)'08. [40.] — 75
Kuhn-Kelly: Jugendschutz-Kommissionen als vollwert. Ersatz f. Jugendgerichtshöfe. (19)'09. [58.] — 40
Kulemann, W: Die forens. Behandlg d. Jugendlichen. Vortr. (17)'07. [26.] — 40
Landmann, Hugo: Üb. d. Möglichk. d. Beeinflussg abnormer Ideenassoziation durch Erziehg u. Unterr. Vortr. (17)'07. [32.] — 40
Leubuscher u. Adam: Der Arzt in d. Hilfsch. 2 Vortr. (26)'09. [62.] — 50
Maennel, B: Das amerikan. Jugendgericht u. s. Einfl. auf uns. Jugendrettg u. Jugenderziehg. (34)'09. [59.] — 50
Martinak, E: Wesen u. Aufg. e. Schülerkde. (18)'07. [25.] — 30
Mecke, Hanna: Fröbelsche Pädagogik u. Kinderforschg. Vortr. (14)'07. [36.] — 35
Moses, Jul.: Die Abartgn d. kindl. Phantasielebens in ihrer Bedeutg f. d. pädagog. Pathol. Vortr. (31)'08. [18.] — 50
Nöll, Heinr.: Fingertätigk. u. Fingerrechnen als Faktor d. Entwicklg d. Intelligenz u. d. Rechenkunst bei Schwachbegabten. (59)'08. [46.] 1 —
Oort, All: Üb. d. Einfl. d. Alkoholgenusses d. Eltern u. Ahnen auf d. Kinder. Vortr. (20)'09. [57.] — 40
Pabst, A: Die psycholog. u. pädagog. Begründg d. Notwendigk. d. prakt. Unterr. Vortr. (16)'07. [34.] — 40
Petersen, J: Das Beobachtgshaus d. Erziehgsanst. Nach e. Vortr. (19)'09. [64.] — 40
Plass: Üb. Arbeitserziehg. Vortr. (18)'07. [23.] — 40
Piecher, Hans: Die Suggestion im Leben d. Kindes. (36)'09. [63.] — 60
Pudor, Heinr.: Hygiene d. Bewegg. (40)'06. [19.] — 75
Reicher, Heinr.: Die Verwahrlosg d. Kindes u. d. gelt. Recht. Vortr. (32) '06. [21.] — 50
Riemann, G: Die Taubstumm-Blinden. Vortr., nebst Nachtr. (17 m. 2 Taf.) '07. [38.] — 45
Rohden, C v.: Jugendl. Verbrecher. Vortr. (15)'07. [41.] — 35
Schaefer, Karl L.: Farbenbeobachtgn bei Kindern. Vortr. (16)'07. [31.] — 30
Schmidkunz, H: Die ob. Stufen d. Jugendalters. Vortr. (16)'07. [35.] — 40

Schreiber, H: Der Kinderglaube. Grundl. f. e. Darstellg d. relig. Einzelentwicklg. (0, 70) '09. [53.] 1.25
Schreuder, AJ: Warum u. wozu betreibt man Kinderstudium? (40) '06. [16.] — 50
Stern, Otto: Der Zitterlaut R. Nebst Angabe v. Winken u. Hilfsmitteln z. Entwicklg d. R. (34 m. Fig.) '07. [43.] — 75
Stier, Ewald: Der Militärdienst d. geistig Minderwert. u. d. Hilfsch. (22) '07. [42.] — 50
Strakerjahn, H: Der 1. Sprechunterr. (Artikulationsunterr.) bei Geistesschwachen. (25 m. Abb. u. 1 Taf.) '08. [47.] — 60
Torday, Frz v.: Das staatl. Kinderschutzwesen in Ungarn. Vortr. (37) '08. [48.] — 80
Trüper, J: Zur Frage d. Behandlg uns. jugendl. Missetäter. (25) '06. [20.] — 50 | Zur Wertschätzg d. Pädagogik in d. Wiss. wie im Leben. (28) '07. [45.] — 50
Welander, Eduard: Üb. d. Einfl. d. vener. Krankh. auf d. Ehe sowie üb. ihre Übertragg auf kl. Kinder. (48) '09. [55.] — 75
Witasek, Steph.: Psychologisches z. eth. Erziehg. Vortr. (13 m. 1 Taf.) '07. [44.] — 30
Heft 4, 65 u. 66 sind noch nicht erschienen.

— z. Kinderforschung u. Heilerziehg. Im Verein m. G Anton, E Martinak u. Chr. Ufer hrsg. v. J Trüper. 4., 65—85., 87—89., 91—99. u. 101—106. Heft. gr8° Langens., H Beyer & S. (soweit erschienen: 70.95)
Heft 86, 90 u. 100 sind noch nicht erschienen.
Anton, G: Üb. d. Formen d. krankhaften moral. Abartg. Vortr. (18) '12 [99] — 30
Bernhard, L: Zur Kenntn d. Ernährgsverhältn. Berliner Gemeindeschüler. (28) '10 [71] — 45
Birkigt, O: Straffäll. Schulknaben in intellektueller, moral. u. soz. Beziehg. (42) '10 [66] — 65
Breitbart-Schuchmann, Eugenie: Die Behandlg d. jugendl. Rechtsbrecher im russ. Straf- u. Strafprozessrecht im Vergleich m. derjenigen, nach d. neuen Gesetzen v. Norwegen u. Schweden. (6, 112) '12 [78] 1.80
Cohn, Mich.: Kinderprügel u. Masochismus. (20) '11 [95] — 30
Damrow, M: Verfassg u. Erziehgsplan d. Kindergartens. (4, 72) '12 [83] 1.60
Delitsch, Joh.: Soz. Fürsorge f. die a. d. Hilfsschule Entlassenen. (20) '12 [102] — 35
— Ursachen d. Verwahrlosg Jugendlicher. (35) '10 [75] — 60
Ferrière, Adolphe: Biogenetik u. Arbeitsschule. Progr. z. Ausgestaltg d. Volkssch. (72) '12 [101] 1.60
Flügel, O: Ziehen u. d. Metaphysik. (19) '12 [103] — 35
Hermann: Grundfragen f. d. Verständn. krankhafter Seelenzustände (psychopath. Minderwertigkeiten) b. Kinde in 30 Vorlesgn. 2. Afl. (14, 180 m. 5 [4 farb.] Taf.) '11 [67] 3 —
Hoffa, A: Die medizin.-pädagog. Behandlg gelähmter Kinder. (16 m. 1 farb. Taf.) '01 [4] — 40
Ischikawa, T: Beobachtgn üb. d. geist. Entwicklg e. Kindes in s. 1. Lebensjahre. (53) '10 [76] — 90
Kirmsse, Max: Weise's Betrachtg üb. geistesschwache Kinder. Mit Anh.: Zur Gesch. d. erziehl. Behandlg Schwachsinniger. (9, 97 m. Abb.) '11 [97] 1.50
König, Karl: Die Waldschule. (7, 124) '12 [89] 2.20
Kuhn-Kelly: Lüge u. Ohrfeige. Studie auf d. Gebiete d. psycholog. Kinderforschg u. d. Heilpädagogik. (23) '10 [68] — 40
Kunzfeld, Alois: Üb. d. gegenwärt. Stand d. Kunsterziehgsfrage. Vortr. (34 m. Abb. u. 1 Doppeltaf.) '10 [65] — 75
Lambeck, R: Die staatsbürgerl. Erziehg im Lehrpl. d. Volkssch. (8, 55) '11 [81] 1 —
Lehm, Kurt: Üb. Lernweisen u. Lernzeiten bei schwachsinn. u. schwerschwachsinn. Kindern. (36 m. Abb.) '13 [106] — 70
Lobsien, Marx: Üb. d. Einfluss d. Antikenotoxin auf d. Hauptkomponente d. Arbeitskurve. Einige experimentelle Beobachtgn. (28) '12 [96] — 45
Mentzel, E: Die Pflanzenkenntnis bei d. Kindern uns. Elementarkl. Zugl. e. Beitrag z. Methodik d. Analyse d. kindl. Vorstellgskreises. (35 m. 4 Taf.) '11 [85] — 65
Mönkemöller: Die Psychopathologie d. Pubertätszeit. Vortr. (29) '12 [104] — 50
Moses, Jul.: Die soz. u. psycholog. Probleme d. jugendl. Verwahrlosg. (32) '10 [73] — 50
Motora, Y: Ein Experiment z. Einübg v. Aufmerksamk. (16 m. Fig.) '11 [77] — 30
Neter, Eug.: Der Selbstmord im kindl. u. jugendl. Alter. (22) '10 [70] — 40
Roeder, H: Einfluss v. Gebirgswandergn auf d. körperl. Entwicklg uns. Volksschuljugend. (17) '10 [72] — 30
Rössel, Fr.: Richtlinien f. d. Stoffauswahl im Unterr. schwachsinn. Kinder. (20) '11 [87] — 30
Schauer, Rich.: Beobachtgn üb. d. typ. Einwirkgn d. Alkoholismus auf uns. Schüler. (27) '12 [98] — 45
— Erholgsheime f. schulpflicht. Kinder d. Grossstadt. (0, 90) '11 [88] 1.60
Schmid, F: Ist d. Entmündigg psychopath. Minderwertiger ratsam, u. wann soll sie eingeleitet werden? (18) '12 [105] — 35
— u. Joh. Delitsch: Das Jugendgericht in Plauen i. Vgtl. (45) '11 [91] — 50
Schmidt, Hugo: Die Sinneswahrnehmgn d. Kinder. (33) '10 [69] — 50
Schmutz, Greg.: Wie weit reicht d. Gedächtn. Erwachsener zurück? (27) '10 [74] — 45
Singer, Ludw.: Gesch. d. österr. Schulreform. Vortr. (26) '11 [94] — 40
Trüper, J: Personalienb. 2. Afl. (20, 31) '11 [84] — 80
— Zeitfragen. 1. Kann d. Schule e. Staat sein? 2. Die freie Wissensch. 3. Gegen d. Pfäffische in Wissensch. u. Leben. 4. Das Anstaltspersonal an d. in Preussen vorhand. Fürsorge-Erziehgsanst. (32) '11 [80] — 50
Warburg, F: Üb. d. angeborene Wortblindh. u. d. Bedeutg ihrer Kenntn. f. d. Unterricht. Vortr. (21) '11 [79] — 40
Weiss, Rud.: Lehrpläne f. d. Unterr. in d. Hilfssch. nebst method. Anweisg. (7, 135 u. 16 S. Abb.) '11 [82] 2.70
Wilker, Karl: Jugenderziehg, Jugendkde u. Universität. Eine nationale Frage. (62) '11 [93] 1 —
Ziemke, Ernst: Die Beurteilg jugendl. Schwachsinniger vor Gericht. Vortr. (24) '11 [92] 35

— zur Kinderheilkunde aus dem I. öffentlichen Kinderkrankeninstitute in Wien. Hrsg. v. M. Kassowitz. 1. Hft. gr. 8. (IV, 160 S.) Wien 890. Perles. n. 3. —

— dasselbe. 2. Hft. gr. 8. Ebd. 890. n. 6. —
Die Auscultation des kindlichen Herzens. Ein Beitrag zur physikal. Diagnostik der Krankheiten d. Kindesalters. Von Carl Hochsinger. (X, 194 S.)

— zur Kinderheilkunde aus dem I. öffentlichen Kinderkrankeninstitute in Wien. Hrsg. v. Max Kassowitz. 3. Hft. gr. 8. Wien 891. M. Perles. n. 7. —
(1—3.: n. 16. —)
Klinische Studie üb. die halbseitige Cerebrallähmung der Kinder v. Sigm. Freud u. Osc. Rie. (221 S. m. 7 Tab.)

— dasselbe. Hrsg. v. Max Kassowitz. Neue Folge. I—IV. gr. 8. Wien, F. Deuticke. n. 20. —
I. Vorlesungen üb. Kinderkrankheiten im Alter der Zahnung. Von Max Kassowitz. (IX, 297 S.) 892. n. 7. —
II. Hämatologische Studien v. Aug. Hock u. Herm. Schlesinger. — Über das Verhalten d. Indicans bei der Tuberculose d. Kindesalters. Von Max Kahane. (104 S.) 892. n. 3. —
III. Zur Kenntniss der cerebralen Diplegien d. Kindesalters (im Anschluss an die Little'sche Krankheit) v. Sigm. Freud. (V, 168 S. m. 2 Tab.) 893. n. 6. —
IV. (V, 111 S.) 893. n. 4. —

— z. Kinderheilkunde a. d. I. öffentl. Kinder-Kranken-institute i. Wien. Hrsg. v. Max Kassowitz. N. F. V. gr. 8. Wien 898. F. Deuticke. n. 12. —
(I—V.: n. 32. —)
Studien üb. d. hereditäre Syphilis. Von Carl Hochsinger. 1. Thl. M. 4 chromolith. Taf. u. 9 i. d. Text gedr. Abb. (XI, 440 S.)

— zu veränderten Kirchengesängen, (v. W. Lau). 8. Königsb. 780.

Beiträge zur bayerischen Kirchengeschichte, hrsg. v. Thdr. Kolde. 1. Bd. Oktbr. 1894 — Septbr. 1895. 6 Hfte. (à ca. 3 Bog.) gr. 8. Erlangen 894. F. Junge. n. 4. —

— z. bayerischen Kirchengeschichte, hrsg. v. Thdr. Kolde. 2.—4. Bd. à 6 Hfte. (à 3 Bog.) gr. 8. Erlangen 895—898. F. Junge. à n. 4. —

— zur bayerischen Kirchengeschichte, hrsg. v. Thdr. Kolde. 5.—7. Bd. à 6 Hfte. gr. 8. (IV, 292; IV, 288 u. IV, 288 S.) Erlangen 898—900. F. Junge. à Bd. n. 4. —; erm. Preis à n. 3. —

— dasselbe. 8. u. 9. Bd. à 6 Hfte. gr. 8. (8. Bd. IV, 288 S.) Ebd. 901. 902. à Bd. n. 4. —

Beiträge zur bayerischen Kirchengeschichte, hrsg. v. Thdr. Kolde. 10. Bd. 6 Hefte. (IV, 300 S.) gr. 8. Erlangen 903. F. Junge. n. 4. —; erm. Pr. n. 3.25
Der Gesamtpreis d. Bände 1—10 ist auf n. 30. — ermässigt. Einzelpreis dieser Bände jetzt n. 3.25.

— dasselbe. 11.—13. Bd. à 6 Hefte. (11. u. 12. Bd. à IV, 288 S.) gr. 8. Ebd. 904—906. à Bd. n. 4. —
zur hessischen Kirchengeschichte, red. v. Wilh. Diehl u.

— zur bayerischen Kirchengeschichte, hrsg. v. Thdr. Kolde. 14.—17. Bd. à 6 Hefte. (14.—16. Bd.: IV, 308; II, 296 u. IV, 288 S.) gr. 8. Erlangen 907—10. F. Junge. à Bd. 4. —

— z. bayerischen Kirchengesch., hrsg. v. Thdr Kolde. 17—19. Bd je 6 Hefte. (4, 288; 4, 292; 4, 296) gr8° Erl., F Junge '10—12. je 4 —; einz. Hefte — 80
(Bd 1—16 je 3.25; 1—10 zusammenbez. 30 —)

Beiträge zur dissidentischen Kirchengeschichte... Bresl. 1788. V: *Lauterbach, Samuel Abraham.* (Ky) (ML)

— zur dissident. Kirchengeschichte u. Kenntniß v. Großpolen. 4. Bresl. 789. J. F. Korn. 8 gr

— zur Kirchengeschichte des Elsasses vom 16—18. Jahrh. Vierteljahrsschrift, im Dienste der evang. luth. Kirche red. u. hrsg. v. Wilh. Horning. 1. u. 2. Jahrg. 1881 u. 1882. à 4 Hfte. gr. 8. (à Hft. 40 S.) Straßburg, Bomhoff in Comm. à Jahrg. n. 3. —

— zur Kirchengeschichte d. Elsasses vom 16—19. Jahrh. Vierteljahrsschrift, im Dienste der evang. luth. Kirche red. u. hrsg. v. Wilh. Horning. 3—5. Jahrg. à 4 Hfte. gr. 8. (à Hft. ca. 40 S.) Straßburg 883—85. (Bomhoff.) à Jahrg. n. 3. —

— dasselbe. 6. Jahrg. 1886. 4 Nrn. (B.) gr. 8. Ebend. n. 1. —

— zur Kirchengeschichte d. Elsasses vom 16.—19. Jahrh. [Beiblatt zum „Monatsblatt f. Christen Augsb. Conf."] Hrsg. v. W. Horning. 7. Jahrg. 1887. 12 Nrn. (B.) gr. 8. Straßburg 887. (Bomhoff.) n. 1. —

—— zur Kirchengeschichte des Elsasses v. 16.—19. Jahrh. [Beiblatt zum „Monatsblatt f. Christen Augsburger Confession".] 8. Jahrg. 1892. 12 Nrn. (Bog.) gr. 8. Straßb. i. E., (Bomhoff). * 1 —
1888—91 nicht erschienen.

— zur Kirchen-, Gelehrten- u. Ländergeschichte d. Oberlausitz. 2 Stcke. 8. Bautzen 772, 73. Deinzer. 4 ℛ

— zur Kirchengeschichte v. Hamburg. gr. 8. Hamb. 782. (Brummer in Kopenh.) 4 ℛ

— z. hess. Kirchengesch., red. v. Wilh. Diehl, Walt. Köhler u. Fritz Herrmann, s.a. Archiv f. hess. Gesch. u. Altertumskde.

BEITRÄGE ZUR HESSISCHEN KIRCHENGESCHICHTE, redigiert von WILHELM DIEHL (und) WALTER KÖHLER.
Ergänzungsbd. I zum Archiv für Hessische Geschichte und Altertumskunde. — Neue Folge. Herausgegeben von EDUARD ANTHES. Darmstadt 1903. Im Selbstverlag des Historischen Vereins für das Großherzogtum Hessen. (In Kommission der Verlagsbuchhandlung von A. Bergstraesser.) 8°. —
II. zum Archiv . . . ib. 1905. —
III. zum Archiv . . . ib. 1908. —
IV. zum Archiv für Hessische Geschichte und Altertumskunde. — Neue Folge. Herausgegeben von dem Vereinssekretär. ib. 1911. —

Beiträge zur Kirchengeschichte des 19. Jahrhunderts in Deutschland oder über die neuesten kirchlichen Verhältnisse daselbst. Augsburg 1835. V: *Claessen, J. M.* (StBKöln I, 130)

Beiträge zur Kirchengeschichte des neunzehnten Jahrhunderts in Deutschland oder über die neuesten kirchlichen Verhältnisse daselbst. [Hrsg.: Andreas Räß u. Nikolaus Weis.] — Augsburg: Kollmann 1835. X,222 S. 8°
Darin u. a.:
[Claessen, Matthias]: Theologisches Gutachten über d. Sinn d. Apostolischen Breve vom Papst Pius VIII. d. d. 25. März 1830 in Betreff d. gemischten Ehen.
Als Mitarbeiter werden außerdem Anton Josef Binterim u. Franz Schumacher genannt.
1: Sy 8374. 2. 5. 6. 7. 12: H. eccl. 129 w. 15. 21. 24. 25. 27. 39.

— zur Kirchengeschichte, in d. jure pastorali besond. in Dithmarsen, Diffamationshistorie. 4. Altona 760. Iversen. 3 ℛ

Beiträge zur Oberlausitzischen Kirchengeschichte. [Zittau 1791]. V: *Frohberger, C. G.* (MGT)

— zur poln.- weltl. Kirchen- u. Gelehrtengeschichte. 2 Thle. 8. Danzig 764. Meissner. 1 ℛ

BEITRÄGE ZUR SÄCHSISCHEN KIRCHENGESCHICHTE herausgegeben im Auftrage der „Gesellschaft für sächsische Kirchengeschichte" von FRANZ DIBELIUS und GOTTHARD LECHLER.
Heft 1. Leipzig 1882. Johann Ambrosius Barth. 8°.

BEITRÄGE ZUR SÄCHSISCHEN KIRCHENGESCHICHTE herausgegeben im Auftrage der „Gesellschaft für sächsische Kirchengeschichte" von FRANZ DIBELIUS und GOTTHARD LECHLER.:
Heft 2—3. Leipzig. 1883—1885. Johann Ambrosius Barth. 8°.

BEITRÄGE ZUR SÄCHSISCHEN KIRCHENGESCHICHTE,
herausgegeben im Auftrage der „Gesellschaft für sächsische Kirchengeschichte" von FRANZ DIBELIUS und GOTTHARD LECHLER:
Heft 4. Leipzig 1898. Johann Ambrosius Barth. 8°.
herausgegeben im Auftrage der „Gesellschaft für sächsische Kirchengeschichte" von FRANZ DIBELIUS und THEODOR BRIEGER.
Hefte 5—11. (Jahresheft für 1889—1895.) ib. 1890—1896. —
Heft 12. (Jahresheft für 1897.) ib. 1898. —
Heft 13—14. (Jahresheft für 1898—1899.) ib. 1898—1899.
Heft 15. (Jahresheft für 1900 und 1901.) ib. 1901. —
Heft 16—24. (Jahresheft für 1902—1910.) ib. 1903—1911. —
Heft 25. (Jahresheft für 1911) mit Gesamt-Register zu Heft 1—25. ib. 1912. —
Heft 26—28. (Jahresheft für 1912—1914.) ib. 1913—1915. —

— zur Fränk. Kirchenhistorie, in e. Geschichte der Wiedertäufer. (Von G. A. Will.) 8. Nürnb. 770. Bauer. 12 ℛ Erschien 1773 auch u. dem T.: Beiträge z. Gesch. d. Anabaptism. in Deutschland. (Vergl. oben Beitr. z. Gesch. d. Anabaptism.)

— zum Kirchenrecht, s.: Festschrift, Emil Friedberg usw. gewidmet.

Beiträge z. deutsch. Kirchenrecht. 2 St. *Frankf.*, Herrmann. 786. 87. 8. (18 Gr.)

Beiträge zum preussischen und deutschen Kirchenrecht. Paderborn 1854—56. V: *Annegarn, Joseph.* (Rass II, 6)

—— zum preußischen und deutschen Kirchenrechte, mit besond. Rücksicht auf die Verhältnisse des kathol. Kirchen- und Schulwesens seit Emanation der preuß. Verfassungs-Urkunde vom 5. Decbr. 1848 und 31. Jan. 1850. 3. Heft. gr. 8. (IV und 93 S.) Paderborn 856, Schöningh.
1. und 2. Heft. Ebendas. 1854 und 56. 15 Ngr.

Beiträge zum preussischen Kirchenrechte, mit besonderer Rücksicht auf die Verhältnisse des katholischen Kirchen- und Schulwesens . . . Paderborn 1854—56. V: *Aulike, Mathias.* (Kat. d. Bibl. d. dtsch. Reichstages. Berl. 1882.)

—— zum preußischen Kirchenrechte, mit besond. Rücksicht auf die Verhältnisse des kathol. Kirchen- und Schulwesens seit Emanation der Verfassungs-Urkunde vom 5. Decbr. 1848 und 31. Jan. 1850. 1. und 2. Heft. gr. 8. Paderborn, Schöningh. [1. (VII und 71 S.) 854., 2. (VI und 84 S.) 856. à Heft *7½ Ngr.] *

Beiträge zur Kirchenverfassung, Sammelband von 12 Brochüren, betr. die rechte Stellg. der Kirchen in den versch. Kantonen der Schweiz. 1768—1843. 8.

— kirchliche, zum Ausbau der evangelisch-lutherischen Kirche des Herzogth. Oldenburg auf dem Boden ihrer Verfassung. Red.: F. J. Hellwag. 1. Jahrg. Juli—Decbr. 1855. 26 Nrn. (à ½ Bgn.) — 2—4. Jahrg. 1856—58. à 52 Nrn. (à ½ Bgn.) Oldenburg, Schulze. gr. 4. 1. Jahrg. n. 20 ngr; 2—4. Jahrg. à n. 1 ℛ 10 ngr

— kirchliche, zum Ausbau der evangelisch-lutherischen Kirche des Herzogthums Oldenburg auf dem Boden ihrer Verfassung. Red.: F. J. Hellwag. 5. Jahrg. 1859. 52 Nrn. (à ½ Bgn.) Oldenburg, Schulze. gr. 4. n. 1 ℛ 10 ngr

— — Red.: P. Pralle. 6. u. 7. Jahrg. 1860 u. 1861. à 52 Nrn. (à ½ Bgn.) Ebend. gr. 4. Jeder Jahrg. n. 1 ℛ 10 ngr

Beiträge, kirchliche, zum Ausbau der evangelisch-lutherischen Kirche des Herzogthums Oldenburg auf dem Boden ihrer Verfassung. Red.: K. Meinardus u. G. Müller. 8—10. Jahrg. 1861—64. à 52 Nrn. (à ½ Bgn.) Oldenburg, Schulze. gr. 4. Jeder Jahrg. n. 1 ₰ 10 ngr.

Beiträge, kirchliche, zum Ausbau der evangelisch-lutherischen Kirche des Herzogth. Oldenburg auf dem Boden ihrer Verfassung. 11—15. Jahrg. 1865—1869. à 52 Nrn. (à ½ Bgn.). Oldenburg, Schulze. 4. Jeder Jahrg. n. 1 ₰ 10 ngr. 12—14. Jahrg. Redig. von Pastor Müller.

— — für die evangelisch-lutherische Kirche des Herzogth. Oldenburg. Red.: P. Ramsauer. 16. Jahrg. 1870. 52 Nrn. (à ½ Bgn.). Ebend. 4. n. 1 ₰ 10 ngr.

— kirchliche f. die evangelisch-lutherische Kirche d. Herzogth. Oldenburg. Red.: P. Ramsauer. 17—20. Jahrg. 1871—1874. à 52 Nrn. (½ B.) gr. 4. Oldenburg, Schulze. à Jahrg. n. 4. —

— dasselbe. 21. u. 22. Jahrg. 1875 u. 1876. à 26 Nrn. (½ B.) gr. 4. Ebend. à Jahrg. n. 4. —

Beiträge, kirchliche, für die evangelisch-lutherische Kirche d. Herzogth. Oldenburg. Red.: Pet. Ramsauer. 23. Jahrg. 1877. 26. Nrn. (½ B.) gr. 4. Oldenburg, Schulze. n. 4. —

— dasselbe. 24—28. Jahrg. 1878—1882. à 26 Nrn. (½ B.) gr. 4. Ebend. à Jahrg. n. 3. —

— kirchliche, f. die evangelisch-lutherische Kirche d. Herzogth. Oldenburg. Red.: Pet. Ramsauer. 29—32. Jahrg. 1883—1886. à 26 Nrn. (½ B.) gr. 4. Oldenburg, Schulze. à Jahrg. n. 3. —

— kirchliche, f. die evangelisch-lutherische Kirche des Herzogt. Oldenburg. Red.: Pet. Ramsauer. 33.—36. Jahrg. 1887—1890. à 26 Nrn. (½ B.) gr. 4. Oldenburg, Schulze. à Jahrg. n. 3. —

— kirchliche, f. die evangelisch-lutherische Kirche d. Herzogt. Oldenburg. Red.: Pet. Ramsauer. 37. Jahrg. 1891. 26 Nrn. (½ Bog.) gr. 4. Oldenburg, Schulze. n. 3. —

Beiträge, Kleine, . . .
— kl., zur Hannöv. Dramaturgie, (v. A. Chr. Wedekind). 4 Stcke. 8. Hannov. 789. Helwing. 9 gr

Beiträge, Kleine, zu grossen Fragen in Oesterreich. Leipzig 1860. 2. Aufl. Leipzig 1860. V: *Kalchberg, Joseph Freih. von.* (BrVV) (WFM)

Kleine Beitraege zur Geschichte und nähern Kenntniß
— kleine, zu großen Fragen in Oesterreich. 1. u. 2. Aufl. Leipzig 860. Brockhaus. gr. 8. (VII, 96 S.) n. 12 ngr.

Beiträge, Kleine, zur Geschichte u. näheren Kenntnis d. Stadt Altona. Altona 1849. V: *Aspern, Friedrich August von.* (A) (Schr)

— kl., z. Gesch. d. Physiognomik, (v. Fr. W. v. Schütz). 8. . . . 779.

— kleine, zur geschichtl. Kenntniß d. Fürstenthums Lippe, (von C. G. Clostermeier). 4. Lemgo 816. Meyer. 10 gr

Beiträge, Kleine, zur geschichtlichen und natürlichen Kenntniss des Fürstenthums Lippe. Lemgo 1816. V: *Clostermeier, Ch. Gottlieb.* (EngG) (Ky)

— kleine, zur Kenntniß d. Naturgesch. in Schulen ꝛc. 8. Nürnb. 802. Riegel u. W. 4 gr

Beiträge, Kleine, zu der Kulturgeschichte der Teutschen Sprache. Ulm 1804. V: *Veesenmeyer, Georg.* (MGT)

Int. Kunsthist. Kongress. Innsbruck 1902. Kleine Beiträge zur Kunstgeschichte und Heraldik Tirols. — Innsbruck: Wagner in Comm. 1902. 41 S. 4°
1:4° Nr 8520. 14. 300:422.288-C. 302.

— kleine, zur Kunstgeschichte Tirols. [Aus: „Zeitschrift d. Ferdinandeums".] gr. 8. (S. 533—559 m. 3 Taf.) Innsbruck 892. (Wagner.) n. 1. —

— kleine, zur Lösung der religiösen Fragen der Gegenwart. Nr. 1—3. gr. 16. Barmen, (Buchh. der evangel. Gesellschaft. — Klein.) à Nr. 15 Pf.

Inhalt:
Nr. 1. Die alte Pilatusfrage: Von wannen bist du? 1. Aufl. 1869. 30 Pf.; 2.—4. Aufl. (34 S.) 1870. 15 Pf.
" 2. Der alte oder der neue Christus? 3. Aufl. (40 S.) 1870. 15 Pf.
" 3. Christus ist auferstanden! (32 S.) 870. " 15 Pf.

— kleine, zur älteren deutschen Sprache und Literatur, s. Diemer.

Beiträge, kleine, zum Streit über den deutsch-französischen Handelsvertrag. Hrsg. im Auftrage des Comité der Stuttgarter Versammlung vom 3. Jan. 1863. 1. und 2. Heft. gr. 8. Stuttgart 863, Kröner. à Heft 4 Ngr.

Inhalt:
Heft 1. Der handelspolit. Fortschritt im Handelsvertrag und die Schutzzollagitation. (29 S.)
2. Der Vertrag und die Interessen Württembergs. (36 S.)

Kleine Beiträge zum Streit über den deutsch-französischen Handelsvertrag. Hrsg. im Auftr. d. Comité d. Stuttgarter Versammlung vom 3. Jan. 1863. H. 1-3. — Stuttgart: 1863: Mäntler (2.3: Stuttgart: Wiener 1463). 8°
1. Der handelspolitische Fortschritt im Handelsvertrag u. d. Schutzzollagitation.
2. Der Vertrag u. d. Interessen Württembergs.
3. Zur Geschichte u. Krisis d. Zollvereines.
7. 12: Merc. 22eh. 15. 16[∞2]. 17[∞1.2]. 21. 24. 30. 38. 15.

Beiträge, Kleine, zur Testaceotheologie. Frankfurt 1760. [Nürnberg 1760.] V: *Chemnitz, Joh. Hermann* (?). (Richard Härtel-Dresden Antiqu.-Kat. Nr. 61. S. 3.)

Beiträge, Kleine, zur Unterhaltung für Liebhaber von Räthseln und Devisen; ein Wochenblättchen. Magdeburg 1779. H: *Meinecke, Aug. Chph.* (Ky) (MGT)

— kleine, zur Unterhaltung f. Liebhaber v. Räthseln, (v. A. Cph. Meinecke). 2 Bdchn. 8. Magdeb. 780. Scheidhauer. 1 ₰ 12 gr

Beiträge, Kleinere, . . .
— kl., zur deutschen Bühne, von d. neuern französ. entlehnt. 8. Hamb. 802. Nestler. 20 gr

Kleinere Beiträge zur Geschichte von Dozenten der Leipziger Hochschule. Festschrift zum Deutschen Historikertage in Leipzig, Ostern 1894. — Leipzig: Duncker & Humblot 1894. 253 S. 8°
1:P 7575. 2→11. 12: H. misc. 25b. 14→18. 21. 24→30. 38. 300:85.252 B. 302.

— kleinere, zur älteren deutschen Sprache u. Literatur, s.: Diemer, Jos.

— zur Kleinkinderpflege, hrsg. v. Joh. Gehring. 1. bis 4. Heft. 8. Dresden, Bleyl & Kaemmerer. n. 1. 60
1.2. Fingerspiele. Gesammelt u. durch 50 Orig.-Beiträge ergänzt. Von Johanna Herz. (64 S.) (905.) n. — 50
3. Weihnachtsfeiern. Ihre Vorbereitg. u. Ausführg. Gesammelt u. zusammengestellt von Joh. Gehring. (96 S.) 905. n. — 60
4. Feststunden m. unseren Kleinen. Gedichte u. Lieder f. Kleinkinderschulen u. Horte. Im Auftrage des Verbandes der Berufsarbeiterinnen der Inneren Mission (Gruppe Kinderpflege) hrsg. v. Anna Borchers. (64 S.) 905. n. — 60

Beiträge z. Kleinkinderpflege, hrsg. v. Joh. Gehring. 10. u. 11. Heft. 8° Dresd.-Blasew., Bleyl & K. (Pp.) d
Heft 5—9 sind nicht im Handel.
Borchers, Anna: Wegweiser f. d. prakt. Arbeit in Kindergarten u. Kleinkindersch. (80) '12 [11] geb. nn 1.60
Fliedner, Karl: Tante, bitte e. Geschichte! Erzählgn f. kleine u. grosse Kinder. Gesammelt u. bearb. (126) '11 [10] 1.80; geb. n 1.75

— z. Klinik d. Infektionskrankheiten u. z. Immunitätsforschg (m. Ausschluss d. Tuberkulose). Hrsg. v. L Brauer. Red.: Für d. Originale: H Schottmüller (klin. u. bakteriolog. Tl), H Much (Immunitätswissenschaftl. Tl). Für d. Ergebn.: H Lüdke. I. Bd. (1. Heft: 227 m. Fig. u. 15 Taf.) Lex8° Würzbg, C Kabitzsch '12. 20 —

Beiträge zur psychiatrischen Klinik. Hrsg. von Dr. Robert Sommer, Prof., Gießen. Bd 1, H. 1–4. [Mehr nicht erschienen.] Berlin, Wien: Urban & Schwarzenberg 1902–03. (220 S.) 4°(8°) [Umschlagt.] [illegible]

— zur Klinik der Tuberkulose. Unter Mitwirkg. von Arnsperger, Bettmann, Fleiner u. a hrsg. v. Ludolph Brauer. I.—VI. Bd. à 4 Hefte. Lex.-8. Würzburg, A. Stuber's Verl. à Bd. n. 16. —
I. (III, 416 S m. 18 Fig., 4 Karten u. 20 Taf.) 903.
II. (IV, 408 S. m. 6 Abbildgn. u. 5 Taf.) 903.
III. (IV, 426 S. m. 2 Abbildgn. u. 4 Taf.) 904.
IV. (IV, 466 S. m. Kurven u. 2 Taf.) 905. 906.
V. (IV, 514 S. m. Kurven, 2 Abbildgn. u. 1 Doppeltaf.) 906.
VI. (III, 431 S. m. 4 Taf., 8 Abbildgn. u. zahlr. Kurven im Text.) 906.

— dasselbe. I. Suppl.-Bd. Lex.-8. Ebd. 906. Subskr.-Pr. 7. —; Einzelpr. 8. 40
Über die numerischen Verhältnisse der Leukocyten bei der Lungentuberkulose. Mit e. Einleitg. üb. Zählg. d. Leukocyten u. deren Zahl bei Gesunden. Physiologisch-klinische Untersuchungen. Von R. Kjer-Petersen. Mit 19 Taf. (VIII, 217 S.)

— zur Klinik d. Tuberkulose u. spezifischen Tuberkulose-Forschg. Unter Mitwirkg. v. Arnsperger, Aschoff, B. Bandelier u. a. hrsg. v. Ludolph Brauer. VII.—XVI. Bd. Lex. 8. Würzburg, C. Kabitzsch. à Bd. 16. —
7. (IV, 308 S. m. 12 Abb. u. 3 Taf.) 907. — 8. (III, 371 S. m. 4 Abb. u. 5 Taf.) 907. — 9. (IV, 484 S. m. 15 Abb. u. 15 Taf.) 908. — 10. (VI, 390 S. m. 12 Abb. u. 5 Taf.) 908. — 11. (IV, 385 S. m. 10 Abb. u. 8 Taf.) 908. — 12. (IV, 851 S. m. 11 Abb. u. 15 Taf.) 909. — 13. (III, 11, 734 S. m. 2 Abb., 6 Kurven u. 13 Taf.) 909. — 14. (III, 477 S. m. 5 Abb., 4 Kurven u. 17 Taf.) 909. — 15. (III, 482 S. m. 2 Abb. u. 8 Taf.) 910. — 16. (IV, 417 S. m. 8 Abb. u. 17 Taf.) 910.

— dasselbe. II. Suppl.-Bd. Lex. 8. Ebd. Kart., Subskr.-Pr. 30.—; Einzelpr. 40. —
II. Röntgenatlas d. Lungentuberkulose. Von Otto Ziegler u. Paul Krause. (II, 15 S. m. 61 Taf. u. 61 Bl. Erklärgn.) 910.

— z. Klinik d. Tuberkulose u. spezif. Tuberkulose-Forschg. Hrsg. v. Ludolf Brauer. 15—25. Bd. (4, 482; 4, 417; 4, 486; 4, 421; 4, 507; 3, 433; 4, 362; 3, 349; 4, 559; 3, 410; 3, 437 m. Abb. u. 2, 17, 22, 13, 14, 6, 6, 22, 14, 17 u. 6 Taf.) Lex8° Ebd. '10—12. d. Bd 16 —

Beiträge z. Klinik d. Tuberkulose u. spezif. Tuberkulose-Forschg. Hrsg. v. Ludolf Brauer. Autoren- u. Sachreg. zu Bd 1—20, bearb. v. Edg. Ruediger. (93) Lex8° Würzbg, C Kabitzsch '12. 5.50; geb. 6.50

— dass. 3. Suppl.-Bd. Lex8° Ebd. kart. 3 — (1—3: 51.40; Subskr. 40 —)
Verhandlgn d. Vereinigg d. Lungenheilanstaltsärzte auf d. 6. Versammlg zu Düsseldorf '11 unter Red. d. Schriftführers O Pischinger. (7. 81) '12 [3] kart. 3 —

— klinische, zur Gynaekologie. Herausg. von Jul. Wilh. Betschler, Wilh. Alex. Freund u. Max Bernh. Freund. 1. Hft. Mit 1 (lith.) Taf. Breslau 862. Morgenstern. gr. 8. (2 Bl., 275 S.) n. 1 ℛ 15 ngr.

— — 2. Hft. Mit 58 in den Text gedr. Holzschn. u. 2 lith. Taf. Ebend. 864. (VIII, 248 S.) n. 1 ℛ 25 ngr.

— — 3. Hft. Mit 21 Holzschn. (im Text) u. 3 lith. Taf. Ebend. 865. gr. 8. (III, 232 S.) n. 1 ℛ 15 ngr.

Klinisch-experimentelle Beiträge zur inneren Medicin. Festschrift Julius Lazarus ... gewidmet von seiner Schülern ... Hrsg. von Emil Aron u. Paul Jacobsohn. — Berlin: Hirschwald 1899. 198 S. 8°
1: Ic 2625. 3. 7. 11. 12: Path. 106 pef. 15. 26. 30. 302.

—Walt. Köhler, s.: Archiv f. hessische Geschichte u. Altertumskunde.

— zur Kolonialpolitik u. Kolonialwirtschaft. Hrsg. v. der deutschen Kolonialgesellschaft. Schriftleiter: A. Seidel. 1.—4. Jahrg. Juli 1899—Juni 1903. à 20 Hfte. gr. 8. (1.—3. Jahrg. à X, 637 S. m. Abb. u. Karten.) Berlin, W. Süsserott. à Jahrg. n. 10. —; einzelne Hfte n. — 60

— zur Kolonialpolitik u. Kolonialwirtschaft. Hrsg. v. der deutschen Kolonialgesellschaft. Schriftleiter: A. Seidel. 5. Jahrg. Aug.—Dezbr. 1903. 10 Hefte. (à ca. 32 S.) gr. 8. Berlin, W. Süsserott. n. 5. —
Fortsetzung, s.: Zeitschrift f. Kolonialpolitik.

—zum Kopfrechnen für Schüler u. Schulfreunde. gr. 8. Münch. 806. (Landsh., Thomann). 6 ℋ

Beiträge zur Correspondenz der Heiligen und Briefe der Narren samt fünf und vierzig Preisfragen. Leipzig 1788. V: *Güntherode, Carl von.* (Biblport)

— zur Kriegsgeschichte. 1. Hft. gr. 8. Berlin, A. Bath. n. 2. —
Die erste Kavallerie-Division im Kriege 1870/71, m. e. Schlussbetrachtg. üb. die Notwendigkeit, Kavallerie-Divisionen bereits im Frieden aufzustellen. Von Junk. (94 S.) 902.

— zur Kriegsgeschichte. 2. u. 3. Heft. Lex.-8. Berlin, A. Bath. n. 3. 80
2. Die Tätigkeit des Marschalls Mac Mahon vor d. Schlacht v. Wörth. Eine operative Studie. Von G. Schoch. Mit 1 Karte. [Aus: „Jahrb. f. d. deut. Armee u. Marine".] (69 S.) 904. n. 1 80
3. Der deutsche Moselübergang im J. 1870 in französischer Beleuchtung. Von G. Schoch. (102 S.) 906. n. 2.
Hft. 1 Ebd 902. n. 2. —.

— zur Kriegsgeschichte. 4. Heft. gr. 8. Berlin 908. A. Bath. 1, 20
Die strategische Bedeutung der Schlacht bei Dresden. Eine Entgegng. auf die gleichnam. Schrift des Dr. phil. F. Lüdtke. Gleichzeitig e. Beitrag zur Klärg. d. Absichten d. Grossen Hauptquartiers. Von Soldan. Mit 1 Karte. (65 S.)

Beiträge zur Kriegsgeschichte der Feldzüge 1813 und 1814. Von einem Officier der alliirten Armee. 8. Berlin 1813.

Beitraege zur Kriegsgeschichte der Feldzüge 1813 u. 1814. Von einem Offizier der alliierten Armee (L. v. Lützow). Berlin 1815. 294 S.

Beitraege zur Kriegsgeschichte der Feldzüge 1813 u. 1814. Mannheim 1837. 1847. V: *Lützow, von.* (Pr)

— zur Kriegsgeschichte d. Kurfürsten Friedrich Wilhelm in der Lebensbeschreibung D. Freih. v. Sparr ꝛc. (Von A. B. König.) gr. 8. Stend. 793. Franzen u. G. 16 ℋ

— zur Kriegsgeschichte Oestreichs, aus den vergriffenen Jahrgg. 1811 u. 12. der östreichisch militär. Zeitschr. 2 Bde. Mit Plänen. 8. Wien, Heubner. 6 ß

Beiträge zur Kriegsgeschichte Östreichs. — Wien 1820. 577 S. 8° (Oestreichische militärische Zeitschrift. 2. Aufl. d. Jg. 1811 u. 1812. 1.)
7. 8. 21. 24. 25. 26. 300:56 J 54. 302.

Beiträge zur Kriegsgeschichte Oestreichs. Th. 1. 2. Wien 1834: Strauß. 8° (Oestreichische militärische Zeitschrift. Neue Aufl. d. Jg. 1811, 1812 u. 1813. 1.)
1:Hu 2570-1811/13,1. 12:Mil. g. 235-1811/13,1. 16. 24. 300:394.027-B. 302.
15.

Beiträge zur Kriegsheilkunde aus der Hilfstätigkeit der Deutschen Vereine vom Rothen Kreuz, während des Russisch-Japanischen Krieges 1904–05. Hrsg. vom Central-Comité d. Deutschen Vereine vom Rothen Kreuz in Berlin. (Vorr.: B. von dem Knesebeck.) — Leipzig: Engelmann 1908. XXXI, 431 S. 4° 1:4° Kq 9724. 6. 7. 9. 10. 11. 12:4° Chir. 5s. 14. 15. 17. 18. 24. 26. 27. 28. 30. 38. 302.
15.

— zur Kriegskunst, in Fragmenten über verschied. taktische Gegenstände. 5 Hfte. (Von F. S. Seydel.) 8. Königsb. 802—18. Unzer. 2 ß 20 gr

— zur Kriegswissenschaft, von baier. Offizieren; herausg. von v. Xylander u. v. Jh. Chph. v. Aretin. 3 Bde. Mit 4 Steint. gr. 8. Münch., ... Wohlf. Ausg. 823. Finsterlin. 4 ß

— criminalistische. Eine Zeitschrift in zwanglosen Heften. Herausgeg. v. Dr. M. H. Hudtwalker u. Dr. C. Trummer. 1r Bd. 4 Hefte 2r u. 3r Bd. à 2 Hefte. 8. Hamb. 824—27. (Fr. Perthes.)

— criminalistische, vorzugsweise in Mittheilung v. Actenstücken denkwürdiger Strafrechtsfälle. Herausgeg. von Advokat Bopp in Darmstadt. 1. u. 2. Abtheil. gr. 8. Darmstadt 842, Kern. (I. 7/12 ß II. 3/4 ß) 1 1/3 ß

— z. Criminalrecht. gr. 8. Leipz. 806. Joachim. 1 ß

Beiträge zur Augsburgischen Kritik der Kritiker; zu der Augsburgischen Sammlung der Schriften zur Steuer der Wahrheit ... [ca. 1795.] V: *Wölfinger, Alois.* (MGT)

— zur Kritik des Cicero. I. Greiffenberg 860. (Berlin, Calvary & Co.) 4. (26 S.) n. 10 gr

Beiträge zur Kritik der Denkschrift über die Verfassung des Freistaates Hamburg vom 11. Juli 1849. Veröffentlicht vom Vorstande d. patriotischen Vereins. — Hamburg 1849: Stern. 64 S. 8° 18.
15.

Beiträge zur Kritik des Entwurfs eines neuen Gesangbuchs für Schleswig-Holstein. Kiel 1870. V: *Mommsen, Friedrich.* (A)

— zur Kritik des Entwurfs eines Gesangbuchs für Schleswig-Holstein. gr. 8. (III, 142 S.) Kiel 870, Universitäts-Buchh. *

Beiträge zu einer Kritik der neuen, deutsch-katholischen Glaubensbekenntnisse. Von e. Breslauer Bürger. Lfg 1. — Breslau: Trewendt 1845. 31 S. 8°
Als Verfasser wird B. Ernst genannt.
1:24 in Cq 8056. 2.
15.

— zur neuesten deutschen Kritik. gr. 8. Jena 767. Gollner. 5 gr

Beiträge zur Kritik lateinischer Prosaiker. Mittheilungen aus der Berner-Handschrift des Curtius und kritische Bemerkungen. Von Arnold Hug. Beiträge zur Texteskritik des Arnobius. Von Theodor Hug. Beiträge zur Texteskritik des Rhetor Seneca. Von Adolf Kießling. — Basel [usw.]: Georg 1864. 47 S. 8°
1:Wb 9987. 2. 5. 9. 10. 12:Philol. 145 i. 300:84.784-B.
15.

— zur Kritik, der dem Euripides zugeschriebenen Tragödie Rhesos, (von R. Morstadt). gr. 8. Heidelb. 827. Oswald. 9 gr

— zu einer unbefangenen Kritik der jüngst. ungar. Confusion. Von einem Ungar. 8. (104 S.) Wien 849, Gerold. 1/3 ß

— zur Kritik d. schönen Wissenschaften. Eine Quartalschr. (herausg. v. J. J. Mnioch u. Urban). 1r Jahrg. 1s 2s Quart. 8. Berl. u. Libau 786. (Leipz., Rein). 16 gr

— zur Kritik der Zollvereins-Gesetzgebung von einem prakt. Zollbeamten. 8. Grimma 845, Verlags-Compt. n. 1/3 ß

Beiträge, Kritische, z. Alkoholfrage. 1. u. 2. Heft. gr8° Berl., P Parey. 1.80 d
Severinus, H: Was sagt d. Gesch. z. Alkoholabstinenz? (73) '11 [2] 1.20
Wagner: Einige Wahrh. üb. d. Bier. (16) '11 1] —40

Kritische Beiträge zu Storrs Dogmatik. Aus Veranlassung d. von Herrn Dr. Carl Christian Flatt, ... ausgesprochenen Worts gegen die Rüge über die Rede am Grabe Herrn Dr. Storrs &c. sammt einigen verwandten Materien. Frankfurt [usw.] 1806: (Brede in Offenbach). 86 S. 8°
16. 21. 24.
15.

— krit., zu Storrs Dogmatik. gr. 8. Heidelb. 806. Mohr. 8 gr

— kritische, zur Erklärung des Briefes an d. Hebräer, s. Wie.

Beiträge, Kritische, zur Erklärung des Briefes an die Hebräer mit Rücksicht auf den Commentar des H. Tholuck. Leipzig 1840. V: *Fritzsche, Carl Friedrich August.* (ZÜRKL)

— Kritische, z. Förderg zeitgemässer Schulreformen. Hrsg. v. Fel. Heuler, Paul Lang u. Raim. Heuler. 4. Spezialheft d. Sonde. Lex8° Hann., F Kortkamp. d
Das 1—3. Sonderheft sind in d. Jahrgangsheften enthalten.
4. Sprech-Schreib-Lese-Unterr., Der 1. (100) '11. 1.50

Kritische Beiträge zur Frage der Rindviehzucht im Odenwald insbesondere im Hinblick auf die seitherigen Bestrebungen zur Förderung des Odenwälder Rotviehs. Zsgest. vom Landwirtschaftskammer-Ausschuß für Starkenburg. (Darmstadt) 1910. 64 S. 8° (Arbeiten d. Landwirtschaftskammer für d. Großherzogtum Hessen. 4.)
1:Ou 13687/12-4. 2→7. 9. 10. 11. 15. 17. 21. 25. 28 27. 29. 30
15.

Kritische Beiträge zur Geschichte des Krieges im Jahre 1866. 1901 s.a. *Bartels* R[r] v. Bartberg, Eduard.

Beiträge, kritische, zur Geschichte des Krieges im J. 1866 v. ?. gr. 8. (352 S.) Zürich 901. C. Schmidt. n. 4.—

— krit., zur neuesten Gesch. d. Gelehrsamkeit, (herausg. v. J. P. A. Müller). 10 Stücke in 5 Bden. 8. Leipz. 786—91. Hertel. (à Stck 14 gr) 5 ß 20 gr

Critische [Kritische] Beiträge zur Caspars Royko so gernannten Geschichte der großen allgemeinen Kirchenversammlung zu Kostnitz. — Cherson [usw.] 1790. 182 S. 8°
2. 5
15.

Beiträge, Kritische, zur Metaphysik, in einer Prüfung der Stattlerischen Antikantischen. Franckfurt [München] 1795. V: *Muthschelle, Sebastian.* (Jcs) (ADB)

— krit., zur Metaphysik, in e. Prüf. d. Stattler.=Antikant. 8. Frankf. a. M. 795. (Hartknoch in Leipz.) 12 gr

Beiträge kritische, zur Strafrechtsreform. Hrsg. unter Mitwirkg. verschied. Gelehrter v. Birkmeyer u. Nagler. 1.—12. Heft. gr. 8. Leipzig, W. Engelmann. 46. 20
Allfeld, Philipp, der Einfluß der Gesinnung des Verbrechers auf die Bestrafung. (XI, 182 S.) 909. (Hft. 9) 5.—
Beling, Ernst, die Vergeltungsidee u. ihre Bedeutung f. das Strafrecht. (XI, 160 S.) 908. (Hft. 1) 4.—
Birkmeyer, Karl v., Studien zu dem Hauptgrundsatz der modernen Richtung im Strafrecht „Nicht die Tat, sondern der Täter ist zu bestrafen". (VIII, 233 S.) 909. (Hft. 7) 6.—
Gretener, X., die neuen Horizonte im Strafrecht. Darstellung u. Kritik. (VII, 163 S.) 909. (Hft. 10) 4.60
Heilborn, Paul, die kurze Freiheitsstrafe. (VII, 91 S.) 908. (Hft. 3) 3.—
Hoegel, Hugo, die Einteilung der Verbrecher in Klassen. Mit 2 Fig. im Text. (X, 201 S.) 908. (Hft. 2) 5.—
Kohler, Jos., Gedanken üb. die Ziele d. heutigen Strafrechts. (VI, 36 S.) 909. (Hft. 11) 1.
Köhler, Aug., der Vergeltungsgedanke u. s. praktische Bedeutung. (XI, 288 S.) 909. (Hft. 5) 6.—
Leonhard, W., die modernen Strafrechtsideen u. der Strafvollzug. (VIII, 138 S.) 910. (Hft. 12) 4.—
Overbeck, Alfr. Frhr. v., die Erscheinungsformen d. Verbrechens im Lichte d. modernen Strafrechtsschule. Mit besond. Berücksicht. der Versuchslehre. (VII, 60 S.) 909. (Hft. 4) 2.—
Schoetensack, Aug., unbestimmte Verurteilung. (VII, 59 S.) 909. (Hft. 6) 1.60
Wassermann, Rud., Begriff u. Grenzen d. Kriminalstatistik. Einelog. Untersuchg. (XI, 112 S.) 909. (Hft. 8) 4.

— Kritische, z. Strafrechtsreform. Hrsg. v. Birkmeyer u. Nagler. 12—15. Heft. gr8° Lpzg, F Meiner. (1—15: 64.20)
Leonhard, W: Die modernen Strafrechtsideen u. d. Strafvollzug. (8, 138) '10 [12] 4—
Nagler, Johs: Verbrechensprophylaxe u. Strafrecht. (7, 265) '11 [14] 7—
Rohland, W v.: Die soziolog. Strafrechtslehre. Eine Kritik. (7, 136) '11 [13] 4—
Schmidt, Rich.: Die Strafrechtsreform in ihrer staatsrechtl. u. polit. Bedeutg. (9, 220) '12 [15] 7—

Kritische Beiträge zur dritten Unfallversicherungsvorlage. Von M.A. (Hrsg.: Theodor Barth.) — Berlin: Meidinger 1884. 56 S. 8°
Erschien zuerst in: Die Nation. 1. 1883/84.
1: Fe 10673 [u.] 10 in Fe 9601b. 17. 38.

Kritische Beiträge zur herrschenden Wirthschaftspolitik. Von Alexander Meyer [u.a.] (Hrsg.: Theodor Barth.) — Berlin: Hermann 1885. IV,64 S. 8°
Erschien zuerst in: Die Nation. 2. 1884/85.
1: Fe 5351. 5. 7. 8. 10. 12: Cam. 411 p. 28. 30. 38. 302. 15.

— 2. Stereot.-Aufl. Ebd. 1885. IV,64 S. 8° 1: Fe 5351². 15.

— z. Kryptogamenflora d. Schweiz. Auf Initiative d. schweiz. botan. Gesellschaft u. a. Kosten d. Eidgenossenschaft hrsg. v. e. Kommission d. schweiz. naturforsch. Gesellschaft. I. Bd. 1. Hft. gr. 8. Bern 898. K. J. Wyss. n. 3. 60
Entwicklungsgeschichtl. Untersuchgn. üb. Rostpilze. E. Vorarbeit z. monograph. Darstellg. d. schweizer. Uredineen. Von Ed. Fischer. (X, 121 S. m. 16 Abb. u. 2 Taf.) n. 3. 60
18

— zur Kryptogamenflora der Schweiz. (Matériaux pour la flore cryptogamique Suisse.) Auf Initiative der schweiz. botan. Gesellschaft u. auf Kosten der Eidgenossenschaft hrsg. v. e. Kommission der schweiz. naturforsch. Gesellschaft. I. Bd. 2. u 3. Hft. gr. 8. Bern, K. J. Wyss. n. 11. 60
2. Die Farnkräuter der Schweiz. Von H. Christ. Mit 28 Textfig. (189 S.) 900. n. 3. 60
3. Algues vertes de la Suisse. Pleurococcoïdes-Chroolépoïdes. Von R. Chodat. Avec 261 fig. (XIII, 373 S.) 902. n. 8.-
I. Bd. 1. Hft. Ebd. 898. n. 3. 60.

— zur Kryptogamenflora der Schweiz. (Matériaux pour la flore cryptogamique suisse.) Auf Initiative der schweiz. botan. Gesellschaft u. auf Kosten der Eidgenossenschaft hrsg. v. e. Kommission der schweiz. naturforsch. Gesellschaft. II. Bd. 1. u. 2. Heft. Lex.-8. Bern, K. J. Wyss. n. 24. —
1. Le „Boletus subtomentosus" de la région genevoise. Essai de monographie. Par Ch.-Ed. Martin. (IX, 39 S. m. 18 farb. Taf.) 903. n. 8. —
2. Die Uredineen der Schweiz. Mit zahlreich. Textfig. Von der schweizer. naturforsch. Gesellschaft m. dem Schläfli-preis gekrönte Arbeit. Von Ed. Fischer. (XCIV, 591 S.) 904. n. 16. —
Bd. I. Ebd. 898—900. n. 15. 20.

— zur Kryptogamenflora der Schweiz. (Matériaux pour la flore cryptogamique suisse.) Auf Initiative der schweiz. botan. Gesellschaft u. auf Kosten d. Eidgenossenschaft hrsg. v. e. Kommission der schweiz. naturforsch. Gesellschaft. III. Bd. 1. Heft. Lex. 8. Bern, K. J. Wyss. 6. —
Les mucorinées de la Suisse. Par Alfr. Lendner. Avec 59 fig. et 8 planches. (VII, 182 S.) 908.
Bd. I u. II. Ebd. 898—901. 39.20.

Beiträge z. Kryptogamenflora d. Schweiz. Hrsg. v. e. Kommission d. schweiz. naturforsch. Gesellsch. III. Bd, 2. Heft u. IV. Bd, 1. Heft. Lex8° Bern, KJ Wyss. (I—IV, 1: 67.40)
Meister, Fr.: Die Kieselalgen d. Schweiz. (6, 255 m. 48 Taf. u. 48 Bl. Erklärgn.) '12 [IV,1] 16—
Schellenberg, HC: Die Brandpilze d. Schweiz. (46, 180 m. Fig.) '11 [III,2] 6.40

Beiträge zur künstlichen Kultur der vorzüglichsten deutschen Holzarten und zu ihrer Anpflanzung insbesondere; theils aus eigener Erfahrung, theils aus andern vorzüglichen in verschiedenen Provinzen Deutschlands stattfindenden Einrichtungen gesammelt. – Erfurt 1817.

— zur schlesischen Kultur. Veröffentlicht v. den schles. Heimatblättern. 1. Heft. gr. 8. Hirschberg 910. Schles. Druckerei u. Verlagsanstalt. 1. 50
Paul Keller. Von H. H. Borcherdt. (110 S. u. 4 S. Abb.)

— zur neuesten Kulturbeförderung in Bayern. 8. Landsh. 803. Krüll. 3 gr

Beiträge z. Kulturgeschichte. Ergänzungshefte z. Zeitschrift f. Kulturgeschichte. Hrsg. v. Geo. Steinhausen. 1. u. 2. Hft. gr. 8. Weimar, E. Felber. n. 4. 80
I. 1. D. Hallische Studentenaufstand v. J. 1723. Von John Meier. — 2. E. Scherzgedicht a. d. Einweihung der Universität Halle. Von Carl Schüttekopf. (III, 108 S.) 897. n. 2. 80
II. Quellen u. Studien z. Geschichte d. Hexenprozesse. (III, 71 S.) 898. n. 2.—

– zur Kulturgeschichte. Bei Untertitel I, 2. Verfassernamen zu ändern in: Schüddekopf.

— zur Kulturgeschichte. Ergänzungshefte zur Zeitschrift f. Kulturgeschichte. 3. Hft. gr. 8. Berlin, E. Felber. n. 1. 80
Eisenbart im Leben u. im Liede. Von Arth. Kopp. (VII, 66 S.) 900.
Hft. 1 u. 2. Ebd. 897. 898. n. 4. 80.

Beiträge zur Kulturgeschichte von Berlin. Festschrift zur Feier d. 50jährigen Bestehens d. Korporation d. Berliner Buchhändler ⟨1. Nov. 1898⟩. (Hrsg.: Otto Mühlbrecht.) — Berlin: Korporation d. Berliner Buchhändler 1898. 303 S. 8°
Nebent.: Festschrift zur Feier d. 50 jährigen Bestehens d. Korporation d. Berliner Buchhändler.
1: Tc 6595. 3. 5. 7. 10. 11. 12: N. libr. 321. u. 14→18. 24. 30. 38. 300: 100.870-B. 15.

— zur Kulturgeschichte des Mittelalters u. der Renaissance. Hrsg. v. Walt. Goetz. 1.—10. Heft. gr. 8. Leipzig, B. G. Teubner. 41. 40

Drehmann, Johs., Papst Leo IX. u. die Simonie. Ein Beitrag zur Untersuchg. der Vorgesch. des Investiturstreites. (IX, 96 S.) 908. (Heft 2) 3. —
Funk, Philipp, Jakob v. Vitry. Leben u. Werke. (VI, 188 S.) 909. (Heft 3) 5. —
Hefele, H., die Bettelorden u. das religiöse Volksleben Ober- u. Mittelitaliens im XIII. Jahrh. (Diss.) (IV, 140 S.) 910. (Hft. 9) 4. 80
Hertter, Fritz, die Podestàliteratur Italiens im 12. u. 13. Jahrh. (V, 83 S.) 910. (Hft. 7) 2. 40
Hirzel, Osk., Abt Heriger v. Lobbes 990—1007. (Diss.) (VI. 44 S.) 910. (Hft. 8) 1. 80
Joachimsen, Paul, Geschichtsauffassung u. Geschichtschreibung in Deutschland unter dem Einfluss des Humanismus. 1. Tl. (VI, 299 S.) 910. (Hft. 6) 8. —
Merkt, Jos., die Wundmale des hl. Franziskus v. Assisi. (Diss.) (V, 68 S.) 910. (Hft. 5) 2. —
Stockmayer, Gertr., über Naturgefühl in Deutschland im 10. u. 11. Jahrh. (V, 88 S.) 910. (Hft. 4) 2. 40
Zeller, Ulr., Bischof Salomo III. v. Konstanz, Abt v. St. Gallen. (XI, 107 S.) 910. (Hft. 10) 4. —
Zoepf, Ludw., das Heiligen-Leben im 10. Jahrh. (VI, 250 S.) 908. (Hft. 1) 8. —

— z. Kulturgeschichte Neapels; in Erzähll. d. Schicksale d. Erziehungs- u. Bildungsanst. d. G. F. Hoffmann. gr. 8. Aarau 823. Sauerländer. 1 ℛ︀ 20 𝔤𝔤

Beiträge, z. polit., kirchl. u. Kulturgeschichte d. sechs letzten Jahrhunderte. Hrsg. unt. Leitg. v. v. Döllinger. Bd. I - III. Regensburg bis 882.

— zur Culturgeschichte Sachsens. Behörden u. Menschenfreunden zur Nachahmung u. Beherzigung empfohlen. 16 Hft. gr. 8. Leipzig 835. (Schreck.) n. 1/2 ℛ︀

— zur Kultur- u. Universalgeschichte, hrsg. v. Karl Lamprecht. 1.—14. Heft. gr. 8. Leipzig, R. Voigtländer. 81. —

Dittmann, Frdr., der Begriff des Volksgeistes bei Hegel. Zugleich e. Beitrag zur Geschichte des Begriffs der Entwicklg. im 19. Jahrh. (VII, 108 S.) 909. (Hft. 10) 3. 60
Fritzsche, Karl, die Darstellung des Individuums in den „Origines de la France contemporaine" v. Taine. Ein Beitrag zur Technik der histor. Kunst. (XI, 96 S.) 910. (Hft. 13) 3. 20
Heller, Geo., die Weltanschauung A. v. Humboldt's in ihren Beziehungen zu den Ideen des Klassizismus. (VIII, 273 S.) 910. (Hft. 12) 9 —
Hoerschelmann, Wern. v., die Entwicklung der altchinesischen Ornamentik. Mit 32 Taf. (48 S. m. Fig.) 907. (Hft. 4) 5. 40
Krügelin, Paul, Heinr. Leo. I. Tl. Sein Leben u. die Entwickelg. seiner religiös., polit. u. histor. Anschaugn. bis zur Höhe seines Mannesalters (1799—1844). (VIII, 190 S.) 908. (Hft. 7) 6. 20
Leo, Just., die Entwicklung des ältesten japanischen Seelenlebens nach seinen literar. Ausdrucksformen (psychologisch-histor. Untersuchg. der Quellen). (VII, 106 S.) 907. (Hft. 2) 3. 60
Menke-Glückert, E., Goethe als Geschichtsphilosoph u. die geschichtsphilosophische Bewegung seiner Zeit. (V, 140 S.) 907. (Hft. 1) 5. 40
Meyer, Ernst C., Wahlamt u. Vorwahl in den Vereinigten Staaten v. Nord-Amerika. Ein Beitrag z. Verfassungsgeschichte d. Union, insbes. zur Geschichte der jüngsten Verfassungsreformen. (XXX, 210 S. m. Fig., 1 Bildnis u. 1 Tab.) 908. (Hft. 5) 6. —
Meyerholz, Charles, zwei Beiträge zur Verfassungsgeschichte der Vereinigten Staaten. (VII, 246 S.) 908. (Hft. 6) 8. —
Petersen, Pet., der Entwicklungsgedanke in der Philosophie Wundts. Zugleich e. Beitrag zur Methode der Kulturgeschichte. (VIII, 131 S.) 908. (Hft. 9) 4. 40
Poetzsch, Alb., Studien zur frühromantischen Politik u. Geschichtsauffassung. (VIII, 113 S.) 907. (Hft. 3) 3. 60
Rein, Adf., die Teilnahme Sardiniens am Krimkrieg u. die öffentliche Meinung in Italien. (XI, 175 S.) 910. (Hft. 11) 5. 80
Richter, Mart., Kultur u. Reich der Marotse. Eine histor. Studie. (XVI, 196 S. m. 1 Karte.) 908. (Hft. 8) 6. 80
Weber, Frdr., Beiträge zur Charakteristik der älteren Geschichtsschreiber üb. Spanisch-Amerika. Eine biograph.-bibliogr. Skizze. (XII, 338 S.) 911. (Hft. 14) 10. —

— z. Kultur- u. Universalgeschichte, hrsg. v. Karl Lamprecht. 11—22. Heft. gr8° Lpzg, R Voigtländer. (1—22: 140.80)

Brun, Waclaw v.: Die Wirtschaftsorganisation d. Maori auf Neuseeland. (10, 119) '12 [18] 4 —
Danzel, Th. W: Die Anfänge d. Schrift. (10, 219 m. 40 Bildertaf.) '12 [21] 12 —
Freyer, Johs: Gesch. d. Geschichte d. Philos. im 18. Jahrh. (9, 152) '12 [16] 5.40
Fritzsche, Karl: Die Darstellg d. Individuums in d. „Origines de la France contemporaine" v. Taine. Beitrag zur Technik d. histor. Kunst. (11, 96) '10 [13] 3.20
Hegemeister, Walt.: Friedrich Nietzsches Geschichtsauffassg, ihre Entstehg u. ihr Wandel in kulturgeschichtl. Beleuchtg. (8, 48) '12 [19] 1.60
Heller, Geo.: Die Weltanschaug A v. Humboldt's in ihren Beziehgn zu d. Ideen d. Klassizismus. (8, 273) '10 [12] 9 —
Jentzsch, Rud.: Der deutsch-latein. Büchermarkt n. d. Leipziger Ostermess-Katalogen v. 1740, 1770 u. 1800 in s. Gliederg u. Wandlg. (11, 404 m. 3 Taf.) '12 [22] 12 —
Muth, Geo. Frdr.: Stilprinzipien d. primitiven Tierornamentik bei Chinesen u. Germanen. (9, 122 u. 128 m. Abb.) '11 [15] 10 —
Rees, Wilh.: Die Erklärg d. Menschen- u. Bürgerrechte v. 1789. Beiträge zu ihrer Entstehgsgesch. (14, 271) '12 [17] 9 —
Rein, Adf: Die Teilnahme Sardiniens am Krimkrieg u. d. öffentl. Meing in Italien. (11, 175) '10 [11] 5.80
Rothacker, Erich: Üb. d. Möglichk. u. d. Ertrag e. genet. Geschichtsschreibg im Sinne Karl Lamprechts. (8, 163) '12 [20] 5.80
Weber, Frdr.: Beiträge z. Charakteristik d. älteren Geschichtsschreiber üb. Spanisch-Amerika. (12, 338) '11 [14] 10 —

— zur Kunde China's und Ostasiens, in besonderer Beziehung auf die Missionsache. Herausg. von K. L. Biernatzki. 1. Bd. 3 Hefte. Kassel 853. Vollmann. gr. 8. (144 S. u. 4 Holzschn.) Jedes Heft 10 𝔫𝔤𝔯

—— zur Kunde Ehst-, Liv- und Kurlands, hrsg. von der Ehstländ. literar. Gesellschaft. 1. Bd. 4 Hefte. gr. 8. (468 S. mit 1 lithogr. Taf.) Reval 868—73, Kluge's Verlag. à Heft *ℳ 2,25. *

—— dass. — 2. Bd. 4 Hefte. gr. 8. (516 S. mit 2 lithogr. Taf.) Ebendas. 874—78. 1., 3. und 4. Heft à *ℳ 2,25.; 2. Heft *ℳ 3,45. *

—— dass. — 3. Bd. 1. und 2. Heft. gr. 8. Ebendas. [1. Heft. (S. 1—111.) 883. *ℳ 1,60.; 2. Heft. (S. 112—248.) 884. *ℳ 2,50.] *

—— zur Kunde Esth-, Liv- und Kurlands, hrsg. von der Esthländ. Literär. Gesellschaft. 3. Bd. 3. Heft. gr. 8. (S. 249—400.) Reval 886, Kluge's Verlag. *

Beiträge zur Kunde Ehst-, Liv- u. Kurlands, hrsg. v. der Ehstländ. Literär. Gesellschaft. 4. Bd. 1. 2. Hft. gr. 8. (S. 1—217.) Reval 887. 889. Kluge. à n. 2. —

— zur Kunde Ehst-, Liv- u. Kurlands, hrsg. v. der ehstländ. literär. Gesellschaft. 4. Bd. 3. u. 4. (Schluß-) Hft. gr. 8. (IV u. S. 217—476 m. 1 Karte.) Reval 890. 894. F. Kluge. à Hft. n. 2. — (4. Bd. kplt.: n. 8.—)

— z. Kunde Ehst-, Liv- u. Kurlands, hrsg. v. d. ehstländ. literär. Gesellschaft. V. Bd. 1. u. 2. Hft. gr. 8. (230 S.) Reval 896 u. 898. F. Kluge. à n. 2. —

— zur Kunde Ehst-, Liv- u. Kurlands, hrsg. v. der ehstländ. literär. Gesellschaft. V. Bd. 3. Hft. gr. 8. (S. 231—332 m. 3 Taf.) Reval 898. F. Kluge. à n. 2. —

— zur Kunde Ehst-, Liv- u. Kurlands, hrsg. v. der ehstländ. literär. Gesellschaft. V. Bd. Mit 3 Taf. u. e. Beilage: Register zum Urkundenbuch des Werkes „Nachrichten üb. das Geschlecht Ungern-Sternberg". 4. Heft. (IV u. S. 333—441 u. IV, 284 S.) gr. 8. Reval 900. F. Kluge. n. 2. 50 (V. Bd. vollständig: n. 8. 50)

— dasselbe. Hrsg. v. der ehstländ. literär. Gesellschaft. VI. Bd. 1.—3. Hft. gr. 8. (S. 1—355.) Ebd. 902. à n. 2.—

— zur Kunde Ehst-, Liv- u. Kurlands, Fortsetzg., s.: Beiträge zur Kunde Est-, Liv- u. Kurlands.

— zur Kunde Est-, Liv- u. Kurlands, hrsg. v. der estländ. literär. Gesellschaft. VI. Bd. 4. (Schluss-) Heft. (III u. S. 357—506 m. 2 Taf. u. 2 Plänen.) gr. 8. Reval 907. F. Kluge. 2. —

— z. Kde Est-, Liv- u. Kurlands, hrsg. v. d. estländ. lit. Gesellsch. VII. Bd, 4 Hefte. (529 m. 1 Taf.) gr8° Rev., F Kluge '10—12. 6 —

Beiträge z. Kunde u. Fortbildung der Zürcherischen Rechtspflege. Herausgegeben unter Mitwirkung eines Vereines praktischer Rechtsgelehrten von Jos. Schauberg. 1.—7. Bd. à 3 Hefte. gr. 8. Zürich 841—46, Orell, Füßli u. Comp. à Heft n. 2/3 ℛ (Ist eine Fortsetzung d. Monatschronik der zürch. Rechtspflege.)

— zur Kunde u. Fortbildung der Zürcherischen Rechtspflege. Neue Folge der Monatschronik der Zürch. Rechtspflege. Hrsg. unter Mitwirkg. eines Vereins prakt. Rechtsgelehrten v. Jos. Schauberg. 8—15. Bd. à 3 Hfte. gr. 8. Zürich 847—51, Schultheß. à Bd. n. 2 ℛ (1—15. Bd. n. 30 ℛ)

— zur Kunde und Fortbildung der Zürcherischen Rechtspflege. (Neue Folge der Monatschronik der Zürch. Rechtspflege.) Herausg. unter Mitwirkung eines Vereines prakt. Rechtsgelehrten von Jos. Schauberg. 16—19. Bd. à 3 Hefte (à 10 Bgn.). Zürich 853, 54. Schultheß. gr. 8. Jeder Bd. n. 2 ℛ

— zur Kunde und Fortbildung der Zürcherischen Rechtspflege. Herausg. unter Mitwirkung eines Vereines prakt. Rechtsgelehrten von Jos. Schauberg. Alphabetisches Register über Bd. 1—19., bearb. von J. H. Gwalter. Zürich 864. Schultheß. gr. 8. (IV, 477 S.) n. 2 ℛ 6 ngr

— zur Kunde steiermärkischer Geschichtsquellen. Herausg. vom histor. Vereine für Steiermark. 1. Jahrg. Gratz 864. Leuschner & Lubensky in Comm. gr. 8. (119 S.) n. 1 ℛ

— zur Kunde steiermärkischer Geschichtsquellen. Hersg. vom histor. Vereine für Steiermark. 2—6. Jahrg. (à 8—10 Bgn.) Graz 865—69. Leuschner & Lubensky in Comm. Jeder Jahrg. n. 1 ℛ

— zur Kunde steiermärkischer Geschichtsquellen. Hrsg. vom histor. Vereine f. Steiermark. 7—9. Jahrg. gr. 8. (à ca. 200 S.) Graz 871. 72. Leuschner & Lubensky in Comm. à Jahrg. n. 3. —

— zur Kunde steiermärkischer Geschichtsquellen. Hrsg. vom histor. Vereine für Steiermark. 10—14. Jahrg. gr. 8. Graz, Leuschner & Lubensky in Comm. n. 17. —
10. (179 S. m. 1 chromolith. Karte.) 873. n. 5. —. — 11. (162 S.) 874. n. 3. —. — 12. (183 S.) 875. n. 3. — 13. (209 S.) 876. n. 3. —. — 14. (156 S.) 877. n. 3. —

— zur Kunde steiermärkischer Geschichtsquellen. Hrsg. vom histor. Vereine f. Steiermark. 15—21. Jahrg. gr. 8. (à ca. 150 S.) Graz 878—86. (Leuschner & Lubensky.) à n. 3. —

— zur Kunde steiermärkischer Geschichtsquellen. Hrsg. vom histor. Vereine f. Steiermark. 22. Jahrg. gr. 8. (120 S.) Graz 887. (Leuschner & Lubensky.) n. 3. —

— zur Kunde steiermärkischer Geschichtsquellen. Hrsg. vom histor. Vereine f. Steiermark. 23.—26. Jahrg. gr. 8. (120, 243, 135, 153 S.) Graz 891—894. (Leuschner & Lubensky.) à Jahrg. n. 3. —

— zur Kunde steiermärkischer Geschichtsquellen. In Verbindg. m. d. histor. Landes-Commission f. Steiermark hrsg. v. histor. Vereine f. Steiermark. 27. u. 28. Jahrg. gr. 8. (245 u. 244 S.) Graz 1896 u. 97. (Leuschner & Lubensky.) à n. 3. —

— zur Kunde steiermärkischer Geschichtsquellen. In Verbindg. m. der histor. Landes-Commission f. Steiermark hrsg. vom histor. Vereine f. Steiermark. 29.—31. Jahrg. gr. 8. (254, 392 u. 273 S.) Graz 898—901. (Leuschner & Lubensky.) à n. 3. —

— zur Kunde steiermärkischer Geschichtsquellen. In Verbindg. m. der histor. Landes-Commission f. Steiermark hrsg. vom histor. Verein f. Steiermark. 32. Jhrg. (456 S.) gr. 8. Graz 902. (Leuschner & Lubensky.) n. 3. —
Fortsetzg., s.: Beiträge zur Erforschung steir. Geschichte.

— zur Kunde d. öffentl. Lebens in Deutschland, mit vorzügl. Rücksicht auf Baiern. 8. Augsb. 830. v. Jenisch u. St. 12 K

— z. Kunde v. Masuren. Im Namen d. Vereins f. Kunde Masurens hrsg. v. M. Gerss. 1. Jahrg. 1. Bd. gr. 8. (VIII, 52 u. 4 S. m. 1 Bildn.) Lötzen 895. (E. v. Szymanski.) n. 1. —

BEITRÄGE ZUR KUNDE VON MASUREN.
Im Namen des Vereins herausgegeben von M. GERSS in Lötzen.
I. Jahrg. Bd. I. Lötzen. 1895. Verlag des Vereins für Kunde Masurens. 8°.

Beiträge zur Kunde von Masuren, Fortsetzg., s.: Mitteilungen der litterarischen Gesellschaft Masovia.

— zur Kunde Pommerns. Hrsg. v. dem Verein für Pommersche Statistik. 1. Jahrg. [1847.] 2 Hfte. 2. Jahrg. [1848.] 1. Hft. gr. 8. (IV u. 111 S. u. 1 Tab. in 4. — 94 S. — VIII u. 91 S.) Stettin. Berlin, Schneider & Co. in Comm. (à n. 12 ngr) n. 1 ℛ 6 ngr

— zur Kunde Pommerns. Herausg. von dem Verein für pommersche Statistik. 4. Jahrg. 3. Heft. Das Zuchthaus in Naugard. Beschrieben von Th. Schmidt. Stettin 852. (Saunier.) gr. 8. (60 S., 1 Tab. u. 2 lith. Taf. in Fol.) nn. 12½ ngr

— — 6. Jahrg. 1. Heft. Stettin 854. Saunier in Comm. gr. 8. (1 Bl., 67 S.) nn. 15 ngr

— z. Kunde Preußens. (Herausg. v. K. G. Hagen, C. G. Hagen u. C. Gervais.) Mit Kpf. 1r—7r Bd. 6 Hfte. gr. 8. Königsb. 817—27. Universit.-Buchh. (à 3 ℛ) 21 ℛ

Beiträge zur Kunde der teutschen Rechtsalterthümer und Rechtsquellen, enthaltend: Mittheilungen aus Dreyer's und Grupen's handschriftlichem Nachlasse und ungedruckte Rechtsquellen des Mittelalters. Hrsg. von Ernst Spangenberg. — Hannover: Hahn 1824. VI,132 S. 8°
Darin u. a.:
1. Dreyer, Johann Karl Heinrich: Iurisprudentia Germanorum picturata.
2. Grupen, Christian Ulrich: Abhandlungen: 1. Von rennschen Pferden; im Sächsischen Landrechte. 2. Vom klimmenden Vogel, ebendaselbst. 3. Von der Satzung des angeklagten Uebelthäters ... [Teils.]
1: Gl 1810. 2→11. 12: 4° J germ. 161 o. 16. 17. 18. 21. 24. 25. 26. 29. 30. 300: • 44 R 15. 302. 15.

Beiträge zur Kunde der deutschen Rechtsalterthümer u. Rechtsquellen, enthaltend: Mittheilungen aus Dreyer's u. Grupen's handschriftl. Nachlasse und ungedruckte Rechtsquellen des Mittelalters. Hrsg. von E. Spangenberg. Mit 1 Kpf. u. 5 Steintaf. *Hannover*, Hahn. 825. 4. (1 Thl. 12 Gr.)

Beiträge z. Kunde d. deutschen Rechtsalterthümer u. Rechtsquellen, enth.: Mittheilungen v. Dreyer's u. Grupen's handschriftl. Nachlasse u. ungedruckt. Rechtsquellen d. Mittelalters. Herausgeg. v. Ed. Spangenberg. Mit 1 Kupfer u. 5 Steintafeln. *Hannov.*, Hahn. 855. 4. (1 Thl. 12 Gr.)

— zur Kunde der indogermanischen Sprachen hrsg. v. Adb. Bezzenberger. 1. Bd. 1. Hft. gr. 8. (80 S.) Göttingen 876. Peppmüller. n. 2. 50

— zur Kunde der indogermanischen Sprachen, hrsg. v. Adb. Bezzenberger. 1. Bd. 2—4. Hft. gr. 8. (2. Hft. S. 81—176.) Göttingen 877. Peppmüller. n. 7. 50

— dasselbe. 2. u. 3. Bd. à 4 Hfte. gr. 8. (à Hft. ca. 96 S.) Ebend. 878. à Bd. n. 10. —

— dasselbe. 4. Bd. gr. 8. Ebend. 878. n. 10. —
Festschrift, zur Feier seines 50jährigen Doctorjubiläums am 24. October 1878 Thdr. Benfey gewidmet von Leo Meyer, Thdr. Nöldeke, Geo. Bühler, Aug. Fick, Jos. Budenz, Jac. Wackernagel, Adb. Bezzenberger, Thdr. Zachariae. (V, 388 S.)

— dasselbe. 5—7. Bd. gr. 8. (à Hft. 104 S.) Ebend. 879—81. à Bd. n. 10. —

— zur Kunde der indogermanischen Sprachen, hrsg. v. Adb. Bezzenberger. 8—11. Bd. à 4 Hfte. gr. 8. (à Hft. ca. 100 S.) Göttingen 883—86. Peppmüller. à Bd. n. 10. —

— dasselbe. Suppl.-Bd. gr. 8. Ebend. 883. Subscr.-Pr. n. 10. —; Einzelpr. n. 12. —
Die homerische Odyssee, in der ursprünglichen Sprachform wiederhergestellt v. Aug. Fick. (330 S.)

— zur kunde der indogermanischen sprachen, hrsg. v. Adb. Bezzenberger. 12.—16. Bd. à 4 Hfte. gr. 8. (à Hft. ca. 90 S.) Göttingen 887—890. Vandenhoeck & Ruprecht's Verl. à Bd. n. 10. —

— zur kunde der indogermanischen sprachen, hrsg. v. Adb. Bezzenberger u. W. Prellwitz. 17.—20. bd. à 4 hfte. gr. 8. (à Hft. ca. 90 S.) Göttingen 891—94. Vandenhoeck & Ruprecht. à Bd. n. 10. —

— zur kunde d. indogermanischen sprachen, hrsg. v. Adb. Bezzenberger u. W. Prellwitz. 21.—24. Bd. à 4 Hfte. gr. 8. (IV, 347; IV, 318; IV, 338 u. IV, 340 S.) Göttingen 895—898. Vandenhoeck & Ruprecht. à Bd. n. 10. —

— zur kunde der indogermanischen sprachen, hrsg. v. Ad. Bezzenberger u. W. Prellwitz. 25.—27. bd. à 4 hfte. gr. 8. (IV, 328; IV, 340 u. IV, 321 S.) Göttingen 899—902. Vandenhoeck & Ruprecht. à Bd. n. 10. —

— zur kunde der indogermanischen sprachen, hrsg. v. Ad. Bezzenberger u. W. Prellwitz. 28.—30. bd. à 4 hefte. (III, 336; IV, 340 u. IV, 340 S.) gr. 8. Göttingen 903—905. Vandenhoeck & Ruprecht. à Bd. n. 10. —

— zur kunde der indogermanischen sprachen, hrsg. v. Ad. Bezzenberger u. W. Prellwitz. Bd. 1—30.) Gesamtregister. Bearb. v. Rhold. Trautmann. (424 S.) gr. 8. Göttingen 907. Vandenhoeck & Ruprecht. 25. —
Fortsetzg., s.: Zeitschrift f. vergleich. Sprachforschung.

— f. d. Kunde d. Preuß. Staats, (v. . . . Cunov). gr. 8. Stend. 799. Franzen u. Gr. 12 gGr.

Beiträge zur Kunde von Südamerika, von J. E. Wappäus. Leipzig 1848.
V: *Sarmiento, Domingo F.* (EngG)

— für Kunst u. Alterthum im Ober-Donau-Kreis. Eine Zugabe z. Kreis-Intelligenz-Blatt vom J. 1830. Redig. u. mit eigenen Beitrr. ꝛc. ausgestattet v. v. Raiser. 4. Augsb. 830. (Kranzfelder). 15 gGr. Auszüge aus d. eingesendeten Beitrr. zur Beschr. u. Erhaltung d. artistischen u. histor. Denkwürdigkeiten d. Ober-Donau-Kreises von v. Raiser. Eine Zugabe zum Kreis-Intell.-Bl. ꝛc. gr. 4. Ebd. 829. 15 gGr.

—— für Kunst u. Alterthum im Ober-Donau-Kreis. Eine Zugabe zum Kreis-Intellig.-Blatt v. J. 1830. Redig. u. mit eigenen Beiträgen u. Monographien ausgestattet v. Ritter v. Raiser. 4. (8 B.) Augsburg 830. (Leipzig, Weigel.)

Beiträge für Kunst und Alterthum im Oberdonau-Kreis. Redigirt und mit eigenen Beiträgen . . . ausgestattet von . . . v. Raiser, Eine Zugabe zum Kreis-Intelligenz-Blatt v. Jahre 1830. 1831. 1832. 1833.) ib. (1830) - 1834. Gedr. in der Rösl'schen Buchdr., sp. in der Lauter'schen Buchdr. 4°

— zur Kunstgeschichte. Red. v. Herm. Lücke. I—VI. gr. 8. Leipzig 880—82. Seemann. n. 15. —
I. Die Legende vom Leben der Jungfrau Maria u. ihre Darstellung in der bildenden Kunst d. Mittelalters. Von Alwin Schultz. (80 S.) n. 3. —
II. Beiträge zur Geschichte der Malerei in Leipzig vom 15. bis zum 17. Jahrh. v. Gust. Wustmann. Mit 1 (eingedr.) Holzschn. (70 S.) n. 2. —
III. Das Motiv des aufgestützten Fusses in der antiken Kunst u. dessen statuarische Verwendung durch Lysippos. Von Konr. Lange. Mit e. Taf. (64 S.)
IV. Anton Graff. Ein Beitrag zur Kunstgeschichte d. 18. Jahrh. v. Rich. Muther. (128 S. m. Portr. in Lichtdr.) n. 3. —
V. Ueber den Ursprung u. die Bedeutung der Doppelchöre. Eine Studie aus der Baugeschichte d. Mittelalters v. Heinr. Holtzinger. (30 S.) n. 1. —
VI. Das venezianische Skizzenbuch u. seine Beziehungen zur umbrischen Malerschule v. Rob. Kahl. Mit 23 (eingedr. Holzschn. u. phototyp.) Illustr. (VII, 128 S.) n. 4. —

— zur Kunstgeschichte. 7. u. 8. Hft. gr. 8. Leipzig, Seemann. n. 4. 60 (1—8.: n. 19. 60)
7. Neues üb. die Venus v. Milo. Von Veit Valentin. (V, 50 S.) 883. n. 1. 60
8. Das jüngste Gericht in der bildenden Kunst d. frühen Mittelalters. Eine kunstgeschichtl. Untersuchg. v. Geo. Voss. Mit 2 Taf. in Lichtdr. u. Holzschn. im Text. (V, 90 S.) 884. n. 3. —

— dasselbe. Neue Folge I—III. gr. 8. Leipzig, Seemann. n. 12. —
I. Barock u. Rococo. Studien zur Baugeschichte d. 18. Jahrh. m. besond. Bezug auf Dresden v. Paul Schumann. Mit 11 Abbildgn. im Text. (VII, 133 S.) 885. n. 4. —
II. Peter Candid, sein Leben u. seine Werke, dargestellt v. Paul Johs. Rée. (267 S.) 885. n. 6. —
III. Die Familie Preisler u. Markus Tuscher. Ein Beitrag zur Geschichte der Kunst im 17. u. 18. Jahrh. v. Frz. Frdr. Leitschuh. (VIII, 85 S.) 886. n. 2. —

— zur Kunstgeschichte. Neue Folge IV—XI. gr. 8. Leipzig, E. A. Seemann. n. 22. — (I—XI.: n. 34. —)
IV. Die Landschaft in der deutschen Kunst bis zum Tode Albrecht Dürer's. Von L. Kaemmerer. (VIII, 107 S.) 886. n. 2. —
V. Die Darstellung der Apostel in der altchristlichen Kunst. Eine ikonograph. Studie v. J. Ficker. (VII, 156 S.) 887. n. 3. —
VI. Über das Leben u. die Werke d. Antonio Averlino genannt Filarete. Eine Studie v. W. v. Oettingen. (VII, 68 S.) 888. n. 2. —
VII. Die Strassburger Bücher-Illustration im XV. u. i. Anfange d. XVI. Jahrh. Von P. Kristeller. Mit 39 Illustr. (172 S.) 888. n. 6. —
VIII. Studien üb. Jan van Scorel, den Meister v. Tode Mariä, v. H. Toman. Mit 6 Taf. (52 S.) 889. n. 2. —
IX. Der Mitralis d. Sicardus nach seiner Bedeutung f. d. Ikonographie d. Mittelalters v. P. G. Ficker. (VII, 78 S.) 889. n. 2. —
X. Beiträge zur Geschichte der dekorativen Skulptur in den Niederlanden während der 1. Hälfte d. XVI. Jahrh. Von R. Graul. (55 S.) 889. n. 2. —
XI. Die Renaissancebauten Bremens im Zusammenhange mit der Renaissance in Nordwestdeutschland v. G. Pauli. (VII, 120 S. m. Illustr. u. Anmerkgn.) n. 3. —

— zur Kunstgeschichte. Neue Folge XII—XXI. gr. 8. Leipzig, E. A. Seemann. n. 44. —
XII. Hans Suess v. Kulmbach u. seine Werke. Ein Beitrag zur Geschichte der Schule Dürers v. Karl Koelitz. (VI, 80 S.) 891. n. 3. —
XIII. Albrecht Altdorfer, der Maler v. Regensburg, v. Max Friedländer. Mit 3 Abbildgn. (VIII, 175 S.) 891. n. 5. —
XIV. Bartholomaeus Bruyn u. seine Schule. Eine kunsthistor. Studie v. Ed. Firmenich-Richartz. Mit 7 Abbildgn. im Text u. 5 Lichtdr.-Taf. (VII, 147 S.) 891. n. 5. —
XV. Die altkorinthische Thonindustrie v. E. Wilisch. (VIII, 176 S. m. 8 Taf.) 892. n. 6. —
XVI. Hans Leonhard Schaeufileins malerische Thätigkeit v. Ulr. Thieme. Mit 1 Autotypie u. 12 Abbildgn. in Lichtdr. (III, 192 S.) 892. n. 6. —
XVII. Die Darstellung d. Auges in der antiken Plastik. Von Hugo Magnus. Mit 10 Fig. (auf 5 Taf.). (VIII, 96 S.) 892. n. 4. —
XVIII. Zur Entwickelungsgeschichte der Landschaftsmalerei bei den Niederländern u. Deutschen im XVI. Jahrh. v. Rhold. Frhr. v. Lichtenberg. Mit Abbildgn. (im Text u. auf 8 Taf.). (VIII, 132 S.) 892. n. 4. —
XIX. Die Tituli u. die kirchliche Wandmalerei im Abendlande vom 5. bis zum 11. Jahrh. v. E. Steinmann. (142 S.) 892. n. 4. —
XX. Die Landschaft in der venezianischen Malerei bis zum Tode Tizians v. Ernst Zimmermann. (VIII, 211 S.) 893. n. 5. —
XXI. Wendel Dieterlin, Maler v. Strassburg. Ein Beitrag zur Geschichte der deutschen Kunst in der 2. Hälfte d. 16. Jahrh. v. Karl Ohnesorge. (VIII, 68 S. m. 1 Abbildg.) 893. n. 2. —

— z. Kunstgeschichte. N. F. XXII—XXIV. gr. 8. Leipzig, E. A. Seemann. n. 13. —
XXII. D. gotische Steinmetzzeichen. Von W. Clem. Pfau. (76 S. m. 2 Taf.) 895. n. 2. 50
XXIII. Peter Vischer d. Jüng. E. Beitrag z. Geschichte d. Erzgiesserfamilie Vischer von Geo. Seeger. (VII, 168 S. m. 27 Abb.) 897. n. 4. 50
XXIV. D. Handwerk d. Goldschmiede zu Augsburg b. z. J. 1681. Von Aug. Weiss. (VIII, 359 S.) 897. n. 6. —

— zur Kunstgeschichte. Neue Folge. XXV—XXVIII. gr. 8. Leipzig, E. A. Seemann. n. 20. —
XXV. Adriaen de Vries. Von Conr. Buchwald. Mit 8 Taf. (VII, 119 S.) 899. n. 4. —
XXVI. Simone Martini. Ein Beitrag zur Geschichte der sienes. Malerei im XIV. Jahrh. Von Agnes Gosche. Mit 8 Taf. (III, 141 S.) 899. n. 4. —
XXVII. „Tyrrhenische" Amphoren. Eine Studie zur Geschichte der altatt. Vasenmalerei. Von Herm. Thiersch. (VII, 161 S. m. Abbildgn. u. 6 Taf.) 899. n. 6. —
XXVIII. Lukas Cranach der Ältere. Untersuchung üb. die stilist. Entwickelg. seiner Kunst. Von Hedw. Michaelson. Mit 33 Abbildgn. (VIII, 140 S.) 902. n. 6. —
N. F. I—XXIV. Ebd. 885—897. n. 91. —.

— zur Kunstgeschichte. Neue Folge. XXIX—XXXIV. gr. 8. Leipzig, E. A. Seemann. n. 17. 50
XXIX. San Petronio in Bologna. Beiträge zur Baugeschichte. Von Ludw. Weber. (VIII, 96 S. m. 4 Taf.) 904. n. 3. —
XXX. Dürers Dresdener Altar. Von Ludw. Justi. Mit 7 Abb. (41 S.) 904. n. 1. 50
XXXI. Der Leichenwagen Alexanders des Grossen. Von Kurt F. Müller. Mit 1 Taf. u. 8 Abbildgn. im Text. (VIII, 75 S.) 905. n. 2. 50
XXXII. Erfurter Steinplastik des 14. u. 15. Jahrh. Von Paul Greinert. Mit 26 Abbildgn. nach photograph. Aufnahmen. (VIII, 72 S.) 905. n. 2. 50
XXXIII. Die Hydria. Ein Beitrag zur griech. Vasenkunde. Von Elvira Fölzer. Mit 10 Taf. (VIII, 120 S.) 906. n. 4. —
XXXIV. Gattamelata (Erasmo da Narni) u. Colleoni u. ihre Beziehungen zur Kunst. Eine kultur- u. kunstgeschichtliche Studie. (Padua-Bergamo-Venedig.) Von G. v. Graevenitz. Mit 18 Illustr. (143 S.) 906. n. 4. —
N. F. I—XXVIII. Ebd. 885—902. n. 111. —.

Beiträge z. Kunstgesch. N. F. 33—35. gr8° Lpzg, EA Seemann. 13 —
Fölzer, Elvira: Die Hydria. Beitrag z. griech. Vasenkde. (120 m. 10 Taf.) '06. [33.] 4 —
Graevenitz, G v.: Gattamelata (Erasmo da Narni) u. Colleoni u. ihre Beziehgn z. Kunst. (Padua—Bergamo—Venedig.) (148 m. Abb.)'06. [34.] 4 —
Zehetmaier, Jos.: Leichenverbrenng u. Leichenbestattg im alten Hellas, nebst d. verschied. Formen d. Gräber. (100) '07. [35.] 5 —

— z. Kunstgeschichte. N. F. 36—38. gr8° Lpzg, EA Seemann. 10.50
Karcher, Rich.: Das deut. Goldschmiedehandwerk bis ins 15. Jahrh. (100) '11 [37] 2.50
Krommes, Rud. Heinr.: Studien zu Federigo Barocci. (130 m. 4 Taf.) '12 [38] 4 —
Plietzsch, Eduard: Die Frankenthaler Maler. Beitr. z. Entwickelgsgesch. d. niederländ. Landschaftsmalerei. (128 m. 11 Taf.) '10 [36] 4 —

Beiträge zur Kunstgeschichte. Franz Wickhoff gewidmet von e. Kreise von Freunden u. Schülern. (Hrsg.: Alois Riegl.) — Wien: (Schroll) 1903. 182 S. 4°
1: 4° Nr 3446. 2. 3. 5. 7→11. 12: 4° Art. 8i. 14→18. 21. 25. 27. 29. 30. 300: 427.155-C. Ks. 302.

— z. fränkischen Kunstgesch. Hrsg. v. Frdr. Haack. 1. u. 2. Heft. 8° Erl., Th. Blaesing. 7 — d
Burkhart, GA: Friedrich Herlin-Forschgn. (4, 130 m. 5 Taf. u. 5 Autotyp.) '12 [2] 4 —
Sauermann, HM: Die got. Bildnerei u. Tafelmalerei in d. Dorfkirche zu Kalchreuth. (12, 117 m. 10 Taf. u. 1 Bl. Erklärgn.) ('11) [1] 3 —

— z. Kunst- u. Literatur-Gesch. (v. J. H. Jäck u. J. Heller). 1s u. 2s Heft. Mit 2 Abbildd. gr. 8. Nürnb. 822. Riegel u. W. 1 ₰ 8 g

— zur rügisch-pommerschen Kunstgeschichte. 2. Heft: Die alte Kirche d. Heiligengeist-Hospitals u. d. Heiligenkreuz-Kapelle in Greifswald, reconstruirt u. beschrieben v. Thdr. Pyl. Mit e. lithogr. Abbild. d. Reconstruction. (16 S.) gr. 8. Greifswald 890, (Bindewald). * — 80
1. Heft (s. XV. Bd. 2. Abthl. S. 427 u. d. T.: Rosen, R. v. Beiträge.) Ebd. 1872. * 1 —.

Beiträge zur Kunstgeschichte Schleswig-Holsteins. Hrsg. v. d. Verwaltg d. Thaulow-Museums in Kiel. [Bd] 1. *Leipzig: E. A. Seemann 1898.* 4.(8.) [98. 6471 k]

— zur Kunstgeschichte Thüringens. Namens des Vereins f. thüring. Geschichte u. Altertumskunde hrsg. v. der Thüring. histor. Kommission. 1. Bd. gr. 8. Jena, G. Fischer. n. 8. —
Cisterzienserkirchen Thüringens. Ein Beitrag zur Kenntnis der Ordensbauweise. Von A. Holtmeyer. Mit 177 Abbildgn. im Text. (VIII, 407 S. m. 1 Stammtaf.) 906.

— zur Kunstgeschichte Thüringens. Namens des Vereins f. thüring. Gesch. u. Altertumskunde hrsg. v. der thüring. histor. Kommission. 2. Bd. gr. 8. Jena 910. G. Fischer. 4. —
Kirchen u. Klöster der Franziskaner u. Dominikaner in Thüringen. Ein Beitrag zur Kenntnis der Ordensbauweise. Von Fel. Scheerer. (VIII, 148 S. m. 96 Abb. im Text u. auf 3 Taf.)
Bd. 1. Ebd. 906. 8.—.

Beiträge zur westfälischen Kunstgeschichte. Hrsg. v. Herm. Ehrenberg. 1.—3. Heft. Lex.-8. Münster, Universitätsbuchh. F. Coppenrath. n. 34. 60
1. Die Gröninger. Ein Beitrag zur Geschichte der westf. Plastik in der Zeit der Spätrenaissance u. des Barock. Von Ferd. Koch. (VII, 272 S. m. 33 Taf.) 905. n. 20. —
2. Die Beldensnyder. Ein Beitrag zur Kenntnis der westf. Steinplastik im 16. Jahrh. Von Frdr. Born. Mit 17 Taf. (IV, 79 S.) 905. n. 7. 60
3. Die mittelalterliche Malerei in Soest. Zur Geschichte des Naturgefühls in der deutschen Kunst. Von Herm. Schmitz. (XV, 148 S. m. Abbildgn. u. 16 Taf.) 906. n. 7. —

— zur westfälischen Kunstgeschichte. Hrsg. v. Herm. Ehrenberg. 4. u. 5. Heft. Lex. 8. Münster, Universitäts-Buchh. F. Coppenrath. 17. 50
4. Die Baugeschichte des Schlosses Iburg insbes. des „Rittersaales", zugleich e. Beitrag zur Geschichte der Denkmalpflege. Von Wilh. Jänecke. (VII, 87 S. m. Abb. u. 18 Taf.) 909. 5. —
5. Johann Conrad Schlaun, Herr zu Rüschhaus u. Hülshoff, kurfürstlich-cöln- u. fürstlich-münsterr. General-Major, Oberst u. Kommandant der münster. Artillerie, Gouverneur zu Meppen, Oberbaudirektor u. Oberlandingenieur im Fürstent. Münster. Sein Leben u. seine Bautätigkeit m. besond. Berücksicht. d. kgl. Schlosses zu Münster i. W. Ein Beitrag zur Geschichte der westfäl. Architektur des 18. Jahrh. Von Heinr. Hartmann. (XII, 315 S. m. Abb. u. 54 Taf.) 910. 12.50; geb. 15. —
Heft 1—3. Ebd. 905. 06. 34.60.

— kunstwissenschaftliche, August Schmarsow gewidmet v. H. Weizsäcker, M. Semrau, A. Warburg, R. Kautzsch, O. Wulff, P. Schubring, J. v. Schmidt, K. Simon, G. Graf Vitzthum, W. Niemeyer, W. Pinder, s.a. Monographien, kunstgeschichtl. 1. Beiheft.

Kunstwissenschaftliche Beiträge. August Schmarsow gewidmet zum 50. Semester seiner akademischen Lehrtätigkeit von H. Weizsäcker [u.a.] — Leipzig: Hiersemann 1907. 178 S. 4° (Kunstgeschichtliche Monographien. Beih. 1.)
1:4° Nr 3449/1-1. 3→6. 7. 9. 10. 11.
12:4° Art. 68 gib-Beih. 1 [2 Ex.] 14→18. 21. 23. 25.
30. 38. 300:435.090-B.K.C.Ks. Beil. 1. 362.

— z. Küstenkunde. Hrsg. v. d. deut. Seewarte d. kais. Marine. Nr 1 u. 2. [Aus: „Annalen d. Hydrogr. u. maritimen Meteorol."] Lex8° Berl., ES Mittler & S. 5.50; geb. 6.50
1. (6, 122 m. Fig., 1 Ktnsk. u. 1 Taf.) '10. 2.50; geb. 3 — ‖ 2. (4, 153 m. 3 Taf.) '11. 3 —; geb. 3.50

Beiträge zur Länder- und Staatenkunde der Tartarei. Aus russischen Berichten. Mit einer Einleitung herausgegeben von Theophil Friedrich Ehrmann. Nebst einer neuberichtigten Charte von dem Kirgisenlande. Weimar 1804. XXVIII. 90 S. 8°.

Beiträge zur Länder- und Staatenkunde der Tartarei. Aus russischen Berichten. Mit e. Einl. hrsg. von Theophil Friedrich Ehrmann. — Weimar: Landes-Industrie-Comptoir 1804. XXVIII,90 S. 8° (Bibliothek d. neuesten u. wichtigsten Reisebeschreibungen. 14,2.)
In einigen Exemplaren fehlt d. Titel d. Sammlung.
1:2 an Um 4720. 2. 3. 4. 7. 8. 9. 12: It. coll. 85-14. 14.
17. 21. 24. 27. 30. 38. 102. 300:187.672-B. 14. 302.
15.

Beiträge zur Länder- u. Völkerkunde. Hrsg. v. Victor Jacobi. 1—3. Bd. — A. u. d. T.: Abenteuer auf e. Reise nach Indien üb. Aegypten, d. heil. Land u. Syrien. Von Skinner. A. d. Engl. v. V. Jacobi. 3 Bde. 8. (48 B.) Leipzig, (Cassel) 837, Fischer.

— zur Landesgeschichte des Fürstenthums Schwarzburg-Rudolstadt. 1. Beitrag: Schwarzburg-Rudolstädtische Katechismusgeschichte. Rudolstadt 864. Froebel. gr. 8. (VIII, 51 S.) 6 ngr.

Beiträge z. bad. Landeskde. s.a. Festprogramm, Sr. kgl. Hoh. Grossherzog Friedrich etc. dargebracht.

Beiträge zur badischen Landeskunde. — Freiburg i. B. [usw.]: Mohr 1896. S. 149-238. 4°
Aus: Festprogramm Seiner Königlichen Hoheit Grossherzog Friedrich zur Feier d. siebzigsten Geburtstags.
1:4° Si 1431. 26.
15.

— zur Landeskunde Bayerns. Zusammengestellt v. der Subkommission f. wissenschaftl. Landeskunde Bayerns der Geograph. Gesellschaft in München. gr. 8. (XI, 229 S.) München 884. Th. Ackermann's Verl. n. 3. —

— dasselbe. 2. Folge. gr. 8. (VI, 80 S.) Ebend. 885. n. 1. 20

— zur Landeskunde Oestreichs unter d. Enns. Herausg. auf Veranlassung der Nieder-Oesterreich. Stände v. einem Vereine für vaterländ. Geschichte, Statistik u. Topographie. 1r Bd. Mit 11 Holzschn., 4 lith. Karten, u. 2 Kupfert. gr. 8. Wien 832. Beck. 2 rß

— zur Landeskunde Oesterreichs unter d. Ems. Herausg. auf Veranlassung d. Nieder-Oesterr. Stände v. einem Vereine für vaterländ. Geschichte, Statistik u. Topographie (u. Naturkunde). (Nebst e. systemat. Verzeichniß d. Schmetterlinge im Erzherzogth. Oesterreich, von Vinc. Kollar.) 2r Bd. Mit 2 Steintaf. gr. 8. Wien 832, (Beck.) 2 rß — 3r Bd. gr. 8. Ebd. 833. 1 1/3 rß — 4r Bd. Mit 1 Kpfr. u. 1 Steindr. gr. 8. Ebd. 834. 2 rß — 4 Bde. 7 1/3 rß — 1r Bd. s. Thl. I. S. 192.

— zur Landeskunde für Oesterreich ob d. Enns u. Salzburg. Herausgegeben vom Verwaltungs-Ausschuß des Museum Francisco-Carolinum unter gemeinschaftl. Redaction des Herrn P. Marian Koller, Frz. X. Pritz und Anton Ritter v. Spaun. (5. Liefg. Mit 8 lithogr. Taf.) gr. 8. Linz 841, Eurich u. Sohn. 2 1/4 rß (NB. Ist eine Fortsetzung des bis z. J. 1836 bei Beck in Wien erschien. Werkes: Landeskunde für Oesterreich unter der Enns. 4. Bd.)

——— zur Landeskunde f. Oesterreich ob d. Enns u. Salzburg. Hrsg. v. Verwaltungs-Ausschuß des Museum Francisco-Carolinum unter gemeinschaftl. Redact. v. Marian Koller, X. Pritz u. Anton v. Spaun. (5. Lfg.) gr. 8. (32 3/4 B. u. 8 Stnt.) Linz 840, Eurich u. Sohn.
Schließt sich dem 1836 in der Beck'schen Univers.-Buchh. in Wien erschienenen Werke: Landeskunde f. Oesterreich unt. d. Enns 4. Bd. an.

Beiträge zur Landeskunde von Pommern. Im Auftr. d. Geographischen Gesellschaft zu Greifswald hrsg. von Rudolf Credner. — Greifswald 1906: Abel. 461 S. 8°
Nebent.: Festschrift zur Feier d. 450jährigen Jubiläums d. Universität Greifswald.
9. 38.
15.

Beiträge zur Landeskunde des Königreichs Sachsen. 1. Folge. 1. Beiträge zur Hydrologie der weissen Elster von Hans Gruner. 2. Die Beziehungen zwischen dem Niederschlag in Böhmen und dem Wasserabfluss in der Elbe bei Tetschen, mit zwei Tafeln, von P. Schreiber.
in: Mitteilungen des Vereins für Erdkunde zu Leipzig. 1891. S. 1—98. Leipzig 1892. 98 S. 8°.

Beiträge zur Landeskunde von Südafrika. Hrsg. von Otto Kersten. — Berlin 1888: (Behrens). 47 S. 8° (Bericht d. Vereins zur Förderung deutscher Interessen in Südafrika. 2.) 1: an Us 1993. 26.
15.

— zur Landes u. Volkeskunde v. Elsass-Lothringen. 1.—13. Hft. gr. 8. Strassburg 887—890. Heitz. n. 23. 70
1. Die deutsch-französische Sprachgrenze in Lothringen von Constant This. Nebst 1 Karte. (34 S.) n. 1. 50
2. Bodenfahrt v. Thomas Murner. Neudruck nach der Ausg. Strassburg 1514 m. Erläutergn. insbesondere üb. das altdeutsche Badewesen v. E. Martin. Mit 6 Zinkätzgn. (XXII, 44 S.) n. 2. —
3. Die Alamannenschlacht vor Strassburg 357 n. Chr. Eine kriegsgeschichtl. Studie v. W. Wiegand. Mit 1 Karte u. 1 Wegskizze. (46 S.) n 1. —
4. Lenz, Göthe u. Cleophe Fibich v. Strassburg. Ein urkundl. Kommentar zu Goethe's Dichtung u. Wahrheit, m. e. Portr. Araminta's in farb. Lichtdr. u. ihrem Facsm. aus d. Lenz-Stammbuch v. J. Froitzheim. (96 S.) n. 2. 50
5. Die deutsch-französ. Sprachgrenze im Elsass v. C. This. Mit 1 Karte u. 8 Zinkätzg. (48 S. m. 1 Tab.) n. 1. 50
6. Strassburg im französischen Kriege 1552. Von A. Hollaender. (68 S.) n. 1. 50
7. Zu Strassburgs Sturm- u. Drangperiode 1770—1776. Urkundliche Forschgn., nebst e. ungedruckten Briefwechsel der Strassburgerin Luise König m. Karoline Herder aus dem Herder- u. Röderer-Nachlass v. J. Froitzheim. (88 S.) n. 2. —
8. Geschichte d. heiligen Forstes bei Hagenau im Elsass. Nach den Quellen bearb. v. G. E. Ney. 1. Tl. Vom Eintritt d. Forstes in die Geschichte bis zum westphälischen Frieden [1065—1648]. (114 S.) n. 2. —
9. Rechts- u. Wirtschafts-Verfassung d. Abteigebietes Maursmünster während d. Mittelalters v. A. Hertzog. (114 S.) n. 2. —
10. Goethe u. Heinrich Leopold Wagner. Ein Wort d. Kritik an uns. Goethe-Forscher v. J. Froitzheim. (68 S.) n. 1. 50
11. Die Armagnaken im Elsass 1439—1445. Von H. Witte. (158 S.) n. 2. 50
12. Geschichte des heiligen Forstes bei Hagenau im Elsass, nach den Quellen bearb. v. C. E. Ney. 2. Tl. Vom westfäl. Frieden bis zur Aufhebg. der Forstämter [Maitrises des eaux et forêts] [1648—1701]. (168 S.) 889. n. 2. 50 (1. u. 2.: n. 4. 50)
13. General Kleber. Ein Lebensbild v. F. Teicher. (48 S.) n. 1. 20

— zur Landes- u. Volkskunde v. Elsass-Lothringen. 14.—19. Hft. gr. 8. Strassburg, J. H. E. Heitz. n. 11. 30 (1—19.: n. 35. —)
14. Das staatsrechtliche Verhältnis d. Herzogt. Lothringen zum Deutschen Reich seit d. J. 1542. Von Siegfr. Fitte. (103 S. m. 1 farb. Karte.) 891. n. 2. 50
15. Deutsche u. Keltoromanen in Lothringen nach der Völkerwanderung. Die Entstehg. d. deutschen Sprachgebietes v. Hans N. Witte. (100 S. m. 1 farb. Karte.) 891. n. 2. 50
16. Der letzte Puller v. Hohenburg. Ein Beitrag zur polit. u. Sittengeschichte d. Elsasses u. der Schweiz im 15. Jahrh., sowie zur Genealogie d. Geschlechts der Püller v. Heinr. Witte. (IV, 143 S.) 893. n. 2. 50
17. Eine Strassburger Legende. Ein Beitrag zu den Beziehgn. Strassburgs zu Frankreich im 16. Jahrh. v. Alcuin Hollaender. (28 S.) 893. n. 1. —
18. Der lateinische Dichter Johannes Fabricius Montanus (aus Bergheim im Elsass) 1527—1566. Seine Selbstbiographie in Prosa u. Versen, nebst einigen Gedichten v. ihm, verdeutscht v. Thdr. Vulpinus. (27 S.) 891. n. — 80
19. Forstgeschichtliche Skizzen aus den Staats- u. Gemeindewaldungen v. Rappoltsweiler u. Reichenweier aus der Zeit vom Ausgange d. Mittelalters bis zu Anfang d. XIX. Jahrh. v. A. Kahl. (IV, 77 S. m. 1 Karte.) 894. n. 2. —

— z. Landes- u. Volkskunde v. Elsass-Lothringen. 20.—23. Hft. gr. 8. Strassburg, J. H. E. Heitz. n. 9. 50 (n.n. 44.50)
20. D. Festung Bitsch v. Herm. Irle 2., verm. Aufl. M. 2 Ansichten u. Plan v. Bitsch. (39 S.) 894. n. 1. —
21. Ritter Friedrich Kappler, e. elsäss. Feldhauptmann a. d. 15. Jahrh. v. Thdr. Vulpinus. (VIII, 111 S.) 896. n. 3. —
22. D. Annexion d. Elsass d. Frankreich u. Rückblicke a. d. Verwaltg. d. Landes v. westphäl. Frieden b. z. Ryswicker Frieden (1648—1697). V. Herm. Frhr. v. Müllenheim u. v. Rechberg. 2. Aufl. (73 S.) 896. n. 2. 50
23. D. polit. Verhältnisse u. Beweggn. in Strassburg i. Elsass im Jahre 1789. Gekr. Preisschrift von Manfr. Eimer. (VII, 183 S.) 897. n. 3. —

— zur Landes- u. Volkskunde v. Elsass-Lothringen 20. u. 24.—28. Hft. gr. 8. Strassburg, J. H. E. Heitz. n. 14. 20
20. Die Festung Bitsch. Von Herm. Irle. 3., verm. Aufl. Mit 2 Ansichten u. Plan v. Bitsch nebst Karte der Umgegend. (52 S.) 902. n. 1. 50
24. Die Beziehungen König Rudolfs v. Habsburg zum Elsass. Von C. Gössgen. (48 S.) 899. n. 1. 50
25. Das Bergbaugebiet v. Markirch. Von Emil Hauser. Mit e. Karte. 2. verm. Aufl. (48 S.) 900. n. 1. 50
26. Matthias Erb, e. elsäss. Glaubenszeuge aus der Reformationszeit. Auf Grund archival. Dokumente. Von Heinr. Rocholl. (36 S.) 900. n. 1. 20
27. Strassburg als Garnisonstadt unter dem ancien Régime. Von Karl Engel. Mit 6 Kartenskizzen. (VII, 146 S.) 901. n. 4. 50
28. Die Fahnen der Strassburger Bürgerwehr im 17. Jahrh. Von Jos. Gény. Mit 12 farb. Fahnenabbildgn. (VIII, 47 S.) 902. n. 4. —

— zur Landes- u. Volkskunde v. Elsass-Lothringen. 29. u. 30. Heft. 8. Strassburg, J. H. E. Heitz. n. 6. 50
29. Der oberelsässische Winterfeldzug 1674/75 u. das Treffen bei Türkheim. Nach archival. Quellen bearbeitet. Von v. Kortzfleisch. Mit 2 Kartenbeilagen. (VIII, 178 S.) 904. n. 3. 50
30. Der Pfarrer Georg Jakob Eissen, seine Freunde u. seine Zeitgenossen. Ein Strassburger Zeitbild aus dem 18. Jahrh. Auf Grund urkundl. Materials zusammengestellt. Von E. Hoepffner. Mit 1 Silhouette. (VI, 127 S.) 906. n. 3. —

— zur Landes- u. Volkskunde v. Elsass-Lothringen u. den angrenzenden Gebieten. 31.—39. Heft. 8. Strassburg, J. H. E. Heitz. 29. —
Beemelmans, Wilh., die Verfassg. u. Verwaltung der Stadt Ensisheim im 16. Jahrh. (IV, 96 S.) 908. (Hft. 35) 2. 50
Brieger, Rud., die Herrschaft Rappoltstein. Ihre Entstehg. u. Entwickelg. (78 S.) 907. (Hft. 31) 2. —
Grünberg, Paul, zur elsässischen Lage u. Frage. (61 S.) 909. (Hft. 36) 2. —
Herr, E., bemerkenswerte mittelalterliche Schenkungen im Elsass. (VIII, 82 S.) 908. (Hft. 34) 3. —
Maurer, Th., die Sesenheimer Lieder. Eine krit. Studie. (38 S.) 907. (Hft. 32) 2. —
Mehlis, C., Beiträge zur Geschichte der Markgenossenschaften u. der Haingeraiden im Mittelrheingebiete. 1. Abtlg. Hrsg. vom Altertumsverein f. den Kanton Dürkheim. (VI, 90 S. m. Abb.) 910. (Hft. 37) 3. 50
Renaud, Thdr., Paulus Beck v. Strassburg u. seine Schicksale. 1705—1778. (79 S. m. 1 Bildnis.) 910. (Hft. 39) 3. —
Scholly, Karl, die Geschichte u. Verfassung des Chorherrenstifts Thann, nach archival. Urkunden bearb. (VIII, 204 S.) 907. (Hft. 33) 8. —
Tschaeche, E., Chronik v. Hunaweier. Ein elsäss. Kulturbild aus vergangenen Tagen. Nach den Urkunden hrsg. (VII, 115 S. m. 1 Taf.) 910. (Hft. 38) 3. —

Beiträge z. Landes- u. Volkeskde v. Elsass-Lothringen u. d. angrenz. Gebieten. 37—42. 8° Strassbg, JHE Heitz. (1—42: 109.70)
Brecht, Joh. Reinhard: Histor. Bericht v. d. Relig.-Veränderg in Düttlenheim 1686. Beitrag z. elsäss. Kirchengesch. unter d. Regierg Ludwigs XIV. Hrsg. v. Rud. Reuss. (32 u. 3) '11 [40] 1.50
Herr, E: Das ehemal. Frauenkloster Sindelsberg. Urkdnb. m. einleit. histor. Untersuchgn. (5, 256) '12 [42] 12 —
Mehlis, C: Beiträge z. Gesch. d. Markgenossenschaften u. d. Haingeraiden im Mittelrheingebiete. 1. Abtlg. (6, 90 m. Abb.) '10 [37] 3.50
Renaud, Thdr: Paulus Beck v. Strassbg u. s. Schicksale. 1705—78, (79 m. Bildn.) '10 [39] 3 —
Tschaeche, E: Chronik v. Hunaweier. (7, 115 m. 1 Taf.) '10 [38] 3 —
Wagner, Geo.: Untersuchgn üb. d. Standesverhältn. elsäss. Klöster. (7, 87) '11 [41] 3.50

Beiträge zur Landes- und Volkskunde der Insel Rügen. Führer für die 'Rügen-Excursion' d. 7. Internationalen Geographen-Congresses zu Berlin 1899 ... Hrsg. von Rudolf Credner. — Greifswald: Abel 1899. 98 S. 8°
Erschien zuerst in: Jahresbericht d. Geographischen Gesellschaft zu Greifswald. 7. 1900. 9.

— zur Landes-, Volks- u. Staatskunde des Grossherzogthums Hessen. Hrsg. vom Vereine f. Erdkunde u. verwandte Wissenschaften zu Darmstadt. 1. Hft. Nebst 1 Karte in Farbendruck u. 3 lith. Taf. (in Fol.) gr. 8. (IV u. 263 S.) Darmstadt 850, Jonghaus. n. 2 ℛ

— zur Landes-, Volks- und Staatskunde des Grossherzogthums Hessen. Herausg. vom Vereine für Erdkunde und verwandte Wissenschaften zu Darmstadt. 2. Heft. Nebst 3 lith. Taf. (in Fol.) Darmstadt 853. Jonghaus. gr. 8. (1 Bl., 96 S.) n. 20 ℊℊ

—— zur Landes- und Volkskunde des Thüringerwaldes. 1. Heft. Im Auftrag der wissenschaftl. Kommission des Thüringerwald-Vereins hrsg. von Fr. Regel. gr. 8. (S. 1—48.) Jena 884, Fischer. *

—— zur Landes- und Volkskunde des Thüringerwaldes. 2. Heft. Im Auftrag des Thüringerwald-Vereins hrsg. von Fr. Regel. gr. 8. (48 S.) Jena 887, Fischer. *
1. Heft. Ebendas. 1884. *ℳ 1.50.

Pommern: Beiträge zur Landeskunde von Vorpommern und Rügen. I. Die landeskundliche Litteratur von Vorpommern und Rügen. Sep.-Abdr. aus d. I. Jahresber. d. geogr. Ges. in Greifswald 1882—83. Greifswald. 8.

Beiträge zur Landeskunde Westpreußens. Festschrift dem 15. Deutschen Geographentag in Danzig überreicht vom Ortsausschuß. (Hrsg.: Kumm.) — Danzig 1905: (Kafemann,. VIII, 177 S. 8° 1:Sz 5251/4. 2. 9. 10. 14. 38. 15.

— für d. Hannoversche Landes-Recht, in besond. Beziehung auf die einzelnen Provincial- u. Local-Quellen. Eine Zeitschrift in zwanglosen Heften. Herausg. v. C. W. H. Schlüter. 1r Bd. 2 Hfte. gr. 8. Celle 833, 34. Schulze. 2 ℛ

Beiträge zu den deutschen Land- und Stadtrechten. — Wetzlar: Winkler 1777. 32,70 S. 8° 7. 26. 30. 15.

— z. d. deutsch. Land- u. Stadtrechten. 4. Wetzl. 778. Winkler. 8 ℊℊ

— z. deutsch. Landstaatsrechtslehre. 4. Karlsr. 786. Macklot. 12 ℊℊ

— zur Landtags-Frage in Steiermark vom J. 1850. gr. 8. (21 S.) Gratz 851, Hesse. n. 4 ℊℊ

— z. deutschen Landwirthschaft, s. K. Ch. G. Sturm.

Beiträge zur Landwirthschaft und Haushaltung zunächst für die Landwirthe auf der Geest... Altona 1859. V: *Haeseler.* (A)

Beiträge zur Landwirthschaft und Haushaltung zunächst für die Landwirthe auf der Geest, vom Hufner abwärts...geschrieben von e. alten Geestbauer. Samml. 1. — Altona: Lehmkuhl 1859. XII,228 S. 8° 8. 15.

—— z. Landwirthsch. u. Landhaushaltg, zun. f. d. Landw. auf d. Geest. 1. Sammlg. 12. (228) Alt. 59. (Hamb., Haendcke u. L.) n. — 25

— zum Leben J. L. Burckhardts, s. Neujahrs-Blatt.

Beiträge zum Leben Katharinas II. 2 Bde. Riga 1769. 70.

Beiträge zu Wilhelm Hogarths Lebensbeschreibung. Nebst einem nach der Zeitfolge geordneten und mit Erklärungen begleiteten Verzeichnisse seines Kupferstichwerks. Aus dem Englischen mit einiger Abkürzung von A. Crayen. Leipzig 1783. V: *Nichols, John.* (HHbD III, 14)

Beiträge, Einige, zur Lebensbeschreibung des in St. Petersburg verstorbenen Dr. Jakob Reineggs; von Karl Freyherrn von M*******r in Wien. [Leipzig 1797.] V: *Meidinger, Carl Freih. von.* (MGT)

— z. Lebensgeschichte Abbts. 8. Brem., Müller. 8 ℊ

Beiträge zur Lebensgeschichte des Schauspieldirektor Abbts dem Herrn Professor Schlözer in Göttingen, dem Herrn Bibliothekar Reichardt in Gotha und den Verfassern der Theaterzeitung zur Berichtigung ihrer Anzeigen gewidmet. Frankf. u. Leipz. 1784. V: *Müller, M.* (Theaterkalender 1785, Gotha, S. 166, Nr. 276) (BIBLPORT)

— zur Lebensgesch. u. Charakter J. B. Basedows, (v. H. Rathmann). 8. Magdeb. 791. Scheidhauer. 10 ℊ Mit neuem T.: Lebensgesch. u. Charakter Basedows, aus seinen Schriften rc. 8. Ebd. 792.

— z. Lebensgeschichte Friedrichs d. Großen. 8. Berl. 788. (Reimer). 3 ℊ

Beiträge zur Lebensgeschichte des gekrönten Dichters M. Joh. G. Hochstater von Kitzingen ... bekannt gemacht von F. A. Reuss. — Würzburg 1837: Thein. 20 S. 8°
1: Sf 6159-4. 2→5. 7. 10. 14. 21. 26.
15.

— zu Wilh. Hogarth's Lebensgeschichte. Nebst e. Verzeichn. seines Kupferstichwerks. 8. Leipz. 783. Breitkopf u. H. 14 ℊ

— z. Lebensgesch. d. Patriarchen Nikon. Aus russisch. Nachrichten zusammengetragen (v. Jh. Vollrath Bacmeister). 8. Riga 788. (Hartknoch in Leipz.) 12 ℊ

Beiträge zu der Lebensgeschichte des letzten Regenten der Brandenburgischen Markgrafthümer in Franken. — o. O. 1820. 42 S. 8°
12: Don. Lud. X, 15.
15.

Beiträge zur Lebensgeschichte des Dichters Chr. Fr. Dan. Schubart, des unglücklichen Gefangenen auf Hohenasperg. [Hrsg.: Ernst Frensdorff.] — (Berlin: Frensdorff [1901].) 8 S. 8°
Aus: Frensdorff, Ernst: Bibliothek Ernst Frensdorff. Katalog. 8. 1901.
1: Av 12994/28. 3. 10.
15.

Beiträge zur Lebenslaufstheorie. Vom H. Traebert [u. a.] — Magdeburg: Verl. Erika 1910. 43 S. 8°
11. 27. 38.
15.

— zum deutschen Lehenrecht, u. Nachr. von e. noch unbekannten Art d. ersten Bitte, (v. Chr. Gli. Müller oder G. E. Waldau?) 8. Nürnb. 1e u. 2e A. 788.

Beiträge zum pommerschen Lehnrechte, insbesondere das Verfahren bei dem Verkaufe pommerscher Lehngüter und bei der Ausübung der den Agnaten zustehenden Lehnrechte betreffend. — Berlin 1841: Starcke. 104 S. 8°
Erschien zuerst in: Jahrbücher für die preußische Gesetzgebung, Rechtswissenschaft u. Rechtsverwaltung. 56. 1840.
9.
15.

— zu d. Lehre von den Austrägen d. Reichsstädte. 4. Nürnb. 775. Monath u. K. 2 ℊ

Beiträge zur genauen Lehre von dem Gebrauch der Zeiten, besonders in der lateinischen Sprache. Ratzeburg 1806. V: *Dietz, J. Chn. F.* (NN)

— zur Lehre vom Magnetismus. Bericht einer aus Mitgliedern der k. k. Gesellschaft der Aerzte zu Wien bestehenden Commission erstattet v. Ad. Gouge. (Bildet das 8. u. 9. Heft der Zeitschrift der k. k. Gesellschaft der Aerzte zu Wien. 3. Jahrg.) gr. 8. (198 S.) Wien 847, Kaulfuss, Prandel & Comp. 1 ℛ

Beiträge zur Lehre von den öffentlichen Schulden. Hrsg. von Wilhelm Kähler. Bd 1, H. 1. — Jena: G. Fischer 1897. 121 S. 8°
1. Kaehler: Die preussischen Kommunalanleihen mit bes. Rücks. auf e. Centralisation d. Kommunalkredits.
1: Ff 4007. 6. 7. 11. 12: Cam. 9n. 14. 16. 25. 26. 27. 29. 392.
15.

— zur Lehre vom Schutzgelde. 1. Abthl.: Mark Brandenburg. (Besond. Abdruck aus dem 109. 110. Hefte der Jahrbücher für die preuß. Gesetzgebung.) gr. 8. Berlin 841, Dümmler. 1½ ℛ

— z. Lehre v. d. Seelenwanderung. 8. Dessau 785. Gel.-B. 12 ℊ

— zu d. Lehre v. d. Wittwenkassen rc., s. a. Vetter, J. A. Vgl. Beyträge.

Beiträge zu der Lehre von Wittwenkassen, Rentenanstalten und andern derartigen Instituten. 1. — Ulm: Stettin 1840. 48 S. 8°
21.
15.

— z. Lehrerbildung u. Lehrerfortbildung. Hrsg. v. K. Muthesius. 1.—10. Hft. gr. 8. Gotha, E. F. Thienemann. n. 7. —
1. D. Stellung d. Herbartschen Pädagogik z. Frage d. Lehrerbildg. Von Wohlrabe. [Aus: „Pädagog. Blätter f. Lehrerbildg."] (30 S.) 897. n. — 60
2. Z. Frage d. Lehrerbildg. in Deutschland. N. e. i. Weimar geh. Vortrage. Von W. Rein. [Aus: „Pädagog. Blätter f. Lehrerbildg."] (14 S.) 898. n. — 20
3. D. Ethik u. d. Ziel d. Erziehung. Von O. Foltz. [Aus: „Pädagog. Blätter f. Lehrerbildg."] (24 S.) 898. n. — 40
4. D. Lehrerbildg. i. Frankreich währ. d. großen Revolution. Von P. Schaefer. (64 S.) 898. n. 1. 20
5. Bildungsgang, der, u. d. Stellung d. Seminarlehrer. Von L. S. [Aus: „Pädagog. Blätter f. Lehrerbildg."] (32 S.) 898. n. — 60
6. Ungedruckte Briefe. Von Joh. Frdr. Herbart. Mitget. v. Karl Geo. Brandis. [Aus: „Pädagog. Blätter f. Lehrerbildg."] (30 S.) 898. n. — 60
7. Üb. d. Staats- u. Gesellschaftskunde als Teil d. Geschichtsunterrichts. Von Adf. Bär. [Aus: „Pädagog. Blätter f. Lehrerbildg."] (64 S.) 898. n. 1. 20
8. Sind d. gegen e. histor.-pragmat. Behandlg. d. Lebens Jesu erhob. Bedenken gerechtfertigt? Von Bang. [Aus: „Pädagog. Blätter f. Lehrerbildg."] (15 S.) 898. n. — 20
9. Z. Geschichte d. bibl. Figur-Spruch-Bücher. M. 13 Abb. nach alten Kupferstichen, Holzschnitten u. Steindrucken. Von K. Knocke. [Aus: „Pädagog. Blätter f. Lehrerbildg."] (34 S.) 899. n. — 80
10. Elementarmethod. Behandlg. d. Logarithmen u. ihrer Anwendgn. f. Seminare, Gymnasien, Realschulen, techn. Lehranst. u. z. Selbstunterr., e. erweit. Sonderdr. d. d. 7. Berichte d. kgl. Seminars z. Nossen beigegeb. wissenschaftl. Abhandlg. Von Rich. Herrmann. (63 S.) 899. n. 1. 20

— zur Lehrerbildung u. Lehrerfortbildung. Hrsg. v. K. Muthesius. 11.—26. Hft. gr. 8. Gotha, E. F. Thienemann. n. 19. 40
11. Das Philantropinum in Marschlins. Von J. Keller. [Aus: „Pädagog. Blätter f. Lehrerbildg."] (58 S.) 899. n. 1. —
12. Das Alte Testament im christlichen Religionsunterrichte. Von Herm. Meltzer. (127 S.) 899. n. 2. 40
13. Kindheit u. Volkstum. Von K. Muthesius. [Aus: „Pädagog. Blätter f. Lehrerbildung."] (54 S.) 899. n. — 80
14. Das wissenschaftliche Programm der Lehrerbildung. Von E. v. Sallwürk. [Aus: Pädagog. Blätter f. Lehrerbildung."] (16 S.) 900. n. — 20
15. Geschichte der coburgischen Volksschule. Von Herm. Wank. (47 S.) 900. n. 1. 60
16. Der Zeichenunterricht in den Londoner Volksschulen. Von Herm. Muthesius. Mit Abbildgn. auf 7 Taf. [Aus: „Pädagog. Blätter f. Lehrerbildung."] (19 S.) 900. n. 1. 40
17. Ulrich Zwinglis Ideen zur Erziehung u. Bildung, im Zusammenhang m. seinen reformatorischen Tendenzen dargestellt. Von Osk. Rückert. (100 S.) 900. n. 2. —

18. Der Wert der Kinderpsychologie f. den Lehrer. Von J. Stimpfl. [Aus: „Pädagog. Blätter f. Lehrerbildung."] (28 S.) 900. n. — 60
19. Erziehender Unterricht u. didaktischer Formalismus, zwei Schlagwörter in der Beurteilg. des Unterrichtsbetriebes der modernen Volksschule. Eine Abwehr ungerechtfertigter Angriffe auf Volksschule u. Seminar. Von O. Kohlmeyer. (III, 83 S.) 900. n. 1. 80
20. Pestalozzis Institut in Iferten. Beiträge zu seiner näheren Kenntnis aus den nachgelassenen Papieren Karl Justus Blochmanns. Von A. Israel. [Aus: „Pädagog. Blätter f. Lehrerbildg."] (119 S.) 900. n. 2. 40
21. Zum Religionsunterrichte im Schullehrerseminar. I. Die Lehre v. der heilg. Schrift. II. Der 2. Artikel. Von Carl Gebler. [Aus: „Pädagog. Blätter f. Lehrerbildg."] (54 S.) 900. n. — 80
22. Die neuere Psychologie in ihren Beziehungen zur Pädagogik. Geschichtlich-bibliograph. Orientierg. u. krit. Würdigg. Von Gust. Hecke. [Aus: „Pädagog. Blätter f. Lehrerbildg."] (59 S.) 901. n. 1. —
23. Der Religionsunterricht im Lehrerseminar. Von E. Thrändorf. [Aus: „Pädagog. Blätter f. Lehrerbildg."] (26 S.) 901. n. — 60
24. Die pädagogische Pathologie im Seminarunterricht. Von Alfr. Spitzner. [Aus: „Pädagog. Blätter f. Lehrerbildg."] (51 S.) 901. n. — 80
25. Ein Wort zur Katechismusfrage. Von G. v. Rohden. 3., umgearb. u. erweit. Aufl. (IV, 83 S.) 903. n. 1. 40
26. Pädagogisches aus alten deutschen Rechtsdenkmälern. Zugleich e. Beitrag zur Geschichte des Erziehungsrechts. Von M. Galle. [Aus: „Pädagog. Blätter f. Lehrerbildung."] (34 S.) 903. n. — 60

Hft. 1.—10. Ebd. 897—899. n. 7. —.

— zur Lehrerbildung u. Lehrerfortbildung. Hrsg. v. K. Muthesius. 27.—34. Heft. gr. 8. Gotha, E. F. Thienemann. n. 6. 80

27. Das Studium des Dramas an Meisterwerken der deutschen Klassiker. 1. Tl. Meisterwerke Lessings. Von Albr. Thoma. 2. Aufl. (108 S.) 903. n. 2. —
28. Das Experiment im Psychologieunterrichte des Seminars. Von A. Stößner. [Aus: „Pädagog. Blätter f. Lehrerbildg."] (20 S.) 904. n. — 40
29. Universität u. Volksschullehrerbildung. Vortrag, geh. auf der deutschen Lehrerversammlg. in Königsberg i. Pr. Von Karl Muthesius. (28 S.) 904. n. — 50
30. Logik u. Schulwissenschaft. Von E. v. Sallwürk. [Aus: „Pädagog. Blätter f. Lehrerbildg."] (28 S.) 904. n. — 50
31. Moderne Volksbildungsbestrebungen. Von Brügel. (36 S.) 905. n. — 60
32. Vom Recht der Kunst auf die Schule. Beiträge zur künstler. Bildg. Von Chr. Tränckner. (88 S.) 905. n. 1. 40
33. Das Drama. Eine gemeinverständl. Darstellg. seines Wesens u. Baues. Von Albr. Thoma. 2., verm. Aufl. (41 S.) 905. n. 1. —
34. Rousseau als Klassiker der Sozialpädagogik. Entwurf zu e. Neudarstellg. auf Grund seines Emile. Von Alb. Görland. [Aus: „Pädagog. Blätter f. Lehrerbildung."] (21 S.) 906. n. — 40

Heft 1—26. Ebd. 897—902. n. 26. 40.

— zur Lehrerbildung u. Lehrerfortbildung. Hrsg. v. K. Muthesius. 18. u. 35.—44. Heft. gr. 8. Gotha, E. F. Thienemann. 10. 40

Dalisda, E., die Bergpredigt. Ein Beitrag zur synopt. Evangelienerklärg. f. Gebildete, insbesondere f. Lehrer. Nebst e. einleit. Abhandlg.: Die Weiterbildg. der zur zweiten Prüfg. sich meld. Lehrer, besonders in Religion. [Erweit. Sonderabdr. aus: „Pädag. Blätter f. Lehrerbildg."] (94 S.) 906. (Hft. 35) — 60
Jack, Michael, zur didaktischen Darstellung v. Stoffen aus der niederen u. höheren Mathematik. (50 S. m. 1 Taf.) 907. (Hft. 37) 1. 40
Fiebig, Paul, die Offenbarung des Johannes u. die jüdische Apokalyptik der römischen Kaiserzeit. 2 Vorträge. (32 S.) 907. (Hft. 36) — 80
Kerrl, Thdr., welche Bedeutung hat die philosophische Propädeutik f. die Bildung u. insbesondere f. die Lehrerbildung? [Aus: „Pädag. Blätter f. Lehrerbildg."] (18 S.) 907. (Hft. 40) — 40
Reich, E., die ländliche Fortbildungsschule als notwendiger Faktor unserer Volksbildung. Ein Beitrag zu ihrer Fortentwickelg. in 3 Vorträgen. [Aus: „Pädagog. Blätter f. Lehrerbildg."] (31 S.) 908. (Hft. 42) — 80
Rückert, der Pentateuch im Lichte der neueren Forschung m. besond. Beziehung auf den Seminar-Unterricht. [Aus: „Pädagog. Blätter f. Lehrerbildg."] (24 S.) 908. (Hft. 41) — 60
Schmidt, Emil, die sprachlich-geistige Entwickelung des Kindes als Grundlage e. naturgemäßen Unterrichts in der Muttersprache. (89 S.) 909. (Hft. 43) 2. —
Staude, R., zwei Hauptprobleme aus d. Leben-Jesu-Forschung. [Aus: „Pädagog. Blätter f. Lehrerbildg."] (37 S.) 907. (Hft. 38) 1. —
Stimpfl, Jos., der Wert der Kinderpsychologie f. den Lehrer. 2., umgearb. Aufl. (27 S.) 908. (Hft. 18) — 80
Thoma, Albr., das Studium des Dramas an Meisterwerken der deutschen Klassiker. II. Tl. Meisterwerke Schillers. (46 S.) 907. (Hft. 39) 1.20 (I u. II: 3.20)
Voigt, das Erziehungsideal in Fichtes Reden an die deutsche Nation. [Aus: „Pädagog. Blätter f. Lehrerbildg."] (31 S.) 909. (Hft. 44) — 80.

Hft. 1—17 u. 19—34. Ebd. 897—908. 32.40

— z. Lehrerbildung u. Lehrerfortbildg. 45—49. u. NAfl 18. u. 33. Heft. gr8° Gotha, EF Thienemann, (1—15, 17—21 u. 23—49: 48.60)
Heft 16 u. 22 sind z. Zt vergriffen.
Mannsfeldt, Emil: Die neuere wissenschaftl. Prosa in d. Schule besond. in Seminaren u. f. d. Lehrerfortbildg. Beitr. zur freieren Gestaltg d. Unterr. (64) '12 [48] 1.80
Meyer, Otto: Die staatsbürgerl. Erziehg d. künft. Volksschullehrers. Vortr. (26) '11 [47] — 60
Passarge, F: Die preuss. Präparandenanst. nach ihrer Entwickelg, ihrer gegenwärt. Einrichtg u. ihrer Ausgestaltgsnotwendigk. (97) '11 [46] 2.50
Puls, Alfr.: Macbeth u. d. Lady bei Shakespeare u. Schiller. Eine kritisch-ästhet. Untersuchg. (27) '13 [49] — 80
Stimpfl, Jos.: Der Wert d. Kinderpsychol. f. d. Lehrer. 3. Afl. (31) '12 [18] — 80
Thoma, Albr.: Das Drama. Gemeinverständl. Darstellg s. Wesens u. Baues. 3. Afl. (59) '12 [33] 1.50
— Das Studium d. Dramas an Meisterwerken d. deut. Klassiker. 3 Tl. Meisterwerke Goethes. (77) '11 [45] 1.80 (1—3: 5 —)

— z. angen. u. lehrr. Lektüre in Poësie u. Prosa, mit Musik. 16. Düsseld. 799. Dänzer. 16 ℊ

— zur angen. u. nützl. Lektüre. Ein Scherflein z. Leserei f. Frauenzimmer. 2 Bdchn. 8. Offenb. 799. Brede. 21 ℊ

Beiträge zur deutschen Lektüre.
Leipz. 1773. V: *Thierbach, Joh. Gottlob.* (Ky)

— z. deutschen Lektüre. 8. Leipz. 773. Büschel. 12 ℊ

Beiträge zur empfindsamen und moralischen Lecture. Altenburg 1774. V:
Schwabe, Johann Gottlob Samuel. (BGE I[3],215)

— zur moral. u. empfindſ. Lektüre, (v. J. G. S. Schwabe). 8. Altenb. 774. (Hennings in Neisse). 5 ℊ

— für d. Lektüre u. d. Theater, (v. H. Schulze). 8. Riga 794. Müller. 6 ℊ

Beiträge zu den neu herauszugebenden Lesebüchern für Volks- und Mittelschulen. — Berlin: Deutscher Verl. 1902. 42 S. 8° 38.
15.

— z. gemeinnütz. Lesung d. heil. Schrift. 5 Stcke. (v. J. Chr. Seyfert). 8. Leipz. 784 — 87. (Aue in Alt.) 20 ℊ (4s u. 5s Stck. Auch u. d. T.: Pauli Pastoralbriefe, erklärt ꝛc. 787.)

— z. Liederhistorie, betreff. das Gesangbuch. 8. Leipz. 769. Hilscher. 8 ℊ

Beiträge, Liegnitzische.
Liegnitz 179? H: *Frosch, Friedr. Theod.* (MGT)

Beiträge von Literaten und Künstlern zum Deutschen Hospital Bazaar. Contributions of writers and artists to the German Hospital Fair. February 1889. — (New York [1889]: Ringler.) 78 Bl. 8° 18.
15.

— zur ältern Litteratur, oder Merkwürdigkeiten d. Herzogl. öffentl. Bibliothek zu Gotha. Herausg. v. Fr. Jacobs u. F. A. Ukert. 1r Bd. 1s u 2s Hft. gr. 8. Leipz. 835. Dyk. 1s Hft. 7/8 ℛ 2s Hft. Mit 6 lithogr. Schrifttaf. 1 1/2 ℛ 3s u. 4s H. od. 2r Bd. 1s u. 2s H. 836, 37. 1s 1 ℛ 2s 1 1/6 ℛ 3r Bd. 1s H. 838. 7/8 ℛ (1—3. 4 ℛ 13 ℊ)

— zur ältern Litteratur, oder Merkwürdigkeiten d. Herzogl. öffentl. Bibliothek zu Gotha. Herausgeg. von Fr. Jacobs u. F. A. Ukert. 6. Heft oder 3. Bd. 2. Hft. gr. 8. Leipzig 843, Dyk'sche Buchh. 5/6 ℛ — (1.—6. Heft. 6 1/4 ℛ)

Beiträge zur deutschen Literatur und Literärgeschichte; enthaltend: Kleine Gedichte Sebastian Brandts, nebst e. Biographie; Briefe von Thomas Murner, nebst fac simile; Conrad von Danckrotzheim, Das heilige Namenbuch. Von Adam Walther Strobel. — Paris [usw.]: Levrault 1827. VIII,129 S. 8° 1:Yc4081. 2. 3. 4. 7. 8. 11. 12:P.o.germ. 1427df. 14. 15. 17. 21. 24. 25. 302. 15.

— z. jurist. Literatur in Preußen. 7. Sammll. gr. 8. Berl. 775—85. Voß. 7 ₰ 8e Samml. 8. Leipz. 787. Barth. 1 ₰

Beiträge zur juristischen Litteratur in den preussischen Staaten. Berlin 1775—1790. H: *Hymmen, Johann Wilhelm Bernhard.* (ADB) S. a. Nr. 4469.

— zur pädagogischen Litteratur aus Schlesien und Posen. Nr. 1. gr. 8. Breslau 889. Priebatsch. n. — 50
Der deutsche Unterricht auf d. Unterstufe d. zweisprachigen Volksschule. Theoretisch-prakt. Anleitung für das erste Lehrverfahren nach der natürl., Anschauungs- od. Realmethode von R. Nitschke. (32 S.)

Beiträge zur Litteratur des Teutschen Staatsrechts [Leipz. 1797]. V: *Siebenkees, Johann Christian.* (MGT)

Beiträge zur Litteratur und Theaterkunde ... Erstes Stück. Jan. 1785. Hamburg 1785. V: *Arien, Bernh. Christoph d'.* (Arch. f. Litt. VIII, 212)

— z. Literatur u. Theaterkunde. 1s Stck. 8. Hamb. 785. Matthießen. 3 ₰

— zur Literatur u. z. Vergnügen, (v. G. B. v. Schirach). 1s Stck. 8. Halle 766.

— zu d. deutsch-slawischen Literaturbeziehungen, s.a. Studien. Prager, deutsche. 13. Heft.

Beiträge zu den deutsch-slawischen Literaturbeziehungen. 1. Prag: Bellmann 1909. 8°
(Prager Deutsche Studien H 13.) [illegible]

— zur Literaturgeschichte. Hrsg.: Herm. Graef. 1—9., 11. u. 13.—15. Heft. 8. Leipzig, Verlag f. Literatur, Kunst u. Musik. n. 7. —
Bieder, Theod., Friedrich Hebbel. (39 S.) 906. (Heft 15.) n. — 60
Brischar, Karl M., J(ens) P(eter) Jakobsen u. seine Schule. (19 S.) 906. (Heft 2.) n. — 40
Burggraf, Jul., das Erwachen u. Werden des Dichters in Schiller. (43 S.) 906. (Heft 13.) n. — 60
Busse, Carl, Conrad Ferdinand Meyer als Lyriker. (32 S.) 906. (Heft 8.) n. — 60
Engelhard, Carl, K. E. Knodt. (26 S.) 906. (Heft 11.) n. — 40
Graef, Herm., Annette v. Droste-Hülshoff. (45 S.) 906. (Heft 14.) n. — 60
— Heinr. Heine. 2. Aufl. (30 S.) 906. (Heft 5.) n. — 40
— Nikolaus Lenau. (40 S.) 906. (Heft 9.) n. — 60
— Schillers Romanzen in ihrem Gegensatz zu Goethes Balladen. (42 S.) 906. (Heft 1.) n. — 60
Knodt, Karl Ernst, Theodor Storm, der (Umschlag: als) Lyriker. (27 S.) 906. (Heft 4.) n. — 40
Kunad, Paul, Immermanns Merlin u. seine Beziehungen zu Richard Wagners Ring des Nibelungen. (16 S.) 906. (Heft 3.) n. — 40
Strauß u. Torney, Lulu v., die Dorfgeschichte in der modernen Literatur. (40 S.) 906. (Heft 7.) n. — 60
Wildenbruch, Ernst v., das deutsche Drama, seine Entwicklung u. sein gegenwärtiger Stand. (49 S.) 906. (Heft 6.) n. — 80
Die Hefte 10 u. 12 sind noch nicht erschienen.

— zur Literaturgeschichte. Hrsg.: Herm. Graef. 10. 12. 16.—57. u. 71. Heft. 8. Leipzig, Verlag f. Literatur, Kunst u. Musik. 36. 80
Arminius, Wilh., Hans Hoffmann. (37 S.) 909. (Hft. 57) — 60
— Wilhelm Jensen. (36 S.) 908. (Hft. 58) — 60
Bacher, Eduard, Ferdinand v. Saar. (20 S.) 908. (Hft. 43) — 60
Behrend, Walt., Ernst v. Wildenbruch. Theater, Erzählg. u. Lyrik. Ein Essay. (103 S.) 907. (Hft. 37) 1. 20
Buschmann, Johs., Maurice Maeterlinck. Eine Studie. (49 S.) 908. (Hft. 54) — 60
Degen, Rich., der lutherische Charakter in Goethes „Faust". (29 S.) 906. (Hft. 10) — 60
Diederich, Benno, Hamburger Poeten. Charakterbilder aus der Literatur unserer Zeit. (295 S.) 910. (Hft. 71) 3. —
Engelhard, Karl, Friedrich Hebbel als Lyriker. (43 S.) 907. (Hft. 44) — 60
Eschen, M. v., Parcival u. Faust. Eine Studie. (53 S.) 906. (Hft. 17) — 60
Freisberg, Heinr., Schopenhauers Grundansichten. (97 S.) (Hft. 30) 1. 50
Friedrich, Paul, Friedrich Nietzsche als Lyriker. (35 S.) 906. (Hft. 22) — 60
Gottschall, Rud. v., Adalbert Stifter. (68 S.) 907. (Hft. 25) — 80
Graef, Herm., Berthold Auerbach. (40 S.) 907. (Hft. 36) — 60
— Emanuel Geibel. (47 S.) 908. (Hft. 38) — 60
— Goethe vor u. während des Tasso. (28 S.) 906. (Hft. 16) — 60
— Wilhelm Hauff. (27 S.) 906. (Hft. 19) — 40
— Wilhelm u. Alexander v. Humboldt. (45 S.) 907. (Hft. 29) — 60
— Heinr. v. Kleist. (23 S.) 906. (Hft. 24) — 40
— Friedrich Rückert. (34 S.) 906. (Hft. 40) — 60
— Daniel Friedrich Ernst Schleiermacher. (37 S.) 907. (Hft. 36) — 60
— Johann Ludw. Tieck. (29 S.) 907. (Hft. 26) — 60
Henzen, Wilh., Hebbels Judith u. Schillers Jungfrau. (37 S.) 907. (Hft. 28) — 60
Kerr, Hanns, Frank Wedekind. Eine Studie. (48 S.) 908. (Hft. 56) 1 —
Kiesel, Fritz, Bürger als Balladendichter. (64 S.) 907. (Hft. 33) — 60
Kirchbach, Wolfg., zum Verständnis altgriechischer Dichtung. 3 Essays. (112 S.) 906. (Hft. 20) 1. 20
Kirchner, Johs., Paul Eber, der Schüler Melanchthons. (64 S.) 907. (Hft. 42) — 60
Kirchner, Johs., Paul Gerhardt. Ein Bild seines Lebens u. Wirkens. (117 S.) 908. (Hft. 51) 1. —
Köhrer, Erich, Grabbe. (40 S.) 908. (Hft. 39) — 60
Köllmann, Aug., Hugo v. Hofmannsthal. (40 S.) 907. (Hft. 47) — 80
Kuhn, Alfr., Hermann Hesse. Ein Essay. (54 S.) 907. (Hft. 45) — 80
Lennemann, W., Peter Hille. (34 S.) 908. (Hft. 52) — 60
Luntowski, Adalb., Maler Müller. (98 S.) 908. (Hft. 49) 1. 20
Luther, Arth., Franz Grillparzer. (51 S.) 907. (Hft. 34) — 60
Merwin, Berthold, Detlev v. Liliencron. (188 S.) 906. (Umschlag 907.) (Hft. 23) 1. 50
Plattensteiner, Rich., Peter Rosegger. (35 S.) 906. (Hft. 12) — 40
Pompeckj, Bruno, Robert Reinick. (48 S.) 906. (Hft. 21) — 60
— Westpreußische Poeten. Eine literar. Umschau. (62 S.) 907. (Hft. 31) — 60
Rosenfeld, W., Gottfried Keller. (88 S.) 907. (Hft. 27) — 60
Schaukal, Rich., Richard Dehmels Lyrik. Versuch e. Darstellg. der Grundzüge. (48 S.) 908. (Hft. 50) 1. —
Schellenberg, Ernst Ludw., Gustav Falke. Eine Studie. (36 S.) 908. (Hft. 55) — 60
— Rainer Maria Rilke. Ein Essay. (38 S.) 907. (Hft. 35) — 60
Stümcke, Heinr., Berliner Theater. (40 S.) 907. (Hft. 41.) — 80
Wagner, Alb., Henrik Ibsen. (351 S.) 907. (Hft. 48.) 3. —
Wegener, Hanns, Ferdinand Avenarius. Der Dichter. (34 S.) 908. (Hft. 46.) — 80
Wilbrandt, Adf., Ulrich Braeker, der arme Mann in Tockenburg. (26 S.) 906. (Hft. 18.) — 40

Beiträge z. Literaturgesch. Hrsg.: Herm. Graef u. Rud. Eichler. 58—72. u. 75. Heft. 8° Lpzg, Verl. f. Lit., Kunst u. Musik. (1—72 u. 75: 58.10) d
Heft 73 u. 74 sind noch nicht erschienen.
Alvor, Pet.: Wer war Shakespeare? 1. Moderne Shakespeare-Entdecker. (28) '09 [60] — 40
Babillotte, Arth.: Gabriele d'Annunzio. (47) '10 [64] 1 —
Diederich, Benno: Hamburger Poeten. Charakterbilder a. d. Lit. uns. Zeit. (295) gr8° '10 [71] 3 —
Elster, Hanns Mart.: Richard Schaukal. Versuche e. Charakteristik. (59 u. 6) '11 [69] 1 —
Hennings, John: Sudermann u. Hauptmann. (29) '09 [58] — 60
Henzen, Wilh.: Schiller. Freih. u. Schicksal. — Realismus. — Sehnsucht. 3 Aufsätze m. Prolog. (71) '10 [66] — 80
Jedrzejewski, Frz: Justinus u. Theobald Kerner u. d. Kernerhaus in Weinsberg. (115) '10 [70] 1 —
Kammerhoff, E: Wilhelm Arminius. (48 m. Bildn.) '10 (Umschl.: '09) [62] — 60
— Johannes Dose, d. sangesfrohe Sänger d. Nordmark. (92) '10 [65] 1 —
— Hermann Anders Krüger. (156 m. Bildn.) '10 [72] 2 —
— Paul Kunad, e. Stiller im Lande d. Poeten. (67 m. Bildn.) '10 [73] — 80
— Charlotte Niese. (74) '10 [67] 1 —
— Prinz Emil v. Schoenaich-Carolath als Mensch u. relig. Lyriker. (56) '09 [63] 1 —
Krell, Max: Wilhelm v. Polenz. (26) '10 (Umschl.: '09) [61] — 60
Neurath, Karl: Wilhelm Holzamer. (91) '10 [59] 1 —
Rosenthal, Max: Eduard Mörike. Untersuchg s. künstler. Schaffens. (105) '10 [68] 1.50

— z. christlich-arabischen Literaturgeschichte. IV. Heft. gr. 8. Leipzig, O. Harrassowitz. nn 3. 50
Die christlich-arabische Literatur der Mozaraben. Von Heinr. Goussen. (31 S. m. Abbildgn.) 909.
Heft I—III sind noch nicht erschienen.

Beiträge zur Literatur- und Kulturgeschichte der Israeliten ... Hrsg. von M. Letteris. — Wien 1859. 76 S. 8°
Aus: Wiener Mittheilungen. 1:Ey 810. 30.
15.

— zur Literaturgeschichte u. Kulturgeschichte des Rheinlandes. Hrsg. v. Jos. Gotzen. 1 u. 2. gr. 8. Bonn, P. Hanstein. 10.50; geb. 12. 50
Bockmann, Karl, Heinrich Lindenborn, der kölnische Diogenes. Sein Leben u. seine Werke. Ein Beitrag zur Literatur- u. Kulturgeschichte des Rheinlandes. (XII, 288 S.) 908. (I) 6.—; geb. 7. —
Stahl, Hans, P. Martin v. Cochem u. Das „Leben Christi“. Ein Beitrag zur Geschichte der religiösen Volksliteratur. (VIII, 200 S.) 909. (II) 4.50; geb. 5. 50

Beiträge zur neueren Literaturgeschichte. Hrsg. v. W. Wetz. I. Bd. 1.—4. Hft. gr. 8. Heidelberg, Carl Winter. 18. 10
Ballweg, Osk., das klassizistische Drama zur Zeit Shakespeares. (V, 120 S.) 909. (3. Hft.) 3. —
Goest, Sibylla, der Sensualismus bei John Keats. Diss. (70 S.) 908. (2. Hft.) 1. 50
Hofherr, Alb., Thomas Rymers dramatische Kritik. (165 S.) 908. (1. Hft.) 4. 20
Krebs, Siegfr., Philipp Otto Runge's Entwicklung unter dem Einflusse Ludwig Tieck's. Mit 5 ungedr. Briefen Tiecks. (III, 168 S.) 909. (4. Hft.) 4. 40

— zur deutschen Literaturwissenschaft, hrsg. v. Ernst Elster. Nr. 1—12, 14 u. 18. gr. 8. Marburg, N. G. Elwert's Verl. 44. —
Draeger, Otto, Theodor Mundt u. seine Beziehungen zum Jungen Deutschland. (V, 179 S.) 909. (No. 10.) 4. —
Eichentopf, Hans, Theodor Storms Erzählungskunst in ihrer Entwickelung. (VI, 62 S.) 908. (No. 11.) 1. 60
Franz, Albin, Johann Klaj. Ein Beitrag zur deutschen Literaturgesch. d. 17. Jahrh. (XI, 284 S.) 908. (No. 6.) 6. 40
Hitzeroth, Carl, Johann Heermann (1585—1647.) Ein Beitrag zur Geschichte der geistl. Lyrik im 17. Jahrh. (VII, 184 S.) 907. (No. 2.) 4. —
Kusch, Fritz, Leopold F. G. v. Goeckingk. (VII, 139 S.) 909. (No. 5.) 3. 20
Kyrieleis, Rich., Moritz August v. Thümmels Roman „Reise in die mittäglichen Provinzen v. Frankreich“. (VI, 78 S.) 908. (No. 9.) 2. —
Lühmann, Joh., Johann Balthasar Schupp. Beiträge zu seiner Würdigg. (VI, 106 S.) 907. (No. 4.) 2. —
Mayrhofer, Otto, Gust. Freytag u. das Junge Deutschland. (VII, 56 S.) 907. (No. 1.) 1. 20
Preitz, Max, Gottfried Kellers dramatische Bestrebgn. (IX, 188 S.) 909. (No. 12.) 4. 40
Rueff, Hans, zur Entstehungsgeschichte von Goethes „Torquato Tasso“. (V, 73 S.) 910. (Nr. 18.) 1. 60
Schaeffer, Carl, die Bedeutung des Musikalischen u. Akustischen in E. T. A. Hoffmanns literar. Schaffen. (VIII, 239 S.) 909. (Nr. 14.) 6. —
Schmidtborn, Otto, Christoph Ernst Frhr. v. Houwald als Dramatiker. (VII, 117 S.) 909. (Nr. 8.) 2. 40
Siebert, Wilh., Heinrich Heines Beziehungen zu E. T. A. Hoffmann. (VIII, 109 S.) 908. (Nr. 7.) 2. 80
Ulrich, Paul, Gustav Freytags Romantechnik. (VI, 135 S.) 907. (Nr. 3.) 2. 40
Nr. 13 u. 15—17 sind noch nicht erschienen.

Beiträge z. deutschen Literaturwissenschaft, hrsg. v. Ernst Elster. Nr 13 u. 16—18 u. 20. gr8° Marbg, NG Elwert's V. (1—14, 16—18 u. 20: 58.50)
Nr 15 u. 19 sind noch nicht erschienen.
Müller, Pet.: Beiträge z. Würdigg v. Karl Gutzkow als Lustspieldichter. Mit e. einleit. Tl üb. e. unbekanntes Tageb. (7, 111) '10 [16] 3 —
Rueff, Hans: Zur Entstehgsgesch. v. Goethes „Torquato Tasso“. (5, 73) '10 [18] 1.60
Schier, Alfr.: Die Liebe in d. Frühromantik m. bes. Berücks. d. Romans. (12, 200) '13 [20] 4 —
Szymanzig, Max: Immermanns „Tristan u. Isolde“. (9, 258) '11 [17] 4.50
Zaunert, Paul: Bürgers Verskunst. (7, 144) '11 [13] 3 —

— livländische, zur Verbreitung gründlicher Kunde von der protestantischen Landeskirche u. dem deutschen Landesstaate in den Ostseeprovinzen Rußlands, von ihrem guten Rechte u. von ihrem Kampfe um Gewissensfreiheit. 1. Beitrag. Berlin 867. Stilke & van Muyden. gr. 8. (150 S.) n. 20 ngr.

— — 1. Bd. 1. Heft. 2, durchges. u. verm. Aufl. Ebend. 869. gr. 8. (XV, 163 S.) n. 1 ₰ 6 ngr.

— — 2. 3. Beitrag. Ebend. 868. gr. 8. (XXIII, 300 S.) n. 1 ₰ 20 ngr.

— — 2. Bd. 1—6. Heft. Ebend. 868, 69. gr. 8. (XIII, S. 1—640.) n. 4 ₰ 3 ngr.

— — 2. Bd. 7. Heft. Leipzig 869. Duncker & Humblot. gr. 8. (VII, S. 641—900.) n. 1 ₰ 24 ngr.

— — Alphabetisches Namen- u. Sach-Register zu Bd. 1. u. 2. mit parallelen Hinweisen auf die übrigen sinnverwandten Schriften ihres Herausgebers. Ebend. 870. gr. 8. (III, 63 S.) n. 18 ngr.

—— dass. — 3. Bd. 5 Hefte. (Neue Folge. 1. Bd. 5 Hefte.) gr. 8. Ebendas. [1. Heft. (III, 169 S.) 869. * ℳ 3.; 2. Heft. (III, 168 S.) 870. * ℳ 3.; 3. Heft. (III, 178 S.) 870. * ℳ 3.; 4. Heft. (III, 169 S.) * ℳ 3.; 5. Heft. [Suppl.] (XXII, 380 S.) 871. * ℳ 6.] *

—— alphabetisches Namen- und Sachregister zu Bd. III. (Neue Folge I.) Heft 1—5. Von W. v. Bock. gr. 8. (V, 26 S.) Ebendas. 871. *
1. Bd. 2. Heft. [Ebendas.] 1867. * ℳ 3.; 3. Heft. 1868. * ℳ 3.

— zu Freibergs Localgeschichte des 19. Jahrhunderts. Heft I. 8. Freiberg 846, Craz u. Gerlach. n. 1/6 ₰

Beiträge zu Freibergs Localgeschichte des 19. Jahrhunderts. Heft I—III. Freiberg 1847. V: *Beyer, R.* (EngG)

— zu Freibergs Localgeschichte des 19. Jahrhunderts. Hft. II. u. III. 8. (S. 49—144.) Freiberg 847, Craz & Gerlach. n. 1/3 ₰ (I—III.: n. 1/2 ₰)

Beiträge zur Localgeschichte des Niederrheines. Bd. 1— Viersen: Fluß 1874 —

— zur Localgeschichte d. Niederrheines. Hrsg. v. P. Norrenberg. 2—4. Bdchn. gr. 8. Viersen 874. 75. Fluß. n. 8. 50 (1—4.: n. 10. 50)
2. Geschichte der Stadt Süchteln. Zumeist nach den Quellen d. Süchtelner Stadt-Archiv's dargestellt v. P. Norrenberg. (118 S.) n. 2. 50
3. Chronik der Stadt Dülken. Ihre Geschichte u. ihr Volksleben zumeist nach den Quellen d. Stadt- u. Pfarrarchivs u. nach der mündl. Ueberlieferg. dargestellt v. P. Norrenberg. Nebst 2 Lith. (128 S.) n. 3. —
4. Geschichte der Herrlichkeit Grefrath. Zugleich e. Beitrag zur Geschichte d. Geldrischen Amtes Kriekenbeck. Mit besond. Berücksicht. d. Volksthümlichen dargestellt v. P. Norrenberg. Nebst lith. Plänen u. Siegelabdrücken (auf 2 Steintaf.) (VIII, 165 S.) n. 3. —

—— zur Localgeschichte des Niederrheins. Hrsg. von P. Norrenberg. 6. Bdchn.: Aus dem Viersener Bannbuch. 8. (VII, 146 S. mit 1 Karte.) Viersen 886, Hoster. *
1.—4. Heft. Ebendas. 1874,75. * ℳ 10.50. — 5. Heft bildet: Norrenberg, P., niederrhein. Volkslieder. (Leipzig 1879, Köhler's Antiq.) * ℳ 1.50.; s. Bd. XVII, Abthl. 2. S. 251.

Beiträge zur Lösung der Bank- und Valuta-Frage. — Prag 1862: Mercy. 16 S. 8° 300:174.514-C.
15.

Beiträge zur Lösung der Frage über Aufrechthaltung oder Einschränkung der Gewerbefreiheit. 8°. Wien 1882.

— zur Lösung der socialen Frage. [Aus dem Franz.] 8. (24 S.) Wien 884. (Huber & Lahme.) n. — 40

Beiträge zur Lösung der sozialen Frage. Hrsg. von Paul Luck. — Berlin: Luck [1909]. 8 S. 8° (Reformer-Merkblätter. 1.) 1:Fc 5954/16-1.
15.

Beiträge zur Lösung der Preisfrage des Erzherzogs Johann für Geographie und Historie Innerösterreichs im Mittelalter. Wien 1819. V: *Hormayr zu Hortenburg, Jacob Friedrich.* (Feil)

Beiträge zur Lösung der bad. Volksschulfrage. — Karlsruhe 1861: Macklot. 31 S. 8° 12: Paed.Ph. 478. 16. 25.
15.

.Beiträge zur Mappirungsgeschichte des Königreichs Hannover. [Weimar 1822.] V: *Berghaus, Heinrich Carl Wilhelm.* (Hitzig)

— Marburger, z. romanischen Philol. Hrsg. v. Eduard Wechssler. 1—10. Heft. gr8° Marburg, A Ebel. 45 —
Berneburg, Ernst: Charakterkomik bei Molière. (5, 88) '12 [10 2 —

romanische Philol.—Stade

Heyl, Karl: Die Theorie d. Minne in d. ältesten Minneromanen Frankr. (12, 209) '11 [4] 5.50
Klein, Alex.: Die altfranzös. Minnefragen. 1. Tl. Ausg. d. Texte u. Gesch. d. Gattg. (9, 359) '11 [1] 12 —
Lehmann, Rud.: Die Formelemente d. Stils v. Flaubert in d. Romanen u. Novellen. (6, 101) '11 [5] 3 —
Pauli, Frz: Die philosoph. Grundanschaugn in d. Romanen d. Abbé Prévost im Besonderen in d. Manon Lescaut. (6, 126) '12 [7] 3 —
Prosaroman, Der altfranzös., v. Lancelot del Lac. I. Branche: La reine as granz dolors. Versuch e. krit. Ausg. n. allen bekannten Handschriften v. Gerh. Bräuner. (9, 59 m. 2 Taf.) '11 [2] 3 — ‖ Dass. 2. Branche: Les enfances Lancelot (1. Tl). Versuch e. krit. Ausg. n. allen bekannten Handschriften v. Hans Becker. (12, 141 m. 1 Taf.) '12 [6] 5 — ‖ Dass. 2. Branche: Les enfances Lancelot (2. Tl). 3. Branche: La doloreuse garde (1. Tl). Versuch e. krit. Ausg. n. allen bekannten Handschriften v. Heinr. Bubinger. Anh.: Bräuner, Gerh.: Üb. d. Verhältn. d. Handschriften d. altfranzös. Prosaromans v. Lancelot del Lac in d. 1. Branche (La reine as granz dolors). Nachtrag zu Heft 2 d. Marburger Beiträge. (127 m. 1 Taf.) '12 [8] 5.50
Schramm, Frz: Sprachliches z. Lex Salica. Vulgärlatein.-roman. Studie. (8, 150) '11 [3] 4.50
Wechssler, Eduard: Üb. d. Beziehgn v. Weltanschaug u. Kunstschaffen im Hinblick auf Molière u. Victor Hugo. Vortr. (11, 46) '11 [9] 1.50

Beiträge z. reinen, angewandten u. techn. Mathematik. 16 Hft. Auch u. d. T.: L. Gunz, Elementar-Theorie d. parallelen Geraden. M. 2 Kpf. 8. Grätz 815. Miller. 12 K

— mathemat., z. Ausbild. angehender Geometer. gr. 4. Königsb. 803. (Unzer). 2 ₰ 8 K

— z. forens. Medizin. Hrsg. v. Hans Lungwitz. I. Bd, 1—3. Heft. gr8° Berl., Adler-Verl. d. Heft 1 —; d. Bd v. 6 Heften 5 —
Hirschfeld, Magnus: Geschlechts-Umwandlgn (Irrtümer in d. Geschlechtsbestimmg). 6 Fälle a. d. forens. Praxis. (34) '12 [I,2]
Lungwitz, Hans: Der Fall Rennfahrer Breuer v. gerichtl.-medizin. Standpunkte. (28) '12 [I,1]
Wilhelm: Operationsrecht d. Arztes u. Einwilligg d. Patienten in d. Rechtspflege. (40) '12 [I,3]

Beiträge z. gerichtl. Medizin. Hrsg. v. Alex. Kolisko. 1. Bd. (8, 384 m. 2 farb. Taf.) Lex8° Wien, F Deuticke '11. 15 —

Beiträge zur inneren Medicin. Festschrift aus Anlass d. Congresses für Innere Medicin in Karlsbad im April 1899. Unter Mitarb. von … hrsg. von R. v. Jaksch u. I. Herrnheiser. — Wien: Hölder 1900. 355 S. 8°
1: Ic 2629/10. 3. 5. 6. 7. 10. 11. 12: Path. 106 pch. 15. 21. 26. 27. 39. 300: 400.902-B. 302.
15.

—— zur Medicin u. Chirurg. Klinik, s. Cholera-Zeitung.

Beiträge zur klinischen Medizin. Festschrift, Herrn Geheimrat Professor Senator zur Feier seines 70. Geburtstages gewidmet. — Berlin: Hirschwald 1904. XVI, 461 S. 8°
1: Ic 2629/59. 3. 5. 10. 11. 12: Path. 106 pco. 15. 16. 27. 302.

— zur klinischen Medicin u. Chirurgie, hrsg. vom Red.-Comité der „Wiener klin. Wochenschrift", Thdr. Billroth, Rud. Chrobak, Ernst Fuchs, Hans Kundrat, Ernst Ludwig u. L. R. v. Schrötter. Red.: Gust. Riehl. 1.—10. Hft. gr. 8. Wien, W. Braumüller. n. 25. 40

1. Die Lungentuberculose als Misch-Infection. Von Norb. Ortner. Aus dem Institute f. patholog. Histologie u. Bakteriologie (A. Weichselbaum) in Wien. (164 S. m. 2 farb. Taf.) 893. n. 3. —
2. Ursachen der Tuberculinwirkung. Bakteriologisch-experimentelle Untersuchgn. v. Arth. Klein. (107 S.) 893. n. 2. —
3. Zur Casuistik u. Therapie der Blutgefässgeschwülste. Aus der Klinik Thdr. Billroth's in Wien. Von Frz. Hansy. (VII, 69 S. m. 3 Taf.) 893. n. 2. —
4. Über die combinirten systematischen Erkrankungen der Rückenmarksstränge der Erwachsenen. Von Karl Mayer. (54 S. m. 2 lith. Taf.) 894. n. 2. —
5. Spätformen hereditärer Syphilis in den oberen Luftwegen. Eine klin. Studie v. Gerber. (V, 105 S. m. 12 Abbildgn.) 894. n. 2. —
6. Über die physiologischen Wirkungen verschiedener warmer Bäder u. üb. das Verhalten der Eigenwärme im Allgemeinen. Von Ludw. Wick. (160 S. m. 4 lith. Taf.) 894. n. 3. —
7. Zur Klinik der Cholelithiasis u. der Gallenwege-Infectionen. Aus der II. medicin. Klinik (Prof. E. Neusser) der Universität Wien. Von Norbert Ortner. (138 S.) 894. n. 3. —
8. Pathologie u. Therapie d. Hallux valgus. Von Erwin Payr. (78 S. m. 11 Abbildgn. u. 3 Taf.) 894. n. 2. 40
9. Über Appendicitis, nebst e. Bericht üb. 68 Fälle, die vom Septbr. 1888 bis zum Juli 1893 auf der chirurg. Klinik zu Upsala operirt worden sind. Von K. G. Lennander. (156 S.) 895. n. 3. 60
10. Die manuelle Correctur der Deflexionslagen. Von Hub. Peters. (113 S. m. 4 Holzschn.) 895. n. 2. 40

— z. klinischen Medicin u. Chirurgie, hrsg. v. Red.-Comité d. Wiener klin. Wochenschrift, Rud. Chrobak, Ernst Fuchs, Carl Gussenbauer, Ernst Ludwig, Edm. Neusser, L. R. v. Schrötter u. Ant. Weichselbaum. Red. v. Gust. Riehl. 11.—14. Hft. gr. 8. Wien. Braumüller. n. 9. 60

11. Üb. Myome u. Fibrome d. Uterus u. der. Einfluss auf d. Umgebung. M. specieller Berücksicht. d. Verhaltens d. Tuben. Von Jos. Fabricius. (88 S. m. 8 Taf.) 895. n. 3. 60
12. Üb. d. Carcinom-Parasitismus. Krit. Studie v. Emil Schwarz. (96 S. m. 2 farb. Taf.) 895. n. 3 —
13. Zur Ätiologie u. patholog. Anatomie d. Lobulärpneumonie, insbesond. d. Aspirations-Pneumonie. Von Karl Kreibich. (79 S.) 896. n. 1. 80
14. Üb. tabische Gelenkserkrankgn. v. Konr. Büdinger. (85 S m 11 Abb) 896. n. 1. 20

Beiträge z. klin. Medicin u. Chirurgie, hrsg. v. Red.-Comité d. Wiener klin. Wochenschrift, Rud. Chrobak, Ernst Fuchs, Carl Gussenbauer, Ernst Ludwig, Edm. Neusser, L. R. v. Schrötter u. Ant. Weichselbaum. Red. v. Alex. Fraenkel. 15.—19. Hft. gr. 8. Wien. Braumüller. n. 7. 80 (1.—19. n. 42. 80)

15. Hämosiderin-Pigmentirung d. Leber- u. Lebercirrhose v. R. Kretz. (58 S. m. 1 Lichtdr.-Taf.) 896. n. 1. 60
16. Ischias skoliotica (Skoliosis neuralgica). E. krit. Studie von Sigm. Erben. (48 S.) 897. n. 1 —
17. Zur Klinik d. primären Neoplasmen der Pleura. Von Alex. Ritter v. Weissmayr. M. 5 Abb. i. Text. (105 S.) 897. n. 2. —
18. Verdauungsrückstände b. d. Ernährg. m. Kuhmilch u. ihre Bedeutg. f. d. Säuglinge. Von W. Knoepfelmacher. (A. d. Carolinen-Kinderspitale u. d. chem. Laboratorium d. Krankenanstalt „Rudolf-Stiftg." in Wien.) (75 S.) 898. n. 1 50
19. Klin. Untersuchgn. üb. Muskelrheumatismus (Nackenschmerz, Kreuzschmerz). Von Sigm. Erben. M. 8 Textabb. (85 S.) 898. n. 1. 80

— zur klinischen Medicin u. Chirurgie, hrsg. vom Red.-Comité der „Wiener klin. Wochenschrift", Rud. Chrobak, Ernst Fuchs, Karl Gussenbauer, Ernst Ludwig, Edm. Neusser, L. R. v. Schrötter u. Anton Weichselbaum. Red. v. Alex. Fraenkel. 20. u. 21. Hft. gr. 8. Wien, W. Braumüller. n. 4. 80

20. Physiologisches, Bacteriologisches u. Klinisches üb. Lumbalpunctionen an Kindern. Von Meinhard Pfaundler. (120 S. m. Fig. u. 1 Tab.) 899. n. 3. —
21. Zur Kenntnis d. Bergkrankheit. Von Herm. v. Schrötter. Mit 2 Fig. u. 1 graph. Darstellung im Texte. (81 S.) 899. n. 1. 80

Hft. 1—19. Ebd. 893—898. n. 42. 80.

Beiträge zur wissenschaftlichen Medizin. Festschrift gewidmet Theodor Thierfelder zur Vollendung seines 70. Lebensjahres. — Leipzig: Langkammer 1895. VI, 253 S. 8°
1: Ic 2606. 3. 5. 7. 8. 12: Med. g. 20 h. 15. 27. 28. 29. 301.
15.

Beiträge zur wissenschaftlichen Medicin [**Medizin**]. Festschrift dargeboten d. medicinischen Theilnehmern an der 69. Versammlung Deutscher Naturforscher u. Ärzte vom Herzoglich Braunschweigischen Staatsministerium ... Hrsg. ... von Rudolf Beneke. — Braunschweig: Bruhn 1897. 302 S. 8°
1: 4° Ic 2617. **2→11. 12**: 4° Med. g. 35 mb. **14→21. 23→30. 38. 82. 90. 91. 300**: 102.302-C. **302.**
15.

Beiträge zur wissenschaftlichen **Medizin**. Festschrift zur Feier seines 80. Geburtstages Herrn Geheimrat Dr. Georg Mayer gewidmet. — Berlin: Hirschwald 1905. IV, 188 S. 8°
1: Ic 2629/68. **3. 6. 7. 10. 11. 12**: Med. g. 29 he. **28. 82. 91.**
15.

Beiträge zur wissenschaftlichen Medicin [**Medizin**] und Chemie. Festschrift zu Ehren d. 60. Geburtstages von Ernst Salkowski. — Berlin: Hirschwald 1904. VII, 480 S. 8°
1: Ic 2629/58. **2. 3. 6. 7. 11. 12**: Med. g. 29 hd. **16. 18. 21. 26. 28. 20. 38. 392.**
15.

Beiträge zur wissenschaftlichen und praktischen **Medizin**. Leipzig: Thieme 1906. IV, 286 S. 8°
Erschien zuerst als Festschrift J. Rosenthal zur Vollendung seines siebzigsten Lebensjahres gewidmet. 2. 1906.
24.
15.

Beiträge zur **Medizinal-Statistik**. Hrsg. vom deutschen Verein f. Medizinal-Statistik durch **Schweig, Schwartz, Zuelzer**. 1. u. 2. Hft. gr. 8. (VII, 117 u. VIII, 172 S.) Stuttgart 875. 76. Enke. n. 8. —

— zur **Medizinal-Statistik**. Hrsg. vom deutschen Verein für Medizinal-Statistik durch **Schweig, Schwartz, Zuelzer**. 3. Hft. Mit 7 (lith.) Taf. u. 2 Tab. (in gr. Fol.) gr. 8. (VI, 285 S.) Stuttgart 878. Enke. n. 8. — (1–3.: n. 16. —)

Beiträge zur Medicinalstatistik [**Medizinalstatistik**] des preussischen Staates und zur Mortalitätsstatistik der Bewohner desselben. (Unterzeichn.: Engel.) 1870–76. 1876. Berlin: Kgl. Statistisches Bureau 1877–78. 4° (Preussische Statistik. 43. 46.)
1: 4° Sx 3452–3. 46. **4. 6. 7. 9. 12**: 2° Bor. 22 e–43. 46. **14→18. 21. 24. 25. 27. 28. 29. 89. 300**: 392.811-C. Per. 13. 16.
15.

— medicinische, (v. Chr. Fr. Michaelis I.) 1r Thl. Mit 10 Kpft. 8. Götting. 785. Dieterich. 1 ℛ 4 ℊ

Beiträge zur Meeresfauna von Helgoland. Hrgg. v. d. Biologischen Anstalt auf Helgoland. (Kiel und Leipzig. 1894—97.) 4° g.
Siehe in: Wissenschaftl. Meeresuntersuchungen. N. F., Bd. 1. H. 1. Bd. 2. H. 1.

Beiträge zur Meeresfauna von Helgoland. Hrgg. v. d. Biologischen Anstalt auf Helgoland.
(I.) (Kiel und Leipzig. 1894.) 4° g.
Vorbemerkungen.
1. Die Fische Helgolands. Von Friedrich Heincke.
2. Die Mollusken Helgolands. Von Friedrich Heincke.
3. Die Copepoden und Cladoceren Helgolands. Von R. Timm.
4. Die Coelenteraten Helgolands. Von Clemens Hartlaub.
5. Die pelagischen Protozoën und Ratatorien Helgolands. Von Robert Lauterborn. Mit 2 Fig. im Text.

Siehe in: Wissenschaftl. Meeresuntersuchungen, N. F., Bd. 1, Heft 1.
(II.) (ebd. 1896.) 4° g.
6. Beitrag zur Kenntnis der rhabdocoelen Turbellarien Helgolands. Von Carl Grafen Attems. Mit Taf. 2.
7. Nachträge zur Fisch- und Molluskenfauna von Helgoland. Von Friedrich Heincke. Mit 4 Fig. im Text.

Siehe in: Wissenschaftl. Meeresuntersuchungen. N. F., Bd. 2. Heft 1, Abt. 1.
(III.) (ebd. 1897.) 4° g.
8. Die Cumaceen und Schizopoden von Helgoland nebst neueren Beobachtungen über ihr Vorkommen in der deutschen Bucht und in der Nordsee. Von Ernst Ehrenbaum.
9. Die Cirripedien Helgolands. Von Wilhelm Weltner.
10. Die Hydromedusen Helgolands. 2. Bericht v. Clemens Hartlaub. Mit Taf. 14—23.

Siehe in: Wissenschaftl. Meeresuntersuchungen. N. F., Bd. 2. Heft 1. Abt. 2. 4° g.

Beiträge, Meine, zur Arzneiwissenschaft und Geburtshilfe. Stendal 1793 [1794?] 1. Heft. V: *Hinze, August Heimbert.* (NN)

— meine, z. Arzneiwissensch. u. Geburts-Hülfe. 1s H. 8. Stend. 793. Franzen u. Gr. 5 ℊ

Beiträge zur Menschenbildung. 1788. V: *Haslinger, Joh. Ad.* H: *Richter, Joseph.* (Allg. Lit.-Ztg. Jena 1787. Int. Bl. 141 ff.) (Hans Viktor Pisk, Josef Richter. Diss. Wien 1927. S. 116) (wrztg. 1787, S. 2885) (biblport)

Beiträge, Merkwürdige, zu dem Weltlauf der Gelehrten, von dem Verfasser derer vorhergehenden drey Teile. Erster (bis dritter) Versuch Langensalza 1765/66. V: *Büchner, Georg Heinrich.* (EB)

— merkwürd., z. d. Weltlaufe d. Gelehrten. 3 Thle. 8. Langens. 766. Schneider. 18 ℊ

— zur Meteorologie des Königr. Sachsens, s. Mittheilungen des statist. Vereins für d. Königr. Sachsen. 11e u. 12e Lfrg.

— z. Methodik für Bürgerschullehrer ꝛc. 8. Berl. 788. W. Vieweg. 9 ℊ

— zur Methodik der **Erdkunde** als Wissenschaft wie als Unterrichtsgegenstand. In zwanglosen Hftn. hrsg. v. Rich. **Lohmann**. 1. Hft. gr. 8. (VI, 156 S.) Halle 894. Tausch & Grosso. n. 2. 70
Bildet zugleich das 1. Suppl.-Hft. zu: **Lohmann**, Rich., Vorlesungen üb. Hülfsmittel u. Methode des geographischen Unterrichts.

Beiträge zur **Methodik** des biologischen Unterrichts. Gesammelte Abhandlungen hamburgischer Lehrer. Hrsg. von G. R. Pieper. — Leipzig [usw.]: Teubner 1908. IV, 96 S. 8°
1: Nf 4867/4. **10. 11. 12**: II. nat. 347 ho. **14. 18. 24. 26. 300**: 461.459 B. **302.**
15.

— zur Methodik d. Unterrichtes in der Volksschule. Hrsg. v. Alfr. Jacobi. 1—5. Hft. 8. Apolda 883. Lauth. n. 8. —
1. Praktische Anweisung zur Erteilung d. elementaren Gesangunterrichtes in der Volksschule. Bearb. v. Herm. Peter. 1. Hft. Stoff u. Plan f. die Unterstufe. (VI, 76 S.) 883. n. 1. —
2. dasselbe. 2. Hft. Stoff u. Plan f. die Mittelstufe. (VII, 126 S.) 882. n. 1. 50
3. dasselbe. 3. Hft. Stoff u. Plan f die Oberstufe nebst e. Anh., einige Lehrpläne enth. (XII, 194 S.) 885. n. 2. —
4. Praktische Anweisung zur Erteilung d. Schreibunterrichts in der Volksschule. Die Buchstaben der deutschen Kurrent- u. latein. Kursivschrift, die Lesezeichen u. die arab. Ziffern. (IV, 92 S.) 885. n. 1. 50
5. Praktische Anweisung zur Erteilung d. Religionsunterrichtes in der Volksschule. Bearb. v. Rich. Lincke. I. Einleitung u. 1. Hauptstück. (VII, 165 S.) 886. n. 2. —

— zur Methodik d. Unterrichtes in d. Volksschule. Hrsg. v. A. Jacobi. 6. 7. Hft. 8. Apolda 887. Lauth. à n. 2. — (1—7.: n. 12. —)
6. Praktische Anweisung zur Erteilung des Religionsunterrichtes in d. Volksschule. Bearb. v. E. Wolff. II. 2. Hauptstück: 1. u. 2. Artikel. (VII, 180 S.)
7. — dasselbe. III. 3. Artikel. 3. Hauptstück u. Anhang. (V, 161 S.)

— metronomische. Nr. 1—3. gr. 4. Berlin 878—81. Dümmler's Verl. n.n. 11. —
1. Mit Hülfstafeln zur Berechnung von Volumen- u. Gewichts-Bestimmungen, mit Rücksicht auf die Schwankungen der Dichtigkeit des Wassers u. der Luft u. auf die unter dem Einfluss der Wärme stattfind. Veränderungen der Dimensionen der zu mess. u. zu wäg. Körper. Hrsg. v. W. Foerster. (34 S.) n.n. 1. 50
2. Ueber Veränderlichkeit v. Platin-Gewichtsstücken. Kritische Untersuchungen v. L. Loewenherz, m. Benutzg. v. Wäggn. der Normal-Eichungs-Kommission. Hrsg. v. W. Foerster. (33 S.) n.n. 1. 50
3. Thermometrische Untersuchungen. 1. Vergleichungen von Quecksilber-Thermometern, v. M. Thiesen. 2. Vergleichungen von Quecksilber-Thermometern m. dem Luft-Thermometer, von L. Grunmach. 3. Ueber die Bewegungen der Fundamentalpunkte v. Thermometern, v. H. F. Wiebe. 4. Ueber die Reduktion der Angaben von Gas-Thermometern auf absolute Temperaturen, von B. Weinstein. (91 u. Beilag. 127 S.) n.n. 8. —

— metronomische. Hrsg. v. der kaiserl. Normal-Aichungs-Kommission. Nr. 4 u. 5. gr. 4. Berlin 885. Dümmler's Verl. n.n. 3. 50 (1—5.: n.n. 14. 50)
4. Barometrische Untersuchungen. 1. Absolute barometrische Bestimmungen unter Kontrole d. Vakuums durch elektrische Lichterscheinungen v. L. Grunmach. 2. Das Heberbarometer N v. H. F. Wiebe. (V, 43 S.) n.n. 2. —
5. Zur Geschichte u. Kritik der Toisen-Maass-Stäbe. Ein Beitrag zur definitiven Einordng. der auf das altfranzös. System begründeten Messgn. in das metr. System v. C. F. W. Peters. (24 S.) n.n 1. 50

— metronomische. Hrsg. von der kaiserl. Normal-Aichungs-Kommission. Nr. 6. 7. gr. 4. Berlin, Springer. n.n. 6. — (1—7.: n.n. 20. 50)
6. Kapillaritäts-Untersuchungen u. ihre Verwerthung bei d. Bestimmung d. alkoholometrischen Normale v. B. Weinstein. (IV, 36 S. m. 4 Taf.) 889. n.n. 2. —
7. Ueber die Bestimmung von Aräometern mit besond. Anwendung auf die Feststellung der deutschen Urnormale f. Alkoholometer v. B. Weinstein. (IV, 64 S. m. 1 Textfig.) 890. n.n. 4. —

— metronomische, Fortsetzg., s.: Arbeiten, wissenschaftl. d. kaiserl. Normal-Aichungs-Kommission.

— militär., z. Gesch. d. letztern Poln. Revolution; aus d. Poln. übersetzt. gr. 8. Dresd. 796. Walther. 9 ℛ

— z. Minderung d. Schäden d. Eisgange, s. Wasserpolizei, Anh.

Beiträge zur Mineralogie und Geologie des nördlichen Amerika's. Nach amerikanischen Zeitschriften bearb. von Heinrich v. Struve. — Hamburg: Perthes & Besser 1822. 124 S. 8° 1: Mn 18312. 3. 4. 7. 9. 14. 21. 24. 26. 15.

— zur Mineralogie v. Japan. Hrsg. v. T. Wada. Nr. 1 u. 2 (I, 74 S. m. Fig. u. 2 Taf.) Lex.-8. Tokyo 905. 906. (Bremen, M. Nössler.) n. 8. 60

Beiträge zur Mineralogie von Italien. — Frankfurt a. M. [usw.]: Varrentrapp & Wenner 1789. 180 S. 8° 1: Mn 10432. 2. 5. 12: Lith. 64 d. 14. 16. 17. 21. 25. 26. 30. 93. 15.

— mineralog., vorzügl. in Rücks. auf Würtemberg u. d. Schwarzwald, v. v. St. gr. 8. Gotha 807. Ettinger. 18 ℛ

— über d. Mission v. Luisiana. Gesammelt v. A. R. (Räß) u. N. W. (Weiß). gr. 8. Mainz, Müller. 8 ℛ

— zur Missionskunde. 1.—3. Hft. gr. 8. Berlin, Buchh. der Berliner ev. Missionsgesellschaft. n. 1. —
1. Die Mission u. die nichtchristlichen Völker. Von Jul. Richter. (23 S.) 902. n. — 30
2. Confucius u. das heutige China. Ein Vortrag, geh. vor dem Ausbruch der Boxerbewegg. Von C. J. Voskamp. (16 S.) 902. n. — 30
3. Statistische Angaben üb. den Stand des gesamten evangel. Missionswerkes an der Jahrhundert-Wende. Von A. Merensky. (24 S.) 902. n. — 40

— zur Missionskunde. 4.—13. Hft. 8. Berlin, Buchh. der Berliner ev. Missionsgesellschaft. à n. — 30
Buchner, C., die Mission u. ihre Kritiker. (22 S.) 905. (Hft. 8.) n. — 30
Merensky, die Arbeit der deutschen Missionen. (30 S.) 905. (Hft. 11.) n. — 30
— Deutschlands Pflicht gegenüber den Heiden u. dem Heidentum in seinen Kolonien (28 S.) 905. (Hft. 13.) n. — 30
Mirbt, Carl, die evangelische Mission als Kulturmacht. (22 S.) 905. (Hft. 9.) n. — 30
Müller, Gust., Entwicklung u. Stand der evangelischen Missionsarbeit in den deutschen Kolonien. Referat, erstattet auf der Hauptversammlg. des brandenburg. Prov.-Verbandes der Hilfsvereine f. die Berliner Missionsgesellschaft (Berlin I) in Finsterwalde (R.-B.) am 17. IX. 1902. (33 S.) 903. (Hft. 4.) n. — 30
Richter, Jul., der Ausbau unserer südafrikanischen Missionskirche. Referat auf der Generalversammlg. am 21. VI. 1905. (24 S.) 905. (Hft. 12.) n. — 30
— der Missionar als Missionsagent in der Heimat. (20 S.) 904. (Hft. 6.) n. — 30
— die Organisation des heimatlichen Missionswesens. Referat auf der brandenburg. Missionskonferenz am 11. IV. 1901 in Berlin. (20 S.) 904. (Hft. 7.) n. — 30
Richter, Jul., Vergleichung der Berliner Transvaal- u. der Goßnerschen Kols-Mission. (16 S.) 903. (Hft. 5.) n. — 30
Spiecker, F. A., Handel u. Mission unter den Nama u. Herero in Südwest-Afrika. (27 S.) 905. (Hft. 10.) n. — 30

— zur Missionskunde. 14. Heft. 8. Berlin, Buchh. der Berliner ev. Missionsgesellschaft. — 30
Die Heidenpredigt u. ihre Hilfsmittel nach den Erfahrungen der Brelkumer. Von Gloyer. Mit e. Vorwort v. Axenfeld. (24 S.) 907.

— u. Mittheilungen d. Vereins f. schleswig-holstein. Kirchengeschichte. II. Reihe (kl. Schriften). 1. u. 2. Hft. gr. 8. Kiel (H. Eckardt). à n. 1. 50
1. (76 S.) 897. — 2. (104 S. m. Abb.) 898.
Die 1. Reihe erscheint später.

— u. Mitteilungen d. Vereins f. schleswig-holsteinische Kirchengeschichte. II. Reihe (kleine Schriften). 3. Hft. Gewidmet der Erinnerg. an die Erhebg. Schleswig-Holsteins. gr. 8. (147 S. m. Abbildgn.) Kiel 898. R. Cordes. n. 2 —

I. 1 u. 2 jetzt Ebd. 897. 898. n. 3. —. Fortsetzung s.: Schriften d. Vereins f. schlesw.-holst. Kirchengeschichte. Vergl. auch: Publikationen des Vereins f. schleswig-holsteinische Kirchengeschichte.

— monatl., zur Belehr. u. Unterhalt. f. Jedermann, herausg. v. Gli. Göpfert u. E. F. Chr. Klinckhardt. 2 Bde. in 12 Stücken. 8. Zwick. 805. Schumann. 2 ℛ 12 ℊ

— monatl., zur Bildung d. Bürgers u. Landmanns, (von F. X. Steinsky u. A.) 6 Hefte. 8. Prag 783—87. Gerle, (W. Vogel in Leipz.) 3 ℛ

Beiträge, Monatliche, zur Bildung und Unterhaltung. Setze hinzu: »[1783—1784]«. (GGr)

Beiträge, Monatliche, zur Bildung und Unterhaltung des Bürgers und Landsmanns. Prag 1784/9. H: *Steinsky, Frz. Anton.* (KY 1/188) (A. G. Przedak, Gesch. d. deutsch. Zeitungswesen in Böhmen, S. 93) (GGr VI/697) (wrztg 1783, Nr. 49 Anhg) (Fideicommissbibliothek Wien 2/438.) (Bibl Port)

Beiträge, Monathliche, zur Förderung des wahren Christenthums. Homburg vor der Höhe 1752—1753. H: *Moser, Johann Jacob.* (ML)

— monatl., z. Gesch. dramat. Kunst etc., v. Holtei, s.a. Holtei, K. E. v.

— monatliche, z. Gesch. dramatischer Kunst u. Literatur. Herausg. v. K. v. Holtei. 1ste—9te Heft. 8. Berl. 827, 28. Haude u. Sp. (à 12 ℊ) 4 ℛ 12 ℊ

— monatl., zur deutschen Literatur, (v. Chr. G. Contius). 2 Bde. 8. Bautzen 774, 75. Deinzer. 20 ℊ

Monatliche Beiträge zur Naturkunde. (1765: Forgesetzte Beiträge zu Naturkunde.) Hrsg. von Joan Daniel Denso. St. 1-12. Berlin: Verlag d. Real-Schule 1752 - 65. 1108 S. 1 Bd. 8°
St. 1-6: 1752.
St. 7-12: 1765.

Beiträge zur Monographie der Familie der Pteromalinen. [Aix la Chapelle 1841.] V: *Förster, A.* (BrMm)

Beiträge zu einer Monographie der Königl. Freien Stadt Kronstadt. Festschrift für d. Mitglieder d. 26. Wanderversammlung Ungar. Ärzte u. Naturforscher. (Vorr.: Franz Obert.) — Kronstadt 1892: Gött. Getr. Pag.
1: Sd 10408/216. 12: Austr. 5359 i. 17. 390: 101.025–B. 302. 15.

Beiträge zu einer Monographie der mecklenburgischen Schmetterlinge. Rostock 1801. V: *Türk, Carl Wilh. Chn v.* (Bachmann, Mecklenburg. Güstrow 1889. S. 145.)

— zu e. Monographie d. Mecklenburg. Schmetterlinge. 8. Rost. 801. Stiller. 3 ℊ

— zur Morbiditäts-Statistik Bayerns, s.a. Zeitschrift d. kgl. bayerischen statist. Bureau.

Beitraege zur Morbiditäts-Statistik Bayerns. München o. J.
1902. Morbiditäts-Statistik d. Infekt.-Krankheiten im Reg.-Bez. Schwaben f. d. J. 1902 ... bearb. von Friedrich Böhm.
1904. Zehn Jahre — 1894 mit 1903 — Morbiditäts-Statistik d. Infekt.-Krankheiten d. unmittelbaren Städte u. Bezirksämter sowie d. ganze Reg.-Bez. Schwaben bearb. von Friedrich Böhm.
(Zeitschrift d. Kgl. Bayer. Statist. Bureau. 1903. 1904. Beil.)
[Mehr nicht erschienen.]

— zur Morphologie und Morphogenie. Untersuchungen aus dem anatom. Institut zu Erlangen. Hrsg. von Leo Gerlach. I. 1883. Lex.-8. (VII, 120 S. mit 8 Holzschn. und 10 lithogr. Taf.) Stuttgart 884, Enke. *

— Münchener, zur romanischen u. englischen Philologie. Hrsg. von H. Breymann. I. u. II. Hft. 8. Leipzig 890. Deichert Nachf. n. 6. —

I. Die Quellen der fünf ersten Chester Plays. Von H. Ungemach. (XI, 198 S.) n. 4. 50
II. Quellen, Vorbilder, Stoffe zu Shelley's poetischen Werken. 1. Alastor. 2. Epipsychidion. 3. Adonais. 4. Hellas. Von R. Ackermann. (VIII, 66 S.) n. 1. 50

— Münchener, zur romanischen u. englischen Philologie. Hrsg. v. H. Breymann u. E. Koeppel. III.—VIII. gr. 8. Leipzig, A. Deichert Nachf. n. 13. 40 (I—VIII.: n. 19. 40)

III. Ueber den figürlichen Gebrauch der Zahlen im Altfranzösischen. Von A. Rauschmaier. (IX, 118 S.) 892. n. 2. 70
IV. Merope im italienischen u. französischen Drama. Habilitationsschrift, vorgelegt v. Gfr. Hartmann. (VIII, 96 S.) 892. n. 2. —
V. Die Sprache Philippes de Beaumanoir in seinen poetischen Werken. Eine Lautuntersuchg. Von A. C. Albert. (VI, 60 S.) 893. n. 1. 60
VI. Paul Scarron's Jodelet Duelliste u. seine spanischen Quellen. Mit e. Einleitg.: Die Resultate der bisher. Forschg. üb. den span. Einfluss auf das französ. Drama des XVII. Jahrh. Von R. Peters. (VII, 102 S.) 893. n. 2. —
VII. John Lyly and Euphuism by Clarence Griffin Child. (XII, 123 S.) 894. n. 2. 40
VIII. Die suffixhaltigen roman. Flurnamen Graubündens, soweit sie jetzt noch dem Volke bekannt sind. I. Tl.: Liquiden-Suffixe. Von Aug. Kübler. (XV, 133 S.) 894. n. 2. 80

— Münchener, zur romanischen u. englischen Philologie. Hrsg. v. H. Breymann u. E. Koeppel. IX.—XV. Hft. gr. 8. Leipzig, A. Deichert Nachf. n. 20. 30 (I—XV.: n. 39. 70)

IX. Methodism in the light of the English literature of the last century. By J. Alb. Swallow. (IX, 160 S.) 895. n. 3. —
X. D. poet. Theorien d. Plejade nach Ronsard u. Dubellay. E. Beitrag z. Geschichte d. Renaissancepoetik in Frankreich. Von A. Rosenbauer. (XIV, 161 S.) 895. n. 3. 50
XI. Quellen-Studien z. d. Dramen Ben Jonson's, John Marston's u. Beaumont's u. Fletcher's v. Emil Koeppel. (VIII, 159 S.) 895. n. 3. 60
XII. Der Chor i. d. wichtigsten Tragödien d. franz. Renaissance. Von Frdr. Klein. (XX, 144 S.) 897. n. 2. 80
XIII. Der Miles gloriosus i. d. franz. Komödie von Beginn d. Rennaissance b. z. Molière. Von O. Fest. (XV, 123 S.) 897. n. 2. 80
XIV. Die suffixhalt. roman. Flurnamen Graubündens, soweit sie jetzt noch d. Volke bekannt sind von Aug. Kübler. II. Tl.: Die übr. Suffixe. (VI, 25 S.) 898. n. 1. — (Kplt.: n. 3. 80)
XV. Beitrag zu e. Geschichte d. dramat. Einheiten in Italien von J. Ebner. (XXI, 176 S.) 898. n. 3. 60

— Münchener, zur romanischen u. englischen Philologie. Hrsg. v. H. Breymann u. J. Schick. XVI—XXV. gr. 8. Leipzig, A. Deichert Nachf. n. 39. 15

XVI. Ben Jonsons Poetik u. seine Beziehungen zu Horaz. Von Hugo Reinsch. (X, 130 S.) 899. n. 3. —
XVII. Robert Burns' Beziehungen zur Litteratur. Von Heinrich Molenaar. (XII, 132 S.) 899. n. 3. 60
XVIII. Pierre Corneille auf der englischen Bühne u. in der englischen Übersetzungs-Literatur des 17. Jahrh. Von Alfr. Mulert. (XIV, 61 S.) 900. n. 1. 80
XIX. Lydgate's horse, goose and sheep. Mit Einleitg. u. Anmerkgn. hrsg. v. M. Degenhart. (VIII, 104 S.) 900. n. 3. 25
XX. Die Allitteration bei Ronsard. Von Frdr. Köhler. (XVI, 152 S.) 901. n. 4. —
XXI. The pleasant comedie of Old Fortunatus von Thomas Dekker. Hrsg. nach dem Drucke von 1600 von Hans Scherer. (X, 152 S.) 901. n. 4. —
XXII. Jean de Rotrou's Antigone u. ihre Quellen. Ein Beitrag zur Geschichte des antiken Einflusses auf die französ. Tragödie des XVII. Jahrh. Von Edm. Buchetmann. (XVI, 268 S.) 901. n. 6. 50

XXIII. The valiant Welshman. Von R. A. Gent. Nach dem Drucke v. 1615 hrsg. v. Valent. Kreb. (LXXVII, 88 S.) 902. n. 4. —
XXIV. Beiträge zur Kenntnis des Einflusses Seneca's auf die in der Zeit von 1552 bis 1562 erschienenen französischen Tragödien. Von Karl Böhm. (XVI, 168 S.) n. 4. —
XXV. Die Wielandsage in der Literatur. Von P. Maurus. (XXV, 226 S.) 902. n. 5. —
I—XV. Ebd. 890—898. n. 30. 70.

— Münchener, zur romanischen u. englischen Philologie. Hrsg. v. H. Breymann u. J. Schick. 26.—37. Hft. gr. 8. Leipzig. A. Deichert Nachf. n. 45. 90
Ankenbrand, Hans, die Figur des Geistes im Drama der englischen Renaissance. (XI, 92 S.) 906. (Hft. 35.) n. 2. 60
Holl, Fritz, das politische u. religiöse Tendenzdrama des 16. Jahrh. in Frankreich. (XXVI, 219 S.) 903. (Hft. 26.) n. 5. 50
Jakob, Frz., die Fabel v. Atreus u. Thyestes in den wichtigsten Tragödien der englischen, französischen u. italienischen Literatur. (XVI, 161 S.) 907. (Hft. 37.) n. 4. —
Jung, Hugo, das Verhältnis Thomas Middleton's zu Shakspere. (VIII, 99 S.) 901. (Hft. 29.) n. 2. 8
Kroder, Armin, Shelley's Verskunst. (XVIII, 242 S.) 903. (Hft. 27.) n. 5. 50
Leykauff, Aug., François Habert u. seine Übersetzung der Metamorphosen Ovids. (XI, 123 S.) 901. (Hft. 30.) n. 3. 25
Lindner, Ernst, die poetische Personifikation in den Jugendschauspielen Calderon's. Ein Beitrag zu Studien üb. Stil u. Sprache des Dichters. (X, 150 S.) 901. (Hft. 32.) n. 4. —
Lohr, Ant., Richard Flecknoe. Eine literarhistor. Untersuchg. (XII, 114 S.) 905. (Hft. 33.) n. 3. 25
Mensch, Jos., das Tier in der Dichtung Marots. (V, 100 S.) 906. (Hft. 36.) n. 2. 80
Roth, Th., der Einfluss v. Ariost's Orlando furioso auf das französ. Theater. (XXII, 203 S.) 905. (Hft. 34.) n. 5. 80
Triwunats, Milosch, Guillaume Budé's De l'institution du prince. Ein Beitrag zur Geschichte der Renaissancebewegg. in Frankreich. (XV, 108 S.) 903. (Hft. 28.) n. 2. 80
Vincenti, Arth. Ritter v., die altenglischen Dialoge v. Salomon u. Saturn. Mit histor. Einleitg., Kommentar u. Glossar hrsg. 1. Tl. (XXI, 125 S.) 904. (Hft 31.) n. 3. 60
Hft 1—25. Ebd. 890—902. n. 78. 85.

— Münchener, zur romanischen u. englischen Philologie. Hrsg. v. H. Breymann u. J. Schick. 38.—47., 49. u. 50. Heft. gr. 8. Leipzig, A. Deichert Nachf. 46. 85
Albert, Frz., über Thomas Heywoods The life and death of Hector, e. Neubearbeitung v. Lydgates troy book. (XI, 185 S.) 909. (42. Hft.) 4. 80
Bernhard, Alfr., die Parodie „Chapelain décoiffé". (XII, 46 S.) 910. (50. Hft.) 1. 50
Dierlamm, Ghilf., die Flugschriftenliteratur der Chartistenbewegung u. ihr Widerhall in der öffentlichen Meinung. (XV, 105 S.) 909. (46. Hft.) 2. 80
Friedrich, Ernst, die Magie im französischen Theater des XVI. u. XVII. Jahrh. (XXXVI, 348 S. m. 8 Fig.) 908. (41. Hft.) 8. 60
Garrett, Rob. Max, precious stones in old English literature. (XIV. 91 S.) 909. (47. Hft.) 3. 25
Grashey, Ludw., Giacinto Andrea Cicogninis Leben u. Werke. Unter besond. Berücksicht. seines Dramas La Marienne ovvero il maggior mostro del mondo. (XIII, 138 S.) 909. (43. Hft.) 3. 50
Lochner, Ludw., Pope's literarische Beziehungen zu seinen Zeitgenossen. Ein Beitrag zur Geschichte der engl. Literatur des 18. Jahrh. (VIII, 118 S.) 910. (49. Hft.) 2. 80
Riedner, Wilh., Spensers Belesenheit. 1. Tl.: Die Bibel u. das klass. Altertum. (XI, 132 S.) 908. (38. Hft.) 3. 20
Schwerd, Karl, Vergleich, Metapher u. Allegorie in den „Tragiques" des Agrippa d'Aubigné. (XVII, 194 S.) 909. (44. Hft.) 5. 20
Simhart, Max, Lord Byrons Einfluß auf die italienische Literatur. (XVI, 85 S.) 909. (45. Hft.) 2. 60
Stumfall, Balth., das Märchen v. Amor u. Psyche in seinem Fortleben in der französischen, italienischen u. spanischen Literatur bis zum 18. Jahrh. (XVI, 205 S.) 907. (39. Hft.) 5. —
Werner, A., Jean de la Taille u. sein Saül le furieux. (XIV, LVIII, 70 S. m. 1 Bildnis.) 908. (40. Hft.) 3. 60
Hft. 1—37. Ebd. 890—906. 124.75: Heft 48 ist noch nicht erschienen.

Beiträge Münchener, z. romanischen u. engl. Philol. Hrsg. v. H Breymann u. J Schick. 48—54. gr8° Lpzg, A Deichert Nf. (1—54: 186.45)
Bernhard, Alfr.: Die Parodie „Chapelain décoiffé". (12, 46) '10 [50] 1.50
Goldstein, Max: Darius, Xerxes u. Artaxerxes im Drama d. neueren Literaturen. Beitrag z. vergleich. Lit.-Gesch. (14, 113) '12 [54] 3 —
Kohler, Erwin: Entwicklg d. bibl. Dramas d. 16. Jahrh. in Frankr. unter d. Einfluss d. literar. Renaissancebewegg. (14, 69) '11 [52] 2.25
Lochner, Ludw.: Pope's lit. Beziehgn zu s. Zeitgenossen. (8, 118) '10 [49] 2.80
Reismüller, Geo.: Roman. Lehnwörter (Erstbelege) bei Lydgate. Beitrag z. Lexicogr. d. Englischen im 15. Jahrh. (12, 134) '11 [48] 4 —
Richter, Ludw.: Swinburne's Verhältn. zu Frankr. u. Italien. (14, 99) '11 [51] 3 —
Walter, Geo.: Der Wortschatz d. Altfriesischen. Eine wortgeograph. Untersuchg. (13, 82) '11 [53] 2.60

— Münsterische, zur Geschichtsforschung. Hrsg. v. Thdr. Lindner. 1. Hft. gr. 8. Paderborn 881. F. Schöningh. n. 1. —
Zur Kritik der Gesta Treverorum 1152—1259. Von Konr. Cüppers. (61 S.)

Beiträge, Münsterische, zur Geschichtsforschung. Hrsg. v. Thdr. Lindner. 2—10. Hft. gr. 8. Paderborn, F. Schöningh. n. 14. 20
2. Die Chronik d. sogenannten Martinus Fuldensis. Von Herm. Hoogeweg. (68 S.) 883. n. 1. —
3. Papst Stephan IX. Von Jul. Wattendorf. (60 S.) 883. n. 1. —
4. Die Bischofswahlen zu Münster, Osnabrück, Paderborn seit dem Interregnum bis zum Tode Urbans VI. [1256—1389.] Von Osc. Loegel. (S. 191—282.) 883. n. 1. 20
5. Das „Chronicon Campi s. Mariae" in der ältesten Gestalt [1186—1422]. Hrsg. v. Frdr. Zurbonsen. (65 S.) 884. n. 1. 80
6. Herzog Christian v. Braunschweig u. die Stifter Münster u. Paderborn im Beginn d. 30jähr. Krieges [1618—1622]. Von Alb. Westkamp. (151 S.) 884. n. 2. —
7. Adolf v. der Mark, Bischof v. Münster 1357—1363 u. Erzbischof v. Köln 1363—1364. Von Adf. Kreisel. (58 S.) 885. n. 1. 60
8. Wilhelm III. v. Jülich als Herzog v. Geldern [1372—1393]. Von Rud. Ernsing. (104 S.) 886. n. 2. —
9. Cuno v. Falkenstein als Erzbischof v. Trier, Koadjutor u. Administrator v. Köln bis zur Beendigung seiner Streitigkeiten m. der Stadt Trier 1377. Von Frz. Ferdinand. (100 S.) 886. n. 2. —
10. Zur Quellenkritik der Schriften Dietrichs v. Niem. Von Alph. Fritz. (68 S.) 886. n. 1. 60

Beiträge, Münsterische, z. Geschichtsforschung. Hrsg. v. Thdr. Lindner. 11. 12. Hft. gr. 8. Paderborn 888. F. Schöningh. à n. 2. —
11. Die Landfriedensbünde zwischen Maas u. Rhein im 14. Jahrh. Von F. J. Kelleter. (100 S.)
12. Ritter Hilger Quattermart v. der Stessen. Ein Beitrag zur Familien- u. Stadtgeschichte Kölns im 14. Jahrh. Von K. Hayn. (86 S.)

— Münstersche, zur Geschichtsforschung. In Verbindg. m. den Münsterschen Fachgenossen hrsg. von Aloys Meister. Neue Folge I—IX. (Der ganzen Reihe 13.—21. Heft.) gr. 8. Münster, Universitätsbuchh. F. Coppenrath. n. 17. 20
Heimen, Jak., Beiträge zur Diplomatik Erzbischof Engelberts des Heiligen von Köln (1216—1225). (VII, 49 S. m. 4 Lichtdr.-Taf.) 903. (I.) n. 1. 60
Knops, Arnold, die Aufhebung der Leibeigenschaft (Eigenbehörigkeit) im nördlichen Münsterlande (den vormals arenbergischen u. bergischen Teilen des französischen Kaiserreiches). (VII, 116 S.) 906. (IX.) n. 2. —
Kraayvanger, Thdr., die Organisation der preussischen Justiz u. Verwaltung im Fürstent. Paderborn, 1802—1806. (7, 71 S.) 905. (V.) n. 1. 80
Löffler, Klemens, die westfälischen Bischöfe im Investiturstreit u. in den Sachsenkriegen unter Heinrich IV. u. Heinrich V. (112 S.) 903. (II.) n. 2. 20
Rixen, Carl, Geschichte u. Organisation der Juden im ehemaligen Stift Münster. (IV, 82 S.) 906. (VIII.) n. 1. 60
Schwarte, Clem., die neunte Kur v. Braunschweig-Wolfenbüttel. (VIII, 139 S.) 905. (VII.) n. 2. 60
Ueding, Paul, Ludwig der Bayer u. die niederrheinischen Städte. (VI, 55 S.) 904. (III.) n. 1. 40
Vosselmann, Ant., die reichsstädtische Politik König Ruprechts v. der Pfalz. (VI, 92 S.) 904. (IV.) n. 2. —
Wolfschläger, Casp., Erzbischof Adolf I. von Köln als Fürst u. Politiker (1193—1205). (III, 112 S.) 905. (VI.) n. 2. —

— Münstersche, zur Geschichtsforschung. In Verbindg. m. den Münsterschen Fachgenossen hrsg. v. Aloys Meister. Neue Folge. X—XXVI. Der ganzen Reihe 22.—38. Heft. gr. 8. Münster, Universitätsbuchh. F. Coppenrath. 35. 90

Brinkmann, Rud., Studien zur Verfassung d. Meiergüter im Fürstent. Paderborn. (VII, 112 S.) 907. (XVI. Hft.) 2. 20

Brons, Bernh., Geschichte der wirtschaftl. Verfassung u. Verwaltung des Stiftes Vreden im Mittelalter. (VI, 120 S. m. 1 Karte.) 907. (XIII. Hft.) 2. 40

Freiburg, die Verfassungsgeschichte der Saline Werl. (VI, 52 S.) 909. (XX. Hft.) 1. —

Fressel, Rich., das Ministerialenrecht der Grafen v. Tecklenburg. Ein Beitrag zur Verfassungs- u. Ständegesch. d. Mittelalters. (VII, 84 S.) 907. (XII. Hft.) 1. 80

Frie, Bernh., die Entwickelung der Landeshoheit der Mindener Bischöfe. (III, 91 S.) 909. (XVIII. Hft.) 1. 80

Jacobi, Gerh., der Steinkohlenbergbau in den Grafschaften Tecklenburg u. Lingen im 1. Jahrh. preuss. Herrschaft. (VI, 100 S.) 909. (XXIII. Hft.) 2. 50

Körholz, Frz., die Säkularisation u. Organisation in den preuss. Entschädigungsländern Essen, Werden, u. Elten 1802—1806. (VII, 124 S.) 907. (XIV. Hft.) 2. 40

Korte, Jos., das westfälische Marschallamt. VII, 114 S.) 909. (XXI. Hft.) 2. 40

Lohmeyer, Karl, das Hofrecht u. Hofgericht des Hofes zu Loen. Ein Beitrag zur Geschichte der Münsterschen Amtsverfassg. (VII, 80 S.) 906. (XI. Hft.) 1. 60

Wachmer, Jos., das Krankenwesen der Stadt Hildesheim bis zum 17. Jahrh. (III, 94 S.) 907. (XV. Hft.) 1. 80

Meisterernst, Bernh., die Grundbesitzverhältnisse in der Stadt Münster im Mittelalter. (VIII, 59 S. m. 2 Taf.) 909. (XXIV. Hft.) 1. 50

Overmann, Ant., die Entwickelung der Leinen-, Woll- u. Baumwollindustrie in der ehemal. Grafsch. Mark unter brandenburg-preuss. Herrschaft. Ein Beitrag zur Wirtschaftspolitik der preuss. Könige im 18. Jahrh. (VII, 128 S.) 909. (XIX. Hft.) 2. 50

Plönes, Heinr., die direkten Staatssteuern unter den Grafen u. Herzögen v. Geldern bis zur Zeit des Venloer Traktats (1543). (VIII, 83 S.) 909. (XXV. Hft.) 1. 70

Rodeck, Frz., Beiträge zur Geschichte des Eherechts deutscher Fürsten bis zur Durchführung des Tridentinums. (VI, 114 S.) 910. (XXVI. Hft.) 2. 40

Schotte, Heinr., Studien zur Geschichte der westfäl. Mark u. Markgenossenschaft m. besond. Berücksicht. des Münsterlandes. (VIII, 148 S. m. 1 Karte.) 908. (XVII. Hft.) 3. —

Sondermann, Frz., Geschichte der Eisen-Industrie im Kreise Olpe. Ein Beitrag zur Wirtschaftsgesch. des Sauerlandes. (VIII, 173 S. m. 1 Karte.) 907. (X. Hft.) 3. 50

Tigges, Jos., die Entwickelung der Landeshoheit der Grafen v. Arnsberg. (VII, 68 S.) 909. (XXII. Hft.) 1. 40

N. F. I—IX. Bd. Ebd. 903—08. 17. 20

— Münstersche, z. Geschichtsforschung. Hrsg. v. Aloys Meister. N. F. 26—28. Der ganzen Reihe 38—40. Heft. gr8° Münst., Univ.-Bh. F Coppenrath. (1—28: 59.30)

Böckenholt, Frz: Zur Gesch. d. kgl.-preuss. Prov.-Verwaltgsbehörde d. ehemal. Grafsch. Mark zu Hamm (Westf.). (8, 143) '12 [27(39)] 2.70

Lampp, Frdr.: Die Getreidehandelspolitik in d. ehemal. Grafsch. Mark währ. d. 18. Jahrh. (7, 191 m. 3 farb. Taf.) '12 [28(40)] 3.50

Rodeck, Frz: Beiträge z. Gesch. d. Eherechts deut Fürsten bis z. Durchführg d. Tridentinums. (6, 144) '10 [26(38)] 2.40

Beiträge, Münstersche, zur englischen Literaturgeschichte. Hrsg. v. Otto L. Jiriczek. I u. II. gr. 8. Münster, H. Schöningh. n. 3. 80

I. Ch. Kingsleys Hereward the Wake. Eine Quellen-Untersuchg. Von Ludw. Dicke. (IV, 65 S.) 906. n. 1. 80

II. William Morris' The Story of Sigurd the Volsung and the Fall of the Niblungs. Eine Studie üb. das Verhältnis des Epos zu den Quellen. Von Heinr. Bartels. (VI, 80 S.) 906. n. 2. —

— Münstersche, zur engl. Literaturgeschichte. Hrsg. v. Otto Jiriczek. III—VI. gr. 8. Münster, H. Schöningh. 9. 80

Brome, Mère Ignatia, S. S. U., Christina Rossetti u. der Einfluss der Bibel auf ihre Dichtung. Eine literarisch-stilistische Untersuchg. (XI, 96 S.) 907. (IV.) 2. 40

Jacobi, Bernh., Elizabeth Barrett Browning als Übersetzerin antiker Dichtungen. (VII, 94 S.) 908. (V.) 2. 60

Jellinghaus, Paul, Tennysons Drama Harold. Eine Quellenuntersuchg. (VII, 72 S.) 907. (III.) 2. —

Pöling, Wilh., kritische Studien zu E. B. Browning. (VIII, 90 S.) 909. (VI.) 2. 80

I u. II. Ebd. 906. 3. 80

— Münstersche, z. neueren Literaturgeschichte. Hrsg. v. Schwering. 1.—9. Heft. gr. 8. Münster, H. Schöningh. 19. 80

d'Ester, Carl, das Zeitungswesen in Westfalen von den ersten Anfängen bis zum J. 1813. In seiner geschichtl. Entwicklg. u. kulturellen Bedeutg. dargest. (XVI, 222 S.) 907. (Hft I. II.) 8. 60

Klöbekorn, Jos., Immermanns Verhältnis zum deutschen Altertum m. besond. Berücksicht. seines Romanzenzyklus „Tristan u. Isolde". (VII, 63 S.) 907. (Hft. IV.) 1. 60

Lips, Bernh., Oskar v. Redwitz als Dichter der „Amaranth". (XVI, 137 S.) 908. (Hft. IX.) 2. 80

Montag, Walt., Kornelius v. Ayrenhoff. Sein Leben u. seine Schriften. (VIII, 138 S.) 908. (Hft. VI.) 2. 60

Rausse, Hub., zur Geschichte des spanischen Schelmenromans in Deutschland. (XI, 118 S.) 908. (Hft. VIII.) 2. 40

Reinhard, Ewald, Eichendorffstudien. (VII, 94 S.) 908. (Hft. V.) 2. —

Trieloff, Otto P., die Entstehung der Rezensionen in den Frankfurter Gelehrten-Anzeigen vom J. 1772. (VII, 140 S.) 908. (Hft. VII.) 2. 80

Volbert, A., Ferdinand Freiligrath als politischer Dichter. (VIII, 104 S.) 907. (Hft. III.) 2. —

Beiträge, Münstersche, z. Philosophie. Hrsg. v. Ludw. Busse. 1. Bd. gr. 8. Leipzig, R. Voigtländer. n. 2. 20

Die Erkenntnislehre Friedrich Heinrich Jakobis, e. Zweiwahrheitentheorie, dargestellt u. kritisch untersucht. Von Rich. Kuhlmann. (71 S.) 906.

! — Münstersche, z. Philos. Jetzt: Lpzg, F Meiner.

Beiträge zur ältern Münzkunde hrsg. von M. Pinder und J. Friedländer. 1. Bd. 1. und 2. Heft. gr. 8. (242 S. und 8 Kpfrt.) Berlin 851, Nicolaische Buchh. *

Beiträge zur Münzkunde des Mittelalters. [Berlin 1822.] V: *Rühle von Lilienstern, Joh. Jac. Otto Aug.* (Hitzig)

— z. deutschen Museum, (v. Kl. Eb. K. Schmidt). 8. Dessau 783. (Wienbrack in Leipz.) 8 gr

Beiträge zum teutschen Museum. Dessau 1784. V: *Schmidt, Clamer Eberhard Carl.* (Ky) (MGT)

Beiträge zur deutschen Mythologie, gesammelt in Currhätien. Chur 1862. V: *Vonbun, Frz Jos.* (BSchwLk V, 8, 1)

Beiträge zu J. G. Hagemann's Nachricht von den Bibelübersetzungen. Braunschweig 1748. V: *Reichard, Elias Casp.* (Ml.)

— z. Nachtische, für muntere u. ernsth. Gesellschaften. 2 Thle. 8. Hamb. 779. Herold. 1 ß

— u. Nachträge, weitere, s.: Aus d. Papieren d. Ministers u. Burggrafen v. Marienburg Theodor v. Schön.

Beiträge zur Namens- und Familien-Geschichte der Zellinger. [Bozen 1905.] V: *Zallinger-Stillendorf, Franz von.* (Margr)

Beiträge zur Nationalbühne. Der Zauberspiegel, [André Ernest Modeste Grétry: La fausse Magie, deutsch]. Oper. Das Urtheil des Midas [André Ernest Modeste Grétry: Le Jugement de Midas, deutsch]. Oper. Hofmeister Amor. Posse. Die Ueberlästigen [Jean Baptiste Poquelin dit Molière: Les Fâcheux, deutsch]. Lustspiel. Der Wiener Ton [Jean Jacques Rutlidge: Le Train de Paris, deutsch]. Lustspiel. (Hrsg.: W[ilhelm] C[hristhelf] S[iegmund] M[ylius].) — Leipzig: Weygand 1781. 463 S. 8°

2. 18. 300: 392.620 A.268. 15.

— zur **Naturdenkmalpflege.** Hrsg. v. H. Conwentz. 1.—3. Heft. Lex. 8. Berlin, Gebr. Borntraeger. Subskr.-Pr. 4.70; Einzelpr. 5. 70

1. Bericht üb. die staatliche Naturdenkmalpflege in Preußen i. J. 1906. Von H. Conwentz. (55 S. m. 7 Abbildgn.) 907. Subskr.-Pr. 1.20; Einzelpr. 1. 50
2. Dasselbe im J. 1907. (S. 56—156 m. 5 Abbildgn.) 908. Subskr.-Pr. 1.50; Einzelpr. 1. 80
3. Bericht üb. die 1. Konferenz f. Naturdenkmalpflege in Preußen, am 5. XII. 1908. — Bericht üb. die staatl. Naturdenkmalpflege in Preußen im J. 1908. Von H. Conwentz. (S. 157—296 m. Abbildgn.) 909. Subskr.-Pr. 2.—; Einzelpr. 2. 40

— z. **Naturdenkmalpflege.** Hrsg. v. H Conwentz. I. Bd, 4. u. 5. (Schl.-)Heft; II. u. III. Bd. Lex8° Berl., Gebr. Borntraeger. (I—III: nn 42.75)
I, 4. Mentz, A: Naturdenkmalpflege in Dänemark. Bericht üb. d. II. Konferenz f. Naturdenkmalpflege in Preussen. (295—410 m. Abb.) '10. 3 —; Subskr. 2.50
5. Conwentz, H: Bericht üb. d. staatl. Naturdenkmalpflege in Preussen '09. (411—510 m. Abb.) '10. 3 —; bezw. 2.50
II. (7, 540 m. Abb. u. 2 Taf.) '12. 14 —
III. (16, 688 m. Abb. u. 3 Taf.) '12. nn 18.75

— zur **Naturgeschichte.** Ein Neujahrsgeschenk f. naseweise Jungen von 'Αριστόβουλος. gr. 8. (2. B.) Hamburg 845, Hoffmann u. Campe.

Beiträge zur Naturgeschichte der Landgrafschaft Hessen-Cassel. [1784.] V: *Mönch, Conrad.* (MGT)

— zur Naturgeschichte, Landwirthschaft u. Topographie d. Hrzgth. Krain. Hrsg. v. Franz Grafen v. Hochenwart. 1. u. 2. Hft. gr. 8. (11 B. u. 2 Stndr.) Laibach 838, (Paternolli.)

Beiträge zur Naturgeschichte des Menschen. Lfg 1. Jena: G. Fischer 1908. 2° (o8. 12479

Beiträge zur Naturgeschichte sonderlich des Mineralreichs, ... Altenburg 1774—1776. V: *Schroeter, Joh. Sam.* (BrMm)

Beiträge zur **Naturgeschichte** Ostasiens. Hrsg. von F. Doflein. (Bd 1–4.) — München: Franz in Komm. 19[06–]14. 4°

Einl. u. Abh. 1,1. Kuekenthal, Willy: Japanische Alcyonaceen. [1906.]
1,2. Vasil'ev, Aleksandr: Japanische Actinien. Von A. Wassilieff. [1906.]
1,3. Kuekenthal, Willy: Japanische Gorgoniden. T. 1. Die Familien d. Primnoiden, Muriceiden u. Acanthogorgiiden. Von W. Kükenthal u. H. Gorzawsky. [1906.]
1,4. Moser, Fanny: Japanische Ctenophoren. [1906.]
1,5. Kuekenthal, Willy: Japanische Gorgoniden. T. 2. Die Familien d. Plexauriden, Chrysogorgiiden u. Melitotiden. 1909.
1,6. Stechow, Eberhard: Hydroidpolypen d. japanischen Ost-Ostküste. T. 1. Athecata und Plumularidae. 1909.
1,7. Silberfeld, Else: Japanische Antipatharien. 1909.
1,8. Maas, Otto: Japanische Medusen. 1909.
1,9. Kuekenthal, Willy: Zur Kenntnis der Gattung Anthomastus Verr. 1910.
1,10. Balss, Heinrich: Japanische Pennatuliden. 1910.
2,1. Augustin, Ernst: Über japanische Seewalzen. (1908.)
2,2. Balss, Heinrich: Ostasiatische Stomatopoden. 1910.
2,3. Thielemann, Martin: Beiträge zur Kenntnis d. Isopodenfauna Ostasiens. 1910.
2,4. Loman, Jan Cornelis Christiaan: Japanische Podosomata. 1911.
2,5. Doederlein, Ludwig: Über japanische u. andere Euryalae. 1911.
2,6. Krueger, Paul: Beiträge zur Cirripedienfauna Ostasiens. 1911.
2,7. Haefele, Felix: Anatomie u. Entwicklung eines neuen Rhizocephalen, Thompsonia japonica. 1911.
2,8. Krueger, Paul: Über ostasiatische Rhizocephalen. Anh.: Über einige interessante Vertreter d. Cirripedia thoracica. 1912.
2,9. Balss, Heinrich: Ostasiatische Decapoden 1. Die Galatheiden u. Paguriden. 1913.
2,10. Balss, Heinrich: Ostasiatische Decapoden 2. Die Natantia u. Reptantia. 1914.
3,1. Wuelker, Gerhard: Über japanische Cephalopoden. Beiträge zur Kenntnis d. Systematik u. Anatomie d. Dibranchiaten. 1910.
3,2. Stechow, Eberhard: Hydroidpolypen d. japanischen Ostküste. T. 2. Campanularidae, Halecidae, Lafoeidae, Campanulinidae u. Sertularidae, nebst Ergänzungen zu d. Athecata u. Plumularidae. 1913.
4,1. Franz, Victor: Die japanischen Knochenfische d. Sammlungen Haberer u. Doflein. 1910.
4,2. Lohberger, Johannes: Über zwei riesige Embryonen von Lamna. 1910.
4,3. Engelhardt, Robert: Monographie d. Selachier d. Münchener Zoologischen Staatssammlung /mit bes. Berücks. d. Haifauna Japans. T. 1. Tiergeographie d. Selachier. 1913.

(Abhandlungen d. Mathematisch-Physikalischen Klasse der Königlich Bayerischen Akademie d. Wissenschaften. Suppl.-Bd 1/4.)
1: 4° Ab 716-Suppl. 1/4. 2→11. 12: 21. 90. 300: 392.764–C. Per. Suppl. Bd 1/4. 15.

— zur rheinischen **Naturgeschichte,** hrsg. von der Gesellschaft für Beförderung der Naturwissenschaften zu Freiburg im Breisgau. 1. Jahrg. 1. Heft. gr. 8. (VI und 125 S.) Freiburg im Br. 849, Herder'sche Vrlgsh. *

— zur rheinischen **Naturgeschichte,** hrsg. von der Gesellschaft zur Beförderung der Naturwissenschaften zu Freiburg im Breisgau. 2. Heft. gr. 8. (134 S. mit 3 Stnt. in qu. gr. 4.) Freiburg im Br. 853, Herder'sche Vrlgsh. *

— dass. — 3. Heft. gr. 8. (VIII und 216 S.) Ebds. 853. *
1. Heft. Ebendas. 1849. * 15 Ngr.

Forts. u.d. T.: Berichte über die Verhandlungen der Gesellschaft f. Beförderung der Naturwissenschaften. Freiburg 1855 ff.

Beiträge zu der Naturgeschichte des Schweizerlandes. Bern 1773–75.

— zur Naturgesch. d. Schweizerlandes, (herausg. v. J. S. Wyttenbach). 1r Bd. 3 Stcke. 8. Bern 775. Typogr. Societ. 1 ℛ

— zur **Naturgeschichte** von Tirol. gr. 8. (222 S. mit 2 Stnt. in gr. 8. und Imp.-Fol., wovon 1 in Buntdr.) Innsbruck 860, (Wagner'sche Universitäts-Buchh.) *

— z. Naturgesch. d. Wallfischarten. 1r Thl. Jh. Hunter, Bemerkk. über d. Bau u. die Oekonomie der Wallfische. Aus d. Engl. mit Anmerkk. u. Zusätzen v. J. G. Schneider. 8. Leipz. 794. Kühn. 16 gr

Naturgeschichtliche Beiträge zur Kenntniss der Umgebungen von Chur. Als Erinnerung an d. 57. Versammlung d. Schweizerischen Naturforschenden Gesellschaft hrsg. von d. Naturforschenden Gesellschaft Graubündens. Chur 1874: Casanova. VII, 161 S. 8°
1: Lh 27359. 2. 4. 9. 12: H. nat. 241. 14. 15. 16. 18. 20. 28. 30. 93. 15.

— **naturgeschichtliche,** zur Kenntniss der Umgebungen von Chur. Als Erinnerung an die 57. Versammlg. der schweizer. naturforsch. Gesellsch. hrsg. v. der naturforsch. Gesellsch. Graubündens. 8. (VII, 161 S. m. 1 chromolith. Karte in gr. 4.) Chur 874. (Kellenberger.) n. 2. 50

Beiträge zur Naturhistorie, sonderlich des Mineralreiches. Theil 1 und 2. Altenburg 1774—76. 8.

— z. Naturhistorie, besond. d. Mineralreichs, 2 Thle, mit Kpf. gr. 8. Altenb. 774. (Hennings in Neisse). 1 ℛ 8 gr

— z. Naturkunde, in Verbind. mit ihren Freunden, verf. u. herausg. v. Fr. Weber u. M. H. Mohr. 1r 2r Bd., mit Kpf. gr. 8. Kiel 805 — 10. Hesse. 4 ℛ 8 gr

— zur **Natur- u. Heilkunde**, s.a. **Friedreich.**

Beiträge zur Natur- und Heilkunde. Hrsg. v. J(ohannes) B(aptista) Friedreich u. A(dam) K(aspar) Hesselbach. Bd 1. gbd.

Würzburg: Stahel in Komm. 1825

JB 6.070

Beiträge zur Naturkunde des Fürstenthums Lüneburg. O. O. 1861. V: *Steinvorth, H.* (Braunschw. Bibliographie. Braunschweig 1897. S. 316.)

Beiträge zur N a t u r k u n d e des Fürstenthums Lüneburg. Lüneburg 1861. Druck der von Sternschen Buchdruckerei. 8°

—z. Naturkunde aus d. Ostsee-Provinzen Rußlands, in Verbind. mit v. Baer, deutsch, (v. Engelhardt, Erdmann, Eschscholz, Fischer, Grindel, Köhler, v. Krusenstern, Ledebour, v. Löwis, Parrot, Struve,) herausg. v. Chr. H. Pander. 16 Hft. mit 3 Kpft. 8. Dorpat, 820.

—— zur Naturkunde Preussens, hrsg. von der königl. physikalisch-oekonom. Gesellschaft zu Königsberg. I.—III. gr. 4. Königsberg, (Koch.) *

Inhalt:

I. Mayr, Gust. L., die Ameisen des baltischen Bernsteins. (IV 102 S. mit 106 Fig. auf 5 lithogr. Taf. und 5 Bl. Erklärungen.) 868. * ℳ 6.

II. Heer, Osw., miocene baltische Flora. (V, 104 S. mit 30 lithogr. Taf. in Tondr.) 869. * ℳ 30.

III. Steinhardt, E. Th. G., die bis jetzt in preuss. Geschieben gefundenen Trilobiten beschrieben. (64 S. mit 6 lithogr. Taf.) 874. * ℳ 6.

— zur Naturkunde Preussens, hrsg. v. der physikalisch-ökonom. Gesellschaft zu Königsberg. IV u. V. gr. 4. Königsberg 879. 82. Koch in Comm. n. 12. 50 (I - V.: n. 54. 50)

IV. Catalog der preussischen Käfer, neu bearb. von Lentz. (64 S.) n. 2. 50

V. Der Bernsteinschmuck der Steinzeit von der Baggerei bei Schwarzenort und anderen Lokalitäten Preussens aus den Sammlungen der Firma Stantien & Becker u. der physik.-ökonom. Gesellschaft v. Rich. Klebs. Mit 12 lith. Taf. u. 5 (eingedr.) Zinkogr. (V, 75 S.) n. 10. —

BEITRÄGE ZUR NATURKUNDE PREUSSENS, herausgegeben von der Physikalisch-Oekonomischen Gesellschaft zu Königsberg.

6. Die Brachiopoden der cambrischen und silurischen Geschiebe im Diluvium der Provinzen Ost- und Westpreussen von CURT GAGEL. Mit 5 lithographirten Tafeln. Königsberg in Pr. 1890. In Kommission bei Wilhelm Koch. 4°.

7. Trilobiten-Fauna der Ost- und Westpreussischen Diluvialgeschiebe von J. F. POMPECKI. Mit 6 lithographierten Tafeln. ib. 1890. —

8. Nachweis der beachtenswerten und zu schützenden Bäume, Sträucher und erratischen Blöcke in der Provinz Ostpreussen. Auf Grund der vom Landeshauptmann der Provinz Ostpreussen versandten Fragebogen bearbeitet von Dr. ALFRED JENTZSCH. Gedruckt auf Kosten der Provinz Ostpreussen. ib. 1900. Druck von Emil Rautenberg.

BEITRÄGE ZUR NATURKUNDE PREUSSENS, herausgegeben von der Physikalisch-Ökonomischen Gesellschaft zu Königsberg.

No. 9. Die Schmetterlingsfauna der Provinzen Ost- und Westpreussen. Bearbeitet von Dr. med. P. SPEISER in Bischofsburg. Gedruckt mit besonderer Unterstützung des hohen Ministeriums der geistlichen, Unterrichts- und Medizinalangelegenheiten und der Provinz Ostpreussen. ib. 1903. In Kommission bei Wilh. Koch.

No. 10. Die Trichopteren des baltischen Bernsteins von GEORG ULMER, Hamburg. Mit 480 Figuren im Text. Gedruckt mit besonderer Unterstützung des Kgl. Preussischen Ministeriums der geistlichen und Unterrichtsangelegenheiten und der Provinz Ostpreussen. Leipzig und Berlin 1912. Druck und Verlag von B. G. Teubner.

Beiträge zur allgemeinen Naturlehre. Erfurt 1773. V: *Dalberg, Carl Theodor Anton Maria Freih. von.* (Ky) (MGT)

Beiträge zur redenden Naturlehre und Physiognomie der Menschheit, ... 2 Thle. Nürnberg 1794. V: *Ehrmann, Theophil Fr.* (EngG) (Ky)

—zu e. redenden Naturlehre u. Physiognomik d. Menschheit, (v. Th. Fr. Ehrmann). 2 Thle., mit Kpf. 8. Nürnb. 795. Schneider u. W. 1 ℛ 10 ℊ ill. 2 ℛ 12 ℊ

—z. Naturrecht. 2 Sammll., (v. F. W. Sibeth). 8. Halle 794. Renger. 8 ℊ

—— zur Natur- u. Heilwissenschaft, s. Weitenweber, W. R.

Naturwissenschaftliche Beiträge zur Kenntniss der Kaukasusländer, auf Grund seiner Sammelbeute hrsg. von Oscar Schneider. — Dresden: Burdach 1878. 160 S. 8°
1: Lh 48760. 2. 3. 7→11. 12: H. nat. 399 [2 Ex.] 14. 15. 26. 27. 28. 15.

—— z. allg. Nerven- u. Muskelphysiologie. 6—18. Mitthlg. 8. Wien, Gerold's S. n.n. 10. 60

6. Ueber rhythm., durch chem. Reizg bedingte Contractionen quergestreifter Muskeln. Von W Biedermann. (19) 80. n. — 40
7. Ueber d. durch chem. Veränderg d. Nervensubstanz bewirkten Verändergn d. polaren Erregg durch d. elektr. Strom. Von W Biedermann. (52 m. 2 L.) 81. n. 2. —
8. Ueber scheinbare Oeffnungszuckg verletzter Muskeln. Von W Biedermann. (28) 82. n.n. — 50
9. Ueber Nervenreizg durch d. Nervenstrom. Von E Hering. (89) 82. n. — 60
10. Zur Kenntniss d. sekundären Zuckung. Von W Biedermann. (22) 83. n.n. — 45
11. Ueber rhythm. Contractionen quergestreifter Muskeln unter d. Einflusse d. constanten Stromes. Von W Biedermann. (22 m. 2 L.) 83. n. 1. 20
12. Ueber Verändergn d. elektromotor. Verhaltens d. Muskeln in Folge elektr. Reizg. Nach Untersuchgn v. E Hering u. W Biedermann. Mitgetheilt v. E Hering. (28) 83. n.n. — 50
13. Ueber Du Bois-Reymond's Untersuchg d. secundär-elektromotor. Erscheingn am Muskel. Von E Hering. (27) 83. n.n. — 50
14. Ueber d. Herz v. Helix pomatia. [Ein Beitrag z. vergleich. Physiologie d. Muskeln.] Von W Biedermann. (37) 84. n. — 60
15. Ueber positive Nachschwankg d. Nervenstromes nach elektr. Reizg. Von E Hering. (23) 84. n. — 45
16. Ueber Schwankgn d. Nervenstromes in Folge unipolarer Reizg beim Tetanisiren. Von E Hering. (19) 84. n. — 40
17. Ueber d. elektr. Erregg d. Schliessmuskels v. Anodonta. Von W Biedermann. (66 m. 2 L.) 85. n. 2. —
18. Ueber Hemmungserscheingn bei elektr. Reizg quergestreifter Muskeln u. üb. positive kathod. Polarisation. Von W Biedermann. (41 m. 1 L.) 85. n. 1. —

—— zur allgemeinen Nerven- und Muskelphysiologie. [Aus dem deutschen physiolog. Institute zu Prag.] 17.—20. Mitthlg. Lex.-8. Wien, (Gerold's Sohn.) *

Inhalt:

Mitthlg. 17. Biedermann, Wilh., über die elektrische Erregung des Schliessmuskels von Anodonta. (66 S. mit 2 lithogr. Taf.) 885. * ℳ 2.—.
» 18. —— über Hemmungserscheinungen bei elektrischer Reizung quergestreifter Muskeln und über positive kathodische Polarisation. (41 S. mit 1 lithogr. Taf.) 885. * ℳ 1.—.
» 19. —— über das elektromotorische Verhalten der Muschelnerven bei galvanischer Reizung. (43 S.) 886. ** 70 Pf.
» 20. —— über die Innervation der Krebsscheere. [Ein Beitrag zur vergleichenden Nerven- und Muskelphysiologie.] (40 S. mit 3 Taf.) 887. * ℳ 2.—.

—— dass. — 21.—23. Mitthlg. Lex.-8. Wien 888, (Tempsky.) *

Inhalt:

Mitthlg. 21. Biedermann, Wilh., über die Innervation der Krebsscheere. (34 S. mit 4 Taf.) * ℳ 2.40.
» 22. —— über die Einwirkung des Aethers auf einige elektromotorische Erscheinungen an Muskeln und Nerven. (40 S.) * 70 Pf.
» 23. —— über sekundäre Erregung vom Muskel zum Muskel. (16 S.) * 40 Pf.

Vorstehende sieben Mittheilungen sind aus: Sitzungsberichte der k. Akademie der Wissenschaften, besonders abgedruckt.

— neue, actenmäßige, zur Geschichte der Leiden des seines Amtes entsetzten schleswigschen Geistlichen Gust. Schumacher. Berlin 861. Heinicke. gr. 8. (58 S.) n. 10 ngr.

— — 2. durchgesch. u. verm. Aufl. sammt Schumachers Erwiderung. Ebend. 862. gr. 8. (93 S.) n. 10 ngr.

Neue Beiträge zur praktischen Anwendung des Thierischen Magnetismus. In verschiedenen Abhandlungen über die Theorie, die Verfahrensart, die Einflüsse u. s. w. des thierischen Magnetismus, über die Verbindung der Elektricität mit dem Magnetismus und die Kunst, in grosser Entfernung zu magnetisieren. Ein Nachtrag zu den Lehrsätzen des Hrn. [Friedr. Anton] Mesmers, welcher einen Brief an den Hrsg. derselben, dessen Anmerkungen darüber, und einen in 28 Artikeln abgefassten Bericht, von der magnetischen Verfahrungsart des Hrn. Del . . . enthält. Aus Hrn. Caullet de Veau-

morel dritter Ausgabe mit möglichster Treue übersetzt. Nebst einem Anhange. Strasburg: Akademische Buchhandlung 1786. 78 S. 8°.
[Anhang dazu:] Wunderbare Geschichte der Kuren Valentin Greatrakes durch Berührung mit den Händen. Aus J. Vic. Pechlini, seren. Cimbriae Ducis Consiliarii & Archiatri observationibus physico-medicis. In die Teutsche Sprache übersetzt mit beigefügtem lateinischen Text. S. 79—112.

Beiträge, Neue, zur Beförderung des vernünftigen Denkens in der Religion. Winterthur 1801. V (Heft 1. 2.): *Keller, Andreas.* (winer)

Beiträge, Neue Berliner, zur Landwirthschaftswissenschaft. Berlin 1791. V: *Grassmann, Gtfr. Ludolph.* (KY) (MGT)

— neue (Berl.), z. Landwirthschaftswissensch. (von G. L. Graßmann.) 2 Bde. zu 12 Stckn. gr. 8. Berl. 791—94. (Maurers Buchh.) 4 ℛ

— neue, zur Beschreib. v. Schlesien, (v. F. A. Zimmermann). 8. Bresl. 799—802. Gehr. (J. F. Korn). 1 ℛ 3 𝒦

— neue Bremer. Dichtungen u. Übersetzgn. aus der litterar. Gesellschaft d. Künstlervereins. Hrsg. v. A. Fitger. 12. (IV, 114 S.) Bremen 892. (Mühle & Schlenker.) n.n. 1. 50; geb. n.n. 3. —

Neue Bremer Beiträge. Dichtungen u. Übersetzungen aus d. Litterarischen Gesellschaft d. Künstlervereins. Hrsg. von A. Fitger. — Bremen: Schünemann 1892. 114 S. 8°
1:Yf 4201/17.
15.

— neue Bremische. 2 Bde. 8. Braunschw. 768. Schulbuchh. 2 ℛ Schrbp. 2 ℛ 12 𝒦

— neue, z. Flottenfrage. Von Nauticus. gr. 8. (XIV, 218 S.) Berlin 898. E. S. Mittler & Sohn. n. 1.25
D. ersten Beiträge d. Verf. s. u. d. Titel: Altes u. Neues z. Flottenfrage.

Neue Beiträge zur Frage des mathematischen und physikalischen Unterrichts an den höheren Schulen. Vorträge gehalten bei Gelegenheit d. Ferienkurses für Oberlehrer d. Mathematik u. Physik, Göttingen ... 1904. Ges. u. hrsg. von F. Klein u. E. Riecke. T. 1. (2). — Leipzig [usw.]: Teubner 1904. 8°
T. 1 = (H. 1. 2). Enthaltend Beiträge d. Herren O. Behrendsen [u. a.]
T. 2 = (H. 3). u. d. T.: Schilling, Friedrich: Über d. Anwendungen d. darstellenden Geometrie insbesondere über d. Photogrammetrie. 1904.
Selbständige Ausg. von T. 1, H. 2 s. *Beitraege* zur Frage d. Unterrichts in Physik u. Astronomie an d. höheren Schulen. 1904.
1:Nf 4360. 3. 7. 8. 9. 11. 12:Math. A. 127 ou. 15. 17 [°°1]. 18. 24. 26. 27. 29. 30. 82. 89. 90.
15.

— dass. Neue Folge. VI u. VII. (Der ganzen Reihe 18. u. 19. Heft.) 8° Münst., Coppenrath. 4.60
Schwarte, C: Die 9. Kur v. Braunschweig-Wolfenbüttel. (139) '05. [VII.] 2.60
Wolfschläger, C: Erzbischof Adolf I. v. Köln als Fürst u. Politiker (1193—1205). (112) '06. [VI.] 2 —

— neue, zur Geschichte deutschen Alterthums. Hrsg. v. d. Hennebergischen alterthumsforsch. Verein. 1.—6. Lfg. gr. 8. Meiningen, (Brückner & Renner.) n. 18. 70
1. (XI, 327 S. m. 4 Taf.) 858. n. 2. —
2. Pfarrbuch der Diöcesen Meiningen, Wasungen u. Salzungen. Von G. Brückner. (XXI, 762 S.) 862. n. 4. —
3. (296 S. m. 2 Taf.) 867. n. 2. —
4. Über die Stadtkirche in Meiningen. Eine archäolog. Studie v. Hoppe. (30 S. m. 23 Taf.) 883. n. 2. —
5. (258 S. m. 5 Lichtdr.-Taf.) 888. n. 2. 50
6. Das Hospital St. Liborii zu Altrömhild m. e. bis jetzt noch nicht veröffentlichten Urkunde v. G. Jacob. (106 S.) 889. n. 1. 20

Beiträge, neue, zur Geschichte deutschen Altertums. Hrsg. v. dem Henneb. altertumsforsch. Verein in Meiningen. 7. u. 9.—12. Lfg. gr. 8. Meiningen, (Brückner & Renner). n. 18. —
7. Aus Wasungens vergangenen Tagen — m. e. Urkundenbuche (u. d. T.: Urkunden d. Wilhelmiter-Klosters Wasungen u. der incorporirten Pfarrei in gr. 4.), bearb. v. W. Germann. 1. Hälfte. (56 u. Urkundenbuch X, 114 S.) 890. n. 5. —
8. Erschien noch nicht.
9. Der Henneberger Geschichtschreiber Johann Adolph v. Schultes. Mit e. Brustbild (in Lichtdr.). Von Otto F. Müller (41 S.) 891. n. 1. —
10. (27 S. m. 24 Taf.) 891. n. 1. 50
11. Nikolaus Gromann u. der Ausbau der Veste Heldburg 1560—1564 m. den Bau-Urkunden d. Burgarchivs von 1558—1568. Von Jul. Groeschel. (XXIV, 30 S. m. 4 Plänen.) 892. n. 1. 50
12. Johann Forster, der hennebergische Reformator, e. Mitarbeiter u. Mitstreiter Martin Luthers. In urkundl. Nachrichten, nebst Urkunden zur henneberg. Kirchengeschichte. Mit Forsters Bild, Handschrift u. Siegel. Festschrift zum 350jähr. henneberg. Reformationsjubiläum v. W. Germann. (VIII, 468 u. 112 S.) 894. n. 9. —

Beiträge, neue, z. Geschichte deutschen Altertums. Hrsg. v. d. henneberg. altertumsforsch. Verein i. Meiningen. 8. Lfg. gr. 4. Meiningen (Brückner & Renner) n. 4. —
8. A. Wasungens vergang. Tagen. 2. Hälfte. Gedenkblätter a. 3 Jahrhunderten d. herzogl. S. Louisen-Frhrl. Marschallschen Damenstifts Wasungen v. W. Germann. M. 9 Lichtdr. u. 3 Lith. v. Junghanß & Koritzer, Meiningen. (V, 96 S.) 893. n. 4. — (I u. II: n. 9. —)

— dasselbe. 13. Lfg. gr. 8. (88 S.) Ebd. 895. n. 1. —

— neue, zur Geschichte deutschen Altertums. Hrsg. v. dem henneb. altertumsforsch. Verein in Meiningen. 14.—17. Lfg. gr. 8. (160 S. m. 2 Taf. u. 1 Fksm.) Meiningen (Brückner & Renner). n. 7. —
14. (75 S. m. 8 Taf. u. 1 Karte.) 899. n. 2. 25
15. (160 S. m. 2 Taf. u. 1 Fksm.) 900. n. 2. 25
16. (82 S. m. 1 Taf. u. 1 Karte.) 902. n. 1. —
17. (112 S.) 902. n.n. 1. 50

Beiträge, neue, zur Geschichte deutschen Altertums, hrsg. von dem henneberg. altertumsforsch. Verein in Meiningen. 18.—20. Lfg. Lex.-8. Meiningen (Brückner Renner). n.n. 9. 80
18. Die Veste Heldburg. Von E. Fritze. [Aus: „Bau- u. Kunstdenkmäler Thüringens".] (11 S. m. Abbildgn. u. 5 Taf.) Jena 903. n.n. 2. 80
19. Meininger Pastellgemälde. Katalog der Meininger Gemälde-Ausstellg. i. J. 1904 nebst Übersicht üb. Meiningens Maler u. plast. Künstler. Von E. Doebner u. W. Simons. (VI, 98 S. m. 12 Taf. u. 2 Stammtaf.) 904. n.n. 4. 50
20. Dorfbilder. Von E. Fritze. Mit 50 Abbildgn. u. 1 Übersichtskarte. (101 S.) 906. n.n. 2. 50

Beiträge, neue, z. Gesch. deutschen Altertums, hrsg. v. dem henneberg. altertumsforsch. Verein in Meiningen. 21. u. 22. Lfg. Lex. 8. Meiningen, Brückner & Renner. nn 6. 50
21. Ludwig Bechsteins Schriften, zum 75jähr. Jubiläum d. henneberg. altertumsforsch. Vereins zusammengestellt. Von Th. Linschmann. Vereinsnachrichten. (168 u. XV S. m. 3 Taf., 1 Bildnis u. 1 Fksm.) 907. nn 4. —
22. Die Botenlaubischen Grabdenkmäler in der Klosterkirche zu Frauenrode. Von Karl Zürcher. — Die ehemalige sächsische Landwehr im Kreis Hildburghausen. Von E. Schaubach. (120 S. m. 4 Taf. u. 1 Karte.) 909. nn 2. 50

— Neue, z. Gesch. deutschen Altertums, hrsg .v. d. henneberg. altertumsforsch. Verein in Meiningen. 23. u. 24. Lfg. Lex8° Meining, Brückner & R. nn 4.60
Liebmann, R: Der Untergang d. thüring. Kgr. 531—35 n. Chr. Geschichtl. Untersuchg. (6, 47) '11 [24] 2 —
Mühlfeld, Christian: Die herzogl. Hofkapelle in Meiningen. Biographisches u. Statistisches. (4, 96) '10 [23] nn 2.60

Neue Beiträge zur Geschichte August Hermann Francke's, hrsg. von G. Kramer. — Halle: Waisenhaus 1875. VII, 222 S. 8°
1: Au 4007. 2. 3. 4. 6→10. 12: Biogr. 423 h-1. 14. 15. 21. 24. 26. 29. 30.
15.

Neue Beiträge zur Geschichte der Stadt Freising mit Umgebung. Zsgest. aus d. Unterhaltungsblatte zum Freisinger Tagblatt 1893. I. Serie. — Freising: Datterer 1894. 94 S. 8°
12: Bavar. 221 nd.
15.

Neue Beiträge zur Geschichte des k. u. k. österreichisch-ungarischen Militär-Sanitätswesens. Acten d. k. u. k. Kriegsarchivs, hrsg. von S. Kirchenberger. — Wien: Šafář 1899. IV, 207 S. 4°
1: 4° Kq 4853. 302.
15.

Neue Beiträge zur Geschichte Philipps des Großmüthigen Landgrafen von Hessen, bisher ungedruckte Briefe dieses Fürsten und seiner Zeitgenossen ... Ges. ... von Eduard Duller. — Darmstadt: Jonghaus 1842. XIV, 338 S. 8°
1: Sk 750. 2. 3. 4. 7→11. 12: Germ. sp. 121 s. 14→18. 21. 24→27. 29. 30 102. 366: 69041.

Neue Beiträge zur Geschichte der Reformation mit historisch-kritischen Anm. hrsg. von Ch. Gotthold Neudecker. Bd 1.2. — Leipzig: Fleischer 1841. 8°
1[∞2]: Cm 504. 2→11. 12: H. ref. 271 hb. 14→18. 21. 24. 25. 27. 28. 30. 366: •34 x 2. 302.
15.

— neue, zur vaterländ. Gesch., Geographie u. Statistik. — Eine Forts. d. Westenrieder'schen Beiträge üb. dieselb. Gegenstände, in Verbind. mit mehr. Gelehrt. hrsg. v. A. Buchner u. L. Zierl. 1. Bd. 6 Hfte. gr. 8. München 832, [Jaquet.]

— neue, zur vaterländ. Geschichte u. Topographie, mit Rückblicken auf baierische Kunst u. Literatur. Herausg. v. M. Frhr. v. Freyberg. 1r Bd. 1s Hft. gr. 8. München 837. (Landshut,) Palm. 7/8 Rthl

Beiträge, Neue, zur Geschichte von Westphalen, von R ... Frankf. u. Leipzig [Altona] 1790. V: *Springer, Joh. Christoph Erich von.* (KY) (STRI) (ML)

— neue, z. Geschichte v. Westphalen. (B. J. C. E. v. Springer.) 3 Stcke. gr. 8. Frkf. u. Lpz. 790, 91. Hammerich in Alt. 16 gr

— neue, zur Geschichte der Zärtlichkeit, (v. L. W. J. Dillenius). 8. Leipz. 788. Schwickert. 12 gr

Neue Beiträge zur Homiletik für Prediger und Katecheten. 1804 s. Beyträge zur Homiletik für Seelsorger, Prediger und Katecheten.

Beiträge, neue, zu d. Kameral- u. Haushaltungswissenschaft. 6 Stcke. Mit Kpf. 8. Jena 766, 69. Stahl. (Schmid). 1 Rthl

Neue Beiträge zur Kenntniß von Afrika. St.[1.]2. — Berlin: Voß 1791–95. 8°
[1.] Unternehmungen d. Gesellschaft zur Beförderung d. Entdeckungen im Inneren von Afrika [Proceedings of the Association for Promoting the Discovery of the Interior Parts of Africa, deutsch] u. Robert Norris Reise in d. Innere von Guinea ... Mit Anm. von Johann Reinhold Forster.
2. Follie, Louis Guillaume: Reise in d. Wüste Sahara [Voyage dans les déserts du Sahara, deutsch] ... Nebst William Jones Beschreibung d. Insel Hinzuan ... Mit Anm. von Johann Reinhold Forster.
1[∞1]: Uq 4023. 4. 5[∞1]. 6[∞2]. 10[∞1]. 12: It. sing. 96 s. 14. 17. 21 [∞2]. 27[∞1]. 28. 29. 300: 65 W 21. 302.
15.

— n. kl., z. Historien v. Dresden, oder Unters. d. Urspr., woher die Gassen dieser Stadt ihren Namen erhalten. 8. 761. (Hennings in Neisse). 3 gr

Beiträge, neue, z. Länder- u. Völkerkunde, v. M. Chr. Sprengel u. Jh. Reinh. Forster. 13 Thle. Mit 2 Karten. 8. Leipz. 790—94. Kummer. 10 Rthl 6 gr

— neue, zur Lektüre f. junge Leute, (v. Jh. Ad. Nasser). 1r Bd. 8. Hamb. 785. (A. Campe). 16 gr

Neue litterarische Beiträge zur mittelalterlichen Medicin von Julius Leopold Pagel. — Berlin: G. Reimer 1896. 194 S. 8°
1: Ic 10401. 3. 5. 6. 7. 9. 10. 11.
15.

Neue Beiträge zur deutschen Literatur, aus den in der ersten Hälfte des Jahres 1817 bei H. R. Sauerländer in Aarau erschienenen neuesten Verlagsschriften bestehend. o. O. [1817]. 24 S. 8°
12: Cat. CXCV, 21.
15.

Beiträge, Neue, zur deutschen Makulatur. Frankfurt 1766. V: *Pfeffel, Gottlieb Conrad.* (JL)

— n., z. deutsch. Makulatur. 8. Frankf. a. M. 766. Hermann. 8 gr

— neue, zur Medicin u. Chirurgie, s.a. Weitenweber, W. R.

— neue, zur Medicin und Chirurgie, herausgeg. von Wlh. Rud. Weitenweber. 1841. Jan. — Juni. 3 Hefte mit Abbild. gr. 8. Prag 841, Haase Söhne. n. 2 Rthl

Beiträge, neue, zur Methodik der Erdkunde. II. gr. 8. Dresden, A. Müller, Fröbelhaus. n. 1.50
Welche Bedeutung haben Schulkarten in Kuhnerts Reliefmanier f. den Unterricht in Heimat- u. Erdkunde u. wie sind die Schüler am zweckmässigsten in das Verständnis dieser Karten einzuführen? Drei Preisschriften. Von Wauer, Tanner u. Kerst. Beigeheftet ist: Kuhnert, Schulhandkarte v. Deutschld. (19, 25 u. 47 S.) 899.
1. u. d. T.: Wauer, A., neue Beiträge etc. Ebd. 899.

Beiträge, Neue monatliche, zur Naturkunde. Schwerin 1770. H: *Denso, Johann Daniel.* (Bachmann, Mecklenburg. Güstrow 1889. S. 52.)

— neue monatl., z. Naturkunde. 5 Stcke. 8. Dessau 782. Gel. Buchh. 22 gr

Neue Beiträge zur Natur- und Arzenei-Wissenschaft. Hrsg. von Christian Gottlieb Selle. Th. 1-3. Berlin: Mylius 1782-86. 2 Bde. 8°
Th.1: 1782.
Th.2: 1783.
Th.3: 1786.

— neue, nordische, zur physikal. Erd- u. Völkerbeschreib., Naturgesch. u. Oekonomie, (v. Pt. S. Pallas). 7 Bde. gr. 8. St. Petersb. 781—96. Lagan. (Gnobloch in Leipz.) 13 Rthl 22 gr (5r—7r Bd a. u. d. T.: Neueste Beitr. z. Erdbeschreib. 3 Bde.)

— neue Nordische, z. Physik, Geogr., s. oben Beiträge z. Erd- u. Völkerbeschreib.

Beiträge, Neue, von alten und neuen theologischen Sachen. Leipzig 1751—1761. H: *Kapp, Joh. Eh.* & *J. R. Kiesling.* (WINER)

— neue, zum deutschen Theater. (Enth.: Wilhelmine v. Bilberg. — Der Jesuit. — Ein Narr kommt über den andern. — Die Braut im Portrait.) gr. 8. Quedlinb. 774. Ernst. 1 ℔

— neue theatralische, (v. Cph. Fr. Bretzner). 8. Halle 771. (Laue in Berl.) 14 ℊ

Neue weitere Beiträge zu dem Verfahren der kathol. Ober-Kirchenbehörden in Würtemberg gegen katholische Geistliche. Besonders in Anwendung gebracht gegen W. Lauter. Schaffhausen: Hurter 1842. 92 S. 8° 2. 6. 21. 24. 15.

Beiträge, Neue, zum Vergnügen des Verstandes und Witzes. Bremen und Leipzig 1746—51. H: *Gärtner, Carl Christian und andere.* (BrMm) (GGr)

— neue Westphälische, 3 Stcke. gr. 8. Mt. 791. Hammerich. 16 ℊ

— neueste, z. Homiletik, s. Ph. A. Brunner.

— neueste, z. Kunde v. Indien; aus d. Engl. v. T. F. Ehrmann. 3 Bde, s.a. Bibliothek d. Reisebeschreibb. 30r — 32r Bd.

Neueste Beiträge zur Kunde von Indien. Aus d. Engl. u. Ital. Hrsg. von T. F. Ehrmann. Bd 1-3. — Weimar: Landes-Industrie-Comptoir 1806. 8° (Bibliothek d. neuesten u. wichtigsten Reisebeschreibungen. 30/32.) 1: Ps 7200-30/32. 2. 3. 4. 7. 8. 9. 12: It. coll. 85-30/2. 14. 17. 21. 24. 26. 27. 28. 30. 102. 302. 15.

— neueste, z. Kunde von d. Insel Madagaskar, s.a. Bibliothek d. Reisebeschreibb. 46r Bd.

Neueste Beiträge zur Kunde der Insel Madagaskar. Aus d. Franz. — Weimar: Landes-Industrie-Comptoir 1812. X, 168 S. 8° (Bibliothek d. neuesten u. wichtigsten Reisebeschreibungen. 46, [2].) 2. 3. 7. 8. 9. 12: It. coll. 85-46. 14. 17. 21. 24. 27. 30. 38. 102. 300: 2 V 23. 302. 15.

Beiträge, Neueste Nordische, zur physikalischen und geographischen Erd- und Völkerbeschreibung ... St. Petersburg und Leipzig 1793—1796. H: *Pallas, Peter Simon.* (BrMm) (ErschDL) (MGT)

Beiträge, Neueste, zur Predigerbibliothek. Köthen 1786. V: *Masius* [recte *Messe*], *Johann Nicolaus* [später *Gottfried Lebrecht*]. (Ky) (MGT)

— neueste, zur Religionslehre u. Kirchengesch. 3 Jahrgg. gr. 8. Wien 790 — 92. Tendler. 8 ℔

Neuphilologische Beiträge hrsg. vom Verein für neuere Sprachen in Hannover in Veranlassung d. ersten allgemeinen deutschen Neuphilologentages am 4., 5. u. 6. Okt. 1886. — Hannover: C. Meyer 1886. XXIV, 84 S. 8° 1: V 667. 5. 7. 9. 10. 11. 12: L. gen. 8g. 14. 16. 17. 23. 30. 302. 15.

— nordische, z. Wachsthum d. Naturgesch., Haushaltungsk. rc. 1r Bd. 1s bis 3s. u. 2n Bds. 1s Stck. 8. Alt. 756. Iversen. 1 ℔

Beiträge, Nothwendige, zur kronologischen Einleitung in die Kirchengeschichte ... [O. O.] 1780. V: *Mederer, Johann Nepomuk.* (SO)

Beiträge zum gemeinen Nutzen
① Von verschiedenen Verfassern dem liebenden Publikum zugedacht ⑤ 1778—1779 ⑥ 8° ⑧ Chur: Bernhard Otto (1778); St. Gallen: Leonhard Dieth sel. Wittib (1779) ⑫ gemeinnützige Zeitschrift ⑬ BGSZ: 99, 1047 ⑭ Ch: K.

Beiträge zum gemeinen Nutzen. Chur 1778. St. Gallen 1779—80. H: *Zollikofer, Chph.* (Bibliogr. d. Schweiz. Landeskunde. Bern 1892 ff. Ib.)

— z. Nutzen u. Vergnügen. 5 Thle., auf 1753 — 57. 4. Greifsw. (Berl.), Mylius. 2 ℔ 8 ℊ

— zum Nutzen u. Vergnügen f. beiderlei Geschlecht. (Herausg. v. H. Nudow.) 8. Danz. 778. Flörke. 1 ℔ 18 ℊ

Beiträge zum Nutzen und Vergnügen für beyderley Geschlecht. Th. I. II. Frankfurt und Leipzig 1779. H: *Nudow, Heinrich.* (R-N) Danzig 1778. (Ky)

— z. Nutzen u. Vergnügen der Jug., mit Kpf. 12. Stuttg. 803. Magaz. f. Litt. 8 ℊ

Beiträge zum Nutzen und Vergnügen aus der Sittenlehre ... Greifswald 1753—1757. H: *Daehnert, Johann Karl.* (MS)

Beiträge, Nützliche, zu den Neuen Strelitzischen Anzeigen. Neubrandenburg 1768—75, 1776—1837. H: *Tangatz, Adolf Frdr.* (Juli 1768—Sept. 1829), später: *Adolf Frdr. Reinicke.* (Bachmann, Mecklenburg. Güstrow 1889.)

Vorh. u.d. T.: Nützliche Beiträge zu den Strelitzischen Anzeigen. Neu-Brandenburg, 1765 ff.

— nützl., z. den neuen Strelitzischen Anzeigen. Jahrg. 1799. 1800. 803. 805. 811 — 15. 4. Neustrel., Albanus. (à 1 ℔)

— nützl. u. bewährte, z. Oekonomie. 2 Hefte, mit 1 ill. Kpf. 8. Nürnb. 811. Zeh. 9 ℊ

— nützl., auf Erfahr. gegründete, aus d. Oekonomie-, Garten- u. Forstwissenschaft. 8. Manh. 812. Löffler. 9 ℊ

— nützl., zur Oekonomie u. landwirthschaftl. Leben. 8. Frankf. u. Leipz. 766. Metternich. 5 ℊ

— nützliche, zu d. nöthigen u. angenehmen Wissenschaften, v. Ch. G. Grundig, J. F. Klotzsch u. J. F. Schink. 2 Bde. 8. Freiberg ... 2e A. 790. Craz u. G. 12 ℊ

Beiträge zur Oberlehrerfrage. 1. Die geschichtliche Entwicklung des Lehramts an den höheren Schulen von K. Fricke. 2. Die soziale Lage der Oberlehrer von F. Eulenburg. — Leipzig [usw.]: Teubner 1903. 117 S. 8° 1: Ne 4450. 2. 11. 14. 15. 18. 26.

— eines britt. Offiziers z. Gesch. d. gegenwärt. Kriegs; aus d. Engl. 8. Zürich 797. Geßner. 1 ℔

Beiträge zur Ohrenheilkunde. Festschrift gewidmet August Lucae zur Feier seines 70. Geburtstages. — Berlin: Springer 1905. VII,419 S. 8°
1:Kn 370. 2→5. 8. 10. 11. 12:Path. 100pet. 15. 18. 21. 27. 30. 302.
15.

Beiträge zur Ökonomie. Bayreuth 1781. V: *Kössig, Carl Gottlob.* (wö)

Beiträge zur Oekonomie, Kameral- und Polizeywissenschaft, ... hsg. von Heimbert Joh. Hinze. Dessau 1782. V: *Oeder, Johann Ludwig.* (Ky) (ML) (wö)

— z. Oekonomie, Kameral- u. Polizeiwissenschaft. Mit Kpf. 8. Leipz. 788. Compt. f. Literat. 15 gr

— ökonomische, von L. G. R. 8. Bayr. 781. Lübecks Erb. 6 gr

Oekonomische u. naturhistorische Beiträge ... v. J. Riem, se Neue Sammlung vermischter ökonom. Schriften.

— zur Ophthalmologie, als Festgabe Friedr. Horner zur Feier d. 25jähr. Jubiläums seiner academ. Lehrthätigkeit gewidmet v. Marc Dufour in Lausanne, Otto Haab u. Max Knies in Zürich, Jul. Michel in Würzburg, Wilh. Schoen in Leipzig u. O. F. Wadsworth in Boston, U. S. A. Mit Abbildgn. (1 eingedr. Holzschn. u. 1 Steintaf.) gr. 8. (VII, 167 S.) Wiesbaden 881. Bergmann. n. 6. —

— zur meteorologischen Optik u. zu verwandten Wissenschaften. In zwanglosen Hftn. herausg. v. Joh. Aug. Grunert. I. Thl. 1—4. Hft. Mit 12 lith. Taf. (in 8. u. qu. 4. u. qu. Fol.) Lex. 8. (464 S.) 4. Hft. A. u. d. T.: Die Lichterscheinungen der Atmosphäre dargestellt u. erläut. v. R. Clausius. Mit 6 lith. Taf. (in 8. u. qu. 4.) Lex. 8. (S. 367—464.) Leipzig 849—51, Schwickert. (1. Hft. 1 ₰ 2—4.: à 21 ngr) 3 ₰ 3 ngr

— oratorische, eine Auswahl v. Prologen, Dialogen u. Dramen, zum Gebrauch bei d. Declamations-Uebungen in Schulen u. bei feierl. Redeacten. 8. Quedlinb. 834. Basse. 3/4 ₰

— zur Organisirung des Medicinalfaches in Baiern. 1s Hft. 8. Straub. 802. (Schorner). 3 gr

— zur Orientirung üb. Einrichtung, Bedienung u. Behandlung d. französ. canon à balles [Mitrailleuse], sowie üb. seinen Gebrauch im Feldkriege. Mit e. Kpfrtaf. (in qu.-Folio.) Nach d. bezügl. franz. Reglements u. Vorschriften v. J. 1870 bearb. 8. (47 S.) Berlin 871. Voß. — 60

Beiträge z. Orientpolitik. I. 8° Stuttg. (Kronenstr. 43), Verl. d. schwäb. Korrespondenz. 2 — d
Lorch, Fritz: Die röm. u. griech. Kirche in Syrien u. Palästina. (117) '11 (I) 2 —

Beiträge zur westpfälzischen Ortsgeschichte. 1. Zweibrücker Oberamts Bannbuch vom Jahr 1547. 2. Die Wüstungen d. Bezirksämter Homburg, St. Ingbert, Pirmasens u. Zweibrücken. Hrsg. von L. Kampfmann. — Zweibrücken 1908: Kranzbühler. VII,158 S. 8° (Mitteilungen d. Historischen Vereins d. Mediomatriker für d. Westpfalz in Zweibrücken. 4.)
1:Sf 4256-4. 9. 12:Bayer. 1849z-4.14→17.
15.

Weltausstellung in Paris 1900. Beiträge Österreichs zu den Fortschritten im XIX. Jahrhundert. Redigirt von Ignaz Wottitz. Bd 1-4. — Wien: K. k. Hof- u. Staatsdr. 1902. 8°
Franz. Ausg. s. *Participation* de l'Antriche aux progrès accomplis au XIX me siecle. 1902.
12:Techn. 2068q. 300:419.230-B. 302.
15.

— zur Paedagogik. In zwanglosen Hften. 1. Hft. Ueber die histor. Darstellg. der pädagog. Ideen m. besond. Beziehg. auf Rousseau u. Comenius. 8. (123 S.) Löwenberg 875. Köhler. n. 2. 25

Beiträge zur Pädagogik, Kritik und Reform der bayerischen Schullehrer-Seminarien zunächst mit Rücksicht auf Bayern, im Rückblick auf die Verhandlungen des letzten und im Hinblick auf die des nächsten Landtags. — (Nürnberg [um 1875]: Bieling.) 50 S. 8° 12:Bavar. 221 ni.
15.

— z. neuesten Pädagogik. 8. Marb. 801. Krieger. 6 gr

Beiträge zu einer Pädagogik für die deutschen Schulen des Auslandes. Eine Handreichung für d. deutschen Schulvorstände u. Lehrer an d. zweisprachigen Schulen im Auslande. Unter Mitw. von ... hrsg. von A. Streich. Hannover: C. Meyer 1888. VIII,198,16 S. 8° (Pädagogische Bibliothek. 16.)
1:Nc 7460-16. 7. 12:Paed. Th. 6623 w-1.
15.

— pädagogische, aus Hessen-Nassau. [Aus: „Kehr's pädagog. Blätter".] gr. 8. (92 S.) Gotha 889. Thienemann. n. 1. —

— pädagogische, aus Hessen-Nassau. II u. III. [Aus: „Pädagog. Blätter".] gr. 8. Gotha, E. F. Thienemann's Verl. n. 1. 60 (I—III.: n. 2. 60)
II. (93 S. m. 1 farb. Karte.) 890. n. 1. —
III. (47 S.) 893. n. — 60

Beiträge, pädagogische, insbesondere für das Volksschulwesen. Hrsg. von hannoverschen Lehrern. 1. Bd. 8 Lfgn. gr. 8. (1—6. Lfg. 327 S.) Hannover 856, Grimpe. Thlr.

— zur Palaeontographie von Oesterreich. Hrsg. von Frz. v. Hauer. 1. Bd. 1. und 2. Heft. gr. 4. (III und S. 1—64 mit 14 Stnt.) Olmütz 857. 58, Hölzel. à Heft * 3 Thlr. 10 Ngr. *

— zur Palaeontographie von Oesterreich. Herausg. von Frz. v. Hauer. 1. Bd. 2. Hft. Olmütz 859. Hölzel. gr. 4. (S. 33—64. u. 8 lith. Taf. in 4. u. Fol.) n. 3 ₰ 10 ngr

— zur Paläontologie u. Geologie Österreich-Ungarns u. d. Orients, begründet v. E. v. Mojsisovics u. M. Neumayr. Mittheilungen d. paläontolog. Instituts der Universität Wien, hrsg. m. Unterstützg. d. hohen k. k. Ministeriums f. Cultus u. Unterricht v. W. Waagen. IX. Bd. 4 Hfte. gr. 4. (1. u. 2. Hft. II, 96 S. m. 14 Taf. u. 14 Bl. Erklärgn.) Wien 894. A. Hölder. n. 40. —

— zur Paläontologie u. Geologie Österreich-Ungarns u. des Orients. Begründet von E. v. Mojsisovics u. M. Neumayr. Mittheilgn. d. paläontolog. Institutes d. Universität Wien, hrsg. m. Unterstützg. d. hohen k. k. Ministeriums f. Cultus u. Unterricht v. W. Waagen. X. u. XI. Bd. à 4 Hfte. (à ca. 50 S. m. Ill. u. Taf. nebst Erklärgn.) gr. 4. Wien 896—897. W. Braumüller. à Bd. n. 40. —

— zur Paläontologie u. Geologie Österreich-Ungarns u. des Orients. Mittheilungen des paläontolog. u. geolog. Institutes der Universität Wien, hrsg. m. Unterstützg. des hohen k. k. Ministeriums für Cultus u. Unterricht v. Vict. Uhlig u. G. v. Arthaber. XII.—XIV. Bd. à 4 Hfte. gr. 4. (à ca. 60 S. m. Abb. u. Taf.) Wien 898—902. W. Braumüller. à Bd. n. 40. —

— zur Paläontologie u. Geologie Österreich-Ungarns u. des Orients. Mitteilungen des geolog. u. paläontolog. Institutes dor Universität Wien, hrsg. m. Unterstützg. des hohen k. k. Ministeriums f. Kultus u. Unterricht v. Vict. Uhlig, Carl Diener u. G. v. Arthabor. XV.—XVIII. Bd. à 4 Hfte. 4. Wien, W. Braumüllor. à Bd. n. 40. —
15. (VI, 220 S. m. 25 Abb. u. 22 Taf.) 903. — 16. (VI, 287 S. m. 40 Abb. u. 24 Taf.) 904. — 17. (IV, 259 S. m. 10 Abb. u. 22 Taf.) 904. — 18. (IV, 241 S. m. 33 Abb. u. 21 Taf.) 905.

— dasselbo. XIX. Bd. 4 Hfte. (1. Hft. 57 S. m. Abb., 4 Taf. u. 4 Bl. Erklärgn.) 4. Ebd. 906. n. 42. —; einzelne Hfte. n. 12 —

— zur Paläontologie u. Geologie Österreich-Ungarns u. des Orients. Mitteilungen des geolog. u. paläontolog. Institutes der Universität Wien, hrsg. m. Unterstützg. des hohen k. k. Ministeriums f. Kultus u. Unterricht v. Vict. Uhlig, Carl Diener u. G. v. Arthaber. XX.—XXIII. Bd. à 4 Hefte. (XXIII. Bd. 1. Heft. 124 S. m. 28 Abbildgn., 10 Taf. n. 10 Bl. Erklärgn.) 33,5×25,5 cm. Wien 907—10. W. Braumüller. à Bd. 42. —

— z. Paläontol. u. Geol. Österreich-Ungarns u. d. Orients. Mitteilgn d. geolog. u. paläontolog. Instit. d. Univ. Wien, hrsg. v. (Vict. Uhlig,) Carl Diener u. G v. Arthaber. 23. u. 24. Bd je 4 Hefte. (281; 5, 277 m. Abb. u. 23 bezw. 24 Taf.) 33,5×25,5 cm. Wien, W Braumüller '10'11. d. Bd 42 —; einz. Hefte 12 — ‖ 25. Bd, 4 Hefte. Hrsg. v. Carl Diener, G v. Arthaber u. Frz E Suess. (4, 299 m. Abb. u. 20 Taf.) '12. 50 —; einz. Hefte 15 —

Beiträge zur Paläontologie von Oesterreich-Ungarn u. den angrenzenden Gebieten, hrsg. von E. v. Mojsisovics u. M. Neumayr. 1. u. 2. Bd. à 4 Hfte. Imp.-4. (à Hft. 72 S. m. Steintaf. u. Taf.-Erklärgn.) Wien 880—82. Hölder. à Bd. n. 40. —

—— zur Paläontologie Oesterreich-Ungarns und des Orients, hrsg. von E. v. Mojsisovics und M. Neumayr. 2.—4. Bd. à Bd. 4 Hefte. gr. 4. (à Heft ca. 40 S. mit Stnt. und Taf.-Erklärungen.) Ebendas. 882—84. à Bd. *

—— zur Palaeontologie Oesterreich-Ungarns und des Orients, hrsg. von E. v. Mojsisovics und M. Neumayr. 5. Bd. 4 Hefte. Imp.-4. Wien 885,86, Hölder. *

Inhalt:

Heft 1. Velenovsky, J., die Flora der böhmischen Kreideformation. 4. Thl. (S. 1—14 mit 8 Taf.)

» 2. Zahálka, Č., über zwei Spongien aus der Kreideformation von Raudnitz a. d. E. (Böhmen). — Hofmann, A., Crocodiliden aus dem Miocaen der Steiermark. (S. 15—34 mit 7 Taf.)

» 3. Wähner, F., Beiträge zur Kenntniss der tieferen Zonen des unteren Lias in den nordöstlichen Alpen. 4. Thl. — Alth, A. v., über die Zusammengehörigkeit der den Fischgattungen Pteraspis, Cyathaspis und Scaphaspis zugeschriebenen Schilder. (S. 37—73 mit 9 Taf.)

Heft 4. Bukovski, Geza, über die Jurabildungen von Czenstochau in Polen. (S. 75—171 mit 6 Taf.)

— zur Paläontologie Österreich-Ungarns und des Orients, hrsg. von E. v. Mojsisovics u. M. Neumayr. 6. Bd. 4 Hfte. gr. 4. (1. u. 2. Hft. 226 S. m. 9 Taf. u. 9 Bl. Erklärgn.) Wien 887. Hölder. n. 40. —

— dasselbe. 7. Bd. 4 Hfte. gr. 4. (1. u. 2. Hft. 192 S. m. 7 Taf. u. 7 Bl. Erklärgn.) Ebd. 888. n. 40. —

— z. Paläontologie Österreich-Ungarns u. d. Orients, hrsg. v. E v. Mojsisovics u. M Neumayr. 8. Bd. 4 Hfte. 4° (1—3. Hft 240 m 15 Taf.) Wien 90. A Hölder. 40 —

— dass., begründet v. E v. Mojsisovics u. M Neumayr. Mittheilgn d. paläontolog. Instituts d. Univ. Wien, hrsg. v. W Waagen. IX. Bd. 4 Hfte. 4° (1. u. 2. Hft 96 m. 14 Taf.) Ebd. 94.

Beiträge zum Parole-Buche für preußische Militairpersonen. (Verf.: B....) — Berlin: Brink 1801. XIV, 144 S. 8°
1: Gy 18495. 18.
15.

Beitraege zur Parteigeschichte. Hrsg. von Adalbert *Wahl*. 1—8. Tübingen 1910—1914. 8° *[Mit Sondertit.]*

— zur Parteigeschichte. Hrsg. v. Adalb. Wahl. 1. Heft. gr. 8. Tübingen 910. J. C. B. Mohr. 5. —
Studien zur Vorgeschichte der Zentrumspartei. Von Ludw. Bergsträßer. (XI, 249 S.)

Beiträge zu Schmid's Parterre. Leipzig 1771. V: *Contius, Christian Gotthold.* (KY) (MGT) (OL)

Beiträge zur Pastoralmedicin. 1785
s.a. *Baehrens,* Johann Christoph Friedrich.

— zur pädagogischen Pathopsychologie, hrsg. v. Chr. Ufer, s.: Magazin, pädagogisches.

Patriotische Beiträge zum ewigen Frieden gesammelt bis zum Ende des Jahres 1800. — Berlin [1800]: Brink. 82 S. 8°
1: Fm 3896. 4.
15.

Ueber patriotische Beiträge und die dadurch zur Zeit eines außerordentlichen Kraftaufwandes dem Staat zu leistende Hülfe. Ein Wort zur Beherzigung an meine Mitbürger. — (Königsberg) 1813: (D. F. Schultz). 19 S. 8°
1: Stala 883.
15.

— patriot., z. Methyologie d. Deutschen, (v. G. Chr. Lichtenberg). 8. Götting. 773. Dieterich. 1 g

—— zur Petrefacten-Kunde, s.a. Münster Geo. Graf zu.

— zur Petrefacten-Kunde, mit XVIII nach der Natur gezeichneten Taf.; unter Mitwirkung von Herm. v. Meyer u. Rud. Wagner herausg. von Georg Graf zu Münster. gr. 4. Bayreuth 839. (Buchnersche Buchh.) n. $4^{3}/_{4}$ ß — II. Hft. A. u. d. T.: Decapoda Macroura. Abbild. u. Beschreibung der fossilen langschwänzigen Krebse in den Kalkschiefern von Baiern. Mit XXX nach d. Natur gezeichn. (lithogr.) Tafeln. gr. 4. Ebd. 839. n. $4^{3}/_{4}$ ß — III. Hft., von H. v. Meyer und Georg Graf zu Münster. Mit XX nach der Natur gezeichn. Tafeln. gr. 4. Ebd. 840. n. $5^{1}/_{3}$ ß I—III. $14^{5}/_{6}$ ß

Beiträge zur Petrefacten-Kunde. Mit 24 (lith.) Taf. Unter Mitwirkung von Herm. v. Meyer u. Rud. Wagner herausgeg. von Geo. Graf zu Münster. 1. Heft. 2. verb. und mit der Abhandl. über Clymenien und Goniatiten verm. Aufl. gr. 4. Bayreuth 844, Buchner. $5^{1}/_{3}$ ß

— dass. 4. Hft. Unter Mitwirk. des Dr. Braun. A. u. d. T.: Beiträge zur Geognosie und Petrefactenkunde d. südöstlichen Tirols, vorzüglich der Schichten von St. Cassian. Mit 16 nach der Natur gezeichn. (u. lith.) Tafeln. gr. 4. Ebd. 841. n. $5^{1}/_{3}$ ß — 5. Heft. Unter Mitwirkung von Prof. Unger. Mit 10 einfachen u. 5 doppelten, nach der Natur gezeichneten Taf. gr. 4. Ebd. 842. n. $5^{1}/_{3}$ ß — (1—5. n. $25^{1}/_{2}$ ß) 6. Heft. Unter Mitwirkung des Hrn. Prof. Göppert, C. Th. v. Siebold und Dr. Braun. gr. 4. Ebd. 843. n. $5^{1}/_{3}$ ß — 7. Heft. Herausgeg. von Prof. Dr. Dunker. Mit 9 lithogr. Tafeln. Ebd. 846. n. 4 ß — 1—6. herabges. Pr. n. 20 ß

— zur edlen Pferdezucht, oder prakt. Anweis. zur Erkenntniß des Pferdes, für d. Pferde ziehenden Bauersmann in Baiern. Auf Verlangen z. Drucke befördert v. H. Ph. Enslin. 2e Aufl., mit 1 Steindr. 8. Waldbrunn 830. (Würzb., Stahel). 7 g

Beiträge zur Pflanzenkunde des Russischen Reiches. (2-6: Hrsg. von d. Kaiserlichen Academie d. Wissenschaften; 7 ff.: Hrsg. von d. Kaiserlichen Akademie d. Wissenschaften.) Lfg 1-11. — St. Petersburg: K. Akad. d. Wiss. 1844-59. 8°
Nebent.: Materialy k bližajšému poznaniju prozjabaemosti Rossijskoj Imperii.
1: Ly 35909. 2. 5. 7. 10. 15. 17. 24. 27.

— z. Pflanzenzucht. Hrsg. v. d. Gesellsch. z. Förderg deut. Pflanzenzucht. 1. u. 2. Heft. Lex8° Berl., P Parey. 12 — 1. (5, 132 m. 5 Taf.) '11. 5 — ‖ 2. (6, 152 m. Abb. u. 10 Taf.) '12. 7 —

Beiträge zur Phänologie. 1. Egon Ihne, Geschichte der pflanzenphänologischen Beobachtungen in Europa ... 2. Hermann Hoffmann, Phänologische Beobachtungen aus den Jahren 1879–82. — Gießen: Ricker 1884. 178 S. 8°
1:M 16977. 2. 3. 7. 12:Phyt. 32x. 17. 24. 30. 302.
15.

—— zur deutschen Philologie. Julius Zacher dargebracht als Festgabe zum 28. Octbr. 1879 von Ernst Bernhardt, Hugo Buch, Osk. Erdmann etc. gr. 8. (III, 816 S.) Halle 880, Buchh. des Waisenhauses. *

Beiträge zur klassischen Philologie. Herrn Geh. Reg.-Rat Prof. Dr. Alfred Schöne anläßlich seines Scheidens von d. Christian-Albrechts-Universität zu Kiel dargebracht von seinen Schülern. (Hrsg.: Gustav Wörpel.) — Kiel: Cordes 1903. 42 S. 8° 1:Va 9440. 2. 3. 5→8. 12:Philol. 24 lo. 15. 18. 25. 26. 28. 300:426.326–B. 302.
15.

Beiträge zur neueren Philologie. Jakob Schipper zum 19. Juli 1902 dargebracht. — Wien [usw.]: Braumüller 1902. 501 S. 8° 1:V 692. 2→11. 12:H. lit. P. 36 nfn. 14→18. 21. 25→30. 38. 300:426.325–B. 302.
15.

— zur romanischen Philologie. Festgabe f. Gustav Gröber v. Ph. A. Becker, D. Behrens, E. Freymond, M. Kaluza, E. Koschwitz, H. R. Lang, F. E. Schneegans, M. Schneegans, C. This, G. Thurau, K. Vossler, H. Waitz, E. Zéliqzon, R. Zenker. gr. 8. (V, 540 S.) Halle 899. M. Niemeyer. n. 16. —

Beiträge zur romanischen und englischen Philologie. Festgabe für Wendelin Foerster zum 26. Okt. 1901. — Halle: Niemeyer 1902. 498 S. 8°
1:V 689/4. 2→11. 12:H. lit. P. 36 nfm. 14→18. 21. 25. 26. 27. 29. 30. 38. 300:419.232–B. 302.
15.

Beiträge zur romanischen und englischen Philologie, dem X. deutschen Neuphilologentage überreicht von dem Verein akademisch gebildeter Lehrer der neueren Sprachen in Breslau. — Breslau: Preuss & Jünger in Komm. 1902. 211 S. 8° 1:X 8458. 2. 7. 9. 10. 14. 15. 16. 18. 41. 300:419.231–B. 302.
15.

— philologisch-historische, Curt Wachsmuth z. 60. Geburtstag überreicht. gr. 8. (VII, 218 S.) Leipzig 897. B. G. Teubner. n. 8. —

— z. Philosophie. 1 u. 2. gr8° Heidelbg, Carl Winter. 6.20
Hönigswald, Rich.: Zum Streit üb. d. Grundlagen d. Mathematik. Eine erkenntnistheoret. Studie. (106) '12 [2] 2.60
Kosalewski, Willy: Schillers Ästhetik im Verhältn. z. Kantischen. (8, 120) '12 [1] 3.00

— für Philosophie, Geschmack u. Literatur; herausg. v. K. Ph. Conz. 16 Stck. 8. Reutling. 786. (Regensb., Montag u. W.) 10 ℛ

Beiträge zur Philosophie der Kriegskunst. Berlin 1805. Leipzig 1811. V: *Voss, J. von.* (Pr)

Beiträge zur Philosophie des Lebens ... Berlin 1780. 2. Aufl. 1781. Berlin 1791. V: *Moritz, Carl Philipp.* (Kl) (SJL)

— z. Philosophie, Menschenkenntniß u. Erziehungskunst. 3 Stcke. 8. Berl. 790. Maurer. 12 ℛ

Beiträge zur Philosophie des Rechts. Heidelberg 1836. V: *Loewenstein-Wertheim-Rosenberg, Const. Erbprinz v.* (ErGr) (WFM)

—— zur Philosophie des Rechtes. gr. 8. (22¼ B.) Heidelberg 836. [Mannheim, Bensheimer.]

— zur Physik der freien Atmosphäre. Zeitschrift f. wissenschaftl. Erforschg. der höheren Luftschichten. Im Zusammenhange m. den Veröffentlichgn. der internationalen Kommission f. wissenschaftl. Luftschiffahrt hrsg. v. R. Assmann u. H. Hergesell. Mitarbeiter: Cl. Abbe, A. Berson, W. v. Bezold. u. a. 1. u. 2. Bd. (1. Bd. V, 210 S. m. Fig. u. 3 Taf.) Lex.-8 Strassburg 904–906. K. J. Trübner. à Bd. n. 15. —

— zur Physik der freien Atmosphäre. Zeitschrift f. wissenschaftl. Erforschg. der höheren Luftschichten. Im Zusammenhange m. den Veröffentlichgn. der internationalen Kommission f. wissenschaftl. Luftschiffahrt hrsg. v. R. Assmann u. H. Hergesell. Mitarbeiter: Cl. Abbe, A. Berson, R. Börnstein u. a. 2. Bd. Beiheft. Lex. 8. Straßburg [K. J. Trübner.] Leipzig, O. Nemnich. Subskr.-Pr. 4. —; Einzelpr. 5. —
On the construction of isobaric charts for high levels in the earth's atmosphere and their dynamic significance. By J. W. Sandström. (III u. S. 31–88 m. 1 Karte.) 907.

Beiträge zur Physik der freien Atmosphäre. Zeitschrift f. wissenschaftl. Erforschg. der höheren Luftschichten. 3. Bd. 4 Hefte. (IV, 246 S. m. Abbildgn.) Lex. 8. Leipzig. O. Nemnich. 12. —

— z. Physik d. freien Atmosphäre. Zeitschr. f. d. Erforschg d. höh. Luftschichten, hrsg. v. R Assmann u. H Hergesell. 4. u. 5. Bd je 4 Hefte. (4. Bd: 230 m. Abb.) Lex8° Lpzg, O Nemnich '12. je 12 —

Beiträge zur Physik des Waldes. Von R. Lorenz Rr v. Liburnau [u.a.] — Wien: Gerold 1883. 22 S. 4° (Mittheilungen aus d. forstlichen Versuchswesen Oesterreichs. N.F. 1 = 9.) 21. 1:4° Oy 1062–N.F. 1. 302.
15.

Beiträge zur Physiologie. Carl Ludwig zu seinem 70. Geburtstage gewidmet von seinen Schülern. Mit 4 Taf. gr. 8. (IV, 330 S.) Leipzig 887. F. C. W. Vogel. n. 20. —

Beiträge zur Physiologie. Carl Ludwig zu seiner 50jährigen Doctor-Jubelfeier von d. Medicinischen Facultät zu Marburg gewidmet. — Marburg: Elwert 1891. 121 S. 4°
Zugleich Univ.-Schrift Marburg 1890.
21. 2. 3. 4. 6. 7. 10. 25. 26. 28. 362.
15

— zur Physiologie. Festschrift f. Adolf Fick zum 70. Geburtstage. gr. 8. (VII, 166 S. m. Fig.) Braunschweig 899. F. Vieweg & Sohn. n. 4. —; geb. n. 5.—

Beiträge zur Physiologie. Ewald Hering z. Feier s. goldenen Doktorjubiläums gewidmet von Schülern u. Arbeitsgenossen. (Bonn: Hager 1910.) vII, 760 S. 8°
(Pflüger's Archiv f. d. gesammte Physiologie. Bd 136.) III. 999

— zur chemischen Physiologie u. Pathologie. Zeitschrift f. die gesamte Biochemie, unter Mitwirkg. v. Fachgenossen hrsg. v. Frz. Hofmeister. 1.—3. Bd. gr. 8. (à ca. 60 S. m. Fig. u. Taf.) Ebd. 901. 902. à Bd. n. 15. —

— zur chemischen Physiologie u. Pathologie. Zeitschrift f. die gesamte Biochemie, unter Mitwirkg. v. Fachgenossen hrsg. v. Frz. Hofmeister. 4.—9. Bd. à 12 Hfte. (4.—8. Bd. X, 590; VIII, 584; VIII, 582; VIII, 596 u. VIII, 484 S.) gr. 8. Braunschweig 903—906. F. Vieweg & Sohn. à Bd. n. 15. —; geb. n. 17. —

— zur chemischen Physiologie u. Pathologie. Zeitschrift f. die gesamte Biochemie, unter Mitwirkg. v. Fachgenossen hrsg. v. Frz. Hofmeister. 10. u. 11. Bd. à 12 Hefte. (VIII, 499 u. X, 514 S. m. Abb.) gr. 8. Braunschweig 907. F. Vieweg & Sohn. à Bd. 15.—; geb. 17. —
Fortsetzg., s.: Zeitschrift, biochemische.

— zur Physiologie u. Morphologie niederer Organismen. Aus dem kryptogam. Laboratorium der Universität Halle a/S. Hrsg. v. W. Zopf. 1.—4. Hft. gr. 8. Leipzig, A. Felix. n. 24. 60
1. (VI, 97 S. m. 3 Taf.) 892. n. 5. 60
2. (III, 58 S. m. 5 Taf.) 892. n. 5. —
3. (III, 74 S. m. 10 Abbildgn. u. 3 Taf.) 893. n. 5. —
4. (III, 116 S. m. 5 farb. Taf.) n. 9. —

— z. Physiologie u. Morphologie nied. Organismen. A. d. kryptogam. Laboratorium d. Universität Halle a/S. Hrsg. v. W. Zopf. 5. Hft. gr. 8. (III, 72 S. m. 3 Fig., 2 lith. u. 1 Lichtdr.-Taf.) Leipzig 895. A. Felix. n. 6. — (1—5.: n. 30. 60)

Beiträge zur Physiologie und Pathologie, unter Mitw. von ... hrsg. von O. Weiss. Festschrift zum 70. Geburtstage, Ludimar Hermann von seinen Schülern gewidmet. — Stuttgart: Enke 1908. 210 S. 8° 1:Ic 2629/113.
3. 10. 11.12:Path. 106ph. 15. 24. 25. 27. 202.
15.

— zur Poësie d. Niedersachsen. (Auch u. d. T.: Samml. v. Gelegenheitsgedichten, (v. Chr. H. Schütze). gr. 8. Hamb. 782. J. G. Herold. 12 gr.

— poetische u. prosaische, z. Nutzen u. Vergnügen; e. Wochenschr. (v. H. G. Hoff). 2 Thle. 8. Brünn 778. Hilscher in Leipz. 18 gr.

—— zur Poleoprophylaxis geg. d. Gangetische Pest, gewöhnl. Cholera gen. 1. Hftchn. (a. d. „Mitternachtztg." abgedr.), (5 B.) 831., 2 Hftchn. (7 B.) 832. 8, Braunschweig, [Horneyer.] à

— zur Poleoprophylaxis gegen d. Gangetische Pest, gewöhnl. Cholera genannt. 1s Hftchn. 8. Braunschw. 831. Verl. Compt. 6 gr. (Aus der Mitternachtszeit. abgedr.)

— zur Poleoprophylaxis gegen die gangetische Pest, gewöhnlich Cholera genannt. 2s Hft. 8. Braunschweig 832. (Verlags-Compt.) 1/4 Thlr.

— zu konservativer Politik u. Weltanschauung. 1.—14. Heft. 8. Berlin, R. Hobbing. à — 40
Behrnauer, der Streit üb. die Steuerhinterziehungen in Preußen. (39 S.) (910.) (Hft. 7. 8.)
Berger, H. v., Konservatismus im geistigen Leben. (28 S.) (910.) (Hft. 5.)
— Der Konservatismus u. die Parteien. (32 S.) (910.) Hft. 10.)
Dunkmann, K., der Kampf um die Christusmythe. (50 S.) (910.) (Hft. 13. 14.)
Hilbert, Gerh., der moderne Persönlichkeitskultus. (19 S.) (910.) (Hft. 1.)
Müller, v., die Grundlagen des Staates. (47 S.) (910.) (Hft. 3. 4.)
Notlage, die, unserer Gymnasialjugend u. einige Mittel zu ihrer Beseitigung. Von e. Direktor. (38 S.) (910.) (Hft. 11. 12.)
Schulaufsicht, die, üb. die höhere Schule. Von e. Direktor. (38 S.) (910.) (Hft. 9.)
Simon, moderne Surrogate f. das Christentum. (23 S.) (910.) (Hft. 2.)
Wugk, Frz., Heer u. Republik. (30 S.) (910.) (Hft. 6.)

Beiträge zur Süddeutschen Politik. Augsburg 1849. V: *Linden*, *Ernst v.* (Hauptkat. d. Univ.-Bibl. Tübingen. F. S. 245.)

— zur Süddeutschen Politik. gr. 8. (47 S.) Augsburg 849. (Schmid.) 1/12 Thlr.

Beiträge, Politische und statistische, zu der Geschichte der schwedischen Könige Adolph Friedrich und Gustav des Dritten. [Halle 1779.] V: *Canzler*, *Johann Georg*. (MGT)

Beiträge zur voigtländischen Polizei. Hof 1787. V: *Meyer*, *K. J. A.* (Ky)

— prakt., z. fernern Ausbildung e. allgem. Lehrbegriffs f. d. Unterämter 2c. 2 Thle. gr. 8. Potsd. 785. Horvath. 1 Thlr. 14 gr.

Beiträge, Practische, zur fernern Ausbildung des Lehrbegriffs für die Unterfinanzämter und deren Inspectionsräthe. Frankfurt und Leipzig 1785—1787. V: *Richter*, *Johann Daniel*. (Ky) (ML)

Beiträge, Praktische, zum Elementarbuch. Speyer 1782. V: *Christmann*, *Johann Friedrich*. (MGT)

Beiträge, Practische, für Freunde der Oekonomie, Cameralwissenschaft, Arzneikunde und Scheidekunst. Leipzig 1790.

— prakt., z. Gesch. d. Kinder- u. Kuhpocken, herausg. v. J. Eyerel. 8. Wien 800. Ant. Doll. 8 gr.

PRACTISCHE BEITRÄGE IM GEBIETE DER HOMÖOPATHIE. Herausgegeben von den Mitgliedern des Lausitzisch-Schlesischen Vereins homöopathischer Aerzte, durch S. T. THORER.
Bd. 1—2. Leipzig 1834—1835. Ludwig Schumann. 8°.
Bd. 3. Görlitz 1836. Grüson'sche Buchhandlung. (Gustav Köhler.)

PRACTISCHE BEITRÄGE IM GEBIETE DER HOMOEOPATHIE ODER DER SPECIFISCHEN HEILKUNDE. Herausgegeben von den Mitgliedern des Lausitzisch-Schlesischen Vereins homöopathischer Aerzte durch S. T. THORER.
Bd. 4. (Heft 1—4.) Leipzig 1839—(1840). Ludwig Schumann.

Praktische [Practische] Beiträge zur Kenntniß und Behandlung der Cholera ges. u. hrsg. vom K. Rheinischen Medicinalcollegio. No 1.2. — Coblenz 1831: Heriot. 35 S. 8° 1:Ka 3454. 5. 6. 9.
15.

Praktische Beiträge zur neuen Staatsverfassungs-Lehre deutscher Staaten. Landständische Verfassung. — Frankfurt a. M.: Jäger 1817. 106 S. 8° 12:J. publ. G. 90w.
15.

— prakt., zu topograph. Vermessungen 2c. Mit Bemerkk. über Delambre's u. A. Methoden 2c. Mit 2 Kpf. gr. 8. Nürnb. 810. Stein. 8 gr.

— zur Praxis der Papier-, Pappen-, Holz-, Stroh- u. Zellstoff-Fabrikation. I. Bd. 8. Berlin, O. Elsner. — 80
Pappen-Fabrikation, die, in kurzgefasster gemeinverständlicher Darstellung aus der Praxis. (73 S.) 900.

Beiträge zur Freiburger Predigerkritik ... Freib. 1783. V: *Sautier*, *Heinr.* (MGT)

— problemat., zur Staatskunst in Hoffnung besserer Zeiten. 8. Lauban 778. Wirthgen. 8 gr.

Beiträge, Prosaische und poetische, zum Nutzen und Vergnügen; eine Wochenschrift. Brünn 1777. H: *Hoff*, *Heinrich Georg*. (MGT)

— zur Prüfung d. Schrift: über d. Werth u. die Folgen der ständischen Freiheiten in Baiern. 8. Landsh. 798. Krüll. 2 gr.

— zur Psychiatrie. Hrsg. v. Mitarbeitern der allgemeinen Zeitschrift f. Psychiatrie durch Roller u. Laehr. [Aus „Allgem. Zeitschrift f. Psychiatrie."] gr. 8. (VIII, 344 S.) Berlin 872. G. Reimer. n. 5. —

Beiträge zur Psychiatrie und Neurologie. Herrn Dr. med. Franz von Rinecker ... als Festgabe zu seinem 50jährigen Doctorjubiläum am 3. August 1882 dargebracht von ehemaligen Assistenten der psychiatrischen Klinik in Würzburg. —. Berlin: Hirschwald 1882. IV,180 S. 8°
Aus: Archiv für Psychiatrie u. Nervenkrankheiten. 13. 1882.
5. 14. 30.
15.

— zur Psychologie der Aussage, s.a. Zeitschrift f. angewandte Psychologie.

— zur Psychologie der Aussage. Mit besond. Berücksicht. v. Problemen der Rechtspflege, Pädagogik, Psychiatrie u. Geschichtsforschg. Unter Mitwirkg. v. E. Bernheim, G. Heymans, A. Meinong u. A. hrsg. v. L. William Stern. 1.—4. Hft. gr. 8. Leipzig, J. A. Barth. n. 17. —
1. (120 S.) 903. n. 4. —. — 2. (127 S.) 903. n. 4. —.
3. Die Aussage als geistige Leistung u. als Verhörsprodukt. Experimentelle Schüleruntersuchgn. Von William Stern. 1. Tl. (Mit 1 Farbendr.-Bilde u. 11 Fig. im Text.) (IV, 147 S.) 904. n. 5. —
4. Mit 2 Einschaltbildern u. vielen Textfig. (123 S.) 904. n. 4. —

— dasselbe. 2. Folge. 4 Hefte. gr. 8. Ebd. n. 19. 30
1. (130 S. m. Abbildgn. u. 1 farb. Taf.) 904. n. 4. 50
2. (151 S. m. Fig.) 905. n. 4. 80
3. (170 S. m. Fig.) 905. n. 5. —
4. (V, 153 S. m. Fig. u. 2 Vollbildern.) 906. n. 5. —

— z. Psychologie u. Philosophie, hrsg. v. Götz Martius. 1. Bd. 1. u. 2. Hft. gr. 8. (273 S. m. 17 Fig.) Leipzig 896. 97. W. Engelmann. n. 7. —

— zur Psychologie u. Philosophie. Hrsg. v. Götz Martius. 1. Bd. 3. Hft. gr. 8. (S. 275—410.) Leipzig 902. W. Engelmann. n. 5. —
Hft. 1 u. 2. Ebd. 896. 897. n. 7. —.

— zur Psychologie u. Philosophie, hrsg. von Götz Martius. I. Bd. 4. Hft. (III u. S 411—551 m. 26 Fig. u. 6 Taf.) gr. 8. Leipzig 905. W. Engelmann. n. 6. — (I. Bd. kplt. 18. —)

— zur Psychologie u. Physiologie der Sinnesorgane. Hermann v. Helmholtz als Festgruss zu seinem 70. Geburtstag dargebracht v. Th. W. Engelmann, E. Javal, A. König, J. v. Kries, Th. Lipps, L. Matthiessen, W. Preyer, W. Uhthoff. Gesammelt u. hrsg. v. Arth. König. gr. 8. (VII, 388 S. m. 6 Taf.) Hamburg 891. L. Voss. n. 15. —; geb. n. 18. —

— zur Psychologie d. Zeitwahrnehmung, s.a. Studien, psychologische. II. Abt.

Beiträge zur Psychologie der Zeitwahrnehmung, hrsg. von Prof. Dr. F[riedrich] Schumann. H. 1. *Leipzig: J. A. Barth 1904.* 8°
= Studien, Psychologische. Abt. 2, H. 1. [04. 13008

— zur Rassenkunde. 1. Hft. Lex.-8. Leipzig, Thüringische Verlags-Anstalt. n. — 75
Die Rassengliederung des Menschengeschlechts. Von Ludw. Wilser. (26 S.) (906.)

— zur Rassenkunde. 2.—8. Heft. Lex. 8. Hildburghausen, Thüringische Verlags-Anstalt. 5. 50
Bieder, Th., Beiträge zur Geschichte der Rassenforschung u. der Theorie der Germanen-Heimat. (40 S.) (909.) (7. Hft.) — 75
Kraus, Eberh., Krieg u. Kultur in der Lebensgeschichte der Rasse. (19 S.) (907.) (3. Hft.) — 75
Penka, Karl, die Entstehung der neolithischen Kultur Europas. (29 S.) (907.) (2. Hft.) — 75
— Herkunft der alten Völker Italiens u. Griechenlands, wie ihrer Kultur. (25 S.) (907.) (5. Heft.) — 75
— O. Schraders Hypothese v. der südrussischen Urheimat der Indogermanen. (41 S.) (908.) (6. Hft.) — 75
— Die alten Völker Nord- u. Osteuropas u. die Anfänge der europäischen Metallurgie. (60 S.) (910.) (8. Hft.) 1. —
Wirth, Albr., kaukasische Zusammenhänge. (28 S.) (907.) (4. Hft.) — 75

— z. Rassenkunde. 8—10. Heft. Lex8° Hildburgh., Thüringische Verl.-Anst. (1—10: 7.75)
Kraus, Eberh.: Was heisst Rassenverfall? (28) ('12) [10] — 75
Penka, Karl: Die vorhellen. Bevölkerg Griechenlds. (49) ('11) [9] — 75
— Die alten Völker Nord- u. Osteuropas u. d. Anfänge d. europ. Metallurgie. (60) '10 [8] 1 —

Beiträge zur Realschul-Frage. Den hohen Häusern des preußischen Landtages gewidmet. — (Köln: Du Mont-Schauberg [um 1860].) 16 S. 8° 26.
15.

— z. angewandt. Rechnenkunst, 2 Stcke. 8. Halberst. 786—89. (W. Nauck in Leipz.) 8 gr

Beiträge zu den Rechten der jüdischen Glaubensgenossen über Gegenstände, welche bei der Emancipation derselben oder bei Verbesserung ihrer politischen Verhältnisse besonders zu berücksichtigen sind. Abth. 1. — Nürnberg: Riegel & Wießner 1836. 67 S. 8°
1: Ez 16932. 12: Jud. 7h. 28.
15.

Beiträge zur Rechtfertigung der Niederländischen Regierung insbesondere in Beziehung auf den belgischen Aufruhr. — Luxemburg 1830: Lamort. 23 S. 8° 4.
15.

— z. deutschen Rechtschreibung, f. Anfänger rc. gr. 8. Helmst. 796. Fleckeisen. 5 gr

— zur populär. Rechtsgelehrsamkeit, (v. Mt. Wlh. Götz). 1r Bd. 4 Stcke. u. 2n Bds. 16—3s Stck. 8. Nürnb. 781—88. Bauer u. M. (auch Barth in Leipz.) 1 ꝑ 18 gr

— zur Brandenburg-Preußischen Rechtsgeschichte. I. Berlin 890. Vahlen. n. 6. —; geb. n. 7. 50
Geschichte d. Kammergerichts in Brandenburg-Preußen. Bearb. v. Frdr. Holtze. (In 4 Abtlgn.) 1. Thl.: Bis zur Reformation d. Kammergerichts v. 8. März 1540. (XVIII, 272 S.)

— zur Brandenburg-Preußischen Rechtsgeschichte. II. III. gr. 8. Berlin, F. Vahlen. n. 10. — (I—III.: n. 16. —)
II. Geschichte d. Kammergerichts in Brandenburg-Preußen. Bearb. v. Frdr. Holtze. 2. Thl.: Das Kammergericht von 1540—1688. Mit dem Portr. v. M. F. Seidel. (XIII, 376 S.) 891. n. 8. —; geb. n. 9. 50
III. Strafrechtspflege unter König Friedrich Wilhelm I. Von Frdr. Holtze. (VIII, 94 S.) 894. n. 2. —

— zur brandenburg-preuß. Rechtsgeschichte. IV. gr. 8. Berlin 896. F. Vahlen. n. 2. 80; geb. n. 3. 60 (I—IV.: n. 18. 80)
Lokalgeschichte d. kgl. Kammergerichts. Von Frdr. Holtze. (X, 113 S. m. 8 photolith. Taf.)

— zur brandenburg-preußischen Rechtsgeschichte. V. gr. 8. Ebd. n. 9. —; geb. n.n. 10. 50
Geschichte des Kammergerichts in Brandenburg-Preußen. 3. Thl.: Das Kammergericht im 18. Jahrh. Von Frdr. Holtze. Mit 3 Abbildgn. (Veröffentlichungen des Vereins f. die Geschichte der Mark Brandenburg.) (XII, 478 S.) 901.
1—IV. Ebd. 890—896. n. 18. 80.

— zur brandenburg-preußischen Rechtsgeschichte. VI. gr. 8. Berlin, F. Vahlen. n. 7. 50; geb. n.n. 9. —
Geschichte des Kammergerichts in Brandenburg-Preußen. Von Frdr. Holtze. 4. Thl.: Das Kammergericht im 19. Jahrh. Mit e. Portr. des Kammergerichts-Präsidenten v. Drenkmann. Veröffentlichungen des Vereins f. die Geschichte der Mark Brandenburg. (XII, 330 S.) 904. n. 7. 50; geb. n.n. 9. — (Vollständig n. 30. 50; geb. n.n. 36. 50)
I—V. Ebd. 890—901. n. 27. 80.

Beiträge zur mittelalterlichen Rechtsgeschichte. Hrsg. von Dr. Gustav Pescatore. H. 1–5. Greifswald: G. Pescatore (2f.: Berlin: R. L. Prager; 4f.: Greifswald: J. Abel in Komm.) 1889–97. 5 Bde 8°
1 = Incerti auctoris summa de successionibus. Eine systemat. Darstellung d. Erbrechts aus d. älteren Glossatorenzeit. Aus d. Hs. d. Nationalbibl. zu Paris ... hrsg. von Dr. G. Pescatore. 1889.
2 = Pescatore, G.: Miscellen. ⟨No 1–13.⟩ 1889.
3 = Diplovatatius, Thomas: Opus de præstantia doctorum. Abt. 1. Prooemium. Justinianus. Isidorus Hispalensis. Accursius. Hrsg. von Dr. G. Pescatore. 1890.
4 = Pescatore, G.: Krit. Studien auf d. Gebiete d. civilist. Litterärgesch. d. Mittelalters. 1896.
5 = Placentinus: Summa 'Cum essem Mantue' siue de accionum uarietatibus. Hrsg. von G. Pescatore. 1897 = Wiss. Beil. z. Vorlesungsverzeichn. d. Univ. Greifswald, Mich. 1897. [06. 6118

— zur mittelalterlichen Rechtsgeschichte. 1.—3. Hft. gr. 8. Berlin 889. 890. R. L. Prager. n. 11. 60

1. Incerti auctoris summa de successionibus. Eine systemat. Darstellg. des Erbrechts aus der älteren Glossatorenzeit. Aus der Handschrift Nr. 4603 der Nationalbibliothek zu Paris hrsg. v. G. Pescatore. (X, 37 S.) n. 1. 60
2. Miscellen. [Nr. 1—XIII.] Von G. Pescatore. (VII, 122 S.) n. 3. —
3. Thomae Diplovatatii opus de praestantia doctorum. I. Abth.: Prooemium. Iustinianus. Isidorus. Hispalensis —Accursius. (48 u. CLXXXIV S.) n. 7. —

— zur mittelalterl. Rechtsgeschichte. 4. u. 5. Hft. gr. 8. Greifswald (J. Abel). n. 9. — (1—5.: n. 20. 60)

4. Krit. Studien a. d. Gebiete d. civilist. Litterärgeschichte d. Mittelalters. Von Gust. Pescatore. (III, 204 S.) 896. n. 6. —
5. Placentini Summa 'Cum essem Mantue' siue de accionum uarietatibus. Hrsg. v. Gust. Pescatore. Progr. (XII, 60 S.) 897. n. 3. —

Beiträge zur Rechtsgeschichte Tirols. Festschrift hrsg. vom Ortsausschusse d. 27. Deutschen Juristentages. (Hrsg.: Alfred R[r] v. Wretschko.) — Innsbruck: Wagner 1904. 264 S. 8°

Nebent.: Festschrift zum 27. Deutschen Juristentage. Beiträge zur Rechtsgeschichte Tirols.

1:Fi 9742/19. 3. 6. 7. 9. 10. 11. 12:J. austr. 4 li. 14. 15. 21. 16. 18. 31. 24→27. 29. 302. 15.

Beiträge zur thurgauischen Rechtspflege, ... Weinfelden 1849. V: *Haeberlin*, *Ed.* (schz)

— für Rechtsphilosophie, Gesetzgeb. u. Staatskunst; in Anwend. auf d. posit. Grundlagen deutsch. Staatsverfassn., hrsg. v. ein. Staatspractiker. 1. Hft. — A. u. d. T.: Censur u. Confiscation v. Druckschriften, a. d. Standpunkte d. Rechtsphilosophie u. Staatsk. betrachtet. Nebst einem, d. heut. Verhältnissen deutsch. Bundesstaaten entsprechend. Entwurf ein. Censuredicts. 8. (11½ B.) Braunschweig 829, [Horneyer.]

— dass. 2. Hft. — A. u. d. T.: C. v. Stork, Bemerkn. üb. jurid. u. administrat. Gegenstände im Preuß. Staate, m. besond. Bezieh. auf d. Herzgth. Sachsen, zur Berücksicht. der Landstände u. Behörden. 8. (10 B.) Ebds. 829.

— für Rechtsphilosophie, Gesetzgeb. u. Staatskunst; in Anwend. auf d. positiven Grundlagen deutscher Staatsverfassungen, herausg. von e. Staatspraktiker (Cr. v. Stork). 2 Hfte. 1s Hft. Auch u. d. T.: Censur u. Confiskation von Druckschriften, aus d. Standpunkte d. Rechtsphilosophie u. Staatskunst betrachtet. 1 ℔ 2s Hft. Auch u. d. T.: C. v. Stork, Bemerkk. über jurid. u. administrative Gegenstände im Preuß. Staate, mit besond. Bezieh. auf d. Herzogth. Sachsen. 20 gr 8. Braunschw. 829. Verlags-Compt. 1 ℔ 20 gr

Beiträge, rechtswissenschaftliche. Jurist. Festgabe des Auslandes zu Josef Kohlers 60. Geburtstag, 9. III. 1909. Von E. Balog, P. C. Bisoukides, J. Borchgrave, J. L. Brunstein, H. D. Hazeltine, M. Huber, D. J. Jitta, W. B. Munro, Baron B. Nolde, R. Saleilles, O. Varenius, Kinger T. T. Wang. Hrsg. v. F. Berolzheimer. (VII, 202 S.) Lex. 8. Stuttgart 909. F. Enke. 9. —

Beiträge zur Reform des Dualismus, v. e. alten Soldaten. (78 S.) 8. Innsbruck, Wagner. 1905. 1. —

— zur Reform des Dualismus, v. e. alten Soldaten. (78 S.) 8. Innsbruck 906. Wagner. n. 1. —

— zu einer innern, von den Studirenden selbst ausgehenden Reform d. deutschen Studentenlebens. I. A. u. d. T.: Deutscher Studentenspiegel. Als Beitrag zu ein. Reform des deutsch. Studentenlebens, ans Licht gestellt durch Karl Herm. Scheidler. 8. (21⅞ B.) Jena 844, Bran'sche Buchh. *

Beiträge z. e. Reform d. geburtshilfl. Ordnung i. preuß. Staate. Hrsg. v. d. Kommission d. Aerzte-Kammer d. Prov. Sachsen: Bertog, Brennecke u. Dietrich. gr. 8. (64 S.) Berlin 898. E. Staude. n. 1.20

— zur Reform des Sanitäts-Wesens aus Westfalen. Von Frz. Brefeld. 1. Bd. 1. u. 2. Hft. gr. 8. (VIII u. 200 S.) Arnsberg 849, Grote. (1.: ¾ ℔ 2.: n. ⅔ ℔) 1⁵⁄₁₂ ℔

Beiträge zur Reform des Strafprozesses. Hrsg. von Franz Adickes, P. F. Aschrott [u. a.] Bd 1.2. — Berlin: Guttentag 19(08)-09. 8°

1,1. Koehne, Paul: Entwurf zu e. Reichsgesetz betreffend d. Ahndung u. Verfolgung strafbarer Handlungen, welche von jugendlichen Personen begangen werden, nebst Begründung.
1,2. Wulffen, Erich: Staatsanwaltschaft u. Kriminalpolizei in Deutschland.
1,3. Feisenberger, Albert: Reform d. Untersuchungshaft u. Entwurf e. Gesetzes über Festnahme u. Verhaftung. Von Albert Feisenberger u. Französische Reformbestrebungen auf d. Gebiet d. Untersuchungshaft. Von Werner Rosenberg.
1,4. Kleinfeller, Georg: Reform d. Schwurgerichts. Bericht d. Unterkommission.
1,5. Aschrott, Paul Felix: Der Entwurf e. Strafprozeßordnung u. Novelle zum Gerichtsverfassungsgesetze.
1,6. Kleinfeller, Georg: Das schwurgerichtliche Verfahren u. d. Entwurf e. Strafprozeßordnung.
2,1. Budding, Karl: Die Polizei in Stadt u. Land in Großbritannien.
2,2. Liepmann, Paul: Summarisches Strafverfahren in England u. Strafverfahren in Schottland. Von Paul Liepmann u. Wolf Mannhardt.
2,3. Weidlich, Karl: Die Polizei als Grundlage u. Organ d. Strafrechtspflege in England, Schottland u. Irland.
2,4. Bromberg, Henry: Das Rechtsmittelwesen in England u. Schottland.
2,5. Weidlich, Karl: Das Kostenwesen in England, Schottland u. Irland.

1:Fx 4951. 2. 4→7. 10. 11. 12:Crim. 13pb. 15. 17. 21. 24. 29. 300:458,737-B.Per. 15.

Beiträge zur Reform des Studentenlebens und zur Veredlung des Menschengeschlechts von einem Freunde der academischen Jugend. 2. Aufl. Kahla a. d. Saale 1878. V: *Lutterkorth*, *Franz.* (Erman & Horn, Bibliogr. d. dtsch. Universitäten. 1. Leipz. u. Berl. 1904.)

Beiträge zur Reform des lateinischen Unterrichts auf Gymnasien. Wien 1895. V: *Schrödter*, *Johann.* (EB)

— zu e. Reform d. deut. Zivilrechtspflege. [Aus: „Sächs. Archiv f. Rechtspflege".] (74) gr8° Lpzg, Rossberg'sche Verlagsbh. '11. — 90 d

— zur Reformation d. christl. Theologie. 1s Hft. (v. Jak. Danzer). gr. 8. Ulm 793. Wohler. (Leipz., Brockhaus). 12 gr

Beiträge zur Reformationsgeschichte. Sammlung ungedruckter Briefe des Reuchlin, Beza und Bullinger, nebst e. Anh. zur Geschichte der Jesuiten ... Hrsg. von Gottlieb Friedlaender. — Berlin: Enslin 1837. VIII, 286 S. 8°

1:Be 9185. 2→8. 10. 11. 12:H. ref. 154 r. 14. 15. 17. 18. 21. 24. 29. 102. 300:21 Mm 57. 302. 15.

— zur Reformationsgeschichte. Köstlin bei der Feier s. 70. Geburtstages gewidm. v. Albrecht, Brieger, Buchwald, Kawerau, Koffmane, Kolde, Müller, Rietschel u. v. Schubert. gr. 8. (VII, 228 S.) Gotha 896. F. A. Perthes. n. 5. —

[F.] Beiträge zur Reformationsgeschichte der Reichsstadt Worms. Zwei Flugschriften aus den Jahren 1523 u. 1524 hrsg. u. eingel. v. Dr. Herman Haupt, Oberbibliothekar d. Univ. Giessen. (Mit Originalt.) *Giessen: J. Ricker 1897.* (31, XXVI S.) 1 Bd 4. [97. 5999

— z. neuesten Regierungsgeschichte des Großherzogth. Frankfurt. gr. 8. Wiesb. 814. Schellenberg. 5 gr

Beiträge zur Reichsgeschichte. Bearb. von August v. Druffel. Bd 1-3. -- München: Rieger 1873-82. 8°
1. 1546-51.
2. 1552.
3. 1546-52.
(Briefe u. Akten zur Geschichte d. 16. Jahrhunderts. 1/3.)
1: Rw 11130 1/3. 2. 3. 4. 6→11. 12: Germ. g. 541-1/3.
21. 300: 169.995- B 1/3.
15.

— z. neuest. deutschen Reichs- u. Staatspraxin. 4 Stcke. 4. Wetzl. 778. Winkler. 12 gr.

Beiträge zu den neuesten Religions-Vereinigungs-Schriften. Frankfurt 1782. V: *Piderit, Johann Rudolph Anton.* (Ky) (ML) (stri)

— zu d. neuesten Religionsvereinigungsschriften. 5 Stcke. 8. Frkf. a. M. 782, 83. Bayrhöfer. 1 rß

Beiträge zur Revision der preußischen Gesetzgebung; hrsg. von Eduard Gans. — Berlin: Duncker & Humblot 1830-32. VI,573 S. 8°
1: Gr 585. 2→5. 7→11. 12: J. germ. 66 b. 14→18. 21. 302.
15.

— zur Revision d. 5 ersten Titel d. Concepts der Kammergerichts-ordnung. (Von Geo. Gli. Balemann.) 1r Bd. 2 Abtheill. 4. Lemgo 778. Meyer. 1 rß 4 gr.

Beiträge zur Revision und Verbesserung der fünf ersten Titeln des Concepts der Kaiserlichen Kammergerichts-ordnung. 1778 s.a. *Balemann*, Georg Gottlieb.

Beiträge zur Revision und Verbesserung der 5 ersten Titel des Concepts der kaiserl. Kammergerichtsordnung. Lemgo 1778. V: *Balemann, Georg Glb.* (Ky) (MGT)

Beiträge zu einer Revision der publicistischen Verhältnisse des Königreichs Hannover ... 181? V: *Müller, W.* (MGT)

— z. Revolutionsgesch. v. Worms 1792, 93. (Von B. v. Reith.) 2 Stcke. Mit Beilagen. 8. Offenb. 793. Brede. 5 gr.

Beiträge, Rheinische, zur Gelehrsamkeit. Mannheim 1777—1781. H: *Medicus, Friedrich Casimir.* (ErschDL)

— Rheinische, z. Gelehrsamkeit, auf d. J. 1777. 78. 80. 81. gr. 8. Manh., Löffler. (D. Jahrg. v. 2 Bdn. à 3 rß) 12 rß. Fortsetz. unter d. T.: Pfalzbair. Beitrr. z. Gelehrsamkeit, f. d. J. 1782. 8. Ebd. 3 rß

— romant., zur angenehmen Lectüre, (von ... Karsten). 14 Bdchen. Mit Kpf. 8. Leipz. 794. Voß. 1 rß

— weitere, zur Rosenflora v. Oberösterreich. (Hrsg. v. Adf. Dürrnberger.) Hrsg. vom Museum-Francisco-Carolinum in Linz. gr. 8. (64 S.) Linz 893. (V. Fink.) n. — 60

— weitere, zur Rosenflora v. Oberösterreich. Hrsg. vom Museum Francisco-Carolinum in Linz. (64 S.) 8. Linz a/D. 893. Museum Francisco-Carolinum. (Nur direkt.) n. — 50

Beiträge d. Ruberoid-Gesellsch. m.b.H. in Hamburg z. Entwicklg e. neuzeitl.-künstler. deut. Bauweise. 1. gr8° Hambg, Ruberoid-Gesellsch. (Nur dir.) 5H d
Bröcker, Paul: Wie gestaltet man landwirtschaftl. Nutzbauten zugl. ästhetisch u. praktisch? (59 m. Abb. u. 2 Taf.) '10 [1]

Beiträge zu dem Rückzuge der Franzosen aus Moskwa. Eine Sammlung höchst anziehender u. wahrer Anekdoten. Berlin 1813 16 S 8° 1: Deutsche Flugschr. 1813-84.

— Berlin: Braunes 1813. 24 S. 8° 1: Qn 7363. 10.
15.

— z. Rückzuge der Franzosen aus Moskau. Eine Samml. höchst anzieh. u. wahrer Anekdoten. 8. Berl. 813. Sommerbrodt. 4 gr.

Beiträge zum Rückzuge der Franzosen nach der Schlacht bei Leipzig im Oktober 1813. — o.O. [1813]. IV,16 S. 8°
1: Deutsche Flugschr. 1813-76. 16. 23. 24.
15.

— z. geistlichen Rüstung gegen die Cholera. Eine Antwort Dr. M. Luthers auf die Frage: Ob man vor dem Sterben fliehen möge? u. s. w. Neu herausg. von J. W. Rautenberg. 8. Hamb. 831. (Herold). 3 gr.

Beiträge, Salzburger monatliche, zur Literatur Oberdeutschlands. [Salzburg] 1785—87. H: *Hübner, Lorenz.* [?] (BrMm) (WBL)

Beiträge zur Deutschen Salzkunde ... Mannheim 1798. V: *Hillesheim, Alois Frdr. Wilh.* (Gatterer, Repert. d. mineral. Litt. Gießen 1798—99. II, 115.)

— z. Salzkunde aus d. Schweiz. 1r Abschn., m. Kpf. gr. 8. Winterth. 784. Steiner. 8 gr.

Beiträge zur deutschen Schaubühne. Herausgg. v. A. Klingemann. Mit 2 Bildn. 8. Braunschw. 824, Meyer.

— zu kleinen Schauspielen für die Jugend. 8. Frankf. 779. (Schäfer). 9 gr.

Beiträge zur Schilderung Wiens. 1. Bdchen. Wien 1781. V: *Weissegger, Joseph Maria* u. *Joh. Franz.* (Oesterreichische Biedermannschronik, S. 58) (WBL 54/165) (Realzeitung 10/7 1881, S. 434/7; 24/7 1781, S. 470/4; 1/7 1781, S. 481/488.)
V (2): *Neuberger, J. & M. Riggler.* (Doublett.-Cat. der Wiener Stadtbibl. 1877, Nr. 518.) (BGE VIII³, 422) (biblPort)

— zur Schilderung Wiens. 2 Thle. 8. Wien 781, 83. Camesina. (Heubner). 14 gr.

Beiträge zur Schmetterlings-Fauna des noerdlichen China's bearb. u. hrsg. von Otto Bremer u. William Grey. St. Petersburg 1853. 23 S. 4°
1: 4° Lt 6252. 7. 12: 4° Zool. 471-35. 18. 30.

Beiträge zur erschienenen Schrift über Staats-Verwaltung als Nachtrag zur Abfertigung der in der Jenaischen Litteraturzeitung v. J. 1808 Nro. 18. von H. v. W. eingeschickten Recension über Wasser-Strassen des Grafen v. Portia. — Baiern: Verf. 1810. IV,40 S. 8°
12: Bavar. 360.
15.

—— zum Schriftverständniß. 1. Bd. Vier Vorträge von F. M. Zahn, Achelis, Arenfeld und Cremer. Gehalten im evangel. Vereinshause zu Osnabrück. 8. (V, 176 S.) Barmen 871, Klein. *

—— dass. — 2. Bd. Fünf Vorträge von C. Brachmann, Zahn, van der Wall, Th. Weber und E. Achelis. Gehalten im evangel. Vereinshause zu Osnabrück. 8. (V, 242 S.) Ebendas. 871. *

—— dass. — 3. Bd. Fünf Vorträge von G. Brachmann, Zahn, Ernst, F. Grünschlag und A. Haselmann. Gehalten im evangel. Vereinshause zu Osnabrück. 8. (V, 214 S.) Ebendas. 873. *

—— dass. — 4. Bd. Fünf Vorträge von H. Cremer, Brachmann, Zahn, Achelis und M. Fuchs. Gehalten im evangel. Vereinshause zu Osnabrück. 8. (180 S.) Ebendas. 873. *

—— zum Schriftverständniß. 5. Bd. Vier Vorträge von M. Fuchs, F. M. Zahn, E. Achelis und R. Kübel, geh. im evangel. Vereinshaus zu Osnabrück. 8. (181 S.) Barmen 875, Klein. * geb. *

1.—4. Bd. Ebendas. 1871—73. *.ℳ 9.; geb. *.ℳ 13.

Beiträge zu einer Schul- und Erziehungsgeschichte in Baiern. München 1778. V: *Bucher, Ant. v.* (ADB 3, 266) (GGr)

— zur Schul- u. Erziehungsgeschichte in Baiern. 8. Münch. 779. (Fleischmann). 12 ℛ

Beiträge zur Schul- und Erziehungsgeschichte von Elsass-Lothringen. Der 46. Versammlung deutscher Philologen u. Schulmänner in Strassburg i. E. gewidmet von d. Gruppe Elsass-Lothringen d. Gesellschaft für deutsche Erziehungs- und Schulgeschichte. — Berlin: Hofmann 1901. 115 S. 8°
Aus: Mitteilungen d. Gesellschaft für deutsche Erziehungs- u. Schulgeschichte. 11. 1901.
23.
15.

— zur hessischen Schul- u. Universitätsgeschichte. Im Auftrage der Gruppe Hessen der Gesellschaft f. deutsche Erziehungs- u. Schulgeschichte hrsg. v. W. Diehl u. A. Messer. I. Bd. 1. Hft. (128 S.) gr. 8. Giessen 906. (E. Roth.) n. 2. —

— zur hess. Schul- u. Universitätsgeschichte. Im Auftrage der Gruppe Hessen der Gesellschaft f. deutsche Erziehungs- u. Schulgeschichte hrsg. v. W. Diehl u. A. Messer. I. Bd. 2. u. 3. Heft, II. Bd. 1. u. 2. Heft. (I. Bd. IV, 380 u. II. Bd. S. 1—234 m. Abb.) gr. 8. Giessen 907—10. E. Roth. à Hft. 2. —

— z. hess. Schul- u. Universitätsgesch. Hrsg. v. Wilh. Diehl u. A Messer. II. Bd, 2. u. 3. Heft u. III. Bd, 1. Heft. gr8° Giess., E Roth. d. Heft 2 —
II.2 u. 3. (113—336) '10'11. 8 III,1. (102) '12.

— zur Schulreform in Bayern. München 861. Lentner. gr. 8. (40 S.) n. 5 ngr

Beiträge zur Schulstatistik in Charlottenburg, siehe Statistik, Charlottenburger, No. 9. 1901.

Beiträge zu unserem Schul- und Erziehungswesen. Teschen 1875. V: *Teuffenbach zu Tieffenbach und Misswegg, Albin Reichsfreiherr von.* (Wagner, H. F., Zeitschr. f. österr. Gymnasien. 61. 1910. S. 140.)

— zu unserm Schul- u. Erziehungswesen. Von e. Vaterlandsfreunde. [Aus: „Oesterr.-ung. Militär-Blätter.“] gr. 8. (57 S.) Teschen 875. Prochaska. n. 1. —

— z. Schutzimpfg geg. Typhus, s.a. Veröffentlichungen a. d. Geb. d. Militärsanitätswesens.

Beiträge zur Schutzimpfung gegen Typhus. Bearb. in d. Medizinal-Abteilung d. Königlich Preussischen Kriegsministeriums. — Berlin: Hirschwald 1905. 63 S. 8° (Veröffentlichungen aus d. Gebiete d. Militär-Sanitätswesens. 28.)
1: Kq 172-28. 2. 8→11. 12: Med. g. 482 w-28 [2 Ex.] 14. 15. 21. 25. 26. 28. 29. 30. 38. 262.
15.

Beiträge, Schwäbische, zu Gellerts Epicedien. Stuttgart 1770. V: *Schubart, Christian Friedrich Daniel.* (schstr S. 244)

— zur Schwachsinnigen-Fürsorge. Im Auftrage des österreich. Fürsorgevereins hrsg. v. Hans Bösbauer, Leop. Miklas u. Hans Schiner. 1.-3. Hft. gr. 8. Wien (Sallmayer'sche Buchh.). à n.n. — 60
1. Über die Ursachen der Idiotie. Vortrag, geh. im Vereine „Fürsorge für Schwachsinnige“ in Wien den 9. VI. 1904. Von H. Schlöß. (15 S.) 904.
2. 1. Die Erscheinungen des Schwachsinnes. 2. Über den moralischen Schwachsinn. Von Alex. Pilcz. (17 S.) 905.
3. Das f. den Laien Wissenswerte üb. Epilepsie. Von Alex. Pilcz. (15 S.) 906.

— zur Schwachsinnigen-Fürsorge. Im Auftrage des österreich. Fürsorgevereines hrsg. v. Hans Bösbauer, Leop. Miklas u. Hans Schiner. 4. Heft. gr. 8. Wien (Sallmayer'sche Buchh.) nn — 60
Rechtsschutz der Schwachsinnigen. Vortrag, geh. auf der II. österr. Konferenz der Schwachsinnigenfürsorge am 7. IV. 1900. Von Albin Frhr. v. Spinette. (23 S.) 906.

BEITRÄGE zum Sexualproblem. Herausgegeben v. Felix A. Theilhaber. Heft 1—6. Verlag Der Syndikalist, F. Kater, Berlin.
1. Theilhaber, Felix A., Die menschliche Liebe.
2. Sernau, Felix, Das Fiasko der Monogamie.
3. Schoene, Alfons, Krieg und Sexualität.
4. Batkis (Wladimir), Die Sexualrevolution in Rußland.
5. Haustein, Hans, Geschlechtskrankheiten und Prostitution in Skandinavien.
6. Noack, Victor, Kulturschande.

Beiträge zur Siedelungs- und Volkskunde [Siedlungskunde] der Siebenbürger Sachsen. Hrsg. von A. Kirchhoff. — Stuttgart: Engelhorn 1895. 190 S. 8°
Aus: Forschungen zur deutschen Landes- u. Volkskunde. 9. 1895.
1: Sd 10500. 12: Austr. 422. 24. 300: 587.000-B.
15.

BEITRÄGE zur Sittencharakteristik von Wien im Mittelalter. Neuere Handschrift. 30 Bl.
Karajan's Bibl. II. 1879. No. 4049.

— zu e. neuen Sitten-Codex. Von Epiktet d. Zweiten. gr. 8. (70 S.) Basel 895. Schweiz. Verl.-Druckerei. 1. 60

Beiträge zur Sittenlehre, Oekonomie, Arzneiwissenschaft. 4 Stücke.
Mannheim, Schwan & C., 1770-1784.

Beiträge zur Sittlichkeit der Geistlichen aus dem 16ten Jahrhundert, mit Anmerkungen. [1790.] V: *Wolfter, P.* (MGT)

Socialpolitische Beiträge zur Judenfrage in Deutschland. Aus d. praktischen Leben d. Provinz u. d. Großstadt geschildert. — Berlin: A. Klein [um 1880]. 40 S. 8°
13.
15.

— (2. Aufl.) Ebd. [1881]. 44 S. 8° 13.
15.

—— zur Socialstatistik. 1. Heft: Ermittelungen über die Lohnverhältnisse in Breslau von M. Neefe. gr. 8. (IV, 100 S.) Breslau 887, Morgenstern's Verlag.

Beiträge zur Specialgeschichte Jeverlands. — Jever: Mettcker 1853. CLXXXVIII, LXIV S. 4°
1: 4° Sn 3230. 12: 4° Germ. sp. 22 h. 16.
15.

—— zur vergleichenden sprachforschung auf dem gebiete der arischen, celtischen und slawischen sprachen. Hrsg. von A. Kuhn und A. Schleicher. I. Heft. gr. 8. (S. 1—128.) Berlin 856, Dümmler's Verlag. *

— zur vergleichenden Sprachforschung auf dem Gebiete der arischen, celtischen u. slawischen Sprachen. Herausg. von A. Kuhn u. A. Schleicher. 1. Bd. 4 Hefte. Berlin 857, 58. Dümmler's Verlhdlg. gr. 8. (VI, 522 S.) Jedes Heft n. 1 ℛ

— zur vergleichenden Sprachforschung auf dem Gebiete der arischen, celtischen und slawischen Sprachen. Herausg. von A. Kuhn u. A. Schleicher. 2—4. Bd. à 4 Hfte. (à 8 Bgn.) Berlin 859—63. Dümmler's Verlhdlg. gr. 8. Jedes Heft n. 1 rthl.

— zur vergleichenden sprachforschung auf dem gebiete der arischen, celtischen u. slawischen sprachen. Hersg. von A. Kuhn u. A. Schleicher. 5. 6. Bd. à 4 Hefte (à 8—9 Bgn.). Berlin 867—69. Dümmler's Verlhdlg. gr. 8. Jedes Heft n. 1 rthl.

— zur vergleichenden sprachforschung auf dem gebiete der arischen, celtischen u. slawischen sprachen. Unter mitwirkg. v. A. Leskien u. J. Schmidt hrsg. v. A. Kuhn. 7. Bd. 4 Hfte. gr. 8. (1. Hft. 128 S.) Berlin 871. Dümmler's Verl. n. 12. —

— dasselbe. 8. Bd. 4 Hfte. gr. 8. (1. Hft. 128 S.) Ebend. 874. n. 16. —

— zur deutschen Sprachkunde. 2 Thle. gr. 8. Berlin 793 u. 96. (Heymann.) 3/4 rthl. jetzt 1/2 rthl.

— zur deutschen Sprachkunde. Vorgelesen in d. Königl. Akad. der Wissenschaften (v. Kinderling, Jenisch u. C. J. Koch). 2 Thle. gr. 8. Berl. 793 u. 96. 1r Thl. Matzdorf. 1 rthl. 8 gr. 2r Thl. Maurers B. 1 rthl. 4 gr. 2 rthl. 12 gr.

Beiträge zur lettischen Sprachkunde hrsg. von Arnold Wellig. — Mitau 1828: Steffenhagen. XXIV, 216 S. 8°
1: Zq 17689. 4. 5. 7. 11. 12: L. rel. 443. 18. 21.
300: 47.006-B.

Beiträge zur deutschen Sprachlehre von einem Laien. 1. Über die Zusammensetzung des Hauptworts mit dem Hauptwort und anderen Redeteilen. Königsberg 1892. V: *Fink, Hilarius.* (Russell XVI, II, 1, 1371)

— z. Staats- u. Kriegsgeschichte, während d. Feldzüge 1792—95. 8. Hof 796. Grau. 6 gr.

— z. neuen Staats- u. Kriegsgeschichte, mit Landkart. 190 Stcke. 8. Danzig 756—63. (Voß in Berl.) 15 rthl. 20 gr.

Beiträge zur neueren Staats- und Kriegsgeschichte. Danzig 1757—1764. V: *Wernich, C. F.* (Pr) H: *Naumann, Gottlob.* (Ky)

Beiträge zur neuesten Staatsgeschichte der Herzogthümer Kurland und Semgallen. Leipzig 1792. V: *Schulz, Joachim Christoph Friedrich.* (Ky) (R-N)

— z. neuesten Staatsgeschichte d. Russ. Reichs; in Briefen. 8. Lübeck 764. Donatius. 12 gr.

Beiträge aus dem ältern deutschen Staats-Recht zur freimüthigen und gründlichen Beurtheilung der neuesten deutschen Staatsbegebenheiten, bes. im fränkischen Crais, in d. Monaten Julius u. Augustus 1796. — Germanien [vielm. Heilbronn: Class] 1797. 44 S. 8°
5. 7. 12: J. publ. G 90r. 14. 21. 24.
15.

Beiträge zum Braunschw. u. Hildesheim. Staats- u. Privatrechte, auch Historie dies. Lande. 1r Th. *Hannover*, Hahn. 772. 8. (6 Gr.)

— z. Braunschw. Staats- u. Privatrecht. 1r Thl. 8. Hannov. 772. Hahn. 6 gr.

—— zum constitut. teutsch. Staatsrechte. 1. Hft. — A. u. d. T.: Betrachtn. üb. d. constitut. teutsche Staatsrecht im Allgem., so wie die Staatsgewalt in d. constitut. Monarchie u. d. Verhältniß d. Polizei z. Criminaljustiz insbesond. 4 Abhandln. ein. teutsch. Staatsrechtsgelehrten, a. d. „teutsch. Vaterlands-Zeitung" abgedr. 8. (10½ B.) Darmstadt 833, Pabst.

—— dass. 2. Hft. — A. u. d. T.: Ueber d. Recht d. Regierungen constitut. Staaten, in Bezug auf Organisation d. Gerichte, u. üb. d. Competenz d. letzteren, die Gültigkeit d. von d. Regenten, ohne ständische Mitwirkung, erlass. Verordnungen ihr. Prüfung u. Entscheidung zu unterwerfen. Ein Beitrag z. Lösung dies. Fragen, durch mehr., aus d. „teutschen Vaterlands-Zeitung" besond. abgedr., Abhandln. teutsch. Juristen u. Staatsrechtsgelehrten pract dargest. 8. (8 B.) Ebds. 833.

Beiträge zum Mecklenburgischen Staats- und Privatrecht. Neustrelitz 1795—1805. V: *Kamptz, Chph Heinrich Carl Albert v.* & *Andere.* (Schletter, Handb. d. jurist. Litt. Grimma 1843. S. 272.)

— z. neuesten Französ. Staatsrecht. 6 Stcke. 8. Straßb. 789. Akadem. B. 1 rthl. 12 gr.

Beitraege zur Staats-Verfassungs-Kunde von Würtemberg. — Germanien 1804. 27 S. 8°
7. 17. 21. 23. 24.
15.

— zur erschien. Schrift: über Staats-Verwaltung, als Nachtrag zur Abfertigung der in der Jenaischen Literaturzeit. v. J. 1808. Nr. 18. v. G. v. W. eingeschickten Recension über Wasserstraßen des Grafen v. Portia. gr. 8. Baiern 816. Auf Kosten d. Verf. (Landsh., Thomann). 3 gr.

— staats- u. socialwissenschaftliche. Hrsg. v. Aug. v. Miaskowski. 1. Bd. 3 Hfte. gr. 8. Leipzig, Duncker & Humblot. n. 18. 80
1. Zur Frage der Organisation d. landwirtschaftlichen Kredites in Deutschland u. Österreich. Zwei Abhandlgn. v. Walt. Schiff. (VII, 173 S.) 893. n. 3. 60
2. Die Einkommensteuer in Österreich u. ihre Reform. Von Emil v. Fürth. (X, 270 S.) 892. n. 6. —
3. Geschichte des deutschen Genossenschaftswesens der Neuzeit. Von Hugo Zeidler. (VII, 478 S.) 893. n. 9. 20

— dasselbe. 2. Bd. 1. Hft. gr. 8. Ebd. 894. n. 8. —
Aug. Comte u. seine Bedeutung f. die Entwicklung der Sozialwissenschaft. Von Heinr. Waentig. (X, 393 S.)

— staats- u. socialwissenschaftliche. Hrsg. v. Aug. v. Miaskowski. 2. Bd. 2. Hft. gr. 8. Leipzig, Duncker & Humblot. n. 9. — (1. u. 2.: n. 17. —)
18*

Beiträge, staats- u. socialwissenschaftliche. Hrsg. v. Aug. v. Miaskowski. 3. Bd. 1. u. 2. Hft. gr. 8. Leipzig, Duncker & Humblot. n. 7. —
1. Der achtstünd. Normalarbeitstag. Von Bernh. Rost. (VIII, 208 S.) 896. n. 4. 40
2. Der kl. Grundbesitz u. d. Getreidepreise. Von Emil Stumpfe. (V, 130 S.) 897. n. 3. 60
3. Geschichte d. Preisrevolution d. XVI. u. XVII. Jahrh. Von Geo. Wiebe. (IX, 419 S.)

Beiträge zur münster'schen Stadtverwaltung. — Münster: Brunn 1878. 54 S. 8°
Aus: Westfälische Provinzial-Zeitung. 1878.
1: Tg 8636. 6.
15.

Beiträge z. Statistik d. Stadt Aachen. Hrsg. v. statist. Amte. Nr 1. gr8° Aach., (Cremer).
Einfluss, Der, d. am 31. 3. '10 erfolgten Aufhebg d. Schlachtsteuer auf d. Fleischversorgg. (19 m. 2 Kurven-Taf.) '11 [1] — 60

Beiträge zur Statistik der öffentlichen Armenpflege im Königreich Württemberg. Hrsg. von d. K. Ministerium d. Innern. — Stuttgart 1887: Kohlhammer. 123 S. 4°
1: 4° Sh 5024. 21. 24.
15.

Beiträge zur Statistik des Großherzogth. Baden. Hrsg. v. statist. Bureau. Neue Folge. 1.—6. Hft., zugleich der ganzen Reihe 47.—52. Hft. gr. 4. Karlsruhe, Ch. F. Müller. n. 30. 15

1. Die Volkszählung vom 1. Dezbr. 1885. I. Thl. (X, 316 S.) 888. 7. 10
2. — dasselbe. II. Thl. Verzeichniß d. Gemeinden, Gemarkungen u. Wohnorte. (Ortsverzeichniß.) (XIV, 148 S.) 889. 3. 60
3. — dasselbe. III. Thl. (LXI, 111 S.) 890. 3. 85
4. Uebersicht der Hauptergebnisse der Forsteinrichtung in den Domänen-, Gemeinde- u. Körperschaftswaldungen des Großherzogth. Baden nach dem Stande vom 1. Jan. 1888. Bearb. v. der Domänendirektion. (X, 98 S.) 890. 2. 60
5. Die Volksdichte im Großherzogth. Baden nach der Höhenlage der Wohnorte, dargestellt v. Ludw. Neumann. Begleitworte zur Höhenschichten- u. Volksdichtenkarte Badens im Maßstabe 1 : 300000. (26 S. m. 1 farb. Karte.) Die Körpergröße der Wehrpflichtigen im Großherzogth. Baden in den J. 1840 bis 1864. Dargestellt auf Grund der Rekrutirungslisten f. Gemeinden, Amtsbezirke u. Kreise v. Otto Ammon. (27 S. m. 1 farb. Karte.) 894. 6. —
6. Die Volkszählung vom 1. Dezbr. 1890. I. Thl. (XI, 312 S.) 893. 7. —

— zur Statistik des Großherzogth. Baden. Hrsg. vom statist. Landesamt. Neue Folge. 7., 9. u. 12. Heft, zugleich der ganzen Reihe 53. 55. u. 58. Heft. 30,5×23,5 cm. Karlsruhe, C. F. Müller. 16. 65

7. Volkszählung, die, vom 1. XII. 1890. II. Thl. (XIX, 123 S.) (907.) 3. 50 (I u. II: 10. 70)
9. Berufszählung, die, im Großherzogth. Baden vom 14. VI. 1895. (VIII, 397 S.) (907.) 9. 50
12. Volkszählung, die, vom 2. XII. 1895. (XX, 121 S.) (907.) 3. 65

Heft 8, 10 u. 11 der Neuen Folge sind noch nicht erschienen.

Beiträge zur Statistik des Großherzogt. Baden. Hrsg. vom statist. Landesamt. Neue Folge. 14. u. 16. Hft., zugleich der ganzen Reihe 60. u. 62. Hft. Lex.-8. Karlsruhe, Ch. F. Müller. n. 10. —

14. Volkszählung, die, vom 1. XII. 1900. II. Tl. (XX, 317 S.) 905. n. 7. 20
16. Übersicht der Hauptergebnisse der Forsteinrichtung in den Domänen-, Gemeinde- u. Körperschaftswaldungen nach dem Stande vom 1. 1. 1902. Bearb. v. der Forst- u. Domänendirektion. (XVI, 116 S.) 905. n. 2. 80

Die Hefte 7, 13 u. 15 sind noch nicht erschienen.

Beitraege zur Statistik der Stadt Barmen. H. 1—4. Barmen 1904—1909. 4°.

Beitraege zur Statistik der Stadt Barmen. H. 5 ff. Barmen 1905 ff.

Beiträge zur Statistik des Königreichs Bayern, s. a. Hermann, F. B. W. v.

Beiträge zur Statistik des Königr. Bayern, 14. Heft, s. Anstalten für Wissenschaft, Kunst ꝛc.

—— zur Statistik des Königr. Bayern. Hrsg. vom königl. statist. Bureau. 21.—30. Heft. gr. 8. 4. und Fol. München, (A. Ackermann.) *

Inhalt:

Heft 21. Verzeichniß der Gemeinden des Königreichs Bayern nach dem Stande der Bevölkerung im Dezember 1867, mit Ausscheidung nach Familien, Geschlecht und Religionsverhältnissen, geordnet nach Kreisen, Verwaltungs-Districten und Gerichtssprengeln, unter Beifügung der einschläg. Rentämter, Forstämter. Baubehörden ꝛc., sowie der Zahl der zu den Gemeinden gehör. Ortschaften, nebst alphabet. Index. gr. 8. (VI, 267 S.) 869. * ℳ 3,60.

» 22. Die Gebäudezählung im Königr. Bayern vom Sommer 1867. Nebst Vergleichen mit den Erhebungen von 1809—10 (bzw. 1811—12 und 1814—15) 1840 und 1852. Bearb. von Geo. Mayr. Fol. (XXXI. 57 S.) 869. * ℳ 3.60.

» 23. Statistische Nachweisungen über das Immobiliar-Brandversicherungswesen im Gebiete des Königr. Bayern diesseits des Rheins. Bearb. von Geo. Mayr. Fol. (XXXIX, 200 S.) 870. * ℳ 6.

» 24. Statistische Nachweisungen über den Vollzug der Bodencultur-Gesetze in Bayern. Mit einer Einleitung von Geo. Mayr. Fol. (XXIX, 116 S.) 871. * ℳ 3,60.

» 25. Die bayerische Bevölkerung nach Alter, Civilstand und Geschlecht. Volkszählung vom 3. Dec. 1867. 2. Thl. Mit 3 Kartogrammen und einem Diagramm. Bearb. von Geo. Mayr. Fol. (XXIII, 189 S.) 872. * ℳ 11.

» 26. Statistik der bayerischen Sparkassen. Bearb. von Geo. Mayr. Fol. (XXXII, 90 S.) 873. * ℳ 6.

» 27. Statistik des Unterrichts im Königr. Bayern für die J. 1869/70, 1870/71 und 1871/72, mit Rückblicken auf die Ergebnisse früherer Jahre. 1. Thl. Das höhere und mittlere Unterrichtswesen, sodann der Fortbildungs-Unterricht. Bearb. von Geo. Mayr. Fol. (CIII, 244 S.) 874. * ℳ 16.

» 28. Ergebnisse der Volkszählung im Königr. Bayern vom 1. Dezbr. 1871 nach einzelnen Gemeinden [Gemeinde-Verzeichniss]. Mit Unterscheidung der ortsanwesenden Bevölkerung nach dem Geschlecht, der Confession und der Staatsangehörigkeit, geordnet nach Kreisen, Verwaltungsdistrikten und Gerichtssprengeln, unter Beifügung der einschlägigen Bezirksgerichte, Rentämter, Forstämter etc., nebst alphabet. Index der Gemeinden. 4. (XXIII, 247 S.) 874. * ℳ 5,20.

Beiträge zur Statistik des Königr. Bayern etc.

Inhalt:

Heft 29. Die Viehzählung im Königr. Bayern vom 10. Jan. 1873. Bearb. von Geo. Mayr. (CXVII, 255 S. mit 1 Tab. und 2 Chromolithogr. in gr. Fol.) 874. * ℳ 8.

» 30. Statistik der Vereine für Bildungszwecke in Bayern nach dem Stande des J. 1872. Bearb. von Geo. Mayr. Fol. (XX, 88 S.) 875. * ℳ 4.

Vgl. Hermann, Friedr. Bened. Wilh. v. — Mayr, Geo.

—— zur Statistik des Königr. Bayern. Hrsg. vom k. statist. Bureau. 27. Heft 2. Thl., 31.—33. Heft 1. Thl., 35.—39. und 41. Heft. Lex.-8. München, (Ad. Ackermann.) *

Inhalt:

Heft 27. Statistik des Unterrichts und der Erziehung im Königr. Bayern für die J. 1869/70, 1870/71 und 1871/72, mit Rückblicken auf die Ergebnisse früherer Jahre und theilweiser Berücksicht. der neueren Entwickelung des Unterrichtswesens seit 1871/72. Bearb. von Geo. Mayr. 2. Thl.: Die Lehrerbildung, der Elementarunterricht und die Erziehungsanstalten. (CV—CLXXXVI und S. 245—471 mit 2 Chromolithogr. in Imp.-Fol.) 875. * ℳ 17.

» 31. Die bayerische Bevölkerung nach Geschlecht, Alter und Civilstand auf Grund der Volkszählung von 1871, mit vergleich. Rückblicken auf die Altersstatistik von 1867. Mit 2 (chromolithogr.) Kartogrammen und 1 (lithogr.) Diagramm. Bearb. von Geo. Mayr. (VIII, 126, 328 S.) 876. * ℳ 10.

» 32. Die bayerische Bevölkerung nach der Gebürtigkeit. Mit 1 (chromolithogr.) Kartogramm (in qu. Fol.). Bearb. von Geo. Mayr. (IV, 438 S.) 876. * ℳ 12.

» 33. Die Bewegung der bayerischen Bevölkerung in den J. 1862/63 bis 1875, mit vergleich. Rückblicken. Bearb. von Geo. Mayr. 1. Thl. (XXX, 393 S.) 878. * ℳ 10.

» 35. Die Verbreitung der Blindheit, Taubstummheit, des Blödsinns und des Irrsinns in Bayern, mit einer allgem. internat. Statistik dieser vier Gebrechen. Mit 2 (chromolithogr.) Kartogrammen. Bearb. von Geo. Mayr. (110, 383 S.) 877. * ℳ 8.

» 36. Ergebnisse der Volkszählung im Königr. Bayern vom 1. Dezbr. 1875 nach einzelnen Gemeinden (Gemeinde-Verzeichniss). Mit einer Vorbemerkung von Geo. Mayr. (16, XXI, 284 S.) 877. * ℳ 5. — Nachtrag (XXXV, 136 S.) 879. * ℳ 1.

» 37. 38. Bewegung der Bevölkerung im Königr. Bayern. Jahresbericht für 1876 und 1877. Mit einer Einleitung von Geo. Mayr. (70, VII, 570; VIII, 594 S.) 878,79. à * ℳ 6.

Beiträge zur Statistik des Königr. Bayerns etc.

Heft 39. Bayerische Gewerbestatistik. [Aufnahme vom 1. Dezbr. 1875.] 1. Thl.: Die persönl. Verhältnisse der Gewerbebetriebe. [Nachweis für das Königreich und die einzelnen Regierungsbezirke.] Mit einer Einleitung von Geo. Mayr. (XL, 897 und 28 S.) 879. * ℳ 10.

» 41. —— dass. — 3. Thl.: Die Umtriebsmaschinen (Motoren) sowie die wichtigsten Arbeitsmaschinen und Vorrichtungen der Gewerbebetriebe. (XXVI, 491 S.) 879. * ℳ 4.

Heft 33, 2. Thl., 34 und 40 noch nicht erschienen.

—— zur Statistik des Königr. Bayern. 40., 42.—46. Heft. Hrsg. vom k. statist. Bureau, mit einer Vorbemerkung von dessen Vorstand Ludw. v. Müller. Lex.-8. München, (Th. Ackermann.) *

Inhalt:

Heft 40. Beiträge zur bayerischen Medizinalstatistik. Morbidität in den Heilanstalten des Königreichs Bayern. Jahresbericht für 1877 und 1878. 2 Abthlgn. (820; 284 S.) 881. * ℳ 4.

» 42. Die bayerische Bevölkerung nach Geschlecht, Alter, Civilstand und Staatsangehörigkeit. (Volkszählung von 1875.) Bearb. von Max Seydel, Vorstand des k. statist. Bureau. (67, 439 S. Tab.) 879. * ℳ 5.

» 43. Bewegung der Bevölkerung im Königreiche Bayern. Jahresbericht für 1878. Mit einer Einleitung von Max Seydel. (27, 418 S. Tab.) 880. * ℳ 4.

» 44. Bayerische Gewerbe-Statistik (Aufnahme vom 1. Dez. 1875). III. Theil: Gewerbebetriebe, deren Personal und Umtriebsmaschinen in den Verwaltungsdistrikten. Mit einer Einleitung von Max Seydel. (37, 423 S. Tab.) 880. * ℳ 4.

» 45. Gemeinde-Verzeichniss für das Königreich Bayern. Ergebnisse der Volkszählung vom 1. Dezbr. 1880. (16, XXXIII, 314 S. Tab.) 882. * ℳ 4.

» 46. Die bayerische Bevölkerung nach Geschlecht, Alter und Civilstand, sowie nach der Gebürtigkeit. Ergebnisse der Volkszählung vom 1. Dezbr. 1880. Hrsg. vom k. statist. Bureau, mit einleit. Bemerkungen von dessen Vorstand v. Müller. (82, 234 S. Tab.) 883. * ℳ 4.

33. Heft 2. Thl. und 34. Heft sind noch nicht erschienen.

—— zur Statistik des Königr. Bayern. Hrsg. vom k. statist. Bureau. 47.—54. Heft. Lex.-8. München, (Lindauer'sche Buchh.) *

Inhalt:

Heft 47. Die Ergebnisse der Viehzählung im Königr. Bayern vom 10. Jan. 1883. Mit Erläuterungen von Carl Rasp. (III, 444 S.) 884. * ℳ 6.—.

» 48. Die Ergebnisse der Berufszählung im Königr. Bayern vom 5. Juni 1882. 1. Thl.: Die bayer. Bevölkerung in ihrer Berufsthätigkeit. Hrsg. vom königl. statist. Bureau mit einer Einleitung von Carl Rasp. (XLIX, 260 S.) 885. * ℳ 4.—.

» 49. —— dass. — 2. Thl.: Die bayer. Bevölkerung in ihrer Hauptberufsthätigkeit nach Konfession, Altersgruppen und Familienstand, sowie die dauernd erwerbsunfähig gewordenen Personen und die Wittwen. Mit einer Einleitung von Carl Rasp. (IV, XXXVI, 139 S.) 885. * ℳ 4.—.

» 50. —— dass. — 3. Thl.: Die bayer. Bevölkerung nach ihrer gewerbl. Thätigkeit. Mit einer Einleitung von Carl Rasp. (VI, CCXCVI, 571 S.) 886. * ℳ 12.—.

» 51. Die landwirthschaftliche Bodenbenützung in Bayern nach der Erhebung des Jahres 1883 und die landwirthschaftlichen Betriebe in Bayern. Ergebnisse der Berufszählung vom 5. Juni 1882, IV. Thl. Mit erläut. Bemerkungen von Carl Rasp. (XXXI, 248 S.) 887. * ℳ 4.—.

» 52. Die Ergebnisse der Unterrichts-Statistik im Königr. Bayern für das Schulj. 1884/85. Hrsg. vom königl. statist. Bureau mit textl. Bearbeitung von dessen Vorstand Carl Rasp. (229 S.) 887. * ℳ 4.—.

» 53. Gemeinde-Verzeichniss für das Königr. Bayern. Ergebnisse der Volkszählung vom 1. Dezbr. 1885. (XV, 327 S.) 887. * ℳ 4.—.

» 54. Ortschaften-Verzeichniss des Königr. Bayern. Nach Regierungsbezirken, Verwaltungsdistrikten, Amtsgerichtsbezirken und Gemeinden mit Nachweisung der Eigenschaft, der Pfarrei-, Schul-, Post-, Gerichts- und Amtszugehörigkeit jeder Ortschaft nebst Entfernungsangaben; ferner mit Angabe der in den einzelnen Orten befindl. Stellen, Behörden und Anstalten, sowie mit statist. Nachweisen über

Beiträge zur Statistik des Königr. Bayern etc.

Areal, Haushaltungen, Bevölkerung, Wohngebäude und Viehstand nach den Ergebnissen der neuesten Erhebungen, sodann mit einem alphabet. Ortsregister unter Beifügung der Eigenschaft und des zuständ. Verwaltungsdistriktes für jede Ortschaft. Mit einem Vorworte von Carl Rasp. (XXXIX, 1466 Sp., 170 S.) 888. * ℳ 14.—.

53. Heft ist gänzlich vergriffen.

34. Heft, s. Bevölkerung, die bayerische, nach Berufs- und Erwerbsklassen.

—— zur Statistik d. Königr. Bayern. Hrsg. v. königl. statist. Bureau. 55.—58. Heft. Lex.-8. Münch., (Lindauer). * 14 —

55. Die Gemeinde-Umlagen im Königr. Bayern in den J. 1882—1886 m. textl. Besprechung v. Carl Rasp. (IV, 239 S.) 889. * 3 —. — 56. Krieg, Geo. Bewegung der Bevölkerung im Königr. Bayern im Jahresdurchschnitt der Periode 1879/88. Mit einleit. Bemerkgn. u. Rückblicken auf d. 4 Jahrzehnte 1839/78. (V, 143 S.) 890. * 3 —. — 57. (IV, 253 S. m. 2 Karten u. 2 graph. Taf.) 891. * 4 —. — 58. Gemeinde-Verzeichniss f. d. Königr. Bayern. Ergebnisse d. Volkszählg. v. 1. Dezbr. 1890. (LXV, 348 S.) 891. * 4 —.

— zur Statistik d. Königr. Bayern. Hrsg. vom kgl. bayer. statist. Bureau. 57.—59. Hft. Lex.-8. München, (J. Lindauer). à n. 4. —

57. (IV, 253 S. m. 2 Karten u. 2 graph. Taf.) 892.

58. Gemeinde-Verzeichniss f. das Königr. Bayern. Ergebnisse der Volkszählg. vom 1. Dezbr. 1890. (LXV, 348 S.) 892.

59. I. Die Ergebnisse der Viehzählung im Königr. Bayern vom 1. Dezbr. 1892 m. 1 Kartogramm u. 1 Diagramm, sowie m. einleit. Bemerkgn. v. Carl Rasp. II. Ergebniss der Erhebung üb. die Zertrümmerung bäuerlicher Anwesen in Bayern während der J. 1888—1890. (IV, LXIV, 405 u. 31 S.) 893.

— z. Statistik des Königr. Bayern. LX. u. LXI. Heft. Hrsg. v. k. statist. Bureau. Lex.-8. München. (J. Lindauer.) n. 9. —

LX. D. Ergebnisse d. Ermittelg. d. landwirthschaftl. Bodenbenutzg. i. Königr. Bayern i. Jahre 1893. (III, XXXIV, 611 S. m. 4 farb. Karten) 894. n. 4. —

LXI. Gemeinde-Verzeichn. f. d. Königr. Bayern, bearb. a. Grund d. Volkszählg. v. 2. XII. 1895. M. e. Berichte üb. d. Ergebn. d. Volkszählg. (LXVIII, 320 S.) 897. n. 5. —

— zur Statistik des Königr. Bayern, hrsg. vom k. stat. Bureau. LXII. u. LXIII. Hft. Lex.-8. München (J. Lindauer). n. 18. —

LXII. Tabellen, bayerische, zur Berufs- u. Gewerbestatistik, bearb. auf Grund der Zählg. vom 14. VI. 1895. (XXV, 697 S.) 902. n. 12. —

LXIII. Gemeinde-Verzeichniss f. das Königr. Bayern, bearb. auf Grund der Volkszählg. vom 1. XII. 1900. Mit e. Berichte üb. die Ergebnisse der Volkszählg. (LXVII, 323 S.) 902. n. 6. —

— zur Statistik des Königr. Bayern, hrsg. vom k. statist. Bureau. LXIII. Hft. Nachträge u. LXIV. bis LXVII. Hft. Lex.-8. München (J. Lindauer). n. 31. 20

LXIII. Gemeinde-Verzeichniss f. das Königr. Bayern, bearb. auf Grund der Volkszählg. vom 1. XII. 1900. Nachträge. (2, 1, 1 u 2 S.) 903.) n. — 20

LXIV. Mitteilungen, statistische, üb. die Landwirtschaft in Bayern. Nach Erhebgn. von 1894—1902 I. Tl. Berufs- u. Betriebsverhältnisse, Bodenbenutzg., Viehstand. (641 S.) 903. n. 4. —

LXV. Ortschaften-Verzeichnis des Königr. Bayern m. alphabetischem Ortsregister. (IV, LIX S., 1566 Sp. u. V, 169 S. m. 1 Karte.) 904. n. 20. —

LXVI. Mitteilungen, statistische, üb. die Landwirtschaft in Bayern. Nach Erhebgn. von 1894—1904. II. Tl. Hypotheken-Verkehr, Zwangsveräussergn., Güterzertrümmergn., Forsten u. Holzgn. (IV, 765 S.) 905. n. 8. —

LXVII. Genossenschaften, die eingetragenen, im Königr. Bayern. Nach dem Stande in den J. 1902 u. 1903 u. m. e. vorläuf. Übersicht üb. den Stand v. Ende 1905. (III, 47 u. 83 S.) 906. n. 4. —

Beiträge zur Statistik des Königr. Bayern. Hrsg. vom kgl. statist. Burean. 68. 70.—75. 77. 78. 80. u. 81. Heft. Lex. 8. München, J. Lindauer. 43. —

68. Gemeinde-Verzeichnis f. das Königr. Bayern nach den endgültigen Ergebnissen der Volkszählung vom 1. XII. 1905. Mit e. Berichte üb. die Ergebnisse der Volkszählg. u. e. Diagramm. (CV, 350 S.) 906. 6. —

70. Stand u. Entwicklung der bayer. Montanindustrie. Mit 1 (farb.) Karte. (VI, 67 u. 65 S.) 908. 3. —

71. Fruchtbarkeit, die eheliche u. uneheliche, m. besond. Berücksicht. Bayerns. Mit graph. Darstellgn. (VIII, 164 S. m. 8 Taf. u. 2 farb. Karten.) 909. 4. —

72. Viehstand, der, Bayerns auf Grund der Viehzählung vom 2. XII. 1907. (V, 135 S. m. 4 Karten.) 909. 4. —

73. Dampfkraft, die, in Bayern. Nach dem Stande vom 31. XII. 1907. (IV, 110 S.) 909. 3. —

74. Kreisfinanzen, die bayer. (IV, 63 u. 77 S.) 909. 4. —

75. Distriktsfinanzen, die bayerischen. (X, 94 u. 156 S.) 910. 4. —

77. Geschichte der älteren bayer. Statistik. (XI, 224 S.) 910. 4. —

78. Milchwirtschaft, die, in Bayern. (VI, 219 S. m. 5 Taf.) 910. 3. —

80. Berufsstatistik, bayerische, 1907. Berufliche u. soziale Gliederg. (95 u. 807 S.) 908. 4. —

81. Landwirtschaft, die, in Bayern. Nach der Betriebszählg. vom 12. VI. 1907. (VI, 215 u. 225 S. m. 3 farb. Karten.) 910. 4. —

Hefte 69, 76 u. 79 sind noch nicht erschienen.

— z. Statistik d. Kgr. Bayern. Hrsg. v. k. statist. Landesamt. 69., 75—79. u. 81—84. Heft. Lex8° Münch., J Lindauer. 46 —

Heft 80 ist schon früher erschienen.

Bayern u. s. Gemeinden unter d. Einfluss d. Wandergn währ. d. letzten 50 Jahre. (6, 302 u. 264) '12 [69] 6 —

Distriktsfinanzen, Die bayer. (10, 94 u. 156) '10 [75] 4 —

Gemeindefinanzen, Die bayer. 2 Tle. (10, 434 u. 435 u. 4 in 27,5×31 cm.) '11 [76] nn 6 —

Gemeinde-Verzeichnis f. d. Kgr. Bayern n. d. Volkszählg v. 1. 12. '10 u. d. Gebietsstand v. 1. 6. '11. (5, 380) '11 [84] 6 —

Geschichte d. älteren bayer. Statistik. (11, 224) '10 [77] 4 —

Gewerbe u. Handel in Bayern. Nach d. Betriebszählg v. 12. 6. '07. (7, 400 u. 475) '11 [82] 6 —

Heimat- u. Armenwesen, Das, in Bayern. Statist. Unterlagen z. Reform d. bayer. Heimat- u. Armengesetzgebg. (5, 213) '11 [83] 3 —

Landwirtschaft, Die, in Bayern. Nach d. Betriebszählg v. 12. 6. '07. (6, 215 u. 225 m. 3 Ktn.) '10 [81] 4 —

Milchwirtschaft, Die, in Bayern. (6, 219 m. 5 Taf.) '10 [78] 3 —

Staatsfinanzen, Die bayerischen. (42, 171) '11 [79] 4 —

— zur Statistik des Herzogthums Berg. 2 Hfte. 8. Düsseld. 806. Schreiner. 2 ⁄₃ß 12 ℊ

Beiträge zur Statistik des Kantons Bern. Herausgeg. von B. Hildebrand. Lief. 1. Bern 1860. 4.

Beiträge zur Statistik des Bezirkes der Handels- und Gewerbe-Kammer Dresden während der ersten fünfundzwanzig Jahre ihres Bestehens 1862–1887. [Nebst] einige Ergebnisse. — Dresden 1888–89: Heinrich. 8°

Einige Ergebnisse d. deutschen Gewerbezählung vom 5. Juni 1882 für d. Bezirk d. Handels- u. Gewerbekammer Dresden. 1889.

12[∞Erg.]: Merc. 308o. 14[∞Erg.] 15[∞Erg.] 101.

15.

Beiträge zur Statistik der Binnen-Fischerei in Österreich. Spezialbearbeitungen d. Resultate der vom K. K. Ackerbau-Ministerium durchgeführten Erhebung nach d. Stande vom 31. Dez. 1904. Statistik d. Fischzuchtanstalten. Hrsg. von d. K. K. Statistischen Zentral-Kommission. — Brünn: Irrgang 1908. VI,98 S. 4° (Statistische Monatschrift. Jg 34 = N. F. 13, Beil.) 1: in 4° Sb 6852 31. 2. 3. 10. 12: Austr. 3194–34, Beil. 21. 24→27. 38. 392.

15.

— Ebd. 1909. 70,IV,98 S. 4°

Erweitert teilweise aus: Statistische Monatschrift. N. F. 13. 1908.

17. 300: 463.851 C. 392.

15.

Beiträge zur Statistik der Bodenkultur im Vorarlberg. Heft 2. Innsbruck 1871.

—— zur Statistik des Herzogth. Braunschweig. Hrsg. vom statist. Bureau des herzogl. Staatsministeriums. 1. Heft. Die Bewegung der Bevölkerung in den 20 Jahren 1853 bis 1872. gr. 4. (XVII, 111 S.) Braunschweig 874, Schulbuchh. *

—— zur Statistik des Herzogth. Braunschweig. Hrsg. vom statist. Büreau des herzogl. Staatsministeriums. 2. und 3. Heft. gr. 4. Braunschweig, Schulbuchh. [2. Heft. (XXIV, 54 S.) 876. * ℳ 2.; 3. Heft. (164 S.) 877. * ℳ 2,50] cart. *

1. Heft. Ebendas. 1874. * ℳ 3.

— zur Statistik d. Herzogth. Braunschweig. Hrsg. vom statist. Büreau d. herzogl. Staatsministeriums. 4—6. Hft. gr. 4. (169; III, 176 u. III, 197 S.) Braunschweig 886. 86. (Schulbuchh.) cart. à n.n. 2. 50 (1—6: n.n. 15. —)

Beiträge z. Statistik d. Herzogth. Braunschweig. Hrsg. vom statist. Bureau des herzogl. Staatsministeriums. 7.—9. Hft. gr. 4. Braunschweig, (Schulbuchhandlg.). cart. n. 7. 50 (1—9.: n. 22. 50)
7. (VII, 143 S.) 887. n. 2. 50
8. (IV, 105 S.) 888. n. 2. 50
9. Uebersicht über die bisherige Verwendung der den einzelnen Kreiscommunalverbänden d. Herzogth. Braunschweig gesetzlich überwiesenen Erträgnisse u. Einnahmen, nebst e. einleit. Darstellung der derzeitigen Organisation der braunschweig. Verwaltg. u. der geschichtl. Entwickelg. derselben. Von F. W. R. Zimmermann. (VI, 88 S.) 889. n. 2. 50

— zur Statistik des Herzogth. Braunschweig. Hrsg. vom statist. Bureau des herzogl. Staatsministeriums. X. Hft. gr. 4. Braunschweig 893. (Schulbuchh.) Kart. n.n. 2. 50
Die Ergebnisse der Viehzählung vom 1. Decbr. 1892 im Herzogth. Braunschweig. Bearb. v. F. W. R. Zimmermann. Die in der Zeit vom 1. April 1883 bis zum 31. März 1893 im Herzogth. Braunschweig amtlich untersuchten Schlachtschweine. Bearb. v. F. W. R. Zimmermann. (IV, 53 u. 35 S. m. 5 farb. Karten.)

— zur Statistik d. Herzogth. Braunschweig. Hrsg. vom statist. Bureau d. herzogl. Staatsministeriums. XI. u. XII. Hft. gr. 4. Braunschweig 895. (Schulbuchh.) Kart. à n.n. 2. 50
XI. 1. Die braunschweig. Beamten-, Wittwen- u. Waisen-Versorgungsanstalt i. ihrer gesetzl. u. finanz. geschichtl. Entwickelung. Bearb. v. F. W. R. Zimmermann. 2. D. Ergebnisse d. Ermittelung über die von d. Bewohnern d. Herzogth. Braunschweig i. d. J. 1887, 1888 u. 1889 aufgebr. direkten Steuern. Bearb. v. F. W. R. Zimmermann. 3. Die Gast- u. Schankwirthschaften u. d. Kleinhandlgn. m. Branntwein od. Spiritus i. Herzogth. Braunschweig. Bearb. v. F. W. R. Zimmermann. 4. D. Ergebn. d. ausserordentl. Viehzählung v. 1. Decbr. 1893 i. Herzogth. Braunschweig. Bearb. v. F. W. R. Zimmermann. (V, 127 S.)
XII. D. Ergebn. d. Volkszählg. v. 1. Decbr. 1890 i. Herzogth. Braunschweig, nebst d. nächsten Nachweis üb. d. Fortschritten d. Einwohner- u. Gebäudezahl i. d. letzten 100 Jahren. D. Einfluss d. neueren socialpolit. Gesetzgebung auf d. Armenpflege i. Herzogth. Braunschweig. Bearb. v. F. W. R. Zimmermann. (V, 166 S. m. 2 farb. Karten.)

— dasselbe. XIII. Hft. gr. 4. Ebd. 896. n.n. — 75
D. Ergebn. d. Berufs- u. Gewerbezählg. v. 14. Juni 1895 i. Herzogth. Braunschweig. Bearb. v. F. W. R. Zimmermann. 1. Abth. (16 S.)

— z. Statistik d. Herzogth. Braunschweig. Hrsg. v. statist. Bureau d. herzogl. Staatsministeriums. XIII. Hft., 2. Abth., u. XIV. Hft. gr. 4. Braunschweig 898. (Schulbuchh.) n.n. 4. —
XIII, 2. Die Ergebnisse d. Berufs- u. Gewerbezählg. vom 14. VI. 1895 i. Herzogth. Braunschweig. Bearb. v. F. W. R. Zimmermann. 2. Abth. (II u. S. 17—128.) n.n. 1. 50 (1 u. 2.: n.n. 2. 25).
XIV. (V, 90 S.) Kart. n.n. 2. 50.

— zur Statistik des Herzogth. Braunschweig. Hrsg. vom statist. Bureau des herzogl. Staatsministeriums. XIII. Hft. 3. Abth. gr. 4. Braunschweig (Schulbuchh.) n.n. — 75
XIII, 3. Die Ergebnisse der Berufs- u. Gewerbezählung vom 14. VI. 1895 im Herzogth. Braunschweig. Bearb. v. F. W. R. Zimmermann. 3. Abth. (II u. S. 129—211.) 898. n.n. — 75 (13. Hft. kplt.: kart. n.n. 3. —)

— dasselbe. XV. u. XVI. Hft. gr. 4. Ebd. à n. 3. —
XV. XVI. Die hypothekarische Belastung des Grundbesitzes im Herzogth. Braunschweig am 1. I. 1897. Von F. W. R. Zimmermann. 1. u. 2. Abth. (IV, 215 u. VIII, 118 S.) 900. 901.

— zur Statistik des Herzogt. Braunschweig. Hrsg. vom statist. Bureau des herzogl. Staatsministeriums. XVII.—XIX. Hft. gr. 4. Braunschweig (Schulbuchh.). Kart. à n. 3. —
XVII. (VI, 117 S.) 903. — XVIII. (VI, 103 S.) 904
XIX. Die Ergebnisse der Volkszählungen am 2. XII. 1895 u. vom 1. XII. 1900 im Herzogt. Braunschweig. Von F. W. R. Zimmermann. (VI, 140 S.) 905.

— zur Statistik des Herzogt. Braunschweig. Hrsg. vom statist. Bureau des herzogl. Staatsministeriums. XX. u. XXI. Heft. 32×24,5 cm. Braunschweig, (Schulbuchh.). Kart. à 3. —
XX. (IV, 60 S.) 907. 3. —
XXI. Die Bewegung des Hypothekenstandes im Herzogt. Braunschweig in der Zeit vom 1. I. 1897 bis zum 1. I. 1902. Von F. W. B. Zimmermann. (V, 101 S.) 907. 3. —

— z. Statistik d. Herzogt. Braunschweig. Hrsg. v. herzogl. statist. Amt. 22—25. Heft. 31,5×24 cm. Brnschw., (Schulbh.). HL je 3 —
22. (9, 152) '08. ‖ 23. (5, 153) '08. ‖ 24. (7, 128) '10. ‖ 25. (84 m. 4 farb. Taf. u. 1 farb. Pl.) '11.

—— zur Statistik der schweizerischen Eidgenossenschaft, s.a. Statistik, schweizerische.

Beiträge zur Statistik der schweizerischen Eidgenossenschaft. Th. [1]-5. — (Bern 1851-58: Stämpfli; 3.4: Bern 1857: Chr. Fischer.) 8°
[1.] Uebersichten d. Bevölkerung d. Schweiz nach d. Ergebnissen d. letzten eidgenössischen Volkszählung (vom 18. bis 23. März 1850), zsgest. vom eidgenössischen Departement d. Innern. 1851.
2. Uebersichten d. Bevölkerung u. anderer d. Statistik d. Schweiz betreffenden Gegenstände, zsgest. vom Eidgenössischen Departement d. Innern. 1854.
3. Statistische Übersichten über d. Boden d. Schweiz, seine Bebauungsarten u. Haupterzeugnisse, zsgest. vom Eidgenössischen Departement d. Innern. 1855.
4. Statistische Übersichten über d. Bevölkerungsbewegung d. Schweiz in d. Jahren 1850, 1851 & 1852 vom Eidgenössischen Departement d. Innern. 1857.
5. Statistische Übersichten über d. Handel d. Schweiz mit d. Auslande u. besonders mit ihren Nachbarstaaten, d. Zollverein, Oesterreich, Sardinien & Frankreich, vor u. nach d. Zentralisation d. eidg. Zollwesens, vom Eidgenössischen Departement d. Innern. 1857.
. Franz. Ausg.
Tableaux statistiques de la Confédération suisse. 1857.
1 [∞3]: Ru 7235. 7. 10. 12: Helv. 145. 15. 21 [∞1-3.5]. 25 [∞[3.4]. 300: 112.142-B. 302 [∞5]. 15.

Beiträge zur Statistik der schweizerischen Eidgenossenschaft. 5. Thl.: Statistische Uebersichten über den Handel der Schweiz mit dem Auslande und besonders mit ihren Nachbarstaaten, dem Zollverein, Oesterreich, Sardinien und Frankreich, vor und nach der Zentralisation des eidgenöss. Zollwesens, vom eidgenöss. Departement des Innern. gr. 8. (XVII und 318 S.) Bern 858(60), Blom. Thlr. *

Beiträge zur Statistik der Stadt Elberfeld. H. 1 u. 2. Elberfeld, 1906—1907.
H. 1. Untersuchung über die Zusammensetzung und die Entwicklung der Unkosten der Armenverwaltung der Stadt Elberfeld in den Jahren 1891—1904. 1906. 16 S. mit 2 Taf.
H. 2. (Lfg 1). Die Ergebnisse der Wohnungszählung vom 1. Dezember 1905. [1907.] 82 S. mit 5 Taf.

Beitraege zur Statistik der Stadt Elberfeld. H. 1. 2. 5. (Elberfeld 1906—1910.) 4°. *[Mit Sondertit.]*

Beitraege zur Statistik der Stadt Essen. Im Auftr. d. Oberbürgermeisters hrsg. durch d. Statist. Amt. H. 2. 3. 4. 7. Essen 1901—1902. 4°.
2. D. Wohnungsverhältnisse in d. Stadt Essen nach d. Aufnahme vom 1. Dez. 1900. Tl 1. 2. 1901.
3. D. Bauthätigkeit und d. Wohnungsmarkt in d. Stadt Essen im J. 1901. 1902.
4. D. Wohnungsverhältnisse in d. Stadt Essen nach der Aufnahme vom 1. Dez. 1900. Tl 3: Tab. 1902.
7. D. Aftermietwesen in d. Stadt Essen nach d. Aufnahme vom 1. Dez. 1900. 1902.

Beiträge zur Statistik des Gouvernements Ehstland. Im Auftr. d. ehstländischen statistischen Comités hrsg. von Paul Jordan. Bd 1-3. — Reval 1867-74: Lindfor. 4° [u.] 8°
3. Jordan: Die Resultate d. Volkszählung d. Stadt Reval am 16. Nov. 1871. 1874.
1: 4° [u.] 8° Uf 4116. 21 [∞2.3]. 15.

— zur Statistik d. Gouvernements Esthland. 3. Bd. Lex.-8. Reval 874. Kluge in Comm. n. 6. —
Die Resultate der Volkszählung der Stadt Reval am 16. Novbr. 1871. Im Auftrage d. esthländ. statist. Comité's bearb. u. hrsg. v. Paul Jordan. Mit 8 graph. (chromolith.) Darstellungen u. e. Anh. üb. die Resultate der Volkszählg. in den Städten Hapsal u. Weißenstein am 16. Novbr. 1871. (VIII, 169 S.)

—— zur Statistik der freien Stadt Frankfurt, hrsg. von der statist. Abtheilung des frankfurter Vereins für Geographie und Statistik. 1. Bd. 1—3. Heft. gr. 4. Frankfurt a. M., Sauerländer's Verlag. [1. Heft. (89 S.) 858. * 28 Ngr., 2. (36 S.) 859. * 14 Ngr., 3. (82 S.) 861. * 28 Ngr.] *

—— zur Statistik der freien Stadt Frankfurt, hrsg. von der statist. Abtheilung des Frankfurter Vereins für Geographie und Statistik. 1. Bd. 4. und 5. Heft. gr. 4. (232 S.) Frankfurt a. M. 862,63, Sauerländer's Verlag. *
1. Bd. 1.—3. Heft. Ebendas. 1858—61. * 2 Thlr. 10 Ngr.

— zur Statistik der Stadt Frankfurt a. M. Hersg. von der statist. Abth. des Frankfurter Vereins für Geographie u. Statistik. 2. Bd. 1. 2. Heft. Frankfurt a. M. 860, 67. Sauerländer. gr. 4. (2 Bll., 75 S. u. 6 Tabb. in Fol.) Jedes Heft n. 28 ngr

—— zur Statistik der Stadt Frankfurt a. M. Hrsg. von der statist. Abtheilung des Frankfurter Vereins für Geographie und Statistik. 2. Bd. 3.—6. Heft. gr. 4. Frankfurt a. M., Sauerländer's Verlag. [3. Heft. (S. 77—163 mit 2 chromolithogr. Taf. in 4. und qu. gr. Fol.) 870. * ℳ 2,80.; 4. Heft. (S. 164—209.) 871. * ℳ 2,80.; 5. Heft. (S. 210—365 mit 8 graph. Taf.) 874. * ℳ 4.; 6. Heft. (S. 367—437 mit 8 graph. Taf.) 874. * ℳ 2,80.] *
1. Bd. Ebendas. 1858—61. * ℳ 13,80.; 2. Bd. 1. und 2. Heft. 1866,67. * ℳ 5,60.

— zur Statistik der Stadt Frankfurt a/M. Hrsg. von der statist. Abtheilung d. Frankfurter Vereins f. Geographie u. Statistik. 3. Bd. 1—5. Hft. gr. 4. (290 S.) Frankfurt a/M. 876—80. Sauerländer. n. 11. —
(I—III, 5.: n. 39. 80)

— zur Statistik der Stadt Frankfurt am Main. Hrsg. v. der statist. Abthlg. d. Frankfurter Vereins f. Geographie u. Statistik. 4. Bd. gr. 4. Frankfurt a. M., Sauerländer. n. 12. 40
1. Die Ergebnisse der Volkszählung vom 1. Decbr. 1880. I. Thl.: Die Bevölkerung. II. Thl.: Die Wohngebäude. (86 S.) 882. n. 2. 80
2. Dasselbe. III. Thl.: Die Haushaltungen u. die Wohnungen. (S. 87—162.) 883. n. 2. 80
3. Dasselbe. IV. Thl.: Die städtische Bevölkerung nach Stand u. Beruf. (S. 163—324.) 886. n. 4. —
4. Die Sterbefälle zu Frankfurt a. M. in den J. 1872, 1876 u. 1881 nach Altersklassen u. Todesursachen. Auf Grund der statist. Uebersichten üb. den Civilstand der Stadt tabellarisch dargestellt u. erläutert v. dem statist. Amte. (III u. S. 325—340 m. 9 Tab.) 886. n. 2. 80
3. Bd. 6. Hft. bis Schluss ist noch nicht erschienen.

— zur Statistik der Stadt Frankfurt a. Main. Hrsg. von der statist. Abtheilung d. Frankfurter Vereins f. Geographie u. Statistik. 5. Bd. 1.—4. Hft. gr. 4. Frankfurt a. M., Sauerländer. n. 9. 80
1. Die Ergebnisse der Volkszählung vom 1. Decbr. 1885 zu Frankfurt a. M. Nach den Acten der Zählg. tabellarisch dargestellt u. erläutert vom statist. Amte. 1. Thl.: Statistik der bebauten Grundstücke u. Gebäude. (36 S.) 886. n. 1. 40
2. — dasselbe. 1. Thl.: Statistik der bebauten Grundstücke u. Gebäude [Fortsetzg. u. Schluss]. 2. Thl.: Wohnungsstatistik. (S. 37—126.) 887. n. 2. 80
3. — dasselbe. 2. Thl.: Wohnungsstatistik [Fortsetzg. u. Schluss]. 3. Thl.: Haushaltungs-Statistik. (S. 127—195.) 888. n. 2. 80
4. Vergleichende Uebersichten über die Bewegung des Civilstandes der Stadt Frankfurt a. M. in den Jahren 1870 bis 1885. Tabellarisch zusammengestellt u. erläut. von dem statist. Amte der Stadt. Mit 4 graph. Taf., den allgem. Gang der Bevölkerungs-Bewegung während der letzten 50 Jahre [1837—1887] darstellend. (S. 197—271.) 888. n. 2. 80

— zur Statistik der Stadt Frankfurt a/M. Hrsg. v. dem Frankfurter Verein f. Geographie u. Statistik. 5. Bd. 5. Hft. gr. 4. Frankfurt a/M. 890. J. D. Sauerländer. n. 1. 40 (1—5.: n. 11. 20)
Die Ergebnisse der Volkszählung vom 1. Dezbr. 1885 zu Frankfurt a/M. Nach den Akten der Zählung tabellarisch dargestellt u. erläutert vom statist. Amte. IV. Thl. (Schlussheft): Tabellen zur Personalstatistik der Bevölkerg. (III u. S. 273—296.)

— dasselbe. Neue Folge. Im Auftrage des Magistrats hrsg. durch das statist. Amt. 1. u. 2. Hft. Lex.-8. Ebd. n. 4. —
1. Statistische Beschreibung der Stadt Frankfurt a. Main u. ihrer Bevölkerung. 1. Thl. Die äußere Vertheilg. der Bevölkerung. Mit 1 (farb.) Plane 1 : 10,000 u. 3 weiteren Beilagen. Bearb. v. H. Bleicher. (X, 160 u. Tab. LVII S.) 892. n. 3. —
2. Die Bewegung der Bevölkerung im J. 1891, insbesondere Studien üb. die Wanderungen. Bearb. v. H. Bleicher. (IV, 61 u. Tab. XLIII S. m. 1 graph. Taf.) 893. n. 1. —

— zur Statistik der Stadt Frankfurt am Main. Neue Folge. Im Auftrage des Magistrats hrsg. durch das statist. Amt. 3. u. 4. Hft. Lex.-8. Frankfurt a. M. (J. D. Sauerländer). n. 4. 50
3. Uebersichten, tabellarische, betr. den Civilstand der Stadt Frankfurt a. Main in den J. 1892—1900. Mit 1 gezeichneten Taf. Eingeleitet von H. Bleicher. (17 u. CCLIX S.) 901. n. 2. —
4. Frankf. Krankheitstafeln. Untersuchungen üb. Erkrankungsgefahr u. Erkrankungshäufigkeit nach Alter, Geschlecht, Civilstand u. Beruf auf Grund des Materiales der Ortskrankenkassen zu Frankfurt a. M. Von H. Bleicher. Mit 5 graph. Taf. (56 u. LXXXI S.) 900. n. 2. 50

— zur Statistik der Stadt Frankfurt am Main. Neue Folge. Im Auftrage des Magistrats hrsg. durch das statist. Amt. 5. Hft. Lex.-8. Frankfurt a/M. (J. D. Sauerländer). n. 2. 50
Die Schülerzählung vom 30. XI. 1900. Von H. Bleicher. Mit e. graph. Taf. (II, 38 u. CXI S.) 903. n. 2. 50

— zur Statistik der Stadt Frankfurt am Main. Neue Folge. Im Auftrage des Magistrats hrsg. durch das statist. Amt. 6. u. 7. Heft. Lex. 8. Frankfurt a/M., J. D. Sauerländer. nn 4. —
6. Beiträge zur Statistik des Grundbesitzes. (Besitzstand 1900. — Besitzwechsel 1897 bis 1907. — Grundstückserhebung 1905.) Mit 5 graph. Taf. u. 1 Umrißplan der Bauzonen. (VI, 84 u. LX S.) 909. 2. 50
7. Untersuchung über den Stand der Lohn- u. Arbeitsverhältnisse der Arbeiter u. Unterangestellten der Stadt Frankfurt a. M. im Juli 1907. (VI, 57 u. XXII S.) 909. nn 1. 50

— z. Statistik d. Stadt Frankfurt a. M. N. F. Hrsg. durch d. statist. Amt. 8—10. Heft. Lex8° Frankf.M., JD Sauerländer. (1—10: nn 25 —) d
8. Tabellarische Übersichten betr. d. Zivilstand d. Stadt Frankfurt a. M. '01—10. (22, 161 u. 178 m. Ktnsk.) '11. 2 —
9. Die Versorgung d. Stadt Frankfurt a. M. m. Milch u. Fleisch. (50 m. 2 Ktn u. 1 Taf.) '11. 1 —
10. Busch, A: Die Preisbewegg auf d. Lebensmittelmarkt zu Frankfurt a. M. u. deren Einfluss auf d. Haushaltsführg d. Bevölkerg. (63 m. Kurven u. 5 Taf.) '12. 2 —

Beiträge zur Statistik der Gemeindeabgaben in Preussen. 1. Die Belastung der preussischen Städte und Landgemeinden mit directen Staatssteuern, Gemeindeabgaben und sonstigen Corporationsabgaben im Jahre 1880/81 ... bearb. v. L. Herrfurth u. E. von den Brincken. 2. Statistik der Kreisabgaben im Jahre 1880/81 ... bearb. v. L. Herrfurth. — Berlin 1882. 139 S. 4° (Zeitschrift d. kgl. preussischen statistischen Bureaus. Erg.-H. 9.) 21.
1: 4° Sx 3450-Erg.-H. 9. 15. 80. 302.
15.

— z. Statist. d. Gemeindehaushaltes, s. a. Mitteilgn., statist. Steierm.

Beiträge zur Statistik des Gemeindehaushaltes. Bearb. im Statistischen Landesamte für Steiermark (5: von Otto Wittschieben). 1-5. — Graz: Leuschner & Lubensky in Comm. 1903-14. 4°
1. Die Bauten von Volks- u. Bürgerschulgebäuden in Steiermark seit d. Erlassung d. Reichsvolkschulgesetzes bis Ende 1900. 1903.
2. Die Schulden d. Gemeinden mit Ende Dezember 1901. 1904.
3. Die Einnahmen u. Ausgaben d. Gemeinden im Jahre 1904. 1907.
4. Tabellen zur Statistik d. Gemeindehaushaltes betreffend d. Jahr 1907. 1910.
5. Der Haushalt d. Gemeinden Steiermarks im Jahre 1910. 1914.
(Statistische Mitteilungen über Steiermark. 11. 14. 19. 23. 26.) 17. 21. 26. 101. 300: 190. 353-C. 11. 14. 19. 23. 26. 302.
15.

— z. Statistik u. Geographie, vorzügl. v. Deutschland. (Von Chr. Fr. Rösler.) 3 Stcke. 8. Tübing. 780, 82. (Osiander). 1 ₰

— z. Statistik v. Göttingen. 8. Gött. 785. Vandenhöck u. R. 16 gr.

— zur Statistik der Stadt Halle a. S. Hrsg. vom statist. Amt der Stadt Halle a. S. 1—11. Heft. gr. 8. Halle, Gebauer-Schwetschke. 18. 35
1. Arbeitsvermittlung, die, in der Stadt Halle a. S. (VI, 68 S.) 907. 1. 20
2. Einkommensverhältnisse, die, der Angestellten u. Arbeiter in der Stadt Halle a. S. (59 S.) 907. 1. 25
3. Bevölkerung, die, der Stadt Halle a. S. u. ihre Entwicklung. (43 S. m. 3 farb. Taf.) 908. 1. 20

4. Ergebnisse, die, der Wohnungszählung vom 11. V. 1908 in Halle a. S. (VI, 67 S.) 908. 1. 20
5. Arbeitslosenzählung, die, in Halle a. S. vom 10. I. 1909. (IV, 37 S.) 909. 1. —
6. Jahresübersichten, statist., f. Halle a. S. 1908. (38 S.) 909. 1. —
7. Haushöhe u. Hausrente. Beitrag zum Problem der Stockwerkhäufg. Von Hellm. Wolff. (IV, 76 S.) 909. 1. —
8. Wohnungsmarkt, der, in Halle a. S. Die Zählg. der Leerwohngn. am 1. XI. 1909 u. die Neuwohngn. f. 1910. (IV, 32 S.) 909. 1. —
9. Entwicklung u. Statistik, die, des Halleschen Armenwesens. (VI, 120 S.) 910. 2. —
10. Jahresübersichten, statistische, f. Halle a. S. 1909. (77 S.) 910. 1. 60
11. Betriebszählung, die, in Halle a. S. nach den Ergebnissen der Berufs- u. Betriebszählung vom 12. VI. 1907. (VI, 70 S.) 910. 1. —

— z. Statistik d. Stadt Halle a. S. Hrsg. v. statist. Amt. 8—18. u. 20. Heft. gr8° Halle a. S., (Statist. Amt.). (Nur. dir.) (1—18 u. 20: nnn 24.80)

Heft 19 ist noch nicht erschienen.

Betriebszählung, Die, in Halle a. S. n. d. Ergebn. d. Berufs- u. Betriebszählg v. 12. 6. '07. (6, 70) '10 [11] nnn 1 —
Entwicklung u. Statistik d. Halleschen Armenwesens. (6, 120) '10 [9] nnn 2 —
Gewerbesteuer, Die, in Halle a. S. '07. Berechtigg u. Umfang d. Gewerbesteuer. (5, 60) '11 [14] nnn 1.50
Jahresübersichten, Statistische, f. Halle a. S. '09. (77) '10 [10] nnn 1.50 ‖ Dass. '10. (101) '11 [15] 1.50 ‖ Dass. '11. (9, 104) '12 [20] nnn 1.50
Leerwohnungen, Die, in Halle a. S. '09—11. (6, 58) '12 [17] nnn 1 —
Milchversorgung, Die, der Stadt Halle a. S. (6, 67 m. 1 Kte.) '11 [16] nnn 1.50
Tarifvertrag, Der, u. s. Regelg in Halle a. S. (12, 55) '10 [12] nnn 1.50
Über d. Einfluss v. Beruf u. Lebensstellg. auf d. Todesursachen in Halle a. S. '01—09. (5, 163) '12 [18] nnn 1.50
Wirtschaftsrechnungen kleiner Haushaltgn in Halle a. S. u. Umgebg '09/10. (6, 85) '11 [13] nnn 1.50
Wohnungsmarkt, Der, in Halle a. S. Die Zählg d. Leerwohngn am 1. 11. '09 u. d. Neuwohngn J. '10. (4, 32) '09 [8] nnn 1 —

Beiträge zur Statistik Hamburg's. ⟨Mit besonderer Rücksicht auf die Jahre 1821–1852.⟩ 1. Bevölkerung. 2. Armenwesen. 3. Accise u. Konsumtion. 4. Staatshaushalt. Hrsg. von Mitgliedern d. Vereins für Hamburgische Statistik. — Hamburg: Perthes-Besser & Manke 1854. 180 S. 4°

Tab. Statistische Tabellen der Zustände Hamburgs,

Vollst. . . . . 1:4° [u.] 2° Sp 2528. 30.
[∞ Tab.] . . . . 12:4° Germ. sp. 34 u. 14. 18. 21. 24. 27. 302.

—— z. Statistik Hamburg's. 4. (180 m. 10 Tab. in Fol.) Hamb. 54. (Lpzg, Mauke.) *n.* 2. —

Beiträge zur Statistik des Danziger Handels. Berlin 1864. V: *Ölrichs, H.* (Kat. d. stat. Bur. Dresden 1890.)

— zur Statistik d. Handels v. Reval u. Baltischport. Jahrg. 1881—1883. Hrsg. vom handelsstatist. Bureau d. Revaler Börsen-Comité's. Imp.-4. (VII, 84; V, 82 u. V, 78 S.) Reval 882—884. (Wassermann.) à n.n. 5. —

— dasselbe. Jahrg. 1884. Imp.-4. (V, 79 S.) Reval 885. (Kluge.) n. 6. —

— zur Statistik d. Handels v. Reval u. Baltischport. Jahrg. 1885, 1886, 1887. Hrsg. vom handelsstatist. Bureau d. Revaler Börsen-Comité's. Imp.-4. (V, 79, V, 75, V, 75 S.) Reval 887—889. (Kluge's Verl.) à n. 6. —

Beiträge zur Statistik des Handels v. Reval u. Baltischport. Jahrg. 1888—1890. Hrsg. v. handelsstatist. Bureau des Revaler Börsen-Comités. Imp.-4. (à V, 77 S.) Reval 889—891. (F. Kluge.) à n. 6. —
Nicht mehr im Handel.

— z. Statistik d. Handels v. Reval u. Baltischport. (Handel u. Schifffahrt v. Reval u. Baltischport.) Jahrg. 1894. Hrsg. v. handelsstatist. Bureau d. Revaler Börsen-Comités. Fol. (VII, 90 S.) Reval 895. (F. Kluge.) n. 6. —

— zur Statistik des Handels v. Reval u. Baltischport. (Handel u. Schifffahrt v. Reval u. Baltischport.) Jahrg. 1895—1898. Hrsg. vom handelsstatist. Bureau des Revaler Börsen-Comités. Fol. (VI, 127; VIII, 132; VIII, 134 u. VIII, 141 S.) Reval 896—899. (F. Kluge.) à n. 6. —

— dasselbe. Jahrg. 1899. Bearb. v. Chrn. Fleischer u. hrsg. vom handelsstatist. Bureau des Revaler Börsen-Comités. Fol. (VI, 137 S.) Reval 900. (Kluge & Ströhm.) n. 10. —

— zur Statistik des Handels v. Reval u. Baltischport. (Handel u. Schifffahrt v. Reval u. Baltischport.) Jahrg. 1900—1902. Bearb. v. Christian Fleischer u. hrsg. vom handelsstatist. Bureau des Revaler Börsen-Comités. (VIII, 143, VII, 148 u VIII, 141 S.) gr. 4. Reval 901. 902. (Kluge & Ströhm.) à n. 12. —

— zur Statistik des Revaler Handels in den J. 1903 u. 1904. (Revals Handel u. Schifffahrt 1903 u. 1904.) Bearb. v. Christian Fleischer u. hrsg. vom handelsstatist. Bureau des Revaler Börsen-Comités. (VII, 144 u. VII, 149 S.) gr. 4. Ebd. 904. 905. à n. 12. —

— zur Statistik des Revaler Handels in d. J. 1905, 1906 u. 1907. (Revals Handel u. Schiffahrt 1905—1907.) Bearb. von Christian Fleischer u. hrsg. vom handelsstatist. Bureau des Revaler Börsen-Comités. (VIII, 100; VIII, 188 u. VIII, 188 S.) 34,5×27 cm. Reval 906—08. (Kluge & Ströhm.) à 12. —

Beiträge zur Statistik des Rigaschen Handels. — Riga 1806: Livl. Gouvernements Typogr. 85 S. 4°

1:4° Stala 881. 15.

— zur Statistik des Rigaschen Handels. (Rigas Handel u. Schifffahrt.) Jahrg. 1892. I. u. II. Abth.: Hrsg. im Auftrage der handelsstatist. Section des Rigaer Börsen-Comités v. Alex. Tobien. Fol. Riga 894. (L. Hörschelmann.) à 12. —
I. Rigas Handelsverkehr auf d. Wasserwegen. (XI, 125 S.) 893.
II. Rigas Handelsverkehr auf den Eisenbahnen. (IX, 121 S.)

— z. Statistik d. Rigaschen Handels. (Rigas Handel u. Schifffahrt.) Jahrg. 1893. II. Abth. Hrsg. i. Auftrage d. handelsstatist. Section d. Rigaer Börsen-Comités v. Alex. Tobien. Fol. Riga 895. (L. Hoerschelmann.) n. 20. —
II. Rigas Handelsverkehr a. d. Eisenbahnen. (X, 119 S.) Nebst Jahresber. üb. d. Handel Rigas i. J. 1894. (V. d. handelsstatist. Section d. Börsen-Comités.) gr. 8. (67 S.)

— dasselbe. Jahrg. 1894. 2 Abthlgn. Fol. Ebd. n. 28. —
I. Rigas Handelsverkehr a. d. Wasserwegen. (XI, 126 u. 23 S.) 895. n. 16. —
II. Rigas Handelsverkehr a. d. Eisenbahnen. (VIII, 130 S.) Nebst Jahresber. üb. d. Handel Rigas i. J. 1894. (V. d. handelsstatist. Section d. Börsen-Comités.) Lex.-8. (70 S. u. 1 Tab.) 896. n. 12. —

Beiträge z. Statistik d. Rigaschen Handels. (Rigas Handel u. Schifffahrt.) Jahrg. 1895. I. Abth. Hrsg. i. Auftr. d. handelsstatist. Section d. Rigaer Börsen-Comités v. Alex. Tobien. Fol. Riga 897. (L. Hoerschelmann.) n. 12. —
I. Rigas Handelsverkehr a. d. Wasserwegen. (XI, 132 u. 21 S.) n. 12. —

— zur Statistik des Rigaschen Handels. (Rigas Handel u. Schifffahrt) Jahrg. 1897. I. Abthl. Fol. Riga (N. Kymmel's Sort.). n. 9. —
Rigas Handelsverkehr auf den Wasserwegen. Hrsg. v. der handelsstatist. Section des Rigaer Börsen-Comités unter der Leitung von Bruno v. Gernet. (XI, 145 u. 21 S.) 898. n. 4. —

— dasselbe. Jahrg. 1900. Hrsg. v. der handelsstatist. Section des Rigaer Börsen-Comités unt. Leitg. von Bruno v. Gernet. 2 Abthlgn. Fol. Riga (E. Bruhns). à n.n. 7. —
1. Rigas Handelsverkehr auf den Wasserwegen. (XI, 137 u. 17 S.) 901.
2. Rigas Handelsverkehr auf d. Eisenbahnen. (XVI, 185 S.) 902.

— dasselbe. Jahrg. 1901. 1. Abth. Fol. Ebd. n.n. 7. —
Rigas Handelsverkehr auf den Wasserwegen. (IX, 140 u. 23 S.) 902.

— zur Statistik des Rigaschen Handels. (Rigas Handel u. Schiffahrt.) Jahrg. 1901. Hrsg. v. der handelsstatist. Section des Rigaer Börsen-Comités unter Leitg. von Bruno v. Gernet. 2. Abthlg. gr. 4. Riga 903. (E. Bruhns.) n.n. 7. —
Rigas Handelsverkehr auf den Eisenbahnen. (XX, 218 S.)

— dasselbe. Jahrg. 1902. 2 Abthlgn. gr. 4. Ebd. à n.n. 7. —
1. Rigas Handelsverkehr auf den Wasserwegen. (IX, 150 u. 19 S.) 903.
2. Rigas Handelsverkehr auf den Eisenbahnen. (XVIII, 219 S.) 904.

— dasselbe. Jahrg. 1903. 1. Abth. gr. 4. Riga (E. Bruhns). n.n. 7. —
Rigas Handelsverkehr auf den Wasserwegen. (IX, 159 u. 19 S.) 904.

— zur Statistik des Rigaschen Handels. (Rigas Handel u. Schiffahrt.) Hrsg. v. der handelsstatist. Section des Rigaer Börsen-Comités unter Leitg. v. Bruno v. Gernet. 1903. II. Abt.; 1904—1906 à 2 Abtlgn. u. 1907 I. Abt. 35×28,5 cm. Riga (E. Bruhns). à Abt. nn 7. —
1903. 2. Rigas Handelsverkehr auf den Eisenbahnen. (XVIII, 223 S.) 905.
1904. 1. Rigas Handelsverkehr auf den Wasserwegen. (IX, 141 u. 21 S.) 905.
2. Rigas Handelsverkehr auf den Eisenbahnen. (XVIII, 98 S.) 906.
1905. 1. Rigas Handelsverkehr auf den Wasserwegen. (XIV, 100 u. 21 S.) 906.
2. Rigas Handelsverkehr auf den Eisenbahnen. (XVIII, 85 S.) 907.
1906. 1. Rigas Handelsverkehr auf den Wasserstrassen. (XIV, 116 S.) 907.
2. Rigas Handelsverkehr auf den Eisenbahnen. (XVIII, 89 S.) 908.
1907. 1. Rigas Handelsverkehr auf den Wasserwegen. (XIV, 125 S.) 908.

— z. Statistik d. Rigaschen Handels. (Rigas Handel u. Schiffahrt.) J. '08, 2. Abtlg, '09 u. '10 je 2 Abtlgn. Hrsg. v. d. handelsstatist. Sektion d. Rigaer Börsen-Komitees unter d. Leitg v. Bruno v. Gernet. 35×29 cm. Riga, (E Bruhns). d. Abtlg nn 7 —
'07, II. Abtlg u. '08, I. Abtlg waren nicht zu erhalten.
1. Rigas Handelsverkehr auf d. Wasserwegen. '09. (15, 130) '11. ‖ '10. (15, 142) '12.
2. Rigas Handelsverkehr auf d. Eisenb. '08. (18, 89) '10. ‖ '09. (18, 64) '11. ‖ '10. (19, 67) '12.

— zur Statistik des Königr. Hannover. Hrsg. vom königl. statist. Büreau. 11. Heft. hoch 4. (XXIV und 112 S.) Hannover 865, (Hahn'sche Hofbuchh.) *

— zur Statistik des vormaligen Königr. Hannover. Hrsg. vom königl. statist. Bureau zu Hannover. 12. und 13. Heft. hoch 4. (XXXV und 286 S.) Ebendas. 867. à Heft * 1 Thlr. 10 Ngr. *
Vorhergehende Hefte vgl.: Zur Statistik des Königr. Hannover.

— zur Statistik d. Grossherzogth. Hessen. Hrsg. v. d. grossh. Centralstelle f. d. Landesstatistik. Darmstadt. Band 1—42. 2
1. Plan f. d. Aufstellung d. Landesstatistik. 862.
2. Uebersicht d. Einthlg. d. Landes. 863.
3. Bevölkerungsaufnahmen bis 1861. 864.
4. Stat. d. Sparkassen f. 1860. 864.
5. „ d. Waldungen, Jagd u. Fischerei f. 1861. 865.
6. Oekonom. Selbsthilfe durch Vereine 1863—64. 866.
7. Volkszählung von 1864. 867.
8. a. Geolog. Skizze von Hessen. 867.
b. Verbrechen u. Vergehen 1866—67. 869.
c. „ „ „ 1868—69. 870.
9. Uebersicht d. Einthlg. d. Landes. 2. Aufl. 869.
10. Bewegung d. Bevölkerung 1816—1865. 870.
11. Volkszählung von 1867. 870.
12. Statist. d. Kunststrassen. Hrsg. v. Rössler. 871.
13. Repertorium der 1862—71 erschienenen Druckschriften der Centralstelle etc. 872.
14. Volkszählung von 1871. 875.
15. a. Ergebnisse d. Staatsschulden-Verwltg. v. 1821—1872. 876.
b. Uebers. d. Gemeinden u. Wohnplätze. 877.
16. Uebersicht d. Einthlg. d. Landes. 3. Aufl. 878.
17. Bewegung d. Bevölkerung 1866—1871. 878.
18. Gewerbestatistik v. 1875. 878.
19. Volkszählung v. 1875. 879.
20. Medicinalstatistik. 880.

Beiträge zur Statistik des Grossherzogthum Hessen.
21. a. Landwirthschaftl. Bodenbenutzung 1849—1878. 880.
b. D. direkten Staats- u. Gemeindesteuern. 880.
22. a. Medicinalstatistik. 881.
b. Geschäfte d. ordentl. streitigen Gerichtsbarkeit 1879. 882.
23. a. Forstverwaltung 1879—80. 882.
b. Medicinalstatistik. 883.
24. a. Geschäfte d. ordentl. streit. Gerichtsbarkeit. 884.
b. Volkszählung von 1880. 884.
25. a. Geschäfte d. ordentl. streit. Gerichtsbarkeit. 885.
b. Feuerversicherung 1817—1883. 885.
c. Medicinalstatistik. 885.
26. a. Geschäfte d. ordentl. streit. Gerichtsbarkeit. 886.
b. Feuerversicherung 1873—1884. 886.
c. Kriminalstatistik 1881—1884. 886.
27. Forst- u. Cameralverwaltg. 886.
28. a. Geschäfte d. ordentl. streit. Gerichtsbarkeit. 887.
b. Volksschulwesen. 887.
c. Menschenblattern u. Schutzpockenimpfung. 880.
29. Verzeichniss der Wohnplätze. 888.
30. a. Geschäfte d. ordentl. streitigen Gerichtsbarkeit. 888.
b. Zusammenstellg. d. Soll-Einnahmen u. Ausgaben. 888.
c. Bewegung d. Bevölkerung 872—75. 892.
31. Ergebnisse der berufsstatist. Erhebg. von 1882. I. 888.
32. „ „ „ „ „ 1882. II. 889.
33. a. „ „ „ „ „ 1882. III. 1. 890.
b. „ „ „ „ „ 1882. III. 2. 891.
34. a. Geschäfte d. ordentl. streitigen Gerichtsbarkeit. 889.
b. Volkszählung von 1885. 890.
35. a. Geschäfte d. ordentl. streitigen Gerichtsbarkeit. 890.
b. „ „ „ „ „ 891.
c. Statistik d. Straf- u. Gefangen-Anstalten. 891.
d. Zusammenstellg. der Soll-Einnahmen u. Ausgaben. 892.
36. a. Geschäfte d. ordentl. streitigen Gerichtsbarkeit. 892.
b. Statistik d. Straf- u. Gefangen-Anstalten. 893.
c. Gebäude- u. Mobiliar-Feuerversicherung. 893.
37. a. Geschäfte d. ordentl. streitigen Gerichtsbarkeit. 893.
b. Straf- u. Gefangen-Anstalten. 893.
c. Zwangsveräussergn. von Liegenschaften. 893.
38. a. Feldbereinigungen. 894.
b. Straf- u. Gefangen-Anstalten. 894.
c. Volkszählung von 1890. 895.
39. a. Geschäfte d. ordentl. streitigen Gerichtsbarkeit. 895.
b. Straf- u. Gefangen-Anstalten. 895.
c. Zwangsveräussergn. v. Liegenschaften. 895.
40. a. Kulturtechnische Unternehmgn. 1888—1894. 896.
b. Straf- u. Gefangenanstalten. 896.
41. c. Zwangsveräussergn. v. Liegenschaften. 899.
42. a. Geschäfte d. ordentl. streitigen Gerichtsbarkeit. 899.
b. Forst- u. Cameral-Verwaltung. 899.

Beiträge zur Statistik des Grossherzogthums Hessen. Herausg. von der grossherzogl. Centralstelle für die Landes-Statistik. 1. u. 2. Bd. Darmstadt 862, 63. Jonghaus. gr. 4. (VII, 120 S. u. 1 lith. Karte in Fol.; XXVII, 100 S.) Jeder Bd. n. 1 ℛ 20 ngr.

— zur Statistik des Grossherzogth. Hessen. Herausg. von der grossherzogl. Centralstelle für die Landes-Statistik. 3—9. Bd. Darmstadt 864—69. Jonghaus. gr. 4. n. 11 ℛ 6 ngr.
3. Bd. (V, 810 S.) n. 8 ℛ — 4. Bd. (V, 69 S.) n. 24 ngr — 5. Bd. (III, 78 S.) n. 24 ngr — 6. Bd. (V, 45 S.) n. 18 ngr — 7. Bd. (L, 306 S.) n. 8 ℛ — 8. Bd. 1. Heft (V, 24 S. u. 1 lith. Karte in Fol.) n. 1 ℛ; 2. Heft (III, 27 S.) n. 10 ngr — 9. Bd. (XXXIII, 90 S.) n. 1 ℛ 20 ngr

— zur Statistik d. Grossherzogth. Hessen. Hrsg. v. d. grossherzogl. Centralstelle f. die Landes-Statistik 8. Bd. 3. Hft., 10—14. Bd. u. 15. Bd. 1. Hft. gr. 4. Darmstadt 870—76. Jonghaus. n. 34. — (I—XV. 1.: n. 77. 60)
VIII. 3. (29 S.) n. 1. —. — X. (VIII, 203 S.) n. 9. —. — XI. (XXXVIII, 147 S.) n. 6. —. — XII. Statistik der Kunststrassen im Grossherzogth. Hessen. Von H. Rössler. Mit 2 (lith.) Karten (in gr. Fol.) (68 S.) n. 4. —. — XIII. (III, 115 S.) n. 5. —. — XIV. (VIII, 218 S.) n. 6. —. — XV. 1. (IX, 40 S.) n. 3. —

— zur Statistik des Grossherzogthums Hessen. Hrsg. von der grossherzogl. Centralstelle f. die Landes-Statistik. 15. Bd. 2. Hft. gr. 4. (24, 46 u. 25 S.) Darmstadt 877. Jonghaus. n. 5. — (1. u. 2.: n. 8. —)

— dasselbe. 16. Bd. gr. 4. (XXIV, 105 S.) Ebend. 877. n. 5. —

— dasselbe. 17. Bd. gr. 4. (XXI, 298 S.) Ebend. 877. n. 9. —

— dasselbe. 18. Bd. gr. 4. (207 S.) Ebend. 878. n. 8. —

— dasselbe. 19. Bd. gr. 4. (XLVIII, 154 S.) Ebend. 879. n. 8. —

Beiträge zur Statistik des Grossherzogthums Hessen. Hrsg. von der grossherzogl. Centralstelle f. die Landes-Statistik. 20. Bd. gr. 4. (127 S.) Darmstadt 880. Jonghaus. n. 5. —

— dasselbe. 21. Bd. gr. 4. (IV, 60 u. IV, 87 S.) Ebend. 880. n. 7. —

— dasselbe. 22. Bd. 1. u. 2. Hft. 4. (48 u. 75 S.) Ebend. 881. 82. n. 5. —

— dasselbe. 23. Bd. 1. Hft. gr. 4. (IV, 31 S.) Ebend. 882. n. 1. 40

— zur Statistik d. Grossherzogth. Hessen. Hrsg. v. der grossherzogl. Centralstelle f. die Landesstatistik. 23. Bd. 2. Hft. gr. 4. (68 u. VIII, 32 S.) Darmstadt 883. Jonghaus. n. 5. — (1. u. 2: n. 6. 40)

— dasselbe. 24. Bd. 1. u. 2. Hft. gr. 4. (58, 27 u. IV, 207 S.) Ebend. 884. n. 9. —

— dasselbe. 25. Bd. 3 Hfte. 4. (27, XIX, 52 u. 54 S.) Ebend. 885. n. 3. 80

— dasselbe. 26. Bd. 2 Hfte. gr. 4. (55 u. XXIII, 77 S.) Ebend. 886. n. 3. 20

— zur Statistik d. Grossherzogth. Hessen. Hrsg. v. der grossherzogl. Centralstelle f. die Landesstatistik. 26. Bd. 3. Hft. gr. 4. (III, 105 S.) Darmstadt 886. Jonghaus. n. 2. — (26. Bd. cplt.: n. 5. 20

— dasselbe. 27. Bd. gr. 4. (XIX, 175 S.) Ebd. 886. n. 3. 50

— dasselbe 28. Bd. 3 Hfte. gr. 4. (27, 66, VI, 175 S.) Ebd. 887. n. 5. 30

— dasselbe. 29. Bd. gr. 4. (XL, 111 S.) Ebd. 888. n. 4.50

— dasselbe. 30. Bd. 1. u. 2. Hft. gr. 4. (27, 25 S.) Ebd. 888. n. 1. 10

— zur Statistik des Grossherzogth. Hessen. Hrsg. v. der grossherzogl. Centralstelle f. die Landesstatistik. 30. Bd. 3. (Schluss-)Hft. gr. 4. Darmstadt 892. G. Jonghaus' Verl. n. 3. 50
Die Bewegung der Bevölkerung im Grossherzogth. Hessen in den J. 1872—1875. Hrsg. v. G. Fertsch. (XX, 153 S.)

— dasselbe. 31. Bd. gr. 4. (LXXXVI, 231 S.) Ebd. 888. n. 6. —

— dasselbe. 32. Bd. gr. 4. (271 S.) Ebd. 889. n. 6. —

— dasselbe. 33. Bd. 1. u. 2. Hft. gr. 4. Ebd. n. 8. —
1. Ergebnisse der berufsstatistischen Erhebung im Grossherzogth. Hessen am 5. Juni 1882. 3. Thl. 1. Hft. Die landwirthschaftl. Betriebe d. Grossherzogth. Hessen am 5. Juni 1882. Von G. Fertsch. (XIII, 35 S.) 890. n. 1. —
2. — dasselbe. 3. Thl. 2. Hft. Die Gewerbebetriebe im Grossherzogth. Hessen. Von G. Fertsch. (XXXVIII, 346 S.) 891. n. 7. —

— dasselbe. 34. Bd. 2 Hefte. gr. 4. Ebd. n. 5. 20
1. (29 S.) 889. n. — 70
2. (VI, XLII, 171 S.) 890. n. 4. 50

— dasselbe. 35. Bd. 1. Hft. gr. 4. Ebd. 890. n. — 70
Uebersicht der Geschäfte der ordentlichen streitigen Gerichtsbarkeit bei dem grossherzogl. Oberlandesgerichte zu Darmstadt u. bei den Gerichten u. Staatsanwaltschaften im Bezirke desselben während d. Geschäftsj. 1889. (29 S.)

— dasselbe. 35. Bd. 2.—4. Hft. gr. 4. Ebd. n. 2. —
2. Uebersicht der Geschäfte der ordentlichen streitigen Gerichtsbarkeit bei dem grossherzogl. Oberlandesgerichte zu Darmstadt u. bei den Gerichten u. Staatsanwaltschaften im Bezirke desselben während d. Geschäftsj. 1890. (29 S.) 891. n. — 70
3. Statistik der Straf- u. Gefangen-Anstalten im Grossherzogth. Hessen f. d. J. vom 1. Apr. 1889 bis 31. März 1890. (IV, 31 S.) 891. n. — 80
4. Hauptzusammenstellung der wirklichen Soll-Einnahmen u. Ausgaben d. Grossherzogth. Hessen in den Rechnungsj. 1885/86, 1886/87 u. 1887/88 u. Vergleichung dieser Ergebnisse m. den staatsbudgetmässigen Veranschlagungen u. den denselben hinzugetretenen besonderen ständischen Verwilligungen. (26 S.) 892. n. — 50

— dasselbe. 36. Bd. 3 Hfte. gr. 4. Ebd. n. 2. 70
1. Uebersicht der Geschäfte der ordentlichen streitigen Gerichtsbarkeit bei dem grossherzogl. Oberlandesgerichte zu Darmstadt u. bei den Gerichten u. Staatsanwaltschaften im Bezirke desselben während d. Geschäftsj. 1890. (29 S.) 892. n. — 70
2. Statistik der Straf- u. Gefangen-Anstalten im Grossherzogth. Hessen f. d. Jahr vom 1. Apr. 1890 bis 31. März 1891. (IV, 31 S.) 892. n. — 80
3. Statistik der Gebäude- u. Mobiliar-Feuerversicherung, sowie der Gebäude- u. Mobiliar-Brände im Grossherzogth. Hessen in den J. 1885—1890. (II, 59 S.) 893. n. 1. 20

— dasselbe. 37. Bd. 3 Hfte. gr. 4. Ebd n. 2. 50
1. Uebersicht der Geschäfte der ordentlichen streitigen Gerichtsbarkeit bei dem grossherzogl. Oberlandesgerichte zu Darmstadt u. bei den Gerichten u. Staatsanwaltschaften im Bezirke desselben während d. Geschäftsj. 1892. (29 S.) 893. n. — 70
2. Statistik der Straf- u. Gefangen-Anstalten im Grossherzogth. Hessen f. d. Jahr vom 1. Apr. 1891 bis 31. März 1892. (IV, 31 S.) 893. n. — 80
3. Die Zwangsveräusserungen v. Liegenschaften u. die Zu- u. Abnahme des auf dem Grundbesitz ruhenden, in den öffentlichen Büchern eingetragenen Schuldenstandes im Grossherzogth. Hessen im J. 1890. Von G. Fertsch. (VI, 38 S.) 893. n. 1. —

— dasselbe. 38. Bd. 1. u. 2. Hft. gr. 4. Ebd. 894. n. 1. 80
1. Erhebungen üb. die vor dem Erlass des Gesetzes vom 28. Septbr. 1887 beschlossenen Feldbereinigungen (Zusammenlegungen). Im Auftrag der grossh. oberen landwirthschaftl. Behörde bearb. v. A. Klaas. (V, 20 S.) Uebersicht der Geschäfte der ordentlichen streitigen Gerichtsbarkeit bei d. grossherzogl. Oberlandesgerichte zu Darmstadt u. bei den Gerichten u. Staatsanwaltschaften im Bezirke desselben während d. Geschäftsj. 1893. (28 S.) 894. n. 1. —
2. Statistik der Straf- u. Gefangen-Anstalten im Grossherzogth. Hessen f. d. J. vom 1. Apr. 1892 bis 31. März 1893. (IV, 31 S.) 894. n. — 80

— Statistik d. Grossherzogth. Hessen. Hrsg. v. d. grossherzogl. Centralstelle f. d. Landesstatistik. 38. Bd. 3. Hft. gr. 4. Darmstadt 895. P. Jonghaus. n. 4. 50; (38. Bd. kplt.: n. 6. 30)
Die Volkszählg. i. Grossherzogth. Hessen v. 1. Dcbr. 1890. Von G. Fertsch. (VI, XLVIII, 163 S.)

— dasselbe. 39. Bd. 3 Hfte. gr. 4. Ebd. 895. n.n. 2. 50
1. Uebersicht d. Geschäfte d. ordentl. streit. Gerichtsbarkeit b. d. grossherzogl. Oberlandesgerichte z. Darmstadt u. b. d. Gerichten u. Staatsanwaltschaften i. Bezirke dess. während d. Geschäftsj. 1894. (28 S.) n.n. — 70
2. Statistik d. Straf- u. Gefangen-Anst. i. Grossherzogth. Hessen f. d. Jahr v. 1. Apr. 1893 b. 31. März 1894. (IV, 31 S.) n. — 80
3. D. Zwangsveräussergn. v. Liegenschaften u. d. Zu- u. Abnahme d. auf d. Grundbesitz ruhenden, i. d. öffentl. Büchern eingetrag. Schuldenstandes i. Grossherzogth. Hessen i. J. 1891. Von G. Fertsch. (IV, 38 S.) n. 1. —

— dasselbe. 40. Bd. 1. u. 2. Hft. gr. 4. Ebd. 896. n.n. 3. 20
1. I. Kulturtechn. Unternehmgn. i. Grossherzogth. Hessen i. d. J. 1858 bis 1894 einschliessl. Von d. grossh. oberen landwirthschaftl. Behörde. II. Zusammenstellg. d. Staats-Einnahmen u. -Ausgaben d. Grossherzogth. Hessen während d. Finanzperiode 1888/91 u. d. abgeschl. Rechngn. u. Vergleichgn. d. Ergebn. m. d. Staatsbudget. III. Uebers. d. Geschäfte d. ordentl. streit. Gerichtsbarkeit b. d. grossherzogl. Oberlandesgerichte zu Darmstadt u. b. d. Gerichten u. Staatsanwaltschaften i. Bezirke dess. während d. Geschäftsj. 1895. (II, 60 S.) n. 1. 20
2. I. Statistik d. Straf- u. Gefangen-Anst. i. Grossherzogth. Hessen f. d. J. v. 1. IV. 1894 b. 31. III. 1895. II. Die Temperaturbeobacht. z. Darmstadt i. d. J. 1881—1895. M. 1 Taf. III. Vergleich. Uebersicht d. hauptsächl. Geschäfte d. ordentl. streit. u. nichtstreit. Gerichtsbarkeit b. d. Amtsgerichten d. Grossherzogth. Hessen i. d. J. 1881, 1885, 1890 u. 1895. IV. D. Zwangsveräussergn. v. Liegenschaften u. d. Zu- u. Abnahme d. a. dem Grundbesitz ruhenden, i. d. öffentl. Büchern eingetrag. Schuldenstandes i. Grossherzogth. Hessen i. J. 1892. (II, IV, 100 S.) n. 2. —

— dasselbe. 41. Bd. 1.—3. Hft. gr. 4. Ebd. n. 2.70
1. Uebers. d. Geschäfte d. ordentl. streit. Gerichtsbarkeit b. d. grossherzogl. Oberlandesgerichte z. Darmstadt u. b. d. Gerichten u. Staatsanwaltschaften i. Bez. dess. während d. Geschäftsj. 1896. (26 S.) 897. n. — 70
2. Statistik d. Straf- u. Gefangen-Anst. i. Grossherzogth. Hessen f. d. J. v. 1. IV. 1895 b. 31. III. 1896. (IV, 32 S.) 897. n. — 80
3. Die Zwangsveräusserġn. v. Liegenschaften u. d. Zu- u. Abnahme d. auf d. Grundbesitz ruhenden, i. d. öffentl. Büchern eingetrag. Schuldenstandes i. Grossherzogth. Hessen i. d. J. 1893 u. 1894. Von G. Fertsch. (II, III, 58 S.) 898. n. 1.20

Beiträge z. Statistik d. Grossherzogth. Hessen. Hrsg. v. d. grossherzogl. Centralstelle f. d. Landesstatistik. 42. Bd. 2 Hfte. gr. 4. Darmstadt 898. P. Jonghaus. n. 3.70
1. Uebers. d. Geschäfte d. ordentl. streit. Gerichtsbarkeit b. d. grossherzogl. Oberlandesgerichte z. Darmstadt u. b. d. Gerichten u. Staatsanwaltschaften i. Bezirke dess. während d. Geschäftsj. 1897. (26 S.) n. — 70
2. Mitteilgn. a. d. Forst- u. Cameralverwaltg. d. Grossherzogth. Hessen. Bearb. i. grossherzogl. Ministorium d. Finanzen, Abtheilg. f. Forst- u. Cameralverwaltg. (II, IV, IX, 128 S. m. 7 Kurven.) n. 3. —

— zur Statistik des Grossherzogth. Hessen. Hrsg. v. der grossherzogl. Centralstelle für die Landesstatistik. 43. Bd. 3 Hfte. gr. 4. Darmstadt, G. Jonghaus. n. 3.50
1. Statistik der Straf- u. Gefangen-Anstalten im Grossherzogth. Hessen f. d. J. vom 1. IV. 1896 bis 31. III. 1897. (IV, 32 S.) 898. n. — 80
2. Uebersicht der Geschäfte der ordentlichen streitigen Gerichtsbarkeit bei dem grossherzogl. Oberlandesgerichte zu Darmstadt u. bei den Gerichten u. Staatsanwaltschaften im Bezirke desselben während d. Geschäftsj. 1898. (III, 26 S.) 899. n. — 70
3. (II, 108 S.) 899. n. 2. —

— dasselbe. 44. Bd. 3 Hfte. gr. 4. Ebd. n. 5.40
1. Statistik der Gebäude- u. Mobiliar-Feuerversicherung, sowie der Gebäude u. Mobiliar-Brände im Grossherzogth. Hessen in den J. 1891 bis 1896. (IV, 59 S.) 900. n. 1.20
2. Uebersicht der Geschäfte der ordentlichen streitigen Gerichtsbarkeit bei dem grossherzogl. Oberlandesgerichte zu Darmstadt u. bei den Gerichten u. Staatsanwaltschaften im Bezirke desselben während des Geschäftsj. 1899. (III, 26 S.) 900. n. — 70
3. Die Volkszählung im Grossherzogth. Hessen vom 2. XII. 1895. Von G. Fertsch. (IV, XXVII, 141 S.) 900. n. 3.50

Beiträge zur Statistik des Grossherzogth. Hessen. Hrsg. v. der grossherzogl. Centralstelle für die Landesstatistik. 45. Bd. 3 Hfte. gr. 4. Darmstadt, G. Jonghaus. n. 5. —
1. Statistik der Straf- u. Gefangen-Anstalten im Grossherzogth. Hessen f. d. J. vom 1. IV. 1898 bis 31. III. 1899. (IV, 32 S.) 901. n. — 80
2. Uebersicht der Geschäfte der ordentlichen streitigen Gerichtsbarkeit bei dem grossherzogl. Oberlandesgerichte zu Darmstadt u. bei den Gerichten u. Staatsanwaltschaften im Bezirke desselben während des Geschäftsj. 1900. (28 S.) 901. n. — 70
3. Uebersichten üb. die Todesfälle u. die Sterblichkeit in den Gemeinden, Kreisen und Provinzen des Grossherzogth. Hessen in den J. 1875—1894. (II, VIII, 89 u. 89 S.) 901. n. 3.50

— dasselbe. 46. Bd. I. Hft. gr. 4. Ebd. n. — 80
Statistik der Straf- und Gefangen-Anstalten im Grossherzogth. Hessen f. d. J. vom 1. IV. 1899 bis 31. III. 1900. IV, 32 S.) 902.

46. Bd. II. u. III. Hft. gr. 4. Darmstadt, G. Jonghaus. n. 4. — (46 Bd. kplt. n. 4.80)
II. Verzeichniss, alphabetisches, der Wohnplätze im Grossherzogth. Hessen m. Angabe der Zahlen der Bewohner u. der bewohnten Gebäude, sowie der Gemarkungen, Gemeinden, Bürgermeistereien, Ortsgerichte u. Standes-Aemter, Kreisämter, Kreisbauinspectionen u. Kreisgesundheitsämter, Pfarrämter, Decanate, Amtsgerichte, Steuer-Commissariate, Bezirkskassen, Unter-Erhebstellen, Orts-Einnehmereien, Haupt-Steuerämter, Oberförstereien u. Distributions-Postanstalten, zu welchen die Wohnplätze gehören. Nebst e. Uebersicht der Eintheilg. des Landes in Bezirke f. die verschiedenen Zweige der öffentl. Verwaltg., die kirchl. u. gerichtl. Verhältnisse. 5., m. Rücksicht auf die erfolgten Organisations-Verändergn. u. die neueste Volkszählg. völlig umgearb., Aufl. (IV, XLVIII, 117 S.) 902. n. 3. —
III. Uebersicht der Geschäfte der ordentlichen streitigen Gerichtsbarkeit bei dem grossherzogl. Oberlandesgerichte zu Darmstadt u. bei den Gerichten u. Staatsanwaltschaften im Bezirke desselben sowie der freiwill. Gerichtsbarkeit bei den Amtsgerichten während des Geschäftsj. 1901. (88 S.) 902. n. 1. —

Beiträge zur Statistik d. Grossherzogt. Hessen Hrsg. v. der grossherzogl. Centralstelle f. die Landesstatistik. 47. u. 48. Bd., 49. Bd. 1. u. 2. Hft., 50. bis 52. Bd. à 3 Hfte.; 53. Bd. u. 54. Bd. 3 Hfte. gr. 4. Darmstadt, G. Jonghaus. n. 42.10
47. Ergebnisse der Berufs- u. Gewerbezählung im Grossherzogth. Hessen am 14. VI. 1895. 1. Tl. Die Bevölkerg. des Grossherzogth. Hessen am 14. VI. 1895 nach Haupt- u. Nebenberuf, Geschlecht u. Berufsstellg. m. Unterscheidg. der Provinzen u. Ortsgrössenklassen. Von L. Knöpfel. (IV, LXXXII, 453 S.) 902. n. 9. —
48. Ergebnisse der Berufs- u. Gewerbezählung im Grossherzogt. Hessen am 14. VI. 1895. 2. Tl. Von L. Knöpfel. (IV, XV, 331 S.) 903. n. 7. —
49. I. Ergebnisse der Berufs- u. Gewerbezählung im Grossherzogt. Hessen am 14. VI. 1895. 3. Tl. 1. Hft. Die landwirtschaftl. Betriebe des Grossherzogt. Hessen nach der Zählg. vom 14. VI. 1895. Von L. Knöpfel. (IV, IX, 58 S.) 903. n. 1.40
II. Ergebnisse der Berufs- u. Gewerbezählung im Grossherzogt. Hessen am 14. VI. 1895 3. Tl. 2. Hft. Die Gewerbebetriebe im Grossherzogt. Hessen nach der Zählg. vom 14. VI. 1895. Von L. Knöpfel. (IV, XXVII, 204 S.) 903. n. 4.50
50. I. Mitteilungen, statistische, aus dem direkten Steuerwesen des Grossherzogt. Hessen. Bearb. im grossherzogl. Ministerium der Finanzen, Abteilg. f. Steuerwesen. (40 S.) 903. n. 2. —
II. Statistik der Straf- u. Gefangen-Anstalten im Grossherzogt. Hessen f. d. J. vom 1. IV. 1900 bis 31. III. 1901. (IV, 32 S.) 903. n. — 80
III. Mitteilungen aus der Forst- u. Kameralverwaltung des Grossherzogt. Hessen. Bearb. im grossherzogl. Ministerium der Finanzen, Abteilg. f. Forst- u. Kameralverwaltg. (VI, VIII, 59 S. m. graph. Darstellgn.) 903. n. 1.40
51. I. Statistik der Straf- u. Gefangen-Anstalten im Grossherzogt. Hessen f. d. J. vom 1. IV. 1901 bis 31. III. 1902. (IV, 32 S.) 903. n. — 50
II. Die Volkszählung im Grossherzogt. Hessen vom 1. XII. 1900. Von L. Knöpfel. (IV, XXXII, 203 S.) 903. n. 4.50
III. Übersicht der Geschäfte der ordentlichen streitigen Gerichtsbarkeit bei dem grossherzogl. Oberlandesgerichte zu Darmstadt u. bei den Gerichten u. Staatsanwaltschaften im Bezirke desselben sowie der freiwilligen Gerichtsbarkeit bei den Amtsgerichten während des Geschäftsj. 1902. (V, 33 S.) 903. n. 1. —
52. I. Die Zwangsveräusserungen v. Liegenschaften u. die Zu- u. Abnahme des auf dem Grundbesitz ruhenden, in den öffentlichen Büchern eingetragenen, Schuldenstandes im Grossherzogt. Hessen in den J. 1897 u. 1898. Von G. Fertsch. (IV, 58 S.) 903. n. 1.20
II. Mitteilungen aus der Forst- u. Kameralverwaltung des Grossherzogt. Hessen f. die J. 1898/99 u. 1899/1900. Bearb. im grossherzogl. Ministerium der Finanzen, Abteilg. f. Forst- u. Kameralverwaltg. (IV, VIII, 62 S. m. graph. Darstellgn.) 904. n. 1.40
III. Übersicht der Geschäfte der ordentlichen streitigen Gerichtsbarkeit bei dem grossherzogl. Oberlandesgerichte zu Darmstadt u. bei den Gerichten u. Staatsanwaltschaften im Bezirke desselben sowie der freiwilligen Gerichtsbarkeit bei den Amtsgerichten während des Geschäftsj. 1903. (III, 38 S.) 904. n. 1. —
53. Mitteilungen aus dem Kunststrassenwesen (unter Angabe der Längen der Eisenbahnen). (VI, 114 S.) 904. n. 2.50
54. I. Übersicht des Umfangs der Ortsbürgernutzungen im Grossherzogt. Hessen unter Ausschluss der Nutzungen aus staatlichem u. standesherrlichem Besitz. — Statistik der Straf- u. Gefangenanstalten im Grossherzogt. Hessen f. d. J. vom 1. IV. 1902 bis 31. III. 1903. (II, 46 S.) 905. n. 1. —
II. Übersicht der Geschäfte der ordentlichen streitigen Gerichtsbarkeit bei dem grossh. Oberlandesgerichte zu Darmstadt u. bei den Gerichten u. Staatsanwaltschaften im Bezirke desselben sowie der freiwilligen Gerichtsbarkeit bei den Amtsgerichten während des Geschäftsj. 1904. — Übersicht üb. die Ausgaben der Provinzen u. Kreise des Grossherzogt. Hessen nach den Voranschlägen f. 1901. (II, 54 S.) 905. n. 1.20
54. III. Mitteilungen a. d. Forst- u. Kameralverwaltung des Grossherzogt. Hessen f. die J. 1900/01 u. 1901/02. (VIII, 70 S. m. Fig.) 906. n. 1.40

Beiträge z. Statistik d. Grossherz. Hessen. Hrsg. v. der grossh. hess. Zentralstelle f. die Landesstatistik. 55. Bd.; 56. u. 57. Bd. à 3 Hefte; 58. Bd. 5 Hefte; 59. Bd. 4 Hefte u. 60. Bd. 1. Heft. Lex. 8. Darmstadt, Buchh. grossh. Staatsverlags. 24.85
55. Bewegung, die, der Bevölkerung im Grossherzogtum Hessen in den J. 1876 bis 1881. (III, 297 S.) 906. 5. —
56. I. Statistik der Straf- u. Gefangen-Anstalten im Grossherzogt. Hessen f. d. J. vom 1. IV. 1903 bis 31. III. 1904. (IV, 32 S.) 906. — 80
II. Mitteilungen aus der Forst- u. Kameralverwaltung des Grossherzogt. Hessen f. die J. 1902/03 u. 1903/04. Bearb. im grossherzogl. Ministerium der Finanzen, Abteilg. f. Forst- u. Kameralverwaltg. (IV, VIII, 65 S. m. Fig.) 906. 1.40

III. Übersicht der Geschäfte der ordentl. streitigen Gerichtsbarkeit bei dem grossherzogl. Oberlandesgerichte zu Darmstadt u. bei den Gerichten u. Staatsanwaltschaften im Bezirke desselben sowie der freiwillig. Gerichtsbarkeit bei den Amtsgerichten während des Geschäftsj. 1905. (II, 89 S.) 906. 1. —

57, I. Mitteilungen aus der Forst- u. Kameralverwaltung des Grossh. Hessen f. d. Wirtschaftsj. 1905. Bearb. im grossh. Ministerium der Finanzen, Abteilg. f. Forst- u. Kameralverwaltg. (IV, IX, 81 S. m. Fig.) 907. 1. —

II. Statistik der Straf- u. Gefangenanstalten im Grossherzogt. Hessen f. d. J. vom 1. IV. 1904 bis 31. III. 1905. (IV, 32 S.) 907. — 80

III. 1. Bewegung, die, der Bevölkerung in den einzelnen Gemeinden des Grossherzogt. Hessen während des Zeitraums 1901 bis 1905. 2. Statistik, die, des Obstbaues im Grossherzogt. Hessen während der J. 1884 u. 1873 bis 1906. 3. Übersicht der Geschäfte der ordentl. streitigen Gerichtsbarkeit bei dem grossh. Oberlandesgerichte zu Darmstadt u. bei den Gerichten u. Staatsanwaltschaften im Bezirke desselben sowie der freiw. Gerichtsbarkeit bei den Amtsgerichten während des Geschäftsj. 1906. (II, 89 S.) 907. 2. —

58, I. Statistik der Straf- u. Gefangenanstalten im Grossherzogt. Hessen f. d. J. vom 1. IV. 1905 bis 31. III. 1906. (IV, 32 S.) 907. — 80

II. Volkszählung, die, im Grossh. Hessen vom 1. XII. 1905. (IV, V, 67 S.) 908. 2. —

III. Mitteilungen aus der Forst- u. Kameralverwaltg. des Grossh. Hessen f. das Wirtschaftsj. 1906. (IV, VIII, 30 S.) 908. 1. —

IV. Mitteilungen, statistische, aus dem Strassenbauwesen des Grossh. Hessen f. d. J. 1903/04 bis einschl. 1907. Bearb. im Geschäftsbereich grossh. Ministeriums des Innern durch den techn. Referenten f. Strassenbau in der Ministerialabteilg. f. Bauwesen. (4 S.) (909.) — 15

V. Übersicht der Geschäfte der ordentlichen streitigen Gerichtsbarkeit bei dem grossh. Oberlandesgerichte zu Darmstadt u. bei den Gerichten u. Staatsanwaltschaften im Bezirke desselben sowie der freiw. Gerichtsbarkeit bei den Amtsgerichten während des Geschäftsj. 1907. (II, 39 S.) (909.) — 70

59, I. Mitteilungen aus der Forst- u. Kameralverwaltung f. d. Wirtschaftsj. 1907. Bearb. im grossh. Ministerium der Finanzen, Abteilg. f. Forst- u. Kameralverwaltg. (VIII, 33 S. m. Fig.) (909.) 1. —

II. Übersicht der Geschäfte der ordentl. streitigen u. der freiw. Gerichtsbarkeit während des Geschäftsj. 1908. (41 S.) (909.) — 80

III. Statistik der Straf- u. Gefangenanstalten des Grossh. Hessen f. d. J. vom 1. IV. 1906—31. III. 1907. (32 S.) 909. — 80

IV. Stand u. Bewegung der Bevölkerung in den einzelnen Gemeinden des Grossherzogt. Hessen während des 19. Jahrh. Bearb. v. Knöpfel. (75 S.) 909. 1. 60

60, I. Ergebnisse der Berufs- u. Betriebszählung vom 12. VI. 1907 im Grossherzogt. Hessen. (XII, 128 S. m. Tab.) 910. 3. 50

— z. Statistik d. Grossh. Hessen. Hrsg. v. d. grossh. hess. Zentralstelle f. d. Landesstatistik. 59. Bd, 3—5. Heft; 60. Bd, 1—3. Heft; 61. Bd, 6 Hefte u. 62. Bd, 1—3. Heft. Lex8° Darmst., Buchh. d. grossh. hess. Staatsverl.

59, 3. Statistik d. Straf- u. Gefangenanst. d. Grossh. Hessen '06—07. (32) '09. — 80 ‖ 4. Stand u. Bewegg d. Bevölkerg in d. einz. Gemeinden d. Grossh. Hessen währ. d. 19. Jahrh. Bearb. v. Knöpfel. (75) '09. 1.60 ‖ 5. Statistik d. Straf- u. Gefangenanst. d. Grossh. Hessen '07—08. (32) '10. — 80

60, 1. Ergebnisse d. Berufs- u. Betriebszählg v. 12. 6. '07 im Grossh. Hessen. (12, 128 m. Tab.) '10. 3.50 ‖ 2. Dass. 2. Tl: Gewerbl. Betriebszählg. (8, 112 m. Tab.) '10. 3 — ‖ 3. Dass. 3. Tl: Landwirtschaftl. Betriebsstatistik. (8, 8 m. Tab.) '10. nn — 50

61, 1. Übersicht d. Geschäfte d. ordentl. streit. u. d. freiwill. Gerichtsbark. währ. d. Geschäftsj. '09. (41) '10. — 80 ‖ 2. Mitteilgn a. d. Forst- u. Kameralverwaltg f. d. Wirtschaftsj. '08. (8, 33 m. Kurven.) '10. 1 — ‖ 3. Übersicht d. Geschäfte d. ordentl. streit. u. d. freiwill. Gerichtsbark. währ. d. Geschäftsj. '10. (41) ('10) 1 — ‖ 4. Mitteilgn a. d. Forst- u. Kameralverwaltg f. d. Wirtschaftsj. '09. (46 m. Kurven.) '11. 1 — ‖ 5. Statistik d. Straf- u. Gefangenanst. d. Grossh. Hessen f. 1. 4. '08—31. 3. '09. (12) '11. nn — 30 ‖ 6. Dass. f. 1. 4. '09—31. 3. '10. (12) '11. nn — 30

62, 1. Bevölkergsbewegg, Die, in d. einz. Gemeinden d. Grossh. Hessen '06—10. Von L. Knöpfel. (19) '11. nn — 50 ‖ 2. Mitteilgn a. d. Forst- u. Kameralverwaltg f. d. Wirtschaftsj. '10. (43 m. Kurven.) '12. 1 — ‖ 3. Statistik d. ordentl. streit. u. d. freiwill. Gerichtsbark. '11. (41) '12. 1 —

—— zur Statistik des vormaligen Kurfürstenth. Hessen. Hrsg. von der königl. Commission für statist. Angelegenheiten. 1.—3. Heft. gr. 4. (VI und 142 S., IV und 117 S., 120 S.) Kassel 866,67, (Freyschmidt.) à Heft * 1 Thlr. *

Beiträge zur Statistik der oesterreichischen Industrie. Bearb. vom statistischen Departement im k.k. Handels-Ministerium. — Wien: K.-k. Hof- u. Staatsdr. 1873-76. 560 S. 4°

Sondertitel:
1. Statistik ... in Metallen u. Metallwaren. 1873.
2. Statistik ... in Maschinen, Werkzeugen, Transportmitteln u. Instrumenten. 1874.
3. Statistik ... Erzeugnisse aus nichtmetallischen Mineralien u. chemische Industrie. 1876.
4. Statistik ... in Nahrungsmitteln u. sonstigen Verzehrungs-Gegenständen. 1876.

(Nachrichten über Industrie, Handel u. Verkehr aus d. Statistischen Departement im k. k. Handels-Ministerium. 3.) 17. 300:390.530-C. 3. 302.

Beiträge zur Statistik der Stadt Karlsruhe. Nr. 1 – . Karlsruhe: Braun 1896 –

— z. Statistik d. Stadt Karlsruhe. Im Auftr. d. Stadtrates hrsg. v. statist. Amt. Nr. 3. gr. 4. Karlsruhe 898. G. Braun'sche Hofbuchdr. u. Verl. n. 1. 20

Arbeits- u. Einkommensverhältnisse, die, d. städt. Arbeiter u. ihrer Familien i. J. 1897. (38 S.) n. 1. 20
Nr. 1 u. 2 sind nicht im Handel.

— zur Statistik der Stadt Karlsruhe. Im Auftrage des Stadtrates hrsg. vom statist. Amt. Nr. 5, 7 u. 8. gr. 4. Karlsruhe, G. Braun'sche Hofbuchdr. n. 6. 40

5. Jahresbericht, statistischer, f. 1898, m. Erläutergn. (XXII, 53 S.) 899. n. 2. 80
7. Erwerbsthätigkeit, die, der Karlsruher Volksschulkinder. (18 S.) 899. n. — 80
8. Ergebnisse, die, der Berufszählung vom 14. VI. 1895. (73 S.) 899. n. 2, 80
Nr. 4 u. 6 sind nicht im Handel.

— zur Statistik der Stadt Karlsruhe. Im Auftrage des Stadtrates hrsg. vom statist. Amt. Nr. 6, 9—11, 16—18, 20—22 u. 24—26. Lex. 8. Karlsruhe, (G. Braun'sche Hofbuchdr.) 18. 85

6. 10, 11, 17, 18, 21, 22 u. 24. Krankenkassenstatistik f. 1898—1900 u. 1904—1908. (à 18 S.) 900—09. à 1. —
9. Ergebnisse, die, der Gewerbezählung vom 14. VI. 1895. (20 S.) 899. 1. —
16. Säuglingssterblichkeit, die, in der Stadt Karlsruhe. (19 S. m. 3 Taf.) 905. — 80
20. Ergebnisse der Wohnungszählung vom 1. XII. 1905. (50 S. m. 2 Plänen.) 907. 1. 80
25. Die Zählg. der leersteh. Wohngn. in der Stadt Karlsruhe am 1. XII. 1907. (7 S.) 910. — 75
26. Die Krankenkassenstatistik f. 1909. (9 S.) (910.) 1. —
Nr. 1. 2. 4. 12—15 u. 19 sind nicht im Handel; Nr. 23 ist noch nicht erschienen.

— z. Statistik d. Stadt Karlsruhe. Hrsg. v. statist. Amt. Nr 25—29. Lex8° Karlsr., G Braun'sche Hofbdr. d

Nr 23 ist im Buchhandel nicht erschienen.

25. Die Zählung d. leersteh. Wohngn am 1. 12. '09. (7) ('10) — 75 ‖ 26. Krankenkassenstatistik f. '09. (9) ('10) 1 — ‖ 27. Die Zählung d. leersteh. Wohngn am 1. 12. '10. (8) ('11) — 75 ‖ 28. Krankenkassenstatistik f. '10. ('11) 1 — ‖ 29. (8) '12. — 75

— zur Statistik der deutschen protestant. Landeskirchen im Jahre 1846. gr. 8. Leipzig 846, Mayer. 1/4 ß

Beiträge zur landwirthschaftlichen Statistik im Grossherzogthum Baden. Hrsg. von d. Ministerium d. Innern. Kartographische Darstellungen in 13 Blättern. — Karlsruhe 1884: Gockel. XIII Taf. gr.-2° 16. 25. 90. 15.

— zur land- u. forstwirthschaftl. Statistik der Herzogthümer Schleswig u. Holstein, s.a. Festgabe.

Festgabe für die Mitglieder der eilften Versammlung Deutscher Land- u. Forstwirthe. Beiträge zur land- und forstwirthschaftlichen Statistik der Herzogthümer Schleswig und Holstein ges. vom Vorstande ..., Ernst Reventlow-Farve u. H. A. v. Warnstedt. — Altona 1847 (: Köbner). 320 S. 4° 2. 8. 17. 18. 24. 26.

— ⟨2. Abdr.⟩ Ebd. 1847. 418 S. 4° 8. 90. 15.

— zur landwirthschaftl. Statistik v. Preussen, s.a. Jahrbücher, landwirthschaftliche.

Beiträge z. landwirtschaftlichen Statistik v. Preussen. 1894—1900. (1894—99 à 2 Th.). Berl. 1895—1902. 4°.
(= Landwirtschaftliche Jahrbücher. Erg.-bd. 24. 2. 3; 25. 1. 3; 26. 2. 4; 27. 5. 6; 28. 5. 6; 29. 4. 5; 30. 4). 373. — (1894: nebst Verhandlungen d. königl. Landes-Ökonomie-Kollegiums ... — Fortsættes som »Statistische Nachweisungen«, se nedenfor).

Beiträge z. landwirthschaftlichen Statistik v. Preussen u. Verhandlungen d. königl. Landes-Oekonomie-Kollegiums. 1873-93 Th. 1 (Verh. 1874-94). Berl. 1874-94. 4°.
(1873-74 har Tit.: Jahresbericht üb. den Zustand d. Landeskultur in Pr. u. Verh. (etc.); 1879-92 à 2 Th.; Verh. 1883, 89, 94 som særsk. Del). — Verhandlungen 1874-78 = 20.-24. Sitzungsperiode; 18.-19. findes i »Landw. Jahrbücher« Bd. 1-2, 1.-17. se Verhandlungen ... ndf. — Verh. 1879-93 = 1.-5. (ny) Sitzungsperiode à 2-4 Sessionen, 1894 = 6. Sitz. 1. Sess.). (= Landwirthschaftliche Jahrbücher 1874-94. »Supplement«, senere »Ergänzungsbd.«). 373.

Beiträge zur Statistik der deutschen Lebens- und Feuerversicherung im Jahre 1901. Hrsg. vom Kaiserlichen Aufsichtsamte für Privatversicherung. 1. T.: Statistik d. deutschen Lebensversicherungs - Gesellschaften. 2. T.: Statistik d. deutschen Privat-Feuerversicherungs-Gesellschaften. — Berlin: Guttentag 1903. 69 S. 4°
1:4° Fe 9573/15. 2→11. 12:4° Cam. 61 v. 15. 16. 18. 21. 25→28. 30. 38.

Beiträge zur Statistik des Kreises Löbau i. Westpr. (Unterzeichn.: Klapp.) — Neumark 1881: Köpke. 88 S. 4°
1:4° Sz 9036. 10. 11. 15.

Beiträge zur Statistik der Stadt Mannheim. Im Auftr. d. Stadtraths hrsg. durch d. Statist. Amt. (H. 1.) Mannheim 1897: Haas. 4°
(10. 7832) 11

—— zur Statistik Mecklenburgs. Vom großherzogl. statist. Bureau zu Schwerin. 1. Bd. 1. Heft: Tabellarische Uebersichten vom Handel des Großherzogth. Mecklenburg-Schwerin im J. 1856. 4. (VI und 199 S.) Schwerin 858, (Bärensprung.)

—— zur Statistik Mecklenburgs. Vom Großherzogl. statist. Bureau zu Schwerin. 1. Bd. 2.—4. Heft, 2.—4. Bd. à 4 Hefte und 5. Bd. 1.—3. Heft. 4. (à Heft ca. 200 S. mit Stat.) Schwerin 859—67, (Stiller'sche Hofbuchh.) à Heft * 20 Ngr. *

—— zur Statistik Mecklenburgs. Vom großherzogl. statist. Bureau zu Schwerin. 5. Bd. 4. Heft. 4. (127 S.) Schwerin 869, (Stiller'sche Hofbuchh.)

— — 6. Bd. 1. Heft. Ebend. 870. 4. (2 Bll., 84 S.)
n. 20 ngr

— zur Statistik Mecklenburgs. Vom grossherzogl. statist. Bureau zu Schwerin. 6. Bd. 2—4. Hft. 7. u. 8. Bd. à 4 Hfte. (6. Bd. IV, 205 S., 7. Bd. 204 u. 8. Bd. IV, 373 S.) Schwerin 871—76. (Stiller.) à Hft. n. 2. —

— zur Statistik Mecklenburgs. Vom grossherzogl. statist. Bureau zu Schwerin. 9. Bd. 1—4. Hft. gr. 4. (157 u. 140 S. m. 8 Steintaf.) Schwerin 878. 80. Stiller in Comm. n. 8. —

— zur Statistik Mecklenburgs. Vom grossherzogl. statist. Bureau zu Schwerin. 10 Bd. 1—3. Hft. Imp.-4. (III, 147 u. III, 61 S.) Schwerin 885. 86. (Stiller) n. 5.80

— zur Statistik Mecklenburgs. Vom grossherzogl. statist. Bureau zu Schwerin. 11. Bd. 1. 2. Hft. gr. 4. Schwerin 889. (Stiller.) n. 4. 40
1. Die Volkszählung vom 1. Dezbr. 1885 im Grossherzogth. Mecklenburg-Schwerin. (129 S.) 889. n. 2. 40
2. (63 S.) Ebd. 890. n. 2. —

— zur Statistik Mecklenburgs. Vom grossherzogl. statist. Bureau zu Schwerin. 12. Bd. 1. u. 2. Hft. u. 3. Hft. 1. Abth. gr. 4. Schwerin i/M., (Stiller). n. 8. 50
1. Zum Gedächtniss d. verstorbenen Geh. Minist.-R. Dr. Dippe u. d. verstorbenen Dir. Dr. Lindig. 2. Die Volkszählung am 1. Decbr. 1890 im Grossherzogth. Mecklenburg-Schwerin. (131 S.) 892. n. 3. —
2. Die Ergebnisse der Viehzählung vom 1. Decbr. 1892 im Grossherzogth. Mecklenburg-Schwerin. (209 S.) 891. n. 4. 50
3, 1. Die Flächenverhältnisse der mecklenburgischen Flussgebiete von W. Peltz. (12 S. m. 1 farb. Karte.) 891. n. 1. —

— z. Statistik Mecklenburgs. V. grossherzogl. statist. Bureau zu Schwerin. 12. Bd. 3. Hft. 2. Abth. u. 4. Hft. gr. 4. Schwerin (Stiller). n. 8. —
(1—4.: n. 18. 50)
3. II. Die Beobachtgn. üb. d. Entwickelg. d. Pflanzen in Mecklenburg-Schwerin i. d. J. 1867 bis 1894. (162 S. m. 1 Karte.) 895. n. 5. —
4. Der Hauptberuf u. d. Nebenberuf d. Bevölkerg. d. Grossherzogth. Mecklenburg-Schwerin n. d. Berufs- u. Gewerbezählg. v. 14. Juni 1895. (XII, 93 S.) 896. n. 3. —

— dasselbe. 13. Bd. 1. Hft. 2 Abthlgn. u. 2. Hft. gr. 4. Ebd. 897. n. 8. —
1. I. Grundbesitz, d. bebaute, i. grossherzogl. Domanium v. Mecklenburg-Schwerin, sow. er in Zeitpacht, Erbpacht u. zu Eigenthum vergeben ist, nebst Anh.: Die durchschnittl. Bonitirg. d. Ortschaften u. d. Aemter i. grossherzogl. Domanium. (47 S.) n. 1. —
1. II. Ergebnisse, die, d. Volkszählg. v. 2. XII. 1895 i. Grossherzogth. Mecklenburg-Schwerin. (101 S.) n. 2. —
2. Ergebnisse, die, d. land- u. forstwirthschaftl. Betriebszählg. v. 14. VI. 1895 i. Grossherzogth. Mecklenburg-Schwerin. (106 u. 96 S.) Kart. n. 5. —

— zur Statistik Mecklenburgs vom grossherzogl. statistischen Amt zu Schwerin. 13. Bd. 3. Hft. 1. u. 2. Abth. gr. 4. Schwerin (Stiller). n. 7. —
3. I. Hauptergebnisse, die, der Gewerbezählung vom 14. VI. 1895 im Grossherzogth. Mecklenburg-Schwerin. (IV, 79 S.) 899. Kart. n. 2. —
3. II. Ergebnisse, die, der Viehzählung vom 1. XII. 1900 im Grossherzogth. Mecklenburg-Schwerin. (189 S.) 902. n. 5. —
XIII. 1 u. 2. Ebd. 897. n. 8. —.

Beiträge zur Statistik Mecklenburgs. Vom grossherzogl. statist. Amt zu Schwerin. XIII. Bd. 4. Heft, XIV. u. XV. Bd. à 4 Hefte. 30,5×23,5 cm. Schwerin, Stiller. 27. —
XIII. 4. Ergebnisse, die, der Volkszählung vom 1. XII. 1900 im Grossherz. Mecklenburg-Schwerin. (175 S.) 904. 4. 50
XIV. 1. Ergebnisse, die, der Ermittelung der landwirtsch. Bodenbenutzung im J. 1900, der forstwirtsch. Bodenbenutzung im J. 1900, die Ergebnisse der Obstbaumzählung vom 1. XII. 1900, die Ernteerträge von 1899 bis 1902, sowie der Anbau der wicht. Fruchtarten in den Gross-, Mittel- u. Kleinbetrieben im Grossh. Mecklenburg-Schwerin. (IV, 164 S.) 905. 4. 50
2. Die Temperaturverhältnisse d. Grossherzogtümer Mecklenburg. Von Art. Grünert. (IV, 38 S. m. 4 farb. Taf.) 905. 2.
3. Über das Klima v. Marnitz. Ein Beitrag zur Klimatologie v. Mecklenburg. Von Carl Weinholtz. (IV, 78 S. m. Fig.) 906. 2. —
4. Über das Klima v. Rostock unter Berücksicht. d. harmonischen Analysis. Von Jacques Loewenthal. (IV, 48 S. m. 3 farb. Taf.) 906. 2. —
XV. 1. Die meteorologischen Elemente der Ostsee-Insel Poel auf Grund 25jähriger Beobachtungen. Ein Beitrag z. Klimatologie v. Mecklenburg. Von Bruno Brendel. (III, 58 S. m. Abb.) 906. 2. —
2. Die klimatologischen Verhältnisse v. Waren, Station II. Ordnung, in den J. 1890—1904. Von Max Blaschke. (IV, 53 S. m. Abb.) 907. 2. —
3. Ergebnisse, die, der Volkszählung vom 1. XII. 1905 im Grossherzogt. Mecklenburg-Schwerin. (71 S.) 907. 3. —
4. Hauptberuf, der, u. der Nebenberuf der Bevölkerung des Grossherzogt. Mecklenburg-Schwerin nach d. Berufs- u. Betriebszählung v. 12. VI. 1907. (XXVII, 319 S.) 905. 5. —

— z. Statistik Mecklenburgs. Vom grossherzogl. statist. Amt zu Schwerin. 16. Bd, 1. Heft. 31×23,5 cm. Schwer., Stiller.
Ergebnisse, Die, d. Volkszählg v. 1. 12. '10 im Grossh. Mecklenburg-Schwerin. (149) '12 [1] 4 —

Beiträge zu einer medicin. Statistik Sachsens, s. Mittheilungen des statist. Vereins für d. Königr. Sachsen. 11e u. 12e Lfrg.

— zur Statistik des Herzogth. Meiningen. Mit topograph. Karten, Situations-Planen u. Abbildd. 1r Bd. 1e u. 2e Lfrg. Mit 1 Karte u. 1 Plan. gr. 12. Hildburghausen u. Meiningen 838. Kesselring'sche Hofbuchh. n. 2/3 ₰

Beiträge zur neuesten Statistik des Königreichs Sachsen . . . Marienberg 1835. V: *Hofmann, Carl.* (Kat. d. stat. Bureaus. Dresden 1890.)

Beiträge zur Statistik der Personaleinkommensteuer in den Jahren 1898 bis 1902. Insbesondere: Quellen u. Höhe d. Einkommens nach Geschlecht u. Beruf d. Censiten ... Im Auftr. d. k.k. Finanzministeriums bearb. vom Rechnungsdepartement 1, c dieses Ministeriums. — Wien 1903: K. K. Hof- u. Staatsdr. CLXXXI,467 S. 2°
1: 2° Sb 8718. 6. 21. 27. 38. 300: 425.142- D [2 Ex.] 302.

Beiträge zur Statistik der Personaleinkommensteuer in den Jahren 1903 bis 1907. Insbesondere: Quellen u. Höhe d. Einkommens nach Geschlecht u. Beruf d. Zensiten im Jahre 1903. Im Auftr. des k.k. Finanzministeriums bearb. vom Rechnungsdepartement 1,c dieses Ministeriums. T.1.2. Wien 1908: K. K. Hof- u. Staatsdr. 2° 21. 27. 302.

Beitraege zur Statistik der Stadt Posen. Nr 1 ff. Posen 1910 ff. 4° *[Umschlagtit.]*

1. *Franke*, Bernh.: Beruf. u. gewerbl. Tätigkeit d. Bevölker. Posens. Nach amtl. Material d. Berufs- u. Betriebszähl. v. 12. Juni 1907. 1910.

Beiträge zur Statistik der Preise. I. Übersicht der Durchschnittspreise verschiedener Handelsartikel . . . Hamburg 1858. V: *Soetbeer, Georg Adolph.* (Kat. d. Bibl. d. dtsch. Reichstages. Berl. 1882.) (CBH)

— zur Statistik der Preßjustiz u. des Konfliktwesens im Kanton Zürich. Lex.-8. Zürich 830. Orell, Füßli u. Comp. 5 gr

— z. Statistik d. Königl. Preuß. Rheinlande, aus amtl. Nachrr. zusammengestellt. gr. 4. Aachen 829. (Mayer). 1 ℔

— zur Statistik des Großherzogth. Sachsen-Weimar-Eisenach. Hrsg. vom großherzogl. Staatsministerium Departement des Innern. Die Ergebnisse der Volkszählungen im Großherzogth. Sachsen-Weimar-Eisenach in den J. 1816 bis 1861. Fol. (XXXI und 66 S.) Weimar 864, (Böhlau.) *

— dass. — 2. Heft: Bewohnerzahl und Viehbestand in den einzelnen Gemeinden nach der Zählung vom 3. Dezbr. 1864. Die Vermögensverhältnisse und die Einnahmen und Ausgaben der Gemeinden. Die Ein- und Auswanderungen während der J. 1852 bis 1861. Fol. (VIII und 49 S.) (Ebendas.) 865. *

Beiträge z. Statistik der Sparkassen in Preussen. Amtlich. Berlin 876.

— zur Statistik der Sparkassen im preuss. Staate. Bearb. im Auftr. Sr. Excellenz des Herrn Ministers des Innern Grafen zu Eulenburg vom Königl. statist. Bureau. gr. 4. (XXVII, 65 S.) Berlin 876, Verlag des königl. statist. Bureaus. *

Beiträge zur Statistik des preußischen Staats. Aus ämtlichen [!] Nachrichten von d. statistischen Büreau zu Berlin bearb. u. hrsg. (Unterzeichn.: Hoffmann.) — Berlin: Duncker & Humblot 1821. 129 S. 4°
1: 4° Sx 3420. 2. 5. 6. 7. 11. 12: 4° Bor. 5b. 14. 16. 17. 18. 21. 24→28. 38. 300: 31 D 19. 302.

Beiträge zur Statistik sämmtlicher Ständeversammlungen des Großherzogthums Hessen. — Darmstadt: Schorkopf in Comm. 1868. 4° 17.
15.

— zur Statistik d. Stadt Strassburg i. E. Hrsg. v. statist. Amt d. Stadt. I., II. u. IV. Hft. Lex.-8. Strassburg, F. Bull. n. 8. 50
I. Die Erhebgn. üb. d. Arbeitslosigkeit a. 2. XII. 1895. Im Auftr. d. Stadtverwaltg. bearb. von N. Geissenberger. (56 S.) 896. n. 1. 50
II. Ergebnisse, die, d. Volkszählg. v. 2. XII. 1895. 1. Thl. Tabellenwerk. (VIII, 184 S. m. 1 Tab. u. 1 farb. Plan.) 897. n. 5. —
IV. Die Personal- u. Gewerbesteuerg. i. Strassburg. Im Auftr. d. Bürgermeisters bearb. von N. Geissenberger. (VII, 100 S.) 898. n. 2. —
Das III. Hft. ist noch nicht erschienen.

— zur Statistik der Stadt Strassburg i. E. Hrsg. v. statist. Amt der Stadt. V. Hft. Lex.-8. Strassburg 900. F. Bull. n. 1. 50
Die Vertheilung des Gebäudebesitzes in Strassburg, m. wohnungs- u. steuerpolit. Betrachtgn. Im Auftrage des Bürgermeisters bearb. Von N. Geissenberger. (48 S.)

Beiträge zur Statistik d. Kgl. Haupt- u Res.-Stadt Stuttgart. H. 1 u 2. 4° Stuttgart 1896.98

Beiträge zur Statistik der Submissionen, insbesondere auf Eisen- und Stahlhütten-Producte und auf Eisenbahn-Material in den Jahren 1873 bis 1880. Hrsg. vom Königlich preussischen statistischen Bureau. — Berlin 1887. X,328 S. 4° (Zeitschrift d. Königlich preussischen statistischen Bureaus. Erg.H. 5.)
1: 4° Sx 3450-Erg.H. 5. 2→11. 12: 4° Bor. 51 m-5. 14. 16. 18. 21. 24. 25. 26. 30. 38. 80.
15.

Beiträge zur Thüringischen Statistik, von den natürlichen und bürgerlichen Vortheilen der Stadt Erfurt und ihres Gebiets. Erfurt 1776. V: *Springer, Johann Christoph Erich von.* (MGT) (ML) (MS) (stri)

Beiträge zur Statistik über einige Verhältnisse von Obersteier für das Jahr 1857. Ausgegeben von d. Handels- u. Gewerbekammer in Leoben. — Graz 1859: Leykam. 27 S. 8° 300: 175.033-B.
15.

— zur Statistik der innern Verwaltung des Großherzogth. Baden. 1.—9. Hft. Hrsg. v. dem Großh. Ministerium des Innern. 10.—18., 20.—45. Hft. Hrsg. v. dem Großh. Handelsministerium. gr. 4. Karlsruhe, (Ch. F. Müller). 182. 60
1. Die Gemeinden des Großherzogth. Baden, deren Bestandtheile u. Bevölkerung. (31 Bog.) 855. 4. 20
2. Bewegung der Bevölkerung im Großherzogth. Baden in den J. 1852, 1853, 1854 u. 1855, u. medicinische Statistik. (24 Bog.) 856. 3. 60
3. Statistik der Forstpolizei- u. Gemeindeforstverwaltung des Großherzogth. Baden. (3³/₄ Bog.) 856. — 80
4. Die Volkszählung im Großherzogth. Baden vom Dezember 1855. (11³/₄ Bog.) 856. 2. 40
5. Uebersicht üb. die Auswanderung im Großherzogth. Baden in den J. 1840 bis m. 1855. (6 Bog.) 857. — 90
6. Der Viehstand im Großherzogth. Baden nach der Zählung im Dezbr. 1855. (20¹/₂ Bog.) 858. 3. 30
7. Geologische Beschreibung der Umgebungen v. Badenweiler. Mit 1 geolog. Karte u. 2 Profiltaf. (3¹/₄ Bog.) 858. 2. 10
8. Geologische Beschreibung der Umgebungen v. Ueberlingen. Mit 1 geologischen Karte u. 1 Taf. m. Fig. u. Sammelprofilen. (3¹/₂ Bog.) 859. 2. 10
9. Die Gemeinden des Großherzogth. Baden, deren Vermögensverhältnisse, Einnahmen u. Ausgaben. I. Thl. Seekreis u. Oberrheinkreis. (48³/₄ Bog.) 858. 6. 30. — II. Thl. Mittel- u. Unterrheinkreis. (61¹/₄ Bog.) 859. 6. 30
10. Die Volkszählung im Großherzogth. Baden vom Dezbr. 1858. (9 Bog.) 859. 2. 40
11. Geologische Beschreibung der Gegend v. Baden. Mit 2 geolog. Karten, 2 Profiltaf. u. 1 Plane der Quellen. (9 Bog.) 860. 4. 80
12. Geologische Beschreibung der Umgebungen der Bäder Glotterthal u. Suggenthal. Mit 1 geolog. Karte u. 1 Profiltafel. (10 Bog.) 862. 3. 30
13. Die Volkszählung im Großherzogth. Baden vom Dezbr. 1861. (9 Bog.) 862. 2. 40
14. Uebersicht üb. die Einnahmen, Ausgaben u. Vermögensverhältnisse der Gemeinden. (29¹/₂ Bog.) 864. 4. 50
15. Straßenbau im Großherzogth. Baden. Unterhaltung der Staatsstraßen u. wichtigeren Vicinalwege in den J. 1851 bis einschl. 1860. (40¹/₂ Bog. m. 6 Karten.) 863. 8. 40
16. Geologische Beschreibung der Umgebungen der Renchbäder. Mit 1 geolog. Karte u. 2 Profiltaf. (8 Bog.) 863. 2. 40
17. Der Viehstand im Großherzogth. Baden nach der Zählung im Dezbr. 1861. (22 Bog.) 865. 3. 30
18. Bewegung der Bevölkerung im Großherzogth. Baden in den J. 1856 bis m. 1863 u. medicinische Statistik. (19³/₄ Bog.) 865. 3. 30
19. Forst-Statistik. Vergriffen.
20. Die Volkszählung im Großherzogth. Baden vom 2. Dezbr. 1864. I. Thl. (12 Bog.) 865. 2. 70
21. Geognostisch-bergmännische Beschreibung des Kinzigthaler Bergbaues. Mit 1 Übersichtskarte, 2 Spezialkarten u. 1 Profiltaf. (19¹/₂ Bog.) 865. 5. 40
22. Die Heil- u. Pflegeanstalt Illenau. (16¹/₂ Bog.) 866. 2. 80
23. Geologische Beschreibung der Umgebungen v. Waldshut. Mit 1 geolog. Karte u. 3 Profiltaf. (12¹/₂ Bog.) 867. 3. 60
24. Die Volkszählung im Großherzogth. Baden vom 3. Dezbr. 1864. II. Thl. (30¹/₂ Bog.) 867. 4. 80
25. Geologische Beschreibung der Umgebungen v. Lahr u. Offenburg. Mit 2 geolog. Karten u. 1 Profiltaf. (9 Bog.) 867. 4. 80

26. Geologische Beschreibung der Umgebungen v. Möhringen u. Meßkirch. Mit 2 geolog. Karten u. 1 Profiltaf. ($8^3/_4$ Bog.) 867. 4. 80
27. Die Sparcassen des Großherzogth. Baden. (17 Bog.) 867. 3. —
28. Die Volkszählung im Großherzogth. Baden vom 3. Dezbr. 1867. I. Thl. (19 Bog.) 868. 3. 80
29. Der Viehstand im Großherzogth. Baden nach der Zählung vom 3. Dezbr. 1867. ($34^1/_2$ Bog.) 868. 5. 10
30. Geologische Beschreibung der Sectionen Triberg u. Donaueschingen. Mit 2 geolog. Karten u. 2 Profiltaf. (18 Bog.) 872. 6. 00
31. Unterhaltung der Staatsstraßen u. wichtigeren Vicinalwege in den J. 1861 bis einschließlich 1867. (17 Bog.) 869. 2. 70
32. Die Volkszählung im Großherzogth. Baden vom 3. Dezbr. 1867. II. Thl. (18 Bog.) 871. 3. 30
33. Geologische Beschreibung der Umgebungen v. Forbach u. Ettlingen. Mit 2 geolog. Karten u. 3 Profiltaf. (6 Bog.) 873. 6. 40
34. Die Schulen des Großherzogth. Baden. (9 Bog.) 873. 2. 10
35. Die Volkszählung im Großherzogth. Baden vom 1. Dezbr. 1871. I. Thl. (35 Bog.) 874. 5. 50
36. dasselbe. II. Thl. ($18^1/_2$ Bog.) 876. 3. —
37. Die landwirthschaftlichen Haushaltungen im Großherzogth. Baden nach der Aufnahme vom 10. Jan. 1873. (25 Bog.) 876. 3. 60
38. Straßenbau im Großherzogth. Baden. Unterhaltung der Landstraßen in den J. 1868 bis einschließlich 1873. (18 Bog.) 876. 2. 60
39. Die Gemeinden, Gemarkungen u. Wohnorte des Großherzogth. Baden u. ihre Bevölkerung. Dargestellt nach Amtsbezirken auf Grund der Volkszählg. vom 1. Dezbr. 1875. (58 Bog.) 878. 8. 50
40. Uebersicht der Hauptergebnisse der Forsteinrichtung in den Domänen-, Gemeinde- u. Körperschaftswaldungen nach dem Stande vom 1. Jan. 1876. ($20^3/_4$ Bog.) 878. 3. —
41. Gewerbestatistik des Großherzogth. Baden nach der Aufnahme vom 1. Dezbr. 1875. ($47^3/_4$ Bog.) 880. 7. 50
42. Die Volkszählung im Großherzogth. Baden vom 1. Dezbr. 1880. I. Thl. ($25^3/_4$ Bog.) 882. 4. —
43. — dasselbe. II. Thl. (14 Bog.) 884. 2. 40
44. Ergebnisse der berufsstatistischen Erhebung vom 5. Juni 1882. I. Thl. Berufsstatistik. (35 Bog.) 885. 7. 65
45. — dasselbe. II. Thl. Gewerbestatistik. (44 Bog.) 885. 7. 65

Fortsetzung erscheint u. d. T.: Beiträge zur Statistik des Großherzogth. Baden.

— zur Statistik der inneren Verwaltung des Großherzogth. Baden. Hrsg. vom Ministerium des Innern. 46. Hft. gr. 4. Ebd. n. 6. 20

Abth. I. Der Verlauf der Säuglingssterblichkeit im Großherzogth. Baden von 1852—1895. Abth. II. Das liegenschaftliche Eigenthum in der Vertheilung auf Besitzerklassen, insbesondere dasjenige außerhalb des freien Verkehrs im Jahre 1888. Abth. III. Der Viehstand u. der Viehbesitz am 3. XII. 1887. (23, XVIII, 84 u. XIV, 49 S. m. 9 graph. Taf.) (904.)

— zur Statistik des Volksschulwesens, s.a. Mitteilungen des statistischen Landesamtes des Königr. Böhmen. VII, 2.

Beiträge zur Statistik des Volksschulwesens. R.[1.]2.— Prag: Selbstverl.; Calve in Komm. 1906-12. 4° (Mitteilungen d. Statistischen Landesamtes d. Königreiches Böhmen. Deutsche Ausg. 7,2.10,1.) 21.
1:4° Sd 3461-7,2.10,1. 202.
15.

— zur Wiesbadener Statistik. Hrsg. v. städt. statist. Amt. 1. Hft. Stadtgebiet, Bevölkerungs- u. Grundstücksverhältnisse d. Stadt Wiesbaden. Bearb. v. Hellm. Kahlson. (VI, 48 S. m. 4 Taf.) Lex. 8. Wiesbaden 907. (J. F. Bergmann.) nn 1. 80

Fortsetzung s. u. d. T.: Statistik, Wiesbadener.

— statistische, zur Bevölkerungs- u. Wirtschaftsgeographie des Königr. Sachsen. Nach den Ergebnissen der Berufs- u. Betriebszählg. vom 12. VI. 1907 bearb. im königl. statist. Landesamte. 1. Bd.: Berufsstatistik. (VIII, 576 S.) Lex. 8. Dresden 910. v. Zahn & Jaensch. nn 5 —

Zur Weltausstellung 1873 in Wien. Statistische Beiträge über die Prinz August v. Sachsen-Coburg Gotha'schen Güter in Oesterreich und Ungarn für die von demselben veranstaltete Collectiv-Ausstellung. — Wien: Selbstverl. 1873. 310 S. 8° 300:59.701-B. 332.
15.

Statistische Beiträge über die Sterblichkeits-Verhältnisse Danzigs. — Danzig: Kafemann 1864. 32 S. 8°
1:10 in Sz 5548. 10.
15.

Beiträge zur Steuerrectification im Herzogthum Neuburg, als Nachtrag zur Schrift: System einer Steuerrectification etc. 3 Hefte. gr. 8°. Landshut, Krull, 1806 u. 1807.

— Straßburger, zur neueren Geschichte, hrsg. v. Mart. Spahn. I. Bd. 1.—3. Heft. gr. 8. Straßburg (Agentur v. B. Herder). n. 5. —

1. Der Streit um die Kartause vor Straßburgs Toren 1587—1602. Ein Beitrag zur Geschichte d. französisch-elsäss. Politik um die Wende des 16. Jahrh. Von Jos. Clausing. (III, 71 S.) 906. n. 1. 20
2. Straßburger Kapitelstreit u. bischöflicher Krieg im Spiegel der elsässischen Flugschriften-Literatur 1569—1618. Von Eduard Gfrörer. (V, 121 S.) 906. n. 2. —
3. Die Politik der Stadt Straßburg im bischöflichen Kriege 1592—93. Von Osk. Ziegler. (113 S.) 906. n. 1. 80

— Straßburger, zur neueren Geschichte, hrsg. v. Mart. Spahn. I. Bd. 4. Heft, II. Bd. 1. Heft u. III. Bd. 1. Heft. gr. 8. Straßburg, Herder. 8. 20

I. 4. Friedrich Prechter u. der Straßburger Kapitelstreit. Ein Beitrag zur Geschichte der Stadt u. des Bist. Straßburg gegen Ende des 16. Jahrh. Von Alfr. Widmaier. (VIII, 90 S.) 910. 2. —
II. 1. Verfassung u. Verwaltung v. Kurmainz um das J. 1600. Ein Beitrag zur Verfassungsgeschichte der geistl. Fürstentümer. Von Erwin Hensler. (XVI, 87 S.) 909. 3. —
III. 1. Theobald Bacher, e. elsässischer Diplomat im Dienste Frankreichs (1748—1813). Von Frdr. Otto. (X, 111 S.) 910. 3. 20

— zu den Streitfragen über die jetzige Gymnasialbildung, neu aufgeregt von Dr. Lorinser in d. Schrift: „Ueber den Schutz d. Gesundheit auf Gymnasien." gr. 8. Leipz. 836. Nauck. 1/6 ℔

Beiträge zum Studium des Feldzuges 1805. Nach einem Aufsatze des FML. Gallina (in „Streffleur's österr. milit. Zeitschrift", Jahrgang 1883, Bd. I. Seite 91—144) für den Gebrauch der Kriegsschule als Manuscript gedruckt. (Lernbehelfe der k. k. Kriegsschule.) 8. Wien 1883.

Beiträge zum Studium der türkischen Sprache und Literatur. Hrsg. von I[gnaz] Kúnos u. Fr[iedrich] Giese. Bd 1. Halle a. S. & New York: R. Haupt 1907. 8° 07. 4401

— zum Studium der türkischen Sprache u. Literatur. Hrsg. v. I. Kúnos u. Fr. Giese. I. Bd. u. II. Bd. 2 Tle. gr. 8. Leipzig, Haupt & Hammon. 42. —

I. Materialien zur Kenntnis des anatolischen Türkisch. 1. Tl. Erzählungen u. Lieder aus dem Vilajet Qonjah. Gesammelt, in Transskription, m. Anmerkgn. u. e. Übersetzg. der Lieder hrsg. von Frdr. Giese. (VII, 128 S.) Halle 907. 6. —
II. Materialien zur Kenntnis des rumelischen Türkisch. Von Ign. Kúnos. 1. Tl. Türkische Volksmärchen aus Adakale. Gesammelt, in Transskription hrsg. u. m. Einleitg. versehen. (XXVIII, 265 S.) 907. 20.—. — 2. Tl. Türkische Volksmärchen aus Adakale. Dtsche. Übersetzg. m. Sachregister. (VI, 373 S.) 907. 16. —

Beitrag zum Studium der Strategie und Kriegsgeschichte. Für den ausschliesslichen Gebrauch der Frequentanten der k. und k. Kriegsschule als Manuskript gedruckt. — Über Marschgruppierungen. — Über Anlage und Durchführung der Schlacht.
8. Wien 1903.

— zur historischen Syntax der griechischen Sprache. Hrsg. von M. Schanz. 1. Bd. 3 Hfte. gr. 8. Würzburg 882. Stuber's Verl. n. 5. —

1. Die Präpositionen bei Polybius. Von Franz Krebs. (147 S.) Einzelpr. n. 2. 40
2. Ueber den Dual bei den griechischen Rednern m. Berücksichtigung der attischen Inschriften. Von Steph. Keck. (64 S.) Einzelpr. n. 1. 80
3. Geschichtliche Entwickelung der Constructionen m. πρίν. Von Jos. Sturm. (155 S.) Einzelpr. n. 2. 40

Beiträge zur histor. Syntax der griechischen Sprache. Hrsg. v. M. Schanz. 2. Bd. 1. u. 2. Hft. [Der ganzen Reihe 4. u. 5. Hft.] gr. 8. Würzburg 884. 85. Stuber's Verl. n. 7. — (I—II. 2.: n. 12. 60)

Entwickelungsgeschichte der Absichtssätze. Von Phpp. Weber. 2 Abthlgn. (VII, 188 u. V, 124 S.)

— zur historischen Syntax der griechischen Sprache. Hrsg. v. M. Schanz. 2. Bd. 3. Hft. [der ganzen Reihe 6. Hft.]. gr. 8. Würzburg 888. Stuber's Verlag. n. 1.80
Der freie formelhafte Infinitiv der Limitation i. Griechischen. Von L. Grünenwald. (37 S.)

— dasselbe. 3. Bd. 1. 2. Hft. [der ganzen Reihe 7. 8. Hft.]. gr. 8. Ebd. n. 7.— (I—III, 2.: n. 20.80)
1. Entwicklungsgeschichte d. substantivierten Infinitivs. Von Frz. Birklein. (109 S.) 888. n. 4.—
2. Über den Ursprung d. Substantivsatzes m. Relativpartikeln im Griechischen. Von P. Schmitt. (80 S.) 889. n. 3.—

Beiträge zur historischen Syntax der griechischen Sprache, hrsg. v. M. Schanz. III. Bd. 3. u. 4. Hft. (der ganzen Reihe 9. u. 10. Hft.). gr. 8. Würzburg, A. Stuber's Verl. n. 8.— (1—10.: n. 28.80)
3. Geschichte d. Pronomen reflexivum. Von Adf. Dyroff. 1. Abtlg. Von Homer bis zur att. Prosa. (138 S.) 892. n. 4.—
4. - dasselbe. 2. Abtlg. Die att. Prosa u. Schlussergebnisse. (186 S.) 893. n. 4.—

— dasselbe. IV. Bd. 1. u. 2. Hft. (der ganzen Reihe 11. u. 12. Hft.). gr. 8. Ebd. n. 9.—
1. Historische Syntax der griechischen Comparation in der klassischen Litteratur. Von Otto Schwab. 1. Hft.: Allgemeiner Tl. u. 1. Abschn. d. besond. Tls. (Syntax der gegensätzl. Comparation). (VIII, 127 S.) 893. n. 4.—
2. — dasselbe. 2. Hft.: Des besonderen Tls. 2. Abschn. (Syntax der steigernden Comparation). (VII, 180 S.) 894. n. 5.—

— z. histor. Syntax d. griechischen Sprache. Hrsg. v. M. Schanz. 13. Hft. (4. Bd. 3. [Schluss-]Hft.) gr. 8. Würzburg 895. A. Stuber's Verl. n. 6.— (1—13: n. 43.80)
Histor. Syntax d. griech. Comparation i. d. klass. Litteratur. Von Otto Schwab. III. (Schluss-)Hft.: D. bes. Theiles III. u. IV. Abschnitt. (X, 205 S.) n. 6. — (kplt.: n. 15. —)

— zur historischen Syntax der griechischen Sprache. Hrsg. v. M. v. Schanz. Der ganzen Reihe 14. Hft. gr. 8. Würzburg, A. Stuber's Verl. n. 3.60
Die Temporalsätze m. den Konjunktionen „bis" u. „so lange als". Von Alb. Fuchs. (V, 130 S.) 902.
Hft. 1—13. Ebd. 882—895. n. 43.80.

— zur historischen Syntax der griechischen Sprache. Hrsg. von M. v. Schanz. Der ganzen Reihe 15.—17. Hft. gr. 8. Würzburg, A. Stuber's Verl. n. 14.60
15. Die polare Ausdrucksweise in der griechischen Literatur. Von Ernst Kemmer. (VIII, 263 S.) 903. n. 6.—
16. Die Präpositionen bei Herodot u. andern Historikern. Von Rob. Helbing. (159 S.) 904. n. 5.—
17. Beiträge zur genaueren Kenntnis der attischen Gerichtssprache aus den zehn Rednern. Von Konr. Schodorf. (VII, 114 S.) 904. n. 3.60
Hft. 1—14. Ebd. 882—902. n. 47.40.

— zur historischen Syntax d. griechischen Sprache. Hrsg. v. M. Schanz (Umschlag: M. v. Schanz). Der ganzen Reihe 18. Heft. Lex. 8. Würzburg, C. Kabitzsch. 5.50
Die Kausalsätze im Griechischen bis Aristoteles. I. Die Poesie. Von Mart. P. Nilson. (V, 145 S.) 907.
Hft. 1 bis 17. Ebd. 882—904. 62.—

— z. histor. Syntax d. griech. Sprache. Hrsg. v. M v. Schanz. Der ganzen Reihe 19. u. 20. Heft. Lex8° Würzbg, C Kabitzsch. (1—20: 75.60)
1—3. Heft sind nicht mehr einzeln erhältlich.
Grünewald, O: Die Satzparenthese bei d. 10 attischen Rednern. (61) '12 [19] 2.50
Maidhof, Adam: Zur Begriffsbestimmg d. Koine besonders auf Grund d. Attizisten Moiris. (6, 97) '12 [20] 4—

Beiträge zur Syphilis-Forschung. Articles pour l'investigation de la Syphilis, hrsg. von ... Dr. Max v. Niessen, Wiesbaden. 1. *(Wiesbaden:) Selbstverl. 1900.* 4° [illegible] 2

— z. Taktik u. Strategie, vom Verfass. d. Versuchs e. Logistik. 1e Abthl., mit 6 Kpf. 8. Glogau 804. N. Güntersche B. 1 ℛ 8 𝒢

Beiträge zur Taktik und Strategie. Von dem Verfasser des Versuchs einer Anweisung zur Logistik. Glogau 1803. V: *Biberstein, v.* (KA)

Chemische Fabriken & Asphaltwerke Actien-Gesellschaft, Worms am Rhein. Beiträge zur Technik des Canalisations- und Strassenbau-Wesens. 4., verm. Aufl. — Worms: Selbstverl. 1899. 81 S. 8° 30.
15.

— einige, zum ersten Theile d. Charakteristik d. Bibel, (v. Chr. Gf. Müller). gr. 8. Gera 776. Rothe. 3 𝒢

— zur deutschen Territorial- u. Stadtgeschichte. Hrsg. v. G. v. Below, H. Diemar u. F. Keutgen. 1. Serie. (6 Hfte.) 1.—3. Hft. gr. 8. Kassel, M. Brunnemann. Subskr.-Pr. n. 9.90; Einzelpr. n. 13.20
1. Der geldrische Erbfolgestreit 1537—1543. Von Paul Heidrich. (VII, 111 S.) 896. Subskr.-Pr. n. 2.10; Einzelpr. n. 2.80
2. Brandenburg. Politik u. Kriegführg. i. d. J. 1688 u. 1689 v. Paul Haake. (VIII, 163 S.) 896. Subskr.-Pr. n. 3.30; Einzelpr. n. 4.40
3. Die Hansestädte u. d. Barbarossen. Von Ernst Baasch. M. e. Anh. (VII, 239 S.) 897. Subskr.-Pr. n. 4.50; Einzelpr. n. 6.—

Beiträge zur neuesten deutschen Territorial-Verfassung. Aus authentischen Quellen. Beitr. 1. — Frankfurt [usw.] 1783. 90 S. 8° 3. 7. 12: J. publ. G. 90z.
15.

— für das deutsche Theater in Originalien u. Uebersetzungen. 1r Bd. (Enth.: die beiden Schwiegersöhne. — Die beiden Grenadiere. — Die Buße des Socrates. — Der Geburtstag). 8. Berl. 813. (Rücker).

— zum deutschen Theater, (v. Chr. Fel. Weiße). 5 Thle. 8. Lpz. 759—68. N. A. 771. Dyck. 4 ℛ 20 𝒢 Enth.: 1r Bd. Eduard III.; Trspl. — Richard III.; Lstspl. — Die unerwartete Zusammenkunft, oder die Naturaliensammler; Lstspl. 2r Bd. Mustapha u. Zeangir; Trspl. — Rosamunde; Trspl. — Die Haushälterin; Lstspl. — Die Matrone v. Ephesus; Lstspl. 3r Bd. Krispus; Trspl. — Die Befreiung v. Theben; Trspl. — Der Mißtrauische gegen sich selbst; Lstspl. — Großmuth für Großmuth; Lstspl. — 4r Bd. Atreus u. Thyest; Trspl. — Amalia; Lstspl. — Der Projektenmacher; Lstspl. — 5r Bd. Romeo u. Julie; Trspl. — Die Freundschaft auf der Probe; Lstspl. — List über List; Lstspl.

Beiträge zum Theater, zur Musik und zur unterhaltenden Lektüre überhaupt. Stendal 1784—1785. V: *Dietz, Johann Christian Friedrich.* (Ky) (MGT) (NN)

— z. Theater, zur Musik u. angen. Lektüre, (von Joh. Chr. Fr. Dietz). 8. Stend. 785. Franzen u. Gr. 12 𝒢

— zum regelmäßigen Theater der Deutschen. Vom Verfass. des „Postzugs." gr. 8. Wien 791. Alberti. 20 𝒢

— z. Theatergesch. Hrsg. v. Gerh. Amundsen. 8° Münch., Delphin-Verl.
Amundsen, Gerh.: Jedermann am Münchener Hof- u. Nationaltheater. Mit Beiträgen v. Art. Kutscher u. Expeditus Schmidt. Hrsg. v. Ludw. Kirschner. (21 m. Abb.) ('12) Pappbd. 1.50

Beiträge, Theatralische, aus den Thälern der Carpathen. 1. Bdchen. Enth. das Erntefest oder das Testament. Ein ländliches Gemählde. Hermannst. 1832. V: *Bertleff, Michael.* (KU) (Pk)

Beiträge zur mystischen Theologie hrsg. von Franz Anton v. Besnard. — Augsburg: B. Schmid 1847. XII, 499 S. 8°
1: Cs 644. 2. 7. 12: Asc. 502 f. 15. 18. 102. 300: 15.171-B.
15.

Beiträge zur Theorie des Armenwesens. Veranlasst durch Hrn. Karl Godefroy: „Theorie der Armuth." 8°. Hamburg, Hoffmann u. Campe, 1834.

Beiträge zur T h e o r i e der Dienstunfähigkeits-und Sterbensverhältnisse, s. B e h m , G.: S t a t i s t i k der Mortalitäts-, Invaliditäts-und Morbilitätsverhältnisse . . .

— z. Theorie d. schönen Künste rc. gr. 8. Berl. 814. Schöne. 20 gr

Beiträge z. Theorie u. Praxis d. Buch- u. Bibliothekswesens, s.: Sammlung bibliothekswissenschaftlicher Arbeiten.

— z. Theorie u. Praxis e. allg. H e i m a t k d e auf allen Klassenstufen. Hrsg. v. Rud. Sieber. 1. Heft. 8° Lpzg, F Brandstetter. d
Sieber, Rud.: Theorie e. allg. Heimatkde. Geograph. Heimatkde. (4, 94 m. Abb.) '12 [1] 1.40

Beiträge zur Theorie und Praxis des Schachspiels. In einer Reihe Abhandlungen, Partien, Räthseln etc. hrsg. von Herrmann Hirschbach. — Leipzig: Brauns [1840]. 278, 240, 122 S. 8°
Nebent.: Deutsche Schachzeitung. Jg 1-3. 1846-48. Erschien zuerst als Zeitschrift.
1:Os 16226. 302. 15.

— zu der Theorie des Stoßfechtens. 12. (24 S.) Mainz 880. Diemer. n. — 50

— zur experimentellen Therapie. Hrsg. v. E. v. Behring. Hft. 1. 1a. 2 u. 3. gr. 8. Wien, Urban & Schwarzenberg. n. 7. 80
1. Aetiologie u. Therapie d. Streptokokkeninfectionen. Von W. v. Lingelsheim. (48 S.) 899. n. 1. 20
1a. dasselbe. (S. 49—92.) 900. n. 1. 20
2. Die Malaria nach d. neuesten Forschungen. Von Angelo Celli. Übers. v. Fritz Kerschbaumer. Mit in den Text eingeschalteten Taf. u. Fig. (IV, 120 S.) 900. n. 3. —
3. Allgemeine Therapie der Infectionskrankheiten. Von E. Behring. (2. Thl.) (S. 1035—1122 m. 1 Kurve.) 900. n. 2. 40

— dasselbe. 4. u. 5. Hft. gr. 8. Marburg (N. G. Elwert's Verl.) n. 19. —
4. Die Proteïne. Von Wilh. G. Ruppel. (XI, 207 S.) 900. n. 7. —
5. Tuberkulose. Einleitung von E. v. Behring. 1. Thl. von E. v. Behring, P. Römer u. W. G. Ruppel. Text. (XVIII, 28 S. m. 6 Taf. u. 5 Tab.) Nebst Anlage. (S. 29—90 m. 32 Taf.) 902. n. 12. —

— zur experimentellen Therapie. Hrsg. von E. v Behring. 6. Hft. gr. 8. Marburg (N. G. Elwert's Verl.) n. 7. —; geb. n. 8. —
6. I. Tuberkelbacillenstämme. II. Wohnungsdesinfektion durch Formaldehyd. III. Trinkwasserversorgung. Von Paul H. Römer. Mit 3 Tab. u. 11 Taf. (III, 151 S.) 903.

— dasselbe. 7.—11. Hft. Lex.-8 Berlin, A. Hirschwald n. 25. 60
7. I. Aetiologie u. ätiologische Therapie des Tetanus. Von E. v. Behring. — II. Neue Mittheilungen üb. Rindertuberculosebekämpfung. Von Paul H. Römer. Mit 33 Taf. (109 S.) 901. n. 12. —
8. Tuberculoseentstehung, Tuberculosebekämpfung u. Säuglingsernährung. Von E. v. Behring (III, 188 S.) 904. n. 3. 60
9. I. Schutzimpfungsversuche gegen d. Tuberculose d. Rinder nach v. Behring's Methode. Von Frz. Hutyra. — II. Weitere Studien zur Frage der intrauterinen u. extrauterinen Antitoxinübertragung von der Mutter auf ihre Nachkommen. Von Paul H. Römer. Mit 5 Taf. (41 S.) 905. n. 3 —
10. I. Beitrag zur Frage d. Rindertuberculose-Immunisirung. Von E. v. Behring. II. Ueber ultramikroskopische Protein-Untersuchungen. Von E. v. Behring. III. Experimentelle Beiträge zu e. Adsorptionstheorie d. Toxinneutralisirung u. verwandter Vorgänge. Von Wilh. Biltz, H. Much u. C. Siebert. IV. Ultramikroskopische Bakterien-Photogramme. Von C. Siebert. (III, 58 S) 905. n. 2. —
11. Moderne phthisiogenetische u. phthisiotherapeutische Probleme in historischer Beleuchtung. Von E. v. Behring. (XXXVI, 156 S.) Marburg 905. n. 5. —

— z. experimentellen Therapie. Hrsg. v. E v. Behring. 12. Heft. Lex8° Berl., A Hirschwald. (7—12: 31.60)
Behring, E v.: Meine Blutuntersuchgn. (16, 115 m. Beilagen u. Tab.) '11 (Umschl.: '12) [12] 6 —

— zur Thierheilkunde. Von e. Gesellschaft schweizer. Thierärzte, s.a. Archiv f. Thierheilkunde.

— z. Thierheilkunde. Von e. Gesellschaft schweizer. Thierärzte. Neue wohlf. Ausg. (v.: Archiv f. Thierheilkunde 816.) gr. 8. Aarau 824, Sauerländer.

Beiträge zur Todtenfeier des . . . Herzogs Friedrich Wilhelm in der Freimaurerloge Carl zur gekrönten Säule in Braunschweig. [Braunschweig 1815.] V: *Geitel, Carl Aug. Gfr.* (Mitth. Dr. H. Bäsecke.)

— thurgauische, zur vaterländischen Geschichte. Herausg. vom histor. Vereine des Kantons Thurgau. 1—3. Hft. Frauenfeld 861—63. (Huber.) gr. 8. (XVI, 287 S., 1 lith. Taf. u. 1 lith. Karte in Fol.) 1 thlr 18 ngr

— thurgauische, zur vaterländischen Geschichte. Herausg. vom histor. Vereine des Kantons Thurgau. 4—11. Heft. Frauenfeld 865—70. Huber in Comm. gr. 8. 3 thlr 14 ngr
4. 5. (X, 206 S.) 24 ngr — 6. (VIII, 178 S.) n. 16 ngr — 7. (135 S.) 12 ngr — 8. (139 S.) 12 ngr — 9. (V, 152 S. u. 2 lith. Taf.) n. 16 ngr — 10. (IV, 130 S., 1 lith. Taf. u. 1 Tab. in Fol.) 12 ngr — 11. (2 Bll., 104 S.) 12 ngr

— thurgauische, zur vaterländischen Geschichte. Hrsg. vom historischen Vereine des Kantons Thurgau. 12—16. Hft. gr. 8. Frauenfeld 872—76. Huber. n. 6. 40
12. Hft. Sammlung aller thurgauischen Glockeninschriften sammt e. einleit. Abhandlg. üb. die Kirchenglocken. Mitgetheilt v. H. G. Sulzberger. (113 S.) 1. 20
13. Hft. Bericht üb. die Verrichtgn. u. peinl. Aussagen Kilian Kesselrings, Generalwachtmeister der Landgrafschaft Thurgau, betr. den Einbruch d. Generals Gust. Horn u. die Belagerg. der Stadt Konstanz, im Septbr. 1633. (IX, 101 S.) 1. 20
14. Hft. Geschichte der Gegenrevolution der Landgrafschaft Thurgau seit dem Abschluß d. 2. Landfriedens bis zum Ende d. 16. Jahrh. Von G. P. Sulzberger. (110 S.) 1. 20
15. Hft. Die Sage v. der Thurbrücke zu Bischofszell. Ihr geschichtl. Kern u. ihre poet. Bearbeitgn. 2 Vorträge v. J. A. Pupikofer u. J. Christinger. Geschichte der Gegenreformation der Landgrafsch. Thurgau. 2. Thl. Vom 17. bis 19. Jahrh. Von H. G. Sulzberger. (III, 218 S.) n. 1. 60
16. Hft. Bericht üb. Entstehg. u. bisher. Thätigkeit d. thurg. histor. Vereins. Geschichte des Schlosses Wolfsberg bei Ermatingen u. Freiherr Ulrich v. Sar zu Hohensar. (77 S.) 1. 20

— Thurgauische, zur vaterländischen Geschichte. Hrsg. vom Historischen Verein d. Kantons Thurgau. 17—21. Hft. gr. 8. (à ca. 100 S.) Frauenfeld 877—80. Huber. à 1. 20

— Thurgauische, zur vaterländischen Geschichte. Hrsg. vom histor. Vereine des Kantons Thurgau. 22. u. 23. Hft. gr. 8. Weinfelden. (Frauenfeld, Huber.) n. 2. 80
22. (76 S.) 882. n. 1. 20. — 23. (III, 152 S. m. 1 Kpfr.-taf.) 883. n. 1. 60

— Thurgauische, zur vaterländischen Geschichte. Hrsg vom histor. Vereine des Kantons Thurgau. 24.—28. Hft gr. 8. Frauenfeld, (Huber). n. 10. 40
24. Amstein, G., aus J. A. Faesi's Geschichte der Landgrafschaft Thurgau. — Ergänzung zu den Glockeninschriften von Sulzberger. — Amstein, G., Das Urtheil der öffentlichen Meinung über den sogenannten Wigoltinger Handel. — Büchi, J., Thurgauer Chronik des J. 1883. — Büchi, J., Thurgauische Literatur aus dem J. 1883. (III, 133 S.) 884 n. 1. 20
25. Mörikofer, J. C., Erlebnisse, hrsg. von H. G. Sulzberger. — Stähelin, H., Thurgauer Chronik des J. 1884. Büchi, J., Thurgauische Literatur aus dem J. 1884. (III 187 S.) 885. n. 2. 40
26. Mayer, A., Geschichte von Ermatingen bis zur Reformation — Sulzberger, H., Geschichte der Thurgauer Kapitel und der reformirten Synoden. — Stähelin, H., die Vorelnach in Weinfelden. — Anwyl, Fr. Jac. v., kurze Beschreibung des Thurgaus. — Büchi, J., Thurgauer Chronik des J. 1885. — Büchi, J., Thurgauische Literatur 1885. (III, 169 S.) 886. n. 2. —

27. Fehr, Thurgauer Landrecht. Allgemeine Bestimmungen. Nach einer durch Landammann Joh. Ulrich Nabholz 1718 gemachten Zusammenstellung bearb. — Büchi, J., Bericht über die Ausgrabung röm. Alterthümer im Thalbach bei Frauenfeld. — Meyer, J., u. H. Stähelin, die päpstl. Fahne der Stadt Frauenfeld vom J. 1512. — Stähelin, H., Thurgauer Chronik des J. 1880. — Büchi, J., Thurgauische Literatur aus dem J. 1886. (198 S.) 887. n. 2. 40
28. Meyer, J., die Burgen bei Weinfelden. — Kurz, J. J., das landwirthschaftl. und gewerbl. Leben in Liebenfels und den liebenfelsischen Höfen. — Öffnung des Hauses Tobel. — Stähelin, H., Thurgauer Chronik des J. 1887. — Büchi, J., Thurgauische Literatur aus dem J. 1887. (138 S.) 888. n. 2. 40

— Thurgauische, zur vaterländischen Geschichte. Hrsg. vom histor. Vereine d. Kant. Thurgau. 29.- 32. Hft. gr. 8. Frauenfeld, (J. Huber's Verl.). n. 9 80
29. (III, 104 S. m. 1 farb. Facsm.-Taf.) 890. n. 2. 40
30. (III, 146 u. 64 S. m. 1 Tab. u. 1 farb. Taf.) 890. n. 3. 40
31. (III, 149 S.) 891. n. 2. —. — 32. (III, 93 S.) 892. n. 2. —

— thurgauische, z. vaterländ. Geschichte. Hrsg. v. histor. Vereine d. Kantons Thurgau. 33. u. 34. Hft. gr. 8. Frauenfeld (J. Huber's Verl.). n. 5. 50
33. (III, 157 S.) 893. n. 3. —
34. (III, 155 S.) 894. n. 2. 50
(Als Nachtrag zu Bd. XXVII des Bücher-Lexikons hier mitaufgenommen.)

Beiträge, thurgauische, zur vaterländ. Geschichte. Hrsg. v. histor. Vereine d. Kantons Thurgau. 35. u. 36. Hft gr. 8. Frauenfeld (J. Huber). n. 4. 65
35. (III, 184 S.) 895. n. 2. 25
36. M. e. archäolog. Karte d. Kantons Thurgau. (III, 193 S.) 896. n. 2. 40

— Thurgauische, z. vaterländ. Gesch. Hrsg. v. histor. Vereine d. Kantons Thurgau. 36—51. Heft. 8° Frauenf., (Huber & Co.). nn 34.50 d
36. (193 m. 1 Ktc.) 1896. 1.60 ‖ 37. (225 m. 1 Taf.) 1897. 1.60 ‖ 38. (4, 132) 1898. 1 — ‖ 39. (200 m. Bildn.) 1899. 1.60 ‖ 40. (175) 1900. nn 2 — ‖ 41. (210 m. Bildn.) '01. nn 2 — ‖ 42. (172) '02. nn 2 — ‖ 43. (9, 247 m. Abb. u. 1 Bildn.) '03. nn 3 — ‖ 44. (179) '04. nn 2 — ‖ 45. (224 m. Abb.) '05. nn 3 — ‖ 46. (130 m. 4 Taf.) '06. nn 2.50 ‖ 47. (245 m. 1 Taf.) '07. nn 2.60 ‖ 48. (233 m. 1 Stammtaf. u. 1 Tab.) '08. nn 2.40 ‖ 49. (158 m. 2 Taf.) '09. nn 2.40 ‖ 50. (210 m. 4 Taf.) '10. nn 2.40 ‖ 51. (202 m. 3 Taf.) '11. nn 2.40

Beiträge. Thurgauische B' zur vaterländischen Geschichte. Hrg. vom Historischen Vereine des Kantons Thurgau. 8. Frauenfeld, F. Müller.

Heft 41: Mit einer Phototypie [Porträt-Tafel]. IV + 210 S. 1901. (fr. 2. 50)
Heft 42. IV + 172 S. 1902. [fr. 2. 50]
Heft 43: Mit 6 Illustrationen in Autotypie- und Strichätzung nebst einem Lichtdruck [wovon 5 Tafeln]. X + 247 S. 1903. [fr. 3. 60]

Beiträge. Thurgauische B' zur vaterländischen Geschichte. Hrg. vom Historischen Verein des Kantons Thurgau. Heft 44. Mit einer Autotypie [Tafel]. IV + 179 S. 8. Frauenfeld, F. Müller, 1904. [fr. 2. 50]

Beiträge. Thurgauische B' zur vaterländischen Geschichte. Hrg. vom Historischen Vereine des Kantons Thurgau. Heft 45. Mit 12 Illustrationen in Zinkätzung [und 1 Stammtafel]. IV + 224 S. 8. Frauenfeld, F. Müller, 1905. [fr. 3. 60]

Beiträge. Thurgauische B' zur vaterländischen Geschichte. Hrg. vom Historischen Verein des Kantons Thurgau. Heft 46. Mit 6 Autotypien und 1 Zinkätzung [= 4 Tafeln]. IV + 130 S. 8. Frauenfeld, F. Müller, 1906. [fr. 3. —]

Beiträge. Thurgauische B' zur vaterländischen Geschichte. Hrg. vom Historischen Verein des Kantons Thurgau. Heft 47. Mit 2 Illustrationen in Zinkätzung [auf 1 Tafel]. IV + 245 S. 8. Frauenfeld, F. Müller, 1907. [fr. 3.]

Beiträge. Thurgauische B' zur vaterländischen Geschichte. Hrg. vom Historischen Verein des Kantons Thurgau. Heft 48. [Mit 1 Tabelle und 1 Stammtafel.] IV + 233 S. 8. Frauenfeld, F. Müller, 1908. [fr. 3. —]

Beiträge. Thurgauische B' zur vaterländischen Geschichte. Hrg. vom Historischen Verein des Kantons Thurgau. Heft 49. Mit zwei Autotypien [Tafeln]. IV + 158 S. 8. Frauenfeld, F. Müller, 1909. [fr. 2. 80]

Beiträge. Thurgauische B' zur vaterländischen Geschichte. Hrg. vom Historischen Vereine des Kantons Thurgau. Heft 50. Mit zwei Autotypien [Tafeln, und 1 Stammtafel]. IV + 210 S. 8. Frauenfeld, F. Müller, 1910. [fr. 3. —]

— z. Toilettenlektüre, s. Nolde's Gallerie der Gesundheitslehre, 2r Thl.

Aus d. Akten d. Königl. Preußischen Kultusministeriums. Beiträge zur Trachom-Forschung von Richard Buchwald [u.a.] — Jena: G. Fischer 1909. 92 S. 8°
Aus: Klinisches Jahrbuch. 21. 1909.
27.
15.

Beiträge zur Typhusforschung von J. Bornträger [u.a.] — Jena: G. Fischer 1905. 92 S. 8°
Aus: Klinisches Jahrbuch. 14. 1905.
26.
15.

— zur Uebersicht üb. das Leipziger Schulwesen. 1875. gr. 8. (75 S.) Leipzig 876. Hinrichs' Sort. in Comm. n. 1. 50

— — zur Uebersicht über das Leipziger Schulwesen. 1879. gr. 8. (65 S.) Leipzig 880, (Hinrichs'sche Buchh.) *

— zur Übersicht üb. das Leipziger Schulwesen. 4. Hft. 1883. gr. 8. (123 S.) Leipzig 883. (Fock.) n.n. 2. —

— zur Übersicht üb. das Leipziger Schulwesen. V. Hft. — 1893. gr. 8. (113 S.) Leipzig 893. (G. Fock.) n. 1. —

Uebersichtliche Beiträge zur Geschichte des Großherzoglich Hessischen Militärstaates, nebst e. allgemeinen Kriegskalender. Von e. Officier d. Großherzoglich Hessischen Regiments Prinz Carl. — Darmstadt: Bekker 1850. IV,31 S. 4°
Als Verfasser wird Christian v. Bechtold genannt.
1:4° Sk 2384. 17. 26.
15.

Beiträge zur Übung im Schriftlesen, Schön- und Rechtschreiben für die Jugend. Stadamhof 1822—23. V: *Müller, Franz Xaver.* (Ky)

— zur Uebung im Schriftlesen, Schön- u. Rechtschreiben, für die Kinder in den Volksschulen. 2 Abtheill. 8. Stadamhof 822 u. 23. 2e A. ... 3e A. 825. 26. 4e A. 831. (Landsh., Krüll). 7 gGr.

Beiträge z. Uebung f. junge Zeichner, in 12 Bl. Braunschw. 819. Spehr. 16 gGr.

— ungarische, z. Augenheilkunde. Unt. Mitwirkg. v. Fachgenossen hrsg. v. Wilh. Schulek. I. Bd. gr. 8. (IX, 277 S. m. 45 Abb.) Wien 895. F. Deuticke. n. 8. —

— ungarische, zur Augenheilkunde. Unter Mitwirkg. v. Fachgenossen hrsg. v. Wilh. Schulek. II. Bd. Mit 45 Abb. im Texte u. 13 Taf. im Anh. gr. 8. (V, 673 S. m. 3 Bl. Erklärgn.) Wien 900. F. Deuticke. n. 20. —
Bd. I. Ebd. 895. n. 8. —.

Beiträge, ungarische, zur Augenheilkunde. Unter Mitwirkg. v. Fachgenossen hrsg. v. Wilh. Schulek. III. Bd. (VII, 147 S. m. Abbildgn.) gr. 8. Wien 903. F. Deuticke. n. 5. —
Bd. I u. II. Ebd. 895. 900. n. 28. —.

Beiträge zur Heidelberger Universitäts- und Gelehrtengeschichte. Inhalt. Gustav Sommerfeldt, Über den Verfasser und die Entstehungszeit der Traktate 'De squaloribus curiae Romanae' und 'Speculum aureum de titulis beneficiorum'. Karl Obser, Zur Geschichte des Heidelberger St. Jakobskollegiums. Alfred Stern, Ein Brief Anton Friedrich Justus Thibauts aus dem Jahre 1832. Friedrich v. Weech, Briefe von Heidelberger Gelehrten an Franz Joseph Mone. — Heidelberg: Winter [1903]. 76 S. 8°
Nebent.: Festgabe d. Badischen Historischen Kommission zur Jubelfeier d. Universität Heidelberg im August 1903.
Aus: Zeitschrift für d. Geschichte d. Oberrheins. N.F. 18. 1903.
5. 6. 7. 16. 21. 25. 27. 28. 30. 102.
15.

Beiträge, Unterhaltende topographische und statistische, einer Sommerreise durch die Provinzen Magdeburg, Braunschweig, Halberstadt. Halle 1791. V: *Plato, Christian Carl.* (Ky)

— unterhaltende, zur Verbreitung der Naturkunde und der Weltkunde überhaupt. In Lesefrüchten u. Originalien. Unter Mitwirkung Mehrerer herausg. von J. M. Griem. Hadersleben 860. Griem. gr. 8. (IV, 106 S.) n. 20 ngr

— zur angenehmen Unterhaltung, in Geschichten u. Erzähll. gr. 8. Kaschau 794. (Hertel in Leipz.) 8 gr

— z. angen. Unterhaltung in Abendst. ꝛc. 8. Preßb., Weber. 8 gr

— z. Unterhaltung f. Freunde d. Religion. 2 Stcke. gr. 8. Liegn. 793. Siegert. 12 gr

Beiträge zur Unterhaltung für **Freunde der Religion und des Verstandes mit Rücksicht auf unsere Zeiten.** [Liegnitz] 1793—1795. H: *Fechner, Chn Gottfr.* (ML)

— z. gemeinnütz. Unterhaltung, in Bezieh. auf d. Voigtland. 12 Stcke. 8. Greiz 789. Schneider. 1 rß

— z. Unterhaltung munter. u. ernsthaft. Gesellschaften. 3 Thle. 8. Hamb. 768, 69. Herold. 1 rß 6 gr

— zur Unterhaltung gesellschaftl. Kreise in langen Winterabenden, od. Samml. d. neuesten u. beliebtesten Spiele im Zimmer, frappanter Kunststücke aus d. Magie u. mit Karten, Charaden, Räthseln ꝛc. 16. (8¾ B.) Leipzig 835, [Jackowitz.]
Aus der: Chariclea, abgedruckt.

— zur Unterhaltung gesellschaftl. Kreise in langen Winterabenden, oder Samml. der neuesten u. beliebtesten Spiele im Zimmer, frappanter Kunststücke aus d. Magie u. mit Karten, Charaden, Räthseln ꝛc. (Aus der „Chariclea" abgedr.) 16. Leipzig 835. Vetter u. Rostosky. 3/8 rß

Beiträge zur Unterhaltung für Leser und Leserinnen. Erstes Bändchen. Dünkelsbühl 1793. V: *Büttner, Heinrich Christoph.* (GGr) (MGT)

— zur Unterhaltung f. Leser u. Leserinnen. 16 Bdchn. gr. 8. Dinkelsbühl 793. Schmeißer.

— z. Unterhaltung beim Nachtisch f. Frauenzimmer vom Stande, mit 110 Kpf. gr. 8. Bresl. 782. J. F. Korn. 1 rß 16 gr

— zur nützl. u. lehrr. Unterhaltung. 1r Thl. 8. Hannov. 793. Hahn. 10 gr

— z. freundschaftl. Unterhaltungen, gesammelt aus den Unterredungen e. Kränzelgesellschaft. 8. Bresl. 799. J. F. Korn. 9 gr

— zum erziehenden Unterricht. Hrsg. v. der pädagog. Gesellschaft in Württemberg. I. (Doppel-)Hft. u. 2. u. 3. Hft. gr. 8. Esslingen, W. Langguth. n. 2. —
1. Geschichte der Pädagogik im Rahmen der Weltgeschichte. Ein Beitrag zur Reform des Unterrichts in den Schullehrerseminarien. (IV, 125 S.) 893. n. 1. —
2. Über Analysis u. Synthesis im erziehenden Unterricht. (40 S.) 891. n. — 50
3. Lehrplan f. die Volksschule. Nebst e. Kritik u. e. Anh. Vom Standpunkt des erzieh. Unterrichts. (VI, 32 S.) 891. n. — 50

— z. erzieh. Unterricht. Hrsg. v. d. pädagog. Gesellschaft in Württemberg. 4. Hft. gr. 8. Esslingen 895. W. Langguth. n. — 50 (1—4.: n. 2. 50)
Anti-Normallehrplan. Von J. L. Jetter. (48 S.)

— zum erziehenden Unterricht. Neue Folge. 1. u. 2. Heft. gr. 8. Cannstatt, G. Hopf. n. 2. 20
1. Zur Reform des evangelischen Religionsunterrichts in der württemb. Volksschule. Von Karl Jung. (83 S.) 903. n. 1. 20
2. Geschichte des Religionsunterrichts in der evangel. Volksschule Württembergs. Von Ott. Weisenböhler. (IV, 67 S.) 903. n. 1. —

Beiträge zum practischen Unterrichte im Felde für die Offiziere der Oesterreichischen Armee. Wien 1806—1810. 1825. V: *Carl Erzherzog v. Oesterreich.* (Pr)

— zum prakt. Unterricht im Felde, für d. Offiziere d. österr. Armee. 2 Bde. Mit 43 in Kupfer gestoch. u. colorirt. Plänen. gr. 8. Wien 825. (Heubner). 7 rß 4 gr

— aus der allgemeinen Unterrichts- und Erziehungslehre zu den in den k. k. österreich. Schulen vorgeschriebenen Methodenbuche (von S. Rudmasch). gr. 8. (VIII und 72 S.) Klagenfurt 854, Leon'sche Buchh.

— zum deutschen Unterrichtswesen. Eine volkswirthschaftlich-statistisch-pädagog. Darstellung f. die Gebildeten unserer Nation. gr. 8. (68 S.) Berlin 881. Adf. Klein. n. 1. 50

— z. Unters. d. Frage: Ob u. in wie weit es e. weisen Manne überhaupt, u. besond. e. göttl. Lehrer erlaubt sei, sich zu d. Meinungen anderer herabzulassen ꝛc. 8. Bresl. 791. (Gosohorsky). 12 gr

— z. Urheberrecht, s. a. Publikationen d. Börsenvereins d. deutschen Buchhändler.

— z. Urheberrecht. Festgabe f. d. XVII. internat. litterar. u. künstler. Kongreß. Dresden 1895. Hrsg. m. Unterstützg. d. königl. sächs. Minister. d. Innern u. d. Dresdener Centralausschusses v. Arbeitsausschuß. Lex.-8. (7, 197 u. 8 S.) Berlin 895. Deutsche Schriftsteller-Genossenschaft. n. 4. 50

Beiträge zum Urheberrecht. Festgabe f. den XVII. internationalen litterar. u. künstler. Kongress. Dresden 1895. Berlin 895.

Beiträge zum Urheberrecht. (Bearb.: Robert Voigtländer u. Fritz Schwartz.) — Leipzig 1896. 129 S. 8°
(Publikationen d. Börsenvereins d. Deutschen Buchhändler. 9.)
1: An 9854-9. 2→5. 7. 9. 10. 12: N. libr. 221 fm 9. 14→18. 21. 24. 26. 29. 302.

Börsenverein d. Deutschen Buchhändler zu Leipzig. Beiträge zum Urheberrecht. Beschlüsse d. außerordentlichen Ausschusses für Revision d. Gesetze über Urheberrecht nebst Begründung. (Bearb.: Robert Voigtländer u. Fritz Schwartz.) — Leipzig: Börsenverein 1896. 47 S. 4°
6. 9. 14. 30.
15.

Beiträge zu einem münsterischen Urkundenbuche, aus vaterländischen Archiven gesammelt von J. Niesert. Bd 1, Abth. 1.2. — Münster: 1823 Coppenrath. 4°
1: 4° Tg 7290. 2→10. 12: 4° Bn. 42m. 14. 16. 17. 21. 24. 25. 30. 300: 72 C 82. 302.
15.

— u. Forschungen, urkundliche, zur Geschichte des preußischen Heeres. Hrsg. vom Großen Generalstabe, Abtheilg. f. Kriegsgeschichte II. 1.—4. Hft. gr. 8. Berlin, E. S. Mittler & Sohn. n. 7. 35
1. Die Anfänge der alten Armee. Von Jany. 1. Thl. (IV, IV, 124 S.) 901. n. 2. 00
2. Briefe preußischer Soldaten aus den Feldzügen 1756 u. 1757 u. üb. die Schlachten bei Lobositz u. Prag. (VIII, 69 S.) 901. n. 1. 50
3. Das Gaudische Journal des siebenjährigen Krieges. Feldzüge 1756 u. 1757. Von Jany. Mit 1 Titelbild. (IV, 64 S.) 901. n. 1. 50
4. I. Réflexions et anecdotes vrais, mais hardies sur la campagne de 1756. Von Prinz Ferdinand v. Braunschweig. II. Zur Geschichte der Einnahme v. Berlin durch das Streifkorps des kaiserl. Feldmarschall-Lieutenants Grafen Hadik im Oktbr. 1757. (IV, 62 S.) 902. n. 1. 45

— u. Forschungen, urkundliche, zur Geschichte des preußischen Heeres. Hrsg. vom Großen Generalstabe, kriegsgeschichtl. Abteilung II. 5.—10. Heft. gr. 8. Berlin, E. S. Mittler & Sohn. n. 17. 40.

5. Die Gefechtsausbildung der preußischen Infanterie v. 1806. Mit e. Auswahl von Gefechtsberichten. Von Jany. (IV, 149 S.) 903. n. 3. 50
6. Der preußische Kavalleriedienst vor 1806. Von Jany. (IV, 106 S.) 904. n. 2. 40
7. Die alte Armee von 1655 bis 1740. (Formation u. Stärke.) Von Jany. (VI, 159 S.) 905. n. 3. 60
8. Die Dessauer Stammliste v. 1729. Von Jany. (III, 170 S.) 905. n. 3. 80
9. Aus dem Garnisonleben v. Berlin u. Potsdam 1803—1806. (IV, 70 S.) 906. n. 1. 60
10. Tagebücher, Potsdamer, 1740 bis 1756. (IV, 110 S.) 906. n. 2. 50

II. 1.—4. Ebd. 901. 902. n. 7. 35.

— u. Forschungen, urkundliche, zur Geschichte des preuß. Heeres. Hrsg. v. großen Generalstabe, kriegsgeschichtl. Abtlg. II. Heft 11, 12/13 u. 14/15. gr. 8. Berlin, E. S. Mittler & Sohn. 10. 20

11. Erinnerungen aus d. Leben. Von Frdr. Karl v. Schmidt. I. Tl.: Die Rhein-Kampagne 1792 bis 1795. Mit 1 Übersichtsskizze in Steindr. (VIII, 102 S.) 909. 2. 70
12/13. Dasselbe. II. Tl. Von der Mobilmachung am 16. IX. 1805 bis zum April 1813. Mit 1 Übersichtsskizze in Steindr.. (IV, 150 S.) 909. 3. 60
14,15. Artillerie, die preußische, von ihrer Neuformation 1800 bis zum J. 1816. Mit Stammtafeln bis zur Gegenwart u. Gefechtskalendern. (III, XVI, 156 S.) 909. 4. —

II. Abt. 1.—10. Heft. Ebd. 901—08. 24.75.

— u. Forschungen, Urkundl., z. Gesch. d. preuss. Heeres. Hrsg. v. grossen Generalstabe, kriegsgeschichtl. Abteilg II. 16—20. Heft. gr8° Berl., ES Mittler & S. (1—20: 47 —) d

Journal, Das Gaudische, d. 7jähr. Krieges. Feldzüge 1758—63. (4. Bd: 5, 105 u. 3) '12 [20] 2.45

Kolberg 1806/07. I. (12, 1—48 u. 187—202 m. 2 [farb.] Übersichtsskizzen u. 4 farb. Pl.) '11 [16] 1.75 ‖ II. (49—112 u. 203—218) '11 [17] 2.60 ‖ III. (113—160 u. 219—250) '11 [18] 2.60 ‖ IV. (161—188 u. 251—293) '12 [19] 2.65

Urkundliche Beiträge zur Geschichte Böhmens und seiner Nachbarländer im Zeitalter Georg's von Podiebrad ⟨1450-1471⟩. Ges. u. hrsg. von Franz Palacký. — Wien; K.K. Hof- u. Staatsdr. 1860. XVI,665 S. 8° (Fontes rerum Austriacarum. 2,20.)
1:Sb 218-2,20. 2→11. 12:Austr. 1810-II,20. 14→18. 21. 24→30. 300:392.395-B.2,20. 302. 15.

Urkundliche Beiträge zur Geschichte des Königreichs Hannover und Herzogthums Braunschweig von 1243-1579. Hrsg. von Julius Grote, Reichsfrhrn zu Schauen. — Wernigerode 1852: Angerstein. 99 S. 8°
1:Sl 208. 7. 8. 9. 14. 30. 15.

— Urkundliche, z. Gesch. d. edlen Herren v. Biberstein u. ihrer Güter. Aus d. handschriftl. Nachlass d. Generalmajors Paul Rogalla v. Bieberstein mitgeteilt v. Alb. Hirtz. Bearb., erläutert u. um e. Regesten-Nachtr. vermehrt v. Jul. Helbig. Hrsg. v. Verein f. Heimatkde d. Jeschken-Isergaues. (7, 498 m. 6 [1 farb.] Taf. u. 2 Stammtaf.) gr8° Reichenbg. (P Sollors Nf.) '11. nn 12 — d

Beiträge, Urkundliche, zur Geschicht eder Hubertusschlacht. O. O. [1906]. V: *Oidtmann, Heinrich.* (Berl 1906, S. 830)

Urkundliche Beiträge zur Geschichte des Hussitenkrieges vom Jahre 1419 an. Ges. u. hrsg. von Franz Palacký. Bd 1.2. — Prag: Tempsky 1873 (1872). 8°
1. Von d. Jahren 1419-1428.
2. Von d. Jahren 1429-1436.
1:Ck 11156. 2→7. 9. 10. 11. 12:H. essl. 835 rf. 14→18. 21. 29. 30. 300. 106. 128 B. 302. 15.

Urkundliche Beiträge zur Geschichte der mähr. Judenschaft im 17. u. 18. Jahrhundert. Hrsg. von Willibald Müller. — Olmütz: Kullil 1903. 198 S. 8°
Nebent.: Beiträge zur Geschichte der mähr. Judenschaft
1:Ez 10698. 25. 30. 302.

Urkundliche Beiträge zur Geschichte der mährischen Judenschaft im 17. u. 18. Jh. Hrsg. von Willibald Müller. *Olmütz: L. Kullil; Leipzig: O. Harrassowitz in Komm. 1903.* (198 S.) 8° [illegible]

Urkundliche Beiträge zur Geschichte bayerischer Lande. Hrsg. von W. Schratz. — Regensburg [usw.]: Habbel 1885. IV,35 S. 8° 1:Sf 196. 12:Bavar. 2404 g. 14. 17. 30 15.

Urkundliche Beiträge zur Geschichte der protestantischen Literatur der Südslaven in den Jahren 1559-1565. Ges. u. hrsg. ... von Ivan Kostrenčić. — Wien: Gerold 1874. VII,244 S. 8°
1:Ax 8072. 2→10. 12:H. lit. P. 202 y. 15. 21. 24. 29. 30. 300:170.000-B. 302. 15.

Urkundliche Beiträge zur Geschichte und Politik des siebzehnten Jahrhunderts. ⟨Nach d. Originalien d. Herzoglich Anhaltinischen Archive.⟩ Hrsg. von Friedrich W. Ebeling. Abth. 1. Zur Geschichte d. Niederlande. Bd 1.2. — Leipzig: Dyk 1856-57. 8°
1. Du Bois, Philibert: Diplomatische Berichte an d. Fürsten Ludwig zu Anhalt von 1605 bis 1620. Hrsg. von Friedrich W. Ebeling. Bd 1.2.
1:Qh 204. 2. 4. 6. 7. 10. 12:H. Un. 174 d. 14. 15. 17. 24. 28. 38. 300:110. 453 B. 15.

Urkundliche Beiträge zur Geschichte des bürgerlichen Rechtsganges ... [Hrsg.] von Prof. Josef Kohler. 1. Berlin: E. Weber 1904. 8° [illegible]

— urkundliche, zur Geschichte des bürgerl. Rechtsganges. Hrsg. v. Jos. Kohler. II. gr. 8. Berlin 907. Erich Weber. 2. 60; geb. 3. 20
II. Das ehemalige kaiserl. Landgericht auf der Leutkircher Heide u. in der Pirs. Ein Beitrag zur deutschen Rechts- u. Verfassungsgeschichte. Von Max Gut. (78 S.)
Bd. I u. d. T.: Kohler, Jos., urkundl. Beiträge. Ebd. 904. 3. 60; geb. 4. 50

Urkundliche Beiträge zur Geschichte der Herzogthümer Schleswig und Holstein. Aus dem handschriftlichen Nachlasse des früheren Oberappellationsgerichts-Präsidenten [Christian Ludwig Ernst] von Stemann hrgg. v. Carl von Stemann. Husum. 1879. 8°.

Urkundliche Beiträge zur Geschichte der Herzogthümer Schleswig und Holstein. Aus d. handschriftlichen Nachlasse d. ... Dr. v. Stemann hrsg. von C. v. Stemann. — Husum 1879: Jebens. VIII,118 S. 8° 1:So 242. 7. 8. 14. 15.

Urkundliche Beiträge ⟨aus den Jahren 1588, 1595 und 1618⟩ zur Geschichte der Stralsunder Verfassung. Aus d. Original-Handschriften ... hrsg. ... von Ernst Zober. Stralsund: Löffler 1846. 30 S. 8° (Kruse, Andreas Abraham Theodor: Aufklärung u. Bemerkungen über d. Stralsunder Bürger-Verträge von 1595 u. 1616. Anh.)
1:T 7298. 2. 3. 5. 6. 8. 10. 12:4° J. germ. 93 m. 18. 29. 15.

Urkundliche Beiträge zur Rechtsgeschichte ober- und niederösterreichischer Städte, Märkte und Dörfer vom zwölften bis zum fünfzehnten Jahrhunderte. Bearb. von Gustav Winter. — Innsbruck: Wagner 1877. XXVIII, 130 S. 8° 1:Go 5465. 2→11. 12:J. austr. 61 nt. 14. 21. 24. 25. 26. 30. 300:177 122-B. 302. 15.

Beiträge, urkundl., z. Staatengesch. Deutschl., in d. napol. Zeiten. A. d. Nachl. v. GFC Robert. I. (Hft.) 8. Kiel 52, Homann. n. — 15
Protocoll üb. d. Verh. d. Dep. d. Kön. Westphalen, zu Paris 1807. (73)

— urkundliche, zur Staatengeschichte Deutschland's, in der napoleonischen Zeit. Wortgetreu aus dem Manuscripten-Nachlaß von Geo. Friedr. Carl Robert, Deputirten der Prälaten von Hessen. I. (Heft.) A. u. d. T.: Protocoll über die Verhandlungen der Deputirten des Königr. Westphalen, zu Paris, in den Monaten Aug. und Septbr. des J. 1807; nebst dessen Anlagen von 1 bis 25. Authentischer Abdr. der Orig.-Acten. gr. 8. (73 S.) Kiel 852, Schwers'sche Buchh. *

Urkundliche Beiträge zur Staats- und Rechts-Geschichte der Stadt Hanover. Hrsg. von Adolph Broennenberg. — Hanover: Hahn 1842. VIII,126 S. 8° 30.
15.

Urkundliche Beiträge über die Stellung der Päpste zu den Juden. Mit Benutzung d. Päpstlichen Geheimarchivs zu Rom. Von Moritz Stern. Bd [1.]2,H.1. — Kiel: Fiencke 1893–95. 8° 21. 1: Ez 3606. 5. 8. 14. 15. 17. 18. 30.
15.

— d. Gesang in d. Schulen u. Kirchen auf eine leichte u. zweckmäß. Art zu verbessern. Herausg. v. Philaletes. 8. (Zeitz, Webel). 6 gr

Beiträge zur Verbesserung unserer Erwerbs- und Verdienstquellen. Bd 1. — Gotha: Thienemann 1856. VIII, 144 S. 8°
1. Frank, Dorotheus: Umschau auf d. landwirthschaftlichen Gebiet d. Thüringer Waldes im Herzogthum Gotha.
1: Ov 10900. 9. 12: Oec. 273u.
15.

— zur Verbesser. u. richt. Führung d. Kirchenbücher, (v. J. A. L. Kaselius). 8. Hildburgh. 794. (Leipz., Gr. Fleischer). 6 gr

— z. Verbesser. d. äußerl. Gottesdienstes in d. kathol. Kirche, (v. A. J. Dorsch u. F. A. Blau). 16 Stck. 8. Frankf. a. M. 789. Andreä. 20 gr

— z. Verbesserung des öffentl. Gottesdienstes. 8. Landsh. 815. Weber in Münch. 2 gr

— zur Verbesserung d. arzneil. Hülfe auf d. Lande. 8. Quedlinb. 785. Ernst. 3 gr

— zur Verbesser. d. Kirchenpolizei in Deutschl. 3 Thle. 8. Manh. 788. (Schwan u. G.) 18 gr

— zur Verbesser. d. Kirchen- u. Schulwesens, s. Dtr. Boysen.

Beiträge zur Verbesserung der Landwirtschaft durch alle ihre Theile. Prag 1795. V: *Fuss, Franz.* (MGT)

— z. Verbesser. d. kathol. Liturgie, (v. B. M. Werkmeister). 16 Stck. 8. Ulm 789. Wohler. 16 gr

Beiträge zur Verbesserung des Mühlenbaues . . . Hamb. 1804. V: *Meissner, Wilh. & Dietrich Uhlhorn.* (EngMt) (Ky) (MGT)

— zur Verbesser. des Mühlenbaues. Mit Kpf. gr. 4. Hamb. 805. (Perthes u. B.) 1 Rthl. 12 gr

Beiträge zur Verbesserung des Mühlenbaues. Zwei gekrönte Preisschriften. (von W. Meissner und D. Uhlhorn). – Hamburg 1834.

— z. Verbess. d. pharmaceutischen Polizey. 8. Schmalkald. 821, Varnhagen.

— z. Verbesser. der pharmaceut. Polizei. 8. Schmalkald. (821). (Meining., Keyßner). 9 gr

Beiträge zur Verbesserung der deutschen Schulen im Hzgt. Wirtemberg. Nebst Anhang über das lateinische Schulwesen. Tubingen: Heerbrandt 1798.

— zur Verbesser. d. deutschen Schulen in Würtemberg, nebst e. Anh. üb. d. latein. Schulwesen. 8. Tübing. 798. (Osiander). 4 gr

Beiträge zur Verbesserung der Stadt- und Landschulen in Bayern. Landshut 1801. V: *Kraus, Joseph.* (Ky) (MGT) (GGr)

— zur Verbesser. d. Stadt- u. Landschulen in Baiern. 8. Landsh. 801. Krüll. 8 gr

Beiträge zur Verbesserung der Weinkultur an der Mosel und Saar, verf. von e. Mitgliede d. Vereins zur Förderung d. Weinbaues in Trier. — Trier: Lintz 1840. 135 S. 8°
1: Ox 5014. 5. 21.
15.

— z. d. Verbesser.: Vorschlägen in Betreff d. Stadt Aachen z. besond. ihrer Tuchmanufakturen. 4. Düsseld. 789. Dänzer. 8 gr

Beiträge (oder Beyträge) zur Veredlung der Menschheit, hrsg. aus dem Erziehungsinstitut bey Kopenhagen v. Christoph Johann Rudolph Christiani. Bd. 1–2. Kopenhagen u. Leipzig. 1796 - 98. 8°

— zur Veredlung d. Menschheit, 1r Beitrag. Finanz- u. Steuersystem für Europa rc. 2 Stcke. 8. Heidelb. (Manh.) 804. Schwan u. G. 14 gr

— zu dem Schleswig-Holsteinischen Verein für bedrängte evangelische Gemeinen von einem Dissentirenden, der aber in der großen Hauptsache von ganzer Seele consentirt, wie auch darin, daß den nothleidenden Glaubensgenossen geholfen werden muß (von L. J. van Rhyn.) gr. 8. Schleswig 812. (Bruhn.) n. 5/12 Rthl.

Beiträge zum Verfassungs- und Wahlgesetz für den Preußischen Staat. Von F. v. B. — Magdeburg: Creutz 1848. 24 S. 8°
1: Deutsche Flugschr. 1848–241. 2. 5. 10. 38.
15.

— zum Verfassungs- u. Wahlgesetz für den Preußischen Staat. Von F. v. B. gr. 8. (24 S.) Magdeburg 849, Creutz. 2 Ngr

— zur Verfassungsrevision in Württemberg. [Aus: „Zeitschr. f. die freiwill. Gerichtsbarkeit u. die Gemeindeverwaltg."] gr. 8. (28 S.) Stuttgart 894. J. B. Metzler's Verl.
n. — 50

Beiträge zur Verfassungsrevision in Württemberg. Stuttg. 1894. V: *Fortenbach, H.* (Kat. d. ständ. Bibl. Stuttg. 1907. S. VIII u. S. 264.)

— zur Verfertigung u. Verbesser. d. Barometers. gr. 8. Frankf. a. M. 795. Fleischer. 5 gr

— zu d. Verhandlungen üb. d. Hamburgische Gymnasium. Erstes u. hoffentlich einziges Hft. gr. 8. (1 B.) Altona 829, (Aue.)

— zu den Verhandll. über das Hamb. Gymnasium rc., 18 Hft. gr. 8. Altona 830. Aue. 4 gr

— zu den Verhandlungen über Staatskunst u. Provinzialstraßenbau im Großherzogth. Hessen (v. ... Schulz). 8. (Frankf. a. M. 833. Brönner.) ..

Beiträge zur Verhütung der Thierquälerei. Hrsg. von d. Verein gegen Thierquälerei zu Berlin. — Berlin: Simion 1843. 91 S. 8°
1: Da 6300. 17.
15.

— zur Verhütung d. Thierquälerei. Insbesondere z. Gebr. in Volksschulen. Hrsg. von d. Verein gegen Thierquälerei zu Berlin. 1. Aufl. (6 B.) 843 u. 2. Aufl. 8. (5 B.) Berlin 844, Simion.
à *

— zur Verklärung Jesu in d. Gläubigen. 3 Stcke. 8. Nürnb. 766. Monath u. K. 12 gr

Beiträge, Vermehrte, zur Verbesserung des Justitzwesens am Cammergericht. Frankf. u. Leipz. 1768—1769. V: *Zwierlein, Christian Jacob.* (MS) (Schz)

— vermehrte, zur Verbesser. d. Justizwesens am Reichs-Kammergericht. 2 Thle. gr. 8. Marb. 768, 69. Krieger. (à 8 gr) 16 gr

— vermischte, zur Beförder. d. Kenntniß u. Behandlung d. Knochenkrankheiten. 16, 26 Stck. 8. Bresl. 803. J. F. Korn. 18 gr

— verm., z. physikal. Erdbeschreib. (v. Fr. W. Otto). 6 Bde. 8. Brandenb. 774—87. (Hessenland in Magdeb.) 4 rß 12 gr

Beiträge, Vermischte, zur Kriegswissenschaft. Frankf. und Leipz. [Nürnb.] 1778 [1777]. V: *Schertel von Burtenbach, Anton Eberhard Frh. von.* (ML)

Beiträge, Vermischte, zum Nutzen und Vergnügen; eine moralische Wochenschrift. Gött. 1746—1747. H: *Wedekind, Rudolph.* (ML)

— verm., zur Philosophie u. d. schön. Wissenschaften. 2 Bde. in 4 Stckn. gr. 8. Bresl. 762—64. W. G. Korn. 1 rß 16 gr

— vermischte, zur Theologie, Kritik u. Historie, (von Chr. H. Hecht u. A.) 2 Thle. 8. Chemn. 777, 78. Mauke. (Starke). 12 gr

Beiträge zur Verordnung wegen Errichtung einer Landwehr. — Dat. Leipzig 11. Nov. 1813. 2 Bl. 2°
1: in 4° Sr 128.
15.

— für die Verordnungen zu e. schweizerischen Lebensmittelgesetze, s.a. Mitteilungen des schweizerischen Bauernsekretariates. Nr. 7.

Beiträge für die Verordnungen zu einem schweizerischen Lebensmittelgesetze. Bearb. durch d. Schweiz. Bauernsekretariat. (Unterzeichn.: Ernst Laur u. Henry Nater.) T. 1.2. — Bern: Wyß 1899–1906. 8°
1. Wein, Honig, Milch, Fette u. Molkereiprodukte. 1899.
2. Fleisch u. Fleischwaren, Most, Obst, Gemüse u. Eier. 1906.
(Mitteilungen d. Schweizerischen Bauernsekretariates. 7. 27.) 1: Ff 6253/5–7.27. 10.
12: Oecon. 2082 h–7,27. 17. 21 [∞ 2]. 26 [∞ 1]. 38.

Beiträge zum Verständniß der ständischen Bewegung in den deutsch-österreich. Provinzen. gr. 8. (XX und 286 S.) Leipzig 848, Herbig. Thlr.

— zum Verständniss des Freihandels und der Resultate der Zollreform vom J. 1858, mit Rücksicht auf die heim. Interessen. Von einem österreich. Kaufmann. gr. 8. (30 S.) Wien 860, (Wenedikt.)

— zum Verständniß der christlichen Lehre. Eine Erbauungsschrift hrsg. von Heinr. W. J. Thiersch. 1. Heft. gr. 8. (VII und 244 S.) Frankfurt a. M. 858, Heyder und Zimmer. *

— dass. — 2. Heft: Andeutungen über den Weg zum inneren Frieden. Aus dem Engl. des Will. Dow. Hrsg. durch Heinr. W. J. Thiersch. gr. 8. (VI und 123 S.) Ebendas. 858. *

Beiträge zum Verständniß der Mennoniten-Frage von e. Liberalen. — Elbing [usw.]: Neumann-Hartmann 1864. 62 S. 8° 1: 6 in Co 50. 10. 30.

— zur Vertheidigung d. Lehre d. kathol. Kirche rc. gr. 8. Leitmeritz 826. Medau. (Leipz., Leich). 16 gr

Beiträge zur Verteidigung der Lehre der kath. Kirche, veranlaßt durch die Predigt des Herrn Pastor Schmalz in Neustadt-Dresden am Reformationsfest 1826. Von dem Verfasser [Bischof Aug. Hille in Leitmeritz] des Buches: „Soll die Scheidewand unter Katholiken u. Protestanten noch länger fortbestehen?" Leitmeritz, Medau, 1827, 8°, 208 S., 2 Mk.

— zur Vertheidigung d. prakt. Religion Jesu Christi. 9 Bde. u. Anh. 8. Gotha 751—64. Mevius. 8 rß 5 gr

— zur Vertiefung der kirchlichen Unterweisung. Hrsg. v. Geo. Schnedermann u. Mart. Pache. 1. Jahrg. April 1902—März 1903. 4 Hfte. gr. 8. (1. Hft. [Neue Titel-Ausg.] 64 S.) Leipzig, W. Richter. n. 4. —; einzelne Hfte. n. 1. 50

— z. Vertiefg d. kirchl. Unterweisg, II. Bd, s.: Schnedermann, Geo., „Ohne d. Gesetzes Werk".

— z. Vervollkommnung d. Feldhospitalwesens, od. Zeitf. für militär. Medicinalbehörden; aus d. Französ., mit e. Anh. v. C. G. F. Richtsteig. 8. Glogau 808. N. Güntersche B. 1 rß 12 gr

Beitr. z. Vervollkommng d. Feldhospitalwesens. A. d. Franz. Glogau 1809.

Beiträge zur Vervollständigung der Schrift, betittelt: Über den Schweizerischen Bundes-Verein ... O. O. 1814. V: *Rütimeyer.* (AarK)

Beiträge zur Schweizerischen Verwaltungskunde. Hrsg. von d. Schweizerischen Staatsschreiber-Konferenz. H. 1. Zürich: Orell Füssli 1910. 8° [11. 1710]

Beiträge zur Schweizerischen Verwaltungskunde. Hrg. von der Schw' Staatsschreiber-Konferenz. Heft 2 u. 3. 8. Zürich, Orell Füssli, 1910.
s. Fehr, Emil — Steiger, J[acob].

Beiträge zur Schweizerischen Verwaltungskunde. Hrg. von der Schw' Staatsschreiber-Konferenz. Heft 4. 8. Zürich, Orell Füssli, 1910.
s. Lorenz, Jacob.

— z. schweizerischen Verwaltgskde. Hrsg. v. d. schweiz. Staatsschreiber-Konferenz. 1—12. Heft. gr8° Zür., Art. Instit. Orell Füssli. 16.50
Fehr, D: Das schweiz. Geometerkonkordat, s. Gründg, Entwicklg u. Wirksamkeit. [Aus: „Schweiz. Zentralbl. f. Staats- u. Gem.-Verwaltg".] (68) '12 [11] 2 —
Fehr, Emil: Die Grundz. d. zürcher. Quartierplanverfahrens. [Aus: „Schweiz. Zentralbl. f. Staats- u. Gem.-Verwaltg."] (51) '10 [3] 1 —; HL n 1.30
Gross, Paul: Die kantonalen Arbeiterinnenschutzgesetze u. ihr Vollzug. (39) '12 [12] 1 —
Im Hof, A: Die Ergebn. d. Verwaltgsgerichtsbark. im Kanton Basel-Stadt '05—10. Nach e. Vortr. (43) '11 [6] 1 —
Lorenz, Jak.: Einige Kapitel schweiz. Fabrikstatistik. (51) '10 [4] 1 —; HL n 1.30
Müller, Oth.: Die Organisation d. kantonalen Staatskanzleien. (Referat.) [Aus: „Schweiz. Zentralbl. f. Staats- u. Gem.-Verwaltg".] (45) '10 [1] 1 —
Scheurer, D: Das Zivilstandswesen im neuen Recht. (226) '11 [5] 4 —; HL 4.50
Schneeberger, F: Verz. gült. Ausweisschriften f. Ausländer in d. Schweiz. (14) '12 [10] 1 —
Steiger, J: Die Ausbildg f. d. Verwaltgsdienst. Referat nebst Korreferaten u. Voten v. A Bosshardt, E Wüthrich, F Koch. (95) '11 [8] 1.50
— Die Wertzuwachssteuer (Besteuerg d. Liegenschaftsgewinne) in Deutschld u. in d. Schweiz. [Aus: „Schweiz. Zentralbl. f. Staats- u. Gem.-Verwaltg".] (56) '10 [2] 1 —
Wimmer, W: Die Portofreih. nach d. neuen Postgesetz. [Aus: „Schweiz. Zentralbl. f. Staats- u. Gem.-Verwaltg."] (47) '11 [7] 1 —; HL n 1.30
Zangger, H: Die moderne Stellg d. gerichtl. Medizin. Die Beziehgn zwischen Medizin u. Recht. (32) '12 [9] 1 —

Beiträge zu einem Verzeichnis der von Friedrich dem Grossen ernannten Ritter des Ordens pour le mérite. Beihft. z. „Milit.-Wochenblatt". Berlin 1872 und 1884.

Beiträge zu einem Verzeichniß der von Friedrich dem Großen ernannten Ritter des Ordens pour le mérite. Die Conservierung des Pferdematerials durch mechanische Vorbereitung der Remonten auf dem Zirkel. Von G. Graf zu Münster. — Berlin: Mittler 1885. S. 39–70. 8° (Militär-Wochenblatt. 1885, Beih. 2.)
Anf. in: *Militaer-Wochenblatt.* 1872, Beih. 5.
1: Hu 2318–1885, Beih. 2. 2→7. 9. 10. 11.
12: 4° Mil. g. 110–ob. Beih. 1885. 14→17.
21. 24. 25. 26. 29.

— voigtländ., zur Polizeikunde. 3 Stcke. 8. Hof 793. Grau. 1 rß

Beiträge zur Völkerkunde, s. Baessler-Archiv

Beiträge z. Volksbibliothek. 8. Kempt. 807. Dannheimer. 14.½

Beiträge zur deutschen Volksdichtung. Hrsg. von Emil Karl Blümml. — Wien: Ludwig 1908. 197 S. 8° (Quellen u. Forschungen zur deutschen Volkskunde. 6.)
1: Sa 600/177-6. 2→10. 12: Germ. g. 382mf-6. 14→18. 21. 24. 25. 26. 28. 30. 38. 300: 457.290-B. Per. 6. 302. 15.

Beiträge zur deutschen Volksdichtung. Hrsg. von Emil Karl Blümml. Wien: Ludwig 1909. 197 S. 8°
(Quellen u. Forschungen z. deutschen Volkskunde. Bd 6.) [09. 324

— z. Volkskunde, Festschrift f. Karl Weinhold, s.a Abhandlungen, germanistische.

Beiträge zur Volkskunde. Festschrift Karl Weinhold zum 50jährigen Doktorjubiläum am 14. Jan. 1896 dargebr. im Namen der Schlesischen Gesellschaft für Volkskunde von Wilhelm Creizenach [u.a.] — Breslau: Koebner 1896. 245 S. 8° (Germanistische Abhandlungen. 12.)
1: Yd 660-12. 2→11. 12: L. germ. 2g-12. 14→18. 21. 24→30. 38. 300: 391.523-B. Per. 12. 302.

Beiträge zur Volkskunde. Deutsche Sprache ein Spiegel deutscher Volksart von Max Baege. Beiträge zur Geschichte d. volkstümlichen Leibesübungen von P. Oesterlen. Tod u. Winter bei Griechen u. Germanen von Gustav Jordan. — Leipzig: Teubner 1900. 34,20,37 S. 8°
Die einzelnen Beiträge erschienen auch als Progr.
1: Pn 145/60. 10. 12: H. g. hum. 17aab. 14. 15. 16. 28. 300: 410.097-B. 15.

— zur Volkskunde. Im Auftrage des Vereins f. sächs. Volkskunde hrsg. v. E. Mogk. 1.—4. Heft. gr. 8. Leipzig, G. Schönfeld. Geb. in Leinw. n. 15. 50
1. Sachsen im Sprichwort. Von G. Schlauch. (VI, 100 S.) 905. n. 3. —
2. Maltesische Märchen u. Schwänke. Aus dem Volksmunde gesammelt. Von B. Ilg. 1. Tl. Mit dem Bilde d. Sammlerin in d. Tracht e. maltes. Dorfmädchens. (VIII, 226 S.) 906. n. 4. 50
3. Dasselbe. 2. Tl. Mit dem Bilde der Sammlerin in der Tracht e. maltes. Städterin. (VI, 137 S.) 906. n. 3. 60
4. Ältere Liedersammlungen. 1. Sächsisches Bergliederbüchlein. 2. Der Frau v. Holleben (geb. v. Normann) Liederhandschrift. Von Arth. Kopp. (VI, 213 S.) 906. n. 4. 50
Das 1. Heft erschien ohne Sammeltitel.

(S) — zur Volkskunde. Heft 1—4. 905. 06. (xBBBJ.) Jetzt: Hannover, M. & H. Schaper.

Beiträge zur Volkskunde. Dem Verbande Deutscher Vereine für Volkskunde 1908 überreicht vom Vorstand d. 'Brandenburgia', Gesellschaft für Heimatkunde. — Berlin 1908: Stankiewicz. 39 S. 8° 1: Pn 997/8. 4. 21. 15.

— zur badischen Volkskunde. I. gr. 8. Freiburg i/B., F. E. Fehsenfeld. n. — 60
Volkskunde v. Mückenloch bei Neckargemünd. Nach den Fragebogen zur bad. Volkskunde bearb. Von K. Arnold. [Aus: „Alemannia".] (54 S.) 900.

Beiträge zur deutsch-böhmischen Volkskunde. Hrsg. v. d. Gesellschaft zur Förderung deutscher Wissenschaft, Kunst u. Literatur in Böhmen. Geleitet v. Ad. Haussen. 1. Bd. 1-3.Hft. II. Bd. 1.Hft. gr8°.– Prag, J.G.Calve.
I.1. Einführung in die deutsch-böhmische Volkskunde, nebst e. Bibliographie. Von Adf. Haussen, (224 S.) 896.
I.2. Volksthümliche Überlieferungen aus Teplitz und Umgebung von Gustav C. Laube. (108 S.) 896.
I.3. Das alte Mittelgebirgshaus in Böhmen u. sein Haupttypus. Von Jul. Lippert. Mit 6 Taf. (24 S.) 898.
II.1. Volksschauspiele aus dem Böhmerwalde. Gesammelt, wissenschaftl. untersucht u. hrsg. v. J. J. Ammann. (XIV, 188 S.) 898.

— zur deutsch-böhmischen Volkskunde. Hrsg. v. d. Gesellschaft zur Förderg. deutscher Wissenschaft, Kunst u. Literatur in Böhmen. Geleitet v. Ad. Hauffen. I. Bd. 1.—3. Hft. gr. 8. Prag, J. G. Calve. n. 5. 40
1. Einführung in die deutsch-böhmische Volkskunde, nebst e. Bibliographie. Von Adf. Hauffen. (224 S.) 896. n. 2. 80
2. Volkstümliche Überlieferungen aus Teplitz u. Umgebung. Von Gust. C. Laube. 2. durchges. u. verm. Aufl. Mit 4 Phototyp. (136 S.) 902. n. 1. 80
3. Das alte Mittelgebirgshaus in Böhmen u. sein Bautypus. Von Jul. Lippert. Mit 6 Taf. (24 S.) 898. n. — 80

— dasselbe. II. Bd. 1. u. 2. Hft. gr. 8. Ebd. n. 4. 60
1. Volksschauspiele aus dem Böhmerwalde. Gesammelt, wissenschaftl. untersucht u. hrsg. v. J. J. Ammann. 1. Thl. (XIV, 188 S.) 898. n. 2. 40
2. dasselbe. 2. Thl. (XI, 108 S.) 899. n. 2. 20

— dasselbe. III. Bd. 1. Hft. gr. 8. Ebd. n. 2. —
Volksschauspiele aus dem Böhmerwalde. Gesammelt, wissenschaftlich untersucht u. hrsg. von J. J. Ammann. 3. Thl. (XXIII, 160 S.) 900.

— z. deutsch-böhmischen Volkskde. Geleitet v. Adf Hauffen. III. Bd, 2. Heft. gr8° Prag, JG Calve. (1—X: 49.40) d Jungbauer, Adalb.: Das Weihnachtsspiel d. Böhmerwaldes. Untersuchgn zu d. v. JJ Ammann in d. „Beiträgen" II, 1 veröffentl. Christkindel-Spiel. Mit Singweisen. (4, 220 m. 4 Taf.) '11 [III, 2] 3 —

Beiträge zur deutsch-böhmischen Volkskunde. Hrsg. v. d. Gesellschaft zur Förderg. deutscher Wissenschaft, Kunst u. Literatur in Böhmen. Geleitet von A. Hauffen. IV. Bd. 1. u. 2. Hft. gr. 8. Prag, J. G. Calve. n. 6. —
1. Über die ältesten Sitten u. Gebräuche der Egerländer. 1825 f. J. W. v. Goethe niedergeschrieben. Von Seb. Grüner. Hrsg. v. Alois John. Mit 8 farb. Bildtaf. (138 S.) 901. n. 3. —
2. Oberlohma. Geschichte u. Volkskunde e. egerländer Dorfes. Von Alois John. Mit 8 Phototyp., 8 Plänen u. 1 Kartenskizze. (X, 196 S.) 903. n. 3. —

— zur deutsch-böhmischen Volkskunde. Im Auftrage der Gesellschaft zur Förderg. deutscher Wissenschaft, Kunst u. Literatur in Böhmen geleitet von Adf. Hauffen. V. Bd. 1.—3. Heft. gr. 8. Prag, J. G. Calve. n. 5. 40
1. Hausbaustudien in einer Kleinstadt. (Braunau in Böhmen.) Von Jul. Lippert. Mit e. Phototyp. u. mehreren Abbildgn., Plänen u. Kartenskizzen im Text. (41 S.) 903. n. 1. 60
2. Geschichte der deutsch-böhmischen Ansiedelgn. im Banat. Von Pet. Grassl. Mit 8 Lichtdr.-Taf. (VI, 128 S.) 904. n. 2. 40
3. Mieser Kräuter- u. Arzneibuch. Von Geo. Schmidt. (XIV, 67 S.) 905. n. 1. 60

— dasselbe. VI. Bd. gr. 8. Ebd. n. 6. —
Sitte, Brauch u. Volksglaube im deutschen Westböhmen. Von Alois John. Mit 1 Karte des nordgauischen Gebietes in Böhmen. (XVII, 453 S.) 905.

— zur deutsch-böhmischen Volkskunde. Im Auftr. der Gesellschaft zur Förderg. deutscher Wissenschaft, Kunst u. Literatur in Böhmen geleitet v. Adf. Hauffen. VII. u. VIII. Bd.; IX. Bd. 2 Hefte u. X. Bd. gr. 8. Prag, J. G. Calve. 17. —
Endt, Joh., Sagen u. Schwänke aus dem Erzgebirge. Der Zauberer P. Hahn, der Wunderdoktor Kölz u. anderes. Mit 7 Abbildgn. (XI, 247 S.) 909. (X. Bd.) 3. 50
Huß, Karl, die Schrift „Vom Aberglauben". Nach dem in der fürstl. Metternichschen Bibliothek zu Königswart befindl. Mskr. hrsg. v. Alois John. Mit 12 Abbildgn. im Texte u. 4 Farbentafeln. (XXXII, 48 S. m. 2 weiteren schwarzen Taf.) 910. (IX. Bd. 2. Heft.) 3. —
Jesser, Frz., die Beziehungen zwischen Heimarbeit u. Boden. Dargestellt an den Siedlgn. der Heimarbeiter des Bezirkes der Handels- u. Gewerbekammer Reichenberg (ausschließl. der Bezirke Teplitz u. Dux). Eine wirtschaftsgeograph. Studie. Mit 20 Karten als Beilagen u. 3 Textkarten. (VII, 136 S.) 907. (VII. Bd.) 4. —
Jungbauer, Gust., Volksdichtung aus dem Böhmerwalde. Gesammelt u. hrsg. Mit Singnoten u. 2 Lichtdr.-Bildern. (XXXVI, 230 S.) 908. (VIII. Bd.) 3. 50
Schramek, Jos., das Böhmerwaldbauernhaus. Mit zahlr. Textskizzen, Plänen u. Autotypien. (44 S. m. 15 Taf.) 906. (IX. Bd. 1. Heft.) 3. —

— zur Volks- u. Heimatskunde der Altmark. II. Bd. gr. 8. Leipzig, J. Klinkhardt. 3.20; geb. in Leinw. 3. 80
Sagenschatz, altmärkischer. Gesammelt v. dem Lehrerverband der Altmark. (XI, 259 S.) 908.
Bd. I ist noch nicht erschienen.

— zur niedersächsischen Volkskunde. In Verbindg. mit anderen u. m. Unterstützg. des „vaterländ. Museums d. Stadt Hannover" hrsg. von Hans Müller-Brauel. II. Lex.-8. Hannover, Dr. M. Jänecke. n. 1. 80
Das erste niedersächsische Volkstrachtenfest zu Scheeßel. Von Hans Müller-Brauel. Mit Beiträgen von: O. Lehmann, Karl Schaefer, Dkr. Schwindrazheim, Johs. Kruse, 21 Trachtenbildern nach Photographien d. Verf. u. 8 Bauernhaus-Architekturbildern. (58 S.) 904.
I ist noch nicht erschienen.

— zur nordwestdeutschen Volks- u. Landeskunde, s.: Abhandlungen, hrsg. vom naturwissenschaftlichen Verein zu Bremen. XV. 3.

— zur Volkskunde der Prov. Posen. Hrsg. v. O. Knoop u. A. Szulczewski. 1. u. 2. Bdchn. 8. Lissa, F Ebbecke. n. 1. 95

1. Volkstümliches aus der Tierwelt. Von O. Knoop. (VIII, 68 S.) Rogasen 905. n. 1. 20
2. Allerhand fahrendes Volk in Kujawien. Von A. Szulczewski. (IV, 48 S.) 906. n. — 75

— z. Volkskde d. Prov. Posen. Hrsg. v. O Knoop u. A Szulczewski. 2. Bdchn. 8° Lissa, O Eulitz. — 75 (1 u. 2.: 1.95) d
Szulczewski, A: Allerhand fahr. Volk in Kujawien. (48) '06. [2.] — 75

— zur Volks- u. Völkerkunde. 1.—3. Bd. gr. 8. [Berlin.] Weimar, E. Felber. n. 11. 60

1. Volksglaube u. Volksbrauch der Siebenbürger Sachsen. Von Heinr. v. Wlislocki. (XIII, 212 S.) 893. n. 5. —
2. Die Entwicklung der Ehe. Von Th. Achelis. (V, 125 S.) 893. n. 2. 60
3. Lieder u. Geschichten der Suaheli. Uebers. u. eingeleitet v. C. G. Büttner. (XVI, 202 S.) 894. n. 4. —

— zur Volks- u. Völkerkunde. 4.—7. Bd. gr. 8. Weimar, E. Felber. n. 24. — (1—7.: n. 35. 60)

4. Geschichten u. Lieder a. d. neu-aramäischen Handschriften d. kgl. Bibliothek z. Berlin. Von Mark Lidzbarski. (VIII, 312 S.) 896. n. 6. —
5. Grundriss e. Entstehungsgeschichte d. Geldes. Von H. Schurtz. (V, 185 S.) 898. n. 3. —
6. Die Weltanschauung d. Naturvölker. Von L. Frobenius. M. 4 Abb. i. Text u. 3 Taf. (XV, 427 S.) 898. n. 9. —
7. Anthologie a. d. asiat. Volkslitteratur. Von A. Seidel. (XIV, 390 S.) 898. n. 6. —

— zur Volks- u. Völkerkunde. 8. Bd. gr. 8. Berlin, E. Felber. n. 6. —
Die Slowinzen u. Lebakaschuben. Land u. Leute, Haus u. Hof, Sitten u. Gebräuche, Sprache u. Litteratur im östl. Hinterpommern. Von F. Tetzner. Mit e. Sprachenkarte u. 3 Taf. Abbildgn. (VIII, 272 S.) 899.
Bd. 1—7. Ebd. 893—898. n. 35. 60.

—— zu e. Volkskunst. Schriftleitung: O. Schwindrazheim. 1. u. 2. Jahrg. Septbr. 1891 — Aug. 1893. à Jahrg. 24 Hefte. (à Heft ca. 8 Taf. in Farben- u. Lichtdr. m. 4 S. Text.) gr. 8. Hamb. Griese. à Heft * — 60; à Jahrg. ** 7 —; in Mappe ** 8 50

— z. e. Volkskunst. Hrsg. v. O. Schwindrazheim. N. F. Holzbrand-Motive. gr. 4. (20 farb. Taf. m. 1 Bl. Text.) Hamburg 895. C. Griese. In Mappe 8. —

— volkswirtschaftliche, hrsg. vom Vorstande der Gesellschaft f. soziale Reform. Ortsgruppe Hamburg. 1. Hft. gr. 8. Hamburg, O. Meißner's Verl. n. — 50
Beiträge zur Wohnungsfrage in Hamburg. Anh.: Satzungen d. Gesellschaft f. soziale Reform. Satzungen der Ortsgruppe Hamburg. (58 S.) 902.

— volkswirtschaftliche, Fortsetzg., s.: Beiträge zur Wohnungsfrage in Hamburg.

— z. Vorbereitg auf d. Prüfg f. d. mittl. Staats- u. Gemeindeverwaltungsdienst. 1—7. Heft. 8° Münch. (Baaderstr. 17), Mages & Müller ('11). 6 — d
1. (1—102) 1.50 ‖ 2. (103—133) — 50 ‖ 3. (135—182) — 50 ‖ 4. (183—230) — 50 ‖ 5. (231—294) 1 — ‖ 6. (295—378) 1 — ‖ 7. (379—426) 1 —

Beiträge oder Vorschläge zur Erleichterung der Menschheit in den bürgerlichen Gesellschaften. Beitrag 1. — Heidelberg [usw.] 1804. XXII,173 S. 8°

1. Nach d. Natur vereinfachtes, folglich leichteres; jedoch hinreichendes, u. durchaus gleich vertheiltes Finanz- u. Steuer-System für Europa von Portugal bis nach Rußland. Von e. alten Kameralisten u. Lehrer d. Staatswirthschaft.

26. 302.
15.

—— zu deklamatorischen Vorträgen und theatralischen Vorstellungen für Lehrer und Schüler, namentlich zum Gebrauche bei Prüfungsfeierlichkeiten und Schülerfesten ꝛc. verfaßt, gesammelt und hrsg. von einigen Freunden der Jugend und einer bildenden und sittlich-anständ. jugendl. Erheiterung. (In 2 Thln.) 1. Thl.: Beiträge zu deklamatorischen Vorträgen. 12. (X und 348 S.) Ravensburg 862, Dorn'sche Buchh.

—— dass. — 2. Thl.: Beiträge zu theatralischen Vorstellungen. 12. (XII und 256 S.) Ebendas. 862.

Aus d. heiligen Schrift. Beiträge zum Wachsthum in der Erkenntniß Jesu Christi. H.1. — Eßlingen 1877: Bechtle. 14 S. 8°

1. Einige Züge von d. Person u. von d. Arbeit Jesu während seines Erdenwandels; nach d. Zeugnissen d. Evangelisten u. Apostel.

24.
15.

— z. Wahrheit d. christl. Religion. 8. Bresl. 767. J. F. Korn. 6 gr

Beiträge zur Wahrheit der christlichen Religion von einem Freydenker. Breslau 1768. V: *Ringeltaube, Michael.* (Ky) (ML)

— zu politischen Wahrheiten, Dichtungen und Phantasieen. 1e Lfrg. Veranlaßt durch die letzte Aufruhrsanfaronade zu Frankfurt a. M. im Mai 1834. gr. 8. Hamburg 834. Nestler u. Melle. 1/8 Thlr — 2e—4e Lfrg. Veranlaßt durch das oft ausgesprochene Für u. Wider die sogenannte Emancipation d. Juden. gr. 8. Dresden 835. (Grimmer.) 2e Lfrg. 1/3 Thlr 3e u. 4e Lfrg. gr. 8. Leipz 837. (Rein.) 2/3 Thlr

– 2. Aufl.
s. Das Verhältnis der Juden zu den Christen vom religiösen, moralischen und politischen Standpunkte aus betrachtet.

Beiträge zur Währungsfrage. Auf Veranlassung d. Handelskammer zu Dortmund hrsg. von Ernst Bernhardi. — Dortmund: Köppen 1885. 84 S. 8°
Aus: Jahresbericht d. Handelskammer d. Kreises Dortmund. 1885.
1: Fh 5584. 2. 6. 27.
15.

Beiträge zur würt. Wappenkunde ... 1780. V: *Koch, Joh. Glb Fr.* (Heyd)

Beiträge zur Wassergeschichte von Böhmen. (Heilquellen und Hydrographie.) (2 Bde.) 8. Leipzig und Prag 1770—1772.

— zur Wassergeschichte Böhmens. 2 Thle. Mit Karten. 8. Prag 770. Widtmann. 1 Thlr 4 gr

— Weimarische, zur Literatur u. Kunst von K. Brüger, F. Dingelstedt, K. Eitner ꝛc. zur Feier der 25jähr. Wirksamkeit der Kranken-, Pensions- u. Wittwenkasse für die Buchdrucker-Gehülfen zu Weimar am 24. Juni 1865. Weimar 863. Böhlau in Comm. gr. 8. (VI, 210 S.) n. 1 Thlr

Weimarische Beiträge zur Literatur und Kunst von K. Brüger [u.a.] zur Feier der fünfundzwanzigjährigen Wirksamkeit d. Kranken-, Pensions- u. Wittwenkasse für d. Buchdrucker-Gehülfen zu Weimar am 24. Juni 1865. — Weimar: Böhlau in Komm. 1865. 210 S. 8°
1: Ag 9000. 2→5. 7. 8. 10. 11. 12: P. o. germ. 89m. 15. 16. 21. 24. 27. 28. 38. 300: 161.062-B [2 Ex.]
15.

— zur Weisheit u. Menschenkenntniß. 4 Bdchn. 8. Gotha 780, 81. Ettinger. 1 Thlr

Beiträge zur Weisheit und Menschenkenntnis. Dessau 1783. V: *Wagenseil, Christian Jacob.* (Verlags-Katalog von Joh. Ambr. Barth. Leipzig 1880. S. 21.)

— z. d. Sibyll. Weissagung. 8. Nürnb. 793. Grattenauer. 2 gr

Weitere Beiträge zu den Ermittelungen über die Angemessenheit des für Bremen und Hamburg festgesetzten Zuschlags zum Aversum. 1878
s. *Beitraege* zu den Ermittelungen.

Weitere Beiträge zur Individualstatistik der Sparer. 1906
s. *Beitraege* zu einer Individualstatistik der Sparer.

Beiträge zur Weiterentwicklung der christl. Religion. Hrsg. v. A. Deissmann, A. Dorner, R. Eucken, H. Gunkel, W. Herrmann, F. Meyer, W. Rein, L. v. Schroeder, G. Traub, G. Wobbermin. (VII, 386 S.) gr. 8. München 905. J. F. Lehmann's Verl. n. 5. —; geb. in Leinw. n. 6. —

— dasselbe. Einzelausgaben. 10 Hefte. gr. 8. Ebd. [905] (906). Einzelpr. à n. — 60; Subskr.-Pr. à n. — 50
Deissmann, Adf., Evangelium u. Urchristentum. (Das Neue Testament im Lichte der histor. Forschg.) (S. 77 bis 138.) (Hft. 3.)
Dorner, A., Heilsglaube u. Dogma. (S. 139—182.) (Hft. 4.)
Eucken, R., Wissenschaft u. Religion. (S. 241—281.) (Hft. 7.)
Gunkel, Herm., das Alte Testament im Licht der modernen Forschg. (S. 40—76.) (Hft. 2.)
Herrmann, Wilh., Religion u. Sittlichkeit. (S. 183—202.) (Hft. 5.)
Meyer, Frdr., Christentum u. Germanen. (S. 203—240.) (Hft. 6.)
Rein, W., Religion u. Schule. (S. 283—304.) (Hft. 8)
Schroeder, L. v., Wesen u. Ursprung der Religion, ihre Wurzeln u. deren Entfaltung. (39 S.) (Hft. 1.)
Traub, Gfried., die gemeinschaftbildende Kraft der Religion. (S. 305—338.) (Hft. 9.)
Wobbermin, Geo., das We en des Christentums. (S. 339 bis 386.) (Hft. 10.)

— zu d. Werken d. Weltweisen zu Sanssouci. 8. Magdeb. 761. Hechtel. 16 K

— Westphälische, zur deutschen Geschichte. 1r Thl. 8. Darmst. 820. Tasché. 2 rß 12 K

— Wetzlarsche, für Geschichte u. Rechtsalterthümer, herausg. von Dr. Paul Wigand. 1s—4s Heft. gr. 8. Wetzlar 836—39. Wigand. à n. $1/3$ rß

WETZLAR'SCHE BEITRÄGE FÜR GESCHICHTE UND RECHTSALTERTHÜMER.
Im Namen des Vereins herausgegeben von PAUL WIGAND.**)
Bd. I., in 4 Heften. Wetzlar, 1840.*) Carl Wigand. 8°.
Bd. II. (Mit 1 genealogischen Tabelle.) Halle, 1845. C. R. Kersten.
Bd. III. Mit 1 lithographirten Blatt. Giessen 1851. Ernst Heinemann.

— Wetzlar'sche, f. Geschichte u. Rechtsalterthümer, herausgeg. v. Paul Wigand. 2. Bd. 1. Heft. gr. 8. Frankf. a/M. 841, Schmerber. n. $1/2$ rß — 2. Heft. gr. 8. Halle 842, Kersten. n. $2/3$ rß — 3. Heft. Ebd. 845. n. $2/3$ rß — 1. u. 2. Bd. 1.—3. Heft. n. $3 1/6$ rß

— Wetzlarsche, f. Geschichte u. Rechtsalterthümer. Im Namen des Vereins hrsg. v. Paul Wigand. 3. Bd. 1. u. 2. Hft. (251 S.) Wetzlar 847. 48, Rathgeber. n. $1 1/3$ rß

— dies. 3. Bd. 3. Hft. Mit 1 lith. Blatt. gr. 8. (IV S. u. S. 253—376.) Gießen 851, Heinemann. n. $2/3$ rß

Beiträge u. Actenstücke, wichtige, zur Geschichte d. Aufstandes in Polen im J. 1794, welcher d. gänzl. Theilung dies. Reiches z. Folge hatte, nebst dess. spätere Gesch. bis zum Wiener-Congresse. Ein Nachtrag zu d. Denkwürdigkeiten üb. Polen v. d. Graf. M. v. Oginsky. Mit Anmerkn. d. Hrsgeb. gr. 8. (12 B.) Leipzig 831, [Kayser.] 1 Thlr., hrbgs. Pr. Thlr.

Wichtige Beiträge und Actenstücke zur Geschichte des Aufstandes in Polen im Jahre 1794 ... nebst dessen späteren Geschichte bis zum Wiener-Congresse. Ein Nachtrag zu den Denkwürdigkeiten über Polen von dem Grafen M.v.Oginski. Mit Anm. d. Hrsg. — Leipzig: Wolbrecht 1831. IV,186 S. 8°
1: Ud 1692. 2. 7. 10. 12: Polon. 5m. 21. 302. 15.

— höchst wichtige, z. Gesch. d. neuest. Literatur in Deutschland, a. d. nachgelass. Papieren d. Magister Alethelos. Hrsg. v. Antibarbaro Labienus. (G. M. v. Weber.) 4 Bde. 3. Ausg. gr. 8. (180 B.) St. Gallen 830, Huber u. Comp.

— wichtige, z. Oberfälzisch. Staats- u. Kirchengesch. 2 Bde. gr. 8. Bayr. 804. Lübecks Erb. 1 rß 20 K

Beiträge zur factischen Widerlegung der mit H. W. bezeichneten Flugschrift 'Über die neueste polnische Insurrection im Großherzogthum Posen'. (Mitarb.: 'Trąmpczyński [u.a.]) [1–3.] — (Berlin [1848]: Fähndrich.) 8°
2 [∞2. 3]. 9. 18. 25. 30. 15.

(Mitarb.: Emil Trąmpczyński [u.a.]) [1–3.] — (Berlin [1848]: Unger.) 8° 1: 2 in Sc 10168 [u.] 6 in Sz 10440. 7. 10 [∞2.3]. 12: 4° Polon. 14r/1. 15. 18.

— zur factischen Widerlegung der mit H. W. bezeichneten Flugschrift „über die neueste polnische Insurrection im Großherzogth. Posen." (Von Trąmpczyński, Emil Janecki und Lisiecki.) gr. 4. (7 S.) Berlin 848, (Stargardt.) *

Beiträge zur Wiederbelebung der monumentalen Malerei. Hrsg. von d. Verein für christliche Kunst in d. Diözese Rottenburg bei d. Publikation d. Vereinsgaben für 1857–59. Stuttgart: Metzler 1860. 30 S. 8° 12: Art. 30 cp. 24. 15.

— Wiener, zur deutschen und englischen Philologie. Hrsg. von R. Heinzel, J. Minor, J. Schipper. I—III. gr. 8. Wien, Braumüller. *
Inhalt:
I. Alscher, Rud., Sir Thomas Wyatt und seine Stellung in der Entwickelungsgeschichte der englischen Literatur und Verskunst. (VII, 143 S.) 886. *ℳ 4.—.
II. Wackernell, J. E., die ältesten Passionsspiele in Tirol. (VII, 167 S.) 887. *ℳ 5.—.
III. Swoboda, Wilh., John Heywood als Dramatiker. Ein Beitrag zur Entwickelungsgeschichte des engl. Dramas. (107 S.) 888. *ℳ 3.—.

— Wiener, z. englischen Philologie, unt. Mitwirkg. v. K. Luick u. A. Pogatscher hrsg. v. J. Schipper. I.—VIII. Bd. gr. 8. Wien, W. Braumüller. n. 38. 20
I. D. Wortspiel b. Shakspere. Von Leop. Wurth. (XIV, 256 S.) 895. n. 6. —
II. Grundr. d. engl. Metrik von J. Schipper. (XXIV, 404 S.) 895. n. 12. —
III. Untersuchgn. üb. d. Leben u. d. Dichtgn. Alexander Montgomeries von Rud. Brotanek. (VIII, 161 S.) 896. n. 4. —
IV. D. Lyrik Lydgates. Von E. Gattinger. (VII, 85 S.) 896 n. 2. 40
V. D. Schauspiel i. Schauspiel z. Zeit Shaksperes. Von Hans Schwab. (VIII, 67 S.) 896. n. 2. 40
VI. William Congreve, s. Leben u. s. Lustspiele. Von D. Schmid. (VIII, 179 S.) 897. n. 4. —
VII. John Vanbrughs Leben u. Werke von Max Dametz. (VII, 199 S.) 898. n. 5. —
VIII. Üb. polit.-satir. Gedichte a. d. schott. Reformationszeit. Von Frz. Wollmann. (VII, 96 S.) 898. n. 2. 40

— Wiener, zur englischen Philologie. Unter Mitwirkg. v. K. Luick, R. Fischer u. A. Pogatscher hrsg. v. J. Schipper. IX.—XVI. Bd. gr. 8. Wien, W. Braumüller. n. 45. 50
IX. Zu den Kunstformen des mittelalterlichen Epos. Hartmanns „Iwein", das Nibelungenlied, Boccaccios „Filostrato" u. Chaucers „Troylus and Cryseyde". Von Rud. Fischer. (XVIII, 370 S.) 899. n. 8. —
X. George Crabbe. Eine Würdigg. seiner Werke. Von Herm. Pesta. (VII, 71 S.) 899. n. 2. —
XI. Leben u. Werke Peter Pindars (Dr. John Wolcot). Von Thdr. Reitterer. (VIII, 150 S.) 900. n. 4. —
XII. Thomas Chatterton. Von Helene Richter. (X, 258 S.) 900. n. 6. —
XIII. William Falconer: „The shipwreck". A poem by a sailor. 1762. Von Joh. Friedrich. (VII, 79 S.) 901. n. 2. —
XIV. Sir George Etheredge, sein Leben, seine Zeit u. seine Dramen. Von Vinc. Meindl. (VII, 278 S.) 901. n. 7. —
XV. Die englischen Maskenspiele. Von Rud. Brotanek. (XV, 371 S.) 902. n. 12. —
XVI. Erasmus Darwin's Temple of nature. Von Leop. Brandl. (XII, 203 S.) 902. n. 4. 50
I—VIII. Ebd. 895—898. n. 38. 20.

— Wiener, zur englischen Philologie. Unter Mitwirkg. v. K. Luick, R. Fischer, A. Pogatscher u. L. Kellner hrsg. v. J. Schipper. 17.—24. Bd. gr. 8. Wien, W. Braumüller. n. 39. 70
Benndorf, Cornelie, die englische Pädagogik im 16. Jahrh., wie sie dargestellt wird im Wirken u. in den Werken v. Elyot, Ascham u. Mulcaster. (XI, 84 S.) 905. (Bd. 22.) n. 3. —
Eichler, Alb., John Hookham Frere, sein Leben u. seine Werke, sein Einfluss auf Lord Byron. (VIII, 194 S.) 905. (Bd. 20.) n. 6. —

Luick, Karl, Studien zur englischen Lautgeschichte. (XI, 218 S.) 903. (Bd. 17.) n. 6.80
Oswald, Emil, Thomas Hood u. die soziale Tendenzdichtung seiner Zeit. (VII, 120 S.) 904. (Bd. 19.) n. 3.40
Rösler, Margarete, die Fassungen der Alexius-Legende m. besond. Berücksicht. der mittelenglischen Versionen. (X, 179 S.) 905. (Bd. 21.) n. 6.—
Schmid, D., George Farquhar, sein Leben u. seine Orig.-Dramen. (VII, 372 S.) 904. (Bd. 18.) n. 8.—
Siegert, Eduard, Roger Boyle, Earl of Orrery u. seine Dramen. Zur Geschichte des heroischen Dramas in England. (VIII, 75 S.) 906. (Bd. 23.) n. 2.50
Weissel, Josefine, James Thomson der Jüngere, sein Leben u. seine Werke. (VIII, 159 S.) 906. (Bd. 24.) n. 4.—

— Wiener, zur englischen Philologie. Unter Mitwirkg. v. K. Luick, R. Fischer, A. Pogatscher, L. Kellner u. R. Brotanek hrsg. v. J. Schipper. 25.—33. Bd. gr. 8. Wien, W. Braumüller. 45.80
Brandl, Leop., Erasmus Darwins botanic garden. (XI, 168 S.) 909. (Bd. 30) 5.—
Coleridge, Samuel Taylor, the ancient mariner u. Christabel. Mit literarhistor. Einleitg. u. Kommentar hrsg. v. Alb. Eichler. (XII, 188 S.) 907. (Bd. 26) 5.—
Dybosky, Roman, Tennysons Sprache u. Stil. (XL, 544 S.) 907. (Bd. 25) 15.—
Frisa, Heinr., deutsche Kulturverhältnisse in der Auffassung W. M. Thackerays. (X, 78 S.) 908. (Bd. 27) 2.—
Kottas, Karl, Thomas Randolph, sein Leben u. seine Werke. (VIII, 105 S.) 909. (Bd. 29) 3.—
Kraupa, Mathilde, Winthrop Mackworth Praed. Sein Leben u. seine Werke. (VIII, 125 S.) 910. (Bd. 32) 4.—
Mařik, Jos., w-Schwund im Mittel- u. Frühneuenglischen. (VIII, 111 S.) 910. (Bd. 33) 3.40
Poscher, Rob., Andrew Marvells poetische Werke. (XII, 157 S.) 908. (Bd. 28) 5.—
Putschi, Ferd., Charles Churchill, sein Leben u. seine Werke. (VIII, 98 S.) 909. (Bd. 31) 3.40

— Wiener, z. engl. Philologie. Unter Mitwirkg v. K Luick, A Pogatscher, R Fischer, L Kellner u. R Brotanek hrsg. v. J Schipper. 32—39. Bd. gr8° Wien, W Braumüller. (1—39: 193.70)
Badstuber, Alfr.: Joanna Baillies plays on the passions. (11, 119) '11 [34] 4 —
Becker, Frz: Bryan Waller Procter. (Barry Cornwall.) (11, 126 m. Bildn.) '11 [37] 4.50
Gajšek, Stephanie v.: Milton u. Caedmon. (9, 65) '11 [35] 2 —
Janku, Ferd: Adelaide Anne Procter, Leben u. Werke. (12, 111) '12 [38] 3 —
Kraupa, Mathilde: Winthrop Mackworth Praed, Leben u. Werke. (8, 125) '10 [32] 4 —
Lutonsky, Paula: Arthur Hugh Clough. (7, 58) '12 [39] 2 —
Mařik, Jos.: w-Schwund im Mittel- u. Frühneuengl. (8, 111) '10 [33] 3.40
Schipper, J: James Shirley. Leben u. Werke. Nebst Übersetzg e. Dramas „The royal master". (13, 445 m. Bildn.) '11 [36] 14 —

Beiträge zur Wirtschafts-Geographie und Wirtschafts-Geschichte der Stadt Köln und des Rheinlandes. [Auch u. d. T.:] Festschrift zur Begrüßung des 14. Deutschen Geographentages. Köln, 1903. 185 S. mit 4 Abb. u. 1 Karte.

Klein, H. J., Materialien zu einer Klimatologie von Köln.
Steller, P., Die Kölner Industrie.
Bauer, W., Der Hafen zu Köln.
Wirminghaus, A., Das Verkehrswesen im Gebiete der Stadt Köln.
Schott, K., Das niederrheinische Braunkohlenvorkommen und seine Bedeutung für den Kölner Bezirk.
Morgenroth, W., Das Wirtschaftsgebiet der rheinisch-westfälischen Großindustrie.

— zur Wirtschaftsgeschichte des Siegerlandes. Hrsg. u. eingeleitet v. F. Philippi. I. K. Ley: Zur Geschichte u. ältesten Entwickelg. der Siegerländer Stahl- u. Eisen-Industrie. — II. H. Kruse: Forstwirtschaft u. Industrie im ehemal. Fürstent. Nassau-Siegen (Holzköhlerei u. Löherei). Mit Unterstützg. des Kreises Siegen. (XVI, 8 u. 176 S.) Lex. 8. Münster 909. Universitäts-Buchh. F. Coppenrath. 3.80

— zur Wirthschaftsgeschichte Thüringens. Namens des Vereins f. thüring. Geschichte u. Altertumskunde hrsg. v. der thüring. histor. Kommission. 1. Bd. gr. 8. Jena, G. Fischer. n. 8.—
Die Anfänge der Porzellanfabrikation auf dem Thüringerwalde. Volkswirtschaftlich-histor. Studien. Von Wilh. Stieda. Mit 24 Fig. im Text. (VIII, 425 S.) 902.

— z. Wirtschaftskde Österreichs. Vorträge d. 4. internat. Wirtschaftskurses in Wien. Organisiert v. d. österr. Landesgruppe d. internat. Gesellsch. z. Förderg d. kaufmänn. Unterr.-Wesens. (9, 504) Lex8° Wien, A Hölder '11. 6.80

— z. schweizerischen Wirtschaftskde, hrsg. v. Bachmann, Geering, Georg, Landmann, Milliet, Wartmann. 1. u. 2. Heft. gr8° Bern, Stämpfli & Co. 4.30
Geering, T: Grundz. e. schweizer. Wirtschaftsgesch. (48) '12 [1] 1.80
Keller, Rob.: Die wirtschaftl. Entwicklg d. schweizer. Mühlen-Gewerbes a. ältester Zeit bis ca 1830. (10, 131) '12 [2] 2.50

Beiträge zur Wissenschaft und Literatur des deutschen Bundesrechts. 1. — Bonn: E. Weber 1823. 74 S. 8°
1. Von d. Unterscheidung zwischen Interessen u. Rechten bei Streitigkeiten unter Bundesgliedern.
Als Verfasser werden Ernst Münch u. Himly genannt.
10. 12: J. publ. G. 91 h. 18. 23. 27. 300: 4542-B. 15.

— z. okkulten Wiss. Essays hervorrag. ausländ. Autoren, übers. v. L Deinhard. (96) 8° Berl. '01. Lpzg, M Altmann. 1.80; geb. 2.70

Beiträge zur okkulten Wissenschaft. Essays hervorragender ausländischer Autoren übers. von Ludwig Deinhard. — Berlin: Schwetschke 1901. VIII, 96 S. 8°
1: N 1765. 11. 12: Phys. m. 43er. 26. 30.

Beiträge zur Wissenschaft vom Alten Testament. Hrsg. von Rudolf Kittel. H. 1. Leipzig: J. C. Hinrichs 1908. 8° [08. 1507

Beiträge z. Wiss. v. Alten Test. Hrsg. v. Rud. Kittel. 1—4. u. 6. Heft. 8° Lpzg, JC Hinrichs' V. 16.70; L. 21.50
Alt, Albr.: Israel u. Aegypten. Die polit. Beziehgn d. Könige v. Israel u. Juda zu d. Pharaonen. (104) '09. [6.] 2.40; L. 3.40
Herrmann, Joh: Ezechielstudien. (148) '08. [2.] 4 —; L. 5 —
Kittel, Rud.: Studien z. hebr. Archäol. u. Relig.-Gesch. (12, 242 m. Abb.) '08. [1.] 6.50; L. 7.50
Löhr, Max: Die Stellg d. Weibes zu Jahwe-Relig. u. -Kult, untersucht. (54) '08. [4.] 1.80; L. 2.60
Rothstein, JW: Juden u. Samaritaner. Die grundleg. Scheidg v. Judentum u. Heidentum. Krit. Studie z. Buche Haggai u. z. jüd. Gesch. im 1. nachexil. Jahrh. (82) '08. [3.] 2 —; L. 3 —
Das 5. Heft ist noch nicht erschienen.

— z. Wissensch. v. Alten Testament. Hrsg. v. Rud. Kittel. 5. u. 7—11. Heft. 8° Lpzg, JC Hinrichs. (1—11: 41.50; geb. 52.30)
Böhl, Frz: Kanaanäer u. Hebräer. Untersuchgn z. Vorgeschichte d. Volkstums u. d. Relig. Israels auf d. Boden Kanaans. (8, 118) '11 [9] 3.20; L 4.20
Klamroth, Erich: Die jüd. Exulanten in Babylonien. (5, 107) '12 [10] 2.80; L 3.80
Procksch, O: Studien z. Geschichte d. Septuaginta. Die Propheten. (136) '10 [7] 4 —; L 5 —
Puukko, A Filemon: Das Deuteronomium. Literarkrit. Untersuchg. (8, 303) '10 [5] 6 —; L 7 —
Richter, Geo.: Erläutergn zu dunkeln Stellen im Buche Hiob. (4, 82) '12 [11] 2.80; L 3.80
Rothstein, JW: Die Nachtgesichte d. Sacharja. Studien z. Sacharjaprophetie u. z. jüd. Geschichte im 1. nachexil. Jahrh. (4, 219) '10 [8] 6 —; L 7 —

— zu der theolog. Wissenschaft, herausg. von d. Professoren der Theologie zu Dorpat. 1r Bd. gr. 8. Hamb. 832. Fr. Perthes. 1 ℛ 12 ℊ

— zu den gelehrten Wissenschaften, vornehmlich Theologie, Philologie u. Historie, (v. S. J. Jungendres). 5 Stcke. 8. Frkf. u. Leipz. 764, 65. Fritsch

Beiträge zu d. theolog. Wissenschaften v. d. Professoren d. Theologie zu Dorpat. Hambg. 1833. 8.

— zu den theolog. Wissenschaften von den Professoren der Theologie zu Dorpat. 2r Bd. gr. 8. Hamburg 834. Fr. Perthes. 1 2/3 ℛ

BEITRÄGE ZU DEN THEOLOGISCHEN WISSENSCHAFTEN von den Mitgliedern der theologischen Gesellschaft zu Strassburg.
Heft 1. Jena. 1847. Carl Hochhausen. 8°.*)

— zu den theologischen Wissenschaften in Verbindung mit der theolog. Gesellschaft zu Strassburg hrsg. von Ed. Reuss und Ed. Cunitz. 1—3. Bdchn. gr. 8. Jena, Mauke. [1. (IV und 243 S.) 847, 2. (III und 231 S.) 3. (105 S.) 851. à 1 Thlr. 7 1/2 Ngr.] 3

— zu den theologischen Wissenschaften in Verbindung m. der theolog. Gesellschaft zu Strassburg hrsg. v. Ed. Reuss u. Ed. Cunitz. 1. Bdchn. 2. (Titel-)Ausg. gr. 8. (IV u. 243 S.) 2 u. 3. Bdchn. gr. 8. (IV. 231 u. 195 S.) Jena 851, Mauke. (à 1 1/4 ℛ) 3 3/4 ℛ

— zu den theologischen Wissenschaften, in Verbindung mit der theolog. Gesellschaft zu Strassburg hrsg. von Ed. Reuss und Ed. Cunitz. 4—6. Bdchn. gr. 8. (790 S.) Jena 852. 55, Mauke. à Bdchn. 1 Thlr. 7 1/2 Ngr.
1—3. Bdchn. Ebendas. 1847—51. 3 Thlr. 22 1/2 Ngr.

— zu verschied. mathemat. u. physik. Wissenschaften, von einigen Oesterreich. Gelehrten, mit Kpf. gr. 8. Wien 775. (Beck). 1 ℛ

Wissenschaftliche Beiträge zum Gedächtniss der 100jährigen Wiederkehr des Antritts von Alexander von Humboldt's Reise nach Amerika am 5. Juni 1799. Aus Anlass d. 7. Internationalen Geographen-Kongresses hrsg. von d. Gesellschaft für Erdkunde zu Berlin. — Berlin: Kühl 1899. 54,247,32 S. 4°
Nebent.: Humboldt-Centenar-Schrift.
1:4° Po 2545-2,11. 2. 3. 5. 6. 8. 10. 11. 12: 4° Geo. U. 130h. [2 Ex.] 14. 15. 17. 18. 21. 25. 38. 204. 300: 402.924-C. K. 302.
15.

Wissenschaftliche Beiträge zur Judenfrage. Patriotische Untersuchungen. Hrsg. von Freimund Gutsmuths. 1. Die Juden vom Standpunkte d. christlichen Sittlichkeit, Geschichte, Staats- u. Gesellschaftspolitik betrachtet von Adolf Frantz. 2. Zwischenbemerkungen zur Judenfrage von Constantin Frantz. — Berlin: Klein [1881]. 192 S. 8° 1:Ez 1424. 14. 15. 300:401.119-C.
15.

— wissenschaftliche, zur Judenfrage. Patriotische Untersuchungen. Hrsg. v. Freimund Gutsmuths. 8. Ebend. 882. n. 3. —
I. Die Juden vom Standpunkte der christlichen Sittlichkeit, Geschichte, Staats- u. Gesellschaftspolitik betrachtet von Adf. Frantz.
II. Zwischenbemerkungen zur Judenfrage. Von Const. Frantz. (192 S.)

Beiträge (Wissenschaftliche) zum Kampf gegen den Alkoholismus, im Auftrage des Vorstandes des Deutschen Vereins gegen den Missbrauch geistiger Getränke, in Verbindung mit Baer, Finkelnburg, v. Miaskowski und L. F. Seyffardt hrsg. von P. Pieper. 1.—4. Heft. gr. 8°. Bonn, Strauss, 1886. 5.—6. Heft. Ebd. 1887.

Beiträge, Wöchentliche, zur Beförderung der ächten Gottseligkeit. ... Leipz. 1780—1791. H: *Lynar, Heinrich Casimir Gottlob Graf zu.* (Ky) (ML)

— wöchentl., zur Beförder. d. ächten Gottseligkeit. 18 Bdchen. 8. Leipz. 782—90. (W. Vogel). 4 ℛ 17 gr

Beiträge, Wöchentliche, zur Förderung des wahren Christenthums. Homburg vor der Höhe 1748. V: *Moser, Johann Jacob.* (ML)

Beiträge, Wöchentliche, zur Geschichte des gegenwärtigen Feldzuges. Wien 1788. H: *Schweighofer, Joh. Mich.* (Ky 5/200) (WBL 32/360) (Bilbasoff, Katharina II., S. 435.) (BiblPort)

Beiträge, Wöchentliche, zur Geschichte des gegenwärtigen Feldzuges der Oesterreicher und Russen wider die Türken. (3 Bde.) Wien 1788—1789.

— wöchentliche, zur medicin. u. chirurg. Klinik, mit vorzügl. Berücksichtigung epidemischer, endemischer und epizootischer Krankheiten. Herausg. v. Chr. Aug. Clarus u. Just. Radius. (Fortsetzung d. „Cholera-Zeitung.") 1r—3r Bd. 24 Numm. Mit Beilag. gr. 4. Lpz. 833, 34. Baumgärtner. (à Bd. n. 2 ℛ) n 6 ℛ Vgl. Cholerazeitung.

Die wöchentlichen Beiträge für Schleswig-Holstein zu Augsburg. Ein Leitfaden zur Veranstaltung ähnlicher Sammlungen. — Augsburg: Himmer 1850. 8 S. 8°
1:So 3710.
15.

— zur Wohnungsfrage in Hamburg, s.a. Beiträge, volkswirtschaftliche. 1.

Beiträge zur Wohnungsfrage in Hamburg. Anhang: Satzungen der Gesellschaft für sociale Reform. Satzungen der Ortsgruppe Hamburg. gr. 8°. Hamburg, O. Meissners Verlag, 1903. (Volkswirtschaftliche Beiträge, Heft 1.)

— zur Wohnungsfrage in Hamburg. Gesellschaft für soziale Reform. Ortsgruppe Hamburg. Volkswirtschaftliche Beiträge, hrsg. vom Vorstande. 2. Heft. gr. 8. Hamburg, O. Meißner's Verl. n. — 50
2. Das Einlogiererwesen in Hamburg. Von W. v. Kalckstein. (V, 67 S.) 904.
Hft. 1 u. d. T.: Beiträge, volkswirtschaftl. Ebd. 902. — 50

Beiträge zum Wörterbuch der deutschen Rechtssprache. Richard Schröder zum 70. Geburtstage gewidmet von Freunden u. Mitarbeitern. — Weimar: Böhlau 1908. VIII S., 184 Sp. 8°
1:Gl 9710. 2→7. 9. 10. 11. 12:J. germ. 8to. 15→18. 24→28. 38. 300:460.831-C. 302.
15

Beiträge zu einem schlesischen Wörterbuche ... Nürnberg 1857. V: *Hoffmann genannt von Fallersleben, August Heinrich.* (GGr)

Beiträge zur bessern Würdigung des Wesens und der Bedeutung des Puseyismus, durch Uebertragung einiger der wichtigsten betreffenden englischen Schriften nebst e. Einl. hrsg. von Moritz Petri. H. 1.2. — Göttingen: Vandenhoeck & Ruprecht 1843-44. 8°
1. Die Einleitung u. den Brief Pusey's an d. Erzbischof von Canterbury [A Letter to ... the Archbishop of Canterbury on some circumstances connected with the present crisis in the English Church, deutsch] enthaltend.
2. Den 90sten Traktat mit seinen Zugaben u. die Predigt Pusey's über d. as Abendmahl [The holy Eucharist, a comfort to the penitent, deutsch] enthaltend.
1:Cr 10780. 2. 3. 7. 8. 11. 12:H. ref. 284 r. 14. 17. 18. 21. 30.

— zur richtigen Würdigung des Rationalismus, (v. J. W. Volkmann). gr. 8. Leipz. 829. Tauchnitz. 8 gr

Beiträge zu einer Würdigung des berühmten Jesuiten Bened. Sattlers. [Gotha 1797.] V: *Salat, Jacob.* (MGT)

L.H.F.: Beiträge zur Würdigung der Schrift des Herrn Advocaten Gans ..., Hannover: Hahn 1831.

— zur Würdigung der Gans'schen Schrift; Ueber die Verarmung der Städte u. des Landmanns ꝛc. Von L. H. *****, gr. 8. Hannov. 831. Hahn. 2 gr

Beiträge aus Württemberg zur neueren deutschen Kunstgeschichte. Mitgetheilt von Ad. Haakh. — Stuttgart: Bruckmann 1863. XXVIII, 384 S. 8°
1:Nr 8171. 5. 7. 9. 10. 12:Art. 131 nq. 14. 15. 17. 21. 24. 25. 300:164.253-B.

Würzburger Beiträge zur englischen Literaturgeschichte. Hrsg. von O[tto Luitpold] Jiriczek. 1. Heidelberg: Winter 1911. 8°
[11. 13000

Beiträge zu den Zeichen des Croups. Moskau 1820. V: *Haass, F.* (Russell XVI, II, 1, 1246)

Beiträge zur Zeichenunterrichtsreform. Herausgegeben vom Verein württembergischer Zeichenlehrer. 3 Teile in 1 Band. 4° Stuttgart 1906-08

— zur Zeichenunterrichtsreform. Hrsg. v. Verein württemb. Zeichenlehrer. Nr. 2 u. 3. Lex. 8. Stuttgart, Verlag „Kunst u. Jugend". 6. —
(1—3 7.—; geb. in Leinw. n 7.50)
2. (34 S. m. Abb. u. 1 Taf.) 906. 1.50
3. (43 S. m. Abb. u. 21 z. Tl. farb. Taf.) 906. 4.50

Beiträge zur Zeichenunterrichts-Reform. Hrsg. vom Verein Württembergischer Zeichenlehrer. Nr. 3. — Stuttgart: Verl. d. 'Zeichenlehrer' 1906. 43 S. 4° 101.
15.

Beiträge zur Zeitgeschichte. I. Am Rhein. [Marburg] 1814. V: *Gagern, Hans Chph Ernst Freih. von.* (HS) (Ky) (MGT) (Wr)

Beiträge: Zeitgeschichtliche Beiträge v. Ordinari Wochen-Zeitung (Zh).

— zum Zeitvertreib in Fabeln. gr. 8. Jena 764. Melchior 6 K

Beiträge für die Zergliederungskunst. Hrsg. v. H(einrich) F(riedrich) Isenflamm und J(ohann) C(hristian) Rosenmüller. Bd 1. 441 S., gbd.

Leipzig: Tauchnitz 1800

JB 6.087

Beiträge zur vergleichenden Zoologie, Anatomie und Physiologie. Hrsg. von Lorenz Oken und Dietrich Georg von Kieser. H. 1.2.
Bamberg & Würzburg: Göbhardt 1806-07.
1 Bd. 8°

— zoologische. Hrsg. von Ant. Schneider. 1. Bd. 1. und 2. Heft. gr. 8. Breslau, Kern's Verlag. [1. Heft. (III, S. 1—63 mit 12 lithogr. Taf.) 883. *ℳ 15.; 2. Heft. (S. 65—144 mit 8 lithogr., zum Theil farb. Taf. und 3 eingedr. Holzschn.) 884. *ℳ 12.] *

Beiträge, zoologische. Hrsg. von Ant. Schneider. 1. Bd. 3. Heft und 2. Bd. 1. und 2. Heft. gr. 8. Breslau, Korn's Verlag. [1. Bd. 3. Heft. (IV, S. 145—303 mit 2 Holzschn. und 15 Stnt.) 885. *ℳ 24.—; 2. Bd. 1. Heft. (S. 1—105 mit 1 Holzschn. und 11 Taf.) 887. *ℳ 18.—; 2. Heft. (S. 107—218 mit 6 Taf.) 888. *ℳ 11.] +
1. Bd. 1. und 2. Heft. Ebendas. 1883,84. *ℳ 27.—.

— zoologische. Begründet v. Ant. Schneider, fortgeführt v. Emil Rohde. 2. Bd. 3. Heft u. 3. Bd. 3 Hefte. gr. 8. Bresl., Kern. [2. Bd. 3. Heft. (IV, III u. S. 219—270 m. 10 Taf.) 890. * 15 —; 3. Bd. 1. Heft. (III, 68 S. m. 7 Taf.) 891. * 12 —; 3. Bd. 2. Heft. (III, u. S. 69—127 m. 12 Taf.) 892. * 16 —; 3. Bd. 3. Heft. (IV, III u. S. 129—192 m. 7 Taf.) 892. * 11 —.] * 54 —

Beiträge. Zürcher B' zur Rechtswissenschaft, hrg. von A[ugust] Egger, E[rnst] Hafter, H[ermann] F[erdinand] Hitzig und Max Huber, Dozenten an der ... Universität Zürich. [Heft] 1-4. 8. Zürich, Schulthess & Co., 1905. (fr. 2. 40 *bis* 3. 60)
s. Baltischweiler, Wilhelm — Schiller, Walter — Tobler, Hans — Wettstein, Walter.

Beiträge. Zürcher B' zur Rechtswissenschaft, hrg. von A[ugust] Egger, E[rnst] Hafter, H[ermann] F[erdinand] Hitzig und Max Huber, Dozenten an der ... Universität Zürich. [Heft] 5—8. 8. Zürich, Schulthess & Co., 1905. (fr. 2. — *bis* 4. 60)
s. Baer, Fritz — Fritzsche, Hans — Moll, Ernst — Renold, Wilhelm.

Beiträge. Zürcher B' zur Rechtswissenschaft, hrg. von A[ugust] Egger, E[rnst] Hafter, H[ermann] F[erdinand] Hitzig und Max Huber. Dozenten an der ... Universität Zürich. [Heft] 9 u. 10. 8. Zürich, Schulthess & Co.
[Heft] 9. 1905. (fr. 4. 20) s. Meyer, Fr[iedrich] Ernst.
[Heft] 10. 1906. (fr. 4.—) s. Horber, C[arl].

Beiträge. Zürcher B' zur Rechtswissenschaft, hrg. von A[ugust] Egger, E(rnst) Hafter, H[ermann] F[erdinand] Hitzig und Max Huber, Professoren an der ... Universität Zürich. [Heft] 11. 8. Zürich, Schulthess & Co., 1906. (fr. 3.20)
s. Vorträge über den Entwurf eines schweiz. Zivilgesetzbuches....

Beiträge. Zürcher B' zur Rechtswissenschaft, hrg. von A(ugust) Egger, E(rnst) Hafter, H[ermann] F[erdinand] Hitzig und Max Huber, Professoren an der ... Universität Zürich. [Heft] 12. 8. Zürich, Schulthess & Co., 1906. (fr. 4. 20)
s. Vorträge über den Entwurf eines schweiz. Zivilgesetzbuches....

Beiträge. Zürcher B' zur Rechtswissenschaft, hrg. von A[ugust] Egger, E[rnst] Hafter, H[ermann] F[erdinand] Hitzig und Max Huber, Dozenten an der... Universität Zürich. [Heft] 13. 8. Zürich, Schulthess & Co., 1906. (fr. 3.60)
s. Holer, Oscar.

Beiträge. Zürcher B' zur Rechtswissenschaft, hrg. von A[ugust] Egger, E[rnst] Hafter, H[ermann] F[erdinand] Hitzig und Max Huber, Professoren (**Heft 14:* Dozenten) an der ... Universität Zürich. [Heft] 14 u. 15. 8. Zürich, Schulthess & Co., 1907.
[Heft] 14. (fr. 3. —) s. Schweizer, Armin.
[Heft] 15. (fr. 3. 60) s. Peter, Hans.

Beiträge. Zürcher B' zur Rechtswissenschaft, hrg. von A(ugust) Egger, E(rnst) Hafter, H[ermann] F[erdinand] Hitzig und Max Huber, Professoren an der... Universität Zürich. [Heft] 16 u. 17. 8. Zürich, Schulthess & Co., 1907.
[Heft] 16. (fr. 4. —) s. Meier, Eugen.
[Heft] 17. (fr. 3. 60) s. Schoch, Otto.

Beiträge. Zürcher B' zur Rechtswissenschaft, hrg. von A(ugust) Egger, E(rnst) Hafter, H[ermann] F[erdinand] Hitzig und Max Huber, Professoren an der ... Universität Zürich. [Heft] 18 u. 19. 8. Zürich, Schulthess & Co., 1907—1908.
[Heft] 18. 1907. (fr. 3. 20) s. Forrer, L[udwig].
[Heft] 19. 1908. (fr. 15. —) s. Wiedemann, C[arl] P[aul].

Beiträge. Zürcher B' zur Rechtswissenschaft, hrg. von A(ugust) Egger, E(rnst) Hafter, H[ermann] F[erdinand] Hitzig und Max Huber, Professoren an der ... Universität Zürich. [Heft] 20. 8. Zürich, Schulthess & Co., 1908. [fr. 3. 60]
s. Korrodi, Hermann.

Beiträge. Zürcher B' zur Rechtswissenschaft, hrg. von A[ugust] Egger, E[rnst] Hafter, H[ermann] F[erdinand] Hitzig und Max Huber, Professoren an der ... Universität Zürich. [Heft] 21. 8. Zürich, Schulthess & Co., 1908. [fr. 3. 60]
s. Schultz, Carl.

Beiträge. Zürcher B' zur Rechtswissenschaft, hrg. von A[ugust] Egger, E[rnst] Hafter, H[ermann] F[erdinand] Hitzig und Max Huber.... [Heft] 22. 8. Zürich, Schulthess & Co., 1908. [fr. 3.60]
s. Peyer, O[tto].

Beiträge. Zürcher B' zur Rechtswissenschaft, hrg, von A[ugust] Egger, E[rnst] Hafter, H[ermann] F[erdinand] Hitzig und Max Huber.... [Heft] 23—34. 8. Aarau, H. R. Sauerländer & Co., 1909—1911.
[Heft] 23. 1909 s. Henggeler, Josef — [Heft] 24. 1909 s. Schulthess-Rochberg, Gustav v[on] — [Heft] 25. 1909 s. Guggenheim, Carl — [Heft] 26. 1910 s. Vogt, Erich — [Heft] 27. 1910 s. Steiner, Hans — [Heft] 28. 1910 s. Matter, H[ermann] A[lbert] — [Heft] 29. 1910 s. Giesker-Zeller, Heinrich — [Heft] 30. 1910 s. Blass, Robert — [Heft] 31. 1910 s. Pfeiffer, Curt — [Heft] 32. 1910 s. Aeppli, Hans — [Heft] 33. 1910 s. Früh, Paul — [Heft] 34. 1911 s. Brandenburger, Otto.

— Zürcher, z. Rechtswissenschaft, hrsg. v. A Egger, E Hafter, HF Hitzig, Max Huber u. Hans Reichel. 20—43. gr8° Aar., HR Sauerländer & Co. (1—43: 138.20)
Ammann, Wern.: Die Wahrg d. Berufsinteressen d. öffentl. Angestellten unter bes. Berücks. d. französ. Verhältn. (9, 251) '12 [42] 3 —
Aeppli, Hans: Der Betriebsunfall im schweiz. Haftpflichtrecht unter Berücks. d. künft. Gesetzgebg üb. d. staatl. Unfallversicherg. (9, 131) '10 [32] 2.40
Blass, Rob.: Das Quellen- u. Brunnenrecht nach d. schweiz. Zivilgesetzb. m. Berücks. d. bisher. kantonalen Rechtes. (8, 130) '10 [30] 2.20
Brandenburger, Otto: Das Baurecht d. Art. 675 u. 779 d. schweiz. Zivilgesetzb. Insbes. seine vertragl. Ausgestaltg in d. kommunalen Boden- u. Wohngspolitik. (13, 150) '11 [34] 2.40
Briner, Rob.: Die Ehescheidgsgründe im Zivilstands- u. Ehegesetz v. 1874 u. im Zivilgesetzb. (7, 166) '11 [36] 2.40
Dürsteller, J: Die Organisation d. Exekutive d. schweiz. Eidgenossensch. seit 1798 in geschichtl. Darstellg. (6, 329) '12 [41] 5 —
Früh, Paul: Die strafb. Pflichtverletzgn d. Rechtsanwalts gegenüber seinem Klienten m. bes. Berücks. d. deut. u. schweiz. Strafrechts. (10, 195) '10 [33] 2.80
Giesker-Zeller, Heinr.: Der rechtl. Heimatschutz in d. Schweiz. Darstellg d. Denkmalschutzes, Kunstschutzes, Naturschutzes u. Heimatschutzes im engern Sinn. (15, 349) '10 [29] 4 —

Gysin, Paul: Die Rechtswohltat d. öffentl. Inventars im schweiz. Zivilgesetzb. (7, 78) '11 [39] 1.80
Lenz, Olly: Die Schlüsselgewalt d. Ehefrau im schweiz. Privatrecht. (Kantonales Recht u. ZGB.) (8, 153) '12 [43] 2.20
Matter, HA: Die Friedensbürgschaft. (13, 154) '10 [28] 2.60
Müller, Max: Die Lehr- u. Lernfreih. Versuch e. systemat.-histor. Darstellg m. bes. Berücks. d. französ., deut. u. schweiz. Verhältn. (14, 286) '11 [38] 3 —
Pedotti, Ernst: Die Unterlassg d. Nothilfe, m. bes. Berücks. d. gelt. u. künft. schweiz. Rechtes. (268) '11 [40] 3 —
Pfeiffer, Kurt: Die Vormerkg persönl. Rechte im Grundb. n. d. schweiz. Zivilgesetzb. (8, 104) '10 [31] 2 —
Pfenninger, Hans Fel.: „Uebg u. Ortsgebrauch" im schweiz. Zivilgesetzb. (164) '11 [37] 2.60
Specker, Karl: Die Persönlichkeitsrechte m. bes. Berücks. d. Rechts auf d. Ehre im schweiz. Privatrecht. (12, 396) '11 [35] 6 —
Steiner, Hans: Das ehel. Güterrecht d. Kant. Schwyz m. vergleich. Hinweisen auf d. ehel. Güterrecht d. schweiz. Zivilgesetzb. (11, 177) '10 [27] 2.60
Vogt, Erich: Rechtmäss. Eingriffe d. Staates in subjektive Privatrechte n. d. Praxis d. schweiz. Bundesgerichts. (5, 152) '10 [26] 2.60

— Zürcherische, z. wissenschaftl. u. gesell. Unterhaltung, herausg. v. J. J. Hottinger, J. J. Stolz u. J. Horner. 3 Bde od. 9 Hefte. 8. Zürich 815—16. Ziegler u. S. (à 12 gGr) 4 Rthlr 12 gGr

Zwei Beiträge zur Geschichte der Finsterniß in der Reformationszeit oder Ph. Camerarius Schicksale in Italien und Adolf Clarenbachs Martyrthum von Johann Arnold Kanne. — Frankfurt a.M.: Hermann 1822. 232 S. 8°
Darin:
1. Camerarius, Philipp: Schicksale in Italien [Warhaffte und gründliche Relation von der gefänglichen Einziehung zu Rom].
2. Adolph Clarenbachs Martyrthum [Wahrhafftige Historia von den wolgelarten und bestendigen mennern Adolpho Clarenbach und Petro Fleisteden].
1: Cm 451. 2. 4. 7. 10. 12: Biogr. 173 h. 17. 21. 24. 30.

Zwei Beiträge zur Conservation der Conversation. — Leipzig: Baumgärtner in Comm. [um 1825]. VIII, 154 S. 8°
1: Yz 9068/4.
15.

Zwei Beiträge zur Vorgeschichte aus dem lübeckischen Landgebiet. Veröffentlicht vom Museum Lübeckischer Kunst- u. Kulturgeschichte. (Beigabe zum Berichte über d. Jahr 1899.) — Lübeck 1901: Coleman. 16 S. 8° 14.

Beiträge, Zwölf, zur Kirchen- und Predigergeschichte der Sechsstadt Görlitz. Görlitz 1769—1781. V: *Giese, Gottlieb Christian.* (OL) (ML)

Beiträger, Bremer, s.a. National-Litteratur, deut.

Beitraeger. — Bremer Beiträger. Hrsg. von Franz Muncker. T. 1.2. — Berlin [usw.]: Spemann [1889]. 8°
1. Gellert, Christian Fuerchtegott: Fabeln u. geistliche Dichtungen.
2. Muncker, Franz: Rabener. Cramer. Schlegel. Zachariä.
(Deutsche National-Literatur. 43.44.)
1: Yc 7605-43.44. 2→11. 12: P. o. germ. 1002 h-43.44. 13→18. 21. 24. 25. 27. 28. 30. 38. 300: 392.513-B 43/44. 302.

Beitragsentrichtung z. reichsgesetzl. Invaliden-Versicherg, Invaliden- u. Unfallrentner, Witwen u. Waisen in München '07. [Aus: „Mittlgn d. statist. Amtes d. Stadt München".] (43) Lex8° Münch., J Lindauer '11. nn — 70

Beitragsliste für das bibliographische Werk des Vereins deutscher Freimaurer. Vom 1. April bis 1. Juli 1908 [und] 1. Juli 1908 bis 1. Januar 1909. o. O. [1909?] 1 Bl. 8°.

Beitrags-Statut der Loge „Zur Edlen Aussicht" Freiburg im Breisgau. [Dat.:] Freiburg 1887. 2 Bl. 8° [Kopftit.]

Beitreibung von Forderungen binnen kurzer Zeit. 25 Formulare zur Beantragung eines Zahlungsbefehles (in Fol.), nebst Broschüre: Gläubiger und Schuldner! 16. (16 S.) Pinneberg 880, Beig's Verlag.

Beitritt. — Ueber den Beitritt Mecklenburgs zum Deutschen Zollverein. Von e. Mecklenburger. — Berlin: Duncker 1842. 29 S. 8°
1: 4 in Gz 13190. 11. 18. 21. 28. 33. 38. 302.
15.

Über den Beitritt Oldenburgs zu dem Hannöverisch-Braunschweigischen Zollverband. 1835
s. *Berg,* Karl Heinrich Frhr v.

Dr. Theiner's Beitritt zur deutsch-katholischen Reform und Principien, deren Festhaltung allein derselben erwünschten Fortgang u. dauernde Consistenz verschaffen möchte. Von e. unpartheiischen ... Beobachter. — Weimar: Landes-Industrie-Comptoir 1845. 28 S. 8°
1: Cq 8322. 10.
15.

Beitritt, über den, zu dem großen deutschen Zollverein, mit besond. Rücksicht auf die kleinern deutschen Staaten. gr. 8. Mannheim 834. Schwan u. Götzische Hofbuchh. 1/8 Rthlr

Beitritt. Zürichs B' zur Eidgenossenschaft 1. Mai 1351. (Zürich) s.a. [Hottinger, Johann Jacob *III*].

Zürichs Beitritt zur Eidgenossenschaft 1. Mai 1351. Denkschrift zu dessen 500jähriger Jubelfeier am 1. Mai 1851. — (Zürich [1851]: Schultheß.) 16 S. 4°
1: 4° Rv 9062. 7. 12: 4° Helo. 32. 15. 30.

Beitritt, der, zu den organisirten [Zwangs-]Kranken-Kassen u. die Errichtung v. Krankengeld-Zuschuß-Kassen ist der größte Vortheil f. die Arbeiter. gr. 8. (24 S.) Hamburg 892. C. Boysen. — 30

Beitter, Albert:
Pharmacognostisch-chemische Untersuchung der Catha edulis. — Strassburg: Schlesier & Schweikhardt 1900. 76 S. 8°
14.

Beitter, Eduard: Zur einhundertjährigen Gedächtnisfeier des christlichen Dichters und Ministers Christoph Carl Ludwig v. Pfeil den 14. Februar 1884 in der Schloßkapelle zu Deufstetten. — Stuttgart [1884]: Steinkopf. 16 S. 8°
24.
15.

Beitz: Ueber das Studium der Entomologie. 7 S. Progr. Krems 1851.

Beitz, Egid (Aegidius Franz), Referendar in Cöln: Die Verfassungsurkunde v. 31. Jan. 1850 und die Wahlverordnung v. 30. Mai 1849 in Preussen. Köln: Verlagsanstalt 1907. (x, 58 S.) 8°
Heidelberg, Jur. Fak., Ref. Jellinek, Diss. v. 1907
[Geb. 24. Okt. 80 Cöln; Wohnort: Cöln; Staatsangeh.: Preußen; Vorbildung: Gymn. St. Aposteln Cöln Reife O. 01; Studium: Heidelberg 1, München 1, Bonn 5 S.; Rig. 29. Nov. 07.]

Beitzen, Udo, Gerichtsass.: Abänderung und Aufhebung formbedürftiger Verträge. Hildesheim 1909: Lax. 30 S. 8°
Heidelberg, Jur. Diss. v. 13. Juli 1909, Ref. Heinsheimer
[Geb. 17. Mai 80 Hildesheim; Wohnort: Neuß; Staatsangeh.: Preußen; Vorbildung: Gymn. Josephinum Hildesheim Reife O. 90; Studium: Heidelberg 1, Würzburg 2, Berlin 2, Göttingen 2 S.; Rig. 4. Mai 09.] [U 09. 1743

Beitzke, Jung-Deutschland-Marsch, Musik v. C. Redel, Minden i. W., 4 S., 4°.

Beitzke, H.: Alpen, s. Beitzke, Heinrich

Beitzke, H., s.: Arbeiten üb. Infektionskrankheiten.

— Die Biologie der Nebennierensysteme, s.: Poll, Heinr.

— s.: Tuberkulosestudien.

Beitzke, Heinrich
—— die Alpen. Ein geographisch-histor. Bild. (10 Lfgn.) gr. 8. (50¼ B. u. 1 Karte.) Colberg 842, 43, Post. à Lfg. 10 Ngr.

Beitzke, H., die Alpen. Ein geographisch-historisches Bild. 2. (Titel-)Ausg. gr. 8. (XLIII und 902 S. mit 1 lith. Uebersichtskarte der Mittel- und Ost-Alpen in gr. Fol.) Colberg 851, Post. *

Beitzke, Heinr., Gedichte. gr. 12. (8 B.) Berlin 836, Rauck'sche Buchh. *

— Geschichte der deutschen Freiheitskriege in den Jahren 1813 und 1814. Bd 1-3. — Berlin: Duncker & Humblot 1854-55. 8° 1:Qn 8175. 2→6. 9. 11. 12:Germ. g. 31m. 16. 17. 18. 21. 24→30. 209. 302. 15.

—— 2., verb. Aufl. Bd 1-3. Ebd. 1859-60. 8° 1:Qn 8176. 2. 5. 7→11. 14. 17. 21. 26. 38. 300:30.166. 302. 15.

—— 3., verb. Aufl. Bd 1-3. Ebd. 1864. 8° 1:Qn 8177. 4. 5. 12[∞1]:40/1196. 14. 15. 18. 23. 26. 28. 30. 38. 90. 91. 302. 15.

Beitzke's, Heinr., Geschichte der deutschen Freiheitskriege in den J. 1813 und 1814. 4. neu bearb. Aufl. von Paul Goldschmidt. 10 Lfgn. oder 2 Bde. gr. 8. (VIII, 512; XII, 404 S. mit 2 phototyp. Bl., enth. Pläne.) Bremen 881—83, Heinsius. à Lfg. * 80 Pf. *
1 Heft mit 9 lithogr. Karten und Skizzen zum 1. Bd. 4. * compl. * ℳ 9.; geb. *

Beitzke, H. Geschichte des Jahres 1815. 2 Bd. (949.) 8. M. 1 Krte. Berlin 1864. 65. 18,00.

Beitzke, Heinr., Geschichte des Jahres 1815. 2 Bde. Berlin 865. Kobligk. gr. 8. (XV, 949 S. u. 1 lith. Karte in Fol.) n. 6 ℳ

Beitzke, Heinr.: Gesch. d. russ. Krieges im J. 1812, s.a. Universal-Bibliothek 5437—40.

— Geschichte des Russischen Krieges im Jahre 1812. — Berlin: Duncker & Humblot 1856. VIII, 363 S. 8° 1:Qn 6999. 3. 4. 5. 7. 9. 10. 11. 12:Eur. 50k. 15→18. 24. 26. 28. 29. 30. 38. 90. 209. 302. 15.

—— 2. Aufl. Berlin: Brigl 1862. 381 S. 8° 1:Qn 7000. 2. 5. 7. 8. 10. 11. 14. 21. 25. 26. 27. 300:69.138-B. 302. 15.

Beitzke, Heinr., Geschichte des russischen Krieges im J. 1812. 2. Aufl. gr. 8. (381 S. mit Portr. in Stahlst., 1 lithogr. Uebersichtskarte und 1 lithogr. Plane in qu. Fol. und gr. Fol.) Berlin 862, [Kobligk.] *

— Das preußische Heer vor und nach der Reorganisation, seine Stärke und Zusammensetzung im Kriege 1866. — Berlin: Kobligk 1866. 35 S. 8° 1:Sy 476. 7. 8. 11. 12:Bor. 23ap. 16. 17. 18. 21. 24. 38. 209. 15.

Sohr. — Beitzke, H., Major a. D. Aus dem Leben des königlich preussischen General-Lieutenants Friedrich v. .....
8. Berlin, Posen und Bromberg 1846.

Beitzke, H., aus dem Leben d. kgl. preuß. General-Lieutenants Friedr. v. Sohr. gr. 8. (13¼ B.) Berlin 840, Mittler, Berl.

Beitzke, H., Übersichtskarte der Mittel- und Ost-Alpen. Colberg 1840. . . (Br. Mus.)

— Die Völkerschlacht bei Leipzig vom 16.-19. Oktober 1813. — Leipzig: Zöphel [1908]. 134 S. 8° 209. 15.

—— an meine Wähler des anclamer, demminer, ückermünder und usedomer Wahlkreises. gr. 8. (8 S.) Anclam 859, (Dietze.) **

—— an m. Wähler d. Anclamer, Demm., Ueckerm. u. Used. Wahlkreises. 8. (8) Ancl. 59. (Wriez., Riemschneider.) n. — 2

—— Feldmarschall Graf York, s. Körner, Friedr.

Beitzke, Hermann, approb. Arzt aus Stendal: **Aus d. medicin. Klinik zu Kiel.** Ueber Beeinflussung der Leukaemie durch complicierende Krankheiten. *Kiel 1899: P. Peters.* (35 S.) 8°
Kiel, Med. Diss. v. [24. Apr.] 1899

Beitzke, Hermann:
Taschenbuch der pathologisch-histologischen Untersuchungsmethoden. — Leipzig: Barth 1907. 83 S. 8° 6. 15.

— 2., neubearb. u. verm. Aufl. Wien: Springer 1924. 82 S. 8° 12:Path. 1505n. 101. 300:550.191-B. 302. 15.

Beitzke, Hermann Heinrich, s. Chronik der Familie Beitzke.

Beitzke, Hermann Heinrich Wilhelm: Chronik der Familie Beitzke. — Görlitz 1909: Starke. 114 S. 8° 1:S 2568. 2. 101. 15.

Beitzke, Petrus *Augustus* [aus Bublitz i. Pom.]: Über Pyoktanin, speciell über seine Wirkung in einigen Fällen von inoperablem Uteruscarcinom ... Greifswald, Druck v. J. Abel, 1893; 1 Bl., 5—24 S. 8.
Greifswald, Med. Fak., Inaug.-Diss. v. 1. Apr. 1893

Beivinkler, Karl
Beiwinkler, Karl —. Anleitung zur Waldwerthberechnung mit praktischen Beispielen, für Forsttaxatoren, Forst- und Landwirthe, Richter, insbesondere Urbarialrichter und überhaupt für alle, die ohne schwierige Berechnungsweise schnell ein richtiges Resultat erreichen wollen. Herausgegeben von — —. Pesth. 1855. Druck von J. Beimel und Basil Kozma. Bei Georg Kilian. (1 Bl. 56 S. und XXXVII S.)

Beivinkler, Karl: Anleitung zur Waldwerthberechnung mit praktischen Beispielen für Forsttaxatoren, Forst- und Landwirthe, Richter, insbesondere urbarial Richter ... Hrsg. von Karl Beivinkler. — Pesth: Kilian 1855. 56, XXXVII S. 8°
Nebent.: Anleitung zur Waldwerthberechnung ... Hrsg. von Karl Beiwinkler.
300:10.825-B. 302. 15.

Beivinkler, K., Anleitung zur Waldwerthbestimmung mit praktischen Beispielen für Forsttaxatoren, Forst- u. Landwirthe, Richter, insbesondere Urbarial-Richter rc. 2. Aufl. Pest 861. Kilian. gr. 8. (VI, 93 S.) n. 20 ngr.

— Studienmässige Besprechung der Reinigung und Entwässerung der Städte durch Kanalisirung mit Rücksicht d. durch d. III. Internationalen Medicinischen Congress in Wien gestellten Anforderungen u. deren Lösung. — Budapest 1873: Rudnyánszky. 19 S. 8° 1:11 in 4° Fb 5411. 302. 15.

Beivinkler, Karl, studienmässige Besprechung der Reinigung u. Entwässerung der Städte durch Kanalisirung m. Rücksicht der durch den III. internationalen medicin. Congress in Wien gestellten Anfordergn. u. deren Lösg. gr. 8. (19 S. m. 1 Steintaf. in qu. 4.) Budapest 874. (Kilian.) n. 1. —

Beivinkler, K. Kanalisationsprojekt behuf Reinigung und Entwässerung der Stadt Pest. Budapest 1873.

Beivinkler, Károly s. *Beivinkler*, Karl.

Beiwagen: Humoristischer Beiwagen
v. Der Werktag.

Beiwagen des Louisville Omnibus: 1866 -?
Supplement issued with the Sunday edition, Omnibus. Small folio, each 4 pages.
Louisville, KY

Beiwagen zum Preuß. Nationalkalender, s. National-Kalender.

Beiwegh. Versuch über die Staatswirthschaft. 1785.

Beiwerke zum Studium der Anthropophyteia. Hrsg. v. Frdr. S. Krauss. I.—III. Bd. 31,5×24,5 cm. Leipzig, Deutsche Verlagsactiengesellsch. Geb. in Leinw. à 30. —
Dulaure, Jak. Ant., die Zeugung in Glauben, Sitten u. Bräuchen der Völker. Verdeutscht u. ergänzt v. Frdr. S. Krauss u. Karl Reiskel. Mit Nachträgen v. H. Ihm, e. Nachwort v. Alfr. Kind u. m. 314 Abb. auf (41) Taf. (Privatdruck.) (VII, 349 S.) 909. (Bd. I.)
Krauss, Frdr. S., das Geschlechtsleben in Glauben, Sitte u. Brauch der Japaner. (VIII, 161 S. m. 68 Taf.) 907. (Bd. II.)
Tarasevśkyj, Pavlo, das Geschlechtsleben d. ukrainischen Bauernvolkes. Folkloristische Erhebgn. aus der russ. Ukraina. Aufzeichnungen v. T. Einleitg. u. Parallelennachweise v. Volodymyr Hnatjuk, Vorwort u. Erläutergn. v. Frdr. S. Krauss. 1. Tl. 819 Schwänke u. novellenart. Erzählgn., die in der Gegend v. Kupjanśk u. Sebekyno d. Gouvernements Charkiv u. Kursk gesammelt worden. (Privatdr.) (XI, 457 S.) 909. (Bd. III.)
Nur f. Gelehrte, nicht f. den Buchhandel bestimmt.

Beiwerke z. Studium d. Anthropophyteia. Jahrbb. f. folklorist. Erhebgn u. Forschgn z. Entwicklgsgesch. d. geschlechtl. Moral, hrsg. v. Frdr. S Krauss. IV. u. V. Bd. 31,5×24,5 cm. Lpzg, Ethnolog. Verl.
Nur f. Gelehrte, nicht f. d. Buchhandel bestimmt.
Hnatjuk, Volodymyr: Das Geschlechtsleben d. ukrain. Bauernvolkes in Österr.-U. Folklorist. Erhebgn. 2. Tl. 400 Schwänke u. novellenart. Erzählgn, d. in Ostgalizien u. Ungarn gesammelt worden. (20, 464 u. 12 m. Abb.) '12 (V) L (je) 30 —
Der 1. Tl wurde v. Tarasevśkyj u. Hnatjuk bearb.
Nordin, Hjalmar J: Die ehel. Ethik d. Juden z. Zeit Jesu. Beitrag z. zeitgeschichtl. Beleuchtg d. Aussprüche d. Neuen Test. in sexuellen Fragen. Nach d. schwed. Handschr. verdeutscht v. WA Kastner u. Gust. Lewié. — Das Geschlechtsleben d. deut. Volkes in d. Gegenwart. Folklorist. Studien u. Erhebgn v. Otto Stückrath, Frdr. Erich Schnabel, Hugo E Luedecke, Hellmut, Alengo, Braunhard, Schweigemann u. Frdr. S Krauss. (12, 332 m. 1 Taf.) '11 (IV) L 30 —

Beiwinkler, Karl s. *Beivinkler.*

Beize, Schwarzgraue. Berlin 1893

Beizen, das, der Gablonzer Gürtlerwaren. (Neue gesammelte Erfahrgn., hrsg. v. Adf. Zasche.) 8. (18 S. m. 4 Taf.) Gablonz (900). H. Rössler. n. — 60

Beiz-Rezepte. — Steiermärkisches Gewerbeförderungs-Institut Graz. Beiz-Rezepte für Holz. Zum Gebrauche in d. 'Kursen für technische Verwendungsarbeiten d. Holzes'. Graz 1905. 14 S. 8° **91.**
15.

Bek, Anton: Anklageakt, gefertigt von dem Staatsanwalt an dem Königl. Württembergischen Gerichtshofe für den Schwarzwald-Kreis in Gemäsheit eines von dem Criminal-Senate dieses Gerichtshofes am 16. September 1850 erlassenen Verweisungs-Urtheils, wodurch die Anklage erkannt worden ist gegen 1) den vormaligen Glasfabrikanten Gottlieb Rau, von Gaildorf ... 17) den Buchhändler Sixt Ludwig Kapff, von Tuttlingen. [Verf.: Anton Bek.] — (Stuttgart [1850]: Hasselbrink.) 44 S. 4° **24.**
15.

Bek, Arnoldus, De somno. *Viennae.* Typ. *F. Fridrich.* 12 S., 1 Bl. 8°.

Bek, Friedrich
Bek, Friedr., Andeutung zu einer tiefern Begründung der religiösen Kunst. 4. München 1834, Liter. Anstalt. 6 ggr. — 24 kr.

— Gedichte, gesammelte. 8. München 1843, Lit. Anstalt.

Bek, Henry Leo: Hoch Constitution! (Verf.: Henry Leo Bek.) — (Wien: Hirschfeld 1848.) 2 Bl. 8°
1:81 in Rz 8885/87.
15.

Bek, Jakob: Auf der Tit. Hoch-Edel-Gebohrnen Herren Abgeordneten der Stadt Danzig glückliche Wiederkunft in ihr Vaterland. — Königsberg 1735: Reußner. 2 Bl. 4°
10.
15.

Bek, Joseph
— üb. die Entwicklung u. Darstellung d. Messianischen Idee in d. Schriften des Alten Bundes. gr. 8. Ebd. 1835. 14 ggr. — 1 fl. 3 kr.

Bek, Jos. (Prof. zu Hildesheim, jetzt bad. kathol. Kirchenrath zu Freiburg), der christl. Glaube u. das christl. Leben (die Sittenlehre) nach den Grundsätzen d. kathol. Kirche dargestellt. 2 Theile (des Lehrbuchs der Religion). gr. 8. Hannover 1835—36, Hahn. 14 ggr. — 1 fl. 3 kr.

— Lehrbuch der Geschichte. 2 Bde. Ebd. 1 Thlr. 4 ggr. — 2 fl. 6 kr.

Bek, Józef s. *Beck.*

Bek - Gran, Hermann
Bek-Gran, Herm., die deutsche Frau, s. a. Teuerdank. 30.

BEK-Gran, Hermann: Die deutsche Frau, eine Bilderreihe von Hermann Bek-gran. — Berlin: Fischer & Franke [1903]. 10 Bl. 4° (Teuerdank. Folge 30.)
12:4° Art. 218x-5. 60. 61. 128.
15.

Bek-Gran, Herm., heute roth — morgen tot (Soldatenlieder), s.: Jungbrunnen. 5. Bdchn.

Bek-Gran, H., Eine moderne Schlafstubeneinrichtung, s.: Liebhaber-Künste.

Bek-Manageta, Ginter s. *Beck* v. Mannagetta, Guenter R[r].

Beka, Sibert de
s. Sibert de Beka.
[illegible] 1916

Bekämpfung des Alkoholismus. Heft VII der „Arbeiten der hygienischen Sektion" des Kongresses für Hygiene und Demographie. Wien 1887.

Bekaempfung. —
Verband d. Maler, Lackierer, Anstreicher, Tüncher u. Weissbinder Deutschlands. Die Bekämpfung der Bleivergiftung im Maler- und Anstreichergewerbe. Erhebungen betr. d. Durchführung d. Bleiweissgesetzes. — Hamburg: Tobler [um 1910]. V, 106 S. 8°
1:Iq 8929. 18.
15.

Die Bekämpfung der Dasselplage. Stenograph. Bericht über d. Verhandlungen e. vom Centralverein d. Deutschen Lederindistrie . . . abgehaltenen Konferenz.
Berlin 1910. 20 S. 4°

Bekämpfung (2: Die Bekämpfung) der Infectionskrankheiten. (2: Hrsg. von Behring.) (1.2.) — Leipzig: Thieme 1894. 8°
1. Behring, Emil: Infection u. Desinfection.
2. Hygienischer Theil von Brix [u. a.]
1:Ii 2074. 3. 4. 5. 7. 8. 10. 11. 24. 26. 29. 38 M. 302.
15.

Die Bekämpfung der 1. städtischen Konkurrenz. 2. staatlichen Konkurrenz. 3. Konkurrenz staatlicher und städtischer Angestellter. Verhandlungen d. 10. Deutschen Handwerks- u. Gewerbekammertages zu Königsberg i. Pr. — Hannover 1910: Ahlfeld. 39 S. 8° **18.**
15.

Die Bekämpfung ansteckender Krankheiten. Eine Zusammenstellung d. hierauf bezüglichen Gesetze, Verordnungen u. Ausführungs-Anweisungen. Nebst Erl., Anm. u. Formular-Mustern. Bd [1.]2. — Trier: Sonnenburg 1905–06. 8°
1. Von M. Weirauch. 1905.
2. Enthaltend d. gesetzgeberische Material d. Jahres 1906. 1906 (1907).
1:Iu 9072/5. 5.
15.

Bekämpfung, Die, der ansteckenden Krankheiten vom gegenwärtigen Standpunkt der Wissenschaft. Fragenschema. O. O. [1891]. V: *Roth, Otto.* (Cat. d. Stadtbibl. Zürich. Zürich 1864—97.)

Bekämpfung gemeingefährlicher Krankheiten vom 30.6.1900 mit Ausführungsbestimmungen v. 6.10.00. (20 S) (Gareis, Rges. 295/6) Giessen (1901)

Bekämpfung, die, übertragbarer Krankheiten. Gesetze u. Verordngn. Textausg. 1. u. 2. unveränd. Aufl. (à III, 68 S.) kl. 8. Berlin 905. C. Heymann. n. — 50

Zur Bekämpfung der Kurpfuscherei. Bericht, erstattet an d. Deutschen Aerztevereinsbund vom Pressausschuss d. ärztlichen Bezirksvereins München. — (Leipzig [1902]: Ackermann & Glaser.) VI S. 4° (XXX. Deutscher Aerztetag. Tagesordnung. Beil. 4.) 10. 30.
15.

Ueber die Bekämpfung des Liberalismus in Deutschland. Ein ernstes Wort an d. deutschen Regierungen. — Leipzig: Fritzsche 1843. 47 S. 8°
10. 12: J. publ. G. 626m/7. 14.
15.

Die Bekämpfung der Lungenkrankheiten mittels 'Praevalidin' durch den praktischen Arzt. (Hrsg.: Woll-Wäscherei u. Kämmerei in Döhren bei Hannover. Abt.: Chem. Fabrik.) — (Hannover [1906]: Küster.) 30 S. 8° 4.
15.

Die Bekämpfung der Lungenseuche im Deutschen Reiche. Nachtrag zu dem am 31. Dez. 1894 abgeschlossenen Referate des Herrn Geh. Rat Röckl. O.O. u. J. 2 S.

Die Bekämpfung des Mädchenhandels. Flugschrift hrsg. v. Deutschen Nationalkomitee z. internat. Bekämpfung d. Mädchenhandels. — Berlin: Büro d. Komitees 1903. 16 S. 8°
2. Aufl. u. d. T.: Der „Mädchenhandel" u. seine Bekämpfung.

Die Bekämpfung der Maikäfer- und Engerlingplage. — Wien: N.ö. Landesausschuss 1894. 14 S. 8° 302.
15.

Die Bekämpfung der Reblaus ⟨Phylloxera vastatrix⟩. Nach d. Ergebnissen d. Phylloxera-Congresses zu Lausanne u. d. Stande d. neuesten Erfahrungen veröff. vom k.k. Ackerbau-Ministerium. — Wien 1878. 20 S. 4°
302.
15.

Bekämpfung, die, d. Rindertuberkulose m. Bovovaccin u. Tauruman auf Grund der in Mecklenburg-Strelitz gemachten Erfahrungen. (Verhandlgn. der XXXV. Plenarversammlg. d. deutsch. Landwirtschaftsrats 1907.) (29 S.) Lex. 8. Berlin 907. P. Parey. nn — 50
Sonderabdruck aus: „Archiv d. deutsch. Landwirtschaftsrats".

Die Bekämpfung der Rindertuberkulose in der erzherzoglichen Herrschaft Ungarisch-Altenburg. — Wien: Jasper 1906. 12 S. 8° 300: 445.239-B.
15.

Bekämpfung der Säuglingssterblichkeit im Kreise Grimmen. (Unterzeichn.: Frhr v. Maltzahn.) — Dat. Gültz, Pomm. 29. Juli 1910. 3 Bl. 4° 1: N 12.2836.
15.

die, der Säuglingssterblichkeit in Halle a.S. 1908/09. 1. Bericht d. Vereinigg. zur Bekämpfg. der Säuglingssterblichkeit u. Verbreitg. der Milch als Volksnahrungsmittel zu Halle a. S., von v. Drigalski. (87 S.) gr. 8. Jena (909). G. Fischer. — 50

Bekämpfung d. Schundlit. m. e. Zusammenstellg d. bisher getroff. Massnahmen, s: Flugschriften d. Zentralstelle f. Volkswohlfahrt.

Bekämpfung, die, der Schwindsucht durch Heilstätten für Lungenkranke. Denkschrift. Hrsg. vom Vorstand der gemeinnütz. Aktiengesellschaft Pionier in Berlin. gr. 8. (63 S.) Berlin 899. A.-G. Pionier. n. 1. —

Zur Bekämpfung des Trachoms. (Im Anschluß an d. Rundschreiben von Th. Axenfeld.) — Marburg [1906]: Hamel. 12 S. 8° 4.

Zur Bekämpfung der Trunksucht. Herausgegeben auf Veranlassung der Kreissynode von Anderbeck. Eckardtsberge 1886. 30 S. 8°.

Zur Bekämpfung der Trunksucht.
— Auskunft über den deutschen Verein abstinenter Lehrer. Kiel 1900. 4 S.

Bekämpfung der Tuberculose. Erlass der k.k. Landesregierung in Kärnten vom 26. Juli 1902, Z. 13.765, zufolge Erlasses des k.k. Ministeriums des Innern vom 14. Juli 1902, Z. 29.949, an die politischen Bezirksbehörden. — (Klagenfurt [1902]: St. Josef-Vereins-Buchdr.) 10 S. 8°
300: 420.046-B.
15.

Zur Bekämpfung der Tuberkulose des Rindviehs. — Berlin 1892: Simion. S. 194-324. 4°
Aus: Bericht über d. Verhandlungen d. 20. Versammlung d. Deutschen Landwirthschaftsraths. 1892.
17.
15.

— die, des Unkrautes, s.a. Arbeiten der deutschen Landwirtschafts-Gesellschaft.

Die Bekämpfung des Unkrautes. St. 1. Berlin 1902: W. Greve. 8° [15.]
= Arbeiten d. Deutschen Landwirtsch.-Gesellschaft. H. 72.

Zur Bekämpfung des Uteruscarcinoms. — Aachen 1906: Kaatzer. 7 S. 8° 6.
15.

— die, des unlautern Wettbewerbs, s.a. Volksbibliothek, soziale. 15.

Bekämpfung des unlauteren Wettbewerbes vom 27.5.96. Abänderung der Gewerbeordnung vom 6.8.96. (Gareis, Reichsgesetze 201) Giessen 1896

Bekämpfung (Die) des unlauteren Wettbewerbes. 8°. M.-Gladbach, Volksvereins-Verlag, 1910. (Sociale Volksbibliothek, Heft 15.)

Bekandtnus. — Bekandtnus s.a. *Bekenntnis.*

Helmstättische Bekandtnuß, daß ein jeder in der Catholischen Religion könne seelig werden. Kurtz vorgestellet, bestritten, verthätiget: durch e. Liebhaber deß lang-gewünschten Kirchen-Vergleichs. — Cölln: Odendall 1707. 16 S. 8° 23.
15.

Bekannte, allerlei. 9 (farb.) Bilder m. Text. qu. 4. Stuttgart 887. Loewe. cart.. 1. 20

Bekannte, allerlei. 12. (12 S. m. z. Tl. farb. Abb.) Konstanz u. Emmishofen 895. C. Hirsch. — 25

Bekannte, allerlei. qu. gr. 8. (12 S. m. z. Tl. farb. Abbildgn.) Konstanz (899). C. Hirsch. — 25

Bekannte.
Alte Bekannte. Sammlung jüdischer Anekdoten u. Witze. Berlin: Seiffert [um 1895]. 16 S. 8° 30.
15.

Bekannte, Alte, in neuem Gewande. 1—7. Bd. 8° Bresl., Priebatsch. d
Schmid, Christoph v.: Heinrich v. Eichenfels. Durchgesch. u. gekürzte Ausg. v. Carl Rotter. (48) ('11) [1] — 25; HL — 40
— Gottfried, d. junge Einsiedler. Durchgeseh. u. gekürzte Ausg., hrsg. v. Carl Rotter. (47) ('12) [6] — 25; geb. — 40
— Ludwig, d. kleine Auswanderer. Durchgeseh. u. gekürzte Ausg. v. Carl Rotter. (64) ('12) [4] — 35; geb. — 60
— Die Nachtigall. Durchgeseh. u. gekürzte Ausg. v. Carl Rotter. (45) ('11) [3] — 25; geb. — 40
— Die Ostereier. Durchgeseh. u. gekürzte Ausg. v. Carl Rotter. (40) ('11) [2] — 25; geb. — 40
— Der Rosenstock. Durchgeseh. u. gekürzte Ausg., hrsg. v. Carl Rotter. (44) ('12) [7] — 25; geb. — 40
— Der Weihnachtsabend. Durchgeseh. u. gekürzte Ausg., hrsg. v. Carl Rotter. (48) ('12) [5] — 25; geb. — 40

Bekannte, alte, in Haus u. Hof, Wald u. Feld. Zur Unterhaltung u. Belehrung f. die Jugend. qu. 4. (18 Chromolith. m. 12 S. Text.) Neu-Ruppin 877. Oehmigke & Riemschneider. cart. n. 1. —

— gute. qu. gr. 8. (8 farb. Taf. m. 1 Bl. Text.) Leipzig 889. Fr. Pfau. cart. n. — 25

— gute. qu. gr. 8. (8 S. m. farb. Abbildgn.) Eßlingen (892). J. F. Schreiber. Kart. n. — 20

— gute. qu. gr. 4. (18 farb. S. ohne Text, auf Pappe.) Nürnberg 898. Th. Stroefer. Kart. 3. —; in Leporelloform (15 S. m. z. Tl. farb Abb., auf Pappe). 3. —

— gute. qu. gr. 4. (12 farb. S.) Nürnberg (899). Th. Stroefer. 1. 50

— gute. Fol. (8 S. m. farb. Abbildgn. auf Pappe.) Reutlingen (900). Enßlin & Laiblin. Kart. 2. —

Bekannte, gute, aus dem Tierreiche. gr. 8. (12 Chromolith.) Wesel 885. Düms. cart. — 50

— gute, aus dem Tierreiche. gr. 4. (8 Farbendr.-Taf.) Wesel 890. Düms. n. — 50; auf Leinw. cart. n. 1. —

— vom Lande. gr. 4. (12 farb. S.) Nürnberg (899). Th. Stroefer. 1. 50

Bekanntes. Zusammengestellt von einem Zeitgenossen. Koblenz 1859. V: *Hoffmann*, *von*. (ADB XII, 629) (Scheffer, Preuss. Publizistik im Jahre 1859. Leipzig 1902. S. 9—10.) »*Hofmann*« (Kat. d. Bibl. d. k. Preuss. gr. Generalstabes. Berlin 1878.)

Bekanntes. Zusammengestellt von einem Zeitgenossen. Coblenz 859. Baedeker in Comm. gr. 8. (27 S.) n. 4 ngr.

Bekanntgabe der Neuwahl und Bestätigung des bisherigen Prorektors Eduard d' **Alton** am 12. Juli 1846. Wieder abgedr. A L Z. 1847, Int.-Bl. S. 2.

Bekanngabe der Neuwahl und Bestätigung des bisherigen Prorektors Joh. Friedr. Gottfr. **Eiselen** am 12. Juli 1852.

Bekanntgabe der Neuwahl des bisherigen Prorektors Ernst Adolf Theodor **Laspeyres** am 12. Juli 1838.

Bekanntgabe der Neuwahl und Bestätigung des bisherigen Rektors Heinrich **Leo** am 12. Juli 1854.

Bekanntmachung. [Betr. Reisen des Straubinger Bürgers Ulrich Schmidel in Südamerika.] — Dat. Straubing 16. Febr. 1810.) 3 Bl. 8° 12: 4° Bavar. 3007–III,38.
15.

Bekanntmachung (betr. Dienstaufkündigungen) Dat.: Stralsund, den 30. März 1810. –

Bekanntmachung. [Betr. Bayerische Staats-Schuldentilgungs-Kommission.] — Dat. München 10. Mai 1813. 6 Bl. 8° 12: 4° Bavar. 300–III,16.
15.

Bekanntmachung. [Betr. die Aufbringung von 150 000 Talern für den gegenwärtigen Krieg.] — Dat. Gotha 25. Aug. 1813. 4 Bl. 8° 3.
15.

Bekanntmachung. [Betr. den Abschluß eines Friedens- und Freundschaftsvertrages zwischen dem König von Preußen und dem König von Sachsen.] — Dat. Dresden 28. Mai 1815. 8 S. 4° 3. 14.
15.

Bekanntmachung. [Betr. Anweisung für die Regierungen und Gerichte in den Rheinprovinzen über die bis auf anderweitige Verordnung zu beobachtenden Grenzen ihrer gegenseitigen Amtsbefugnisse.] — (Köln [1818]: Du Mont-Schauberg.) 8 S. 8° 1: Gu 24448. 6.
15.

Bekanntmachung. [Betr. Erfolg der am 21. Dez. 1819 erlassenen Aufforderung zur Unterstützung der Almosenkasse.] — Dat. Gotha 2. Febr. 1820. 8 Bl. 8° 3.
15.

Bekanntmachung. [Betr. Ausschreiben von neuen Brandsteuern für 1820/21.] — Dat. Gotha 25. März 1820. 27 S. 8° 3.
15.

Bekanntmachung. [Betr. Rechenschaftsbericht über die Verwendung der zur Unterstützung notleidender Griechen eingezahlte Geldbeträge.] — Dat. München 15. März 1827. 6 S. 4° 12: 8° Don. Lud. IV,36.
15.

Bekanntmachung. [Betr. die Huldigungsfeierlichkeiten König Anton's in Bautzen am 20. October 1827.] (Unterzeichn.: Friedrich August Adolph v. Gerßdorf.) — Dat. Budissin 17. Oct. 1827. 8 S. 8° 14.
15.

Bekanntmachung [des Kieler Gesundheits-Commitees vom 11. Oct. 1831 wegen der Cholera]. o. O. (1831.) 4° [Kopft.]

Bekanntmachung. [Betr. den Aufstand in der Stadt Braunschweig.] (Nr 1–32.) — Dat. Braunschweig 7. Sept. 1830–4. Mai 1831. 4° [u.] 2° 7[∞17–32]. 23.
15.

Bekanntmachung. [Betr. die Wahl der provisorischen Gemeinde-Vertreter der Stadt Meißen.] — Dat. Meißen 14. Febr. 1831. 17 S. 8° 27.
15.

Bekanntmachung. [Betr. Bildung einer Orts-Gesundheits-Kommission in Elberfeld zur Abwendung der Cholera.] — Dat. Elberfeld 24. Sept. 1831. — [Elberfeld 1831]: Lucas. 16 S. 8° 5.
15.

[*Kopft.*] [f.] **Bekanntmachung** [an die Studierenden betr. Massregeln gegen die drohende Choleragefahr]. (*Am Ende:* Bonn, d. 22sten Oct. 1831. Akademischer Senat d. Rheinischen Friedrich-Wilhelms-Universität *etc.*) [Bonn, gedr. bei C. Georgi 1831.] 1 Bl. 4.

Bekanntmachung. [Betr. Verhütung und Bekämpfung der Anlage zur asiatischen Cholera.] — Dat. Jena 1. Nov. 1831. 16 S. 8° 27.
15.

Bekanntmachung [betreffend die Form der von den Studierenden bei ihren Stipendiengesuchen beizubringenden Bedürftigkeitszeugnisse]. [Am Ende:] Königl. Preuss. vereinte Friedrichs-Universität Halle-Wittenberg. Dat. Halle 13. August 1832. 1 Bl. 8° [Kopft.]
Wieder abgedr. bei J. F. W. Koch: Die preuss. Universitäten. Bd. 2, 2. S. 891.

Bekanntmachung. [Betr. Errichtung einer Gewerbeschule in Bamberg.] — Dat. Bamberg 27. Sept. 1833. 12 Bl. 4°
1214° Bavar. 3007-IV,5.
15.

Bekanntmachung [der Direktion des Kgl. botanischen Gartens hiesiger Universität betreffend die Benutzung des Gartens durch das Publikum]. Dat. Halle 21. Mai 1834. 1 Bl. 4° [Kopft.]

Bekanntmachung. [Betr. eine Abänderung der Musterzeichnung an den Hofuniformen.] — Dat. Dresden 30. Aug. 1834. 4 Bl. 4° 14.
15.

Bekanntmachung. [Betr. das Aufnahmealter der Kinder für die Taubstummen-Anstalt zu Berlin.] — Dat. Berlin 26. Aug. 1836. 4 S. 8° 1: Nf 11115.
15.

Bekanntmachung. [Betr. zweifelhafte Bestimmungen des Gesetzes einer allgemeinen Sportel- und Gebührentaxe vom 27. April 1836.] — Dat. Weimar 23. März; Eisenach 13. März 1838. 4 Bl. 8° 27.
15.

Bekanntmachung. [Betr. Convention zwischen der Königlich Preußischen und der Königlich Sächsischen Staatsregierung wegen der wechselseitigen Übernahme der Vagabunden und Ausgewiesenen.] — Dat. Rudolstadt 20. Febr. 1839. 8 S. 8° 27.

Bekanntmachung. [Betr. die Sammlung für die in Griechenland befindlichen unbemittelten Deutschen zum Behufe ihrer Rückkehr in das Vaterland.] — Dat. München 31. Jänner 1844. 16 Sp. 8° 1214° Don. Lud. IV,37.
15.

Bekanntmachung. Ich habe bereits gestern früh die von den bisherigen Ministern angebotene Entlassung angenommen — Friedrich Wilhelm. Deckersche Geh. Ober-Hofbuchdruckerei. 1 Bl. Fol.
Flugblatt. Berlin, 19. März 1848.

Bekanntmachung. Seine Majestät der König haben die Bürgerbewaffnung zu genehmigen geruht. — v. Minutoli u. a. Druck von E. S. Mittler. 1 Bl. Fol.
Flugblatt. Berlin, 19. März 1848.

Bekanntmachung. Der Geh. Ober-Regierungsrath Krausnick hat sein Amt . . . niedergelegt. — Der Magistrat. Gedruckt bei W. Moeser und Kühn. 1 Bl. Fol.
Flugblatt. Berlin, 20. März 1848.

Bekanntmachung. Die feierliche Beerdigung der Gefallenen . . . findet am 22. statt. — Das Comité für die Bestattung unserer Todten. Gedruckt bei J. Sittenfeld. 1 Bl. Fol.
Flugblatt. Berlin, 21. März 1848.

Bekanntmachung. Die Errichtung eines würdigen Denkmals für die . . . Gefallenen ist beabsichtigt. – Der Central-Ausschuß des Bestattungs-Comités. Gedruckt bei Moeser u. Kühn. 1 Bl. Fol.
Flugblatt. Berlin, 25. März 1848.

Bekanntmachung. Es hat sich in der Stadt das (falsche) Gerücht verbreitet . . ., daß der Magistrat rückständige Miethen für Privatpersonen bezahle. — Der Magistrat. Gedruckt bei W. Moeser und Kühn. 1 Bl. Fol.
Flugblatt. Berlin, 28. März 1848.

Bekanntmachung. Die Bürger-Gesellschaft hat nachstehende Adresse an das Staatsministerium gerichtet. — Die Bürger-Gesellschaft. Gedruckt bei Obst. 1 Bl. Fol.
Flugblatt. Berlin, 18. Apr. 1848.

Bekanntmachung. Die Maschinenbauer der Egellsschen, Borsigschen, Thomasschen und Hummelschen Fabriken . . . protestiren gegen den Aufruf vom 17. d. M. — Der Magistrat und die Stadtverordneten-Versammlung. Druck von A. W. Hahn. 1 Bl. Fol.
Flugblatt. Berlin, 19. Apr. 1848.

Bekanntmachung (Warnung vor Demonstrationen bei der Ueberreichung von Petitionen an das Ministerium). Wir sind amtlich benachrichtigt — Der Magistrat. Druck von A. W. Hahn. 1 Bl. Fol.
Flugblatt. Berlin, 17. Apr. 1848.

Bekanntmachung. [Betr. die Wahl von Wahlmännern für die constituirende deutsche National-Versammlung zu Frankfurt am Main.] — Dat. Waldheim 21. April 1848. 4 Bl. 4° 14.
15.

Bekanntmachung (Warnung vor den nächtlichen Ruhestörungen). Seit mehreren Tagen — Der Magistrat. Druck von E. S. Mittler. 1 Bl. Fol.
Flugblatt. Berlin, 27. Mai 1848.

Bekanntmachung. In Folge des in der vergangenen Nacht entstandenen Gerüchts, daß die Aufziehbrücken vernagelt wären — Der Polizei-Präsident v. Minutoli. Druck von F. Reichardt u. Co. 1 Bl. 4.
Flugblatt. Berlin, 1. Juni 1848.

Bekanntmachung (Anordnung zur Sicherung der National-Versammlung). Um die Sitzungen — Das interimistische Commando der Bürgerwehr: Blesson. Der Polizei-Präsident: von Minutoli. Druck von F. Reichard u. Co. 1 Bl. Fol.
Flugblatt. Berlin, 1o. Juni 1848.

Bekanntmachung. (Verbot der Volksversammlungen Unter den Linden an der Ecke der Friedrichstraße.) Da die Versammlungen — Königliches Polizei-Präsidium: v. Bardeleben. Druck von F. Reichardt. 1 Bl. Fol.
Flugblatt. Berlin, 31. Juli 1848.

Bekanntmachung (Rimplers Wahl zum Commandeur der Bürgerwehr betr.) Zufolge der von 122 Compagnien — Das Commando der Bürgerwehr in Verbindung mit dem Ausschuß der Vertrauens-Männer zur Leitung der Wahl. Druck von F. Reichardt u. Co. 1 Bl. Fol.
Flugblatt. Berlin, 4. Aug. 1848.

Bekanntmachung. Seit dem Rücktritt des Herrn Oberst Kayser bin ich mit dem Commando der Schutzmannschaft betraut — Heitz. Druck von F. Reichardt u. Co. 1 Bl. Fol.
Flugblatt. Berlin, 28. Aug. 1848.

Bekanntmachung. Die im Köpnicker Felde beschäftigten Kanal-Arbeiter haben sich am 12. Okt. einen groben Exceß zu Schulden kommen lassen. — Helfft. 1 Bl. Fol.
Flugblatt. Berlin, 13. Okt. 1848.

Bekanntmachung. Die gefallenen Opfer des 16. Oktober sind bestattet. — Das Commando der Bürgerwehr: Rimpler. Deckersche Geheime Ober-Hofbuchdruckerei. 1 Bl. Fol.
Flugblatt. Berlin, 21. Okt. 1848.

Bekanntmachung. (Das Staatsministerium erklärt fernere Beschlüsse der National-Versammlung für ungültig.) Obgleich seine Majestät der König, — Das Staats-Ministerium. Deckersche Geh. Ober-Hofbuchdruckerei. 1 Bl. Fol.
Flugblatt. Berlin, 11. Nov. 1848.

Bekanntmachung. Der Anschlag, sowie jede andere Art der Veröffentlichung von Plakaten . . . wird verboten. — von Wrangel. Deckersche Geh. Ober-Hofbuchdruckerei. 1 Bl. Fol.
Flugblatt. Berlin, 13. Nov. 1848.

Bekanntmachung (gleichen Inhalts). Die Königliche Commandantur — Der Magistrat. Druck von F. Reichardt. 1 Bl. Fol.
Flugblatt. Berlin, 24. Nov. 1848.

Bekanntmachung [der unterzeichneten Commission für Reorganisation der Communalgarde nebst Beil. enth. die neue Bezirks- und Districts-Eintheilung, sowie das Namensverzeichnis der Mannschaften.] — ([Dresden 1849]: Blochmann.) 16 S. 4°
(Dresdner Anzeiger u. Tageblatt. 1849, Nr 313, Ausserordentliche Beil.)
14.
15.

Bekanntmachung. Die Verfassung d. deutschen Reiches u. d. Allerhöchste Verordnung vom 31. März 1849, die Verkündigung d. Reichsgesetze betr. — Dat. Offenbach 4. Mai 1849. 28 S. 4° 17.
15.

Bekanntmachung. [Betr. Verfassungsrevision.] — ([Frankfurt a. M. 1850]: Naumann.) Getr. Pag. 8° 30.
15.

Bekanntmachung [enthaltend Abdruck der §§ 6—7 des Reglements über die Quästur vom 18. Juli 1843 nebst deren Auslegung]. [Am Ende:] Königliche vereinte Friedrichs-Universität. (gez.) Dr. Volkmann. Dat. Halle 7. Oct. 1850. 1 Bl. 8° [Kopft.]

Bekanntmachung. [Betr. Trennung der Sicherheits- und Wohlfahrtspolizei in Dresden.] — Dresden 1853: (Blochmann). 12 S. 8° 12: Pol. civ. 231v.
15.

Bekanntmachung. [Betr. Einladung zur Abhaltung der Gewerkenversammlung der Gewerken von Edle Krone Fdgbe am 14. März 1857.] — (Dresden [1857]: Ramming.) 8 S. 4° 14.
15.

Bekanntmachung. [Betr. die Instruktion zur Ausführung der §§ 19 bis 29 des Gesetzes vom 23. Juni 1880, betr. die Abwehr und Unterdrückung von Viehseuchen.] — (Berlin [1881]: Sittenfeld.) 35 S. 8° 14.
15.

Bekanntmachung. [Betr. die Weihung der wiederhergestellten Frauenkirche zu Grimma am 24. Nov. 1890.] — (Grimma [1890]: Bode.) 4 Bl. 4° 14.
15.

Bekanntmachung. [Betr. das abgeänderte Ortsstatut der Stadt Grimma v. 20. Februar 1892.] — (Grimma [1892]: Bode.) 8 S. 8°
(Nachrichten für Grimma u. Umgegend. 1892, Nr 48, Beil.)
14.
15.

Bekanntmachung. [Betr. Vorschriften zu in Hamburg gebräuchlichen Arzneimitteln, welche weder in die Pharmac. Germ. ed. 3. und deren Nachtrag, noch in den Anhang zur Preussischen Arzneitaxe aufgenommen sind.] — ([Hamburg 1896]: Lütcke & Wulff.) 37 S. 8° 18.
15.

Bekanntmachung. [Betr. ortspolizeiliche Verkehrsvorschriften für München.] — Dat. München 18. April 1896. 4 Bl. 8° 12: Bavar. 221 op.
15.

Bekanntmachung. [Betr. Verzeichnis von Gartenbau- u. botanischen Anlagen, die regelmäßigen Untersuchungen unterliegen.] — (Berlin [1897]: Sittenfeld.) 19 S. 4°
10. 12: 4° Oecon. 520g. 27.
15.

Bekanntmachung. [Betr. Eingemeindung der Landgemeinden Oberrad, Niederrad und Seckbach mit den Eingemeindungsverträgen.] — Dat. Frankfurt a. M. 1. Juli 1900. 6 S. 4° 30.
15.

Bekanntmachung. [Betr. die Änderung der Strassennamen in den Vororten Dresden's vom 11. November 1903.] — (Dresden [1903]: Dr. Güntz'sche Stiftung.) 158 S. 4° (Ratsdrucksache. 1903, 102.) 14.

Bekanntmachung, betreffend Abänderung einiger Bestimmungen in dem Nachtrage vom 30. Aug. und 6. Sept. 1848 zu der Bekanntmachung vom 11. und 26. Junius 1823 über den Wechsel des Directoriums in Angelegenheit des Amtes Bergedorf ... Publ. Bergedorf, den 7. Oct. 1856. — [Bergedorf 1856]: Dr. d. Eisenbahn-Zeitung. 2 Bl. 8°
18.
15.

Bekanntmachung betreffend die Abänderung der bisherigen und die Allerhöchste Genehmigung der neuen Statuten des Eschweiler Bergwerks-Vereins. De dato Berlin, den 7. März 1850. — Berlin [1850]: Decker. 2 Bl. 4°
1: 74 in 2° An 8630-38.
15.

Bekanntmachung betreffend Abänderung der §§ 3 und 7 des Gesetzes betreffend den Bebauungsplan für die Vororte auf dem rechten Elbufer vom 30. Dez. 1892. — Hamburg: Meissner 1895. 6 S. 8° 18.
15.

Bekanntmachung, betreffend die Abänderung der §§ 22 und 23 der erneuerten Vormundschafts-Ordnung für die Vierlande und Geesthacht vom 28. Juni/9. Juli 1828, und der §§ 28 und 29 der Vormundschafts-Ordnung für die Stadt Bergedorf vom 5. Aug./4. Sept. 1846. Publicirt Bergedorf, den 6. Juni 1857. — Bergedorf [1857]: Eisenbahn-Zeitung. 7 S. 8° 18.
15.

Bekanntmachung die Abänderung des Termins der Reminiscere-Messe zu Frankfurt a. d. O. betreffend. De dato Berlin, den 8. Aug. 1849. — [Berlin 1849]: Decker. 2 Bl. 4° 1: 119 in 2° An 8630-37.
15.

Bekanntmachung betreffend Abänderung des Wahlreglements vom 28. Mai 1870. Vom 28. April 1903 ... Hrsg. von Paul Fischer. — Dresden: Heinrich [1903]. 27 S. 8° (Wahlgesetz für d. Deutschen Reichstag [Wahlgesetz für d. Reichstag d. Norddeutschen Bundes] vom 31. Mai 1869. Nachtr.) 14.
15.

Bekanntmachung über die mit Allerhöchster Genehmigung bestätigten Abänderungen und resp. Ergänzungen der §§ 42.43.44.49. und 60. der durch die Allerhöchste Order vom 17. Mai 1844. genehmigten und durch die Nr. 23. der Gesetzsammlung pro 1844. publizirten Statuten der Magdeburgischen Feuer-Versicherungs-Aktien-Gesellschaft. De dato Berlin, den 19. April 1848. — [Berlin 1848]: Decker. 2 Bl. 4° 1: 64 in 2° An 8630-36.
15.

Bekanntmachung, betreffend die Abgabe stark wirkender Arzneimittel, sowie die Beschaffenheit und Bezeichnung der Arzneigläser und Standgefässe in den Apotheken. — ([Hamburg 1891]: Lütcke & Wulff.) 12 S. 8° 18.
15.

Bekanntmachung (über die Ablieferung der Waffen). Da die zur freiwilligen Ablieferung der Waffen festgesetzte Frist — v. Thümen, Commandant. Deckersche Geheime Ober-Hofbuchdruckerei. 1 Bl. Fol.

Flugblatt. Berlin, 14. Nov. 1848.

Bekanntmachung (die Ablieferung der Waffen betr.). Von den der Bürgerwehr verabreichten Königlichen Dienst-Waffen — von Thümen, Kommandant. Deckersche Geheime Ober-Hofbuchdruckerei. 1 Bl. Fol.

Flugblatt. Berlin, 24. Nov. 1848.

Bekanntmachung (die Ablieferung der Waffen durch der Bürgerwehr betreffend). Da der Magistrat hiesiger Residenz — Das Königliche Polizei-Präsidium. Deckersche Geh. Ober-Hofbuchdruckerei. 1 Bl. Fol.

Flugblatt. Berlin, 12. Nov. 1848.

Bekanntmachung (über die Ablieferung der Waffen der Bürgerwehr). Die durch Bekanntmachung — Das Königliche Polizei-Präsidium: v. Bardeleben. Deckersche Geh. Ober-Hofbuchdruckerei. 1 Bl. Fol.

Flugblatt. Berlin, 13. Nov. 1848.

Bekanntmachung wegen Abschlusses der Vermögens- und Einkommensteuer-Angelegenheit. Gegeben Berlin, den 10. Sept. 1814. — Berlin [1814]: Decker. 2 Bl. 4°
1: 179 in 2° An 8630-19.
15.

Bekanntmachung wegen Abstellung der Mißbräuche, welche in den willkührlichen Abänderungen der Krieges-Denkmünzen, Orden und Ehrenzeichen statt finden. Gegeben Berlin, den 1. Mai 1816. — [Berlin 1816]: Decker. 2 Bl. 4° 1: 116 in 2° An 8630-20.
15.

Bekanntmachung der Königl. Brittischen Admiralität über die von seefahrenden Schiffen zur Vermeidung von Collisionen zu führenden Laternen. Hamburg 856. (Leipzig, Rein.) gr. 8. (2 Bl., mit Holzschn. im Text.) 9 ngr

Bekanntmachung d. Britt. Admiralität üb. d. v. seefahr. Schiffen z. Vermeidg v. Collis. zu führ. Laternen. 8. (4) Hamb. 56, Salomon u. Co. — 9

Bekanntmachung (Accord-Arbeiten für Arbeitslose betr.). Der Drang der Umstände nöthigte — Der Magistrat. Druck von A. W. Hayn. 1 Bl. Fol.

Flugblatt. Berlin, 13. Mai 1848.

Bekanntmachung über die erneuerte Accise-Ordnung [Akziseordnung] für die Stadt Emden. Vom 8. Jan. 1830. — Emden: Woortman 1830. 23 S. 8°
1: 20 in Gq 10930. 7.

Bekanntmachung, die Provinzial-Heil- und Pflege-Anstalt Allenberg bei Wehlau betreffend. — (Königsberg [1862]: Böhmer.) 12 S. 8° 10.
15.

Allerhöchste Bekanntmachung. Christiansburg, den 29. März 1848. — Kopenhagen [1848]: J. H. Schultz. 2 Bl. 8° 1: 16 in 4° So 2771.
15.

Allerhöchste **Bekanntmachung** im Anschluss an den Offenen Brief vom 8. Juli über die Verbindung der Herzogthümer mit einander. Ploen, den 18. September 1846. Deutsch und dänisch. 1 Blatt! Fol.

—— nur in deutscher Sprache. 1 Bl. Fol.

Allerhöchste Bekanntmachung, betreffend die Aufhebung des Rescripts vom 28sten Januar d. J. und die Zusammenberufung der berathenden Provinzialstände für das Königreich Dänemark und das Herzogthum Schleswig zur Abgebung eines Bedenkens über die Einberufung einer Reichsversammlung. Allerhøieste Kundgjørelse, angaaende Ophævelsen af Rescriptet af 28de Januar d. A. og Sammenkaldelsen af de raadgivende Provindsialstænder for Kongeriget Danmark og Hertugdømmet Slesvig til at afgive Betænkning von Indkaldelsen af en Rigsforsamling. Christiansburg, den 4. April 1848. — Kopenhagen [1848]: J.H. Schultz. 7 S. 8°
Text deutsch u. dänisch. 1:13 in U 1392.
15.

Allgemeine Bekanntmachung. [Betr. Behandlung der von tollwütigen Hunden Gebissenen.] — Dat. Salzburg 9. April 1802. 4 Bl. 4° 12:2° J.germ.157-449.
15.

Allgemeine Bekanntmachung der geschehenen Errichtung des Königlich-Hannoverschen Guelphen-Ordens. — Dat. Hannover 29. Dec. 1815. 10 S. 4° 7.
15.

Bekanntmachung. Amtliche B', insbesondere an alle Lehrmeister und Lehrmeisterinnen, Lehrlinge und Lehrtöchter, sowie deren Eltern. ([Erlassen von] der gewerbl. Lehrlingskommission, Kreis II.) II + 8 S. 8. Langenthal, Buchdr. Merkur A.-G., 1909.

Bekanntmachung (amtliche), betr. die Versorgung von Gewohnheitstrinkern. Vom 30. Mai 1890. St. Gallen 1890. 2 S. 8°.

Bekanntmachung, betreffend die Änderung der Eisenbahn-Bau- und Betriebsordnung vom 1. November 1904. Gültig vom 1. Aug. 1907 ab. Durchgesehen im Reichs-Eisenbahn-Amt. — Berlin: Springer 1907. 8 S. 8°
1:Nz 36001/2.
15.

Bekanntmachung über die Anforderungen, welche bei den Prüfungen der Bauführer, Baumeister und Privatbaumeister gestellt werden. (Vom 18. Sept. 1849.) — (Berlin [1849]: Decker.) 4 S. 4° 1:135 in 2° An 8630-37
15.

Bekanntmachung über die Anlage und Unterhaltung der an öffentlichen Wegen befindlichen Fußbänke (Trottoirs) in der Stadt Göttingen. — Göttingen 1858: Dieterich. 8 S. 8° 7.
15.

Bekanntmachung (die polizeiliche Anmeldung aller fremden Personen betr.). Mit Bezug auf meine Proklamation vom 12. d. Mts. — v. Wrangel. Deckersche Geh. Ober-Hofbuchdruckerei. 1 Bl. Fol.
Flugblatt. Berlin, 16. Nov. 1848.

Bekanntmachung (Annahme von Arbeitern betr.). Nachdem nunmehr die Richtung der Ostbahn vorher festgestellt — Die Commission zur Annahme der Arbeiter für die Ost-Bahn. Gedruckt bei J. Sittenfeld. 1 Bl. Fol.
Flugblatt. Berlin, 24. Aug. 1848.

Bekanntmachung obrigkeitlich getroffener Anstalten gegen die Wasserscheue oder die Hundswuth. Rothenburg 1783. V: *Gesner, Johann August Philipp.* (MGT)

Bekanntmachung einer Anstalt, in welcher junge Mannspersonen von Stand und Rang sollen erzogen werden. Cassel 1764. V: *Casparson, Wilhelm Johann Christian Gustav.* (HS) (MGT)

Bekanntmachung betreffend die Anstellung der aus dem Kriegsdienst zurückkehrenden Civilbeamten. Gegeben Berlin, den 16. Jan. 1816. — [Berlin 1816]: Decker. 2 Bl. 4° 1:93 in 2° An 8630-20.
15.

Bekanntmachung betreffend die Anträge auf Ertheilung der Erlaubniss zur Seilfahrt auf Bergwerken. — (Breslau 1883: Nischkowsky.) 6 S. 8° 1:4 in Gm 11195a.
15.

Bekanntmachung, betreffend die Anträge auf Ertheilung der Erlaubniss zur Seilfahrt auf Bergwerken. Breslau. 1884.

Bekanntmachung, betreffend den Antritt der Landesverwaltung für das Herzogthum Schleswig während der Dauer des Waffenstillstandes, in Gemäßheit der Convention vom 10ten Juli 1849. Bekjendtgjørelse, angaaende Tiltrædelsen af den for Hertugdømmet Slesvig under Vaabenstilstanden i Overeensstemmelse med Conventionen af 10de Julii d. A. beskikkede Bestyrelsescommission. — Flensburg [1849]: Petersen. 2 Bl. 4°
Text deutsch u. dänisch. 1:22 in 4° So 2771.
15.

Bekanntmachung (die Arbeiten am Spandauer Kanal betreffend). Da dem Vernehmen nach — Der Polizei-Präsident. Druck von F. Reichardt. 1 Bl. Fol.
Flugblatt. Berlin, 2o. Apr. 1848.

Bekanntmachung (gegen die undankbaren Arbeiter in Treptow und Rummelsburg). Wir halten uns für verpflichtet — Der Magistrat. Druck von A. W. Hayn. 1 Bl. Fol.
Flugblatt. Berlin, 27. Mai 1848.

Bekanntmachung (über Arbeitermangel in einigen Gewerben). Nach einer Anzeige des hiesigen Magistrats fehlt es — Ministerium für Handel, Gewerbe und öffentliche Arbeiten: v. Bonin. Deckersche Geh. Ober-Hofbuchdruckerei. 1 Bl. Fol.
Flugblatt. Berlin, 4. Nov. 1848.

Bekanntmachung über die Arbeiter-Unruhen vom 16. Oct. Um der Verbreitung unrichtiger Darstellungen — Königliches Polizei-Präsidium: v. Bardeleben. Deckersche Geheime Ober-Hofbuchdruckerei. 1 Bl. Fol.
Flugblatt. Berlin, 17. Okt. 1848.

Bekanntmachung betreffend die Arzneitaxe. — Dat. Hamburg 25. Juni 1862. 5 S. 8° 18.
15.

Bekanntmachung, betreffend das bei Aufbringung der Armenlasten in der Stadt Kiel zu beobachtende Setzungsverfahren. Kiel. 1830. 8°.

Bekanntmachung wegen Aufhebung des Abschosses und Abfahrtsgeldes mit der freien Stadt Hamburg, auch in Bezug auf die zum deutschen Bunde nicht gehörigen preußischen Provinzen. De dato Berlin, den 16. Juli 1823. — [Berlin 1823]: Decker. 2 Bl. 4°
1:121 in 2° An 8630-24.
15.

Bekanntmachung wegen Aufhebung des Abschosses mit den Königreichen Schweden und Norwegen. Gegeben Berlin, den 31. Juli 1826. — [Berlin 1826]: Decker. 2 Bl. 4°
1:47 in 2° An 8630-26.
15.

Bekanntmachung betreffend die Auflösung des durch die Verordnung vom 28. Januar 1848. errichteten Ober-Konsistoriums. De dato Berlin, den 15. April 1848. — [Berlin 1848]: Decker. 2 Bl. 4°
1:59 in 2° An 8630-36.
15.

Bekanntmachung (die Aufrechterhaltung der Ruhe betreffend). Es wird hierdurch bekannt gemacht, — Der Kriegs-Minister. Druck ebenda. 1 Bl. Fol.
Flugblatt. Berlin, 15. Juni 1848.

Bekanntmachung (den Aufstand in Dresden betreffend). Um falschen Gerüchten vorzubeugen, — Ministerium des Innern. Deckersche Geheime Ober-Hofbuchdruckerei. 1 Bl. Fol.
Flugblatt. Berlin, 7. Mai 1849.

Bekanntmachung (in Betreff des Aufsteckens von Fahnen). Da in neuerer Zeit das Aufstellen von Fahnen — Königliches Polizei-Präsidium: v. Bardeleben. Druck von F. Reichardt u. Co. 1 Bl. Fol.
Flugblatt. Berlin, 4. Aug. 1848.

Bekanntmachung (Das Auftreten der Bürgergarde am 22. anerkennend). Die erhebende Feier des gestrigen Tages — v. Minutoli, Nobiling, Holbein. Druck von F. Reichardt. 1 Bl. Fol.
Flugblatt. Berlin, 23. März 1848.

Bekanntmachung betreffend den chausseemäßigen Ausbau der Landstraße von Niesky bis zur Königl. Sächsischen Grenze bei Meuselwitz. De dato Berlin, den 27. Juli 1846. [Berlin 1846]: Decker. 2 Bl. 4°
1:81 in 2° An 8630-34.
15.

Bekanntmachung, die Ausführung des Artikels 3 des Vertrags vom 8. Mai dieses Jahres wegen der Fortdauer des Zoll- und Handelsvereins in Beziehung auf die Erhebung und Controlirung der inneren Steuern von Wein, Obstwein, Branntwein, Bier, Tabak und Malz betr. — Dat. Darmstadt 9. Dec. 1841. 11 S. 4° 14.
15.

Bekanntmachung, die Ausführung der Bestimmungen des Königlichen Cabinets-Ministerii vom 10ten October 1831 in Beziehung auf den Verkehr mit den von der Cholera inficirten Gegenden des In- und Auslandes betreffend. Dat. Hannover 18. Oct. 1831. 6 S. 8° 7.
15.

Bekanntmachung, die Ausführung des Edikts wegen Erhebung der Vermögens- und Einkommens-Steuer betreffend. Gegeben Berlin, den 6. Juni 1812. — Berlin [1812]: Decker. 20 S. 4° 1:45 in 2° An 8630-18.
15.

Bekanntmachung, die Ausführung des zwischen d. Großherzogth. Hessen u. d. Königr. Preußen einerseits, u. d. Königr. Baiern u. Würtemberg andererseits unterm 27. Mai 1829 abgeschlossenen Handelsvertrags betreff. gr. 8. Darmst. 829. Leske. 5 ℛ Dass. gr. 4. Mainz 830. Kupferberg. 3 ℛ

Bekanntmachung, die Ausführung des Krankenversicherungsgesetzes in der Fassung der Novelle vom 10. April 1892, insbesondere die Statistik und Rechnungsführung der Krankenkassen betr. — (Darmstadt 1892: Wittich.[13 S. 4°
Aus: Großherzoglich Hessisches Regierungsblatt. 1892.
26.
15.

Bekanntmachung betreffend die Ausführung des Stempelsteuergesetzes. Vom 13. Febr. 1896. — Breslau: Kern 1896. S. 432-483. 8° (Das preußische Stempelsteuergesetz vom 31. Juli 1895. Erg. H.) 1:Gt 7945-Erg. H. 2. 4. 6.
15.

Ausführungsbestimmungen zum Preuß. Stempelsteuer-Gesetz vom 31. Juli 1895. Bekanntmachung betreffend die Ausführung des Stempelsteuer-Gesetzes. Vom 13. Febr. 1896. — Berlin: Dümmler 1896. 63 S. 8° 1:Gt 8002.
15.

Bekanntmachung, betr. die Ausführung der Uebergangsbestimmungen d. Gesetzes, betr. die Invaliden- u. Altersversicherung. gr. 8. (12 S.) Strassburg i/Els. 890. Strassburger Druckerei u. Verlagsanstalt. cart. n. — 20

Bekanntmachung betreffend die Ausführungsbestimmungen des Bundesrats über die Beschäftigung v. jugendl. Arbeitern u. v. Arbeiterinnen in Werkstätten mit Motorbetrieb vom 13. Juli 1900. (38 S.) Darmstadt 1901. G. Jonghaus.

Bekanntmachung betreffend die Auslegung des in der Freizügigkeits-Uebereinkunft mit Sachsen vorkommenden Ausdrucks: 'anhängige Fälle'. De dato Berlin, den 20. Mai 1819. — [Berlin 1819]: Decker. 2 Bl. 4°
1:100 in 2° An 8630-22.
15.

Bekanntmachung, betreffend die Ausmünzung von Lauenburgischen Zweidrittelstücken. Bekiendtgiørelse, angaaende Udmyntning af Lauenborgske Totrediedeelsstykker. Kopenhagen, den 20sten April 1830. — Kopenhagen [1830]: J. H. Schultz. 2 Bl. 8°
Text deutsch u. dänisch.
14.

Bekanntmachung betreffend die Außerkurssetzung von Papiergeld. De dato Berlin, den 6. Sept. 1850. — Berlin [1850]: Decker. 2 Bl. 4° 1:70 in 2° An 8630-39.
15.

Bekanntmachung. Die allgemeine Ausstellung deutscher Industrie- und Gewerbserzeugnisse zu München im Jahre 1854 betr. — Dat. München 3. Okt. 1853. 11 S. 4°
12:4° Bavar. 3131 u.
15

Bekanntmachung betreffend die Ausstellung des Weinbau-Congresses in Colmar. Beginn: 25. Sept.; Schluss: 3. Oct. 1875. Instruction concernant l'exposition qui aura lieu à Colmar du 25 Septembre au 3 Octobre 1875 à l'occasion du congrès œnologique et ampélographique. — Colmar 1875: Decker. 14 S. 8°
Text deutsch u. französisch.
17.
15.

Bekanntmachung, betr. das Bahnpolizei-Reglement für die Eisenbahnen im norddeutschen Bunde. Vom 3. Juni 1870. Berlin 870. Kortkampf. 16. (31 S. mit Holzschn.) n. 2⅓ ngr.

Bekanntmachung, betr. das Bahn-Polizei-Reglement f. die Eisenbahnen Deutschlands. Vom 4. Januar 1875. Mit dem Rundschreiben d. Reichs-Eisenbahn-Amtes vom 14. Januar 1875 u. ausführl. Inhalts- u. Sachregister. 7. [Gesammt-Aufl.] 8. (42 S.) Berlin 875. Kortkampf. n. — 50; cart. n. — 60

(**Bekanntmachung** des 8. Bataillons der Bürgerwehr über sein Verhalten am 31. October.) In Folge der Vorgänge am Abend des 31. — Das Kommando des 8. Bataillons der Bürgerwehr. Druck von W. Fähndrich u. Comp. 1 Bl. Fol.
Flugblatt. Berlin, 2. Nov. 1848.

[**Bekanntmachung** der Bedingungen zur Erlangung des medizinischen Doktogrades.] Die Candidaten der Medicin, welche bei der medicinischen Facultät ... den Doctorgrad erwerben wollen, haben folgende Bedingungen zu erfüllen: [es folgt] 1) ... [bis] 6) ... (Halle) [1854]: (Plötz). 1 Bl. 8° (4°)

(**Bekanntmachung** die Bedrohungen der Deputirten betr.) Mitbürger in den Provinzen des Preußischen Staates! — Der Verein zur Wahrung der Rechte und Interessen der Provinzen. Gedruckt bei J. Sittenfeld. 1 Bl. Fol.
Flugblatt. Berlin, 10. Juni 1848.

— betr. den Befähigungsnachweis u. die Prüfung der Maschinisten auf Seedampfschiffen d. deutsch. Handelsflotte. Vom 7. I. 1909. (32 S.) kl. 8. Hamburg 909. Eckardt & Meßtorff. — 60

— betr. d. Befähiggsnachweis u. d. Prüfg d. Maschinisten auf Seedampfschiffen d. deut. Handelsflotte. Vom 7. 1. '09. (Neue Ausg.) (35) kl8° Hambg, Eckardt & M. '12. — 60 d

Bekanntmachung, betreffend die gesetzlichen Befreiungen vom Landmilitairdienst. — Kopenhagen 1814: J. F. Schultz. 32 S. 8° 18.
15.

Bekanntmachung (das feierliche Begräbniß der Gefallenen betr.) Wir machen unsern Mitbürgern bekannt — Magistrat und Stadtverordnete von Berlin. Druck von A. W. Hayn. 1 Bl. Fol.
Flugblatt. Berlin, 20. März 1848.

Bekanntmachung die ärztliche Behandlung und Aufnahme hiesiger kranker Gesellen, Lehrlinge und Dienstboten in dem neuen akademischen Hospitale betreffend. — Göttingen 1851: (Seemann). 14 S. 8° 7.

Bekanntmachung, betreffend die Behandlung derjenigen Sachen, welche sich auf die Unterstützung hülfsbedürftiger Familien von Landesvertheidigern beziehen. Schleswig-Holsteinische Regierung auf Gottorff, den 27. Juli 1848. Schleswig. (1848.) 2 Bl. 4°.

Bekanntmachung, wegen der Behandlung des Waaren-Ein- und Ausgangs, zur See, in Bezug auf Abgaben-Verfassung. — Dat. Berlin 5. April 1821. 6 S. 2°
1:62 in 2° Gr 3538 [u.] 75 in 2° An 8630-23.
15.

... Bekanntmachung über die zur Unterstützung der hülfsbedürftigen Griechen, bey der Kasse des Hauptvereins in München, vom 31. December 1826 bis 15. März 1827 eingegangenen Beyträge [Beitraege]. 4. — Dat. München 15. März 1827. 5 Bl. 4°
12:4° Don. Lud. IV,36/1.
15.

Bekanntmachung betreffend den Beitritt der Herzoglich Anhalt-Cöthenschen Regierung zu dem Münzkartel vom 21. Oktober 1845. De dato Berlin, den 31. Aug. 1849. — [Berlin 1849]: Decker. 2 Bl. 4°
1:128 in 2° An 8630-37.

Bekanntmachung betreffend den Beitritt der Herzoglich Braunschweigschen Regierung zu dem Vertrage zwischen Preußen und Großbritanien wegen gegenseitigen Schutzes der Autorenrechte gegen Nachdruck und unbefugte Nachbildung vom 13. Mai 1846. De dato Berlin, den 1. April 1847. — [Berlin 1847]: Decker. 2 Bl. 4°
1:17 in 2° An 8630-35.
15.

Bekanntmachung betreffend den Beitritt der Königlich Sächsischen Regierung zu dem Vertrage zwischen Preußen und Großbritanien wegen gegenseitigen Schutzes der Autorenrechte gegen Nachdruck und unbefugte Nachbildung vom 13. Mai d. J. De dato Berlin, den 27. Aug. 1846. [Berlin 1846]: Decker. 2 Bl. 4°
1:90 in 2° An 8630-34.
15.

Bekanntmachung und Beleuchtung der Badener-Conferenz-Artikel von dem Kleinen Rathe des Kantons Luzern an die Bürger desselben. (Luzern den 14. Augst 1835.) 8. o. O. [1835].

Bekanntmachung und Beleuchtung der Badener-Conferenz-Artikel von dem Kleinen Rathe des Kantons Luzern an die Bürger desselben. — Sursee 1835: Schnyder. 48 S. 8°
12: J. Can. P. 103x. 15.

Bekanntmachung, die Beobachtung der gesetzlichen Vorschriften wegen des Debits im Inlande der im Auslande gedruckten und inländischen Buchhändlern in Kommission oder auf andere Art zum Absatze zugesendeten Schriften betreffend. Gegeben Berlin, den 15. Dec. 1812. — [Berlin 1812]: Decker. 2 Bl. 4°
1:90 in 2° An 8630-18.
15.

Bekanntmachung. Die Berechnung und Bezahlung des Post-Porto durch die königlichen Stellen und Behörden betr. — Dat. München 28. Okt. 1809. 7 Sp. 4°
12:4° Bavar. 693/5.
15.

— betr. neue allg. Bergpolizeivorschriften f. d. Kgr. Sachsen, s.: Handbibliothek, Leipz. jurist.

— betr. neue allgem. Bergpolizeivorschriften f. d. Königr. Sachsen, s.: Meinhold's jurist. Handbibliothek.

Bekanntmachung betr. die Beschäftigung jugendlicher Arbeiter auf Steinkohlenbergwerken. [Bekanntmachung d. Reichskanzlers v. 17. März 1892.] Plakat. 40×51,5 cm. Essen 892. G. D. Baedeker. n. —50; auf Pappe m. Patentösen n. 1.10

— betr. die Beschäftigung v. Arbeiterinnen u. jugendlichen Arbeitern in Ziegeleien. Vom 27. Apr. 1893. (Reichs-Gesetzblatt 1893 S. 148 ffg.) 12. (4 S.) Leipzig 893. Roßberg. —15

— betr. die Beschäftigung v. Arbeiterinnen u. jugendlichen Arbeitern in Ziegeleien. Vom 15. XI. 1903. Plakat. 40×26,5 cm. Hagen (904). O. Hammerschmidt. n. —30

Bekanntmachung (die Beschäftigung von Bau-Arbeitern betreffend). Auf Grund höherer Anweisung — Der mit der Leitung des Baues einer Brücke über den Schönhauser Graben in der Invaliden-Straße beauftragte Bau-Inspektor Nietz. 1 Bl. Fol.
Flugblatt. Berlin, 18. Feb. 1849.

Bekanntmachung (die Beschäftigung bürgerlicher Gesellen in der Artillerie-Werkstatt betreffend). Der Betrieb der hiesigen Artillerie-Werkstatt — Plesson. Druck von Reichardt und Co. 1 Bl. Fol.
Flugblatt. Berlin, 4. Juni 1848.

Bekanntmachung, betr. den Beschluss der Landesverwaltung, dass die Einkommensteuer nach der Verordnung vom 7. Juli 1849 bis weiter nicht erhoben werden solle. (Deutsch und dänisch.) Flensburg, den 11. Januar 1850. 2 Bl. 4°.

Bekanntmachung (der Beschlüsse der National-Versammlung am 8. Nov.). Die preußische constituirende Versammlung — Druck von E. Litfaß. 1 Bl. Fol.
Flugblatt. Berlin, 9. Nov. 1848.

Bekanntmachung der Beschlüsse der zu Frankfurt a. M. am 31. März und 1. bis 4. April 1848 abgehaltenen Versammlung zur Vorbereitung der deutschen constituirenden Nationalversammlung. — Dat. Frankfurt a. M. 3. April 1848. 8 S. 8°
7. 23. 30. 300:400.587-B.

Bekanntmachung, betreffend die Besorgung der Regierungs-Geschäfte unter der Landesverwaltung für das Herzogthum Schleswig. (Flensburg, den 25. August 1849.) (Deutsch und dänisch.) Flensburg. o. J. 2 Bl. 4°.

Bekanntmachung über die Allerhöchste Bestätigung des Statuts der unter der Benennung: 'Eckersdorf-Warthaer Chaussee-Aktienverein' zum chausseemäßigen Ausbaue der Eckersdorf-Warthaer Kohlenstraße gebildeten Aktiengesellschaft. De dato Berlin, den 15. Aug. 1848. — [Berlin 1848]: Decker. 2 Bl. 4°
1:132 in 2° An 8630-36.
15.

Bekanntmachung über die Allerhöchste Bestätigung des Statuts der unter der Benennung: 'Waldenburg-Friedländer Chaussee-Aktienverein' gebildeten Aktiengesellschaft zum chausseemäßigen Ausbau der Straße von Waldenburg nach Friedland. De dato Berlin, den 29. Juli 1848. — [Berlin 1848]: Decker. 2 Bl. 4°
1:122 in 2° An 8630-36.

Bekanntmachung über die Allerhöchste Bestätigung des Statuts der unter dem Namen 'Vereins-Zuckersiederei' in Stettin gebildeten Aktiengesellschaft. De dato Berlin, den 17. März 1848. — [Berlin 1848]: Decker. 2 Bl. 4°
1:31 in 2° An 8630-36.
15.

Bekanntmachung über die Allerhöchste Bestätigung des Statuts der unter dem Namen 'Hallesche Zuckersiederei-Kompagnie' in Halle gebildeten Aktiengesellschaft. De dato Berlin, den 1. Okt. 1848. — [Berlin 1848]: Decker. 2 Bl. 4°
1:154 in 2° An 8630-36.
15.

Bekanntmachung über die Allerhöchste Bestätigung des Statuts der unter dem Namen 'Eschweiler Gesellschaft für Bergbau und Hütten' zusammengetretenen Aktiengesellschaft. De dato Berlin, den 9. Sept. 1848. — [Berlin 1848]: Decker. 2 Bl. 4°
1:145 in 2° An 8630-36.
15.

Bekanntmachung über die Allerhöchste Bestätigung des Statuts des Aktienvereins zum chausseemäßigen Ausbau der Straße von Lauban bis Kohlfurth. De dato Berlin, den 31. Mai 1848. — [Berlin 1848]: Decker. 2 Bl. 4°
1:93 in 2° An 8630-36.
15.

Bekanntmachung über die Allerhöchste Bestätigung des Statuts des Aktien-Vereins zum Bau einer Chaussee von Strehlen über Münsterberg nach Patschkau. De dato Berlin, den 31. Okt. 1847. — [Berlin 1847]: Decker. 2 Bl. 2°
1:86 in 2° An 8630-35.

Bekanntmachung über die Allerhöchste Bestätigung des Statuts des Aktienvereins für den Bau einer Kunststraße von Steele über Rellinghausen bis zur Grenze der Bürgermeisterei Kettwig in der Richtung auf Bredeney. De dato Sanssouci, den 27. Nov. 1847. — [Berlin 1847]: Decker. 2 Bl. 4°
1:94 in 2° An 8630-35.
15.

Bekanntmachung über die Allerhöchste Bestätigung des Statuts des Aktienvereins für den Bau und die Unterhaltung einer Chaussee von Frankfurt a. d. O. über Drossen und Radach zum Anschlusse an die Küstrin-Posener Kunststraße in der Richtung auf Burgwall. De dato Berlin, den 7. April 1848. — [Berlin 1848]: Decker. 2 Bl. 4°
1:50 in 2° An 8630-36.
15.

Bekanntmachung über die Allerhöchste Bestätigung des Statuts des Aktien-Vereins für den Glogau-Beuthen-Neusalzer Chausseebau. De dato Berlin, den 28. Okt. 1847. — [Berlin 1847]: Decker. 2 Bl. 2°
1:82 in 2° An 8630-35.
15.

Bekanntmachung betreffend die Allerhöchste Bestätigung des Statuts des unter der Benennung: 'Gröningen-Oschersleben-Neindorfer Chausseebau-Gesellschaft' zusammengetretenen Aktienvereins. De dato Berlin, den 27. Juli 1850. — Berlin [1850]: Decker. 2 Bl. 4°
1:46 in 2° An 8630-39.
15.

Bekanntmachung über die Allerhöchste Bestätigung des Statuts des zur Fortführung der von der Handlung Matthias Stinnes zu Mülheim an der Ruhr bisher betriebenen Handlungsgeschäfte unter dem Namen der 'Matthias Stinnesschen Handlungs-Aktien-Gesellschaft zu Mülheim an der Ruhr' zusammengetretenen Aktienvereins. De dato Berlin, den 12. Nov. 1849. — [Berlin 1849]: Decker. 2 Bl. 4°
1:160 in 2° An 8630-37.
15.

Bekanntmachung über die Allerhöchste Bestätigung des Statuts des unter dem Namen 'Englisch-Belgische Gesellschaft der Rheinischen Bergwerke' zusammengetretenen Aktienvereins. De dato Berlin, den 30. Sept. 1848. — [Berlin 1848]: Decker. 2 Bl. 4°
1:153 in 2° An 8630-36.
15.

Bekanntmachung über die Allerhöchste Bestätigung des Statuts der Oschersleben-Hornhäuser Chausseebau-Gesellschaft. De dato Berlin, den 24. Aug. 1850. — Berlin [1850]: Decker. 2 Bl. 4° 1:63 in 2° An 8630-39.

Bekanntmachung über die Allerhöchste Bestätigung der Statuten des Aktienvereins für die Reichenbach-Nimptscher Chaussee. De dato Berlin, den 29. April 1845. — [Berlin 1845]: Decker. 2 Bl. 4°
1:47 in 2° An 8630-33.
15.

Bekanntmachung über die Allerhöchste Bestätigung der Statuten des Aktienvereines für die Trebnitz-Zdunyer Chaussee. De dato Berlin, den 7. März 1845. — [Berlin 1845]: Decker. 2 Bl. 4° 1:33 in 2° An 8630-33.
15.

Bekanntmachung über die Allerhöchste Bestätigung der Statuten des Aktien-Vereins für die Neue Stettiner Zuckersiederei. De dato Berlin, den 26. März 1846. — [Berlin 1846]: Decker. 2 Bl. 4°
1:31 in 2° An 8630-34.
15.

Bekanntmachung über die Allerhöchste Bestätigung der Statuten des Bade-Vereins zu Kolberg. De dato Berlin, den 15. Aug. 1846. — [Berlin 1846]: Decker. 2 Bl. 4°
1:86 in 2° An 8630-34.
15.

Bekanntmachung über die Allerhöchste Bestätigung der Statuten der Gasbeleuchtungs-Gesellschaft zu Lennep. De dato Berlin, den 20. März 1846. — [Berlin 1846]: Decker. 2 Bl. 4° 1:29 in 2° An 8630-34.
15.

Bekanntmachung über die Allerhöchste Bestätigung der Statuten der Barmer Gaserleuchtungs-Aktiengesellschaft. De dato Berlin, den 19. Jan. 1846. — [Berlin 1846]: Decker. 2 Bl. 4° 1:4 in 2° An 8630-34.
15.

Bekanntmachung wegen Allerhöchster Bestätigung des Statuts des in Wesel unter der Benennung 'Kreditverein für Handwerker' zusammengetretenen Aktienvereins. De dato Berlin, den 12. Aug. 1849. — [Berlin 1849]: Decker. 2 Bl. 4° 1:120 in 2° An 8630-37.
15.

Bekanntmachung über die Bestätigung der Prenzlau-Wolfshagenschen Chausseebau-Aktiengesellschaft. De dato Berlin, den 16. April 1845. — [Berlin 1845]: Decker. 2 Bl. 4° 1:44 in 2° An 8630-33.
15.

Bekanntmachung über die erfolgte Allerhöchste Bestätigung des Statuts der Domnau-Uderwanger Chausseebau-Aktien-Gesellschaft. De dato Berlin, den 12. Febr. 1846. [Berlin 1846]: Decker. 2 Bl. 4°
1:20 in 2° An 8630-34.
15.

Bekanntmachung über die unter dem 22. Mai d. J. erfolgte Allerhöchste Bestätigung des Statuts der Niederrheinischen Dampfschleppschiffahrts-Gesellschaft zu Düsseldorf. De dato Berlin, den 27. Juni 1846. — [Berlin 1846]: Decker. 2 Bl. 4° 1:64 in 2° An 8630-34.
15.

Bekanntmachung über die am 8. Febr. 1846. erfolgte Allerhöchste Bestätigung der Statuten des Aktienvereins für die Glatz-Neisser Chaussee. De dato Berlin, den 28. Febr. 1846. — [Berlin 1846]: Decker. 2 Bl. 4°
1:25 in 2° An 8630-34.
15.

Bekanntmachung betreffend die erfolgte Bestätigung der Bergbau-Gesellschaft Concordia zu Oberhausen. De dato Berlin, den 21. Nov. 1850. — Berlin [1850]: Decker. 2 Bl. 4° 1:99 in 2° An 8630-39.
15.

Bekanntmachung über die mit Allerhöchster Genehmigung erfolgte Bestätigung mehrerer Abänderungen der durch die Allerhöchste Order vom 4. Juli 1843. genehmigten Statuten der Feuerversicherungs-Gesellschaft 'Borussia'. De dato Berlin, den 17. April 1848. — [Berlin 1848]: Decker. 2 Bl. 4° 1:61 in 2° An 8630-36.
15.

Bekanntmachung über die mit Allerhöchster Genehmigung erfolgte Bestätigung mehrerer Abänderungen der durch die Allerhöchste Order vom 4. Juli 1843. genehmigten Statuten der Feuerversicherungs-Gesellschaft 'Borussia'. De dato Berlin, den 31. Dez. 1849. — [Berlin 1849]: Decker. 2 Bl. 4° 1:187 in 2° An 8630-37.

Bekanntmachung über die unterm 9. Jan. 1846. erfolgte Bestätigung des Statuts der unter der Benennung 'Eckesey-Schwerter Wegebau-Gesellschaft' für den Bau und die Unterhaltung einer Chaussee von der Gaitebrücke auf der Berlin-Kölner Straße über den Kabel und Westhofen nach Schwerte gebildeten Aktiengesellschaft. De dato Berlin, den 31. Jan. 1846. — [Berlin 1846]: Decker. 2 Bl. 4°
1:15 in 2° An 8630-34.
15.

Bekanntmachung über die unterm 17. Okt. 1845. erfolgte Bestätigung des Statuts der für den Bau und die Unterhaltung einer Chaussee von Memel nach Laugallen zusammengetretenen Aktiengesellschaft. De dato Berlin, den 5. Nov. 1845. — [Berlin 1845]: Decker. 2 Bl. 4°
1:122 in 2° An 8630-33.
15.

Bekanntmachung über die unterm 31. Dez. 1845. erfolgte Bestätigung des Statuts der Gesellschaft für Bergbau und Zinkfabrikation zu Stolberg. De dato Berlin, den 20. Jan. 1846. — [Berlin 1846]: Decker. 2 Bl. 4°
1:8 in 2° An 8630-34.

Bekanntmachung über die erfolgte Bestätigung des 'Revidirten Statuts' der Magdeburger Feuer-Versicherungs-Gesellschaft. De dato Berlin, den 11. Nov. 1850. — Berlin [1850]: Decker. 2 Bl. 4° 1:93 in 2° An 8630-39.
15.

Bekanntmachung über die unterm 17. Okt. 1845. erfolgte Bestätigung der Statuten der für den Bau und die Unterhaltung einer Chaussee von Wriezen nach Freienwalde zusammengetretenen Aktiengesellschaft. De dato Berlin, den 20. Nov. 1845. — [Berlin 1845]: Decker. 2 Bl. 4° 1:131 in 2° An 8630-33.
15.

Bekanntmachung über die unterm 19. Nov. 1849. erfolgte Bestätigung der Statuten der Boitzenburg-Greiffenberger Chaussee-Gesellschaft. De dato Berlin, den 8. Jan. 1850. — [Berlin 1850]: Decker. 2 Bl. 4°
1:32 in 2° An 8630-38.
15.

Bekanntmachung über die unterm 6. Aug. c. erfolgte Bestätigung der Statuten der Neustadt-Eberswalde-Oderberger Chausseegesellschaft. De dato Berlin, den 4. Sept. 1849. — [Berlin 1849]: Decker. 2 Bl. 4°
1:129 in 2° An 8630-37.
15.

Bekanntmachung über die unterm 25. Nov. 1850 erfolgte Bestätigung der Statuten der Prenzlau-Boitzenburger Chaussee-Gesellschaft. De dato Berlin, den 5. Dez. 1850. Berlin [1850]: Decker. 2 Bl. 4°
1:108 in 2° An 8630-39.
15.

Bekanntmachung über die unterm 2. Sept. 1845. erfolgte Bestätigung des Statuts-Entwurfs der für den Bau und die Unterhaltung einer Chaussee von Braunsberg bis Plaswig zusammengetretenen Aktiengesellschaft. De dato Berlin, den 30. Sept. 1845. — [Berlin 1845]: Decker. 2 Bl. 4° 1:104 in 2° An 8630-33.
15.

Bekanntmachung. Die allgemeinen Bestimmungen über die Benützung der Fahrposten im Königreiche Bayern betr. — Dat. München 21. Jänner 1847. 20 S. 4°
12:4° Bavar. 3007-V,16.
15.

Bekanntmachung, betreffend: Allgemeine polizeiliche Bestimmungen über die Anlegung von Dampfkesseln. Vom 29. Mai 1871. — Berlin: Kortkampf 1871. 13 S. 8° (Volks-Ausgabe deutscher Reichs-Gesetze. 37.A.)
1:12 in Ff 4053.
15.

Bekanntmachung, betreffend allgemeine polizeiliche Bestimmungen über die Anlegung von Dampfkesseln. Vom 29. Mai 1871. — Bremen: Kühtmann 1871. 16 S. 8°
82.

Bekanntmachung, betreffend allgemeine polizeiliche Bestimmungen über die Anlegung von Dampfkesseln. Vom 5. August 1890 (R. G. Bl. 1890 Nr 25 S. 163) Gießen (1890?)

(Bekanntmachung, betreffend Bestimmungen zur Ausführung des Gesetzes über den Absatz von Kalisalzen) Ausführungsbestimmungen zum Gesetz über den Absatz von Kalisalzen. Vom 9. Juli 1910. — Berlin: Heymann 1910. 24 S. 8° (Gesetzestexte. 1910,15.)
1:Gv 15330-15. 11.
15.

— Bekanntmachung, betreffend Bestimmungen zur Ausführung des Gesetzes über den Absatz von Kalisalzen. Vom 9. Juli 1910. — (Berlin [1910]: Moeser.) 26 Bl. 8°
38.
15.

— die Bestimmungen über den Bau u. die Einrichtung der Schulräume u. Lehrerwohnungen betr., s.a. Schulgesetze. 10. Hft.

Bekanntmachung, die Bestimmungen über den Bau und die Einrichtung der Schulräume und Lehrerwohnungen betr. Vom 4. Juni 1904. — (Darmstadt [1904]: Wittich.) 10 S. 8° (Amtliche Handausgabe 1904. Schulgesetze. 10.)
17.

Bekanntmachung. Die nachträglich ergänzenden Bestimmungen für den Unterstützungs-Verein des Amts- und Kanzley-Personals, und für den damit in Verbindung gebrachten Leichenverein betr. — Dat. München 10. Juni 1836. 7 S. 8° 12: Bavar. 4080-32.
15.

Bekanntmachung betreffend die Bestimmungen über Errichtung von Pferdezucht-Vereinen. — (Berlin 1870: Decker.) 8 S. 4°
1:75 in 2° An 8630-69 [u.] 7 in 4° Ov 19699.
15.

Bekanntmachung in Betreff der gesetzlichen Bestimmungen bei Versendung der Tresorscheine mit den Posten. Gegeben Berlin, den 5. Sept. 1812. — [Berlin 1812]: Decker. 2 Bl. 4° 1:68 in 2° An 8630-18.
15.

Bekanntmachung, die organischen Bestimmungen der polytechnischen Schule zu Darmstadt und die künftige Benennung dieser Anstalt betr. (v. 10. 10. 1877). ⟨Aus d. Regierungsblatt Nr. 44 v. 19. 10. 1877.⟩

Bekanntmachung betreffend Bestimmungen über die Verladung und Beförderung von lebenden Thieren auf Eisenbahnen. — Flensburg 1885: Funke. 14 S. 8°
1:7 in 4° Nz 34342.
15.

Bekanntmachung, verschiedene Bestimmungen der Fremden-Ordnungs- und Bevölkerungs-Polizei in der Stadt Göttingen betreffend. — Göttingen 1855: Kästner. 6 S. 8° 1:6 in Gq 11060. 7.
15.

Bekanntmachung einiger zusätzlichen und abändernden Bestimmungen zu dem unter dem 12. März 1825. bestätigten Plane der See-Assekuranzgesellschaft zu Stettin. De dato Berlin, den 26. Juli 1830. — [Berlin 1830]: Decker. 2 Bl. 4° 1:33 in 2° An 8630-28.
15.

Bekanntmachung betr. d. Betrieb v. Bäckereien u. Konditoreien. V. 4. März 1896. (R. G. B. S. 55.) Plakat. 36,5×45,5 cm. Hagen 896. O. Hammerschmidt. — 80

— dasselbe. Plakat. Fol. Leipzig 896. Alb. Berger. n. — 20; auf Pappe n.n. — 80; Kalendertafel dazu n. — 20; auf Pappe n.n. — 80

— dass. Plakat. Fol. Lpzg, Rossberg & Berger. — 20; auf Pappe nn — 80; Kalendertafel dazu — 20; auf Pappe nn — 80

— betr. den Betrieb v. Getreide-Mühlen vom 26. IV. 1899. Bestimmungen über die Arbeitszeit in Getreide-Mühlen, die am 1. VII. 1899 in Kraft traten. Plakat. 41×25,5 cm. Leipzig (903). Verlag „Deutscher Müller". n. — 80

— dasselbe. Vom 26. IV. 1899 (Reichs-Gesetzblatt S. 273). Plakat. 49×33 cm. Berlin (904). C. Heymann. Auf Karton n.n.n. — 80; 25 Stück n.n. 6. —

— dasselbe m. Bestimmg. vom 15. XI. 1903. Plakat. 40×26,5 cm. Hagen (904). O. Hammerschmidt. n. — 80

Bekanntmachung, betreffend Betriebe, in denen Maler-, Anstreicher-, Tüncher-, Weißbinder- oder Lackiererarbeiten ausgeführt werden. Vom 27. Juni 1905. — Arnsberg: Becker 1905. 8 S. 8° 1:Gm 4160/23. 6.
15.

— dasselbe. (8 S.) kl. 8. Flöha (905). A. Peitz & Sohn. n. — 10

— dass. Plakat. 39×50 cm. Lpzg. Serig '05. —20; auf Pappe —30 d

—— betr. das Betriebs-Reglement für die Eisenbahnen im norddeutschen Bunde. Vom 8. Juni 1870. gr. 16. (64 S.) Berlin 870, Kortkampf. *

Bekanntmachung an die Bewohner Baierns, Schwabens, Frankens, Tyrols, und Salzburgs. [Betr. politischen Zusammenschluß gegen Österreich.] — o. O. 1801. 4 Bl. 8°
7. 12: Bavar. 119/9. 17.
15.

Bekanntmachung an die Bewohner von Halle, Glaucha und Neumarkt. [Betr. Maßregeln gegen den Typhus.] — Dat. Halle 15. Jan. 1814. 8 S. 8° 3.

Bekanntmachung wegen Bildung einer Aktiengesellschaft unter dem Namen 'Kölner Bergwerksverein' zu Köln. De dato Berlin, den 10. Nov. 1849. — [Berlin 1849]: Decker. 2 Bl. 4° 1:159 in 2° An 8630-37.
15.

Bekanntmachung wegen Bildung einer Aktiengesellschaft unter dem Namen: 'Gasbeleuchtungs-Aktiengesellschaft zu Breslau'. De dato Berlin, den 13. Nov. 1849. — [Berlin 1849]: Decker. 2 Bl. 4° 1:161 in 2° An 8630-37.
15.

Bekanntmachung, die Bildung der Wahlbezirke zur Wahl der Abgeordneten der zweiten Kammer der Stände des bevorstehenden Landtags betr. — Dat. Darmstadt Sept. 1856. 4 Bl. 4° 17.
15.

Bekanntmachung wegen der Brennzeit in den Maisch-Brennereien. — Dat. Berlin 29. Okt. 1829. 3 Bl. 4°
Titelblatt u. Text autographiert.
1:71 in 4° Gt 3496.
15.

(Bekanntmachung des Bundeskanzlers, betreffend die Vorschriften über den Nachweis der Befähigung als Seeschiffer und Steuermann auf Deutschen Kauffahrteischiffen, vom 25. September 1869.) — (Leipzig [um 1875]: Baensch.) 60 S. 8° 18 [∞Titelbl.]
15.

Bekanntmachung der Bundes-Commissarien, betreffend die Einsetzung einer obersten Civilbehörde für das Herzogthum Holstein. Kiel, den 2. Februar 1851. 1 Bl. Fol.

— des Bundesrates vom 27. VII. 1905 betr. Betriebe, in denen Maler-, Anstreicher-, Tüncher-, Weißbinder oder Lackiererarbeiten ausgeführt werden. Plakat. 39×50 cm. Leipzig (905). Serig. n. —20; auf Pappe n. —30

Die Bekanntmachungen des Bundesraths vom 2. Juni 1883, betr. d. ärztliche Prüfung u. d. ärztliche Vorprüfung, sowie v. 25. April 1887, betr. d. Ausdehnung d. ärztl. Prüfung auf d. Schutzpocken-Impfung. *Berlin: R. v. Decker 1901.* (22 S.) 8° [F.] (o0. 030

Bekanntmachung betreffend die Bürger-Bewaffnung Berlins. De dato Berlin, den 19. März 1848. — [Berlin 1848]: Decker. 2 Bl. 4° 1:36 in 2° An 8630-36.
15.

Bekanntmachung (die Bürgerwehrparade zur Anerkennung der Vereinigung Deutschlands betreffend). Dienstag, den 8. d. M., Morgens 10 Uhr, findet eine Parade der Bürgerwehr statt — Das Commando der Bürgerwehr: Rimpler. Druck von E. Litfaß. 1 Bl. Fol.
Flugblatt. Berlin, 7. Aug. 1848.

Bekanntmachung des Chaussee-Geld-Tarifs vom 31sten Januar d. J. De dato Berlin, den 22. April 1819. — [Berlin 1819]: Decker. 2 Bl. 4° 1:94 in 2° An 8630-22.
15.

Bekanntmachung, die Cholera betreffend. — Dat. Hannover 15. Aug. 1831. 3 S. 8° 7. 23.
15.

Bekanntmachung die Asiatische Cholera betreffend. — Dat. Dresden 17. Jun. 1831. 8 S. 4° 2. 5. 13. 17.
15.

Bekanntmachung in Betreff der asiatischen Cholera. — Dat. Stuttgart 20 Sept. 1831. 7 S. 8°
Aus: Schwäbischer Merkur. 1831.
21. 24.
15.

— (Calw [1831]: Rivinius.) 7 S. 8° 24.
15.

Bekanntmachung, betreffend daß das Tragen des Ordens der Ehrenlegion mit dem Bildniß Napoleons gleich den westphälischen Ehrenzeichen verboten seyn soll. Gegeben Saarbrück, den 12. Juli 1815. — Berlin [1815]: Decker. 2 Bl. 4° 1:53 in 2° An 8630-20.

Bekanntmachung (daß die Bürgerwehr sich dem Einrücken der Truppen nicht widersetzen wird). Im Einverständniß mit der hohen National-Versammlung — Das Kommando der Bürgerwehr. Zur Beglaubigung: Rimpler. Druck von E. Litfaß. 1 Bl. Fol.
Flugblatt. Berlin, 1o. Nov. 1848.

Bekanntmachung (daß die Deputation für das Wohl der Arbeiter zusammengetreten ist). Nach der Bekanntmachung vom 26. — Deputation zur Berathung über das Wohl der arbeitenden Klassen. Gedruckt ebenda. 1 Bl. Fol.
Flugblatt. Berlin, 28. März 1848.

Bekanntmachung, d a s s die ehemaligen leibeigenen Bauern auch noch nach erlangter völliger Freyheit der Bauer-Ordnung unterworfen bleiben können.: Stralsund, den 17. May 1810.

Bekanntmachung, dass die Gräfin von Landsfeld aufgehört hat, das bayerische Indigenat zu besitzen, u. dass alle Gerichts- u. Polizeibehörden angewiesen sind, auf sie zu fahnden. München, 17. März 1848. Fol. (3 Mk. 50 Pfg. der Vorige.)
Diese erste Bekanntmachung ist noch von Ludwig unterzeichnet, die andere vom Justiz-Ministerium u. dem des Innern. Enthält ferner noch eine Bekanntmachung über Personaländerung im Polizeidirektorium.

Bekanntmachung, daß die Piaster in den Staatskassen fernerhin nicht mehr angenommen werden sollen. De dato Laybach, den 15. Febr. 1821. — [Berlin 1821]: Decker. 2 Bl. 2° 1:58 in 2° Gr 3538 [u.] 69 in 2° An 8630-23.
15.

Bekanntmachung, daß zur Aufrechthaltung der Ordnung das Militär einschreiten werde. Die Vorgänge des gestrigen Tages — Der Minister des Innern: Eichmann. Deckersche Geheime Ober-Hofbuchdruckerei. 1 Bl. Fol.
Flugblatt. Berlin, 1. Nov. 1848.

Bekanntmachung (über die neugebildete Deputation für das Wohl der arbeitenden Klassen). Wir haben bereits — der Magistrat. Druck von A. W. Hayn. 1 Bl. Fol.
Flugblatt. Berlin, 12. Apr. 1848.

Bekanntmachung, die Desinfection der Häuser und Wohnungen, deren Bewohner und ihrer Effecten betreffend. — Dat. Hannover 25. Nov. 1831. 6 S. 4° 7. 28.
15.

Bekanntmachung, betreffend das Desinfections-Verfahren bey den mit Dampfschiffen von St. Petersburg oder Cronstadt auf der Travemünder Rhede angekommenen Personen, Effecten und Thieren. — (Lübeck [1831]: Rathsbuchdr.) 7 S. 8° 18.

Bekanntmachung (über den Diebstahl im Zeughause). Es ist heute — Der Staats-Anwalt. Druck bei F. Reichardt. 1 Bl. Fol.
Flugblatt. Berlin, 15. Juni 1848.

Bekanntmachung der Direktion der polytechnischen Schule zu Hannover, betr. ihre Vermittelung bei Forderungen hiesiger Einwohner an Studirende dieser Schule (v. 24. 9. 1859).

Bekanntmachung Nr 140 vom 6. September 1905, betr. die Durchführung der im interimistischen Gesetze [in Dänemark] vom 1. April d. J. betr. einige Änderungen d. Strafgesetze § 12 enthaltenen Bestimmung, dass Gefängnisstrafe bei gewöhnlicher Kost mit Arbeitszwang verbunden ist. Berlin 1906. 8°.
(Sammlung ausserdeutscher Strafgesetzbücher in deutscher Übers., 28.)

Bekanntmachung (den Durchmarsch des 19. Inf.-Rgts. betreffend). Von dem 19. Infanterie-Regiment — Der int. Commandeur der Bürgerwehr: Rimpler. Druck ebenda. 1 Bl. Fol.
Flugblatt. Berlin, 21. Juni 1848.

Bekanntmachung (den Durchzug von Mannschaften betreffend). In Folge einer Verfügung — Der int. Commandeur der Bürgerwehr: Rimpler. Druck von F. Reichardt u. Co. 1 Bl. Fol.

Flugblatt. Berlin, 22. Juni 1848.

Bekanntmachung (die Einberufung der Landwehr betr.). Das nachfolgende Schreiben — Der Magistrat. Druck von F. Reichardt. u. Co. 1 Bl. Fol.

Flugblatt. Berlin, 17. Juni 1848.

Bekanntmachung, die Ein-, Durch- und Ausfuhr von Waaren mit der Fahrpost betreffend. — Köln: DuMont-Schauberg 1825. 12 S. 4° 1:4° Sx 11234.
15.

Bekanntmachung, betreffend die Einführung einer neuen Hospitals-Taxe für die akademischen Krankenhäuser in Kiel. Kopenhagen, den 7. April 1856. — [Kopenhagen 1856]: J. H. Schultz. 4 S. 4° 8.
15.

Bekanntmachung, betreffend die Einführung einer neuen Taxe für die Hebammen- und Gebäranstalt in Kiel. Kopenhagen, den 7. April 1856. — [Kopenhagen 1856]: J. H. Schultz. 4 S. 4° 8.
15.

Bekanntmachung, das Einhängen der eisernen Gitterthore im königlichen Schlosse betreffend. — Rimpler. Druck von F. Reichardt u. Co. 1 Bl. Fol.

Flugblatt. Berlin, 12. Juli 1848.

Bekanntmachung (über die Einlösung der Pfänder). Nach dem Willen Sr. Majestät — Königl. Polizei-Präsidium: v. Minutoli. Druck von F. Reichardt. 1 Bl. Fol.

Flugblatt. Berlin, 21. März 1848.

Bekanntmachung (die Einlösung der Pfänder betr.). Da im Verfolg des Publikandums vom 21. — Königl. Polizei-Präsidium: v. Minutoli. Druck von F. Reichardt. 1 Bl. Fol.

Flugblatt. Berlin, 23. März 1848.

Bekanntmachung (über die Einquartierung). Servis- und Einquartierungs-Deputation. Druck von Brandes u. Schultz. 1 Bl. Fol.

Flugblatt. Berlin, 1o. Nov. 1848.

Bekanntmachung über die äußere Einrichtung der Erziehungs- und Pflege-Anstalt für Geistesschwache und Blödsinnige zu Langenhagen bei Hannover. — Hannover 1874: Grimpe. 12 S. 8°
Frühere Ausg. s. *Bekanntmachung* über d. Errichtung e. Erziehungs- u. Pflege-Anstalt ... 1861. 7.
15.

— betr. die Einrichtung u. den Betrieb der zur Anfertigung v. Cigarren bestimmten Anlagen. Vom 8. Juli 1893. Allg. Bücher-Lexikon. XXVII. Band. (XI. Supplement-Band 1. (Reichs-Gesetzblatt 1893 S. 218.) Plakat. qu. gr. Fol. Leipzig 893. Roßberg. n. — 30

Bekanntmachung, betr. d. Einrichtung u. d. Betrieb d. Buchdruckereien u. Schriftgießereien. Erlaß d. Reichskanzlers v. 31. VII. 1897. — (Reichsgesetzblatt 1897, Nr. 179.) Plakat. 63,5×42 cm. Hagen 897. O. Hammerschmidt. — 30

— betr. die Einrichtung u. den Betrieb v. Steinbrüchen u. Steinhauereien (Steinmetzbetrieben). Vom 20. III. 1902. gr. 16. (4 S.) Hagen 902. O. Hammerschmidt. n. — 20

— dasselbe. Plakat. qu. gr. Fol. Ebd. (902). — 30

— betr. die Einrichtung u. d. Betrieb v. Steinbrüchen u. Steinhauereien (Steinmetzbetrieben) v. 31. V. 1909 (Reichs-Gesetzblatt 1909, S. 471—474). (Plakat.) 86,5 ×45,5 cm. Hagen (909). O. Hammerschmidt. — 30; auf Eisenblech 2. —

Bekanntmachung zur Einrichtung der öffentlichen Feyer des scheidenden und kommenden Jahrhunderts, allhier zu Schneeberg den 8. December 1800. — Schneeberg [1800]: Schill. 8 S. 8° 23.
15.

Bekanntmachung, die Einrichtung der Königl. Sächs. Forstakademie zu Tharandt betr. — Dresden [1816]: Königl. Hofbuchdr. 16 S. 8° 14.
15.

Bekanntmachung über die veränderte Einrichtung der Hausnummern in hiesiger Stadt. — Hannover 1845: Lamminger. 30 S. 8° 23.
15.

Bekanntmachung (die Einsetzung der Deputation zum Schutz der öffentlichen Ruhe betr.). Die erregte Stimmung — v. Puttkammer, v. Aschoff u. a. Deckersche Geh. Oberhofbuchdruckerei. 1 Bl. Fol.

Flugblatt. Berlin, 1. Juni 1848.

Bekanntmachung, betreffend die Einsetzung einer interimistischen Oberschulbehörde. Auf Befehl E. H. Senats d. freien u. Hansestadt Hamburg publicirt d. 7. Febr. 1862. [Hamburg 1862]: Meissner. 6 S. 8° 18.
15.

Bekanntmachung (die schleunige Einsetzung von Schutzkommissionen betr.). Seit drei Tagen ist das Eigenthum — Ober-Bürgermeister, Bürgermeister und Rath hiesiger Königlicher Residenzien. Druck von A. W. Hayn. 1 Bl. Fol.

Flugblatt. Berlin, 16. März 1848.

Bekanntmachung (Einsetzung einer Sicherheits-Kommission betr.). An unsere Mitbürger. Die Vorgänge — Der Magistrat und die Stadtverordneten-Versammlung. Druck von A. W. Hayn. 1 Bl. Fol.

Flugblatt. Berlin, 17. Juni 1848.

Bekanntmachung, die bevorstehende Einweihung des neuen Begräbnißplatzes betreffend. — Dat. Liegnitz Aug. 1822. 4 Bl. 8° 2.
15.

Bekanntmachung an die Einwohner der Stadt Leipzig. [Der überhandnehmenden Betteley durch vereinte Thätigkeit zu steuern, betr.] — Dat. Leipzig 23sten März 1805. 32 S. 8° 14. 15.
15.

Bekanntmachung. Einziehung von Gerichtskosten betr. Kgl. Staatsministeruim [!] der Finanzen. — (München [1880]: Straub.) 100 S. 8° 20.
15.

Bekanntmachung für Eltern und Vormünder die ihre Kinder und Pflegebefohlenen der Landes-Schule Pforta übergeben wollen. — Dat. Magdeburg 8. Oct. 1825. 24 S. 8° 14.

— Dat. Magdeburg 8. März 1832. 27 S. 8°
1:Az 9120. 18.
15.

— Bekanntmachung für Eltern und Vormünder, die ihre Kinder und Pflegebefohlenen der Königlichen Landesschule Pforta übergeben wollen. — Naumburg [1874]: Sieling. 24 S. 8° 3.
15.

— Bekanntmachung für Eltern und Vormünder, welche ihre Söhne und Pflegebefohlenen der Königlichen Landesschula Pforta übergeben wollen. — Dat. Magdeburg 31. März 1898. 20 S. 8° 1:Az 9127. 14.
15.

Bekanntmachung (die Entlassung der Kanal-Arbeiter betr.). — Helfft, Baurath. 1 Bl. Fol.

Flugblatt. Berlin, 13. Okt. 1848.

Bekanntmachung, betreffend die Entrichtung der Confirmations-Gebühren für producirte Testamente. d. d. Gottorff, den 13. July, 1818. Schleswig. (1818.) 4°.

Bekanntmachung betreffend den Entwurf einer Geschäftsordnung für die Propsteisynoden sowie Entwurf einer Geschäftsordnung für die Propsteisynode bezw. für die Kreissynode in Lauenburg. Uetersen. (1879.) 4° Bei: Propsteisynode Lauenburg. 8°

Bekanntmachung des Entwurfs der unter Ihro Kaiserlichen Majestät allerhöchsten Schutz stehenden freyen ökonomischen Gesellschaft zu einer stehenden Preisaufgabe ökonomische Beschreibungen einzelner Statthalterschaften betreffend. — Dat. St. Petersburg 26. Now. 1790. 19 S. 8° 7.
15.

Bekanntmachung (die Erdarbeiten bei den Kanalbauten betr.). Derjenige Theil des Berlin-Spandauer Kanals in der Jungfernheide. — Die Bau-Verwaltung des Berlin-Spandauer Kanals. Deckersche Geheime Ober-Hofbuchdruckerei. 1 Bl. Fol.

Flugblatt. Berlin, 31. Okt. 1848.

Bekanntmachung, über die Erfordernisse d. Aufnahme als Zögling in eine d. beiden Landesschulen zu Meißen u. Grimma, das dabei Statt findende Verfahren und die für die Aufgenommenen zu erfüllenden Verpflichtungen ꝛc. gr. 8. Dresden 833. (Leipzig, Fr. Fleischer) 1/8 ℛ︀

Bekanntmachung über die Erfordernisse der Aufnahme als Zögling in eine der beiden Landesschulen zu Meißen und Grimma das dabei Statt findende Verfahren und die für die Aufgenommenen zu erfüllenden Verpflichtungen s.w.d. anh. — Dresden Meinhold: 1833. 24 S. 8°
14. 15. 302.
15.

Kgl. Polytechnische Schule in Stuttgart. Bekanntmachung der Ergebnisse der Preisbewerbung vom Jahr 1863-64 und der für das Jahr 1864-65 gestellten Preisaufgaben.

[F.] Bekanntmachung der Ergebnisse der akademischen Preisbewerbung vom Jahre 1895 bis 1896 und der neuen für das Jahr 1896 bis 1897 bestimmten Preisaufgaben. Tübingen, Druck v. W. Armbruster & O. Riecker, 1896; 12 S. 4.

Bekanntmachung der Ergebnisse der Akademischen Preisbewerbung vom Jahre 1899 bis 1900 und der neuen für das Jahr 1900 bis 1901 bestimmten Preisaufgaben. *Tübingen 1900: G. Schnürlen.* (14 S.) 4° [F.]

Bekanntmachung der Ergebnisse der Akademischen Preisbewerbung vom Jahre 1900 bis 1901 und der neuen für das Jahr 1901 bis 1902 bestimmten Preisaufgaben. *Tübingen 1901: G. Schnürlen.* (15 S.) 4° [F.]

Bekanntmachung der Ergebnisse der Akademischen Preisbewerbung vom Jahre 1901 bis 1902 und der neuen für das Jahr 1902 bis 1903 bestimmten Preisaufgaben. *Tübingen 1902: G. Schnürlen.* (14 S.) 4° [F.]

Bekanntmachung der Ergebnisse der Akademischen Preisbewerbung vom Jahre 1902 bis 1903 und der neuen für das Jahr 1903 bis 1904 bestimmten Preisaufgaben. *Tübingen 1903: G. Schnürlen.* (13 S.) 4° [F.]

Bekanntmachung der Ergebnisse der Akademischen Preisbewerbung vom Jahre 1903 bis 1904 und der neuen für das Jahr 1904 bis 1905 bestimmten Preisaufgaben. Tübingen 1904: G. Schnürlen. (15 S.) 4° [F.]

Bekanntmachung der Ergebnisse der Akademischen Preisbewerbung vom Jahre 1904 bis 1905 und der neuen für das Jahr 1905 bis 1906 bestimmten Preisaufgaben. Tübingen 1905: G. Schnürlen. (15 S.) 4° [F.]

Bekanntmachung der Ergebnisse der Akademischen Preisbewerbung vom Jahre 1905 bis 1906 und der neuen für das Jahr 1906 bis 1907 bestimmten Preisaufgaben. Tübingen 1906: G. Schnürlen. (14 S.) 4° [F.]

Bekanntmachung der Ergebnisse der Akademischen Preisbewerbung vom Jahre 1906 bis 1907 und der neuen für das Jahr 1907 bis 1908 bestimmten Preisaufgaben. Tübingen 1907: G. Schnürlen. (16 S.) 4° [F.]

Bekanntmachung der Ergebnisse der Akademischen Preisbewerbung vom Jahre 1907 bis 1908 und der neuen für das Jahr 1908 bis 1909 bestimmten Preisaufgaben. Tübingen 1908: Schnürlen. 16 S. 4° [U 09. 3906

Bekanntmachung der Ergebnisse der Akademischen Preisbewerbung vom Jahre 1908 bis 1909 und der neuen für das Jahr 1909 bis 1910 bestimmten Preisaufgaben. Tübingen 1909: Schnürlen. 15 S. 4° [U 10. 4137

Bekanntmachung betr. die Ergebnisse der Rechnung der Hannoverschen Landes-Credit-Anstalt zu Hannover.

Bekanntmachung vom 29. Juli 1812. in Betreff der Erhebung der Einkommensteuer. Gegeben Berlin, den 29. Juli 1812. — [Berlin 1812]: Decker. 2 Bl. 4°
1:61 in 2° An 8630-18.
15.

— d. Erlass e. Dienstanweisg f. staatl. geprüfte Wochenpflegerinnen im Grossh. Hessen betr. [Aus: „Regiergsbl."] (3) Lex8° Darmst., (Buchh. d. grossh. hess. Staatsverl.) '11.
— 15 d

— betr. d. Erlass e. f. d. Kgr. Preussen gült. Gebührenordng f. approbierte Aerzte u. Zahnärzte, s.: Handbibliothek, Leipz. iurist.

— betr. d. Erlaß e. f. d. Königr. Preußen gült. Gebührenordnung f. approbierte Aerzte u. Zahnärzte, s.: Meinhold's jurist. Handbibliothek.

— d. Erlass e. Regulativs f. d. grossherzogl. Landes-Heil- u. Pflegeanstalten, d. Aufnahme, d. Aufenthalt u. d. Ausscheiden d. Pfleglinge betr. [Aus: „Regiergsbl."] (16) Lex8° Darmst., (Buchh. d. grossh. hess. Staatsverl.) '11.
— 15 d

Erneuerte und erweiterte Bekanntmachung der Herzogl. Landesregierung zu Gotha über das Verfahren bei Annäherung und beim wirklichen Erscheinen der Cholera. Dat. 27. Sept. 1831. — o.O. [1831]. 8 S. 8° 3.
15.

Bekanntmachung, die Eröffnung einer höheren Bürgerschule zu Görlitz betreffend. — Dat. Görlitz 1. Juli 1837. 7 S. 8° 1:1 in Tb 3397. 2.
15.

Bekanntmachung die Eröffnung der höheren Gewerbschule zu Kassel betr. [Nebst Nachtr.] — Dat. Kassel 12. Nov. 1832 [u.] 20. März 1833. 8 S. 8° 4.
15.

Bekanntmachung betreffend die Errichtung einer Aktiengesellschaft unter der Firma: 'Kölnische Rückversicherungs-Gesellschaft'. De dato Berlin, den 8. Mai 1846. — [Berlin 1846]: Decker. 2 Bl. 4°
1:48 in 2° An 8630-34.
15.

Bekanntmachung betreffend die Errichtung einer Aktiengesellschaft in Stettin, unter dem Namen: 'Preußische Südseefischerei-Gesellschaft'. De dato Berlin, den 12. Sept. 1846. — [Berlin 1846]: Decker. 2 Bl. 4°
1:92 in 2° An 8630-34.
15.

Bekanntmachung über die Errichtung einer Erziehungs- und Pflege-Anstalt für geistesschwache und blödsinnige Kinder zu Langenhagen bei Hannover. — Hannover 1861: Jänecke. 12 S. 8°

Spätere Ausg. s. *Bekanntmachung* über d. äußere Einrichtung d. Erziehungs- u. Pflege-Anstalt ... 1874.
7. 18.
15.

Bekanntmachung von der Errichtung eines Erziehungs-Instituts für Frauenzimmer in Reval. Reval 1789. V: *Steininger, Johann Gottlob Sev.* (Ky)

Bekanntmachung die Ertheilung von Prämien und Unterstützungen für verdienstliche Leistungen im Gebiete der Landwirthschaft durch den landwirthschaftlichen Kreisverein zu Leipzig betr. Vom 7. Nov. 1851. — Leipzig [1851]: Leiner. 8 S. 8° 14.
15.

Bekanntmachung, die Extrapost- und Courier-Beförderung im Königreiche Sachsen betr. — [Dresden] 1822. 39 S. 8°

Nebent.: Règlément, concernant le service de l'extra-poste et des courriers dans le Royaume de Saxe.
Text deutsch u. französisch.
14. 23.
15.

Bekanntmachung, den Fahr- und Reitverkehr sowie das Führen von Pferden innerhalb der Grenzen des hiesigen Stadtgebietes betr. — Dat. Dresden 8. Juli 1873. 24 S. 8°
14.
15.

Bekanntmachung, betreffend die Fassung von Verordnungen über die Tagegelder, Fuhrkosten und Umzugskosten von Reichsbeamten. Vom 8. September 1910. Reichs-Gesetzblatt 1910 Nr 49. Nebst: Ausführungsbestimmungen . . . Vom 29. September 1910. Reichs-Gesetzblatt 1910 Nr 53. Berlin (1910)

Bekanntmachung im Betreff der Feierlichkeiten bei Einweihung der neuerbauten Stadtkirche zu Bischoffswerda. — Dat. Bischoffswerda 26sten Oct. 1818. 8 S. 8°
14.
15.

Fernere Bekanntmachung (der provisorischen Regierung), betreffend die zur Vorbeugung des Eindringens der Cholera in die Herzogthümer Schleswig-Holstein zu treffenden Maassregeln. d. d. Rendsburg, den 18. September 1848. 2 Bl. 4°.

Fernere Bekanntmachung und Verordnung in Betreff des Wieder-Eintritts der in hiesiger Stadt und deren Gebiete vor dem 20. August 1811 und vom 31. März 1813 bis zum 30. May 1813 gültig gewesenen Gesetze, Rechte und rechtlichen Gewohnheiten und Verfügungen. Auf Befehl e. Hochedlen Raths d. freyen Hansestadt Hamburg publ. d. 30. May 1814. — [Hamburg 1814]: Schniebes. 4 Bl. 8°
18. 23. 27.
15.

Fernerweitige Bekanntmachung, den Zweck, die Einrichtung und zeitherigen Fortgang der Creditcasse betreffend. Hamburg: 1783.

Bekanntmachung, die Festsetzung des Umfangs der bürgerlichen Nahrung in der Königlichen Residenzstadt Hannover betr., vom 14. März 1835. — [Hannover 1835.] 36 S. 8°
202.
15.

— die e. erhöhten Feuer- od. Explosionsgefahr unterliegenden Gebäude betr. gr. 8. (51 S.) Darmstadt 891. (G. Jonghaus.) n.n. — 50

Bekanntmachung, die revidirte Feuer-Ordnung für das Städtgen Travemünde betr. — Dat. Lübeck 2. Sept. 1823. 16 S. 8°
18.
15.

Bekanntmachung, den Feuer-Rettungs-Verein zu Wolfenbüttel betr. — Dat. Wolfenbüttel. 18. Okt. 1831. 8 S. 8°
23.
15.

— d. Finanz-Ministers betr. d. Ausführg. d. Stempelsteuergesetzes v. 18. Febr. 1896. (Centralbl. d. Abgaben-Gesetzgebg. u. Verwaltg. i. d. kgl. Preuß. Staaten v. 26. Febr. 1896, Nr. 5, S. 53.) gr. 8. (59 S.) Berlin 896. R. v. Decker. — 60

Bekanntmachung des Königl. Preuß. Finanz-Ministers vom 9. Dez. 1881, betreffend den Anschluß der Unterelbe an das deutsche Zollgebiet und Regulativ betreffend die zollamtliche Behandlung der Waaren-Ein-, Aus- und Durchfuhr auf dem zum deutschen Zollgebiet gehörigen Theile der Unterelbe. — (Berlin [1881]: Jansen.) 11 S. 8°
3. 7. 8. 10. 12: Cam. 260v. 15. 16. 18. 27.
15.

Bekanntmachung des Finanzministeriums, betreffend die Auszahlung oder Convertirung der gegen Creditscheine ausgewechselten Staatsobligationen. Kopenhagen, den 30. Mai 1856. — [Kopenhagen 1856]: J. H. Schultz. 2 Bl. 8°
18.
15.

Bekanntmachung des Königlichen Finanz-Ministeriums, die Prüfungen der Forstcandidaten und Forstbeamten betreffend. – Hannover: 1849. 13 S.

Bekanntmachung des Königlichen Finanz-Ministeriums betreffend das Regulativ über die Handhabung der Binnencontrole. Hannover, den 27. Nov. 1853. — Celle: Schulze 1854. 15 S. 8°
12: Merc. 276-10.
15.

Förmliche Bekanntmachung des großen und fürchterlichen Judenbannes, welcher am 22. des Christmondes 1756. in der so genannten Altneuschule zu Prag von der dasigen Judenschaft Oberrabinen, Ezechiel Lando aufgesetzet worden; genommen aus dem Schreine der heiligen zehn Gebote Gottes, oder der so genannten Thora. — Wien [usw.]: Trattner 1757. 12 Bl. 8°
7.
15.

Bekanntmachung (die Fortdauer des Belagerungszustandes betr.). Oeffentliche Blätter haben die Nachricht verbreitet, — von Wrangel. Deckersche Geh. Ober-Hofbuchdruckerei. 1 Bl. Fol.
Flugblatt. Berlin, 12. März 1849.

Bekanntmachung betreffend die Führung des Genossenschaftsregisters und die Anmeldungen zu demselben. Vom 11. Juli 1889. — Berlin: v. Decker 1889. 31 S. 8°
1: Gm 3872.
15.

— Berlin: Heymann 1889. 29 S. 8° 1: Gm 3873.

Bekanntmachung, die einer erhöhten Feuers- oder Explosionsgefahr unterliegenden Gebäude betr. — (Darmstadt [1891]: Wittich.) 51 S. 8°
17. 26.
15.

— die Gebühren der großherzogl. Kreisärzte u. Kreisassistenzärzte betr. gr. 4. (5 S.) Ebd. (900). — 15
Sonderabdruck aus: „Hess. Regierungsblatt".

Bekanntmachung, die Gebühren der Großherzoglichen Kreisärzte und Kreisassistenzärzte betr. — (Darmstadt 1910: Wittich.) 5 S. 4°
Aus: Großherzoglich Hessisches Regierungsblatt. 1900.
26.
15.

Bekanntmachung, einige Gegenstände d. Sicherheitspolizey in Leipzig betreffend. 4. Leipz. Tauchnitz. 810.

Bekanntmachung an die Gemeinde der Kronskirche zu St. Jakob in Riga. Riga 1793. V: *Sonntag, Carl Gottlob.* (R-N)

Bekanntmachung an unsre Gemeine für das bevorstehende Pfingstfest. Eutin. 1820. 8°

Bekanntmachung betreffend die Allerhöchste Genehmigung der Abänderung der Statuten der Dampfschleppschiffahrts-Gesellschaft zu Köln. De dato Berlin, den 17. Juli 1850. — Berlin [1850]: Decker. 2 Bl. 4°
1: 42 in 2° An 8630-39.
15.

Bekanntmachung betreffend die Allerhöchste Genehmigung des Statuts der Actien-Gesellschaft der vereinigten Hamburg-Magdeburger Dampfschifffahrts-Kompagnie. De dato Berlin, den 17. Mai 1850. — Berlin [1850]: Decker. 2 Bl. 4°
1: 5 in 2° An 8630-39.
15.

Bekanntmachung der Allerhöchsten Genehmigung der von der Gaserleuchtungsgesellschaft zu Barmen wegen Vermehrung ihres Stammkapitals &c. gefaßten Beschlüsse. De dato Berlin, den 10. Mai 1848. — [Berlin 1848]: Decker. 2 Bl. 4°
1: 83 in 2° An 8630-36.
15.

Bekanntmachung betreffend die von des Königs Majestät der in der Rheinprovinz unter der Benennung: 'Rheinisch-Westphälische Versicherungsgesellschaft für Rindvieh und Pferde', gebildeten Aktiengesellschaft ertheilte Genehmigung. De dato Berlin, den 27. März 1848. — [Berlin 1848]: Decker. 2 Bl. 4°
1: 44 in 2° An 8630-36.
15.

Bekanntmachung der von beiden Kammern ertheilten Genehmigung zu der unterm 6. Jan. 1849. erlassenen Verordnung wegen Aufhebung der Verpflichtung zur unentgeltlichen Hülfsleistung bei Räumung des Schnees von den Chausseen. De dato Berlin, den 4. Okt. 1849. — [Berlin 1849]: Decker. 2 Bl. 4°
1: 144 in 2° An 8630-37.
15.

Bekanntmachung der von den Kammern ertheilten Genehmigung zu der unter dem 3. Juli 1849. erlassenen Deklaration des Gesetzes vom 9. Okt. 1848. De dato Berlin, den 12. Sept. 1849. — [Berlin 1849]: Decker. 2 Bl. 4° 1:132 in 2° An 8630-37.
15.

Bekanntmachung der von den Kammern ertheilten Genehmigung zu der Verordnung vom 3. März 1859., betreffend die Abänderung des Zolltarifs hinsichtlich des Eingangszolls auf ungereinigte Soda. De dato Berlin, den 16. Jan. 1850. — [Berlin 1850]: Decker. 2 Bl. 4° 1:35 in 2° An 8630-38.
15.

Bekanntmachung der von den Kammern ertheilten Genehmigung zu der unter dem 15. Juni 1849. erlassenen Verordnung, betreffend die Bestrafung der Vergehen gegen die Telegraphen-Anstalten. De dato Berlin, den 4. Jan. 1850. — [Berlin 1850]: Decker. 2 Bl. 4° 1:29 in 2° An 8630-38.
15.

Bekanntmachung der von den Kammern ertheilten Genehmigung zu der unter dem 18. Dez. 1848. erlassenen Verordnung über die bäuerliche Erbfolge in der Provinz Westphalen. De dato Berlin, den 13. Nov. 1849. — [Berlin 1849]; Decker. 2 Bl. 4° 1:162 in 2° An 8630-37.
15.

Bekanntmachung der von den Kammern ertheilten Genehmigung zu der Verordnung vom 9. Febr. 1849. wegen der Errichtung von Gewerbegerichten. De dato Berlin, den 20. Jan. 1850. — [Berlin 1850]: Decker. 2 Bl. 4° 1:37 in 2° An 8630-38.
15.

Bekanntmachung der von den Kammern ertheilten Genehmigung zu der Verordnung vom 9. Febr. 1849., betreffend die Errichtung von Gewerberäthen und verschiedene Abänderungen der allgemeinen Gewerbe-Ordnung. De dato Berlin, den 30. Jan. 1850. — [Berlin 1850]: Decker. 2 Bl. 4° 1:41 in 2° An 8630-38.
15.

Bekanntmachung der von den Kammern ertheilten Genehmigung zu der Verordnung vom 20. Dez. 1848., betreffend die interimistische Regulirung der gutsherrlich bäuerlichen Verhältnisse in der Provinz Schlesien. De dato Berlin, den 12. Febr. 1850. — [Berlin 1850]: Decker. 2 Bl. 4° 1:50 in 2° An 8630-38.
15.

Bekanntmachung der von den Kammern ertheilten Genehmigung zu der Verordnung vom 21. Juli 1849., das Verfahren in Civilprozessen in den Bezirken des Appellationsgerichts zu Greifswald und des Justiz-Senats zu Ehrenbreitstein betreffend. De dato Berlin, den 23. Febr. 1850. — Berlin [1850]: Decker. 2 Bl. 4° 1:58 in 2° An 8630-38.
15.

Bekanntmachung der von den Kammern ertheilten Genehmigung zu der unter dem 17. Mai d.J. erlassenen Verordnung, die Verlängerung der Zahlungszeit der Wechsel in Elberfeld und Barmen betreffend. De dato Berlin, den 6. Okt. 1849. — [Berlin 1849]: Decker. 2 Bl. 4° 1:145 in 2° An 8630-37.

Bekanntmachung der von den Kammern ertheilten Genehmigung zu den unterm 30. Mai 1849. erlassenen Verordnungen über die Ausführung der Wahl der Abgeordneten zur zweiten Kammer und über den Termin zur Wahl für die zweite Kammer und die Einberufung beider Kammern. De dato Berlin, den 22. Dez. 1849. — [Berlin 1849]: Decker. 2 Bl. 4° 1:186 in 2° An 8630-37.
15.

Bekanntmachung des Königlichen General-Gouvernements, Departement des Cultus, vom 18. Jan. 1867 zur Ausführung der hannoverschen Bezirkssynodal-Ordnung vom 9. Oct. 1864. — Hannover: Hahn 1867. 16 S. 8° 1:Stala 892. 7.

Bekanntmachung (der Genugthuung an die Maschinenbau-Arbeiter). Mitglieder des Maschinenbau-Arbeitervereins — Das Kommando der Bürgerwehr: Rimpler. Deckersche Geheime Ober-Hofbuchdruckerei. 1 Bl. Fol.

Flugblatt. Berlin, 1. Nov. 1848.

Bekanntmachung, betreffend die Gerichtsordnung für das gemeinschaftliche Ober-Appellationsgericht der vier Freien Städte Deutschlands, nebst der Stempel- und Gebühren-Taxe und der Procuratur-Ordnung. Gegeben Lübeck, den 13. Aug. 1831. — (Lübeck 1831: Rathsbuchdr.) IV,69 S. 8° 27. 28.
15.

Bekanntmachung, betreffend die provisorische Gerichtsordnung für das gemeinschaftliche Ober-Appellationsgericht der vier freien Städte Deutschlands, Lübeck, Frankfurt, Bremen und Hamburg. — Dat. Lübeck 5. Juli 1820. 44 S. 8° 15.
15.

Bekanntmachung des Gesammt-Verzeichnisses derjenigen höheren Lehranstalten, welche zur Ausstellung von Zeugnissen über die wissenschaftliche Befähigung für den einjährig-freiwilligen Militärdienst berechtigt sind. (Berlin den 26. Juni 1889.) — (Berlin [1889]: Mittler.) 39 S. 8° (Armee-Verordnungs-Blatt. 23. 1889. Anl. zu Nr 17.) 1:Hu 2840-1889 [u.] Hu 2840a-1889. 4. 6. 9. 10. 12:4° Mil. g. 210k-23. 14. 17. 18. 24. 27.
15.

Bekanntmachung betreffend den Geschäftsbetrieb beim Landgerichte und Amtsgerichte. — Dat. Lübeck 1. Oct. 1879. 8 S. 8° 10.
15.

Bekanntmachung zu den provisor. Gesetzen v. 24. Decbr. 1849 üb. das öffentlich-mündliche Verfahren m. Geschworenen u. üb. die Bildung der Schwurgerichte vom 31. Jan. 1850. gr. 8. (30 S.) Hannover 850, Helwing. 1/12 Rthlr

Bekanntmachung (einzelne Abweichungen von den im § 150 der Wegeverordnung vom 1sten März 1842 über das Gefälle der Nebenlandstrassen getroffenen Vorschriften gestattend. Gottorf. 1845.) 4° k.

Bekanntmachung vom 5. Sept. 1861, betreffend die allgemeine Gewerbe- und Kunst-Ausstellung zu London im Jahre 1862. Berlin, den 5. Sept. 1861. — (Berlin [1861]: Decker.) 4 Bl. 8° 1:6 in 2° An 8630-57.
15.

Bekanntmachung zur Gewerbe-Ordnung für den Norddeutschen Bund vom 21. Juni 1869 betreffend die Prüfung der Aerzte, Zahnärzte, Thierärzte und Apotheker. Vom 25. Sept. 1869. — Berlin: Kortkampf 1869. 21 S. 8° 10.
15.

Gräflich Görtzische Bekanntmachung der Schlitzischen Wald- und Forst-Gesetze 1802. (Unterzeichn.: Carl Graf von Goertz.) — Dat. Schlitz 24. Sept. 1802. 48 S. 4° 17. 20.
15.

Bekanntmachung, Grundsätze für die Besetzung der Subaltern- und Unterbeamtenstellen bei den Kommunalbehörden &c mit Militäranwärtern betr. — Dat. Darmstadt 1. Sept. 1899. 16 S. 4°
Aus: Großherzoglich Hessisches Regierungsblatt. 1899.
20.
15.

— Grundsätze f. die Besetzung der Subaltern- u. Unterbeamtenstellen bei den Kommunalbehörden etc. m. Militäranwärtern betr. Aus d. Regierungsblatt Nr. 43 vom 21. IX. 1899. gr. 4. (16 S.) Darmstadt 899. (G. Jonghaus.) n.n. — 30

Bekanntmachung betr. Grundsätze f. d. Prüfg v. Bauentwürfen durch d. Baupolizeibehörde v. 14. 8. '12. (32) 16° Hambg, Boysen & M. '12. — 40 d

Bekanntmachung der von den Regierungen der deutschen Bundes-Seestaaten und dem Reichs-Marine-Amte als Aufsichtsbehörde des Reiches über die Seeschiffahrtszeichen vereinbarten Grundsätze für die Leuchtfeuer und Nebelsignale der deutschen Küsten. Vereinbart am 1. März 1904. — Berlin: Mittler 1904. 12 S. 4° (Nachrichten für Seefahrer. Jg. 35,18, Beil.)
1: in 4° Hz 14650-35. 5. 11. 18. 24. 82. 83. 90. 91.
15.

Bekanntmachung wegen der zu errichtenden Hagelschaden-Versicherungsanstalt. De dato Frankfurt a.d. Oder, den 15. Febr. 1819. — [Berlin 1819]: Decker. 12 S. 4° 1:76 in 2° An 8630-22.
15.

Bekanntmachung (die würdige Haltung der Bevölkerung bei der Leichenfeier rühmend). Mitbürger! Die Bestattung unserer theuren Todten — Der Magistrat. Gedruckt bei W. Moeser u. Kühn. 1 Bl. Fol.
Flugblatt. Berlin, 23. März 1848.

— Dieselbe. Gedruckt bei C. Schultze. 1 Bl. Fol.
Flugblatt. Berlin, 23. März 1848.

Bekanntmachung (über die bürgerlichen Handwerker in der Artillerie-Werkstatt). Unter Bezugnahme — Blesson. Druck von F. Reichardt u. Co. 1 Bl. Fol.
Flugblatt. Berlin, 10. Juni 1848.

Bekanntmachung (die Haussuntersuchung Johannisstraße Nr. 4 betreffend). Der Handwerkerverein, Johannisstraße Nr. 4. — Königliches Polizei-Präsidium: v. Bardeleben. Druck von F. Reichardt u. Co. 1 Bl. Fol.
Flugblatt. Berlin, 30. Aug. 1848.

Bekanntmachg. betr. d. v. Sr. Kgl. Majestät neu angeordnete Hebammen-Schule u. das damit verbund. Gebärhaus in Kiel. Kiel 1805. 4.

Bekanntmachung, die autorisirten Hebestellen auf den, dem Landeschaussee-Bau bisher nicht unterzogenen öffentlichen Wegen in den Herzogthümern Schleswig und Holstein betreffend. Schleswig 1842. Fol., in Pk gebunden.

(Bekanntmachung gegen Held.) Der preußische Staats-Anzeiger vom 31. d. M. enthält nachstehende amtliche Bekanntmachung — Der Staatsanwalt beim königlichen Kammergericht. Gedruckt bei J. Sittenfeld. 1 Bl. Fol.
Flugblatt. Berlin, 29. Juli 1848.

Bekanntmachung (gegen Held). In einer öffentlichen Bekanntmachung vom 31. v. M. — Königliches Polizei-Präsidium: v. Bardeleben. Druck von F. Reichardt u. Co. 1 Bl. Fol.
Flugblatt. Berlin, 3. Sept. 1848.

Bekanntmachung, betreffend die Allerhöchst genehmigte Herabsetzung des Schleusengeldes bei kleinen Fahrzeugen. De dato Berlin, den 29. Okt. 1821. — [Berlin 1821]: Decker. 2 Bl. 2°
1: 103 in 2° Gr 3538 [u.] 122 in 2° An 8630-23.
15.

Bekanntmachung für das Herzogthum Holstein, betreffend die von den insurrectionellen Regierungen gestifteten Anleihen. Kopenhagen, den 7. Juni 1852. (Kopenhagen. 1852.) 4°.

Bekanntmachung (die Illumination zu Ehren der silbernen Hochzeit des Königs betr.) Aus den Zeitungen habe ich ersehen — von Wrangel. Deckersche Geh. Ober-Hofbuchdruckerei. 1 Bl. Fol.

Flugblatt. Berlin, 27. Nov. 1848.

Bekanntmachung vom 10. Sept. 1814, die Immediat-Gesuche betreffend. Gegeben Berlin, den 10. Sept. 1814. Berlin [1814]: Decker. 2 Bl. 4°
1: 177 in 2° An 8630-19.
15.

Bekanntmachung. Herzogl. Immediat-Commission [Immediatkommission] zur Abwendung der Cholera. — Dat. Braunschweig 6. Sept. 1831. 7 Bl. 8° 23.
15.

Bekanntmachung vom 21. Febr. 1850 über die Industrie-Ausstellung aller Völker zu London im Jahre 1851. Westminster, den 21. Febr. 1850. — (Berlin [1850]: Decker.) 16 S. 8° 1:55 in 2° An 8630-38.
15.

Bekanntmachung (das 12. Infanterie-Regt. betreffend). Nach der uns soeben — Der Magistrat. Druck von W. Moeser u. Kühn. 1 Bl. Fol.
Flugblatt. Berlin, 8. Juli 1848.

Bekanntmachung (gleichen Inhalts). Die Ereignisse des gestrigen Tages erfüllen die Stadt — Der Magistrat. Druck von A. W. Hayn. 1 Bl. Fol.
Flugblatt. Berlin, 17. Okt. 1848.

Bekanntmachung (über das neue Institut der Schutzmänner). Nach dem von Sr. Majestät dem Könige — Königliches Polizei-Präsidium (gez.) von Bardeleben. Druck von F. Reichardt. 1 Bl. Fol.
Flugblatt. Berlin, 23. Juli 1848.

Bekanntmachung, die Instruirung der Anträge auf Darlehen zur Ablösung aus der Landes-Creditanstalt durch die Ablösungs-Commissionen betr. Hannover, d. 14. Oct. 1844. — [Hannover 1844]: Göhmann. 31 S. 8°
1: Stala 893.
15.

Bekanntmachung betreffend die Instruction für die Schiffsmessung. Kopenhagen, den 27ten Mai 1861. (Kopenhagen 1861): J. H. Schultz. 54 S. 4°
Nebent.: Instruction für d. Schiffmessung
30.
15.

Bekanntmachung, betreffend die Instruktion zur Schiffsvermessung. Vom 23. Nov. 1872. — Berlin: v. Decker 1872. 87 S. 2° 1: 2° Hz 23945. 7. 18. 28.
15.

Bekanntmachung die Instruktion zum Vollzuge des Notariatsgesetzes vom 10. November 1861 betr. Nördlingen 862. Beck. gr. 8. (42 S.) n. 5 ngr.

— betr. die Invaliditäts- u. Altersversicherung von Hausgewerbetreibenden der Textilindustrie. Vom 1. März 1894. 8. (8 S.) Leipzig 894. Roßberg. n. — 20

—— d. Just.-Minist., betr. d. Ausführg d. Ges. üb. d. Gerichtsverf. v. 8. Nov. 1850. 16. (28) Hann. 53, Meyer. n. — $2^1/_2$

— des Königl. Justiz-Ministeriums, betr. die Ausführung des Gesetzes über die Gerichtsverfassung vom 8. Novbr. 1850, vom 7. Septbr. 1852. Hannover 853. Pockwitz. 16. (28 S.) $2^1/_2$ ngr.

Bekanntmachung des Königlichen Cabinets-Ministerii [Kabinetts-Ministerii], die Legitimation fremder Reisenden an den Landes-Grenzen betreffend. — Dat. Hannover 1. Sept. 1831. 6 Bl. 4° 7.
15.

Bekanntmachung (den Kampf in Dresden betreffend). Nach den, der Regierung weiter zugegangenen Nachrichten — Ministerium des Innern. Deckersche Geheime Ober-Hofbuchdruckerei. 1 Bl. Fol.
Flugblatt. Berlin, 8. Mai 1849.

— (desgl.) Am 9. d. M., Mittags 11 Uhr ist Dresden vollständig in die Gewalt — Ministerium des Innern. Deckersche Geheime Ober-Hofbuchdruckerei. 1 Bl. Fol.
Flugblatt. Berlin, 9. Mai 1849.

[Bekanntmachung an Kandidaten für die medicinischen Promotionsprüfungen.]
o. O. [um 1873]. 1 Bl. 4°

Bekanntmachung der am 16ten August 1818 mit der Herzoglich-Nassauischen Regierung abgeschlossenen Kartel-Konvention. De dato Berlin, den 18. März 1819. — [Berlin 1819]: Decker. 4 S. 4°
1:85 in 2° An 8630-22.
15.

Bekanntmachung über die Kartel-Konvention zwischen Preußen und Anhalt-Bernburg. De dato Aachen, den 22. Okt. 1818. — Berlin [1818]: Decker. 2 Bl. 4°
1:54 in 2° An 8630-22.

Bekanntmachung über die Kartel-Konvention zwischen Preußen und Anhalt-Dessau. De dato Berlin, den 16. Dez. 1818. — [Berlin 1818]: Decker. 2 Bl. 4°
1:60 in 2° An 8630-22.
15.

Bekanntmachung über die Kartel-Konvention zwischen Preußen und Anhalt-Köthen. De dato Aachen, den 6. Nov. 1818. — Berlin [1818]: Decker. 2 Bl. 4°
1:55 in 2° An 8630-22.
15.

Bekanntmachung der Kartel-Konvention zwischen Preußen und Hannover. De dato Berlin, den 1. Juli 1818. [Berlin 1818]: Decker. 7 S. 4°
1:34 in 2° An 8630-22.
15.

Bekanntmachung über die Kartel-Konvention zwischen Preußen und Hessen-Homburg. De dato Bielefeld, den 20. Juli 1818. — Berlin [1818]: Decker. 2 Bl. 4°
1:36 in 2° An 8630-22.
15.

Bekanntmachung über die Kartel-Konvention zwischen Preußen und Chur-Hessen. De dato Berlin, den 25. Juni 1818. — [Berlin 1818]: Decker. 2 Bl. 4°
1:33 in 2° An 8630-22.
15.

Bekanntmachung über die Kartel-Konvention zwischen Preußen und Mecklenburg-Strelitz. De dato Berlin, den 25. Juni 1818. — [Berlin 1818]: Decker. 2 Bl. 4°
1:32 in 2° An 8630-22.

Bekanntmachung über die Kartel-Konvention zwischen Preußen und Oldenburg. Gegeben Berlin, den 12. Jan. 1819. — [Berlin 1819]: Decker. 2 Bl. 4°
1:69 in 2° An 8630-22.
15.

Bekanntmachung über die Kartel-Konvention zwischen Preußen und Reuß-Plauen. De dato Aachen, den 6. Nov. 1818. — Berlin [1818]: Decker. 2 Bl. 4°
1:56 in 2° An 8630-22.
15.

Bekanntmachung über die Kartel-Konvention zwischen Preußen und Sachsen-Gotha und Altenburg. De dato Saarbrück, den 19. Sept. 1818. — Berlin [1818]: Decker. 2 Bl. 4° 1:46 in 2° An 8630-22.
15.

Bekanntmachung über die Kartel-Konvention zwischen Preußen und Sachsen-Hildburghausen. De dato Spaa, den 26. Aug. 1818. — Berlin [1818]: Decker. 2 Bl. 4° 1:40 in 2° An 8630-22.
15.

Bekanntmachung über die Kartel-Konvention zwischen Preußen und Sachsen-Koburg-Saalfeld. De dato Berlin, den 16. Dez. 1818. — [Berlin 1818]: Decker. 2 Bl. 4° 1:59 in 2° An 8630-22.
15.

Bekanntmachung über die Kartel-Konvention zwischen Preußen und Sachsen-Meiningen. De dato Aachen, den 22. Okt. 1818. — Berlin [1818]: Decker. 2 Bl. 4°
1:51 in 2° An 8630-22.
15.

Bekanntmachung über die Kartel-Konvention zwischen Preußen und Sachsen-Weimar und Eisenach. De dato Aachen, den 22. Okt. 1818. — Berlin [1818]: Decker. 2 Bl. 4° 1:52 in 2° An 8630-22.
15.

Bekanntmachung über die Kartel-Konvention zwischen Preußen und Schaumburg-Lippe. De dato Berlin, den 4. Mai 1818. — [Berlin 1818]: Decker. 2 Bl. 4°
1:14 in 2° An 8630-22.
15.

Bekanntmachung über die Kartel-Konvention zwischen Preußen und Schwarzburg-Rudolstadt. De dato Aachen, den 22. Okt. 1818. — Berlin [1818]: Decker. 2 Bl. 4° 1:53 in 2° An 8630-22.
15.

Bekanntmachung über die Kartel-Konvention zwischen Preußen und Schwarzburg-Sondershausen. De dato Aachen, den 16. Nov. 1818. — Berlin [1818]: Decker. 2 Bl. 4° 1:57 in 2° An 8630-22.

Bekanntmachung in Beziehung auf die extractweise publizirt werdende, unterm 11ten Februar d. J. mit der Großherzoglich-Hessen-Darmstädtschen Regierung abgeschlossene Kartel-Konvention. De dato Engers, den 31. März 1818. — Berlin [1818]: Decker. 4 S. 4°
1:7 in 2° An 8630-22.
15.

Bekanntmachung gegen die seit einiger Zeit überhand nehmenden sogenannten Katzenmusiken — Der General-Major v. Aschoff. Der Polizei-Präsident v. Minutoli. Druck von F. Reichardt u. Co. 1 Bl. Fol.
Flugblatt. Berlin, 27. Mai 1848.

Bekanntmachung des Kirchenrats vom 26. Nov. 1890, betreffend das 'Sophienhaus' zu Weimar. — Dat. Weimar 1. Dez. 1890. 4 S. 8° 27.
15.

Bekanntmachung (die polizeiliche Confiskation von Munition betr.). Das Commando der Bürgerwehr — Rimpler. Druck von F. Reichardt u. Co. 1 Bl. Fol.
Flugblatt. Berlin, 27. Aug. 1848.

Bekanntmachung wegen des Konfiskationstermins für diejenigen Papiere, wofür die Vermögens-Steuer noch nicht entrichtet ist. De dato Berlin, den 7. Febr. 1820. — [Berlin 1820]: Decker. 2 Bl. 2°
1:13 in 2° Gr 3538 [u.] 15 in 2° An 8630-23.
15.

Königliche Bekanntmachung die Bundestags-Beschlüsse vom 20sten September d. J. betreffend. Gegeben Berlin, den 18. Okt. 1819. — [Berlin 1819]: Decker. 8 S. 4°
1:119 in 2° An 8630-22.
15.

Bekanntmachung in Hinsicht der Konvention zwischen Seiner Majestät dem Könige von Preußen und dem Herrn Großherzog von Mecklenburg-Schwerin Königlichen Hoheit, wegen wechselseitiger Anhaltung und Auslieferung der Vagabunden. Gegeben Berlin, den 28. Okt. 1817. — [Berlin 1817]: Decker. 2 Bl. 2°
1:64 in 2° An 8630-21.
15.

Bekanntmachung, die Concessions-Verhältnisse [Konzessionsverhältnisse] der Gast- und Schänkwirthe in der Stadt Göttingen betreffend. — Göttingen 1855: Dieterich. 7,3 S. 8° 7.
15.

Bekanntmachung (gegen das Corps der Pikenmänner). Der demokratische Klub — Der Magistrat und die Stadtverordneten-Versammlung. Druck von A. W. Hann. 1 Bl. Fol.
Flugblatt. Berlin, 26. Juni 1848.

— betr. Krankenfürsorge auf Kauffahrteischiffen. Vom 7. 4. '11. (2) 8° Hambg, L Friederichsen & Co. ('11). — 10 d

Bekanntmachung (den Krawall vom 21. August betr.). Am gestrigen Abend haben arge und bedauerliche Excesse — Der Commandeur der Bürgerwehr: Rimpler. Druck von F. Reichardt u. Co. 1 Bl. Fol.
Flugblatt. Berlin, 22. Aug. 1848.

Bekanntmachung des Kriegsdepartements, betreffend den Eintritt von Freiwilligen in die Reservebataillons, die Bildung von freiwilligen Scharfschützencorps, so wie den Eintritt freiwilliger Schützen in das reguläre Militair. Gottorff, den 13. März 1849. 1 Bl. Fol.

Bekanntmachung einer neuen Curmethode [Kurmethode] des Wund-Starrkrampfs, (Tetanus traumaticus). — Wien: Camesina 1800. 38 S. 8° 5. 8. 17. 21. 302
15.

— e. neuen Kurmethode d. Wundstarrkrampfes (Tetanus traumaticus). gr. 8. Wien 800. (Heubner). 4 gr.

(Circulaire.) Bekanntmachung (der Landesverwaltung) betreffend die Anstellung eines Controlleurs ad interim bei der Centralkasse für das Herzogthum Schleswig in Flensburg. (Deutsch und dänisch.) Flensburg, den 1. September 1849. 2 Bl. 4°.

Bekanntmachung (der Landesverwaltung) mit Bezug auf Artikel X der Waffenstillstandsconvention vom 10. Juli 1849. (Deutsch und dänisch.) Flensburg, den 12. November 1849. 2 Bl 4°.

Bekanntmachung (der Landesverwaltung), betr. die Aufhebung der den zur Schleswig-Holsteinischen Armee und Marine gehörigen Personen eingeräumten Portofreiheit. Deutsch und dänisch. Flensburg, den 28. Nov. 1849. 2 Bl. 4°.

Bekanntmachung (der Landesverwaltung), betreffend die Aufhebung der Verordnung vom 2. Mai 1849 wegen Aufbringung einer Anleihe zum Zwecke der Abhaltung der vorschussweise zu leistenden Verpflegung der Reichstruppen. (Flensburg, den 8. September 1849.) (Deutsch und dänisch.) Flensburg. o. J. 2 Bl. 4°.

Bekanntmachung (der Landesverwaltung), betr. die Ausserkraftsetzung des Circulairs des vormaligen Departements der auswärtigen Angelegenheiten auf Gottorff, vom 27. April 1849, wegen Beschlagnahme des Eigenthums der Dänischen Krone im Herzogthum Schleswig. (Deutsch und dänisch.) Flensburg, den 31. Dec. 1849. 2 Bl. 4°.

Bekanntmachung (der Landesverwaltung), betr. die Beitreibung der ausserordentlichen Steuern und der Executionsgebühren für die Beitreibung rückständiger Steuern und Abgaben. (Flensburg, den 12. October 1849.) (Deutsch und dänisch.) Flensburg. o. J. 2 Bl. 4°.

Bekanntmachung (der Landesverwaltung), betr. die einstweilige Besorgung der den Land- und Seekriegscommissairen, Major v. Stemann, Oberstlieutenant v. Willemoes-Suhm und Oberstlieutenant v. Foltmar für das Herzogthum Schleswig bisher obgelegenen Geschäfte durch die Oberbeamten, Districtsdeputirten und sonst beikommenden obrigkeitlichen Mitglieder der Sessionsdeputationen. (Flensburg, den 26. Sept. 1849.) (Deutsch und dänisch.) Flensburg. o. J. 2 Bl. 4°.

Bekanntmachung (der Landesverwaltung), betr. die Besorgung der Geschäfte des ersten Departements unter der Landesverwaltung für das Herzogthum Schleswig. (Deutsch und dänisch.) Flensburg, den 17. Dec. 1849. 2 Bl. 4°.

Bekanntmachung (der Landesverwaltung), betr. die Bestimmung der Preise für die im Jahre 1849 nicht in natura requirirten ordinairen Magazinkorn- und Fourage-Prästanda. (Deutsch und dänisch.) Flensburg, den 14. November 1849. 2 Bl. 4°.

Bekanntmachung (der Landesverwaltung) betr. die Chausseegelderhebung für Postbeförderungen im Herzogthum Schleswig. Deutsch und dänisch. Flensburg, den 1. Juli 1850. 2 Bl. 4°.

Bekanntmachung (der Landesverwaltung), durch welche der Gebrauch des Stempelpapiers für das Jahr 1849 im Herzogthum Schleswig bis zum 1. Februar 1850 gestattet wird. (Deutsch und dänisch.) Flensburg, den 14. Januar 1850. 2 Bl. 4°.

Bekanntmachung (der Landesverwaltung) durch welche die Erhebung von landesherrlichen Steuern und Abgaben aus . . . abseiten der Tonderschen Amtstube und das wegen der Restanten etwa eingeleitete Beitreibungsverfahren bis weiter sistirt wird. (Deutsch und dänisch.) Flensburg, den 27. Juni 1850. 2 Bl. 4°.

Bekanntmachung (der Landesverwaltung) betreffend die Einrichtung einer Centralkasse für das Herzogthum Schleswig in Flensburg. (Flensburg, den 27. August 1849.) (Deutsch und dänisch.) Sonderburg. o. J. 2 Bl. 4°.

Bekanntmachung (der Landesverwaltung), betr. die Einsendung der an die allgemeine Wittwenkasse in Kopenhagen zu leistenden Abträge und Zinsen an die Centralkasse in Flensburg. (Deutsch und dänisch.) Flensburg, den 5. Januar 1850. 2 Bl. 4°.

Bekanntmachung (der Landesverwaltung), betr. die Einziehung mehrerer Frachtposten auf der Route zwischen Rendsburg und Hadersleben. Deutsch und dänisch. Flensburg, den 6. October 1849. 2 Bl. 4°.

Bekanntmachung (der Landesverwaltung), betr. die Erneuerung der von Beamten und Andern im Herzogthum Schleswig behufs Versorgung ihrer event. Wittwen bei der Leibrenten- und Versorgungsanstalt von 1842 in Kopenhagen sowie bei der dortigen Lebensversicherungsanstalt erworbenen Policen. (Deutsch und dänisch.) Flensburg, den 22. Januar 1850. 2 Bl. 4°.

Bekanntmachung (der Landesverwaltung) betreffend den Gebrauch einer Interims-Flagge während des Waffenstillstandes, für das Herzogthum Schleswig. Flensburg, den 5. September 1849. Deutsch und dänisch. 2 Bl. 4°.

Bekanntmachung (der Landesverwaltung), betr. die Leitung der Geschäfte des 2. und 3. Departements unter der Landesverwaltung für das Herzogthum Schleswig. (Flensburg, den 9. Sept. 1849.) (Deutsch und dänisch.) Flensburg. o. J. 2 Bl. 4°.

Bekanntmachung (der Landesverwaltung), betr. Maassregeln zur Sicherstellung der Schleswigschen Postintraden. Deutsch und dänisch. Flensburg, den 5. October 1849. 2 Bl. 4°.

Bekanntmachung (der Landesverwaltung), betr. den Nachlass von 50 pCt. in der Grund- und Benutzungssteuer für das Jahr 1850. (Deutsch und dänisch.) Flensburg, den 28. Mai 1850. 2 Bl. 4°.

[**Bekanntmachungen** etc. der Landesverwaltung für das Herzogthum Schleswig vom 25. August 1849 bis 13. Juli 1850.] 64 Nummern in Fol. und 4°, geb. in 4°.

Bekanntmachung (der Landesverwaltung), betreffend die Sistirung der Militair-Aushebung u. s. w. für das Herzogthum Schleswig. (Deutsch und dänisch.) Flensburg, den 28. August 1849. 2 Bl. 4°.

Bekanntmachung (der Landesverwaltung) in Veranlassung eines zu Kiel beschlossenen Statuts nebst Anhang, wodurch die adelichen Klöster und Güter in den Herzogthümern Schleswig und Holstein in Beziehung auf eine von der Statthalterschaft in Kiel angeordnete Zwangsanleihe und Kriegssteuer als eine Gesammtcommüne organisirt sind. (Deutsch und dänisch.) Flensburg, den 31. Mai 1850. 2 Bl. 4°

Bekanntmachung (der Landesverwaltung) betr. das Stempelpapier für das Herzogthum Schleswig, für das Jahr 1850. (Deutsch und dänisch.) Flensburg, den 24. October 1849. 2 Bl. 4°.

Bekanntmachung (der Landesverwaltung), betr. die Suspension des Amtsverwalters, Kammerrath Ketelsen und Constituirung des Amtsverwalters und constituirten Stempelpapierverwalters v. Holstein für die Amtsverwalterbedienung des Amtes Flensburg etc. (Deutsch und dänisch.) Flensburg, den 10. April 1850. 2 Bl. 4°.

Bekanntmachung (der Landesverwaltung) betr. die Unzulässigkeit der Ausschreibung von Pferden für die Holsteinische Armee aus dem Herzogthum Schleswig. (Deutsch und dänisch.) Flensburg, den 10. Juli 1850. 2 Bl. 4°.

Bekanntmachung (der Landesverwaltung) betr. die Unzulässigkeit der von dem Departement des Innern in Kiel beabsichtigten Herbeiziehung aushebungspflichtiger Mannschaft aus dem Herzogthum Schleswig zum Militairdienst bei der Holsteinischen Armee. (Deutsch und dänisch.) Flensburg, den 21. Juni 1850. 2 Bl. 4°.

Bekanntmachung (der Landesverwaltung) betr. die Unzulässigkeit der von der Statthalterschaft in Kiel für das Herzogthum Schleswig getroffenen Veranstaltungen zur Vornahme von Wahlen von Abgeordneten zu einer Landesversammlung der Herzogthümer Schleswig und Holstein. (Deutsch und dänisch.) Flensburg, den 19. Juni 1850. 2 Bl. 4°.

Bekanntmachung (der Landesverwaltung), betr. die Verwaltung der Stempelpapier-Geschäfte in dem Herzogthum Schleswig. (Deutsch und dänisch.) Flensburg, den 23. Februar 1850. 2 Bl. 4°.

Bekanntmachung (der Landesverwaltung), wodurch der 2. Paragraph der Verordnung vom 31. Juli 1848, betreffend die Emittirung von Kassescheinen bis zum Belaufe von 3,750,000 Mark Schleswig-Holsteinisch Courant, einzulösen durch gleichzeitig auszuschreibende Steuern, ausser Kraft gesetzt wird. (Flensburg, den 9. September 1849.) (Deutsch und dänisch.) Flensburg. o. J. 2 Bl. 4°.

Circular zu dieser Verfügung vom selben Datum. Lithographie. 2 Bl. Fol. geb. in 4°.

Bekanntmachung (der Landesverwaltung), wodurch die Verfügung der provisorischen Regierung vom 30. August 1848, betr. die Aufhebung der Bewilligung wegen der Filialbank in Flensburg und des Bankcomtoirs in Rendsburg, für das Herzogthum Schleswig ausser Kraft gesetzt wird. Deutsch und dänisch. Flensburg, den 22. November 1849. 2 Bl. 4°.

Bekanntmachung (der Landesverwaltung), wodurch die Verfügung der Statthalterschaft, betr. die Leitung der kirchlichen Angelegenheiten im Törninglehn, vom 10. Mai 1849 ausser Kraft gesetzt wird. (Flensburg, den 9. October 1849.) (Deutsch und dänisch.) Flensburg. o. J. 2 Bl. 4°.

Bekanntmachung (der Landesverwaltung), wodurch die Verfügung vom 18. October 1848, betreffend die Behandlung dänischer Schiffe in schleswigschen und holsteinischen Häfen, für das Herzogthum Schleswig ausser Kraft gesetzt wird. (Flensburg, den 10. Sept. 1849.) Deutsch und dänisch. Flensburg. o. J. 2 Bl. 4°.

Bekanntmachung (der Landesverwaltung), wodurch die Verfügung vom 16. März 1849, betreffend das Verbot des Transports von Vieh, Speck und Fleisch aus den Häfen an der Ostküste der Herzogthümer, sowie der Ausfuhr dieser Artikel landwärts nach Dänemark, für das Herzogthum Schleswig ausser Kraft gesetzt wird. Deutsch und dänisch. Flensburg, den 5. September 1849. 2 Bl. 4°.

Bekanntmachung (der Landesverwaltung), wodurch die Verfügung vom 7. April d. J., betreffend die Untersagung des Verkehrs mit dem Königreich Dänemark, für das Herzogthum Schleswig ausser Kraft gesetzt wird. Deutsch und dänisch. Flensburg, den 28. August 1849. 2 Bl. 4°.

Bekanntmachung (der Landesverwaltung), wodurch mehrere seit dem 17. März 1848 erlassene Gesetze und Anordnungen für das Herzogthum Schleswig ausser Kraft gesetzt werden. Nebst: Waffenstillstands-Convention vom 10. Juli 1849. (Flensburg, den 17. Sept. 1849.) (Deutsch und dänisch.) Flensburg. o. J. 6 Bl. 4°.

Bekanntmachung (der Landesverwaltung), betr. die Zahlung der Abträge für die Jahre 1848 und 1849 auf die im Jahre 1813 in den Herzogthümern Schleswig und Holstein ausgeschriebene gezwungene Anleihe. (Deutsch und dänisch.) Flensburg, den 25. Januar 1850. 2 Bl. 4°.

Bekanntmachung (der Landesverwaltung), betr. die Zahlung der Abträge für das Jahr 1850 auf die im Jahre 1813 in den Herzogthümern Schleswig und Holstein ausgeschriebene gezwungene Anleihe. (Deutsch und dänisch.) Flensburg, den 17. Juni 1850. 2 Bl. 4°.

Bekanntmachung (der Landesverwaltung), betr. die Zahlung der Zinsen von den im Besitz von Privaten und von Communen befindlichen Königlich Dänischen Staats-Obligationen. (Deutsch und dänisch.) Flensburg, den 10. Dec. 1849. 2 Bl. 4°.

—— Flensburg, den 16. Dec. 1849. 2 Bl. 4°.

Bekanntmachung (der Landesverwaltung), betr. Zahlung von Zinsen von Königlich Dänischen Staatsobligationen. (Deutsch und dänisch.) Flensburg, den 25. Januar 1850. 2 Bl. 4°.

Bekanntmachung (der Landesverwaltung), betr. die Zahlung der Zinsen von den als Dienstcaution deponirten Königlich Dänischen Staatsobligationen und geleisteten Baarzahlungen. (Deutsch und dänisch.) Flensburg, den 10. Dec. 1849. 2 Bl. 4°.

Bekanntmachung an meine lieben Landsleute, wie die jetzt herrschende Krankheit, genannt Cholera morbus, vom ersten Entstehen bis zu ihrem Vergehen zu behandeln ist. 1831 s. *Auerbach*, Heinrich. 1831.

Bekanntmachung (Die Landwehr-Verschwörung betreffend). Mit Bezug auf ein Plakat — Die gemischte Deputation des Ministeriums, des Magistrats, der Stadtverordneten und der Bürgerwehr. Druck ebenda. 1 Bl. Fol.
Flugblatt. Berlin, 2. Juni 1848.

— die Lehr- u. Erziehungs-Anstalt zu Klein-Struppen betr.; vom 26. Novbr. 1867. Dresden 867. Meinhold & S. 8. (8 S.) 1½ ngr.

Bekanntmachung die Lehr- und Prüfungsordnung für die sächsischen Gymnasien betreffend; vom 28. Jan. 1893. Dresden: Meinhold [1893]. 73 S. 8°
1:Ay 9596/20. 14. 15. 26.
15.

Bekanntmachung, die Lehr- und Prüfungsordnung für die Realgymnasien betr.; vom 22. Dez. 1902. — Dresden: Meinhold [1902]. 79 S. 8° 18. 26.
15.

— die Lehr- u. Prüfungsordnung f. die Realgymnasien betr., vom 22. XII. 1902. (79 S.) 12. Dresden (903). C. C. Meinhold & Söhne. n. — 50

Bekanntmachung die Lehr- und Prüfungsordnung für die Realschulen betr.; vom 8. Jan. 1904. — (Dresden 1904: Meinhold.) 40 S. 4°
Aus: Gesetz- u. Verordnungsblatt für d. Königreich Sachsen. 1904.
26.
15.

— den Lehrplan der großherzogl. Schullehrerseminarien betr., s.: Schulgesetze.

Die Bekämpfung des Mädchenhandels. Flugschrift hrsg. v. Deutschen Nationalkomitee z. internat. Bekämpfung d. Mädchenhandels. *Berlin: Selbstverl. 1903.* (16 S.) 8° [F.] [04. 3558]

Bekanntmachung des Magistrats der k.b. Stadt Nürnberg betreffend die Invaliditäts- u. Altersversicherung. — (Nürnberg [1890]: Monninger.) 15 S. 8°
12:4° Bavar. 235y. 29.
15.

Sr. Königl. Majestät gnädige Bekanntmachung wegen Aufnahme von Anleihen in höchstihren deutschen Staaten. Dat. Malmö 5. Mai 1807. 4 Bl. 8° 9.

Sr. Königl. Majestät gnädige Bekanntmachung wegen Bestätigung der von Sr. Königl. Hoheit dem Kronprinzen gemachten Ernennung zu Aemtern und Diensten. — Dat. Stockholm 7. Jan. 1812. 2 Bl. 8° 9.
15.

Sr. Königl. Majestät gnädige Bekanntmachung daß die Zeit zum Besitz oder Verkauf der von Schwedischen Männern in Finnland besessenen Güter bis zum Schlusse des Jahres 1815 verlängert worden. — Dat. Stockholm 10. Sept. 1812. 4 Bl. 8° 9.

Sr. Königl. Majestät gnädige Bekanntmachung, daß Höchstdieselben die Regierung selbst angetreten haben. Gegeben ... zu Stockholm, den 1. Nov. 1796. [Nebst] Protocoll, geh. ... zu Stockholm den 2. Nov. 1796. — Stralsund [1796]: Königl. Reg.-Buchdr. 8°
1:71 in 2° Gu 10253-4. 9[°° Hauptw.]
15.

Sr. Königl. Majestät gnädige Bekanntmachung wegen der Fortdauer des zwischen Schweden und Rußland im Jahre 1801 abgeschlossenen Freundschafts- Handels- und Schiffahrts-Bündnisses und des 17ten Artikels des Friedensvertrages vom Jahre 1809 bis zum Schlusse des Jahres 1815. — Dat. Stockholm 14. Okt. 1812. 2 Bl. 8° 9.
15.

Sr. Königl. Majestät und des Reichs Commerce-Collegii Bekanntmachung betreffend dasjenige, was in Ansehung der im Herzogthum Mecklenburg ausgebrochenen Rindviehseuche ... befolget werden soll. — Dat. Stockholm 19. Sept. 1777. 2 Bl. 8° 9.
15.

Sr. Königl. Majestät und des Reichs Commerce-Collegii Bekanntmachung betreffend dasjenige, was in Ansehung der in Hollstein ausgebrochenen Rindviehseuche ... befolget werden soll. — Dat. Stockholm 7. Mai 1770. 4 Bl. 8° 9.
15.

Bekanntmachung, die Makler-Ordnung und Courtage-Taxe betr. Gegeben Lübeck ... d. 26. Jun. 1822. [Nebst] Nachtr. 1824, März 17. — (Lübeck: G.C. Schmidt 1822–24.) 28,3 S. 8°
Nebent.: Makler-Ordnung und Courtage-Taxe.
18.
15.

Bekanntmachung einer neuen von dem churpfalz-baierischen Hofrath und geheimen Archivar von Eckartshausen erfundenen physikalischen Maschine, die Kräfte der Elektrizität auseinanderzusetzen. — o.O. [um 1790]. 2 Bl. 8°
12:Phys. g. 15/1.

Bekanntmachung (Maßregeln bei entstehendem Feuer betr.). Ich habe mittelst der Schutzmannschaft — Das interimistische Commando der Schutzmannschaft: Heitz. Druck von F. Reichardt u. Co. 1 Bl. Fol.
Flugblatt. Berlin, 30. Aug. 1848.

Bekanntmachung. ⟨Einen in widerrechtlicher Gefangenschaft aufgezogenen und gänzlich verwahrlosten, dann aber ausgesetzten jungen Menschen (Kaspar Hauser) betr.⟩ Vom Magistrat d. Königlich Bayerischen Stadt Nürnberg. — Dat. Nürnberg 7. Juli 1828. 8 S. 2°
12:2° Bavar. 99 [2 Ex.] 30.
15.

Bekanntmachung einer besonderen Methode zur Erhöhung der Heilkräfte der Wolverlei-Blume Fl. Arnica. Gelegentlich als rationel vorzüglichstes Schutz- und Heilmittel in der Cholera von S.A. — Frankfurt a.M.: Andreä 1831. 56 S. 8° 1:Ka 12520. 2. 4. 14. 16. 17. 21.
15.

— e. besond. Methode zur Erhöhung d. Heilkräfte d. Wolferlei-Blume, Fl. Arnica, gelegentl. als Schutz- u. Heilmittel d. Cholera. Von S. A. Mit 1 Steindr. gr. 8. Frankf. a. M. 832. Andreä. 8 gr.

Bekanntmachung, betreffend den Militärtarif für Eisenbahnen. Vom 28. Januar 1887. (Reichs-Gesetzblatt Nr. 5 ex 1887.) („Militär-Eisenbahn-Ordnung"; 1. Th. B.) 4. Berlin 1887.

— d. Ministers d geistl ꝛc. Angelegenheiten u. d. Ministers d. Innern, betr. unbefugte Störung d. öffentl. Schulunterrichts ꝛc. Plakat. qu. Fol. Habelschwerdt 895. Franke. n. — 10

Bekanntmachung des Ministers des Innern, betreffend die Regulative zur Ordnung des Geschäftsganges und des Verfahrens bei den Kreisausschüssen, Bezirksausschüssen und dem Provinzialrathe in der Provinz Schleswig-Holstein. — Dat. Berlin 4. März 1889. 15 S. 4° 18.
15.

(Bekanntmachung der Ministerialabteilung für den Straßen- und Wasserbau, betreffend die Beobachtung und Aufzeichnung des Wasserstandes der größeren Flüsse des Landes, sowie den Hochwassernachrichtendienst an einigen Flüssen des Rheingebiets. Vom 7. Jan. 1888.) Anweisung für die Beobachtung und Aufzeichnung des Wasserstandes der größeren Flüsse des Landes und die Besorgung des Hochwassernachrichtendienstes an einigen Flüssen des Rheingebiets in Württemberg. Vom 7. Jan. 1888. — Stuttgart 1888: Stuttgarter Buchdr.-Ges. 37 S. 8°
Nebent.: Anweisung für Pegelbeobachtungen u. für Nachrichtendienst bei Hochwasser.
24.
15.

Bekanntmachung des Ministerii der auswärtigen Angelegenheiten vom 11. Okt. 1820., die Uebereinkunft mit der Kurhessischen Regierung, wegen gegenseitiger Uebernahme der Vagabunden und Ausgewiesenen, betreffend. — [Berlin 1820]: Decker. 2 Bl. 4°
1:48 in 2° Gr 3538 [u.] 55 in 2° An 8630–23.
15.

Bekanntmachung des Ministerii des Innern vom 5. Januar 1841, die Hundswuth betreffend. gr. 8. Dresden 841, Leipzig, Fr. Fleischer.) 1/24 ß

Bekanntmachung des Ministerii des Innern vom 5. Jan. 1841, die Hundswuth betreffend; nebst kurzen u. gemeinfaßlichen Belehrungen. — Dresden [1841]: Meinhold. 24 S. 8° 2. 15.
15.

Bekanntmachung des Königlich Dänischen Ministeriums für Handel und Seefahrt vom 24. Febr. 1910 betreffend die näheren Vorschriften für die Aufsicht über Dampffahrzeuge etc. Übertr. von Hermann Hansohm. — o. O. [1910]. 49 Bl. 8° 90.
15.

Bekanntmachung des Ministerium des Innern vom 5. Juni 1847 die Hundswuth betreffend, nebst kurzen und gemeinfaßlichen Belehrungen. — Dresden: Meinhold [1847]. 31 S. 8° 14. 15.
15.

Bekanntmachung des Ministeriums des Kirchen- und Schulwesens, betreffend die Dispensation von Kandidaten der realistischen Professorats-Prüfung von der Erstehung der Reallehrer-Prüfung. Vom 15. Febr. 1876. — [Stuttgart 1876.] 5 S. 8° 21.
15.

Bekanntmachung des Königl. Ministeriums des Innern, die Anlegung enger Schornsteinröhren betreffend, vom 0. Jun. 1854. — Hannover [1854]: Schlüter. 12 S. 8°
1:16 im Gq 10930.

Bekanntmachung des Königl. Sächs. Ministeriums des Innern, das Ergebniss der commissarischen Erörterungen über die am 12. Aug. 1845 in Leipzig stattgefundenen Ereignisse betreffend. Nebst Beilagen. Leipzig [1845]. V: *Falkenstein, Johann Paul Freiherr von, und andere.* (ABJP)

Bekanntmachung des Königl. Sächs. Ministeriums des Innern, das Ergebniß der commissarischen Erörterungen über die am 12. August 1845 in Leipzig stattgefundenen Ereignisse betreffend. Nebst Beil. — Leipzig: Teubner [1845]. 44 S. 8° 1:Sq 6550. 5. 7. 14. 15. 17. 18. 23. 27.
15.

Bekanntmachung des Königlich Württembergischen Ministeriums des Innern, betreffend die Vornahme der Bauwerkmeisterprüfung. Vom 23. Dez. 1906. — (Stuttgart [1906]: Metzler.) 12 S. 8° 24.
15.

Bekanntmachung. Mit Sr. Durchlaucht des Herzogs von Holstein Oldenburg höchster Autorisation setzet die Regierung des Herzogthums Oldenburg für die beste und gründlichste Beantwortung der unten in teutscher und lateinischer Sprache folgenden ... Fragen, die Natur und Ansteckung des gelben Fiebers betreffend, hiemittelst eine Prämie von Zweyhundert Stück holländischer Ducaten ... aus. — Dat. (Oldenburg 16. Nov. 1822). 3 Bl. 2°
Lithogr.
26.

Bekanntmachung der zur gemeinsamen Regierung verordneten Mitglieder, worin die Niederlegung ihres Amtes angekündigt, und den Schleswig-Holsteinern für den erwiesenen Beistand der Dank ausgedrückt wird. Schleswig, den 26. März 1849. 1 Bl. 4°.

— einzg. Mittel wid. d. Biß toll. Hunde. 8. Stendal, Franzen u. Gr.

Bekanntmachung des specifiquen Mittels wider den tollen Hundes-Biß, welches Se. Königlichen[!] Majestät zum allgemeinen Besten vom Besitzer erkaufen, dessen Würcksamkeit und Zubereitungs-Art untersuchen, und dessen Gebrauch in vorkommenden Fällen den Medicinischen Collegien und gesammtem Publico empfehlen lassen. Durch Höchst-Deroselben Ober-Collegium Medicum. — Dat. Berlin 23. Junii 1777. 2 Bl. 8°
1:2 in 4° Kh 5322.
15.

Bekanntmachung eines specifiken Mittels wider den tollen Hundebiß. (Berlin, den 23. Juny 1777.) — [Berlin] 1777. 4 Bl. 8° 1:in 4° Kh 5322. 8. 11. 14.
15.

Bekanntmachung des specifiquen Mittels wider den tollen Hundes-Biß, welches Se. Königl. Majestät ... vom Besitzer erkaufen, dessen Würksamkeit ... untersuchen und dessen Gebrauch ... empfehlen lassen, durch Höchst Deroselben Ober-Collegium Medicum. Berlin, den 23. Juny 1777. — [Berlin 1777]: Decker. 16 S. 8°
1:14 in 2° An 8630-4. 17.
15.

Bekanntmachung des spezifiquen Mittels wider den tollen Hundes-Biss, welches Se. Koenigl. Majestaet ... vom Besitzer erkaufen, dessen Würksamkeit ... untersuchen, und dessen Gebrauch ... emfehlen[!] lassen. Durch Hoechst Deroselben Ober-Collegium Medicum. Berlin, den 23. Juny 1777. — Cleve [1777]: Sitzmann. 15 S. 8° 30.
15.

— Durch Höchst-Deroselben Ober-Collegium Medicum. Berlin, den 23. Jun. 1777. — Königsberg [1777]: Hartung. 16 S. 8° 10.
15.

Bekanntmachung eines specifiquen Mittels wider den tollen Hundesbiß, welches Se. kön. Majestät von Preussen zum allgemeinen Besten erkaufen ... und dessen Gebrauch ... empfelen lassen durch Höchstderoselben Ober-Collegium Medicum. (Berlin, den 23. Juni 1777.) — Wien: v. Ghelen [1777]. 8 Bl. 8° 5. 300:70 M 97.
15.

— Ebd. [1780]. 8 Bl. 8° 8. 27.
15.

Bekanntmachung des k.k. Mühlkreisamtes über das Armenwesen der kaiserl. königl. Provinzial-Hauptstadt Linz 1823. — Linz: K. k. priv. akad. Kunst-, Musik- u. Buchh. 1823. 70 S. 8° 300:11.672-A. 302 [unvollst.]
15.

Bekanntmachung, nach welcher alle bisher aus Furcht vor Militair-Diensten außerhalb Landes gebliebene seefahrende königliche Unterthanen bey ihrer Rückkehr von der Einziehung zu den Regimentern frey bleiben sollen. De dato Berlin, den 22. März 1787. — [Berlin 1787]: Decker. 2 Bl. 4° 1:7 in 4° Gr 3550 [u.] 24 in 2° An 8630-7.
15.

Bekanntmachung. Den Nachrichtendienst bei Hochwasser betr. [Nebst] Anh. — Dat. Darmstadt 12. Mai 1883. 41 S. 8° 17.

Bekanntmachung, betreffend den Nachrichtendienst bei Hochwasser und Eisgang im Großherzogthum Hessen. (Vom 30. Jan. 1891.) — [Darmstadt] 1891. 56 S. 8° 17. 26.
15.

Bekanntmachung betreffend den Nachrichtendienst bei Hochwasser und Eisgang im Großherzogthum Hessen. (Vom 1. Sept. 1900.) [Nebst] Anh., Nachtr. [u. Änderung d. §§ 27-31]. — Darmstadt 1900[-10]. 64 S., S. 17-32. 8° 17. 26 [°° Anh. Nachtr.] 90 [°° Anh., Nachtr., Änderung].
15.

Bekanntmachung betreffend den Nachweis der Befähigung als Seeschiffer und Seesteuermann auf deutschen Kauffahrteischiffen vom 6. Aug. 1887. Mit e. Anh. 2. Aufl. Berlin 1888. 55 S. 8° (Heymannsche Sammlung von Prüfungs-Bestimmungen. 10.) 1:Gt 2101-10. 18.
15.

— betr. den Nachweis der Befähigung als Seeschiffer und Seesteuermann auf deutschen Kauffahrteischiffen v. 6 Aug. 1887. Mit e. Anh. 2. Aufl. gr. 8. (55 S.) Berlin 888. C. Heymann's Verl. n. 1. —

Nähere Bekanntmachung von der von Einem Hochedlen und Hochweisen Magistrat in hohen obrigkeitlichen Schutz genommenen Zeichnungsacademie die Lehrart der mathematischen wie auch aller Freyzeichnungswissenschaften betr. — Frankfurt 1786. 8 S. 8° 30.

Bekanntmachung, die gerichtliche Niederlegung der von der Haupt-Verwaltung der Staatsschulden 1845 für den Tilgungsfond eingelösten Staatsschuld-Verbriefungen betreffend.

Bekanntmachung, die gerichtliche Niederlegung der von der Haupt-Verwaltung der Staats-Schulden im J. 1831 für den Amortisations-Fond eingelösten Staats-Schuld-Verschreibungen betreffend. (Berlin) o. J. — Desgl. für d. J. 1832.

Bekanntmachung (über die Niederlegung des Commandos durch v. Aschoff). Der General-Major von Aschoff — Das Commando und die Majors der Bürgerwehr. Druck von F. Reichardt. 1 Bl. Fol.
Flugblatt. Berlin, 2. Juni 1848.

Bekanntmachung, betreffend die Niederlegung der im Etatsjahre 1886/87 durch die Tilgungsfonds eingelösten Staatsschuldendokumente. Berlin 1887. Fol.

Bekanntmachung, betreffend die Niederlegung der im Etatsjahre 1891/92 durch die Tilgungsfonds eingelösten Staatsschuldendokumente. Berlin 1892. Fol.

Bekanntmachung, betreffend die Niedersetzung einer Commission zur Wahrnehmung der Geschäfte der Schleswigschen Oberdicasterien. Bekjendtgjørelse, angaaende Nedsættelsen af en Commission til at varetage de slesvigske Overdicasteriers Forretninger. Flensburg, den 18. Sept. 1850. — [Flensburg 1850]: Kastrup. 2 Bl. 8°
Text deutsch u. dänisch. 1:1 in 4° Gq 18440.
15.

Bekanntmachung der Normal-Marktorte. Preis-Bezirke und Normal-Preise für die im Regierungs-Bezirk Schleswig ablöslichen Dienste, Abgaben und Leistungen nach dem Ablösungsgesetze vom 3. Jan. 1873. (Schleswig. 1873.) 4°.

Bekanntmachung der für den Bezirk der Königlichen Landdrostei Hildesheim und das zum Bezirke der Königlichen Berghauptmannschaft zu Clausthal gehörende Amt Elbingerode, behuf Ablösung der grund- und gutsherrlichen Lasten zufolge des XII. Abschnitts der Ablösungs-Ordnung vom 23. Juli 1833 festgestellten Normalpreise auf die 10 Jahre 1864 bis incl. 1873. — Dat. Hildesheim 30. Mai 1864. 20 S. 4° 7.

Nöthig erachtete [Noetigerachtete] Bekanntmachung nachfolgender beyden im Hochlöblichen Schöffen-Rath der Freyen Reichs-Stadt Frankfurt am Mayn untern 23ten Junii und 26. Sept. 1766. ergangenen ... Decretorum ... worinnen die seit vielen Jahren in Unordnung gerathene innere Verfassung dasiger Judenschaft ... auf einen verbesserten und dauerhaften Fuß gesetzet, Besonders das Rechnungs- und Schatzungs-Wesen zur völligen Beruhigung der Gemeinde vor allen seither eingerissenen Mißbräuchen sicher gestellet worden. — [Frankfurt a. M.] 1766: Brönner. 8 S. 2° 30.
15.

Bekanntmachung des Obercollegii medici zu Berlin des specif. Mittels wider d. tollen Hundsbiß. Brl. 8. (Meloë proscarabaeus.)
1777

Obrigkeitliche Bekanntmachung. [Betr. mit auswärtigen Staaten bestehende, in das gerichtliche Verfahren einschlagende Compactate.] — Dat. Bremen 12. März 1821. 7 S. 8° 7. 15.
15.

Oeffentliche Bekanntmachung. Wahl-Angelegenheit. Mit Bezugnahme auf unsere Bekanntmachung vom 24. December 1848 — Der Magistrat. Nebst Tableau der Wahl-Abtheilungen in der Stadt Berlin, behufs der Urwahlen am 22. Januar 1849. Gedruckt bei Gebr. Unger. 6 Bl. Fol.
Flugblatt. Berlin, 11. Jan. 1849.

Oeffentliche Bekanntmachung. Wahl-Angelegenheit. Nachdem nunmehr die Urwählerlisten — Der Magistrat. Mit Tableau der Wahl-Abtheilungen in der Stadt Berlin, behufs der Urwahlen am 22. Januar. Gedruckt bei Gebr. Unger. 6 Bl. Fol.
Flugblatt. Berlin, 18. Jan. 1849.

Oeffentliche Bekanntmachung. (Wahl-Angelegenheit.) — Der Magistrat. Mit Tableau der Urwahl-Bezirke in der Stadt Berlin behufs der Urwahlen am 17. Juli 1849. Gedruckt bei den Gebr. Unger. 6 Bl. Fol.
Flugblatt. Berlin, 7. Juli 1849.

Oeffentliche Bekanntmachung. Wahl-Angelegenheit. Durch die Verordnung vom 30. Mai — Der Magistrat. Druck von C. A. Schiementz. 1 Bl. Fol.
Flugblatt. Berlin, 14. Juli 1849.

Oeffentliche Bekanntmachung. (Die Landesverwaltung legt ihre Functionen nieder und die Verwaltung des Herzogthums Schleswig geht über auf Kammerherrn von Tillisch.) Deutsch und dänisch. Flensburg, den 13. Juli 1850. 2 Bl. Fol. geb. in 4°.

Oeffentliche Bekanntmachung (Der südliche Theil von Schleswig wird in den Belagerungszustand erklärt). Hauptquartier Schleswig den 27. Juli 1850. Unterzeichnet: Krogh, Generalmajor und commandirender General der Königl. Armee. 1 Bl. Fol.

Oeffentliche Bekanntmachung (wegen der Beleidigung vom 24. Juni). Die Commission des demokratischen Clubs — Der Magistrat. Gedruckt bei C. Lindow. 1 Bl. Fol.
Flugblatt. Berlin, 27. Juni 1848.

Oeffentliche Bekanntmachung (die Bildung der Wahlbezirke betr.). Nach dem bereits publicirten Wahlgesetz — Der Magistrat. 1 Bl. Fol.
Flugblatt. Berlin, 13. Apr. 1848.

Oeffentliche Bekanntmachung. dass Kammerherr v. Tillisch Graf zu Eulenburg und Oberst Hodges zu Mitgliedern der „Landesverwaltung für das Herzogthum Schleswig" ernannt seien. Flensburg den 25. August 1849. gez.: Pechlin. Bonin. (Deutsch und Dänisch.) 2 Bl. Fol. geb. in 4°.

— öffentl., der ist Mecklenburg allgemein gewordenen Inokulation d. Rindviehseuche ec. mit Dokumenten versehen u. zum allgem. Nutzen herausg. v. Cl. D. v. Oerzen. 8. Hamb. 779. (Berl., Reimer). 6 K Dass. in französ. Spr. vom Verf. selbst. 4. Ebd. 779.

Bekanntmachung betreffend die Großherzoglich Hessische Officiers-Wittwen- und Waisenkasse, die Wittwenkasse für Unteradjutanten und Feldwebel etc. sowie die Sterbekasse für Unterofficiere. (Vom 6. Juli 1874.) — ([Darmstadt 1874]: Wittich.) 8 S. 8° 17.

Bekanntmachung, die Ordnung für die evangelisch-lutherischen Kirchengemeinden der Stadt Lübeck und zu St. Lorenz betr. (Publiziert am 12. Dec. 1860.) — Lübeck 1860: Rathsbuchdr. 11 S. 8° 15.
15.

Bekanntmachung über die Ordnung der Prüfung für das höhere Schulamt; vom 1. Mai 1908. — (Dresden: Meinhold [1908].) 27 S. 4°
Aus: Gesetz- u. Verordnungsblatt für d. Königreich Sachsen. 1908.
14.
15.

Bekanntmachung über die Organisation des Unterrichts der Kgl. technischen Bildungsanstalt zu Dresden 1846. [Nebst] Ergänzung zu § 3, 4, 15 v. 28. 2. 1851.

Bekanntmachung (die Pikenmänner betr.). Durch die Bekanntmachung des Magistrats und der Stadtverordneten-Versammlung vom 26. d. M. — Der int. Commandeur der Bürgerwehr: Rimpler. Druck ebenda. 1 Bl. Fol.
Flugblatt. Berlin, 28. Juni 1848.

Bekanntmachung (gegen Eichmanns Plakat vom 1. Nov.) Der Herr Minister des Innern, Eichmann. — Das Commando der Bürgerwehr: Rimpler. Deckersche Geheime Ober-Hofbuchdruckerei. 1 Bl. Fol.
Flugblatt. Berlin, 2. Nov. 1848.

Bekanntmachung, die Polizei- und Gebühren-Ordnung für den Hafen zu Worms betr. (Vom 20. Febr. 1873.) [Nebst] Bekanntmachung, die Abänderung der Polizei- und Gebühren-Ordnung ... betr. (Vom 20. Febr. 1873 u. 6. Dec. 1874.) — (Worms [1873–74]: Boeninger.) 15,5 S. 8°
17.
15.

Bekanntmachung (über den militärischen Posten im Zeughause). Bereits seit dem 31. Maerz d. J. — Das interimistische Kommando der Bürgerwehr: Blesson. Druck ebenda. 1 Bl. Fol.
Flugblatt. Berlin, 2. Juni 1848.

Bekanntmachung, die im Königreiche stattfindenden Postporto-Befreiungen betr. — Dat. Stuttgart 2. Aug. 1822. 12 S. 8° 22.
15.

Bekanntmachung, den Postverkehr in Beziehung auf die Cholera betreffend. — Dat. Hannover 19. Oct. 1831. 4 S. 4° 7.
15.

Bekanntmachung eines Präklusiv-Termins für die Ponsionsgesuche [!] der vormals in Herzoglich-Warschauischen Diensten gestandenen Offiziere. De dato Berlin, den 9. April 1828. — [Berlin 1828]: Decker. 4 S. 4°
1:21 in 2° An 8630–27.
15.

Bekanntmachung, die zur Beförderung der Landwirthschaft ausgesetzten Prämien und zu gewährenden directen Unterstützungen im Bereiche des landwirthschaftlichen Kreisvereins zu Dresden betr. (Vom 13. Nov. 1851.) (Dresden [1851]: Ramming.) 8 S. 8° 14.
15.

[Bekanntmachung der Preisaufgaben der kath.-theol., jur., med. u. phil. Fak. für 1814, beginnend:] Quod Regis Nostri Augustissimi, Potentissimique munificentia olim F cultati, ut vocant, Theologorum Protestantium concessum est, praemia decernere Theologiae studiosis, qui ad quaestionem publice propositam optime responderint, id nunc quoque reliquis Facultatibus hujus Univertitatis eadem munificentia contigit ... *(am Ende:)* Vratislaviae d. 3tio Augusti 1813. Decani Facultatis Theologorum Catholicorum, Jureconsultorum, Medicorum et Philosophorum. (Vratislaviae 1813.) (2 Bl.) 4° [Fing. T.]

Bekanntmachung (das Preßfreiheitsgesetz und die Einberufung des Landtages betr.) Der Magistrat ist amtlich davon unterrichtet — Oberbürgermeister, Bürgermeister und Rath. Gedruckt bei W. Moeser und Kühn. 1 Bl. Fol.
Flugblatt. Berlin, 18. März 1848.

— k. Preuß., üb. d., mit d. Fahrposten eingeh. od. ausgeh. Waaren. Fol. (Leipz. 826. Ind.-Compt.) 4 gr.

Bekanntmachung. die autorisirten Privatfähranstalten in den Herzogthümern Schleswig und Holstein betreffend. Schleswig. 1842. Fol., in 4°k gebunden.

Bekanntmachung das Privilegium für den Buch- und Musikhändler Adolph Martin Schlesinger betreffend. De dato Berlin, den 28. April 1827. — [Berlin 1827]: Decker. 2 Bl. 4°
1:85 in 2° An 8630–26.
15.

Bekanntmachung (des Programms des königlichen Staats-Ministeriums). Königliches Polizei-Präsidium: v. Bardeleben. Deckersche Geheime Ober-Hofbuchdruckerei. 1 Bl. Fol.
Flugblatt. Berlin, 22. Sept. 1848.

Des Pro-Rectors Pro-Kanzlers und akademischen Senats der Königl. Dänischen und Herzoglich Schleswig Holsteinischen Christian Albrechts Universität zu Kiel. **Bekanntmachung** der, vermittelst eines unmittelbaren, sub dato Christiansburg zu Kopenhagen den 7. Nov. 1781. erlassenen Gnaden Briefes, gemachten näheren Bestimmung der Beschaffenheit und Gränzen der hiesigen academischen Jurisdiction. d. d. Kiel den 22. Nov. 1781. Kiel. (1781). 4°.

Bekanntmachung betreffend die Prüfung der Apotheker im deutschen Reiche. Vom 5. März 1875. — München: Kaiser 1875. 8 S. 8°
12: M. Med. 92t.
15.

Bekanntmachung betreffend die Prüfung der Apotheker, vom Reichskanzler erlassen am 5. März 1875, ergänzt am 6. Mai 1884. und 6. Juli 1889. — (Giessen 1894: v. Münchow.) 8 S. 8° 17.
15.

Bekanntmachung betreffend die Prüfung der Aerzte, Zahnärzte, Thierärzte und Apotheker. Vom 25. Sept. 1869. Berlin: Decker 1869. 20 S. 8°
1:2 in Ib 6200. 12: J. germ. 8 tr. 20.
15.

Bekanntmachung, betreffend die ärztliche Prüfung. — Dat. Darmstadt 2. Juni 1883. 12 S. 8° 26.
15.

Bekanntmachung, betr. die Prüfung der Maschinisten auf Seedampfschiffen der deutschen Handelsflotte. Vom 30. Juni 1879. gr. 4. (8 S.) Hamburg 880. Friederichsen & Co. n. — 80

Bekanntmachung, betreffend die Prüfung der Maschinisten auf Seedampfschiffen der deutschen Handelsflotte. Vom 30. Juni 1879. — Berlin 1884. 24 S. 8° (Heymannsche Sammlung von Prüfungs-Bestimmungen. 20.)
Spätere Ausg. s. *Bekanntmachung* betreffend d. Vorschriften über d. Befähigungsnachweis u. d. Prüfung d. Maschinisten auf Seedampfschiffen d. deutschen Handelsflotte. 1891 u.ö.
1: Gt 2101–20.
15.

Bekanntmachung betr. die Prüfung der Maschinisten auf Seedampfschiffen der deutschen Handelsflotte. Vom 30 Juni 1879. gr. 8. (24 S.) Berlin 884. C. Heymann's Verl. n. — 50

Bekanntmachung, betreffend die Prüfung der Seeschiffer und Seesteuerleute auf deutschen Kauffahrteischiffen. Vom 25. Sept. 1869. — (Berlin: v. Decker [1869].) 8 S. 8°
1:13 in Hu 14160. 38.

Bekanntmachung, betreffend die Prüfung der Seeschiffer und Seesteuerleute auf deutschen Kauffahrteischiffen. Vom 25. Septbr. 1869. gr. 8. (10 S.) Berlin 869, Kortkampf.

— betr. die Prüfung der Seeschiffer u. Seesteuerleute auf deutschen Kauffahrteischiffen. Vom 25. Septbr. 1869. Ebend. 870. gr. 8. (8 S.) n. 1 ngr

— — Vom 30. Mai 1870. [Bundes-Gesetzblatt 1870. Nr. 18. S. 314.] Ebend. 870. 8. (27 S.) 2½ ngr

Bekanntmachung, betreffend die Prüfung der Thierärzte. — Dat. Berlin 27. März 1878. 10 S. 8° 26.
15.

— üb. Prüfungen u. Beglaubigungen durch die elektrischen Prüfämter. Nr. 1–16. (S. 1–119 mit Abbildgn.) Lex.-8. Berlin (904–906). J. Springer. à Nr. n.n. — 30

— üb. Prüfungen u. Beglaubigungen durch die elektrischen Prüfämter. Nr. 17—54. (S. 121—264 m. Abbildgn.) Lex. 8. Berlin 907—10. J. Springer. à nn — 80

— dasselbe in den J. 1903—1909. Nr. 1—46. System
1 50
Hrsg. v. d. physikalisch-techn. Reichsanstalt. (Register.) (VII S.) Lex. 8. Ebd. 910. nn — 80

Bekanntmachung, betreffend die zur Anstellung im Königlichen Forstdienst in den Herzogthümern Schleswig und Holstein erforderlichen Prüfungen. Bekjendtgjørelse, angaaende de Prøver, der udfordres til Ansaettelse i den Kongelige Forsttjeneste i Hertugdømmerne Slesvig og Holsten. Kopenhagen, den 19ten Sept. 1835. — Kopenhagen [1835]: J. H. Schultz. 7 S. 8°
Text deutsch u. dänisch.
14.
15.

Bekanntmachung, betr. die Prüfungsordnung f. Apotheker vom 18. V. 1904. (14 S.) kl. 8. Berlin (904). J. Springer. n.n. — 30

Bekanntmachung, betr. die Prüfungsordnung f. Aerzte. Vom 28. V. 1901. (Centralbl. f. das Deutsche Reich S. 136.) Lex.-8. (10 S.) Berlin (901). J. Springer. n.n. — 25

Deutsches Reich. Bekanntmachung, betr. die Prüfungsordnung für Aerzte. Vom 28. Mai 1901. (Centralblatt f. d. Deutsche Reich S. 136.) *(Berlin: J. Springer [1902].)* (10 S.) 4° [Kopft. F.]

Bekanntmachung, die Prüfungsordnung für Fachlehrer und Fachlehrerinnen in der französischen und in der englischen Sprache betr.; vom 2. Nov. 1908. — (Dresden: Meinhold [1908].) 14 S. 8° 14.
15.

Bekanntmachung an das Suhler (2: Suhlaer) Publicum (2f.: die neue Organisation des hiesigen Armenwesens betreffend). [1]-3. — [Suhl 1806.] 8°
2.3 = Churf. Sächß. Henneberglsches Intelligenz-Blatt. Extra-Beyl. zu Nr. 34. 50. 1:17 in 2° Gq 507-3.
15.

Bekanntmachung in Betreff einiger Punkte der Militair-Justiz-Verfassung. Gegeben Berlin, den 27. Aug. 1812. — [Berlin 1812]: Decker. 2 Bl. 4° 1:67 in 2° An 8630-18.
15.

Bekanntmachung die Punkte betreffend, welche bei Promotionen in der philosophischen Fakultät zu beobachten sind. [Am Ende:] Auszug aus dem Protocolle der Sitzung der philosophischen Fakultät vom 25. Febr. 1827. 1 Bl. 2° [Kopft.]

— d. Rates d. Stadt Leipzig v. 10. XII. '03 betr. d. Sonntagsruhe im Handelsgewerbe. Plakat. 81,5×48,5 cm. Lpzg, Serig (03). — 15; auf Pappe m. Ösen — 25 d

— (des Rates der Stadt Leipzig), die Verhütung v. Bleierkrankungen betr. Plakat. 80,5×47 cm. Leipzig (903). Roßberg'sche Buchh. — 15

— des Rates der Stadt Leipzig vom 15. VII. 1903 betr. die Verhütung v. Bleierkrankungen. Plakat. 28,5×42 cm. Leipzig (903). Serig. Auf Pappe n. — 25

— des Rates der Stadt Leipzig vom 10. XII. 1903 betr. die Sonntagsruhe im Handelsgewerbe. Plakat. 81,5×48,5 cm. Leipzig (903). Serig. n. — 15; auf Pappe m. Ösen n. — 25

Bekanntmachung betreffend die Redaction des Krankenversicherungsgesetzes. Vom 10. April 1892. — Berlin: Norddeutsche Buchdr. u. Verl. Anst. 1892. 59 S. 8°
1:Fe 11135.
15.

Bekanntmachung der gemeinsamen Regierung, betreffend die Bestimmung der Preise für die behufs der ordinairen Magazinkorn- und Fourage-Lieferung durch Patent vom 17. November 1847 für das Jahr 1848 ausgeschriebenen, nicht **in natura** requirirten Magazinkorn- und Fourage-Quantitäten. Gottorff, den 21. November 1848. Schleswig. 1848. 2 Bl. 4°.

Bekanntmachung der gemeinsamen Regierung, betreffend das Einquartierungs- und Kriegsfuhrwesen. Gottorff, den 17. März 1849. 1 Bl. 4°.

Bekanntmachung der gemeinsamen Regierung über die Ermittelung und Bezahlung der im Vorjahre entstandenen Kriegskosten. Gottorff, den 20. Februar 1849. 1 Bl. 4°.

Bekanntmachung der gemeinsamen Regierung betreffend den Geschäftskreis des Oberquartiermeisters der Armee. Gottorff, den 20. November 1848. Schleswig. 1848. 2 Bl. 4°.

Bekanntmachung (der gemeinsamen Regierung), betreffend die seit dem 17. März d. J. für die Herzogthümer erlassenen Gesetze, Verordnungen und Verwaltungsmaassregeln. Gottorff, den 22. October 1848. Schleswig 1848. 8 Seiten. 4°

Bekanntmachung der gemeinsamen Regierung, betreffend eine Regulierung des Fuhrwesens für den Fall des Wiederbeginnens des Krieges. Gottorff, den 16. März 1849. 1 Bl. Fol.

Bekanntmachung der provisorischen Regierung, betreffend die Aufhebung der zur Verhütung des Eindringens der Cholera für den See-Verkehr angeordneten Bestimmungen. Rendsburg, den 30. September 1848. Schleswig. (1848.) 2 Bl. 4°.

Bekanntmachung (der provisorischen Regierung), enthaltend eine nähere Bestimmung hinsichtlich des Zeitpunkts, bis zu welchem Diejenigen, welche nach Maassgabe des § 11 der Verordnung vom 8. Juli 1848 ihre Wehrpflicht als einjährige Freiwillige erfüllen wollen, eine desfällige Anzeige zu machen haben. d. d. Rendsburg, den 5. August 1848. 2 Bl. 4°.

Bekanntmachung der provisorischen Regierung, dass ihre Erlasse volle Kraft und Gültigkeit haben sollen, wenn sie auch nur von zwei Mitgliedern unterschrieben sind. Rendsburg den 25. März 1848. 1 Bl. 4°.

Bekanntmachung der provisorischen Regierung, dass sie ihren Sitz am Dienstag, den 3. October, nach Schleswig verlegt. Rendsburg den 30. September 1848. 1 Bl. 4°.

Bekanntmachung der provisorischen Regierung, betreffend die Geschwindigkeit, mit der Extraposten, Estafetten und Couriere zu befördern sind. Schleswig, den 6. October 1848. 1 Bl. 4°.

Bekanntmachung (der provisorischen Regierung) betreffend die Kopenhagener Classenlotterie. d. d. Rendsburg, den 11. Mai 1848. Schleswig. (1848.) 2 Bl. 4°.

Bekanntmachung der provisorischen Regierung, betreffend das hinsichtlich der nach Abhaltung der betreffenden Sessionen in die Heimath zurückkehrenden Wehrpflichtigen zu beobachtende Verfahren. Schleswig, den 17. October 1848. 2 Bl. 4°.

Bekanntmachung (der provisorischen Regierung), betreffend den Verkehr mit dem Königreiche Dänemark. Rendsburg, den 22. September 1848. 2 Bl. 4°.

Bekanntmachung (der provisorischen Regierung) betreffend die Vertheilung der Geschäfte der Ministerial-Departements. Schleswig, den 17ten October 1848. 2 Bl. 4°.

Bekanntmachung (der provisorischen Regierung) rücksichtlich der Vertretung der Schleswig-Holsteinischen Schiffer im Auslande während der Dauer des Waffenstillstandes. Rendsburg, den 30. September 1848. Schleswig. (1848.) 2 Bl. 4°.

Bekanntmachung (der Schleswig-Holsteinischen Regierung) wegen Aussetzung des in Kraft Tretens des Regulativs für die Gelehrtenschulen in den Herzogthümern Schleswig-Holstein, vom 28. Januar 1848 etc. d. d. Gottorff, den 29. März 1848. Schleswig. (1848.) 2 Bl. 4°.

Bekanntmachung der Schleswig-Holsteinischen Regierung, dass sie ihren Sitz nach Rendsburg verlegt hat. Rendsburg, den 31. März 1848. 1 Bl. 4°.

Bekanntmachung der Schleswig-Holsteinischen Regierung, betreffend die Einschärfung des Verbots der Treibjagden und aller geräuschvollen Jagdgesellschaften während der Feiertagszeit der Sonn- und Festtage, sowie des Jagens Einzelner während der Zeit des Gottesdienstes. Gottorff, den 20. November 1848. Schleswig. 1848. 2 Bl. 4°.

Bekanntmachung der Schleswig-Holsteinischen Regierung in Rendsburg, dass sie ihren Sitz wieder nach Gottorf verlegen wird. Den 16. Mai 1848. 1 Bl. 4°.

Bekanntmachung der Schleswig-Holsteinischen Regierung in Rendsburg, betreffend die Unterstützung der in Veranlassung der Landesvertheidigung hülfsbedürftig Gewordenen seitens der Communen. Den 16. Mai 1848. 1 Bl. 4°.

Bekanntmachung der Schleswig-Holsteinischen Regierung, betreffend die Ueberweisung mehrer Geschäfte an die Localbehörden. d. d. Rendsburg, den 27. April 1848. (Rendsburg. 1848.) 24 Seiten 4°.

Bekanntmachung der Schleswig-Holsteinischen Regierung, worin vor dem Besuche einer von „C. Banditz" zum 24. März 1849 nach Schleswig berufenen Volksversammlung gewarnt wird. Gottorf, den 12. März 1849. 1 Bl. 4°.

Bekanntmachung des Regulativs für die Auseinandersetzung des Bankinstituts in Altona mit der Nationalbank. Bekiendtgiørelse af et Regulativ, hvorefter Adskillelsen mellem Bankinstitutet i Altona og Nationalbanken bliver at ivoerksaette. Kopenhagen, den 21sten Aug. 1821. — Kopenhagen [1821]: Schultz. 12 S. 8°
Text deutsch u. dänisch.
14.
15.

Bekanntmachung des Allerhöchst genehmigten und bestätigten Regulativs, die sanitäts-polizeilichen Vorschriften bei den am häufigsten vorkommenden ansteckenden Krankheiten enthaltend; und Allerhöchste Kabinetsorder vom 8. Aug. 1835., womit das Regulativ über die sanitäts-polizeilichen Vorschriften bei den am häufigsten vorkommenden ansteckenden Krankheiten bestätigt wird. Gegeben Berlin, den 28. Okt. 1835. — [Berlin 1835]: Decker. 39 S. 4° 1:16 in 2° An 8630–30.
15.

Charlottenburg, Physikalisch-Technische Reichsanstalt, Bekanntmachung der — über die Prüfung elektrischer Messgeräthe. Charlottenburg 1889.

— des Reichskanzlers, betr. e. VI. Ausgabe der dem internationalen Uebereinkommen üb. den Eisenbahnfrachtverkehr beigefügten Liste. Vom 25. I. 1900. (Reichs-Gesetzblatt v. 1900 S. 11 ff.) gr. 8. (20 S.) Berlin (900). J. Springer. n. — 10

— des Reichskanzlers, betr. eine neue Ausgabe der dem internationalen Übereinkommen über den Eisenbahnfrachtverkehr beigefügten Liste. Vom 7. III. 1905. (Reichs-Gesetzblatt v. 1905, S. 157 ff.) (28 S.) 8. Berlin (905). J. Springer. n. — 10

Bekanntmachung des Reichskanzlers, betreffend eine neue Ausgabe der dem Internationalen Übereinkommen über den Eisenbahnfrachtverkehr beigefügten Liste. Vom 3. März 1906. — (Berlin: Springer [1906].) 23 S. 8°
14.
15.

— des Reichskanzlers, betr. eine neue Ausgabe der dem internat. Übereinkommen üb. den Eisenbahnfrachtverkehr beigefügten Liste. Vom 28. II. 1908. (Reichs-Gesetzbl. v. 1908, S. 89 ff.) (24 S.) 8. Ebd. (908). — 15

— des Reichskanzlers, betr. Ausnahmen v. d. Verbote d. Sonntagsarbeit i. Gewerbebetriebe v. 5. Febr. 1895, nebst Anweisg. d. Ministeriums, betr. d. Sonntagsruhe i. Gewerbebetriebe m. Ausnahme d. Handelsgewerbes v. 10. März 1894. gr. 4. (76 S.) Straßburg 895. Straßburger Druckerei u. Verlagsanstalt. Kart. n. 1 50

Bekanntmachung des ausserordentlichen Reichs-Commissärs, betreffend die Einsetzung einer Statthalterschaft für die Herzogthümer Schleswig-Holstein. Schleswig, den 26. März 1849. 1 Bl. Fol.

— der Reichsregierung üb. das Wesen der Cholera u. die Desinfection. 8. (14 S.) Berlin 892. (J. Bohne.) — 25

Bekanntmachung, die Reisen der Herren Studirenden und deren Reiseerlaubnisscheine betreffend. [Am Ende:] Der Königl. Regierungs-Bevollmächtigte. Delbrück. Der Prorector. D. Pernice. Der Universitätsrichter. Schultze. Dat. Halle 24. Febr. 1834. 1 Bl. 8° (4°) [Kopft.] Wieder abgedr. bei J. F. W. Koch: Die Preuss. Universitäten. Bd. 2, 1. Berlin 1840. S. 488 f.

— — [Am Ende:] Der Kön. Regierungs-Bevollmächtigte. Dr. Delbrück. Der Prorector. Gerlach. Der Kön. Universitäts-Richter. Schultze. Dat. Halle 10. März 1837. 1 Bl. 4° [Kopft.]

(**Bekanntmachung** des Rectors und des Richters [der Berliner Universität] v. 1844 betr. Widerstand gegen Abgeordnete der Obrigkeit. [Berlin] (1844). (1 Bl.) 4° [ohne Titel.] ¶ Anfang: Es sind in neuerer Zeit mehrere Fälle zu unserer Kenntniss gelangt ...

Dasselbe. [Berlin] 1845. 1846. 1847. ¶ Unveränderte Abdrücke.

Dasselbe. Vom 8. Dez. 1848. [Berlin 1848]. (1 Bl.) 4° [ohne Titel.]

Dasselbe. Vom 6. Sept. 1851. [Berlin 1851]. (1 Bl.) 4° [ohne Titel.] ¶ Veränderte Fassung.

Dasselbe. [Berlin 1852, 1853 u. s. f. bis 1874]. (je 1 Bl.) 4° ¶ Unveränderte Abdrücke.

(**Bekanntmachung** von Rector und Senat vom 19. Jan. 1818 über die zweckmässige Einrichtung der Studien, namentlich den Werth allgemeiner Studien. [o. O.] (1818). (2 Bl.) 4° [ohne Titel.] ¶ Anfang: Die Erfahrung der letzten Jahre hat gezeigt ...

(**Bekanntmachung** von Rector und Senat über den Schmalz'schen Freitisch. Berlin, d. 1. Juni 1831). (2 Bl.) 4° ¶ Wieder abgedr. bei J. Fr. W. Koch, Preuss. Univ. II, Abt. 2 1840 S. 923-925.

Bekanntmachung des Rektorats der Technischen Hochschule, betr. die Erteilung des Grads eines Diplom-Ingenieurs an württembergische Regierungsbauführer. Vom 26. 3. 1909. ¶ Aus: Amtsblatt des K. Württ. Ministeriums d. Kirchen- u. Schulwesens. 1909. S. 49.

Bekanntmachung (die Restitution der Bürgerwehr betr.). Im Auftrage des Herrn Ministers des Innern — Königliches Polizei-Präsidium: von Bardeleben. Deckersche Geh. Ober-Hofbuchdruckerei. 1 Bl. Fol.
Flugblatt. Berlin, 13. Nov. 1848.

Bekanntmachung der Resultate der vergleichenden Abschätzungen der Normalgemarkungen des Großherzogthums Hessen. — Darmstadt 1826. 24 Bl. 4° 17.
15.

Bekanntmachung der Resultate des Häuserkatasters von den Normalgemarkungen des Großherzogthums Hessen. Darmstadt 1831. 22 Bl. 4° 17.
15.

Bekanntmachung, betreffend die Schiffsvermessungs-Ordnung. Vom 5. Juli 1872. — (Berlin [1872]: v. Decker.) 8 S. 2° 1:an 2° Hz 23945.
15.

Bekanntmachung des Schreibens der Polizeidirektion durch den Magistrat, dass die Gräfin Landsfeld „heute vormittag 11 Uhr von Pasing aus in Begleitung zweier Polizei-Bediensteter auf der Eisenbahn nach Lindau abgereist ist" etc. München, 12. Febr. 1848. Fol. (3 Mk. Th. Ackermann, 1913.)

Bekanntmachung einiger Schriften, darin der obwaltende Rechtsstreit zwischen Bernhard Schätti . . . und . . . Jos. Bernh. Sidler, vollständig entworfen ist. O. O. 1786. V: *Sidler, Jos. Bernh.* (AarK)

Bekanntmachung, das, durch die französische Kontribution im Jahr 1807 entstandene Schuldverhältniß der Stadt Königsberg betreffend. — Dat. Königsberg 7. April 1824. 12 S. 8°
Darin: 1. Regulativ wegen einer zu erhebenden Vermögens- u. Einkommensteuer in Königsberg. Dat. Königsberg 7. April 1824. 2. Instruktion über d. Anwendung u. Ausführung d. Regulativs wegen Erhebung e. Vermögens- u. Einkommensteuer d. Stadt Königsberg. Dat. Königsberg 7. März 1824.
1[∞1.2]:Sz 7860. 10.
15.

Bekanntmachung (über den Schutz des Staatseigenthums). Seine Majestät — Der Magistrat und die Stadtverordneten. Druck von E. S. Mittler. 1 Bl. Fol.
Flugblatt. Berlin, 20. März 1848.

Bekanntmachung betreffend Schutzvorrichtungen gegen die Cholera. (Breslau, den 30. Juli 1892.) — (Breslau [1892]: Graß, Barth & Co.) 10 S. 8° 2.
15.

Bekanntmachung, betreffend das bei Aufbringung der Armenlasten in der Stadt Kiel zu beobachtende Setzungsverfahren. — Kiel 1830: Mohr. 15 S. 8° 8.
15.

Bekanntmachung betreffend den städtischen Sicherheits-Ausschuß. — Der Magistrat und die Stadtverordneten-Versammlung. Deckersche Geheime Ober-Hofbuchdruckerei. 1 Bl. Fol.
Flugblatt. Berlin, 28. Okt. 1848.

Bekanntmachung, die Sonntagsruhe betr. (Vom 26. März 1895.) — (Zwickau: Zückler [1895].) 12 S. 4° 14.
15.

Bekanntmachung (die Sparkasse betr.). Es hat sich das Gerücht verbreitet — der Magistrat. Druck von A. W. Hayn. 1 Bl. Fol.
Flugblatt. Berlin, 13. Apr. 1848.

Bekanntmachung [!] des Geheimen Staatsministerii, über den Betrag der von den Zivilbeamten für ihre Frauen zu versichernden Wittwenpension. De dato Berlin, den 12. Nov. 1824. — [Berlin 1824]: Decker. 2 Bl. 4°
1:50 in 2° An 8630-25.
15.

Bekanntmachung des Geheimen Staatsministerii, in Bezug auf das Edikt vom 11ten März 1812. wegen nicht ferner statt findender Zulassung der Juden zu akademischen Lehr- und Schulämtern. De dato Berlin, den 4. Dez. 1822. — [Berlin 1822]: Decker. 2 Bl. 4°
1:73 in 2° An 8630-24.
15.

Bekanntmachung [!] des Staatsministeriums, wegen ohne Allerhöchste Genehmigung, nicht zu bewirkender Erweiterung der Grenzbezirke in Bezug auf die Steuerkontrollirung. Gegeben Berlin, den 25. April 1825. — [Berlin 1825]: Decker. 2 Bl. 4° 1:93 in 2° An 8630-25.
15.

— des großh. Staatsministeriums vom 24. VIII. 1906 betr. den Verkehr mit Kraftfahrzeugen, Fahrradordnung u. Abänderung der Wegeordnung vom 14. II. 1905. (36 S.) kl. 8. Oldenburg 906. G. Stalling. n. — 50

Bekanntmachung des K. Staatsministeriums, betreffend die Formen des schriftlichen Geschäftsverkehrs der Behörden unter einander und mit dem Publikum. Vom 30. Mai 1902. — Dat. Stuttgart 10. Juni 1902. 15 S. 8°
21. 24.
15.

Bekanntmachung der Statthalterschaft der Herzogthümer Schleswig-Holstein über den Sieg bei Eckernförde am 5. April 1849. Gottorff, den 6. April 1849. 1 Bl. 4°.

Bekanntmachung der Statthalterschaft über den Sieg bei Kolding am 23. April 1849. Gottorff, den 24. April 1849. 1 Bl. Fol.

Bekanntmachung, das Statut für die Technische Hochschule betreffend vom 12. Febr. 1902. — Dresden 1902. 17 S. 4°
Aus: Gesetz- u. Verordnungsblatt für d. Königreich Sachsen. 1902.
15.
15.

Bekanntmachung wegen Stempelpflichtigkeit der sogenannten Dispositionsscheine. De dato Berlin, den 26. Sept. 1823. — [Berlin 1823]: Decker. 2 Bl. 4°
1:132 in 2° An 8630-24.
15.

Bekanntmachung, die Steuer-Vergütung bei der Ausfuhr von inländischem Branntwein betreffend. — Dat. Berlin 18. Okt. 1838. 4 Bl. 4° 1:3 in 2° An 8630-31.

Bekanntmachung (die Straßen-Aufläufe vom 14. Abends betreffend). Ungeachtet unserer warnenden Bekanntmachung — Königl. Gouvernement: v. Pfuel. Königl. Polizei-Präsidium: v. Minutoli. 1 Bl. Fol.
Flugblatt. Berlin, 15. März 1848.

Bekanntmachung betreffend die Subhastation von Grundstücken zur Deckung von Geldstrafen wegen Steuer-Defraudationen. Gegeben Berlin, den 14. Okt. 1829. — [Berlin 1829]: Decker. 2 Bl. 4°
1:109 in 2° An 8630-27.
15.

— des Textes des Gesetzes, die Ausführung der deutschen Civilprozeßordnung u. Konkursordnung betr., in der vom 1. I. 1900 an gelt. Fassung. Aus dem Regierungsblatt Nr. 50, vom 17. X. 1899. gr. 4. (40 S.) Darmstadt (899). (G. Jonghaus.) n. — 35

Bekanntmachung des Textes des Gesetzes über die Einrichtung des Staatsschuldbuchs in der vom 1. April 1909 an geltenden Fassung. I. Staatsschuldbuchgesetz. II. Ausführungsbestimmungen zum Staatsschuldbuchgesetz. — 2. Ausgabe. Nach dem Gesetze vom 27. März 1898 und der Novelle hierzu vom 31. März 1909 und der Bekanntmachung Großherzoglichen Ministeriums der Finanzen vom 1. April 1909. Darmstadt 1910.
Geschäftsanweisung für das Staatsschuldbuchbureau vom 4. April 1901.

Bekanntmachung der Texte des Gesetzes, die Uebertragung von Grundeigenthum und die Fortführung der Grundbücher in der Provinz Rheinhessen betreffend, vom 6. Juni 1879 und des Gesetzes, Grundeigenthum und Hypothekenwesen in der Provinz Rheinhessen betreffend, vom 10. Mai 1893 in der vom 1. Jan. 1900 an geltenden Fassung. — (Darmstadt 1899: Wittich.) 60 S. 4°
Aus: Großherzoglich Hessisches Regierungsblatt. 1899.
26.
15.

— d. Texte d. Ges., d. Uebertragg v. Grundeigenthum u. d. Fortführg d. Grundbücher in d. Prov. Rheinhessen betr., v. 6.VI.'79 u. d. Ges., Grundeigenthum u. Hypothekenwesen in d. Prov. Rheinhessen betr., v. 10.V.'93 in d. v. 1.I.1900 an gelt. Fassg. 4° (60) Ebd. 1900. nn — 50

Oeffentliche Seiden-Trocknungs-Anstalt zu Crefeld. Bekanntmachung das Titrieren der Seide betr. — Crefeld 1875: Kramer & Baum. 7 S. 8° 38.
15.

Bekanntmachung, betreffend den Transitzolltarif für die Herzogthümer Schleswig und Holstein. Bekjendtgjørelse, angaaende Transittoldtarifen for Hertugdommene Slesvig og Holsteen. Kopenhagen, den 22. Dec. 1838. — Kopenhagen [1838]: J. H. Schultz. 2 Bl. 8°
Text deutsch u. dänisch.
14.
15.

Bekanntmachung in Betreff der zwischen dem Königlich-Preußischen und dem Königlich-Französischen Gouvernement, behufs der gegenseitigen Gewähr der Wiederaufnahme solcher zur Handwerk treibenden Klasse gehörigen Unterthanen, welche sich zur Ausübung ihres Gewerbes auf das Gebiet des andern Staates begeben, abgeschlossenen Uebereinkunft. Gegeben Berlin, den 21. Juli 1827. — [Berlin 1827]: Decker. 2 Bl. 4°
1:107 in 2° An 8630–26.
15.

Bekanntmachung über die mit Hannover getroffene Uebereinkunft wegen der Kosten-Erstattung bei gegenseitiger Auslieferung von Verbrechern. De dato Berlin, den 15. Aug. 1823. — [Berlin 1823]: Decker. 2 Bl. 4°
1:124 in 2° An 8630–24.
15.

Bekanntmachung, die Uebereinkunft zwischen dem Großherzogthum Hessen und dem Königreich Preussen in Beziehung auf die Handelsverhältnisse der beiden Staaten betr. — Dat. Darmstadt 5. Mai 1828. 11 S. 8° 14.

Bekanntmachung wegen der mit der Großherzoglich-Hessischen Regierung abgeschlossenen Uebereinkunft, in Betreff der wechselseitigen Uebernahme der Vagabunden und Ausgewiesenen. De dato Berlin, den 30. April 1819. — [Berlin 1819]: Decker. 2 Bl. 4°
1:95 in 2° An 8630–22.
15.

Bekanntmachung über die mit der Großherzoglich-Mecklenburg-Strelitzschen Regierung nachträglich getroffene Uebereinkunft bezüglich auf die Staatsangehörigkeit bei gegenseitiger Ueberweisung der Vagabunden &c. So geschehen Berlin, den 26. Jan. 1824. — [Berlin 1824]: Decker. 2 Bl. 4°
1:2 in 2° An 8630–25.
15.

Bekanntmachung der am 31sten März d. J. mit der Herzoglich-Nassauischen Regierung abgeschlossenen Uebereinkunft wegen wechselseitiger Uebernahme der Vagabunden und Ausgewiesenen. De dato Berlin, den 16. April 1819. — [Berlin 1819]: Decker. 2 Bl. 4°
1:91 in 2° An 8630–22.
15.

Bekanntmachung über die bei der Prüfung der Bauführer geforderte Uebung im Zeichnen, Entwerfen und Veranschlagen baulicher Gegenstände. (Berlin, den 20. März 1852.) — (Berlin [1852]: Decker.) 3 S. 4°
1:35 in 2° An 8630–41.
15.

Bekanntmachung betr. die Unfallversicherung für Studierende]: Zur Beachtung! An sämtliche Herren Kommilitonen ... (Unterzeichnet:) Breslau, den 2. November 1904. Der Rektor der Königl. Universität Kawerau. Breslau (1904): Grass, Barth & Co. (1 Bl.) quer- 4° [Fing. T.]
(Nicht für den Austausch)

Bekanntmachung (den Unfug am gestrigen Abend betreffend). Die unruhige Stimmung in den Nachbarländern — Ober-Bürgermeister, Bürgermeister und Rath hiesiger Königl. Residenzien. Gedruckt bei A. W. Hayn. 1 Bl. Fol.
Flugblatt. Berlin, 14. März 1848.

Bekanntmachung (über die Unruhen der Kanal-Arbeiter). — Das Kuratorium des 1. Bau-Arbeiter-Vereins. Druck von C. A. Schiementz. 1 Bl. Fol.
Flugblatt. Berlin, 13. Okt. 1848.

Bekanntmachung (über die Unterstützung bedürftiger Barrikadenkämpfer aus Kommunalmitteln). — Der Magistrat. Gedruckt ebenda. 1 Bl. Fol.
Flugblatt. Berlin, 29. März 1848.

Bekanntmachung betreffend die Unzulässigkeit der Anträge auf Subhastation zur Deckung der in Steuer-Defraudationen erkannten Geldbußen. Gegeben Berlin, den 8. Okt. 1826. — [Berlin 1826]: Decker. 2 Bl. 4°
1:53 in 2° An 8630–26.
15.

Bekanntmachung einer Königlichen Urkunde, enthaltend einen Zusatz zu der der Nationalbank unterm 4ten Juli 1818 verliehenen Octroy, für die Herzogthümer Schleswig und Holstein. Bekiendtgiørelse af et Kongeligt aabent Brev, indeholdende Tillæg til den Nationalbanken under 4de Juli 1818 forundte Octroy, for Hertugdømmene Slesvig og Holsten. Kopenhagen, den 29sten Febr. 1820. — Kopenhagen [1820]: Schultz. 4 Bl. 8°
Text deutsch u. dänisch.
14.
15.

Bekanntmachung, die den Innungen im Großherzogthume [Sachsen-Weimar] zustehenden Verbietungsrechte betreffend. — Dat. Weimar 27. Sept. 1842. 4 Bl. 4°
3. 27.
15.

Bekanntmachung des von Sr. Königl. Majestät in Preußen geschehenen ernsten Verboths [Verbot], geladenes Schieß-Gewehr ... aufzubehalten, und der ... Straffen wieder die Contravenienten, und ... Mitschuldigen. (Mitarb.: Freyh. v. Seidlitz.) — Dat. Breslau 23. Febr. 1770. 2 Bl. 4° 2.
15.

Bekanntmachung, betreffend das Verbot des Tragens ehemaliger westphälischer Orden und Ehrenzeichen. Gegeben Wien, den 7. Juni 1815. — Berlin [1815]: Decker. 2 Bl. 4°
1:46 in 2° An 8630–20.
15.

Bekanntmachung, das Verdingungswesen betr. — Dat. Darmstadt, 1892. 31 S. 4° 17.
15.

Bekanntmachung, betreffend den Verein für bildende Kunst. (Vom 10. April 1828.) — Stuttgart: Steinkopf [1828]. 8 S. 8° 21.
15.

Bekanntmachung des Königl. Sächsischen Vereins zu Erforschung und Erhaltung vaterländischer Alterthümer. Dresden 1825: Gärtner. 4 [vielm. 14] S. 8°
3. 7. 12: Germ.sp.551–45. 14. 15.
15.

Bekanntmachung, den Vereinszolltarif betr. — Dat. Darmstadt 3. Sept. 1851. 47 S. 4°
Aus: Großherzoglich Hessisches Regierungsblatt. 1851.
17.
15.

Bekanntmachung über das Verfahren bei der Prüfung der Bauführer, Baumeister und Privatbaumeister nach der Vorschrift vom 1. Aug. 1849. (Berlin, den 1. Dez. 1849.) (Berlin [1849]: Decker.) 7 S. 4°
1:172 in 2° An 8630–37.
15.

Bekanntmachung. Die Verfassung des deutschen Reiches und die Allerhöchste Verordnung vom 31. März 1849, die Verkündigung der Reichsgesetze betr. — Dat. Offenbach 4. Mai 1849. 28 S. 4° 17.
15.

Bekanntmachung wegen und mit der Vergleichungs-Tabelle des Werths mehrerer fremder Geldsorten gegen preußisches Geld; d. d. den 15. Okt. d. J. De dato Berlin, den 27. Nov. 1821. — [Berlin 1821]: Decker. 4 S. 2°
1:106 in 2° Gr 3538 [u.] 130 in 2° An 8630–23.

Bekanntmachung (gegen das Verhöhnen der Truppen). In der auf Grund des staatsministeriellen Erlasses vom 12. d. M. — v. Thümen, Commandant. Deckersche Geheime Ober-Hofbuchdruckerei. 1 Bl. Fol.
Flugblatt. Berlin, 13. Nov. 1848.

— betr. d. Verkauf d. Branntweins. Nebst d. Bestimmungn. üb. d. Handel m. denaturirtem Branntwein. Plakat f. Geschäfts-Lokale. qu. Fol. Würzburg 896. Stahel. — 10

— betr. den Verkauf des denaturierten Branntweins nebst den einschlägigen Bestimmungen der Branntwein-steuer-Befreiungsordnung vom 28. VI. 1900, unter Berücksichtg. der Bundesratsbeschlüsse vom 28. III. 1901, 18, IX. 1902 u. 25. VI. 1903. 2. wesentlich veränd. Aufl. Zollamtlich u. gewerbepolizeilich revidiert. Vorschriftsmäßiges Plakat f. Verkaufs-Lokale. 28,5×44,5 cm. Würzburg 904. Stahel's Verl. — 10

Bekanntmachung (Verkauf von Commißbroden an Aermere betr.). Das Kriegs-Ministerium hat sich erboten — Der Polizei-Präsident v. Minutoli. Druck von F. Reichardt. 1 Bl. Fol.
Flugblatt. Berlin, 19.Apr. 1848.

Bekanntmachung (den Verkehr auf den Straßen betr.). Die Ereignisse der letzten Tage — Königl. Gouvernement: v. Pfuel, Königl. Polizei-Präsidium: v. Minutoli. 1 Bl. Fol.
Flugblatt. Berlin,16.März 1848.

Bekanntmachung (die Verlängerung des Belagerungszustandes betreffend). In Erwägung, daß die Gründe — v. Wrangel. Gedruckt bei C. Krämer in Potsdam. 1 Bl. Fol.
Flugblatt. Berlin,15.Mai 1849.

Bekanntmachung (gegen das eigenmächtige Verlassen der Arbeit). In den letzten Tagen haben Gehülfen, Gesellen — Der Magistrat. Druck von A. W. Hayn. 1 Bl. Fol.
Flugblatt. Berlin,23.Apr.1848.

Bekanntmachung (in Betreff der Verlegung der National-Versammlung). Wir bringen hiermit zur Kenntnißnahme — Der Magistrat. Druck von F. Reichardt u. Co. 1 Bl. Fol.
Flugblatt. Berlin,1o.Nov.1848

Bekanntmachung über die Verlegung des Sitzes der 'Metallurgischen Gesellschaft zu Stolberg', im Regierungsbezirk Aachen, von dort nach Bonn, und über die Bestätigung des Statuts der 'Metallurgischen Gesellschaft zu Bonn', vom 30. Mai 1849. De dato Berlin, den 6. Okt. 1849. — [Berlin 1849]: Decker. 2 Bl. 4°
1:146 in 2° An 8630-37.
15.

Bekanntmachung über die Vermittelung von Zahlungen unter und bis 50 Thlr. mittelst Post-Anweisungen innerhalb des Preußischen Postgebiets. Berlin, den 10. Dec. 1864. — Berlin [1864]: Decker. 1 Bl. 8°
1:124 in 2° An 8630-66.

Bekanntmachung und Verordnung, betreffend den Beitritt des Amtes Bergedorf zu dem zwischen mehreren deutschen Regierungen wegen gegenseitiger Verpflichtung zur Uebernahme der Auszuweisenden am 15.Juli 1851 zu Gotha abgeschlossenen Vertrage u.w.d.a. sowie die Zulassung von Ausländern zur Eingehung einer Ehe in dem Amte Bergedorf. (Publ., am 27.April 1860.) — Bergedorf [1860]: Eisenbahn-Zeitung. 2 Bl. 8° 18.
15.

Bekanntmachung, die Verpflichtung zur Entrichtung des Bürgerschosses betreffend. — Göttingen 1856: Dieterich. 6 S. 8° 1:10 in Gq 11060. 7.

Bekanntmachung vom 6.Mai 1815., betreffend die Verpflichtung der Staatsbeamten zum Militairdienst. d.d. Wien, den 6. Mai 1815. — Berlin [1815]: Decker. 2 Bl. 4° 1:27 in 2° An 8630-20.
15.

Bekanntmachung (über Versendung von Waffen aus dem Zeughause). Mittwoch, den 21. d. Mts. — Der interimistische Commandeur der Bürgerwehr: Rimpler. Druck ebenda. 1 Bl. Fol.
Flugblatt. Berlin,20.Juni 1848.

Bekanntmachung betreffend eine veränderte Vertheilung der Geschäfte unter die Ministerien. Kopenhagen, den 28sten Oct. 1856. — [Kopenhagen 1856]: J.H. Schultz. 2 Bl. 8° 18.
15.

Bekanntmachung betreffend den, über die Aufhebung der Bayonner Konvention mit dem Kaiserlich-Russischen Hofe am 30sten März d.J. geschlossenen Vertrag. d.d. Wien, den 17. April 1815. — Berlin [1815]: Decker. 2 Bl. 4°
1:24 in 2° An 8630-20.
15.

Bekanntmachung die provisorische Verwaltung der Justiz im illyrischen Antheile Tyrols betreffend. — Dat. Lienz 26. März 1814. 6 Bl. 4°
300:454.109-C [2 Ex.] 302.
15.

Bekanntmachung der Verwaltungskommission der Centralkasse zur Förderung des Feuerlöschwesens, betreffend die Beschaffenheit der Feuerspritzen, sonstigen Löschgeräthe, persönlichen Ausrüstungsgegenstände der Feuerwehrmänner, Steig- und Rettungsgeräthschaften, zu deren Anschaffung Beiträge aus der Centralkasse auf Ansuchen verwilligt werden. — ([Stuttgart 1886:] Stuttgarter Buchdr.-Ges.) 16 S. 8° 24.
15.

Bekanntmachung eines Verzeichnisses derjenigen höheren Lehranstalten, welche zur Ausstellung von Zeugnissen über die wissenschaftliche Befähigung für den einjährig-freiwilligen Militärdienst berechtigt sind. (Berlin, den 6. Juni 1888.) — (Berlin [1888]: Mittler.) 39 S. 8° (Armee-Verordnungs-Blatt. 22. 1888. Anl. zu Nr 20.)
1:Hu 2840-1888 [u.] Hu 2840a-1888. 4. 6. 9. 10.
12:4° Mil.g.210k-22. 14. 17. 18. 23. 27.
15.

Bekanntmachung (das Verzeichniß der verbotenen Zeitungen enthaltend). Folgende Blätter: 1. die Reform — von Wrangel. Deckersche Geh. Ober-Hofbuchdruckerei. 1 Bl. Fol.
Flugblatt. Berlin,13.Nov.1848.

Bekanntmachung (über die Volksversammlung vom 13. d. M.). Eine auf gestern Abend im Thiergarten unter den Zelten verabredete Volksversammlung — Königl. Gouvernement: v. Pfuel, Polizei-Präsidium: v. Minutoli. 1 Bl. Fol.
Flugblatt. Berlin,14.März 1848.

Bekanntmachung, betreffend den Vollzug der Kaiserlichen Verordnung, die Inkraftsetzung der in § 154 Abs. 3 der Gewerbeordnung getroffenen Bestimmung betreffend, vom 9. Juli 1900, und der Bekanntmachung, die Ausführungsbestimmungen des Bundesraths über die Beschäftigung von jugendlichen Arbeitern und von Arbeiterinnen in Werkstätten mit Motorbetrieb betreffend, vom 13. Juli 1900. — (Darmstadt 1900: Wittich.) 38 S. 4°
Aus: Großherzoglich Hessisches Regierungsblatt. 1901.
20.

— betr. den Vollzug der kaiserl. Verordnung, die Inkraftsetzung der in § 154 Abs. 3 der Gewerbeordnung getroffenen Bestimmung betr., vom 9. VII. 1900 u. der Bekanntmachung, die Ausführungsbestimmungen des Bundesraths üb. die Beschäftigung v. jugendl. Arbeitern u. v. Arbeiterinnen in Werkstätten m. Motorbetrieb betr., vom 13. VII. 1900 (R. G. Bl. S. 565 ff.) gr. 4. (38 S.) Ebd. 901. n.n. — 50
Sonderabdruck aus: „Hess. Regierungsblatt".

Bekanntmachung, den Vorbereitungsdienst und die Prüfung der Gerichtsschreiber und Gerichtsvollzieher betr. (Darmstadt 1899: Wittich.) 9 S. 4°
Aus: Großherzoglich Hessisches Regierungsblatt. 1899.
20.
15.

Bekanntmachung (die Vorfälle vom 21. August 1848 betr.). Um Entstellungen und unbegründete Beunruhigungen — Königliches Polizei-Präsidium: v. Bardeleben. Druck von F. Reichardt u. Co. 1 Bl. Fol.
Flugblatt. Berlin,22.Aug.1848.

Bekanntmachung (die Vorfälle in Charlottenburg betr.). Ueber die Vorfälle — Königliches Polizei-Präsidium: v. Bardeleben. Druck von F. Reichardt u. Co. 1 Bl. Fol.
Flugblatt. Berlin,21.Aug.1848.

Bekanntmachung (die Vorfälle am Zeughause betr.) — Der Staats-Anwalt Temme. Druck ebenda. 1 Bl. Fol.
Flugblatt. Berlin, 14. Juni 1848.

Vorläufige Bekanntmachung (über den Generalmarsch in der Nacht vom 26. Mai). Die Unterzeichneten — v. Stulpnagel u. a. Druck von F. Reichardt. 1 Bl. Fol.
Flugblatt. Berlin, 30. Mai 1848.

Bekanntmachung, Vorläufige, einer weit verbreiteten Vermessenheit des Prof. C. U. D. von Eggers in Kopenhagen. Hamburg 1792. V: *Lüttichau, Christian Friedrich Tönne.* (schr)

Bekanntmachung, betreffend die ärztliche Vorprüfung, vom 2. Juni 1883. — [Darmstadt 1883.] 6 S. 8° 20.
15.

— ([Marburg 1883]: Kraatz.) 7 S. 8° O2.
15.

— (Tübingen [1883]: Laupp.) 7 S. 8° O24.
15.

Bekanntmachung der allerhöchst genehmigten Vorschriften, betreffend den Chausseedienst im Allgemeinen. d. d. Gottorff, den 1. Mai 1812. Schleswig. 1812. 4°.

— betr. die Vorschriften üb. den Befähigungsnachweis u. die Prüfung der Maschinisten auf Seedampfschiffen d. deutschen Handelsflotte. Vom 26. Juli 1891. 12. (15 S.) Hamburg 891. Eckardt & Meßtorff. n. — 50

Bekanntmachung betreffend die Vorschriften über den Befähigungsnachweis und die Prüfung der Maschinisten auf Seedampfschiffen der deutschen Handelsflotte. Vom 26. Juli 1891. — Stettin: Hessenland 1891. 24 S. 8°
Frühere Ausg. s. *Bekanntmachung* betreffend die Prüfung der Maschinisten auf Seedampfschiffen d. deutschen Handelsflotte. 1884.
1: Hz 24675.
15.

— 2. Aufl. Berlin 1892. 27 S. 8° (Heymannsche Sammlung von Prüfungs-Bestimmungen. 20.)
1: Gt 2102-20. 11.
15.

— 2. Aufl. Hamburg: Eckardt & Messtorff 1892. 15 S. 8°
18.

Bekanntmachung betreffend die Vorschriften über den Befähigungsnachweis ... Vom 26. Juli 1891. 3. Aufl. — Hamburg: Eckardt & Messtorff 1897. 15 S. 8° 18.
15

— betr. d. Vorschriften üb. d. Befähigungsnachweis u. d. Prüfg. d. Maschinisten a. Seedampfschiffen d. deutschen Handelsflotte. V. 26. VII. 1891. 3. Aufl. 8. (15 S.) Hamburg 898. Eckardt & Meßtorff. n. — 50

— betr. die Vorschriften üb. den Befähigungsnachweis u. die Prüfung der Maschinisten auf Seedampfschiffen der deutschen Handelsflotte. Vom 26. VII. 1891. 4. Aufl. 8. (16 S.) Hamburg 902. Eckardt & Meßtorff. n. -- 50

Bekanntmachung, betreffend die Vorschriften wegen Einführung der Gesundheits-Atteste für den Fall, daß die zur Abhaltung der Cholera von den Grenzen des Königreichs Hannover angeordneten Maßregeln zur Anwendung kommen sollten. — Dat. Hannover 13. Jun. 1831. 16 S. 4°
7.

Bekanntmachung betreffend die Vorschriften wegen Einführung der Gesundheits-Atteste für den Fall, daß die zur Abhaltung der Cholera von den Gränzen des K. Pr. Staates angeordneten Maaßregeln zur Ausführung kommen sollten.. — Dat. Berlin 5. April 1831. 7 Bl. 4°
2. 5. 10.
15.

Bekanntmachung, betreffend Vorschriften über die Einrichtung, den Betrieb und das Personal der Apotheken. — ([Hamburg] 1905: Lütcke & Wulff.) 42 S. 8° 18.
15

Bekanntmachung d. Vorschriften üb. d. staatl. Prüfg v. Wochenpflegerinnen betr. v. 4. 8. '11. [Aus: „Regiergsbl."] (8) Lex8° Darmst., (Buchh. d. grossh. hess. Staatsverl.) '11. — 20 d

Deutsches Reich. Bekanntmachung, betreffend Vorschriften für die chemische Untersuchung des Weines. Vom 25. Juni 1896. — (Berlin: Springer [1896].) 18 S. 4°
1: 4° Ox 8971.
15.

Bekanntmachung (über den Waffen-Gebrauch des Militairs). Bei der Besetzung mehrerer Wachen — Königl. Gouvernement — Deckersche Geh. Ober-Hofbuchdruckerei. 1 Bl. Fol.
Flugblatt. Berlin, 10. Nov. 1848.

Bekanntmachung des von den Brüdern Johann und Ernest Edlen von Colonius erfundenen neuen Wagenbaues. — Dat. Wien 3. Dec. 1818. 4 Bl. 2° 302.

Bekanntmachung. Die Wahl der Landtags-Abgeordneten betr. — Dat. München 25. Nov. 1848. 4 S. 2°
12: 2° Bavar. 1400-VII, 63.
15

Bekanntmachung, die Wahl der Wahlmänner für die Wahl der Abgeordneten zur allgemeinen deutschen Volksvertretung betr. — Dat. München 18. April 1848. 6 S. 2°
12: 2° Wiedemanniana VI/6b, 2.
15

Bekanntmachung, betreffend die für die ständische Versammlung des Herzogthums Holstein erfolgten Wahlen von Abgeordneten und Stellvertretern. Kopenhagen, den 27. Nov. 1841. — Kopenhagen [1841]: J. H. Schultz. 2 Bl. 2° 8.

Bekanntmachung, betreffend die für die ständische Versammlung des Herzogthums Schleswig erfolgten Wahlen von Abgeordneten und Stellvertretern. Bekjendtgjørelse, angaaende de til den stændiske Forsamling for Hertugdømmet Slesvig foregaaede Valg af Deputerede og Suppleanter. Kopenhagen, den 17. Juli 1847. — Kopenhagen [1847]: J. H. Schultz. 4 Bl. 2°
Text deutsch u. dänisch. 8.
15.

Bekanntmachung, Warnung und Edictalladung, im Betreff der Theilung des außerhalb dem Johannis-Thore der Neustadt Osnabrück nach Nordosten zu belegenen sogenannten Fledders. — Neustadt Osnabrück 1803. 4 Bl. 4° 4.

Bekanntmachung, die Deutsche Wehrordnung betr. — (Darmstadt [1894]: Wittich.) 186 S. 4°
Aus: Großherzoglich Hessisches Regierungsblatt. 1894.
17.
15.

Bekanntmachung, die Deutsche Wehrordnung betr. — (Darmstadt [1901]: Wittich.) 183 S. 4°
Aus: Großherzoglich Hessisches Regierungsblatt. 1901.
17.
15.

Bekanntmachung die Weltausstellung in Wien 1873 betr. (Vom 5. März 1872.) — (Dresden [1872]: Blochmann.) 7 S. 8° 14.
15.

Bekanntmachung das Wohlbefinden der Arbeiter an der Ostbahn betreffend). Die hier verbreiteten Gerüchte — Die Commission zur Annahme der Arbeiter für die Ostbahn. Druck von F. Reichardt u. Co. 1 Bl. Fol.
Flugblatt. Berlin, 18. Juli 1848.

Bekanntmachung (das Wohlthätigkeits-Concert bei Kroll betr.). Herr Kroll beabsichtigt — der Magistrat. Gedruckt bei J. Sittenfeld. 1 Bl. 4.
Flugblatt. Berlin, 23. März 1848.

Bekanntmachung (über die Zahlungsfähigkeit der Sparkasse). Es hat sich in der Stadt — Ober-Bürgermeister, Bürgermeister und Rath hiesiger Königl. Residenzien. Gedruckt bei W. Moeser und Kühn. 1 Bl. Fol.
Flugblatt. Berlin, 15. März 1848.

Bekanntmachung die Censur [Zensur] der statistischen Bücher und Landkarten betreffend. Gegeben Berlin, den 16. Jan. 1816. — [Berlin 1816]: Decker. 2 Bl. 4°
1:92 in 2° An 8630-20.
15.

Bekanntmachung betr. Cigarrenfabrikation, s.a. Gareis, C., deutsche Reichsgesetze in Einzel-Abdrücken.

Giessen 1891
Bekanntmachung betreffend Cigarrenfabrikation. (Gareis, Reichsgesetze 132)

Bekanntmachung betr. die Zollverhältnisse des Herzogthums Schleswig. Flensburg, den 28. Aug. 1850. 8°

Bekanntmachung den Zoll- und Handelsvertrag zwischen Preußen und Hessen-Darmstadt betreffend. De dato Berlin, den 8. Mai 1828. — [Berlin 1828]: Decker. 8 S. 4°
1:29 in 2° An 8630-27.
15.

— Zulassung v. Frauen an der Landesuniversität. Vom 1. III. 1900. gr. 4. (3 S.) Darmstadt 900. (G. Jonghaus.) — 15
Sonderabdruck aus: „Hess. Regierungsblatt".

(Bekanntmachung, betreffend die Zulassung von Wertpapieren zum Börsenhandel) Die Zulassung von Wertpapieren zum Börsenhandel. Bekanntmachung vom 4. Juli 1910. Erl. von J. Weißbart. — Berlin: Heymann 1910. 52 S. 8° (Das Börsengesetz. 5. Aufl. Nachtr.) [(Taschen-Gesetzsammlung. 69, Nachtr.)]
1: Gv 15329-69, Nachtr. 11. 25.
15.

Bekanntmachung (über die Zurückberufung von Truppen). Die Communalbehörden haben unterm 1. Juli — Der Magistrat und die Stadtverordneten. Druck von A. W. Hayn. 1 Bl. Fol.
Flugblatt. Berlin, 6. Juli 1848.

Bekanntmachung (die Zurücklieferung der Waffen betr.). Die ruhmvollen Tage des 18. u. 19. März. — Der Magistrat. Druck von A. W. Hayn. 1 Bl. Fol.
Flugblatt. Berlin, 10. Apr. 1848.

Bekanntmachung (die Zurücklieferung der am 18. März genommenen Waffen und Monturungsstücke betr.). In Folge unserer Bekanntmachung vom 10. d. M. — Der Magistrat. Druck von A. W. Hayn. 1 Bl. Fol.
Flugblatt. Berlin, 22. Apr. 1848.

Bekanntmachung (die Zurücklieferung der geraubten Waffen betr.). In Folge des Angriffs — Für den Kriegsminister: v. Griesheim. Deckersche Geh. Oberhofbuchdruckerei. 1 Bl. Fol.
Flugblatt. Berlin, 15. Juni 1848.

Bekanntmachung (über Zurückschaffung des entführten Geschützes nach dem Zeughause). Am 31. v. Mts. — Blesson. Druck ebenda. 1 Bl. Fol.
Flugblatt. Berlin, 2. Juni 1848.

Bekanntmachung (die Zusammenkünfte von Abgeordneten in Berlin ist verboten). Nachdem die Wiedereröffnung der National-Versammlung — von Wrangel. Deckersche Geheime Ober-Hofbuchdruckerei. 1 Bl. Fol.
Flugblatt. Berlin, 27. Nov. 1848.

Bekanntmachung von dem gegenwärtigen Zustande der hiesigen öffentlichen Armenpflege nebst e. Nachweisung d. Einnahme u. Ausgabe vom 1. Jan. 1812 bis 31. Dec. 1816. — Hirschberg [1817]: Krahn. 35 S. 8° 2.
15.

Bekanntmachung die Zwangszahlung in Kassenanweisungen betreffend. Gegeben Berlin, den 21. Juni 1826. — [Berlin 1826]: Decker. 2 Bl. 4° 1:38 in 2° An 8630-26.
15.

Bekanntmachungen

Bekanntmachungen, 1) die Abänderung und Erläuterung der Instruktion für die Großherzoglichen Kreisgesundheitsämter, für die Impfärzte und praktischen Aerzte, sowie für die Großherzoglichen Bürgermeistereien und Vorsteher von Schulanstalten zur Ausführung des Reichsimpfgesetzes vom 8. April 1874 betreffend; 2) die Ausführung des Impfgesetzes für das Deutsche Reich, vom 8. April 1874, hier die Einrichtung und den Betrieb der staatlichen Anstalten zur Gewinnung von Thierlymphe betreffend. — (Darmstadt 1899: Wittich.) 22 S. 4°
Aus: Großherzoglich Hessisches Regierungsblatt. 1900.
26.
15.

— 1) die Abänderung u. Erläuterung der Instruktion f. die großherzogl. Kreisgesundheitsämter, f. d. Impfärzte u. prakt. Aerzte, sowie f. die großherzogl. Bürgermeistereien u. Vorsteher v. Schulanstalten zur Ausführg. des Reichsimpfgesetzes vom 8. IV. 1874 betr.; 2) die Ausführung des Impfgesetzes für das Deutsche Reich, vom 8. IV. 1874, hier die Einrichtung u. den Betrieb der staatlichen Anstalten zur Gewinnung von Thierlymphe betr. gr. 4. (22 S.) Darmstadt 900. (G. Jonghaus.) n.n. — 30
Sonderabdruck aus: „Hess. Regierungsblatt".

St. Gallen. (Kanton). Bekanntmachungen, Amtliche.
s. St. Gallen. Amtsblatt.

Bekanntmachungen: Amtliche Bekanntmachungen des Kantons St. Gallen
v. St. Gallisches Kantons-Blatt.

Bekanntmachungen, amtliche, des Kts. St. Gallen. Bd. 26—31, 1851—56.

Amtliche Bekanntmachungen über das Veterinärwesen im Grossherzogthum Baden. Jg. 9. 10. 16. 19. Karlsruhe 1880 - 90.
9. 1880. 10. 1881. 16. 1887. 19. 1890.

Bekanntmachungen, Anzeigen und Nachrichten aus Emden. – Affiches, annonces et avis divers d'Emden. – Emden: 19.II.1812 - 3. I. 1817.
Fortges. u. d. T.: Zeitung, Emder.

Die Bekanntmachungen des Bundesraths vom 2. Juni 1883, betreffend die ärztliche Prüfung und die ärztliche Vorprüfung. — Berlin: v. Decker 1883. 19 S. 8° 2. 26.
15.

Bekanntmachungen, die, des Bundesraths vom 2. VI. 1883, betr. die ärztliche Prüfung u. die ärztliche Vorprüfg., sowie vom 25. IV. 1887, betr. die Ausdehnung der ärztl. Prüfung auf die Schutzpocken-Impfung. (Neudr.) gr. 8. (22 S.) Berlin 901. R. v. Decker. n. — 40

Bekanntmachungen und Erlasse zur Maaß- und Gewichts-Ordnung des Deutschen Reiches. Amtliche Ausg. für d. Großherzogthum Hessen. — Darmstadt: Großherzogl. Staatsverl. 1887. 122 S. 8° 17. 26.
15.

Bekanntmachungen u. Erlasse zur Maaß- u. Gewichts-Ordnung d. Deutschen Reiches. Amtliche Ausg. f. das Großherzogth. Hessen. gr. 8. (III, 122 S.) Darmstadt 887. (Jonghaus.) n. 1. 20

[Bekanntmachungen etc. der Landesverwaltung für das Herzogthum Schleswig vom 25. August 1849 bis 13. Juli 1850.] 50 Nummern in Fol. und 4°, in 4° geb.

Bekanntmachungen, Leuchtfeuer, Hafenverordnungen ꝛc. betreffend, die vom 1. Juni 1840 bis 30. Juni 1856 der Bremer Handelskammer amtlich mitgetheilt u. durch dieselbe publicirt sind. Bremen 856. Schünemann's Verlag. gr. 8. (1 Bl., 118 S.) 12½ ℳ
Abdruck aus Tecklenborg's Handlexikon für Rheder ꝛc.

Bekanntmachungen, die, üb. die ärztl. u. zahnärztl. Prüfung u. Auszug a. d. Bestimmgn. zur Erlangg. der medicin. Doctorwürde, s.: Dippe, Hugo, wie studirt man Medicin?

Bekanntmachungen üb. Prüfgn u. Beglaubiggn durch d. elektr. Prüfämter '03—09. Nr 1—46. System 1 — 50. Hrsg. v. d. physikal.-techn. Reichsanst. (Reg.) (7) Lex8° Berl., J Springer '10. nn — 30

— dass. Nr 47—75. (237—348 m. Abb.) Lex8° Ebd. '10—12. je nn — 30
Bisher u. d. T.: Bekanntmachung üb. usw.

Bekänntnis, s.a. Bekenntnis

Letztes und reumüthiges Bekänntnis verübter Missethaten, eines rechtschaffen, bußfertigen- und bis an sein Lebensende getrost und unerschrocken gewesenen armen Sünders, nehmlich des zu Stutgart wegen treuloser Desertion mit Dienstpferd, Sattel und Zeug, auch völliger Montirung, nach gehaltenem Kriegs-Recht am 31. Mertz 1753. vermittelst des Strangs vom Leben zum Tod gebrachten Hussaren Nagi-Janos, oder auf Teutsch Johannes Groß, gebürtig aus Ungarn, Evangelischer Religion, seines Alters 23. Jahr, auf dessen Begehren . . . . in gegenwärtige Reimen gebracht u. d. Druck überlassen von e. guten Freund. — o.O. [1753]. 8 Bl. 8° **24.**
15.

Bekänntniß, s.a. Bekenntnis

Valentins genannt Haarbeutelgen Bekänntniß und Abschied von der Hauptwacht nebst Grabschrift. — o. O. 1789. 4 Bl. 8° **30.**
15

Bekanntnuß, s.a. Bekenntnis

Abgezwungene Bekanntnuß der Wahrheit, entgegen gestellet der kürtzlich an das Liecht gekrochenen Verlaugnung der Wahrheit eines Halberstädtischen Pastoris Primarii, der Kirchen zu St. Martin, sammt e. Vorred, . . . a purae fidei Romanae discipulo orthodoxoque professore. Erfurth: Windhauer 1738. 68 S. 8° **17.**
15.

Bekanntnuss. Bekantnuß Deß Wahren Glaubens. Bern 1701 s. Handlung, oder Acta Gehaltner Disputation zu Bern. Bern 1701.

Offenherzige [Offenherziges] Bekanntnuß und weinende Seufzer aus dem zerknirschten Herzen eines reuenden Sünders, bestehend in Betrachtungen über d. 7 Buß-Psalmen Davids. — Prag 1773: Höchenberger. 322 S. 8° **2.**

Bekanntnussen. Deß Johann Georg Schmidts / so genandt Schwartz Beck Bekandtnussen und seine mehrere Vergicht als desse Executions-Urtheils so an ihme den 27. Hornung zu Bern vollzogen worden: 1731. 8. *o. O.*

Bekanntschaft, s.a. Bekantschaft

Die Bekanntschaft auf der Reise. 1801
s.a. *Ahlefeldt*, Charlotte v.

Bekanntschaft, Die, auf der Reise. Berlin 1801. V: *Ahlefeld, Charlotte Sophie Louise Wilhelmine von.* (Schl)

Die Bekanntschaft auf der Reise oder Liebe und Zweifelsinn. Th. 1.2. — Leipzig 1804 (1803). 8° (Bibliothek für d. gebildete Lesewelt. 16.17.)
Im Exemplar von 14 fehlt d. Titel d. Sammlung.
1: Yw 5745. 14.

Bekanntschaft, d., auf d. Reise, v. Verf. der Familie von Neubeck, m. K. 2 Thle. 8. Prag, Widtmann. 804. Rthlr.

Bekanntschaften, die, im Bade. Lustsp. von Stephani. gr. 8. Leipz. Rein. 795.

Bekanntschaften, Die gefährlichen, . . . Aus dem Französischen von B—n. Leipzig 1783. V: *Laclos, Pierre Ambroise François Choderlos de.* Ü: *Bonin, Chn Fr. Ferd. Anselm von.* (Ky) (BgE)

Bekanntschaften, die gefährl., Roman in Briefen; aus dem Französ. (v. Chr. Fr. v. Bonin). 4 Thle. 8. Leipz. 783. (Kue in Altona). 1 ℛ 12 gl

Bekanntschaften, d. gefährlichen, in e. Briefen, a. d. Frz. 4 Thle. 8. Lpz. Jacobäer. 783.

Bekaentniss. — Bekäntniß s.a. *Bekenntnis.*

Des sogenannten Lips-Tullians ausführliche Bekäntniß sowohl seiner, als auch aller seiner bösen Consorten Diebes- und Mord-Geschichte hrsg. von M. S. R. — Leipzig: König 1715. 4 Bl. 8°
Als Verfasser wird Samuel Roscher genannt.
3. 14. 27.
15.

Weyland Meister Paul Selbigs oder Selglichs nachhero Seeligs genannt . . . auffrichtiges Bekäntniß und kürtzliche Beschreibung seines Lebens und Wandels, auch itzigen Zustandes . . . von e., über d. heutige Boßheit u. verkehrte Art d. Leute bißweilen critisirenden Feder. — o.O. 1729. 4 Bl. 8° **3.**
15.

Bekaentnues. — Bekäntnüs s.a. *Bekenntnis.*

Bekäntnüs des christlichen Glaubens, welches Hirsch Israel, ein gebohrner Jude aus Amsterdam, abgeleget hat, als er den 17. Junii 1718 zu Magdeburg . . . getauffet, und Christoph Friedrich Bethdin genennet wurde. — Magdeburg [1718]: Faber. 16 S. 8° **3.**

Eines nach dem Reich Gottes trachtenden, und der einig allgemeinen Christl. Religion zugethanen Medici, offenhertzige Bekäntnüß, von der Prüfung und Erkennung seiner selbst, vom Unterscheid dreyer Principiorum, und vierer Complexionen, daraus der Mensch bestehet, vom Fall, Verlust, und Wieder-Erneurung des Göttl. Bildes im Menschen, von der Liebe, u.d.g. Mit einigen theosophisch-chymisch- u. medicinischen Anmerckungen, einiger Anleitung zur Besserung u. Lebens-Regeln, aus Erfahrung zum gemeinen Nutzen seines Nächsten ans Licht gegeben. o.O. 1702. 177 S. 8° **14. 24. 26. 29.**

Bekantschaft. — Bekantschaft s.a. *Bekanntschaft.*

Die alte Bekantschaft, ein Nachspiel von einen Dialog. Geschrieben für d. churfürstl. deutsche Theater in München von G.M. — o.O.: Vötter 1773. 19 S. 8° **300: 1.686–A.**
15.

Beke, Nonp. Dr., Englischer Forschungsreisender, 1800-1874. 1834 s. *Beke*, Charles Tilstone.

Beke, Ant., index manuscriptorum bibliothecae Batthyanianae dioecesis Transsylvaniensis. gr. 8. (VIII, 56 S.) K.-Fehérvár 871. (Hermannstadt, Schmiedicke.) n. 1. —

Beke, Ant., Index manuscriptorum bibliothecae Batthyanianae dioecesis Transsylvaniensis. gr. 8. (VIII, 56 S.) K.-Fehérvár 876. (Hermannstadt 876, Schmiedicke.) *

Beke, Carl T., s. Beke, Charles Tilstone

Beke, Charles s. *Beke*, Charles Tilstone.

Beke, Charles Tilstone
— Die Burgen und Schlösser Südarabiens nach dem Iklîl des Hamdânî. I. II. Heft. [SA. aus SWA. (XCIV. XCVII. Bd.).] Wien 1879. 1881.

Beke, Charles T., On the Geological Evidence of the Advance of the Land at the Head of the Persian Gulf. [From the London and Edinburgh Philosophical Magazine and Journal of Science for July 1835.]

— — Über die geographische Verbreitung der Sprachen von Abessinien und der Nachbarländer. [Berghaus' Geographisches Jahrbuch I.] o. O. [1849].

Beke, Charles Tilstone:

— Vertheidigung gegen Herrn Dr. Paulus, in Betreff seiner Recension über meine Origines biblicae. — Leipzig: Böhme 1836. IV,51 S. 8°
1: Bm 2552. **4. 5. 10. 12:** Polem. 3024-12. **13. 17. 21.**
16.

Beke, E, s: Abhandlungen üb. d. Reform d. mathemat. Unterr. in Ungarn.

BÉKE, INNOZENZ CHRISTOPH: Erläuterung über die Frage der katholischen kirchlichen Feierlichkeit der gemischten Ehen. Nach der 2. verb. ungar. Ausg. vom Sammler der »Pesther Ähren«. Pesth 1841: Beimel. 183 S. - 190 mm

Beke, Karl T., s. B e k e , Charles Tilstone

Bekebeneit, s.a. B e g e b e n h e i t

Bekebeneit von die Einnam [Einnahme] von Francfort an sweite Decembre 1792. Keschrib von ehne Teusch-Fransos. — o.O. 1793. 8 S. 8°
1: 89 in 2° Si 5347. 27. 30.
16.

Bekedorff, Ludolf
— Briefwechsel zweier Geistlichen. gr. 8. Lpz. 1818. Brokhaus. 10 Ngr. — 36 kr.

Bekedorff, Ludolf, preuß. Reggsrath. (Convertit), an gottesfürchtige protestant. Christen, Worte des Friedens u. der Wiedergeburt, Wiederversöhnung. I, II u. III Wort. 1e, 2e Abthlg. gr. 8. Weißenb. u. Regensb. 1840—46. (Meyer.) Manz à 1 Thlr. — 1 fl. 36 kr. broch. 4 Thlr. — 6 fl. 24 kr.

Békefi, Ant., Goldflocken, s.: Bibliothek d. fremd. Zungen.

— dasselbe. s.: Combe, T., die Schwestern Verdan.

Békefi, Remig.: Kirchen u. Burgen in d. Umgebg d. Balaton im M.-A., s.a. Resultate d. wiss. Untersuchgn d. Balaton.

Békefi, Remig:

— [A Balaton környékének Egyházai és várai a középkorban, deutsch] Kirchen und Burgen in der Umgebung des Balaton im Mittelalter. Übers. von Milan v. Sufflay. — Wien: Hölzel in Comm. 1907. XIII,362 S. 4° (Resultate d. wissenschaftlichen Untersuchungen d. Balaton. Bd 3, T.1,3.)
1: 4° Lh 44010-3,1,3. **7. 10. 12:** 4° Austr. 117v-3,1,3 [2 Ex.] **14. 18. 26. 27. 30. 300: 21.**
16.

Bekehrung Armeniens durch den heil. Gregor Illuminator. . . . Wien 1844. V: *Samueljan, Maghakia.* (Kalemkian) (BrMm)

— die, Armeniens, durch den heil. Gregor Illuminator. 8. Wien 1844, Mechitar. B.

Bekehrung, die, Augustins. Schausp. v. Reisner. gr. 8. Insbruck, Wagner. 769.

Bekehrung, Die, des Heiligen Augustin, ein geistliches Gedicht, welches in der Churfürstl. Hof-Kapelle am Oster-Heiligen-Abend aufgeführet worden. Im Jahre 1781. Dresden. V: *Maria Antonia Walburga Kurfürstin von Sachsen.* (ABJP)

Die Bekehrung der Brüder Josephs. — Berlin 1839. 32 S. 8° ([Traktate hrsg. vom] Hauptverein für christliche Erbauungs-Schriften. 85.) 1: in Cv 52060-2.

Bekehrung, Buszfertige, der Sünder zu Gott . . . Breslau 1749. V: *Burg, Johann Friedrich.* (Kat. d. Druckschr. üb. Breslau. Breslau 1903. S. 17.)

Bekehrung und herrliches Ende Christian Friederich Ritters, eines ehemaligen zweyfachen Mörders. — Magdeburg: Faber 1739. 47 S. 8° 8.
15

Die Bekehrung des seligen Aug. Herm. Francke. Hamburg 1879. (=No. 105). Kol.: Verlag der Niedersächsischen Gesellschaft zur Verbreitung christlicher Schriften. Hamburg, Brennerstraße 51. Braunschweig 1879. Druck der Anstalts-Buchdruckerei Neu-Erkerode. 16 S., 164 x 100.

Die durch sonderbahre Gnade und Trieb des heiligen Geistes geschehene Bekehrung Friedrich Levins, aus dem blinden und verstockten Judenthum. — [Crempe] 1718. 6 Bl. 8° 1 [unvollst.]: Dc 3856.

Bekehrung, d. gnadenvolle, eines Sünders. 8. 745.

Die gnadenvolle Bekehrung eines elenden Sünders, welche so wohl zum Preiß der Langmuth und Barmhertzigkeit Gottes, als auch zur Warnung und Erweckung der Sichern in einer merckwürdigen Lebens-Beschreibung vorgestellet und mitgetheilet worden, aus d. Engl. übers. — Nordhausen: Groß 1745. 512 S. 8° **24.**
15.

Die Bekehrung des Holzhauers oder die eilfte Stunde. Eine wahre Geschichte. Aus d. Franz. frei bearb. — Barmen: Biermann 1850. 8 S. 8° ([Schriften der] Traktat-Gesellschaft im Wupperthale. 361.) 1: Cv 52040-361.
15.

Die Bekehrung zu Jesu als den alleinigen Weg zur wahren Glückseligkeit zu gelangen, aus Pred. Salom. 12,1 . . . der lieben Jugend, aus Liebe angepriesen von e. Kinder-Freunde, J.F.C.J. — Wernigerode 1761: Struck. 48 S. 8° **24.**
15.

Bekehrung Ismeriae, einer türckischen Princeßin, zum christlichen Glauben. Durch d. drey edle französische Ritter d. hoch-adelichen Geschlechts deren Grafen von Esper vorgestellet auf d. feyerliche Namens-Festivitaet d. . . . Frauen, Maria Anna Stanislaa, Würdigsten Oberin deren Ursulinerinnen zu Ingolstadt von dasigen Kost-Fräulen. — Ingolstadt: Schleig [um 1760]. 2 Bl. 8°
12: 4° Bavar. 2196 I,1.
15.

Die Bekehrung der Juden. Eine Angelegenheit aller wahren Christen. (Hrsg.: C.F. Spittler.) — Basel [um 1820]. 28 S. 8° 1: 1 an Bd 270-1822. **8.**
15.

Bekehrung der Königin in Tongo, Nahmens Gratia. Vorgestellet auf d. feyrliche Nahmens-Festivitaet d. . . . Frauen Maria Anna Stanislaa, Oberin deren Ursulinerinen zu Ingolstadt. Von dasigen Kost-Fräulen. — [Ingolstadt] 1757: Schleig. 2 Bl. 8° **12:** 4° Bavar. 2196-VII,24.
15.

Bekehrung und Leiden gläubig gewordener Mohammedaner und die Geschichte des Märtyrers Mirsa Ibrahim. 2. Aufl. 1901 s. *Awetaramian*, Johannes.

Bekehrung u. Leiden gläubig gewordener Mohammedaner u. d. Geschichte d. Märtyrers Mirsa Ibrahim, s.: Orient-Mission, deutsche. 3. Hft.

Luthers Bekehrung. — (Cassel: Oncken [um 1900].) 8 S. 8° ([Traktate der] Christlichen Traktat-Gesellschaft. Illustr. Ser. 19.) 4.

Bekehrung, Meine. Von M. D. R. C. M. F. Zum ersten Mal ins Deutsche übertragen und mit einer Einleitung versehen von Dr. Franz Deditius. O. O. u. J. V: *Mirabeau, Honoré Gabriel Riquetti Comte de.* (BGE IV³, 550)

Eine merkwürdige Bekehrung durch unmittelbare göttliche Offenbarung. — Philadelphia: Religiöse. Ges. d. Freunde [nach 1900]. 2 Bl. 8° 26.
15.

Bekehrung von vier zum Halsgericht verurteilten Protestanten zu Neustadt i. d. Rheinpfalz zum kath. Glauben. (Ende 1731 u. anfangs 1732.)

— reumüthige, d. Sünders z. sein. Gott ꝛc. Ofen Univers. Buchh. 754.

REUMÜTHIGE BEKEHRUNG des Sünders zu seinem Gott. Oder: Die sieben Buss-Psalmen, nebst nach jeden beygefügten andächtigen Anmuthungen, aus der h. Schrift und heil. Vättern gezogen, sambt Litaney von allen Heiligen, wobey der Kern aller Gebetter und Andachten auf die vornehmste Feste des Jahrs, und in allgemeinen Anliegen. Das ist: Pest, Hunger, Krieg und Wetters-Zeit; Alles aus bewährten Büchern zusammen getragen, und das erste mahl auf diese Art in Druck gegeben von E. A. S. P. V. T. Gedr. in Oedenburg bey Joh. Jos. Siess. 1749. 702 S. - 4°
- Dass. Tyrnau 1754: Academ. Buchdruckerey der Soc. Jesu. 371 S. - 8°

Die Bekehrung der Sachsen zum Christenthum in einem Schau-Spiele vorgestellet. o.O. [um 1750]. 128 S. 8° 18.
15.

Von der Bekehrung in der elften Stunde. — Berlin 1888. 8 S. 8° ([Traktate der] Deutschen Evangelischen Buch- u. Tractat-Gesellschaft. 294.) 1:Cv 52148-294.
15.

— die, des Sünders. Mit 1 Titelkupfr. 8. Zürich 841, Hanke. 2 $n\mathcal{K}$

— die, der Tahitier und der übrigen Gesellschafts-Insulaner zum Christenthum. Zwei Missions-Vorträge im November und December 1842, gehalten zu Brandenburg. (Von Dr. Blume.) gr. 8. Brandenburg 844, Müller. n. 1/3 ₰

Johannes Tauler's Bekehrung. — Basel: Marriott [um 1850]. 8 S. 8° 1:Cs 3750.
15.

Bekehrung und seliger Tod der kleinen Margaretha Nielsen. — Berlin 1846. 24 S. 8° ([Traktate hrsg. vom] Hauptverein für christliche Erbauungsschriften. 126.) 18.
15.

Bekehrung der Väter zu den Kindern durch einen frey gemachten Knecht Christi. 1773. V: *Tuchtfeld, Vict. Chph.* (Myl)

Wahre Bekehrung und geistliche Armuth. — Barmen 1829: Schober. S. 260-292. 8° ([Schriften der] Tractat-Gesellschaft im Wupperthale. 140.) 1:Cv 52040-140. 17.
15.

Die Bekehrung der Welt. — Berlin 1885. 16 S. 8° ([Traktate der] Deutschen Evangelischen Buch- u. Tractat-Gesellschaft. 193.) 1:Cv 52148-193.
15.

Wunderbare Bekehrung eines Atheisten (Gottesleugners). 2. Aufl. — Berlin 1883. 12 S. 8° ([Traktate der] Deutschen Evangelischen Buch- u. Tractat-Gesellschaft. 113.) 1:Cv 52148-113.
15.

Wunderbare [Wunderbahre] und recht göttliche Bekehrung dreyen Mägdlern von 8 biß 12 Jahren von Jüdenthum zum christlichen Glauben ... Nach d. zu Berlin gedr. Exemplar. — Leipzig: Im Durchgange d. Rathhauses 1716. 4 Bl. 8° Verschiedene Drucke. 3. 27.
15.

Wunderbare Bekehrung des Israeliten Herrn Alphons Maria Ratisbonne nach seinem eigenen Schreiben an die Erzbruderschaft in Paris, sowie nach den neuesten u. zuverlässigsten Nachrichten. Freiburg, Herder, 1842. 8°. 68 S., 40 Pf.

Bekehrung, wunderbare, des Herrn Alphons Maria Ratisbonne. Nach einer von ihm selber aufgesetzten Erzählung getreu übersetzt. gr. 12. Rottenburg a/N. 842, Gack. 1/8 ₰

— die wunderbare, des Israeliten Alphons Ratisbonne. Uebersetzung seines Schreibens an die Erzbruderschaft des unbefleckten Herzens Mariä zu Paris. gr. 12. Schaffhausen 842. Hurter'sche Buchh. 1/8 ₰

Bekehrung, Wunderbare, des Israeliten Maria Alphons Ratisbonne. Authentischer Bericht. Aus dem Französischen. 2. Aufl. Regensburg 1881. V: *Renouard de Bussierre, Marie Théodore vicomte de.* (EB)

Bekehrung, wunderbare, des Israeliten Maria Alphons Ratisbonne. Authentischer Bericht. Aus dem Französ. 2. Aufl. 12. (167 S.) Regensburg 881. Manz. 1. 20

— die wunderbare, des Israeliten, Herrn Alphons Ratisbonne in Rom den 20. Januar 1842. Nach zuverlässigen öffentlichen und Privat-Nachrichten bearbeitet von einem kathol. Geistlichen. gr. 12. Aachen 842, Cremer'sche Buchh. (F. Cazin.) 1/6 ₰

Bekehrungen, von merkwürd., zur kathol. Kirche, vom 16n—18n Jahrh. 8. Augsb. 787. Doll. 2 $\mathcal{K}$

Bekehrungen, Russische, wie sie Herr Georg v. Samarin enthüllt und bekennt ... Berlin 1874. V: *Bock, Woldemar von.* (Russell II/1, S. 120)

Bekehrungen, russische, wie sie Herr Georg v. Samarin enthüllt u. bekennt. Von e. stillen Beobachter. gr. 8. (XXXII, 338 S.) Leipzig 874. Bidder. n. 6. —

Bekehrungsgeschichte, Die, der Apostel. Predigt. Frankfurt a. M. 1778. V: *Lavater, Johann Kaspar.* (schstr S. 116)

Bekehrungsgeschichte einiger berühmten Männer in der ersten Kirche Christi. 8. Berlin ... Wohlgemuth. 1/12 ₰

Bekehrungsgeschichte d. heidn. Mohrensklaven in d. Dän. Inseln in Westindien. 8. Stuttg. 782. (Mezler). 6 $\mathcal{K}$

Bekehrungs-Geschichte der Miß Pitt. — Wien 1791: Taubstummeninst. 64 S. 8° 12: Biogr. 899.
15.

— Struensees s. Münter.

Bekehrungsgeschichte des vormaligen Grafen ... Johann Friedrich Struensee nebst dessen eigenhändiger Nachricht von der Art, wie er zur Aenderung seiner Gesinnungen über die Religion gekommen ist. Zum Druck gegeben v. Balthasar Münter. (Mit Struensees Bildniss.) Neue verb. Aufl. Mit Anmerkungen eines Freundes der Wahrheit. o. O. 1773. 8°.

Bekehrungsgeschichte, Johannes Tauler's. Dorpat 1825. V: *Henning, Carl Mathias.* (Ky) (R-N)

Bekehrungsgeschichte d. Johannes Tauler. 8. (31 S.) Dinglingen 897. (Frankfurt a/M, J. Schergens) -- 25

Bekehrungsgeschichte d. holländischen calvinischen Predigers Matthias Zelhorst in der Grafschaft Zütphen. Aus dem Holländ. übersetzt. gr. 8. (VIII, 181 S.) Freiburg i/Br. 874. Herder. n. 2. 40

Bekehrungsgeschichten. — Bekehrungsgeschichten. — Hamburg [um 1905]. 24 S. 8° ([Schriften der] Expedition d. 'Zions Freund'. 11.) 12:Jud. 114y-11. 15.

Kurze Bekehrungsgeschichten. — Barmen 1829: Schober. S. 80–112. 8° ([Schriften der] Tractat-Gesellschaft im Wupperthale. 135.) 1:Cv 52040-135. 15.

Merkwürdige Bekehrungsgeschichten und erbauliche Anekdoten. — Barmen 1815. 24 S. 8° ([Schriften der] Tractat-Gesellschaft im Wupperthale. 9.) 1:Cv 52040–9. 15.

Bekehrungsgeschichten der heydnischen Mohrensclaven in denen Dänischen Inseln in Westindien. [Stuttg.] 1782. V: *Moser, Johann Jacob.* (Ky) (ML)

Vier merkwürdige Bekehrungs-Geschichten. — Berlin: Ebner 1823. 24 S. 8° 1:2 in Yl 7031. 15.

Bekel, Carolus Henricus: De pede varo. Halis (1856): Hendel. 22 S. 8° Halle-Wittenberg, Med. Diss. v. 20. März 1856
Geb. Schkölen (Kr. Weissenfels) 11. 8. 1829. V.

Bekenn, Georg Ludwig

— s.a. Göttlichkeit d. Christenthums.

Bekenn, Georg Ludwig: Die Göttlichkeit des Christenthums, so weit sie begriffen werden kann. Vom Verf. d. Briefe an Emma über d. Kantische Philosophie [d. i. Georg Ludwig Bekenn]. — Bremen: Wilmans 1800. XI,278 S. 8° 302. 15.

Bekenn, Georg Ludwig, s.a. Philosophie, Kantische

— Ueber die Kantische Philosophie mit Hinsicht auf gewisse Bedürfnisse unsers Zeitalters. Auch Briefe an Emma. Bremen: Cramer 1791. 122 S. 8° 4. 10. 23. 15.

Bekenn, Geo. Edw., die Wiedergeburt Athens. 8. Brem. 814. Kaiser. 6 gr

— Die Wiedergeburt Athens. — Bremen: Kaiser 1815. 51 S. 8° 101. 300:80 J 250. 15.

Bekenner, der. Gemeindeblatt f. die evangelisch-unirte Kirche. Red.: Ed. Suckow. 1. u. 2. Jahrg. 1849 u. 1850. à 24 Nrn. 4. (½ B.) Reichenbach. (Breslau, Schmeidler.) à Jahrg. n. ½ Thlr

Der Bekenner: 1895-?
Duluth, Minnesota

Bekenner.
Englands Bekenner. Drama ... aus d. Zeiten d. Königin Elisabeth von England im Jahre 1603. Von C. F. 2. Aufl. — Paderborn [1894]. S. 38–112. 8° (J. Esser's Sammlung leicht aufführbarer Theaterstücke. 15.) 1:Yp 6270-15. 6. 15.

Für Bekenner und Freunde Jesu Christi. — Leipzig: Crusius 1790. 134 S. 8° 18. 15.

Bekenner, für, Freunde Jesu Chr. 8. Leipzig, F. C. W. Vogel. 790.

Die Bekenner des christlichen Glaubens zu Trier; oder Geschichte der h. trierischen Maertyrer und des h. Paulinus. — Trier: Blattau 1832. 45 S. 8° 1:Dx 3846. 5. 15.

Die Bekenner des christlichen Glaubens zu Trier, oder Geschichte der heil. trierischen Märtyrer. — [Trier um 1840]: Niesen. 23 S. 8° 38.

Die treuen Bekenner Christi, das ist gründliche Beschreibung derer mehr als 20000. vertriebene Saltzburger, aus den Ertz-Bißthum Saltzburg, in welchen auch enthalten d. Ursprung d. Verfolgung u. d. Kern derer jenigen Briefe, so die in Ketten gefangene an das Evangelischr [!] Corpus in Regenspurg abgehen lassen. Nach d. Regenspurger Exemplar. — Eißleben: Hiller 1732. 8 Bl. 8° 14. 15.

Bekenntnis(s)
Bekenntnis, s.a. Bekäntniß

Bekenntnis, s.a. Bekäntnüs

Bekenntnis, s.a. Bekäntnüß

Bekenntnis, s.a. Bekenntnisse

Bekenntnis, s.a. Bekenntnus

Bekenntnis, s.a. Bekenntnüss

Bekenntnis, Allgemeines, des Ritters Willfort. Aus dem Französ. Frankf. [Hanau] 1764. V: *Orléans, Hubert d'.* (BGE)

Bekenntnis, Graf von Artois Allgemeine, nebst Leben, Tod, Wunder und Testament des Herrn Foulon ... (Aus d. Französ.) Paris 1789. V: *Brissot de Warville, P. S.* (BGE VI³, 65)

Bekenntniß um Bekenntniß. Eine Sammlung von Gedächtniß-Predigten auf d. ... Königs Majestät Friedrich Wilhelm d. IV., d. Bekenners. Hrsg. von Ad. Fr. Hermann Denhardt. — o. O.: Selbstverl. 1861. 361 S. 8° 1:Sw 10840. 2. 5. 15. 17. 15.

Bekenntniss des Napoleons-Bonaparte auf der Insel Elba in einem Gedicht aus langer Weile geschrieben, teutsch v. *H. M. B.* Mel.: In des Waldes düstern Gründen etc. Die Gevatterschaft in halb Nürnb. Mundart. Augsburg 1814. 4°. 2 Bll. (1 Mk. 25 Pfg. B. Seligsberg, Bayreuth, 1906.) Rar!

Bekenntnis, Das, zum geschichtlichen Christenthum gegenüber der Bedrohung unserer Religion durch die orthodoxe Auffassung von der heiligen Schrift. Berlin 1895. V: *Rohrbach, Paul.* (Berl)

Bekenntniß, das, zum geschichtl. Christenthum gegenüber d. Bedrohung uns. Religion durch d. orthodoxe Auffassung v. d. hl. Schrift. [Durchgeseh., erweit. Sonderdr. aus: „Deutsches Wochenbl."] gr. 8. (45 S.) Berlin 895. H. Walther. n. — 60

Bekenntnis eines Freysingischen Geistlichen an seinen Bischoff den Ill. O. O. betr. O. O. [3. April 1785]. V: *Cosandey, Sulpitius.* (Kl)

Den Mitgliedern der 5. ordentlichen Landessynode ehrerbietigst gewidmet. Bekenntniß und Gelübde in der Confirmation. Von e. Geistlichen d. Hannoverschen Landeskirche. — Hannover: Wolff & Hohorst 1893. 16 S. 8° 1:N 13.4224. 4. 7. 15.

Bekenntniß meines Glaubens u. meiner Beruhigung, auf Veranlassung d. beiden letzten Schriften d. sel. Cons.-Raths Jacobi in Celle. 8. (Hannov.) 792. Hahn; (a. W. Nauck in Lpz.) 1 Thlr

Bekenntniß meines Glaubens u. mein. Beruhig. 8. Hannov. Hahn. (Sommer in Leipz.) 792.

Bekenntnis, das, eines Glücklichen, s.a. Für dich.

Das Bekenntnis eines Glücklichen. Von M. v. O. *Berlin: Deutsche Ev. Buch- u. Tract.-Ges. [1902].* (24 S.) 8° [F.]
— Für Dich! No 26. [09. 7030

Bekenntniß, d., am Grabe, v. A. Lafontaine. 3 Thle. 8. Halle, Renger. 821.

Das gute Bekenntniß. Eine wahre Geschichte aus d. Zeit d. Reformation. — Barmen 1847. 36 S. 8° ([Schriften der] Traktat-Gesellschaft im Wupperthale. 326.)
1: Cv 52040–326.
15.

Bekenntniss. Das gute B' der fünf Märtyrer von Lyon, die am 16. Mai 1553 um des evangelischen Glaubens verbrannt wurden. Eine wahre Geschichte aus der Zeit der Reformation. [Hrg. vom] Hauptverein f. christliche Erbauungsschriften in Berlin. N° 167. (1. Aufl.) 8. Berlin 1852.
(Auszug aus der zeitgenössischen Darstellung des Johann Crespin.)

— das gute, der fünf Märtyrer von Lyon, die am 16. Mai 1553 um des evangel. Glaubens verbrannt wurden. Eine wahre Geschichte aus der Zeit der Reformation. Berlin 852. (Wohlgemuth.) 8. (34 S.) n. 2 ngr.

— eines Hypochondristen u. s. glückl. Cur. 8. Chemnitz, Maucke, 804.

Das Bekenntnis des Kaisers im Urteile der Zeitgenossen. 2., erw. Aufl. — Halle: Gebauer-Schwetschke 1903. 72 S. 8°
12: Germ. g. 31 p. 14.
15.

— 2., erw. Aufl. Ebd. 1903. 80 S. 8°
1: Rz 133192. 3. 5. 15. 17. 21.
15.

Bekenntniß, das, der Kirche. Von e. Veteranen aus den Freiheitskriegen. gr. 8. (29 S.) Bremen 875. Müller. n. — 60

Bekenntniß der christkatholischen Kirche in XX Artikeln, verfaßt und angenommen auf der Synode zu Schneidemühl am 22., 23. und 24. Juli 1846. — Posen: Gemeinde 1846. 20 S. 8°
302.
15.

Das Bekenntniß der lutherischen Kirche gegen das Bekenntniß des berliner Kirchentags gewahrt von etlichen Lehrern der Theologie und des Kirchenrechts. — Erlangen: Bläsing 1853. 8 S. 8°
24. 29.
15.

— 2. Abdr. Ebd. 1853. 8 S. 8°
5. 21. 23.
15.

— 3. Abdr. Ebd. 1853. 8 S. 8°
27. 101.
15.

Bekenntniss, d., d. luth. Kirche geg. d. Bekenntn. d. berl. Kirchentags gewahrt v. etl. Lehrern d. Theol. u. d. Kirchenrechts. 8. (8) Erl. 53, Deichert. — 1½

Der rationalistischen Religions-Genossenschaft 'Freie Kirche' Bekenntniß, Lehrmeinung, Moralgesetz und Statut für Oesterreich (Cisleithanien). — Wien: Schwella 1869. 8 S. 8°
300: 122.107-B.
15.

Kliebensteins Bekenntniß wegen seiner begangenen Mordthat. — o.O. [1782]. 4 Bl. 8°
30.
15.

Bekenntnis, Kurz, der christlichen Lehrer zu Emden. O. O. u. J. V: *Alting, Menso.* (Rotermund, Gel. Hannover. Bremen 1823.) (Jöch)

Bekenntniß und Landeskirche. Zeitschrift des Pommer'schen Verein's bekenntnißtreuer Freunde der evangel. Landeskirche. In zwanglosen Heften herausg. von W. Eichler u. F. Splittgerber. 1. Heft. Berlin 870. Wiegandt & Grieben. gr. 8. (IV, 48 S.) n. 6 ngr.

— u. Landeskirche. Kirchliche Zeitschrift in Vierteljahrsheften hrsg. v. W. Eichler u. F. Splittgerber. 1. Jahrg. 1871. 4 Hfte. Lex.-8. (1. Hft. 40 S.) Berlin, Wiegandt & Grieben. n. 2. 25

Bekenntniß, das, der Anhaltischen Landeskirche. Repetitio Anhaltina, oder kurze und einfältige Wiederholung der rechtgläubigen Kirchenlehre und Bekenntniß, zu dem sich die Kirchen im Fürstenthum Anhalt in etlichen Artikeln bekennen, welche von Anderen in Streit gezogen sind. Nach der deutschen Orig.-Ausg. vom Jahre 1582 aufs Neue herausg. u. mit einer Einleitung versehen von C. A. Valentiner. Bernburg 859. (Gröning.) gr. 8. (XVI, 48 S.) n. 6 ngr.

Bekenntniß, das, der anhaltischen Landeskirche. Repetitio Anhaltina, oder kurze und einfältige Wiederholung der rechtgläubigen Kirchenlehre und Bekenntniß, zu dem sich die Kirchen im Fürstenth. Anhalt in etlichen Artikeln bekennen, welche von Anderen in Streit gezogen sind. Nach der deutschen Orig.-Ausg. vom J. 1582 aufs Neue hrsg. und mit einer Einleitung versehen von C. A. Valentiner. gr. 8. (XVI und 48 S.) Bernburg 859, [Reiter.] *

— d. Gräf. v. Lichtenau, ehem. Mad. Ritz. 1s u. 2s Hft. 8. Cöthen, Aue. 798. (1s 7 gr., 2s 4 gr.)

Bekenntniss zur Loge der Toleranz [in Berlin]. Berlin 1790: Unger. 4 Bl. 8°
Kl. 2710. Wesen d. Frmrei.

— merkw. Männer, v. Müller. 5 Bdchn. 8. Winterthur, Steiner. 792 — 804. (1s 20 gr., 2s 21 gr., 3s 1 Rthlr., 4s 1 Rthlr. 4 gr., 5s 20 gr.)

—— d. fünf Märtyrer v. Lyon. 8. (34) Berl. 52, (Wohlgemuth.) n. — 2

Das Bekenntnis des Herzogtums Mecklenburg Kaiser Karl V. 1549 überreicht, nebst demjenigen d. Landes Braunschweig-Lüneburg. Ein Beitrag zur Geschichte d. Augsburger Interims. [Hrsg.:] H. Schnell. — Leipzig [usw.]: Süsserott 1899. 41 S. 8°
1: Dg 4642. 3. 5. 7. 11. 12: H. ref. 349 ms. 14. 15.
15.

1. Mein Bekenntniß. 2. Jakobs Heil. — Barmen 1830: Schober. 40 S. 8° ([Schriften der] Tractat-Gesellschaft im Wupperthale. 153.)
1: Cv 52040–153.
15.

Bekenntnis, Mein. Aus den hinterlassenen Papieren eines verstorbenen Arztes und Naturforschers. Wetzlar 1897. V: *Herr, Adolph.* H: *Herr, Wilhelm.* (Berl)

— mein. A. d. hinterlass. Papieren e. verstorb. Arztes u. Naturforschers (Herr) 8. (170 S.) Wetzlar 897. Schnitzler. n. 2. —

Bekenntniß, mein, über die sogenannte Wunderthäterin Frau J. D. Hummitzsch in Schönborn (in Sachsen) 2te Aufl. 8. Naumburg, Wild. 817.

Mein Bekenntniß über die sogenannte Wunderthäterin Frau Dorothea Hummitzschin in Schönborn. 2. Aufl. — Naumburg: Thüringischer Anzeiger [1817]. 16 S. 8°
1: Na 9346.
15.

Bekenntnis, Mein, über die Weiber. Berlin 1800. V: *Flittner, Christian Gottfried.* (MGT) S. a. Nr. 4871.

Das Bekenntniß des freien Menschen über Religion und Christenthum, als das Ziel der Deutschkatholiken und der neuen protestantischen Gemeinden. Zuruf e. namhaften Anzahl von Bewohnern Marburgs. — Bern: Jenni 1846. 12 S. 8°
12: 40/5128. 14.
15.

Offenes Bekenntniß mehrerer in das Ketzerthum gefallenen Christen mit der Bitte an ihre Beichtväter oder auch andere gute Seelenhirten, dieselben auf den rechten Weg zu bringen. — Schweinfurt: Wetzstein 1869. 28 S. 8°
12: Polem. 3040–31.
15.

Offenherziges Bekenntniß Napoleons gegen Fürst Primas. — o.O. [um 1813]. 8 S. 8° 1: Yn 900. 16.
15.

— der Prinzessin von Orleans. 8. Danzig, Troschel 792.

Bekenntniß bremischer Pastoren in Sachen der Wahrheit. Bremen: Heyse 1840. 30 S. 8°
5. 7. 8. 12: Polem. 3029–2. 15. 18. 27.
15.

Bekenntniß Bremischer Pastoren in Sachen der Wahrheit. gr. 8. Bremen 841. Heyse. 1/8 ℔

Patriotisches Bekenntnis und ernste Erklärung der Einwohner der Stadt Montauban. Vom 8 u. 9ten Junius 1790. (Unterzeichn.: Cieurac [u.a.]) — o.O. [1790]. 2 Bl. 8°
14.
15.

Politisches Bekenntniß des Dr. Eisenmann. (Würzburg, M. Walz, 1848.) 16 S. 8°.

Politisch-sociales Bekenntniß des deutschen Vaterlandsvereins zu Taucha. — Dat. Taucha 3. Juli 1848. 1 Bl. 8°
14.
15.

Bekenntniß und Recht der Lippischen Kirche oder Katechismus und Kirchenordnung. — Bremen: Wulff 1843. 241 S. 8°
8.
15.

— meiner Religionsüberzeugung rc. s. a. Reden, etl. Geistlichen.

— meine Religionsüberzeug. rc. (ist e. N. T. d. B.: Einige geistl. Reden.) 8. Berlin. (Severin in Weißenfels. 797.

Bekenntniß mein. Religionsüberzeugungen, ist jetzt Verlag von d. Weygandsch. Buchh. in Leipz.

Bekenntnis, Schlesiens, ...
Breslau 1779. V: *Hermes, Hermann Dan.* (Kat. der Druckschr. über Breslau. Breslau 1903. S. 20.)

— ein. schönen Seele. 8. Berlin, Unger. 806.

BEKENNTNISS einer schönen Seele (betreffs der Entjungferung). O. O. u. J. (c. 1890). Gr. 8°. Lat. Lett. Offenes Bl., nur einseitig bedruckt. (50 Pfg.)
Köchinnen- & Hausknechts-Poesie:
Einstmals waren meine Eltern zum Besuch nach Onkel aus
Und ich war mit meinem Arthur ganz allein im stillen Haus
Er sass bei mir auf dem Sopha, mich umschlang sein süsser
etc. etc. etc. etc. Arm.

Bekenntniß d. heil. Therese v. Jesu, s. Therese.

Bekenntniß des am 6. November 1850 gestifteten und am 9. November 1853 aufgelösten Kurhessischen Treubundes, Mit Gott für Fürst und Vaterland. Abgelegt am Tage seiner Auflösung. — (Rengshausen [1853]: Im Beiserhause.) 12 S. 4°
4.
15

Bekenntniß eines gebesserten Trunkenbolds. Der Wahrheit gemäß von ihm selbst niedergeschrieben. — Görlitz [um 1845]: Dreßler. 24 S. 8° (Central-Verein für d. Enthaltsamkeitssache in d. Ober-Lausitz. 2.)
29.

— ein. glückl. Vaters. 8. Frankf. u. Leipz. Hinrichs. 811.

Bekenntniß, welches Ludwig Philipp Joseph, Herzog zu Orleans mit dem Beinamen égalité, Gott, den Nationen, dem Geiste Ludwig XVI. u. Ludwig XVII. und Martyrers Sohn ablegt. 8. Augsburg 794. Rieger. 1 ℔

Bekenntnis eines Zweiflers, der vorgiebt nach Wahrheit zu ringen, nebst Antwort eines Christen, der sie gefunden.
Breslau 1791. V: *Frisch, Math. H.* (KY) (MGT)

Bekenntnisbuch

Bekenntniß-Buch. Ein Album zum Eintragen v. Meingn., Gedanken, Gefühlen, Empfindgn., Eigenthümlichkeiten rc. der Freunde u. Freundinnen. gr. 8. (93 S.) Darmstadt 890. A. Koch, geb. m. Goldschn. n. 3. —

Bekenntniß-Buch. Ein Album zum Eintragen v. Meingn., Gedanken, Gefühlen, Empfindgn., Eigenthümlichkeiten u. s. w. der Freunde u. Freundinnen. 4. Aufl. gr. 8. (109 S.) Darmstadt 894. A. Koch. Geb. in Leinw. m. Goldschn. n. 3. 50

Bekenntnisbüchlein

Bekenntnißbüchlein für Christen der Kirche deutscher Reformation. 16. (42 S.) [Frankfurt a. M. 876, Zimmer'sche Buchh.] Heilbronn, Gebr. Henninger. * 30 Pf.; cart. *

Bekenntnisfrage, Die, in der evangelisch-protestantischen Landeskirche Badens und die neugegründete Mittelpartei.
Von einem Laien. Karlsruhe 1877. V: *Stockhorner von Starein, Otto Freiherr.* (Berlzu 1917, I, 143)

Bekenntniß, s. Bekenntnis

Bekenntnißbuch, s. Bekenntnisbuch

Bekenntnißbüchlein, s. Bekenntnisbüchlein

Bekenntnisschriften

— u. Formulare d. Niederländisch-Reformirten Kirche in Elberfeld. Mit e. Vorwort des Presbyterii hrsg. zum Gebrauch in der Gemeine. gr. 8. (IV u. 161 S.) Elberfeld 850, Hassel in Comm. n. 1/2 ℔

Bekenntnisschriften. — Bekenntniß-Schriften und Formulare der Niederländisch-Reformirten Kirche in Elberfeld. Mit e. Vorw. d. Presbyterii. — Elberfeld: Niederl.-Reform. Gemeine 1850. 161 S. 8°
1: Df 9120. 5. 10. 12: H. ref. 21e [2 Ex.] 14. 18. 38.
15.

— 2. Aufl. Ebd. 1882. XVI,143 S. 8° 1: Df 9121. 5.

Bekenntnis-Schriften und Formulare der Niederländisch-Reformierten Kirche in Elberfeld. Mit e. Vorw. d. Presbyterii. 3. Aufl. — Ebd. 1901. XVI,143 S. 8°
1: Df 9122. 5.
15.

Bekenntnißschriften, jüdische. 3 Hfte. 16. Berlin, Behr's Buchh. à *
Hft. 1. Das jüdische Glaubensbekenntniß. (1 1/2 B.) 843.
" 2. u. 3. Wie ich gläubig wurde. I. II. (3 3/4 B.) 844.

Der katholischen Bekenntnißschriften Abth. ... Übers. von Friedrich Wilhelm Bodemann. Abth. 1.2. — Göttingen: Vandenhoeck & Ruprecht 1842–44. 8°
1. Die Confutation, d. Kanones u. Glaubensbeschlüsse d. tridentinischen Concils u. d. tridentinische Glaubensbekenntniß [Confutatio pontificia, deutsch]. 1842.
2. Der römische Katechismus. Nach d. Beschlusse d. Conciliums von Trident auf Befehl d. Papstes Pius V. hrsg. [Catechismus Romanus, deutsch]. 1844.
3 [∞2]. 7 [∞1]. 11 [∞1]. 27 [∞1]. 102 [∞1].
15.

— Abth. 1.2. Hannover: Hahn in Comm. (2: Hahn) 1842–44. 8° Inhalt wie in Ausg. Göttingen 1842-44.
1 [∞1]: Df 13 755. 7 [∞2].
15.

Die Bekenntnisschriften der altprotestantischen Kirche Deutschlands. Hrsg. von Heinrich Heppe. — Cassel: Fischer 1855. XLVII,697 S. 8°
1: Df 8128. 2→11. 27. 29. 38.
15.

Bekenntnissschriften, d., d. altprotest. Kirche Deutschlands. Hrsg. v. H Heppe. 8. (698) Cass. 55. (Gotha, FA Perthes.) 3. 20; Her. Pr. n. 2. —

— die, der evang.-luther. Kirche. Hrsg. vom evang. Bücherverein. A. u. d. T.: Concordia. Christliche wiederholete einmüthige Bekenntniß nachbenannter Churfürsten, Fürsten u. Stände Augsburgischer Confeision, u. derselben Theologen Lehre u. Glaubens ꝛc. gr. 8. (XVIII u. 661 S.) Berlin 848. (J. A, Wohlgemuth.) n. 2/3 ℛ

Die Bekenntnißschriften der evangelisch-reformirten Kirche. Mit Einl. u. Anm. hrsg. von Ernst Gottfried Adolf Böckel. — Leipzig: Brockhaus 1847. XII,884 S. 8°
21. 1:Df 8580. 2. 3. 7. 10. 11. 12:H. ref. 21d. 14. 16. 17.
15.

Die Bekenntnisschriften der reformierten Kirche. In authentischen Texten mit geschichtlicher Einl. u. Reg. hrsg. von E. F. Karl Müller. — Leipzig: Deichert 1903. LXXI,976 S. 8° 1:Df 8600. 2→11. 12:H. ref. 21cd. 14. 16. 17. 18. 21. 24. 25. 26. 29. 30. 300:422.289–B. 302.
15.

Die Bekenntnisschriften der reformirten Kirchen Deutschlands. Hrsg. von Heinrich Heppe. — Elberfeld: Friederichs 1860. XXIV,310 S. 8° (Heppe: Schriften zur reformirten Theologie. 1.)
1:Be 5900–1. 2→3. 7. 8. 10. 11. 26. 29.
15.

Bekenntnißschriften, unsere, eine Hauptquelle unserer Uebel; oder: Beweis aus der Schrift u. der Natur der Sache, daß die Lehren der protestant. Bekenntnißschriften ganz unbiblisch u. verwerflich sind, u. mit innerer Nothwendigkeit zum Unglauben u. zur Sünde, damit aber auch zum Untergang der Nationen hinführen, die Wiederherstellung der wahren christl. Lehre also, deren Grundzüge hier nachgewiesen werden, das dringendste Bedürfniß unserer Zeit ist. An die Geistlichen u. Laien gerichtet v. e. Protestanten. gr. 8. (78 S.) Tübingen 850, Verlags-Expedition. n. 8 ngl.

Bekenntnißschriften, die vornehmsten, der evangelisch-protestantisch-christlichen Kirche Deutschlands. 7. Gabe d. evangel. Vereins f. die Pfalz. 12. (116 S.) Speyer u. Inggelheim 851. Kaiserslautern, Ev. Verein, Schriftenniederlage. — 40

Bekenntnisse, s.a. B e k e n n t n i s

Bekenntnisse. Von einem Ungenannten. 1847. V: *Roth, Carl Ludwig.* (Knapp J., Alb. Knapp. Stuttgart 1867)

BEKENNTNISSE d e r s c h ö n e n A g n e s. 4. Auflage. Hamburg, Moriz Glogau jun., 1859.
V e r b o t e n vom L.-G. Wien, 9. März 1863. § 516.

BEKENNTNISSE d e r s c h ö n e n A l m a, s. R o s e n b e r g, Baron v.

BEKENNTNISSE e i n e r A m e r i k a n e r i n. Von ihr selbst erzählt. Ein Seitenst. zu den Denkwürdigkeiten des Herrn von H*** (s. dieselb.). (Aus d. Engl.?) Philadelphia (Altona, Hamb. od. Berlin?) 1770 (i. e. 1870). 12°. (2 Rthl. Scheible, ca. 1872; 5 Mk. G. Klötzsch, Lpz., 1885.)
85 S. (incl. Tit.). Mit 5 schlechten versiegelt. Illustr. V e r b o t e n vom L.-G. Prag, 10. Sept. 1885. § 516. — Sotad. Opus, enth. Reise einer emanzipirten jungen Amerikanerin in eine thüringische Pension, Liebeshändel mit Seeoffizieren, Pensionslehrern etc.

— — Dasselbe. (Ohne Illustr.) Ebd. 1870 (i. e. 1874). 12°. 87 S.

Bekenntnisse eines Apostaten, s.a. S a m m l u n g zeitgemäßer Broschüren.

Bekenntnisse eines A p o s t a t e n. Von H. — Graz: Styria 1901. 16 S. 8° (Sammlung zeitgemäßer Broschüren. 12.) 21.
15.

— 2. Aufl. Ebd. 1901. 16 S. 8° (Sammlung ... 12.)
300:453.601–A. Per. 12.
15.

— aufrichtige u. belehrende, eines Hypochondristen u. seine glückl. Heilung. Geschrieben von ihm selbst, (v. K. F. A. Dähne). 8. Chemnitz 804. N. A. 814. (Starke). 20 ℛ

Bekenntnisse, die, des heil. Augustins, s.a. Augustinus.

— Dasselbe, s.a. auch Leitsterne, 3r Thl.

Bekenntniße, die, des heil. Augustins. 8. München, Glel. 819.

Bekenntnisse des heiligen Augustinus. Aus dem Lateinischen der Mauriner-Ausgabe übersetzt von weil. J. P. S i l b e r t. 5. wohlf. Aufl. 8. (399 S.) Wien, Mechitb. Congreg. B. geb. 1 . 10 kr.
1860

— der Prinzessin Elisabeth Charlotte v. Orleans; aus ihren Originalbriefen herausg. (v. K. F. Pockels). 8. Danzig 791. (Lpz., Kummer). 12 ℛ

Bekenntnisse und E n t h ü l l u n g e n eines Spiritisten. Psichofisiologische daten zur bewusstsnissförderung d. Menschheit durch erspriessliche lösung d. Welträthsels. In 4 bis 8 Liefgn. — (Capodistria: Cobol & Priora) 1893. 33 S. 8° 300:197.646–B.

Bekenntnisse und E r f a h r u n g e n eines Gewerbtreibenden über den Branntweingenuß, aus seinem Leben von ihm selbst dargestellt. — Görlitz 1844: Wilhelms. 15 S. 8° (Görlitzer Enthaltsamkeitsschriften. 1.) 2. 29.
15.

BEKENNTNISSE, Erotiſche, des Abbé Pineraide (Steifſchwanz). In vier Bänden. Ohne Angabe von Verleger, O. u. J. 12°. 108 S. Lateiniſche Lettern.
[B. I, 220.]
Hayn, I, 220 verzeichnet die deutſche Überſetzung, gibt aber nur 106 fortlaufend gez. Bl. (ſtatt 108 Seiten!) an. Er läßt das Wort »Steifſchwanz« aus dem Titel aus.

BEKENNTNISSE, E r o t i s c h e, d e s A b b é P i n e r a i d e (. . . , .) (Priapische Scenen tollster Art.) In 4 Bdn. (zus. in 1 vol.). (Aus d. Französ.) O. O. u. J. (c. 1896). Kl. 8°.
106 fortlauf. gez. Bl. (incl. Tit.). Lat. Lett. Die Titel dieser vereinigten 4 Abthlgn. sind zu obscön, um sie hier wiedergeben zu können.
O r i g.: Confessions érotiques de l'abbé Pineraide en 4 luvres. S. l. n. d. 8°. (10 Mk. Ottmar Schönhuth, München, c. 1905.) Vergriffen!

— — Dasselbe. Von *Emilie Bl****. Ins Deutsche übertragen von V. C o n d o r (ps.). P r i v a t d r u c k (c. 1908.) (Mk. 12.—.)

BEKENNTNISSE, Erotiſche, des Abbé Pineraide. Von Emile Bl... Aus dem Franzöſiſchen von V. Condor. Wien (C. W. Stern 1909). 8°. 117 S.

E v a n g e l i s c h e Bekenntnisse von Luther, von den ersten Anhängern der Reformation, vom deutschen Kaiser Wilhelm und vom deutschen Kronprinzen dem deutschen Volke zu bleibender Erinnerung an die Lutherfeier übergeben. — Köln: Hartmann [1883]. 20 S. 8°
1:Luth. 10265.
15.

Bekenntnisse einer schönen Frau. 8 Thle., s. Aus d. Leben ꝛc.

BEKENNTNISSE e i n e r s c h ö n e n F r a u, s. C a s a n o v a f e m e l l e.

Bekenntnisse, Freie, eines Veteranen der Maurerei und anderer geheimen Gesellschaften. ... Leipzig 1824. V: *Schütz, Friedr. Wilh. von.* (Kl) (NN)

Bekenntnisse eines katholischen G e i s t l i c h e n. Nach dessen Tode aus d. hinterlassenen Tagebuche veröffentlicht von Justin Maguedas, u. nach d. franz. Orig. übertr. von e. deutschen Priester. — Winterthur: Hegner 1846. VIII, 160 S. 8° 1:Di 4120. 2.
15.

— eines katholischen Geistlichen. Nach dessen Tode aus dem hinterlassenen Tagebuche veröffentlicht von Justin Maguedas, und nach dem französ. Original übertragen von einem deutschen Priester. 8. (VIII und 160 S.) Winterthur 847, Literarisches Comptoir von Hegner, älter.

Bekenntnisse eines Hagestolzen, von E. Mächler. 8. Berlin, Schmidt. 821.

Bekenntnisse des Ex-Ministers Hirkus, v. K. G. Cramer; e. Schwanz zum goldenen Kalbe. 8. Lpz. Joachim.

Bekenntnisse des Exministers Hirkus; ein Schwanz zum goldenen Kalbe. Leipzig 1806. V: *Cramer*, *Carl Glob.* (GGr)

BEKENNTNISSE eines Hoftheater-Direktors. Theaterroman in 2 Bdn. u. 4 Büchern. Grossenhain 1883. 8°. (3 Mk. W. H. Kühl, Berlin, 1884.)
„Sehr pikant!" 242+187 S.

Bekenntnisse und Irrungen eines Modernen. — Dresden: Diegmann 1908. 64 S. 8° 1:N 13.23. 30.
15.

— u. Irrungen eines Modernen. (64 S.) 8. Dresden 908. Pankow b/Berlin, O. Linser Verl. 1.20

Bekenntnisse, Julchens, aus der Ehe. Leipzig 1805. V: *Störchel.* (BGE)

Bekenntnisse zweier Convertiten [Konvertiten] über die neuesten religiösen und politischen Fragen. — Tübingen: Laupp 1856. 80 S. 8°
1:Di 5140. 10. 12:Polem. 3039–24. 24. 27.
15.

— aus dem Leben der heil. Theresia von Jesu, Stifterin der Barfüßer-Carmelitinnen; von ihr selbst beschrieben. Ins Deutsche übertragen. gr. 8. Frankfurt 1827, Andreä. 1 Thlr. 20 Ngr. — 3 fl.

— d. Gräfin v. Lichtenau, ehemal. Mad. Ritz. 2 Hefte. 8. Kothen 798. Aue. 11 gr

Bekenntnisse der Gräfin Lichtenau, ehemahlichen Madame Rietz. H. [1.] 2. — Pyrmont 1798. 8°
Als Verfasser wird Johann Christian Siede genannt.
2 u. d. T.: Unpartheiisches Verhör d. Gräfin Lichtenau oder ihrer Bekenntnisse 2. H.
2. 4 [∞2]. 11 [∞2]. 14. 15 [∞2]. 27 [∞2]. 30 [∞1].
15.

Bekenntnisse großer Männer. — (Dillenburg: Dönges [um 1890].) 4 S. 8° ([Traktate aus d. Verlag d. Geschwister Dönges.] 24.) 12: Asc. 5413 ma.
15.

— merkwürd. Männer von sich selbst, herausg. v. Jh. Geo. Müller. Mit e. Vorrede v. J. G. v. Herder. 5 Thle. 8. Winterth. 790—810. Steiner. 6 Rthl 1 gr

Bekenntnisse merkwürdiger Männer von sich selbst. Hrsg. von Joh. Georg Müller. (4ff.: Fortgesetzt von **.) Bd 1–6. — Winterthur: Steiner 1791–1810. 8°
1. Nebst einigen einleitenden Briefen von Hrn. Vicepräsident Herder. 1791. 2. 1793. 3. 1795.
4. Charakterzüge, Grundsätze u. Meinungen d. Königin Christine von Schweden. 1801. 5. 1802. 6. 1810.
1:Pb 1544. 7. 8. 12 [∞1]: Biogr. C. 233–2/6. 21. 30. 300: [∞1.3]: 592.051–B. 2.4/6.
15.

— 2., verb. Ausg. (3: 2. Aufl.) Bd 1.3. Ebd. 1806–22. 8°
1. Nebst einigen einleitenden Briefen d. seligen Hrn. v. Herder. 1806. 3. 1822.
1.3 . . . . 3. 35. 300: 592.051–B. 1.3.
1 . . . 5. 6. 7. 9. 12: Biogr. C. 233–1. 17. 22. 27. 33.
15.

Bekenntnisse der Marwood aus ihren hinterlassenen Papieren gesammelt. — Halle: Gebauer 1784. 128 S. 8°
1:2 in Yv 7711.

Bekenntnisse und Verpflichtungen, Meine. Dem erneuerten und erweiterten Nachdenken christlicher Jugend bestimmt. 3. Aufl. Stuttgart 1828. V: *Dann*, *Christian Adam.* (Ky)

Bekenntnisse, Meine, über die Weiber. Berlin 1800. V: *Flittner*, *Christian Gottfr.* (BGG) (Ky) S. a. Nr. 4858.

— meine, üb. d. Weiber. 8. Berl. 800. M. Oehmigke. (Sander). 1 Rthl 8 gr

Bekenntnisse, Molly's, oder so führt Unbefangenheit ins Verderben; eine wahre Geschichte. . . . Leipzig 1804. V: *Rave*, *Judith geb. Freiin v. Scheither.* (GGr) (Schl)

Bekenntnisse eines preußischen Offiziers. — Hamburg: Hoffmann & Campe 1848. XII, 82 S. 8°
1:Sy 389. 2. 10. 14. 17. 18. 38. 209. 302.
15.

Bekenntnisse eines Opiumessers. Aus dem Englischen von Amalie Winter. Weimar 1840. V: *Quincey*, *Thomas de.* (Zeitschr. f. Büch. 1923, S. 79.)

Bekenntnisse eines Opiumessers. Aus d. Engl. v. Amalie Winter. 8. Weimar 840. Voigt. 1 Rthl

Bekenntnisse e. alten Pfarrers (JG Dreydorff). In Briefen an s. Frau. 8° (198) Lpzg 94. H Haessel. 1.60

Bekenntnisse e. kirchlich-liberalen u. bish. national-liberalen Pfarrers. (Unsere zukünftige Politik.) (Von Karl.) (16 S.) 8. Karlsruhe (908). Buchdr. Fidelitas. p. — 25

— e. Philosophen aus dem Jenseits. Mediumistisches Diktat. (Von M. de Rebka.) (28 S.) 8. Leipzig (910). O. Mutze. — 80

BEKENNTNISSE des Abbé Pineraide (Steifschwanz). Paris, Erzbischöfliche Druckerei, 1905. 8°.
Verb. d. Ldg. I Berlin 4 C. M. 71/00.

Bekenntnisse, die, e. Prinzessin. 1.—15. Taus. (à 352 S.) kl. 8. Wien (905). Wiener Verlag. n. 3. —; geb. n.n. 4.60

Bekenntnisse, Die, einer Prinzessin. Wien 1906. V: *Louise, Königin von Sachsen* (??). (BGE I[3], 220) V: *Salten, Felix* (= *Sigmund Salzmann*). (EB)

BEKENNTNISSE, Die, einer Prinzessin. Wien u. Leipzig, Wiener Verlag (um 1910). 8°.
Verb. d. Ldg. Aurich 2 J. 624/12.

Bekenntnisse und Prophezeihungen. Das Testament e. katholischen Priesters. — Nürnberg: Rüll 1885. 16 S. 8°
1:Dv 20600. 12:Hvm. 1562 m/13. 20.
15.

— eines Protestanten über den Kultus seiner Kirche etc. gr. 8. Berl. 812. Flittner. 9 gr

Bekenntnisse eines Protestanten über den Cultus seiner Kirche, die Nothwendigkeit einer Reform desselben und über die Ideen einer Vereinigung aller christlichen Religions-Formeln im Gesichtspunkte der Moral und Politik. Berlin: Neue Sozietäts-Verl. Buchh. 1812. 51 S. 8°
2. 17.
15.

Bekenntnisse der freien Religions-Gemeinde zu Nordhausen. 3. Ausg. — Nordhausen: Förstemann in Comm. 1870. 15 S. 8° 1:Theol. Flugschr. 1870–17.
15.

Bekenntnisse von Julius Rudolph, vormaligem Prediger der kathol. Dissidentengemeinde in Danzig. Ein Sendschreiben, gerichtet an die sog. Deutschkatholiken bei seiner Rückkehr zur kath. Kirche. Leipzig. Liebeskind. 1846. 8°. 32 S.

BEKENNTNISSE eines Schriftstellers. Wien, C. W. Stern, 1909. 8°.

Bekenntnisse eines Schwindlers oder Enthüllungen aus dem Leben und Treiben der Mucker. Ein Hamburger Volksroman. — Hamburg: Lembcke 1855. 480 S. 8°
18.
15.

— einer Seele, die ihr Vaterland im Himmel sucht. Von d. Herausgeb. d. goldenen Büchleins. 12. (150 S. u. 1 Lith.) Einsiedeln 848, Gebr. Benziger. 1/3 ₰

Bekenntnisse einer schönen Seele ... Berlin 1806. V: *Ahlefeld, Charlotte Sophie Louise Wilhelm.* (LS I, 7) Dagegen: GGr VI, 428—429. S. u. I, 4863.

Bekenntnisse einer schönen Seele, von ihr selbst geschrieben. Berlin 1806. V: *Unger, Friederike Helene geb. von Rothenburg.* (Schl) *Buchholz, Paul Ferd. Friedr.* (GGr) (Ky) (Schl) *Unger & Buchholz.* (MGT)

— e. schönen Seele, von ihr selbst geschrieben, (herausg. v. Fr. Buchholz). 8. Berl. 806. Unger. (Reimer). 1 ₰ 12 gl

— sieben, eines großen Sünders. Aus d. Lat. v. Jh. M. König. 12. Augsb. 821: Doll. 3 gl

—— sieben, ein. groß. Sünders, womit er die Barmherzigkeit Gottes anfleht. A. d. Latein. nach d. vatikan. Ausg. übers. v. J. M. König. 2, unveränd. Aufl. 12. (3 B. u. Titkpfr.) Augsburg 832. (Landshut, Manz.)

Bekenntnisse eines Soldaten. 1850
s.a. *Babarczy*, Emerich v.

— eines Soldaten (von v. Babarczy). gr. 16. (52 S.) Wien 850. (Manz.) baar 1/4 ₰

— e. Stundisten, s.a.: Hefte zum Christlichen Orient. Nr. 9.

Bekenntnisse eines Stundisten. Übers. u. mit Vorw. vers. von Christophilos. — Großlichterfelde: Deutsche Orient-Mission 1905. 22 S. 8° (Hefte zum Christlichen Orient. [Ser. 1,]9.)
1: Uk 7836/4-9. 5. 11. 12: H. ref. 602 s-I,9. 21. 26. 302.
15.

Bekenntnisse e. großen Sünders, womit er die Barmherzigkeit Gottes anfleht. Aus d. Latein. von J. M. König. 12. Augsburg 1832, Doll. 8 kr.

BEKENNTNISSE, Die, eines Thoren, durch den Ritter von der B***, oder der Marquis von Flanval. 2 Thle., aus dem Französ. übers. Hamburg, b. Joh. Adolph Martini. 8°.
O. M. V. 1750, S. 60, a. l. f. n. p. — Wirklich erschienen?

— unfreiwillige, e. Jesuiten-Paters üb. den Übertritt August des Starken u. üb. die seitherigen Beziehungen des Hauses Wettin (albertinische Linie) zur „Gesellschaft Jesu" (S. J.). (Von Germanicus.) (80 S.) 8. Dresden (903). P. Seemann. n. — 75

Bekenntnisse eines Unpartheyischen über Orthodoxie, Heterodoxie, Socinismus und Deismus. — o. O. [um 1790]. 71 S. 8°
23.
15.

Bekenntnisse e. glücklichen Vaters, e. Weihnachtsgeschenk f. gute Söhne. *Lpz.*, Hinrichs. (...) 811. 8° 8 gl

— e. glückl. Vaters, (v. H. A. Kerndörfer). 8. Weißenf. 796. Mit n. T. Leipz. 811. Hinrichs. 8 gl

— e. Veteranen d. Maurerei ꝛc., s. v. Schütz.

Bekenntnisse eines evangelischen Volksschullehrers. Veranlaßt durch d. Streitsache zwischen Dr. A. Diesterweg u. L. Emmerich. — Solingen: Pfeiffer 1844. 51 S. 8°
1: 1 in Nc 2802.
15.

Bekenntnisse eines Zeitungs-Schreibers und deren Folgen. Ein Spiegelbild d. Zeit. — Königsberg: Rosbach [1863]. 7 S. 8°
10. 30.
15.

Bekenntnisse einer alten Zigeunermutter. Bewährte Deutungen der menschl. Zufälle und Lebensereignisse, Enthüllungen der Zukunft, Warnungen ꝛc. Hrsg. von der 80jähr. Barbara v. Santafe. 16. (28 S.) Königsberg 866, Richter. (Leipzig, Hans Barth.)

Bekenntnisse eines Civilisten [Zivilisten]. Nicht von Q. E-ch. — Leipzig: Costenoble & Remmelmann 1850. 55 S. 8°
7. 12: Pol. g. 1023-28. 300: 43.861-A.
15.

Bekenntnisse eines Civilisten über Babarczy und seine Gegner. Wien 1850. V: *Endlich, Quirin.* (Mitth. H. Friedjung.) (Endlich, Öffentlichkeit d. Gegenwart u. ihre Folgen. Wien 1851. S. 54.)

Bekenntnisse eines Zwanzigjährigen. Gerichtet an Alice Henriette Piringer in Wien. In ihrem Auftrag und mit ihrer Hilfe hrsg. v. Alice Fliegel. Berlin 1909. V: *Piringer, Hans.* (EB)

— eines Zwanzigjährigen. Gerichtet an Alice Henriette Piringer in Wien. In ihrem Auftrag u. m. ihrer Hilfe hrsg. v. Alice Fliegel. (328 S.) 8. Berlin (909). Harmonie. 8.—; geb. 4.—

Zwei Bekenntnisse der Deutsch-Katholiken. Mit Anm. versehen. — Stuttgart: Evang. Ges. 1845. 15 S. 8°
Aus: Süddeutsche Warte. 1. 1845.
21. 24.
15.

Bekenntnißschriften, s. Bekenntnisschriften

Bekenntnißstand, s. Bekenntnisstand

Bekenntnisstand. — Der Bekenntnißstand der evangelisch-protestantischen Kirche im Großherzogthum Baden und insbesondere die hierüber in § 2 der Unions-Urkunde enthaltenen Bestimmungen. Vortrag d. evangelischen Oberkirchenrathes an d. General-Synode d. Jahres 1855. Karlsruhe (1855): Hasper. 64 S. 8°
1: Si 2125. 8.
15.

Ueber den Bekenntnißstand der Reformirten Kirche in Churhessen. Nachtr. zu d. Bericht über d. reformirte Conferenz in Frankfurt a. M. — Erlangen: Deichert 1855. 48 S. 8°
Aus: Neue reformirte Kirchenzeitung. 1854.
7. 11. 12: H. ref. 406-2. 30. 101.
15.

Bekenntniß-Wirren, die Leipziger, u. Dr. Vogels Abfall. Von Johannes dem Theologen. gr. 8. Grimma 844, Verl.-Compt. 1/8 ₰ Vergl. Confessionsfrage.

Bekenntnus, s.a. Bekenntnis

BEKENNTNUS des katholischen Glaubens. Ofen 1730. Gedr. bey Joh. G. Nottenstein. 4 S. - 8°

Bekenntnüss, s.a. Bekenntnis

Die Bekenntnüss der Kirchen zu Hamburg, in welcher enthalten I. Der dreien Städte Lübeck Hamburg und Lüneburg Bekenntnüss und Erklärung auf das Interim. II. EE Ministerii zu Hamburg Lateinischer Brief an die Theologos zu Wittenburg von denen Mitteldingen. III. Derer Prediger zu Hamburg und Lüneburg Antwort auf D. Andreae Osianders Bekenntnüss von dem Mittler Jesu Christo und der Rechtfertigung des Glaubens in lateinischer Sprache gestellet. IV. Derer Prediger zu Lübeck Hamburg Lüneburg und Magdeburg Erklärung wider D. Georg. Majorem in der Lehre von der Rechtfertigung. Und V. EE. Ministerii zu Hamburg schlechte und rechte Bekänntnüss von dem hochwürdigen Sacrament des Leibes und Blutes unsers lieben Herrn Jesu Christi, nebst einer treuen Vermahnung und Warnung an die Christliche Gemeine: . . . . hrgg. durch **Nicolao Staphorst.** Hamburg. 1728. Bei desselben: Hamburgische Kirchen-Geschichte. Th. 2, Bd. 1. 4° k.

Beker, August: Vierzeilen und Gaselen. — München 1880: (Weifenbach). 38 S. 8° 28.

Beker, Clemens

— — Compend. juris decretalium. 8. Ib. 1772, Aschendorff. 10 Ngr. — 36 kr.

— — Decretum Gratiani abbreviatum. 8. Monasterii 1781. 10 Ngr. — 36 kr.

— — Dissertationes ad hist. Conciliorum general. de divina incarnatione. 8. Ibid. 1776. 10 Ngr. — 36 kr.

— — Dissertationes theologicae. 2 Tomi. Edit. 2a. 8. Monast. 1802, Aschendorff. 25 Ngr. — 1 fl. 30 kr.

Beker, Clem., Historia ecclesiastica practica Lib. I—VII. Saecul. I—XV. 8. Münster 1782—87, Aschendorff 4 Thlr. c. indices 4½ Thlr. — 7 fl. 48 kr.

— — Jus ecclesiasticum universale antiquum per prima septem saecula. 4. 1777, Aschendorff in M. 15 Ngr. — 54 kr.

— — Kirchengeschichte des 16en und 17en Jahrhunderts. gr. 8. Ebendas. 1791. 25 Ngr. — 1 fl. 30 kr.

Beker, Cunradus s. *Becker*, Konrad.

Bekerman, Lucjan: Die wichtigsten Mittel der parlamentarischen Kontrolle im Deutschen Reich, England und Frankreich. Borna-Leipzig 1910: Noske. IX, 87 S. 8°
Heidelberg, Jur. Diss. v. 6. Aug. 1910, Ref. Jellinek
[Geb. 13. Aug. 86 Firlej; Wohnort: Radom; Staatsangeh.: Rußland; Vorbildung: Gymn. Krakau Reife M. 07; Studium: Leipzig 2, Zürich 2, Krakau 1, Heidelberg 5 S.; Rig. 23. Juni 10.] [U 10. 1833

Bekers, Hub. (Prof.), Mittheilungen aus merkwürd. Schriften der beiden letzten Jahrhunderte über d. Zustand d. Seele nach dem Tode. 2 Hefte. 8. Augsburg 1834—35, Kollmann. à 1 fl. 21 kr. 1⅓ Thlr. — 2 fl. 42 kr.

— — über * Göschel's Versuch eines Erweises der persönlichen Unsterblichkeit. gr. 8. Hamburg 1836, Fr. Perthes. ⅔ Thlr. — 1 fl. 12 kr.

Békéss, Aladár, Alkohol u. Eisenbahn. (20 S.) gr. 8. Wien 906. (Brüder Suschitzky.) n. — 30

Békéss, Aladár: Alkohol und Eisenbahn. — Wien: (Zeitschrift für Eisenbahnhygiene [usw.] 1906. 20 S. 8° 1: Fd 9318/40. 29. 30. 302. 15.

— Die Prüfung des Sehorganes beim Eisenbahn- und Dampfschiffpersonale. — Leipzig: Konegen (in Komm.) 1908. 200 S. 8° 12: A. hydr. 302. 302. 15.

— Über Seh- und Farbenprüfung im Eisenbahndienst. Vortrag. — Wien: Club österreichischer Eisenbahn-Beamten [1907]. 17 S. 8°
Aus: Österreichische Eisenbahn-Zeitung. 30. 1907.
302. 15.

— s.: Zeitschrift f. Eisenbahnhygiene.

Beketoff, A., die Ernährung der Menschen in der Gegenwart u. in der Zukunft. Aus dem Russ. übers. von Ludw. Bauer. gr. 8. (IV, 71 S.) Rudolstadt 882. Hartung & Sohn. n. 1. —

Beketoff, N., recherches sur la formation et les propriétés de l'oxyde de sodium anhydre, s.: Mémoires de l'académie impériale des sciences de St.-Pétersbourg.

Békey, Emmerich G. s. *Békey*, Imre Gábor.

Bekey, Emerich J., s. Bekey, Imre Gabor

Békey, Imre Gábor: Reform-Schach. — Budapest [1905]: Várnai. 185 S. 8° 1: Os 16573/4. 12: Gymn. 5ad. 15.

Békey, Emerich J., Reform-Schach. (187 S. m. Diagr.) gr. 8. Budapest (906). (O. Nagel jun.) n. 8. —

Bekford, Wlh.
— Beschr. d. Insel Jamaica. 2 Thle. 8. Berlin, Voß. 790.

— maler. Beschreibung d. Insel Jamaika. A. d. Engl. 2 Thle. 8. Berl. 791. Voß. 18 gr.

Bekford, W. Gesch. v. Frankr. etc. n. d. Engl. 4 Bde. gr. 8. Leipz. Grdff. 795 — 98. (1r u. 2r à 1 Rthlr. 4 gr., 3r 1 Rthlr. 8 gr., 4r 1 Rthlr. 4 gr.)

Bekford, Wlh., Gesch. v. Frankreich etc. v. den ältesten bis auf die neuesten Zeiten; aus d. Engl. v. J. J. C Fick. 4 Bde. gr. 8. Leipz. 795 — 98. (Wienbrack). 4 Thlr. 20 gr.

Bekh, Johann Josef s. *Beckh*.

Bekh-Widmanstetter, Leopold v.
— Aeltere Grab-Denkmale in Kärnten. Separat-Abdruck aus den „Mittheilungen der k. k. Central-Commission zur Erforschung und Erhaltung der Kunst- und historischen Denkmale", Neue Folge, vom XVIII. Jahrg., 1892. (Mit mehreren Illustrationen im Texte.) 8. Wien 1892.

Bekhen, Johann Josef s. *Beckh*.

Bekherung, Paul: A Monssie Monssie Warmund Christlich meus amatus cognatus, et indignus domus servus in catholicus, parochie aula Salzburgum extra montibus. Francko. (Verf.: Paull Bekherung.) — Dat. o. O. 1. Jenner 1732. 4 Bl. 2° 1: 8,3 in 2° Sy 10925. 12: 2° Ded. 125/6.

Bekić, Thdr., Anregungen zur rationell. Verbesserung unserer jetzigen Truppenerziehung, Ausbildung u. Führung. Für unsere Offiziere aller Waffen. Suppl. zu den „Leichtfassl. Besprechngn. üb. die moderne angewandte Taktik I. u. II. Tl." (144 S.) gr. 8. Budapest 906. (C. Grill.) 8. —

Bekić, Thdr., leichtfassliche Besprechungen üb. die moderne angewandte Taktik. I. u. II. Tl. gr. 8. Budapest, C. Grill. à n. 3. —
I. 21 selbstständ. Aufgaben nebst Lösgn. Für die takt. Ausbildg. unserer jüngeren Truppenoffiziere u. der Kadetten. (201 S.) 904.
II. Mitwirkung e. Festungsdetachements aller Waffen beim Vorstoss e. grösseren Nachbarkörpers. Marsch. Ruhe. Gefecht. Für die takt. Ausbildg. unserer älteren Offiziere aller Waffen. Mit 7 Oleaten. (III, 176 u. VI S. m. 1 Taf.) 905.

Bekić, Thdr: Leichtfassl. Besprechg üb. d. moderne angewandte Taktik. II. Tl u. Suppl. gr8° Budap., (C Grill). Je 3 —
(I, II u. Suppl.: 9 —)
II. Mitwirkg e. Festgsdetachements aller Waffen beim Vorstoss e. grösseren Nachbarkörpers. Marsch. Ruhe. Gefecht. Für d. takt. Ausbildg uns. ält. Offiziere aller Waffen. (176 u. 6 m. 1 Taf.)'05. ‖ Suppl.: Anreggn z. rationellen Verbesserg uns. jetz. Truppenerziehg, Ausbildg u. Führg. (144)'06.

Bekjendtgjørelse, angaaende Besørgelsen af Regjerings-Forretningerne under Bestyrelsescommissionem for Hertugdømmet Sleswig. 1849 s. *Bekanntmachung*, betreffend die Besorgung der Regierungs-Geschäfte unter der Landesverwaltung für das Herzogthum Schleswig.

Bekiendtgiørelse af et Kongeligt aabent Brev, indeholdende Tillæg til den Nationalbanken under 4de Juli 1818 forundte Octroy, for Hertugdømmene Slesvig og Holsten. 1820 s. *Bekanntmachung* einer Königlichen Urkunde, enthaltend einen Zusatz zu der der Nationalbank unterm 4ten Juli 1818 verliehenen Octroy, für die Herzogthümer Schleswig und Holstein.

Bekjendtgjørelse, angaaende Nedsættelsen af en Commission til at varetage de slesvigske Overdicasteriers Forretninger. 1850 s. *Bekanntmachung*, betreffend die Niedersetzung einer Commission zur Wahrnehmung der Geschäfte der schleswigschen Oberdicasterien.

Bekjendtgjørelse, angaaende de Prøver, der udfordres til Ansættelse i den Kongelige Forsttjeneste i Hertugdømmerne Slesvig og Holsten. 1835 s. *Bekanntmachung*, betreffend die zur Anstellung im Königlichen Forstdienst in den Herzogthümern Schleswig und Holstein erforderlichen Prüfungen.

Bekiendtgiørelse af et Regulativ, hvorefter Adskillelsen mellem Bankinstitutet i Altona og Nationalbanken bliver at iværksætte. 1821 s. *Bekanntmachung* des Regulativs für die Auseinandersetzung des Bankinstituts in Altona mit der Nationalbank.

Bekjendtgjørelse, angaaende Tiltrædelsen af den for Hertugdømmet Slesvig under Vaabenstilstanden i Overensstemmelse med Conventionen af 10de Julii d. A. beskikkede Bestyrelsescomission. 1849 s. *Bekanntmachung*, betreffend den Antritt der Landesverwaltung für das Herzogthum Schleswig während der Dauer des Waffenstillstandes, in Gemäßheit der Convention vom 10ten Juli 1849.

Bekjendtgjørelse, angaaende Transittoldtarifen for Hertudommene Slesvig og Holsteen. 1838 s. *Bekanntmachung*, betreffend den Transitzolltarif für die Herzogthümer Schleswig und Holstein.

Bekiendtgiørelse, angaaende Udmyntning af Lauenborgske Totrediedeelsstykker. 1830 s. *Bekanntmachung*, betreffend die Ausmünzung von Lauenburgischen Zweidrittelstücken.

Bekjendtgjørelse, angaaende de til den stændiske Forsamling for Hertugdømmet Slesvig foregaaede Valg af Deputerede og Suppleanter. 1847 s. *Bekanntmachung*, betreffend die für die ständische Versammlung des Herzogthums Schleswig erfolgten Wahlen von Abgeordneten und Stellvertretern.

Bekir und Gulroui. Schausp. in einem Aufz. von R*. 1780. V: *Ratschky, Joseph Franz.* (GGr)

Bekis, Stergios Th. [aus Monaster '(Macedon.)']: Statistische Mitteilungen über einige Symptome des Typhus abdominalis ... Würzburg, Druck d. Stahel'schen k. Hofbuchdr., 1894; 2 Bl., 50 S., 1 Bl. 8.
Würzburg, Med. Fak., Inaug.-Diss. v. 1894

Bekk, s.a. Beck

Bekk. — Bekk und Andlaw. Ein Beitrag zur Charakteristik politischer Parteien d. Gegenwart. — Frankfurt a.M.: Brönner 1852. 44 S. 8°
5. 7. 12: Germ.sp.551-40. **16. 17. 25. 30.**
15.

Bekk, Annalen, s. Annalen.

Bekk [Red.], s. Jahrbücher des großherzoglich badischen Obergerichts.

Bekk, Jahrbücher des badischen Oberhofgerichts in Mannheim, s. Jahrbücher.

Bekk, Adolf
Bekk, Adf., Baiern, Gothen u. Longobarden. Beitrag zur Lösung der Bajuvarenfrage. Veröffentlicht aus Anlaß der VIII. Versammlg. deutscher Historiker. (35 S.) kl. 8. Salzburg (904). (E. Höllrigl.) n. — 45

Bekk, Adolf: Baiern, Gothen und Langobarden. Beitrag zur Lösung d. Bajuvarenfrage. Veröffentlicht aus Anlaß d. 8. Versammlung deutscher Historiker. — Salzburg [1904]: Zaunrith. 35 S. 8°
12: Bavar.221os. **14. 300:**434.519-A. **302.**
15.

— 'Das ist mein Oesterreich'. Gesammelte vaterländische Dichtungen. Zum 50jährigen Regierungs-Jubiläum Seiner apostolischen Majestät d. Kaisers u. Königs Franz Joseph I. von Oesterreich. — (Wien: Fromme 1898.) 59 S. 8°
1:Yo 27442. **300:**95.981-A. [u.ö.] **302.**
15.

— Jena gloriosa. Jubelfest-Hymne. Der Studentenschaft Jena's zur Feier d. Augusttage 1858 gewidmet. — o. O. [1858]. 4 S. 8° **27.**
15

Bekk, Adf., Erzherzogin Maria Antoinette. [Geboren 10. Jänner 1858, gestorben 18. April 1883.] Ein Gedenkblatt. 8. (27 S.) Wien 884. (Salzburg, Dieter.) *
Aus: Die Dioskuren, besonders abgedruckt.

— Das Papsttum und sein Verhältnis zu Kultur und Wissenschaft. Vortrag aus Anlaß d. vollendeten 90. Lebensjahres Seiner Heiligkeit Papst Leo XIII. Mit e. Beil.: Papst Leos XIII. Gründungsbrief der neuen vatikanischen Sternwarte. — Salzburg: Dieter 1901. 31 S. 8°
12: Bor.309 l/1. **38. 300:**42.243.
15.

Bekk, Adf., Ranken. Gedichte. München 862. Fleischmann. 16. (VIII, 136 S.) n. 15 ngr

Bekk, Adf., Ranken. Gedichte. 16. (VIII und 136 S.) München 862, [Merhoff's Verlag.] *

Bekk, Adf., Ranken. Gedichte. 2. Aufl. Wien 867. Hartleben. 16. (V, 100 S.) 15 ngr

Bekk, Adf., Ranken. Gedichte. 3., verm. Aufl. (VII, 184 S. m. Bildnis.) 12. Wien (904). A. Hartleben. Geb. in Leinw. n. 3. 60

— Shakespeare. Des Dichters Bild, nach d. Leben gezeichnet. — Paderborn: Schöningh 1902. 141 S. 8°
1:Zc 4907/28. **6. 7. 14. 38.**
15.

— Shakespeare und Homer. Ein Beitrag zur Literatur u. Bühne d. englischen Dichters. — Pest, Wien [usw.]: Hartleben 1865. 160 S. 8°
Darin außerdem: Shakespeare, William: Die Griechen vor Troja [Troilus and Cressida, deutsch]. (Übers.: Adolf Bekk.)
1:Zc 4576. **4. 15. 24. 300:**71.084-A. [u.ö.] **302.**
15.

— William Shakespeare. Eine biographische Studie. Festgabe zum 300jährigen Jubiläum d. Geburt d. Dichters. — München: Fleischmann 1864. 84 S. 8°
7. 12:P.o.angl.370qm. **15. 21. 24. 38. 300:**31.072.
15.

— William Shakespeare. Eine biograph. Studie. Festgabe zum 300jähr. Jubiläum der Geburt des Dichters am 23. April 1564. 8. (84 S.) München 864, [Merhoff's Verlag.]

— die Vertheidiger Wiens in den Türkenkriegen 1529 u. 1683, s.a. Helden, unsere.

— Die Vertheidiger Wiens in den Türkenkriegen 1529 und 1683. Festgabe zur 2. Säcularfeier im Jahre 1883. — Salzburg: Dieter 1883. 72 S. 8° **1:**Sc 2805. **308.**

— — Die Vertheidiger Wiens in den Türkenkriegen 1529 und 1683. — Ebd. 1883. 72 S. 8° (Unsere Helden. 7.)
308. 300:507.794-A.7. **302.**
15.

— — 2. Aufl. Ebd. 1907. 63 S. 8° (Unsere Helden. 7.)
308.
15.

— Wohin? Gedichte. Neue Sammlung. — Wien [usw.]: Prochaska 1882. III,159 S. 8°
1:Yo 19054. **300:**35.740. **302.**
15.

Bekk, Georg Theodor (Ansbach), Quaestionem an peccata semel remissa homini relapso denuo imputentur. Präs. Gottlieb Wernsdorf. Sept. 1708. Ed. II. Wittenberg (Wwe. Gerdes) 1721. 24 Bl. (4.80) 1924

Bekk, Johann Baptist: Anmerkungen zu dem Großherzoglich Badischen Gesetze über Einführung des Strafgesetzbuchs, des neuen Strafverfahrens und der Schwurgerichte. Karlsruhe: Malsch & Vogel 1851. IV,128 S. 8°
7. 12:40/5168/3. 16. 23.
15.

— s. Annalen der Großherz. Badischen Gerichte.

— Die Bewegung in Baden von Ende des Februar 1848 bis zur Mitte des Mai 1849. — Mannheim: Bassermann 1850. 367 S. 8°
4. 5. 9. 11.
12: Germ.sp.30e-1. 16. 17. 21. 24. 25. 26. 29. 30.
15.

— — 2., unveränd. Aufl. Ebd. 1850. 367 S. 8°
1: Si 702. 2. 3. 4. 7. 8→10. 12:40/5166. 14. 17. 23. 27. 28. 38. 300:400.360-B.
15.

— die Bewegung in Baden von 1848—1849. Ein Nachtrag in Beziehung auf die Druckschrift des Frhrn. v. Andlaw über Aufruhr und Umsturz in Baden. gr. 8. (VIII und 204 S.) Mannheim 851(52,) Bassermann.

— Ueber die Mündlichkeit und Schriftlichkeit des Verfahrens nach der neuen Prozeß-Ordnung. — Freiburg: Groos 1832. 42 S. 8°
Aus: Archiv für d. Rechtspflege u. Gesetzgebung im Großherzogthum Baden. 3. 1834.
3. 5. 7. 14. 16. 18.
15.

— das Großherzogl. Badische Preßgesetz vom 15. Febr. 1851, m. Erläuterungen. gr. 8. (IV u. 118 S.) Karlsruhe 851, Bielefeld. n. 2/3 Rthlr

— Ueber die dinglichen Rechte an Liegenschaften insbesondere über die Bewahrung derselben durch die Eintragungen in die Grund- und Pfandbücher. Nach d. französischen u. badischen Recht. — Karlsruhe: Braun 1831. VIII, 219 S. 8° 1: Gm 19290. 6. 7. 15. 16. 18. 25. 26. 302.
15.

Bekk, J. B., die Großherzogl. Badische Strafprozeßordnung. 1. Liefg. gr. 8. Mannheim 846, Bassermann. n. 24 ngr

— die Großherzogl. Badische Strafprozeßordnung erläut. 2. Lief. gr. 8. (S. 161—320.) Mannheim 847, Bassermann. n. 24 ngr (1 u. 2: n. 1 Rthlr 18 ngr)

— mündliche Vorträge über die Großherzogl. Badischen Strafgerichte, einschließlich der Schwurgerichte, u. das Verfahren derselben. Gehalten zu Karlsruhe. gr. 8. (IV u. 154 S.) Karlsruhe 851, Bielefeld. n. 1 Rthlr

Bekkarios, Kaisar s. *Beccaria*, Cesare.

Bekker s. auch *Becker*.

Bekker der Jüngere, Ornithologe, Rat im Großherzogl. Oberforstkolleg. Darmstadt. 1770-1836. 1799 s. *Bekker*, Georg.

Bekker: Die Aktionen des römischen Privatrechts, s. Bekker, Ernst Immanuel

Bekker, Balthas.
Christian Aug. Crusius Bedenken über die Schröpferischen [!] Geisterbeschwörungen mit antiapokalyptischen Augen betrachtet von Balthas. Bekker, dem jüngern. Berlin: [Nicolai] 1775. 36 S. 8°
Kl. 3345.

— D. Christian August Erusius [!] Bedenken über die Schröferischen[!] Geisterbeschwörungen mit antiapokalyptischen Augen betrachtet. — Ebd. 1775. 36 S. 8°
1: Na 598a. 3. 7.
15.

Bekker, Balthasar,
— [Kort Bericht der lyk-reden en lyk-predicatien, deutsch] Balthasar Beckers des Jüngern Kurtzer Bericht von dem Gebrauch und Mißbrauch der Leich-Sermonen und Leich-Predigten. Übers. von Johann Christoff Müllern. — o.O. 1703. 23 S. 8° 1: Ee 100. 18. 24. 30.
15.

— Bezauberte Welt. Neu übers. von Johann Moritz Schwager; durchges. u. verm. von Johann Salomo Semler. Bd 1-3. Leipzig: Weygand 1781-82. 8°
1: N 8790. 2. 3. 7. 8. 12: Phys.m.17b. 14. 16. 17. 18. 21. 26. 30. 38. 300:11.223. 302.
15.

Bekker, Betje s. *Bekker*, Elizabeth.

Bekker, C.: Bäckergewerbliche Zustände und deren beantragte Reformen. — Pest 1850: Lukács. 26 S. 8° 302.
15

Bekker, G. W., s. Ornithologie, deutsche.

Bekker, E.: Beiträge zur engl. Geschichte . . ., s. Bekker, Ernst

Bekker, E.: Das Recht als Menschenwerk . . ., s. Bekker, Ernst Immanuel

Bekker, E.I., s. Bekker, Ernst Immanuel

Bekker, Elizabeth
— [deutsch] Wilhelm Leevend. Eine moralische Geschichte aus d. würklichen Welt zur Befördrung d. Menschenkunde. Nach e. niederländischen Original d. Frau E. Bekker, verw. Wolff, u. d. Demoiselle A. Deken frei bearb. vom Verf. d. Siegfried von Lindenberg (d.i. Johann Gottrecht [vielm. Gottwerth] Müller) (2,2. 3,1.2: . . . aus d. wirklichen Welt zur Beförderung d. Menschenkunde. nach e. niederländischen Original d. Frau v. Becker u. d. Demoiselle A. Deken). Bd 1-3. — Berlin: Oehmigke [u.a.] 1798-1821. 8°
1(,1). 1798. 1,2. 2(1). Mainz [usw.]: Vollmer 1800.
2,2. 3,1. Frei bearb. von H. Müller. Hamburg [usw.]: Vollmer (1800-]21).
3,2. Bekker: Irrthum ist kein Verbrechen. Hamburg: Herold 1820(1821).
1[∞2,2;3]: Zh 6521/5. 4[∞1,1;2.3.] 18. 24[∞2.3].
15.

Bekker, Elizabeth:
— [deutsch] Sara Reinert, eine Geschichte in Briefen, dem schönen Geschlechte in Deutschland gewidmet vom Verf. d. Siegfried von Lindenberg. (Verf.: E. Bekker u. A. Deken; Übers.: Johann Gottwerth Müller.) Bd 1-4. — Berlin [usw.]: Nicolai 1796. 8° 1: Yv 10181. 4. 7. 12: P.o.germ. 960xd. 18. 300:45.409-A.
15.
— Bd 1-4. Ebd. 1806. 8° 9. 11. 15. 18. 38.
15.

Bekker, Erich [pr. Arzt aus Bromberg]: Über die Schwierigkeiten der Entfernung der Trachealcanüle . . . Heidelberg, Univ.-Buchdr. v. J. Hörning, 1892; 36 S., 1 Bl. 8.
Heidelberg, Med. Fak., Inaug.-Diss. v. [28. Juli] 1892

Bekker, Erich, üb. die Schwierigkeiten der Entfernung der Trachealcanüle. Diss. gr. 8. (37 S.) Heidelberg 892. (J. Hörning.) n. — 80

Bekker, Ernst, Beiträge zur engl. Geschichte im Zeitalter Elisabeths, s.a. Studien, Gießener, auf dem Gebiete der Geschichte. X. Hft.

Bekker, Ernst, Dr., Lehrer, Darmstadt. 1881: Beiträge zur englischen Geschichte im Zeitalter Elisabeths. [1.2.] — Gießen: Ricker 1887-99. 8° (Gießener Studien auf d. Gebiet d. Geschichte. 4.10.)
1: P 7410-4.10. 2→5. 7. 9. 10. 11. 12: H.misc. 293am-4.10. 14→18. 21. 24→30. 300:390.797-B.Per.4.10. 302.
15.

— — 1. Deutsche Bergleute, Münzverfeinerer und Landsknechte in England. 2. Die Bildungsreise von Thomas Cecil. — o.O. [1899]. S.68–81. 4°
Aus: Festschrift zur Einweihung d. Neubaus d. Viktoriaschule 1898. 1899.
14.
15.

Bekker, Ernst, Hof-Buchdrucker, Darmstadt, 1794–1856. 1837. Das Buchdrucker-Wappen. Ein Versuch demselben seine ursprüngliche Gestalt u. Bedeutung wieder zu geben. Als bescheidener Beitrag zur Verherrlichung Gutenberg's. Entworfen bei Gelegenheit d. Inauguration seines Monuments am 14. Aug. 1837. — Darmstadt 1837: Stahl & Bekker. 10 S. 8° **17. 26. 30.**

Bekker, Ernst, Elisabeth u. Leicester, s.a. Studien, Gießener, auf dem Gebiet der Geschichte.

— Elisabeth und Leicester. Beiträge zur Geschichte Englands in d. Jahren 1560 bis 1562. — Gießen: Ricker 1890. VI,131 S. 8° (Gießener Studien auf d. Gebiet d. Geschichte. 5.)
1: P 7410–5. **2→5. 7. 9. 10. 11. 12:** H. misc. 293am–5. **14→18. 21. 24→30. 300:** 390.797–B. Per. 5. **302.**
15.

— Gedenkbuch der Freiwilligen des Großherzogthums Hessen von 1813–1814. — Darmstadt [1853]: Bekker. 21 Bl. 4° **17. 26.**
15.

— Der Stachel des Löwen an dessen Schweif-Ende ... Mit naturgetreuen Abb. u. e. Anhange neuerer Entdeckungen. Darmstadt 1855: Bekker. 47 S. 8° **17.**
15.

— Stammtafel des Landgräflichen Hauses Hessen-Homburg. ⟨Mit historischen Notizen.⟩ Nach Urkunden aufgest. u. hrsg. von Ernst Bekker u. Johann Georg Hamel. — (Darmstadt 1858: Bekker.) 1 Bl. gr. 2° **26.**
15.

Bekker, E., Maria Stuart, Darley, Bothwell, s.a. **Studien, Gießener, auf dem Gebiet der Geschichte.**

Bekker, Ernst (Pfiffligheim)
Maria Stuart, Darley, Bothwell. Erster Abschnitt.
Giessen: W. Keller 1881. 83 S.
Diss. phil. 11.2.1881.

— Maria Stuart, Darley, Bothwell. Mit e. Vorw. von W. Oncken. — Gießen: Ricker 1881. XI,387 S. 8° (Gießener Studien auf d. Gebiet d. Geschichte. 1.)
Erschien teilweise auch als Diss. Gießen 1881.
1: P 7410–1. **2→7. 9. 10. 11. 12:** H. misc. 293am–1. **14→18. 21. 23→30. 38. 300:** 390.797–B. Per. 1. **302.**
15.

Bekker, Ernst Immanuel, s.a. Bekker, Immanuel

Bekker, Ernst Immanuel: Die Aktionen des römischen Privatrechts. Bd 1.2. — Berlin: Vahlen 1871–73. 8°
1. Ius civile. 1871.
2. Prätorisches, richterliches, kaiserliches Recht. 1873.
1: Hd 995. **2→11. 12:** J. rom. m. 33tc. **14→18. 21. 24→30. 38. 302.**
15.

— Über Anfang und Ende des 'in iure'-Verfahrens im Römischen Formularprozeß: Ius dicere — litem contestari. — Weimar: Böhlau 1906. 45 S. 8°
Aus: Zeitschrift d. Savigny-Stiftung für Rechtsgeschichte. Romanistische Abt. 27. 1906.
302.
15.

— [Hrsg.] s. *Beitraege* zur Erläuterung und Beurtheilung des Entwurfes eines bürgerlichen Gesetzbuches für das Deutsche Reich. 1888–90.

Bekker, Ernst Imman., Üb. d. natürl. Beschaffenheit der Objecte uns. dinglichen Rechte. [Aus: „Sitzungsber. d. preuss. Akad. d. Wiss"] gr. 8. (22 S.) Berlin 898. (G. Reimer.) n. 1.—

— Der Besitz beweglicher Sachen. Nach d. 2. Lesung d. Entwurfs e. bürgerlichen Gesetzbuchs für d. Deutsche Reich. Jena: G. Fischer 1895. 81 S. 8°
Aus: Iherings Jahrbücher für d. Dogmatik d. heutigen römischen u. deutschen Privatrechts. 34. 1895. **5. 6. 11. 27. 302.**
15.

— Hugo Böhlau 1833–1887. — o.O. [1877]. 31 S. 8°
Aus: Zeitschrift d. Savigny-Stiftung für Rechtsgeschichte. Germanistische Abth. 8. 1887. **3. 90.**
15.

— Über die Couponsprocesse der österreichischen Eisenbangesellschaften [!] und über die internationalen Schuldverschreibungen. — Weimar: Böhlau 1881. XII,196 S. 8°
1: Nz 41660. **2→11. 12:** Merc. 22f. **15. 16. 25. 27→30. 300:** 53.843–B. **302.**
15.

Bekker, Ernestus Immanuel: De emptione venditione quae Plauti fabulis fuisse probetur. Berolini: Hertz (1853). 35 S. 8°
Halle-Wittenberg, Jur. Hab.-Schr. v. 20. [vielmehr: 26.] Juli 1853

— Zur Erinnerung an meinen Vater. 8°
Aus: Preußische Jahrbücher. 29. 1872. **1:** At 9826. **7.**
15.

— Ernst und Scherz über unsere Wissenschaft. Festgabe an Rudolf von Ihering zum Doctorjubiläum. — Leipzig: Breitkopf & Härtel 1892. VIII,250 S. 8°
1: Fl 2264. **2. 3. 5→8. 11. 12:** Jur. is. 11df. **13→18. 21. 25. 26. 28. 29. 30. 38. 300:** 133.680–B. **302.**
15.

— Aus den Grenzmarken der geschichtlichen Rechtswissenschaft. — Weimar: Böhlau 1885. 28 S. 8°
Aus: Zeitschrift d. Savigny-Stiftung für Rechtsgeschichte. Romanistische Abth. 6. 1885. **2. 16.**
15.

— Grundbegriffe des Rechts und Mißgriffe der Gesetzgebung. — Berlin [usw.]: Rothschild 1910. 330 S. 8°
1: Fl 2423. **2→8. 10. 11. 12:** Ph. Pr. 110t. **14→18. 21. 24→27. 29. 30. 38. 300:** 471.429–B. **302.**
15.

— Grundriss zu Pandektenvorlesungen. — Heidelberg: Groos 1874. 46 S. 8° **5. 6. 15. 27.**
15.

[—] Von deutschen Hochschulen. Allerlei, was da ist, und was da sein sollte. Von e. deutschen Professor. — Berlin: G. Reimer 1869. 290 S. 8° **1:** Ay 1084. **2. 4. 5. 7. 9. 11. 12:** H. lit. T. 36q. **16. 18. 21. 24. 25. 26. 29. 30. 38. 302.**
15.

Bekker, Ernst Imman. (Hrsg.), s. Jahrbuch des gemeinen deutschen Rechts.

Die römischen Komiker als Rechtszeugen. Von E[rnst] I[mmanuel] **Bekker.** (Weimar [1892]: Hof-Buchdr.) (68 S.) 8°
Aus: Zeitschrift d. Savigny-Stiftung f. Rechtsgesch. Roman. Abth. Bd 13. (07. 1893)

— Die processualische Consumption [Konsumtion] im classischen römischen Recht. — Berlin: Hertz 1853. 339 S. 8° **1:** Gk 2580. **2→11. 12:** J. rom. m. 33t. **15. 16. 17. 21. 24→30. 302.**
15.

— Zur Lehre von Condictionen und adjecticischen Klagen. o.O. [1883]. 19 S. 8°
Aus: Zeitschrift d. Savigny-Stiftung für Rechtsgeschichte. Romanistische Abth. 4. 1883.
16.
15.

— Zur Lehre von den Legisaktionen. — Weimar: Böhlau 1904. 29 S. 8°
Aus: Zeitschrift d. Savigny-Stiftung für Rechtsgeschichte. Romanistische Abt. 25. 1904.
18. 302.
15.

— Zu den Lehren von L. A. sacramento, dem Utipossidetis und der Possessio (Schultze – Dernburg – Brinz). — Weimar: Böhlau 1884. 30 S. 8°
Aus: Zeitschrift d. Savigny-Stiftung für Rechtsgeschichte. Romanistische Abth. 5. 1884.
2. 11. 16.
15.

— Burkard Wilhelm Leist unter seinen Aequalen. — Weimar: Böhlau 1907. 31 S. 8°
Aus: Zeitschrift d. Savigny-Stiftung für Rechtsgeschichte. Romanistische Abt. 28. 1907.
1:Au 17083. 21. 302.
15.

Bekker, Ernst Imman., loci Plautini de rebus creditis. Greifswald 861. (Koch.) 4. (25 S.) n. 10 ngr.

— Ueber die Objekte und die Kraft der Schuldverhältnisse, geschichtliche Ueberschau, von der Zeit der Manusinjektion bis in die Gegenwart. — Weimar: Böhlau 1902. 32 S. 8°
Aus: Zeitschrift d. Savigny-Stiftung für Rechtsgeschichte. Romanistische Abth. 23. 1902.
25. 302.
15.

Bekker, E. Imman., vier Pandektisten, s.a. Professoren, Heidelberger, aus dem 19. Jahrh.

— Vier Pandektisten. — Heidelberg: Winter 1903. S. 135–202. 8°
Aus: Heidelberger Professoren aus d. 19. Jahrhundert. 1. 1903.
27.

— Alfred Pernice. 1841-1901. — o.O. [1901]. XII S. 8°
Aus: Zeitschrift d. Savigny-Stiftung für Rechtsgeschichte. Romanistische Abth. 22. 1901.
25. 302.
15.

— Das Recht des Besitzes bei den Römern. Festgabe an Johann Caspar Bluntschli zum Doktorjubiläum. — Leipzig: Breitkopf & Härtel 1880. 417 S. 8°
1:Gd 26343. 2→11. 12:J.rom.m.33x. 15→18. 21. 24.→30. 38. 300:417.099-B. 302.
15.

— Das Recht als Menschenwerk u. s. Grundlagen, s: Sitzungsberichte d. Heidelb. Akad. d. Wiss., Philos.-hist. Kl.

— Recht muss Recht bleiben, s.a. Festgabe z. Feier d. 70. Geburtstages d. Grossherzogs Friedrich v. Baden.

— Recht muß Recht bleiben. — Heidelberg: Koester 1896. 45 S. 8°
Aus: Festgabe zur Feier d. siebzigsten Geburtstages Seiner Kgl. Hoheit d. Grossherzogs Friedrich v. Baden. 1896.
6. 16. 30. 302.
15.

— Zur Reform des Besitzrechts. — Jena: G. Fischer 1891. 128 S. 8°
Aus: Iherings Jahrbücher für d. Dogmatik d. heutigen römischen u. deutschen Privatrechts. 30. 1891.
302.
15.

— Die Reform des Hypothekenwesens als Aufgabe des norddeutschen Bundes. — Berlin: G. Reimer 1867. XII, 88 S. 8°
1:Gm 19442. 3. 6→9. 11. 12:J.pract.22fz. 15. 16. 21. 24. 25. 27. 29. 38. 302.
15.

— Sprachliches und Sachliches zum BGB. — Jena: G. Fischer 1905. 58 S. 8°
Aus: Iherings Jahrbücher für d. Dogmatik d. heutigen römischen u. deutschen Privatrechts. 49. 1905.
302.
15.

— System des heutigen Pandektenrechts. Bd 1.2. — Weimar: Böhlau 1886-89. 8°
1:Gb 13925. 2→11. 12:J.rom.c.26m [2 Ex.] 14→18. 21. 24→30. 300:412.961.-B. 302.
15.

— System u. Sprache d. Entwurfes e. bürgerlichen Gesetzbuches f. das Deutsche Reich, s.a. Beiträge zur Erläuterung u. Beurtheilung d. Entwurfes e. bürgerlichen Gesetzbuches f. das Deutsche Reich.

— System und Sprache des Entwurfes eines Bürgerlichen Gesetzbuches für das Deutsche Reich. — Berlin [usw.]: Guttentag 1888. 86 S. 8° (Beiträge zur Erläuterung u. Beurtheilung d. Entwurfes e. bürgerlichen Gesetzbuches für d. Deutsche Reich. 2.)
1:Gl 22155-2. 2→11. 12:J.germ.1182-2. 14→18. 21. 24→30. 38. 204. 300:603.653-B.2. 302.
15

— Theorie des heutigen Deutschen Strafrechts. 1. Bd. 1. Liefg. Leipzig 857. Hirzel. gr. 8. (VIII, 224 S.) n. 1 ₰ 10 ngr.

— Theorie des heutigen Deutschen Strafrechts. 1. Bd. 2. Liefg. Leipzig 859. Hirzel. gr. 8. (XVI, S. 225—608.) n. 2 ₰ 10 ngr.

—— s. Thucydides.

Ueberschau des geschichtlichen Entwickelungsganges der Römischen Actionen; Aufkommen, Wesen, Abkommen, Nachwirkungen. Von E[rnst] I[mmanuel] **Bekker.** Weimar 1894: Hof-Buchdr. (67 S.) 8° [Umschlagt.]
Aus: Zeitschrift d. Savigny-Stift. f. Rechtsgesch. Roman. Abt. Bd 15. (67.175)11

— Vermutungen. — Weimar: Böhlau 1909. 61 S. 8°
Aus: Zeitschrift d. Savigny-Stiftung für Rechtsgeschichte. Romanistische Abt. 30. 1909.
302.
15.

Bekker, E.J. (Hrsg.), s. Vierteljahrschrift, Kritische, für Gesetzgebung und Rechtswissenschaft.

Bekker, E. J., s. Zeitschrift f. Rechtsgesch.

— s.: Zeitschrift d. Savigny-Stiftg. f. Rechtsgeschichte.

Bekker, Franz, populäre Darstellung d. Naturgeschichte d. drei Reiche. 1—3. Hft. (7 B. u. 3 Hfte. Atlas v. 23 ill. Taf. in 4.) 8. Wien 845, Haas'sche Buchh.

Bekker, Fritz: Geschichte des ehemaligen Gerichts und heutigen Kirchspiels Neuenkirchen. (Zugl. e. Beitrag z. Geschichte Bremens.) — Blumenthal: Seubert [1900]. 17 S. 8° 7. 14.
15.

Bekker, Frz.: Populäre Darstellung der Naturgeschichte . . ., s. Bekker, Franz

Bekker, G. s. *Becker*, Hugo. 1896.

Bekker, G.J., s. Bekker, Georg Josef

Bekker, Geo. Jos., s. Bekker, Georg Josef

Bekker, Georg [Pseud.], s.a. Pistorius, Georg

Bekker, Georg: Anleitung zum Ausstopfen und Aufbewahren der Vögel und Säugethiere. Aus eignen Grundsäzzen [!] u. Erfahrungen u. denen von sachkundigen Männern geschöpft von Georg Pistorius [d. i. Georg Bekker]. — Darmstadt: Heyer 1799. XXXII, 174 S. 8°
1:Lk 2275. 12:Zool. 416. 15. 17. 46.
15.

[—] Dr. Moritz Balthasar Borckhausen, Großherzoglich Hessischer Kammerrath. — o.O. [1806]. 8 S. 8° 17.
15.

Bekker, Geo., s. 1) Ornithologie, deutsche.

Bekker, Georg, s.a. Versuch e. Schilderung d. Feierlichkeiten . . .

[—] Versuch einer Schilderung der Feierlichkeiten, welche bei Gelegenheit des Einzugs Sr. des Durchlauchtigsten Herrn Erbprinzen Ludewigs von Hessen-Darmstadt mit Höchst Dessen Durchlauchtigsten Frau Gemahlinn Wilhelmine Markgräfin von Baden in die Residenz Darmstadt . . . d. 16ten Julius u. d. folgenden Tage Statt fanden. Darmstadt: Meyfarth 1804. 86 S. 8° 4. 17.
15.

Bekker, Georg Josef

Bekker, (G. J.,) Rudimenta linguae hebraicae ad usum alumn. collegii philosophici. gr. 8. Lovanii 826. (Leipz. Weigel.)

Bekker, G. J., s. Philostratus Werke.

Bekker, Georg Josef

— Specimen variarum lectionum et observationum in Philostrati Vitae Apollonii librum primum. Ed. et scholiastam Graecum mscr. ad 7 libros priores adiecit Georgius Josephus Bekker. Acc. Friderici Creuzeri Annotationes. — Heidelbergae: Oswald [usw.] 1818. VIII,143 S. 8°
1:Vy 4406. 2. 4. 5. 7. 8. 10. 12:A.gr.b.2473. 14→18. 21. 23. 24. 25. 38. 15.

Bekker, I., s. Bekker, Ernst Immanuel

Bekker, I., s. Bekker, Immanuel

Bekker, J. Ch., Oberpfarrer, Berlinchen. 1822
s. *Bekker*, Johann Christian.

Bekker, Immanuel
— [Hrsg.] s.a. *Anecdota* Graeca. 1814-21.

Bekker, Iman., Anecdota graeca. Vol. I. Lexica seguleriena. 8 maj. Berl. 814. Reimer. 2 ℔ 16 ℊ Vol. II. Apollonii Alexandrini de conjunctionibus et de adverbiis libri. 8 maj. Ibid. 816. 2 ℔ 16 ℊ Vol. III. Theodosii canones. Edit. annotat. crit. Ind. 8 maj. Ibid. 821. 2 ℔ 16 ℊ

— [Hrsg.] s. *Apollodorus* Atheniensis: Bibliotheca. 1854.

— [Hrsg.] s. *Apollonius* Dyscolus: De Constructione orationis libri 4. 1817.

— [Hrsg.] s. *Apollonius* Dyscolus: De Pronomine liber. 1813.

— [Hrsg.] s. *Apollonius* Sophista: Lexicon Homericum [Lexicon Graecum Iliadis et Odysseae]. 1833.

— [Hrsg.]
s. *Appianus* Alexandrinus: Historia Romana. 1852-53.

— [Hrsg.] s. *Aratus*: Aratus cum scholiis [Phaenomena]. 1828.

— [Hrsg.] s. *Aristophanes*: *Κωμῳδίαι*. Comoediae [Werke, griech. u. lat.] 1828 u.ö.

— [Hrsg.] s. *Aristophanes*: *Νεφέλαι*. 1826.

— [Hrsg.] s. *Aristophanes*: *Ὄρνιθες*. 1826.

— [Hrsg.] s. *Aristophanes*: *Πλοῦτος*. 1827.

— [Hrsg.] s. *Aristoteles*: De anima, De sensu, De memoria, De somno similique argumento [Teils.] 1829.

— [Hrsg.] s. *Aristoteles*: Categoriae et Topica [Organon, Teilausg.] 1843.

— [Hrsg.] s. *Aristoteles*: Ethica Nicomachea. 1831 u.ö.

— [Hrsg.]
s. *Aristoteles*: De Generatione animalium libri 5. 1829.

— [Hrsg.] s. *Aristoteles*: Hermeneutica, Analytica, Elenctica [Organon, Teilausg.] 1843.

— [Hrsg.] s. *Aristoteles*: Historia animalium. 1829.

— [Hrsg.] s. *Aristoteles*: Meteorologica. 1829.

— [Hrsg.] s. *Aristoteles*: Opera 1.2. 1831.

— [Hrsg.] s. *Aristoteles*: De Partibus animalium libri 4. 1829.

— [Hrsg.] s. *Aristoteles*: Physica. 1843.

— [Hrsg.]
s. *Aristoteles*: De re publica libri 8 [Politica]. 1831 u.ö.

— [Hrsg.] s. *Aristoteles*: Rhetorica et Poetica [De Arte rhetorica]. 1831 u.ö.

Bekker, Immanuel [Hrsg.] s. *Aeschines* Orator: Aeschinis et Demosthenis Orationes de corona [Oratio in Ctesiphontem]. 1815.

— Homerische Blätter von Immanuel Bekker. Beilage zu dessen Carmina Homerica. Bonn 1858. Bd [1.] 2. — Bonn: Marcus 1863-72. 8°
1:Vc 2042. 2→11. 14→18. 21. 23→29. 300:60.425-B.3. 302. 15.

– s. Cedrenus.

– s. Codini Curopolatae de officialibus Palatii Cpolitani etc.

– s. Codini, Georg., excerpta de Antiquitatibus Constantinopolitanis.

– s. Coluthi raptus.

— Immanuelis Bekkeri In Platonem a se editum Commentaria critica. Acc. scholia. T.1.2. — Berolini: G. Reimer 1823. 8° (Plato: Dialogi [Werke, griech. u. lat.] Comm. 1.2.)
1:Va 1424-9.10. 2→11. 12:A.gr.b.2499-9.10 [2 Ex.] 14→18. 24→28. 30. 300:BE11Q71. 302. 15.

– s. Demosthenis oratio de corona et Philippicae.

– s. Ephraemius

– s. Etymologicum gr.

Bekker, Immanuel: De evictione citra stipulationem praestanda. Berolini (1849). (IV, 108 S.) 8°
Berlin, Jur. Diss. v. 17. Febr. 1849

– s. Flore und Blanceflor.

– s. M. Glycae Annales.

— [Griechische Handschriftenproben.] — o. O. u. J. 11 Bl. 2° 14.

– s. Harpocration

– s. Herodiani histor.

– s. Herodotus de bello Persico.

– s. Homer's Odyssea.

– s. Laonici Chalcocondylae Athen. historiarum etc.

Bekker, Imm., Leben des heil. Thomas von Canterbury, Altfranzösisch. gr. 8. Berlin 838. Nicolaische Buchh. n. 1 ℔

– s. Leonis Grammatici Chronographia.

– s. Jo. Lydus

– s. Manassis

– s. Merobaudes

– s. Moeris

– s. Nicetae Choniatae historia.

– s. A.C. Nitz, kl. gr. Wörterbuch

– s. Oratores Attici.

– s. G. Pachymeris de Michaele et Andronico Palaeologis libri XIII.

– s. Pausanias, de situ Germ.

– s. Photii bibliotheca.

– s. G. Phrantzes

– s. Platonis Dialogi.

– s. Pollucis, Jul., Onomasticon.

– s. Polybius

Bekker, Imm., der Roman v. Fierabras. Provenzalisch. gr. 4. Berl. 829. Reimer. 2 ℔ 8 ℊ

— der Roman von Fierabras, Provenzalisch. gr. 4. Berl. 830. Reimer. 2 ℛ 8 𝒢

— Die altfranzösischen Romane der St. Marcus Bibliothek ⟨Lat. et Ital. D. Marci biblioth. p. 257⟩. Proben u. Auszüge von Immanuel Bekker. — Berlin 1840. 81 S. 4°
Aus: Philologische u. historische Abhandlungen d. Königlichen Akademie d. Wissenschaften zu Berlin. Aus d. J. 1839. 1841.
11. 21.
15

– s.a. Scholia in Homeri Iliadem.

— Scholia in Homeri Iliadem. II Tom. 4 maj. Berl. 825. Reimer. 5 ℛ 20 𝒢 Velinp. 8 ℛ Appendix. 4 maj. Ibid. 827. 2 ℛ

– s. Sextus Empiricus

– s. Silentiarius

Ueber den Streit der historischen und der filosofischen Rechtsschule. Akademische Rede ... am 22. Nov. 1886 bei Vortrag des Jahresberichts und Verkündung der akademischen Preise gehalten von Dr. Immanuel Bekker ... d. z. Prorektor d. Grossh. Bad. Univ. Heidelberg. Heidelberg, Univ.-Buchdr. v. J. Hörning, 1886; 57 S. 4°.

Bekker, I., über den Streit der historischen u. der filosofischen Rechtsschule. Akadem. Rede. 4. (23 S.) Heidelberg 886. (C. Winter's Sort.) n. 2. —

– s. Tacitus, opera.

– s. Theognidis elegi.

– s. Theophanis Chronographia.

– s. Theophanes Continuatus.

– s. Thucydides: de bello Peloponnesiaco.

– s. Tzetzae Antihomerica.

– s. Zosimus

Bekker, Johann Christian: Neuer Albertus Magnus, oder auserlesene erprobte ökonomisch-technologische Kunststücke. Th. 1. — Züllichau [usw.]: Darnmann 1822. XVI, 203 S. 8°
Nebent.: Neue Sammlung erprobter Rathschläge, Recepte u. Mittel zur eigenen Berathschlagung u. Selbsthülfe.
1: Ox 18096. 7. 10.
15.

Bekker, J. Ch., neuer Albertus Magnus. 1r Thl. A. u. d. T.: Neue Samml. erprobter Rathschläge, Recepte u. Mittel zur eigenen Berathschlagung u. Selbsthülfe ꝛc. 16 Dreihund. gr. 8. Züllich. 822. (Leipz., Gerig). 18 𝒢 Hbg. Pr. 12 𝒢

[*Bekker, Johann Christian*]: *Das Neueste und Ausführbarste in der Feuerpolizei und Feuerbaukunst.* — *Züllichau* 1824. [*Holzmann-Bohatta* III. 207.]

Bekker, K. F. s. *Becker*, Karl Friedrich.

Bekker, Paul: Beethoven. (7, 500 u. 160 m. Abb., Fksms usw. u. 2 Taf.) Lex8° Berl., Schuster & L. '11. L n 25 —; Perg. nn 40 — vergr.

— dass. 4. Taus. (9, 623) Lex8° Ebd. '12. 10 —; geb. n 12 —; Ldr 15 —

Bekker, Paul, Oskar Fried. Sein Werden u. Schaffen. (Moderne Musiker.) (47 S. m. 2 Taf. u. 2 Fksms.) gr. 8. Berlin 907. Harmonie. 1. —

— Franz Liszt, s: Velhagen & Klasing's Volksbb.

— Eine deutsche Messe von Otto Taubmann. Kleiner Konzertführer. — Leipzig [1910]. 18 S. 8° (Breitkopf & Härtels Musikbücher. Abt. 2: Kleine Konzertführer. 643.644.)
1: Mus. D 276-643.644.
15.

— Eine deutsche Messe v. Otto Taubmann. Kleiner Konzertführer. (18 S.) kl. 8. Leipzig (910). Breitkopf & Härtel. — 80

— Das Musikdrama d. Gegenwart, s. a. Kunst u. Kultur. 3. Bd.

— Das Musikdrama der Gegenwart. Studien u. Charakteristiken. — Stuttgart: Strecker & Schröder 1909. 96 S. 8° (Kunst u. Kultur. 3.) 1: Nr 3449/98-3 [u.] Mus. D 94. 9. 11. 12: Art. 159 zm-3. 17. 24. 26. 91. 300: 569.421-B. M.
15.

— Jacques Offenbach, s. a. Musik, die.

Bekker, Paul: Jacques Offenbach. Berlin (1909). 8°.
(D. Kunst, hrsg. von Rich. Muther. Bd. 31/32.)

— Jacques Offenbach. — Berlin: Marquardt [1909]. 138 S. 8° (Die Musik. 31.32.)
1: Mus. Ha 88-31.32. 2. 5. 12: Mus. Th. 2405 a-31.32. 14. 15. 17. 18. 24. 30. 38. 300: 473.313.-A. M. 31.32. 302.
15.

Bekker, Pavel Vasil'evič s. *Becker*, Paul.

Bekker, R. Z. s. *Becker*, Rudolf Zacharias.

Bekker, Rupert s. *Becker*, Gotthelf Wilhelm Rupert.

Bekkerhin, Karl, u. Chr. Kramp, Krystallographie d. Mineralreiches. M. Kpf. gr. 8. Wien 793. Schaumburg. 2 ℛ 12 𝒢

Bekkerhinn, Karl: Kristallographie des Mineralreichs. Von Karl Bekkerhinn u. Christian Kramp. [Nebst] Atlas. Wien: Stahel 1793. 8° [u.] 1 quer-8°
1: Text = Mg 1325; Atlas = Mg 1326. 5. 7. 12 [°° Atlas]: Lith. 35. 18. 24. 30. 89. 300: 56 L 1.
15.

Bekkerus s. *Bekker.*

Bekkios, I. s. *Beck*, Josef. 1835.

Bekkos, Johannes
Drei Kapitel aus der Friedensschrift des Patriarchen Johannes Bekkos vom Jahre 1275. Eingeleitet u. übers. v. Johannes Dräseke. Wandsbek. 1907. 4°
Gymn.-Progr.

Beklagung e. Laien, genannt Hans Schwalb, üb. viel Mißbräuche christlichen Lebens. — Ein neu Gedicht, wie die Geistlichkeit zu Erfurt gestürmt ist worden, hrsg. v. Wilh. Lucke, s.: Flugschriften aus den ersten Jahren der Reformation. I, 9.

Bekleidung. Fachzeitg u. Offertenbl. f. Bekleidgs-Gewerbe, -Industrie u. -Handel. Red.: O Müller. J. '12. 12 Nrn. (Nr 1: 12 m. Abb.) 38,5×26,5 cm. Dresd., Exp. d. europ. Modenzeitg. viertelj. — 30

Bekleidung und Ausrüstung der preußischen Feuerwehren. 2. Aufl. — Leipzig: Ruhl [1907]. 24 S. 8° 30.
15.

Die Bekleidung der Nationalgarde, einfach, gut und malerisch, wie sie sein soll. Eine freie Musterzeichnung. Mit e. Lithogr. von G. Reiffenstein. Wien, den 21. März 1848. — ([Wien 1848]: Sommer.) 3 Bl. 8° 302.
15.

Bekleidungsarbeiter
Bekleidung(-arbeiter): Bekleidungs- und Lederarbeiter v. Schweiz. Schuhmacherfachblatt.

Bekleidungsbestimmungen. — Bekleidungs-Bestimmungen für die Beamten der Kaiserlichen Marine ... Vom 30. Nov. 1891. — Berlin: Mittler [1891]. XXXI S. 8°
1: Hz 4014. 27.

Bekleidungsbestimmungen für die Offiziere der Marineinfanterie. (Vom 28. Febr. 1898.) — Berlin: Mittler 1898. VII, 48 S. 8°
1: Hz 4200. 8. 10.
15.

Bekleidungsbestimmungen für die Offiziere der Marineinfanterie. (Vom 29. Okt. 1900.) — Berlin: Mittler 1900. 77 S. 8°
1: Hz 4286.
15.

Bekleidungs-Bestimmungen für die Schutztruppe für Deutsch-Ostafrika. Vom 4. Juni 1891. — (Berlin: Mittler 1891.) IX S. 8° (Marineverordnungsblatt. Jg. 22, 13. 1891, Anl.)
1: Hz 14642-Jg. 22, 13, Anl.
15.

Bekleidungsbestimmungen für die Seeoffiziere usw. ⟨Seeoffz. Bekl. Best.⟩ (Vom 28. Juni 1909.) — Berlin: Reichsmarine-Amt; Mittler in Komm. 1909. VI,79 S. 8° (D.E. 260.) 1:Hz 4201^3. 10. 11. 15.

Bekleidungsbestimmungen für die Seeoffiziere, Marine- und Torpedo-Ingenieure, Feuerwerks-, Zeug- und Torpedeoffiziere, Sanitätsoffiziere, Zahlmeister, Deckoffiziere, Fähnriche zur See und Seekadetten der Kaiserlichen Marine. (Vom 29. Okt. 1900.) — Berlin:Mittler 1900. VII,42 S. 8° 1:Hz 4287. 10. 15.

Bekleidungsbestimmungen für die Seeoffiziere, Maschinen- und Torpedoingenieure, Feuerwerks-, Zeug- und Torpederoffiziere, Sanitätsoffiziere, Zahlmeister, Deckoffiziere, Seekadetten und Kadetten der Kaiserlichen Marine. (Vom 28. Febr. 1898.) — Berlin: Mittler 1898. VIII, 38 S. 8° 1:Hz 4201. 8. 15.

Bekleidungs-Bestimmungen für die Seeoffiziere, Offiziere der Marineinfanterie, Maschinen- und Torpedo-Ingenieure ... sowie Bestimmungen über die Uniform der Seeoffiziere etc. des Beurlaubtenstandes ... und Bestimmungen über das Tragen der verschiedenen Uniformen. ⟨Neudr. unter Berücks. der bis Ende April 1893 ergangenen Abänderungen.⟩ ... Vom 25. März 1890. — (Berlin [1893]: Mittler.) XL S. 8° 1:Hz 4071. 15.

Bekleidungs-Etats f. Truppen u. Dienstesstellen.
München 1898-1902.

Bekleid.- u. Ausrüst.-Nachw. nebst Übersicht üb. d. Sicherstellg d. Kriegsbedarfs. Berlin 1888.

Bekleidungs- u. Ausrüstungs-Nachweisung.
München 1891.1898.

Bekleidungsnachweisung. — Nur für d. Dienstgebrauch. Bekleidungs- und Ausrüstungs-Nachweisung für die Königlich Sächsische Armee. ⟨Bkl.N.S.A.⟩ — Dresden 1898: Reichsdr. zu Berlin. 80 S. 8° 14. 15.

Bekleidungs- und Ausrüstungs-Nachweisung ⟨Bkl. N.⟩ vom 23. Febr. 1910. — Berlin. 1910: Reichsdr. VI, 106 S. 8° 12:Sc.mil.214. 15.

Bekleidungsordnung. — Entwurf. Bekleidungsordnung. ⟨Bkl.O.⟩ Th.2. — Berlin: Mittler 1893. VIII,319 S. 8°
2. Vorschriften für d. Beschaffenheit u. Unterscheidungszeichen d. Bekleidung u. Ausrüstung d. Mannschaften.
1:in Hu 22391-2. 15.

Bekleidungsordnung. ⟨Bkl. O.⟩ Th. 1. 2 [nebst] Deckblätter. Berlin: Mittler 1888-99. 8°
1. Vorschriften für d. Bekleidungswirthschaft d. Truppen im Frieden u. im Kriege. (Vom 26. März 1888.) 1888.
2. Vorschriften für d. Beschaffenheit u. Unterscheidungszeichen d. Bekleidung u. Ausrüstung d. Mannschaften. (Vom 12. Dec. 1895.) [Nebst] Anh. 1896-97.

Anh. enth. die Vorschriften für die Bekleidung u. Ausrüstung d. Großherzoglich Mecklenburgischen u. Großherzoglich Hessischen Truppentheile. (Vom 12. Okt. 1896 [u.] vom 11. Juni 1896) 1897.
1:Hu 22391.

Bekleidungsordnung. (Bkl. O.) 2. Thl. Vorschriften f. d. Beschaffenheit u. Unterscheidungszeichen d. Bekleidg. u. Ausrüstg. d. Mannschaften. M. Deckblättern Nr. 1—177, d. Neudruck d. Beilage 4 u. m. Anh. gr. 8. (X, 855 S., 32 Bl. u. 14 S.) Ebd. 898. n. 3. 80; kart. n. 4. 40

Bekleidungsordnung ⟨Bkl.O.⟩. Neudr. T.1.2 [nebst] Deckblätter. — München 1901-1910: Kriegsministerium. 8°
1. Vorschriften für d. Bekleidungswirtschaft d. Truppen im Frieden u. im Kriege. 1901.
2. Vorschriften für d. Beschaffenheit u. Unterscheidungszeichen d. Bekleidung u. Ausrüstung d. Mannschaften aller Waffen sowie d. Ausrüstung d. Reitpferde d. Kavallerie. ⟨Bkl.O.II⟩. Vom 21. Jan. 1904. [Nebst] Anh. 1. 1904. Anh. 1. enth. d. Vorschriften für d. Felduniform der Mannschaften. 1910

(D.V. 232.455.) 12:Bavar. 4190-139.251. 15.

— dass. 2 Tle. Neudr. 8° Münch., (Lit.-artist. Anst.). Kart. nn 3.50 d
1. Vorschriften f. d. Bekleidgswirtschaft d. Truppen im Frieden u. im Kriege. (237)/01. 3 —
2. Vorschriften f. d. Beschaffenh. u. Unterscheidgszeichen d. Bekleidg u. Ausrüstg d. Mannschaften aller Waffen sowie d. Ausrüstg d. Reitpferde d. Kavall. Vom 21.I.04. (D.V. 455.) (190)/04. nn 1.50

Bekleidungsordnung. ⟨Bkl. O.⟩ Neudr. Th. 1. 2 [nebst] Deckblätter. — Berlin: Mittler 1901-10. 8°
1. Vorschriften für d. Bekleidungswirthschaft d. Truppen im Frieden u. im Kriege. (Vom 12. Febr. 1901.) 1901.
2. Vorschriften für d. Beschaffenheit u. Unterscheidungszeichen d. Bekleidung u. Ausrüstung d. Mannschaften sowie d. Ausrüstung d. Reitpferde d. Kavallerie. (Vom 11. April 1903.) [Nebst] Anh. 1-3. 1903-10.

Anh. 1 enth. d. Verzeichnis etc. d. Instrumente d. Kgl. Preußischen Militärmusik. 1903.
Anh. 2 enth. d. Vorschriften für d. Bekleidung u. Ausrüstung etc. d. Großherzoglich Mecklenburgischen u. Großherzoglich Hessischen Truppenteile. (Vom 3. Dez. 1904 [u.] vom 9. Nov. 1904.) 1905.
Anhang 3 enth. d. Vorschriften für d. Felduniform d. Mannschaften. 1910.
Die Deckblätter sind in einzelnen Exemplaren garnicht oder nur unvollständig enthalten.

(D.V.E. 121.122.) 1:Hu 22392. 11.
12:[°°Anh. 1-3] Sc.mil. 214a. 14 [°°Anh. 1-3].
16 [°°1. Anh. 1/3]. 27. 15.

Bekleidungsordnung ⟨Bkl.O.⟩. Ausg. für d. Königlich Sächsische Armee ⟨Bekl.O.II.S.A.⟩. Th.2. — Dresden 1893: Heinrich. X,233 S. 8°
2. Vorschriften für d. Beschaffenheit u. Unterscheidungszeichen d. Bekleidung u. Ausrüstung d. Mannschaften. (Vom 20. Okt. 1893.)
12:Don.Reg.16w-2. 14. 15.

Bekleidungsordnung. ⟨Bkl.O.⟩ Ausg. für d. Königlich Sächsische Armee. ⟨Bkl.O. II.SA.⟩ Th.2. — Dresden 1897: Heinrich. V,278 S. 8°
2. Vorschriften für d. Beschaffenheit u. Unterscheidungszeichen d. Bekleidung u. Ausrüstung d. Mannschaften. (Vom 12. Juli 1897.)
14. 15.

— dasselbe. 1. Thl., s.: Bekleidungs-Vorschriften f. d. Offiziere etc.

— dasselbe. 1. Thl. Deckblätter. Nr. 1—20 z. sächs. Beilage 1. Nr. 191 d. D. V. E. gr. 8. (3 Bl.) Ebd. 898. — 15

— 2. Tl. Vorschriften f. die Beschaffenheit u. Unterscheidungszeichen der Bekleidg. u. Ausrüstg. der Mannschaften aller Waffen sowie der Ausrüstg. der Reitpferde der Kavallerie. Ausg. f. die königl. sächs. Armee. Vom 17. VI. 1904. (Bkl. O. II. S. A.) (S. D. V. E. Nr. 32.) Deckblätter Nr. 1—194. gr. 8. Dresden, C. Heinrich. — 80
1—78. Oktbr. 1905. (18 Bl. 905. — 40. — 79—194. Mai 1907. (36 Bl.) (907). — 40.
Hauptwerk Ebd. 904. 3.—.

Bekleidungsordnung. Ausg. für d. Königlich Sächsische Armee ⟨Bkl.O.II.S.A.⟩. Neudr. T.2 [nebst] Anh. — Dresden 1904: Kriegsministerium. 8°
2. Vorschriften für d. Beschaffenheit u. Unterscheidungszeichen d. Bekleidung u. Ausrüstung d. Mannschaften aller Waffen sowie d. Ausrüstung d. Reitpferde d. Kavallerie. (Vom 17. Juni 1904.) 1904. Anh., enth. d. Verzeichnis usw. d. Instrumente d. Kgl. Sächsischen Militärmusik. 1904.

(S.D.V.E. Nr. 32.) 12:Don.Reg. 16x-2.2a. 14. 15.

— 2. Tl. Vorschriften f. die Beschaffenheit u. Unterscheidungszeichen der Bekleidg. u. Ausrüstg. der Mannschaften aller Waffen sowie der Ausrüstg. der Reitpferde der Kavallerie. Ausg. f. die königl. sächs. Armee. Nebst Anh., enth. das Verzeichnis usw. der Instrumente der königl. sächs. Militärmusik. (Bkl. O. II. S. A.) (S. D. V. E. Nr. 32.) Neudr. (XI, 305 u. II, 22 S.) gr. 8. Dresden 904. C. Heinrich. Kart. n.n. 3.—

Bekleidungs-Reglement für die schweizerische Armee. 8.
Bern 1875.

Bekleidungsregulativ. — Bekleidungs-Regulativ für die Königl. Sächsischen Truppen. — Dresden [1832]: Meinhold. 55 S. 8° 14. 15.

Bekleidungsvorschrift. — Bekleidungsvorschrift für Beamte und Anwärter des Königlich Sächsischen Staatsforstdienstes. [Nebst] Nachtr. — Dresden: C. Heinrich [1905]. 8° **14.**
15.

Bekleidungsvorschrift f. Beamte u. Anwärter d. kgl. sächs. Staatsforstdienstes v. 28. 2. '05. Nachtrag. (2) 8° Dresd., C Heinrich ('11). † — 15 (Hauptw. u. Nachtr.: † 1.15) d

Bekleidungs-Vorschrift für die Beamten der Verwaltung der indirekten Steuern vom Ober-Inspektor abwärts nebst Ausführungsbestimmungen. [Nebst] Abänderungen. — Berlin 1899–1901: Drewitz. 8°
10. 12: Cam. 4270 [auch Hauptw.-Cam. 426 g].
15.

Bekleidungs-Vorschrift für die Großherzoglich Badische Gendarmerie. ⟨Bkl.V.⟩ — Karlsruhe 1910: Thiergarten. 60 S. 8° **101.**

Bekleidungsvorschrift f. die Marine [ausschließlich der Marineinfanterie]. gr. 8. (X, 150 S.) Berlin 891. E. S. Mittler & Sohn. n. 1. 60; kart. n.n. 1. 90

— dasselbe. Anlagen 1 u. 2. (Mit Allerhöchster Genehmigg. festgestellt durch Verfügg. d. Staatssekretärs d. Reichs-Marine-Amts vom 23. Dezbr. 1892. M. V. Bl. f. 1893, S. 2.) gr. 8. (42 S. m. 14 farb. Taf.) Berlin 893. E. S. Mittler & Sohn. n. 3. —

Bekleidungsvorschrift für die Marine (ausschließlich der Marineinfanterie). ⟨Bekl.V.⟩ (Vom 21. Mai 1906.) — Berlin: Reichs-Marine-Amt; Mittler in Komm. 1906. X, 217 S. 8° (D.E. 257.) **1**: Hz 4012°. **8.**
15.

Bekleidungsvorschrift für die Marineinfanterie. ⟨M. Inf. Bekl.V.⟩ (Vom 5. Mai 1896.) [Nebst] Deckblätter. — Berlin: Mittler 1896–1902. 8° **1**: Hz 4163. **8.**
15.

— für Offiziere u. Sanitätsoffiziere der königl. sächsischen Armee. (S. O. Bkl. V.) (S. D. V. E. Nr. 33.) Neudr. (XII, 215 S.) kl. 8. Dresden (904). (C. Heinrich.) Geb. in Leinw. n. 2. —

— dasselbe. Deckblätter Nr. 1—106. kl. 8. Ebd. n. — 60
1.—28. Jan. 1905 (6 Bl.) n. — 15.
29.—73. Septbr. 1905. (9 Bl.) n. — 15.
73.—90. Dezbr. 1905. (7 Bl.) n. — 15.
91.—106. Novbr. 1906. (4 Bl.) n. — 15.

Bekleidungsvorschrift für Offiziere und Sanitätsoffiziere der Königlich Sächsischen Armee. ⟨S.O.Bkl.V.⟩ (Vom 1. Juni 1904.) Neudr. — Dresden [1904]: Kriegsministerium. XII, 215 S. 8° (S, D.V.E. 33.)
1: Hu 22701. **12**: Don. Reg. 16 v. **14. 15.**

Bekleidungsvorschrift f. Offiziere u. Sanitätsoffiziere der königl. sächsischen Armee. (S. D. V. E. Nr. 33.) Deckblätter Nr. 107—118. Juni 1907. (4 Bl.) kl. 8. Dresden (907). (C. Heinrich). — 10
Hauptwerk u. Deckbl. 1—108. Ebd. 904–08. 2.00.

— f. Offiziere, Sanitätsoffiziere u. ob. Beamte d. kgl. bayer. Heeres. (O. Bkl. V.) 1. Tl.: Anzugsbestimmgn. Entwurf. 8. (VI, 31 S.) München 895. (Literar.-artist. Anstalt. — Th. Ackermann.) Kart. n. — 60

Bekleidungs-Vorschrift für Offiziere und Sanitätsoffiziere des Königlich Bayerischen Heeres. ⟨O.Bkl.V.⟩ — München 1904: Kriegsministerium. 109 S. 8° (D.V. 365.)
12: Bavar. 4190–204.
15.

— f. Offiziere u. Sanitätsoffiziere des königl. bayerischen Heeres. (O. Bkl. V.) (D. V. 365.) (109 S.) gr. 8. München 904. (Literarisch-artist. Anstalt.) Kart. n. 1. —

Entwurf. Bekleidungs-Vorschrift für Offiziere und Sanitätsoffiziere des Königlich Preußischen Heeres. ⟨O. Bkl.V.⟩ (Vom 26. Jan. 1895.) Th. 1. 2. — Berlin: Mittler 1895. 8°
1: Hu 22540. **2** [°°2]. **6** [°°2]. **10. 16. 17** [°°1]. **18** [°°2]. **38** [°°2].
15.

— f. Offiziere u. Sanitätsoffiziere d. kgl. preuss. Heeres. (O. Bekl. V.) Entwurf. 2 Thle. 8° Berl. 95, ES Mittler & S. — 90; kart. 1.25
I. Anzugsbestimmgn. (40) — 20; kart. — 85
II. Beschreibg u. Abzeichen d. Anzugs. (124) — 70; kart. — 90

Bekleidungs-Vorschrift für Offiziere und Sanitätsoffiziere des Königlich Preußischen Heeres. ⟨O.Bkl.V.⟩ (Vom 28. Mai 1896.) [Nebst] Deckblätter. — Berlin: Mittler 1896. 8°
Vollst. . . . . **17.**
[°°Deckbl.] . . **1**: Hu 22567. **10. 12**: Sc. mil. 217 w. **24. 26. 27. 30.**
15.

Bekleidungs-Vorschrift f. Offiziere u. Sanitätsoffiziere des königlich preußischen Heeres. (O. Bkl. V.) 2 Thle. gr. 8. Berlin 899. E. S. Mittler & Sohn. n. — 70; kart. n. 1. —; in 1 Bd. kart. n. — 90
1. Anzugsbestimmungen (S. 1—43.) — 30; kart. n. — 40
2. Beschreibung der Offizieruniform. (S. 45—154.) n. — 40; kart. n. — 60

Bekleidungs-Vorschrift für Offiziere und Sanitätsoffiziere des Königlich Preußischen Heeres. ⟨O.Bekl.V.⟩ (Vom 15. Mai 1899.) [Nebst] Deckblätter. — Berlin: Mittler 1899–1903. 8°
[°°Deckbl.] . . . . **17.**
[°°Deckbl. u. Inh.] . . . . . . **6. 18. 21. 23. 25. 30.**
[°°Anh. . . . . **1**: Hu 22646. **2. 8.**

Bekleidungs-Vorschrift für die kaiserlichen Schutztruppen in Afrika. — Berlin: Mittler 1896. 48 S. 8° (Deutsches Kolonialblatt. 1896, Beil.)
1: Hu 22565. **2. 5. 6. 8. 11. 14. 15. 17. 24. 25.**
15.

Bekleidungs-Vorschriften. Dresden 1850.

Bekleidungs-Vorschriften für die königl. sächsische Armee 1850. 8. (47 S. mit 1 Stnt. in Fol.) Dresden 850, (Höckner.) **

Bekleidungsvorschriften. — Bekleidungs-Vorschriften für die Königlich Sächsische Armee. — Dresden 1850: Teubner. 47 S. 8° **14.**
15.

Bekleidungs-Vorschriften für die Offiziere, Sanitätsoffiziere und Beamten der Königlich Sächsischen Armee. ⟨S. B.V.⟩ (Vom 11. März 1894.) — Dresden 1894: Heinrich. XII, 146 S. 8° [(Bekleidungsordnung ⟨Bkl.O.⟩ Ausg. für d. Königlich Sächsische Armee ⟨Bkl.O.II.S.A.⟩ 1.)]
12: Don. Reg. 16 u. **14. 101.**
15.

Bekleidungs-Vorschriften für die Offiziere, Sanitätsoffiziere und Beamten der Königlich Sächsischen Armee. ⟨S.O.Bkl.-V.⟩ (Vom 12. Juli 1897.) — Dresden 1897: C. Heinrich. XIV, 183 S. 8° [(Bekleidungsordnung ⟨Bkl. O.⟩ Ausg. für d. Königlich Sächsische Armee. ⟨Bkl.O.II. S.A.⟩ 1.)] **14.**

— dasselbe. Nr. 35 d. S. D. V. E. Deckblätter Nr. 1—71. 12. Ebd. 898. — 45
1—25. (6 Bl.) — 15
26—71. (14 Bl. u. S. 53. 53a u. b.) — 30

Bekleidungs-Vorschriften f. die Offiziere, Sanitätsoffiziere u. Beamten der königl. sächsischen Armee. Vom 12. VII. 1897. — Nr. 35 des S. D. V. E. — Deckblätter Nr. 72—187. 12. Dresden (C. Heinrich). n. 1. —
72—100. (8 Bl.) 899. n. — 20. — 101—154. (16 Bl. u. 20 S.) 899. n. — 50. — 155—171. (9 Bl.) 900. n. — 20. — 172—187. (4 Bl.) 901. n. — 10.

Bekler, Peter s. *Beckler.*

Beklowski, Stanisl., e. Beitrag zur Laparotomie bei Darminvaginationen. Inaugural-Dissertation. gr. 8. (68 S.) Dorpat 883. (Karow.) n. 1. —

Bekljar s. *Beclard*, Jules.

Bekly, Wilhelm Johann Friedrich: Als Seine Königl. Majestät in Preussen ... den Tauff-Actum des Printzen von Oranien ... 1707 ... celebriret ..., so praesentirte sich ... eine Ehren-Pforte, deren Erklährung wie folgender massen lautet ... Zum Druck befördert ... von Wilhelm Johann Friderich Beckly. — Cölln a.d.Spree [1707]: Liebpert. 2 Bl. 4° **2.**
15.

— An dem höchst-erfreulichen Geburths-Tage in Preussen, am 12. Julii, 1710. wurden bey öffentlicher Taffel und Aufsetzung der delicatesten Confituren, nachfolgende Stücke praesentiret. — Cölln a.d. Spree [1710]: Liebpert. 2 Bl. 4° 1:53 in 2° Su 21.
15.

— An dem höchst-feyerlich begangenem Tauf-Feste, des zu höchster Freude Seiner Königlichen Majestät in Preussen, neugebohrnen Printzens von Preussen und Oranien, nemlich den 24. Augusti 1710. wurden bey öffentlicher Tafel und Aufsetzung der delicatesten Confituren, nachfolgende Stücke praesentiret. — Cölln a.d.Spree [1710]: Liebpert. 2 Bl. 4° 1:57 in 2° Su 21.
15.

— Bey höchst-erfreulicher Vermählung Seiner Königlichen Majestät in Preussen, mit der durchlauchtigsten Princeßin, Sophia Louysia, gebohrner Hertzogin von Mecklenburg, etc. etc. wurden ... nachfolgende Stücke praesentiret. — Cölln a.d. Spree [1708]: Liebpert. 2 Bl. 4° **2. 18. 23.**
15.

Bekmann s.a. *Beckmann.*

Bekmann, Bernh. Ludw.: Erklährung der Königlich-Preußischen u. Churfürstlich-Brandenburgischen Wapen, von Churfürst Friderich I. bis auf Friderich den II.
Berlin 1751.

Bekmann (J. Chr.), Historische Beschreibung der Chur und Mark Brandenburg nach ihrem Ursprung, Einwohnern, natürlichen Beschaffenheit etc., ergänzet, fortgesetzt und herausgegeben von B. L. Bekmann. 2 Thle. Berlin 1751—53. Fol.

Bekommen od. Geben, s.: Vergißmeinnicht, dramatisches.

Bekoestigungsregulativ. — Beilage W. ⟨Zu § 344.⟩ Beköstigungs-Regulativ für die Garnison-Lazarethe. — (Spandau [um 1875]: Artillerie-Constructions-Bureau.) 23 S. 8°
Erschien zuerst in: Reglement für die Friedens-Lazarethe der Königlich Preußischen Armee. Vom 5. Juli 1852. 1852. Verschiedene Drucke. 1:Kq 7797 [u.] Kq 7797a.
15.

Beköstigungs-Regulativ f. d. Marine-Lazarette. exkl. Yokohama. (Umdruck.) 4.

Bekoestigungsvorschriften. — Beköstigungsvorschriften für die Friedenslazarethe nebst Anleitung zur Aufstellung der Beköstigungsverordnungen. — Berlin: Mittler 1894. 18 S. 8°
Erschien zuerst in: Friedens-Sanitäts-Ordnung vom 16. Mai 1891. 1891. 1:Hu 22515.
15.

Beköstigungsvorschriften für die Kranken des Heeres im Frieden und im Kriege. — Berlin: Mittler 1908. 47 S. 8°
Erschien zuerst in: Friedens-Sanitäts-Ordnung vom 16. Mai 1891. 1891 [u.] Kriegs-Sanitäts-Ordnung vom 27. Jan. 1907. 1907.
1:Kq 4100. 11.
15.

el-Bekri, Abu 'Obeid 'Abdallah ben 'Abd el-'Aziz, das geographische Wörterbuch, nach den Handschriften zu Leiden, Cambridge, London u. Mailand hrsg. v. Ferd. Wüstenfeld. (In 2 Bdn.) 1. Bd. u. 2. Bd. 1. Hälfte. gr. 8. (1. Bd. VIII, 448 S. u. 2. Bd. S. 1—240.) Göttingen 876. Deuerlich. à Halbbd. n. 9. —

el-Bekri, Abu 'Obeid 'Abdallah ben 'Abd el-'Aziz, das geographische Wörterbuch, nach den Handschriften zu Leiden, Cambridge, London u. Mailand hrsg. von Ferd. Wüstenfeld. 2. Bd. 2. Hälfte. (Schluss.) gr. 8. (4, 56 u. S. 241—417.) Göttingen 877. Deuerlich.
n. 9. — (cplt.: n. 36. —)

Bekritzky, Kadisch: Ueber den Ausgang der Schenkelhalsfrakturen jugendlicher Personen in Pseudarthrose. Berlin 1909: Ebering. 26 S. 8°
Berlin, Med. Diss. v. 6. Aug. 1909, Ref. Hildebrand
[Geb. 24. Juni 82 Torschok; Wohnort: Torschok; Staatsangeh.: Rußland; Vorbildung: Gymn. Zarskoje Selo Reife M. 03; Studium: Philos. Berlin 1, Med. Berlin 4, Zürich 1, Berlin 6 S.; Rig. 5. Aug. 09.] [U 09. 85

Beks, P. s. *Beckx,* Peter Johann.

Bekuhrs, Gottlob Friedrich Wilhelm: Ueber die Kirchen-Melodien. Einem hochwürdigen Oberconsistorio zu Berlin u. dem zu Halberstadt unterthänigst zugeeignet. Halle: Hendel 1796. 154 S. 8°
1:Mus. E 4684. 12:Liturg. 1389 l. 13. 18. 26. 28.
15.

— Volksschulen: od. Lesebuch üb. d. Evangelien. 8. Halberst. 794. Groß. (W. Nauck in Leipz.) 8 gl.

— Volksschulen: od. Lesebuch üb. d. Evangel. 8. Halb. (Sommer in Leipz.) 794.

Bel, Anna. Trauersp. 8. Frankf. (Brede in Offenb.) 775.

Bel, C.A., s. B e l , Károly András

Bel, Carl Andreas, s. B e l , Károly András

Bel, Josef, Geschichte d. Turngemeinde Höchst a/Main v. 1847—1897. Festschrift z. Feier d. 50jähr. Fahnen-Jubiläums a. 25.—27. VI. 1898. Bearb. unt. gefäll. Mitwirkg. d. Gründer u. d. ält. Turner. gr. 8. (26 S.) Höchst 898. W. Graf. n. — 60

Bel, Károly András
Bel, Károly András: Vorläuffige Antwort auf die von Hr. Joh. David Köhler ... wider die Commentationem historico-criticam de Maria Hungariae Regina Ludovici Primi principe filia gemachten Einwürffe. — Leipzig 1743. 35 S. 8° **3. 25. 300:** • 43 K 81.
15.

— De Archiofficiis regni Hungariae, Hungari baronatus vocant, commentatio. — Lipsiae 1740: Langenheim. 54 S. 8° **2. 3. 4. 5. 7. 8. 13:** 4° Austr. 12 [2 Ex.] **14→17. 21. 24. 27. 30. 300:** 131.341-B. **302.**
15.

Bel, C. A., de auctoritate traditionis in historia. Lips. 1770. 4.

— — **De barbarie fanaticismi filia. Lpz. (Loeper) 1770. 12 S. (2.50)** **1945**

Bel, C. Andr. Dissertatio de Barrisone, Frederici Barbarossae imperatoris beneficio rege Tardesiae. 4. Lipsiae 1766.

— Catalogus librorum Car. Andr. Belii. [Auktionskat.] — Lipsiae [1784]: Loeper. 570 S. 8° **7. 14.**
15.

— Ceremoniarum vindicias XIV. philosophiae et artium candidatis qui magistri renunciantur ... solenni carmine proponit Carolus Andreas Bel ... 1768. — Lipsiae [1768]: Langenhem. XXII S. 8° **27.**
15.

— — **Collatio legum politicarum et philosophicarum de otio. (Sol. magistrorum . .) Lpz. (Loeper) 25. II. 1773. 14 S. mit Namen. (2.50)** **1950**

— De Diis Thracum disserit atque orationem inauguralem ... indicit Carolus Andreas Bel. — Lipsiae [1743]: Schniebes. 12 Bl. 8° 1:Uh 100. **4. 10. 12:** 4° Diss. 614-29. **14. 15.**
15.

— — Diversos veterum et recentiorum inclarescendi modos XII. philosophiae et artium candidatis qui magistri renuntiantur. Rector Carl Gunth. Ludwig. Procancell. Jo. Chph. Gottsched. Lpz. (Langenheim) 13. II. 1766. 23 S. (5.—) 1939
Biographien v.: Chn. Gotthold Willsch (Freiberg), Joh. Friedr. Opitz (Grimma), Joh. Gg. Eck (Hinternau/Frk.), Ernst Platner (Lpz.), Gottfr. Joach. Wichmann (Leisnig), Joh. David Faber (Delitzsch), Chn. Gottfr. Findeisen (Lpz.), Joh. Christlieb Bucer (Rüdigsdorf) Aug. Wilh. Irmisch (Plauen/V.), Carl Chn. Tittmann (Gr.-Bahrda/Misn.), Chn. Heinr. Schmid (Eisleben), Gotth. Imman. Hahn (Dresden), Chph. Friedr. Probst (Camburg).

[—] Epithalamium Winckeri et Marbachiae. — [Leipzig 1757.] 4 Bl. 8° 3.
15.

— — Recolendae ad d. 27. III. 1773 . . memoriae Joannis Grafii sen. mercatoris . . praefatus de fortuna rudentibus apta. Lpz. (Loeper). 8 S. (2.—) 1951

— — De futurorum et praesentium historia. (Sol. magistror.) Lpz. (Langenheim) 9. II. 1769. 20 Seiten mit Namen. (2.50) 1944

— — De historia poetica dissertat. (Solemn. magistrorum . .) Lpz. (Wwe. Langenheim) 1767. 16 S. mit Namen. (2.50) 1940

— — Homerum scribendae iliados consilio incomparabilem XXIII. philosophiae et artium candidatis qui magistri renuntiantur. Rector Carl Friedr. Hundertmark. Procancell. Jo. Heinr. Winkler. Decan Jo. Friedr. Mai. Lpz. (Langenheim) 21. II. 1760. 32 S. (5.—) 1934
Biographien von: Joh. Gottfr. Fleck (Gautsch), Heinr. Gottfr. Bauer (Lpz.), Heinr. Gotthelf Noach Hofmann (Püchau), Chph. Ludw. Tippmann (Annaberg), Joh. Jac. Ebert (Breslau), Gottlob Franz. Lehmann (Weissenfels), Joh. Aug. Lochner (Glauchau), Joh. Gotthilf Poelitz (Ernstthal), Gottlob Ecke (Merseburg), Carl Aug. Bever (Zeitz), Sam. Friedr. Nathan. Morus (Lauban/Laus.), Mor. Wilh. Schlesier (Mansfeld), Chn. Conr. Wachter (Zeitz), Chn. Friedr. Kadelbach (Görlitz), Chn. Gottlieb Kuhnoel (Chemnitz), Carl Chn. Wagner (Loewen/Schles.), Chn. Friedr. Quell (Leisnig), Joh. Chn. Palmmann (Hoyerswerda), Joh. Gg. Schilbach (Vogtland), Curt Heinr. Rudolf Lade (Elsterwerda), Sam. Chph. Hennike (Sondershausen), Christian Friedr. Weiss (Meissen), Joh. Heinr. Mücke (Wittenbg.).

— — De praecipua litteris operantium laude; modestia, oratio. Lpz. (Loeper) 24. V. 1758. 16 S. (3.—) 1932

— — Laudem philosophiae candidatis qui magistri renunciantur. Rector Joh. Friedr. Burscher. Procancell. Heinr. Gottlieb Francke solenni carmine adumbrat. Lpz. (Loeper) 13. II. 1777. 24 S. (5.—) 1955
Biographien von: Chph. Benj. Schmidtchen (Grosbucha/Misn.), Joh. Ant. Lange (Dissa Osnabrück), Sam. Gottfr. Weissig (Hirschberg/Schles.), Conr. Chph. Eyring (Dresden), Chn. Friedr. Ludwig (Lpz.), Chn. Ludw. Stieglitz (Lpz.), Gotthelf Friedr. Koepping (Zschaitza/Misn.), Benj. Weiske (Dobrenz/Rochlitz), Friedr. Chn. Carl Nottrott (Ganglof soemmera/Thür.), Mart. Chn. Polycarp Keil (Staucha/Misn.), Joh. Andr. Koenig (Eulau b. Naumburg), Chn. Traug. Gross (Wildbach/Misn.), Joh. Casp. Bucerus Nordheim/Franc.), Joh. Chn. Theophil Ernesti (Arnstadt), Joh. Gotthelf Hochmuth (Kirchberg/Misn.), Joh. Theophil Burckhardt (Eisleben).

— — Laudem senectutis philos. candidatis qui magistri renunciantur. Rector Chn. Gottlieb Seydlitz. Procancell. Sam. Friedr. Nathan. Morus. Decan Heinr. Gottlieb Francke. Lpz. (Loeper) 5. III. 1778. 36 S. (4.80) 1958
Biographien von: Carl Günther Ludwig, Paul Daniel Longolius, Friedr. Wilh. Weissig (Hirschbg./Schles.), Curt Friedr. v. Schoenberg (Hof . .), Traug. Friedr. Benedict (Annaberg), Georg Wilh. Kirsch (Curianus), Chn. Friedr. Seyfert (Freiberg), Imman. Benj. Gottlieb Kretschmar (Zittau), Chn. Gottfr. Koerner (Lpz.), Friedr. Jacob Schleusner (Lpz.), Joh. Caspar Bundschuh (Schweinfurt), Sam. Traugott Mücke (Sorau/Laus.), Carl Aug. Gottlieb Keil (Hayna/Misn.), Caspar Eichler (Lpz.), Chn. Dan. Beck (Lpz.), Joh. Gottlob Lunze (Siptitz), Joh. Friedr. Adam Kirsten (Nebra/Thür.), Chn. Friedr. Sonnenkalb (Schneeberg), Carl Gustav Breunig (Löbau), Carl Friedr. Aug. Thoss (Schneeberg), Joh. Georg Beigel (Geckenheim/Frk.).

— — Laudem silentii philosophiae candidatis qui magistri renunciantur Rector Sam. Friedr. Nathan. Morus. Decan Aug. Wilh. Ernesti. Lpz. (Loeper) 2. III. 1775. 36 S. (5.—) 1953
Biographien von: Ant. Wilh. Plaz. Balthas. Hoffmann (Bojanowo/Pos.), Nath. Gottlob Dosse (Stargard), Joh. Aug. Kretschmar (Kretzschau), Dan. Theod. Grade (Danzig), Heinr. Mich. Hebenstreit (Lpz.), Gottfr. Wilh. Pufendorf (Lpz.), Heinr. Nudov (Danzig), Jac. Friedr. Kees (Lpz.), Christian Friedr. Pohl (Lpz.), Friedr. Andreas Gallisch (Lpz.), Joh. Chn. Limprecht (Grimma), Chn. Traugott Voigt (Grunau/Laus.), Chn. Gottfr. Wittich (Freiberg), Chn. Gottlob Schneider (Wolkenstein), Chn. Ernst Wünsch (Hohenstein), Joh. Gottlob Bernhardi (Görlitz), Joh. Wilh. Fuhrmann (Ostermonra/Thür.), Adolf Ferdin. Goldammer (Liebenwerda), Joh. Gottfr. Beyer (Halsbruck/Misn.), Joh. Gottfr. Gros (Thalwitz/Misn.), Friedr. Wilh. Goetze (Netzschkau).

— — Laudes otii XVII. philosophiae et artium candidatis qui magistri renunciantur. Rector Joh. Gottlob Boehm. Decan Chn. Gottlieb Seydlitz. Lpz. (Loeper) 17. II. 1774. 27 S. (4.50) 1952
Biographien von: Emman. Friedr. Schmidt (Ernstthal), Nath. Gottfr. Leske (Muskau), Gottfried Aug. Arndt (Breslau), Dan. Benj. Scheel (Bautzen), Carl Gottlob Anton (Lauban), Joh. Mich. Hesler (Saalfeld), Theoph. Sam. Forbiger (Lpz.), Joh. Traug. Gehler (Görlitz), Joh. Jac. Boethe (Leubinga/Thür.), Joh. Chn. Gottlieb Opitz (Wurzen), Chn. Gottlieb Hund (Löbau/Laus.), Chn. Gottfr. Schmidt (Naumburg), Carl Erdmann Burscher (Camitio Lus.), Chn. Aug. Schmidt (Lpz.), Heinr. Chn. Gehe (Dresden), Joh. Friedr. Hilscher (Frankenberg/Misn.), Carl Gottlob Fiedler (Boernersdorf/Misn.).

— — De lectione scriptorum veterum Graecorum Latinorumque ad sensum honesti morumque probitatem referenda (Sol. magistrorum . .) Lpz. (Sommer) 13. II. 1777. 16 S. m. Namen. (2.50) 1956

— — Recolendae in audit. philos. memoriae Joh. Grafii sen. mercatoris praefatus de libris Catacrianis Hadriani imperatoris. Lpz. (Loeper) 27. VIII. 1777. 12 S. (2.50) 1957

— — De licentia poetica diss. Lpz. (Langenheim) 1767. 16 S. (2.—) 1941

— — Luxum Germanorum XIII. philosophiae et artium candidatis qui magistri renuntiantur. Rector Joh. Theophil Seger. Procanc. Gg. Heinr. Bortz. Decan Heinr. Gottlieb Francke. Leipzig (Büschel) 5. III. 1772. 24 S. (4.80) 1949

Biographien von: Christian Conrad Claus Mildenau/Misn.), Joh. Adam Gottlieb Kind (Werdau), Friedr. Heinr. Maxim. Kersten (Dresden), Gg. Chn. Heck (Ansbach), Chn. Sigism. Wilh. Hauptmann (Gera), Carl Traugott Thieme (Canitz/Misn.), Chph. Heinr. Nestler (Lpz.), Chn. Gottlob Hempel (Horburg), Carl Wilhelm Dassdorf (Stauchitz), Joh. Aug. Wolf (Naunhof), Carl Friedr. Lohde (Grünberg/Misn.), Joh. Friedr. Lysius (Voigtstad/Mansfeld), Heinr. Adolf Seger (Knobelsdorf/Misn.).

— De Maria Hungariae Regina Ludovici Primi principe filia, commentatio historico-critica. — Lipsiae 1742: Schniebes. 44 S. 8°

1:4 in Se 236. 2. 3. 4. 7. 8. 9. 12:4° Diss. 3040-11. 14. 15. 17. 21. 24. 26. 27. 300:+49 F 31 (4).

15.

— — De Maria Ludovici Primi principe filia, Hungariae non Rege, sed Regina, commentatio historico-critica. Ed. 2. — Lipsiae 1745: Eisfeld. 55 S. 8° 1:39 in 8° Bibl. Diez 2413. 2. 7. 14→17. 23. 27. 30. 300:111.133-B. 302.

15.

— — De migrationibus litterarum e causis politicis. (Sol. magistrorum . .) Lpz. (Loeper) 1. III. 1781. 16 S. mit Namen. (2.50) 1963

— — Mortem Socratis XIV. philosophiae et artium candidatis qui magistri renuntiantur. Rector Joh. Aug. Ernesti. Procancell. Carl Christian Woog. Decan Carl Günther Ludwig. Leipzig (Langenheim) 1. III. 1770. 24 S. (4.50) 1946

Biographien von: Chph. Dan. Ebeling (Hildesheim), Joh. Tobias Sattler (Suhl), Chn. Friedr. Aug. Suppe (Nauendorf/Misn.), Carl Adolf Caesar (Dresd.), Chn. Friedr. Matthaei (Groehst/Thür.), Friedr. Aug. Wilh. Wenck (Darmstadt), Joh. Gottlob Behringer (Lpz.), Chn. Heinr. Lorenz (Boben - Neukirch / Vogtland), Chn. Traugott Bekel (Löbau/Lausitz), Mich. Heinr. Nürnberger (Zwickau), Samuel Ebert (Leipzig), Chph. Heinr. Ficker (Lpz.), Carl Heinr. Lessing (Schkeuditz), Joh. Chph. Mitlaender (Schneebg.).

— Oratio solemnis de auspicatissimo connubio Serenissimae Excelsissimaeque Principis ac Dominae Dominae Mariae Theresiae Principis Augustae ... felicissime inito in Academia Altorfina Norimbergensium demisissimi animi pietate dicta. — Altorfii [1736]: Meyer. 16 S. 2°

3. 300:64 A 1 v.

15.

— De vera Origine et epocha Hunnorum, Avarum, Hungarorum in Pannonia commentatio historico-critica. — Lipsiae [1757]: Loeper. 24 S. 8°

Erschien zuerst als Diss. Leipzig 1757.

14. 21. 27. 300:44.040-B.

15.

— — Otia in litteris belli solamina XII. philosophiae et artium candidatis qui magistri renuntiantur. Rector Joh. Friedr. Mai. Procancell. Joh. Aug. Ernesti. Lpz. (Langenheim) März 1759. 20 S. (5.—) 1933

Biographien von: Carl Friedr. Hofmann (Leipzig), Joh. Friedr. Teller (Lpz.), Gg. Christian Teller (Lpz.), Joh. Jac. Haselau (Danzig), Chn. Aug. Clodius (Annaberg), Chn. Samuel Weise (Lpz.), Joh. Gottlob Richter (Niderwerbig), Joh. Chn. Forwerck (Lpz.), Joh. Georg Friedr. Franz (Lpz.), Gottfr. Adam Lehmann (Lpz.), Dan. Gotthold Jos. Hubler (Freiberg), Joh. Christian Foerster (Dresden).

— De Ottone II. Granseiao, Basileensi Episcopo, caedis Alberti I. Regis participe. — (Lipsiae [1762]: Langenhem.) XII S. 8° 1:2 in Sb 1232. 3. 5. 12:4° Diss. 1867-4. 15. 21. 28. 300:38.477-B.

15.

— De Poesi scientiarum disciplinae accurate tradendae non apta. — Lipsiae 1757: Loeper. XVI S. 8°

1:7 in Xa 6. 3. 7. 15.

— — De poeta oratori finitimo oratio. Lpz. (Loeper) 12. II. 1757. 28 S. (3.—) 1930

— Poetam heroicum XVII. philosophiae candidatis qui magistri renuntiantur ... carmine solenni commendat Carolus Andreas Bel ... 1757. — Lipsiae [1757]: Langenhem. XXIV S. 8° 27.

15.

— Recolendae ad d. XXVII. Aug. 1777 in auditorio philosophorum memoriae Iohannis Grafii Sen. mercatoris olim percelebris praefatus de Libris Catacrinianis Hadriani Imperatoris disputat Carolus Andreas Bel. — Lipsiae [1777]: Loeper. XII S. 8° 20.

15.

— — Regem philosophicum philosophiae candidatis qui magistri renunciantur. Rector Jos. Ludw. Ernst Püttmann. Procanc. Gg. Heinr. Bortz. Dec. Carl Günther Ludwig. Lpz. (Loeper) 22. II. 1776. 20 S. (5.—) 1954

Biographien von: Chn. Gottlob Wirth (Naumburg), Wilh. Gottlieb Becker (Lichtenstein-Callnberg), Theod. Thom. Weichardt (Leopoli Pol.), Carl Wilh. Heinsius (Sorau/Laus.), Joh. Wilh. u. Ludw. Gotthelf Wildenhayn (Langenhennersdorf), Chn. Gottlieb Schenk (Crottendorf), Chn. Gottfried Haubold (Grimma), Aug. Andr. Gottfr. Maertens (Otterstad/Thür.), Chph. Friedr. Enke (Greislau/Wfls.), Joh. Lundblad (Hallandia Suecus).

— — De optimis contra fanaticismum in litteras grassantem remediis (Solemnia magistror . .) Lpz. (Loeper) 14. II. 1771. 14 S. m. Namen. (2.50) 1948

— — Sapientia apud Graecos pars prima. Ad philos. et art. candid. qui magistri renuntiantur. Rector Gg. Heinr. Borz. Procanzell. Chn. Gottlieb Seydlitz. Lpz. (Loeper) März 1781. 22 S. (4.80) 1962

Biographien v.: Joh. Chn. Tritzschler (Chemnitz), Carl Wilh. Goldammer (Lpz.), Gottfr. Nicol. Kuhl (Baalsdorf), Joh. Aug. Doering (Gatterstädt/Thür.), Joh. Chph. Qarche (Kitzen), Carl Aug. Kühn (Liemehna/Misn.), Friedr. Wilh. Doering (Elsterberg/Vogtl.), Friedrich Heinrich Starcke (Luppa/Misn.), Adolf Wencesl. Schmidt (Kozenicza/Pol.), Carl Gottlob Terne (Roitzsch).

— — Sapientia apud Graecos pars altera ad philos. et artium candidatos qui magistri renunt. Rector Christlieb Benedict Funke. Procanc. Sam. Friedr. Nathan. Morus. Decan Chn. Gottlieb Seydlitz. Lpz. (Loeper) 14. II. 1782. 23 S. (4.50) 1964

Biographien v.: Ernst Florens Friedr. Chladen (Wittenbg.), Chn. Dan. Erhard (Dresden), Chn. Gotthelf Friedr. Webel (Poserna), Joh. Carl Heiligenschmidt (Naunhof), Carl Imman. Friedr. Schwarzenberg (Döbeln), Carl Heinr. Korbinsky (Borna), Carl Gottlob Goetze (Waldenburg), Carl Christian Palmer (Delitzsch), Joh. Gottlob Müller (Sohland/Laus.), Carl Wilh. Greding (Greiz), Christophh Petri (Sorau/Laus.).

— — Sapientiae bona philos. et artium candidatis qui magistri renunciantur. Rector Joh. Chph. Pohl. Decan Aug. Wilh. Ernesti. Lpz. (Büttner) 18. II. 1779. 28 S. (4.50) 1960

Biographien von: Christian Friedr. Richter (Chemnitz), Friedr Adam Bach (Schweinfurt), Gottlob Aug. Plaenkner (Chemnitz), Ernst Benjam. Gottlieb Hebenstreit (Lpz.), Chn. Gotthold Eschenbach (Leipzig), Joh. Theophil Daehne (Leipzig), Joh. Friedrich Eschenbach (Leipzig), Chn. Friedrich Stephan (Leipzig), Joh. Friedr. Schleusner (Lpz.), Chn. Gotthilf Otto (Werdau), Joh. Aug. Phil. Hennicke (Beichlingen), Gg. Benj. Hoefichen (Bautzen), Joh. Gottfr. Straus (Lauchstedt), Joh. Andreas Laemmer (Chemnitz), Joh. Chn. Foerster (Auerstedt/Thür.), Joh. Gottlob Temper (Ilma/Thür.), Gg. Wilh. Sigismund Beigel (Goeckenheim).

— — Sapientiae fata philosophiae et artium candidatis qui magistri renunciantur. Rector Friedr. Gottlieb Zoller. Procanc. Chph. Bened. Funcke. Decan Chn. Theophil Seydlitz. Lpz. (Sommer) 10. II. 1780. 30 S. (5.—) 1961

Biographien von: Joh. Chn. Janke (Görlitz), Heinr. Eduard Hoechster (Danzig), Chn. Hoefer (Bibra), Joh. Friedr. Croeber (Breunsdorf), Carl Gottlob u. Joh. Chn. Kühn (Spergau), Joh. Gottlob Pohle (Langenau/Laus.), Friedr. Gottlob Imman. Schwarz (Grimma), Joh. Heinr. Meisner (Lpz.), Joh. Friedr. Junghanns (Annaberg), Gottlieb Imman. Dinndorf (Rotta), Joh. Friedr. Beck (Langensalza), Gg. Nicol. Brehm (Hof), Joh. Matth. Haefner (Schmalkalden), Carl Gottlob Haus (Fremdiswalda/Misn.), Joh. Friedr. Koehler (Brehna), Chn. Aug. Schwarze (Hayna/Misn.), Carl Gottlob Hunger (Voigtsdorf), Joh. Friedr. Beatus Hoepfner (Hildburghausen), Chn. Gottfr. Albert Schneider (Apolda).

— — De subtilitate orationis philosophicae. 1778. 16 S. (2.50) 1959

— — Temperatum sapientia amorem sui XII. philosophiae et artium candidatis qui magistri renunc. Rector Chn. Gottlieb Ludwig. Leipzig (Langenheim) 3. III. 1763. 18 S. (4.50) 1938

Biographien v.: Carl Christoph Nestler (Weinböhla), Gottlob Bened. Hofmann (Wittenbg.), Erasmus Anton Schindler (Schneeberg), Chn. Jacob Schwartz (Tilsit), Joh. Gotthelf Herrmann (Chemnitz), Gg. Dietr. u. Franz Gotthold Hartwig (Grosshartmannsdorf), Gottfr. Traugott Kosch (Lauban), Joh. Traug. Mangelsdorf (Dresden), Joh. Friedr. Wolf (Leipzig), Conr. Sam. Schernack (Malitschkendorf), Friedr. Gotthelf Hentsch (Bautzen).

— — Templum artis criticae XII. philos. et art. candid. qui mag. renunc. Rector Chn. Gottl. Ludwig. Procancell. Heinr. Gottl. Franke. Leipzig (Langenheim) 9. II. 1769. 20 S. (5.—) 1943

Biographien von: Gg. Hartmann Jahn (Lpz.), Andr. Hoere (Naumburg), Joh. Gottlob Bergold (Altenburg), Joh. Gottlob Pfarr (Naumburg), Joh. Jac. Engel (Parchim/Mecklenbg.), Gottlob Friedr. Wenzel (Sayda), Paul Friedr. Scharn (Bochowitz), Carl Chn. Wendler (Triptis), Chn. Friedr. Fesler (Zeitz), Chn. Gottlieb Schmid (Naumburg), Wilh. Friedr. Kroeber (Goernitz), Chn. Gottlieb Miller (Döbeln).

— Tiresiae de poetis futuris divinationem XIII. philosophiae et artium candidatis qui magistri renunciantur ... proponit Carolus Andreas Bel ... 1771. — Lipsiae [1771]: Loeper. XXIV S. 8° 27.
15.

— — Vim atque potestatem poeseos X. philosophiae candidatis qui magistri renunciantur. Rect. Joh. Friedr. Bahrdt. Procancell. Aug. Friedr. Müller. Lpz. (Langenheim) 19. II. 1761. 16 Seiten. (5.—) 1935

Biographien von: Carl Renatus Hausen (Leipzig), Joh. Gottfr. Reusmann (Schleiz), Mich. Traugott Seyfert (Olbernhau), Carl Friedr. Bahrdt (Bischofswerda), Paul Gottlob Andreae (Colditz), Joh. Aug. Tittmann (Gersdorf), Chn. Theodor Kuchenmeister (Dorfhain), Theodor Praetorius (Coburg), Joh. Gotthelf Deutrich (Hayna/Misn.), Joh. Gottlob Schubert (Freiburg/Thür.).

— — Vim atque potestatem poeseos XV. philosophiae candidatis qui magistri renunciantur. Rector Joh. Aug. Ernesti. Procancell. Joh. Gottlob Boehm. Prodecan Gottfr. Heinsius. Leipzig (Langenheim) 25. II. 1762. 20 S. (5.—) 1936

Biogr. von: Joh. Jul. Christian Fulda (Gotha), Carl Gottfr. Zaake (Dresden), Joh. Heinr. Bach (Hohendorf), Aug. Arnold Rosenfeld (Naumburg), Friedr. Gottlob Heermann (Wiehe/Thür.), Imman. Joh. Gerh. Scheller (Ihlov/Querfurt), Chn. Benjam. Austel (Lpz.), Georg Ernst Hebenstreit (Lpz.), Chn. Aug. Wichmann (Dresden), Gottfr. Samuel Brunner (Gera), Chn. Friedr. Schmid (Roeglitz/Mersebg.), Joh. Gottlob Krah (Störmthal), Christlieb Bened. Funcke (Hartenstein), Joh. Heinr. Barnbeck (Lpz.), Joh. Friedr. Hankel (Frankenhausen).

Bel, Karl Andr., (†d. 5. Apr. 1782.) s. A. L. v. Wattewille.

Bel, Matthias, s. Bel, Mátyas

Bél, Mátyás

Pseudonym: Meliboeus.
Der Name des Verfassers erscheint auch in d. Form Matthias Bel u. Matthias Belius.

Bél, Mátyás
Pseud.: Milovník bedlivý.

— adparat. ad histor. Hungariae. Fol. Leipz. F. C. W. Vogel. 735.

— erste Anfangsgr. der Latein. Sprache. 8. Wien. 746.

Bel, Matth., Ethica Davidico-Salom. 12. Leipz. 724.

— Historiae linguae Hungaricae libros duos Genesin & Exodum edere parat ... Matthias Belius. — Berolini [1713]: Liebpert. 4 Bl. 8° 1: 19 in 8° Bibl. Diez 2529.
15.

— Institutiones linguae Germanicae, in gratiam Hungaricae iuventutis ed., atque nunc denuo recusae, notisque ... auctae à C. A. Körbero. — Halae Magd.: Fritsch 1730. 173 S. 8°
1: Ya 2809[2]. 3. 7. 14. 18. 23.

Bel, Matth., institut. linguae german. 8. Nürnb. 755. 5 gr.

— De vetere Litteratura Hunno-Scythica exercitatio. — Lipsiae: Monath 1718. 80 S. 8°
1: Zr 12060; 5 in V 304; an V 7550 [u.] 4° Bibl. Diez 1421.
2. 3. 5. 7. 8. 14. 19. 17. 18. 23. 24. 26. 27. 28. 30.
300: 74 S 19. 302.
15.

[—] Kurze und zuverläßige Nachricht von dem Zustande der protestantischen Kirche in dem Königreich Ungarn, besonders von den gegenwärtigen gefährlichen Umständen derselben. [Nebst] Beyl. [1]-3. — o. O. 1743-46. 8°

Beyl. [1.] Beylage zu der im vorigem Jahr herausgegebenen Nachricht von dem Zustande der Protestanten im Königreich Ungarn (Humillima Instantia Sacratissimae Regiae Maiestati, Hungariae atque Bohemiae Reginae, a statibus protestantibus Regni Hungariae anno 1741, d. 26. Octobr. exhibita, deutsch). 1745.
Beyl. 2. Zuverläßiger Bericht von einer neulich in Ungarn errichteten adlichen Gesellschaft, welche die Unterdrückung der Protestanten zum Endzweck hat (Systema et statuta illustrissimae Societatis nobilium, sub patrocinio S. S. Josephi et Caroli in ecclesia Doemoelkiensi ... erectae, deutsch). 1745.
Beyl. 3. Kurzer Unterricht von denjenigen Gründen, mit welchen die römisch-catholischen Geistlichen fordern; es sollen die Protestanten, im Königreich Ungarn, wider ihr Gewissen, bey der Mutter Gottes Maria, schweren (De Cultu Reginae Hungariae, Virginis Deiparae in ordine ad exclusionem eiusdem Virginis e decretalis iuramenti formula, deutsch). 1746.

1 [∞ Beyl. 1-3]: an Se 9868 3 [∞ Hauptw.] 7.
17 [∞ Beil. 2. 3.] 24 [∞ Beil.]
15.

[—] — Kurze und zuverläßige Nachricht von dem Zustande der protestantischen Kirche in dem Königreich Ungarn, besonders von den gegenwärtigen gefährlichen Umständen derselben. 2., u. verm. Aufl. — o. O. 1746. 128 S. 8°
1: Se 9880. 2. 3. 7. 10.

— notitia Hungar. novae geograph. histor. Tom. I. Fol. Fraiu f. Guilh. 735.

— Notitia Hungariae novae historico geographica, divisa in partes 4, quarum 1., Hungariam Cis-Danubianam; 2. Trans-Danubianam; 3. Cis-Tibiscanam; 4. Trans-Tibiscanam: universim 48. comitatibus designatam, expromit. ... Acc. Samuelis Mikovinii Mappae, singulorum comitatuum, methodo astronomico-geometrica concinnatae. P. 1: Cis-Da mibiana. T. 1-4. — Viennae Austr.: Straub 1735-42. 2°
1:2° Se 6956. **2. 3. 4. 7. 8. 10.**
12:2° Austr. 9 [auch 1 - 2° Austr. 10/1]. **14. 15. 17. 18. 21. 24. 29. 30. 300:** 56 B 3. Bd 1/4. **302**
15.

— notitia Hungariae novae hist. geogr. acc. S. Mikovinii mappae etc. 4 Tmi. Fol. Wien. 759.

— Rhetorices veteris et novae Praecepta ... Acc. Poetica. Lipsiae: Auctor 1717. 75,22 S. 8° **3. 27.**
15.

[—] Preces christianae, ad excitandum promovendumque, verae resipiscentiae, fidei, renovationis, solidaeque pietatis, studium, comparatae, et tripartito divisae. Acc. praef. Jo. Francisci Buddei. — Lipsiae 1728: Schniebes. 397 S. 8°
1: an Xe 4428. **2. 9. 24.**
15.

— Hungariae antiquae et novae Prodromus, cum specimine, quomodo in singulis operis partibus elaborandis versari constituerit auctor Matthias Belius. — Norimbergae: Monath 1723. 204 S. 2°
1:2° Se 6950. **2. 3. 4. 7→10. 12:**2° Austr. 10. **14. 17. 21. 23. 24. 25. 27. 29. 300:** 64 A 5. **302.**
15.

[—] Die gottsuchende Seele, oder kurtzgefaßte und Schriftmäßige Andachten, bestehend in Morgen- und Abend-, Buß- und Glaubens-, Creutzes-, Zeit-, Stands-, Berufs- und Sterbe-Gebeten, wie auch in anderen Bitten, Gebeten und Fürbitten. Zu Beförderung gottsuchender Andacht zusammen getragen und entworfen von e. dürftigen Mit-Beter. — Leipzig: S. B. Walther 1729. 384 S. 8°
18 [defekt].
15.

— Der ungarische SprachMeister oder, kurtze Anweisung zu der edlen ungarischen Sprache, nebst e. Anhang von Gesprächen. Von Meliboeo. — Preßburg: Royer 1729. 83 S. 8° 1: Zr 10832. **25.**

— — Clausenburg 1731: Weichenberg. 99 [vielm. 104] S. 8°
1: Zr 10833. **300:** • 35 K 64.
15.

— — Die 2. u. verb. Aufl. Preßburg: Royer 1743. 92 S. 8°
1:8° Bibl. Diez 9097.
15.

— — Die 2. u. verb. Aufl. Ebd. 1747. 92 S. 8° **● 16. 17.**
15.

— Der ungarische Sprachmeister oder, kurze Anweisung zu der edlen ungarischen Sprache, nebst e. Anhang von Gesprächen. Von Meliboeo. 3. Aufl. — Preßburg: Landerer 1754. 92 S. 8° **3. 17. 300:** 569.692-A.
15.

— 4. Aufl. Ebd. 1763. 92 S. 8° **16.**
15.

— Meliböi Ungrischer Sprachmeister in einer ganz veränderten Gestalt. Itzo bey der 5. Aufl. mit e. neuen Anh. ... verm. — Ebd. 1774. 255 S. 8° **7.**

— Meliböi Ungarischer Sprachmeister in einer ganz veränderten Gestalt. Mit e. neuen Anh. ... Itzt aber in der 6. Aufl. aufs neue durchges. — Ebd. 1787. 335 S. 8°
1: Zr 10837.
15.

Bel, Matyas: Meliböi Ungarischer Sprachmeister in einer ganz veränderten Gestalt. Itzt aber in d. 9. Aufl. auf das neue... durchgesehen, u. nach d. Bedürfnissen dieser Zeit eingerichtet. – Preßburg [usw.]: Landerer 1805. 336 S. 8°.

Bela. — Bela et Andreas reges Hungariae sive funesta fratrum discordia. Tragoedia. Trauervoller Zwietracht zweener in Ungarn herrschenden Brüdern. Ein Trauerspiel, vorgestellet ... in ... Kaufbeuren ... 1766. — Kaufbeuren [1766]: Neth. 4 Bl. 8°
12:4° H. lit. P. 278-1,39.
15.

Bela der Blinde, König v. Ungarn. Eine histor.-romant. Skizz. 8. Leipz. 811. Gr. Fleischer. 16 gr

Bela, Hungariae princeps. [Salisb. 1763.] V: *Wimmer, Marian von.* (Hr)

Bela, ein Ungarischer Prinz. [Salzb. 1763.] V: *Wimmer, Marian von.* (Hr)

Bela, A. v.: Phila. Drama. — Berlin 1886: (Windolff). 96 S. 8° 1: Yp 5005-387. **30.**
15.

Belá, K., der Betyár, s.: Zeitvertreib.

Bela, Rob., Die Amöben, insbesondere vom parasitären und kulturellen Standpunkt. Mit 1 lith. Tafel. (VII., 73 S.) Berl. 98. Hirschwald. M. 2.—

Belaamiabel, Karl (Hrsg.), s. Zukunftszeitung.

Belach, Andreas: Abfertigung des Erlanger Zeitungsschreibers und seines Alliirten mit ihrer ungesunden Critik über verschiedene in Breslau gedruckte Blätter. [Verf.: Andreas Belach.] — Breßlau 1759. 30 S. 8°
1: Da 17316. **2. 10.**

[—] Der Christ im Kriege, und in der Belagerung. — Breßlau [usw.]: Pietsch 1758. 283 S. 8°
1:8° Bibl. Diez 5988. **2. 12:** Bor. 46c. **14. 24.**
15.

[—] — Ebd. 1759. 268 S. 8° 1: Da 17314. **2. 18.**
15.

Belach, Andreas: Der Greis. Am Geburtstage des Königs. Breßlau, am 24.ten des Jäners 1759. Nebst d. Beantwortung eines sächsischen Jünglings, an den Breßlauer Greis. Breßlau [usw.] 1759. 7 Bl. 8°.

Belach, Andreas: Der breßlauische Greiß an den sächsischen Jüngling. 1759 in: Belach: Der Greiß am Geburtstage des Königs.

— Der Greiß am Geburts-Ttage des Königs. Antwort e. sächsischen Jünglings. Gegenantwort d. breßlauischen Greißes. Nebst einigen Vorerinnerungen von d. Pflichten d. Unterthanen gegen d. mit ihrem Landesherrn im Krieg befangene Mächte. — Breßlau: Korn der ältere 1759. 28 Bl. 8°
Sondert.: 1. Der Greiß an d. Geburts-Tage d. Königs.
Sondert.: 2. [Belach]: Der breßlauische Greiß an d. sächsischen Jüngling.
1: Sv 8580. **2.**
15.

[—] Der Greiß am neun und vierzigsten Geburts-Tage des Königs. 1760, den 24sten Januar. — Breslau [1760]: Graß. 4 Bl. 2° **14.**
15.

[—] Der Greiß, ein Gedichte, an dem Geburths-Tage Sr. Königl. Maj. in Preußen, in Breßlau den 24. Jan. 1759. mit e. Beantwortung eines sächß. Jünglings an den Breßlauer Greiß. Nebst angehängten Gedanken auf den Preußenfang bey Falkenhayn 1759. — o.O. 1759. 4 Bl. 8° **3.**
15.

[—] Nachtgedanken bey einer gefährlichen Reise in Kriegszeiten vom Verf. des Christen im Kriege. — Breslau: J. E. Meyer 1761. 127 S. 8° 1: Yl 5241.
15.

— *Untrügliche Prophezeihungen wichtiger Begebenheiten auf jeden Monat des Jahres* 1760. *Breslau* 1760. [*Holzmann-Bohatta* III.312.]

SCHREIBEN eines Frauenzimmers an den Verfasser des Breslauischen Wochenblatts (*Andreas Belach*) betreffend das 25ste Stück von den Frauenzimmer-Moden. Mit beygefügten Anmerkungen dieses Verfassers, statt der Antwort. Breslau 1760. 8°. 29 S. (In Breslau, Stadtbibl.) Höchst selten!

Belach, Andreas (Hrsg.), s. W o c h e n b l a t t , Breslauisches.

Beladung, ständige, des Hinterwagens. Zusammengestellt v. A. B. Farbige Wandtafel. 92×70,5 cm. Wien (908). G. Freytag & Berndt. 1,60

Ein Belag zur Schlesischen Provinzial-Rechts-Kunde. (Darstellung des Prozesses des Reg.-Präs. a. D. Hans Ernst Frh. v. Lüttwitz auf Gorkau b. Zobten Klägers wider die verw. Freifrau v. Lüttwitz, Charlotte Ernestine Renate geb. Freiin v. Kottwitz auf Langheinersdorf, Verklagte, betr. die Herausgabe der Güter Nieder-Langheinersdorf u. A.) o.O.(1834).

Belagerung, die, Lustsp. in 5 Akt. von Kretschmann. 8. München, Lindauer. 782.

— die, Lustsp. von Kretschmann. 8. Leipz. Dyk. 786.

Belagerung, die, von Antwerpen i. J. 1832. Aus d. Engl. v. Wilh. Holtz. gr. 8. (IV u. 195 S. m. 1 lith. Plan in Fol.) München 847, Kaiser in Comm. n. 1⅓ Rthlr

Belagerung, die, der Stadt A u b i g n y . Lstspl. (v. Ant. Reichsgr. v. Törring). 8°. Münch. 1778. Lentner. (Manh., Schwan u.G.)

— die, der Stadt Aubigny. Schausp. 8. München, Fritz. (Lentner.) 779.

Belagerung von Belgrad im Jahre 1789. 1: 25,000. 1 Bl. a.d.W., Oesterreichisch milit. Zeitschrift.'

Die Belagerung der Stadt Bern (1288) [Bernische Neujahrsstücke, IX.] 4. Bern 1816. 1,15.

Belagerung, Die, der Stadt Bern durch Rudolph von Habsburg. Bern 1816. V: *Stierlin, Emanuel.* (Cat. d. Stadtbib'. Zürich. Zürich 1864—97.) (AarK)

Belagerung (Die) der Stadt Bern durch Rudolf von Habsburg, König der Teutschen. – *Bern, Chr. A. Jenni.* 1816, 27 pp. in-4°.
1 fig. gravée par *H. Lips*, d'après *G. Volmar*.

Belagerung von Berbir (Türkisch Gradiska). Wien 1825. 1: 14,000. 1 Bl a. d. W.: „Oesterreichisch milit. Zeitschrift."

Belagerung von Breslau oder Beschreibung der Unruhen, welchen die guten Einwohner Breslau's fast zwey Monate hindurch ausgesetzt waren, und dem Schaden, den die Stadt und Vorstädte durch das Bombardement erlitten haben, von e. Augenzeugen. — o.O. 1807. 8 Bl. 8° 14. 15.

Die Belagerung von Breslau Anno 1806. Als ein Auszug aus d. Zeitungen von Breslau. — o.O. [um 1810]. 4 Bl. 8° 2. 15.

Die Belagerung von Breslau im December 1806 und Januar 1807, von e. preußischen Officier. Mit Anm. . . . Von e. Wahrheitsfreunde. — Leipzig 1807. 80 S. 8° 2. 15.

Belagerung, d., v. Breslau im Dec. 1806 u. Jan. 1807 rc. 8. Leipz. 808, J. G. H. Richter. 14 gr (vergl. Oelsner.)

Breslaus Belagerung im November und December 1806. o.O. [um 1810]. 16 S. 8° 1:Tb 530. 15.

Die Belagerung Briegs im Jahre 1741. Aus d. Tagebuche eines Augenzeugen. Mit Einl. u. Nachtr. hrsg. von W. H. Müller. — Brieg: Schwartz 1841. 88 S. 8° 1:Tb 2224. 2. 15.

Belagerung des Brückenkopfs von Hüningen im Jahre 1797. Wien 1814. Böhm del. Ponheimer sculpsit. 1 : 57,500. 1 Bl. a. d. W.: „Grundsätze der Strategie etc."

— die, von Calais. Trauerspiel, a. d. Franz. 8. Wien, Trattner. 765.

— d., v. Calais, e. histor. Erzählung. 8. Berl. 768. Rüdiger. 6 gr

— die, von Calais. Schspl. in 5 A. 8. Augsb. 799. Bürglen. 5 gr; s. auch Belloy.

Belagerung von Ciudad, Rodrigo und Almeida. [Leipzig 1817.] V: *Leonhardi, Christian Gottlob.* (MGT)

Die Belagerung von Crailsheim, von den 3 Reichsstädten: Schwäbisch Hall, Rothenburg und Dinkelsbühl. Eine romantische Erzählung aus d. 14. Jahrhundert. — Crailsheim: Stüber 1839. 21 S. 8° 21. 15.

— die, v. Danzig, im J. 1807. Aus d. Originalpap. d. General-Feldmarschalls v. Kalkreuth. Mit dess. Portr. gr. 8. Posen 809. Kühn. (Leipz., Central-Compt.) 1 Rthlr 12 gr

— u. Einnahme v. Danzig im J. 1807. Mit d. Portr. d. Grafen v. Kalkreuth u. 1 Plan. 8. Leipz. 808. (Wienbrack). 1 Rthlr

Belagerung und Einnahme, Die, Wiens Oktober 1848. Leipzig 1869. V: *Helfert, Jos. Alexander Freiherr von.* (Litt. Beil. zu den Mitth. d. Ver. für Gesch. d. Deutschen in Böhmen. IX. Jg. Prag 1871. S. 4.)

— u. Erober. v. Mainz 1689. 4. Frankfurt, Jäger. 793. mit Plan.

Die Belagerung und Eroberung der Stadt und Vestung Maynz in dem Jahr 1689. — Frankfurt a. M.: Jäger 1793. 33 S. 8° 1:Sk 7752. 4. 12:4° Eur.. 381-32. 17. 30. 15.

— und Erstürmung, die, von Constantine im Octbr. 1837. Mit 3 Bl. Zeichn. (Aus d. Archiv für die Officiere der Königl. Preuß. Artillerie- u. Ingenieur-Korps besond. abgedr.) gr. 8. Berlin, Posen u. Bromberg 837. Mittler. n. ⅓ Rthlr

Belagerung, die, u. Erstürmung d. Festung VI. Ein Spiel für die Jugend. Fol. Leipzig, Industr. Comt. 815.

Die Belagerung von Freiburg. Ein Tagebuch, niedergeschrieben von e. Augenzeugen im Jahr 1744, nebst der Belagerung vom Jahr 1713 u. e. Plan der ehemaligen Festung Freiburg. — Freiburg i. Br.: Wagner 1851. XII, 82 S. 8° 1:Si 3020. 7. 14. 16. 25. 15.

Belagerung von Gerona. [Leipzig 1817.] V: *Leonhardi, Chn Glob.* (MGT)

Belagerung, die, von Gotha, ein histor. Gemälde des 16. Jahrh., von d. Verfass. der: Emilie, od. so liebt ein deutsches Herz, (Wilhelmine Lorenz). 8. Leipz. 827. Wienbrack. 1 Rthlr 8 gr

Belagerung, die, von Hamburg im Jahr 1216. Trauerspiel v. Frambach. 8. Hamburg, Nestler. 810. Rthlr.

Belagerung, die, der Stadt Hanau im 30jähr. Kriege, u. deren Befreiung durch Wilhelm d. V., Landgrafen v. Hessen, am 13. Jun. 1636. Ein vaterländ. Schausp. in 5 Akten; v. J. W. Großmann. 8. Wiesbaden, Schellenberg. 1823 Rthlr. u c

Belagerung Ingolstadts durch die schmalkaldische Armee. — Ingolstadt 1807: Schröder. 30 S. 8°
12: Bavar. 221 q. 300: 48.665-A.
15.

Belagerung von Ismail 1790. Wien 1828. 1: 21,000 circa. 1 Bl.
a.d.W. , Oesterreichisch milit. Zeitschrift.'

Die Belagerung und Capitulation [Kapitulation] von Straßburg vom 11. August bis 27. September 1870. — Berlin: H. Müller [1870]. 4 Bl. 8°
1:6 in Kr. Samml. A 100.
15.

Belagerung, Die, des Castells von Gozzo oder der letzte Assassine. Von dem Verf. des Scipio Cicala. Leipzig 1834. V: *Rehfues, Phil. Jos. von.* (BrVV) (GGr)

— die, des Castells v. Gozzo, oder der letzte Assassine. Von d. Verf. des Scipio Cicala. 2 Bde. 8. Leipzig 834. Brockhaus. 4 ₰

Belagerung der Stadt und Feste Kehl im Jahre 1796. Wien 1814. Höhm del. 1: 57,500. Auf dem 2ten Blatt: Verschanztes französisches Lager bey Kehl nebst einer Erklärung der auf den beiden Blättern bezeichneten Belagerungsarbeiten. Ponheimer sc. O. M. 2 Bl. a. d. W.: „Grundsätze der Strategie etc."

Die Belagerung von La Fère im November 1870. 8. Berlin 1872. 1.60.

Belagerung. Die B' von Landeron. Bern 1820 s. [Stierlin, Emanuel].

Belagerung, Die, von Landeron im Jahr 1324. Bern 1820. V: *Stierlin, Emanuel.* (Cat. d. Stadtbibl. Zürich. Zürich 1864—97.) (AarK)

Belagerung v. La-Rochelle, a. d. Franz. d. Frau v. Genlis, v. Müller. 2 Bde. 8. Lpz. Hinrichs. 808.
Bellin.

Zur Belagerung von Longwy im Jahre 1815. 8. M. 1 Pl. Berlin 1855. 0,30.

— die, von Magdeburg; od. Churfürst Moritz. Trauerspiel in 5 Aufz. von Schmidt. 8. Helmst. Vollmer.

— die, von Magdeburg, neu bearbeitet von Reinike. 8. Thorn. (Verlagsges. in Alt.) 793.

Belagerung, Die, von Magdeburg im Jahre 1551. Vaterländisches Schauspiel in fünf Aufzügen. Hamburg 1808. V: *Schmidt, Friedrich Ludwig.* (BrMm)

— v. Mainz 1792 u. Wiedereroberung 1793. gr. 8. Mainz, Fischer. 795.

Belagerung d. Stadt Mainz durch d. Franzosen 1792 u. ihre Wiedereroberung durch d. deutschen Truppen 1793. (286.) 8. Mainz 1793.

— die, d. Stadt Mainz im J. 1792 u. Wiedereroberung 1793. gr. 8. Mainz 793. Fischer. (Leipz. Wienbrack). 16 ℊℓ

Belagerung von Mannheim unter General Wurmser im Nov. 1795. Ohne Titel. Ohne M. 1 Bl. Handzeichn.

Merkwürdige Belagerung Magdeburgs im sechzehnten Jahrhunderte, als Gegenstück zu der im neunzehnten. — Berlin: Maurer 1807. 96 S. 8° 1: Tc 7822. 2. 10. 13. 13.
15.

— Neue, unveränderte Aufl. Ebd. 1814. 96 S. 8°
23. 300: 80 J 303.
15.

Belagerung, die merkwürdige, von Magdeburg im 16. Jahrhundert. 1. u. 2. Aufl. 8. Berlin 1814. 1,00.

— merkwürd., v. Magdeburg im 16n Jahrhundert. 8. Berl. 807. Unveränd. Ausg. 816. Maurers B. 8 ℊℓ

Belagerung, die, von Mexico, von C. F. van der Velde. 3 Thle. 8. Dresden, Arnold. 821.

— die, v. Neisse, s. Magazin d. Kriegs.

— die, v. Neisse, v. 23. Febr. bis 16. Jun. 1807, (v. J. Gaupp). 8. Bresl. 810. Barth. (Holäufer). 3 ℊℓ

Ofens Belager- u. Eroberung unter Carl Herzog v. Lothringen 1686. 8. Ofen 1795.

Die Belagerung von Paris im Jahre 1841, historisch und militärisch. 8. Leipzig 1842

Belagerung von Peschiera im Monath Januar 1801. 1: 7,500. Auf demselben Blatte: Berennung der verschanzten Halb Insel Sermione im Januar 1801. 1: 46,000. Leipzig 1804. 1 Bl. a. d. W. „Neue Bellona."

die Belagerung von Peschiera durch die Piemontesen 1848. (30.) 8. Lindau 1850. 0.50.

Die Belagerung von Peschiera durch die Piemontesen im Jahr 1848. — Lindau: Stettner 1851. 30 S. 8°
12: Mil. g. 14 r. 200. 302.
15.

Belagerung der Hauptstadt Prag in Böhmen, von den Preuss. unter Anführung ihres Königs. 7. Mai bis 20. Juni 1757. 8.

Prager Belagerung 1741 in 3 Bll., nebst noch 2 dergl. von Kriegsoperationen bei andern Städten.

Die Belagerung Rendsburgs im Jahre 1645. Ein Denkmal der Vorzeit. Aus e. Urschrift, mit Anm. hrsg. von P. B. Helmcke. — Kiel: Schröder 1850. 46 S. 8°
Als Verfasser wird Marx Odde genannt.
1: So 9080. 5. 7. 8. 9. 12: Hols. 201. 14. 17.
15.

— Belagerung von Rochelle, aus d. Franz. von d. Frau v. Genlis, von K. L. M. Müller. 2 Bde. 8. Leipz. Hinrichs. 808.

Belagerung von Rustschuk im Jahre 1810. Berlin 1829. Gest. von C. Mare in Berlin. 1: 45,000. 1 Bl. a. d. W.: „Der Türken-Krieg von dem General-Lieut. Freyh. v. Valentini" 2te Ausgabe.

Belagerung der Festung St. Philippe auf Minorca von den Franzosen, v. 8. Mai b. 29. Juni 1756. 8.

Belagerung, Die, von Saragossa. 1808 und 1809. Frey nach dem Französ. [Leipzig 1817.] V: *Leonhardi, Christian Gottlob.* (MGT)

— die, v. Saragossa, od. Pachter Feldkümmels Hochzeitstag. Ein Lustsp. in 1 Akt, als Anh. zu Rogebue's ... Leipz. Kummer. 812.

Belagerung, Die, und die Schlacht von Nördlingen im August 1634. Zürich [1880]. V: *William, Theodor.* (Cat. d. Stadtbibl. Zürich. Zürich 1864—97.)

Belagerung von Schweidnitz vom 7. August bis 9. October 1762. 1: 8400. 2tes Blatt. Die Jauerniker Sternschanze, und dagegen geführte Laufgraben. 3tes Blatt. Grundriss der Minengänge des Forts No. 2 nebst den Globes de Compression und Minen der Belagerten. Haas sculps. 3 Bl. a. vorst. W.

Die Belagerung von Schweidnitz. Vom 16. Januar bis zum 16. Februar 1807. Auszug aus d. Tagebuche e. Augenzeugen. — Schweidnitz 1807. 8 S. 8° 2.
15.

Die Belagerung der Festung Schweidnitz v. d. Preuss. unter Gen.-Lt. v. Tauentzien 7. Aug. bis 9. Oct. 1762. (14.) 8.

— die, Sebastopols, s.a. Conversations-Hefte, illustrirte.

Die Belagerung vor Sebastopol. Ein Kriegs- u. Glücksspiel für Alt und Jung nach d. Wirklichkeit. Mit strategischen Operationen durch Landarmee u. Flotte. — (Berlin [1855]: Decker.) 1 Bl. 4°
Engl. Ausg. s. *Siege*, The, of Sebastopol. 1855.
1:35 in 2° An 8630–46.
15.

Die Belagerung von Sebastopol. Von der Einschiffung der Verbündeten in Varna bis zur Einnahme von Süd-Sebastopol. Von — ***. — Leipzig: J. J. Weber 1856. VIII, 220 S. 8°
12: Eur. 903 a. 14. 17.
15.

Belagerung, die, von Sebastopol im Jahre 1854/55, übersichtlich und gemeinverständlich dargestellt nach dem großen Werke: „Journal des opérations du génie etc." des französ. Geniegenerals Niel. (Von J. v. Hardegg.) Mit 1 (lith.) Uebersichtsplan der Belagerung in Farbendr. (in 4.) Stuttgart 859. Auc. gr. 8. (VI, 92 S.) n. 12 ngr.

Turin. Belagerung der Stadt durch die Franzosen und Entsetzung durch Eugen von Savoyen; 23. May bis 7. Sept. 1706. Einblattdruck. Kupfer. Gg. Phil. Rugendas del., in ornament. Umrahmung, oben mit Plan d. Stadt und unten mit erläuterndem Text. Abr. Drentwett del., Joh. Aug. Corvinus sc. Augsburg, Jer. Wolff, um 1707. Fol. Beschädigt. 10.—

—— von Strassburg 1870. Zwanzig Blätter photogr. Aufnahme der Breschen, Uebergänge, Thore und anderer militär. bedeut. Ansichten. Auf Veranlassung des commandir. Generals des Belagerungs-Corps aufgenommen in den Tagen vom 1.—3. Octbr. 1870 unter Leitung des Ingen.-Maj. Albrecht. Fol. Strassburg 873, Trübner. In Carton *

Belagerung, Die, von Strassburg. Erlebnisse eines deutschen Schülers im Jahre 1870 . . . Leipzig [1893]. V: *Schmitt, Charles.* (Berl)

Die Belagerung der Stadt Straubing im Jahre 1742. Programm zur Jubelfeier dieser merkwürdigen Begebenheit. Straubing: Schorner 1842. 32 S. 8°
12: Bavar. 221 s.
15.

Belagerung, Die, von Tortosa im Jahre 1810, . . . [Leipzig 1817.] V: *Leonhardi, Christian Gottlob.* (MGT)

Die Belagerung von Trembowla, historisches Gedicht nebst e. kurzen Auszuge aus d. Geschichte d. ehemaligen Herzogthums Trembowla. Von P. von O. — Lemberg 1847: Piller. 27 S. 8°
300: 42.184-B.
15.

Uberlingische Belagerung. Das ist: Abdruck-Schreibens an die Römische Kayserliche Majestät Ferdinandum II. von Burgermeistern, und Rath des H. Röm. Reichs-Stadt Uberlingen abgangen. Darinnen ausführlich berichtet wird, mit was Macht und Gewalt Gustav Horn schwedischer Feld-Marschall den 23. Aprill 1634. Jahres ermelte Stadt angefallen, beschossen, gestürmet, und den 16. May wieder verlassen müssen. — Costantz 1756: Labhart. 40 S. 8°
24. 25.
15.

— Überlingen 1906: Feyel. 44 S. 8° ● 28. 101.
15.

Belagerung der französischen Festung Valenciennes, welche durch die vereinigte K. K. und Englische Truppen unter Befehlen des Prinzen von York 1793 unternommen worden. 1 : 3,580. Für den Plan der Angriffsminen 1 : 880. 2 Bl. Handzeichn. u. 1 Bog. Beschreib.

Belagerung von Warna im Jahre 1828. Berlin. 1829. Gest. von Bimbé. 1 : 33,500.
a.d.W. , Der Türkenkrieg von dem Generallient. Frhr. v. Valentini 2. Ausgabe.'

Belagerung, Die, Wiens; ein Trauerspiel in 5 Aufzügen. Wien 1781. V: *Pelzel, Joseph Bernhard.* (GGr) (Ky)

Belagerung Wiens 1683. Approchen u. Schusslinien d. Türken gegen Löwel- u. Burgbastei u. St. Stefan. Marsch d. Entsatzarmee Sobiesky's im Türkenlager. (1 Bl. Farbendr.) 3 Bl.
Wien: C.J. Wawra ca. 1883.

– die, von Ypsilon, oder Evakathel u. Schnudi, s.a. Perinet.

— die, von Ypsilon, od. Evakathel u. Schnudi. Karrikatur in 2 Aufz. 8. Wien, Wallishäuser. 894.

Belagerung, Die, von Ypsilon oder Evakathel und Schnudi. Eine Karrikatur in 2 Aufzügen. 4. Aufl. Wien 1813. V: *Perinet, Joachim.* (BGE VIII³, 483)

Belagerung, die, von Ypsilon, oder Evakathel u. Schnudi. Karrikatur in 2 Aufz. von J. Perinet. 8. Wien, Wallishauser. 818.

Belagerung, die, und Zerstörung Jerusalems. 16. (24 S.) Barmen 870, (Klein.) *

Belagerung, die, u. Zerstörung Jerusalems. 16. (24 S.) Barmen 872. (Wiemann.) n. — 10

— die, u. Zerstörung Jerusalems. [anno 70 nach Christi Geburt.] 16. (16 S.) Ebend. 873. -- 15

Die Belagerung und Zerstörung Jerusalems. ⟨Anno 70 nach Christi Geburt.⟩ ⟨2. Aufl.⟩ — Barmen: Schumacher [um 1900]. 16 S. 8°
1:3 in 4° Uk 1.
15.

Belagerung u. Zerstörung der Stadt Magdeburg. 8. Magdeburg 1709.

Belagerung, Zweyte, von Saragossa vom 21. Dec. 1808 bis zum 21. Febr. 1809. [Leipzig 1817.] V: *Leonhardi, Christian Gottlob.* (MGT)

Belagerungen in Brabant u. Flandern 1744-1746.
Mit Pl. 1744-1748.
63 S.
Dresden 1750.
Ist Übersetzung von Funck et d'Jllens. Plans et journaux des sieges . . .

Belagerungen, Die, Stettins seit dem Anfange des 12. Jahrhunderts. Stettin 1832. V: *Boehmer.* (Pr)

Belagerungen, Die, Ulms seit dem Bestehen der Stadt und die dadurch über die Stadt und ihr Gebiet gebrachten Kriegsdrangsale . . . Ulm 1866. V: *Kuttler, Gust. Jac. Chph.* (Heyd)

Belagerungsgeschichte. — Belagerungsgeschichte der Stadt Breslau, vom Anfang ihrer Blokirung vom 16ten bis 20sten Nov., und darauf folgenden vierwöchentlichen Belagerung vom 6. Dec. 1806, bis 5. Jan. 1807. authentisch beschrieben. — (Breslau: Baltzer 1807.) 8 S. 8° 2.
15.

Belagerungs-Geschichte der Vestung Cosel ... Ratibor 1808. V: *Uthicke, Sam.* (Nent)

Belagerungsgeschichte d. Festung Cosel rc. 8. Ratibor 808. Juhr. 4 gr

Belagerungsgeschichte der Festung Glogau. Glogau 1807. V: *Gaupp, Jac.* (Nent)

Belagerungsgeschütze Österreich-Ungarns. Von A. K. Wien 1905. V: *Korzen, Arthur.* (EB)

Belagerungs-Geschütz-Material, K. k. Hohe Lafette für 9cm Hinterlad-Kanonen M. 1875. 12cm stahlbronzene Belagerungs-Kanone M. 1880. 15cm stahlbronzene Belagerungs-Kanone M. 1880. 18cm stahlbronzene Belagerungs-Kanone M. 1880. 9cm stahlbronzener Belagerungs-Mörser M. 1880. 15cm stahlbronzener Belagerungs-Mörser M. 1880. 21cm stahlbronzener Belagerungs-Mörser M. 1880. Entworfen und lithogr. im k. k. techn. und admin. Militär-Comité. (1 Inhalts-Verzeichniss und 117 Taf.) Beigeb.: Neuauflagen einzelner Taf. v. J. 1885. (11 Taf.) — Berichtigungen v. J. 1885. (3 Bogen und 5 Taf.) — Neuauflagen einzelner Taf. v. J. 1888. (1 Taf.) — Berichtigungen v. J. 1888. (1 Bogen und 1 Tafel.) Fol. Wien 1880—1888.

Belagerungs-Geschütz-Material, K. k., M. 1880. (Mit 9 Taf.) Qu. Fol. (Wien 1883.)

Belagerungs-Infanterie-Regimenter u. Belagerungs-Divisionen im Frieden u. auf dem Angriffsfeld. Eine Forderg. des modernen Festungskriegs. (42 S.) 8. Straßburg 908. F. Engelhardt. n. — 80

Belagerungs-Plan der **Düppeler Schanzen** mit zu Grundelegung der Dänischen Generalstabskarte aufgenommen und gez. v. **Pletzsch.** 1 : 10000. Berlin. o. J. Farbendr. 1 Bl. Imp.-Fol., ca. 82,5/73,5 cm (beschn.); aufgez. a. Leinwand.

Belagerungsplan, topographischer, von Paris. 1 : 76,000. qu. gr. 4. Ebendas. 870.

Belagerungs-Rapport des Brigadegeneral Gail über die Einnahme der Festung Eugenienberg. Chicago. Gedr. auf Kosten guter Freunde, o. J. (c. 1884). 12°.

8 S. Sehr jocoses Sotadicum, auf die schöne Kaiserin Eugenie bezüglich. — Längst vergriffen u. kaum noch zu erlangen.

Belagerungs-Übung bei Neiße 1865. Berlin 1865. 2°.

Der Belagerungszustand von Berlin. O. O. u. J. 7 S. 8.

Belagerungszustand, Der, in Hamburg-Altona und Umgebung und die Ausweisungen. Mitbürger, Wähler Hamburgs und Umgebung! Flugblatt, unterzeichnet: 'Die Ausgewiesenen: J. Röther, Maurer; J. Gross, Gastwirth, Thalstrasse 17.'

Belagerungszustand. — Der kleine Belagerungszustand vor dem deutschen Reichstag. Wörtlicher Abdruck d. amtlichen stenographischen Berichts. Lfg 1.2. — Nürnberg: Wörlein [1882]. 8° 12:J.publ.G.59r. 15.

Der Leipziger Belagerungszustand vor dem Reichstage. Verhandelt am 14. September 1886. — München: Viereck [1886]. 29 S. 8° (Sozialpolitische Zeit- u. Streitfragen. 34.) 12:Pol.g.1005 f-34.

BELAJ, Ferdinandus: De semipelagianismo. — (1876) 138 S. 4° (Handschr.) Diss. Wien Univ. Diss. 282

M. P. **Bélaïeff** [Mitrofan Petrovič Bêlaev] et son œuvre musicale. ⟨Courte esquisse.⟩ (Leipzig 1910: Röder.) 15 S. 8° [Umschlagt.] [11. 4903

Belajew, J. D., die russische Gesellschaft unter Peter dem Großen. Aus dem Russischen von E. G. (Abdr. aus dem Morgenblatte der „Bayerischen Zeitung.") München 864. (Büttner.) gr. 8. (16 S.) 3 ngr.

Belair, Alexandre Pierre Julienne de:

(—) Nouvelle Science des ingénieurs. — Berlin [usw.]: Soc. du Pôle arctique 1787. XLII,274 S. 8° 1:Hy 25960. 5. 15.

Belais, Abrâhâm: Séfer Be'ér lahaj rô'î ... Beer lachaj roi. Sammlung der ausgezeichnetsten Sittensprüche für alle Stände, Nationen und Alter ... Mit ital. u. franz. Übers. versehen von Abraham Belais ... In's Deutsche übertr. von M. Steinschneider. — (Vienne 1838: de Schmid.) 21 S. 4° [Hebr., Ant. u. F.] 1:4° Ev 3270. 1001:28 A 3. 302. 15.

Belaiss, Abram s. *Belais,* Abrâhâm.

BELAN, Johann: Wesen und Gebrauch der kirchlichen Diptychen. — (1906) 90 Bl. 4° (Handschr.) Diss. Wien Univ. Diss. 715

Beland

Taube, Aug. Gotthilf: [Gedicht.] Dem Andenken des [Br.] Taube von einem Mitgliede des Fr. Maurer-Vereins [d. i. **Béland**]. Er starb den 22sten Febr. 1816. Budissin [1816]: Monse. 2 Bl. 4° [Umschlagtit.]

„Ruhmvoll sinkt ein edler Mann zum Staube, . . ."

Belanger, J. B. Grundlehren d. ebenen Trigonometrie, analyt. Geometrie u. Infinitesimal-Rechnung, sammt Anwendung der letztern auf die Bestimmung von Schwerpuncten u. Schwungradien. Ein Inbegriff der wesentlichen Vorkenntnisse für d. Studium d. Mechanik, Hydraulik u. Maschinenkunde. Deutsche Bearbeitung von Bernh. Gugler. gr. 8. (X u. 181 S.) Stuttgart 847, Becher. 3/4 ₰

Belanger, J. B., Grundlehren der ebenen Trigonometrie, analytischen Geometrie u. Infinitesimal-Rechnung, sammt Anwendg. der letzteren auf die Bestimmg. v. Schwerpunkten u. Schwungradien. Deutsche Bearbeitg. v. Bernh. Gugler. Neue wohlfeilere Ausg. gr. 8. (X, 181 S. m. eingedr. Holzschn.) Stuttgart 884. A. Koch. n. 1. 50

— Lehrbuch der Mechanik und ihrer Anwendgn. auf d. Ingenieurwesen. Deutsch von B. Gugler. 1. Thl.: Allgemeine Dynamik u. Statik. — Hydrostatik. Mit 2 (lith.) Taf. (in qu. Fol.) gr. 8. (XVI u. 278 S.) Ludwigsburg 848, Nast'sche Sort.-B. (Neubert.) 1 1/3 ₰

— [deutsch] Lehrbuch der Mechanik und ihrer Anwendungen auf das Ingenieurwesen. Deutsch von B. Gugler. Th. 1. — Ludwigsburg: Neubert 1848. XVI,278 S. 8° 7. 10. 17. 24. 29. 83. 89. 91. 302. 15.

Belani, H. E. R., (K. L. Häberlin), Angelo dell Duca; romant. Novelle u. Sittengemälde aus d. Räuberleben in Italien. Mit 1 Kpf. 8. Neuhaldensleben (832.) Eyraud. 1 ₰ 12 gr (A. u. d. T.: Räuberleben in Italien. 1r Thl.)

— der Aufstand in Tyrol, s. allUnterhaltungsbibliothek, wohlfeile, 53—61. Bdchn.

Belani, H. E. R. Der Aufstand in Tyrol 1809. 3 Thl. (788.) 16. Leipzig 1847—48. 4,50.

† **Belani, H. E. R.,** (Karl Ludw. Häberlin,) die Auswanderer nach Texas. Histor.-romant. Gemälde a. d. neuesten Zeit. 3 Thle. 8. (60 B.) Leipzig 841, Kriische.

— s. Beschreibung von Sans-Souci.

— Bilder a. Friedr. Heinemann's Kriegs- u. Wanderleben, s. Heinemann.

Belani, H. E. R. Bilder aus meinem Kriegs- und Wanderleben. Nach dessen mündlichen Erzählungen bearbeitet von Friedr. Heinemann. 3 Bde. 8. Neuhaldensleben 1833. 12,00

— Blutrache im Hause Anjou. Eine Trilogie von Novellen aus Neapels u. Ungarns Vorzeit. 1r Thl. 8. Neuhaldenleben 833. (832.) Eyraud. 1 ℛ 12 ℊ

Belani, H. E. R., (K. L. Häberlin), Blutrache im Hause Anjou. Eine Trilogie von Novellen aus Neapels u. Ungarns Vorzeit. 1r Thl. Johanne I. Königin von Neapel. 8. Neuhaldensleben 833. Eyraud. 1½ ℛ — 2r Thl. Otto der Tarentiner, Herzog von Braunschweig u. König von Neapel, u. Elisabeth u. Maria, Königinnen von Ungarn. 8. Ebd. 833. 1½ ℛ

— der abtrünnige Bourbon. Geschichtlicher Roman. 3 Thle. Mit 1 Tabelle. gr. 12. Leipzig 840. Taubert. 4½ ℛ

— das Haus Braganza (v. 1807—1832). Histor.-romant. Gemälde in 2 Abthln. gr. 12. Leipzig 839, Taubert.
A. u. d. Titln:
Abthl. 1. Dom João [illegible] A. d. neuern Gesch. Portugals u. Brasiliens. 2 Thle. ([illegible] B.) 3 Thlr 8 Gr.
〃 2. Dom Pedro u. Dom Miguel. 2 Thle. — A. u. d. T.: Die feindl. Brüder. Histor.-romant. Gemälde a. d. neueren Geschichte Portugals u. Brasiliens. 2 Thle. 3 Thlr.

— Don Carlos, Prätendent von Spanien. Histor.-romant. Lebensgemälde. 3 Thle. 8. (62 B.) Leipzig 842. [O. A. Schulz.]

— Don Carlos, Prätendent von Spanien. Histor.-romant. Lebensgemälde. 3 Thle. 8. Leipzig 842, Taubert. 4½ ℛ

— Constantine. — Das Geheimniß. 2 Novellen. gr. 8. (10¼ B.) Leipzig 840, (47.) C. L. Fritzsche.

— die Demagogen. Novelle a. d. Gesch. uns. Zeit. 2 Bdchn. 8. (32½ B.) Leipzig 829, Wienbrack.

— Elisa, Markgräfin von Anspach und deren Zeitgenossen. 2 Thle. 8. (IV und 501 S.) Leipzig 851(52,) C. L. Fritzsche.

Belani, HER, (CL Haeberlin,) Elisa, Markgr. v. Anspach u. deren Zeitgenossen. 2 Thle. 8. (561) Lpsg 52, CF Schmidt. 2. 20

— die Emigranten. Novelle. 8. (208 S.) Leipzig 850, C. L. Fritzsche.

— die Erbschaft aus Batavia. Volksroman. 3 Thle. 8. Leipzig 840, C. L. Fritzsche. 4 ℛ

— Erzählungen: Untergang d. Janitscharen. — Der Demant. — Die Walpurgis-Nächte. 8. (20⅛ B.) Braunschweig 832, [Horneyer.]

— Erzählungen: Untergang der Janitscharen. Der Demant. Die Walpurgis-Nächte. 8. Braunschw. 832. Verlags-Cpt. 1 ℛ 6 ℊ

Belani, H. E. R., (K. L. Häberlin), romant. Erzählungen aus Portugalls Geschichte: Alfonso der Heilige. — Ines de Kastro. 8. Frankf. a. M. 834. Sauerländer. 1½ ℛ

— Don Fernando. Aus d. Jugendleben d. letzten Königs von Spanien. 2 Thle. 8. (40⅛ B.) Leipzig 842. [O. A. Schulz.]

— Don Fernando. Aus dem Jugendleben d. letzten Königs von Spanien. 2 Thle. 8. Leipzig 842, Taubert. 3⅓ ℛ

Belani, H. E. R., (Carl Ludw. Häberlin), Kronprinz Friedrich seine Zeit u. der Hof seines Vaters Friedrich Wilhelms I. Geschichtliches Lebensgemälde u. Zeitbild. 3 Thle. Leipzig 853. C. L. Fritzsche. 8. (299; 281; 290 S.) 4 ℛ

Belani, H. E. R., der Führer durch Potsdam und dessen Umgebungen; eine Anleitung in kürzester Zeit die bedeutendsten Sehenswürdigkeiten daselbst kennen zu lernen, nebst einer alphabetisch geordneten Beschreibung der Königl. u. Prinzl. Schlösser, Gärten ꝛc. Mit 1 Plan. 12. Berlin 842 Morin. ⅓ ℛ

— der sicherste Führer durch Potsdam u. dessen Umgebungen. Eine Anleitung, in kürzester Zeit die bedeutendsten Sehenswürdigkeiten kennen zu lernen, nebst einer alphabetisch geordn. Beschreibung der Schlösser u. Gärten ꝛc. Nach authent. Quellen u. eigener Anschauung bearbeitet. Neue durchgeseh. u. verm. Ausg. Mit einem Plane v. Potsdam. 16. (132 S.) Berlin 850, Th. Grieben. ¼ ℛ

— Galanterien u. Liebesgeschichten August des Starken, Königs v. Polen; nach d. Französ. des Baron v. Pöllnitz bearb. 1s Bdchen. 8. Neuhaldensleben 833. (832.) Eyraud. 1 ℛ 12 ℊ

— Galanterien und Liebesgeschichten August des Starken, Königs v. Polen u. Churfürsten v. Sachsen. Nach „La Saxe galante du Baron de Pöllnitz" frei u. in Novellenform bearb. 1s u. 2s Bdchn. 8. Neuhaldensl. 833, 34. Eyraud. (à 1½ ℛ) 3 ℛ

— der Geächtete. Geschichtlicher Roman aus d. Anfange des 16. Jahrh. 3 Thle. gr. 16. Frankf. 836. Sauerländer. 4 ℛ

— Georginen. Novellen, Novelleten u. Humoresken. 2 Thle. — A. u. d. Titln.: Schön-Täubchen. — Der Liebe Täuschung. 8. (40¼ B.) Leipzig 842. [O. A. Schulz.]

— Georginen. Novellen, Novelletten und Humoresken. 2 Thle. — A. u. d. T.: Schön-Täubchen. — Der Liebe Täuschung. 8. Leipzig 842, Taubert. 3 ℛ

— Geschichte und Beschreibung der Fontainenanlagen in Sanssouci unter Friedrich d. Gr. u. Friedrich Wilhelm IV. Nebst 1 Situationsplan v. Sanssouci mit d. Röhrenleitung (in gr. 4.) u. 1 architekton. Stand- und Grundriß des neuen Dampfmaschinengebäudes. gr. 16. Potsdam 843, Horvath. n. ⅓ ℛ cart. n. ½ ℛ

Belani, H. E. R., (C. L. Haeberlin,) Geschichte der Entdeckung u. Eroberung von Mexico. Dem deutschen Volke erzählt. 8. (230 S.) Berlin 847, C. H. Schultze. ½ ℛ

Belani, H.E.R., s.a. Geschichte des Jesuitentreibens . . .

— Geschichte des Jesuitentreibens u. der Freischaarenzüge in der Schweiz. Dem deutschen Volke erzählt. Seitenstück u. Fortsetzung zu Dullers: „Jesuiten." kl. 8. Berlin 846, C. H. Schultze. n. 4 nℊ

Belani, H.E.R., s. Geschichts-Bibliothek fürs Volk.
11. Bdchen.

Belani, H. E. R., Goethe u. sein Liebeleben. Historischer Novellenkreis. 3 Thle. Leipzig 866. C. F. Schmidt. 8. (804 S.) 3 ℛ

— der Heimathlose. Roman in Zeitbildern. 4 Thle. 8. Frankf. a. M. 834. Sauerländer. 4 ℛ

— s. Fr. Heinemann, Bilder.

— Hof u. Bühne. Novelle aus dem modernen Leben. 3 Thle. 8. Leipzig 838. Taubert jun. 4½ ℛ

— russische Hofgeschichten. Von Peter dem Großen bis auf die neuere Zeit. Ein histor. Novellen-Kreis. 3 Thle. 8. (VI und 1001 S.) Leipzig 850, C. L. Fritzsche.

— — Neue Folge: Von Katharina II. bis Nicolaus I. 3 Bde. Ebend. 857. 8. (VIII, 319; IV, 207; XII, 396 S.) 4 ℛ

— der arme Joseph. Novelle, nach den Mittheilungen eines Kriminalbeamten erzählt. 8. Neuhaldensl. 834. Eyraud. ¾ ℛ

— Josephine. Geschichtlicher Lebensroman. 3 Thle. 8. Leipzig 844, C. L. Fritzsche. 4½ ℛ

— Josephine. Geschichtlicher Lebensroman. 3 Thle. 2. Aufl. 8. (920 S.) Leipzig 866, C. F. Schmidt.

— Kranichfels od. Geheimnisse aus d. Leben e. Edelmanns. 8. (21 B.) Leipzig 844, C. L. Fritzsche.

— Liebe u. Berufstreue. Doppelnovelle aus d. Papieren eines jungen Arztes. 2 Bdchn. (Albert. — Lysinka.) 8. Breslau 836. Leuckart. 1½ ℛ

— Hohe Liebe. Aus dem Leben des Freiherrn Friedrich von der Trenck. Historischer Roman mit Genrebildern aus Friedrich's des Großen Hof- u. Kriegsleben. 3 Thle. Leipzig 853. C. L. Fritzsche. 8. (X, 279; 1 Bl., 283; 1 Bl., 302 S.) 4 ℛ

— die Magyaren. Historisch-romantisches Gemälde aus der Zeit der neuesten Bewegungen in Ungarn. 2 Thle. 8. (261 u. 269 S.) Leipzig 850, C. L. Fritzsche. 2⅔ ℛ

— Pietro Mancino, der Bandit. Novelle u. Sittengemälde aus d. römisch. Volksleben. 8. Neuhaldensleben (832.) Eyraud. 1 ℛ 12 𝒩 (A. u. d. T.: Räuberleben aus Italien. 2r Thl.)

Belani, H. E. R., Marie Antoinette. Aus dem Leben einer Königin. 2 Thle. 8. Leipzig 840, C. L. Fritzsche. 2½ ℛ

—— ein deutscher Michel vor 100 Jahren und der deutsche Michel von heute. Ein Lebensbild. 8. (301 S.) Leipzig 847, C. L. Fritzsche.

—— d. Mutter des Legitimen. Lebensrom. 3 Thle. 8. (59⅓ B.) Leipzig 842, C. L. Fritzsche.

—— Novellen u. Erzählungen. 2 Bde. — 1. Bd. Der Verstümmelte. Das Unglückskind. Der Stockjurist. Der Cholera-Cordon. — 2. Bd. Die Aristokraten. Gottvertrauen. 8. (29 B.) Helmstädt 834, Fleckeisen.

— Novellen u. Erzählungen. 2 Bde. Der Verstümmelte. — Das Unglückskind. — Der Stockjurist. — Der Cholera-Cordon. — Die Aristokraten. — Gottvertrauen. 8. Helmst. 835. Fleckeisen. 2 ℛ

— Novellenkranz. 8. Wesel 841, Klönne. ½ ℛ

—— Peter der Große. Seine Zeit und sein Hof. Historischer Lebensroman. 3 Thle. 8. (VI und 901 S.) Leipzig 855(56,) C. L. Fritzsche.
Vgl.: Haeberlin, C. L.

— Der Premierminister. Geschichtliches Lebensbild, Volks- u. Sittengemälde. 4 Thle. 8. Frankf 835. Sauerländer. 4¾ ℛ

—— Räuberleben in Italien. Novellen u. Sittengemälde n. ital. Volksgesängen. 2. Thl. — A. u. d. T.: Pietro Mancino, der Bandit. Nov. u. Sittengem. a. d. röm. Volksleben. 8. (18 B.) Neuhaldensleben 832, Eyraud.
1. Thl., s. oben dess. Angelo della Duca.

—— Reactionäre und Demokraten. Geschichtlich-polit. Roman aus der neuesten Zeit. 2 Thle. 8. (X und 650 S.) Leipzig 850, C. L. Fritzsche.

—— der Schatz des letzten Jagellonen. Roman aus der Zeit der neuesten Polenbewegung. 3 Thle. 8. (833 S.) Leipzig 847, C. L. Fritzsche.

— Schriften. 1r u. 2r Bd. A. u. d. T.: die Belagerung von Ancona. Eine Geschichte aus der letzten Hälfte des 12. Jahrh., romantisch erzählt. 2 Bde. 8. Braunschw. 825. Meyer. 2 ℛ — 3r Bd. A. u. d. T.: Tyrolers Liebchen. 8. Ebd. 825. Ebd. 1 ℛ — 4r — 6r Bd. A. u. d. T.: die Overstolzen. 3 Thle. Ebd. 826. Ebd. 3 ℛ — 7r u. 8r Bd. A. u. d. T.: Gräfin Orzelska. (Histor. Novelle aus dem ersten Viertel d. vorigen Jahrh.) 2 Thle. 8. Ebd. 827. Ebd. 2 ℛ 10 𝒩 — 9r Bd. A. u. d. T.: Johannes v. Carlar. — Der Gesandten-Ball. — Der Parasit. 8. Ebd. 827. Ebd. 1 ℛ 2 𝒩 — 10r Bd. A. u. d. T.: Das Runenhaus u. die Luftschiffer. 8. Ebd. 827. Ebd. 1 ℛ 8 𝒩 — 11r Bd. A. u. d. T.: zwei Tage auf d. Brocken. gr. 12. Ebd. 830. Ebd. 1 ℛ 4 𝒩 — 12r Bd. A. u. d. T.: Mittheill. aus d. Narrenspittel der Zeit. Erzählungen. 18 Bochen. gr. 12. Ebd. 830. Ebd. 1 ℛ 6 𝒩 — 13r — 15r Bd. A. u. d. T.: die Creolin. 3 Bde. gr. 12. Ebd. 830. Ebd. 4 ℛ — 16r u. 17r Bd. A. u. d. T.: der Calabrese. Erzählung aus Neapels Schreckenstagen. 2 Thle. gr. 12. Ebd 831, 832. Ebd. 2 ℛ 20 𝒩 — 18r Bd. A. u. d. T.: der Marodeur. — Laura. Zwei Novellen. 8. Ebd. 832. Ebd. 1 ℛ 8 𝒩

— ††† in der Schweiz. Ein histor. Roman aus der Zeit der Jesuitenumtriebe u. ihrer Ausbreitung, in den J. 1844—1847. 3 Thle. 8. (283. 284 u. 302 S.) Leipzig 848, C. L. Fritzsche. 4 ℛ

— Sidonia. Macht des Wahns. Historische Novelle aus dem Anfange des 17. Jahrh. 8. Leipzig 838. Taubert jun. 1½ ℛ

— So war es. Politisch-socialer Roman aus der Zeit vor u. während der Märzereignisse in Berlin. 2 Thle. 8. (VI. 305 u. 343 S.) Ebd. 849. 2⅔ ℛ

† Belani, H. E. R., (Karl Ludw. Häberlin.) Wilhelm Tell, s. Schiller.

— des Beduinen Tochter und andere Novellen u. Novelletten. 8. Leipzig 838. Taubert jun. 1 ℛ

—— Treu und brav. Roman aus dem burgerl. Leben. 8. (X und 334 S.) Leipzig 851, C. L. Fritzsche.

— Tyrol 1809. In zwei histor.-romant. Gemälden. 1e Abthl. A. u. d. T.: Der Aufstand in Tyrol. 3 Bde. 8. Leipzig 837. Literar. Museum. 4½ ℛ — 2e Abthl. 3 Bde. A. u. d. T.: Andreas Hofer u. der letzte Kampf der Tyroler im Jahre 1809. 3 Bde. 8. Lpz. 838. Reclam jun. 4½ ℛ (Beide Abthll. 9 ℛ)

—— Tyrol 1809. In zwei histor.-romant. Gemälden. 1. Abthl. — A. u. d. T.: Der Aufstand in Tyrol. 3 Bde. 8. (55 B.) Leipzig 837, [Schreck.]

— die armen Weber und andere Novellen aus den Mysterien einer neueren und älteren Zeit. 8. Leipzig 843, C. L. Fritzsche. 1½ ℛ

— Wittenberg u. Rom. Historisch-romant. Gemälde aus der Reformationsgeschichte. 3 Thle. gr. 12. Leipzig 840. Reclam jun. 5 ℛ

Belani, L., Novellenkranz. 8. (10⅓ B.) Wesel 842, Klönne.

Belanžer s. *Bellenger*, W. A.

Bela-Palanka [Sachl. OW.]
Bela Palanka, Zone 33 col. 26. [Specialkarte von Serbien.] 1 : 75.000. 55 × 89 *cm* K 1.—
Wien: R. Lechner (Wilh. Müller) 1902

Bela-Palanka [Schlagwort]
Bela-Palanka, s.: Serbien.

Belar, Albin
Belar, A, s.a. Altes u. Neues üb. Erdbebenkatastrophen.

Belar, A., Altes und Neues über Erdbebenkatastrophen mit besonderer Berücksichtigung jenes von Kalabrien und Sizilien. Gr.-8°. (112 S.) K 3.—
Laibach: v. Kleinmayr & Bamberg, 1909.

— Ein Ausflug auf den Aetna. Nach Vorträgen, gehalten in d. Section Krain d. deutschen u. österreichischen Alpenvereines am 18. December 1897 u. 12. März 1898. Mit Illustr. … u. einer Karte d. Kraters. — Laibach 1898. 54 S. 8°
Aus: Laibacher Zeitung. 1897-98.
300: 201.235–A. 15.

— — Ebd. [übergekl:] Laibach: Fischer 1898. 54 S. 8°
Aus: Laibacher Zeitung. 1897-98.
12: It. sing. 60 o. 15.

Bolar, Albin, Laibacher Beben. gr. 8. (16 S. m. 3 Taf.) Bamborg 900. (Laibach, O. Fischer.) n. — 60

— Laibacher Beben. — [Laibach]: Erdbebenwarte 1900. III, 16 S., 3 Taf. 8°
Aus: Jahresbericht d. k. k. Staats-Oberrealschule in Laibach. 48. 1900.
300: 409.429–B.

— Boiträgo zum Erdbobon v. Laibach a. 14. u 15. Apr. 1895, s. Vorbreitg. u. Borechngn. d Fortpflanzungs-Geschwindigkoit dossolbon. Mit 2 Kartenskizzen u. 4 Holzsohn. i. Toxt. [Aus: „Mitthoilgn. d. naturw. Voroins a. d. k. k. Universität i. Wion".] gr. 8. (40 S.) Wion 896. (W. Braumüllor.) n.n. 1 50

— Beiträge zum Erdbeben von Laibach am 14. und 15. April 1895, seine Verbreitung und Berechnungen der Fortpflanzungs-Geschwindigkeit desselben. — Wien: Verf. 1896. 40 S. 8°
Aus: Mittheilungen d. naturwissenschaftlichen Vereines an d. k. k. Universität in Wien. 4. 1896.
300:197.962-B. 302. 15.

— A. Cancani. — Laibach 1905. 4 S. 8°
Aus: Die Erdbebenwarte. 4. 1904-05.
300:436.974-B. 15.

(—) Denkschrift [zur Förderung und Erhaltung der Erdbebenwarte]. — (Laibach 1910: Kleinmayr & Bamberg.) 14 S. 8°
300:490.059-B. 15.

— Erdbeben im Gebiete der Adria vom Jahre 1902. — Laibach 1905. 5 S. 8°
Aus: Die Erdbebenwarte. 4. 1904-05.
300:438.435-B.

— Über Erdbebenbeobachtung in alter und gegenwärtiger Zeit und die Erdbebenwarte in Laibach. — Laibach: Fischer 1898. 43 S. 8°
Zugleich Progr. Laibach, k. k. Staats-Oberrealschule. 1897/98.
1:Ml 22829. 7. 300:102.947-B. 15.

— Laibacher Erdbebenstudien. Progr. gr. 8. (20 S. m. 4 Taf.) Laibach 899. (O. Fischer.) n. 1. 50

— s. a. Erdbebenwarte, die.

Die Erdbebenwarte. Monatsschrift. Hrsg. von A. Belar. Jg. 1—7 (1900/02—1907/08). Mit der Beil.: Neueste Erdbeben-Nachrichten. Laibach, 1900—1908 u. ff.

— Ein Erinnerungsblatt, gewidmet der 'Società sismologica italiana' zu ihrem 10jährigen Gründungsfeste, — Laibach 1905. 7 S. 8°
Aus: Die Erdbebenwarte. 4. 1904-05.
300:440.960-B.

— Professor G. Gerland. — Laibach 1903. 6 S. 8°
Aus: Die Erdbebenwarte. 2. 1902.
300:425.143-B. 15.

— Das period. Gesetz u. d. natürl. System d. Elemente. Progr. gr. 8. (46 S.) Ebd. 897. n. — 80

(—) Mittheilungen der Erdbebenwarte an der k.k. Staats-Oberrealschule in Laibach. — (Laibach 1900: Kleinmayr & Bamberg.) 24 Bl. 4°
300:423.692-C. 15.

Belarminio, Roberto s. *Bellarmino.*

Belarmino, Roberto s. *Bellarmino.*

Belart, Hans, diplomirter Chemiker aus Olten '(Schweiz)': Beiträge zur Kenntnis des Diacetylacetons. Zür. J. Schabelitz Dr. 1895. 34 S. 8°. Zürich, Phil. Diss. [v. 20. April 1895].

Bélart, Hans, Friedrich Nietzsches Ethik. gr. 8. (78 S.) Leipzig 901. H. Seemann Nachf. n. 2. —

Bélart, Hans: Friedr. Nietzsches Freundschafts-Tragödie m. Rich. Wagner u. Cosima Wagner-Liszt. (7, 182) gr8° Dresd., O Reissner '12. 3 —

— Friedrich Nietzsches Leben. — Berlin [usw.]: Schweizer [1910]. 190 S. 8°
1:Av 3772/18. 15.

— — 2. Aufl. Ebd. [um 1910]. 190 S. 8°
14. 21. 30. 15.

— Lebenstragödie eines müden Mannes. — Zürich: Verl.-Magazin 1883. 32 S. 8°
1:Ag 9415. 30. 15.

— Nietzsches Metaphysik. — Berlin: Wunder 1904. VI, 120 S. 8°
1:Av 3771/139. 11. 12:Ph. Sp. 68ko. 30. 302. 15.

— Ernst Häckel's Naturphilosophie. — Berlin: Wunder 1905. 64 S. 8°
1:Au 7172. 11. 12:H. nat. 24t. 27. 30. 15.

— Friedrich Nietzsche und Richard Wagner. Ihre persönlichen Beziehungen, Kunst- u. Weltanschauungen. — Berlin: Wunder 1907. 104 S. 8°
1:Av 3771/187. 10. 11. 12:Mus. Th. 5180zzv. 14. 15. 28. 30. 302.

Belart, Hans: Der Schutzgenosse in der Levante. Mit besonderer Berücksichtigung der Stellung der Schweizer als Schutzgenossen befreundeter Staaten in der Levante. Brugg 1898. 298 S. 8°.
Bern. Jur. Diss. 1898/99.

— Taschenbuch der Wagnerkünstlerin. (R. Wagner's Frauengestalten in gesangsdramat. Beziehg.) Abriss e. Kompendiums d. gesangsdramat. Wagnerkunst in Bezug auf künstler. Ausgestaltg. der Frauengestalten in Rich. Wagner's Tonwerken, u. die f. die Künstlerin wagner. Notwendigkeiten. gr. 8. (XVI, 91 S. m. 1 Bildnis.) Leipzig (899). C. Wild. n. 4. —; geb. in Leinw. n. 5. —

Taschenbuch der Wagnerkünstlerin. ⟨R. Wagner's Frauengestalten in gesangsdramat. Beziehung.⟩ Abriss e. Kompendiums d. gesangsdramat. Wagnerkunst ... bearb. von Hans Bélart. (Vorr.: Rosa Sucher, Kgl. Kammersängerin.) *Leipzig & Baden-Baden: C. Wild [1900].* (XVI, 96 S.) 8° [J. u. Ant.]
[oo. 1654

— Richard Wagner in Zürich, s. a. Studien, musikalische. III. IV.

— Richard Wagner in Zürich. ⟨1849–1858.⟩ Bd 1. 2. — Leipzig: Seemann 1900-01. 8°
1. Richard Wagner's Wirken im Interesse Zürichs u. seine geselligen und familiären Beziehungen daselbst. 1900. 2. 1901.
(Musikalische Studien. 3. 4.)
1:Mus. Ha 140-4.5. 5. 12:Mus. Th. 3345n-3.4. 14→17. 24. 30. 300:409.430-B. Per. 4. 302. 15.

Bélart, Hans, Wagnerkunst u. Künstlerin. Gedichte. Mit dem Bild des Verf. in Lichtdr. (45 S.) gr. 8. Stuttgart 906. Strecker & Schröder. n. 2. —; geb. n. 3. —

Belart, Johann (Brugg/Schweiz), De morbo, quem radesyge nominant. Diss. pathol. Bln. (Gebr. Unger) 17. IX. 1830. 55 S. mit Biogr. (M.: Cath. Baechlin.) (5.—) 1965
Oppon.: M. Kalisch, Chr. Gummich, Theod. Loh. — Gew.: Anton Abegg.

Bela's Flucht. Ein Schausp. in 2 Akten, v. Aug. v. Kotzebue. 8. Cöln. 813.

Belas Krieg mit dem Vater. Schausp. von M v. Collin. 8. Tübingen, Cotta. 808.

Belasca, F. Die weiße Gemse. Eine herzegowinische Jagd-Episode. Klgft., Leon, 1889. 35 S. (Belasca Pseud. für Fr. B. Laska.)

Belaestigung. — Belästigung der Seeschiffahrt des Welt-Handels nach Hamburg-Altona und einen Theil des rechten Ufers der Nieder-Elbe durch den Hannoverschen Elb-Passage-Zoll bei Stade-Brunshausen seit 1715. — Hamburg: Würger in Comm. 1856. 87 S. 8°
1:Sa 6329. 16. 18. 15.

Belastung, Die, der landwirthschafttreibenden Bevölkerung durch die Einkommensteuer . . . Karlsruhe 1896. V: *Buchenberger, Adolph.* (Berl)

Belastung, die, d. landwirtschafttreib. Bevölkerg. durch d. Einkommensteuer u. d. Verschuldg. d. Landwirthschaft i. Großherzogth. Baden. gr. 4. (66 S.) Karlsruhe 896. (G. Braun.) n. 1. 60

Belastung, Die, des Grundbesitzes mit Strassenunterhaltung. Zur Frage der Zulässigkeit der diesbezüglichen polizeilichen Vorschriften. München o. J. V: *Haupt, Friedrich von.* (BMarsch 851)

Belastung (Ueber ideale), Classificirung und progressiver Kalkuls-Beischlag, wo durch ein Steuerdistrikt 115100 fl. über den eidlich geschätzten Werth, folglich ein ideales Kapital zu versteuern aufgelegt ist (v. Graf N. v. Portia). 8°. Ingolstadt 1812.

Die Belastung des preussischen und sächsischen Kohlen-Bergbaues im Jahre 1892. Im Auftr. d. deutschen Kohlen-Bergbau-Vereine ausgearb. von d. Verein für d. bergbaulichen Interessen im Oberbergamtsbezirk Dortmund. Essen 1895: Baedeker. 6 Bl. 4° 1:4° Stala 896.

Die Belastung des privaten preussischen Kohlen-Bergbaues in den Jahren 1885–1891. Im Auftrage d. preussischen Bergbau-Vereins ausgearb. von d. Verein für d. bergbaulichen Interessen im Oberbergamtsbezirk Dortmund. — Essen 1893: Baedeker. 1 Bl., 11 Taf. 4° 4. 5. 30. 32. 15.

Belastung, die, der Herzogth. Schleswig-Holstein. Kiel 860. Schröder & Co. gr. 8. (31 S.) n. 5 ngr.

[Belastungen] Denkschrift des Hansa-Bundes. Die öffentlich-rechtlichen Belastungen von Gewerbe, Handel und Industrie. Hrsg. vom Hansa-Bund. Berlin u. Leipzig (1910). 4°

Belastungen, Die öffentl.-rechtl., v. Gewerbe, Handel u. Industrie. (Denkschrift d. Hansa-Bundes.) Hrsg. v. Hansa-Bund. (69) 31,5×24,5 cm. Berl., H Hillger ('12). 5 —

Belastungsverzeichnis. — Großh. Badische Eisenbahnen. Belastungs-Verzeichniß. Ausgabe 1899. (Neudr. 1900.) — Karlsruhe 1900: Chr. Fr. Müller. 118,6 S. 8° 90. 15.

Belau, Karl: Kaisers Geburtstag. S. 3. 4. — Zu Bismarcks Todestag. S. 4. 4. Progr. Kgl. Realprogymn. *Briesen Westpr.* 1910

Belau, Karl, aus Zempelburg: Ueber die Grenzen des mechanischen Geschehens im Seelenleben des Menschen nach Lotze. *Flatow 1901: R. G. Brandt.* (34 S.) 8° Erlangen, Phil. Diss. v. 19. Juni 1901

Belau, Karl: Zwei Prologe. Briesen Westpr. (1910): Gonschorowski. S. 1—4. 4° Briesen Westpr., k. RPG P 1910 (50) [S 10. 19

Belbés [Schlagwort]
Belbés, Umgegend, s.: Aegypten.

Belbog. — Das Kloster Belbog bei Treptow an der Rega. — Stettin 1833. 78 S. 8°
Aus: Baltische Studien. 2. 1833. 9. 15.

Belcari, Feo:
— [ital. u. deutsch] Vita del beato Giovanni Colombini da Siena fondatore de'Poveri Gesuati. — o.O. [um 1840]. 14 Bl. 8°
Nebent.: Belcari: Leben d. seligen Johann Colombini von Siena, Stifters d. armen Jesuaten. 16. 19. 27. 15.

Belchart, Fr. Hnr., (Erbm. Hannib. Albrecht,) die Rosenfelsische Familie, e. Unterhaltungsbuch für d. Jugend. 2 Bdchen. 8. Leipz. 793, 94. (Central-Compt.) 18 gl.

Belchart, E. H., die rosenfelsische Familie, ein Unterhaltungsbuch für die Jugend. 2 Bändchen. 8. Leipzig, Müller. (Joachim.) 793—94.

Belchenlieder. — Belchenlieder. Mit e. Einleitung in d. Geologie d. Sulzer Belchens von L. van Werveke u. e. Beschreibung d. Flora d. Belchens von Bretzl. — Gebweiler: Boltze 1910. 128 S. 8° 1:Yf 4423. 25. 26.

Belcher, C., Horatio Howard Brenton, s. Ausland, das belletristische.

Belcher, John:
Later Renaissance Architecture in England. A series of examples of the domestic buildings erected subsequent to the Elizabethan period. Ed., with introd. and descriptive text, by John Belcher and Mervyn E. Macartney. — London: Batsford; Leipzig: Hiersemann [1897]. XXIV, 116 S. gr. 2° 89. 15.

— Vol. 1.2. Ebd. 1901. gr. 2° 1:gr. 2° Ny 1665. 16. 83. 89[°°1].

Belcher, Z., & Sons, Firma: Anweisung über den Gebrauch des Ingenieur-Zollstabes mit Schieber nebst einer Beschreibung der darauf befindlichen Linien u. Tabellen. Uebers. von John Mickelthwate. — Leipzig: F. E. Schneider [um 1860]. 41 S. 8° 14. 15.

Belck [Schlagwort]
Belck, s.: Duisburg.

Belck [Verfasser]
Belck, Ch. E. Waldemar [aus Danzig]: Ueber die Passivität des Eisens .... Halle a. S., *Druck: Alb. Jacoby, Berlin,* 1888; 53 + 1 S. 8° Halle, Phil. Fak., Inaug.-Diss. v. [9. Jul.] 1888

Belck, Ch. E. Waldemar. über die Passivität des Eisens. Diss. Halle 1888, Lippertsche Buchh. 8°. 53 S.

Belck, Waldemar: Alterthümer in Amasia (Klein-Asien). [Berlin: Asher 1901.] S. 450–452. 8°
Aus: Verhandlungen d. Berliner Gesellschaft für Anthropologie, Ethnologie u. Urgeschichte. 1901. 30. 15.

— [Hrsg.] s. *Anatole.* Zeitschrift für Orientforschung. 1904 ff.

— Beiträge zur alten Geographie und Geschichte Vorderasiens. 1.2. — Leipzig: Pfeiffer 1901. 111 S. 8° 1:Uk 1729. 2. 3. 5. 9. 11. 12:H. ant. 37 m. 14→18. 24. 30. 300:414.043-B. 302. 15.

Belck, Waldemar, [Bericht] über archäologische Forschungen in Armenien. [A. aus den Verhandlungen der Berliner anthropologischen Gesellschaft 1893, p. 61—82 [Berlin 1893.]

— Bericht über eine Forschungsreise durch Armenien. Von W. Belck u. C. F. Lehmann. — (Berlin 1899.) 5 S. 8°
Aus: Sitzungsberichte d. Königlich Preussischen Akademie. d. Wissenschaften zu Berlin. 1899. 18. 15

Belck, W. u. CF Lehmann: Bericht u. 2. Vorbericht üb. e. Forschgsreise durch Armenien. 8° (à 5) Berl. 99, (G Reimer). à — 50

Belck, Waldemar, und C. F. Lehmann: Briefe über Entdeckungen in Armenien. Mitgetheilt von Rudolf Virchow. ([S.-A.] Verhandlungen der Berliner Anthropologischen Gesellschaft. Jahrg. 1898. S. 568—592.) Berlin 1899. 25 S. 8°.

Belck, Waldemar: Archäologische Forschungen in Armenien. (Verhandlungen der Berliner Anthropologischen Gesellschaft. Sitzung vom 21. Januar 1893. S. 61—82.) (Berlin 1893.) 22 S. 8°.

— Forschungsreise in Klein-Asien. Reisebericht. — [Berlin: Asher 1901.] S. 453–522. 8°
Aus: Verhandlungen d. Berliner Gesellschaft für Anthropologie, Ethnologie u. Urgeschichte. 1901. 30. 15.

— Geschichte des Montanismus, seine Entstehungsursachen, Ziel und Wesen, sowie kurze Darstellung und Kritik der wichtigsten darüber aufgestellten Ansichten. Eine religionsphilosophische Studie. — Leipzig: Dörffling & Franke 1883. VIII, 86 S. 8° 1:Ck 4058. 2. 3. 5. 9. 10. 11. 12:H. eccl. 104 m. 14. 15. 18. 21. 24. 26. 28. 29. 30. 15.

Belck, Waldemar u. C.F. Lehmann, Inuspuas, Sohn des Menuas (A. aus der Zeitschrift für Assyriologie, VII, S. 255-267).

—— Ueber neuerlich aufgefundene Keilinschriften in russisch und türkisch Armensien (SA. aus der Zeitschrift für Ethnologie 1892, 122-152 S. Berlin 1892.

Belck, Waldem., die Kelischin-Stele u. ihre chaldäisch-assyrischen Keilinschriften, s.a.: Anatole, 1. Hft.

— Die Kelischin-Stele und ihre chaldisch-assyrischen Keilinschriften. — Freienwalde a.O. [usw.]: Rüger 1904. 74 Sp. 4° (Anatole. 1.)
1:4° Uk 523-1. 11. 14. 18. 30. 300:431.752-C.Pp.
15.

Belck, Waldemar u. C.F. Lehmann
—— Über die Kelishin-Stelen. (A. aus den Verhandlungen der Berliner anthropologischen Gesellschaft 1893.
389-400 S.
Berlin 1893.

—— Mittheilung über weitere Ergebnisse ihrer Studien an den neugefundenen armenischen Keilinschriften. (A. aus den Verhandlungen der Berliner anthropologischen Gesellschaft 1892.
477-488 S.
Berlin 1892.

Belck, Waldemar: Die Niveau-Schwankungen des Goektschai-Sees. ([S.-A.] Globus. Bd. 65. 1894. No. 19.) Braunschweig 1894. 3 S. 4°.

Belck, Waldemar, Das Reich der Mannäer. [Aus den Verhandlungen der Berliner anthropologischen Gesellschaft 1894 p. 479—487.]

Belck, Waldemar, und C. F. **Lehmann**: Reisebriefe von der armenischen Expedition, Brief 1—4. ([S.-A.] Mittheilungen der Geographischen Gesellschaft in Hamburg. Bd. 15. 1899.) Hamburg 1899. 23 S. 8°.

Belck, Waldemar, Untersuchungen und Reisen in Transkaukasien, Hoch-Armenien und Kurdistan I—IV. [SA. aus dem „Globus“. Band 63. Nr. 22 u. 23.]

Belck, Waldemar u. C.F. Lehmann
— — zweiter Vorbericht üb. e. Forschungsreise in Armenien. gr. 8. (5 S.) Ebd. n. — 50
Sonderabdruck aus: „Sitzungsber. d. preuss. Akad. d. Wiss.“

Belcombe, Wilhelm (Anglus), Animadversiones quasdam circa motum bilis sistens. Diss. physiol.-medica. Göttingen (Joh. Christ. Dieterich) 15. IX. 1787. 40 S. (4.50) 1966

Belcour u. Antonie; e. Sittengemälde n. Mercier, herausg. v. Lehndorf. 2 Bde. 8. Neustadt; Riedel. 791.

Belcour und Antonie, ein Sittengemählde, nach Mercier, 2 Theile, mit 1 Kupfer, 8°
Schweinfurt: Riedel 1791.

Belcredi, Ludwig Graf: Ein österreichischer Staatsmann, Graf Richard Belcredi 1823–1902. — Wien: Verf. [1905]. S.282–293. 8°
Aus: Die Kultur. 6. 1905. 30 2

Belcredi, Richard Graf: Die katholisch-conservative Partei in Deutschland und die orientalische Frage. Von e. österreichischen Katholiken [d. i. Graf Richard Belcredi]. — Wien: Gerold 1876. 59 S. 8° 1:Qo 10410. 6. 12:J. publ. E. 303m. 14. 300:63.769-B.'302.
15.

— Rede zur Volksschulgesetz-Novelle. Gehalten in d. Herrenhaussitzung 19. Febr. 1883. — Wien: Eipeldauer 1883. 34 S. 8° Aus: Vaterland. 1883. 8. 300:24.288-B. 302.
15.

[—] Ueber die Wahlen zum Landtage! — (Wien: Stöckholzer v. Hirschfeld [1867].) 7 S. 8° 300:70.775-B.
15.

Belcsak, Carl:
Hardy's Vacuum-Bremse. Nebst e. Anh. über Hardy's automatische Vacuum-Bremse. — Wien: Höller 1879. 45 S., VIII Taf. 4° 89. 91. 302.

Belcsak, Carl, Hardy's Vacuum-Bremse. Nebst einem Anh. über Hardy's automat. Vacuum-Bremse. Hiezu 8 (lith.) Taf. Lex.-8. (45 S.) Wien 879. (Leipzig, Kittler.) n. 4. 50

Beldau, Gustav
Beldau, G., zur Arzneibehandlung der Lungenschwindsucht. gr. 8. (23 S.) Riga 902. E. Plates. n. 1. —

Beldau, Gustav: Ueber zeitgemässe Auffassung der Lungenschwindsucht und ihre Behandlung mit Phthisan und Pneumonal. — Riga: Jonck & Poliewsky 1909. 60 S. 4°
38M.
15.

Beldau, G., über Heilbarkeit der Lungenschwindsucht mittelst assimilierbarer Kreosotallösungen. (28 S.) gr. 8. Riga 905. N. Kymmel's Sort. n. 1. 40

— **Lebensregeln f. Lungenleidende. Nebst ausführl. Anleitg. zur Bereitg. v. Kefir u. Kumys.** (24 S.) Lex.-8. Berlin 905. (H. Steinitz.) n. — 60

— Lebensregeln für Lungenleidende. — Berlin 1905: Zimmermann. 24 S. 8° 1:Iz 5273.

Belde, Gustav [aus Berlin]: Über Pharynxerkrankungen beim Abdominaltyphus. . . . Berlin, Buchdr. v. Gustav Schade (Otto Francke) (1889); 30 S. + 1 Bl. 8°
Berlin, Med. Fak., Inaug.-Diss. v. 5. Jun. 1889

Beldau, Gustav [aus Livland]: Ueber die Trunksucht und Versuche ihrer Behandlung mit Strychnin . . . Jena, G. Fischer, 1892; 1 Bl., 47 S. 8.
Jena, Med. Fak., Inaug.-Diss. v. [21. Dez.] 1892

— Ueber die Trunksucht und Versuche ihrer Behandlung mit Strychnin. — Jena: G. Fischer 1892. 47 S. 8°
Zugl. Diss. Jena 1892. 25. 27. 302.
15.

Belden, C.W.: Rabatt-Tabellen für Fabrikanten und Grosshändler, welche mit Rabatt verkaufen. Tables de rabais à l'usage des fabricants et marchands en gros, qui débitent et vendent au rabais. — Hannover: Jänecke 1902. 24 S. 8° 7. 91.
15.

Belder, J. H., u. P. J. A. Klenning, das Buch f. alle Menschen, ein Werk für Alle, welche d. Zweck haben, ihre Kenntnisse zu wecken, zu leiten, zu ordnen rc. 3 Bde. 8. Elberf. 815—17. Mannes. (Leipz., Engelmann). 1 ₰ 8 K

Belderbusch, Karoline von, wider die Gräfin von Lichtenau. Reine aktenmässige Darstellung. Zerbst 1800. V: *Eiselen, Fr.* (BGE³ IV, 159)

Beldimano, Alexander A.
Beldimano, Alex. A., Herr Karl Braun-Wiesbaden, der Tissot Romaeniens. gr. 8. (24 S.) Berlin 876. Mitscher & Röstell. n. — 75

Beldimano, Alexander A.: De pactis dotalibus secundum jus Romanum. Berolini (1877). (41 S.) 8°
Berlin, Jur. Diss. v. 28. Juli 1877

— **de pactis dotalibus secundum jus romanum. Dissertatio inauguralis regio praemio ornata.** gr. 8. (41 S.) Berlin 877. (Puttkammer & Mühlbrecht.) n. — 80

Belding, Graf: Eine Geschichte aus dem mittleren Zeitalter von der Verfass. der Philosophie eines Weibes, 8°
Bregenz: Brentano 1788.

BELEAU, Mlle. de, s. Maitresse, Die glückliche.

Belebung eines frommen Sinnes und Wandels. Gemälde aus der Welt- und Menschengeschichte, ... München 1818. V: *Hauber, Johann Michael.* (MGT)

Belebung des Sparsinns und Förderung des Sparbetriebes. Darmstadt: Reichsverband 1906.

Belebung. — Die Belebung der körperlichen Spiele an den deutschen Hochschulen. — Leipzig: Voigtländer 1901. 24 S. 8°
Aus: Jahrbuch für Volks- u. Jugendspiele. 10. 1901.
17. 82. 89.

Belebungen der reinen Sittlichkeit und Tugend bei der Feier des Abendmahls Jesu ... Leipzig 1801. V: *Pölitz, Carl Heinrich Ludwig.* (Ky)

Belebungen d. reinen Sittlichkeit u. Tugend bei d. Feier d. Abendmahls Jesu rc. gr. 8. Leipz. 801. Linke. 18 gr.

Beleck, Andr., Reisebeschr. um die ganze Welt. 4. Wittenb. 756.

Belēdi. — Belēdi s. *Beleedi.*

Beleedi ba Dona-Kristo na miemba ma kalat' a loba. Christenlehre in sechs Hauptstüken [sic] nach Brenz und Luther und Sammlung von Bibelsprüchen (Spruchbuch) in der Duala-Sprache, Kamerun. Basel 1892.

Beleedi. — Beleedi ba jemea la bonakristo na bepasi ba kalat'a loba na mieṅge mi m'okwabẹ. Katechismus, in sechs Hauptstücken nach Brenz und Luther, Sammlung von Bibelsprüchen u. Gesangbuchliedern zum Auswendiglernen, in d. Duala-Sprache, Kamerun. 2., verb. u. erw. Aufl. — Basel: Ev. Missions-Ges. 1897. 84 S. 8°
Text: Duala u. Deutsch.
24.
15.

Belēdi ba jemea la bonakristo na bepasi ba kalat' a loba na mienge mi mokwabẹ. Katechismus, in sechs Hauptstücken nach Luther und Brenz, nebst Sammlung von Bibelsprüchen u. Gesangbuchliedern zum Auswendiglernen, in d. Duala-Sprache, Kamerun. 3. Aufl. — Ebd. 1909. 80 S. 8°
24.
15.

Beleforest, Francisco s. *Belleforest*, François de.

Beleg.

Nöthiger Beleg für den Thatbestand mistischen Unfugs und Proselitenmacherei. Veranlasst durch viele Veranlassungen u. endlich durch d. Schrift: Kurze Erwiederung etc. des Berliner Ungenannten, von e. Ungenannten. — Hamburg 1827: Langhans. 16 S. 8°
18.
15.

Beleg zu dem Verfahren der jüngeren jesuitisch-katholischen Priester gegen ihre geistlichen Vorgesetzten. Iserlohn 1847. V: *Malten, Hnr.* (Russell VI, 159)

Beleg zu dem Verfahren d. jüngeren jesuitisch-kathol. Priester gegen ihre geistl. Vorgesetzten. gr. 8. (VI u. 56 S.) Elberfeld 847, Bädeker. n. 1/3 ₰

Belege, abgenöthigte, zu d. in d. Werken d. Finsterniß erzählten Thatsachen. 8. Leipz. 824. (Hartmann). 3 gr.

Belege und Actenstücke von 1814. Hamburg 1815. V: *Menck, Friedr. Wilh. Christian*, eigentl. *Gottfr. Chn Wilh.* (schr)

Belege.

Belege oder Aktenstücke zu der Erzählung aller Begebenheiten im unglücklichen Hamburg vom May 1813 bis zum May 1814, welche vom Marschall Davoust einst sogenannten Prinzen Eckmühl und dessen Mithelfern theils publicirt, theils ausgeführt worden nebst e. Anh. enth. freye Erklärungen hiesiger Bürger gegen gewisse Beamte der franz. Regierung. — Hamburg 1814. 70,50 S. 8°
Sondert.: Anhang zu d. Belegen, welche zur Erzählung jener Begebenheiten gehören, die sich im unglücklichen Hamburg vom 30. May 1813 bis zum 31. May 1814 ereignet haben u. welcher Anhang wigtige Dokumente über d. Betragen schändlicher Franzosen u. tief gesunk'ner hamburgischer Bürger lieferte.
1:1 in Sp 1600. 18.

Belege zur Begründung der gegen Benjamin Tönniges dem Stadtgericht zu Danzig eingereichten Klage auf Herausgabe der von ihm mir entrissenen Erbschaft meines in Paris am 28. Mai 1809 verstorbenen Oheims Georg Tönniges. Berlin 1818. V: *Tönniges, Karl von.* (KGBerlin I, 808)

Belege über die Gemeinnützigkeit der Stenographie und die Vortrefflichkeit des Gabelsberger'schen Systems. Urteile hervorragender Männer aus verschiedenen Ständen gesammelt u. hrsg. von Max Trömel. — Dresden: Reuter 1894. 98 S. 8°
29.
15.

Belege z. Gesch. d. Reichsbeitritts z. Teschn. Friedensschl. Hft. I u. II. *Cölln u. Hann.* (*Giessen.*) 780.

— die, z. Gesch. des Reichsbeitritts z. Teschner Friedensschlusse. 2 Hefte. 4. Köln 780. (Krieger in Marb.) 8 gr.

Belege-Stellen, hebräische, zum Confirmanden-Unterricht f. die israelitische Jugend. gr. 8. (12 S.) Stuttgart 887. (N. Levi.) n.n. — 30

Belegschaft. — Die Belegschaft der Bergwerke und Salinen im Oberbergamtsbezirk Dortmund nach d. Zählung v. 16. Dez. 1893, zsgest. ... mit Erl. von O. Taeglichsbeck. Th. 1. 2. — Dortmund 1895: Bellmann & Middendorf (2: Essen: Baedeker 1896). 4°
82. 89.
15.

Die Belegschaft der Bergwerke und Salinen im Oberbergamtsbezirk Halle nach d. Zählung v. 28. Okt. 1905, zsgest. v. Kgl. Oberbergamt zu Halle a. S. — Halle: Knapp 1907. IX,345 S. 4°
1:4° Ff 6082. 8.

Belegstuecke. — Amtliche Belegstücke betreffend die kathol. Pfarrgemeinde Saarbrücken (St. Johann und Saarbrücken) bis zu ihrer thatsächlichen Trennung im Jahr 1888 für die Zeit von 1680–1888. — St. Johann a. d. Saar 1893: Schaede. 63 S. 8°
38.
15.

Belegungs-Plan für das Barackenlager auf dem Lechfelde. Autogr. qu. gr. Fol. Augsburg 878, (Rieger'sche Buchh.) *

Belehnung Holsteins, die, an Christian den Ersten. Historisches Schauspiel mit Gesang in 2 Aufzügen. Zum Geburtsfeste S. M. Christian VII und S. K. H. des Kronprinzen Friederich am 28. Jan. 1803 aufgeführt auf dem Altonaer National-Theater. Altona. P.

Belehnung der Manteuffel-Privilegien pommerscher Städte. Gadebusch, T. II., Pommersche Sammlungen. Greifswald 1784. 4.

Belehnungsbuecher. — Die ältesten Belehnungs- und Lehensgerichtsbücher des Bisthums Olmütz. Hrsg. von Karl Lechner. — Brünn: Deutscher Verein für d. Geschichte Mährens u. Schlesiens 1902. XLIX,338 S. 4°
1:4° Sd 8000. 2. 3. 9. 12:4, Feud. 1 r. 14. 15. 16. 26.
300:418.071-C.
15.

Belehnungs- u. Lehensgerichtsbücher, die ältesten, des Bisth. Olmütz. Hrsg. v. Karl Lechner. (III, XLIX, 338 S.) gr. 8. Brünn 902. (C. Winiker.) n. 8.—

Belehre dich selbst! Bd 1. Berlin: W. Reuter [1905]. 8° [3.] [illegible]

Belehrendes u. Unterhaltendes in Scherz u. Ernst. 8. (60) Zwick. 58, Döhner. — 3

Belehrendes. — Belehrendes und Unterhaltendes in Scherz und Ernst. — Zwickau: Verein zur Verbreitung guter u. wohlfeiler Volksschriften [1] 1858. 80 S. 8° 14. 15.

Belehrendes und Unterhaltendes in Scherz und Ernst. 8. (80 S.) Zwickau 858, Verlagsbuchh. des Volksschriften-Vereins.

Belehrung, s.a. Belehrungen

Belehrung. — Belehrung für die Administration einer mobilen Armee und deren Organe. — Wien 1859: K.-k. Hof- u. Staatsdr. 23 S. 4° 302.
15.

— Prag 1866: Statthalterei-Buchdr. 23 S. 4° 302.
15.

Belehrung für die Administrativ-Behörden und die Controle in Bezug auf die Gebarung und Verrechnung der den Truppen zur Bekleidung und Ausrüstung erforderlichen ärarischen Güter.
4. Wien 1839.

Actenmäsige [Aktenmässige] und durchaus bescheinigte Belehrung, was es mit der Rath Löberischen Dienst-Entsezung vor eine Beschaffenheit habe ... ad causam Heinrich August Löbers, contra des Herrn Grafen von Pücklers und Limpurg Hochgräfliche Excellenz. Nebst e. vollst. Consignation der hierinn von Lit. a.–i. dann Nr. 1.–253. incl. enthaltenen Beil. — o.O. 1774. 40 S. 4°
12: 2° Ded. 448–18. 17. 18. 24.
15.

Belehrung. — Aktenmäßige Belehrung an das hildesheimische Publikum die zwischen beyden Städten Hildesheim ausgebrochene Irrungen, und damit verbundene viele Gewaltthätigkeiten und widerrechtliche Thathandlungen betreffend. Hat Anl. Num. 1–17. — Hildesheim 1793. 52, 32 S. 4° 18. 23. 35.
15.

— allgemeinfaßl., üb. d. Mittel z. Erhalt. u. Vervollkommn. d. Gesundheit. 8. Weißenfels, Graffé. 806.

— allgem. faßl., über d. Mittel z. Erhaltung u. Vervollkommnung d. Gesundheit. 8. Weißenf. 806. (Leipz., Schmidt). 1 ℛ 12 gℊ

— allgemeinfaßl., üb. die Mittel z. Erhaltung u. Vervollkommnung d. Gesundheit. 8. Weißenfels. (Leipz. Schmidt.) 808.

Belehrung, Allgemeinverständliche, über homöopathische Ärzte ... Leipzig 1834. V: *Gutmann, S.* (EngM)

— allgemeinverständliche, über homöopath. Aerzte, Kuren, Arzneien, Diät rc. Geschrieben von e. Manne, der alles Homöopath. recht gut kennt, ob er gleich kein Doctor ist. 8. Leipzig 834. Kollmann. $^1/_6$ ℛ

Belehrung über das heiligste Altarssakrament, als Anrede an die Kinder am Tage ihrer ersten h. Kommunion. Auch zur Erbauung der Eltern selbst und eines jeden katholischen Christen ... Regensburg 1832. V: *Blum, Joh. Georg.* (Russell IX, 393) (Schmal)

— über das heiligste Altarssakrament, als Anrede an die Kinder am Tage ihrer ersten heil. Kommunion. Auch zur Erbauung der Eltern selbst u. eines jeden kathol. Christen. Von d. Verfasser der Gebets u. Andachtsbücher: „Schritte zur vollkomm. Liebe Gottes rc." (Aus d. kathol. Kanzelberedsamkeit abgedr.) gr. 12. Landsh. 833. Krüll. $^1/_{12}$ ℛ

Belehrung üb. d. heil. Altarssakrament, als Anrede an d. Kinder am Tage ihr. erst. heil. Kommunion. Auch z. Erbauung d. Eltern selbst u. ein. jed. kathol. Christen. Von d. Verf. d. Gebets u. Andachtsbücher: „Schritte zur vollkomm. Liebe Gottes rc." (A. d. „kathol. Kanzelberedsamkeit" abgedr.) gr. 12. (1 B.) Landshut 833, [Manz.]

Belehrung über die Königlich Sächsische Altersrentenbank. Ein Wort an die erwachsene Jugend. Dresden 860. (Zeh.) 8. (18 S.) n. $1^1/_3$ ngr.

Amtliche Belehrung über die gegen die ansteckende oder asiatische Cholera anzuwendenden Schutzmaaßregeln und ersten Hülfsleistungen. — Berlin: Duncker & Humblot 1831. 31 S. 8° 1: Ka 2615. 11. 16.
15.

Amtliche Belehrung über den Geist und das Wesen der Burschenschaft aus den Untersuchungs-Akten gezogen und zunächst zur Verwarnung für alle Studierende auf den Königlich Preussischen Universitäten bestimmt. Auf ausdrücklichen hohen Befehl. Den 1. October 1824. [Halle] (1824): [Ruff]. 25 S. 8°

Belehrung, Amtliche, über den Geist und das Wesen der Burschenschaft ... [Leipzig 1824.] 2. Aufl. 1824. V: *Jakob, Ludwig Heinrich Ritter von.* (Ky) (MGT) (NN)

— amtliche, über den Geist u. d. Wesen d. Burschenschaft. Auf ausdrückl. hohen Befehl. gr. 8. Halle ... 2e A. 824. Fr. Ruff. 6 gℊ

— üb. d. Anbau d. Akazienbaumes. 8. Nürnb. 797. Felssecker. 14 gℊ

Belehrung über die Anlässe der Cholera, die Mittel zur Vorbeugung des Krankheits-Ausbruches, die Zeichen der eintretenden Krankheit, und die den Cholerakranken zu leistende Hilfe. — Lemberg 1847: K. k. galizische Aerarial-Dr. 16 S. 8° 300: 17.827–B.
15.

Belehrung und Ansichten über die Krankheiten der Kartoffeln. — Nagold 1845: Vischer. 16 S. 8° 24.
15.

Belehrung aus der Ansprache des evangelischen Oberkirchenrathes an die Geistlichen vom 24. Novbr. 1874, gesucht von einem Laien-Mitgliede der Provinzial-Synode. gr. 8. (IV, 31 S.) Berlin 875, Verlag des „Reichsboten".

Belehrung zu Prof. Dr. med. Jaeger's Anthropinkügelchen. — Cannstatt: V. Mayer 1909. 16 S. 8° 24.
15.

Belehrung über die Anwendung des Löffler'schen Mäusetyphusbacillus ... Nebst Anh. — Schwechat: Garbeis 1898. 10 S. 8° 300: 204.354–A.
15.

Vereinigte Ortskrankenkasse Darmstadt. Belehrung über die ersten Anzeichen beginnender Lungenschwindsucht und Mahnung zu deren Beachtung. — (Leipzig [1896]: Grumbach.) 4 S. 8° 17.
15.

— die, der Arbeiter üb. die Giftgefahren in gewerblichen Betrieben, s.a. Schriften der Centralstelle f. Arbeiter-Wohlfahrtseinrichtungen. Nr. 28.

Die Belehrung der Arbeiter über die Giftgefahren in gewerblichen Betrieben. Vorbericht u. Verhandlungen d. 14. Konferenz d. Centralstelle für Arbeiter-Wohlfahrtseinrichtungen am 5. u. 6. Juni 1905 in Hagen i. W. — Berlin: Heymann 1906. IV, 129 S. 8° (Schriften d. Centralstelle für Arbeiter-Wohlfahrtseinrichtungen. 28.)
1: Fd 681–28. 2. 7. 9. 10. 11. 12: Cam. 141 1–28. 14. 21. 15. 17. 18. 24. 25. 26. 28. 29. 30. 38. 90. 101. 302.
15.

Belehrung eines angehenden Archivars. — Augsburg: Benedikt 1796. 59 S. 8° 1: an 8° Bibl. Diez 10135. 2. 18. 30.

— e. angehenden Archivars. 8. Augsb. 796. Rieger. 4 gℊ

— d. Arithmetik f. Schulen rc. (v. Diez.) 1r Abschn. 8. Hannov. Hahn. 795.

Belehrung über die zweckmäßigste Art der Anpflanzung von Alleen an Landstrassen. — München 1836. 43 S. 8°
12:Oecon.218n.
15.

Belehrung und Aufforderung wegen Benützung der Großherzoglichen Heil- und Pflegeanstalt Illenau und wegen Behandlung von Seelengestörten in ihrer Heimath. Rastatt 1846: Mayer. 32 S. 8° 15.
15.

— ausführliche, über das heilige Buß-Sakrament nebst einem Unterricht über die Generalbeicht. 2. verb. Aufl. Mainz 863. Haas. 16. (78 S.) n. 2 ngr

Ausführliche und praktische Belehrung zur Ausmessung der Gründe und Erhebung eines wahren Grunderträgnisses. — Wien 1786: Trattner. 87 Bl. 4° 300:6881.
15.

— ausführl., wie Landschafts-Rechnungen zu führen sind. 3 Bde. 8. Wien 798. Rösl. 2 ℔

— üb. d. Ausführg v. Hausbrunnen, Quell- u. Brunnstuben, Senk-, Dünger- u. Jauchegruben u. v. Hauscanälen. Zusammengestellt im Sanitäts-Departement im Einvernehmen m. d. Bau-Departement d. k. k. Statthalterei in Graz. 8° (16) Graz 99, Leykam. — 21

Belehrung über die Ausführung von Hausbrunnen, Quell- und Brunnstuben. 2. Aufl. 8°. (16 S.) K —.24
Graz: Verlagsbuchh. Leykam, 1905.

Belehrung für das Bade-Personal von Aachen und Burtscheid. Aachen 1869. V: *Lersch, Bernard Max.* (Müller, M., Lit. üb. d. Thermen v. Aachen. Aachen 1903.)

Belehrung des Bauernstandes ꝛc., f. Mallinkrodt.

Belehrung über die Behandlung der Einschreibung Württ. Staats-Obligationen. — (Stuttgart: Kohlhammer [1875].) 8 S. 8° 24.
15.

Belehrung zur Behandlung der Kriegsgefangenen. (Mit 3 Beilagen.) Fol. Wien den 29. Februar 1797.

— über die Behandlung des aufgeblähten Rindviehs. Für Landleute u. jeden Viehbesitzer überhaupt. 8. Münster 835. Regensburg. 1 ℔

Belehrung, Beyspiel, Ermunterung; ein Lesebuch für Preussische Soldatenschulen, ... Berlin 1798. V: *Michaelis, J. F.* oder: *Küster, Carl Dan.* [?] (MGT) (Adel)

— Beisp. Ermunter. e. Leseb. f. Soldatenschul. 8. Berlin Dieterici. 798.

— über die Bemessung, Einhebung und Ueberwachung der Verzehrungssteuer von der Branntwein-Erzeugung. [Nach dem Branntweinsteuer-Gesetze vom 27. Juni 1878.] Nebst dem Finanz-Ministerialerlasse vom 3. Aug. 1878, betr. Dolainski's Spiritus-Meßapparat, dessen Beschreibung und Zeichnung sammt Verwendungsvorschrift. Mit 1 (lithogr.) Beilage (in Fol.), zahlreichen Manipulations-Formularen und ausführl. Inhalts-Uebersicht. 8. (106 S.) Prag 878, Mercy. *

— dass. [Nach d. Branntweinsteuer-Gesetze v. 27. Juni 1877.] Mit d. Erlässen v. 3. Aug. 1878 u. 7. Juni 1880 betr. Dolainski's Spiritus-Messapparat, dann d. Erlasse d. Finanzministeriums v. 19. Juli 1881 betr. d. Spiritus-Messapparat v. Jeanrenaud u. Comp., deren Beschreibgn u. Zeichngn sammt Verwendungsvorschriften. Nebst e. Nachtrage ält. noch gilt. Vorschriften v. Jahre 1835 ab u. d. seit 1879 erschien. Erlässen etc. in Betreff d. Branntweinerzeugg. 2. Ausg. 8. (169) Prag 81, Mercy. n. 1. 60

Belehrung über die Bemessung, Einhebung und Ueberwachung der Verzehrungssteuer von der Branntweinerzeugung und der mit derselben verbundenen Preßhefeerzeugung. (F.V.Bl. 1884. Nr. 28.) — Wien: Manz 1884. 81 S. 8°
Erschien zuerst in: Verordnungs-Blatt für d. Dienstbereich des österreichischen Finanzministeriums. 1884. 1884.
300:162.171-A. 302.
15.

Belehrung an die eßlingische Bürgerschaft über die magistratische Warnung und wiederholte Warnung von der Bürgerlichen Syndikats-Deputation. — Dat. Eßlingen 22. März 1798. 2 Bl. 2° 26.
15.

— über die asiat. Cholera. (Von den Aerzten Leipzigs verfaßt.) gr. 8. Leipz. 831. W. Vogel. 1½ ℔

— üb. d. Asiat. Cholera f. Nichtärzte. Auf allerhöchsten Befehl in d. Königr. Sachsen bekannt gemacht. (Von W. W. Seiler.) 1. u. 2. Aufl. (à 3 B.), 3. A. (à B. u. 1 Steindr. gr. 4.) gr. 8. Dresden 831, [Grimmer.] à

— über die asiat. Cholera für Nichtärzte. (Von B. W. Seiler.) Auf allerhöchsten Befehl im Königr. Sachsen bekannt gemacht. 3 Auflagen. Mit 1 Steindr. gr. 8. Dresd. 831. Hilscher. 3 ℔

Belehrung über die Cholera und deren Heilung. Für das Volk zusammengestellt von M. br. 8. (15 S.) Löbau 848, Breyer.

— über die oriental. Cholera, (v. Merrem). gr. 8. Köln 831. Bachem. 4 ℔

Belehrung über die orientalische Cholera (Forts.: die Cholera) für Nichtärzte, amtlich bekannt gemacht. [Nebst] Forts. 1. — München: Königl. Central-Schulbücher-Verl. 1831. 8° [u.] 4°
Forts. 1 u. d. T.: (Morvay, Johann:) Abschrift e. Briefes d. Herrn Pfarrers zu Tisza-Bábolna über d. Behandlungsweise d. Cholera-Kranken.
12:Path. 1423-18 [2 Ex.]; Forts.: 4° Path. 431-12.
16 [°Forts.] 29 [°Forts.]
15.

— 2., verb. Ausg. München: Königl. Central-Schulbücher-Verl. 1831. 32 S. 8° 4. 29.
15.

— über die oriental. Cholera für Nichtärzte, amtlich bekannt gemacht. 8. Münch. 831. 2e A. mit 4 Abbildb. Ebd. 831. (Krüll in Landsh., auch Thomann). 1½ ℔

Belehrung üb. d. Oriental. Cholera f. Nichtärzte, amtl. bekannt gemacht. 1. Aufl. u. 2. A. m. 4 Abbild. (à 2 B.) 8. München 831. (Landshut, Manz.) à

Belehrung über die orientalische Cholera für Wundärzte und nicht approbirte Kandidaten der Medizin, ... Köln 1831. V: *Merrem.* (Ky)

— üb. d. oriental. Cholera f. Wundärzte u. nicht approbirte Kandidaten d. Medizin, welche sich auf besond. Erlaubniss d. Kgl. Hochlöbl. Regierung mit d. Behandl. dieser Krankheit beschäft. gr. 8. (1½ B.) Köln 831, Bachem.

— über die Cholera und Rathgeber, wie man sich vor derselben schützen und bei Anfällen selbst helfen kann, bevor der Arzt erscheint. Nach den Rathschlägen mehrerer erfahrener Aerzte. 8. (32 S.) Posen 873, Jagielski. *

— christliche, üb. d. Feier d. Sonntags, a. Anleit. zu ein. gesegneten. (Von F. Liebetrut.) 8. (3¾ B.) Berlin 838, (Thome.) Bgl. Erbauungsschriften Nr. 80.

Zur Belehrung über das Desinfektionsverfahren in Privathäusern. — (Frankfurt a. M. [um 1865]: Naumann.) 2 Bl. 4° 30.
15.

— deutliche, über Sonnen- und Mondfinsternisse. Nebst einem Anhang üb. d. Verfinsterungen anderer Himmelskörper ꝛc. Mit 1 Steintafel. 8. Tübingen, Osiander. 820.

— deutliche, über Sonnen- u. Mondfinsternisse. Nebst einem Anhang üb. d. Verfinsterungen anderer Himmelskörper ꝛc. (v. Mauchard). Mit 1 Steint. 8. Tübing. 825. Osiander. 6 gr.

— f. die, welche Taschenuhr. trag. s. F. A. Schmidt.

Belehrung für diejenigen, welche die Aufnahme von Vaterlosen in die Waisenanstalt der Franckeschen Stiftungen nachsuchen. — [Halle 1836.] 4 S. 8°
1:Te 5502.

— f. diejenigen, welche Taschenuhren tragen, in Absicht ihrer Beschaffenheit, Beurtheilung ꝛc. gesammelt u. angezeigt v. F. A. S. (F. A. Schmidt). Mit 1 Kpfr. 8. Liegnitz 794. N. A. 801. (Leipz., Taubert). 8 gr.

Belehrung über die Durchführung der Grundeinlösungen bei dem Baue von Wasserstraßen. Eingef. mit d. Erlasse d. k. k. Handelsministeriums vom 19. Aug. 1904. — Wien 1904: K.-k. Hof- und Staatsdr. V,166 S. 8°
300:635.445-B.
15.

Belehrung über die Eigenschaften des Schlachtviehes und des Fleisches, welche das letztere zum Genusse untauglich oder schädlich machen. Auf d. Anordnung d. Kgl. Sächs. Ministerii d. Innern bekannt gemacht. Dresden: 1837. 14 S.

—— über die Eigenschaften d. Schlachtviehes u. d. Fleisches, welche d. letztere zum Genusse untauglich u. schädlich machen. Auf Anordn. d. kgl. sächs. Ministerii d. Innern bekannt gemacht. gr. 8. Dresden 838. (Leipzig, Fr. Fleischer.) *

Belehrung, Ganz einfache, über die Cholera oder Brechruhr ... Nürnb. 1831. V: *Kolb, A. R.* (Call)

—— ganz einfache, üb. d. Cholera od. Brechruhr f. d. Landvolk. 8. (1 B.) Nürnberg 831, Campe.

— einfache und klare, über die Werthgeltung der ältern u. neuern sächs. Geldstücke, nebst einigen Rechnungsvortheilen bei der Umrechnung der Altgroschen in Neugeld u. umgekehrt, zum Nutzen des Bürgers und Landmanns herausgeg. u. mit einer pract. Reductionstabelle versehen. gr. 12. Grimma 841, Verlags-Comptoir. 1/12 ℛ︀

—— einfache, f. jed. Nichtarzt, wie die asiat. Cholera am sichersten zu heilen u. auszurotten ist. Nebst einer Beigabe d. diätet. Verhaltens vor u. während d. Krankheit. gr. 8. (1 B.) Tübingen 831, Reiß u. Küstner. Thlr.

Belehrung über das Einimpfen der Kuhpocken für den gemeinen Mann. Ein Gespräch ... Bregenz 1805. V: *Mätzler, Anton.* (Margr)

Zur einstweiligen Belehrung an das Publicum über die Auftritte vom 2ten December 1792. in der Stadt Frankfurt. Bericht. — o.O. [um 1790.] 2 Bl. 8° 17. 30.
15.

Belehrung für Eltern und Vormünder, welche die Aufnahme ihrer Kinder oder Pflegebefohlnen in die Waisenanstalt und die Verleihung der Beneficien in der Pensionsanstalt der Frankischen Stiftungen nachsuchen. (Unterzeichn.: Niemeyer, A. Jacobs.) — Dat. Halle 2. Febr. 1828. 8 S. 8° 15.
15.

Belehrung über die Entstehung und Verbreitung der Cholera und über das Verhalten beim Auftreten derselben. (Klagenfurt: Kärntner Verein) 1892. 4 S. 8° (Kärntnerisches Gemeindeblatt. 20,Beil.) 300:195.769-B
15.

— über die Entstehung u. Verbreitung der Cholera u. üb. das Verhalten beim Auftreten derselben. Redactionelle Beilage d. kärntn. Gemeindeblattes. gr. 8. (4 S.) Klagenfurt 892. (F. v. Kleinmayr.) n. — 12

Belehrung über die Entstehung und Verhütung der Trichinenkrankheit bei den Menschen. Auf Anordnung des Königl. Ministeriums des Innern bearb. gr. 8. (22 S. mit 1 Stnt.) Dresden 864, Meinhold und Söhne.

Belehrung über Entstehung und Verhütung des Wochenbettfiebers und anderer durch Ansteckung entstehender Krankheiten bei Schwangeren und Kreissenden, Wöchnerinnen und Neugeborenen für die Hebammen des Herzogthums Braunschweig. — Braunschweig [1889]: Oeding. 45 S. 8° 7.
15.

—— Erbauung u. zum Troste f. d. Landvolk. N. d. böhm. Umarbeit. d. Simon Wrana verdeutscht u. verm. v. Geo. Anton. 2 Abthln. 8. Wien 841, Mechitaristen-Congreg.-Buchh. à 14 Gr.

Belehrung über die Erkenntniß, Verhütung und Behandlung der hitzigen Maul- und Klauen-Seuche bei den Rindern, Schafen und Schweinen. — Dresden [1828]: Königl. Hofbuchdr. 24 S. 8° 8. 15. 24.
15.

— 2., bericht. u. verm. Aufl. Ebd. 1839. 24 S. 8° 15.
15.

—— über d. Erkenntniß, Verhütung u. Behandlung d. hitzigen Maul- u. Klauenseuche bei den Rindern, Schafen u. Schweinen, so wie der langwierigen od. bösartigen Klauenseuche bei d. Schafen. 1., u. 2., bericht. u. verm. offic. Ausg. gr. 8. (à 1 1/2 B.) Dresden 839, 40. (Leipzig, Fr. Fleischer.) à *

Belehrung und Ermahnung für die deutsch-katholischen Dissidenten Leipziger Concil-Bekenntnisses zu Marburg und Hanau. — o.O. [um 1845]. 7 S. 8° 4.
15.

Der Juristen Facultaet [Fakultät] auf der Kgl. Pommerschen Universitaet zu Greifswald, uber die von Hr. M.A.F. Dermann Predigern in Neuen-Brandenburg, wieder Richter und Raht daselbst, öffentlich ausgegebene anzügliche Schrifften rechtliche Belehrung. — Berlin: Wessel 1709. 19 S. 8° 28.

Der Theologischen Facultät [Fakultät] in Leipzig auff die, vom Richter und Rath in Neu-Brandenburg ihrem Bericht eingefügte Fragen eingeholete und zu unumgänglicher Rettung ihrer Unschuld zum Druck beforderte Belehrung. — Neu-Brandenburg: Ziegler 1709. 12 S. 8° 28.
15.

Belehrung der Hochw. Theol. Fakultät zu Rostock über 6 Fragen und Lehrpunkte in den Ehrenpfortischen Schriften. Rostock 1737. V: *Aepinus, Franz Albrecht.* (ML)

Belehrung Feldspitäler Militärspitäler

Belehrung für die Feld- und all jene Militär-Spitäler, die nicht als Regiments-Spitäler behandelt werden. 8 Bl., gbd.

Wien: 1799

Belehrung, Fernerweite, des Publici von dem Verhalten des ... Herzogs zu Sachsen-Hildburghausen .. O. O. 1770. V: *Radefeld, Joh. Chn.* (Holz)

Belehrung zur Fleisch-Gebarung und Verrechnung bei den k. k. Truppen. (2 Bde.) 4. Wien 1859—1862.

Belehrung über eine bisher unbekannte Folge der ausschweifenden Befriedigung des Geschlechtstriebes in der Ehe. Für Aerzte u. Nichtärzte. — Leipzig: Graffé 1799. 95 S. 8° 15. 16. 21. 24. 30.
15.

Frankfurt & Leipzig 1801. 62 S. 8° 1:Kd 1062. 17. 30.
15.

— üb. e. bisher unbekannte Folge d. ausschweif. Befriedigung d. Geschlechtstriebes in d. Ehe. 8. Leipz. 799. (Wienbrack). 8 gr.

— üb. die, bei d. Erhebung d. verein. Rechte zu beobacht. Formalitäten über das Verfahren des Kaufmanns ꝛc. 8. Köln 807. Fabritius. 8 gr.

Belehrung in Fragen und Antworten für den Feuerwehrdienst der Gußstahlfabrik von Fried. Krupp in Essen a. d. Ruhr. — o. O. [um 1885]. 227 S. 8° 30.
15.

— freundschaftl., an Schuldiener. 8. Altona 787. Kaven. 4 gr.

—— üb. d. Gebr. d. Stempelmarken statt d. Stempelpap. 3. Afl. 8. (32) Wien 54, Hof- u. Staatsdr. n. — 2

Gedrängte Belehrung über das Verhalten beim sogenannten Milzbrand oder gelben Knopf. — Dat. Stuttgart 13. Juli 1807. 2 Bl. 2° 24.
15.

Krankenkasse der Technischen Hochschule zu Karlsruhe. (Belehrung über die Gefahren der Geschlechtskrankheiten. Unterz.: H[ans] Buchner [u. a.].) [1905.] 4 S. 8°

Belehrung üb. die Gefahren beim Verkehr m. giftigen Ungeziefermitteln. (1 S.) 8. Berlin (907). J. Springer. 100 Stück nn — 50

Gegründete Belehrung, was es mit der geistlichen Jurisdiction protestirender Landes-Herren im Heil. Römischen Reiche, absonderlich über die geistliche Personen, für eine Bewandniß habe. — o. O. 1733. 4 Bl. 8° 17. 18. 28.
15.

Geheime Belehrung über den Ursprung des Menschen und nöthige Warnungen für junge Mädchen zur allerfrühesten Bewahrung ihrer Unschuld von einer erfahrnen Jugendfreundinn[!]. — Frankfurth & Leipzig 1789. 111 S. 8° 12: Paed. Pr. 333. 16. 30.
15.

— geheime, üb. d. Ursprung des Menschen ꝛc. 8. Münch. 789. (Fleischmann). 4 gr.

Gemeinfaßliche Belehrung über die zweckmäßige Anlegung von Blitzableitern. Hrsg. im Auftr. d. Königl. Sächs. Ministeriums d. Innern von d. Königl. techn. Deputation 1884. — Dresden [1884]: Lommatzsch. 50 S. 8° 14. 27.
15.

— gemeinfaßliche, üb. die zweckmäßige Anlegung v. Blitzableitern. Hrsg. im Auftrage d. königl. sächs. Ministeriums d. Innern v. der königl. techn. Deputation 1884. 8. (73 S. m. eingedr. Holzschn.) Dresden 885. Schröer. n. — 50

Belehrung, gemeinfaßliche, über die zweckmäßige Anlegung von Blitzableitern. Hrsg. im Auftrage des königl. sächs. Ministeriums des Innern von der königl. techn. Deputation 1884. 8. (73 S. mit eingedr. Holzschn.) Dresden 885, (Warnatz und Lehmann.) *

— — Im Auftrage d. Königl. Sächsischen Ministeriums d. Innern neu bearb. von d. Königl. techn. Deputation. [1901] 87 S. 8° 1: Stala 900. 14. 101.
15.

Kaiserliches Gesundheitsamt. Gemeinfaßliche Belehrung über die ansteckende Blutarmut des Pferdes. — (Berlin: Springer [1918].) 2 Bl. 4°, gefaltet in 8° 1: an N 19.767. 101.
15.

— Ausg. 1922. [Berlin: Springer 1922.] 2 Bl. 101.
15.

Gemeinfaßliche Belehrung über die Erkenntniß und Verhütung des Milzbrandes bei den Hausthieren; nebst e. Anweisung, wie diese Thiere vor Krankheiten überhaupt zu schützen sind. Von e. erfahrenen Thierarzte. — Karlsruhe: Braun 1850. IV, 60 S. 8° 25.
15.

Gemeinfaßliche Belehrung über die im § 10 des Reichsgesetzes vom 23. Juni 1880 aufgeführten ansteckenden Krankheiten der Hausthiere. — Ansbach: Brügel 1888. 22 S. 8° 12: A. vet. 6 lm. 29.
15.

— Mit e. Anh.: Gesetz vom 26. März 1859. Die Gewährleistung bei Viehveräußerungen betreffend. — Forchheim: Streit 1888. 32 S. 8° 12: A. vet. 6 lm.
15.

— Mit e. Anh.: Gesetz vom 26. März 1859/23. Febr. 1879. Die Gewährleistung bei Viehveräußerungen betreffend. 2. Aufl. — Ebd. 1888. 32 S. 8° 12: A. vet. 6 lma.
15.

Belehrung, Gemeinfassliche, für den Landmann, ... Wien u. Graz 1849. V: *Macher, Mathias.* (GGr)

— gemeinfaßliche, f. den Landmann, besonders f. Gemeinderichter, Ausschüsse u. Geschworne, u. f. alle Jene, welche sich als östreich. Reichsbürger näher unterrichten wollen üb. die allgem. bürgerliche Gesellschaft, den Staat u. die Staatsverfassungen, vorzüglich üb. die östreich. Reichsverfassung ꝛc.; nebst Anleitung zur Einleitung, Zusammenstellung u. Einrichtung der neuen Ortsgemeinden ꝛc. Von einem Volksfreunde. 8. (52 S.) Graz 849, Dirnböck. 1/6 ℔

— gemeinfaßliche, üb. Schlachtvieh- u. Fleischbeschau f. Beschauer, welche nicht als Tierarzt approbiert sind, als auch f. Fleischer. (Auszug aus dem Gesetz- u. Verordnungsblatt Nr. 5.) (44 S.) gr. 8. Auerbach 903. P. G. Caspari. n. — 60

Belehrung, Gemeinfassliche, über die Sekte der Neutäufer und ihre Lehre ... Bern 1864. V: *Kytz, Dan. Albr.* (BSchwLk V, 10 e a)

— Gemeinfassl., üb. d. nach d. Viehseuchengesetze v. 26. 6. '09 d. Anzeigepflicht unterlieg. Seuchen. (54) 8° Berl., J Springer '12. nn — 25 d

Gemeinfaßliche Belehrung über die Tollwut der Hunde. (Im Auftr. d. Königl. Ministeriums d. Innern von d. Königl. Kommission für d. Veterinärwesen bearb.) — (Dresden [um 1890]: Heinrich.) 14 S. 8° 13.
15.

Gemeinfaßliche Belehrung für Viehbesitzer über die Rinder-Pest. — (Prag [um 1860]: Haase.) 24 S. 8° 800: 118.183-B.
15.

Gemeinverständliche Belehrung über Cholera und Cholera-Maßnahmen. Verf. im Auftr. d. k. k. Min. des Innern. — Wien: Hölder 1892. 56 S. 8° (Das österreichische Sanitätswesen. 1892, 34, Beil.) 1: Ka 5314. 800: 202.474-A. 302.
15.

Gemeinverständliche Belehrung über die Cholera und das während der Cholerazeit zu beobachtende Verhalten. (Berlin: Schoetz [1905].) 2 Bl. 8° (Anweisung d. Bundesrats zur Bekämpfung d. Cholera vom 28. Jan. 1904. Amtl. Ausg. Anl. 2.) 1: Ka 13142-Anl. 2. 11.
15.

— dasselbe. (2 S.) 32,5×16,5 cm. Berlin (905). J. Springer. n.n.n. — 05; 10 Stück n.n. — 50
Sonderabdruck aus: „Anweisung zur Bekämpfg. der Cholera, festgestellt in der Sitzung des Bundesrates vom 28. I. 1904. Amtliche Ausg."

— geographische, im poet. Gewande über alle Länder Europa's für die wißbegierige Jugend. Ein Leitfaden zum geograph. Unterricht ꝛc. (v. F. Beier). 8. Bresl. (814).

Belehrung der Gerechtigkeit. 8. Lemberg. Gedruckt bei M. F. Poremba. 1854. (Hebräisch.)

— aus d. Geschichte Josephs, Reichsverwesers in Aegypten. 1r Thl. gr. 8. Frankf. a. M. 816. Andreä. 1 ß

— gründliche, über d. Baden d. Judenweiber. Gesprochen zu allen verehlichten Israeliten, u. zwar mit Rücksicht auf d. Schrift d. Rabbiner H. Cohen, von einem treuen Israeliten (El. Birkenstein). 8. Marb. 826. Garthe. 3 ℊ

Belehrung, Gründliche und deutliche, über den Verlauf, die Gefahr . . . des Scharlachs . . . der Masern und Rötheln . . . Glochau u. Lissa 1827. *Urban, Joseph.* (call) S. a. I 4911.

Belehrung, gründliche, 500—600 Prozent Alkohol aus einem Scheffel Erdtoffeln exclusive des dazu verwandten Malzes bei 75 Quart Maischraum zu erzielen. Nebst Anleitung zur vollständ. Einrichtung einer Erdtoffel-Branntweinbrennerei, der Gebäude und Geräthe, von denen die Letztern noch nicht ⅔ des bisher angewandten Kupfers erfordern. Von e. prakt. Branntweinbrenner. Erläutert durch 2 lithogr. Taf. 8. Cöslin 839. (Hendeß.) n. 2 ß

Belehrung, Gründliche, der Theol. Fakultät zu Rostock über die Frage: ob zum Wesen des Sacraments, was ich esse und trinke, auch die Seele und Gottheit Christi zu referiren. Rostock 1741. V: *Aepinus, Franz Albrecht.* (ML)

Gründliche und faßliche Belehrung über die Erbauung aller Arten von Gemüse und Küchengewächsen und deren Beschreibung, Benutzung, Aufbewahrung und Fortpflanzung. — Oels: Ludwig [um 1870]. 80 S. 8° 2.
15.

Gründliche Belehrung über die Kastration unserer nutzbaren Hausthiere und über die Mängel und Krankheiten, die bei und nach derselben von Bedeutung sind. Von e. sächsischen Thierarzte. — Leipzig: Wilfferodt 1868. VII, 78 S. 8° 24. 26.
15.

Belehrung, gründliche, über die Kniebeugung vor dem sogenannten Venerabile, die Verwandlung des Brodes im Abendmahle, die Anbetung der Hostien und die Entziehung des Kelches. (Von Jh. Wlh. von der Lith.) Mit einer Vermahnung an Katholiken u. Protestanten auf's Neue herausgeg. von einem evangel.-luther. Geistlichen. 8. Leipzig 844, K. F. Köhler. ²/₃ ß

— gründliche, üb. d. Leinwand in Anseh. d. verschied. Arten derselben, ihrer besten Beschaffenheit u. Bereitung. Nebst e. Anleit., d. Leinwand schön weiß zu bleichen ꝛc. 8. Quedlinb. 826. Basse. 8 ℊ

Belehrung, Gründliche, des Publici ob der Unerheblichkeit des von Sachsen-Weimar-Eisenach . . . distribuirten . . . Pro Memoria. O. O. 1763. V: *Kayser, Joh. Eberh.* (Holz)

Belehrung, Gründliche, mit Archivurkunden unterstützte, des ohnbefangenen Publici von dem wahren Verhältniss des Kantons Rhön und Werra gegen das demselben subordinirte Buchische Quartier . . . Nürnberg 1779. V: *Schmidt, Johann Christian.* (ML)

Belehrung, gründl., üb. d. Verlauf, d. Gefahr e. Behandlungsart d. Scharlachs, d. Masern u. Rötheln, nebst e. Anh. üb. d. Keuchhusten d. Kinder. Von e. prakt. Arzte, (J. Urban). 8. Glog. 827. N. Günter'sche B. 6 ℊ

Belehrung für Gymnasien-Präfekten, und Professores. (Wien 1781: v. Trattnern.) 20 S. 8° 302.
15.

Belehrung über die Handhabung des neuen Infanteriegewehres von O. M. Mailand in der militärischen Papierhandlung und Lithographie Michaels Orgnieri. Gedr. bei A. Lamperti (41 S. 16.) 1856.

Belehrung der Hebammen die Augenentzündung der Neugeborenen betreffend. Auf Anordnung d. Königl. Ministeriums d. Innern bearb. — Dresden 1863: Meinhold. 8 S. 8° 14.
15.

Belehrung, Heilsame für den Recensenten, der . . . das Systema Chronol. zu beurtheilen unternommen . . . O. O. 1777. V: *Hartmann, Joach.* (Koppe, Gel. Mecklenburg. Rostock u. Leipz. 1783—84.)

Heilsame Belehrung für den Recensenten, welcher in den Bützowschen britischen Sammlungen Buch V. Stück II. Num. 6. des Herrn . . . Joachim Hartmanns Systema chronologiae biblicae zu beurtheilen unternommen, aufgesetzt von e. Freunde biblischer Wahrheiten. — Greifswald [usw.]: Röse 1778. 54 S. 8° 28.
15.

Zur heilsamen Belehrung für den schönen Geist der Beurtheilung und Prüfung der gedruckten Gedächtniss-Predigten usw. Im May Monath 1786. — Rostock: Adler [1786]. 55 S. 8° 28.
15.

— üb. Hitzschlag auf Märschen vom 2. VI. 1904. (18 S. m. 2 Abbildgn.) 8. Berlin 904. E. S. Mittler & Sohn. n. — 15; kart. n. — 30

Belehrung über Hitzschlag auf Märschen [Übergekl.:] Hitzschlag und Erfrierung vom 2. Juni 1904. — München 1904-09. 24 S. (D.V. 5.) 12: Bavar. 4190-6.
15.

Belehrung und Warnung, Höchstnöthige, für junge Mädchen zur frühen Bewahrung ihrer Unschuld . . . Braunschweig 1787. V: *Oest, Johann Friedrich.* (ErschDL) »Wolfenbüttel 1787« (Ky)

Belehrung über die in dem Herzogthum Wirtemberg um sich greifende äusserst anstekende und tödliche Hornvieh-Seuche, Uebergälle genannt. Nebst d. Vorschriften, welche d. Herzogliche Unterthanen vor, während u. nach dieser Krankheit zu beobachten haben. — Stuttgart: Cotta 1796. 24 S. 8° 17. 21. 24.
15.

Jaxt-Kreis. Ober-Amt Neresheim. Belehrung und Instruktion für die Leichenschauer. — Ellwangen 1829: Schönbrod. 29 S. 8° 24.
15.

— f. d. Jugend, aus d. Reiche d. Natur u. Kunst. M. 25 ill. Kpfrn. gr. 8. Berlin 823, Flittner.

— katechetische, theils als erste Einleitung zum Confirmations-Unterricht, theils f. neu-confirmirte Kinder selbst. 8. Stuttg. 815. Steinkopf. 2 ℊ

Belehrung über die Kennzeichen der asiatischen Brechruhr (Cholera morbus), die dagegen anzuwendenden Vorbeugungsmittel und das vorläufige Heilverfahren bei den daran Erkrankten bis zur eintretenden ärztlichen Verordnung. — [Wiesbaden 1831.] 20 S. 8° 43.
15.

— Ebd. [1831]. 24 S. 8° 1:Ka 3455. 43.
15.

Belehrung über die Kennzeichen der ächten und unächten Pocken bei den Kühen. Abgefaßt auf Anordnung d. Königl. Sächs. Landes-Direction. — Dresden 1833: Meinhold. 8 S. 8° 8. 15.
15.

Belehrung über die Kennzeichen der Wuthkrankheit bei Hunden und anderen Thieren, und über die Behandlung der von wuthverdächtigen Thieren gebissenen Menschen und Hausthiere. — o.O. [um 1800]. 12 S. 8° 24. 30.
15.

Belehrung über ansteckende Kinder-Krankheiten zum Gebrauch für Schullehrer. Hrsg. von Deputirten der Berliner Lehrer-Vereine und der Hufeland'schen medicinisch-chirurgischen Gesellschaft. — Berlin: Loewenstein 1869. 16 S. 8° 1:6 in 4° Ii 7000. 18. 23. 38M.
15.

— 3. Aufl. Berlin: Loewenstein; [übergekl.:] Staude 1869. 16 S. 8° 6.
15.

— Berlin: Staude 1879. 12 S. 8° (Alice-Bibliothek für d. Frauen d. hessischen Volkes. 9.) 17.
15.

— Ebd. 1879. 12 S. 8° (Olga-Bibliothek für d. Frauen d. württembergischen Volkes. 9.) 12:Pol.civ.251e-9.
15.

— Heidelberg: Weiß [usw.] [um 1900]. 12 S. 8° (Luisen-Bibliothek für d. Frauen d. badischen Volkes. 9.) 16.
15.

Belehrung über Kinderpflege in den ersten Lebensjahren. Für Zieheltern hrsg. von d. Königl. Polizei-Direction zu Dresden. — (Dresden [1865]: Ramming.) 2 Bl. 8° 14.
15.

Belehrung über Kinderpflege in den ersten Lebensjahren. Für Zieh-Eltern. — (Waldenburg [um 1880]: Kästner.) 5 S. 8° 14.
15.

Belehrung für die Herzogl. Kirchenraths-Beamte, welche Waldungen unter ihrer Aufsicht haben. — o. O. [um 1780]. 2 Bl. 8° 21.
15.

Zur Belehrung für Könige. Ein Vor- u. Nachwort zu einem Vortrage des weil. k. bayer. Cultusministers Nic. v. *Koch* vor Sr. Maj. d. Könige v. Bayern über Ultramontanismus, Romanismus, Scholastik, deutsche Wissenschaft, das deutsche Collegium in Rom u. die theolog. Facultät in Würzburg. Zugleich ein Beitrag zur Charakteristik des Verstorb. u. zur Ehrenschuld des künftigen Cultusministers von Bayern. 2. verm. Aufl. Leipzig (gedr. Hamburg) 1866. Comm.-Verlag v. Heinr. Matthes. Gr. 8°. Cart.
102 S., 1 Bl. — Die erste zieml. starke Aufl. von demselb. Jahre war in 6 Wochen vergriffen.

Belehrung über die Construction [Konstruktion] der Badischen Eisenbahn, nebst Bauvorschrift für die Fortsetzung der Bahn von Heidelberg aufwärts bis zur Schweizer-Grenze. — Carlsruhe 1841: Wagner. 13 S. 4° 50.
15.

Belehrung über ansteckende Krankheiten. — (Berlin [1835]: Unger.) 114 S. 8°
Erschien zuerst in: Gesetz-Sammlung für d. Königlichen Preußischen Staaten. Anh. 1835.
2. 3. 4. 17. 21. 28. 36.
15.

Belehrung über die Krätze und deren Heilung mit grüner Seife, ausgearb. von d. Königl. Medicinal-Collegium. — Kirchheim 1862: Enslin. 8 S. 8° 24.
15.

Belehrung über die Kräze [Krätze], deren Verhütung und vorsichtige Heilung. (Hrsg.: Ministerium d. Innern.) — Dat. Stuttgart 12. März 1813. 2 Bl. 8° 24.
15.

Belehrung über die Kreismessung oder Anweisung auf eine zweifache Art, in einer geometrischen Construction ein Quadrat zu zeichnen, welches mit Logarithmen berechnet, in sieben Decimalstellen gleich dem Kreise ist. — Halle: Schwetschke in Comm. 1846. IV,23 S. 8°
1:4 in 4° Oa 4090. 3.
15.

Kurze Belehrung über den Anbau des unächten Akazienbaums für fränkische Forstbediente und Landwirthe. — Nürnberg: Felßecker 1797. 20 S. 8° 10. 21.
15.

Kurze Belehrung über den Anbau des unächten Accacienbaumes. Nürnberg: 1799.

Kurze Belehrung über die Anwendung des Stempelgesetzes für den Geschäftsverkehr bei der Königlich-Rheinischen Friedrich-Wilhelms-Universität zu Bonn. — (Bonn [1833]: Georgi.) 8 S. 8° 4. 5. 38.
15.

Kurze Belehrung über die Behandlung und Kultur des Waldes. Berlin: 1837. XV, 161 S. - 2. verm. Aufl. ebd. 1859. XVI, 231 S.

Kurze Belehrung über den Inneren und Garnisons-Dienst für die in Diensten des h. Stuhles stehenden Fremden-Scharfschützen-Bataillone. — Triest 1860: Oesterr. Lloyd. 52 S. 8° 300:120.960-A.
15.

— kurze, üb. den Empfang d. hl. Sacramentes der Buße u. d. allerheiligsten Sacramentes d. Altars. 2. Aufl. 24. (19 S.) Niemes 893. A. A. Bienert. n. — 5

Belehrung, kurze, üb. d. Empfang d. hl. Sacramentes d. Buße u. d. allerheil. Sacramentes d. Altars. (Nach oberhirtl. approb. Religionslehrbüchern zusammengestellt. 3. Aufl. gr. 16. (15 S.) Niemes 896. A. Bienert. n. — 05

Belehrung, kurze, üb. den Empfang des hl. Sakramentes der Buße u. des allerhl. Sakramentes des Altares. 4. Aufl. (15 S.) 16. Niemes (905). A. Bienert. n. — 05

Kurze und faßliche Belehrung über das Königlich Würtembergische Pfand-Prioritäts- und Executions-Gesetz vom 15. April 1825. [Nebst] Anh. 1-7 [u.] Nachtr. — Reutlingen: Kurtz 1825. 8° 21. 24[∞ Anh. u. Nachtr.]
15.

Belehrung kurze Gebrauch

Kurze Belehrung über den Gebrauch der Bestandtheile des von dem k.k. Rathe und Stabs-Feldarzte Dr. P(eter) P(aul) V(incenz) Wagner zusammengestellten Rettungs-Apparates. (Herausgegeben auf hohen hofkriegeräthlichen Befehl.) 44 S., gbd.

Wien: typ. Ueberreuter 1847

Belehrung, Kurze doch grundmässige, von dem wahrhaften Unterschied zwischen mediaten und immediaten Commenden. . . . Frankf. a. M. 1753. V: *Reinking, Theod.* (Holz)

Kurze Belehrung über den Jubiläumsablaß von 1879. — (Braunsberg: Ermländ. Zeitungs- & Verl.-Dr. 1879.) 8 S. 8° 103.
15.

Kurze katechetische Belehrung theils als erste Einleitung zum Confirmations-Unterricht, theils für Neukonfirmirte Kinder selbst, zu der in Dörfern am Confirmations-Sonntag gewöhnlichen Nachmittags-Christenlehre. — Stuttgart: Steinkopf 1815. 47 S. 8° 24.
15

— kurze, üb. d. Kennzeichen u. Verhütung d. Cholera. Nebst Angabe d. Behandlungsart bis zur Ankunft des Arztes. Von ein. prakt. Arzte in Wien (J. R. Bischof.) 1., u. 2., verm. Aufl. gr. 12. (à 1¼ B.) Wien 831, Gerold.

Kurze Belehrung für die Land-Pferde-Züchter im Ober-Amt Ellwangen über die Behandlung der Zucht-Stutten und der Fohlen. — Ellwangen [1829]: Schönbrod. 15 S. 8° 24. 15.

Kurze und leichtfaßliche Belehrung über die Behandlung der Rinder und Schafe, welche an der Trommelsucht leiden, von e. Oberamts-Thierarzte verf. zum Gebrauche jedes Oekonomen. — Rotweil: Uhl 1837. 15 S. 8° 24.

Kurze Belehrung über die Nutzfische, die hauptsächlichen gesetzlichen Vorschriften und die sonstigen Einrichtungen zur Förderung der Fischerei in Westpreußen. Hrsg. im Auftr. d. Westpreußischen Fischereivereins. Ausg. für d. Binnenfischerei. — Danzig: Saunier in Komm. 1888. 40 S. 8° 1: Oy 27008. 10. 15.

— Ausg. für d. Küstenfischerei. 2. Aufl. Ebd. 1888. 40 S. 8° 1: Oy 27008². 15.

Belehrung, kurze, üb. d. Pensionsversicherg d. Privatbeamten. (12) kl8° Wien, Druckerei- u. Verl.-Act.-Gesellsch. vorm. R v. Waldheim '09. — 20

Kurze Belehrung über die Pensionsversicherung der Privatbeamten. — Wien: Waldheim-Eberle 1910. 12 S. 8° 300: 470.193–B. 302. 15.

Belehrung, Kurze, üb. d. Pensionsversicherg d. Privatbeamten. 3. Neudr. (11) kl8° Wien, Druckerei- u. Verl.-Akt.-Gesellsch. vorm. R v. Waldheim '11. — 20

Kurze Belehrung an das Publicum, den am 17ten Junii 1781. bey Gelegenheit einer Wallfahrts-Procession in Wertheim sich ereigneten Vorgang und dessen Folgen betreffend. — o.O. [1781]. 2 Bl. 4° 3. 26. 30. 15.

Kurze Belehrung über die Rindvieh-Zucht, zunächst für die Rindvieh-Besitzer im Ober-Amt Ellwangen. — Ellwangen 1830: Schönbrod. 24 S. 8° 24. 28. 15.

Kurze Belehrung über das kleine Himmelblaue Scapulier zu Ehren der Unbefleckten Empfängniß der Seligsten Jungfrau Maria von e. Priester d. Diöcese Regensburg. 5. Aufl. — Wien: Brzezowsky 1897. 39 S. 8° 302. 15.

Kurze Belehrung über den Stand unserer Angelegenheiten [betr. die Neuwahlen in den Landtag]. E. aufrichtiges Wort an unsere mährischen Landsleute. — ([Wien]: Jasper [um 1865].) 15 S. 8° 300: 69.758–A. 15.

Kurze Belehrung für Medicin Studirende über Anzahl, Zusammenhang und Methode des Studiums der zur Heilkunde gehörigen Disciplinen. Gegeben von d. medicinischen Facultät d. königl. Universität Erlangen. — Erlangen 1828: Junge. 23 S. 8° 12: Bavar. 222d. 15.

Kurze für den Bürger wie für den Landmann ganz verständliche Belehrung über Pfand-, Gant- und Bürgschaftssachen, über das würtembergische Regulativ, über verschiedene Verträge ... so wie über Testaments-Errichtungen. Nebst e. Anh. über d. dazu gehörigen Formularien. — Reutlingen: Kurtz 1846. 28 S. 8° 24. 15.

Kurze Belehrung über den neuen Civilprozeß für den Bürger und Landmann. Von e. praktischen Juristen. — Nördlingen: Beck 1870. 20 S. 8° 12: Bavar. 221x. 15.

Belehrung, kurzgefaßte, üb. die hl. Ablässe m. Rücksicht auf die Wallfahrtsorte Bornhofen a/Rh. u. Marienthal i/Rheingau. Hrsg. v. e. Priester des Franziskanerordens aus der Custodie der hl. Elisabeth. 16. (52 S.) Limburg a/L. 893. Verlag der St. Marien-Stiftung (Bornhofen). n. — 25

Belehrung, Kurzgefasste, über das Apostolat des Gebetes in Vereinigung mit dem allerheiligsten Herzen Jesu ... Saarlouis 1868. V: *Ramière, Henri.* (Jes)

Belehrung, kurzgefaßte, über das Apostolat des Gebetes in Vereinigung mit dem allerheiligsten Herzen Jesu, nebst entsprechenden Gebeten u. Aufnahmeschein. Saarlouis 868. Stein. 32. (24 S.) n. ⅙ ngr.

— kurzgefaßte, über die Hals- und Rachenleiden der Kinder. 8. (85 S.) Constanz 870, Fritz.
Aus: Konstanzer Volksfreund, besonders abgedruckt.

Belehrung für den Küssenmacher etc. Ad Rescript des Hof-Kriegs-Rathes D. 1744 vom Jahre 1784. Fol. Wien 1784.

— über das Leben, den Nutzen u. die Pflege der Thiere. Hrsg. v. dem Thierschutz-Vereine in Wien. 8. (32 S.) Wien 875. Faesy & Frick in Comm. n. — 20

Belehrung der Herzoglich Mecklenburgischen Lehn-Cammer an den Herrn Peter Le Fort auf Marin wegen der Succession in die Reddelinsche Lehn-Güter. — o. O. (1700). 2 Bl. 2° 28. 15.

Belehrung über Leichenbehandlung und Leichenbestattung zur Verhütung des Lebendigbegrabens und aller von Leichen ausgehenden Gesundheitsnachtheile. Mit Beziehung auf d. Gesetz vom 20. Juli 1850 bekannt gemacht auf Anordnung d. Königl. Ministerium d. Innern. — Dresden: Blochmann [um 1850]. 46 S. 8° 14. 15. 38M. 15.

Leicht faßliche Belehrung für den Bürger und Landmann über den Werth der gangbarsten Münzen in dem deutschen Zollvereinsgebiet ... mit beigefügten Tab. ... von Fr. H. — Stuttgart: Helfferich 1835. 42 S. 8° 24.

Belehrung über die vorbeugenden Maßregeln gegen den Cretinismus. ([Hrsg.:] K. Medicinal-Kollegium.) — (Brackenheim [1844]: Ziegler.) 8 S. 8° 24. 15.

Belehrung über die Maßregeln gegen die Weiterverbreitung der Tuberkulose insbesondere der tuberkulösen Lungenschwindsucht. Im Auftr. d. Ministeriums d. Innern verabfaßt vom Landesmedizinalkollegium. — (Dresden [1891]: Teubner.) 11 S. 8° 14.

Belehrung über die Maul- und Klauenseuche. Auf Anordnung d. Königl. Ministeriums d. Innern hrsg. — Dresden 1862: Meinhold. 23 S. 8° 14. 15.

— über die Maul- u. Klauenseuche. Auf Anordng. d. königl. Ministeriums d. Innern hrsg. 8. (24 S.) Dresden 874. Meinhold & Söhne. n. — 20

— — Ebd. [um 1880]. 24 S. 8° 14. 15.

Belehrung des K. Medizinal-Collegiums über die unter dem Rindvieh vorkommende Lungenseuche. (Dat. Stuttgart 30. Mai 1837.) — Neckarsulm: Streble [um 1860]. 14 S. 8° 24. 15.

— über eine gute Methode, bei dem ersten Unterrichte bekannt unter d. Namen des gegenseitigen u. gleichzeitigen Unterrichts von dem Hrn. *** 8. Straßb. 820. Levrault. 1 ₰

Belehrung über den Milzbrand der nützlichen Hausthiere und Anweisung zum Verfahren bei demselben. — (Stuttgart [um 1820].) 2 Bl. 4° 15.

Belehrung über die Modalitäten, unter welchen die bei den Truppen und Branchen in Anwendung stehende Monturs-Gebarungs- und Verrechnungs-Instruction vom Jahre 1854 auch in Absicht auf die Feld-Requisiten in Wirksamkeit zu treten hat. 4. Wien 1858.

— mythologische, m. illum. K. v. Brühwein. 12. Breslau, Barth.

Belehrung, nach welcher die Mannschaft zum Plänkeln abzurichten ist. 8. 1810.

Belehrung über die Natur und Behandlung der Schaf-Raude. Verf. von d. K. Würtembergischen Medicinal-Collegium. Mit e. Vorw. über die Ursachen der Verbreitung dieser Krankheit u. e. Anh. über die dießfallsigen polizeylichen Vorschriften für Schäfer u. Schaf-Eigenthümer. — Stuttgart: Steinkopf 1834. 16 S. 8° 15. 21. 24. 28.
15.

— 2., verm. Aufl. Ebd. 1842. 16 S. 8° 24.
15.

Belehrung über die Natur, den Umfang und die Ordnung der rechtswissenschaftlichen Studien. Von d. Juristenfacultät d. k. Julius-Maximilians-Univ. zu Würzburg d. Candidaten d. Rechte amtlich mitgetheilt. — Würzburg 1852: Thein. 23 S. 8° 12: Jur. is. 11 dk.

— nützl., für d. Bürger u. Landmann. 1s Quart. 8. Bresl. 796. Gehr. 8 gr.

— nützliche, über d. Flachspflanze ꝛc., (v. Kögel). 8. Quedlinb. 834 Ernst. 5 gr.

— nützliche, für Liebhaber von Hunden. 8. (Leipzig 824, Köhler.) Versiegelt

Belehrung zur Ordnung, Evidenthaltung des Standes, der Casse-Richtigkeit und zur Rechnungslegung für die bei einem Transport Geschäfte angestellten k. k. Officiere. Fol. Wien 1813.

Belehrung über Ordnung, Umfang und Methode der rechtswissenschaftlichen Studien den Candidaten der Rechtswissenschaft von der k. Juristenfakultät der Ludwig-Maximilians-Universität mitgetheilt. — München 1872. 16 S. 8° 14.
15.

Belehrung über das Allerhöchste Patent vom 15. März 1848. Von d. Kameral-Güterdirektion in Teschen an d. Gutsunterthanen in Schlesien. Teschen am 20. März 1848. Wien: Beck 1848. 23 S. 8° 300: 11.772-B. 302.
15.

Belehrung über das Percussions-Gewehr. — o.O. 1844: Litografia Filippini. 107 S. 4°
Titelblatt u. Text autographiert.
300: 53 E 46. 302.
15.

— über die Perlsucht, oder fälschlich sogenannte Franzosenkrankheit der Rinder, und über die Mittel zur Verhütung derselben. gr. 8. Dresden 837. (Leipzig, Fr. Fleischer.) ½ Thlr.

—— über die Perlsucht od. fälschl. sogen. Franzosenkrankheit d. Rinder. Auf Anordn. d. kgl. sächs. Ministerii d. Innern bekannt gemacht. gr. 8. Dresden 838. (Leipzig, Fr. Fleischer.) *

— üb. die Pest. (Beilage zu den „Veröffentlichgn. des kaiserl. Gesundheitsamtes.) hoch 4. (7 S.) Berlin (899). J. Springer. n. — 10

— dasselbe u. die sanitären Massnahmen zur Verhütung u. Tilgung derselben. (Gutachten des k. k. obersten Sanitätsrathes.) gr. 8. (12 S.) Wien 899. A. Hölder. n. — 20
Sonderabdruck aus: „Das österr. Sanitätswesen".

— üb. d. Pest u. d. sanitären Massnahmen z. Verhütg u. Tilgg derselben. (Gutachten d. k. k. obersten Sanitätsrates.) (Neudr.) (24) kl8° Wien, A Hölder '11. — 30

— e. erfahrnen Pferdekenners üb. d. Strengel, Druse ꝛc. 8. Marb. 806. Krieger. 5 gr.

— eines erfahrenen Pferdekenners üb. den Strengel, die Druse, den Rotz, den Wurm und die Lungensucht der Pferde. Giessen 08.

Belehrung der Plänker. 8. (Wien 1810.)

—— polit., f. Jedermann a. d. Volke. 1. Hft. 16. Berl. 61, Schlingmann. — 1½
America u. s. jetz. Bewegg. (32)

Populäre Belehrung über die Natur der Tollkrankheit (Hundswuth) und über das bei dieser Krankheit zu beobachtende Verfahren. (Ausgegeben mit d. Officiellen Anzeiger Nr. 16. pro 1849.) — Neustrelitz 1849: Spalding. 30 S. 8° 1: in Gq 13871. 3.

Populäre Belehrung über die päpstliche Unfehlbarkeit. Gespräch zwischen einem katholischen Laien und einem römischen Theologen. Ins Deutsche übertr. von B.R. — Graz: Moser 1870. 64 S. 8° 300: 59.234-B. 302.

Belehrung, praktische und gemeinfaßliche, über den Gebrauch der Stempelmarken statt des Stempelpapiers. Enthaltend den Text der Verordnung vom 28. März 1854, nebst allen darin bezogenen älteren Erlässen und einer populären, mit vielen Beispielen und Formularien versehenen Erläuterung der einzelnen Gesetzes-Bestimmungen. 3. Aufl. 8. (32 S.) Wien 854. (Leipzig, Hübner.) Thlr. *

— praktische und gemeinfaßliche, über den Gebrauch der Stempelmarken statt des Stempelpapiers. Enthaltend den Text der Verordnung vom 28. März 1854, nebst allen darin bezogenen älteren Erlässen und einer populären, mit vielen Beispielen u. Formularien versehenen Erläuterung der einzelnen Gesetzes-Bestimmungen. 3. Aufl. Wien 854. Sommer. (F. Klemm.) 8. (32 S.) n. 2 ngr.

Belehrung, Provisorische, zur Verfassung der Geld-, Materialien- und Geräthe-Rechnungen bei den k. k. Militär-Medicamenten-Anstalten. 4. Wien 1861.

Rechtliche Belehrung, worin gründlich erwiesen wird: dass des Michel Rehders Creditoren ihr Petitum dem 7. Articul hiesiger Falliten-Ordnung directo zuwidern, und dass er mit keiner andern, als mit der in der Falliten-Ordnung andictirter Straffe zubelegen sey. — Hamburg 1702. 8 Bl. 8° 18.
15.

— f. Redner, m. Beisp. erläut. 8. Breslau, Korn der ält. 800.

Belehrung über den Reif, dessen Ursachen, und über die Mittel zur Verhütung des von demselben zu fürchtenden Schadens, nebst Entwurf einer Reifheiz Ordnung. Klagenfurt, 1857. Gedruckt bei v. Kleinmayr. (7 S. 4.)

Belehrung über das Rettungs-Verfahren bei scheintodten und in plötzliche Lebensgefahr gerathenen Menschen. Zum Gebrauch für Schulen. Verf. u. hrsg. mit Gutheißen d. Großherzoglich Badischen obersten Sanitäts-Behörde. 2. Aufl. — Karlsruhe: Gutsch 1839. 24 S. 8°
30.
15.

— 4. Aufl. Lörrach: Gutsch 1840. 24 S. 8° 16. 25.
15.

— f. d. Recensenten v. Hartmann's systema chronol. bibl. 4. Greifsw. 778. Röse. (Cnobloch in Leipz.) 3 gr.

Belehrung über die Richtungen, in welchen die k. k. Urbarial-Gerichte nach §. 164 der Instruktion vom 2. Februar 1856 (R. G. B. Nr. 20) die Ersuchschreiben an die betreffenden k. k. Stuhlrichterämter (Bezirksämter), um die nach dem Gesetze vom Jahre 1832/6, Art. X. behufs der Commassation erforderlichen Behelfe und Erhebungen in der Regel zu erlassen haben. (Deutsch und ungarisch zugleich.) Preßburg, 1856. Druck von Alois Schreiber. (39 S. 8.)

Belehrung über die Rinderpest. Nach amtlichen und sonstigen zuverlässigen Quellen bearb. — Linnich: Exped. d. Centralbl. [um 1865]. 23 S. 8° 15.
15.

— Linnich: Quos [1867]. 24 S. 8° 23.
15.

—— über die Rinderpest. Nach amtl. und sonst. zuverlässigen Quellen bearb. 8. (23 S.) Linnich 867, Expedition des Centralblattes.

Belehrung über die Rinderpest, ihre Kennzeichen und ihre Verhütung. Abgefaßt auf Anordnung d. Königl. Sächs. Landesregierung. — Dresden 1829: Königl. Hofbuchdr. 14 S. 8° 15.
15.

Belehrung über die Rinderpest für Viehbesitzer und Ortsvorsteher. Mit Bezug auf d. Gesetz vom 29. Juni 1868. Wien: K.k. Hof- u. Staatsdr. 1868. 12 S. 8° 300:146.057-A. 302.

Belehrung über die Rotzkrankheit der Pferde und die gegen Weiterverbreitung derselben zu ergreifenden Maaßregeln. Auf Anordnung d. Ministerium d. Innern bekannt gemacht. — Dat. Dresden 21. Mai 1844. 2 Bl. 8° 14.
15.

Des Churfürstl. Sächß. Sanitäts-Collegii Belehrung für das Publicum von dem großen Nachtheile welcher aus dem Mißbrauche des Branntweins für die Gesundheit und die Seelenkräfte entsteht. — Dresden 1796: Churfürstl. Sächß. Hofbuchdr. 12 S. 8° 3. 14.
15.

Schriftgemäße Belehrung über Zauberei. Besorgt von d. Abth. II d. Gesellschaft für innere Mission nach d. Sinne d. lutherischen Kirche. Nr 3. — Nördlingen: Beck 1850. 28 S. 8° 12: Dogm. 1141-14.
15.

— Abth. II der G[esellschaft] f. i[nnere] M[ission] i. S[inne] d. l[utherischen] K[irche]. II, 5. Schriftgemäße Belehrung über Zauberei. Nach d. 2. Aufl. von 1858 neu gedr. — Ansbach 1864: Junge. 32 S. 8° 12: Asc. 4928d-3.
15.

Schriftgemäße Belehrung über Zauberei. 4. Aufl. Besorgt von Abt. II der Gesellschaft für innere Mission. Nr 3. Nürnberg: Löhe 1871. 26 S. 8° 12: Phys. m. 17f.
15.

Schriftmässige Belehrung von der allgemeinen Judenbekehrung in einem Sendschreiben an einen guten Freund gestellet von M.T.Q. — o.O. 1748. 68 S. 8° 28.
15.

Belehrung über die gegen die asiatische Cholera anzuwendenden Schutz-Maßregeln und ersten Hülfsleistungen. Dat. Braunschweig 16. Sept. 1831. 12 S. 8° 7. 23.
15.

-- o.O. [um 1835]. 16, 16 S. 8°
Beigedr.: Anweisung zu dem die Zerstörung des Ansteckungsstoffes der Cholera bezweckenden Reinigungsverfahren ⟨Desinfectionsverfahren.⟩ o. J.
18.

Schliesliche [!] Belehrung des Herrn Dr. iuris Seumnich, zur Beantwortung des Anhangs zu der zweyten Auflage seiner Vertheidigungs-Schrift, von d. unpartheyischen Hannoveraner. — o. O. 1803. 13 S. 8° 6. 7. 15. 23. 28.
15.

— üb. das Scapulier v. Berge Carmel, nebst einigen Gebeten zur allersel. Jungfrau. Von einem Priester der Diöcese Paderborn. Nebst dem h. Scapulier auf Wollzeug u. e. Zettel zum Einschreiben. 24. (72 S.) Soest 848, Nasse. n. 1/12 ℛ — Dass. üb. das Scapulier vom Berge Carmel, nebst dem Officium parvum od. den kleinen Tagzeiten der allerseligsten Jungfrau Maria u. der Weise der Aufnahme in die Scapulierbruderschaft, latein u. deutsch. Von einem Priester der Diöcese Paderborn. 2. umgearb. Aufl. Nebst dem h. Scapulier auf Wollzeug u. e. Zettel zum Einschreiben. 16. (IV u. 114 S. m. 2 Holzschn.) Ebd. 851. n. 3 ngr

Belehrung über das Scapulier [Skapulier] vom Berge Carmel, nebst einigen Gebeten zur allerseligsten Jungfrau. Von e. Priester d. Diöcese Paderborn. — Soest: Nasse 1850. 72 S. 8° 6.
15.

— Nebst d. Officium parvum oder d. kleinen Tagzeiten d. allerseligsten Jungfrau Maria. Von e. Priester d. Diö-2., umgearb. Aufl. — Soest [usw.]: Nasse 1851. 114 S. 8° 6.
15.

— Nebst einigen Gebeten zur allerseligsten Jungfrau. Von e. Priester d. Diöcese Paderborn. 3. Aufl. — Soest: Nasse 1855. 94 S. 8° 6.
15.

— Nebst d. Officium parvum oder d. kleinen Tagzeiten d. allerseligsten Jungfrau Maria u. der Weise d. Aufnahme d. Scapulierbruderschaft, lat. u. deutsch. Von e. Priester in d. Diöcese Paderborn. 4. Aufl. — Ebd. 1859. 114 S. 8° (Scapulier-Büchlein. 2.) 1: Acc. P. 10/3162.
15.

Belehrung über das heilige Skapulier Unserer lieben Frau vom Berge Karmel. Nebst e. Anh. von Gebeten. — Köln: Bachem in Comm. 1866. 24 S. 8° 23.
15.

Erster Theil der Belehrung, so vom Königl. Consistorio zu Flensburg Ehrn Otto Lorentzen Strandiger über die von ihm bestrittene Lehr-Puncten, Anno 1707. gegeben worden; worinnen die Lehre von der Kinder-Tauffe erwiesen und verthädiget wird; Auff d. Ehrw. Consistorii Gutbefinden auffgesetzt von F.M. — Flensburg: Vogel 1718. 118 S. 8° 28.
15.

Belehrung zur Standes-, Geld- und Naturalien-Berechnung sämmtlicher Partikular-Rechnungsleger der Armee. 4. Wien 1853.

Belehrung von dem rechten Statu [Status] causae bey dem bisherigen Vorgang der Dissidien zwischen denen Landtags-Mitgliedern. — o.O. [1770]. 2 Bl. 4° 23.
15.

Belehrung für die mit Stipendien betheilten Studierenden. — Wien 1893: K.-k. Hof- u. Staatsdr. 20 S. 8° 302.
15.

— Wien 1896: Holzhausen. 20 S. 8° 0302.
15.

Belehrung für die an der Ludwig-Maximilians-Universität Studirenden [Studierenden] über Umfang, Mittel und Folge der jedem obliegenden Studien. — o.O. [um 1830]. 30 S. 8° Titelblatt u. Text autographiert.
2. 4. 16. 21. 26. 28.
15.

Belehrung der Studirenden [Studierenden] über die Nothwendigkeit und den Nutzen allgemeiner wissenschaftlicher Bildung. — (Leipzig [1843]: Edelmann.) 23 S. 8° 14.
15.

— — (Unterzeichn.: Der akademische Senat d. Univ. Leipzig.) (Leipzig [1843]: Staritz.) 23 S. 8°
1: Ay 3240. 7. 14. 15. 18.
15.

Belehrung über die Thierseuchen für Dominien, Wundärzte, Ortsrichter usw. — (Prag [um 1835].) 64 S. 2° 15.
15.

— Ofen 1837: Gedr. mit k. ung. Univ.-Schriften. 166 S. 8° 302.
15.

Belehrung über die Traubenkrankheit (Traubenpilz). Karlsruhe ca. 1868. fol.

Belehrung über Umfang, Ordnung und Methode der rechtswissenschaftlichen Studien den Candidaten der Rechtswissenschaft von der k. Juristenfakultät der Ludwigs-Maximilians-Universität mitgetheilt. — München 1853: Hübschmann. 16 S. 8° 12: Bavar. 222i. 16.
15.

Belehrung über die Umstaltung der altartigen kalbfellenen Tornister in die, mittelst allerhöchster Resolution vom 17. April 1852 für die k. k. Armee angeordneten neuartigen Tornister, nach dem Muster A. J. Beigeb.: Belehrung über die Umgestaltung der altartigen Patrontaschen, in die, mittelst allerhöchster Resolution vom 17. April 1852, für die k. k. Armee angeordneten Patrontaschen nach dem Muster A. II. 4. Wien 1852.

Ohnpartheyliche [Unparteiliche] Belehrung dessen was in dem Fall Rechtens ist, wo ein catholischer Chur-Fürst, Fürst oder sonstiger Stand des Reichs einem seiner der A.C. verwandten Unterthanen den Landes-Schutz aufkündet, weilen selber nicht nur mehrere Privat-Verbrechen auf sich geladen - ... - ja würcklichen Auflauff wider die Landes-Fürstliche Verordnungen, ... erwecket, ... den Johannes Edelmann gewesenen Burger und Ochsenwirth ... in Specie betreffend. Durch die Gräflich-Hohenlohe-Neuensteinische Schrifftstellere ad causam Hohenlohe contra Hohenlohe gebracht. — o.O. 1750. 38 S. 4°
16. 26.
15.

—— unterhalt., s. Förderg. allg. Bildg. 1—27. Bd. 8. Lpzg, Brockhaus. à — 5
Barthold, FW, d. deutsche Hansa. (79) 53.
Bergmann, L, d. Telegraphie. (80) 53.
Bettziech-Beta, H, Benjamin Franklin. (106) 53.
Biedenfeld, F v., d. Blumen im Zimmer. (67) 53.
Bolley, PA, d. Kochsalz. (85) 54.
Cohn, F, d. Haushalt d. Pflanze. (78) 54.
Daniel, HA, Deutschland. (74) 52.
Heffter, MW, d. Slaventhum. (64) 52.
Hohl, AF, d. Krankh. im Kindesalter. (77) 51.
Hübner, O, Schutzzoll u. Handelsfreiheit. (75) 53.
Köstlin, R, d. Geschworenengerichte. (71) 51.
Mädler, JH, d. gestirnte Himmel. (57) 51.
— d. Planetensystem d. Sonne. (65) 54.

— unterhaltende, aus d. Naturgeschichte, Naturlehre u. Vaterlandskunde, verbunden mit leichten Uebungen z. Kopfrechnen. 8. Neust. 825. Wagner. 9 K

— u. Unterhaltung f. d. Bewohner d. Oesterr. Staats, (v. Chr. Karl André), s.a. Hesperus, J. 1809—11.

— u. Unterhaltung f. d. Bewohner d. östr. Staats v. Herausg. d. period. Tageblattes (Chr. Karl Andre'). 1r—3r Jahrg. 1809, 810 u. 811. à 12 Hefte. 8. Brunn, Gastl. (à 8 Rthlr.)

— v. Unterschiede d. Commenden. Fol. Frankf. 7:3.

Belehrung über die Ursachen, Erscheinungen und den Verlauf der ansteckenden Thierkrankheiten, einschließlich der Rinderpest. — Wien: K.k. Hof- u. Staatsdr. 1880. 64 S. 8° 300:38.587-B. 302.
15.

Belehrung über das bei Bemessung, Einhebung und Controlirung der Verbrauchsabgabe von den Zuckererzeugnissen aus Runkelrüben zu beobachtende Verfahren. — Dat. Wien 8. Nov. 1850. 29 S. 2° 302.
15.

Z. 32592-1859. Minist. des Innern. Belehrung über ein zweckmäßiges diätetisches Verfahren mit den Hausthieren, als Vorbauungsmittel gegen Krankheiten derselben, und über das Benehmen des Landmannes beim Ausbruche von Thierkrankheiten. — ([Wien 1859]: K.k. Hof- u. Staatsdr.) 16 S. 4° 24. 302.
15.

—— über ein zweckmäßiges diätetisches Verfahren mit den Hausthieren, als Vorbauungsmittel gegen Krankheiten derselben, und über das Benehmen des Landmannes beim Ausbruche der Thierkrankheiten. Fol. (16 S.) Wien 860, Hof- und Staatsdruckerei.

Belehrung des Verfassers der demütigen Bitte an die grossen Männer, welche keinen Teufel glauben, mit Anmerkungen des Verfassers. Giessen 1776. V: *Köster, Heinr. Mart. Gottfr.* (stri) (BrMm)

— d. Verfassers d. demüth. Bitte an große Männer, die keinen Teufel glauben. 8. Marb. 776. Krieger. 4 K

Belehrung für den H. Verfasser der Wiener Kirchenzeitung (Beilage zur Wiener Zeitung 1789, Nr. 25). V: *Linz, de.* (Wiener Kirchenzeitung 1789, S. 224) (BiblPort)

Belehrung zur Verfassung der Concretual-Rechnung über die Montur- und Rüstungs-Sorten, Feldgeräthe, Armatur und Munition. Zur Verordnung des k. k. Hofkriegsrathes E. 4018 vom Jahre 1839. Fol. Wien 1839.

Belehrung über die aus Anlass der Choleragefahr, beziehungsweise bei dem Ausbruche der epidemischen Cholera zu beobachtenden Verhaltungsmaßregeln. — (Wien [1886]: K.k. Hof- u. Staatsdr.) 7 S. 4° 302.
15.

— Innsbruck 1886: Wagner. 31 S. 8° ●302.
15.

—— über die bei einem möglichen oder wirklichen Ausbruche der epidemischen Cholera zu beobachtenden Verhaltungsmaßregeln. Fol. (2 S.) Wien 865, k. k. Hof- und Staatsdruckerei.

— üb. die beim Herannahen od. e. wirklichen Ausbruche der epidemischen Cholera zu beobachtenden Verhaltungsmaßregeln. Fol. (4 S.) Troppau 886. (Freiwaldau, A. Blazek.) n. — 20

Belehrung über die Verhütung und Heilung der Lungenseuche. (Berlin, den 3. Dez. 1815.) — [Berlin 1815: Decker.] 2 Bl. 2° 1:78 in 2° An 8630.
15.

Belehrung über die Vermeidung von Unglücksfällen durch Elektricität und über die Hilfeleistung in solchen Fällen. — Wien: K.-k. Schulbücher-Verl. 1895. 14 S. 8° 300:198.030-B. 302.
15.

Belehrung über die Verrechnung der Artillerie-Zeugsgelder. Pulvergelder und das Artillerie-Materiale, dann für den administrativen Dienst bei den Zeugs-Artillerie-Commanden, nebst einer Rubriken-Ordnung für alle tabellarischen und Rechnungs-Vorlagen im Artillerie-Zeugswesen. (Donation Liechtenstein.) 8. Wien 1860.

Belehrung Viehbeschau Fleischbeschau

Belehrung über die Vieh- und Fleischbeschau. Für Fleischbeschauer auf dem Lande, welche keinen thierärztlichen Unterricht erhalten haben. 40 S., gbd.

Wien: kaiserl. königl. Hof- und Staats-Aerarial-Druckerey 1838

Belehrung für Vieh- und Fleisch-Beschauer. — Scheibbs [usw.]: Verl. d. k.k. Bezirkshauptmannschaften Scheibbs u. Amstetten 1887. 45 S. 8° 302.
15.

— für Viehbesitzer über das häufige Vorkommen der Lungenseuche unter den Rindern, und die zur Verhütung derselben, besonders auch bei dem Vieheinkaufe zu gebrauchende Vorsicht, bekannt gemacht auf Befehl des Ministeriums des Innern. gr. 8. Dresden 841. (Leipzig, Fr. Fleischer.) n. 2 n K

Belehrung für Viehbesitzer über das häufige Vorkommen der Lungenseuche unter den Rindern, und die zur Verhütung derselben, besonders auch bei dem Vieheinkaufe zu gebrauchende Vorsicht, bekannt gemacht auf Befehl d. Ministeriums des Innern. — Dresden: Meinhold 1841. 15 S. 8° 14. 24.
15.

Belehrung über die Vieh-Einfuhr in den Grenzbezirken von Niederbayern. Eine faßliche Darstellung, welche für d. Landmann, d. Vieh aus Oesterreich in Bayern einführen will, alles Wissenswerthe enthält. Hrsg. von B. 1. Aufl. Passau: Bucher 1885. 33 S. 8° 12: Bavar. 222h.
15.

Belehrung, Vollständige, allgemein fassliche, für Bruchkranke jedes Alters und Geschlechts. [1824]. 2. Aufl. Quedlinburg 1825. V: *Westphal, Carl.* (EngM)

— vollständ., allgemein faßliche, für Bruch-Kranke jedes Alters u. Geschlechts. 8. Quedlinb. 824. 2e A. 825. Basse. 10 gr

—— vollständige, über die bisher als Geheimniß im Modell für 1 Louisdor verkaufte neue Construction der Hufeisen mit abnehmbaren Einsatz-Stollen, sowie über die neu erfundnen Noth-Hufeisen. Nebst ausführl. Regeln über die neuesten Vortheile und Grundsätze eines guten Hufbeschlags im Allgemeinen. Allen Pferdebesitzern und praktischen Hufschmieden gewidmet vom Verf. des „Kleinen Stallmeisters" ꝛc. gr. 8. (44 S. mit eingedr. Holzschn. und 2 Stnt. Abbild. in qu. Fol.) Dresden 858, Klemm.

Belehrung über Vorbeugungs- und Heilmittel der Seuchen. Ofen 1816. V: *Tolnay, Sandor.* (Pk)

Belehrung und Vorschrift für die Straßenmeister über das bei Unterhaltung der Straßen einzuhaltende Verfahren. Karlsruhe 1863: Braun. 26 S. 8° 90.
15.

Belehrung über die Vorsichtsmaßregeln gegen d. asiat. Cholera u. guter Rath im Fall des Ausbruchs derselben. gr. 8. Cob. 831. (Riemann). 3 gr

Belehrung über die bei dem Herannahen der asiatischen Cholera empfehlenswerten Vorsichtsmaßregeln. Ausgegeben auf Anordnung d. Ministerium d. Innern. — Dresden: Blochmann [um 1835]. 8 S. 8° 1: Stala.
15.

— über die nothwendigen Vorsichtsmaßregeln u. Mittel, um den Ausbruch der Wuth bei Thieren u. der Wasserschen bei Menschen zu verhüten. Wien 867. k. k. Hof- u. Staatsdruckerei. 4. (15 S.) n. 2 ngr

—— über die nothwendigen Vorsichtsmaßregeln und Mittel, um den Ausbruch der Wuth bei Thieren und der Wasserschen bei Menschen zu verhüten. gr. 4. (15 S.) Wien 869, k. k. Hof- und Staatsdruckerei. *

Belehrung, Wahrhafte und actenmässige, des Publici: Von denen Ursachen so des regierenden Hn Herzogs zu Sachsen-Hildburghausen Hochfürstl. Durchlaucht genöthiget haben, ... Ernst Ludw. v. Lindeboom ... zu dimittiren. Hildburgh. 1770. V: *Radefeld, Joh. Chn.* (Holz)

— u. Warnung für junge Mädchen, zur frühen Bewahrung ihrer Unschuld. Von e. erfahr. Freundin. Eine gekr. Preisschr., (von J. F. Oest,) herausg. von J. H. Campe. 8. Wolfenb. 787. 5e A. 12. Braunschw. 828. Schulbuchh. 6 gr

Belehrung für Wärter von Wässerungs-Wiesen, zugleich als Dienst-Instruction für solche. — o. O. [um 1840]. 12 S. 8° 26. 28.
15.

Belehrung über die Wasserscheu bei Menschen und Thieren. — o. O. [um 1860]. 8 S. 4° 4.
15.

— über den Weichselzopf für Jedermann. Von einem prakt. Arzte. 12. Lissa 844. Günther. 1/6 Thlr

Aerztekammer für die Provinz Schleswig-Holstein. Belehrung über das Wesen der Cholera und das während der Cholerazeit zu beachtende Verhalten. — o. O. 1892. 4 S. 4° 8.
15.

— Belehrung über das Wesen der Cholera und das während der Cholerazeit zu beobachtende Verhalten. — Königsberg: Hartung 1892. 8 S. 8° 1: Ka 5319. 10.
15.

— Belehrung über das Wesen der Cholera und das während der Cholerazeit zu beobachtende Verhalten, Anweisung zur Ausführung der Desinfection bei Cholera und Ratschläge an praktische Ärzte wegen Mitwirkung an sanitären Maßnahmen gegen die Verbreitung der Cholera. — Osterwieck/Harz: Zickfeldt 1892. 12 S. 8° 3.
15.

Belehrung wie bey d. Regimentern... die auswärtige Gebühr zu behandeln kömmt. Wien: 1799. 2°

Belehrung wie die... Rechnungs-Rückstände nachzuholen. Wien: 1799. 2°

— wie Feld- u. Landwirthschaft zu verbessern sind. gr. 8. Freiberg 788. Graz u. G. 8 gr

Belehrung, wie sich bei der Abgabe und Fassung der Natural-Gebühren und des Bettzeugs sowohl von Seite der Truppen, als auch von den Militär-Verpflegs- und Betten-Magazins-Verwaltungen zu benehmen sei. Fol. 1853.

— und Winke für angehende Staatsmänner u. Fürst. 8. Fürth. (Campe in Nürnb.) 804.

Belehrung aus dem Worte Gottes für das Verhalten der Gläubigen in der gegenwärtigen Prüfungszeit. Leitmeritz 1832. V: *Hille, Augustin Bartholomaeus.* (EB)

— über die Zucht und Aufbewahrung der medicin. Blutegel. Auf Anordnung d. Königl. Sächs. Landes-Direktion bekannt gemacht (v. Hofr. Seiler). gr. 8. Dresd. 834. Walther. 5 gr

Belehrung über die von den Regimentern in dem Infanterie-Abrichtungs- und Exercier-Reglement vorgefundenen Zweifel und Anstände. — Wien 1808: K.-k. Hof- & Staatsdr. 19 Bl. 2° 17.
15.

—— üb. d. ges. Zweige d. land- u. hauswirthsch. Viehzucht. Hrsg. v. W Hamm. I. u. II. Abth. à 10 Hfte. 2. Afl. 8. Lpzg u. Berl. (Hann., Cohen u. R.) à Hft. n. — 5
Anleitg z. Zucht u. Mästg d. Ochsen z. Zug. (46) 63.
– z. Zucht u. Behandlg d. Pferde. (36) 63.
– z. Aufzucht etc. d. Schafe. (40) 63.
– z. Zucht u. Mästg d. Schweine. (40) 63.
– z. Zucht u. Wartg d. Ziegen. (39) 63.
Betrieb, d. vortheilh., d. Milchwirthschaft. (30) 63.
Hamm, W, Anl. z. Aufzucht, Wartg u. Mästg d. Enten. (30) 59.
– Anl. z. Aufzucht d. Hühner, Hähne u. Kap. 2 Thle. (68) 59.
– Anl. z. Aufzucht u. Fettmästg d. Truthühner. (50) 59.
– Anl. z. einträgl. Taubenzucht. (32) 59.
– d. künstl. Fischzucht. (28) 61.
– allg. Thierproductionslehre. (24) 62.
– d. Ziergeflügel. (28) 60.
– Zucht, Wartg u. Pflege d. Gänse. (40) 59.
Kühner, O, d. gesegnete Bienenzucht. (28) 61.
Mästung, d., d. Rindviehes. (40) 63.
Rubens, FW, Anl. z. Seidenraupenzucht. (28) 61.
Wahl, d., d. Milchkühe. Nach Guenon. (32) 63.
Zucht u. Benutzg d. Milchkühe. (30) 63.

Belehrungen, s. a. Belehrung

Allgemeine Belehrungen über Eisenbahnen und Schienenwege in populär-faßlicher Darstellung von e. Techniker. — Mainz: v. Zabern 1836. 110 S. 8°
17. 26. 30.
15.

Belehrungen u. Andachts-Uebungen f. das hl. Jubiläum des J. 1901. Hrsg. vom bischöfl. Ordinate in Linz. gr. 16. (63 S. m. Titelbild.) Linz 901. (Linz-Urfahr, Verlag des kathol. Preßvereines.) n. — 20

— auserles., u. Unterhalt. f. d. wißbegierige Jugend, z. Erweckung guter Gesinnungen u. Entschließ. in ihr. Herzen u. z. Uebung im Deklamiren. 8. Neub. (Central-Compt. in Leipz.) 8 gr

— auserles., u. Unterhalt. f. d. wißbegier. Jugend, z. Erweckung. gut. Gesinnungen u. Entschließ. in ihr. Herzen u. zur Uebung im Deklamiren. 8. Leipz. Joachim.

Auserlesene Belehrungen und Unterhaltungen für die wißbegierige Jugend, zur Erweckung guter Gesinnungen und Entschließungen in ihren Herzen, und zur Uebung im Deklamiren. — Neuburg [usw.]: Reichs-Commißions- u. Industrie Bureau [um 1800]. 90 S. 8° 16.

— Beispiele u. Ermunterungen. E. Lesebuch f. Preuß. Soldatenschulen, (v. J. F. Michaelis II.) 8. Berl. 798. Dieterici. (Mittler). 6 ℊ

Belehrungen über die Cholera auf die bisherigen Beobachtungen ... im Königreich Polen gegründet. Hrsg. von d. Central-Sanitäts-Comité in Warschau. Aus d. Polnischen Zeitung vom 14. Mai 1831, übers. von Sinogowitz. — Danzig: Gerhard 1831. 8 S. 8° 1:1 in Ka 2050. 2. 14. 15.

Belehrungen, Christliche, und Erweckungen, oder Predigt über die Frage: Was sollen wir thun? Luc. X, 10. Gehalten den 18. Augstmonat 1799 nach seiner Zurückkunft von Basel. Zürich 1799. V: *Lavater, Johann Kaspar.* (schstr S. 133)

Belehrungen, Christliche, grösstenteils den Bedürfnissen der gegenwärtigen Zeit gemäss. Zürich 1795. V: *Lavater, Johann Kaspar.* (schstr S. 130)

Belehrungen, Christliche, für Zürich, nach den Bedürfnissen der gegenwärtigen Zeit. Zwei Predigten. Zürich 1798. V: *Lavater, Johann Kaspar.* (schstr S. 131)

Belehrungen, Deutliche, über Sonnen- und Mondfinsternisse. ... Tübingen 1825. V: *Mauchard.* (Ky)

Belehrungen über die gemischten Ehen in fünf Gesprächen für das katholische Volk. Von katholischen Geistlichen. — Crefeld: J. B. Klein 1846. II,47 S. 8° 1:17 in Ft 7740. 5. 15.

— üb. d. Eigenschaften des Schlachtviehes u. des Fleisches, welche das letztere zum Genusse untauglich od. schädlich machen. gr. 8. Dresden 837. (Leipzig, Fr. Fleischer.) 1 ℊ

Belehrungen und Erinnerungen für junge Christen und Christinnen zur Erneuerung des Andenkens an den empfangenen Confirmations-Unterricht ... Von e. Prediger bey e. Dorfgemeine zum Druck übergeben. — Stuttgart: Steinkopf 1817. 36 S. 8° 24. 15.

— u. Erinnerungen f. junge Christen u. Christinnen z. Erneuerung d. Andenkens an d. Confirmationsunterricht. 8. Stuttg. 818. Steinkopf. 2 ℊ

Belehrungen, Ermunterungen und Tröstungen für den Bürger und Landmann wegen der Cholera. Altona 1841. V: *Jensen, Thomas Hoyer.* (A) »1831.« (NN)

Freundschaftliche Belehrungen, für den Herrn Secretaire der Loge Augusta zur goldenen Krone, in Stargard, über die von ihm am 5ten July, auf den Tod des Herrn v. Rohwedel gehaltenen Gedächtniß-Rede, aufgesetzt von e. Freunde d. Wahrheit. — o.O. 1775. 24 S. 8° 2. 15.

Belehrungen u. Gebete f. die heil. Firmung als Anleitung zum würd. Empfang dieses h. Sakramentes f. die Firmlinge. Von einem kathol. Geistlichen. 12. (40 S. u. 1 Lith.) Coblenz 847, Reiff. n. $1/12$ ℛ

Belehrungen und Gebete für fromme Jünglinge und Jungfrauen. Jesus, das schönste Vorbild der Jugend nach dem Beispiele der frommen Jungfrau Dorothea, ein Spiegel des frommen Lebens; nebst Meßandacht um die Tugend und Keuschheit, und Litanei für die Jugend, so wie auch mehrere Gebete zur Ehre und Nachfolge des heil. Aloysius. 12. (24 S.) Dülmen 840. (Coesfeld, Wittneven, Sohn.) *

Belehrungen und Gebete für Jünglinge und Jungfrauen. 8. Aufl. Dülmen 1863. V: *Eming, Johann Wilhelm.* (Rass)

— u. Gebete f. fromme Jünglinge u. Jungfrauen. Jesus, das schönste Vorbild der Jugend nach dem Beispiele der frommen Jungfrau Dorothea. Ein Spiegel d. frommen Lebens. 10. verm. Aufl. 8. (24 S.) Dülmen 883. Laumann. n. — 10

Belehrungen über das Geheimniss der Zeugung des Menschen, ... Berlin 1797. 2. Aufl. 1817. V: *Flittner, Chn Gf.* (MGT)

Belehrungen über die Gelübde der Töchter der christlichen Liebe. 1858. — Graz: Congregation 1869. 51 S. 8° 300:121.945-A. 15.

Belehrungen, Geographische, im poetischen Gewande über alle Länder Europas ... Breslau u. Jauer 1814. V: *Beier, F.* (Ky) (MGT)

Belehrungen aus der biblischen Geschichte Josephs ... Frankf. a. M. 1816. V: *Reche, Johann Wilhelm.* (winer)

Belehrungen aus d. Geschichte Josephs, Reichsverwesers in Aegypten. 1r Thl. gr. 8. Frankf. a. M. Andreä'sche Buchh. 816.

— über Gesetz u. gerichtl. Verfahren in den preuß. Staaten für den Bürger u. Landmann. Von e. prakt. Juristen. 1s Hft. Den Mandats-, summar. u. Bagatellproceß betreff. gr. 8. Siegen 835. Friedrichs Buchh. Subscr.-Pr. $1/4$ ℛ 2s Hft. Das Hypothekenwesen betreff. gr 8. Ebd. 836. $1/4$ ℛ Einz. Hfte $1/3$ ℛ — 2s Bdchn. od. 3s u. 4s Hft. Die Rechtsmittel der Appellation, Revision u. Nichtigkeit. — Die Execution in Civilsachen u. die Subhastation. gr. 8. Ebd. 838. $1/2$ ℛ — 3s Bdchn. oder 5s u. 6s Hft. A. u. d. T.: Das preuß. Vormundschaftswesen. Ein Leitfaden f. Vormundschaftsrichter u. Vormünder. Nebst e. Anhange, die nothwendigsten Formulare enthaltend. Von G. Schulz. gr. 8. Ebd. 838. $1/2$ ℛ (1 – 6. $1\frac{1}{2}$ ℛ)

— dass. 1s—6s Hft. Enthält Vorstehendes und Handbuch über Gesetz u. gerichtl. Verfahren in den preuß. Staaten für Nicht-Juristen u. jeden preuß. Staatsbürger, auch für den prakt. Juristen brauchbar Von Ferd. Schulz u. Gust. Schulz. gr. 8. Ebd. 835—38. $1\frac{1}{2}$ ℛ cart. $1\frac{2}{3}$ ℛ

Belehrungen über Gesetz und gerichtliches Verfahren in den Preuß. Staaten rc. (Von Fd. Schulz.) 7. od. Supplement-Heft: Das Gesetz wegen Einführung kürzerer Verjährungsfristen vom 31. März 1838. gr. 8. Siegen 841, Friedrichs Buchh. $1\frac{1}{2}$ ℊ — Alle 7 Hefte $1/2$ ℛ Vergl. „Bücher-Lex." 7. Bd. S. 76.

Belehrungen, Gründliche, über das Baden der Judenweiber. ... Marburg 1826. V: *Birkenstein, El.* (Ky)

Belehrungen, gründl., üb. d. Leinwand in Anseh. d. verschied. Arten derselben, ihrer besten Beschaffenheit u. Bereitung. Nebst e. Anleit., d. Leinwand schön weiß bleichen ꝛc. 8. Quedlinb. 826, Basse.

— gründl., über den Verlauf, d. Gefahr u. Behandlungsart d. Scharlachs, d. Masern u. Rötheln, nebst e. Anh. über den Keuchhusten d. Kinder. 8. Glogau 827, neue Günthersche Buchhdl.

Historische Belehrungen für den Meistergrad des Bundes der Großen National-Mutterloge der Preußischen Staaten, genannt zu den drei Weltkugeln. 1. — Berlin 1871: Mittler. XII,746 S. 8°

1. Die Geschichte u. d. Grundverfassung der Groß-Logen von England, Frankreich u. Schweden.

Verfasser nach handschriftlicher Notiz im Exemplar von 30: Julius Graf v. Wartensleben.

1:Nb 4308/50. 6. 14. 18. 24. 30. 102.
15.

Belehrungen, Einige, in Hinsicht auf den Huldigungstag der Stadtgemeinde Zürich oder Beschluss der Predigt gehalten den 12. VIII. 1798. Zürich 1718. V: *Lavater, Johann Kaspar.* (schstr S. 132)

Hygienisch-diätetische Belehrungen. (Verhaltungsmaßregeln bei Kinderkrankheiten für Mütter u. Krankenpfleger. Eingeführt in d. Kinder-Poliklinik zu Leipzig.) (Nr 1-7.) — Leipzig: Denicke [um 1880]. 8 Bl. 8°

14. 38M.
15.

Belehrungen, hygienisch-diätetische. Verhaltungsmaßregeln bei Kinderkrankheiten für Mütter und Krankenpfleger. Eingeführt in der Kinder-Poliklinik zu Leipzig. 7 Nrn. 1. und 2. Aufl. gr. 8. (7 Bl.) Leipzig 884, Denicke's Verlag. *

Belehrungen, hygienisch-diätetische. Verhaltungsmaßregeln bei Kinderkrankheiten f. Mütter u. Krankenpfleger. Eingeführt in der Kinder-Poliklinik zu Leipzig. 7 Nrn. 2. Aufl. gr. 8. (7 Bl.) Leipzig 884. A. Felix. n. — 50; einzelne Nrn. pro 10 Explre. n. — 40

Belehrungen für das von Se. Heil. Pius IX. ausgeschriebene Jubiläum. 16. (76 S.) Mainz 847, Kirchheim und Schott.

Belehrungen ü. Kauf u Verkauf v Grundeigentum u Häusern. Chi, 1879.

— kurze, über einige Gegenstände des christl. Glaubens. 8. Nürnberg 833. Raw. 1 ℳ

Belehrungen über das Leben, den Nutzen und die Pflege der Thiere. Hrsg. von d. Thierschutz-Vereine in Wien. — Wien: Faesy & Frick in Komm. 1875. 32 S. 8°

300:107.914-A.
15.

Belehrungen, leichtfaßliche, über die gesammten Zweige der land- und hauswirthschaftlichen Viehzucht. Herausg. von W. Hamm. 20 Hefte. 2. verm. u. verb. Aufl. Hamm 859—63. Grote. gr. 8. Jedes Heft n. 5 ngr.

1. Heft: Anleitung zur Aufzucht der Hühner, Hähne u. Kapaunen. 1. Abth. Aufzucht, Vermehrung u. Mästung in Stadt u. Land, sowie über Hühnerzucht im Allgemeinen. Ein Haus-, Hilfs- u. Wirthschaftsbuch für Jedermann, hauptsächlich aber für Solche, welche mit kleinem Capital ein nicht unbeträchtliches Einkommen erwerben wollen. (40 S. u. 1 Holzschn.)
2. Heft: Anleitung zur Aufzucht der Hühner, Hähne u. Kapaunen. 2. Abth. Welche Hühner soll man züchten? Oder die verschiedenen Hühnerracen u. ihre Benutzung, sowie die künstliche Ausbrütung der Eier. Ein Rathgeber für alle Geflügelzüchter in Stadt u. Land zur vernunftgemäßen u. rentablen Zucht, Haltung u. Verwerthung des Federviehs. (28 S. u. 1 Holzschn.)
3. Heft: Anleitung zur einträglichsten Taubenzucht in Thürmen u. Schlägen. Oder: Die Taubenzucht in Stadt u. Land als Mittel, sich einen hohen jährlichen Reinertrag zu sichern. (32 S. u. 1 Holzschn.)
4. Heft: Zucht, Wartung u. Pflege der Gänse in der Stadt u. auf dem Lande. Enthaltend: Aufzucht u. Mästung; Krankheiten der Gänse u. deren Heilung: das Eierlegen, Ausbrüten u. s. w. Mit einem Worte: die Zucht der Gänse, ein Mittel zu Gewinn u. Wohlstand für große u. kleine Landwirthe wie für Stadtleute. (40 S. u. 1 Holzschn.)
5. Heft: Anleitung zur Aufzucht, Wartung u. Mästung der Enten. Enthaltend: Arten u. Abarten, Fütterung, Pflege, Krankheiten u. deren Heilung ꝛc. Zahlen-Nachweis, wie die Entenzucht, in richtiger Weise geleitet, ein einträgliches Nebengewerbe werden kann. (30 S. u. 1 Holzschn.)
6. Heft: Anleitung zur Aufzucht u. Fettmästung der Truthühner. Enthaltend: Naturgeschichte, Zucht u. Pflege, Mästung, Eierlegen u. Brüten der Truthühner ꝛc. Die Truthühnerzucht ein Mittel, sich mit einem mäßigen Capitalaufwand ein bedeutendes jährliches reines Einkommen zu sichern. (30 S. u. 1 Holzschn.)
7. Heft: Das Ziergeflügel. Aufzucht, Haltung u. Pflege der blos zum Vergnügen u. zur Staffage dienenden Geflügelarten. Ein Rathgeber für alle Geflügelzüchter in der Stadt u. auf dem Lande. (28 S. u. 1 Holzschn.)
8. Heft: Anleitung zur einträglichsten Seidenraupenzucht, sowie zur Pflege des Maulbeerbaums. Eine vollständ. Unterweisung zum vortheilhaftesten Betriebe der Seidenraupenzucht auf Grund der neuesten Erfahrungen. Nach Frayssinet, Rubens, Töpffer, Netz u. A. (28 S. u. 1 Holzschn.)
9. Heft: Anleitung zur einträglichsten Bienenzucht nach dem neuesten Verfahren. Zusammenstellung der wichtigsten Lehren über die Bienenzucht v. Dzierzon, Kleine, v. Berlepsch ꝛc. (28 S. u. 1 Holzschn.)
10. Heft: Die künstliche Fischzucht. Ein sicheres Mittel zur Wiederbevölkerung der Gewässer, zur Erzeugung gesunder, wohlschmeckender, kräftiger Nahrungsstoffe für Jedermann u. zur Erhöhung des Nationalwohlstandes im Allgemeinen. Mit 25 in den Text gedr. Holzschn. u. 1 Titelbild (Holzschn.) (28 S.)
11. Heft: Allgemeine Thier-Produktions-Lehre. Die Lehre der rationellen Viehzucht im Allgemeinen nach dem heutigen Standpunkte der Wissenschaft u. Praxis. Zugleich Einleitung der leichtfaßlichen Belehrungen über die gesammten Zweige der land- u. hauswirthschaftl. Viehzucht. (24 S.)
12. Heft: Die Zucht der Pferde. Anleitung zu einer nutzbaren u. einträglichen Aufzucht, Wartung u. Haltung der Pferde für große u. kleine Landwirthe. Mit 1 Titelbild u. 15 in den Text gedr. Abbildungen (Holzschn.) (36 S.)
13. Heft: Die Zucht u. Haltung der Milchkühe in der Stadt u. auf dem Lande. Mit 1 Titelbild, 1 Abbildung im Text u. der bildl. Darstellung der äußeren Fehler (in Holzschn.) (30 S.)
14. Heft: Die Wahl der Milchkühe. Anleitung zur Erkenntniß der sicheren Merkmale der Milchergiebigkeit, mit einer genauen Beschreibung u. Prüfung der Milchspiegel nach der Methode von François Guenon. Mit 1 Titelkpfr. u. 10 Abbildungen (Holzschn.) (32 S.)
15. Heft: Milchwirthschaft u. Molkereibetrieb. Rathschläge zum vortheilhaftesten Betrieb der Milchwirthschaft u. zur sachgemäßen Gewinnung der Molkereiproducte für große u. kleine Landwirthe. Mit 1 Titelbilde u. 24 Abbildungen im Text (Holzschn.) (36 S.)
16. Heft: Die Mästung des Rindviehs. Anleitung zur vortheilhaftesten Mast der Ochsen, Kühe u. Kälber. Mit 1 Titelbild, 3 Abbildungen (Holzschn.) im Text u. 6 Gewichtstabellen. (40 S.)
17. Heft: Die Benutzung des Rindviehs zur Arbeit. Anleitung zur Aufzucht, Gewöhnung, Haltung u. Verwerthung der Ochsen u. Kühe zum Zug. Mit 1 Titelbild u. 26 in den Text gedr. Abbildungen (Holzschn.) (46 S.)

18. Heft: Die Zucht, Wartung, Pflege u. Mästung der Schafe. Mit besonderer Berücksichtigung der mittleren u. kleineren Wirthschaften. Mit 1 Titelbilde u. 7 in den Text gedr. Abbildungen (Holzschn.) (40 S.)
19. Heft: Die Zucht, Vermehrung, Haltung u. Mästung der Schweine. Ein Hand- u. Hülfsbuch für große u. kleine Landwirthe in der Stadt u. auf dem Lande. Anh.: Die Schweinezucht in England von Prof. Tanner. Mit 1 Titelkpfr. u. 2 Abbildungen (Holzschn.) im Text. (40 S.)
20. Heft: Die Zucht, Haltung u. Benutzung der Ziegen. Anleitung zur vortheilhaften Anzucht u. Verwerthung eines hoch nützlichen, aber vielfach vernachlässigten Haus- u. Nutzthieres. Anh. 1. Das Alpaca u. Vicuña von A. Brehm. 2. Die Ziege als landwirthschaftliches Nutzthier. Mit 1 Titelbild (Holzschn.) Herausg. von Wilh. Hamm. (39 S.)

— nützliche, für Liebhaber von Hunden. 8. (Leipz. 824. Köhler). Versiegelt 12 gr.

Nützliche Belehrungen für Liebhaber von Hunden. Hrsg. von e. Ober-Forst-Meister in Sachsen. — o.O. [um 1830]. 46 S. 8° 27.
15.

—— für den Oeconomen und Viehzüchter bei nachverzeichneten Krankheiten: Der Rotz, der Wurm und der Dummkoller der Pferde. Die Rinderpest, die Lungenseuche und die Perlsucht oder Franzosenkrankheit der Rinder. Die hitzige Maul- und Klauenseuche bei den Rindern, Schafen und Schweinen. Die ächten und unächten Pocken bei den Kühen; der Milzbrand der Rinder, die Raude und die Pocken der Schafe; die Hundswuth. Sowie über die Eigenschaften des Schlachtviehes, welche das letztere zum Genusse untauglich und schädlich machen. Auf Anordnung des k. sächs. Ministeriums des Innern bekannt gemacht. Gesammtausgabe. gr. 8. (IV und 104 S.) Dresden 851(52,) Meinhold und Söhne.

Belehrungen f. d. Oeconomen u. Viehzüchter bei (Vieh-)Krankheiten. 8. (104) Dresd. 52, Meinhold u. S. — 10; Her. Pr. — 7½

Patriotische Belehrungen, Wünsche und Vorschläge, durch die Zeitumstände veranlaßt von e. vaterlandsliebenden Deutschen. (Verf.: R...) — Halberstadt: Vogler 1825. VI,160 S. 8° 1:F 3326. 9. 17. 302.
15.

—— politische. Zeitfragen, Geschichte und Persönlichkeiten der Gegenwart. 1—6. Bdchn. 16. (768 S. mit 6 Portr. in Holzschn.) Leipzig 848—49, Weber. à Bdchn. * 5 Ngr.

Belehrungen, politische, für Jedermann aus dem Volke. 1. Heft: America und seine jetzige Bewegung. Nach einem Vortrag gehalten im vorstädt. Handwerkerverein. 16. (82 S.) Berlin 861, Schlingmann. Thlr.

Belehrungen, praktische, f. Erweckte u. Neubekehrte. (111 S.) kl. 8. Leipzig (904). (M. Költz.) n. — 20

Praktische Belehrungen für Erweckte und Neubekehrte. 2. Aufl. — Leipzig: Költz [1907]. 116 S. 8° 15.
15.

Rechtliche Belehrungen die letztere pfarr-ilinische Cassation und das von diesem Pfarrer praetendirende Forum privilegiatum betreffend. — o.O. 1750. 28,36 S. 4°
10.
15.

Belehrungen für Redner durchaus mit Beyspielen aus den vorzüglichsten Reden alter und neuer Zeit erläutert. — Breslau [usw.]: Korn 1800. XXXII,286 S. 8° 2. 21. 25.
15.

Seelsorgliche Belehrungen über gemischte Ehen, besonders beim Brautexamen. — Augsburg: Kreuzer 1839. VIII,223 S. 8° 1:It 9970. 6. 12:J. can. P. 103 z. 102.
15.

Belehrungen für die Studierenden der bayerischen Hochschulen über Umfang, Ordnung und Methode der ihnen obliegenden akademischen Studien, auf den Grund des §. 20 der Vorschriften über Studien und Disciplin für die Studierenden an den Hochschulen des Königreichs Bayern und als Beylage zu diesen Vorschriften amtlich bekannt gemacht. — München: K. Central-Schulbücher-Verl. 1836. 72 S. 4° 12:4° Bavar. 237. 16. 302.
15.

Theologische Belehrungen von einer sich in Holstein erhobenen neuen Lehre, daß die Gläubigen das ewige Leben in diesem Leben, dem Anfang nach, würcklich und in der That, haben und besitzen. — Hamburg: Liebezeit 1706. 64 S. 8° 18. 23. 24.
15.

Belehrungen, unterhaltende s.a. Biedenfeld, Ferd. v.

—— unterhaltende, zur Förderung allgemeiner Bildung. 1—11. Bdchn. 8. Leipzig, Brockhaus. à Bdchn. 5 Ngr.
Inhalt:
Bdchn. 1. Unsterblichkeit. Von Heinr. Ritter. (70 S.) 851.
" 2. Der gestirnte Himmel. Von Joh. Heinr. Mädler. (67 S.) 851
" 3. Das Mikroskop. Von Oskar Schmidt. (79 S.) 851.
" 4. Die Bibel. Von Aug. Tholuck. (79 S.) 851.
" 5. Die Krankheiten im Kindesalter. Von Aug. Friedr. Hohl (77 S.) 851.
" 6. Die Geschworenengerichte. Von Reinhold Köstlin. (71 S.) 851
" 7. Deutschland. Von Herm. Adalb. Daniel. (74 S.) 852.
" 8. Die Lebensversicherungen. Von Ephraim Sal. Unger. (51 S.) 852
" 9. Sonne und Mond. Von Joh. Heinr. Mädler. (58 S.) 852.
" 10. Das Slawenthum. Von Mor. Wilh. Heffter. (64 S.) 852.
" 11. Das Gold. Von Rich. Fel. Marchand. (60 S.) 852.

Belehrungen, unterhaltende, zur Förderung allgemeiner Bildung. 12—27. Bdchn. 8. Leipzig 853—56, Brockhaus. à Bdchn. 5 Ngr.
Auch unter den Titeln:
Bdchn. 12. Hübner, Otto, Schutzzoll und Handelsfreiheit. (75 S.)
" 13. Reichenbach, Ant. Bened.; die Künstler unter den Thieren. (79 S.)
" 14. Bergmann, Leo, die Telegraphie. (80 S.)
" 15. Schaefer, Joh. Wilh., Schiller. Eine biograph. Schilderung. (76 S.)
" 16. Biedenfeld, Ferd. v., die Blumen im Zimmer. (67 S.)
" 17. Barthold, Friedr. Wilh., die deutsche Hansa. (79 S.)
" 18. Bettziech-Beta, Heinr., Benjamin Franklin. Sein Leben, Denken und Wirken. (108 S.)
" 19. Cohn, Ferd., der Haushalt der Pflanze. (78 S.)
" 20. Rank, Jos., Kaiser Karl der Große. Ein Geschichtsbild. (62 S.)
" 21. Mädler, Joh. Heinr., das Planetensystem der Sonne. (65 S.)
" 22. Bolley, Pompejus Alex., das Kochsalz. (85 S.)
" 23. Reclam, Carl, Nahrungsmittel und Speisewahl nach Alter, Jahreszeit, Beschäftigung und Körperzustand. (80 S.)
" 24. Wagner, Joh. Rud., das Glas. (62 S.)
" 25. Mauritius, Frz., Heinrich Friedrich Karl Freiher vom und zum Stein. Ein biograph. Gemälde aus der Geschichte des deutschen Vaterlandes. (88 S.)
" 26. —— Gustav Adolf, König von Schweden. Ein Lebensbild. (72 S.)
" 27. Prutz, Rob., Goethe. Eine biograph. Schilderung. (94 S.)
1—11. Bdchn. Ebendas. 1851—52. 1 Thlr. 25 Ngr.

—— unterhaltende, zur Förderung allgemeiner Bildung. Neue (Titel-)Ausg. in 9 Thln. 8. Leipzig 860,61, Brockhaus. à Thl. 12 Ngr.

— unterhaltende, aus d. Naturgeschichte, Naturlehre u. Vaterlandskunde, verb. mit leichten Uebungen im Kopfrech. 8. Neust. 825, Wagner.

— v. Unterschiede der Kommenden. Fol. Frankf. 753. 5 gr.

— über das Verhalten vor u. während d. Cholera. Neuwied 831. Lichtfers. 2 gr.

Belehrungen über die Verhütung und Behandlung der Lungenseuche beim Rindviehe. Für Ackerwirthe. — Crefeld: Gehrich in Comm. 1849. 13 S. 8° 1:Ks 10694.
15.

Beleh rungen, die Verhütung, Kenntniß und Behandlung der Cholera-Krankheit betreffend. Auf obrigkeitliche Veranlassung Physikatswegen bekannt gemacht. — Gera 1831: Hofbuchdr. 14 S. 8° 27.
15.

— vollständ., d. Arithmetik für Schulen rc. (v. ... Dies). 1r Abschn. 8. Hannov. 795. Hahn. 10 gr.

Belehrungen, Einige, u. Vorschriften bei Feuer- u. Wassergefahr, sowie für erste Hilfeleistungen. gr. 8. (23 S.) Wien, *Huber & Lahme. 20 kr. N. b.

Belehrungen, wie Feld- und Landwirthschaften sowohl in Städten als auf dem Lande mit großen Nutzen zu verbessern und einzurichten sind. — Freyberg: Craaz 1788. 118 S. 8° 1:Ou 28616.

— u. Winke f. angeh. Staatsmänner u. Fürsten. 8. Fürth 804. (Campe in Nürnb.) 16 gl

Zeitdringende Belehrungen für Mütter und deren erwachsene Töchter über die Pflichten, die ihnen in ihrem Berufe obliegen, wobei die h. S., diese Fundgrube der herrlichsten Vorschriften, zum Grunde gelegt ist. Von d. Verfasser des Taschenbuchs zur Belehrung u. Unterhaltung; der Hertha u. a. — Berlin: Natorff 1830. 197 S. 8°
Als Verfasser wird Jeremias Heinemann genannt.
1:Np 954.

Belehrungen, zeitgemäße, über die am häufigsten vorkommenden Klagen u. Uebelstände in der Landwirthschaft, sowie deren Beseitigung auf Grund wissenschaftlicher Forschungen u. prakt. Erfahrungen der Neuzeit. Weimar 866. B. F. Voigt. 8. (IV, 45 S.) 6 ngr

Belehrungen über die von den Regimentern in dem Cavallerie-Abrichtungs- und Exercir-Reglement vorgefundenen Zweifel und Anstände. Fol. Wien 1808.

— üb. die gesammten Zweige der landwirthschaftlichen Viehzucht. 14 Hfte. Inhalt: 1. Die Zucht der Ochsen. 2. Die Zucht der Milchkühe. 3. Die Zucht der Schafe. 4. Die Zucht der Pferde. 5. Die Zucht der Schweine. 6. Die Zucht der Ziegen. (2. Abthl.) I. Zucht der Hühner u. Capaunen. II. Die Zucht der Tauben. III. Die Zucht der Gänse. IV. Die Zucht der Enten. V. Die Zucht der Truthühner. VI. Die Zucht der Bienen. VII. Die Zucht der Seidenraupen. — Nebst e. Einleitung „Allgem. Grundsätze der landwirthschaftl. Thierzucht". Herausgeg. unter Mitwirk. der Redaction der Agronom. Zeitung. (W. Hamm.) 8. (32. 186 u. 221 S. m. Holzschn.) Leipzig 852, Spamer. (à n. ⅙ ℛ) n. 2⅓ ℛ (Die einzelnen Hefte siehe unter: Anleitung. — Grundsätze, allgem., der Thierzucht. — Kühner, J. F. O., Bienenzucht. — Rubens, F. W., Seidenraupenzucht. — Zucht, Wartung u. Pflege der Gänse. — Zucht u. Benutzung der Milchkühe.)

— über die gesammten Zweige der land- und hauswirthschaftlichen Viehzucht. Herausg. von W. Hamm. 1. Abth. 7—9. (Heft.) Leipzig 853. Spamer. (Neumeister.) 8. (S. 187—297.) Jedes Heft 5 ngl
7. Heft: Die vortheilhafteste Mast der Ochsen, Kühe und Kälber; mit thunlichster Ersparniß an Zeit und Futter.

Erfahrungen über Rindviehmast ꝛc. Ein unentbehrliches Hülfs- und Wirthschaftsbuch für jeden Landwirth. Mit 6 Gewichtstabellen.

8. Heft: Die Wahl der Milchkühe. Nach den bewährtesten u. neuesten Methoden und mit besonderer Rücksicht auf die Entdeckung von F. Guenon. Enthaltend: Merkmale einer guten Milchkuh ꝛc. Ein sicherer Führer zum gewinnreichen Betrieb der Milchwirthschaft. Mit 19 Abbildgn. (Holzschn. im Text.)

9. Der vortheilhafteste Betrieb der Milchwirthschaft auf Grund der neuesten und bewährtesten Erfahrungen. Enthaltend: Behandlung und Pflege der Milchkühe ꝛc. Ein unentbehrliches Wirthschaftsbuch für jeden Landwirth.

Belehrungs- und Unterhaltungsblatt für den Landmann Böhmens. 1838—1845. H: *Kalina von Jäthenstein*, *Math.* (WBL 10/393) (G. A. Przedak, Gesch. des deutschen Zeitungswesens in Böhmen II, 166) (BIBLPORT)

Belehrungs- u. Unterhaltungsblatt für d. Landmann u. kleinen Gewerbsmann Böhmens. Hrsg. v. der k. k. patr. ökonom. Gesellschaft in Böhmen. 1—10. Jahrg. 1838—47. à 12 Hfte. gr. 8. Prag [Haase Söhne Verlags-Exped.] à J. * 27½ Ngr. *
1—8. Jahrg. Hrsgbr. Matth. Kalina v. Jäthenstein. 9. J. hrsg. v. J. X M. Zippe.

Belehrungsbuch

— f. d. Jugend, d. Kindern als Lesebuch zu dienen ꝛc. gr. 8. Posen 804. Kühn. (Leipz., Central-Compt.) 4 gl

Belehrungsbuch, vortreffl., allerhand Intriguen auszuweichen. 8. Wien 785. Gerold. 16 gl

— — dass. 8. Leipz. Barth. 785.

.Belehrungs- und Erbauungsbüchlein zur Feier des 14 hundertjährigen Jubiläums der Geburt des hl. Benedikt . . . Salzburg 1880. V: *Hager*, *Edmund.* (IIr,

Belehrungshefte

Neudammer Forstliche Belehrungshefte. Neudamm: 1905-1940.

Neudammer forstliche Belehrungshefte. [1.] Neudamm: Neumann 1907. 8° [II, 1863]

Belehrungskarten des deutschen Vereins gegen den Missbrauch geistiger Getränke. Nr. 1—18, 18a u. 19—21. (Je 2 S.) 16. Berlin (909. 10.) Mässigkeits-Verlag. 100 Stück — 50

Belehrungskarten d. deut. Vereins gegen d. Missbr. geist. Getränke. Nr 21—23. (Je 2) 16° Berl., Mässigk.-Verl. ('10'11). 100 Stück — 50 (Pp.)

Belehrungsschreiben. — Aufrichtiges Belehrungs-Schreiben an den vorgeblichen Bürger Lichtfreund in Neuwied, die persönliche Compromißion des Herrn Fürsten am Reichstage betr. von e. Wahrheitsfreunde. — o.O. 1796. 16 S. 8° 12:J.publ.G.59t. 14. 17.

Beleichtung. — Beleichtung s.a. *Beleuchtung.*

Kurze aktenmässige Beleicht- und Erzählung, was es mit der chemaligen Reichs- und Creyßstandhaft auch bey dem schwäbischen Creyß auf der Grafen- und Herrenbank zwischen Vaduz und Justingen inngehabten Sitz- und Stimmrecht des gräflich, und freyherrlichen Hauses deren von und zu Hohen-Rechberg vor eine Beschaffenheit habe. o.O. 1778. 28 Bl. 4° 24.
15.

Beleidigung. — Die belohnte Beleidigung. Aus d. Franz. in d. Teutsche übers. — Strasburg: Bauer 1752. 238 S. 8° 1:Xy 3643/100.
15.

Beleidigung, d. belohnte, e. Gesch. a. d. Frz. 8. Straßb. Treuttel. 753.

Beleidigungsklage. — Beleidigungsklage Nr 3 der Königlichen Bergwerksdirektion zu Saarbrücken gegen den Redakteur Ludwig Lehnen von der 'Neunkirchener Zeitung'. — St. Johann-Saarbrücken [1903]: Saardr. 180, IX, IX S. 4° 38.
15.

Beleidigungsklage des Bezirksvorstehers, Armenpflegers und Kirchenvorstandsmitgliedes Weilinghaus gegen die Ehefrau Kornweibel und den Redacteur des hum.-satyr. Wochenblattes 'Deutscher Michel'. — Düsseldorf: Kietz. 1881. 27 S. 8° 38.
15.

Beleidigungsprozess. — Beleidigungsprozeß des Dr. med. Caminer gegen Frau Sophie Garschagen, Naturheilkundige in Elberfeld. Verhandelt am 20. Okt. 1903 vor d. 3. Strafkammer zu Elberfeld. — Elberfeld: Loewenstein 1903. 62 S. 8°
1: Fy 15039. 38.

Beleidigungsprozeß und Duell. Von X. Y. Z. — Berlin: Morieng [1906]. 16 S. 8°
1: Fx 4933. 12: Heöald. 201 d. 23.
15.

Freie Reichstagswahl! Beleidigungs-Prozeß der Kgl. Bergwerks-Direktion Saarbrücken gegen L. Lehnen, Redakteut d. Neunkirchner Zeitung, vom 30. u. 31. Okt. 1903. — Trier: Paulinus-Dr. 1903. 62 S. 8°
1: Fm 17454. 5.
15.

Beleihung. — Die Beleihung von Berliner Grundstücken mit Neuen Berliner Pfandbriefen. Für d. Eigentümer Berliner Grundstücke hrsg. vom Berliner Pfandbrief-Amt. — (Berlin [1907]: Reichsdr.) 83 S. 8°
1: Fg 11295. 11. 30.
15.

Beleisle, Maréchal de France. 1684-1761. 1741
s. *Belle-Isle,* Charles Louis Auguste Fouquet Duc de.

Beleites: 80 Konfirmanden-Stunden,
s. Beleites, Georg.

BELEITES, Carl (Brosberg): Zur Kenntniss der Lungen-Anthrakosis.- München: Ernst 1889. 40 S. 7.5.1889 - Ch 1888/89,20; Jv 1889/90,220
Diss. Ingolst.-Landsh.-Mchn.

Beleites, Georg: Aus Gnaden durch Glauben allein. Predigten, gehalten in d. Stadtpfarrkirche von St. Peter u. Paul zu Liegnitz. — Halle: Strien [1899]. 111 S. 8°
1: Ec 26526. 3.
15.

— Die Barmherzigkeit Jesu Christi und die christliche Barmherzigkeit. — Beuthen/O.: Verein für Gemeinde-Krankenpflege 1894. 35 S. 8°
1: N 14.3250. 2.
15.

— 80 Konfirmanden-Stunden, s.: Bronisch.

— Leitfaden für den Konfirmanden- und Katechismus-Unterricht mit Berücks. d. Verordnungen d. kirchlichen Behörden. — Breslau: Hirt 1897. 88 S. 8°
1: N 10.1240. 2.
15.

— Neue Wege evangelischer Seelsorge in großen Gemeinden. — Halle: Strien 1902. 27 S. 8°
1: Dp 2275. 3. 29.
15.

Běleljubskij, Nikolaj Apollonovič [Vorr.]
s.a. *Bedingungen*, Technische, für die Uebernahme der Portland-Cemente in Russland. 1891.

Belelubsky, N. Technische Bedingungen f. die Uebernahme der Portland-Cemente in Russland. [Verordnung vom 12. Mai 1891.] Mit e. Einleitg. als Beitrag zur Vereinheitlichg. der Prüfungsmethoden. 8. (30 S.) Riga 891. (St. Petersb., Eggers u. Comp.)
* — 80
Aus: Rigaische Industrie-Zeitung, besonders abgedruckt.

Belelubsky, N. Die Oka-Brücke bei Alexin (1872—74) und die Renowa-Brücke bei Rjaschk (1879—80). St. Petersburg. fol.

Belelubsky, N., aus der Praxis d. Baues eiserner Brücken. Frei aufliegende Querträger; Ständer- u. Streben-Fachwerk; Röhrenständer; Brücken üb. Wolga [bei Twer], Belaja u. Ufa; Halbparabelträger m. Ständer-, sowie Parabelträger m. Streben-Fachwerk. Stimme aus Russland zum Andenken an E. Winkler. Mit 1 Taf. [Aus: „Rig. Ind.-Ztg.“] 8. (22 S. m. 1 Tab.) Riga 888. (St. Petersburg, Eggers & Co.) n. 1. —

— Internationaler Verband für d. Materialprüfungen d. Technik. Brüsseler Kongress 1906. Bericht über die Tätigkeit der Kommission für die Aufgabe 22. Vereinheitlichung der Materialprüfungsverfahren. Vorgelegt von N. Belelubsky. [Necst Anl. — o.O.: (Internat. Verban [1906]). 8°
Anl. u. d. T.: A. Mechanische Prüfung d. Legierungen ...
B. Hydraulische Bindemittel.
1: Nz 4188/15. 90.
15.

Belelubsky, N., s. Běleljubskij, Nikolaj Apollonovič

Belemann, Wilhelm [aus Plettenberg Bhf. (Westfal.)]: Das Verhaltnis [sic!] zwischen Körperlänge, Kopfumfang und Gewicht bei Neugebornen. . . . Würzburg, Becker's Univ.-Buchdr., 1889; 27 S. u. 4 Taf. 8°
Würzburg, Med. Fak., Inaug.-Diss. v. 1889

Belemnon: Curiöses Bauern-Lexicon, worinnen die meisten in unserer teutschen Sprache vorkommende fremde Wörter erkläret, so dann, wie ketzerlich solche von vielen ausgesprochen, angedeutet und endlich bey jedem Wort eine lächerliche bäuerisch- oder jüdische Redens-Art beygefüget wird. — Freystatt 1728. 300 [vielm.: 200] S. 8°
1: Ya 6453. 4. 12: L. germ. 26. 14. 18. 23. 24. 25. 30.
15.

Beleno, Wal, Sonette aus der Alpenwelt. 16. (XVI, 196 S.) Stuttgart 878. Richter & Kappler. n. 3. —; geb. m. Goldschn. n.n. 4. —

Belesus. Belesus und Arbaces. Wurde ... auf d. Leipziger Theatro ... Anno 1706. praesentiret. [Textbuch.] — o.O. [1706]. 24 Bl. 8°
14.
15.

Beleuchtung, s.a. Beleichtung

Beleuchtung. — Beleuchtung des vom 18. Julius 1816 datirten Abdrucks einer Verwahrung von mehreren Bürgern. (Unterzeichn.: Johann Gottlieb Dietz, Ludwig Daniel Jassoy.) — Dat. Frankfurt 3. August 1816. 4 S. 2°
14.
15.

Beleuchtung der sog. gründlichen Abfertigung der Churbayr. Recursschrift... 1805. V: *Haus, Ernst Aug.* (MGT)

Abgedrungene wahrhaffte Beleuchtung, sowohl jenes, von denen freyherrlich-Pöllnizischen Unterthanen zu Aspach ehehin in Comitiis ausgetheilten so rubricirten Berichts, was es mit der evangelisch-lutherischen Kirche, und dem Religions-Wesen daselbst für eine eigentliche Bewandnuß habe. Als auch des hierauf weiter zu Regenspurg bekannt gemachten, als eine Wiederlegung des Pöllnizischen Gegen-Berichts abgesehenen Memorials. — o. O. [um 1750]. 56 S. 4°
24. 26.
15.

Abgemüssigte rechtliche Beleuchtung deß am Kayserl. und deß Heil. Röm. Reichs Cammer-Gericht in Sachen Michael Carl Wigandts, contra Würtzburg, den 18. Martii 1701 publicirten und nach langer zuruckhaltung jüngsthin, communicirt-empfangenen anmaßlichen Urtheils. — o.O. [um 1705]. 9 S. 2°
1: 8 in 1° Gx 13000-20.
15.

— o.O. [um 1705]. 12 S. 2°
1: 13 in 1° Sg 8390. 24. 26. 27. 30.

Loco replicarum Abgenöthigt-unterthänigste Beleuchtung derer von dem Anwald des hohen Impetratischen Hochfürstl. Oetting-Oetting und Oettingen Wallersteinischen Gegentheils am 20. Juny 1791. producirten vermeintlichen Exceptionum subet obreptionis &c. &c. ... in Sachen Herren Burgermeister und Rath der Kayserlichen freyen Reichsstadt Nördlingen contra des regierenden Herrn Fürsten zu Oettingen-Oettingen, und Oettingen-Wallerstein, Kraft Ernsts, Hochfürstl. Durchlaucht, und die Hochfürstliche Regierung zu Wallerstein. Die widerrechtlich angelegte Fruchtsperre, und reichsconstitutionswidrige Abstrickung der freyen Getraidzufuhr in die Reichsstadt Nördlingen, und deren Schranne betreffend. Cum adjunctis. — Wetzlar 1791. 140 S. 4° 18.

15.

Beleuchtung der in dem ersten Hefte der Erörterungen und Beispiele des deutschen Staats- und Fürstenrechtes von dem Herrn geheimen Justizrath Pütter, enthaltenen Abhandlung von dem Reichspostwesen. Mit mehrern bisher ungedruckten Urkunden. Zur bequemern Uibersicht ist die püttersche Abhandlung wörtlich beigedruckt. — [Nürnberg] 1792. 227 S. 8°

Als Verfasser wird Theodor Hartleben u. Johann Anton Mertens genannt.

1:Gz 4585. 2. 7. 13. 24. 26.

15.

— d. in Pütter's Erörterung rc. enthalt. Abhandl. v. Reichspostwesen. gr. 4. Nürnb. 792. Felssecker. 1 ₰ 4 gr

—— d. 4. Abhandlung aus dem „Wegweiser z. Bildung f. deutsche Lehrer." In Gemeinschaft mit Bormann, Hentschel, Hill, Knebel rc. bearb. u. hrsg. v. F. A. W. Diesterweg. gr. 8. (2 B.) Crefeld 845, Klein.

Beleuchtung der 3 ersten Abhandlungen aus dem „Wegweiser zur Bildung für deutsche Lehrer." In Gemeinschaft mit Bormann, Hentschel, Hill, Knebel rc. bearbeitet und herausgegeben von F. A. W. Diesterweg. gr. 8. Crefeld 845, Klein. 1/3 ₰

Beleuchtung des von der Regierung den Kammern vorgelegten Gesetzentwurfs: die Ablösung der Real-Lasten rc. rc. betreff. u. Vorschläge zur Verbesserung d. in diesem enthaltenen Mängel. Vom permanenten Ausschusse d. Vereins zum Schutze d. Eigenthums u. zur Förderung des Wohlstandes aller Volksklassen. gr. 8. (42 S.) Berlin 849, Schneider & Co. n. 1/6 ₰

Beleuchtung der Remscheider Adresse. — (Elberfeld 1875: Lucas.) 7 S. 4° 27. 38.

15.

Beleuchtung der Akademie der Wissenschaften in München, nach der zweiten Stände-Versammlung des Königreiches Baiern von einem baierischen Veteran. Mit zwei Anhängen zur Charakteristik einiger Akademiker. O. O. 1823. V: *Weinbach, Freiherr von*. (Die Bücherstube, V. Jg., S. 233.)

Beleuchtung d. Akademie d. Wissensch. zu München nach, d. zweiten Ständeversamml. d. Königr. Baiern. 8. (Amberg 823. Uhlmann.)

Actenmäßige [Aktenmäßige] Beleuchtung des unter dem Titul Geschichts-Erzählung zweyer reichs-cammergerichtlichen Mandats-Processen in Sachen Johann Georg Hupfer gegen das Stadtgericht der Kayserlichen freyen Reichsstadt Heilbronn ins Publicum ausgestreuten wahrheits-widrigen Impressi. — o. O. [um 1770]. 22 S. 4° 14.

15.

Beleuchtung, Aktenmässige, des 10ten Kapitels im 2ten Theil der sogenannten Selectorum Norembergensium ... [O. O.] 1773—74. V: *Rücker, Geo. Frch.* (MI.)

Actenmäßige [Aktenmäßige] Beleuchtung in bey Hochansehnlichem Schöffenrath zu Frankfurt am Mayn rechtshängigen Sachen des Lyoner Gallonen-Fabricanten Claude Bourne, Klägern; contra den Handelsmann Johann Wilhelm Küchler zu Frankfurt, Beklagten. Gegen das von dem Bourne in den Druck gegebene Memoire und weiter nachgefolgte Fait ... Mit Beyl. — o. O. 1775: Eichenberg. 56, 159 S. 2° 2. 17. 27. 30.

15.

Actenmäßige [Aktenmäßige] Beleuchtung einer strafmäßigen, mit lauter sub- & obreptionibus angefüllten, und also ganz actenwidrigen Speciei Facti, welche der ehemalige Apothequer ... Johann Cornelius Schweizer, in Sachen Löbl. Magistrat der Reichs-Stadt Bieberach erschlichenen mandati de exequendo proprium decretum C.C. halber voriges Jahr dem offenen Druck übergeben hat. o. O. 1759. 23 S. 4° 24.

15.

—— des im Siegener Bürgerblatt erschienenen Artikels: Andeutungen üb. Reformen im Studentenwesen. gr. 8. (1 B.) Bonn 844. [Coblenz, Pleimes.]

Beleuchtung der Schrift: Andeutungen über den Entwurf eines Rheinischen Provinzial-Gesetzbuches. Von e. Rheinländer. gr. 8. Koblenz 834. Hölscher. 1/8 ₰

Beleuchtung der norddeutschen Anfeindungen gegen den unabhängigen Bestand der evangelisch-lutherischen Landeskirchen. Ein Wort zur Vertheidigung d. preußischen Union von e. evangelischen Theologen. — Waren 1870: Kaibel. 27 S. 8° 28.

15.

Beleuchtung des Angriff's auf Franz Baader in Thilo's Schrift: Die theologisirende Rechts- und Staatslehre rc. mit Hinweisungen auf Herbart, Drobisch, Taute, Hegel rc. Leipzig 861. Literar. Institut. gr. 8. (32 S.) n. 4 ngr.

Beleuchtung der in Nr. 316 bis 336 der Deutschen Zeitung enthaltenen Angriffe gegen die Universität Heidelberg ... Heidelberg 1849. V: *Dahmen, J. A.* (ZP)

Beleuchtung der gegen die großbritannische gegenseitige Lebens-Versicherungs-Gesellschaft 'Great-Britain mutual Life assurance Society' zu London gerichteten Angriffe. Berlin: Peiser 1864. 20 S. 8° 1: Fe 10428.

15.

Beleuchtung der Angriffe der Evangel. Kirchenzeitung gegen den Freimaurer-Orden und den Eintritt evangelischer Geistlicher in denselben von einem Freimaurer ... Berlin 1854. 2. Abdr. 1854. V: *Wernicke*. (Tt)

Beleuchtung der Angriffe der Evangel. Kirchenzeitung gegen den Freimaurer-Orden u. den Eintritt evangelischer Geistlichen in denselben von einem Freimaurer. Herausg. mit Genehmigung d. Großen Landesloge der Freimaurer in Deutschland. Berlin 854. Nauck'sche Buchhdlg. gr. 8. (78 S.) n. 12 ngr.

Beleuchtung der Angriffe gegen die würtembergische Staatsregierung in Sachen der katholischen Kirche. — Leipzig: Wigand 1842. 117 S. 8°

12: H. eccl. 104 r. 21. 24.

15.

Beleuchtung der falschen Anklage gegen Bonifacius Nigg in Vilters. St. Gallen 1854. V: *Nigg, Bonifacius.* (Cat. d. Stadtbibl. Zürich. Zürich 1864—97.)

—— der geg. d. neuen Badischen Katechismus vorgebracht. Anklagen, als Beitrag z. richt. Beurtheilung einer v. d. Pfarrern Dietz, Hager, Hennhöfer, Käs u. einig. Kandidaten hrsg. Schrift. gr. 8. (8 B.) Karlsruhe 831, Müller. Bal. Benanlsse ic.

Beleuchtung der Hansemann'schen Anmerkungen zu der Deutschen Verfassung vom 28. März 1849. Einige Worte zur möglichsten Verständigung u. Vereinbarung. Von e. preußischen Patrioten. — Berlin: Allgem. deutsche Verl. Anst. 1849. 30 S. 8° 1:Gv 14522/3.
15.

Beleuchtung der kurbrandenburgischen Anmerkungen über die Betrachtungen, die Successions-Ordnung in den brandenburgischen Fürstenthümern in Franken betreffend. Frankfurt 1778. 20 S. 4° 1:25 in 2° Gx 13000 47. 2. 7. 11. 12:4° Bavar. 2211 VIII,5. 16. 17. 21. 29.

Beleuchtung der Anmerkungen z. d. Schrift: Lindenau üb. d. höhere preuß. Tactik. 8. Leipz. Beygang. 790.

Beleuchtung dererjenigen Anmerckungen [Anmerkungen], welche einem gewissen sub rubro: Pro Nota in der ritterschafftlichen Sache zum Vorschein gekommenen Entwurff entgegen gesetzet worden sind. — [Regensburg 1752]. 10 S. 4° 17. 21. 24.
15.

Beleuchtung der Anrede Phil. Jacob Spindlers bei der Grundsteinlegung zu der sogenannten kathol. apostol. Kirche in Hürben. Von d. Verf. d. Schrift 'Was ist Wahrheit?' — o. O.: Selbstverl. [1864]. 48 S. 8° 12:Bavar. 2501 i 1.
15.

Beleuchtung der Anrede Phil. Jacob Spindlers bei der Grundsteinlegung zu der sogenannten kathol. apostol. Kirche in Hürben. Von dem Verf. der Schrift: „Was ist Wahrheit?" Krumbach 865. (Leipzig, Matthes.) gr. 8. (48 S.) n. 6 ngr.

—— der Anrede Phil. Jacob Spindlers bei der Grundsteinlegung zu der sogen. kathol. apostol. Kirche in Hürben. Von dem Verf. der Schrift: „Was ist Wahrheit?" gr. 8. (48 S.) Krumbach 868. (Leipzig, Matthes.) *

Beleuchtung der Ansicht und des Plans zur Organisirung des Bundes-Contingents der freien Hansestadt Hamburg. Hamb. 1822. V: *Perkuhn, Joh. Gottlieb.* (schr)

— der Ansicht u. des Plans zur Organisirung des Bundes-Contingents d. freien Städte Lübeck u. Bremen. Von e. Hamburg. Officier. gr. 8. Hamb. 822. Perthes u. B. 3 gr.

Beleuchtung der Ansichten eines deutschen Artillerie-Officiers über die preußische Artillerie in ihrer Stellung zu den übrigen Waffen des Heeres von einem preußischen Artillerie-Officier. — Leipzig: Hunger 1842. 31 S. 8° 14.
15.

Beleuchtung der irrigen Ansichten einiger Holsteiner. Kopenhagen 1831. V: *Lange, Joh. Chn.* (Collin, Anonymer. Kiobenh. 1869.)

Beleuchtung der 'Ansichten eines Landpfarrers' über die Pfarr-Oekonomien von einem Landpfarrer der Diözese München-Freising. — Landshut: Thomann 1853. 23 S. 8° 12:Bavar. 4085-10.
15.

Beleuchtung der politischen Ansichten über Deutschlands Vergangenheit, Gegenwart und Zukunft. — o. O. 1814. 79 S. 8° 1:Deutsche Flugschr. 1814-56. 11. 14.
15.

Beleuchtung der Ansprache des Klosters Pfävers auf sämmtliche Wälder und Allmeinden der Gemeinde Vättis. St. Gallen

Beleuchtung der Ansprache der Ortsgemeinde Rappers-wil auf die Auslösung ihres Waarenzolles nach Art. 23. der Verfassung des Kantons St. Gallen. — o. O. 1837. 40 S. 8° 12:Helv. 148.
15.

— d. Ansprüche d. Leining. Gesammth. auf Saarwerden ic. Fol. Frankf. 792. Hermann. 16 gr.

Beleuchtung der vermeinten Ansprüche des Fürst- und Gräflich Leiningischen Gesamthauses auf die Fürstlich Nassauische Reichsgrafschaft Saarwerden und Herrschaften Lahr und Mahlberg. — Frankfurt a. M.: Hermann 1792. 68 S. 4° 1:4° Rh 4625/54. 3. 12:2° Ded. 77 e. 17. 26.
15.

Beleuchtung und Antwort auf des Königlich-Pohlnisch- und Chur-Fürstlich Sächsischen Auditeur Fiedlers gehaltene Rede, an die sächsische Trouppen, von e. sächsischen Patrioten. — Straßburg 1758. 24 S. 8° 1:Sq 5100. 16. 30.
15.

Beleuchtung der Antwort auf das Sendschreiben aus Dresden über das Gemählde des Herrn Professor Schenau. Dresden 1786. 14 S. 8° 3. 14. 15.
15.

Beleuchtung der Antwort auf das Sendschreiben Tantaene animis coelestibus irae? Hamb. 1805. V: *Stubbe, Hans Jürgen.* (LS)

Beleuchtung der Antwort, — welche Obwalden unterm 16ten Julij 1819 — über die Denkschrift Nidwaldens vom 14ten Junij des gleichen Jahres der hohen Tagsatzung in Luzern eingereicht hat. (Stanz. den 30ten Julij 1819.) 4. *o. O.*

Beleuchtung der in dem Jahre 1807 von der großen israelitischen Sanhedrin (Versammlung) in Paris erfolgten Antworten der ihr vorgelegten zwölf Fragen sodenn des Einganges der Lehrsätzen und der letzteren. Von C. H. S. — Mainz: Verf. 1817. 44 S. 8° 30.
15.

— d. Antwortschreiben v. Mos. Mendelssohn an Lavater. 8. Heilbr. 772. Glaß. 10 gr.

Beleuchtung des bekannten Antwort-Schreibens von Herrn Moses Mendels-Sohn zu Berlin, an den Herrn Diaconus Lavater zu Zürch, aus Liebe zur Wahrheit verfasset ... von e. Freund der Wahrheit. — Wirzburg: Rienner 1772. 320 S. 8° 18. 20. 21. 28.
15.

— 2. Aufl. Frankfurt [usw.] 1775. 320 S. 8° 1:De 4520^2.
15.

Beleuchtung des Starck'schen Apologismos. Leipzig 1790. V: *Bahrdt, Carl Frdr. & And.* (GGr)

— der Hillebrand'schen Schrift: „Neue Aergernisse, oder der sogenannte katholische Priester Johannes Ronge ꝛc." 4. Aufl. 8. Dortmund 842. (Krüger). n. 1/12 ℛ

Beleuchtung der Schrift: 'Neue Aergernisse, oder der sogenannte katholische Priester Johannes Ronge &c. &c. &c. vom Vikar Joseph Hillebrand'. 2. Aufl. — Dortmund: Krüger in Comm. 1845. 32 S. 8°
1:7 in 4° Cq 8056. 2. 6. 14.

Beleuchtung der Hillebrand'schen Schrift: 'Neue Aergernisse, oder der sogenannte katholische Priester Johannes Ronge &c. &c. &c.' 4. Aufl. — Ebd. 1845. 32 S. 8°
21.
15.

Beleuchtung einiger Artikel in der Encyclopädie, oder dem raisonnirenden Wörterbuch der Wissenschaften. Frankfurt a. M. 1766. V: *Füssli, Johann Conrad.* (Ky) (ML)

— einiger Artikel in d. Encyklopädie oder dem räsonirenden Wörterb. d. Wissenschaften. gr. 4. Frankf. 766. Andreä. 1 ℛ 4 𝔤𝔤

Astronomische Beleuchtung der ersten christlichen Jahrhunderte. Ein Beitrag zur Katechese in Bezug auf das Geburtsjahr Christi ... Neu bearb. von Fr. B. K. — Bozen: Tyrolia 1912. 214 S. 8° 1:Bs 1687.
15.

—— des Auffallendsten in d. neuesten Plane zu Einrichtung d. Lateinschulen u. Gymnasien in Baiern. Nach welthistor. u. staatspädagog. Grundbegriffen. (A. d. „Sophronizon" abgedr.) gr. 8. (3½ B.) Heidelberg 829, Winter.

Beleuchtung des wider Se. Majestät, Gustav Adolph II., König von Schweden, in dem Amtsblatte der französischen Regierung eingerükten Aufsazes [Aufsatzes]. — o. O. 1805. 36 S. 8°
24.
15.

— des Aufsatzes: „Kann die Ausdehnung d. Altwürtemberg. Verfassung auf die neuen Lande rechtlich gefordert werden?" gr. 8. Heidelb. 815. Winter. 6 𝔤𝔤

Beleuchtung des Marcardischen Aufsatzes: Ueber die Brownische Irrlehre. 1803 s.a. *Becker*, Karl Ferdinand. 1802.

— d. Marcard'schen Aufsatzes über d. Brown'sche Irrlehre. 8. Götting. 803. Dieterich. 12 𝔤𝔤

Beleuchtung eines in der Tribune niedergelegten Aufsatzes: 'Ueber die Nothwendigkeit einer Reform des katholischen Ritus!' — Augsburg: Veith & Rieger in Comm. 1831. 16 S. 8° 12:Polem. 3023-24.
15.

Beleuchtung der Schrift »Jährliche Ausgaben für die Hochschule in Zürich«. Zürich [1839]. V: *Kahn-Escher.* (AarK)

Beleuchtung, Aussergerichtliche, der gegen seinen Antiphraso ... verbreiteten Schmähschrift. Flensb. 1790. V: *Königsmann, Bernh. Ludwig.* (A)

Beleuchtung der Niebuhrschen Aeusserung über Freimaurerei. Mehr für Nicht-Maurer als Maurer. Leipzig: Graff 1816. 24 S. 8°

cf. Morgenblatt f. gebildete Stände. 10 (1816) S. 25 (Gtz); Der Freimüthige. 13 (1816) S. 929—931.

Kl. 3607, Tt. 887. Wiederlegung von Niebuhrs Verdächtigungen des Frmrbundes in d. Schrift: „Üb. geheime Verbindungen". 1815.

— d. Niebuhrschen Aeußerung über Freimaurer. gr. 8. Lpz. 816. (Wienbrack). 4 𝔤𝔤

Beleuchtung des neuen Auswanderungs-Projects mehrerer Mitglieder der Ersten Preuß. Kammer ⟨des Herrn Geh. Commerzien-Raths Diergardt und anderer⟩ von e. Freunde geregelter Colonisation. — Berlin: David 1850. 29 S. 8°
Nebent.: Das neue Auswanderungs-Project mehrerer Mitglieder der Ersten Preuß. Kammer ⟨des Herrn Commerzien-Rath Diergardt und anderer⟩.
1:Sa 5837. 11. 12:J. publ. G. 918-26.
15.

Beleuchtung eines dunkeln Baalsaales. Ein Wort zur Zeit. Von Wse. Königsberg, Hartung 1841. 10 S. 8.

Zur Beleuchtung des Bankgesetz-Entwurfes. — Berlin: Weidmann 1874. 33 S. 8° 1:19 in 4° Fg 9404. 16.
15.

Zur Beleuchtung des Bankgesetz-Entwurfes. (Von Kühn, Bewig u.a.) (Dessau: 1874.)

Beleuchtung der von dem Herrn Advocato fisci Ihering herausgegebenen Beantwortung der Fragen: Ist die Anlage eines Vehns der Treckfahrts-Gesellschaft zuträglich? Welche Hindernisse liegen diesem Unternehmen im Wege? Und wie können sie gehoben werden? — Aurich: Tapper 1800. 31 S. 8° 1:Sm 8604.
15.

o.N., Beleuchtung einiger Bedenken gegen den von Grafen von Soden entworfenen Plan eines Creditvereins. Nürnberg, 1824.

Beleuchtung einiger Bedenken, welche gegen den von dem Gr. v. Soden entworfenen Plan eines Kreditvereins für die baierischen Gutsbesitzer geäußert worden. — Nürnberg: Riegel & Wießner 1824. 68 S. 8°
12:Bavar. 4054-22. 24. 26. 302.
15.

Nöthig befundene Beleuchtung der sogenannten Ehrenrettung des bey dem Fürstl. Fürstenbergischen Oberamt der Landgrafschaft Baar zu Hüfingen angestellten ⟨gegenwärtig suspendirten⟩ Oberamtsraths ... Franz Xaver Battie ... gegen ⟨vermeintlich⟩ widerrechtliche Suspension und ⟨vorgeblich⟩ faktische Kassation von bemeldter Oberamtsraths Stelle. Mit Anl. — o. O. 1790. 19 S. 4° 18.
15.

— d. gegenwärt. groß. Begebenh. durch d. prophet. Wort Gottes. 8. Minden. (Bachmann, H.) 793.

— d. gegenwärt. großen Begebenheiten durch das prophet. Wort Gottes. 8. Minden 793. (Knobloch in Leipz.) 7 𝔤𝔤

Beleuchtung über die Begründung der Motion des Abgeordneten Bassermann, auf Erwirkung eines Gesetzentwurfs, wodurch das bestehende Steuersystem theilweise geändert und dem Grundsatze einer gerechten Vertheilung der Lasten mehr genähert werde. Von e. Constitutionellen. Karlsruhe: Macklot 1842. 16 S. 8° 16.
15.

Beleuchtung der von der geschäftsleitenden Committe der meklenburgischen Reformvereine versuchten Begründung des Antrags auf Entlassung der jetzigen Minister und Regierungsräthe. — Schwerin: Stiller 1848. 16 S. 8°
15. 28.
15.

Beleuchtung einiger von dem Verfasser der Beyträge zur Geschichte des Teutschen Justitzwesens gewagter Behauptungen, . . . von N. J. P. Nürnb. 1789. V: *Peneter, Nicolaus Jacob.* (Ky) (ML) (will) (Adel)

— der Schrift: „Zur Beherzigung den Aktionären der bayer. Hypotheken- und Wechselbank." (1843.) Ist der im § 5 der Statuten d. bayer. Hypotheken- und Wechselbank für den Fall einer neuen Aktien-Emission eingeräumte Vorzug auf die Subscribenten persönlich beschränkt, oder ist derselbe auch auf deren Aktien-Abnehmer übergegangen? gr. 8. München 843, Palm. 1/8 ℛ

Beleuchtung der Schrift 'Beiträge zu einer bessern Gestaltung der Psychologie und Pädagogik. Hrsg. von Johann Gottlieb Dreßler'. — Neuß: Schwann 1845. 96 S. 8°
1: Nn 666. 5. 18.
15.

— der „Beleuchtung des Stuttgarter Bahnhofprojektes von Prof. J. Mährlen, und eines Gutachtens des Civilingenieurs C. F. Zimpel." gr. 4. Stuttgart 814, Metzler'sche Buchh. 1/6 ℛ

Beleuchtung einer Beleuchtung mehrerer, über den Entwurf der ständischen Verfassung für das Königreich Liliput erschienenen, oder auch nicht erschienenen Flugschriften. Von e. alt-liliputischen Laternenträger. — Liliput 1815. 32 S. 8°
Als Verfasser wird Karl August Frhr. v. Wangenheim genannt.
1: Sh 3880/5. 21. 24.
15.

— d. vor kurzem erschien. freimüth. Beleuchtung d. Uebertr. d. Gr. F. Leop. v. Stollberg z. röm.-kathol. Kirche. 8. Osnabr. 802. (Andrä in Leipz.) 12 gℓ

Beleuchtung der Freimüthigen Beleuchtung einer merkwürdigen Begebenheit unserer Tage, des Uebertritts des Grafen Friedrich Leopold zu Stollberg zur römisch-katholischen Kirche. — Osnabrück: Blothe 1802. XIV, 160 S. 8°
2. 6. 14. 15. 17. 18. 102.
15.

Beleuchtung der Bemerkungen über die Amnestie vom 20sten Oktober 1791. Wetzlar 1792. V: *Zwierlein, Christoph Jacob von.* (Ky) (ML)

Beleuchtung der Bemerkungen über die Ausführung der Gerechtsame der Frauen Prinzessinnen Töchter des Markgrafen, Friedrich Heinrich zu Brandenburg-Schwedt. Dessau 1790. V: *Friedel, Christian David.* (KGBerlin I, 606)

Beleuchtung der Bemerkungen über die Ausführung der Gerechtsame der Prinzessinnen des Markgrafen Heinrich zu Brandenburg-Schwedt . . . Dessau 1789. V: *Friedel, Christian Ludwig.* (MGT)

Beleuchtung der über O. W. Masings Beytrag zur Esthnischen Sprache erschienenen Bemerkungen vom Verf. des Beytrages zur Esthnischen Orthographie. Pernau 1827. V: *Masing, Otto Wilh.* (R-N)

— d. freimüth. u. krit. Bemerkk. über die Seilerſche Pastoralvorlesung, das Verhalten d. Geistlichen in Rücksicht d. Cölibatgesetzes betr. ꝛc. (v. M. Wolkenbuhr). 8. Münst. 793.

Beleuchtung der nothgedrungenen Bemerkungen im Interesse der Justizpflege des zweiten Kreisgerichtsbezirks der Provinz Rheinhessen. — Alzey 1850: (Ackermann). 9 S. 8°
17.
15.

Beleuchtung der in der Revista militar, Juniheft 1850, unter dem Titel: „Reforma sobre la tactica de Infanteria" enthaltenen Bemerkungen und Vorschläge des General-Capitain Don Manuel de la Concha, vom preussischen Standpunkt aus. Beihft. z. „Milit.-Wochenblatt". — Berlin 1852.

Beleuchtung der vom Appellationsrath Schram in Düsseldorf herausgegebenen freimüthigen Bemerkungen über das öffentliche mündliche Verfahren in bürgerlichen und in peinlichen Rechtssachen. Von e. Justizbeamten des linken Rheinufers. Aachen 1817.

Beleuchtung der Schrift: Bemerkungen und Wünsche über die seit 1806 erschienenen Religions-Edikte und die Beschwerden, die dadurch dem katholischen Religionstheile zugegangen sind. — o. O. 1817. 11 S. 8° 21. 24.
15.

Beleuchtung der Bemerkungen über das Umlaufschreiben der St. Gallischen Regierung. d. d. 27. May 1817 s. [Müller von Friedberg. Carl].

Beleuchtung der Bemerkungen über das in der hamburgischen Bürgerschaft beobachtete Verfahren, welche im 65. Jg. der Neuen Zeitung Nr 86, vom 10. April 1833, eingerückt worden. 1833 s.a. *Bartels*, Johann Heinrich.

Beleuchtung der Bemerkungen über das in der Hamb. Bürgerschaft beobachtete Verfahren, . . . Hamb. 1833. V: *Bartels, Johann Heinrich.* (schr)

Beleuchtung der durch das zu Bremen herausgekommene »ein Wort über Actenversendung an deutsche Facultäten oder Schöppenstühle« veranlassten Bemerkungen eines Hamburger Bürgers. Bremen 1817. V: *Oelrichs, Otto August Hnr.* (Ky)

— der durch das zu Bremen herausgekommene „Eine Wort über Actenversendung an deutsche Facultäten od. Schöppenstühle veranlaßten Bemerkk. e. Hamb. Bürgers." 8. Brem. 817. Heyse. 4 gℓ

Beleuchtung. Bengalische B' von Siegfried Abt's „Aufruhr im Freiamt vom Januar 1841." Schwyz s. [Kiem. P. Martin].

Beleuchtung des Berichts vom Adel . . . und der comm. de fictitia distinctione . . . Frankf. u. Leipz. 1722. V: *Bürgermeister, Joh. Steph.* (Pütter. Litt. des Teutsch. Staatsr. Gött. 1773—91. III, 793.)

Beleuchtung des Berichtes der zweiten Deputation der hohen zweiten Ständekammer, die Akademie zu Tharand betreffend. — (Dresden [1861]: Teubner.) 8 S. 4° 14. 15.

Beleuchtung dess. übel sogenandten gründlichen Berichts vom Adel in Teutschland wider den Grafen- und Ritter-Saal. Frankfurt a.M. u. Leipzig: 1722.

—— d. v. d. rittersch. Syndicus im Auftr. d. Engeren Aussch. d. Ritter- u. Landsch. verf. Berichts üb. d. Entstehg u. Fortbildg d. Landesherrl. Oberbisch. Gewalt in Mecklenburg. 8. (24) Schwer. 52. (Halle, Schwabe.) — 3¾

Beleuchtung des von dem ritterschaftlichen Syndicus, dem Geheimen Justizrath Dr. Ditmar, im Auftrage des Engeren Ausschusses der Mecklenburgischen Ritter- und Landschaft verfaßten Historischen erachtlichen Berichts über die Entstehung und Fortbildung der landesherrlichen oberbischöflichen Gewalt in Mecklenburg und einige darauf bezügliche Verhältnisse. — Schwerin [usw.]: Stiller 1852. 24 S. 8° 28. 30. 15.

Beleuchtung des Berichts, welchen der Freiherr v. Varnbüler, als Organ der Finanz-Commission in der Kammer der Abgeordneten, über das Departement des (württembergischen) Kriegswesens erstattet hat. 8. Stuttgart 1820.

Beleuchtung des Berichts, welchen der Freiherr von Varnbüler in der Wirtembergischen Kammer der Abgeordneten über das Kriegswesen erstattet hat. 8. Stuttgart 1821.

Beleuchtung des zweiten unter dem 23. Februar 1849 über die schönburgischen Rezeßverhältnisse der ersten Sächsischen Ständekammer erstatteten und S. 101ff. der II. Abtheilung der Landtagsacten befindlichen Berichts. — ([Dresden 1849]: Meinhold.) 10 S. 4° 14. 15.

Beleuchtung der Berichtigung des Etwas über die neuerliche Wahl des Fürstbischoffs in Würzburg zur Reichsdeputation ... [Regensburg 1795.] V: *Gross von und zu Trockau, Otto Philipp.* (MGT)

Beleuchtung der sogenannten „Berichtigung" des Herrn Dr. Wiedemann, s. Stark.

Beleuchtung des Eisenbahn-Projects Berlin-Erfurt-Meiningen, soweit es den Thüringer Wald berührt. — Suhl [um 1850]: Zander. 8 S. 8° 1: Nz 33370. 15.

Beleuchtung der Bredo'schen Hypothese: »Beschaffenheit der Erde«. Altona. 1837. P.

Beleuchtung des Beschlusses der National-Versammlung zu Frankfurt a. M. über die Einverleibung eines Theiles des Großherzogthums Posen in den deutschen Bund. Von e. unpartheiischen Deutschen. — Berlin: Unger 1848. 15 S. 8° 1: Deutsche Flugschr. 1848 210. 11. 15.

Beleuchtung der Beschlüsse der Pastoral-Conferenz zu Hannover vom 3. Juni 1874. — Stade: Schaumburg [1874]. 32 S. 8° 1: Theol. Flugschr. 1874-17. 7. 15.

Beleuchtung der von dem Baron von Frauendorff gegen die Preußische Regierung vorgebrachten Beschuldigungen. Berlin 1830. V: *Varnhagen von Ense, Carl Aug. Ludwig Philipp.* (Koner)

—— der v. d. Bar. v. Frauendorf geg. d. Preuß. Regier. vorgebr. Beschuldigungen. gr. 8. ... Berlin 830, Reimer.

Beleuchtung der in einer gedrukten k.k. Gesandtschafts-Note an das kurpfalzbaierische Ministerium in München, vom 6. Dezemb. 1803, enthaltenen angeblichen Beschwerden der Reichsritterschaft. — o.O. [um 1805]. 30 S. 4° 1: 1° Sf 1391/200. 15.

—— der von dem diesjährigen pommerschen Landtage gegen die oberste Kirchenbehörde erhobenen Beschwerden. gr. 8. (1 B.) Stettin 845, Weiß. *

Beleuchtung der zwei und zwanzig Beschwerdepunkte der sogenannten Schleswig-Holsteinischen Landespartei. Schleswig: Bergas 1873. 52 S. 8° 1: Deutsche Flugschr. 1873-60. 8. 15.

Beleuchtung, In facto et iure bestgegründete, derer so betitulten Annotationum refutatoriarum, welche einer von dem Ritterhaupt des Kantons Rhön und Werra Hrn. Phil. Chph. Dietrich Freyherrn v. Thüngen A. 1766 in Druck gegebenen ... Speciei facti et iuris entgegen gesetzt worden, ... O. O. 1768. V: *Schmidt, Johann Christian.* (ML)

Beleuchtung, In iure et facto bestgegründete, aus den eigenen Gegnerischen Beylagen] gezogene, und rechtliche Abfertigung ... der von J. L. v. Heidenheim bey dem kaiserl. und Reichskammergericht ... übergebenen so betitulten unterthänigsten Imploration ... Wertheim 1764. V: *Schmidt, Joh. Christian.* (ML)

Beleuchtung der Betrachtungen über das von der Republic Polen bey gegenwärtigen Zeit-Läuften zu haltende Betragen. — o. O. 1756. 1 Bl. 8° 18. 15.

Beleuchtung der Betrachtungen über das von der Republic Pohlen bey gegenwärtigen Zeitläufften zuhaltende Betragen. — o.O. 1756. 14 S. 8° 1: Flugschr. 1756 156. 2. 3. 17. 28. 15.

Beleuchtung, der Betrachtungen über das von der Republic Pohlen bei gegenwärtigen Zeit-Läufften zuhaltende Betragen. — o.O. 1756. 16 S. 8° 302. 15.

Beleuchtung, der Betrachtungen über das von der Republic Pohlen bey gegenwärtigen Zeit-Läufften zuhaltende Betragen. — o.O. 1756. 61 [vielm. 16] S. 8° 1: Flugschr. 1756-156a. 3. 10. 14. 15.

Beleuchtung, der Betrachtungen über das von der Republic Pohlen bey gegenwaertigen Zeit-Laeufften zuhaltende Betragen. — o.O. 1756. 20 S. 8° Verschiedene Drucke. 1: Flugschr. 1756-156c. 4. 9. 15. 24. 15.

Beleuchtung, der Betrachtungen über das von der Republic Pohlen bey gegenwärtigen Zeit-Läuften zu haltende Betragen. — o.O. 1757. 12 S. 8° 1: 11 in Bibl. Diez 2390. 14. 16.

— d. Schrift: freimüth. Betracht. üb. d. neuen Preuß. Anordnn. in geistl. Sachen. 8. Stendal 792. Franzen u. Gr. 5 gl

Beleuchtung der neulich erschienenen Schrift, betitelt: Freimüthige Betrachtungen und ehrerbietige Vorstellungen über die neuen preußischen Anordnungen in geistlichen Sachen; nebst einigen Bemerkungen über eine andre Schrift, die gleich darauf unter dem Titel erschien: Ueber die preußischen Dissenters und Orthodoxen, und der Verschiedenheit ihrer beiderseitigen Kirchen-Administration in dem letzten Jahrzehn 1792. Hrsg. von e. Freunde d. Wahrheit u. Religion. — Stendal: Franzen & Grosse 1792. 78 S. 8° 23.

Beleuchtung der in den 'Ueberlieferungen zur Geschichte unserer Zeit' erschienenen Betrachtungen über das bayerische Konkordat. — München: Lentner 1818. 12 S. 8° 12:4° Bavar. 241. 19. 102.
15.

Beleuchtung des vertheidigten Betragens des reformirten Predigers zu Wetzlar in der gräflich Spaurischen Eheverbindungssache, ... Wetzlar 1783. V: *Haas, Damian Ferdinand.* (MGT)

Beleuchtung der jüngsten kirchlichen Bewegungen in der protestantischen Landeskirche Bayerns. Eine Denkschrift. — Schwerin: Stiller 1857. 112 S. 8°
Aus: Kirchliche Zeitschrift von Kliefoth u. Mejer. 4. 1857.
1: Sf 3921. 12: Bavar. 226. 15. 21. 29.
15.

Beleuchtung der öffentlichen Bezeugung wider die Feinde der Liebe Gottes und Eröffnung des angehängten Siegels Gottes, gemachet von J.C.L.A.H.P.Q.H. — o.O. 1726. 36 S. 8° 2. 18.
15.

Beleuchtung dunkler Bibelstellen insbesondere zur Vertheidigung Saadia's gegen Adonim Levita, genannt Dunasch ben Librat. Kritisch bearbeitet und mit einem Commentar nebst Einleitung versehen von G. H. Lippmann. Frankfurt a. M. 1843.

Biblische Beleuchtung einiger der verderblichsten Irrtümer der Römisch-Katholischen. — Königsberg 1882: Ostpreuß. Zeitungs- & Verlags-Dr. 23 S. 8°
1:14 in Do 5000. 10.
15.

Beleuchtung der Bitte des Hohenloher landwirthschaftlichen Vereins um Verbesserung der Gesetzgebung über Beseitigung der sogenannten alten Abgaben vom August 1848. — Stuttgart 1849: Metzler. 75 S. 8°
1: Gm 16481. 21.23.
15.

Beleuchtung einer Bittschrift ev. luth. Gemeindeglieder von Schillersdorf an S. Exc. den Kais. Statthalter von Elsaß-Lothringen. — Straßburg: Treuttel & Würtz 1883. 18 S. 8° 1: Dn 8803. 20.

— der Schrift: „Einige Blicke in die Statuten der allgemeinen Renten-Anstalt zu Stuttgart." 2e Aufl. gr. 8. Stuttg. 838. Neff. n. 1/6 ℛ

—— des „offenen Briefes" an Hrn. C. H. C. Wischmann zu Bremen in Nr. 1453 der Weserzeitung. gr. 8. (12 S.) Bremen 848, Geisler.

— d. Reichard'schen Briefe üb. Frankreich. 8. Berl. 804. Schmidt. 20 K

— d. Reichardschen Briefe üb. Frankr. 8. Berl. Schmidt. 805.

Beleuchtung einer, zu Frankfurt a. M. kürzlich erschienenen, Schrift: Vertraute Briefe zweier Katholiken &c. bei der dritten Jubelfeyer der lutherischen Reformation geschrieben. — o.O. 1818. 18 S. 8°
Aus: Thüringische Erholungen. 1818.
1: 6 in Cn 21113 [u.] 5 in Cn 21022. 21.
15.

— einer, zu Frankfurt a. M. erschien. Schrift: Vertraute Briefe zweier Katholiken rc. gr. 8. Erfurt 818. Keyser. 3 K

Beleuchtung der Briefe eines liberalen Stadtlehrers an einen Vorsteher, in Briefen an einen Freund. Bozen 1872. V: *Schenk, Alois David.* (Margr)

Beleuchtung der vertrauten Briefe über Frankreich des Hrn. J. F. Reichardt. Berlin 1804. V: *Voss, Julius von.* (MGT) (Ky)

Beleuchtung der zwei Briefe der Lobl. Kantonen Uri, Schweitz, Unterwalden und Glarus, Katholischer Religion. [Chiavenna? 1789.] V: *Salis, Anton Graf von.* (BrMm)

Beleuchtung der Broschüre: »Warum unterlag Oesterreich« ... Wien 1861. V: *Guggenthal, Vict. v.* (KA)

— der Broschüre „Warum unterlag Oesterreich" „von A. d. A." nebst Erörterungen über einige Ursachen des Verlustes der Schlacht von Solferino. Wien 861. Braumüller. gr. 8. (IV, 90 S.) 18 ngr.

Beleuchtung der Broschüren des Herrn Bundespräsidenten Stämpfli über den Rückkauf der schweizerischen Eisenbahnen. — Zürich: Orell Füßli & Co. 1863. 106 S. 8°
Aus: Neue Züricher Zeitung. 1: Stala 905.
15.

Beleuchtung des Eisenbahn-Projektes Bülach-Schaffhausen. 34 Stn. 8. Zürich, Genossenschafts-Buchdruckerei. 1872 —. 50

Beleuchtung, Eines Hamburger Bürgers, der Schrift: Hamburg wie es war und ist. Hamb. 1827. V: *Geffcken, Gottfried.* (Schr)

Beleuchtung der Sartorischen Chronik in Beziehung auf das Gasteiner Thal. München 1821. V: *Koch-Sternfeld, Joseph Ernst Ritter von* [?]. (Karajan).

— der Bignonschen Schrift: Du Congrès de Troppau, (v. W. v. Schütz), gr. 8. Leipz. 821. Brockhaus. 16 K

Die Beleuchtung der Stadt Czernowitz nach dem Combinationssystem durch Steinkohlengas und elektrischem Licht nach der dem Gemeinderate vorgelegten Offerte der Vereinigten Gaswerke in Augsburg. Czernowitz: Eckhardt 1891.

Beleuchtung der sogenannten biblischen Dämonologie. Danzig 778. 8.

Beleuchtung der bisherigen und besonders der Küsterschen Darstellung der Warkortschen Verrätherei gegen Friedrich II. Grottkau 1792. V: *Krickende, Joh. Sam.* (Pr)

Beleuchtung von Dr. Hepp's aktenmäßiger Darstellung und Prüfung der Verfolgungen des Berner Obergerichts &c. Bern: Jenni 1835. 78 S. 8° 12: Helv. 164/5. 21.
15.

— d. Küsterschen Darstell. Warkot's Verrätherey gegen Friedrich II. 8. Grottk. (Gutsch, Br.) 792.

Beleuchtung der sogeheissenen officiellen Darstellung der Unterhandlungen, welche zwischen dem Waadtländischen und dem Bernischen Postamte für die Errichtung eines neuen Post-Traktats statt gefunden haben, Lausanne, 22. Herbstmonat 1812, und des Anhanges dieser Schrift, Lausanne, 12. Christmonat 1812. — Bern 1813: Haller. 64 S. 8° 12: Helv. 148 f.
15.

Ms. f. Frmr. Beleuchtung der sogenannten histor. Darstellung. [Dat.:] Rostock 1823. 9 S. 4° [Kopftit.]
Kl. 2993 b. Nebst Begleitschreiben. 2 Bl. 4°

Beleuchtung der vorläufigen Darstellung des von dem Fürstlich Cöthenschen Commissionsraths Albert entworfenen Wirthschaftsplans mit Beylagen von Adam Müller. Leipzig: 1824, Vogel.

Beleuchtung der Stadt Lübeckischen Deduction die terram Molne oder die Herrschafft und Land-Vogtey des Landes Möllen betreffend. — o.O. 1741. 58 S. 2°
3. 5. 7. 8. 14. 15. 17. 18. 23. 24. 28.

Beleuchtung der Declaration [Deklaration] über den Bekenntnißstand der niederhessischen Kirche. Von e. niederhessischen Pfarrer. — Cassel: Scheel 1868. 21 S. 8°
Verfasser nach handschriftlicher Notiz im Exemplar von 4 ist Johann Lorch.
4. 28.
15.

Beleuchtung der Grossräthlichen Dekrete vom 13. und 14. April 1848 über Tilgung der Sonderbundsschulden und Aufhebung der Klöster St. Urban und Rathhausen vom Regierungsrathe des Kantons Luzern. (Luzern, den 26. April 1848.) 8. (Luzern [1848].)

Beleuchtung d. durch Prof. Krug angebracht. Delation geistl. Umtriebe u. Umgriffe im K. Sachsen rc. (v. W. v. Schütz.) gr. 8. Offenb. 1827, Hauch. 4 ggr. — 18 kr.

Beleuchtung der Denkschrift für die Aufhebung des den katholischen Geistlichen vorgeschriebenen Cölibates. 1828 s.a. *Amann*, Heinrich.

— der unt. d. Titel: „An die hohe deutsche Bundesversammlung, Denkschrift des Vorstandes d. kathol. Gemeinde rc." s. Rechtsgleichheit rc.

Beleuchtung der Denkschrift für die Aufhebung des den katholischen Geistlichen vorgeschriebenen Coelibats. Mainz [ca. 1825]. V: *Möhler, Joh. Adam.* (AarK)

—— ders. Schrift. Von P. l. a. Mit ein. Aktenstücke. gr. 8. (6 B.) Heidelberg 828, Groos.

Beleuchtung d. Denkschrift f. d. Aufhebung des d. kathol. Geistlichen vorgeschrieb. Cölibates. (A. d. „Katholiken" abgedr.) gr. 8. (7 B.) Mainz 829, Stenz.

— der „Denkschrift für die Aufhebung d. Cölibats"; von P. i. a. gr. 8. Heidelberg 1838, Groos. 15 Ngr. — 48 kr.
Dass. A. d. „Katholiken" abgedruckt. gr. 8. Mainz 1829, Kirchheim. 45 kr.

— der bischöflichen Denkschrift vom 18. Juni 1853. Karlsruhe 853. Macklot. (Frankfurt a. M., Gebhard u. Körber.) 8. (1 Bl., 64 S.) n. 8 ngr

Beleuchtung der Denkschrift des Episcopats der Oberrheinischen Kirchenprovinz vom 18. Juni 1853. — Leipzig: Wigand 1853. 64 S. 8°
7. 12: J. can. P. 104 o–. 14. 16. 17. 24. 302.
15.

Beleuchtung der erläuternden Denkschrift ... in Sachen des Herrn Erzherzogs Joseph von Oestreich ... u. Sr. des Herrn Erzherzogs von Holstein-Oldenburg und dessen Frau Gemahlin, geb. Prinzessin zu Anhalt-Bernburg .... Zerbst 1820. V: *Geiger, Ch. F.* (MGT)

Beleuchtung einer jüngst erschienenen Denkschrift über die Abflussverh. des Bodensee's von Konstanz bis Stein. [St. Gallen 1862.] V: *Hartmann, Frdr. Wilh.* (Cat. d. Stadtbibl. Zürich. Zürich 1864—97.)

— der Denkschrift des Herrn Erzbischofs von Freiburg in Betreff der von der großherzogl. badischen Staatsregierung der 2. Kammer der Landstände am 22. Mai 1860 vorgelegten sechs Gesetzentwürfe. Carlsruhe 860. Braun. gr. 8. (48 S.) n. 4 ngr

Beleuchtung der erzbischöflichen Denkschrift, die Reform des Schulwesens betreffend. Ein Beitrag zur Schulreform. — Karlsruhe: Macklot 1864. 75 S. 8° 16.
15.

— der Königl. Hannoverschen Denkschrift überreicht in der Sitzung der Hohen Bundesversammlung am 16. November 1854 betr. die Beschwerden einiger Ritter- und Landschaften über Entziehung ihrer Rechte. (Von Graf v. Bennigsen, Stüve, Braun u. v. Lehzen) Bremen 855. Strack. gr. 8. (3 Bl., 86 S.) n. 10 ngr
Vgl.: „Antwort auf die Beleuchtung rc."

— der „Denkschrift der Heidelberger Corpsstudenten an die Gesammtheit der Professoren und das Plenum des Senats." Heidelberg 856. Groos. (Emmerling.) gr. 8. (15 S.) n. 2 ngr

Beleuchtung der Großherzoglich Oldenburgischen Denkschrift vom September 1853 über einen Vergleichsvorschlag zur Erledigung des Gräflich Bentinck'schen Erbfolgestreits. — Frankfurt a. M. 1854: Krebs-Schmitt. 12 S. 4° 1: 40 in 2° Gx 14380. 14.
15.

Beleuchtung der Denkschrift des Herrn Geheimerath Dr. Roller über den Nothstand in den beiden Landes-Irrenanstalten und dessen Abhilfe durch Errichtung einer neuen Anstalt sowie das Bedürfniß der Universität Freiburg für den psychiatrischen Unterricht. Den beiden hohen Kammern d. Landes ehrerbietig überreicht von d. medicinischen Facultät d. Universität Freiburg. — Freiburg i. B. 1876: C. A. Wagner. 8 S. 8° 16.
15.

—— der schweizerischen Denkschrift über die neuenburgische Frage vom 7. Decbr. 1856. gr. 4. (52 S.) Berlin 857, Decker'sche geheime Ober-Hofbuchdruckerei.

—— der Denkschrift über die Verhältnisse des deutschen Zollvereins zur Schweiz. gr. 8. (47 S.) Bern 851, (Jent und Reinert.) *

Beleuchtung der Denkschrift über die Verhältnisse des deutschen Zollvereins zur Schweiz. — Bern 1851: Stämpfli. 47 S. 8° 12: Merc. 274–40. 16. 302.
15.

—— der Denkschrift des bayerischen Volksschullehrervereins zur Reform des bayerischen Volksschulwesens. Von einem alten Geistlichen und prakt. Schulmanne. gr. 8. (23 S.) Nürnberg 862, Raw'sche Buchh.

Beleuchtung der Denkschrift des bayerischen Volksschullehrervereins zur Reform des bayerischen Volksschulwesens. Von e. alten Geistlichen u. practischen Schulmanne. — Nürnberg: Raw 1865. 23 S. 8°
12: Bavar. 4096-2/1. 29.

Beleuchtung der Broschüre des Herrn Prof. Dr. Movers in Breslau: »Die Denunciation der Schrift: Die Unfähigkeit des Herrn Prof. Seyffarth in Leipzig« ... Leipzig 1843. V: *Seyffarth, Gustav.* (EB)

Beleuchtung der statistischen Details über Oesterreichs Militair-Macht, sein Heerwesen und dessen militairische Verfassung von M. Carriere. Von e. deutschen Offizier. — Kaiserslautern [usw.]: Meuth 1856. IV, 164 S. 8°
12: Austr. 430. 30. 302.
15.

— der Diogenes-Laterne. 8. Berl. 799. (Mittler). 3 ℋ

Beleuchtung der kürzlich erschienenen Diogenes-Laterne. Von e. Frauenzimmer. — Berlin 1799: (Dieterici). 30 S. 8°
28.
15.

Beleuchtung einer Gothenburger Dispache. — Hamburg: Perthes & Besser 1828. 16 S. 8°
14. 18.
15.

Beleuchtung des Dogma's von der päpstlichen Unfehlbarkeit. Eine Streitschrift, veranlaßt durch d. 'Egli-Affaire' in Luzern. — Zürich: Verl.-Magazin 1871. 24 S. 8°
12: Conc. 362c. 21.
15.

— der Wilh. Beer'schen Broschüre: Die Drei-Königs-Verfassung und ihre Gefahr für Preußen. Von F. D. gr. 8. (22 S.) Berlin 849, Springer.

Eines Dritten kurze Beleuchtung derer über die Betrachtungen in der Dierdorfer Closter-Bau-Sache ans Licht getrettenen Anmerckungen. — o. O. 1755. 11 S. 4°
14. 24.
15.

Beleuchtung der preußischen Eherechts-Reform. — Frankfurt a. O.: Trowitzsch in Komm. 1843. VI, 122 S. 8°
1: 13 in Ft 7740. 9. 11. 17. 27.
15.

Beleuchtung zweyer Schriften: 1. Hamburgs Ehrenrettung &c. 2. Englands Ueberfall auf das friedliche Dännemark &c. Den Einwohnern Holsteins u. Hamburgs gewidmet. — o. O. 1807. 16 S. 8°
18.
15.

Beleuchtung der wesentlichsten, gegen den Bundesbeschluß vom 28. Juni 1832 erhobenen Einwendungen, unter dem Gesichtspunkte der inneren und äußeren Beziehungen des deutschen Bundes. — Berlin: Dümmler in Comm. 1832. 56 S. 8°
1: Deutsche Flugschr. 1832-21. 5. 7. 9. 12: J. publ. G. 925-16. 14. 15. 17. 23. 28. 38. 302.
15.

— der vornehmsten Einwürfe gegen die Nützlichkeit d. Brandassecuranzen, (v. Chr. Bernoulli). 8. Basel 827. Neukirch. 3 ℋ

Zur Beleuchtung der Siebenbürgischen Eisenbahnfrage von Y. S. — o. O. [um 1862]. 72 S. 8°
300: 168.607-B.
15.

Beleuchtung der Eisenbahn-Linie bei Minden. — Minden [um 1860]: Fickert. 37 S. 8°
1: 2 in 4° Nz 32910. 6.
15.

Beleuchtung der Eisenbahnprojekte. Stadtrat Zürich 1872.

Beleuchtung der Eisenbahn Union-Frage als Differenz zwischen den Actionairen, dem Ausschusse und dem Directorio der Magdeburg-Leipziger-Eisenbahn Gesellschaft. Magdeburg. 1844. 8. ½ Thlr.

Beleuchtung der Eisenbahn-Union-Frage als Differenz zwischen den Actionären, dem Ausschusse und dem Directorio der Magdeburg-Leipziger Eisenbahn-Gesellschaft. Von e. Nicht-Actionär. — Magdeburg: Falckenberg 1847. 62 S. 8°
1: 16 in Nz 32900.

— der Eisenbahn-Union-Frage als Differenz zwischen den Actionären, dem Ausschusse und dem Directorio der magdeburg-leipziger Eisenbahn-Gesellschaft. Von einem Nicht-Actionär. gr. 8. (62 S.) Magdeburg 848, Falckenberg und Comp.

Zur Beleuchtung der Frage: rechtes oder linkes Elbufer? ([Dresden 1852]: Blochmann.) 4 S. 4°
Aus: Dresdner Anzeiger u. Tageblatt. Nr. 66. Außerordentl. Beil. vom 6. März 1852.
14.
15.

Beleuchtung. Elektrische Beleuchtung von Eisenbahnwagen. System Stone. (Für die Schweiz und Italien zur Ausführung gebracht von der) Maschinenfabrik Œrlikon, Œrlikon bei Zürich. 1902. 42 S. 4. (Zürich, Jean Frey, 1902.)

Beleuchtung, elektrische, der Eisenbahnzüge. Cannstatt 1887

Die elektrische Beleuchtung und deren Installation bearb. im elektrotechnischen Bureau der Illustrirten Zeitung für Blechindustrie, F. Stoll jr. (Inhaber E. Otto Wilhelmy) in Leipzig. — Leipzig: Stoll 1897. 224 S. 8°
91.
15.

Elektrische Beleuchtung und Kraftübertragung. Hilfsbuch zur Anfertigung von Projekten u. Kostenanschlägen. Hrsg. von d. Allgemeinen Elektricitäts-Gesellschaft Berlin. — (Berlin [1894]: Elsner.) Getr. Pag. quer-8°
1: Op 29769/10. 30.
15.

Beleuchtung, Die elektrische, des Quaigebietes in Zürich ... [Zürich 1887.] V: *Bürkli-Ziegler, Arn.* (Zuwachsverz. d. Bibliotheken in Zürich 1898 ff.)

Elektrische Beleuchtung von Theatern mit Edison-Glühlicht. — Berlin: Springer 1884. 55 S. 8° (Veröffentlichung d. Deutschen Edison-Gesellschaft. 2.)
1: Op 29630-2. 11. 12: Techn. 210t-2. 89.
15.

Ganz & Comp., Eisengiesserei und Maschinenfabriks-Actiengesellschaft, Budapest. (Electrotechnische Abtheilung.) Die electrische [elektrische] Beleuchtung von Centralstationen. System Zipernowsky-Déri. — Budapest 1886: Deutsch. 23 S. 8°
302.
15.

Beleuchtung, d. electr., v. Centralstationen. System Zipernowsky-Déri. Hrsg. v. Ganz & Comp. in Budapest. 8. (23 m. Fig.) Budap. 86. (Wien, Deubler.) n. — 20

Beleuchtung, die electrische, von Centralstationen. System Zipernowsky-Déri. Hrsg. von Ganz und Comp. in Budapest. gr. 8. (23 S. mit Fig.) Budapest 886. (Wien, Engel.) *

Beleuchtung der Entschließung der Regierungen der oberrheinischen Kirchenprovinz auf die bischöfliche Denkschrift vom März 1851. Von e. Laien. — Schaffhausen: Hurter 1853. 136 S. 8°
1: Fq 9023. 16. 21. 24.
15.

Beleuchtung der Entwickelung der Gerechtsame des Fürstl. Hauses Löwenstein-Wertheim Rosenbergischer jüngerer Linie. 1819 s. *Bauer*, Anton. 1805.

—— d. Entw. d. Verfassg d. norddeut. Bundes. 8. (24) Lpzg 67, Rossberg. — 2½

Beleuchtung des Entwurfs [Entwurfes] zu einem Preßgesetze für das Königreich Sachsen vom Standpunkte des buchhändlerischen Verkehrs ... Ausgearb. von d. Deputation d. Buchhandels zu Leipzig. — (Leipzig) 1850: (Breitkopf & Härtel). 31 S. 8°
1:Fm 16991. 14. 15. 18. 30.
15.

Beleuchtung des Entwurfs [Entwurfes] der Verfassung des norddeutschen Bundes. — Leipzig: Roßberg 1867. 24 S. 8°
Aus: Sächsische Zeitung. 1867.
11. 14. 30. 38.
15.

Beleuchtung des Entwurfs zu einem Zolltarife für das vereinte Deutschland, ausgegangen von Abgeordneten des Handelsstandes aus den deutschen Seeplätzen und aus einigen Binnenstädten.
Magdeburg: 1846.

Beleuchtung des Entwurfes zu einem Zolltarife für das vereinte Deutschland, ausgegangen von Abgeordneten d. Handelsstandes aus d. deutschen Seeplätzen u. aus einigen Binnenstädten von d. Aeltesten d. Kaufmannschaft zu Magdeburg. — Magdeburg 1849: Pansa. 39 S. 8° 38.
15.

— der päpstlichen Encyclica vom 8. Decbr. 1864 u. das Verzeichniß der modernen Irrthümer. Nebst e. Anh.: Kritik der Broschüre des Bischofs von Orleans. An den Klerus u. das Volk der kathol. Kirche von e. Katholiken. Leipzig 865. Brockhaus. gr. 8. (VIII, 103 S.) n. 15 ngr

Beleuchtung der Ereignisse in Wien am 15. und 16. Mai 1848, zur richtigen Würdigung des Aufrufes an die wackeren Städtebewohner der Provinzen von dem Ausschusse der Wiener Bürger-Nationalgarde und akademischen Legion zur Aufrechterhaltung der Ruhe und Ordnung und Wahrung der Volksrechte. Wien am 4. Juni 1848. Von e. Alt-Constitutionellen u. Freunde geschichtlicher Wahrheit. — ([Wien 1848]: Zaunrith.) 8 Bl. 8° 302.
15.

Beleuchtung der in neuester Zeit verkündeten ... Erfindung: Ziegel mittelst einer Maschine durch Compression zu erzeugen; ... [Wien 1836.] V: *Miesbach, Alois.* (WFM)

Beleuchtung und actenmäßige Ergänzung der Karlsruher Schrift: 'Der Streit über gemischte Ehen und das Kirchenhoheitsrecht im Großherzogthum Baden'. — Schaffhausen: Hurter 1847. 56 S. 8° 16. 21.
15.

Beleuchtung der von Herrn Joseph Isaacssohn, stud. philos. in Bonn, bei dem israelitischen Consistorium zu Crefeld gegen den Herrn Ben Israel abgegebenen Erklärung von einem Vereine mehrerer Freunde des Herrn Ben Israel, Prediger und Religionslehrer der israelitischen Gemeinde zu Coblenz. — Coblenz 1844: Dubois. 16 S. 8° 30.

Beleuchtung der von dem grossen Rath der Stadt und Republik Bern der hohen eidgenössischen Tagsatzung eingegebenen Erklärung in Betreff der Wiedervereinigung des ehmaligen Bernischen Aargau mit dem Kanton Bern. Vom 7. und 8. Juli 1814. Den Bewohnern des Kantons Aargau gewidmet. 8. *o. O.* Im August 1814.

Beleuchtung der von dem herzogl. Hause zu Sachsen-Meiningen eingereichten Erklärung über die Sachsen-Coburg-Saalfeldische Beantwortung ... Coburg 1821. V: *Schultes, Johann Adolph von.* (MGT)

Beleuchtung der öffentlichen Erklärung, welche H. Emanuel Biedermann der Appenzeller-Zeitung beydrucken ließ. Winterthur 1829. O. O. [1829]. V: *Toggenburg, J. C.* & *Anton Künzli.* (Cat. d. Stadtbibl. Zürich. Zürich 1864—97.)

Beleuchtung und Erörterung der erzherzogl. Oestreichischen Ansprüche auf Niederbayern ... Berlin 1778. V: *Steck, Johann Christoph Wilhelm von.* (ML) (weber)

Beleuchtung der Castelbergischen Schrift betitelt: 'Erwägung der Gründe für Protestanten, oder sogenannte Reformirte, zu ihrer Rückkehr in die h. römisch-katholische Kirche'. Gedruckt in romanscher Sprache auf dem bischöflichen Hofe zu Chur. 1825. — Chur: Otto 1826. 48 S. 8°
1:Xn 8698/12.

Beleuchtung der eidgen. Fabrikgesetzgebung durch den Technischen Verein des Kantons Glarus. 34 Stn. 4. Glarus, Druck von F. Schmid. 1876

—— fachmännische, der Schrift: „Marineminister v. Stosch und die Katastrophe von Folkestone, von Fr. Loß" von einem ehemal. Seeoffizier. Nebst einem Anhang: Fachmännische Beleuchtung der Katastrophe des „Großer Kurfürst". Fachmännische Antwort auf die Rede des Ministers v. Stosch im deutschen Reichstage [Sitzung vom 13. Septbr. 1878]. 8. (61 S.) Berlin 878, Janke. *
Aus: Deutsche Revue, besonders abgedruckt.

Beleuchtung, fachmänn., d. Schrift: „Marineminister v. Stosch u. d. Katastrophe v. Folkestone, v. F Loss" v. e. ehemal. Seeoffizier. Nebst e. Anh.: Fachmänn. Beleuchtg d. Katastrophe d. „Grosser Kurfürst." Fachmänn. Antwort auf d. Rede d. Ministers v. Stosch im deut. Reichstage [Sitzg. v. 13. Septbr. 1878]. 8. (61) Berl. 79, Janke. n. 1. —

— der Schr. v. J. Classikus: Die Fahnenjunker, herausg. v. F. X. Biunde, unter Mitwirk. v. Scholl, Rosenbaum u. Boner. gr. 8. Trier 832, Gall. 4 gr

—— der Schrift: Die Fahnenjunker in Trier, v. Jul. Classikus. Hrsg. v. J. X. Biunde, unt. Mitwirk. seiner Collegen Scholl, Rosenbaum, Boner. gr. 8. (2¾ B.) Trier 832, Gall.

— der Facultäten päpstl. Nuntien in Deutschland, (v... Wreden). 8. Köln 789.

Beleuchtung der Fehler jetziger Eisenbahnen, deren Gefährlichkeit von Staatswegen zum Besten der allgemeinen Wohlfahrt so schnell als möglich zu beseitigen ist. — München: Finsterlin 1864. 20 S. 8° 30.
15.

— fernere, des zu Basel 1795 geschloss. Friedens ꝛc. (v. Jh. v. Müller). 8. o. O. (Frankf. a. M.) 795. (Schäfer). 5 gr

Beleuchtung (Zur) der Finanzverwaltung der Stadt Göttingen. gr. 8°. Göttingen, Vandenhoeck u. R. in Comm., 1874.

Beleuchtung der Flottenfrage, Beiträge zur. Sonderabdruck von Veröffentlichungen der Allgemeinen Zeitung. 5. und 6. Folge. München 1900.

Beleuchtung der Flugschrift: 'Ueber den heurigen Biersatz mit vorzüglicher Rücksicht auf die Bräuer Münchens. 1843.' Hrsg. vom Münchner-Bräuer-Verein. — München: Fleischmann 1843. 24 S. 8° 12:Bavar. 4268d [2Ex.]
15.

Beleuchtung mehrerer über den Entwurf der ständischen Verfassung für das Königreich Württemberg erschienenen Flugschriften. Von e. Württemberger. — Tübingen 1815. 27 S. 8°
Als Verfasser wird Daniel Friedrich Leypold genannt.
14. 21. 24. 30.
15.

Beleuchtung der im Allg. Anz. d. D. Num. 117 und 118 v. J. aufgeworfenen Frage: Kann nach rechtlichen und kameralistischen Grundsätzen das Total-Vermögen der Unterthanen zum Vortheil des Landesherrn vermindert werden? In Bezug auf Nürnberg. — [Gotha] 1809. 60 S. 8°
Aus: Allgemeiner Anzeiger. 1809. Nr. 29. 30.
12:Bavar. 226n. 29.
15.

Beleuchtung der aufgeworffenen Frage: Ob die in Instrum. pacis Westphal. Artic. V. §. ius dioecesanum, 47. [!] conditionirte Subjection evangelischer Unterthanen unter catholischer Landes-Herren anmaßlicher und vergeblicher Kirchen-Gewalt von solcher Wichtigkeit seye, daß die general-Regul oder Thesis nicht Platz greiffen solte: Quod nulla dominis territorialibus catholicis in subditos evangelicos competat iurisdictio ecclesiastica? — o. O. [um 1730]. 8 Bl. 8° 17.
15.

Beleuchtung der deutsch-polnischen Frage. — Krakau: Wildt 1848. 32 S. 8° 1:Qo 2830. 300:400.754-B. 302.
15.

— d. Frage: Hat d. Preuß. Ritterschaft d. Recht, ein Corps zu formiren? gr. 8. Königsb. 787. Unzer. 4 gr.

Beleuchtung der Frage: Ob die Genehmigung einer sich allenfalls in Bayern bilden wollenden deutsch-katholischen Religionsgesellschaft staatsrechtlich zulässig sey? Von e. Juristen. — Regensburg: Manz 1845. 14 S. 8°
12:Bavar. 4074-14.

Beleuchtung der Schrift: Eine Frage, ob es gerathen sey, den Transito-Handel durch die Preußischen Staaten zu unterbrechen und auch den Handel mit fremden Waaren zum auswärtigen Debit auf den Messen zu Frankfurt an der Oder zu verbieten? — Berlin: Maurer 1800. 24 S. 8° 1:2 an Stala 903. 2.
15.

Beleuchtung der Frage: Sind die europäische Mächte nach dem allgemeinen Völkerrecht befugt, die neue französische Regierungs-Verfassung, so wie sie gegenwärtig eingerichtet ist, nach fruchtlos versuchten Vorstellungen mit gewafneter Hand zu bekämpfen? — o. O. 1791. 28 S. 8° 7. 12:J. publ. G. 39. 14. 17. 21. 23. 28. 29.
15.

— d. Frage, sind die europäisch. Mächte 2c. 8. Frankf. Eßlinger. 791.

— d. Frage: Sind d. europ. Mächte 2c. 8. Frankf. 791. (Schäfer). 3 gr.

Beleuchtung der wirthschaftlichen Frage des österreichischen Lehrerstandes und seines Anschlusses an den ersten allgemeinen Beamten-Verein. 1878

— 2. Aufl. Berlin 1788. 60 S. 8°
1:5 in Sy 5132. 2. 8. 10. 27.
15.

— d. Campe'schen Fragen üb. Industrie. 2 Stcke. 8. Brem. 787. Müller. 8 gr.

Beleuchtung des Campeschen Fragments über einige verkannte, wenigstens ungenützte Mittel zur Beförderung der Industrie, Bevölkerung und des öffentlichen Wohlstandes in einem Anti-Fragmente. St. 1–3. — Freistadt 1787. 61 S. 8°
3. u. d. T.: Beleuchtung der Campeschen Schrift an meine Freunde vom Jahre. 1787. Eine Beilage zu d. Anti-Fragmenten.
4 [∞2]. 7 [∞2.3]. 14 [∞1.2]. 23.
15.

Beleuchtung des zweyten Fragments Ueber Aufklärung, nebst einer kurzen Antwort auf das Schriftchen: Ein paar Worte. Von d. Verf. d. 1. Theils d. Beleuchtung. — Berlin 1788. 60 S. 8°
Als Verfasser wird Johann Christoph Valentin v. Triebel genannt.
1:7 in Sy 5122. 2. 17.
15.

Beleuchtung, Freimüthige, einer merkwürdigen Begebenheit unserer Tage..., des Uebertritts des Grafen Friedrich Leopold Stollberg zur römisch-katholischen Kirche... Leipzig 1801. V: *Nebe, Johann August.* (Ky) (MGT)

—— freimüth., d. „Freimüth. Beleuchtung d. Parität zwisch. d. protestant. u. d. kathol. Kirche in Sachsen, besond. in Dresden". Nebst actenmäß. Darstell. d. kathol.-kirchl. Verhältn. in d. Kgl. Sächs. Erblanden, u. einer auf amtl. Nachrichten beruh. Beilage d. gegenwärt. Gesammtaufwand f. d. dasigen kathol. Cultus betr. gr. 8. (8½ B.) Dresden 831, [Grimmer.]

Freimüthige Beleuchtung der 'Freimüthigen Beleuchtung der Parität zwischen der protestantischen und der katholischen Kirche in Sachsen, besonders in Dresden'. Nebst actenmäßiger Darstellung der katholisch-kirchlichen Verhältnisse in den Königlich-Sächsischen Erblanden. — Dresden: Hilscher in Comm. 1831. VIII, 119 S. 8°
Als Verfasser wird L. Mauermann genannt.
1:Sr 632 [u.] 2 in Sr 624. 2. 7. 14. 15. 23.
15.

Beleuchtung, Freimüthige, des Benehmens der Berliner verordneten Contagionisten in Bezug auf die Cholera... Altenburg 1832. V: *Sachs, Alb.* (Call)

—— freimüth., d. Benehmens d. Berliner verordnenden Contagionisten in Bezug auf d. Cholera, vor u. nach erfolgtem Ausbruch d. Epidemie in Preußen. Von ein. reis. Cholera-Ärzte. gr. 8. (4½ B.) Altenburg 832, Schnuphase.

— freimüthige, d. neuen polit. Ereignisse Deutschlands. Von e. Sachsen. 8. Leipz. Central-Compt. 8 gr.

Freymuthige [Freimutige] Beleuchtung der sogenannten Freymüthigen Gedanken über verschiedne Einrichtungen, die die Herren Repräsentanten in der Stadt Hildesheim zu machen gedenken, von e. Wahrheits- u. Bürgerfreunde. — o. O. 1789. 16 S. 8° 6. 7.
15.

Beleuchtung, Freimüthige, des Glaubensbekenntnisses des Pietro Giannone, und der Mönchsgelübde. Nürnberg 1790. V: *Wadler, [genannt Surer] Franz.* (Will)

Freimüthige [Freimütige] Beleuchtung der neuen Wirtembergischen Constitutionsurkunde mit vorzüglicher Rücksicht auf die alte Verfassung Wirtembergs von e. Wirttemberger. — Germanien 1815. 38 S. 8°
1:Sh 3882. 8. 21. 23. 24.

Freimüthige [Freimütige] Beleuchtung der Parität zwischen der protestantischen und der katholischen Kirche in Sachsen, besonders in Dresden. An eine zu Aufrechthaltung der öffentlichen Ruhe verordnete Hohe Commission zu Dresden. — [Dresden] 1830. 10 S. 8° 6. 14.
15.

Freimüthige [Freimütige] Beleuchtung eines in den Nummern 65., 66 und 67 der Rheinischen Blätter 1818 enthaltenen Schreibens über katholisch-kirchliche Angelegenheiten. — Hadamar [usw.]: Neue Gelehrten-Buchh. 1818. 47 S. 8° 1: Sa 8667 [:.] 5 in Sa 8660. 5. 12: Polem. 214 x.
15.

— freimüthige, e. in d. Nrn. 65, 66 u. 67 d. rhein. Blätter 1818 enthalt. Schreibens über kathol.-kirchl. Angelegenheiten. 8. Hadamar 818. (Langin Weilb.) 6 gr

— freimüthige, des Uebertritts d. Gr. Fr. Leop. v. Stollberg zur röm. kathol. Kirche. Mit Bemerkk. über kathol. Glauben u. Religiosität. (Von Jh. A. Nebe.) 8. Leipz. 801. Wienbrack. 10 gr

Freymüthige Beleuchtung der neuesten Zoll- und Verbrauchssteuer-Ordnung im Preuß. Staate. o. O., 1819. (Ist ein wörtlicher Abdruck der 3 Schriften: „Gesetz über den Zoll u. s. w.“, „Zoll- u. Verbrauchsst.-Ordn.“, „Verordn. üb. transit. Bestimmungen“, welche sich in der Jenaischen Allgem. Litter.-Zeit. Jahrg. 1818, Nr. 197—200, S. 201—228, befindet.)

— freimüthige, d. neuesten Zoll- u. Verbrauchssteuerordnung im Preuß. Staate. 8. (Nordhausen, Happach.) 819.

— freimüthige, d. neuesten Zoll- u. Verbrauchssteuer-Ordnung im Preuß. Staate. 8. Nordh. 819. (Lpz., Lauffer). 9 gr

Beleuchtung, Freimüthige, unseres Zollwesens, zum Theil veranlasst durch die Schrift: Ueber Handel u. Gewerbe in Jensen (in Flensburg) ... Kiel, im Sept. 1835. Itzehoe 1835. V: *Lorentzen, Jacob Friedrich Nicolaus.* (A) (NN)

— des zu Basel geschlossen. Friedens 2c. 8. Frankf. Eßlinger.

Zur Beleuchtung des Friedens-Präliminar-Vertrages zw. Russland u. der Pforte, abgeschl. zu San Stefano am 3. März (19. Febr.) 1878 und des Vertrages zw. Deutschland, Oesterreich-Ungarn, Frankreich, Grossbritannien, Italien, Russland u. der Türkei, abgeschl. zu Berlin den 19. Juli 1878. [Aus d. Allgemeinen Zeitung.] (IV. 210) 8. Stuttgart 1879. 10.00.

Beleuchtung auf die Geburtsfeyer der Königinn von Baiern, im Schloßgarten zu Nymphenburg. — o.O. 1806. 4 Bl. 8° 12: 4° Bavar. 3004-29.
15.

— d. Pütter'schen Gedanken üb. d. Simultaneum, (v. .. Schmidt). 4. Lingen 788. Jülicher. 3 gr

Beleuchtung der sogenannten Gedanken eines Franken über die den sechs vordern Reichskreisen zugemuthete provisorische Verpflegung des königl. Preussischen Kriegsheeres, ... Im May 1794. V: *Ganz, Johann Friedrich Ferdinand.* (ML)

Beleuchtung der von R . . . l umgearbeiteten und umgeänderten patriotischen Gedanken. Hamburg 1803. V: *Poel, Peter.* (NN)

— d. von R — l umgearb. u. umgeänderten patriotischen Gedanken üb. Landstände in d. Herzogthümern Schleswig u. Hollstein. gr. 8. Hamb. Perthes u. B. 814.

— d. von R — l umgearb. u. umgeänderten patriotischen Gedanken üb. Landstände in d. Herzogthümern Schleswig u. Holstein. gr. 8. Hamb. 815. Perthes u. B. 8 gr

Beleuchtung der unpartheyischen Gedanken über die Einführung des Simultaneums in den Osnabrückischen Orten ... Regensburg 1788. V: *Ompteda, Dietrich Heinrich Ludwig Freih. von.* (BB) (Ky) (MGT) (Adel)

— d. unpartheyisch. Gedanken v. Einführ. d. Simultaneums. 8. Regensb. Montag. 788.

Beleuchtung der Gegenschrift des Abg. Koch, die Chemnitz-Annaberger Bahnfrage betreffend. Dresden 1861. V: *Weidauer, F. G.* (Kat. d. stat. Bureaus. Dresden 1890.)

Beleuchtung der Gall'schen Gehirn- und Schädellehre durch Vernunft und Erfahrung geleitet von e. von aller Partheilichkeit freien Beobachter. — Berlin: Schöne 1805. VIII, 288 S. 8° 1: 8° Bibl. Diez 7550. 2. 7. 8. 10. 12: Anthr. 8. 15.
15.

Beleuchtung des französischen Geschäfts in Bünden von einem Bündner im October 1793. — o.O. 1793. 14 S. 8° 16.
15.

— d. Geschichte des jüd. u. christl. Bibelkanons. 2 Bde. 8. Halle 792. (Laue in Berl.) 1 Rß 9 gr

Geschichtliche Beleuchtung des Anhangs zu des Herrn Dompastor Beckmann am Feste Mariä Lichtmeß gehaltener Predigt ..., enthaltend Belege zu der Festgabe des Herrn Inspector Schüren, von e. Freunde unpartheiischer Geschichte. — Jena: Frommann 1843. 85 S. 8° (Beleuchtung einer von dem Herrn Canonicus von Bruchhausen ... gehaltenen Controverspredigt. 2.) 27.
15.

Beleuchtung, Geschichtliche, des deutschen Staatsrechts. I. ... Frankfurt 1832. V: *Böhmer, Joh. Friedr.* (EngJ) (CBH)

Geschichtl. Beleuchtung d. deutschen Staatsr. I. — Auch u. d. T.: Das Zollwesen in Deutschland geschichtl. beleuchtet (v. Fr. Böhmer.) *Frankf.*, Schmerber. 832. Lex. 8. (12 Gr.)

Geschichtsmäsige und rechtliche Beleuchtung der bey Gelegenheit der Königl. Preußischen Brandenburgischen gewaltsamen Vorschritte in Franken erschienenen Druckschrift, betitelt: Oeffentliche Darstellung der Staatsverhältniße der Königl. Preußischen Fürstenthümer Anspach und Bayreuth gegen die Reichsstadt Nürnberg. — Nürnberg 1797. 467 S. 4° 1: 2° Sf 5532. 12: 2° Ded. 77 m. 17. 30.
15.

Geschichts- und reichs-verfassungsmäßige Beleuchtung, ein und anderer Vorrechte Corporis equestris quá talis besonders circa feuda oblata. — o.O. [um 1750]. 4 Bl. 2° 17. 24. 27. 28.
15.

Beleuchtung des Gesetzes vom 10. Nov. 1861, die Aufbringung des Bedarfs für die deutschen Schulen betr., vom Standpunkte der Schullehrer. Von e. Schullehrer. — München: Weiß 1863. 36 S. 8° 12: Bavar. 228.
15.

Beleuchtung d. Gesetzes S. 578 d. Landtags-Acten, üb. privil. Gerichsstände, in besond. Bezieh. auf d. Berggerichtsbarkeit. *Dresden*, Walther. 833. gr. 8. (6 Gr.)

—— des sächs. Gesetzentwurfs, s. Pressfragen.

Beleuchtung des von der Regierung den Kammern vorgelegten Gesetzentwurfs: die Ablösung der Real-Lasten etc. betreffend, und Vorschläge zur Besserung der in diesem enthaltenen Mängel. Vom permanenten Ausschusse des Vereines zum Schutze des Eigenthums und zur Förderung des Wohlstandes aller Volksklassen. gr. 8°. Berlin, Schneider u. Co., 1849.

Beleuchtung der zum Vollzug der Vereinbarung mit den Standesherren vorgelegten Gesetzesentwürfe. — Stuttgart 1857: Wachendorf. 46 S. 8°
Aus: Der Beobachter. 1857. 24.
15.

— des Henhöfer'schen Glaubensbekenntnisses mit Rücksicht auf die andern dagegen erschienenen Schriften. 8. Carlsruhe 1824, Marx. 6 ggr. — 24 kr.

Beleuchtung der Glaubensbestimmungen der deutsch-katholischen Kirche. — Straubing: Schorner 1849. 48 S. 8°
12: H. eccl. 3047 dh.
15.

Beleuchtung der Rongeschen Glaubenslehre, des Gottesdienstes und der Gemeinde-Verfassung. Von e. Rationalisten. — Breslau: Freund 1845. 11 S. 8°
1: Cq 8466. 2.
15.

—— der Rongeschen Glaubenslehre, des Gottesdienstes u. der Gemeinde-Verfassung. Von einem Rationalisten. gr. 8. (3/4 B.) Breslau 845, [Trewendt.] *

— d. Pestalozzischen Großsprechereien rc. gr. 8. Erfurt, Rudolphi. (Hammerich, Altona.) 803.

Beleuchtung der Pestallozzischen Großsprechereien nebst genauer Uebersicht dessen ganzer voreilig gepriesener Methode. Von e. Freunde des Reellen u. Wahren. H. 1. — Erfurt: Rudolphi 1804. XVIII, 168 S. 8°
9. 10. 12: Paed. Th. 396. 309.
15.

Beleuchtung der Gründe, aus welchen die Annahme der Pohlnischen Krone Sr. Durchlaucht dem Churfürsten von Sachsen von einem Ungenannten widerrathen worden ist. Leipzig: Baumgärtner in Comm. 1792. 59 S. 8°
1: 2 in Sq 5560. 2→7. 14. 15. 300: +35 W 208.
15.

Beleuchtung derjenigen Gründe, aus welchen die Erb-Lehen-Folge des Chur- und Fürstlichen Hauses Pfalz in denen Herzogthümern Ober- und Nieder-Bayern bezweifelt werden will. — o.O. 1778. 19 S. 8°
7. 12: 4° Bavar. 2221 - VIII, 8. 16. 24.
15.

— o.O. 1778. 26 S. 8° 2. 3. 7. 14. 16. 24. 26. 30.
15.

— derjen. Gründe, aus welchen die Erb- u. Lehenfolge des Hauses Pfalz in Ober- u. Nieder-Baiern bezweifelt werden will. 4. Offenbach 778. Brede. 1/12 rtl.

Beleuchtung deren Hochfürstlich-Oettingen Spielbergischen sogenannten standhaften Gründen die von der unmittelbaren Abtey Neresheim nachsuchende Creyß-Admission betreffend. — o.O. [um 1770]. 19 S. 4°
1: 5 in 2° Sg 4872. 26.
15.

Gründliche fernere Beleuchtung der gedruckten vermeintlichen Confutation eines Anno 1690. ertheilten vortrefflichen und ... unpartheyischen Responsi Amplissimae Facultatis iuridicae Tubingensis, in Sachen Henningischen wahrer Beneficial-Erben, contra die HHn. Baronen von Kielmansegg, tertiae appellat. der bereits ausgegebenen Apologiae. — o.O. 1711. 6 Bl. 4° 27.
15.

Gründliche und freimüthige Beleuchtung der Nothstände in Württemberg. Allen wahren Vaterlandsfreunden zur Beherzigung geschrieben von H.H. — Geislingen: Wagner in Comm. 1855. 78 S. 8° 21. 24.
15.

Gründliche Beleuchtung der so genannten kurtz bescheinigten Nachricht &c., das Hoch-Fürstlich-Hohenlohe-Waldenburgische gemeinschafftliche Consistorium in specie 1. die angebliche Auffhebung desselben und deßwegen nöthig seyn sollende Restitution, dann 2. den locum und ob das quaestionirte Consistorium praecisè in Oehringen gehalten werden müste? betreffend, nebst zweyen Postscriptis. — o.O. 1750. 23,4 S. 4° 16. 24.

Gründliche Beleuchtung des nach denen, in appellatorio am Kayserl. Höchst-preißlichen Reichs-Hoff-Rath hangenden ... zweyen Capitulis, noch übrigen dritten Puncts, wegen prosequirten mütterlichen Interventions-Klage und der daraus gezogenen Sätze, von Schultz, contra von Braun. Das Landsassen-Guth Rupprechtstein betreffend. o.O. [um 1735]. 4 Bl. 4° 26.
15.

Gründliche Beleuchtung der zwischen der Reichsstadt-kölnischen Burgerschaft und dem Magistrat daselbst bey Höchstpreislichem Kaiserl. Reichs-Hofrath puncto diversorum gravaminum anhängigen Rechtssache. — o.O. 1784. 19 S. 4° 12: 2° Ded. 448-20.
15.

Gründlich- und standhaffte Beleuchtung deren in Sachen Freyfrau von Schmising, modò des Chur-Cöllnisch-Münsterischen Geheimden Raths und Drosten des Amts Cloppenburg Freyherrn von Schmising &c. &c. contra weyland Chur-Cöllnischen Geheimden Raths Freyherrn von Landsberg, modò desselben nachgelassener Frauen Wittib gebohrnen Freyinnen von Reck, als natürlicher Vormünderinne ihrer unterjährigen Herren Söhnen. Samt Beyl. (Unterzeichn.: Dietherich v. Landsberg [u.a.] — o.O. [1753]. 54 S. 4° 12: 2° Ded. 352/4. 14. 24.
15.

Gründliche Beleuchtung des divulgirten Schultzischen Scripti: Brevissima Status causae delineatio von Schultz contra von Braun appellationis. das Landsassen-Guth Rupprechtstein betreffend. — o.O. [um 1720]. 4 Bl. 4°
24.

Beleuchtung, Gründliche, der im Jahr 1755 herausgekommenen so genannten vertheidigten Territorial-Gerechtsamen der Reichsstadt Dinkelsbühl ... Anspach 1771. V: *Öder.* (Holz)

Gründliche Beleuchtung des Actenmäßigen Verhalts, der zwischen beeden Gebrüdern nämlich dem Churfürstl. Kammerer, ... Franz. Xaveri, Freyherrn von Lerchenfeld zu Aham, auf Greillsperg und Neuhofen Klägern: dann dem Churfürstl. Kammerer ... Ferdinand Karl Freyherrn von Lerchenfeld zu Aham etc. beklagten anderten Theils obwaltenden Fidei-Commiss-Strittssache. — o. O. 1771: 17 Bl. 4°
12:2° Bavar. 1400-1,9 [2 Ex.]
15.

Beleuchtung der neuen Grundsätzen, welche das französische Parlament zu Aix ueber die Ehrerbietung und den Gehorsam, welche die Rechtglaubigen dem Statthalter Jesu Christi schuldig sind, festgesetzet, oder als richtig angenommen hat. — Augsburg: Wagner 1763. 39 S. 8°
2. 6. 12: 4° J. can. P. 112 [u. ö.] 16. 17. 302.
15.

—— der Grundzüge d. rein-kathol.-christl. Kirche. Von Christianus Sincerus. 8. (2¾ B.) Neustadt a. d. O. 831, Wagner.

— des im Auftrage der Regierungen der Kantone Zürich, Schaffhausen, Aargau u. Thurgau v. den Herren Zschokke, Kaiser u. Steinmann-Bucher abgegebenen Gutachtens üb. die Situation der Nordostbahn u. die Auszahlung v. Dividenden. gr. 8. (61 S.) Zürich 882. (Orell, Füssli & Co. Verl.) n. 1. —

Der über das 'Scherl'sche Sparsystem seitens der Herren Geheimräthe Professoren Dr. Wilhelm Roscher, Dr. Adolph Wagner, Oberregierungsrath Dr. Carl Roscher, Regierungsrath Georg Evert erstatteten Gutachten. 1910. — o. O. [um 1910]. 17 S. 4° 4.
15.

— eines ministeriellen Gutachtens über die Lage der Juden im Königreich Polen. Veranlaßt durch kaiserlichen Willen und bureaukratische Willkühr. Hamburg 859. Hoffmann & Campe. 8. (133 S.) 15 ngr

Beleuchtung des von Professor Max von Pettenkofer über das Canalisations-Projekt zu Frankfurt am Main den städtischen Behörden am 24. September 1870 überreichten Gutachtens. — Frankfurt a. M.: Boselli 1871. 62 S. 8°
1: Fb 5650 [u.] 7 in Fb 5411. 7. 10. 12: Pol. civ. 10 ch. . 16. 17. 26. 30. 38M. 82. 90.
15.

—— des von Prof. Max v. Pettenkofer über das Canalisations-Projekt zu Frankfurt a. M. den städt. Behörden am 24. Septbr. 1870 überreichten Gutachtens. gr. 8. (62 S.) Frankfurt a. M. 871, Rommel. *

Beleuchtung der 'Zwanzig Gutachten' der Freihafenpartei. Hrsg. vom Verein für d. Anschluß Hamburgs an d. Zollverein. 1.2. — Hamburg 1867: Adler (2: C. Fischer). 8°
1: Sp 3541. 18. 38.
15.

— des sittlich Guten u. Bösen, in Erzählungen f. Kinder. Mit 2 Kpf. 8. Gotha 818. Hennings. 20 K

Beleuchtung der Triester Hafenfrage vom national-ökonomischen und nautischen Standpuncte. Mit e. Plane. — Triest 1862: Oesterr. Lloyd. 38 S. 8°
300: 116.458-C.
15.

Harmlose Beleuchtung des denkwürdigen Votums der Preußischen Nationalversammlung vom 2. September 1848. Berlin: F. Schneider 1848. 23 S. 8° 1: Gt 6450. 2. 4.
15.

— der Hauptpuncte d. neuen Grundgesetzes f. d. öffentl. Unterrichtswesen d. Kantons Bern. Ein freies Wort v. einem Diener d. göttl. Wortes. gr. 8. (IV u. 40 S.) Bern 849. (Zürich, Schultheß.) 3 ngr

Beleuchtung der (neuen) Hillebrand'schen Schrift: 'Herodes und Pilatus etc.' Letztes Wort an den Vikar Hillebrand in Dortmund. — Dortmund: Krüger 1845. 39 S. 8°
1: 15 in Cq 8056.
15.

— 2. Aufl. Ebd. 1845. 39 S. 8° 6.
15.

Beleuchtung einiger Hindernisse, die der algemeinen Ausbreitung des guten Geschmacks und der schönen Wissenschaften entgegenstehen. Eine Abhandlung, wodurch die hiesige Oratorisch Litterär-Gesellschaft ... höflichst einladet. — Rinteln 1771: Enax. 5 Bl. 8° 4.

Beleuchtung des Hirtenbriefes des Herrn Fürstbischofs von Breslau Melchior Frhrn. v. Diepenbrock von E. R. Z. Breslau: Trewendt 1845. 31 S. 8°
1: Theol. Flugschr. 1845-21. 2. 23. 26.
15.

Beleuchtung. Historische B' der Ereignisse in Gelterkinden im März und April 1840, im Auftrag der Gemeinde hrg. vom Gemeinderath. 8. Basel 1841.

Historische Beleuchtung der Rede des Herrn Oberförsters Kasthofer über das Verhältniß der Repräsentation der Hauptstadt, &c. &c. — Bern 1831. 32 S. 8° 15.
15.

Historisch-kritische Beleuchtung der Frage: Hat die Preußische Ritterschaft das Recht: Ein beständiges Corps zu formiren: ihre immerwährenden Deputirten zu halten, und durch solche über allgemeine Landessachen Berathschlagungen anzustellen, und worauf gründet sich dasselbe? — o. O. 1787. 68 S. 8°
1: Gy 1882. 2. 3. 5. 10. 11. 27.
15.

Historisch-kritische Beleuchtung der unerwiesenen Meynung des verstorbenen Professor Kreutzfeld von dem Adel der alten Preußen, und seiner unbegründeten Zweifel gegen die historischgenealogischen Geschlechtsnachrichten der alten hochadlichen ostpreußischen Nationalfamilie von Braxein ... Aufgestellt von e. Mitgliede u. Verehrer dieser Gesellschaft. — Leipzig 1785. 132 S. 8°
1: S 2970. 10. 24.
15.

Beleuchtung, Historisch-rechtliche, des in der nassauischen landständischen Versammlung erstatteten Commissions-Berichtes vom 7. Juli 1860 über die Postverwaltung im Herzogthum. Giessen 1861. V: *Linde, Justinus Timotheus Balthasar Freih. v.* (Kat. d. Bibl. d. dtsch. Reichstages. Berl. 1882.)

—— historisch-rechtliche, des in der nassauischen landständischen Versammlung erstatteten Commissions-Berichts vom 7. Juli 1860 über die Postverwaltung im Herzogthum. gr. 8. (41 S.) Gießen 861, Ferber'sche Universitäts-Buchh. *
Vgl.: Archiv für das öffentliche Recht des deutschen Bundes.

—— hist.-rechtl., d. in d. nassauischen landständ. Vers. erstatt. Commiss.-Ber. v. 7. Juli 1860 üb. d. Postverwaltg im Herzogth. 8. (41) Giess. 61, Roth. n. — 15

Beleuchtung, Historisch-staatsrechtliche, der Hoheitsrechte des Landes Graubünden in Angelegenheiten des Bistums Chur. Chur 1835. V: *Röder, G. W.* (BSchwLK V, 3)

Zur Beleuchtung der Impfzwangs-Frage vom Verfasser der 'Blumenlese'. — Basel: F. Schneider in Komm. 1882. 32 S. 8° 16.
15.

Indirekte Beleuchtung von Schul- und Zeichensälen mit Gas- und elektrischem Bogenlicht. Bericht über Versuche in München, erstattet von d. auf Veranlassung d. Deutschen Vereins von Gas- u. Wasserfachmännern gebildeten Kommission. — München [usw.]: Oldenbourg 1905. 58 S. 8° 2. 29. 89. 91.
15.

Beleuchtung der Schrift: 'Der Informativ-Prozeß. Eine kirchenrechtliche Erörterung.' — Mainz: v. Zabern 1850. 39 S. 8° 17. 26.
15.

Beleuchtung, Inschriften und Gesänge zur Feier des Tages, da der ehemalige Konsul der Stadt Köln, Herr Reiner von Klespe, als Unterpraefekt des kölnischen Bezirkes eingeführt wurde. Veranstaltet von der ihm huldigenden Nachbarschaft. Den 16 Brumair 13 Jahres (7. Nov. 1804). — o.O. [1804]. 4 Bl. 8° 17.

Die Beleuchtung und Inschriften am Rathhause zu Düsseldorf bey der Feier des zur Wohlfahrt des bergischen Landes hier gnädigst bestimmten Aufenthalts Ihrer Herzoglichen Durchlauchten Wilhelm und Marianne von Bayern, und des zugleich einfallenden Namensfestes der Durchlauchtigsten Frau Herzoginn. — Dat. 26 Jul. 1804. 7 S. 8°
12: 4° Bavar. 3009-III,25. 17. 38.

Beleuchtung des im Druck erschienenen vorgeblichen Interimsvergleichs in puncto exercitii religionis catholicae in der Stadt Wertheim und Aufdekung der damit begangener Verfälschung; nebst einer pragmatischen Geschichte der Religionsstreitigkeiten in Wertheim. — o.O. 1781. 40 S. 8° 1: 24 in Gx 13000-39. 12: 4° Ded. 66. 17. 21.

Beleuchtung der Justizverwaltung vor und unter dem v. Kamptz'schen Ministerium. Eine Entgegnung auf die 'Materialien'. Nebst e. Zugabe. — (Würzburg: Stahel in Comm.) 1839. 62 S. 8°
(Rheinpreußisches, das ist: Beiträge zur Würdigung d. politischen Zustandes d. preußischen Rheinprovinz. 1.)
In einigen Exemplaren fehlt d. Nebentitel.
1: Gs 64. 5. 6. 7. 12: Bqr. 171 gm. 14. 17. 18. 38.

Beleuchtung des Kampfes über Handelsfreiheit und Verbotsystem in den Niederlanden. Amsterdam [Lingen] 1828. V: *Osiander, H. F.* (wr)

—— d. Kampfes üb. Handelsfreiheit u. Verbotsystem in d. Niederlanden, gegründet auf eine Darstell. d. Getreidehandels u. d. allgem. Handelsverhältnisse. gr. 8. (17¼ B.) Amsterdam 828. (Lingen, Jülicher.)

Zur Beleuchtung der Canal-Linie [Kanallinie] zwischen Eckernförde und Husum, von e. Ausschuß-Mitgliede. — Schleswig [1848]: Serringhausen. 16 S. 8°
1: 9 in So 33a. 8. 9. 27.
15.

Beleuchtung des von der Kreissynode Duisburg herausgegebenen Katechismus der Unterscheidungslehren der evangelisch-protestantischen und der römisch-katholischen Kirche. Von e. kath. Geistlichen. — Düsseldorf: Roschütz 1844. 93 S. 8°
Als Verfasser wird Anton Josef Binterin genannt. 5. 38.
15.

—— des von d. Kreissynode Duisburg hrsg. Katechismus d. Unterscheidungslehren der evangel.-protestant. u. der römisch.-kathol. Kirche. Von einem kathol. Geistlichen des Dekanates Düsseldorf. gr. 8. (5⅞ B.) Düsseldorf 844. [Cöln, Roschütz u. Comp.]

—— eine, des katholischen Katechismus der Diöcese Würzburg vom J. 1854 vom kathol. und protestant. Standpunkte aus mit Bezug auf die Gegenwart. Eine biblisch-historisch-humoristisch-satyr. Abhandlung. 8. (VI und 74 S.) Augsburg 861(62), v. Jenisch und Stage'sche Buchh.

Beleuchtung, Eine, des katholischen Katechismus der Diöcese Würzburg [von Jos. Deharbe] vom J. 1854 vom katholischen und protestantischen Standpunkte aus . . . Augsburg 1862. V: *Caspari, Carl Heinr.* [?]. (Gla I/2, 680)

Beleuchtung der 'Kehrseite' eines Libells gegen den Bisthumsverweser Freiherrn von Wessenberg. — Zürich: Orell, Füßli u. Co. 1819. 198 S. 8° 19. 25.

Die Beleuchtung mittelst Kerzen, Lampen und Gaslicht. Kurze Erläuterung d. Prinzips d. Beleuchtung überhaupt, d. Construction d. Lampen, d. Darstellung d. Leuchtgases, nebst Vergleichung d. Werthes d. einzelnen Beleuchtungen unter sich. — Stuttgart: Hoffmann 1845. 94 S. 8° 24.
15.

Zur Beleuchtung der Schrift: Die katholische Kirche Prueßens. Von e. Freunde der Wahrheit u. des Rechts. Mainz 1837.

Beleuchtung der Schrift: Die kölnische Kirche im Mai 1841. — Düsseldorf: Schreiner 1841. 24 S. 8°
1: 6 in Sy 8386-3 [u.] 1 in Sy 8976. 6. 7.
12: H. eccl. 788 l/1. 38.
15.

Beleuchtung über die Badener-Konferenz für die Bewohner der Urkantone. Von e. Geistlichen d. Urkantone. — Schwyz: Kälin 1835. 72 S. 8°
Nebent.: Beleuchtung über die Badener Konferenz für die Bewohner der Urkantone.
1: Di 2875. 12: J. can. P. 104b.
15.

Beleuchtung der neuen Würtembergischen Constitutionsacte. 8. 815.

— der neuen Würtembergischen Constitutionsurkunde, mit vorzügl. Rücksicht auf die alte Verfassung Würtembergs. 8. o. O. (Leipz.) 815. Rein. 4 gr

Beleuchtung einer von dem Herrn Canonicus von Bruchhausen zu Osnabrück am Sonntage nach dem Reformations-Jubelfeste gehaltenen Controverspredigt [Kontroverspredigt]. Nebst einigen Bemerkungen zu der Schrift: Wo ist Licht und Freiheit? und zu den Controverspredigten der Herren Pfarrvicar Thiele, Kaplan Seling und Dompastor Beckmann. Von e. evang. Geistlichen. Th. [1.]2. — Jena: Frommann 1843. 8°
2. Geschichtliche Beleuchtung d. Anhangs zu d. Herrn Dompas Beckmann am Feste Mariä Lichtmeß gehaltener Predigt . . . enthaltend Belege zu d. Festgabe d. Herrn Inspector Schüren von Freunde unpartheiischer Geschichte.
27.

— des Conventions-Zwanzig-Gulden-Fußes, nach Anlaß der, dieserwegen bekannt geword. Schriften. 4. Frankf. a. M. 765. Brönner. 4 gr

— der dänischen Concessionen zum angeblichen Schutz der deutschen Nation im Herzogthum Schleswig. Braunschweig 861. (Itzehoe, Nusser.) 8. (15 S.) n. 2 ngr

Kosmopolitische Beleuchtung jenes Worts über das Verhältniß des Sächsischen Kabinets zu den Hohen verbündeten Mächten im Frühling und Sommer 1813 von e. wahrheitliebenden Sachsen. — o. O. [1813]. 30 S. 8°
Als Verfasser werden Christoph Arnold Karl Weichold genannt.
3. 4. 14.

— der Brochüre eines angebl. Preuß. Patrioten: Der Kriegsminister in der letzten Krisis. Aus militair. Standpunkte von v. G. gr. 8. (27 S.) Potsdam 851, Riegel'sche B. (Heintz u. Stein.) n. 4 ngr

Beleuchtung der Tübinger Kritik von J.H.v.Wessenbergs Werk: Die großen Kirchenversammlungen des fünfzehnten und sechszehnten Jahrhunderts. Von e. unparteiischen Theologen. — Stuttgart: Neff 1842. 44 S. 8°
Aus: Freimüthige Blätter über Theologie u. Kirchenthum. 22. 1842.
Als Verfasser wird Benedikt Alois Pflanz genannt.
12: Conc. 390-7 (2 Ex.) 21. 24. 26.
15.

Beleuchtung, Kritische, des anonymen Aufsatzes über Branntweinsbrand, ... in Livland. Dorpat 1818. V: *Lamberti, Andreas von.* (R-N)

Kritische Beleuchtung der bessern und besten Baurisse zur Nicolai-Kirche in Hamburg. Von W. Verfasser der Artikel: 'Die Architekten in Hamburg'. — Hamburg: Hoffmann & Campe 1845. 61 S. 8°
Als Verfasser wird Karl Ludwig Wimmel genannt.
1: Sp 4697. 18. 90.
15.

Beleuchtung, Kritische, des sogenannten biblischen Beweises, dass Jesus nach seiner Auferstehung noch 27 Jahre leibhaftig auf Erden gelebt und zum Wohle der Menschheit in der Stille fortgewirkt habe. Mit einer Vorrede von H. W. J. Wolff. 2. Aufl. 1820. V: *Wolff, (-Hasselfelde).* (GGr) (Schr)

— kritische, des sogenannten bibl. Beweises, daß Jesus nach seiner Auferstehung noch 27 Jahr leibhaftig auf Erden gelebt habe. Mit e. Vorr. v. H. W. J. Wolff. gr. 8. Braunschw. ... 2e A. 820. Meyer. 4 gl.

— kritische, der Broschüre des Historikers Dr. Ph. S. v. der Aurach über die kirchlichen Simultan-Verhältnisse in der Pfalz am Rhein durch einen Historiker vom Speyerbach. gr. 8. (56 S.) Speyer 856, [Kleeberger.]

Kritische Beleuchtung der Broschüre des Historikers Dr.Ph.S. von der Aurach über Die kirchlichen Simultan-Verhältnisse in der Pfalz am Rhein durch einen Historiker vom Spergerbach. — Speyer-Bregenzer 1866. 55 S. 8°
12: Bavar. 224 x.
15.

— krit., d. Broschüre d. Histor. Ph. S. v. der Aurach üb. d. kirchl. Simult.-Verhältn. in d. Pfalz a. Rh. 8. (60) Speyer 66, Kleeberger.
— 5

Beleuchtung, Kritische, von vier Broschüren, welche gegen die Unfehlbarkeit des Papstes erschienen ... sind ... Regensburg, New-York u. Cincinnati 1870. V: *Schneider, Joseph.* H: *Wilmers, Wilhelm.* (Jes) (So)

— kritische, von vier Broschüren, welche gegen die Unfehlbarkeit des Papstes erschienen und unter die Väter des Concils vertheilt worden sind. Autor. Uebersetzung der 2. Aufl. der „Animadversiones in quatuor contra Romani Pontificis infallibilitatem editos libellos." gr. 8. (141 S.) Regensburg 870, Pustet.

Beleuchtung, Kritische, der aktenmässigen Darstellung nebst Verteidigung in Untersuchungssachen gegen den Grossh. Hess. Komerzienrat Ernst Emil Hoffmann zu Darmstadt wegen Einmischung in die Wahlen der Abgeordneten zum Landtage von 1826. [Darmstadt 1829.] Mit Beziehung auf die Beilagen obiger Druckschrift. Heidelberg 1829. V: *Zöpfl, Heinrich.* (Hessische Biographien, hgbn. von Herman Haupt. Darmstadt. II/2 (1921), S. 104)

— kritische, d. actenmäß. Darstellung nebst Vertheidigung in Untersuchungssachen gegen den Großh. Hess. Commerzienrath Er. Emil Hoffmann in Darmstadt, wegen Einmischung in die Wahlen d. Abgeordneten zum Landtage von 1826. Mit Bezieh. auf die Beilagen obig. Druckschrift. gr. 8. Heidelb. 829. Winter. 8 gr (vergl. Hoffmann.)

Kritische Beleuchtung der Denkschrift des Vereins deutscher Eisenbahn-Verwaltungen vom 12. Dezember 1859. Zum Tit.V. des Entwurfs eines allgemeinen deutschen Handelsgesetzbuchs, lautend: 'Von dem Frachtgeschäfte'. Edirt von d. vereinigten Gewerbe-, Handels- u. Fabrikrath d. k. Haupt- u. Residenzstadt München. — München 1860: Franz. 23 S. 4° 11.
15.

Kritische Beleuchtung der Eingabe einer Anzahl Richter zum Besoldungs-Entwurf für das Grossherzogtum Hessen. Karlsruhe: Gutsch in Komm. 1898. 14 S. 8°
Aus: Südwestdeutsche Schulblätter 15. 1898. 26.

Beleuchtung, Kritische, des Bauer'schen Entwurfs eines Strafgesetzbuches für das Königreich Hannover, ... Celle 1827—1828. V: *Gans, Sal. Phil.* (EngJ) (NN) (Ky)

— kritische, d. Entwurfs e. Strafgesetzes f. d. Königr. Hannover, nebst d. Entwurfe selbst. 1r Thl. gr. 8. Hannover 827. (Helwing.)

— krit., d. Entwurfs ein. Strafgesetzbuches f. d. Königr. Hannover, nebst d. Entwurfe selbst, in dess. zuletzt bekannt geword. Redaction, v. ein. pract. Rechtsgelehrten (S. P. Gans.) 2. Thl., enthalt. d. 2. u. besond. Theil d. Entwurfs. gr. 8. (41 B.) Celle 828. (Hannover, Helwing.)
1. Thl. Ebendas. 1827. 1 Thlr. 12 Gr.

Kritische Beleuchtung der neuesten Ereignisse Serbiens aus dem staatsrechtlichen Gesichtspunkte. — Pesth 1841: Beimel. 48 S. 8° 18. 300: 43 D 28.
15.

Kritische Beleuchtung der rheinischen Gemeinde-Ordnung und der Frage: Ist die Annahme der revidirten Städte-Ordnung für die Rheinprovinz erspriesslich? Nebst e. historischen Einl. Von e. rheinischen Verwaltungsbeamten. — Leipzig: Wigand 1845. 51 S. 8°
1: 9 in Gt 13150. 14. 27. 30. 38.

Beleuchtung, Kritische, des unterm 16. April 1801 erschienenen Generale eines erzbischöflichen General-Vicariats zu Frankfurt a. M., . . . [Mainz] Würzburg 1801. V: *Wolf, Lorenz.* (Wr) (Ky) (NN)

Kritische Beleuchtung des Pfarrer Henhöferischen Glaubensbekenntnisses mit Rücksicht auf die dagegen erschienenen Schriften des Pfarrkurators Schump u. eines Ungenannten in Gmünd (s. o. S. 660 f.). Von einem billigen Katholiken (Assessor Trefurt). Karlsruhe u. Baden, Marx, 1823, 8°, VI, 54 S.

Beleuchtung, Kritische, des Hennhöfer'schen Glaubensbekenntnisses, von einem billigen Katholiken. Karlsruhe 1824. V: *Trefurt, Christoph.* (Ky)

— kritische, d. Henhöfer'schen Glaubensbekenntnisses, von e. billigen Katholiken. gr. 8. Carlsruhe 824, Marx.

Beleuchtung, Kritische, der Gotthardlitteratur der Herren Koller, Schmidlin und Stoll. St. Gallen 1865. V: *Lommel, Gg.* (Cat. d. Stadtbibl. Zürich. Zürich 1864—97.)

Beleuchtung, Kritische, der medicinisch-psychischen Grundsätze nebst den darauf basirten Obergutachten der Kgl. wissenschaftlichen Deputation für das Medicinalwesen in Preussen. Berlin 1867. V: *Löwenhardt, Sigm. Eduard.* (ADB 19, 316)

Kritische Beleuchtung des Heilverfahrens M. Mackenzie's nebst Studien und Betrachtungen über die behandelte Krankheit, die bisherige und die nothwendige Curart. Von e. parteilosen Doctor d. Medicin. — Hagen i.W.: Risel 1888. 58 S. 8° 1: Rz 12853. 6. 11. 14. 17. 30. 15.

Kritische Beleuchtung des Inhalts einer Rede über die Mängel und Gebrechen der Wegbau-Administration im Königreiche Hannover. — o.O. 1831. 55 S. 8°
Als Verfasser wird Prutt genannt.
1: Sl 9065. 7. 23. 15.

Eine kritische Beleuchtung der Commissions-Vorschläge zur Ausgestaltung des deutschen Grosslogenbundes. Von einem Hamburger Bruder. [Hamburg 1896.] 7 S. 8⁰ [Umschlagtit.]
cf. L. 20 (1897) S. 16.

Kritische Beleuchtung des ministeriellen Lehrplans für den Unterricht im Zeichnen auf Gymnasien und Realschulen. — Berlin: Springer 1864. 21 S. 8°
1: Nf 5102. 15.

Beleuchtung, Kritische, des Leitfadens für den Religionsunterricht an höhern Gymnasien . . . Zürich 1859. V: *Leusinger, Fridolin.* (Doubl.-Anz. 1903 Nr. 7.) (Cat. d. Stadtbibl. Zürich. Zürich 1864—97.)

Kritische Beleuchtung des in der norddeutschen Bundes-Armee eingeführten preußischen Militär-Strafverfahrens. — Berlin: Heymann 1868. 72 S. 8°
1: 19 in Fm 9109. 11. 18. 21. 15.

—— kritische, des in der norddeutschen Bundes-Armee eingeführten preußischen Militär-Strafverfahrens. gr. 8. (72 S.) Berlin 869, C. Heymann's Verlag. *

Kritische Beleuchtung d. Neuesten im Forst- u. Jagd-Wesen u. in der Forstwissenschaft. Eine Zeitschrift in jährlichen Heften v. J. C. L. Schultze. H. 1. Lemgo u. Detmold 1843.

Beleuchtung, kritische, der Schlußmanöver des 2. u. 8. Corps bei Waidhofen an der Thaya 1891. 8. (70 S. m. 1 Karte.) Wien 891, Verlagsanstalt Reichswehr. * 1 —
Aus: Reichswehr, besonders abgedruckt.

Kritische Beleuchtung der Schrift des Advocaten Gans: Über die Verarmung der Städte und des Landmanns und den Verfall der städtischen Gewerbe im nördlichen Teutschland, besonders im Königreich Hannover, von den Gebrüdern Jean qui pleure et Jean qui rit. Aus d. Franz. übers. von C.S. — Lüneburg: Herold & Wahlstab 1831. 47 S. 8° 1: 4 in Sl 9065. 7. 15.

Beleuchtung, Kritische, eines vor kurzem erschienenen Sendschreibens: der jetzige Act ist das nicht, was ehedem der alte war, ist nicht, was er seyn soll. Stendal 1784. V: *Bücking, Johann Jacob Heinrich.* (MGT)

—— kritische, der bayerischen Steuer-Reform-Frage mit besond. Berücksicht. der Gemeinde-Autonomie im öffentl. Steuerwesen. gr. 8. (32 S.) Landsberg a. L. 877, Verza. *

Kritische Beleuchtung der Verdächtigungen der römisch-katholischen Kirche durch die Döllinger-Katholiken. Von e. katholischen Laien. — München: Bayer. Vaterland 1871. 28 S. 8° 12: H.eccl. 3055-1. 15.

Kritische Beleuchtung der Schrift: Die Preußische Verfassung und das Patent vom 3. Februar 1847 von G.G. Gervinus. Mannheim 1847. — Leipzig 1847: Hirschfeld. 35 S. 8° 1: Deutsche Flugschr. 1847-39. 7. 14. 302.

Kritische Beleuchtung des Vorworts sammt Bemerkungen, womit das Herzoglich Nassauische Edikt: die Errichtung der Landstände betr., im Januar-Heft 1815 der Zeiten von Voß, begleitet worden ist. — o.O. 1815. 108 S. 8°
Aus: Allgemeine Staats-Korrespondenz. 3. 1815.
7. 30. 15.

Kritisch-wissenschaftliche Beleuchtung der vom Staabs-Arzte Dr. Lehmann zu Torgau herausgegebenen kleinen Schrift, die ausgebrochene Krankheit in Großtreben betreffend. — Torgau: Wideburg 1832. 12 S. 8°
3.

Beleuchtung, J. Chr. Kunzens, einiger Anmerkungen über des Hrn. Prof. Gottscheds teutsche Sprachlehre von Joh. Mich. Heinze. Brandenb. 1760. V: *Schwabe, Johann Joachim.* (ML) (Waniek, Gottsched, Leipzig 1897. S. 544.)

Kurze Beleuchtung der neuern theoretischen Ansichten in Hinsicht der Trift- und Frohn-Verhältnisse und des allgemeinen Rechts, Schafe halten zu dürfen. — Ronneburg: Literar. Comptoir 1828. 60 S. 8°
1:Gm 17350. 14. 28.

— kurze, d. neuern theoret. Ansichten in Hinsicht d. Trift- u. Frohn-Verhältnisse u. des allgem. Rechts, Schafe halten zu dürfen. 8. Ronneb. 828. (Fr. Schumann). 6 gr.

—— kurze, d. neuern theoret. Ansichten in Hinsicht d. Trift- u. Frohn-Verhältnisse u. d. allgem. Rechts, Schafe halten zu dürfen. 8. (4 B.) Ronneburg 828, [Weber.]

Kurze, aber aufrichtige Beleuchtung der so eben erschienenen merkwürdigen Schrift, betitelt: Der Kriegs-Rath Oswald. Gewidmet dem Ritter Hans Varnhagen. — o.O. 1814. 36 S. 8°
Als Verfasser wird Johann Ferdinand Oswald genannt.
1:Sp 430.

Kurze Beleuchtung der Brochüre: Friedrich August und sein Volk. Von d. Verf. d. Aufrichtigen Sachsen an seine teutschen Brüder. — o.O. 1814. 8 S. 8° 4.
15.

Kurtze [Kurze] Beleuchtung deren in einer jüngst- durch den Druck zum Vorschein gekommenen sogenannten Beantwortung der Frage: Ob das wider die Thorner An. 1724. zu Warschau gefällte Urtheil, oder der Protestanten dagegen außfliegende Schrifften dem Olivischen Frieden widerstreben? enthaltenen irrigen Assertorum und Conclusionum. — o.O. 1725. 6 Bl. 8° 1:27 in Sz 9737. 8. 24.
15.

Beleuchtung. Kurze B' des Berichts und der Anträge des Kleinen Raths [des Cantons St. Gallen] über die aufrührerischen Beweg ungen im Oktober 1847. Nebst einer Bitte an den Grossen Rath. 8. St. Gallen. Juli 1848.

Kurze Beleuchtung des langen Berichts der Herren Revisoren des gegenwärtigen Zustandes der Central-Casse. — Altona: Pinckvoss 1831. 8 S. 8° 18.
15.

—— kurze, des ersten fliegenden Blattes von Hrn. Dr. Bruch. gr. 8. (15 S.) Straßburg 871, Bomhoff. *

—— kurze, der beiden in Peine zum Vorschein gekommenen Brochüren. Von einem Laien. gr. 8. (1 B.) Braunschweig 845, G. C. E. Meyer sen.

Kurze Beleuchtung deren in der jüngeren unter dem Titul: Ächte Beschaffenheit des reichs-gräflich-fränkischen Collegii- und dessen voti curiati separati für die vorgebliche Rechte der fränkischen Herrn Reichs-Grafen A.C. erschienenen Druckschrift zu vermeintlicher Widerlegung des vollständigen geschicht- und actenmäßigen Gegenbeweiß theils neu vorgetragen, theils aus dem vorhergehendem aufgewärmten Irrsätzen. — o.O. 1782. 67 S. 4° 14. 17. 21. 24.
15.

Beleuchtung, Kurze, einer ... bey dem RHofrath eingereichten Druckschrift den in Sachen derer Freyhrn von Frankenstein ... seit einigen Jahrhunderten ... schwebenden Process betreffend; ... Frankfurt 1777. V: *Jan, Johann Christian Gottlob.* (ML) (will)

Beleuchtung, Kurze, der Facultäten päpstl. Nuntien in Teutschland. Cöln 1789. V: *Wreden, Carl Joseph von.* (WT) (HS) (MGT)

Kurtze [Kurze] Beleuchtung der aufgeworffenen Frage: Ob die in Instrumento pacis Westphalicae Art.V. §. Ius dioecesanum 48. conditionirte Subjection evangelischer Unterthanen unter catholischer Landes-Herren anmaßlich- und vorgeblichen Kirchen-Gewalt von solcher Wichtigkeit seye, das die General-Regul oder Thesis nicht Platz greiffen solte; Quod nulla dominis territorialibus catholicis in subditos Evangelicos competat iurisdictio ecclesiastica. Hamburg 1726. 8 Bl. 8°
1:Fr 3336. 12:4° J. publ. E. 333-34. 15. 17.
18.

Kurze Beleuchtung der Frage: Ob die Aufhebung der in Teutschland bestehenden Familien-Fideicommisse nothwendig und rathsam sei? — (Leipzig [1848]: Polz.) IV, 28 S. 8° 1:15 in Gv 630. 2. 5. 7. 9.
12:J. publ. G. 924-29. 13. 16. 18. 21. 23. 24. 30. 38. 308.

Kurtze [Kurze] Beleuchtung der Hessen-Darmstättischen Gegen-Information, oder vielmehr abermals zum Vorschein gebrach ten neuen Noten über die Hessen-Casselische vorläufige Information derer bey dem Cammer-Gericht zu Wetzlar in beyden Sachen, die Hanauische Mobiliar-Verlassenschaft und das Amt Babenhausen betreffend, vorgegangenen Nullitaeten und Irregularitaeten ... Nebst Beyl. — o.O. [um 1740]. 28 S. 2°
1:17 in 4° Sk 6566/20. 4. 5. 12:2° Ded. 78 [2 Ex.]
17. 24. 26. 27.

Kurze Beleuchtung der von dem regierenden Herrn Grafen zu Wied-Runkel bey der höchsten Reichs-Versammlung übergebenen sogenannten Geschichts-Erzählung nebst dargethaner Nothwendigkeit und Rechtmäsigkeit des Recurses, in Sachen des Herrn Prinzen von Oranien und Fürsten zu Nassau contra den eben benannten Herrn Grafen. — Herborn [1786]: Akademische Buchdr. 46, 30 S. 2° 12:2° Ded. 447-15. 18. 21. 24.
15.

Kurze historische Beleuchtung über das päpstliche Breve, in welchem der Orden der Gesellschaft Jesu aufgehoben worden. — Freyburg 1773. 47 S. 8°
2. 6. 12: Jes. 1060-27 [u.ö.] 16. 17. 26.
15.

— kurze, neugewagter Kapuzinaden am sogen. Portiunkulafeste im Stifte zu Essen. 8. Andernach 802. Lassaulx u. H. 4 gr.

Beleuchtung, Kurze, deren in facto et iure ungegründeten Considerationen über den ... aus reinster Absicht hergeflossenen Antrag. O. O. 1763. V: *Kayser, Joh. Eberh.* (Holz)

Kurtze [Kurze] Beleuchtung zweyer Regenspurgischer Correspondentz-Blätter vom 11. Aug. und 4. Sept. a. c., worinnen des wohlbekandten Verfassers derselben, so grundfalsche als höchstverwegene Ausstreuungen sowohl in der Hildesheim-Wiesenhäverischen, als Hessen-Casselischen Universitäts-Recurs-Angelegenheit ... bemercket, u. männiglich gezeigt werden. — o.O. 1749. 14 S. 2°
4. 17. 26.
15.

Kurze Beleuchtung eines von der faktischen Regierung des Herzogthums Holstein unter dem 20sten April 1850 erlassenen Memorandums. Mit dem Memorandum als Anh. — Kopenhagen 1850: Schultz. 34 S. 8°
1:16 in So 35. 8. 15. 18.
15.

Kurze Beleuchtung der Nachrichten und Betrachtungen über die ungarische Nazionalsynode ⟨der römisch-katholischen Kirche⟩ vom Jahre 1822. — Leipzig: Hartmann 1828. IV, 198 S. 8° 1:Ca 12696. 2.
15.

—— kurze, d. Nachrichten u. Betrachtn. üb. d. ungarische Nazionalsynode (d. röm.-kathol. Kirche) v. Jahre 1822. gr. 8. (15½ B.) Leipzig 828, [Lehnhold.]

Kurze Beleuchtung der letzteren französischen Note vom 15ten Fructidor als Nachtrag zu der Schrift, betittelt: Die von der französischen Gesandtschaft zu Rastadt ... an das deutsche Reich gemachten Forderungen, wegen Ueberlassung mehrerer festen Punkte auf dem rechten Rheinufer, können und dürfen schlechterdings nie bewilliget werden. — o.O [1798]. 22 S. 8°
3. 12:J. publ. E. 40. 14. 16. 17. 29.
15.

Kurze und populäre Beleuchtung der schleswig-holstein-lauenburgischen Frage. — ([Leipzig 1836]: Andrä.) 6 S. 2° (Der Herold. 3,78. Außerordentl. Beil.) 8.
15.

— kurze, des von Herrn J. J. Bernet am 18. August 1844 zu St. Leonhard gehaltenen Vortrags: „Die Prediger-Versammlung und Immanuel." kl. 8. St. Gallen 844, Huber u. Comp.' 1/8 ℔

Kurze Beleuchtung der beiden Eberhardschen Predigten über die gemischten Ehen von e. Protestanten. — München: Jacquet 1840. 23 S. 8°
1:1 an Ft 10026. 12:Polem. 3029–24.
15.

— kurze, d. Bad-Emsischen Punktation, (v. W. Held). 8. Memmingen 787. (Duyle in Salzb.) 9 K

Beleuchtung, Kurze doch rechtliche, pro informatione ad caussam Herrn Paul Carl Welser ... 1764. V: *Lochner, Johann Michael Friedrich.* (ML) (Will)

Kurtze [Kurze] und rechtliche Beleuchtung der bey Höchst-preyßlichen Kayserlichen Reichs-Hof-Rath in submissis liegender Rechts-Sache Frau Maria Esther von Rosenbach, gebohrner Gräfin von Stadion und dero Herrn Söhnen, gegen Frau Maria Anna Johanna von Aufsees, gebohrner von Rosenbach, Appellationis puncto testamenti inofficiosi. — o.O. [um 1750]. 8 Bl. 2°
1:an 4° Gx 13967. 12:2° Ded. 448-19. 27.
15.

Kurtze [Kurze], jedoch rechtmäßige Beleuchtung des unlängst zum Vorschein gekommenen und also genannten Ausführl. Gesprächs, den bedrängten Zustand der Reichs-Stadt Mühlhausen betreffend ... nebst angefügten ... Innhalt des Kayserlichen Poenal-Mandats sub dato d. 31. Martii 1732. wie auch des in diesem 1733. Jahre darauf erfolgten Kayserl. Reichs-Hof-Raths-Conclusi. — Franckfurt [usw.] 1733. 24 S. 8° 3. 14. 18. 24. 29. 30.
15.

Kurze Beleuchtung der Schönburg'schen Rezeßverhältnisse. — Dresden [um 1850]: Meinhold. 60 S. 8°
14. 15.
15.

Kurze Beleuchtung der Schrift: Die preußischen Richter und die Gesetze vom 29sten März 1844. — o.O. [um 1845]. 10 S. 8° 1:Gs 2804. 2. 3. 7. 10.
15.

Eine kurze Beleuchtung der Rübenbesteuerungsfrage. Geschrieben Mitte Februar 1862. — (Wien [1862]: Gerold.) 14 S. 8° 300:169.703-B.
15.

Kurze Beleuchtung der Städtischen Schlußhandlung, worin die Liquidität und Rechtmäßigkeit der eingeklagten Gült-Verschreibung, wider die jenseitige Schein-Gründe gerettet, die Illiquidität der städtischen Reconvention hingegen noch mehr dargethan wird. In Sachen Prioris und Convent des Dominicaner-Closters in Speyer, wider Herrn Burgermeister und Rath der Kayserlichen freyen Reichs-Stadt Speyer. — Wetzlar 1760. 21 S. 4°
12:2° Ded. 79. 24.
15.

Kurze Beleuchtung der jüngst im Druck herausgekommenen Schrift unter dem Titel: Ist der Entwurf der Reichsarmatur von 1681 zu $\frac{40}{m}$ Mann in Simplo, und zu $\frac{120}{m}$ Mann in Triplo für sämtliche Reichskreise und den bairischen insonderheit, reichsgesetzmäßig verbindlich? — o.O. 1793. 15 S. 8° 7. 12:4° Bavar. 3000-III,19. 14. 17.
15.

Kurtze [Kurze] Beleuchtung einer päpstischen Schrifft: Friß Vogel oder stirb! Da die Lehre von der evangel. Kirche kurtz, doch sattsam gerettet, und in besonderen Fragen ausführlich abgehandelt wird. — Frankfurt [usw.] 1726. 80,560,68S. 8°
1 [unvollst.]: Dh 12138. 2 [unvollst.] 12:Polem. 215. 21.
15.

Kurtze [Kurze] Beleuchtung deß Sendschreibens an Herrn *** über die feyer des Frohn-Leuchnams-festes in der römisch-catholischen Kirche in einer Gegen-antwort an den verfasser. — o.O. [um 1710]. 18 Bl. 8°
Verschiedene Drucke. 2.
15.

Kurze Beleuchtung der Stelle des homburgischen Übergabs-Vertrags de 1622. wo von der Regierung gehandelt wird; sich anfangend: 'bey dieser Einräumung und Uebergab' und sich endigend: 'weiters bevor behalten.' — o.O. 1762. 24 S. 4° 17. 21. 26.

Lit. B. Kurtze [Kurze] Beleuchtung derer, zwischen Sr. Hochfürstlichen Durchlaucht zu Hessen-Darmstadt, und des Herrn Landgrafen Printz Wilhelm zu Hessen-Cassel Durchlaucht, wegen des Heßischen Stamm-Austrags, an dem Reichs-Tag vorwaltenden Strittigkeiten. — o. O. [1743]. 28 S. 4°
(Gegen-Memoriale an e. Hochlöbliche allgemeine Reichs-Versammlung von d. Hochfürstl. Hessen-Darmstädtischen Gesandschaft, die hanauische Successions-Irrungen ... betreffend. Beyl. Lit. B.)
1:B in 38 in 4° Sk 6566/20. 4. 24. 26.

Beleuchtung, Kurze, des sogenannten Ungrundes der documentirten Gegenanzeige der Nieder Rheinischen Reichs Ritterschaft in Betreff ... entzogener Herrschaft Ebernburg, ... O. O. 1770. V: *Keifenheim, Carl Jos.* (Holz)

Kurze Beleuchtung jener im Druck erschienenen Schrift unter dem Titel: Ungrund der Successions-Ansprüche des Herrn Fürsten Anselm Maria Fugger zu Babenhausen auf die vormalig schellenbergische halbe Herrschaft Kieslegg und die in solche gehörige Ortschaften Waltershofen und Röthsee. — o.O. 1815. 41 S. 8° 21.
15.

—— kurze, der Schrift: Die Verkehrsprotection in Holstein und die directe lübeck-hamburger Bahn. gr. 8. (15 S.) Hannover 858. (Altona, Wendeborn'sche Buchh.) *

Beleuchtung, Kurze vorläufige, der Druckschrift unter dem Titel: »Ueber die Ansprüche der Krone Bayern an Landes-Theile des Grossherzogthums Baden.« Nürnb. 1827. V: *Zoepfl.* (BaBb)

—— kurze vorläufige, d. Druckschrift u. d. T.: Ueber d. Ansprüche d. Krone Bayern an Landes-Theile d. Großherzogth. Baden. Mit Beziehung auf d. Beilagen obiger Druckschrift. gr. 8. (2 B.) Nürnberg 827, Riegel u. Wießner.

Kurtze [Kurze] Beleuchtung einer in verwichenen Tagen hervor getrettener, und ohngefehr zu Gesicht gekommener Durlachischen sogenannten Summarischen Vorstellung, welche ... das Moratorium ... durch die Hechel ziehet, ohnerhörter Injustiz beschuldiget, was aber Camera Imperialis denen Kayserlichen Verordnungen zugegen gehandelt, und mit Erkanntnussen bestärcket, hoch erhebet, alles sub forma recitationis historicae. Nassau contra Durlach. Executionis moratorii. Mit Beyl. — o.O. [um 1725]. 11 [vielm. 22] S. 4° 24. 26. 27.
15.

—— kurze, des von Hrn. J. J. Bernet am 18 Aug. 1844 zu St. Leonhard gehaltenen Vortrags: „Die Prediger-Versammlung u. Immanuel." 8. (2 B.) St. Gallen 844, Huber u. Comp.

Kurze Beleuchtung des Zurufs: An das Publicum über die gedruckte Sammlung einiger das Privilegium des mekklenburgischen Erb-Jungfrauen-Rechts betreffende Stücke, mit Beyl. — o.O. [um 1760]. VIII,60 S. 2° 2. 3. 5. 28.
15.

Beleuchtung der wirthschaftlichen Lage des österreichischen Lehrerstandes. Wien 1878. 2. Aufl. 1879. V: *Krainz, Johann.* (WFM)

—— der rheinischen Landtagsverhandlungen in d. erzbischöfl. Angelegenheit. gr. 8. (2¼ B.) Barmen 841, (Langewiesche.)

Beleuchtung der Rheinischen Landtags-Verhandlungen in der erzbischöflichen Angelegenheit. — Barmen: Staats 1841. 35 S. 8° 1:5 in Sy 8386–3. 4. 5. 6. 10.
15.

—— der „Lästerungen" des Prediger C. A. D. Tornwald, od. die protestant. Organe wider die kathol. Kirche. 1. Hft. von F. W. Landmesser. gr. 8. (5 B.) Marienburg 844, Dormann. *

— üb. Diogenes Laterne. 8. Berl. Dieterici. 799.

Beleuchtung des Lebens im deutschen Zollverein und der in Mecklenburg-Schwerin gegen den Anschluss herrschenden Bedenken. Von e. Mecklenburger. — Schwerin 1857: Stiller. 63 S. 8°
Als Verfasser wird zur Nedden genannt. 28.
15.

Beleuchtung der Legende, genannt die Isenburg, worin dem heil. Märtyrer Engelbertus, Erzbischoff zu Kölln, die schwärzesten Thaten angedichtet werden, ... Dorsten 1818. V: *Voss, Johann Caspar Alois.* (MGT)

— des Hrn. v. Loen's Lehrgebäude von d. einzig wahren Religion. 8. Frankf. 752. 4 K

Beleuchtung des Lehrplanes für die Gemeindeschulen [des Kantons Luzern]. — o.O. [1853]. 78 S. 8° 302.
15.

— der von dem Herrn Justizrath Stupp herausgegebenen Schrift: „Licht und Schatten." Von dem Verf. der Flugschrift: „Die letzten Hermesianer und ihr Anwalt." 12. Neuß 844, Schwann. n. ⅙ ß

— der Hermesischen Schrift „Licht u. Schatten v. Stupp." 12. Neuß. 1845, Schwann. 5 Ngr. — 18 kr.

Beleuchtung des churfürstlich-mainzischen Lottohauses, da Seiner Churfürstlichen Gnaden ... Herrn Friedrich Karl Joseph, des heiligen Stuhls zu Mainz Erzbischofen ... die löbliche Burgerschaft von Mainz huldigte. — o.O. 1775. 4 Bl. 2° 3.
15.

Beleuchtung der Schrift: Loyola gegen Luther! Von C. Schöchlin. Ansichten eines Katholiken über die Jesuitenmission. — Freiburg i. Br.: Herder 1851. 24 S. 8° 21.

An die Römisch-Kaiserliche auch in Germanien und zu Jerusalem, zu Hungarn und Böheim Königliche Majestät, nothgedrungene allerunterthänigste vollkommene Beleuchtung, weitere Ausführung und Nachtrag zu der Deduction vom 13. März 1788. in Sachen unser, der Bürgerschaft der kaiserlichen und des Reichs freyen Stadt Worms, gegen den Conrector G. W. Böhmer ... Die gewaltsame Aufdringung neuer, der Augsb. Confession ... zuwiderlaufender, reichsgrundgesetzwidriger, höchstgefährlicher Irrlehren ... betreffend. Mit Anl. von 76. bis 132. — o.O. 1789. 93,66 S. 4° 5.
15.

Beleuchtung des Manifestes der Gründe, welche die Hochw. Grosse Mutterloge des Eklektischen Bundes zu dem Beschlusse bewogen haben, die ger. und vollk. St. Johannis-Loge Carl zum aufgehenden Lichte zu Frankfurt am Main aus dem eklektischen Bunde zu entlassen. (Ms. f. Frmr.) Darmstadt 1844: Kichler. 16 S. 8° [Umschlagtit.]
Protest der Loge Johannes der Evangelist zur Eintracht, Darmstadt gegen den Beschluss der Grloge.

Beleuchtung der Materialien zum Appellations-Libell, welche für die verwittwete Frau geheime Räthin von Brockdorff, gebohrne von Blome, ... Appellantin wider den Herzogl. Würtembergischen Herrn Hofoberforstmeister und Cammerjunker von Brockdorff, ... Appellaten, den der erstern vom diesjährigen Holsteinischen Landgerichte abgeschlagenen schriftlichen Proceß mit der Appellation an die höchsten Reichsgerichte s.w.d.a. betreffend, im Publico verbreitet worden sind. Mit Anl. — Kiel 1792: Mohr. 20,14 S. 4° 24.
15.

Beleuchtung der »Materialien in Beziehung auf die Frage der staatlichen Mob.-Versammlung«. Zürich 1893. V: *Bodenheimer, Const.* (Cat. d. Stadtbibl. Zürich. Zürich 1864--97.)

Beleuchtung der Meinungen und Ansichten, hingeworfen bei Lesung des Befreiungskrieges von Venturini. — o.O. 1819. 60 S. 8° Aus: Minerva. 1819. 2. 14. 15.
15.

— der „Meinungen u. Ansichten, hingeworfen bei Lesung des Befreiungskriegs v. Venturini, Minerva, Januarst. 819." Leipzig, Kollmann.

— d. weise-närrischen u. närrisch-weisen Menschengeschlechts u. d. Thier-Redoute in Menschenmaske. M. Kpf. 8. Berl. 800. N. A. 809. Akad. Buchh. 1 ℛ 20 K

Zur Beleuchtung der S. Röder'schen Metall-Compositions-Schreibfedern. — Berlin: [S. Röder] 1858. 31 S. 8° 26.
15.

—— der wirksamsten Mittel zur Beseitigung des socialen Elendes und der Finanznoth der Staaten. Von einem greisen Patrioten. gr. 8. (104, LVI S.) Dresden 880, C. Weiss. *

Beleuchtung, moderne, s.: Miniatur-Bibliothek.

Beleuchtung der Zittel'schen Motion über Religions-Freiheit. Allen Freunden d. Vaterlandes gewidmet. Neue, verb. u. verm. Ausg. — Aschaffenburg [u.s.w.]: Bonifacius-Denkmals-Schriften 1846. 16 S. 8°
12: Polem. 3033–9.
15.

—— d. Zittel'schen Motion üb. Religions-Freiheit. Allen Freunden des Vaterlandes gewidmet. Neue, verb. u. verm. Ausg. 8. (1 B.) Bonn 846. (Wittmann.) *

—— der Motive zu dem Entwurfe ein. Gesetzes üb. d. Erbverpachtung von Lehns- u. Fideikommißgütern in Preußen. Ein Beitr. zur Beurtheil. der neuesten preuß. Gesetzgebungspolitik (von Grübnau). gr. 8. (2 B.) Leipzig 845, Mayer.

Beleuchtung zum Motiven-Bericht des kgl. ung. Handelsministeriums zu dem mit dem Triester Lloyd abzuschliessenden Vertrage. — Wien: Stockinger & Morsack 1878. 39 S. 8° 300: 178.703–B. 302.
15.

Beleuchtung einer kleinen Schrift: Die Mystiker und die Freydenker. — Hamburg: Meißner 1828. 12 S. 8° 23.
15.

Beleuchtung der traurigen Nachricht von dem unerhörten Muthwillen, ... zu Peking ... und deren Beantwortung. [Berlin 1786.] V: *Lüderwald, Georg Ernst, genannt Lange.* (R-N)

Beleuchtung der Vorläufigen Nachricht des Commercien-Raths Herrn Herwigs zu Würzburg an das Publikum wegen seiner Religions-Veränderung. — Frankfurt [usw.] 1772. 39 S. 8° 3. 12: Polem. 214 u. 14. 17. 18. 29.

Beleuchtung, Nahe, derjenigen Einwürfe, welche einige Canonisten wider das churbaierische Sponsaliengesetz vom 24. Jul. 1769 machen. München 1770. V: *Osterwald, Peter von.* (ZÜRKL)

Beleuchtung, Nähere, einer neuen Bearbeitung des Buches Koheleth, oder Prediger Salomo ... Hirschberg 1837. V: *Peiper, Rudolph.* (BrMm)

Nähere Beleuchtung der Schrift: Entwurf einer neuen Verfassung der deutschen katholischen Kirche in dem deutschen Staatenbunde durch einen Verein deutscher Vaterlands-Freunde. — o. O.: Verein deutscher Vaterlands-Freunde 1816. 51 S. 8° 7. 8. 12: J. can. P. 104 f.
15.

— nähere, d. Erfindung, Zucker aus Runkelrüben zu erzeugen rc., v. K, F. v. M—r. (Meldinger). gr. 12. Wien 799.

Nähere Beleuchtung der Frage: Liegt es im Interesse Frankfurts dem Preußisch-Bayerischen Zollverbande beizutreten oder nicht? — Frankfurt a. M. 1831: Sauerländer. 24 S. 8° 30.

Nähere Beleuchtung der Gerechtigkeitsliebe der bayerischen Landstände als Grundherren betrachtet, mit authentischen Belegen.
Leipzig: Heinsius 1802.

Nähere Beleuchtung des Conventions-Zwanzig Gulden-Fußes nach Anlaß derer dieser wegen bis anhero bekandt gewordenen gedruckt und ungedruckten Schriften. — o. O. 1765. 60 S. 8° 7. 12: 4° J. publ. G. 793/10. 14. 16. 17. 23. 26. 30. 300: 44 H 65.
15.

Beleuchtung, Nähere, der Lebensgeschichte des Freyh. von der Trenck. Neue Ausg. Lausanne [Leipzig?] 1788. V: *Wadzek, Friedrich Franz Daniel.* (Bresl 31, S. 155)

— nähere, d. Lebensgesch. des Freyh. v. Trenk. 8. Lausanne. (Schlegg, L.) 788.

— — dass. 8. Leipz. W. Fleischer. 788.

Nähere Beleuchtung des von Loenischen Neuen Lehr-Gebäudes, von e. wahrheit-liebenden Geistlichen, aus der Orthodoxen Schrifften zusammen gezogen, u. der gelehrten Welt ... mitgetheilet, von e. Anonymo. — Franckfurt a. M.: Hechtel 1752. 48, 108 [vielm. 208] S. 8° 5. 14. 23.
15.

Beleuchtung, Nähere, des dem K. K. Obersten und Chef des Generalstaabes Freyherrn v. Mack zugeschriebenen Operationsplans für den Feldzug 1794 des Oesterreichisch-Französischen Krieges. Berl. 1796—97. V: *Massenbach, Chn Carl Aug.*

Beleuchtung, Nähere, derjenigen Scheingründe, so in denen bißhero ... herausgekommenen Churbraunschweigischen Schriften wiederholt vorgebracht worden ... O. O. 1766. V: *Sundermahler, Joh. Jac. Jos.* (Holz)

Beleuchtung, Nähere, des wienerischen Sokrates und überaus keusch gesitteten Recensenten der Modesitten in 24 schnakischen Kapiteln. Wien 1800. V: *Gewey, Franz Anton de Paula.* (Stadtbibl. Wien 10850 a) (DARP) (XIV. Versteig.-Kat. Ign. Schwarz, I. Teil. Wien 1926. Nr. 318) (Biblrort)

— nähere, des wienerischen Socrates und überaus keusch u. gesitteten Recensenten d. Modesitten rc. 8. Wien, Rehm. 808.

Nähere Beleuchtung der disseitig notorischen Gräflich-Saynischen besitzlichen Stamm-Erbfolgs-Proximität, als des alleinigen Possessions- oder Manutenentz- und Recuperations-Tituls; vor Hessen-Philippsthal, wider Brandenburg-Onoltzbach. 1749. — o. O. [1749]. 10 S. 4° 14.
15.

Nähere Beleuchtung der disseitig notorischen Gräflich Saynischen besitzlichen Stamm-Erbfolgs-Proximität, als des pragmatisch einigen Possessions- oder Manutenentz und Recuperations-Tituls; vor Hessen-Philippsthal, wider Brandenburg-Onoltzbach. — o.O. 1750. 40,12 S. 2°
5. 24. 26. 300:1 an • 28 H 19.
15.

Nähere Beleuchtung der Streitsache der Geschwister Sarasin wider Jungfer Böhnerin, als angebliche Testamentserbin des Herrn Peter Sarasin, nebst abgedruckten Aussagen der von den Geschwistern Sarasin aufgeführten Zeugen. — Frankfurt 1807. XXVII,54 S. 8° 27. 30.
15.

— nähern, d. deutsch. Union. 8. Frankf. Böhme. 789.

— nähere, d. deutschen Union, (v. Th. Glo. Schulz). 8. Frankf. u. Leipz. 789. (Knobloch). 3 gr

Nähere Beleuchtung der über die homöopathische Heilart noch bestehenden Vorurtheile und Mißverständnisse. Mit e. Vorw. u. medicinischen Anm. von Franz Melicher. Berlin: Logier 1833. 86 S. 8° 1:If 11126. 11.
15.

— nähere, d. Zwanzigguldenfußgeldes. 4. Frankf. 765. Brönner. 4 gr

Beleuchtung, Neue, derjenigen Einwürfe, welche einige Canonisten wider das churbaierische Sponsaliengesetz vom 24. Jul. 1769 machen. München 1770. V: *Osterwald, Peter von.* (CLzür Forts. II)

Beleuchtung, Neue, der polnischen Frage. Aus den Papieren eines Russen ins Deutsche übertragen von Dr. Ludewig. Leipzig 1845. V: *Bahr, L.* (BrMm)

— neue, der polnischen Frage. Aus d. Papieren ein. Russen ins Deutsche übertragen von Ludewig. gr. 8. (5⅝ B.) Leipzig 845, Schrey. *

— neue, d. Gerechtigkeitsliebe bayrisch. Landstände als Grundherrn. 8. Landsh. Krüll. 802.

Beleuchtung, Neue, wider einige Kanonisten, ... O. O. 1770. V: *Osterwald, Peter von.* (Weber)

— neue, d. unsichtb. Kirche ꝛc. Mit ein. Nachschr. an Hrn. M. Wahrlieb. (5½ B.), s.a. Ammon, Chr. Fr. v.

— neue, der unsichtbaren Kirche. Mit e. Nachschrift an Herrn Mag. Wahrlieb. 8. Berlin ... (Cranz.) ⅓ rℓ

— neue, der unsichtbaren Kirche. Mit e. Nachschrift an M. Wahrlieb. (Aus v. Ammons Zeitschr. abgedr.) 8. Dresd. 828. Hilscher. 6 gr

— der in Heidelberg erschienenen Denkschrift: Die Neugestaltung des Volksschulwesens in Baden. Rastatt 861. Hanemann in Comm. 8. (7 S.) n. 1 ngr.

Zur Beleuchtung der dänischen Note vom 23. Februar 1857. — Hamburg: Perthes-Besser & Mauke 1857. 24 S. 8° 7. 8. 11. 18.
15.

Beleuchtung der Note des schleswig-holsteinischen Departements der auswärtigen Angelegenheiten an den Lübecker Senat, vom 6ten August 1850. — [Lübeck 1850]: (Bock). 22 S. 8° Aus: Lübecker Volksbote. 1850.
18.
15.

Zur Beleuchtung der königlich preußischen Note und Denkschrift vom 25. August 1850. — Frankfurt a/M.: Lizius 1850. 39 S. 8° 18. 302.
15.

Nöthige Beleuchtung des 49. und 50. Heftes des Schlözerischen Briefwechsels in Betreff einiger sogenannten Actenstücke über das Betragen der Exjesuiten in Baiern. — Frankfurt [usw.] 1781. 38 S. 8° 5. 7. 12: Ver. 557/6. [u. ö.]
15.

Beleuchtung, Nothwendige, des verläumderischen Memorials, welches von dem Titular-Hof-Rath ... J. C. F. von Olnhausen bey der Höchstansehnlichen K. Commission ... übergeben ... worden. Wertheim 1770. V: *Kissling, Joh. Sigm.* (Holz)

Nothwendige Beleuchtung der Schrift: 'Letztes Wort über die polnische Sache vom Professor Krug in Leipzig'. Von †Z†. Nebst e. Nachwort, betreffend d. Portrait von Europa von Krug. — Altenburg: Expedition d. Eremiten 1832. 27 S. 8° 302.
15.

Beleuchtung der sog. Nullitätsklage des Schreiner Hammel in Muttenz gegen ein Obergerichts-Urtheil. — Liestal 1844: Honegger. 15 S. 8° 12: Decis. 120-10.
15.

Die öffentliche Beleuchtung von Berlin. E. geschichtl., techn. u. wirthschaftl. Darstellg d. öffentl. Beleuchtungwesens in Berlin, sowie des Beleuchtgseffectes auf d. Berliner Strassen. Auf Grund offic. Materials hrsg. v. Dr. H[einr.] **Lux**, Ingen. ... M. e. Uebersichtspl. u. 256 Abb. *Berlin: S. Fischer 1896.* (XIV S., 1 Bl., 468, XIV S., 1 Bl., 2 Taf., 1 Pl.) 1 Bd 4.(8.) 96. 7337

— über d. Oeffentlichkeit des gerichtl. Verfahrens ꝛc, der geschwornen Gerichte in Baiern. 8. München, Lentner. (Leipzig, Hartmann in Comm.) 820.

— d. Mackschen Operationsplans. 3 Thle. 794. Jetzt Reimer in Berlin.

— des d. k. k. Obersten v. Mack zugeschrieb. Operationsplans für d. Feldzug 1794 in d. Niederlanden ꝛc. 3 Bde, mit Plänen. gr. 8. Berl. 794—97. (Reimer). 3 rℓ 12 gr

— des d. K. K. Oberst. v. Mack zugeschriebn. Operationsplans f. d. Feldzug 1794. in den Niederland. ꝛc. 3 Bde. m. K. gr. 8. Berl. Unger. 796. 97. (1r 12 gr. 2r u. 3r à 1 Rthlr. 12 gr.)

Beleuchtung der Opposition des Herrn Zais gegen den preußischen Zoll-Verein. — Stuttgart 1833: Steinkopf. 60 S. 8° 21. 24. 28.
15.

Beleuchtung einiger dunklen Oerter in den vornehmsten Gebäuden der Stadt. [Wien 1783.] V: *Berghofer, Amand.* (EB)

Beleuchtung der Parität in Preussen auf dem Gebiete des hohen und mittleren Unterrichts. Freiburg i. Br. 1862. V: *Schulte, Johann Friedrich von.* (Erman & Horn, Bibliogr. d. dtsch. Universitäten. 2. Leipz. u. Berl. 1904.)

— der Parität in Preußen auf dem Gebiete des hohen und mittleren Unterrichts. gr. 8. (62 S.) Freiburg im Br. 862, Herder'sche Verlagsh.

Beleuchtung des Königl. Hannoverschen Patents vom 1. Novbr. 1837. — Altona: Hammerich 1837. 16 S. 8°
1:5 in Sl 9180. 7. 8. 13. 18. 23. 27.
15.

Patriotische Beleuchtung der Bemerkungen eines patriotischen baier. Staatsbürgers über den Entwurf eines neuen Zollgesetzes, welcher in der 15. allgemeinen Sitzung den 5ten März 1819 der Kammer der Abgeordneten zur Berathung vorgelegt worden. — Baiern 1819. 32 S. 8°
12: Don. Lud. XXXVIII-5.

Patriotische Beleuchtung der flüchtigen Gedanken des jezigen Nahrungs-Standes der Residenz-Stadt Cassel. — o.O. 1791. 56 S. 8°
5.
15.

Beleuchtung der Petition, welche (angeblich) der bürgerl. Handelsstand .... in Betreff des Verfalls des Handels .... übergeben hat. *Von den jüdischen Glaubens-Genossen zu München.* München 1819. 8°. 52 S. Cart. Ebenfalls d. Kammer d. Abge. unterbreitet. d. dato: München, am 1. Juni 1819.

— philosophische, verschiedener in d. heutigen Naturlehre gebräuchl. Stoffe u. Polerisirungen derselb. Mit 3 lithogr. Taf. 8. Frankfurt a. d. O. 824, Hoffmann.

Eines Polaken Beleuchtung der Betrachtungen über das von der Republic Pohlen bey gegenwärtigen Zeit-Läufften zuhaltende Betragen. — o. O. 1756. 15 S. 8°
12: 1° Polon. 62 17. 24. 29.
15.

BELEUCHTUNGEN, Praktische, für ledige Manns- und Weibspersonen. O. O. 1798. 8°. (1 fr. Werner Hausknecht, St. Gallen, Cat. 61.)

— prakt., d. Standespflichten f. ledige Manns- u. Weibspersonen. 8. Augsb. 798. Ant. Rieger. 7 gr.

Beleuchtung einer Predigt über 1. Cor. 3,11. von Herrn Seminardirector Dr. Daniel Schenkel am 6. Nov. 1864 in Heidelberg gehalten und von demselben mit einem Vorworte dem Drucke übergeben. — Karlsruhe: Gutsch 1865. 15 S. 8°
10.
15.

Beleuchtung der Predigt des Herrn Kaplan J.N. Weingärtner, gehalten am 8. September 1848 zu U.L. Frau in München. Von e. katholischen Priester. — München: Henzel 1848. 16 S. 8° 12: Bavar. 4007-III, 18/4. [2 Ex.]
15.

— der beiden Eberhardtschen Predigten über die gemischten Ehen. Von e. Protestanten (mit d. Motto: „Du sollst nicht falsch Zeugniß geben wider Deinen Nächsten." 8. München 840. Jacquet. 1/8 ℔ Velinp. 4½ gr.

Beleuchtung von Dr. S. Sugenheim's Oratio I. in Catilinam. 'Preußisch-Bayerisch-Kirchliches der Gegenwart.' — Regensburg: Manz 1842. 30 S. 8°
Aus: Zeitschrift für Kirchenrechts- u. Pastoralwissenschaften. 1. 1842.
12: Bavar. 4071-25.
15.

— d. Privatgedanken üb. d. Eintheilung d. Senate beym Reichskammergerichte. 4. Frankf. u. Leipz. (Montag u. W. Regensb.) 788.

Beleuchtung der im Druck erschienenen Privatgedanken über die Eintheilung der Senate bei den K. und K. Gerichten. Frankfurt und Leipzig 1788. V: *Cunibert, Augustin Franz von.* (HS) (MGT) (Ky)

— des Programms f. die. am 8. Aug. 1830 statt gehabte Einweihungsfeier d. Synagoge zu Cassel, ein wohlgemeinter Wink für Gemeinden, welche öffentl. Religions-Feierlichkeiten begehen rc. gr. 8. (1½ B.) Heidelberg 840. (Mannheim, Bensheimer.)

— des Programms für die am 2. August stattgehabte Einweihungsfeier der Synagoge zu Cassel. 8. Mannheim 841, Bensheimer. 1/8 ℔

Beleuchtung des Projektes für ein neues Stadthausquartier im Anschluss an die Quai-Projekte. Zürich 1875.

Beleuchtung des bey der fränkischen Kreis-Versammlung ... übergebenen ... P. M. ... die Wegbausache in der Grafschaft Oettingen betreffend. Wallerstein 1774. V: *Schaden, Franz Michael von.* (ML)

Beleuchtung des von Seiten Constanz überreichten Pro Memoria in causa zu Constanz Herr Bischoff und Fürst das Kloster Reichenau betreffend. Puncto citationis-nunc revisionis. — o.O. 1756. 79 S. 4° 1:4° Si 4575. 2.
12:2° Ded. 289/4 [u. 5.] 17. 23. 27.
15.

Beleuchtung des Promemoria, welches unter dem Nahmen des regierenden Herrn Fürsten zu Wied-Neuwied Durchlaucht, durch dessen Anwalt, Hrn. Dr. Wickh, bey dem höchstpreyßlich Kaiserlichen und Reichs-Kammergerichte ... im Junius 1792. übergeben worden ... und desselben Vergleiche mit den Unterthanen, dann einige angeblich falsche Angaben betrift. — o.O. 1792. 40,70 S. 4° 1:4° Ti 2045. 12:2° J. publ. G. 73. 17. 18. 20.
15.

Beleuchtung der Broschüre: Die römisch-hierarchische Propaganda, ihre Partei, Umtriebe und Fortschritte in Deutschland. ⟨Leipzig bei F.A. Brockhaus, 1838.⟩ — Würzburg: Stahel 1838. 47 S. 8°
6. 10. 12: Polem. 3026-2. 14. 18. 21. 38.
15.

— des Prospectus einer Norddeutschen Fluss-Dampf-Schlepp-Schifffahrts-Gesellschaft. Magdeburg (855.) Schaefer's Buchhdlg. gr. 8. (11 S.) n. 1 ngr.

— des Prospectus einer norddeutschen Fluss-Dampf-Schlepp-Schifffahrts-Gesellschaft. gr. 8. (11 S.) Magdeburg 856, Schaefer's Buchh.

— der erschien. Schrift: Die Protestation u. Entlassung d. sieben göttinger Professoren hrsg. v. Dahlmann. 8. (2½ B.) Lüneburg 838, Herold u. Wahlstab.

— d. Waser'schen Processes. 8. Basel 781. Serini. 10 gr.

Beleuchtung des Waserischen Proceßes. Gröstentheils aus den öffentlichen Akten, und aus den Schriften der Herren Diacons [Johann Jacob] Cramer und J[ohann] C[aspar]) Lavater gezogen. 8. Berlin [Basel] 1781.

Beleuchtung des Waserischen Proceßes [Prosess]. Gröstentheils aus den öffentlichen Akten, und aus den Schriften der Herren Diacons Cramer und Lavater gezogen. — Berlin: Ring 1781. 151 S. 8°
1: Av 21426. 3. 5. 7. 11. 300: 40.581-A.
15.

Beleuchtung und Prüfung des Etwas Gründliches über den Hildesheimschen Bauernstands-Proceß namens löblicher Landstände dieses Hochstifts. Anl. 1-6. — Hildesheim 1799: Schlegel. 40,16 S. 4° 3. 7.
15.

Beleuchtung der Schrift: Prüfung der jüngst in Mainz erschienenen Schrift von dem anmasslichen Rechte eines Reichsverwesers, ... Mainz 1790. V: *Roth, Johann Richard von.* (HS) (MGT)

Beleuchtung der Bad Emsischen Punktation. Memmingen 1787. V: *Held, Will.* (BB) (ML)

Beleuchtung der von der Stadt Lübeck, sub ⟨174⟩ s. Num. 13 ad Acta Cameralia, den 6. Febr. 1671. producirten Rechnung, was die Stadt Lübeck von dem Städtlein Möllen de anno 1359. usque ad annum 1670. empfangen. o.O. 1741. 19,37 S. 2° 1:1 in 2° Sp 6002-2; 2 in 4° So 9901 [u.] 13 in 4° So 9465. 14. 17. 18. 23. 27.

— der Schrift: „Das Recht und der Rechtsschutz der katholischen Kirche in Deutschland" von Freiherr v. Ketteler, Bischof von Mainz. Von *** Mannheim 854. (Heidelberg, K. Groos.) 8. (1 Bl., 18 S.) n. 4 ngr

Beleuchtung der Schrift: 'Das Recht und der Rechtsschutz der katholischen Kirche in Deutschland' von Freiherr von Ketteler, Bischof von Mainz. Von ***. — Mannheim (Heidelberg: Akademische Anstalt für Literatur u. Kunst) 1854: Hogrefe. 18 S. 8° 4. 12: J. can. P. 104 fo. 16. 18. 24. 26. 27. 15.

Beleuchtung des vertheidigten Rechts der freyen und independenten Rathswahl, ... [Hildesheim] 1731. V: *Moser, Johann Jacob.* (ML)

Beleuchtung der in den gegenwärtig bei dem Geheimen Ober-Tribunale schwebenden Fränkel-Marcuseschen Erbrechtsprozesse einschlagenden jüdischen Rechte; von e. Sachverständigen. — Berlin 1808. 62 S. 4° 1: an 4° Hf 8830.

Beleuchtung der Flugschrift: Rechte und Forderungen der freien Hamburger. ... Im Sept. 1830. V: *Abendroth, Amandus Augustus.* (Schr)

Beleuchtung der 'Rechtfertigung' des apostolisch-katholischen Priesters Czerski in Schneidemühl hinsichtlich seines Abfalles von der römischen Hofkirche. Von e. Katholiken. — Gnesen 1845: Günther. 52 S. 8° 1: 6 in 4° Cq 8056. 2. 38. 15.

— 2., verm. Aufl. Ebd. 1845. 50 S. 8° 1: 17 in 4° Cq 8057. 15.

— der „Rechtfertigung" des apostol.-kathol. Priesters Czerski in Schneidemühl hinsichtlich seines Abfalles von der römischen Hofkirche. Von einem Katholiken. 12. Gnesen 845. (Lissa, Günther.) 1/6 ℛ

Beleuchtung der Rechtfertigung des öffentlichen, mündlichen Verfahrens im Civilprozeß und in peinlichen Sachen gegen seine Verfolger. ⟨Düsseldorf bei A.C. Trost.⟩ Köln 1819: (Rommerskirchen). 70 S. 8° 1: Fx 11241. 5. 6. 14. 26. 38. 15.

— rechtl., e. Protestanten gegen d. zu Koblenz stattgefundenen Wahlen d. zweiten Standes d. Rhein. Provinziallandtags. 8. Berl. 828. Mittler. 6 Gr

Rechtliche Beleuchtung einer Protestation gegen die zu Koblenz stattgefundenen Wahlen des zweiten Standes des Rheinischen Provinzial-Landtags. — Berlin [usw.]: Mittler 1828. 47 S. 8° 1: Th 280. 11. 300: +69 O 507. 302.

Beleuchtung, Rechtliche, der Kurhessischen September-Verordnungen zur Kritik der Schrift: Die kurhess. Verordnungen von H. Martin. Hsg. von Heinr. Alb. Zachariae. Göttingen 1851. V: *Pfeiffer, Frdr.* (Kat. d. ständ. Bibl. Stuttg. 1907. S. 126.)

— rechtliche, der kurhessischen September-Verordnungen. Zur Kritik der Schrift: Die kurhess. Verordnungen vom 4., 7. und 28. Septbr. 1850, von H. Martin. Hrsg. von H. A. Zachariä. gr. 8. (X und 122 S.) Göttingen 851, Dieterichsche Buchh.

Rechtliche Beleuchtung des in sachen des Fürstlichen Wormsischen angeblichen Hof-Kammer-Fiscals klägers an einem, wider Hrn. Sam. de Ron und dessen Ehefrau Fr. Sophien Rebekken beklagte am andern theile am 8ten jänner 1756 eröfneten urthels. — o.O. [um 1760]. 10 S. 2° 4. 15.

Rechtliche Beleuchtung des von den beiden Gesellschaften Alt-Limpurg und Frauenstein zu Frankfurt angesprochenen Vorrechts auf eine bestimmte Anzahl von Stellen in dem Senate dieser freien Stadt. — Frankfurt a. M. 1817: Eichenberg. 28 Bl. 8° 1: 2 in Si 5808. 7. 14. 27. 30.

— d. Rede d. Grafen Fontanes im Erhaltungs-Senat, Decbr. 1813. gr. 8. Leipz. Joachim. 814.

Beleuchtung der Rede des Grafen Fontanes über die vom französischen Kaiser gemachten Schritte zum Frieden. — Deutschland 1814. 61 S. 8° 7. 17. 15.

Beleuchtung der Rede des Senators Grafen von Fontanes im Erhaltungssenate am 27. Decbr. 1813. Teutschland [Leipz. 1814.] V: *Wagner, Gottlob Heinrich Adolph.* (Ky) (Wr) (MGT) (NN)

Beleuchtung der Rede des Fürsten Ludwig von Oettingen-Wallerstein, gelegentlich der Berathung über die Anträge des Fürsten von Wrede in Betreff der Quarta und der Klöster ... Augsburg 1846. V: *Moy, Ernst von.* (BMarsch 92)

— der Rede des Fürsten Ludwig v. Oettingen-Wallerstein, gelegentlich der Berathung über die Anträge des Fürsten v. Wrede in Betreff der Quarta und der Klöster. gr. 12. Augsburg 846, Schmid'sche Buchh. 1 ngr

Beleuchtung des vom Herrn Schullehrer Hagen in Sct. Georgen bei einer Delegirten-Versammlung des oberfränkischen Kreis-Lehrervereins abgegebenen Referats über das im kgl. Central-Schulbücher-Verlage erschienene von mehreren öffentlichen Lehrern bearbeitete 'Lese- und Sprachbuch für Mittelklassen.' — Bamberg: Buchner 1872. 32 S. 8° 12: Bavar. 2165/1 15.

— der vom ärztlichen Vereine zu Dresden herausgeg. Schrift: „Zur Reform der Medicinal-Verfassung Sachsens." Herausgeg. von e. Mitgliede der chirurg. Gesellschaft zu Leipzig. gr. 8. Leipzig 846. (Melzer.) 1/4 ₰

Beleuchtung der neuesten Reformations-Predigten und der antikatholischen Literatur überhaupt, s.a. Zetter, Const. Christ.

Beleuchtung der neuesten Reformations-Predigten und der Antikatholischen Literatur überhaupt ... Regensburg 1845. V: *Zetter, Joh. Theophil.* [?] (Th)

Beleuchtung. bei Gelegenheit des höchsten Regierungs-Antrittes Sr. Kurfürstl. Durchlaucht zu Pfalz-Baiern Maximilian Joseph &c. &c. von dem kurfürstl. pfalz-baierischen Herrn Commerzien-Rathe &c. Bresselau in der Theatiner-Schwabinger Gasse Nro. 143. über Ein Stiegen. —[München] 1799. 2 Bl. 4°
12: 2° Bavar. 950-1,45.
15.

Beleuchtung der neuesten Reise durch Oesterreich ob u. unter der Ens, Salzburg, Berchtesgaden, Kärnthen, u. Steyermark von Dr. Franz Sartori. Wien bey A. Doll, 1811. 3 Bde. Oktav. Ein wesentlicher Nachtrag zu dieser Reisebeschreibung mit einziger Hinsicht auf Kärnthen. Klgft., Leon, 1812. 148 S. (Verf.: Franz Graf v. Enzenberg.)

Beleuchtung des Gräflich Wittgensteinischen Rekurses an die allgemeine Reichsversammlung, in der Graf Spauerischen angeblichen Ehesache. — Dat. Wetzlar 31. May 1783. 8 S. 2° 21. 12: 2° Ded 448-5 [2 Ex.] 24.
15.

Beleuchtung der Flugschrift: »Die Zellersche Religionsgefahr im Kanton Bern«. Dem Bernervolke gewidmet! Bern 1847. V: *Lauterburg, Ludwig.* (zuwzür 1912)

— der Flugschrift „die Zellersche Religionsgefahr im Kanton Bern." 8. (23 S.) Bern 847. (Zürich, Schultheß.) 1/12 ₰

Beleuchtung des unterm 6. May 1760. von dem Chur-Hannöverischen Ministerio an die Chur-Braunschweigisch Comitial-Gesandschaft zu Regensburg erlassenen und hi selbsten bekannt gemachten Rescripti. — Wien 176 Trattner. 22 S. 4° 14. 17. 2
15

Beleuchtung des Gräflich-Degenfeldischen Revisions- und Restitutions-Gesuchs gegen das kammergerichtliche Urtheil vom 17ten Julii 1783, ... Wetzlar 1786. V: *Medicus, Wilhelm Ludwig.* (MGT)

Beleuchtung. Recension, oder wie man will, der Brochüre, betitelt: Ueber die wahre Lage der vom Mailändischen Capitulat festgesetzten und von den Ehrsamen Räthen und Gemeinen immer anerkannten Unbefugtheit eines anhaltenden Aufenthalts der Reformirten Bündner in Unterthanen Landen, Gegen Herrn Wolfgang P Juwalta. 8. *o. O.* 1790.

— der in No. 151 u. 176 d. Leipz. Lit.Zeit. v. J. 1826 enthaltenen beiden Recensionen üb. d. 1n u. 2n Bd. von Limmers Voigtländ. Geschichte. 8. Gera 827. (Altenburg, Literatur-Compt.)

— zweier polit. Rhapsodien. 8. Münch. 777. Lentner. 8 gl

Beleuchtung zweyer politischer Rhapsodien. [Nebst] Forts. — o.O. 1779. 8°
12: Pol.g. 56 [auch Hauptw. Var. 559/18].
15.

Beleuchtung der Flugschrift: 'Ronge und die Götzendiener von Trier. Sind sie es? Beantwortet von e. Kaplan. Leutschau ⟨in Ungarn⟩ 1845.' — Leipzig 1846: Leiner. 55 S. 8° 13.
15.

— des „Rückblickes auf ein Memorial d. neuen Landleute d. altgefreyten Landes Schwyz an die alten Landleute dess." Von ein. Freunde d. Rechts, ab d. Landschaft d. Kantons Luzern. gr. 8. (5 B.) Zürich 830, Orell, Füßli u. Comp.

Beleuchtung von Jules Favre's zweitem Rundschreiben vom 17. Sept. 1870. V: *Ottensoser, Robert.* (CLzür Forts. II)

Beleuchtung des vierten Runenblatts von Herrn Jahn. Germanien 1814. 19 S. 8°
1: Deutsche Flugschr. 1814–27.

Beleuchtung des Satzes: Kirchengüter sind Nationalgüter. gr. 8. Zürich 831. Schultheß. 1 gl

Beleuchtung einiger Sätze, welche ab Seiten derer Herren von Oberg, in der Widerlegung der Stadt-Hildesheimischen kurtzen Geschichts-Erzehlung, betreffend die von weyl. Herren Hilmar, Jacob und Levin Friederich, Gebrüdern von Oberg angestellte Revocatorien-Klage wegen des Bavenstedischen Zehenden, in öffentlichen Abdruck geäusert worden. — Hildesheim 1739: Hartz. 78 S. 4°
1: 15 in 4° Sm 5050. 4. 5. 7. 23. 26. 27.

Beleuchtung der Broschüre des Hrn. Jn. Paul Rossmann, betitelt Schatten-Seite des hamburgischen Jugend-Vereins von Frl. E. — Hamburg: Tramburg 1841. 16 S. 8° 18.
15.

Beleuchtung der Flugschrift: Schilliana, das ist Züge und Thatsachen aus dem Leben und Charakter des preußischen Majors von Schill. — o.O. 1809. 40 S. 8°
1: 3 in Sw 4250. 2. 21.
15.

— d. Flugschrift Schilliana, d. i., Züge u. Thatsachen ꝛc. 8. Magdeb. 810. Creutz. 5 gl

Beleuchtung der Schleichschrift, welche in Betreff des Schulbuchs, Moral für die Jugend: herausgegeben worden von dem Exjesuiten Mathias Schönberg. — o.O. 1778. 47 S. 8° 12: Mor. 97 [2 Ex.]
15.

Beleuchtung, Herrn Schlendrians obersten Richters in Tropos, des tropophanischen Kriegssteuerpatents. V: *Huber, Franz Xaver* (I). (Rapport von Wien 1788, S. 410) (A. F. Geisler d. j., Skizzen u. Charakter Joseph II. Halle 1783/91, Bd. IV, S. 190/1) (biblport)

Zur Beleuchtung der Augustenburger Schrift: 'Die Herzogthümer Schleswig-Holstein und das Königreich Dänemark'. — Kopenhagen: Reitzel 1850. 100 S. 8°
1: So 3886; 12 in So 35 [u.] 11 in So 37b. 5. 7. 8. 11. 15. 16. 18. 26. 30. 38.
15.

Schleswigsche Beleuchtung einer preußischen angeblich officiellen Denkschrift, schleswigsche Verhältnisse betreffend. — Kopenhagen 1862: J. H. Schultz. 170 S. 8°

Als Verfasser wird Peter Hjort, als Übersetzer wird Fritz Meyer genannt.

1: Sn 3903. 8.

Beleuchtung eines in Dresden gegenwärtig in Abschrift circulirenden Schreibens, die Vereinigung Sachsens mit Preussen betreffend. 8. Dresden 1814.

Beleuchtung eines gegenwärtig in Dresden cirkulirenden Schreibens. Oschatz 1815. Wien 1815. V: *Heusinger, Johann Heinrich Gottlob.* (NN)

Beleuchtung der zwei erzbischöflichen Schreiben von Churtrier und Salzburg nebst den darauf erlassenen Antworten von Churpfalzbaiern wegen Decimations-Verlängerung in den pfalzbairischen Staaten. — Mannheim 1788: Gedruckt mit akad. Schriften. 44 S. 8°

1: Flugschr. 1788-5. 7. 12: Bavar. 229 [u. ö.] 14. 16. 21. 24. 29.

15.

— der zwei Erzbischöfl. Schreiben von Kurtrier u. Salzburg, nebst Antwort v. Kurpfalzbaiern wegen Decimations-Verlängerung. gr. 8. Manh. 788. Löffler. 3 gr

Beleuchtung der Schrift: Ueber Aufklärung. Von e. Patrioten, der weder Priester noch Levit ist. — Berlin 1788. 32 S. 8°

Als Verfasser wird Johann Christoph Valentin v. Triebel genannt.

1: Fb 13059. 2. 17. 18.

— 2. Aufl. Berlin 1788. 32 S. 8°

1: Sy 5122 [u.] 2 in Sy 5132. 2. 4. 8. 10. 17. 27.

15.

Beleuchtung der unlängst edirten, für unwiderleglich ausgegebenen, und an hohen Orten distribuirten Schrifft [Schrift], Die wahre Lehre der Reformirten vom heiligen Abendmahl genannt. — o. O. 1721. 39 S. 8°

Als Verfasser wird Valentin Ernst Löscher genannt.

1: 8 in Bd 8603-195. 9. 14. 15. 23. 27.

15.

Beleuchtung der Schrift: Ueber den Frieden unter der Kirche und den Staaten, von dem Erzbischof von Cöln, Clemens August Freiherrn Droste zu Vischering. — Elberfeld: Hassel 1843. 75 S. 8°

1: Sy 9014 u. 2 in Sy 8976. 5. 6. 7.

15.

— der Schrift: Ueber den Frieden unter der Kirche u. den Staaten, von dem Erzbischof von Cöln, Clemens August Frhrn. Droste zu Vischering. 2. Aufl. gr. 8. (4¾ B.) Elberfeld 843, Hassel.

Beleuchtung der als Manuscript gedruckten Schrift über die Frage: Bedarf die Commission des Senats für kirchliche Angelegenheiten der Zuordnung eines aus einigen Predigern beider protestantischen Confessionen gebildeten Kirchenraths? — Bremen 1856: Bünsow & Hauschild. 29 S. 8°

15.

15.

Beleuchtung der Schrift: Ueber die Grundübel des mecklenburgischen Steuerwesens und die Mittel zu deren Heilung. — Neu-Strelitz: Barnewitz 1860. 32 S. 8°

1: 8 in Sn 3572. 28.

15.

Beleuchtung der Schrift des Agenten Jensen über die angebliche Gefährlichkeit der Rendsburg-Schleswig-Flensburger Eisenbahn. — Flensburg 1845: Kastrup. 24 S. 8°

8.

15.

— der Schrift d. Hrn. Prof. Krug üb. d. Cölibat, welchen keine christl. Regierung, als solche u. für sich allein aufzuheben berecht. ist. Von ein. Protestanten. 8. (1½ B.) Dresden 830, Walther.

Beleuchtung der Schrift über die Schlesischen Pfandbriefe und besonders über die Verordnung vom 31ten December 1789. nebst e. Nachtr. über d. Anmerkungen u. Gegenanmerkungen. — Breslau: Korn 1790. 42 S. 8°

2. 10.

15.

Beleuchtung der Schrift: Ueber die Reorganisation etc. (von J. J. Hertz).

— der Schrift: Ueber die Reorganisation der städtischen Armenverwaltung. Als Mscr. gr. 4. (36 S.) Berlin 852. (Hertz.) n. ⅙ ß

Beleuchtung der Schrift: Ueber die Reorganisation der städtischen Armenverwaltung. — Berlin 1852: Schade. 36 S. 8°

1: 18 in 4° Tc 6518. 11. 18.

15.

Beleuchtung der Stolbergischen Schrift über den Vorrang des Apostels Petrus und seiner Nachfolger. Eine aus d. Heidelberger Jahrbüchern mit Bewilligung d. Verlagshandlung abgedruckte Recension. Nebst e. Vorw. von e. protestantischen Rechtsgelehrten am Niederrhein. — Nürnberg: Raw 1817. 88 S. 8°

1: Bt 13223. 4. 12: Polem. 215m. 18.

15.

— d. Schrift d. Hrn. v. Uechtritz: über Grundherrn-Verhältnisse u. Unterthanendienste, mit besond. Rücksicht auf d. Aufhebung d. letztern. 8. Görlitz 816. Anton in Halle. 4 gr

— d. Schrift d. Hrn v. Uechtritz: über Grundherrn-Verhältniße u. Unterthanendienste, mit besonderer Rücksicht auf d. Aufhebung d. Letztern. 8. Görlitz, Anton, 817.

Beleuchtung der Schrift des Herrn v. Uechtritz über Grundverhältnisse und Unterthanendienste. Görlitz 1812. V: *Stölzer, Christian August von.* (KY) (MGT)

Beleuchtung der Schrift: 'Warum bin ich katholisch geworden? von G. Winkler, ehemaligem protestantischem Schullehrer in Dorlisheim'. Ein Wort zur Beherzigung für d. evangelische Volk. — Ebd. 1859. 24 S. 8° 1: Di 5418.

15.

— 2., verm. Aufl. Straßburg 1859: Christophe. 24 S. 8°

21.

15.

Beleuchtung der Professor Weberischen Schrift über die Einführung der Wild-Steuer. — Nürnberg: Felßecker 1795. 18 S. 8° 14. 21.

— d. Schrift: Werden d. Jesuiten auch in Deutschland wieder aufkommen? von e. Exjesuiten (J. L. Doller). 8. Bamb. 815. (Wesché in Frankf.) 9 gr

— d. Schrift: Werden d. Jesuiten auch in Deutschland wieder aufkommen? von e. Exjesuiten. 8. Bamb. Göbhardt. 815.

— der Schrift: Werden die Jesuiten auch in Deutschland wieder aufkommen? 8. Bamberg, Göbhardt. 8co.

Beleuchtung derjenigen Schrift, worinn Herr N. K. Molitor ... einige Stücke aus der Arzneigelahrtheit gegen Herrn Karl Strack ... zu berichtigen versuchte. — Frankfurt 1788. 116 S. 8°

5. 17.

15.

— d. Schriften üb. Aufklär., v. ein. Patrioten. 2 Stck. 8. Berl. Realschulb. 788.

— d. Schriften über Aufklärung, von e. Patrioten, (J. C. W. Arlebel). 2 Stcke. 8. Berl. 788. (Reimer). 7 gr.

Beleuchtung des offenen Schriftenwechsels zwischen den Herren DD. Sittig und Layritz im Betreff der Gesangbuchsreform. — Ansbach: Dollfuss 1844. 12 S. 8°
12: Bavar. 4072-24. 29.
15.

Beleuchtung, Schriftmässige, der bekannten Weissagung des sogenannten flüchtigen Peters in Rom. Venedig [Leipzig] 1747. V: *Voigt, C. A.* (wr)

Schleswigsche Beleuchtung einer Preussischen angeblich Officiellen Denkschrift, schleswigsche Verhältnisse betreffend. Kopenhagen. 1862. 8°.

Eine Beleuchtung der Schulfrage vom spezifisch-evangelisch-kirchlichen Standpunkte nach den Anschauungen einiger Laien. — Scharten: Einige Presbyter u. Mitglieder d. größeren Gemeindevertretung Scharten; Haas in Komm. [um 1870]. 12 S. 8°
300: 120.640-B. 302.
15.

Beleuchtung der von dem k. b. Landrichter v. Dall'Armi herausgegebenen Schrift: Die Schullehrer in Bayern. — Würzburg: Link 1850. 18 S. 8°
12: Bavar. 4080-41.
15.

Beleuchtung. Zur B' der Schulverschmelzungsfrage in Rapperswil. Eine Entgegnung auf Herrn Dr. (med. [Louis]) Nägelis Broschüre. ([Hrg. durch den] Primarschulrat von evang. R'-Jona [und] Die evang. Mitglieder des gemeinsamen Realschulrates. 1903 Januar 15.) II+20 S. 8. Rapperswil, H. Gasser-Akeret, 1903.

Beleuchtung der Schweizer-Aristokraten, mit Hinblick auf Dr. Casimir Pfyffer's Zuruf an den eidgenössischen Vorort. — Sursee 1831: Schnyder. 20 S. 8°
1: 16 in Ru 271.
15.

Die Beleuchtung der deutschen Seeküsten. Bearb. im Ministerium für Handel, Gewerbe u. öffentliche Arbeiten. Berlin: Berliner lithogr. Institut 1877 VI S., 1 Kt. 4°
1: 2° Hz 54869. 4. 5. 7. 11. 82. 83. 89.
15.

Beleuchtung, Die, der deutschen Seeküsten. Berlin 1888

Sehens- und merckwürdigste Beleuchtung in des Heyligen Römischen Reichs Freyer Stadt Cöllen. 1745 s. *Bebber*, Johann Baptist.

Beleuchtung eines Sendschreibens an die Gemeinde in Fürth wegen Haltung eines öffentlichen Mehl-, Brod- und Fleisch-Marktes ... [O. O.] 1786. V: *Rössner, Joh. Christoph.* (MGT) »des Sendschreibens« (will)

— des v. d. vormal. Pastor Schöne zu Rothenburg a. d. Ober an die Mitglieder der dortigen Gemeinde gerichteten Sendschreibens von einem Unpartheiischen. gr. 8. (17 S.) Grünberg 850, Weiß. 1 1/2 ngr

Beleuchtung des 'Zweiten Sendschreibens vom Professor von Moy, die Kniebeugungsfrage und die Gewissensfreiheit betreffend, an den Hochgebornen Herrn Grafen Carl von Giech', von einem Freunde der Wahrheit und des Rechts. Zugleich ein Beitrag zu d. Verhandlungen über d. Kniebeugung. — Nürnberg: Recknagel in Comm. 1845. 43 S. 8°
12: Polem. 3032-16. 27. 29.
15.

Beleuchtung des Separat-Voti zu dem Berichte der zweiten Deputation der zweiten Kammer, die Organisation der Behörden für die Erhebung der directen und der zur Zeit beim Ober-Steuer-Collegio ressortirenden indirecten Steuern betreffend. — Dresden [1833]: Ramming. 32 S. 8°
14.
15.

Beleuchtung, Siegfried's bescheidene, des von D. Baumgarten gefällten Urtheils über die Evangelisch-Mährische Kirche, Augsburgischer Confession. Altona 1743. V: *Zinzendorf u. Pottendorf, Nicol. Ludw. Graf v.* (ML) (OL)

Beleuchtung einiger wichtigen Staatseinrichtungen. 8°. Cassel 1831. Bohné.

— staatsrechtl., d. wahren Verhältn. d. unmittelbaren Reichsritterschaft zum Fürsten in d. Entschädigungslanden. 8. Würzb. 804. Rienner. 8 gr

Ueber die Beleuchtung hiesiger Stadt durch Gas. — ([Frankfurt a. M. um 1845]: Sauerländer.) 24 S. 8°
30.
15.

Beleuchtung vom Standpunkte der Geschichte des Rechts und der Politik. Augsburg 1838. V: *Moy, Ernst von.* (winer)

Beleuchtung einer die Wahl der Linie für die Fortsetzung der südlichen österr. Staats-Eisenbahn betreffenden Stelle aus dem Wanderer Nr. 265. 8. Juni 1850. Görz, 1856. Lithographie von Seitz. (33 S. 4)

Beleuchtung einer Stelle in dem Vortrag des Herrn Finanz-Ministers über das neueste Budget. Stuttg. 1824. V: *Theobald, Joseph von.* (Kat. d. ständ. Bibl. Stuttg. 1907. S. 362.)

Beleuchtung der in dem Ulmer geographischen Lexikon von Schwaben enthaltenen sehr anzüglichen Stellen, die löbliche Reichsstadt Augsburg betreffend. Von e. unpartheyischen u. Wahrheit liebenden Freund. — Augsburg: Lotter in Komm. 1791. 86 S. 8°
12: Germ. sp. 30m. 16. 17. 24.
15.

— der dienstl. Stellung der Rechnungsführer in der K. Preuß. Armee u. Vorschläge zur Beseitigung der hier-vorhandenen Mängel. gr. 8. (16 S.) Posen 849, Gebr. Scherk. n. 1/6 ₰

Beleuchtung der Stellung der süddeutschen Zuckerfabriken zu der neuesten Gesetzesvorlage, die Besteuerung des Zuckers betreffend. — Dat. Stuttgart Mai 1869. 12 S. 8°
1: Gz 9138/10. 2.
15.

— Stuttgart 1869: Steinkopf. 12 S. 8°
38.

Beleuchtung der Stimme des Volks über die Juden. Niedersachsen 1819. V: *Heine, Heinrich* (??). (schr III, 145) Dagegen: (Meyer, Friedrich: Heinrich Heine-Bibliothek. Leipzig 1905. S. 100.)

Beleuchtung der in München erschienenen Schrift: Die Stock-Jobbery, und der Handel mit Staatspapieren nach dem jetzigen Zustande, politisch u. juristisch betrachtet. — Wien: Gerold 1821. 39 S. 8°
11. 12: Mexc. 22 g. 15. 30. 300: 44 K 146. 302.
15.

—— des Frankel'schen Streites. gr. 8. (88 S.) Wien 861. (Hannover, Schmorl und v. Seefeld.) *

Me'ōr 'ēnajim. Beleuchtung des Frankel'schen Streites. Wien 1861: Ueberreuter. 38 S. 8° 1: Ez 15132. 302.
15.

Beleuchtung der neuesten kirchlichen Streitigkeiten in Hamburg und einer darüber erschienenen Schrift eines benachbarten Predigers. Von e. benachbarten Laien. — Bremen: Schünemann 1840. 61 S. 8° 7. 18.
15.

Beleuchtung der Streitsache zwischen Moritz von Haber und Freiherrn Jul. Göler v. Ravensberg. — Wesel: Bagel 1843. 24 S. 8° Aus: Sprecher. 1843. 10. 14. 15. 17. 30.
15.

Beleuchtung der fünf und neunzig reformatorischen Streitsätze, welche Herr Claus Harms gegen allerhand vermeintliches 'Irr- und Wirrwissen' dieser Zeit herausgegeben hat. — Leipzig: Barth 1818. 78 S. 8°
1: Dn 995. 8. 12: Folem. 1330 m–5. 15. 18. 23. 26. 28.
15.

— der neuerdings von Dreßler und Calinich erschienenen Streitschriften über Beneke's Seelenlehre und ihre Einführung in die Schullehrer-Seminarien; von N. N. dem Dritten. 8. Bautzen 843, Reichel. n. 1/6 ₰

Beleuchtung des österreichischen Tabakmonopols in seiner Ausdehnung auf die Länder der ungarischen Krone. (Leipzig) 1850: (Brockhaus). 62 S. 8°
12: Merc. 274–31. 14. 302.
15.

Beleuchtung der Tagsatzungsnoten der Thurgauischen Gesandten in den Jahren 1838 und 1840. — Nachtrag zu der unter dem 20. May l. J. der h. Tagsatzung eingereichten ehrerbietigen Vorstellung der thurgauischen Stifte und Klöster. Juli 1841. fol. *o. O.*

Beleuchtung der Thatsachen [Tatsachen], welche für den Bau einer Eisenbahn durch Württemberg, in der Richtung von Cannstatt, beziehungsweise Stuttgart, durch das Neckar- und Filsthal nach Ulm, und von da an den Bodensee, sprechen. — Ulm [1842]: Nübling. 8 S. 4°
1: 4° Nz 33204. 24.
15.

Beleuchtung des zweiten Theils [Teil] der Schrift: Mittheilungen aus dem russischen Feldzuge an einen Offizier des Generalstabs, von Röder von Bomsdorf, Königlich Preußischem Major und Brigade-Adjutanten. Insbes. in Bezug des österreichisch-sächsischen Heeres, unter dem Fürsten Schwarzenberg und dem General Reynier. — Dresden: Walther 1818. 56 S. 8° 10.
15.

— e. Theodicee d. Wirklichkeit, v. Dr. Dufløz od. Stimme e. Predigers in d. Wüste. Pseudojerus. 819. A. u. d. T.: Die Kirche u. ihre Reformation, e. Fragment von Chr. w. d. Asche. gr. 8. Erlang. 826, Palm. 16 gr

— des Theologen und seines Briefes an einen Nichttheologen, für praktische Hamburger von e. prakt. Hamburger. gr. 8. Hamburg 839. (Niemeyer.) n 1/8 ₰

— der Truggestalten in Freymaurerischer Hülle, (h. a. d. Tit. d. Signatstern 5r.) m. 1 K. 8. Berlin, Schöne. 808.

Beleuchtung der Twistzollfrage vom Standpunkte der vaterländischen Industrie. — (Stuttgart [1861]: Metzler.) 11 S. 4° 11. 24. 38.
15.

— des Uebertritts des Gr. Fr. Leop. z. Stollberg z. röm. kathol. Kirche. 8. Leipz. Gräff. 801.
Schreibpap.

— des Uebertritts des Grafen Stolberg zur römisch-katholischen Kirche. 8. Leipzig 1801, Wienbrak.
10 ggr. — 45 kr.

Die ultramontane Beleuchtung des Luther-Monumentes zu Worms. Ein protestantisches Wort an einen deutschen Theologen' u. an d. deutsche Volk zur Verständigung. — Mannheim: Schneider 1869. 31 S. 8°
1: Di 6192. 17.
15.

Beleuchtung der Schrift, betitelt: Historischer Umriß der landschaftlichen Verfassung der Herzogthümer Bremen und Verden und die Verhandlungen des Landtags vom 10. December 1839. — o. O. [um 1840]. 28 S. 8° 7.
15.

Beleuchtung und aufgedeckter offenbarer Ungrund des so genannten rechtmäßigen Besitzes der Hochfürstlich-Bambergischen Landes-Herrschafft, und des hieraus fließenden richterlichen Amtes über das Dorff Staffelbach ... in Sachen des Herrn Carl, Freyherrns von Rotenhan, auf Ebelsbach ... entgegen des Herrn Bischoffen und Fürsten zu Bamberg, Hochfürstlichen Gnaden, dero nachgesetzte Regierung, und den Stadt-Voigt Dangel zu Zeyl. Mit Beyl. o. O. 1758. 159 S. 4° 24. 26 [unvollst.]
15.

Beleuchtung und Ungrund der ohnlängst zu Tübingen herausgekommenen so rubricirten Rechtlichen Ausführung des dem Herrn Grafen Philipp Friedrich Carl von Pückler und Limpurg auf die Gräflich Limpurgische Allodial- und Lehens-Verlassenschaft seiner den 6ten August 1787. verstorbenen Tochter, Gräfin Caroline Sophie Louise von Pückler und Limpurg anmaßlich zustehenden Erbrechts ... Zur nähern Erläuterung des bey Höchstpreißlich Kaiserlichem und Reichs-Kammergericht rechtshängigen Processes in Sachen des Herrn Grafen Friedrich Philipp Carl von Pückler contra den Herrn Grafen Friedrich Reinhard Burkhart Rudolph von Rechteren und Limpurg. Mit Beyl. o. O. 1789. 132, 31 S. 4° 5. 17.
15.

Beleuchtung der Londoner Union in der Schweiz. — Zürich: Bürkli 1861. 15 S. 8° 1: Fe 9316.
15.

— unpartheiische, des Benehmens des königl. Preuß. Kammersängers Jos. Fischer u. seiner Gegner. 8. Berl. 819. Krause. 2 gr

Beleuchtung, unpartheiische, der Sr. k. Hoheit d. Großherzoge von d. Standesherren im März 1816 überreichten Bitte um Zusammenberufung d. Ständeversammlung rc. 8. Darmst. 816. Heyer. 5 gr

— unparth., der den Großh. v. Hessen im März 1816 überreichten Bitte um Zusammenberufung e. Ständeversammlung u. ihrer Anlage, d. Darstellung d. Lage des Bundes enthaltend. 8. 817. (Darmst., Leske). 5 gr

Beleuchtung. Unpartheyische B' der neuesten Ereignisse in Helvezien vom August bis Ende Oktober 1802. Von einem unbefangenen Beobachter... derselben. Dem Publikum zur Würdigung vorgelegt. 8. Helvezien 1802.

Unpartheiische [Unparteiische] Beleuchtung der Gedanken über das, was sich am 17ten Junii, 1781. zu Wertheim zugetragen. — Wertheim 1781. 16 S. 8°
1: 21 in Gx 13000–39. 12: 4° Ded. 157r/1. 17. 21. 24.
15.

Unparteiische Beleuchtung der Militär-Vorlage im Gegensatz zu derjenigen im 'Politischen ABC-Buch von Eugen Richter'. — Berlin: Mittler 1892. 39 S. 8°
Erschien zuerst in: Militär-Wochenblatt. 77, 1892.
2. 3. 5. 12: J. publ. G. 930-38. 14. 26. 38.
15.

— unparth., d. neuesten Staatseinrichtungen in Würtemberg, (v. F. Gutscher). 8. Basel (Stuttg.) 798.

Beleuchtung des katechetischen Unterrichts des Bönnschen Professors. Eulogius Schneider. hrsg. von e. Wahrheits-Freunde. — Wahrheitsburg 1791. 98 S. 8°
1: 9 in Eo 9620. 5. 6. 12: Catech. 586/1.
15.

Unterthänigste Beleuchtung des gegentheiligen Gültlingischen Impressi sub rubro Erklärung der zwischen den samtlichen Vohensteinischen Erbs ineteressenten in den Jahren 1748. & 1754. beschehenen Theilung und errichteten Theilungs Recessen ... in Sachen Samuel Friederich von Gültlingen contra die Reichs Ritterschaft in Schwaben Orts am Kocher & Cons. (Unterzeichn.: Eleonore Magdalene Juliana Freifrau v. Jungkenn u. Jos. Ans. Frhr v. Adelmann.) — Dat. Ellwangen d. 20. April 1774. 11 Bl. 4°
17.
15.

Beleuchtung, Urkundliche, der Frage: In welchem Lichte erscheint Bern durch seine Reclamation an den Aargau und den Waadt ...? O. O. 1814. V: *Schärer, Friedrich.* (Cat. d. Stadtbibl. Zürich. Zürich 1864—97.)

Beleucht. ein. v. Oberappellationsger. zu Lübeck abgegang. Urtheils, in einer ein Lieferungsgeschäft betreff. Handelssache. Von ein. Kaufmann. *Heidelberg*, Groos. 823. gr. 8. (12 Gr.)

Beleuchtung eines, am Oberappellationsgericht zu Lübeck abgegebenen Urtheils in einer ein Lieferungsgeschäft betreffenden Handelssache. Von e. Kaufmann. — Heidelberg 1822: Gutmann. 82 S. 8°
8. 16. 18. 27.
15.

Beleuchtung eines Urtheils erster Instanz, in der Rechtssache des Rentners Herrn Wilhelm Koch, Beklagten u. ... wider den Bankier Herrn Abraham Schaaffhausen, Kläger. Cleve 1823: Koch. 54 S. 8°
38.

Beleuchtung des amtlichen Verfahrens der stimmführenden Mitglieder des vormaligen Herzoglichen Staatsministerii, insonderheit des zweiten Cammer-Directors und vormaligen Landes-Steuer-Rathes G. P. von Bülow, in einem von den Mitgliedern des engern und größern Ausschusses der Landschaft unterm 10ten August 1831 an des regierenden Herzogs Wilhelm Durchlaucht erstatteten unterthänigsten Berichte. — Braunschweig 1831: Vieweg. 75 S. 8°
1: 8 in Sl 3340. 3. 5. 7. 23.

Audiatur et altera pars. Beleuchtung des Verfahrens des Ritterrathes der rheinischen Autonomie, der Herren Freiherrn von Waldbott-Bassenheim-Bornheim, Ritterhauptmann ... und des Syndikus Herrn von Gruben gegen den Freiherrn Clemens von Loë zu Burg Wissem. — Siegburg: Borgstette 1868. 22 S. 8°
1: Fm 13541. 5.
15.

Beleuchtung der Verfahrungsweise Hochwst. . Großen Loge des ekl.˙. Freimaurer-Bündnisses zu Frankfurt a/M gegen die dasige ger.˙. und vollk.˙. ekl... St. Joh.˙. □ 'Carl zum aufgehenden Lichte', und Protestation dagegen sowohl, wie gegen den darauf erfolgten Beschluß hochwst.˙. .. vom 2. und 12. Juli 1844 von Seiten der ger.˙. und vollk.˙. ekl.˙. St. Joh.˙. □ 'die Freunde zur Eintracht' im O.˙. von Mainz. — Mainz 1844. 47 S. 8°
14. 30.
15.

— der Verfassung und Verwaltung der evangel.-protestan. Kirche Badens nach den Anforderungen des Kirchen-Rechts. gr. 8. Freiburg 832. Fr. Wagner. 3/8 Rthl.

Beleuchtung der Schrift: Die Hamburger Verfassungssache. Von den Verfassern der Hefte: Zur Verwahrung gegen Beseitigung der Grundgesetze der Stadt Hamburg. [Mitarb.: Karl Wilhelm Harder u. a.] H. 1. 2. — Hamburg 1851-52: (Langhoff; 2: Frankfurt a. M. 1852: Krebs-Schmitt). 78 S. 8°
1[=2]: Sp 3004.
14. 15[=2]. 18. 21[=2]. 27[=1]. 35.
15.

Vergleichende Beleuchtung der Strassen-Richtungen über Gemünd und Call, behufs Ausbaues d. Bezirks-Strassen-Strecke zwischen Commern und Schleiden. Nach d. Gesichtspunkte d. Rechts und d. Gemeinwohls dargelegt. — Köln 1831: Schlösser. 66 S. 4°
83.
15.

Beleuchtung der Schrift des Herrn Professor Rühs betitelt: Das Verhältniß Holsteins und Schleswigs zu Deutschland und Dänemark. — o. O. 1818. 28 S. 8°
8. 9. 18.
15.

Beleuchtung, der Verhältnisse Anhalts zu Preußen. s.a. Bunder, Chlodw.

Beleuchtung der Verhältnisse Anhalts zu Preussen in Bezug auf das von Letzterem angenommene und auf Ersteres ausgedehnte Zoll- und Verbrauchssteuer-System von Chlodwig Bunder. gr. 8°. Deutschland 1819.

Beleuchtung der receßmäßigen Verhältnisse des fürst- und gräflichen Hauses Schönburg und seiner Herrschaften mit Beziehung auf die Gerichtsorganisation des Königreichs Sachsen. — Glauchau: Moritz [1860]. IV, 58 S. 8°
12: J. publ. G. 926-11. 14. 28.
15.

— der receßmäßigen Verhältnisse des fürst- und gräflichen Hauses Schönburg und seiner Herrschaften mit Beziehung auf die Gerichtsorganisation des Königr. Sachsen. Glauchau 861. Moritz. gr. 8. (IV, 58 S.) n. 10 ngr.

Beleuchtung der Verhältnisse des Staates zu den Erziehungs- und Unterrichtsanstalten der Privaten. Zur Begründung eines gerechten öffentlichen Urtheils über d. Gang d. Erziehungsdepartements d. Republik Bern u. über d. wissenschaftlichen Leistungen d. Erziehungsanstalten in Hofwyl. — Zürich 1836: Orell, Füßli & Co. 79 S. 8°
1: Ne 9604.
15.

Beleuchtung der Verhandlungen über das würtembergische Berg- und Hütten-Wesen in der Kammer der Abgeordneten, dreiunddreissigste Sitzung. den 27. Februar 1833. Von e. Freund d. Gewerbe. — Stuttgart: Munder 1833. 52 S. 8°
21. 24.
15.

— der Verhandlungen über gemischte Ehen in der Ständeversf. v. 1831. gr. 8. München, Giel. 1/2 Thlr. — 36 kr.

Beleuchtung der Verhandlungen über die gemischten Ehen in der bayerischen Kammer der Abgeordneten im Jahre 1831. — München: Giel in Comm. 1831. VIII, 112 S. 8°
7. 12: Bayer. 230 g. 21. 38. 102.
15.

Beleuchtung der Verhandl. üb. die gemischten Ehen in der baier. Kammer der Abgeordneten im J. 1831. — Auch mit d. Umschlags-T.: Die Frage von den gemischten Ehen, aus dem theolog., histor., jurid. u. politischen Gesichtspunkte aufgefasst und erörtert. *München*, Giel. (Barth in *Leipzig*.) 832. 8. (10 Gr.)

— der Verhandlungen der bayerischen General-Synode vom J. 1885 in drei Punkten: Die Hörger'sche Separation. — Die seelsorgerliche und sakramentliche Bedienung der lutherischen Soldaten in der Rheinpfalz. — Die Kirchenzucht in Ehesachen. gr. 8. (V, 62 S.) Nürnberg 887, Löhe. *

Vgl.: Kehrseite, die, der Münze. — Bauer, offener Brief.

Beleuchtung einer in Aussicht stehenden Verletzung der Constitution durch die Ständekammer mittels Eingriffes in das persönliche Eigenthum, nebst den nothwendig hieraus entstehenden Folgen für Stadt und Land. Ein sehr zu beachtendes Wort für jeden Bayer. — München 1848: Franz. 16 S. 8° 12:Bavar.4079-25. 15.

Beleuchtung einer in Aussicht stehend. Verletzung d. Constitution durch die Ständekammer mittels Eingriffs in d. persönl. Eigenthum, nebst den nothwendig hieraus entstehenden Folgen f. Stadt u. Land. Ein sehr zu beachtendes Wort f. jeden Bayer. gr. 8. (16 S.) München 850, Franz. 2 ngl.

Beleuchtung der von dem Herrn Recensenten des Dieckschen Sendschreibens versuchten Vertheidigung . . . Tondern. 1817. 8°

— der Schrift: Die neue Volksschule. Zunächst ein Zuruf an die Stände d. Herzogth. S.-Meiningen. Mit 1 Tab. gr. 8. Leipzig 835. Engelmann. 1/6 ₰

Vollständige Beleuchtung der beiden Schriften: Mittheilungen seliger Geister im Jahre 1855 durch die Hand der Maria Kahlhammer, hrsg. von Joseph Friederich und Mittheilungen des heiligen Erzengels Raphael im Jahre 1855 durch den Mund der Crescentia Wolf, hrsg. von Johann Schweykart. — München 1857: Franz. XL,312 S. 8° 1:Na 9669. 7. 12:Phys.m.172nf-2b. 21. 15.

— vollständige, der beiden Schriften: Mittheilungen seliger Geister im J. 1855 durch die Hand der Maria Kahlhammer, hrsg. von Jos. Friederich und Mittheilungen des heil. Erzengels Raphael im J. 1855 durch den Mund der Crescentia Wolf, hrsg. von Joh. Schweykart. gr. 8. (XL und 312 S.) München 857, (Friederich.) *

— d. Vollzugs-Instrukt. v. 21. Apr. 1862 z. Gewerbeges. v. 11. Sept. 1825. 8. (102) Münch. 62, Beck. z. — 8

— der Vollzugs-Instruktion vom 21. April 1862 zum Gewerbsgesetze vom 11. Septbr. 1825. gr. 8. (102 S.) München 862, Gummi. *

Vorläufige Beleuchtung des an Seine Kurfürstl. Gnaden zu Mainz in Betr. der Embser Punkte von Seiner Fürstl. Gnaden zu Speier erlassenen Antwortschreibens. Frankfurt u. Leipzig 1787.

Vorläufige Beleuchtung des an Seine Kurfürstliche Gnaden zu Mainz in Betreff der Embser Punkte von Seiner Fürstlichen Gnaden zu Speier erlassenen Antwortschreibens. — Frankfurt [usw.]: Dodsley 1787. 72 S. 8° 6. 7. 12:J.can.P.440/1 [2 2x.] 16. 17. 18. 21. 30. 15.

— vorläufige, des gegen Dr. Clossius in d. 13n Stck. des Frankfurt. medicin. Wochenblatts v. Dr. Koch u. Consorten eingerückten Aufsatzes, (v. Karl Fr. Clossius). 8. Hanau 787.

Vorläufige Beleuchtung der Bemerkungen des Großherzoglich Hessischen Medicinal-Assessors und Bezirksthier-Arzt L. Wüst zu Darmstadt, über den Beschluß des Ausschusses des landwirthschaftlichen Vereins der Provinz Starkenburg: 'junge Leute vom Land fünf Monate lang in der Thierheilkunde unterrichten zu lassen und solche dann zur Ausübung in der niederen Thierheilkunde zu verwenden'. — Dat. Gießen 19. April 1833. 2 Bl. 8° 4. 15.

Vorläufige Beleuchtung einiger Hauptpuncte in der unter dem Titel: 'Anklage des Ministeriums Münster vor der öffentlichen Meinung', erschienenen Schmähschrift. — o.O. [1831]. 10 S. 8° 1:4 in 4° Sl 9070. 15.

— o.O. [1831]. 10 S. 8° (Hannoversches Magazin. 1831, Beil.) 1:2 in Sl 9065. 15.

— vorläuf., u. Ungrund d. angebl. Mißbräuche d. kaiserl. Reichspostwesens. 8. Salzb. 789. Mayr. 3 gl.

Vorläufige Beleucht- und Widerlegung der von einem hochlöbl. Magistrat der Kaiserl. Reichs-Stadt Nürnberg zum Druck beförderten, so rubricirten ausführlich documentirten Geschichts-Erzählung. — Wien 1766: v. Trattner. 92 S. 4° 12:2° Ded.284/2. 14. 17. 24. 26. 15.

Beleuchtung einiger Vorschläge der Denkschrift des Königlich Preußischen Handels-Ministerii vom 10. Mai 1850. — Bremen 1850: (Heyse). 22 S. 8° 1:4° Stsla 906. 3. 7. 12:4° Merc. 9p. 14. 16. 17. 15.

Beleuchtung der neuesten in Betreff der Reform der Zucker-Besteuerung gemachten Vorschläge. — Köln 1868: DuMont-Schauberg. 22 S. 8° 38. 15.

— Köln: Lengfeld 1868. 22 S. 8° 38. 15.

Beleuchtung der nöthigen Vorsichtigkeits-Regeln bey Ergötzungen, welche den 9ten Trinit. 1771 über den ordentlichen Nachmittags-Text der Catharinen-Gemeine zu Magdeburg von ihrem Lehrer dem Hrn. Pastor Lüdecke öffentlich vorgestellet worden. — Frankfurth [usw.] 1771. 15 S. 8° 1: . 5. 23. 15.

Beleuchtung der von Sr. Hochfürstl. Gnaden Herrn Bischoff zu Speyer bey der höchsten Reichs-Versammlung übergebenen sogenannten kurzen actenmäsigen-Vorstellung und Beweis daß in Sachen des regierenden Herrn Marggrafen zu Baden Hochfürstl. Durchlaucht wider den obenbenannten Herrn Bischoff von dem Kaiserl. und Reichs-Kammergericht weder die Austrägal-Instanz abgeschnitten, noch auch der eingelegten Revision der effectus suspensivus habe benommen werden können. Mit Anl. — Karlsruhe 1788: Macklot. 36,55 S. 4° 12:2° Ded.476-6. 16. 21. 24.

Beleuchtung der Vortheile und Nachtheile des bayerischen Ablösungs-Gesetzes vom 4. Juni 1848. Zugleich e. Widerlegung d. Pfarrer Westermayer'schen Abhandlung im katholischen Hausfreund ... betitelt: 'Die acht Seligkeiten des Ablösungs-Gesetzes.' Mit Berechnungen u. Erl. von e. Unpartheiischen. — Landshut: Thomann 1848. 46 S. 8° 29. 15.

Beleuchtung der Vortheile, welche die Verfassungs-Urkunde für Kurhessen vom 5. Januar 1831, dem Bauernstande gewährt, so wie gerechte Wünsche an die nächste Stände-Versammlung, um den Lasten desselben für die Zukunft abzuhelfen. — Kassel: Luckhardt 1831. 31 S. 8° 1:Sk 4790. 4. 14. 15.

Beleuchtung der Vorträge des Herrn Dr. v. Döllinger über die weltliche Macht des Papstes. — Freiburg i. Br.: Mayer i. Comm. 1861. 25 S. 8° 12:Ital.34m.
15.

Beleuchtung der Vorurtheile ... Luzern 1835. V: *Kitt, David.* (Gla)

—— der Vorurtheile wider d. kathol. Kirche. Von ein. protestant. Laien. 1. Aufl. (30¾ B.) 835. $1^{1}/_{3}$ Thlr., 2., ganz umgearb., wesentl. verm. u. verb. Aufl. 2 Bde. (4 Hfte.) gr. 8. (47 B.) Luzern 839, Gebr. Räber. *

— der Vorurtheile wider die kathol. Kirche. Von e. protestant. Laien. gr. 8. Luzern 835. Gebr. Räber. (St. Gallen, Scheitlin u. Zollikofer.) $1^{2}/_{3}$ ℛ 2e umgearb. u. verm. Aufl. 2 Bde. in 4 Hften. gr. 8. Luzern 839, 40. (Ebd.) $1^{1}/_{3}$ ℛ (Augsb., Kollmann.) $2^{1}/_{3}$ ℛ

— der Vorurtheile wider die kathol. Kirche. Von e. protestant. Laien Bürichs. 1. Bd. 1. Abtheil. 3. umgearb. Aufl. A. u. d. T.: Glaubens-Einheit als Grundlehre des Christenthums, in Bezug auf ältere und neuere Häresien. gr. 8. Luzern 843, Gebr. Räber; Augsburg, Kollmann. $^{3}/_{4}$ ℛ — 1. Bd. 2. Abthl. A. u. d. T.: Die Kirchenspaltung des 16. Jahrh. in ihrem Ursprung, Fortgang und ihren Folgen. 3. umgearb. Aufl. gr. 8. Ebend. 843. $^{3}/_{4}$ ℛ — 2. Band. 1. Abthl. 3. umgearb. Aufl. A. u. d. T.: Erörterungen der confessionell. Unterscheidungslehren. gr. 8. Ebd. 844. $^{3}/_{4}$ ℛ

— der Vorurtheile wider die kathol. Kirche. Von einem protestant. Laien Bürichs. 2. Bd. 2. Abthl. 3. umgearb., nochmals verm. u. verb. Aufl. A. u. d. T.: Erörterung der urchristl. Grundlehre von der heil. Eucharistie. gr. 8. (XX u. 179 S.) Luzern 844, Gebr. Räber. 21 ngr (cplt. $2^{3}/_{4}$ ℛ)

— die Vorurtheile wider die religiösen Orden. Von einem Juristen. gr. 8. Augsburg 839. Matth. Riegersche Buchh. (Himmer.) $^{1}/_{6}$ ℛ

— der Vorurtheile wider die religiösen Orden. Von einem Priester. gr. 8. Luzern 839. Gebr. Räber. (St. Gallen, Scheitlin u. Zollikofer.) $^{1}/_{6}$ ℛ

Beleuchtung der wider das Institut der Jesuiten in Frankreich gemachten Vorwürf [Vorwürfe]. — Augspurg: Wagner 1762. 105 S. 8° (Richtige Sammlung d. Schutzschriften für d. Gesellschaft Jesu in Frankreich. 4.)
2. 6. 12:4° Jes. 252-4. 14 [unvollst.] 16. 26. 302.
15.

Beleuchtung der Vorwürfe der Untersuchungscommission des Folkething gegen die dänische Armee u. die Kriegführung i. Jahre 1864. (21.) 8. Berlin 1865.

Beleuchtung der Vorwürfe, welche von der Untersuchungs-Kommission des Folkething's gegen die dänische Armee und die Kriegführung im Jahre 1864 erhoben sind. — Berlin: Mittler in Komm. 1865. 21 S. 8° (Militair-Wochenblatt. 1865, Jan.., Beih.
1: in Hu 2318-1865. 3. 4. 6. 7. 8. 10. 16. 17. 38.
15.

Beleuchtung der Hohenzollern-Sigmaringisch-ständischen Wahl- und Geschäfts-Ordnung von einigen Volks- und Vaterlands-Freunden. — o. O. 1831. 18 S. 8° 21.
15.

Beleuchtung, Wahrhafte, der Lebensgeschichte des Freyherrn von der Trenck . . . wider die Beschuldigungen gegen Friedrich d. Großen von einem Brandenburgischen Patrioten. Lausanne 1787. V: *Wadzeck, Frdr. Franz Dan.* (Anzeiger für Bücherfreunde von Ernst Frensdorff in Berlin. Nr. 4. 1. Jan. 1905. S. 136, Nr. 2582.)

Beleuchtung der Broschüre »Die Wahrheit in der Hermes'schen Sache«. Von einem Priester der Erzdiöcese Cöln. 3. Aufl. Augsb. 1837. V: *Michelis.* (Kat. d. ständ. Bibl. Stuttg. 1907. S. 68.)

— der Brochüre: „Die Wahrheit in der Hermes'schen Sache ꝛc." (Darmstadt bei Leske, 1837), von einem Priester der Erzdiöcese Cöln. 3e Aufl. 8. Augsb. 837. Kollmann. $^{1}/_{12}$ ℛ

Beleuchtung der Broschüre [von Rehfues]: Die Wahrheit in der Hermes'schen Sache zwischen der kath.-theol. Fakultät zu Bonn u. dem Herrn Erzbischof von Köln (Darmstadt, Leske, 1837, 8°, 1 Mk.), von einem Priester der Erzdiöcese Köln. Augsburg, Kollmann (jetzt Regensburg, Verlagsanst.), 1837, 8°, 20 S., 3. Aufl., 25 Pf.

Beleuchtung der Waisenhaus-Angelegenheit in Elberfeld. — Elberfeld: Hassel 1861. 42 S. 8°
Aus: Kirchlicher Anzeiger aus d. Wupperthale.
12: H. ref. 660x.
15.

—— Wasserversorgung und Kanalisation, die, der Stadt Berlin. Festschrift zur XXIII. Jahresversammlung des deutschen Vereins von Gas- und Wasserfachmännern, Berlin 1883. Dargebracht vom Ortsausschusse. hoch 4. (V, 111 S. mit zahlreichen Holzschn. und 9 lithogr. Plänen und Taf.) Berlin 883, Springer. geb. 4

Die Beleuchtung und Wasserversorgung der Stadt Köln. Eine geschichtliche, technische u. wirtschaftliche Darstellung d. öffentlichen Beleuchtungs- u. Wasserversorgungswesens in Köln. Hrsg. unter Mitw. von ... von F. Joly. — Köln: Bachem in Komm. [1895]. 139 S. 4°
1: 4° Stala 907. 5. 38. 89.

Die Beleuchtung und Wasserversorgung der Stadt Köln. Fest-Schrift zur 35. Jahres-Versammlung des Deutschen Vereins von Gas- u. Wasserfachmännern. Hrsg. unter Mitw. von ... von F. Joly. — Köln 1895: Bachem. 119 S. 4° 38.
15.

—— der Wege, auf welchen Herr Dr. Wangemann seine „Una Sancta" in der Union Fleisch werden läßt. Von einem alten Veteranen. gr. 8. (XV, 800 S.) Kropp 884, Buchh. „Eben-Ezer". *

Weitere Beleuchtung der Wiehrlischen Sache in Absicht derer als anstößig und kezerisch angefochtenen Disputir-Säze dieses Lehrers aus der praktischen Philosophie, von welcher Beschuldigung der Ungrund sowol im philosophischen als theologischen Betrachte durch Schreiben und ausführliche Bedenken von denen philosophischen und theologischen Fakultäten derer katholischen Akademien zu Wien, Prag, Fuld und Salzburg, und ihren Direktoren, ferner durch angehängte Bemerkungen eines sichern katholischen Privat-Schriftstellers näher dargelegt wird, mit einem der übrigen Beschaffenheit dieser Sache angemessenen Vorberichte (von Karl Friedrich Seubert). — o. O. 1782. XXIV, 151 S. 4°
1: 4° Np 661. 12: 2° Polem. 8. 24. 300: 9.981-C.

Beleuchtung (Zur weiteren) der Finanzverwaltung der Stadt Göttingen. Periode von 1876 bis 1884/5. 8°. Göttingen, Vandenhoek u. R., 1886.

Zu weiterer Beleuchtung der Simultanfrage im Elsaß. — Straßburg 1879: Le Roux. 54 S. 8° 30.
15.

Beleuchtung, welche bey dem feyerlichen Einzuge Ihro Majestät der Kaiserinn von Frankreich und Königinn von Italien Josephine den 5ten Dezember 1805 von Carl Albert, bürgerl. Weingastgeb zum schwarzen Adler in München, an dessen Hause veranstaltet worden ist. Illumination, qui, à l'entrée solemnelle de sa Majesté Josephine, Impératrice de France et Reine d'Italie ... 1805 a été ordonnée par Charle Albert ... à Munich. — [München 1805.] 4 Bl. 8°
Text deutsch u. französisch. 19.

Beleuchtung der allgemeinen großen Weltbegebenheiten, aus den Papieren des flüchtigen Paters und grauen Mannes, mit Rücksicht auf die Vergangenheit. Nach Anleitung d. apokalyptischen sieben Sendschreiben. — Einbeck: Feysel 1818. 150 S. 8° 23.
15.

Beleuchtung der allgemeinen großen Weltbegebenheiten aus den Papieren des flüchtigen Paters und grauen Mannes mit Rücksicht auf die Vergangenheit. Nach Anleitung d. sieben Sendschreiben. — Ebd. [1818]. 159 S. 8° 14.
15.

Beleuchtung der allgemeinen großen Weltbegebenheiten, aus den Papieren des flüchtigen Paters und grauen Mannes, mit Rücksicht auf die Vergangenheit. Nach Anleitung der apokalyptischen sieben Sendschreiben. Neue, verb.u.berechtigte Aufl.— Einbeck: Ehlers 1848. 126 S. 8°
1:4 an Bt 16804.
15.

Beleuchtung der kommenden allgemeinen großen Weltbegebenheiten, aus den Papieren des flüchtigen Paters u. grauen Mannes, mit Rücksicht auf die Vergangenheit. Nach Anleitung der apokalypt. sieben Sendschreiben und anderer prophet. Weissagungen. Von †††. 13. Abdr. der Ausg. von 1790. Einbeck 854. Ehlers. 8. (1 Bl., 126 S.) 7½ ngl

—— der kommenden allgemeinen großen Weltbegebenheiten, aus den Papieren des flüchtigen Paters und grauen Mannes, mit Rücksicht auf die Vergangenheit. Nach Anleitung der apokalypt. sieben Sendschreiben und anderer prophet. Weissagungen. Von ††† 13. Abdr. der Ausg. vom J. 1790. 8. (126 S.) Einbeck 855, Ehlers.

—— der kommenden allgemeinen großen Weltbegebenheiten aus den Papieren des flüchtigen Paters. Nach Anleitung bibl. Weissagungen. 21. Abdr. der Ausg. vom J. 1590. 8. (36 S.) Einbeck 866, Ehler's Verlag.

—— der kommenden allgemeinen großen Weltbegebenheiten aus den Papieren des flüchtigen Paters. Nach Anleitung bibl. Weissagungen von †††. 21. Abdr. der Ausg. vom J. 1590. 8. (36 S.) Einbeck 870, Ehlers.

— des Libells: „Wessenberg auf der Kehrseite." 8. Zürich 1819, Orell. 25 Ngr. — 1 fl. 15 kr.

Beleuchtung und Widerlegung der beiden Schriften des Herrn S. E. K., betitelt: 'Beurtheilung der im Jahre 1838 gegründeten Preußischen Renten-Versicherungs-Anstalt, mit Verbesserungs-Vorschlägen'; und 'Ueber das Steigen der Rente in der Preußischen Renten-Versicherungs-Anstalt'. — Berlin: Hayn 1839. 30 S. 8° 1:Fe 10068. 14.

Beleuchtung und Widerlegung der unlängst erschienenen Schrift: 'Junge Generäle und alte Soldaten, Berufs- und Landwehr-Officiere.' 2 Vorträge, gehalten in d. Akademie gemeinnütziger Wissenschaften zu Erfurt. Von Hartmann, Oberstlieutenant z. D. Von e. alten Berufsofficier. — Altenburg: Schnuphase 1858. 30 S. 8° 7. 17.
15.

—— und Widerlegung der sozialdemokratischen Grundgedanken mit ihren Folgerungen. Von einem alten Reiseprediger. 8. (23 S.) Elberfeld 878, Buchh. der evangel. Gesellschaft. *

Beleuchtung und Widerlegung der sozial-demokratischen Grundgedanken mit ihren Folgerungen. Von e. alten Reiseprediger. — (Coblenz [1878]: Hergt.) 23 S. 8°
1:15 in F 1021.
15.

Beleuchtung und Widerlegung einer in Wien bey dem hochpreissl. Reichshofrath umgetheilten Note, ... 1790. V: *Scheid*, *Peter*. (MGT)

Beleuchtung der Widerlegung des Herrn Melch. Welte Dekan und Stadtpfarrers in Steinbach; als Rechtfertigung der Beurtheilung des Welte'schen Lehrgangs vom Beurtheiler. Heidelberg: Groos 1833. 29 S. 8° 16.
15.

Beleuchtung, Wienerische. Wien 1745. V: *Aschbrenner*, *Thomas*. (BGE VIII², 421/422)

Beleuchtung des Albert'schen Wirthschaftsplans. Von einem Nichtökonomen. Halle [1824]. V: *Heinrich*, *Wilh. Benedict*. (StAt)

—— wissenschaftl., d. Grundsätze d. religiös. Wahrheitsfreunde od. Philalethen. Eine Zuschr. an Religions- u. Staatsfreunde (v. Mußmann.) gr. 8. (2½ B.) Halle 831, Ruff. (?)

Wissenschaftliche Beleuchtung des Materialismus. Zur Streitfrage: Existirt eine Seele oder ist die Geistesthätigkeit Gehirnfunction? — Darmstadt: Jonghaus 1856. 44 S. 8° 12:Ph. Sp. 68p. 17. 26. 30.
15.

Beleuchtung des »freien Wortes an die freien Zürcher«, betreffend Doct. Strauß und seine Lehre. Zürich u. Frauenfeld 1839. V: *Vögelin*, *Anton Salomon*. (Cl. Zür Forts. III) (Cat. d. Stadtbibl. Zürich. Zürich 1864—97.) (Doubletten-Anz. 1903. Nr. 7.)

—— des „freien Wortes an d. freien Zürcher," betreff. Dr. Strauß u. seine Lehre. gr. 8. (1½ B.) Frauenfeld 839, Bevel.

Beleuchtung des Einen Wortes über Hamburgs Kriegspflichtigkeits-Ordnung ... Hamb. im März 1822. Altona. V: *Lohmann*, *Peter David*. (schr)

— des eitien Wortes üb. Hamburgs Kriegspflichtigkeits-Ordnung rc. 8. Altona 822, Hammerich.

Beleuchtung der Brochure betitelt: Einige Worte über die Schrift des Hrrn. Canzleiraths Lornsen ... Leipz. 1830. V: *Beseler*, *Wilh. Hartw.* (Bruun, Bibl. Danica. III, 837.) (Collin, Anonymer. Kiobenh. 1869.)

Beleuchtung der Broschüre, betitelt: Einige Worte über die Schrift des Kanzleiraths Lornsen über das Verfassungswerk in Schleswig-Holstein. 8°. Kiel 1830. Universitäts-Buchh.

Beleuchtung der von dem Königl. Preuß. Regimentsarzte Dr. Theodor Friedrich Baltz herausgegebenen Schrift: 'Freimüthige Worte über die inneren und wesentlichsten Verhältnisse in der Königlich Preußischen Militair-Medicinal-Verfassung, nebst versuchten Andeutungen zu einer wünschenswerthen Abhülfe einiger Gebrechen'. Mit e. Vorw. des Dr. Goercke. — Berlin: G. Reimer 1820. 130 S. 8°
1:Kq 4437. 2. 21.
15.

— d. im Talmud v. Babylon u. Jerusalem vorkomm. fremden, besond. latein. Wörter. gr. 8. Dessau. (Leipz. Bruder.) 813.

Beleuchtung der 'Wunder der Homöopathie' von e. practischen Arzte. — Leipzig: Berger 1834. 24 S. 8° 15.
15.

Beleuchtung der vor kurzem erschienenen Schrift: Patriotische Wünsche das Postwesen in Teutschland betreffend. [Karlsruhe]: Im Monat Junius 1814. 60 S. 8°
Als Verfasser wird Emmerich Wilhelm Kirn genannt.
25. 27. 31.
15.

— Von e. Dritten beurtheilt, u. mit Anm. versehen. Ebd. Im Monat Oktober 1814. 103 S. 8°
Als d. Dritte werden Ludwig Friedrich Grub u. Karl Josef Graf v. Drechsel genannt.
12: J. publ. G. 61d. 19. 22. 31. 32.
15.

— einiger religiösen Zeitfragen, s.: Rost, Ant. F. S. E.

— des Zeitgeistes. 1. Jahrg. 1833. 12 Nrn. (Bog.) gr. 4. Basel 833, Spittler.

— dass. 2. Jahrg. 1834. 12 Nrn. (Bog.) gr. 4. Bern. (Ebds.)

Beleuchtung des Eisenbahnprojektes Zürich-Rapperswyl rechtes Ufer. [Stäfa 1871.] V: *Wetli*, *Caspar*. (Cat. d. Stadtbibl. Zürich. Zürich 1864—97.)

— der gedruckten Zuschrift: „An die Herren Aktionäre d. Altona-Kieler Eisenbahngesellschaft." Vom Verf. der Brochüre: „Ueber den Bau und die Verwaltung der Altona-Kieler Eisenbahn (C. Oesau.)" Mit diversen Anlagen zur Beweisführung durch die Akten. 8. Kiel, Maack. 1855.

— der gedruckten Zuschrift: „An die Herren Actionaire der Altona-Kieler Eisenbahngesellschaft". Vom Verf. der Brochure: „Ueber den Bau und die Verwaltung der Altona-Kieler Eisenbahn (C. Oesau)". Mit diversen Anlagen zur Beweisführung durch die Acten. Kiel 855. Maack. 8. (1 Bl., 58 S.)
n. 6 ngr.

Beleuchtung des vergangenen und gegenwärtigen Zustandes der deutschen Nation, beweisend, daß sie die größte, tapferste, achtungswürdigste und edelste unseres Weltkörpers ist, mit 4 illuminirten Charten, welche den Ursprung der deutschen Nation, deren Ausdehnung, die Lage der Seeküsten u. die Wichtigkeit der berühmtesten ihrer Völkerschaften, deren Eroberungen, ihre Niederlassungen in verschiedenen Länderstrichen Europa's u. Afrika's, so wie die große Ausdehnung der Herrschaft mehrerer deutscher Fürsten über zwei Drittel der Erde versinnlichen. Durch e. franz. Ingenieur-Offizier. — Leipzig: Industrie-Comptoir 1822. 70 S. 8° 17. 300:47 Nn 77.
15.

Beleuchtung der gegenwärtigen schweizerischen Zustände. in ihren Verhältnissen zu der französischen Regierung und zu den andern verbündeten europäischen Mächten. Von einem unbefangenen Freunde der Wahrheit.... 8. Bern 1838.

— kurhessischer Zustände vom März 1848 bis zur Steuerverweigerung im Aug. 1850. gr. 8. (VI u. 142 S.) Frankfurt a. M. 851, Lizius. n. 1/3 ₰

⊙ Zweite Beleuchtung der in Anrege gebrachten Abänderung der Altona-Kieler Eisenbahn-Route. Mit einem Vorworte v. J[acob] M[atthias] Redling. Itzehoe. 1843. 8°

Zweite freimüthige Beleuchtung unsers Zollwesens. Zur Förderung einer genauen Prüfung des den Dänischen und Schleswig-Holsteinischen Ständeversammlungen vorgelegten und vorzulegenden Entwurfs einer neuen Zollordnung in Druck gegeben. Itzehoe. 1836. P.

Beleuchtungen.
Beleuchtungen des Entwurfs zu einem Zoll-Tarif für das vereinte Deutschland. Frankfurt a. M. 1848. — Bremen 1849. 35 S. 8° Aus: Weser-Zeitung. 1849.
1:15 in Fg 523. 3. 7. 12: Merc. 274-10. 15. 16. 18. 23. 30. 38.
15.

Schweiz. Nationalbank. Beleuchtungen zum Expertenbericht v. Dr. C. W. v. Graffenried über die Schweiz. Nationalbahn, Sektion Winterthur-Zofingen. 9 Stn. 8.
1875

Beleuchtungen des sittlich Guten u. Bösen, in Erzählungen f. Kinder. M. 2 Kpf. 8. Gotha, Hennings. 818.

Beleuchtungen über die Handels- und Zoll-Verhältnisse der schweizerischen Eidgenossenschaft mit dem Auslande. Luzern 1837. V: *Gegnf*, *Joh. C.* (Cat. d. Stadtbibl. Zürich. Zürich 1864—97.) (Doubletten-Anzeiger 1903. Nr. 7.)

Beleuchtungen des weise-närrischen und närrisch-weisen Menschengeschlechts Quic quit(!) aguut homines. Berl. 1802. V: *Jenisch*, *Daniel.* (Berl) (Adolf Weigel-Leipzig. Kat. 94. Nr. 171.) (Neue Lpz. Lit. Ztg. 1805. Intbl. 58.)

Beleuchtungen der Menschheit mit der Laterne bei Tage, Diogenes des Zweiten, oder wunderbare Reisen in die Gemächer der Thorheit ... Wien u. St. Petersburg [Leipzig] 1800. V: *Wallenrodt*, *Isabelle.* (GGr) (Mitth. A. Rosenbaum.)

Beleuchtungen der Missionssache, s. Missionsblatt, calwer.

Beleuchtungen der Truggestalten in freymaurerischer Hülle. [Hrsg.: C. F. Herold.] — Philadelphie; (Berlin: Schöne in Comm.) 1808. VIII, 475 S. 8° 1:Nb 5784. 7. 8.
15.

Schweizer. Nationalbahn, Sektion Winterthur-Zofingen. Weitere Beleuchtungen zum Expertenbericht v. Dr. C. W. v. Graffenried. 8 Stn. 8.
1875

Beleuchtungen des Zeitgeistes
⑤ 1833—1836 ⑥ 4° ⑦ Monatsblatt ⑧ Bern: Friedr. Gaudard (?) ⑪ Friedr. Gaudard ⑫ konservativ ⑬ BGSZ: 973; Münch: Studien zur Bernischen Presse 1830—1840, p. 56 ⑭ Be: L, S, St ⑮ Die Theorie des Staates soll aus der heiligen Schrift entwickelt werden. Betrachtung über göttliche «Planung» und göttliche «Politik» in der Lenkung der Welt. Kirchenpolitisches und kirchliche Zustände in den verschiedenen Ländern. Beurteilung der politischen Vorgänge der Gegenwart unter kirchlich-religiösem Gesichtswinkel. Kritik. Prophezeiung des Untergangs der sündigen Welt.

Beleuchtungen des Zeitgeistes. 1r—4r Jahrg. 1833—1836. gr. 4. Basel, (Spittler.) à J. 1 ℛ — 1r—3r J. 1833—35, jetzt bei Jenni, Sohn in Bern, zusammen 5/6 ℛ

Beleuchtungen des Zeitgeistes. 3. u. 4. Jahrg. 1835 u. 36. à 12 Nrn. (Bog.) gr. 4. Bern 835. (Basel, Bahnmaier.) à * 1. u. 2. Jahrg. 1833 u. 34. Ebendas. 1 Thlr. 20 Gr. — Auch Jahrg. 1833—36. Bern, Jenni Sohn, hrbgs. Pr. * 20 Gr.

Beleuchtungsanlage, die elektrische, d. königl. Opernhauses in Berlin. [Aus: „Zeitschr. f. Bauwesen".] gr. 4. (8 S. m. 6 Abbildgn. u. 2 lith. Taf.) Berlin 890. W. Ernst & Sohn. n. 2. —

Beleuchtungsanlagen. — Allgemeine Elektricitäts-Gesellschaft, Berlin. Elektrische Beleuchtungs- und Kraftübertragungs-Anlagen der Cellulose-Fabrik und Papier-Fabrik Feldmühle, Cosel-Oderhafen. — (Berlin [um 1895]: Sittenfeld.) 11 S. 4° **90.**
15.

Beleuchtungs- und Kraftübertragungs-Anlagen der Landes-Anstalt Zschadrass. Actien-Gesellschaft Elektricitätswerke vorm. O. L. Kummer & Co., Dresden. — [Dresden um 1895.] 16 Bl. quer-4° **89.**
15.

Beleuchtungsfeier. — Die Beleuchtungsfeyer am Friedensfeste in der höchsten Gegenwart Napoleon des Großen in Dresden am 18. Jul. 1807. Enthält d. vollständigste Sammlung d. schönsten Gedanken u. Inschriften. — Dresden 1807. 24 S. 8° **14. 15.**
15.

Beleuchtungsverhaeltnisse. — Ueber Innsbruck's Beleuchtungsverhältnisse. Hrsg. vom volkswirthschaftlichen Verein für Innsbruck u. Umgebung. — Innsbruck 1889. 21 S. 8° **300:79.706-B.**
15.

Beleuchtungswesen. — Das Beleuchtungswesen der Stadt Köln. Eine geschichtliche, technische u. wirtschaftliche Darstellung d. öffentlichen Beleuchtungswesens in Köln. Hrsg. unter Mitw. von ... F. Joly. — Köln [1895]: Bachem. 104 S. 4°
Aus: Die Beleuchtung u. Wasserversorgung d. Stadt Köln. 1895.
38.
15.

Beleuchtungswesen, das moderne. Umschau auf dem Gebiete der Lichterzeugg. u. Lichtversorgg. aller Länder der Welt. Unter Mitwirkg. hervorrag. Fachmänner red. v. Frz. Kleinpeter. Jahrg. 1900. 24 Hfte. gr. 4. (IV, 252 S. mit Abbildgn.) Wien, L. Weiss. n. 15. —

— dasselbe. Zeitschrift f. den Fortschritt auf allen Gebieten des Beleuchtungswesens, der Heizungs- u. Lüftungstechnik, sowie die Wasserversorgg. u. Canalisation. Schriftleiter: Rud. J. Müller. 2. Jahrg. 1901. 24 Hfte. gr. 4. (IV, 344 S. m. Abbildgn. u. 1 Taf.) Ebd. n. 15. —
Erscheint nicht mehr.

Beleze, G., syllabaire et premières lectures. 3. édit. revue et augmentée. Triest 861. Coen. 8. (VII, 110 S.) n. 8 ngr.

Belèze, G., syllabaire et premières lectures. 4. édit. revue et augmentée. Triest 865. Coen. 8. (118 S.) n. 8 ngr.

Belfast, Graf v., zwei Generationen od. Geburt, Herkunft u. Erziehg. A. d. Engl. v. L. Du Bois. 8. (310) Detm. 52, Meyer. 1. 7½

Belfast, Graf, zwei Generationen od. Geburt, Herkunft u. Erziehung. Eine Novelle. Aus d. Engl. übertr. v. L. Du Bois. 8. (310 S.) Lemgo 852, Meyer. 1⅙ ℛ

Belfort [Schlagwort]
Belfort, s.: **Deutschland.** Kürschner-Pelp.

Belfort-Bax, s. Frauenprivilegien.

Belfort-Feier. — Belfort-Feier. Jauer, den 20. Februar 1875. (Verf.: F. O.) — Jauer [1875]: Opitz. 2 Bl. 8°
1:11 in Kr. Samml. N 28.
15.

Belgard [Schlagwort]
Belgard, Kreis, s.: **Köslin, Reg.-Bez.**

Belgard, Hans v.: Versunkene Sterne. Offiziersroman a. e. Grenzgarnison. (260) 8° Lpzg, Grunow & Co. ('12). 2.50; L 3 — d

Belgard, Martin, a. Graudenz ⟨Westpreußen⟩: Parzellierung und innere Kolonisation in den sechs östlichen Provinzen Preussens 1875—1906. ⟨Einl. u. T. 2, Abschn. 1. 2. u. 3.⟩ (Altenburg 1907: Pierer.) (VIII, 44 S.) 8° ¶ (Erschien vollst. 1907 im Verl. v. Duncker & Humblot in Leipzig.)
Berlin, Phil. Fak., Ref. Sering, Diss. v. 15. Juni 1907
[Geb. 20. Okt. 83 Graudenz; Wohnort: Graudenz; Staatsangeh.: Preußen; Vorbildung: Kgl. Gymn. Graudenz Reife O. 02; Studium: Berlin 4, München 1, Berlin 4 S.; Rig. 4. März 07.]

Belgard, M., Parzellierung u. innere Kolonisation in den 6 östlichen Provinzen Preussens 1875—1906. Private Parzellanten, poln. Parzellierungs- u. Landkaufgenossenschaften, Landbank zu Berlin u. andere Bodenbanken, pommersche Ansiedlungsgesellschaft, königl. Generalkommissionen, königl. Ansiedlungskommission. (XV, 541 S. m. 2 Tab.) gr. 8. Leipzig, Duncker & Humblot. 1907
10. —; geb. 13. —

Belgard, Salomon Henr. (geb. Filehne 21. 7. 1834): De salivatione mercuriali. Berolini (1858). (37 S.) 8°
Berlin, Med. Diss. v. 8. Mai 1858

Belgardt, und W. Schäffer, Beantwortungen der Rechenaufgaben des 1—4. Heftes. 3. Aufl. Ebend. 859. 8. (à Hft. 32 S.) Jedes Hft. n. 5 ngr.

Belgardt und W. Schäffer, Rechenaufgaben zum Schulgebrauch. 1. Heft. 9. Aufl., 2. Heft. 6. Aufl., 3. Heft. 4. Aufl. und 4. Heft. 3. Aufl. 8. (à Heft 64 S.) Berlin 859, Jonas' Sortimentsbuchh. [1. Heft * 2½ Ngr., 2—4. Heft à * 4 Ngr.]

Belgardt, und W. Schäffer, Rechenaufgaben zum Schulgebrauch. 1. Hft. 9. Aufl. — 2. Hft. 6. Aufl. — 3. Hft. 4. Aufl. — 4. Hft. 3. Aufl. Berlin 859. Steinthal. 8. (à Hft. 64 S.) n. 14½ ngr.

Belgardt u. W. Schäffer, Rechnenaufgaben zum Schulgebrauch. 1. u. 3. Heft. Berlin 869. Steinthal. 8. n. 6½ ngr.
1. Heft. 12. Aufl. (52 S.) n. 2½ ngr; geb. n. 3½ ngr — 3. Heft. 6. Aufl. Mit Anwendung der neuen Maße u. Gewichte. (64 S.) n. 4 ngr.

Belgardt, u. W. Schäffer, Rechenaufgaben zum Schulgebrauch. 1—3. Hft. 8. Berlin 874. Th. Thiele. n. 1. 40
1. 13. Aufl. (48 S.) n. — 40. — 2. 10. Aufl. (61 S.) n. — 50. — 3. 7. Aufl. (64 S.) n. — 50.

—— —— Beantwortungen dazu. 1. und 2. Heft. 3. Aufl. 8. (32 S.) Ebendas. 859. *

—— —— dass. — 3. Heft. 3. Aufl. 8. (32 S.) Ebendas. 859. *

—— —— dass. — 4. Heft. 3. Aufl. 8. (30 S.) Ebendas. 859. *

—— —— Rechenfibel. Uebungen im Zahlenkreise von 1 bis 100. 8. (24 S.) Berlin 860, Jonas' Sortimentsbuchh. *
geb. *

Belgardt und W. Schäffer, Rechenfibel. Uebungen im Zahlenkreise von 1 bis 100. 4. Aufl. 8. (32 S.) Berlin 878, Thiele. cart. **

Belgardt und W. Schäffer, Rechenfibel. Uebungen im Zahlenkreise von 1 bis 100. 5.—9. Aufl. 8. (32 S.) Berlin 876—77, Th. Thiele. cart. *

Belgardt und W. Schäffer, Rechenfibel. Uebungen im Zahlenkreise von 1 bis 100. 10.—15. Aufl. 8. (32 S.) Berlin 878—80, Th. Thiele. cart. *

Belgardt, [Conrad], Arzt in Berlin: Über Regenerationserscheinungen in der Leber des tuberkulösen Meerschweinchens. Leipzig 1905: B. Georgi. (29 S.) 8°
Leipzig, Med. Fak., Ref. Marchand, Diss. v. 21. Sept. 1905
[Geb. 28. Nov. 69 Berlin: Wohnort: Berlin; Staatsangeh.: Preußen; Vorbildung: Askan. Gymn. Berlin Reife M. 90; Studium: Berlin 14 S.; Coll. 21. Sept. 05; Approb. Juli 97.]

Belger, Dr. Christian. Von Freunden zur Erinnerg. f. seine Freunde. (63 S.) 8. Altenburg 903. (Berlin-Steglitz [Fichtestr. 31], Prof. Dr. Frdr. Paulsen.) Nicht im Handel.

Belger. — Dr. Christian Belger. Von Freunden zur Erinnerung für seine Freunde. — Altenburg, S.-A. 1903: Pierer. 63 S. 8°
Erweitert aus: National-Zeitung. 1903,5. Nov.
1:At 9838. 2. 29.
15.

Belger, Christian

Belger, C., de Aristotele etiam in arte poetica componenda Platonis discipulo. 8. (83) Berl. 71, (Calvary u. Co.) n. 1. 20

Belger, Christianus, de Aristotele etiam in arte poetica componenda Platonis discipulo. Dissertatio inauguralis philosophica. gr. 8. (83 S.) Berlin 872, (Calvary und Comp.) *

Belger, Christian Beiträge zur Kenntnis der griechischen Kuppelgräber. 4 (40 S., 4 Abbild.). Progr. Friedrichs-G. *Berlin* 1887

Belger, Chrn., Beiträge zur Kenntniss der griechischen Kuppelgräber. gr. 4. (40 S. mit 4 Abbild.) Berlin 887, Gaertner. *

— Goethes u. Schillers Beschäftigung mit der Poetik des Aristoteles. 8. A. o. O. 1894. 28 S. 1.20

— Besprechung von Schuchardt, Schliemanns Ausgrabungen in Troia, Tiryns, Mykenä, Orchomenos, Ithaka im Lichte der heutigen Wissenschaft. 8.-A. 1891. 18 S. 4°. —.60

Belger, Chrn., Moriz Haupt als academischer Lehrer. Mit Bemerkungen Haupt's zu Homer, den Tragikern, Theokrit, Plautus, Catull, Properz, Horaz, Tacitus, Wolfram v. Eschenbach, u. einer biograph. Einleitung. gr. 8. (XII, 340 S.) Berlin 879. Weber. n. 8. —

Belger, Christian [Dr.]: Die mykenische Lokalsage von den Gräbern Agamemnons und der Seinen im Zusammenhange der griechischen Sagenentwickelung. M. e. Rekonstruktion d. Schliemannschen Gräberrundes u. 7 Plänen. Berlin, R. Gaertner, 1893; 42 S. 4.
Berlin, Friedrichs-G, OP 1893 (54)

Belger, C., Mykenische Studien. I. S.-A. 1895. 14 S. 1.—

Belger, Christian (Hrsg.), s. Wochenschrift, Berliner philologische.

Belger, Christian (Hrsg.), s. Wochenschrift, Philologische.

Belger, Erwin: Das Jubiläumsjahr od. Aus vergangener Zeit, s: Festspiele zu Kaisers Geburtstag.

— Scharf d. Schwert!, s: Meissner's patriot. Festbühne.

— Zwiesprach m. euch allen. Gedichte. (71) gr8° Hildburgh., FW Gadow & S. ('12). 1.50; L 2.50 d

Belger, F., d. sichersten Mittel, sich gegen Diebstähle zu sichern. Eine Anweis., Gebäude in ihr. einzelnen Theilen so einzurichten, daß sie gegen Einbruch gesichert sind, u. die Diebe selbst auf mancherlei u. leichte Weise theils zu ertappen, theils zu verscheuchen. Nebst einem Nachtr. üb. Sicherheitsschlösser. 8. (7½ B.) Nordhausen 844, Fürst.

Belger, Philipp: Bey der zweyten Jubelfeyer der im Jahr Christi 1544 gestifteten hohen Schule zu Königsberg übergiebet allen theuren Vätern und Lehrern derselben diese Zuschrift ... ein allhier aus Zittau Studirender ... 1744. [Verf.: Philipp Belger.] — Königsberg [1745]. 6 Bl. 4°
Aus: Wochentliche königsbergische Frag- u. Anzeigungs-Nachrichten. 1745.
19.
15.

Die erneuerte Feyer des Einweihungstages der Königlichen deutschen Gesellschaft, wurde in der Entfernung besungen von Philipp Belger, ... den 22ten des Wintermonats 1745. Königsberg.– fol.

Belgern [Schlagwort]
Belgern, s.: Preussen. Messtischblätter.

Belgern, s.: Sachsen. Karte. Messtischblätter.

Belges, Les, en Bohême, ou campagnes et négociations du comte de Bucquoy, ... Bruxelles, Leipzig, Gand 1850. V: *Rahlenbeck, Ch.* (Pr)

Belgica Foederata, complectens septem Provinc. Geldr.. Hollandiae, Zelandiae etc. venalis habent Gerardus et Leonardus Valk. 1: 600,000. 1 Bl.

Belgica. — Belgica, eine feste römische Niederlassung an der Erft. — Köln 1836. 25 S. 8°
Aus: Gemeinnützige u. unterhaltende rheinische Provinzial-Blätter. N. F. Jg. 3,4. 1836.
29.

Belgien [Sachliches OW]

– s.a. Belgica

– s.a. Belgique

– s.a. Belgium

Belgien. Handbuch für Reisende, nach eigener Anschauung und den besten Hülfsquellen bearb. 4., verb. und verm. Aufl. Mit einer Karte von Belgien, vom Maasthal u. dem Schlachtfelde von Belle-Alliance, und den Plänen der Städte Lüttich, Löwen, Brüssel, Antwerpen, Gent, Brügge und Ostende. 8. (XXXIX und 271 S. mit 1 Karte in 4. und lith. Plänen.) Koblenz 850, Bädeker. *

Belgien. Handbüchlein f. Reisende, die sich selbst leicht u. schnell zurecht finden wollen. Mit 1 Karte u. 1 Plan des Schlachtfelds des von Belle-Alliance. gr. 12. Coblenz 839. Bädeker. 1 ₰

Belgien. Handbüchlein für Reisende, die sich leicht und schnell zurecht finden wollen. Mit 1 Reise-Karte und den Plänen des Schlachtfeldes von Belle-Alliance, der Städte Lüttich, Löwen, Brüssel, Antwerpen, Gent, Brügge und Ostende. 2., durchaus umgearb. Aufl. Mit 1 Karte u. 8 Plänen. 8. Koblenz 843, Bädeker. n. 1 ₰ — 3., durchaus umgearb. Aufl. kl. 8. Ebend. 845. n. 1 ₰

Belgien. Das Land und Volk 2c., s.a. Reise-Buch über Cöln 2c. nach Paris.

Belgien. Das Land u. Volk, seine Kunstschätze, Denkmäler, industriellen Anstalten u. sonstigen Merkwürdigkeiten. Historisch-statistisches Handbuch für d. Reisenden. — o. O.: Verf.; Cöln: Tonger [in Komm.] [usw.] 1855. 96 S. 8° 1:To 7104. 5.
15.

Belgien. Prakt. Reisehandbuch. 9. Aufl. neu bearb. von O. Fiedler. Mit 10 Karten. Berlin: A. Goldschmidt 1904–05. (IV, 185 S.) 8°
— **Reiseführer,** Griebens. Bd 22. [04. 8315

Belgien. Prakt. Reisehandbuch. 10. Aufl. neu bearb. von O. Fiedler. Mit 11 Karten. Berlin: A. Goldschmidt 1906–07. (IV, 208 S.) 8°
— **Reiseführer,** Griebens. Bd 22. [07. 8497

Belgien. Prakt. Reisehandbuch. 11. Aufl., neu bearb. von O[tto] Fiedler. Mit 11 Karten. Berlin: A. Goldschmidt 1908–09. (IV, 203 S.) 8°
— Reiseführer, Griebens. Bd 22. (08. 13370

Belgien. Prakt. Reisehandbuch. 12. Aufl. neu bearb. von O[tto] Fiedler. Mit 12 Kt. Berlin: A. Goldschmidt 1910–11. IV, 208 S. 8°
(Griebens Reiseführer. Bd 22.) (10. 9380

Belgien. Vorbemerkungen zum Zolltarif. (78 S.) 8. Berlin, E. S. Mittler & Sohn. 1905. —. 90.

Belgien. Vorbemerkungen zum Zolltarif. (78 S.) 8. Berlin 906. E. S. Mittler & Sohn. n. — 90
Sonderabdruck aus: „Deut. Handels-Archiv."

Das befreyete Belgien. Einige Reime. — Berlin: Petit & Schöne 1787. 4 Bl. 8° 2.
15.

Belgien, geographisch, statistisch und historisch dargestellt nach d. besten Hülfsquellen von e. in Brüssel lebenden Deutschen. — Aachen: Kohnen 1831. V,134 S. 8°
1: To 7040. 14. 23. 91.
15.

Belgien und Holland. Praktisches Handbuch für Reisende. Neu bearb. von H. T. Luks. — Berlin: Goldschmidt 1878. XXIV,131 S. 8° (Grieben's Reise-Bibliothek. 22.)
Engl. Ausg. s. *Belgium*. 1910-11.
Franz. Ausg. s. *Belgique*, La 1911-12. 1: Ps 4212-22.
15.

Belgien und Holland. Praktisches Handbuch für Reisende. 4. Aufl., neu bearb. von H. T. Luks. — Ebd. 1887. VIII,231 S. 8° (Griebens Reise-Bibliothek. 22.) 4. 26.
15.

— 6. Aufl., neu bearb. von V. L. Maurice. Ebd. 1894. IV, 303 S. 8° (Griebens Reisebücher. 22.)
1: Ps 4212⁶-22. 11. 26.
15.

— 7. Aufl., neu bearb. von O. Fiedler. Ebd. 1898. V,304 S. 8° (Griebens Reisebücher. 22.) 1: Ps 4212⁷-22. 7.
15.

— — Praktisches Reisehandbuch. 8. Aufl., neu bearb. von O. Fiedler. — Ebd. 1901. V,300 S. 8° (Griebens Reisebücher. 22.) 1: Ps 4212⁸-22. 11. 20.
15.

Belgien, seine Kunstschätze und seine Bäder. Praktisches Handbuch für Reisende, neu bearb. von H. T. Luks. Ebd. 1883. VIII,138 S. 8° (Grieben's Reise-Bibliothek. 22.)
1: Ps 4212¹⁸⁸³-22.
15.

Belgien unter Maria Theresia. Aus dem Vlämischen des L. van Ruckelingen (Ludw. Mathot) übers. von Mor. v. Stubenrauch. Wien 859. F. Manz. gr. 8. (VII, 152 S. u. lith. Portr.) 1 ₰ 6 ngr.

— und Nassau, od. d. Reisende am Continent, s.a. Denkmäler, histor.

Belgien und Nassau oder der Reisende am Continent. — London: Black & Armstrong [1838]. 144 S., 61 Taf 8°
Nebent.: Belgium & Nassau.
Engl. Ausg. s. *Belgium* and Nassau. 1838.
Franz. Ausg. s. *Belgique*, La, et Nassau. 1838.
1: Pv 6323. 5. 17. 30.
15.

Belgien als Productions- und Consumtionsgebiet. Hrsg. von d. Commission für d. 1885er Weltausstellung zu Antwerpen zu Berlin. Anh.: Der belgische Zolltarif. — Berlin 1884: (Sittenfeld). 27 S. 8° 18.
15.

Ueber Belgien und dessen Räumung. Zur Erläuterung d. gegenwärtigen Kriegsbegebenheiten. — Königsberg: Degen 1794. 24 S. 8° 1: Flugschr. 1794-2.
15.

Belgien, Rheinland und Adolph Bartels. — Potsdam: Stuhr 1846. 48 S. 8°
1: Deutsche Flugschr. 1846–35. 7. 12: Belg. 18m. 14.
15.

Belgien [Schlagwort]

– s.a. Belgium

Belgien, s. Deutschland. Baur, C.F., u. F. Serth

– s. Eisenbahnkarten.

Belgien, s. Europa. Noordhoff.

– s. Gaebler, Ed.

Belgien, s. Generalkarten.

– s. Hand- u. Reisekarten. 44.

– s. Hirschmann, L., u. G. Zahn.

Belgien. Kaart van het koninkrijk België. 1:425,000. Chromolith. gr. Fol. Amsterdam 888. Seyffardt. n. — 85

Belgien — Karte des Königreichs — mit Holland und den angrenzenden Ländertheilen, gezeichnet und lithographirt von Georg Mayr, Kupferstecher. In der literarisch artist. Anstalt in München 1831. 1: 1,250,000. 1 Bl.

Belgien — Karte von Nord-Ost-Frankreich, West-Deutschland, Süd-Holland und — 1:400,000. S. Geogr. Sp. K. v. Frankreich: „Karte von N. O. Frankreich, West-Deutschl., Süd-Holland und Belgien, v. Witzleben. Berlin bei Reimer 1832."

Belgien, s.: Niederlande.

Belgiens — Die 17 Provinzen — davon 10 die österreichischen und französischen, 7 aber die vereinigten Niederlande genannt wurden. Augsburg im Kunstverlag des J. Walch. 1 : 870,000. 1 Bl.

Belgien, s.: Reise-Buch üb. Cöln etc. nach Paris.

Belgiojoso, Christina Trivulzio Principessa di

— Emina. Récits turco-asiatiques par Mme la Princesse Christine Trivulce de Belgiojoso. 1.2. — Paris; Leipzig: Gerhard 1856. 8° (Bibliothèque choisie. 79.79 [vielm. 80].)
Im Exemplar von 17 fehlt d. Titel d. Sammlung.
1: Xx 140-79.80. 3. 5. 14. 17. 302.
15.

[—] Essai sur la formation du dogme catholique. T. 1.2. — Paris; Leipzig: Renouard 1842. 8° 12: Dogm. 334c.
15.

Belgique, la, et l'Europe, ou précis des événemens, arrivés dans le Royaume des Pays-Bas, pendant la periode de 1815 —1831. gr. in-8. Amsterd. 832. (Leipz., Weidmann.) $2^2/_3$ ₰

La Belgique à l'Exposition universelle de 1878. Directeur: Edmond Frédérix. (T. 1.2.) — Bruxelles: Lebègue [usw.]; Leipzig: Brockhaus 1878. 8° 1: Oo 3352.
15.

Belgisch-holländ. Frage, s. Wort, noch ein.

Belgium [Sachliches OW]

Belgium. A pract. guide. With 8 maps. Berlin: Goldschmidt 1910–11. 155 S. 8°
(Grieben's Guide Books. Vol. 141.) A 12. 5838

Belgium distributum in Septemdecem Provincias etc. Venundantur a Gerardo et Leonardo Valk. 1:850,000. 1 Bl.

Belgium Foederatum etc. Cura et Studio Matth. Seutteri etc. Aug. Vind. 1: 650,000. 1 Bl.

Belgium et Nassau; the continental tourist, commencing at Antwerp, and proceeding through Brussels, Namur, Liege, Aix-la-Chapelle, Cologne, through the Baths of Nassau, and the Taunus Range of Mountains to Frankfort on the Maine. 46 beautiful engravings and 2 maps. 8. London .. Black et Armstrong. Cloth, gilt edges 6 ℳ 7 ℛ French text, cloth gilt edges 6 ℳ German, ditto 6 ℳ

Belgium Regium divisum in decem Provincias etc. delineatum per Gerardum et Leonardum Valk. 1 : 636,000. 1 Bl.

Belgium [Schlagwort]

Belgii in novem suas partes (Departements) divisi, nova descriptio. Norimbergae ? 1804. 1 : 740,000. 1 Bl.

Belgii — Germaniae Inferioris sive — Pars Meridionalis etc. in lucem edita per M. Seutter. Aug. Vind. 1 : 850,000. 1 Bl.

Belgii — Tabula generalis totius — qua Provinciae XVII inf. Germaniae etc. ostenduntur a Joh. Bapt. Homanno. Norimbergae. 1,100,000. 1 Bl.

Belgiz-Müglitz, Richard, s.a. Relgiz-Mügliz

Belgiz-Müglitz, Rich., Beichtgeheimnisse, s.: Geschichten, intime.

Belgrad [Sachl. OW]

Belgrad. O. M. 1 Bl. Handzeichnung.

Belgrad. 1 : 2,250 circa. 1 Bl. Handzeichnung.

Belgrad nach seiner izigen Situation und Befestigungs-Werken sambt Keys. und Türckischen Retranchements und ordre de Bataille im Monat July 1717. Regenspurg bey H. J. Ostertag. Ohne M. 1 Bl.

Belgrad [Schlagwort]

Belgrad — Accurater Entwurf der Gegend — und Semlin, sammt der Einflüsse der Theis, Bege, Themes und Sau in die Donau etc. 1788 den 28. Juli gezeichnet von einem k. k. Officier. Im Verlag bey J. M. Probst in Augsburg 1788. 1 - 500.000. 1 Bl.

Belgrad — Plan von — sammt neu projectirter Fortification. P. P. B. v. Lucz. O. M. 1 Bl. Handzeichnung.

Belgrad — Neuester Plan der Stadt und Vestung — Gabriel Bodenehr sculps. et excud. Aug. Vind. O. M. 1 Bl.

Belgrad — Plan von — Semlin und Pantschowa, nebst denen umliegenden Gegenden. Zu finden im Zeitungs-Comtoir in Bayreuth. 1 : 41,000. 1 Bl.

Belgrad [Verf.]

Belgrad, Martin, Parzellierung und innere Kolonisation in den 6 östlichen Provinzen Preussens 1875—1906. 8⁰. Leipzig, Duncker u. Humblot, 1907.

Belgrado a Laudone suis reddito die 8. Oct. 1789 lusus poeticus plaudente gymnasio regio Temesiensi. [17??] V: *Simonchicz, Innoc.* (Pk)

Belgradum expugnatum . . . Temesiae [1792]. V: *Hödel, Joachim.* (Jes)

Belgradum Turcis denuo traditum, . . . S. l. 1791. V: *Hödel, Joachim.* (Jes)

Belhard, Ernst u. Compagnie; eine Geschichte. 2 Thle. 8. Dresd. 789. Mahler. 16 ℊℊ

Beli, Matth., Prodromus historiae Hungaricae. Cum figg. Norimb. 723. f.

Běljaev, Ivan Dmitrievič:
[Russkoe Obščestvo pri Petrě Velikom, deutsch] Die russische Gesellschaft unter Peter dem Großen. Von J. D. Belajew. Aus d. Russ. von E. G[öring]. — München 1864. 16 S. 8⁰
Aus: Morgenblatt d. 'Bayerischen Zeitung'. 1864.
Aus: Den. [Der Tag.] 1. 1864.
12: Russ. 10m [2 Ex.] 19. 35. 15.

Belial, enthüllte Geheimn. a. d. Reiche d. Finsterniss. 16. (98) Münch. 61. (Beck.) — 5

Belial, Baron, enthüllte Geheimnisse aus dem Reiche der Finsterniß, oder: Neueste Denkwürdigkeiten aus dem Leben des Kaisers Napoleon III. und Vorhersagungen über dessen Ende. München 861. Giel. 16. (98 S.) 5 ngr

Belial, Baron, Napoleon III. in Ham und in Compiègne. Zwei histor. Novellen. 16. (178 S.) München 862, Gummi.

Belian, Alfr., das preußische Volksschulunterhaltungsgesetz v. 1906. Kommentierte Textausg. m. Sachregister zum prakt. Gebrauch f. Schulunterhaltungsbehörden, Schulleiter, Lehrer usw. (X, 98 S.) kl. 8. Berlin 906. B. Stankiewicz. Kart. n. 1. —

Belian, Alfred: Ist der Satz der L. 10 § 1 de compens. 16,2 allgemein gültig oder nur unter besonderen Umständen richtig und welche Konsequenzen ergeben sich aus der Beantwortung dieser Frage für die Natur der condictio indebiti? *Erlangen 1898: F. Junge.* (VII, 40 S.) 8⁰
Erlangen, Jur. Diss. v. 8. Febr. 1898

Loge und Freimaurerei. Ein offenes Wort an unsere Mitbürger von [Alfred] Belian. Berlin: Wunder 1909. 16 S. 8⁰
in: H. 20 (1909) No 30 (O. Neumann); ArSt. 6 (1909) S. 254—255 (R. Grosse), abgedr. in: Brh. 6 (1909) S. 175.
Aufklärungsschrift der Loge Zur Eule auf d. Warte in Eilenburg. Kap. 1 üb. Entstehung, Entwicklung u. Zweck der Frmrei. Kap. 2, „Was ist Frmrei", enth. Sentenzen aus frmrischen Schriften.

Beliardi, Werner: D. staatsrechtl. Entlastung nach preuss. u. Reichsstaatsrecht. Tübingen 1910. 8⁰

Belić, Alexander, aus Belgrad (Serbien): Zur Entwicklungsgeschichte der slavischen Deminutiv- und Amplificativsuffixe. *Leipzig 1901: Breitkopf & Härtel.* (S. 134—206.) 8⁰ ¶ Aus: Archiv f. slav. Philol., Bd 23.
Leipzig, Phil. Diss. v. [30. Mai] 1901

Belinzay, Julius v., Eine biograf. Skizze v. A. J. 8. (V, 22 S. m. Bild.) Karlsbad 889. Jakob. n n. — 50

Belidor: Französicher Bombardirer, s. Belidor, Bernard Forest

Belidor, Bernard Forest

— [deutsch] Architectura hydraulica. Oder: Die Kunst, das Gewässer zu denen verschiedentlichen Nothwendigkeiten d. menschlichen Lebens zu leiten, in d. Höhe zu bringen, u. vortheilhafftig anzuwenden. Aufs gründlichste abgehandelt von Belidor. Nebst ... e. Vorr. Herrn Christian Wolffen. Th.1.2. — Augspurg : Mertz [usw.] (2: Klett) 1740–71. 4°

2. Architectura hydraulica. Oder: Die Kunst, das Gewässer d. Meeres u. d. Flüße zum Vortheil d. Vertheidigung d. Festungen, d. Handels u. d. Ackerbaues anzuwenden.

Th.1(,Bd1) – Ausg.1-6.1740-42. 1.1740. 2.1740. 3.1741. 4.1741. 5.1741. 6.1742.

Th.1(,Bd2) – Ausg.7-12.1743-50. 7.1743. 8.1744. 9.1745. 10.1746. 11.1748. 12.1750.

Th.2(,Bd 1) – Aug. 1-6. 1766-68. 1.1767. 2.1766. 3.1767. 4.1767. 5.1768. 6.1767.

Th.2(,Bd2) – Ausg.7-12.1769-71. 7.1769. 8.1769. 9.1770. 10.1770. 11.1770. 12.1771.

1[∞1,1/11] : 1,12 = 4° Nz7781–2,12; 2,1/12 = 4° Nz 7781–3.4. 3. 4. 12: 1,1/12 = 2° A. hydr. 2; 2,1/12 = A. hydr. 2c–8,1.8 [auch 1,9/12 = 2° A.hydr. 2c–1,2]. 17. 24. 30.80.300[∞2,1/12]: 1,1/6 = 568.113-D; 1,7/12 = * 44 B 12. Bd 2. 302. 15.

— Verb. Aufl. Th.1(, Bd 1.2) – Ausg. 1–12. Augspurg (1,2ff.: Augsburg) : Klett (1,12 : Klett & Franck) 1764–78. 4°

Th. 1(,Bd 1) – Ausg. 1-6. 1764-69. 1. 1764. 2. 1766. 3. 1767. 4. 1767. 5. 1767. 6. 1769.

Th. 1(,Bd 2) – Ausg. 7-12. o. J.-1778. 7-10. o. J. 11. 1775. 12. 1778.

Die Auflagebezeichnung findet sich nur auf d. Titelblatt d. Ausg. 1.

Abweichend in d. Exemplaren von 1, 12 u. 17 in Th. 1, Ausg. 1: 2.,verb. Aufl.

1[∞1,12] : 4° Nz 7781–1,1/6; 2,7/11. 5. 8. 12[∞1,9/12]: 2° A. hydr. 2c–1,1.2. 17. 20. 82. 90. 310[∞1.2/12] : * 44 B 12. Bd 1. 15.

v. *Belidor*, Bh. Forest., Architectura hydraulica etc. Oder die Kunſt, d. Gewäſſer zu leiten, in d. Höhe zu bringen u. vortheilhaft anzuwenden. Mit 219 Kpft. Fol. Augsb. 764. Kranzfelder. 28 ß (auch v. Seidel in Sulzb. 25 ß

1740. * Architectura hydraulica oder die Kunſt, das Gewäſſer zu denen verſchiedentlichen Nothwendigkeiten des menſchlichen Lebens zu leiten, in die Höhe zu bringen und vortheilhaftig anzuwenden. Aufs gründlichſte abgehandelt von Monſieur *Belidor*, Provincial - Commiſſario des Artillerie - Weſens, Königlichem Profeſſore Matheſeos derer Schulen des nämlichen Artillerie - Corps; wie auch der Königl. Engliſch und Königl. Preuſsiſchen Academie derer Wiſſenſchaften Mitglied, und Correſpondent derjenigen zu Paris. Erſter Theil. Aus dem franzöſiſchen ins Teutſche überſetzet. Erſte Ausgabe der Verſion, nebſt 10 Kupfer - Tabellen, wie auch einer Vorrede Herrn *Chriſtian Wolffen*, Königl. Schwediſch - Hochfürſtl. Heſſiſch - Regierungs - Rathe, Mathem. et Phil. Profeſſ. primario zu Marburg, Prof. honorario zu St. Peterburg, der Königl. Academie der Wiſſenſchaften in Paris, der Königl. Groſsbritanniſchen, wie auch der Königl. Preuſsiſchen Societaet der Wiſſenſchaften Mitgliede. Augſpurg, verlegts Johann Georg Mertz, Kunſthändler, Nürnberg, in Commiſſion zu finden in der Homänniſchen Officin. Fol. 93 S.

1740. * — — — andere Ausgabe der Verſion, nebſt 0 Kupfer - Tabellen, ebend. 124 S.

1741. * — — — Erſter Theil, zweites Buch. Erſtes Capitel. Aus dem Franzöſiſchen ins Teutſche überſetzet, dritte Ausgabe der Ueberſetzung, nebſt 10 Kupfer - Tabellen. Worinnen nicht allein eine deutliche Beſchreibung verſchiedener Arten von Mühlen, ſondern auch eine gründliche Anweiſung, auf was Art ihre Würkungen zu berechnen, und ihr höchſter Grad der Vollkommenheit zu entdecken, anzutreffen, ebend. Fol. 39 S.

1741. * — — — Erſter Theil, zweites Buch, zweites Capitul, aus dem Franzöſiſchen ins Teutſche überſetzet. Vierte Ausgabe der Ueberſetzung. Nebſt 5 Kupfer - Tabellen, worin nicht allein eine deutliche Beſchreibung einiger Arten von Säge - Mühlen, Stein - Schneide - und Röhr - Bohr - Mühlen, ſondern auch eine gründliche Anweiſung, auf was Art ihre Würkungen zu berechnen, und ihr höchſter Grad der Vollkommenheit zu entdecken, anzutreffen, ebend. Fol. 21 S.

1741. * — — — Erſter Theil, zweites Buch, drittes Capitul, aus dem Franzöſiſchen ins Teutſche überſetzt. Fünfte Ausgabe der Ueberſetzung, nebſt 2 Kupfer - Tabellen, worin von Pulver - Mühlen und von einer andern Maſchine, Ciment zu mahlen, gehandelt wird. ebend. Fol. 10 S.

1742. * — — — Erſter Theil, zweites Buch, viertes Capitul, aus dem Franzöſiſchen ins Teutſche überſetzet. Sechſte Ausgabe der Ueberſetzung, und Beſchluſs des erſten franzöſiſchen Bandes, nebſt 9 Kupfer - Tabellen. Worinnen von denen ſogenannten Roſenkranz - Mühlen, oder Pater - Noſter - Werkern, und von noch andern zu der Waſſer - Schöpfung dienlichen Maſchinen gehandelt wird, ebend. Fol. 24 S.

1743. * — — — Erſter Theil, drittes Buch, erſtes, zweites und drittes Kapitel, aus dem Franzöſiſchen ins Teutſche überſetzet. Siebende Ausgabe der Ueberſetzung, benebenſt 8 Kupfer - Tabellen. Worinnen zu finden: eine Diſſertation von denen aus vielen Erfahrungsproben hergefloſſenen Eigenſchaften der Luft; eine gründliche Theorie derer Waſſer - Plompen, gute Anweiſungen, wie nicht allein die Gewalt oder Kraft des Windes; ſondern auch die möglichſt - gröſste Würkung verſchiedener Maſchinen zu berechnen, die durch den Wind in Bewegung gebracht werden können; gründliche Beſchreibungen allerhand Arten von Waſſerplompen, und eine weitläuftige Theorie, wie deren Würkungen aufs genaueſte zu berechnen, ebend. Fol. 104 S.

1744. * — — — Erſter Theil, drittes Buch, viertes Capitul, aus dem Franzöſiſchen ins Teutſche überſetzet. Achte Ausgabe der Ueberſetzung, benebenſt 18 Kupfer - Tabellen. Worinnen zu finden: wie auf verſchiedene Art ſowohl Saug - als Druck - Werke in Bewegung zu bringen. Die Beſchreibung der zu Nymphenburg in Bayern befindlichen Waſſer - Machine. Die Beſchreibung und Berechnung einer künſtlichen Waſſer - Maſchine mit elliptiſchen Scheiben. Unterſuchungen einer elliptiſchen Scheibe, die, indem ſie ſich um ihren Mittelpunkt herumdrehet, eine Laſt in die Höhe hebt. Eine ganz ſimple Art, die Kolben an denen Waſſer - Machinen mit Hülfe eines Hebrads in Bewegung zu bringen, an deſſen Rande abhangende Flächen angebracht ſind. Die Beſchreibung und Berechnung derjenigen künſtlichen Waſſer - Machine, die

1745. * — — — Erster Theil, drittes Buch, fünftes Capitel, aus dem Französischen ins Teutsche übersetzt. Neunte Ausgabe der Uebersetzung, nebst 6 Kupfertabellen. Worinnen zu finden: Die Beschreibung und Berechnung derjenigen Wasser-Machine, welche zu Paris an der L. Frauen-Brücke erbauet stehet, und wie solche in einen weit vollkommnern Standt versetzet worden. Desgleichen, die Beschreibung derer von dem Autore neu erfundenen Saug- und Stiefel-Werke, und derer hierzu gehörigen wohl eingerichteten Ventilen oder Balancier-Klappen, durch welche, kaum gedachte Machine, eigentlich in weit höhern Grad verbessert worden, ebend. Fol. 22 S.
zu Paris an der neuen Brücke erbauet steht, und la samaritaine genannt wird. Beschreibungen von verschiedenen guten Feuer-Spritzen, Beschreibungen von Künstlichen Gebläse, bey Hammern und grosen Schmieden zu gebrauchen, die mit Hülfe eines Wasserfalls erhalten werden. Die Beschreibung der weltberühmten Wassermachine zu Marly, ebend. Fol. 61 S.

1746. * — — — Erster Theil, viertes Buch, erstes und zweites Capitul, aus dem Französischen ins Teutsche übersezt. Zehende Ausgabe der Uebersetzung. Nebst 7 Kupfertabellen. Worinnen der Autor eine ganz neue Wasser-Machine beschreibt, die er selbst erfunden, mit deren Hülfe ein Gewässer, vermöge seines eignen Abfalls, sehr hoch in die Höhe getrieben werden kann. Er zeiget umständlich, wie solche nach allen ihren Theilen gebührend anzuordnen, und wie dieselbe zu berechnen. Ferner ist hierinnen anzutreffen die Beschreibung derjenigen Wassermaschine, welche von denen Herrn *Denisard* und *de la Deuille* erfunden worden. Ferner, die Beschreibung eines künstlichen Paternoster-Werks, von Monf. *Francini* erfunden. Noch eine andere Manier, einen Theil eines Quell-Gewässers in die Höhe zu heben, wenn ein Gefäll vorhanden, deren sich Monf. *Bucket* in Engelland bedienet. Ferner die Beschreibung der in Engelland von dem Monf. *Bucket* verbesserten Wassermachine. Das ganze zweite Capitul handelt von der Würkung des Gewässers in denen Wasser-Leitungs-Röhren, worinnen dann auch sehr nützliche Experimenta von langen Wasserleitungen anzutreffen, und wie solche nunmehro auf eine weit sichere Art zu berechnen, als bis anhero hat geschehen können, ebend. Fol. 56 S.

1748. * — — — Erster Theil, viertes Buch, drittes Capitul, aus dem Französischen übersetzet. Eilfte Ausgabe der Uebersetzung, nebst 6 Kupfer-Tabellen. Worinnen der Autor eine vortrefliche Kunst und sinnreiche Wasser-Machine beschreibet, welche durchs Feuer bewegt wird, dergleichen eine zu Fresnes, einem nahe bei Condé liegenden Dorfe, befindlich, durch welche das Wasser aus denen Stein-Kohlen-Gruben ausgehoben wird. Ferner sind hierinnen verschiedene Machinen angeführt, welche dienen, das Wasser aus sehr tiefen Brunnen herauf zu ziehen. Fol. 24 S.

1750. * — — — Erster Theil, viertes Buch, viertes und fünftes Capitul, aus dem Französischen ins Teutsche übersetzet, zwölfte Ausgabe der Uebersetzung. Mit welcher auch zugleich der erste Theil dieses Werks beschlossen wird. Nebst 10 Kupfer-Tabellen; in dieser Ausgabe wird gelehrt, wie das verborgene unterirdische Wasser aufzusuchen. Wie alsdann solches Wasser überhaupt wohl zu leiten, und geschicklich auszutheilen. Ferner, was bey denen springenden Wassern zu der Auszierung derer Gärten vornehmlich wohl in Obacht zu nehmen. Fol. 90 Seiten.

1766. * Architectura hydraulica oder die Kunst, das Gewässer des Meeres und der Flüsse zum Vortheil der Vertheidigung der Festungen, des Handels und des Ackerbaus anzuwenden, von Herrn *Belidor* etc. Zweiter Theil, aus dem Französischen ins Deutsche übersetzt. Erste Ausgabe der Version. Nebst 6 Kupfer-Tabellen. Augspurg, Verlegts Eberhard Kletts, seel. Wittib, Fol. 48 S.

1766. * — — — Zweiter Theil, zweite Ausgabe der Version, nebst 7 Kupfertafeln, worin enthalten: die Untersuchungen der Vollkommenheit der Schleusen. Von den Maschinen zu Eintreibung der Grundpfähle; wie auch, dieselben auszureissen. Von Anlegung der Verdämmungen (batardeaux) und Grundsätze zum Bau der Schleusen, ebend. Fol. 38 S.

1767. * Zweiter Theil, dritte Ausgabe der Version, nebst 12 Kupfertafeln, worinnen enthalten: die Weise, wie der Grund der Schleusen in einem schlechten Erdboden zu legen ist. Beyspiel dessen an der ehemaligen Schleuse im Bassin zu Dünkirchen, Beschreibung mittelmässiger Schleussenböden. Vom rechten Gebrauch der Spundpfäle. Von Anlage der Roste zu den Schleussenböden. Von dem dazu gehörigen Eisenwerk, ebend. Fol. 38 S.

1767. * — — — Vierte Ausgabe der Version, nebst 6 Kupfertafeln; worinnen enthalten: die Weise, wie der Grund der Schleusen in einem guten Boden zu legen ist. Bau der steinernen Schleusenböden, und der Vorböden an den Schleusen. Bau der Schleusenmauern, der steinernen und hölzernen Kayen, welche theils den Schleussen zu Flügeln, theils den innern Häfen zur Bekleidung dienen. Bau der Thorflügel für Schleusen von allerley Gröse. Von den einfachen Stämmthoren der Schleussen; dem dazu erforderlichen Eisenwerk, den Zapfen und Pfannen, etc. Beschreibung der sowohl ehedem als jetzo gebräuchlichen Spillen zum Dienst der Schleussen, ebend. Fol. 50 S.

1768. * — — — Fünfte Ausgabe der Version, nebst 16 Kupfertafeln, worinnen enthalten: Muster eines Bau-Anschlages zu Schleussen, zum Dienst der Schiffahrt. Unterricht zu den Ausmessungs-Verzeichnissen, nach vollendetem Bau. Regel zur Ausmessung unbeschlagener Baustämme; nebst Tabelle zur Erspahrung der Rechnungen. Beschreibung der Schleusse mit mehr als einer Durchfahrt, dergleichen die zu Gravelines und in Mardyck, wie auch des Kanals zu Gravelines, nebst allem, was zu den Dreh-Brücken und Dreh-Thoren, und derselben Vollkommenheit gehöret. Project eines grosen Schleussenbaues zu Verbesserung des Havens zu Calais. Fol. 66 S.

1768. * — — — Sechſte Ausgabe der Verſion, nebſt 13 Kupfertafeln, worinnen enthalten iſt: Beſchreibung der Schleuſse zu Muyden, einer der ſchönſten in Holland. Der Schleuſse zu Cherbourg und Havre de Grace. Von den Schleuſſen in den gemauerten Büren, ebend. Fol. 28 S.

1769. * — — — Siebente Ausgabe der Verſion, nebſt 5 Kupfertafeln, worinnen enthalten iſt: Unterricht zum Bau aller zu Seeplätzen gehörigen Werke. Hiſtoriſche Beſchreibung der vornehmſten, in neuern Zeiten, angelegten Seehäven, und was jeglicher beſonders an ſich hat. Was zur Vollkommenheit der Seehäven gehöret; nebſt daraus gezogenen Grundſätzen, die, welche es noch nicht ſind, vollkommen zu machen. Fol. 52 S.

1769. * — — — Achte Ausgabe der Verſion, nebſt 14 Kupfertafeln; enthaltend den Bau der Dämme von Faſchinenwerk und der hölzernen Caſtelle zur Beſchützung derſelben. Von denen, die man aus hölzernen mit Steinen angefüllten Käſten aufführet. Vom Bau der gemauerten Dämme etc. Von den Kaſtellen oder Riſsbanken, zur Beſchützung eines Havens im Meer; nebſt der Beſchreibung verſchiedener Leucht-Thürme, ebendaſelbſt. Fol. 40 S.

1770. * — — — Neunte Ausgabe der Verſion, nebſt 15 Kupfer-Tafeln; enthaltend eine umſtändliche Beſchreibung der Maſchinen zu Vertiefung der Seehäven, von Gründung im Meere, durch eingeſenkte groſse Steine durch Käſten, welche mit trockenem Mauerwerke angefüllet und ins Meer geſenkt werden; durch übereinander gelegte prismatiſche Käſten. Von denen für Seehäven gehörigen Gebäuden, inſonderheit von den Schiffsdocken, wie man ſich des flieſſenden Waſſers bey Belagerungen und im Felde nützlich bedienen kann, ebend. Fol. 70 S.

1770. * — — — Zehnte Ausgabe der Verſion, nebſt 10 Kupfertafeln, enthaltend: die Weiſe, Flüſſe ſchiffbar zu machen, und Kanäle zu macherley Gebrauch anzulegen. Unterſuchungen über die Natur der Flüſſe, und der Zufälle, denen ſie unterworfen ſind. Von den daran zu machenden Ausbeſſerungen. Vom Baue der Eindämmungen aus Faſchinenwerke, und von den Verzäunungen. Von den Schleuſſen in den Flüſſen zu Erleichterung der Schiffahrt. Fol. 44 S.

1770. * — — — Eilfte Ausgabe der Verſion, nebſt 9 Kupfertafeln, enhaltend: eine hiſtoriſche Beſchreibung der berühmteſten ſchiffbaren Kanäle im Alterthume, wie auch in den neueſten Zeiten. Die vornehmſten Artikel, welche eine Kompagnie, die einen Kanal unternehmen will, in das darüber zu enthaltende Privilegium einrücken laſſen muſs. Die vornehmſten Grundſätze zu Projectirung und Ausführung der Kanäle. Vom Bau der Schleuſſen-Tülle auf den Kanälen. Von den verſchiedenen Waſſerleitungen und Brücken bey Kanälen. Fol. 52 S.

1771. * — — — Zwölfte Ausgabe der Verſion, nebſt 7 Kupfertafeln, enthaltend: den Bau der Dreh-Brücken und anderer Brücken mit vier Aermen, über kreuzweis gehende Kanäle. Den Bau der ſteinernen Brücken, und Gründung derſelben; auch ohne Ausſchöpfen. Die Austrocknung der Moräſte. Die Anlegung der Kanäle zur Bewäſſerung, ebend. Fol. 33 S.
(Zuſammen 28 Rthlr.)

— Architecture Hydraulique. 2 Tmes. en 4 part. av. fig. 4. Amst. et Lps. 753.

— [deutsch] Belidors Franzöischer [!] Bombardier, oder neue Art die Bomben gewiß zu werfen nebst e. Abhandlung von Ernst- u. Lust-Feuer-Werken. [Übers.: Andreas Gottlieb Ludwig.] Th.1.2. — Nürnberg: Weigel 1756. 8°
1: 4° Hu 27444. 10. 12: App. mil. 200g. 17. 18. 23.
15.

— franzöſ. Bombardier. 2 Thle. m. K. a. d. Fr. 4. Nürnberg, Schneider u. W. 782.

— Der Kunsterfahrne Bombardier oder neue Art die Bomben gewiß zu werfen nebst e. Abhandlung vom Schießpulver u. e. gründlichen Anweisung zu Kunst- u. Lustfeuerwerken (Verf.: de Warren) ... von Herrn v. Bélidor. [Übers.: Andreas Gottlieb Ludwig.] — Nürnberg: Weigel & Schneider 1782. 40,88,203 S. 15.
15.

— kunſterfahrner Bombardier, oder neue Art, die Bomben gewiß zu werfen ꝛc. 2 Thle. Mit 8 Kpf. Aus d. Franzöſ. 4. Nürnb. 782, 84. Schneider u. W. 1 Rthlr 16 gr

— [deutsch] Neuer Cursus mathematicus zum Gebrauch der Officiers von der Artillerie, und der Ingenieurs, zu erst in frantz. Sprach beschrieben von Belidor, nunmehro ... übers., u. mit nöthigen Zusätzen versehen von J. Th. Bion. Wien: Pentz 1745. 539 S. 8° 24.
15.

— Wien [usw.]: Pentz 1745. 539 S. 8° 6. 16. 17. 24. 28.
15.

— Wien: Pentz 1746. 539 S. 8° 2. 6. 14. 17. 23. 24. 26.
15.

— 2. Aufl. Wien: Bernardi 1759. 539 S. 8°
2. 5. 10. 16. 17.
15.

— Dictionn. portat. des ingénieurs. 8. 758.

— Ecole de la Fortification permanente etc. 2 part. gr. 4. Dresd. Walther. 769.

— Handwörterbuch d. Kriegswiſſenſchaft, überſ. u. verm. v. Fr. W. Kratzenſtein. gr. 8. Nürnb. 765. N. A. umgearb. v. F. K. Schleicher. 1r, 2r Bd. Mit 14 Kpfr. gr. 8. Nürnb. 801—4. Bauer u. R. 2 Rthlr 16 gr

— Handwörterbuch der Kriegswiſſenſch. überſ. v. Fr. W. Kratzenſtein, umgearb. v. Schleicher. 1r u. 2r Bd. m. K. gr. 8. Nürnb. Raſpe. 801. (1r 1 Rthlr. 2r 1 Rthlr. 16 gr.)

— [deutsch] Belidors Ingenieur-Wissenschaft bey aufzuführenden Vestungs-Werken und bürgerlichen Gebäuden. Th. 1. 2. — Nürnberg: Weigel 1757–58. 4° 1: 4° Hy 25563.
2. 7. 10. 12: 4° 36/872. 17. 23. 24. 26. 89.
15.

— Ingenieurswiſſenſchaft bei Feſtungswerken u. bürgerl. Gebäuden. Aus d. Franzöſ. 2 Thle, mit Kpf. gr. 4. Wien 764. Kraus. (Nürnb., Schneider u. W.) 6 Rthlr

— [deutsch] Des Herrn v. Belidor Kurzgefaßtes Kriegs-Lexicon ... Übers. ... von Friedrich Wilhelm Kratzenstein. — Nürnberg: Raspe 1765. 232 S. 8°
1: Hu 648. 6. 10. 16. 17. 24. 300: 2235, 302.
15.

— neue mathemat. Lehrſchule f. Artillerie- u. Ingenieur-Offiziere. Aus d. Franzöſ. v. J. Th. Birn. Mit Kpf. 4. Wien ... 3e A. 773. (Beck). 3 Rthlr

— neue mathemat. Lehrſchule f. Artill.- u. Ingenieur-Officiere. a. d. Franz. v. Bion. m. K. 4. Wien, Wappler. 775.

Belidor's neue mathematiſche Lehrſchule, zum Gebrauch der Artillerie und Ingenieurofficiere, aus dem franz. von *Bion*, m. Kupf. Wien, Bernardi. 4. (3 Rthlr.) 1774.

Bélidor, Bernard Forest de: [Teils.] Œuvres diverses de Bélidor, concernant l'artillerie et le génie. — Amsterdam, Leipsick: Arkstée & Merkus [usw.] 1764. VIII,396 S. 8° **2.** 15.

—— Ebd. 1764. VIII,396 S. 8° **1:Hu 6690. 6. 24. 302.** 15.

—— Ebd. 1764. XXXIX,396 S. 8° **1:Hu 6690a. 7. 10. 14. 21.** 15.

— [Ausz., deutsch] Belidors Gründlicher Unterricht von der Beschaffenheit und Eigenschafften des Kalckes, Gypses, und Mörtels, und ihrer Zubereitung, auß d. 3.Buch der ... Science des ingénieurs heraußgezogen. — Copenhagen [1734]: Höpffner. 55 S. 8° **8.** 15.

— vermischte Werke über d. Befestigungskunst u. Artillerie. Aus d. Französ., herausg. v. D. A. Schneller. Mit Kpf. gr. 8. Braunschw. 769. Schulbuchh. 1 ₰ 12 𝔤𝔯

— [deutsch] Herrn Belidors Vermischte Werke über die Befestigungskunst und Artillerie ... in deutscher Sprache hrsg. u. mit Anm. ... versehen, durch David Andreas Schneller. — Braunschweig: Fürstl. Waisenhaus Buchh. 1769. 403 S. 8° **2. 6. 7. 14. 16. 17. 23. 24. 26.** 15.

Beliebung. — Beliebung, wie auch Land- und Häuser-Cataster des Nordereggens in Heide. Letzteres unter posten-u. rubrikenweiser Beifügung d. Brandversicherungswerthes, d. Haus- u. Landschatzes, sowie der Morgenzahl. Itzehoe 1840: Schönfeldt. 18 S., 13 gez. Bl. 2° **8.**

Neue Beliebung für den Oestereggen des Fleckens Heide. Unterm 15. Decbr. 1845 vom Norderdithmarsischen Gerichte confirmirt. — Heide: Kinas 1846. 32 S. 8° **8.** 15.

Beliebungen. — Fernerweitige Beliebungen der Brandversicherungs-Gesellschaft Stargardischen Kreises auf dem platten Lande seit 1760. — Dat. Neubrandenburg März 1770. 2 Bl. 4° **28.**

Beliebungen des Eiderstädtischen Ministeriums für seinen Convent. Friedrichsstadt. 1800. 4. P.

Belikow, A., u. A. Nathing, Lehrbuch der Algebra, nebst e. Sammlg. v. Übungsaufgaben. Für Gymnasien u. Realschulen bearb. gr. 8. (VI, 172, 213 u. 17 S.) St. Petersburg 893. (Eggers & Co.) n. 6. —

Belikow, A., u. A. Nathing, Lehrbuch der Algebra nebst e. Sammlung v. Übungsaufgaben. Für Gymnasien u. Realschulen bearb. 3. Aufl. 1. Tl. (VII, 166 S.) 8. St. Petersburg 909. (Eggers & Co.) Geb. 3. —

Belikow, A, u. A Nathing: Lehrb. d. Algebra nebst e. Sammlg v. Übgsaufg. Für Gymn. u. Realsch. 2. Tl v. A Nathing. 3. Afl. (179) 8° St Petersbg. (Eggers & Co.) '11. geb. 3 —

Belin, Carl [app. Arzt in Strassburg i. Els.]: Vergleichende Beurtheilung der verschiedenen Schnittmethoden und Nachbehandlung bei der Sectio alta ... Strassburg i. E., Buchdr. C. Goeller, 1894; 82 S. 8.
Strassburg. Med. Fak., Inaug.-Diss. v. 1894

Belin, Ferd., De Marci Tullii Ciceronis orationum deperditarum fragmentis. Gel. 1875. 195 S.

Belin, J.F. Aug., s. Belin, Jean François Augustin

Belin, Jean Albert
— [deutsch] Abhandlung von den Talismans oder astralischen Figuren. — Sorau: Hebold 1763. 44 S. 8° **10. 12: Phys. m. 4. 17. 23. 26. 29. 30.** 15.

Belin, Jean François Augustin: Cours élementaire et pratique de la langue françoise, à l'usage des éleves de l'école électorale et provinciale de Meissen. P.1.2. — Dresde: Walther 1788. 8° **12: L. lat. f. 13. 14.** 15.

Belin, Jh. Frz. Aug., (†1810 od. 1811.) **Cours élémentaire et pratique de la langue françaiae etc. 2 Tom. 8. Dresd. 788—91.** Walther. 20 𝔤𝔯

Belin, I. F. Aug., Dictionn. des Proverb., idiotismes et Expressions figurées de la langu. franç. etc. 8. maj. Penig, Dieuemann. 8o5.

— Dictionnaire de Proverbes, Idiotismes et Expressions fig. de la langue franç. etc. gr. 8. Penig 805. (Leich in Leipz.) 21 𝔤𝔯

— Esprit de la langue franç., ob. Anleit. zur bald. u. leichten Erlernung d. französ. Sprache. gr. 8. Penig 804. (Leich in Leipz.) 10 𝔤𝔯

— [Dictionnaire des proverbes, idiotismes et expressions figurées de la langue françoise avec les proverbes allemands, deutsch] Geist und Genie der französischen Sprache, oder: Dictionnaire aller Sprichwörter und Idiotismen d. Franzosen, sammt Sprichwörtern d. Deutschen. Von A bis Z. Von Johann Belin. — Wien: Stöckholzer v. Hirschfeld 1823. 220 S. 8° **300:47 Nn 56. 302.** 15.

Belin, Jh. Frz. Aug., s. Belin, Jean François Augustin

Belin, Jo., de usu articuli apud Graecos. Progr. Lond. Goth. 804. 2 Part. 4.

Belin, Leon, die Belagerung von Belfort (1870—1871). Uebersetzung der 4. französ. Orig.-Ausg. 8. (VI, 199 S. mit dem lithogr. Portr. von Denfert-Rochereau und 1 lithogr. Plan von Belfort und seinen Umgebungen in Fol.) Straßburg [Nancy] 872, Berger-Levrault und Comp. *

Belin, Leon, die Belagerung v. Belfort [1870—1871]. Mit dem (lith.) Portrait v. Denfert-Rochereau u. e. (lith.) Plan v. Belfort u. seinen Umgebgn. (in Fol.) Uebersetzung der 4. französ. Orig.-Ausg. 8. (VI, 199 S.) Straßburg 872. Schultz & Co. n. 2. 10

Belin, Léon. Die Belagerung von Belfort 1870—1871. Uebers. d. 4. französ. Ausg. (VI. 199) 18. M. 1 Pl. Nancy-Paris 1872. — Strassburg 1876. 2.10

—— Guerre de 1870—1871. Le siége de Belfort. gr. 16. (VI, 199 S. avec le portrait [lithogr.] du colonel Denfert-Rochereau et un plan [lithogr.] de Belfort et de ses environs in Fol.) Strassburg [Nancy] 871, Berger-Levrault und Comp. *

Belin de Ballu, la Chasse d'Oppien, poëme, trad. de l'arabe p. Sylvestre de Sacy. 8. Strasb. Acad. (Hinrichs, Leips.) 787.

Belin de Ballu, s. a. *Oppianus*, poëmata.

v. Belina-Swiontkowski, L., die Transfusion des Blutes in physiologischer u. medicinischer Beziehung. Mit 10 Holzschn. (im Text.) Heidelberg 869. C. Winter. gr. 8. (VI, 157 S.) n. 1 ₰ 10 𝔫𝔤𝔯

Belinaye, Esq., Henry, Compendium of Lithotripsy; or an account of Removal of the stone from the bladder without incision; adepted for general comprehension whit a series of statistical tables, and numerous wood-cuts representing the most important instruments and improvements up to the present time. gr. 8. London 837. (Leipzig, Procl. Weigel.) n. $3^1/_2$ ₰

Belinda
[deutsch] Belinda, oder der schöne Flüchtling. Novelle. [Übers.: Heinrich Julius Ludwig v. Rohr.] — Halle: Francke & Bispink 1789. 240 S. 8° 1:Zd 4048.

Belinda. — Belinda, or the fair fugitive. A novel. By Mrs. C. Halle: Francke & Bispink 1789. 228 S. 8° 1: Zd 4040. 18.
15.

— — Görliz: Hermsdorf & Anton 1795. IV,228 S. 8° 7.
15.

— Dass. deutsch, (von Hnr. Jul. Ldw. v. Rohr). 8. Halle 789 u. 795. Anton. 16 gr.

Belinde, nach d. Engl. d. Miß Edgeworth. 5 Thle. 8. Lpz. Hartknoch. 803. (I. 21 gr. II. III. à 1 Rthlr. 6 gr.)

Belindor. 1834: Liebesgeschichten in Bildern. Th.1.2. Gera: Heinsius 1834. 8° 1: Yx 2411. 17.
15.

Beling: Die strafrechtliche B e d e u t u n g d. Exterritorialität, s. B e l i n g , Ernst.

Beling, Andreas Gottlob: Historische Nachricht von den evangelisch lutherischen Lehrern, welche der Gemeine zu Großglogau sowohl in als ausser der Stadt von A.C. 1564 bis 1571 die Wahrheiten des Reichs Gottes verkündiget haben. — Glogau: Schweickhardt [1751]. 24 Bl. 8° 2. 18.
15.

Beling, Benjamin Erdmann: Geist der preußischen Gesetzgebung im Gebiete der gerichtlichen Medizin. — Breslau [usw.]: Korn 1819. XXVIII,546 S. 8° 1: Ib 6630. 2. 5. 6. 7. 10. 11. 16. 28. 30. 302.
15.

Beling, Benjamin Erdmann (Schlesien), De intestino recto corporis humani anatomico-patholog. disquisitio. Diss. med. Halle (Bathe) 20. VIII. 1796. 54 S. (4.50) 1968
Gew.: Andr. Gottlob Beling.

Beling, Ernst (Hrsg.), s. A b h a n d l u n g e n , Strafrechtliche.

Beling, Ernst, s.: Abhandlgn., strafrechtl., d. jurist. Seminars d. Universität Breslau.

Beling, Ernst [Mitarb.] s. *Apt,* Max: Die grundlegenden Entscheidungen des Reichsgerichts und des Reichsmilitärgerichts auf dem Gebiete des Strafrechts. 3. Aufl. 1903.

— d. strafrechtl. Bedeutg. d. Exterritorialität. Beiträge z. Völkerrecht u. z. Strafrecht. gr. 8. (III, 186 S.) Breslau 896. Schletter. n. 3. 60

— Begünstigung und Hehlerei. Urkundenfälschung. Betrug. Nahrungsmittelfälschung. Bearb. von Beling, Weismann, Hegler. — Berlin: Liebmann 1907. XIII,554 S. 4° (Vergleichende Darstellung d. deutschen u. ausländischen Strafrechts. Bes.T.,7.) 1: 4° Fu 8520–Bes.T.,7. 2→11. 12: Crim. 44i–B 7. 14. 16. 17. 18. 21. 24. 25. 26. 28. 29. 30. 38. 300: 442.386–C. 7. 302.
15.

— Die Beschimpfung von Religionsgesellschaften, religiösen Einrichtungen und Gebräuchen, und die Reformbedürftigkeit des § 166 StGB. — Breslau: Marcus 1905. 35 S. 8°
Aus: Festgabe für Felix Dahn zu seinem fünfzigjährigen Doktorjubiläum. 3. 1905. 12: Crim. 411a. 30.
15.

— Die Beweisverbote als Grenzen der Wahrheitserforschung im Strafprozess. — Breslau: Schletter 1903. 40 S. 8° (Strafrechtliche Abhandlungen. 46.) 1: Fu 668–46. 2. 4→7. 10. 11. 12: Crim. 1 chs–46. 15. 16. 18. 21. 24. 26. 27. 28. 30. 38. 302.
15.

Beling, s. Darstellg. d. Strafrechts.

Beling, Ernst: Die grundlegenden E n t s c h e i d u n g e n des Reichsgerichts u.d. Reichsmilitärgerichts a.d. Gebiete des Strafrechts, s. A p t , Max.

[Umschlagt.:] **Beling,** Ernst [Dr. jur., Gerichts-Ass.]: Die geschichtliche Entwickelung der Retorsion und Kompensation von Beleidigungen und Körperverletzungen im römischen und kanonischen Recht und in der italienischen Wissenschaft bis zum Beginn des 17. Jahrhunderts ... ([Vort.:] Retorsion und Kompensation von Beleidigungen und Körperverletzungen. Tl 1: Geschichtl. Entwickelg. Abt. 1: Das röm. u. kanon. Recht u. d. ital. Wiss. bis z. Beginn d. 17. Jhs.) Breslau, Schletter'sche Buchh., 1893; VII, 66 S., 1 Bl. 8.
Breslau, Jur. Fak., Hab.-Schr. v. 15. Mai 1893

Beling, E, d. geschichtl. Entwickelg d. Retorsion u. Kompensation v. Beleidiggn u. Körperverletzgn, s.a. Abhandlungen, strafrechtl., d. jurist. Seminars d. Univ. Breslau.

— Die geschichtliche Entwickelung der Retorsion und Kompensation von Beleidigungen und Körperverletzungen. — Breslau: Schletter 1894. VIII,224 S. 8° (Beling: Retorsion u. Kompensation von Beleidigungen u. Körperverletzungen. 1.) (Strafrechtliche Abhandlungen d. juristischen Seminars d. Universität Breslau. Ser. 1,5.)
Erschien teilweise auch als Univ.-Schrift. Breslau 1893.
1: Fu 667–Ser. 1,5. 2. 6. 7. 11. 12: Crim. 1 chv–5. 26. 28. 29. 30. 302.
15.

— Fälle aus dem Strafprozeßrecht zum akademischen Gebrauch. 3., umgearb. u. verm. Aufl. — Tübingen: Mohr 1905. VII,59 S. 8°
2. Aufl. s. *Bennecke,* Hans: Fälle aus d. Strafprozeßrecht zum akademischen Gebrauch. 1895.
1. Aufl. in: Dochow, Adolf: Strafrechtsfälle zum akademischen Gebrauch. 3. Aufl. 1884.
1: Fx 1464³. 12: Crim. 400a. 16. 24. 26→29.
15.

Beling, Ernst (Ludwig) [Referendar in Breslau]: Die gemeinrechtliche Geltung der operis novi nunciatio. . . . Leipzig-Reudnitz, Druck v. M. Hoffmann, 1890; 60 S., 2 Bl. 8°
Breslau, Jur. Fak., Inaug.-Diss. v. 29. Nov. 1890

Beling, Ernst, die gemeinrechtliche G e l t u n g der operis novi nunciatio. Diss. gr. 8. (60 S.) Leipzig-Reudnitz 890. (Breslau, L. Köhler.) n. 1. —

— Grundzüge des Strafrechts zum Gebrauch bei Vorlesungen. — Jena: G. Fischer 1899. VIII,103 S. 8° 2. 6. 12: Brim. 13 te. 17. 27. 28. 30. 302.
15.

— — Grundzüge des Strafrechts. 2., verb. Aufl. Ebd. 1902. XII,120 S. 8° 11. 24. 26. 27. 29. 30.
15.

— — 3., umgearb. Aufl. Tübingen: Mohr 1905. VIII,136 S. 8° 1: Fu 13288³. 7. 10. 11. 12: Crim. 13 te. 16. 24. 26. 30.
15.

Beling, Ernst: Grundz. d. Strafrechts. 4. Afl. Mit e. Anleitg z. Bearbeitg v. Strafrechtsfällen. (8, 128) gr8° Tüb., JCB Mohr '12. 3.50; geb. u. durchsch. n 5 — d

Beling, Ernst, Informativprozesse, s.a. F e s t s c h r i f t f. die juristische Fakultät in Giessen.

— Informativprozesse. Anregungen zu e. Ergänzung d. Prozeßgesetzgebung. — Giessen: Töpelmann 1907. 56 S. 8°
Aus: Festschrift für d. Juristische Fakultät in Giessen zum Universitäts-Jubiläum. 1907.
7. 17.
15.

— Lehrbuch des deutschen Reichs-Strafprozessrechts, s.: Bennecke, Hans.

— Die Lehre vom Verbrechen. — Tübingen: Mohr 1906 XI,548 S. 8° 1: Fv 1032. 2→7. 9. 10. 11 12: Crim. 13 td. 14→18. 21. 24→30. 38. 302.
15.

— Die Lehre v. Verbrechen. (548) 8° Ebd. '06. '11 —; geb. nn 12.50 d

— Württembergische Prozeßgesetzgebung ⟨Gerichtsverfassung, Straf- und Civilprozeß⟩. Textausg. mit Anm. — Tübingen [usw.] 1903. VIII,122 S. 8° (Mohr'sche Ausgabe württemberg. Gesetze.)
1:Gp 9133. 16. 21. 24. 25. 26. 30.
15.

Beling, Ernst: Rechtsprechung des Reichsmilitärgerichts vom 1. Oktober 1900 bis 6. Oktober 1902. Aus und in ZSt.W. 245-278. 1904.

— Retorsion und Kompensation von Beleidigungen und Körperverletzungen. Th. 1. — Breslau : Schletter 1894. VIII,224 S. 8° (Strafrechtliche Abhandlungen d. juristischen Seminars d. Universität Breslau. Ser. 1,5.)
1. Belin: Die geschichtliche Entwicklung d. Setorsion u. Kompensation von Beleidigungen u. Körperverletzungen.
Erschien teilweise auch als Univ.-Schrift. Breslau 1893.
1:Fu 667–Ser. 1,5. 2. 6. 7. 11. 1:Crim. 1chv–6. 26. 28. 29. 30. 302.
15.

— Revision wegen „Verletzg e. Rechtsnorm üb. d. Verfahren" im Strafprozess. Beitrag z. Systematik d. Urteilsmängel. [Aus: „Festschr. f. Karl Binding".] (98) gr8° Lpzg, F Meiner '11.
2.50

— Württembergische Strafgesetzgebung. Textausg. mit Anm. — Tübingen [usw.] 1903. VIII,99 S. 8° (Mohr'sche Ausgabe württemberg. Gesetze.) 1:Fz 5218.
12:Crim. 13tci. 14. 16. 21. 24. 25. 26. 29. 30.
15.

— Tabellen zur Reichs-Militärstrafgerichtsordnung. — Berlin: Häring 1902. 36 S. 8°
1:Gy 20343. 11. 12:Crim. 400b. 29.
15.

— Unschuld, Schuld und Schuldstufen im Vorentwurf zu einem deutschen Strafgesetzbuch. — Leipzig: Engelmann 1910. IV,91 S. 8°
1:Fv 2329/2. 2. 4→7. 10. 11. 12:Crim. 13tg. 15. 21. 24. 26. 28. 29. 30. 38. 300:475.437–B. 302.

Beling, Ernst: Unschuld, Schuld u. Schuldstufen im Vorentwurf zu e. deut. Strafgesetzb. (5, 91) gr8° Lpzg, F Meiner '10.
3 —

— Die Vergeltungsidee und ihre Bedeutung für das Strafrecht. — Leipzig: Engelmann 1908. X,160 S. 8° (Kritische Beiträge zur Strafrechtsreform. 1.)
1:Fu 686–1. 2. 4→7. 10. 11. 12:Crim. 13pd–1. 15→18. 21. 24→30. 3g. 300:405.933–B. Per. 1. 302.
15.

— Wesen, Strafbarkeit und Beweis der üblen Nachrede. Dogmatisch-kritische Erörterungen zum Kapitel d. Ehrenschutzes mit bes. Berücks. d. Entwurfs e. Novelle zum Strafgesetzbuch. — Tübingen: Mohr 1909. VII,83 S. 8°
1:Fv 10962. 3→7. 10. 11. 12:Crim. 13tf. 15. 21. 24. 27→30. 38. 302.
15.

— Die Wiedereinführung der Berufung in Strafsachen. Vortrag. — Breslau: Schletter 1894. 32 S. 8°
1:Fx 4787. 2. 7. 15. 29.
15.

Beling, Ernst Gottlieb: Predigt am Sonntage Exaudi, den 4. Mai 1845, geh. in der evang. Kirche zu Neustädtel. — (Freistadt [1845]: Sauermann.) 15 S. 8°
1:16 in E 241. 2.
15.

Beling, Ernst Ludwig, s. B e l i n g , Ernst

Beling, Günther, Referendar: Erläuterung des § 823 Abs. 2 des Bürgerlichen Gesetzbuches für das Deutsche Reich. Jena 1904: G. Neuenhahn. (58 S.) 8° [J.]
Jena, Jur. Fak., Ref. Thon, Diss. v. 31. März 1903
[Geb. 1. Apr. 76 Leobschütz, Schlesien; Wohnort: Blankenhain i. Th.; Staatsangeh.: Sachsen-Weimar; Vorbildung: Victoria-Gymn. Potsdam Reife O. 99; Studium: Berlin 2, Jena 4 S.; Coll. 31. März 03.]

Beling, Otto (Ludwig Heinrich) *(geb. Jauer 17.6.1855)*: Zur Theorie der Bifilaraufhängung. Breslau (1881). (56 S.) 8°
[Im Buchhandel 1882 bei Köhler in Breslau.]
Breslau, Phil. Diss. v. 10. Dez. 1881

Belino u. Rosaura, s.a. V o l l .

Belino und Rosaura. Romantisch-kom. Oper in 3 A. Wien 1807. V: *Voll.* (GGr)

Belino und Rosaura. Oper in 3 Aufz. 8. Wien, Wallishauser. 807.

Belinski, M., die Stadt der Toten und andere Erzählungen, s. Taschen-Bibliothek, russische.

Belinskiy, B. Lettre de B. Belinskiy à N. Gogol, avec la préface de M. Dragomanow, (en russe). In-8°, XX et 10 p. Gen. et Bâle, H. Georg. 1 —
1880

Belinsky, Samuel, aus Boguslaff ⟨Russland⟩: Ueber diffuse Hirnsklerose. *Berlin (1899): E. Ebering.* (32 S.) 8°
Berlin, Med. Diss. v. 28. Apr. 1899

Belisaire, Par Marmontel, av. fig. 8°. Leipzig, Crusius (W. Vogel) 1791.

— — sans fig. 8. ibid.

— — le même, gr. 12. Vienne, Tendler. 795.

— — av. fig. 8. Vien. Doll aen. (Liebeskind à Lps.) 808.

Belisaire, par Marmontel. 12. Brschw. et Petersb. Pluchart. 808.

— — le même, p. Mad. de Genlis. 8. Lps. Gerh. Fleischer. 808.

Belisar, Schauspiel . . . Amberg 1736. V: *Jäger, Anton.* (Jes)

— — dass. m. Anmerk. u. Kpfrn. 8. Lpz. Crusius. (W. Vogel.) 770.

— — dasselbe französisch. 8. ebend. 770.

Belisar, Trauerspiel aus dem Französischen. Prag 1770. V: *Nunn, Johann Joseph.* (Kn) (Ky) (MGT) (WBL)

– Trauerspiel in 5 Akten. 8°. Prag: Widtmann, 1770.

Belisar, Schauspiel in 5 A. nach d'Ogicourt. Frankf. 1772. V: *André, Johann.* (GGr)

Belisar, e. moralische Erzähl. v. Marmontel, m. K. 8. Wien, Trndler. 776.

Belisar. Schausp. a. d. Franz. 8. Frankf. Andreä, 772.

– Dasselbe Buch übersetzt von J.A. Schmerler, gr. 8°. Nürnberg, 1791. Bauer.

– Auch unter dem Titel: Marmontels Erzählungen, übersetzt von Schmerler, 4ter Th.

— — dass. m. Anmerk. 8. Carlsruhe, Macklot. 798.

— — dass. begleit. v. ein. biograph. Skizze d. Feldherrn, v. H. Zschokke. 8. Aarau, Sauerländer. 808.

— v. Fr. v. Genlis, für Deutsche bearbeit. v. Müller. 8. Lpz. Hinrichs. 808.

Belisar. Trauerspiel in 5 Akten von E. Jouy. Metrisch ins Deutsche übers. v. Th. Hell. gr. 8. Dresden, Arnold. 819.

Belisar, üb. d. Unterr. d. Blinden., s.a. Zeune, A.

Belisar, üb. den Unterricht der Blinden. 4. Aufl. Berl. 834.

Belisarius
Belisarius oder standhaffte, uber verleumbderischen Neyd, und frembde Herrsch-Sucht heldenmüthig-siegende Treu. Auf offentlicher Schau-Bühne vorgestellt von d.Churfürstlichen Lyceo Societ. Jesu zu München. — [München 1740]:Vötter. 10 Bl. 8° 12:4° Bavar.2196-V,19.
15.

Belisarius, e Gallico Marmontelii translatus ab A. D. Vienn. 806. 8. 1 rthlr.

Belisarius. — Belisarius vom Glück erhebt, vom Unglück gestürtzet. Auff öffentlicher Schau-Bühn ... d. Nepomucenianischen Gymnasii PP.S.J. zu Coeßfeldt vorgestellet. o.O. [1741]. 4 Bl. 8° 6.
15.

Belisford, A. Ch., Primeln und Malven. Ultramontane Lieder. Gedichte. gr. 16. (IV, 74 S.) Diedenhofen 877. (Metz, Scriba.) *

Belitski, Louis: Gedanken über den Entwurf des Impfzwang-Gesetzes für das deutsche Reich. (Verf.: L.Belitski.) (Nordhausen [1874]:Müller.) 7 S. 8° 38M.
15.

— Gegen Impfung und Impfzwang. Gemeinverständliche Streitschrift wider Dr.Hoffert, Kreisphysikus in Carthaus bei Danzig. — Nordhausen: Förstemann 1869. 64 S. 8° 1:Ko 8160.
15.

Belitski, L. (Hrsg.), s. Vegetarianer-Adressbuch.

Belitz, August: Handbuch über Militärsachen. 5.,verb. Aufl. — Rathenow: Selbstverl. 1906. 64 S. 4° 38.
15.

Belitz, Carl Ferd.: Vollständ. Handbuch, s. Belitz, Karl Ferdinand

Belitz, G., s. Belitz, Georg

Belitz, G.: Gesammelte Passionsblumen, s. Belitz, Georg

Belitz, G.A.: Text zur Kirchen-Musik, die am ersten Oster Fest-Tage vormittages aufgeführet wird. — Schwerin: Bärensprung [um 1780]. 2 Bl. 8° 28.
15.

— Text zur Kirchen-Musik, die am ersten Weyhnachts Feyer-Tage vormittages aufgeführet wird. — Schwerin: Bärensprung [um 1780]. 2 Bl. 8° 28.
15.

— Text zur Kirchen-Musick, die am Neu-Jahrstage, nachmittages aufgeführet wird. — Schwerin: Bärensprung [um 1780]. 2 Bl. 8° 28.
15.

Belitz, Georg (Grosglienens. Saxo), De duellis Germanorum. Präs. Chn. Gottfr. Chemnitius. Wittenbg. (Sam. Creusig) 2. VI. 1717. 16 S. (5.—) 1969

Belitz, Georg, Diaconus, Potsdam. 1726
Die Auflösung d. Pseudonyms Bellamintes als Georg Belitz ist nicht in allen Fällen gesichert.

— Poetische Gedancken, über die neueste Begebenheiten der Welt, nach Anleitung der öffentlichen Zeitungen des 1725.Jahres, entworffen von Bellamintes [d.i. Georg Belitz]. — o.O. 1726. 208 S. 8°
Die Schrift erschien zuerst als Zeitschrift unter d. Titel: Poetische Zeitungen. 1725. 1:Yk 3861.
15.

Belitz, Geo, s.a. Segler's Handbuch.

— Seglers Handbuch. 2.,umgearb.Aufl.—Berlin:J.Becker 1897. XII,536 S.,123 Taf. 4°
1. Aufl. s. Muckall-Viebrook, Alfred: Seglers Handbuch. 1889.
1:4° Hz 24640³. 7. 11. 12:4° Gymn. 21 r.
15.

— Irrthümer und seltsame Einfälle der Mahler in Abbildung der Leidens- und Sterbensgeschichte Jesu Christi. — Wittenberg [usw.]: Zimmermann 1749. 64 S. 8°
1:Nu 1356. 17. 18. 29.
15.

Bellamintes. Leben des kais. General-Feldmarschalls Herrn Fr. Hr. Reichsgrafen von Seckendorf. 8. Amsterdam 1738.

— Gesammelte Paßions-Blumen, oder gebundene Uberschriften über hundert auserlesene Stücke der Leidens- und Sterbens-Geschichte Jesu Christi, von Bellamintes [d.i. Georg Belitz]. — o.O. 1734. 55 S. 8° 1:Ei 3014.
15.

— Gesammelte Paßions-Blumen ..., welche nebst e. Anh. neu verfertigter Lieder über die Sieben Worte am Creutze ... darleget George Belitz. — Wittenberg [usw.]: Zimmermann 1751. 112 S. 8° 1:Ei 5118.
15.

— Das itzt-blühende Potsdam, mit poetischer Feder entworffen, von Bellamintes [d.i. Georg Belitz]. — Potsdam: Rüdiger 1727. 84 S. 8° 1:Yk 3863. 2. 10. 28.
15.

Bellamintes, itztblühendes Potsdam. 4. Berl. 727.

Belitz, Georg, Feldprediger, Rostock. 1788. Rede bei der Einweihung der neuen Fahnen und der feierlichen Beeidigung des Hochlöblichen von Glüerschen Infanterieregiments. — Rostock: Müller [1788]. 16 S. 8° 28.

Belitz, G, s.a. Segler's Taschenb.

Seglers Taschenbuch. Das Wissenswürdigste f. Anfänger im Segel-Sport. Hrsg. von d.Redaktion d. 'Wassersport' Georg Belitz. 3.verm. u. verb. Aufl. Mit 23 Taf. u. zahlr. Fig. *Berlin: M. Oldenbourg 1903.* (284 S.) 8°
[03. 1367]

Belitz, Georg (Red.), s. Wassersport.

Belitz, Hans, Gerichtsassessor, Rostock: Die Hingabe an Erfüllungsstatt nach dem Bürgerlichen Gesetzbuche. Rostock 1906: Adlers Erben. (IV, 56 S.) 8°
Rostock, Jur. Fak., Ref. Matthiaß, Diss. v. 31. März 1906
[Geb. 30. Jan. 75 Rostock; Wohnort: Rostock; Staatsangeh.: Mecklenburg-Schwerin; Vorbildung: Gymn. Rostock Reife O. 95; Studium: Rostock 2, München 3, Rostock 3 S.; Rig. 17. März 06.]

Belitz, Johann
— Processus iuris civilis et criminalis.
1. Belitz: Processus iudiciarius in tabulas redactus.
2. Belitz: Processus augustissimi Camerae Imperialis Iudicii in tabulas redactus.
3. Belitz: Processus criminalis stylo & foro hodierno conformis, in tabulas redactus.
4. Belitz: Idea iuris publici modernum Imperii Romano-Germanici statum ... exhibens.
Vgl. die Einzelaufnahmen.
15.

Belitz, K.: Das Vaterland ist in Gefahr! — Dresden [usw.]: Pierson 1893. 62 S. 8° **302.**
15.

Belitz, Karl Ferdinand: Gerichts- und Polizei-Anekdoten. Gesammelt u. hrsg. Bdch. [1].2. — Schwerin 1846-49: Wismar Beck. 8° **28.**
15.

— Vollständiges Handbuch für Notarien, zunächst in den Großherzoglich Mecklenburgischen Staaten. — Parchim: Hinstorff 1833. X,340 S. 8° 12:I. pract. 22g. **19. 28.**

— Polyhymnia. Anekdoten aus d. Gebiete d. Tonkunst. — Schwerin: Sandmeyer [usw.] 1844. 135 S. 8° **28.**
15.

Belitz, Oskar: Das Seebad Dobberan in Mecklenburg. — Dobberan: Verf. 1849. 18 S. 8°
Aus: Hamburger literarische und kritische Blätter. 25. 1849.
18. 28.

Belius. Proclusio de causis repentinae pacis Crepiacensis ao. 1544. Lipsiae 1761.

Belius, Carolus Andreas s. *Bel*, Károly András.

Belius, Matthias s. *Bél*, Mátyás.

Belke, Gust., Notice sur l'apparition en Podolie d'une multitude de Campagnols, siehe: Bulletin de la société imp. des naturalistes de Moscou. Tome XXIV. 1. partie.

Belke, Karl, Führer f. Lucka S.-A. u. Umgebung sowie die herzogl. Waldungen (Kammer- u. Luckaer Forst). Mit 1 Wegekarte u. 12 Abbildgn. (88 S.) 12. Lucka 904. (Altenburg, Schnuphase.) n.n. — 30

Belke, Karl: Führer für Lucka und Umgebung sowie die herzoglichen Waldungen ⟨Kammer- und Luckaer Forst⟩. 2. Aufl. — Lucka S.-A.: Verschönerungs- u. Verkehrsverein 1904. 33 S. 8° 1:Ss 8224².

Belke, Karl, Führer f. Lucka u. Umgebung sowie die herzogl. Waldungen (Kammer- u. Luckaer Forst). Mit e. Geschichte v. Lucka unter Berücksicht. der Schlacht bei Lucka (1807), sowie e. Wegekarte u. 12 Abbildgn. 8. verb. Aufl. Jubiläums-Ausg. (41 S.) kl. 8. Lucka 907. (Leipzig, W. Belke.) — 30

Belke, Peter Josef: Gedichte. — Paderborn: Schöningh 1870. VIII,120 S. 8° 1:Yo 13511.
15.

— Ginsterblumen aus dem Sauerlande. Gedichte von P. J. Belke-Fredeburg. 2., verm. Aufl. Mit e. Anh. von 5 in Musik gesetzten Liedern. — Köln: Bachem [1892]. VIII, 156 S. 8° 1:Yo 13512. **5.**
15.

— Heilige Harfenklänge oder die Hymnen des Missale und Breviers. Metrisch übertr. durch Belke-Fredeburg. 2., verb. u. erg. Aufl. — Köln: Bachem [1893]. XVI,147 S. 8° **5. 102.**
15.

— Die Hymnen des Missale und Breviers metrisch übertr. — Arnsberg: v. Schilgen 1869. XVIII,149 S. 8° **14. 38.**
15.

— Nützliche Zuthaten zu jedem kathol. Katechismusunterricht. — Kempten: Kösel 1900. VIII,63 S. 8° (Katechetische Handbibliothek. 35.)
12:Catech. 336nk-35. **29. 102.**
15.

Belke, Thdr.

Belke, T, kurzgef. u. leicht verst. Anl. z. Erziehg v. Obstbäumen. 8. (20) Hermannst. 57, Schmiedicke. — 2

Belke, Thdr., kurzgefaßte und leicht verständliche Anleitung zur Erziehung von Obstbäumen. Ein Handbuch, namentlich für die Landbewohner Siebenbürgens. 8. (20 S.) Hermannstadt 857, (Steinhaußen.)

Belke, T, s.: Monatsschrift f. Pomologie.

Belke, Th., vollständiges Register zu den 10 Jahrg. der Monatsschrift für Pomologie, s. Monatschrift für Pomologie.

Belke, Werner, appr. Arzt a. Altendorf: Meningitis cerebrospinalis epidemica mit multipler Gelenkvereiterung. München 1904: Kastner & Callwey. (31 S.) 8°
München, Med. Fak., Ref. v. Bollinger, Diss. v. 12. Juli 1905
[Geb. 30. März 80 Altendorf i. Westf.; Wohnort: Essen a. d. Ruhr; Staatsangeh.: Preußen; Vorbildung: Gymn. Essen Reife O. 99; Studium: Leipzig 1 (jur.), Bonn 2, Kiel 2, München 6 S.; Coll. 21. Sept. 04; Approb. 13. Juli 04.]

Belke-Fredeburg, Pfarrer, Fredeburg, Westfalen, geb. 1815. 1854 s. *Belke*, Peter Josef.

Belkin, Hugo, Referendar: Das Zurückbehaltungsrecht nach bürgerlichem Recht und nach Handelsrecht. *(Königsberg) 1903: Königsb. Allgem. Zeitungsdruckerei.* (59 S.) 8° [F.]
Rostock, Jur. Diss. v. [2. Jan.] 1904

Belkind, Israel, Kiriath-Sefer od. Eine Nationalschule f. Palästina. Ein Project zur culturellen u. wirtschaftl. Hebg. der palästinens. Juden. gr. 8. (43 S.) Wien 902. (Brünn, Jüd. Buch- u. Kunstverlag.) (Nur direct.) n. — 25

Bell, Anna. Trauerspiel in einem Akt. Frankfurt 1775. V: *Göntgen, Jonathan Gottlieb.* (Ky) »Offenbach« (GGr)

Bell, Anna. Trspl. in 1 A. (v. J. Gli. Göntgen). 8°. Frankf. 1775. (Brede in Offenbach).

Bell, Anne, e. englische Geschichte, a. d. Frz. d. Arnaud. 8. Schwabach, Enderes. 772.

Bell, Anne, eine englische Geschichte, aus dem Franz. des Arnaud, 8°. Schwabach und Leipzig 1772.

— — dass. 8. Offenbach, Brede. 776.

Bell und Lancaster, oder die neue Volksschule. Von einem Augenzeugen, mit einem Abdruck von Ideen einer solchen Schule. Altona 1820. V: *Bendixen, Jac.* (LS)

Bell und Lancaster und ihre Methode. — Wien: Gerold 1819. VI,77 S. 8°
2. 8. 12:Paed. Th. 399. **18. 300**:27 Ji 87. **302.**
15.

Bell: d. Analyse u. Verfälschung d. Nahrungsmittel, s. Bell, James

Bell: Thoughts on emigration, s. Bell, James Washington

Bell, A.: Anleitung zur Ertheilung des Gesangunterrichts in der Volksschule..., s. Bell, Anton

Bell, A.: de locutivi in prisca..., s. Bell, Andreas

Bell, A.: Predigt auf das Fest d. hl. Gerhard, s. Bell, Alois

Bell, A.C.: d. Geschwister, s. Bell, Acton Currer

Bell, A.G., s. Bell, Alex. Graham

Bell, Acton Currer
– Agnes Grey, s. B i b l i o t h e k , Europäische, 395 u. 396. Bd.

Bell, Acton: Agnes Grey, s. C o l l e c t i o n of British authors. Vol. 202.

Bell, Acton Currer, die Geschwister, siehe: Bibliothek, Europäische, 510. Bd.

— Rockingham, siehe: Bibliothek, Europäische, 351—353. Bd.

— Wildfell Hall, siehe: Bibliothek, Europäische, 290—293. Bd.

Bell, Albert Friedrich: Zur Geschichte des Feuerlöschwesens. Festgabe zum 25jährigen Jubiläum d. Freiwilligen Feuerwehr in Hermannstadt. 1873–1898. (Verf.: F.A.Bell.) Hermannstadt: Krafft in Komm. (1898). 111 S. 8°
1:Fb 8202.
15.

Bell, Alexander Graham:
— [The Photophone, deutsch] Das Photophon. Vortrag. Leipzig: Quandt & Händel 1880. 23 S. 8°
1:Os 3629. 7. 10. 16. 30. 83. 302.
15.

— [English visible Speech in twelve lessons, deutsch] Englische sichtbare Sprache in zwölf Lektionen. — Washington: Volta Bureau [1895]. 80 S. 8°
1:Z 3803. 2→11. 12:L. g. sept. 12 am.
14→18. 21. 25→30. 82. 83. 102. 302.
15.

Bell, Alois. Predigt auf das Fest d. hl. Gebhard, geh. am St. Gebhardsberge. 8. (15 S.) Bregenz 890, Teutsch. * — 10

Bell, Andr.: Schulmethodus, s. B e l l , Andrew

Bell, Andreas [Canadensis]: De locativi in prisca latinitate vi et usu. . . . Vratislaviae, typ. Grassi, Barthi et soc. (W. Friedrich) (1889): 2 Bl. + 78 S. + 1 Bl. 8°
Breslau, Phil. Fak., Inaug.-Diss. v. 6. Aug. 1889

Bell, Andr. De locutivi in prisca latinitate vi et usu. Diss. gr. 8. (76 S.) Bresl. 889, Preuss u. Jünger. * 1 50

Bell, Andrew

Bell, Andr. u. Jos. Lancaster Bemerkungeb. s. B. C. L. Natorp

Bell, Andrew, Begründer d. Madras-Lehrmethode, später Präbendarius in Westminster, London, 1753-1832. 1808: [An Analysis of the experiment of education made at Egmore, deutsch] Schulmethodus. Ein Beytrag zur Verbesserung d. Lehrmethode u. Schuldisciplin in niedern Volksschulen. Übers. von F.W.Tilgenkamp. — Duisburg [usw.]: Bädeker & Kürzel 1808. XIV,128 S. 8° 2. 3. 5. 10. 16. 24. 302.
15.

Bell, Anton: Anleitung zur Ertheilung des Gesangunterrichtes in der Volksschule, mit genauer Vertheilung d. Lehrstoffes für d. verschiedenen Schuljahre. — Karlsruhe: Chr. F. Müller 1859. VII,90 S. 8° 25.
15.

—— 2., verm. u. verb. Aufl. Ebd. 1866. XV,94 S. 8°
25.
15.

Bell, A., Elementar-Musiklehre, als Vorschule zur Harmonielehre, zunächst für Schulaspiranten u. Schulseminaristen, sowie auch für jeden angehenden Musiker zum Selbststudium. Karlsruhe 865. Schuster. gr. 8. (VIII, 44 S.)
n. 10 ngr.

Bell, A., Elementar-Musiklehre als Vorschule zur Harmonielehre, zunächst für Schulaspiranten und Schulseminaristen, sowie auch zum Selbststudium für angeh. Musiker. 2. Aufl. gr. 8. (VIII, 51 S.) Karlsruhe 875, Müller'sche Hofbuchh. *

—— Harmonielehre m. vielen Notenbeispielen u. Aufgaben. 2. Afl. 8. (162) Ebd. 75. n. 4. —

—— Harmonielehre für Schulseminaristen, Lehrer, Organisten und Chorregenten, sowie auch für angehende Musiker zum Selbststudium, mit vielen Notenbeispielen und Aufgaben. gr. 8. (VIII und 152 S.) Karlsruhe 867, Schuster. *

—— Harmonielehre für Schulseminaristen, Lehrer, Organisten, und Chorregenten, sowie auch für angeh. Musiker zum Selbststudium, mit vielen Notenbeispielen und Aufgaben. 2. Aufl. gr. 8. (VIII, 162 S.) Ebendas. 875. *

— Liedersammlung für die Volksschule. Beigabe zu einer nach gleichem Plane entworfenen Gesanglehre. 3 Hefte. Ebend. 859, 60. 8. n. 11 ngr.
1. Heft: Einstimmige Lieder für Kinder des 1—3. Schuljahres. (II, 17 S.) n. 2½ ngr.
2. Heft: Zweistimmige Lieder für Schüler des 4. u. 5. Schuljahres. (II, 22 S.) n. 3½ ngr.
3. Heft: Mehrstimmige Lieder für Schüler des 6., 7. u. 8. Schuljahres. (II, 33 S.) n. 5 ngr.

Bell, Anton Currer, s. B e l l , Acton Currer

Bell, Benjamin
— [deutsch] Abhandlung von den Geschwüren und deren Behandlung nebst einigen Bemerkungen über d. weißen Geschwülste d. Gelenke u. d. chirurgische Behandlung d. Entzündung und ihre Folgen. — Leipzig: Weidmann & Reich 1779. 312 S. 8°
2. 3. 5. 12:Chir.18m. 14. 16. 17. 21. 24. 20. 30. 302.
15.

— Neue, verb. u. verm. Ausg. [Nebst] Zusätze. Leipzig: Weidmann 1702-93. 8°
Zusätze ges. u. hrsg. von Ernst Benjamin Gottlieb Helenstreit, 1793.
1:Ix 2344.
2. 7. 8. 10. 15. 17. 18. 21. 27. 28. 88[=Zusätze]. 302.
15.

— [deutsch] Abhandlung über die Krankheiten der Harnröhre, der Harnblase, der Vorsteherdrüse und des Mastdarms. Mit kritischen Noten über d. Zusätze zu d. fremden Ausgaben dieses Werks, u. über d. Meinungen d. fremden Schriftsteller über d. abgehandelten Krankheiten von John Shaw. — Weimar: Landes-Industrie-Comptoir 1821. XVIII,332 S. 8° 3. 27. 30.
15.

— Ebd. 1821. XVIII,332 S. 8° (Chirurgische Handbibliothek. 2.) 1:Ig 2886-2. 3. 4. 8. 10. 12:Chir.120m-2. 16. 17. 25→28. 300:77 L 11. Bd 2. 302.
15.

— [deutsch] Abhandlung über die Krankheiten der Knochen. — Weimar: Landes-Industrie-Comptoir 1831. VIII,140 S. 8° 5. 12:Path.106s. 26. 27. 30.
15.

—— Ebd. 1831. VIII,140 S. 8° (Chirurgische Handbibliothek. 13,2.) 4. 12:Chir.12m-13. 17. 27. 28. 300:77 L 11. Bd. 13. 302.
15.

— [deutsch] Abhandlung über den bösartigen Tripper und die venerische Krankheit. Bd 1.2. — Leipzig: Weidmann 1794. 8° 2. 4. 5. 7→10. 14. 16. 18. 21. 27. 30. 38M. 302.
15.

—— Bd 1.2. Ofen 1798. 8° 21.

— Abh. v. Wasserbruch, Fleischbruch u. andern Hodenkrankh. gr. 8. Ebend. 795.

— [deutsch] Abhandlung vom Wasserbruch, Fleischbruch und andern Krankheiten der Hoden. Mit ... einigen Anm. d. teutschen Hrsgs. — Leipzig: Weidmann 1795. VIII,149 S. 8° 1:Kd 8658. 3. 7. 15. 18. 21. 24. 27. 30. 300:60 H 24. 302.
15.

— die Krankheiten d. Knochen, s. Handbibl., chirurg. 13r Bd.

— [deutsch] Lehrbegriff der Wundarzneykunst. Aus d. Engl., mit einigen Zusätzen u. Anm. Th. 1-5. — Leipzig: Weidmann & Reich (4.5: Weidmann) 1784-90. 8°
1. 1784. 2. 1786. 3. 1787. 4. 1789. 5. 1790.
2. 3. 5. 8. 10. 21. 26. 28. 300:11W1. 302
15.

— Lehrbegriff d. Wundarzneikunst. Aus d. Engl., mit Zusätzen u. Anmerkk. (v. G. C. Kapp u. C. W. G. Hebenstreit). 7 Thle, mit 54 Kpf. gr. 8. Leipz. 784—90. 2e A. 791 u. ff. 3e A. 804—10. Weidmann. 13 Rthlr 12 gr

— — 2., verm. (4: verm. u. verb.) Ausg. Th. 1-4.5,1.2. Leipzig: Weidmann 1791-98. 8°
1. 1791. 2. 1792. 3. 1793. 4. 1794. 5. 1798.
2[∞2/5]. 4. 5[∞1.2.5]. 6. 10[∞5]. 12[∞3/5]:Chir. 19. 17[∞2.3.5]. 18. 27[∞1/3]. 38M[∞3.5]. 302.
15.

Bell, Benjamin: Lehrbegriff der Wundarzneykunst. (A System of surgery. Dt.) Aus dem Englischen., mit einigen Zusätzen und Anmerkungen. 3.Ausg. Th.1 - 2, gbd., Abb.

Pesth: Leyrer 1801 - 1802

— Lehrbegriff der Wundarzneykunst. Aus d. Engl., mit einigen Zusätzen u. Anm. (Übers.: E. B. G. Hebenstreit). 3., verm. Ausg. Th. 1-7. — Ebd. 1804-10. 8°
1. 1804. 2. 1805. 3. 1806. 4. 1807. 5. 6. 1809. 7. 1810.
1: Ig 4815. 3. 5. 7→11. 12: Chir. 19b. 14→16. 17. 25. 26. 30.
15.

— — 3. Ausg. Th. 1-5,1.2. Wien: Doll in Komm. 1805. 8°
2. 26. 302.
15.

Bell, Benj., üb. d. Natur u. Heilung d. Wunden. 2 Thle. a. d. Engl. gr. 8. Leipz. Böhme. 798.

Bell. Benjamin: Sämmtliche chirurgische Schriften in einem systematischen Auszuge. (A System of surgery. Dt. Ausz.) Mit Anmerkungen des Hrsg. Bd 1, 512 S., gbd.

Wien: Schmidbauer 1798

— sämmtl. chirurg. Schriften im Auszuge. 3 Bde. gr. 8. Wien 801. Al. Doll. 3 Rthlr 8 gr

— [Essays on agriculture, Ausz., deutsch] Über Theurung und Mangel ... Übers. von D. Albrecht Thaer. Aus d. 1. Theile von Bells Versuchen über den Ackerbau besonders abgedr., mit e. Vorr. verm. u. denkenden Landwirthen ... zur Prüfung vorgelegt. — Wien [usw.] 1805. XIV,208 S. 8°
300:8936. 302.
15.

Bell, Benjamin:
— [deutsch] Versuche über den Ackerbau, nebst e. Vorschlage d. höhere Cultur d. Felder zu befördern ... Übers. u. mit erl. Zusätzen versehen von Albrecht Thaer. Th. 1. Berlin: Realschulbuchh. 1804. Getr. Pag. 8°
Sondert.: Thaer: Rhapsodische Bemerkungen zu B. Bell's Abhandlungen über d. Ackerbau. 1804.
1: Ou 28777. 2. 3. 7. 10. 12: Oecon 220. 24[∞ Sondert.] 28. 302.
15.

Bell, B., Versuch üb. d. Ackerbau. Aus d. Engl., mit Zusätzen v. A. Thaer. 1r Thl. gr. 8. Berl. 804. Reimer. 2 Rthlr

Bell, C.: Darstellung der Arterien, s. Bell, Charles

Bell, C.: Jane Eyre, s. Bell, Currer

Bell, C.: Passionsblumen, s. Bell, Carola

Bell, C.E.: Wuthering Heights, s. Bell, Ellis

Bell, Carl, s. Bell, Charles

Bell, Carrer, s. Bell, Currer.

Bell, Carola, Passionsblumen. Skizzen aus dem Leben. Düsseldorf 868. Budich. 8. (2 Bll., 260 S. u. 1 Lithogr.)
n. 1 Rthlr 18 ngr

Bell, Charles
— Darstell. d. Arterien, s.a. Encyclopädie d. Anatomie, 4r Bd.

— [deutsch] Darstellung der Arterien zum Unterricht für Ärzte ... Bearb. u. mit praktischen Bemerkungen begleitet von Heinrich Robbi. Mit e. Vorr. von Johann Christian Rosenmüller. — Leipzig: Baumgärtner 1819. XXIV,104 S. 8°
1: Kv 7519. 9. 10. 12: Anat. 67b. 14. 15. 17. 18. 21. 25. 26. 27. 30. 300:35Qu11.
15.

— Ebd. 1819. XXIV,104 S. 8° (Allgemeine Enzyklopädie d. Anatomie. 4.)
2. 17. 28. 302.
15.

— [deutsch] Darstellung der Nerven zum Unterricht für Ärzte und Wundärzte ... Frei bearb. ... u. durch e. Beschreibung d. 12 Hirnnerven verm. von Heinrich Robbi. Mit e. Vorr. von Johann Christian Rosenmüller. — Leipzig: Baumgärtner 1820. LXXVIII,118 S. 8°
1: Ky 751. 6. 7. 9. 12: Anat. 66 a. 17. 20. 24. 30. 300:70B141. 302.
15.

— Ebd. 1820. LXXVIII,118 S. 8° (Allgemeine Enzyklopädie d. Anatomie. 5)
10. 21.
15.

— Ebd. 1820. LXXVIII,118 S. 8° (Allgemeine Enzyklopädie d. Anatomie. 7.)
17. 28. 302.
15.

— [lat.] Caroli Belli Descriptio arteriarum iconibus illustrata. Latio donata et in usum studiosae iuventutis accommodata ab Henrico Robbi. — Lipsiae: Baumgaertner 1819. XVI,72 S. 8°
1: Kv 7520. 7. 28.
15.

— [deutsch] Erläuterungen der großen chirurgischen Operationen durch bildliche Darstellung von Carl Bell. Aus d. Engl. Hrsg. von Carl Gottlob Kühn. H. 1-4. — Leipzig: Baumgärtner 1822-23. 8°
1. Steinschnitt. 1822. 3. Bruchoperationen. 1823.
2. Trepanation. 1822. 4. Operation d. Aneurysma. 1823.
2. 3. 8. 16. 21. 300:-61B21.
15.

— [deutsch] Grundlehren der Chirurgie. Aus d. Engl. von C. A. Mörer. Bevorw. von C. v. Graefe. Bd 1.2. — Berlin: Herbig 1838. 8°
1: Ig 5650. 2. 6[∞2]. 8. 11. 14[∞1]. 16. 30. 302.
15.

Bell, Ch., die Hand u. ihre Eigenschaften, s.a. Wochenbände, Nr. 41—46.

— Die Hand und ihre Eigenschaften von Sir Charles Bell. Aus d. Engl. von Franz Kottenkamp. — Stuttgart: Expedition d. Wochenbände 1847. 252 S. 8° (Wochenbände für d. geistige u. materielle Wohl d. deutschen Volkes. 37-[42].)
Im Exemplar von 10. 15. 17. 26. 38M u. 302 fehlt d. Titel d. Sammlung.
10. 15. 17. 24. 26. 30. 38M. 302.
15.

— Neue, durchges. Aufl. Stuttgart: Rieger 1851. 252 S. 8° (Wochenbände für d. geistige u. materielle Wohl d. deutschen Volkes. 41-46.)
Im Exemplar von 1 u. 18 fehlt d. Titel d. Sammlung.
1: Kz 8774. 18: Per. 109q-41/46. 18.
15.

— [deutsch] Die menschliche Hand und ihre Eigenschaften. Aus d. Engl. von Hermann Hauff. — Stuttgart: Neff 1836. IV,196 S. 8° (Die Natur, ihre Wunder u. Geheimnisse, oder d. Bridgewater-Bücher. 1.)
1:Kz 8772. 2. 4. 5. 8→11. 12:Anat. 66sb. 14. 16. 17. 21. 24. 28. 29. 30. 302.
15.

Bell, Charles: Idee e. neuen Hirnanatomie (1811), s: Klassiker d. Medizin.

— [deutsch] System der operativen Chirurgie übers. von Kosmely, bevorw. von Carl Ferdinand Graefe. Th. 1.2. — Berlin: Realschulbuchh. 1815. 8°
1:Ig 5132. 2. 3. 6. 8. 9. 10. 12:Chir. 19 h. 16. 17. 18. 24. 26. 27. 30.
15.

— System d. operativen Chirurgie. Aus d. Engl. übers. v. M. Cosmelli. Mit e. Vorr. v. C. F. Gräfe. 2 Thle. mit 21 Kpf. gr.8. Berl. 815. Reimer. 4 ℛ

— [deutsch] Physiologische und pathologische Untersuchungen des Nervensystems. Übers. von Moritz Heinrich Romberg. — Berlin: Stuhr 1832. XXX,388 S. 8°
1:Ky 752. 2→5. 7. 9. 10. 11. 14. 16. 18. 24. 27. 28. 29. 30. 38M. 300:69H.204. 302.
15.

— Neue, mit d. 1. Aufl. gleichlautende, Ausg. Ebd. 1836. XXX,388 S. 8°
2. 5. 6. 8. 10. 12:Anat. 66 sa. 17. 28. 29. 30.
15.

Bell, Sir Charles

— [deutsch] Praktische Versuche. Uebers. von Dr. Bengel. Tübingen: Laupp 1842. 91 S. 8°
1:Ic 8913. 2. 7. 12:Chir. 19hb. 15. 21. 24. 300:79R 17.
15.

— Zergliederung d. menschl. Körpers für Anatomen rc. Aus d. Engl. übersetzt von Jh. Chr. Rosenmüller. 2 Thle. Mit Kpf. gr.8. Leipz. 806; 7. N. A. mit 16 Kpft. 817. (Rauck). 4 ℛ

— [deutsch] Zergliederungen des menschlichen Körpers zum Behuf der Kenntniss seiner Theile ... Für angehende Anatomen. [Übers.: Johann Christian Rosenmüller.] Bd [1.]2, Abth. 1 [nebst] Erklärung u. Kupfertaf. — Leipzig: Lincke 1800. 8° [u.] 2° 1:Kt 6655. 8. 10. 15. 28.
15.

— Zergliederungen einiger Theile des menschlichen Körpers, zum Behufe der Kenntnis derselben. Neue, wohlfeile Ausg. Bd 1.2 — Leipzig: Sommer [um 1805]. 8°
2. 30

— Neue, wohlfeile Ausg. Bd 1.2. Ebd. 1817. 8°
2. 15. 17. 27.
15.

Bell, Clara, die Augen auf! Reim u. Poesie der Gegenwart f. Jung u. Alt. (XX, 267 S.) 8. Dresden (907). E. Pierson. 3.50; geb. n 4.50

Bell, Christian: Philosophischer Gesundheits-Brunnen in Gestalt aufrichtiger Gold-Pillen eröfnet, u. nebst e. Anh. verschiedener gewis experimentirter sympathetischer Curen, hrsg. von Christian Bellen. — Braunschweig: Author 1722. 57 S. 8° 14.
15.

Bell, Currer: Jane Eyre.
– s.a. Ausland, das belletristische, 1460 – 70. Bdchn.

– s.a. Bibliothek, Europäische, 273 u. 274. Bd.

– s.a. Britannia, 6–8. Bd.

Bell, Currer: Jane Eyre, s.a. Collection of Brit. authors, Vol. 145. 146.

Bell, Currer, Jane Eyre, od. die Waise v. Lowood, s.a. Collection Hartleben.

—— dass., s.a. Lese-Cabinet, belletr.

— dasselbe, s.a. Romane, die besten, der Weltliteratur in neuen Ausgaben.

— dasselbe, s.a. Romane, klassische, der Weltliteratur.

—— dass., s.a. Universal-Bibliothek.

Bell, Currer, Jane Eyre. Die Waise von Lowood. Nach dem Engl. 2 Bde. 854. — 2. Aufl. Altona 855. Hellbutt. 8. (144; 134 S.) 1 ℛ 15 ngr

Bell, Currer, Jane Eyre, die Waise von Lowood. Aus d. Engl. 2 Bde. 2. Aufl. Stuttgart 864. Franckh. 16. (600 S.) 1 ℛ 15 ngr; geb. 1 ℛ 25 ngr

Bell, Currer, Jane Eyre, die Waise von Lowood. Aus d. Engl. 2 Bde. 2. Aufl. Stuttgart 870. Franckh. 16. (312; 348 S.) 1 ℛ 15 ngr; geb. 1 ℛ 25 ngr

Bell, C., Jane Eyre, die Waise v. Lowood. Aus d. Engl. 4. Aufl. 2 Thle. in 1 Bd. 12. (312 u. 348 S.) Stuttgart 888. Conradi. n. 2.—; geb. n. 3.—

Bell, Currer, Jane Eyre, die Waise v. Lowood. Aus dem Engl. 5. Aufl. 2 Tle. in 1 Bd. 12. (312 u. 348 S.) Stuttgart (899). Franckh. n. 2.—; geb. in Leinw. n. 3.—

Bell, C (C Brontë): Jane Eyre, d. Waise v. Lowood. Aus d. Engl. v. GA Volchert. 6. Afl. (567) 8° Stuttg., Franckh (04). 2 —; L. 3 — d

(F) Bell, Curer, Johanna Eyre. Die Waise von Lowood. Aus dem Englischen. 1. Bd. [Klassische Romane der Weltliteratur. 8. Bd.] 8°. (199 S.) Teschen: Prochaska 1902. K 1.—

(F) Bell, C., Johanna Eyre. Die Waise von Lowood. Aus dem Englischen. Bd. 3. [Klassische Romane der Weltliteratur. 10. Bd.] 8°. (176 S.) Teschen: Prochaska 1902. K 1.—

(F) Bell, C., Johanna Eyre. Die Waise von Lowood. Aus dem Englischen. 2. Bd. [Klassische Romane der Weltliteratur. 9. Bd.] 8°. (202 S.) Wien: Pichler 1902. geb. K 1.—

Bell, Currer. Johanna Eyre, die Waise von Lowood. Aus dem Englischen. 3 Bände. 8. (I. Bd. 207 S. II. Bd. 212 S. III. Bd. 183 S.) In Lwd. geb. Teschen: Prochaska 1893. * 1.20

Bell, Currer, the professor, s.a. Collection of british authors.

— der Professor. Aus dem Engl. von Büchele. Stuttgart 858. Franckh. gr. 16. (2 Bl., 322 S.) 1 ℛ

Bell, Currer: Shirley.
– s. Ausland, das belletristische, 1642–1649. 1745-1750. Bdchn.

– s. Bibliothek, Europäische, 268-270. 295 u. 296. Bd.

– s. Britannia, 14-16. Bd.

– Shirley, s. Collection of British authors, Vol. 180.181.

—— Villette, s. Ausland, das belletristische. — Britannia.

—— Villette, s. Collection of british authors.

– Die W a i s e v. Lowood

— dasselbe, s.a. Bibliothek der Gesamtlitteratur.

— dasselbe, s.a. Reichhardt, Rud.

— Die Waise v. Lowood. Roman. (187) 8° Neuweissens., E Bartels (o. J.). 3 — d

— dasselbe. Stuttgarter Ausg. Aus dem Engl. neu bearb. v. G. A. Volchert. 6. Aufl. (567 S.) 8. Stuttgart (904). Franckh. n. 2. —; geb. in Leinw. n. 3. —

Bell, Currer, die Waise v. Lowood. Für die junge Mädchenwelt nach der Reclamschen Ausgabe m. Berücksicht der neuen Rechtschreibg. frei bearb. v. Gertr. Reichard. Mit 6 schwarzen Textbildern sowie 5 farb. Bildern v. Eug. Hanetzog. (230 S.) gr. 8. Berlin (905). Verlag Jugendhort. Geb. in Leinw. 4. 50

Bell, Currer (Charlotte Brontë), die Waise von Lowood. Roman. (187 S.) 8. Neuweißensee (905). E. Bartels. n. 3. —

Bell, Currer: Die Waise v. Lowood. Erzählg. Aus d. Engl. übers. u. f. d. reifere Mädchenwelt bearb. v. Ilka v. Hartung. Neue Ausg. (240 m. 4 Farbdr.) 8° Berl., A Weichert ('11). HL (3 —) d

Bell, Ellis, der Sturmheidhof, s.: Editionen merkwürdiger u. berühmter Romane der Weltliteratur. 6.

Bell, Ellis and Acton, Wuthering Heights, s.: Collection of British authors, Vol. 201. 202.

— Wutheringshöhe, s.: Bibliothek, Europäische, 410—412. Bd.

Bell, F.: B i l d e r u. Beisp. f.d. Predigt. . . ,s. B e l l , Frederick

Bell, F. A., s.a. Zur Geschichte d. Feuerlöschwesens.

[F.] Zur Geschichte des Feuerlöschwesens. Festgabe z. 25j. Jubil. d. Freiwill. Feuerwehr in Hermannstadt. 1873—1898. (Vf.: F. A. Bell, Vorstand.) *Hermannstadt: Gedr. u. in Komm. b. W. Krafft (1898).* (111 S., 1 Portr.) 1 Bd 8. [98. 6030

Bell, F A s. U n g a r n. Nach und durch U. Bändchen 8. Das Siebenbürgische Hochland. Zürich.

Bell, FA, s.: Ungarn in Wort u. Bild. — Wanderbilder, europ.

Bell, Frederick: B i l d e r und Beispiele für die Predigt und den Religionsunterricht. — Hannover [usw.]: C. Meyer 1903. 142 S. 8° 1: Dy 17150. 7. 12: Hom 2032k. 15.

van Bell, Frdr. Guil. Bern., Disputatio academica de patefactionis christianae indole, e vocabulis φανερουν et ἀποκαλυπτειν in libris N. T. efficienda. gr. 8. (XII u. 148 S.) Lugduni Batav. 849. Lipsiae, T. O. Weigel. n. 1 1/3 ℳ

Bell, G. H., biblischer Unterricht. Fortlaufender Cursus Nr. 1—3. 11. 8. Basel, Internationale Traktat-Gesellschaft. cart. *

Inhalt:
Nr. 1. Für unsere Kleinen. Adam bis Moses. (80 S.) 885. * 75 Pf.
" 2. Für die Jugend. Von Egypten bis Canaan. (106 S.) 885. * ℳ 1.—.
" 3. Die Geschichte Israels von Mose bis auf Salomo. (158 S.) 888. * ℳ 1.25.

Bell, Gertrude Lowthian

Bell, Gertrude L., the churches and monasteries of the Tur Abdin, s.: Berchem, Max van u. Jos. Strzygowski, Amida.

Bell, Gertrude Lowthian:
— [deutsch] Durch die Wüsten und Kulturstätten Syriens. Reiseschilderungen. — Leipzig: Spamer 1908. VII,334 S. 8°
1: Ul 6212. 5. 6. 8. 10. 15.. 17. 24. 25. 29. 30. 38. 15.
— 2. Aufl. Ebd. [1910]. VII,334 S. 8°
1: Ul 6212³. 7. 12: It. sing. 60ti. 14. 26. 27. 28. 38. 15.

Bell, Hans, pract. Arzt: Aus d. chirurg. Klinik d. Universität Marburg. Die Rhinoplastik aus dem Arm. Mit 4 Abb. *Marburg 1901: R. Friedrich.* (33 S.) 8°
Marburg, Med. Diss. v. 8. Jan. 1901

Bell, J.: A n a l y s e u. Verfälschung der Nahrungsmittel. s. B e l l , James

Bell, J: Jll. Katalog der Asbest-Fabrik. Berlin (1882)

Bell, J.: R e i s e n von Petersburg. . . , s. B e l l , John

Bell, J.: T h o u g h t s on emigration, s. B e l l , James Washington

Bell, J. Lowthian: Über d. E n t w i c k l u n g u. Verwendung d. Wärme, s. B e l l , Isaac Lowthian

Bell, J.St.: T a g e b u c h eines Aufenthaltes in Circassien, s. B e l l , James Stanislaus

Bell, J.W.: T h o u g h t s on emigration, s. B e l l , James Washington

Bell, James,
— [deutsch] Die Analyse und Verfälschung der Nahrungsmittel. Übers. von Carl Mirus (2: von P. Rasenack). Mit e. Vorw. von Eugen Sell. Bd 1.2. — Berlin: Springer 1882–85. 8°
1. Thee, Kaffee, Kakao, Zucker etc. 1882.
2. Milch, Butter, Käse, Cerealien, präparirte Stärkemehle etc. 1885.
1: Ik 7266. 7. 11. 16. 38. 38M. 82. 91. 15.

Bell, James Stanislaus:
— [deutsch] James Stanislaus Bell's Tagebuch seines Aufenthaltes in Cirkassien während der Jahre 1837, 1838 und 1839. — Pforzheim: Dennig, Finck & Co. 1841. XIV, 776 S. 8° 1: Ul 663. 2. 4. 5. 8. 10.
12: Geo. Ŭ. 524q. 15. 16. 17. 23. 24. 25. 30. 300•4862. 15.

Bell, James Washington

Bell, J. W., Thoughts on emigration. 8°. Gräfenhainichen

Bell, James Washington, Thoughts on emigration. 8°. Leipzig 1881.

Bell, James Washington, thoughts on emigration. gr. 8. (VII, 53 S.) Leipzig 882. Matthes. n. 1. —

Bell, Johann, 1691-1780. 1763 s. *Bell*, John.

Bell, Johann Bernhard s. *Abdruck*, Getreuer, beyderseitigen Schrift-Sätzen . . . In Sachen . . . Ober-Appel.-Ger. Rathen Lamezan . . . entgegen des Commercien-Rathen Bell . . . Erben. 1770.

Bell, John
— [deutsch] Über die Natur und Heilung der Wunden . . . Umgearb. u. mit Anm. u. Zusätzen von Johann Karl Friedrich Leune. — Leipzig: Böhme 1798. XIV,408 S. 8°
1: Kq 1026. 3. 8. 15. 16. 17. 21. 23. 24. 30. 300: 28 T 14. 302. 15.

Bell, Jh., über d. Natur u. Heilung d. Wunden. Aus d. Engl. mit Anmerkk. u. Zusätzen, v. J. K. F. Leune. 2 Thle. gr. 8. Lpz. 798. (Cnobloch). 1 ℛ 6 gℊ

— Dr. Johann Bells Reisen von Petersburg in verschiedne Gegenden Asiens nach Persien, Sina u.s.w. nebst desselben kurzer Nachricht von d. Zuge nach Derbent in Persien unter Peter dem Großen im Jahre 1722, wie auch W. Hunters Nachrichten von dem Königreiche Pegu. Alle aus d. Engl. übers. — Ebd. 1787. 524 S. 8° (Neue Samlung von Reisebeschreibungen. 9.)
1: Ps 6890–9. 5. 7. 8. 10. 12: It. coh. 73-9. 14. 24. 27. 28.
15.

Bell, J., Reisen v. Petersburg in verschied. Gegenden Asiens, nach Persien rc. Aus d. Engl. gr. 8. Hamb. 787. Bohn (Petersen in Altenb.) 20 gℊ

— [deutsch] Zergliederung des menschlichen Körpers. Durchaus umgearb. von J.C.A. Heinroth u. J.C. Rosenmüller. Th. 1. 2. — Leipzig: Weidmann 1806–07. 8°
1. Enth. den 1. u. 2. Theil des Originals oder d. Knochen, Bänder, Muskeln u. Gefässe. 1806.
2. Enth. den 3., 4. u. 5. Theil des Originals, oder d. Hirn- u. Nervenlehre, d. Sinneswerkzeuge, d. Eingeweide u. d. Saugadersystem. 1807.
1: Kt 8632. 3. 6. 8. 10. 11. 12: Onat. 67. 14. 15. 18. 21. 25.
15.

— Zergliederung einig. Theile d. menschl. Körpers; z. Behufe d. Kenntnisse derselben, d. Methode sie zu zergliedern, u. ihr. krankh. Veränd. 4 Thle in 2 Bden, (enth. 1) die Zergliederung d. Muskeln u. d. Eingeweide d. Unterleibes; 2) die Zerglied. u. die Krankheit d. Thorax; 3) die Zerglied. u. d. Krankh. d. im Becken enthaltenen Theile. 4) die Zerglied. des Schenkels.) Für angehende Anatomik., Aerzte u. Wundärzte. 2te wohlf. Ausg. Mit 16 Foliokupf. gr. 8. Leipz. Sommer. 816.

Bell, John Henry, aus New York, ⟨Amerika⟩: With what right is Kant's critique of pure reason called a theory of experience? *Halle a. S. 1899: C. A. Kaemmerer & Co.* (50 S.) 8°
Halle, Phil. Diss. v. 1899

Bell, Sir Isaac Lowthian: Antrittsrede gehalten von J. Lowthian Bell, bei der Jahresversammlung des 'Iron and steel institute' am 29. April 1873. Uebers. von Wilhelm Hupfeld. — Klagenfurt 1873. 20 S. 4° (Zeitschrift d. berg- u. hüttenmännischen Vereines für Kärnten. 1873. Beil.)
300: 67.538-C.
15.

— Bemerkungen über die Eisen-Industrie im österreichischen Kaiserstaate und über deren gegenwärtige und zukünftige Beziehungen zu jener von Britannien. Uebers. von M.K. — Wien: Mechitharisten-Congregation 1866. 24 S. 8°
300: 71.442-B.
15.

— [Development of heat, and its appropriation in blast furnaces of different dimensions, deutsch] Ueber die Entwicklung und Verwendung der Wärme in Eisenhochöfen von verschiedenen Dimensionen. Nach d. Schriften d. englischen Eisenwerkbesitzers in Cleveland J. Lowthian Bell. Frei übers. u. mit einigen Bemerkungen begleitet von P. Tunner. — Leipzig: Felix 1870. IV, 111 S. 8°
12: Metall. 8t. 82. 89. 91.

Bell, Karl englischer Arzt, Edinburgh, 1774-1842. 1793
s. *Bell*, Sir Charles.

Bell, Karl Friedrich:
— Die sieben Lasterteufel. Hoffahrt, Geiz, Neid, Unzucht, Völlerei, Zorn und Trägheit. Original-Algraphien u. Text. — Wien 1910: K. k. Hof- u. Staatsdr. 9 Taf. 2°
300: 481,181-E. Ks. 202.
15.

Bell, Karola: Passionsblumen, s. Bell, Carola

Bell, Louis, Stromvertheilung f. elektr. Bahnen. Autor. deutsche Bearbeitg. v. Gust. Rasch. gr. 8. (VII, 262 S. m. 136 Fig.) Berlin 898. J. Springer. — München, R. Oldenbourg. Geb. in Leinw. n. 8.—

Bell, M.: English academy, s. Dunker, Wilhelm

Bell, Malcolm:
— [deutsch] Burne-Jones. Einzig autor. Übers. von Rudolf Klein. — Berlin: Bard [1902]. 68 S. 8° (Die Kunst. 3.)
12: Art. 159z-3. 14. 30. 302.
15.

— Burne-Jones. Übers. von Rudolf Klein. 2. Aufl. Berlin: Bard [1902]. 68 S. 8° (Die Kunst. 3.)
1: Nr 3443-3. 11. 15. 17. 18. 30.
15.

Bell, Malcolm, Burne-Jones. Einzig autor. Übers. a. d. Engl. von Rud. *Klein*. 2. Aufl. Berlin [1904]. 8°.
(D. Kunst, hrsg. von Rich. *Muther*. Bd 3.)

– englische Gesprächs- u. Wiederholungs-Grammatik, s. Dunker, Wilhelm.

– Wörterverzeichnis dazu, s. Dunker, Wilhelm

Bell, Matthias Josef

Bell, Matth. Jos., der heilige Donatus, Soldat und Martyrer. Schutzpatron wider Blitz und schädl. Ungewitter. Eine fromme Legende nebst dem histor. Berichte über die Auffindung der Gebeine des heil. Martyrers Donatus zu Rom und deren Uebertragung nach Münstereifel, dem christl. Volke erzählt. 8. (156 S. mit 1 Stahlst.) Luxemburg 881. (Trier, Paulinus-Druckerei.) *

Bell, Matthias Josef: Der heilige Donatus, Soldat und Martyrer ... Eine fromme Legende. — Luxemburg 1881; [übergekl.:] Trier: Paulinus Dr. 1884. 155 S. 8°
1: Dw 8210.
15.

Bell, Nana Weber-
s. Weber-Bell.

Bell, Otto: Die Germania von Cornelius Tacitus II. — Berlin: Eckstein [um 1890]. 30 S. 8°
Nebent.: Die Germania von Tacitus d. zweiten aus d. Jahre 1887.
1: Sa 569. 10. 17.
15.

Bell, Robert,
— [The Ladder of gold, deutsch] Die goldene Leiter. Eine englische Erzählung. T. 1–4. — Grimma [usw.]: Verlags-Comptoir 1851. 8° (Europäische Bibliothek der neuen belletristischen Literatur Deutschlands, Frankreichs, Englands, Italiens, Hollands u. Skandinaviens. Der ganzen Slg. 429–431. 441 = 5,29–31.41.)
12: L. eleg. g. 420q–429–431. 14.
15.

Bell, Rob., der griechische Münchhausen und der Verzauberte. Zwei Märchen des klass. Alterthums. Frei bearb. 2. Aufl. des „Griech. Münchhausen". gr. 8. (IV, 152 S. mit 4 Buntdr.-Bildern.) Halle 881, Schwetschke's Sep.-Conto. geb.

Bell, Robert Mowry, a. Chicago, Stud. d. neueren Sprachen: Der Artikel bei Otfried. [Leipzig: Seele & Co.] (1908.) (VIII, 79 S.) 8°
Leipzig, Phil. Fak., Ref. Sievers-Köster, Diss. v. 20. Mai 1908
[Geb. 20. Nov. 60 Chicago; Wohnort: Worcester Mass.; Staatsangeh.: Vereinigte Staaten; Vorbildung: Harvard Univ. Dr. med. Juni 90; Studium: Heidelberg 1, Leipzig 8 S.]

Bell, Susanne Weber-
s. Weber-Bell.
[12. 1801

Bell, Theodor, & Cie.: Elektrizitätswerk Beznau an der Aare des »Motor«, Akt.-Ges. f. angew. Elektrizität in Baden (Schweiz). (Zürich) 1907 (?) (Aus: Schweizer. Bauzeitung. Bd 49. Nr 6, 7, 8, 9, 11, 12 u. 13)

Bell, Thom., der Zahnarzt, s. Zahnarzt, d. vollkommene.

Bell, Wilhelm. 1756 s. *Bell,* William.

Bell, William,
— [deutsch] Gekrönte Preisschrift, von den Quellen und Folgen einer starken Bevölkerung. — [Bern: Neue Buchhandlung.] 1762. 45 S. 8° **300:79 J 43.**
15.

— (Bern: Neue Buchh.) 1762. 45 S. 8° (Sammlung auserlesener Schriften, von staats- u. landwirthschaftlichem Inhalte. Bd. 1,1,1.) **7. 21. 24. 25. 300:77Y28.Bd.1.**
15.

Bell, W.: Von den Q u e l l e n und Folgen einer starken Bevölkerung. Wien: 1768.

Bell, W.: Untersuch. d. göttl. Sendung Johannis d. Täufers u. Jesu Christi. gr. 8°. Braunschw. Schulbuchhandl. 1779.

— [deutsch] Untersuchung der göttlichen Sendungen Johannis des Täufers und Jesu Christi. Übers., mit Anm. u. e. Anh. von Heinrich Philipp Conrad Henke. — Braunschweig: Fürstl. Waisenhaus Buchh. 1779. 354 S. 8° **1:Dc 2574. 4. 5. 14. 23.**
15.

[—] Ein Versuch, den Ort Schiringsheal ... von Othere und Wulfstan ... mit einer Stadt zu identifiziren ..., wo ... Veneta ... gelegen haben soll. — London 1847. 24 S. 8° **1:T 5216 [u.] 5216a. 2. 7. 8. 11. 12:H.sept.220-21. 15. 18.**
15.

Bell of Antermony, **John** s. *Bell,* John. 1763.

Bell-Aregger, **Friedrich:** Rathausen, einst und jetzt. 1251-1900. — Luzern 1900: Räber. 32 S. 8° 1:Rv 5850.
15.

Bell-Pettigrew JB, die Ortsbewegung der Tiere. (Bibl. intern. wiss. 10) Leipzig 1875

BELLA, ein recht verwegenes deutsches Seitenstück zu Nana (2 Mk. E. Demuth, Straßb. i. Els., c. 1900.)

Bella, ein Trauerspiel in 5 Aufz. Münster 1781. V: *Korf, Friedrich Ludwig Freih. v.* (BrMm) (MGT) »1782. *Korff*« (Ky)

Bella, Trauersp. 8. Münster, Coppenrath. 782.

Bella. Ein Trsp. in 5 A. Münster: In der Perrenonischen Buchhandlung, 1782. 8°.

Bella u. Clarissa, s.a. **Fanti.**

Bella. —
Bella und Clarissa, die furchtbaren Räuberköniginnen im Kirchenstaate. Neubearb. Bd 1.2. — Leipzig: Lit. Museum in Comm. 1848. 8° 1:Yx 6541.
15.

Bella, la, dormiente nel bosco. Una favoletta per fanciulli obbedienti. hoch 4. (4 S. con 9 tavole colorate.) Leipzig 871, Loewe.

Bella u. F e r n a n d o , oder die Satyre. Operette in 1 A., (v.F. Preu). 8°. Leipzig 1791. Jacobäer. (Aue in Altona).

Bella u. Clarissa Fonti, Anführerin eines furchtbaren Räubercorps im Kirchenstaate, (von Chr. Bornschein) 2 Bde. 8. Braunschw. 805. Schröder. 1 ∤ 16 gr

Bella u. d. Ungeheuer. gr. 4. (13 S. m. z. Tl. farb. Bild.) Leipzig 896. Wezel & Naumann. 1. 50

Bella: G u t a c h t e n über d. Vertheilung der Kriegsschäden. s. B e l l a , B.

Bella, B., Gutachten über d. Vertheilung d. Kriegsschäden. 4. Andernach ... Lassaulx. 6 gr

Bella, Gutachten üb. d. Vortheil. der Kriegsschäden. 8. Andern. Lassaulx u. Heckmann.

Bella, Johann Leopold: Eine Orgel unserer Zeit. Beitrag zur Klärung d. Ansichten u. zur Anbahnung d. Fortschrittes in Bezug auf unsere Kirchenorgeln. — Hermannstadt 1893. 24 S. 8°
Aus: Siebenbürgisch-Deutsches Tageblatt. 1893.
302.
15.

Bella, Ludwig: Prähistorische Funde in der Umgebung von Oedenburg in Ungarn. Von Ludwig Bella u. Otto Müller. Wien: Anthropologische Gesellschaft 1891. S. 167-192. 4°
Aus: Mitteilungen der Anthropologischen Gesellschaft in Wien. 21. (N. F. 11.)
302.
15.

Bella, Ludw., u. Otto Müller. Prähistorische Funde in der Umgebung v. Oedenburg in Ungarn. gr. 4. (S. 165—192 m. 5 Taf. u. 1 Illustr.) Wien 891, (Hölder). * 5 —
Aus: Mittheilgn. der anthropolog. Gesellsch. in Wien, besonders abgedruckt.

Bellach, Victor, aus Leipzig: Die Struktur der photographischen Negative. (Mit 11 Taf.) *Marburg a. L. 1903.* (91 S.) 8° Marburg, Phil. Diss. v. [27. Febr.] 1903

Bellach, Viktor: Die Struktur der photographischen Negative. — Halle: Knapp 1903. 91 S. 8°
Zugleich Diss. Marburg 1903.
1:Os 1434. 3. 21. 23. 90.
15.

Bellachini in der Westentasche oder der Zauberer und Hexenmeister der Neuzeit. Eine reichhalt. Sammlung von sehr leicht und überall auszuführenden Zauber- und Kartenkunststücken. gr. 16. (VI, 87 S.) Berlin 875, Beuckert und Radetzki.

Bellachini in d. Westentasche od. d. Zauberer u. Hexenmeister d. Neuzeit. Sammlg v. sehr leicht u. überall auszuführ. Zauber- u. Kartenkunststücken. 12° (87) Berl. 91, Gebr. Radetzki. — 95

Bellachini d. Jüngere, wie es gemacht wird. Vorführg v. Zauber-Kunststücken, magnet. u. spiritist. Experimenten, sowie Hellseherkünsten. s.: Fastnachts-Bühne.

Bellachini, s.: Zauberkabinet.

Bellachini, Carlo: Der vollkommene Hexenmeister. Eine Sammlung überraschender Kunststücke. 14., verm. Aufl. — Erfurt: Bartholomäus [um 1850]. XVI,85 S. 8°
3.
15.

— — 19., verm. Aufl. Ebd. [um 1850]. XIX,94 S. 8°
3.

Bellachini, Carlo, der vollkommene Hexenmeister. Eine Sammlung überrasch. Kunststücke aus dem Bereiche der natürl. Magie, ohne Apparate; leicht ausführbar für Jedermann. 10.—12. verm. Aufl. 8. (XVI, 85 S.) Erfurt 868—70, Bartholomäus.

Bellachini, Carlo, der vollkommene Hexenmeister. Eine Sammlung überrasch. Kunststücke aus dem Bereiche der natürl. Magie, ohne Apparate, leicht ausführbar für Jedermann. 13. und 14. verm. Aufl. (XVI, 85 S.) 1880,81; 15.—19. verm. Aufl. 8. (XII, 94 S.) Erfurt 882, Bartholomäus.

Bellachini, Carlo, der vollkommene Hexenmeister. Eine Sammlung überraschender Kunststücke aus dem Bereiche der natürl. Magie, ohne Apparate, leicht ausführbar für Jedermann. 19. verm. Aufl. 8. (XIX, 94 S.) Erfurt 888, Bartholomäus.
*

[F.] Hokus-Pokus! Eins - - Zwei — Drei! D. überraschendsten Zauber- u. Kartenkunststücke v. Carlo Bellachini. *Berlin: A. Weichert [1896].* (47 S.) 1 Bd 8.
= Volksbücher. No 804.
[97. 180

Bellachini, Joach.: Geheimnisse d. Magie. Erklärg d. verblüffendsten Experimente. (47) 8° Berl., G Gornitzka ('11). 1 —

Bellachini, Pietro: Zauberkabinet oder der vollkommene Hexenmeister. Eine reichhaltige Sammlung leicht ausführbarer, überraschender u. höchst interessanter Karten- u. Taschenspieler-Kunststücke ... Stereotyp-Ausg. — Reutlingen: Enßlin & Laiblin [um 1900]. 160 S. 8° **24.**
15.

Bellachino, Carlo, s.a. **Taschenspieler, der interessante.**

Bellachino, Carlo, der interessante, erheiternde und überraschende Taschenspieler oder Bosko's enthüllte Geheimnisse. Eine ausgewählte und reichhalt. Sammlung höchst wirkungsvoller und leicht ausführbarer Kunststücke aus dem Gebiete der natürl. Magie und Experimentirkunst sowie des Magnetismus und der Sympathie. 8. (88 S.) Elberfeld 873, Büttmann.

Bellack, Volkmar. Die Schützlinge d. Kronprinzen. Erzählung f. die reifere Jugend aus dem Leben Kaiser Friedrichs III. gr. 8. (286 S. m. 4 Holzschntaf.) Dresd. 889, Schoen u. Krieger. geb. * 4 —

Bellack, V., die Schützlinge d. Kronprinzen. Erzählung f. die reifere Jugend aus dem Leben Kaiser Friedrich's III. gr. 8. (286 S. m. 4 Holzschntaf.) Dresden 890. Schoen & Krieger. geb. n. 4. —

Bellafont, Graf, od. das Mädchen aus Afrika. 8. Wien 797. K. Haas. ...

Bellaigne, Camille, musikalische Silhouetten. Mit Autoris. aus dem Franz. übertr. v. Margarete Toussaint. Nebst e. Vorwort v. Adam Röder. Mit Illustr. v. Arth. Lewin. (VII, 255 S.) 8. Kattowitz (903). C. Siwinna. Geb. in Leinw. n. 4. 50

Bellaigue, Camille
— [Silhouettes de musiciens, deutsch] Musikalische Silhouetten ... Übertr. von Margarete Toussaint. Nebst e. Vorw. von Adam Röder. — Leipzig [usw.]: Siwinna [1903]. VII,253 S. 8°
Die Originale erschienen in Bellaigue: Silhouettes de musiciens; Bellaigue: Portraits et silhouettes de musiciens u. Bellaigue: Études musicales et nouvelles silhouettes de musiciens.
1: Mus. D 102. **2. 10. 14.** 302.
15.

Bellair, Jean Baptiste, aus Sierques in Lothringen. Mengeringhausen 1802. V: *Bunsen, Philipp Ludwig.* (MGT)

Bellair, William

Bellair, Will., zur Erinnerung an das 1400jährige Jubiläum des hochwürdigen Benedictiner-Ordens. Gefeiert zu Braunau am 6. April 1880, unter Sr. Hochwürden u. Gnaden, dem Hrn. Landesprälaten, Abt Dr. Joh. Nep. Rottor. 8. (12 S.) Braunau 880. (Kosmack & Neugebauer.) — 15

Bellair, William: Zur Erinnerung an das 1400jährige Jubiläum des Hochwürdigen Benedictiner-Ordens. Gefeiert zu Braunau am 6. April 1880, unter Sr. Hochwürden und Gnaden, dem Herrn Landesprälaten, Abt Johann Nep. Rotter. — Braunau: (Verf.) [1880]: Mayerhoffer. 12 S. 8°
300: 22.562-B. 302.
15.

Bellaire, Ed. Michaux-
s. Michaux-Bellaire.

Bellaire, J.B., s. Bellaire, J.P.

Bellaire, J.P.:
— [deutsch] Beschreibung der vormals venetianischen Inseln und Besitzungen im jonischen Meere oder der jetzigen Republik der sieben vereinigten Inseln ... Mit einigen Anm. d. Uebers. hrsg. von Theophil Friedrich Ehrmann. — Weimar: Landes-Industrie-Comptoir 1806. VIII,191 S. 8° (Bibliothek d. neuesten u. wichtigsten Reisebeschreibungen zur Erweiterung d. Erdkunde. 33,3.)
In einigen Exemplaren fehlt d. Titel d. Sammlung.
1: Uh 8208. **2. 3. 4. 7. 8. 9. 12:** It. coll. 85-33,3.[u.]Ital. 35. **14. 15. 17. 21. 24. 26. 27. 28. 30. 39. 102. 302.**
15.

BELLAK, Neuester Katalog von Original-Photographien nur erster Qualität. 19. Aufl. Belgrad 1894.
In Oesterreich verboten.

Bellak, Carl, Handbuch f. Stationsvorstände der k. k. österr. Staatsbahnen, umfassend Stationskassenverrechng., Salzgeschäftsgebarg., Zahlungsbelege, Betriebsausgabenstatistik, Material- u. Inventargebarg. (III, 93 S.) 8. Nebst Beilagenteil. (II S. u. 51 Taf.) 30×47,5 cm. Wien 909. (A. Hartleben.) nn 7.—; geb. nn 9. —

Bellak, Carl: Handbuch für Stationsvorstände der k.k. österr. Staatsbahnen umfassend Stationskassenverrechnung, Salzgeschäftsgebarung, Zahlungsbelege, Betriebsausgabenstatistik, Material- und Inventargebarung. [Nebst] Beilagenteil. — Wien: Selbstverl. 1909. 8° [u.] quer-4°
300: 465.388-B-C. **302.**
15.

Bellamante. Miraculosa, od. belohnte Redlichkeit d. Madame Chimene v. Spinelli. 8. Frkft. 745.

Bellamiabel, C., siehe: *Zukunftszeitung.*

Bellamine, Frau, Gedichte und Gelegenheits-Dichtungen. Ernste und heitere Lebens-Bilder, Gedanken-Späne, Polterabend-Vorträge, Fest-Wünsche, Tischreden, Nachrufe und Briefe. 8. (XXII, 611 S.) Hamburg 888, Jowien's Verlag.
geb. mit Goldschn. *

Bellamintes. 1726 [Pseud.] s. *Belitz*, Georg.

Bellamira, d. getreuen, wohlbelohnte Liebesproben. 8. Lpz. Weidmann. 715.

Bellamonda, Miraculosa, oder die zuletzt belohnte Redlichkeit in der wahrhafften und merckwürdigen Liebes-Geschichte der Madam. Chimene von Spinelli. Aus d. Französ. übersetzt von C. A. Beck. Frankfurt und Leipzig 1745. V: *Mouhy, Charles de Fieux, Chevalier de.* (BGE)

Bellamas letzter Abend d. Lebens v. C. G. Cramer, m. K. 8. Lpz. Rein. 800.

Bellamy, Schauspielerin am Covent-Garden-Theatre, London. 1786 s. *Bellamy*, George Anne.

Bellamy, Hamburg. 1798: Bellamy de Hambourg, au Rédacteur de L'ami des loix, en réponse à son numéro du 21 Prairial. Dat. Hambourg 25 juin 1798. 8 S. 8°
1: Flugschr. 1798-7.
15.

Bellamy: Röschen, s. Bellamy, Jacobus

Bellamy, Edward. Alles verstaatlicht. Socialpolitischer Roman. Nach dem Engl. Bearb. v. Geo. Malkowsky. 8. (256 S.) Berl. 889, Eckstein Nachf. * 2 —

— Alles verstaatlicht. Socialpolitischer Roman. Bearb. von Georg Malkowsky. — Berlin: Eckstein [1890]. 256 S. 8°
1: Fa 492. 12: P. o. angl. 532n. 20. 302.
15.

— Mit geschlossenen Augen. Ein Schiffbruch. Aus d. Engl. von Ottmar Dittrich. — Leipzig [usw.]: Bibliogr. Inst. [1894]. 52 S. 8° (Meyers Volksbücher. 1040.) 302.
15.

– Ein Echo v. Antietam, s. Bibliothek der Gesamt-Litteratur d. In- u. Auslandes Nr. 474.

— [deutsch], Maud Elliott eine Liebesgeschichte auf umgekehrte Art. Ein Echo von Antietam. 2 Novellen. Deutsch von Gustav Joël. — Halle: Hendel [1891]. 55 S. 8° (Bibliothek d. Gesamt-Litteratur d. In- u. Auslandes. 474.)
1: X 8366-474. 3. 23.
15.

Bellamy, Edw.: Gleichheit (Equality). Aus dem Amerikanischen von M. Jacobi. 8°. Stuttgart, Deutsche Verlagsanstalt, 1897.

— [deutsch] Gleichheit. ⟨Equality.⟩ Übers. von M. Jacobi. — Stuttgart [usw.]: Deutsche Verl. Anst. 1898. 495 S. 8° 14. 24. 302.
15.

— — 2. Aufl. Ebd. 1898. 495 S. 8° 24. 38.
15.

— — 3. Aufl. Ebd. 1898. 495 S. 8°
1: Fa $533/21^3$. 12: Pol. g. 1107 v. [2 Ex.] 30. 38.
15.

— — 4. Aufl. Ebd. 1898. 495 S. 8° 6.
15.

— — 5. Aufl. Ebd. 1898. 495 S. 8° 26.
15.

— [deutsch] Im Jahre 2000. Ein Rückblick auf das Jahr 1887. Übers. von Richard George. — Halle: Hendel [um 1890]. 216 S. 8° (Bibliothek d. Gesamt-Litteratur d. In- u. Auslandes. 436.437.)
In d. Exemplaren von 26 u. 30 fehlt d. Titel d. Sammlung.
1: X 8366-436.437. 5. 7. 10. 12: Pol. g. 59g. 15. 16.
18. 21. 23. 25. 26. 30. 38.
15.

— [Dr. Heidenhoff's Process, deutsch] Dr. Heidenhoff's Kur. Deutsche Bearb. von E. Wulkow. — Berlin: Rosenbaum & Hart 1890. 77 S. 8° 14.
15.

— — 3. Aufl. Ebd. 1890. 77 S. 8° 5.
15.

— — 4. Aufl. Ebd. 1890. 77 S. 8° 1: Zd 100524^4.
15.

— Dr. Heidenhoff's Kur. Deutsche Bearbeitg. v. E. Wulkow. 5.—10. Taus. (Titel-Ausg.) 12. (77 S.) Berlin (890) 895. Rosenbaum & Hart. n. — 60

— die Liebe e. Positivisten, s.: Bibliothek der fremden Zungen.

—— Looking backward 2000—1887, s. Collection of British authors.

— Novellen, s.: Maupassant, Guy de, verbannt.

— [Ausz., deutsch] Ein sozialistischer Roman. ⟨Ein Rückblick. 2000–1887.⟩ — Berlin: Berliner Volks-Tribüne 1889. 32 S. 8° (Berliner Arbeiter-Bibliothek. Ser. 1,1.)
1: Fd 664-1,1. 4. 14. 18. 27. 30.

— [Ausz., deutsch]) Ein sozialistischer Roman. ⟨Ein Rückblick. 2000–1887.⟩ Nach dem Amerikanischen des Edward Bellamy. — Berlin: Vorwärts 1893. 32 S. 8° (Berliner Arbeiter-Bibliothek. Ser. 1, 1.) 101.
15.

— Ebd. 1894. 32 S. 8° (Berliner Arbeiter-Bibliothek. Ser. 1,1.)
14. 300: 79.401-B.1.
15.

Bellamy, Edward: Ein Rückblick aus dem Jahre 2000 auf 1887. Uebers. von Georg v. Gizycki. – Leipzig: Reclam (1890), 270 S. 8°. (Universal-Bibliothek. 2661. 2662.)
1: Ag. 7201-2661. 2662. 4–7.9.11.14–18. 23.24.26. 27.29.30.38.300:410.411–A. Per 2661. 2662.302.
15.

– – Übertr. von Alexander Fleischmann. Leipzig: Wigand 1890. 191 S. 8°. 12:P.o. angl. 533x.
15.

– – 2. Aufl. Ebd. 1890. 191 S. 8°. 2.

— — 3. Aufl. Ebd. 1890. 191 S. 8° 4.
15.

— — 4. Aufl. Ebd. 1890. 191 S. 8° 24.
15.

— — 5. Aufl. Ebd. 1890. 191 S. 8° 5. 24.
15.

— — 6. Aufl. Ebd. 1890. 191 S. 8° 21.
15.

— — 7. Aufl. Ebd. 1891. 191 S. 8° 101.
15.

— — Übers. von Georg v. Gizycki. Magdeburg: Wolf [1890]. 182 S. 8° 1: Zd 10657/900. 38.
15.

— Ein Rückblick. 2000–1887. Aus d. Engl. von Johannes Hoops. — Leipzig [usw.]: Bibliogr. Inst. [1891]. 268 S. 8° (Meyers Volksbücher. 830–833.)
26. 300: 393.125–A. Per. 830–833. 302.
15.

— [Miss Ludington's Sister, deutsch] Fräulein Ludington's Schwester. Ein Roman über d. Unsterblichkeit. Deutsch von Clara Steinitz. — Berlin: S. Fischer 1890. 207 S. 8° 4. 12: P. o. angl. 533y.
15.

— — Ebd. 1891. 213 S. 8° 1: Zd 10654.
15.

— Miß Ludingtons Schwester. Erzählung aus d. Gebiet d. Spiritismus. Deutsch durch J. Möllenhoff. — Leipzig: Reclam [1891]. 170 S. 8° (Universal-Bibliothek. 2807. 2808.) 1: Ag 7201-2807.2808.
15. 17. 300: 410.411–A. Per. 2807.2808.
15.

—— Dr. Heidenhoff's Wunderkur, s. Universal-Bibliothek Nr. 2757.

Bellamy, George Anne

Bellamy, Geo. Anna, (Schauspielerin in London), merkwürd. Leben, von ihr selbst beschrieben. Aus d. Engl. 3 Thle. 8. Hamb. 786, 87. (A. Campe). 2 ₰ 12 ℊ

Bellamy, Geor. Anna, Schauspielerin in London, merkwürdig. Leben, von ihr selbst beschr. a. d. Engl. 3 Thle. 8. Hamburg, Hoffmann. 786. 87.

— Merkwürdiges Leben der Georgia Anna Bellamy ... Von ihr selbst verfasset. Th. 1–3. — Ebd. 1787. 8°
3. Nebst e. Original-Schreiben derselben an John Calcraft, Esq.
1 [∞1.2]: Zc 1095/100. 2. 8. 12: Biogr. 84b. 300: ∗ 28 P 97.
15.

Bellamy, George Anne:
— [deutsch] Schutzschrift des Lebens der Georgia Anna Bellamy, vormahliger Schauspielerin auf der Bühne zu Coventgarden. Von ihr selbst verfasset. Th. 1.2. — Hamburg: H. G. Hoffmann 1786. 8° 1: Zc 1095/100. 28 [∞2].
15.

Bellamy, Jacobus:
— [Gedichten, deutsch] Gedichte. Th.1.2. — Wien: Alberti 1790–91. 8° (Angenehme Bibliothek. 7.8.)
Im Exemplar von 12 fehlt d. Titel d. Sammlung.
1:Zg 4886. 11. 12:P.o.rel.5530. 30. 300:164.857–A 302.
15.

Bellamy, J., Gedichte. Aus d. Holländ. 2 Thle, mit 2 Kpf. 8. Wien 790. (Schalbacher). 1 ₰

Bellamy, Röschen, eine poet. Erzählung. Aus d. Nord-Niederdeutschen. Ein Versuch von L. J. F. Janssen. Lex.-8. Emmerich 834. (Wesel, Klönne.) 1/6 ₰

— [Roosje, deutsch] Röschen, eine poetische Erzählung aus dem Nord-Niederländischen. Ein Versuch von L.J.F. Janssen. — Emmerich: Romen 1834. 16 S. 8°
1:Zh 6966. 3. 5.
15.

Bellamy, Jh.: Geschichte aller Religionen, s. Bellamy, John

Bellamy, John:
— [deutsch] Geschichte aller Religionen ... Ein kurzes Lehrbuch. — Leipzig: Baumgärtner 1814. X,259 S. 8°
10. 14. 17. 21. 26.
15.

Bellander. 1700: Helden-Brife, etlicher unglücklich-Verlibten, allen curiösen Liebhabern, zu vergönter Gemüths-Ergötzung, mitgetheilet. — Oelß [um 1700]: Bockshammer. 48 Bl. 8°
2. 7.
15.

Bellandor. — Der beklagte Bellandor, oder: Das elbingerische Grab-Mahl. — (Königsberg) 1713. 109 S. 8°
10.
15.

Bellandra, Die getreue. In einem Liebes- und Heldenroman ... vorgestellet ... Frankfurt u. Leipzig 1708. V: *Rost, Johann Leonhard.* (Mn)

Bellandra, d. getreue, von Meletaon vorgestellt, m. K. 8. Nürnb. 759.

Bellangé, Hippolyte

Bellangé, H., die Soldaten der französ. Republik und des Kaiserreichs, s.a Bd. Napoleon, seine Generale und Soldaten.

Bellangé, Hippolyte, die Soldaten d. französischen Republik u. des Kaiserreichs. 16 Lfgn. Lex.-8. (22⅓ B. u. 40 col. Holzschn.) Leipzig 842—44. [Lorck.] à L. * ⅓ Thlr. *

Bellangé, Hippolyte, die Soldaten der französischen Republik u. des Kaiserreiches. 16 Liefg. Lex.-8. (Mit col. Holzschn.) Leipzig 843, 44, J. J. Weber. (à n. 1/3 ₰) 5 1/3 ₰

Bellardi, Hermann: Wegweiser für den Unterricht in der Geometrie in Volksschulen. — Cassel: Kay 1872. IV,50 S. 8°
4.
15.

Bellardi, Paul.
— [Hrsg.] s. *Andree,* Richard: Schulatlas [Allgemeiner Schulatlas]. 56. Aufl. 1910 u.ö.

— [Hrsg.]
s. *Andree,* Richard: Berliner Schul-Atlas. 1904 u.ö.

Bellardi, Paul, Gymnasialdirektor, Berlin. 1893: Königin Luise, ihr Leben und ihr Andenken in Berlin. — Berlin: Plahn 1893. 112 S. 8°
1:Sw 2461. 5. 11. 28. 38.
15.

— Wuppertaler Schul-Atlas, in erweit. Neubearbeitg hrsg. 51 Haupt- u. 51 Nebenktn auf 56 (farb.) Ktns., nebst Anh.: Zur Aussprache d. im Atlas enth. geograph. Namen. 16. Afl. (2 u. 2) Lex8° Bielef., Velh. & Kl. '12. HL 1.60
Bisher v. „Andree“ bearbeitet; (siehe diesen.)

Bellardi, Werner: Die staatsrechtliche Entlastung nach preußischem und Reichsstaatsrecht. — Tübingen: Mohr 1910. VIII,81 S. 8° (Abhandlungen aus d. Staats-, Verwaltungs- u. Völkerrecht. 7,3.) Zugleich Diss. Bonn 1910.
1:F 14412-7,3. 2. 5. 6. 8. 9. 12:J.publ.f.ow-7,3[2Ex.]
14. 16. 17. 21. 24→27. 29. 30.
101. 300:442.115–B.Per. 7,3. 302.
15.

Bellarini, Giovanni
— [deutsch] Lehre und Auslegung der heiligen Kirchenversammlung zu Trient, und des Römischen Catechismus. Übers. von Johann Jacob Zeller. Th.1.2. — Augsburg [usw.]: J. Wolff 1767. 8°
21.
15.

Bellarini, J., s. Bellarini, Giovanni

Bellarmin, Robert s. *Bellarmino,* Roberto.

BELLARMIN, ROBERT FRANZISKUS ROMULUS: Kurtze Lehr eines christ-catholischen Menschen aus Bellarmino und anderen catechetischen Büchern zusammen getragen. Caschau 1753. 36 S. - 130 mm

Bellarmine, Cardinal s. *Bellarmino,* Roberto.

Bellarminius, Robertus s. *Bellarmino,* Roberto.

Bellarmino, Roberto

BELLARMIN, Rob., u. W. BARCLAY: Abhandll. für u. wider d. Macht d. Papstes in geistl. Dingen. *Münch.,* Lindauer. 766. 3 Thle. 4.

— [Teilausg., deutsch] Robert Bellarmins Abhandlung von der Macht des Papstes in zeitlichen Dingen. — München: Crätz 1768. 63 S. 8°
12:4° J.can.P.95/1 [2 Ex.] 16. 17. 21. 24. 25. 30.
15.

— [deutsch] Robert Bellarmins Abhandlung von der Macht des Papstes in zeitlichen Dingen. Oder: Vertheidigung seines ersten Werkes wider Wilhelm Barclaium. — München: Crätz 1768. 307 S. 8°
12:4° J. can. P. 114/2. 16. 17. 21. 24. 25. 30.
15.

Bellarmin, Rob., Abhandl. von d. Macht d. Papstes in zeitl. Dingen. Aus d. Latein. 4. Münch. 768. J. Lindauer. 5 ℳ

— — Abhandlung von der Macht des Papstes im Weltlichen. Aus d. Latein. übers. 4. München 1768. (Attenkofer 3 fl.) Manz in J. 20 Ngr. — 1 fl. 12 kr.

– Admonitio ad Episcopum Theanensem nepotem suum.

— Monita confessariis imprimis pro directione at vero praelatis et parochis pro correctione scitu perquam necessaria in epistola Cardinalis Bellarmini et in annexis ad eam annotationibus comprehensa per Georgium ab Hülsen. — Gedani 1749: Hartmann. 152 S. 8°
14.
15.

Bellarmin, R: De arte bene moriendi, deut. Bearbeitg, s.: Frank, F. d. Kunst, gut zu sterben.

Bellarmin, Rob., de ascensione mentis in Deum, s. a Bibliotheca mystica et ascetica. Publicatio IV.

— De ascensione mentis in Deum per scalas rerum creatarum, opusculum ... oder Tractätlein von dem Auffsteigen zu Gott durch die Leitern derer Geschöpffe, übers. u. mit e. Vorr., einigen Anm., auch richtiger Allegation d. Schrifft-stellen nach d. teutschen Bibel versehen von Johann Paul Gumprechten. — Görlitz: Rohrlach 1705. 480 S. 8°
2. 24. 29.
15.

—— De ascensione mentis in Deum per scalas rerum creatarum. Opusculum. — Coloniae Agr.: Schlebusch 1740. 303 S. 8° 6. 12: Asc. 435 d/1. 17.
15.

—— Viennae Austr. 1744: Kirchberger. 308 S. 8° 2.
15.

—— Moguntiae: Haeffner [1758]. 16,277 S. 8°
17. 26. 30.
15.

— De ascensione mentis in Deum per scalas rerum creatarum liber singularis. Exacte recudendum curavit et annotationibus instruxit F. X. Dieringer. — Coloniae [usw.]: Heberle 1850. XXII,389 S. 8° (Bibliotheca mystica et ascetica. [4.]) 1: Eq 187-4. 3. 5. 7. 12: Asc. 544 h.
18. 21. 30. 300: 5.176-A. 4.
15.

– Aufsteigen der Seele zu Gott, s. Bellarmino: Lesenswürdiger · Traktat von dem Aufsteigen . . . .

– gründl. Beweise für d. Wahrheit d. kathol. u. allein seligmachenden Religion, in zwölf Reden. 8. Augsb. 796. Doll, (Landsh., Krüll). 7 K

— Des berühmten Cardinal Robert Bellarmin Gründliche Beweise für die Wahrheit der katholischen, allein seligmachenden Religion. Übers. u. hrsg. von Michael Sintzel. Regensburg: Manz 1842. IV,184 S. 8° 5. 12: Hom. 116u.
15.

Bellarmin, Card. Rob., gründliche Beweise für die Wahrheit der katholischen alleinseligmachenden Religion. Aus dem Latein. übersetzt und hrsg. von Mich. Sintzel. 2. Aufl. 8. (VIII, 167 S. mit Bellarmin's Bildniß in Stahlst.) Regensburg 873, Manz.

– Fünf Bücher von der ewigen Glückseligkeit der Heiligen, s. Bellarmino: Von der ewigen Glückseligkeit der Heiligen.

— Dar klóane catechismo vor dez Béloseland vortrághet in z'gaprecht von siben perghen. — Pádebe 1813. 39 S. 8°
1: Ep 12130. 7.
15.

— Dar kloane catechismo vor z'Béloseland vortrághet in z'gaprécht von siben kaméün un a viar Halghe gasang. — Ebd. 1842. 39 S. 8° 2. 16. 26. 300: 540.634 A.
15.

— Catechismus seu explicatio doctrinae christianae. Ebd. 1720. 178 S. 8° 2. 24.
15.

— controversiae adv. haereticos. IV Tmi. fol. Prag.

—— disputationes de controversiis christ. fidei adversus hujus temporis haereticos. Acced. Viti Erbermanni, S. J. Theol., vindiciae Bellarminianae contra Guil. Amesium et Jo. Gerhardum. Ad optim. libror. fidem accuratiss. recudi curav. Franc. Sausen. Tom. I et II. 8 maj. Moguntiae, Kirchheim Schott et Thielmann. à

E. s. t.:

Tom. I. de verbo Dei libri IV. — De Christo. Liber I. — Controversiae generales adversus hujus temporis haereticos. (32½ B.) 842.

II. de Christo libri IV posteriores. (II. III. IV. V.) — De romano pontifice. Liber I. (27 B.) 843.

– Duttrina christiana della vaira sonchia cretta catholica, per mossar la juvantüm. Miss'ora in linguagg ladin de Tarasp. — Dillingae: Schwertlen 1739. 24 Bl. 8° 15.
15.

— Erhebung des Gemüths zu Gott a. Betracht. d. Geschöpfe. 8. Wien, Trattner. 756.

— Ausführliche Erklärung der christlichen Lehre vom Cardinal Robert Bellarmin. Übers. von Raymund Schlecht. München: Kathol. Bücherverein 1844. XII,152 S. 8°
15. 23.

Bellarmin, Robert, Etwas für Alle, oder die Kunst gut zu sterben. Nach d. Latein. übersetzt u. mit einigen Anmerkungen begleitet vom Verfasser des Lebens und Wirkens des heil. Benediktus, des heil. Augustin, Severin rc. 8. Augsburg 837. L. Doll. (A. Herzog; Regensburg, Manz.) 5/8 n.

— Etwas für alle, oder die Kunst gut zu sterben. Nach d. Lat. d. Robert Bellarmin übers. u. mit einigen Anm. begleitet vom Verf. d. Lebens u. Wirkens des heil. Benediktus, des heil. Augustin, Severin, u.s.w: (d. i. J. G. Waitzmann). — Augsburg: Herzog 1837. 340 S. 8°
12: Asc. 454 h.
15.

— [Ausz.] Explanatio in Psalmos. In compendium redacta. P.1. — Dusseldorpii: Stahl [1761]. 168 S. 8°
1. Complectens primos 25. Psalmos. 6.
15.

— Christianae doctrinae latior explicatio. In Ducali Monasterio Campidonensi: Roll 1711. 278 S. 8° 21.
15.

— Christianae Doctrinae latior explicatio. In Ducali Monasterio Campidonensi: Roll 1728. 278 S. 8°
12: Catech. 28. 21.

– De aeterna felicitate sanctorum libri 5.

— Ex opusculis Roberti Bellarmini ... in xenium oblati. Herbipoli 1717: Kleyer. 351 S. 8° 17. 21.
15.

— De aeterna felicitate sanctorum libri 5. Molshemii; Argentorati 1718: Storck. 289 [vielm. 389] S. 8° 25.
15.

— Coloniae Agr.: Schlebusch 1740. 300 S. 8°
6 [° Titelbl.] 12: Asc 435 d. 17. 102.
15.

— Die Frucht der Thränen oder die seufzende Taube. Buß- und Trostbüchlein für katholische Christen. Von Robert Bellarmin. Zum 1. Male aus d. Lat. übers. von Joseph A. Moshamer. Neue Ausg. — Wien: Mayer 1846. X,246 S. 8° 302.
15.

– De gemitu columbae, sive de bono lacrymarum, libri 3.

—— Coloniae Agr.: Schlebusch 1740. 366 S. 8°
2. 6. 12: Asc. 424 h/1. 17. 102.
15.

—— (Moguntiae 1756): Haeffner. 333 S. 8° 17. 26. 30.
15.

— Die ewige Glückseligkeit der Heiligen von Robert Cardinal Bellarmin. Aus d. Lat. übertr. u. hrsg. von J. G. Sidel. Straßburg i. E.: Le Roux [1890]. XIV,369 S. 8° 102.
15.

— Ebd. [1894]. XIV,369 S. 8° 302.
15.

— Des Kardinals Robert Bellarmin's fünf Bücher von der ewigen Glückseligkeit der Heiligen. Übers. von Franz Anton von Besnard. — Schaffhausen: Hurter 1844. X, 246 S. 8° 12: Asc. 435e.
15.

– — Hauptwerk üb. den Papst. (Aus s. Streitschriften besonders abgedruckt.) Uebersetzt von Dr. Viktor Ph. Gumposch. Mit Bellarmins Portrait. gr. 12. Augsburg 1842, Rieger. 2 Thlr. — 3 fl. 24 kr.

— [Teilausg., deutsch] Robert Bellarmin's Hauptwerk über den Papst. Uebers. von Viktor Philipp Gumposch. — Augsburg: Rieger 1843. 846,XXX S. 8° 1: Ce 1252.
15.

—— Himmelsstiege, s. a. Bibliothek, mystische und ascetische.

— Himmelsstiege oder Erhebung der Seele zu Gott durch die Betrachtung der erschaffenen Dinge. Von Robert Bellarmin. In deutscher Bearb. hrsg. u. mit Anm. versehen von F. X. Dieringer. — Köln: Heberle 1850. XXII,444 S. 8°
(Mystische u. ascetische Bibliothek. [4.])
1:Eq 188-4. 2. 5. 21. 30.
15.

— [Ausz., deutsch] Zwölf Homilien von dem ehrwürdigen Kardinal Bellarmin. Frei übers., u. für unsere Zeit bearb. von Wilhelm Frank. — Frankfurt a. M.: Brönner 1830. XII,159 S. 8°
6. 13. 29. 102.
15.

— — zwölf Homilien. Aus dem Latein. frei übers. von W. Frank. gr. 8. Frankfurt 1830. (Schmerber.) Kersten in H. ⅔ Thlr. — 54 kr.

Bellarmin, Kardinal R., zwölf Homilien. A. d. Latein, frei übers., u. f. uns. Zeit bearb. v. W. Frank. 8. (11 B.) Frankfurt a. M. 831, Schmerber.

Bellarmin, d. Kardinal Rob., kleiner Katechismus verf. im Auftrage Sr. Heiligkeit Papst Clemens VIII. Deutscher Text mit katechetisch-krit. Kommentar und einem Vorbericht über die Katechismusfrage auf dem Vatican. Concil von Krawutzcky. 8. (240 S.) Breslau 873, Goerlich und Coch.

— Katechismus, welcher ... zum Unterricht der gantzen Christenheit beschrieben, u. allen Pfarreren aller Orthen in d. Welt vorgeschriben ... zum Druck befördert worden von Eusebio Amort. — Augspurg: Veit 1737. 208 S. 8°
12:Catech. 22. 16. 17. 302.
15.

— — Katechismus rc. zum Unterricht der Christenheit. 8. Augsburg 1737, Veith. (L. Stahel in W.) 8 ggr. — 36 kr.

Bellarmin, Rob., Katechizm krótko zebrany i ułożony z rozkazu Klemensa VIII, Papieża a z rozkazu Grzegorza XVI, Papieża. Na polski język przetłómaczony przez X. A. J. Nowe wydanie. 12. (48 S.) Berlin 850, Behr. n. ⅙ ℬ

— Katechizm większy czyli wykład nauki chrześciańskiej ułożony z rozkazu Klemensa VIII, Papieża a z rozkazu Grzegorza XVI, Papieża. Na polski język przetłómarczony przez X. A. J. Ze znacznym dodatkiem tłómacza. Nowe wydanie. 12. (276 S.) Ebd. 850. n. ½ ℬ

Bellarmin, Kardinal Robert, Über die Konzilien u. die Kirche. Übers. von V. Ph. Gumposch. Augsburg, Rieger, 1844, gr. 12°.
Das Original: De Ecclesia tum in conciliis congregata tum sparsa toto orbe terrarum. Libri IV. Aus Bellarmins Hauptwerke Disputationes de controversiis fidei adversus huius temporis haereticos. Tom. II. (Nach der Kölner Ausg. v. J. 1617.)

— Die Kunst, gut zu sterben. Nach d. Schrift d. Kardinals Rob. Bellarmin: 'De arte bene moriendi' bearb. von Fr. Franke. — Würzburg: Bucher [1904]. VII,268 S. 8°
12:Asc. 454k.
15.

— — Kunst, selig zu sterben. Nach d. Lat. des Cardinals Robert Bellarmin ... von Benedict Euperg. (2: Sammt Zugabe des Guten Testaments von Cardinal Bona.) Buch 1.2. — München 1822-23: Lentner. 8°
12:Asc. 454d 1.2.
15.

— Leben, s. Bibliothek f. d. h. Mission.

Bellarmin, Kardinal, Über die Macht des Papstes in zeitlichen Dingen. Aus dem Latein. München, Lindauer, 1768, 4°.
Tractatus de potestate summi Pontificis in rebus temporalibus adv. Guil. Barclajum. Rom 1610. Aus Anlaß der Schrift Barclays: De potestate Papae an et quatenus in reges et principes saeculares ius et imperium habeat, vollendet u. herausgeg. von dessen Sohne Johannes. London 1609.

— über die letzte Oelung, Priesterweihe u. Ehe. Uebers. v. Vikt. Ph. Gumposch. gr. 12. (17 B.) Augsburg 844, Rieger'sche Buchh.

— opuscula ascetica quinque exiguis voluminibus distributa, s. a. Bibliotheca ascetica. Tom I. u. II.

— Opuscula ascetica 5 exiguis vol. distributa. Praef. est J. B. Weigl. Ed. Michael Sintzel. Vol. 1.2. — Solisbaci: de Seidel 1843-45. 8° (Bibliotheca ascetia. 1.2.)
1. De genitu columbae sive de bono lacrymarum libri 3. Cum Vita auctoris. 1843.
2. De ascensione mentis in Deum per scalas rerum creaturum. 1845.
12:Asc. 544g-1.2.
15.

— Die Schöpfungsfeier. Erhebung des Geistes zu Gott in Betrachtung seiner Geschöpfe vom Kardinal Robert Bellarmin, poetisch übers. in 15 Gesängen, mit Geschichtsbetrachtungen von H. A. Häffels. Bd 1, Th. 1. — Würzburg: Übers. 1827. XXIV,175 S. 8°
5. 38.
15.

— die Schöpfungsfeier. Erhebung d. Geistes zu Gott, in Betrachtung seiner Geschöpfe. Poet. übers. in 15 Gesängen, mit Geschichtsbetrachtn. v. H. A. Häffels. 1. Bd. 1. Thl. 8. (10 B.) Würzburg 828, (Stahel.)

— dass. mit d. latein. Text. (12½ B.) Ebds. 828.

Bellarmin's ascetische Schriften mit vorausgehender Lebensbeschreibung. Bearb. von Frdr. Hense. 1. 2. Bdchn. Mainz 868. Giani. 16. 25 ngr
1. Bdchn.: Leben des Kardinals Rob. Bellarmin aus der Gesellschaft Jesu. (XIII, 172 S.) 10 ngr
2. Bdchn.: Die Kunst, gut zu sterben. (XXIV, 367 S.) 15 ngr

Bellarmin's ascet. Schriften. Bearb. v. F Hense. 1. u. 2. Bd. 16. Mainz 68. (Amb., Pohl.) -- 25
1. Leben d. Kard. Rob. Bellarmin. Von F Hense. (172) – 10
2. Die Kunst, gut zu sterben. Bearb. v. F Hense. (367) – 15

Bellarmin's ascetische Schriften mit vorausgehender Lebensbeschreibung. Bearb. von Friedr. Hense. 1.—6. Bdchn. 16. Paderborn, Junfermann'sche Buchh.
Inhalt:
Bdchn. 1. Leben des Kardinals Rob. Bellarmin aus der Gesellschaft Jesu. (XIII, 172 S.) 868. ℳ 1.
" 2. Die Kunst gut zu sterben. (XXIV, 367 S.) 868. ℳ 1,50.
" 3. Die sieben Worte Christi am Kreuze. (XXVI, 311 S.) 869. ℳ 1,50.
" 4. Das Seufzen der Taube oder die Frucht der Thränen. (XVI, 472 S.) 870. ℳ 2,25.
" 5. Himmelsleiter oder Erhebung des Geistes zu Gott vermittelst der Betrachtung der erschaffenen Dinge. (XXIII, 437 S.) 871. ℳ 2,25.
" 6. Die ewige Glückseligkeit der Heiligen. (XVI, 434 S.) 872. ℳ 2,25.

— ascetische Schriften m. vorausgehender Lebensbeschreibung. Bearb. v. F. Hense. 2. Bdchn. A. u. d. T.: Die Kunst, gut zu sterben. 2., verb. Aufl. gr. 16. (XVI, 334 S.) Paderborn 888. Junfermann. n. 1.60

— [lat. u. deutsch] Die Selbstbiographie des Cardinals Bellarmin lat. u. deutsch mit geschichtlichen Erläuterungen hrsg. von Joh. Jos. Ign. v. Döllinger u. Fr. Heinrich Reusch. — Bonn: Neusser 1887. VI,352 S. 8°
1:Ar 4197. 2→11. 12:Biogr. 84y. 14→18. 21. 23→27. 29. 30. 300:187.928-B.[u.ö.] 302.
15.

— Spiegel der Wahrheit, in welchem alle der Augspurgischen Confession-Verwante zu ihrem ewigen Seelen-Heyl sich nützlich beschauen, und die Fehler ihres so genanten Concordi-Buchs klar ersehen können. Oder Iudicium und Urtheil uber das gemelte Concordi-Buch der Lutheraner cum adiuncto extractu orationis habitae in Gymnasio Romano ... Übers. durch Johannem Hugonem Martin. — Cöllen a. Rh.: Metternich 1723. 157 S. 8°
2.
15.

— Streitschriften über die Kampfpunkte des christlichen Glaubens von Robert Bellarmin. Uebers. von Viktor Philipp Gumposch. Bd 1-14. — Augsburg: Rieger 1842-53. 8°
12:Polem. 231. 21. 23.
15.

—— Streitschriften üb. die Kampfpunkte des christl. Glaubens. Uebers. v. Vikt. Ph. Gumposch. 1—4. u. 12. Bd. gr. 12. (104 1/6 B.) Augsburg 842—45, Rieger'sche Buchh.
Einzeln auch u. d. Titn.:
Bd. 1. Ueber d. Wort Gottes.
" 2. Ueber Christus, das Haupt d. Kirche. 1 Thlr. 5 Ngr
" 3. Ueber den Papst.
" 4. Ueber die Concilien.
" 12. Ueber die letzte Oelung.
Bd. 5—11. sind noch nicht erschienen.

— Streitschriften über d. Kampfpunkte des christl. Glaubens. Uebers. v. Vikt. Phil. Gumposch. 5. Bd. 5 Hfte. gr. 8. (696 S.) Augsburg 847, Rieger. 1 1/4 ℛ — 6. Bd. gr. 8. (220 S.) Ebd. 848. 5/12 ℛ — 7. Bd. 3 Lfgn. (492 S.) Ebd. 849. 7/8 ℛ — 8. Bd. gr. 8. (484 S.) Ebd. 849. 7/8 ℛ — 9. Bd. gr. 8. (280 S.) Ebd. 851. 1/2 ℛ — 10. Bd. 2 Lfgn. gr. 8. (288 S.) Ebd. 851. 52. (à 1/4 ℛ) 1/2 ℛ — 11. Bd. 4 Lfgn. gr. 8. (548 S.) Ebd. 852. (à 1/4 ℛ) 1 ℛ — 13. Bd. gr. 8. (128 S.) Ebd. 851. 1/4 ℛ (I—XIII.: 10 1/2 ℛ)

Bellarmin, Rob., Streitschriften über die Kampfpunkte des christlichen Glaubens. Uebers. von Vikt. Phil. Gumposch. 10. Bd. 3—8. Liefg. u. 14. Bd. 1—5. Liefg. Augsburg 852, 53. Rieger. gr. 8. (10. Bd.: S. 289—1168; 14. Bd.: 720 S.) Jede Liefg. 7 1/2 Ngr

— — die seufzende Taube od. Frucht der Thränen; übers. v. J. A. Moshamer. 8. Wien 1836, Armbruster 1 fl. 21 kr. Mayer u. C. jetzt 9 ggr. — 42 kr.

— Die seufzende Taube; oder: Die Frucht der Thränen. Buß- u. Trostbüchlein für katholische Christen. Von Robert Bellarmin ... Übers. von Joseph A. Moshamer. — Wien: Armbruster [usw.] 1837. V,246 S. 8° 300:32G2.
15.

—— die seufzende Taube; od.: Die Frucht d. Thränen. Buß- u. Trostbüchlein f. kathol. Christen. Zum ersten Male a. d. Latein. übers. v. Jos. A. Moshamer. 8. (10 3/4 B.) Wien 837, [Gammer?]

– T r a c t a t u s de potestate summi pontificis in rebus temporalibus. Adversus Gulielmum Barclaium.
—— Iuxta exemplar Romanum. Monachii: Remy 1712: Riedl. 337 S. 8°
12:4°J.can.P.116. 16. 21. 24. 25. 27. 38. 300:25O16.

— Lesens-würdiger Tractat, von dem Aufsteigen der Seele zu Gott, durch die Leitern derer Geschöpffe. [Übers.: Johann Paul Gumprecht]. — Costantz: Bäurlein 1730. 439 S. 8° 1:1 in Er 342.
15.

– De septem v e r b i s a Christo in cruce prolatis libri 2.
—— Coloniae Agr.: Schlebusch. 1740. 240 S. 8°
2. 6. 12:Asc.435d/2. 17.
15.

—— ([Linz]) 1754: Feichtinger. 396 S. 8° 26.
15

—— Moguntiae: Haeffner 1757. 229 S. 8° 6. 17.
15.

—— Wirceburgi 1761: Kleyer. 227 S. 8° 16. 21.

— Vertheidigung seiner Abhandl. rc. wider Wlh. Barclajum. 4. Münch. 768. J. Lindauer. 1 ℛ

— Ueber das Wort Gottes von Robert Bellarmin. Uebersetzt von Viktor Philipp Gumposch. — Augsburg: Rieger 1844. 458 S. 8° 27.
15.

— die sieben Worte Jesu Christi am Kreuze. In zwei Büchern abgehandelt. Aus d. Latein. übersetzt von e. Priester der Diözese Augsburg. gr. 8. Wien 837. (Mechitaristen-Congr.-B.) auch Augsburg 838. Kollmann. 3/8 ℛ

Bellarminu s. *Bellarmino*, Roberto.

Bellarminus: Die in dem Feldbau und der Viehezucht durch den Zehenden gesegnete Landwirthschaft. (Verf.: Bellarminus.) — Wallerstein 1778: Spöckberger. 68 S. 8°
16.
15.

Bellarminus, Robertus s. *Bellarmino*, Roberto.

Bellart: Zweier mittelmäsiger Geister Bellarts und Neogalli vergeblicher Streit über die Frage: Ob es Got unmöglich gewesen, die Menschen in einen höheren Grade der Volkommenheit, vermöge welcher sie nicht sündigen konten, zu erschaffen? — Frankfurt [usw.]: Cöler in comm. [um 1740]. 44 S. 8° 28.
15.

[*Bellati, Antonfrancesco*]: *De moralibus criticae Regulis compendiosa monita. Coloniae* 1706. [*Holzmann-Bohatta* I.378.]

Bellator pacificus: Die katholische Kirche im Königreich Württemberg u. im Großherzogthum Hessen. Vergleichende Darstellung zur Beurtheilung d. Culturkampfes. — Mainz: Falk III. 1886. 49 S. 8° 17. 26.
16.

Bellavitis, Giusto:
— Observationes de quibusdam solutionibus analyticis problematum ad liquidorum motum pertinentium. — Bononiae 1847. 38 S. 4°
Aus: Novi Commentarii Academiae Scientiarum Instituti Bononiensis. 8. 1846.
91.
16.

Bellay de la Chapelle, J.P.: Gantz besondere und leichte Art sich in kurtzer Zeit die nöthigste Regeln des Syntaxis und der frantzösischen Constructions-Ordnung bekannt zu machen. — Stuttgardt: Erhardt [um 1745]. 57 S. 8°
24.
16.

Belle, la, et la bête, s.: Prosateurs franç. (W Wüllenweber).

Belle, la, au bois dormant. 8. (5 S. m. 6 Chromolith.) Leipzig 873. Verlagsbuchh. f. Jugendlitteratur. n. — 50

— la, au bois dormant. (12 S. m. 6 Farbdr.) 16. Stuttgart (903). G. Weise. n. — 10; 4. n. — 15

Belle, Christian: Philosophischer Gesundheitsbrunnen in Gestalt aufrichtiger Gold-Pillen eröfnet, u. nebst e. Anh. verschiedener gewis experimentirter sympathetischer Curen, hrsg. von Christian Bellen. — Braunschweig: Author 1722: Keitel. 57 S. 8° 23.
16.

Belle, ET v., Wilhelm v. Oranien: s.: Sammlg wiss. Vortr.

Belle, E. Tr. v., Wilhelm von Oranien, s. Sammlung gemeinverständl. wissenschaftl. Vorträge. 26. Heft.

Belle, F. A. O. de la, neue Fabeln, Erzählungen und Gedichte, in allen bei uns gebräuchlichen Schriften, zur Uebung im Lesen u. Schreiben für große u. kleine Kinder. Mit Bildern v. Karl Schröder. gr. 8. Braunschweig 839. Oehme u. Müller. 2/3 ℛ

Belle, Fr. Wilhelm von Oranien, der Befreier der Niederlande. 8. Berlin 1867.

Belle, Johann: Weinbauers Berather. Anleitung zur Neuanlage u. Bearbeitung d. Weingärten. — Pettau: Blanke 1901. 95 S. 8° 300:414.444-B.

– Dass. 2. Auf. Ebd. 1903. 95 S. – Gei 1*

— Das Maischen und Pressen der Trauben. — Krems: Verein zum Schutze d. österr. Weinbaues [1904]. 76 S. 8°
300:435.694-B. 302.
16.

Belle, Joh., Mühen u. Erfolge des Landwirtes, namentlich des Weinbauers. Nach eigenen Wahrnehmgn. auf e. im Auftrage e. hohen steiermärk. Landes-Ausschusses unternommenen Studienreise in Tirol u. Süddeutschland im Herbste 1899. gr. 8. (78 S.) Marburg a/D. 900. W. Blanke Nachf. n. — 60

Belle-Croix, Baron de la, Enthüllungen u. Erinnerungen e. französischen Generalstabsoffiziers aus den Unglückstagen v. Metz u. Sedan. Aus den hinterlassenen Papieren. 7. Aufl. 8. (IV, 210 S) Hannover 885. Helwing's Verl. n. 3. —

Belle-Croix, Baron de la, Enthüllgn. u. Erinnergn. e. franz. Generalstabsoffiziers a. d. Unglückstagen v. Metz u. Sedan. A. d. hinterlass. Papieren. 7. Aufl. Jubiläums-(Titel-)Ausg. 8. (IV, 210 S.) Leipzig (885) 895. Zuckschwerdt & Möschke. n. 2. —

Bellebaum, Hermann

Bellebaum, Herm. Fritz, der Hammerschmied, eine Fortsetzg. „Harold's, des Zigeunerkönigs," historisch-romantisch bearb. Siegen 859. (Kogler.) 12. (VII, 217 S.) 20 *ngr.*

Bellebaum, Herm. [Herm. v. der Sieg], Fritz, der Hammerschmied, eine Fortsetzung Harold's des Zigeunerkönigs, historisch-romantisch bearb. 2. Aufl. 8. (230 S.) Siegen 879. Lorsbach. 3. 50

Bellebaum, Hermann

Pseudonyme: Hermann von der Sieg u. Fischart der Jüngere

— Fritz der Hammerschmied. Forts. von Harold dem Zigeunerkönig. Neue billige Ausg. — Siegen: Westdeutsche Verl. Anst. [1905]. 123 S. 8° 1:N 13.4225. 6. 16.

— Hans v. der Hube. Historisch-romant. Gemälde aus den Zeiten Rudolph's v. Habsburg. 1. und 2. Aufl. gr. 8. Neuwied 876, Heuser'sche Verlagsh.

— Hans von der Hube. Neue billige Ausg. — Siegen: Westdeutsche Verl. Anst. 1906. 215 S. 8° 1:N 13.4226. 6. 16.

— Harold der Zigeunerkönig. Ein historisch-romantisches Gemälde aus d. 1. Hälfte d. 17. Jahrhunderts ... Von Hermann von der Sieg. — Siegen: Friedrich 1838. IV, 311 S. 8°
Forts. s. *Bellebaum:* Fritz der Hammerschmied. 1905 u. ö.
1:Yx 3671. 23.

— — Eine Geschichte aus d. Siegerlandes Vorzeit. Neue billige Ausg. von Henner Frank. — Siegen: Westdeutsche Verl. Anst. 1905. 179 S. 8° 1:Yx 3671². 6. 16.

Bellebaum, Hermann, Gerichtsref. aus Siegen: Hauberge und Haubergs-Genossenschaften des Siegerlandes. *Siegen 1899: H. Schneider.* (79 S.) 8°
Erlangen, Jur. Diss. v. 18. Jan. 1899

Bellebavm, Hermannvs (geb. am 25 Nov. 1840 in Siegen): De meningitide cerebro-spinali epidemica ... Bonnae, typ. F. Krvegeri (1865). 2 Bl., 23 S., 2 Bl. 8.
Bonn, Med. Fak., Diss. v. 5 Aug. 1865

— Das Räuberthal oder die Wolfensteiner, ein Lebensbild Geächteter, nebst e. Novelle: Der Bergknappe, von Herrmann von der Sieg. — Siegen [usw.]: Friedrich 1840. 321 S. 8° 1:Yx 4322/35. 16.

— Der Schultheis. Eine Dorfgeschichte d. Siegerlandes. — Siegen: Selbstverl. 1867. 200 S. 8° 6. 16.

— Radscha Suma oder der Häuptling in Hindostan. Indisches Sittengemälde von Hermann von der Sieg. — Siegen: Kogler 1846. IV, 440 S. 8° 1:Yx 5801. 16.

— Tabo der Heide. Eine Sage aus d. Zeit Carls des Großen. Von Fischart dem Jüngern. — Siegen [usw.]: Friedrich 1841. 207 S. 8° 1:Yx 4461. 6. 16.

— — 2. Ausg. Wiesbaden: Friedrich 1855. 207 S. 8° 12:P.o.germ. 90.

Bellebaum, Karl [aus Siegen]: Staats- u. Reichsangehörigkeit, Staats- u. Reichsbürgerrecht in Deutschland ... Siegen, H. Schneider, 1897; 59 S. 8.
Erlangen, Jur. Fak., Inaug.-Diss. v. [25. Mai] 1897

Belleccius, Aloys, s. Bellecius, Aloysius

Bellechini, Mme: Die Kartenschlägerin oder die Kunst des Kartenaufschlagens. — Wien: Szelinski [1906]. 79 S. 8° (Mück's praktische Taschenbücher. 19.) 302. 16.

Bellecio, Luigi s. *Bellecius,* Aloysius.

Bellecius, Aloysius

— [deutsch] Seeligsterbender Christ, oder 14 Hilfmittel zu e. seeligen Tod ... Von e. Priester Ord. S. Benedicti ... in d. deutsche übers. 2. Aufl. — Augspurg: Rieger 1759. 470 S. 8° 2. 16.

— selig sterbender Christ. 8. Augsb. 778. Rieger. 10 *gr*

Bellecius, Aloysius: Christianus piè moriens, seu adiumenta procurandae bonae mortis. (Verf.: Aloysius Bellecius.) Vol. 1. — [Freiburg i. Br.]: Schaal [um 1745]. 216 S. 8° 24. 25. 16.

— — Vol. 2. Friburgi Br. 1749: Schaal. 242 S. 8° 21. 16.

— — Vol. 1. 2. Augustae Vind. [usw.]: Wagner 1750. 8° 6. 25. 16.

— — Ed. altera. Augustae Vind.: Rieger 1756. 549 S. 8° 21. 16.

— — Ed. altera. Ebd. 1756. 550 S. 8° 12: Asc. 460. 16.

— — Christianus pie moriens, seu adiumenta procurandae bonae mortis. — Wirceburgi 1770: Stahel. 450 S. 8° 1:Er 6820. 2. 21. 16.

— idem liber. 8. Augsb. Rieger. 771.

— Dreitägige Geistessammlung. Eingerichtet für Ordenspersonen. — Regensburg: Manz 1887. IV, 158 S. 8° 12: Asc. 467 t. 102. 16.

— 2. verb. Aufl. Ebd. 1900. IV, 168 S. 8° 12: Asc. 467 ta.

Bellecius, A., dreitägige Geistessammlung. Eingerichtet f. Ordenspersonen. 16. (IV, 158 S.) Regensburg 887. Verlags-Anstalt. — 75

Bellecius, R. P. Alois, S. J., dreitägige Geistessammlung. Eingerichtet f. Ordenspersonen. 2., verb. Aufl. gr. 16. (IV, 168 S.) Regensburg 900. Verlagsanstalt vorm. G. J. Manz. — 75; geb. in Leinw. n. 1. —

— [deutsch] Geistliche Gemüths-Versammlung auf drey Tag. Fürnemlich eingerichtet zum Gebrauch d. Ordens-Personen ... Übers. von e. Weltlichen Priester. — Augsburg [usw.]: Wolff 1760. 158 S. 8° 12: Asc. 461. 16.

— virtutis impedimenta. 8. Augsb. 793. (Rieger). 20 *gr*

— Virtutis solidae praecipua Impedimenta, subsidia, et incitamenta commentationibus illustrata. P.(1)-3. — Ratisbonae [usw.]: Bader 1755. 8°
(1.) (Impedimenta.) 2. Subsidia. 3. Incitamenta.
2. 12: Asc. 462. 16[∞3]. 21. 26. 102[∞1.2]. 16.

— — Ed. 2. Augustae Vind.: Rieger 1769. 672 S. 8°
21. 30. 16.

— De Impedimentis, subsidiis, (3: et) incitamentis solidae virtutis partes tres. P. 1-3. — Wirceburgi 1771-72: Nitribitt. 686 S. 8°
21. 16.

— Virtutis Impedimenta. 8. Augsb. Rieger. 795.

Bellecius, Alois. Kern der Geist-Lehre oder Übungen des Heil. Vatters Ignatii von Loyola, . . . a. d. Lat. Augsb. u. Innsbr. 1760. Ü: *Khager, Anton.* (Jes)

— [deutsch] Kern der Geist-Lehre, oder Uebungen des Heil. Vatters Ignatii von Loyola ... Übers. von e. weltlichen Priester. — Augsburg [usw.]: Wolff 1760. 687 S. 8°
12: Asc. 463. 16.

— Kern d. Geistlehre, od. Uebung d. heil. Ignaz v. Loyola. 8. Augsb. 774. Wolff. 14 gr

— [deutsch] Lehrschule kernhafter Tugenden, in welcher die wichtigsten Hindernisse derselben gehoben, entgegen die heilsamsten Mittel und beweglichsten Antriebe hiezu beygebracht, und ... erkläret werden. Übers. von Innocentius Deixelberger. Th. 1-3. — Augsburg: Wolff 1774. 8°
24. 16.

Bellecius, Aloysius: M e d u l l a asceseos etc., s.a. R e g u l a, Cheri

Bellecii, R. P. Aloysii, Medulla Asceseos seu exercitia S. P. Ignatii de Loyola accuratiori et menti ejus propriori methodo explanata. Denuo edidit et aptis additamentis auxit E. W. Westhoff. Fasc. I.—IV. (Schluss.) 12. Monasterii Westphalorum 844. Deiters. n. 1 1/3 ₰ — Ed. II. Mit 1 Stahlst. 12maj. ibid. 846. n. 1 1/3 ₰

— — Accuratiori et menti eius propriori methodo explanata. Textum recogn. et aptis auxit additamentis nec non conscientiae examen adiecit E. W. Westhoff. — Monasterii Westph.: Deiters 1845. XII,683 S. 8°
6. 18. 102. 16.

— — Ed. 2. Ebd. 1846. XVI,524 S. 8°
1: Ci 3620. 9. 15. 24. 102. 16.

— Medulla asceseos seu Exercitia S.P. Ignatii de Loyola, accuratiori, quam hactenus ab aliis factum, et menti eius propiori [!] methodo explanata. — Augustae Vind. [usw.]: Wolff 1757. 714 S. 8°
2. 12: Asc. 464. 16. 21. 25. 16.

— — Ebd. 1764. 686 S. 8°
26.

— — Nur Eines thut noth! Eine Auseinandersetzung d. Ignatianischen Exercitien ... Bearb. von H. Heythausen. — Münster: Deiters 1855. XXI,288 S. 8°
1: Ci 3624. 16.

Bellecius, der christliche Tod, oder: Die Mittel, sich der Gnade eines guten Todes zu versichern. Nach der französ. Ausg. des M. L. Berthon neu bearbeitet. Regensburg 854. Manz. 8. (454 S.)
1 ₰

— Triduum sacrum omnium praecipue religiosorum usui accommodatum. — Augustae Vind. [usw.]: Wolff 1757. 252 [vielm. 152] S. 8°
2. 12: Asc. 465. 21. 16.

— — Ebd. 1763. 686 S. 8°
25. 16.

— geistl. Versamml. auf drei Tage. 8. Augsb. 772. Kranzfelder. 3 gr

Bellecius, R. P. A., s. B e l l e c i u s, Aloys

Belleciusz, Alojzy s. *Bellecius*, Aloysius.

Bellefroid, Louis: [Manuel d'éloquence sacrée, deutsch] Handbuch der heiligen Beredsamkeit. — Regensburg: Manz 1848. 370 S. 8°
2. 27. 16.

Bellegambe, François:

— Enchiridion theologo practicum tripartitum, de iubilaeo ecclesiastico. — Coloniae Agr.: Noethen 1700. 293 S. 8°
1: Ce 8948. 6. 12: Liturg. 38 [2 Ex.] 17. 21. 29. 300: 8 M 5. 16.

— — Fuldae [1707]: Zeiler. 293 S. 8°
17. 21. 26. 16.

Bellegambe, Francois: V a n i t a s vanitatum, consideratione seria evanescens. (Viennae Austr. 1706): Voigt. 377 S. 8°.
2.29. 16.

Bellegard: B e t r a c h t u n g e n über die lächerliche Sitten, s. B e l l e g a r d e, Jean Baptiste Morvan.

Bellegarde, de, Abbé, s. B e l l e g a r d e, Jean Baptiste Morvan

Bellegarde, Heinrich Graf von: Vorschrift über die Leitung und Ausübung des Impf-Geschäftes bey der kaiserl. königl. Armee und der Militär-Gränz-Bevölkerung von H. Graf von Bellegarde und Joseph Freyherr von Stipsicz. 23 S., gbd., 4 Tab.

Wien: kaiserlich-königliche Hof- und Staats-Aerarial-Druckerey 1824

JB 3.738

Bellegarde, Jean Baptiste Morvan de
— Artigkeit der Sitten. 12. Eb nd. 716.

Bellegarde, Jean Baptiste Morvan (Bearb.), s. A e s o p. — Aesopus des Phrygiers Leben und Fabeln.

— — [deutsch] Des Herrn Abts v. Bellegarde Betrachtungen über die Artigkeit derer Sitten. Nebst einigen Grund-Regeln vor d. bürgerliche Gesellschafft. Oder d. andere Theil derer Betrachtungen über die Auslachenswürdigkeit ... Verdeutscht u. mit einigen Anm. verm. durch d. Verf. d. Europäischen Fama [d. i. Philipp Balthasar Sinold gen. v. Schütz]. — Leipzig: Gleditsch 1708. 501 S. 8°
2. 3. 12: Ph. Pr. 114h. 23. 27. 29. 38. 16.

— — 2. Aufl. Ebd. 1716. 501 S. 8°
1: Ai 1671-3. 2. 9. 18. 24. 16.

— [deutsch] Des Herrn Abts v. Bellegarde Betrachtungen über die Auslachens-würdigkeit, und über die Mittel, selbige zu vermeiden ... Übers. u. mit einigen Anm. verm. durch d. Verf. d. Europäischen Fama [d. i. Philipp Balthasar Sinold gen. v. Schütz]. — Leipzig: Gleditsch 1708. 600 S. 8°
Th. 2 s. *Bellegarde:* Betrachtungen über die Artigkeit derer Sitten [Réflexions sur la politesse ..., deutsch]. 1708 u.ö.
2. 3. 23. 27. 38. 16.

— — 2. Aufl. Ebd. 1710. 600 S. 8°
1: 1 in Np 16022 [u.] Ai 1671-2. 2. 6. 9. 18. 23. 24. 29. 16.

— [deutsch] Betrachtungen über die feine Lebensart nach d. Franz. d. Abt Bellegarde bearb. Mit Anm. u. e. Abh. Über die Vereinbarkeit artiger Sitten mit unverfälschter Redlichkeit von Karl Heinrich Heydenreich. — Leipzig: Schiegg 1800. XXXVIII,367 S. 8° 27.
16.

— Betrachtt. über d. feinen Lebensarten. Nach d. Französ. bearb. v. K. H. Heydenreich. 8. Leipz. 804. (Centr.-Compt.) Knobloch. 1 ⁂

— Bellegards Betrachtungen ueber die lächerliche Sitten der Menschen ... Übertr. vom Hrn. Franz Leopold v. Dreer. — Klagenfurt 1774: Kleinmayer. 406 S. 8°
3. 300: 109.651-A.
16.

Bellegarde, Abt, Betrachtt. über d. lächerl. Sitten d. Menschen. Aus d. Französ. 8. Klagenf. 782. (Kummer in Leipz.) 16 gr

— [deutsch] Des Herrn Abts v. Bellegarde Einige auserlesenste Briefe, so er mit einer Hof-Dame über unterschiedlichen moralischen und zur galanten Gelehrsamkeit dienlichen Dingen gewechselt. — Leipzig: Fleischer 1715. 405 S. 8° 2. 18. 27.
16.

Bellegarde, Abt, moral. Briefe. Aus d. Französ 8. Danzig 762. Wedel. 8 gr

— Darstell. der fein. Lebensart, v. Heydenreich. 8. Leipz. Schiegg. 804.

— [deutsch] Allgemeine historische Einleitung, zu allen bißher ans Licht getretenen Reisen zu Wasser und Land, in die Alte und Neue Welt ... Von d. galanten Feder d. Abts Hn. v. Bellegarde ... Verteutscht durch M. V**. — Hamburg: v. Wiering [usw.] 1708. 272 S. 8°
14. 18. 25. 27. 29. 302.
16.

— Einleit. z. all. Reisen. 8. Leipz. 708.

Bellegarde, Jean Baptiste Morvan de, s. Epictete

— [deutsch] Die vollkommene Erziehung. Aus d. Frantz. des Herrn Abt v. Bellegarde. — Danzig: Wedel 1763. 361 S. 8° 2. 300: 11.227.
16.

— vollkommene Erziehung. Aus d. Französ. 8. Leipz. 763. (Aue in Altona). 12 gr

— vollkommene Erziehung. 8. Leipz. Jacobäer. 763.

Bellegarde, Jean-Baptiste Morvan de: (vielm. Louis Des Bans); Des Herrn Abts von Bellegarde Kunst, die Menschen zu erkennen. Aus dem Französichen übersetzt.
Leipzig, bey Joh. Fr. Gleditschens sel. Sohn. 1723. – Titelkupfer und 8 Blatt (nicht paginiert) Titelblatt und Vorrede. – 220 S.

— Lettres curieuses de littérature et de morale. 8. Leipz. 759. 8 gr

— — Nouvelle éd., rev. & corr. Leipsic: Lankisch 1760. 303 S. 8° 1: Xz 7790. 12: Epist. 62. 17. 24. 28.
16.

— Modelles de Conversations etc. 12. Leipz. Eurich. 763.

— modelles de conversations etc. 12. Leips. 763. Junius. 16 gr

— [deutsch] Des Herrn Abts v. Bellegarde Muster derer Gespräche vor die artigen und höflichen Personen. Übers. durch d. Verf. d. Europäischen Fama [d.i. Philipp Balthasar Sinold gen. v. Schütz]. — Leipzig: Gleditsch 1710. 516 S. 8°
1: Np 16116; 2 in Np 16022 [u.] 2 in Ai 1671-4. 2. 7.
16.

— – (deutsch) Des Herrn Abts v. Bellegarde Regeln des bürgerlichen Lebens, nebst einigen Oertern aus d. Historie zur Einrichtung d. Verstandes u. Willens e. jungen Printzen. Übers, u, mit verschiedenen Anm. verm. durch d. Verf. d. Europäischen Fama (d.i.Philipp Balthasar Sinold gen. v. Schütz). Leipzig: Gleditsch 1709. 536 S. 8°
1: Ai 1671-1.2.6.9.12: Ph.Pr.117. 27. 300: 35 Mm 2.
— – Andere Aufl. Ebd. 1722. 536 S. 8°

Bellegarde, Jean François Cte de: Mémoires pour servir à l'histoire de la campagne de 1761. en Hesse et en Westphalie. Par M.L.C.D.B. [d.i. Jean François Cte de Bellegarde]. — La Haye & Francfort: Aux dépens de la Compagnie 1762. 123 S. 8° 1: Sv 4248-20. 4. 7. 14.
16.

[—] Mémoires pour servir à l'histoire de la cawpagne du Maréchal de Broglie en Westphalie, 1761. Par M.L.C.D. B.*** [d. i. Jean François Cte de Bellegarde]. — La Haye & Francfort: Aux dépens de la Compagnie 1762. 108 S. 8°
1: Sv 4248-24. 7. 14.
16.

† Bellegno, Fr., (A. Friedr. W. v. Schönholz,) Reise-Novellen u. Erzählungen. 2 Bde. 8. (42¼ B.) Berlin 838, Vereins-Buchh.

Belle-Isle, Charles Louis Auguste Fouquet Duc de s. *Antwort*, welche die Regierung zu Hannover, auf die Vorstellung des Herrn Grafen von Bünau wegen gefangennehmung des Marschalls von Bell-Isle ertheilet hat. 1745.

— s. *Begebenheiten*, Lustige, einiger französischen Officier, welche unter denen Marchals von Bell Isle und Maillebois mit nach Teutschland gekommen. 1745.

— Briefe des Herrn Marschals Herzogs von Belleisle an den Herrn Marschal von Contades, die nach d. Treffen bey Minden unter d. Schriften d. Herrn von Contades angetroffen sind. [Nebst] Forts. — o.O. 1759. 136 S. 8°
Forts. d. Briefe an d. Herrn Marschal von Contades. Nebst d. Auszügen einiger Briefe d. Herrn von Contades; die nach d. Treffen bey Minden ... angetroffen sind.
9.

— Briefe des Herrn Marschall Herzogs von Belleisle, an den Herrn Marschall von Contades, welche ... nach d. Schlacht bey Minden gefunden worden sind. — Frankfurt [usw.] 1759. 76 S. 8° 1: 4 in Su 6300. 2. 24. 27.

Belleisle, Duc de: Briefe an den Marschall von Contades . . . Aus dem Französ. übersetzt. (Nebst einem Schreiben an den Herz. von Belleisle.)
Frankfurt und Leipzig 1759. 8°

— Briefe an d. Marschall Contados. Aus d. Französ. 8. Berl. 760... 3 gr

— [franz. u. deutsch] Einige weitere Briefe des Herrn Marschalls Herzogs von Belleisle an den Herrn Marschall von Contades mit Auszügen verschiedener von dem Marschalle von Contades an den Marschall Herzog von Belleisle vom Jahre 1758. — o.O. [1758]. 69 [vielm. 96] S. 8°
1: Sv 8687. 7. 12: 4° Mil.g. 12/1. 21. 24. 26.
300 [unvollst.]: 534.521-B.
16.

— Einige weitere Briefe des Hrn. Marschalls Herzogs von Belleisle an den Herrn Marschall von Contades mit Auszügen verschiedener von dem Marschalle von Contades an den Marschall Herzog von Belleisle vom Jahre 1758. Th. 2. London 1760. 32 S. 8° 12: Eur. 418—26.
16.

— Gespräch des Marschalls Bell-Isle, und seines Bruders des Chevalier Bell-Islę, beym Dame-Spiel in ihrem einsamen Aufenthalt zu Osterode. — o.O.1745. 2 Bl. 8°
300:79 Cc 243.
16.

— Jammer und Weh-Klagen auf den [!] Schloß zu Windsor in Engelland. 1745 s. *Belle-Isle:* Lamentations au Château de Windsor en Angleterre [franz. u. deutsch].

— [deutsch] Klag-Lieder des Marschalls von Belle-Isle auf dem Schloß zu Windsor. — o.O.1745. 4 Bl. 8° 24.
16.

— [franz. u. deutsch] Lamentations du Maréchall de Belle-Isle au Château de Windsor en Angleterre. Jammer und Weh-Klagen des Marechalls von Belle-Isle auf den [!] Schloß zu Windsor in Engelland. — o.O.1745. 8 Bl. 8°
16. 17.
16.

— [franz. u. deutsch] Lettres de M. le Maréchal Duc de Belleisle, à M. le Maréchal de Contades. Trouvées parmi les papiers de M. de Contades après la bataille de Minden. Briefe des Herrn Marschalls Herzogs von Belleisle an den Herrn Marschall von Contades, welche sich ... nach d. Schlacht bey Minden gefunden haben. — o.O. 1759. 139 S. 8°
Nebent.: Lettres à M. le Maréchal de Contades. Briefe an d. Herrn Marschall von Contades.
1:Sv 8682/10. 7. 12:4° Mil.g.12. 14. 17. 21. 24.
16.

— [franz. u. deutsch] Lettres de M. le Maréchal Duc de Belleisle, à M. le Maréchal de Contades. Trouvées parmi les papiers de M. de Contades après la bataille de Minden. Briefe des Herrn Marschalls Herzogs von Belleisle an den Herrn Marschall von Contades, welche sich ... nach d. Schlacht bey Minden gefunden haben. — o.O. 1760. 116 S.,S.67–87. 8° 2. 17. 23.
16.

— [deutsch] Schreiben des Herrn Marschall Herzogs von Belle-Isle an den Herrn Marschall von Contades, nebst d. Antwort eines Unbenannten an d. Herrn Marschall Herzog von Belle-Isle. — o.O. [1759]. 8 S. 8°
1:Flugschr.1759–39. 4. 7.

— Des Herrn Feld-Marschalls von Belleisle Schreiben wegen einer abermahligen Victorie, welche die frantzösische Armee unter obgedachtem Herrn Marschall und Herrn Marschall von Broglio über die Oesterreichische Armee unter dem Fürsten von Lobkowitz den 22. May Anno 1742. erhalten hat. — Regensburg:Zunkel [1742]. 2 Bl. 8° 24.
16.

Belle-Isle, Duc de: Staats-Testament des Marschallen und Herzogs von Belle-Isle . . . mit den Anmerkungen eines Reformirten, Bremen 1762. –

de Belleisles, Marquis, testament politique. 8. Frankf. a. M. 762. Esslinger (Schäfer). 10 ℛ Dass. ins Deutsche übers. mit Anmerkk. v. K. F. Tröltsch. 8. Bamb. 762.

Belleisle, Louis Charles Armand Fouquet, Marquis de, s.a. Belle-Isle, Charles Louis Auguste Fouquet

Belle-Isle, Louis Charles Armand Fouquet Chevalier de: Gespräch des Marschalls Bell-Isle, und seines Bruders des Chevalier Bell-Isle, beym Dame-Spiel in ihrem einsamen Aufenthalt zu Osterode. 1745
s. *Belle-Isle,* Charles Louis Auguste Fouquet Duc. de.

Belleisle, Louis Charles Armand Fouquet, Marquis de. Das politische Testament; aus dem Französischen ... Bamberg, Frankfurt und Leipzig 1762.
Ü: *Tröltsch, Carl Friedrich.* (MGT)

Bellelay [Schlagwort]
Bellelay. Rollier, L., Carte tectonique des environs de Bellelay (Jura bernois). Avec l'autorisation du bureau fédéral topogr. report de l'atlas topogr. de la Suisse. 1:25,000. 50×71,5 cm. Farbdr. Bern (902). (A. Francke.)
n. 4. 80

Bellemare, Französischer Publizist. † um 1842. 1814
s. *Bellemare,* Jean François.

Bellemare, F. (Gebr. Ferry), s. Bellemarre, Louis

Bellemare, J. Fr., s. Bellemare, Jean Francois

Bellemare, Jean François:
— [Les Entretiens de Nancy, deutsch] Gespräche über Nancy, oder die Heerde ohne Hirten. Übers. von Philipp Müller. — Würzburg:Stahel 1835. 115 S. 8°
12:Polem. 235 m.
16.

— [Les trois Procès dans un, ou la religion et la royauté pour suivies dans les Jésuites, deutsch] Die Religion und das Königthum verfolgt in den Jesuiten. — Wien:Beck 1830. IV,157 S. 8° 102. 300:46 E 39. 302.
16.

Bellemare, Louis, s. Bellemarre

Bellemare, Ludwig, s. Bellemarre, Louis

Bellemare, M., s. Bellemare, Jean Francois

Bellemarre, Louis (wirkl. Name), s.a. Ferry, Gabr. (Pseud.)

Bellemare, Ludw. v., (Gabr. Ferry), Costal der Indianer. Historischer Roman. Scenen aus dem merikan. Befreiungskriege. Hinterlassenes Werk. Ins Deutsche übertragen von W. L. Wesché. 4 Bde. Leipzig 853. Kollmann. 8. (179; 180; 190; 189 S.) 2 ℛ
Vgl. Bibliothek, amerikanische. — Vgl. Ferry.

Bellemarre, Louis de

Amerikanische Reisenovellen. Von Gabriel Ferry [d.i. L.de Bellemarre]. Nach dem Französ. von A.Diezmann.
Leipzig: Teubner 1847. 396 S. 8°

Bellemarre, Louis de

Die Squatter oder Erlebnisse eines jungen Auswanderers in Virginien und Californien. Von Gabriel Ferry [d.i. L.de Bellemarre]. Th.1.
Sondershausen: Neuse 1860. 102 S. 8°

v. Bellemare, F., [Gabr. Ferry,] der Waldgänger. Roman aus Amerika's Urwäldern. Deutsch v. Wilh. Ludw. Wesché. 8 Thle. (1001 S.) Leipzig 851, Kollmann. (à 1/2 ℛ) 4 ℛ

Bellemare, Louis de

Der Waldläufer. Roman. Von Gabriel Ferry [d.i. Louis de Bellemare]. Aus dem Franz. von Chr. Fr. Grieb. Bd 2-4.
Stuttgart: Franckh 1851. 8°

Bd 3.4. 2. Ex.

Titelbl. von Bd 2 fehlt.

[F.] Der Waldläufer, Scenen aus dem mexikanischen Waldleben v. Gabriel Ferry [d. i. Louis de Bellemarre]. .. Aus d. Französ. v. Dr. G. Füllner. Durchges. Neudr. 4 Tle in 1 Bde. Tl 1—4. *Halle a. d. S.: O. Hendel (1897).* 1 Bd 8.
1. (2 Bl., 225 S.) 2. (2 Bl., 199 S.) 3. (2 Bl., 176 S.) 4. (2 Bl., 233 S.)
— Bibliothek d. Gesamtlitteratur d. In- u. Auslandes. No 1055—1065.
[97. 1962

Bellen, Christian s. *Bell.*

Bellen, Ernst van der, Beiträge zur Kenntnis d. Myoctonins u. Lycaconitins. Diss. gr. 8. (38 S.) Jurjew (Dorpat) 890. (E. J. Karow.) n. 1.—

Bellen, Josef: Ruth. Vorträge für Marianische Jungfrauen-Kongregationen. — Dülmen: Laumann 1904. 72 S. 8°
1:Da 11801. 6. 102.
16.

— — 2., unveränd. Aufl. Ebd. 1909. 72 S. 8°
1:N 10.2567. 6.
16.

— Sünde und Sühne. 7 Fastenvorträge. — Dülmen: Laumann 1904. 104 S. 8° 1:Ec 27508. 6. 102.
16.

Bellen, Jos.: Sünde u. Sühne. 7 Fastenvorträge. 2. Afl. (104) 8° Dülmen, A Laumann ('12). 1.20 d

— Die letzten Worte des sterbenden Erlösers. 7 Fastenvorträge. — Dülmen: Laumann 1906. 83 S. 8°
1:Ec 27937. 6. 102.
16.

— — 2. Aufl. Ebd. 1909. 83 S. 8° 1:Ec 27937². 6. 102.
16.

Bellenger (Sprachführer und ähnliche Schriften), s. Bellenger, W. A.

Bellenger, Frz., das Geheimnis des Kreuzes od. wie man zu verborgenen Kräften gelangen kann. (VIII, 207 S.) 8. Leipzig (903). M. Sängewald. n. 1.50

— die aufgegangene Sonne od. die Vollkommenheitsstufe erreicht. Eine Enthüllg. des Geheimnisvollen vermittelst Ultraprismalicht. Selbstmagnetisierung. (88 S. m. Fig.) 8. Ebd. 904. n. 1.—

Bellenger, W. A.

Bellenger, W. A., modern french and engl. Conversation; cont. elementary Phrases and new easy Dialogues in french and engl., on the most familiar subjects. — A. u. d. T.: Nouv. Conversat. franç. et angl. etc. 12. (11 B.) Baltimore, Md., 833, Scheld and Co. (Dresden, Walther.)

—— nouvelles Conversations. — Modern french, engl. and german Conversations. — Neue franzöſ.-engl.-deutſche Geſpräche üb. d. gewöhnl. u. faßlichſt. Gegenſtände d. alltägl. Unterhaltung. 1. Aufl. 829., u. 2. A. durchgeſ. u. verb. v. W. G. Schröder. (à 12 B.) gr. 8. Leipzig 835, Zirges. à

— nouvelles Conversations françaises, anglaises et allemandes; cont. des phrases élémentaires, et de nouveau Dialogues faciles, en français en anglais et en allemand, sur les sujets les plus en usage. 2de édit. allemande, soigneusement revue et corr. par W. C. Schroeder. A. u. d. T.: Modern french, english and german Conversat. etc. gr. in 12. Lpz. 835. Zirges. 7/8 ℳ 2e édit Baltimore, Md. 838. Scheld et Comp. (Leipz., Kinhorn.) 1/2 ℳ

— daſſ. 3e Aufl., verb. mit neuen Geſprächen, kaufmänn. Ausdrücken, Reductionstabellen des franz., engl. u. deutſch. Geldes ꝛc., vermehrt von Dr. J. H. Kaltſchmidt. gr. 12. Leipzig 835. Melzer. 7/8 ℳ

Bellenger, W. A., nouvelles Conversations franç., angl. et allem. — Modern french, engl. and german Conversations. — Neue franz.-engl.-deutſche Geſpräche üb. d. gewöhnl. u. faßlichſten Gegenſtände d. alltägl. Unterhalt. 3. Aufl., verb. mit neuen Geſprächen, kaufmänn. Ausdrücken, Reductionstab. d. franz., engl. u. deutſchen Geldes ꝛc. verm. v. J. H. Kaltſchmidt. gr. 12. (13 B.) Leipzig 839, Melzer. Thlr.

Bellenger, W. A., neue franz.-engl.-deutſche Geſpräche üb. d. gewöhnlichſten u. faßlichſten Gegenſtände d. tägl. Unterhaltung. 4. Aufl. verb. u. m. neuen Geſprächen, kaufmänn. Ausdrücken, Reductionstabellen d. franz., engl. u. deutſchen Geldes ꝛc. verm. v. J. H. Kaltſchmidt. 8. (XXII u. 274 S.) Leipzig, 847, Melzer. 27 ngr

Bellenger, nuevo guia de la conversacion moderna en Español, Frances, Ingles y Aleman, s. Palacios, S. de.

—— e Fabbrucci, nuova guida di conversazioni moderne, s. Fabbrucci.

—— —— et O Forster, guide de conversat. en franç., allem. et polonais. 16. (236) Ebd. 54. geb. — 20

—— et Witcomb, guide de conversat. en franç. et anglais. Nouv. éd. 16. (236) Ebd. 57. geb. — 15

Bellenger, W. A., Witcomb

—— —— et Fischer, guide de conversat. en franç., angl. et allem. (Nouv. éd.) 16. (236) Ebd. 57. geb. — 20

—— et O Forster, guide de conversat. en franç. et en polonais. 12. (236) Ebd. 54. geb. — 15

Bellenger, s.a. **Guide, nouveau, de conversations modernes.**

— **Fabbrucci, Witcomb, Forster et Boltz,** nouveau guide de conversations modernes ou dialogues usuels et familiers cont. en outre de nouvelles conversations sur les Voyages, les Chemins de fer, les Bateaux à vapeur etc. en six langues français, italien, anglais, allemand, russe, polonais à l'usage des voyageurs et des personnes qui se livrent à l'étude de l'une ou de plusieurs de ces langues. Ebend. 850. gr. 16. (2 Bl., V, V, 236, 236 S.) 1 ℳ

— **Witcomb, Fischer, Calisch, Hjelm et Lipmanson,** nouveau guide de conversations modernes ou dialogues usuels et familiers contenant en outre de nouvelles conversations sur les voyages, les chemins de fer, les bateaux à vapeur etc. En six langues — français — anglais — allemand — hollandais — danois — suédois — à l'usage des voyageurs et des personnes qui se livrent à l'étude de l'une ou de plusieurs de ces langues. gr. 16. Berlin 867. Behr. 16. (XI, 472 S.) 1 ℳ

Bellenger, nouveau guide de conversations modernes en bohême et français, s.: Staudek, A.

— et **Fischer,** nouveau guide de conversations modernes en français et en allemand ou dialogues usuels et familiers etc. A. u. d. T.: Leitfaden der franzöſiſchen und deutſchen Converſations-Sprache, enthaltend: Geſpräche über Reiſen, Eiſenbahnen, Dampfſchifffahrt ꝛc. Zum Gebrauch für Reiſende und diejenigen, welche dieſe Sprachen erlernen wollen. Ebend. 854. 12. (2 Bl., VI, 230 S.) 15 ngr

—— et Fischer, nouveau guide de conversations modernes en français et en allemand ou dialogues usuels et familiers cont. en outre de nouvelles conversations sur les voyages, les chemins de fer, les bateaux à vapeur à l'usage des voyageurs et des personnes qui se livrent à l'étude des deux langues. A. u. d. T.: Leitfaden der franzöſiſchen und deutſchen Converſations-Sprache. 12. (IX und 236 S.) Berlin 850(57,) Behr's Buchh.

Bellenger, W.A.:
— Nouveau Guide de conversations modernes en français et allemand ou dialogues usuels et familiers ... Par Bellenger & Fischer. — Berlin: Behr 1872. V,236 S. 8°
Nebent.: Bellenger: Neuer Sprachenführer. Leitfaden der französischen und deutschen Conversations-Sprache. Von Bellenger & Fischer.
17.
16.

— et **Fischer**, nouveau guide de conversations modernes en français et en allemand, ou dialogues usuels et familiers à l'usage des voyageurs et des personnes, qui se livrent à l'étude de ces langues. Nouvelle éd., revue pour la partie française par Charles Marelle. 16. (V, 249 S.) Ebend. 877. cart. 1. 50

— — Nouvelle éd., rev. pour la partie française par Charles Marelle. — Ebd. [um 1880]. V,246 S. 8°
Nebent.: Bellenger: Neuer Sprachenführer. Leitfaden der französischen u. deutschen Conversations-Sprache. Von Bellenger & Fischer.
302.
16.

Bellenger, W. A., Fischer
—— —— et C. Forster, nouveau guide de conversations modernes en français, allemand et polonais ou dialogues usuels et familiers. A l'usage des voyageurs et des personnes qui se livrent à l'étude de l'une de ces langues. A. s. l. t.: Nowy przewodnik w rozmowach nowoczesnych w jezyku francuskim, niemieckim i polskim. gr. 16. (VI und 230 S.) Berlin 854, Behr's Buchh.

—— et Witcomb, nouveau guide de conversations modernes en français et anglais ou dialogues usuels et familiers. A l'usage des voyageurs et des personnes qui se livrent à l'étude de ces langues. Nouvelle Édition. A. s. l. t.: New guide to modern conversation in french and english or dialogues on ordinary and familiar subjects. New edition. 16. (IX und 230 S.) Berlin 850(57,) Behr's Buchh.

— et **Witcomb**, nouveau guide de conversations modernes en français et en anglais, ou dialogues usuels et famaliers à l'usage des voyageurs et des personnes, qui se livrent à l'étude des ces langues. Nouvelle éd., revue pour la partie française par Charles Marelle. 16. (V, 249 S.) Ebend. 877. cart. 1. 50

Bellenger, W. A., Witcomb
—— —— et Fischer, nouveau guide de conversations modernes en français, anglais et allemand ou dialogues usuels et familiers. A l'usage des voyageurs et des personnes qui se livrent à l'étude de l'une de ces langues. A. s. l. t.: New guide to modern conversation, or dialogues on ordinary and familiar subjects etc. 1. edit. (VI und 230 S.) 1854, and new edit. gr. 16. (X und 230 S.) Berlin 856, Behr's Buchh. Thlr.

— **Witcomb** et **Fischer**, nouveau guide de conversations modernes en français, anglais et allemand ou dialogues usuels et familiers etc. A. u. d. T.: New guide to modern conversation or dialogues on ordinary and familiar subjects etc. in French, English and German etc. 854. — Neue Aufl. Ebend. 857. gr. 16. (2 Bl., VI, 236 S.) 20 ngr

— — — et **Fabbrucci**, nouveau guide de conversations modernes en français, anglais, allemand et italien, ou dialogues usuels et familiers à l'usage des voyageurs et des personnes, qui se livrent à l'étude de ces langues. Nouvelle éd., revue pour la partie française par Charles Marelle. 16. (X, 492 S. m. 1 Tab.) Ebend. 877. cart. 2. 50

— Nouveau Guide de conversations modernes en français et hongrois ou dialogues usuels et familiers ... Par Bellenger et Niort. — Berlin: Behr [1888]. V,246 S. 8°
Nebent.: Porzsolt, J.: A franczia és magyar társalgás legujabb Vezérfonala. A legszokottabb szólásmódok és társalgások. Szerkesztették Porzsolt J. és Niort A.
1:Zr 11696.
16.

— et F. **Fabbrucci**, nouveau guide de conversations modernes en français et italien, ou dialogues usuels et familiers à l'usage des voyageurs et des personnes, qui se livrent à l'étude de ces langues. Nouvelle éd., revue pour la partie française par Charles Marelle. 16. (V, 249 S.) Berlin 877. Behr. cart. 1. 50

Bellenger, Fabbrucci et **Fischer**, nouveau guide de conversations modernes en français, italien et allemand ou dialogues usuels et familiers cont. en outre de nouvelles conversations sur les Voyages, les Chemins de fer, les Bateaux à vapeur etc. A l'usage des voyageurs et des personnes qui se livrent à l'étude de l'une ou de plusieurs de ces langues. A. u. d. T.: Nuova guida di conversazioni moderne accresciuta di dialoghi sulle Strade ferrate, sui Bastimenti a vapore, ecc. in francese, italiano e tedesco etc. Berlin 856. Behr. gr. 16. (2 Bl., VI, 236 S.) 20 ngr

— **Fabbrucci, Witcomb** et **Fischer**, nouveau guide de conversations modernes en français, italien, anglais et allemand ou dialogues usuels et familiers etc. A. u. d. T.: Nuova guida di conversazioni moderne in francese, italiano, inglese et tedesco etc. Ebend. 857. 12. (2 Bl., V, V, 230, 236 S.) 25 ngr

—— et (C.) Forster, nouveau guide de conversations modernes en français et en polonais ou dialogues usuels et familiers. A l'usage des voyageurs et des personnes qui se livrent à l'étude de ces langues. A. s. l. t.: Nowy przewodnik w rozmowach nowoczesnych w języku francuskim i polskim. 12. (VI und 230 S.) Berlin 854, Behr's Buchh.

— Nouveau Guide de conversations modernes en français, polonais et allemand ... Par Bellenger, Forster et Fischer. Nouvelle éd., refondue. — Berlin: Behr 1878. V,246 S. 8°
Nebent.: Bellenger: Nowy Przewodnik w rozmowach nowoczesnych w języku francuskim, polskim i niemieckim ... Przez Bellengera, Forstera & Fischera. Nowe wyd.
1:V 7453.
16.

— Nouveau Guide de conversations modernes en français et suédois ou dialogues usuels et familiers ... Par Bellenger & Lipmanson. Nouvelle éd., rev. pour la partie française par Charles Marelle. — Berlin: Behr [1883]. V,246 S. 8°
Nebent.: Bellenger: Ny Parlör. Samtalsöfningar pa franska och svenska språken ... Af Bellenger & Lipmanson. Ny imarb. och tillökad uppl.
1:Xs 5438.
16.

Bellenger: Nouveau guide de conversations modernes en hollandais, allemand, anglais et francais, s. Calisch.

Bellenger: Nouveau guide de conversations modernes en hollandais et francais, s. Calisch.

—— nouveau guide de conversationes modernes en Polonais. Russe, Français et Allemand, s. Forster.

Bellenger, nouveau guide de conversations modernes en portugais et en français, s.: Mayor, v.

Bellenger, nouveau guide de conversations modernes en russe, allemand, anglais et français, s. Guide.

—— et A. Boltz, nouveau guide de conversations modernes en russe et en français, s. Boltz.

—— dass. — En servien et en français, s. Krauss, Friedr. S.

—— guides de conversat. mod., s.: Fabbrucci; Forster; Guide; Palacios; Przewodnik.

—— u. **Fischer**, Leitf. d. frans. u. deut. Conversat.-Sprache. (N. Asg.) 12. (236) Ebd. 57. geb. — 15

Bellenger, Witcomb et **Taillefer**, manuels classiques de conversations françaises, anglaises et allemandes, ou dialogues usuels et familières. Nouvelle édition revue, corrigée et augmentée. 8. Meissen (846) 847, Gödsche. 22 ngr

Bellenger u. **Fischer**, neuer Sprachenführer. Leitfaden der franz. u. deutschen Conversations-Sprache, enth.: Gespräche üb. Reisen, Eisenbahnen, Dampfschifffahrt etc. Zum Gebrauch f. Reisende u. diejenigen, welche diese Sprachen erlernen wollen. Neue Aufl. — Nouveau guide de conversations modernes en français et en allemand. 16. (V, 236 S.) Berlin 871. Behr. geb. 1. 50

Bellenger, Witcomb
— — u. **Fischer,** neuer Sprachenführer. Leitfaden der französ., engl. u. deutschen Conversations-Sprache, enth.: Gespräche über Reisen, Eisenbahnen, Dampfschifffahrt etc. zum Gebrauch f. Reisende u. diejenigen, welche diese Sprachen erlernen wollen. Neue umgearb. u. verm. Aufl. gr. 16. (V, 249 S.) Ebend. 877. cart. 2. —

Bellenger, Fabrucci
— — u. **Fischer,** neuer Sprachenführer. Leitfaden der französ., italien. u. deutschen Conversations-Sprache, enth.: Gespräche über Reisen, Eisenbahnen, Dampfschifffahrt etc. zum Gebrauch f. Reisende u. diejenigen, welche diese Sprachen erlernen wollen. Neue umgearb. u. verm. Aufl. gr. 16. (V, 249 S.) Ebend. 877. cart. 2. —

BELLENOT, GUSTAV. Ueber die Paranitrobenzoylessigsäure. München, 1885. Diss. G. S.

Bellentoene. — Bellen-Töne. Sammlung der kölnischen Karnevals-Lieder. (1823–34.) Mit 19 lith. Noten-Beil. — [Köln 1835]: Schlösser. XI, 388 S. 8° 1: Yd 5713. 9. 16.

— — Mit 23 lith. Noten-Beil. Ebd. [1835]. XI, 388 S. 8° 38. 16.

— — (1823–38.) Köln: Schlösser 1839. VII, 574 S. 8° 1: Yd 5714. 27. 16.

— — Bellen-Töne. Sammlung kölnischer Carnevals-Lieder. Neue Ausg. — Köln: Lengfeld [1858]. 312 S. 8° 5. 12: P. o. germ. 90 m. 16.

Bellen-Töne. Sammlung kölnischer Carnevals-Lieder. Neue Ausg. Köln 858. (Leipzig, C. H. Mayer.) 16. (2 Bl., 312 S.) n. 15 ngr

— — Neue Ausg. Ebd. [1873]. 312 S. 8°
Nebent.: Zur Erinnerung an d. Jubeljahr d. Carnevals 1873. 38. 16.

Beller: Die G l a c é f ä r b e r e i , s. B e l l e r , Nicolaus

Beller, [Emil]: Die ersten drei Jahre des französischen Unterrichts in der Realschule nach dem Lehrbuche von Plötz-Karez. *Bielefeld 1899: H. Grentsmann.* (S. 1–18.) 4°
Bielefeld, st. R., P 1899 (308)

Beller, Friedrich Georg (Weilburg-Nassau), De recusatione juramenti judicialis. Diss. jur. Präs. Melch. Dethmar Grolmann. Giessen (Wwe. Joh. Reinh. Vulpius & E. H. Lammers) März 1717. 43 S. (5.—) 1971
— — Dasselbe. Giessen u. Leipzig 1746. 39 S. (4.80) 1972

Beller, Nicolaus
Beller, d. Glacélederfärberei. (Schauplatz d. Künste u Handwerke 111) Weimar 1880

Beller, Nic., praktisches Handbuch der Glacélederfärberei, s.a. **Handbuch, neues, der Künste und Handwerke.**

Beller, Nic., praktisches Handbuch der Glacéelederfärberei, s.a. Schauplatz, neuer, der Künste und Handwerke.

Beller, Nikolaus: Praktisches Handbuch der Glacélederfärberei. — Weimar: Voigt 1880. XVI, 209 S. 8° (Neuer Schauplatz d. Künste u. Handwerke. 111.) 17. 16.

— — 2. Aufl. Ebd. 1886. XVI, 209 S. 8° (Neuer Schauplatz ... 111.) 40. 16.

Bellère, Jean
Der Name d. Verfassers findet sich auch in d. Form Giovanni Bellero.

— — [deutsch] Gantz neue Reise-Beschreibung des Ritters Bellerive aus Spanien nach Bender. — Franckfurt: Gleditsch & Weidmann 1714. 118 [vielm. 117] S. 8°
1: Us 7557. 2. 3. 7. 9. 12: It. sing. 838 sa/1. 14. 18. 21. 24. 27. 28.

Bellermann. — Friedrich Bellermann. Seine Wirksamkeit auf d. Gebiete d. Musik. 1874 s. *Bellermann,* Heinrich.

Bellermann, Kantor u. Schulrektor, Münden, 1696–1758. 1732 s. *Bellermann,* Constantin.

Bellermann, Konsistorialrat, Direktor d. Gymnasiums zum Grauen Kloster, Berlin, 1754–1842. 1787 s. *Bellermann,* Johann Joachim.

Bellermann (Hrsg.), s. B o t e , Der märkische, des evangelischen Gustav-Adolf-Vereins.

Bellermann: De metris sophoclis veterum rhytmicorum doctrina. . ., s. B e l l e r m a n n , Ludwig

Bellermann: V e r z e i c h n i s der. . . von Sigmund Streit dem grauen Kloster geschenkten Musikalien, s. B e l l e r m a n n , Friedrich

Bellermann, C., s. B e l l e r m a n n , Christian Friedrich

Bellermann, Christian s. *Bellermann,* Christian Friedrich.

Bellermann, Christian Friedrich: Antritts-Predigt, gehalten in der St. Paulskirche vor Berlin, am Tage ihrer Einweihung, am 12. Julius 1835. — Berlin: Eichler [1835]. 16 S. 8° 3. 16.

Bellermann, Chr. Fr., Antrittspredigt. 8. Berlin 835. Eichler. (Thome.) 1/12 ß

*Bellermann, Chr. Fr., über die ältesten christl. Begräbnißstätten, besonders die Katakomben zu Neapel mit ihren Wandgemälden. Mit Kupfern. 4. Gotha 1839, Fr. Perthes. 5 Thlr. — 9 fl.
Picturae antiquae cryptarum Romanar. etc. b. Volke in W. à 22 fl. C.-M.
Cf. Archäologie, (* Schöne), Begräbnisse, Aringhi, Pellicia, Gonrassit.

— Über die ältesten christlichen Begräbnihsstätten und besonders die Katakomben zu Neapel mit ihren Wandgemälden. — Hamburg: F. Perthes 1839. VIII, 120 S. 4°
1: 4° Dt 2730. 2→11. 12: 4° Liturg. 52 m [2 Ex.] 14→17. 21. 23. 24. 26→30. 40. 83. 300: 179.849–E–C. 302. 16.

Bellermann, Chrn. F., über die gegenwärt. reaktionären Bestrebungen in unserer evangel. unirten Kirche. Hrsg. vom Centralkomité der Unionsvereine. gr. 8. (23 S.) Potsdam 850, Riegel'sche B. in Comm. 2 ngr

Bellermann, C. (Chr. Fr.), Bugenhagen in Braunschweig oder was sich im J. 1528 in der Stadt Braunschweig zugetragen. 2. Fragment einer deutschen Reimchronik, zum ersten Mal ans Licht gestellt. Berlin 854. (Geelhaar.) gr. 8. (8 S.) n. 1 1/2 ngr

— Bugenhagen in Braunschweig oder was sich im Jahre 1528 in d. Stadt Braunschweig zugetragen. Zweiies Fragment e. deutschen Reimchronik, zum 1. Mal ans Licht gestellt. — Berlin 1854: (Striese). 8 S. 8°
1: Yo 6768. 12: H. ref. 406–11. 18. 23. 16.

— Erinnerungen aus Südeuropa. Geschichtliche, topographische u. literarische Mittheilungen aus Italien, d. südlichen Frankreich, Spanien u. Portugal. — Berlin: G. Reimer 1851. VI, 304 S. 8°.
1: Pa 498. 2→5. 7. 9. 10. 11. 12: It. sing. 61 f. 14. 18. 21. 24. 25. 27. 300: 34.767–C. 16.

— Ueber eine seltene Erzmünze mit dem Monogramm des achäischen Bundesgeldes. — Bonn: Marcus 1859. 16 S. 8°
1:Pk 2820. 3. 4. 5. 7. 8. 12:Num. ant. 2 tp. 14. 17. 27. 30. 38. 300:110.454-B.
16.

— Heinrich von Zütphen in Bremen oder was in den Jahren 1522 bis 1524 in der freien Reichsstadt Bremen sich zugetragen. — Berlin 1856: (Striese). 8 S. 8°
18. 26. 27.
16.

— Inhalt und Verfasser der einzelnen Bücher der heiligen Schrift. Ein Leitfaden beim Schul-Unterricht. — Berlin: J. Schmidt 1848. VI,113 S. 8°
1:Bf 2605. 10. 12:Exeg. 91 x. 28.
16.

Bellermann, Chr. Fr., Katechismus d. christl. Lehre auf Grund d. heil. Schrift u. nach der Ordn. des Katechismus Dr. Martin Luthers, nebst abgedruckten Bibelstellen u. e. Hinweis. auf gute Kirchenlieder. Für d. evangel. Schul- u. Katechumenen-Unterricht bearb. 12. (4¾ B.) Berlin 842, Athenäum. *

Bellermann, Chr. Fr., Katechismus der christl. Lehre auf Grund d. heil. Schrift u. nach der Ordnung des Katechismus D. M. Luthers, nebst abgedr. Bibelstellen u. einer Hinweisung auf gute Kirchenlieder. Für den evang. Schul- u. Katechumenen-Unterricht bearb. 12. Berlin 843, Athenäum. n. 1/6 ℛ

—— Katechismus der christlichen Lehre auf Grund der heil. Schrift und nach Ordnung des Katechismus Dr. M. Luthers, nebst abgedruckten Bibelstellen und einer Hinweisung auf gute Kirchenlieder, für den evangel. Schul- und Katechumenen-Unterricht bearb. 2. Aufl. 8. (IV und 107 S.) Berlin 854, (Geelhaar.)

—— Katech. d. christl. Lehre f. d. ev. Schul- u. Katech.-Unterr. 2. Afl. 8. (107) Berl. 64, Geelhaar. n. — 5

— Das Leben des Johannes Bugenhagen nebst e. vollständigen Abdruck seiner Braunschweigischen Kirchenordnung vom Jahre 1528. — Berlin: G. Reimer 1859. VIII,260 S. 8°
1:At 12666. 2→5. 7→11. 12:Biogr. 154 lx. 14→18. 21. 27. 29.
16.

— Die alten Liederbücher der Portugiesen oder Beiträge zur Geschichte d. portugiesischen Poesie vom 13. bis zum Anfang d. 16. Jahrhunderts nebst Proben aus Handschriften u. alten Drucken. — Berlin: Dümmler 1840. 82 S. 8° 1:4° Xm 2136. 2→11. 12:4° P. o. hisp. 370 [2 Ex.] 14→18. 21. 24. 25. 26. 29. 30. 38. 101. 300:31 Q 39. 302.
16.

—— Luther auf der Coburg oder was sich im J. 1530 auf der Veste Coburg zugetragen. Deutsche Reimchronik nebst einigen Briefen Luthers, die er in demselben Jahre dort geschrieben hat. gr. 8. (19 S.) Berlin 853, (Geelhaar.) *

— Luther auf der Coburg oder was sich im Jahre 1530 auf der Veste Coburg zugetragen. Fragment einer deutschen Reimchronik, zum 1. Mal ans Licht gestellt. — Jena 1853: (Schreiber). 8 S. 8° 27.

— **Melanchthon in Heidelberg oder was sich im Jahre 1557 in der Stadt Heidelberg zugetragen. 3. Fragment einer deutschen Reimchronik, zum ersten Male ans Licht gestellt. Berlin 855. (Geelhaar.) gr. 8. (16 S.) n. 1½ ℛ**

— Melanchthon in Heidelberg oder was sich im Jahre 1557 in d. Stadt Heidelberg zugetragen. Drittes Fragment e. deutschen Reimchronik, zum 1. Male ans Licht gestellt. — Berlin 1855: (Striese). 16 S. 8°
10. 12:H. ref. 406-10. 16. 17. 18.
16.

— **die St. Paulsgemeine vor Berlin. Mit 1 Steindr. 8. Berlin 836. (Thome.) ¼ ℛ**

— Die Pflicht unsern bedrängten Glaubensgenossen die Wohlthaten der evangelischen Kirche zu verschaffen. Predigt. — Berlin: Scherk in Comm. [usw.] 1844. 15 S. 8°
27.
16.

— Drei Predigten gehalten in d. Königl. Preuß. Gesandtschafts-Kapelle zu Neapel. — Berlin: Nicolai in Komm. 1832. VIII,52 S. 8° 1:Ec 9666. 3. 17. 28.
16.

— Deutsche Reimchronik nebst einigen Briefen Luthers, die er in demselben Jahre dort geschrieben hat. — Berlin: Hrsg.; Geelhaar in Comm. 1853. 18 S. 8°
1:Cn 7468. 12:Biogr. 1282-23. 14. 15. 18. 27. 40.
16.

— Verzeichniß der spanischen und portugiesischen Bibliothek aus dem Nachlass des Herrn Dr. Chr. Bellermann [Auktionskat.] — Bonn 1863: Carthaus. 25 S. 8°
14. 23.
16.

— Portugiesische Volkslieder und Romanzen. Portugiesisch u. deutsch mit Anm. — Leipzig: Engelmann 1864. XII,284 S. 8°
1:Xm 2072. 3. 5. 7. 8. 10. 11. 12:P. o. hisp. 534. 14. 15. 18. 21. 24. 39. 300:395.684-A.M.

Bellermann, Constantin: Δῶρον βασιλικόν. Oder, das mehr als königliche, ja göttliche Geschencke der edlen und vortrefflichen Buch-Druckerey. Deren Erfindung, Nutzen, Mißbrauch, u. berühmtesten Meister ... bey herbey rückender dritten Jubel-Feyer, so im Junio dieses 1740. Jahres einfällt ... in deutscher Poësie, aufgesetzet von Constantino Bellermann. — Erfurt: Funck 1740. 208 S. 8°
7.

— Ilias in nuce, das ist: Kurtze und deutliche Anmerckung der fürnehmsten Poëten, welche ehmals den Lorbeer-Crantz getragen ... In e. gebundenen Inaugural-Rede, nach ... Crönung zum kayserlichen lateinisch- u. teutschen Poëten ... perorirt von deren Auctore Constantino Bellermann. — o.O. 1734. 6 Bl. 8° 7.
16.

— Monumentum aere perennius, das ist: Das unvergängliche Denckmahl der königlichen Gnade und Weisheit in Erbauung des neuen Georgio-Augustischen Musen-Tempels, als ... Georg II. König von Groß-Britannien, Franckreich und Irrland ... die zu Göttingen errichtete neue Academie den 17. Sept. 1737 ... inauguriren liessen ... aufgesetzet von Constantino Bellermann. — Göttingen: Hager [1737]. 4 Bl. 2° 7.
16.

Bellermann, Constantin: Programma in quo Parnassus musarum voce, fidibus, tibiisque resonans, sive musices, artis divinae, laudes, diversae species, singulares effectus, atque primarii auctores succinte, praestantissimique melopoetae cum laude enarrantur ... – Erfurt, Beyer 1743. 8, 47 S.

Bellermann, Constantin (Rector z. Münden), Programma scholasticum quo breviorem itineris in Latium feliciter suscipiendi rationem et modum exponit et orationes in lyceo quod Mundae floret, recit. Erfurt (Joh. Dav. Jungnicol), 1742. 52 S. (5.—) 1973
Andr. Wilh. u. Friedr. Heinr. Reusch (Münden), Elard Biskamp (Münden).

— Die vortrefflichsten Eigenschafften eines preiß-würdigsten Regenten als vier Grund-Säulen eines beglückten Staates, als ... Georg II. König von Groß-Britannien, Franckreich und Irrland ... den 24. Junii 1732. dero teutsche Erb-Lande mit dero ... Gegenwart ... beglückten, wollte ... in tieffster Ehrfurcht bewundern ... und solches in d. Form e. einfältigen Serenata zu dero Füßen legen ... Constantinus Bellermann. — Göttingen [1732]: Hager. 6 Bl. 2° 7.
16.

— Das zum Jauchzen und Frolocken ermunterte Lein-Athen, als ... Georg der Andere, König von Groß-Britannien, Franckreich und Irrland ... die neu-erbauete Götingische Universität Georgiam Augustam ... den 17. Sept. 1737. ... inauguriren liessen, in e. geringen Serenata ... vorgestellet ... von A.W.G.Seyffart. Poesie u. Music von Bellermann. — Göttingen [1737]: Hager. 2 Bl. 4° 7.
16.

Bellermann, F.: L a n d s c h a f t s - und Vegetationsbilder, s. B e l l e r m a n n , Ferdinand

Bellermann, Ferdinand: L a n d s c h a f t s - und Vegetations- b i l d e r aus den Tropen Südamerikas. Nach der Natur gezeichnet von F. Bellermann. Erläutert von Hermann Karsten. Nach den Originalen photographirt von C. Lincke. Berlin: C. Lincke 1868. 4°. 4 S. 24 tab.

Bellermann, Ferdinand: Landschafts- und Vegetations-Bilder aus den Tropen Süd-America's. Nach d. Natur gezeichnet. Erl. von H. Karsten. Nach d. Originalien photographiert u. hrsg. von C. Lincke. — Berlin: Lincke [um 1880]. 2 Bl., 24 Taf. 2° 1:2° Lz 20044.
16.

—— Nach d. Originalen in Lichtdr. ausgeführt. Berlin: Friedländer 1894. 2 Bl., 24 Taf. 4° 1:4° Lz 20045. 11.
16.

Bellermann, Friedrich s.a. *Bellermann,* Johann Friedrich.

Bellermann, Friedrich

— — Zur Feier des Wohlthäterfestes im Berlinischen Gymnasium zum grauen Kloster. Berlin (Nauck) 20. XII. 1856. 28 S. m. Namen. (4.20) 1975
Verzeichniss der grössentheils von Sigismund Streit dem grauen Kloster geschenkten Musikalien. — Rede am Wohlthäterfeste 21. XII. 1854 von J. F. W. Hartmann.

— Friedrich, Zur Feier des Wohlthäterfestes, welches auf d. Berlinischen Gymnasium zum grauen Kloster Statt finden wird. Bln. (Nauck) 22. XII. 1847. 19 S. mit Namen. (4.—) 1974
H e i n s i u s , Theod., Johann Gottfried v. Herder nach seinem Leben u. Wirken. Rede . . 21. XII. 1844.

— — Zu d. öffentl. Prüfung d. Zöglinge d. Berlin. Gymnas. z. grauen Kloster. Bln. (C. Jahncke) 16. IV. 1859. 46 S. mit Namen. (4.—) 1976
H o p p e , De comparationum et metaphorarum apud tragicos Graecos usu. — Schulnachrichten.

— Griechische Schulgrammatik zur Erlernung des Attischen Dialekts, nebst einem Lesebuche. Berlin 852. (Leipzig.) Förstner. gr. 8. (VIII, 379 S.) n. 27 1/2 ngr

Bellermann, Frdr., griechische Schulgrammatik und Lesebuch zur Erlernung des attischen Dialects. 2 Thle. 2. umgearb. Aufl. Leipzig 864. Felix. gr. 8. n. 1 ℳ
1. Thl.: Grammatik. (VIII, 245 S.) n. 20 ngr
2. „ Lesebuch. (VI, 152 S.) n. 10 ngr

Bellermann, Frdr., griechische Schulgrammatik u. Lesebuch zur Erlernung des attischen Dialects. 2. Thl. Lesebuch. 3. umgearb. Aufl. Leipzig 870. Felix. gr. 8. (VII, 166 S.) n. 10 ngr

Bellermann, Frdr., griech. Schulgrammatik nebst Lesebuch. 1. u. 2. Thl. gr. 8. Leipzig 872. Felix. n. 4. 20
1. Thl. Grammatik. 3. umgearb. Aufl. (X, 318 S.) n. 3.
2. Thl. Lesebuch. 4. Aufl. (XIII, 166 S.) 875. n. 1. 20

Bellermann, F, griech. Schulgrammatik nebst Lesebuch. 1. Thl. Grammatik. 4. Afl. 8. (317) Lpzg 78, Felix. n. 3. — ‖ 2. Thl. Lesebuch. 5. Afl. (166) 79. n. 1. 20

Bellermann, Friedr., griechische Schulgrammatik, nebst Lesebuch. 2. Teil: Lesebuch. 6. Aufl. gr. 8. (VI, 170 S.) Leipzig 882, Felix. *
1. Teil. Ebendas. 1878. *ℳ 3.

Bellermann, Frdr., griechische Schulgrammatik, nebst Lesebuch. 2 Thle. gr. 8. Leipzig 886. Felix. n. 4. 20
1. Grammatik. 5. Aufl. (XII, 296 S.) n. 3. —
2. Lesebuch. 7. Aufl. (VI, 170 S.) n. 1. 20

Bellermann, F., griechische Schulgrammatik, nebst Lesebuch. 2. Tl. Lesebuch. 8. Aufl. gr. 8. (VI, 172 S.) Leipzig 888. Felix. n. 1. 20

Bellermann, Frdr., griechische Schulgrammatik u. Lesebuch. 2 Tle. gr. 8. Leipzig 897. A. Felix. Geb. n.n. 4. 50
1. Grammatik. 6. Aufl. (XI, 196 S.)
Geb. in Leinw. (nur geb.) n.n. 3. —
2. Lesebuch. 9. Aufl. (VI, 179 S.) n. 1. 20; geb. n. 1. 50

Bellermann, Frdr., griechische Schulgrammatik nebst Lesebuch. 1. Tl. Grammatik. 7. Aufl. (XIV, 212 S.) 8. Leipzig 907. O. R. Reisland. Geb. nn 3. —

Bellermann, Friedrich: De Graeca verborum timendi structura, s.a. B e l l e r m a n n , Johann Joachim

Bellermann, F.: De Graeca verborum timendi structura. Pr. 1888. 24 S. 4°. 1.—

Bellermann, Friedrich: V e r z e i c h n i s der... geschenkten Musikalien, s.a. B e l l e r m a n n , Heinrich

Bellermann, Friedr.: Verzeichniß der größtentheils von Sigismund Streit dem grauen Kloster geschenkten Musikalien. 13 S. Progr. Berlin Gr. Kl. 1856.

Bellermann, Gustav: Der Baum des Gramoflanz. Romantische Oper. 1862 s. *Bellermann,* Heinrich.

Bellermann, Gustav [Dr.]: Beweis aus der neueren Raumtheorie für die Realität von Zeit und Raum und für das Dasein Gottes. Berlin, R. Gaertners Verlagsbuchh. H. Heyfelder, 1889; 30 S. 1 Taf. 4°
Berlin. Königst. RG, OP 1889 (95)

Bellermann, G., Epicycloiden und Hypocycloiden. Jena. *64 p. u. 1 Taf. in fol.*
Schul-/Univ.-Schrift

Bellermann G. Epicycloiden und Hypocycloiden. 1867. 8.
Math. Diss. Jena

— Epicycloiden und Hypocycloiden. — Berlin: Lüderitz 1867. 64 S. 8°
Zugleich Diss. Jena 1867.
1:Oe 5210. 7. 12:Astr. P. 11. 21. 27. 29. 83.
16.

Bellermann, G[ustav], Prof. Dr.: Gedächtnisrede auf Herrn Professor Dr. Schwannecke, gehalten am 1. Februar 1899. (Umschlagt.: Zur Geschichte des Königstädtischen Realgymnasiums. Vier Gedächtnisreden ...) *Berlin: R. Gaertner 1902.* (S. 3—7.) 4°
Berlin, Königstädt. RG, OP 1902 (109)

— Gudrun. Schauspiel. — Berlin: Freund & Jeckel 1900. 200 S. 8° 1:Ys 31124. 11. 30. 38.
16.

— Tyrfing. Romantische Tragödie. — Berlin: Freund & Jeckel 1900. 120 S. 8° 1:Ys 31116. 11. 30. 38.
16.

Bellermann, Heinrich

Bellermann, Heinr., Anfangsgründe der Musik f. den ersten Sing-Unterricht auf Gymnasien u. Realschulen. 6. verm. u. verb. Aufl. 8. (16 S.) Berlin 873. Bahn. n.n. — 30

Hiervon erschirt e. Ausg. im Violinschlüssel u. e. Ausg. im Sopranschlüssel.

Bellermann, Heinr., Anfangsgründe der Musik für den ersten Sing-Unterricht auf Gymnasien und Realschulen. 7. Aufl. 8. (16 S.) Berlin 876, Bahn. *

Bellermann, Heinrich: Der Baum des Gramoflanz. Romantische Oper ... von Gustav Bellermann. In Musik gesetzt von Heinrich Bellermann. — Berlin 1862: Jahncke. 41 S. 8° 1:Mus. Tb 450. 27. 16.

[Bellermann, Heinrich.] Friedrich Bellermann. Seine Wirksamkeit auf dem Gebiete der Musik. (Sep.-Abdr. aus der „Allg. Musikalischen Zeitung", 1874.) Leipzig und Winterthur 1874.

[—] Friedrich Bellermann. Seine Wirksamkeit auf d. Gebiete d. Musik. — Leipzig [usw.]: Rieter-Biedermann 1874. 30 S. 8°
Aus: Allgemeine musikalische Zeitung. 9. 1874.
1:Mus. Db 1107. 4. 5. 30. 16.

—— Franconis de Colonia artis cantus mensurabilis caput XI, de discantu et ejus speciebus. Text, Uebersetzung und Erklärung. gr. 8. (31 S.) Berlin 874, Weidmann'sche Buchh. *
Aus: Festschrift zur 3. Säcularfeier des Berliner Gymnasiums zum grauen Kloster, besonders abgedruckt.

Bellermann, H.: Über die Entwickelung der mehrstimmigen Musik. Vortrag. Berlin. Schul-/Univ.-Schrift 1867.

— Über die Entwicklung der mehrstimmigen Musik. Vortrag. — Berlin: Sacco 1867. 40 S. 8°
1:Mus. Cb 259. 11. 12:Mus.Th. 352. 14. 17. 21. 302. 16.

— August Eduard Grell. — Berlin: Weidmann 1899. VI, 220 S. 8° 1:Mus. Dg 490. 3. 5. 7. 10. 11. 12:Mus.Th. 4738cm. 14. 18. 26. 300:97.825-B. 16.

— Die Grösse der musikalischen Intervalle als Grundlage der Harmonie. — Berlin: Springer 1873. VIII, 93 S. 8°
1:Mus. Gb 175. 5. 7. 10. 11. 12:Mus.Th. 353. 14. 24. 30. 300:59.683-B. 302. 16.

Bellermann, Heinr., Hülfsbüchlein beim Gesang-Unterricht in den unteren Klassen höherer Lehranstalten. 8. Aufl. der Anfangsgründe der Musik f. den ersten Sing-Unterricht auf Gymnasien u. Realschulen. Ausg. im Sopran- oder C-Schlüssel. 8. (IV, 32 S.) Berlin 881. Springer. n. — 50

—— dass. — 9. Aufl. Ausg. im Violin- oder G-Schlüssel. 8. (IV, 32 S.) Ebendas. 881. *

—— Hülfsbüchlein beim Gesang-Unterricht in den unteren Klassen höherer Lehranstalten. 10. Aufl. der Anfangsgründe der Musik für den ersten Sing-Unterricht auf Gymnasien und Realschulen. Ausg. im Sopran-Schlüssel [dem C-Schlüssel auf der ersten Linie]. 8. (IV, 32 S.) Ebendas. 885. **

Bellermann, H., Hülfsbüchlein beim Gesangunterricht in den unteren Klassen höherer Lehranstalten. 11. Aufl. Ausgabe im Violin-Schlüssel [dem G-Schlüssel auf der 2. Linie]. 8. (VI, 125 S.) Berlin 887. Springer. n. — 50

Bellermann, Heinr. Hülfsbüchlein beim Gesamt-Unterricht in den unteren Klassen höherer Lehranstalten. 12. Aufl. der Anfangsgründe der Musik für den ersten Sing-Unterricht auf Gymnasien u. Realschulen. Ausg. im Violin-Schlüssel [dem G-Schlüssel auf der zweiten Linie]. kl. 8. (32 S.) Berl. 889, Springer. * — 50

Bellermann, Heinr., Hülfsbüchlein beim Gesang-Unterricht in den unteren Klassen höherer Lehranstalten. 14. Aufl. der Anfangsgründe der Musik f. den 1. Sing-Unterricht auf Gymnasien. Ausg. im Sopranschlüssel (dem C-Schlüssel auf der 1. Linie). 8. (IV, 32 S.) Berlin 893. J. Springer. n.n. — 50

— Hülfsbüchl. beim Gesang-Unterr. in d. unt. Klassen höh. Lehranst. 14. Afl. d. Anfangsgründe d. Musik f. d. 1. Sing-Unterr. auf Gymnasien u. Realsch. Ausg. im Violin-Schlüssel (d. G-Schlüssel auf d. 2. Linie). (32) 8° Berl., Weidmann'03. nn — 50 d

Bellermann, Heinr., Hülfsbüchlein beim Gesang-Unterricht in den unteren Klassen höherer Lehreranstalten. 15. Aufl. der Anfangsgründe der Musik f. den ersten Sing-Unterricht auf Gymnasien u. Realschulen. Ausg. im Violin-Schlüssel (dem G-Schlüssel auf der zweiten Linie). (IV, 32 S.) gr. 8. Berlin 906. Weidmann. n.n. — 50

Bellermann, Heinr., Hülfsbüchlein beim Gesang-Unterricht in den unteren Klassen höh. Lehranstalten. 15. Aufl. der Anfangsgründe der Musik f. den ersten Sing-Unterricht auf Gymnasien u. Realschulen. Ausg. im Sopran-Schlüssel (dem C-Schlüssel auf der ersten Linie). (IV, 40 S.) 8. Berlin 908. Weidmann. — 60

Bellermann, Heinr.: Hülfsbüchl. b. Gesang-Unterr. in d. unt. Kl. höh. Lehranst. 16. Afl. d. Anfangsgründe d. Musik f. d. 1. Sing-Unterr. auf Gymn. u. Realsch. Ausg. im Violin-Schlüssel (d. G-Schlüssel auf d. 2. Linie). (4, 32) 8° Berl., Weidmann '10. — 50 d

Bellermann, Heinr., der Contrapunct oder Anleitung zur Stimmführung in der musikal. Composition. Lex.-8. (XVIII und 367 S. mit musikal. Beilagen und 4 Stnt. in Farbendr. in Lex.-8. und 4.) Berlin 861(62), Springer's Verlag. r

— Der Contrapunct [Kontrapunkt] oder Anleitung zur Stimmführung in d. musikalischen Composition. — Berlin: Springer 1862. XVIII, 367 S. 8° 1:Mus. Gb 174. 2. 4. 5. 7. 10. 11. 12:Mus.Th. 351. 300:607.918-B.M. 16.

—— Der Contrapunkt. 2., umgearb. u. verm. Aufl. Ebd. 1877. XVIII, 446 S. 8°
1:Mus. Gb 174². 3. 5. 7. 9. 11. 12:Mus.Th. 351a. 14. 16. 18. 21. 24. 38. 300:542.745-B.M. 302. 16.

—— 3. Aufl. Ebd. 1887. XVIII, 477 S. 8°
1:Mus. Gb 174³. 11. 300:395.602-B.M. 16.

Bellermann, H: Der Contrapunkt. 4. Afl. (480 m. 5 farb. Taf.) 8° Berl., J Springer'01. 14 —; L. 15.20

— Die Mensuralnoten und Taktzeichen des XV. und XVI. Jahrhunderts. — Berlin: G. Reimer 1858. VIII, 101 S. 4°
1:Mus. 4° Cb 261. 2. 5. 7. 9. 12:4° Mus.Th. 132 [2 Ex.] 14. 16. 17. 23. 24. 26. 30. 38. 40. 300:395.803-C.M. 302. 16.

—— 2. Aufl. (Hrsg.: Ludwig Bellermann.) Ebd. 1906. VIII, 135 S. 4° 1:Mus. 4° Cb 261². 3. 4. 6. 10. 11. 12:4° Mus.Th. 132a. 15. 18. 25. 26. 27. 30. 300:443.550-C.M. 16.

Bellermann, Heinrich: Verzeichnis der ... Musikalien, s.a. Bellermann, Friedrich

Bellermann, Heinrich. Verzeichniss der .... von Sigismund Streit dem grauen Kloster geschenkten Musikalien. Berlin 1856.

Bellermann, J.: Predigt am 21. Sonntage nach Pfingsten 1853, dem Sonntage nach der Beerdigung des in Gott ruhenden Hochwürdigsten Herrn Joseph Dittrich, Bischofs und apostol. Vicars etc. etc. in der K. katholischen Hofkirche zu Dresden. — Dresden [1853]: Blockmann. 14 S. 8° 15.
16.

— Worte des Trostes am Grabe der in Gott ruhenden Frau Marie Therese Rietz geb. Kindermann, Königlichen Kapellmeister Ehegattin gesprochen. — ([Dresden um 1860]: Ernst.) 8 S. 8° 14.
16.

Bellermann, J.B., s. B e l l e r m a n n , Johann Bartholomaeus

Bellermann, J.F., s.a. B e l l e r m a n n , Johann Friedrich

Bellermann, J.F.: V e r s u c h über die Gemmen der Alten..., s. B e l l e r m a n n , Johann Joachim

Bellermann, Jh. Joach., s. B e l l e r m a n n , Johann Joachim

Bellermann, Joh., St. Catharina. 8. (6 Bl. Text u. 6 Abbild.) Leipzig 847, Glyphograph. Institut. n. 1/6 ℛ

Bellermann, Johann: Specimen animadv. in novi foederis libr. ex Homeri Iliade. 4°. Erfurt 1785. Keyser.

Bellermann, Johann Bartholomaeus: Abbildungen und Beschreibung von 72 der vorzüglichsten Holzarten des Inn und Auslandes. — Erfurt: F. Bellermann 1788. 4 S., 72 Taf. mit je 1 Erl. Bl. 2° 9. 15 [unvolls t.]
16.

— Abbildungen zum Kabinet der vorzüglichsten in- und ausländischen Holzarten nebst deren Beschreibung. — Erfurt: Verf. 1788. 4 S., 60 Taf. mit je 1 Erl. Bl. 2° 300: 2777.
16.

Bellermann, Jh. Barth., Abbildd. zum Kabinet d. vorzügl. in- u. ausländ. Holzarten, nebst deren Beschreibung. 6 Lieferungen jede zu 1 Dutzend. Fol. Erfurt 788—95.

Bellermann, Joh. Barth., Holzkabinet d. vorzügl. in- u. ausländ. Holzarten. 1—6 Dtzd. Erfurt, 1788—95. Verf. 2. — Mit Abb. 4. —

Bellermann, Johann Friedrich, s.a. B e l l e r m a n n , Friedrich

Bellermann, Johann Friedrich: Anfangsgründe der griechischen Sprache mit Beispielen zum Lesen und Uebersetzen. Cursus 1. — Berlin [usw.]: Nauck 1824. 128 S. 8° 1: Vc 3790. 11. 26. 27. 40.
16.

— Drei anonyme Aufsätze über das Berlinische Gymnasium zum grauen Kloster und die Verwaltung der Streitschen Stiftung, aus der Leipziger allgemeinen Zeitung vom 7., 15. u. 21. April 1841 abgedruckt. Mit Anm. begleitet von Friedrich Bellermann. — Berlin: Förstner 1841. 45 S. 8° 1: Ay 13784. 109.
16.

— Friedrich Bellermann. Seine Wirksamkeit auf d. Gebiete d. Musik. 1874 s. *Bellermann*, Heinrich.

— Schlichte Betrachtungen über das Christenthum und die jetzigen Glaubensstreitigkeiten. — Berlin: Förstner 1846. 30 S. 8° 1: 22 in 4° Dn 4301. 3. 4. 11. 27. 40.
16.

Bellermann, J.F.: Fragmentum Graecae scriptionis de musica, e codd. editum. 25 S.
Progr. Berlin G.K. 1840.

— Fragmentum graecae scriptionis de musica e codicibus editum. (Programm-Abhandlung.) Berlin 1816.

— Zum Frieden in und mit der Kirche. — Berlin: G. Reimer 1869. 67 S. 8°
1: Theol. Flugschr. 1869–2. 4. 7. 11. 21. 27.
16.

Bellermann, Fr., die Hymnen des Dionysius u. Mesomedes. Text u. Melodieen nach Handschriften und den alten Ausgaben bearbeit. Mit 4 lithogr. Schrifttaf. gr. 4. Berlin 840. Förstner. n. 1 5/6 ℛ

— de versionibus nonnullis Tibull. 8. Jena 819.

— s.a. Anonymi scriptio de musica.

— Anonymi scriptio de musica. Bacchii senioris introductio artis musicae. Berolini 1841.

Bellermann, Johann Friedrich: De Graeca verborum timendi Structura (u. ähnl. Schriften), s.a. B e l l e r m a n n , Johann Joachim

— De Graeca verborum timendi Structura. — Berolini 1833: Nauck. 24 S. 8°
Zugleich Progr. Berlin, G. zum Grauen Kloster 1833
27.
16.

— Die Tonleitern und Musiknoten der Griechen. — Berlin: Förstner 1847. IV, 83 S. 4°
1: Mus. 4° Cb 258. 2→7. 9. 10. 11. 12: 4° Mus. Th. 128. 14→18. 21. 23. 24. 26. 27. 30. 40. 300: S.A. B 15. 302.
16.

Bellermann, Johann Joachim (Hrsg.), s.a. A b h a n d l u n g e n ökonomischen, technologischen, naturwissenschaftl. u. vermischten Inhalts.

Bellermann, Jh. Joach., Abhandl. ökonom., technol. u. naturwissenschaftl. Inhalts, 8. Erfurt 798, Hennings in Gotha. 8 gl

[—] [Ausz.] Kurzer Abriß der rußischen Kirche nach ihrer Geschichte, Glaubenslehren und Kirchengebräuchen aus Bemerkungen über Rußland in Rücksicht auf Wissenschaft, Kunst, Religion, und andere merkwürdige Verhältnisse. — Erfurt: Keyser 1788. 247 S. 8°
1: Uf 1451. 3. 5. 10. 12: H. eccl. 8. 15. 16. 17. 27.
16.

Bellermann, Joh. Joachim (Hrsg.), s.a. A l m a n a c h oder Übersicht der neuesten Fortschritte in den spekulativen und positiven Wissenschaften.

— Almanach oder Uebersicht d. neuesten Fortschritte in d. spekulat. u. positiv. Wissenschaften. 1r—6r Jahrg. 8. Erfurt 801—6. Keyser. 11 ℛ 15 gl Registerband dazu. 807. 1 ℛ 12 gl

— — Aenigmata Hebraica prov. 30, 15—19 explicat et ad examen vernum. 23., 24., 25. IV. in gymnas. senat. invit. nec non symbolas in bibliothecam et museum gymnasii per praeteritum semestre a benevolentibus. Erfurt (Joh. Chn. Goerling) 1798. 12 S. (3.—) 1980

Bellermann, Io. Ioach., Aenigmata Hebraica Prov. 30, 15-19 explicat. Aenigmatum Hebraicorum specimen tertium (et) quartum ad Prov. 30, 11 - 15 . . . (Programme)
Erfordiae 1798 - 1800.

— Aenigmatum Hebraicorum specimina 7 ad Jud. XIV, 12-19 et Prov. XXX, 11-31. — Ed. 2, em. — Helmstedt 1807. 37 S. 8° 23.
16.

— biblische Archäologie. Ein Handbuch zu Vorlesungen auf Universitäten u. Gymnasien. 8. Erfurt 812. Keyser. 14 gl

— Pr. Bemerkk. über phönizische u. punische Münzen, 1s—4s Stück. 8. Berl. 812—16.

— Bemerkungen über die phönizischen u. punischen Münzen. 2., 3. u. 4. Stück. Zu d. öffentl. Prüfung a. d. Berl.-Köllnisch. Gymnas. u. d. Köllnischen Schule. Bln. (Dieterici) 1814, 1815, 1816. 72, 76, 60 S. mit Biogr. u. Abb. a. d. Titel-Blatt. (je 4.—) 1988

— Bemerk. üb. Rußland s.a Bemerk.

[—] Bemerkungen über Rußland in Rücksicht auf Wissenschaft, Kunst, Religion und andere merkwürdige Verhältnisse. In Briefen, Tagebuchsauszügen u. e. kurzen Abriß der russischen Kirche. Th. 1. 2. — Erfurt: Keyser 1788. 8°
1: Uc 7620 [auch Th. 1 = 8° Bibl. Diez 1078]. 4. 7. 8.
12: Russ. 11. 14. 16. 23. 24. 26. 27. 302.
16.

— — IV. De bibliothecis et museis Erfordiensibus. Praecipue de rev. minist. aug. conf. Bibliotheca, part. I. Ad exam. autumn. Erfurt (J. Ch. Goerling) 6.—8. X. 1800. 8 S. (1.—) 1982

Bellermann, Johann Joachim, s. Cicero, Orationes XII.

– s. Cornelii Nepotis.

— über d. allegorische, metaphorische u. mythische Darstellungsweise, 4. Erfurt 790.

— Ueber das bisher bezweifelte Daseyn des Rattenköniges. Berlin: Nicolai 1820. X, 50 S. 8°
1: Ln 7305. 2. 3. 5. 8. 9. 11. 12: Zool. 31 q. 16. 17. 18.
25. 27. 30. 300: 19.004-A.
16.

— Denkmal auf H. A. Frank. gr. 8. Erfurt 802. (Otto). 3 gr

— — Einladung aller Beschützer, Gönner u. Freunde des Schulwesens z. d. öffentl. Prüfung a. d. Berlinisch-Köllnischen Gymnasium 26. III. u. a. d. Köllnischen Schule 28. III. Mit d. kurzen Nachricht v. d. Veränderungen a. d. Gymnasium u. d. Rede b. d. Uebernahme d. Direktion d. Gymnas. Bln. (Dieterici) 1804. 42 S., mit zahlr. kurz. Biographien. (4.80) 1983

— — Einladung zur Gedächtnissfeier der Wohlthäter d. Berlinischen Gymnasiums z. grauen Kloster. Bln. (Dieterici) 21. XII. 1825. 24 S. mit Namen. (3.50) 1989
Schulze, O., De bonarum litterarum communi inter se vinculo (1823).

— Einladung zur 3ten hundertjähr. Jubelfeier d. Reformationsfestes, welches in d. Berlin-Köln. Gymnas. zum grauen Kloster d. 6. Nov. 1817 veranstaltet wird; nebst e. Versuch über d. Gemmen d. Alten mit d. Abraxasbilde. 1s—3s Stück. gr. 8. Berl. 818 u. 19. Nicolai. 1 rß

— — Einladung an das Publikum zur Mitwirkung zu einer nützlichen Anstalt im hiesigen Rathsgymnasium. Bey Gelegenheit d. öffentl. Herbstprüfung. Erfurt (J. Ch. Görling) 10.—12. X. 1796. 12 S. (3.—) 1978

— — III. Ueber d. Entstehung u. Beschaffenheit der vorzüglichsten Bibliotheken, Naturalien- u. Kunstsammlungen in Erfurt, bes. über d. Kunstkammer i. d. evangel. Waisenhause; nebst d. 6. Nachricht v. d. Fortgange d. f. hies. Rathsgymnas. neu angelegt. Bibliothek u. d. Museums. Bei Gelegenheit d. Herbstprüfung. Erfurt (J. Ch. Görling) 7.—9. X. 1799. 12 S. (3.—) 1981

(—) Zur Erinnerung an den Hochwürdigsten Großmeister der Großen National-Mutter-Loge zu den drei Weltkugeln, Br. v. Guionneau und zunächst den Bbrn. unsers Bundes gewidmet. (Verf.: Bellermann u. Küster.) — Berlin 1829: Decker. 16 S. 8°
1: Nb 7925.

— Friderico Guilielmo III: cum conjuge Luisa Erfordiam ingredienti vota etc. 4. Erfurt 803.

[Gedicht.] Zur maurerischen Jubelfeier des Br. v. Guionneau. Berlin, den 7. Nov. 1824. [Von Joh. Joachim Bellermann. Berlin 1824]: Dieterici. 2 Bl. 8⁰ [Umschlagtit.]
„Sey uns gegrüsst zur feierlichen Stunde, …“

— Ueber die Gemmen der Alten mit dem Abraxas-Bilde. I. T. Pr. 1817. 68 S.
— — II. T. Pr. 1818. 46 S.
— — III. T. Pr. 1819. 47 S.

— biblische Geographie ist d. 2te—4te Thl. des Handb.

— Gymnasien-Programmen, 10 Stücke von 1795—1803. 4. Erfurt, Gerling. 2 rß (4s—10s Stck a. u. d. T.: de Bibliothecis Erfordiens.)

— Handbuch der biblischen Literatur. Th. 1-4. — Erfurt: Keyser 1787-99. 8°
1. 1787. 2. Biblische Geographie. 1790.
3. Fortgesetzte biblische Geographie. Uebriges Asien. 1793.
4. Beschluß d. bibl. Geographie. Afrika. Nebst d. Reg. 1799.
1 [°°1.2]: Bf 470-3.4. 4. 7. 12 [°°3.4.]: Ex. 92 [u.]
[°°1] Ex. 93-2/4. 16. 17. 18. 21. 24. 26. 27. 28.
16.

— — 2., verb. u. verm. Aufl. Th. 1.2. Ebd. 1796-1804. 8°
1. Biblische Archäologie. 1796.
2. Biblische Geographie. Th. 1. 1804.
Abweichend:
Th. 1 mit besonderem Titel: Bellermann: Biblische Archeologie [!]. 1812 im Ex. von 3 u. 14.
Th. 2 mit besonderem Titel: Bellermann: Biblische Geographie. Th. 1. 1804 im Ex. von 1 u. 14.
1: Bf 470-1. 2. 3. 8. 12 [°°2]: Exeg. 93-1. 14. 29.

[*Bellermann, Johann Joachim*]: *De libri Jobi Indole et artificiosa designatione. Erfordiae* 1793. [*Holzmann-Bohatta* I.377.]

[*Bellermann, Johann Joachim*]: *De Inscriptionibus hebraicis Erfordiae repertis. Erfordiae* 1793-94. [*Holzmann-Bohatta* I.376.]

— — De Phoenicum et Poenorum inscriptionibus cum duarum explicationis periculo. [Gymnasialprogramm.] Berolini 1810.

— Das graue Kloster in Berlin mit seinen alten Denkmälern als Franziskanerkloster und Gymnasium. [1.] — Berlin: Nicolai in Komm. 1824. 70 S. 8°
1-4 erschienen als Progr. Berlin, G. zum grauen Kloster 1823-26.
15.
16.

Bellermann, (Joh. Joach.,) das graue Kloster in Berlin mit s. alten Denkmälern, als Franziskanerkloster u., Gymnasium. 4 Stcke. gr. 8. Berlin 825 — 26. (Nicolai.)

Bellermann, J.J.: Das graue Kloster in Berlin. (Geschichl. Nachrichten 2r Zeitr. 3te Periode, von 1766 - 1826) 46 S.
Progr. Berlin G.K. 1826.

[*Bellermann*, Johann Joachim:] *De* XII *Lapidibus in Jordanis alveo erectis ad Jos.* IV 9. *Erfordiae* 1795. [Holzmann-Bohatta VII.108.]

Bellermann, Jh. Joach., geschichtl. Nachrichten aus den Alterthümern über Essäer und Therapeuten. 8. Berlin 821. (Heymann.) 2/3 rß

— Geschichtliche Nachrichten aus dem Alterthume über Essäer und Therapeuten. — Berlin: Maurer 1821. VIII, 197 S. 8°
1:Bh 6700 [u.] 6700a. 2→5. 7. 8. 10. 11. 12:H. eccl. 105. 14. 15. 17. 18. 21. 23→28. 30. 102. 302.

Bellermann, J. J., gesch. Nachr. üb. d. Essäer u. Therapeuten. Berl. 1821. 8.

Bellermann, Joh. Joach., Neustadt-Eberswalde mit sein. Fabriken, Alterthümern, Heilquellen, Umgebungen u. seltnern Pflanzen, mit d. Beschreib. d. Klosters Chorin, d. Cisterzienser-Ordens u. d. vorhand. Urkunden. M. 5 Abbild. in Kpfrst. gr. 12. (10½ B. u. Titlvign.) Berlin 829. [Leipzig, Nauck.]

– s. Ovidii metamorph.

– s. Phaedri fab. Aesop.

— s. M. Pinner, Compendium.

— drei Progr. über die Abraxas-Gemmen. Berlin, 820. 8. 1 rthl.

Bellermann
— **Jo. Joach.,** De ratione et methodo auctores, quos dicunt classicos, legendi gymnasiis conveniente (panegyrin autumn.) Erfurt (J. Ch. Goerling) 7. X. 1795. 8 S. (3.—) 1977

— Rede bei d. Einweihung d. neuen Lehrzimmer in d. K. Schule. 8. Berl. 813.

— — Rede bei der vorigen Gedächtnissfeier der Wohlthäter d. Berlin.-Kölnischen Gymnasiums, womit z. d. diesjähr. Feier einladet. Bln. (Dieterici) 18. XII. 1807. 27 S. mit Namen. (3.20) 1987
Köpke, Gg. Gust. Sam., Ueber d. ästhetischen Standpunkt der Römer im Vergleich mit den Griechen.

— Rede bei d. 400jähr. Jubelfeier d. Universität Erfurt. 8. Erfurt 792.

Bellermann, J.J.: Rede bei der dritten Säcular-Feier der Augsburger Confession, geh. 24. Juni 1830. 10 S.
Progr. Berlin G.K. 1832.

[Reden von Joh. Joachim **Bellermann** u. Sam. Christian Gottfr. Küster.] Zur Erinnerung an den Br. v. Guionneau und zunächst den BBrn unsers Bundes gewidmet. Berlin 1829: Decker. 16 S. 8⁰ [Umschlagtit.]

— Johann Joachim Bellermanns Rückreise aus Rußland. Nach seinen eigenen Aufzeichnungen hrsg. von H.B. — Berlin 1896. 45 S. 8°
Aus: Der Bär. 22. 1896. 5.

— Ueber die alte Sitte Steine zu salben, und deren Ursprung. — Erfurt: Keyser 1793. 24 S. 8°
4. 5. 7. 8. 12:4° Ant. 19 [2 Ex.] 15. 23. 28. 16.

Bellermann, Jh. Joach., üb. d. Scarabäen-Gemmen, nebst Versuchen, d. darauf befindl. Hieroglyphen zu erklären. 1s u. 2s Stck. gr. 8. Berl. 820, 21. (Nicolai). 16 gr.

— Skizzen über Rußland. — Straßburg: Akad. Buchh. 1792. 78 S. 8°
1:Ue 9776. 2. 17. 28. 302. 16.

Bellermann: Johann Joachim: De Graeca verborum timendi structura, s.a. Bellermann, Friedrich

Bellermann, J.J.: De Graeca verborum timendi structura. 22 S. Progr. Berlin G.K. 1833.

– s. Terentius, comoediae.

— d. Theologe, oder encyklopäd. Zusammenstell. d. Wissenswürd. u. Neuesten im Gebiete d. theolog. Wissenschaften. 8 Thle. 8. Erfurt 803—11. Hennings in Gotha. 8 rthl 12 gr.

— Die Urim und Thummim, die ältesten Gemmen. Ein Beitrag zur biblisch-hebräischen Alterthumskunde. — Berlin: Nicolai 1824. 112 S. 8°
1:Bi 1220. 2. 4. 5. 7. 8. 10. 11. 12:Exeg. 93 h. 14. 15. 17. 18. 21. 23. 24. 25. 28. 30. 300:71. Bb 51 [2 Ex.] 302. 16.

Bellermann, Johann Joachim, s. Urtheil gegen die Aechtheit der maurischen Urkunde.

— de usu palaeographiae hebraicae ad explicanda biblia sacra. 4. Erf. Hennings. 804.

Bellermann, Jo. Joach.: De usu palaeographiae Hebraicae ad explicanda Biblia Sacra. (Diss.) Halae et Erfordiae 1804.

— Versuch einer Erklärung der punischen Stellen im Pönulus des Plautus. 1. Stück. Zu d. öffentl. Prüfung a. d. Berlin.-Köllnisch. Gymnas. 31. III. u. d. Köllnisch. Schule 2. IV. Berlin (Dieterich) 1806. 80 S., mit zahlr. kurz. Biogr. v. Schülern. (4.80) 1984

— — Dasselbe. 2. Stück. Berlin 1807. 71 S. mit Biogr. (4.50) 1985

— — Dasselbe. 3. Stück. Bln. 1808. 55 S. mit Biographie. (4.—) 1986

— Versuch einer Erklärung der punischen Stellen im Pönulus des Plautus. 3 Programme. — Berlin: Maurer in Komm. 1808. 80, 71, 55 S. 8°
Zugleich Progr. Berlin, G. zum grauen Kloster 1806-08.
21. 4. 8. 16.

— Versuch einer Erklärung einiger morgenländischen Talismane, welche Glückwünsche sinnbildlich darstellen. — Erfurt: Beyer & Maring 1817. 28 S. 8°
1:N 2361. 4. 5. 7. 14. 17. 18. 27. 16.

— Versuch einer Erklärung einiger morgenländ. Talismanne, welche Glückwünsche sinnbildl. darstellen. Mit 1 Kpf. gr. 8. Erfurt 817. (Otto). 6 gr.

Jo. Joach. Bellermann Versuch über die Gemmen der Alten mit dem Abraxasbilde. 3 Stück. Berlin 1817 — 1819. 8. (Archaeologi opus, non medici; cfr. Jen. Allg. Lit. Zeit. 1821. N. 13.)

— Versuch einer Metrik der Hebräer. gr. 8. Berlin 813. (Heymann.) 1⅓ rthl

— Versuch über die Metrik der Hebräer. Eine Beilage zu d. hebräischen Sprachlehren u. zu d. Einleitungen in d. Schriften d. alten Testaments. — Berlin: Maurer 1813. XX, 255 S. 8°
1:Bi 8890 [u.] 8° Bibl. Diez 1504. 4→11. 12:L. as. 91. 14. 15. 17. 18. 21. 23. 24. 25. 27→30. 300:56 T 93.

— Verzeichniss der von dem Königl. Konsistorial-Rath u. Prof. Dr. Bellermann, dem Dr. med. Hildebrandt, dem Prediger Eccius und mehreren anderen hinterlassenen Bücher-Sammlungen. [Auktionskat.] — Berlin 1843: Preuß. Volksfreund. 432 S. 8°
1:Ap 1226. 16.

Bellermann, Johann Joachim: Phoeniciae linguae vestigior. Melitensi Spec. 1. 8⁰ maj. Berl. 1809. Maurer's B.

— — Von dem Werthe des Studiums der Naturwissenschaft auf Gymnasien, nebst d. erst. Nachricht v. d. Fortgange d. fürs hiesige Rathsgymnasium angefangenen Sammlung v. naturwiss. u. a. Merkwürdigkeiten aller Art. Bei Gelegenheit d. Frühlingsprüfung. Erfurt (J. Ch. Görling) 1. bis 3. V. 1797. 12 S. (3.—) 1979

— Pr., vom jetzigen Zustande d. Berl. Gymnasiums. 8. Berl. 811.

Bellermann, Konstantin, s. Bellermann, Constantin

Bellermann, Ludwig

Bellermann, L. (Mitarb.), s. a. Abriß der deutschen Grammatik.

—— J. Imelmann, F. Jonas, B. Suphan. Abriß der deutschen Grammatik. 2. u. 3. Aufl. 8. (36 S.) Ebd. 890,91. cart. * — 40

— J. Imelmann, F. Jonas u. B. Suphan, Abriß der deutschen Grammatik. 4. Aufl. 8. (36 S.) Ebd. 893. Kart. n. — 40

— J. Imelmann, F. Jonas, B. Suphan, Abriß d. deutschen Grammatik. 6. Aufl. 8. (36 S.) Ebd. 898. Kart. n. — 40

— J. Imelmann, F. Jonas, B. Suphan, Abriß der deutschen Grammatik. 7. Aufl. 2. Abdr. 8. (36 S.) Berlin 902. Weidmann. Kart. n. — 40

— J. Imelmann, F. Jonas, B. Suphan, Abriß der deutschen Grammatik. 9. Aufl. (36 S.) 8. Berlin 905. Weidmann. Kart. n. — 40

— J. Imelmann, F. Jonas, B. Suphan, Abriß der deutschen Grammatik. 10. Aufl. (36 S.) 8. Ebd. 908. Kart. — 40

— J Imelmann, F Jonas, B Suphan: Abr. d. deut. Grammatik. 11. Afl. (36) 8° Berl., Weidmann '10. geb. — 40 d

Bellermann, Ludwig: Beiträge zur Erklärung und Kritik des Sophokles. — Berlin: Weidmann 1874. 38 S. 8°
Aus: Festschrift zu d. dritten Säcularfeier d. berlinischen Gymnasiums zum grauen Kloster. 1874.
16.
16.

— [Hrsg.] s. *Bellermann*, Heinrich: Die Mensuralnoten und Taktzeichen des XV. und XVI. Jahrhunderts. 2. Aufl. 1906.

Bellermann, Ludwig: [Bericht über die Feier bei der Vollendung der Neubauten und Umbauten der Anstalt.] S. 18—23. 4.
Progr. Berlinisches Gymn. zum grauen Kloster *Berlin* 1905

Bellermann, Ludovicus: • Commentatio philologica chorici carminis Oedipi Colonei fabulae Sophocleae ⟨667—716⟩ praemissis prolegomenis de totius fabulae ratione atque consilio. 54 S. 4° (2°)
Halle-Wittenberg, Phil. Diss. v. 3. April 1861
Geb. [Berlin 7. 11. 1836]

— Schillers Dramen. Beiträge zu ihrem Verständnis. T.1.2. Berlin: Weidmann 1888–91. 8°
1:Yr 8820/12. 3→6. 9. 10. 11. 12:P. o. germ. 1275 r. 14→17. 21. 24. 27. 28. 300:185.565-B. 302.
16.

— — 2. Aufl. T.1.2. Ebd. 1898. 8° 1:Yr 8820/12a. 7. 8. 11. 14. 18. 25. 26. 29. 30. 38. 40. 302.
16.

— — 3. Aufl. T.1-3. Ebd. 1905. 8° 1:Yr 8820/123. 2. 5. 11. 12:P. o. germ. 1275 rd. 18. 30. 38. 302.
16.

— — 4. Aufl. T.1-3. Ebd. 1908. 8° 1:Yr 8820/124. 11. 15. 17. 24. 27. 302.

Bellermann, Ludwig [Dr. Dir.]: *Die Feier des achtzigsten Geburtstages des Fürsten von Bismarck an der Anstalt.* Berlin, Druck v. M. Driesner, 1896; 18—19 S. 4.
Berlin, Berlinisches G z. grauen Kloster, OP 1896 (51)

Bellermann, Ludwig [Dr. Dir.]: *Gedächtnisrede auf Professor Dr. Adelbert Hoppe, gest. am 16. März 1894.* Berlin, Druck v. M. Driesner, 1895; 16—21 S. 4.
Berlin, Berlinisches G z. grauen Kloster, OP 1895 (52)

Bellermann, Ludwig [Dr. Dir.]: *Paul Heucke, gest. am 3. März 1893.* Berlin, Druck v. M. Driesner, *1893;* 23—24 S. 4.
Berlin, Königstädt. G, OP 1893 (60)

— Inwiefern fördert der altsprachliche Unterricht ein tieferes Verständnis der modernen Literatur? Vortrag. — Leipzig: Dürr 1906. 19 S. 8°
12:Paed. Th. 409 l. 15. 24. 27. 38.

—: *Lebensabriß Dr. Heinrich Bellermanns, des in den Ruhestand tretenden Gesanglehrers der Anstalt.* 4 (S. 21—22 der Schuln.). Progr. Berlinisches G. z. grauen Kloster *Berlin* 1899

Bellermann, Ludwig [Dr. Dir.]: *Lebensabriss des Professors Dr. Rudolf Bollmann.* Berlin, Druck v. M. Driesner, 1896; S. 20. 4.
Berlin, Berlinisches G z. grauen Kloster, OP 1896 (51)

Bellermann, Ludwig [Dr. Dir.]: *Lebensabriss des Direktors Dr. Friedrich Hofmann.* Berlin, Druck v. M. Driesner, 1894; 17—18 S. 4.
Berlin, Berlinisches G z. grauen Kloster, OP 1894 (52)

Bellermann, L., s. a. Lesebuch, deutsches, f. höhere Lehranstalten.

Bellermann, L., J. Imelmann, F. Jonas, B. Suphan, deutsches Lesebuch für höhere Lehranstalten. 1. Tl. Sexta. gr. 8. (VIII, 248 S.) Berlin 881. Weidmann. geb. n. 1. 60

— — — — dasselbe. 2. Tl. Quinta. gr. 8. (VIII, 270 S.) Ebend. 882. geb. n. 1. 60

— — — — dasselbe. 3. Tl. Quarta. gr. 8. (VI, 268 S.) Ebend. 882. geb. n. 1. 60

—— J. Immelmann, F. Jonas und B. Suphan, deutsches Lesebuch für höhere Lehranstalten. Vorschule (Unter- und Oberstufe) und 1.—5. Tl. gr. 8. Ebendas. *
Inhalt:
Vorschule. Unterstufe. 2. Klasse. (VIII, 172 S.) 885. *ℳ 1.40.
" Oberstufe. 1. Klasse. (VIII, 204 S.) 886. *ℳ 1.60.
Tl. 1. Sexta. 2. Aufl. (VIII, 251 S.) 883; 3. Aufl. (VIII, 234 S.) 887. *ℳ 1.80.
" 2. Quinta. 2. Aufl. (VI, 286 S.) 883; 3. Aufl. (VI, 258 S.) 883. *ℳ 1.80.
" 3. Quarta. 2. Aufl. (VI, 270 S.) 886. *ℳ 1.80.
" 4. Unter-Tertia. 1. Aufl. (IV, 270 S.) 884; 2. Aufl. (IV, 250 S.) 888. *ℳ 1.80.
" 5. Ober-Tertia. (VI, 279 S.) 886. *ℳ 2.—.
Anhang dazu, s. Abriß der deutschen Grammatik.

— — — — deutsches Lesebuch f. höhere Lehranstalten. Vorschule. Unter- u. Oberstufe. 2. Aufl. gr. 8. Ebd. 891. Geb. in Leinw. n. 3. 40
Unterstufe: 2. Klasse. (VIII, 224 S.) n. 1. 60
Oberstufe: 1. Klasse. (VIII, 235 S.) n. 1. 80

Bellermann, Ludw., J. Imelmann, F. Jonas u. B. Suphan, deutsches Lesebuch f. höhere Lehranstalten. 1., 2. u. 5. Tl. gr. 8. Berlin, Weidmann. Geb. in Leinw. n. 5. 60
1. Sexta. 4. Aufl. 2. Abdr. (VIII, 232 S.) 893. n 1. 80
2. Quarta. 3. Aufl. 2. Abdr. (258 S.) 893. n. 1. 80
5. Obertertia. 2. Aufl. (VI, 2.5 S.) 893. n. 2. –

— — — — dasselbe. 1.—4. Tl. gr. 8. Ebd. Geb. in Leinw. à n. 1. 80
1. Sexta. 5. Aufl. (VIII, 234 S.) 898.
2. Quinta. 4. Aufl. (VI, 272 S.) 898.
3. Quarta. 3. Aufl. 2. Abdr (VI, 251 S.) 895.
4. Unter-Tertia. 2. Aufl. 2. Abdr. (IV, 250 S.) 894.

— — — — dasselbe. 1. u. 2. Tl. Ausg. f. Thüringen. gr. 8. Ebd. 898. Geb. in Leinw. à n. 2. —
1. Sexta. 5. Aufl. (VIII, 234 S. u. 18 S.)
2. Quinta. 4. Aufl. (VI, 272 u. 20 S.)

— — — — dasselbe. 3.—5. Tl. Ausg. f. Thüringen. gr. 8. Ebd. Geb. in Leinw. n. 6. 20
3. Quarta. 3. Aufl. 2. Abdr. (VI, 251 u. 24 S.) 895. n. 2. —
4. Unter-Tertia. 2. Aufl. 2. Abdr. (IV, 256 u. 27 S.) 894. n. 2. —
5. Ober-Tertia. 2. Aufl. (VI, 285 u. 19 S.) 892. n. 2. 20

— — — — deutsches Lesebuch f. höh. Lehranst. Vorschule. Unter- u. Oberstufe. 3. Aufl. gr. 8. Ebd. 898. Geb. in Leinw. n. 3. 40
Unterstufe: 2. Klasse. (VIII, 224 S.) n. 1. 60
Oberstufe: 1. Klasse. (VIII, 230 S.) n. 1. 80

— — — — deutsches Lesebuch f. höhere Lehranstalten. Vorschule. 3. u. 4. Tl. gr. 8. Ebd. Geb. in Leinw. n. 4. —
3. Quarta. 4. Aufl. (VI, 251 S.) 901. n. 1. 80
4. Unter-Tertia. 3. neubearb. Aufl. (VI, 309 S.) 902. n. 2. 20

— — — — dasselbe. Oberstufe: 1. Klasse. 4., nach der neuen Rechtschreibg. gedr. Aufl. (VIII, 239 S.) gr. 8. Ebd. 903. Geb. in Leinw. n. 1. 80

— — — — dasselbe. Vorschule. Unterstufe: 2. Klasse. 4., nach der neuen Rechtschreibg. gedr. Aufl. (VIII, 224 S.) gr. 8. Ebd. 903. Geb. in Leinw. n. 1. 60

— — — — deutsches Lesebuch f. höhere Lehranstalten. 1.—3., 5. u. 6. Tl. gr. 8. Ebd. Geb. in Leinw. n. 10. —
1. Sexta. 6., nach der neuen Rechtschreibg. gedr. Aufl. (VIII, 242 S.) 903. n. 1. 80
2. Quinta. 5., nach der neuen Rechtschreibg. gedr. Aufl. (VI, 287 S.) 903. n. 2. —
3. Quarta. 5., nach den neuen Rechtschreibg. gedr. Aufl. (VI, 257 S.) 903. n. 2. —
5. Ober-Tertia. 3., nach der neuen Rechtschreibg. gedr. Aufl. (VI, 295 S.) 903. n. 2. —
6. Sekunda. (VI, 304 S.) 904. n. 2. 20

— — — — Deutsches Lesebuch f. höhere Lehranstalten. 1. u. 3. Tl. 8. Ebd. Geb. 3. 80
1. Sexta. 7. Aufl. (VIII, 242 S.) 909. 1. 80
3. Quarta. 6. Aufl. (VI, 257 S.) 908. 2. —

— — — — Deut. Lesob. f. höh. Lehranst. 2. u. 4. Tl. 8° Ebd. d
2. Quinta. 6. Afl. (6, 287) '10. L 2 —; m. Anh. f. Thüringen. Hrsg. v. L Weniger. (6, 287 u. 20) '10. 2.20 ‖ 4. Unter-Tertia. 4. Afl. (309) '11. 2.20

Bellermann: De metris Sophoclis veterum rhytmicorum doctrina explicandis. 44 S.
Progr. Berlin Kl. 1864.

Bellermann, Ludwig [Dir. Dr.]: *Rede bei der Gedächtnisfeier für Oberl. Prof. Dr. Ernst Fischer, gest. am 21. Sept. 1891.* Berlin, Druck v. M. Driesner, *1892;* 21—25 S. 4.
Berlin, Königst. G, OP 1892 (60)

—: [Rede bei der Gedächtnisfeier für den am 16. November 1901 verstorbenen Professor Dr. Paul Geppert.] S. 20—22 der Schuln. 4.
Progr. Berlinisches Gymn. zum grauen Kloster *Berlin* 1902

Bellermann, Ludwig: [Rede bei der Gedächtnisfeier für den am 22. Juni 1901 verstorbenen Prof. Dr. Julius Heidemann.] S. 18—20 der Schuln. 4.
Progr.

Bellermann, Ludwig, Dir. Dr.: [Rede bei der Gedächtnisfeier der Schule für den Fürsten von Bismarck am 2. Sept. 1898.] *Berlin 1899: M. Driesner.* (S. 17–20.) 4°
Berlin, Berlinisches G zum grauen Kloster, OP 1899 (51)

Bellermann, Ludwig, Dr., Dir.: [Reden bei den Gedächtnisfeiern für den am 22. Juni 1901 gestorbenen Prof. Dr. Julius Heidemann und für den am 16. November 1901 gestorbenen Prof. Dr. Paul Geppert.] *Berlin 1902: M. Driesner.* (S. 18—22.) 4°
Berlin, Berlinisches G zum grauen Kloster, OP 1902 (53)

Bellermann, Ludwig *Rücktritt des Direktors Dr. Friedrich Hofmann.* 4 (S. 17—18 der Schuln.).
Progr. Berl. G. zum grauen Kloster *Berlin* 1894

Bellermann, Ludw., Schiller, s.a. **Dichter u. Darsteller.**

Schiller. Von Ludwig Bellermann. *Leipzig, Berlin, Wien: E. A. Seemann 1901.* (259 S.) 4°(8°) [F.]
— Dichter u. Darsteller. 7. [04. 9885

Bellermann, Ludw., Schiller. 2. verb. Aufl., m. 16 Bildnissen. (VIII, 364 S.) gr. 8. Leipzig 911. E. A. Seemann. 8.—; geb. 8. 60

— Schiller als protestantischer Dichter. Vortrag. — Berlin: Nauck 1905. 23 S. 8° 1:Av 11322/264. 11. 38. 16.

— Naucks Sophoclescritik. S.-A. 1898. 49 S.

Bellermann, Ludwig Kaiser Wilhelms Tod. 4 (S. 19—23 der Schuln.).
Progr. Königstädt. G. *Berlin* 1888

—, *Worte der Erinnerung an den am 3. März 1893 heimgegangenen wissenschaftlichen Hülfslehrer Paul Heucke.* 4 (S. 23—24 der Schuln.).
Progr. Königstädtisches G. *Berlin* 1893

Bellermann, Ludwig: *Worte bei der Gedächtnisfeier der Anstalt für den Fürsten v. Bismarck am 2. Sept. 1898.* 4 (S. 17—20 der Schuln.).
Progr. Berlin. G. z. grauen Kloster *Berlin* 1899

Bellermann, Ludwig *Worte bei der Gedächtnisfeier für den am 21. Spthr. 1891 verstorbenen Oberlehrer Prof. Dr. Ernst Fischer.* 4 (S. 21—25).
Progr. Königstädtisches G. *Berlin* 1892

Bellermann, Ludwig *Worte bei der Gedächtnisfeier für Gustav Hinrichs.* 4 (S. 19—22 der Schuln.).
Progr. Königstädt. G. *Berlin* 1887

—, *Worte bei der Gedächtnisfeier für den am 16. März 1894 in Rostock verstorbenen Professor Dr. Adelbert Hoppe.* 4 (S 16—21 der Schuln.).
Progr. Königstädtisches G. *Berlin* 1895

—: [Worte bei der Gedächtnisfeier für den am 16. August 1909 verstorbenen Prof. Dr. Richard Ullrich.] S. 19—23. 4.
Progr. Berlinisches Gymn. zum grauen Kloster *Berlin* 1910

Bellermann, Wolfgang: Der Erbschaftsanspruch bei Erbschaftsveräußerungen. — Berlin: Vahlen 1910. 63 S. 8° 1:Gn 13385. 11. 29. 16.

Belleroche, Alphons, f. **Bressanvido, ausführl. Katechese.**

Bellerofon, s. Bellerophon

Bellerode, Bruno: Beiträge zu Schlesiens Rechtsgeschichte. H. 1–5. — Breslau: Trewendt 1897–1902. 8°
1. Geschichtliche Untersuchungen über d. Pleßer Lehnsurkunden. ⟨1474-1500⟩. 1897.
2. Urkunden über d. Besitz- u. Rechts-Verhältnisse d. Herrschaft Pleß 1517-1854. 1898.
3.4. Bergbau-Vorrechte in d. Herrschaft Pleß in Oberschlesien. Th. 1.2. 1899-1900.
5. Älteste Urkunde über Myslowitz von 1360 u. Betrachtungen über d. Terminologie in d. schlesischen Urkunden d. Mittelalters. 1902.
1:Gu 12855. 2. 5. 7. 10. 12: J. germ. 8 ts. 14. 15. 25. 300: 407.091–B. 302.

Bollerode, B., Bergbauvorrechte in der Herrschaft Pleß in Oberschlesien. 2 T. Berlin, 1899—1900. 290 S.

— Das Tiele-Winckler'sche Privatbergregal in Oberschlesien Urkundlich u. kritisch dargest. — Breslau: Trewendt 1897. X, 232 S. 8°
Nebent.: Das Tiele-Winckler'sche Bergregal.
25. 40. 16.

Bellerophon, s.a. Prittwitz und Gaffron, H. W. von.

Bellerophon, d. tapfern, mit seiner unvergleichl. Prinzessin Philonde Gesch. 8. Langensalze. 743.

Bellerofon. Ernsthaftes Singspiel in 5 Aufz. München 1785. V: *Binder, Freiherr von Krügelstein, Joh. Frdr. von.* (GGr)

Bellerofon. Ernsthaftes Singsp. 8, München. (Stage in Augsb.). 785

Bellerophon oder: Das in die preussische Krone verwandelte Wagen-Gestirn an dem frohen Vermählungsfeste Sr. kön. Majest. von Preussen Friderici I. ... in einer Operetta auf dem grossen hamb. Schauplatz aufgeführet. Im J. 1708. V: *Feind, Barthold.* (schr)

Bellerophon; ernsthaftes Schauspiel. München 1785. V: *Binder, Johann Friedrich.* (Ky)

Bellerophon; Ernsthaftes Schauspl. (von Jh. Fr. Binder). 8° Münch. 1785. (v. Jenisch u. Stage in Augsb.)

Bellerophon oder der geschlagene Grattenauer nebst einer Dedication an den Teufel. Hamburg 1803. V: *Fränckel, Johann Caspar.* (schr.)

Bellerophon, od. der geschlagene Grattenauer, a. d. Fr. v. Lafrank. 8. Hamburg, Nestler. 803.

Bellersheim: Manière nouvelle de defendre (und deutsche Ausgabe), s. Bellersheim, P.F.

Bellersheim, G. v., Möbel-Dekoration f. d. Herrenzimmer, s.: Vorlagen f. Brandmalerei.

Bellersheim, G. v., Möbel-Entwürfe zu d. Herren-Zimmer unter Benutzung heraldischer Motive, s. Vorlagen f. Brandmalerei.

Bellersheim, G. F., s. Bellersheim, P. F.

Bellersheim, Johann Georg: Joannis Georgii Bellersheimii Exercitationes typico-propheticae de fatis Christi insignioribus, mysticis in fatis Ecclesiae et unoquoque fideli. Herbornae Nass.: Andreae 1718. 460 S. 8° 7. 18. 21. 27. 16.

Bellersheim, Max Freiherr von, Referendar: Der Anspruch der Postverwaltung auf Rückforderung des auf Grund einer Postanweisung ausgezahlten Betrages, falls dieser nicht eingezahlt ist. Darmstadt 1906: C. W. Leske. (XII, 65 S.) 8°
Marburg, Jur. Fak., Ref. André, Diss. v. 21. April 1906
[Geb. 19. Aug. 80 Frag; Wohnort: Frankfurt a. M.; Staatsangeh.: Preußen; Vorbildung: Landessch. Pforta Reife O. 00; Studium: München 1, Berlin 5 S.; Rig. 29. März 04.]

Bellersheim, Max v.: Rückforderung e. Betrages. 1906. Jur. Diss.

Bellersheim, P. F. v.: Nouvelle Manière de défendre et de fortifier les places irrégulières. A l'usage de ceux qui ne sont pas géomètres. — Francfort s. M.: Broenner 1767. 196 S. 8°
Deutsche Ausg. s. *Bellersheim:* Neue Methode, irreguläre Vestungen zu vertheidigen. 1767.
1: 4° Hy 20535. 2. 7. 12: App. mil. 10a. 17. 24. 26. 30. 16.

— Neue Methode, irreguläre Vestungen zu vertheidigen, zu verstärken, und auf allen Seiten gleich stark zu befestigen. — Frankfurt a. M.: Brönner 1767. 224 S. 8°
Franz. Ausg. s. *Bellersheim:* Nouvelle Manière de défendre et de fortifier les places irrégulières. 1767.
1: 4° Hy 20532. 7. 12: App. mil. 10. 17. 18. 23. 24. 26. 30. 40. 16.

Bellersheimius, Johannes Georgius s. *Bellersheim,* Johann Georg.

Bellerstein, Ludwig [Referendar]: Die Rückgabe der verkauften Sache in Fällen der Actio redhibitoria ... M.-Gladbach, Druck v. W. Hütter, 1896; 48 S. 8.
Erlangen, Jur. Fak., Inaug.-Diss. v. 1896

Bellery, ... Abhandl. über d. Schiffsmessungen. Aus d. Französ. mit Zusätzen v. D. Braubach. Mit 1 Kpf. 8. Bremen 792. Köhler in Leipz. 7 gr.

Bellery, üb. d. Schiffsmessungen, a. d. Franz. 8. Brem. Köhler. 792.

Bellesheim, Alfons: Wilhelm Cardinal Allen (1532–1594) und die englischen Seminare auf dem Festlande. — Mainz: Kirchheim 1885. XX, 316 S. 8° 1: Tr 7940. 2→7. 11. 12: Biogr. 25 fs. 14→17. 26. 30. 40. 102. 300: 163.166–B. 16.

— [Vorr.] s. *Allies,* Thomas William: Eine Entscheidung für das Leben 1881.

Bellesheim, Alph., die Elementarschulen im katholischen England, s.a. Broschüren, Frankfurter zeitgemäße.

Bellesheim, A., Die Elementarschulen im katholischen England. »Broschüren, Frankfurter zeitgemässe.« (30 S.) Frankfurt a. M. 1881. Foesser Nachf. --.40

— Die Elementarschulen im katholischen England. — Frankfurt a. M.: Foesser 1882. S. 237–264. 8° (Frankfurter zeitgemäße Broschüren. N. F. 3, 8.)
Im Exemplar von 1 u. 102 fehlt d. Haupttitel.
1: Ag 8981–N. F. 3, 8. 4. 5. 6. 12: H. misc. 47 rm–1882, III. 17. 25. 30. 38. 102. 16.

— Gedenk-Blätter auf die goldene Jubelfeier des Eucharistischen Clara-Vereins in Aachen 12. Okt. 1907. 1857–1907. Zsgest. von d. geistlichen Leiter d. Vereins. — Aachen [1907]: Jacobi. 24 S. 8°
Nebent.: Eucharistischer Clara-Verein [Klara-Verein] Aachen. 1857-1907.
38.

Bellesheim, A., Geschichte der katholischen Kirche in Irland von der Einführung d. Christenthums bis auf die Gegenwart. (In 3 Bdn.) 1. u. 2. Bd. gr. 8. Mainz 890. Kirchheim. n. 31. 60
1. Von 432—1509. Mit e. geogr. Karte. (XXXIX, 701 S.) n. 15. —
2. Von 1509—1690. Mit e. Karte Irlands v. J. 1570. (XXXV, 772 S.) n. 16. 60

Bellesheim, A, Geschichte d. kath. Kirche in Irland v. d. Einführg d. Christenthums bis auf d. Gegenwart. 3. Bd. Von 1690—1890. 8° (818 m. Portr. u. 1 Karte.) Mainz 91, F Kirchheim. 17.40 (kplt: 49 —)

— Geschichte der katholischen Kirche in Schottland von der Einführung des Christenthums bis auf die Gegenwart. Bd 1. 2. — Mainz: Kirchheim 1883. 8°
1: Ty 3627. 2→8. 10. 11. 12: H. eccl. 105 f. 14. 15. 17. 18. 24. 25. 26. 29. 38. 102. 302. 16.

— Der Eucharistische Kongreß in London. Vom 9. bis 13. Sept. 1908. — Mainz: Kirchheim 1908. 28 S. 8°
Aus: Der Katholik. 88. 1908.
17. 26. 38. 16.

— Kleines Leben der Heiligen. Das Leben u. Wirken d. Heiligen für alle Tage d. Jahres. 2., durchges. Aufl. — Köln: Bachem [1901]. XXVIII,732 S. 8° 1: Du 4754². 5. 38.
16.

Bellesheim, Alphons, kleines Leben der Heiligen. Das Leben u. Wirken der Heiligen f. alle Tage des Jahres. 8., durchgeseh. Aufl. Mit 2 Titelbildern v. Fr. Ittenbach. (XXVIII, 732 S.) 16. Köln (901). J. P. Bachem. Geb. in Leinw. n. 4. —

Bellesheim, Alphons, kleines Leben der Heiligen. Das Leben u. Wirken d. Heiligen f. alle Tage des Jahres. 2., durchgeseh. Aufl. Mit 2 Titelbild. v. Fr. Ittenbach. gr. 16. (XXVIII, 732 S.) (902). J. P. Bachem. Geb. in Leinw. n. 4. —

—— 4. Aufl. Ebd. [1908]. XXVIII,732 S. 8° 5.
16.

Bellesheim, Alphons, kleines Leben der Heiligen. Das Leben u. Wirken der Heiligen f. alle Tage des Jahres. 7.—10. Tausd. Mit 2 Titelbildern v. Fr. Ittenbach. (XXXII, 732 S.) 16. Köln (910). J. P. Bachem. Geb. in Leinw. 4. —

— Henry Edward Manning, Cardinal-Erzbischof von Westminster. (1808–1892.) Ein Lebensbild. — Mainz: Kirchheim 1892. XII,276 S. 8°
Erweitert aus: Der Katholik. 1.2. 1892.
1: Tu 9829. 2. 5. 11. 12: Biogr. 713 m. 14. 17. 18. 21. 24. 25. 28. 102. 302.
16.

— Giuseppe Cardinal Mezzofanti. Ein Lebensbild aus d. Kirchengeschichte d. 18. u. 19. Jahrhunderts. — Würzburg: Woerl (1879). 111 S. 8° (Katholische Studien. Bd 5, H. 9.10 – H. 57.58.)
In 1: Ar 8207 u. in d. Exemplaren von 3, 12, 14, 17, 30 u. 302 fehlt d. Titel d. Sammlung.
1: Bd 6856-5,9.10 [u.] Ar 8207. 3. 7. 12: Biogr. 778 [2 Ex.] 14. 17. 30. 38. 40. 302.
16.

— Guiseppe Cardinal Mezzofanti. Ein Lebensbild aus der Kirchengeschichte des 18. u. 19. Jahrh. gr. 8. (112 S.) Würzburg 880. Woerl. 1. 40

— Kleine Nachfolge der Heiligen. Kurze Lesestücke über Leben u. Wirken d. Heiligen auf alle Tage d. Jahres. — Köln: Bachem 1879. XX,372 S. 8° 5.
16.

— Plenarconcil der Bischöfe des lateinischen Amerika in Rom 1899. — o.O. [1899]. 26 S. 8°
Aus: Archiv für katholisches Kirchenrecht. 81. 1901.
11.
16.

— Der heilige Johannes Baptista de Rossi, Canonikus zu S. Maria in Cosmedin in Rom. Nach d. Proceßacten d. heiligen Rituscongregation dargest. — Mainz: Kirchheim 1882. 79 S. 8° 17. 26.
16.

Bellesheim, Julius: Führer durch Bingen am Rhein, Bingerbrück und Umgebung. — Bingen 1905: (Polex). 56 S. quer-8° 30.
16.

—— Bingen a. Rh.: May 1907. 60 S. quer-8° 26.
16.

—— (Bingen a. Rh. [1907]: Polex.) 60 S. quer-8° 17.
16.

Bellesini, Josef Anton: Rede an dem Tage der Erneuerung [!] des wienerischen Stadtmagistrats, welche ... den 20. des Wintermonats 1764 gehalten worden. — Wien [1764]: G. L. Schulz. 6 Bl. 8° 7. 302.
16.

Bellet, J. G. s. *Bellett*, John Gifford.

Belletri, Juliane Marie, (Ulr. Reiß), histor. Abhandl. üb. d. Kirchengeschichte vom 14n Jahrh. bis auf jetzige Zeiten. 8. Augsb. 774. Rieger. 10 kr.

Belletrist, der. Eine Sammlung der besten Erzählungen des In- und Auslandes für Leser aller Stände. Mit Illustrationen (Holzschn. im Text) von L. Löffler. 1—4. Bd. à 12 Liefgn. (à 5 Bgn.) Berlin 850—58. Falckenberg. gr. 4. Jede Liefg. 5 ngr.

Belletrist, der. Eine Sammlung der besten Erzählungen des In- und Auslandes für Leser aller Stände. 4—6. Bd. à 12 Lfgn. (à 5 Bog. mit eingedr. Holzschn.) gr. 4. Berlin 859—61, van Severen. à Lfg. 5 Ngr. à Jahrg.
1—3. Bd. Ebendas. 1856—58. à Bd. 2 Thlr.

Belletrist, der. Sammlg d. besten Erz. d. In- u. Ausl. Mit Illustr. v. L Löffler. 4. u. 5. Bd. à 12 Lfgn. (à 40) 4. Berl. 59. 60, Behrend. || 6. Bd. Berl. 61, Untze. (?) à 2. —

Belletrist. — Der abgefertigte Belletrist, bey Gelegenheit der Platner- und Wezelischen Streitigkeit. — o.O. 1782. 8 S. 8° 1: 7 an Sm 1375.
16.

Belletristen - Almanach.

Berlin 1780. 1781. H: *Erbstein, Carl Friedrich Wilhelm.* (MGT)

Belletristik! gediegene — Verlagsbericht der Expedition des Albums. Beilage zur „Stadt- und Vorstadtzeitung." Prag und Leipzig. Ostermesse 1856. Prag, 1856. Druck von Kath. Gerzabek. Zu Bestellungen empfiehlt sich: Eduard Hügel, Buchhändler in Wien. (32 S. 16.)

Bellett, John Gifford: Elisa. Kurze Betrachtungen über 2. Kön. 2-13. Nach d. Engl. von J. G. Bellett. — Elberfeld: Brockhaus 1897. 99 S. 8° 1: Bm 8751. 5.
16.

Bellett, J. G., s.a. Herrlichkeit, die, Jesu Christi, unseres Herrn, in Seiner Menschheit.

— [deutsch] Die Herrlichkeit Jesu Christi, unsers Herrn, in seiner Menschheit. 4. Aufl. — Elberfeld: Brockhaus 1891. 96 S. 8° 5.
16.

Bellett, JG: Die Herrlichk. Jesu Christi, uns. Herrn, in Sr Menschh. Aus d. Engl. 5. Afl. (96) Kl8° Elberf., R Brockhaus '07. 35 d

— [The opened Heavens, deutsch] Die geöffneten Himmel. Gedanken über d. Brief an d. Hebräer. — Elberfeld: Brockhaus 1901. 104 S. 8° ([Schriften zur Erbauung d. Gläubigen.] 257.) 1: Eq 260-257. 5.
16.

— der Sohn Gottes. Nach dem Engl. 8. (170 S.) Elberfeld 894. (R. Kaßbender.) n. — 70

v. Belleval, R., der heil. Franz v. Paula, siehe: Leben der Heiligen. 24. Lfg.

Belleville, Gabriel: Der Concurrenz-Anbau der Burgunderrübe in den Wiener Wald-Vierteln hervorgerufen durch die J. Fichtner'sche Preisausschreibung. — Wien: Selbstverl. 1878. 24 S. 8° 300: 66.170-A. 302.
16.

— Die Milch und deren Verwerthung. — Wien: Faesy & Frick 1879. XII,242 S. 8° (Land- u. forstwirtschaftliche Volksbücher. 8.)
Im Exemplar von 1 u. 300 fehlt d. Titel d. Sammlung.
1: Ov 26056. 300: 180.688-B. 302.
16.

— Die kleine Milchmaierin. — Veitsau: Selbstverl. 1885. 32 S. 8° **300: 166.081-B. 302.**

— Der Stalldünger und die Waldstreu. Nebst e. Anweisung zur Anlage von zweckmäßigen Düngerstätten u. Jauchenbehältern. — Wien: Faesy & Frick 1878. V,145 S. 8° **300: 66.215-A. 302.**
16.

— — 2. Aufl. Ebd. 1878. VIII,148 S. 8° **302.**
16.

Bellevue; in 6 Gesängen. 8. Berl. 801. Belitz. 6 gl.

Bellevue in Düsternbrook bei Kiel. Em. Barentzen & Co. lithogr Inst. [Kopenhagen.] o. J. 1 Bl. 4°, 28/36,5 cm.

Bellger, Heinrich Ferdinand
Bellger, Heinr. Ferd., histor. Beschreib. d. Stadt Colditz u. d. das. kgl. Schlosses in älterer u. neuerer Zeit. Nebst Titkpfr. u. 1 Uebersichtskarte v. d. Stadt Colditz (lith. in Fol.) Nach zuverläss. Quellen bearb. 8. (20¼ B.) Leipzig 832, (Günz.)

Bellger, Heinrich Ferdinand: Historische Beschreibung der Stadt Colditz und des dasigen königlichen Schlosses in älterer und neuerer Zeit. — Leipzig: Schaarschmidt & Volkmar in Komm. [1832]. XX,308 S. 8° 1: Sr 7950. **3. 5. 7. 14. 15. 23. 29.**
16.

Bellger, Joh. Heinr. (Leipzig), Disquisitio an maritus sumtus in funus uxoris factos ex concursu in hujus bonis orto repetere jure possit? Präs. Aug. Friedr. Schott. Lpz. (Langenheims Erben & Klaubarth) 6. X. 1780. 16 S. (3.50) 1990
Gew.: Chn. Wilh. Küstner (Paunsdorf).

BELLHARD, Ernst, und Kompagnie. Eine Alltagsgeschichte, die viel Wahres enthält, und mit komischen (stellenw. freien) Gemälden ausmöblirt ist. 2 Thle. Preßburg, bey Phil. Ulr. Mahler. 1789. 8°.
I: Tit., 2 Bl. Inh. u. 182 S. II: 190 S. — Rar!

Bellheim, Albert, od. d. Folgen d. jugendl. Leichtsinns, eine Gesch. voller Abenteuer. 8. Weißenfels, Böse. (Hinrichs.) 801.

Bellheim, Albert, od. die Folgen des jugendlichen Leichtsinns. Eine Geschichte voller Abenteuer. Neue Ausg. 8. Ebend. Hinrichs. 811.

Belli ab obitu Caroli VI. Imperatoris usque ad pacem Dreslae d. 25. Dec. 1745. Factam tam in Germania quam Belgio ob successionem Austriacam gesti Theatrvm geographice delineatum a L. J. Krausio, L. L. cult. curantibus Homannianis Heredibus A. 1748. 1: 1,300,000. 2 Bl.

Belli sacri, quinti, scriptores minores, sumptibus societatis illustrandis orientis latini monumentis ed. Rhold. Röhricht. gr. 8. (XLVIII, 242 S.) Genevae 879. (Leipzig, Harrassowitz.) n. 12. —

Belli, Adriano: Aufgaben für die Vorbereitung auf die deutsche Lehramtsprüfung. ⟨Temi di preparazione agli esami di diploma di lingua tedesca.⟩ — Como: Nani 1909. 56 S. 8° **7.**
16.

— Wechselseitige Einwirkungen der italienischen und deutschen Kultur. Influssi vicendevoli della civiltà italiana e tedesca. Noterelle tedesche per gl'Italiani studiosi di questa lingua. — Venezia 1905: Tipogr. Emiliana. 89 S. 8°
Text deutsch. 1: Rx 2453. **7.**
16.

— Der Lehrer der neueren sprachen. ⟨randbemerkungen zur frage d. lehrmethode im neusprachlichen schulunterricht.⟩ Venezia 1904: Tipogr. Emiliana. 60 S. 8° 1: V 1822/14. **4. 7. 10. 30.**
16.

— Streiflichter ins Leben und Weben in Ländern deutscher Zunge. La vita dei paesi tedeschi. ⟨Cenni in lingua tedesca per gli studiosi di questa lingua.⟩ — Como: Soc. ed. Roma 1908. 127,VIII S. 8° **7.**
16.

Belli, G.G., s. Belli, Giuseppe Gioacchino

Belli, Giacomo, Bibliothekar, Rom. 1886 [Hrsg.] s. *Belli, Giuseppe Gioacchino:*

Belli, Giuseppe Gioachino, s. Heyse, Paul, italien. Dichter seit der Mitte des 18. Jahrh.

Belli, Giuseppe Gioacchino:

— — [deutsch] Narrenspiegel der ewigen Stadt. Ausgewählte Lieder u. Satiren. In freier Übertr. von Albert Zacher. — Leipzig: Sattler 1906. XV,263 S. 8° 1: Xp 8497. **5. 12:** P. o. it. 110 vb. **30.**
16.

Belli, J: **Die rote Feldpost unterm Sozialistengesetz. Mit Einleitg: Erinnergn a. meinen Kinder-, Lehr- u. Wanderjahren.** (171) 8° Stuttg., JHW Dietz Nf. '12. Pappbd 1 — d

Belli, Karoline: Die unterbrochene Reise. Lustspiel von Frau Namenlos (d.i. Karoline Belli). — o. O. [um 1860]. 16 S. 8° **30.**
16.

Belli, Ludwig: Sally Rosenberg. S. Schott-Wallerstein. Frankfurt a. M. Auctions-Catalog des Dr. Ludwig Belli'schen Münzcabinets. Abt. 1-5. — Frankfurt a. M. 1904–1906: (Kumpf & Reis). 533 S., XV, XII Taf. 8°
Nebent.: Dr. Belli'sches Münzcabinet.
4[∞1.3/5] 7. 16[∞3.4]. 17[∞5]. 18[∞2/5]. **24. 30.**
16.

Belli, Maria, geb. Gontard: Interessante Briefe verstorbener Personen. Von M. Belli-Gontard. — Frankfurt a. M. 1870: Kumpf & Reis. 92 S. 8° **30.**
16.

— Kleine selbst erdachte Gedichte und solche von anderen Personen. Niedergeschrieben ... 1882 von Marie Belli-Gontard. — (Frankfurt a. M. [1882]: Kumpf & Reis.) 8 S. 8° **30.**
16.

— Vor mehr als hundert Jahren. Merkwürdige u. interessante Abdrücke aus d. in ganz Deutschland zuerst erschienenen Zeitungen. ⟨Gedr. u. hrsg. in Frankfurt a. M. in d. Jahren 1689–1782.⟩ Geordnet von Maria Belli-Gontard. — Frankfurt a. M.: Alt in Comm. 1870. 259 S. 8° 1: Ae 1403. **3. 4. 5. 7. 8. 11. 12:** Eph. pol. 3 k. **14. 15. 17. 21. 24. 25. 30.**
16.

Belli, Maria, geb. Gontard s.a. **Leben in Frankfurt a. M.**

— Leben in Frankfurt am Main. Auszüge d. Frag- u. Anzeigungs-Nachrichten ⟨d. Intelligenz-Blattes⟩ von ihrer Entstehung an im Jahre 1722 bis 1821. Bd 1–10. — Frankfurt a. M. 1850–51 (: Krähe in Offenbach.) 8° 1: Si 5320; Bibl. Varnh. 1116 [u.] 1117. **3. 5. 7. 8. 10. 11. 12:** Germ. sp. 30 o. **14. 15. 17. 18. 21. 24. 26→30. 38. 300:** 9037-B. **302.**
16.

Belli-Gontard, Marie, Lebens-Erinnerungen. 8. (VIII, 324 S.) Frankfurt a. M. 872. Diesterweg. n. 4. —

— Lebens-Erinnerungen von M. Belli-Gontard. — Frankfurt a. M.: Hermann 1872. 324 S. 8° 1: At 9871. **4. 5. 8. 11. 12:** Biogr. 89 s. **15. 16. 17. 21. 24. 29. 30. 38. 300:** 109.781-B.
16.

[—] Christian August Joachim Leißring. Ein Lebensbild.— Frankfurt a. M. 1853: (Krähe in Offenbach a. M.) 23 S. 8°
1:Yp 1680 [u.] 5 in Yp 1081/510. 7. 8. 11. 30.
300:622.791-B. Th. 302.
16.

— Der Perlenschmuck. Nach e. wahren Begebenheit frei erzählt von M. Belli-Gontard. Die Biographie eines berühmten Schauspielers u. verschiedene Gedichte u. Briefe mitgetheilt durch dieselbe. — Frankfurt a. M. 1879: Kumpf & Reis. 64 S. 8° 30.
16.

— Meine Reise nach Constantinopel im Jahre 1845.— Frankfurt a. M.: Sauerländer 1846. 343 S. 8°
1:Pv 6450. 6. 11. 15. 16. 17. 30. 38.
16.

— Recepte [Rezepte] verschiedener Speisen. Niedergeschrieben von M. Belli-Gontard. — Frankfurt a. M.: Verf. 1880. VIII,72 S. 8° 30.
16.

— Sammelsorium der alten Frankfurter u. Sachsenhäuser Volkslieder, Geschichten u. Redensarten. 8. (21 S.) Frankfurt a/M. 875. (Diesterweg.) n. — 50

— Sammelsorium der alten Frankfurter und Sachsenhäuser Volkslieder, Geschichten und Redensarten von M. Belli-Gontard. — Frankfurt a. M.: Verf. 1875. II,20 S. 8°
1:Yb 11480. 21. 30.
16.

— Verzeichnis des darstellenden Personals am Frankfurter Stadttheater von Anfang dieses Jahrhunderts bis zur Eröffnung des Opernhauses mit Ausschluss der noch wirkenden Mitglieder. — Frankfurt a. M. [um 1880]: Kumpf & Reis. 11 S. 8° 30.
16.

Belli-Gontard, Maria s. *Belli.*

Belli de Pino, F. v., die ethische Bedeutung der Frauenbewegung. Ein Wort an die gebildete Frau. Vortrag, geh. im Verein f. Fraueninteressen in München. (16 S.) 8. München (903). (C. Beck [L. Halle]). n. — 80

Belli de Pino, **F.** von: Die ethische Bedeutung der Frauenbewegung. E. Wort an d. gebildete Frau. Vortrag. — München: Paul Müller [1903]. 16 S. 8°
12:Pol. g. 328 s-A 12. 38.
16.

Belli de Pino, J. v. Der Gefechtsmechanismus des Inf.-Batl. Regensburg 1879. 19 S.

Bél'ljami, Amerikanischer Schriftsteller, 1850-1898. 1889 s. *Bellamy,* Edward.

Bellido, Dolfo, und seine Freunde oder das Wiedersehen am Grabe. Eine historische Skizze aus den Zeiten Alphons des Tapfern, Königs von Kastilien. Krems 1804. V: *Gleich, Joseph Alois.* (MGT)

• **Bellido, Dolfo,** u. seine Freunde, od. das Wiedersehen am Grabe. Eine histor. Skizze aus d. Zeit Alphons d. Tapfern, Königs v. Kastilien. Von Ludwig Dellarosa. 2 Thle. 8. Krems. (Leipz. Schmidt.) 804.

Bellidor, Mr., Provincial-Commissario des Artillerie-Wesens etc. Architectura hydraulica, oder: Die Kunst, Das Gewässer zu denen verschiedentlichen Nothwendigkeiten des menschlichen Lebens zu leiten, in die Höhe zu bringen, und vortheilhaftig anzuwenden. Nebst 10 Kupffer-Tabellen; Wie auch einer Vorrede Herrn Christian Wolffen, Kgl. Schwed. Hoch-Fürstl. Hessischen Regierungs-Räthe etc. (Mit 25 Taf.) Mit Kupfern. (3 Bde.)
Fol. Augsburg 1740--1748.

Bellier de Launay, **Wilhelm:** Einige Worte über Griechenland. — Berlin: Maurer 1823. 30 S. 8°
1:Ug 4984. 10. 15.
16.

Belliger, Kaspar, med. pract. von Dietikon [Kt. Zürich]: Ueber die Entstehung von Metastasen beim Carcinom. Zür. A. Coradi-Stahl Dr. 1897. 15 S. 8°.
Zürich, Med. Diss. [v. 3. Sept. 1897].

Bellihn, Johann s. *Bellin.*

Bellin, Gentile s. *Bellini.*

Bellin, Johann
– Evangelisches Festbüchlein. Christliche Kinder-Fragen auf d. cornehmsten Feste d. ganzen Jahres. Neu bearb. – Rengshausen: Beiserhaus (um 1850). 96 S. 8°

Bellinus, Joh., evangelisches Festbüchlein. Christliche Kinder-Fragen auf die vornehmsten Feste des ganzen Jahrs. Neu bearb. Rengshausen 859. (Neu-Ruppin, Bergemann.) 16. (VIII, 96 S.) n. 4 ngr.

Bellinus, Joh., evangelisches Festbüchlein. Christliche Fragen u. Antworten üb. die vornehmsten Feste d. ganzen Jahres. Neu bearb. 16. (104 S.) Kropp 888. Buchh. „Eben-Ezer". cart. n. — 40

— Christliche Fragen u. Antworten über d. vornehmsten Feste d. ganzen Jahrs. Neu bearb. — Ebd. [um 1860]. 96 S. 8° 4.
16.

—— Neu bearb. Kropp: Eben-Ezer 1883. 104 S. 8°
1:Ds 1150.
16.

— [Ausz.] Fragstücke auf die hohen Festtage. Neue berichtigte Aufl. besorgt von C. F. E. Hahn. — Rostock: Adler 1851. 72 S. 8° 28.
16.

— Fragstücke auf die hohen Festtage. In neuer Orthographie von K. Plass. — Stavenhagen: Beholtz [1897]. 56 S. 8° 1:Ds 1152. 3. 7. 8. 9. 16. 28. 29. 302.
16.

Bellin de La Liborlière, Louis François Marie
Der Name d. Verfassers erscheint auch in d. Formen Belin, Belin de La Liborlière u. Bellin La Liborlière.
Pseudonym: Le Père Spectroruini.

[—] Célestine ou les époux sans l'être. Par B. de La L. T. 1. 2. — Hambourg [usw.]: Fauche 1798. 8° 7.
16.

— La Cloison, ou beaucoup de peine pour rien, comédie. Par Bélin. — Brunswick 1805: Pluchart. 32 S. 8° (Collection de pièces de théâtre. 1,[3].) 28.
16.

—— Berlin: Schlesinger 1832. 32 S. 8° (Répertoire du théâtre français à Berlin. 96.)
1:96 in Xv 1066. 5. 7. 11. 17. 18. 33.
16.

[—] Elfrida imité de l'anglois. Par B. de la L. T. 1. 2. — Hambourg [usw.]: Fauche 1798. 8° ● 24.
16.

—— [deutsch] Die englische Nacht oder die ... Begebenheiten des Herrn Dabaud, Kaufmanns in der Straße Saint-Honoré zu Paris. Roman ... übers. durch den P. Spectroruini, einen italienischen Mönch. (T. 1. 2.) — Zu finden in d. Ruinen von Paluzzi [vielm. Celle: Schulze 1800]. 8° 7.
16.

— La Nuit anglaise, ou les aventures ... de M. Dabaud, marchand de la rue St.-Honoré, à Paris; roman. Par le R. P. Spectroruini, moine italien. T. 1. 2. — Se trouve dans les ruines de Paluzzi (vielm. Hambourg: Fauche [usw.] [1799]). 8° 7. 10. 14.
16.

— — [deutsch] Die Uiberlisteten. Lustspiel. Aus d. Franz. des Bèlin übers. — Wien: Pichler 1806. 8° 35 S.
1: Xw 7125. 14. 300: 3.320-A.
16.

Bellina, Hans. Drautaler Feldbleaml'n. Kärntner Lieder-Potpourri. Klgft., Leon, (1904). Folio. Heft 2. (1. in Linz ersch.)

Bellina, Hans. 25 Original-Kärntnerlieder für 2stimmigen Gesang mit Zitherbegleitung arrangiert. Klgft., Heyn, 1889—98. Folio. 2 Hefte. — (2. Aufl. 1911.) Heft 1.

Belling, Eduard
Belling, Edu. Beiträge zur Metrik Goethes. 22, 18 SS.
Progr. G. Bromberg 1884. 1885.

. Belling, Eduard Beiträge zur Metrik Goethes. (Dritter Teil.) 4 (S. 3—15). Progr. G. Bromberg 1887

Belling, Eduard [Oberl. Dr.]: Zum 30. Juni 1888. Auf Kaiser Friedrich. Bromberg, Buchdr. v. A. Dittmann, 1889; S. 13—14; 4°
Bromberg, k. G, OP 1889 (142)

Belling, Eduard: Der Große Kurfürst in der Dichtung. — Berlin: Brachvogel & Ranft 1888. VI,380 S. 8° [(Vaterländische Ehrenbücher. 1.)]
1: Yf 4123-1. 2. 11.
16.

— Die Königin Luise in der Dichtung. Eine Sammlung aus d. in älterer u. neuer Zeit verfaßten Dichtungen. — Berlin: Senff 1886. XVI,225 S. 8°
1: Yf 4075.
16.

— — 2., verb. Aufl. Berlin: Brachvogel 1890. XIX,211 S. 8° (Vaterländische Ehrenbücher. 3.)
Im Exemplar von 5 fehlt der Titel d. Sammlung.
1: Yf 4123-3. 5.
16.

Belling, Ed., die Metrik Lessings. gr. 8. Berlin 887. Leipzig, Fock. *

— Die Metrik Lessings. — Berlin: Hettler 1887. VI,140 S. 8°
1: Au 17610. 2. 3. 5. 7. 9. 10. 11.
16.

— Die Metrik Schillers. — Breslau: Koebner 1883. VIII, 401 S. 8°
21. 1: Av 11228. 2→7. 9. 10. 11.
16.

Belling, Eduardus (geb. Schrimm in Pos. 30. 1. 1845): De periodorum Antiphontearum symmetria. Vratislaviae (1868). (72 S.) 8°
Breslau, Phil. Diss. v. 22. Juli 1868

Belling, Eduard [Oberl. Dr.]: Die Versmasse in Goethes Pandora. Bromberg, Buchdr. v. A. Dittmann, 1890; S. 11—17; 4°
Bromberg, k. G, OP 1890 (145)

Belling, Heino: Leitfaden der lateinischen Prosodie zum Einlegen in die Grammatik. — Berlin: Mayer & Müller 1888. 6 S. 8°
1: Wa 2565.
16.

Belling, H, latein. Lesebuch, s.: Richter, O.

— Kritische Prolegomena zu Tibull. — Berlin: Weidmann 1893. 96 S. 8°
1: Wg 6388. 2. 3. 5. 6. 7. 10. 11.
16.

Belling, Henricus: Quaestiones Tibullianae. Berlin, R. Gaertner, 1894; 26 S. 4.
Berlin, Askanisches G, OP 1894 (51)

— Studien über die Compositionskunst Vergils in der Aeneide. — Leipzig: Dieterich 1899. VI,250 S. 8°
21. 1: Wd 2092. 2. 3. 5. 7.
16.

— Studien über die Liederbücher des Horatius. Mit e. Anh.: zu einzelnen Liedern. — Berlin: Gaertner 1903. 187 S. 8°
21. 1: Wh 5160. 2→6. 10.
16.

Belling, H., Studien üb. die Liederbücher des Horatius. Mit ein. Anh.: zu einzelnen Liedern. gr. 8. (188 S.) Berlin 903. Weidmann. n. 5. —

— Albius Tibullus. Untersuchung u. Text. T. 1. 2. — Berlin: Gaertner 1897. 8°
1. Belling: Untersuchung d. Elegien d. Albius Tibullus, mit Beiträgen zu Properz, Horaz, Lygdamus, Ovid.
2. Tibullus, Albius: Die Dichtungen [Elegiae] in chronologischer Anordnung hrsg. von H. Belling.
21. 1: Wg 5425. 2→11.
16.

Belling, H., Untersuchg. d. Elegien d. Albius Tibullus, s.a. Tibullus, Albius.

— Untersuchung der Elegien des Albius Tibullus, mit Beiträgen zu Properz, Horaz, Lygdamus, Ovid. — Berlin: Gaertner 1897. 412 S. 8° (Belling: Albius Tibullus. 1.)
21. 1: Wg 5425-1. 2→11.

Belling, Heinrich, s. Belling, Heino

Belling, K: Moderne Strick- u. Häkelarbeiten f. Kleidg, Wäsche u. Haus. 3 Tle. 8° Dresd., Internat. Schnittmanufaktur. je — 75
1. Anleitg z. Herstellg v. Kleidern, Mänteln, Hüten, Sportkleidg, Babysachen, Unterkleidg usw. m. Strick- od. Häkelnadel. (64 m. Abb.), ('11) ‖ 2. Arbeiten a. Strickseide, Baumwolle usw. Schals, Schleier, Sport- u. and. Bekleidgssachen, Tücher, Taschen, Wäsche- u. Bettgarnituren, Kissen, Decken, Schutzhüllen, Bade- u. Unterkleidg., Spielsachen usw. (64 m. Abb.) ('11) ‖ 3. Arbeiten a. Zwirn u. Häkelgarn, Kleider, Umhänge, Spitzen, Einsätze, Wäschegarnituren, Besätze u. allerlei Dekorationen, in irischer Häkelarbeit od. Kunststrickerei ausgeführt. (64 m. Abb.) ('11)

Belling, Karl Daniel: Anweisung die deutsche Sprache auf eine leichte Art zu erlernen. Zum Selbstunterricht ... Nebst e. ausführlichen Abhandlung über d. richtigen Gebrauch d. Dativs u. Akkusativs. Mit e. Vorr. von Wilhelm Abraham Teller. — Berlin: Maurer 1798. XXIV,200 S. 8°
1: an Ya 7851. 10.
16.

— Kurze, jedoch gründliche Belehrung über die Rechtschreibung der deutschen Sprache. — Berlin: Maurer 1799. 56 S. 8°
1: Ya 7851. 10.
16.

— Belehrung üb. d. Rechtschreib. d. deutsch. Spr. 8. Berl. Maurer. 799.

— Vorbereitung zum Studium d. Erdbeschreib. Für d. frühere Jugend. 1r Thl. 8. Berl. (Mittler). 18..

— Vorber. z. Studium d. Erdbeschreibung. 1r Th. 8. Berlin, Dieterici.

Belling jun., Tom, Clown-Scherze s.a. Fastnachts-Bühne.

Belling jun., Tom., Clown-Scherze f. 2—3 Herren, Komische Clown-Unterhaltungen währ. d. Aufführung leichter akrobatischer Szenen, Berlin, 30 S., 16°.

Belling, Walther, a. Gotha, Referendar: Die Abnahmepflicht des Käufers. Borna-Leipzig 1908: Noske. VII, 50 S. 8°
Jena, Jur. Diss. v. 9. Nov. 1908, Ref. Thon
[Geb. 7. März 84 Dietharz; Wohnort: Koburg; Staatsangeh.: Sachsen-Koburg-Gotha; Vorbildung: Gymn. Koburg Reife O. 03; Studium: München 2, Heidelberg 1, Berlin 1, Jena 2 S.; Rig. 24. Sept. 07.] [U 09. 2080

Bellinger: Zur Geschichte des realistischen Schulwesens in dem vormaligen Herzogtum Nassau v. 1817 - 1861. 24 S.
Progr. Wiesbaden RG 1869.

Bellinger, C. F., s. Bellingeri, Carlo Francesco

Bellinger, Carl, Epilepsie bei Schwangeren, Kreissenden und Wöchnerinnen. Diss. Marburg 1887, N. G. Elwert'sche Univ.-Buchh. 8°. 41 S.

Bellinger, Carl [pract. Arzt aus Nassau a. d. Lahn]: Epilepsie bei Schwangeren, Kreissenden und Wöchnerinnen .... Marburg, Univ.-Buchdr. (R. Friedrich), 1887; 41 + 1 S. 8°.
Marburg, Med. Fak., Inaug.-Diss. v. [16. Apr.] 1887.

Bellinger, Eduard

Bellinger, E., die lyrischen Gedichte u. ihre Behandlung i. d. Volksschule, s.a. Abhandlungen, pädag. VII. 8.

Bellinger, Eduard: Die lyrischen Gedichte und ihre Behandlung in der Volksschule. — Bielefeld: Helmich [1902]. 10 S. 8° (Pädagogische Abhandlungen. N.F. 7,3.)
1:Nc 3973-7,3. 6. 10.

Bellinger, G(iovanni), s. Bellinger, J.

Bellinger, Hermann: Aus der chirurgischen Klinik zu Bonn. Ein Fall von Fractura sterni. *Bonn 1897: A. Henry.* (31 S.) 8° Bonn, Med. Diss. v. [16. Okt.] 1897

Bellinger, J.: [Leitfaden der Geographie, ungar.] Az átalános földraiz alapvonalai a középtanodai első osztály, valamint, a reáliskolák használatára (Bellinger I. nyomán irt iskolai cseh Kézikönyv szerint) forditá Málik Vincze. — Bécsben 1853: Cs. k. iskolaikönyvkereskedés. VI,88 S. 8°
1:Pq 1788.

Bellinger, G., Elementi di geografia. Disposti in due corsi gl' i. r. ginnasii e scuole reali inferiori. Versione dal tedesco. 8. (VIII und 88 S.) Vienna 854, Gerold's Sohn. **

Bellinger, J., elementi di geografia. Disposti in 2 corsi per gl' i. r. ginnasii e scuole reali inferiori. Versione dal tedesco. 854. — Ediz. II. Vienna 857. Gerold. 8. (VIII, 88 S.) nn. 5 ngr

Bellinger, G. (J.), Elementi di geografia. Disposti in due corsi per gl'i r. ginnasii e scuole reali inferiori. Versione dal tedesco. 3. Ediz. 8. (VIII und 88 S.) Wien 862, Gerold's Sohn. **

Bellinger, G., elementi di geografia. Disposti in due corsi per gl' i. r. ginnasii e scuole reali inferiori. Versione dal tedesco. Ed. 5. corretta secondo lo stato attuale. 8. (VII, 96 S.) Wien 872. Gerold's Sohn.
n. — 60

Bellinger, Giovanni. Primi elementi di Geografia. In due corsi per i Ginnasj inferiori e le scuole reali inferiori di — —. 8. (78 p.) Vienna. Coi tipi della vedova e del figlio di A. Pichler. 1854. Prezzo: 12 Car. M. C.

Bellinger, J., Leitfaden der Geographie. In 2 Kursen für Unter-Gymnasien und Unter-Realschulen. 4., verm. und berichtigte Aufl. 8. (XIV und 83 S.) Wien 853, Gerold's Sohn. **

Bellinger, J. Leitfaden der Geographie. In zwei Kursen für k. k. Oesterr. Unter-Gymnasien und Unter-Realschulen. (Fünfte vermehrte und berichtigte Auflage). 8. (VIII. und 82 S.) Wien. Druck und Verlag von K. Gerold u. Sohn 1853.

Bellinger, J. — Leitfaden der Geographie. In zwei Kursen für k. k. österr. Unter-Gymnasien und Unter-Realschulen. Von — —. (6. vermehrte und berichtigte Auflage.) 8. (VIII, 82 S.) Wien. Druck und Verlag von Karl Gerold und Sohn. 1855.

Bellinger, J. — Leitfaden der Geographie. In zwei Kursen für k. k. österr. Unter-Gymnasien und Unter-Realschulen. Von — —. 9te vermehrte und berichtigte Aufl. Wien, 1857. Dr. und Verlag von Karl Gerolds Sohn. (84 S. 8.)

Bellinger, J. Leitfaden der Geographie. In zwei Kursen für k. k. österr. Unter-Gymnas. und Unter-Realschulen. X. verm. und bericht. Aufl. *Wien* 1858. *C. Gerold's S.* VIII, 84 S. kl. 8°.

—— Leitfaden der Geographie. In 2 Kursen für k. k. österreich. Unter-Gymnasien und Unter-Realschulen. 12., verm. und verb. Aufl. 8. (84 S.) Wien 860, Gerold's Sohn.

—— Leitfaden der Geographie. In 2 Kursen für k. k. österr. Unter-Gymnasien und Unter-Realschulen. 13.—17., verm. und bericht. Aufl. 8. (VI und 82 S.) Wien 862—68, Gerold's Sohn.

Bellinger, J., Leitfaden der Geographie. In zwei Kursen für k. k. österreichische Unter-Gymnasien und Unter-Realschulen. 18. vermehrte und verbesserte Auflage. 1870. kl. 8. (V u. 94 S.) Wien, Gerold. 30 kr.

Bellinger, J., Leitfaden der Geographie. In zwei Kursen für k. k. österreich. Unter-Gymnasien und Unter-Realschulen. 18. Aufl. 1869, und 19. Aufl. 8. (VI, 96 S.) Wien 871, Gerold's Sohn. *

Bellinger, J., Leitfaden der Geographie. In zwei Kursen für k. k. österr. Untergymnasien und Unterrealschulen. 20.—23. Aufl. (VI, 96 S.) 1870—77; 24. Aufl. 8. (VI, 94 S.) Wien 879, Gerold's Sohn. *

Bellinger, J., Leitfaden der Geographie. In 2 Kursen f. k. k. österr. Unter-Gymnasien u. Unter-Realschulen. 24. unveränd. Aufl. 8. (VI, 94 S.) Wien 879. Gerold's Sohn.
n. — 60

Bellinger, J., Leitfaden zum ersten Unterrichte in der Geographie. In 2 Kursen, zunächst für seine Schüler. 8. Gießen 838 Heyer, Vater. 1/6 ₰

Bellinger, J., Leitfaden f. d. ersten Unterricht in d. Geographie. In zwei Kursen. 2., verm. u. bericht. Ausg. 12. (3 1/2 B.) Giessen 844, Heyer's Verl.

Bellinger, J., Leitfaden f. d. erst. Unterricht in der Geographie. In 2 Kursen. [3. verm. u. berichtigte Ausg.] gr. 12. (XII u. 72 S.) Frankfurt a. M. 848, Heyer's Verl. (Wien, Gerold.) 1/6 ₰

— Leitfaden für den ersten Unterricht in der Geographie in 3 Kursen. 5., verm. rc. Aufl. Ebend. 857. 8. (XVI, 92 S.)
nn. 5 ngr

— Leitfaden für den ersten Unterricht in der Geographie in 3 Kursen. 6. verm. u. berichtigte Aufl. Ebend. 863. 8. (XII, 90 S.)
n. 5 ngr

—— Leitfaden für den ersten Unterricht in der Geographie in drei Kursen. 7., neu bearb. und verb. Aufl. (Ausg. für Deutschland.) 8. (VIII, 96 S.) Wien 869, Gerold's Sohn. *

—— Počátkové zeměpisu pro první třídu nižšího gymnasia a nižší realní školy. gr. 8. (IV und 80 S.) Prag 853, [Tempsky.]

Bellinger, I., Quae Homeri de Orci natura et animarum post mortem conditione fuerit sententia. Pars I. Hadamar 1847, 4°, 29 S., Progr. d. Gymn.

Bellinger, Otto, Beiträge zur vergleichenden Pathologie u. pathologischen Anatomie der Hausthiere. 1. u. 2. Hft. gr. 8. München 872. Oldenbourg. n. 7. —
1. Die Kolik der Pferde u. das Wurmaneurysma der Eingeweidearterien. Eine pathologisch-anatom. u. klin. Untersuchg. Mit 19 (eingedr.) Holzschn. (VIII, 204 S.)
n. 4. —
2. Zur Pathologie d. Milzbrandes. Mit 3 (lith.) Taf. (VIII, 155 S.)
n. 3 —

Bellingeri, Carlo Francesco: Experimenta in nervorum antagonismum. 12 S., gbd.

Augustae Taurinorum: Typographia Regia 1824
aus: Reg. Scient. Acad. Taur., Vol. 30, p. 35.

Bellingeri, Carlo Francesco: Experimenta physiologica in medullam spinalem. 23 S., gbd., Abb.

Augustae Taurinorum: Typographia Regia 1825
aus: Reg.Scient.Acad.Taur., Vol.30, p.293.

Bellingeri, Carlo Francesco: De medulla spinali nervisque ex ea prodeuntibus annotationes anatomico-physiologicae. 133 S., gbd.

Augustae Taurinorum: Typographia Regia 1823
aus: Reg.Scient.Acad.Taur., Vol.28, p.123.

Bellinger, C. F., de medulla spinali nervisque ex ea prodeuntibus annotationes anatomico-physiologicae cum ramis, 4maj. Aug. Taurinor. 823. (Wien, Volke). 3 ₰

Bellingeri, Carlo Francesco:
— [Ausz., deutsch] Karl Franz Bellingeri's Anatomisch-physiologische Untersuchungen über das Rückenmark und seine Nerven. Deutsch bearb. von Herrmann Kaulla. Mit e. Vorw. von W. v. Ludwig. — Stuttgart 1833. VIII,55 S. 4°
1: Ky 5482. 2. 4. 15. 17. 19. 21. 24. 25. 29. 30.
16.

Bellingham Bay Post: 1891?–1918?
Weekly. Independent, 1891—1901; Republican, 1902—17. Dated also at Seattle, Wash., 1914—18. Place of publication varies: New Whatcom, 1891—1901; Whatcom, 1902—04; Bellingham, 1905—18. Circulation: 1900, 800; 1910, 900; 1915, 1200. Edited & published by A. Blechschmidt, 1891?–1913; by Jacob Schaefer, 1914—18. **Bellingham, WA**

Bellinghausen, Eligius Frh. v. Münch-
s. **Münch**-Bellinghausen [Friedrich Halm]. 111. 4396

Bellinghausen, F.: Forschungsfahrten, s. Bellingshausen, Fabian von

v. Bellinghausen, Frhr. Jh. Gust., († d. 27. Oct. 1820.) s. 1) Repertorium Russ. Gesetze. 2) Journal d. ält. u. neuern Russ. Litt. 3) (s. auch v. Münch-Bellinghausen).

Bellinghausen, Pet. Freih. von (Riga), Diss. de solidis morborum caussis. Präs. Adam. Michael Birkholz. Lpz. (Klaubarth) 2. VI. 1786. 36 S. (5.—) 1991

Bellingrath, Direktor d. Ketten-Schleppschiffahrt der Ober-Elbe, Dresden. 1872 s. *Bellingrath*, Ewald.

Bellingrath, Ewald: Bericht an die Jahresversammlung des Central-Vereins für Hebung der deutschen Fluß- und Canal-Schifffahrt, 14. December 1872 über den Elbe-Spree-Canal. — Dresden [1872]: Albanus. 42 S. 8°
7. 8.
16.

Bellingrath, s.: Donau-Moldau-Elbe-Kanalprojekt, das.

— Eisenbahntarife und Schifffahrtsfrachten. Vortrag. — Berlin [1879]: Niethe. 35 S. 8° 8.
16.

— Die Reform der Mainschiffahrt. Bericht an d. Komité für Errichtung d. Kettenschiffahrt auf d. Main. Dresden, im Juli 1880. — Dresden [1880]: Albanus. 103 S. 4°
1: 4° S 13093/5.
16.

— Studien über Bau und Betriebsweise eines deutschen Kanalnetzes. [Nebst] Atlas. — Berlin: Ernst & Korn 1879. 8° [u.] 2° 1: 8° [u.] 2° Sa 6210. 10.
16.

Bellingshausen, Fabian v.:
— [Ausz., deutsch] F. von Bellingshausens Forschungsfahrten im Südlichen Eismeer 1819–1821. (Übersetzer: H. Gravelius.) — Leipzig: Hirzel 1902. V,203 S. 8°
1: Ut 7143. 2. 3. 5. 7. 9. 10. 11.
16.

Bellini [italien. Komponist], s. Bellini, Vincenzo

Bellini, Bernardo, L'amicizia creatrice dell'arte glittica per tre leggiardi glittici capolavori di cui l'insigne professore Gio. Beltrami di Cremona fece grazioso dono a Bernardo Bellini, ad Anton Enrico Mortara e a Giovanni Germani in caro pegno d'amicizia canzone. Cremona (Feraboli) o. J. 16 S. mit 1 Kupfer. (4.—) 1992

Bellini, E.: Der Tausendkünstler. Allerlei Zaubereien. — Styrum a. d. Ruhr [usw.]: Spaarmann [1891]. 48 S. 8°
1: Os 11544.
16.

Bellini, Gentile: Columna Theodosiana, quam vulgo historiatam vocant; ab Arcadio Imperatore Constantinopoli erecta in honorem Imperatoris Theodosii Junioris a Gentile Bellino delineata nunc primum aere sculpta. — o. O. [um 1750]. 10 S., 18 Taf. quer-2°
Darin außerdem: Ménestrier, Claude François: Descriptio brevis Columnae Theodosianae [Description de la belle et grande Colonne historiée dressée à l'honneur de l'Empereur Théodose, lat.]
21. 1: quer-2° Nx 2075. 3. 5. 7.
16.

Bellini, Giov., der tote Christus, s.: Meisterbilder fürs deutsche Haus. Bl. 27.

Bellini, Giovanni, s.: **Kunst u. Künstler d. Mittelalters u. der Neuzeit.**

Bellini, Giovanni, der Doge Loredano, s.: Meisterbilder fürs Deutsche Haus. Bl. 71.

Bellini, Jacopo:
— Die Skizzenbücher. Mit Einl. u. begleitendem Text hrsg. von Victor Golubew. T. 1. 2. — Brüssel: van Oest 1908–12. 2°
1. Il libro del Louvre.
2. Il libro del British Museum. 1. 1912. 2. 1908.
1: 2° Nt 326/10. 7. 11.
16.

Bellini, Lorenzo: Opuscula practica de urina, pulsu, sanguinis missione et febribus nec non de capitis pectorisque morbis...cum praefatione Johannis Bohn. Editio tertia emendatior. 578 S., gbd.

Francofurti et Lipsiae: Grosse 1718

JB 1.098

— Opuscula practica de Urinis pulsibus, sanguinis missione et febribus nec non de capitis pectorisque morbis cum praef. Hermanni Boerhaave. Ed. 4., em. — Lipsiae: Gross 1731. 578 S. 8° 3.
16.

— Ed. 4., em. Ebd. 1734. 578 S. 4° 8. 10.

Bellini, Lor., de urinis, pulsibus etc. 4. Leipz. 734.

Bellini, N. [Angebl. Verf.] Die Nachtwandlerin. Um 1890 s. *Bellini*, Vincenzo. 1831:

Bellini, Vincenzo, Italienischer Komponist, 1801–1835.
— [ital. u. deutsch] Königsstädtisches Theater. Beatrice di Tenda. Tragedia lirica. Poesia del Sign. Felice Romani [Textb.] — Berlino 1841. 95 S. 8°
Nebent.: Bellini: Beatrice von Tluda.
1 [unvollst.]: Mus. Tb 460/1.
16.

— [ital. u. deutsch] Königsstädtisches Theater. Beatrice di Tenda. Tragedia lirica. Poesia del Sign. Felice Romani. [Textb.] — Berlino 1843. 93 S. 8°
Nebent.: Bellini: Beatrice von Tluda.
1: Mus. Tb 460/2.
16.

– Die Familien C a p u l e t i und Montecchi.

— [deutsch] Arien und Gesänge aus: Die Familien Capuleti und Montecchi. Oper. Übers. von J. Chr. Grünbaum. [Textb.] — Berlin 1834. 46 S. 8° 10.
16.

— Königsstädtisches Theater. Die Familien Capuleti und Montecchi. Oper. Übers. von J. Chr. Grünbaum. [Textb.] Berlin 1839. 46 S. 8° 1: Mus. Tb 462/7.
16.

— Königsstädtisches Theater. Die Familien Capuleti und Montecchi. Oper. Übers. von J. Chr. Grünbaum. [Textb.] Ebd. [um 1840]. 46 S. 8° 1: Mus. Tb 462/4.
16.

— Königsstädtisches Theater. Gesänge aus: Die Familien Capuleti und Montecchi. Oper. Übers. von J. Chr. Grünbaum. [Textb.] — Berlin [um 1840]. 36 S. 8°
1: Mus. Tb 462/6.
16.

— Ebd. [um 1840]. 40 S. 8° 1: Mus. Tb 462/3.
16.

— Arien und Gesänge aus: Die Familien Capuleti und Montecchi. Oper. Übers. von J. Chr. Grünbaum. [Textb.] Berlin [um 1850]. 46 S. 8° 1: Mus. Tb 462/5.
16.

— Die Familien Capuleti und Montecchi. Oper, übers. von J. Chr. Grünbaum. Text d. Gesänge. — Hannover [um 1850]: Spiegel. 27 S. 8° 1: Mus. Tb 462/11.
16.

— Arien und Gesänge aus: Die Familien Capuleti und Montecchi. Oper. Übers. von J. Chr. Grünbaum. [Textb.] Berlin [um 1855]. 46 S. 8° 1: Mus. Tb 462/12.

Bellini, Vincenzo, Capuleti und Montecchi [Romeo und Julia], s.a. Breitkopf und Härtel's Textbibliothek Nr. 2.

— [ital. u. deutsch] Königliche Schauspiele. I Capuleti e i Montecchi. Tragedia lirica. Musica del Maestro Vincenzo Bellini. L'atto quarto musica di Vaccai. [Textb.] — Berlin [um 1835]: Kgl. Geh. Ober-Hofbuchdr.) 77 S. 8°
Nebent.: Bellini: Die Capuleti u. Montechi. Tragische Oper.
1: Mus. Tb 462.
16.

— [ital. u. deutsch] Königsstädtisches Theater. I Capuleti e i Montecchi. Tragedia lirica. [Textb.] — Berlino 1842. 81 S. 8°
Nebent.: Bellini: Die Capuleti u. Montechi. Tragische Oper.
1: Mus. Tb 462/1.
16.

— Capuleti und Montecchi. (Romeo und Julia.) Tragische Oper. Text nach Shakespeare's Tragödie von Felice Romani. — Leipzig [1879]. 26 S. 8° (Breitkopf & Härtel's Textbibliothek. 2.)
Nebent.: Montechi u. Capuleti.
1: Mus. T 111-2.
16.

– Die F r e m d e.
— Arien und Gesänge aus: Die Fremde. Oper. Nach d. Ital. — Cassel 1835: Aubel. 55 S. 8°
1: Mus. Tb 467/8.
16.

— [deutsch] Gesangstext zu Die Fremde. Oper. Nach d. Ital. von Friederike Ellmenreich. — Braunschweig 1837. 52 S. 8° 1: Mus. Tb 467/5.

— Die Fremde. Große Oper. Nach d. Ital. von Fr. Ellmenreich. [Textb.] — Riga 1848: Häcker. 34 S. 8°
1: Mus. Tb 467/6.
16.

— [deutsch] Königsstädtisches Theater. Das Castell von Ursino. Oper nach Romani's 'Beatrice di Tenda'. [Textb.] Berlin [um 1840]. 40 S. 8° 1: Mus. Tb 460/3.
16.

Bellini, Vincenzo: M o n t e c c h i u. Capuleti,
s.a. B r e i t k o p f & Härtels Textbibliothek. 2.

— Die Familien Montecchi und Capuleti, oder: Romeo und Julia. Große Oper. Text d. Oper. — o. O. [um 1840]. 40 S. 8° 10.
16.

— Textbuch zu: Die Familien Montecchi und Capuleti, oder: Romeo und Julia. Oper. Nach d. Ital. von Friederike Ellmenreich. — Breslau: Graß, Barth & Co. [um 1840]. 1: Mus. Tb 462/8. 10.
16.

— Die Familien Montecchi und Capuleti oder: Romeo und Julia. Große Oper. Text d. Gesänge. — Leipzig: Fischer & Kürsten in Comm. [um 1840]. 24 S. 8°
1: Mus. Tb 462/10.
16.

— s.a. Nachtwandlerin, die. (Textbuch.)

Bellini, Vincenzo, die Nachtwandlerin, Oper s.a. Breitkopf und Härtel's Text-Bibliothek Nr. 178.

Bellini, Vincenzo: Die N a c h t w a n d l e r i n, Text,
s. a. M o d e ' s Opern-Text Bibliothek.

Bellini, Vincenzo u. Felice Romani, die Nachtwandlerin, s.a. Universal-Bibliothek.

— [deutsch] Arien und Gesänge aus: Die Nachtwandlerin. Oper, frei nach d. Ital. von Friederike Ellmenreich. [Textb.] — Berlin [um 1835]. 62 S. 8°
1: 4 in Ta 112/1.
10.

— Ebd. 1836. 62 S. 8° 1: Mus. Tb 466/5. 11.
16.

— Arien und Gesänge aus: Die Nachtwandlerin. Oper. Nach d. Ital. [Textb.] — Cassel 1837: Aubel. 44 S. 8°
1: Mus. Tb 466/23.
16.

— Die Nachtwandlerin. Oper, frei nach d. Ital. von Friedericke Ellmenreich. Text d. Gesänge. — o. O. [um 1840]. 48 S. 8° 10.
16.

— Arien und Gesänge aus: Die Nachtwandlerin. Oper, frei nach d. Ital. von Friederike Ellmenreich. [Textb.] — Ebd. [um 1840]. 62 S. 8° 1: Mus. Tb 466/4.
16.

— Königliche Schauspiele. Arien und Gesänge aus: Die Nachtwandlerin. Oper, frei nach d. Ital. von Friederike Ellmenreich. [Textb.] — Berlin [um 1840]. 62 S. 8°
1: Mus. Tb 466/3.
16.

— Königliche Schauspiele. Arien und Gesänge aus: Die Nachtwandlerin. Oper, frei nach d. Ital. von Friederike Ellmenreich. [Textb.] — Berlin ([um 1840]: Kgl. Geh. Ober-Hofbuchdr.] 56 S. 8° 1: Mus. Tb 466/2.
16.

— Textbuch zu: Die Nachtwandlerin. Oper von Romani. Breslau: Graß, Barth & Co. [um 1840]. 32 S. 8° 2.
16.

— Die Nachtwandlerin. Oper. Nach d. Ital. frei bearb. von Friederike Elmenreich. Text d. Gesänge. — Leipzig: Fischer & Kürsten in Comm. [um 1840]. 20 S. 8°
1: Mus. Tb 466/6; Mus. Tb 466/7 [u.] Mus. Tb 466/20.
16.

— Die Nachtwandlerin. Große romantisch-lyrische Oper. [Textb.] — Weimar 1842: Albrecht. 56 S. 8°
1:Mus.Tb 466/18.
16.

— Die Nachtwandlerin. Große Oper. [Textb.] Memel 1844: Horch. 27 S. 8°
2. 16.
16.

— Die Nachtwandlerin. Oper. Nach d. Ital. frei bearb. von Friederike Elmenreich. Text d. Gesänge. — Leipzig: Fischer & Kürsten in Comm. [um 1845]. 28 S. 8°
3.
16.

— Nach d. Ital. frei bearb. von Friederike Ellmenreich. Text d. Gesänge. — Ebd. [um 1845]. 28 S. 8°
1:Mus.Tb 466/8.
16.

— Frei nach d. Ital. von Friederike Ellmenreich. Text d. Gesänge. — Leipzig [um 1845]: Sturm & Koppe. 36 S. 8°
1:Mus.Tb 466/9.

— Hannover [um 1850]: Spiegel. 34 S. 8°
1:Mus.Tb 466/21.
16.

— Die Nachtwandlerin. Oper. [Textb.] Berlin: Uthemann & Müller [um 1870]. 16 S. 8°
1:Mus.Tb 466/10.
16.

— Neu rev. deutscher Text d. Gesänge ... von Hermann Mendel. — Ebd. [um 1875]. 30 S. 8° (Gustav Mode's Opern-Text-Bibliothek. 28.)
1:Mus.Tb 108-28.
16.

— Die Nachtwandlerin. ⟨La Sonnambula.⟩ Oper von Felice Romani. [Textb.] — Berlin: S. Mode [um 1875]. 23 S. 8°
1:Mus.Tb 466/16.
16.

— Die Nachtwandlerin. Oper. Nach d. Ital. [Textb.] Karlsruhe: Macklot [um 1880]. 46 S. 8°
1:Mus.Tb 466/17.
16.

— Die Nachtwandlerin. ⟨La Sonnambula.⟩ Oper von Felice Romani. — Leipzig [um 1880]. 32 S. 8° (Breitkopf & Härtel's Textbibliothek. 178.)
1:Mus.T 111-178.
16.

— Die Nachtwandlerin. Oper. Frei nach d. Ital. von Friederike Ellmenreich. [Textb.] — Wiesbaden [um 1885]: Bechtold. 24 S. 8°
1:Mus.Tb 466/15.
16.

— Ebd. [um 1885]. 28 S. 8°
1:Mus.Tb 466/14.
16.

— Die Nachtwandlerin. Oper. Dichtung von Felice Romani. ⟨[Übers.: Friederike Ellmenreich.⟩ Vollst. Buch. Durchgearb. u. hrsg. von Carl Friedrich Wittmann. [Textb.] — Leipzig: Reclam [1899]. 87 S. 8° (Opernbücher. 43.) (Universal-Bibliothek. 3999.)
1:Ag 7201-3999. 7.
16.

— Ebd. [um 1900]. 87 S. 8°
1:Mus.T 116-43.
16.

— (Opernhaus zu Frankfurt am Main.) Die Nachtwandlerin ⟨La Sonnambula⟩. Oper von Felice Romani. [Textb.] Frankfurt a. M.: Horstmann [um 1890]. 23 S. 8°
1:Mus.Tb 466/13.
16.

— Die Nachtwandlerin. Oper. Frei nach d. Ital. d. Felice Romani von Friederike Ellmenreich. Neu rev. Text d. Gesänge. — Wiesbaden: Bechtold [um 1890]. 30 S. 8°
1:Mus.Tb 466/22.
16.

— Die Nachtwandlerin. Oper. Frei nach d. Ital. von Fr. Ellmenreich. Musik von N.[!] Bellini. [Textb.] — Zürich [um 1890]: Orell, Füßli & Co. 34 S. 8°
1:Mus.Tb 466/19.
16.

Bellini, V., Norma, s.a. Breitkopf und Härtel's Textbibliothek Nr. 81.

Bellini, Vincenzo. Norma s.a. Lucas' Operntexte.

Bellini, Vincenzo: Norma, Text, s.a. Mode's Opern-Text Bibliothek.

— — Norma, s.a. Universal-Bibliothek.

— Norma. Große Oper. Gedichtet von Felix Romani, übers. von J. Rr v. Seyfried. [Textb.] — o.O. 1835. 30 S. 8°
1:Mus.Tb 463/5.
16.

— [deutsch] Königliche Schauspiele. Norma. Oper, nach d. Ital. [Textb.] — Berlin ([um 1835]: Kgl. Geh. Ober-Hofbuchdr.) 52 S. 8°
1:Mus.Tb 463/6.
16.

— Norma, Oper von Felix Romani. [Textb.] München 1835. 48 S. 8°
1:Mus.Tb 463/27.

— Gesänge aus Norma. Oper von Felix Romani. [Textb.] Weimar 1835: Albrecht. 52 S. 8°
1:Mus.Tb 463/26.
16.

— Arien und Gesänge aus: Norma. Oper von Felix Romani. [Textb.] — Cassel 1837: Aubel. 41 S. 8°
1:Mus.Tb 463/30.
16.

— Norma. Oper von Felix Romani. [Textb.] Königsberg 1837: Schultz. 35 S. 8°
1:Mus.Tb 463/17.
16.

— [ital. u. deutsch] Norma. Tragedia lirica. [Textb.] o.O. [um 1840]. 95 S. 8°
Nebent.: Bellini: Norma. Lyrische Tragödie.
1:Mus.Tb. 463/23.
16.

— Königsstädtisches Theater. Norma, Oper von Felix Romani, übers. von Seyfried. [Textb.] — Berlin [um 1840]. 46 S. 8°
1:Mus.Tb 463/9.
16.

— [ital. u. deutsch] Königliche Schauspiele. Norma. Opera seria. [Textb.] — Berolino ([um 1840]: Geh. Ober-Hofbuchdr.) 93 S. 8°
Nebent.: Bellini: Norma. Tragische Oper.
1:Mus.Tb 463/3.
16.

— Norma. Große Oper. Nach d. Ital. d. Felix Romani von G. Ott. Text d. Gesänge. — Leipzig: Fischer & Kürsten in Comm. [um 1840]. Verschiedene Drucke.
1:Mus.Tb 463/13 [u.] Mus.Tb 463/14.
16.

— — Text d. Oper. o.O. [um 1845]. 44 S. 8°
16.
16.

— [ital. u. deutsch] Königsstädtisches Theater. Norma. Tragedia lirica. Poesia del Sign. Felice Romani. [Textb.] Berlino 1842. 95 S. 8°
Nebent.: Bellini: Norma. Tragische Oper.
1: Mus. Tb 463.
16.

— Ebd. 1844. 95 S. 8°
Nebent.: Bellini: Norma. Tragische Oper.
1: Mus. Tb 463/1.
16.

— Berlino 1847: (Harth & Schultze). 95 S. 8°
Nebent.: Bellini: Norma. Tragische Oper.
10.
16.

— Ebd. [um 1840]. 47 S. 8° 1: Mus. Tb 463/8.
16.

— Norma. Oper. Nach d. Ital. Berlin [um 1845]. 54 S. 8°
1: Mus. Tb 463/10.
16.

— Königlich concessionirtes Theater. Gesänge aus: Norma. Oper von Felix Romani, übers. von Seyfried. [Textb.] — Potsdam 1846: (Decker). 48 S. 8° 1: Mus. Tb 463/11.
16.

– Norma. Tragische Oper. Text von Felice Romani. Uebers. von Joseph Rr. v. Seyfried. Mit Geschichte d. Oper... von Eduard Lucas.
— Berlino 1849: (Moeser & Kühn). 95 S. 8°
Nebent.: Bellini: Norma. Tragische Oper.
1: Mus. Tb 463/25.
16.

— Ebd. 1850. 95 S. 8°
Nebent.: Bellini: Norma. Tragische Oper.
1: Mus. Tb 463/2.
16.

— Arien und Gesänge aus: Norma. Oper von Felix Romani. [Textb.] — Breslau: Graß, Barth & Co. [um 1850]. 28 S. 8° 2.
16.

— Ebd. [um 1850]. 31 S. 8° 2.
16.

— Gesänge. Norma. Große Oper von Felix Romani. [Textb.] — Frankfurt a. M. [um 1850]: Heller & Rohm. 40 S. 8° 1: Mus. Tb 463/24.

— [ital. u. deutsch] Victoria-Theater. Norma. Tragedia lirica. Poesia del Sign. Felice Romani. — Berlino 1860: (Litfaß). 95 S. 8°
Nebent.: Bellini: Norma. Tragische Oper.
1: Mus. Tb 463/4.
16.

— Textbuch zu: Norma. Oper von Felix Romani. — Breslau: Graß, Barth & Co. [um 1860]. 31 S. 8°
1: Mus. Tb 463/22.
16.

— Arien und Gesänge. Norma. Oper von Felix Romani. [Textb.] — Kiel: Mohr [um 1860]. 28 S. 8°
1: Mus. Tb 463/15.
16.

— Norma. Große Oper. Nach d. Ital. d. Felix Romani von G. Ott. Text d. Gesänge. — Bremen 1863: Ordemann. 32 S. 8° 1: Mus. Tb 463/16.
16.

— Norma. Tragische Oper. Nach d. Ital. d. F. Romani. [Textb.] — Berlin: Uthemann & Müller [um 1870]. 16 S. 8° 1: Mus. Tb 463/18.
16.

— Königliche Schauspiele. Norma. Oper, nach d. Ital. [Textb.] — Berlin 1872: (Kgl. Geh. Ober-Hofbuchdr.) 52 S. 8° 1: Mus. Tb 463/12.
16.

— Norma. Tragische Oper von F. Romani. Neu rev. Text d. Gesänge ... von Hermann Mendel. — Berlin: S. Mode [um 1875]. 30 S. 8° (Gustav Mode's Opern-Text-Bibliothek. 7.) 1: Mus. T 108-7.
16.

— Norma. Oper von Felix Romani. Text d. Gesänge. Berlin: Kühling [um 1880]. 24 S. 8° 1: Mus. Tb 463/21.
16.

— Norma. Lyrische Tragödie. Text von Felix Romani. Deutsche Übers. von Joseph, Rr v. Seyfried. — Leipzig [um 1880]. 36 S. 8° (Breitkopf & Härtel's Textbibliothek. 81.) 1: Mus. T 111-81.
16.

— Norma. Oper von Felix Romani. [Textb.] München [um 1880]: C. Wolf. 40 S. 8° 7.
16.

— Norma. Große Oper. Nach d. Ital. des Felix Romani. Text d. Gesänge mit sämmtlichen Recitativen. Officielle Bearb. für d. Leipziger Bühne. — Leipzig [um 1885]: Reusche. 28 S. 8° (Breitkopf & Härtel's Textbibliothek. 207.) 1: Mus. T 112-207.
16.

— Norma. Große Oper von Felix Romani. (Hrsg.: K. Brüning.) — Wiesbaden: Bechtold [um 1885]. 28 S. 8° (Opern-Text-Bibliothek.) 1: Mus. Tb 463/28.
16.

— Norma. Tragische Oper. Text von Felice Romani. Uebers. von Joseph Rr v. Seyfried. Mit Geschichte d. Oper ... von Eduard Lucas. — Elberfeld [1889]. 31 S. 8° (Lucas' Operntexte. 11.)
1: Mus. Tb 463/19 [u.] Mus. T 114-11.
16.

— Norma. Große Oper von F. Romani. Specielle Bearbeitung für d. Frankfurter Opernhaus. [Textb.] — Frankfurt a. M.: Horstmann [um 1890]. 23 S. 8°
1: Mus. Tb 463/29.
16.

— Norma. Tragische Oper. Text von Felice Romani. Uebers. von Joseph Rr v. Seyfried. [Hrsg.: Eduard Lucas.] 2. Aufl. — Elberfeld [um 1895]. 29 S. 8° (Lucas' Operntexte. 11.) 11.
16.

— Norma. Tragische Oper. Dichtung von Felice Romani. ⟨[Übers.:] Joseph Rr von Seyfried.⟩ Vollst. Buch. Durchgearb. u. hrsg. von Carl Friedrich Wittmann. — Leipzig: Reclam [1899]. 72 S. 8° (Opernbücher. 44.) (Universal-Bibliothek. 4019.) 1: Ag 7201-4019. 10.
16.

— Ebd. [um 1900]. 72 S. 8° 1: Mus. T 116-44.
16.

— Norma. Grosse Oper. Für d. deutsche Bühne neubearb. u. instrumentiert von Felix Mottl. — Köln [usw.] 1910. 47 S. 8° (Ahns Text-Bibliothek. 144.)
1: Mus. T 113-144.
16.

Norma. Grosse Oper in 3 Akten von V[incenzo] Bellini. Für d. deutsche Bühne neubearb. u. instrument. von Felix Mottl. [Textbuch.] Köln, Berlin [usw.]: Ahn 1910. 47 S. 8° [11. 11391]

— Königsstädtisches Theater. Der Pirat. Oper. Frei nach d. Ital. — Berlin [1832]. 48 S. 8° Verschiedene Drucke.
1: Mus. Tb 464 [u.] Mus. Tb 464/1.

(—) Il Pirata [ital. u. deutsch]. Melodrama. [Textb.] — Dresda 1829. 87 S. 8°
Nebent.: Bellini: Der Pirat. Melodram. Textdichter: Felice Romani.
1: Mus. Tb 464/2.
16.

Bellini, Vincenzo: Die Puritaner, Text, s.a. Mode's Opern-Text Bibliothek.

— [deutsch] Arien und Gesänge aus: Die Puritaner. Große Oper, nach d. Ital. des Pepoli von d. Frhr v. Lichtenstein. [Textb.] — Berlin 1836. 72 S. 8°
1: Mus. Tb 465/7. 3.
16.

— Arien und Gesänge aus: Die Puritaner. [Textb.] Cassel 1836: Aubel. 53 S. 8° 1: Mus. Tb 465/15.
16.

— Die Puritaner. Oper. Nach d. Ital. von Friederike Elmenreich. [Textb.] — Königsberg 1837: Schultz. 52 S. 8°
10.
16.

— Königsstädtisches Theater. Die Puritaner, Oper. Nach d. Ital. von Friederike Elmenreich. [Textb.] — Berlin 1839. 72 S. 8° 1: Mus. Tb 465/8.
16.

— Gesänge aus: Die Puritaner. Große Oper, nach d. Ital. d. Pepoli vom Frhr v. Lichtenstein. [Textb.] — Weimar 1839: Albrecht. 64 S. 8° 1: Mus. Tb 465/12.
16.

— [deutsch] Die Puritaner, Oper nach d. Ital. von Friederike Elmenreich. Text d. Gesänge. — o.O. [um 1840]. 63 S. 8°
10.
16.

— Königsstädtisches Theater. Die Puritaner, Oper. Nach d. Ital. von Friederike Elmenreich. [Textb.] — Ebd. [um 1840]. 72 S. 8° Verschiedene Drucke.
1: Mus. Tb 465/6 [u.] [unvollst.] Mus. Tb 465/5.
16.

— Arien und Gesänge aus: Die Puritaner. Große Oper, nach d. Ital. d. Pepoli von d. Frhr v. Lichtenstein. [Textb.] Berlin [um 1840]. 70 S. 8° 1: Mus. Tb 465/4.
16.

— Arien und Gesänge aus der Oper: Die Puritaner. Nach d. Ital. von Friederike Elmenreich. [Textb.] — Breslau: Graß, Barth & Co. [um 1840]. 46 S. 8°
1: Mus. Tb 465/13.
16.

— Die Puritaner, große Oper, nach d. Ital. d. Pepoli von d. Frhr v. Lichtenstein. [Textb.] — Mainz: Schott [um 1840]. 18 S. 8° 1: Mus. Tb 465/9.
16.

— Die Puritaner. Große Oper von d. Frhr v. Lichtenstein. [Textb.] — Danzig 1842: Gerhard. 48 S. 8° 10.
16.

— Die Puritaner. Große Oper nach d. Ital. d. Pepoli von Frhr v. Lichtenstein. [Textb.] — Stuttgart: Eichele [um 1850]. 32 S. 8° 1: Mus. Tb 465/10.
16.

— Die Puritaner. Große Oper nach d. gleichnamigen Roman von Walther Scott bearb. vom Grafen Pepoli. Neu rev. deutscher Text d. Gesänge ... von Hermann Mendel. Berlin: S. Mode [um 1875]. 35 S. 8° (Gustav Mode's Opern-Text-Bibliothek. 41.) 1: Mus. T 108-41.

— Die Puritaner. Große Oper. Nach d. gleichnamigen Roman von Walter Scott, nach d. Ital. d. Grafen Popoli [!] von Friederike Elmenreich. Neu rev. deutscher Text d. Gesänge. (Hrsg.: Karl Brüning.) — Wiesbaden: Bechtold [um 1890]. 31 S. 8° 1: Mus. Tb 465/11.
16.

[—] [ital. u. deutsch] I Puritani. Opera seria. [Textb.] — Dresda 1836. 109 S. 8°
Nebent.: Bellini: Die Puritaner. Ernste Oper.
1: Mus. Tb 465. 10.
16.

— [ital. u. deutsch] Königsstädtisches Theater. I Puritani. Opera seria. [Textb.] — Berlino 1841. 99 S. 8°
Nebent.: Bellini: Die Puritaner. Romantische Oper.
1: Mus. Tb 465/16.
16.

— Ebd. 1842. 99 S. 8°
Nebent.: Bellini: Die Puritaner. Romantische Oper.
1: Mus. Tb 465/1.

— — Ebd. 1843. 99 S. 8°
Nebent.: Bellini: Die Puritaner. Romantische Oper.
1: Mus. Tb 465/2.
16.

— [ital. u. deutsch] Königsstädtisches Theater [übergekl.:] Friedrich-Wilhelmsstädtisches Theater. I Puritani. Opera seria. [Textb.] — Berlino 1848: (Harth & Schultze). 99 S. 8°
Nebent.: Bellini: Die Puritaner. Romantische Oper.
1: Mus. Tb 465/3.
16.

— Romeo und Julia. Tragische Oper. [Textb.] Köln: Langen [um 1850]. 23 S. 8° 1: Mus. Tb 462/9.
16.

— Romeo und Julia, oder die Familien Montecchi und Capuletti. Große Oper von Felice Romani. Neu rev. deutscher Text d. Gesänge ... von Hermann Mendel. — Berlin [um 1875]. 26 S. 8° (Gustav Mode's Opern-Text-Bibliothek. 21.) 1: Mus. T 108-21.
16.

Bellini, Vincenzo: Romeo u. Julie. Text., s.a. Mode's Opern-Text Bibliothek.

— Arien u. Gesänge aus: Romeo und Julie. Oper. Nach d. Ital. von Friederike Elmenreich. [Textb.] — Cassel 1834: Aubel. 39 S. 8° 1: Mus. Tb 462/14.
16.

— Textbuch zu Romeo und Julie, große Oper. Königsberg 1835: Schultz. 48 S. 8° 10.
16.

— Königsstädtisches Theater. La Sonnambula [ital. u. deutsch]. Melodramma. Poesia del Sign. Felice Romani. [Textb.] — Berlino 1842. 93 S. 8°
Nebent.: Bellini: Die Nachtwandlerin. Oper.
1: Mus. Tb 466 [u.] Mus. Tb 466/1.
16.

— La Straniera [ital. u. deutsch]. Melodramma. (Textdichter: Felice Romani.) [Textb.] — Dresda 1830. 111 S. 8°
Nebent.: Bellini: Die Fremde. Melodrama.
1: Mus. Tb 467/1.
16.

— [ital. u. deutsch] Königsstädtisches Theater. La Straniera. Melodramma serio. — Berlino 1842. 107 S. 8°
Nebent.: Bellini: Die Unbekannte. Romantische Oper.
1: Mus. Tb 467.
16.

- Die Unbekannte

— Königsstädtisches Theater. Gesänge aus: Die Unbekannte. Romantische Oper, nach d. Ital.: ‚La straniera'. [Textb.] — Berlin [um 1840]. 46 S. 8°
Verschiedene Drucke.
1: Mus. Tb 467/3 [u.] Mus. Tb 467/4.
16.

— Ebd. [um 1840]. 48 S. 8° 1: Mus. Tb 467/2.
16.

Die Skizzenbücher Jacopo Bellinis. Mit Einl. u. begleit. Text von Dr. Victor Golubew. T. 1. 2. Brüssel: van Oest 1908-12. 2°
1. 1912. 2. 1908.
A 12. 7, 10

Bellinsgauzen s. *Bellingshausen*, Fabian v.

Bellinus, Johann s. *Bellin.*

Bellinus, M.J., s. Bellin, Johann

Bellinzona. [Piazza d'armi. Riporto litografico, parte dei fogli XVIII, XIX, XXIII, XXIV della carta Dufour.] Scala di 1 : 100000. [Pubblicato dal] Servizio topografico federale, Berna. Riporto 1906. 757/547 mm. 1 foglio fol.
Ausg. A: offen. [fr. 2. —]
Ausg. B: auf Lwd. aufgezogen, 8; *Titelblatt (mit Kartenskizze):* Topographische Karte der Schweiz. Überdruck. Bellinzona. 1 : 100,000. Bern, Schweiz. Landestopographie, *Aufdruck:* 1906. aufgezogen fr. 8. —

Bellinzona [Schlagwort]
Bellinzona, s.: Schweiz. Karte.

Bellinzona, s.: Schweiz. Volksatlas.

Belliol: Radikale Heilung der Scropheln (und ähnl. Schriften), s. Belliol, Jean Alexis

Belliol: Rathgeber für Kranke, s. Belliol, J. F.

Belliol, J. F., der Arzt f. Unterleibskranke od. Anleitung zur sichern Heilung aller Unterleibskrankheiten. Nebst e. Anh. üb. die Entstehg. u. Behandlg. der Brüche u. Bruchbänder. Mit Abbildgn. gr. 12. (VIII u. 208 S. m. 1 lith. Taf.) Ulm 852, Fr. Ebner. 24 ngr

Belliol, J. F., der Arzt für Unterleibskranke oder Anleitung zur sichern Heilung aller Unterleibskrankheiten. Nebst einem Anh. über die Entstehung u. Behandlung der Brüche u. Bruchbänder. Mit Abbildgn. 2 (Titel-) Aufl. Tuttlingen (852) 858. Kling. 8. (VIII, 208 S. u. 1 lith. Taf.) 12 ngr

Belliol's Rathgeber für Kranke. Ein populäres Hülfsbuch über das Wesen und die vollständ. Heilung aller chronischen Krankheiten, als Scropheln, Flechten, Auszehrung 2c. 2c. Nach der neuesten Aufl. des größeren Werkes des Verf. und seiner kleinen Volksausg. frei aus dem Franz. übers. 8. (230 S.) Ulm 847, Fr. Ebner.

— Rathgeber für Kranke. Ein populäres Hülfsb. üb. das Wesen u. die vollständ. Heilung aller chronischen Krankheiten, als Scropheln, Flechten, Auszehrung 2c. 2c. Nach d. neuesten Aufl. des größeren Werkes des Verf. und seiner kl. Volksausg. frei a. d. Franz. übers. 8. (230 S.) Ebd. 852. 1/6 ß

Belliol, Jean Alexis
— [deutsch] Radicale Heilung der Scropheln, Flechten und galanten Krankheiten sowie aller chronischen Krankheiten des Kopfes, der Brust und des Unterleibes. Nach d. 7. Aufl. aus d. Franz. übers. — Quedlinburg [usw.]: Basse 1839. XIV,266 S. 8° 2. 3. 6. 16.

— 2. Aufl. Ebd. 1853. XVI,208 S. 8° 1: Ic 8844. 16.

— sichere Heilung aller chronischen Krankheiten, als Scropheln, Flechten, Krätze 2c. Nach der neuesten Aufl. des größern Werkes des Verf. und seiner kleinern Volksausg. frei aus dem Französ. übers. 2. (Titel-) Aufl. 8. (IV und 226 S.) Tuttlingen (839) 58, Kling.

Belliol, Jean Alexis:
— [deutsch] Neue Methode die Flechten gründlich zu heilen. Aus d. Franz. von F. A. Wiese. — Leipzig: Baumgärtner 1828. VIII,60 S. 8° 2. 4. 5. 21.

Bellis, de, Animadv. med. pract. de corporis exercitatione ad conservandam sanitatem. 8. ibid. 757.

Bellisandre, d. heldenmüthigen, Geschichte. 8. Frkft. u. Lpz. 742.

Bell-Isle, Maréheal de France, 1684-1761. 1741
s. *Belle-Isle*, Charles Louis Auguste Fouquet Duc de.

Bellisomo, F., dell'Autorita degl' imperatori del governo esteriore degl' Affari Ecclesiastici. 8. Siena 728.

Bellman, Carl Michael:
— [Werke, Ausz., deutsch] Der Schwedische Anakreon. Auswahl aus C. M. Bellman's Poesien. Aus d. Schwed. von A. v. Winterfeld. Nebst Sammlungen über Bellman's Leben u. Charakteristik. — Berlin: A. Hofmann 1856. X, 357 S. 8° 1: Zl 4820. 3. 8. 10. 16.

— [deutsch] Fredmans Episteln. Übertr. von Felix Niedner. Mit Einführung von Gustav Roethe. — Jena: Diederichs 1909. XXIV,226 S. 8° 1: Zl 4826/80. 2→5. 7. 8. 16. 27. 46. 16.

Bellman, Carl Mich., 6 Kompositionen f. mehrstimmigen Männergesang, bearb. v. J. P. Cronhamn. [Aus: „Der Weingott d. Nordens".] 16. (16 S.) Bremen 892. M. Heinsius Nachf. — 30

— Der Weingott des Nordens. Dichtungen, übertr. von P. J. Willatzen. — Bremen: Heinsius 1892. VIII,150 S. 8° 1: Zl 4822. 16.

Bellman-Brevier. Aus Fredmans Episteln u. Liedern. Deutsch v. Hans v. Gumppenberg. Buchschmuck v. Alfons Woelfle. (186 S.) 8. München (909). A. Langen. 8. 50; geb. in imit. Perg. n 5.—; in Halbfrz. 7. —

Bellmann, Henriette, 2 Thle. s. Familiengeschichten v. A. Lafontaine 9r 10r.

Bellmann, Organist, Schleswig, 1772-1881. 1816
s. *Bellmann*, Karl Gottlieb.

Bellmann, Superintendent, Michelsdorf, Kreis Landeshut in Schlesien, später Konsistorialrat, Breslau 1842
s. *Bellmann*, Karl Gustav Theodor.

Bellmanns Jahrbuch f. Böhmen. Politisch-statist. Auskunfts-Kalender. 1904. (272 S.) Lex.-8. Prag, C. Bellmann. Geb. 3. —

Bellmann's Jahrbuch f. Böhmen. Politisch-statist. Auskunfts-Kalender. 1905. (268 u. XL S.) Lex.-8. Prag, C. Bellmann. Geb. 2. 50.

Bellmann's Jahrbuch f. Böhmen. Politisch-statist. Auskunfts-Kalender. 1906. (278 S.) Lex.-8. Prag, C. Bellmann. Geb. 3. —

Bellmann's Jahrbuch f. Böhmen. Politisch-statist. Auskunfts-Kalender. 1907. (268 S.) Lex.-8. Prag, C. Bellmann. Geb. 2. 50.

Bellmann's Jahrbuch f. Böhmen. Politisch-statist. Auskunfts-Kalender. 1908. (282 S.) Lex.-8. Prag, C. Bellmann. Geb. 3. —

Bellmann's Jahrbuch f. Böhmen. Politisch-statist. Auskunfts-Kalender. 1909. (VI, 248 u. 63 S. m. Abbildgn.) Lex.-8. Prag, C. Bellmann. Geb. 3. —

Bellmann's Jahrbuch f. Böhmen. Politisch-statist. Auskunfts-Kalender. 1910. (VI, 255 u. 63 S. m. Abbildgn.) Lex.-8. Prag, C. Bellmann. Geb. 3. —

Bellmann's illustrierter Kalender, s. Bellmann, Carl

— österr.-ung. **Offiziers-Kalender.** 1908. Kleines Hof-, Militär- u. Staats-Handbuch der österreichisch-ungar. Monarchie. (168 S. m. Abbildgn.) Lex.-8. Ebd. Kart. n. 2. —

Bellmann's österr.-ung. Offiziers-Kldr. '09. Kl. Hof-, Militär- u. Staats-Hdb. d. österr.-ungar. Monarchie. (232 m. Abb.) Lex 8° Prag, C Bellmann. Kart. 2

Bellmann's österr.-ung. **Offiziers-Kalender.** 1910. Klein. Hof-, Militär- u. Staats-Handb. d. österr.-ungar. Monarchie. (IV, 232 S. m. Abb.) Lex. 8. Prag, C. Bellmann. Geb. 2. —

— 10kr.-Courier f. Böhmen. Enth. d. vollständ. Fahrpläne u. Vergnüggsfahrten sämmtl. in Böhmen verkehr. Eisenb. u. Dampfschiffe. 21. Jahrg. 1905. 2 Hefte. (Je 144 m. 1 Karte.) 16° Ebd. Je — 20

Bellmann's 10 kr.-Courier f. Böhmen. Enth. die vollständ. Fahrpläne u. Vergnügungsfahrten · sämtl. in Böhmen verkehr. Eisenbahnen u. Dampfschiffe nebst Anschlüssen u. Fahrpreisen, sowie die Postkurse sämtl. Personen- u. Eilfahrten. Mit 1 Eisenbahnkarte. XXII. Jahrg. 1905 Sommerausg. (144 S.) kl. 8. Prag, C Bellmann. — 20

Bellmann, Arno, approb. Arzt aus Schedewitz: **Ein Fall von Erythema annulare perstans.** *Zwickau 1904: Eichhorn & Posern.* (34 S.) 8°
Leipzig, Med. Diss. v. (21. Juni) 1904

Bellmann, C.: Hereingefallen, s. Familien-Bibliothek.

– Die Nachtschwärmer, s. Familien-Bibliothek.

Bellmann, C.G.: Wanke nicht mein Vaterland! s. Chemnitz, Matthäus Friedrich.

Bellmann, C. M., s. Bellman, Carl Michael

Bellmann's, Carl, illustrirter Kalender auf d. J. 1856—59. 1—4. Jahrg. (Mit Holzschn. im Text.) Prag, Bellmann. 4. Jeder Jahrg. n. 15 ngr

Bellmann's, C., illustrirter Kalender auf das J. 1860—63. 5—8. Jahrg. (Mit Holzschn. im Text u. je 1 Stahlst.) Prag, Bellmann. 4. Jeder Jahrg. n. 16 ngr.

Bellmann's, Carl, illustrirter Kalender auf die J. 1862—65. 7.—10. Jahrg. 4. (à Jahrg. ca. XVI und 140 S. mit eingedr. Holzschn. und 1 Stahlst.) Prag, Bellmann's Verlag. à Jahrg. cart. *

Bellmann, Carl Michael, s. Bellman, Carl Michael

Bellmann, Carl W. R., s. Bellmann, Karl Wilhelm Robert

Bellmann, Carol. Frid. Alex., s. Bellmann, Karl Friedrich Alexander

Bellmann, Franz Friedrich
— — De benigna ictorum interpretatione. Diss. jur. Präs. Andr. Flor. Rivinus. Wittenbg. (Schlomach) Okt. 1752. 28 S. (4.50) 1995

Bellmann, Franz Friedrich (Görlitz), De hereditate vendita. Thes. jur. civ. Präs. Chph. Ludw. Crell. Wittbg. (Schlomach) 23. IX. 1752. 8 S. (2.20) 1994

Bellmann
— Joachim Christoph (Lüneburg), De effectu sententiae ad omissa in restitutione fructuum, expensarum et usurarum. Diss. jur. Göttingen (Elias Luzac) 15. XI. 1755. 92 S. (5.—) 1996
Gewidmet: Gerl. Adolf Frh. v. Münchhausen (Strausfurth).

Bellmann, Karl: Illustrierter Kalender, s. Bellmann, Carl

Bellmann, Karl Friedrich Alexander
Bellmann, Carol. Frid. Alex. *(geb. Seidenberg in d. Oberlausitz 31. 10. 1810)*: Dissertationis de Aeschyli ternione Prometheo part. 1., qua Vinctum Prometheum e ternione fragmentum esse demonstratur. Vratislaviae [1837]. (111 S.) 8° *[Vollst. 1839 bei Aderholz in Breslau unt. d. T.: De Aeschyli ternione Prometheo libri II.]*
Breslau, Phil. Diss. v. 6. März [1837]

Bellmann, Karl Friedrich Alexander: De Aeschyli Ternione Prometheo libri 2, quorum uno Vinctum Aeschyli Prometheum e ternione fragmentum esse demonstratur, altero eiusdem Promethei cum Ignifero ac Soluto plurimis indiciis certioribus compositio instituitur. Adiectes praefationis fragmentis. — Vratislaviae: Aderholz 1839. LXXXII 313 S. 8°
Erschien zuerst als Diss. Breslau 1837.
1:Vg 3340. 2→5. 7. 9. 10. 11.
16.

Bellmann, Karl Gottlieb: Cantate zur Feier der goldenen Hochzeit des ehrwürdigen Fürstenpaars auf Sottorff, aufgeführt in der Domkirche zu Schleswig am 30. Aug. 1816. Schleswig [1816]: Serringhausen. 2 Bl. 8° 8.
16.

Bellmann, Karl Gustav Theodor: Gedenkbüchlein, oder: Die ersten 3 Tage des 2ten Jahrhunderts freien öffentlichen Gottesdienstes in der evangel. Kirchgemeinde Michelsdorf. — Landshut 1842: Lips. 62 S. 8°
1:5 in Ta 8972. 2.
16.

— Jubel-Büchlein, der Feier des 17. Juni 1842, als des Tages, an welchem vor hundert Jahren die evangelische Kirche zu Michelsdorf eingeweihet ... ward, gewidmet.— Landeshut [1842]: Lips. 48 S. 8° 1:5 in Ta 8974. 2.
16.

— Predigt am 3ten Sonntage nach Trinitatis auf Befehl des Königl. Provinzial-Consistorii in der Kirche zu Ober-Haselbach gehalten. — Landeshut: Lips 1849. 16 S. 8°
1:24 in E 251-2. 2.
16.

Bellmann, Karl Wilhelm Robert
Bellmann, Carl W. R., was das Sandmännchen erzählt. Ein Märchenspiel voll Lust u. Scherz für's liebe kleine Kinderherz. In 8 Bildern. Musik v. Carl Krüger. 2. Aufl. (90 S.) 8. Hamburg 902. (J. Kriebel.) n. — 50

Bellmann, Karl Wilhelm Robert: Was das Sandmännchen erzählt! Ein Märchenspiel voll Lust u. Scherz für's liebe kleine Kinderherz. Eine Weihnachts- u. Ostergeschichte nebst e. Vorspiel: 'Der Kinder-Raub'. — Hamburg 1902: (Ponti & v. Döhren). 88 S. 8° 1:Yp 5005-388.
16.

Bellmann
— Michael (Görlitz), De delegatione vulgo Von der Anweisung. Exercit. acad. Präs. Friedr. Philipp (Leipzig). Lpz. (Justin Brand) 7. IV. 1680. 18 Bl. (5.—) 1997
— — Dasselbe. Lpz. (Schede) 1721. (3.—) 1998

Bellmann, Otto, und Berlin. M. G. Saphir und die intellectuelle Bildung. Ein namenloses Pamphlet. Berlin 1828. V: *Wackernagel, Wilhelm, Philipp Wackernagel, Abel Burckhardt.* (Wackernagel, Rud., Wilh. Wackernagel. Basel 1885. S. 76ff.) (Gor IX, 154—155)

Bellmann, Theodor. Producte der Einwirkung von Fünffach-chlorphosphor auf Komenaminsäure. Leipzig, 1884. Diss. G. S., S. I.

Bellmer, Adolf: Untersuchungen an Seen und Söllen Neuvorpommerns und Rügens. Greifswald 1906: J. Abel. (39 S.) 8°
Greifswald, Phil. Fak., Ref. Credner, Diss. v. 16. Nov. 1906
[Geb. 22. Sept. 82 Rönnebeck, Hannover; Wohnort: Greifswald; Staatsangeh.: Preußen; Vorbildung: Realgymn. Vegesack Reife O. 02; Studium: Marburg 3, Greifswald 3 S.; Rig. 2. Mai 06.]

Bellmer, Franciscus (geb. am 7 Nov. 1802 in Herzfeld bei Münster Westf.): De cerebelli degenerationibus ... Bonnae, typ. P. Neusseri (1825). IV, 37 S., 1 Bl. 4.
Bonn, Med. Fak., Diss. v. 13 Sept. 1825

Bellmir, d. Gräfin v., Gesch., u. d. Grafen v. ** Begebenheiten od. entlarvte Falschheit. 8. Nürnb. 746.

Bellmond, Edler v. Adlerhorst, Carl, Taktik-Notizen. Zusammengest. n. d. m. Reichs-Kriegs-Ministerial-Erlass, Abth. 6, Nr. 487 v. 1895 eingef. method. Anleitg. f. d. Unterr. i. d. Taktik a. d. k. u. k. Cadettenschulen. (Milit.-Akademien.) 12. (115 S.) Wien 898. (L. W. Seidel & Sohn.) n. 1. 20

Bellmond, Edler v. Adlerhorst, Carl, Taktik-Notizen. Zusammengestellt nach der m. Reichs-Kriegs-Ministerial-Erlass, Abth. 6, Nr. 487 v. 1895 eingeführten method. Anleitg. f. den Unterricht in der Taktik an den k. u. k. Cadettenschulen (Milit.-Akadem.) 2. Aufl. gr. 16. (117 S. m. Fig.) Wien 898. (L. W. Seidel & Sohn). n. 1. 20
3. Aufl. s.: Schmidt, Hugo.

Bellmont, Carl Edler von Adlerhorst, s. B e l l m o n d

Bellmont, Hans Carl Friedrich Anton Graf: D i e b i t s c h - S a b a l k a n s k i , s. B e l m o n t

Bellmont, Johann Arnold
v. Bellmont, Jh. Arn. s.a. **Nachrr. von dem, was in Erfurt zc.**

Bellmont, Johann Arnold v.: **Nachrichten von dem, was in Erfurth seit dem im Jahr 1763. geschlossenen Frieden, bishieher mit Stadt und Land, besonders aber mit verschiedenen Räthen und Dienern vorgefallen, in Briefen, mit darzugehörigen Beylagen und Urkunden ... hrsg. [Verf.: Johann Arnold v. Bellmont.] Th. 1. — Frankfurt [usw.]: Autor 1770. 136 S. 2°** 1:2°Te 1932. 3. 7.
16.

Bellmont, Joseph Anton. Schicksale eines Bürgers von Schwyz, Hauptmann J. A. B', oder: Beitrag zu den Justizgräueln eines freien, demokratischen Kantons. Allen Eidgenossen zur Beherzigung.... Vorgelegt von J' A' Bellmont. 8. Heiden 1835.

Bellmund, F. C., **Diss. exhibens theoriam nervorum. Wirceb. 4°.**
1737

Bello.
Centurionis cuiusdam Borussorum de Bello Germanico anni MDCCCLXVI libellus. — Berlin: Preusker. 1868. 31 S. 8° 11.
16.

Bello, der treue Hausfreund. Bilder u. Reime f. die kleine Welt. (Ausgestanzter Pudelkopf.) 4. (16 farb. S.) Leipzig 890. Baldamus, Sep.-Cto. n. 1. 75

Bello: Elfried's abentheuerliche B e g e b e n h e i t e n etc., s. B e l l o , Josias

Bello, Josias: Komische A b e n t h e u e r Elias Platz. — Altona: Verlagsges. 1798. VI, 206 S. 8° 1:Yw 5128/900.
16.

Bello, Josias, Elfrieds abentheuerl. Begebenheit. 8. Hamb. 799. (Herold jun.) 18 gr.

BELLO. — Elfried's abentheuerliche Begebenheiten und seltsame Begebenheiten. Mayns und Hamburg 1799. 8°. Zahm.

— Elfrieds abentheuerliche W a n d e r u n g e n und seltsame Begebenheiten. — Maynz [usw.] 1799. 240 S. 8°
1:Yw 5129.
16.

Bello, Paul, ein Burschengemählde, dem Geist von Sibaris gewidmet, mit 1 Kupfer, 8. Frankfurt, 785. (Eßlinger) 23 sgl.

Bello, Paul: Ein Burschengemälde. 8°. Frkf. a. M. 785, Schäfer.

Belloc, H.: Üb. d. Kehlkophschwindsucht, s. T r o u s s e a u , A.

Belloc, H.: Über Phthisis laryngea etc, s. T r o u s s e a u , A.

Belloc, J. T. de. Le Cardinal Mermillod, sa vie, ses œuvres et son apostolat. Avec portr. Gr. in-8°. XII, 614 p. Fribourg, Librairie de l'Université (P. Friesenhahn). **1892** 6 —

Belloc, L.: B o n a p a r t e und die Griechen, s. B e l l o c , Louise Swanton

Belloc, L. de: De la f o r m a t i o n des mots ..., s. B e l l o c , Louis de

Belloc, L., Pierre u. Pierrette, die kleinen Kaminfeger. Aus dem Französ. Frankfurt a. M. 855. Brönner. 8. (67 S.) 7 1/2 ngr.

Belloc, L., Pierre u. Pierrette. A. d. Franz. 8. (67) Frankf. 55, Winter. — 7 1/2

Belloc, Louis de, s.a. B e l l o c , Ludwig

de Belloc, L., de la formation des mots en allemand. Complément indispensable de toute grammaire allemande. Leipzig 868. Brockhaus. 8. (VI, 116 S.) n. 16 ngr.

Belloc, Louis de: De la F o r m a t i o n des mots en allemand. 2. éd., rev. et corr. — **Leipzig: Brockhaus 1874. VI, 116 S. 8°** 1:Ya 39032.
16

Belloc, L. de, de la formation des mots en allemand. Complément indispensable de toute grammaire allemande. 3. éd. 8. (VI, 116 S.) Leipzig 885. Brockhaus. n. 1. 60

Belloc, Louise s. *Belloc*, Louise Swanton.

Belloc, Louise Swanton
Belloc, (Mad. Louise,) Bonaparte u. d. Griechen. Nebst e. Gemälde v. Griechenland im J. 1825, vom Grafen Pechio. A. d. Französ. 8. Leipzig 826, Liebeskind.

Belloc, Louise Swanton: [B o n a p a r t e et les Grecs, d e u t s c h] Bonaparte und die Griechen. Von Louise Belloc. Nebst e. Gemälde von Griechenland im Jahre 1825 von d. Grafen Pecchio. — Leipzig: Liebeskind 1827. 497 S. 8° 3. 7.

[*Belloc, Louise Swanton*]: *Lantara Mathurin. Aus d. Franz. übers. von Th. Hell.* — *Dresden & Leipzig* 1835. [*Holzmann-Bohatta* VII.258.]

Belloc, Ludwig, s.a. B e l l o c , Louis

Belloc, Ludw., deutsch-italienisches Wörterbuch der Elektrotechnik. (6150 Ausdrücke einschliessend.) 12. (XVI, 8 u. 245 S.) Turin 900. (C. Clausen). Geb. in Ldr. n.n. 4. —

Belloc, (Pierre) H(ippolyte): Praktische Abhandlung über die Kehlkopfsschwindsucht, die chronische Laryngitis und die Krankheiten der Stimme. (Traité pratique de la phthisie laryngée, de la laryngite chronique et des maladies de la voix. Dt.) Übers. von (Hermann). Romberg, hrsg. und mit Zusätzen versehen von J(ohann) F(riedrich) H(ermann) Albers. Leipzig: 1839

s.: Trousseau, A(rmand)

JB 4.331

Belloc Lowndes, **Marie Adelaide:**
— **The uttermost F a r t h i n g. — Leipzig 1910. 272 S. 8° (Collection of British authors. Tauchnitz Edition. 4174.)** 1:Ah 30-4174. 11.
16.

— **Mary P e c h e l l. — Leipzig 1913. 310 S. 8° (Collection of British authors. Tauchnitz Edition. 4390.)** 1:Ah 30-4390. 11.
16.

— Studies in wives. — Leipzig 1910. 278 S. 8° (Collection of British authors. Tauchnitz Edition. 4217.)
1:Ah 30-4217. 11.
16.

Belloi, Pierre Laurent Buirette de s. *Belloy.*

Bellon, Georg Martin: Tentamen physico-chymico-medicum in origine Thermarum Badensium. Das ist, kurze, der Natur u. Arzney-Satzung gemässe Prüf- und Beschreibung d. Bademer [!] Bad-Wassers geprüft in seinem Ursprung. — Rastatt: Schäll 1766. 160 S. 8° 21. 7.
16.

Bellon, Immanuel:
— Kultus und Kultur der Tschi-Neger im Spiegel ihrer Sprichwörter. — Basel: Basler Missionsbuchh. 1907. IV, 92 S. 8° (Basler Missions-Studien. 33.)
1:Cv 5270/5-33. 9.

Bellona, s.a. Revue, militärisch-politische.

Bellona; e. militar. Journal, (v. . . v. Selbl). 20 Stcke. gr. 8. Dresd, 782—87. Walther. 6 ₰ 16 gr

— Gemälde denkw. Kriegsscenen. 2 Hefte. 8. Hannover, Hahn. 794. (à 10 gr.)

Bellona ein militärisches Taschenbuch. Hamburg 1827. H: *Hoffmann, Carl.* (Koner)

Bellona, eine Zeitschrift f. Wahrheit u. Recht, hrsg. v. Peter v. Kobbe. 1. Hft. gr. 8. (7½ B.) Celle 831, Schulze. Thlr.

— Soldaten-Zeitung für das Königr. Sachsen u. die Sächsischen Herzogthümer. Redig. von Fd. v. Witzleben. 1r u. 2r Jahrg. 4. Grimma 834, 35. Verlags-Compt. 1r J. 2 ₰ 2r J. 1½ ₰

Bellona. Novellen, Erzählungen, Berichte u. Schilderungen a. d. Kriegerleben. Gesammelt v. L. Schneider. 1. Bdchn. 8. (20¼ B.) Berlin 837, Hayn.

Bellona. Krieger-Almanach für 1844. Herausgeg. von F. C. Schall. 1. Jahr. gr. 16. (Mit 1 Lithogr. u. 1 Musikbeilage.) Karlstadt 844. (Wien, Wenedikt.) 1⅓ ₰

Bellona. Bilderfibel f. muntere Knaben. breit 8. (8 S. u. 9 lith. u. col. Taf.) Leipzig 847. (H. Fritzsche.) n. 5/12 ₰

Bellona, Kriegs-, Reise- und Badebibliothek. Berichte und Besprechungen über alles Wissenswürdige unserer Tage. 1. Bd. Berlin 859. Nelte, Böltje & Co. 8. (111 S.) 10 ngr.

Bellona. Militärisch-politische Revue. I.—II. Jahrg. (2 Bde.)
8. Wien 1889—1890.

Bellona, Kriegsspiel zu Land u. zur See. (Textbuch.) I. u. II. kl. 8. Wien (905). G. Freytag & Berndt. à n. — 40
I. Landspiel. (30 S. m. 8 Taf.)
II. Seespiel. (17 S. m. 5 Taf.)

Bellona Hungarica, elegiacis incedens pedibus, et in publicum orbis theatrum procedens. Sive praeclara gesta christianorum principum ac ducum, adversus immanem Turcam, et vicinos Austriae rebelles. Opusculum ... a quodam musophilo. — Norib.: G. Chr. Weber 1730. 124 S. 8° 6.
16.

Neue Bellona. Oder Beyträge zur Kriegskunst und Kriegsgeschichte. Hrsg. v. H. P. R. von Porbeck. Bd 1—10. Leipzig 1801—1806.

— neue, oder Beitrr. zur Kriegskunst u. Kriegsgeschichte; bearb. von e. Gesellsch. Offiziere, herausg. v. H. P. R. v. Porbeck. 10 Bde à 4 Stücke. Mit Kart., Pl., Kpf. u. Portr. gr. 8. Leipz. 802—6. Hinrichs. 26 ₰ 16 gr Hbg. Pr. 16 ₰

Bellona, Neue
— — militärische Blätter. Wochenschrift für Armee u. Marine. Begründet von G. v. Glasenapp. Bd 1—29, 1872—1886 u. Bd 60—67, 1902 bis 1905. Berlin 1872—1905. 8° u. 4°

— — Inhaltsverzeichnis für Bd 1—19 f. Militaerische Blätter.

BELLONA, Die Nordische, Oder Leben u. Thaten einer Schwedischen Fräulein Eva von Halmasch, aus Landscrona gebürthig, Welche ihrer sonderbaren Begebenheiten halber zum Druck befördert ihre vertraute Freundin, Sylveria von Clumers. Mit Titelkupfer. Franckfurt und Leipzig (Langensalza, b. Joh. Christ. Martini), 1750. 8°. (In Dresden: C. 180. Lit. Germ. rec.)

Höchst seltener, stellenw. freier Avanturière-Roman. Wirklicher Druckort im O. M. V. 1750. S. 41. — 5 Bll. Vorst. (incl. Titel in Roth- und Schwarzdruck) u. 301 S. Die gereimte Vorrede ist unterz.: Eva v. Halmasch, sonst Bellona von Sicandro.

Bellona-Zeitung. Red. v. F. v. Wardener. 1. Jahrg. 1907. 8 Nrn. u. 2 Jahrg. 1908. 2 Nrn. (à 4 S.) 8. Wien, G. Freytag & Berndt. à Jahrg. 1. 70
Erscheint nicht mehr.

Bellone, Hier., s. Belloni, Girolamo

Belloni, Girolamo:
— [deutsch] Abhandlung von Commercien- und Müntz-Wesen. Übers. u. mit einigen Anm. erl. von Gottlieb Schumann. — Franckfurt [usw.]: Gleditsch 1752. 68 S. 8°
1:Fg 798. 2. 5. 7. 11.
16.

Belloni, Hier., Abhandl. v. Commerz- u. Münzwesen. 4. Leipz. 752. (Brockhaus). 4 gr

Belloni, Hieronymus s. *Belloni*, Girolamo.

Bellonus, Hieronymus s. *Belloni*, Girolamo.

Belloste, Augustin:
— [deutsch] Hospital- und Lazareth-Chirurgus ... Übers. durch Martin: Schurigen. — Dresden: Winckler 1703. 360 S. 8° 1:Ig 4235. 2. 3. 4. 7. 8.
16.

Belloste, Hospital- u. Lazareth-Chirurgus. 8. Dresd. 724.

— Viel-vermehrter Hospital- und Lazareth-Chirurgus ... Übers. durch Martin. Schurigen. — Ebd. 1710. 500 S. 8°
21. 2. 4. 8.
16.

Bellot, die wichtigsten Lehren der Baumechanik. 1. Heft. gr. 8. (64 S. mit eingedr. Fig.) [Leipzig 881, Knapp's Verlag.] Karlsruhe, J. Bielefeld's Verlag. *
Nicht weiter erschienen.

Bellot, James, s: Neudrucke frühneuengl. Grammatiken, Maistre, Le.

Bellot, P. F., Loi sur la procédure civile du Canton de Genève, suivie de l'exposé des motifs. 2de édit., seule complète, revue sur les Manuscrits de l'Auteur, augmentée de l'exposé des motifs inédit de la 2me partie de la loi, avec la jurisprudence de la cour de justice civile de Genève, et des tableaux de statistique judiciaire jusqu'en 1836; et d'un Supplément. Par M. Schaub, M. P. Odier, M. E. Mallet. gr. in-8. Paris 837. Genève, (Kessmann.) 2½ ₰

Bellotti, Franz Xaver (wirkl. Name), s.a. Rabiosus, Anselmus (Pseud.)

Belotti, Frz. Xav., († d. .. 18...) Fragsätze üb. die Theile des menschl. Körpers. 3 Thle. gr. 8. Linz 784, 85. Suara. 18 gr

Bellotti, Franz Xaver: Fragsätze über die Theile des menschlichen Körpers. 2. Aufl. Th. 1–3. — Linz: v. Trattner (2.3: Linz: Suara in Komm.) 1785: (2.3: Pramsteidel). 376 S. 8° 5.
16.

Belotti, Frz. Xav., Fragsätze üb. Theile des menschl. Körp. 3 Thle. gr. 8. Linz, Suara. 786. Rthlr.

— Anselmus Rabiosus [d.i. Franz Xaver Bellotti]. Reise nach dem Kürbislande im Jahre ... Th. 1–4. — o.O. 1782–83. 8°
1. Im Jahre 1779. Nebst e. Predigt an d. Freygeisterey- u. Religionsprediger. 1782.
2. Im Jahre 1780. 1782.
3. Im Jahre 1781. 1783.
4. Im Jahre 1782. Nebst e. Sendschreiben d. Landraths Eibel aus dem Reiche der Todten an seinen letzten Beichtvater. 1783.
21, 7.

— Anselmus Rabiosus II. [d.i. Franz Xaver Bellotti]. Trostschreiben an die Anverwandten des jüngstverstorbenen Ahnenstolzes. — o.O. 1783. 20 S. 8° 7.
16.

Bellotti, Lorenzo: Sentimenti di giubilo per il gloriosissimo, e felicissimo giorno natalicio della Sacra Real Maestà di Augusto Terzo Re di Polonia, ed Elettore di Sassonia, &c. &c. &c. — Dresda 1753: Harpeter. 10 Bl. 8° 3.
16.

Bellotto's gen. Canaletto, Bernardo, Biographie u. Charakteristik, s.: Wessely, J. E.

Bellows, John, tous les verbes. Conjugations of all the verbs in the French and English languages. Revised by Bel Jame and Geo. B. Strickland. Also a new table of equivalent values of French and English money, weights and measures. 32. (32 S.) London 867. Leipzig, Brockhaus' Sortiment. *

Bellows, Max: Schreibtischwörterb. d. deut. u. engl. Sprache (deutsch-engl. u. engl.-deutsch). Korrekturbogen durchgesch. v. Clarence Sherwood u. Wilh. Joh. Eggers. (806) 8° Braunschw., G. Westermann ('12). L 5 —

Belloy, de, Französischer Dramatiker, 1727-1775. 1760
s. *Belloy*, Pierre Laurent Buirette de.

Belloy, Auguste de
Belloy, A. de, Physionomies contemporaines. 16. (171 S.) Leipzig 859, A. Dürr.

Belloy, Auguste Mis de
— Portraits et souvenirs. — Leipzig: Durr [1859]. 210 S. 8° (Collection Hetzel.) 5.

— les toqués. gr. 12. (343 S.) Leipzig 860, A. Dürr. *

Belloy, Pierre Laurent Buirette de:

Belloy, P. Laur. Buirette de. Die Belagerung von Calais, ein Trauerspiel. Aus dem Französ. Hamburg 1765. V: *Christen, J. J.* (AarF)

— [deutsch] Die Belagerung von Kalais, ein Trauerspiel. Aus d. Franz. d. Herrn von Belloy übers. von Johann Joseph Eberlen. — Wien 1765: v. Trattner. 144 S. 8°
1: Xw 2456.
16.

— Le Siége de Calais, tragédie. Par M. de Belloy. Suivie de notes historiques. Nouvelle éd., augm. d'une copie de la Délibération de la ville de Calais &c. &c. — Amsterdam: Constapel [1765]. XV, 96 S. 8° 2. 3. 10.
16.

—— Vienne 1765: de Trattner. 102 S. 8° 21. 8.

— le même. 8. Dresd. 765. Walther. 8 gl.

— [deutsch] Zelmire, ein Trauerspiel in Versen. Aus d. Franz. d. Herrn Du Belloy übers. — Frankfurt [usw.]: Garbe 1766. 110 S. 8° 1: an Xw 2456.
16.

Bellozane, Natalie, frey a. d. Frz. übersetzt. 2 Thle. m. K. 8, Lpz. Kühn. 805.

Bell's, King, Festdelegation. Humorist. Festdichtg z. Vortrag bei Festlichkeiten in Stenografenvereinen. Hrsg. v. d. Vereinigg Gabelsberger Stenografen zu Elberfeld. 8. (8) Elberf. 85, Fassbender. n. — 40

Bell's, King, Festdelegation. Humoristische Festdichtg. zum Vortrag bei Festlichkeiten in Stenographenvereinen. Hrsg. v. der „Vereinigg. Gabelsberger Stenographen" zu Elberfeld. 2. Aufl. 12. (18 S.) Elberfeld 886. Faßbender. n. — 40

Bellson, Rob., s. Blätter für Israels Gegenwart und Zukunft.

Bellson, Rob., s. Westmorland, Graf v., Sendschreiben.

Bellubekianz, Artasches v.: Aus d. 2. med. Klinik d. Kgl. Charité. Zwei Fälle von congenitalen Vitien (Persistenz des Ductus arteriosus Botalli und Defekt der Kammerscheidewand). (Berlin 1910: Blanke.) 50 S. 8°
Berlin, Med. Diss. v. 8. Juli 1910, Ref. Kraus
[Geb. 4. Juli 84 Schuscha; Wohnort: Schuscha; Staatsangeh.: Rußland; Vorbildung: Oberrealsch. Baku Reife 05; Studium: Jena 5, Berlin 5 S.; Rig. 8. Juli 10.] [U 10. 17

Bellum africanum. Hrsg. u. erklärt v. Rud. Schneider. (VIII, 159 S. m. 2 Karten.) 8. Berlin 905. Weidmann. n. 2. 20

Bellum Alexandrinum. Erklärt von Rud. Schneider. gr. 8. (VIII, 65 S.) Berlin 888, Weidmann'sche Buchh.

Bellum biennale Bojo-Suevicum. — Antiquæ Bojorum gloriæ sepulchrum, et recentis ignominiæ theatrum: sive bellum biennale Bojo-Suevicum *Maximiliani, ducis Bavariæ*: animo sincero candido, sed atramento nigro, eleganti methodo, sed stylo pungenti (versibus) descriptum a quodam victricis aquilæ pullo. S. l. Anno 1705. 4°. Die 2 ersten Bll. am obern Rande ohne Textverlust beschäd. Ppb.
30 S. Antibayerische Beschreibung d. Kriegsereignisse in 18 latein. Gedichten m. Ueberschriften. — Sehr selten! (S. auch Nr. 4378.)

Bellum Grammaticale. Wittebergae 1534. 1580. Coloniae 1710. V: *Guarna, Andrea.* (D) (Plas) (ZK 13, 247—249)

Bellum grammaticum nominis et verbi regum De obtinendo in oratione principatu, ... Coburgi 1739. V: *Guarna, Andrea.* (ZK 13, 250)

Bellum grammat. nominis et verbi. 8. Cob. Ahl. 739.

Bellum sacerdotii Romani et imperii Germanici perpetuum. Multa per Secula gestum nondumque debellatum ... Observationibus identidem multis necessariis utilissimisue illustratum. A. J. F. G. — Francofurti & Lipsiae 1733. 544 S. 4° 7.
16.

Belluno [Schlagwort]
Belluno, s.: Radfahrerkarten. Lechner.

Bellus, Carolus s. *Bell*, Sir Charles.

Bellusich, Joh. v., Rittinger's stetigwirkender Setzherd. Mit 4 (lith.) Figurentaf. (in Fol.) Abdr. aus den Erfahrungen im berg- u. hüttenmännischen Maschinen-, Bau- und Aufbereitungswesen von P. Rittinger. Jahrg. 1857. Wien 859. Manz. gr. 4. (16 S.) n. 1 ⅔

Bellville Wochenblatt: Jahrgang 1–18, no. 44, Sept. 17, 1891– July 29, 1909.
Democratic weekly. Continued, but with new volume numbering, at Austin. Circulation 1895, 1177. Has supplement, entitled: Austin County: Beilage zum Bellville Wochenblatt, 80 p., octavo, the preface signed: Der Wochenblattmann. Edited & published by Wilhelm Andreas Trenckmann, 1891–1909. Transferred to Austin. Belleville, TX

Bellwald, N., der Waisenknabe. 8. (28 S.) Luxemburg 881. Brück. n. — 40

Belly, Felix, Durchbruch der amerikanischen Landenge. Kanal von Nicaragua. Auseinandersetzung der Frage. Uebers. von Carl Schöbel. Lex.-8. (V und 104 S. mit 8 chromolithogr. Karten in qu. Fol. und Imp.-Fol.) Paris 859. [Leipzig, Franck'sche Verlagsbuchh.] *

Belly, Georg

Belly, G., u. C. Löffler, Guten Abend, Herr Fischer, s. Bloch's, E., Dilettanten-Bühne.

Belly, G., Bädeker, s. Bloch's, Ed., Theater-Korrespondenz.

Belly, Geo., Bädeker, s.a. Thalia.

Belly, G., Bädeker, s.a. Theater-Mappe.

Belly, Georg: Bädeker. Schwank mit Gesang, nach e. Idee d. fliegenden Blätter. Musik arrangiert von A. Conradi. — Berlin 1862: Kolbe. 23 S. 8° 1:Yp 5005-389. 16.

— — Berlin: Kühling [1876]. 18 S. 8° (Theater-Mappe. 20.) 1:Yp 6327-20. 16.

— — Mühlhausen i. Thür.: Danner [1901]. 30 S. 8° (Thalia. 82.) 1:Yp 6389-82. 3.

— Pariser Differenzen. Genrebild mit Gesang. Musik von R. Bial. — Berlin 1867: Bittner. 19 S. 8° 1:Yp 5005-390. 16.

Belly, Geo., d. rätselhafte Erscheing. od.: Im Zaubersalon, s.: Fastnachts-Bühne.

— u. P. Henrion. Hohe Gäste, od. Excellenz u. Elefant, s. Bloch's, Ed., Theater-Korrespondenz.

— — dass., f. d. Bühne eingerichtet v. Demetr. Schrutz, s.: Heidelmann's, A. Theaterbibliothek.

— u. P. Henrion, hohe Gäste oder Excellenz u. Elefant, s.: Thalia.

Belly, G., hohe Gäste, s. Theater-Mappe.

— u. P Henrion: Hohe Gäste, o.l. Excellenz u. Elefant, s.: Universal-Bibliothek 5129.

— Hohe Gäste. Schwank von G. Belly u. P. Henrion. — Berlin: Kühling [1869]. 20 S. 8° (Theater-Mappe. 1.) 1:Yp 6327-1. 16.

— — Mühlhausen i. Thür.: Danner [1901]. 37 S. 8° (Thalia. 84.) 1:Yp 6389-84. 3. 16.

— — Leipzig: Reclam [1909]. 31 S. 8° (Universal-Bibliothek. 5129.) 1:Ag 7201-5129. 9. 16.

— Monsieur Herkules, s.a. Bloch's, E., Dilettanten-Bühne.

Belly, G, Monsieur Herkules, s.a. Bloch's E, Theater-Correspondenz,

— dasselbe, bearb. v. P. Niveler, s.a. Heidelmann's, A., Theaterbibliothek.

Belly, Geo, Monsieur Herkules, s.a. Radermacher's, J., Vereinsbühne.

— dasselbe, neubearb. von G. v. Moser, s.a. Thalia.

Belly, Geo., Monsieur Herkules, s.a. Universal-Bibliothek.

Belly, Geo.: Monsieur Herkules, s.a. Vereins-Theater.

— Monsieur Herkules. Posse. — Leipzig: Reclam [1906]. 30 S. 8° (Universal-Bibliothek. 4849.) 1:Ag 7201-4849. 9. 16.

— — Neubearb. von G. v. Moser. Mühlhausen i. Thür.: Danner [1906]. 32 S. 8° (Thalia. 123.) 1:Yp 6389-123. 16.

— — Bonn [1909]. 31 S. 8° (J. Radermacher's Vereinsbühne. 57.) 1:Yp 6439-57. 16.

— Sinjoro Herkules, s: Esperanta biblioteko internacia.

— der Herr Jubilar, s.a. Kühling's, A., Album f. Liebhaberbühnen.

— der Herr Jubilar, s.a. Vereinstheater.

— Der Herr Jubilar. Schwank mit Gesang. Musik von A. Conradi. — Mühlhausen i. Thür.: Danner [1900]. 30 S. 8° (Vereinstheater. 97.) 1:Yp 6386/20-97. 3. 16.

— Murillo's Liebe u. Entsagung, s.: Carnevals-Possen.

Belly, Georg: Werther's Lotte, s. Bloch's, E., Theater-Correspondenz.

— 15 Minuten im Zauber-Salon, oder: Die Sphinx, eine räthselhafte Erscheinung. Intermezzo mit Gesang. Musik von R. Bial. — Berlin 1867: Bittner. 22 S. 8° 1:Yp 5005-391. 16.

— Wanderleben. Genrebild mit Gesang, von G. Belly u. P. Henrion [d.i. Leopold Kohl v. Kohlenegg]. Musik von A. Conradi. — Berlin 1865: Bittner. 34 S. 8° 1:Yp 5005-392. 16.

Belly, Georg: Werther und Lotte, s.a. Bloch's, E., Dilettanten-Bühne.

— Werther und Lotte s.a. Bloch's, E., Theater-Correspondenz.

— Werther und Lotte, oder: Nachtwächters Erdenwallen. Genrebild mit Gesang. Musik von A. Conradi. — Berlin 1862: Paul. 22 S. 8° 1:Yp 5005-393.

— — Musik von Ludwig Bloch. 3. Aufl. Berlin [1879]. 34 S. 8° Eduard Bloch's Theaterkorrespondenz. 133.) 1:Yp 6305-133. 16.

— Das Wiedersehen am Heerde. Genrebild mit Gesang von G. Belly u. J. Trojan. Musik von A. Conradi. — Berlin 1867: Bittner. 18 S. 8° 1:Yp 5005-394. 16.

— im Zauber-Salon, s.a. Bloch's, E., Theater-Gartenlaube.

— Im Zauber-Salon, oder: Die räthselhafte Erscheinung. Burleske mit Gesang. Musik von R. Bial. — Berlin [1872]. 21 S. 8° (Eduard Bloch's Theatergartenlaube. 146.) 1:Yp 6302-146. 16.

— Rippo u. Zappo, s.: Carnevals-Possen.

Béllye. — Die Herrschaft Béllye ein ungarischer Grossgrundbesitz Sr. kaiserl. Hoheit des Erzherzogs Albrecht. Hrsg. durch d. Ungarischen Landes-Agricultur-Verein in Budapest. — Wien: Frick 1883. VIII, 304 S. 8° 1:Ov 11660.

Belke, K. (Red.), s. Reichs-Medicinal-Anzeiger.

Belke, Theod., kurzgefasste u. leicht verständl. Anleit. z. Erziehung v. Obstbäumen. Ein Handb., namentl. f. d. Landbewohner Siebenbürgens. 8. Hermannstadt, 1857. Steinhaussen. — 2

BELKE, Werner (Altendorf): Meningitis cerebrospinalis epidemica mit multipler Gelenkvereiterung.- München: Kastner & Callwey 1904. 31 S.
21.9.1904 - Chr 1904/05,13; Jv 1904/05,495 (Prom.-Datum: 12.7.1905)
Diss. Ingolst.-Landsh.-Mchn.

Belmann [kathol. Pfarrer] s. Belmann, Matthias

Belmann, Matthias: Katholisches Zeugniss, katholische Mahnung und katholische Zuversicht in den kirchlichen Wirren der Zeit. Predigt. — Münster: Deiter 1845. 26 S. 8°
1:6 in Dg 66. 6.
16.

Belmann, (kathol. Pfarrer in Hamm), kathol. Zeugniß, kath. Mahnung u. kathol. Zuversicht in den kirchl. Wirren der Zeit. Predigt mit Hindeutung auf die von den abtrünnigen Geistlichen, Herren Licht u. Kerbler, in der evangel. Kirche zu Unna u. Hamm gehaltenen Vorträge. gr. 8. Münster, 846, Deiters. 3 ngl

Belmer (Hrsg.), s. Jahrbuch, Illustriertes, der schweizerischen Armee.

Belmont, Graf, u. Juliane v. Montmorency, männliche und weibliche Liebe im Kampfe, eine wahre Geschichte, m. Kupf. 2 Thle. 8. Würzb. Stahel. 791. Rthlr.

— Susanne, od. die Gefallsüchtige, ohne es zu wissen; aus d. Französ. 2 Thle. 8. Leipz. 828. Er. Klein. 1 ß 16 gl

Belmont [Pseud. für Heinrich Adolf Schömberg oder Schümberg]

— s. 1) Bibliothek, wohlfeile.

† **Belmont,** (Heinr. Ad. Schümberg,) blutige Bilder aus d. türkischen Geschichte d. Sultane. 2 Bdchn. 2., wohlf. Ausg. (von dess.: Gemälde a. d. Geschichte d. ottom. Reichs. Dresden 824, 25, Hilscher.) 8. (28 B.) [Celle 833, Schulze.)

Belmont, (Hnr. Adlph. Schümberg); Hans Karl Friedr. Anton Graf v. Diebitsch-Sabalkanski, kaiserl. Russ. Feldmarschall, neben Rußlands vorzüglichsten Feldherren; nach mitgetheilten Familien-Nachrr. dargestellt. 8. Dresd. u. Leipz. 830. Arnold. 1 ß

Belmont. (v. Schönberg, Hch. Ad.) Hans Carl Friedrich Anton Graf von Diebitsch-Sabalkansky, kais. russ. Feldmarschall. (12 B.) 8. Dresden 1831. 3,00.

— Erinnerungen an Spanien, belehrenden und unterhaltenden Inhalts. Mit einzelnen Beziehungen auf d. gegenwärtigen Krieg. — Dresden: Hilscher 1823. VIII,832 S. 8°
1:Qt 1840. 7.
16.

Belmont, Erinnerungen an Spanien rc. Dresden, ist jetzt Verlag von Hammerich in Altona.

— historisch-romantische Erzählungen. 2e Ausg. gr. 8. Leipzig ... Günz. 2/3 ß

— Historisch-romantische Erzählungen. Bdch. 1. Die Ashantee's. Die Lagunen von Venedig. — Dresden: Hilscher 1827. IV,156 S. 8° 7.
16.

—— romant. Erzählungen. — Die Ashantees. — Die Lagunen v. Venedig. 2. Ausg. 8. (10 B.) Leipzig 833, [Günz.]

— Prinz Eugen u. sein Hof rc. 8. Dresden 824. (Braunschw., Meyer.) 5/6 ß

— Prinz Eugen u. sein Hof, nebst Denkwürdigkeiten d. Königr. Italien unter Napoleons Herrschaft. 8. Dresden 824, Hilscher.

Belmont, (Hnr. Adlph. Schümberg), Prinz Eugen u. sein Hof, nebst Denkwürdigk. d. Königr. Italien unt. Napoleons Herrschaft. 8. Dresd. 825. Hilscher. 20 gl

Belmont, s.a. Faim, Manuscript von 1812.

— Gemälde a. d. Gesch. d. ottomanischen Reichs. 2 Bde. 8. Dresd. 824. Hilscher. (Celle, Schulze). 1 ß 16 gl

— Geschichte Spaniens, s. Rabbe.

— Geschichte Spaniens, s. A. Rabe.

—— den Manen G. E. Lessings, s.a. Gräve.

— Den Manen G. E. Lessings. Beschreibung d. am Secular-Geburtsfeste d. Gefeierten in seiner Vaterstadt in Camenz veranstalteten Feierlichkeiten, nebst d. Abdrucke der ... bei dieser Gelegenheit gehaltenen Reden. — Camenz: Krausche [1829]. 31 S. 8°
1:an Au 17438. 3. 5. 10. 11.
16.

Belmont, s. v. Ortloff: Neapel.

Belmont Banner: 1896–1901
Weekly. Circulation: 1900, 1175. Edited by C. W. Bente, & published by Banner Printing Co., 1896—1901. Bellaire, OH.

Belmonte und Constanze, od. die Entführung aus dem Serail. Operette v. Bretzner. 8. Leipz. Schneider. (auch Linke.) 781.

— Marie, Trauersp. in 5 Akten v. C. Streckfuß. 12. Zelle, Webel. 807.

Belmonte, Carola
Pseudonym für Karola Groag
— Die Frauen im Leben Mozarts. — Augsburg: Reichel 1905. 114 S. 8°
1: Mus. Dm 1026.
16.

Belmonte, Carola, Mozart-Novellen. M. e. Vorwort v. Gust. Karpeles. 8. (VII, 174 S.) Berlin 895. H. Schildberger. 2.—; geb. 3.—

Belmonte, Carola, über Alles geht die Liebe, s.a. Kürschner's, Jos., Bücherschatz.

Ueber alles geht die Liebe. Roman von Carola Belmonte. Mit Ill. von A. Hug. *Berlin, Eisenach, Leipzig: H. Hillger [1903].* (109 S.) 8° [3.]
— Bücherschatz, Kürschners. No 313.

Belmonte, Karola, s. Belmonte, Carola

Belmonte, M. R. Blanco-
s. Blanco-Belmonte.

Belmonte, Phil. Jos. Nicola de: Gott! Eine Predigt. — Coblenz: Hölscher 1840. 14 S. 8° 5.
16.

Belmonte, S.A. (Hrsg.), s. Das Tribunal.

Belmore, Almeria, eine Novelle in Briefen, geschrieben von einem Frauenzimmer, a. dem Engl. mit 1 Kpf. 8. Duisburg, 792. Helwings. 18 ggl.

Belmore, Almeria, in Briefen, v. einem Frauenzimmer, a. d. Engl. 8. Duisb. Helwing. (Badecker.) 792.

Belnay, Georg s. *Belnay,* Georg Alois.

[*Belnay, Georg Alois von*]: *Betrachtung aller hungarischen nicht adeligen Staatsbürger.* 1790. [*Holzmann-Bohatta* I.213.]

Belnay, Geo, histor. literar. bonorumque artium in Hungar. 8 maj. Pesth 799. Eggenberger, 13 gl

Belnay, Georg Alois:
(—) Historia literarum bonarunque artium in Hungaria e probatissimis scriptoribus synoptice deducta. — Viennae: Doll [usw.] [1799]. 128 S. 8° 1: Ax 7505. 4.
16.

[*Belnay, Georg Alois v.*]: *A Mademoiselle Babette Comtesse de Keglevits. — o. O. u. J.* [*Holzmann-Bohatta* VII.1.]

[*Belnay, Georg Alois*]: *Reflexiones cunctorum Hungariae civium non nobilum illud diplomatis punctum quo nativi etiam patriae filii non nobilis ab omnibus publicis officiis excludendi decernerentur.* 1790. [*Holzmann-Bohatta* III.347.]

[*Belnay, Georg Alois v.*]: *Tentamen publicum ex historia universali. — Vindobonae* 1818. [*Holzmann-Bohatta* IV.160.]

***Voelderndorff u. Waradein, v.*: Belobungs-Schreiben für den Meister vom Stuhl der ger. u. vollk. Sct. Joh. Loge zur Sonne in Bayreuth, Br. v. Voelderndorff und Waradein, welches demselben, nach geschehener Vorlesung in einer plenierten Versammlung, zu seinem maurerischen Eigenthume zu behändigen ist. [1800.]**
in: BayrBbl. 8 (1907—1908) S. 321—323; ArSt. 5 (1908) S. 221—223.
Seitens der Grloge Royal York.

Beloch, F., Zur Chronologie der letzten Jahre des peloponnesischen Krieges. S.-A. O. J. 88 S. 1.20

Beloch, F., Die Oekonomie der Geschichte des Timaios. S.-A. o. J. 10 S. —.75

Beloch, Giulio s. *Beloch,* Julius.

Beloch, Julius
Beloch, Jul., die delphische Amphiktionie im III. Jahrh. Lex.-8. (22 S.) Leipzig 902. Dieterich. n. 1.—

— die attischen Archonten im 3. Jahrh. Lex.-8. (23 S.) Ebd. 902. n. 1.20

— Historische Beiträge zur Bevölkerungslehre. Th. 1. — Leipzig: Duncker & Humblot 1886. XVI,520 S. 8°
1. Beloch: Die Bevölkerung d. griechisch-römischen Welt. **21.**
1: Pn 8110. 2→11.
16.

— Die Bevölkerung der griechisch-römischen Welt. — Leipzig: Duncker & Humblot 1886. XVI,520 S. 8° (Beloch: Historische Beiträge zur Bevölkerungslehre. 1.) **21.**
1: Pn 8110. 2→11.
16.

— Der Italische Bund unter Roms Hegemonie. Staatsrechtliche u. statistische Forschungen. — Leipzig: Teubner 1880. 237 S. 8° **21. 1: Rl 2710. 2→11.**
16.

— Die Errichtung der Phyle Ptolemais. S.-A. 1884. 8 S. —.60

— Griechische Geschichte. Bd 1-3. — Straßburg: Trübner 1893-1904. 8°
1. Bis auf d. sophistische Bewegung u. d. Peloponnesischen Krieg. 1893.
2. Bis auf Aristoteles u. d. Eroberung Asiens. 1897.
3. Die griechische Weltherrschaft. Abt. 1.2. 1904. **21.**
1: Ug 832 [u.] 832a. 2→11.
16.

Beloch, Karl Jul.: Griech. Geschichte. 2. Afl. 1. Bd. Die Zeit vor d. Perserkriegen. 1. Abtlg. (12, 446) gr8° Strassbg, KJ Trübner '12. 8.50; HF 10.50

— Zur Gesch. d. pyrrh. Krieges. — Die Schlacht bei Kos. [S.-A.] (7 u. 6) 8° Lpzg. Dieterich '01. — 70

Beloch, J., Zur Geschichte Siciliens vom pyrrhischen bis zum ersten punischen Kriege. S.-A. 1893. 8 S. —.75

— Geschichte u. Topographie d. antiken Neapel u. seiner Umgebung. 2., verm. Ausg. — Breslau: Morgenstern 1890. VIII,472 S. 8°
1: Rs 7850[a]. 2. 5. 7. 11. 15. 18. 26. 27. 30.
16.

— Campanien [Kampanien]. Topographie, Geschichte u. Leben d. Umgebung Neapels im Alterthum. [Nebst] Atlas [u.] Erg. u. Nachtr. — Berlin: Calvary (Erg. u. Nachtr.: Breslau: Morgenstern) 1879-90. 4° [u.] quer-8°
[1]. 1879.
Atlas von Kampanien im Alterthum. 1879.
Erg. u. Nachtr. Kampanien. Geschichte u. Topographie d. antiken Neapel u. seiner Umgebung. 1890.
1: Rs 7850. 4. 6. 12. 14. 21. 25. 29. 302.
16.

Beloch, J., Die Könige von Karthago. S.-A. 1907. 10 S. —.60

Beloch, J., Die Phoeniker am aegaeischen Meer. S.-A. o. J. 22 S. 1.—

— Die attische Politik seit Perikles. — Leipzig: Teubner 1884. IV,369 S. 8° **21. 1: Uh 4000. 2→11.**
16.

— Das Volksvermögen von Attika. S.-A. O. J. 25 S. 1.—

Beloch, Karl Julius s. *Beloch,* Julius.

Belohlawek, Hans, Buchungsstoff in Briefen. Eine Sammlg. v. Briefen, die von, an od. wegen e. offenen Handelsgesellschaft geschrieben werden, nebst den weiteren hiezu notwend. Buchungsangaben. (56 S.) gr. 8. Linz 903. (Zentraldruckerei vorm. E. Mareis.) n.n. 1.50

Belohlawek, Hanns, 50 Buchungs-Stoffe, e. Aufgaben-Sammlg. f. höhere Handelslehranstalten. 2. Aufl. gr. 8. (43 S.) Linz 895. Städtebilder-Verlag. n. 1.—

Belohlawek, Hans: 50 Buchgs-Stoffe, e. Aufg.-Sammlg f. höh. Handelslehranst. 3. Afl. (45) gr8° Linz, (Zentraldr. vorm. E Mareis) '06. 1.20

Belohlawek, Hans: Grundzüge der Volkswirthschaftslehre, s.a. Handbibliothek der gesammten Handelswissenschaften.

Belohlawek, Hans: Grundz. d. Volkswirtschaftslehre, s.a. Violet's Globus-Bücherei.

Belohlawek H, Grundzüge der Volkswirtschaftslehre. 3. Auflage. (Handbibliothek der Handelswissenschaften 10) Stuttgart 1890

Belohlawek H, Handbuch des Bank- und Börsenwesens. (Handbibliothek der Handelswissenschaften 18) Stuttgart 1895

Belohlawek H, Handbuch der Kontorwissenschaften. (Handbibliothek der Handelswissenschaft 13) Stuttgart 1890

Belohlawek, Hans; Handbuch der Münz-, Maß-u. Gewichtskunde, s.a. Handbibliothek der gesammten Handelswissenschaften.

Belohlawek, Hans: Handelslehre, s. Violet's Globus-Bücherei.

Belohlawek, Hans: Die Kontorarbeiten, s. Violet's Globus-Bücherei.

Belohlawek, Hans, Leitfaden der kaufmännischen einfachen u. doppelten Buchhaltung f. kaufmänn. Fortbildungsschulen u. verwandte Lehranst., sowie zum Selbstunterr. gr. 8. (IV, 163 S.) Linz 900. E. Mareis. n. 1.80

— Leitfaden der Handelslehre, s.a. Handbibliothek der gesamten Handelswissenschaften. 9. Bd.

Belohlawek H, Leitfaden der Handelslehre mit bes. Berücksichtigung des Bank- und Börsenwesens. 2. Auflage. (Handbibl. d. Handelsw. 9) Stuttgart 1890

Belohlawek, Hans: Münz-, Mass-u. Gewichtskde., s. V i o l e t's Globus-Bücherei.

— s: Zeitschrift f. Buchhaltg.

— d. Zinsenkontokorrent i. s. verschied. Formen. gr. 8. (VI, 52 S.) Zittau 895. Pahl. n. 1. 80

! Belohlawek, H.: Das Z i n s e n k o n t o k o r r e n t . 1891/95. Jetzt: Frankf. a./M., Jaeger's Verl.

Belohnung und Ersatz, ein Schauspiel in 3 Aufzügen. [Mühlhausen 1798.] V: *Krebs, Carl Joseph.* (MGT) (Adel)

Belohnung für artige Kinder. Ein neues ABC-Buch, mit vielen ill. Bildern. 16. Berlin 839. Winckelmann u. Söhne. In verziert. Umschlag 1/6 ₰

Belohnung für brave Kinder. Nürnberg 869. Koenecke. 8. (10 lith. u. color. Bll.) 6 ngr; auf Leinwd. n. 10 ngr

Belohnung, Die, der kindl. Liebe, s.a. F a l b a i r e .

Belohnung, die, der kindl. Liebe. Lustsp. gr. 8. Leipzig, Crusius. (W. Vogel.) 773.

– die u n g l ü c k l i c h e , oder die gezwungene Heirath: ein Trspl. in 5 Aufz. 8°. Münst. 1796. Coppenrath.

Belohnung. — Die unglückliche Belohnung, oder: die gezwungene Heyrath. Ein Trauerspiel. — Münster: Perrenon 1769. 78 S. 8° 10.
10.

Belohnungsgeschichte der K. K. obligaten Mannschaft. Wien 1797. V: *Gräffer, August.* (WBL) »1795« (Haydinger)

Belohnungsgeschichte d. k. k. obligaten Mannschaft, nebst den Statuten etc. 2 Bdchn. 12. Wien 797. Gräffer. 20 Kr

Belohorsky, Gabriel, Confirmanden-Unterricht. 8. (48 S.) Pest 864. Osterlamm.

Belohoubek, Anton

Belohoubek, Ant., Berichtigung einiger falscher Angaben üb. Entstehg. v. Chloroform, s.: Untersuchungen aus Prof. Lieben's Laboratorium.

Bělohoubek, Ant., über den Einfluss der geologischen Verhältnisse auf die chemische Beschaffenheit des Quell- und Brunnenwassers. gr. 8. (46 S.) Prag 880, (Rziwnatz.) *
Aus: Sitzungsberichte der königl. böhm. Gesellschaft der Wissenschaften, besonders abgedruckt.

Bělohoubek, Anton: [Úvahy o lisovaném droždí, deutsch] Studien über Presshefe. — Prag: Otto 1876. 23 S. 4° 11.
10.

— einige Worte üb. den Bau u. die Einrichtung v. Brauereien. Mit 2 (lith.) Taf. (in qu. Fol.) [Aus: „Mittheilungen d. Architekten- u. Ingenieur-Vereins im Königr. Böhmen."] gr. 4. (III, 40 S.) Prag 875. Rziwnatz in Comm. n.n. 3. —

Belohoubek Viktor: Die Komödien Pierre de Lariveys im Verhältnis zu den italienischen Originalen. H. 1900 PN 1357 Diss. Wien, Univ. 2252

Bělohradsky, Ertrinken, s. Handbuch der gerichtlichen Medicin.

Belokopitow, Emilie, aus Charkow (Russland): Aus dem Kinderspital Zürich. Klinische Beobachtungen über den Haemoglobingehalt des Blutes bei verschiedenen Kinderkrankheiten. Zürich 1907. 64 S. 8°. [30. VIII. 07.]
Zürich. Med. Diss. 1906/1907.

Belokopitow, Emilie. Klinische Beobachtungen über den Haemoglobingehalt des Blutes bei verschiedenen Kinderkrankheiten. Diss. Med. Univ. Zürich. *Kopftitel:* Aus dem Kinderspital Zürich. 64 S. 8. Zürich, J. J. Meier, 1907.

Belolawek-Morgan, Camillo, kleine Blumen, kleine Blätter. Gedichte. 16. (92 S.) Wien 876. Rosner. n. 2. —

BELOLAWEK-Morgan, C a m i l l o , T u l v i a . Ein dramatisches Gedicht in einem Aufzuge. Wien 1881. Verlag der deutsch-akademischen Landsmannschaft „Moldavia". Druck v. J. B. Wallishausser.
V e r b o t e n vom L.-G. Wien, 1881. § 516.

Belon, die Vollkommenheit des geistlichen Standes. Oder: Betrachtungen über die Pflichten des Clerus. Aus dem Französ. 2 Bde. 8. (725 S.) Regensburg 854, Manz.

Bearbeitung der in Pulkovo erhaltenen Spectrogramme von dem Spectral-Doppelstern α' Geminorum. Von A. [A.] Belopolsky [Bělopol'skij]. Mit 3 Holzschn. *St.-Pétersbourg: Acad. Imp. d. Sciences 1901.* (111 S.) 4°
— Mémoires de l'Académie Impériale d. sciences de St.-Pétersbourg. Sér. 8. Cl. phys.-math. Vol. 11, No 4.

Belopolsky, A., Bearbeitung der in Pulkovo erhalten. Spectogramme v. dem Spectral-Doppelstern α Geminorum. gr. 4. (111 S. m. 3 Holzschn.) St. Petersburg 901. (Leipzig, Voss' Sort.) n. 6. —
Sonderabdruck aus: „Mémoires de l'acad. imp. des sciences de St.-Pétersbourg".

Belopolsky, A., Nova Persei, s.a. Publications de l'observatoire central Nicolas. XVII. 1.

Nova Persei. Bearbeitung der in Pulkowo erhaltenen Spectrogramme von A. Belopolsky [Bělopolskij]. (Mit 2 Taf. u. mehreren Holzschn.) *St. Pétersbourg 1903: Acad. Imp. d. Sciences.* (116 S.) 2°(4°)
— Publications de l'Observatoire central Nicolas. Sér. 2, Vol. 17, 1.

Bělopolsky, A., positions apparentes des taches solaires photographiées à Poulkovo, s.: Hasselberg, B.

Bělopol'skij, Aleksandr: Die Entwickelungs-Geschichte und Theorie der krebsigen Entartung der Gewebe. Von Alexander Belopolsky. — Moskau 1881: Neubürger. 28 S. 8° 1: Jx 6351.
10.

Belopolsky, A., s. B e l o p o l ' s k i j , A.

BELOPOTOCZKY, Colomannus: De relatione rituum orientalium quoad sacramenta inter se et ad ritum ecclesiae latinae. — (1872) 91 S. 8° (Handschr.) Diss. Wien Univ. Diss. 327

Běloseľskij-Bělozerskij, Knjaz, Aleksandr Michajlovič: Circé. Cantate. L'avertissement par l'auteur de La musique en Italie [d. i. Knjaz Aleksandr Michajlovič Běloseľskij-Bělozerskij]. — Dresde 1787: Impr. de la Cour. 16 S. 8° S.
16.

(—) Dianyologie ou tableau philosophique de l'entendement. (Verf.: Le Prince Béloselsky.) — Dresde 1790: Meinhold. 44 S. 8° 1: Nm 5072.
16.

Beloselsky-Beloserky, Alex. duc de. Dianiologie, oder philosophisches Gemählde des Verstandes; aus dem Franz. Freyberg und Annaberg 1791. Ü: *Schilling, Gustav.* (Ky) (MGT) (NN)

v. Beloselsky, Fürst, Dyaniologie, od. philosoph. Gemälde d. Verstandes; aus d. Französ. (v. G. Schilling). gr. 8. Freiberg 791. Graz u. G. 5 Kr

— — le même Livre, av. fig. 8. London, (Walther, Dresd.) 791.

Beloselsky, Fürst, s. Beloselskij-Belozerskij, Aleksandr Michajlovic

Belot, Adolphe

— [deutsch] Alphonsine. Der Roman d. Hypnose. Übers. von Walter Eichner. — Budapest [1896]. 192 S. 8° (Collection Grimm.) 1:Xy 12424/62. 16.

Belot, Adolphe, Alphonsine. D. Roman d. Hypnose. Übers. v. Walter Eichner. 8. (192 S.) Budapest 896. G. Grimm. n. 1. 50

Bélot, Adolphe, Artikel 47, s.a. Universal-Bibliothek Nr. 1379.

Belot, Adf., Artikel 47. Roman. 2 Bde. 8. (265 u. 271 S.) Stuttgart 876. Hallberger. 6. —

— [deutsch] Der Fall Calon. Kriminalroman. Übers. von Arthur Roehl. — Leipzig: Reclam [1893]. 188 S. 8° (Universal-Bibliothek. 3086.3087.) 1:Ag 7201-3086.3087. 16.

Belot, A: Ein geheimnissvolles Drama. Kriminal-Roman. (96) 8° Neuweissens., E Bartels (o. J.). 1 — d

Belot, Adf., ein geheimnißvolles Drama. Kriminal-Roman. (96 S.) 8. Neuweißensee (905). E. Bartels. n. 1. —

BÉLOT. Adolphe, Eine moderne Ehe. Pariser Roman. Berlin, o. J. (c. 189*). 8°. (Mk. 2,40.) (1 Mk. Adolf Graeper, Barmen, 1896.)

— [deutsch] Eine moderne Ehe. Pariser Roman. Aus Liebe gemordet von Roussemain. In's Deutsche übertr. von Paul Heichen. (2. Aufl.) — Berlin: Heichen & Skopnik [1892]. 147 S. 8° 1:Xy 12424/230. 16.

— e. moderne Ehe. Pariser Roman. — Aus Liebe gemordet. Von Roussemain. Deutsch v. P Heichen. 8° (147) Berl. 92, Neufeld & H. 2 —

— e. moderne Ehe. Pariser Roman. — Aus Liebe gemordet. Von Roussemain. In's Deutsche übertr. v. Paul Heichen. 8. (147 S.) Berlin 892. C. Skopnik. n. 2. —

— [deutsch] Erinnerungen. Schauspiel ... Nach d. Franz. 'Les souvenirs' von Adolphe Belot; bearb. von Max Ring. — Berlin: Behr 1867. 68 S. 8° 1:Yp 5005-396. 16.

BÉLOT. — Flitterwochen in Monte Carlo. Deutsch von Fritz Wohlfahrt (d. i. Paul Herm. Heichen, geb. zu Löbau, 2. April 1848). (Roman u. zugleich Reise- u. Spielhandbuch, mit Figuren.) Berlin 1889. 8°. 213 S. (Mk. 2,40.)

Belot, A., Flitterwochen in Monte Carlo. Autoris. Ausg. Deutsch v. F. Wohlfahrt. 8. (213 S.) Großenhain 890. Baumert & Ronge. n. 2. 40

— die Frau v. Eis. Pariser Salonroman. Deutsch v. P. Heichen. 12. (200 S.) Ebd. 889. n. 1. 50

[5.] Zwei Frauen. Von Adolphe Bélot. A. d. Franz. v. L[udwig] Stöckmann. *Berlin & Leipzig: J. Gnadenfeld & C. [1893?].* (132 S.) 1 Bd 8. — Collection Figaro. [Bd] 97. [94. 97]

— Fromont jr. u. Risler sr., s.: Theater, neues Wiener.

Belot, Adph., das Gesellschaftsfräulein, s.: Weber's moderne Bibliothek.

— Fräulein Giraud, meine Frau. Rom. a. d. Pariser Bourgeoisie. Uebers. v. Walt. Eichner. 8. (180 S.) Ebd. 896. n. 1. 50

Bélot, Adolphe, das Glutweib. Pariser Salonroman. Deutsch v. Paul Heichen. 2 Bde. 8. (149 u. 151 S.) Großenhain 884. Baumert & Ronge. n. 6. —

— d. Glutweib. Pariser Salonroman. Deutsch v. P Heichen. 2. Afl. 12. (274) Ebd. 89. n. 1. 50

— Helene. Schauspiel. Deutsch von R. Schelcher. — Berlin [um 1870]: Bittner. 76 S. 8° 1:Yp 5005-395. 16.

— [deutsch] Jugendsünden. Novellen. Deutsch von Egon Berg. — Berlin: Jacobsthal [1890]. 207 S. 8° (Don Juan Serie.) 1:Xx 294-1. 16.

Bélot, Adolphe, die Königin der Schönheit s.a. Bibliothek französischer Humoristen und Realisten.

— die Königin der Schönheit. Roman. 2. Aufl. gr. 8. (255 S.) Leipzig 894. Greßner & Schramm. 1. 50

— [deutsch] Die Königin der Schönheit. Roman. 4. Aufl. Leipzig: Gressner & Schramm [1894]. 255 S. 8° 1:Xy 12424/174. 16.

Belot, A: Die Courtisane. Pariser Roman. Uebers. v. W Eichner. 8° (223) Budap. 96, G Grimm. 1.50

— [deutsch] Aus dem Leben einer Verlorenen. Roman. Berlin: Berliner Verl.-Inst. [1905]. 141 S. 8° 1:Xy 12423/8. 16.

BÉLOT. — Memoiren eines Eheherrn. Pariser Salonroman. Deutsche Ausgabe von „Mademoiselle Giraud, ma femme". Zürich 1884. 8°. (2 Kr. Halm & Goldmann, Wien, 1904.)

Orig.: Mademoiselle Giraud, ma femme. 67. éd. Paris 1883. (Mk. 5.—) (2 Mk., sehr eleg. Hfzbd., R. Levi, Stuttgart, 1904.)

— der Mord in der Hypnose. Kriminalroman. 8. (176 S.) Groß-Lichterfelde-West (899). [v. Piper.] Berlin, J. Gnadenfeld & Co. n. 1. 50

BÉLOT. — Der Mund von Madame X***. Roman. Deutsch von Fritz Wohlfahrt (Paul Heichen). Zürich 1887. 8°. (Mk. 2.—.) (1 Mk. Klüber, 1904.)

Orig.: La bouche de Madame X***. Roman. 19. éd. Paris 1882. 8°. (Mk. 5.—) (2 Mk., schönes Expl. in eleg. Hfzbd., R. Levi, 1904.)

— [deutsch] Der Mund der Madame X... Übertr. von Fritz Wohlfahrt. 3. Aufl. — Berlin: Heichen & Skopnik [1892]. 184 S. 8° 1:Xy 12424. 16.

— d. Mund v. Madame X... Deutsch v. F Wohlfahrt. 3. Afl. 8° (184) Berl. 92, Neufeld & H. 2 —

— der Mund v. Madame X... In das Deutsche übertr. v. Fritz Wohlfahrt. 3. Aufl. 8. (184 S.) Berlin 892. C. Skopnik. n. 2. —

— Der Muttermord. Kriminal-Roman. (238) 8° Neuweissens., E Bartels (o. J.). 1,50 d

— der Muttermord. Kriminal-Roman. (238 S.) 8. Ebd. (905). n. 1. 50

— [Le Parricide, deutsch] Der Muttermörder. Roman von A. Belot u. J. Dautin. Übers. von Robert Springer. Bd 1-3. — Berlin: Janke 1872. 8° 1:Xy 12420. 16.

[Belot, Adolphe]: La Nuit de noce de la Comtesse V. G. et de l'écuyer. V. S. Naumbourg 1875. [*Barbier. Suppl.* 190.]

Die unzerbrechliche Puppe. Von Adolphe Belot. Deutsch von Paul Heichen. *(Berlin: A. Weichert [1901].)* (S. 88-95.) 8° [F.]
— Wochen-Bibliothek, Weicherts. Bd 101, (2.) [06. 855

Belot, Adolphe: Die zerbrechl. Puppe, s. Weichert's Wochenbibliothek.

— [Le Drame de la Rue de la paix, deutsch] Das Schreckensdrama der Rue de la paix. — Leipzig: Gressner & Schramm [1887]. 266 S. 8° 9.
16.

Belot, A.: Das Schreckensdrama d. Rue de la Paix. 1886/90. Jetzt: Lpzg., P.E. Lindner.

— das Taubenhaus; Mutter u. Tochter; e. Gewissensfall, s.a. Makart-Bouquet.

Belot, Adolphe: [Teils., deutsch] Das Taubenhaus. Mutter und Tochter. Ein Gewissensfall. Erzählungen. Übertr. von Fritz Wohlfahrt. — Berlin: Neufeld & Henius [1890]. 134 S. 8° (Kikeriki-Collection. 1,5.) 1:Xx 292-5.
16.

BÉLOT. — Das Taubenhaus und andere Novellen. (Aus d. Französ.) Berlin, o. J. (c. 189*). 8°. (60 Pfg. Jürgensen & Becker, 1898.)

— Das Taubenhaus u. andere Novellen. Deutsch von Fritz Wohlfahrt. 2. Aufl. — Berlin: Neufeld & Henius [1898]. 162 S. 8° (Neufeld's Reise-Bibliothek. 38.)
1:Yt 702-38.
16.

— et Villetard, le testament de César Girodot, s.: Théâtre français.

Belot, Adolphe et Villetard: Le Testament de César Girodot. Comedie.
Berlin: Bloch 1860. 78 S. 8°

Belot et Villetard, le testament de César Girodot. Comédie en 3 actes, en prose. Berlin 860. Lassar. 16. (78 S.) n. 10 ngr.

— — Hrsg. u. für d. Schul- u. Selbstunterricht erl. von H. Schütz. — Bielefeld: Velhagen & Klasing 1865. 100 S. 8° (Théâtre français. Publ. par C. Schütz. Sér. 17,4.) 6.
16.

— — Avec notes par A.W. Kastan. Berlin 1878. 95 S. 8° (Théâtre français. Collection Friedberg & Mode. 59.)
1:Xv 2034-59. 11.
16.

— — 2. éd. Bielefeld [usw.]: Velhagen & Klasing 1879. 92 S. 8° (Théâtre français. Publ. par C. Schütz. Sér. 17,4.) 6.
16.

— — [deutsch] Das Testament des Oheims. Lustspiel ... nach d. Franz. d. Ad. Belot u. Edm. Villetard, von F. Lichterfeld. — Berlin: Hayn 1860. 43 S. 8° (L. W. Both's Bühnen-Repertoir d. Auslandes. 205.) 1:Yp 6091-205.
16.

— — il testamento dello zio Cesare, s. Emporeo drammatico.

Ein guter Tropfen. Erzählung von A[dolphe] Belot. Deutsch von Paul Heichen. (Mit 1 Vollbild.) *(Berlin: A. Weichert [1901].)* (S. 66-83.) 8° [F.]
= Wochen-Bibliothek, Weicherts. Bd 101, (1.) [02. 854

BÉLOT. — Walinda die schwarze Venus. Ein Roman aus Äquatorial-Afrika. Deutsch von Paul Heichen. („Auf Grund der Literatur-Konvention zwischen Deutschland und Frankreich statthafte Ausgabe".) Berlin. Verlag von A. Warschauer, o. J. (um 1885). — *A. E.:* Druck von Gebr. Danziger Berlin S., Dresdener Str. Nr. 84. 8°. (4 Mk. 50 Pfg. J. Taussig, Prag, 1906.)
347 S. (incl. Titel). Vergriffen! Zieml. sahm [wie alle hier genannten Romane Bélot's].
Orig.: La Vénus noire. Roman. Paris 1882. 8°. (Mk. 5.—.)

— im Weibergefängnis, s.: Collection, Lafrance.

— Das Wickelpüppchen u. andere Erzählungen. Ausgew. u. übertr. von Paul Heichen. — Berlin: Jacobsthal [1888]. 158 S. 8° 1:Xy 12416.
16.

Belot, Adolphe s. Wochenbibliothek, Schweizer. Band 36.

— [Les Étrangleurs, deutsch] Die Würger von Paris. Eine Geschichte von neulich. Nach Adolphe Belot von Emile Vacano. Bd 1. 2. — Stuttgart [usw.]: Hallberger 1881. 8°
Der 2. Teil d. Schrift ist e. Übersetzung von Belot: La grande Florine.
1:Xy 12420/720.
16.

— und Emile Vacano, die Würger von Paris. Eine Geschichte von neulich. 2 Bde. 8. (264 u. 321 S.) Stuttgart 881. Deutsche Verlags-Anstalt. n. 7. —

Belot, Carl Ed. (Habanensis), De typho abdominali. Diss. med. Lpz. (Wilh. Staritz) 30. 4. 1844. 31 S. (3.—) 1999
Gew.: Carl N. Belot (Vater), Jul. Cloquet, Achill. Richard.

Belott, H., فوتن ايجيمك هعر فقى So sollst du rauchen. Mysterien des Tabaks u. der Cigarre. Ein unentbehrliches Hülfsbüchlein für jeden Raucher. Leipzig (857.) C. H. Mayer. 8. (1 Bl., 66 S.) 7½ ngr.

Belotti, Frz. Xav., s. Bellotti, Franz Xaver

Bělousov, Aleksėj Konstantinovič
Delineatio synoptica nervorum hominis. Drei farbige Wandtafeln in Leinwandmappe. Bearb. u. hrsg. von Prof. Dr. A[leksėj] K[onstantinovič] Belousow [**Bělousov**], Charkow. Deutsch-franz. Ausg. Mit begleit. deutschen Text von Prof. Dr. R[udolf] Krause, Berlin, u. e. franz. Übers. von Prof. Dr. A. Nicolas, Nancy. Berlin, Wien: Urban & Schwarzenberg (1906). (88 S.) 4° [06. 18336

Belousow, A. K. s. *Bělousov*, Aleksěj Konstantinovič.

Belovar s: Komenović v. Belovar.

Below, Regierungs- u. Schulrat, Wiesbaden. 1907 **s. *Below*, Christoph.**

Below [Lehrer in Luckau], s. Below, F. W. C.

Below, Oberstleutnant, Lehrer an d. Kriegsschule Hannover. 1890 **s. *Below*, Georg.**

Below, Kommandant d. Kadetten-Corps, Berlin. 1844 **s. *Below*, Ludwig Dietrich Karl Wilhelm.**

Below: Das Leihhaus..., s. Below, Eduard.

Below: Der Mangel an Arbeitern und Gesinde im Gebiet der Landwirtschaft, s. Below, Nikolaus Georg

Below, v.: Ursprung der deutschen Stadtverfassung, s. Below, Georg

Below, A.: Über Hernia properitonealis, s. Below, Albert

Below, A.: Mein Liebling, s. Below, Anna

Below, Albert
Below, *Ernst Erich* Albert [app. Arzt aus Hanseberg]: Aus d. patholog. Institut zu Kiel. Über Hernia properitonealis. . . . Kiel, Druck v. H. Fiencke, 1890: 20 S., 1 Bl. 8°
Kiel, Med. Fak., Inaug.-Diss. v. [9. Dez.] 1890

Below, Alb. Ueber Hernia properitonealis. Diss. gr. 8. (20 S.) Kiel 890. (Gnevkow u. v. Gellhorn). * — 60

Below, Alexander v.: Urkunde, betreffend die Umwandelung des von Below'schen Lehngutes Saleske in ein beständiges Familien-Fideicommiß. Um 1860
s. *Below*, Karl Friedrich v.

Below, Anna v.: Mein Liebling. Erzählung nach d. Engl. Stolp: Hildebrandt 1897. 75 S. 8° 1: Yx 29270. 9. 16.

Below, Christoph: Leitfaden der Pädagogik enthaltend Psychologie und Logik, Erziehungslehre, allgemeine Unterrichtslehre. — Leipzig: Breitkopf & Härtel 1907. X, 117 S. 8° (Handbücher d. Musiklehre. 1.) 1: Mus. Ha 47-1. 10. 16.

— — Leipzig: Dürr 1908. VI, 117 S. 8° 1: N 17. 46. 16.

— dass. Jetzt: Berl.. Union. Zweigniederlassg. 06/09

Below, E., Artenbildung durch Zonenwechsel, o. Gesetz der äquatorialen Selbstregulirg. der Organismen hinsichtlich Acclimatisation sowie Veränderg. u. Neubildg. v. Arten. Vortrag f. die tropenhygien. Section der 65. deutschen Naturforscherversammlg. zu Nürnberg. [Aus: „Fortschritte der öffentl. Gesundheitspflege".] gr. 8. (24 S.) Frankfurt a/M. 894. Jaeger's Verl. n. 1. 60

Below, E., Artenbildung durch Zonenwechsel. (24 S.) gr. 8. Berlin 905. (Kabakon, Bethmann & Engelhardt.) 1. 80

Below, E.: Bilder aus dem Westen, s. Below, Ernst

Below, E.: Die Ergebnisse der tropenhygien. Fragebogen, s. Below, Ernst

Below, E.: De Hiatu Plautino questionum, s. Below, Erich

Below, E.: Das Leihhaus, s. Below, Eduard

Below, E.: Die Massage u. Heilgymnastik, s. Below, Ernst

Below, Eduard: Das Leihhaus und die Sparcasse zu Leipzig. 2 Blätter d. Erinnerung an d. 50jährige Wiederkehr d. Eröffnung beider Institute am 20. u. 22. Febr. 1826/1876. (Leipzig [1876]: Breitkopf & Härtel.) 71 S. 8° 1: Sr 8880. 16.

Below, Ed., das Leihhaus und die Sparcasse zu Leipzig. Zwei Blätter der Erinnerung an die 50jähr. Wiederkehr der Eröffnung beider Institute am 20. und 22. Febr. 1826/1876. gr. 8. (III, 71 S. mit eingedr. Holzschn. und 3 lithogr. und color. Grundrissen.) Leipzig 877, (Duncker und Humblot.) *

Below, Erich
Below, (Ewald. Frid.) Ericus (geb. Berlin 12. 9. 1860): De hiatu Plautino quaestiones. Berolini 1885. (41 S.) 8° ¶ Vollst. ersch. u. d. T.: De hiatu Plautino quaestionum pars 1., qua agitur de hiatu qui fit in thesi. Berlin: Weidmann 1885.
Berlin, Phil. Diss. v. 25. Apr. 1885

Below, Erich: De Hiatu Plautino quaestionum ... pars. P. 1. — Berolini: Weidmann 1885. 94 S. 8°
Erschien teilweise auch als Diss. Berlin 1885.
1: We 5611. 2. 9. 11.

Below, Ernst: Die Anwendung der Elektricität in der Medizin bei Nerven-, Muskel-, Haut-, Gehirn- und Rückenmarksleiden. — Berlin: Steinitz (1898). 88 S. 8° 1: Kh 1804. 16.

— Bilder aus dem Westen. — Leipzig: Grunow 1894. 289 S. 8° 1: Uu 5865. 2. 4. 16.

— Deutschland voran! D. deutsche Tropenhygiene-Forschg., ihre Geschichte, Status praesens u. Prognose. [Aus: „Allg. med. Central-Zeitg."] gr. 8. (20 S.) Berlin 895. O. Coblentz. n. — 50

— Einzelnforschg. u. Sammelforschg. i. d. Tropenhygiene, m. daran sich schliess. Bericht üb. portugies. u. span. Fragebogenbeantwortg. Vortrag, geh. i. d. 30. Abtoilg. f. Klimatologie u. Tropenhygiene a d. 67. Naturforscher-Versammlg. z. Lübeck. [Aus: „Allg. med. Central-Zeitg."] gr. 8. (36 S.) Ebd. 896. n. 1. —

– Einzelnforschg u. Sammelforschg in d. Tropenhygiene, m. daran sich schliess. Bericht üb. portugies. u. span. Fragebogenbeantwortg. Vortr. 8° (36) Berl. 96, O Coblentz. 1 —

— Die Ergebnisse der tropenhygienischen Fragebogen. Besonders vom Gesichtspunkte d. internationalen Seuchenschutzes aus betrachtet. — Leipzig: Thieme 1892. 51 S. 8° 1: Ib 15979. 11. 16.

— d. neue Kameruner Krankheit. [Aus: „Allg. med. Central-Zeitg."] gr. 8. (4 S.) Ebd. 895. n. 1. —

— d. neue Kamerun-Krankheit. 8° (4) Berl. 95. O Coblentz. 1 —

— s.a. „Lehmupp!"

— 'Lehmupp!' Beichte e. Schwadrons-Arztes von 1870/71. Berlin: Steinitz 1896. XII, 319 S. 8° 1: Kr. Samml. R 294. 10. 11. 16.

— d. Massage u. Heilgymnastik, s.: Werner, Carl.

— Mexiko. Skizzen u. Typen aus d. Italien d. neuen Welt. Berlin 1899. XVII, 362 S. 8° (Allgemeiner Verein für deutsche Litteratur. Abt. 25 [,3].) 9. 16.

— — 2. Aufl. Ebd. 1899. XVII, 362 S. (Allgemeiner Verein ... Abt. 25 [3].) 1: Ag 3253–25, 2. 2. 4. 5. 7. 11. 16.

[Ḟ.] Ostmark und Krummstab. Erzählg nach persönl. Erinnergn aus d. Zeit d. poln. Unruhen v. Ernst Below ... *Berlin: O. Janke [1898].* (viii, 138 S., 1 Bl.) 1 Bd 8.
(Collection Otto Janke.) [98. 4970]

— Rückenmarks-Seele u. Hirnentwicklung. Bericht üb. d. 1870 begonn., durch d. Krieg unterbroch. Untersuchgn. üb. d. Hirnganglien-Entwicklg. i. Foetus u. Neugeborenen verschied. Säugetiere u. d. Menschen. [Aus: „Allg. med. Central-Zeitg."] gr. 8. (19 S. m. Fig.) Berlin 896. O. Coblentz. n. 1. —

— „Schwarzwasserfieber" ist Gelbfieber. [Aus: „Allg. med. Central-Zeitg."] gr. 8. (4 S.) Ebd. 895. n. 1. —

Below, Ernst: Untersuchung eines Falles von Lithopädion beim Schaaf. Mit 1 Taf. Greifswald 1870. 42 S.– Greifswald, Med. Diss. v. 1870.

Below, Ernst Erich Albert, s. Below, Albert

Below, (Ewald Frid.) Ericus, s. Below, Erich

Below, F. W.: Rede, s. Below, F. W. E.

Below, F.W.E.: Abhandlung über die Heimath der Germanen. 33 S.
Progr. Luckau 1854.

Below, F. W. E., Beiträge zur Geschichte der Germanen. Berlin 1850. 4.
Progr.

Below: Göthes Hermann u. Dorothea als polit. Gedicht. 19 S.
Progr. Luckau 1862.

Below: Rede am 17. März 1863. Luckau. Schul-/Univ.-Schrift.
1863.

Below, F. W., Rede, gehalten auf dem Gymnasium zu Luckau am Gedenktage d. 17. März 1863. Luckau, Kutzscher in Comm. gr. 8. (16 S.) n. 2 ngr.

Below: Uebersetzung einiger Oden des Horaz. (Aus dem ersten Buche die 1. 2. 4. 6. 7. 9. 12. 15-18. 20. 22. 26. 27. 31. 32. 34. 35. und 37.) 32 S.
Progr. Luckau 1855.

Below, Georg

Below, Geo v. (Hrsg.), s. Abhandlungen zur mittleren u. neueren Geschichte.

Below, G. v., s.: Aus Westfalens Vergangenheit.

Below, G. v., s.: Beiträge z. deutschen Territorial- u. Stadtgeschichte.

— Das Duell in Deutschland. Geschichte u. Gegenwart. — Kassel: Brunnemann 1896. 78 S. 8°
1:Fm 13700. 3. 5. 6. 7. 9. 11. 16.

— — 2. Aufl. Ebd. 1896. 78 S. 8° 3. 4. 9. 16.

— Das Duell und der germanische Ehrbegriff. — Kassel: Brunnemann 1896. 47 S. 8° 21. 1:Fm 13698. 2→11. 16.

— Die Entstehung der deutschen Stadtgemeinde. — Düsseldorf: Voß 1889. XI,126 S. 8° 21. 1:Gm 2895. 2→11.

— Zur Entstehung der deutschen Stadtverfassung. Th. 1. München 1887. S. 193-244. 8°
Aus: Historische Zeitschrift. 58 — N. F. 22. 1887.
5. 16.

— Die Entstehung des ausschließlichen Wahlrechts der Domkapitel. Mit bes. Rücks. auf Deutschland. Eingel. von M. Ritter. — Leipzig: Veit 1883. VII,51 S. 8°
Erschien teilweise auch als Diss. u. d. T.: Below: Zur Geschichte d. Entstehung d. ausschließlichen Wahlrechts d. Domkapitel. Bonn 1883. 21.
(Historische Studien. 11.) 1:P 7398-11. 2→11. 16.

— Der Höniger-Jastrow'sche Freundeskreis. Beitrag zur Zeitgeschichte. — Düsseldorf: Voß 1892. 32 S. 8°
1:P 2442. 3. 5. 6. 7.

von Below, Georg (geb. am 19 Jan. 1858 in Königsberg Pr.): Zur Geschichte der Entstehung des ausschliesslichen Wahlrechts der Domkapitel ... Leipzig, Veit & Comp. 1883. 2 Bl., 30 S., 1 Bl. 8.
¶ Sonderabdr. d. ersten beiden Bogen einer gleichbetitelten Abh., die vollständig als 11 Heft d. Hist. Studien erschien.
Bonn, Phil. Fak., Diss. v. 16 Juli 1883

Below, Georg von, Dr., o. Prof. d. Gesch.: Zur Geschichte der konstitutionellen Partei im vormärzlichen Preußen. Briefwechsel d. Generals G(ustav) v. Below u. d. Abgeordneten (August) v. Saucken-Lilienfelde (vielm.: -Julienfelde). *Tübingen 1903: G. Schnürlen.* (51 S.) 4°
Tübingen, Verz. d. Promotionen in d. phil. Fak. 1902—1903

Below, Prof. Dr. Geo. v. Geschichte der direkten Staatssteuern bis zum Geldr. Erbfolgekrieg. 1. u. 2. Heft. A. u. d. T.: Die landständische Verfassung in Jülich und Berg, 3. Thl. gr. 8°. Düsseldorf, Voss, 1890/91.

Below, Georg von: Großhändler und Kleinhändler im deutschen Mittelalter. 8° Aus: Jahrbücher f. National-Oekonomie u. Statistik. F. 3, Bd. 20 (75), 1900, S. 1—51.

— s.a. Handbuch d. mittelalterl. u. neueren Gesch.

Below, G[eorg] v., und F[riedr.] *Meinecke*, Handbuch der mittelalterlichen und neueren Geschichte. Abt. 2—5. München u. Berlin 1903—1909. 4° (8°). *[Mit Sondertit.]*
2: Polit. Gesch.
3: Verfass., Recht, Wirtschaft.
4: Hilfswissenschaften u. Altertümer.
5: Hilfswissenschaften u. Altertümer.

Below, G[eorg] v., u. F[riedrich] *Meinecke:* Handbuch der mittelalterlichen und neueren Geschichte. Hrsg. Abt. 1. 3. München u. Berlin 1910—1913. 8° *[Mit Sondertit.]*

—— s. Hoeniger, R.

Below, Georg, Oberstleutnant Lehrer an d. Kriegsschule Hannover. 1890: Jena. Vortrag. — Berlin: Mittler 1890. 21 S. 8°
1:Sy 328. 11. 16.

— Die politische Lage im Reich und in Baden. — Heidelberg: Winter 1910. 32 S. 8° 1:Rz 18100. 3. 16.

— s.a. Landtagsakten v. Jülich-Berg 1400—1610.

— Landtagsakten v. Jülich-Berg. 1400—1610, s.: Publikationen d. Gesellschaft f. rhein. Geschichtskunde.

— d. neue histor. Methode. [Aus: „Histor. Ztschr."] gr. 8. (S. 193 - 273.) München 898. R. Oldenbourg. n. 1. 60

Below, Geo. v., die Neuorganisation der Verwaltung in den Territorien des 16. Jahrhunderts, s. Taschenbuch, historisches.

Below, Georg von [Dr. phil.]: Das bergische Rechtsbuch und die landständische Verfassung in Berg zur Zeit der Abfassung desselben .... Marburg (Gedr. bei L. Voß & Cie., Königl. Hofbuchdr. in Düsseldorf) 1886; 48 S. 8°.
Marburg, Phil. Fak., Hab.-Schr. v. 23. Jun. 1886.

[F.] Das ältere deutsche Städtewesen und Bürgertum. Von Prof. Dr. Georg v. Below. M. 6 Kunstbeil. u. 134 authent. Abb. *Bielefeld & Leipzig: Velhagen & Klasing 1898.* (2 Bl., 135 S., 6 Taf.) 1 Bd 4.(8.)
— Monographien z. Weltgeschichte. [Bd] VI. [98. 11486

Das ältere deutsche Städtewesen und Bürgertum. Von Prof. Dr. Georg v. Below. Mit 6 Beil. u. 136 authent. Abb. 2. Aufl. Bielefeld & Leipzig: Velhagen & Klasing 1905. (137 S.) 4°(8°) [F.]
— Monographien z. Weltgeschichte. 6. [06. 3835 6

Below, Geo. v., Territorium u. Stadt, s.a. Bibliothek, historische. 11. Bd.

Territorium und Stadt. Aufsätze z. deutschen Verfassungs-, Verwaltungs- u. Wirtschaftsgesch. Von Georg v. Below. *München & Leipzig: R. Oldenbourg 1900.* (XXI, 342 S.) 8° [F.]
— Bibliothek. Historische. Bd 11. [00. 799

— s.a. Urkunden, ausgewählte, zur deutschen Verfassungsgeschichte.

Ausgewählte Urkunden zur Deutschen Verfassungsgeschichte von G[eorg] v. Below u. F[riedrich] Keutgen. Bd 1. *Berlin: E. Felber 1899.* 8°
[99. 0866 2

Ursachen der Rezeption des Römischen Rechts in Deutschland. Von Georg v. Below. München & Berlin: R. Oldenbourg 1905. (XII, 166 S.) 8° [F.]
— Bibliothek, Historische. Bd 19. [05. 11148

— Der Ursprung der deutschen Stadtverfassung. — Düsseldorf: Voß 1892. XV,147 S. 8° 21.
1:Gm 2916. 2→11. 16.

— Die landständische Verfassung in Jülich und Berg bis zum Jahre 1511. Verfassungsgeschichtliche Studie (3: Die landständische Verfassung in Jülich und Berg.) T. 1-3. — Düsseldorf: Voß in Komm. (3,[2]: Voß) 1885-91. 8°
1. Die ständischen Grundlagen. Die Vorläufer d. landständischen Verfassung. 1885.
2. Die Zeit d. bergischen Rechtsbuchs. 1886.
3. Geschichte d. direkten Staatssteuern bis zum geldrischen Erbfolgekrieg. H. 1. 2. 1890-91.
Aus: Zeitschrift d. Bergischen Geschichtsvereins. 21. 22. 26. 1885-90.
T. 2 erschien teilweise auch als Univ.-Schrift u. d. T.: Below: Das bergische Rechtsbuch u. d. landständische Verfassung in Berg zur Zeit d. Abfassung desselben. Marburg 1886.
1:Th 5598 [auch T. 2 = Th 5597-2]. 2[= 3]. 5. 6. 7[= 3]. 8[= 3]. 16.

— Die Verwaltung des Maß- und Gewichtswesens im Mittelalter. Antwort an Herrn Prof. Dr. Schmoller. — Münster: Regensberg 1893. 32 S. 8° 1:Fh 8170. 3. 7. 16.

Below, Georg von: Die städtische Verwaltung des Mittelalters als Vorbild der späteren Territorialverwaltung. 8° Aus: Historische Zeitschrift. N. F. Bd. 39, 1897, S. 396—463.

— s.: Vierteljahrsschrift f. Social- u. Wirtschaftsgesch.

— Das parlamentarische Wahlrecht in Deutschland. — Berlin: Curtius 1909. VII,170 S. 8° 21. 1:Gw 19034. 2. 3. 4. 6. 7. 9. 10. 11. 16.

Below, G. v. (Bearb.), s. Wörterbuch der Volkswirtschaft.

Below, H.: Gauklerkind (u. andere heitere Schriften), s. Below, Hedwig

Below, H.: Zur Geschichte des Jahres 1806 (und ähnliche Schriften), s. Below, Hugo

Below, Hans v. [Pseud.] *Below*, Hedwig v.

Below, Hedwig v.:
Pseudonym: Hans v. Below
[—] Der wilde Alex. Komischer Roman von Hans v. Below. Berlin: Steinitz 1895. 208 S. 8° 1:Yx 27991. 7. 12. 28. 33. 169. (16.

— Drei Einakter von Hans v. Below. Die Herthapriesterin. Lotosblume. Mater dolorosa. — Berlin: Steinitz 1898. 104 S. 8° 1:Ys 30052. 11. 31. 32. 16.

— Hans v. Below. Das Gauklerkind. — Berlin: Steinitz 1896. 86 S. 8° 1:Yx 28251. 16.

— Hans v. Below. Humoresken. — Berlin: Steinitz [1896]. 218 S. 8° 1:Yy 11714. 16.

— Die kleine Pfirsichblüte. Märchen. — Berlin: Fontane 1895. 137 S. 8° 1:Yt 3600. 16.

— d. Rächer alter Schuld. Roman. 8. (250 S.) Berlin 897. H. Steinitz. n. 2. 50

— Der Rächer alter Schuld. Roman von Hans v. Below. — Berlin: Steinitz (1898). 250 S. 8° 1:Yx 29978.

Below, Helene v., Fußreise durch Oberbaiern u. Tyrol. 4 Briefe an meine Tochter. 4. (112 S.) München (901). A. Schupp. n. 1. —

Below, H v.: Fussreise durch Oberbayern u. Tyrol. 4 Briefe an meine Tochter. (112) 4° Münch., A Schupp 01. (Lpzg, F Förster.) 1 — d

Below, Hugo v.: König Albert von Sachsen. 1898
s. *Below:* Ein Lebensbild König Alberts von Sachsen.

— Ausbildung eines Infanterie-Bataillons im Felddienst auf Grund der neueren Kriegserfahrungen. — Berlin: Mittler 1873. 83 S. 8° 1:Hw 6465. 6. 16.

— — 2., umgearb. u. verm. Aufl. Ebd. 1878. VI,184 S. 8° 1:Hw 6465[a]. 2. 16.

Below, H. v., d. wissenschaftl. Ausbildg. d. Soldaten, s.: Pelchrzim, Thdr. v.

— Zur Geschichte des Jahres 1806. Glogaus Belagerung und Vertheidigung. — Berlin: Siegismund 1893. 67 S. 8° 21. 1:Tb 3149. 2. 10. 11. 16.

— Ein Lebensbild König Alberts von Sachsen. Zum 70jährigen Geburtstage u. zur Feier d. 25jährigen Regierungs-Jubiläums d. Königs. — Berlin: Siegismund 1898. 103 S. 8°
Nebent.: Below: König Albert von Sachsen.
1:Sq 6947. 11. 16.

— s.a. Lehmann's, die, lassen sich nicht lumpen!

[—] 'Die Lehmanns lassen sich nicht lumpen.' Launige Erzählung d. Erlebnisse e. Berliner Bürger-Familie in d. Zeit von 1870-73, theils in Feldpost-, theils in gewöhnlichen Stephans-Briefen von H. v. B. — Berlin: Siegismund [1893]. 92 S. 8° 1:Kr. Samml. V 95. 16.

— Kaiser Wilhelm der Große. Ein Lebensbild für d. deutsche Volk u. Heer. — Berlin: Deutscher Soldatenhort 1897. 91 S. 8° 1:Hundertjahrfeier-Biographie. 2. 16.

Below
— **Joh. Heinr.** (Stassfurt), De praejudiciis in jurisprudentia fugiendis. Diss. jur. in qua primae lineae. Präs. Joh. Friedem. Schneiders. Halle (Joh. Gruner) Okt. 1717. 142 S. (6.—) 2002
— — — (Salzens.), De servitiis feudalibus ex allodio praestandis. Disp. jur. Präs. Christian Wildvogel. Jena (Joh. Adolf Müller) 30. X. 1723. 48 Seiten. (4.80) 2003
Gew.: Jac. Eckard v. Wobeser (Rackelwitz), Gottlob Chn. Vitzthum v. Eckstedt (Jahmen). — Widm. v.: Nic. Wilh. Dressel (dtsch.), Joh. Heinr. Ludwig (dtsch.), P. L. Wildvogel.

Below, Karl Friedrich v.: Urkunde, betreffend die Umwandlung des von Below'schen Lehngutes Saleske in ein beständiges Familien-Fideicommiß. (Verf.: Carl Friedrich v. Below u. Alexander Ewald v. Below.) — (Cöslin [um 1860]: Hendes). 14 S. 4° 1:4° T 5510. 16.

Below, Ludwig Dietrich Karl Wilhelm v.: Grundzüge der Organisation des Königl. Cadetten-Corps. (Verf.: v. Below.) — Berlin: Mittler 1844. 39 S. 8° 1:17736. 2. 16.

Below, M. v., Geschichte des großherzogl. mecklenburgischen Füsilier-Regiments Nr. 90, s.: Brochem, B. v.

Below, M., Selbsthilfe bei Zahnweh. (1. u. 2. Aufl.) (à 56 S.) 8. München (905). Seitz & Schauer. n. — 50; geb. in Leinw. n. 1. —

Ⓢ **Below, M.,** Selbsthilfe bei Zahnweh. 905. (KBL 34.) Jetzt: München, Verl. d. ärztl. Rundschau.

Below, Nikolaus Georg
Below, Saleske,und Knebel-Döberitz, Friedrichsdorf: Der M a n g e l an Arbeitern und Gesinde im Gebiete der Landwirthschaft. Zwei Vorträge, gehalten am 25. Februar 1889 zu Berlin in der XIV. General-Versammlung der Vereinigung der Steuer- und Wirthschafts-Reformer. Berlin 1889. – 8°

Below, Ottilie v., geb. Freiin v. Hackewitz, Herbstblüthen. Gedichte. gr. 16. (XII, 88 S.) Rostock 878. Werther. n. 2. 25; geb. n. 2. 80

Below, Werner v.: Die Stallfibel. Ratschläge erprobt in langjähriger Dienstzeit. — Berlin: Siegismund [1903]. IV, 169 S. 8° 1.
16.

Belowsky, *Johann Jacob* Max*imilian* [aus Berlin]: Die Gesteine der ecuatorianischen West-Cordillere von Tulcan bis zu den Escaleras-Bergen ... (Erscheint in: W. Reiss u. A. Stübel, Reisen in S.-Amer.) Berlin, Druck v. J. Kerskes, 1892; 1 Bl., 68 S., 3 Bl., 1 Taf. 4.
Berlin, Phil. Fak., Inaug.-Diss. v. 16. Nov. 1892

Belozerkowsky, Fanny, aus Krementschug (Russland): Ein Fall von Scheidengewölbezerreissung (Kolpoporrhexis) unter der Geburt. Zürich 1910. 16 S. 8°. [7. II. 10.]
Zürich. Univ. Med. Diss. 1909/10.

B e l o z e r k o w s k y, Fanny. Ein Fall von Scheidengewölbezerreissung (Kolpoporrhexis) unter der Geburt. Diss. Med. Univ. Zürich. 16 S. 8. Zürich, Schereschewsky, 1910.

Belpaire, Alphonse
Belpaire, Alph., Cartes du mouvement des transports en Belgique. gr. Fol. (2 Bl. mit Text u. d. T.: Notice sur les cartes etc. gr. 8. 74 S.) Bruxelles 847. (Leipzig, Michelsen.) n. 2 ℛ

—— theoretisch-praktisches Handbuch über die Leistungen und Fahrbetriebskosten der Eisenbahnen. Aus dem Franz. übers. und hrsg. von Leop. Kastner. gr. 8. (415 S.) Wien 849. [Gress.]

— theoret.-prakt. Handbuch üb. die Leistungen u. Fahrbetriebskosten der Eisenbahnen. Aus d. Franz. übers. u. hrsg. v. Leop. K a s t n e r. gr. 8. (415 S.) Wien 849, Mörschners Wwe. & Gress. 3 ℛ

Belpaire, A, theoretisch-praktisches Lehrbuch über die Leistungen und Fahrbetriebskosten der Eisenbahnen. Aus dem Französischen von L. K a s t n e r. Wien. 1849. 8. 3 Thlr.

— —, traité des dépenses d'exploitation aux chemins de fer, ouvrage redigé par les ordres du département des travaux publics de Belgique, d'après les données officielles fournies par l'administration des chemins de fer de l'Etat. Bruxelles, Paris, Leipzig, Anvers. 1847. 8. 10 fr.

Belpaire, Alphonse:
— Traité des dépenses d'exploitation aux chemins de fer. — Bruxelles: Decq. [usw.]; Leipzig: Michelsen 1847. 648 S. 8° 21. 1:4° Nz 15361. 7.
16.

Belphegor, od. d. wahrscheinl. Gesch. unt. d. Sonne, a. d. Latein. 2 Thle. 8. Lpz. Crusius. (W. Vogel.) 776.

Belrupt, Carl Graf
Belrupt, C. u. O. Petrinó, Oesterreich's erster Agrar-Congress zu Wien im Novbr. 1868 besprochen. Innsbruck 869. Wagner. gr. 8. (83 S.) n. 20 ngr.

Belrupt, Carl Graf, der Aufwand des Staates für die landwirthschaftlichen Angelegenheiten. Eine vergleich. Studie. gr. 8. (28 S.) Wien 876, Faesy und Frick. *

Belrupt, Carl Graf: Bevölkerung und Viehstand der gefürsteten Grafschaft Tirol nach Steuergemeinden geordnet. — Innsbruck 1871: Wagner. 35 S. 4°
1:4° Stala 928.
16.

— über Käserei-Genossenschaften. [Aus: „Komer's Jahrb. f. oesterreich. Landwirthe."] gr. 8. (16 S.) Prag 874. Calve. — 30

Belrupt, C. Graf, u. **Petrino,** O. Baron, Oesterr. 1. agrarischer Congress zu Wien 1868. 8°. Innsbruck 1869.

— Die internationale Molkerei-Ausstellung in Hamburg 1877 und ihre Beziehungen zum gesamten Molkereiwesen. Bremen: Heinsius 1878. 93 S. 8° . 1: Stala 929.

— Oesterreichische Molkerei-Genossenschaften im Jahre 1874. Bericht der zu ihrer Besichtigung u. Classification ernannten Commission. — Wien: Faesy & Frick 1875. 110 S. 8° 1: Stala 930. 10.
16.

Belrupt, Gustav Graf von —. Predigt bei Gelegenheit der Eröffnung und feierlichen Einweihung des Hospizes des kathol. Gesellenvereines am 2ten Nov. 1856 in der Olmützer Pfarrkirche St. Michael gehalten von — —. Olmütz. Druck von F. Slawik. (16 S. 8.)

Belrupt, Karl Graf, s. B e l r u p t, Carl Graf

Belrupt-Tissac, s.: Liverani, das Leben u. Leiden des hl. Märtyrers Joh. Sarkander.

Belsazer. Eine Oper in zwei Theilen. Hamburg 1723. V: *Beccau, Joachim.* (schr)

Belschner, Christian
Belschner, (C[hrist.]), Oberpräzeptor: Die Bibliothek des Gymnasiums in Ludwigsburg, ihre Entstehung, ihre Eigenart und ihr gegenwärtiger Bestand. *Ludwigsburg (1900): Ungeheuer & Ulmer.* (S. 17—67.) 4° [F.]
Ludwigsburg, k. G u. Elementar-S, P 1900 (631)

Belschner, C., Führer durch Ludwigsburg u. Umgebung. Hrsg. vom Verein f. Fremdenverkehr. 3. umgearb. Aufl. (82 S. m. Abbildgn.) 8. Ludwigsburg 904. J. Aigner. n. — 90

Belschner, C: Führer durch Ludwigsburg (in Württ.) u. Umgebg. 4. Afl. (70 m. Abb., 4 farb. Vollbild. u. 1 farb. Pl.) 8° Ludwigsbg. J Aigner '12. 1 — d

— Gesch. v. Württemberg in Wort u. Bild. 20 Lfgn. (592 m. 3 Stammtaf. u. 129 [1 farb.] Taf.) Stuttg., K Daser'02 Je — 50; in 1 Bd geb. 12.50 d

Belschner, Christian:
Geschichte von Württemberg in Wort und Bild. — Stuttgart: Zeller & Schmidt 1902. VI,592 S. 4°
1:4° Sh 711.
16.

— s: Geschichtsblätter, Ludwigsburger.

Belschner, C., im Kampf d. Lebens. E. lyr. Anthologie. N. sittl. u. ästhet. Grundsätzen zusammengest. 8. (V, 467 S.) Stuttgart 896, W. Kohlhammer. Geb. in Halbleinw. 3. 50

— Ludwigsburg in zwei Jahrhunderten. — Ludwigsburg: Aigner 1904. IV,284 S. 8° 21. 1: Sh 7530.
16.

— Die Stadt Ludwigsburg. Festschrift zur Feier ihres 200jährigen Bestehens. — Ludwigsburg: Gemeinderat; Aigner in Komm. 1909. 106 S. 4° 21. 1:4° Sh 7532.
16.

Belschner, Gustav: Bestimmung der Stärke in Cerealien durch Polarisation. 1907. 36 S. 8° ¶ Vgl. Zeitschrift f. Untersuchung d. Nahrungs- u. Genußmittel, sowie d. Gebrauchsgegenstände. Bd 14. S. 205 ff.
München, Dr.-Ing.-Diss. v. 31. 12. 1906

Belschner, Joh. Heinr. Wilh. Friedr.
[Gedicht.] Am Jahresschluss 1859. [Unterz.:] [Joh. Heinr. Wilh. Friedr.] Belschner. o. O. [1892]. 1 Bl. 8° [Kopftit.]
„Brüder, reicht die Hand zum Bunde!"

Belser: Grammatisch-kritische Erklärung von Laktantius..., s. Belser, Johannes

Belser, die attischen Strategen im V. Jahrh. [Aus: „Korrespondenzbl. f. d. württ. Gelehrten- u. Realschulen".] gr. 8. (37 S.) Tübingen 886. Fues' Verl. n. — 60

— dasselbe, noch einige Bemerkungen. [Aus: „Korrespondenzbl. f. d. württ. Gelehrten- u. Realschulen".] gr. 8. (8 S.) Ebd. 887. n. — 20

Belser, Adolf. Ueber Tubensterilisation. Diss. Med. Univ. Zürich. 54 S. 8. Zürich-Selnau, Gebr. Leemann & Co., 1910.

Belser, Carl Wilhelm: Die babylonischen Kudurru-Inschriften III Rawl. 41—45 nach den Originalen umschrieben übersetzt und erklärt nebst dem zum ersten Mal veröffentlichten Text der Kudurru-Inschriften Nrr. 101, 102, 103.... (Ersch. vollst. in: „Beitr. z. Assyriol. u. vergl. semit. Sprachwiss." 2. Bd. 1 H.) Leipzig, Druck v. A. Pries, 1891: 21 S., 15 autogr. Taf., 1 Bl. 8°
Leipzig, Phil. Fak., Inaug.-Diss. v. [30. Mai] 1891

Belser, E., d. Erhöhg. d. Milchertrags d. Kühe. Rathschläge z. ration. Betriebe d. Milchwirthschaft, wodurch d. Milchertrag. d. Kühe ꝛc. um e. Drittheil u. noch mehr erhöht werden kann. 4. Aufl. Nebst: Üb. d. Pflege d. Hausthiere. 12. (21 u. 96 S. m. Abb.) Basel 895. (Mannheim, F. Nemnich.) n.n. 1. 85

Belser, G. F., 112 Choräle für die Hand der Schüler zweistimmig gesetzt nach der Harmonie des vierstimm. Choralbuchs und durch den in kleineren Noten beigefügten Alt auch zum Gebrauch für vierstimm. gemischten Gesang eingerichtet. 3. Aufl. 8. (VI, 34 S.) Stuttgart 878, Belser'sche Verlagsh. *
1. und 2. Aufl. u. d. T.: Das Schul-Choralbuch. Ebendas. 1858,65. * 20 Pf.

— Schul-Choralbuch [112 Choräle] für die Hand der Schüler, enth. die im Normallehrplan vorgeschriebenen 60 Melodieen, sowie noch 52 weitere beliebte Choräle, welche häufig beim Gemeindegesang in der Kirche vorkommen. 4. Aufl. 8. (VI, 34 S.) Ebend. 881. n. — 25

Belser, G. F., Schul-Choralbuch [112 Choräle] für die Hand der Schüler, enth. die im Normallehrplan vorgeschriebenen 60 Melodieen, sowie noch 52 weitere beliebte Choräle, welche häufig beim Gemeindegesang in der Kirche vorkommen. 4. Aufl. 8. (VI, 34 S.) Stuttgart 882, Belser'sche Verlagsh.

Belser, J., s.a. Belser, Johannes

Belser, J., 60 calligraph. Vorlegeblätter für Elementarschulen. qu. 8. Reutlingen 834. Mäcken jun. 1/4 ₰

Belser, Johannes [Schriften zur Apostelgeschichte], s.a. Belser, Johannes Evangelista

Belser, Johannes Grammatisch-kritische Erklärung von Laktantius de mortibus persecutorum cap. 34: Toleranzedikt des Galerius. 4 (S. 7—39). G. Ellwangen 1889 Progr.

Belser, Johannes Evangelista
Belser, Johannes (Hrsg.), s. Acta apostolorum.

Belser, Joh. Evang.: Anleitg z. Verwertg d. Jakobusepistel in d. Predigt. Vorträge. (8, 104) 8° FreiburgB., Herder '11. 1.50: L 2 — d

Belser, Joh. Evangelist, die Apostelgeschichte s.a. Kommentar, kurzgefasster wissenschaftlicher, zu den hl. Schriften des Neuen Testamentes. III, 1.

Belser, Johannes Evangelista:
— Die Apostelgeschichte. 1. u. 2. Aufl. — Münster: Aschendorff 1908. 31 S. 8° (Biblische Zeitfragen. 1,7.)
21. 1: Bf 1496-1,7. 2. 6. 16.

— Beiträge zur Erklärung der Apostelgeschichte. Auf Grund der Lesarten des Codex D u. seiner Genossen. — Freiburg i. Br. [usw.]: Herder 1897. VI, 168 S. 8°
21. 1: Bs 9894. 3. 5. 6. 11. 16.

— Der 2. Brief des Apostels Paulus an die Korinther. Übers. u. erklärt. (VIII, 882 S.) gr. 8. Freiburg i/B. 910. Herder. 7.—; geb. in Leinw. 8. —

— die Briefe des hl. Johannes. Übersetzt u. erklärt. (IX, 166 S.) gr. 8. Freiburg i/B. 906. Herder. n. 3.—; geb. in Leinw. n. 4. —

— Die Briefe des Apostels Paulus an Thimotheus u. Titus. Übers. u. erklärt. (VIII, 302 S.) gr. 8. Ebd. 907. 5.60; geb. in Leinw. 6.80

Belser, J, z. diokletian. Christenverfolgg. 4° (107) Tübing. 91, (F Fues). 8 —

— Einleitung in das Neue Testament. — Freiburg i. Br. [usw.]: Herder 1901. VIII, 852 S. 8° 21. 2. 5. 9. 10. 16.

— — 2., verm. u. verb. Aufl. Ebd. 1905. X, 888 S. 8° 21. 1: Bp 4482[2]. 4. 5. 8. 9. 11. 16.

— Der Epheserbrief des Apostels Paulus. Übers. u. erklärt. (VII, 209 S.) gr. 8. Ebd. 908. 4.50; geb. in Leinw. 5.30

— Die Epistel des hl. Jakobus. Übers. u. erklärt. (VII, 215 S.) gr. 8. Ebd. 909. 4.50; geb. in Leinw. 5.30

— das Evangelium des hl. Johannes. Übersetzt u. erklärt. (XIII, 576 S.) gr. 8. Ebd. 905. n. 8.—; geb. in Halbfrz. n. 10. —

— Die Geschichte des Leidens und Sterbens, der Auferstehung und Himmelfahrt des Herrn. Nach d. 4 Evangelisten ausgelegt. — Freiburg i. Br. [usw.]: Herder 1903. VIII, 524 S. 8° 21. 2. 6. 16.

— s: Quartalschrift, Theologische.

— Die Selbstvertheidigung des heiligen Paulus im Galaterbriefe (1,11 bis 2,21). — Freiburg i. Br. [usw.]: Herder 1896. VI, 149 S. 8° (Biblische Studien. 1,3.) 21. 1: Bf 1464. 1,3. 2. 5. 6. 7. 9. 16.

— Das Zeugn. d. 4. Evangelisten f. d. Taufe, Eucharistie u. Geistessendg. Mit Entwürfen zu Predigten üb. d. Eucharistie. (12, 293) 8° FreiburgB., Herder '12. 4 —; L 4.80 d

Belser, Joseph, dipl. Chemiker, aus Niedergösgen (Kanton Solothurn): Studien über verdorbene Gemüse-Konserven. München 1905. 46 S. 8°. S.-A. a. d. Archiv f. Hygiene. Bd. 53. [11. IX. 05.]
Zürich, Phil. Diss. II. S. 1905/1906.

Belser, Joseph. Studien über verdorbene Gemüse-Konserven. Diss. Phil. [II.] Univ. Zürich. [Sep.-Abdr. aus: Archiv für Hygiene. Band 53, Heft 2.] 46 S. 8. München, R. Oldenbourg, 1905.

Belsham, James [Angebl. Verf.] Versuche über Gegenstände der Philosophie, Theologie, Litteratur und Politik. 1798 s. *Belsham*, William.

Belsham, V., s. Belsham, William

Belsham, William
Belſham, W., Denkwürdigk. d. Könige v. Großbritannien, aus d. Hauſe Braunſchw.-Lüneburg. A. d. Engl. v. Dr. Canzler. 2 Bde. gr. 8. Hannov. 795, 98. Hahn. 2 ℛ 4 gr

— [deutsch] Denkwürdigkeiten der Könige von Großbritannien aus dem Hause Braunschweig-Lüneburg. [Übers.: Friedrich Gottlieb Canzler.] Bd 1.2. — Hannover: Ritscher 1795–98. 8° 1:Tu 359. 4. 7. 8. 16.

Belsham, James [eigent. **William**]. Versuche über Gegenstände der Philosophie, Theologie, Literatur und Politik; aus dem Englischen ... Berlin und Stralsund 1798. Ü: *Pistorius, Hermann Andreas.* (BrMm) (ErschDL) (Ky)

— [deutsch] James [vielm. William] Belshams Versuche über Gegenstände der Philosophie, Theologie, Litteratur und Politik. Mit einigen Zusätzen. [Übers.: Hermann Andreas Pistorius.] — Berlin [usw.]: Lange 1798. IV,517 S. 8° 1:Ah 432. 9. 16.

Belſham, J., philoſoph. Verſuche a. d. Engl. v. Piſtorius. gr. 8. 798. Jetzt Reimer in Berlin.

Belsheim, J., s.: Acta apostolorum ante Hieronymum latine translata.

Belsheim, J., codex f² Corbeiensis sive qvatuor evangelia ante Hieronymum latine translata. E codice membranaceo qvinto vel sexto saeculo, ut videtur, scripto, qvi in Bibliotheca „Nationali" Parisiensi asservatur. Nunc primum ed. J. B. gr. 8. (VIII, 127 S.) Christiania 887. Aschehoug & Co. 3. 50

— codex Vercellensis. Quatuor evangelia ante Hieronymum latine translata ex reliquiis codicis Vercellensis saeculo ut videtur IV. scripti et ex editione Iriciana principe denuo ed. J B. 8° (183) Christiania '94, Malling. 5.60

Belsheim, J., s.a. Codex Veronensis.

Belsheim, J., Codex Veronensis quattuor Evangelia. Gr.-8°. (VI, 142 S.) * K 1.80
Prag: Rivnáč 1904.

Belsheim, J., das Evangelium d. Marcus nach dem griechischen Codex Theodorae Imperatricis purpureus Petropolitanus aus dem 9. Jahrh. Zum ersten Mal hrsg. [Mit 1 Fcsm.] Nebst e. Vergleichg. der übrigen 8 Evangelien in demselben Codex m. dem Textus receptus. [Aus: „Christiania Videnskabs-Selskabs Forhandlinger".] gr. 8. (51 S.) Christiania 885. (Dybwad.) n. 2.—

Belsheim, J., s. Evangelium secundum Matthaeum etc.

— s.: Evangelium palatinum.

Bělský, Joh., die Prager Wasser-Versorgungs-Frage. gr. 8. (20 S.) Prag 875, (Grégr und Dattel.) *

Bělsky, Wenzel Ritter v., s.: Rechts-Lexikon, österreich.

Belssner, C, s.: Rundschau v. Ernst-Agnes-Turm in Schmölln.

Belt [Sachliches OW]
Kleiner Belt. Hrsg. von der Nautischen Abtheilung des Reichs-Marineamts. Berlin.
Alsen Sund. 1 : 12 500. (No. 27). 1898. 1 Bl. c. L.
Gjenner Föhrde. 1 : 12 500. (No. 28). 1897. 1 Bl. c. L.

Belt: 1854: Belt's Biblisches Unterhaltungs-Spiel aus dem Neuen Testamente. Aus d. Engl. — Magdeburg: Heinrichshofen (1854). 47 S., 144 Taf. 8° 1:Ep 816. 16.

Belte [Schlagwort]
Belte, s.: Seekarten.

Bélteki, Sigismund
Bélteky. S. Dissertatio inaug. med. sistens conspectum systematico-practicum aquarum mineralium Transylvaniae indigenarum. Vindobonae. 1818. 8.

Bélteki, Sigismund: Conspectus systematico practicus aquarum mineralium magni principatus Transylvaniae indigenarum. — Vindobonae: Wimmer 1818. 89 S. 8° 1:Ir 31505. 2. 7. 16.

Bélteky, s. Bélteki

Beltinger, Arthur, Medizinal-Praktikant a. Ingolstadt: Aus der Chirurgischen Abteilung des Krankenhauses l. d. I in München. Zur Statistik der Brustdrüsengeschwülste. Zusammenstellung der an der Klinik des Herrn Geheimrat Professor Dr. von Angerer zu München vom Mai 1899 bis Dezember 1903 inkl. beobachteten 131 Brustdrüsengeschwülste. München 1906: Kastner & Callwey. (23 S.) 8°
München, Med. Fak., Ref. v. Angerer, Diss. v. 19. April 1907
[Geb. 27. Mai 81 Ingolstadt; Wohnort: Ingolstadt; Staatsangeh.: Bayern; Vorbildung: Gymn. Burghausen Reife Juli 00; Studium: München 10 S.; Coll. 19. Apr. 07; Approb. 24. März 07.]

BELTINGER, Rudolf (Ingolstadt): Ein Fall von Coecumresektion wegen Carcinom. - München: Ernst 1895. 27 S. Diss. Ingolst.-Landsh.-Mchn.
15.7.1895 - Chr 1895/96,7; Jv 1895/96,218

Beltrame, G.: Der schweizerische Staatsgedanke. Österreich-Ungarn u. d. Nationalitätenfrage. (Verf.: G. Beltrame.) — Basel 1902. 16 S. 8° 1:Qo 22542. 16.

Beltrami, E., s. Collectanea mathematica.

Beltrami, Luca, die Certosa v. Pavia. (Geschichte [1396—1895] u. Beschreibg.) (VII, 174 S. m. 72 Abbildgn. u. 12 Taf.) 8. Mailand (905). U. Hoepli. Kart. n. 2. 50

Beltrani-Scalia, Martino:
(—) [Ausz., deutsch] Die belgische Zellenhaft und deren Erfolge. Ein Votum aus Italien für Deutschland übertragen u. mitgeth. von I. S. — Leipzig: Friedrich in Comm. 1880. 71 S. 8° 1:Fd 14366. 6. 16.

Beltz, Adolf [pr. Arzt aus Krojanke in Westpreussen]: Zur Behandlung des Keuchhustens. . . . Greifswald, Druck v. Julius Abel, 1889: 37 S. 8°
Greifswald, Med. Fak., Inaug.-Diss. v. 29. März 1889

Beltz, C. Ch., s.a. Beltz, Karl Chr.

Beltz, C.Ch.: Quaenam res arctiori inter Graecas civitates conditioni fuerint impedimento. 6 S.
Progr. Elberfeld 1835.

Beltz, C.Ch.: Über den deutschen Sprachunterricht in unteren und mittleren Gymnasialklassen. 19 S.
Progr. Elberfeld 1843.

Beltz C(arl) Chr., s. Beltz, Karl Chr.

Beltz, J: 65 Jahre der Firma Julius Beltz, Langensalza. Langensalza 1906

Beltz, Ioan. Frid. (geb. Greiffenberg i. P. 4. 12. 1797): Quaedam de hepatis dignitate. (Berolini 1822.) (43 S.) 8°
Berlin, Med. Diss. v. 2. Okt. 1822

Beltz, Jul., Orthographie der Wörter von zweifelhafter Schreibart wie sie gegenwärtig in der deutschen Sprache vorwiegend gebräuchlich ist. Ein Handbüchlein zunächst für Schriftsetzer u. angehende Correctoren. Langensalza 867. (Greßler.) 8. (IV, 96 S.) 9 ngr

Beltz, Karl Chr., s.a. B e l t z , C. Ch.

Beltz, Karl Chr.: Elberfeld im Mai 1849. Die demokratischen Bewegungen im Bergischen und der Grafschaft Mark. Nebst e. Anh. — Elberfeld [usw.]: Bädeker [1849]. 78 S. 8° 1:Th 4248. 16.

Beltz, Karl Chr., latein. Schul-Grammatik, s. Karl Eichhoff.

— Deutsches Volksleben in Haus und Staat, in Literatur und Kunst ... Mit Illustr. von J. Fay. — Düsseldorf: Arnz [1853]. 178 S. 8° 1:Sa 311. 16.

Beltz, KC, deut. Volksleben in Haus u. Staat, in Liter. u. Kunst. 1. Lfg. Lex.-8. (178 m. 4 K.) Düsseld. 53, Breidenbach u. Co. n. 1. —

Beltz, Ludwig, appr. Arzt a. Krefeld: 'Aus dem Kreis-Krankenhaus zu Gross-Lichterfelde W. b. Berlin. ⟨Innere Abteilung: Prof. Dr. Kurt Brandenburg.⟩ Ueber Eventratio diaphragmatica. Leipzig 1907: B. Georgi. (46 S.) 8°
Leipzig, Med. Fak., Ref. Marchand, Diss. v. 18. März 1907
[Geb. 19. Aug. 82 Crefeld; Wohnort: Crefeld; Staatsangeh.: Preußen; Vorbildung: Gymn. Crefeld Reife O. 00; Studium: Freiburg i. B. 1, Marburg 4, Leipzig 2, Berlin 2 S.; Coll. 28. März 07; Approb. 1. Nov. 06.]

Beltz, M. (Red.), s. T u r n z e i t u n g , Akademische.

Beltz, Martin (Hrsg.), s. M o n a t s b l ä t t e r , Thüringer.

Beltz, Robert
Beltz, Rob., die vorgeschichtlichen Altertümer d. Grossherzogt. Mecklenburg-Schwerin. Vollständ. Verzeichnis der im grossh. Museum zu Schwerin bewahrten Funde. 2 Tle. (XII, 475 S. m. Abbildgn. u. 70 Taf. m. Text auf der Rückseite u. 1 Karte in Lex. 8.) 30,5×20 cm. Schwerin 910. Berlin, D. Reimer. 25. —

Beltz, Rob., Bilder a. d. mecklenburg. Geschichte, s.: Rudloff, R.

— die paläozoischen Funde d. grossherzogl. Museums i. Schwerin. [Aus: „Archiv d. Ver. d. Freunde d. Naturgesch. i. Mecklenb."] gr. 8. (14 S.) Güstrow 898. (Opitz & Co.) n. — 25

— Steinzeitliche F u n d e in Mecklenburg. — (Schwerin 1897: Bärensprung.) 88 S. 8°
Begrüssungsschrift d. 28. Versammlung d. Deutschen Anthropologischen Gesellschaft gewidmet ... 1897 von d. Vereine für Mecklenburgische Geschichte u. Alterthumskunde.
28. 48. 79. 16.

— Die steinzeitl. Fundstellen in Mecklenburg. Mit Anh.: Geinitz u. Lettow, Fundstätte v. Feuersteingeräthen bei Wustrow. Zugleich Text zu „4 Kart. z. Vorgesch. v. Mecklenburg. Von R. Beltz. I. Die Steinzeit." 8° (117 m. Abb.) Berl. 99, W. Süsserott. 2 —

— Die steinzeitlichen F u n d s t e l l e n in Mecklenburg. Mit Anh.: Geinitz u. Lettow, Fundstätte von Feuersteingeräthen bei Wustrow. Zugleich Text zu 'Vier Karten zur Vorgeschichte von Mecklenburg. Von R. Beltz. 1. Die Steinzeit'. — Leipzig [usw.]: Süsserott 1899. 117 S. 8°
Aus: Jahrbücher d. Vereins für Mecklenburgische Geschichte u. Alterthumskunde. 64. 1899.
1:Pz 6635. 11. 16.

Beltz, Robert [Dr.]: Zur ältesten Geschichte Mecklenburgs. Zwei Vorträge, geh. in d. Aula d. Gymn. I. Die Wenden in Mecklenburg. II. Wie wurde Mecklenburg ein deutsches Land? Schwerin i. M., gedr. in d. Bärensprungschen Hofbuchdr., 1893; 31 S. 4.
Schwerin, grossh. G Fridericianum, OP 1893 (649)

Beltz, R, z. ältesten Geschichte Mecklenburgs. 2 Vorträge. (I. Die Wenden in Mecklenburg. II. Wie wurde Mecklenburg e. deut. Land?) 4° (31) Schwer. 93. Stiller. 1 —

Vier Karten zur Vorgeschichte von Mecklenburg. Von Dr. R o b e r t **Beltz.** Masst. 1:400,000. 1–4. *Berlin: W. Süsserott 1899: Lith. A. Drescher, Schwerin i. M.* (4 Kartenbl. je 54 × 44 cm.) gr. 2° [kol.]
1. Die Steinzeit. 2. Die Bronzezeit. 3. Die Eisenzeit. 4. Die Wendenzeit. [illegible]

— M a c h i a v e l l i. — Hamburg: Verl.-Anst. u. Dr. A.-G. 1899. 50 S. 8° (Sammlung gemeinverständlicher wissenschaftlicher Vorträge. N.F. Ser. 14. H. 317.) 21.
1:Ag 9017-317. 2. 3. 6. 7. 9. 11. 16.

Beltz, Robert Die handschriftliche Überlieferung von Cicero's Büchern de republica. 18 S. Progr. G. *Schwerin* 1880.

B e l t z, Rob., die handschriftliche Ueberlieferung von Ciceros Büchern de republica. Inaugural-Dissertation. gr. 4. (18 S.) Schwerin 880. (Jena, Deistung's Buchh.) *

— Die V o r g e s c h i c h t e von Mecklenburg. Unter Mitw. von Richard Wagner von Robert Beltz. — Berlin: Süsserot 1899. 183 S. 8° (Mecklenburgische Geschichte in Einzeldarstellungen. 1.) 21. 1:Sn 4194-1. 4. 5. 7. 9. 10. 11. 16.

Beltz, Urban Nathanael
Belz, Ul. Nt., Abhandl. v. Schalle. 4. Berl. Haude. 764.

Beltz, Urban Nathanael
Der Name d. Verfassers findet sich auch in d. Form Baltzius u. Belz.
— (A b h a n d l u n g vom Schalle.) Dissertation sur le son et sur l'ouie, qui a remporté le prix proposé par l'Académie Royale des sciences et belles-lettres de Prusse pour l'année 1762. (Verf.: Urban Nathanael Beltz.) — Berlin: Haude & Spener 1764. VIII, 139 S. 8°
1:Mw 13270 [u.] 5 in Ab 52. 2. 7. 8. 11. 16.

(—) Der teutsche P a t r i o t in etlichen physikalischen Vorschlägen zum gemeinen Besten. Mit e. Vorr. ... d. ... Berg-Raths v. Justi begleitet. (Verf.: Baltzius). — Berlin: Buchh. d. Realschule 1762. 115 S. 8°
1:8 in Bibl. Diez 7344. 5. 10.

Beltzé, A.: Kriegsbilder aus Polen, Steiermark und Ungarn, s. Das K r i e g s j a h r 1809 in Einzeldarstellungen.

Beltzé, A.: Österreichs Thermopylen 1809, s. Das K r i e g s - j a h r 1809 in Einzeldarstellungen.

Belulović Alois: Darstellung der istrorumänischen Mundart.
II. 1908 PN 2476 Diss. Wien, Univ. 2285

Zur B e l u s t i g u n g. (Erzählungen, Anekdoten etc.) Hamburg, M. Ch. Bock, 1764. 8°. Titel, auf dessen Rückseite Inhaltsverz., 1 Bl. Vorrede u. 188 S. Selten! (2 Mk. Kühl, Berlin, c. 1882.)
Auf S. 64—106: Schreiben an einen Freund über die Eifersucht. (Freie Liebesgeschichte.)

Belustigung, Die a l l e r e d e l s t e , kunst- und tugendliebender Gemüther, s. R i s t , Johann

Die Belustigung des harzischen B e r g m a n n s am Sonnabend und Sonntag. Ein comisches Gedicht, in d. Harzsprache. 2. Aufl. — Clausthal: Wendeborn [um 1815]. 16 S. 8° 1:Yb 10680/100². 16.

— mr. in d. Feyerabenden. 8. Bayr. Lübeck. 801.

BELUSTIGUNG vor das honette (!!) Frauenzimmer und Junggesellen, zum anmuthigen Zeit-Vertreib, bey zulässiger Compagnie, von artigen Schertz-Fragen, un' nachdenklicher Antwort, seltsamen Hof-Streichen, auch klugen auserlesenen Lehr-Sprüchen.

Wer wüsste, was in mir
Der würde mich bald kauffen;
Ja wol noch hundert Meil
Ganz emsig nach mir lauffen.

Gedruckt in disem (!) Jahr, Da die Zeit noch besser war. 1715. 12°. (7 Mk. 50 Pfg. G. Priewe, Heringsdorf, 1895; 10 Mk. M. Edelmann, Nürnb., 1903.)
336 S. Höchst selten! (Dr. Franz Schnitzer's Bibl. München 1902. Nr. 44.)

Belustigung vor Frauenzimmer und Junggesellen zum anmuthigen Zeitvertreib ans Licht gebracht ... Rothembourg 1727. V: *Sinnersberg, Gottfr. Rud. von* [= *Johann Paul Waltmann*] (Imecourt)

BELUSTIGUNG der Vernunfft. Aus dem Frantzösischen übersetzt. Mit Titelvign. Hamburg 1748. 8°. (2 Mk. 50 Pfg. A. Buchholz, München, 1906.) Selten!

Belustigung mit Zeichnen für die Jugend. 25 Taf. qu. gr. 8. Wien 845, Müller. 1/8 ß

Belustigungen, (v. K. F. A. Hochheimer). 8. Lpz. 794. Leo. 20 gr.

Belustigungen, biographische, unt. d. Gehirnschale e. Riesin, von Jean Paul Friedrich Richter. 1r Thl. 8. Berlin, Matzdorf. 796.

Schreibv.

Belustigungen, botanische. Uebungsblätter zur Kenntniss so wie zum Zeichnen, Coloriren u. Sticken der bekanntesten Blumen u. Früchte in 37 (lith.) Contour-Blättern. (Aus: „K. G. Hausius, Jahreszeiten" abgedr.) Nebst deutschem, französischem u. englischem Texte. 4. (8 S.) Leipzig 852, H. Fritzsche. n. 2 ß

Belustigungen, botanische. Uebungsblätter zur Kenntniss so wie zum Zeichnen, Coloriren u. Sticken der bekanntesten Blumen u. Früchte in 37 color. u. 37 Contour-Bl. (in Kpfrst.) Nebst (8 S.) deutschem, französischem u. englischem Texte. 2. Aufl. Leipzig (853.) H. Fritzsche. 4. 2 ß 15 ngr.

Belustigungen, botan. 2. Afl. 4. (8 m. 74 K.) Lpzg 53, Kessler. 2. 15

Belustigungen, Chemische; oder: Sammlung auserlesener Kunststücke, die zur Bewunderung und zum Vergnügen gereichen. Leipzig 1794. V: *Hochheimer, Carl Friedrich August.* (Ky) (MGT)

Belustigungen, chemische. 8. Leipz. Leo. 794.

— chiromantische. M. Kpf. 8. Leipz. 794. Schladebach. 8 gr.

Belustigungen, dramatische, a. d. Franz. von Bielefeld. 8. Danzig. (Jacobäer in Leipz.) 786.

— für d. Frauenzimmer u. Herren. 8. Nürnb. 769. Zeh. 6 gr.

BELUSTIGUNGEN für die Frauenzimmer und Jungen Herren, bestehend in Satiren, Oden u. Liedern, Fabeln, Erzehlungen, Scherzen, Räthseln (22 mit Auflösungen) und Kartenkunststücken etc. Mit galantem TKupf. u. 4. Musikbeilagen. Nürnberg, G. Bauer, 1767. 8°. 96 S. (3 Mk. Theod. Ackermann, München, 1891; 3 Mk. 50 Pfg. Adolf Weigel, Lpzg., 1904.)
— — Dasselbe. Neue Auflage. Ebd. 1768. 8°. 116 S. (5 Mk. G. Priewe, 1895.)
— — Dasselbe. Neue verbess. Aufl. Nürnberg, b. J. Ebern. Zehen. 8°.
O. M. V. 1769, S. 1063.
— — Dasselbe. Mit Titelkpf. Ebd. 1770. 8°. (5 Mk. G. Priewe, 1895.)

— geograph., in 52 Tabellen. A. d. Französ. gr. 8. Frankf. 776. v. Düren. 1 ß 5 gr.

Geographische Belustigungen zur Erläuterung der neuesten Weltgeschichte.
Mit Landkarten, Planen und Kupfern nach den neuesten und besten Originalen.
Zum Besten einer Freyschule in Sachsen.
Erstes [- Zweytes] Stück: Allgemeine Beschreibung der engländischen Colonien in Nord-Amerika.
Leipzig: Müller. 1776. 2 Tle. 4°.
Bayerische Staatsbibliothek München
Frankfurt-Leipziger Meßkatalog, Ostermesse 1777, S. 205: nur St. 2.
Sabin 26980. Baginsky 513. Palmer.

Belustigungen. —
Geographische Belustigungen zur Erläuterung der neuesten Weltgeschichte. Stück 1–3. — Leipzig: K. Müller 1776–78. 8° 1:Po 1800.
16.

— geograph., histor., statistische; aus Raynals Gesch. d. beiden Indien, (v. Deg. Pott). 2 Stcke. gr. 8. Leipz. 783. (Knobloch). 1 ß 12 gr.

— geograph., d. Jugend od. Uebungen in d. Anfangsgr. d. Erdbeschreib. M. Kpf. 8. Amsterd. 767. (Vandenhöck u. R. in Götting.) 1 ß 4 gr.

— geographisch-statistische. 7 Stck. gr. 8. Leipz. Böhme. 783.

— für d. schöne Geschlecht, in Erzähll., (v. G. R. Wiedmer). 2 Thle. 8. Leipz. 769. Compt. f. Litt. 12 gr.

— u. Spiele, gesellschaftl., für Knaben u. Jünglinge, (v. Gottl. Oehme). 12. Neustadt a. d. O. 827. Wagner. 9 gr.

— und Spiele, gesellschaftliche, für Knaben u. Jünglinge, sowohl im Hause, als im Freien. 2e verm Aufl. Mit 1 Steintaf. 12. Neustadt u. Schleiz 838. Wagner. 3/8 ß

— harmon., d. Geistes, in heil. Oden. 8. Rostock 756. 6 gr.

Harmonische Belustigungen des Geistes in heiligen Oden nach den Gräfischen Melodien. — Rostock [usw.]: Berger & Bödner 1757. 224 S. 8° 1:Ej 5760.

Historisch-genealogische Belustigungen. Th. 1–3. — Leipzig: Sommer in Comm. [um 1750]. 8° 1:Pa 524.
16.

Historisch moralisch und politisch abgefaßte Belustigungen für alle Stände. Th. 1. 2. — Leipzig: Heinsius 1780–82. 8°
1. Das Heyrathen, die Kinderzucht ... betr. 1780.
2. Die Landwirthschaft, Manufakturen ... betr. 1782.
1:Ah 3160.
16.

— hist. moral. d. Geistes. 2 Bde. 8. Hamb. Herold. 766—68.

— histor., moral. u. polit., für alle Stände. 2 Thle. gr. 8. Leipz. 780, 82. (Brockhaus). 1 ß 18 gr.

— histor. moral. u. polit. f. alle Stände. 2 Thle. gr. 8. Leipz. Gleditsch. 780—82. (1r 18 gr., 2r 1 Rthlr.)

Historische, Statistische, Geographische Belustigungen.
Erstes [- Siebentes] Stück.
Leipzig: Müller. 1782. 8°.
Sächsische Landesbibliothek Dresden
Ab St. 2 u. d. T. Geographische, Historische, Statistische Belustigungen, Leipzig: Böhmen.
Frankfurt-Leipziger Meßkatalog, Ostermesse 1782, S. 262: St. 1 u. 2.

— histor.-moral., d. Geistes. 2 Bde. 8. Hamb. 766, 68. Herold. 4 ℛ

Belustigungen des Pascha Ibrahim von Egypten. Aus d. Engl. in drei Erzählungen: Der Kameeltreiber. — Der griech. Sclave. — Anselmo, oder d. Dominikanermönch. 8. Weimar 834. Tanz. 3/4 ℛ

Belustigungen des Pascha Ibrahim von Egypten. Aus d. Engl. in 3 Erzählungen. — Weimar: Tautz 1834. 210 S. 8°
1: Zd 6708/900. 7.
16.

— für d. Jugend, bestehend in 36 leichten Kunststücken u. Scherzen, 74 auserles. schönen Räthseln u. 60 scherzhaften Räthselfragen. 8. Quedlinb. 830. Ernst. 6 gr.

—— dass. 2., verm. Aufl. besteh. in: 40 leicht. Kunstst. u. Scherzen, 24 Gesellschaftssp., 100 auserles. schön. Räths. u. 85 scherzh. Räthselfragen. 8. (6 B.) Quedlinburg 834, Ernst.

Belustigungen für die Jugend, besteh. in: 40 leichten Kunststücken u. Scherzen, 24 Gesellschafts-Spielen, 100 auserles. schönen Räthseln u. 85 scherzhaften Räthselfragen. 2., verm. Aufl. 8. (6 B.) Quedlinburg 830, Ernst'sche Buchh.

— auf d. Lande, bei Hof u. in d. Stadt, in Begebenh. 2 Thle. 8. Frankf. 751.

— für allerlei Leser. 2 Thle. 8. Leipz. 773. Compt. f. Litt. 10 gr.

— mineralog., zum Behuf d. Chemie u. Naturgeschichte d. Mineralreichs. (Von Jh. Chr. Adelung). 6 Thle. mit Kpf. gr. 8. Kopenh. 768—71. Schubothe. 7 ℛ 12 gr.

Mineralogische Belustigungen zum Behuf der Chymie und Naturgeschichte des Mineralreichs. (Hrsg.: Joh. Christoph Adelung.) Bd 1–6. — Leipzig: Heineck & Faber 1768–71. 8°
1.2. 1768. 3.4. 1769. 5. 1770. 6. 1771. 21.
1: Mf 1625. 2. 3. 4. 7.
16.

Belustigungen: Monathliche Belustigungen
⑤ Januar 1745—Juni 1745 ⑥ 8° ⑦ Monatsblatt ⑧ Basel: Johann Pistorius sel. Erben ⑩ Georg Andreas Hey ⑪ Georg Andreas Hey ⑬ BGSZ: 99, p. 103, Nr. 28 ⑭ Bs: U ⑮ Der Sammelband enthält eine Widmung des Verfassers. Georg Andreas Hey (1712—1751), der Professor an der Ritterakademie in Petersburg, darauf Magister in Basel (1744) war, an die Bürgermeister und den Rat der Stadt Basel. Die Zeitschrift enthält ökonomische und moralphilosophische Abhandlungen, Beschreibungen Rußlands und Gedichte.

Belustigungen, Musikalisch-wöchentliche, in weltlichen Liedern. Zürich 1775. V: *Schmidlin, Johs.* (Cat. d. Stadtbibl. Zürich. Zürich 1864—97.) (Doubletten-Anzeiger 1903. Nr. 7.)

Belustigungen: Musikalisch-wöchentliche Belustigungen
① bestehend in weltlichen Liedern zu Ein, Zwey und Drey Stimmen ⑤ Anfang 1775—Ende 1775 ⑥ 8° ⑦ Wochenblatt ⑧ Zürich: Bürckli ⑩ der Drucker ⑪ Johann Heinrich Egli (?) (Komponist) ⑬ BGSZ: 99, p. 102, Nr. 27; Edgar Refardt: Historisch-Biographisches Musikerlexikon der Schweiz, Leipzig—Zürich ⑭ Bs: U; Zh: Z.

Belustigungen, Naturgeschichtliche, oder Abbildungen naturgeschichtlicher Gegenstände aus Bertuchs Bilderbuche .. Weimar 1811. V: *Bertuch, Friedrich Justin.* (MGT)

Belustigungen, Neue, des Gemüths. Hamburg und Leipzig 1745. V: *Naumann, Christian Nicol.* (ADB) (Minor, Weisse, Innsbr. 1880, S. 10) (ML)

Belustigungen, Neue, dem Herrn L** gewidmet. Leipzig 1774. V: *Dietrich, Johann Friedrich.* (OL)

Belustigungen, Neue physikalische. Prag 1770—1771. H: *Zeno, Franz.* (WBL 59/325) (A. G. Przedak, Gesch. d. dtschn. Zeitungswesens in Böhmen, S. 41) (Neue Litt., S. 113—122; 152—154) (BiblPort)

— neue physikalische. 2 Bde à 2 Abtheill. Mit Kpf. gr. 8. Prag 770, 71. Widtmann. 2 ℛ

Belustigungen, Nützliche und allgemeine, mit allerhand Tinten und geheimen Schreibekunststücken. Leipzig 1795. (Ky)

Philologische Belustigungen. 1824
s.a. *Aurbacher*, Ludwig.

Belustigungen, philologische. Aus d. Brieftasche e. oberdeutschen Schulmeisters. 2 Hefte. 8. München 824. (Lindauer.)

Belustigungen, Physikalische. Berlin 1750—1757. H: *Mylius, Christlob & Abr. Gotthelf Kästner.* (BrMm) (EBHN) H: *Mylius, Christlob.* (ML)

— physikalische. 30 Thle. 8. Berl. 751—57. Voß. 2 ℛ 12 gr.

Belustigungen, Physikalische. Th. 3. Prag 1773. H: *Franz, Johann Georg Friedrich.* (ML)

Belustigungen, Einer Gesellschaft auf dem Lande, poetische, moralische, oekonomische und kritische. Halle 1777. H: *Lange, Samuel Gotthold.* (ML)

— theatralische, nach französ. Mustern. 4 Bde. 8. Frankf. Hermann. 756—73.

Theatralische Belustigungen. Nach franz. Mustern. [Hrsg.: Gottlieb Konrad Pfeffel.] Samml. 1–5. — Frankfurt [usw.]: Garbe 1765–74. 8° 8 [∞ 4. 5]. 16.
16.

Belustigungen, theatralische, nach französ. Mustern, (v. Konr. Gli. Pfeffel.) 5 Bde. 8°. Frankf. 1765-74. Hermann (Gebhardt u.K.)

— thetral. s.a. Brühl.

Belustigungen, Theatralische, von A. F. Gr. v. B. Fünf Theile. Dresden 1785—1790. V: *Brühl, Friedrich Alois Reichsgraf von.* (JL)

— theatral., v. Gr. v. Brühl. 15 Thle. 8. Dresd. Walther. 785—804.

— aus d. Thier- u. Vögelreich, f. die Jugend. In 13 ill. Kpf. 4. Nürnb. 796. Schneider u. W. 16 gr. Hbg. Pr. 8 gr.

— unerschöpfliche, f. gute Kinder, die d. Angenehme mit d. Nützl. u. Belehrenden verbinden wollen. Kindern von 3—12 Jahren gewidmet. 16. Erfurt 830. Andreä. 1 ℛ

— d. Vernunft, a. d. Französ. 8. Hamb. u. L. Holle. 748.

— des Verstandes u. Witzes. 8 Bde. 8. Leipz. 741—45.

— wahre, in Gott, bestehend in Andachten. Mit Kpf. 8. Nürnb. 770. Grattenauer. 14 ℛ

Belutschistan [Schlagwort]
Belutschistan, s.: Afrika. Karte, neue, von.

Belutschistan, s. Hand- u. Reisekarten. 52.

Belvedere [Sachliches OW]

Belvedere. [Schwerin 1826.] V: *Boccius, Ludwig Christian.* (NN)

Belvedere oder die Galerien von Wien. Stahlstichsammlung der vorzüglichsten Gemälde nebst Text bestehend in Notizen über die Maler und die Schule, welcher sie angehören, sowie bezüglichen histor. Novellen und Genrestücken von Adph. Görling. 40 Hefte. gr. 4. (IV und 820 S. mit 120 Stahlst. und in Stahl gest. Titel.) Leipzig 857—61, Payne. à Heft * 10 Ngr.

Belvedere oder die Galerien von Wien. Stahlstichsammlung der vorzüglichsten Gemälde nebst Text bestehend in Notizen über die Maler und die Schule, welcher sie angehören, sowie bezügl. histor. Novellen und Genrestücken von Adph. Görling. 2. Aufl. 40 Hefte. 4. (IV und 320 S. mit 121 Stahlst.) Leipzig 864—66, Payne. à Heft 7½ Ngr.

Belvedere, das neu entdeckte Bergschloß, d. Prinzen Bellimere Residenz. 8. Frkft. Vogelgesang. 753.

Belvedere, Garten-Palais d. Prinzen Eugen v. Savoyen in Wien, erbaut v. Hildebrandt 1693—1721. Fol. (26 Lichtdr.) Wien 81, A Lehmann. n. 10. —

Belvedere, Garten-Palais des Prinzen Eugen v. Savoyen in Wien, erbaut von Hildebrandt 1693—1721. 16 (Lichtdr.-) Taf. Fol. Wien 881, [Lehmann und Wentzel.] Lehmann.
Aus: Bauschatz, besonders abgedruckt.

Belvedere in Prag, Das. 40 Lichtdrucke nach photogr. Aufnahmen v. Jos. Wlha. Mit e. kunsthistor. Einleitung v. Dr. Albert Ilg. Gr.-qu.-4. Wien, *Gerold & Comp. 20 fl. 1885. S. 43

Belvedere in Prag, Kaiserl. Schloss. 16. Jahrh. 40 Lichtdrucke nach photogr. Original-Aufnahmen mit einer kunsthistorischen Einleitung von Dr. Albert Ilg. Wien, Josef Wlha. fl. 18.—. 1887.

Belvedere [Schlagwort]
Belvedere, Park, s.: Ausflug-Karten.

Belvedere-Anlagen, Plan der, (Nakres celistvý belvederských sadu). Schm. Bl. in Farbendruck. Prag. Ad. Kuranda. 1861. 32 kr.

Belvedere-Gallerie, die k. k., in Wien, in photographischen Reproductionen direct nach den Originalgemälden. 1.—4. Serie. à 50 Blatt. kl. Fol. Wien, Miethke und Wawra. — München und Berlin, Bruckmann's Verlag. à Blatt ℳ 5. 1[0]

—— dass. — in Photographien nach Zeichnungen von Bayer, Klaus, Hallasch, Grandauer, Karger, Streitenfeld, Schauer etc. etc. Blatt 1—24. Ebendas.
Facsimile-Ausgabe à Blatt ℳ 30.
Grösse II à Blatt ℳ 12.
Grösse III à Blatt ℳ 6.
Grösse V (Cabinet-Format) à Blatt ℳ 1,20.
Grösse VI (Visitenkarten-Format) à Blatt 60 Pf.

Belvedere-Gallerie. Wien, A. & V. Angerer. Album von folgenden 12 hervorragendsten Meisterwerken in Visitform:
Rafael, Madonna; Van Dyk, Christus; Rubens, Der heilige Ambrosius; Carracci, Jesus und die Samariterin; Bartolomeo, Fra, Darstellung im Tempel; Tizian, Madonna; Perugino, Madonna; A. del Sarto Grablegung; Moretti, St Justina; Correggio, Io & Jupiter; Tizian, Danae; Rubens, des Malers Frau
1870. Gebunden 2 fl. 60 kr., einzeln à 20 kr.

Belvedere-Gemälde-Gallerie. 20 der vorzüglichsten Gemälde der, in Photographie in Visitkartenformat. (Pordenone, St. Justina — Van Dyck, Christus am Kreuze — Murillo, Johannes — Titian, dessen Geliebte — Rembrandt, dessen Porträt — Raphael, Madonna im Grünen — Raphael, St. Margaretha — Rubens, St. Franciscus, St. Ignatius, die vier Welttheile, la Pelisse — Hoogstraeten, der Neugierige — Palma, Violante — Van Eyk, Mutter Gottes — Cignano, Madonna — Carlo Dolce, Maria mit dem Jesuskinde — Domenichino, Christus und Johannes — Titian, Danaë — Van Dyk, Heil. Familie, St. Hermann.) Wien, L. Th. Neumann.
1863. pr. Blatt à 60 kr.

Belvidere. — Das neu entdeckte Berg-Schloss Belvidere, der Prinzeßin Belimene See-Residenz. Nebst ... Bericht des ... See-Reichs Syrenien. Aus d. Frantz. — Franckfurth [usw.] 1753. 208 S. 8° 1:Xy 3988 [u.] an Xy 4320. 16.

Belville, d. Herrn, u. Kamerons Leiden und Freuden, eine wahre rührende Geschichte, a. d. Engl. 8. Helmst. Kuhnlin. (Fleckeisen.) 781.

Belwe, Max, gegen die Herero 1904/1905. Tagebuchaufzeichnungen. Mit 1 Übersichtsskizze u. 18 Abbildgn. im Text. [Teilweise aus: „Soldatenfreund".] (VIII, 152 S.) gr. 8. Berlin 906. E. S. Mittler & Sohn. n. 3. 25; geb. n. 4. —

de Belz, (Comtesse Carnot), Télémaque dans l'Ile de Calypso. Poëme en 5 chants. gr. 8. Berl. 823. Reimer. 8 ℛ

Belz, Erich, appr. Tierarzt: Arbeiten aus d. med. Veterinärklinik d. Univ. Giessen. Direktor: Gmeiner. Physiologische und klinische Beobachtungen über die Rumination. Giessen 1909: v. Münchow. 92 S. 8°
Gießen, Veterinär-Med. Diss. v. 19. Febr. 1910, Ref. Martin
[Geb. 27. Okt. 84 Stuttgart; Wohnort: Stuttgart; Staatsangeh.: Württemberg; Vorbildung: Gymn. Eßlingen Reife Juni 09; Studium: Stuttgart Tierärztl. Hochsch. 8 S.; Rig. 21. Dez. 09.] [U 10. 1176

Belz, Franz Grg.
Uhlands Tod. Für vierstimmigen Männerchor von Franz Grg. Belz. Musikdir. in Freiburg i. B. *Tübingen: H. Laupp [1899].* (4 S.) 8°

Belz, J. G. F., lehrreich., landwirthschaftl. Wörterbuch. 8. Berl. 799. (Steinacker in Leipz.) 8 ℛ

Belz, Joh. Chph. (Pressburg), De suffragiis se ipsos eligentium. Exercit. jur. publ. Präs. Chn. Mich. Fischbeck (Prof. am Gymnasium z. Gotha). Gotha (Reyher) 10. VIII. 1728. 56 S. (5.—) 2008

Belz, Ul. Nt., s. Beltz, Urban Nathanael

Belzebulo oder die vereitelte Entführung. Ein Roman in 12 Kapiteln. Quedlinburg o. J. (1810). V: *Rottburg, Fr.* (BGE I[3], 228)

Belzebulo oder die entdeckte Entführung ... Quedlinburg 1810. V: *Rollberg, Frdr.* (MGT)

Belzebulo, oder d. entdeckte Entführung. 8. Quedl. Basse. 810.

Belzebulo, oder die entdeckte Entführung. Ein Roman in 12 Kapiteln, (v. Fr. Rottburg). 8. Quedlinb. 810. Basse. 18 ℛ

Belzec [Schlagwort]
Belzec, s.: Oesterreich-Ungarn. Spezialkarte.

Belzer: Grammatisch-kritische E r k l ä r u n g . . .
s.a. B e l s e r , Johannes

Belzer, Grammatisch-kritische Erklärung von Laktantius de mortibus persecutorum cap. 84: Toleranzedikt des Galerius. Pr. 1889. 89 S. 4°. 2.—

Belzer, Bernhard [app. Arzt aus Baden-Baden]: Besserung des Nystagmus durch Strabotomie ... Baden-Baden, E. Kölblin, 1892; 29 S. 8.
München, Med. Fak., Inaug.-Diss. v. [17. März] 1892

Belzig [Schlagwort]
Belzig, s. D e u t s c h l a n d . Grundkarte. Karte (Abt.Preussen).

Belzig, s.: **Deutschland. Karte. (Abt. Preussen.)**

Belzig, s.: **Deutschland**, Kürschner-Pelp.

Belzig, s. G e o l o g i s c h e K a r t e n . Karte (Preussen).

Belzig, s. P r e u s s e n . Messtischblätter.

Belzig, Rud. v., Frauenliebe und Leben. Ein Blüthenstrauß deutscher Dichtung für Deutschlands Frauen und Jungfrauen gewunden. 1. und 2. Aufl. gr. 16. (VIII, 120 S. mit 1 Holzschntaf.) Stuttgart 875,76, Schlegel. geb. mit Goldschn. *

Belzig, Rud. v., Frauen-Liebe und Leben. Ein Blütenstrauß deutscher Dichtung, für Deutschlands Frauen und Jungfrauen gewunden. 3. veränd. Aufl. 16. (IV, 124 S.) Leipzig 887, Amelang's Verlag. geb. mit Goldschn. *

Belzig, Rud. v., Frauen-Liebe u. Leben. Ein Blütenstrauß deutscher Dichtg., f. Deutschlands Frauen u. Jungfrauen gewunden. 4., veränd. Aufl. 16. (IV, 128 S.) Leipzig 892. C. F. Amelang. Geb. in Leinw. m. Goldschn. n. 2. 50

Belzig, Rud. v., Frauen-Liebe u. -Leben. Ein Blütenstrauß deutscher Dichtg. f. Deutschlands Frauen u. Jungfrauen, gewunden von v. B. 5. Aufl. (IV, 112 S.) kl. 8. Leipz. (909). C. F. Amelang. Geb. in Satin m. Goldschn. 2. 50

Belzner, E.
— De tragicorum Graec. dialecto II. Pr. 1870. 28 S. 4°. 1.50

Belzner, E: Homerische Probleme. 1 u. 2. gr8° Lpzg, BG Teubner. 13 —
1. Die kulturellen Verhältn. d. Odyssee als krit. Instanz. Mit Nachwort (Aristarchea) v. A Roemer. (6, 202) '11. 5 — || 2. Die Komposition d. Odyssee. (8, 272) '12. 8 —; L 9.50

Belzner, Wilhelm, gepr. Rechtsprakt.: Die räuberische Erpressung. München 1909: Wolf. 56 S. 8°
Würzburg, Jur. Diss. v. 21. Juli 1909, Ref. Oetker
[Geb. 3. Mai 82 München; Wohnort: München; Staatsangeh.: Bayern; Vorbildung: Gymn. München Reife Juli 01; Studium: Berlin 1, München 7 S.; Rig. 30. Juni 09.] [U 09. 4035

Belzoni, Reisen in Aegypten u. Nubien. (Aus d. ethnograph. Archiv besond. abgedruckt.) gr. 8. Jena 821. Bran. 1 ß 6 gr

Belzung, Alfred, prakt. Arzt a. Mülhausen i. Elsaß: Ueber Pankreas-Fettnekrose. Freiburg 1904: A. Kohler, Sennheim. (38 S.) 8°
Freiburg i. B., Med. Fak., Ref. Ziegler, Diss. v. 1904
[Geb. 8. Dez. 77 Mülhausen-Elsaß; Wohnort: Freiburg; Staatsangehörigkeit: Elsaß-Lothringen; Vorbildung: Gymn. a. St. Stephan Straßburg. Reife Juli 97; Studium: Freiburg 4. München 1, Freiburg 3, Würzburg 2, Freiburg 3 S.; Coll. 24. Juni 04; Approb. 21. Juni 04.]

Belzung, Ernest
Anatomie et physiologie végétales à l'usage des étudiants en sciences naturelles des universités ... par Er[nest] Belzung. Avec 1700 grav. *Paris: F. Alcan 1900.* (III, 1320 S.) 8°

Bem in Wien. Ein histor. Gemälde v. e. Offiziere aus dem Generalstabe Bem's. 8. (323 S.) St. Gallen 851, Scheitlin & Zollikofer. $1^{1}/_{2}$ ß

Bem, Josef
Bem, J., Erfahrr. über d. Congrev'schen Brand-Raketen bis zum J. 1819. in d. königl. Poln. Artillerie gesammelt u. an Se. kais. Hoh. d. Großfürst Constantin berichtet. Herausg. v. M. Schuh. Französ. u. Deutsch. Mit 2 Abbildd. 4. Weimar 820. Ind.-Compt. 1 ß

Bem, J. Erfahrungen über die Congreve'schen Brandraketen bis zum Jahre 1819. In der königl. polnischen Artillerie gesammelt und an Se. kaiserl. Hoheit den Grossfürsten Constantin berichtet. Uebersetzt von M. Schulz. 4. Wismar 1820.

Bem, J., Exposé général de la méthode mnemonique Polonaise perfectionnée à Paris; suivi d'une application speciale à l'histoire, d'après le Programme et les Ouvrages prescrits par le Conseil royal de l'Université de France, pour l'enseignement de l'Histoire dans les Colléges royaux et dans les autres Etablissemens d'instruction publique. (Avec Planches et Tableaux. — 18 Steintaf. u. 15 Bl. Text. gr. in-8. Paris et Leipzick 839 Brockhaus et Avenarius. n. $1^{7}/_{12}$ ß

Bemannungs-Liste für die Schiffe der k. und k. Kriegs-Marine. Genehmigt mit Allerhöchster Entschliessung vom 11. März 1890. Beilage zum M.-N.-V.-Bl. XIII. Stück vom 22. März 1890. P. K./M. S. Nr. 481. 4. Wien 1890.

Bembe, W., s. **Karte** der gewerbl. Verhältnisse im Europäischen Rußland.

von Bemberg-Flamersheim, R.: Die Collation der Descendenten nach gemeinem Recht. Unter Berücksichtigung des Entwurfs eines Bürgerlichen Gesetzbuchs für das deutsche Reich. . . . Göttingen, Druck d. Univ.-Buchdr. v. W. F. Kaestner, 1891; V, 66 S. 8°
Göttingen, Jur. Fak., Inaug.-Diss. v. [23. Febr.] 1891

Bemberg-Flamersheim, R. v., die Collation der Descendenten nach gemeinem Recht. Unter Berücksicht. d. Entwurfs e. bürgerl. Gesetzbuchs f. das deutsche Reich. Diss. gr. 8. (V, 66 S.) Göttingen 891. (Vandenhoeck & Ruprecht.) n. 1. 50

BEMBO, Kardinal Pietro, P r i a p u s. (Gedicht.) Übertragen (aus d. Lat.) von Albert W e s s e l s k i.
2 nahezu vollbedruckte Quartseiten in: „Die Opale." II. Lpz., Jul. Zeitler, 1907. Gr. 4°. S. 189—190.

Bemelmans, Emile, geboren in Maastricht (Holland) Oberleutnant Pferdearzt bei dem 3. Regiment Feld-Artillerie in Breda: Beitrag zur Kenntnis der Veränderlichkeit der niederländischen Butterkonstanten. Breda 1904. 72 S. 8°. + 1 Tab. [25. IX. 04.]
Bern. Vet.-med. Diss. 1904/1905.

Bemelmans, E. C. H. A. M., Beitrag zur Kenntnis der Veränderlichkeit der niederländischen Butterkonstanten u. der Bekämpfung der Butterverfälschung. (III, 86 S. m. 1 Taf.) Lex.-8. Breda (Holland) (905). Selbstverlag. n.n. 3. —

Bémer, Báró László, Lelki Vezér vagy is: igaz ájtatosságra, és erényre buzdító különféle gyakorlatok, elmélkedések, és imádságok; Egyedül a' Mindenható Atya, Fiú, és Szent Lélek Ur Isten' örök dicsőségére, a' Boldogságos Szűz Mária' 's minden, Szentek' tiszteletére, és az Emberiség' javára szerkesztette és ki adta Bezdédi, es Kis-Bákai. gr. 8. (X und 279 S. mit 1 Stahlst.) Wien 853, Wenedikt.

Bémer, László, lelki Vezér vagy is: igaz ájtatosságra, és erényre buzdító különféle gyakorlatok, elmélkedések, és imádságok; Egyedül a' Mindenható Atya, Fiú, és Szent Lélek Ur Isten' örök dicsőségére, a' Boldogságos Szűz Mária' s minden Szentek' tiszteletére, és az Emberiség' javára. Bécsben (Wien) 853. Wenedikt. gr. 8. (1 Bl., X, 279 S. u. 1 Stahlst.) 1 ß

Bemerker, Der ruhige, ein Wochenblatt. [17 ? ?] H: *Meck, Erich Johann von.* (ML) Riga: 1760-1770.

BEMERKERIN, Die mühsame, menschlicher Handlungen. (Zeitschrift, mit Register.) Dantzig 1737. 4°. (1 Rthl.) Rar!

Georgi's Europ. B.-Lex.

Bemerkung, s.a. Bemerkungen

Bemerkung
— über Acten-Verschickungen in Prozessen. 8. Wolfenb. Albrecht. 799.

— über Ausgewanderte u. ihre Rechte. 8. Hamb. 796. (A. Campe). 4 gr.

— üb. Ausgewanderte, u. ihre Rechte. 8. Hamb. Hoffmann. 796.

Bemerkung über O. W. Masings Beitrag zur esthnischen Orthographie von einem Freunde der esthnischen Sprache. Pernau 1826. V: *Knüpffer, Arnold Frdr. Johann.* (R-N)

— u. Beschreib. d. Schlacht b. Auerstädt etc. 8. Magdeb. Schütz. 807.

Bemerkung jedoch sans comparaison. [Leipzig 1801.] V: *Wolffram von Wolfframitz, K. J. G. Freih. von.* (MGT)

— u. Erfahrungen, u. Kräfte d. Arzneysubstanzen. 8. Wien, Mößle. 787.

Bemerkung über die Erklärung einer Redensart ... [Leipzig 1798.] V: *Schmid, Christian Heinrich.* (MGT) (ML)

Bemerkung über C. M. Wielands Euthanasia. Leipzig 1811. V: *Hecker, Heinr. Cornel.* (MGT)

— freimüthige üb. Almosenanstalten u. Armenversorgung. 8. Leipz. Weigel. 803.

— freimüthige, üb. Aufklärung u. Reform. 2 Stck. 8. Berl. Meer. 786.

Bemerkung, Eine, über Goethe zum 28. August 1849. Gotha [1849]. V: *Jacobi, Eduard Adolph.* [ABJP)

Bemerkung, Kleine, über das Abdrucken der Aufsätze von einem Journal in das andere. [Nürnb. 1804.] V: *Fikenscher, Georg Wolfgang Augustin.* (MGT)

Bemerkung, Kritische, und Verzeichniss aller auf den Tod der Kaiserin Königinn erschienen Gedichte ... V: *Ahlen, F. M.* (Hch. Wolfg. Behrisch, Die Wiener Autoren. Wien 1787. S. 260) (BiblPort)

Bemerkung, kurze, über die Syphilis zur Anleitung im Gebrauch des Mittels Anti-Venero des Grafen Mattei. 8. (22 S.) Stuttgart 879. Hahn. n.n. — 80

Die Bemerkung pro memoria eines ungenannten Angeklagten in der Staatsgerichtshof-Untersuchungs-Sache wider den Grafen Dzialynski, zu den Akten schriftlich überreicht den 13. Oktober nebst Erläuterungen und Anhängen vom 25. November durch den königlichen Justizrath Jerzewski. Berlin 1864—65. 8.

Bemerkung, üb. d. Nachtheil des Abbaues der Aemter v. M. 8. Berl. Maurer. 802.

Bemerkung der Spuren von Ausbreitung ... der evangelischen Lehre in Steyermark, Kärnten und Crayn. Nebst Nachrichten von den Zeugen der Wahrheit Hansen Ungnad, Freyh. zu Sonneck. Frankfurt 1785. 8. A.

Bemerkung über eine Stelle in den Braunschweigischen Anzeigen vom Jahre 1750. [Leipzig 1797.] V: *Wolffram und Wolfframitz, K. J. G. Freiherr von.* (MGT)

Bemerkung über die Volkssprache in Brabant von F. J. M. [München 1836.] V: *Mone, Franz Joseph.* (MZ)

Bemerk- und Ausführung, Vorläufige, einiger Rechtsbegründeten Exceptionum, ... 1759. V: *Koppenfels, Johann Sebastian Kobe von.* (ML)

Bemerkungen, s.a. Bemerkung

Bemerkungen

— über die Abendmahlsfeier d. Dr. Stephani. 8. Augsb. 812. Doll, (Landsh., Krüll). 4 gr.

Bemerkungen über des Herrn Hofraths und Professors Rönnberg Abhandlung über symbolische Bücher, in Bezug aufs Staatsrecht. Leipzig 1790. V: *Senff, Carl Friedrich.* (Ky) (MGT)

— über Rönnberg's Abhandl. über symbol. Bücher, in Bezug auf Staatsrecht. gr. 8. Leipz. 790. Barth. 10 gr.

— über Dr. Socher's Abhandl., von d. Ehescheidung. 8. Münch. 810. Lentner. 3 gr.

Bemerkungen über die Abstraktion bey unsern angenehmen und unangenehmen Empfindungen, ... [Leipzig 1785.] V: *Hungar, Carl Ferdinand.* (MGT)

Bemerkungen zu d. Schrift: „Abwehr homöopathischer Angriffe etc." (Von C. Sundhelm.) gr. 8. (8 B.) Gießen 833, Heyer, Vater.

Bemerkungen, einige, üb. d. deutschen Adel. gr. 8. (4½ B.) Quedlinburg 830, Basse. Thlr.

Bemerkungen über die Äglogam Hagnon des Lucius Vigilius Jesurbius. [Wien 1800.] V: *Bertram, Joachim Christoph.* (MGT)

Bemerkungen eines Akademikers über Halle und dessen Bewohner. ... Germanien [Quedlinburg] 1795. V: *Augustin, Christian Friedr. Bernhard.* (BrMm) (EngG) (GGr) (Ky) V: *Kinderling, H. W.* (MGT)

— eines Academikers über Halle u. dessen Bewohner, in Briefen (v. Chr. Fr. Bh. Augustin). Nebst e. Anh., enth. die Statuten u. Gesetze d. Friedrichsuniversität etc. 8. Quedlinb. 795. Ernst. 1 rthl 4 gr. 819. Hbg. Pr. 20 gr.

— eines Academikers über Halle und dessen Bewohner in Briefen. Nebst einem Anh. enth. die Statuten und Gesetze der Friedrichsuniversität ꝛc. Wohlf. Ausgabe. 8 Quedlinburg, Ernst. 819.

Bemerkungen über die Aktenverschickungen in Prozessen, ... Wolfenb. 1799. V: *Müller, Gotthelf Frch.* (Ky) (MGT)

— über Akten-Verschickungen in Prozessen. 8. Wolfenb. 799. Albrecht. 4 gl.

Bemerkungen, Allgemeine, über die Alterthumskunde. [Bern 1859.] V: *Morlot, Charles Adolphe de.* (Zuwachsverz. d. Bibliotheken in Zürich 1898 ff.)

—— allgemeine, zu dem im Abgeordnetenhause des Reichsrathes eingebrachten Entwurfe eines Strafgesetzes über Verbrechen, Vergehen und Uebertretungen. [Regierungsvorlage.] hoch 4. (142 S.) Wien 875, k. k. Hof- und Staatsdruckerei. *

Allgemeine Bemerkungen zum Entwurf eines Gesetzes über die Errichtung von Versicherungsgesellschaften. Gotha 1870.

Allgemeine **Bemerkungen** d. Inspizienten d. Art.-Materials. München 1879-1898.

Allgemeine **Bemerkungen** (Übersicht) d. Inspizienten d. Waffen b.d. Truppen. München 1879-1890.

— allgemeine, d. Inspizienten der Waffen bei den Truppen. Waffen-Inspizirgn. 1890. gr. 8. (9 S.) Berlin 891. E. S. Mittler & Sohn. — 10; kart. n. — 20

Bemerkungen, Einige allgemeine, über viele sogenannte Prüfungen der neulich herausgekommenen Uebersetzung des neuen Testaments ... 1766. V: *Damm, Christian Tobias.* (ML)

Allgemeine **Bemerkungen** über das Theetrinken und über das jetzige diätetische Verhalten in vornehmen Gesellschaften. Nebst e. Anleitung u. deutlicher Vorschrift. .. Aus d. Engl. übers. Leipzig: Baumgärtner 1795. 90 S. 8°

Bemerkungen, Allgemeine, über die Töplitzer Wasser ... Greitz 1761. V: *Troschel, Heinrich Gottlob Nepomuk.* (Ky) (ML) (MS)

K.v.C.: Einige **Bemerkungen** über den Alpenstreit. Wasserburg: 1869.

— einige ält., das Schuldenwesen betreffende Verordnungen. 8. Berl. 814. Maurer'sche B. 4 gl.

—— anderweitige, zu d. Schrift: Sind die an die Herrlichkeitsbesitzer in d. Provinz Ostfriesland v. d. Eingesessenen früher entrichteten sogen. suspendirten Gefälle durch franz. Gesetze aus d. Zeit d. Vereinigung Ostfrieslands mit Frankreich aufgehoben worden? gr. 8. (1 B.) Hannover 837, Hahn'sche Hofbuchh.

— u. Anecdot. d. Bastille betr. f. Howard.

Bemerkungen, Angehängte, zu des Inspekt. Schmahlings Bericht an das Oberconsist. zu Berlin wegen Entheiligung der Sonntage. [Helmstädt 1800.] V: *Schulze, Johann Heinrich August.* (MGT)

— über (die Landschaft) Angeln, aus d. Brieftasche zweier Freunde (v. F. W. Otte). 8. Schleswig 792. (Hammerich in Alt.) 12 gl. (Leipz., Köhler). 14 gl.

— üb. (d. Landsch.) Angeln (v. Otte.) 8. Schlesw. (Köhler, L.) 792.

— einige, über die veröffentl. Ansichten in Betreff der v. Hrn. Pastor Hülsmann zu Dahl herausg. Prediger-Bibel, von e. evangel. Christen. gr. 8. Elberfeld 836 Becker. 5 gl.

—— einige anspruchlose, üb. d. Entwurf ein. Kirchenverfassung f. d. Kanton Zürich. 1831. gr. 8. (¾ B.) Zürich, Orell, Füßli u. Comp.

Bemerkungen über den Antrag ... die Aufhebung der Zünfte in Mecklenburg betreffend ... Rostock 1812. V: *Eschenbach, Johann Christian.* (MGT) (NN)

Bemerkungen über die Antwort der Regierung von Freiburg betreffend die Eingabe des Comite von Posieux. (Freiburg, den 26. Juli 1852.) 8. *o. O.*

Bemerkungen und Anweisungen für die Naturforscher, welche die Expedition von Sr. k. k. apost. Maj. Fregatte „Novara", unter dem Commando des Hrn. Obersten v. Wüllersdorf-Urbair begleiten. (Auf Anordnung der k. Akad. als Manuscript gedruckt.) Wien, 1857. 8.

Bemerkungen über die Anzahl der Schriftsteller, die gegenwärtig in den Fürstenthümern Ansbach und Bayreuth leben. [Ansbach 1799.] V: *Wernlein, Joh. Const. Friedrich.* (Fiker) (MS)

Bemerkungen, aphoristische, über einige Hauptfragen der Gegenwart mit besond. Beziehung auf die inneren Krisen des preuß. Staates. (Aus Süddeutschland.) Geschrieben im Aug. 1863. Nebst einem Schlußwort, hinzugefügt im Jan. 1864. 1. und 2. Aufl. gr. 8. (51 S.) Soest 864, Nasse's Verlag.

—— aphoristische, über Sachsen. 8. (8 B.) Zerbst 830, Kummer.

Bemerkungen, Einige, über die Apologie des Hrn Rektors Forberg wegen des ihm angeschuldigten Atheismus. Tübingen 1800. V: *Schwab, Joh. Christoph.* (Ky) (MGT)

— ü. d. Apologie d. Rector Forberg ꝛc. 8. Tübing. Heerbrand. 800.

— über d. Apologie d. Rector Forberg ꝛc. 8. Tübing. 800. (Osiander). 4 gl.

— zur Sachsen-Ernestin. u. Fürstl. Reußischen provisor. O. Appellations-Gerichts-Ordnung. gr. 8. Weimar, L. Ind. Cpt. 818.

Bemerkungen über die zu Wien öffentlich zu sehenden neuen Arbeiten von Füger, Maurer, Fischer, Zauner. Wien 1808. V: *Langenhöfel.* (EB)

Bemerkungen über das Würtembergische Archiv, ... Kempten und Ulm 1817. V: *Schuster, Aug. Ludwig Friedr.* (Ky) (MGT)

— auch einige, üb. die Worte Aristokratie u. Verfassung. Hrn. Alfr. v. Haugwitz zum 16. Nov. (1847) dargebracht v. e. dem Geiste der Zeit huldigenden Edelmann. gr. 8. (14 S.) Lübeck 848. (Schwerin, Hildebrand,) 3 ngl.

Bemerkungen über die französische Armee der neuesten Zeit von 1792—1807. Königsberg 1808. V: *Faber, Gotthilf Theodor von.* (Ky) (R-N)

— über d. französ. Armee d. neuesten Zeit, von 1792—1807. (Aus d. Französ. d. G. Th. v. Faber). 8. Königsb. 808. (Leipz., Michelsen. 12 ggr u. Ebd., L. Schumann. 12 ggr Hbg. Pr. 9 ggr

— üb. d. französische Armee d. neuest. Zeit, v. 1792 bis 1807. 8. Königsb. Nicolovius. 808.

— über die franz. Armee der neuesten Zeit, oder der Epoche v. 1792—1807. Nach dem handschriftl. franz. Originale von dem Verfasser desselben deutsch bearb. 8. (Leipzig 808. W. A. Künzel.) 3/8 ℛ

Bemerkungen über die Armenanstalt von 1791 und 1830. Hamb. 1832. V: *Abendroth, Amandus Augustus.* (schr)

— über verschied. Arten zu Fechten einiger Universitäten, (v. Fr. L. Behr). 8. Halle 792. Dost. 8 ggr

— üb. einen Artikel d. Leipz. Zeitung vom 5. Oct. 1813. (v. A. W. Schlegel) a. d. Franz. gr. 8. Göttingen, Dieterich.
(siehe auch A. W. Schlegel.)

Bemerkungen, Artistische, auf einer Reise durch Gegenden des fränkischen Kreises. [Erfurt und Mannheim 1785—1789.] V: *Koeppel, Joh. Gottfr.* (ML)

— über d. Brown'sche Arzneilehre, (v. G. W. v. Eicken.) gr. 8. Offenb. 796. Brede. 6 ggr

Bemerkungen über die Aufforderung des Generals Bernadotte an den Rheingrafen von Salm, Kommandanten der Festung Philippsburg. 8. Leipzig 1799.

Bemerkungen, Einige, zur Aufführung der Meistersinger von Nürnberg. Zürich 1899. V: *Pfeiffer, W.* (BSCHWL V, 6d, S. 121)

Bemerkungen, einige, zur Aufführung des Meistersinger von Nürnberg von Dr. *W. P.* 8°. 16 S. Zürich, Art. Institut Orell Füssli. 1899 — 60

Bemerkungen über die Aufhebung der Mahlsteuer in Breslau 1848 April 11. Breslau [1898]. V: *Frieboes, Friedrich Wilhelm.* (Kat. d. Druckschr. üb. Breslau. Breslau 1903. S. 121.)

— Aufklär. ꝛc. 8. Altona, Hammerich. 796.

Bemerkungen über die neue Auflage des Gesangbuchs für die protestantische Gemeinde des Königreichs Bayern vom Jahre 1819. [Nürnb.] 1819. V: *Riedner, Adam Nicolaus.* (GGr) (Ky) (MGT)

— über d. neue Aufl. d. Gesangbuchs f. d. protestant. Gemeinde im Königr. Baiern vom J. 1819. 8. Nürnb. 819. Campe. 3 ggr

Bemerkungen über den bekannten Aufsatz »Auch das noch« aus der Heimath des Verfassers. Altona 1839. V: *Harmsen, Claus.* (A) *Harmsen, Mathias.* (NN)

— über e. Aufsatz in d. Leipz. Zeitung v. 5. Oct. 1813, (v. A. W. v. Schlegel). Aus d. Französ. v. Dr. K. gr. 8. Götting., Dieterich. 4 ggr (vergl. Schlegel).

Bemerkungen über die bisherige Ausbildung der Justiz-Referendarien in den alten Provinzen u. ihre jüngste Umgestaltung. Von e. Referendar. Nebst dem Gesetz vom 6. Mai 1869 u. dem Regulativ vom 29. Decbr. 1869. Berlin 870. Puttkammer & Mühlbrecht. gr. 8. (36 S.) n. 6 ngr

— einige, zur Ausbild. d. allgem. Sprachlehre. gr. 8. Essen 824. Bädeker. 6 ggr

Bemerkungen über die Ausbildung und Verwendung der Kavallerie und über die Heranbildung ihrer Führer. Berlin 1863. V: *Wrangel, Frdr. Hnr. Ernst Graf v.* (Kat. d. Bibl. d. K. Preuss. gr. Generalstabes. Berlin 1878.) (Russell I, 2. S. 242)

—— über die Ausbildung und Verwendung der Cavallerie und über die Heranbildung ihrer Führer. 12. (68 S.) Berlin 863, v. Decker'sche geheime Ober-Hofbuchdruckerei.

Bemerkungen, einige, in Beziehung auf Ausdehnung etc. der württembergischen Eisenbahnen. Von einem Fabrikanten. Stuttgart ca. 1845.

Bemerkungen über die Ausführung der Gerechtsame der Frau Prinzessinnen Töchter des hochseligen Herrn Markgrafen Friedrich Heinrich zu Brandenburg-Schwedt . . . Berlin 1789. V: *Huulbeck, Georg Carl.* (MGT)

Bemerkungen über Ausgewanderte und ihre Rechte bey Gelegenheit ihrer Verbannung aus mehrern dt. Provinzen. — Hbg.: Hoffmann 1796. 48 S.

Bemerkungen über Ausrüstung und Armirung der leichten Cavallerie. Beibft. z. „Milit.-Wochenblatt". Berlin 1849.

Bemorkungen zur Ausstellung amerikanischer Holzschnitte in der Königlichen National-Galerie. *Berlin: E. S. Mittler & Sohn 1894.* (8 S.) 1 Bd 8.

Bemerkungen über das alt-römische Bad in seiner verbesserten irischen Form und seine ausserordentliche Heilkraft in langwierigen Krankheiten. Mit 1 (lith.) Ansicht der im Bade Nudersdorf bei Wittenberg errichteten röm. Bäder. Dessau 860. Baumgarten & Co. in Comm. 8. (46 S.) n. 5 ngr

Bemerkungen über Banken, wie auch über die zu errichtende neue Bank, in einem Sendschreiben an einen Freund. Kopenhagen 1787. V: *Wiehe, Joh. Heinrich.* (Ky) (MGT)

— über Banken u. die neue Bank zu Altona, (v. J. H. Wiehe). gr. 8. Kopenh. 787. Brummer. 5 ggr

— üb. d. Banken u. d. neue Bank z. Altona. gr. 8. Kopenh. Proft. 787.

— über den Bau u. die Einrichtung der Privat-Wohnhäuser, namentlich in Berlin. gr. 8. Berl. 835. Dümmler. 1/4 ℛ

— üb. Rössigs Beantw. d. Commentar. des Schubart v. Kleefeld. gr. 8. Lpz. Böhme. 786.

— über Rössig's Beantw. d. Commentar. d. Schubart v. Kleefeld. (Von K. Glo. Anton.) gr. 8. Leipz. 786. (Knobloch.) 6 gr.

⊙ Bemerkungen über das maneologische Bedenken des Predigers Oertling in Bornhöved, betr. das Beerdigen wirklich verstorbener Personen in dichtverschlossenen Särgen; nebst Ansichten des Glaubensbekenntnisses der Philalethen. Hrgg. v. H. L. Schröder. Plön. 1831. 8°

Bemerkungen von geschwinder Beförderung der Maulbeerplantagen. Berlin 1757. V: *Baumann, Christian Jacob.* (Ky) (ML)

Bemerkungen über einige Begebenheiten unserer Tage, in Bezug auf die Vorfälle im Reigoldswyler-Thal. (Reigoldswyl im Hornung 1831.) 8. *o. O.*

— über d. Kant'schen Begriff v. gerichtl. Eid rc. 8. Stuttg. 798. Metzler. 4 gr.

*Bemerkungen zu der „Begründung" eines Feuerversicherungs-Verbandes deutscher Fabriken. Herausgegeben vom Verbande deutscher Privat-Feuerversicherungs-Gesellschaften. Berlin 1888.

— einige, üb. d. Schrift: Beitrag zur Kenntn. d. gegenseit. Verhältnisse d. Gewerbe u. d. Handels in Würtemberg u. Preußen. gr. 8. (1 B.) Stuttgart 833, Steinkopf.

— üb. d. Beitritt Badens zu d. deutsch. Zollvereine. Als nähere Beleuchtung d. Interessen, mit besond. Berücksichtigung d. Produzenten u. kleineren Gewerbe im Großherzogth. Baden. Von ein. Kaufmann. gr. 8. (1 B.) Heidelberg 834, A. Oßwald.

Bemerkungen zu der in Innsbruck (Vereins-Buchdruckerei) erschienenen Beleuchtung der Denkschrift der Abgeordneten aus dem italienischen Theile der Provinz Tirol. Wien 1874. V: *Dordi, Carlo.* (Margr)

— über die Beleuchtung d. Frage: Hat d. Preuß. Ritterschaft d. Recht rc. gr. 8. Königsb. 787. Unzer. 4 gr.

— üb. d. histor. crit. Beleuchtung d. Frage: hat d. Preußl. Ritterschaft d. Recht rc. gr. 8. Königsb., Unzer. 787.

Bemerkungen über die Beleuchtung der zwei erzbischöflichen Schreiben von Kurtrier und Salzburg, ... Salzburg [Regensburg] 1789. V: *Mayer, A. U.* (wr)

— einige, über d. Bemerkk. über Havarie-Größe d. Hrn. Pöhls. gr. 8. Hamb. 825. Nestler. 6 gr.

Bemerkungen, Einige, in Bezug auf die Bemerkungen des Hn. Dr. Pöhls ... Hamburg 1823. V: *Rowohl, Mich.* (schr) (Jen. Allg. Lit. Ztg. 1826, Nr. 53.) (Mitth. A. Rosenbaum.)

Bemerkungen, Einige, über Herrn Pastor Voigtländers Bemühen, den öffentlichen Cultus als Selbstzweck aufzustellen. [Witt. 1806.] V: *Oesfeld, Carl Ludwig Friedrich.* (MGT)

Bemerkungen über des Herrn Geheimen Raths von Goethe Bemühungen, unsere Sprache reinigen und bereichern zu helfen. Braunschweig 1797. V: *Campe, Joachim Heinrich.* (GGr)

Bemerkungen, Einige, über die Benützung der heidnischen Klassiker Zum gelehrten Jugendunterricht. Regensb. 1844. V: *Höfer, Gregor.* (ED)

— über d. Benutzungsarten d. Schafe, oder Antwort auf d. Frage: Warum ich nicht die fast allgem. Benutzungsart d. Schafe, selbe nicht zu melken od. nicht abzugewöhnen auf meinen Schäfereien gebrauche? 8. Krems 799. (Leipz., Schmidt). 6 gr.

* — üb. die Benutzungsarten d. Schafe, od. theoret. u. prakt. Antwort üb. die Frage: Warum ich nicht die fast allgem. Benutzungsart d. Schafe, selbe nicht zu melken od. nicht abzugewöhnen auf meinen Schäfereien gebrauche? 8. Krems. (Leipz. Schmidt.) 799.

— zu d. metakrit. Beobachtt. über d. einzuführende neue Preuß. Kirchenagende. 8. Leipz. 824. Glück. 4 gr.

— zum Bericht des Herrn v. Branco üb. seinen am 8. XII. 1898 abgeh. Vortrag betr. „Das Salzbergwerk Kochendorf". (Von K. Endriss u. Lueger.). gr. 8. (11 S.) Stuttgart 899. A. Zimmer. — 80

Bemerkungen zu dem Bericht der Herren Schnauder und Dr. Hecker über die am photographischen Zenithteleskop erhaltenen Resultate. [Berlin 1896.] V: *Marcuse, Ad.* (Berl)

— über die in d. Zeitung befindl. Berichte, d. letzten Begebenheiten in Mähren im Dec. 1805. 8. Berl. 806. Schmidt. 4 gr.

Bemerkungen zu den Berichten ... über das gezogene Infanterie-Gewehr M/39. Berlin 1856. 8°.

Bemerkungen, veranlasst durch d. „Histor. Berichtigungen". 8. 1803.

— veranl. durch d. 1te Heft d. histor. Berichtigung rc. 8. Hannover, Hahn. 804.

— Berichtigungen u. Zusätze zu Briefen üb. d. Fellenbergsche Landwirthschaft zu Hofwyl. 8. Aarau 808. Sauerländer. 5 gr.

Bemerkungen über die von der Königlichen Regierung zu Köln gegen ein Urtheil des Königlichen Landgerichts daselbst vom 10. Juni 1823 eingelegte Berufung. Köln: Dü Mont-Schauberg (1823).

— bescheidene, zu d. Briefe Sr. Maj. d. Königs v. Preußen an seine durchl. Verwandte, die Frau Herzogin v. Köthen, bei Gelegenheit ihres u. ihres Hrn. Gemahles Rücktritts zur kathol. Religion, von e. Freunde d. evangel. Freiheit. gr. 8. Straßburg 826. (Leipzig, Hinrichs.)

— bescheidene, z. d. Brief des Königs von Preußen an s. Verwandte, die Herzogin von Cöthen. Straßburg 1826. Le Roux. 15 kr.

Bemerkungen, Bescheidene, über den revidirten Entwurf des Civil-Gesetzbuches für den Kanton Bern. St. Gallen 1823. V: *Messmer, Beat Ludwig.* (AarK)

Bemerkungen gegen die Beschlüsse der deutschen Reichsversammlung über Flüsse, Canäle und Seen und über Eisenbahnen. (Als Manuscript gedruckt.) Hannover 1848. 69 S. 8.

—— gegen die Beschlüsse der deutschen Reichsversammlung über Flüsse, Canäle und Seen und über Eisenbahnen. gr. 8. (71 S.) Hannover 849, Hahn'sche Hofbuchh.

Bemerkungen zu den Beschlüssen, welche von der Kommission zur Revision der Pharmacopoea germanica in den Sitzungen vom 15. bis 25. Oktober gefaßt worden sind. Berlin 1881. Fol.

Bemerkungen und Beschreibung der Schlacht bei Auerstedt unweit Jena. Von einem unpartheiischen Augenzeugen. 8. 1806.

— u. Beschreibung d. Schlacht bei Auerstädt ꝛc. 8. Magdeb. 807. v. Schütz. 8 Gr.

Bemerkungen, Einige, über M. K. P. Snells Beschreibung der Russischen Provinzen an der Ostsee. ... Göttingen 1798. V: *Schwartz, Joh. Christoph.* (Ky) (MGT) V: *Schwarzer, Joh. Caspar.* (EngG)

Bemerkungen über die Beschreibung, welche Hr Carl Gottlob Küttner in dem 1. u. 4. Th. seiner zu Leipzig 1801 herausgekommenen Reise durch Deutschland ... von Hessen-Cassel ... entworfen hat. [Altona 1802.] V: *Robert, Carl Wilhelm.* (MGT) (Stri)

— über Bessarabien u. d. östl. Theil d. Moldau. Mit 1 Karte. gr. 8. Weimar 812. Geogr. Instit. 6 Gr.

— umständl., über d. Besteuerung d. geistl. u. weltl. Staatsdiener u. über ihren Beizug zu Kriegslasten ꝛc. 8. Kempten 810. Dannheimer. 6 Gr.

Bemerkungen über die wünschenswerthe Bestimmung des Bahnzugs für d. von Hannover auf Verden u. Bremen zu führende Eisenbahn in der Richtung von Hannover üb. Neustadt u. Nienburg auf Verden. Mit Bezugnahme auf die angeh. Denkschriften des Hrn. Directors Hansemann aus Aachen. 4. (3½ B.) Stade 842, Pockwitz. *

Bemerkungen gegen die in dem Literärischen Begleiter des Provinzialblatts Nr. 20 vom 29. September 1829 enthaltene historische Betrachtung. ... [Riga 1830] V: *Vietinghoff, Erich Joh. v.* (R-N)

—— zu den Betrachtungen über die Organisation der österreichischen Artillerie (von Menrath v. Laaba). 1. und 2. Aufl. gr. 8. (III, 120 S.) [Cassel.] Berlin 875, Luckhardt'sche Verlagsh. *

Bemerkungen über das Betragen des an dem Niederrhein kommandirenden Generalfeldmarschall-Lieutenant v. Werneck, in dem Feldzuge 1797. 1798. V: *Pahl, Johann Gottfried von.* (MGT) (NN)

— zur Beurtheilung und Ausführung der Schrift: Vorschläge zur Einrichtung einer Staatsverwaltung im allgem. ꝛc., von Ritter v. Wiebeking. gr. 8. Bamberg 816. (Dresch.) 5 Gr.

— zur Beurtheilung u. Ausführ. d. Schrift: Vorschläge zur Einrichtung e. Staatsverwaltung im Allgemeinen u. d. Verwaltung insbesondere, von C. Fr. Ritter v. Wiebeking ꝛc. gr. 8. Bamb. 816. Kunz. 5 Gr.

— über d. freimüthige Beurtheilung d. Verfahrens d. Dän. Regierung bei Einführung d. neuen Agende. 8. Altona 798. Bechtold. 2 Gr.

Bemerkungen über die freymüthige Beurtheilung des Verfahrens der Dänischen Regierung bey Einführung der neuen Kirchen-Agende in Schleswig u. Holstein u. s. w. Altona. 1798. 8°

Bemerkungen, Einige, zur Beurtheilung des Wasserversorgungs-Projektes. [Wien ca. 1870.] H: *Gross, J.* (EB)

Bemerkungen über die vom siebenbürgischen griechisch-unirten Bischof ... den ... Landsständen unterlegte Bittschrift von J. Tr. Kronstadt 1844. V: *Trausch, Joseph.* (KU) (Pk)

—— üb. die vom siebenbürg. griechisch-nichtunirten Bischof Hrn. Blasius Moga im Jahr 1837 den zu Hermannstadt versammelten Landständen unterlegte Bittschrift v. J. Tr. gr. 8. (4 B.) Kronstadt 844. (Nemeth.) *

Bemerkungen über ein Blatt des Schweizerboten. Bern 1814 s. Wattenwyl. von.

— über das zweite fliegende Blatt v. Hrn. Dr. Bruch. gr. 8. (15 S.) Straßburg 871. Bomhoff. n. — 30

Bemerkungen zur Blatternstatistik der Jahre 1891 und 1892. Bern 1893. V: *Dutoit.* (BSchwLk V 8, 1)

Bemerkungen über die Blitzableiter, ihren Nutzen und Schaden ... Zürich 1816. V: *Horner, Joh. Casp.* (Cat. d. Stadtbibl. Zürich. Zürich 1864—97.) (Doubletten-Anzeiger 1903. Nr. 7.)

Bemerkungen zu der Branntweingesetzgebung in Finnland. 1 Bd. 22 S. 8°. Helsingfors. 1882.

Bemerkungen zum neuen Branntweinsteuer-Gesetzentwurfe. Wien 1877. V: *Stern, Michael.* (EB)

Einige Bemerkungen über den Brief des Königs von Würtemberg an den Fürsten von Schwarzenberg. (Aus der Minerva, März 1. 1851 besonders abgedruckt.) 8°.

—— und Briefe üb. d. kirchl. Angelegenheiten v. Köln. 1. u. 2. Hft. gr. 8. (5½ B.) Bamberg 838, Literar.-artist. Institut. à

— über die Briefe d. Herzogs v. Koburg. 8. Frankf. a. M. 795. (Schäfer). 1 Gr.

— zu den Briefen über d. Perfektibilität d. Religion. 8. Leipz. 796. (Aue in Altona). 8 Gr.

— z. d. Briefen üb. d. Perfectibilität d. Religion. 8. Leipz. Jacobäer. 796.

— einige, über eine neue Schrift aus Würtemberg: (Briefwechsel zweier Deutschen, herausg. von P. A. Pfizer). gr. 8. Leipz. 832. Andrä. (Bonn, Habicht). 6 Gr.

—— gegen vier wider die Unfehlbarkeit des Papstes erschienene Broschüren. Aus dem Latein. übersetzt von F. Z. gr. 8. (118 S.) Wien 870, Sartori. *

— über Jenisch Buch: Ueber Gottesverehrung u. kirchl. Reformation. 8. Nürnb. 803. (v. Ebner). 2 Gr.

— üb. des Pred. Jenisch Buch: üb Gottesverehr. u. kirchl Reform. 8. Nürnb. Lechner. 803.

Bemerkungen, Einige, über die königliche öffentliche Bücher-Sammlung in Stuttgart. Stuttgart und Tübingen 1811. V: *Petersen, Johann Wilhelm.* (BrMm)

Bemerkungen, Einige, über die Bukowina von K. Fr. v. M-r. [Leipzig 1804.] V: *Meidinger, Carl Freiherr von.* (MGT) (MS)

Bemerkungen eines Französ. Bürgers und alten Soldatens über die Feldzüge in der Champagne,... Aus dem Franz. Basel [Leipzig] 1796. V: *Horstmann, Philipp Bernhard.* (Ky) (MGT) (Wr)

— e. französ. Bürgers u. alten Soldaten, üb. d. Feldzüge in Champagne, am Rhein 2c. Aus d. Französ. 8. Basel 796. (Leipz., Rein). 8 𝒦

— über d. Charakter, die Sitten u. Gewohnheiten, die Regierung, Religion 2c. d. Venetianer. Nebst e. Gesch. d. deutsch. protestant. Nation in Venedig. 2 Thle. gr. 8. Bair. 800. (Grau). (Leipz., Central-Compt.) 1 ß 20 𝒦

— über d. Charakter u. d. Sitten d. Italiener, nebst e. Beschreib. meiner Reise von Mahon bis Neapel. Herausg. v. P. C. D(ies). 8. Gött. 790. Dieterich. 8 𝒦

(Bemerkungen zu) Hermann Berghaus: Chart of the world zur Übersicht der regelmässigen Dampfschifffahrts-Linien ... 8 Blätter. Gotha (1877).
Deutsch, englisch, französisch, russisch.

Bemerkungen über die Cholera. [Hamb.] 1831. V: *Schäfer, Hnr.* (Tübz 8, 57)

Einige Bemerkungen über die geschichtliche Darstellung seiner Dienst-Verhältnisse von to der Horst, Major a. D. Von einem Hamburger Bürger. (12) 8. Schleswig 1825.

Bemerkungen zu der unter dem 12. Febr. dieses J. von dem königl. preuß. Justiz-Ministerium bekannt gemachten Denkschrift, die Aufhebung der Lehne und Fideicommisse betreffend. 8. (28 S.) Leipzig 850, (Dörffling und Franke.) Thlr.

Bemerkungen über die auf Befehl des waadtländischen kleinen Raths verfasste Denkschrift über die Lobgerechtigkeit. Gewiedmet der Eidgenössischen in Solothurn versammelten hohen Tagsatzung. 8. Bern 1805.

— e. Ständischen Deputirten üb. d. Entwurf des Hannöverschen Straf-Gesetzbuches. gr. 8. Hannover 826, Helwingsche Hofbuchhandl.

Bemerkungen über Rennebaumii vitae brevis descriptio. Curiae 1801. V: *Fikenscher, Georg Wolfgang Augustin.* (MGT)

Bemerkungen zur Schrift: »Deutschland und die Repräsentativ-Verfassungen«. Zwickau 1839. V: *Solms-Wildenfels, Fürst von.* (Wa)

— zu d. Schrift: Deutschland u. d. Repräsentativ-Verfassungen gr. 8. (1½ B.) Zwickau 830, Richter'sche Buchh.

Bemerkungen, Einige diplomatische, aus den livländischen Urkunden gezogen. [Riga 1791.] V: *Schwartz, Joh. Christoph.* (R-N)

— über d. Dispensiren d. Arzneyen, mit Hinsicht auf d. Abhandl. v. Hrn. Dr. Köchlin, üb. d. gegenwärt. Zustand d. Apothekerwesens im Canton Zürich. 8. (1 B.) Zürich 832, Schulthess.

Bemerkungen über perspectivische Dreiecke auf einem Kegelschnitte. Dresden [1885]. V: *Beyel, Christian.* (Cat. d. Stadtbibl. Zürich. Zürich 1864—97.)

— über d. seit d. J. 1818 erschien. Druckschriften gegen die Bierbrauer u. das Biersatz-Regulativ von 1811. 8. Landsh. 822. Krüll. 6 𝒦

Bemerkungen über die Duldung der Juden.... [Mitau] 1787. V: *Braun, Christian David.* (R-N)

— über Düsseldorf u. Elberfeld. 8. Elberf. 794. (Gebhard u. K. in Frankf.) 12 𝒦

— über das Edikt die landständische Verfassung des Großherzogth. Hessen betreffend; in Vergleichung mit den früher in andern deutschen Bundesstaaten erschienenen Verfassungs-Urkunden. 8. Frankfurt a. M. Andreä. 820.

— über d. Edikt d. landständ. Verfassung des Großherzogth. Hessen betreffend; in Vergleich. mit d. früher in andern deutschen Bundesstaaten erschien. Verfassungs-Urkunden. 8. Frankf. a. M. 821. Andreä. 8 𝒦

Bemerkungen eines Edlen von Ungarn bei Gelegenheit seines kurzen Aufenthalts in Wien entworfen. [Oedenburg 1802.] V: *Guáry, Sigmund von.* (KU) (Pk)

Bemerkungen, Einige, über Ehe-Verbindungs- und Ehe-Auflösungs-Verträge.... [1801.] V: *Schwarzenau, Ludwig Friedrich von.* (MGT)

Bemerkungen über das Ehrenamts- und Berufsbeamtensystem in der innern Verwaltung Deutschlands. Leipzig [1885]. V: *Fricker, Victor.* (Kat. d. stat. Bureaus. Dresden 1890.)

Bemerkungen üb. d. Eid d. Bischöfe. Nach dem Concordate v. 5. Juni 1817. *Augsb.*, Wolf. 818. 8. (2 Gr.)

Bemerkungen üb. den Eid der Bischöfe nach d. Concordate v. 5. Juni 1818. *Augsburg*, Wolff. 818. 8. (2 Gr.)

— über d. erforderl. Eigenschaften angeh. Hebammen 2c., v. B. H. 8. Manh. 803. Schwan u. G. 4 𝒦

Bemerkungen, einige — über die Eigenschaften der Santorin-Erde und deren Verwendung zu Wasserbauten, als Auszug aus dem Werke des Herrn Ober-Ingen. E. J. Heider über den Bau des vereinigten Slip- u. Trocken-Docks im neuen Arsenale des österr. Lloyd in Triest. *Triest* 1858. Buchdr. des *österr. Lloyd.* 25 S. 8°.

— einfältige, e. Ungelehrten, über H. Prof. Schultheß's neueste Schrift, z. Verdächtigung eines durch die Tractatgesellschaft verbreit. Schriftchen, v. J. C. K. (Kaufmann), 8. Winterth. 816. Steiner. 4 gr

Bemerkungen, Einige, über den Einfluß der ältern Begriffe von der Gerichtsbarkeit auf heutige Sitten und Gesetze. Leipzig 1791. V: *Wagner, Thom. v.* (Kläbe, Neuestes Gel. Dresden. Leipzig 1796.)

— über d. Einfluß d. Gerichtsbarkeit auf Sitten u. Gesetze. gr. 8. Dresd. 791. 4 gr

—— einige, üb. d. Einfluss d. gezog. Geschütze auf d. Befestiggskunst u. d. Festgskrieg. 8. (31 m. 2 L.) Lpzg 61, Felix. n. — 10

—— einige, über den Einfluß der gezogenen Geschütze auf die Befestigungskunst und den Festungskrieg. gr. 8. (81 S. mit 2 Stut. in qu. Fol.) Leipzig 861, Förstner'sche Buchh. *

— über den Einfluß der deutschen Grundrechte auf die Verhältnisse u. Rechte der Guts- u. Gerichtsherren in Sachsen, bei Gelegenheit eines den Ständen des Königr. Sachsen von der Regierung in dieser Beziehung vorgelegten Gesetzentwurfs. gr. 8. (34 S.) Dresden 851. (Leipzig, C. H. Reclam sen.) 6 ngr

— üb. Einflüß der Luft u. gasartig. Stoffe auf d. Keimung verschied. Saamenkörn. a. d. Franz. 8. Hannover, Hahn. 801.

Bemerkungen über den Einfluss der verbesserten Schusswaffen auf das Gefecht. Berlin 1865. V: *Moltke, Helmuth Carl Bernhard Graf von.* (EB)

—— über die Einführung der neuen Kreisordnung. Von einem Landrath. gr. 8. (50 S.) Berlin 878, Puttkammer und Mühlbrecht. *

— über d. Einführung d. Oeffentlichkeit d. gerichtl. Verfahrens u. d. Geschwornen-Gerichte in Baiern. 8. Münch. 819. Lentner. 6 gr

—— über die jetzt vorkommenden Eingriffe in die Eigenthumsrechte. Nebst Anhang, die Paulskirchen-Verfassung betreffend. gr. 8. (32 S.) Dresden 849, Naumann. *

Bemerkungen über die Einquartierungskosten . . . Celle 1804. V: *Hagemann, Theod.* (Ky) *Degen, Philipp Bernhard.* (MGT)

— über d. Einquartierungskosten u. deren Vergütung, (v. Th. Hagemann). 8. Zelle 805. Schulze. 4 gr

Bemerkungen über unsere militärische Einrichtung. Bern 1797. V: *Mutach, Gabr.* (AarK)

— über d. Einrichtung e. National-Bank in Baiern rc. gr. 8. Nürnb. 822. Riegel u. W. 2 gr

Bemerkungen über die neue Einrichtung des Geldes in den Herzogthümern Schleswig und Holstein. Hamburg 1789. V: *Lawätz, Johann Daniel.* (Ky) (MGT)

— üb. d. neue Einricht. d. Geldes in Schlesw. u. Holstein. 8. Hamb. Bohn. 789.

Bemerkungen über die von Hannover und Braunschweig nach Hamburg beabsichtigte Eisenbahn. Aus dem Engl. . . . Hamburg 1835. V: *Elliot, W.* (CBH)

—— über d. von Hannover u. Braunschweig nach Hamburg beabsicht. Eisenbahn. II. A. d. Engl. Mit e. Vorw. v. C. W. Asher. gr. 8. (6½ B.) Hamburg 835, (Perthes-Besser u. Mauke.) *
i. (llft.), vgl. Asher, C. W.

Bemerkungen über die britische Eisen-Enquête. I. Berlin 1879

Bemerkungen über das Erzstift Ellwangen von einem kaiserlichen Offizier. [Hamburg 1797.] V: *Pahl, Joh. Gottfried von.* (Heyd) (MGT)

— eines Emigrant. üb. d. franz. Revolution. 8. Stuttg. (Griff. L.) 795.

— e. Emigranten, über d. Französ. Revolution. 8. Stuttg. 795. (Wienbrack in Leipz.) 8 gr

Bemerkungen über England, von einem Deutschen, der sich einige Zeit in England aufgehalten. [Berlin 1792.] V: *Gillet, Friedrich Wilhelm.* (Hitzig)

Bemerkungen, Entomologische. Braunschweig und Helmstedt 1799. V: *Hausmann, Johann Friedrich Ludwig.* (Braunschw. Bibliographie. Braunschweig 1897. S. 342.)

— entomologische. 8. Braunschw. (Fleckeisen, Helmst.) 799.

—— über d. Entwässerung d. Thals d. Brocklandsaue, nebst Vorschlag zu ein. Regulativ üb. d. Abwässerung d. Thals d. Brocklandsau in Norderdithmarschen. gr. 8. (2¼ B.) Heide 841, Dithmarscher Buchh. v. Pauly.

— z. d. Entwurf e. Börsengesetzes. Veröffentlichg. d. freien Vereinigg. d. Berliner Produktenbörse. gr. 8. (31 S.) Berlin 895. H. S. Hermann. — 60

Bemerkungen, auch einige, zum Entwurfe der Gerichtsverfassung für das Herzogth. Oldenburg. gr. 8. (22 S.) Oldenburg 855, Schulze'sche Buchh.

—— zu dem Entwurfe eines Gesetzes betr. die Bearbeitung der Handelssachen durch besond. Abtheilungen der Stadt- und Kreisgerichte. gr. 8. (26 S.) Berlin 862, Fr. Schulze's Buchh. *

Bemerkungen zum Entwurf eines Gewerbsgesetzes von 1867. gr. 8. (21 S.) München 867, J. A. Finsterlin. *

—— z. Entw. e. Gewerbsges. v. 1867. 8. (21) Nürnb. 67, JA Finsterlin. n. — 4

Einige **Bemerkungen** über den Entwurf einer Landgemeindeordnung für das Herzogthum Holstein, der Ständeversammlung des Jahrs 1846 vorgelegt. (Aus der dithmarsischen Zeitung besonders abgedruckt.) Heide. 1846. 8°.

Bemerkungen über den Entwurf zu einer Prozessordnung in Civilsachen im kurländischen Gouvernement. Mitau 1809. V: *Sahlfeldt, Georg Friedrich von.* (R-N)

Einige Bemerkungen zum Entwurfe des Reichs-Grundgesetzes. Hannover, Fr. Culemann, 1848. 7 S. 8°.

Bemerkungen zu dem von dem Herrn Kollegienrath und Ritter von Sahlfeldt abgefassten Entwurf einer neuen Kirchenordnung. Mitau 1808. V: *Orgies, Johann Ferdinand von, genannt Rutenberg.* (R-N)

Bemerkungen zu dem Entwurf eines Strafgesetzbuches f. d. Grossherzogth. Franken. O.O. u.J. [ca. 1840.] H: *Knapp, Johann Friedrich.* (HS) (NN)

— über den Entwurf des preuß. Strafgesetzbuches u. dessen Begutachtung durch den rhein. Provinzial-Landtag. Von ein. Freunde d. rhein. Rechts-Institutionen. gr. 8. (8¼ B.) Heidelberg 843, C. F. Winter.

Bemerkungen über den Entwurf eines Straf-Gesetzbuches für das Kgr. Württemberg, nebst einem Versuch über den Zweck und Maßstab der Strafen und über die Strafarten. Stuttg. 1836. V: *Kapff, Sixt. Eberh.* (Kat. d. ständ. Bibl. Stuttg. 1907. S. 184.)

— über den Entwurf eines Straf-Gesetzbuches für d. Königr. Würtemberg, nebst einem Versuch über den Zweck u. Maßstab der Strafe und über die Strafarten. gr. 8. Stuttgart und Tübingen 836. v. Cotta. ¼ ₰

— zu d. Entwurf d. öster. Strafgesetzes üb. Verbrechen, Vergehen u. Übertretungen u. d. Einführungsgesetzes. Wien 891.

Bemerkungen zu dem Entwurfe des Strafgesetzes über Verbrechen, Vergehen und Uebertretungen und des dazu gehörigen Einführungsgesetzes. Lex.-8. (520 S.) Wien 881, Hof- und Staatsdruckerei.

Bemerkungen, zu dem Entwurfe des Strafgesetzes über Verbrechen, Vergehen u. Übertretungen u. des dazu gehörigen Einführungsgesetzes. Lex.-8. (156 S.) Wien 889. Hof- u. Staatsdruckerei. n. 1.20

Bemerkungen über den von dem Minister des öffentlichen Unterrichts verfassten Entwurf . . . über die Besoldungen der Religionsdiener. Bern 1800. V: *Jth, Johannes & Franz Ludwig Stephani.* (MGT)

Bemerkungen zu dem Entwurfe einer Vollziehungsverordnung zum eidgen. Fabrikgesetz, an den Vorort d. schweiz. Handels- u. Industrievereins gerichtet vom Vorstand der kaufmänn. Gesellschaft Zürich. In-8°, 12 S. Zürich, J. Herzog. 1880

— veranlaßt durch d. der Commission zu vorläuf. Berathung vorgel. Entwurf ein. Staats-Grundgesetzes f. d. Königr. Hannover. (Von Bening.) gr. 8. (3½ B.) Hannover, Jan. 832, Hahn.

— z. d. Entwürfen d. Civilprocess-Ordnung u. d. Executions-Verfahrens. [Aus: „Neue Fr. Presse".] gr. 8. (V, 74 S.) Wien 894. Manz. n. 1.—

— über d. gegenwärtige Epidemie in d. Marschländern an d. Nordsee, insonderheit auch im Amte Rizebüttel. gr. 8. Hamb. 826. Perthes u. B. 5 ℳ

Bemerkungen und Erfahrungen zur Bereicherung der Medicin und Wundarzneywissenschaft; vom Gift und Gegengiften. Speyer 1781. V: *Daläus, Christian Caspar.* (MGT)

— u. Erfahrungen üb. Kräfte d. thier. Arzneisubstanzen, (v. Pt. Thouvenel). 8. Wien 787. v. Mösle. 12 ℳ

Bemerkungen und Erfahrungen über Melancholische, besonders über religiöse Melancholie, . . . Th. 1. Leipzig 1799. V: *Seltenreich, Carl Chn.* (OL) S. a. Nr. 5399.

Bemerkungen und Erfahrungen in Rücksicht der Mittel zur Verminderung und Tilgung der Baumraupen. Leipzig 1791. V: *Volkelt, Johann Gottlieb.* (Ky) (ML)

— u. Erfahr. in Rücksicht d. Mittel z. Verminderung u. Tilgung d. Baumraupen. 8. Leipzig, 1791. Schwickert. — 11¼

— u. Erfahrungen, ökonomische. 16 Bdchn. 8. Götting. 801. Brose. 8 ℳ

— einige, u. Erfahrungen über d. Sing-Unterricht in d. Volksschulen u. dessen Anwendung z. Verbesserung d. Kirchengesangs. (Vom Pfar. Süßkind.) 8. Stuttg. 819. Steinkopf. 3 ℳ

— u. Erfahr. zur Tilgung der Baumraupen. 8. Leipzig, Schwickert. 791.

Bemerkungen zu der Schrift: »Die Erforschung der Intensität der Schwere . . .« [Potsdam 1894.] V: *Helmert, Robert.* (Berl)

— ergänzende, zur „Politik der baierischen Staatsregierung." Lex.-8. (16 S.) Berlin 851, Hempel.

— einige ergebene, an den Redacteur der „Zeitschrift für Philosophie und philosoph. Kritik" Herrn Immanuel Herrmann Fichte aus Veranlassung eines in dessen „Anthropologie" (2. Aufl., 1860) berührten, die Wirkung der homöopathischen Arzneidosen betr. Punktes von einem vorurtheilsfrei sein Wollenden. Leipzig 863. Matthes. gr. 8. (12 S.) n. 2 ngr

Bemerkungen und Erinnerungen über die Anmerkung und Erinnerung, die Herr Ratakowsky über die in der kk. Akademie der bildenden Künste feyerlich aufgestellten Kunstwerke gemacht hat. Wien 1786. V: *Mehrfeld, Ernst.* (wrztg 1786, S. 2482) (Stadtbibl. Wien 10693a)

Bemerkungen und Erinnerungen, die dieses Jahr in dem akademischen Saal ausgestelten (!) Kunstwerke. Wien 1786. V: *Ratakowsky, Frz. Bened.* (EB) (wrztg 1786, S. 2372/2373) (Provinz-Nachr. Wien 1786. 3/31, 4/176) (BiblPort)

Bemerkungen zur Erklärung des 60sten Paragraphen des Haupt-Reichsdeputationsschlusses vom 25sten Februar 1803, . . . Frankft. a. M. 1806. V: *Schwarzenau, Ludwig Friedrich von.* (HS) (Ky) (MGT)

— z. Erklär. des 60sten §. des Haupt-Reichs-Deputations-Schlusses v. 25sten Febr. 1803. m. Anleit. e. Schr. v. Runde ꝛc. gr. 4. Frf. Andreä. 806.

Bemerkungen zur Erklär. d. 60sten §. des Haupt-Reichs-Deputations-Schlusses v. 25. Febr. 1803, nach Anleit. e. Schrift d. Hrn. *Runde*, üb. d. Erhaltung d. öffentl. Verfassung in den Entschädigungslanden. *Frankf.*, Andreä. 806. gr. 4. (12 Gr.)

Bemerkungen über die Erklärung, welche 13 austretende Mitglieder den 17ten Oktober [1801] der allgemeinen helvetischen Tagsatzung eingaben. 8. *o. O.* [1801].

Bemerkungen, Erläuternde, zum Budget der kais. Kriegs-Marine. 4. Triest 1860.

— Erläuternde, zu d. Entwürfen d. Gesetze, welche d. Strafprozessrecht abändern. (5, 78) Lex8° Ebd. '10. — 50 d

[S.] Erläuternde Bemerkungen über die Finanz-Ordnung der Preussischen Staatseisenbahnverwaltung u. den I. Nachtr. hierzu. Bearb. nach Vorträgen des Kgl. Eisenbahn-Rechngsdir., Rechngsr. Quicker in Berlin. *Berlin: A. Seyffaerth 1896.* (84 S.) 1 Bd 4.

Bemerkungen, Einige erläuternde, zu den neuen academischen Gesetzen vom 31. März 1823. Göttingen 1823. V: *Österley, F.* (Hauptkat. d. Univ.-Bibl. Tübingen. K. S. 7.)

— erläut., zu d. Schrift: Von dem Frieden d. Kirche in den Staaten d. Rheinischen Conföderation. gr. 8. Bamb. Göbhardt. 811.

— erläut., zu d. Schrift: Von dem Frieden d. Kirche in d. Staaten der Rheinischen Conföderation, (v. F. A. Frey). 4. Bamb. 811. (Wesché in Frankf.) 4 gr

Erläuternde Bemerkungen zum Vorentwurf eines österreichischen Strafgesetzbuches vom September 1909 und zum Vorentwurfe des Einführungsgesetzes. Wien: Hof- u. Staatsdr. 1910. XVII, 394 S. 4°

Bemerkungen, Erläuternde, zu dem Vorschlage einer Deutsch-Ostasiatischen Handelsgesellschaft. Berlin [1859]. V: *Sturz, Joh. Jac.* (CBH)

Erläuternde Bemerkungen über den Oederaner Wald für die Besucher der Versammlung des Sächsischen Forstvereins in Freiberg im Jahre 1871. Dresden 1871. 30 S.

— u. Erläutt. über d. Nürnberg. Staatsverfassung. 14 Hft. gr. 8. Nürnb. 793. Grattenauer. (Eichhorn). 6 gr

— über d. Erlernung d. latein. Sprache u. über d. Verfassung d. Gymnasien. Von e. alten Schulmanne (Jh. Babor). 8. Brünn, 815. Gastl. 4 gr

Bemerkungen über die Ernennung Wessenbergs zum Coadjutor des Bisthums Constanz. Rom [Bamberg] 1816. V: *Frey, Franz Andreas.* (Th)

Bemerkungen über Erndtefeyerlichkeiten auf dem Lande. [Halle 1781.] V: *Streithorst, Johann Werner.* (ML)

— üb. d. Eroberung v. Holland durch d. Französ. in d. Jahr. 1793 u. 94. m. Chart. gr. 8. Dresden, Walther. 806.

— üb. die Errichtung e. Nationalbank in Baiern ꝛc. gr. 8. Nürnberg 822, Riegel u. W.

Bemerkungen über Erziehungs-Unterricht. Basel 1810. V: *Hopfisch, Samuel.* (Cat. d. Stadtbibl. Zürich. Zürich 1864—97.)

— üb. Ehstland, Liefl. Rußl. u. Beitr. z. Empör. Gesch. Pugatschews. Prag, Neureuter, (Compt. f. Lit. L.) 792.

— üb. Ehstland, Liefland, Rußland, nebst Beitr. zur Empörungsgeschichte Pugatschews. 8. Prag 792. Neureitter, (Leipz., Hinrichs). 16 gr

Bemerkungen über Esthland, Liefland und Russland während eines achtjährigen Aufenthaltes gesammelt von einem Augenzeugen. Prag 1792. V: *Orlik.* (Versuch einer Litt. deutscher Reisebeschreibungen. Prag 1793. S. 220) (BiblPort)

Bemerkungen zu Wielands Euthanasia, ... Leipzig 1810. V: *Hecker, Heinrich Cornelius.* (ErGr) (Ky) S. a. Nr. 5061.

— üb. Wielands Euthanasia, z. Beruhigung für diejenigen, welche ꝛc. 8. Leipzig, Bruder u. Hofmann, 810.

— über Wieland's Euthanasia, z. Beruhigung f. diejen., welche ꝛc. 8. Leipz. 810. (Schönian in Elberf.) 18 gr

— über Wielands Euthanasie, zur Beruhigung für diejenigen, welchen die Hoffnung eines künftigen Lebens u. d. Vereinigung mit den Ihrigen theuer und wichtig ist. 8. Ist Verl. v. Büschler in Elberfeld.

— über d. Exerciren zu Pferde. 8. Berl. 810. Littfas. 20 gr

— einige, zum Exercier-Reglement. I. Theil f. die k. u. k. Cavallerie. 1898. 8. (48 S.) Wien 899. L. W. Seidel & Sohn. n. — 80

—— u. Excurse üb. das in d. Königr. Sachsen gült. Civilrecht, nach Anleit. v. „Curtius Handbuch" zusammengest. (v. Phil. Heinr. Friedr. Hänsel.) 3 Abthln. gr. 8. Leipzig, Schwickert. [1. (31 B.) 828. 2 Thlr. 6 Gr., 2. (31½ B.) 831. 2 Thlr. 6 Gr., 3. (35½ B.) 833. 2 Thlr. 12 Gr.] Vgl. Curtius.

— über die Fabrikation des Zuckers aus Runkelrüben, insbesondere mit Rücksicht auf Handels-Verträge, welche v. Holland aus in Antrag gebracht werden. gr. 12. Darmst. 837. Heyer's Hofbuchh. (Jonghaus.) ¼ Thlr

Mehr falsche als wahre Bemerkungen über die Stadt Kiel und deren Einwohner. Abgedr. aus dem 134. St. des Freimüthigen. u. St. o. A. P.

Bemerkungen über die Fehler unserer modernen Erziehung... Leipz. 1791. V: *Holst, Amalie geb. von Just.* (Ky) (MGT) (schl) (schr) H: *Müller, Johann Gottwerth* (GGr) (Ky) (NN)

— üb. d. Fehler unsrer modernen Erziehung. 8. Leipz. Linke. 791.

Bemerkungen über den Preussischen Felddienst, die Betrügereien, welche bei dem Proviantwesen desselben vorfallen, und die zweckmässigsten Mittel, dieselben zu verhindern. 8. Berlin 1799.

Bemerkungen über den Feldzug der k. k. Nordarmee 1866 ... Wien 1867. V: *Nagy.* (KA)

— über d. unglückl. Feldzug d. Herzogs v. Braunschweig gegen d. Neufranken. 8. Frankf. 793. Diez. 6 gl.

— üb. d. Feldzüge in Champagne, am Rhein rc. a. d. Franz. 8. Bas. (Gebra, Thal Ehrenbreitst.) 796.

Bemerkungen über die Feldzüge gegen Frankreich 1792—94. 8. Frankfurt 1795.

Bemerkungen, Fernere, über die Dresdner Monumente. [Dresden 1811.] V: *Hasche, Johann Christian.* (MGT)

— über Necker's Finanzoperationen. A. d. Französ. gr. 8. Berl. 781. Rottmann in Basel. 6 gl.

Bemerkungen über das Finanzwesen d. Dän. Staats, (v. D. J. Fink). 8. S. l. et a. (787)... Nachtrag, mit 2 Tabb. 8. (787).

— über d. Flöte rc. u. Versuch e. Anleit. zur bessern Einrichtung derselben. Mit Kpf. 4. Stendal 783. Franzen u. Gr. 16 gl.

Bemerkungen, Flüchtige, über die verschiedene Art zu fechten einiger Universitäten, ... Halle 1791. V: *Bähr, Friedrich.* (MGT) »Halle 1792. V: *Behr, Fr. L.*« (Ky)

— flüchtige, üb. d. verschieden. Art. z. fechten einig. Universit. 8. Halle, Dost. 792.

Bemerkungen, Flüchtige, über die neuesten politischen Ereignisse. Köthen 1830. V: *Behr, Aug. v.* (Bl. f. liter. Unterh. 1831. Nr. 14. S. 57.) (Mitth. A. Rosenbaum.)

—— einige flüchtige, zur endlichen radicalen Lösung der schwebenden Zeitfrage. Im Anfange des Monats April 1859. gr. 8. (15 S.) München 859, Lentner'sche Buchh.

Bemerkungen, Flüchtige, eines reisenden Schauspielers allen Schauspielern Germaniens zugeeignet von F. K. O. O. u. J. [ca. 1790]. V: *Koch, Fch.* (Bibl. Weisstein 2/7656.) (BiblPort)

Bemerkungen, Flüchtige, auf einer Turnfahrt durch mehrere Kantone der Schweiz im Juli und August 1822. St. Gallen 1823. V: *Fetscherin, Rud.* (Bibliogr. d. Schweiz. Landeskunde. Bern 1892 ff. III.) (Bücherverz. d. Zentralbibl. d. D. u. Ö. A. V. München 1906.)

— flüchtige, auf e. Turnfahrt durch mehrere Cantone der Schweiz, im Juli u. Aug. 1822. 12. St. Gallen 823, Wegelin u. Rätzer. (Constanz, Wallis.)

Bemerkungen, Einige, über die Flugschrift des Hrn Aeppli von Obermeilen betreffend die Entdeckung der Pfahlbauten daselbst. Zürich 1870. V: *Keller, Ferd.* (Cat. d. Stadtbibl. Zürich. Zürich 1864—97.)

Bemerkungen über die Flugschrift, welche Herr Franz von Zallinger am 6. Mai 1885 zu den Reichsraths-Wahlen veröffentlicht hat ... Innsbruck 1885. V: *Giovanelli, Ignaz Frh. von.* (Margr)

— über d. neuesten 6 Flugschr. d. Prof. N. Th. Gönner u. über d. gedruckte Privatschreiben d. Hrn. Prof. Glück, d. Test. d. Fr. v. Dachsberg betreff. gr. 8. Landsh. 812. Weber in Münch. 16 gl.

Bemerkungen ein. Badisch. Forstmannes (Von Bronn) üb. d. Forstschule zu Karlsruhe. gr. 8. (1½ B.) Karlsruhe 832, Braun. Thlr. • Vgl. Prüfung.

Bemerkungen eines Badenschen Forstmannes über die Forstschule in Carlsruhe. Karlsruhe: 1833. (Braun.)

Bemerkungen über die sächsische Forstwirthschaft und Forstkultur, nebst den Qualitäten einiger Waldbesitzer, sowie der Forstbedienten, auch Vorschläge gegen so vielerlei Übel. Von einem durch Sachsen reisenden Forstmann. – Halle, Leipzig: 1797. 93 S.

— über d. Sächs. Forstwissenschaft u. Forstkultur. 8. Halle 797. Hendel. 6 gl.

Bemerkungen über den Fortgang der landwirthschaftl. Kultur der feinern Schafzucht ... Pressburg 1823. V: *Bartosdgh, Jos. & G ... y.* (EngOec) (Pk)

— üb. d. Fortgang d. landwirthschaftlichen Kultur d. feinern Schafzucht u. üb. d. verschied. Arten d. Merinos in Ungarn, von B—gh u. G—y. gr. 8. Preßburg 824. (Leipzig, Andrä.)

Bemerkungen, Fortgesetzte, über die unmerklichen Vergiftungen. [Riga 1805.] V: *Grindel, David Hieronymus.* (R-N)

— über die Fr.: Ob Aufklärung d. niedern Klasse schädlich, u. für d. Staat nachtheilig u. gefährlich werden könne. 8. Hamb. 808. (Celle, Schulze). 12 gl.

Bemerkungen, Einige, über die Frage: ob der auf der linken Rheinseite angestellt gewesenen Dienerschaft vormaliger geistlicher Länder Ansprüche auf einen auf der rechten Rheinseite befindlichen Sustentationsfond zustehen. Heidelberg 1805. V: *Langsdorf, Daniel Is.* (Stri 16, S. 545)

— einige, üb. d. Frage: ob der auf der linken Rheinseite angestellt gewes. weltl. Dienerschaft vormal. geistl. Länder Ansprüche auf ein: od. d. andern auf d. rechten Rheinseite befindl. Sustentationsfond zustehen. 8. Mannh. Schwan. 805.

— zu der Frage: ob in Sachsen auch in der untern Instanz die Justiz von der Verwaltung zu trennen sei? Von einem Staatsbeamten. gr. 8. (36 S.) Leipzig 852, Hirschfeld. 6 gl.

— einige, über die Schrift d. Hrn. Pflaum: Frage u. Bitte an die protest. Geistlichkeit. 8. Nürnb. 816. Riegel u. W. 6 gl.

Bemerkungen, Einige, betreffend die Frage: wie kann der Sand um unsre Stadt fest und urbar gemacht werden? [Riga 1805.] V: *Grindel, David Hieronymus von.* (R-N)

Bemerkungen über Frankreich, während der Feldzüge 1793–1795. 8. 1797.

— über Frankreich, während d. Feldzugs 1790—95. 8. Magdeb. 798. Heinrichshofen. 20 gr

Bemerkungen, Freye, über Berlin, Leipzig und Prag. O. O. 1785. V: *Krögen, Carl Heinrich.* (Bruun, Bibl. Danica. II, 406.)

— freie, über Berlin, Leipzig u. Prag. 8. Kopenh. 785. Brummer, a. Schubothe. 18 gr

— freie, üb. Berlin, Leipzig u. Prag. 8. Kopenh. Proft. 785.

Bemerkungen, Freie, über Kopenhagen, in Briefen. Gotha 1796. V: *Schellenberg.* (Ky) (MGT)

— freie, üb. Copenhagen in Brief. 8. Gotha, Ettinger. 796.

— freie, üb. Licht, in polit. Hinsicht. 8. Hamb. 808. Horaczek. 12 gr

Bemerkungen eines Freimaurers zu den Statuten des Bunds der F. M. der Gr. Nat. M. L. zu den 3 Weltkugeln ... Leipzig 1841. V: *Krieg, J. F.* (Kl)

— eines Freimaurers zu den Statuten des Bundes der Freimaurer der Großen National-Mutterloge der Preußischen Staaten, genannt zu den drei Weltkugeln nach der Revision vom Jahre 1841. 2. verm. Aufl. gr. 8. Merseburg 841, Nulandt. n. 1/3 Thlr

—— eines Freimaurers zu den Statuten des Bundes der Freimaurer der grossen National-Mutterloge der preuss. Staaten, genannt zu d. drei Weltkugeln, nach der Revision v. J. 1841. 2., verm. Aufl. gr. 8. (2 1/2 B.) Merseburg 812, [Garcke.]

— freimüthige, über Almosenanstalten u. Armenversorgung. 8. Leipz. 803. (Arnold in Dresd.) 6 gr

Freimüthige Bemerkung über Almosen-Anstalten und Armenversorgung. 8. *Leipzig, Weigel.* 1803

— freimüth., über d. Antwortschr. d. Gr. F. L. zu Stollberg, an Lavater. 8. Cleve 802. Hannesmann. 8 gr

Bemerkungen, Freymüthige, über Aufklärung und Reformen unserer Zeit. Wien bei Wucherer. Berlin u. Stockholm (Wien) 1786. V: *Ziller.* (Rautenstrauch, Wie lange noch. Wien 1786. S. 44) (Der deutsche Zuschauer. O. O. 1785—1788. Bd. 8, S. 259, 263) (Biblport)

Bemerkungen, Freimüthige aber bescheidene, über die Theses von Cl. Harms ... Meiningen 1819. V: *Herrklotzsch, August Wilh. Ludwig.* (Ky) (MGT)

Bemerkungen, Freimüthige, über das Finanzwesen des königlich Dänischen Staats. Mit Nachtrag. 1787. V: *Fink, Otto Jacob.* (Ky) (MGT)

— freimüth. üb. d. Schrift: das Grabmal des Leonidas. 8. Jena, Göpfert. 799.

— freimüth., über Consequenz u. Inconsequenz rc., s. Lieben Brüder rc.

Bemerkungen, Freimüthige und kritische, über die Pastoralvorlesung des J. M. Sailer zu Dillingen, ... Freiburg [Münster] 1792. V: *Michelis, Bernh. Jos.* (GGr)

— freimüth. u. krit., über d. Pastoralvorlesungen d. J. M. Sailer zu Dillingen rc. 8. Münst. 792. Coppenrath. 6 gr

Bemerkungen, Freimüthige, über die Lage der Stadt und des Cantons Bern. Ursopolis (Bern) 1798. Rar!
Weller, fing. Dr.

Bemerkungen, Freymüthige, über das Lutherthum in Ungarn. Wien 1783. V: *Kovats, Joh. Emerich.* (Széchenyi 1/627) (Biblport)

— freimüth., auf e. Reise über Erfurt u. Arnstadt, in einen Theil d. Thüringer Waldgegenden, oder meine Reise zum Arnstädter Vogelschießen. Mit 3 Abbildb. 8. Erf. 820. (Voigt in Ilmenau). 12 gr

— freimüthige, auf einer Reise über Erfurt und Arnstadt in einen Theil d. Thüringer Waldgegenden od meine Reise zum Arnstädter Vogelschießen. 8. Erfurt, (Voigt in Sondersh. in Comm.) 820.

Bemerkungen, freimüthige, über d. Preuß. Staat, in polit.-militär. u. bürgerl. Hinsicht. Von einem Russen. 8. Leipz. 804. Rein. 1 Thlr

Bemerkungen, Freimüthige, über den preussischen Staat in politischer, militärischer und bürgerlicher Hinsicht von einem Russen. Ruthenien [Riga] 1805. V: *Truhart, Ernst Anton Immanuel.* (BGE VI[3], 29) (GGr VII, 499, 75, 2)

— freimüth., üb. e. Steuer d. Weizen-Exportation. 8. Königsb. 801. Univers.-B. 3 gr

— freimüth., üb. e. Steuer d. Waitzen-Exportation. 8. Königsb. Nicolovius. 801.

— freimüth., über das gegenwärtige unverkennbare Streben aller deutschen Völker nach dem Gesetz-Staate. 8. Nürnb. 819. Schrag. 1 Thlr

Bemerkungen, Freimüthige, über die Synodal-Rede des Herrn Kanonikus von Orell, gehalten in Zürich im Sept. 1821. O. O. u. J. V: *Schulthess, Joh.* (Cat. d. Stadtbibl. Zürich. Zürich 1864—97.) (Doubletten-Anzeiger. 1903. Nr. 7.)

Freymüthige Bemerkungen über die Tabacks-Administration, mit Rücksicht auf die bisher darüber erschienenen Schriften. Magdeburg, 1797.

Bemerkungen, Freymüthige, eines Ungars über sein Vaterland ... Teutschland 1799. V: *Glatz, Jacob.* (GGr) (Pk) (WBL)

— freimüth., e. Ungarn, üb. s. Vaterland auf e. Reise durch einige Ungar. Provinzen. gr. 8. Gotha 799. Ettinger. 1 Thlr 4 gr

— freimüth., von d. Ursachen d. Verfalls d. reichen Güterbesitzer Böhmens ꝛc. 8. Prag 790. Neureutter. 5 gl

— freimüth., über d. Verbrechen u. Strafe d. Selbstm. (v. J. J. Fezer). 8. Wien 786. Wucherer. 10 gl

Bemerkungen. Freimüthige B. über den neuen Verfassungs-Entwurf [für den Canton Basel]. 8. (Basel im Dezember 1830.)

— freimüth., üb. Volkserziehung, Volkssittlichk. u. Wohlstand. 8. Lpz. Gräff. 790.

— freimüthige, über Volkserziehung, Volkssittlichkeit u. Wohlstand, (v. J. C. Kriele). 8. Leipz. 790. (Wienbrack). 12 gl

Bemerkungen, freimüthige, üb. d. Wiederbesetzung d. Inspectorenstellen an d. beiden Landesschulen. gr. 12. (1¼ B.) Grimma 837, Verlags-Comptoir.
Abgedruckt aus der: Constitut. Staats-Bürger-Zeitung.

— u. Wünsche, freimüthige, das deutsche Volksschulwesen betreffend. Zur Würdigung bei Berathung eines neuen Schulgesetzes für das Königr. Würtemberg. Mit besond. Rücksicht auf den zur Berathung vorliegenden Schulgesetzes-Entwurf verfaßt von einem Volksschullehrer ꝛc. gr. 8. Ulm 835. Nübling. (Leipzig, Steinacker.) 1/16 ß

— freimüth., üb. einige d. wichtigst. Zeichen d. Zeit auf d. Gebiete des öffentl. Lebens. 8. (6¼ B.) Leipzig 834, Fest.

Bemerkungen, Freymüthige, über Zittau ... [Zittau 17??] V: *Schorcht, Sal.* (ML)

— freiwillige, zu d. Werkchen: abgedrungene Warnung ꝛc. von einem Unpartheiischen. 8. Hadamar, Gelehrten-Buchh. 818. broch.

— freiwillige, zu d. Werkchen; Abgedrungene Warnung ꝛc. von e. Unpartheiischen. 8. Hadamar 818. (Lang in Weilb.) 3 gl

Bemerkungen über die Furcht vor der herrschenden Brechruhr. Zugleich enthaltend e. wissenschaftlich begründete Vorstellung an die oberpolizeilichen und Gesundheitsbehörden zur Beruhigung des Publikums. Leipzig [Breslau] 1831. V: *Tschirschnitz, Chn Glieb.* (Nowack, Schles. Schriftst.-Lex. Bresl. 1836—43. VI, 147.)

— üb. d. Furcht vor d. herrsch. Brechruhr, zugl. enthalt. eine wissenschaftl. begründ. Vorstellung an d. oberpolizeil. u. Gesundheitsbehörden zu Beruhigung d. Publikums. gr. 8. (3½ B.) Leipzig 831. (Breslau, Schulz u. Comp.)

Bemerkungen bey Gelegenheit des neuesten Fürstenbundes im deutschen Reiche. Berlin und Leipzig 1786. 8.

Bemerkungen auf einer Fussreise durch Preussen und Litthauen in den Jahren 1795—1796. Danzig 1816. V: *Feyerabend, Carl B.* (KY 1/203) (BIBLPORT)

— auf einer Fußreise durch Preußen u. Litthauen in d. Jahren 1795—96. 2 Thle. (2te wohlf. Aufl. der kosmopolit. Wanderungen, 1r u. 2r Bd.) 8. Danzig 816. Krause. (Leipz., Kummer). 2 ß

— auf einer Fußreise durch Preußen u. Litthauen in den Jahren 1795—96. 2 Thle. (2te wohlf. Aufl. der cosmopolit. Wanderungen. 1r u. 2r Bd.) 8. Danzig, Krause. 817.

— über d. Kurort Gais, u. die kleinen Kantone, (v. .. Flattich). 8. Ludwigsb. 799.

— üb. den Gang der Staatsumwälzung ꝛc. von Frankr. 8. Stettin in Ulm. 796.

Bemerkungen in Beziehung auf die vielen Gantungen und den gesunkenen Güterwerth in Württemberg, sowie die Mittel dagegen. Stuttgart: 1826, Sonnewald.

— über die Gärten in d. Mark Brandenburg, (v. .. v. Rechenbach). 8. Berl. 790. (Reimer). 3 gl

Bemerkungen, üb. d. Gärten in der Mark. gr. 8. Berl. Himburg. 790. Rthlr.

Bemerkungen zur Gasbeleuchtungs-Angelegenheit der k. Haupt- u. Residenzstadt München. Dezember 1880. München. 8°. 16 S. Cart.

Bemerkungen und Gefühle auf einer Reise über den Harz. Leipz. 1798. N. A. 1800. V: *Burdach, Carl Friedrich.* (R-N)

— über einige Gegenden d. kath. Deutschlands. (Von G. A. Will.) 8. Nürnb. 778. Grattenauer. 3 gl

Bemerkungen über einige Gegenden Holsteins, auf einer 1781 gemachten Reise gesammelt. [Lübeck 1782.] V: *Papst, Johann Georg Friedrich.* (MGT) (MS)

Bemerkungen über einige Gegenden in Niedersachsen, über das Hildesheimische ... [Halle 1788.] V: *Keller, Hnr.* (ML)

— über juridische u. administrative Gegenstände im Preuß. Staate, s. Beitr. zur Rechtsphilosophie.

Bemerkungen über verschiedene Gegenstände der praktischen Forstwissenschaft. – Hersfeld 1792. 64 S.

— üb. versch. Gegenst. d. practisch. Forstwissenschaft. gr. 8. Marb. Akad. 792.

— über verschied. Gegenstände d. prakt. Forstwissenschaft. gr. 8. Marb. 792. Krieger. 4 gl

Bemerkungen über verschiedene wichtige Gegenstände der Wundarzneykunst, praktisch erläutert. Braunschweig u. Hildesheim 1782—1786. V: *Buhle, Christian August.* (EngM) (Ky) (MGT)

— üb. wicht. Gegenst. d. Wundarzneyk. pract. erläut., 8. Lpz. Sommer.

— über wicht. Gegenstände d. Wundarzneikunst, prakt. erläut. (v. Chr. A. Buhle). 2 Stcke. 8. Braunschw. u. Hildesh. 782, 86. (Leipz., Rauck). 8 gl

— üb. wicht. Gegenst. d. Wundarzneyk. 2 Stck. 8. Braunschweig, Schröder. 782—86. (à 6 gr.)

— üb. d. Schrift: der Geist d. ält. Katholicismus ꝛc. von K. v. Weiller. (Aus d. kathol. Lit. Zeit. abgedr.) gr. 8. Landshut Thomann.

— über Weiller's Schrift: „der Geist des ältesten Katholizismus.“ 8. Luzern 1824, Zgraggen. 6 ggr. — 24 kr.

— üb. d. Geldverhöhung in Frankreich u. Oesterreich ꝛc. Fol. Augsb. 786. Klett. 10 gl

Bemerkungen, Gelegentliche, über die Erziehung, ... [Leipzig 1794.] V: *Weisse, Christian Felix.* (MGT)

Bemerkungen, Einige gelegentliche, über unser Postwesen. [Altona 1795.] V: *Niemann, August Christian Heinrich.* (MGT)

Bemerkungen, Gelegentliche, über die moderne Radierung . . . Karlsruhe 1893. V: *Pezold, Leopold von.* (EB)

Bemerkungen zur Genesis. Der Sündenfall. Gen. 3. Katholik 1858, Bd. 17.

— gesammelte interess., des Lizitationsausrufers Pohling, gesendet an seinen Freund Hrn. Pfiffspitz, Redakt. d. Notizenblattes zu Krähwinkel. 1—3. Hft. 8. (10 B.) Wien 829, 30, Adolph. (Leipzig, Gnobloch.) à

Bemerkungen und Urtheile, Gesammelte, über die k. k. Verordnung in Ansehung der F. M. und ihren Orden überhaupt. Wien 1786. V: *Kratter, Franz.* (KI)

Bemerkungen und Urtheile, Gesammelte, über die kk. Verordnung in Ansehung der Freymaurer, und ihren Orden überhaupt, der kleinen Zahl ächter Maurer und dem ebenso kleinen Theil des unbefangenen Publicums gewidmet. Wien 1786. Brünn 1786. V: *Rautenstrauch, Johann* (?). (KI 489) (wolfstieg I, 659)

Bemerkungen zur Geschichte schweizerischer Dynastenhäuser. I. [Solothurn] 1875. V: *Wyss, Georg v.* (Cat. d. Stadtbibl. Zürich. Zürich 1864—97.)

Bemerkungen zur Geschichte des Geschlechtes der Herren von Barth auf Harmading . . . Bäsenbach 1782. V: *Reisner, Ferdinand.* (BMarsch 507)

Bemerkungen über die vom . . . Flügel-Adjutant von Porbeck herausgegebene kritische Geschichte über die Operationen der kombinirten englischen Armee, in den Jahren 1794 und 1795. [Halle 1804.] V: *Ochs, Adam Ludwig von.* (stri)

Bemerkungen, Einige, zu P. Fr. Stälms Geschichte Württembergs das Haus Hohenzollern betreffend. Heilbronn 1882. V: *Hohenlohe-Waldenburg-Schillingsfürst, Frdr. Carl Fürst zu.* (Heyd)

— über Wolf's Geschichte d. Jesuiten. 4 Hefte. 8. Augsb. 792—94. Doll. 1 ℛ 2 𝒦

Bemerkungen, Geschichtliche, über die Jesuitischen Umtriebe älterer und neuerer Zeit. Nürnberg 1825. V: *Lang, Carl Heinrich Ritt. v.* (Mitth. Moritz Grolig.)

— geschichtl., über d. jesuitischen Umtriebe älterer u. neuerer Zeit. gr. 8. Nürnb. 825. Riegel u. W. 6 𝒦

— üb. d. Geschüß, s. Menil.

— d. kurpfälz.-physikal.-ökonom. Gesellschaft zu Lautern v. 1769—1772. 6 Thle. Mit Kpf. 8. Manh. 770—72. Schwan u. G. 3 ℛ 8 𝒦 Dies. v. 1773—78. Ebd. (a 22 𝒦) 5 ℛ 12 𝒦 Dies. v. Jahr 1775—83. 9 Bde. 8. Manh., Löffler. 7 ℛ 12 𝒦
Fortgesetzt u.d. T.:
Vorlesungen der churpfälzischen physicalisch-öconomischen Gesellschaft. Mannheim: 1786-

— über das Gesetz vom 11. Juli 1850, betreff. die Kapitalrenten- und Einkommen-Steuer. gr. 8. (32 S.) München 851, Franz.

— in Rücksicht e. allgem. Gesetzbuches. gr. 8. Leipz. 802. (Lauffer). 1 ℛ

Bemerkungen zu dem Gesetzentwurf, die Angelegenheiten der Presse und des Buchhandels betreffend. Leipz. 1840. V: *Brockhaus, Friedr. & Hnr. Brockhaus.* (cb)

— über d. Gesetzes-Entwurf wegen Einführung des Weinaufschlages. gr. 8. München, Lentner. 818.

Bemerkungen und Gesetzentwurf betreffend eine . . . Kranken- und Begräbniss-Versicherungsanstalt für den Kanton Basel-Stadt. [Basel 1881.] V: *Göttisheim, Frdr.* (Cat. d. Stadtbibl. Zürich. Zürich 1864—1897.) (Lager-Kat. Joseph Baer & Co., Frankfurt a. M., Nr. 552, S. 286.)

Bemerkungen und Gesetzesentwurf betreffend eine allgemeine obligatorische Kranken- u. Begräbniss-Versicherungsanstalt für den Kanton Basel-Stadt. In-8°, 32 S. Basel, Buchdruckerei von J. G. Baur. 1881

Bemerkungen zu dem Gesetz-Entwurfe über die deutsche Wehrverfassung. [Berlin 1849.] V: *Friedrich Wilhelm IV., König von Preussen.* (BrMm)

— über d. Gesetz-Entwurf d. Zwangs-Abtretung v. Grund-Eigenthum f. öffentl. Zwecke betreff. Lex.-8. (2¾ B.) Nürnberg 837, Zeh'sche Buchh. *

— zu den Gesetz-Entwürfen über Armenwesen, Heimath, Ansässigmachung und Verehelichung von 1867. gr. 8. (32 S.) München 867, J. A. Finsterlin. *

— einige, zur Gesetzgebungs- und Gerichtsverfassungsfrage in Bayern mit besonderer Beziehung auf die Wirkungen des Gesetzes vom 1. Juli 1856. Nördlingen 860. Beck. gr. 8. (36 S.) 6 ngr.

— über d. Wieland'schen Gespräche unter vier Augen ꝛc. 8. Leipz. 799. (Gnobloch). 1 ℛ 6 𝒦

Bemerkungen sowol über den ohnweit von hier zu Puckenhof ausfliessenden Gesundbrunnen . . . 1709. V: *Schoder, Johann Samuel.* (will)

Bemerkungen einige, üb. Gesundheitspflege u Medizinalreform. Friedrichshafen 1868

Bemerkungen, Gewagte psychologische, über militärische Gegenstände. O. O. 1795. V: *Morath.* (Ky) (MGT)

— gewagte psycholog., üb. militär. Gegenstände, (v.... Morath). 8. o. O. 795. Mit folg. n. T.: militär. Bemerkk. 8. Zelle 797. Schulze. 6 gr

Einige Bemerkungen üb. d. Gleichstell. d. Erzhauses Oesterreich m. d. Kurfürsten d. H. R. R. in d. öffentl. Ceremoniel; ein Beytrag zu dem österreich. Staatsrechte. ***Regensburg.*** **795. 4.**

Bemerkungen Eines Gliedes der Mehrheit [des freiburgischen Staatsrathes] über die den 26ten Herbstmonaths 1818 von Sechs Kleinräthen ausgestellte und unterschriebene Erklärung. (Die Wiederaufnahme der Jesuiten [betreffend].) 8. Zug [1818].

— üb. das Glückwünschungsschreiben an die z. Reform d. Protestantischen Kirchenwesens verordn. Comiss. 8. Berl. Dieterici. 815.

— über d. Glückwünschungsschreiben an die zur Reform des protestantischen Kirchenwesens verordnete Kommissarien. 8. Berlin, Mittler. 815.

Bemerkungen über die Golderhöhung in Frankreich und Oesterreich und deren Anwendbarkeit im Reiche, besonders in den vordern löblichen Reichskreisen und in der Schweiz, auch etwas über die alten und neuen französischen Laubthaler. Augsburg 1786. fol.

— über die Schrift: Das Grabmal des Leonidas. 8. Jena 799. Göpferdt. 12 gr

— einige, über die Grenzen der Lehrfreiheit in d. evangel. Kirche, veranlaßt durch d. gegenwärt. kirchl. u. theolog. Streitigkeiten. gr. 8. Leipz. 830. Leich. 4 gr

— gründliche, üb. d. gegenwärt. Verhältnisse d. Brauereien im Allgem. u. d. Münchner Brauer insbesond. Geg. d. jüngst im Druck erschienene „Gespräch in d. Schenke zu Nulldorf üb. d. neuen Biersatz." Von einigen sachkund. Freunden d. Wahrheit. gr. 8. München 821, Lindauer.

Bemerkungen über die von Maimon aufgestellten Grundsätze des Naturrechts. [Halle 1797.] V: *Beschorner, Johann Gotthelf.* (MGT)

Bemerkungen über das neue Grund-Steuer-Rectifications-Geschäft in den kaiserlichen Erb-Landen. [Hannover 1790.] V: *Meiners, Chph.* (MS)

— über d. theatral. Grundübel rc. 8. Frankf. 799. Andreä. 6 gr

Bemerkungen zu d. Gutachten d. Arbeitszentrale f. d. Privatbeamten-Versicherg üb. d. Ausbau d. Invaliden- u. Hinterbliebenenversicherung d. Reichsversichergsordng. (Betr. d. auf S. 70 d. Berichts d. 16. Kommission d. Reichstags üb. d. Entwurf e. Versichergsgesetzes f. Angestellte regiergsseitig in Aussicht gestellten Bemerkgn.) (7) 31×22,5 cm. Berl., (C Heymann) ('11). nn — 10 d

In Sachen Stadtgemeinde Berlin gegen d. Kirchengem. St. Marcus u. St. Simeon. **Bemerkungen** zu dem auf Beweisbeschluß des Königl. Kammergerichts vom 17. Jan. 1902 erstatteten Gutachten des Herrn Geh. Archivraths Dr. Friedlaender betr. die in den Kämmereirechnungen der Stadt sich findenden Zahlungen für Kirchenbauten im Hinblick auf die Druckschrift der Klägerin § 28. (Als Ms. gedr.) (Berlin [um 1903]: Gebr. Grunert.) (S. 591–612.) 4° [Kopst. F.] [04. 3935]

Bemerkungen, Einige, über das Gutachten des Herrn L. Schwab. Aus einem Privatschreiben mitgetheilt. Pest 1848. V: *Horn, Ede (= Ignaz Einhorn).* (Pk)

Bemerkungen, Gutachtliche, des Vereins für die bergbaulichen Interessen im Oberbergamtsbezirk Dortmund über die beabsichtigte Änderung des § 235 des Allgemeinen Berggesetzes. Bonn, 1871. 8 S.

Bemerkungen, Gutachtliche, des Vereins für die bergbaulichen Interessen im Oberbergamtsbezirk Dortmund über den vorläufigen Entwurf eines allgemeinen Berggesetzes. Essen, 1863. 83 S.

Bemerkungen über die Englische Handels-Bilanz. [Leipz. 1804.] V: *Wichmann, Christian August.* (MGT) (MS)

Bemerkungen der Lübecker Handelskammer zu dem Entwurfe der „Allgemeinen Versicherungsbedingungen der Norddeutschen Seeversicherungs-Gesellschaften, auf der Grundlage des allgemeinen deutschen Handelsgesetzbuches". Lübeck 1865.

Bemerkungen über die Handelspolitik Englands gegen Preussen ... Aus dem Engl. von G. Meyenn. Rostock 1833. V: *Elliot, W.* (CBH)

— üb. d. Handels-Politik Englands geg. Preußen u. and. nord. Staaten. A. d. Engl., mit ein. Schlußworte v. Geo. Mayenn. gr. 8. (5¼ B.) Rostock 833, (Stiller.)

Bemerkungen über die gegenwärtigen Handlungsverhältnisse Hamburgs... Hamb. 1799. V: *Döhren, J. von.* (schr) (CBH)

Bemerkungen eines unpart. Hannoveraners, die Schrift des Dr. Seumnich: „Ueber die Verbindung u. s. w." betr. 8. 1803.

— harmlos-kritische, eines Dilettanten über die Eingabe des „Vereins zur Förderung der Handelsfreiheit" an den hohen Bundesrath von einem Nicht-Industriellen. gr. 8. (27 S.) Freiburg i. Br. 879, Wagner'sche Buchh. *

Bemerkungen, Einige, über die Abhandlung: Harmonie der biblischen Stellen über die Unauflösbarkeit der Ehe. [Bamberg 181?] V: *Goldwitzer, Wenceslaus.* (MGT)

— harmonische, üb. Evangelien, s. Haymann.

— über d. stehende Heer in Dänemark, (v... v. Heinen). 8... 793...

Bemerkungen über die Heilkraft des weissen Senfsaamens. A. d. Engl. Stuttg. [1828]. V: *Turnor, John.* (Tübz 9, 65)

Bemerkungen über das Heilverfahren des Naturarztes Joh. Schroth, zu Lindewiese im k. k. österreich. Schlesien. Von einem Kurgast. gr. 16. (58 S.) Brünn 851, Buschak & Irrgang in Comm. 6 ngr

— üb. d. Heilverfahren d. Naturarztes Johann Schroth, Nieder-Lindewiese. Von e. Curgast. 8. (59 S. m. 1 Bildnis.) Freiwaldau (902). A. Blažek. — 90

Bemerkungen über das Heilverfahren des Naturarztes Johann Schroth, Nieder-Lindewiese. 8°. (61 S.) K —.80
Freiwaldau: A. Blazek 1910.

Bemerkungen, betreffend die Herstellung einer einheitlichen deutschen Handels- und Zoll-Verfassung. (Als Manuscript gedruckt.) Frankfurt a. M. 1848. 20 S. 8.

Bemerkungen eines Hessen, bei der neuerlich erschienenen Küttnerschen Reise durch Deutschland. [Gotha 1801.] V: *Strieder, Friedrich Wilhelm.* (Stri)

— üb. d. Heuwurm u. Sauerwurm an d. Weintrauben v. C. v. R. Mit 4 ill. Taf. gr. 8. (Mainz 1835. Kupferberg). — 10

—— zu Rudel's Hilfstabelle beim Multipliciren und Dividiren, s. Rudel, H. A.

— über Himmel u. Erde. 2 Thle. 8. Freiburg 783. Reinhold. 6 gr

Bemerkungen über Himmel und Erde zu der Nachricht von einer bevorstehenden grossen Revolution der Erde. [Frankf.] 1786. V: *Zehen, Conr. Siegm.* (EB)

H. u. N. zu A.: **Bemerkungen** über die Hindernisse, welche der Aufnahme der Landeskultur entgegenstehen. München: 1809.

— üb. d. Hindernisse, welche d. Aufn. d. Landescultur entgegenstehen. 8. Münch. Fleischmann. 810.

— über d. Hindernisse, welche d. Aufnahme d. Landeskultur entgegenstehen. 8. Münch. 812. Fleischmann. 12 gr

— histor. u. Anekdoten, d. Bastille betreffend; aus d. Engl. (des Howard), (v. J. D. Hartmann). Mit 1 Kpf. 8. Berl. 789. Vieweg in Braunschw. 6 gr

Bemerkungen, Historische, der Breslauer Bürgerschaft über den vorigen und jetzigen Zustand der Stadtkämmerei. O. O. 1808. V: *Uber.* (MGT)

Bemerkungen (Einige historische) über das Papiergeld. 8°. Halle 1805.

Histor. u. rechtl. Bemerkungen üb. d. Wahlrecht d. Bischöfe, mit Rücksicht auf das Hochstift Bamberg. *Frankfurt u. Leipzig*, (Gran in *Hof.*) 796. 8. (16 Gr.)

— histor. üb d. Resultat des Emser Congresses 8. Augsb. Riegers. 787.

Bemerkungen, Historische, über das sogenannte Resultat des Emser Congresses, . . . Frankfurt und Leipzig 1787. V: *Zallinger zum Thurn, Jac. Anton von.* (MGT) (Ky) (SO)

— histor., über d. Resultat d. Emser Congresses, (v. Jh. Schott). 8. Augsb. 789. Riegers. 8 gr

— Dass., sammt e. Beleuchtung über d. Kölnische Nuntiatursache, (v. J. A. Zallinger). 8. Frankf. u. Leipz. 789.

Bemerkungen, Historisch-Juristische, der Breslauischen Bürgerschaft über den vorigen und jetzigen Zustand der hiesigen Stadt-Cämmerey. O. O. 1808. V: *Uber, Johann Gottlieb.* (Kat. d. Druckschr. üb. Breslau. Breslau 1903. S. 109.)

— histor.-jurist., üb. d. dritten Stand im Herzogth. Würtemberg, (v. G. E. H. Bunz). 8. Stuttg. 797. Metzler. 5 gr

— höchstnöthige, üb. d. erfordert. Eigensch. angehend. Hebammen. 8. Mannh. Schwan u. G. 803.

Bemerkungen, Einige höchst wichtige, über die erschienene Farce: Gräff, wie er leibt und lebt. Herausg. von einem Freunde der Wahrheit und des Rechts. Frankfurt a. M. 1836. V: *Döring, Philipp Jacob.* (STBFrankf. I, 192)

Bemerkungen, Einige höchst wichtige, über die Farce: Gräff, wie er leibt und lebt; eine Lokalposse ... Frankf. a. M. 1836. V: *Döring, Phil. Jac.* (Heyden, Gallerie berühmt. u. merkw. Frankfurter. Frankf. a. M. 1861.) (Mitth. A. Rosenbaum.)

— einige höchst wichtige über die Farce: Gräff, wie er leibt und lebt; eine Lokalposse. Herausg. von e. Freunde der Wahrheit und des Rechts. 8. Frankf. a. M. 836. Döring. 1 gr

— des Pastors Friedr. Hoffmann zu d. Antwort e. alten Freundes d. Wahrheit: (des Pfarrers Lorenz Wolf) auf das Sendschreiben an Protestanten! gr. 8. Frankf. a. M. 827. Sauerländer.

Bemerkungen eines Hofmeisters und seiner Zöglinge auf einer Reise durch einen Theil des fränkischen Craises nach Carlsbad 1787. V: *Füssel, F. M.* (Edelmann 10/310) (BiblPort)

Bemerkungen über Holland; aus dem Reisejournal einer Teutschen Frau von Therese H. Leipzig 1811. V: *Huber, Therese geb. Heyne.* (BrMm) (EngG) (MGT)

— über Holland, aus d. Reise-Journal einer deutschen Frau, von Therese H***. 8. Leipz. 811. Er. Fleischer. 2 gr

— über Holzwuchs u. Holzfrevel, s. Holzmangel.

Bemerkungen über das Pasquill: die Hypokriten in Baiern, aus den Briefen eines Theologen. München 1802. V: *Lechner, Michael.* (BH) (Ky) (Th) (Adel)

Bemerkungen, Einige, über Fellows Hypophosphites von Chinin, Strychnin... London 1882. V: *Fellows, James J.* (EB)

Bemerkungen über des H. v. Kotzebue neuesten Roman: Das merkwürdigste Jahr meines Lebens. O. O. 1802. 75 S. 8°. V: *Richter, Josef.* (WBL XXVI/61) (Hans Viktor Pisk, Josef Richter. Diss. Wien 1927. S. 152—153)

— üb. v. Kotzebue das merkwürd. Jahr rc. 8. Wien, Degen. 802.

—— über den Jahresbericht des Unterstützungsvereins für das Amts- und Kanzlei-Personal, und des damit in Verbindung gebrachten Leichenvereins für das J. 1849, d. i.: vom 1. Jänner bis 31. Dezbr. 1849. gr. 8. (7 S.) München 850, Finsterlin.

— zu d. Schrift: Ideen zu d. Organisation d. deutschen Kirche, ein Beitrag zum künftigen Koncordate, (v. F. A. Frey). gr. 8. Bamb. 815. Dederich. 16 gr

— zu d. Schrift: †Ideen z. Organis. d. kathol.-deutschen Kirche. (Vom Geistl. Rath Frey.) gr. 8. Bamb. 1815, Dederich. 1 fl. 12 kr.

Bemerkungen über die Schrift von Gerhauser: »Jesus Christus der Erlöser der sündigen Menschheit«. Augsburg 1808. V: *Egger, Carl.* (schmal)

— über Gerhauser's Schrift: Jesus Christus, d. Erlöser d. sündigen Menschheit. 8. Augsb. 808, Rieger. 6 ℊ

Bemerkk. üb. d. Inhalt d. Emser Congresses. 789. 8.

Bemerkungen über das Insel-Spital in Bern. Bern 1833. V: *Morlot.* (AarK)

Bemerkungen des Inspizienten des Artillerie-Materials betr. das Feldgeräth C/96. 8. (III, 86 S.) Dresden 899. (C. Heinrich.) Kart. n. 1.—

Bemerkungen d. Inspizienten d. Feld-Art.-Materials. Berlin 1875-1896.

— d. Inspizienten d. Feldartillerie-Materials. 8. (III, 166 S.) Berlin 896. E. S. Mittler & Sohn. n. — 70; kart. n. — 90

— des Inspizienten des Feldartillerie-Materials betr. das Feldgeräth C/96. 8. (III, 86 S.) Berlin 898. E. S. Mittler & Sohn. n. — 50; kart. n. — 70

— interessante, über Göttingen ec. 8. Glückst. 801. (Bauer u. R. in Nürnb.) 10 ℊ

— interess. üb. Göttingen ec. 8. Glückst. (Raspe, Nürnb.) 801.

— f. Jugendlehrer üb. d. erst. Unterr. d. Lesens ec. 8. Altona, Hammerich. 804.

—— üb. das juramentum credulitatis et ignorantiae, s. Zeitung, juristische.

Bemerkungen, Juristisch-politische, über den Begriff einer Republik. Wien 1803. V: *Zizius, Johann Nepomuk.* (EB)

—— über Justiz-Verfassung von einem Rechtsfreunde. gr. 8. (55 S.) Hamburg 840, G. W. Niemeyer.

Bemerkungen üb. d. Cacao u. d. Chocolate. Naumburg 1776.

— über d. Cacao u. d. Chokolade, nebst e. Erinnerungen über de la Mûre System, das Schlagen d. Pulsader betreff. Aus d. Französ. Mit e. Vorrede v. K. Chr. Krause. 8. Erfurt 778. Keyser. 5 ℊ

Bemerkungen über einen monströsen Canarien-Vogel, aus dessen Unterkiefer ein langgewundenes Horn gewachsen ... Hamb. [1780.] V: *Schultz, Fr. Chph.* (BrMm) (EBHN) (Ky) (MGT)

Bemerkungen über die Karren ... in den Kalkgebirgen. [Zürich 1840.] V: *Keller, Ferd.* (Cat. d. Stadtbibl. Zürich. Zürich 1864—97.)

Bemerkungen über die, von der Königlichen Regierung in Köln, als Kassationsklägerinn, gegen das bei dem Königlichen Appellationshof in Köln unter dem 13. Febr. 1828 in der Streitsache wegen der Fahrgerechtigkeit u. Ueberfahrt auf dem Rheine zwischen Köln u. Deutz ergangene Urtheil, aufgestellten Kassationsmittel. Berlin 1829.

— von J. K. (Jos. Kast), über d. Schrift: der Wundermann im J. 1821. 8. Würzb. 821. (Strecker). 3 ℊ

— von J. K. über d. Schrift: der Wundermann im J. 1821. 8. Würzb. 822. (Stahel.)

Bemerkungen über Chr. Traugott Ottos Schrift: „Der Katholik u. der Protestant" [oder die vorzüglichsten Glaubenswahrheiten, in welchen die kath. Kirche von der protestantischen abweicht, biblisch, symbolisch u. geschichtlich dargestellt. Dresden u. Leipzig 1826, 8°, 2. Aufl.].

Bemerkungen, Katholische, über das Lutherdenkmal zu Worms, von W. v. W. Freiburg i. B. 1869. V: *Wurst, Christian W.* (KN 2, 268) (Zeitschr. f. Büch. 1923, S. 79)

— katholische, über das Lutherdenkmal zu Worms von W. v. W. Freiburg i. B. 869. (Herder.) gr. 8. (48 S.) n. 4 ngr.

Bemerkungen eines Kaufmanns über den Zollverband, ... Magdeb. 1834. V: *Walwer, J. A* (CBH)

—— eines Kaufmanns üb. d. Zollverband, hauptsächlich in Bezug auf d. Zuckerfabriken u. deren Wirkung auf d. Handel. 8. (1 B.) Magdeburg 834. (Zerbst, Kummer.)

Bemerkungen über die Cavalerie. A. d. Franz. Leipz. 1828. V: *Warnery, de.* (Pr)

Bemerkungen, Kleine, über Mesmerismus und Medicin. [Leipzig 1818.] V: *Göden, Hans Adolph.* (NN)

Bemerkungen der Bremischen Kommission für die Änderung der Assekuranzbedingungen von 1854 zu dem Entwurfe der allgemeinen Versicherungsbedingungen der Norddeutschen Versicherungsgesellschaften von 1864. Bremen 1865.

Bemerkungen der Kommission, welche von Seite der Diözesan-Stände, Behufs der Unterhandlung mit Rom, ... aufgestellt worden sind, ... Luzern 1835. V: *Amrhyn, J. K. & L. v. Roll.* (AarK)

—— zu dem Kommissions-Entwurfe der Verfassungs-Urkunde für den preuß. Staat. gr. 8. (17 S.) Berlin 848, Deckersche geheime Ober-Hofbuchdruckerei.

Bemerkungen (Einige), veranlasst durch durch das Commissorium vom 13. Mai 1848 zur Untersuchung der Lage der Insten und Arbeiter in den Landdistrikten. 8°. Oldenburg i. Holst. 1848.

Bemerkungen über das Compendium der Teutschen Litteraturgeschichte von E. J. Koch. [1791.] V: *Schmid, Christian Heinrich.* (MGT) (ML)

—— über die Competenz in Polizei-Strafsachen nach d. Gesetze vom 19. Novbr. 1840. (Von Stüve.) gr. 8. (4⅛ B.) Lüneburg 844, Herold u. Wahlstab.
Aus: Juristische Zeitung f. d. Königr. Hannover besond. abgedruckt.

— über die Composition der Ballete; u. die dem Balletmeister hiezu höchst nöthigen Kenntnisse. 8. Wien, Wallishauser. 807.

—— über d. Confession d. 22 Bremischen Pastoren. Von e. Protestanten. gr. 8. (1 B.) Oldenburg 841, Schulzesche Buchh.

Bemerkungen über das Bayerische Konkordat verglichen mit dem französischen und dem frühern von 1807. Heidelberg 1808. H: *Werkmeister, Benedict Maria* [?] (Th)

— über das Baier. Koncordat, verglichen mit d. neuen französ. u. frühern Baierischen von 1807. gr. 8. Heidelb. 818. Winter. 8 xr

— über d. v. Frankreich mit d. Papststuhle geschloss. Koncordat. gr. 8. Köln, Keil. 4 xr

— über d. neue Baiersche Concordat, verglichen mit d neuen französ. u. frühern Baierschen v. 1807. gr. 8. Heidelberg, Mohr u. W. 818.

— über d. Koncordat zwischen d. französ. Regierung u. d. päpstl. Stuhl v. J. 1802. 8. Münch. 802. Lentner. 3 xr

— üb. d. Concordat zwisch. d. franz. Regier. u. d. päpstl. Stuhl, v. J. 1802. 8. Münch. Lentner. 803.

— üb. Konstitutionen d. freien Reichsstädte. 1s—3s Hft. d. . . 815. (à 6 xr) 18 xr

Bemerkungen eines Kosmopoliten über die interessantesten Gegenstände der Zeitgeschichte. Altona und Upsala. 1796.

— e. Kosmopoliten, über d. interessant. Zeitgegenstände. gr. 8. Alt. 796. (Diez in Frankf. a. M.) 8 xr

— ü. Krankh. d. Brust, s. Eschenbach.

— über d. Schwäb. Kreiscorps rc. 8. Karlsr. 797. Macklott. 4 xr

— über d. ehemal. Schweizer. Kreisverfassung. 8. Frankf. 799. Diez. 6 xr

Bemerkungen über den dreissigjährigen Krieg wider die abgewürdigten Feiertage und Consorten. Straubing 1807. V: *Zenger, Joseph.* (Ky)

Bemerkungen, üb. d. dreißigjähr. Krieg wider d. abgewürdigt. Feiertage u. Consorten rc. gr. 8. Straubing, Heigl. 807. Rthlr.

— üb. d. 30jähr. Krieg wider die abgewürdigten Feiertage u. Consorten. gr. 8. Straubing 807. (Schorner). 4 xr

— über d. letzten Krieg wider d. Türken rc., (v. J. C. Landgraf). 8. Glogau 772. C. F. Günther. 4 xr

— üb. d. Ostpreuß. Kriegssteuer. 8. Königsberg, Unzer. 808.

Bemerkungen über die Kriegsverfassung der preussischen Armeen . . . Cölln 1778. V: *Guibert, Jacques Antoine Hippolyte de.* (BrMm)

— üb. d. Kriegsverfass. d. preuß. Armeen, a. d. Franz. 8. Cölln, (Böhme in Leipz.) 780.

— üb. die Kriegsverfassung der Preuß. Armeen. Aus d. Französ. 8. Köln . . . N. A. 780. (Knobloch in Leipz.) 8 xr

Bemerkungen über die bisherige Kriegsverfassung des Teutschen Reichs. Frankfurt und Leipzig 1794. V: *Blum, Georg Franz von.* (EB)

Bemerkungen über die bisher. Kriegsverfassung des deutschen Reichs rc. gr. 8. Frankf. 794. (Mayr in Salzb.) 8 xr

Bemerkungen über die ehemahlige Schweitzerische Kriegsverfassung . . . Frankfurt und Leipzig 1799. V: *Thellung von Courtelary.* (Ky) (MGT) (MS)

— über d. Kriegsverfassung d. Türken u. d. Krieg gegen sie rc. 8. Bresl. 769. W. G. Korn. 4 xr

Bemerkungen über den wider den Kaufmann P.A. Fonck von der Assise zu Trier im J. 1822 verhandelten Criminalprozeß, bes. mit Rücks. auf Untersuchungsführung. Quedlinburg u. Leipzig 1823.

— über d. wider den Kaufmann P. A. Fonk von d. Assise zu Trier im J. 1822 verh. Criminalprozeß, besond. mit Rücksicht auf Untersuchungsführung. gr. 8. Quedlinb. 823. Basse. 12 xr

— über d. Kritik d. Urtheile, betreffend d. Kirchenbuße, (von C. F. H. Lindemann). 8. Hannov. 797. Helwing. 4 xr

— kritische, zu Tacitus Agricola. Beleuchtung der „Beiträge zur Kritik u. Erläuterung von Tacitus Agricola" von Wer. (Pfitzner.) gr. 4. Neubrandenburg 843, Brünslow. n. 5/12 Thlr

Bemerkungen, kritische, zur Alt-Katholiken-Stimme des Baron Dirckinck-Holmfeld, betr. Panslawismus, Türkenkrieg rc. von Christianson. Juni 1877. gr. 8. (10 S.) Hamburg 877, (Hoffmann und Campe.) *

— kritische, über den bezüglich auf Rußland im Journal de Francfort vom 23. April 1839 eingerückten Artikel. Aus d. Italien. Auch m. d. Umschl.-Tit.: Urkundl. Enthüllung der Unwahrheiten über die Kirche in Rußland. gr. 8. Regensburg 840. Montag u. Weiß. (Clesca.) 1/3 Thlr — dass. Noten hierzu. gr. 8. Regensburg 840. Manz. 1/12 Thlr

Bemerkungen, Kritische, zum Vetus Auctor de beneficiis . . . Liebenwerda 1846. V: *Rohrscheidt, Friedr. v.* (EngJ)

— kritische, üb. Bischof M. Felix Korum's aktenmäßige Darstellung der Wunder u. göttlichen Gnadenerweise bei der Ausstellung des hl. Rockes zu Trier im J. 1891. Von e. Arzte d. Reg.-Bez. Trier. gr. 8. (57 S.) Saarbrücken 894. H. Klingebeil. n. — 80

Bemerkungen, kritische, üb. d. Debatte i. deutschen Reichstage a. 17 XI. 1896. V. e. österr. Offizier. gr. 8. (39 S.) Leipzig 897. Verlagsanst. Militär. Rundschau. n. 1. —

—— kritische, zu der Schrift: „Die Entstehung der thomistisch-molinistischen Kontroverse; dogmengeschichtliche Studie", gerichtet an den Verf.: Gerhard Schneemann, von einem Thomisten. gr. 8. (79 S.) Aachen 884, (M. Jacobi.)

—— krit., üb. d. „Entwurf ein. Agende f. d. evangel.-protest. Kirche d. Großhrzgth. Baden." Karlsruhe 1831. Zur Berücksichtigung auf d. bevorsteh. General-Synode hrsg. gr. 8. (5½ B.) Heidelberg 832. Reichard.

—— kritische, zu dem Entwurf eines Gesetzes, betr. die Versicherung der in Bergwerken, Fabriken und anderen Betrieben beschäftigten Arbeiter gegen die Folgen der beim Betriebe sich ereignenden Unfälle. Von einem Industriellen. gr. 8. (28 S.) Breslau 881, Köhler. *

—— kritische, zu dem Entwurfe eines Staatsgrundgesetzes über die Einsetzung eines Reichsgerichtes. gr. 8. (8 S.) Wien 867, Manz' Verlag. *

— kritische, zu dem Entwurfe e. Staatsgrundgesetzes über die Einsetzung e. Reichsgerichtes. Wien 868. Manz. gr. 8. (8 S.) n. 2 ngr

Bemerkungen, Kritische, über den Entwurf des Wehr-Ausschusses der Reichsversammlung zu einem Gesetz über die deutsche Wehrverfassung. Im Oktober 1848 ... Berlin 1848. V: *Griesheim, Karl Gustav Julius von.* (wen S. 161) V: *Wilhelm, Prinz von Preussen* (?). (Fontane, Scherenberg 1885, S. 73) (Zeitschr. f. Büch. 1923, S. 79)

—— kritische, über den Entwurf des Wehr-Ausschusses der Reichs-Versammlung zu einem Gesetz über die deutsche Wehrverfassung. Im Octbr. 1848. Als Beilage: Der Entwurf des Wehr-Ausschusses. gr. 8. (53 S.) Berlin 848, Decker'sche geheime Ober-Hofbuchdruckerei.

—krit u. erklär., über die Urkunden des Klosters Leubus, (v. J. G. Büsching). 1e Liefr. 8. Bresl. 821.

Bemerkungen, Kritische und erklärende, über die Urkunden des Klosters Leubus. [Breslau 1822.] V: *Worbs, Joh. Gottl.* (MGT) V: *Büsching, J. G.* (Ky)

Kritische **Bemerkungen** über das Gesetz vom 17. Juli 1846, betr. das Verfahren in Criminal-Untersuchungssachen, insbes. rücksichtl. der dem Angeklagten darin gewährten Garantieen. Von e. prakt. Richter. Berlin: Veit 1847.

—— kritische, über das Gesetz vom 17. Juli 1846, betreff. das Verfahren in Criminal-Untersuchungssachen, insbesond. rücksichtl. der dem Angeklagten darin gewährten Garantieen. Von einem prakt. Richter. gr. 8. (48 S.) Berlin 848, Veit und Comp.

Bemerkungen, Kritische, zu den von der Aktiengesellschaft für Anilinfabrication überreichten Gutachten in der Patentstreitsache der »Farbenfabriken vorm. Fr. Bayer & Co.« gegen dieselbe und in der Untersuchungssache gegen Martius u. Gen. wegen Patentverletzung. Berlin 1883

Bemerkungen, Kritische, über einige Nachr. aus d. Leben Juvenals, s.a. Bauer, Konrad Aloys.

Bemerkungen, Kritische, über einige Nachrichten aus dem Leben Juvenals. Regensburg o. J. V: *Bauer, K. A.* (Russell IX, 394)

Bemerkungen, Kritische und philosophische, über Japan und die Japaner. Aus dem Französischen. Breslau 1782. V: *Le Jeune, P. C.* (BrMm)

— krit. u. philosoph. üb. Japan u. d. Japaner, a. d. Engl 8. Bresl. Korn d. ält. 795.

Bemerkungen, Kritische, zu dem Rechtsgutachten des Wilhelm Endemann in Sachen Frei'sche Erben gegen Nordostbahn wegen Schadenersatz. Zürich 1878. V: *Fick, Hnr.* (Cat. d. Stadtbibl. Zürich. Zürich 1864—97.)

Bemerkungen, Kritische, über die Küblersche Schauspielergesellschaft während ihres Aufenthaltes in Greifswald.... Glücksburg 1797. V: *Kosegarten, Friedrich Franz von.* (GGr) (EE) (Ky) (MGT) (R-N)

— krit., über d. Theater. 8. Danzig 785. Brückner. 1 ₰

Bemerkungen, Kritische, über das Theater, entworfen bei der Anwesenheit der Schuchischen Gesellschaft in Danzig im Jahre 1781. Danzig 1792. V: *Gomperz, Leon* (später *Ludwig*). (GGr IV³/495, Nr. 12/5) (BiblPort)

Bemerkungen (Kritische) zum österreichischen Trunkenheitsgesetz-Entwurf. 298. W. Heinrich. Wien. 1888.

Krit. Bemerkk. üb. d. kurhess. Verfass.-Urkunde v. 5. Jan. 1831. Nebst d. Abdr. ders. u. Betrachtt. üb. d. Königr. Sachsen u. d. Entw. d. neuen Staatsverfass. Von Justus FREIMUND. *Leipzig*, Glück. 831. 8. (6 Gr.)

— krit. üb. d. relig. Zust. der Kais. Kön. Staaten. 6 Thle. 8. Wien, Hartl. 787—88.
Vorh. u.d. T.: Über Gottesdienst und Religionslehre. Wien: 1784-

Bemerkungen, Kritisch-exegetische, über die Geschichte des Leidens und Todes Jesu. [Freiburg 1831.] V: *Hug, Johann Leonhard.* (Gl)

Bemerkungen, Einige, über Kuhpocken ... Berlin 1801. V: *Brehmer.* (EngM)

Bemerkungen über die Kuhpocken; von einem praktischen Arzte zu Berlin. Berlin 1801. V: *Könen, Ludwig Ernst von.* (Ky) S. a. Nr. 5273.

— über d. Kuhpocken, v. e. prakt. Ärzte zu Berlin. 8. Berl. 801. Schöne. 4 ₰

Bemerkungen über die Kuh- od. Schutzpocke in Galizien. Lemberg 1810. V: *Czermak, Joh.* (Call)

— einige, über Kur-Sachsen. 8. (Leipz., Central-Compt.) 5 ₰

— kurze, eines unpartheiischen Ausländers, über die im J. 1783 erfolgte Trennung der Passauischen Diöcese von den österr. Ländern, (v. J. Milbiller). 8. 790.

Kurze Bemerkungen üb. lange Bemerk. zum römisch-baierischen Concordate, mit d. vorläuf. Bemerk., dass diese langen Bemerk. d. Lesen nicht werth sind. *Landshut*, (Königl. Hofbuchh. in *München*.) 819. 8. (4 Gr.)

— kurze, über lange Bemerkk. zum röm.-baiersch. Konkordate, mit d. vorläuf. Bemerk., daß diese langen Bemerkungen d. Lesen nicht werth sind. 8. Landsh. 819. Weber in Münch. 4 ₰

— kurze, über d. Briefe, den Zustand von Leipzig betreffend. 8. Leipz. 787. (Brockhaus). 2 ₰

Bemerkungen. Kurze B' über die Eigenschaften und Wirkungen der Salzwasser-Quellen zu Tarasp-Schuls im Unter-Engadin. [Umschlag mit 1 Ansicht.] 8. Chur 1864.

Bemerkungen, Kurze, zum Entwurf eines deutschen Patentgesetzes. Berlin 1877. V: *Liebermann, C.* (Kat. d. Bibl. d. Kais. Patentamtes. Berlin 1896.)

— kurze, zum Entwurf eines deutschen Patentgesetzes von C. L. gr. 8. (28 S.) Berlin 877. Dümmler's Verl. n. — 50

Bemerkungen, Kurze historisch-publicistische, über das Verbot des Kommerzes in teutschen Reichskriegen, ... Regensburg 1793. V: *Hartleben, Theodor Conrad.* (MGT) (HS)

Bemerkungen, Kurze, auf einer flüchtigen Reise am Rhein und durch das Königreich der Niederlande im Jahre 1828. Köln 1830. V: *Ladenberg, P. W. A. von.* (EngG)

— kurze, auf e. flüchtigen Reise am Rhein, u. durch das Königr. der Niederlande im J. 1828. gr. 12. Köln 830. Bachem. 20 Gr.

Bemerkungen, kurze, über die Salzwasser-Quellen zu Tarasp-Schuls. Chur 1861.

Bemerkungen, Kurze, über D. Bahrdt's System der moralischen Religion. Frankfurt u. Leipzig 1788. V: *Benzenberg, Heinrich.* (MGT)

— kurze, über Bahrdts Systems d. moral. Religion. 8. Frankf. 788. Gebhard u. K. 8 Gr.

Bemerkung, Kurze, über das in England entdeckte Verwahrungsmittel gegen die wahren Blattern oder die sogenannten Kuhpocken. Wallerstein 1801. V: *Jan.* (Verz. d. Büchersamml. d. Friedr.-Wilh.-Inst. Berlin 1890.)

Bemerkungen. Kurze H' über den Zustand Helveziens. 8. *o. O.* 1792.

Einige k u r z g e f a s s t e **Bemerkungen** über Holzwuchs und Holzfrevel. Veranlasst durch die den chursächsischen Vasallen gewidmete Schrift: Über den Holzmangel. Dresden, Leipzig 1799. 64 S.

Bemerkungen eines Laien gegen die Einführung einer allgemeinen Beichte. O. O. [18??]. V: *Schuback, Franz Jacob.* (NN)

— üb. die künft. L a n d e s - C o n s t i t u t i o n u. d. Volksrepräsentation in Deutschl. gr. 8. Wien, Camesina. 815.—

Bemerkungen zum Kur-Trierischen Land-Recht vom Jahre 1713. (Hs.)

— über die Schlesische Landschaft. (v. K. G. Suarez). 4. Bresl. 778. W. G. Korn. 6 Gr.

— zur Schrift d. Grafen Julius v. Soden: der baierische Landtag vom J. 1819, vom Verf. d. gekrönten Schrift: über die Güter-Arrondirung. 8. Erlang. 822. Heyder. 6 Gr.

Bemerkungen über den würtembergischen Landtag von 1797 bis 1799, 1. T. [Stuttg.] 1800. V: *Normann, Philipp Chn Frdr. v. & Joh. Jac. Ostertag.* (Kat. d. ständ. Bibl. Stuttg. 1907. S. 255.)

— einige, eines prakt. L a n d w i r t h s über das Ganze der Schaafzucht des Herrn Petri. 8. Leipz. Fr. Fleischer. 817.

— über d. Albert'sche Landwirthschaft, rücksichtl. ihrer Anwendung in Oesterreich. gr. 8. Wien 827. Wimmer. 8 Gr.

— üb. d. L a n d w i r t h s c h. u. d. Zehent. v. B. 4. Frankf. (Beck, N.) (Kummer, Leipz.) 780.

— über d. Landwirthschaft u. d. Zehnten. Von B. 4. Frkf. a. M. 780. Zeh in Nürnb. 5 Gr. (Kummer in Leipz.) 6 Gr.

— über Laudemial- u. andere grundherrl. Rechte in Baiern, (von S. Rottmanner). gr. 8. Frankf. u. Leipz. 799. (Fleischmann in Münch.) 18 Gr.

—— über d. Leben Jesu ꝛc. s. a. Petersen, J. F.

— über das L e b e n J e s u in seinem Verhältnisse zu dem menschlichen Leben überhaupt, (v. J. F. Petersen). gr. 8. Lübeck 838. Aschenfeldt. 1/4 Rthlr

L....r. B e m e r k u n g e n zu N a p o l e o n s L e b e n in Von der Lühes militärischen Konversazions-Lexikon. Aus der österreichischen militärischen Zeitschrift 1837 besonders abgedruckt.
kl. 8. Wien 1837.

— eines L e b e n d e n zu Tutti frutti, vom Verfasser d. Briefe e. Verstorbenen. gr. 12. Görlitz 836. Grüson'sche Buchh. (Köhler.) 3/8 Rthlr

— über d. Lehrart Jesu in Rücksicht auf jüd. Sprache u. Denkart, (v. K. W. Hauff). 8. Offenb. 788. Brede. 20 Gr.

— über S c h r ö c k h ' s Lehrb. der allgemeinen Weltgeschichte z. Gebrauch bey d. ersten Unterricht d. Jugend. Nach d. neuesten Aufl. 8. (Leipzig, Fr. Fleischer in Comm.) 816.

— einige, zur Lehre v. pflichtwidrigen Verkaufe. gr. 8. Lpz. 808. Griesshammer. 6 Gr.

— über d. Leibeigenschaft in Liefland u. ihre Aufhebung, (v. G. R. G. v. Rennenkampff). 8. Kopenh. 818. (Riga, Meinshausen). 1 Rthlr 4 Gr.

BEMERKUNGEN über Leipzig, Prag und W i e n (von *Carl Heinr. Krögen*). Kopenhagen 1785.
Anon.-Lex. I. p. 179. — Sehr selten!

BEMERKUNGEN ü b e r L e i p z i g, u n d e i n i g e v e r k a n n t e, o d e r n i c h t g e n u g e r k a n n t e V o r z ü g e u n d V e r s c h ö n e r u n g e n d i e s e r S t a d t, in (3) Briefen von *J. G. L.* (d. i. *Johann Gottfr. Langermann*). Leipzig, bey J. G. Beygang. 1794. 8°. (In Dresden: H. Sax. H. 1317, schönes Expl.) Selten!
Lat. Lett. VI—74 S. Nichts Anstössiges! — Anon.-Lex. I. p. 179 (nach Kayser u. Meusel).

— beym L e s e n. 8. Cobg. Ahl. 777.

— beim Lesen. 8. Koburg 777. Riemann. 3 Gr.

Bemerkungen, Einige, über F. F. Otto's Lexikon der ... Oberlausitz. Schriftsteller [1804]. V: *Fikenscher, Georg Wolfgang Augustin.* (MGT)

Bemerkungen über die Schrift: Luther und seine Zeitgenossen, ... Dresden 1814. V: *Beschorner, Joh. Gotthelf.* (Ky) (MGT)

— über d. Schrift: Luther u. seine Zeitgenossen, v. *r., von e. andern *r. (J. Gf. Beschorner). 8. Dresd. 817. Arnold. 2 Gr.

— über d. polit. u. kirchl. Macht; besonders in Bezug d. neuesten Koncordate d. Hochstifts Augsburg mit d. Hofe zu München, (v. A. U. Mayer). 8. (Regensb.) 786.

— f. M a h l e r, Zeichner, Kupferstecher ꝛc. 2 Thle. 8. Leipz Sommer. 799. (ist e. N. A. v. Langs Brief. f. Maler.)

Bemerkungen üb. d. kirchl. Majestätsrecht, in Bezieh. auf zwei Schreiben d. Hrn. *Augusti* u. v. *Ammon*, *Leipz.*, Barth. 825. gr. 8. (3 Gr.)

Bemerkungen über die Mängel der Oesterreichischen Gymnasial-Einrichtung ... 1838. Linz 1849. V: *Arneth, Michael.* (EB)

— über Marokko, Frankreich, Spanien u. Portugall. A. d. Engl. gr. 8. Leipz. 790. (Brockhaus). 22 Gr.

— üb. Marokko, Frankr., Spanien x. a. d. Engl. gr. 8. Leipz. Gleditsch. 790.

Bemerkungen über die Materialien zur Geschichte der Jahre 1805—1807. 8. Frankfurt u. Leipzig 1808. 0,75.

Bemerkungen üb. d. Materiaux pour servir à l'histoire des années 1805—807. hat Flittner in Berl. u. kost. Rthlr. ·

— über d. Materiaux p. server à l'hist. d. années 1805—807. 8. Leipz. (Sander in Berl.) 6 𝔤𝔤

— über Mauth- u. Zoll-Anstalten, von e. Baier. Unterthanen. 8. Nürnb. Zeh. 3 𝔤𝔤

Bemerkungen, Einige, über Mecklenburg. [Zürich ca. 1786.] V: *Dietz, Johann Christian Friedrich.* (MGT)

— über Medicinalanstalten in d. obern Pfalz. 8. Sulzb. 802. v. Seidel. 5 𝔤𝔤

— medicin.-chirurg. u. praktische, (von J. U. Bilguer). gr. 8. Berl. 801. Schöne. 10 𝔤𝔤

— medicin. u. chirurg. üb. Gift u. Gegengift. 8. Leipz. Gräff.

— medicin. u. chirurg., über Gift u. Gegengift, (v. Chr. Ksp. Daläus). 8. Speyer 781. (Leipz., Wienbrack). 8 𝔤𝔤

— medicinische u. Untersuchungen einer Gesellschaft v. Aerzten in London, m. K. 7 Thle. gr. 8. Altenbg. (Academ. Buchhandl. in Jena.) 759—77. (I—IV, à 1 Rthlr., V, 18 gr., VI. 1 Rthlr. 6 gr., VII. 1 Rthlr. 4 gr.)

— medicin., u. Untersuchungen e. Gesellschaft v. Aerzten in London. Aus d. Engl. 7 Thle. Mit Kpf. gr. 8. Altenb. 759 - 77. (Hennings in Neisse). 7 ℛ 4 𝔤𝔤 (5r Bd. Auch u. d. T.: Tomlinsons medicin. u. chirurg. Mannigfaltigkeiten; aus d. Engl., J. C F. Scherf. gr. 8. Ebd. 776.)

Bemerkungen, Meine, über den Entwurf zur Patriotischen Gesellschaft für Schlesien. Breslau 1771. V: *Tschirner.* (Nent)

— meine, über d. Entwurf e. patriot. Gesellschaft für Schlesien. 4. Bresl. 771. W. G. Korn. 6 𝔤𝔤

— über die öffentliche Meinung in Bezug auf die bekannt gemachte Errichtung einer Oesterreich. Nationalbank. 8. Grätz, Ferstl. 817.

— über d. öffentl. Meinung in Bezug auf d. Errichtung einer Oestr. Nationalbank. 8. Grätz 816. Ferstl. 1 𝔤𝔤

Bemerkungen für den Meister vom Stuhle in den Instruktionslogen der Lehrlinge und Gesellen. [Rudolstadt ca. 1805.] V: *Schröder, Friedrich Ludwig.* (wolfstieg II, 529)

— üb. Davoust's, Herzog v. Eckmühl, Memoire. 8. Bahn, Hamb. 814.

Bemerkungen über das Memoire des Marsch. Davout an d. König. 8. Hamburg 1814. 0,50.

— üb. d. Memoire d. Marschalls Davoust an Ludw. XVIII 8. 814. Ist jetzt Verl. von Petersen in Altenburg.

Bemerkungen zu einem jüngst erschienenen Memoire über Armstrong- und Krupp-Geschütze. 8. (16 S.) Wien, Seitler. 20 kr.

—— zu dem dänischen Memorandum in Betreff der finanziellen Beschwerden Holsteins. gr. 8. (28 S.) Hamburg 858, Perthes-Besser und Mauke. *

Bemerkungen über Menschen und Sitten auf einer Reise durch Franken, Schwaben, Bayern und Österreich Im Jahre 1792. O. O. 1794. V: *Sternberg (?), Casp. Graf.* (H. F. Wagner, Anonymes und Pseudonymes in der Salzburger Litt. 1910, S. 12) (petzek S. 31 verboten) (biblport)

— üb. Menschen u. Sitten, auf e. Reise, 792. 8. Zürich, Orell. 794.

Bemerkungen und Vorstellungen, Merkantilische, in Bezug auf das Königreich Hungarn . . . Pressb. 1804. V: *Glückswerth, Michael.* (SZMJ)

Bemerkungen über Merseburg. O.O. [1785.] V: *Krause, Chn Siegmund.* (MGT)

Einige militärärztl. Bemerkgn üb. d. Ausrüstg u. Feldverpflegg d. Truppen. Von Dr. 8. Berlin 1867.

Bemerkungen, Militärische. Celle 1797. V: *Morath.* (MGT)

— militär., über d. Eroberung v. Holland durch d. Franzosen in d. J. 1793 u. 94 x. (v. A. D. G. v. Groß). Mit 2 Karten. gr. 8. Dresd. 806. Walther. 1 ℛ 8 𝔤𝔤

Bemerkungen, Militärische und politische, über die Vertheidigung von Frankreich. 8. Frankfurt 1795.

— militär. u. polit., üb. d. Vertheidigung v. Frankreich. 4 Stcke. gr. 8. Frankf. 796. (Schäfer). 14 𝔤𝔤

Bemerkungen über natürliche und künstliche Mineralwasser . . . Zürich 1802. V: *Schinz, Chph Sal.* (call)

— über den Mißbrauch d. Tabacksrauchklystiere bei eingesperrten Brüchen. gr. 8. Leipz. 801. (Aue in Altona). 16 𝔤𝔤

Bemerkungen über die Mittelpunkte von Kegelschnitten einer Fläche zweiten Grades. [Dresden 1884.] V: *Beyel, Christian.* (Cat. d. Stadtbibl. Zürich. Zürich 1864—97.)

— üb. die Moldau u. Wallachei, s. a. v. Raicevich.

Bemerkungen über die Moldau und Wallachey in Rücksicht auf Geschichte, Natur und Politik. Wien 1789. V: *Hofstäter, Felix.* (Jes)

— üb. d. Moldau u. Wallachey, in Rücks. auf Geschichte x. a. d. Ital. 8. Wien, Camesina. 790.

Bemerkungen über einige empfehlungswürdige Momente in der Erziehung der Alten. Regensb. 1810. V: *Aurnhammer, Emmerich Jacob.* (MGT)

— über d. Mord d. französ. Gesandten zu Rastadt. 8. Leipz. 799. Knorck. 2 𝔤𝔤

Bemerkungen über die Mündigkeit zum Testiren nach Römischem Rechte. Jena 1800. V: *Schultes, Heinrich Wilh.* (EB)

Bemerkungen über Musik. [Leipzig 1818.] V: *Michaelis, Chn Friedr.* (MGT)

– über die jüngst erschienene N a c h r i c h t des Hrn. Ritters Sangrain über d. natürl. Methode beim Sprachunterrichte. gr. 8°. München 1828. Finsterlin.

Bemerkungen und Nachrichten von den neuen Polizey- und andern guten Anstalten in München. [Salzburg 1798.] V: *Baader, Clemens Alois.* (MGT)

— über d. Nachtheil des Abbaues d. Aemter, an N. G. Berl. 802. Maurers B. 2 gr

— über d. Schrift d. Hrn. Trittermann: die Nachtheile d. öffentl. Verfahrens. 8. Elberf. 817. (Aachen, Schreiner). 3 gr

Bemerkungen, einige, über den Nachtrag zu den Büsten Berlin. Gelehrten, Schriftsteller u. Künstler, (v. Jh. Gf. Bremer). 8. Berl. 792.

Bemerkungen, Einige, über den Nachtrag zu den Büsten Berlinischer Gelehrten, Schriftsteller und Künstler. Berlin 1792. V: *Bremer, Johann Gottfried.* (GGr) (Ky) (MGT)

Nachträgliche Bemerkungen zu der in Aachen 1830 erschienenen Deduction der Rechte des Herzogs von Looz-Corswarem etc. Bonn 1831.

— nachträgliche, über d. Retorsions-Concordat. gr. 8. Zürich 823. Orell. 6 gr

— üb. d. kürzl. ersch. Schr.: Napoleon, Kais. d. Franz. 8. Berl. Himburg. 804.

Bemerkungen, Naturgeschichtliche, über das Schamserthal im Canton Graubünden, nebst Notizen über das Bad von Pigneu bei Andeer. [Zürich 1830.] V: *Schrämli, Johann Jacob.* (Cat. d. Stadtbibl. Zürich. Zürich 1864—97.)

— neue, über Branntweinblasen rc. Mit 1 Kpf. 8. Leipz. 803. (Brockhaus). 10 gr

— neue, üb. Brandweinblasen. 8. Leipz. Gleditsch. 803.

— neue, üb. England, a. d. Fr. f. Cover.

Neue Bemerkungen über den Zungenkrebs, die Schaafpocken, den Rotz der Pferde und über die Rindviehseuche. Mühlhausen, 1794. 46 S.

Bemerkungen, nicht gelehrte, aber gemeinnützige, auf meiner Reise nach G. an m. Freund R. 8. Schwabach 805. Mizler. (Joachim in Lpz.) 8 gr

— noch einmal, üb. d. preußl. Vertrag. 8. Frankf. Eßlinger. 795.

— noch einmal, über d. Preuß. Vertrag. 8. Frankf. 795. (Schäfer). 3 gr

Noch einmal Bemerkk. üb. d. weiteren Preuss. Vertrag mit d. Frankenrepublik v. 17. Mai 1795. In Betr. d. Demarcationslinie u. d. Neutralität. *s. l.* 795. 8.

— über die russische Note vom 19/31. Juli d. J. in Betreff der Intervention in den roman. Donaufürstenthümern. Von einem Moldauer. gr. 8. (20 S.) Wien im August 848. (Gerold, Verlag.)

Bemerkungen, Einige durch Zeitumstände nöthig gewordene, über Verbesserung des Gesindewesens. Leipzig 1844. V: *Marloth, Carl Julius.* (Haan)

Bemerkungen (Einige durch Zeitumstände nöthig gewordene) über Verbesserung des Gesindewesens. gr. 8°. Leipzig, Orthaus, 1845.

Bemerkungen über die Nothwendigkeit und Einrichtung zweckmässiger Arbeits- und Industrieschulen in den kleinen Städten und Flecken hiesiger Lande. [Hannover 1807.] V: *Zwicker, Ludw. Chn Wilh.* (NN)

Bemerkungen über die Nothwendigkeit eines populären, doch möglichst gründlichen Unterrichtes in der Naturgeschichte. [Graetz 1837.] V: *Anker, Mathias Joseph.* (EB)

Nützliche Bemerkungen f. Garten- u. Blumenfreunde. Gesamm. v. J. H. A l b o n i c o. H. 1-9 (m. fortlfd. Pag., 9 Vol.). Leipz. 1795-1800.

Nützliche Bemerkungen für Garten- und Blumenfreunde. Gesammlet von Johann Heinrich Albonico. H.2. Leipzig: Gerh. Fischer 1796. 8°

— üb. d. Nützlichkeit d. Beitritts zu d. allgem. Zollverein, in Hinsicht auf d. Distrikt d. ehemal. Badischen Neckarkreises, v. ein. dort. Produzenten. gr. 8. (1 B.) Heidelberg 834, A. Oßwald.

— einige, über die Nützlichkeit d. Fabriken u. Manufakturen, über d. jetzigen Verfall im Großherzogth. Niederrhein rc. Von e. Aachener Bürger. 8. Aachen 818. Mayer. 16 gr

Bemerkungen, Offenherzige, über die Brenneckesche Schrift: Biblischer Beweis, dass Jesus Christus nach seiner Auferstehung noch 27 Jahre auf Erden gelebt habe. Hannov. 1820. V: *Sollmann, G. H.* (GGr) (MGT)

— offenherzige, über die Brenneckesche Schrift: Bibl Beweis, das Jesus nach seiner Auferstehung noch sieben u zwanzig Jahre leibhaftig auf Erden gelebt habe. 8. Hannover, Helwing. 820.

— ökonom.-phisikal.-statist., über d. gegenwärt. Zustand d. Landwesens in Ungarn, s. u. Theschedik, d. Landmann.

— ökon. physical. statist. üb. d. gegenw. Zustand d. Landwesens in Ungarn. (ist e. N. Tit. d. Buchs: Theschik Landmann). gr. 8. Presburg, Mahler. 787.

— ökonom.-prakt., üb. e. bessere, allgemein anwendbare Baum-, Weinreben- u. Garten-Cultur. 8, (Leipzig.) 1795. — 10

Bemerkungen über den Oktroi-Vertrag und die Mainzer Schiffer-Organisation, nebst einer historischen Einleitung über das Schiffahrtswesen des Oberrheins . . . Heidelberg 1806. V: *Gaum, Friedrich Wilhelm.* (StbKöln II, 163)

— üb. d. Oktroi-Vertrag u. d. Mainzer Schifferorganisat. rc. 8. Heidelb. Mohr u. Zimmer. 806.

Schreibp.

— üb. d. Operationen d. österr. Armee. 1795. 8. Frankf Eßlinger. 795.

— über d. Operationen der österreich. Armee im J. 1795. 8. Frkf. 795. (Schäfer). 3 gr

—— über d. neue Organisation uns. Schulwesens. Veranlaßt durch d. Entwurf eines Sekundarschulgesetzes u. öffentl. Urtheile üb. dass. Allen Freunden d. vaterländ. Schule, insbesond. d. Mitgliedern d. Gr. Rathes z. Prüfung empfohlen. gr. 8. (2½ B.) Bern 836, Jenni Sohn.

— über einige Originalschriften d. Illuminatenordens. 8. Frkf. 787. Brönner. 6 gr.

— über d. jetzigen Pachtverhältnisse, so wie über d. neuerlich im Herzogth. Köthen eingeführte Verpachtungssystem ꝛc. 8. Zerbst 826. (Magazin f. Ind. in Leipz.) 5 gr

— üb. d. jetzigen Pachtverhältnisse, so wie über das neuerlich im Herzogth. Köthen eingeführte Verpachtungssystem ꝛc. 8. Zerbst 827. (Magazin f. Ind.)

BEMERKUNGEN über Pantomime und Ballet. (In den Baierischen Beyträgen zur schönen und nützlichen Litteratur, München 1779.) 8°.
Bartholomäus p. 2.

— über den 75n §. des jüngsten Reichsfriedensdeputationsschlusses, oder die transrhenan. Sustentation, (v. A. F. Groß). 8. Germanien. 805.

— zu einigen Partien des Strafgesetz-Entwurfs. [Aus: „Neue freie Presse".] gr. 8. (II, 66 S.) Wien 889. Manz. n. — 80

Bemerkungen eines Patrioten über Grövell's Sendschreiben an d. König Friedr. August, Sachsens Wiedergeburt betreffend. 8. Leipz. 815. Er. Fleischer. 4 gr

Bemerkungen, Patriotische, über die Aufhebung der Leibeigenschaft in Ungarn. Von J. M. S. Frankfurth 1785. Wien 1786. V: *Schweighofer, Joh. Mich.* (WBL 32/360) (KY 5/200) (Bespr. Allg. Wiener Bücher-Nachr. 1786. S. 101) (BiblPort)

— patriot., über d. große Burschenfest auf d. Wartburg 1817. 8. Hamb. 818. A. Campe.

Bemerkungen, Patriotische, über 1) die Diminution der zu der französischen Brandschatzung einzuziehenden Vermögenssteuer; ... O. O. 1796. V: *Hehl, Chn.* (MGT)

Bemerkungen, Patriotische, aber ehrfurchtsvolle, über die von Sr. Majestät, dem Könige von Preußen, durch höchst dero Minister am Reichstage zu Regensburg gemachte Erklärungen in Betreff des am 5. April 1795 mit der französischen Republik geschlossenen Friedenstractates. O. O. 1795. V: *Müller, Joh. v.* (GGr)

— patriotische, über d. Erwartungen v. d. bevorstehenden allgem. Landtage im Königr. Sachsen. 8. Leipz. Voß 820.
Die Forts. s. unt. d. Titel: Betrachtungen, patriotische, über verschiedene Landesangelegenheiten ꝛc.

Bemerkungen, Patriotische, gegen die von Kurbayern an das Licht getretne Schrift: Rechtmässigkeit ... Frankf. u. Leipz. 1770. V: *Schrötter, Franz Ferd. Edl. v.* (weber)

— patriot., gegen die kurbaier'sche Schrift: Rechtmäßigkeit d. Baier'schen Landesverordnung ꝛc. Fol. Wien 771, Krauß. 16 gr

Patriotische Bemerkungen in Hins. der Sekularisation und dessen unvermeidlich betrübten Folgen. Germanien, 1802.

Bemerkungen, Patriotische, über die Steuerfreyheit der Rittergüter. Leipzig 1811. V: *Schlegel, Otto Heinr. Schweibold v.* (MGT)

Bemerkungen, Patriotische, über die gegenwärtige Theuerung in Wien. Im Jänner 1791. V: *Hoffmann, Leop. Alois.* (L. A. Hoffmann, Höchstwichtige Erinnerung zur rechten Zeit 1/187) (BiblPort)

— patriot., u. Vorschläge, üb. einige für jeden Preußen höchst wichtige Gegenstände, v. C. v. B. 8. Berl. 809. Maurer's B. 6 gr

— patriot. u. Wünsche e. Hildesheim. Patrioten, bei d. Regierungs-Veränderung 1802 ꝛc. 8. Zelle 803. Schulze. 12 gr

— Wünsche u. Vorschläge, patriot.-pädagogische, zur Beseitigung der, d. wechselseit. Schuleinrichtung entgegensteh. Hindernisse ꝛc. in Briefen. 1r Thl. gr. 8. Altona 831. Aue. 18 gr

— über Gregels Schrift: das landesherrl. Patronatrecht ꝛc., (v. F. A. Frey). gr. 8. Frankf. 806. Andreä. 9 gr

— jedem Pferdebesitzer, vorzügl. d. Landmann als Pferdezüchtler, gewidmet. Mit lithogr. Abbildd. 8. Freiburg 829. Wagner. 14 gr

Bemerkungen, Des Philosophen aus dem Uranus freymüthige, über den moralischen und literarischen Zustand von Deutschland. Constantinopel 1796. V: *Pahl, Johann Gottfried.* (KY)

Bemerkungen, Philosophische, über die Republiken ... A. d. Franz. Amsterdam ... [Ansbach] 1787. V: *Klenk, Ernst von.* (ML) (Wr)

— philosoph., über die Republiken u. Reichsstädte. 4. Ansb. 787. (Gassert). 6 gr

Bemerkungen, Philosophische, über das Studienwesen in Ungarn. Pest, Ofen und Kaschau 1792. V: *Tichy, Franz.* (PK)

— philosoph., über d. Studienwesen in Ungarn. 8. Pesth 792. Stromeyer. 8 gr

Bemerkungen philosophisch-medizinische
Philosophisch-Medicinische Bemerkungen und Ansichten über die angeblichen Wunder-Kuren des Herrn Fürsten Alexander von Hohenlohe, frei dargestellt von einem praktischen Arzt. 23 S., gbd.

Frankfurt am Main: Heller & Rohm 1821

—— eines alten Physikus üb. d. neuern Reformen in d. preuß. Medicinalwesen, u. üb. d. darauf bezügl. Schriften d. Hrn. Wasserfuhr u. Wendt. gr. 8. (4 B.) Leipzig 838, Volckmar.

— physiol. üb. d. Menschen. gr. 8. Petersb. (Gräff, L.) 790.

— physiolog., über d. Menschen. gr. 8. Petersb. 790. (Wienbrack in Leipz.) 6 gr

Bemerkungen über ein Plagiat Klopstocks. [Leipzig 1797.] V: *Wolffram und Wolfframitz, K. J. G. Freih. von.* (MGT)

Bemerkungen zu dem neuen Plane für den Elektrotechnischen Unterricht. (Unterz.: Charlottenburg, 1. 11. 1905. Der Abteilungs-Vorsteher. W[alter] Reichel.) 1 Bl. 4°

Bemerkungen über Pol und Polare eines Kegelschnittes. O. O. [1888]. V: *Beyel, Christian.* (Cat. d. Stadtbibl. Zürich. Zürich 1864—97.)

Bemerkungen, Einige polizeimässige, eines Teutschen Rechtsgelehrten über die Wahl der Reichsdeputaten zu dem künftigen Friedens-Congress. Germanien 1796. V: *Hoffmann, Andreas Joseph.* (HS) (MGT) (WT) (NN)

Bemerkungen, Pragmatische, über Fächer und Visitenkarten. [Halberstadt 1799.] V: *Niemann, Johann Friedrich.* (MGT)

— praktische, f. den Betrieb der Frei- u. Gewehrübungen sowie d. Bajonnetfechtens. 16. (40 S.) München 874. Franz. — 75

— prakt., zur Forstwissenschaft. 3 Stcke, mit Kpf. 8. Frankf. 783—85. Varrentrapp. 16 ggr.

— prakt., die Führung d. evangel. Predigtamts betreffend. Aus d. Protokollen zu Herrnhut rc. gr. 8. 814. (Leipz., Kummer). 6 ggr.

— prakt., die Führung des evangel. Predigtamts betreffend, sind v. (Jh. Konr. Hegner) u. d. Pr. nur 5 ggr.

— prakt., u. Geheimnisse, d. Haushaltungskunst betreff. 12 Stcke oder 3 Bde. 8. Quedlinb. 785—91. Ernst. 1 rthl 18 ggr.

Bemerkungen, Praktische, über die Oberlausitzische Landwirthschaft; ... Dresden u. Zittau 1805. V: *Riesch, Isaac Wolfgang Graf von.* (MGT)

— prakt., über d. oberlausitz. Landwirthschaft rc., von Gr. v. R. 8. Dresd. 805. (Schöps in Zittau). 16 ggr.

Bemerkungen, Praktische, über den Missbrauch der Tabacksklystiere ... Leipzig 1801. V: *Fielitz, Friedrich Gottlieb Heinrich.* (EngM) (Ky) (MGT)

— prakt., üb. d. Missbrauch d. Tabaksrauchklystiere b. einwärtsverr. Brüchen. gr. 8. Lpz. Jacobäer. 801.

Bemerkungen, Praktische, über die Schrift: Preussische Städte-Ordnung von Fr. v. Raumer, ... Mannheim 1828. V: *Reccum, Freih. von.* (EngJ)

— prakt., üb. d. Schrift: Preuß. Städte-Ordn. v. Hrn. Prof. v. Raumer, u. üb. d. Beleuchtung dies. Schrift, v. Hrn. Geh. O. R. R. Streckfuß. gr. 8. (5 B.) Mannheim 828, (Löffler.)

Bemerkungen, praktische, üb. d. Wahlkapitulation Leopolds II. 8. Frkft. Brönner. 792.

— und Wünsche, einige praktische, über die öffentl. Bibliotheken in Preussen. gr. 8. (2¼ B.) Leipzig 842, T. O. Weigel. *

Aus: Serapeum etc. besond. abgedruckt.

— prakt., üb. d. Zucht, Wartung u. Krankheiten d. Pferde, d. Rindviehes, d. Schaafe, Ziegen, Schweine, d. Federviehes, d. Fische, Bienen- u. Seidenwürmer. 2., von ein. Praktiker verb. u. verm. Aufl. gr. 12. (8 B.) Leipzig 828, Baumgärtner.

— prakt. üb. d. Zusätze d. Wahlkapitulat. Leopolds II. 8. Frankfurt, Brönner. 792.

— aus der Praxis üb. Grund- u. Hypothekenbücher. gr. 8. (3 B.) Jena 846, Frommann. *

— eines Preußen über den Entwurf der Gemeinde-Ordnung für den preuß. Staat. gr. 8. (16 S.) Berlin 840, G. Bethge. *

— preußische, über die russisch-österreichischen polit. Gedenkblätter für preuß. Deputirte zu Erfurt. gr. 8. (16 S.) Berlin 850, Hayn.

Bemerkungen, Einige, zum Projekt für das Parlamentsgebäude. [Bern 1891.] V: *Auer, Hans.* (Zuwachsverz. d. Bilbliotheken in Zürich 1898 ff., 8.)

Bemerkungen, einige, zu dem Pro Memoria, die Landespferdezucht betreffend, welches am 28. Februar 1859 auf dem Büreau des Hauses der Abgeordneten ausgelegt wurde. 8. (16 S.) Magdeburg 859, (E. Baensch.) Thlr. * *

Bemerkungen eines Protestanten in Preussen, über die Tzschirnerischen Anfeindungen der röm.-kathol. Kirche. Offenb. 1824. V: *Haza-Radlitz, Alb. von.* (MGT)

— e. Protestanten in Preußen üb. d. Tzschirner'schen Anfeindungen d. römisch-kathol. Kirche. 8. Offenbach 824. Expedition des Staatsmannes.

— e. Protestanten in Preußen, üb. d. Tzschirner'schen Anfeindungen der römisch-kathol. Kirche. 8. Offenb. 824. (Pergay in Aschaffenb.) 8 ggr.

— eines Protestanten in Preußen über die Tzschirner'schen Anfeindungen der röm.-kathol. Kirche. 8. Offenbach 1824, Hauch. 36 kr.

— eines Protestanten über den Vortrag des Hrn. Staatsministers v. Könneritz in den sächs. Kammern, den Erlaß d. d. Dresden am 17. Juli 1845 betreffend. gr. 8. Altenburg 845, Helbig. 4 ngr.

— protestantische zu dem Bittschreiben der preußischen Bischöfe im Novbr. 1859 an des Prinz-Regenten Königl. Hoheit um Erhaltung der vollen weltlichen Macht für den Papst. Elberfeld 860. Bädeker in Comm. 8. (28 S.) n. 5 ngr.

— — 2. verm. Aufl., nebst dem bischöflichen Schreiben. Ebend. 860. 8. (34 S.) n. 5 ngr.

Bemerkungen zur neuen Prozeß-Ordnung und Gerichts-Organisation. gr. 8. (23 S.) Breslau 870, Aderholz' Buchh. *

— über d. Prozeß-Ordnung f. d. Untergerichte d. Königr. Hannover. (Von J. Hardeck.) 8. (4 B.) Hildesheim 828, Gerstenberg.

Vgl. Gegenbemerkungen.

Bemerkungen über die in den Provinzial-Berichten enthaltene Recension des Dieckschen Sendschreibens. O. O. [1817]. V: *Decker, Jacob.* (LS)

— psychologische, in Brief. 8. Nördl. Beck. 781.

— psycholog. üb. militär. Gegenst. 8. Celle, Schulze. 797.

Bemerkungen über einige Punkte in einer Schrift: Betrachtungen über das Herzogthum Kurland ... Warschau 1789. V: *Manteuffel-Szoege, Carl von.* (R-N)

— über einige ungewisse u. streit. Punkte aus d. ältern Geschichte Thüringens rc. 8. Leipz. 805. Compt. f. Litt. 8 gr

Bemerkungen über verschiedene Puncte des Systems der Lateinischen Sprachlehre ... Braunschw. 1843. Ü: *Fries, G.* (BrMm)

Bemerkungen über die vorläufigen Punkte einer (zu errichtenden) Association Hamburgischer Einwohner, zur gemeinsamen Versicherung ihres Mobiliar-Vermögens auf dem Fuß der Hamburgischen Feuer-Casse, in Gemäßheit des von G. E. Bieber bekannt gemachten Plans, welcher auch von den bisherigen Beförderern dieser Association zum Bevollmächtigten gewünscht wird, und der hoffentlich diese Wünsche erfüllen wird. Hamburg 1795.

— über Regier. Religion rc. der Venezianer in Br. 2 Thle. gr. 8. Bayr. Lübeck. 800.

Bemerkungen üb. Anselmus Rabiosus [W. L. Wekhrlins] Reisen durch Oberdeutschland in Briefen. Ohrdruff [Carlsruhe] 1778. V: *Zapf, Georg Wilhelm.* (BB) (Ky) (MGT) (Wr)

Bemerkungen zur Realschulfrage. Von einem Mitgliede des Abgeordnetenhauses. Berlin 1877. V: *Gerber, Gustav.* (Russell II, 2, 197)

—— zur Realschulfrage. Von einem Mitgliede des Abgeordnetenhauses. gr. 8. (21 S.) Berlin 877, H. W. Müller. *

— rechtl. in Rücksicht ein. allgem. Gesetzbuchs. gr. 8. Leipz. J. G. H. Richter. 802.

Bemerkungen, Rechtliche, über das Recht der Eroberung und Erwerbung im Kriege, mit Rücksicht auf die neuesten Zeitereignisse. O. O. 1814. V: *Tittmann, Carl August.* (EngJ) (Ky) (MGT) (NN)

— rechtl., über das Recht d. Eroberung u. Erwerbung im Kriege. gr. 8. Meißen 814. Goedsche. 3 gr (Münch. 814. J. Lindauer). 1½ gr

—— rechtliche, eines Zollpflichtigen üb. d. 1836 zu Kiel erschien. publicist. Votum e. Zollfreien. gr. 8. (12¼ B.) Hamburg 837, Perthes-Besser u. Mauke.

Bemerkungen über die Rechtmässigkeit und über die Vortheile des Friedens des Königs von Preussen mit der Franz. Republik. [Leipz. 1795.] V: *Bergk, Johann Adam.* (MGT)

— e. Rechtsgelehrten (Chr. Wiederhold's), über d. neulich erschien. Reichshofraths-Conclusum v. 22. Juni 1797 rc. 8. Lemgo 790. (Meyer). 5 gr

Bemerkungen eines Rechtsgelehrten über das neulich erschienene Reichs-Hofraths-Conclusum vom 22. Juni 1792, ... 1798. V: *Wiederhold, Christian.* (stri) (MGT) »Lemgo 1790« (Ky)

— ein. Rechtsgelehrt. üb. d. neul. erschien. Reichshofr.-Conclusum, v. 22. Juni 1797. rc. 8. Lemgo, Meyer. 799.

Bemerkungen, Rechtshistorische, über die österreichischen Toleranz-Gesetze. Innsbruck 1862. V: *Wörz, Joh. Gg Ritt. v.* (Mitth. Dr. Ign. Schwarz-Wien.)

—— rechtshistorische, über die österreichischen Toleranzgesetze und deren Wirksamkeit in Tirol. 8. (87 S.) Innsbruck 862, Wagner'sche Universitäts-Buchh. *
Aus: Tiroler Bothe, besonders abgedruckt.

Bemerkungen über den Rechtsstreit des Gutsbesitzers von Hammerstein ... Lübeck 1813. V: *Gottschalck, Joh. Martin Christian.* (MGT) (NN)

Bemerkungen über die von Herrn Oberförster Kasthofer vor dem Bernischen Verfassungsrath gehaltene Rede über den Kampf der Demokratie mit der Aristokratie in der Republik Bern s. (St[ettler], C[arl Ludwig]).

—— veranlaßt durch d. am 1. Febr. 1880 erlass. Reduktion d. Arzneytaxe f. d. Hrzgth. Schleswig u. Holstein, u. Wünsche f. deren Abänderungs. v. einem Apotheker. gr. 8. (1¼ B.) Hamburg 881, Perthes u. Besser.

— üb. d. Reduktionen der preuß. Beamten, von e. Manne, der es gut mit d. preuß. Staate meint. 8. Nürnberg 825. Riegel u. W.

—— einige, über die Reform der Prüfungsordnung für die deutschen Aerzte. Den Reichsbehörden und dem Reichstag gewidmet und zu freundl. Beachtung empfohlen von einem alten Arzt im jungen deutschen Reich. gr. 8. (18 S.) Heidelberg 877, (Emmerling und Sohn.) *

—— einige, zur Reform der politischen Verwaltungsbehörden in Oesterreich. Lex.-8. (III und 48 S.) Pest 860, Geibel.

— u. Regeln, üb. d. Cultur u. Charakteristik der Aurikeln v. Ranft u. Seelig. 2 Stck. 8. Erf. Keyser. 798—800. (1 ß 4 gr., 2 ß 8 gr.)

Bemerkungen u. Regeln üb. d. Cultur u. Charakteristik d. Aurikel, (v. Ranft, Selig u. A.) (Aus Neuenhahn's Annalen d. Gärtnerei). 2 Lief. 8. Erfurt, 1798 u. 1800. (Leipzig, A. Winter.) — 15

[F.] Zum Entwurf e. Bürgerl. Gesetzb. f. d. Deutsche Reich. **Bemerkungen** der Grossherzoglich Mecklenburg-Schwerinschen Regierung zu den Entwürfen eines Bürgerlichen Gesetzbuchs f. d. Deutsche Reich u. e. Einführungsgesetzes zu dies. Gesetzb. Als Ms. gedr. Bd 1. 2. *Schwerin: Dr. d. Sandmeyerschen Hofbuchdr. 1891. 92.* 2 Bde 8.
1. 1891. (XIX, 299 S.) 2. 1892. (XVI, 288 S.) [91. 890

[F.] Zum Entwurf e. Bürgerl. Gesetzbuchs f. d. Deutsche Reich. **Bemerkungen** der Grossherzoglich Mecklenburg-Schwerinschen Regierung zu dem Entwurfe eines Bürgerlichen Gesetzbuchs für das Deutsche Reich zweiter Lesung. Als Ms. gedr. *Schwerin: Dr. d. Sandmeyerschen Hofbuchdr. 1895.* (VIII, 140 S.) 1 Bd 8. [96. 3730

— über die Regierung, Religion, den Aberglauben, die Erziehung u. Ehe d. Venezianer, in Briefen, v. J. F. F. (Fick). 2 Bdchn. Mit 2 Kpf. gr. 8. Bayr. 800. (Grau). 1 ß 20 gr

— auf e. Reise durch Angeln, s. oben Bemerkk. d. Angeln.

— auf e. Reise v. Berlin nach Bromberg in Westpreußen rc., (von C. H. Oesterlein). 8. Berl. 784. Rottmann. 12 gr

— auf e. Reise in Briefen an eine Freundin, (v. J. G. A. Böttcher). 8. Halle 778. Hendel. 8 gr

Bemerkungen auf einer Reise durch Franken. [Gött. 1782.] V: *Strelin, Georg Gottfried.* (MGT)

— auf einer Reise nach d. Preuß. Gestüts-Anstalten, s. G. F. Petersen, kl. Schriften.

— auf e. Reise von Gotha nach Mainz, (v. J. H. G. Hermann). 8. Frankf. u. Leipz. 791. 8 gr

— auf e. Reise v. Gotha n. Mainz. 8. Hildburgh. Hanisch 792.

Bemerkungen auf einer Reise von Göttingen nach Cuxhaven. [Hannover 1787.] V: *Meiners, Christoph.* (MS)

Bemerkungen auf einer Reise von der türkischen Gränze über die Bukowina durch Ost- und West-Gallicien, Schlesien und Mähren nach Wien. Wien 1804. V: *Rohrer, Joseph.* (GGr)

Bemerkungen auf einer Reise nach Harbke; ein Beitrag zur Forstwissenschaft und Gartenkunst. Berlin und Stettin 1792. V: *Hennert, Carl Wilh.* (MGT) (ML)

— auf e. Reise nach Harbke; e. Beitrag z. Forstwissenschaft u. Gartenkunst. (V. Carl Wilh. Hennert). 8. Berlin, 1792. Nicolai. — 10

— auf e. Reise über den Harz, s. a. Reisen, neue, in Deutschland, 2r Bd.

Bemerkungen, a. e. Reise üb. d. Harz. (od. n. Reis. in Deutschl. 2r Thl.) 8. Leipz. Sommer. 800. Rthlr.

— auf e. Reise nach Holland, im J. 1790. 8. Oldenb. 793. (Helwing in Hannov.) 9 gr

Bemerkungen auf einer Reise von Jena nach Altenburg, Dresden, Königstein und Meissen. [Berlin 1793.] V: *Rathmann, Heinrich.* (MGT) (Schr)

Bemerkungen auf einer kleinen Reise auf den Petersberg im Saalkreise. Dresden 1791. V: *Pollmächer, Chn Sal.* (BrMm) (Ky)

— auf e. kleinen Reise a. d. Petersberg rc. 8. Dresd. Richter. 791.

Bemerkungen auf einer Reise von Kopenhagen nach Wien im Jahr 1793. Hamburg 1795. V: *Bozenhard, E.* (MGT) (ML)

Bemerkungen auf einer Reise durch die Lausitz und Sachsen. [Berlin 1783.] V: *Klose.* (MS)

— auf e. Reise v. Leipzig bis London, in Briefen, (von Jh. Gli. Burckhardt). 8. Leipz. 783. (Brockhaus). 6 gr

— auf e. Reise v. Leipzig b. London, in Br. 8. Leipzig, Gleditsch. 783.

— auf e. Reise n. d. Levante; a. d. Franz. v. Dohm. 8. Leipz. Fritsch. 774.

— auf e. Reise nach d. Levante. A. d. Französ. (des J. H. v. Riedesel), (v. Chr. K. W. v. Dohm). 8. Leipz. 774. (Hahn). 10 gr

Bemerkungen auf einer litter. Reise durch einen kleinen Theil d. kathol. Deutschland. Erfurt 1778. V: *Will, Schwarz, Siebenkees,* Prof. in Altdorf. (Prantl, Ingolstadt I, 634)

Bemerkungen auf einer Reise von London nach den Seen von Westmoreland und Cumberland, Naturgeschichte, Ökonomie und Litteratur betreffend. [Leipz. 1796.] V: *Kramer, Carl Siegmund.* (MGT)

— auf e. Reise durch die Landschaft Narrenburg. 8. Abdera. (Augsb.) 791. v. Jenisch u. St. 9 gr

Bemerkungen auf einer Reise durch Stadt und Landschaft Narrenburg gesammelt. Von Demokritus dem Jüngeren. Abdera 1790. V: *Jenisch, Daniel.* (Mitth. Dr. Georg Herzfeld-Berlin.)

Bemerkungen auf einer Reise durch die Niederlande nach Paris im XI. Jahre der Republik, ... Thl. I. II. Hamburg 1804. V; *Sierstorpff, Caspar Heinrich Freiherr von.* (EngG) (Ky) (MGT) (NN)

— auf e. Reise d. d. Niederlande n. Paris im 11. J. der Republ. 2 Thle. 8. Hamb. Bohn. 804.

— auf e. Reise durch d. Niederlande nach Paris, größtentheils in Bezieh. auf Gemälde u. Kunstgegenstände. (v. K. H. v. Sierstorpf). 2 Thle. 8. Hamb. 804. (A. Campe). 2 rthl 12 gr

Bemerkungen auf einer Reise aus Norddeutschland über Frankfurt nach dem südlichen Frankreich im Jahre 1819. Rudolstadt und Leipzig 1822. V: *Mutzenbecher, Johann Daniel.* (Schr)

Bemerkungen auf e. Reise aus Norddeutschland über Frankfurt nach d. südl. Frankreich im J. 1819. 8. Rudolstadt 822. (Leipz., Rein.) Rthlr.

— auf e. Reise in d. Rheingegenden. Mit Kpf. gr. 8. Lpz. 797. Linke. 1 rthl 16 gr

— a. e. Reise d. Sachsen u. Mainz 8. Halle, (Osterloh, S.) 796.

Bemerkungen auf einer Reise durch Schlesien, Böhmen und einen Theil von Östreich nach Salzburg, von einem Ostpreussen. Gumbinnen 1829. V: *Haak.* (EngG) (LVS) V: *Schmaz, Fr.* [?] (Ky)

— auf ein. Reise durch Schlesien, Böhmen u. ein. Theil v. Oestreich nach Salzburg, v. ein. Ostpreußen. 8. (21½ B.) Gumbinnen 829. (Königsberg, Gebr. Borntråger.)

— auf e. Reise v. Straßburg bis an d. Ostsee, (v. A. W. Schreiber). 2 Bdchen. 8. Offenb. 793, 94. Brede. 22 gr

— auf e. Reise durch e. Theil v. Deutschland, d. Schweiz, Italien u. Frankreich, im J. 1806. gr. 8. Königsb. 809. Unzer. 1 rthl 4 gr

Bemerkungen auf einer Reise durch einen Theil des schlesischen Gebirges und der Grafschaft Glatz. Breslau 1793. V: *Fischer, Joh. Wilh.* (BrMm) (GGr) (Ky) (MGT) (LVS)

— auf e. Reise durch e. Theil d. Schles. Gebirges u. die Grafschaft Glatz. 8. Bresl. 793. (Gosohorsky). 10 gr

— a. e. Reise d. e. Theil d. Schlesischen Gebirges ꝛc. 8. Br. Meyer 793.

Bemerkungen auf einer Reise durch einen grossen Theil von Deutschland. Zürich 1793. V: *Onymus, Adam Jos.* (KY) (MGT) (NN)

Bemerkungen auf einer Reise durch einen Theil Preussens. Königsberg 1803. V: *Wedecke.* (KY) (MGT)

— auf e. Reise d. e. Thl. Preußens. 2 Bdch. 8. Königsb. Nicolovius. 803. (1s 16 gr., 2s 1 Rthlr. 8 gr.) Schreibp. (1s 20 gr., 2s 1 Rthlr. 16 gr.)

— auf e. Reise durch e. Theil Preußens, von e. Oberländer. 2 Bdchn. 8. Königsb. 803. (Leipz., Michelsen). 2 ₰

— auf e. Reise durch verschied. Theile Englands, Schottlands u. Wales ꝛc. Aus d. Engl. 8. Leipz. 781. Breitkopf u. H. 14 gr

— a. e. Reise v. Thorn d. Posen u. Sachsen 8. Berl. Nauck. 790.

— auf e. Reise v. Thorn d. Posen nach Sachsen, (v.... Hornuf). 8. Berl. 790. (Stuhr). 16 gr

Bemerkungen auf einer Reise im Bayreuthischen Voigtlande. [Gera ca. 1785.] V: *Behr, C. Aug.* (MGT)

— über Anf. Rablosus Reisen durch Oberdeutschland, in Briefen, (von G. W. Zapf). 8. Ohrdruff. (Karlsr.) 778.

— e. Reisenden, durch Deutschland, England u. Holland, in Briefen an s. Freunde, (v. J. Fr. K. Grimm). 3 Thle. 8. Altenb. 775—79. (Hennings in Neisse). 2 ₰ 16 gr

— eines Reisenden durch Deutschland, Frankreich, England u. Holland in Briefen an seine Freunde (v. Fr. C. Grimm.) 3 Thle. 8. Altenburg. (Acad. Buchh. in Jena.) 775—79.

— — dasselbe, 3 Thle 8. Altenburg, (Haslinger in Linz) 775.

— eines Reisend. d. Frankr. u. Ital. 8. Lpz. Weygang. 793.

— eines Reisend. üb. d. Concerte zu Berl. ꝛc. 8. Halle, Hendel. 788.

Bemerkungen eines Reisenden über die zu Berlin vom September 1787 bis Ende Januar 1788 gegebene öffentliche Musiken, Kirchenmusik, Oper, Concerte und Königliche Kammermusik betreffend. – Halle: 1788. In-8°, 79 S.

— e. Reisenden, über d. Musiken, Concerte ꝛc. zu Berlin. 8. Halle 788. Hendel. 4 gr

Bemerkungen eines Reisenden über einige neue Polizeyeinrichtungen in Altona. u. St. 1802. (S. 1—32, Slutn. mglr.).

Bemerkungen eines Reisenden über Potsdam, Magdeburg, Halberstadt und Berlin. [Berlin 1793.] V: *Gillet, Friedrich Wilhelm.* (Hitzig)

Bemerkungen eines Reisenden durch die königlichen Preussischen Staaten, in Briefen. Altenburg 1779. V: *Grimm, Joh. Friedr. Carl* [?] (BrMm) »1779—81« V: *Ulrich, Joh. Heinr. Friedr.* (EngG) (KY) (ML) (LVS)

– eines Reisenden durch die Königl. Preuß. Staaten. 3 Thle. (4. bis 6. Thl. der: Bemerkungen eines Reisenden durch Deutschland, Frankreich, England und Holland.) 8° Altenburg (Academ. Bchhdl. in Jena.) 1779 - 81. (I. II. 2 Rthlr., 16 gr. III.– 14 gr.)

— e. Reisenden, durch d. K. Preuß. Staaten. 3 Thle. 8. Altenb. 779—81. (Hennings in Neisse). 3 ₰ 6 gr

— eines Reisenden üb. ein. Theil v. Ost- u. Westpreußen. gr. 8. Lpz. Steinacker. 799.

— über d. Religion u. Kirchenverfassung in Lief- u. Ehstland, mit Fortsetz. 8. Leipz. 781, 82. Hilscher. 4 gr

Bemerkungen zu den neuesten Religionsbegebenheiten in Frankreich. Speyer 1791. V: *Ganther, Conrad.* (MGT)

— einige, üb. Kants philosoph. Religionslehre. gr. 8. Kiel, (Bohn, K.) 795.

— über Kants philosoph. Religionslehre. 795. Ist jetzt Verl. v. Schnuphase in Altenburg.

— üb. d. Religionszustand ꝛc. 8. Frankf. 802. Guilhaumann. 8 gr

Bemerkungen über das Resultat des Emser Congresses. 1789. V: *Schott, Joh.* (MGT)

Bemerkungen über die sogen. Resultate des Emser Kongresses. 8. 1787. Rieger in L. 8 ggr. — 30 kr.

Bemerkungen Rettung Scheintote

Einige Bemerkungen über die Rettung Scheintodter, nebst einigen merkwürdigen Rettungsfällen aus den Berichten der Londner Königl. Gesellschaft der Humanität von 1797 bis 1799. Aus dem Englischen übers. von Christian August Struve. 40 S (S.44 - 83). Breslau, Hirschberg u. Lissa: 1800

s.: Fothergill, A(nthony): Winke über die Rettungsmittel bei plötzlich gehemmter Lebenskraft. (A preservative Plan or hints for the preservation of persons... Dt.) Übers. von Ch. A. Struve. Zusätze.

Bemerkungen über die Revision des Bernischen Armenwesens. Burgdorf 1834. V: *Hunziker, Carl.* (AarK)

— über den Revisionsentwurf d. Lübeckischen Verfassung. 8. Hamburg, Hoffmann u. C. 817.

— über d. Revisionsentwurf d. Lübeckischen Verfassung. 8. Hamb. 817. Perthes u. B. 3 gr

— einige, üb. d. letzte Poln. Revolution. Von ein. Polen. gr. 8. (2¼ B.) Berlin 831, Hayn.

— dass. in französ. Sprache, s. Observations.

Bemerkungen, Rhapsodische, über die Begebenheiten mit d. Erzbischof zu Köln, Freihn. Droste-Vischering. Altona 1838. V: *Minnigerode, Ludwig v.* [?] (HS)

— rhapsodische, üb. d. Begebenheiten mit d. Erzbischofe zu Köln, Frhrn. Droste-Vischering. gr. 8. (4 B.) Altona 838, Hammerich.

— rhapsod., über verschied. Gegenstände. 8. Leipz. 790. Compt. f. Litt. 10 gr

— rhapsodische, üb. versch. Gegenst. 8. Lpz Comt. f. Litt. 799.

Bemerkungen, Rhapsodische, über Criminaljustiz, zum Theil mit besonderer Beziehung auf Hamburg. Hamburg 1828. V: *Asher, Carl Wilhelm.* (Schr)

— rhapsod., üb. Criminal-Justiz. Zum Theil mit besond. Beziehung auf Hamburg. 8. (8 B.) Hamburg 828, Meissner.

Bemerkungen, Rhapsodische, über die freie Wahl des Gerichtsstandes des Hauses Braunschweig Lüneburg in Hinsicht auf die Sache des Herrn von Berlepsch. O. O. 1797. V: *Zwierlein, Hans Karl Freiherr von.* (PROVBHann 401)

— rhapsod., über d. freie Wahl d. Gerichtsstandes d. H. Braunschw. Lüneb., in Hins. auf v. Berlepsch. 8. Hannov. 797. Hahn. 8 gr

— e. Rheinländers, über den Weinbau in den Regierungsbezirken Köln u. Koblenz, besond. zu Linz u. in d. dortigen Umgebungen. gr. 8. Köln 824. Bachem. 4 gr

— e. Maltheser Ritters, auf e. Reise durch e. Europ. Länder, gr. 8. Nürnb. 790. Schneider u. W. 6 gr (s. auch Bibliothek d. n. Reisebeschreibb., 16r Bd.)

Bemerkungen, Ph. Rosenwalls, eines Russen über Preußen und seine Bewohner. Gesammelt auf einer im J. 1814 durch dieses Land unternommenen Reise. Nebst Auszügen aus dem Tagebuche e. Reisenden über Norddeutschland und Holland. Mainz 1817. V: *Rauschnick, Gfr. Peter.* (NN 13, 1245)

Noch einige Bemerkungen über Tzschirners Schrift: Die Rückkehr kathol. Christen im Großherzogtum Baden zum evangelischen Christentum. [Leipzig. Fleischer, 1824, gr. 8°, 1.—4. Aufl.]

Bemerkungen über Russland, seine Bewohner und deren Nationaleigenheiten, gesammelt auf einer Reise. Fürth 1805. V: *Tannenberg, Gregoriätsch Baron von.* (BrMm) (Ky)

— üb. Rußland, s. Bewohner 2c. 8. Fürth. (Campe in Nürnberg.) 805.

Bemerkungen über Rußland, s. Bewohner etc., (von Greg. v. Tannenberg). Fürth 1805, hat auch d. T.: Ansichten des Nordens, ohne Brille.

Bemerkungen über Rußland, besonders einige Provinzen dieses Reichs u. ihre Naturgeschichte betreffend 2c. (von P. B. v. Campenhausen.) 8. Leipz. 807.

— üb. Rußland, in Rücksicht auf Wissenschaft, Kunst, Religion 2c., (v. J. J. Bellermann). 2 Thle. gr. 8. Erf. 788. Keyser. 1 ₰ 12 gr 2r Thl. Auch unter d. T.: Abriß d. russ. Kirche u. ihrer Geschichte. 14 gr

Bemerkungen e. Sachkundigen, üb. d. aus d. Heidelberger Jahrbüchern d. Litt. 1817. Nr. 66—77. besonders abgedruckte, Beurtheilung d. Verhandll. d. Würtemberg. Ständeversammlung im J. 1815 u. 16. gr. 8. Heidelb. 818. Winter. 4 gr

Bemerkk. ein. Sachkund. üb. d. preuss. Separatfrieden u. d. inneren Veranlass. desselb. *Hamb. u. Köln.* 796. 8.

Bemerkungen über Saint-Nicaise und Anti-Saint-Nicaise, ... Leipzig 1788. V: *Goué, August Siegfried von.* (GGr) (Kl) (SJL) (VLBS. VI, 150)

— üb. St. Nicaise u. Anti St. Nicaise. Nebst Anh. 8. Leipz. 788. (Aue in Altona). 12 gr

— üb. St. Nicaise u. Anti-St. Nicaise u. Anh. 8. Leipz. Jacobäer. 788.

Bemerkungen über die vollständige Sammlung der gewöhnlichen Melodien zum Mainzer Gesangbuche nebst Choralmelodien alter und neuer Meister und mit einfacher Orgelbegleitung von L. H. [Hartig.] Mainz [1827]. V: *Otto, G.* (Rothschild)

— aus St. Helena über Lord Bathurst's Rede, gehalten im Oberhause am 18. März 1817. 8. Hamburg, Perthes u. B. 818.

Bemerkungen zu den Sätzen der Antwort Prof. Harnacks an e. Abordnung Theologie-Studirender in Sachen d. Apostolicums u. seinem geschichtlichen Bericht: „Das apostolische Glaubensbekenntnis". Synodal-Referat, veröffentlicht auf Antrag, einstimm. Beschluß u. im Auftrage der Synode Arnswalde. 12. (51 S.) Berlin 892. Wiegandt & Grieben. n. — 75

— über die Schädlichkeit der bei d. Bauern gewöhnl. Hutung. 8. Berl. 787. Sander. 4 gr

Bemerkungen, Einige, über die Schaafzucht. [Hann. 1768.] V: *Beckmann, Johann.* (MGT)

— über das Scharwerkswesen (Frohne) in den oberpfälz. Fürstenthümern. 8. Sulzb., v. Seidel. 4 gr

Bemerkk. üb. d. Schaarwerkswesen in d. Oberpfälz. Fürstenthümern. (*Meissen*, Erbstein.) 800. 8. (4 Gr.)

— üb. die Kübler'sche Schauspielergesellschaft, während ihres Aufenthalts in Greifswald. (Von Kr. Frz. Kosegarten.) 8. Glücksburg 796. 6 gr

Bemerkungen, Einige, auf die Schmähschrift des Herrn K. Bürkli. Bern [1860]. V: *Treichler, Johann Jacob.* (Cat. d. Stadtbibl. Zürich. Zürich 1864—97.)

— üb. d. Schönheit, u. d. Mittel f. z. erhalt. 8. Wien. Sammer. (Daisenberger, Augsb.) 798.

— über d. Schönheit u. d. Mittel, sie zu erhalten. 8. Wien 798. Sammer. (auch Daisenberger in Regensb.) 4 gr

Bemerkungen über das offene Schreiben eines sächs. Anwalts an den Justizminister Mühler, s.a. v. Kamptz.

Bemerkungen über das offene Schreiben eines sächsischen Anwalts an den K. Preuss. Justizminister Mühler ... Berlin 1844. V: *Kamptz, Carl Albrecht von.* (Engl)

— über d. Schrift d. Hrn. v. Bülow, über Napoleon rc. 8. Berl. 805. Himburg. 3 gr

—— zur Schrift: Ueber Führung und Gebrauch der Feldartillerie. gr. 8. (88 S.) Berlin 851, Deckersche geheime Ober-Hofbuchdruckerei.

—— über d. Schrift d. Hrn. Advoc. S. P. Gans: „üb. d. Ursachen u. Wirkungen d. Verarmung d. Städte rc." mit einigen sich anknüpf. Gedanken z. Beförd. allgem. Wohlfahrt, u. insbesond. d. Verbesserung d. dermal. gedrücktern Zustandes zunächst in d. Norddeutsch. Staaten u. namentlich im Königr. Hannover. gr. 8. (7 B.) Hannover 832, Hahn.
Vgl. Beleuchtung, krit., d. Adv. Gans.

— über d. Schrift des Advokaten S. P. Gans: Ueber d. Verarmung d. Städte rc. gr. 8. Hannov. 831. Hahn. 9 gr

—— zu der Schrift des Hrn. L. K. über den Gesetzentwur zur Aufhebung der Grundsteuer-Befreiungen. gr. 8. (32 S.) Leipzig 849, Hinrichssche Buchh.

Bemerkungen über die kleine Schrift: Es leben die Prälaten. O. O. 1783. *Schelhorn, Johann Georg.* (BB)

Bemerkungen, Einige, über die Schrift des Herrn von Kotzebue: Ueber meinen Aufenthalt in Wien und meine erbetene Dienstentlassung. Wien 1800. V: *Schwaldopler, Johann.* (GGr)

Bemerkungen über die kürzlich erschienene Schrift: „Ueber Napoleon, Kaiser der Franzosen". kl. 8. Berlin 1804.

Bemerkungen zu der Schrift des Herrn Kanzeleiraths Lorusen über das Verfassungswerk in Schleswig-Holstein. Schleswig. 1830. 8°.

Bemerkungen, Einige, über eine neue Schrift aus Württemberg. Leipz. 1832. V: *Rheinwald, Gg Frdr. Hnr.* (Hauptkat. d. Univ.-Bibl. Tübingen. F. S. 255.)

—— einige, üb. eine neue Schrift aus Württemberg („Briefwechsel zweier Deutschen, hrsg. v. P. A. Pfizer".) gr. 8. (2½ B.) Bonn 832, Habicht.

Bemerkungen über die Schrift „Ueber den dänischen Staat" „Wien 1814" von dem Verfasser der Schrift „Dännemark und vorzüglich „die Herzogthümer" Schleswig und Holstein im Jahre 1814". „Berlin und Leipzig 1814". Germanien. 1814. 8°.

—— einige, zu der kürzlich veröffentlichten Schrift des Hrn. Cammeraths v. d. Decken die Frage unserer neuen Organisations-Entwürfe betreffend. gr. 8. (23 S.) Hannover 851, Helwingsche Hofbuchh.

— einige, üb. d. Schrift d. Hrn. Wellmer: Was haben wir Baiern von d. jüngsten Thronveränderung zu hoffen? Von d. Verf. d. National-Oekonomie. 8. Nürnb. 826. Riegel u. W. 6 gr

— üb. d. Schrift: Wie kann d. katholisch. Schwaben d. Kriegsungemach rc. 2 Hfte. 8. Augsb. Wolf. 801.

Bemerkungen über die in der Grafensache erschienenen Schriften. 1782. V: *Batz, August Friedrich.* (MGT)

— zu d. Schriften d. Hrn. Rühs u. Fries, üb. d. Juden u. deren Ansprüche auf das deutsche Bürgerrecht. gr. 8. (Frankfurt a. M., Boselli in Comm.) 816.

—— zu Hrn. Prof. Klumpps Schrift: Die gelehrt. Schulen nach d. Grundsätzen d. wahren Humanismus u. d. Anforderungen d. Zeit. 8. ... Tübingen 829, Laupp.

—— über den neuen Schulgesetz-Entwurf. Von einem Pfarrer. gr. 8. (20 S.) München 867, Lentner'sche Buchh.

— über den neuen Schulgesetz-Entwurf. Von e. Pfarrer. München 868. Lentner. 8. (20 S.) 2 ngr

Bemerkungen über die Schwimmkunst und ihre Erleichterung. [Dresden 1804.] V: *Herklotz, Johann Gottlob.* (MGT)

—— über Stahl's Sendschreiben gegen die Erklärung vom 15. August 1845. gr. 8. (1 B.) Berlin 845, Herm. Schultze.

— über das Sendschreiben des Herrn Jac. Aug. Stanger, an seine ehemal. Pfarrkinder zu Kreuznach. gr. 8. Kreuznach 845, Kehr. (Frankfurt a/M., Sauerländer.) n. 2 ngr

— über d. Preuß. Separatfrieden. 8. Hamb. 796. (Montag u. W. in Regensb.) 6 gr

—— einige, über die Situation und Aussichten unserer politischen Parteien. gr. 8. (81 S.) Berlin 876, [van Muyden.] (Schneider und Comp.)

— über Sicilien u. Malta, mit Anmerkk. v. D. C. H. L*** Aus d. Russ. 8. Riga 793. Meinshausen. 14 gr

Bemerkungen über den Russischen Soldaten und seine Art zu fechten ... O.O. (179?) V: *Hohenhausen & Hochhaus, Jos. Sylvius Freih. von* (MGT)

Bemerkungen über Spanien, von einem Staatsmanne. 1782. [Halle 1788.] V: *Nostitz, Graf von.* (MS)

— üb. d. Sperrung d. Elbe u. Weser. d. d. Franken rc. 8. Altona, Kaven, (Gräff Lpz.) 798.

— über d. Sperrung d. Elbe u. Weser durch d. Franken. 8. Altona 798. (Wienbrack in Leipz.) 4 gr

Bemerkungen, Einige, über die deutsche Sprache in Ehstland. Dorpat 1854. V: *Wiedemann, Ferd. Joh.* (MZ)

— einige, über Sprachunterricht, (v. J. C. F. Dietz). 8. Magdeb. 806.

Bemerkungen über die gegenwärtigen Staats- und Kriegsangelegenheiten. Wien 1788. V: *Schweighofer, Joh. Mich.* (EB)

— staatsrechtl., üb. die Pensions-Rechte d. Staatsdiener nach deutscher u. preuß. Verfassg. gr. 8. (VI u. 120 S.) Berlin 848, Logier in Comm. n. ½ ngr

Bemerkungen, Staatsrechtliche, eines deutschen Rechtsgelehrten über die Wahl der Reichsdeputirten. Germanien 1796. V: *Sattler.* (WT)

Bemerkungen, Staatsrechtliche, über den vom Herzog zu Pfalz-Zweibrücken zur Reichstagsversammlung genommenen Rekurs. Germanien 1796. V: *Gross von Trockau, Otto Philipp.* (MGT) (Wr)

— über d. Staatsverwaltung d. deutschen Fürsten u. ihrer Minister. 8. Altona 798. Bechtold. 10 gr

Bemerkungen über die Staatsweinberge und die Kuffenhauskellerei . . . [Dresden 1834.] V: *Hantzsch, J. H.* (Kat. d. stat. Bureaus. Dresden 1890.)

Bemerkungen eines Stadtbewohners über die actengemäsze Darstellung der Anträge und Beschwerden der Bewohner der Vorstadt St. Georg, des Stadtdeiches und der dazu gehörigen innerhalb der Acciselinie liegenden Districte. Altona. 1831.

Bemerkungen, Statistische, über die politische Lage Frankreichs. . . . Strassburg [Nürnberg] 1800. V: *Necker, Jacques.* Ü: *Patz, G. G. W. von.* (Wr)

— statistische, üb. d. polit. Lage Frankr. 2 Thle. 8. Strasb. (Schneidmer in Nürnb.) 800.

— statist., über d. polit. Lage Frankreichs. 2 Thle. 8. Straßb. 800. (G. Winter in Nürnb.) 1 rß

Bemerkungen, Statistische und politische, bey Gelegenheit einer Reise durch die vereinigten Niederlande. Leipzig 1788. V: *Barkhausen, Heinrich Ludwig Wilibald von.* (Ky) (MGT) (MS)

Bemerkungen, Statistische, über die Steuerfreiheit der Rittergüter und einer bestehenden Steuerverfassung in Sachsen. Leipzig 1811. V: *Schlegel, Otto Heinrich Schweibold von.* (Ky)

— statistische, üb. d. Steuerfreiheit d. Rittergüter u. d. bestehenden Steuerverfass. in Sachsen, z. Unterhalt. d. bevorsteh. Landtagsversamml. 8. Lpz. Paul Fr. Voarl. 811.

— statist. = polit., bei Gelegenheit e. Reise durch d. Niederlande. (Von H. L. W. Barkhausen.) 8. Leipz. 787. Weygand. 8 gr

Bemerkungen zu dem Neuen Statut des Börsenvereins der deutschen Buchhändler zu Leipzig. Leipzig 1879. V: *Hertz, Wilhelm.* (Cb)

Bemerkungen zu einer Stelle in der Oberteutschen A. L. Z. 1799 Nr. 90. S. 210. [Nürnb. 1799.] V: *Fikenscher, Georg Wolfgang Augustin.* (MGT)

Bemerkungen über etliche Stellen, des von Herrn Friebe . . . gelieferten Beytrags zur livl. Geschichte. [Riga 1792.] V: *Brotze, Johann Christoph.* (R-N)

Bemerkungen zur Sterbekasse der Strassenwärter. [Zürich 1897.] V: *Stüssi, Hnr.* (Zuwachsverz. d. Bibliotheken in Zürich 1898 ff.)

Bemerkungen zum zürcherischen Steuerwesen. [Zürich 1889.] V: *Spöndlin, Rudolph.* (Cat. d. Stadtbibl. Zürich. Zürich 1864—97.)

Bemerkungen zu einigen Stimmen gegen das Kaligesetz. Von N. Magdeburg, 1894. 8 S.

Bemerkungen zu Streitfragen der Gegenwart. Von M. v. B. (129 S.) 8. Straßburg 906. J. Singer. n. 8.—

Bemerkungen über die reichsritterschaftlichen Streitigkeiten in den Fränkischen Fürstenthümern Ansbach und Bayreuth. [Bair. 1797.] V: *Wipprecht, Georg Friedrich.* (Fiker)

Bemerkungen über die Hallische Streitsache . . . Leipz. 1830. V: *Steiger, Wilhelm.* (Bachmann, E. W. Hengstenberg. Gütersloh 1876—1892. II, 48.)

— über d. Hallische Streitsache, u. die Frage: ob die evangel. Regierungen gegen d. Rationalismus einzuschreiten haben? Mit Bezieh. auf Hrn. Dr. Bretschneiders Sendschreiben u. ähnliche Schriften. gr. 8. Leipz. 830. (Reclam). 6 gr

Bemerkungen der zweiten Subcommission zu den Ausgaben-Contis I-VII. Kiel, den 13. März 1866. Hektographirt!

– der dritten Sub-Commission zu dem Ausgaben-Conto VIII ff. (1866.) Fol.

— üb. d. Subsidientractat Baierns m. Engl. 8. German. (Bohn, L.) 800.

— über das landwirthschaftl. System der Anhalt-Dessauischen Oekonomie zu Wörlitz, in Briefen, (v. H. F. v. Bruiningk). Mit Kpf. gr. 8. Dessau u. Leipz. 808. Voß. 1 rß 2 gr

— üb. d. landwirthsch. System d. Herzogl. Oekonomie z. Wörlitz. m. K. gr. 8. Lpz. Voß, 808.

Bemerkungen und Scenen aus dem Feldprediger-Leben . . 179? V: *Wandrey.* (MGT)

— üb. d. Tabaksadministration rc. 3. Magdeb. Heinrichshofen, 798.

—— zu Tacitus, Agricola, s. Pfitzner.

— takt., über d. Exerciren u. d. Handgriffe bei d. Infanterie, s. a. Kunst, nach heut. Art. Krieg zu führen.

— tactische, üb. d. Exerziren u. d. Handgriffe b. d. Infant. m. K. 8. Nürnb. Schneider u. W. 809.

— taktische, üb. das Exerziren, Marschiren, Chargiren, u. d. Handgriffe bei d. Infanterie, nebst einigen Manenv. mit 14 K. Neue Aufl. 8. Nürnb. Schneider u. Weigel. 811.

— über d. Theetrinken u. über das jetzige Diätetische Verhalten in vornehmen Gesellschaften. A. d. Engl. 8. Leipz. 795. Baumgärtner. 6 gr

— über einige Theile d. Infanterie-Exercitien. 8. Kopenh. 777. Schubothe. 2 gr

— über die Tendenz der de Wetteschen Actensammlung. gr. 8. Bromberg, (Berlin, Nicolai.) 820.

Bemerkungen über Terminal-Strafabbüssung. (Berlin 1831.)
(Ausschn. a.: Jahrbücher f.d. Preuß. Gesetzgebung usw. hrsg. von v. Kamptz. Bd.37.)

— über d. Theater, b. Anwesenheit d. Schuchischen Gesellschaft in Danzig. 8. Berl. 781. Sander. 1 Rthlr.

— über d. Londner, Paris. u. Wiener Theater, (v. Geo. Fr. Brandes). 8. Götting. 786. Dieterich. 20 gr

— über d. Theater in Lübeck. 8. Lüb. 805. Bohn. 3 gr

Bemerkungen über die Teutschen Theaterdichter. [Fulda u. Nürnb. 1792.] V: *Schmid, Christian Heinrich.* (ML)

— theatral. nach franz. Mustern. 5 Bde. 8. Frankf. Garbe. 764—73.

— üb. d. Theorie u. richtig. Zusammenstell. d. Farben rc. Leipz. Ind.-Compt. 804.

— über d. Theorie u. schickliche Zusammenstellung der Farbe, besond. bei Fresko- u. Theatermalerei. Durch 8 Farbentaf. erläutert. Leipz. (804). Magazin f. Industr. 16 gr

Bemerkungen über die Theorie und schickliche Zusammenstellung der Farben besonders in Beziehung auf Fresco- und Theater-Malerei ... Leipzig [ca. 1810]. V: *Baumgärtner, Frdr. Ghelf* & *Ernst Müller.* (EB)

— üb. d. Theorien der Parallelen des Schulz u. a. m. K. gr. 8. Libau. Friedrich. 796.

— über d. Theorien d. Parallelen des Schulz, Gensichen u. Bendavid. Mit 2 Kpf. gr. 8. Libau 796. (Leipz., Rein). 16 gr

Bemerkungen eines Tirolers über die Volksunruhen im Innkreise im Dezember 1813. Innsbruck [1813]. V: *Di Pauli, Andr. Alois von.* (Margr) (BiblPort)

Bemerkungen eines Tirolers über die Volksunruhen im Innkreise im December 1813. kl. 8. Innsbruck (1814).

Bemerkungen zum Treffen von Türkheim am 5.1. 1675. Colmar 1894. 8°

Bemerkungen, Treuherzige, eines einfältigen Dorfpfarrers über D. Fr. Volkm. Reinhard's Reformationspredigt. Jena 1801. V: *Opitz, Ernst August.* (Ky) (MGT)

— treuherz., e. einfält. Dorfpfarrers, üb. d. von Reinhard am Reformationstage 1800 gehalt. Predigt. 8. Jena 801. (Knobloch in Leipz.) 3 gr

— treuherz. ein. einfält. Dorfpfarrers üb. d. v. Reinhard am Reform.-Tage 1800. geh. Pred. 8. Jena, Gabler. 801.

Bemerkungen, Treuherzige, des Schulmeisters Mutschelknaus in Klapperschenkel über den unter seinen Würtemberg. Landsleuten obschwebenden politischen Meynungskrieg. [1817.] V: *Pahl, Joh. Gottfried.* (MGT)

Fr. Jos. Gr. D. Bemerkungen über leichte Truppen. 8. Erlau 1818.

— einige, über die Thunlichkeit u. Billigkeit einer verminderten Reorganisation des Würtemberg. Militär-Etats, den Mitgliedern der hochansehnl. Stände-Versammlung u. seinen alten Waffengefährten gewidmet von e. nicht mehr activen Offizier. gr. 8. Stuttgart 834. Steinkopf. 1/12 Rthlr.

— üb. d. Uebersicht des Feldzugs 1793. 8. Frft. Eßlinger. 794.

— üb. d. Uebersicht d. Feldzugs 1793. 8. Frkf. 794. (Schäfer). 3 gr

— über d. Schrift: Uebersicht d. Feldzugs im J. 1793 zwischen d. Rhein u. d. Saar. 8. Frankf. a. M. 794. (Schäfer). 3 gr

Bemerkungen über die Uebung im Aufklärungs- und Grenzschutzdienste am 6., 7. und 8. November 1902. Königsberg i. Pr. 1903. V: *Goltz, Colmar Freih. v. d.* (Berl)

Bemerkungen über die Umlegung ... Stuttg. 1796. V: *Steinkopf, Joh. Frdr.* (Kat. d. ständ. Bibl. Stuttg. 1907. S. 780.)

Bemerkungen über die Umlegung der französischen Kontribution in Würtemberg. [Stuttgart] 1896. V: *Steinkopf, Joh. Frdr.* (Mitth. d. ORR. Dr. Adam, Stuttgart.)

— unbefangene, v. ein. Katholiken, die Einweihung. betr. 8. Nördl. Beck. 779.

— unbefangene, von e. Katholiken, die Einweihung betreff. 8. Nürnb. 779. Zeh. 2 gr

Bemerkungen über die Uneinigkeit der Nürnbergischen Bürgerschaft mit der Obrigkeit. ... O.O. 1789. V: *Staudner, Johann Leopold.* (ML)

—— einige, über das Unglück auf der Eisenbahn zu Neumünster am 20. Aug. 1855 (von C. Desaz). 8. (1/2 B.) Kiel 855, (Nack's Buchh.)

Bemerkungen, unpartheiische — über die neueste Denkschrift der Schemnitzer ev. Gemeinde in Angelegenheit des dortigen ev. Gymnasiums von einigen Freunden des Gymnasial-Schulwesens im Montandistrikte. Dem Drucke übergeben durch *Ant. Penzel. Neusohl* 1858. gedr. bei *Ph. Macholo.* 16 S. 8°.

Bemerkungen, Unpartheyische, über den Feldzug der Preussischen Armee von 1806 und über die Relation der Schlacht von Auerstädt nebst vorläufigen Betrachtungen über Vollkommenheiten und Mängel unserer Militär-Einrichtungen. Von einem Russischen, ehemal. Oesterr. Officier, bey der Armee des Erzherzog Carl. 8. Mitau 1808.

— unpartheiische, über d. Feldzug d. Preuß. Armee v. 1806. Von e. russ. Offizier, (Alex. Friedr. Karl, Herzog zu Würtemberg). 8. Zwickau 808. Schumann. 12 gr

Unparth. Bemerkungen üb. d. unglückl. Feldzug d. Herzogs v. Braunschweig gegen die Neufranken. (78.) 8. Frankfurt 1793. 0,75.

Unparth. Bemerkk. z. Grossbzgl. Sächs.-Ernest. u. Fürstl. Reuss. Ober-Appellat.-Ger.-Ordn. v. C. G. H. *Weimar,* Land.-Ind.-Compt. 818. gr. 8. (6 Gr.)

— unpartheiische, über die beabsichtigte gemeinschaftl. Verfassung für Dänemark und Schleswig-Holstein. gr. 8. (11 S.) Bremen 848, Heyse. *

Bemerkungen über den Unterricht und Bildung des Forstmanns. Bamberg: 1828. 57 S.

— zu d. v. Wehrs herausg., Unterr. f. Lehnbesitzer in Westphalen ꝛc. gr. 8. Marb. 810. Krieger. 3 gl.

— u. Untersuchungen über d. Gebrauch d. Dampfbäder, (v. A. Rib. Sanchez). Aus d. Russ. 8. Memmingen 789. Seyler. 9 gl. Dass. e. and. Uebersetzung, s. Sanchez.

— üb. Jägers Untersuchung: Ob d. Ehescheid. ꝛc. s. a. Werkmeister ꝛc.

— über Jäger's Untersuchung: Ob d. Ehescheidung nach d. Lehre d. Schrift u. d. Kirche ält. Geschichte erlaubt sei oder nicht, (von Werkmeister). gr. 8. Bamb. (Wesche in Frankf.) 12 gl.

Bemerkungen über Jäger's Untersuchung: Ob die Ehescheidung nach der Lehre der Schrift und der Kirche ältesten Geschichte erlaubt sei oder nicht? Bamberg 1805. V: *Werkmeister, Benedict Maria von.* (EngJ) (Ky) (Th)

— über Untersuchungshaft u. Beweis. Von einem pract. Juristen. gr. 8. (41 S.) Hersfeld 847. Schuster. 1/4 Rthlr.

Bemerkungen über etliche in liefländischen Urkunden und historischen Nachrichten vorkommende ... Ausdrücke; ... Riga [1795—1797]. V: *Brotze, Johann Christoph.* (R-N)

— urkundl., über die neuesten Bewegungen d. Kurhauses Pfalz-Baiern, die Zurückforder. e. Nürnberg. Aemter betreffend, (v. Fr. Popp). 8. Nürnb. 791. 2 Auflagen. Monath u. K. 2 gl.

Bemerkungen, Einige, über den Ursprung und Geschichte der Rosenkreuzer und Freimaurer ... Berlin 1806. V: *Nicolai, Christoph Friedrich.* (JL)

Bemerkungen in V. des Aufsatzes des H. Gardthausen. Flensburg 1844. V: *Dirckinck-Holmfeld, Carl.* (Collin, Anonymer. Kiobenh. 1869.)

— über d. bürgerl. Verbesserung d. Juden, (v. Saul Ascher). 8. Frankf. a. d. O. 788. Kunze. 5 gl.

Bemerkungen zur Verbesserung der Rind-, Pferd-, Schaaf-, Schweine- und Federviehzucht. ... Stuttgart 1814. V: *Schmid, Joh. Chn E.* (Ky) (MGT)

— z. Verbesserung d. Rind-, Pferde-, Schaf-, Schweine- u. Federviehzucht. Für alle Landwirthe. 8. Stuttgart, Steinkopf. 814.
(Ist auch im prakt. Handbuch f. den deutschen Landw. 2r Bd. mit enthalten.)

— über die Verbindung d. Philosophie mit d. Rechtsgelehrtheit ꝛc. (Von A. F. Lemp.) 8. Stuttg. 788.

— über d. heutigen akadem. Verbindungen. Ernste Worte über e. ernste Sache. 8. Berl. 824. Mittler. 3 gl.

— des Vereins der Privat-Eisenbahnen im Deutschen Reiche über den dem preußischen Abgeordnetenhause am 25. März 1876 vorgelegten Entwurf eines Gesetzes betr. die Uebertragung der Eigenthums- und sonstigen Rechte des Staates an Eisenbahnen auf das Deutsche Reich. gr. 8. (28 S.) Berlin 876, (Puttkammer und Mühlbrecht.) *

Bemerkungen über die landwirthschaftlichen Vereine, mit besonderer Beziehung auf Preussen. Von H. S. Greifswald 1847. V: *Schober, Hugo.* (Ky)

— über die landwirthschaftl. Vereine, mit besond. Beziehung auf Preussen. Von H. S. gr. 8. (IV und 94 S.) Greifswald 847, Koch's Vrlgsh. *

— über die ältere ständische Verfassung von Hessen und ihr Verhältniß zu der neuen Verfassungs-Urkunde dieses Landes. Mit besond. Beziehung auf Pfeiffer's Geschichte der landständ. Verfassung in Kurhessen. gr. 8. Berlin 836. Dümmler. 1/3 Rthlr.

Bemerkungen über die gegenwärtige Verfassung der Gymnasien in den KK. Staaten. Wien 1792. V: *Löhner, Jos. von.* (Ky 3/581) (WBL 15, 388) (BiblPort)

— über die Verfassungs-Urkunde des Königr. Baiern, v. e. baierischen Patrioten. 8. Germanien 818. (Landsh., Thomann).

Bemerkungen über die Verhaftung der pommerschen Lehne für die den Beitrag der Lehntaxe übersteigenden reinen Lehnsschulden. Stettin 1817. V: *Zitelmann.* (KGBerlin I, 1855)

— über d. Verhältniß d. Patrons z. Kirche, nach Braunschw. Wolfenbütt. Rechte. gr. 8. Braunsch. 801. Vieweg. 6 gl.

Bemerkungen über das Verhältniss des Patrons zur Kirche, ... Hildesheim 1801. V: *Schmidt genannt von Phiseldeck, Justus.* (Ky) (MGT)

Bemerkungen über das staatsrechtliche Verhältnis des Klosters zum Heiligen Kreuz in Rostock. Rostock 1849. V: *Diemer* (?). (Bachmann, Mecklenburg. Güstrow 1889. S. 452.)

— über Verhältnisse des böhmischen Adels 1860. Prag 861. Rziwnatz. gr. 8. (32 S.) n. 10 ngr.

Bemerkungen in Betreff der Verlegung der Niemitz'schen Apotheke. O. O. 1848. V: *Ulex, Gg Ludw.* (Schr V, 542)

Bemerkungen über d. Verlust, den d. Adel im Königr. Baiern in neuerer Zeit erlitten. 8. Nürnb. 825. Felssecker. 3 gl.

— vermischte, in Beziehung auf Kanzlei-Kollegien u. Kanzlei-Personen, (v. K. F. Elsässer). 4. Nürnb. 781. Felssecker. 4 gl.

Bemerkungen, Vermischte, über die Sitten, Litteratur und Aufklärung Mecklenburgs. [Gera ca. 1785.] V: *Dietz, Johann Christian Friedrich.* (MGT)

Bemerkungen üb. einige ält., das Schulwesen betreffende Verordnungen. 8. Berlin, Maurer'sche Buchhandl. 814. Rthlr.

Bemerkungen über die Versorgung alter Soldaten. 8. Berlin 1787.

Bemerkungen über ein Buch betitelt: Versuch einer Beantwortung zweier für unser Zeitalter höchst wichtiger Fragen .... [Hamburg 1802.] V: *Wittenberg, Albrecht* [?] (GGr) (Schr)

— über Sallisen's Versuch über d. Werth d. Aufklärung. 8. Alt. 796. Hammerich. 5 gr

Bemerkungen, Einige, über die vom Hrn Grafen von Rumford angestellten Versuche, die Kraft des entzündeten Schiesspulvers zu bestimmen ... [Leipz. 1802.] V: *Schleicher, Franz Carl.* (stri)

[Umschlagt.:] [J.] **Bemerkungen** zum Verständnis der neuen '(medicinisch-sozialen)' Lehre des Dr. med. Alfred Damm, Wiesbaden u. Berlin. Von e. Geistlichen dem urteilsfähigen deutschen Publikum unterbreitet. *Berlin: Kommr. v. Bruer & C.;* [übergekl.:] *Geschäftsst. d. Zschr. 'Regeneration' [1897?].* (16 S.) 1 Bd 8. [97. 6334

— üb. d. Vertheidigung v. Frankr. 4. Stck. gr. 3. Frft. Eßlinger, 796—97. (1ß — 5. 2ß—4ß à — 3.)

Bemerkungen über die Vertheidigung der Preußischen Gerichtsverfassung von dem Edlen v. Puttlitz. E. Nachtr. zur Rechtfertigung des öff. mündl. Verfahrens. Düsseldorf, 1818.

— üb. d. Vervollkomm. d. Kunstgewerbe in Deutschl. 8. Nürnb. Stein. 803.

Bemerkungen über doppeltcentrische Vierecke. Leipzig [1895]. V: *Beyel, Christian.* (Cat. d. Stadtbibl. Zürich. Zürich 1864—97.)

Bemerkungen, Einige, über die Schrift von J. C. Blunschli: »Das Volk und der Souverän«. Zürich [18??] V: *Sulzer, Eduard.* (AarK)

Bemerkungen über Volksvertretung durch Geistliche und andere Gelehrte in den künftigen Ständen Württembergs, hsg. von Heinr. Ebhd Glo. Paulus Heid. O. O. 1816. V: *Reuss, Jerem. Frdr.* (Kat. der ständ. Bibliothek. Stuttg. 1907. S. 258.)

Bemerkungen, betreffend die Vorbereitungen zur Herstellung einer einheitlichen deutschen Handels- und Zoll-Verfassung. Frankfurt a. M.: 1848. fol.

Bemerkungen zum Vorentwurf des Strafgesetzbuchs. Hrsg. von d. Justiz-Kommission d. Deutschen Vereins f. Psychiatrie. (Geh. Med.-Rat Prof. Dr. [Karl] Moeli [u. a.].) Jena: Fischer 1910. 97 S. 8° [10. 1193

Vorläuf. Bemerkungen üb. d. sog. wahre Darstellung d. Benehmens Sr. Kurf. Durchl. zu Pfalz. 4. s. l. 1805.

—— vorläufige, zu der Schrift des Hrn. Oberhofrichter Geh. Rath Dr. Stabel. gr. 8. (15 S.) Freiburg im Br. 860, Herder'sche Verlagsh.

Bemerkungen, Vorläufige, über eine alte, den Kommerztractat zwischen Smolensk und Riga enthaltende Urkunde. [Leipzig 1798.] V: *Brotze, Joh. Chph.* (R-N)

Bemerkungen über den Vorschlag, die Leseinstitute unter öffentliche Aufsicht zu nehmen. [Gotha ca. 1800.] V: *Pahl, Johann Gottfried.* (MGT)

Bemerkungen über die Vorschläge zur praktischen Durchführung des in der Flugschrift „Der Realbesitz" entwickelten financiellen Projectes, welche ein Reichsraths-Abgeordneter für Böhmen in Druck erscheinen liess. Von einem Pfarrer. gr. 8°. 15 S. Prag, Mercy in Comm., 1861.

Bemerkungen und Vorschläge zu dem Entwurf eines neuen Patentgesetzes von der österreichischen Gesellschaft zur Förderung der chemischen Industrie in Prag. (23 S) 4° Prag 1894

— u. Vorschläge, über Gegenstände d. medicin. Polizei, (v. Bernh. Jos. Reyland). 8. Düsseld. 796. Schreiner. 9 gr

Bemerkungen über die neuesten Vorschläge zur deutschen Verfassung. Eine Stimme aus Bayern. München 1848. V: *Bluntschli, C. F.* (wen S. 123)

— über die neuesten Vorschläge zur deutschen Verfassung. Eine Stimme aus Bayern. gr. 8. (50 S.) München 848, Kaiser. 1/6 ℔

Bemerkungen und Vorschläge zur Revision der Hypothekenordnung. o.O. 1830.

—— und Vorschläge z. Revision d. Hypotheken-Ordnung. gr. 8. Berlin 831, Dümmler.

—— und Vorschläge zur Revision der Steuergesetze im Großherzogthum Sachsen-Weimar-Eisenach von einem Sachkundigen. Im Februar 1849. gr. 8. (38 S.) Weimar 849, Landes-Industrie-Comptoir.

— u. Vorschläge über d. Schreibereiwesen im Würtemberg., mit Beil. 8. Ulm 792. Wohler. 6 gr

Bemerkungen zu den Vorschlägen d. allgem. Advokaten-Vereins im Königr. Sachsen f. eine neue Gerichts- u. Civilproceß-Ordnung, von e. sächs. Anwalt. gr 8. (16 S.) Freiberg 848, Craz & Gerlach. 2 ngr

— über Jakobsohn unterthän. Vorstellung ꝛc. gr. 8. Frankf. 808. Varrentrapp. 4 gr

— über d. Vorstellung v. 73 Schullehrern aus neun Landgerichten, um Besoldungserhöhung ꝛc. 8. Sulzb. 822. v. Seidel. 3 gr

— über die, an die hohe Ständeversamml. überreichten Vorstellungen u. Bitten d. Handelsstandes in Augsb g, das Mauthwesen betreff. gr. 8. Münch. 819. Lentner. 2 gr

— üb. Vor, u. Nachtheile d. Salpetersieden. 8. Wien (Hertel. ?.) 796.

Bemerkungen über den Vortrag des Herrn Vicepräs. Zahn die Forstorganisation betr. ... Stuttgart 1820. V: *Seutter von Lötzen, Johann Georg Freih. von.* (MGT)

— einige, üb. d. Vorzug des Adels zu d. ersten Staatsbedienungen, ohne Vorurtheil entworfen. 8. Danzig 826. (Leipzig, Rein.)

—— die bevorstehenden Wahlen zu der hannoverschen Ständeversammlung betreffend. Zur Beherzigung für Urwähler und Wahlmänner. gr. 8. (14 S.) Bremen 848, Schünemann's Brlgsh.

Bemerkungen über die Schrift: Über die Wahlfähigkeit zu der Stelle eines Landtagsdeputirten. Tübingen 1796. V: *Boley, Heinrich Ernst Ferdinand.* (MGT)

— über d. Wahlrecht d. Bischöffe, mit Rücksicht auf d. Hoch-Stift Bamberg. 8. Frankf. u. Leipz. 796. (Grau in H.) 16 kr

— von dem Waldkirchlein oder der St. Michaelskapelle u. Ebenalp im Kanton Appenzell, (v. B. Wartmann). 8. St. Gallen 786. Reutiner. 6 kr

Bemerkungen über die Schrift des Herrn Probstes und Prof. J. B. Leu: Warnung vor Neuerungen und Übertreibungen in der katholischen Kirche Deutschlands. Solothurn 1854. V: *Hänggi, Peter.* (Bibliogr. d. Schweiz. Landeskunde. Bern 1892 ff. V, 10 e).

Bemerkungen über gemeines Wasser und besonders über natürliche und künstliche Mineralwasser. Winterthur 1799. V: *Ziegler, Jac. Hnr.* (Call)

Bemerkungen über die vom Artillerie-Kapitän von Tscherning herausgegebene Schrift, betitelt: Das dänische Wehrsystem. Itzehoe 1833. V: *Irminger, Johann Heinrich Georg.* (A) (Collin, Anonymer. Kiobenh. 1869.)

Einige **Bemerkungen** über den W e i n b e r g der K. Hofdomänenkammer zu Untertürkheim, hauptsächlich als Erläuterung zu dem am 27. Sept. 1842 in dem Weinberghause aufgelegten Bestockungsplan.
o.O. 1842. 4 S.

Bemerkungen, Lic. Weismanns kurze, über d. Resultat d. Embser Kongresses, ... Strasburg 1787. V: *Mayer, Andreas.*

Bemerkungen, Weismanns neue, über das Resultat des Embser Kongresses, ... Augsburg 1788. V: *Mayer, Andreas.* (MGT)

Bemerkungen, Weitere, über die Kopfsteuern. [Nürnberg 1797.] V: *Siebenkees, Johann Christian.* (MGT) (will)

Bemerkungen, Einige, über die dermahligen Weltbegebenheiten. 1793. V: *Hatzfeld, F. H.* (MGT)

Bemerkungen eines Weltbürgers über die Veränderung, welche das Jahr 1817 in den Jahrbüchern Kurlands merkwürdig macht. Mitau 1817. V: *Cruse, Karl Wilhelm.* (MGT) (R-N) (NN)

— ein. reisend. Weltmannes a. e. Reise d. Frankr. rc. a. d. Fr. gr. 8. Bresl. Korn d. ält. 790.

Bemerkungen eines reisenden Weltmanns auf einer Reise durch Frankreich, ... Nach dem Französischen. Breslau 1791. V: *La Tremblaye, Chevalier de.* (EngG)

— e. reisenden Weltmannes, auf sr. Reise durch Frankreich, Spanien, Malta, Sicilien rc. Aus d. Französ. gr. 8. Bresl. 791. J. F. Korn. 18 kr

— über d. Werth u. die Beschaffenheit d. Güter- u. Geschäfts-Büreaus. 8. Leipz. 802. Compt. f. Litt. 4 kr

Bemerkungen über den Werth und Beschaffenheit der Güter- und Geschäftsbureaus und einige Vorschläge zu deren besserer Organisation. Leipzig: 1802, Schöckel.

— über d. literar. Werth d. hohen Schule zu Salzburg. (Von J. Th. Zauner.) 8. Salzb. 810. Mayr. 4 kr

Bemerkungen über die Wetterlöcher und natürlichen Eisgrotten in den Schweizeralpen. O. O. 1839. V: *Keller, Ferd.* (CLZür Forts. II) (Cat. d. Stadtbibl. Zürich. Zürich 1864—97.)

— wichtige, üb. d. Stunden der Andacht — Siehe Briefe, krit. rc.

— üb. d. Widerlegung des Bedenkens: ob man den Ordensgeistl. d. Seelsorge abnehmen soll. 4. Nrnb. Felsecker 770.

Bemerkungen über die Widerlegung des Bedenkens und der Untersuchung der Frage: Ob man den Ordensgeistlichen die Seelsorge abnehmen solle oder nicht. Nürnberg 1770. V: *Stein, Michael.* (Ky) (ML)

— wie Mistbeete anzulegen sind. Aus d. Engl. 8. Luneb. 792. Herold u. W. 6 kr

Bemerkungen über eine Wiederherstellung ... Stuttg. 1815. V: *Leypold, Dan. Frdr.* (Kat. der ständ. Bibl. Stuttg. 1907. S. 257.)

Bemerkk. üb. e. Wiederherstell. d. Landständ. Verfass. d. Herzogth. Würtemberg. (v. de LATREMBLAYE.) *Stuttgart*, Metzler. 815. gr. 8. (8 Gr.)

Bemerkungen von dem Wildkirchlein oder St. Michaels-Kapell und Eben-Alp in dem Canton Appenzell. ... St. Gallen 1786. V: *Wartmann, Bernhard.* (EngG) (Ky) (MGT)

— v. d. Wildkirchlein, m. K. 8. St. Gall. Reutiner. 786.

Bemerkungen über den Wisch: Wie kann die Freiheit und der Friede der deutschen Kirche gerettet werden. Deutschland 1818. V: *Ittner, Jos. Alb. von.* (wr)

Einige **Bemerkungen** veranlasst durch das Bremische Eine Wort über Acten-Versendungen an deutsche Facultäten oder Schöppenstühle. Nebst beiläufiger Beantwortung der Fragen: Ist in der Bundesacte die Errichtung eines vierstädtischen gemeinschaftlichen Gerichts vorgeschrieben? Ist sie nützlich und rathsam? u. s. w. Von einem Hamburgischen Bürger. Hamburg. 1817. 8°.

—— zu der Broschüre: Einige Worte üb. d. projectirte Hafenanlage zu Harburg. gr. 8. (1 B.) Hannover 844, Hahn'sche Hofbuchh.

Bemerkungen über die (bezweifelten Hohenlohe'schen Wunder) der Schrift: »der Wundermann« ... Würzburg 1822. V: *Kast, Johann.* (Th)

— über Abendroth's Wünsche rc., (v. M. G. Hudtwalker). 8. Hamb., Hoffmann u. Campe. 8 gr

Bemerkungen und W ü n s c h e über die seit 1806 erschienenen Religions-Edikte u. die Beschwerden, die dadurch dem kathol. Religionstheile zugegangen sind. Deutschland 1817.

Bemerkungen über die Schrift [von Amand. Aug. Abendroth]: **Wünsche** bei Hamburgs Wiedergeburt. ... Hamburg 1814. V: *Hudtwalcker, Joh. Michael.* (GGr)

— einige, veranlaßt durch die in Hannover erschienene Broschüre: Aktenmäß. Würdigung e. Schmähschrift: „Anklage d. Ministeriums Münster rc.“ gr. 8. Braunschw. 831. Vieweg. 4 gr

Bemerkungen, Einige, über das Zählen nach dem Römischen Kalender. [Nürnberg 1798.] V: *Fikenscher, Georg Wolfgang Augustin.* (MGT)

— über die letzten Zeiten u. das 1000jähr. Reich, u. die zweite sichtbare Zukunft Jesu Christi. 8. Straßb. (805). Treuttel u. W. (Leipz., Kummer). 1 ß

— üb. d. letzt. Zeiten u. d. tausendjähr. Reich. 8. Strasb. Silbermann. 806.

— üb. d. letzt. Zeiten, und d. zweite sichtb. Zukunft Jes. Chr. Lpz. Kummer. 805.

— über Nr. 4. der außerordentl. Beilagen zur allgem. Zeitung v. J. 1816, den Würtemberg. Schreiberstand betreff. Von e. vieljähr. Routinier. 8. Heidelb. 817. Oßwald. 2 gr

Bemerkungen d. Zentralstelle d. verein. Handels- u. Gewerbekammern u. d. Zentralverbandes d. Industriellen Österr. z. Vorbereitg d. Handelsverträge zu d. Regiergsvorlage, betr. d. Entwurf e. neuen autonomen Zolltarifes u. Tarifges. (112) 4° Wien, (W Braumüller)'03. nn 3.60

Bemerkungen der Z e n t r a l s t e l l e der vereinigten Handels- u. Gewerbekammern und des Zentralverbandes der Industriellen Österreichs zur Vorbereitung der Handelsverträge zu der Regierungsvorlage, betr. d. Entwurf e. neuen autonomen Zolltarifs u. Tarifgesetzes. *Wien: Zentralstelle 1903.* (109 S.) 4°

Bemerkungen über das Zerschlagen der Bauergüter und der größeren Landgüter; nebst Vorschlag, das höhere Aufblühen der Landwirthschaft zu befördern. Nürnberg: 1819, Monath & Kussler.

— über d. Zerschlagen der Bauern- u. d. größern Landgüter. 8. Nürnberg, Monath u. K. 820.

Bemerkungen, Zerstreute, über einige, die Brüdergemeinde angehende Dinge, ... [Görlitz 1768.] V: *Knebel, Imman. Gottlieb.* (OL)

Bemerkungen über das Französisch-Westphälische Civilrecht. [Gött. 1811.] V: *Bergmann, Friedrich Christian.* (MGT)

Bemerkungen über das Civilspital und die Vieharzneischule nebst eingestreuten Reflexionen über Mediziner u. Medizinalanstalten in Wien. Von ***. 1788. V: *Jonas.* (Wr. Med. Monatsschrift 1789. p. 223.)

— üb. d. Civilspital u. d. Vieharzneyschule in Wien. 8. Wien, Gammer. 788.

— auf Veranlassung der kgl. hannoverischen Staatsschrift: „der große Zollverein deutscher Staaten u. der hannover-oldenburgische Steuerverein am 1. Jan. 1844.“ (Amtlich.) 2. Aufl. gr. 8. (3¼ B.) Berlin 844, Besser, Berl. •

Bemerkungen über die Zollvereins-Resultate für das erste Semester 1854. Berlin 1855. V: *Niebuhr, M. von.* (Russel II, 1, 843)

— über die Zoll-Vereins-Resultate für das erste Semester 1854. Berlin 855. Hertz. gr. 8. (31 S.) n. 5 ngr

— gegen d. vor Kurzem erschienene Broschüre, betit.: die Zollverhältnisse Kurhessens. In besond. Rücksicht auf die Stadt u. Provinz Hanau. gr. 8. ... Hanau 830, Edler.

— üb. Zucht, Wart. u. Krankh. d. Pferde, d. Rindviehes rc. 12. ebds. Baumgärtner. 796.

— zufällige, über d. französ. Brandschatzungsrepartition, (v. J. F. Eisenbach). 8. Stuttg. 796.

Bemerkungen über Zunftwesen, Gewerbszwang und Gewerbsfreiheit an die bayer. Ständekammer. 8°. Straubing 1819.

Bemerkungen und Zurückerinnerungen eines geb. Breslauers bei dem Wiedersehen seiner Vaterstadt. [Bresl. 1823.] V: *Gründler, Johannes Daniel.* (NN)

Bemerkungen und Zusätze, Einige, zu den beiden kleinen Schriften: Über die Verminderung der Pfarreinkünfte ... Nürnberg 1800. V: *Veillodter, Valentin Carl.* (will)

Bemerkungen und Zusätze zu dem Versuche zu einem Entwurfe eines Gemeindegesetzes für Tirol und Vorarlberg. Innsbruck 1848. V: *Spiegelfeld, Franz von.* (margr)

— über d. Zusätze d. Wahlkapitulation Leopolds II. 8. Frkf. 792. Brönner. 10 gr

Bemerkungen über den gegenwärtigen Zustand Grossbrittaniens. ... Aus dem Engl. übersetzt, ... Königsberg 1782. V: *Young, Arthur.* (EB)

— über d. gegenwärt. Zustand v. Großbritannien. Aus d. Engl. gr. 8. Königsb. 782. Dengel. 16 gr

Bemerkungen über den gegenwärtigen Zustand des österreichischen Kriegsheeres, mit Blicken auf den anderer europäischen Mächte nebst vorausgeschikter Abhandlung über Würde, Nuzzen, Leiden und der daher nothwendigen liebwerthen Achtung für den ganzen Soldaten-Stand. 8. Prag 1790.

— üb. d. Zust. des östreich. Kriegsheers rc. 8. Prag, Calve. 790.

Bemerkungen über den Zustand Polens unter russischer Herrschaft. ... Leipz. 1831. V: *Helbig, Carl Gustav.* (BrVV)

— über d. Zustand Polens unt. russ. Herrschaft im Jahre 1830. Nach eignen im Lande selbst gemachten Beobachtungen zusammengest. v. C. G. Freimund. 8. (8 B.) Leipzig 831, Brockhaus.

—— über d. Zustand d. Primärschulen im Kanton Bern. 8. (2½ B.) Zürich 835, Schulthess.
Aus: Kräft u. Kobler, Beiträge zu d. Mitteln &c., besond. abgedruckt.

Bemerkungen über d. religiösen Zustand der k. k. Staaten. Weim. 1786. 2 Bde. 8.

—— einige, über den Zustand und die Verbesserung des hannoverschen Forstwesens. Von einem hannov. Forstbeamten. gr. 8. (18 S.) Göttingen 848, Vandenhoeck und Ruprecht.

Bemerkungen über J. B. Hirscher's Schrift: »Die kirchlichen Zustände der Gegenwart«; von einem katholischen Laien. Heidelberg 1849. V: *Rosshirt, Joh. Conrad Eugen Franz.* (AarK) (ZuWZür)

— über J. B. Hirscher's Schrift: „Die kirchlichen Zustände der Gegenwart." Von e. kathol. Laien. gr. 8. (29 S.) Heidelberg 849, Rieger. n. 4 ngr

— einige, über Zwangsrechte überhaupt u. die Zunftzwange insbesondere. 8. Landsh. 802. Krüll. 6 gr

— über den Zweck u. die Nothwendigkeit sogenannter Grundbücher im Großh. Baden. Von e. ehemal. Steuer-Commissar. gr. 8. Karlsr. 823. Müller. 3 gr

Bemernjoepel
Lieder zum Gebrauch der Loge zur wahren Eintracht im O. v. W[ien]. In Musik gesetzt von B[emern]j[oepel]. [Wien: ca 1783.] 20 Bl. quer 4° [Umschlagtit.]
Kl. 1572, Tt. 2305. 12 Gesänge mit in Kupfer gestochenen Melodien.

Bemmann: Soz. Mängel d. Volkskirche. Vortr. [Aus: „Pastoralbll."] (20) 8° Dresd., CL Ungelenk '11. — 20 d

— Evang. Volkskirche, fahre auf d. Höhe d. Lebens. Predigt üb. Luk. 5, 1—8. (8) 8° Ebd. ('11). nn — 10 d

Bemmann, Aem.
Bemman, E.. Recognitio quaestionis de pace Cimonia. Diss. 1864. 51 S. 1.20

Bemmann, Aem., Recognitio quaestionis de pace Cimonia. gr. 8. (51 S.) Berlin 864, Calvary und Comp. *

Bemmann, E., s. Bemmann, Aem.

Bemmann, Osw., verstandesgem. Vertheidigg. d. christl. Glaubens geg. d. Angriffe d. sog. Aufgeklärten. gr. 8. (19 S.) Chemnitz 890. C. Strauß. n. — 20

Bemmann, Rudolf, a. Dresden: Beiträge zur Geschichte des deutschen Reichstages im XV. Jahrhundert. Leipzig: Quelle & Meyer 1907. (77 S.) 8° ¶ (Erscheint vollst. u. d. T.: „Zur Geschichte des Reichstages im XV. Jahrhundert" als: Leipziger historische Abhandlungen H. 7.)
Leipzig, Phil. Fak., Ref. Seeliger-Brandenburg, Diss. v. 6. Sept. 1907
[Geb. 7. Juni 81 Hamburg; Wohnort: Dresden; Staatsangeh.: Sachsen; Vorbildung: Gymn. Dresden-N. Reife O. 01; Studium: Tübingen 1, Leipzig 1, Heidelberg 2, Leipzig 6 S.; Rig. 30. Juli 06.]

Bemmann, Rud., zur Geschichte des deutschen Reichstages im 15. Jahrh., s. a. Abhandlungen, Leipziger historische.

Zur Geschichte des deutschen Reichstages im XV. Jahrhundert von Rudolf **Bemmann**, Dr. phil. Leipzig: Quelle & Meyer 1907. (95 S.) 8°
— **Abhandlungen**, Leipziger historische. H. 7. [07. 14803]

— s.: Geschichtsblätter, Mühlhäuser.

Bemmel, Knorr u. Tyrofs Vorstell. v. schönen Landschaft. u. Prospect. 48. Bl. in 6 Hft. Fol. Nürnberg, Schneider u. W. 793.

Bemmelen, J. A. van, Repertorium annuum literaturae botanicae periodicae. Tom. I. 1872. gr. 8. (XVI, 223 S.) Harlem 873, Erven Loosjes. *

Bemmelen, J. A. van, repertorium annuum literaturae botanicae periodicae. Tom. 1. 1872. gr. 8. (XVI, 223 S.) Harlem 874. Loosjes Erben. n. 3. 60

Bemmelen, J. F. van, Bemerkgn. üb. d. Schädelbau v. Dermochelys coriacea, s.: Festschrift z. 70. Geburtstage v. Carl Gegenbaur.

Bemmelen, J. F. van, der Schädelbau der Monotremen, s.: Denkschriften der medicinisch-naturwissenschaftl. Gesellschaft zu Jena. IV. 4.

Ueber den Unterschied zwischen Hasen- und Kaninchenschaedeln. Von J. F. van **Bemmelen**. Leiden: Brill 1909. 134 S. 8°
(Onderzoekingen verricht in het Zoölogisch Laboratorium der Rijksuniversiteit Groningen. 1.) [10. 7907

Bemmelen J. M. van: [»6 jordbundskemiske Afhandlinger«. 2 Særtr. i 1 Vol.]. Berl. 1890. (141) S.

Bemmelen, J. M. v. Die Hydrate des Berylloxyds. 1882.

J. M. van **Bemmelen:** Die Dithmarscher Wurthen. o. O. [1910.] 8°

Bemmelen, Jakob Maarten van
Die Absorption. Gesammelte Abhandlungen über Kolloide u. Absorption von J(akob) M(aarten) van **Bemmelen**, Prof. Mit Unterstützung d. Verf. neu hrsg. von Dr. Wo(lfgang) Ostwald, Privatd. Mit d. Bilde d. Verf., seiner Biogr. u. zahlr. Fig. Dresden: Steinkopff 1910. XI, 548 S. 8° [10 15761

Bemmelen, W. van
Die Abweichung der Magnetnadel; Beobachtungen, Säcular-Variation, Wert- u. Isogonensysteme bis z. Mitte d. XVIII. Jhs von Dr. W. van **Bemmelen**. *Batavia: Landsdr. 1899.* (109 S.) 2°(4°)
— **Observations** made at the magnetical and meteorolog. observatory at Batavia. Vol. 21. Suppl. [00. 8048

Bemmer, (Frid.) Guil. (geb. Iserlohn 10. 9. 1834): De partu inopinato. Berolini (1857). (31 S.) 8°
Berlin, Med. Diss. v. 30. Sept. 1857

Bemming, Georg v.

Bemming, Geo. v., die gesellige Hausfrau, s: Lütt, Ifa v. der.

Bemming u. Schlee, Geo. v.: Die hl. 3 Könige u. Herodes, s. a. Dorfbühne. Die.

Die heiligen drei Könige und Herodes. Biblisches Spiel in 3 Aufz von Georg v. **Bemming** u. Schlee. Berlin: Deutsche Landbuchh. 1910. 23 S. 8°
(Die Dorfbühne. H. 7.) [10. 17017

Bemporad, A., zur Theorie der Extinktion des Lichtes in der Erdatmosphäre, s. a. Mitteilungen der grossh. Sternwarte zu Heidelberg. IV.

Zur Theorie der Extinktion des Lichtes in der Erdatmosphäre von Dr. A. **Bemporad**. Karlsruhe: G. Braun in Komm. 1904. (78 S.) 8°
— **Mitteilungen** d. Großh. Sternwarte zu Heidelberg. 4. [05 8199

Bems, Emil, Rechtsprakt.: Die Zeitung im Urheber- und Verlagsrecht. Neustadt, Herz. Coburg 1909: Patzschke. IX, 83 S. 8°
Erlangen, Jur. Diss. v. 22. April 1909. Ref. Allfeld
[Geb. 26. Nov. 81 Bayreuth; Wohnort: München; Staatsangeh.: Bayern; Vorbildung: Luitpold-Gymn. München Reife 01; Studium: München 8 S.; Rig. 9. Dez. 08.] [U 09. 662

Bemühung der Obern Pfalz, den Zorn des Herrn Prof. Gottscheds zu besänftigen. 1750. V: *Aichinger, Carl Friedrich.* (GGr) (Mn)

Bemühungen, aufricht., f. Wohl f. Nebenmenschen a. d. Arzneykunde 2 Thle. 8. Lpz. Weygand. 779—80 (à 9gr.)

Bemühungen zur Beförderung der Critik und des guten Geschmackes. Halle 1743—1746. H: *Mylius, Christlob & Johann Andreas Cramer.* (ML) (Waniek, Pyra. Lpz. 1882, S. 110.)

— z. Beförd. d. Kritik u. d. gut. Geschm. 16 Thle. 8. Halle, Hemmerde. 743—46.

Bemühungen zur Beförderung d. Wahrheit, d. Tugend u. d. Vergnügens. 2 Stcke. 8. Berl. 759. Rüdiger. 8 gr.

— e. lehrbegier. Gesellsch. a. d. Reich d. Wissensch. 2 Thle. 8. Altt. Schöps. 751.

— — ders. Fortsetz. 1r Bd. 1s u. 2s Stck. u. 2r Bd. 1s Stck. 8. Ebend. 753.

Gesellschaftliche **Bemühungen.** Berlin: Decker 1770. 8°
Kl. 1906 b.

Bemühungen, Gesellschaftliche, die christliche Religion der Welt anzupreisen. Göttingen 1772. V: *Sturm, Christoph Christian* & *Jacob Fr. Feddersen.* (Ky)

— gesellschaftl., d. christl. Religion der Welt anzupreis. 2 Stck. 8. Gött. Dieterich. 772—773.

Bemühungen, Vereinigte, in den theologischen Wissenschaften, ... Leipz. 1756—1760. V: *Weller, Johann Gottfried.* (ML)

— westphälische, z. Aufnahme d. Geschmacks u. d. Sitten, (v. Chr. Fr. Helwing u. ... Prof. Hofmann, mit Beitrv. von W. 8. W. Dohm). 4 Thle. od. 24 Stcke. 8. Lemgo 753—59. Meyer. 2 rthl.

— in den theol. Wissensch. s. Weller.

Bemühungen fürs Wohl seiner Nebenmenschen aus der Arzneykunde. Leipzig 1779—1780. V: *Ruhland, Marcus Philipp.* (Ky) (ML)

FSC
www.fsc.org
MIX
Papier | Fördert gute Waldnutzung
FSC® C083411

Kolibri 360 GmbH
Ferdinand-Jühlke-Straße 7
99095 Erfurt, Deutschland
produktsicherheit@kolibri360.de